★ ★ ★
"十三五"
国家重点出版物出版规划项目
ICT认证系列丛书

华为技术认证

华为交换机
学习指南（第二版）

王达 主编

人 民 邮 电 出 版 社
北 京

图书在版编目（ＣＩＰ）数据

华为交换机学习指南 / 王达主编. -- 2版. -- 北京：
人民邮电出版社，2019.9（2024.7重印）
（ICT认证系列丛书）
ISBN 978-7-115-51592-6

Ⅰ. ①华… Ⅱ. ①王… Ⅲ. ①计算机网络－信息交换
机－指南 Ⅳ. ①TN915.05-62

中国版本图书馆CIP数据核字(2019)第132394号

内 容 提 要

本书全面地介绍华为 S 系列园区交换机各主要功能的技术原理、配置与管理方法，包括基础的 VRP 系统的使用/维护与管理、设备状态和性能管理，以及 U 盘开局/EasyDeploy 快速部署、信息中心、iSack 堆叠和 CSS 集群、以太网接口和聚合链路、VLAN 划分方式/LNP/GVRP/VCMP、VLAN 间二/三层互访、VLAN 聚合/MUX VLAN/QinQ/VLAN 映射/QinQ 映射/VLAN 终结/VLAN Switch、STP/RSTP/MSTP、IGMP/PIM/IGMP Snooping/组播 VLAN、ACL/自反 ACL、QoS 优先级/MQC/流量监管/流量整形/接口限速/拥塞避免/拥塞管理、本地方式/RADIUS 方式/HWTACACS 方式 AAA、802.1X 认证/MAC 认证/Portal 认证、本机防攻击/IPSG/MAC 安全/端口安全/ARP 安全等功能的配置与管理。

本书以 S 系列园区交换机当前最新的 V200R013C00 版本 VRP 系统为主线，对第一版进行全面的更新、升级。不仅内容上进行了全面的更新，而且还新增了许多内容，是华为官方指定的 ICT 认证培训教材，也是广大通信与网络工程技术人员、培训机构、高等院校进行华为新版 R&S HCIA V2.5、HCIP V2.5、HCIE V3.0 认证自学、培训和教学的首选教材。

◆ 主　　编　王 达
　　责任编辑　王建军
　　责任印制　彭志环
◆ 人民邮电出版社出版发行　　北京市丰台区成寿寺路 11 号
　　邮编 100164　　电子邮件 315@ptpress.com.cn
　　网址 http://www.ptpress.com.cn
　　北京九州迅驰传媒文化有限公司印刷
◆ 开本：787×1092　1/16
　　印张：73.5　　　　　　　　　2019 年 9 月第 2 版
　　字数：1482 千字　　　　　　2024 年 7 月北京第 18 次印刷

定价：298.00 元

读者服务热线：(010)53913866　印装质量热线：(010)81055316
反盗版热线：(010)81055315
广告经营许可证：京东市监广登字 20170147 号

序

　　人类社会和人类文明发展的历史也是一部科学技术发展的历史。半个多世纪以来，精彩纷呈的ICT技术，汇聚成了波澜壮阔的互联网，突破了时间和空间的限制，把人类社会和人类文明带入到前所未有的高度。今天，人类社会已经步入网络和信息时代，我们已经处在无处不在的网络连接中。连接已经成为一种常态，信息浪潮迅速而深刻地改变着我们的工作和生活。人们与世界连接得如此紧密，实现了随时随地自由沟通，对信息与数据的获取、分享也唾手可得。这意味着，这个连接的世界，正以超乎想象的速度与力量，对人类社会的政治、经济、商业文明和生产方式等进行全面的重塑。

　　ICT正在蓬勃发展，移动化、物联网、云计算和大数据等新趋势正在引领着行业开创新的格局。世界正在发生影响深远的数字化变革，互联网正在促进传统产业的升级和重构。通过以业务、用户和体验为中心的敏捷网络架构将深刻影响着未来数字社会的基础。

　　ICT产业的发展离不开人才的支撑，产业的变革也将对ICT行业人才的知识体系和综合技能提出更高的挑战。作为全球领先的信息与通信解决方案供应商，华为的产品与解决方案已广泛应用于金融、能源、交通、政府、制造等各个行业。同时，我们也非常注重对ICT专业人才的培养。我们与行业专家、高校教师合作编写了"华为ICT认证系列丛书"，旨在为广大用户、ICT从业者，以及愿意投身到ICT行业中的人士提供更加便利地学习帮助。

　　距离第一本ICT认证培训教材——《华为交换机学习指南》上市已有5年时间了。在这5年中，华为交换机VRP系统版本进行了多次更新，不仅原有功能得到了不断完善，而且还新增了许多新技术、新功能。新版华为HCIA V2.5、HCIP V2.5和HCIE V3.0认证也已推出，为此，十分有必要对原书的内容进行全面更新，为各位自学读者、参加华为认证的朋友提供最新的权威学习教材，于是我们再度与国内资深网络技术专家、业界知名作者王达老师合作，对第一版《华为交换机学习指南》进行全面的改版。

　　本书是以华为S系列园区交换机目前最新VRP系统版本——V200R013C00为主线进行介绍，不仅全面更新了原版图书的内容，而且增加了许多实用的新技术、新功能、新经验和配置案例的介绍，使得本版图书在内容丰富性、专业性和实用性等方面均较第一版有较大程度地提高，全面适用于华为HCIA V2.5、HCIP V2.5和HCIE V3.0的认证培训要求。

自　　序

本书第一版是华为官方 ICT 系列培训教材的第 1 本，自 2014 年 1 月上市以来，得到了广大网络工程人员的喜爱和大力支持，好评如潮，一再重印。作为本书的作者，在此谨向广大读者朋友表示由衷的谢意！

本书与新出版不久的《华为 VPN 学习指南》《华为 MPLS 技术学习指南》和《华为 MPLS VPN 学习指南》，都是采用当前最新的 VRP 系统版本，可继续为大家学习新版华为 HCIA V2.5、HCIP V2.5 和 HCIE V3.0 认证提供系统、深入、权威的学习资源。

本书出版背景

自本书第一版于 2014 年 1 月出版至今，5 年时间以来，不仅得到了极其广泛的读者支持，也有不少华为认证培训机构、高等学校采用了本书作为教材。同时，在这 5 年多时间中，华为交换机的 VRP 系统经历了一次又一次的改版，不仅新增了许多性能更强的新产品，而且各项传统的功能在配置与管理方法上发生了巨大的变化，又增加了许多实用的新技术、新功能，所以非常有必要尽快对原版图书进行全面的更新，以满足广大读者朋友和企业用户学习新版交换机配置和管理的需求。在得到华为技术有限公司和人民邮电出版社的同意后，作者即开始全面着手改版工作。

尽管笔者在改版前对所面临的改版工作量有所准备，毕竟中间经过了 5 年多的时间，但最终的结果仍远远超出预计，发现当前最新版本（V200R013C00）相较本书第一版时所采用的系统版本来说，几乎在所有方面都进行了更新，有的甚至在缺省取值或者配置操作方面的要求与以前版本完全相反。如自 V200R005C00 版本开始，可以直接在三层交换机的三层模式接口上配置 IP 地址（这是以前许多读者朋友所期待的）；新增 Web 网管易维版；新增可自动协商端口链路类型的 LNP（链路类型协商协议）功能；新增 NAC 的统一模式配置方式等。另外，自该版本开始，可直接更改二层以太网端口的类型，而不用像以前版本要求的那样先要删除所有自定义配置；也可直接删除 VLAN，而不用像以前版本要求的那样先删除为其创建的 VLANIF 接口。当然其他版本也有许多改变和新功能的引入。

正因如此，**本版的内容相较本书第一版几乎是 100%的重写**，不仅在功能配置方面与原版本相比存在相当大的区别，添加了许多新功能，而且包含了作者这么多年来在录制配套的实战视频课程（须购买会员才可全部拥有），以及直播培训过程中所积累的实用的经验，最终使得本书无论从内容的丰富性、专业性，还是从经验性和实用性方面都有相当大程度地提高，**绝不是简单的再版**。

阅读注意的方面

在阅读本书时，请注意以下几个方面。

■ 全书主要是以华为 S 系列园区交换机最新的 V200R013C00 版本 VRP 系统为例

进行介绍。但因为其中大部分功能在交换机和路由器中都有，如以太网接口、Eth-Trunk、VLAN、生成树协议、IP 组播、QoS、ACL、AAA 和 NAC 等，所以本书介绍的绝大部分技术原理和配置方法同样适用于华为 AR G3 系列路由器。

■　在配置命令代码介绍中，**粗体**字部分是命令本身或关键字选项部分，是不可变的；斜体字部分是命令或者关键字的参数部分，是可变的。

■　在介绍各种技术原理及功能配置说明的过程中，对于一些需要特别注意的地方均以**黑体**字格式加以强调，以便读者在阅读学习时引起特别的注意。

■　为了使书中内容具有更广的适用性，在介绍具体的配置步骤过程中，对一些命令在不同 VRP 系统版本中的支持情况进行了具体说明。

服务与支持

读者可以通过以下渠道向我们反馈，提出宝贵意见。同时我们将通过以下渠道为大家提供专业的服务（包括直播培训和录播视频课程服务）。

（1）超级读者、学员交流 QQ 群

■　读者交流 QQ 群（只能根据所在地区选择加入其中一个）：17201450（华中地区）、69537591（华东/华南地区）、101580747（华北/西南/西北地区）。

■　视频课程学员 QQ 群：398772643，同时可通过添加"达哥网络课程自选中心"小程序进行全面课程学习。

（2）两个专家博客

■　51CTO 博客：http://winda.blog.51cto.com。

■　CSDN 博客：http://blog.csdn.net/lycb_gz。

（3）新浪认证微博：weibo.com/winda

（4）视频课程体验中心：http://edu.csdn.net/lecturer/74（不包括全部课程）

（5）微信及公众号

■　微信：windanet（加入后可被邀请进读者微信群）。

■　微信公众号：windanetclass（订阅号）、dagenetwork（服务号）。

鸣谢

本书由长沙达哥网络科技有限公司（原名"王达大讲堂"）组织编写，并由该公司创始人王达先生负责统稿，经过数十位编委、技术专家数月夜以继日的创作，一次次地严格审校、修改和完善，这本图书终于完成，并顺利地、高质量地出版上市。

负责本书技术审校的华为技术有限公司技术专家包括：郭文琦、刘洋、卞婷婷、刘立灿、魏彪、伍世伟，感谢您们的指导！

由于编者水平有限，书中难免存在一些错误和瑕疵，恳请各位读者批评指正。

前　言

本书特色

本书作为华为 ICT 培训的官方指定教材，经过了华为技术有限公司的严格审核，无论在内容编排上，还是在内容的专业性、实用性方面都有着非同一般的特色。

■ **不是简单的再版**

表面上看来，本书仅是对前一版本的改版，但实际上却是实实在在地重写，因为在具体内容方面，与第一版相比，至少存在 80% 以上的不同，而且这些差别体现在几乎所有方面。本书可全面满足华为最新的 HCIA V2.5、HCIP V2.5 和 HCIE V3.0 认证要求。

■ **华为官方授权、审核**

本书由华为技术有限公司官方直接授权创作，并对整个图书创作、出版的各个阶段进行跟踪、审核，所以无论在图书质量还是内容专业性方面均有更好的保障。这也是本书能作为华为 ICT 认证培训教材之一的前提与基础。

■ **系统、全面、深入**

这是笔者一直坚持的著书特色，得到了广大读者的长期认可。一本书，如果不能使读者从中得到系统、全面、深入的学习，那还不如直接在网上搜索。许多读者一直在问，我的书为什么每本都这么厚，其中一个根本原因就是我在进行图书内容编排时特别注重内容的系统性、深入性，总想尽可能地把各个知识点讲透，不留"空白地带"。

■ **细节丰富、深入浅出**

有一句话叫作"细节决定成败"，我一直非常认同，不管是做人，还是做事。同类书有好多种，书中所介绍的知识点差不多，但最终读者的认同感可能相差很大。究其原因，主要还是书中内容的细节不一样。许多书中的技术没有细节，只是科普类的概念说明，根本没有我们通常所说的"干货"，自然就没有价值。

本书特别注重细节，在一些技术原理的解释上，都不会直接下结论，而是尽可能从协议的工作原理、网络通信原理（包括所采用的报文类型、关键字段值、报文发送方式、接收报文后的处理方式等）角度进行细致、深入的工作流程分析，并且尽可能通俗化诠释；对一些重要的方面（如不同 VRP 版本针对某功能在配置上的差异、容易出错的地方、要特别引起注意的地方），以黑体字突出显示，以提醒读者阅读时注意。

■ **注重配置思路**

本书介绍了许多实用的配置案例，在介绍具体配置前均先对配置思路进行了深入的分析。本书中的分析一是结合了相应功能的配置步骤，二是结合了当前案例的用户需求，而不是直接列出几条配置任务那么简单。这样一方面读者可以借助于配置案例再次巩固相应功能的配置方法，另一方面使得读者真正理解面对同类应用需求时所需采用的配置方法，真正做到举一反三。

适用读者对象

- 华为培训合作伙伴和华为网络学院的学员；
- 高等院校的计算机网络专业学生；
- 希望从零学习华为交换机配置与管理的读者；
- 以前没有系统学习过华为交换机配置与管理的读者；
- 看不懂华为交换机配置方案，没有掌握通用配置方法的读者；
- 希望有一本可在平时工作中查阅的大型华为交换机配置手册的读者。

本书介绍的交换机已广泛应用于政府、金融、能源、交通、电力、教育、电信运营商等行业和企业市场。S12700、S9700 T 比特核心路由交换机是面向下一代园区网核心和数据中心的业务汇聚而专门设计开发的高端智能交换机，在提供高性能的 L2/L3 层交换服务的基础上，进一步融合了 MPLS VPN、硬件 IPv6、桌面云、视频会议、无线等多种网络业务。S6720、S7700 和 S7900 十吉比特汇聚交换机广泛适用于园区网络、数据中心核心/汇聚节点，可对无线、语音、视频和数据融合网络进行先进的控制。S5720、S5730 吉比特接入交换机提供灵活的全吉比特以太网接入。S2700 和 S3700 百兆接入交换机为企业用户提供二层和三层的百兆接入能力。S1700 SMB 交换机是为中小企业、网吧、酒店、学校等市场开发的新一代绿色节能以太接入交换机。

本书主要内容

本书以国内最新的 V200R013C00 版本 VRP 系统为主线，系统、全面、深入地介绍华为 S 系列交换机的各主要功能配置与管理方法，它也是华为新版 ICT 认证系列培训教材。全书共分 15 章，各章主要内容如下。

第 1 章　VRP 系统使用、维护与管理：以 V200R013C00 版本 VRP 系统为例，全面介绍 VRP 系统的基础知识和基本使用、维护和管理方法，包括 VRP CLI 的使用和视图，命令行编辑方法，以及 VRP 系统软件、VRP 系统配置文件和 VRP 文件系统管理等。

第 2 章　VRP 系统登录与远程文件管理：全面介绍用户界面（包括 Console 用户界面和 VTY 用户界面）、用户/命令级别、Console 本地登录，Telnet、STelnet、HTTP 和 HTTPS 远程登录，以及通过 FTP、SFTP、SCP 和 FTPS 协议进行远程文件上传和下载的配置方法。

第 3 章　交换机的快速部署：全面介绍了 U 盘开局和 EasyDeploy（包括通过 Option 参数、通过中间文件和通过 Commander 3 种方案）功能，实现设备快速部署的配置与管理。

第 4 章　设备管理和信息中心配置：介绍了交换机设备各主要部件的工作状态、性能水平的查看和管理方法，以及信息中心中的 Log 信息、Trap 信息、Debug 信息基础知识及不同输出方向的配置与管理。

第 5 章　iStack 和 CSS 配置与管理：介绍了 S6700 及以下系列盒式交换机的 iStack 功能，以及 S7700 及以上系列框式交换机的 CSS 功能的配置与管理方法。注意：由于各主要系列中更新了产品，而且不同型号设备对 iStack、CSS 的设备连接方式的支持不同，所以在实际功能配置与管理方法上较以前版本存在较大区别。

第 6 章　　以太网接口和聚合链路配置与管理：全面介绍了以太网接口编号规则、Eth-Trunk 和 E-Trunk 链路聚合原理，基本参数、接口属性、端口组、端口隔离、端口保护、手工模式/LACP 模式 Eth-Trunk 和 E-Trunk 的配置与管理。

第 7 章　　基本 VLAN 特性配置与管理：全面介绍了 VLAN 的基础知识、二层以太网接口类型及各自的数据收发规则和 GVRP VLAN 注册/注销原理，以及基于端口/MAC 地址/IP 子网/IP/策略的 VLAN 划分、GVRP、VLAN 间二/三层通信方案（包括 VLANIF 接口方案、以太网 Dot1q 终结子接口方案和 VLAN Switch 方案）和管理 VLAN 的配置与管理。

第 8 章　　VLAN 高级特性配置与管理：全面介绍了 VLAN 聚合、MUX VLAN、QinQ、VLAN 映射、QinQ 映射和 VLAN Switch 的工作原理及配置与管理。

第 9 章　　生成树协议配置与管理：全面介绍了 STP、RSTP 和 MSTP 的基础知识、技术原理和配置与管理。

第 10 章　　IP 组播配置与管理：全面介绍了在广大中小型 IPv4 企业网络中应用的 IGMP、PIM（包括 PIM-DM 和 PIM-SM 两种模式）、IGMP snooping、组播 VLAN 等组播协议的工作原理，以及这些组播协议在组播应用中的配置与管理。

第 11 章　　ACL 配置与管理：全面介绍了各种 ACL 类型（基本 ACL、高级 ACL、二层 ACL、用户自定义 ACL 和用户 ACL）的基础知识、自反 ACL 的工作原理，ACL 在简化 QoS 流策略中的应用，以及各自的配置与管理。

第 12 章　　QoS 配置与管理：全面介绍了与 QoS 有关的基础知识和技术原理，包括各种 QoS 优先级、优先级映射、MQC 基础知识，各种流量监管和流量整形、拥塞避免和拥塞管理的技术原理，以及相关功能配置与管理。

第 13 章　　AAA 配置与管理：全面介绍了可用于管理员设备登录和用户接入网络控制的本地方式、RADIUS 服务器方式和 HWTACACS 服务器方式的 AAA 方案的基础知识、工作原理及配置与管理。

第 14 章　　NAC 配置与管理：全面介绍 802.1x 认证、MAC 地址认证和内/外置 Portal 服务器认证方式的基础知识、工作原理及配置与管理。

第 15 章　　网络安全配置与管理：全面介绍了在交换机设备上主要应用的，包括本机防攻击、IPSG、MAC 安全、端口安全和 ARP 安全等各种安全解决方案的技术原理及配置与管理。

目　　录

第1章
VRP 系统使用、维护与管理

本章主要内容

本章作为本书的开篇，首先介绍的是华为目前最新的 S 系列园区交换机各主要系列的产品和特点，使大家对华为当前最新的 S 系列交换机产品系列、机型和主要特点有一个较全面的了解。然后以当前最新 V200R013C00 版本为例介绍 VRP 系统的一些基础知识，如 VRP 命令行格式、命令行视图、命令行基本使用与操作，以及 VRP 文件系统的管理、VRP 软件系统的组成、配置文件管理、交换机启动管理等。

　　本章内容虽然比较基础，但对于一个初学者来说仍然非常重要，因为 VRP 系统的使用、维护与管理是日常网络设备维护与管理过程中最常见的操作。另外，要特别说明的是，新版的 V200R013C00 VRP 系统相对于以前版本，在许多方面都存在较大的区别，本书后面各章的具体功能配置方面更是如此。

1.1 华为 S 系列园区交换机

本书将以华为 S 系列园区交换机为主线进行介绍，故在正式介绍各项功能的配置与管理方法之前，先让我们一起来了解一下华为 S 系列园区交换机。

目前华为最新的 S 系列交换机仍是以 Sx700 进行系列命名的，如 S1700、S2700、S5700 系列等。与本书第一版所介绍的各系列成员相比，当前各系列中所包括的机型发生了许多变化，推出了许多更佳配置、性能的新子系列和新机型。

目前在最新园区交换机中包括的主系列有：S1700、S2700、S3700、S5700、S6700、S7700、S7900（新增的）、S9700 和 S12700（新增的）。其中 S1700、S2700、S3700、S5700 和 S6700 这五大系列为盒式交换机，属于中低端交换机系列；S7700、S7900、S9700 和 S12700 这四大系列为框式交换机，属于高端交换机系列，其中 S7900 系列是全新推出的。在一些主系列中又包括多个子系列，有些还是近几年新推出的，如 S1720、S2710、S2720、S2750、S5720、S5730、S6720 等。

1.1.1 S1700 系列简介及主要机型

S1700 系列交换机定位于小型企业或园区网络接入层的二层以太网交换机，包含无管理（是傻瓜型交换机，没有 VRP 系统）型交换机、Web 管理（仅可通过 Web 方式进行管理）型交换机和全管理（同时支持 Web 和 SNMP 管理方式，有的还支持命令行管理方式）型交换机 3 类。目前 S1700 系列的主要机型及基本特性见表 1-1。

表 1-1　　　　　　　　　　S1700 系列主要机型及基本特性

管理方式	产品子系列	产品型号	配套的软件版本	Web 配置	SNMP 管理	命令行管理
无管理	—	S1700-8-AC	不涉及	不支持	不支持	不支持
		S1700-8G-AC				
		S1700-16R				
		S1700-16G				
		S1700-24R				
		S1700-24-AC				
		S1700-24GR				
		S1724G				
		S1700-26R-2T				
		S1700-28GR-4X				
		S1700-52R-2T2P-AC				
		S1700-52GR-4X				
Web 管理	—	S1728GWR-4P	V100R006C00	支持		
	S1720GW	S1720-10GW-2P	V200R010C00 及以后版本支持			
		S1720-10GW-PWR-2P				
	S1720GWR	S1720-28GWR-4P				
		S1720-28GWR-PWR-4P				
		S1720-52GWR-4P				

（续表）

管理方式	产品子系列	产品型号	配套的软件版本	Web配置	SNMP管理	命令行管理
Web 管理	S1720GWR	S1720-52GWR-PWR-4P		支持	支持	支持
		S1720-28GWR-PWR-4TP				
		S1720-28GWR-4X				
		S1720-28GWR-PWR-4X				
		S1720-52GWR-4X				
		S1720-52GWR-PWR-4X				
	S1720X	S1720X-16XWR	V200R011C00 及以后版本支持			
		S1720X-32XWR				
全管理（Web+SNMP管理，部分支持 CLI管理方式）	S1700FR	S1700-28FR-2T2P-AC	V100R007C00			
		S1700-52FR-2T2P-AC				
	S1700GFR	S1700-28GFR-4P-AC				
		S1700-52GFR-4P-AC				
	S1720GFR	S1720-20GFR-4TP	V200R006C10、V200R009C00 及以后版本支持			
		S1720-28GFR-4TP				
	S1720GW-E	S1720-10GW-2P-E	V200R010C00 及以后版本支持			
		S1720-10GW-PWR-2P-E				
	S1720GWR-E	S1720-28GWR-4P-E				
		S1720-28GWR-PWR-4P-E				
		S1720-52GWR-4P-E				
		S1720-52GWR-PWR-4P-E				
		S1720-28GWR-PWR-4TP-E				
		S1720-28GWR-4X-E				
		S1720-28GWR-PWR-4X-E				
		S1720-52GWR-4X-E				
		S1720-52GWR-PWR-4X-E				
	S1720X-E	S1720X-16XWR-E				
		S1720X-32XWR-E				

1.1.2　S2700 系列交换机

S2700 系列是基于新一代交换技术和华为 VRP 软件平台的二层以太网交换机，能提供简单便利的安装维护手段，同时融合了灵活的网络部署、完备的安全和 QoS 控制策略、绿色环保等先进技术，可满足中小型企业以太网多业务承载和接入需求。S2700 系列所包括的主要机型、基本性能和基本硬件配置见表 1-2。

表 1-2　　　　　　　　　　　S2700 系列主要机型、基本性能和基本硬件配置

产品型号	基本特性
基本性能	
S2700-SI、S2710SI子系列	• 交换容量：32Gbit/s • 包转发率 　➢ S2700-9TP-SI-AC：2.7Mpps。 　➢ S2700-18TP-SI-AC：5.4Mpps。

（续表）

产品型号	基本特性
S2700-SI、S2710SI 子系列	➤ S2700-26TP-SI-AC：6.6Mpps。 ➤ S2710-52P-SI-AC：17.7Mpps
S2700-EI 子系列	• 交换容量：32Gbit/s • 包转发率 ➤ S2700-9TP-EI-AC：2.7Mpps。 ➤ S2700-9TP-EI-DC：2.7Mpps。 ➤ S2700-9TP-PWR-EI：2.7Mpps。 ➤ S2700-18TP-EI-AC：5.4Mpps。 ➤ S2700-26TP-EI-AC：6.6Mpps。 ➤ S2700-26TP-EI-DC：6.6Mpps。 ➤ S2700-26TP-PWR-EI：6.6Mpps。 ➤ S2700-52P-EI-AC：17.7Mpps
S2750-EI、S2751-EI、 S2720-EI 系列	• 交换容量 ➤ S2750-EI/S2751-EI：64Gbit/s。 ➤ S2720-28TP-EI-AC：12.8Gbit/s。 • 包转发率 ➤ S2750-20TP-PWR-EI-AC：12.9Mpps。 ➤ S2750-28TP-EI-AC：14.1Mpps。 ➤ S2750-28TP-PWR-EI-AC：14.1Mpps。 ➤ S2751-28TP-PWR-EI-AC：14.1Mpps。 ➤ S2720-28TP-EI-AC：9.6Mpps
基本硬件配置	
S2700-9TP-SI-AC S2700-9TP-EI-AC S2700-9TP-EI-DC	• 8 个 10/100Base-TX 以太网端口，1 个 10/100/1000Base-T 以太网端口，1 个复用的吉比特 Combo SFP。 • EI 版本提供交流供电和直流供电两种机型，SI 版本仅提供交流供电机型
S2700-9TP-PWR-EI	• 8 个 10/100Base-TX 以太网端口，1 个 10/100/1000Base-T 以太网端口，1 个复用的吉比特 Combo SFP。 • 交流供电，支持 PoE+
S2700-18TP-SI-AC S2700-18TP-EI-AC	• 16 个 10/100Base-TX 以太网端口，2 个 10/100/1000Base-T 以太网端口，2 个复用的吉比特 Combo SFP 口。 • 交流供电
S2700-26TP-SI-AC S2700-26TP-EI-AC S2700-26TP-EI-DC	• 24 个 10/100Base-TX 以太网端口，2 个 10/100/1000Base-T 以太网端口，2 个复用的吉比特 Combo SFP 口。 • EI 版本提供交流供电和直流供电两种机型，SI 版本仅提供交流机型
S2700-26TP-PWR-EI	• 24 个 10/100Base-TX 以太网端口，2 个 10/100/1000Base-T 以太网端口，2 个复用的吉比特 Combo SFP 口。 • 交流供电，支持 PoE+
S2710-52P-SI-AC	• 48 个 10/100Base-TX 以太网端口，4 个吉比特 SFP 口。 • 交流供电
S2700-52P-EI-AC	• 48 个 10/100Base-TX 以太网端口，4 个吉比特 SFP 口。 • 交流供电

（续表）

产品型号	基本特性
S2750-20TP-PWR-EI-AC	• 16 个 10/100Base-TX 以太网端口，4 个吉比特 SFP 口，2 个复用的吉比特 10/100/1000Base-T 以太网端口 Combo 口。 • 交流供电，支持 PoE+
S2750-28TP-EI-AC	• 24 个 10/100Base-TX 以太网端口，4 个吉比特 SFP 口，2 个复用的吉比特 10/100/1000Base-T 以太网端口 Combo 口。 • 交流供电
S2750-28TP-PWR-EI-AC	• 24 个 10/100Base-TX 以太网端口，4 个吉比特 SFP 口，2 个复用的吉比特 10/100/1000Base-T 以太网端口 Combo 口。 • 交流供电，支持 PoE+
S2751-28TP-PWR-EI-AC	• 24 个 10/100Base-TX 以太网端口，4 个吉比特 SFP 口，2 个复用的吉比特 10/100/1000Base-T 以太网端口 Combo 口。 • 交流供电，支持 PoE+
S2720-28TP-EI-AC	• 24 个 10/100Base-TX 以太网端口，4 个吉比特 SFP，2 个复用的 10/100/1000Base-T 以太网端口 Combo 口。 • 交流供电

1.1.3　S3700 系列交换机

S3700 系列交换机是一个三层以太网交换机系列，主要用于中小型企业网络的汇聚层，也可用于中大型企业和园区网络的接入层。目前 S3700 系列的主要机型、基本性能和基本硬件配置见表 1-3。

表 1-3　　　　　　　　S3700 系列主要机型、基本性能和基本硬件配置

产品型号	基本特性
基本性能	
S3700-SI 子系列	• 交换容量：64Gbit/s • 包转发率 　➢ S3700-28TP-SI-AC：14.1Mpps。 　➢ S3700-52P-SI-AC：17.7Mpps。
S3700-EI 子系列	• 交换容量：64Gbit/s • 包转发率 　➢ S3700-28TP-EI-AC：14.1Mpps。 　➢ S3700-28TP-EI-DC：14.1Mpps。 　➢ S3700-28TP-EI-MC-AC：14.1Mpps。 　➢ S3700-28TP-PWR-EI：14.1Mpps。 　➢ S3700-28TP-EI-24S-AC：14.1Mpps。 　➢ S3700-52P-EI-AC：17.7Mpps。 　➢ S3700-52P-PWR-EI：17.7Mpps。 　➢ S3700-52P-EI-48S-AC ：17.7Mpps。 　➢ S3700-52P-EI-24S-AC ：17.7Mpps

（续表）

产品型号	基本特性
基本硬件配置	
S3700-28TP-SI-AC S3700-28TP-EI-AC S3700-28TP-SI-DC S3700-28TP-EI-DC	• 24 个 10/100Base-TX 以太网端口，4 个吉比特 SFP，2 个复用的 10/100/1000Base-T 以太网端口 Combo。 • 分交流供电和直流供电两种机型
S3700-28TP-EI-MC-AC	• 24 个 10/100Base-TX 以太网端口，4 个吉比特 SFP，2 个复用的 10/100/1000Base-T 以太网端口 Combo，2 个监控口。 • 交流供电
S3700-28TP-PWR-EI	• 24 个 10/100Base-TX 以太网端口，4 个吉比特 SFP，2 个复用的 10/100/1000Base-T 以太网端口 Combo。 • 双电源，可插拔，交流供电。 • 支持 PoE
S3700-28TP-EI-24S-AC	• 24 个百兆 SFP，4 个吉比特 SFP，2 个复用的 10/100/1000Base-T 以太网端口 Combo。 • 交流供电
S3700-52P-SI-AC S3700-52P-EI-AC	• 48 个 10/100Base-TX，2 个 100/1000Base-X SFP，2 个 1000Base-X SFP。 • 交流供电
S3700-52P-PWR-EI	• 48 个 10/100Base-TX，2 个 100/1000Base-X SFP，2 个 1000Base-X SFP。 • 双电源，可插拔，交流供电。 • 支持 PoE+
S3700-52P-EI-48S-AC	• 48 个 100Base-FX SFP，2 个 100/1000Base-X SFP，2 个 1000Base-X SFP。 • 交流供电
S3700-52P-EI-24S-AC	• 24 个 10/100Base-TX，24 个 100Base-FX SFP，2 个 100/1000Base-X SFP，2 个 1000Base-X SFP。 • 交流供电

1.1.4 S5700 系列交换机

　　S5700 系列以太网交换机是华为公司为满足大带宽接入和以太多业务汇聚而推出的新一代绿色节能的全吉比特高性能以太交换机。它基于新一代高性能硬件和华为公司统一的 VRP 平台，具备大容量、高可靠（双电源插槽和硬件级以太网 OAM）、高密度吉比特端口，可提供十吉比特上行，支持 EEE 能效以太网和 iStack 智能堆叠，充分满足企业用户的园区网接入、汇聚、IDC 吉比特接入以及吉比特到桌面等多种应用场景。

　　由于 S5700 系列是处于一个承上启下的系列，可灵活应用于网络中的各个层次，故该系列提供了精简版（LI 子系列）、标准版（SI 子系列）、增强版（EI 子系列）和高级版（HI 子系列）4 个子系列，具有非常丰富的机型选择，满足了用户丰富的应用需求。各子系列所包括的主机型、基本性能和硬件配置见表 1-4。

说明 因为 S5700 系列交换机可用于大型网络的接入层，为了降低接入设备的成本，在该系列中的 LI 子系列属于二层交换机，其他子系列为三层交换机。

表 1-4　　　　　　**S5700 各子系列主要机型、基本性能和基本硬件配置**

产品型号	基本特性
1. S5720S-LI 子系列精简型吉比特以太网交换机	

- 交换容量：336Gbit/s/3.36Tbit/s。
- 包转发率
  - S5720S-12TP-LI-AC/S5720S-12TP-PWR-LI-AC: 27Mpps/102Mpps。
  - S5720S-28P-LI-AC/S5720S-28P-PWR-LI-AC/S5720S-28TP-PWR-LI-ACL: 51Mpps/126Mpps。
  - S5720S-52P-LI-AC/ S5720S-52P-PWR-LI-AC: 87Mpps/144Mpps。
  - S5720S-28X-LI-AC/ S5720S-28X-PWR-LI-AC/ S5720S-28X-LI-24S-AC: 108Mpps/126Mpps。
  - S5720S-52X-LI-AC/ S5720S-52X-PWR-LI-AC: 144Mpps/162Mpps

产品型号	基本特性
S5720S-12TP-LI-AC	• 8×10/100/1000Base-T 以太网端口，4×1 Gig SFP 端口。 • 交流供电
S5720S-12TP-PWR-LI-AC	• 8×10/100/1000Base-T 以太网端口，4×1 Gig SFP 端口。 • 交流供电 • PoE+
S5720S-28P-LI-AC	• 24×10/100/1000Base-T 以太网端口，4×1 Gig SFP。 • 交流供电
S5720S-28P-PWR-LI-AC	• 24×10/100/1000Base-T 以太网端口，4×1 Gig SFP。 • 交流供电 • PoE+
S5720S-52P-LI-AC	• 48×10/100/1000Base-T 以太网端口，4×1 Gig SFP。 • 交流供电
S5720S-52P-PWR-LI-AC	• 48×10/100/1000Base-T 以太网端口，4×1 Gig SFP。 • 交流供电。 • PoE+
S5720S-28X-LI-AC	• 24×10/100/1000Base-T 以太网端口，4×10 Gig SFP+。 • 交流供电
S5720S-28X-PWR-LI-AC	• 24×10/100/1000Base-T 以太网端口，4×10 Gig SFP+。 • 交流供电。 • PoE+
S5720S-28X-LI-24S-AC	• 24×1 Gig SFP，8×1 Gig combo，4×10 Gig SFP+。 • 交流供电。 • 支持 RPS 供电
S5720S-52X-LI-AC	• 48×10/100/1000Base-T 以太网端口，4×10 Gig SFP+。 • 交流供电
S5720S-52X-PWR-LI-AC	• 48×10/100/1000Base-T 以太网端口，4×10 Gig SFP+。 • 交流供电。 • PoE+
S5720S-28TP-PWR-LI-ACL	• 24×10/100/1000Base-T 以太网端口，4×1 Gig SFP，2×1 Gig Combo。 • 交流供电。 • PoE+
2. S5720-LI 子系列精简型吉比特交换机	

- 交换容量：336Gbit/s/3.36Tbit/s。
- 包转发率：27Mpps～166Mpps

（续表）

产品型号	基本特性
S5720-12TP-LI-AC	• 8×10/100/1000Base-T 以太网端口，4×1 Gig SFP，2×1Gig Combo。 • 交流供电
S5720-12TP-PWR-LI-AC	• 8×10/100/1000Base-T 以太网端口，4×1 Gig SFP，2×1 Gig Combo。 • 交流供电。 • PoE+
S5720-28P-LI-AC	• 24×10/100/1000Base-T 以太网端口，4×1 Gig SFP。 • 交流供电
S5720-28P-PWR-LI-AC	• 24×10/100/1000Base-T 以太网端口，4×1 Gig SFP。 • 交流供电。 • PoE+
S5720-52P-LI-AC	• 48×10/100/1000Base-T 以太网端口，4×1 Gig SFP。 • 交流供电
S5720-52P-PWR-LI-AC	• 48×10/100/1000Base-T 以太网端口，4×1 Gig SFP。 • 交流供电。 • PoE+
S5720-28X-LI-AC S5720-28X-LI-DC	• 24×10/100/1000Base-T 以太网端口，4×10 Gig SFP+。 • 交流和直流供电两种机型。 • 支持 RPS 供电
S5720-28X-PWR-LI-AC	• 24×10/100/1000Base-T 以太网端口，4×10 Gig SFP+。 • 交流供电。 • 支持 RPS 供电。 • PoE++
S5720-28X-LI-24S-AC S5720-28X-LI-24S-DC	• 24×1 Gig SFP，8×1 Gig combo，4×10 Gig SFP+。 • 交流和直流供电两种机型。 • 支持 RPS 供电
S5720-52X-LI-AC S5720-52X-LI-DC	• 48×10/100/1000Base-T 以太网端口，4×10 Gig SFP+。 • 交流和直流供电两种机型。 • 支持 RPS 供电
S5720-52X-PWR-LI-AC	• 48×10/100/1000Base-T 以太网端口，4×10 Gig SFP+。 • 交流供电。 • 支持 RPS 供电。 • PoE+
S5720-28TP-LI-AC	• 24×10/100/1000Base-T 以太网端口，4×1 Gig SFP，2×1 Gig Combo。 • 交流供电
S5720-28TP-PWR-LI-AC	• 24×10/100/1000Base-T 以太网端口，4×1 Gig SFP，2×1 Gig Combo。 • 交流供电。 • PoE+
S5720-28TP-PWR-LI-ACL	• 24×10/100/1000Base-T 以太网端口，4×1 Gig SFP，2×1 Gig Combo。 • 交流供电。 • PoE+
S5720-52X-PWR-LI-ACF	• 48×10/100/1000Base-T 以太网端口，4×10 Gig SFP+。 • 交流供电，支持 RPS 冗余电源。 • PoE+

（续表）

产品型号	基本特性
S5720-16X-PWH-LI-AC	• 12×10/100/1000Base-T 以太网端口（PoE++），2×10/100/1000Base-T 以太网端口，2×10 Gig SFP+。 • 交流供电。 • PoE++
S5720-28X-PWH-LI-AC	• 16×10/100/1000Base-T 以太网端口，8×100M/1G/2.5G Base-T 以太网端口，4×10 Gig SFP+。 • 交流供电，支持 RPS 冗余电源。 • PoE++

3．S5720-SI 子系列标准型吉比特交换机

• 交换容量：336Gbit/s/3.36Tbit/s。
• 包转发率：57Mpps～166Mpps

产品型号	基本特性
S5720-28X-SI-AC S5720-28X-SI-DC	• 24×10/100/1000Base-T 以太网端口，4×1 Gig SFP Combo，4×10 Gig SFP+。 • 可插拔双电源，支持交流或直流供电，已默认配置 1 个 AC/DC 电源
S5720-28X-SI-24S-AC S5720-28X-SI-24S-DC	• 24×1 Gig SFP，8×1 Gig Combo，4×10 Gig SFP+。 • 可插拔双电源，支持交流或直流供电，默认配置一个 AC 或 DC 电源
S5720-52X-SI-AC S5720-52X-SI-DC	• 48×10/100/1000Base-T 以太网端口，4×10 Gig SFP+。 • 可插拔双电源，支持交流或直流供电，已默认配置 1 个 AC/DC 电源
S5720-28P-SI-AC	• 24×10/100/1000Base-T 以太网端口，4×1 Gig SFP Combo，4×1 Gig SFP。 • 可插拔双电源，支持交流或直流供电，已默认配置 1 个 AC 电源
S5720-52P-SI-AC	• 48×10/100/1000Base-T 以太网端口，4×1 Gig SFP。 • 可插拔双电源，支持交流或直流供电，已默认配置 1 个 AC 电源
S5720-28X-PWR-SI-AC S5720-28X-PWR-SI-DC	• 24×10/100/1000Base-T 以太网端口，4×1 Gig SFP Combo，4×10 Gig SFP+。 • 可插拔双电源，已默认配置 1 个 500W AC/650W DC 电源。 • PoE+
S5720-52X-PWR-SI-AC S5720-52X-PWR-SI-DC	• 48×10/100/1000Base-T 以太网端口，4×10 Gig SFP+。 • 可插拔双电源，已默认配置 1 个 500W AC/650W DC 电源。 • PoE+
S5720-52X-PWR-SI-ACF	• 48×10/100/1000Base-T 以太网端口，4×10 Gig SFP+。 • 可插拔双电源，已默认配置 1 个 1150WAC 电源，还可再配置 1 个 1150W AC 电源。 • PoE+
S5720S-28X-SI-AC	• 24×10/100/1000Base-T 以太网端口，4×10 Gig SFP+。 • AC 供电，支持 RPS 冗余电源
S5720S-52X-SI-AC	• 48×10/100/1000Base-T 以太网端口，4×10 Gig SFP+。 • AC 供电，支持 RPS 冗余 电源
S5720S-28P-SI-AC	• 24×10/100/1000Base-T 以太网端口，4×1 Gig SFP。 • AC 供电，支持 RPS 冗余电源
S5720S-52P-SI-AC	• 48×10/100/1000Base-T 以太网端口，4×1 Gig SFP。 • AC 供电，支持 RPS 冗余电源
S5721-28X-SI-24S-AC	• 24×10/100/1000Base-T 以太网端口，8×1 Gig Combo，4×10 Gig SFP+。 • 可插拔双电源，支持交流或直流供电，默认配置一个 60W AC 电源

（续表）

产品型号	基本特性
4．S5720-EI 子系列增强型吉比特交换机	

- 交换容量：598Gbit/s/5.98Tbit/s。
- 包转发率
  - ➢ S5720-32P-EI-AC：168Mpps。
  - ➢ S5720-52P-EI-AC：198Mpps。
  - ➢ S5720-32X-EI-AC：222Mpps。
  - ➢ S5720-32X-EI-24S-AC：222Mpps。
  - ➢ S5720-32X-EI-24S-DC：222Mpps。
  - ➢ S5720-50X-EI-AC：249Mpps。
  - ➢ S5720-50X-EI-DC：249Mpps。
  - ➢ S5720-50X-EI-46S-AC：249Mpps。
  - ➢ S5720-50X-EI-46S-DC：249Mpps。
  - ➢ S5720-52X-EI-AC：252Mpps。
  - ➢ S5720-36PC-EI-AC：168Mpps。
  - ➢ S5720-56PC-EI-AC：198Mpps。
  - ➢ S5720-36C-EI-28S-AC：222Mpps。
  - ➢ S5720-36C-EI-28S-DC：222Mpps。
  - ➢ S5720-36C-EI-AC：222Mpps。
  - ➢ S5720-36C-PWR-EI-AC：222Mpps。
  - ➢ S5720-56C-EI-48S-AC：252Mpps。
  - ➢ S5720-56C-EI-48S-DC：252Mpps。
  - ➢ S5720-56C-EI-AC：252Mpps。
  - ➢ S5720-56C-EI-DC：252Mpps。
  - ➢ S5720-56C-PWR-EI-AC：252Mpps。
  - ➢ S5720-56C-PWR-EI-DC：252Mpps。
  - ➢ S5720-56C-PWR-EI-AC1：252Mpps

产品型号	基本特性
S5720-36C-EI-AC	- 28×10/100/1000Base-T 以太网端口，4×1 Gig SFP Combo 端口，4×10 Gig SFP＋端口。 - 可插拔双电源，支持交流或直流供电，已默认配置 1 个 AC 电源。 - 单子卡槽位，支持 2×10 Gig SFP+、2×10 Gig Base-T 或 2×QSFP 专用堆叠接口子卡
S5720-36PC-EI-AC	- 28×10/100/1000Base-T 以太网端口，4×1 Gig SFP Combo 端口，4×10 Gig SFP＋端口。 - 可插拔双电源，支持交流或直流供电，已默认配置 1 个 AC 电源。 - 单子卡槽位，支持 2×10 Gig SFP+、2×10 Gig Base-T 或 2×QSFP 专用堆叠接口子卡
S5720-36C-PWR-EI-AC	- 28×10/100/1000Base-T 以太网端口，4×1 Gig SFP Combo 端口，4×10 Gig SFP＋端口。 - 可插拔双电源，已默认配置 1 个 500W AC，还可再配置 1 个 500W AC 或者 650W DC 电源。 - 单子卡槽位，支持 2×10 Gig SFP+、2×10 Gig Base-T 或 2×QSFP 专用堆叠接口子卡。 - PoE+

（续表）

产品型号	基本特性
S5720-56C-EI-AC S5720-56C-EI-DC	• 48×10/100/1000Base-T 以太网端口，4×10 Gig SFP+端口。 • 可插拔双电源，支持交流或直流供电，已默认配置 1 个 AC/DC 电源。 • 单子卡槽位，支持 2×10 Gig SFP+、2×10 Gig Base-T 或 2×QSFP 专用堆叠接口子卡
S5720-56PC-EI-AC	• 48×10/100/1000Base-T 以太网端口，4×1 Gig SFP+端口。 • 可插拔双电源，支持交流或直流供电，已默认配置 1 个 AC 电源。 • 单子卡槽位，支持 2×10 Gig SFP+、2×10 Gig Base-T 或 2×QSFP 专用堆叠接口子卡
S5720-56C-PWR-EI-AC S5720-56C-PWR-EI-DC	• 48×10/100/1000Base-T 以太网端口，4×10 Gig SFP+端口。 • 可插拔双电源，已默认配置 1 个 500W AC/ 650W DC 电源。 • 单子卡槽位，支持 2×10 Gig SFP+、2×10 Gig Base-T 或 2×QSFP 专用堆叠接口子卡。 • PoE+
S5720-56C-PWR-EI-AC1	• 48×10/100/1000Base-T 以太网端口，4×10 Gig SFP+端口。 • 可插拔双电源，已默认配置 1 个 1150W AC 电源，还可再配置 1 个 1150W AC 电源。 • 单子卡槽位，支持 2×10 Gig SFP+、2×10 Gig Base-T 或 2×QSFP 专用堆叠接口子卡。 • PoE+
S5720-32X-EI-AC	• 24×10/100/1000Base-T 以太网端口，4×1 Gig SFP+端口，4×10 Gig SFP+端口。 • 2×QSFP+专用堆叠端口。 • 已默认配置 AC 电源供电，电源插口前置；可扩展 RPS 电源。 • 220mm 深度，便于布放在室外标准 300mm 机柜
S5720-32P-EI-AC	• 24×10/100/1000Base-T 以太网端口，8×1 Gig SFP+端口。 • 2×QSFP+专用堆叠端口。 • 已默认配置 AC 电源供电，电源插口前置；可扩展 RPS 电源。 • 220mm 深度，便于布放在室外标准 300mm 机柜
S5720-52X-EI-AC	• 48×10/100/1000Base-T 以太网端口，4×10 Gig SFP＋端口。 • 2×QSFP+专用堆叠端口。 • 已默认配置 AC 电源供电，可扩展 RPS 电源。 • 220mm 深度，便于布放在室外标准 300mm 机柜
S5720-50X-EI-AC S5720-50X-EI-DC	• 46×10/100/1000Base-T 以太网端口，4×10 Gig SFP＋端口。 • 2×QSFP+专用堆叠端口。 • 已默认配置 AC/DC 电源供电，电源插口前置；可扩展 RPS 电源。 • 220mm 深度，便于布放在室外标准 300mm 机柜
S5720-52P-EI-AC	• 48×10/100/1000Base-T 以太网端口，4×1 Gig SFP＋端口。 • 2×QSFP+专用堆叠端口。 • 已默认配置 AC 电源供电，可扩展 RPS 电源。 • 220mm 深度，便于布放在室外标准 300mm 机柜
S5720-36C-EI-28S-AC S5720-36C-EI-28S-DC	• 28×10/100/1000Base-T 以太网端口，4×1 Gig SFP Combo 端口，4×10 Gig SFP＋端口。 • 可插拔双电源，支持交流或直流供电，已默认配置 1 个 AC/DC 电源。

（续表）

产品型号	基本特性
S5720-36C-EI-28S-AC S5720-36C-EI-28S-DC	• 单子卡槽位，支持 2×10 Gig SFP+、2×10 Gig Base-T 或 2×QSFP 专用堆叠接口子卡
S5720-56C-EI-48S-AC S5720-56C-EI-48S-DC	• 48×1 Gig SFP 端口，4×10 Gig SFP＋端口。 • 可插拔双电源，支持交流或直流供电，已默认配置 1 个 AC/DC 电源。 • 单子卡槽位，支持 2×10 Gig SFP+、2×10 Gig Base-T 或 2×QSFP 专用堆叠接口子卡
S5720-32X-EI-24S-AC S5720-32X-EI-24S-DC	• 24×1 Gig SFP 端口，4×10/100/1000Base-T 以太网端口，4×10 Gig SFP+。 • 2×QSFP+专用堆叠端口。 • 已默认配置 AC/DC 电源供电，电源插口前置；可扩展 RPS 电源。 • 220mm 深度，便于布放在室外标准 300mm 机柜
S5720-50X-EI-46S-AC S5720-50X-EI-46S-DC	• 46×1 Gig SFP 端口，4×10 Gig SFP+端口。 • 2×QSFP+专用堆叠端口。 • 已默认配置 AC/DC 电源供电，电源插口前置；可扩展 RPS 电源。 • 220mm 深度，便于布放在室外标准 300mm 机柜

5．S5720-HI 子系列盒式敏捷交换机

• 交换容量：598Gbit/s/5.98Tbit/s。
• 包转发率
　➢ S5720-32C-HI-24S-AC：216Mpps。
　➢ S5720-56C-HI-AC、S5720-56C-PWR-HI-AC 和 S5720-56C-PWR-HI-AC1：252Mpps

S5720-32C-HI-24S-AC	• 24 个吉比特 SFP，8 个复用的吉比特 10/100/1000Base-T 以太网端口 Combo，上行支持 4×10GE SFP+固定端口，4×10GE SFP+插卡。 • 内置 1 个 AC 电源，支持 1+1 电源备份，AC、DC 及 AC/DC 电源混插
S5720-56C-HI-AC	• 48 个 10/100/1000Base-T 以太网端口，上行支持 4×10GE SFP+固定端口，4×10GE SFP+插卡。 • 内置 1 个 AC 电源，1+1 电源备份，支持 AC、DC 及 AC/DC 混插
S5720-56C-PWR-HI-AC S5720-56C-PWR-HI-AC1	• 48 个 10/100/1000Base-T 以太网端口，上行支持 4×10GE SFP+固定端口，4×10GE SFP+插卡。 • 内置 1 个 AC 电源，1+1 电源备份，支持 AC 电源。 • 支持 PoE+，PoE

6．S5730-SI 子系列新一代标准型吉比特交换机

• 交换容量：680 Gbit/s/6.8 Tbit/s。
• 包转发率
　➢ S5730-48C-SI-AC、S5730-48C-PWR-SI-AC：444 Mpps。
　➢ S5730-68C-SI-AC、S5730-68C-PWR-SI-AC 和 S5730-68C-PWR-SI：420 Mpps

S5730-48C-SI-AC	• 24×10/100/1000Base-T 以太网端口，8×10 Gig SFP＋端口。 • 单子卡槽位，支持 4×40GE QSFP+接口卡。 • 可插拔双电源，支持交流或直流供电，默认配置 1 个 150W AC 电源
S5730-48C-PWR-SI-AC	• 24×10/100/1000Base-T 以太网端口，8×10 Gig SFP＋端口。 • 单子卡槽位，支持 4×40GEQSFP+接口卡。 • 可插拔双电源，支持交流或直流供电，默认配置 1 个 500W AC 电源。 • PoE+

（续表）

产品型号	基本特性
S5730-68C-SI-AC	• 24×10/100/1000Base-T 以太网端口，8×10 Gig SFP＋端口。 • 单子卡槽位，支持 4×40GE QSFP+接口卡。 • 可插拔双电源，支持交流或直流供电，默认配置 1 个 150W AC 电源
S5730-68C-PWR-SI-AC	• 48×10/100/1000Base-T 以太网端口，4×10 Gig SFP+端口。 • 单子卡槽位，支持 4×40GE QSFP+接口卡。 • 可插拔双电源，支持交流或直流供电，默认配置 1 个 500W AC 电源。 • PoE+
S5730-68C-PWR-SI	• 48×10/100/1000Base-T 以太网端口，4×10 Gig SFP+端口。 • 单子卡槽位，支持 4×40GE QSFP+接口卡。 • 可插拔双电源，支持交流或直流供电。 • PoE+

7．S5730S-EI 子系列新一代增强型吉比特交换机

• 交换容量：680 Gbit/s/6.8 Tbit/s。
• 包转发率
  ➢ S5730S-48C-EI-AC、S5730S-48C-PWR-EI：444 Mpps。
  ➢ S5730S-68C-EI-AC、S5730S-68C-PWR-EI：420 Mpps

产品型号	基本特性
S5730S-48C-EI-AC	• 24×10/100/1000Base-T 以太网端口，8×10 Gig SFP＋端口。 • 单子卡槽位，支持 4×40 Gig QSFP+接口卡。 • 可插拔双电源，支持交流或直流供电，默认配置 1 个 150W AC 电源
S5730S-48C-PWR-EI	• 24×10/100/1000Base-T 以太网端口，8×10 Gig SFP＋端口。 • 单子卡槽位，支持 4×40 Gig QSFP+接口卡。 • 可插拔双电源，支持交流或直流供电。 • PoE+
S5730S-68C-EI-AC	• 48×10/100/1000Base-T 以太网端口，4×10 Gig SFP+端口。 • 单子卡槽位，支持 4×40 Gig QSFP+接口卡。 • 可插拔双电源，支持交流或直流供电，默认配置 1 个 150W AC 电源
S5730S-68C-PWR-EI	• 48×10/100/1000Base-T 以太网端口，4×10 Gig SFP+端口。 • 单子卡槽位，支持 4×40 Gig QSFP+接口卡。 • 可插拔双电源，支持交流或直流供电。 • PoE+

1.1.5　S6700 系列交换机

S6700 系列以太网交换机是华为公司自主开发的下一代**全十吉比特**盒式交换机，可用于数据中心十吉比特服务器接入和园区网的核心层。

S6700 是业内最高性能的盒式交换机之一，**提供全线速十吉比特接入接口和 40GE 上行接口**（从 V200R008C00 版本开始支持 40GE），使十吉比特服务器高密度接入和园区网高密度 40GE 核心或汇聚成为可能。同时，S6700 支持丰富的业务特性、完善的安全控制策略、丰富的 QoS 等特性以满足数据中心的扩展性、可靠性、可管理性、安全性等诸多挑战。

目前 S6700 系列所包括的机型比几年前丰富了许多，包括 S6720-LI、S6720-SI、S6720-EI 和 S6720-HI 4 个子系列，其主要机型、基本性能和基本硬件配置见表 1-5。

表 1-5　　　　　　　　　　　S6700 系列主要机型及基本硬件配置

产品型号	基本特性
1．S6720-LI 子系列精简型十吉比特交换机	

• 交换容量：1.28Tbit/s/12.8Tbit/s。
• 包转发率
  ➤ S6720-16X-LI-16S-AC、S6720S-16X-LI-16S-AC：240Mpps。
  ➤ S6720-26Q-LI-24S-AC、S6720S-26Q-LI-24S-AC、S6720-32X-LI-32S-AC 和 S6720S-32X-LI-32S-AC：480Mpps	

S6720-16X-LI-16S-AC S6720S-16X-LI-16S-AC	• 16×10 Gig SFP+端口。 • 内置 AC 电源，RPS 冗余电源
S6720-26Q-LI-24S-AC S6720S-26Q-LI-24S-AC	• 24×10 Gig SFP+端口，2×40 Gig QSFP+端口。 • 内置 AC 电源，RPS 冗余电源
S6720-32X-LI-32S-AC S6720S-32X-LI-32S-AC	• 32×10 Gig SFP+端口。 • 内置 AC 电源，RPS 冗余电源
2．S6720-SI 子系列多速率十吉比特交换机	

• 交换容量：2.56 Tbit/s/23.04Tbit/s
• 包转发率
  ➤ S6720-26Q-SI-24S-AC、S6720S-26Q-SI-24S-AC 和 S6720-32X-SI-32S-AC：480Mpps。
  ➤ S6720-32C-SI-AC、S6720-32C-SI-DC、S6720-32C-PWH-SI-AC、S6720-32C-PWH-SI、S6720-56C-PWH-SI-AC、S6720-56C-PWH-SI 和 S6720-52X-PWH-SI：780Mpps	

S6720-26Q-SI-24S-AC S6720S-26Q-SI-24S-AC	• 24×10 Gig SFP+端口，上行 2×40 Gig QSFP+端口。 • 可插拔双电源，支持交流供电
S6720-32X-SI-32S-AC	• 32×10 Gig SFP+端口。 • 可插拔双电源，支持交流供电
S6720-32C-SI-AC S6720-32C-SI-DC	• 多速率款型。 • 24×100M/1G/2.5G/5G/10GBase-T 以太网端口，4×10 Gig SFP+。 • 1 个扩展插槽。 • 可插拔双电源，支持交流或者直流供电。 • PoE++
S6720-32C-PWH-SI-AC S6720-32C-PWH-SI-DC	• 多速率款型。 • 24×100M/1G/2.5G/5G/10GBase-T 以太网端口，4×10 Gig SFP+。 • 1 个扩展插槽。 • 可插拔双电源，支持交流或者直流供电。 • PoE++
S6720-56C-PWH-SI-AC S6720-56C-PWH-SI-DC	• 多速率款型。 • 32×10/100/1000Base-T 以太网端口，16×100M/1G/2.5G/ 5G/10GBase-T 以太网端口，4×10 Gig SFP+。 • 1 个扩展插槽。 • 可插拔双电源，支持交流或者直流供电。 • PoE++
S6720-52X-PWH-SI	• 多速率款型。 • 48×100M/1G/2.5G/5G/10GBase-T 以太网端口，4×10 Gig SFP+。 • 可插拔双电源，支持交流或者直流供电。 • PoE++

（续表）

产品型号	基本特性
3. S6720-EI 子系列增强型十吉比特交换机	
• 交换容量：2.56Tbit/s/23.04Tbit/s。 • 包转发率 　➤ S6720-30C-EI-24S-AC、S6720-30C-EI-24S-DC：720 Mpps。 　➤ S6720-54C-EI-48S-AC、S6720-54C-EI-48S-DC：1080 Mpps。 　➤ S6720S-26Q-EI-24S-AC、S6720S-26Q-EI-24S-DC：480 Mpps	
S6720-30C-EI-24S-AC S6720-30C-EI-24S-DC	• 24×10 Gig SFP+端口，2×40 Gig QSFP+端口。 • 可插拔双电源，支持交流或者直流供电。 • 1 个扩展插槽，支持 4×40 Gig QSFP+插卡或 8×10 Gig SFP+插卡（支持 MACsec）
S6720-54C-EI-48S-AC S6720-54C-EI-48S-DC	• 48×10 Gig SFP+端口，2×40 Gig QSFP +端口。 • 可插拔双电源，支持交流或者直流供电。 • 1 个扩展插槽，支持 4×40 Gig QSFP+插卡或 8×10 Gig SFP+插卡（支持 MACsec）
S6720S-26Q-EI-24S-AC	• 24×10 Gig SFP+端口，2×40 Gig QSFP +端口。 • 可插拔双电源，支持交流供电
4. S6720-HI 子系列敏捷十吉比特交换机	
• 交换容量：2.56Tbit/s/23.04Tbit/s。 • 包转发率 　➤ S6720-50L-HI-48S：1200Mpps。 　➤ S6720-30L-HI-24S：900Mpps	
S6720-30L-HI-24S	• 24×10 Gig SFP+端口，4×40 Gig QSFP+端口，2×100 Gig QSFP28 端口。 • 电源可插拔，支持 1+1 电源冗余
S6720-50L-HI-48S	• 48×10 Gig SFP+端口，6×40 Gig QSFP+或 44×10 Gig SFP+端口，4×40 Gig QSFP+端口，2×100 Gig QSFP28 端口。 • 电源可插拔，支持 1+1 电源冗余

1.1.6　S7700 系列交换机

S7700 系列智能路由交换机是华为公司面向下一代企业网络架构而推出的新一代高端智能路由交换机。该产品基于华为公司智能多层交换的技术理念，在提供稳定、可靠、安全的高性能 L2/L3 层交换服务的基础上，进一步提供 MPLS VPN、业务流分析、完善的 QoS 策略、可控组播、资源负载均衡、一体化安全等智能业务优化手段，同时具备超强的扩展性和可靠性。

S7700 广泛适用于园区网络和数据中心网络，通常作为中小型企业或园区网络的核心交换机，也可作为大型园区网的汇聚层交换机，可对无线、话音、视频和数据融合网络进行先进的控制，帮助企业构建交换路由一体化的端到端融合网络。

S7700 产品为满足不同用户的需求，同时提供 S7703、S7706、S7710 和 S7712 4 款产品，各自的基本性能和硬件配置见表 1-6，用户可以根据不同的网络需求进行灵活的选择。

表 1-6　　　　　　　　　　S7700 系列的主要机型、基本性能和基本硬件配置

产品型号	基本特性
S7703	• 5 个总槽位，3 个业务槽位。 • 双主控，电源备份。 • 整机支持 144×10GE/24×40GE/12×100GE 端口。 • PoE+。 • 交换容量：19.2/48Tbit/s。 • 包转发率：1440/16560Mpps
S7706	• 8 个总槽位，6 个业务槽位。 • 双主控，电源备份。 • 整机支持 288×10GE 端口/48×40GE/24×100GE 端口。 • PoE+。 • 交换容量：19.84/86.4Tbit/s。 • 包转发率：2880/26400Mpps
S7710	• 14 个总槽位，10 个业务槽位。 • 双主控（集成交换网板功能），2 块独立交换网板。 • 整机支持 480×10GE 端口/160×40GE/80×100GE 端口。 • 交换容量：64.32/256Tbit/s。 • 包转发率：8400/72000Mpps
S7712	• 14 个总槽位，12 个业务槽位。 • 双主控，电源备份。 • 整机支持 576×10GE/96×40GE/48×100GE 端口。 • PoE+。 • 交换容量：27.52/153.6Tbit/s。 • 包转发率：2880/48960Mpps

1.1.7　S7900 系列交换机

S7900 系列核心路由交换机是华为公司面向下一代企业网络架构而推出的新一代高端核心路由交换机。该产品基于华为公司智能多层交换的技术理念，在提供稳定、可靠、安全的高性能 L2/L3 层交换服务的基础上，进一步提供 MPLS VPN、业务流分析、完善的 QoS 策略、可控组播、资源负载均衡、一体化安全等智能业务优化手段，同时具备超强的扩展性和可靠性。

S7900 广泛适用于园区网络和数据中心网络，通常是作为中小型企业或园区网络的核心交换机，也可作为大型园区网的汇聚层交换机，可对无线、话音、视频和数据融合网络进行先进的控制，帮助企业构建交换路由一体化的端到端融合网络。

S7900 产品为满足不同用户的需求，提供了 S7905、S7908 两款产品，各自的基本性能见表 1-7，用户可以根据不同的网络需求进行灵活的选择。

表 1-7　　　　　　　　　S7900 系列的主要机型和基本性能

项目	S7905	S7908
交换容量	19.2/48Tbit/s	19.84/86.4Tbit/s
包转发率	1440/16560Mpps	2880/26400Mpps

（续表）

项目	S7905	S7908
主控板槽位	2	2
业务槽位	3	6
冗余设计	主控、电源、监控板、风扇框	

1.1.8　S9700 系列交换机

S9700 核心路由交换机是华为公司面向下一代园区网核心和数据中心业务汇聚而专门设计开发的高端智能 T 比特核心路由交换机。该产品是基于华为公司自主研发的通用路由平台 VRP 开发，在提供高性能的 L2/L3 层交换服务的基础上，进一步融合了 MPLS VPN、硬件 IPv6、桌面云、视频会议、无线等多种网络业务，提供不间断升级、不间断转发、硬件 OAM/BFD、环网保护等多种高可靠技术，在提高用户生产效率的同时，保证了网络最大的正常运行时间，从而降低了客户的总拥有成本（TCO）。

S9700 产品为满足不同用户的需求，提供了 S9703、S9706 和 S9712 3 款产品，基本性能见表 1-8，用户可以根据不同的网络需求进行灵活的选择。

表 1-8　　　　　　　　　　S9700 系列的主要机型和基本性能

项目	S9703	S9706	S9712
交换容量	23.04Tbit/s/96Tbit/s	46.72Tbit/s/153.6Tbit/s	69.76Tbit/s/268.8Tbit/s
包转发率	2160Mpps/18000Mpps	2880Mpps/46080Mpps	3840Mpps/80640Mpps
最大端口密度	144×GE/144×10GE/24×40GE/6×100GE	288×GE/288×10GE/48×40GE/12×100GE	576×GE/576×10GE/96×40GE/24×100GE
业务槽位	3	6	12
冗余设计	主控、电源、监控板、风扇框		

1.1.9　S12700 系列交换机

S12700 系列交换机是华为公司面向下一代园区网核心而专门设计开发的敏捷交换机。S12700 系列交换机采用全可编程架构，满足用户灵活快速的定制需求，助力用户将网络平滑演进至 SDN（Software Defined Networking，软件定义网络）；基于华为公司自主研发的 ENP（Ethernet Network Processor，以太网络处理器），内置硬件随板 AC，实现有线、无线的真正融合；支持统一的用户管理功能，提供精细化的用户和业务管理。

S12700 系列交换机基于华为公司自主研发的通用路由平台 VRP，在提供高性能的 L2/L3 交换服务的基础上，进一步融合了 MPLS VPN、硬件 IPv6、桌面云、视频会议等多种网络业务。S12700 系列交换机提供不间断升级、不间断转发、CSS2 交换网硬件集群（主控 1＋N 备份）、硬件 Eth-OAM/BFD、环网保护等多种高可靠技术，在提高用户生产效率的同时，保证了网络最大正常运行时间，从而降低了用户的总拥有成本（TCO）。

S12700 产品为满足不同用户的需求，提供了 S12704、S12708、S12710 和 S12712 4 款产品，基本性能和硬件配置见表 1-9，用户可以根据不同的网络需求进行灵活的选择。

表 1-9　　　　　　　　　　　　S12700 系列的主要机型和基本性能

产品型号	基本特性
S12704	• 8 个总槽位，4 个业务槽位。 • 双主控，2 块独立交换网板，主控交换分离。 • 整机支持 192×10GE/64×40GE/32×100GE 端口。 • 交换容量：28.8Tbit/s/102.4Tbit/s。 • 包转发率：3600Mpps/24000Mpps
S12708	• 14 个总槽位，8 个业务槽位。 • 双主控，4 块独立交换网板，主控交换分离。 • 整机支持 384×10GE/128×40GE/64×100GE 端口。 • 交换容量：52.48Tbit/s/204.8Tbit/s。 • 包转发率：7200Mpps/48000Mpps
S12710	• 14 个总槽位，10 个业务槽位。 • 双主控（集成交换网板功能），2 块独立交换网板。 • 整机支持 480×10GE/160×40GE/80×100GE 端口。 • 交换容量：64.32Tbit/s/256Tbit/s。 • 包转发率：8400Mpps/72000Mpps
S12712	• 18 个总槽位，12 个业务槽位。 • 双主控，4 块独立交换网板，主控交换分离。 • 整机支持 576×10GE/192×40GE/96×100GE 端口。 • 交换容量：78.08Tbit/s/307.2Tbit/s。 • 包转发率：10080Mpps/86400Mpps

1.2　VRP 系统基础

VRP（Versatile Routing Platform，通用路由平台）是华为公司数据通信产品的通用网络操作系统平台，应用于包括路由器、交换机、防火墙、WLAN 等众多系列产品。本书以目前最新的 V200R013C00 软件包版本为例进行介绍。

1.2.1　VRP 命令行格式约定

用户可通过在 VRP 命令行界面（CLI）下键入文本类配置或管理命令，按下回车键即可把相应的命令提交给设备执行，从而实现对设备的配置与管理，并可以通过执行相关命令查看输出信息、确认配置结果。与 CLI 相对的就是我们通常所说的 GUI（Graphical User Interface，图形用户界面），如我们常用的 Windows 操作系统，是通过鼠标单击相关选项进行设置的。但在 CLI 下可以一次输入含义更为丰富的指令，系统响应更迅速。

在华为设备 VRP 系统中，命令行格式的约定见表 1-10。了解这些格式的约定，对于理解各个配置或管理命令中的关键字、参数、选项非常重要。本书中的命令行输入格式遵照表 1-10 中的约定。

例如 **authentication-mode** { **aaa** | **password** }命令是用来设置登录用户界面的验证方式，其中 **authentication-mode** 为命令行关键字；{ **aaa** | **password** }中的 **aaa** 和 **password**

是两个选项，表示从这两个选项中选取一个。再如 **vlan batch** { *vlan-id1* [**to** *vlan-id2*] } &<1-10> 命令是用来指创建 VLAN 的，其中的 **vlan batch** 为命令行关键字，*vlan-id1* 为参数，**to** *vlan-id2* 为可选参数，&<1-10>表示前面的 VLAN ID 或者 VLAN ID 范围可最多重复 10 次。

表 1-10　　　　　　　　　　　　　**VRP 命令行格式约定**

格式	意义
粗体	命令行关键字或选项（命令中保持不变、必须全部照输的部分）。在命令格式中采用加粗字体表示，但在配置的具体命令中仍为正常体输入，**输入时不区分大小写**
斜体	命令行参数（命令中必须由对应参数的实际值进行替代的部分）。在命令格式中采用斜体表示，但在配置的具体命令中仍为正常体输入
[ ]	表示用"[ ]"括起来的部分在命令配置时是可选的
{ x | y | ... }	表示必须要从两个或多个选项、参数中选取一个
[x | y | ...]	表示可从两个或多个选项、参数中选取一个或者全部不选
{ x | y | ... }*	表示必须要从两个或多个选项、参数中选取一个或多个，最多可全部选取
[x | y | ...]*	表示可从两个或多个选项、参数中选取一个或多个，或者全部不选
&<1-n>	表示符号&前面的选项、参数可以重复 1~n 次
#	表示由"#"开始的行为注释行

这些不同格式的具体说明在本书后面会有全面的体现。

1.2.2　VRP 命令行视图

"视图"是 VRP 命令接口界面，不同的 VRP 命令需要在其对应的视图下才能执行（**为了方便使用，大多数 display 命令可以在任意视图下执行**），在不同的视图下也配置有不同功能的命令。在 VRP 系统中，命令行视图是分层次的，要进行各种功能配置，必须先进入系统视图，然后从系统视图下再进入对应功能视图才可以配置。有些功能配置，不能直接在对应功能的主视图下进行，还必须再进入功能主视图下面的对应子视图才能进行。

如要配置某个 OSPF 区域为 stub 区域，必须先执行 **system-view** 命令进入系统视图，然后再执行 **ospf** [*process-id*]命令进入 OSPF 路由进程视图，再执行 **area** *area-id* 命令后才能创建对应的 OSPF 区域，最后再在该区域视图下执行 **stub** 命令才能把该区域配置为 stub 区域。

1. VRP 系统主要的命令行视图

VRP 系统的命令行界面分为若干个命令视图，所有命令都注册在某个（或某些）命令视图下。当使用某个命令时，需要先进入这个命令所在的视图。各命令行视图是针对不同的配置要求实现的，它们之间既有联系又有区别。目前在 S 系列园区交换机中，最常见的命令视图、视图功能、提示符示例，以及进入和退出对应视图的方法见表 1-11（**仅列举了部分交换机配置中最常见的视图，不包括全部**）。

表 1-11　　　　　　　**交换机 VRP 系统常见命令视图及进入/退出方法**

视图	功能	提示符示例	进入命令示例	退出命令
用户视图	查看交换机的简单运行状态和统计信息	<HUAWEI>	与交换机建立连接即进入	**quit**，断开与交换机的连接
系统视图	配置系统参数	[HUAWEI]	在用户视图下键入 **system-view**	**quit** 或 **return**，或 Ctrl+Z 组合键返回用户视图

（续表）

视图	功能	提示符示例	进入命令示例	退出命令
以太网端口视图	配置以太网端口参数	[HUAWEI-Ethernet0/0/1]	百兆以太网端口视图在系统视图下键入 **interface** ethernet 0/0/1	
		[HUAWEI-GigabitEthernet0/0/1]	吉比特以太网端口视图在系统视图下键入 **interface** gigabitethernet 0/0/1	
		[HUAWEI-XGigabitEthernet0/0/1]	十吉比特以太网端口视图在系统视图下键入 **interface** XGigabit Ethernet 0/0/1	
NULL接口视图	配置 NULL 接口视图参数	[HUAWEI-NULL0]	在系统视图下键入 **interface** null 0	
Tunnel接口视图	配置隧道接口视图参数	[HUAWEI-Tunnel0]	在系统视图下键入 **interface** tunnel 0	
LoopBack接口视图	配置LoopBack接口参数	[HUAWEI-LoopBack0]	在系统视图下键入 **interface** loopback 0	
Eth-Trunk接口视图	配置Eth-Trunk接口参数	[HUAWEI-Eth-Trunk1]	在系统视图下键入 **interface Eth-Trunk 1**	**quit**，返回系统视图；**return**，或"Ctrl+Z"组合键返回用户视图
VLAN视图	配置 VLAN 参数	[HUAWEI-vlan1]	在系统视图下键入 **vlan** 1	
VLAN接口视图	配置 VLAN 接口参数	[HUAWEI-Vlanif1]	在系统视图下键入 **interface vlanif** 1	
本地用户视图	配置本地用户参数	[HUAWEI-luser-user1]	在 aaa 视图下键入 **local-user** user1	
VTY 用户界面视图	配置单个或多个 VTY 用户界面参数	[HUAWEI-ui-vty1] 或 [HUAWEI-ui-vty1-3]	在系统视图下键入 **user-interface** vty 1 或 **user-interface** vty 1 3	
Console用户界面	配置 Console 用户界面参数	[HUAWEI-ui-console0]	在系统视图下键入 **user-interface** console 0	
FTP Client视图	配置 FTP Client 参数	[ftp]	在用户视图下键入 **ftp** 10.1.1.1	
SFTP Client 视图	配置 SFTP client 参数	sftp-client>	在系统视图下键入 **sftp** 10.1.1.1	
基本ACL 视图	定义基本 ACL 的子规则（取值范围为 2000～2999）	[HUAWEI-acl-basic-2000]	在系统视图下键入 **acl number** 2000	
高级ACL 视图	定义高级 ACL 的子规则（取值范围为 3000～3999）	[HUAWEI-acl-adv-3000]	在系统视图下键入 **acl number** 3000	
二层ACL 视图	定义二层 ACL 的子规则（取值范围为 4000～4999）	[HUAWEI-acl-L2-4000]	在系统视图下键入 **acl number** 4000	**quit**，返回系统视图；**return**，或"Ctrl+Z"组合键返回用户视图
用户自定义 ACL 视图	定义用户自定义 ACL 的子规则（取值范围为 5000～5999）	[HUAWEI-acl-user-5000]	在系统视图下键入 **acl number** 5000	

说明　VRP 命令行提示符"HUAWEI"是 VRP 系统缺省的主机名（sysname），可以通过命令改变。通过提示符可以判断当前所处的视图，例如："<HUAWEI>"表示用户视图，"[HUAWEI]"表示系统视图，"[HUAWEI-]"表示系统视图下的其他子视图。有些在系统视图下可以执行的命令，在其他视图下也可以执行，但最终该命令功能的作用范围与所执行该命令的视图密切相关。如有些功能实现命令既可在系统视图下执行，又可在具体接口视图下执行，但在两个视图下配置的生效范围是不一样的，系统视图下的配置是全局生效的，而接口下的配置仅在对应接口上生效。

用户可以在任意视图中执行"!"或"#"，然后加字符串，此时用户输入的将全（包括"!"和"#"在内）作为系统的注释行内容，不会产生对应的配置信息。

2．进入和退出 VRP 命令行视图的方法

前面已介绍，VRP 系统的命令行视图是分层次的，当前所在视图可能是经过多次执行对应命令后，从最初的命令行视图一级级进入的，所以退出命令行视图也就分回退一级，还是回退多级。如果只需从当前视图向上回退一级，可执行 **quit** 命令；如果想一次从当前视图回退到最低级的用户视图，可使用组合键<Ctrl+Z>，或者执行 **return** 命令。

VRP 系统命令行还具有智能回退功能，即在当前视图下执行某个命令，如果命令行匹配失败，会自动退到上一级视图进行匹配；如果仍然失败则继续退到上一级视图匹配，直到退到系统视图为止。我们在做实验时可能就有这方面的体验了。有时忘记先回退到上级对应视图，直接在当前视图下输入了本应在上级某视图中可执行的命令，结果发现可以正确执行，并且执行后又正确地进入到了某个命令行视图，这就是智能回退功能在起作用了。如在一个接口视图下输入 **interface** gigabitethernet0/0/1 命令，就像在系统视图下执行该命令一样，也可进入 GE0/0/1 接口视图。

1.2.3　编辑命令行

编辑命令行就是在命令行中输入要执行的命令。与在 PC 机命令行输入命令一样，VRP 的命令行中也存在一些编辑功能和操作快捷键。另外，在 VRP 系统命令行中还存在一些操作技巧。了解这些编辑功能、快捷键和操作技巧可大大提高配置与管理命令的输入效率。

1．VRP 命令行编辑功能

VRP 系统的命令行界面提供基本的命令行编辑功能，支持多行编辑，每条命令最大长度为 510 个字符，命令关键字不区分大小写，但命令中的参数是否区分大小写则由各参数的定义而定。用户可以使用系统提供的快捷键，完成对命令的快速输入，从而简化操作。一些常用的编辑功能见表 1-12。

表 1-12　　　　　　　　　　　　VRP 系统常用编辑功能

功能键	功能
普通按键	若编辑缓冲区未满，则插入到当前光标位置，并向右移动光标，否则，响铃告警
退格键 Backspace	删除光标位置的前一个字符，光标左移，若已经到达命令首，则响铃告警
左光标键←或<Ctrl+B>	光标向左移动一个字符位置，若已经到达命令首，则响铃告警
右光标键→或<Ctrl+F>	光标向右移动一个字符位置，若已经到达命令尾，则响铃告警

2．VRP 系统命令行快捷键

用户可以使用设备中的快捷键，完成对命令的快速输入，从而简化操作。VRP 系统中的快捷键分成两类，自定义快捷键和系统快捷键。

（1）自定义快捷键

VRP 系统自定义快捷键共有 4 个，包括<Ctrl+G>、<Ctrl+L>、<Ctrl+O>和<Ctrl+U>。用户可以通过 **hotkey { CTRL_G | CTRL_L | CTRL_O | CTRL_U }** *command-text* 命令自定义配置这 4 个快捷键关联的命令。参数 *command-text* 用来指定快捷键关联的命令行，对于由多个单词组成的命令，**即命令中间有空格时，需要对整个命令行使用双引号标识**，如 **hotkey ctrl_l** "display tcp status"，则表明把 **CTRL_L** 快捷键与 **display tcp status** 命令进行关联，按下这个快捷键就相当于执行了这个命令。对于单个单词的命令，即命令中没有空格时，不需要使用双引号。

以上这 4 个快捷键的缺省取值如下。

- <Ctrl+G>：对应 **display current-configuration** 命令，显示当前配置。
- <Ctrl+L>：对应 **display ip routing-table** 命令，显示 IP 路由表信息。
- <Ctrl+O>：对应 **undo debugging all** 命令，停止所有调试信息的输出。
- <Ctrl+U>：默认值为空，其功能为清除当前输入的字符或命令。

（2）系统快捷键

系统快捷键是系统中为特定功能固定设置的，其功能不能由用户定义。常用的系统快捷键见表 1-13。

表 1-13　　　　　　　　　　　　　VRP 系统快捷键

系统快捷键	说明
CTRL_A	将光标移动到当前行的开头
左光标键←或 CTRL_B	将光标向左移动一个字符
CTRL_C	停止当前正在执行的功能
CTRL_D	删除当前光标所在位置的字符
CTRL_E	将光标移动到当前行的末尾
右光标键→或 CTRL_F	将光标向右移动一个字符
CTRL_H	删除光标左侧的一个字符
CTRL_K	在连接建立阶段终止呼出的连接
CTRL_N	显示历史命令缓冲区中的后一条命令
CTRL_P	显示历史命令缓冲区中的前一条命令
CTRL_R	重新显示当前行信息
CTRL_T	终止呼出的连接
CTRL_V	粘贴剪贴板的内容
CTRL_W	删除光标左侧的一个字符串（字）
CTRL_X	删除光标左侧所有的字符
CTRL_Y	删除光标所在位置及其右侧所有的字符
CTRL_Z	返回到用户视图
CTRL_]	终止呼入的连接或重定向连接
ESC_B	将光标向左移动一个字符串（字）

（续表）

系统快捷键	说明
ESC_D	删除光标右侧的一个字符串（字）
ESC_F	将光标向右移动一个字符串（字）
ESC_N	将光标向下移动一行
ESC_P	将光标向上移动一行
ESC+<	将光标所在位置指定为剪贴板的开始位置
ESC+>	将光标所在位置指定为剪贴板的结束位置

3．VRP 命令行编辑操作技巧

有些命令关键字比较长，为了简化输入，VRP 系统提供了"不完整关键字输入"功能。即在当前视图下，当输入的字符能够匹配唯一的关键字时，可以不必输入完整的关键字，以提高输入的效率和正确性。

比如 **display current-configuration** 命令，可以在命令行中输入 **d cu**、**di cu** 或 **dis cu** 等都可以执行此命令，但不能输入 **d c** 或 **dis c** 等，因为以 d c、dis c 开头的命令不唯一。

注意 系统可正确执行的命令长度最大为 510 个字符，包括使用以上介绍的不完整格式的情况。但如果使用不完整格式进行配置，由于命令保存到配置文件中时使用的是完整格式，可能导致配置文件中存在长度超过 510 个字符的命令。系统重启时，这类命令将无法恢复。因此，在使用不完整格式的命令进行配置时，需要注意命令的总长度。

可以在输入不完整的关键字后按下<Tab>键，系统会自动按以下规则补全关键字。

① 如果与之匹配的关键字唯一，则系统用此完整的关键字替代原输入并换行显示，光标距词尾空一格。

② 如果与之匹配的关键字不唯一，反复按<Tab>键可循环显示所有以输入字符串开头的关键字，此时光标距词尾没有空格。

③ 如果没有与之匹配的关键字，按<Tab>键后，换行显示，输入的关键字不变。

1.2.4　VRP 命令行在线帮助

由于 VRP 系统的命令非常多，许多不常用的命令，或者命令关键字比较长的命令都很难全部记清。这时可以使用 VRP 系统提供的在线帮助功能，从而无需记忆大量的、复杂的命令。

在线帮助通过键入"**?**"这个特殊的命令来获取，在命令行输入过程中，用户可以随时键入"**?**"以获得详尽的在线帮助。命令行在线帮助可分为完全帮助和部分帮助。

1．完全帮助

当用户输入命令时，可以使用命令行的完全帮助获取全部关键字或参数的提示。在任一命令视图下，键入"**?**"获取该命令视图下所有的命令及其简单的描述。如在用户视图下输入"**?**"命令即可显示当前产品的 VRP 系统的用户视图下所有可用的命令，这时可以通过查看各命令的功能说明或命令本身来确定所需要的命令，具体如下。

```
<HUAWEI> ?
User view commands:
    backup          Backup electronic elabel
```

```
cd              Change current directory
check           Check information
clear           Clear information
clock           Specify the system clock
compare         Compare function
...
```

还可以在一个命令关键字后面空一个空格后再键入"?"，如果该位置为关键字，则列出全部关键字及其简单的描述。下面的示例是在命令后面空一格再加上"?"，提示了两个可接的关键字。

```
<HUAWEI> system-view
[HUAWEI] user-interface vty 0 4
[HUAWEI-ui-vty0-4] authentication-mode ?
  aaa         AAA authentication
  password    Authentication through the password of a user terminal interface
```

如果"?"位置已没有任何参数或关键字，则显示空行。如下所示。

```
[HUAWEI-ui-vty0-4] authentication-mode aaa ?
  <cr>
```

在一个命令关键字后面空一个空格后再键入"?"，如果该位置为参数，则列出有关的参数名和参数的描述。同样如果"?"位置没有任何关键字或参数，则显示空行。示例如下。

```
<HUAWEI> system-view
[HUAWEI] ftp timeout ?
  INTEGER<1-35791>    The value of FTP timeout, the default value is 30 minutes
[HUAWEI] ftp timeout 35 ?
  <cr>
```

2．部分帮助

当用户输入命令时，如果只记得此命令关键字的开头一个或几个字符，可以使用命令行的部分帮助获取以该字符串开头的所有关键字的提示。可以采用以下几种方式来获取部分帮助。

① 键入一字符串，其后紧接"?"，即可列出以该字符串开头的所有关键字，示例如下。

```
<HUAWEI> d?
  debugging                    delete
  dir                          display
```

② 键入一条命令，在后面接的一字符串后面紧接"?"，即可列出以该字符串开头的所有关键字，示例如下。

```
<HUAWEI> display b?
  bootrom                      bpdu
  bpdu-tunnel                  bridge
  buffer
```

③ 输入命令的某个关键字的前几个字母，按下<Tab>键，可以显示出完整的关键字，前提是这几个字母可以唯一地标示出该关键字，否则，连续按下<Tab>键，可出现不同的关键字，用户可以从中选择所需要的关键字。

1.2.5　VRP 命令行的通用错误提示

用户在 VRP 命令行下面键入任何命令都需要经过语法检查，只有正确才执行，否则系统将会向用户报告错误信息。常见的错误提示信息见表 1-14。了解这些错误提示信息所代表的具体含义对于出现一些命令输入或执行错误很有帮助，可以及时发现一些命令输入的错误。

表 1-14　　　　　　　　　　　　　命令行常见错误提示信息

错误提示信息	错误原因
Error: Unrecognized command found at '^' position.	没有查找到命令，如所输入的命令本身有错误
	没有查找到关键字，如输入的命令关键字不正确
Error: Wrong parameter found at '^' position.	参数类型错，如对应位置本来没有某参数类型，而在命令中输入了某参数值
	参数值越界，如所输入的对应参数的值超出了其取值范围
Error:Incomplete command found at '^' position.	输入命令不完整，如所输入的命令必须要有的关键字或参数没有输入
Error:Too many parameters found at '^' position.	输入参数太多，如所输入的命令中有些参数在命令格式中根本不存在
Error:Ambiguous command found at '^' position.	输入命令不明确

1.2.6　undo 命令行

在 VRP 系统中，**undo** 格式命令比较特殊，几乎所有的配置命令（不包括管理类的命令）都有对应的 undo 命令格式，其中 **undo** 作为这些命令的关键字，即为 **undo** 命令行。

undo 命令行一般用来恢复缺省情况、禁用某个功能或者删除某项设置。如 **super password** [**level** *user-level*]　[**cipher** *password*]命令是用来设置对应用户级别的访问密码，如果要恢复对应用户级别的缺省无密码设置，即删除原来所设置的密码，则可使用 **undo super password** [**level** *user-level*]命令。这里要注意的是，**undo** 命令行格式有多种，并不都是直接在原命令前面加 **undo** 关键字（有时直接在原命令前面加 **undo** 关键字还会显示格式错误）。**undo** 命令行的格式总的来说就一个原则，**只要能让系统对所恢复的缺省配置、禁止的操作，或取消的配置具有唯一性判断即可，命令格式越简单越正确**。下面分别介绍。

1．不带原命令中的参数和选项

有的 **undo** 命令行只需在原命令的关键字前面加上 **undo** 关键字，后面的参数和选项都不用带，如 **sysname** *host-name* 的 **undo** 命令行 **undo sysname**，**authentication-mode** { **aaa** | **password** }的 **undo** 命令行 **undo authentication-mode**。

这类命令通常是一些配置值单一（具有唯一性）的命令，不能同时配置多个参数值或选择多个选项，前面提到的两条命令都属于这种类型。还有一种情况，那就是原命令根本不带参数和选项，主要是一些功能使能命令，如使能 telnet 服务的 **telnet server enable** 命令对应的 **undo** 命令行即为 **undo telnet server enable**。

2．仅带原命令中前面的部分参数或选项

有一些命令的 **undo** 命令行是需要带有部分参数和选项的，如 **super password** [**level** *user-level*] [**cipher** *password*]命令的 **undo** 命令行 **undo super password** [**level** *user-level*]，它只带了用户级别这个参数，后面的密码设置参数没有带。这类命令通常是带有多个包括关键字的参数、选项的命令，但这些参数、选项不是并列的，通常前面的参数或选项是主体，后面的参数或选项设置为作用在前面的主体参数或选项之上**且对于前面的主体参数或选项来说具有单一设置**，这时在取消设置时仅需要指出最前面一个或者多个主体参数或选项。如前面介绍的命令中 *user-level* 参数是后面 *password* 参数的主体，所以在其 **undo** 命令行没有包括 **cipher** *password* 可选参数。

　　3．带有原命令中全部的参数和选项

　　还有一些命令的 **undo** 命令行是需要带有全部的参数和选项，这些命令通常是带有多个并列的参数或选项，要删除设置时必须全部指定各参数的取值。如用来批量创建 VLAN 的 **vlan batch** { *vlan-id1* [**to** *vlan-id2*] } &<1-10>命令所对应的 **undo** 命令行为 **undo vlan batch** { *vlan-id1* [**to** *vlan-id2*] } &<1-10>，就带有原命令中的全部参数。这类命令的 **undo** 命令行如果不带上原命令的全部参数、选项，则在命令执行时系统无法确认所要恢复或删除的参数值。如这里的 **undo vlan batch** 命令不带任何参数，理论上来讲就是要删除所有的 VLAN，但事实上在大多数情况下不能这样操作，很危险；如果仅带了 *vlan-id1* 参数，则仅会删除对应的一个 VLAN，如果想要删除一个范围的 VLAN，必须同时带上 **to** *vlan-id2* 参数，如果要删除多个不连续范围的 VLAN，则还要同时指出由 &<1-10>决定的其他 VLAN ID 范围。

1.2.7　查看历史命令

　　VRP 命令行界面能够自动保存用户键入的历史命令。当用户需要输入之前已经执行过的命令时，可以调用命令行界面保存的历史命令，并重复执行，方便用户的操作。

　　缺省情况下，为每个登录用户保存 10 条历史命令。可以通过 **history-command max-size** *size-value* 命令在相应的用户界面视图下重新设置保存历史命令的条数，最大设置为 256。但不推荐用户将此值设置得过大，因为可能会花费较长时间才查看到所需要的历史命令，反而影响了效率。

　　对历史命令的操作方法见表 1-15。

表 1-15　　　　　　　　　　　　历史命令访问操作方法

操作任务	命令或功能键	结果
显示历史命令	**display history-command** [**all-users**]	不指定 **all-users** 可选项时，则显示当前用户键入的历史命令；指定 **all-users** 可选项时，则显示的是所有登录用户键入的历史命令
访问上一条历史命令	上光标键或者<Ctrl_P>组合键	如果还有更早的历史命令，则取出上一条历史命令，否则响铃警告
访问下一条历史命令	下光标键或者<Ctrl_N>组合键	如果还有更新的历史命令，则取出下一条历史命令，否则显示为空，响铃警告

　　在使用历史命令功能时，需要注意以下事项。

　　■　保存的历史命令与当时用户输入的命令格式相同，如果当时用户输入时使用了命令的不完整形式，保存的历史命令也是不完整形式。

　　■　如果用户多次执行同一条命令，则历史命令中只保留最近的一次。但如果执行时输入的形式不同，将作为不同的命令对待。

　　例如，多次执行 **display current-configuration** 命令，历史命令中只保存一条。如果

执行 **display current-configuration** 和**dis curr**，将保存为两条历史命令。

■ 当前用户的历史命令可以在所有视图下通过 **reset history-command** 命令进行清除，清除后则无法显示和访问之前执行过的历史命令。如果需要清除所有用户的历史命令，则需要 3 级及 3 级以上的用户（有关用户级别将在下节介绍）执行 **reset history-command** [**all-users**]命令进行清除。

1.2.8　VRP 命令级别与用户级别

为了增加设备命令行使用的安全性，在 VRP 系统中把所有命令分成了许多个不同的级别，使具有不同权限的用户可以使用不同级别的命令。不同级别的用户登录后，只能使用等于或低于自己级别所能使用的命令。

1. 用户级别与命令级别

缺省情况下，VRP 系统命令级别按 0～3 级进行注册，用户级别按 0～15 级进行注册，用户级别和命令级别的对应关系见表 1-16。

表 1-16　　　　　　　　　　　　VRP 用户级别和命令级别对应关系

命令级别	可用命令说明	可访问该级别命令的用户级别
0（参观级）	网络诊断工具命令（**ping**、**tracert**）、从本地设备访问外部交换机的命令（**telnet** 或 **stelnet**）、部分 **display** 命令等	所有级别（0～15 级）
1（监控级）	用于系统维护，包括一系列 **display** 等命令，但并不是所有 **display** 命令都是监控级，比如 **display current-configuration** 命令和 **display saved-configuration** 命令是 3 级管理级	不低于监控级（1～15 级）
2（配置级）	业务配置命令，包括路由、各个网络层次的命令，向用户提供直接网络服务	不低于配置级（2～15 级）
3（管理级）	用于系统基本运行的命令，包括用户管理、命令级别设置、系统参数设置、**debugging** 命令，以及系统支撑模块命令，如文件系统管理、FTP/TFTP 下载和配置文件切换命令	管理级（3～15 级）

2. 命令级别修改

如果用户需要实现权限的精细管理，可以通过以下两种方法提升某些命令的命令级别。但建议用户不要修改缺省的命令级别，以免造成命令级别和用户级别对应关系配置的混乱，给操作和维护上带来诸多不便，甚至给设备带来安全隐患。

方法一：使用 **command-privilege level rearrange** 命令（**需要用户确保自己的级别为 15 级，否则无法执行该命令**）将所有缺省注册为 2、3 级的命令对应提升到 10 和 15 级。原来的 0 级和 1 级命令保持级别不变，2～9 级和 11～14 级这些命令级别中没有命令。用户可以单独调整需要的命令到这些级别中，以实现用户权限的精细化管理。

注意 被提升的命令必须是没有被 **command-privilege level** *level* **view** *view-name command-key* 命令单独修改过，否则这些命令将维持原来的级别不变。可通过 **undo command-privilege level rearrange** 命令将原来批量提升到 10 或 15 级别的命令重新恢复到 2 或 3 级。但要注意，命令级别恢复的操作对象只能是原来已被 **command-privilege level rearrange** 命令批量提升的命令，被 **command-privilege level** *level* **view** *view-name* command-key 命令单独修改过的命令仍维持原来的级别不变。

在执行 **command-privilege level rearrange** 命令之后，原 2~9 级用户将无法执行默认注册为 2 级的命令行，原 3~14 级用户将无法执行默认注册为 3 级的命令行，因为这些命令级别已被提升到了 10 级和 15 级。但执行 **undo command-privilege level rearrange** 命令之后，原 3~14 级用户将可以执行默认注册为 3 级的命令行，原 2~9 级用户将可以执行默认注册为 2 级的命令行。

命令级别批量提升以后，**undo command-privilege level rearrange** 命令本身的级别被调整到了 15 级（它原来为 3 级命令），所以应该确保执行此命令的用户级别是 15 级。在没有被恢复之前，如果用户再次执行 **command-privilege level rearrange** 命令进行命令级别批量提升操作，此操作将会无效，所有命令的级别都将不会改变。

【示例 1】将所有命令级别批量提升，即将所有缺省注册为 2、3 级的命令，分别批量提升到 10、15 级。

```
<HUAWEI> system-view
[HUAWEI] command-privilege level rearrange
You have not set the super password corresponding to a Level 15 user.
It is recommended to quit the operation and set the password.
Are you sure to continue ?[ Y / N ] y
Info: The Command levels have been upgraded in batch !
```

方法二：使用 **command-privilege level** *level* **view** *view-name command-key* 命令将指定的命令提升到指定的命令级别。命令的参数说明如下。

■ *level*：指定命令新的命令级别，取值范围为 0~15 的整数。

■ *view-name*：指定要调整命令级别的命令所对应的命令行视图名称。shell 表示用户视图，system 表示系统视图，vlan 表示 VLAN 视图等。

■ *command-key*：指定要调整命令级别的具体命令（**是可执行的具体命令，不是带可变值参数的命令**），如果命令中包含多个关键字或参数，必须按照关键字或参数的执行顺序依次指定，否则配置无法生效，参数值必须在对应参数取值范围内。

缺省情况下，**ping**、**tracert**、**telnet** 等为访问级（0 级）；**display** 为监控级（1 级）；大部分的配置命令为配置级（2 级）；用户密钥设置、FTP、XModem、TFTP 以及文件系统操作的命令为管理级（3 级）。使用 **undo command-privilege** [**level** *level*] **view** *view-name command-key* 命令和 **undo command-privilege view** *view-name command-key* 命令都可以取消当前的设置，建议用户使用 **undo command-privilege view** *view-name command-key* 命令格式。

 使用此命令行设置指定视图内命令级别的规则如下。

■ 对目标命令行进行降级时，命令行中所有关键字都会降级。

■ 对目标命令行进行升级时，只有命令行中的最后一个关键字会升级。

■ 对目标命令行设置命令行级别时，则相同视图下的所有以此目标命令行为首的命令行级别都会被改变。如改变了系统视图下的 **ospf** 命令的级别，则所有在系统视图下以 **ospf** 为首的命令（如 **ospf cost**、**ospf enable**、**ospf bfd** 等）的级别也会随之改变。

■ 对目标命令行设置命令行级别时，和变更级别的关键字索引相同的其他命令中关键字级别也会被改变。如改变 **interface** gigabitethernet 0/0/1 命令的级别后，进入其他接口的 **interface** 命令的级别也会随之改变。

■　此命令有覆盖作用，索引相同的关键字级别如果被多次修改，则最后一次修改的级别生效。

【示例 2】将 **reboot** 命令的用户访问级别提高到 15 级。

```
<HUAWEI> system-view
[HUAWEI] command-privilege level 15 view shell reboot
```

【示例 3】取消设置 **reboot** 命令的用户访问级别是 15 级。

```
<HUAWEI> system-view
[HUAWEI] undo command-privilege view shell reboot
```

【示例 4】提升 **display nqa results** 命令的级别为 3。

```
<HUAWEI> system-view
[HUAWEI] command-privilege level 3 view shell display nqa results
```

【示例 5】降低 **interface** gigabitethernet 0/0/1 命令的级别为 0。

```
<HUAWEI> system-view
[HUAWEI] command-privilege level 0 view system interface gigabitethernet 0/0/1
```

1.2.9　配置用户级别和用户级别切换

为了限制用户对设备的访问权限，系统对用户进行了分级管理。用户的级别与命令级别对应，不同级别的用户登录后，只能使用等于或低于自己级别的命令，从而保证了设备的安全性。

1. 配置用户级别

上节已介绍到，VRP 系统命令的级别由低到高分为参观级、监控级、配置级和管理级 4 种，分别对应级别值 0、1、2、3，参见表 1-16。可通过 **user privilege** level *level* 命令配置用户级别，整数形式，取值范围是 0～15，*level* 取值越大，优先级越高。缺省情况下，Console 口用户界面下登录的用户级别是 15，而其他用户界面下登录的用户级别是 0。有关用户界面将在本书第 2 章介绍。

2. 用户级别的密码设置

为了防止未授权用户的非法侵入，可以为各个用户级别设置对应的密码，**但高级用户访问低级别用户时不需要切换用户级别**，也就不需要输入低级别的密码。

可在系统视图下使用 **super password** [**level** *user-level*] [**cipher** *password*] 命令为对应的命令级别设置保护密码。命令中的参数说明如下。

■　*user-level*：可选参数，指定要设置密码的用户级别，取值范围为 0～15 的整数。缺省情况下是对级别 3 设置密码。

■　**cipher** *password*：可选参数，不选择本可选参数时，密码以交互式输入，系统不回显密码。此时，输入的密码为字符串形式，区分大小写，长度范围是 8～16。**输入的密码至少包含两种类型的字符**，包括大写字母、小写字母、数字及特殊字符。特殊字符不包括"？"和空格。

选择 **cipher** *password* 参数时，密码可以以明文形式输入，也可以以密文形式输入。密码以明文形式输入时，密码设置要求与不选择本参数时一样；密码以密文形式输入时，密码的长度必须是 56 个连续字符串（**不能直接输入，只能从其他处复制得到**），且必须知道密文密码对应的明文形式，因为用户级别切换时必须输入明文形式的密码。无论是明文输入还是密文输入，配置文件中都以密文形式体现。因此设置了密码后，无法从系统取回，请妥善保管。

注意 对切换级别的密码进行修改时，如果当前用户级别比指定的需要切换的用户级别高且密码已经存在，不需要验证老密码；如果当前用户级别比指定的需要切换的用户级别低，则需要先输入正确的旧密码，否则会导致配置失败。

缺省情况下，所有用户级别都没有设置密码，可用 **undo super password** [**level** *user-level*]命令取消原来的密码设置。

3．切换用户级别

在从低级别用户切换到高级别用户时，要进行用户身份验证，即需要输入高级别用户的密码。方法是在系统视图下使用 **super** [*level*]命令进行操作切换，可选参数 *level* 是用来指定要切换的高用户级别，取值范围为 1～15 的整数，缺省级别为 3，即如果不带此参数，则执行的是切换到用户级别 3 的操作。

输入该命令后系统将在下面提示输入所要切换到的用户级别的密码，也就是前面介绍的通过 **super password** [**level** *user-level*] [**cipher** *password*]命令所设置的对应用户级别的访问密码，并提示仅可以使用切换后的用户级别，以及比该用户级别更低的所有用户级别的命令。用户键入的密码不显示在屏幕上，**如果 3 次以内输入正确的密码，则切换到高级别用户，否则保持当前的用户级别不变。**

1.3　查看命令行显示信息

在交换机的 VRP 命令行中配置了许多命令，如果想要查看以往的配置命令信息，将如何进行呢？本节将具体介绍查看命令行的显示信息，包括查询命令行的配置信息、控制命令行显示方式和过滤命令行显示信息 3 个方面。

1.3.1　查询命令行的配置信息

在完成一系列配置后，可以执行相应的 **display** 命令查看交换机的配置信息和运行信息。比如，在完成了 FTP 服务功能的各项配置后，可以执行 **display ftp-server** 命令查看当前 FTP 服务器的各项参数；完成了 VLAN 的各项配置后，可以执行 **display vlan** 命令查看所有的 VLAN 相关的配置信息；完成了 STP 的各项配置后，可以执行 **display stp** 命令查看 STP 相关的配置信息。

注意 在 **display** 命令的输出信息中，对于某些正在生效的配置参数，如果某参数的设置值采用了缺省值，则不会在输出信息中显示。如果要同时显示当前视图下未被修改的缺省配置，可以执行命令 **display this include-default** 进行查看。另外，对于某些参数，虽然用户已经配置，但如果这些参数所在的功能并没有生效，也不会在输出信息中显示。

1．查看当前生效的配置信息

VRP 系统还支持对当前生效的所有配置信息和当前视图下的所有配置信息进行分别

查看。执行 **display current-configuration** [**configuration** [*configuration-type* [*configuration-instance*]] | **interface** [*interface-type* [*interface-number*]]] [**feature** *feature-name* [**filter** *filter-expression*] | **filter** *filter-expression*]或 **display current-configuration** [**all** | **inactive**]命令即可查看当前生效的所有配置信息，也可通过其中的参数或关键字查看指定的配置类型、配置实例、接口或特性等配置信息，或由过滤条件，或由正则表达式过滤要显示的配置信息。显示的配置信息中，各部分是以"#"行分隔的。有关正则表达式将在 1.3.3 节具体介绍。以上两命令中的参数和选项说明如下。

① *configuration-type*：多选一可选参数，显示指定配置类型的配置（但依赖于系统当前已有的配置），如可显示 AAA 配置、系统配置、用户界面配置等。

② *configuration-instance*：可选参数，显示指定的 VPN 配置实例中的配置，VPN 实例名为 1～80 个字符。

③ *interface-type* [*interface-number*]：多选一可选参数，显示指定接口的配置。

④ *feature-name*：多选一可选参数，显示指定特性的配置。

⑤ *filter-expression*：可选参数，指定用于过滤配置信息的过滤表达式，为 1～255 个字符，不支持空格，不区分大小写。

⑥ **all**：二选一选项，指定显示所有板卡的配置信息，包括不在线的板卡的配置信息。

⑦ **inactive**：二选一选项，指定显示不在位的板卡的配置信息。

【示例 1】查看包含字符串"vlan"的所有配置信息。这是通过正则表达式来过滤显示信息的。

```
<HUAWEI> display current-configuration | include vlan
vlan batch 10   77    88
 port link-type trunk
 port trunk allow-pass vlan 10
```

【示例 2】查看 ftp 特性的配置信息。

```
<HUAWEI> display current-configuration feature ftp
#
FTP server enable
#
------------ END ------------
```

2．查看当前视图下正在运行的配置信息

可通过 **display this** 命令查看当前视图下正在运行的配置信息。当用户在某一视图下完成一组配置之后，需要验证配置是否正确，则可以执行本命令，但这仅显示当前视图下的生效配置。

1.3.2　控制命令行显示方式

设备中的部分命令执行后会出现提示、警告、执行结果等显示信息，用户可以控制这些显示信息的显示方式，以方便自己阅读。

① 提示和警告信息提供中、英文两种语言显示。可以通过 **language-mode** { **chinese** | **english** }命令切换语言模式，缺省情况下为英文模式。

② 当终端屏幕上显示的信息过多时，可以使用<PageUp>和<PageDown>显示上一页信息和下一页信息。

③ 当执行某一命令后，如果显示的信息超过一屏时，系统会自动暂停，以方便用户查看。此时用户可以通过功能键控制命令行的显示方式见表 1-17。当然，也可以事先通过 **screen-length** *screen-length* **temporary** 命令设置当前终端屏幕的临时显示行数，如果参数 *screen-length* 的取值为 0，则关闭分屏功能，即当显示的信息超过一屏时，系统不会自动暂停。

表 1-17　　　　　　　　　　　　　　命令行显示方式的控制方式

功能键	功能
按下<Ctrl_C>或<Ctrl_Z>组合键	停止显示或命令执行。也可以键入除空格键、回车键等的其他键（可以是数字键或字母键）停止显示和命令执行
键入空格键	继续显示下一屏信息
键入回车键	续续显示下一行信息

④ 设备除提供命令执行后的信息显示控制方法，还可以控制命令行输入时的回显模式。

命令行回显模式分为字符模式和行模式，可通过 **terminal echo-mode** { **character** | **line** }，设置命令行回显模式，缺省情况下为字符模式。

■ **character**：指定命令行回显模式是字符模式。输入命令行时，用户输入一个字符，系统回显一个字符。

■ **line**：指定命令行回显模式是行模式。输入命令行时，用户输入字符后，只有键入回车键、Tab 键或？键，系统才回显输入的字符。

通过网管操作设备时，为了提高网管操作设备的效率，可将命令行回显模式修改为 **line** 模式。普通用户建议使用 **character** 模式，否则会影响命令行的使用习惯，从而降低操作设备的效率。

1.3.3　过滤命令行显示信息

在通过 VRP 系统中的 **display** 命令查看显示信息时，可以使用正则表达式（即指定显示规则）来过滤显示信息。过滤命令行显示信息可以帮助用户迅速查找到所需要的信息。

过滤命令行显示信息的使用方法有以下两种。

① 在命令中指定过滤方式：在命令行中通过输入 **begin**、**exclude** 或 **include** 关键字加正则表达式的方式来过滤显示。**begin** 关键字是显示特定行和其以后的所有行，该特定行必须包含指定正则表达式；**exclude** 关键字用来显示不包含指定正则表达式的所有行；**include** 关键字用来指定只显示包含指定正则表达式的所有行。

② 在分屏显示时指定过滤方式：在分屏显示时，使用"/""-"或"+"符号加正则表达式的方式，可以对还未显示的信息进行过滤显示。其中，"/"等同关键字 **begin**；"-"等同关键字 **exclude**；"+"等同关键字 **include**。

1. 通过正则表达式过滤

正则表达式描述了一种字符串匹配的模式，由普通字符（例如字符 a～z）和特殊字符（或称"元字符"）组成。普通字符匹配的对象是普通字符本身。包括所有的大写和小写字母、数字、下划线、标点符号以及一些特殊符号。例如：a 匹配 abc 中的 a，20 匹配 20.1.1.1 中的 20，@匹配 xxx@xxx.com 中的@。特殊字符也称"元字符"（metacharacter），用来规定其他字符在目标对象中的出现模式。正则表达式中常见的特殊字符及含义见表 1-18。

表 1-18　　　　　　　　　　　　　　特殊字符及含义

特殊字符	功能	举例
\	转义字符。将下一个字符（特殊字符或者普通字符）标记为普通字符	*匹配*
^	匹配行首的位置	^10 匹配 10.10.10.1，不匹配 20.10.10.1
$	匹配行尾的位置	1$匹配 10.10.10.1，不匹配 10.10.10.2
*	匹配前面的子正则表达式零次或多次	10*可以匹配 1、10、100、1000、…… （10）*可以匹配空、10、1010、101010、……
+	匹配前面的子正则表达式一次或多次	10+可以匹配 10、100、1000、…… （10）+可以匹配 10、1010、101010、……
?	匹配前面的子正则表达式零次或一次。 【说明】当前，在华为公司数据通信设备上运用正则表达式输入? 时，系统显示为命令行帮助功能。华为公司数据通信设备不支持正则表达式输入? 特殊字符	10?可以匹配 1 或者 10 （10）?可以匹配空或者 10
.	匹配任意单个字符	0.0 可以匹配 0x0、020、…… .oo.可以匹配 book、look、tool、……
()	一对圆括号内的正则表达式作为一个子正则表达式，匹配子表达式并获取这一匹配。圆括号内可以为空	100（200）+可以匹配 100200、100200200、……
x|y	匹配 x 或 y	100|200 匹配 100 或者 200 1(2|3)4 匹配 124 或者 134,而不匹配 1234、14、1224、1334
[xyz]	匹配正则表达式中包含的任意一个字符	[123]匹配 255 中的 2
[^xyz]	匹配正则表达式中未包含的字符	[^123]匹配除 123 之外的任何字符
[a-z]	匹配正则表达式指定范围内的任意字符	[0-9]匹配 0~9 的所有数字
[^a-z]	匹配正则表达式指定范围外的任意字符	[^0-9]匹配所有非数字字符

2. 在命令中指定过滤方式

华为交换机可采用正则表达式实现管道符"|"的过滤功能，但并非所有 **display** 命令均支持管道符。当显示信息内容很多时，此 **display** 命令支持管道符；当显示信息内容很少时，此 **display** 命令不支持管道符。

按过滤条件进行查询时，显示内容的第一行信息中以包含该字符串的整条信息作为起始。在支持正则表达式的命令中，有 3 种过滤方式可供选择。

■ | **begin** *regular-expression*：输出以匹配指定正则表达式的行开始的所有行。即过滤掉所有待输出字符串，直到出现指定的字符串（此字符串区分大小写）为止，其后的所有字符串都会显示到界面上。

■ | **exclude** *regular-expression*：输出不匹配指定正则表达式的所有行。即待输出的字符串中如果没有包含指定的字符串（此字符串区分大小写），则会显示到界面上；否则过滤不显示。

■ | **include** *regular-expression*：只输出匹配指定正则表达式的所有行。即待输出的字符串中如果包含指定的字符串（此字符串区分大小写），则会显示到界面上；否则过滤不显示。

【示例 1】执行命令 **display interface brief**，显示不匹配正则表达式"Ethernet|NULL|Tunnel"的所有行。其中管道符中包括的"Ethernet|NULL|Tunnel"表示只要匹配"Ethernet"、"NULL"或"Tunnel"其中一个即不显示。

```
<HUAWEI> display interface brief | exclude Ethernet|NULL|Tunnel
PHY: Physical
*down: administratively down
^down: standby
(l): loopback
(s): spoofing
(b): BFD down
(e): ETHOAM down
(dl): DLDP down
(d): Dampening Suppressed
InUti/OutUti: input utility/output utility
Interface            PHY    Protocol InUti OutUti   inErrors   outErrors
Eth-Trunk1           down   down      0%    0%         0           0
Eth-Trunk17          down   down      0%    0%         0           0
LoopBack1            up     up(s)     0%    0%         0           0
Vlanif1              up     down      --    --         0           0
MEth0/0/1            down   down      0%    0%         0           0
Vlanif2              down   down      --    --         0           0
Vlanif10             down   down      --    --         0           0
Vlanif12             down   down      --    --         0           0
Vlanif13             down   down      --    --         0           0
Vlanif20             up     up        --    --         0           0
Vlanif22             down   down      --    --         0           0
Vlanif222            down   down      --    --         0           0
Vlanif4094           down   down      --    --         0           0
```

【示例 2】执行命令 **display current-configuration**，只显示匹配正则表达式"vlan"的所有行。

```
<HUAWEI> display current-configuration | include vlan
vlan batch 2 10 101 to 102 800 1000
vlan 2
vlan 10
 port trunk pvid vlan 800
 undo port trunk allow-pass vlan 1
 port trunk allow-pass vlan 10 101 800
 undo port hybrid vlan 1
 undo port hybrid vlan 1
 port hybrid untagged vlan 10
 undo port hybrid vlan 1
 undo port hybrid vlan 1
```

3. 在分屏显示时指定过滤方式

支持在分屏显示时指定过滤方式的命令行有：

■ **display current-configuration**；

■ **display interface**；

■ **display arp**。

采用分屏显示时，可以在分屏提示符"---- More ----"中指定以下过滤类型。

- *　/regular-expression*：输出以匹配指定正则表达式的行开始的所有行。
- *　-regular-expression*：输出不匹配指定正则表达式的所有行。
- *　+regular-expression*：只输出匹配指定正则表达式的所有行。

1.4　VRP 文件系统管理

文件系统管理就是用户对交换机中存储的文件和目录的访问管理，如用户可以通过命令行对文件或目录进行创建、移动、复制、删除等操作，并可对交换机存储器进行管理。**它们都是在用户视图下进行的。**VRP 系统是基于 Linux 操作系统平台进行二次开发的，所以它的文件系统管理命令和操作方法与我们常用的 Linux 系统中对应的操作方法完全一样（其实许多命令与早期的 DOS 系统是一样的）。

1.4.1　文件的命名规则

华为 S 系列交换机上的所有文件（如配置文件、系统软件等）都是以 VRP 文件系统的方式进行有效的管理。文件系统是指对存储器中文件、目录的管理，包括创建、删除、修改文件和目录，以及显示文件的内容等。VRP 文件系统实现两类功能：管理存储器（包括 **flash:** 和 **cfcard:** 存储器）和管理保存在存储器中的文件。

VRP 系统中的文件名都是字符串形式，**不支持空格，不区分大小写**。VRP 系统的文件有两种表示方式：文件名、路径+文件名。如果直接使用文件名，则表示当前工作路径下的文件，文件名的长度范围是 1～64。"路径+文件名"方式的文件格式为：*drive + path + filename*，总长度范围是 1～160，不区分大小写。其中 *filename* 就是 VRP 系统中某文件的名称。下面介绍另外两部分。

1. *drive*

drive 是指设备中的具体存储器，不同类型和安装位置的存储器表示格式如下。

- "**cfcard：**"：进入主用主控板 CF 卡存储器根目录。设备无 CF 卡时，则无此驱动器。
- "**flash：**"：进入主用主控板 Flash 存储器根目录。
- "**slave#cfcard：**"：进入备用主控板 CF 卡存储器根目录。设备无备用主控板或者备用主控板没有 CF 卡时，则无此驱动器。
- "**slave#flash：**"：进入备用主控板 Flash 存储器根目录。设备无备用主控板或者备用主控板没有 Flash 时，则无此驱动器。

如果设备在堆叠（仅盒式系列交换机支持）情况下，*drive* 的命名如下。

- "**flash：**"：堆叠系统中主交换机 Flash 存储器根目录。
- "**堆叠 ID#flash：**"：堆叠系统中某设备的 Flash 存储器根目录。

例如 "**slot2#flash：**" 是指堆叠 ID 为 2 的 Flash 卡。

如果设备在集群（仅框式系列交换机支持）情况下，*drive* 的命名如下。

- "**cfcard：**"：主用主控板 CF 卡存储器根目录。
- "**flash：**"：主用主控板 Flash 存储器根目录。

- "框号/槽位号#cfcard："：集群系统中 CF 卡存储器根目录所在的框号及槽位号。
- "框号/槽位号#flash："：集群系统中 Flash 存储器根目录所在的框号及槽位号。

例如"1/14#flash:"是指框号 1、槽位号 14 的 Flash 卡。

2. *path*

path 是指存储器中的目录以及子目录，即路径。目录名使用的字符不可以是空格、"～""*""/""\"":""1"""" 等字符，不区分大小写。

设备支持的路径可以是绝对路径也可以是相对路径。指定根目录（指定 *drive*）的路径是绝对路径，相对路径有相对于根目录（即当前的存储器目录）的路径和相对于当前工作路径的路径，路径以"/"开头，则表示相对于根目录的路径。

- 若路径为"cfcard:/my/test/"，这是绝对路径。
- 若路径为"/selftest/"，表示根目录下的 selftest 目录，这是相对于根目录的相对路径。
- 若路径为"selftest/"，表示当前工作路径下的 selftest 目录，这是相对于当前工作路径的相对路径。

例如用 **dir flash:**/my/test/mytest.txt 命令查看 flash:/my/test/路径下的 mytest.txt 文件的信息，这是一种绝对路径表示方法。如果要用相对于根目录的路径来表示，则可以使用以下命令：**dir** /my/test/mytest.txt；如果要用相对于当前路径的路径（假设当前工作路径为 flash:/my/），则使用 **dir** test/mytest.txt 命令。

1.4.2　目录管理

当需要在客户端与服务器端进行文件传输时，需要使用文件系统对目录进行配置。可以使用表 1-19 中的用户视图命令来进行相应的目录操作，包括创建或删除目录、显示当前的工作目录、指定目录下文件或目录的信息等。

表 1-19　　　　　　　　　　　　　　　VRP 系统目录操作命令

目录操作	所用命令	说明
创建目录	**mkdir** *directory*	创建指定目录，但所创建的目录名不能与指定目录下的其他目录或文件名重名。参数 *directory* 用来指定要创建的目录（包括路径），长度为 1～64 个字符。建议采用"驱动器名"＋":"＋"/"＋"目录名"的组合。其中目录名使用的字符不可以是空格、"～""*""/""\"":""1"""" 等字符，不区分大小写。**如果不指定目录路径，则代表在当前目录下创建**
删除目录	**rmdir** *directory*	删除指定目录。参数 *directory* 用来指定要删除的目录（包括路径），其他说明同上面介绍的 **mkdir** 命令的该参数说明。**如果不指定目录路径，则代表在当前路径下删除指定的目录** 所删除的目录必须为空目录，否则将无法进行操作；另外，执行本命令后，在回收站中原来属于该目录的文件会被自动删除
显示当前路径	**pwd**	仅用来显示当前所处的目录路径信息
进入指定的目录	**cd** *directory*	修改当前工作路径或切换至其他存储器交换机的目录。参数 *directory* 用来指定要进入的目标目录名，其他说明同上面介绍的 **mkdir** 命令的该参数说明，例如：cfcard:/selftest/test/

（续表）

目录操作	所用命令	说明
显示目录或文件信息	**dir** [/**all**] [*filename* | *directory* | /**all-filesystems**]	查看存储器中指定的文件和目录的信息，支持通配符"*"。命令中的参数和选项说明如下。 ● /**all**：可选项，指定查看当前路径下的所有文件和目录，包括已经放入回收站的文件。在回收站中的文件名用"[ ]"标识。 ● *filename*：多选一可选参数，指定要查看的文件名称，为 1～160 个字符。建议采用"驱动器名"＋"："＋"/"＋"目录名"＋"/"＋"文件名"的组合。其中目录名使用的字符不可以是空格、"～""*""/""\"":""''""""等字符，不区分大小写。 ● *directory*：多选一可选参数，指定要显示的目录路径，参见前面 **mkdir** 命令的介绍。 ● /**all-filesystems**：多选一可选项，指定显示设备上所有存储器根目录中文件和目录的信息

说明　表中的"驱动名"，在 S2700、S3700、S5700 和 S6700 等盒式交换机系列中仅指闪存"flash:"，但在 S770、S7900、S9700 和 S12700 等框式交换机系列中，除了闪存（分主用主控板闪存"flash:"和备用主控板闪存"slave#flash:"）外，还包括主控板 CF 卡"cfcard:"和备用主控板 CF 卡"slave#cfcard:"；如果是堆叠交换机，则驱动器名应为"框号/槽位号#cfcard:"或"框号/槽位号#flash:"，参见上节的介绍。

【示例 1】在当前 flash:存储器目录下创建子目录 cfg。执行命令后会有提示信息提示该目录创建成功。

```
<HUAWEI> mkdir flash:/cfg
Info: Create directory flash:/cfg......Done.
```

【示例 2】删除当前路径（主控板 CF 卡根目录）下的 test 子目录。执行命令后会有提示信息要求再一次确认，确认后进行删除。删除成功后也会有提示信息。

```
<HUAWEI> rmdir test
Remove directory cfcard:/test?[Y/N]:y
%Removing directory cfcard:/test...Done!
```

【示例 3】显示当前工作路径。

```
<HUAWEI> pwd
flash:
```

【示例 4】从当前的闪存根目录进入闪存下的 test 目录中。可以先通过 **pwd** 命令查看当前路径，进入后同样可以使用 **pwd** 命令验证当前路径是否修改成功。

```
<HUAWEI> pwd
flash:
<HUAWEI> cd test
<HUAWEI> pwd
flash:/test
```

【示例 5】查看当前路径下的 test.bak 文件信息。

```
<HUAWEI> dir test.bak
Directory of flash:/
   0   -rw-   11779   Apr 05 2006 10:23:03   test.bak

31877 KB total (15961 KB free)
```

【**示例 6**】查看当前路径下的所有文件的目录信息。

```
<HUAWEI> dir /all
Directory of flash:/
  Idx  Attr   Size(Byte)  Date        Time        FileName
    0  -rw-         889    Feb 25 2012 10:00:58    private-data.txt
    1  -rw-       6,311    Feb 17 2012 14:05:04    backup.cfg
    2  -rw-         836    Jan 01 2012 18:06:20    rr.dat
    3  drw-           -    Jan 01 2012 18:08:20    syslogfile
    4  -rw-         836    Jan 01 2012 18:06:20    rr.bak
    5  drw-           -    Feb 27 2012 00:00:54    resetinfo
    6  -rw-     523,240    Mar 16 2011 11:21:36    bootrom_53hib66.bin
    7  -rw-       2,290    Feb 25 2012 16:46:06    vrpcfg.zip
    8  -rw-         812    Dec 12 2011 15:43:10    hostkey
    9  drw-           -    Jan 01 2012 18:05:48    compatible
   10  -rw-  25,841,428    Nov 17 2011 09:48:10    s-sbox_13b070.cc
   11  -rw-         540    Dec 12 2011 15:43:12    serverkey
   12  -rw-  26,101,692    Dec 21 2011 11:44:52    s-sbox_13b120.cc
   13  -rw-       6,292    Feb 14 2012 11:14:32    1.cfg
   14  -rw-       6,311    Feb 17 2012 10:22:56    1234.cfg
   15  -rw-       6,311    Feb 25 2012 17:22:30    [11.cfg]
65,233 KB total (13,632 KB free)
```

说明　在以上的输出信息中，第一列"Idx"代表文件或目录的索引，或者序号，第二列 "Attr"指文件或目录属性。它分为 4 部分，第一部分表示是文件还是目录，如果是目录 则显示"d"，如果是文件则显示"-"；后面 3 部分均表示当前用户对该目录或文件所具 有的访问权限，r 表示可读，w 表示可写，x 表示可执行。因为是在最低级别的用户视图 下执行，所以均没有 x（可执行）权限。如果文件名或目录名用"[ ]"括住了，则表示 该文件或目录是在当前存储器的回收站中，如上面的[11.cfg]。

1.4.3　文件管理

可以使用表 1-20 中的用户视图命令（但其中的 **execute** 和 **file prompt** 命令需要在系 统视图下执行）对华为 S 系列交换机软件系统进行相应的文件操作，包括删除文件、重 命名文件、复制文件、移动文件、查看文件的内容、显示指定文件的信息等。

表 1-20　　　　　　　　　　　　　　　文件管理命令

文件操作	所用命令	说明
显示文本 文件内容	**more** *filename* [*offset*] [**all**]	显示指定文件内容。命令中的参数和选项说明如下。 ① *filename*：指定待显示文件的路径和文件名。其他参见表 1-19 中介绍的 **dir** 命令的该参数说明。 ② *offset*：可选参数，指定待显示文件的偏移量，取值范围是 （0～2147483647）整数个字节。 ③ **all**：可选项，指定不分屏显示文件的全部内容
移动文件	**move** *source-filename destination- filename*	将源文件从指定目录移动到目标目录中，移动时有确认提示。 参数 *source-filename* 和 *destination-filename* 分别用来指定被移动 的源、目的文件的路径和文件名，参见表 1-19 中介绍的 **dir** 命 令的 *filename* 参数说明。但此命令执行的源文件和目标文件必 须在相同的存储器下，否则系统会报错。

（续表）

文件操作	所用命令	说明
移动文件	**move** *source-filename destination- filename*	如果目标文件名与已经存在的文件重名，操作成功后原有同名文件将被覆盖；如果只指定目标文件的路径，而没有指定目标文件名称，则缺省使用源文件名作为目标文件名
复制文件	**copy** *source-filename destination- filename* [**all**]	把源文件复制为目标文件，支持通配符"*"。命令中的参数和选项说明如下。 ① *source-filename*：指定被复制文件的路径名或源文件名，其他参见表 1-19 中 **dir** 命令的 *filename* 参数说明。 ② *destination-filename*：目标文件的路径或路径及目标文件名，其他说明同上面介绍的 **dir** 命令的 *filename* 参数说明。 【说明】如果目标文件的目录路径与源文件的目录一致，则目标文件的目录路径可省略；如果目标文件名与源文件一样，则目标文件名可省略；如果目标文件名与已经存在的文件重名，会提示是否覆盖，操作成功后原有同名文件将被覆盖；如果只指定目标文件的路径，而没有指定目的文件名称，则缺省是使用源文件名作为目标文件名，但是如果目标文件和被复制文件在一个目录下，必须指定目标文件的文件名，否则复制将不成功。 ③ **all**：可选项，复制文件到所有堆叠，或者集群成员交换机。此可选项仅在堆叠交换机上使用
重命名目录或文件	**rename** *old-name new-name*	对目录或文件进行重命名，重命名时有确认提示。参数 *old-name* 用来指定当前目录名或文件名；*new-name* 用来指定重命名后的目录名或文件名，其他参见表 1-19 中 **mkdir** 命令中的参数 *directory* 说明。 该命令不支持跨路径的文件重命名，即重命名的源目录和目标目录、源文件和目标文件必须在同一路径下；且如果目标文件名与已经存在的目录名重名，或者目标文件名与已经存在的文件名重名，都将出现错误提示信息
压缩文件	**zip** *source-filename destination- filename*	压缩指定文件（压缩后的文件名可以不一样）。但要注意，这里**压缩后文件大小不仅不会变小，还可能变大**，只是生成了压缩格式文件，便于备份。参数 *source-filename* 用来指定被压缩的源文件名；参数 *destination-filename* 用来指定压缩后的目标文件名，其他参见表 1-19 中介绍的 **dir** 命令的 *filename* 参数说明。压缩后的文件扩展名为.zip。 如果只指定了目标文件所在的路径，但未指定目标文件名，则目标文件名与源文件名相同。压缩后，源文件仍然存在。但只能对文件进行压缩，不能压缩目录
解压缩文件	**unzip** *source-filename destination-filename*	解压缩指定文件（解压缩后的文件名可以不一样）。参数 *source-filename* 和 *destination-filename* 分别用来指定被解压缩的源、目的文件名，其他参见表 1-19 中介绍的 **dir** 命令的 *filename* 参数说明。如果只指定了目标文件所在的路径，未指定目标文件名，则目标文件名与源文件名相同。**解压缩后，源文件仍然存在。** 压缩文件的类型必须是.zip 类型，否则在解压缩过程中系统会提示出错。且压缩文件的源文件必须是单个文件，如果是一个目录或者多个文件可能会导致解压缩失败

（续表）

文件操作	所用命令	说明
删除文件	**delete** [**/unreserved**] [**/quiet**] { *filename* | *devicename* } [**all**]	删除指定文件，支持通配符"*"。命令的参数和选项说明如下。 ① **/unreserved**：可选项，表示彻底删除指定文件，删除的文件将不可恢复。 ② *filename*：指定要删除的文件的路径和文件名。其他参见表 1-19 中介绍的 **dir** 命令的 *filename* 参数说明。 ③ **/quiet**：可选项，指定无需确认直接删除文件。此可选项要慎用，因为在删除过程中不会再有确认提示了。 ④ **all**：可选项，指定批量删除所有框主用主控板和备用主控板、堆叠成员交换机对应路径下的文件
恢复回收站中的文件	**undelete** { *filename* | *devicename* }	恢复被删除到回收站中的文件（恢复时会有确认提示）。命令中的参数说明如下。 ① *filename*：二选一参数，指定待恢复的文件名，其他参见表 1-19 中介绍的 **dir** 命令的 *该*参数说明。 ② *devicename*：二选一参数，指定要依次恢复指定存储器根目录下的所有被删除文件，取值可以是 flash:，cfcard:。 当用户需要恢复之前删除过的文件或由于误操作删除某个文件时，只要不是永久删除（执行了带参数**/unreserved** 的 **delete** 命令或执行 **reset recycle-bin** 命令），都可以使用此命令将文件恢复。 恢复的文件名如果与同路径下现有的目录名重名，则执行失败；若与当前存在的文件名重名，将会提示是否覆盖
彻底删除回收站中的文件	**reset recycle-bin** [*filename* | *devicename*]	彻底删除指定路径下回收站中的文件，以释放空间。命令中的参数说明如下。 ① *filename*：二选一可选参数，指定要彻底删除的文件名，其他参见表 1-19 中介绍的 **dir** 命令的 *该*参数说明。 ② *devicename*：二选一可选参数，指定要依次彻底删除指定存储器根目录下的所有回收站中的文件，取值可以是 flash:，cfcard:。 如果不选择以上任何可选参数，则依次删除用户当前工作路径下回收站中的所有文件
执行指定的批处理文件	**execute** *batch-filename*	执行指定的批处理文件。当用户经常性地执行一系列命令时，则可以将这些命令逐条写入批处理文件，然后将此文件保存在交换机中，以后只需要执行此命令就可以完成之前手动输入执行的多条命令，帮助用户提升维护和管理交换机的效率。 参数 *batch-filename* 为指定要执行的批处理文件名，以.bat 为后缀，但**必须在系统视图下执行**。批处理文件可以在文本编辑器中进行编辑，每一条需执行的命令占据一行，然后将文件扩展名 ".txt" 替换为 ".bat" 即可。编辑好的批处理文件需要通过文件传输方式上传至交换机中，具体上传方法将在第 2 章介绍
配置文件系统提示方式	**File prompt** { **alert** | **quiet** }	修改文件操作的提醒方式。如果选择了 **alert** 二选一选项，则对用户进行的可能导致数据丢失或破坏的操作（比如删除文件操作等）需给用户确认和警告提示；如果选择了 **quiet** 二选一选项，则所有操作都不会有确认提示，直接执行。 缺省情况下，为 **alert** 方式，建议不要修改，可用 **undo file prompt** 命令将文件操作提醒方式恢复为缺省的 **alert** 方式

【示例 1】显示当前目录下 testcfg.cfg 配置文件的内容。

```
< HUAWEI > more testcfg.cfg
 #
 sysname Sysname
 #
 configure-user count 5
 #
 vlan 2
 #
 return
<Sysname>
```

【示例 2】将文件 config.cfg 从 cfcard 存储器的根目录复制到 cfcard:/temp 目录中，目标文件名是 temp.cfg。

```
<HUAWEI> copy cfcard:/config.cfg cfcard:/temp/temp.cfg
Copy cfcard:/config.cfg to cfcard:/temp/temp.cfg?[Y/N]:y
100%    complete./
Info: Copied file cfcard:/config.cfg to cfcard:/temp/temp.cfg...Done.
```

【示例 3】将 cfcard 存储器根目录下的 config.cfg 文件复制到 cfcard:/temp 目录中，目标文件名与源文件名相同。

```
<HUAWEI> pwd    #---查看当前路径
cfcard:
<HUAWEI> dir     #查看当前目录下包含的所有文件和子目录
Directory of cfcard:/

     Idx  Attr    Size(Byte)  Date         Time       FileName
      0   -rw-     6,721,804  Mar 19 2012  12:31:58   devicesoft.cc
      1   -rw-           910  Mar 19 2012  12:32:58   config.cfg
      2   drw-            -   Mar 05 2012  09:54:34   temp
...
509,256 KB total (52,752 KB free)
<HUAWEI> copy config.cfg temp
Copy cfcard:/config.cfg to cfcard:/temp/config.cfg?[Y/N]:y
100%    complete./
Info: Copied file cfcard:/config.cfg to cfcard:/temp/config.cfg...Done.
```

【示例 4】当前工作路径是 cfcard:/test/，将 test 目录中 backup.zip 文件备份保存到同目录的 backup1.zip 文件中。

```
<HUAWEI> pwd
cfcard:/test
<HUAWEI> copy backup.zip backup1.zip
Copy cfcard:/test/backup.zip to cfcard:/test/backup1.zip?[Y/N]:y
100%    complete./
Info: Copied file cfcard:/test/backup.zip to cfcard:/test/backup1.zip...Done.
```

【示例 5】把 cfcard:/test/sample.txt 文件移到 cfcard:/sample.txt。

```
<HUAWEI> move cfcard:/test/sample.txt cfcard:/sample.txt
Move cfcard:/test/sample.txt to cfcard:/sample.txt ?[Y/N]: y
%Moved file cfcard:/test/sample.txt to cfcard:/sample.txt.
```

【示例 6】把 flash:/test/sample.txt 文件移到 flash:/sample.txt。

```
<HUAWEI> move flash:/test/sample.txt flash:/sample.txt
Move flash:/test/sample.txt to flash:/sample.txt ?[Y/N]: y
%Moved file flash:/test/sample.txt to flash:/sample.txt.
```

【示例 7】将 cfcard:/test/路径下的 mytest 目录重命名为 yourtest，当前目前为 cfcard

存储器根目录。

```
<HUAWEI> pwd
cfcard:
<HUAWEI> cd test    #---进入 test 子目录下
<HUAWEI> rename mytest yourtest
Rename cfcard:/test/mytest to cfcard:/test/yourtest ?[Y/N]:y
Info: Rename file cfcard:/test/mytest to cfcard:/test/yourtest ......Done.
```

【示例 8】将根目录下 log.txt 文件压缩到 test 目录下 log.zip 文件。

```
<HUAWEI> dir
Directory of cfcard:/

  Idx  Attr    Size(Byte)  Date         Time        FileName
   0   -rw-          155   Dec 02 2011  01:28:48    log.txt
   1   -rw-        9,870   Oct 01 2011  00:22:46    patch.pat
   2   drw-            -   Mar 22 2012  00:00:48    test
   3   -rw-          836   Dec 22 2011  16:55:46    rr.dat
...

509,256 KB total (52,752 KB free)

<HUAWEI> zip log.txt cfcard:/test/log.zip
Compress cfcard:/log.txt   to cfcard:/test/log.zip?[Y/N]:y
100%    complete
%Compressed file cfcard:/log.txt to cfcard:/test/log.zip.

<HUAWEI> cd test

<HUAWEI> dir
Directory of cfcard:/test/

  Idx  Attr    Size(Byte)  Date         Time        FileName
   0   -rw-          836   Mar 20 2012  19:49:14    test
   1   -rw-          239   Mar 22 2012  20:57:38    test.txt
   2   -rw-        1,056   Dec 02 2011  01:28:48    log.txt
   3   -rw-          240   Mar 22 2012  21:23:46    log.zip

509,256 KB total (52,751 KB free)
```

【示例 9】恢复当前目录下被删除的 sample.bak 文件。

```
<HUAWEI> undelete sample.bak
Undelete cfcard:/sample.bak ?[Y/N] :y
% Undeleted file cfcard:/sample.bak.
```

【示例 10】删除 flash:根目录下 test 子目录回收站中的 test.txt 文件。

```
<HUAWEI> reset recycle-bin flash:/test/test.txt
Squeeze flash:/test/test.txt?[Y/N]:y
%Cleared file flash:/test/test.txt.
```

1.4.4 存储器管理

在 PC 机中经常要进行磁盘的维护与管理，如格式化磁盘、修复文件系统，在网络交换机中同样需要类似的管理，那就是对它们的存储器进行维护和管理。

1. 格式化存储器

当文件系统的异常（如在 **dir** 命令的输出显示信息中含有 **unknown** 信息时）无法修

复或者确认不再需要存储器上的所有数据时，可格式化存储器。但要注意，与格式化 PC 中的硬盘一样，格式化后会清空存储器中的所有文件和目录。

　　格式化存储器的方法与 DOS 下的格式化命令一样，也是 **format**，就是直接在用户视图下执行 **format** *drive* 命令。这里的参数 *drive* 是指要格式化的存储器名称，在 S2700、S3700、S5700 和 S6700 等盒式交换机系列中只有 flash:、在 S7700、S7900、S9700 和 S12700 等框式交换机系列中有主控板闪存 flash:、备用主控板闪存 slave#flash:，除此之外还有主控板 CF 卡 cfcard:、备用主控板 CF 卡 slave#cfcard:。

　　【示例 1】格式化 flash: 存储器。

```
<HUAWEI> format flash:
All data(include configuration and system startup file) on flash: will be lost, proceed with format ? [Y/N]: :y
%Format flash: completed.
```

对于盒式系列的堆叠交换机，flash 存储器要通过"堆叠 ID#flash:"格式指定堆叠设备中某设备的 flash 存储器根目录。例如"**slot2#flash:**"是指堆叠 ID 为 2 的成员设备的 flash 存储器。

　　对于框式系列集群交换机，flash 存储器要通过"框号/槽位号#flash:"格式指定集群中某框、某槽位号的 flash 存储器根目录，要通过"框号/槽位号#cfcard:"格式指定集群中某框、某槽位号的 CF 卡存储器根目录。例如"**1/14#flash:**"是指框号 1 的成员设备中位于槽位号 14 主控板上的 flash 存储器。

　　2. 修复文件系统

　　当存储器上的文件系统出现异常时，终端会给出提示信息，建议修复存储器上的文件系统。与 PC 机上的磁盘修复命令一样，VRP 的文件系统修复命令也是 fixdisk 命令，其格式为 **fixdisk** *drive*，但不确保修复成功。命令中的参数 *drive* 是指定要修复文件系统的存储器名称，不同交换机上的存储器同上面的介绍。

　　【示例 2】终端显示如存储器 CF 卡出错，进行修复。

```
Lost chains in cfcard detected, please use fixdisk to recover them!
<HUAWEI> fixdisk cfcard:
% Fix disk cfcard: completed.
```

1.5　VRP 软件系统的组成

　　VRP 系统在启动时需要加载"系统软件"和"配置文件"两部分，这与其他品牌网络交换机的操作系统是一样的。如果指定了下次启动的补丁文件，还需加载补丁文件。

1.5.1　VRP 系统软件

　　华为 VRP 系统包括"软件系统"和"配置文件"两大部分，本节先介绍 VRP 软件系统，下节将介绍 VRP 配置文件。

　　华为 S 系列交换机的 VRP 软件系统包括"BootROM 软件"或"BootLoad 软件"和"系统软件"两部分，分别如 PC 机主板芯片上固化的 BIOS 系统和硬盘中安装的各种操作系统。设备上电后，先运行 BootROM/BootLoad 软件，初始化硬件并显示设备的硬件参数，然后运行系统软件。系统软件一方面提供对硬件的驱动和适配功能，另一方面实现业务特性。BootROM/BootLoad 软件与系统软件是设备启动、运行的必备软件，为整个设备提供支撑、管理、业务等功能。

设备在升级时包括升级 BootROM/BootLoad 软件和升级系统软件。目前设备的系统软件（.cc）中已经包含了 BootROM/BootLoad 软件，在升级系统软件的同时即可自动升级 BootROM/BootLoad。正因如此，现在所说的 VRP 系统软件其实就代表了整个 VRP 软件系统。

1. VRP 系统软件版本

华为 VRP 系统软件版本分为"核心版本"（或者"内核版本"）和"发行版本"两种。其中核心版本是用来开发具体交换机 VRP 系统的基础版本，也就是通常所说的 VRP 5.x、8.x 版本等；发行版本则是在核心版本的基础上针对具体的产品系列（如有 S 系列交换机系列、AR/NE 系列路由器系列等）而发布的 VRP 系统版本。

VRP 系统的核心版本由一个小数来表示，小数点前面的数字表示主版本号，仅当发生比较全面的功能或者体系结构修改时才会发布新的主版本号；小数点后面第 1 位数字表示次版本号，仅当发生重大或者较多功能修改时才会发布新的次版本号；后面 1～2 位数字为修订版本号，只要发生修改就会发布新的修订版本号。如 VRP 5.120 中的主版本号为 5，次版本号为 1，20 为修订版本号。

华为 VRP 系统的发行版本是以 V、R、C 3 个字母（代表 3 种不同的版本号）进行标识的，基本格式为 VxxxRxxxCxx，其中的 x 是一些具体的数字。V、R 部分为必须部分；C 根据版本的性质而确定，可能出现也可能不出现。

V、R、C 这 3 个字母的定义如下。

① V 版本是指产品所基于的软件或者硬件平台版本。

Vxxx 标识产品/解决方案主力产品平台版本的变化，称为 V 版本号。其中 xxx 从 100 开始，并以 100 为单位递增编号。仅当产品的平台发生变化，V 版本号才会发生变化。目前华为 S 系列交换机最新版本为 **V200R013**，本书上一版本介绍的 **VRP** 系统都是 **V100** 版本，预示着平台都发生了变化，所以本书的内容相较于第一版有非常大的变化。

② R 版本是面向客户发布的通用特性集合，是产品在特定时间的具体体现形式。

Rxxx 标识是面向所有客户发布的通用版本，称为 R 版本号。其中 xxx 从 001 开始以 1 为单位递增编号。

注意 上述 V 版本号和 R 版本号独立编号，互不影响，也就是它们之间并没有从属关系。例如产品平台发生变化，而功能特性不变，如原 VR 版本号为 V100R005，则新的 VR 版本号为 V200R005。当然，也可以产品功能特性发生变化，平台却不变。根据这一原则可以得出，基于 V100R005 升级的后一个版本的版本号只可能是 V100R006、V200R005、V200R006 中的任意一种。

③ C 版本是基于 R 版本开发的快速满足不同类型客户需求的客户化版本。

在同一 R 版本下，C 版本号中的 xx 从 00 开始以 1 为单位递增编号。如果 R 版本号发生变化，C 版本号下的 xx 又从 01 开始重新编号，如 V100R001C01、V100R001C02、V100R002C01。

以上这两个 VRP 系统版本均可通过 **display version** 命令查到。下面是一个执行

display version 命令的输出示例，其中 Version 5.120 就代表当前交换机运行的 VRP 核心版本为 5.120，而括号里面的 "S5700 V200R002C00" 则是指 S5700 系列交换机的 VRP 发行版本。同样还可从中看到对应的 BootROM 软件版本，如其中的 **"Basic BOOTROM Version : 100"** 表示 BootROM 软件版本号为 100。当然还可查看许多其他的版本信息，如 PCB 印制电路板版本（Pcb Version）、复杂可编程逻辑交换机版本（CPLD Version，即可编程芯片的版本）等。

```
<HUAWEI> display version
Huawei Versatile Routing Platform Software
VRP (R) software, Version 5.120 (S5700 V200R002C00)
Copyright (C) 2000-2012 HUAWEI TECH CO., LTD
HUAWEI S5700-52C-EI Routing Switch uptime is 0 week, 2 days, 1 hour, 24 minutes

EMGE 0(Master) : uptime is 0 week, 2 days, 1 hour, 23 minutes
512M bytes DDR Memory
64M bytes FLASH
Pcb          Version :    VER B
Basic BOOTROM Version : 100 Compiled at Mar    1 2011, 20:27:16
CPLD        Version : 74
Software Version : VRP (R) Software, Version 5.120 (S5700 V200R002C00)
FANCARD information
Pcb          Version : FAN VER B
PWRCARD I information
Pcb          Version : PWR VER A
```

2．VRP 系统软件名称

一般所说的系统软件是指产品版本的 VRP 系统软件。VRP 系统软件的文件扩展名为 ".CC"，如 V200R002C00.CC，如果针对特定产品子系列，则在前面还会加子系列名，如 S5700HI-V200R002C00.CC。在华为公司网站下载的文件是.zip 格式的压缩文件，解压后才能上传到交换机存储器中使用。

1.5.2　VRP 系统配置文件

VRP 系统配置文件是 VRP 命令行的集合，用户可将当前配置保存到配置文件中，以便在交换机重启后这些配置能够继续生效。另外，通过配置文件，用户可以非常方便地查阅配置信息，也可以将配置文件上传到其他交换机，实现交换机的批量配置。

配置文件为文本文件，具有以下文件命名和编写规则。

① 以命令格式保存。

② 为了节省空间，只保存非缺省的参数。

③ 以命令视图为基本框架，同一命令视图的命令组织在一起，形成一节，节与节之间通常用空行或注释行隔开（以 "#" 开始的为注释行）。空行或注释行可以是一行或多行。

④ 文件中各节的顺序安排通常为全局配置、接口配置、各种协议配置和用户界面配置。

⑤ 配置文件必须以 ".cfg" 或 ".zip" 作为扩展名，**而且必须存放在设备存储器的根目录下**。".cfg" 为纯文本格式，可直接查看其内容。指定为配置文件后，启动时系统对里面的命令逐条进行恢复。".zip" 是 ".cfg" 的压缩格式，占用空间较小。指定为配置文件后，启动时先解压成 ".cfg" 格式，然后逐条恢复。

⑥ 配置文件中，**命令表达式必须是完全格式书写**（不管配置时输入的是什么格式），请勿使用缩写。

⑦ 配置文件中，每行命令使用 "\r\n" 换行，禁止使用其他形式不可见的字符换行。

⑧ 配置文件传输至设备时，推荐使用 FTP 的 binary 模式。

设备运行过程中，有出厂配置、配置文件和当前配置，区别见表 1-21。

表 1-21　　　　　　　　　　　　　　　　配置文件和当前配置的区别

配置类型	描述	查看方式
出厂配置	设备在出厂时，通常会被安装一些基本的配置，称为出厂配置。出厂配置用来保证设备在没有配置文件或者配置文件丢失、损坏的情况下，能够正常启动、运行	—
配置文件	设备上电时，从默认存储路径中读取配置文件进行设备的初始化操作，因此该配置文件中的配置称为初始配置。如果默认存储路径中没有配置文件，则设备用缺省参数初始化配置	● 使用 **display startup** 命令可以查看到设备本次以及下次启动的配置文件。 ● 使用 **display saved-configuration** 命令可以查看设备下次启动时的配置文件信息
当前配置	与初始配置相对应，设备运行过程中正在生效的配置称为当前配置	使用 **display current-configuration** 命令查看设备的当前配置信息

用户通过命令行接口可以修改交换机当前配置，为了使当前配置能够作为交换机下次启动时的起始配置，需要使用 **save** 命令保存当前配置到缺省存储器中，形成配置文件。

说明　配置文件支持包含 30000 条命令行。如果超过了 30000 条，在交换机进行升级时，不能保证所有命令在升级后兼容。

如果使用不完整的格式进行配置，由于命令保存到配置文件中时使用的是完整格式，可能导致配置文件中存在长度超过 510 个字符的命令（系统可正确执行的命令长度最大为 510 个字符）。系统重启时，这类命令将无法恢复。

1.5.3　VRP 系统补丁文件

补丁是一种与交换机 VRP 系统软件兼容的软件，用于解决交换机系统软件少量且急需解决的问题，就像各种操作系统（如 Windows 系统）、应用软件陆续发布的补丁文件一样。在交换机的运行过程中，有时需要对交换机系统软件进行一些适应性和排错性的修改，如改正系统中存在的缺陷、优化某功能以适应业务需求等。

补丁通常以补丁文件的形式发布，一个补丁文件可能包含一个或多个补丁，不同的补丁具有不同的功能。当补丁文件被用户从存储器加载到内存补丁区中时，补丁文件中的补丁将被分配一个在此内存补丁区中唯一的单元序号，用于标志、管理和操作补丁。

1. 补丁分类

根据补丁生效对业务运行的影响，分成热补丁和冷补丁。

■ 热补丁（HP，Hot Patch）：补丁生效不中断业务，不影响业务运行，同时可以降低设备升级成本，避免升级风险。

　　■　冷补丁（CP，Cold Patch）：要使补丁生效需要重启设备，影响业务的运行。

　　根据补丁间的依赖关系，可分为增量型补丁和非增量型补丁。

　　■　增量型补丁：是指对在其前面的补丁有依赖性的补丁。一个新的补丁文件必须包含前一个补丁文件中所有的补丁信息。用户可以在不卸载原补丁文件的情况下直接安装新的补丁文件。

　　■　非增量型补丁：只允许当前系统安装一个补丁文件。如果用户安装完补丁之后希望重新安装另一个补丁文件，则需要先卸载当前的补丁文件，然后再重新安装并运行新的补丁文件。

　　目前，产品发布的补丁类型都为热补丁与增量型补丁。在后续的描述中如无特别说明，都是指此类补丁。

　　2. 补丁状态

　　每个补丁都有自身的状态，只有在用户命令行的干预下才能发生切换。补丁状态的详细信息见表 1-22。

表 1-22　　　　　　　　　　　　　　　　　补丁状态

状态	说明	各状态之间的转换关系
空闲态（Idle）	此时，补丁文件存储在交换机的存储器中，但文件中的补丁还没有被加载到内存补丁区中	当用户将补丁从存储器中加载到内存补丁区后，补丁的状态将被设置为去激活
激活（Active）	当补丁被存储在内存补丁区中，且被临时运行时，补丁就处于激活状态。 当单板被复位后，此单板在复位前处于激活状态的补丁仍然恢复为激活状态。只有当整机复位后，复位前处于激活状态的补丁将会处于去激活状态	用户可以对激活状态的补丁进行以下3 种操作。 ● 卸载此补丁，使补丁从内存补丁区中被删除。 ● 停止运行此补丁，使补丁的状态变为去激活状态。 ● 永久运行此补丁，使补丁的状态变为运行状态
运行（Running）	当补丁被存储在内存补丁区中，且被永久运行时，补丁就处于运行状态。 当单板或整机被复位后，在复位前处于运行状态的补丁将保持运行状态	用户可以卸载处于运行状态的补丁，使补丁从内存补丁区中被删除

　　各种补丁状态之间的转换关系如图 1-1 所示。

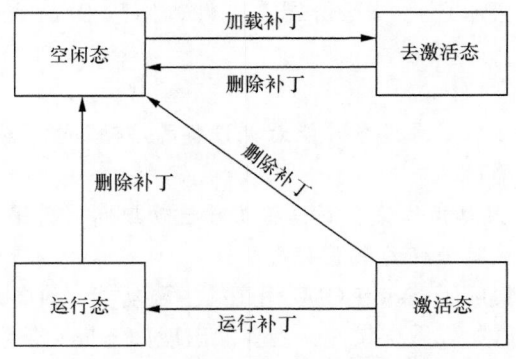

图 1-1　各种补丁状态之间的转换关系

3. 补丁安装

为设备安装补丁是设备升级的一种方式。补丁安装方式有以下两种。

■ 一般均采用不中断业务的方式，在设备运行过程中直接加载、运行补丁，这也是热补丁的优势。

这种安装方式的详细过程请参见随补丁版本同时配套发布的补丁安装指导书，用户可以根据补丁安装指导书进行补丁安装。

■ 另一种方式是在 1.7.1 节介绍的指定系统下次启动的补丁文件。这种方式需要设备重启之后补丁才能生效，一般用于在设备升级的同时安装补丁文件。

1.5.4　BootROM 菜单

BootROM（Boot Read-Only Memory）程序是一组固化在设备主板上 ROM 芯片中的程序，它保存着设备最重要的基本输入输出的程序、系统设置信息、开机后自检程序和系统自启动程序。BootROM 菜单是设备 BootROM 程序提供的一系列功能选项。

说明　目前仅 S1720GFR、S2750、S5700LI、S5700S-LI（S5700S-28X-LI-AC 和 S5700S-52X-LI-AC 除外），以及安装非 SRUH/SRUK/SRUE/SRUF 主控板的 S7700/7900/9700 系列交换机支持 BootROM 菜单。

交换机的 BootROM 菜单主要由以下两部分组成。

■ BootROM 主菜单：设备启动过程中，使用快捷键 **Ctrl+B** 或 **Ctrl+E** 进入，是 BootROM 程序的主菜单，提供了丰富的功能，包括文件传输、启动文件设置、文件管理、BootROM 和 Console 口密码修改等。

■ 诊断菜单：在 BootROM 主菜单下，使用快捷键 **Ctrl+E** 进入，主要为生产、组建时调试设备使用。建议用户在技术人员指导下使用此菜单。

一般情况下，如果设备可以正常启动，不需要使用 BootROM 菜单。遇到以下情况时，用户可以通过 BootROM 菜单进行处理。

■ 系统崩溃，无法进入命令行操作界面时，可以通过 BootROM 菜单进行恢复或者升级系统。

■ 用户的 Console 口登录密码遗忘导致无法登录设备时，可以通过 BootROM 菜单清除 Console 口用户登录密码。

此外，BootROM 菜单还可以备份配置文件、修改 BootROM 密码、格式化存储器等。

注意　必须使用 Console 口登录设备才能看见设备的启动过程，然后按提示输入快捷键，进入对应 BootROM 菜单。

从使用 BootROM 菜单操作设备到设备正常启动期间，需保证设备正常上电，否则会导致通过 BootROM 菜单进行的配置丢失。

BootROM 主菜单集成了 BootROM 程序的主要功能。设备启动过程中，首先加载 BootROM 程序，然后再加载系统软件。当界面出现如下提示信息时，3s 内按下快捷键 Ctrl+B 或 Ctrl+E，进入 BootROM 主菜单。

```
Press Ctrl+B or Ctrl+E to enter BootROM menu : 2
password:      //输入 BootROM 密码
```

为保证设备的安全，防止非法用户进入 BootROM 主菜单操作，进入 BootROM 主菜单需要输入密码。缺省情况下，BootROM 菜单密码为 Admin@huawei.com，从历史版本升级到新版本的设备，此密码可能为 huawei 或 9300。BootROM 主菜单密码可以通过修改 BootROM 密码菜单进行修改，也可以在命令行界面使用 **bootrom password change** 命令进行修改。如果连续 3 次输入错误的 BootROM 密码，设备会自动重启。

输入正确的 BootROM 密码后，进入 BootROM 主菜单，S1720/2700/5700/6720 系列的 BootROM 主菜单如下所示，各菜单项的说明见表 1-23。

```
        BootROM   MENU

    1. Boot with default mode
    2. Enter serial submenu
    3. Enter startup submenu
    4. Enter ethernet submenu
    5. Enter filesystem submenu
    6. Enter password submenu
    7. Clear password for console user
    8. Reboot
   (Press Ctrl+E to enter diag menu)

Enter your choice(1-8):
```

表 1-23　　　　　　**S1720/2700/5700/6720 系列的 BootROM 主菜单项说明**

主菜单项	功能描述
1. Boot with default mode	不进入重启 BootROM 阶段，直接从当前阶段继续启动。当用户需要快速启动设备时，或者在 BootROM 菜单下做的操作不涉及 BootROM 程序自身时，可以执行此操作
2. Enter serial submenu	进入串口子菜单，可实现通过串口下载文件到 Flash，升级 BootROM 程序。 优点：无需配置，直接连线后使用。缺点：文件传输速率慢
3. Enter startup submenu	进入启动配置信息子菜单，可查看和修改启动配置信息
4. Enter ethernet submenu	进入以太网子菜单，可实现通过以太网口下载文件到内存和存储器，还可以备份配置文件。 优点：文件传输速率快。缺点：使用前需要预设文件服务器，并配置网络参数以保证设备和服务器路由可达
5. Enter filesystem submenu	进入文件系统子菜单，可实现对文件系统的管理和维护
6. Enter password submenu	进入密码子菜单，可修改 BootROM 密码或者恢复 BootROM 密码为缺省值
7. Clear password for console user	清除 Console 口登录验证密码。当用户遗忘 Console 口登录密码导致无法登录设备时，可以通过此菜单清除 Console 登录密码
8. Reboot	当修改的参数对 BootROM 菜单前面的初始化工作有影响时，可执行 **Reboot** 先进入重启 BootROM 阶段，再启动其他部件
(Press Ctrl+E to enter diag menu)	按下快捷键<Ctrl+E>进入诊断菜单

S7700/7900/9700 系列的 BootROM 主菜单如下所示，各菜单项的说明见表 1-24。

```
   MAIN   MENU
```

```
     1. Boot with default mode
     2. Boot from Flash
     3. Boot from CFCard
     4. Enter serial submenu
     5. Enter ethernet submenu
     6. Enter file system submenu
     7. Enter test submenu
     8. Enter password submenu
     9. Modify Flash description area
    10. Clear password for console user
    11. Reboot

Enter your choice(1-11):
```

表 1-24　　　　　　　　**S7700/7900/9700 系列的 BootROM 主菜单项说明**

主菜单项	功能描述
1. Boot with default mode	以选项 **9. Modify Flash description area** 设置的信息直接启动设备，不再经历 BootROM 阶段。 当用户需要快速启动设备时，或者在 BootROM 菜单下做的操作不涉及 BootROM 程序自身时，可以执行此操作
2. Boot from Flash	以 Flash 中的默认系统软件直接启动设备，不再经历 BootROM 阶段，默认系统软件可以通过选项 **9. Modify Flash description area** 设置 【说明】Flash 的存储空间较小，系统软件较大，不足以存放系统软件，请谨慎选择此项
3. Boot from CFCard	以 CFcard 中的默认系统软件直接启动设备，不再经历 BootROM 阶段，默认系统软件可以通过选项 **9. Modify Flash description area** 设置
4. Enter serial submenu	进入串口子菜单。此菜单下可以实现通过串口下载文件到内存、Flash 和 CFcard，还可以升级 CPLD、修改串口参数。 优点：无需配置，直接连线后使用。缺点：文件传输速率慢
5. Enter ethernet submenu	进入以太网子菜单。此菜单下可以实现通过以太网口下载文件到内存和存储器，还可以备份配置文件。 优点：文件传输速率快。缺点：使用前需要预设文件服务器，并配置网络参数以保证设备和服务器路由可达
6. Enter file system submenu	进入文件系统子菜单。此菜单下可以实现对文件系统的管理和维护
7. Enter test submenu	进入测试菜单。此菜单下可以完成对基本 BootROM、扩展 BootROM（BootLoad）和 CPLD（Complex Programmable Logical Device，复杂可编程逻辑装置）的升级操作。 【说明】设备的 BootROM 程序其实由两个子程序组成，基本 BootROM 和扩展 BootROM。基本 BootROM 在启动过程中先启动，完成对扩展 BootROM 的加载，它不提供可操作的菜单界面；扩展 BootROM 完成系统软件的升级
8. Enter password submenu	进入密码子菜单。此菜单下可以修改 BootROM 密码或者恢复 BootROM 密码为缺省值
9. Modify Flash description area	修改 Flash 描述。在此菜单下可修改默认的启动设备（Flash 或 CFcard）和默认的系统启动文件。 【说明】Flash 的存储空间较小，系统软件较大，目前一般都采用 CFcard 作为设备默认的启动设备
10. Clear password for console user	清除 Console 口登录验证密码。当用户遗忘 Console 口登录密码导致无法登录设备时，可以通过此菜单清除 Console 登录密码

（续表）

主菜单项	功能描述
11. Reboot	以选项 **9. Modify Flash description area** 设置的默认启动设备和默认启动系统软件重新启动设备，此时系统会再次经历 BootROM 阶段。当修改的参数对 BootROM 菜单前面的初始化工作有影响时，可执行 **11. Reboot** 先进入重启 BootROM 阶段，再启动其他部件

说明　由于不同产品系列的 BootRoM 主菜单中包括的子菜单比较多，且又各有所不同，故在此不再对各子菜单下的菜单项进行具体介绍。

1.5.5　BootLoad 菜单

BootLoad 菜单是设备的底层控制软件 uBoot 提供的一系列可操作的菜单选项，功能包括升级部件、升级系统软件、清除 Console 口登录密码等。当设备发生故障，无法进入命令行界面时，可以利用 BootLoad 菜单恢复设备的基本状态。

说明　目前仅 S2720EI、S5710-X-LI、S5700S-28X-LI-AC、S5700S-52X-LI-AC、S5720SI、S5720S-SI、S5720EI、S5720HI、S6720EI、S5720LI、S5720S-LI、S6720LI、S6720S-LI、S5730SI、S5730S-EI、S6720HI、S6720SI、S6720S-SI 和 S6720S-EI、安装了 SRUH/SRUK/SRUE/SRUF 主控板的 S7700/7900/9700 系列交换机，以及 S12700 系列交换机支持 Boot Load 菜单。

uBoot 是固化在设备主板上的程序，所以只要设备可以正常上电就可以使用 BootLoad 菜单对设备进行管理。但是如果设备可以正常启动，一般不需要使用 BootLoad 菜单，遇到以下情况时，用户可以通过 BootLoad 菜单进行处理。

■ 系统崩溃，无法进入命令行操作界面时，可以通过 BootLoad 菜单进行恢复或者升级系统。

■ 用户的 Console 口登录密码遗忘导致登录不了设备时，可以通过 BootLoad 菜单清除 Console 口用户登录密码。

uBoot 程序包括两方面的功能，加载系统软件和菜单控制。设备在启动过程中，先启动 uBoot 程序，通过 uBoot 程序加载系统软件；菜单控制功能由 BootLoad 菜单呈现，以方便用户管理系统软件的加载。

在设备启动过程中，当出现 "Press CTRL+B to enter BootLoad menu :" 时，及时（3s 内）按下快捷键 Ctrl+B，进入 BootLoad 主菜单。为保证设备的安全，防止非法用户进入 BootLoad 菜单操作，进入 BootLoad 主菜单需要输入密码。缺省情况下，BootROM 菜单密码为 Admin@huawei.com，从历史版本升级到新版本的设备，此密码可能为 huawei。BootLoad 主菜单密码可以通过 BootLoad 主菜单下的对应菜单项 "修改 BootLoad 密码" 菜单进行修改，也可以在命令行界面使用 **bootrom password change** 命令进行修改。

```
Press Ctrl+B or Ctrl+E to enter BootLoad menu : 2
Password:        //输入 BootLoad 密码
```

与 BootROM 主菜单类似，BootLoad 主菜单也提供了丰富的功能，包括文件传输、启动文件设置、文件管理、BootLoad 密码修改和 Console 口密码清除等。

S1720/2700/5700/6720 系列交换机的 BootLoad 菜单如下所示，各菜单项功能说明见表1-25。

```
BootLoad Menu

    1. Boot with default mode
    2. Enter serial submenu
    3. Enter startup submenu
    4. Enter ethernet submenu
    5. Enter filesystem submenu
    6. Enter password submenu
    7. Clear password for console user
    8. Reboot
    (Press Ctrl+E to enter diag menu)


Enter your choice(1-8):
```

表 1-25　　　　　　　　S1720/2700/5700/6720 系列的 **BootLoad** 主菜单说明

菜单项	功能描述
1. Boot with default mode	不进入重启 BootLoad 阶段，直接从当前阶段继续启动。 当用户需要快速启动设备时，或者在 BootLoad 菜单下做的操作不涉及 BootLoad 程序自身（例如修改 BootLoad 密码）时，可以执行此操作
2. Enter serial submenu	进入串口子菜单。S2720EI、S5710-X-LI、S5700S-28X-LI-AC、S5700S-52X-LI-AC、S5720SI、S5720S-SI、S5720EI、S5720HI、S6720EI、S5720LI、S5720S-LI、S6720LI、S6720S-LI、S5730SI、S5730S-EI、S6720HI、S6720SI、S6720S-SI 和 S6720S-EI 不支持此菜单
3. Enter startup submenu	进入启动配置信息子菜单，可以查看和修改启动配置信息
4. Enter ethernet submenu	进入以太网子菜单，可以实现通过以太网口下载文件到内存和存储器，还可以备份配置文件 使用以太网口进行操作需要预设文件服务器，并配置网络参数以保证设备和服务器路由可达，优点是文件传输速率快
5. Enter filesystem submenu	进入文件系统子菜单，可以实现对文件系统的管理和维护
6. Enter password submenu	进入密码子菜单。此菜单下可以修改 BootLoad 密码或者恢复 BootLoad 密码为缺省值
7. Clear password for console user	清除 Console 口登录验证密码。当用户遗忘 Console 口登录密码导致无法登录设备时，可以通过此菜单清除 Console 登录密码。 【说明】执行清除 Console 密码的选项，其实是将 Console 口的认证方式设为 None 认证，设备重新启动后，不需要输入用户名和密码，可以直接登录设备。为了保证 Console 口的使用安全，用户登录设备后建议将 Console 口的认证方式修改为 AAA 认证
8. Reboot	当修改的参数对 BootLoad 菜单前面的初始化工作有影响时，可执行 **8. Reboot** 先进入重启 BootLoad 阶段，再启动其他部件
(Press Ctrl+E to enter diag menu)	按下快捷键<Ctrl+E>进入诊断菜单

　　S7700/7900/9700/12700 系列交换机的 BootLoad 菜单如下所示，各菜单项功能说明见表 1-26。

```
BootLoad Menu
```

```
1. Boot with default mode
2. Enter ethernet submenu
3. Modify Flash description area
4. File system submenu
5. Enter password submenu
6. Clear password for console user
7. Reboot
```

Enter your choice(1-7):

表 1-26　　　　　　　　**S7700/7900/9700/12700** 系列的 **BootLoad** 主菜单说明

菜单项	功能描述
1. Boot with default mode	以选项 **3. Modify Flash description area** 设置的信息直接启动设备，不再经历 uBoot 启动阶段
2. Enter ethernet submenu	进入网口子菜单，可以实现通过以太网口下载文件到存储器，还可以下载配置文件。 优点：文件传输速率快。缺点：使用前需要预设文件服务器，并配置网络参数以保证设备和服务器路由可达
3. Modify Flash description area	修改 Flash 描述，可以查看和修改启动配置信息。当通过 BootLoad 菜单升级系统软件时，可通过此菜单设置系统软件、配置文件，以及补丁文件
4. File system submenu	进入文件系统子菜单。此菜单下可以实现对文件系统的管理和维护
5. Enter password submenu	进入密码子菜单，可以修改 BootLoad 密码或者恢复 BootLoad 密码为缺省值
6. Clear password for console user	清除 Console 口登录验证密码。当用户遗忘 Console 口登录密码导致无法登录设备时，可以通过此菜单清除 Console 登录密码。清除 Console 口登录密码后，用户无需进行验证即可通过 Console 登录设备
7. Reboot	以选项 **3. Modify Flash description area** 设置的系统软件和配置文件重新启动设备，此时系统会再次经历 BIOS 和 BootLoad 阶段。 当修改的参数对 BootLoad 菜单前面的初始化工作有影响时，可执行 **7. Reboot** 先进入重启 BootLoad 阶段，再启动其他部件

注意　必须使用 Console 口登录设备才能看见设备的启动过程，然后按提示输入快捷键，进入对应 BootLoad 菜单；从使用 BootLoad 菜单操作设备到设备正常启动期间，需保证设备正常上电，否则会导致通过 BootLoad 菜单进行的配置丢失。

　　由于不同产品系列的 BootLoad 主菜单中包括的子菜单比较多，且又各有不同，故在此不再对各子菜单下的菜单项进行具体介绍。

1.6　管理配置文件

　　用户可以进行保存配置文件（即把当前配置以文件形式保存起来）、备份配置文件（备份已有的配置文件）、恢复配置文件（恢复使用其他配置文件）、指定下次启动的启动文件（包括配置文件）等操作。下面分别予以介绍。

1.6.1　保存配置文件

用户可以通过命令行修改交换机的当前配置，而这些配置在设备重启后将失效；如果要使当前配置在系统下次重启时仍然有效，在重启交换机前需要将当前配置保存到配置文件中。可以采用"自动保存配置"和"手动保存配置"两种方法保存配置文件。

1. 自动保存配置文件

自动保存配置文件分两种情况：一种是自动保存配置文件在本地交换机存储器中，另一种自动保存配置文件在远程服务器上。

（1）本地自动保存配置文件

本地自动保存配置文件的方法需要先在系统视图下使用 **set save-configuration** [**interval** *interval* | **cpu-limit** *cpu-usage* | **delay** *delay-interval*] *命令配置系统定时保存配置文件。命令中的参数说明如下。

① *interval*：可多选参数，指定定时保存配置的时间间隔（即每隔这个时间自动保存一次配置文件），取值范围为（30～43200）整数分钟。缺省值是 30min。

② *cpu-usage*：可多选参数，指定定时自动保存时的 CPU 占用率阈值（高于这个阈值即取消当前自动进行配置文件保存操作），取值范围是 1～60 的整数值，代表对应的百分比，缺省值为 50%。这是为了防止自动保存影响系统的性能。

③ *delay-interval*：可多选参数，指定配置发生变更后系统自动备份配置的延时时间（即在发生配置文件更改后多少时间自动进行配置文件的保存），取值范围为（1～60）整数分钟，但其取值必须小于同时设置的 *interval* 参数值。缺省值是 5min。

配置了系统定时自动保存功能后，会把配置文件保存在下次启动配置文件中，配置文件内容可能会因配置变化而变化。如果没有配置本命令，则系统不启动自动保存功能。但是系统在定时保存配置之前会比较配置文件，如果配置没有改变则不会执行定时保存，即使符合了本命令设置的各参数值条件。

缺省情况下，VRP 系统不启动定时保存配置的功能，可用 **undo set save-configuration** [**interval** *interval* | **cpu-limit** *cpu-usage* | **delay** *delay-interval*] *命令取消原来的自动配置文件保存设置。当出现如下情况时，系统会取消定时保存配置文件的操作。

① 当前存在写配置文件操作。

② 接口板正在进行配置恢复。

③ CPU 利用率较高。

【示例 1】设置系统定时保存新配置的时间间隔为 60min。

```
<HUAWEI> system-view
[HUAWEI] set save-configuration interval 60
```

【示例 2】设置在系统配置发生变化 3min 后，以 10h 为保存间隔，自动保存新配置，且 CPU 使用率上限为 60%。

```
<HUAWEI> system-view
[HUAWEI] set save-configuration interval 600 delay 3 cpu-limit 60
```

（2）远程保存配置文件

如果要把配置文件自动保存在远程服务器上，则需要先通过 **set save-configuration**

backup-to-server　　**server** *server-ip* **transport-type** { **ftp** | **sftp** } **user** *user-name*　　**password** *password* [**path** *folder*]或 **set save-configuration backup-to-server server** *server-ip* **transport-type tftp** [**path** *folder*]系统视图命令分别配置 FTP、SFTP 或 TFTP 服务器的相关信息，包括自动保存配置文件的对应服务器的 IP 地址、用户名及其密码、配置文件自动保存的目的路径，采用 FTP、SFTP 或者 TFTP 对应的传输方式把配置文件自动保存至对应的服务器上（需要事先在对应的终端 PC 上配置好对应的服务器，并确保交换机与服务器之间的路由可达）。命令中的参数和选项说明如下。

① *server-ip*：指定定时保存配置文件的 FTP、SFTP 或者 TFTP 服务器的 IP 地址。

② **ftp**：二选一选项，指定采用 FTP 作为文件传输协议，把配置文件自动保存到指定的 FTP 服务器上。

③ **sftp**：二选一选项，指定采用 SFTP 作为文件传输协议，把配置文件自动保存到指定的 SFTP 服务器上。

④ *user-name*：指定访问 FTP 或者 SFTP 服务器的用户名（**TFTP 服务器访问不需要配置用户名和密码，因为它是采用 UDP 传输层协议进行通信**），为 1～64 个字符，不支持空格，区分大小写。

⑤ *password*：指定访问服务器的用户密码，明文密码为 1～16 个字符，密文密码为 32 个字符，不支持空格，区分大小写。

⑥ *folder*：可选参数，指定服务器存储配置文件的相对路径，为 1～64 个字符，不支持空格，区分大小写。如果不指定此可选参数，则自动把配置文件保存在当前服务器所在目录下。如果指定的路径不存在，则配置文件的发送不成功，系统将向网管上报告警，并在交换机上记录日志。

【示例 3】把配置文件自动以用户名为 huawei，密码为 huawei2012 保存到 IP 地址为 1.1.1.1 的 SFTP 服务器上。

```
<HUAWEI> system-view
[HUAWEI] set save-configuration backup-to-server server 1.1.1.1 transport-type sftp user huawei password
huawei2012
```

说明　使用 TFTP 传输方式保存配置文件时，可使用 **tftp client-source**{ **-a** *source-ip-address* | **-i** *interface-type interface-number* }命令配置交换机的 Lookback 接口和其 IP 地址作为当交换机作为 TFTP 客户端发送报文的源接口和源 IP 地址。缺省情况下，TFTP 客户端发送报文的源地址为 0.0.0.0。

2．手动保存配置文件

如果没有设置自动保存配置文件，或者刚发生的配置更改很重要，需要立即保存，则可进行手动保存配置文件。手动保存仅会保存在交换机本地存储器中，方法是执行 **save** [**all**] [*configuration-file*]配置，保存当前配置。命令中的参数和选项说明如下。

■ **all**：可选项，选择它后将保存所有的配置，包括不在位的板卡的配置。

■ *configuration-file*：可选参数，指定所保存的配置文件名称（包括路径），绝对路径的长度范围为 5～64 个字符。在第一次保存配置文件时，如果不指定可选参数 *configuration-file*，则交换机将提示是否将文件名保存为"vrpcfg.zip"。"vrpcfg.zip"是系统缺省的配置文件，初始状态是空配置。

将当前配置保存到指定文件时，文件必须以".zip"或".cfg"作为扩展名，而且系统启动配置文件**必须存放在存储交换机的根目录下**。*.cfg 为纯文本格式，可直接查看里面的内容，指定为配置文件后，启动时系统对里面的命令逐条进行恢复；*.zip 是*.cfg 的压缩，占用空间较小，指定为配置文件后，启动时要先解压成*.cfg 格式，然后逐条恢复。注意以下几种命令格式的作用效果。

① 执行不带任何参数和选项的 **save** 命令将直接替换当前启动配置文件中的相应内容。多数情况下是这样直接保存的。

② 执行 **save all** 命令将会保存当前所有的配置到当前启动配置文件中（直接替换相应内容），包括不在位的板卡配置。

③ 执行 **save** *configuration-file* 命令将保存当前配置信息到交换机指定的配置文件中。通常情况下不影响系统当前的启动配置文件，除非当 *configuration-file* 与系统缺省的存储路径及配置文件名完全相同时，此时等同于 **save** 命令。

④ 执行 **save all** *configuration-file* 命令用来保存当前配置信息到交换机中指定的配置文件中。通常情况下不影响系统当前的启动配置文件，除非当 *configuration-file* 与系统缺省的存储路径及配置文件名完全相同时，此时等同于 **save all** 命令。

【**示例 4**】使用 **save** 命令直接保存当前配置文件到缺省存储交换机中。

```
<HUAWEI> save
The current configuration will be written to the device.
Are you sure to continue?[Y/N]y
Now saving the current configuration to the slot 0..
Save the configuration successfully.
```

1.6.2　备份配置文件

为防止交换机或者配置文件意外损坏而导致配置文件无法恢复，可以通过以下 5 种方法进行配置文件的备份。

- 直接屏幕复制。
- 备份配置文件到存储器中。
- 通过 FTP、TFTP、FTPS、SFTP 和 SCP 备份配置文件。
- 通过执行命令行进行备份。
- 通过执行命令行实时备份当前配置。

1.　直接屏幕复制

直接屏幕复制的方法是最原始的方式，可先在命令行界面上，执行 **display current-configuration** 命令并复制所有显示信息到 TXT 文本文件中，从而将配置文件备份到维护终端的硬盘中。

注意 配置文件的扩展名一定要为.cfg。屏幕上显示的配置信息受终端软件的影响，可能会出现某配置过长而换行的情况。对于换行的配置，拷贝至 TXT 文本中时，需要删除换行，保证一条配置信息只处在一行中。否则当使用制作的 TXT 文本恢复配置时，换行的配置将无法恢复。

2.　备份配置文件到 flash:或 cfcard:存储器中

可以把配置文件以非缺省配置文件名备份保存在交换机当前的 flash：或者 cfcard:
存储器中。在交换机启动之后，使用 **copy** 命令备份配置文件。下面是一个示例，把当前
配置文件 config.cfg 以配置文件名 backup.cfg 备份到存储器根目录下。

```
<HUAWEI> save config.cfg
<HUAWEI> copy config.cfg backup.cfg
```

如果不是保存在交换机的缺省存储器根目录下，则需要指定绝对路径。

3.　通过 FTP、TFTP、FTPS、SFTP 和 SCP 备份配置文件

设备支持通过 FTP、TFTP、FTPS、SFTP 和 SCP 备份配置文件。其中使用 FTP 和
TFTP 备份配置文件比较简单，但是存在安全风险。在安全要求比较高的场景中，建议
使用 FTPS、SFTP 和 SCP 备份配置文件。有关 FTP、TFTP、FTPS、SFTP 和 SCP 的配
置方法请参见本书第 2 章对应的小节。

4.　通过执行命令行进行备份

执行命令 **configuration copy startup to file** *file-name*，将设备的启动配置文件备份到
指定的文件中。指定的目的文件必须以 ".cfg" 或 ".zip" 作为扩展名，且后缀必须与被
备份文件的后缀一致。当存在同名文件时，系统会提示是否覆盖。输入 "Y" 进行覆盖，
输入 "N" 不进行覆盖。

5.通过执行命令行实时备份当前配置

在系统视图下执行 **undo configuration backup local disable** 命令，使能设备备份当
前运行配置的功能。当配置发生变化 2h 后，设备将自动备份当前的运行配置到本地。

缺省情况下，备份运行配置到本地的功能处于打开状态。如果需要设置为去使能，
执行 **configuration backup local disable** 命令。

1.6.3　恢复配置文件

如果用户进行了错误的配置，或者原来的配置文件已损坏，将导致交换机的某些功
能异常，此时可以通过以下两种方法进行配置文件的恢复。

■ 从存储器恢复配置文件。

■ 通过 FTP、TFTP、FTPS、SFTP 和 SCP 恢复配置文件。

恢复配置文件后，为了让配置文件生效，需要重新启动交换机。先使用 **startup
saved-configuration** *configuration-file* 命令指定重新启动使用的配置文件（如果配置文件
命名没有变，则该步骤省略），然后使用 **reboot** 命令重新启动交换机。

1.　从存储器恢复配置文件

这种恢复方法主要便于用户将存储在交换机存储器（可以是 flash:或 cfcard:）中的备
份配置文件恢复成当前系统运行的配置文件。在交换机正常工作时，可使用如下命令恢复
配置文件（假设原来的备份配置文件名是保存在 cfcard:存储器根目录下的 backup.cfg）。

```
<HUAWEI> copy cfcard:/backup.cfg cfcard:/config.cfg
```

然后通过 **startup saved-configuration** *configuration-file* 命令指定复制的配置文件为
下次启动时所用的配置文件。该命令将在 1.7.1 节具体介绍，在此不再赘述。

2.　通过 FTP、TFTP、FTPS、SFTP 和 SCP 恢复配置文件

设备支持通过 FTP、TFTP、FTPS、SFTP 和 SCP 恢复配置文件。其中使用 FTP 和

TFTP 恢复配置文件比较简单，但是存在安全风险。在安全要求比较高的场景，建议使用 FTPS、SFTP 和 SCP 恢复配置文件。有关 FTP、TFTP、FTPS、SFTP 和 SCP 的配置方法请参见本书第 2 章对应的小节。

1.6.4　比较配置文件

设备使用的时间一长，里面存放的配置文件可能就比较多，容易造成混乱（通常可通过为配置文件起一个有隐含意义的文件名来进行区分）。这时就可以把某个配置文件与当前配置进行比较，通过结果中显示的配置不同处比较出各个配置文件的版本新、旧，从而决定可以删除某些不再使用的配置文件，也可以决定是否需要将当前配置设置为下次启动时加载的配置文件。

通过配置文件的比较，VRP 系统在比较出不同之处时，将从两者有差异的地方开始显示字符（缺省显示 150 个字符），如果该不同之处到文件末尾不足 150 个字符，将显示到文件尾为止。所比较的配置文件必须以 ".cfg" 或 ".zip" 作为扩展名。如果指定要与当前配置进行比较的配置文件不存在，或者虽然配置文件存在，但是内容为空，系统将提示读文件失败。

在用户视图下执行 **compare configuration** [*configuration-file*] [*current-line-number save-line-number*] 命令，可以比较当前配置与指定的配置文件或者指定的配置文件的内容是否一致。命令中的参数说明如下。

① *configuration-file*：可选参数，指定需要与当前配置进行比较的配置文件名，长度范围为 5～48 个字符，不支持空格。如果不指定此可选参数，系统将比较当前的配置与下次启动的配置文件内容是否一致。

② *current-line-number save-line-number*：可选参数，指定在当前配置文件中从指定的行开始比较。如果不指定此可选参数，则表示从指定的配置文件的首行开始进行比较。用来指定在发现配置文件不同之处后，跳过该不同处，各自从指定的行继续进行比较。

【示例】比较当前配置与下次启动的配置文件内容是否一致。从输出信息可以看出，这两个配置文件均从第 6 行开始不一致，并且分别列出了两个配置文件中的对应配置。

```
<HUAWEI> compare configuration
Warning: The current configuration is not the same as the next startup configura
tion file.
====== Current configuration line 6 ======
 vlan batch 1 to 2 10 to 11 15 70 to 71 91 to 92 100 111 230 240 901
 vlan batch 911 1111
 #
 l2protocol-tunnel vtp group-mac 0100-0ccd-ffff

 ====== Configuration file line 6 ======
 vlan batch 1 to 2 10 to 11 15 70 91 to 92 100 111 230 240 901
 vlan batch 911 1111
 #
 l2protocol-tunnel vtp group-mac 0100-0ccd-ffff
```

1.6.5　清除配置

用户可以根据不同的场景，选择不同的方式清除配置。

■ 清除配置文件内容：当设备软件升级后原配置文件与当前软件不匹配、配置文件遭到破坏，或者加载了错误的配置文件时，用户可以清空原有的配置文件，然后再重新指定一个配置文件。

■ 一键式清除接口下的配置信息：当用户需要将设备上的某个接口用作其他用途时，原始的配置需要逐条删除。如果该接口下存在大量的配置，那么用户将耗费大量的时间进行删除，增大了用户的维护量。为了减少用户的维护量和降低操作的复杂度，可以一键式清除接口下的配置。

■ 清除不在位单板的非激活配置信息：更换单板时，如果不希望保存现有的配置信息，可以执行命令清除不在位单板的配置信息。

配置清除后不可恢复，请谨慎操作！

1. 清除配置文件内容

如果不想继续保留当前保存的配置文件，可在用户视图下执行 **reset saved-configuration** 命令，**清空设备下次启动使用的配置文件的内容**，并取消指定系统下次启动时使用的配置文件，从而使设备配置恢复到缺省值。

在执行 **reset saved-configuration** 命令时要注意以下几点。

■ 执行该命令后，如果当前启动配置文件与下次启动配置文件相同，当前启动的配置文件也会被清空。

■ 执行该命令后，用户手动重启设备时，系统会提示用户是否保存配置，这时选择不保存才能清空配置。

■ 取消指定系统下次启动时使用的配置文件后，如果不使用 **startup saved-configuration** 命令重新指定新的配置文件，或者不保存配置文件，设备重启后，将会以缺省配置启动，**恢复成出厂配置**。

■ 如果设备下次启动的配置文件为空，设备会提示配置文件不存在。

2. 一键式清除指定接口下的配置信息或将配置恢复到缺省值

可采用以下两种方式之一一键式清除指定接口下配置信息或将配置恢复到缺省值（被清除配置文件的接口将被置为 shutdown 状态）。

■ 在系统视图下执行 **clear configuration interface** *interface-type interface-number* 命令，清除指定接口下的配置信息或将配置恢复到缺省值。

■ 在具体接口视图下执行 **clear configuration this** 命令清除当前接口下所有配置信息或将配置恢复到缺省值。这个非常实用，可以一步清除原来在对应接口下的所有错乱配置，以便全部重新配置。

1.6.6　恢复出厂配置

用户可以根据不同的场景将配置文件或设备恢复至出厂配置状态。

1. 将配置文件恢复到出厂配置状态

对于 S1720GFR、S1720GW-E、S1720GWR-E、S1720X-E 子系列交换机，可按表 1-27 操作步骤，通过长按 reset 键将设备配置文件恢复到出厂状态。

表 1-27　　　　　　　　　　　　配置文件恢复出厂配置状态的操作步骤

步骤	命令	说明
1	**system-view** 例如：<HUAWEI> **system-view**	进入系统视图
2	**undo factory-configuration prohibit** 例如：[HUAWEI] **factory-configuration prohibit**	使能长按 reset 键恢复出厂配置的功能。 缺省情况下，长按 reset 键恢复出厂配置的功能处于使能状态
3	**set factory-configuration operate-mode { reserve-configuration	delete-configuration }** 例如：[HUAWEI] **set factory-configuration operate-mode delete-configuration**	指定恢复出厂配置时的操作方式为保留模式（选择 **reserve-configuration** 选项时）或者删除（选择 **delete-configuration** 选项时）模式。 ● 如果指定恢复出厂配置时的操作方式为保留模式，则在恢复出厂配置后，当前的配置文件会被保留。 ● 如果指定恢复出厂配置时的操作方式为删除模式，则在恢复出厂配置后，当前的配置文件不会被保留。 缺省情况下，恢复出厂配置时的操作方式为保留模式，可用 **undo set factory-configuration operate-mode** 命令指定恢复出厂配置时的操作方式为保留模式
4	**display factory-configuration information**	查看长按 reset 键恢复出厂配置的功能是否处于使能状态和恢复出厂配置时的操作方式
5	长按 reset 键（5s 以上），接着用户需执行重启操作，且重启时选择不保存配置	

2. 将设备一键恢复到出厂配置状态

当用户希望清除所有的业务配置和数据文件时，可以通过在用户视图下执行 **reset factory-configuration** 命令，一键式将设备还原至出厂配置状态。注意，该命令不仅会将系统配置文件恢复至出厂配置状态，还会清除设备上的业务配置和数据文件，须谨慎使用。执行完后，可执行 **display factory-configuration reset-result** 命令查看设备最近一次恢复出厂配置的结果。

1.6.7　执行配置文件

如需要运行已存在的配置文件，可执行 **configuration copy file** *file-name* **to running** 用户视图命令，即可执行指定配置文件中的命令。如需要运行已存在的配置文件，可执行该命令。通过该命令可以一次性将指定配置文件中的命令全部执行。

本命令同时只允许一个用户执行。在该命令执行过程中，如果发生配置恢复、批量备份操作，则命令执行终止。该命令执行过程中，如果某条命令执行失败，则跳过继续执行下一条命令。

1.7　交换机启动管理

交换机启动管理包括指定系统启动文件和重启操作。配置系统启动文件包括指定系统启动时所用的系统软件和配置文件，这样可以保证交换机在下一次启动时以指定的系统软件启动和指定的配置文件初始化配置。如果系统启动时还需要加载新的补丁，则还需指定补丁文件。所指定的启动文件必须已保存至交换机的根目录中。

1.7.1　配置系统启动文件

系统启动文件是在用户视图下配置的。在进行系统启动文件配置前，可使用 **display startup** 命令查看当前交换机指定的下次启动时加载的文件。如果没有重新配置交换机下次启动时加载的系统软件，则下次启动时将缺省使用本次加载的系统软件。当需要更改下次启动的系统文件（如交换机升级）时，则需要重新指定下次启动时加载的系统软件，此时还需要提前将系统软件通过文件传输的方式保存至交换机（**系统软件必须存放在存储器的根目录下，且文件扩展名必须为".cc"**）；如果交换机是双主控环境，需要确保系统软件分别保存至主用主控板和备用主控板存储器上。

如果没有重新配置下次启动时加载的配置文件，则下次启动采用缺省配置文件（如vrpcfg.zip）。如果存储器中没有缺省配置文件，则交换机启动时将使用缺省参数（即出厂配置）初始化。**配置文件的扩展文件名必须是".cfg"或".zip"，必须存放在存储器的根目录下。**

补丁文件的扩展名为".pat"，在指定下次启动时加载的补丁文件前需要提前将**补丁文件保存至交换机存储器的根目录下**。如果交换机是双主控环境，需要确保补丁文件分别保存至主用主控板和备用主控板。配置系统启动文件所用的命令见表 1-28。

表 1-28　　　　　　　　　　　配置系统启动文件的命令

命令	说明
check file-integrity *filename signature-filename*	（可选）对系统软件或补丁软件合法性进行校验。需要先将软件和对应的签名文件上传至设备才可以使用此命令进行校验
startup system-software *system-file* 例如：<HUAWEI> **startup system-software** basicsoft.cc	指定交换机下次启动时所加载的系统软件。参数 *system-file*（系统软件文件名）格式为[*drive-name*] [*path*] [*file-name*]，长度范围为 4～64 个字符，不支持空格，不区分大小写。如果未指定 *drive-name*（存储器名），则此值为缺省的存储器名。 如果交换机是双主控环境，还必须执行命令 **startup system-software** *system-file* **slave-board**，配置备用主控板下次启动时加载的系统软件。主用主控板和备用主控板需要指定相同版本的系统软件。如果指定的系统软件是 V200R005 及之前版本（V200R005C02 版本除外），用户需要先通过 **reset boot password** 重置 BootLoad 菜单的密码为缺省值后再指定系统软件
startup saved-configuration *configuratio-nfile* 例如：<HUAWEI>**startup saved-configuration** vrpcfg.cfg	指定交换机下次启动时所使用的配置文件。交换机上电时，缺省为从存储器根目录中读取配置文件进行初始化。参数 *configuration-file*（配置文件名）的长度范围为 5～64 个字符，不支持空格，不区分大小写。 可用 **undo startup saved-configuration** 命令取消配置的交换机下一次启动的配置文件（但需要在系统视图下执行此命令）
startup patch *file-name* [**slave-board**] 例如：<HUAWEI>**startup patch** patch.pat	（可选）可指定交换机下次启动时加载的补丁文件。命令中的参数和选项说明如下。 ① *file-name*：指定下次启动的补丁文件名，格式为[*drive-name*] [*path*] [*file-name*]，长度范围为 5～48 个字符，不区

（续表）

命令	说明
	分大小写，不支持空格。如果未指定 drive-name（存储器名），则此值为缺省的存储器名。 ② **slave-board**：可选项，仅 S7700/7900/9700/12700 系列交换机支持，指定备用主控板下次启动时使用的补丁文件
display startup 例如：<HUAWEI> **display startup**	（可选）查看系统本次和下次启动相关的系统软件、配置文件以及补丁文件
display saved-configuration [last | time | configuration] 例如：<HUAWEI> **display saved-configuration**	（可选）查看交换机本次或下次启动时所用的配置文件。命令中的选项说明如下。 ① **last**：多选一可选项，显示上次保存的系统配置信息，即本次启动时使用的配置文件。 ② **time**：多选一可选项，显示最近一次手工或者系统自动保存配置的时间。S2700、S3700 系列交换机不支持。 ③ **configuration**：多选一可选项，显示设置的自动保存配置功能的参数信息，包括定时保存时间间隔、CPU 利用率等信息。S2700、S3700 系列交换机不支持。 如果不带任何可选项，则直接查看交换机下次启动时所用的配置文件

1.7.2　重新启动交换机

为了使指定的系统软件及相关文件生效，需要在配置完系统启动文件后，对交换机进行重新启动。重新启动交换机有以下两种方式。

① 立即重新启动交换机：执行命令行后立即重新启动，也可通过在本地按动设备上的"RST"重启按钮，重新启动设备。

② 定时重新启动交换机：可以设置在未来的某一时刻重新启动交换机。配置完下次系统启动文件后，为了不影响当前交换机的运行，可以将交换机设置在业务量少的时间点定时重新启动。

交换机每一次重新启动或某一单板复位的相关信息都会被详细记录下来，包括重新启动的次数、详细信息以及原因等，可以通过 **display reset-reason** 命令进行查看。在重新启动交换机之前，如果需要将当前配置在重新启动交换机后仍生效，请先确保当前配置已保存。保存配置文件的方法参见 1.6.1 节。

1. 立即重新启动交换机

要立即重启交换机，只需在用户视图下执行 **reboot** [**fast** \| **save diagnostic- information**] 命令。命令中的两个选项说明如下。

① **fast**：二选一可选项，表示快速重启交换机，不会提示是否保存配置文件，未保存的配置信息将丢失。

② **save diagnostic-information**：二选一可选项，表示系统在重新启动前会将诊断信息保存到交换机存储器的根目录下。部分机型不支持本可选项，具体可以参考对应的产品手册。

如果执行不带任何可选项的 **reboot** 命令，则系统重启前将提示用户是否保存配置。

【示例 1】以不带任何选项的 **reboot** 命令重新启动交换机。重启前如果有未保存的配置，系统会提示是否保存。

```
<HUAWEI> reboot
Warning: The configuration has been modified, and it will be saved to the next s
tartup saved-configuration file cfcard:/204.cfg. Continue? [Y/N]:y
Info: If want to reboot with saving diagnostic information, input 'N' and then e
xecute 'reboot save diagnostic-information'.
System will reboot! Continue?[Y/N]:y
```

【示例 2】快速重新启动交换机，不提示是否保存配置，直接重启。

```
<HUAWEI> reboot fast
```

2. 定时重新启动交换机

如果要设置定时重启，可在用户视图下使用 **schedule reboot** { **at** *time* | **delay** *interval* [**force**] }命令使能定时重新启动功能，并设置重启时间。命令中的参数和选项说明如下。

① *time*：二选一参数，设置交换机定时重新启动的具体时间。格式为 *hh:mm YYYY/MM/DD*，表示年月日，必须大于交换机的当前时间，且与当前时间的差值范围小于 720h（即 30 天）。

② *interval*：二选一参数，设置交换机在定时重新启动前等待的时间。格式为 *hhh:mm* 或 *mmm*，其中 *hhh* 表示小时，取值范围是 0～720，*mm* 表示分钟，取值范围是 0～59，*mmm* 表示分钟，取值范围是 0～43200。

③ **force**：可选项，指定定时强制重启交换机。如果不指定本可选项，系统首先会将当前配置与配置文件进行比较，如果不一致，则会提示是否保存当前配置，用户进行选择后系统又将提示用户确认设置的定时重启时间，按下"Y"或者"y"键后，设置生效。如果指定了本可选项，系统不会出现任何提示，设置生效后，当前配置不会被比较及保存，直接重启。

【示例 3】设置交换机在当天 22:00 重新启动。

```
<HUAWEI> schedule reboot at 22:00
Info: The system is now comparing the configuration, please wait.
Warning: All the configuration will be saved to the configuration file for the n
ext startup:cfcard:/vrpcfg.zip, Continue?[Y/N]:y
Info: Reboot system at 22:00:00 2018/4/14(in 2 hours and 2 minutes)
confirm? [Y/N]: y
```

如果配置了定时重启功能，可以执行 **display schedule reboot** 命令查看交换机定时重启的相关配置。

第 2 章
VRP 系统登录与远程文件管理

本章主要内容

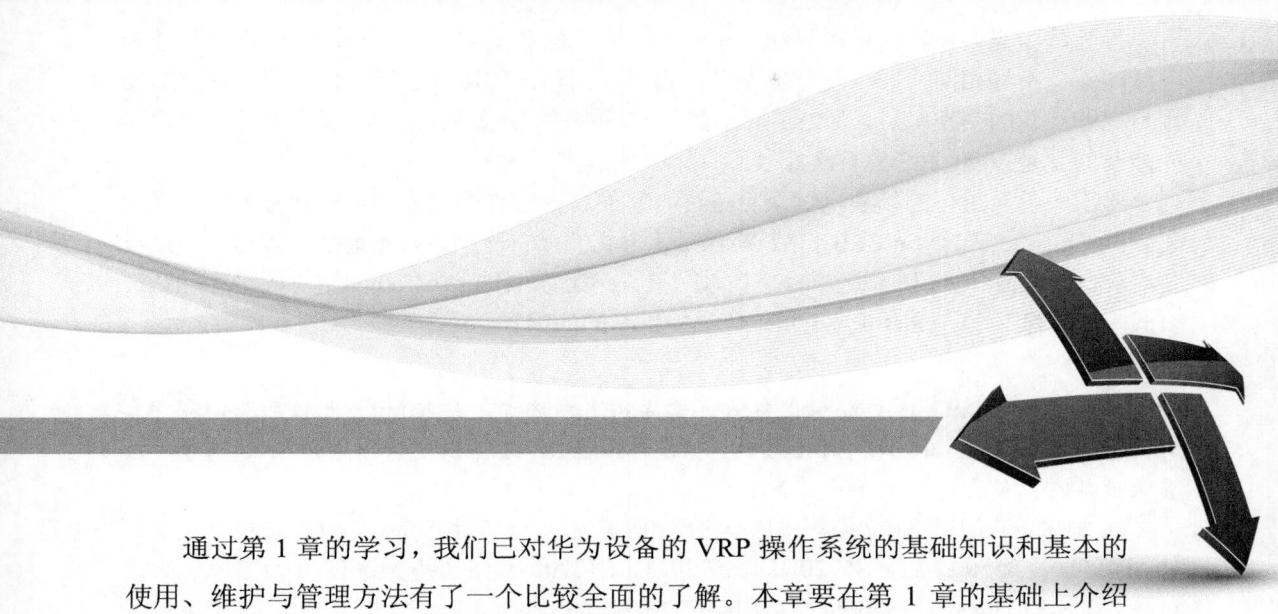

　　通过第 1 章的学习，我们已对华为设备的 VRP 操作系统的基础知识和基本的使用、维护与管理方法有了一个比较全面的了解。本章要在第 1 章的基础上介绍如何登录设备 VRP 系统，以及如何通过网络来远程管理设备中的文件系统资源，这同样是日常网络设备维护与管理中最常见的操作。

　　VRP 系统登录是一切设备管理的基础，本章介绍了华为设备所支持的 Console口、MiniUSB 口本地登录，通过网络进行的 Telnet、STelnet 登录，以及通过浏览器进行的 Web 登录的配置方法。本章最后介绍的 FTP、SFTP、SCP 和 FTPS 远程文件管理方法是通过网络远程上传、下载设备 VRP 系统配置文件及系统软件等文件资源进行文件备份与恢复的必备方法，是设备的系统资源最基本的安全管理方式。

2.1 配置 VRP 系统首次登录

因为华为交换机在出厂时只配置了一些基本的缺省配置，各用户的实际网络环境和网络配置也不尽相同，所以没有也不可能根据不同用户的需求进行特色配置。这就需要用户在购买新的交换机后，首先了解一些 VRP 系统的登录方法和基本系统配置。这里首先涉及的就是 VRP 系统的首次登录。

对于一台新出厂的设备，如果希望进入它的命令行界面完成基本的业务配置，必须先使用 Console 口、MiniUSB 口或 Web 网管方式完成首次登录。本地登录以后，完成设备名称、管理 IP 地址和系统时间等基本配置，并配置 Telnet、STelnet 用户的级别和认证方式，为后续远程 Telnet 或 STelnet 登录提供基础的配置。

说明 在通过 MiniUSB 口登录设备前，需要在用户终端安装 MiniUSB 口的驱动程序。MiniUSB 口和 Console 口同时接入时，只有 MiniUSB 口可以使用。通过 Web 网管首次登录设备前，设备需要处于出厂配置状态。

仅 S1720GW-E、S1720GWR-E 和 S1720X-E 不支持通过 Console 口首次登录设备。仅 S5700LI、S5700S-LI、S5720HI、S5720EI、S12700 系列支持 MiniUSB 口登录，但其中 S5700S-LI 系列的 S5700S-28X-LI-AC 和 S5700S-52X-LI-AC，以及 S5720EI 系列的 S5720-50X-EI-AC、S5720-50X-EI-DC、S5720-50X-EI-46S-DC 和 S5720-50X-EI-46S-AC 不支持 MiniUSB 口登录。S7700/7900/9700/12700 系列仅支持 Console 口方式首次登录。

2.1.1 通过 Console 口首次登录设备

绝大多数华为 S 系列交换机都会提供一个 Console 口（基本上均为 RJ-45 接口类型，在接口下面会有一个 CONSOLE 字样），用户终端（如 PC）的串行端口（俗称 COM 口）可以通过随机提供的专门 Console 电缆与交换机的 Console 口直接连接。当然，事先要求在用于本地登录交换机 VRP 系统的 PC 机上安装好终端仿真软件，如 Windows 系统自带的超级终端软件，还有许多第三方终端仿真软件，如 SecureCRT、Putty 等。如果你当前使用的是 Linux 操作系统，则可使用各发行版本 Linux 系统中的 minicom 或者 gtkterm 程序作为超级终端软件。

在配置通过 Console 口登录设备之前，需要完成以下任务：

① 设备正常上电；

② 准备好 Console 通信电缆，连接好登录所用的用户终端和要登录的交换机设备。

图 2-1 是盒式交换机通过 Console 口连接的示意，对于双主控板设备，连接任意主控板的 Console 口都可以登录设备。

说明 由于目前大部分笔记本电脑没有 COM 口，只能使用 USB 接口连接。这时需要购买一条 USB-Serial 电缆，其中的 COM 母头直接连接随设备配带的 Console 电缆 COM 公

头，USB 口连接到笔记本电脑的 USB 接口。然后在笔记本电脑中安装随 USB-Serial 电缆自带的驱动程序（也可在网上下载一个 USB 转 RS-232 的驱动程序）。这样就需要在图 2-3 所示的对话框的 Port 下拉列表中选择由 USB 口转换生成的逻辑 COM 口。

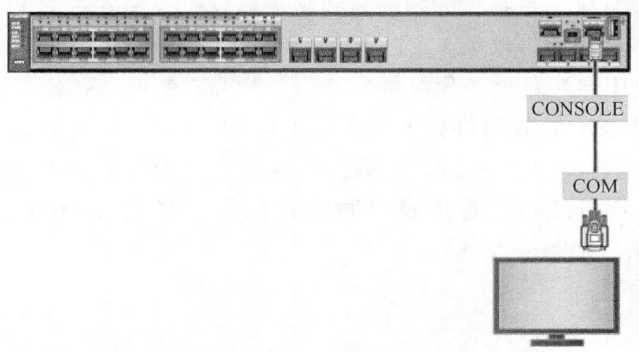

图 2-1　盒式交换机通过 Console 口登录的连接示意

③ 在 PC 上打开终端仿真软件（此处以第三方软件 SecureCRT 为例进行介绍），打开时会弹出一个连接设置对话框，如图 2-2 所示。

④ 单击🔲按钮，新建一个连接，按如图 2-3 所示设置连接的接口（Port）以及通信参数，分别为：传输速率为 9600bit/s、8 位数据位、1 位停止位、无校验和无流控，要与交换机上对应参数的缺省值保持一致。连接的接口请根据实际情况进行选择。例如，在 Windows 系统中，可以通过在"设备管理器"中查看端口信息，选择连接的接口。

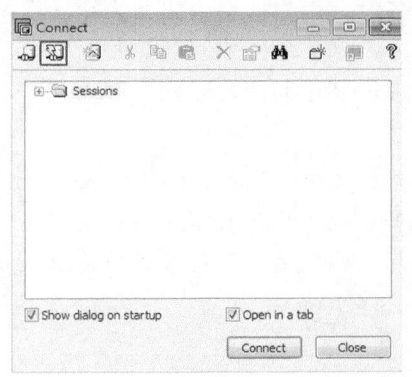

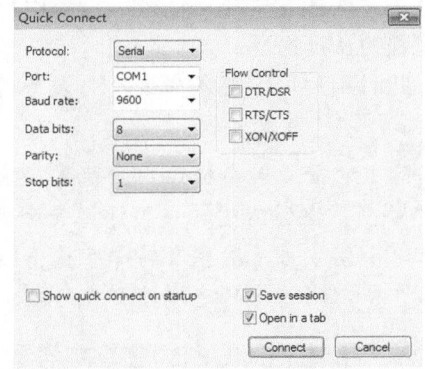

图 2-2　SecureCRT 的 Connect 对话框　　　　图 2-3　SecureCRT 的 Quick Connect 对话框

说明　缺省情况下，华为设备没启用任何流控（Flow Control）方式，而图 2-3 中的 RTS/CTS（Request To Send/Clear To Send，请求发送/清除发送）复选项缺省情况下处于选择状态，因此需要将该选项的选择去掉，**否则终端界面中无法输入命令行**。下面简单介绍图 2-3 所示的 3 种流控方式。

RTS/CTS 表示对于 DTE/DCE 中的一端来说，同一时刻只进行数据发送或接收，是单工通信模式，可以有效地避免两端同时发送数据时造成的冲突，是一种硬件流控方式。

DTR/DSR（Data Terminal Ready/Data Set Ready，数据终端准备就绪/数据准备好）

也是一种硬件流控方式，分别表示 DTE 准备好了数据发送和 DCE 准备好了数据接收，也属于单工通信模式。

XON/XOFF 是一种通过软件来实现流控的异步通信协议，接收方使用特殊字符来控制发送方传送的数据流。当接收方不能继续接收数据时，发送一个 XOFF 控制字符告诉发送方停止传送；当传输可以恢复时，该计算机发送一个 XON 字符来通知发送方。其中 XON 采用 ASCII 字符集中的控制字符 DC1，XOFF 采用 ASCII 字符集中的控制字符 DC3。有关 XON/XOFF 协议的详细工作原理参见《深入理解计算机网络》（新版）一书。

⑤ 配置好后单击图 2-3 中的"Connect"按钮，终端界面会出现如下显示信息，提示用户输入用户名和密码。**首次登录时缺省的用户名为 admin，密码为 admin@huawei.com**。登录后必须修改密码。

```
Login authentication


Username:admin      #---输入缺省用户名
Password:      #---输入缺省用户密码
Warning: The default password poses security risks.
The password needs to be changed. Change now? [Y/N]: y      #---问你现在是否要修改密码
Please enter old password:      #---输入缺省密码
Please enter new password:      #---输入你设置的新配置
Please confirm new password:      #---再输入一次你设置的新密码
The password has been changed successfully
<HUAWEI>
```

采用交互方式输入的密码不会在终端屏幕上显示出来。进入用户视图后，如果用户没有修改认证方式及认证密码，当用户再次登录设备时，用户认证密码即为初次登录后所配置的认证密码。

此时用户可以键入命令，对设备进行配置，如果需要帮助，可以随时键入"?"。

说明 首次登录时会提示用户配置登录密码（系统会自动保存此密码配置）。密码为 6～16 个字符，**区分大小写**。为保证安全性，建议输入的密码至少包含以下两种类型：大写字母、小写字母、数字及特殊字符，**但不能包括"?"和空格**。此处采用的是隐式方式输入，所以所输入的密码不会在终端屏幕上显示。

2.1.2 通过 MiniUSB 口首次登录设备

如果用户 PC 没有可用的 Console 口，可以使用 MiniUSB 线缆将 PC 的 USB 口连接到设备的 MiniUSB 口进行登录，实现对第一次上电的设备进行基本配置和管理。

在配置通过 MiniUSB 口登录设备之前，需要完成以下任务：

- 设备正常上电；
- 准备好 MiniUSB 通信电缆（支持 MiniUSB B 型线缆，不随设备发货）；
- 根据用户 PC 的操作系统准备好 MiniUSB 口驱动程序；

驱动程序获取路径：请先登录华为公司企业技术支持网站（http://support.huawei.com/enterprise），根据产品型号和版本名称到相应路径下获取设备的 MiniUSB 口的驱动程序 **Switch-MiniUSB-driver.00X.zip**，包含两个驱动程序 **3410-VersX.X.X.X.zip** 和

1410-VersX.X.X.X.zip（X 表示版本号，数字越大，表示版本越高），分别适用于不同的设备。安装前需注意根据设备型号选取正确的驱动程序。目前此驱动程序仅支持 Windows VISTA/7 操作系统。

■ 准备好 PC 终端仿真软件。

Windows 2000 系统的 PC 自带超级终端，可无需另行准备终端仿真软件。其他系统的 PC 不自带终端仿真软件，需另行准备。在此仍以使用第三方软件 SecureCRT 为例进行介绍。

① 在用户 PC 上安装 MiniUSB 口的驱动程序。

② 使用 MiniUSB 线缆将 PC 的 USB 口和交换机的 MiniUSB 口连接，图 2-4 所示是盒式交换机通过 MiniUSB 口连接的示意，对于双主控板设备，连接任意主控板的 MiniUSB 口都可以登录设备。

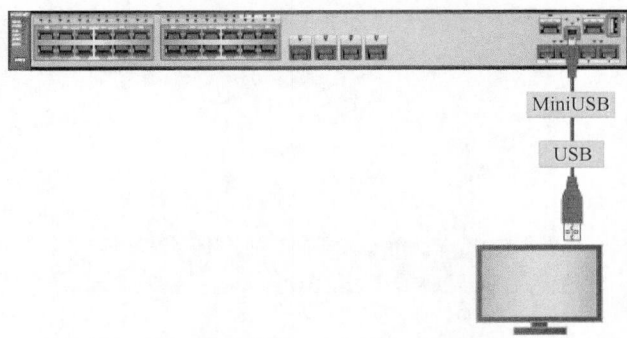

图 2-4　盒式交换机通过 MiniUSB 口登录的连接示意

后面的操作、配置方法与上节介绍的通过 Console 口登录的操作方法一样，参见 2.1.1 节的第③～⑤步。

2.1.3　通过 Web 网管首次登录设备

在 S1720/2700/5700/6720 系列交换机中有些机型还支持以 Web 网管方式进行首次登录（S7700/7900/9700/12700 系列交换机不支持），但不同的系列在具体的配置方法上还是存在一些差异，所以分别予以介绍。

1. S1720 系列交换机的 Web 网管首次登录配置

在 S1720 系列交换机处于出厂配置状态时，PC 端可以通过 Web 网管首次登录设备。表 2-1 是 Web 网管方式首次登录的参数。

表 2-1　　　　　　　　　　S1720 系列交换机首次登录的缺省配置

参数	缺省值
用户名	admin
密码	admin@huawei.com
用户级别	15
登录 IP 地址	192.168.1.253/24 【说明】出厂配置状态下，S1720 上 VLANIF1 接口的缺省 IP 地址为 192.168.1.253。为了防止网络中存在两台 IP 地址相同的设备，建议在组网之前，修改 S1720 上该接口的 IP 地址

在 S1720 系列交换机上通过 Web 网管方式首次登录的具体操作方法如下。

（1）连接设备和 PC

将设备的任意以太网口与 PC 进行连接。

（2）配置 PC 的 IP 地址

为了保证 PC 和设备之间路由可达，需要将 PC 的 IP 地址配置成与设备默认的登录 IP 地址在同一网段，即 192.168.1.0/24 网段。

（3）用户通过 Web 网管登录设备

在 PC 上打开浏览器，在地址栏中输入 https://192.168.1.253，按回车键后将显示 Web 网管登录界面，如图 2-5 所示。输入缺省用户名 **admin** 和缺省密码 **admin@huawei.com**，并选择 Web 网管系统的语言。

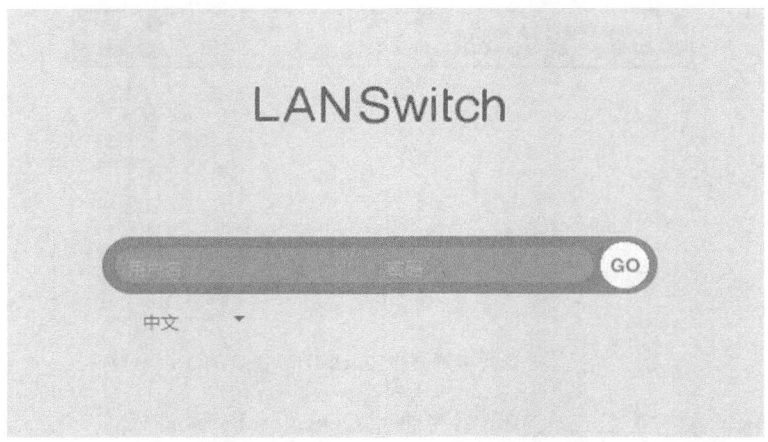

图 2-5　Web 网管首次登录界面

注意　登录 Web 网管要求浏览器为 Microsoft Edge、IE10.0、IE11.0、火狐 52.0～火狐 56.0 或谷歌 53.0～谷歌 62.0。如果浏览器版本或浏览器补丁版本不在上述范围内，可能会出现 Web 页面显示异常，请及时更新浏览器和浏览器的补丁。同时，登录 Web 网管要求浏览器支持 Javascript。

（4）进入 Web 网管密码修改界面

在 Web 网管登录界面中，单击"GO"或直接按回车键进入密码修改界面，如图 2-6 所示。根据提示修改密码，然后再根据提示重新登录。登录到 Web 网管后，可以对设备进行管理和维护。

说明　仅第一次登录 Web 网管的账号在登录过程中会跳转到密码修改界面。

用户密码即将过期或者已经过期时，网管页面也会跳转到密码修改界面。此时用户必须修改密码，才能进入 Web 网管系统主页面。

为提升密码安全性，密码至少同时包含小写字母、大写字母、数字、特殊符号（例如"!""$""#""%"等）这 4 种形式中的两种，并且不能包括空格和单引号。

图 2-6　Web 网管密码修改界面

2. 除 S1720 之外的其他非云管理模式设备的 Web 网管首次登录配置

当用户需要对处于出厂配置状态的设备进行配置，而此时用户没有携带 Console 通信电缆或者 PC 没有可用的串口时，可以通过 Web 网管首次登录设备。登录设备后，用户可以方便快捷地配置设备的 Web 网管登录功能、Telnet 登录功能、STelnet 登录功能。

注意 没有 "MODE" 按键的设备不支持通过 Web 网管首次登录设备，而且 Web 网管首次登录设备功能与将在第 3 章介绍的 EasyDeploy、U 盘开局功能互斥。

在除 S1720 之外的其他非云管理模式交换机（S7700/7900/9700/12700 系列不支持）上通过 Web 网管方式首次登录的具体操作方法如下。

（1）连接设备和 PC

对于全光口的设备，需要将设备的管理接口（双绞线以太网类型接口）和 PC 进行连接。对于支持通过 Web 网管首次登录设备的其他设备，将设备的除管理接口之外的第一个以太网口和 PC 进行连接即可。

注意 通过 **Web 网管首次登录设备的前提是该设备处于出厂配置状态**，因此配置此功能时，建议用户不要通过串口登录设备。通过串口进行任何操作，都将导致通过 Web 网管首次登录设备失败。推荐使用管理网口与 PC 终端相连。

（2）进入设备的初始设置模式

长按 "MODE" 按钮 6s 或以上，**当设备所有的模式灯变为绿色常亮时**，设备进入初始设置模式。进入初始设置模式后，系统默认将设备的 IP 地址配置为 192.168.1.253/24，同时将默认的 admin 用户级别配置为 15 级。

说明 如果设备不是处于出厂配置状态，长按 "MODE" 按钮 6s 后，所有模式灯处于绿色快闪状态，10s 后恢复默认状态，不影响设备的原有配置。

如果设备处于出厂配置状态，但是设备刚启动或者通过串口对设备进行了操作，那么长按 "MODE" 按钮 6s 后，设备有可能出现进入初始设置模式失败的情况。此时所有模式灯快速闪烁 10s 后设备恢复到默认状态。

进入初始设置模式 10min 后，如果用户没有保存配置信息，设备将会自动退出初始设置模式，恢复出厂配置。

（3）配置 PC 的 IP 地址

为了保证 PC 和设备之间路由可达，需要将 PC 的 IP 地址配置成与设备默认的登录 IP 地址在同一网段，即 192.168.1.0/24 网段。

（4）用户通过 Web 网管登录设备

在 PC 上打开浏览器，在地址栏中输入 https://192.168.1.253，按回车键后将显示 Web 网管登录界面，参见图 2-5，输入缺省用户名 **admin** 和缺省密码 **admin@huawei.com**，并选择 Web 网管系统的语言。单击"GO"或直接按回车键进入 Web 网管配置界面，如图 2-7 所示。

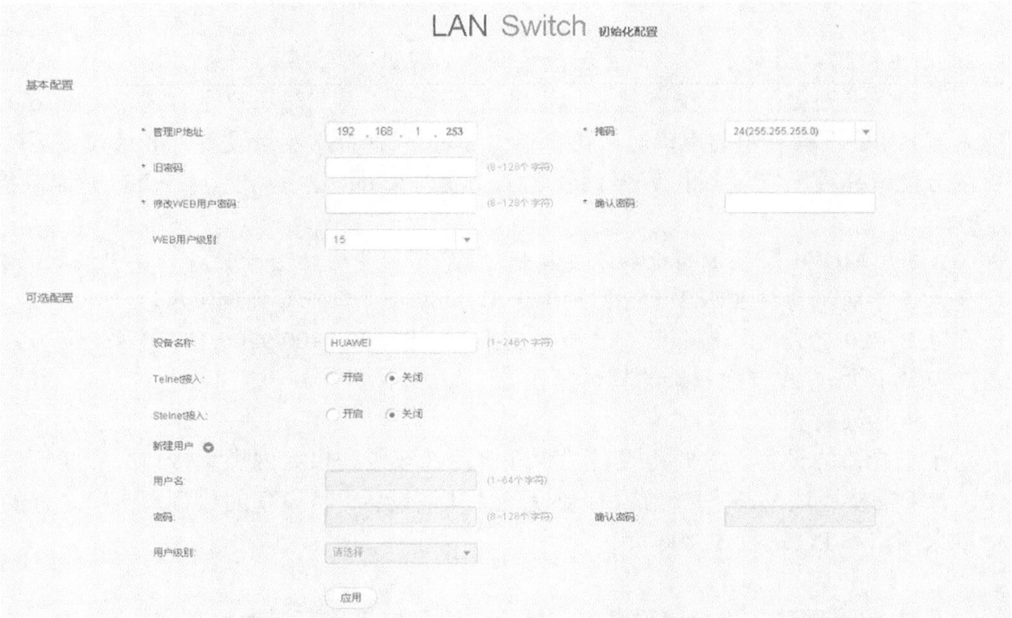

图 2-7　Web 网管配置界面

（5）配置设备

Web 网管配置界面提供了设备的基本配置和可选配置。配置完成后，用户可以通过 Web 网管、Telnet 或者 STelnet 登录设备。

"新建用户"功能仅在"Telnet 接入"或"Stelnet 接入"处于开启状态时可用，可以通过该功能新建 Telnet 登录用户或者 STelnet 登录用户。

（6）保存配置

在图 2-7 所示的 Web 网管配置界面的最下面单击"应用"按钮，保存配置信息。退出 Web 网管首次登录界面后，根据图 2-7 中配置的管理 IP 地址的不同，会出现以下两种情况。

■ 配置的管理 IP 地址与 192.168.1.253/24 在同一网段。在退出 Web 网管首次登录界面时，会直接跳转到通过 Web 网管登录的界面。

■ 配置的管理 IP 地址与 192.168.1.253/24 不在同一网段。在退出 Web 网管首次登录界面时，无法通过 Web 网管登录设备。此时需重新配置 PC 的 IP 地址，使得 PC 和设备之间路由可达。

此时，用户不仅可以通过 Web 网管登录设备，也可以通过 Telnet、STelnet 方式登录设备，实现对设备的维护。

2.1.4　首次登录后的基本配置

通过 Console 口/MiniUSB 口/Web 网管首次登录设备后，可以对设备进行基本的配置，如配置设备的时间、日期、设备名称、管理 IP 地址、Telnet 用户的级别和认证方式等。

1. 配置交换机时间和日期

华为 S 系列交换机与任何网络交换机一样，时间和日期的显示是非常重要的，否则交换机无法进行一些同步操作，也无法正确显示一些日志记录信息等，甚至无法正常工作。华为 S 系列园区交换机的时间和日期设置步骤见表 2-2。

表 2-2　　　　　　　　　　　　　S 系列交换机的时间和日期配置步骤

步骤	命令	说明
1	**system-view** 例如：<HUAWEI> **system-view**	进入系统视图
2	**clock timezone** *time-zone-name* { **add** | **minus** } *offset* 例如：[HUAWEI] **clock timezone** BJ add 08:00:00	设置所在时区。命令中的参数和选项说明如下。 ① *time-zone-name*：指定时区名称，长度范围为 1～32 个字符，区分大小写，不支持空格。我国的时区名通常写成 BJ，国际标准时区为 UTC（Universal Time Coordinated，世界协调时间）。 ② **add**：二选一选项，指定与通用协调时间 UTC 相比，*time-zone-name* 时区增加的时间偏移量。即在系统缺省的 UTC 时区的基础上，加上 *offset* 参数值就可以得到 *time-zone-name* 时区所标识的时区时间。我国的时区相对 UTC 时区来说，必须加上 8 小时的时间偏移量。 ③ **minus**：二选一选项，指定将在 UTC 标准时间的基础上减去指定的时区偏移量。即在系统缺省的 UTC 时区的基础上，减去 *offset* 参数值就可以得到 *time-zone-name* 所标识的时区时间。 ④ *offset*：指定与 UTC 的时间差。格式是 *HH:MM:SS*。*HH* 表示小时：如果本地时间快于 UTC 时间，取值范围为 0～14 的整数，如果本地时间慢于 UTC 时间，取值范围为 0～12 的整数；*MM* 和 *SS* 分别表示分和秒，取值范围为 0～59，当 *HH* 取值为最大值时，*MM* 和 *SS* 只能取值为 0。 缺省情况下，系统采用 UTC 时区，可用 **undo clock timezone** 命令将本地时区恢复为缺省的 UTC 时区（通常为伦敦时区）
3	**quit** 例如：[HUAWEI] **quit**	退出系统视图，返回用户视图
4	**clock datetime** *HH: MM:SS YYYY- MM-DD* 例如：<HUAWEI> **clock datetime** 0:0:0 2018-06-01	设置当前时间和日期。命令中的参数说明如下。 ① *HH:MM:SS*：指定交换机当前时钟。*HH* 表示小时，取值范围为 0～23 的整数；*MM* 表示分钟，取值范围为 0～59 的整数；*SS* 表示秒，取值范围为 0～59 的整数。 ② *YYYY-MM-DD*：指定交换机当前年、月、日。*YYYY* 表示年份，

（续表）

步骤	命令	说明
		取值范围为 2000～2099 的整数；*MM* 表示月份，取值范围为 1～12 的整数；*DD* 表示日期，取值范围为 1～31 的整数 【注意】当时区为 0 或没配置时区时，通过本命令设置的时间将被认为是 UTC 时间。建议设置当前时间时务必清楚所在时区，设置正确的 UTC 时间，以保证本地时间正确
5	system-view 例如：\<HUAWEI\> **system-view**	进入系统视图
6	**clock daylight-saving-time** *time-zone-name* **one-year** *start-time start-date end-time end-date offset* 例如：[HUAWEI] **clock daylight-saving-time** bj **one-year** 12:11 2018-06-1 1:00 2018-10-31 1 或 **clock daylight-saving-time** *time- zone-name* **repeating** *start-time* { { **first** | **second** | **third** |**fourth** | **last** } *weekday month* | *start-da-te1* } **end-time** { { **first** | **second** | **third** | **fourth** | **last** }*weekday month* | *end-date1* } *offset* [*sta-rt-year* [*end-year*]] 例如：[HUAWEI] **clock daylight-saving-time** bj **repeating** 0 **first** sun jan 0 **first** sun apr 1 2018 2018	（可选）设置系统夏令时。缺省情况下，系统没有设置夏令时。两个命令中的参数说明见表 2-3。 缺省情况下，系统未使能夏令时，可用 **undo clock daylight-saving-time** 命令取消夏令时设置。 当当前时间处在夏令时时，执行 **clock timezone** *time-zone-name* { **add** | **minus** } *offset* 命令设置时区名是可以成功的。但此时执行 **display clock** 命令显示的时区名为夏令时名，当夏令时结束之后，就会显示之前设置的时区名

表 2-3   clock daylight-saving-time 命令参数和选项说明

参数或选项	参数或选项说明
time-zone-name	指定夏令时区名称，长度范围为 1～32 个字符
one-year	指定采用一年制绝对夏令时
repeating	指定采用周期制夏令时
start-time	指定起始时间，格式为 *HH:MM*，24 小时制，其中 *HH* 表示小时，取值范围为 0～23 的整数，*MM* 表示分钟，取值范围为 0～59 的整数。可以不输入 *MM*，表示 0 分，但至少需要输入一位数的 *HH* 的值，例如输入 0，则表示 0 小时 0 分
start-date	指定起始日期，格式为 *YYYY-MM-DD*，*YYYY* 表示年，取值范围为 2000～2099 的整数，*MM* 表示月，取值范围为 1～12 的整数，*DD* 表示日期，取值范围是 1～31 的整数
end-time	指定结束时间，格式为 *HH:MM*，24 小时制，其他与前面的 *start-time* 参数说明一样
end-date	指定结束日期，格式是 *YYYY-MM-DD*，其他与前面的 *start-date* 参数说明一样
first	多选一选项，指定夏令时起始或结束时间中的第一个工作日（由后面的 *weekday* 参数指定）
second	多选一选项，指定夏令时起始或结束时间中的第二个工作日（由后面的 *weekday* 参数指定）
third	多选一选项，指定夏令时起始或结束时间中的第三个工作日（由后面的 *weekday* 参数指定）
fourth	多选一选项，指定夏令时起始或结束时间中的第四个工作日（由后面的 *weekday* 参数指定）
last	多选一选项，指定夏令时起始或结束时间中的最后一个工作日（由后面的 *weekday* 参数指定）
weekday	指定夏令时起始或结束时间中的工作日，取值：Mon、Tue、Wed、Thu、Fri、Sat、Sun，分别表示从星期一到星期日

（续表）

参数或选项	参数或选项说明
month	指定夏令时起始或结束时间中的月份，取值：Jan、Feb、Mar、Apr、May、Jun、Jul、Aug、Sep、Oct、Nov、Dec，分别表示从 1 月份到 12 月份
start-date1	二选一参数，指定夏令时开始日期，格式是 *MM-DD*，*MM* 表示月，取值范围为 1～12 的整数，*DD* 表示日期，取值范围为 1～31 的整数
end-date1	二选一参数，指定夏令时结束日期，格式是 *MM-DD*，其他与前面的 *start-date1* 参数说明一样
offset	指定采用夏令时的时差（或偏移值），格式是 *HH:MM*，24 小时制。*HH* 表示小时，取值范围为 0～23 的整数，*MM* 表示分，取值范围为 0～59 的整数。可以不输入 *MM*，表示 0 分，但至少需要输入一位数的 *HH* 的值
start-year	可选参数，指定开始年份，格式是 *YYYY*，*YYYY* 的取值范围为 2000～2099 的整数。如果不指定本可选参数，则表示为当前年份
end-year	可选参数，指定结束年份，格式是 *YYYY*，*YYYY* 的取值范围为 2000～2099 的整数。如果不指定本可选参数，则表示为当前年份

【示例 1】假设地理位置在中国北京，设置本地时区名称为 BJ，时差增加 8。

```
<HUAWEI> clock timezone BJ add 08:00:00
```

【示例 2】设置系统当前日期为 2018 年 5 月 1 日 0 时 0 分 0 秒。

```
<HUAWEI> clock datetime 0:0:0 2018-05-01
```

【示例 3】按周期设置夏令时。从 2018 年 1 月的第一个星期天 0 点开始到 2018 年的 4 月的第一个星期天的时差为 2 个小时。

```
<HUAWEI> clock daylight-saving-time bj repeating 0 first sun jan 0 first sun apr 2 2018 2018
```

【示例 4】按日期设置周期夏令时。从当年 1 月 1 日的 12 时 11 分到 3 月 4 日的 1 时的时差值为 1 个小时。

```
<HUAWEI> clock daylight-saving-time bj repeating 12:11 1-1 1:0 3-4 1
```

【示例 5】设置绝对夏令时。从 2018 年 10 月 2 日的 12 时 11 分到 2018 年 11 月 4 日的 1 时的时差为 1 个小时。

```
<HUAWEI> clock daylight-saving-time bj one-year 12:11 2018-10-2 1:00 2018-11-4 1
```

2．配置设备名称和管理 IP 地址

设备上所配置的所有 IP 地址均可作为设备的管理 IP 地址，可用于日后进行 Telnet、Web 网管登录使用。在华为 S 系列交换机中，可在交换机的管理接口（MEth0/0/1）或 VLANIF 接口上配置 IP 地址作为管理 IP 地址。自 **V200R005C00 VRP** 版本开始，在 **S5720HI、S6720HI、S5720EI、S6720EI 和 S6720S-EI、S7700/7900/9700/12700** 等系列交换机上还可通过把普通的以太网接口转换成三层模式后，直接配置 IP 地址作为管理 IP 地址。在 VLANIF、Loopback、Tunnel、子接口等逻辑接口上配置的 IP 地址也可作为设备的管理 IP 地址。有关设备主机名和管理 IP 地址的具体配置步骤见表 2-4。

表 2-4　　　　　　　　　　　设备名称和 IP 地址的配置步骤

步骤	命令	说明
1	**system-view** 例如：<HUAWEI> **system-view**	进入系统视图
2	**sysname** *host-name* 例如：[HUAWEI] **sysname** SWA	设置交换机名称，为 1～246 个字符，**支持空格**，区分大小写。当网管工具需要获取交换机的网元名称，可通过 **sys-netid** *netid* 命令设置交换机的网元名称，参数 *netid* 为

（续表）

步骤	命令	说明
		长度范围为 16～240 个字符，**支持空格**，区分大小写。缺省情况下，华为的交换机缺省主机名为 HUAWEI
3	**interface** *interface-type interface-number* [SWA] **interface** vlanif 2	键入要配置 IP 地址的接口，进入接口视图
4	**ip address** *ip-address* { *mask* | *mask-length* } [**sub**] 例如：[SWA-Vlanif2] **ip address** 10.1.1.2 8	为以上接口配置 IP 地址。命令中的参数和选项说明如下。 ① *ip-address*：指定接口的 IP 地址。 ② *mask*：二选一参数，指定所设置的 IP 地址对应的子网掩码。 ③ *mask-length*：二选一参数，指定所设置的 IP 地址对应的子网掩码长度。 ④ **sub**：可选项，指定以上的 IP 地址为从 IP 地址，如果不选择此可选项，则设置的 IP 地址为主 IP 地址。配置从 IP 地址可以使接口连接多个不同 IP 网段。 如果要利用这个 IP 地址进行 Telnet 远程登录的话，则还需要确保登录终端与交换机间的路由可达

【经验之谈】虽然三层设备上所有的 IP 地址均可作为管理 IP 地址登录设备，但建议使用管理网口或者管理 VLANIF 接口的 IP 地址来登录设备，因为这些 IP 地址仅用于管理使用，不能用于业务数据的封装，管理 VLAN 中的端口成员。

2.2　用户登录与用户界面

除了以上介绍的首次登录外，在日常的设备维护中还需要经常登录设备，可以通过 Console 口、MiniUSB 口、Telnet、STelnet 或 Web 网管方式登录设备并对设备进行管理和维护。其中 Console 口、MiniUSB 口、Telnet、STelnet 登录方式都属于 CLI 登录方式，都需要使用特定类型的用户界面进入，本节将具体介绍可使用的设备登录方式和 CLI 登录方式中包括的用户界面类型。

2.2.1　用户登录方式

在华为 S 系列交换机中，用户对设备的管理方式有 CLI 方式（即命令行方式）和 Web 网管方式两种，至于各系列交换机对这些登录方式的支持情况参见前面介绍的各种方式的首次登录。

■ CLI 方式

通过 Console 口（也称串口）、MiniUSB 口、Telnet 或 STelnet 方式登录设备后，使用设备提供的命令行（CLI）对设备进行配置和管理。此种方式需要配置相应登录方式的用户界面（包括 Console 界面和 VTY 界面）。

■ Web 网管方式

配置设备作为 Web 服务器时，用户可以通过 Web 网管登录设备。设备通过内置的

Web 服务器提供图形化的操作界面，以方便用户直观方便地管理和维护设备。此方式仅可实现对设备部分功能的管理与维护，如果需要对设备进行较复杂或精细的管理，仍然需要使用 CLI 方式。

1. 命令行登录方式

通过 Console 口、MiniUSB 口、Telnet 或 STelnet 方式登录交换机后，可以使用交换机提供的 VRP 系统命令行界面对交换机进行配置与管理。这 4 种登录方式都属命令行登录方式，需要配置相应登录方式的用户界面，具体说明见表 2-5。

表 2-5　　　　　　　　　　　四种命令行登录方式的说明

登录方式	优点	缺点	应用场景	说明
通过 Console 口登录	使用专门的 Console 通信电缆连接，保证可以对交换机进行有效控制	不能直接远程登录维护设备，如果远程登录维护设备，则需要串口服务器进行组网搭建	将用户终端PC的串口与交换机的 Console 口相连，实现对交换机的本地管理。① 当对交换机进行第一次配置时，可以通过 Console 口登录交换机进行配置；② 当用户无法进行远程登录交换机时，可通过 Console 口进行本地登录；③ 当交换机无法启动时，可通过 Console 口进入 BootROM 进行诊断或系统升级	通过 Console 口进行本地登录是登录交换机最基本的方式，也是其他登录方式的基础
通过 MiniUSB 口登录	如果用户PC没有可用 Console 口，可以使用 MiniUSB 线缆将 PC 的 USB 口连接到设备的 MiniUSB 口登录，保证可以对设备进行有效控制	不能远程登录维护设备	当用户终端 PC 没有可用 Console 口，但是需要对设备进行第一次配置时，可以通过 MiniUSB 口登录设备进行配置	通过 MiniUSB 口登录与通过 Console 口登录仅设备的连接方式不同，登录后的配置一致
通过 Telnet 登录	便于对交换机进行远程管理和维护，不需要为每一台交换机都连接一个终端，极大地方便了用户的操作	传输过程采用 TCP 协议进行明文传输，存在安全隐患	终端连接到网络上，使用 Telnet 方式登录交换机，进行本地或远程的配置。应用在对安全性要求不高的网络	缺省情况下，用户不能通过 Telnet 方式直接登录交换机。如果需要通过 Telnet 方式登录交换机，可以先通过 Console 口本地登录交换机，并完成以下配置。① 确保终端和登录的交换机之间路由可达（缺省情况下，交换机上没有配置 IP 地址）。② 配置 Telnet 服务器功能及参数。③ 配置 Telnet 用户登录的 VTY 用户界面

（续表）

登录方式	优点	缺点	应用场景	说明
通过 STelnet 登录	STelnet 协议实现在不安全网络上提供安全的远程登录，保证了数据的完整性和可靠性，保证了数据的安全传输	配置较复杂	如果网络对于安全性要求较高，可以通过 STelnet 方式登录交换机。STelnet 基于 SSH 协议，提供安全的信息保障和强大认证功能，保护交换机不受 IP 欺骗和明文密码截取等攻击	缺省情况下，用户不能通过 STelnet 方式直接登录交换机。如果需要通过 STelnet 方式登录交换机，可以先通过 Console 口本地登录或 Telnet 远程登录交换机，并完成以下配置。 ① 确保终端和登录的交换机之间路由可达（缺省情况下，交换机上没有配置 IP 地址）。 ② 配置 STelnet 服务器功能及参数。 ③ 配置 SSH 用户登录的 VTY 用户界面。 ④ 配置 SSH 用户

2. Web 网管登录方式

通过 HTTP 或 HTTPS 方式登录交换机时，因为交换机内置了一个 Web 服务器，所以用户可以从终端（如 PC）通过 Web 浏览器登录到交换机，使用交换机提供的图形界面直观地管理和维护交换机。这两种登录方式都属 Web 网管登录方式，但必须要确保交换机上已经加载了对应版本的 Web 网页文件。

注意 Web 网管方式虽然是通过图形界面直观地管理交换机，便于用户操作，但目前所能提供的仅是对交换机日常维护及管理的基本功能，如果需要对交换机进行较复杂或精细的管理，仍然需要使用命令行方式。

HTTPS 登录方式是将 HTTP 和 SSL 结合，通过 SSL 对服务器的身份进行认证，对传输的数据进行加密，从而实现对交换机的安全管理。而 HTTP 协议本身不能对 Web 服务器的身份进行认证，所以当通过 HTTP 方式登录交换机时存在很大的安全隐患。为了解决这一问题，在华为 VRP 系统通过 HTTP 方式登录的过程中，传输的用户名和密码也必须使用 HTTPS 安全协议。两种 Web 网管登录方式的比较见表 2-6。

表 2-6　　　　　　　　　　　两种 Web 网管用户登录方式比较

登录方式	相同点	不同点	说明
HTTP 方式	都需要加载 SSL 证书，用于登录交换机时的身份认证。配置几乎相同（差别见不同点）	登录地址为 **http://IP**，当用户请求登录页面时，会重定向到 HTTPS 登录页面（**https://IP**），用户登录成功后，再跳转到 HTTP 页面，后续的数据交互仍使用 HTTP。**在使能 HTTP 服务前，必须要先使能 HTTPS 服务**	如果需要通过 HTTP 或 HTTPS 方式登录交换机，需要完成以下配置。 ① 确保已加载了 Web 网页文件。 ② 配置 HTTP/HTTPS 服务和 HTTP 用户（缺省情况下，HTTP 及 HTTPS 服务功能未使能，交换机提供缺省的 HTTP 用户的用户名为 admin，密码为 admin）。 【说明】缺省情况下，Web 网页文件中已经包含了 SSL 证书，当网页文件被加载后，用

（续表）

登录方式	相同点	不同点	说明
HTTPS 方式		登录地址为 **https://IP**，登录成功后，通过 SSL 对数据进行加密，安全性更高。**仅需使能 HTTPS 服务**	户无需进行相应的 SSL 策略的配置（交换机有缺省的 SSL 策略）。当然，也可以从 CA（Certificate Authority）处重新获取数字证书，然后进行手动配置 SSL 策略

2.2.2　用户界面分类

系统支持的用户界面有 Console 用户界面和 VTY 用户界面。当用户通过 CLI 方式登录设备时，系统会分配一个用户界面用来管理、监控设备和用户间的当前会话。每个用户界面有对应的用户界面视图（User-interface view），在用户界面视图下网络管理员可以配置一系列的参数，比如认证模式、用户级别等，当用户使用该用户界面登录时，将受到这些参数的约束，从而达到统一管理各种用户会话连接的目的。

1. Console 用户界面

Console 用户界面是指用户通过 Console 口（包括 MiniUSB 口）登录到交换机后的用户界面。Console 口是一种串行通信接口，由交换机的主控板提供。一块主控板提供一个 Console 口，接口类型为 EIA/TIA-232 DCE。用户终端的串行接口可以与交换机 Console 口直接连接，实现对交换机的本地访问。

2. VTY 用户界面

VTY（Virtual Type Terminal，虚拟类型终端）是一种虚拟线路端口。用户通过终端与交换机建立 Telnet 或 SSH 连接后，即建立了一条 VTY 连接（或称 VTY 虚拟线路）。目前每台设备最多支持 15 个 VTY 用户同时访问。

3. 用户与用户界面的关系

用户界面与用户并没有固定的对应关系，Console 类型的用户界面只有一个，但 VTY 类型的用户界面有多个，每个用户界面可以分配给一个用户使用。用户界面的管理和监控对象是使用某种方式登录的用户，虽然单个用户界面某一时刻可能只有一个用户使用，但它并不针对某个固定用户，因为即使是同一用户界面，不同的时间也可以由不同的用户使用。

用户登录时，系统会根据用户的登录方式自动给用户分配一个当前空闲的、编号最小的某类型的用户界面，整个登录过程将受该用户界面视图下的配置约束。比如用户 A 使用 Console 口登录交换机时，将受到 Console 用户界面视图下的配置约束；当使用 VTY 1 用户界面登录交换机时，将受到 VTY 1 用户界面视图下的配置约束。同一用户登录的方式不同，分配的用户界面也不同；同一用户登录的时间不同，分配的用户界面也可能不同。具体将在下节介绍。

2.2.3　用户界面的编号

华为 S 系列交换机上提供了多个可用的用户界面，其中 Console 类型的用户界面只有一个，VTY 类型的用户界面有多个，而且这么多用户界面都有一个固定编号。当用户登录交换机时，系统会根据此用户的登录方式自动分配一个当前空闲，且编号最小的相应类型的用户界面给这个用户。用户界面的编号包括以下两种方式。

1．相对编号

所谓"相对编号"就是针对具体类型用户界面进行的编号方式，其格式为：用户界面类型＋编号，这也是我们配置交换机功能时通常采用的编号方式。此种编号方式只能唯一指定某种类型的用户界面中的一个或一组，而不能跨类型操作。相对编号方式遵守的规则如下。

① Console 编号：固定为 CON 0，且只有这一个编号。

② VTY 编号：第一个为 VTY 0，第二个为 VTY 1，最高编号为 VTY 14，共有 15 个。

2．绝对编号

使用绝对编号方式可以唯一地指定一个用户界面或一组用户界面。可用 **display user-interface**（不带参数）命令查看交换机当前支持的用户界面以及它们的绝对编号。

每个主控板上 Console 口只有一个，但 VTY 类型的用户界面最多可有 20 个（其中 0～14 是提供给普通 Telnet/SSH 用户的用户接口，16～20 是预留给网管用户的接口，但不同交换机所支持的通道数不一样），还可在系统视图下使用 **user-interface maximum-vty** 命令人为设置最大可用的用户界面个数，其缺省值为 5，即 VTY 0～4。缺省情况下，Console 和 VTY 用户界面在 VRP 系统中的绝对编号和相对编号分配见表 2-7。

表 2-7　　　　　　　　　　　　　用户界面的绝对和相对编号说明

用户界面类型	说明	绝对编号	相对编号
Console 用户界面	用来管理和监控通过 Console 口登录的用户	0	0
VTY 用户界面	用来管理和监控通过 Telnet 或 SSH 方式登录的用户	34 ～ 48，50～54。其中 49 保留，50～54 为网管预留编号	第一个为 VTY 0，第二个为 VTY 1，依此类推。缺省只存在 VTY 0～4 通道，其他通道要手动创建。绝对编号 34～48 对应相对编号 VTY 0～VTY 14；绝对编号 50～54 对应相对编号 VTY 16～VTY 20；其中 VTY 15 保留，VTY 16～VTY 20 为网管预留编号。只有当 VTY 0～VTY 14 全部被占用，且用户配置了 AAA 认证的情况下才可以使用 VTY 16～VTY 20

2.2.4　用户界面的用户认证和优先级

因为 VRP 系统是基于用户界面的网络操作系统，所以为了安全起见，需要为不同的用户界面配置相应的安全保护措施，就是配置用户界面下的用户认证。配置用户界面的用户认证方式后，用户登录交换机时 VRP 系统会对用户的身份进行认证。

1．用户界面的用户认证方式

VRP 系统中对用户的认证方式有 3 种：Password 认证、AAA 认证和 None 认证。

① Password 认证：只需要进行密码认证，不需要进行用户名认证，所以只需要配置密码，不需要配置本地用户。此为缺省认证方式。

② AAA 认证：需要同时进行用户名认证和密码认证，所以需要创建本地用户，并为其配置对应的密码。这种方式更安全，像 Telnet 这样的登录方式一般是需要采用 AAA

认证的，但对于像 SSH 用户（如 STelnet 登录，以及 SFTP、FTPS 访问）需要更加严格的认证方式，如通过 SSL 策略中的证书、密钥认证，具体将在本章后面介绍。

③ None 认证：也称不认证，登录时不需要输入任何认证信息，可直接登录设备。这是最不安全的认证方式，仅用于非常安全的内网环境中，通常不采用。

2. 用户界面的用户级别

系统支持对登录用户进行分级管理。用户所能访问命令的级别由用户的级别决定。

■　如果采用 Password 认证或 None 认证，登录到设备的用户所能访问的命令级别由登录时的用户界面级别决定。缺省情况下，通过 Console 用户界面登录时的用户级别为 15（最高），通过 VTY 用户界面登录时的用户级别为 0（最低）。

■　如果采用 AAA 认证，登录到设备的用户所能访问的命令级别由 AAA 配置信息中所配置的本地用户的级别决定，缺省为 0。

2.3　配置通过 Console 用户界面登录设备

在完成首次登录配置后，可为用户日后通过 Console 口或 MiniUSB 口登录交换机配置所需的 Console 用户界面属性，包括 Console 用户界面的物理属性、终端属性、用户级别和用户认证方式等，在以后登录中生效。**但这些参数都不是必须要配置的**，用户可以结合实际需求和安全性考虑选择配置。

通过 Console 用户界面登录设备的配置任务如下：

① （可选）配置 Console 用户界面的物理属性；
② （可选）配置 Console 用户界面的终端属性；
③ （可选）配置 Console 用户界面的认证方式；
④ （可选）配置 Console 用户界面的用户级别；
⑤ 通过 Console 口登录设备。

2.3.1　配置 Console 用户界面的物理属性

Console 用户界面的物理属性包括 Console 口的传输速率、流控方式、校验位、停止位和数据位。其实这些都是针对串口通信的一些属性进行配置的。具体配置步骤如表 2-8 所示（**属性参数配置无严格的先后次序要求，且一般无需配置，直接采用缺省配置即可**）。但要注意的是，如果改变了缺省配置，则在超级终端软件中所设置的相关属性一定要和表 2-8 中所设置的物理属性保持一致，否则无法登录。

表 2-8　　　　　　　　　　　Console 用户界面物理属性的配置步骤

步骤	命令	说明
1	**system-view** 例如：<HUAWEI> **system-view**	进入系统视图
2	**user-interface console** *interface-number* 例如：[HUAWEI] **user-interface console** 0	进入 Console 用户界面视图，参数 *interface-number* 用来指定 Console 口编号，只能为 0

（续表）

步骤	命令	说明
3	**speed** *speed-value* 例如：[HUAWEI-ui-console0] **speed** 38400	设置 Console 用户界面的传输速率。参数 *speed-value* 用来指定 Console 用户界面的传输速率，单位：bit/s。取值可以为：300、600、1200、4800、9600、19200、38400、57600 或 115200。 缺省情况下，传输速率为 9600bit/s，可用 **undo speed** 命令恢复 Console 用户界面的传输速率为缺省值
4	**flow-control** { **hardware** | **none** | **software** } 例如：[HUAWEI-ui-console0] **flow-control hardware**	设置 Console 用户界面的流控方式。命令中的选项说明如下。 ① **hardware**：多选一选项，指定采用硬件流控方式（采用专门的串口通信电缆连接，通过终端的主板的相应芯片控制）。 ② **none**：多选一选项，指定不进行流量控制。 ③ **software**：多选一选项，指定采用软件流控方式（采用数据链路层协议进行流量控制）。 缺省情况下，流控方式为 **none**，可用 **undo flow-control** 命令恢复流控方式为缺省的 **none** 方式
5	**parity** { **even** | **mark** | **none** | **odd** | **space** } 例如：[HUAWEI-ui-console0] **parity space**	设置 Console 用户界面的校验位。命令中的选项说明如下。 ① **even**：多选一选项，指定采用偶校验。采用此种校验方式时，校验位的值是通过确保每个字节中的"1"的位数为偶数计算得出的。 ② **mark**：多选一选项，指定采用 **Mark** 校验。采用此种校验方式时，校验位始终为 1。 ③ **none**：多选一选项，指定不进行校验，即无校验位。 ④ **odd**：多选一选项，指定采用奇校验。采用此种校验方式时，校验位的值是通过确保每个字节中的"1"的位数为奇数计算得出的。 ⑤ **space**：多选一选项，指定采用 **Space** 校验。采用此种校验方式时，校验位始终为 0。 缺省情况下，校验位为 **none**，即不进行校验，可用 **undo parity** 命令恢复用户界面的校验方式为缺省的 **none** 方式
6	**stopbits** { **1.5** | **1** | **2** } 例如：[HUAWEI-ui-console0] **stopbits 2**	设置 Console 用户界面的停止位。这里的"停止位"是用来间隔不同字符数据的，仅代表时隙长度。命令中的选项说明如下。 ① **1.5**：多选一选项，指定停止位为 1.5 位，表示停止位占用了 1.5 个时隙位。此时下一步的数据传输模式配置中只能选择 5 位。 ② **1**：多选一选项，指定停止位为 1 位，表示停止位占用了 1 个时隙位。此时下一步的数据传输模式配置中只能选择 7 位或 8 位。 ③ **2**：多选一选项，指定停止位为 2 位，表示停止位占用了 2 个时隙位。此时下一步的数据传输模式配置中可选择 6 位、7 位或 8 位。 缺省情况下，停止位为 1 位。可用 **undo stopbits** 命令恢复用户界面停止位为缺省的 1 位，对应数据位数可以是 6、7、8

（续表）

步骤	命令	说明
7	**databits** { **5** | **6** | **7** | **8** } 例如：[HUAWEI-ui-console0] **databits 6**	设置用于表示数据的位数，也即数据传输模式。4 个多选一选项分别代表数据位为 5 位（用 5 位表示数据）、6 位（用 6 位表示数据）、7 位（用 7 位表示数据）、8 位（用 8 位表示数据）。缺省情况下，数据位数为 8 位，可用 **undo databits** 命令恢复数据数位为缺省的 8 位模式

2.3.2　配置 Console 用户界面的终端属性

　　除了可配置 Console 用户界面的物理属性外，还可配置 Console 用户界面的终端属性（也就是终端控制台窗口的属性），包括用户超时断连功能、终端屏幕的显示行数或列数以及历史命令缓冲区大小。具体配置步骤见表 2-9，但这些属性也均为可选项配置，因为它们都有自己的缺省值，且通常情况下也不用修改。

表 2-9　　　　　　　　　　　　Console 用户界面终端属性的配置步骤

步骤	命令	说明
1	**system-view** 例如：<HUAWEI> **system-view**	进入系统视图
2	**user-interface console** *interface-number* 例如：[HUAWEI] **user-interface console** 0	进入 Console 用户界面视图，参数 *interface-number* 用来指定 Console 口编号，只能为 0
3	**idle-timeout** *minutes* [*seconds*] 例如：[HUAWEI-ui-console0] **idle-timeout 5**	设置用户连接的超时时间，即允许用户连接闲置的最长时间。参数 *minutes* [*seconds*]分别用来指定允许闲置连接的最长时间的分钟（取值范围为 0～35791 的整数）和秒数（取值范围为 0～59 的整数）。在设定的时间内，如果连接始终处于空闲状态，系统将自动断开该连接。 缺省情况下，用户界面的最长连接闲置时间为 10min。可用 **undo idle-timeout** 命令恢复超时时间的缺省值
4	**screen-length** *screen-length* [**temporary**] 例如：[HUAWEI-ui-console0] **screen-length 25**	设置终端屏幕每屏显示的行数。参数 *screen-length* 指定终端屏幕分屏显示的行数，取值范围为 0～512 的整数。取值为 0 时表示关闭分屏功能。如果同时选择可选项 **temporary**，则表示指定的是终端屏幕临时显示的行数，下次登录后仍恢复为缺省值。 【说明】当用户执行某一命令的输出行数比较多时，用户可以改变终端屏幕每屏显示的行数，以便查看。但通常情况，无需调整终端屏幕每屏显示的行数，且不推荐设置关闭分屏功能。 缺省情况下，终端屏幕显示的行数为 24 行，可用 **undo screen-length** 命令恢复缺省设置
5	**screen-width** *screen-width* 例如：[HUAWEI-ui-console0] **screen-width 100**	设置当前终端屏幕显示的列数（每个字符为一列），取值范围为 60～512 的整数。该命令仅对 **display interface description** 命令的输出信息生效，且只对当前连接有效，用户退出后不保存设置。 缺省情况下，终端屏幕显示的列数为 80 列，可用 **undo screen-width** 命令恢复缺省设置

（续表）

步骤	命令	说明
6	**history-command max-size** *size-value* 例如：[HUAWEI-ui-console0] **history-command max-size** 20	设置历史命令缓冲区大小，即保存的历史命令的条数，取值范围为 0～256。 缺省情况下，用户界面历史命令缓冲区大小为 10 条历史命令。可用 **undo history-command max-size** 命令恢复历史命令缓冲区的大小为缺省值

2.3.3　配置 Console 用户界面的认证方式

Console 用户界面提供 AAA 认证、密码认证和不认证 3 种用户认证方式。不认证是指用户无需通过认证即可通过 Console 用户界面登录交换机，但此种认证方式没有安全保证，建议配置 AAA 认证（要求同时进行用户名认证和密码认证）或密码认证方式来增加交换机的安全性。

Console 用户界面的用户认证方式的配置步骤见表 2-10，一旦配置，将对所有通过 Console 口登录交换机的用户生效，所以一定要记住所配置的认证方式、认证用户名和密码。

说明　无论采用何种认证方式（同时适用于本章后面将要介绍的通过 VTY 用户界面进行的各种登录方式），当用户登录设备失败时，系统都会启动延时登录机制。首次登录失败后，延时 5s 才可再次登录，后续登录失败次数每增加一次，延时时间增加 5s，即第 2 次登录失败延时 10s，第 3 次登录失败延时 15s。

表 2-10　　　　　　　　　Console 用户界面的用户认证方式的配置步骤

步骤	命令	说明
1	**system-view** 例如：<HUAWEI> **system-view**	进入系统视图
2	**user-interface console** *interface-number* 例如：[HUAWEI] **user-interface console** 0	进入 Console 用户界面视图，参数 *interface-number* 用来指定 Console 口编号，只能为 0
3	**authentication-mode** { **aaa** | **password** | **none** } 例如：[HUAWEI-ui-console0] **authentication-mode aaa**	设置登录 Console 用户界面的认证方式。**必须配置认证方式，否则下次用户无法成功登录交换机**。当用户首次通过 Console 口登录交换机时终端会提示设置登录密码（参见本章 **2.1.1 节的第 5 步**），登录交换机后用户可以使用此命令重新设置认证方式。命令中的选项说明如下。 ● **aaa**：多选一选项，指定采用 AAA 认证方式。 ● **password**：多选一选项，指定采用密码认证方式。 ● **none**：多选一选项，指定不进行认证。 【说明】当配置用户界面的认证方式为 **password** 时，还需要使用第 4 步的 **set authentication password** 命令配置用户界面的认证密码。此时通过 Console 用户界面登录到交换机的用户所能访问的命令级别由登录时所用的 Console 用户界面设置的对应级别决定，**参见 2.3.3 节**；而当配置用户界面的认证方式为 **AAA** 时，登

（续表）

步骤	命令	说明
		录到交换机的用户所能访问的命令级别由下面第 7 步配置的本地用户的优先级级别决定。 缺省情况下，Console 用户界面认证方式为 AAA，可用 **undo authentication-mode** 命令删除用户界面的认证方式配置
4	**set authentication password** [**cipher** *password*] 例如：[HUAWEI-ui-console0] **set authentication password**	（可选）设置采用密码认证方式下的本地认证密码，输入的密码可以是明文或密文。**仅当采用密码认证方式时需要配置**。 ① 不指定 **cipher** *password* 可选参数时，将采用交互方式输入明文密码（输入的密码不会在终端屏幕上显示出来），为 8～16 个字符，区分大小写。输入的密码至少包含以下几种类型：大写字母、小写字母、数字及特殊字符。特殊字符不能包含"？"和空格。 ② 指定 **cipher** *password* 可选参数时，既可以输入明文密码也可以输入密文密码。当明文输入时要求与交互输入方式一样；当密文输入时，长度是 56 位或 68 位。该密文密码必须以 \$1a\$ 开始，以 \$ 结束；或者以 %^%# 开始，以 %^%# 结束。 **无论是以哪种方式输入，最终都将以密文形式保存在配置文件中。** 缺省情况下，设备没有设置本地认证的密码，可用 **undo set authentication password** 命令取消配置的本地认证密码
5	**quit** 例如：[HUAWEI-ui-console0] **quit**	退出 Console 用户界面视图
6	**aaa** 例如：[HUAWEI] **aaa**	（可选）进入 AAA 视图。**仅当采用 AAA 认证方式时需要配置**
7	**local-user** *user-name* **password irreversible-cipher** *password* 例如：[HUAWEI-aaa] **local-user** winda **password irreversible-cipher** huawei123	（可选）配置用于 AAA 认证的本地用户名、密码和用户级别。**仅当采用 AAA 认证方式时需要配置**。命令中的参数说明如下。 ① *user-name*：用来配置本地用户的用户名，为 1～64 个字符，**不支持空格**，不区分大小写。如果用户名中带域名分隔符，则认为 @ 前面的部分是用户名，后面部分是域名。如果没有 @，则整个字符串为用户名，域为缺省域。 ② **irreversible-cipher**：表示对用户密码采用不可逆算法进行了加密，使非法用户无法通过解密算法特殊处理后得到明文，为用户提供更好的安全保障。 ③ *password*：指定本地用户登录密码，可以是长度范围为 8～128 位的明文类型，也可以是 68 位的密文类型。用户输入的明文必须包括大写字母、小写字母、数字和特殊字符中的至少两种，且不能与用户名或用户名的倒写相同。但无论是明文还是密文方式输入的密码均以密文方式保存在配置文件中。 缺省情况下，没有创建本地用户和密码，可用 **undo local-user** *user-name* 命令删除对应的本地用户账户

（续表）

步骤	命令	说明
8	local-user *user-name* service-type terminal 例如：[HUAWEI-aaa] local-user winda service–type terminal	（可选）配置 AAA 认证方式下的本地用户的接入类型为 Console 用户。**仅当采用 AAA 认证方式时需要配置。** 缺省情况下，本地用户可以使用所有的接入类型，可使用 undo local-user service-type 命令来将本地用户的接入类型恢复为缺省配置
9	local-user *user-name* privilege level *level* 例如：[HUAWEI-aaa] local-user winda privilege level 15	（可选）修改 AAA 配置信息中本地用户的级别，整数形式，取值范围是 0～15，取值越大，用户的级别越高。不同级别的用户登录后，只能使用等于或低于自己级别的命令。 缺省情况下，本地用户的用户级别为 0，可用 undo local-user *user-name* privilege level 命令恢复指定用户的用户级别为缺省值 0

2.3.4 配置 Console 用户界面的用户级别

可以配置 Console 用户界面中的用户级别，以实现对通过 Console 口登录交换机的用户权限的控制，增加通过 Console 口登录交换机的安全性。**但本节的配置仅对采用 Password、None 认证方式进行的 Console 用户界面登录用户生效，因为采用 AAA 认证方式的 Console 用户界面登录用户的最终用户级别是由对应的本地用户配置的用户级别决定**（参见表 **2-10** 中的第 **9** 步）。

Console 用户界面用户级别的配置步骤见表 2-11。

表 2-11　　　　　　　　　　　　Console 用户界面用户级别的配置步骤

步骤	命令	说明
1	system-view 例如：<HUAWEI> system-view	进入系统视图
2	user-interface console *interface-number* 例如：[HUAWEI] user-interface console 0	进入 Console 用户界面视图，参数 *interface-number* 用来指定 Console 口编号，只能为 0
3	user privilege level *level* 例如：[HUAWEI-ui-console0] user privilege level 15	设置 Console 用户界面的用户级别，取值范围为 0～15 的整数。缺省情况下，Console 口用户界面的用户级别为 15（最高级别）

2.3.5 Console 用户界面管理

在交换机管理中对用户和用户界面的管理是一项非常重要的工作。Console 用户界面配置完成后，可执行下面的 **display** 命令查看当前交换机上已登录的用户和所使用的用户界面，以及当前交换机上已配置的本地用户信息；可执行下面的 **kill** 命令断开与指定用户界面连接的用户。

① 使用 **display users** [**all**]命令查看所有通过用户界面（包括通过 VTY 用户界面）登录过的用户信息，包括当前未连接的用户。

② 使用 **display user-interface console** *ui-number* [**summary**]命令查看指定 Console

用户界面信息，包括用户界面的绝对和相对编号、传输速率、是否通过 Modem 拨号连接、配置的用户级别、实际用户级别、认证方式等。

③ 使用 **display local-user** 命令查看交换机上已配置的所有本地用户列表摘要信息。本命令同样可用于查看通过 VTY 用户界面连接的本地用户。

④ 使用 **display access-user** 命令查看在线接入用户的信息。

⑤ 使用 **kill user-interface** 0 或 **kill user-interface console** 0 命令断开与指定的 Console 用户界面的连接。当发现有非法用户通过 Console 用户登录交换机时就可以使用该命令强行断开指定用户的连接。但此命令不可对当前用户进行操作，也就是你要中断 Console 用户界面的用户连接，必须使用其他用户界面，如 VTY 用户界面去操作。

当然本命令也可用于下面即将介绍的 VTY 用户界面，断开指定 VTY 用户界面的用户连接。此时要使用 **kill user-interface** { *ui-number* | **vty** *ui-number1* } 命令，二选一参数 *ui-number* 用来指定对应 VTY 界面的绝对编号；二选一参数 *ui-number1* 用来指定对应 VTY 用户界面的相对编号。

2.4　配置通过 VTY 用户界面登录设备

VTY 是个虚拟用户界面，它不像 Console 用户界面那样通过物理连接实现，而是通过网络连接建立虚拟通道实现，而且可以建立多条 VTY 虚拟通道。当用户通过 Telnet 或 STelnet 方式登录交换机实现本地或远程维护时，可以根据用户使用需求以及对交换机安全的考虑配置 VTY 用户界面。

通过 Telnet 方式登录交换机的配置任务如下：

① （可选）配置 VTY 用户界面的属性；

② 配置 VTY 用户界面的认证方式；

③ 配置 VTY 用户界面的用户级别；

④ 配置 Telnet 服务器功能；

⑤ 通过 Telnet 登录设备，或从当前设备 Telnet 登录到其他设备。

通过 STelnet 方式登录交换机的配置任务如下：

① （可选）配置 VTY 用户界面的属性；

② 配置 VTY 用户界面的认证方式；

③ 配置 VTY 用户界面的用户级别；

④ 配置 SSH 用户；

⑤ 配置 SSH 服务器功能；

⑥ 通过 STelnet 登录设备，或从当前设备 STelnet 登录到其他设备。

下面对以上各项配置任务的具体配置方法进行介绍。

2.4.1　配置 VTY 用户界面的属性

Telnet、STelnet 登录受 VTY 用户界面的控制，配置 VTY 用户界面的属性可以调节 Telnet 登录后终端界面的显示方式。VTY 用户界面的属性包括 VTY 用户界面的个数、连接超时时间、终端屏幕的显示行数和列数，以及历史命令缓冲区的大小，具体的配置步骤见表 2-12，各项配置步骤没有严格的先后次序要求。一般无需改变这些属性配置，直接采用缺省配置即可。

表 2-12　　　　　　　　　　VTY 用户界面属性的配置步骤

步骤	命令	说明
1	**system-view** 例如：<HUAWEI> **system-view**	进入系统视图
2	**user-interface maximum-vty** *number* 例如：[HUAWEI] **user-interface maximum-vty** 7	配置 VTY 用户界面的最大个数，整数形式，取值范围 0～15。VTY 用户界面的最大个数决定了多少个用户可以同时通过 Telnet 或 STelnet 登录设备。 缺省情况下，VTY 用户界面的最大个数为 5 个（VTY0～4），可用 **undo user-interface maximum-vty** 命令恢复登录用户最大数目为缺省值。 【注意】在配置 VTY 用户界面的最大个数时，要注意以下几方面： ● 当配置 VTY 用户界面最大个数为 0 时，任何用户（Telnet、SSH 用户）都无法通过 VTY 登录到设备，Web 用户也无法通过 Web 网管登录设备。 ● 当配置的 VTY 类型用户界面的最大个数小于当前在线用户的数量时，系统会将目前未通过认证且占用 VTY 通道时间超过 15s 的用户下线，新用户此时可以通过 VTY 登录到设备。 ● 当配置的 VTY 类型用户界面的最大个数大于当前最多可以登录用户的数量时，就必须为新增加的用户界面配置认证方式
3	**user-interface vty** *first-ui-number* [*last-ui-number*] 例如：[HUAWEI] **user-interface vty** 1 3	进入 VTY 用户界面视图。 ● *first-ui-number*：指定配置的第一个用户界面编号，取值范围是 0 至第 2 步配置的最大 VTY 值。 ● *last-ui-number*：可选参数，指定配置的最后一个用户界面的编号。选择此参数，将同时进入多个用户界面视图，取值要比 *first-ui-number* 取值大，且要小于等于第 2 步设置的最大数目减 1
4	**shell** 例如：[HUAWEI-ui-vty0-4] **shell**	启用 VTY 终端服务。在用户界面上配置 **undo shell** 命令，则关闭终端服务，不允许用户通过此界面对设备进行操作。在 VTY 视图下配置 **undo shell** 后，则此用户界面不提供 Telnet、STelnet 和 SFTP 接入服务。 缺省情况下，所有 VTY 终端服务已启动。若关闭某一个 VTY 用户界面的终端服务，该 VTY 用户界面将不能再进行用户登录
5	**idle-timeout** *minutes* [*seconds*] 例如：[HUAWEI-ui-vty0-4] **idle-timeout** 1 30	配置登录连接的超时时间 ● *minutes*：指定用户界面断连的超时时间的分钟数，整数形式，取值范围是 0～35791，单位：min。 ● *seconds*：可选参数，指定用户界面断连的超时时间的秒数，整数形式，取值范围是 0～59，单位：s。 【说明】设置超时时间为 0 时表示系统不会自动断开连接，除非用户断开连接。如果用户界面没有设置闲置断连功能，则有可能导致其他用户无法获得连接。 设置用户连接的超时时间为 0 或者过长会导致终端一直处于登录状态，存在安全风险，建议用户执行 **lock** 命令锁定当前连接。

步骤	命令	说明
5	**idle-timeout** *minutes* [*seconds*] 例如：[HUAWEI-ui-vty0-4] **idle-timeout** 1 30	缺省情况下，超时时间为 10min，可用 **undo idle-timeout** 命令恢复超时时间的缺省值。通常情况下，推荐设置用户界面断连的超时时间在 10～15min 之间
6	**screen-length** *screen-length* [**temporary**] 例如：[HUAWEI-ui-vty0-4] **screen-length** 30	设置终端屏显的行数，整数形式，取值范围是 0～512。取值为 0 时表示关闭分屏功能。 如果使用 **temporary** 可选项，则设置的值仅对当前登录的 VTY 用户界面临时生效，对下次登录，或同时在线的其他登录不产生影响。 缺省情况下，终端屏显的行数为 24 行，可用 **undo screen-length** [**temporary**]命令取消原来的设置
7	**screen-width** *screen-width* 例如：[HUAWEI-ui-vty0-4] **screen-width** 60	指定终端屏幕的每屏显示宽度，整数形式，取值范围是 60～512。执行该命令，设置的终端屏幕显示列数只对当前连接有效，用户退出后不保存设置。 该命令仅对 **display interface description** [*interface-type* [*interface-number*]]的显示信息生效 缺省情况下，终端屏幕显示 80 列，可用 **undo screen-width** 命令恢复缺省设置
8	**history-command max-size** *size-value* 例如：[HUAWEI-ui-vty0-4] **history-command max-size** 20	设置历史命令缓冲区的大小，整数形式，取值范围是 0～256。 缺省情况下，用户界面历史命令缓冲区大小为 10 条历史命令，可用 **undo history-command max-size** 命令恢复历史命令缓冲区的大小为缺省值

2.4.2　配置 VTY 用户界面的认证方式

　　与 2.3.3 节介绍的 Console 用户界面认证方式一样，VTY 用户界面也提供 AAA 认证、密码认证和不认证 3 种用户认证方式。不认证是指用户无需通过认证即可通过 VTY 用户界面登录到交换机，此种方式没有安全保证。

　　虽然 Telnet 和 STelnet 登录均采用 VTY 用户界面，用户直接受控于 VTY 用户界面的用户认证方式，但两种登录方式所使用的协议不同，所以这两种登录方式中的 VTY 用户界面的认证方式的配置方法也有所不同。

　　Telnet 登录方式中 VTY 用户界面同时支持以上介绍的 3 种认证方式，具体配置步骤见表 2-13。建议配置 AAA 认证或密码认证方式来增加交换机管理的安全性。而 STelnet 登录设备需配置用户界面支持的协议是 SSH，因此必须设置 VTY 用户界面认证方式为 AAA 认证，否则执行 **protocol inbound ssh** 命令配置 VTY 用户界面所支持的协议为 SSH 将不能成功，具体配置步骤见表 2-14。

表 2-13　　　　　　　　Telnet 登录 VTY 用户界面认证方式的配置步骤

步骤	命令	说明
1	**system-view** 例如：<HUAWEI> **system-view**	进入系统视图
2	**user-interface vty** *first-ui-number* [*last-ui-number*] 例如：[HUAWEI] **user-interface vty** 0 4	进入 VTY 用户界面视图，具体参数说明参见表 2-12 中的第 3 步说明

（续表）

步骤	命令	说明
3	protocol inbound { all | telnet } 例如：[HUAWEI-ui-vty0-4] protocol inbound telnet	配置 VTY 用户界面支持 Telnet 协议。选择 all 选项时表示支持所有的协议，包括 SSH 和 Telnet。执行本命令后，配置结果待下次登录请求时生效。 缺省情况下，用户界面支持的协议是 SSH，可用 undo protocol inbound 命令恢复 VTY 类型用户界面支持的协议到缺省值
4	authentication-mode { aaa | password | none } 例如：[HUAWEI-ui-vty0-4] authentication-mode aaa	设置登录 VTY 用户界面的认证方式。必须配置认证方式，否则下次用户无法成功登录交换机，因为 VTY 登录方式的缺省设置为没有使用该命令配置认证方式。选项说明参见表 2-10 的第 3 步。 缺省情况下，VTY 用户界面没有使用该命令配置认证方式，可用 undo authentication-mode 命令删除用户界面的认证方式
5	set authentication password [cipher password] 例如：[HUAWEI-ui-vty0-4] set authentication password	（可选）设置采用密码认证方式下的本地认证密码，输入的密码可以是明文或密文。仅当采用密码认证方式时需要配置，其他说明参见表 2-10 中的第 4 步
6	quit 例如：[HUAWEI-ui-vty0-4] quit	退出 VTY 用户界面视图
7	aaa 例如：[HUAWEI] aaa	（可选）进入 AAA 视图。仅当采用 AAA 认证方式时需要配置
8	local-user user-name password irreversible-cipher password 例如：[HUAWEI-aaa] local-user winda password irreversible-cipher huawei123	（可选）配置用于 AAA 认证的本地用户名、密码和用户级别。仅当采用 AAA 认证方式时需要配置，其他说明参见表 2-10 中的第 7 步
9	local-user user-name service-type telnet 例如：[HUAWEI-aaa] local-user winda service–type telnet	（可选）配置 AAA 认证方式下的本地用户的接入类型为 telnet 用户。仅当采用 AAA 认证方式时需要配置。 缺省情况下，本地用户可以使用所有的接入类型，可使用 undo local-user service-type 命令来将本地用户的接入类型恢复为缺省配置
10	local-user user-name privilege level level 例如：[HUAWEI-aaa] local- user winda privilege level 15	（可选）修改 AAA 配置信息中本地用户的级别，其他说明参见表 2-10 中的第 9 步

表 2-14　　　　　STelnet 登录 VTY 用户界面认证方式的配置步骤

步骤	命令	说明
1	system-view 例如：<HUAWEI> system-view	进入系统视图
2	user-interface vty first-ui-number [last-ui-number] 例如：[HUAWEI] user-interface vty 0 4	进入 VTY 用户界面视图，具体参数说明参见表 2-12 中的第 3 步说明
3	protocol inbound { all | ssh } 例如：[HUAWEI-ui-vty0-4] protocol inbound ssh	配置 VTY 用户界面支持 SSH 协议。选择 all 选项时表示支持所有的协议，包括 SSH 和 Telnet。执行本命令后，配置结果待下次登录请求时生效。 缺省情况下，用户界面支持的协议是 SSH，可用 undo

（续表）

步骤	命令	说明
		protocol inbound 命令恢复 VTY 类型用户界面支持的协议到缺省值
4	**authentication-mode aaa** 例如：[HUAWEI-ui-vty0-4] **authentication-mode aaa**	设置用户认证方式为 AAA 认证，其他说明参见表 2-13 中的第 4 步 【注意】此处只能选择 AAA 认证方式，如果配置为 password 认证方式时会提示出错，要你修改上一步所支持的协议类型，因为缺省的 SSH 协议不支持 password 认证方式

在 STelnet 登录中，SSH 用户支持多种认证方式，具体将在 2.4.5 节介绍。

2.4.3　配置 VTY 用户界面的用户级别

与 2.3.4 节介绍的可以配置 Console 用户界面级别一样，也可以配置 VTY 用户界面的用户级别，实现对不同用户访问交换机权限的限制，增加交换机管理的安全性。不过，**本节的配置也仅对采用 Password、None 认证方式进行的 VTY 用户界面登录用户生效，因为采用 AAA 认证方式的 VTY 用户界面登录用户的最终用户级别是由对应的本地用户配置的用户级别（参见表 2-13 中的第 10 步）或 VTY 用户界面配置的用户级别决定。**

Telnet 登录和 STelnet 登录虽然都是使用 VTY 用户界面，但这两种登录方式中的 VTY 用户界面级别的配置方法有些不一样，下面分别予以介绍。

1. Telnet 登录中的用户界面的用户级别配置

Telnet 登录方式中，VTY 用户界面的用户级别的配置方法与表 2-11 中介绍的 Console 用户界面的用户级别配置方法基本一样，具体见表 2-15。

表 2-15　　　　　　　　　Telnet 登录 VTY 用户界面的用户级别配置步骤

步骤	命令	说明
1	**system-view** 例如：<HUAWEI> **system-view**	进入系统视图
2	**user-interface vty** *first-ui-number* [*last-ui-number*] 例如：[HUAWEI] **user-interface vty** 0 4	进入 VTY 用户界面视图
3	**user privilege level** *level* 例如：[HUAWEI-ui-vty0-4] **user privilege level** 15	配置 VTY 用户界面的用户级别。 • 如果用户界面下配置的命令级别访问权限与用户名本身对应的操作权限冲突，以用户名本身对应的命令级别为准。 • 如果对用户采用 Password 认证或 None 认证，登录到设备的用户所能访问的命令级别由登录时的 VTY 用户界面的级别决定。 • 如果对用户采用 AAA 认证，登录到设备的用户所能访问的命令级别由 AAA 配置信息中本地用户的级别决定。缺省情况下，AAA 本地用户的级别为 0。在 AAA 视图下，执行 **local-user** *user-name* **privilege level** *level* 命令可以修改 AAA 配置信息中本地用户的级别。 缺省情况下，VTY 用户界面的用户级别为 0，可用 **undo user privilege** 命令来使用户级别恢复指定 VTY 用户界面为缺省值 0

2. STelnet 登录 VTY 用户界面的用户级别配置

在 2.4.5 节将介绍 STelnet 登录所使用的 SSH 用户支持 Password、RSA、DSA、ECC、Password-RSA、Password-DSA、Password-ECC 和 ALL 共 8 种认证方式。在这些不同的认证方式中，用户最终的用户级别的设置依据不同。

■ 当用户使用包含 Password 的各种认证方式时，用户级别为 AAA 中本地用户设置的用户级别。此时用户级别的配置方法是在 AAA 视图下通过 **local-user** *user-name* **privilege level** *level* 命令配置。

■ 当用户使用包括 RSA、DSA 或 ECC 的各种认证方式时，用户级别由用户接入时所采用的 VTY 界面的级别决定。此时与 Telnet 登录一样，参见表 2-15。

2.4.4　配置 Telnet 服务器

配置了 Telnet 的认证方式和用户级别后，还需要配置设备作为 Telnet 服务器，用户才能通过 Telnet 方式登录到本地设备上。Telnet 服务器的具体配置步骤见表 2-16。

表 2-16　　　　　　　　　　**Telnet 服务器的配置步骤**

步骤	命令	说明
1	**system-view** 例如：\<HUAWEI\> **system-view**	进入系统视图
2	**telnet server enable** 例如：[HUAWEI] **telnet server enable**	（可选）使能 Telnet 服务器功能。缺省情况下，设备的 Telnet 服务器功能处于去使能状态，可用 **undo telnet server enable** 命令关闭 Telnet 服务器，禁止 Telnet 用户登录
3	**telnet server port** *port-number* 例如：[HUAWEI] **telnet server port** 1028	（可选）配置 Telnet 服务器的监听端口号，取值范围为 23 或 1025～55535 的整数。缺省情况下，监听端口号是 TCP 23。不过，重新配置 Telnet 服务器的监听端口号可使攻击者无法获知更改后的 Telnet 监听端口号，有效防止了攻击者对 Telnet 服务标准端口的登录。可通过 **undo telnet server port** 命令恢复 Telnet 服务器的监听端口号为缺省值的 TCP 23 号端口。 【注意】设置了 Telnet 服务器的端口号以后，只有当服务器正在尝试连接的端口号是 23 时，Telnet 客户端登录时可以不指定端口号；如果是其他端口号，Telnet 客户端登录时必须指定端口号
4	**telnet server-source -i loopback** *interface-number* 例如：[HUAWEI] **telnet server-source -i** loopback 0	（可选）配置以本地 Loopback 接口作为 Telnet 服务器的源接口。配置 Telnet 服务器的源接口可以屏蔽设备的管理 IP 地址，从而保护设备安全。 指定 Telnet 服务器的源接口前，必须已经成功创建指定的 LoopBack 接口，并且需保证客户端到该 LoopBack 接口地址路由可达，否则会导致本配置无法成功执行。 缺省情况下，未指定 Telnet 服务器的源接口，可用 **undo telnet server-source** 命令取消指定 Telnet 服务器端的源接口
5	**telnet server acl** *acl-number* 例如：[HUAWEI] **telnet server acl** 2000	（二选一可选）在**系统视图**下全局配置可以通过 Telnet 方式访问本地设备的访问控制列表，ACL 必须先配置好，只能是基本 ACL，ACL 编号取值范围为 2000～2999。 此时的 ACL 规则为：**rule permit source** *source-address* 0，限制除设备地址为 *source-address* 或 *source-ipv6-address* 以外的设备访问本设备。

（续表）

步骤	命令	说明	
		缺省情况下，没有配置访问控制列表，可用 **undo telnet server acl** 命令取消可以访问 Telnet 服务器的访问控制列表	
5	**user-interface vty** *first-ui-number* [*last-ui-number*] 例如：[HUAWEI] **user-interface vty** 1 3	进入 VTY 用户界面视图	（二选一可选）**在 VTY 用户界面视图下配置 VTY 类型用户界面基于 ACL 的本地设备访问限制，ACL 必须先配置好，只能是基本 ACL，ACL 编号取值范围为 2000～2999**
	acl { *acl-number* | *acl-name* } **inbound** 例如：[HUAWEI-ui-vty1-3] **acl** 3001 **inbound**	指定用于控制使用 VTY 用户界面访问本地设备的 ACL。 缺省情况下，不对通过用户界面的登录进行限制，可用 **undo acl** { *acl-number* | *acl-name* } **inbound** 命令取消通过用户界面的登录进行限制	
6	**acl** { *acl-number* | *acl-name* } **outbound** 例如：[HUAWEI-ui-vty1-3] **acl** 3001 **outbound**	（可选）**在 VTY 用户界面视图下配置 VTY 类型用户界面基于 ACL**（可以是基本 ACL，也可以是高级 ACL，ACL 编号取值范围为 2000～3999）从本地设备访问外部设备的限制，此时的 ACL 规则为 **rule deny tcp destination-port eq telnet**。 缺省情况下，不对通过用户界面的登录进行限制，可用 **undo acl** { *acl-number* | *acl-name* } **outbound** 命令取消通过用户界面的登录进行限制	

2.4.5　配置 SSH 用户

SSH 用户用于 STelnet 登录，在配置 VTY 用户界面的认证方式为 AAA 基础上，还需要配置 SSH 用户的认证方式。

华为 S 系列交换机支持 RSA、DSA、Password、ECC、Password-rsa、Password-dsa、Password-ECC 和 ALL 共 8 种用户认证方式。

■　Password 认证：是一种基于"用户名+口令"的认证方式（**千万不要认为是纯密码认证方式**）。通过 AAA 为每个 SSH 用户配置相应的密码，在通过 SSH 登录时，输入正确的用户名和密码就可以实现登录。

■　RSA（Revest-Shamir-Adleman Algorithm）认证：是一种基于客户端私钥的认证方式。RSA 是一种公开密钥加密体系，基于非对称加密算法。RSA 密钥也是由公钥和私钥两部分组成，在配置时需要将客户端生成的 RSA 密钥中的公钥部分拷贝输入至服务器中，服务器用此公钥对数据进行加密。

■　DSA（Digital Signature Algorithm）认证：是一种类似于 RSA 的认证方式，DSA 认证采用数字签名算法进行加密。

■　ECC（Elliptic Curves Cryptography）认证：是一种椭圆曲线算法，与 RSA 相比，在相同安全性能下密钥长度短、计算量小、处理速度快、存储空间小、带宽要求低。

■　Password-RSA 认证：SSH 服务器对登录的用户同时进行密码认证和 RSA 认证，只有在两者同时满足情况下，认证才能通过。

■　Password-DSA 认证：SSH 服务器对登录的用户同时进行密码认证和 DSA 认证，

只有在两者同时满足情况下，认证才能通过。

■ Password-ECC 认证：SSH 服务器对登录的用户同时进行密码认证和 ECC 认证，只有在两者同时满足情况下，认证才能通过。

■ ALL 认证：SSH 服务器对登录的用户进行公钥认证或密码认证，只要满足其中任何一个，认证就能通过。

SSH 用户的具体配置步骤见表 2-17。

表 2-17　　　　　　　　　　　　　　SSH 用户的配置步骤

步骤	命令	说明
1	**system-view** 例如：\<HUAWEI\> **system- view**	进入系统视图
2	**ssh user** *user-name* 例如：[HUAWEI] **ssh user** winda	创建 SSH 用户，为 1～64 个字符，**不支持空格，不区分大小写**
3	**ssh user** *user-name* **authentication-type** { **password** | **rsa** | **password-rsa** | **dsa** | **password-dsa** | **ecc** | **password-ecc** | **all** } 例如：[HUAWEI]**ssh user** winda **authentication- type rsa**	配置 SSH 用户的认证方式，用户名为字符串形式，不支持空格，不区分大小写，长度范围是 1～64，当输入的字符串两端使用引号时，可在字符串中输入空格。各种认证方式参见本节前面的介绍。**对于新用户必须指定其认证方式，否则用户无法登录。**但新配置的认证方式在下次登录后才生效。 也可以使用 **ssh authentication-type default password** 命令配置 SSH 用户缺省的认证方式为 Password 方式。当配置多个 SSH 用户使用 Password 认证方式时，可以不用再对每个 SSH 用户重复配置认证方式，从而简化配置，提高配置效率。 ● 当用户使用 Password 认证方式时，需要在 AAA 视图下配置与 SSH 用户同名的本地用户，具体配置步骤参见表 2-18。 ● 当用户使用 RSA、DSA 或 ECC 认证方式时，需要在 SSH 服务器上输入 SSH 客户端生成的密钥中的公钥部分，具体配置步骤见表 2-19。这样，当客户端登录服务器时，自己的私钥如果与输入的公钥匹配成功，则认证通过。 ● 当用户使用 Password-RSA 认证、Password-DSA 认证或 Password-ECC 认证时，需同时配置 AAA 用户信息和输入客户端公钥，即表 2-18 和表 2-19 这两部分配置都需要进行。 ● 当用户使用 ALL 认证时，对于配置 AAA 用户信息和输入客户端公钥，可以随意选择表 2-18 或表 2-19 中的一种，也可以两种方式都选择。 【说明】SSH 用户最终具有的用户级别要进行以下区分。 ● 如果接入用户选择的认证方式包括了 Password 认证，则用户优先级为 AAA 中具体的本地用户设置的用户优先级。 ● 如果接入用户选择的认证方式为 RSA、DSA 或 ECC 认证，则用户的优先级由用户接入时所采用的 VTY 界面的优先级决定。 ● 如果 SSH 用户认证方式为 **all** 认证方式，且使用相同的 AAA 用户，那么通过 Password、RSA、DSA 或 ECC 认证接入时用户优先级可能不同，请根据需要进行部署。 缺省情况下，SSH 用户不支持任何认证方式，可用 **undo ssh user** *user-name* **authentication-type** 命令恢复 SSH 用户的缺省认证方式

（续表）

步骤	命令	说明
4	**ssh authorization-type default aaa** 例如：[HUAWEI] **ssh authorization-type default aaa**	配置 SSH 公钥认证用户的 AAA 授权功能。 SSH 公钥认证用户是指使用 ECC、RSA 或 DSA 验证方式的 SSH 用户。如果没有配置 SSH 公钥认证用户的 AAA 授权功能，则 SSH 公钥认证用户使用登录 VTY 通道的级别。配置 SSH 公钥认证用户的 AAA 授权功能后，如果授权成功则 SSH 公钥认证用户使用 AAA 返回的级别，如果授权失败，则仍然使用登录 VTY 通道的级别。 SSH 公钥认证用户 AAA 授权成功的条件： • AAA 管理用户默认域需要配置本地授权方案； • 存在本地用户且配置 SSH 接入类型。 缺省情况下，没有配置 SSH 公钥认证用户的 AAA 授权功能，可用 **undo ssh authorization-type default aaa** 命令取消 SSH 公钥认证用户的 AAA 授权功能
5	**ssh user** *user-name* **service- type** { **stelnet** | **all** } 例如：[HUAWEI] **ssh user winda service-type stelnet**	配置 SSH 用户的服务方式。命令中的参数和选项说明如下。 ① *user-name*：指定前面创建的 SSH 用户账户名。 ② **stelnet**：二选一选项，指定 *user-name* 参数指定的 SSH 用户账户仅支持 Stelnet 服务。 ③ **all**：二选一选项，*user-name* 参数指定 SSH 用户账户支持 SFTP 服务方式和 STelnet 服务方式。 缺省情况下，SSH 用户的服务方式是空，即不支持任何服务方式，可用 **undo ssh user** *username* **service-type** 命令取消指定 SSH 用户支持的所有服务方式

表 2-18　　　　　　　　配置对 **SSH** 用户进行 **password** 认证

步骤	命令	说明
1	**system-view** 例如：<HUAWEI> **system- view**	进入系统视图
2	**aaa** 例如：[HUAWEI] **aaa**	进入 AAA 视图
3	**local-user** *user-name* **password** { **cipher** | **irreversible-cipher** } *password* 例如：[HUAWEI-aaa] **local-user winda password irreversible-cipher** admin@12345	创建与 SSH 用户同名的本地用户，并配置对应的登录密码。命令中的参数和选项说明如下。 • **cipher**：二选一选项，表示对用户口令采用可逆算法进行加密，非法用户可以通过对应的解密算法解密密文后得到明文，安全性较低。 • **irreversible-cipher**：二选一选项，表示对用户密码采用不可逆算法进行加密，使非法用户无法通过解密算法特殊处理后得到明文，为用户提供更好的安全保障。 • *password*：可以是长度范围是 8～128 位的明文类型密码，也可以是 68 位的密文类型密码。明文密码必须包括大写字母、小写字母、数字和特殊字符中的至少两种，且不能与用户名或用户名的倒写相同 缺省情况下，系统中存在一个名称为"admin"的本地用户，该用户的密码为"admin@huawei.com"，采用不可逆算法加密，可用 **undo local-user** *user-name* 命令删除指定本地用户

（续表）

步骤	命令	说明
4	local-user *user-name* servi-ce-type ssh 例如：[HUAWEI-aaa] local-user winda **service-type ssh**	配置指定本地用户的服务方式为 SSH 服务
5	local-user *user-name* privilege le vel *level* 例如：[HUAWEI-aaa] local-user winda **privilege level 10**	配置指定本地用户的用户级别，取值范围为 0～15 的整数。缺省情况下，本地用户的用户级别为 0，可用 **undo local-user** *user-name* **privilege level** 命令恢复指定用户的用户级别为缺省值 **0**

表 2-19　　　　　　　　配置对 **SSH** 用户进行 **DSA**、**RSA** 或 **ECC** 认证

步骤	命令	说明
1	system-view 例如：<HUAWEI> system- view	进入系统视图
2	**rsa peer-public-key** *key-name* [**encoding-type** { **der** | **openssh** | **pem** }] 例如：[HUAWEI] rsa peer- public-key 002 encoding- type der 或 **dsa peer-public-key** *key-name* **encoding-type** { **der** | **openssh** | **pem** } 例如：[HUAWEI] dsa peer-public-key 002 encoding-type der 或 **ecc peer-public-key** *key-name* **encoding-type** { **der** | **openssh** | **pem** } 例如：[HUAWEI] ecc peer-public-key 002 encoding-type der	创建 RSA、DSA 或 ECC 公共密钥，进入 RSA、DSA 或 ECC 公共密钥视图。通过本命令指定 RSA 密钥编码格式后，华为公司的数据通信设备会自动生成相应编码格式的密钥，同时进入 RSA 公共密钥视图，再执行命令 **public-key-code begin** 后，用户即可通过手动拷贝的方式将对端设备产生的公共密钥复制到本端设备。客户端的公钥是由客户端软件随机生成的。 命令中的参数和选项说明如下。 ① *key-name*：指定 RSA、DSA 或 ECC 公钥名称，长度范围是 1～30 个字符，不支持大小写，不支持空格。 ② **encoding-type**：可选项，指定 RSA、DSA 或 ECC 公钥编码格式类型。 ③ **der**：多选一选项，指定 RSA、DSA 或 ECC 公钥编码格式是 DER。DER 格式是将数据进行十六进制编码，可通过 OpenSSL 产生。此为缺省编码格式。 ④ **openssh**：多选一选项，指定 RSA、DSA 或 ECC 公钥编码格式是 OpenSSH。OpenSSH 是基于 PEM 修改而产生的编码格式，是将数据进行六十四进制编码，可通过 OpenSSH 产生。 ⑤ **pem**：多选一选项，指定 RSA、DSA 或 ECC 公钥编码格式是 PEM。PEM 格式是将数据进行六十四进制编码，密钥可通过 SecureCRT、PuTTY 产生。 缺省情况下，RSA 公共密钥编码格式是 DER，可用 **undo rsa peer-public-key** *key-name*、**undo dsa peer-public-key** *key-name* 或 **undo ecc peer-public-key** *key-name* 命令删除指定的公钥
3	**public-key-code begin** 例如：[HUAWEI-rsa-public- key] **public-key-code begin**	进入公钥编辑视图。输入本命令后，进入公钥编辑视图，在该视图下可以开始输入密钥数据。在输入密钥数据时，字符之间可以有空格，也可以按回车键继续输入数据。所配置的公钥必须是按公钥格式编码的十六进制字符串，是由支持 SSH 的客户端软件随机生成的，具体操作参见相应的 SSH 客户端软件的帮助文档

（续表）

步骤	命令	说明
4	**public-key-code end** 例如：[HUAWEI-rsa-key-code] **public-key-code end**	从公钥编辑视图退回到公钥视图，并且保存用户配置的公钥。如果未输入合法的密钥编码数据，执行本步骤后也将无法生成密钥。 如果指定的密钥 *key-name* 已经在别的窗口下被删除，再执行本步骤时，系统会提示：密钥已经不存在，此时直接退到系统视图
5	**peer-public-key end** 例如：[HUAWEI-rsa-public-key] **peer-public-key end**	退出公钥视图，回到系统视图
6	**ssh user** *user-name* **assign { rsa-key | dsa-key | ecc-key }** *key-name* 例如：[HUAWEI] **ssh user winda assign rsa-key** 002	为 SSH 用户分配 RSA、DSA 或 ECC 公钥。当客户端登录服务器时，按提示输入与自己公钥对应的 SSH 用户名。命令中的参数和选项说明如下。 ① *user-name*：指定 AAA 定义的有效 SSH 用户名。 ② **rsa-key**：多选一选项，指定使用 RSA 公钥。 ③ **dsa-key**：多选一选项，指定使用 DSA 公钥。 ④ **ecc-key**：多选一选项，指定使用 ECC 公钥。 ⑤ *key-name*：指定配置的客户端公钥名，要与第 2 步指定的公钥名一致。 当用户使用 Password-RSA 认证、Password-DSA 认证或 Password-ECC 认证时，需同时配置 AAA 用户信息和输入客户端公钥，即以上两部分操作都需要进行。 当用户使用 ALL 认证时，对于配置 AAA 用户信息和输入客户端公钥，可以随意选择其中一种，也可以两种方式都选择。 缺省情况下，没有为 SSH 用户分配公钥，可用 **undo ssh user** *user-name* **assign { rsa-key | dsa-key | ecc-key }** 命令删除指定用户和对应公钥之间的对应关系

【示例】进入公钥编辑视图，输入 RSA 密钥。

```
[HUAWEI] rsa peer-public-key 003
Enter "RSA public key" view, return system view with "peer-public-key end".
[HUAWEI-rsa-public-key] public-key-code begin
Enter "RSA key code" view, return last view with "public-key-code end".
[HUAWEI-rsa-key-code] 308186028180739A291ABDA704F5D93DC8FDF84C427463
[HUAWEI-rsa-key-code] 1991C164B0DF178C55FA833591C7D47D5381D09CE82913
[HUAWEI-rsa-key-code] D7EDF9C08511D83CA4ED2B30B809808EB0D1F52D045DE4
[HUAWEI-rsa-key-code] 0861B74A0E135523CCD74CAC61F8E58C452B2F3F2DA0DC
[HUAWEI-rsa-key-code] C48E3306367FE187BDD944018B3B69F3CBB0A573202C16
[HUAWEI-rsa-key-code] BB2FC1ACF3EC8F828D55A36F1CDDC4BB45504F020125
[HUAWEI-rsa-key-code] public-key-code end
[HUAWEI-rsa-public-key]
```

2.4.6　配置 SSH 服务器

用户终端通过 SSH 登录设备之前，必须通过其他方式登录该设备，开启该设备的 SSH 服务器功能。设备作为 SSH 服务器时，须生成与客户端密钥同类型的密钥对，用于数据加密，也可用于客户端对服务器的认证。

设备还支持多种 SSH 服务器属性配置，如创建用于传输数据加密的 SSH 本地密钥对，使能 STelnet 服务器功能，配置密钥交换算法、加密算法、校验算法、SSH 监听端口、SSH 密钥更新周期、SSH 认证重试次数、SSH 连接超时等，具体配置步骤见表 2-20。但这些属性都有缺省配置，多数情况下可直接采用，无需配置。

表 2-20　　　　　　　　　　　　　　　SSH 服务器配置步骤

步骤	命令	说明
1	**system-view** 例如：<HUAWEI> **system- view**	进入系统视图
2	**stelnet server enable** 例如：[HUAWEI] **stelnet server enable**	使能 SSH 服务器端的 STelnet 服务功能。缺省情况下，STelnet 服务功能未使能，可使用 **undo stelnet server enable** 命令关闭 SSH 服务器端的 STelnet 服务。去使能 SSH 服务器的 STelnet 服务后，所有的客户端将断开连接
3	**ssh server key-exchange { dh_ group_exchange_sha1 | dh_ group14_sha1 | dh_group1_ sha1 }** * 例如：[HUAWEI] **ssh server key-exchange dh_group_ exchange_sha1 dh_group14_sha1**	（可选）配置 SSH 服务器上的密钥交换算法列表。 ● **dh_group_exchange_sha1**：可多选选项，指定将 Diffie-hellman-group-exchange-sha1 密钥交换算法配置到 SSH 服务器的密钥交换算法列表中。 ● **dh_group14_sha1**：可多选选项，指定将 Diffie-hellman-group14-sha1 密钥交换算法配置到 SSH 服务器的密钥交换算法列表中。 ● **dh_group1_sha1**：可多选选项，指定将 Diffie-hellman-group1-sha1 密钥交换算法配置到 SSH 服务器的密钥交换算法列表中。 密钥交换算法的安全级别由高到低顺序为：**dh_group_ exchange_sha1**、**dh_group14_sha1**、**dh_group1_sha1**。 缺省情况下，SSH 服务器支持所有的密钥交换算法，可用 **undo ssh server key-exchange** 命令恢复为缺省情况
4	**ssh server cipher { 3des_cbc | aes128_cbc | aes128_ctr | aes256_ cbc | aes256_ctr | des_cbc }** * 例如：[HUAWEI] **ssh server cipher aes256_ctr aes128_ctr**	配置 SSH 服务器上的加密算法列表。 ● **des_cbc**：可多选选项，指定 CBC 模式的 DES 加密算法。 ● **3des_cbc**：可多选选项，指定 CBC 模式的 3DES 加密算法。 ● **aes128_cbc**：可多选选项，指定 CBC 模式的 AES128 加密算法。 ● **aes256_cbc**：可多选选项，指定 CBC 模式的 AES256 加密算法。 ● **aes128_ctr**：可多选选项，指定 CTR 模式的 AES128 加密算法。 ● **aes256_ctr**：可多选选项，指定 CTR 模式的 AES256 加密算法。 加密算法的安全级别由高到低的顺序为：**aes256_ctr**、**aes128_ctr**、**aes256_cbc**、**aes128_cbc**、**3des_cbc**、**des_cbc**。 缺省情况下，SSH 服务器支持的加密算法为 3des_cbc、aes128_cbc、aes256_cbc、aes128_ctr 和 aes256_ctr，可用 **undo ssh server cipher** 命令将 SSH 服务器端的加密算法列表恢复为缺省值

（续表）

步骤	命令	说明
5	ssh server hmac { md5 | md5_96 | sha1 | sha1_96 | sha2_256 | sha2_256_96 } * 例如：[HUAWEI] ssh server hmac sha2_256	（可选）配置 SSH 服务器上的校验算法列表。校验算法的安全级别由高到低的顺序为：sha2_256、sha2_256_96、sha1、sha1_96、md5、md5_96。 缺省情况下，SSH 服务器支持所有的校验算法，可用 undo ssh server hmac 命令将 SSH 服务器上的校验算法列表恢复为缺省值
6	ssh server dh-exchange min-len min-len 例如：[HUAWEI] ssh server dh-exchange min-len 2048	配置与 SSH 客户端进行 Diffie-hellman-group-exchange 密钥交换时，支持的最小密钥长度，整数形式，取值只能为 1024 或 2048，单位：byte。 缺省情况下，SSH 服务器与客户端进行 Diffie-hellman-group-exchange 密钥交换时，支持的最小密钥长度为 1024 字节，可用 undo ssh server dh-exchange min-len 命令将 SSH 服务器与客户端进行 Diffie-hellman-group-exchange 密钥交换时，支持的最小密钥长度恢复为缺省值
7	rsa local-key-pair create 或 dsa local-key-pair create 或 ecc local-key-pair create 例如：[HUAWEI] dsa local-key-pair create	（可选）生成本地 RSA、DSA 或 ECC 密钥对。 • rsa local-key-pair create 命令用来生成本地 RSA 主机密钥对和服务器密钥对，产生的密钥对命名方式为"设备名称_Server"和"设备名称_Host"，密钥采用 AES256 算法加密后保存在系统 NOR FLASH 下的 hostkey 和 serverkey 文件中。服务器密钥对和主机密钥对允许配置的长度为 2048 位。执行此命令后，会提示您输入主机密钥的位数。服务器密钥对的位数与主机密钥对的位数至少相差 128 位，生成的密钥对将保存在设备中，设备重启后不会丢失，但该命令不在配置文件中保存。 • dsa local-key-pair create 命令用来生成本地 DSA 主机密钥对，新产生的密钥对的命名方式为"设备名称_Host_DSA"，密钥采用 PKCS#8 格式保存于系统 NOR FLASH 下的 hostkey_dsa 文件中。执行该命令后，设备会提示用户输入主机密钥的位数。主机密钥对的长度可为 1024、2048。缺省情况下，密钥对的长度为 2048。该命令不在配置文件中保存，且此命令只需执行一遍即可生效，设备重新启动后不必再次执行。 • ecc local-key-pair create 命令用来生成本地 ECC 主机密钥对，新产生的密钥对命名方式为"交换机名称_Host_ECC"。执行该命令后，系统会提示用户输入主机密钥的位数。ECC 主机密钥对的长度可为 256、384、521 比特。缺省情况下，密钥对的长度为 521。该命令为一次性操作指令，因此不会被保存在配置文件中，且只需执行一遍，交换机重新启动后不必再次执行
8	ssh server port port- number 例如：[HUAWEI] ssh server port 2018	（可选）配置 SSH 服务器监听端口号，取值范围为 22 或 1025～55535 的整数。如果配置了新的监听端口号，SSH 服务器端先断开当前已经建立的所有 STelnet 连接，然后使用新的端口号开始监听。这样可以有效防止攻击者对 SSH 服务标准端口的访问，确保安全性。 缺省情况下，SSH 服务器端监听端口号是 22，可用 undo ssh server port 命令恢复 SSH 服务器端监听端口为缺省的 22 号端口

（续表）

步骤	命令	说明
9	**ssh server rekey-interval** *interval* 例如：[HUAWEI]**ssh server rekey-interval** 2	（可选）配置 SSH 服务器密钥对更新周期，取值范围为 0～24 的整数小时。配置服务器密钥对更新时间，可使当 SSH 服务器密钥对的更新周期到达时，自动更新服务器密钥对，从而可以保证安全性。 缺省情况下，SSH 服务器密钥对的更新时间间隔是 0，**表示永不更新**，可用 **undo ssh server rekey-interval** 命令恢复配置的 SSH 服务器密钥对更新周期为缺省值 0，即永不更新
10	**ssh server timeout** *seconds* 例如：[HUAWEI] **ssh server timeout** 100	（可选）配置 SSH 认证超时时间，取值范围为 1～120 的整数秒。当设置的 SSH 认证超时时间到达后，如果用户还未登录成功，则终止当前连接，确保安全性。 缺省情况下，SSH 连接认证超时时间是 60s，可用 **undo ssh server timeout** 命令恢复 SSH 认证超时时间为缺省的 60s
11	**ssh server authentication-retries** *times* 例如：[HUAWEI]**ssh server authentication-retries**	（可选）配置 SSH 认证重试次数，取值范围是 1～5 的整数。配置 SSH 认证重试次数用来防止非法用户登录。 缺省情况下，SSH 连接的认证重试次数是 3，可用 **undo ssh server authentication-retries** 命令恢复 SSH 认证重试次数为缺省的 3 次
12	**ssh server compatible-ssh1x enable** 例如：[HUAWEI] **ssh server compatible-ssh1x enable**	（可选）使能 SSH 服务器兼容低版本 SSH 协议，主要应用于客户端与服务器的版本协商阶段。客户端与服务器建立 TCP 连接后，开始协议版本协商，以期与服务器达成一个可以工作的协议版本。 SSH 服务器按以下规则比较客户端发来的版本，决定是否能与客户端一起工作。 • 如果客户端的协议版本号低于 1.3 或高于 2.0，则版本协商失败，断开连接。 • 如果客户端的协议版本为大于等于 1.3 并且小于 1.99，若系统配置为兼容 SSH1.X 方式，则进入 SSH1.5 SERVER 模块，后续进行 SSH1.x 协议流程，否则版本协商失败，断开与客户端的连接。 • 如客户端协议版本为 1.99 或 2.0，则进入 SSH2.0 SERVER 模块，后续进行 SSH2.0 协议流程。 该配置在下次登录时生效。缺省情况下，SSH2.0 协议的服务器兼容 SSH1.X 服务器功能
13	**ssh server-source -i loopback** *interface-number* 例如：[HUAWEI] **ssh server-source -i loopback** 0	配置 SSH 服务器源接口的 Loopback 接口。配置 SSH 服务器的源接口可以屏蔽设备的管理 IP 地址，从而保护设备安全。指定的 LoopBack 接口必须已创建、配置好 IP 地址，并且需保证客户端到 LoopBack 接口地址路由可达，否则会导致本配置无法成功执行。 缺省情况下，未指定 SSH 服务器端的源接口，可用 **undo ssh server-source** 命令取消指定 SSH 服务器端的源接口
14	**ssh server acl** *acl-number* 例如：[HUAWEI] **ssh server acl** 2000	（二选一）配置可以通过 STelnet 方式访问本设备的访问控制列表，参数 *acl-number* 的说明参见 2.4.4 节表 2-16 中的第 5 步。 缺省情况下，设备没有配置访问控制列表，可用 **undo ssh server acl** 命令取消 SSH 服务器的访问控制列表

（续表）

步骤	命令		说明
14	**user-interface vty** *first-ui-number* [*last-ui-number*] 例如：[HUAWEI] **user-interface vty** 1 3	进入 VTY 用户界面视图	（二选一）配置 VTY 类型用户界面基于 ACL 的本地设备访问限制，ACL 必须先配置好，为基本 ACL。其他说明参见 2.4.4 节表 2-16 中的第 5 步
	acl { *acl-number* | *acl-name* } **inbound** 例如：[HUAWEI-ui-vty1-3] **acl** 3001 **inbound**	指定用于控制使用 VTY 用户界面访问本地设备的 ACL	
15	**acl** { *acl-number* | *acl-name* } **outbound** 例如：[HUAWEI-ui-vty1-3] **acl** 3001 **outbound**	（可选）配置 VTY 类型用户界面基于基本 ACL、从本地设备 STelnet 访问外部设备的限制，其他说明参见 2.4.4 节表 2-16 中的第 6 步	

2.4.7　通过 CLI 方式登录后的常用操作

用户通过 Console 口、MiniUSB 口、Telnet 或 STelnet 方式成功登录设备后，除了可以对设备进行业务配置外，还可以对当前登录用户以及设备的基本功能执行一些操作。

1. 查看在线用户

执行 **display users** [**all**] 命令，查看用户界面的使用信息。选择 all 可选项也会显示所有通过用户界面登录的用户信息，包括未连接的用户界面。如果未使用 **all 可**选项，则仅显示当前已连接的用户界面。

2. 清除在线用户

当用户需要将某个登录用户与设备连接断开时，可以清除指定的在线用户。

在执行 **display users** 命令查看当前设备上的用户登录信息后，可执行 **kill user-interface** { *ui-number* \| *ui-type ui-number1* }命令，清除指定的在线用户。

3. 设置切换用户级别的密码

如果当前用户级别较低，但是需要对高于用户级别的命令进行操作，用户可以由低级别切换到高级别，并需要设置密码。可在系统视图下执行 **super password** [**level** *user-level*] [**cipher** *password*] 命令，配置切换用户级别的密码。

在对网络安全性要求较低的环境中，还可以在系统视图执行 **super password complexity-check disable** 命令关闭低级别用户切换到高级别用户所需密码的复杂度检查功能。

4. 切换用户级别

用户由低级别切换到高级别，执行 **super** [*level*] 命令，切换用户级别，但需要输入对应高级别设置好的密码。如果输入的密码正确，将切换到更高级别。如果连续 3 次输入错误的密码，将退回用户视图，仍保持现有登录级别。

说明　当以低级别登录的用户通过 **super** 命令切换到高级别时，系统会自动发送 trap 信息，并记录在日志中。如果切换到的级别低于当前级别，则仅记录日志。

交换机采用"用户名+密码+级别"的方式控制用户操作设备的权限。使用 super 命令切换用户级别后，原"用户名+密码+级别"的权限控制方式失效。任一用户只需知道高级别的 super 密码，即可获取高级别的操作权限，存在越权操作设备的风险。因此，不建议使用 **super** 命令切换用户级别。

5. 锁定用户配置权限

在多用户同时登录系统进行配置时，有可能会出现配置冲突的情况。为了避免业务出现异常，可以配置权限互斥功能，保证同一时间只有一个用户可以进行配置。此时可在任意视图下执行 **configuration exclusive** 命令，锁定配置权限给当前操作用户。锁定用户配置权限后，可以显式地获取独享的配置权限，其他用户无法再获取到配置权限。

可以执行 **display configuration-occupied user** 命令查看当前锁定配置集用户的信息。可在系统视图下执行 **configuration-occupied timeout** *timeout-value* 命令，设置锁定配置集权限用户在无配置命令下发的情况下，允许锁定的最长时间间隔（取值范围是 1～7200 的整数，单位：s），超过这个时间间隔系统就自行解锁，其他用户可以正常配置。缺省情况下，锁定间隔为 30s。

6. 发送消息给其他用户界面

用户可以在当前的用户界面发送消息给其他用户界面，实现用户界面间的消息传递。可在用户视图下执行 **send** { **all** | *ui-number* | *ui-type ui-number1* }命令设置在用户界面间传递消息。

根据系统提示，输入要传递的信息。输入"Ctrl+Z"或"Enter"键结束输入，使用"Ctrl+C"终止本次操作。根据系统提示，选择是否需要发送消息。选择"Y"发送消息，选择"N"取消发送。

7. 锁定用户界面

当用户需要暂时离开操作终端时，为防止未授权的用户操作该终端界面，可以锁定当前用户终端界面。此时可在用户视图下执行 **lock** 命令，锁定用户界面。根据系统的提示，输入锁定的密码，并确认密码。

缺省情况下，设备允许的显式密码的最小长度是 8。可以适当增加密码的长度要求，使密码复杂度增加，从而提高设备的安全性。执行 **set password min-length** *length* 命令设置设备允许的显式密码的最小长度，取值范围是 6～16 的整数。

系统锁定后，如果想再次进入系统，必须先按"Enter"键，此时提示输入登录密码，用户输入正确的登录密码才可以解除锁定，进入系统。

8. 允许在系统视图下执行用户视图命令

对于某些命令只能在用户视图下执行，当用户需要执行该类命令时，必须退出到用户视图才能成功执行。为了便于用户执行用户视图命令，在不用切换视图的情况下，通过在系统视图下执行 **run** *command-line* 命令，可实现在系统视图下执行用户视图命令。缺省情况下，系统不允许在系统视图下执行用户视图命令。

2.4.8 通过 Telnet 登录设备失败的故障排除

Telnet 登录的配置总体来说很简单，必选的配置方面主要包括 VTY 用户界面（**当前登录使用的 VTY 编号一定要在指定的 VTY 用户界面编号范围之内**）、VTY 用户界面的认证方式、用户级别和协议类型支持、Telnet 服务器使能（**在以前版本中是缺省使能的，但近期新版本缺省是去使能的**）这几个方面。当然，在实际的网络环境中，有些非必选的配置也可能造成 Telnet 登录不成功，如配置的登录用户数是否达到了设置上限、登录用户主机的 IP 地址是否在许可进行 Telnet 登录的范围之内等。下面就一些常见的可能原因进行分析，并给出相应的排除方法。

① 首先查看所配置的 VTY 编号范围是否包括了当前进行 Telnet 登录时所使用的 VTY 编号。

从 Console 口登录到设备，通过执行 **display current-configuration** 命令查看为当前进行的 Telnet 登录设置的 VTY 编号范围，然后再执行 **display users** 命令查看当前可用的最小 VTY 编号（**用户 Telnet 登录时会自动选择当前可用的最小 VTY 用户界面**），看该编号是否在前面设置的 VTY 编号范围之内。如果不在范围之内，则用户当前进行 Tenlent 登录时就不会使用相应的配置（如认证方式），此时要修改 VTY 用户界面的配置，确保当前可使用的最小 VTY 编号在相应 Telnet 登录配置的 VTY 用户界面编号范围之中。

② 查看登录设备的用户数是否到达了上限。

从 Console 口登录到设备，执行 **display users** 命令查看当前使用 VTY 通道登录的用户（包括 Telnet 登录和 STelnet 登录的用户）数。缺省情况下，VRP 系统只允许最多 5 个用户同时使用 VTY 通道登录到设备。此时，可以先执行 **display user-interface maximum-vty** 命令查看当前 VTY 通道允许的最大用户数，结合前面查看得到的当前占用 VTY 通道的用户数，如果当前的 VTY 用户数已经达到上限，可以执行 **user-interface maximum-vty** 命令，扩展 VTY 通道允许的最大用户数（最多为 15 个）。

③ 查看 VTY 用户界面视图下允许接入的协议配置是否正确。

因为缺省情况下，VTY 用户界面仅支持 SSH 协议，而 Telnet 登录使用的是 Telnet 协议，所以需要专门配置。在 Telnet 服务器端上执行命令 **user-interface vty** 进入用户界面视图，执行命令 **display this**，查看 **protocol inbound** 命令中配置的是否为 telnet 或者 all。如果不是，修改配置，允许 telnet 类型用户接入设备。

④ 查看用户界面视图下是否设置登录认证。

Telnet 登录支持 Password、AAA 和无认证 3 种认证方式，如果当前使用的 VTY 用户界面配置的认证方式与你 Telnet 登录时使用的认证方式不一致，也会导致你登录不成功。此时要从 Console 口登录到设备，通过执行 **display current-configuration** 命令查看对应 VTY 用户界面的认证配置。

■ 如果使用命令 **authentication-mode password** 配置了 VTY 通道下的登录认证方式为 **password**，则必须在登录时输入此密码。

■ 如果使用命令 **authentication-mode aaa** 设置认证方式为 **aaa**，则必须使用命令 **local-user** 创建 AAA 本地用户，并可为该用户配置用户级别。

⑤ 查看设备上 VTY 类型用户界面视图下是否配置了 ACL。

出于安全考虑，可以对允许进行 Telnet 登录到本地设备的用户通过 ACL 来过滤，如果用户主机的源 IP 地址不在对应 ACL 规则许可的范围之内，则虽然正确配置了其他全部的 Telnet 配置，还是无法成功登录。

此时，可在 Telnet 服务器端上执行 **user-interface vty** 命令进入用户界面视图，执行 **display this** 命令，查看 VTY 用户界面是否配置了 ACL 限制，如果配置了 ACL 限制，请记录该 ACL 编号，然后在 Telnet 服务器上执行 **display acl** *acl-number* 命令，查看该访问控制列表中是否拒绝（**deny**）了 Telnet 客户端的地址。如果拒绝（**deny**）客户端的 IP 地址，则在 ACL 视图下，执行命令 **undo rule** *rule-id*，删除 **deny** 规则，再执行相应的命令修改访问控制列表，允许客户端的 IP 地址访问。

2.4.9 通过 STelnet 登录设备失败的故障排除

STelnet 登录其实是一种更加严格的 Telnet 登录，在许多方面与 Telnet 登录的配置相同或相似，所以 STelnet 登录不成功时有部分原因可能就是上节介绍的 Telnet 登录不成功的原因。但因为 STelnet 使用了 SSH 协议，且这些相关配置也会影响 Stelnet 的成功登录，下面仅介绍一些 SSH 协议有关的影响因素。

① 查看 SSH 服务器端的 SSH 服务是否启动。

通过 Console 口或 Telnet 方式登录 SSH 服务器端，执行 **display ssh server status** 命令，查看 SSH 服务器端的配置信息。如果 STelnet 没有使能，执行 **stelnet server enable** 命令，使能 SSH 服务器端的 STelnet 服务。

② 在 SSH 服务器端上查看 VTY 用户界面视图下允许接入的协议配置是否正确。

在 SSH 服务器端上执行命令 **user-interface vty** 进入用户界面视图，执行 **display this** 命令查看 VTY 用户界面的 **protocol inbound** 命令是否为 ssh 或者 all。如果不是，执行 **protocol inbound** { **ssh** | **all** } 命令修改配置，允许 STelnet 类型用户接入设备。

③ 查看在 SSH 服务器端是否配置了 RSA、DSA 或 ECC 公钥。

设备作为 SSH 服务器时，必须配置本地密钥对。

在 SSH 服务器端上执行 **display rsa local-key-pair public**、**display dsa local-key-pair public** 或 **display ecc local-key-pair public** 命令查看当前服务器端密钥对信息。如果显示信息为空，则表明没有配置服务器端密钥对，执行 **rsa local-key-pair create**、**dsa local-key-pair create** 或 **ecc local-key-pair create** 命令创建。

④ 查看 SSH 服务器端上是否配置了 SSH 用户。

执行 **display ssh user-information** 命令，查看 SSH 用户的配置信息。如果不存在配置信息，请在系统视图下依次执行 **ssh user**、**ssh user authentication-type** 和 **ssh user service-type** 命令，新建 SSH 用户并配置 SSH 用户的认证方式和 SSH 用户的服务方式。

⑤ 查看 SSH 客户端和服务器上的 SSH 版本信息。

在 SSH 服务器上执行 **display ssh server status** 命令，查看 SSH 版本信息。如果使用 SSHv1 版本的客户端登录服务器，则执行 **ssh server compatible-ssh1x enable** 命令配置服务器端版本兼容使能。

⑥ 查看 SSH 客户端是否使能了首次认证功能。

在 SSH 客户端的系统视图下执行 **display this** 命令，查看 SSH 客户端是否使能 SSH 客户端首次认证功能。

如果没有使能 SSH 客户端首次认证功能，则 STelnet 客户端第一次登录 SSH 服务器时，由于对 SSH 服务器的公钥有效性检查失败，会导致登录服务器失败。执行 **ssh client first-time enable** 命令使能 SSH 客户端首次认证功能，继续访问该 SSH 服务器，并在 SSH 客户端保存该服务器主机公钥。当 SSH 客户端下次访问该 SSH 服务器时，就以保存的主机公钥来认证该 SSH 服务器。

2.4.10　执行 Telnet 或 STelnet 登录

1. 执行 Telnet 登录

完成设备的 Telnet 服务器配置后，用户既可以在 PC 上使用支持 Telnet 协议的终端软件（如 SecureCRT、PuTTY 等）Telnet 登录设备，也可以通过 PC 的命令行提示符下输入 **telnet** *host-ip* [*port-number*]命令 Telnet 登录设备。具体配置方法参见各终端软件的使用说明。下面是一则在命令提示符下执行 telnet 命令登录到 IP 地址为 10.137.217.177 的设备的示例。如果配置了认证方式，则会提示输入用户名和密码。

C:\Documents and Settings\Administrator> **telnet** 10.137.217.177

2. 执行 STelnet 登录

完成了 SSH 用户和 STelnet 服务器等配置后，用户便可以在 PC 上使用支持 SSH 协议的终端软件（如 SecureCRT、PuTTY、OpenSSH 等）STelnet 登录设备，不能直接通过执行命令登录。具体配置方法参见各终端软件的使用说明。

2.4.11　通过 Telnet 登录交换机的配置示例

本示例的基本网络结构如图 2-8 所示，PC 与交换机之间的路由可达。现要求在担当 Telnet 服务器的 S 系列交换机端配置 Telnet 用户，以 AAA 认证方式登录到 VRP 系统，并配置安全策略，保证只有当前管理员使用的 PC（IP 地址为 10.1.1.1/32）才能通过指定的 VTY 用户界面登录交换机。

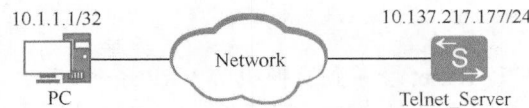

图 2-8　通过 Telnet 登录交换机的配置示例拓扑结构

1. 基本配置思路

Telnet 登录方式采用的是 VRP 系统的 VTY 虚拟线路，再加上本示例要求采用 AAA 认证方式，并需要通过 ACL 控制允许通过 Telnet 的终端用户，根据 2.4 节介绍的 Telnet 登录配置任务，可得出本示例的基本配置思路如下。

① 配置所用的 VTY 用户界面属性，指定支持 Telnet 服务的 VTY 用户界面，可选配置包括登录连接超时时间、屏幕显示行数、保存历史命令条数等。

② 配置 Telnet 登录的 AAA 认证方式，并创建用于 AAA 认证的本地用户名和密码，以及支持的 Telnet 服务和用户访问级别。

③ 通过 ACL 控制仅允许当前管理员使用的 PC（IP 地址为 10.1.1.1/32）才能通过指定的 VTY 用户界面登录交换机。

④ 使能 Telnet 服务器，并配置 Telnet 服务器的功能属性。

2. 具体配置步骤

按照以上配置思路，即可得出如下的具体配置步骤。

① 配置 Telent 登录所用的 VTY 用户界面的属性，指定 VTY 0～7 这 8 条 VTY 虚拟通道可用于 Telnet 登录。

```
<HUAWEI> system-view
[HUAWEI] sysname Telnet Server
[Telnet Server] user-interface vty 0 7
[Telnet Server-ui-vty0-7] shell    #---启用 VTY 终端服务，因缺省已在所有的用户界面上启动终端服务，故本步也可选
[Telnet Server-ui-vty0-7] idle-timeout 20    #---配置登录连接的超时时间为 20 秒，可选
[Telnet Server-ui-vty0-7] screen-length 30    #---设置以上 VTY 用户界面中一屏可以显示 30 行，可选
[Telnet Server-ui-vty0-7] history-command max-size 20    #---设置在历史命令缓冲区中只记录最近 20 条命令，可选
```

② 配置 Telent 登录 VTY 用户界面的 AAA 认证方式，创建用于 Telnet 登录 AAA 认证的用户名和密码（假设分别为 huawei 和 hello@123）、对 Telnet 服务的支持，以及用户访问级别（此示例中用户 huawei 最终生效的级别为 3）。

```
[Telnet Server-ui-vty0-7] authentication-mode aaa
[Telnet Server-ui-vty0-7] quit
[Telnet Server] aaa
[Telnet Server-aaa] local-user huawei password cipher hello@123
[Telnet Server-aaa] local-user huawei service-type telnet
[Telnet Server-aaa] local-user huawei privilege level 3
[Telnet Server-aaa] quit
```

③ 配置控制通过 Telnet 访问交换机的用户 ACL 策略。

```
[Telnet Server] user-interface maximum-vty 8    #---配置 VTY 用户界面的最大个数
[Telnet Server] acl 2001
[Telnet Server-acl-basic-2001] rule permit source 10.1.1.1 0    #---配置仅允许 IP 地址为 10.1.1.1 的主机访问
[Telnet Server-acl-basic-2001] quit
[Telnet Server] user-interface vty 0 7
[Telnet Server-ui-vty0-7] acl 2001 inbound    #---在 VTY 0~7 这 8 个用户界面中应用上面的 ACL
```

④ 使能 Telnet 服务器功能，并修改 Telnet 服务器的监听端口号。

```
[Telnet Server] telnet server enable
[Telnet Server] telnet server port 1025
```

⑤ 从管理员 PC 机上 Telnet 登录到交换机的 VRP 系统。

进入管理员 PC 的 Windows 的命令行提示符，执行如下命令（因为 Telnet 服务器上已修改了 Telnet 服务的监听端口号为 1025，所以在 **telnet** 命令中要带上端口号 1025），通过 Telnet 方式登录交换机。

```
C:\Documents and Settings\Administrator> telnet 10.137.217.177 1025
```

按下回车键后，在认证信息中按提示输入 AAA 认证方式配置的登录用户名和密码。认证通过后，出现用户视图的命令行提示符，至此用户成功登录交换机。

```
Login authentication


Username:huawei
Password:
Info: The max number of VTY users is 8, and the number
       of current VTY users on line is 2.
       The current login time is 2012-08-06 18:33:18.
<Telnet Server>
```

2.4.12　通过 STelnet 登录交换机的配置示例

本配置示例的拓扑结构如图 2-9 所示。终端 PC1、PC2 和担当 SSH 服务器的 S 系列交换机之间路由可达，10.137.217.203 是 SSH 服务器的管理口 IP 地址。在 SSH 服务器端配置两个登录用户为 client001 和 client002，PC1 使用 cliet001 用户通过 password 认证

方式登录 SSH 服务器，PC2 使用 cliet002 用户通过 RSA 认证方式登录 SSH 服务器。

1. 基本配置思路

本示例要求采用 STelent 方式登录到交换机 VRP 系统，所使用的也是 VRP 系统的 VTY 用户界面。本示例中最关键的要求是其中一个用户采用 password 认证方式登录，另一个用户采用 RSA 认证方式登录。根据 2.4 节介绍的通过 STelnet 方式登录的配置任务，再结合本示例的具体要求，可以得出本示例的基本配置思路如下。

图 2-9　通过 STelnet 登录交换机的配置示例拓扑结构

① 因为 PC1 终端用户采用的是 password 认证方式登录到交换机，所以需要事先安装好 SSH 服务客户端软件（本示例采用 PuTTY 软件）；PC2 终端采用的是 RSA 认证方式登录到交换机，除了需要安装 SSH 服务客户端软件外，还需要生成用于 RSA 认证所需的本地 RSA 公钥对。

② 配置 STelnet 登录所用的 VTY 用户界面，并设置它们支持 SSH 服务，采用 AAA 认证方式和用户级别。

③ 新建 SSH 用户 client001 和 client002，cliet001 用户采用 Password 认证方式，client002 采用 RSA 认证方式。然后为 client001 用户创建本地账户，并配置支持 SSH 服务和用户级别；为 client002 用户在 SSH 服务器上输入 SSH 客户端生成的密钥中的公钥部分。最后，同时为 client001 和 client002 用户指定支持 Stelnet 服务类型。

说明　由于在 AAA 视图下创建了同名的本地 client001 用户，故该用户的用户级别最终是由 AAA 视图下为该用户配置的用户级别决定，而 client002 用户没有在 AAA 视图下创建同名本地账户，故对于采用 RSA 认证方式的 cliet002 用户的用户级别，由所使用的 VTY 用户界面下配置的用户级别决定。

④ 在配置为 SSH 服务器的交换机端生成本地密钥对和服务器密钥对，并配置 client002 用户所在主机 PC2 上的 RSA 公钥。

⑤ 用户 client001 和 client002 分别通过 PuTTY 软件，以 STelnet 方式登录 SSH 服务器。

2. 具体配置步骤

① 在 PC1 和 PC2 上分别安装支持 SSH 服务的 PuTTY 终端软件。然后在 PC2 上运行 puttygen.exe 程序，打开如图 2-10 所示的对话框，生成公钥和私钥两个文件，供后续使用。

选择"SSH2 RSA"单选项（采用缺省的 1024 位密钥），然后单击"Generate"按钮，进入密钥生成状态，此时只要将鼠标在空白处进行移动，就可以看到生成的 RSA 密钥，如图 2-11 所示。单击"Save public key"按钮保存公钥文件名为 key.pub；单击"Save private key"按钮保存私钥文件名为 private.ppk，在弹出的提示对话框中单击"Yes"按钮即可。这样就生成了公钥/私钥对。

图 2-10　密钥生成对话框　　　　　　　图 2-11　生成密钥后的密钥生成对话框

再在 PC2 上运行 sshkey.exe 程序，打开如图 2-12 所示的对话框，单击"Browser"按钮，在打开的对话框中选择上一步保存的公有密钥文件 key.pub。然后单击"Convert(C)"按钮，打开如图 2-13 所示的对话框，即可在"RSA public-key after convert"栏中见到转换后的 RSA 公钥。复制其中的内容，以备后用。

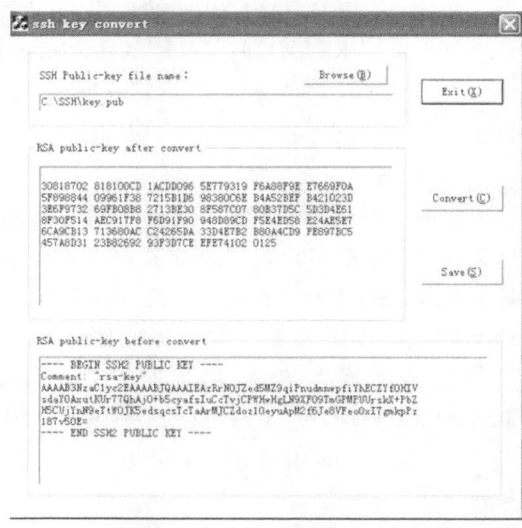

图 2-12　SSH 密钥转换对话框　　　　　图 2-13　生成公钥后的 SSH 密钥转换对话框

② 配置 STelnet 登录所用的 VTY 用户界面的 AAA 认证方式和用户级别（假设为 5）。

```
<HUAWEI> system-view
[HUAWEI] sysname SSH Server
[SSH Server] user-interface vty 0 4
[SSH Server-ui-vty0-4] authentication-mode aaa
[SSH Server-ui-vty0-4] protocol inbound ssh
[SSH Server-ui-vty0-4] user privilege level 5
[SSH Server-ui-vty0-4] quit
```

③ 新建用户名为 client001 和 client002 的两个 SSH 用户和本地账户，client001 用

户采用 password 认证方式（密码为 huawei@123），用户级别为 3 级，支持 SSH 服务；client002 用户采用 RSA 认证方式。并配置 SSH 用户 client001、client002 的服务方式为 Stelnet。

```
[SSH Server] aaa
[SSH Server-aaa] local-user client001 password cipher huawei@123    #---创建本地用户 client001，并设置密码
[SSH Server-aaa] local-user client001 privilege level 3       #---配置本地用户 client001 的用户级别为 3
[SSH Server-aaa] local-user client001 service-type ssh    #---配置用户 client001 支持 SSH 服务
[SSH Server-aaa] quit
[SSH Server] ssh user client001 authentication-type password    #---配置本地用户 client001 采用 password 认证方式
[SSH Server] ssh user client002 authentication-type rsa    #---配置本地用户 client002 采用 RSA 认证方式
[SSH Server] ssh user client001 service-type stelnet
[SSH Server] ssh user client002 service-type stelnet
```

④ 在 SSH 服务器端使用 **rsa local-key-pair create** 命令生成本地 RSA 密钥对（密钥位也为 1024 位），用于服务器端向 SSH 用户 client002 传输数据时的数据加密保护。

```
 [SSH Server] rsa local-key-pair create
The key name will be: SSH Server_Host
The range of public key size is (512 ~ 2048).
NOTES: If the key modulus is greater than 512,
        it will take a few minutes.
Input the bits in the modulus[default = 2048]:1024
Generating keys...
.....................++++++++
.........................................++++++++
........++++++++++
.....+++++++++
```

然后，在 SSH 服务器端创建一客户端 RSA 公钥，粘贴前面复制的 PC2 上生成的 RSA 公钥，并把该客户端 RSA 公钥与 client002 用户进行绑定，以实现 SSH 服务器对 client002 用户的认证。在执行 **public-key-code begin** 命令后的提示符下输入在前面第①步中得到的 client002 客户端 RSA 公钥。

```
[SSH Server] rsa peer-public-key rsakey001
Enter "RSA public key" view, return system view with "peer-public-key end".
[SSH Server-rsa-public-key] public-key-code begin
Enter "RSA key code" view, return last view with "public-key-code end".
[SSH Server-rsa-key-code] 30818702 818100CD 1ACDD096 5E779319 F6A88F9E E7669F0A
[SSH Server-rsa-key-code] 5F898844 09961F38 7215B1D6 98380C6E B4A52BEF B421023D
[SSH Server-rsa-key-code] 3E6F9732 69FB08B8 2713BE30 8F587C07 80B37D5C 5D3D4E61
[SSH Server-rsa-key-code] 8F30F514 AEC917F8 F6D91F90 948D89CD F5E4ED58 E24AE5E7
[SSH Server-rsa-key-code] 6CA9CB13 713680AC C24265DA 33D4E7B2 B80A4CD9 FE897BC5
[SSH Server-rsa-key-code] 457A8D31 23B82692 93F3D7CE EFE74102 0125
[SSH Server-rsa-key-code] public-key-code end
[SSH Server-rsa-public-key] peer-public-key end
[SSH Server] ssh user client002 assign rsa-key rsakey001    #---把以上创建的 RSA 密钥与 client002 客户进行绑定
```

⑤ 通过 STelnet 登录交换机。

在 PC1 端的 client001 用户打开 PuTTY 软件，输入交换机的 IP 地址，选择协议类型为 SSH（如图 2-14 所示），用 password 认证方式连接 SSH 服务器。单击"Open"按钮即在 PuTTY 终端界面出现如下提示，然后正确输入前面所配置的 client001 用户名和密码，按回车键即可成功登录到交换机。

```
login as: client001
Sent username "client001"
```

```
client001@10.137.217.203's password:

Info: The max number of VTY users is 8, and the number
      of current VTY users on line is 5.
      The current login time is 2012-08-06 09:35:28.
<SSH Server>
```

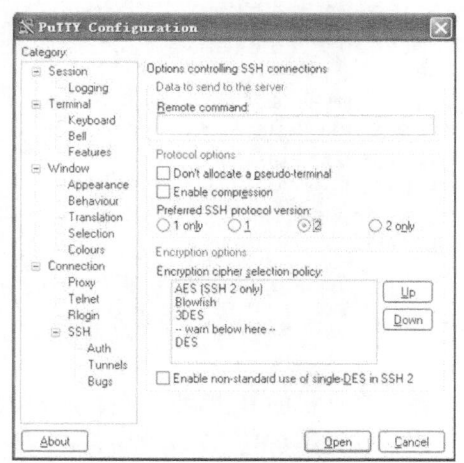

图 2-14　PC1 上的 putty Stelnet 登录连接配置对话框

在 PC2 端的 client002 用户采用 RSA 认证方式连接 SSH 服务器。首先也要打开 PuTTY 软件配置对话框，输入交换机的 IP 地址，选择协议类型为 SSH，参见图 2-14。然后单击左侧导航栏"Connection→SSH"，出现如图 2-15 所示的对话框，在"Preferred SSH protocol version"栏中选择"2"（即 SSH 协议版本 2）单选项。再单击左侧导航栏"Connection→SSH"下面的"Auth"（认证），打开如图 2-16 所示的对话框。

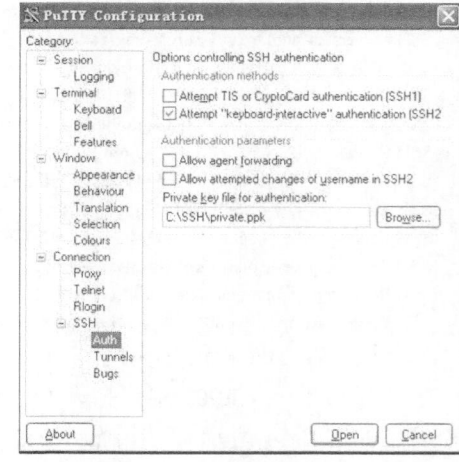

图 2-15　SSH 服务器连接配置对话框　　　　　图 2-16　SSH 认证配置对话框

在"Private Key file for authentication"文本框中选择前面在第①步保存的 PC2 的私钥文件 private.ppk。最后在图 2-16 所示的对话框中单击"Open"按钮，在控制台中出现的提示信息下输入 client002 用户名，按回车键后即可成功登录到交换机。

```
login as: client002
Authenticating with public key "rsa-key"

Info: The max number of VTY users is 8, and the number
      of current VTY users on line is 5.
      The current login time is 2012-08-06 09:35:28.
<SSH Server>
```

2.5　配置通过 Web 网管登录设备

设备作为服务器时，用户可以通过 Web 网管登录设备。设备通过内置的 Web 服务器提供图形化的操作界面，以方便用户直观、方便地管理和维护设备。

2.5.1　通过 Web 网管登录设备简介

用户对设备的管理方式总体来说分为"命令行方式"和"Web 网管方式"两种，前面介绍的 Console 口、MiniUSB 口、Telnet 和 STelnet 登录方式都属于命令行（CLI）方式。Web 网管是一种对设备的管理方式，它利用设备内置的 Web 服务器，为用户提供图形化的操作界面，用户需要从终端通过 HTTPS 协议登录到设备，才能利用 Web 网管对设备进行管理和维护。

命令行方式需要用户使用设备提供的命令行对设备进行管理与维护，此方式可实现对设备的精细化管理，但是要求用户熟悉命令行；Web 网管方式通过图形化的操作界面，实现对设备直观、方便的管理与维护，但是此方式仅可实现对设备部分功能的管理与维护。用户可以根据实际需求，合理选择管理方式。

在 S 系列交换机以前版本中，支持以普通的 HTTP 方式进行 Web 网管登录，**但自 V200R006C00 版本以来，仅支持 HTTPS 方式的 Web 网管登录**。在配置 HTTPS 之前，需要在设备上部署 SSL 策略，并加载相应的数字证书。SSL 策略是指设备启动时使用的 SSL 参数。只有与应用层协议（如 HTTP）关联后，SSL 策略才能生效。

在 V200R00C00 及以后版本的 VRP 系统中，通过 HTTS 协议的 Web 网管登录设备也有两种配置方式：简便登录方式和安全登录方式，根据实际需要选择一种方式进行配置即可。通过 Web 网管登录设备的配置任务见表 2-21。

表 2-21　　　　　　　　　　　　通过 Web 网管登录设备的配置任务

配置任务	任务描述
配置通过 Web 网管登录设备（简便登录方式）	设备提供默认的 SSL 策略，同时 Web 网页文件中有随机生成的自签名数字证书。如果设备默认的 SSL 策略与自签名数字证书可以满足用户对安全性的要求，用户可以不用再单独上传数字证书及手动配置 SSL 策略，从而简化配置。这种方式存在安全隐患，仅适用于对安全性要求不高的场景。 【说明】设备不支持对其随机生成的自签名数字证书进行生命周期管理（如证书更新、证书撤销等），为了确保设备和证书的安全，推荐用户替换为 CA 处重新获取的证书

（续表）

配置任务	任务描述
配置通过 Web 网管登录设备（安全登录方式）	为了保证安全性，用户可以从 CA（Certificate Authority）处重新获取官方受信的服务器数字证书文件和私钥文件，然后手动配置 SSL 策略。这种方式配置复杂，但是具有更高的安全性。建议用户选择这种方式进行配置
配置对 Web 用户进行访问控制	为了提高安全性，实现仅指定的客户端能够通过 Web 网管登录到设备，用户可以配置对 Web 用户进行访问控制

通过 Web 网管登录设备时各参数的缺省配置见表 2-22。

表 2-22　　　　　通过 **Web** 网管登录设备时各参数的缺省配置

参数	缺省值
系统软件中是否集成了 Web 网页文件	是
SSL 策略	有默认的 SSL 策略
HTTPS 服务功能	HTTPS IPv4：使能 HTTPS IPv6：未使能
HTTPS 服务器端口号	443
HTTPS 会话超时时间	20min
Web 用户	系统中存在一个名称为"admin"的本地用户，该用户的密码为"admin@huawei.com"，用户级别为 15，服务类型为 HTTP
Web 用户访问控制	未配置

2.5.2　配置通过 Web 网管登录设备（简便登录方式）

在简便登录方式的 Web 网管登录中，直接使用系统软件中携带的数字证书和 SSL 策略功能，用户无需另外上传数字证书及手动配置 SSL 策略，所以配置较为简单，但是存在安全隐患，仅适用于对安全性要求不高的场景。

配置通过 Web 网管登录设备（简便登录方式）所包括的配置任务依次如下：

① 上传及加载 Web 网页文件；

② 开启 HTTPS 服务；

③ 配置 Web 用户并进入 Web 网管界面。

1. 上传及加载 Web 网页文件

设备的系统软件中已经集成了一个缺省的 Web 网页文件并完成了加载，故如果用户选择使用系统软件中集成的 Web 网页文件，则无需进行以下的配置。如果用户需要对系统软件中集成的 Web 网页文件进行升级，可以登录华为公司的官方网站下载独立的 Web 网页文件，上传到设备并进行加载。需要根据产品型号和版本名称，在"VR 版本公共补丁"中点击某一补丁版本，下载所需的 Web 网页文件，名称为"产品-软件版本号.Web 网管文件版本号.web.7z"。

每个 Web 网页文件对应一个签名文件，签名文件和 Web 网页文件的下载方法相同。然后通过以下步骤上传并加载新的 Web 网页文件。

（1）上传 Web 网页文件

可通过 SFTP 等方式上传 Web 网页文件（包括对应的签名文件），具体方法参见本章 2.6 节的介绍。**上传的 Web 网页文件必须保存在存储器根目录下。**

（2）（可选）校验 Web 网页文件

上传 Web 网页文件到本地设备后，执行 **check file-integrity** *filename signature-filename* 命令对上传后的 Web 网页文件的合法性进行校验。其中 *filename* 为 Web 网页文件，*signature-filename* 为下载的 Web 文件对应的签名文件。

（3）加载 Web 网页文件

通过校验后，即可执行 **http server load** { *file-name* | **default** }命令加载上传的 Web 网页文件。选择 **default** 选项表示加载的 VRP 系统软件中集成的 Web 网页文件；选择 *file-name* 参数加载指定的独立 Web 网页文件。缺省情况下，设备已加载了系统软件中集成的 Web 网页文件，无需另外加载。

> **说明** 当设备从 V200R006 及之前版本升级到 V200R007 及之后版本时，如果升级的目标软件版本与设备下次启动使用的配置文件中的命令版本不一致，在设备升级后，会将老版本中关于加载 Web 网页文件的配置取消，默认加载新版本系统软件中集成的 Web 网页文件。

2. 开启 HTTPS 服务

开启 HTTPS 服务后，用户才能够登录到 Web 网管。用户还可以通过修改 HTTPS 服务器的端口号有效地防止攻击者通过 HTTPS 服务标准端口号攻击设备，从而进一步增加了设备的安全性。同时，用户也可以根据需要调整 HTTPS 会话的超时时间，避免长时间无操作却占用 Web 通道资源。

缺省情况下，设备的 HTTPS IPv4 服务功能是开启的，端口号为 443，HTTPS 会话的超时时间为 20min，接收来自所有接口的登录连接请求。如果用户使用的是 HTTPS IPv4 服务，使用缺省的 HTTPS 服务器端口号和超时时间，且接收来自所有接口的登录连接请求，则无需进行下面的配置。

如果要修改缺省配置，则可按表 2-23 所示的配置步骤进行。

表 2-23　　　　　　　　　开启 **HTTPS** 服务的配置步骤

步骤	命令	说明
1	**system-view** 例如：<HUAWEI> **system-view**	进入系统视图
2	**http secure-server enable** 例如：[HUAWEI] **http secure-server enable**	开启 HTTPS 服务。 缺省情况下，设备的 HTTPS IPv4 服务功能是开启的
3	**http secure-server port** *port-number* 例如：[HUAWEI] **http secure-server port** 8080	配置 HTTPS 服务器的端口号，整数形式，取值范围是 443、1025～55535。本命令是覆盖式命令，以最后一次配置为准。 缺省情况下，HTTPS 服务器的端口号为 443，可用 **undo http secure-server port** 命令恢复 HTTPS 服务器的端口号为缺省值
4	**http server-source -i loopback** *interface-number* 例如：[HUAWEI] **http server-source -i loopback** 0	指定 HTTPS 服务器端的源接口为某 Loopback 接口，该 Loopback 接口必须已存在，且有路由可达该接口。 缺省情况下，未指定 HTTP 服务器端的源接口，可用 **undo http server-source** 命令取消 HTTP 服务器端的源接口

（续表）

步骤	命令	说明
5	**http timeout** *timeout* 例如：[HUAWEI] **http timeout** 10	配置 HTTPS 会话的超时时间（也即空闲等待时间），整数形式，取值范围是 1~60，单位：min。如果用户超时（即该用户在所设置的时间内没有任何操作），用户将自动下线，Web 服务器不会主动通知用户，而是等待用户发送下一次请求时再通知用户。 本命令是覆盖式命令，以最后一次配置为准。 缺省情况下，HTTPS 会话的超时时间为 20min，可用 **undo http timeout** 命令恢复 Web 服务器的超时时间到缺省值

3. 配置 Web 用户并进入 Web 网管界面

用户需要在 Web 网管登录界面输入正确的用户名和密码才可以登录到 Web 网管。网络管理员可以根据以下配置创建新的 Web 用户，包括 Web 用户的用户名、密码、级别和接入类型。Web 用户配置完成后，用户便可以进入 Web 网管界面。

（1）配置 Web 用户

配置 Web 用户的步骤见表 2-24。配置 Web 用户之前，用户可以在 AAA 视图下执行命令 **display this** 查看本地用户的用户名。配置 Web 用户时请注意不要与已存在的本地用户名冲突，否则新的 Web 用户会覆盖已经存在的本地用户。

表 2-24　　　　　　　　　　　　　Web 用户的配置步骤

步骤	命令	说明
1	**system-view** 例如：<HUAWEI> **system-view**	进入系统视图
2	**aaa** 例如：[HUAWEI] **aaa**	进入 AAA 视图
3	**local-user** *user-name* **password irreversible-cipher** *password* 例如：[HUAWEI-aaa] **local-user** webuser **password irreversible-cipher** admin@12345	配置本地用户名和密码，各参数的说明参见 2.3.3 节表 2-10 中的第 7 步。 缺省情况下，系统中存在一个用户名为 admin 的本地用户，该用户的密码为 admin@huawei.com。如果用户通过 CLI 方式登录过设备，修改了 **admin** 用户的密码，请以修改后的密码为准
4	**local-user** *user-name* **service-type http** 例如：[HUAWEI-aaa] **local-user** webuser **service-type http**	配置本地用户的接入类型为 HTTP。 缺省情况下，本地用户关闭所有的接入类型，可用 **undo local-user** *user-name* **service-type** 命令将本地用户的接入类型恢复为缺省配置
5	**local-user** *user-name* **privilege level** *level* 例如：[HUAWEI-aaa] **local-user** webuser **privilege level** 10	配置本地用户的级别，各参数的说明参见 2.3.3 节表 2-10 中的第 9 步。 当用户级别配置在 3 级或 3 级以上，具有管理级权限，为管理用户，3 级以下的用户为监控用户。管理用户有所有 Web 页面的操作权限，监控用户只有 ping 和 tracert 的操作权限。监控用户登录 Web 网管后，会收到来自网页的消息，提示用户当前用户级别及提升级别的方法。 缺省情况下，本地用户 **admin** 的级别为 15，为管理用户，可用 **undo local-user** *user-name* **privilege level** 取消为指定用户配置的用户级别

以上各项配置完成后，在命令行界面的任意视图下执行 **display http user** [**username** *username*]命令，查看当前在线 Web 用户的信息；执行 **display http server** 命令，查看当前 HTTPS 服务器的信息。

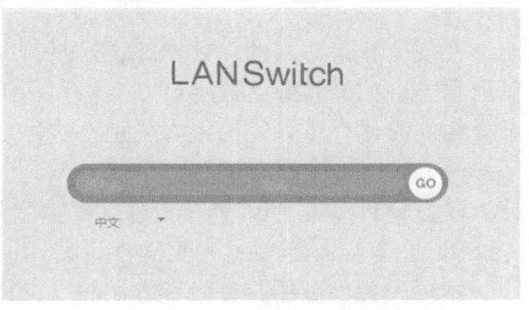

图 2-17 Web 网管登录界面

（2）进入 Web 网管界面

在用户终端 PC 上打开浏览器，在地址栏中输入"https://IP *address*"，按回车键后将进入 Web 网管登录界面。如图 2-17 所示，输入之前配置的 Web 用户名和密码，并选择 Web 网管系统的语言。

说明 登录 Web 网管要求操作系统为 Windows7.0、Windows8.0、Windows8.1、Windows10.0 或 IOS 操作系统。

登录 Web 网管要求浏览器为 Microsoft Edge、IE10.0、IE11.0、火狐 52.0～火狐 56.0 或谷歌 53.0～谷歌 62.0。如果浏览器版本或浏览器补丁版本不在上述范围内，可能会出现 Web 页面显示异常，请及时更新浏览器和浏览器的补丁。同时，登录 Web 网管要求浏览器支持 Javascript。

在图 2-17 中单击"GO"按钮或直接按回车键进入密码修改界面，如图 2-18 所示。须根据提示修改密码，然后再根据提示重新登录。登录到 Web 网管后，可以对设备进行管理和维护。

（3）（可选）修改 Web 网管默认用户

如果登录的 Web 用户为管理用户（3 级或 3 级以上），不论其使用什么用户名和密码登录 Web 网管，只要系统中存在默认的本地用户（用户名为 **admin**，密码为 **admin@huawei.com**），系统都会提示修改该默认用户，如图 2-19 所示。单击"确定"按钮，进入用户管理界面，可以修改默认用户的密码。为了保证安全性，建议对该默认用户进行修改。

图 2-18 Web 网管密码修改界面

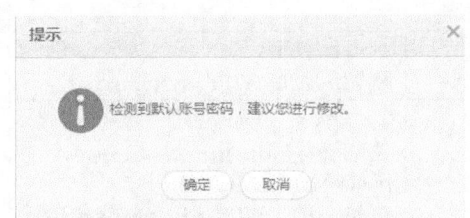

图 2-19 修改默认用户提示界面

2.5.3　配置通过 Web 网管登录设备（安全登录方式）

在安全登录方式的 Web 网管登录中，用户需要从 CA（Certificate Authority）处重新获取官方受信的服务器数字证书文件和私钥文件，然后手动配置 SSL 策略，这是它与上节介绍的简便登录方式的根本区别。这种方式配置复杂，但是具有更高的安全性，建议用户选择这种方式进行配置。

配置通过 Web 网管登录设备（安全登录方式）所包括的配置任务依次如下。

① 上传及加载 Web 网页文件。

本项配置任务的具体配置方法与 2.5.2 节的简便登录方式中介绍的上传及加载 Web 网页文件的方法一样，参见即可。

② 配置 SSL 策略并加载数字证书文件。

本节将具体介绍。

③ 开启 HTTPS 服务。

本项配置任务的具体配置方法与 2.5.2 节的简便登录方式中介绍的开启 HTTPS 的方法一样，参见即可。

④ 配置 Web 用户并进入 Web 网管界面。

本项配置任务的具体配置方法与 2.5.2 节的简便登录方式中介绍的配置 Web 用户并进入 Web 网管界面的方法一样，参见即可。

下面仅介绍以上第 2 项配置任务的具体配置方法。

设备可以加载 PEM、ASN1 和 PFX 3 种格式的数字证书文件。不同格式的数字证书文件的内容是一样的。

■ PEM 是最常用的一种数字证书格式，文件的扩展名是.pem，适用于系统之间的文本模式传输。

■ ASN1 是通用的数字证书格式之一，文件的扩展名是.der，是大多数浏览器的默认格式。

■ PFX 是通用的数字证书格式之一，文件的扩展名是.pfx，是可移植的二进制格式，可以转换为 PEM 或 ASN1 格式。

先要通过 SFTP 等方式上传服务器数字证书文件和私钥文件，且要保存至 security 目录。如果设备上没有 security 目录，可以通过 **mkdir security** 命令创建。

配置 SSL 策略并加载数字证书文件的具体配置步骤见表 2-25。

表 2-25　　　　　　　　　　配置 SSL 策略并加载数字证书的配置步骤

步骤	命令	说明
1	**system-view** 例如：<HUAWEI> **system-view**	进入系统视图
2	**ssl cipher-suite-list** *customization-policy-name* 例如：[HUAWEI] **ssl cipher-suite-list** cipher1	（可选）创建 SSL 算法套定制策略并进入定制策略视图，如果已存在同名的 SSL 算法套定制策略，则进入该 SSL 算法套定制策略视图。 缺省情况下，设备只支持安全算法，但为了提高兼容性，设备支持算法套定制功能。 缺省情况下，没有配置 SSL 算法套定制策略，可用

（续表）

步骤	命令	说明
		undo ssl cipher-suite-list *customization-policy-name* 命令用来删除一个已存在的 SSL 算法套定制策略
3	**set cipher-suite { tls1_ck_rsa_with_ aes_256_sha | tls1_ck_rsa_with_aes_ 128_sha | tls1_ck_rsa_rc4_128_sha | tls1_ck_dhe_rsa_with_aes_256_sha | tls1_ck_dhe_dss_with_aes_256_sha | tls1_ck_dhe_rsa_with_aes_128_sha | tls1_ck_dhe_dss_with_aes_128_sha | tls12_ck_rsa_aes_256_cbc_sha256 }** 例如：[HUAWEI-ssl-cipher-suite-cipher1] **set cipher-suite tls12_ck_rsa_aes_ 256_cbc_sha256**	（可选）配置 SSL 算法套定制策略中支持的算法套。配置算法套定制策略中支持的算法套后，SSL 协商时将使用定制策略中配置的策略进行协商。 如果算法套定制策略已经被 SSL 策略引用，可以对算法套进行增加、修改和部分删除，但不能将算法套定制策略中的算法套全部删除。 缺省情况下，SSL 算法套定制策略中没有配置算法套，可用对应的 **undo** 格式命令删除指定使用的算法套
4	**Quit**	返回系统视图
5	**ssl policy** *policy-name* 例如：[HUAWEI] **ssl policy** https_ der	创建 SSL 策略并进入 SSL 策略视图，策略名的长度范围是 1～23 个字符，不支持空格，支持 "_"、字母和数字，不区分大小写
6	**ssl minimum version { ssl3.0 | tls1.0 | tls1.1 | tls1.2 }** 例如：[HUAWEI-ssl-policy-https_der] **ssl minimum version tls1.2**	设置 SSL 策略所采用的最低 SSL 版本。 缺省情况下，SSL 策略所采用的最低 SSL 版本为 TLS1.1，可用 **undo ssl minimum version** 命令恢复当前 SSL 策略采用的最低 SSL 版本为缺省值
7	**binding cipher-suite-customization** *customization-policy-name* 例如：[HUAWEI-ssl-policy-https_der] **binding cipher-suite-customization** cipher1	在 SSL 策略中绑定在前面第 2、3 步创建的 SSL 算法套定制策略。 缺省情况下，SSL 策略未绑定算法套定制策略，使用默认的算法套
8	**certificate load pem-cert** *cert-filename* **key-pair { dsa | rsa } key-file** *key-filename* **auth-code cipher** *auth-code* 例如：[HUAWEI-ssl-policy-https_der] **certificate load pem-cert servercert. pem key-pair dsa key-file** serverkey. pem **auth-code cipher** 123456	（多选一）加载 PEM 格式的证书	加载 PEM 格式的数字证书或证书链，或者加载 ASN1 格式、PFX 格式的数字证书。根据用户从 CA 处获取的是数字证书还是证书链，以及数字证书的格式选择其中一条执行。
	certificate load pem-chain *cert-filename* **key-pair { dsa | rsa } key-file** *key-filename* **auth-code cipher** *auth-code* 例如：[HUAWEI-ssl-policy-https_der] **certificate load pem-chain** chain-servercert.pem **key-pair dsa key-file** chain-servercertkey.pem **auth-code cipher** 123456	（多选一）加载 PEM 格式的证书链并指定私钥文件	• *cert-filename*：指定证书文件名称，字符串形式，长度范围是 1～64，由上传的文件决定。该文件必须保存在系统根目录下名为 **security** 的子目录下，如果没有 ecurity 目录，则需要创建此目录。 • **dsa**：二选一选项，指定密钥对类型是 DSA。 • **rsa**：二选一选项，指定密钥对类型是 RSA。
	certificate load asn1-cert *cert-filename* **key-pair { dsa | rsa } key-file** *key-filename* 例如：[HUAWEI-ssl-policy-https_der] **certificate load asn1-cert** servercert. der **key-pair rsa key-file** serverkey. der	（多选一）加载 ASN1 格式的数字证书并指定私钥文件	• **key-file** *key-filename*：指定密钥对文件，字符串形式，长度范围是 1～64，由上传的文件决定。该文件必须保存在系统根目录下名为 **security** 的子目录下，如果没有 **security** 目录，则需要创建此目录。

（续表）

步骤	命令	说明
8	**certificate load pfx-cert** *cert-filename* **key-pair** { **dsa** | **rsa** } { **mac cipher** *mac-code* | **key-file** *key-filename* } **auth-code cipher** *auth-code*	（多选一）加载 PFX 格式的数字证书并指定私钥文件	• **auth-code cipher** *auth-code*：指定密钥文件验证码。密钥文件验证码用来进行身份验证，保证合法客户端安全登录服务器。字符串形式，区分大小写，不支持空格，当输入的字符串两端使用双引号时，可在字符串中输入空格。明文输入时，长度范围是 1～31。输入密文密码时，长度可以是 48 或 68，同时兼容升级前版本支持设置为 32 或 56 的密文长度。 缺省情况下，SSL 策略未加载证书，可用 **undo certificate load** 命令卸载 SSL 策略证书。如果已经加载了证书或者证书链，加载新证书或者证书链之前必须先执行命令 **undo certificate load** 卸载旧证书或者证书链

以上配置完成后，在任意视图下执行下面的命令，可以查看相关的配置信息。

■ 执行 **display ssl policy** [*policy-name*] 命令查看配置的 SSL 策略及加载的数字证书。

■ 执行 **display http user** [**username** *username*] 命令查看当前在线 Web 用户信息。

■ 执行 **display http server** 命令查看当前 HTTPS 服务器信息。

2.5.4　配置对 Web 用户进行访问控制

与前面介绍的通过 Console 或 VTY 用户界面登录时可以通过 ACL 控制用户登录时所使用的客户端主机一样，也可以通过配置 HTTPS ACL 来控制进行 Web 登录时所使用的终端主机，以提高安全性。另外，为了避免长时间无操作的用户占用 Web 通道资源，管理员还可以通过命令行强制这些 Web 用户下线。

ACL rule 应用规则：

■ 当 ACL 的 rule 配置为 **permit** 时，允许指定客户端与本设备建立 HTTPS 连接；当 ACL 的 rule 配置为 **deny** 时，则拒绝指定客户端与本设备建立 HTTPS 连接；

■ 当 ACL 配置了 rule，但来自客户端的报文没有成功匹配上该规则时，则拒绝客户端与本设备建立 HTTPS 连接；

■ 当 ACL 未配置 rule 时，允许任何客户端与本设备建立 HTTPS 连接。

以上 ACL 既可以是基本 ACL，也可以是高级 ACL。配置好 ACL 后，执行 **http acl** *acl-number* 命令，配置 HTTPS IPv4 服务器的访问控制列表。

缺省情况下，没有为 HTTPS IPv4 服务器配置访问控制列表，即允许任何客户端的 Web 用户与本设备建立 HTTPS IPv4 连接。

2.5.5　通过 Web 网管登录设备（安全登录方式）的配置示例

本示例的拓扑结构如图 2-20 所示，设备作为 HTTPS 服务器（以 HTTPS IPv4 服务器为例），与用户 PC 之间路由可达。HTTPS 服务器的管理 IP 地址为 192.168.0.1/24。用户希望通过 Web 网管对设备进行管理与维护且对安全性要求较高，并且用户已经从 CA

处获得了服务器数字证书（1_servercert_pem_dsa.pem）和私钥文件（1_serverkey_pem_
dsa.pem）。

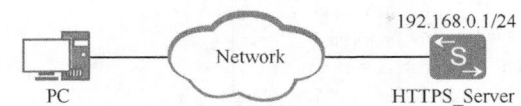

图 2-20　通过 Web 网管登录设备（安全登录方式）配置示例

1. 基本配置思路

根据 2.5.3 节介绍的配置任务，结合本示例的具体要求，可得出本示例的基本配置
思路如下。

① 将 Web 网页文件、服务器数字证书、私钥文件上传至作为 HTTPS 服务器的交换
机上（此处采用 FTP 方式上传文件）。

② 加载数字证书和 Web 网页文件：将交换机存储器根目录下的数字证书文件复制
到 security 子目录中，再配置 SSL 策略并加载数字证书和 Web 网页文件。

③ 绑定 SSL 策略并开启 HTTPS 服务，HTTPS 服务属性参数可不配置，因为它们
都有缺省值。

④ 在 AAA 视图下创建用于 HTTPS 登录的本地用户账户，并配置用户级别和对
HTTP 接入类型的支持。

⑤ 通过浏览器实现安全登录交换机。

2. 具体配置步骤

① 上传数字证书文件、私钥文件和 Web 网页文件到交换机存储器根目录下。在此
仅以通过 FTP 方式上传文件为例进行介绍。

```
<HUAWEI> system-view
[HUAWEI] sysname HTTPS-Server
[HTTPS-Server] ftp server enable     #---使能 FTP 服务器功能
#---以下为配置 FTP 用户的认证信息、授权方式和授权目录，以便用户能通过 FTP 方式上传数字证书和 Web 网页
文件。
[HTTPS-Server] aaa
[HTTPS-Server-aaa] local-user huawei password cipher hello@123
[HTTPS-Server-aaa] local-user huawei service-type ftp
[HTTPS-Server-aaa] local-user huawei privilege level 15
[HTTPS-Server-aaa] local-user huawei ftp-directory flash:
[HTTPS-Server-aaa] quit
[HTTPS-Server] quit
```

在用户终端 PC 的命令行提示符中执行 **ftp 192.168.0.1**（**192.168.0.1** 为交换机的管理
IP 地址）命令成功与交换机建立 FTP 连接后，使用 **put** *local-filename* [*remote-filename*]命
令分别向交换机上传数字证书文件（1_servercert_pem_dsa.pem）、私钥文件（1_serverkey_
pem_dsa.pem）和 Web 网页文件（web.7z）。上传成功后，数字证书和 Web 网页文件是保
存在交换机存储器根目录下的。在交换机命令行下执行 **dir** 命令可看到成功上传的数字
证书和 Web 网页文件（如粗体字部分所示）。

```
<HTTPS-Server> dir
Directory of flash:/

  Idx   Attr    Size(Byte)  Date        Time        FileName
```

```
    0  -rw-       524,558   Apr 14 2018 16:24:39   private-data.txt
    1  -rw-         1,302   Apr 14 2018 19:22:30   1_servercert_pem_dsa.pem
    2  -rw-           951   Apr 14 2018 19:22:35   1_serverkey_pem_dsa.pem
    3  drw-             -   Apr 09 2018 19:46:14   src
    4  -rw-           421   Apr 09 2018 19:46:14   vrpcfg.zip
    5  -rw-     1,308,478   Apr 14 2011 9:22:45    web.7z
    6  drw-             -   Apr 10 2018 01:35:54   logfile
    7  -rw-             4   Apr 14 2018 04:56:35   snmpnotilog.txt
    8  drw-             -   Apr 11 2018 16:18:53   security
    9  drw-             -   Apr 13 2018 11:37:40   lam
...

65,233 KB total (7,289 KB free)
```

② 加载 Web 网页文件及数字证书文件。

创建 security 目录，并将存储器根目录下的 SSL 数字证书文件复制到 security 子目录中。

```
<HTTPS-Server> mkdir security/
<HTTPS-Server> copy 1_servercert_pem_dsa.pem security/
<HTTPS-Server> copy 1_serverkey_pem_dsa.pem security/
```

完成后在 security 目录下执行 **dir** 命令可看到复制成功的数字证书（如粗体字部分所示）。

```
<HTTPS-Server> cd security/
<HTTPS-Server> dir
Directory of flash:/security/

   Idx  Attr     Size(Byte)  Date         Time           FileName
    0   -rw-          1,302   Apr 13 2018  14:29:31       1_servercert_pem_dsa.pem
    1   -rw-            951   Apr 13 2018  14:29:49       1_serverkey_pem_dsa.pem

65,233 KB total (7,287 KB free)
```

加载 Web 网页文件。

```
[HTTPS-Server] http server load web.7z
```

创建 SSL 策略，并加载 PEM 格式的数字证书（包括服务器证书和服务器私钥这两个文件），假设配置的认证代码为 123456。

```
<HTTPS-Server> system-view
[HTTPS-Server] ssl policy http_server
[HTTPS-Server-ssl-policy-http_server] certificate load pem-cert 1_servercert_pem_dsa.pem key-pair rsa key-file
1_serverkey_pem_dsa.pem  auth-code cipher 123456
[HTTPS-Server-ssl-policy-http_server] quit
```

上述步骤成功配置后，在交换机命令行下执行 **display ssl policy** 命令，可以看到加载的数字证书的详细信息，如下所示。

```
[HTTPS-Server] display ssl policy
       SSL Policy Name: http_server
      Policy Applicants:
          Key-pair Type: RSA
   Certificate File Type: PEM
        Certificate Type: certificate
  Certificate Filename: 1_servercert_pem_dsa.pem
     Key-file Filename: 1_serverkey_pem_dsa.pem
              Auth-code: 123456
                    MAC:
               CRL File:
        Trusted-CA File:
```

③ 绑定 SSL 策略并开启 HTTPS 服务。

```
[HTTPS-Server] http secure-server ssl-policy http_server   #---绑定 SSL 策略
[HTTPS-Server] http secure-server enable   #---开启 HTTPS 服务
```

④ 配置 Web 用户并进入 Web 网管界面。假设用户名为 admin、密码为 huawei、用户级别为最高级别 15、支持 HTTP 接入类型。

```
[HTTPS-Server] aaa
[HTTPS-Server-aaa] local-user admin password   irreversible-cipher   huawei
[HTTPS-Server-aaa] local-user admin privilege level 15
[HTTPS-Server-aaa] local-user admin service-type http
[HTTPS-Server-aaa] quit
```

⑤ 完成以上配置后就可以正式在 PC 终端通过 HTTPS Web 登录到交换机了。

在 PC 浏览器的地址栏中输入 "https://192.168.0.1"，将显示登录对话框，如图 2-17 所示。然后正确输入 HTTP 用户名、密码和认证码，单击 GO 按钮或直接按回车键即可进入 Web 网管系统主页面。此时可在交换机的命令行界面下执行 **display http server** 命令，看到 SSL 策略名称和 HTTPS 服务器的状态（如粗体字部分显示）。

```
[HTTPS-Server] display http server
    HTTP Server Status            : enabled
    HTTP Server Port             : 80(80)
    HTTP Timeout Interval         : 20
    Current Online Users          : 1
    Maximum Users Allowed          : 5
    HTTP Secure-server Status      : enabled
    HTTP Secure-server Port        : 443(443)
    HTTP SSL Policy                  : http_server
    HTTP IPv6 Server Status        : disabled
    HTTP IPv6 Server Port          : 80(80)
    HTTP IPv6 Secure-server Status : disabled
    HTTP IPv6 Secure-server Port   : 443(443)
    HTTP server source address     : 0.0.0.0
```

2.6　远程文件管理

交换机中所有的文件保存在本地存储器中，可通过多种方式实现对存储器中的文件进行管理。前面介绍的通过 Console 口、MiniUSB 口或者 Telnet、STelnet 方式直接登录到交换机的 VRP 系统后，就可以对交换机上的 VRP 文件系统进行本地管理，具体的管理方法参见本书第 1 章 1.3.3 节。

除了可通过登录到交换机上进行本地文件管理之外，还可通过一些文件传输协议连接、访问交换机，进行远程文件管理和文件传输操作。同时也可以将当前交换机作为客户端，通过多种方式实现对其他交换机文件的访问。因篇幅的原因，在此仅介绍将交换机作为服务器端进行的远程文件管理和传输配置。

2.6.1　文件管理方式的支持

目前，在华为 S 系列交换机中，用户可以通过 FTP、TFTP、SFTP、SCP 或 FTPS 方式进行远程文件管理。交换机在进行文件管理的过程中，可以分别充当服务器和客户端的角色。

① 交换机作为服务器：可以从终端访问交换机，实现对本交换机文件的管理，以及与终端间的文件传输操作。

② 交换机作为客户端访问其他交换机（服务器）：可以实现管理其他交换机上的文件，以及与其他交换机间进行文件传输操作。

对于 TFTP 方式，交换机只支持客户端功能；对于 FTP、SFTP、SCP 以及 FTPS 方式，交换机均支持服务器与客户端功能。以上这些文件管理方式的应用场景、优缺点见表 2-26，用户可以根据需求选择其中一种。

表 2-26　　　　　　　　　　　　　文件管理方式比较

文件管理方式	应用场景	优点	缺点
直接登录系统	通过 Console 口、Telnet 或 STelnet 方式登录交换机，对存储器、目录和文件进行管理。特别是对存储器的操作需要通过此种方式	对存储器、目录和文件的管理直接通过登录交换机完成，方便快捷	只是对本交换机进行文件操作，无法进行文件的传输
FTP	适用于对网络安全性要求不是很高的文件传输场景中，广泛用于版本升级等业务中	配置较简单，支持文件传输以及文件、目录的操作；可在两个不同文件系统主机之间传输文件。具有授权和认证功能	明文传输数据，存在安全隐患
TFTP	在网络条件良好的实验室局域网中，可以使用 TFTP 进行版本的在线加载和升级。适用于客户端和服务器之间不需要复杂交互的环境	所占的内存要比 FTP 小，只支持文件传输	交换机只支持 TFTP 客户端功能；只支持文件传输，不支持交互操作，TFTP 没有授权和认证，且是明文传输数据，存在安全隐患，易于网络病毒传播以及被黑客攻击
SFTP	适用于网络安全性要求高的场景，目前被广泛用于日志下载、配置文件备份等业务中	数据进行了严格加密和完整性保护，安全性高。支持文件传输及文件、目录的操作	配置较复杂。在交换机上可以同时配置 SFTP 功能和普通 FTP 功能。（这一点与 FTPS 方式相比：FTPS 是不可以同时提供 FTPS 和普通 FTP 功能的）
SCP	适用于网络安全性要求高，且文件上传下载效率高的场景	在安全性方面，与 SFTP 一样。在客户端与服务器连接的同时完成文件的上传、下载操作（即连接和复制操作使用一条命令完成），效率较高	配置较复杂（与 SFTP 方式的配置非常类似），但不支持交互操作
FTPS	适用于网络安全性要求高，且不提供普通 FTP 功能的场景	利用数据加密、身份认证和消息完整性认证机制，为基于 TCP 可靠连接的应用层协议提供安全性保证	配置较复杂，需要预先从 CA 处获得一套证书。如果配置了 FTPS 服务，则需关闭普通 FTP 服务功能

2.6.2　通过 FTP 进行文件操作

用户可以使用 FTP 在本地与远程终端之间进行文件操作,在版本升级等文件业务操作中此协议广泛应用。配置前需要确保终端与交换机之间路由可达和终端支持 FTP 客户端软件。但使用 FTP 存在安全风险,建议使用 SFTP 或 FTPS 方式进行文件操作。

1. 配置任务

通过 FTP 进行文件操作的配置任务如下所示(第 1～3 步之间没有严格的配置顺序)。

① 配置 FTP 服务器功能及参数:使能 FTP 服务器,配置 FTP 服务器属性参数,如端口号、源 IP 地址、超时断连时间。

② 配置 FTP 本地用户:配置本地用户的服务类型、用户级别及授权访问目录等。

③ (可选)配置 FTP 访问控制:配置用于控制 FTP 用户访问的 ACL 列表,提高 FTP 访问的安全性。**仅在需要通过 ACL 进行 FTP 访问控制时选用。**

④ 用户通过 FTP 访问交换机:从终端通过 FTP 访问交换机。

与 FTP 文件操作方式的相关参数的缺省配置为:FTP 服务器功能关闭,监听 21 号 TCP 端口,无 FTP 本地用户。下面介绍具体的配置任务。

2. 配置 FTP 服务器功能及参数

FTP 服务器功能的使能和参数配置比较简单,具体见表 2-27。

表 2-27　　　　　　　　　　　　FTP 服务器功能使能及参数的配置步骤

步骤	命令	说明
1	**system-view** 例如:<HUAWEI>**system-view**	进入系统视图
2	**ftp server port** *port-number* 例如:[HUAWEI] **ftp server port** 1088	(可选)指定 FTP 服务器端口号,取值范围为 21 或 1025～55535 的整数。缺省情况下,FTP 服务器监听端口号是 21,可用 **undo ftp server port** 命令恢复缺省值。 【说明】当服务器正在监听的端口号是 21 时,FTP 客户端登录时可以不指定端口号,因为 21 号端口是 FTP 服务器的缺省端口。如果是其他监听端口号,FTP 客户端登录时必须指定对应的端口号,且客户端的端口号必须与服务器端指定的端口号一致。但在变更端口前需要确保 FTP 服务处于非使能状态,否则需要先执行 **undo ftp server** 命令关闭服务。使用本命令变更端口号后需要执行 **ftp server enable** 命令重新使能 FTP 服务
3	**ftp server enable** 例如:[HUAWEI]**ftp server enable**	在交换机上使能 FTP 服务器功能。 缺省情况下,交换机上的 FTP 服务器功能是关闭的,可用 **undo ftp server** 命令关闭交换机的 FTP 服务器功能。关闭 FTP 服务器功能后,未登录的用户将无法登录 FTP 服务器。已经登录到该 FTP 服务器上的用户,除了退出登录的操作外,不能再执行任何操作
4	**ftp server-source** { **-a** *source-ip-address*	**-i** *interface-type interface-num* }	(可选)指定 FTP 服务器的源地址或源接口,实现对交换机进出报文的过滤,保证安全性。命令中的参数说明如下。 • *source-ip-address*:二选一参数,用来指定 FTP 服务器源 IP 地址。 • *interface-type interface-num*:二选一参数,用来指定 FTP 服务器的源接口。

（续表）

步骤	命令	说明
4	例如：[HUAWEI]**ftp server-source-i loopback0**	【注意】FTP 服务器端指定的源地址只能是交换机 **LoopBack** 接口的 **IP** 地址或 **LoopBack** 接口。配置了服务器的源地址后，登录服务器时所输入的服务器地址必须与该命令中的配置一致，否则无法成功登录。如果在配置此命令前，**FTP** 服务已经使能，则在配置本命令后 **FTP** 服务将重新启动。 缺省情况下，FTP 服务器发送报文的源地址为 0.0.0.0（代表任意 IP 地址），可用 **undo ftp server-source** 命令恢复 FTP 服务器发送报文的源地址为缺省值
5	**ftp timeout** *minutes* 例如：[HUAWEI] **ftp timeout 20**	（可选）配置 FTP 连接最大空闲等待时间，取值范围为（1～35791）整数分钟 【说明】用户登录到 FTP 服务器后，如果连接异常中断或用户非正常中断连接，FTP 服务器是无法知道的，因而连接仍保持着。为防止这类情况发生，使用连接空闲时间，当连接在一定时间内没有进行命令交互，FTP 服务器即可认为连接已经失效，而断开连接。 缺省情况下，连接空闲时间为 30min，可用 **undo ftp timeout** 命令恢复缺省的连接空闲时间

3. 配置 FTP 本地用户

当用户通过 FTP 进行文件操作时，需要在作为 FTP 服务器的交换机上配置本地用户名及口令（进行的是 AAA 认证方式）、指定用户的服务类型以及可以访问的目录，否则用户将无法通过 FTP 访问交换机。具体的配置步骤见表 2-28。

表 2-28　　　　　　　　　　　FTP 本地用户的配置步骤

步骤	命令	说明
1	**system-view** 例如：<HUAWEI> **system-view**	进入系统视图
2	**aaa** 例如：[HUAWEI] **aaa**	进入 AAA 视图
3	**local-user** *user-name* **password irreversible-cipher** *password* 例如：[HUAWEI-aaa] **local-user** winda **password irreversible-cipher** 123456	配置本地用户名和密码，参数说明参见 2.3.3 节表 2-10 中的第 7 步。 缺省情况下，系统中没有本地用户，**也不支持 FTP 匿名访问**
4	**local-user** *user-name* **privilege level** *level* 例如：[HUAWEI-aaa] **local-user** winda **privilege level** 5	配置本地用户级别，参数说明参见 2.3.3 节表 2-10 中的第 9 步。**必须将用户级别配置在 3 级或 3 级以上，否则 FTP 连接将无法成功。** 缺省情况下，本地用户（如 Telnet 用户、SSH 用户）的优先级由对应的用户界面级别决定，可用 **undo local-user** *user-name* **privilege level** 命令将指定的本地用户的优先级恢复为缺省配置
5	**local-user** *user-name* **service-type ftp** 例如：[HUAWEI-aaa] **local-user** winda **service-type ftp**	配置本地用户的服务类型为 FTP。 缺省情况下，本地用户关闭所有的接入类型，包括 802.1x（支持 802.1x 认证的用户）、bind（IP 会话用户）、ftp（FTP 连接用户）、http（HTTP 连接用户）、ppp（PPP 连接用户）、ssh（STelnet 连接用户）、telnet

（续表）

步骤	命令	说明
5	**local-user** *user-name* **service-type ftp** 例如：[HUAWEI-aaa] **local-user** winda **service-type ftp**	（Telnet 连接用户）、terminal（Console 口或者 MiniUSB 口连接用户）和 web（Web 认证用户），可用 **undo local-user** *user-name* **service-type** 命令将指定的本地用户的接入类型恢复为缺省配置
6	**local-user** *user-name* **ftp-directory** *directory* 例如：[HUAWEI-aaa] **local-user** winda **ftp- directory** flash:/	配置本地用户的 FTP 授权访问目录（包括完整的目录路径），为 1～64 个字符，不支持空格，**区分大小写**。 当有多个 FTP 用户且有相同的授权目录时，可以执行 **set default ftp-directory** *directory* 命令为 FTP 用户配置缺省工作目录。此时，不需要通过本命令为每个用户配置授权目录。 缺省情况下，本地用户的 FTP 目录为空，可用 **undo local-user** *user-name* **ftp-directory** 命令将指定的本地用户的 FTP 目录删除

4.（可选）配置 FTP 访问控制

用户可以配置 FTP 访问控制列表，实现只允许指定的客户端登录到交换机，以提高安全性。在 FTP 访问中应用 ACL 进行访问控制时的规则如下：

■ 当 ACL 中的规则选择 **permit** 选项时，允许指定源 IP 地址的其他交换机与本交换机建立 FTP 连接；

■ 当 ACL 中的规则选择 **deny** 选项时，拒绝其他交换机与本交换机建立 FTP 连接；

■ 当 ACL 配置了 rule，但来自其他设备的报文没有匹配该 rule 规则时，则拒绝其他设备与本设备建立 FTP 连接；

■ 当 ACL 未配置规则时，允许任何其他交换机与本交换机建立 FTP 连接。

在 FTP 访问中应用 ACL 进行访问控制的具体配置步骤见表 2-29。

表 2-29　　　　　　　　　　　　　　FTP 访问控制的配置步骤

步骤	命令	说明
1	**system-view** 例如：<HUAWEI> **system-view**	进入系统视图
2	**acl** [**number**] *acl-number* 例如：[HUAWEI] **acl** 2001	进入基本 ACL 视图
3	**rule** [*rule-id*] { **deny** | **permit** } [**source** {*source-address source-wildcard* | **any** } | **fragment** | **logging** | **time-range** *time-name*] * 例如：[HUAWEI-acl-basic-2001] **rule permit source** 192.168.32.1 0	配置基本 ACL 规则。命令中的参数和选项说明如下。 ① *rule-id*：指定 ACL 的规则 ID。如果指定 ID 的规则已经存在，则会在旧规则的基础上叠加新定义的规则，相当于编辑一个已经存在的规则（**通过这种方法可以修改现有 ACL 规则**）；如果指定 ID 的规则不存在，则使用指定的 ID 创建一个新规则，并且按照 ID 的大小决定规则插入的位置。如果不指定 ID，则增加一个新规则时会自动根据设置的 ID 步长为这个规则分配一个 ID，ID 按照大小排序，规则 ID 的步长由 **step** *step-value* 命令指定，缺省步长为 5。 ② **deny**：二选一选项，拒绝符合条件的报文通过。 ③ **permit** 二选一选项，允许符合条件的报文通过。

（续表）

步骤	命令	说明
3	**rule** [*rule-id*] { **deny** | **permit** } [**source** {*source-address source-wildcard* | **any** } | **fragment** | **logging** | **time-range** *time-name*][*] 例如：[HUAWEI-acl-basic-2001] **rule permit source** 192.168.32.1 0	④ *source-address source-wildcard*：二选一参数，指定数据包源 IP 地址和源 IP 地址通配符掩码。*source-address* 为点分十进制形式，或用 **any** 代表任意源地址 0.0.0.0；*source-wildcard* 为点分十进制形式，数值上是源地址掩码的反掩码形式。当目的地址是 **any** 时，通配符是 255.255.255.255；当目的地址是主机时，通配符是 0。 ⑤ **any**：二选一选项，表示数据包的任意源地址。 ⑥ **fragment**：可多选项，指定该规则是否仅对非首片分片报文有效。当包含此选项时表示该规则仅对非首片分片报文有效。 ⑦ **logging**：可多选项，指定把 ACL 的匹配信息写进日志。 ⑧ *time-name*：可多选参数，指定 ACL 规则生效的时间段。其中 *time-name* 表示 ACL 规则生效的时间段名称，长度范围为 1～32 个字符。 缺省没有配置 ACL 规则，可用 **undo rule** *rule-id* [**fragment** | **logging** | **source** | **time-range**][*] 命令删除一个基本 ACL 规则
4	**quit** 例如：[HUAWEI-acl-basic-2001] **quit**	退出基本 ACL 视图，返回系统视图
5	**ftp acl** *acl-number* 例如：[HUAWEI] **ftp acl** 2001	在使用 FTP 进行的交换机连接中应用指定的 ACL，设置允许哪些客户端访问本 FTP 服务器

5. 用户通过 FTP 访问交换机

完成以上配置后，用户就可以从终端通过 FTP 访问交换机。此时用户可以选择使用 Windows 命令行提示符或第三方软件进行 FTP 访问操作。在此仅以 Windows 命令行提示符为例进行介绍。

方法很简单，仅需在 Windows 命令提示符下输入 **ftp** 192.168.150.208（假设交换机的 IP 地址为 192.168.150.208）命令，通过 FTP 访问交换机。然后根据提示输入用户名和口令，按回车键，当出现 FTP 客户端视图的命令行提示符，如 ftp>，此时用户进入了 FTP 服务器的工作目录，就可以进行各种基于 FTP 的文件管理，如上传、下载交换机系统软件和配置文件等。

```
C:\Documents and Settings\Administrator> ftp 192.168.150.208
Connected to 192.168.150.208.
220 FTP service ready.
User(192.168.150.208:(none)):huawei
331 Password required for huawei.
Password:
230 User logged in.
ftp>
```

6. 通过 FTP 命令进行文件操作

用户成功访问担当 FTP 服务器的华为 S 系列交换机后，在 PC 终端的命令提示符下可以通过 FTP 命令进行文件操作，包括目录操作、文件操作、配置文件传输方式、上传或下载文件，查看 FTP 命令的在线帮助等，具体见表 2-30。有关文件和目录管理命令的使用方法参见本书第 1 章的 1.3.3 节。但用户的操作权限受限于服务器上对该用户的用户级别设置。

表 2-30　　　　　　　　　　　　　通过 FTP 命令可进行的文件操作

命令	说明	
cd *remote-directory*	改变服务器上的工作路径	
cdup	改变服务器的工作路径到上一级目录	
pwd	显示服务器当前的工作路径	
lcd [*local-directory*]	显示或者改变客户端的工作路径到指定目录。与 **pwd** 命令不同的是，**lcd** 命令执行后显示的是客户端的本地工作路径，而 **pwd** 显示的则是远端服务器的工作路径	
mkdir *remote-directory*	在服务器上创建指定目录。创建的目录可以为字母和数字等的组合，但不可以为<、>、?、\、: 等特殊字符	
rmdir *remote-directory*	在服务器上删除指定目录	
dir/ls [*remote-filename* [*local-filename*]]	显示服务器上指定目录或文件的信息。ls 命令只能显示出目录/文件的名称，而 **dir** 命令可以查看目录/文件的详细信息，如大小、创建日期等。如果指定远程文件时没有指定路径名称，那么系统将在用户的授权目录下搜索指定的文件	
delete *remote-filename*	删除服务器上指定文件	
put *local-filename* [*remote-filename*] 或 **mput** *local-filenames*	上传指定的单个或多个文件。**put** 命令是上传单个文件；**mput** 命令是上传多个文件	
get *remote-filename* [*local-filename*] 或 **mget** *remote-filenames*	下载指定的单个或多个文件。**get** 命令是下载单个文件；**mget** 命令是下载多个文件	
ascii	配置传输文件的数据类型为 ASCII 模式	（二选一）缺省情况下，文件传输方式为 ASCII 模式
binary	配置传输文件的数据类型为二进制模式	传输文本文件使用 ASCII 方式；传输程序、数据库文件等使用二进制模式
passive	配置文件传输方式为被动方式	（二选一）缺省情况下，数据传输方式是被动方式。主动模式是从服务器端向客户端发起；被动模式是客户端向服务器端发起连接
undo passive	配置文件传输方式为主动方式	
remotehelp [*command*]	查看 FTP 命令的在线帮助	
prompt	使能系统的提示功能。缺省情况下，不使能信息提示	
verbose	打开 verbose 开关。如果打开 verbose 开关，将显示所有的 FTP 响应，包括 FTP 信息，以及 FTP 服务器返回的详细信息	

7. FTP 访问管理

可以在不退出当前 FTP 客户端视图的情况下，通过 **user** *user-name* [*password*]命令以其他的用户名登录到 FTP 服务器交换机上。所建立的 FTP 连接，与执行 ftp 命令建立的 FTP 连接完全相同。但更改当前的登录用户后，原用户与服务器的连接将断开。

如果要断开与 FTP 服务器的连接，用户可以在 FTP 客户端视图中选择不同的命令断开与 FTP 服务器的连接：通过 **bye** 或 **quit** 命令可以终止与服务器的连接，并退回到用户视图；通过 **close** 或 **disconnect** 命令可以终止与服务器的连接，并退回到 FTP 客户端视图。

还可使用 **display ftp-server** 任意视图命令查看 FTP 服务器的配置和状态信息；使用 **display ftp-users** 任意视图命令查看登录的 FTP 用户信息；使用 **display acl** { *acl-number* | **all** }任意视图命令查看访问控制列表的配置信息。

2.6.3　通过 FTP 进行文件操作的配置示例

本示例的拓扑结构如图 2-21 所示，PC 与交换机之间的路由可达，10.136.23.5 是交换机的管理口 IP 地址。现在交换机需要升级 VRP 系统，将交换机作为 FTP 服务器，从终端 PC 将 VRP 系统软件上传至交换机，且保存当前交换机的配置文件到终端进行备份。

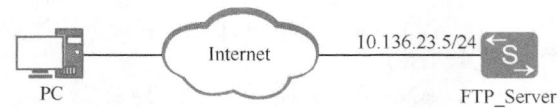

图 2-21　通过 FTP 进行文件操作的配置示例拓扑结构

1. 基本配置思路

根据 2.6.2 节介绍的 FTP 文件操作配置任务，以及本示例的具体要求，可以得出本示例的基本配置思路如下。

① 配置交换机的 FTP 服务器功能及 FTP 用户信息（包括用户名及密码、用户级别、服务类型、授权目录）。同时，保存交换机当前的配置文件，以便下载到终端备份。

② 从安装了 FTP 客户端软件的终端 PC 上通过 FTP 连接担当 FTP 服务器的交换机。

③ 将要用于升级的 VRP 系统软件上传至交换机存储器根目录中。

④ 从交换机上下载保存的配置文件备份到 PC 终端。

2. 具体配置步骤

① 配置交换机的 FTP 服务器功能及 FTP 用户信息，并保存配置。

```
<HUAWEI> system-view
[HUAWEI] ftp server enable
[HUAWEI] aaa
[HUAWEI-aaa] local-user huawei password cipher huawei@123   #---创建用户 huawei，并设置其密码为 huawei@123
[HUAWEI-aaa] local-user huawei privilege level 15   #---设定用户 huawei 具有最高的 15 级权限
[HUAWEI-aaa] local-user huawei service-type ftp   #---设定用户 huawei 支持的服务类型为 ftp
[HUAWEI-aaa] local-user huawei ftp-directory flash:/   #---授权访问 flash:根目录
[HUAWEI-aaa] quit
[HUAWEI] quit
<HUAWEI> save
```

② 从终端 PC 通过 FTP 连接交换机（交换机的管理口 IP 地址为 10.136.23.5），输入用户名 **huawei** 和密码 **huawei@123**。

```
C:\user\Administrator> ftp 10.136.23.5
Connected to 10.136.23.5.
220 FTP service ready.
```

```
User (10.136.23.5:(none)): huawei
331 Password required for huawei.
Password:
230 User logged in.
ftp>
```

③ 通过 **put** 命令将 VRP 系统软件（假设 VRP 系统软件名为 devicesoft.cc）上传至交换机。

```
ftp> put devicesoft.cc
200 Port command okay.
150 Opening ASCII mode data connection for devicesoft.cc.
226 Transfer complete.
ftp: 发送 23876556 字节，用时 25.35Seconds 560.79Kbytes/sec.
```

④ 使用 **get** 命令将交换机上的配置文件（假设配置文件名为 vrpcfg.zip）下载到终端 PC 的当前目录（可以在 PC 机上保存至另外目录下）进行备份。

```
ftp> get vrpcfg.zip
200 Port command okay.
150 Opening ASCII mode data connection for vrpcfg.zip.
226 Transfer complete.
ftp: 收到 1257 字节，用时 0.03Seconds 40.55Kbytes/sec.
```

以上配置完成后，可在交换机中执行 **dir** 命令，查看系统软件是否上传至交换机存储器的根目录下。如果上传成功，可以在输出信息中见到它（如粗体字部分）。

```
<HUAWEI> dir
Directory of flash:/

  Idx  Attr     Size(Byte)  Date            Time       FileName
   0   -rw-            14   Mar 13 2012 14:13:38   back_time_a
   1   drw-             -   Mar 11 2012 00:58:54   logfile
   2   -rw-             4   Nov 17 2011 09:33:58   snmpnotilog.txt
   3   -rw-        11,238   Mar 12 2012 21:15:56   private-data.txt
   4   -rw-         1,257   Mar 12 2012 21:15:54   vrpcfg.zip
   5   -rw-            14   Mar 13 2012 14:13:38   back_time_b
   6   -rw-    23,876,556   Mar 13 2012 14:24:24   devicesoft.cc
   7   drw-             -   Oct 31 2011 10:20:28   sysdrv
   8   drw-             -   Feb 21 2012 17:16:36   compatible
   9   drw-             -   Feb 09 2012 14:20:10   selftest
  10   -rw-        19,174   Feb 20 2012 18:55:32   backup.cfg
  11   -rw-        23,496   Dec 15 2011 20:59:36   20111215.zip
  12   -rw-           588   Nov 04 2011 13:54:04   servercert.der
  13   -rw-           320   Nov 04 2011 13:54:26   serverkey.der
  14   drw-             -   Nov 04 2011 13:58:36   security
...
65,233 KB total (7,289 KB free)
```

至此，整个配置任务已全部完成。

2.6.4　通过 SFTP 进行文件操作

SFTP 是 SSH 协议的一部分，**需要通过 VTY 用户界面进行连接（而 FTP 不需要通过 VTY 用户界面连接）**。SFTP 使得用户终端可以在 SSH 协议的基础上与远端交换机进行安全连接，同时在远程系统升级、日志下载等场景下增加了数据传输的安全性。

在配置通过 SFTP 进行文件操作之前，也需要确保终端与交换机之间有可达路由，且终端上已安装 SSH 客户端软件（如 putty 或 OpenSSH 软件）。通过 SFTP 进行文件操作的配置任务如下（第 1～3 步之间没有严格的配置顺序）。

① 配置 SFTP 服务器的功能和参数：包括服务器本地密钥对生成、SFTP 服务器功能的使能及服务器参数的配置：监听端口号、密钥对更新时间、SSH 认证超时时间、SSH 认证重试次数等。

因为 SFTP 与 STelnet 一样都是使用 SSH 服务，所以本步配置与本章的 2.4.6 节介绍的 SSH 服务器功能和参数配置基本一样，唯一不同的是在表 2-20 中的第 2 步，这里要启用的是 SFTP 服务，使用的命令是 **sftp server enable**。

② 配置 SSH 用户登录的用户界面：包括 VTY 用户界面的用户认证方式、VTY 用户界面支持 SSH 协议及其他基本属性，具体参见本章 2.4.1～2.4.3 节（在表 2-13 中的第 3 步要通过 **protocol inbound ssh** 命令配置对应的 VTY 用户界面支持 SSH 服务）。

③ 配置 SSH 用户：包括 SSH 用户的创建、认证方式、服务方式、SFTP 服务授权目录等。

本项配置任务的配置也与 2.4.5 节介绍的 STelnet 登录中的 SSH 用户配置基本一样，不同的是要在表 2-17 的第 5 步中使用 **ssh user** *username* **service-type** { **sftp** | **all** } 命令配置 SSH 用户支持 SFTP 服务，缺省情况下，SSH 用户的服务方式是空，即不支持任何服务方式。另外，还要在 SSH 用户视图下通过 **ssh user** *username* **sftp-directory** *directoryname* 命令配置 SSH 用户的 SFTP 服务授权目录。缺省情况下，SSH 用户的 SFTP 服务授权目录是 flash:。

SFTP 服务各参数的缺省配置见表 2-31。

表 2-31　　　　　　　　　　　　　SFTP 服务各参数的缺省配置

参数	缺省值
SFTP 服务器功能	关闭
端口号	22
服务器密钥对更新时间	0，表示永不更新
SSH 认证超时时间	60s
SSH 验证重试次数	3
SSH 用户	没有创建
SSH 用户的服务方式	空，即不支持任何服务方式
SSH 用户的 SFTP 服务授权目录	• 盒式设备：flash: • cfcard:（非 SRUH/SRUK/SRUE/SRUF 主控板） • flash:（SRUH/SRUK/SRUE/SRUF 主控板）

④ 通过 SFTP 访问交换机。

从终端通过 SFTP 访问交换机需要在终端上安装 SSH 客户端软件。此处以使用第三方软件 OpenSSH 和 Windows 命令行提示符为例进行配置。使用 OpenSSH 软件从终端访问交换机时需要使用 OpenSSH 的命令，命令的使用可以参见该软件的帮助文档。只有安装了 OpenSSH 软件后，Windows 命令行提示符才能识别 OpenSSH 的相关命令。

操作方法是先进入 Windows 的命令行提示符，然后在命令行中输入 **sftp** *username* 命令（如 sftp sftpuser@10.136.23.5），按回车键后即开始与交换机进行连接，按照提示正确输入用户名和密码。连接成功后即出现 sftp> 提示符，表示用户已进入了 SFTP 服务器的工作目录。如下所示。

```
C:\Documents and Settings\Administrator> sftp sftpuser@10.136.23.5
Connecting to 10.136.23.5...
The authenticity of host '10.136.23.5 (10.136.23.5)' can't be established.
RSA key fingerprint is 46:b2:8a:52:88:42:41:d4:af:8f:4a:41:d9:b8:4f:ee.
Are you sure you want to continue connecting (yes/no)? yes
Warning: Permanently added '10.136.23.5' (RSA) to the list of known hosts.

User Authentication
Password:
sftp>
```

⑤ 通过 SFTP 命令进行文件操作。

当 SFTP 客户端登录到 SSH 服务器之后，用户可以在 SFTP 客户端进行如表 2-32 所示的文件操作。有关文件和目录的操作方法参见本书第 1 章的 1.3.3 节。**但在 SFTP 客户端视图下，文件操作命令不支持联想功能，必须手动输入完整的命令，否则会提示是不支持的命令。**

表 2-32　　　　　　　　　　通过 **SFTP** 文件操作命令进行文件操作

命令	说明
cd [*remote-directory*]	改变用户的当前工作目录
cdup	改变用户的工作目录为当前工作目录的上一级目录
pwd	显示用户的当前工作路径
dir/ls [**-l** | **-a**] [*remote-directory*]	显示指定目录下的文件列表。dir 与 ls 执行的效果是一样的
rmdir *remote-directory* &<1-10>	删除服务器上指定的目录。一次最多可以删除 10 个目录。但使用该命令删除目录时，目录中不能有文件，否则会删除失败
mkdir *remote-directory*	在服务器上创建新指定的目录
rename *old-name new-name*	改变服务器上指定的文件的名字
get *remote-filename* [*local-filename*]	下载远程服务器上指定的文件
put *local-filename* [*remote-filename*]	上传指定的本地文件到远程服务器
remove *remote-filename* &<1-10>	删除服务器上的文件。一次最多可以删除 10 个文件
help [**all** | *command-name*]	请求 SFTP 客户端命令帮助

连接成功后，用户可以执行以下 **display** 命令查看相关信息。

■ **display ssh user-information** [*username*]：查看 SSH 用户信息。

■ **display ssh server status**：查看 SSH 服务器的全局配置信息。

■ **display ssh server session**：查看 SSH 客户端连接会话信息。

断开与 SFTP 服务器的连接的命令是 **quit**。

2.6.5　通过 SFTP 进行文件操作的配置示例

本示例的拓扑结构如图 2-22 所示，终端 PC 与交换机的路由可达，10.136.23.4 是交换机的管理口 IP 地址。现希望在 SFTP 终端与交换机之间进行安全的文件传输操作，以防止普通 FTP 服务连接的一些不安全性。现将交换机配置为 SSH 服务器，提供 SFTP 服务器功能，通过对客户端的认证和双向的数据加密实现用户对安全文件传输操作的要求。

1. 基本配置思路

根据 2.6.4 节介绍的配置任务及本示例的具体要求，可得出本示例的基本配置思路如下。

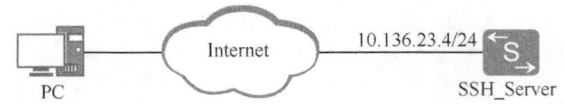

图 2-22　通过 SFTP 进行文件操作的配置示例拓扑结构

① 在担当 SSH 服务器的交换机上生成本地密钥对，并使能 SFTP 服务器功能，实现在服务器端和客户端进行安全的数据交互。

② 配置用于 SFTP 连接的 VTY 用户界面。

③ 配置 SSH 用户，包括认证方式、服务类型、授权目录以及用户名和密码等。

④ 从终端通过第三方软件 OpenSSH 实现访问 SSH 服务器。

2. 具体配置步骤

① 在服务器端生成本地密钥对（在此以 RSA 加密算法为例），并启用 SFTP 服务器功能。

```
<HUAWEI> system-view
[HUAWEI] sysname SSH Server
[SSH Server] rsa local-key-pair create
The key name will be: SSH Server_Host
The range of public key size is (512 ~ 2048).
NOTES: If the key modulus is greater than 512,
        it will take a few minutes.
Input the bits in the modulus[default = 2048]:768
Generating keys...
...........++++++++++++
.................+++++++++++++
...++++++++
...........++++++++
[SSH Server] sftp server enable
```

② 在服务器端配置用于 SFTP 访问的 VTY 用户界面（假设为 VTY 0～4 共 5 条虚拟通道）。

```
[SSH Server] user-interface vty 0 4
[SSH Server-ui-vty0-4] authentication-mode aaa
[SSH Server-ui-vty0-4] protocol inbound ssh
[SSH Server-ui-vty0-4] quit
```

③ 配置 SSH 用户，包括认证方式、服务类型、授权目录以及用户名和密码等。

```
[SSH Server] ssh user client001 authentication-type password
[SSH Server] ssh user client001 service-type sftp
[SSH Server] ssh user client001 sftp-directory flash:
[SSH Server] aaa
[SSH Server-aaa] local-user client001 password cipher huawei@123
[SSH Server-aaa] local-user client001 privilege level 15
[SSH Server-aaa] local-user client001 service-type ssh
[SSH Server-aaa] quit
```

④ 从终端通过 OpenSSH 软件的 **sftp** 命令（后面直接接"用户名@交换机的管理 IP 地址"，以指定登录的用户名和 SFTP 服务器 IP 地址）实现访问 SFTP 服务器，如图 2-23 所示。只有在用户终端安装了 OpenSSH 软件后，Windows 命令行提示符才能识别 OpenSSH 的相关命令。

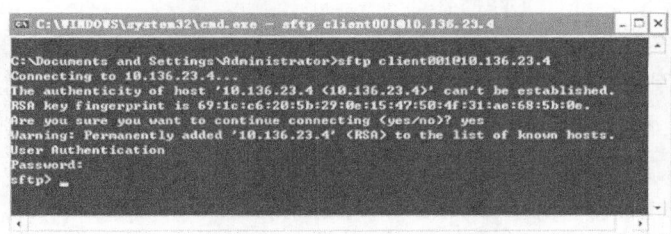

图 2-23　通过 sftp 命令访问交换机的界面

通过第三方软件连接交换机后，进入客户端的 SFTP 视图，此时可以使用第三方软件支持的 SFTP 命令执行一系列的文件操作。

2.6.6　通过 SCP 进行文件操作

SCP 也是 SSH 协议的一部分，是基于 SSH 协议的远程文件复制技术，包括上传和下载。在配置通过 SCP 进行文件复制之前，也需要确保终端与交换机之间路由可达，且在终端上已安装支持 SCP 的 SSH 客户端软件。

通过 SCP 进行文件操作的配置任务如下（第 1～3 步没有严格的配置顺序）。

① 配置 SCP 服务器功能及参数：包括服务器本地密钥对生成、SCP 服务器功能的使能及服务器参数的配置、监听端口号、密钥对更新时间、SSH 认证超时时间、SSH 认证重试次数等。

因为 SCP 与 STelnet 一样都是使用 SSH 服务，所以本步配置与本章 2.4.6 节介绍的 STelnet 服务器功能和参数配置差不多，唯一不同的是在表 2-20 中的第 2 步，这里要启用的是 SCP 服务，使用的命令是 **scp server enable**。

② 配置 SSH 用户登录的用户界面：包括 VTY 用户界面的用户认证方式、VTY 用户界面支持 SSH 协议及其他基本属性，参见本章 2.4.1～2.4.3 节（在表 2-13 中的第 3 步要通过 **protocol inbound ssh** 命令配置对应的 VTY 用户界面支持 SSH 服务）。

③ 配置 SSH 用户：包括 SSH 用户的创建、认证方式、服务方式等。

本项配置任务的配置也与 2.4.5 节介绍的 STelnet 登录中的 SSH 用户配置基本一样，不同的是要在表 2-17 的第 5 步中使用 **ssh user** *username* **service-type all** 命令配置 SSH 用户支持 SCP 服务，缺省情况下，SSH 用户的服务方式是空，即不支持任何服务方式。

SCP 服务各参数的缺省配置见表 2-33。

表 2-33　　　　　　　　　　与 **SCP** 交换机访问的相关参数缺省配置

参数	缺省值
SCP 服务器功能	关闭
监听端口号	22
服务器密钥对更新时间	0，表示永不更新
SSH 认证超时时间	60s
SSH 认证重试次数	3
SSH 用户	没有创建
SSH 用户的服务方式	空，即不支持任何服务方式

④ 用户通过 SCP 进行文件操作。

从终端通过 SCP 方式上传或下载文件，需要在终端上安装支持 SCP 的 SSH 客户端软件。此处以使用第三方软件 OpenSSH 和 Windows 命令行提示符为例进行配置。只有安装了 OpenSSH 软件后，Windows 命令行提示符才能识别 OpenSSH 的相关命令。

可在终端的命令提示符下执行 **scp** [**-port** *port-number* | **-a** *sourceaddress* | **-i** *interface- type interface-number* | **-r** | **-cipher** { **des** | **3des** | **aes128** } | **-c**]* *sourcefile destinationfile* 命令直接上传文件至服务器或从服务器下载文件至本地。当然也可把本地交换机作为 SCP 客户端与其他配置作为 SCP 服务器的交换机连接。命令中的参数和选项说明如下。

① *port-number*：可多选参数，指定远端 SCP 服务器的端口号，取值范围是 1～65535 的整数，具体要根据交换机上 SCP 服务器端口的设置而定，缺省为 22 号 TCP 端口。

② *sourceaddress*：可多选参数，指定本终端的 IP 地址。

③ *interface-type interface-number*：可多选参数，仅当从本地交换机上连接其他交换机时选用，用于本地交换机 SCP 连接 SCP 服务器交换机的源接口。

④ **-r**：可多选项，指定进行批量文件上传或下载。

⑤ **des**：多选一选项，指定采用 DES 算法进行文件传输加密。

⑥ **3des**：多选一选项，指定采用 3DES 算法进行文件传输加密。

⑦ **aes128**：多选一选项，指定采用 AES128 算法进行文件传输加密。

⑧ **-c**：可多选项，指定文件上传或下载时进行压缩操作。

⑨ *sourcefile*：指定上传或下载的源文件，文件格式为 *username@hostname*:[*path*][*filename*]。

⑩ *destinationfile*：指定上传或下载的目标文件，文件格式也为 *username@hostname*: [*path*] [*filename*]。

此处仅以从交换机下载文件到本地终端为例进行介绍。进入 Windows 的命令行提示符，执行以下 OpenSSH 命令，按系统提示正确地输入用户名和密码，按下回车键后即可开始文件下载。

```
C:\Documents and Settings\Administrator> scp scpuser@10.136.23.5:flash:/vrpcfg.zip vrpcfg-backup.zip
The authenticity of host '10.136.23.5 (10.136.23.5)' can't be established.
RSA key fingerprint is 46:b2:8a:52:88:42:41:d4:af:8f:4a:41:d9:b8:4f:ee.
Are you sure you want to continue connecting (yes/no)? yes
Warning: Permanently added '10.136.23.5' (RSA) to the list of known hosts.

User Authentication
Password:
vrpcfg.zip                           100% 1257      1.2KB/s     00:00
Received disconnect from 10.136.23.5: 2: The connection is closed by SSH server

C:\Documents and Settings\Administrator>
```

连接成功后，用户可以执行以下 **display** 命令查看相关信息。

■ **display ssh user-information** [*username*]：查看 SSH 用户信息。

■ **display ssh server status**：查看 SSH 服务器的全局配置信息。

■ **display ssh server session**：查看 SSH 客户端连接会话信息。

2.6.7 通过 FTPS 进行文件操作

FTPS 将 FTP 和 SSL 协议结合，通过 SSL 对服务器进行认证，对传输的数据进行加密，从而实现安全的文件管理操作。在配置通过 FTPS 进行文件操作之前，需要确保终端与交换机之间路由可达，且在终端上已经安装支持 SSL 的 FTP 客户端软件。

1. 配置任务

通过 FTPS 进行文件操作的配置任务如下（只需确保在加载数字证书前必须先上传了数字证书即可，其他无严格的配置顺序要求）。

① 上传服务器数字证书文件及私钥文件：通过其他文件上传方式将数字证书文件和私钥文件上传至交换机 security 子目录中，如设备无此目录，可执行 **mkdir** 命令 *directory* 创建。这项配置任务可以通过前面介绍的 FTP、SFTP 或者 SCP 协议进行，不再介绍。

② 配置 SSL 策略并加载数字证书：包括配置 SSL 策略及在服务器上加载数字证书。本项配置任务与 2.5.3 节介绍的"配置 SSL 策略和加载数字证书文件"的方法完全一样，参见表 2-25。

③ 配置 FTPS 服务器功能及 FTP 服务参数：包括为 FTPS 服务器配置 SSL 策略、FTPS 服务器的使能及 FTP 服务参数的配置、端口号、源地址、超时断连时间。将在本节后面具体介绍。

④ 配置 FTP 本地用户：包括配置本地用户的服务类型及 FTP 用户的授权目录。本项配置任务与 2.6.2 节第 2 项配置任务的配置方法完全一样，参见表 2-28。

⑤ 用户通过 FTPS 访问交换机：从终端通过 FTPS 访问交换机。

通过 FTPS 访问交换机的相关参数的缺省配置见表 2-34。

表 2-34　　　　　　　通过 **FTPS** 访问交换机的相关参数的缺省配置

参数	缺省值
SSL 策略	没有为 FTPS 服务创建 SSL 策略
FTPS 服务器功能	关闭
监听端口号	21
FTP 用户	没有创建本地用户

下面具体介绍以上配置任务中的第 3 项和第 5 项。

2. 配置 FTPS 服务器功能及 FTP 服务参数

基于 FTP 的 FTPS，除了配置 FTPS 服务器功能外，还可以对 FTP 服务参数进行配置，具体见表 2-35。

表 2-35　　　　　　　**FTPS** 服务器功能及 **FTP** 服务参数的配置步骤

步骤	命令	说明
1	**system-view**	进入系统视图
2	**ftp server port** *port- number* 例如：[HUAWEI] **ftp server port** 1028	（可选）指定 FTP 服务器端口号，取值范围为 21 或 1025～55535 的整数。缺省情况下，FTP 服务器端监听端口号是 21
3	**ftp secure-server ssl-policy** *policy-name* 例如：[HUAWEI] **ftp secure-server ssl-policy** ftp_server	为 FTPS 服务器配置 SSL 策略，长度范围为 1～23 个字符，不区分大小写，不支持空格。此处配置的 SSL 策略即为前面的配置任务中创建的 SSL 策略。 缺省情况下，FTP 服务器未配置 SSL 策略，可使用 **undo ftp secure-server ssl-policy** 命令删除 FTP 服务器配置的指定 SSL 策略

（续表）

步骤	命令	说明
4	**undo ftp server enable** 例如：[HUAWEI]**undo ftp server enable**	（可选）去使能普通 FTP 服务器功能。缺省情况下，交换机的普通 FTP 服务器功能就是关闭的
5	**ftp secure-server enable** 例如：[HUAWEI] **ftp secure-server enable**	使能 FTPS 服务器功能。缺省情况下，未使能 FTPS 服务器。使能 FTPS 服务功能前，必须去使能普通 FTP 服务器功能
6	**ftp server-source** { **-a** *source-ip-address* | **-i** *interface-type interface- num* } 例如：[HUAWEI]**ftp server-source -i** loopback0	（可选）指定 FTP 服务器的源地址或源接口，实现对交换机进出报文的过滤，保证安全性。二选一参数 *source-ip-address* 用来指定 FTP 服务器源 IP 地址，二选一参数 *interface-type interface-num* 用来指定 FTP 服务器的源接口。但 FTP 服务器端指定的源地址**只能是交换机 LoopBack 接口的 IP 地址或 LoopBack 接口**。配置了服务器的源地址后，登录服务器时所输入的服务器地址必须与该命令中配置的一致，否则无法成功登录。如果在配置此命令前，FTP 服务已经使能，则在配置本命令后 FTP 服务将重新启动。 缺省情况下，FTP服务器发送报文的源地址为0.0.0.0，可用**undo ftp server-source** 命令恢复 FTP 服务器发送报文的源地址为缺省值
7	**ftp timeout** *minutes* 例如：[HUAWEI] **ftp timeout** 20	（可选）配置 FTP 连接最大空闲等待时间，取值范围为 1～35791 的整数分钟。缺省情况下，连接空闲时间为 30min，可用 **undo ftp timeout** 命令恢复缺省的连接空闲时间。 【说明】用户登录到 FTP 服务器后，如果连接异常中断或用户非正常中断连接，FTP 服务器是无法知道的，因而连接仍保持着。为防止这类情况的发生，使用连接空闲时间，当连接在一定时间内没有进行命令交互，FTP 服务器即可认为连接已经失效，而断开连接

3. 用户通过 FTPS 访问交换机

需要在用户终端安装支持 SSL 的 FTP 客户端软件（如 Cuteftp Pro 和 FlashFXP），通过第三方软件从用户终端登录 FTPS 服务器，实现对 FTPS 服务器文件的安全管理。在此不进行具体介绍，参见相关软件的帮助说明。

连接成功后，用户可以执行以下 **display** 命令查看相关信息。

- **display ssl policy**：查看配置的 SSL 策略及加载的数字证书。
- **display ftp-server**：查看 FTPS 服务器的状态。
- **display ftp-users**：查看登录的 FTP 用户信息。

2.6.8　通过 FTPS 进行文件操作的配置示例

本示例的拓扑结构如图 2-24 所示，终端与交换机之间的路由可达，10.137.217.201 是交换机的管理口 IP 地址。现希望在终端与交换机之间进行安全的文件传输操作，在交换机上部署 SSL 策略，利用数据加密、身份认证和消息完整性认证机制，为网络上数据的传输提供安全性保证。

1. 基本配置思路

根据 2.6.7 节介绍的配置任务，以及本示例的具体要求可以得出如下的基本配置思路。

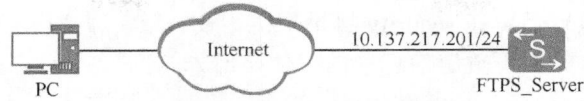

图 2-24　通过 FTPS 进行文件操作的配置示例拓扑结构

① 配置交换机的普通 FTP 服务器功能，将 PC 上存储的数字证书上传到交换机上。然后将位于交换机存储器根目录下的数字证书复制到 security 目录中。

② 配置 SSL 策略并加载数字证书，以实现客户端对服务器的身份认证。

③ 使能 FTPS 服务器功能，并配置 FTP 本地用户。

④ 通过终端第三方软件连接 FTPS 服务器。

2. 具体配置步骤

① 配置交换机的普通 FTP 服务器功能。

配置 FTP 用户信息（用户名为 admin，密码为 huawei@123。这里创建的用户可同时作为 FTPS 用户，因为 FTPS 所用的也是 FTP 用户）。

```
<HUAWEI> system-view
[HUAWEI] sysname FTPS-Server
[FTPS-Server] ftp server enable
[FTPS-Server] aaa
[FTPS-Server-aaa] local-user admin password cipher huawei@123
[FTPS-Server-aaa] local-user admin service-type ftp
[FTPS-Server-aaa] local-user admin privilege level 3
[FTPS-Server-aaa] local-user admin ftp-directory flash:
[FTPS-Server-aaa] quit
[FTPS-Server] quit
```

在终端 PC 上进入 Windows 系统命令行提示符，输入 **ftp 10.137.217.201** 命令，在提示信息中输入正确的用户名和密码与 FTP 服务器建立 FTP 连接。然后利用 **put** 命令在用户终端将数字证书及私钥文件上传到服务器上，参见 2.6.3 节介绍的通过 FTP 上传系统文件的配置示例。

上述步骤成功执行后可在交换机执行 **dir** 命令，此时应该可以看到成功上传的数字证书及私钥文件。如下输出信息中的粗体字部分。

```
<FTPS-Server> dir
Directory of flash:/

Idx  Attr    Size(Byte)  Date         Time       FileName
  0  drw-            -   May 10 2011 05:05:40   src
  1  -rw-      524,575   May 10 2011 05:05:53   private-data.txt
  2  -rw-          446   May 10 2011 05:05:51   vrpcfg.zip
  3  -rw-        1,302   May 10 2011 05:32:05   servercert.der
  4  -rw-          951   May 10 2011 05:32:44   serverkey.der
...
65,233 KB total (7,289 KB free)
```

② 配置 SSL 策略并加载数字证书。

在交换机上利用 **mkdir** 命令创建 security 目录，并利用 **move** 命令将位于存储器根目录中的安全证书和密钥文件移动到 security 目录中。

```
<FTPS-Server> mkdir security/
<FTPS-Server> move servercert.der security/
<FTPS-Server> move serverkey.der security/
```

　　上述步骤成功执行后可在 security 目录下执行 **dir** 命令，此时应该可看到移动成功的数字证书及私钥文件。如下输出信息中的粗体字部分。

```
<FTPS-Server> cd security/
<FTPS-Server> dir
Directory of flash:/security/

  Idx  Attr    Size(Byte)  Date          Time        FileName
  0    -rw-         1,302  May 10 2011  05:44:34     servercert.der
  1    -rw-           951  May 10 2011  05:45:22     serverkey.der

65,233 KB total (7,289 KB free)
```

创建 SSL 策略，并加载 ASN1 格式的数字证书，以确保进行数据传输时的安全性。

```
<FTPS-Server> system-view
[FTPS-Server] ssl policy ftp_server
[FTPS-Server-ssl-policy-ftp_server] certificate load asn1-cert servercert.der key-pair rsa key-file serverkey.der
[FTPS-Server-ssl-policy-ftp_server] quit
```

　　③ 使能 FTPS 服务器功能，加载 SSL 策略。注意，**使能 FTPS 服务器功能前，必须先去使能普通 FTP 服务器功能。**

```
[FTPS-Server] undo ftp server
[FTPS-Server] ftp secure-server ssl-policy ftp_server
[FTPS-Server] ftp secure-server enable
```

　　④ 用户通过终端第三方软件连接 FTPS 服务器。

　　在交换机端执行 **display ssl policy** 命令，可以看到加载证书的详细信息，具体如下。

```
[FTPS-Server] display ssl policy
        SSL Policy Name: ftp_server
       Policy Applicants:
            Key-pair Type: RSA
    Certificate File Type: ASN1
         Certificate Type: certificate
    Certificate Filename: servercert.der
       Key-file Filename: serverkey.der
               Auth-code:
                    MAC:
                CRL File:
         Trusted-CA File:
```

　　还可在交换机端执行 **display ftp-server** 命令查看 SSL 策略名称、FTPS 服务器的状态，具体如下（显示当前 FTPS 服务器处于运行状态）。

```
[FTPS-Server] display ftp-server
    FTP server is stopped
    Max user number                 5
    User count                      1
    Timeout value(in minute)        30
    Listening port                  21
    Acl number                      0
    FTP server's source address     0.0.0.0
    FTP SSL policy                  ftp_server
    FTP Secure-server is running
```

　　完成以上配置后，用户可以通过支持 SSL 的 FTP 客户端软件与安全 FTP 服务器建立连接，并实现文件的上传和下载。具体操作过程请参见第三方软件的帮助文档。

第 3 章
交换机的快速部署

本章主要内容

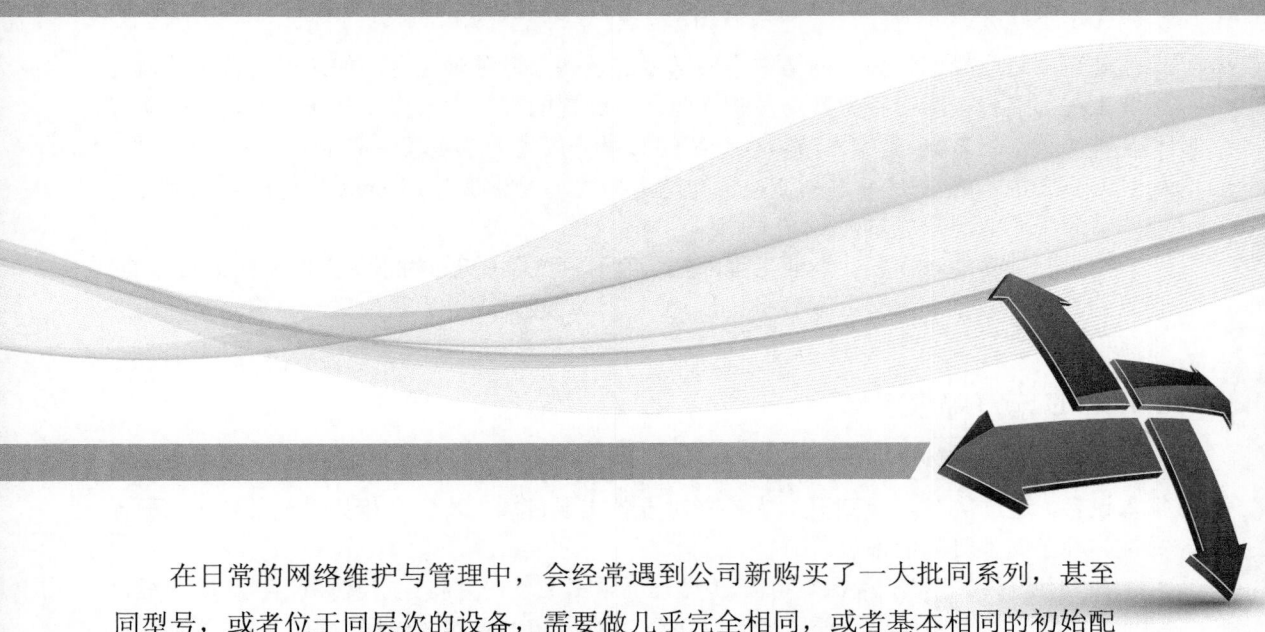

　　在日常的网络维护与管理中，会经常遇到公司新购买了一大批同系列，甚至同型号，或者位于同层次的设备，需要做几乎完全相同，或者基本相同的初始配置，特别是新组建的公司网络。工作虽然简单，但面对几十台，甚至几百台设备，如果一台台去手动配置，不仅效率非常低，而且也感觉没有意义，更由于大量的重复工作很容易出错。

　　为此，华为设备针对不同需求推出几种解决方案，可以大大简化批量设备的初始配置工作，提高配置效率，而且还可以大大降低人为出错的机率。其中 U 盘开局方法虽然也是一台台去本地配置，但是通过 U 盘自动复制配置文件的方式进行，效率也非常高。EasyDeploy 实现的空设备的快速部署方法则都是通过网络进行的，可一次性批量配置几十、几百台设备，效率更高、功能强大、配置也更灵活，应用更广泛。

3.1 配置 U 盘开局

随着网络规模的扩大，网络中需要部署的设备数量越来越多，如果采用传统的通过专业工程师逐台去给设备做开局（初次配置）配置的方式，工作量会非常大。于是就有了各种快速部署方案,其中本节将要介绍的 U 盘开局功能就是其中应用非常广泛的一种。而且 U 盘开局功能还是 S 系列交换机的基本特性，无需获得 License 许可即可应用此功能，节省了企业用户成本。

U 盘开局功能只需要让专业工程师把所有开局文件（初始的系统文件和配置文件等）存储到 U 盘中即可，具体开局任务可以通过开局现场非专业人员来进行，简化了开局部署流程。

3.1.1 U 盘开局原理

U 盘开局是指设备在开局部署时，用户预先将开局文件存储在 U 盘中，然后将 U 盘插入设备，通过从 U 盘下载开局文件来对设备实现目标版本以及相关系统文件（如配置文件、补丁文件等）的部署。

在 U 盘开局之前，需要先制作 U 盘开局索引文件，并将索引文件保存至 U 盘根目录下。同时，把需要加载的开局文件保存至 U 盘指定的目录（根据索引文件的要求保存至相应目录）。在开局时，将 U 盘插入待部署设备中，设备会根据开局文件自动完成所需文件的加载，基本工作流程如图 3-1 所示。

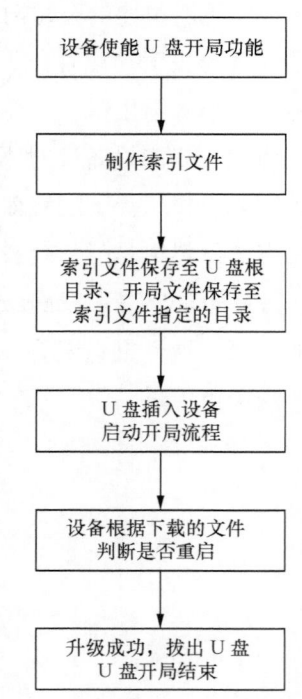

在 U 盘开局功能中最重要的工作就是制作用于引导设备自动加载指定系统文件的"索引文件"。在制作索引文件时一定要注意，**其名称必须为 usbload_config.txt 或者 smart_config.ini**。除了索引文件外，在开局配置中，通常还需要准备一些可选文件，用于对设备进行初始开局配置，这些可选文件包括以下几类。

■ 系统软件：这是用于为待部署设备更新系统的系统文件，后缀名为.cc。

■ 配置文件：这是用于为待部署设备指定的配置文件，后缀名为.cfg 或.zip。

■ 补丁文件：这是用于为待部署设备更新系统的补丁文件，后缀名为.pat。

■ Web 网页文件：这是用于为待部署设备进行 Web 网管功能配置所需的 Web 网页文件，后缀名为.web.7z。

■ 用户自定义文件（仅 smart_config.ini 类型索引文件支持）。

图 3-1　U 盘开局的基本工作流程

■ 脚本文件：后缀名为.bat。可通过脚本文件，在 U 盘开局的同时，导入交换机堆叠（iStack）的相关配置。

　　除了必选的索引文件外，用户可以根据需要选择以上一种或多种可选文件进行 U 盘开局。U 盘插入设备后的开局流程如图 3-2 所示，其中对配置文件进行密码检查和 HMAC（Hash Message Authentication Code，散列消息认证码）校验的流程如图 3-3 所示。

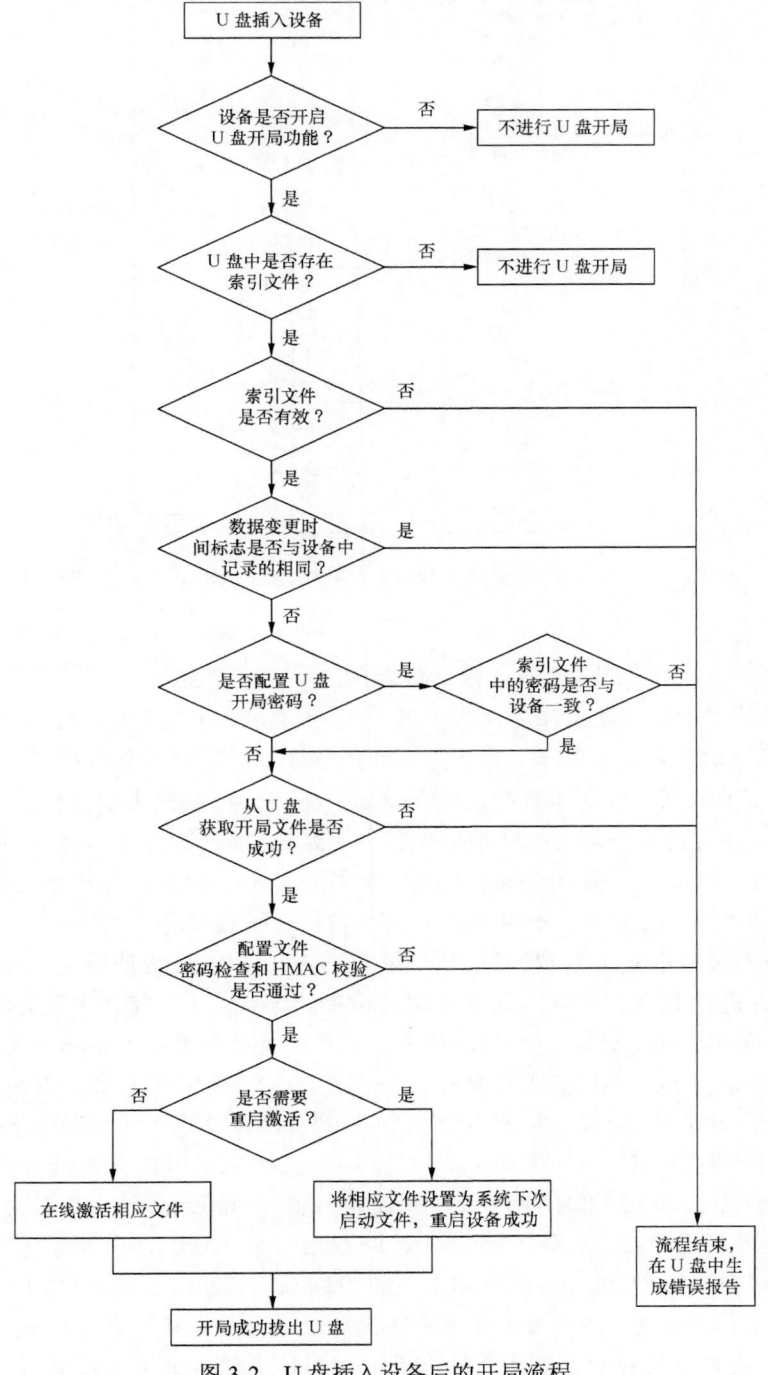

图 3-2　U 盘插入设备后的开局流程

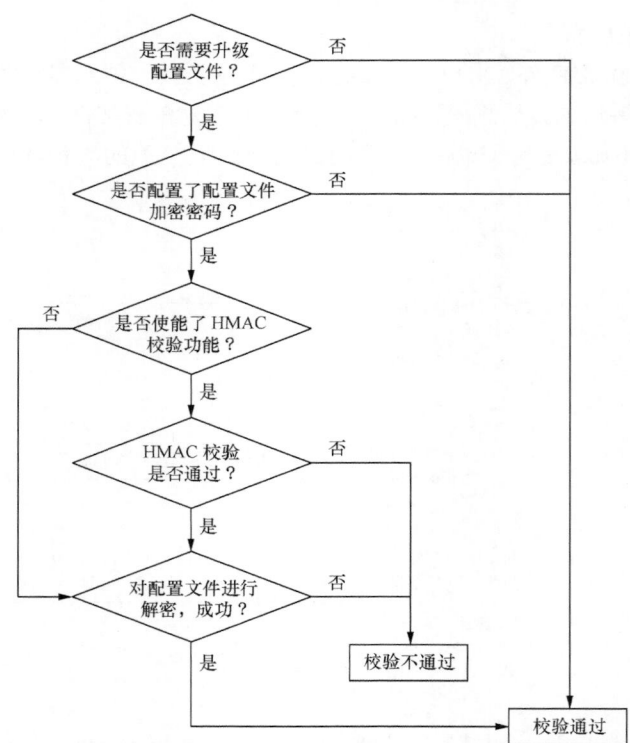

图 3-3　U 盘开局时对配置文件进行密码检查和 HMAC 校验的流程图

注意 在以上 U 盘开局设备运行流程中要注意以下几个方面。

■ 如果待部署设备是空配置设备，则 U 盘开局功能一直是开启的。

■ 从 V200R007 版本开始，不再支持用户手动配置 U 盘开局密码。

■ **从 V200R005C00 版本开始，支持 smart_config.ini 格式索引文件进行 U 盘开局，**此格式索引文件支持堆叠场景，**U 盘必须插入堆叠主交换机中。**如果插入备交换机或从交换机，U 盘开局流程不响应。如果配置了框式交换机的 CSS 集群功能，U 盘必须插入框式交换机的主用主控板中，如果插入备用主控板，U 盘开局流程不响应。**在堆叠系统中，只要有一台设备不支持 U 盘开局，整个堆叠系统开局失败。当使用 usbload_ config.txt 格式索引文件进行 U 盘开局时，只支持单台设备的场景，不支持多台设备堆叠的场景。**

■ 仅当使用 smart_config.ini 格式的索引文件时支持配置文件密码检查和 HMAC 校验功能，usbload_config.txt 格式的索引文件不支持。S5710-X-LI、S5720SI、S6720SI、S6720S-SI、S5720S-SI、S5720LI、S5700S-LI（仅 S5700S-28X-LI-AC、S5700S-52X-LI-AC、S5700S-28P-PWR-LI-AC）、S6720LI、S6720S-LI、S5720S-LI、S6720EI、S6720S-EI、S6720HI、S5720EI 和 S5720HI 系列设备仅支持 smart_config.ini 格式索引文件。

■ 当使用 U 盘对 S5720EI、S5720HI、S5720SI、S6720SI、S6720S-SI、S5720S-SI、S5720LI、S6720HI、S6720LI、S6720S-LI、S5720S-LI、S6720EI 或 S6720S-EI 进行开局时，不能使用已分区的 U 盘，否则设备可能无法找到 U 盘上的文件，导致 U 盘开局失败。

■ 在 U 盘开局过程中，任意阶段出错都会在 U 盘根目录中生成文件名为 **usbload_**

error.txt 的错误报告，用户可根据此报告定位出错的原因。如果开局成功，系统将生成文件名为 **usbload_verify.txt** 的开局成功报告。

■ U 盘开局过程中设备不能断电，否则会造成升级失败甚至会造成设备无法启动。U 盘开局结束之前不能将 U 盘拔出，否则可能会造成 U 盘内的数据损坏。

3.1.2　S 系列交换机对 U 盘开局功能的支持

U 盘开局功能是 S 系列交换机的基本特性，但也不是所有系列、所有机型都支持，如 **S1700/2700/3700** 系列所有机型均不支持，框式交换机中仅安装 **SRUH、SRUK、SRUE、SRUF** 或 **SRUC** 这几种主控板的设备支持 U 盘开局功能。从 S5700 系列开始，各 S 系列交换机对 U 盘开局功能的支持情况见表 3-1。

表 3-1　　　　　　　　华为 S 系列交换机对 U 盘开局功能的支持情况

系列	产品	支持版本
S5700	S5700LI（仅 S5700-52X-LI-48CS-AC、S5701-28X-LI-24S-AC、S5701-28X-LI-AC、S5700-28X-LI-24S-DC 和 S5700-28X-LI-24S-AC 支持）	V200R003（C00&C02&C10）、V200R005C00SPC300、V200R006C00、V200R007C00、V200R008C00、V200R009C00、V200R010C00、V200R011C00、V200R011C10、V200R012C00、V200R013C00
	S5700S-LI（仅 S5700S-28X-LI-AC、S5700S-52X-LI-AC 支持）	V200R008C00、V200R009C00、V200R010C00、V200R011C00、V200R011C10、V200R012C00、V200R013C00
	S5710-C-LI	V200R001C00
	S5710-X-LI	V200R008C00、V200R009C00、V200R010C00、V200R011C00、V200R011C10、V200R012C00、V200R013C00
	S5700SI	V100R005C01、V100R006C00、V200R001C00、V200R002C00、V200R003C00、V200R005C00
	S5700EI	不支持
	S5710EI	V200R001C00、V200R002C00、V200R003C00、V200R005（C00&C02）
	S5720EI	V200R007C00、V200R008C00、V200R009C00、V200R010C00、V200R011C00、V200R011C10、V200R012C00、V200R013C00
	S5720LI/S5720S-LI（仅 S5720-28X-LI-AC、S5720-28X-LI-DC、S5720-28X-LI-24S-AC、S5720-28X-LI-24S-DC、S5720-52X-LI-AC、S5720-52X-LI-DC、S5720-28X-PWR-LI-AC、S5720-52X-PWR-LI-AC、S5720-52X-PWR-LI-ACF、S5720S-28X-LI-24S-AC，以及海外版的 S5720-28P-LI-AC、S5720-28P-PWR-LI-AC、S5720-52P-LI-AC、S5720-52P-PWR-LI-AC 支持）	V200R010C00、V200R011C00、V200R011C10、V200R012C00、V200R013C00

（续表）

系列	产品	支持版本
S5700	S5700HI	V100R006C01、V200R001（C00&C01）、V200R002C00、V200R003C00、V200R005（C00SPC500&C01&C02）
	S5710HI	V200R003C00、V200R005（C00&C02&C03）
	S5720HI	V200R006C00、V200R007（C00&C10）、V200R008C00、V200R009C00、V200R010C00、V200R011C00、V200R011C10、V200R012C00、V200R013C00
	S5720SI/S5720S-SI	V200R008C00、V200R009C00、V200R010C00、V200R011C00、V200R011C10、V200R012C00、V200R013C00
	S5730SI	V200R011C10、V200R012C00、V200R013C00
	S5730S-EI	V200R011C10、V200R012C00、V200R013C00
S6700	S6700EI	V100R006C00、V200R001（C00&C01）、V200R002C00、V200R003C00、V200R005（C00&C01&C02）
	S6720EI	V200R008C00、V200R009C00、V200R010C00、V200R011C00、V200R011C10、V200R012C00、V200R013C00
	S6720S-EI	V200R009C00、V200R010C00、V200R011C00、V200R011C10、V200R012C00、V200R013C00
	S6720HI	V200R012C00、V200R013C00
	S6720LI/S6720S-LI	V200R011C00、V200R011C10、V200R012C00、V200R013C00
	S6720SI/S6720S-SI	V200R011C00、V200R011C10、V200R012C00、V200R013C00
S7700	S7703	不支持
	S7706、S7712	V200R008C00、V200R009C00、V200R010C00、V200R011C10、V200R012C00、V200R013C00
	S7710	V200R010C00、V200R011C10、V200R012C00、V200R013C00
S7900	S7905	不支持
	S7908	V200R011C10、V200R012C00、V200R013C00
S9700	S9703	不支持
	S9706、S9712	V200R005C00、V200R006C00、V200R007C00、V200R008C00、V200R009C00、V200R010C00、V200R011C10、V200R012C00、V200R013C00
S12700	S12704	V200R008C00、V200R009C00、V200R010C00、V200R011C10、V200R012C00、V200R013C00
	S12708、S12712	V200R005C00、V200R006C00、V200R007C00、V200R007C20、V200R008C00、V200R009C00、V200R010C00、V200R011C10、V200R012C00、V200R013C00
	S12710	V200R010C00、V200R011C10、V200R012C00、V200R013C00

另外，U 盘开局支持经华为认证的指定型号的 U 盘，以保证 U 盘和设备的良好兼容性。

3.1.3　索引文件的制作方法

制作索引文件是 U 盘开局的前提，从 V200R005C00 版本开始，U 盘开局支持两种格式的索引文件：smart_config.ini 和 usbload_config.txt，**但除 S5700LI 子系列外的其他 S 系列交换机仅支持 smart_config.ini 格式索引文件。**

用户可以在 PC 机上编辑 U 盘开局索引文件，具体的制作步骤如下所示。

① 新建一个空的文本文档。

② 按照 U 盘开局索引文件格式编辑文件内容。

③ 将此文本文档另存为"smart_config.ini"或者"usbload_config.txt"（仅 S5700LI 系列交换机支持）。

④ 将索引文件 smart_config.ini 或者 usbload_config.txt 复制至 U 盘，**此文件必须保存至 U 盘根目录下。**

注意 在创建索引文件时，要注意以下几个方面。

■ 对于 smart_config.ini 类型的索引文件，每一行的内容不能超过 512 个字符，否则索引文件无效。

■ smart_config.ini **索引文件中的字段名不区分大小写，**usbload_config.txt **索引文件的字段名必须为小写，**字段值除了密码区分大小写外，其他都不区分。

■ 索引文件中加载文件的字段均为可选，**但至少要指定一种文件类型的字段。**系统软件名、配置文件名及补丁文件名支持的最大长度为 48 字节，其他类型文件名支持的最大长度为 64 字节。

1. smart_config.ini 索引文件的格式

smart_config.ini 索引文件的格式如下，各字段的含义见表 3-2。

```
BEGIN LSW
[GLOBAL CONFIG]
TIMESN=
AUTODELFILE=
ACTIVEMODE=
USB-DEPLOYMENT PASSWORD=
[DEVICEn DESCRIPTION]
OPTION=
ESN=
MAC=
AUTODELFILE=
ACTIVEMODE=
DEVICETYPE=
HMAC=
DIRECTORY=
SYSTEM-SOFTWARE=
SYSTEM-CONFIG=
```

```
SYSTEM-LICENSE=
SYSTEM-PAT=
SYSTEM-WEB=
SYSTEM-USERDEF1=
SYSTEM-USERDEF2=
SYSTEM-USERDEF3=
END LSW
```

表 3-2　　　　　　　　　　**smart_config.ini 索引文件中的字段含义**

字段	描述
BEGIN LSW	必选字段。起始标志，此字段不能修改
GLOBAL CONFIG	必选字段。全局配置起始标志，此字段不能修改
TIMESN	必选字段。数据变更时间标志（**仅具有开局流程开始时间的标识作用，不一定是真正的开局开始时间**），字符串格式，长度范围为 1～16，不能包含空格。建议格式：年月日.时分秒，用 4 位表示，其他均用 2 位表示。 例如，2018 年 06 月 28 日 08 时 09 分 10 秒，可设置为 TIMESN=20180628.080910。 每个 TIMESN 对应一台升级的设备。在 U 盘开局过程中，设备会在重启前记录本次开局的 TIMESN（升级后不需要重启的则在升级完成后记录）设置值，下次升级不可再使用此 TIMESN。**如果由于某些原因造成在设备重启后升级失败，则需要将 TIMESN 重新修改后再进行 U 盘开局**
AUTODELFILE	可选字段。表示是否允许升级后自动删除原有系统软件，其配置格式如下。 • AUTODELFILE=YES：删除。 • AUTODELFILE=NO：不删除。 缺省情况下，AUTODELFILE 为 NO。如果该字段不存在、为空或是不合法值，均表示为缺省情况。 在索引文件中有两种 AUTODELFILE 字段：全局字段和单台设备字段。 • 位于 [GLOBAL CONFIG] 字段内的是全局字段，位于 [DEVICE*n* DESCRIPTION] 内的是单台设备字段。 • 如果单台设备设置了此字段的值为 YES 或 NO，则以单台设备设置的生效。如果单台设备未设置此字段或者此字段为空，则以全局设置的生效
ACTIVEMODE	可选字段。表示文件复制完成后的文件激活方式，具体有以下两种。 • DEFAULT：按照各个文件的默认方式激活。其中，系统软件、配置文件默认激活方式是重启设备；补丁文件默认激活方式是不重启设备，在线激活；License 文件、Web 网页文件、用户自定义文件不进行激活处理，下载成功后 U 盘开局即结束。 • RELOAD：采用重启设备的方式激活。 缺省情况下，ACTIVEMODE 为 DEFAULT。如果该字段不存在、为空或是不合法值，均表示为缺省情况。

（续表）

字段	描述	
ACTIVEMODE	在索引文件中也有两种 ACTIVEMODE 字段：全局字段和单台设备字段。 ● 位于 [GLOBAL CONFIG] 字段内的是全局字段，位于 [DEVICE*n* DESCRIPTION] 内的是单台设备字段。 ● 如果单台设备设置了此字段的值为 DEFAULT 或 RELOAD，则以单台设备设置的生效。如果单台设备未设置此字段或者此字段为空，则以全局设置的生效	
USB-DEPLOYMENT PASSWORD	可选字段。U 盘开局的认证密码。如果待开局设备的配置中包含开局认证密码，则此字段中必须填入相应的密码，如果待开局设备中未配置密码，该字段为空或不存在即可。 同一个索引文件只能使用同一个密码，即如果一个索引文件需要对多个设备开局，则在这些待开局的设备上配置的开局认证的密码必须相同。 【说明】从 V200R007 版本开始，不再支持用户手动配置 U 盘开局密码。如果设备上存在 U 盘开局密码的配置，则为从 V200R007 之前版本升级时保留的配置。建议用户升级完成后，通过 **undo set device usb-deployment password** 命令取消 U 盘开局密码。 S2720EI、S5720EI、S5720SI、S5720S-SI、S6720EI、S6720S-EI、S5720LI、S5720S-LI、S5710-X-LI、S5700S-LI、S5730SI、S5730S-EI、S6720SI、S6720S-SI、S6720LI、S6720S-LI 不支持配置 U 盘开局密码	
DEVICE*n* DESCRIPTION	必选字段。单台设备文件信息描述起始标志，表示以下各项是各具体设备的特有开局属性配置。如果有不同设备要采用不同的开局配置，则要分别把这些配置单独列出。*n* 表示设备的编号，从 0 开始，最大为 65535。DEVICE 按照文件中定义的顺序从上到下进行匹配，匹配到一组之后不会再匹配其他 DEVICE*n*。 【说明】DEVICE*n* DESCRIPTION 字段下表示单台设备信息的每个字段不可以重复出现，否则将不匹配这个 DEVICE*n*	
OPTION	可选字段。单台设备文件信息有效标志，表示该设备文件信息是否有效。 ● OPTION=OK：表示此单台设备以下的文件信息有效。 ● OPTION=NOK：无效，表示此单台设备的文件信息都无需判断。 缺省情况下，OPTION 为 OK。如果该字段不存在、为空或是不合法值，均表示为缺省情况	
ESN	可选字段。设备序列号。如果 ESN=DEFAULT，表示不需要去匹配设备的 ESN，否则需要和设备匹配 ESN。设备 ESN 号可通过执行 **display esn** 命令获取。 缺省情况下，ESN 为 DEFAULT。如果该字段不存在或为空，则表示为缺省情况	待升级的设备将在索引文件中按 DEVICE 从上往下进行匹配，匹配的优先级为：MAC> ESN > DEVICETYPE > DEFAULT。一旦匹配上，则按匹配上的 DEVICE 信息加载文件，如果此过程出错，将不会再次进行匹配，只会输出错误报告
MAC	可选字段。设备系统 MAC 地址，格式为：XXXX-XXXX-XXXX，X 为十六进制数。如果 MAC=DEFAULT，表示不需要去匹配设备的系统 MAC 地址，否则需要与设备 MAC 地址去匹配。设备系统 MAC 地址可通过执行 **display system-mac** 命令获取。 缺省情况下，MAC 为 DEFAULT。如果该字段不存在或为空，则表示为缺省情况	

（续表）

字段	描述	
DEVICETYPE	可选字段。表示与设备的类型（系列号）匹配，如 S9700。如果 DEVICETYPE=DEFAULT，表示不用去匹配设备的类型，否则需要和设备的类型进行匹配。 缺省情况下，DEVICETYPE 为 DEFAULT。如果该字段不存在或为空，则表示为缺省情况	待升级的设备将在索引文件中按 DEVICE 从上往下进行匹配，匹配的优先级为：MAC> ESN > DEVICETYPE > DEFAULT。一旦匹配上，则按匹配上的 DEVICE 信息加载文件，如果此过程出错，将不会再次进行匹配，只会输出错误报告
HMAC	可选字段。配置文件的 HMAC 校验值，用于对加载的配置文件进行校验。该值为 64 位的字符串，是通过计算工具对 U 盘中的配置文件以 HMAC-SHA256 算法计算出的值。其中用作计算的密钥必须与在待开局设备上通过 **set device usb-deployment config-file password** 命令设置的密码保持一致。 缺省情况下，不对配置文件进行校验。 【说明】可通过 HMAC-SHA256 计算工具（如 OpenSSL 或者 HashCalc）生成配置文件的 HMAC 值。 当 U 盘开局的升级文件中包含配置文件时，为提高安全性，建议通过 **set device usb-deployment config-file password** 命令配置加密和解密的密码，对配置文件进行压缩加密后再保存至 U 盘，同时通过 **set device usb-deployment hmac** 命令使能 HMAC 校验功能	
DIRECTORY	可选字段。指定文件在 U 盘中存放的目录。 ● 此字段为空或不存在时，表示文件位于 U 盘根目录下。 ● DIRECTORY=/abc，表示文件位于 U 盘的 abc 文件夹下。 缺省情况下，DIRECTORY 字段为空。 索引文件中文件目录的格式必须与设备的文件系统一致。 ● 目录深度小于等于 4 级。目录必须以"/"开头，每一级目录以"/"隔开，但不能以"/"结束，例如/abc/test 是合法目录，/abc/test/则是非法目录。 ● 每一级目录的字符串长度范围是 1～15。 ● 目录名使用的字符不可以是空格、"～"、"*"、"/"、"\"、":"、"'"、"""、"<"、">"、"|"、"?"、"["、"]"、"%"等字符，目录名称不区分大小写	
SYSTEM-SOFTWARE	可选字段。系统软件名称，后缀名为".cc"。 如果指定了此字段，则设备在复制系统软件前，会将此系统软件的版本号与设备正在运行的系统软件版本号比较，如果相同则不进行复制以及系统软件的升级	
SYSTEM-CONFIG	可选字段。配置文件名称，后缀名为".cfg"或".zip"	
SYSTEM-LICENSE	可选字段。License 文件名称，后缀名为".dat"	
SYSTEM-PAT	可选字段。补丁文件名称，后缀名为".pat"	
SYSTEM-WEB	可选字段。Web 网页文件名称，后缀名为".web.7z"	

SYSTEM-SCRIPT	可选字段。表示脚本文件的名称。可通过指定此字段，在 U 盘开局的同时，导入堆叠的相关配置。设备重启后，堆叠配置将会生效。
	脚本文件以".bat"为后缀，文件名长度为 5～64 个字符，格式与配置文件一致，"!"表示注释。脚本文件样例：
	
	`#`
	`stack slot 0 renumber 2`
	`!修改堆叠 ID`
	`#`
	`interface stack-port 0/1`	

（续表）

字段	描述
SYSTEM-SCRIPT	port interface xgigabitethernet 0/0/27 enable # interface stack-port 0/2 port interface xgigabitethernet 0/0/28 enable 【说明】不支持 Unix 和 Linux 系统编辑生成的脚本文件，因为此系统生成的文件内容设备无法识别。 如果脚本文件中包含非堆叠的配置命令，且是会保存至配置文件中的命令，则此类命令在设备重启后会丢失。脚本文件的堆叠命令中，如果 *slot-id* 与当前设备的 slot ID 不一致，则会导致脚本文件执行失败。同时，当有 **stack slot** *slot-id* **renumber** *new-slot-id* 命令时，其他的堆叠命令中涉及 *slot-id* 的都需要和当前的 *slot-id* 一致。例如下面的脚本文件是错误的，当前设备的 slot ID 为 0 不是 2，2 是设备重启生效后的 slot ID。 # stack slot 0 renumber 2 # interface stack-port 2/1 port interface XGigabitEthernet 2/0/1 enable 堆叠线的连接可以在 U 盘开局前也可以在完成 U 盘开局后进行。对于已经连接堆叠线的多个设备，如果导入脚本文件重启后成为堆叠系统非主设备时，不会在设备上生成 U 盘开局成功的报告
SYSTEM-USERDEF1 SYSTEM-USERDEF2 SYSTEM-USERDEF3	可选字段。用户自定义文件
END LSW	必选字段。文件结束标志

2. usbload_config.txt 索引文件格式

usbload_config.txt 索引文件格式包括以下 3 种。

■ 方式一

如果要对多台型号相同的设备升级同样的系统软件、配置文件、Web 文件、补丁文件，索引文件格式为（**均要用"< >"括住，以"=;/"结尾**）：

```
<time-sn=;/>
<usb-deployment password=;/>
<boardtype=; vrpfile=; cfgfile=; webfile=; patchfile=; delfile=; system-script=;/>
```

■ 方式二

如果针对某一台设备升级，索引文件格式为：

```
<time-sn=;/>
<usb-deployment password=;/>
<mac=; vrpfile=; cfgfile=; webfile=; patchfile=; delfile=; system-script=;/>
```

■ 方式三

如果针对某一台设备升级，索引文件格式为：

```
<time-sn=;/>
<usb-deployment password=;/>
<esn=; vrpfile=; cfgfile=; webfile=; patchfile=; delfile=; system-script=;/>
```

说明　3 种格式分别通过 boardtype、mac 和 esn 来匹配设备。可通过 3 种格式，结合实现对多台不同的设备进行 U 盘开局（如果匹配到同一设备，则以 mac 的优先级最高，

boardtype 的优先级最低）。例如：

```
<time-sn=201305091219;/>
<usb-deployment password=;/>
<boardtype=; vrpfile=S5700-V200R012C00.CC; cfgfile=; webfile=; patchfile=; delfile=; system-script=;/>
<mac=0018-8200-0001; vrpfile=; cfgfile=vrpcfg.cfg; webfile=; patchfile=; delfile=0; system-script=;/>
<esn=210235182310xxxxxxxx; vrpfile=; cfgfile=; webfile=; patchfile=patch.pat; delfile=1; system-script=;/>
```

usbload_config.txt 索引文件字段含义见表 3-3（**字段名必须小写**）。

表 3-3　　　　　　　　　　**usbload_config.txt 索引文件字段含义**

字段	描述
time-sn	必选字段。数据变更时间标识，参见表 3-3 中 TIMESN 字段的说明
usb-deployment password	可选字段。U 盘开局的认证密码，参见表 3-3 中 USB-DEPLOYMENT PASSWORD 字段的说明
boardtype	可选字段。进行 U 盘开局的设备型号，需要与设备的正式型号一致，例如 S5700-52X-LI-48CS-AC
vrpfile	可选字段。系统软件名称，后缀名为".cc"。 如果指定了此字段，则设备在复制系统软件前，会将此系统软件的版本号与设备正在运行的系统软件版本号比较，如果相同则不进行复制以及系统软件的升级
cfgfile	可选字段。配置文件名称，后缀名为".cfg"或".zip"
webfile	可选字段。Web 文件名称，后缀名为".web.7z"
patchfile	可选字段。补丁文件名称，后缀名为".pat"
mac	可选字段。设备 MAC 地址，格式为：XXXX-XXXX-XXXX，X 为十六进制数。 如果 mac=default，表示不匹配 MAC 地址，否则需要和设备匹配 MAC 地址。 缺省情况下，mac 为 default。如果该字段不存在或为空，则表示为缺省情况
esn	可选字段。设备序列号。如果 esn=default，表示不匹配 ESN 序列号，否则需要和设备匹配 ESN。 缺省情况下，esn 为 default。如果该字段不存在或为空，则表示为缺省情况
delfile	可选字段。表示是否允许升级后自动删除原有系统软件：值为 1 表示删除，值为 0 表示不删除。 如果没有设置该字段或者该字段为非法值（非 0 或 1）则不删除
system-script	可选字段。表示脚本文件的名称。可通过指定此字段，在 U 盘开局的同时，导入堆叠的相关配置。设备重启后，堆叠配置将会生效。参见表 3-2 中的 SYSTEM-SCRIPT 字段说明

3.1.4　配置 U 盘开局

U 盘开局索引文件制作好后，就可以将索引文件和需要加载的开局文件保存到 U 盘中（**索引文件保存到 U 盘根目录下**，至于开局文件，如果是 smart_config.ini 格式的索引文件则要保存到指定目录，缺省为根目录；如果是 usbload_config.txt 格式的索引文件，则要保存到 U 盘根目录下），最后将 U 盘插入待开局设备中启动 U 盘开局流程。但在正式开局前还需要进行一些必要的配置，具体见表 3-4。

表 3-4　　　　　　　　　　**U 盘开局的配置步骤**

步骤	命令	说明
1	**system-view** 例如：<HUAWEI>**system-view**	进入系统视图

（续表）

步骤	命令	说明
2	**undo set device usb-deployment disable** 例如：[HUAWEI] **undo set device usb-deployment disable**	使能设备的 U 盘开局功能。缺省情况下，U 盘开局功能是去使能的，可用 **set device usb-deployment disable** 命令去使能设备的 U 盘开局功能。 建议 U 盘开局结束后，将此功能关闭。但是如果设备是空配置设备，则 U 盘开局功能一直是使能的
3	**set device usb-deployment config-file password** *password* 例如：[HUAWEI] **set device usb-deployment config-file password** Pwd123456	（可选）配置 U 盘开局时用于对配置文件进行加密和解密的密码（这是采用对称加/解密方式）。如果需要对配置文件进行 HMAC 校验，则必须要通过此步骤配置密码，但仅当使用 **smart_config.ini** 格式的索引文件时才支持。 密码为字符串类型，长度范围是 1～64 或 48～108。当明文输入时，长度范围为 1～64，区分大小写，输入的密码至少包含两种类型字符，包括大写字母、小写字母、数字及特殊字符。当密文输入时，长度是 48～108。但无论是明文输入还是密文输入，配置文件中都以密文形式体现
4	**set device usb-deployment hmac** 例如：[HUAWEI] **set device usb-deployment hmac**	（可选）使能配置文件的 HMAC 校验功能，仅当使用 smart_config.ini 格式的索引文件时。 如果使能了 HMAC 校验功能，则使用 **set device usb-deployment config-file password** 命令配置密码计算需要加载的配置文件的 HMAC 值，然后将该值与索引文件中的 "HMAC" 字段值进行比较。如果一致，则文件合法，可以进行 U 盘开局；如果不一致，则文件非法，不能进行 U 盘开局

　　将 U 盘插入设备（如果是框式设备，则要插在主用主控板）中，即可启动开局流程。

　　■ 进入开局流程后，系统首先按照索引文件中的描述信息从 U 盘中获取开局文件复制到设备缺省的存储介质中。复制完成后，这些文件会从设备的主用主控板复制至备用主控板。如果是集群环境，会复制至所有主控板。

　　■ 文件复制完成后，设备会根据索引文件中 **ACTIVEMODE** 字段指定的方式激活文件。如果使用的是 usbload_config.txt 索引文件，若开局文件包含系统软件、配置文件或脚本文件，设备会将此系统软件或配置文件作为下次启动的文件，然后重启设备进行升级并使脚本文件生效。对于补丁文件，设备默认不重启激活，Web 网页文件默认不进行激活处理。

　　■ 如果此次升级需要设备重启生效，则在重启前会延时 10s，在此时间内，SRUC 主控板上 RUN/ALM 灯黄色常亮，对于 SRUH/SRUK/SRUE/SRUF、MPUA/MPUB 主控板为 USB 灯黄色常亮。

3.1.5　U 盘开局状态查看

　　开局完成后可通过指示灯查看 U 盘开局的状态，不同系列的 U 盘开局的状态显示不完全一样，下面分别予以介绍。

　　① S5700LI 和 S6720S-EI：**通过 SYS 指示灯的状态判断 U 盘开局进行的状态。**

　　■ 黄色慢闪（每 2s 闪一次）：表示 U 盘开局成功。

　　■ 绿色快闪（每秒闪 4 次）：表示 U 盘数据读取中。

　　　■ 红色快闪（每秒闪 4 次）：表示 U 盘开局失败。

　　② S2720EI、S5710-X-LI、S5700S-LI、S5720LI、S5720S-LI、S5720SI、S5720S-SI、S6720EI、S5720HI、S5720EI、S5730SI、S5730S-EI、S6720HI、S6720SI、S6720S-SI、S6720LI 和 S6720S-LI：**通过 USB 指示灯的状态判断 U 盘开局进行的状态。**

　　　■ 绿色常亮：表示 U 盘开局成功。

　　　■ 绿色快闪（每秒闪 4 次）：表示 U 盘数据读取中。

　　　■ 红色快闪（每秒闪 4 次）：表示 U 盘开局失败。

　　　■ 黄色常亮：表示设备正在准备重启。

　　　■ 常灭：可能的原因有 U 盘中无索引文件、未插 U 盘、USB 接口损坏、指示灯坏、插入非开局 U 盘、重启过程中。

　　③ 对于安装 SRUC 主控板的 S7700/7900/9700 系列交换机，**通过主控板的 RUN/ALM 指示灯的状态判断 U 盘开局进行的状态。**

　　　■ 黄色慢闪（每 2s 闪一次）：表示 U 盘开局成功。

　　　■ 绿色快闪（每秒闪 4 次）：表示 U 盘数据读取中。

　　　■ 红色快闪（每秒闪 4 次）：表示 U 盘开局失败。

　　　■ 黄色常亮：表示设备正在准备重启。

　　④ 对于安装 SRUH、SRUK、SRUE、SRUF 主控板的 S7700/7900/9700 系列交换机，**通过主控板的 USB 指示灯的状态判断 U 盘开局进行的状态。**

　　　■ 绿色常亮：表示 U 盘开局成功。

　　　■ 绿色快闪（每秒闪 4 次）：表示 U 盘数据读取中。

　　　■ 红色快闪（每秒闪 4 次）：表示 U 盘开局失败。

　　　■ 黄色常亮：表示设备正在准备重启。

　　　■ 常灭：可能的原因有 U 盘中无索引文件、未插 U 盘、USB 接口损坏、指示灯坏、插入非开局 U 盘、重启过程中。

　　⑤ 对于安装 MPUA/MPUB 主控板的 S12700 系列交换机，**通过主控板的 USB 指示灯的状态判断 U 盘开局进行的状态。**

　　　■ 绿色常亮：表示 U 盘开局成功。

　　　■ 绿色快闪（每秒闪 4 次）：表示 U 盘数据读取中。

　　　■ 红色快闪（每秒闪 4 次）：表示 U 盘开局失败。

　　　■ 黄色常亮：表示设备正在准备重启。

　　　■ 常灭：可能的原因有 U 盘中无索引文件、未插 U 盘、USB 接口损坏、指示灯坏、插入非开局 U 盘、重启过程中。

说明 U 盘开局成功后，系统会在 U 盘根目录下生成开局成功报告 **usbload_verify.txt** 文件。此时，可以拔出 U 盘，U 盘开局结束。如果 U 盘开局失败，系统也会在 U 盘根目录下生成错误报告 **usbload_error.txt** 文件，可以通过查看此文件定位失败的原因。

　　U 盘开局结束后，建议执行 **set device usb-deployment disable** 命令，去使能设备的 U 盘开局功能，防止因 U 盘误插入而引起不必要的版本升级，导致业务中断。

3.1.6　U 盘开局配置示例

某公司购买了两台华为 S 系列交换机，分别是 S5700-X-LI 和 S5720HI 子系列。为了降低人工成本、节省部署的时间，用户希望为两台新设备实现自动升级及配置，需求如下。

- 设备升级的开始时间为 2018 年 04 月 28 日 10 时 00 分。
- 第一台设备 S5700-X-LI 从 V200R012C00 版本升级至较高版本，MAC 地址为 0018-0303-1234，系统软件名称为 S5700LI-new.CC，用户自定义文件 userfile.txt，要求升级完成后，删除原有的系统软件。
- 第二台设备 S5720HI 从 V200R012C00 版本升级至较高版本，ESN 号为 020TEA10xxxxxxxx，系统软件名称为 S5720HI-new.CC，需要加载的配置文件为 vrpcfgnew.zip，补丁文件为 patch.pat。

1．配置思路分析

因为本示例中有不支持 usbload_config.txt 格式索引文件的 S5720HI 子系列交换机，故本示例采用 smart_config.ini 索引文件格式，其基本配置思路如下。

① 制作 U 盘开局索引文件 smart_config.ini。

在索引文件中，第一台设备采用 MAC 地址匹配方式，指定要升级的系统软件文件、用户自定义文件；第二台设备采用 ENS 匹配方式，指定要升级的系统软件文件、配置文件和补丁文件。

② 将索引文件 smart_config.ini 和开局文件保存至 U 盘根目录下。

③ 将 U 盘插入设备的 USB 接口，启动开局流程，实现设备的自动软件升级。

2．具体配置步骤

① 编辑 U 盘开局索引文件 smart_config.ini。

\# 新建一个索引文件，命名为"smart_config.ini"。索引文件的内容与格式如下。

```
BEGIN LSW
[GLOBAL CONFIG]
TIMESN=20180428.100000   #---代表了一个开局时间，即 2018 年 4 月 28 日 10 时 0 分 0 秒
[DEVICE0 DESCRIPTION]   #---以下是第一台设备的开局配置
MAC=0018-0303-1234     #---指定设备 MAC 地址
AUTODELFILE=YES      #--- 指定升级完成后删除原有 VRP 系统软件
DEVICETYPE=S5700-X-LI    #---指定设备型号
SYSTEM-SOFTWARE=S5700LI-new.CC   #---指定设备用于更新的 VRP 系统软件名
SYSTEM-USERDEF1=userfile.txt    #---指定在开局过程中要加载的自定义文件

[DEVICE1 DESCRIPTION]   #---以下是第二台设备的开局配置
ESN=020TEA10xxxxxxxx    #---指定设备的 ESN
DEVICETYPE=S5720-HI
SYSTEM-SOFTWARE=S5720HI-new.CC
SYSTEM-CONFIG=vrpcfgnew.zip   #---指定在开局过程中要加载的新配置文件
SYSTEM-PAT=patch.pat   #---指定在开局过程中要加载的补丁文件
END LSW
```

② 将索引文件 smart_config.ini 及其他所有开局文件保存至 U 盘根目录下。

③ 将 U 盘插入 S5700-X-LI 中，启动开局流程，观察指示灯，监控 U 盘开局的状态。设备重启后，系统检测开局状态：SYS 指示灯黄色慢闪（每 2s 闪一次），表示 U 盘

开局成功；SYS 指示灯红色闪烁，表示 U 盘开局失败，可查看 U 盘根目录下 usbload_error.txt 文件，定位出错原因。

确认 U 盘开局成功后，拔出 U 盘，再插入另外一台待升级的设备中。

④ 将 U 盘插入 S5720-HI 中启动开局流程，观察指示灯，监控 U 盘开局的状态。

设备重启后，系统检测开局状态：USB 指示灯绿色常亮，表示 U 盘开局成功；USB 指示灯红色快闪（每秒闪两次），表示 U 盘开局失败，可查看 U 盘根目录下 usbload_error.txt 文件，定位出错原因。

确认 U 盘开局成功后，拔出 U 盘，U 盘开局结束。

3.2 EasyDeploy 基础

与前面介绍的 U 盘开局功能类似，EasyDeploy 也是一种交换机快速部署方案。即通过 EasyDeploy 功能，设备也可以实现自动加载版本文件（包括系统软件、补丁文件、Web 网页文件和配置文件等），从而简化网络配置。但 EasyDeploy 功能是通过网络进行操作的，因此可实现对设备进行批量地远程快速部署（不用像 U 盘开局功能那样逐台本地操作）和集中管理，效率更高。而且 EasyDeploy 除了可实现快速部署外，还可实现故障设备替换、批量升级、批量配置等功能，但因为篇幅原因，这些功能不进行介绍。

3.2.1 EasyDeploy 涉及的基本概念

EasyDeploy 的快速部署功能有以下多种实现方案，它们的具体工作原理及配置方法将在后面各节介绍，在此先介绍与这些 EasyDeploy 部署方案相关的一些基本概念。

- 通过 Option 参数实现空配置设备部署。
- 通过中间文件实现空配置设备部署。
- 通过 Commander 实现空配置设备部署。
- 通过中间文件实现带配置的部署。

（1）Commander

这是通过 Commander（可以理解为管理交换机）实现空配置设备部署方案中涉及的一个概念，是指作为开局配置中管理者的交换机角色。Commander 与 Client 间的通信是采用 UDP 单播报文，默认的端口号 60000。

担当 Commander 的交换机的主要作用如下。

- 管理 Client 的与部署相关的信息，建立信息数据库。
- 给网络中的 Client 分配文件服务器地址、用户名、密码、系统软件名、配置文件名、License 文件名、补丁文件名、Web 网页文件名、自定义文件名。
- 统一控制和管理 Client，控制和信息查询都在 Commander 上完成。

（2）Client

这也是通过 Commander 实现空配置设备部署方案中涉及的一个概念，是指作为开局配置中的被管理者（待配置设备）的交换机角色。Client 从 Commander 上获取下载文件信息后，再根据这些信息从指定的文件服务器上下载指定的文件，最终实现指定文件的自动加载。

（3）Group

为了进一步简化配置，可以将需要下载相同文件的 Client 划分到一个设备群组 Group 中。Group 有两种方式。

■ 内置 Group：根据设备类型（系列名）匹配，同种类型的设备划分到一个 Group 中。适合相同设备类型的 Client 加载相同的系统文件、补丁文件或 Web 网页文件等其他相同的文件。

■ 自定义 Group：可以灵活地根据待开局设备的 MAC 地址、ESN 序列号、IP 地址、设备型号和设备类型匹配。

（4）文件服务器

这里特指 SFTP/FTP/TFTP 服务器，是存放待配置设备需要加载的文件，包括系统软件、配置文件、License 文件、补丁文件和 Web 文件等。因为 EasyDeploy 功能是通过网络实现的，所以在各种 EasyDeploy 部署方案中均需要配置好文件服务器。

（5）DHCP 服务器

在空配置部署、带配置部署和故障替换场景下，必须先部署 DHCP 服务器，以保证待配置设备能通过 DHCP 服务器获取 IP 地址、文件服务器信息和中间文件名称。当设备上电启动 EasyDeploy 流程后，待配置设备会根据设备上是否有配置文件以及 DHCP 服务器上 Option 参数的配置选择不同的实现方式，判断流程如图 3-4 所示。

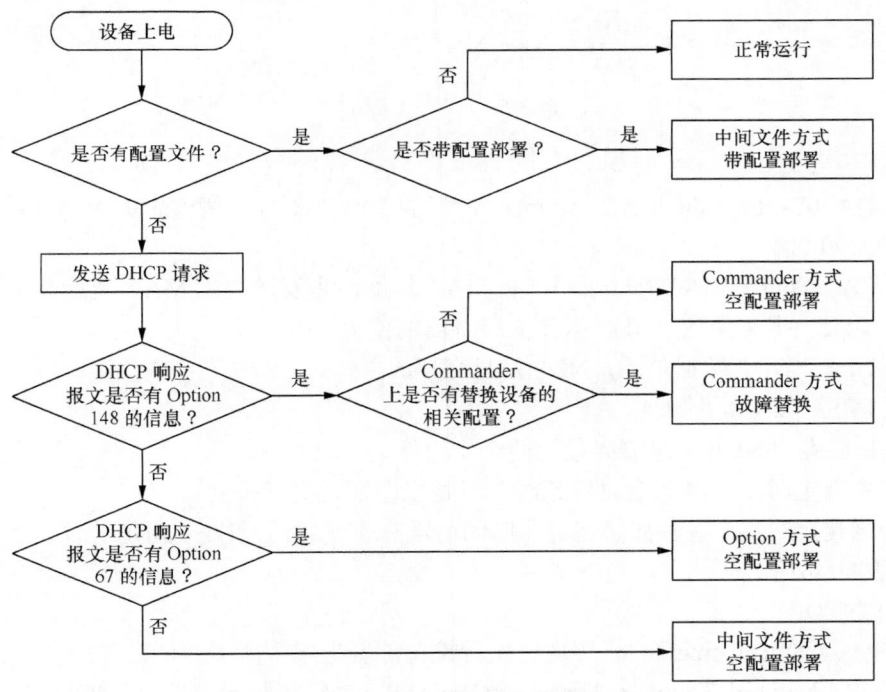

图 3-4　EasyDeploy 启动后的判断流程

（6）中间文件

这是通过中间文件实现空配置，或者带配置设备部署应用中所需的一个必要文件，用于解析出需要下载的版本文件信息。

中间文件存放在文件服务器上，文件内容为下载文件信息，格式为设备的 MAC 地址或 ESN 序列号与待下载文件的对应关系。在带配置部署场景下，中间文件中还应包括 SNMP 主机的 IP 地址。

S 系列交换机的中间文件名称可以编辑，后缀为.cfg。当有多台设备需要配置时，中间文件的每行对应一台设备的配置信息。例如，一台设备的 MAC 地址为 0018-82C5-AA89，对应这台设备应下载的系统软件名称为 easy_V200R012C00.cc，版本号信息为 V200R012C00SPC100，补丁文件为 easy_V200R012C00.pat，配置文件名称为 easy_V200R012C00.cfg，Web 文件名称为 easy.web.7z，则中间文件内容为（**注意：每部分间用英文分号分隔，最后的分号也不能少**）：

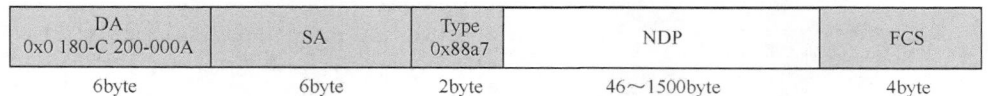

mac=0018-82C5-AA89;vrpfile=easy_V200R012C00.cc;vrpver=V200R012C00SPC100;patchfile=easy_V200R012C00.pat;cfgfile=easy_V200R012C00.cfg;webfile=easy.web.7z;

（7）NDP

这仅是通过 Commander 实现空配置设备部署方案中所需要的。

NDP（Neighbor Discovery Protocol，邻居发现协议）是华为公司的私有协议，用来收集邻居设备的信息，如邻居设备的连接接口和软件版本等。NDP 报文承载于 Ethernet-II 帧，以组播目的 MAC 地址周期性发送。设备根据收到的邻居的 NDP 报文生成 NDP 信息表。NDP 报文结构如图 3-5 所示。

DA 0x0 180-C 200-000A	SA	Type 0x88a7	NDP	FCS
6byte	6byte	2byte	46～1500byte	4byte

图 3-5　NDP 报文结构

各字段含义如下。

■ DA（Destination MAC Address）：目的 MAC 地址，为固定的组播 MAC 地址 0x0180-C200-000A。

■ SA（Source MAC Address）：源 MAC 地址，为发送端的 MAC 地址。

■ Type：报文类型，NDP 报文中该字段的值为 0x88a7。

■ NDP：NDP 数据单元，NDP 信息交换的主体。

■ FCS：帧检验序列。

NDP 在维护 NDP 信息表时使用两个定时器。

■ 更新定时器：当此定时器超时，设备立即发送更新报文。

■ 老化定时器：设备如果在老化时间内没有收到邻居发来的 NDP 报文，相应 NDP 表项将被自动删除。

（8）NTDP

这也仅是通过 Commander 实现空配置设备部署方案中所需要的。

NTDP（Network Topology Discovery Protocol，网络拓扑发现协议）也是华为公司的一个私有协议，可用来在一定网络范围内收集拓扑信息，信息收集能力更强。很显然，NTDP 收集的信息包括前面介绍的 NDP 收集的表项信息。

NTDP 报文与 NDP 报文一样也承载于 Ethernet-II 帧，也以组播目的 MAC 地址周期性发送请求报文，以单播目的 MAC 地址发送响应报文。NTDP 报文的结构如图 3-6 所示。

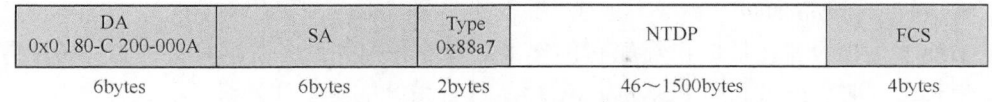

DA 0x0 180-C 200-000A	SA	Type 0x88a7	NTDP	FCS
6bytes	6bytes	2bytes	46~1500bytes	4bytes

图 3-6　NTDP 报文的结构

各字段含义如下。

■　DA（Destination MAC Address）：目的 MAC 地址，为固定的组播 MAC 地址 0x0180-C200-000A，**与 NDP 报文中的目的 MAC 地址一样**。

■　SA（Source MAC Address）：源 MAC 地址，为发送端的 MAC 地址。

■　Type：报文类型，NTDP 报文中该字段的值为 0x88a7，也与 NDP 报文类型值一样。

■　NTDP：NDP 数据单元，NTDP 信息交换的主体。

■　FCS：帧检验序列。

如图 3-7 所示，拓扑收集设备 Switch A 发送 NTDP 请求报文。Switch B 收到该请求报文立即发送响应报文，并转发此请求报文给与它相邻的设备 Switch C，Switch C 收到请求后将执行同样的操作，以此类推，网络中的每个设备都会收到此请求，都会向拓扑收集设备响应请求。因此，Switch A 可以收集到所有设备的 NDP 信息和设备之间的互连信息，可以依据这些信息构造出网络的拓扑图。

（9）网络拓扑收集

这也仅是通过 Commander 实现空配置设备部署方案中所需要的。

网络拓扑收集功能是基于 NDP 和 NTDP 协议的，由 Commander 交换机作为

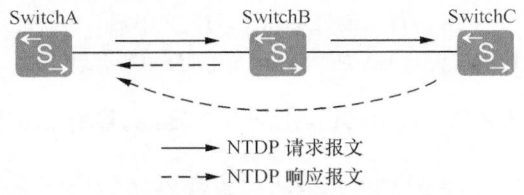

图 3-7　NTDP 协议的网络拓扑信息收集流程

网络拓扑收集设备。通过网络拓扑收集功能实现空配置设备的部署，无需用户手动收集设备 MAC 地址或 ESN 序列号等信息。因为在 Commander 交换机上使能了网络拓扑收集功能后，空配置设备上电启动完成后，Commander 可自动收集到这些信息并为设备分配 Client ID，完成设备信息与设备的绑定，即收集到网络拓扑信息，并根据网络拓扑信息来配置下载文件信息。

通过网络拓扑收集功能完成空配置设备的部署后，还可以基于网络拓扑信息自动进行故障设备的替换。

3.2.2　EasyDeploy 主要应用

EasyDeploy 功能主要可以应用于以下几种场景。

■　空配置设备部署

空配置是指设备本次使用的配置文件和下次启动时使用的配置文件为空。在此种场景下，可利用现有网络对新设备进行批量、快速部署。当新设备安装完成后，无需网络管理员到安装现场对设备进行软件调试，在设备满足空配置的条件下，设备上电后即可自动加载配置文件、补丁文件等系统文件。空配置设备部署时，可以不指定配置文件。

在空配置部署场景中，兼容了早期版本 VRP 系统中的 Auto-Config（自动配置）特

性的功能和流程。

■ 带配置设备部署

带配置是指设备出厂时已经配有包含带配置部署相关命令的配置文件。当待配置的设备带有配置时，也可利用 EasyDeploy 功能进行系统的更新和升级。在这种场景下，需要在设备的配置文件中包含带快速部署相关的命令行，用以指定用于下载升级 VRP 系统的文件的文件服务器地址、开局使用的中间文件名、设备与 SNMP 主机的共享密钥等。

■ 故障设备替换

在日常网络维护中，EasyDeploy 也可以实现定时保存配置文件到文件服务器。当设备发生故障时，更换后的新的空配置设备按照替换信息下载原设备的配置文件并激活，保证设备的即插即用。

■ 批量升级

在日常网络维护中，EasyDeploy 也可以将升级文件相同的设备规划为一个 Group，网络管理员只需要给 Group 指定升级文件，即可实现批量升级设备的功能。

■ 批量配置

在日常网络维护中，EasyDeploy 也可以将命令行编辑成脚本，集中下发到设备执行，而无需用户一条一条地进行配置。

■ 有配置设备加入 Commander 管理

在运行 EasyDeploy 功能的网络中，如果希望对有配置设备进行监控和管理，则可以将有配置设备加入 Commander 的管理。

3.2.3　S 系列交换机对 EasyDeploy 功能的支持

EasyDeploy 功能是 S 系列交换机的基本特性，无需获得 License 许可即可应用此功能。但也不是所有 S 系列（**目前，S1700/3700 系列全部不支持**）、所有机型、所有 VRP 版本都支持该功能。S 系列交换机对 EasyDeploy 功能的支持情况见表 3-5。

表 3-5　　　　　　　　　　S 系列交换机对 **EasyDeploy** 功能的支持情况

系列	产品	支持版本
S2700	S2700SI/S2700EI	不支持
	S2710SI	不支持
	S2720EI	V200R006C10、V200R009C00、V200R010C00、V200R011C10、V200R012C00、V200R013C00
	S2750EI	V200R003C00、V200R005C00SPC300、V200R006C00、V200R007C00、V200R008C00、V200R009C00、V200R010C00、V200R011C00、V200R011C10、V200R012C00、V200R013C00
S5700	S5700LI/S5700S-LI	V200R003（C00&C02&C10）、V200R005C00SPC300、V200R006C00、V200R007C00、V200R008C00、V200R009C00、V200R010C00、V200R011C00、V200R011C10、V200R012C00、V200R013C00
	S5720LI/S5720S-LI	V200R010C00、V200R011C00、V200R011C10、V200R012C00、V200R013C00
	S5710-C-LI	不支持
	S5710-X-LI	V200R008C00、V200R009C00、V200R010C00、V200R011C00、V200R011C10、V200R012C00、V200R013C00

（续表）

系列	产品	支持版本
S5700	S5700SI	V200R003C00、V200R005C00
	S5700EI	V200R003C00、V200R005C00
	S5710EI	V200R003C00、V200R005C00
	S5720EI	V200R007C00、V200R008C00、V200R009C00、V200R010C00、V200R011C00、V200R011C10、V200R012C00、V200R013C00
	S5700HI	V200R003C00、V200R005C00
	S5710HI	V200R003C00、V200R005C00
	S5720HI	V200R006C00、V200R007（C00&C10）、V200R008C00、V200R009C00、V200R010C00、V200R011C00、V200R011C10、V200R012C00、V200R013C00
	S5720SI/S5720S-SI	V200R008C00、V200R009C00、V200R010C00、V200R011C00、V200R011C10、V200R012C00、V200R013C00
	S5730SI	V200R011C10、V200R012C00、V200R013C00
	S5730S-EI	V200R011C10、V200R012C00、V200R013C00
S6700	S6700EI	V200R003C00、V200R005C00
	S6720EI	V200R008C00、V200R009C00、V200R010C00、V200R011C00、V200R011C10、V200R012C00、V200R013C00
	S6720S-EI	V200R009C00、V200R010C00、V200R011C00、V200R011C10、V200R012C00、V200R013C00
	S6720LI/S6720S-LI	V200R011C00、V200R011C10、V200R012C00、V200R013C00
	S6720SI/S6720S-SI	V200R011C00、V200R011C10、V200R012C00、V200R013C00
	S6720HI	V200R012C00、V200R013C00
7700S	S7703、S7706、S7712	V200R003C00、V200R005C00、V200R006C00、V200R007C00、V200R008C00、V200R009C00、V200R010C00、V200R011C10、V200R012C00、V200R013C00
	S7710	V200R010C00、V200R011C10、V200R012C00、V200R013C00
7900S	S7905、S7908	V200R011C10、V200R012C00、V200R013C00
9700S	S9703、S9706、S9712	V200R003C00、V200R005C00、V200R006C00、V200R007C00、V200R008C00、V200R009C00、V200R010C00、V200R011C10、V200R012C00、V200R013C00
12700S	S12704	V200R008C00、V200R009C00、V200R010C00、V200R011C10、V200R012C00、V200R013C00
	S12708、S12712	V200R005C00、V200R006C00、V200R007C00、V200R007C20、V200R008C00、V200R009C00、V200R010C00、V200R011C10、V200R012C00、V200R013C00
	S12710	V200R010C00、V200R011C10、V200R012C00、V200R013C00

3.3　通过 Option 参数或中间文件实现空配置设备部署

如果在待配置的交换机上本次使用的配置文件和下次启动时使用的配置文件均为空时，可通过 Option 参数或中间文件方式实现快速的设备部署。本节具体介绍这两种部署方案的实现原理和具体功能实现的配置方法。

3.3.1 通过 Option 参数或中间文件实现空配置设备部署的实现原理

通过 Option 参数或中间文件实现空配置设备部署时，是早期版本 VRP 系统中 Auto-Config（自动配置）功能的空配置设备部署的实现方式，没有 Commander 和 Client 两种角色，**仅 S2700/5700/6700 系列部分机型支持**。

在该部署方式中，空配置设备获取 VRP 系统配置文件信息的方式有两种，也就对应两种不同的部署方案。

■ Option 方式：根据 DHCP Option 67 信息获取配置文件信息，**仅适用于为多台待配置设备分配相同的配置文件、系统软件、补丁软件和 Web 文件信息的情形**。

■ 中间文件方式：如果没有 DHCP Option 67 选项，则从文件服务器获取中间文件并解析出配置文件信息，**可为不同待配置设备分配不同的配置文件、系统软件、补丁软件和 Web 文件信息**。

如图 3-8 所示，虚线框内的 Switch 为新加入的空配置设备。下面以其中一台 Switch 为例，说明通过 Option 参数或中间文件实现空配置设备部署的配置及实现流程。

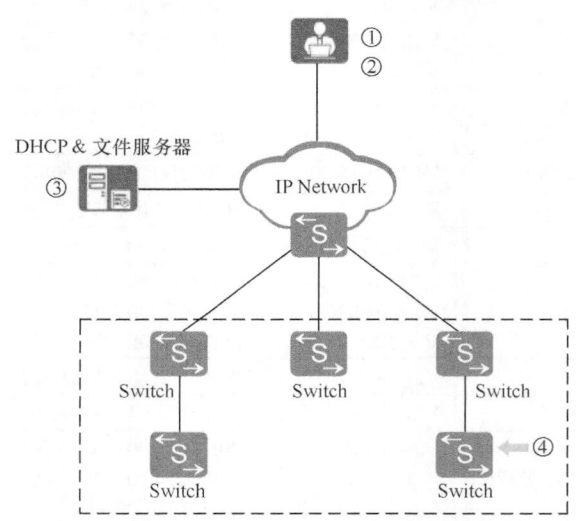

图 3-8　通过 Option 参数或中间文件实现空配置设备部署组网示意

① 网络管理员进行网络规划：包括待配置设备的物理位置、管理 IP 地址、管理 VLAN 以及其他网络和基本业务配置参数，生成待配置设备的离线配置文件。

② 根据待配置设备的情况，选择待配置设备通过 Option 参数还是中间文件获取下载文件信息。

■ 如果待配置设备较少，且不同的设备加载相同的配置文件，则可以采用 Option 参数获取下载文件的信息。

■ 如果待配置设备较多，且不同的设备加载不同的配置文件，则可以采用中间文件获取下载文件的信息。中间文件需要先离线创建完成。

③ 部署 DHCP 服务器（包括 Option 参数）及文件服务器。将生成的待配置设备的配置文件及其他需要加载的文件保存至文件服务器中。如果采用中间文件方式，也需要

将中间文件保存至文件服务器。

在通过 Option 或中间文件实现空配置部署中所需配置的 DHCP Option 参数见表 3-6。如果有多个 Option 参数配置，两个参数值之间必须用";"隔开。

表 3-6　　　通过 **Option** 或中间文件实现空配置部署时可用的 **DHCP Option** 选项

Option 编号	描述	说明
Option 67	表示为 DHCP 客户端分配的配置文件名称，支持指定文件路径，指定的路径和文件名不能超过 69 个字符，不支持空格。命令格式为：**option** 67 **ascii** *filename*，如 **option** 67 **ascii** easy/vrpcfg.cfg，easy 为文件所在的路径	（可选）如果指定了此参数，以 Option 方式实现空配置部署。如果未指定此参数，以中间文件方式实现空配置部署
Option 141	表示为 DHCP 客户端分配的 SFTP/FTP 用户名，命令格式为： **option** 141 **ascii** *username*	（必选）至少配置一种文件服务器，然后可通过以下 Option 参数指定 FTP 或者 SFTP 服务器参数。
Option 142	表示为 DHCP 客户端分配的 SFTP/FTP 用户密码。可采用以下两种格式配置： • **option** 142 **ascii** *password*； • **option** 142 **cipher** *password*。 采用 ascii 格式时，密码明文存储；采用 cipher 格式时，密码密文存储。以最近一次的配置作为最终配置。为保证密码安全，建议采用 cipher 格式配置密码	• 采用 FTP 服务器时，配置 Option 141、142 和 143 参数，使待配置设备可以从配置的 DHCP 服务器上获取 FTP 用户名、FTP 密码、FTP 服务器的 IP 地址。
Option 143	表示为 DHCP 客户端分配的 FTP 服务器 IP 地址，命令格式为： **option** 143 **ip-address** 10.10.10.1	• 采用 SFTP 服务器时，配置 Option 141、142 和 149 参数，使待配置设备可以从 DHCP 服务器上获取 SFTP 用户名、SFTP 密码、SFTP 服务器的 IP 地址和端口号。
Option 149	表示为 DHCP 客户端分配的 SFTP 服务器 IP 地址和端口号。例如，若 SFTP 服务器 IP 地址为 10.10.10.1，采用默认端口号 22，则 Option149 的格式用下面两种方式表示都可以。 • **option** 149 **ascii** ipaddr=10.10.10.1； • **option** 149 **ascii** ipaddr=10.10.10.1;port=22	• 采用 TFTP 服务器时，配置 Option 150，使待配置设备可以从 DHCP 服务器上获取 TFTP 服务器的 IP 地址。
Option 150	表示为 DHCP 客户端分配的 TFTP 服务器 IP 地址，命令格式为： **option** 150 **ip-address** 10.10.10.1	当 DHCP 服务器配置了多种文件服务器的 Option 参数时，选用文件服务器顺序依次为 SFTP→TFTP→FTP。 待配置设备获取的文件服务器账号仅用于 EasyDeploy 场景，不会保存文件服务器的用户名和密码
Option 145	表示为 DHCP 客户端分配的非配置文件信息，支持指定文件路径，指定每个文件时的路径和文件名总长度不能超过 69 字符，每部分之间用英文分号分隔（最后一个分号也不能少）。例如：系统软件信息、版本号信息、Web 文件信息和补丁文件信息。格式为： **vrpfile**=*VRPFILENAME*; **vrpver**=*VRPVERSION*; **patchfile**=*PATCHFILENAME*; **webfile**=*WEBFILE*；例如： **vrpfile**=easy_V200R012C00SPC100.cc;**vrpver**=V200R012C00SPC100;patchfile=easy_V200R012C00.pat;webfile=easy_V200R012C00.web.7z	如果指定了 Option 67，则此参数可选。如果未指定 Option 67，则无需配置此参数，因为此时是选择通过中间文件获取下载文件信息，而不用通过 Option 参数获取

（续表）

Option 编号	描述	说明
Option 146	表示用户指定动作的操作信息，包括存储空间不足时删除文件的策略和文件延迟生效时间，各字段及含义如下。 • **opervalue**=0：表示空间不足时，不删除文件系统中的系统软件；**opervalue**=1：表示空间不足时，删除文件系统中的系统软件。缺省情况下，**opervalue**=0。 • **delaytime**：表示 EasyDeploy 下载文件成功后，文件延时生效时间，单位：s。缺省情况下，**delaytime**=0，不延时，立即生效。 • **netfile**：表示设置的中间文件名称，文件名称最长为 64 字节，文件名支持字符 0～9、a～z、A～Z、-、_，配置的文件名必须是"cfg"后缀。文件名非法时，默认文件为 lswnet.cfg。 • **intime**：表示文件生效的指定时间，指定的范围是"00:00～23:59"。 • **actmode**：表示文件激活的方式。**actmode**=0 表示采用默认的方式激活文件。如果下载的文件是配置文件和补丁文件，则不需要复位设备，文件即可自动激活。如果下载的文件中包含版本文件，则需要复位设备来激活文件。**actmode**=1 表示下载的文件都必须采用复位设备的方式来激活。缺省情况下，**actmode**=0。 【说明】配置的延时重启生效时间最大为一天，即 86400s。如果配置的时间大于一天，则按一天计算。如果 **delaytime** 和 **intime** 同时配置了，则 **delaytime** 的配置生效	（可选）采取中间文件实现空配置部署时，如果要指定中间文件名称，需要配置 Option 146 中"netfile"的值
Option 147	表示认证信息。可以不配置，**如果配置，必须配置为 AutoConfig，区分大小写**	可选

如果待配置设备与 DHCP 服务器不在同一网段，还需要部署 DHCP 中继。

④ 配置完成以后，待配置设备启动如图 3-9 所示的部署流程。该流程总体分为以下 4 个阶段。

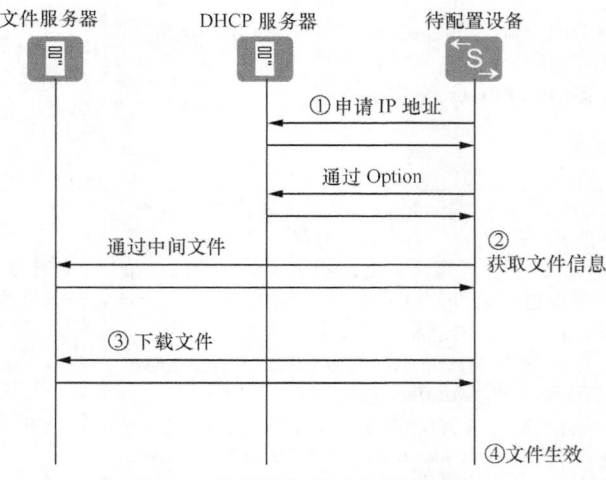

图 3-9　空配置部署内部实现流程

a. 申请 IP 地址阶段：待配置设备发送 DHCP 请求，DHCP 服务器回应，并携带文件服务器的信息。

b. 获取文件信息阶段：待配置设备根据 DHCP 应答报文中的 Option 参数的值来判断，文件信息是从 Option 参数获取还是从中间文件获取。

c. 下载文件阶段：根据获取到的信息从文件服务器分别下载相应文件。

待配置设备下载文件的顺序：系统文件→补丁文件→Web 网页文件→配置文件。

d. 配置文件生效：用户可以在 DHCP 服务器上通过 Option 146 来配置配置文件的激活策略。

如果待配置设备为堆叠环境，下载的系统软件、补丁文件及 Web 网页文件还会从主交换机复制到从交换机。在各成员交换机上实现文件同步后开始激活文件，此后待配置设备进入正常运行状态。

3.3.2　配置通过 Option 参数实现空配置设备部署

通过 Option 参数实现空配置设备部署的方案主要包括文件服务器和 DHCP 服务器这两项配置任务。但在进行正式配置之前，需完成以下任务。

■ 文件服务器、DHCP 服务器与待配置设备（获取 IP 地址后）之间路由可达。

■ 获取待配置设备的系统 MAC 地址或 ESN。设备表面贴的标签上可以查看设备的系统 MAC 地址和 ESN 序列号，还可通过执行 **display esn** 命令查看设备的 ESN。

1. 配置文件服务器

文件服务器用于存放待配置设备需要下载的版本文件，可以将网络中其他交换机或者服务器配置为文件服务器。EasyDeploy 支持的文件服务器类型有 FTP、TFTP 和 SFTP，建议使用 SFTP 服务器。

把网络中一台华为 S 系列交换机作为 FTP 或者 SFTP 文件服务器的配置方法参见本书第 2 章的 2.6.2 节和 2.6.4 节。华为设备不能配置作为 TFTP 服务器，有关 TFTP 服务器的配置方法参见第三方软件的说明。配置完文件服务器后，将待配置设备需要下载的文件上传至文件服务器的对应用户账户主目录下。

上传文件时，要保证存放目录下有足够的存储空间。如果待配置设备数量较多，可以将文件服务器的并发访问数设置大一些，否则部分待配置设备会由于等待连接文件服务器而将整个部署时间延长。

2. 配置 DHCP 服务器

在配置通过 Option 实现 EasyDeploy 功能之前，还必须先部署 DHCP 服务器，以保证待配置设备能通过 Option 参数的配置获取到文件服务器的信息和下载文件的信息。如果待配置设备与 DHCP 服务器在同一 IP 网段，则配置 DHCP 服务器即可。如果待配置设备与 DHCP 服务器在不同网段，则还需要配置 DHCP 中继。

下面以网络中其他 S 系列三层交换机为例介绍通过 Option 实现 EasyDeploy 功能时的 DHCP 服务器的配置方法，具体步骤见表 3-7。

表 3-7   DHCP 服务器的配置步骤

步骤	命令	说明
1	**system-view** 例如：\<HUAWEI\> **system-view**	进入系统视图
2	**dhcp enable** 例如：[HUAWEI] **dhcp enable**	使能 DHCP 服务
3	**interface** *interface-type interface-number* 例如：[HUAWEI] **interface** gigabitethernet 0/0/1	进入要担当 DHCP 服务器接口的接口视图，通常是配置了 IP 地址的 VLAN 接口
4	**undo portswitch** 例如：[HUAWEI-Gigabit Ethernet0/0/1] **undo portswitch**	（可选）如果是以太网接口，配置接口切换到三层模式，因为缺省情况下，以太网接口处于二层模式。仅 S5720EI、S5720HI、S6720EI、S6720HI、S6720S-EI、S7700/7900/9700/12700 系列交换机支持二层模式与三层模式的切换。还要为该以太网接口配置 IP 地址，仅自 V200R005 开始才支持直接在三层交换机的以太网接口上配置 IP 地址
5	**dhcp select global** 例如：[HUAWEI-Gigabit Ethernet0/0/1] **dhcp select global**	配置接口工作在全局地址池模式，即采用全局配置的 DHCP 地址池为 DHCP 客户端进行 IP 地址分配
6	**quit** 例如：[HUAWEI-Gigabit Ethernet0/0/1] **quit**	返回到系统视图
7	**ip pool** *ip-pool-name* 例如：[HUAWEI] **ip pool** pool1	创建全局地址池并进入全局地址池视图
8	**network** *ip-address* [**mask** { *mask* | *mask-length* }] 例如：[HUAWEI-ip-pool-pool1] **network** 192.168.1.0 **mask** 24	配置全局地址池可动态分配的 IP 地址范围。 配置的 IP 地址范围应该避免使用空配置。Client 需要加载的配置文件里面已经配置了 IP 地址，以防止地址冲突
9	**gateway-list** *ip-address* &\<1-8\> 例如：[HUAWEI-ip-pool-pool1] **gateway-list** 192.168.1.1	配置 DHCP 客户端的出口网关 IP 地址。 • 如果 DHCP 服务器与 DHCP 客户端直接连接，则该网关 IP 地址就是 DHCP 服务器与 DHCP 客户端连接的接口（可以是物理接口，也可以是 VLANIF、以太网子接口等逻辑接口）IP 地址。 • 如果 DHCP 服务器与 DHCP 客户端不是直接连接，则是与 DHCP 客户端连接的 DHCP 中继设备接口（可以是物理接口，也可以是 VLANIF、以太网子接口等逻辑接口）的 IP 地址
10	**option** *code* { **ascii** *ascii-string* | **hex** *hex-string* | **cipher** *cipher-string* | **ip-address** *ip-address* &\<1-8\> } 例如：[HUAWEI-ip-pool-pool1] **option** 149 **ascii** ipaddr=10.10.10.1;	配置 DHCP 服务器的自定义 Option 参数。 • *code*：指定自定义选项 Option 的代码值，整数形式，取值范围是 1～254，但 1、3、6、15、44、46、50、51、52、53、54、55、57、58、59、61、82、121、184 不能配置。Option Code 包括知名选项和用户自定义选项，知名选项请参考 RFC2132。**此处可选择的 Option 参数及配置格式参见 3.3.1 节表 3-6，均为自定义选项。** • **ascii** *ascii-string*：多选一参数，指定自定义的选项码为 ASCII 字符串类型，字符串形式，支持空格，区分大小写，长度范围为 1～255 个字符。如 Option 141 配置的 FTP/

（续表）

步骤	命令	说明
10	**option** *code* { **ascii** *ascii-string* | **hex** *hex-string* | **cipher** *cipher-string* | **ip-address** *ip-address* &< 1-8> } 例如：[HUAWEI-ip-pool-pool1] **option 149 ascii** ipaddr=10.10. 10.1;	SFTP 用户名、Option 142 配置的 SFTP/FTP 用户密码。 ● **hex** *hex-string*：多选一参数，指定自定义的选项码为十六进制字符串类型，偶数位长度的十六进制字符串（如 hh 或 hhhh），去除空格后可配置的长度范围是 1~254，如配置 MAC 地址。 ● **cipher** *cipher-string*：多选一参数，指定自定义的选项码为密文字符串类型，可以是明文或者密文，如 Option 142 配置 FTP 或 SFTP 用户账户密码。当输入明文时，长度范围为 1~64。当输入密文时，长度范围是 32~104。但无论是明文输入还是密文输入，配置文件中都以密文形式体现，报文中都以明文形式填充。 ● **ip-address** *ip-address*：多选一参数，指定自定义的选项码为 IP 地址类型，如 Option 143 配置 FTP 文件服务器 IP 地址，Option 150 配置 DHCP 服务器 IP 地址。 如果通过 Option 获取下载文件信息，则需要先配置 **Option 67** 参数。至少配置一种文件服务器（FTP、SFTP 或 TFTP 服务器），指定文件服务器信息的 Option 参数参见 3.3.1 节中的表 3-6

3.3.3　通过 Option 参数实现空配置设备部署配置示例

如图 3-10 所示，汇聚设备 Switch D 连接着整个小区各个楼层的新出厂设备（如 Switch A、Switch B 和 Switch C，计划分配在 VLAN 10、192.168.2.0/24 网段）。用户希望为小区内的各楼层的新设备加载相同的 VRP 系统软件、补丁文件和配置文件。并且由于待配置的新设备较多，为了降低人工成本、节省部署的时间，用户希望各楼层设备能实现统一、自动的配置。

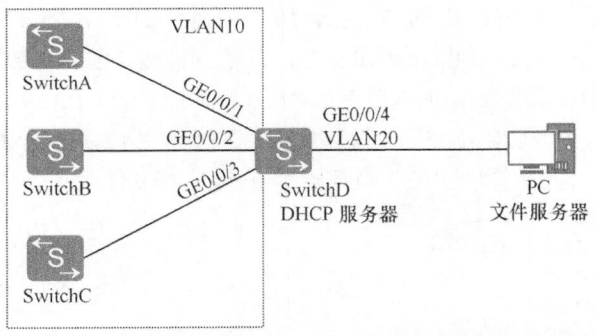

图 3-10　通过 Option 参数实现空配置设备部署配置示例的拓扑结构

假设 VRP 系统软件的文件名为 s_V200R012C00.cc，版本号为 V200R012C00SPC200，补丁文件名为 s_V200R012C00.pat。文件服务器的 IP 地址为 192.168.1.6/24，VLANIF 10 接口的 IP 地址为 192.168.1.1/24，VLANIF 20 接口 IP 地址为 192.168.2.6/24（同时作为 DHCP 服务器网关 IP 地址）。

1. 基本配置思路分析

通过对 3.3.2 节的学习，我们已经知道，通过 Option 参数实现空配置设备部署主要包括两项配置任务：一是保存下载文件的文件服务器的配置，二是用于待配置设备获取文件服务器信息和下载文件信息的 DHCP 服务器的 Option 参数，具体如下。

① 把一台 PC 机连接到 Switch D 上（加入 VLAN 20 中，PC 机 IP 地址为 192.168.1.6/24），配置为 FTP 文件服务器。将需要加载的配置文件、系统软件和补丁文件放至文件服务器的工作目录下，保证 Switch A、Switch B 和 Switch C 能够获取到需要加载的文件。

② 在 Switch D 上配置 DHCP 服务器的各项 Option 参数，为 Switch A、Switch B 和 Switch C 提供网络配置信息。

由于待配置设备需加载相同的系统软件、补丁文件和配置文件，所以在配置 DHCP 服务器时，可通过 Option 67 指定为 DHCP 客户端分配的配置文件名称，通过 Option 145 指定为 DHCP 客户端分配的系统软件信息和补丁文件信息。另外，还需要通过 Option 141 指定为 DHCP 客户端访问文件服务器时的 FTP/SFTP 用户名，通过 Option 142 指定为 DHCP 客户端访问文件服务器时的 SFTP/FTP 用户密码，通过 Option 143 指定为 DHCP 客户端所访问的文件服务器的 IP 地址。

③ 给 Switch A、Switch B 和 Switch C 上电（**在此步之前，请关闭这些设备的电源**），实现通过 EasyDeploy 功能自动加载配置文件、系统软件和补丁文件。

2. 具体配置步骤

① 配置文件服务器。

本示例是采用 PC 主机担当 FTP、SFTP，或者 TFTP 文件服务器，需根据相应操作系统的文件服务器的操作指导进行配置。假设创建一个用于访问文件服务器的用户账户为 winda，密码为 huawei123，并指定该用户的主目录。配置完成后，将待配置设备需要加载的文件保存至文件服务器的 winda 用户主目录中。

② 配置 DHCP 服务器。

先按照图中标识创建好所需的 VLAN 10、VLAN 20，并把 GigabitEthernet0/0/1、GigabitEthernet0/0/2 和 GigabitEthernet0/0/3 接口以不带标签（因为待配置交换机上的端口还没有 VLAN）的 Hybrid 类型端口加入到 VLAN 10 中，把 GigabitEthernet0/0/4 以不带标签的 Hybrid 类型端口加入到 VLAN 20 中，并且分别为 VLANIF 10 和 VLANIF 20 接口配置一个对应网段的 IP 地址，分别作为 DHCP 服务器的 IP 地址和文件服务器的网关 IP 地址。

```
<HUAWEI> system-view
[HUAWEI] sysname DHCP_Server
[DHCP_Server] dhcp enable
[DHCP_Server] vlan batch 10 20
[DHCP_Server] interface gigabitethernet 0/0/1
[DHCP_Server-GigabitEthernet0/0/1] port link-type hybrid
[DHCP_Server-GigabitEthernet0/0/1] port hybrid pvid vlan 10
[DHCP_Server-GigabitEthernet0/0/1] port hybrid untagged vlan 10
[DHCP_Server-GigabitEthernet0/0/1] quit
[DHCP_Server] interface gigabitethernet 0/0/2
[DHCP_Server-GigabitEthernet0/0/2] port link-type hybrid
[DHCP_Server-GigabitEthernet0/0/2] port hybrid pvid vlan 10
[DHCP_Server-GigabitEthernet0/0/2] port hybrid untagged vlan 10
[DHCP_Server-GigabitEthernet0/0/2] quit
[DHCP_Server] interface gigabitethernet 0/0/3
```

```
[DHCP_Server-GigabitEthernet0/0/3] port link-type hybrid
[DHCP_Server-GigabitEthernet0/0/3] port hybrid pvid vlan 10
[DHCP_Server-GigabitEthernet0/0/3] port hybrid untagged vlan 10
[DHCP_Server-GigabitEthernet0/0/3] quit
[DHCP_Server] interface gigabitethernet 0/0/4
[DHCP_Server-GigabitEthernet0/0/4] port link-type hybrid
[DHCP_Server-GigabitEthernet0/0/4] port hybrid pvid vlan 20
[DHCP_Server-GigabitEthernet0/0/4] port hybrid untagged vlan 20
[DHCP_Server-GigabitEthernet0/0/4] quit
[DHCP_Server] interface vlanif 10
[DHCP_Server-Vlanif10] ip address 192.168.2.6 255.255.255.0
[DHCP_Server-Vlanif10] dhcp select global    #---配置 VLANIF10 接口采用全局地址池
[DHCP_Server-Vlanif10] quit
[DHCP_Server] interface vlanif 20
[DHCP_Server-Vlanif20] ip address 192.168.1.1 255.255.255.0
[DHCP_Server-Vlanif20] quit
```

再配置用于为 DHCP 客户端分配配置文件、系统软件和补丁文件信息的 DHCP 服务器，通过 DHCP Option 67 指定配置文件在文件服务器上的存放位置，通过 DHCP Option 145 指定系统软件和补丁文件在文件服务器上的存放位置，再通过 Option 141、142 和 143 分别指定访问文件服务器的用户名、密码，以及文件服务器的 IP 地址。

```
[DHCP_Server] ip pool auto-config    #---创建名为 auto-config 的 DHCP 服务器地址池
[DHCP_Server-ip-pool-auto-config] network 192.168.2.0 mask 255.255.255.0
[DHCP_Server-ip-pool-auto-config] gateway-list 192.168.2.6   #---指定以上 DHCP 地址池的网关 IP 地址
[DHCP_Server-ip-pool-auto-config] option 67 ascii s_V200R012C00.cfg    #---指定为待配置设备分配的 VRP 系统文件
s_V200R012C00.cfg
[DHCP_Server-ip-pool-auto-config] option 141 ascii winda    #---指定访问 FTP 服务器的用户账户名为 winda
[DHCP_Server-ip-pool-auto-config] option 142 cipher huawei123    #---指定访问 FTP 服务器的用户密码为 huawei123
[DHCP_Server-ip-pool-auto-config] option 143 ip-address 192.168.1.6   #--- 指定文件服务器 IP 地址 192.168.1.6
[DHCP_Server-ip-pool-auto-config] option 145 ascii vrpfile=s_V200R012C00.cc;vrpver=V200R012C00SPC200;patchfile=
s_V200R012C00.pat;   #---指定 VRP 系统软件名、版本号和补丁文件
[DHCP_Server-ip-pool-auto-config] quit
```

③ 给待配置设备 Switch A、Switch B 和 Switch C 上电启动，EasyDeploy 流程开始运行。EasyDeploy 流程结束后，登录到待配置设备执行 **display startup** 命令查看设备当前的启动系统软件、启动配置文件和启动补丁文件。以下为在 Switch A 上执行该命令的输出示例，证明快速部署是成功的。

```
<HUAWEI> display startup
MainBoard:
    Configured startup system software:        flash:/s_V200R012C00.cc
    Startup system software:                   flash:/s_V200R012C00.cc
    Next startup system software:              flash:/s_V200R012C00.cc
    Startup saved-configuration file:          flash:/s_V200R012C00.cfg
    Next startup saved-configuration file:     flash:/s_V200R012C00.cfg
    Startup paf file:                          NULL
    Next startup paf file:                     NULL
    Startup license file:                      NULL
    Next startup license file:                 NULL
    Startup patch package:                     flash:/s_V200R012C00.pat
    Next startup patch package:                flash:/s_V200R012C00.pat
```

3.3.4　配置通过中间文件实现空配置设备部署

通过中间文件实现 EasyDeploy 功能比前面介绍的通过 Option 参数实现 EasyDeploy

功能更加灵活，因为可以为不同设备分配不同的配置文件及其他文件信息。在配置通过中间文件实现 EasyDeploy 功能之前，需完成以下任务。

■ 文件服务器、DHCP 服务器与待配置设备（获取 IP 地址后）之间路由可达。

■ 获取待配置设备的 MAC 地址或 ESN 序列号。获取方法：设备表面贴的标签上可以查看设备的系统 MAC 地址和 ESN 序列号，还可通过执行 **display esn** 命令查看设备的 ESN。

通过中间文件实现 EasyDeploy 功能的配置任务包括：配置文件服务器、编辑中间文件和配置 DHCP 服务器 3 项。

1. 配置文件服务器

文件服务器也可以是 FTP、SFTP 和 TFTP 服务器，有关 FTP 和 SFTP 服务器的配置方法请参见本书第 2 章 2.2.4 和 2.2.6 节，华为设备不能配置作为 TFTP 服务器，有关 TFTP 服务器的配置方法参见第三方软件的说明。

2. 配置 DHCP 服务器

有关 DHCP 服务器的配置方法与通过 Option 参数实现空配置设备部署方案中的 DHCP 配置方法基本一样，可参见 3.3.2 节表 3-7，只是在最后一步中，DHCP 服务器的 Option 参数选项配置有所不同。

在通过中间文件实现空配置设备部署的方案中，表 3-7 最后一步的配置命令为：**option** *code* { **ascii** *ascii-string* | **hex** *hex-string* | **cipher** *cipher-string* | **ip-address** *ip-address* &<1-8> }，不能配置 **Option 67** 参数，但需要配置 **Option 146** 中 "**netfile**" 的值，指定中间文件名称，从而通过中间文件实现各文件（包括配置文件、系统软件、补丁文件等）的自动加载。同时，仍需要通过 Option 141、142 和 143 指定访问文件服务器的用户名、密码和文件服务器 IP 地址。

3. 编辑中间文件

如果配置 DHCP 服务器时既没有配置 Option 148 参数（在通过 Commander 实现空配置设备部署方案中指定 Commander 交换机的 IP 地址，具体将在本章 3.4 节介绍），也没有配置 Option 67 参数（用于指定配置文件），EasyDeploy 功能需要通过中间文件来实现文件的自动加载。中间文件存放在文件服务器上，文件内容为下载文件的信息，格式为待配置设备的 MAC 地址或 ESN 序列号与待下载文件的对应关系。

当待配置设备获得文件服务器的 IP 地址后，就从文件服务器上下载中间文件进行解析，查询到与本设备 MAC 地址或 ESN 序列号匹配的系统软件名称、系统软件的版本号、补丁文件名称、Web 网页文件名称和配置文件名称，然后根据名称从文件服务器下载文件。很显然，这种通过中间文件实现空配置设备部署方案要比前面介绍的通过 Option 参数实现空配置设备部署方案更加灵活，**因为可以为不同待配置设备配置不同的配置，而后者只能为所有待配置设备进行相同的配置。**

可根据待配置设备的 MAC 地址或 ESN 与所需的系统软件、补丁文件、Web 网页文件和配置文件名称来编辑中间文件，具体步骤如下。

① 新建一个文件名为 lswnet.cfg 的文本文档。

② 编辑中间文件。

中间文件的配置项中，**MAC 地址和设备序列号 ESN 必选其一，配置文件为必选项，**

系统软件、Web 网页文件和补丁文件为可选项，三者间没有顺序限制。如果中间文件中包含版本号信息，则必须要包含系统软件名称，并且要求系统软件的版本号与中间文件中的版本号信息一致。

如假设一台待配置设备的 MAC 地址为 0018-82C5-AA89，设备序列号 ESN 为 93000701xxxxxxxx，对应这台设备应下载的 VRP 系统文件名为 auto_V200R012 C00SPC200.cc，版本号信息为 V200R012C00SPC200，补丁文件为 auto_V200R012C00.pat，配置文件为 auto_V200R012C00.cfg，Web 网页文件为 auto_V200R012C00.web.7z，则中间文件 lswnet.cfg 的内容如下（**中间文件中各配置项名称必须为小写，各项之间用英文分号分隔，最后也要带上英文分号**）：

mac=0018-82C5-AA89;vrpfile=auto_V200R012C00SPC200.cc;vrpver=V200R012C00SPC200;patchfile=auto_V200R012C00.pat;cfgfile=auto_V200R012C00.cfg;webfile=auto_V200R012C00.web.7z;

或

esn=93000701xxxxxxxx;vrpfile=auto_V200R012C00SPC200.cc;vrpver=V200R012C00SPC200;patchfile=auto_V200R012C00.pat;cfgfile=auto_V200R012C00.cfg;webfile=auto_V200R012C00.web.7z;

当有多台设备需要配置时，中间文件的每行对应一台设备的配置信息。但中间文件的大小不能超过 1Mbyte。

在中间文件中指定系统软件、补丁文件、Web 文件和配置文件时，还可以指定它们在文件服务器中的存放路径（当不是保存在文件服务器根目录下时），如：

mac=0018-82C5-AA89;vrpfile=auto/auto_V200R012C00SPC200.cc;vrpver=V200R012C00SPC200;patchfile=auto/auto_V200R012C00.pat;cfgfile=auto/auto_V200R012C00.cfg;webfile=auto/auto_V200R012C00.web.7z;

其中 auto 为指定文件所在文件服务器的文件夹。但中间文件中指定的系统软件、补丁文件、Web 网页文件和配置文件的路径不能超过 48 个字符。

3.3.5　通过中间文件实现空配置设备部署的配置示例

如图 3-11 所示，在某公司分支机构的部署场景中，新出厂设备 Switch A、Switch B 和 Switch C 分别连接到设备 Switch D 的 GE0/0/1、GE0/0/2 和 GE0/0/3 接口上。Switch D 作为分支机构出口的网关，跨越三层网络与总部相连。

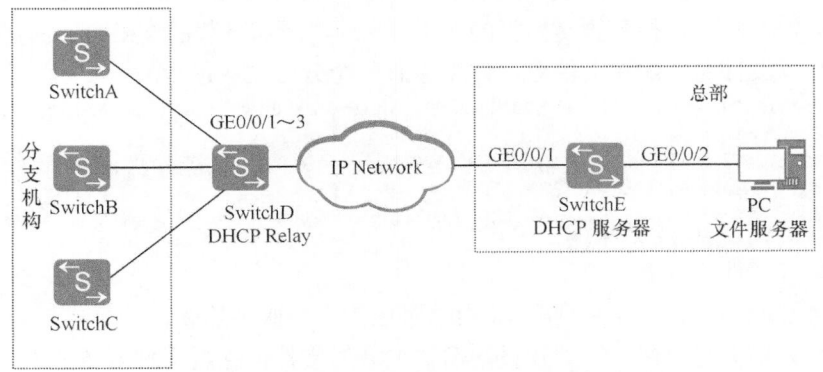

图 3-11　通过中间文件实现空配置设备部署配置示例的拓扑结构

Switch A、Switch B 和 Switch C 因为设备类型不同，所以需要加载不同的系统软件、补丁文件和配置文件。同时，为了降低现场配置的人力成本，用户希望能对这些设备实现远程自动配置。

Switch A、Switch B 和 Switch C 的设备信息及待加载的文件信息如下。

■ Switch A：MAC 地址为 0025-9e1e-773b，需加载的系统软件名为 s57li_easy_V200R012C00.cc，版本号信息为 V200R012C00SPC100，补丁文件为 s57li_easy_V200R012C00.pat，配置文件为 s57li_easy_V200R012C00.cfg。

■ SwitchB：MAC 地址为 0025-9e1e-773c，需加载的系统软件名为 s2750ei_easy_V200R012C00.cc，版本号信息为 V200R012C00SPC100，补丁文件为 s2750ei_easy_V200R012C00.pat，配置文件为 s2750ei_easy_V200R012C00.cfg。

■ SwitchC：MAC 地址为 0025-9e1e-773d，需加载的系统软件名为 s57li_easy_V200R012C00.cc，版本号信息为 V200R012C00SPC100，补丁文件为 s57li_easy_V200R012C00.pat，配置文件为 s57li_easy_V200R012C00.cfg。

1. 基本配置思路分析

根据 3.3.4 节介绍的配置方法，再结合本示例实际情况，可得出如下基本配置思路。

① 编辑中间文件，实现待配置设备 SwitchA、SwitchB 和 SwitchC 通过中间文件获取对应的配置文件、系统软件和补丁文件。

② 在公司总部的一台交换机 SwitchE 上连接一台 PC 机，把它配置为 FTP 或 SFTP 文件服务器。然后将中间文件、系统软件、补丁文件和配置文件放至文件服务器对应用户的工作目录下，保证待配置设备能够获取到需要加载的文件。

③ 在分支机构网关设备 SwitchD 上配置 DHCP 中继，实现 DHCP 服务器跨网段为待配置设备提供网络配置信息。

④ 在位于总部的设备 SwitchE 上配置 DHCP 服务器。

⑤ 给 SwitchA、SwitchB 和 SwitchC 上电，实现自动加载配置文件、系统软件和补丁文件。

2. 具体配置步骤

（1）编辑中间文件 lswnet.cfg

用记事本程序新建一个文本文件，命名为"lswnet.cfg"。该中间文件的内容与格式如下（分别对应 3 台待配置交换机的 MAC 地址、所需下载的 VRP 系统软件文件名、版本号、补丁文件名、配置文件名，**注意最后一个分号也不能少**）：

```
    mac=0025-9e1e-773b;vrpfile=s57li_easy_V200R012C00.cc;vrpver=V200R012C00SPC100;patchfile=s57li_easy_V200R012C00.pat;cfgfile=s57li_easy_V200R012C00.cfg;
    mac=0025-9e1e-773c;vrpfile=s2750ei_easy_V200R012C00.cc;vrpver=V200R012C00SPC100;patchfile=s2750ei_easy_V200R012C00.pat;cfgfile=s2750ei_easy_V200R012C00.cfg;
    mac=0025-9e1e-773d;vrpfile=s57li_easy_V200R012C00.cc;vrpver=V200R012C00SPC100;patchfile=s57li_easy_V200R012C00.pat;cfgfile=s57li_easy_V200R012C00.cfg;
```

（2）配置文件服务器

在连接 SwitchE 的一台 PC 机上，根据对应的文件服务器软件的操作指导进行配置。配置完成后，将中间文件、待配置设备需要加载的文件保存至文件服务器中。

（3）在 SwitchD 上配置 DHCP 中继服务功能

假设这 3 台交换机都在 VLAN 10（192.168.1.0/24 网段），VLANIF 10 接口的 IP 地址为 192.168.1.6/24，使能 DHCP 中继服务功能，DHCP 服务器（SwitchE 上配置）的 IP 地址为 192.168.2.6/24。

```
<HUAWEI> system-view
[HUAWEI] sysname DHCP_Relay
[DHCP_Relay] dhcp enable
[DHCP_Relay] vlan 10
[DHCP_Relay-vlan10] quit
[DHCP_Relay] interface gigabitethernet 0/0/1
[DHCP_Relay-GigabitEthernet0/0/1] port link-type hybrid
[DHCP_Relay-GigabitEthernet0/0/1] port hybrid pvid vlan 10
[DHCP_Relay-GigabitEthernet0/0/1] port hybrid pvid vlan 10
[DHCP_Relay-GigabitEthernet0/0/1] quit
[DHCP_Relay] interface gigabitethernet 0/0/2
[DHCP_Relay-GigabitEthernet0/0/2] port link-type hybrid
[DHCP_Relay-GigabitEthernet0/0/2] port hybrid pvid vlan 10
[DHCP_Relay-GigabitEthernet0/0/2] port hybrid pvid vlan 10
[DHCP_Relay-GigabitEthernet0/0/2] quit
[DHCP_Relay] interface gigabitethernet 0/0/3
[DHCP_Relay-GigabitEthernet0/0/3] port link-type hybrid
[DHCP_Relay-GigabitEthernet0/0/3] port hybrid pvid vlan 10
[DHCP_Relay-GigabitEthernet0/0/3] port hybrid pvid vlan 10
[DHCP_Relay-GigabitEthernet0/0/3] quit
[DHCP_Relay] interface vlanif 10
[DHCP_Relay-Vlanif10] ip address 192.168.1.6 255.255.255.0
[DHCP_Relay-Vlanif10] dhcp select relay    #---使能 DHCP 中继服务
[DHCP_Relay-Vlanif10] dhcp relay server-ip 192.168.2.6    #---指定 DHCP 服务器 IP 地址
[DHCP_Relay-Vlanif10] quit
```

再在 SwitchD 上配置一条到达文件服务器的静态路由：路由的目的地址为 PC（文件服务器）的 IP 地址，下一跳为与 SwitchD 直连的位于三层网络的设备接口的 IP 地址。

（4）在 SwitchE 上配置 DHCP 服务器功能

假设 SwitchE 的 GigabitEthernet0/0/1 接口允许 VLAN 20 通过，GigabitEthernet0/0/2 接口上连接的文件服务器加入到 VLAN 30 中。并且分别为 VLANIF 20 和 VLANIF 30 接口配置一个对应网段的 IP 地址，VLANIF 30 接口 IP 地址作为文件服务器的网关 IP 地址。

另外，假设文件服务器的 IP 地址为 192.168.4.6/24，其上配置的访问用户账户名为 winda，密码为 huawei。

```
<HUAWEI> system-view
[HUAWEI] sysname DHCP_Server
[DHCP_Server] dhcp enable
[DHCP_Server] vlan batch 20 30
[DHCP_Server] interface gigabitethernet 0/0/1
[DHCP_Server-GigabitEthernet0/0/1] port link-type trunk
[DHCP_Server-GigabitEthernet0/0/1] port trunk allow-pass vlan 20
[DHCP_Server-GigabitEthernet0/0/1] quit
[DHCP_Server] interface gigabitethernet 0/0/2
[DHCP_Server-GigabitEthernet0/0/2] port link-type hybrid
[DHCP_Server-GigabitEthernet0/0/2] port hybrid pvid vlan 30
[DHCP_Server-GigabitEthernet0/0/2] port hybrid untagged vlan 30
[DHCP_Server-GigabitEthernet0/0/2] quit
[DHCP_Server] interface vlanif 20
[DHCP_Server-Vlanif20] ip address 192.168.2.6 255.255.255.0
[DHCP_Server-Vlanif20] dhcp select global
[DHCP_Server-Vlanif20] quit
```

```
[DHCP_Server] interface vlanif 30
[DHCP_Server-Vlanif30] ip address 192.168.4.1 255.255.255.0     #---作为文件服务器的网关 IP 地址
[DHCP_Server-Vlanif30] quit
[DHCP_Server] ip pool easy-operation
[DHCP_Server-ip-pool-easy-operation] network 192.168.1.0 mask 255.255.255.0
[DHCP_Server-ip-pool-easy-operation] gateway-list 192.168.1.6     #---指定地址池的网关 IP 地址，即 DHCP 中继接口，
即 SwitchE 上的 VLANIF10 接口 IP 地址
[DHCP_Server-ip-pool-easy-operation] option 141 ascii winda     #---指定访问文件服务器的用户账户名为 winda
[DHCP_Server-ip-pool-easy-operation] option 142 cipher Huawei   #---指定访问文件服务器的用户账户密码为 Huawei
[DHCP_Server-ip-pool-easy-operation] option 143 ip-address 192.168.4.6   #---指定文件服务器 IP 地址
[DHCP_Server-ip-pool-easy-operation] option 146 ascii opervalue=1;delaytime=0;netfile=lswnet.cfg;     #---指定空间不足
时，删除文件系统中系统软件，EasyDeploy 下载文件成功后立即生效，中间文件名为 lswnet.cfg
[DHCP_Server-ip-pool-easy-operation] quit
```

　　再在 SwitchE 上配置一条到达分支机构的静态路由：路由的目的地址为 IP 地址池网段，下一跳为与 SwitchE 直连的位于三层网络的设备接口的 IP 地址。

　　（5）待配置设备 SwitchA、SwitchB 和 SwitchC 上电启动，EasyDeploy 流程开始运行

　　EasyDeploy 流程结束后，登录到待配置设备执行 **display startup** 命令查看设备当前的启动系统软件、启动配置文件和启动补丁文件。以下是在 SwitchB 执行该命令的输出示例，从中可以看出，已为该交换机正确进行了配置。

```
<HUAWEI> display startup
MainBoard:
    Configured startup system software:          flash:/s2750ei_easy_V200R012C00.cc
    Startup system software:                     flash:/s2750ei_easy_V200R012C00.cc
    Next startup system software:                flash:/s2750ei_easy_V200R012C00.cc
    Startup saved-configuration file:            flash:/s2750ei_easy_V200R012C00.cfg
    Next startup saved-configuration file:       flash:/s2750ei_easy_V200R012C00.cfg
    Startup paf file:                            NULL
    Next startup paf file:                       NULL
    Startup license file:                        NULL
    Next startup license file:                   NULL
    Startup patch package:                          flash:/s2750ei_easy_V200R012C00.pat
    Next startup patch package:                  flash:/s2750ei_easy_V200R012C00.pat
```

3.4　通过 Commander 实现空配置设备部署

　　通过 Commander 实现空配置设备部署方案，与前面介绍的通过 Option 参数或中间文件实现空配置设备部署方案相比功能更加强大，也更加智能，因为可以实现自动收集待配置设备的 MAC 地址或 ESN 序列号等信息，收集网络拓扑信息，并根据所收集的网络拓扑信息配置下载文件信息，实现设备的快速部署。

3.4.1　通过 Commander 实现空配置设备部署原理

　　通过 Commander 实现空配置设备部署时，空配置设备获取文件信息的方式是从 Commander 交换机上获取配置文件信息。在盒式系列交换机系列中，支持 EasyDeploy 功能的交换机都支持此种部署方案，另外，S7700/7900/9700/12700 框式系列交换机也都支持此种部署方案。

通过 Commander 实现空配置设备部署方案中涉及到 Commander 和 Client 两种设备角色，Commander 是用于管理的设备，Client 设备是待配置的设备。下面以其中一台 Client 为例，说明通过 Commander 实现空配置设备部署的配置及实现流程，如图 3-12 所示（Client 为新加入的空配置设备）。

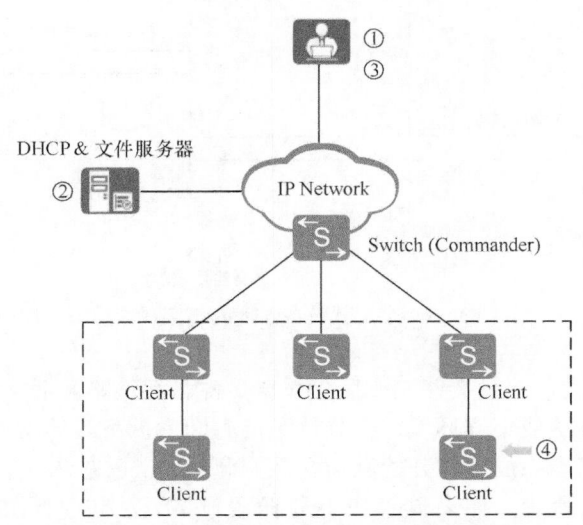

图 3-12　通过 Commander 实现空配置设备部署组网示意图

① 网络管理员进行网络规划，包括选定一台正常工作的设备作为 Commander，规划 Client 的物理位置、管理 IP、管理 VLAN 以及网络业务配置参数等，生成各 Client 的离线配置文件。

② 部署文件服务器和 DHCP 服务器（必须指定 Option 148 参数，其他无需指定），并将 Client 上需要加载的文件保存至文件服务器的工作目录下。

如果 Client 与 DHCP 服务器不在同一网段，还需要部署 DHCP 中继。

③ 在选定作为 Commander 的设备上配置文件服务器地址及用户名和密码，根据 Client 的 MAC 地址或 ESN 号配置 Client 上需要下载的文件信息等。

如果 Commander 支持网络拓扑收集功能，则可根据 Commander 收集到的拓扑信息，配置 Client 的下载文件信息，不需要手工查看 Client 的 MAC 地址或 ESN 号。

④ 配置完成以后，Client 启动空配置设备部署流程。

空配置设备部署流程启动后，内部实现流程如图 3-13 所示，具体分为以下 4 个阶段。

a. 申请 IP 地址阶段：Client 发送 DHCP 服务器请求，DHCP 服务器响应请求，并携带 Commander 的地址信息。

b. 获取文件信息阶段：Client 与 Commander 建立通信，并从 Commander 获取所需下载的文件信息。

c. 下载文件阶段：Client 根据获取到的文件信息从文件服务器下载相应的文件。

Client 下载文件的顺序：系统软件→补丁文件→Web 网页文件→配置文件→用户自定义文件（空配置部署场景不支持下载 License 文件）。

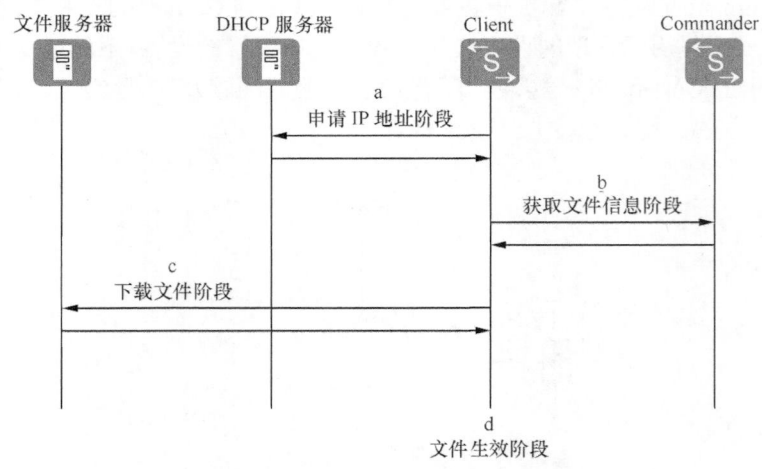

图 3-13 空配置设备部署内部实现流程

d. 文件生效阶段：下载文件完成后，根据文件激活策略激活文件。

如果 Client 为堆叠或集群环境，在到达激活时间后，下载的文件会从主交换机复制到从交换机。文件同步完成后，开始激活文件，此后 Client 进入正常运行状态。

在空配置部署流程中，如果申请 IP 地址阶段设备无法获取到 IP 地址，则设备会停留在该阶段，定时向 DHCP 服务器发送 DHCP 请求报文以获取 IP 地址，直到获取成功或者人工干预。在成功获取到 IP 地址后，如果出现错误（例如文件服务器信息错误等），则会切换至初始化状态重新开始，出错后再次切换至初始化状态，并且一直循环，直到人工干预。其中在文件下载过程中，如果第一次下载失败，则间隔 1min 再次尝试下载，共计尝试 5 次，如果仍失败，则 Client 会在延迟 5min 之后切换为初始化状态，重新开始 DHCP 流程，获取下载文件信息和下载文件。

3.4.2 通过 Commander 实现空配置设备部署的配置任务

通过 Commander 实现空配置设备部署方案又分两种具体的实现方式，区别仅在于 Commander 上是否使能了网络拓扑收集功能。

■ 如果使能了网络拓扑收集功能，则无需用户手动收集 Client 的 MAC 地址或 ESN 序列号等信息。在空配置设备上电启动完成后，Commander 可自动收集到这些信息并为设备分配 Client ID，完成设备信息与设备的绑定，并根据网络拓扑信息来配置下载文件信息，实现空配置设备部署。

■ 如果不使能网络拓扑收集功能，则需要手动收集 Client 的 MAC 地址或 ESN 序列号等信息，并手动配置 Client ID 与具体待配置设备的对应关系。

通过 Commander 实现空配置设备部署方案须按照顺序完成这 3 项配置任务：配置文件服务器、配置 DHCP 服务器和配置 Commander。其中 Commander 配置任务中又包括以下几项子配置任务。

■ 配置 Commander 基本功能。
■ 配置文件服务器信息。

　　■　（可选）配置网络拓扑收集功能：仅当采用使能网络拓扑收集功能实现方式时需要配置。

　　■　配置下载文件信息。

　　■　配置下载后文件的激活策略。

　　■　（可选）使能自动清理存储空间功能。

　　■　（可选）配置自动备份配置文件功能。

3.4.3　配置文件服务器和 DHCP 服务器

　　本节仅介绍文件服务器和 DHCP 这两项配置任务的具体配置方法，Commander 的各子配置任务将在后面各节中介绍。

　　1．配置文件服务器

　　文件服务器是用于存放 Client 需要下载的文件的设备，支持的文件服务器类型有 FTP、TFTP 和 SFTP，建议使用 SFTP 服务器。有关 FTP 和 SFTP 服务器的配置方法分别参见本书第 2 章的 2.6.2 和 2.6.4 节。

　　用户也可以将 Commander 设备配置为文件服务器，但由于文件服务器需要占用设备的存储资源，因此在使用 Commander 作为文件服务器时，需要考虑存储空间的问题。所以在 EasyDeploy 网络中，一般需要部署第三方服务器。

　　配置完文件服务器后，将 Client 需要下载的文件保存至文件服务器的工作目录下。

　　2．配置 DHCP 服务器

　　在实现空配置部署功能之前，必须部署 DHCP，确保作为 DHCP 客户端的 Client 可以从 DHCP 服务器获取自身的 IP 地址及 Commander 的 IP 地址，从而实现通过 Commander 获取需要下载的文件的信息。

　　如果 Client 与 DHCP 服务器在同一网段，则配置 DHCP 服务器即可。如果 Client 与 DHCP 服务器在不同的网段，除了需要配置 DHCP 服务器外，还需要配置 DHCP 中继。可以将 Commander 设备配置为 DHCP 服务器或者是 DHCP 中继，DHCP 服务器也可以是网络中其他交换机或另外部署的第三方设备。

　　有关 DHCP 服务器的配置方法与通过 Option 参数实现空配置设备部署方案中的 DHCP 配置方法基本一样，可参见 3.3.2 节表 3-7，只是在最后一步的 DHCP 服务器的 Option 参数选项配置中有所不同，命令格式为 **option 148 ascii** *ascii-string*。此处必须配置 **option 148**，用于指定 Commander 的 IP 地址及端口号，*ascii-string* 的格式为 "ipaddr=*ip-address*;port=*udp-port*;"。例如，Commander 的 IP 地址为 10.10.10.1，端口号为 60000，则 *ascii-string* 可以表示为：ipaddr=10.10.10.1;port=60000;或者 ipaddr=10.10.10.1;，端口号 60000 是缺省值，可以省略。

3.4.4　配置 Commander 基本功能

　　通过 Commander 实现 EasyDeploy 功能，最重要的步骤之一就是在网络中指定一台设备作为 Commander 设备，然后按照表 3-8 中的步骤进行配置，仅包括两方面的配置内容：指定 Commander 的 IP 地址和使能设备的 Commander 功能。为了方便设备的统一管理，建议在同一个运行 EasyDeploy 功能的网络中，只指定一台设备作为 Commander。

表 3-8   指定 **Commander** 设备的配置步骤

步骤	命令	说明
1	**system-view** 例如：<HUAWEI> **system-view**	进入系统视图
2	**easy-operation commander ip-address** *ip-address* [**udp-port** *udp-port*] 例如：[HUAWEI] **easy-operation commander ip-address** 10.10.10.5	配置 Commander 的 IP 地址。 • *ip-address*：指定 Commander 的 IP 地址。配置的 IP 地址可以是 Commander 设备上的任意一个 IP 地址，但必须是在 Commander 设备上存在的 IP 地址。 • **udp-port** *udp-port*：可选参数，指定 Commander 与 Client 通信时使用的 UDP 端口号，整数形式，取值范围是 1025～65535。缺省端口号为 60000。 【经验之谈】*如果单独为一台设备进行升级，且 Client 与 Commander 直接连接，则当把 Commander IP 地址配置为 Commander 设备与 Client 连接的接口 IP 地址时，不用在 Client 设备上配置 Commander 的 IP 地址。如果要对多台 Client 设备进行批量升级，则除了要在 Commander 上配置此 IP 地址外，还必须在 **Client** 上执行本命令配置 **Commander** 的 **IP** 地址，但此时配置的 IP 地址只要在 Commander 上存在即可。* 缺省情况下，Commander 设备的 IP 地址没有配置，可用 **undo easy-operation commander ip-address** [*ip-address* [**udp-port** *udp-port*]] 命令删除 Commander 的 IP 地址
3	**easy-operation commander enable** 例如：[HUAWEI] **easy-operation commander enable**	使能设备的 Commander 功能，使本地设备成为网络中的 Commander 设备。使能设备的 Commander 功能后，不允许再修改 Commander 的 IP 地址，否则会导致 Commander 无法检测和管理 Client。 【说明】*Commander 在 EasyDeploy 网络中是管理者的角色，可统一管理和控制 Client，给 Client 分配与部署相关的信息（包括文件服务器信息、系统软件名、配置文件名等），通过 Client 自动加载所需要的文件后，实现 EasyDeploy 自动部署的功能。* 缺省情况下，Commander 功能不使能，可用 **undo easy-operation commander enable** 命令去使能设备的 Commander 功能。当去使能设备的 Commander 功能后，Commander 上的 Client 信息库中的动态信息将会被清除，配置信息保存至内存。如果 Commander 没有重启，当再次使能 Commander 功能后，配置信息会恢复

3.4.5 配置文件服务器信息

文件服务器信息是指 Client 需要获取的文件服务器的 IP 地址、用户名和密码等信息。文件服务器的类型可以是 TFTP、FTP 或 SFTP，具体要根据你在前面的配置中所选择配置的文件服务器类型而定。在 Commander 中配置文件服务器信息的具体步骤见表 3-9。如果使用的是 SFTP 或 FTP 服务器，用户名及密码是否需要指定取决于服务器端是否设置了用户名及密码。

表 3-9　　　　　　　　　　　　　文件服务器信息的配置步骤

步骤	命令	说明
1	system-view 例如：\<HUAWEI\> system-view	进入系统视图
2	easy-operation 例如：[HUAWEI] easy-operation	进入 Easy-Operation 视图
3	tftp-server *ip-address* 例如：[HUAWEI-easyoperation] tftp-server 10.10.10.5	（多选一）配置 TFTP 服务器的 IP 地址
	ftp-server *ip-address* [username *username* [password *password*]] 例如：[HUAWEI-easyoperation] ftp-server 10.10.10.5 username easyoperation password 123456	（多选一）配置 FTP 服务器的 IP 地址、用户名及密码
	sftp-server *ip-address* [username *username* [password *password*]] 例如：[HUAWEI-easyoperation] sftp-server 10.10.10.5 username easyoperation password 123456	（多选一）配置 SFTP 服务器的地址、用户名及密码。 只可在 Commander 上配置一种文件服务器信息，以最后一次的配置为准

3.4.6　（可选）配置网络拓扑收集功能

如果选择通过使能 Commander 网络拓扑收集功能实现空配置设备部署，则无需用户手动收集设备的 MAC 地址或 ESN 序列号等信息。空配置设备上电启动完成后，Commander 可自动收集到这些信息并为设备分配 Client ID，完成设备信息与设备的绑定，即收集到网络拓扑信息，并根据网络拓扑信息来配置下载文件的信息。

网络拓扑收集功能涉及包括 NDP、NTDP、集群管理 VLAN 和拓扑收集功能这几方面的配置，下面分别予以介绍。

1. NDP 和 NTDP 协议配置

网络拓扑收集功能是基于 NDP（邻居发现协议）和 NTDP（网络拓扑发现协议）协议实现的，由 Commander 作为网络拓扑收集设备。在使能网络拓扑收集功能之前，必须保证 NDP 和 NTDP 功能已使能，这两个协议的配置步骤分别见表 3-10 和表 3-11。必需的配置只有一条，那就是使能 NDP 或者 NTDP 功能，其他均为可选参数的配置，通常可直接采用缺省配置。有关 NDP 和 NTDP 两个协议的功能和具体报文格式参见 3.2.2 节。

表 3-10　　　　　　　　　　　　　NDP 的配置步骤

步骤	命令	说明
1	system-view 例如：\<HUAWEI\> system-view	进入系统视图
2	ndp enable 例如：[Huawei] ndp enable	全局使能 NDP 功能。 缺省情况下，盒式系列交换机全局 NDP 功能处于使能状态，而框式系列交换机全局 NDP 功能处于去使能状态，可用 undo ndp enable 命令去使能全局 NDP 功能
3	ndp enable interface { *interface-type interface-number* [to *interface-type interface-number*] } &\<1-10\>	（可选）使能接口 NDP 功能，该接口必须是 Commander 设备连接 Client 设备的接口。如果指定的是一个范围的接口，则在这个范围的接口类型必须一致。

（续表）

步骤	命令	说明
3	例如：[HUAWEI] **ndp enable interface** gigabitethernet **0/0/1**	缺省情况下，接口 NDP 功能处于使能状态，即只要全局使能了 NDP 功能，接口也使能了 NDP 功能，可用 **undo ndp enable** [**interface** { *interface-type interface-number1* [**to** *interface-type interface-number2*] } &<1-10>]命令去使能指定接口的 NDP 功能
4	**ndp timer aging** *aging-time* 例如：[HUAWEI] **ndp timer aging** 175	（可选）配置 NDP 信息的老化时间，整数形式，取值范围是 6～255，单位：s，必须大于第 5 步配置的 NDP 报文发送的时间间隔。 当 Commander 设备上收到的 NDP 报文老化时间超时后，仍没有收到来自同一邻居 Client 发来的新的 NDP 报文，则将自动删除与该邻居 Client 对应的邻居表项。 缺省情况下，NDP 信息的老化时间为 180s，可用 **undo ndp timer aging** 命令恢复 NDP 报文在接收交换机上的老化时间的缺省值
5	**ndp timer hello** *interval* 例如：[HUAWEI] **ndp timer hello** 55	（可选）配置 NDP 报文发送的时间间隔，整数形式，取值范围是 5～254，单位：s，必须比 NDP 信息的老化时间短。 缺省情况下，NDP 报文发送时间间隔为 60s，可用 **undo ndp timer hello** 命令恢复 NDP 报文发送的时间间隔的缺省值
6	**ndp trunk-member enable** 例如：[HUAWEI] **ndp trunk-member enable**	（可选）使能基于 Trunk 成员口的 NDP 功能。 进行 NTDP 拓扑收集时，如果设备间的链路使用 Trunk 口连接，缺省情况下系统将基于 Trunk 逻辑口进行邻居发现及拓扑呈现。如果用户希望呈现 Trunk 成员口（配置了聚合链路为 Trunk 链路时）的连接信息，可以执行本命令，使能基于 Trunk 成员口的 NDP 功能进行邻居发现，并通过网管得到实际的物理口拓扑信息。 缺省情况下，基于 Trunk 成员口的 NDP 功能处于去使能状态，可用 **undo ndp trunk-member enable** 命令去使能基于 Trunk 成员口的 NDP 功能

表 3-11　　　　　　　　　　　　NTDP 的配置步骤

步骤	命令	说明
1	**system-view** 例如：<HUAWEI> **system-view**	进入系统视图
2	**ntdp enable** 例如：[Huawei] **ntdp enable**	全局使能 NTDP 功能。 缺省情况下，盒式系列交换机全局 NTDP 功能处于使能状态，而框式系列交换机全局 NTDP 功能处于去使能状态，可用 **undo ntdp enable** 命令去使能全局 NTDP 功能
3	**interface range** { *interface-type interface-number1* [**to** *interface-type interface-number2*] } &<1-10> 例如：[HUAWEI] **interface** gigabitethernet 0/0/1 **ntdp enable** 例如：[HUAWEI-Gigabit Ethernet0/0/1] **ntdp enable**	（可选）使能接口的 NTDP 功能。如果指定的是一个范围的接口，则在这个范围的接口类型必须一致。 缺省情况下，接口 NTDP 功能处于使能状态，即只要全局使能了 NTDP 功能，接口也使能了 NTDP 功能，可用 **undo ntdp enable** 命令去使能指定接口的 NTDP 功能

（续表）

步骤	命令	说明
4	**quit** [HUAWEI-GigabitEthernet0/0/1] **quit**	返回系统视图
5	**ntdp hop** *max-hop-value* 例如：[Huawei] **ntdp hop** 5	（可选）配置拓扑收集范围，即最大跳数，整数形式，取值范围是 1~8。通过配置 NTDP 拓扑收集的最大跳数，可以收集确定范围内设备的拓扑信息，从而避免无限的扩展收集过程。同时，拓扑收集的最大跳数越大，占用拓扑收集交换机的内存越多。 缺省情况下，通过 NTDP 进行拓扑收集的最大跳数是 8，可用 **undo ntdp hop** 命令恢复 NTDP 拓扑收集的最大跳数的缺省值
6	**ntdp timer hop-delay** *hop-delay-time* 例如：[HUAWEI] **ntdp timer hop-delay** 300	（可选）配置第一个接口转发 NTDP 请求报文的延迟时间，整数形式，取值范围是 1~1000，单位：ms。 缺省情况下，设备在转发 NTDP 拓扑请求报文时的跳数延迟时间是 200ms，可用 **undo ntdp timer hop-delay** 命令恢复第一个接口转发 NTDP 请求报文的延迟时间为缺省值
7	**ntdp timer port-delay** *port-delay-time* 例如：[HUAWEI] **ntdp timer port-delay** 40	（可选）配置其他接口转发 NTDP 请求报文的延迟时间，整数形式，取值范围是 1~1000，单位：ms。 缺省情况下，NTDP 的接口延迟时间为 20ms，可用 **undo ntdp timer port-delay** 命令恢复配置其他接口转发 NTDP 请求报文的延迟时间的缺省值
8	**ntdp timer** *interval* 例如：[HUAWEI] **ntdp timer** 2	配置定时拓扑收集的时间间隔，整数形式，取值范围是 0~65535，单位：min。由于 Commander 的网络拓扑收集周期为 5min，建议将 NTDP 拓扑收集时间间隔设置小于 5min。 缺省情况下，定时拓扑收集的时间间隔为 0min，即不进行定时拓扑收集，可用 **undo ntdp timer** 命令恢复 NTDP 定时拓扑收集的时间间隔的缺省值
9	**ntdp explore** 例如：[HUAWEI] **ntdp explore**	（可选）手动收集拓扑信息。用户可以通过此命令随时收集网络拓扑

2. 集群管理 VLAN 配置

在网络拓扑收集功能配置中，除了要启用前面介绍的 NDP 和 NTDP 两个协议外，还要在 Commander 上配置用于集中管理各 Client 的一个集群管理 VLAN（此时 Commander 和各 Client 通过这个集群管理 VLAN 在逻辑上形成了一个集群）。集群管理 VLAN 要同 Commander 上与 Client 相连的端口所加入的 VLAN 保持一致。集群管理 VLAN 的配置步骤见表 3-12。

表 3-12　　　　　　　　　　　　　集群管理 **VLAN** 的配置步骤

步骤	命令	说明
1	**system-view** 例如：<HUAWEI> **system-view**	进入系统视图
2	**cluster enable** 例如：[HUAWEI] **cluster enable**	使能网络集群功能。 配置 Commander 作为网络拓扑收集设备前，需要在 Commander 的集群视图下配置集群管理 VLAN，从而使

（续表）

步骤	命令	说明
2	**cluster enable** 例如：[HUAWEI] **cluster enable**	Commander 只收集本 VLAN 内 Client 的拓扑信息。 缺省情况下，集群功能处于禁止状态，可用 **undo cluster enable** 或 **cluster disable** 命令禁止集群功能
3	**cluster** 例如：[HUAWEI] **cluster**	进入集群视图。进入集群视图后，可以在 Commander 的集群视图下配置集群管理 VLAN，进而配置 Commander 作为网络拓扑收集设备功能，使 Commander 只收集本 VLAN 内 Client 的拓扑信息
4	**mngvlanid** *vlanid* 例如：[HUAWEI-cluster] **mngvlanid** 2	配置集群管理 VLAN，整数形式，取值范围是 1～4094。 集群管理 VLAN 要同 Commander 上与 Client 相连的端口所加入的 VLAN 保持一致。 【说明】在集群管理 VLAN 部署中要注意以下几个方面。 • 在 EasyDeploy 功能 Commander 交换机上更改集群管理 VLAN 的 VLAN 编号或者删除集群管理 VLAN 及相应的 VLANIF，则集群自动被删除。 • 在 EasyDeploy 功能 Client 交换机上更改集群管理 VLAN 的 VLAN 编号，则 Client 交换机自动退出集群。 • 在将某 VLAN 指定为集群管理 VLAN 后，应避免与其他诸如 RRPP、组播等业务使用同一个 VLAN，否则会对业务功能产生影响。 缺省情况下，集群管理 VLAN 是 VLAN 1，但是不建议用户使用缺省的 VLAN 1 作为集群管理 VLAN，建议通过命令修改为其他 VLAN，可用 **undo mngvlanid** 命令将集群的管理 VLAN 恢复为缺省值

3．拓扑收集功能配置

完成前面各项网络拓扑收集功能的配置后，如果采取使能网络拓扑收集功能，则还需要在 Commander 上使能网络拓扑收集功能。还可使能 Client 自动加入功能，使得 Commander 可自动学习到各 Client 的信息，并自动分配一个当前最小且未被分配的 ID。Commander 拓扑收集功能的具体配置步骤见表 3-13。

表 3-13　　　　　　　　Commander 拓扑收集功能的配置步骤

步骤	命令	说明
1	**system-view** 例如：<HUAWEI> **system-view**	进入系统视图
2	**easy-operation** 例如：[HUAWEI] **easy-operation**	进入 Easy-Operation 视图。 如果选定一台设备作为 Commander，则需要先执行 **easy-operation commander ip-address** 命令配置 Commander 的 IP 地址，然后再执行 **easy-operation commander enable** 命令使能 Commander 功能，参见 3.4.4 节表 3-8 中的第 3 步
3	**topology enable** 例如：[HUAWEI-easyoperation] **topology enable**	使能 Commander 的网络拓扑收集功能。使能网络拓扑收集功能后，Commander 每 5min 收集一次拓扑，可以根据收集到的拓扑信息，实现空配置设备部署和故障设备的自动替换。 缺省情况下，未使能 Commander 的网络拓扑收集功能，可用 **undo topology enable** 命令去使能 Commander 的网络拓扑收集功能

（续表）

步骤	命令	说明
4	**Topology save** 例如：[HUAWEI-easyoperation] **topology save**	（可选）保存当前收集到的网络拓扑信息。 Commander 收集到的网络拓扑信息缺省是保存在设备内存中，如果设备重启会导致内存中的信息丢失，可以使用此命令将网络拓扑信息保存在 Flash 中，文件名为 ezop-topo.xml
5	**client auto-join enable** 例如：[HUAWEI-easyoperation] **client auto-join enable**	（可选）使能 Client 自动加入功能。 在运行 EasyDeploy 功能的网络中，Commander 上使能 Client 自动加入功能，**且 Client 上配置了 Commander 的 IP 地址后**，Commander 会自动学习到 Client 的基本信息并加入 Client 信息库中，同时给此 Client 分配一个 Client ID。自动学习到的信息包括 Client 的 MAC 地址、ESN 序列号、IP 地址、设备类型、设备型号、当前 Client 上加载的系统软件名、配置文件、补丁文件等，从而可以通过 Commander 实现对网络中 Client 设备的基本信息和版本文件的监控和管理。 不使能自动加入功能，则不会给 Client 自动分配 ID，此时需要通过 **client** [*client-id*] { **mac-address** *mac-address* | **esn** *esn* }确定 Client 与 ID 的对应关系。 缺省情况下，Client 自动加入功能不使能，可用 **undo client auto-join enable** 命令去使能 Client 自动加入功能

3.4.7　配置下载文件信息

下载文件信息是指 Client 需要下载的文件信息，包括系统软件名及版本号、补丁文件名、配置文件名等。网络管理员可以根据需要任意指定需要下载的文件类型。

在空配置部署场景中，可以为每台设备单独指定下载文件信息，也可以将具有相同属性的设备划分为 Group，配置相同的下载文件信息。设备优先匹配单台 Client 规则，如果未匹配上，则匹配 Group 规则。如果未匹配到任何规则，或者匹配到了规则，但是规则下没有配置下载文件信息，则会使用默认的下载文件信息。

根据网络规划可选择以下不同的配置方式。

1. 配置单台 Client 的下载文件信息

单台 Client 的下载文件信息的配置步骤见表 3-14。

表 3-14　　　　　　　　　　单台 **Client** 的下载文件信息的配置步骤

步骤	命令	说明
1	**system-view** 例如：<HUAWEI> **system-view**	进入系统视图
2	**easy-operation** 例如：[HUAWEI] **easy-operation**	进入 Easy-Operation 视图
以下两种情况下需要手工进行 Client 信息与设备的绑定，其他情况可直接执行下一步骤（即第 **4** 步）		
3	**client** [*client-id*] { **mac-address** *mac-address* | **esn** *esn* }	（二选一）如果不通过网络拓扑收集功能进行空配置设备部署，则需要在 Commander 上一个个地增加 Client 信息，即根据 MAC 地址或 ESN 号匹配 Client，用来唯一标识一台 Client。命令中的参数说明如下。

（续表）

步骤	命令	说明
3	例如：[HUAWEI-easyoperation] **client 3 esn** 210235165110 xxxxxxxx	① *client-id*：可选参数，指定 Client 的 ID，用来标识一台 Client，S5700EI、S5710EI 和 S5700SI 支持管理的 Client 数为 64，其他 S5700/6720 系列机型支持管理的 Client 数为 128，S7700/7900/9700/12700 支持管理的 Client 数为 255。如果未指定此参数，则系统会自动分配一个当前最小且未被分配的 ID。 ② **mac-address** *mac-address*：二选一参数，指定 Client 的 MAC 地址，格式为 H-H-H。 ③ **esn** *esn*：二选一参数，指定 Client 的 ESN 号，字符串格式，不区分大小写，不支持空格，长度范围是 10～32。 有多台 Client 时，要分别为各 Client 执行本命令进行配置，绑定 Client 的 ID 号、MAC 地址和 ESN。 缺省情况下，Client 信息库中没有 Client 信息，可用 **undo client** *client-id* [**mac-address** [*mac-address*]] **esn** [*esn*] 命令删除 Client 信息库中指定的 Client 信息
	client [*client-id*] **mac-address** *mac-address* 例如：[HUAWEI-easyoperation] **client mac-address** 0102-1122-3333	（二选一）如果是通过网络拓扑收集功能进行空配置设备部署，但是未使能 **Client** 自动加入功能，配置 Client 通过 MAC 地址匹配的规则
4	**client** *client-id* { **system-software** *file-name* [*version*] | **patch** *file-name* | **configuration-file** *file-name* | **web-file** *file-name* | { **custom-file** *file-name* }&< 1-3> }* 例如：[HUAWEI-easyoperation] **client 3 system-software** test.cc	配置 Client 需要下载的文件信息。命令中的参数说明如下。 ① **system-software** *file-name*：可多选参数，指定 Client 需要加载的系统软件名称（*.cc）。 ② *version*：可选参数，指定系统软件的版本号。如果此版本号与 Client 当前运行的系统软件版本号一致时，则不会进行系统软件的升级。 ③ **patch** *file-name*：可多选参数，指定 Client 需要加载的补丁文件名称（*.pat）。 ④ **configuration-file** *file-name*：可多选参数，指定 Client 需要加载的配置文件名称（*.zip 或 *.cfg）。 ⑤ **web-file** *file-name*：可多选参数，指定 Client 需要加载的 Web 网页文件名称（*.web.7z 或 *.web.zip）。 ⑥ **custom-file** *file-name*：可多选参数，指定 Client 需要加载的自定义文件名称。 缺省情况下，Client 信息库中没有 Client 信息，可用 **undo client** *client-id* [**system-software** [*file-name* [*version*]] | **patch** [*file-name*] | **configuration-file** [*file-name*] | **web-file** [*file-name*] | **license** [*file-name*] | **custom-file** [*file-name*]] 删除 Client 要下载的指定信息

2. 配置 Group 的下载文件信息

Group 的下载文件信息的配置步骤见表 3-15。

表 3-15　　　　　　　　　　单台 **Client 的下载文件信息**的配置步骤

步骤	命令	说明
1	**system-view** 例如：<HUAWEI> **system-view**	进入系统视图

（续表）

步骤	命令	说明
2	**easy-operation** 例如：[HUAWEI] **easy-operation**	进入 Easy-Operation 视图
3	**group build-in** *device-type* 例如：[HUAWEI-easyoperation] **group build-in s5720-hi**	（二选一）创建内置 Group，通过 *device-type* 指定匹配的设备类型（如 S2720-EI、S2750-EI、S5700-P-LI/S5700-X-LI、S5700-10P-LI/S5700S-LI、S5700-TP-LI），并进入内置 Group 视图。 缺省情况下，没有配置内置 Group，可用 **undo group build-in** [*device-type*] 命令在 Commander 上删除内置 Group
	group custom { **mac-address** | **esn** | **ip-address** | **model** | **device-type** } *group-name* 例如：[HUAWEI-easyoperation] **group custom mac-address test**	创建自定义 Group（符串格式，区分大小写，不支持空格。长度范围 1～31，**必须以字母开头**），指定该 Group 按照 MAC 地址、ESN、IP 地址、设备型号或设备类型来匹配 Client，并进入自定义 Group 视图。 缺省情况下，没有配置用户自定义 Group，可用 **undo group custom** [{ **mac-address** | **esn** | **ip-address** | **model** | **device-type** } [*group-name*]] 命令删除用户自定义的 Group	
	match { **mac-address** *mac-address* [*mac-mask* | *mac-mask-length*] | **esn** *esn* | **ip-address** *ip-address* [*ip-mask* | *ip-mask-length*] | **model** *model* | **device-type** *device-type* } 例如：[HUAWEI-easyoperation-group-custom-test] **match mac-address 70F3-950B-1A52**	配置自定义 Group 的 MAC 地址、IP 地址、ENS、设备型号或设备类型的匹配规则，其中 MAC 地址和 IP 地址可以在一条命令中指定一个范围，也可以通过多条命令配置多个匹配 ESN 和设备型号的规则，只要匹配上其中一个，则认为是匹配上该 Group。 【注意】匹配规则只有在相应的用户自定义 Group 中配置。例如，执行 **match mac-address** *mac-address* 命令配置按照 MAC 地址进行匹配的规则，只能在 MAC 地址类型的用户自定义 Group 中配置。 MAC 地址、ESN 和 IP 地址类型的 Group，一个 Group 中最多配置 256 条匹配规则，所有 Group 的规则总数不能超过 256 条。 设备型号类型的 Group，匹配规则中指定的设备型号必须与设备的正式型号保持一致，否则设备将无法匹配此 Group。设备类型的 Group，匹配规则中指定的设备类型必须与设备的正式类型保持一致，否则设备将无法匹配此 Group。 缺省情况下，没有配置 Group 的匹配规则，可用 **undo match** { **mac-address** *mac-address* [*mac-mask* | *mac-*	（二选一）配置自定义 Group 匹配规则。 【说明】在 Commander 上最多可以配置 256 个 Group，所有 Group 的规则总数不能超过 256 条。自定义 Group 中，对于 MAC 地址、IP 地址和 ESN 序列号类型的 Group，可配置多条匹配规则，设备类型和型号类型的 Group 只能配置一条匹配规则。 如果配置了多个类型的 Group，则各个类型的 Group 匹配优先级如下：MAC 地址 > ESN 序列号 > IP 地址 > 设备型号 > 自定义的设备类型 > 内置的设备类型。 如果同一类型不同名称的多个 Group 匹配同一设备时，按 Group 名称的字典序排序来判断优先级

（续表）

步骤	命令	说明
3	*mask-length*]｜**esn** *esn*｜**ip-address** *ip-address* ［ *ip-mask*｜*ip-mask-length* ］｜**model** *model*｜**device-type** *device-type*｝命令取消相应的匹配规则配置	
4	**system-software** *file-name* [*version*] 例如：[HUAWEI-easyoperation-group-custom-test] **system-software** V200R012C00.cc V200R012C00	（可选）配置需要下载的系统软件名称和版本号
	patch *file-name* 例如：[HUAWEI-easyoperation-group-custom-test] **patch** patch.pat	（可选）配置需要下载的补丁文件名称
	configuration-file *file-name* 例如：[HUAWEI-easyoperation-group-custom-test] **configuration-file** vrpcfg.zip	（可选）配置需要下载的配置文件名称
	web-file *file-name* 例如：[HUAWEI-easyoperation-group-custom-test] **web-file** test.web.7z	（可选）配置需要下载的 Web 网页文件名称
	｛**custom-file** *file-name*｝ &<1-3> 例如：[HUAWEI-easyoperation-group-custom-test] **custom-file** mydoc.bat **custom-file** header.txt	（可选）配置用户指定的需要下载的自定义文件信息

3. 配置默认的下载文件信息

当某 Client 在 Group 信息库和 Client 信息库中没有指定需要下载的文件信息时，即没有与前面配置的 Client 匹配规则和 Group 匹配规则匹配上时，可以从 Easy-Operation 全局视图下配置的默认的下载文件信息中下载指定文件。默认的下载文件信息配置步骤见表 3-16。

表 3-16　　　　　　　　默认下载文件信息的配置步骤

步骤	命令	说明
1	**system-view** 例如：<HUAWEI> **system-view**	进入系统视图
2	**easy-operation** 例如：[HUAWEI] **easy-operation**	进入 Easy-Operation 视图
3	**system-software** *file-name* [*version*] 例如：[HUAWEI-easyoperation] **system-software** easy/sV200R012C00.cc	配置需要下载的系统软件名称和版本号。配置下载文件名不能与当前运行的系统软件名相同，否则会导致升级失败
	patch *file-name* 例如：[HUAWEI-easyoperation] **patch** easy/test.pat	配置需要下载的补丁文件名称。配置下载文件名不能与当前运行的系统补丁文件名相同，否则会导致升级失败
	configuration-file *file-name* 例如：[HUAWEI-easyoperation] **configuration-file** easy/vrpcfg.zip	配置需要下载的配置文件名称。配置下载文件名不能与当前系统使用的配置文件名相同，否则会导致升级失败

（续表）

步骤	命令	说明
3	**web-file** *file-name* 例如：[HUAWEI-easyoperation] **web-file** easy/test.web.7z	配置需要下载的 Web 网页文件名称
	{ **custom-file** *file-name* } &<1-3> 例如：[HUAWEI-easyoperation] **custom-file** mydoc.bat **custom-file** header.txt	配置需要下载的用户自定义文件名称，目前支持配置 3 个自定义文件。配置下载文件名不能与当前系统使用的自定义文件名相同，否则会导致升级失败

3.4.8　配置下载后文件的激活策略

Client 下载后文件的激活策略包括：文件激活时间和文件激活方式两方面。文件激活时间有两种配置方式。

■ 指定时间激活：指定在某个时间点开始激活文件。

■ 延时激活：在文件下载完成后延迟一定的时间开始激活文件，最长可以延迟 24 小时。

文件激活方式包括"不复位"和"复位"两种。缺省情况下，系统使用不复位激活策略。但是，如果下载文件中包含了系统软件（*.cc），则无论是否配置了复位激活方式，系统都会复位。如果不包含系统软件，则系统默认不会复位。在不复位激活策略下：补丁文件将自动激活，配置文件将被反译后逐行输入设备，实现配置，同时 Client 会将此配置文件作为下次启动项。但是如果配置恢复过程中有配置执行失败，则系统会通过复位方式激活配置文件。Web 网页文件需要手动进行激活。

如果采用复位激活策略，则将系统软件、补丁文件和配置文件作为 Client 的下次启动项；Web 网页文件需要复位后手动进行激活。

说明　如果补丁为热补丁，则可以采用默认不复位方式激活；如果为冷补丁，则需要配置复位方式激活。

如果加载了配置文件且采用不复位方式进行激活，当配置文件中有命令恢复失败时，Client 会自动通过复位的方式激活配置文件。

如果网络中的 Client 有串联组网（Client 下挂 Client）的方式，建议在 Commander 全局下配置延时激活时间。以免上级 Client 因为获取文件后立即激活重启或配置变更，使下挂的 Client 与 Commander 或者文件服务器发生中断，从而导致下挂的 Client 空配置部署流程失败。需要根据下挂 Client 所下载的文件大小设置合理的延时时间，以确保所有下挂的 Client 在这个延时时间内完成文件下载。

根据上节介绍的不同下载文件信息的配置方式，下载后文件的激活策略也将不同。

■ 如果在下载文件信息配置中配置了 Group 来匹配 Client（参见 3.4.7 节的表 3-15），则以 Group 中配置的激活方式和时间生效，具体配置步骤见表 3-17；如果 Group 中没有配置激活方式和时间，则以 Commander 的全局配置生效，具体配置步骤见表 3-18；如果 Commander 全局也没有配置激活方式和时间，则采用缺省的激活方式和时间。

表 3-17　　　　　　　　　　　　　　Group 的文件激活策略的配置步骤

步骤	命令	说明
1	system-view 例如：<HUAWEI> system-view	进入系统视图
2	easy-operation 例如：[HUAWEI] easy-operation	进入 Easy-Operation 视图
3	group build-in *device-type* 例如：[HUAWEI-easyoperation] group build-in s5720-hi	（二选一）进入内置 Group 视图
	group custom { mac-address | esn | ip-address | model | device- type } *group-name* 例如：[HUAWEI-easyoperation] group custom mac-address test	（二选一）进入自定义 Group 视图
4	activate-file { reload | { in *time* | delay *delay-time* } }* 例如：[HUAWEI-easyoperation- group-custom-F1] activate-file in 1:00 reload	配置匹配相应 Group 的文件激活策略，具体参数说明 如下。 ① reload：可多选项，指定复位方式激活文件。选择 此选项时，则 Client 在激活文件时不需要判断是否包括 了系统软件文件，都会进行复位操作。 ② in *time*：二选一参数，指定激活文件的时间，格式 是 HH:MM，24 小时制，HH 表示小时，取值范围是 0～ 23，MM 表示分钟，取值范围是 0～59。 ③ delay *delay-time*：二选一参数，指定延时激活的时间， 整数形式，取值范围是 0～86400，单位：s，缺省值 为 0。 缺省情况下，如果下载的文件中包括系统软件（*.cc）， 则采用复位设备的方式立即激活文件。另外在批量升级 场景中，如果还下载了配置文件，也会采用复位设备的 方式立即激活文件，可用 undo activate-file [reload | in [*time*] | delay [*delay-time*]] 命令取消在 Commander 上 配置的文件激活的方式和时间，使其恢复成缺省情况

表 3-18　　　　　　　　　　　　Commander 全局的文件激活策略的配置步骤

步骤	命令	说明
1	system-view 例如：<HUAWEI> system-view	进入系统视图
2	easy-operation 例如：[HUAWEI] easy-operation	进入 Easy-Operation 视图
3	activate-file { reload | { in *time* | delay *delay-time* } }* 例如：[HUAWEI-easyoperation] activate-file in 1:00 reload	配置全局的文件激活策略，参数参见表 3-17 的第 4 步

■　如果在下载文件信息配置中配置的是指定 Client（参见 3.4.7 节的表 3-14）或默认的下载文件信息（参见 3.4.7 节的表 3-16），则以 Commander 全局配置的激活方式和时间生效，参见表 3-18；如果 Commander 全局没有配置激活方式和时间，则采用缺省的激活方式和时间。

3.4.9　使能自动清理存储空间功能

这是一项可选配置任务。Client 在下载系统软件时，可能因为存储器空间不足，而导致无法下载成功。如果使能自动清理存储空间功能，则会删除 Client 上的非启动系统软件。使能自动清理存储空间功能的配置步骤见表 3-19。启动系统软件包括当前正在运行使用的系统软件以及配置的下次启动系统软件。Client 清理存储空间时，不能删除启动系统软件。

表 3-19　　　　　　　　　　　使能自动清理存储空间功能的配置步骤

步骤	命令	说明
1	system-view 例如：\<HUAWEI\> **system-view**	进入系统视图
2	easy-operation 例如：[HUAWEI] **easy-operation**	进入 Easy-Operation 视图
3	**client auto-clear enable** 例如：[HUAWEI-easyoperation] **client auto-clear enable**	使能自动清理存储器空间的功能。缺省情况下，自动清理存储器空间功能不使能。 缺省情况下，此功能不使能，可用 **undo client auto-clear enable** 命令在 Commander 上去使能 Client 自动清理存储器空间的功能

　　Client 在执行自动清理存储器空间时，依赖文件服务器的类型。如果从 TFTP 服务器下载文件，由于无法获取到文件的大小，因此无法执行自动清理存储器空间的动作。在使用 FTP 或者 SFTP 服务器时，如果服务器不支持返回文件大小的功能，则 Client 也不能执行自动清理存储器空间的动作。使用 S 交换机作为 FTP 或 TFTP 文件服务器时，不支持返回文件大小的功能。

3.4.10　配置自动备份配置文件功能

这也是一项可选配置任务。自动备份配置文件功能的配置步骤见表 3-20，配置后，Client 的配置文件会自动备份至文件服务器，可用于故障替换场景。当新 Client 替换了故障 Client 后，新 Client 必须要获取原故障 Client 的实时配置文件，将故障带来的影响降至最小。

表 3-20　　　　　　　　　　　使能自动备份配置文件的配置步骤

步骤	命令	说明
1	system-view 例如：\<HUAWEI\> **system-view**	进入系统视图
2	easy-operation 例如：[HUAWEI] **easy-operation**	进入 Easy-Operation 视图
3	**backup configuration interval** *interval* [**duplicate**] 例如：[HUAWEI-easyoperation] **backup configuration interval** 12	配置自动备份配置文件的时间间隔和模式，具体参数说明如下。 ① *interval*：指定备份配置文件的时间间隔，整数形式，取值范围是 0～720，单位：h。缺省值为 0，表示不自动备份配置文件。 ② **duplicate**：可选项，指定备份方式为保存副本。即

（续表）

步骤	命令	说明
3	**backup configuration interval** *interval* [**duplicate**] 例如：[HUAWEI-easyoperation] **backup configuration interval 12**	不覆盖服务器上原来的配置文件，而保存成另外一个配置文件。如果不指定该参数，默认备份方式为覆盖原配置文件。 缺省情况下，自动备份配置文件功能不使能，可用 **undo backup configuration** [**interval** [*interval*]] [**duplicate**] 命令将自动备份配置文件的方式恢复为缺省情况

3.4.11　通过 Commander 实现空配置设备部署的管理命令

完成上述各节关于通过 Commander 实现空配置设备部署的功能配置后，可通过以下 **display** 命令（可在所有视图下执行）检查相关的配置。

■ **display ip pool** { **interface** *interface-pool-name* | **name** *ip-pool-name* } **used**：在 DHCP 服务器上查看为 Client 分配的 IP 地址信息。

■ **display easy-operation configuration**：查看 Commander 的配置信息。

■ **display easy-operation client** [*client-id* | **mac-address** *mac-address* | **esn** *esn* | **verbose**]：查看 Commander 上 Client 的信息。

■ **display easy-operation group** [**build-in** [*device-type*] | **custom** [*groupname*]]：查看 Commander 上配置的 Group 信息。

■ **display easy-operation download-status** [**client** *client-id* | **verbose**]：查看 Client 的下载状态信息。

■ **display ndp**：查看系统 NDP 配置信息。

■ **display ndp interface** { *interface-type interface-number1* [**to** *interface-type interface-number2*] }&<1-10>：查看指定接口 NDP 发现的邻居信息。

■ **display ntdp**：查看全局 NTDP 信息。

■ **display ntdp device-list** [**verbose**]：查看 NTDP 收集到的设备信息。

■ **display easy-operation topology**：查看 Commander 收集到的网络拓扑信息。

3.4.12　不使能网络拓扑收集功能，通过 Commander 实现空配置设备部署示例

如图 3-14 所示，在某企业网络中，文件服务器和 DHCP 服务器与 SwitchA 之间已实现了路由可达。现在需要将企业新建楼宇中的设备 Client1、Client2、Client3 加入到网络中。新加入的 Client 与 DHCP 服务器不在同一网段。为了降低人工成本、节省部署的时间，用户希望为新部署的设备实现统一、自动的配置和后续的维护功能。

其中 SwitchA 上接口 VLANIF20 的地址为 192.168.4.2/24，对端地址为 192.168.4.1/24。SwitchB 上接口 VLANIF30 的地址为 192.168.3.2/24，对端地址为 192.168.3.1/24。新设备型号及所需下载的文件信息见表 3-21。

1. 基本配置思路分析

因为本示例中不同的 Client 有不同的配置文件下载需求，所以不能采用通过 Option 参数实现空配置设备部署方案，但可以采用通过中间文件，或者 Commander 这两种部署方案来实现，在此选择采用通过 Commander 实现空配置设备部署方案。

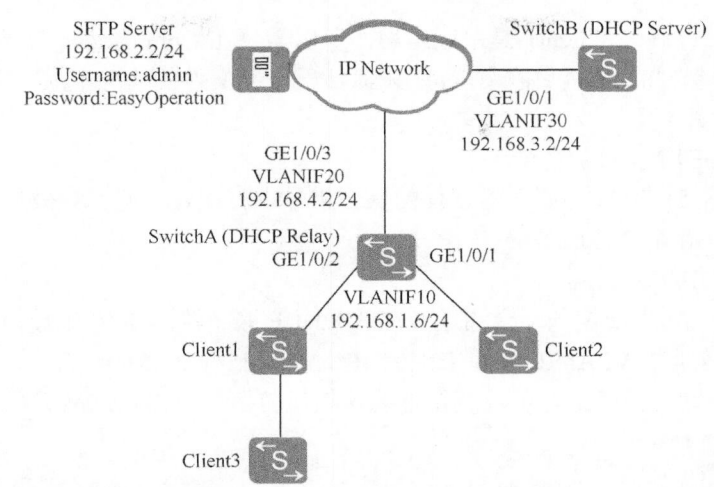

图 3-14　不使能网络拓扑收集功能，通过 Commander 实现空配置设备部署示例的拓扑结构

表 3-21　　　　　　　　　　新加入设备型号及需下载的文件信息

新加入的设备	设备型号	需要下载的文件
Client1	S5700-HI	配置文件：s5700-hi.cfg。 自定义文件：header1.txt
Client2	S5700-HI	配置文件：s5700-hi.cfg。 自定义文件：header1.txt
Client3	S5700-X-LI	配置文件：s5700-x-li.cfg。 自定义文件：header2.txt

根据 3.4.2 节的介绍，通过 Commander 实现空配置设备部署方案也包括了三大项配置任务：文件服务器、DHCP 服务器和 Commander 的配置。而在 Commander 配置中又分使能网络拓扑收集功能方式和不使能网络拓扑收集功能方式两种。这两种方式的配置方法主要区别在于 Client 信息与设备的绑定方式不同。本节以不使能网络拓扑收集功能的方式进行配置，即采取手工方式配置 Client 与设备的 MAC 地址、ESN、IP 地址或设备型号、设备类型的绑定。本示例的基本配置思路如下。

① 配置文件服务器，将各 Client 需要加载的文件保存至文件服务器。

② 在 SwitchB 上配置基于全局地址池的 DHCP 服务器，在 SwitchA 上配置 DHCP 中继功能，实现新加入的 Client 自动获取 IP 地址及 Commander 的 IP 地址。

③ 在 SwitchA 上配置不使能网络拓扑收集功能的 Commander 功能，以实现通过 Commander 进行空配置部署。因为不使能 Commander 的网络拓扑收集功能，所以 Client 信息与下载文件的绑定需要手工来配置。

■ 配置 Commander 的 IP 地址，使能设备的 Commander 功能，配置文件服务器的 IP 地址、访问文件服务器的用户名和密码等信息，还可为了后期的维护，在 Commander 上配置自动备份配置文件的功能，便于后续进行故障替换。

■ Client1 和 Client2 由于是同类型设备且需要加载的配置文件相同，所以可以配置内置 Group。Client3 与 Client1、Client2 加载的配置文件不同，所以可以直接指定此 Client 的下载信息。

■ 由于 Client3 与 Client1 是串联组网，所以需要在 Commander 全局下配置延时激活的时间，以确保 Client3 能够在 Client1 未激活所下载文件的情况下成功下载所需文件。

2．具体配置步骤

（1）配置 SFTP 文件服务器

请根据对应 SFTP 文件服务器软件的操作指导进行配置。配置完成后，将 Client 需要加载的文件保存至文件服务器。

（2）配置 DHCP 服务器

① 在 SwitchB 上配置基于全局地址池的 DHCP 服务器。GE1/0/1 接口上加入 VLAN 30，其目的仍是通过 VLANIF 接口来配置 IP 地址，自 V200R005 版本以后，在大多数 S5700 以后的系列交换机上也可以直接把物理接口转换三层模式，然后配置 IP 地址。

```
<HUAWEI> system-view
[HUAWEI] sysname SwitchB
[SwitchB] dhcp enable
[SwitchB] vlan batch 30
[SwitchB] interface vlanif 30
[SwitchB-Vlanif30] ip address 192.168.3.2 24
[SwitchB-Vlanif30] dhcp select global
[SwitchB-Vlanif30] quit
[SwitchB] interface gigabitethernet 1/0/1
[SwitchB-GigabitEthernet1/0/1] port link-type hybrid
[SwitchB-GigabitEthernet1/0/1] port hybrid pvid vlan 30
[SwitchB-GigabitEthernet1/0/1] port hybrid untagged vlan 30
[SwitchB-GigabitEthernet1/0/1] quit
[SwitchB] ip pool easy-operation
[SwitchB-ip-pool-easy-operation] network 192.168.1.0 mask 255.255.255.0    #---指定为 Client 分配 IP 地址的网段
[SwitchB-ip-pool-easy-operation] gateway-list 192.168.1.6   #---指定以上地址池的网关，此处为 DHCP 中继设备的
DHCP 中继接口 VLANIF10 的 IP 地址
[SwitchB-ip-pool-easy-operation] option 148 ascii ipaddr=192.168.1.6;   #---指定 Commander 的 IP 地址
[SwitchB-ip-pool-easy-operation] quit
```

② 在 SwitchB 上配置缺省路由。

```
[SwitchB] ip route-static 0.0.0.0 0.0.0.0 192.168.3.1
```

③ 在 SwitchA（Commander）上配置 DHCP 中继。在 GE1/0/3 接口配置加入 VLAN 20 的目的与前面 SwitchB 的 GE1/0/1 接口的配置目的一样，也是为了通过 VLANIF 接口间接配置 IP 地址。

```
<HUAWEI> system-view
[HUAWEI] sysname SwitchA
[SwitchA] vlan batch 10 20
[SwitchA] dhcp enable
[SwitchA] interface vlanif 10
[SwitchA-Vlanif10] ip address 192.168.1.6 24
[SwitchA-Vlanif10] quit
[SwitchA] interface vlanif 20
[SwitchA-Vlanif20] ip address 192.168.4.2 24
[SwitchA-Vlanif20] quit
[SwitchA] interface gigabitethernet 1/0/1
[SwitchA-GigabitEthernet1/0/1] port link-type hybrid
[SwitchA-GigabitEthernet1/0/1] port hybrid pvid vlan 10
[SwitchA-GigabitEthernet1/0/1] port hybrid untagged vlan 10
[SwitchA-GigabitEthernet1/0/1] quit
```

```
[SwitchA] interface gigabitethernet 1/0/2
[SwitchA-GigabitEthernet1/0/2] port link-type hybrid
[SwitchA-GigabitEthernet1/0/2] port hybrid pvid vlan 10
[SwitchA-GigabitEthernet1/0/2] port hybrid untagged vlan 10
[SwitchA-GigabitEthernet1/0/2] quit
[SwitchA] interface gigabitethernet 1/0/3
[SwitchA-GigabitEthernet1/0/3] port link-type hybrid
[SwitchA-GigabitEthernet1/0/3] port hybrid pvid vlan 20
[SwitchA-GigabitEthernet1/0/3] port hybrid untagged vlan 20
[SwitchA-GigabitEthernet1/0/3] quit
[SwitchA] interface vlanif 10
[SwitchA-Vlanif10] dhcp select relay    #---使能 DHCP 中继服务
[SwitchA-Vlanif10] dhcp relay server-ip 192.168.3.2    #---指定 DHCP 服务器 IP 地址
[SwitchA-Vlanif10] quit
```

④ 在 SwitchA 上配置缺省路由。

```
[SwitchA] ip route-static 0.0.0.0 0.0.0.0 192.168.4.1
```

（3）配置 Commander 的基本功能

虽然 Commander 涉及的配置任务比较多，但在不使能网络拓扑收集功能的实现方式中，Commander 的必选配置任务仅包括以下 4 个方面：

- 配置 Commander 基本功能；
- 配置文件服务器信息；
- 配置下载文件信息；
- 配置下载后文件的激活策略。

① 配置 Commander 基本功能。

```
[SwitchA] easy-operation commander ip-address 192.168.1.6    #---指定 Commander 的 IP 地址，要与 Option 148 中指
定的 Commander 的 IP 地址一致
[SwitchA] easy-operation commander enable    #---使能 SwitchA 的 Commander 功能
```

② 配置文件服务器信息。

主要包括指定文件服务器的 IP 地址（192.168.2.2/24），以及访问文件服务器的用户账户信息（用户名为 admin，密码为 EasyDeploy）。另外，本示例要求使能自动备份配置文件功能，使 Client 的配置文件会自动备份至文件服务器，可用于故障替换场景。

```
[SwitchA] easy-operation
[SwitchA-easyoperation] sftp-server 192.168.2.2 username admin password EasyOperation
[SwitchA-easyoperation] backup configuration interval 2
```

③ 配置下载文件信息。

因为 Client1 和 Client2 是相同的设备型号，所需下载的文件也完全相同，所以可以为它们配置根据设备类型匹配的内置 Group，并指定需要加载的文件信息。

```
[SwitchA-easyoperation] group build-in S5700-HI
[SwitchA-easyoperation-group-build-in-S5700-HI] configuration-file s5700-hi.cfg
[SwitchA-easyoperation-group-build-in-S5700-HI] custom-file header1.txt
[SwitchA-easyoperation-group-build-in-S5700-HI] quit
[SwitchA-easyoperation] client auto-join enable
Warning: The commander will create the client information in database automatica
lly when received message from unknown client. Continue? [Y/N]: y
[SwitchA-easyoperation]
```

为 Client3 采用 MAC 地址匹配类型单独指定下载文件的信息。

```
[SwitchA-easyoperation] client 3 mac-address 5489-9875-edff
[SwitchA-easyoperation] client 3 configuration-file s5700-x-li.cfg custom-file header2.txt
```

④ 在全局 Commander 下配置延时激活时间。根据 Client3 下载文件的大小，将延时时间配置为 15min（900s，缺省为 0s），以便 Client3 能够在 Client1 激活所下载文件前成功下载所需文件。

```
[SwitchA-easyoperation] activate-file delay 900
[SwitchA-easyoperation] quit
```

3. 配置结果检查

① 在 SwitchA 上执行 display easy-operation configuration 命令查看 Commander 上的全局配置信息。

```
[SwitchA] display easy-operation configuration
--------------------------------------------------------------
  Role                           : Commander
  Commander IP address           : 192.168.1.6
  Commander UDP port             : 60000
  IP address of file server      : 192.168.2.2
  Type of file server            : SFTP
  Username of file server        : admin
  Default system-software file   : -
  Default system-software version : -
  Default configuration file     : -
  Default patch file             : -
  Default WEB file               : -
  Default license file           : -
  Default custom file 1          : -
  Default custom file 2          : -
  Default custom file 3          : -
  Auto clear up                  : Disable
  Auto join in                   : Disable
  Topology collection            : Disable
  Activating file time           : Delay 900s
  Activating file method         : Default
  Aging time of lost client(hours): -
  Backup configuration file mode  : Default
  Backup configuration file interval(hours): 2
--------------------------------------------------------------
```

② 空配置部署流程开始后，在 SwitchA 上执行 display easy-operation download-status 命令可查看各 Client 的下载状态。

```
[SwitchA] display easy-operation download-status
The total number of client in downloading files is : 3

--------------------------------------------------------------
ID    Mac address    IP address    Method    Phase    Status
--------------------------------------------------------------
 1   00E0-FC12-A34B 192.168.1.254  Zero-touch Config-file Upgrading
 2   00E0-FC34-3190 192.168.1.253  Zero-touch Config-file Upgrading
 3   5489-9875-edff 192.168.1.252  Zero-touch Config-file Upgrading
```

3.4.13 使能网络拓扑收集功能，通过 Commander 实现空配置设备部署示例

本示例的网络拓扑结构如图 3-15 所示，新加入设备型号及所需下载的文件信息见表 3-22。为了降低人工成本、节省部署的时间，用户希望为新部署的设备实现统一、自动的配置和后续的维护功能。但由于设备安装工程师未上报 Client 对应的 MAC 地址和 ESN 号，所以配置网络拓扑收集功能，通过 Commander 实现空配置部署功能。

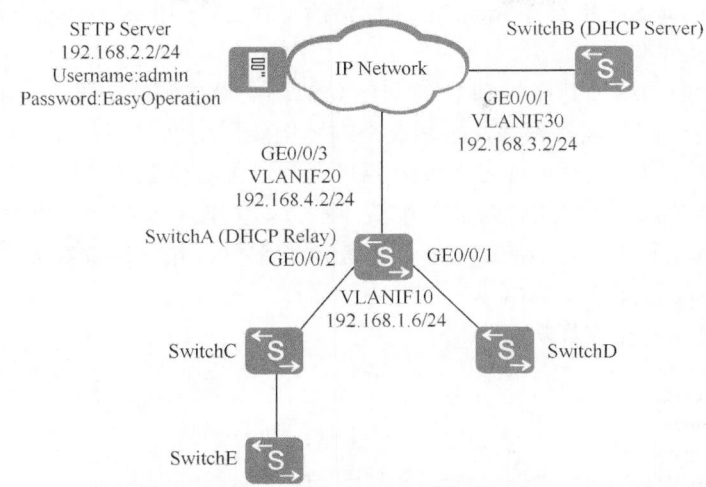

图 3-15　使能网络拓扑收集功能，通过 Commander 实现空配置设备部署示例的拓扑结构

表 **3-22**　　　　　　　　　　　新加入设备型号及需下载的文件信息

新加入的设备	设备型号	需要下载的文件
SwitchC	S5700-HI	配置文件：s5700-hi.cfg。 自定义文件：header1.txt
SwitchD	S5700-HI	配置文件：s5700-hi.cfg。 自定义文件：header1.txt
SwitchE	S5700-X-LI	配置文件：s5700-x-li.cfg。 自定义文件：header2.txt

1. 基本配置思路分析

使能 Commander 网络拓扑收集功能的方式可以实现 Client 信息与设备的自动绑定，无需手工查找设备的 MAC 地址、ESN、设备类型等信息，也无需配置 Client ID 与这些设备信息之间的绑定关系。

根据前面各节配置方法的介绍，并结合本示例的实际情况，可得出本示例如下的基本配置思路。

① 配置文件服务器，将各 Client 需要加载的文件保存至文件服务器。

② 在 SwitchB 上配置基于全局地址池的 DHCP 服务器，在 SwitchA 上配置 DHCP 中继功能，实现新加入的 Client 自动获取 IP 地址及 Commander 的 IP 地址。

③ 在 SwitchA 上配置使能网络拓扑收集功能的 Commander 功能，以实现通过 Commander 进行空配置部署。

■ 配置 Commander 的 IP 地址，使能设备的 Commander 功能，配置文件服务器 IP 地址、访问文件服务器的用户名和密码等信息，还可为了后期的维护，在 Commander 上配置自动备份配置文件的功能，便于后续进行故障替换。

■ 配置网络拓扑收集功能，然后根据收集的网络拓扑信息，按表 3-22 的要求配置各 Client 的下载文件信息。

■ 由于 SwitchE 与 SwitchC 是串联组网，所以需要在 Commander 全局下配置延时激活的时间，以确保 SwitchE 能够在 SwitchC 未激活所下载文件的情况下成功下载所需的文件。

2. 具体配置步骤

因为本示例的网络拓扑结构和 IP 地址等信息与上节的完全一样，而且都是采用通过 Commander 实现空配置设备部署，区别仅是本示例要采用网络拓扑收集功能，而上节介绍的示例中没有采用。根据前面各节的介绍可知，以上各步配置中除了网络拓扑收集功能的配置，以及 Client 下载文件信息的配置不同外，其他的配置方法均完全相同。

下面仅介绍与上节所介绍的配置示例中不同的部分，相同部分参见上例即可。上节配置示例中的"配置文件下载信息"部分用以下配置替代。

（1）配置网络拓扑收集功能

```
[SwitchA] ndp enable
[SwitchA] ntdp enable
[SwitchA] ntdp timer 5
[SwitchA] easy-operation
[SwitchA-easyoperation] topology enable      #---使能网络拓扑收集功能
[SwitchA-easyoperation] client auto-join enable      #---使能 Client 自动加入休群功能
[SwitchA-easyoperation] quit
```

（2）配置集群和集群管理 VLAN

```
[SwitchA] cluster enable      #---使能集群功能
[SwitchA] cluster
[SwitchA-cluster] mngvlanid 10      #---配置休群管理 VLAN 为 VLAN 10
[SwitchA-cluster] quit
```

（3）配置下载文件信息

① 查看 Commander 收集到的网络拓扑信息。

```
[SwitchA] display easy-operation topology
<-->:normal device                <??>:lost device
Total topology node number: 3
---------------------------------------------------------------------------
[SwitchA: 4CB1-6C8F-0447](Commander)
|-(GE0/0/1)<-->(GE0/0/1)[HUAWEI: 00E0-FC34-3190](Client 1)
|-(GE0/0/2)<-->(GE0/0/1)[HUAWEI: 00E0-FC12-A34B](Client 2)
| |-(GE0/0/2)<-->(GE0/0/1)[HUAWEI: 5489-9875-edff] (Client 3)
```

根据网络规划和网络拓扑信息，知道 **Client1** 对应 **SwitchD**，**Client2** 对应 **SwitchC**，**Client3** 对应 **SwitchE**。此时因为已使能 Client 的自动加入功能，故可直接根据网络拓扑收集功能为每台待配置设备分配的 Client ID，为每个 Client 配置所需下载的文件信息。

② 为 Client1 指定下载文件信息。

```
[SwitchA] easy-operation
[SwitchA-easyoperation] client 1 configuration-file s5700-hi.cfg custom-file header1.txt
```

③ 为 Client2 指定下载文件信息。

```
[SwitchA-easyoperation] client 2 configuration-file s5700-hi.cfg custom-file header1.txt
```

④ 为 Client3 指定下载文件信息。

```
[SwitchA-easyoperation] client 3 configuration-file s5700-x-li.cfg custom-file header2.txt
```

3. 配置结果检查

① 在 SwitchA 上执行 **display easy-operation configuration** 命令查看 Commander 上的全局配置信息，输出信息参见上节示例中执行该命令后的输出。

② 空配置部署流程开始后，在 SwitchA 上执行 **display easy-operation download-status** 命令，可查看各 Client 的下载状态，输出信息参见上节示例中执行该命令后的输出。

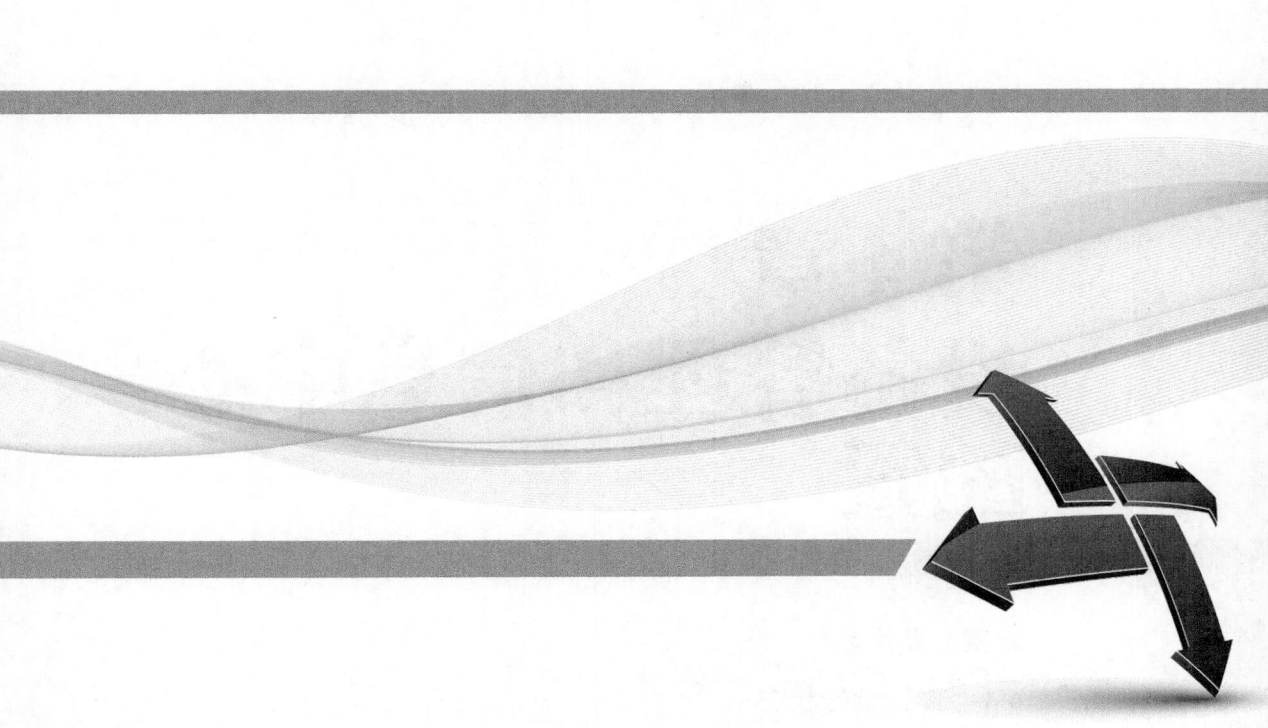

第 4 章
设备管理和信息中心配置

本章主要内容

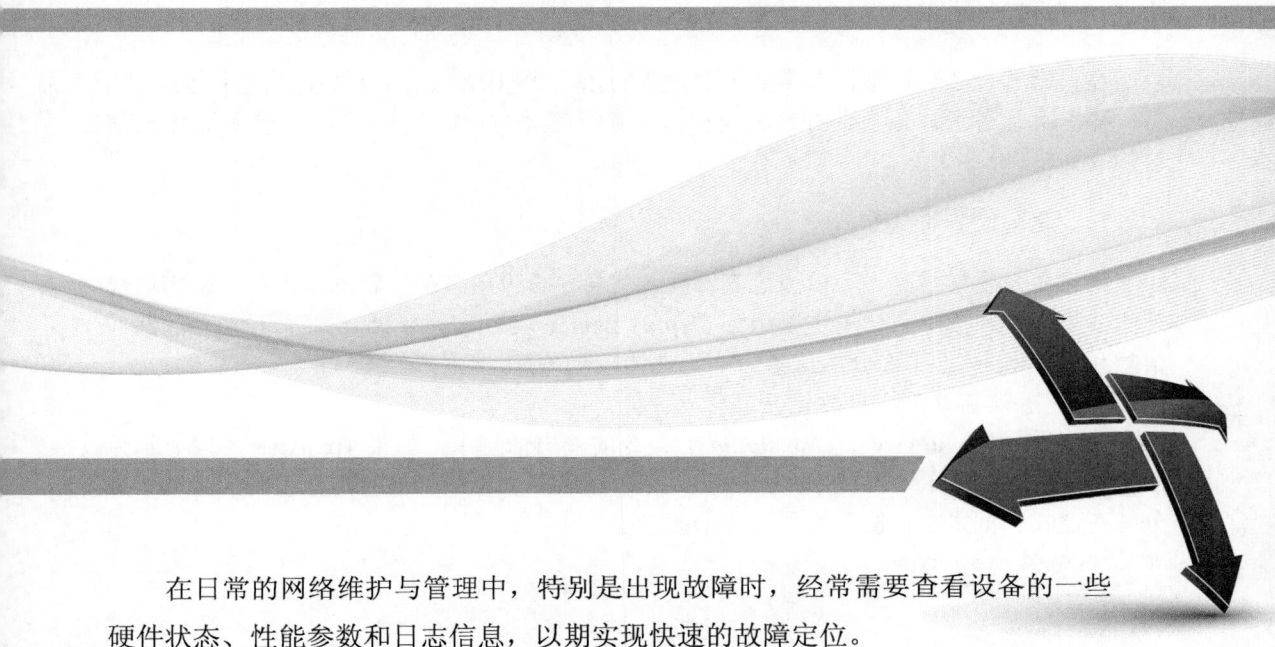

　　在日常的网络维护与管理中，特别是出现故障时，经常需要查看设备的一些硬件状态、性能参数和日志信息，以期实现快速的故障定位。

　　本章首先介绍了 S 系列交换机设备的各种主要硬件状态和性能参数（如电源、功率、风扇、温度、光模块、CPU 占有率、内存占有率等）的查看方法，然后介绍了 MAC 地址、主备环境、整机、单板和子卡的管理方法。在本章的最后重点介绍了华为 S 系列交换机的信息中心的基础知识和配置方法，包括 Log 信息、Trap 信息、Debug 信息的各种输出方式配置，这些都是信息中心管理的基础，也是日常网络维护的重点。

4.1 查看设备状态

在日常的设备维护中，经常要查看设备的相关状态信息，如查看设备硬件及运行信息、设备软/硬件版本信息、CPU 和内存占用率等信息。本节具体介绍一些查看这方面信息的 **display** 命令。

4.1.1 查看硬件信息

当设备发生异常时，可以通过查看设备信息检查设备各部件状态是否正常来实现快速的故障定位和排除。这里主要用到 **display device** [slot *slot-id*]命令（查看设备的部件信息和状态信息）。下面介绍这条命令的具体应用场景。

1. 查看设备或单板状态是否正常

执行 **display device** [**slot** *slot-id*] 命令的输出信息中，如果 **Register** 字段显示为 **Registered**，**Status** 字段显示为 **Normal**，则表示设备整机或部件状态是正常的。以下是分别在盒式和框式交换机上执行该命令的输出。

```
<HUAWEI> display device
S5720-56C-PWR-EI-AC's Device status:

Slot Sub  Type                Online   Power     Register    Status   Role
-------------------------------------------------------------------------
0    -    S5720-56C-PWR-EI    Present  PowerOn   Registered  Normal   Master
     1    ES5D21X02T01        Present  PowerOn   Registered  Normal   NA
     PWR1 POWER                        Present   PowerOn     Registered  Normal  NA
     FAN1 FAN                          Present   PowerOn     Registered  Normal  NA


<HUAWEI> display device
S7712's Device status:

Slot  Sub Type           Online    Power     Register    Status   Role
-------------------------------------------------------------------------
4     -   ES0D0G48TA00 Present     PowerOn   Registered  Normal   NA
5     -   LE0D0VAMPA00 Present     PowerOn   Registered  Normal   NA
8     -                Present     PowerOn   Registered  Normal   NA
9     -   ES0D0X12SA00 Present     PowerOn   Registered  Normal   NA
14    -   ES0D00SRUB00 Present     PowerOn   Registered  Normal   Master
PWR1  -   -            Present     PowerOn   Registered  Normal   NA
CMU1  -   LE0DCMUA0000 Present     PowerOn   Registered  Normal   Slave
CMU2  -   LE0DCMUA0000 Present     PowerOn   Registered  Normal   Master
FAN1  -   -            Present     PowerOn   Registered  Normal   NA
FAN2  -   -            Present     PowerOn   Registered  Normal   NA
......
```

2. 查看设备或单板类型和子卡类型

从以上执行 **display device** [slot *slot-id*] 命令后输出信息中的 **Type** 字段值可查看设备或单板（对应 Slot 字段的序号）类型和子卡（对应 Sub 字段的序号）类型。如以上该命令输出中插槽 0（slot 0）显示的 **S5720-56C-PWR-EI** 代表设备型号，子卡 1（Sub 1）显示的 **ES5D21X02T01** 是插槽 0 主空板上安装的子卡型号。

3. 查看设备或接口板上的端口是光口还是电口

从执行 **display device slot** *slot-id* 命令后输出信息中的 **Port Type** 字段可以查看各端口的类型，括号中 **F** 表示端口是光口，**C** 表示端口是电口。

```
<HUAWEI> display device slot 0
S5700-52P-LI-AC's Device status:
Slot Sub  Type                  Online    Power      Register     Status    Role
-------------------------------------------------------------------------------
0    -    S5700-52P-LI          Present   PowerOn    Registered   Normal    Master
-------------------------------------------------------------------------------
     Board Type        : S5700-52P-LI
     Board Description : 48 Ethernet 10/100/1000 ports,4 Gig SFP,AC 110/220V
-------------------------------------------------------------------------------

Port   Port    Optic    MDI     Speed    Duplex   Flow-   Port    POE
       Type    Status            (Mbps)           Ctrl    State   State
-------------------------------------------------------------------------------
0/0/1  GE(C)   Absent   Auto    1000     Full     Disable Down    -
0/0/2  GE(C)   Absent   Auto    1000     Full     Disable Down    -
0/0/3  GE(C)   Absent   Auto    1000     Full     Disable Down    -
......
```

4. 查看设备是否支持 PoE 供电

在执行 **display device** [**slot** *slot-id*]命令后，如果第一行显示的设备名称中有 "**PWR**"，则表示设备支持 PoE 供电。仅适用于盒式系列交换机。

```
<HUAWEI> display device
S5700-52P-LI-AC's Device status:              #---不支持 PoE 供电
Slot Sub  Type                  Online    Power      Register     Status    Role
-------------------------------------------------------------------------------
0    -    S5700-52P-LI          Present   PowerOn    Registered   Normal    Master

<HUAWEI> display device
S2750-20TP-PWR-EI-AC's Device status:         #---支持 PoE 供电
Slot Sub  Type                  Online    Power      Register     Status    Role
-------------------------------------------------------------------------------
0    -    S2750-20TP-PWR-EI     Present   PowerOn    Registered   Normal    Master
```

5. 查看设备是交流设备还是直流设备

在执行 **display device** [**slot** *slot-id*] 命令后的输出信息中，如果第一行显示的设备名称中有 "**AC**" 字样，则表示设备为交流设备；如果有 "**DC**" 字样，则表示设备为直流设备。仅适用于盒式系列交换机。

```
<HUAWEI> display device
S2750-20TP-PWR-EI-AC's Device status:         #---交流设备
Slot Sub  Type                  Online    Power      Register     Status    Role
-------------------------------------------------------------------------------
0    -    S2750-20TP-PWR-EI     Present   PowerOn    Registered   Normal    Master
```

4.1.2　查看设备序列号

每台设备的序列号（ESN，Equipment Serial Number）是唯一的。当用户需要设备售后服务或者申请 License 时，都需要提供设备的序列号。此时可能需要用到以下两条 **display** 命令（S1720GFR、S2750EI、S5700LI、S5700S-LI 和 S5710‐X-LI 不支持）。下面介绍这两条命令在查看设备序列号方面的具体应用。

■ **display esn**：查看设备的序列号。

■ **display device manufacture-info** [**slot** *slot-id* | **backplane**]：查看设备的制造信息，包括序列号和制造日期。

1．查看整机序列号

华为设备整机序列号的查看方式比较多，而且盒式设备和框式设备的查看方法又有所不同，下面具体介绍。

（1）方式一：通过命令行查看设备整机序列号

① 在独立运行模式下，执行 **display esn** 命令查看设备（盒式设备）或主控板（框式设备）的序列号。

```
<HUAWEI> display esn
ESN of slot 0: 210235860012xxxxxxxx

<HUAWEI> display esn
ESN of master:77000601xxxxxxxx
ESN of slave:77000601xxxxxxxx
```

② 在框式交换机集群系统（或者盒式设备 iStack 堆叠系统）下执行 **display esn** 命令，可查看各成员设备各主控板的序列号。

```
<HUAWEI> display esn
ESN of slot 1/5: 020PBV10xxxxxxxx
ESN of slot 1/6: 020PBV10xxxxxxxx
ESN of slot 2/9: 020PBV10xxxxxxxx
ESN of slot 2/10: 020PBV10xxxxxxxx
```

③ 对于盒式设备，还可从执行 **display elabel slot** *slot-id* 命令（其中 *slot-id* 为对应堆叠系统中设备的成员号），或者 **display elabel backplane**（非集群环境），或 **display elabel backplane chassis** *chassis-id*（集群环境，*chassis-id* 为对应机框的集群编号）命令查看到的电子标签信息获取设备的序列号（**BarCode** 字段即为设备的序列号）。

```
<HUAWEI> display elabel slot 0
/$[System Integration Version]
/$SystemIntegrationVersion=3.0

[Slot_0]
/$[Board Integration Version]
/$BoardIntegrationVersion=3.0

[Main_Board]

/$[ArchivesInfo Version]
/$ArchivesInfoVersion=3.0

[Board Properties]
BoardType=CX22EFGEA
BarCode=2102351820109C000451
Item=02351820
......

<HUAWEI> display elabel backplane
Info: It is executing, please wait...
```

```
[BackPlane_1]
/$[ArchivesInfo Version]
/$ArchivesInfoVersion=3.0

[Board Properties]
BoardType=EH02BAKK
BarCode=2102113089P0BB000881
Item=02113089
......

<HUAWEI> display elabel backplane chassis 2
Info: It is executing, please wait...

[BackPlane_2]
/$[ArchivesInfo Version]
/$ArchivesInfoVersion=3.0

[Board Properties]
BoardType=EH02BAKK
BarCode=2102113089P0BB000881
Item=02113549
......
```

（2）方式二：通过 Web 网管查看设备整机的序列号

设备在使能 Web 网管的情况下，可通过 Web 网管查看设备整机的序列号。

通过 Web 网管易维版（仅 V200R005 及以后版本支持）登录设备，单击功能选择区中的"监控"菜单，用户可以看到该设备的设备信息，信息中包含设备的序列号，如图 4-1 所示。通过 **Web 网管经典版（V200R011C10 及以后版本不支持）** 登录设备，单击功能选择区中"设备概览"菜单，用户可以看到单板信息，信息中包含设备序列号，如图 4-2 所示。

设备信息	
产品型号：	S5700-28X-LI-AC
设备名称：	HUAWEI
运行时间：	33天6小时22分钟33秒
序列号：	2102354215107C800132
MAC地址：	0002-0000-0002
系统软件版本：	V200R005C00SPC100
当前运行补丁	---
Web网管版本：	V200R005C00.680

单板信息	
Bootrom版本：	181 Compiled at Nov 28 2013, 14:56:03
序列号：	2102351622109C000065
硬件版本：	VER B

图 4-1　Web 网管易维版中的"设备信息"界面 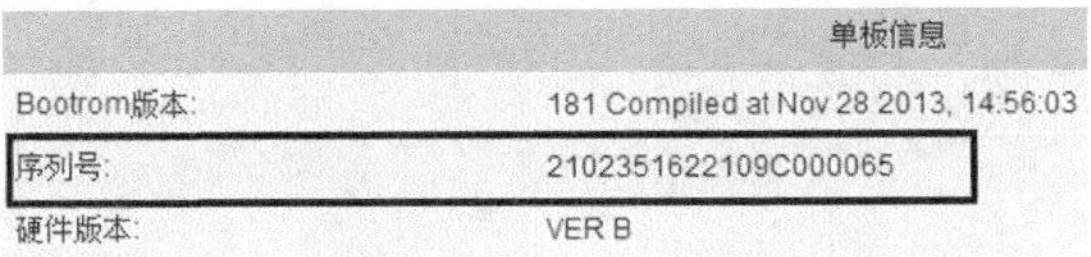　　图 4-2　Web 网管经典版中的"单板信息"界面

（3）方式三：通过查看物理标签获取设备整机的序列号

每台设备都有一个带序列号的标签直接贴在设备机箱上，不同系列交换机的序列号标签所贴的位置不完全一样，但都是以"SN"开头，如图 4-3 所示就是两种序列号标签

贴在不同位置的情形。

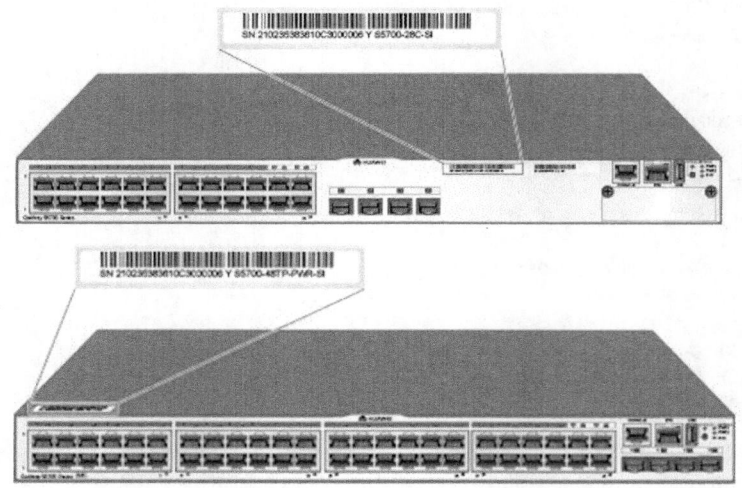

图 4-3　序列号标签贴在不同位置的两种情形

2. 查看光模块的序列号

光模块序列号的查看方式有以下两种。

（1）方式一：通过命令行查看光模块的序列号

可通过执行 **display elabel** 命令，查看光模块的电子标签，其中 **BarCode** 信息即光模块的序列号。

```
<HUAWEI> display elabel
......
[Port_XGigabitEthernet4/0/1]
/$[ArchivesInfo Version]
/$ArchivesInfoVersion=3.0


[Board Properties]
BoardType=PLRXPLSCS4322N
BarCode=CB02UF1SW
Item=
Description=10300Mb/sec-850nm-LC-33(OM1),82(OM2),300(OM3),400(OM4)
Manufactured=2011-01-09
/$VendorName=JDSU
IssueNumber=
CLEICode=
BOM=
......
```

还可通过 **display transceiver interface** *interface-type interface-number* 命令，查看指定光口中的光模块信息，其中 **Manu. Serial Number** 信息即光模块的序列号。

```
<HUAWEI> display transceiver interface gigabitethernet 0/0/49

GigabitEthernet0/0/49 transceiver information:
----------------------------------------------------------------
Common information:
```

```
          Transceiver Type              :1X_CopperPassive_SFP
          Connector Type                :Copper Pigtail
          Wavelength(nm)                :-
          Transfer Distance(m)          :3(copper)
          Digital Diagnostic Monitoring :NO
          Vendor Name                   :TIME
          Vendor Part Number            :D09181-1A
          Ordering Name                 :
          -----------------------------------------------------------
          Manufacture information:
          Manu. Serial Number    :D132500133
          Manufacturing Date            :2013-09-07
          Vendor Name                   :TIME
```

（2）方式二：在现场查看光模块的序列号

通过查看光模块表面的贴纸，也可得到光模块的序列号。

3．查看单板的序列号

单板序列号的查看仅适用于 S7700/7900/9700/12700 框式系列交换机，是对各槽位中安装的单板的序列号进行查看，具体有以下 3 种方式。

（1）方式一：通过命令行查看单板的序列号

执行 **display elabel** [*chassis-id* [*/slot-id*][*/subcard-id*]] [**brief**]命令可查看指定单板的电子标签信息，其中 **BarCode** 为单板序列号。

```
<HUAWEI> display elabel 1/6 brief
Info: It is executing, please wait...

[Slot_6]
/$[Board Integration Version]
/$BoardIntegrationVersion=3.0

[Main_Board]
/$[ArchivesInfo Version]
/$ArchivesInfoVersion=3.0

[Board Properties]
BoardType=EH1D2S08SX1E
BarCode=020LVF6TBB000043
Item=03020LVF
......
```

（2）方式二：通过 Web 网管查看单板的序列号（仅主控板和业务接口板支持）

设备在使能 Web 网管的情况下，可通过 Web 网管查看单板的序列号。

通过 Web 网管易维版（仅 V200R005 及以后版本支持）登录交换机后，单击功能选择区中"监控"菜单进入"监控"界面，可以看到设备面板信息的示意图。当鼠标移至某一单板上时，可以显示该单板的端口、版本、序列号等基本信息，如图 4-4 所示；通过 Web 网管经典版登录交换机后，单击导航栏中"设备概览"菜单，进入"设备概览"界面。单击交换机上对应的单板，进入"单板信息"界面可以看到"Slot 基本信息"页签，信息中包含单板序列号，如图 4-5 所示。

（3）方式三：在现场查看单板的序列号

可通过现场查看单板序列号标签来获取序列号，单板序列号标签所在的位置有以下几种情况：在单板面板的右上角、单板面板的左上角和在单板的 PCB 板上。

4. 查看电源的序列号

电源序列号的查看也仅适用于 S7700/7900/9700/12700 框式系列交换机，具体有以下两种方式。

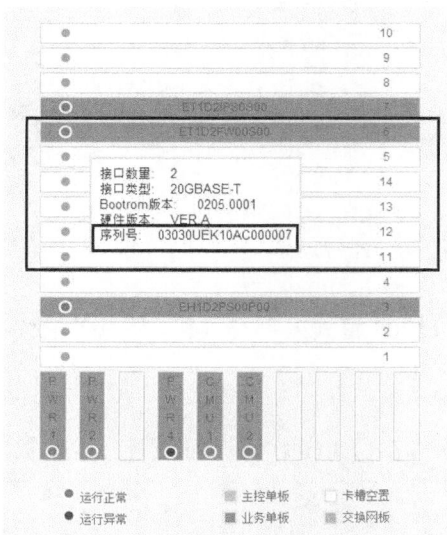

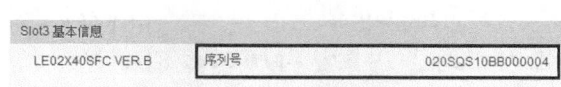

图 4-4　Web 网管易维版中的"设备面板"界面　图 4-5　Web 网管经典版中的"Slot 基本信息"界面

（1）方式一：通过命令行查看电源模块的序列号

执行 **display elabel**？命令，然后根据输出提示选择电源编号，可查看到如下电子标签信息，其中 **SN** 为电源模块序列号。

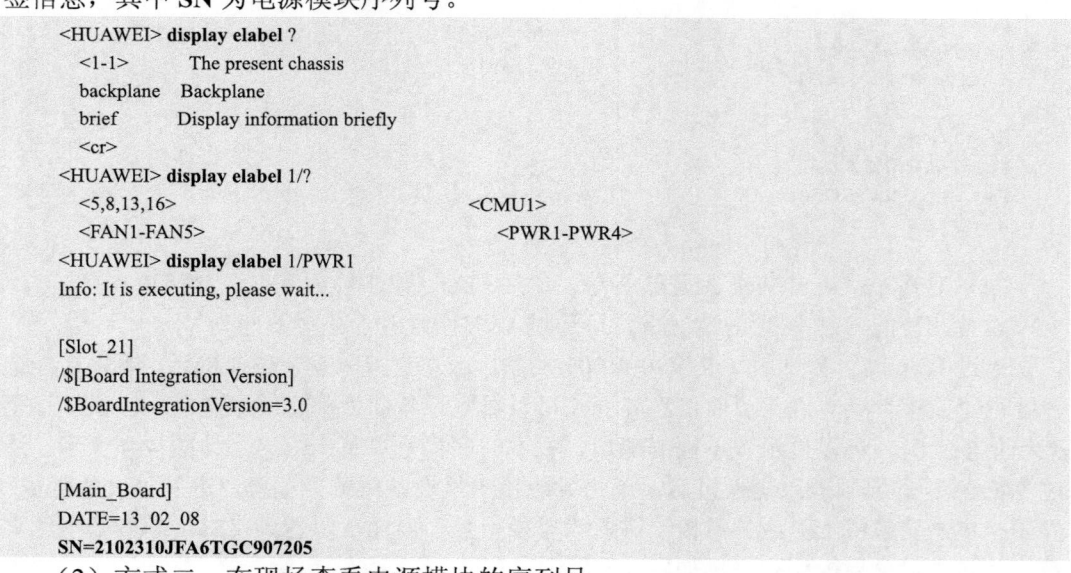

```
<HUAWEI> display elabel ?
 <1-1>        The present chassis
 backplane    Backplane
 brief        Display information briefly
 <cr>
<HUAWEI> display elabel 1/?
 <5,8,13,16>                      <CMU1>
 <FAN1-FAN5>                       <PWR1-PWR4>
<HUAWEI> display elabel 1/PWR1
Info: It is executing, please wait...


[Slot_21]
/$[Board Integration Version]
/$BoardIntegrationVersion=3.0



[Main_Board]
DATE=13_02_08
SN=2102310JFA6TGC907205
```

（2）方式二：在现场查看电源模块的序列号

也可通过现场查看电源模块序列号标签来获取序列号，1600W 直流电源模块和 2200W 直流电源模块的序列号标签是贴在电源模块的面板上，如图 4-6 所示；800W 交流电源模块和 2200W 交流电源模块的序列号标签是贴在右侧壳体上，如图 4-7 所示。

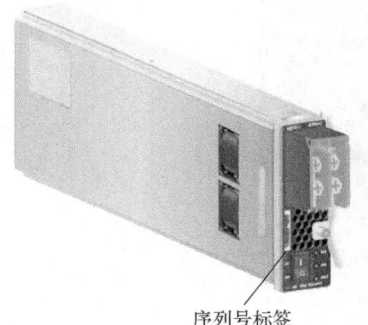
图 4-6　2200W 直流电源模块的序列号标签

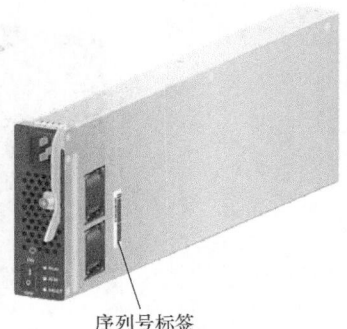
图 4-7　2200W 交流电源模块的序列号标签

5. 查看风扇的序列号

风扇序列号的查看也仅适用于 S7700/7900/9700/12700 框式交换机系列，具体有以下两种方式。

（1）方式一：通过命令行查看风扇模块的序列号

执行 **display elabel**？命令，根据命令提示，选择风扇编号，可查看到如下电子标签信息，其中 **BarCode** 为风扇模块序列号。

```
<HUAWEI> display elabel ?
  <1-1>        The present chassis
  backplane    Backplane
  brief        Display information briefly
  <cr>

<HUAWEI> display elabel 1/?
  <5,8,13,16>                      <CMU1>
  <FAN1-FAN5>                        <PWR1-PWR4>

<HUAWEI> display elabel 1/FAN2
Info: It is executing, please wait...

[Slot_18]
/$[Board Integration Version]
/$BoardIntegrationVersion=3.0

[Main_Board]
/$[ArchivesInfo Version]
/$ArchivesInfoVersion=3.0

[Board Properties]
BoardType=LE02FCMC
BarCode=2103010JTF0123456789
Item=02120995
......
```

（2）方式二：在现场查看风扇模块的序列号

也可通过现场查看风扇模块序列号标签来获取序列号，风扇模块序列号标签均贴在正面的右上角，如图 4-8 所示。

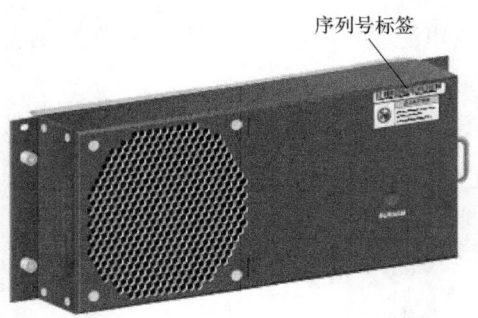

图 4-8　风扇模块中的序列号标签

4.1.3　查看电源和功率信息

当设备的供电出现异常时，用户可以执行以下 **display** 命令查看设备的电源状态和功率信息。下面介绍这两条命令在查看设备电源和功率方面的具体应用。

- **display power**：查看设备的电源状态信息。
- **display power system**：查看系统的功率信息。

1. 查看电源状态是否异常

当出现以下几种情况时，表示电源状态异常。

- 通过执行 **display power** 命令查看电源状态信息，如果命令回显中电源状态为 **NotSupply**，则表示电源不供电，请检查电源是否插牢或者电源开关是否打开。

```
<HUAWEI> display power
-------------------------------------------------------------------------
PowerID  Online  Mode  State      Current(A)  Voltage(V)  RealPwr(W)
-------------------------------------------------------------------------
PWR1    Present AC   NotSupply  -           -           -
PWR2    Present AC   Supply     0.82        53.40       43.79
PWR3    Present AC   Supply     0.97        53.51       51.90
PWR4    Present AC   Supply     0.95        53.51       50.83
PWR5    Absent  -    -          -           -           -
PWR6    Absent  -    -          -           -           -
```

- 通过执行 **display device** 命令查看电源的状态，如果状态为 **Unregistered** 或者 **Abnormal**，表示电源状态异常，此时可通过 **display alarm all** 或 **display trapbuffer** 命令查看是否存在电源告警。

```
<HUAWEI> display device
S5720-56C-PWR-EI-AC's Device status:
Slot Sub  Type          Online   Power     Register     Status    Role
-------------------------------------------------------------------------
0    -    S5720-56C-EI  Present  PowerOn   Registered   Normal    Standby
     1    ES5D21X02S01  Present  PowerOn   Registered   Normal    NA
     PWR1 POWER         Present  PowerOn   Registered   Normal    NA
     PWR2 POWER         Present  PowerOn   Registered   Abnormal  NA
     FAN1 FAN           Present  PowerOn   Registered   Normal    NA

<HUAWEI> display alarm all
-------------------------------------------------------------------------
Level        Date       Time          Info
```

```
Warning        2014-07-28   15:19:02      Fan is invalid for some reason.(Phys
                                          icalName=[FAN2], EntityTrapFaultID=139266
                                          )
Emergency      2014-07-28   15:19:00      Power is invalid for not support DC1
                                          600 and DC2400.(PhysicalName=[PWR2])
Emergency      2014-07-28   15:18:59      Power is invalid for not support DC1
                                          600 and DC2400.(PhysicalName=[PWR1])
-----------------------------------------------------------------
```

当信息中包含 **Power is invalid for not support** 时，表示设备插入了不兼容的电源；当一个电源同时出现 **PWR_LACK** 和 **SWITCH_STAT** 传感器告警时，表示电源在位但是没有接电源线或电源开关没开。如果单独出现 **PWR_FAULT** 传感器告警，则可能是因为电源风扇故障、输出过压、外部短路、无输出故障、没有电压输入等。

2．查看电源是直流还是交流

通过执行 **display power** 命令查看电源信息，**Mode** 为 **AC** 时表示交流电源，为 **DC** 时表示直流电源。

```
<HUAWEI> display power
----------------------------------------------------------------
Slot    PowerID   Online    Mode    State     Power(W)
----------------------------------------------------------------
0       PWRI      Present    AC     Supply     500.00
0       PWRII     Absent     -       -           -
```

3．查看电源的功率

可通过执行 **display power**（盒式系列交换机）或 **display power system** 命令（框式系列交换机）查看设备的功率信息，包括系统的总功率、系统预留功率、单板的额定功率。单板额定功率信息中会显示电源的额定功率。

```
<HUAWEI> display power
----------------------------------------------------------------
Slot    PowerID   Online    Mode    State     Power(W)
----------------------------------------------------------------
0       PWR1      Present    AC     Supply     150.00

<HUAWEI> display power system
The total power supplied     : 1600.00(W)
Number of backup power supplies: 0
The maximum power needed     : 1295.40(W)    (Include the remain reserved power)
The remain reserved power    : 101.00(W)
The remain power             : 304.60(W)
The system rated power detail information :
----------------------------------------------------------------
Slot       BoardName      State      Power(W)
----------------------------------------------------------------
1          LPU board       On        131.00
2          LPU board       On        339.00
3          LPU board       On        130.00
4          LPU board       On        178.40
6          MPU board       On        100.00
8          SFU board       On         83.00
CMU1       CMU board       On          1.00
FAN1       FAN board       On        116.00
FAN2       FAN board       On        116.00
```

| PWR1 | PWR board | On | 800.00 |
| PWR2 | PWR board | On | 800.00 |

4.1.4　查看风扇状态

风扇的正常运转是保证设备正常工作的前提。设备散热不正常会引起设备温度的升高，并可能损坏硬件。可通过以下命令查看风扇的状态，确定风扇的运行是否正常。

■ **display fan**：查看设备的风扇状态，在"Online"字段中显示 **Present**，表示在位，工作正常，如果显示 Absent，则表示不在位，没运转。还可从中查看到每个风扇的转速（Speed）、模式（Mode）、风向（Airfolw）。

■ **display fan-para** { **all** | **slot** *slot-id* }：查看风扇的额定功率和调速策略。Fan-power 字段为风扇功率值，它是十六进制数，单位是 0.1W。例如：十六进制的 0488，转换为十进制就是 1160，所以风扇的额定功率就是 116W。

```
<HUAWEI> display fan
-------------------------------------------------------------------
    FanID   FanNum   Online    Register    Speed        Mode      Airflow
-------------------------------------------------------------------
    FAN1    [1-2]    Present   Registered  49% (1635)   AUTO      Side-to-Back
            1                              1620
            2                              1650
    FAN2    [1-2]    Present   Registered  29% (1515)   AUTO      Side-to-Back
            1                              1530
            2                              1500
    FAN3    [1-2]    Present   Registered  29% (1500)   AUTO      Side-to-Back
            1                              1500
            2                              1500
    FAN4    [1-2]    Present   Registered  29% (1530)   AUTO      Side-to-Back
            1                              1530
            2                              1530
<HUAWEI> display fan-para all
-------------------------------------------------------------------
    Slot ID   Fan-power   Fan-step
-------------------------------------------------------------------
    FAN1      0488        00000111110101010101
    FAN2      0488        00000111110101010101
```

4.1.5　查看温度信息

设备温度过高或过低都可能导致硬件的损坏。如果想了解设备的当前温度值，可以执行 **display temperature** { **all** | **slot** *slot-id* }命令查看设备的当前温度信息。

1. 如何判断设备温度是否过高

一般情况下，建议单板运行的工作环境温度为 0℃～45℃。每种设备都有各自的温度监控范围，并且风扇会根据温度监控的结果自动调速，以确保设备的实际温度不会过高。只要设备上未产生温度过高的告警，可认为其温度处于正常范围。

温度过高的告警有以下两种（仅为示例，以具体告警信息为准）。

- **ENTITYTRAP_1.3.6.1.4.1.2011.5.25.219.2.10.13 hwBrdTempAlarm 140544**

ENTITYTRAP/1/ENTITYBRDTEMPALARM: OID [oid] Temperature rise over or fall below the warning alarm threshold.(Index=[INTEGER], ThresholdEntityPhysicalIndex=[INTEGER],EntityPhysicalIndex=[INTEGER], PhysicalName= "[OCTET]", EntityThresholdType=[INTEGER],EntityThresholdValue=[INTEGER],EntityThresholdCurrent=[INTEGER],

EntityTrapFaultID=[INTEGER])
* **BASETRAP_1.3.6.1.4.1.2011.5.25.129.2.2.1 hwTempRisingAlarm**
BASETRAP/1/TEMRISING: OID [oid] Temperature exceeded the upper pr e-alarm limit.(Index=[INTEGER], BaseThresholdPhyIndex=[INTEGER], ThresholdType=[INTEGER], ThresholdIndex=[INTEGER], Severity=[INTEGER], ProbableCause=[INTEGER], EventType=[INTEGER], PhysicalName="[OCTET]", ThresholdValue=[INTEGER], Threshol dUnit=[INTEGER], ThresholdHighWarning=[INTEGER], ThresholdHighCritical=[INTEGER])

2. 温度信息显示异常的现象和原因是什么？

① 温度过高，导致温度信息中显示状态异常。

执行 **display temperature all** 命令查看各单板的温度信息，状态显示 **Minor**。此时要依次从以下几个方面着手排除：清洁风扇防尘网以及风扇散热区周围的堵塞物，检查空闲的槽位是否已经插入假面板，查看设备所处环境温度是否过高，查看设备的风扇槽位是否都有风扇，更换发生故障的风扇等。

```
<HUAWEI> display temperature all
------------------------------------------------------------
Slot  Card  Sensor   Status   Current(C)  Lower(C)   Upper(C)
------------------------------------------------------------
9     -     1        Minor    70          0          64
      -     2        Normal   30          0          60
13    -     1        Normal   31          0          60
      -     2        Normal   34          0          63
......
```

② 单板监控软件异常，导致温度信息无法读出，温度值全部是 0。

执行 **display temperature all** 命令查看各单板的温度信息，温度值全部都是 0。此时需要请华为的技术支持人员帮助排除。

```
<HUAWEI> display temperature all
------------------------------------------------------------
Slot  Card  Sensor   Status   Current(C)  Lower(C)   Upper(C)
------------------------------------------------------------
9     -     1        Normal   0           0          0
      -     2        Normal   0           0          0
13    -     1        Normal   31          0          60
      -     2        Normal   34          0          63
......
```

③ 单板硬件故障，某项温度信息无法读出，温度值为 0。

执行 **display temperature all** 命令查看各单板的温度信息，某一项温度值无法读出，值为 0。此时也需要请华为的技术支持人员帮助排除。

```
<HUAWEI> display temperature all
------------------------------------------------------------
Slot  Card  Sensor   Status   Current(C)  Lower(C)   Upper(C)
------------------------------------------------------------
9     -     1        Normal   0           0          0
      -     2        Normal   30          0          60
13    -     1        Normal   31          0          60
      -     2        Normal   34          0          63
14    -     1        Normal   34          0          60
......
```

4.1.6　查看光模块信息

通过执行以下 **display** 命令可查看接口光模块的信息，包括光模块的常规信息、制造信息、告警信息等。

■ **display transceiver** [**interface** *interface-type interface-number* | **slot** *slot-id*] [**verbose**]：查看设备接口上的光模块信息。

■ **display transceiver diagnosis interface** [*interface-type interface-number*]：查看光模块诊断信息。

下面介绍这两条命令在查看光模块信息方面的具体应用。

1. 查看光模块是否是华为交换机认证的光模块

对于华为设备的模块，有一个可以通过标签或命令查验的起始时间点，但不同类型模块的起始时间点不一样，下面分别予以介绍。

（1）速率为 10GE 及以下速率的模块

华为交换机 10GE 及以下速率的光（电）模块可通过标签或命令查验的起始时间点为 2013 年 7 月 1 日。2013 年 7 月 1 日之前华为交换机发货的光（电）模块，需要联系华为获取支持；2013 年 7 月 1 日以后华为交换机发货的光（电）模块，可通过以下方法来判断是否经过了华为交换机的认证。

① 方法一：查看光模块标签是否有 "HUAWEI" 字样。

通过了华为交换机认证的光模块的标签上都有 "HUAWEI"，如图 4-9 所示。

图 4-9　带有 "HUAWEI" 字样的光模块

② 方法二：执行 **display transceiver** 命令查看。

当同时满足以下 3 个条件时，表明该光模块通过了华为交换机认证，否则就没有通过华为交换机认证。

■ 在设备上执行 **display elabel** 命令，单板的 "Manufactured" 字段显示的日期在 2013-07-01 之后。

■ 在设备上执行 **display version** 命令，显示的软件版本为 V200R001C00 及以后的版本。

■ 在设备上执行 **display transceiver** 命令，模块的 "Vendor Name" 字段显示为 "HUAWEI"。

（2）速率为 40GE、100GE 的光模块

华为交换机速率为 40GE、100GE 光模块可通过标签或命令查验的起始时间点为 2016 年 1 月 1 日。2016 年 1 月 1 日之前华为交换机发货的光模块，需要联系华为获取支持；2016 年 1 月 1 日之后华为交换机发货的光模块，可通过以下方法来判断是否经过了华为交换机认证。

① 方法一：查看光模块标签是否有 "HUAWEI" 字样。

通过了华为交换机认证的光模块的标签上都有 "HUAWEI"，参见图 4-9。

② 方法二：执行 **display transceiver** 命令查看。

当同时满足以下 3 个条件时，表明该光模块通过了华为交换机认证，否则就没有通过华为交换机认证。

■ 在设备上执行 **display elabel** 命令，单板的"Manufactured"字段显示的日期在 2016-01-01 之后。

■ 在设备上执行 **display version** 命令，显示的软件版本为 V200R008 及以后的版本。

■ 在设备上执行 **display transceiver** 命令，模块的"Vendor Name"字段显示为 "HUAWEI"。

2. 查看光功率信息

可通过 **display transceiver** interface *interface-type interface-number* **verbose** 命令查看光模块的光功率信息。

```
<HUAWEI> display transceiver interface gigabitethernet 3/0/0 verbose
GigabitEthernet3/0/0 transceiver information:
----------------------------------------------------------------
Common information:
    Transceiver Type              :1000_BASE_SX_SFP
    Connector Type                :LC
    Wavelength(nm)                :850
    Transfer Distance(m)          :500(50um),300(62.5um)
    Digital Diagnostic Monitoring :YES
    Vendor Name                   :FINISAR CORP.
    Vendor Part Number            :FTLF8519P2BNL-HW
    Ordering Name                 :
----------------------------------------------------------------
Manufacture information:
    Manu. Serial Number           :PEP3L5D
    Manufacturing Date            :2008-12-05
    Vendor Name                   :FINISAR CORP.
----------------------------------------------------------------
Alarm information:
    TX power low
----------------------------------------------------------------
Diagnostic information:
    Temperature(°C)                :39
    Voltage(V)                     :3.31
    Bias Current(mA)               :6.59
    Bias High Threshold(mA)        :10.50
    Bias Low    Threshold(mA)      :2.50
    Current Rx Power(dBM)                    :-2.23      #---光模块接收功率当前值
    Default Rx Power High Threshold(dBM)  :3.01      #---默认光模块接收功率告警上限
    Default Rx Power Low   Threshold(dBM) :-15.02     #---/默认光模块接收功率告警下限
    Current Tx Power(dBM)                    :-2.45      #---光模块发送功率当前值
    Default Tx Power High Threshold(dBM)  :3.01      #---/默认光模块发送功率告警上限
    Default Tx Power Low   Threshold(dBM) :-9.00      #---/默认光模块发送功率告警下限
    User Set Rx Power High Threshold(dBM) :3.01      #---用户设置光模块接收功率告警上限
    User Set Rx Power Low Threshold(dBM)  :-15.02     #---用户设置光模块接收功率告警下限
    User Set Tx Power High Threshold(dBM) :3.01      #---用户设置光模块发送功率告警上限
    User Set Tx Power Low Threshold(dBM)  :-9.00      #---用户设置光模块发送功率告警下限
```

光模块功率的当前值在相应的上限和下限之间时，表示光功率正常。高于用户设置告警上限则会产生光功率过高的告警,低于用户设置告警下限则产生光功率过低的告警。

3. 查看光模块波长

可通过 **display transceiver interface** *interface-type interface-number* 命令输出信息中的 **Wavelength(nm)** 字段值查看光模块的波长信息。对接光模块时，发送端和接收端光模块的波长必须相同。建议使用同一类型的光模块。

```
<HUAWEI> display transceiver interface gigabitethernet 0/0/1

GigabitEthernet0/0/1 transceiver information:
-----------------------------------------------------------
Common information:
  Transceiver Type              :1000_BASE_SX_SFP
  Connector Type                :LC
  Wavelength(nm)                :850
  Transfer Distance(m)          :300(50um),150(62.5um)
  Digital Diagnostic Monitoring :YES
  Vendor Name                   :SumitomoElectric
  Vendor Part Number            :HFBR-5710L
  Ordering Name                 :
-----------------------------------------------------------
Manufacture information:
  Manu. Serial Number           :88K056C10353
  Manufacturing Date            :2008-08-08
  Vendor Name                   :SumitomoElectric
-----------------------------------------------------------
```

4. 查看光模块的传输距离

可通过 **display transceiver interface** *interface-type interface-number* 命令输出信息中的 **Transfer Distance(m)** 字段值查看光模块的传输距离。

```
<HUAWEI> display transceiver interface gigabitethernet 0/0/1

GigabitEthernet0/0/1 transceiver information:
-----------------------------------------------------------
Common information:
  Transceiver Type              :1000_BASE_SX_SFP
  Connector Type                :LC
  Wavelength(nm)                :850
  Transfer Distance(m)          :300(50um),150(62.5um)
  Digital Diagnostic Monitoring :YES
  Vendor Name                   :SumitomoElectric
  ......
```

5. 查看光模块的温度、电压和电流

可通过 **display transceiver interface** *interface-type interface-number* **verbose** 命令查看光模块的温度、电压和电流信息。

```
<HUAWEI> display transceiver interface gigabitethernet 0/0/1 verbose

GigabitEthernet0/0/1 transceiver information:
-----------------------------------------------------------
Common information:
  Transceiver Type              :1000_BASE_SX_SFP
  Connector Type                :LC
  Wavelength(nm)                :850
  Transfer Distance(m)          :300(50um),150(62.5um)
  Digital Diagnostic Monitoring :YES
```

```
    Vendor Name                  :SumitomoElectric
    Vendor Part Number           :HFBR-5710L
    Ordering Name                :
--------------------------------------------------------
Manufacture information:
    Manu. Serial Number          :88K056C10353
    Manufacturing Date           :2008-08-08
    Vendor Name                  :SumitomoElectric
--------------------------------------------------------
Diagnostic information:
    Temperature(° C)             :26.00      #---光模块温度当前值
    Temp High Threshold(° C)     :85.00      #---光模块温度告警上限
    Temp Low   Threshold(° C)    :-40.00     #---光模块温度告警下限
    Voltage(V)                   :3.29       #---光模块电压当前值
    Volt High Threshold(V)       :3.64       #---光模块电压告警上限
    Volt Low   Threshold(V)      :2.95       #---光模块电压告警下限
    Bias Current(mA)             :4.57       #---光模块电流当前值
    Bias High Threshold(mA)      :9.00       #---光模块电流告警上限
    Bias Low   Threshold(mA)     :2.00       #---光模块电流告警下限
    RX Power(dBM)                :-40.00
    ……
--------------------------------------------------------
```

6. 查看光模块是单模还是多模

光纤根据纤芯直径及特性分为多模和单模。**一般多模光纤纤芯直径大，模式色散严重，所以用于短距离的信号传输；而单模光纤模式色散小，所以一般用于长距离的信号传输。**

光纤和光模块需要配套使用，单模光模块使用多模光纤时，容易导致信号识别不稳定；多模光模块使用单模光纤时，接收光信号时衰耗会很大。

通过 **display transceiver interface** *interface-type interface-number* 命令查看光模块信息时，在 **Transfer Distance(m)** 字段中显示的传输距离中包含光纤的直径信息。50μm 或 62.5μm 表示光纤直径，并表示光纤为多模光纤，当光纤直径为 9μm 时表示单模光纤。由此可判断该光模块是多模光模块还是单模光模块。

```
<HUAWEI> display transceiver interface gigabitethernet 0/0/1

GigabitEthernet0/0/1 transceiver information:
--------------------------------------------------------
Common information:
    Transceiver Type             :1000_BASE_SX_SFP
    Connector Type               :LC
    Wavelength(nm)               :850
    Transfer Distance(m)         :300(50um),150(62.5um)
    Digital Diagnostic Monitoring :YES
    Vendor Name                  :SumitomoElectric
    Vendor Part Number           :HFBR-5710L
    Ordering Name                :
--------------------------------------------------------
Manufacture information:
    Manu. Serial Number          :88K056C10353
    Manufacturing Date           :2008-08-08
    Vendor Name                  :SumitomoElectric
--------------------------------------------------------
```

4.1.7　查看版本及配置信息

通过以下 **display** 命令查看系统运行的各软件版本和配置信息。

■　**display version** [**slot** *slot-id*]：查看设备的版本信息，可以判断设备是否需要升级或者升级是否成功。

■　**display current-configuration**：查看设备当前的配置信息。

下面介绍这两条命令在查看版本和配置信息方面的具体应用。

1. 查看硬件版本

执行 **display version** [**slot** *slot-id*] 命令查看设备的版本信息，其中的"Pcb Version"字段值就表示硬件版本。

```
<HUAWEI> display version slot 0
ES5D2T52C001 0(Master)    : uptime is 0 week, 0 day, 20 hours, 46 minutes
DDR      Memory Size      : 4096        M bytes
FLASH    Memory Size      : 446         M bytes
Pcb          Version      : VER.A
BootROM          Version  : 020a.0001
BootLoad         Version  : 020a.0001
CPLD             Version  : 0108
Software         Version  : VRP (R) Software, Version 5.160 (V200R010C00SPC300)
PWR1 information
Pcb              Version  : PWR VER.A
```

2. 查看设备的运行时间

执行 **display version** 命令查看设备的版本信息，其中的"**uptime**"信息表示设备的运行时间。

```
<HUAWEI> display version
Huawei Versatile Routing Platform Software
VRP (R) software, Version 5.160 (S5720 V200R010C00SPC300)
Copyright (C) 2000-2016 HUAWEI TECH CO., LTD
HUAWEI S5720-56C-HI-AC Routing Switch uptime is 0 week, 0 day, 21 hours, 7 minutes

ES5D2T52C001 0(Master)    : uptime is 0 week, 0 day, 21 hours, 4 minutes
DDR      Memory Size      : 4096        M bytes
FLASH    Memory Size      : 446         M bytes
Pcb          Version      : VER.A
BootROM          Version  : 020a.0001
BootLoad         Version  : 020a.0001
CPLD             Version  : 0108
Software         Version  : VRP (R) Software, Version 5.160 (V200R010C00SPC300)
PWR1 information
Pcb              Version  : PWR VER.A
```

3. 确认设备是否以初始配置启动

设备刚启动完成时，执行 **display startup** 命令查看设备启动的配置文件信息，如果在"**Startup saved-configuration file**"部分值为 **NULL**，则说明设备是以初始配置（出厂配置）启动的。但如果设备启动后，执行 **reset saved-configuration** 命令清空了设备配置，则无法判断设备是否以初始配置启动。

```
<HUAWEI> display startup
MainBoard:
```

```
Configured startup system software:          flash:/software.cc
Startup system software:                     flash:/software.cc
Next startup system software:                flash:/software.cc
Startup saved-configuration file:            NULL
Next startup saved-configuration file:       NULL
Startup paf file:                            default
Next startup paf file:                       default
Startup license file:                        default
Next startup license file:                   default
Startup patch package:                       NULL
Next startup patch package:                  NULL
```

4.1.8　查看 CPU 占用率

CPU 占用率是衡量设备性能的重要指标之一。在网络运行中，CPU 占用率过高常常会导致业务异常，例如 BGP 振荡、VRRP 频繁切换甚至设备无法登录。执行以下 **display** 命令，可以实时查看 CPU 占用率的统计信息和配置信息，当 CPU 占用率达到监控告警过载阈值时，系统触发监控过载告警；当 CPU 占用率低于监控告警恢复阈值时，系统触发监控恢复告警。

- **display cpu-usage** [**slave** | **slot** *slot-id*] [**vcpu** *vcpu*]：查看 CPU 占用率的统计信息。
- **display cpu-usage history** [**1hour** | **24hour** | **72hour**] [**slave** | **slot** *slot-id*] [**vcpu** *vcpu-index*]：查看 CPU 占用率的历史统计信息。
- **display cpu-usage configuration** [**slave** | **slot** *slot-id*]：查看 CPU 占用率的配置信息。

1. 常见的 CPU 进程的含义

执行 **display cpu-usage** [**slave** | **slot** *slot-id* [**vcpu** *vcpu*]]命令（不支持堆叠或者堆叠未使能的设备，不支持 **slave** 选项）可查看 CPU 进程。

```
<HUAWEI> display cpu-usage
CPU Usage Stat. Cycle: 60 (Second)
CPU Usage           : 20% Max: 99%
CPU Usage Stat. Time : 2013-10-23   10:04:45
CPU utilization for five seconds: 5%: one minute: 5%: five minutes: 5%
Max CPU Usage Stat. Time : 2013-10-21 16:14:00.

TaskName      CPU   Runtime(CPU Tick High/Tick Low)   Task Explanation
VIDL          80%      0/e3a150c0          DOPRA IDLE
OS            10%      0/ bfb0440          Operation System
1AGAGT         6%      0/       0          1AGAGT
AAA            2%      0/    1d4a          AAA   Authen Account Authorize
ACL            1%      0/   13362          ACL Access Control List
ADPT           1%      0/       0          ADPT Adapter
AGNT           0%      0/       0          AGNTSNMP agent task
AGT6           0%      0/       0          AGT6SNMP AGT6 task
ALM            0%      0/       0          ALM   Alarm Management
ALS            0%      0/  527a3e          ALS   Loss of Signal
AM             0%      0/   232cf          AM    Address Management
```

2. 如何判断系统和进程的 CPU 占用率是否过高

一般情况下，如果系统 CPU 占用率长时间运行时不超过 80%，短时间内不超过

95%，不是持续升高，且未产生 CPU 占用率过高的告警，可认为处于正常范围。系统也可能在某一瞬间 CPU 变高产生告警，但很快恢复正常，这有可能是设备刚启动、在某一时刻集中读取光模块信息、瞬间流量增多等各种具体情况导致的，一般不影响设备的运行，也属于正常现象。

对于每个 CPU 任务进程，可能会因为业务量和处理时间的不同，CPU 占用率值有时很低，有时又比较高。只要系统 CPU 占用率不超过 80%并且未产生 CPU 占用率过高的告警，可认为处于正常范围。

CPU 占用率过高常见的告警信息如下。

■ Entitytrap 类型告警

ENTITYTRAP_1.3.6.1.4.1.2011.5.25.219.2.14.1 hwCPUUtilizationRising
ENTITYTRAP/4/ENTITYCPUALARM:OID [oid] CPU utilization exceeded the pre-alarm threshold.(Index=[INTEGER], EntityPhysicalIndex=[INTEGER], PhysicalName=[OCTET], EntityThresholdType=[INTEGER], EntityThresholdValue=[INTEGER], EntityThresholdCurrent=[INTEGER], EntityTrapFaultID=[INTEGER].)

■ Basetrap 类型告警

BASETRAP_1.3.6.1.4.1.2011.5.25.129.2.4.1 hwCPUUtilizationRisingAlarm
BASETRAP/2/CPUUSAGERISING: OID [oid] CPU utilization exceeded the pre-alarm threshold.(Index=[INTEGER], BaseUsagePhyIndex=[INTEGER], UsageType=[INTEGER], UsageIndex=[INTEGER], Severity=[INTEGER], ProbableCause=[INTEGER],
EventType=[INTEGER], PhysicalName="[OCTET]", RelativeResource="[OCTET]", UsageValue=[INTEGER], UsageUnit=[INTEGER], UsageThreshold=[INTEGER])

4.1.9　查看内存占用率

内存占用率是衡量设备性能的重要指标之一。在网络运行中，内存占用率过高常常会导致业务异常。实时查看内存占用率信息，以确认设备是否运行稳定。

通过执行以下 **display** 命令查看设备内存占用率的统计信息和门限值。当内存占用率达到告警阈值时，系统触发告警；当内存占用率低于告警恢复阈值时，系统告警消除。

■ **display memory-usage** [**slave** | **slot** *slot-id*] [**vcpu** *vcpu-index*]：查看内存占用率的统计信息。

■ **display memory-usage threshold** [**slot** *slot-id*]：查看内存占用率的告警阈值。

一般情况下，符合以下现象，可认为设备内存占用率处于正常状态。

■ 内存占用率未超过 80%。

■ 内存占用率不是持续上涨，没有太大波动。

■ 未产生类似如下的内存过高告警消息。

ENTITYTRAP_1.3.6.1.4.1.2011.5.25.219.2.15.1 hwMemUtilizationRising
ENTITYTRAP/4/ENTITYMEMORYALARM: OID [oid] Memory usage exceeded t he threshold, and it may cause the system to reboot. (Index=[INTEGER], EntityPhy sicalIndex=[INTEGER], PhysicalName="[OCTET]", EntityThresholdType=[INTEGER], Ent ityThresholdValue=[INTEGER], EntityThresholdCurrent=[INTEGER],EntityTrapFaultID= [INTEGER].)

设备内存占用率符合上述情况，但是占用率数值看起来比较大（比如高于 60%），可能是以下原因：

■ 设备为低端产品，内存比较小，运行时内存占用率会比较高；

■ 设备承载的业务多，占用内存多。

4.2　硬件管理

硬件管理指通过命令行对设备的硬件资源进行操作和管理。

4.2.1　配置设备的 MAC 地址

由 IEEE 对 MAC 地址进行管理和分配，理论上全球唯一，但有可能网络中的其他用户不规范设置设备的 MAC 地址，导致 MAC 地址冲突，或者用户需要根据自己的规划设定设备的 MAC 地址，此时需要修改设备当前使用的系统 MAC 地址。

可通过执行 **display system-mac** 命令查看设备当前（current）和缺省（default）的系统 MAC 地址。

```
<HUAWEI> display system-mac
Current MAC-num        :16      #---当前 MAC 地址个数
Default MAC-num        :16      #---缺省 MAC 地址个数
Index          MAC Addr
----------------------------
default        0010-fabc-aaf0  #---缺省的系统 MAC 地址

current        0010-fabc-aaf0  #---当前的系统 MAC 地址
```

对于 S7700/7900/9700/12700 系列交换机，还可执行 **set system-mac current** *hex-string* [**chassis** *chassis-id*]（仅集群环境下支持参数 **chassis** *chassis-id*）命令配置设备当前的系统 MAC 地址。配置设备系统 MAC 地址后，需要重启才能生效。

设置 MAC 地址需要注意下面 3 种情况。

■　全 0 或全 1 的 MAC 地址不允许设置。

■　组播 MAC 地址不允许设置。

■　在存在多个 MAC 地址的设备上，如果 MAC 地址的数量为 16 个，MAC 地址的最后 1 位十六进制数必须为 0；如果 MAC 地址的数量为 256 个，MAC 地址的最后 2 位十六进制数必须全为 0。

4.2.2　管理主备环境

在主备环境中，可通过执行一些命令复位备用系统或者进行主备倒换。这里的主备可以是指堆叠系统的主、备交换机，也可以是框式非集群交换机中的主、备主控板，或者是框式集群交换机中的主用、备用交换机中的主控板。

1.　复位备用设备或备用主控板

在备用设备（盒式设备堆叠系统中的备用交换机）或备用主控板（框式交换机中的备用主控板）发生异常时，可以在系统视图下执行 **slave restart** 命令复位备用设备或备用主控板，在不影响设备当前业务的情况下，使备用设备或备用主控板功能恢复正常。

2.　配置主备倒换

针对盒式设备的交换机堆叠和框式交换机非集群或集群场景下的主备倒换的含义

和执行的配置方法有所不同，下面分别予以介绍。

（1）盒式设备堆叠交换机的主备倒换

在多台盒式交换机组成堆叠的情形下，当主交换机异常时，可以手动进行主交换机和备交换机的倒换。执行主备倒换后，主交换机将重新启动后加入堆叠系统；备交换机升级为主交换机。

在执行主备倒换之前，用户可以执行 **display switchover state** 命令查看系统是否满足主备倒换的条件。在进行主备倒换时，需要保证备交换机处于实时备份阶段。在进行主备倒换时，需要保证备交换机处于实时备份状态（**receiving realtime or routine data**）。

满足主备倒换条件后，在堆叠系统的系统视图下执行 **slave switchover enable** 命令，使能主备倒换功能。 缺省情况下，主备倒换功能处于使能状态。最后执行 **slave switchover** 命令执行主备倒换。

（2）框式交换机的主备倒换

框式交换机上的主备倒换命令操作与前面介绍的盒式设备堆叠交换机中的主备倒换的操作方法完全一样，只是在非集群环境和集群环境下，倒换的主控板不一样。

■ 通过命令对框式交换机非集群系统进行主备倒换后，设备正在运行的备用主控板将成为主用主控板；设备正在运行的主用主控板将重新启动，且启动后成为备用主控板。

■ 通过命令行进行框式交换机集群主备倒换后，集群系统的变化如图 4-10 所示（使用命令行进行集群主备倒换前，必须确保集群主交换机是双主控环境）。

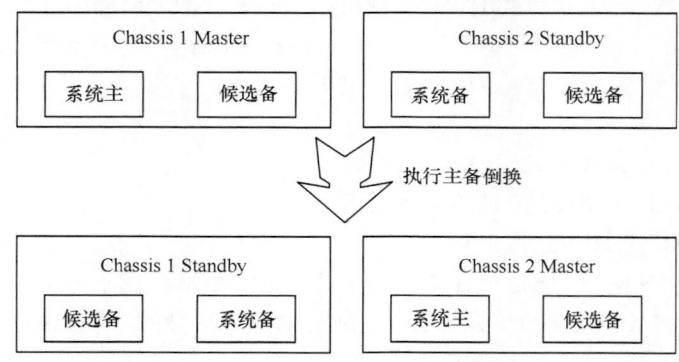

图 4-10　对框式交换机的集群系统进行主备倒换的示意

从图 4-10 中可以看出，在对框式集群系统进行主备倒换后，原备用交换机升为主用交换机，原系统备用主控板升为系统主用主控板；原系统主用主控板重启后降为系统候选备用主控板，主用交换机降为备用交换机；原主用交换机内的备用主控板升为系统备用主控板，从系统主用主控板进行数据同步。

> **说明**　在进行主备倒换之前，需要确认设备主控板是否满足主备倒换的条件。设备处于以下状态时禁止执行主备倒换。
>
> ■ 用户正在使用设备的文件系统。例如，正在创建、删除、保存文件或目录。
>
> ■ 设备正在加载或删除业务接口板的信息，主要包括：对业务接口板执行热插拔操作、通过命令复位业务接口板。

■ 主用主控板和备用主控板的内存大小不一致。

在设备进行主备倒换期间，禁止插拔或复位所有主用主控板、备用主控板、业务接口板、电源模块或风扇模块。否则，将有可能导致设备整机重新启动或出现故障。

4.2.3　管理设备、单板和子卡

管理和控制设备、单板或者子卡的状态，如对盒式交换机、框式交换机的单板进行复位、对 X86 子卡进行重启、控制指示灯状态、关闭电池等。

1. 复位设备或单板

当使用 **display device** [**slot** *slot-id*]命令查看设备状态、发现设备工作不正常（状态显示 Abnormal）时，用户可以通过 **reset slot** *slot-id*（集中设备）或 **reset slot** *slot-id* [**all** | **master**]（框式设备）命令对设备或单板进行复位，使设备恢复正常状态。但对设备或单板执行复位操作时，将导致该设备的业务中断，故在设备或单板工作不正常时，尽量排除故障，不要轻易复位，以免对业务造成影响。

2. 上电或下电单板

当业务空闲时，用户可以在不影响业务的情况下给框式交换机中指定的单板下电，以保证系统的稳定运行或实现节约能源等目的。反之，可给指定的单板上电，以满足业务量需求。**但不支持通过命令给主用主控板和备用主控板上电或下电。**具体命令如下（可在任意视图下执行）。

■ **power on slot** *slot-id*：给指定的单板上电。
■ **power off slot** *slot-id*：给指定的单板下电。

3. 设置设备故障指示灯

> **说明**
> 仅 S1720GW-E、S1720GWR-E、S1720X-E、S2720EI、S5700S-LI（仅 S5700S-28X-LI-AC、S5700S-52X-LI-AC 设备）、S5710-X-LI、S5720LI、S5720S-LI、S5720SI、S5720S-SI、S5720EI、S5730SI、S5730S-EI、S6720LI、S6720S-LI、S6720SI、S6720S-SI、S6720EI、S6720S-EII、S6720HI 支持该功能。

设备的故障指示灯通过模式灯和系统指示灯来体现。设备的模式灯包括 STAT 灯、SPED 灯、STCK 灯、PoE 灯（仅支持 PoE 功能的设备有）、MST 灯，系统指示灯是指系统运行状态 SYS 灯。当设备发生故障时，可通过表 4-1 所示的步骤设置设备的模式灯和系统指示灯红色快闪，表示设备处于故障状态，从而便于运维人员在现场定位到指定设备。

表 4-1　　　　　　　　　　　设置设备故障指示灯的配置步骤

步骤	命令	说明
1	**system-view** 例如：<HUAWEI> **system-view**	进入系统视图
2	**set device fault-light** { **normal** | **under-repair** [**keeptime** *time*] } [**slot** *slot-id*] 例如：[HUAWEI] **set device fault-light under-repair**	设置设备的故障指示灯状态。 • **normal**：二选一选项，表示设置设备故障指示灯，根据设备当前的运行状态进行点灯显示。 • **under-repair**：二选一选项，表示设置故障指示灯状态为设备故障状态。

（续表）

步骤	命令	说明
2	**set device fault-light** { **normal** | **under-repair** [**keeptime** *time*] } [**slot** *slot-id*] 例如：[HUAWEI] **set device fault-light under-repair**	• **keeptime** *time*：可选参数，指定故障指示灯表示设备故障状态所维持的时间，整数形式，取值范围 45～600，单位：s，缺省值为 45s。 • **slot** *slot-id*：可选参数，指定堆叠系统中的设备成员号，要根据当前设备在堆叠系统中的角色指定。不指定本参数，则控制的是堆叠系统主交换机的指示灯。 缺省情况下，未设置设备故障指示灯状态，故障指示灯根据设备当前的运行状态进行点灯显示，可用 **undo set device fault-light** [**slot** *slot-id*] 命令取消设置设备故障指示灯状态
3	**display device fault-light** 例如：<HUAWEI> **display device fault-light**	（可选）查看设备故障指示灯状态，可以在任意视图下执行

当执行 **set device fault-light under-repair** 时，系统指示灯和所有的模式灯全部红色快闪，维持 keeptime *time* 时间后（不指定该参数时默认为 45s），系统指示灯恢复到设置前的状态，而模式灯则是 STAT 灯常亮。堆叠使能时，系统主设备的 STCK 灯慢闪，其他成员设备的 STCK 灯常灭；堆叠不使能时所有设备的 STCK 灯常灭，其他模式灯常灭。

set device fault-light normal 和 **undo set device fault-light** 两条命令的功能相同，执行后，都会使系统指示灯恢复到设置前的状态，而模式灯则是 STAT 灯常亮。堆叠使能时，系统主设备的 STCK 灯慢闪，其他成员设备的 STCK 灯常灭；堆叠不使能时所有设备的 STCK 灯常灭，其他模式灯常灭。

4. 配置 OSP 单板上 X86 子卡的开关机和重启

X86 子卡的处理器是 Intel X86 类型，插入 X86 子卡的单板命名为 OSP（Open Service Platform，开放业务平台）单板。OSP 单板支持安装独立的操作系统和业务软件，用户可以在相应系统下进行相关配置及业务部署。在使用 OSP 单板的过程中，用户可以通过执行 **display osp status** 命令查看系统内所有 OSP 单板上的 X86 子卡的状态（输出信息中的子字段含义说明见表 4-2）。

```
<HUAWEI> display osp status
------------------------------------------------------------------
Slot            Power            Status
------------------------------------------------------------------
1/1             PowerOn          Startup
```

表 4-2   **display osp status** 命令输出信息中字段含义说明

项目	描述
Slot	表示 OSP 单板上 X86 子卡的位置。格式为槽位号/子卡号，其中子卡号固定为 1
Power	表示 X86 子卡的供电状态。 • PowerOn：子卡上电。 • PowerOff：子卡下电
Status	表示 X86 子卡的系统状态。 • Startup：开机状态。 • Shutdown：关机状态。 • Sleep：休眠状态。 • NA：X86 子卡故障

也可根据业务的需要，通过以下命令对 OSP 单板上的 X86 子卡进行开关机和重启操作，实现对 OSP 单板的管理。

- **startup osp** *slot-id*：为 OSP 单板上的 X86 子卡开机。
- **shutdown osp** *slot-id* [**force**]：为 OSP 单板上的 X86 子卡关机。
- **reset osp** *slot-id*：重启 OSP 单板上的 X86 子卡。

4.3　信息中心基础

当设备出现异常或故障时，如果我们事先让设备自动记录下以前运行过程中发生的情况，就可以根据这些信息比较容易、快速地查找出故障发生的原因。

为了方便、及时地获取设备信息，可通过配置信息中心，对设备产生的信息按照信息类型、严重级别等进行分类或筛选，还可以灵活地控制信息输出到不同的输出方向（例如控制台、用户终端、日志主机等）。本节先来了解一下华为设备所产生的信息种类、信息级别和输出方向等基础信息，具体配置将在本章的后面介绍。

1. 信息的分类

在设备的运行过程中，会产生许多信息。这些信息总体可分为 Log（日志）信息、Trap（触发）信息和 Debug（调试）信息 3 类，具体说明见表 4-3。

表 4-3　　　　　　　　　　　　　　　3 种信息描述

信息类型	描述
Log 信息	Log 信息主要记录用户操作、系统故障、系统安全等信息，总体又分为以下 3 类。 ● 用户日志：记录用户操作和系统运行信息。 ● 安全日志：记录包含账号管理、协议、防攻击和状态等内容的信息。 ● 诊断日志：记录协助进行问题定位的信息
Trap 信息	Trap 信息是系统检测到故障而触发产生的通知，主要记录故障等系统状态信息。 这类信息不同于 Log 信息，其最大特点是需要及时通知、提醒管理用户和对时间敏感
Debug 信息	Debug 信息是系统对设备内部运行的信息的输出，主要用于跟踪设备内部运行的轨迹。 只有在设备上打开相应模块的调试开关，设备才能产生 Debug 信息

2. 信息的分级

当设备产生的信息比较多时，用户较难分辨哪些是设备正常运行的信息，哪些是出现故障而需要处理的信息。通过对信息进行分级，用户就可以根据各信息的级别进行粗略判断，及时采取措施，屏蔽无需处理的信息。

为此，根据信息的严重等级或紧急程度，把所有信息分为 8 个等级，信息越严重，其严重等级阈值（也就是显示的数字）越小，具体描述见表 4-4。在根据严重等级过滤信息时，可以仅输出严重等级阈值小于或等于所配置的严重等级阈值的信息，即**仅输出等于配置级别和比配置级别更严重的信息**。例如，当配置严重等级阈值为 6 时，仅输出严重等级阈值为 0~6 的信息。

3. 信息的输出

设备产生的信息可以向远程终端、本地控制台、Log 缓冲区、日志文件、SNMP 代理等多个方向输出。为了便于对各个方向信息的输出控制，信息中心定义了 10 条信息通道，通道之间独立输出，互不影响。用户可以根据需要配置信息的输出规则，控制不同类别、不同等级的信息从不同的信息通道输出到不同的输出方向。

表 4-4　　　　　　　　　　　　　　　　　信息的分级

等级阈值	等级名称	描述
0	Emergencies（紧急）	预示设备发生了致命的异常，系统已经无法恢复正常，必须重启设备。如程序异常导致设备重启和内存的使用被检测出错误等
1	Alert（警戒）	预示设备发生了重大的异常，需要立即采取措施。如设备内存占用率达到极限等
2	Critical（危险）	预示设备发生了一般异常，需要采取措施进行处理或原因分析。如设备内存占用率超过低界线、温度超过低温告警线和 BFD 探测出设备不可达等
3	Error（错误）	预示发生了错误的操作或异常流程，不会影响后续业务，但是需要关注并分析原因。如用户的错误指令、用户密码错误和检测出错误协议报文等
4	Warning（警告）	预示设备运转有些异常点，可能引起业务故障，需要引起注意。如用户关闭路由进程、BFD 探测的一次报文丢失和检测出错误协议报文等
5	Notification（通知）	预示设备正常运转的关键操作信息。如接口 shutdown、邻居发现和协议状态机的正常跳转等
6	Informational（信息）	预示设备正常运转的一般性操作信息。如用户使用 **display** 命令等
7	Debugging（调试）	预示设备正常运行的一般性信息，用户无需关注

　　缺省情况下，Log 信息、Trap 信息和 Debug 信息输出到不同方向所使用的信息通道如图 4-11 所示，用户可以根据需要更改信息通道的名称，也可以更改信息通道与输出方向之间的对应关系。例如，用户配置通道 6 的名称为 user1，发往日志主机的信息使用通道 6，则发往日志主机的信息都会从通道 6 输出，不再从通道 2 输出。各信息输出通道的缺省分配说明见表 4-5。

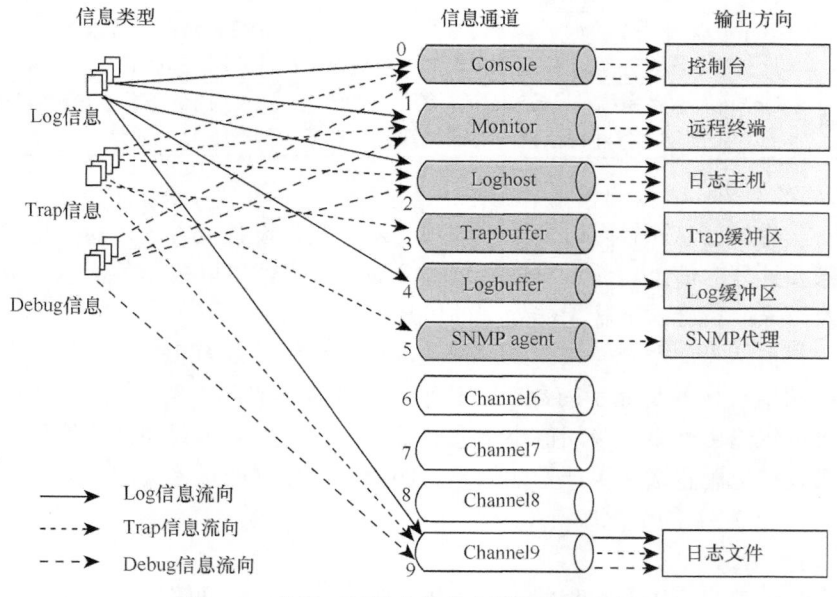

图 4-11　信息可以输出的信息通道和输出方向

表 4-5　　　　　　　　　　　　　　　　　　信息输出通道的缺省使用情况

通道号	缺省通道名	输出方向	输出方向的描述
0	console	控制台	控制台，即在通过 Console 口登录设备时，通过 0 号通道把 Log 信息、Trap 信息和 Debug 信息输出到控制台
1	monitor	远程终端	远程终端，即在通过 VTY 登录设备时，通过 1 号通道把 Log 信息、Trap 信息和 Debug 信息输出到远程终端，方便远程维护
2	loghost	日志主机	日志主机，即通过 2 号通道把 Log 信息、Trap 信息和 Debug 信息输出到远程日志主机。信息在日志主机上以文件形式保存，供随时查看
3	trapbuffer	Trap 缓冲区	Trap 缓冲区，可以接收 Trap 信息
4	logbuffer	Log 缓冲区	Log 缓冲区，可以接收 Log 信息
5	snmpagent	SNMP 代理	SNMP 代理，可以接收 Trap 信息
6	channel6	未指定	保留，可用于分配
7	channel7	未指定	保留，可用于分配
8	channel8	未指定	保留，可用于分配
9	channel9	日志文件	日志文件，可以接收 Log 信息、Trap 信息、Debug 信息

4．信息的输出格式

在以上介绍的 3 大类信息中，Log 信息和 Trap 信息都有特定的记录格式，而 Debug 信息没有规定的记录格式。

■ Log 信息的输出格式

以下为 Log 日志信息输出示例，图 4-12 所示为 Log 信息格式和一条 Log 日志记录（可通过 **display logbuffer** 命令查看 Log 缓冲区记录的信息）所对应的格式各个部分，详细说明见表 4-6。

May 10 2012 13:32:59+00:00 Huawei %%01DEFD/4/CPCAR_DROP_MPU(l)[1]:Some packets are dropped by cpcar on the MPU. (Packet-type=arp-request, Drop-Count=684)
May 10 2012 13:22:59+00:00 Huawei %%01DEFD/4/CPCAR_DROP_MPU(l)[2]:Some packets a
……

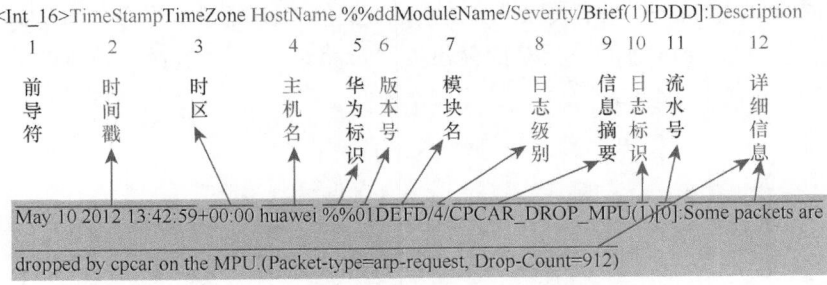

图 4-12　Log 信息的输出格式

表 4-6　　　　　　　　　　　　　　　　　Log 信息输出格式的字段说明

字段	字段含义	说明
<Int_16>	前导符	在向日志主机发送信息时所添加的前导符，**在设备本地保存信息时不带这部分**
TimeStamp	时间戳，信息输出的时间	时间戳有 5 种格式可供选择。 • boot 型：指定时间戳采用相对时间类型，即系统启动后经过的

（续表）

字段	字段含义	说明
TimeStamp	时间戳，信息输出的时间	时间。格式是 xxxxxx.yyyyyy，xxxxxx 为系统启动后经过时间的毫秒数高 32 位，yyyyyy 为低 32 位。 • date 型：指定时间戳采用系统当前日期和时间。中文环境下为 yyyy/mm/dd hh:mm:ss；英文环境下为 mm dd yyyy hh:mm:ss。 • short-date 型：指定时间戳采用短日期格式。这种格式的时间戳与 date 类型的时间戳基本相同，唯一区别是短日期格式取消了年份的显示。 • format-date 型：按照年、月、日、时、分、秒的格式显示，YYYY-MM-DD hh:mm:ss。 • none 型：信息中不包含时间戳。 Log 信息缺省时采用 date 型时间戳
TIMEZONE	本地时区信息	此信息与 **display clock** 命令输出信息中的"Time Zone"字段一致
HostName	主机名	缺省为 huawei
%%	华为公司的标识	标识该 Log 信息是由华为公司的产品输出的
dd	版本号	标识该 Log 信息格式的版本
ModuleName	模块名	向信息中心输出日志信息的模块名称
Serverity	日志的级别	Log 信息的级别
Brief	简要描述	Log 信息的简要解释
(l)	信息的类别	信息的类型有如下两类。 • l：表示为 Log 信息。 • D：表示为诊断日志信息
DDD	日志流水号	日志 ID，序列号。在 Log 缓冲区中，该值大小取决于 Log 缓冲区的大小。例如，Log 缓冲区的大小为 100，则日志流水号的取值范围是：0～99
Description	描述符	Log 信息的具体内容

■ Trap 信息的输出格式

图 4-13 所示为 Trap 信息格式以及一条本地存储的 Trap 记录（可通过 **display trapbuffer** 命令查看信息中心 Trap 缓冲区记录的信息）对应格式的各个部分，详细说明见表 4-7。

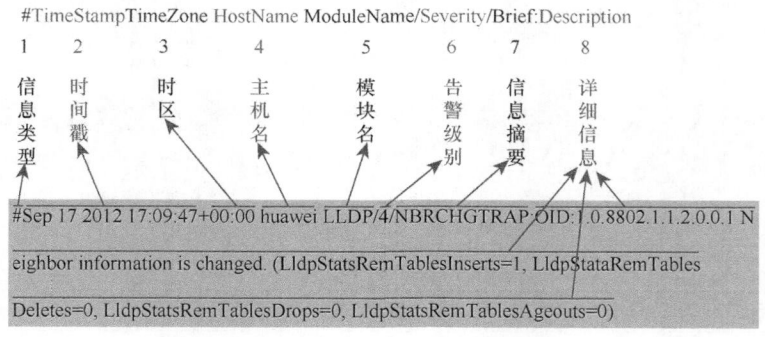

图 4-13 Trap 信息的输出格式

5. 信息过滤

为了使信息的输出控制更加灵活，信息中心提供了信息过滤的功能。设备正常运行后，各模块在业务处理时都会上报信息，当用户希望过滤某些不需要关注的业务模块/级别的信息时，可以配置信息在信息通道中的过滤功能。

表 4-7　　　　　　　　　　　　**Trap 信息输出格式的字段说明**

字段	字段含义	说明
#	信息类型	"#"表示为告警信息，仅在 Trap 缓冲区中存在
TimeStamp	时间戳，信息输出的时间	时间戳有 5 种格式可供选择，参见表 4-6 中 Log 信息输出格式中的该字段说明。Trap 信息缺省时采用 date 型时间戳
TIMEZONE	本地时区信息	此信息与 **display clock** 命令输出信息中的"Time Zone"字段一致
HostName	主机名	缺省为 huawei
ModuleName	模块名	向信息中心输出信息的模块名称
Severity	严重级别	Trap 信息的级别
Brief	简要描述	Trap 信息的简要解释
Description	描述信息	Trap 信息的具体内容

信息中心通过信息过滤表来实现信息在通道中的过滤。信息过滤表是根据信息分类、分级、来源对输出到各个方向的信息进行过滤的。信息过滤表记录的内容包括信息模块号、Log 信息输出开关状态、Log 信息输出过滤级别、Trap 信息输出开关状态、Trap 信息输出过滤级别、Debug 信息输出开关状态、Debug 信息输出过滤级别，具体将在本章后面各类信息过滤配置时介绍。

4.4　配置 Log 信息输出

可以配置指定功能模块的 Log 信息输出到 Log 缓冲区、日志文件、控制台、终端和日志主机中，这也就构成了日志信息过滤表。

4.4.1　Log 信息输出的配置任务

Log 信息输出所包括的配置任务可以分为两大部分：一是 Log 信息输出的基本功能和参数配置，二是 Log 信息输出方向的配置。

1. Log 信息输出基本功能和参数的配置任务

Log 信息输出基本功能和参数所包括的配置任务见表 4-8（仅第一项为必选配置任务，其他均可根据实际需要选择配置，且没有配置顺序要求）。

表 4-8　　　　　　　　　　　　**Log 信息输出基本功能和参数的配置任务**

序号	配置任务	说明
1	使能信息中心	只有使能信息中心功能，才能进行信息中心的相关配置。 缺省情况下，信息中心功能处于使能状态
2	（可选）命名信息通道	为了方便记忆和使用，用户可以将各个通道重新命名
3	（可选）配置 Log 信息的过滤功能	当用户不需要关注某些 Log 信息时，可以配置信息过滤功能来屏蔽此类信息的输出
4	（可选）配置 Log 信息的时间戳	如果用户希望为了适应自身习惯或者本地时间而需要调整信息的输出时间格式和时间精度时，可以配置时间戳

（续表）

序号	配置任务	说明
5	（可选）关闭 Log 信息的计数功能	如果用户希望记录到日志缓冲区或者发送到控制台和终端的日志信息不携带流水号信息，可以配置去使能 Log 信息的计数功能
6	（可选）配置海量日志抑制功能	用户可以配置海量日志抑制功能，避免信息中心受到冲击而影响其他日志的记录
7	（可选）配置连续重复日志的统计抑制功能	用户可以使能连续重复日志的统计抑制功能，避免信息中心受到冲击而影响其他日志的记录

2. Log 信息输出方向的配置

Log 信息输出可根据实际需要选择以下一种或多种输出方向的配置。

■ 配置 Log 信息输出到 Log 缓冲区

如果用户希望在本地设备的 Log 缓冲区内可以查看到设备产生的 Log 信息，则可以配置 Log 信息输出到 Log 缓冲区。

■ 配置 Log 信息输出到日志文件

如果用户希望把 Log 信息以文件的形式保存在本地设备存储器中，便于日后查看，则可配置 Log 信息输出到日志文件。

■ 配置 Log 信息输出到控制台

如果用户希望可以在 Console 控制台上查看到 Log 信息，以便及时监控设备的运行情况，则可以配置 Log 信息输出到控制台。

■ 配置 Log 信息输出到终端

如果用户希望在进行 Telnet 或者 STelnet 的客户端主机上显示 Log 信息，以便及时监控设备的运行情况，则可配置 Log 信息输出到用户终端。

■ 配置 Log 信息输出到日志主机

如果有专门用来存储日志信息的日志主机，且希望把日志信息保存在日志主机上，以便在需要时可以随时查看、及时监控设备的运行情况，则可配置 Log 信息输出到日志主机。

4.4.2 配置 Log 信息输出基本功能和参数

Log 信息输出的基本功能和参数配置包括使能信息中心功能、命名信息通道、配置 Log 信息过滤、Log 信息时间戳格式和去使能 Log 信息计数功能几个方面，具体配置步骤见表 4-9。其中除使能信息中心功能配置外，其他各项配置均为可选的，而且各项参数的配置没有严格的先后次序之分。

表 4-9　　　　　　　　　　　　　Log 信息输出基本功能配置步骤

步骤	命令	说明
1	system-view 例如：< Huawei > system-view	进入系统视图
2	info-center enable 例如：[Huawei] info-center enable	使能信息中心功能。只有使能了信息中心功能，系统才会向日志主机、控制台等方向输出系统信息。 缺省情况下，信息中心功能处于使能状态，可用 undo info-center enable 或 info-center disable 命令去使能信息中心功能，此时设备上只有 logfile（日志文件）和 logbuffer（日志缓冲区）输出通道会继续记录日志，其他通道不再记录

（续表）

步骤	命令	说明
3	info-center channel *channel-number* **name** *channel-name* 例如：[Huawei]**info-center channel** 0 **name** execconsole	（可选）为将用于输出 Log 信息的指定编号信息通道命名。为了方便记忆和使用，用户可以将各个通道重新命名。命令中的参数说明如下。 ● *channel-number*：指定通道编号，取值范围为 0～9 的整数，即系统共有 10 个通道。 ● *channel-name*：指定通道名称，1～30 个字符，区分大小写，只能由字母或数字组成，并且首字符只能为字母。 【说明】如果要修改信息输出通道名称，最好事先统一规划好不同信息输出到不同方向所采用的通道。在命名通道时需注意各个不同的通道名称不可重复，而且最好将通道名称与实际的通道功能对应起来，以免混淆。 缺省情况下，各信息通道的名称如下：0（console）、1（monitor）、2（loghost）、3（trapbuffer）、4（logbuffer）、5（snmpagent）、6（channel6）、7（channel7）、8（channel8）、9（channel9），可用 **undo info-center channel** *channel-number* 命令恢复指定通道为缺省的通道名
4	info-center filter-id { *id* | **bymodule-alias** *modname alias* } &<1-50> 或 info-center filter-id { *id* | **bymodule-alias** *modname alias* } [**bytime** *interval* | **bynumber** *number*] 例如：[Huawei] **info-center filter-id bymodule-alias** ARP	（可选）配置对指定的 Log 信息进行过滤的功能。当用户不需要关注某些 Log 信息时，可以配置信息过滤功能来屏蔽此类信息的输出。配置生效后，信息中心对此类信息就不进行发送处理，信息中心的各个输出方向也都无法获得此信息。命令中的参数说明如下。 ● *id*：二选一参数，指定需要过滤的 Log 信息对应的 ID 信息（**即日志序列号**），为系统中显示的日志 ID，取值范围为 0～4294967295 的整数。 ● **bymodule-alias** *modname alias*：二选一参数，指定需要过滤的 Log 信息对应的模块名称和助记符名称，**要根据 Log 信息中的 ModuleName（模块名）部分的信息提取**，如 AAA、ND、ARP、FR、ATM、L2TP、BFD、TRUNK、VRRP 等。不允许重复添加同一个 ID 或者助记符。 ● **bytime** *interval*：二选一可选参数，指定两条允许发送日志之间的时间间隔，整数形式，取值范围是 1～86400，单位：s。此时的过滤方式为时间间隔过滤，即两条允许发送的日志之间的时间间隔至少为配置的时间。 ● **bynumber** *number*：二选一可选参数，指定丢弃日志数目，即两条允许发送日志之间的丢弃报文数目，整数形式，取值范围是 1～1000。此时的过滤方式为条数过滤，即两条允许发送的日志之间必须丢弃配置的数目。 如果不指定 **bytime** *interval* 和 **bynumber** *number* 参数时，则为无条件过滤，即所有发送的符合 *id* 或 **bymodule-alias** *modname alias* 参数过滤条件的日志均被丢弃。 ● &<1-50>：表示前面的 *id* | **bymodule-alias** *modname alias* 参数最多可配置 50 个，中间以空格分隔。 目前只支持对 50 个不同的 ID 进行屏蔽。过滤表中日志 ID 数超过 50 时，会提示过滤表满，如果需要继续配置信息的过滤功能，需要先执行命令 **undo info-center filter-id** { *id* | **bymodule-alias** *modname alias* } &<1-50> [**bytime**

（续表）

步骤	命令	说明
4	**info-center filter-id** { *id* | **bymodule-alias** *modname alias* } &<1-50> 或 **info-center filter-id** { *id* | **bymodule-alias** *modname alias* } [**bytime** *interval* | **bynumber** *number*] 例如：[Huawei] **info-center filter-id bymodule-alias** ARP	*interval* | **bynumber** *number*]或 **undo info-center filter-id all** 删除之前配置的 ID，然后继续配置。 缺省情况下，不对任何 Log 或 Trap 信息进行过滤，可用 **undo info-center filter-id** { **all** | { *id* | **bymodule-alias** *modname alias* }* &<1-50> }命令取消对指定或者所有的 Log 信息进行过滤的功能
5	**info-center timestamp log** { { **date** | **format-date** | **short-date** } [**precision-time** { **second** | **tenth-second** | **millisecond** }] | **boot** } [**without-timezone**] 例如：[Huawei] **info-center timestamp log date precision-time millisecond**	（可选）配置输出的 Log 信息的时间戳格式。如果用户希望为了适应自身习惯或者本地时间而调整信息的时间格式和时间精度时，可以配置时间戳。命令中的选项说明如下。 ● **date**：多选一选项，指定时间戳采用系统当前日期和时间，格式为 mm dd yyyy hh:mm:ss。 ● **short-date**：多选一选项，指定时间戳采用短日期格式。这种格式的时间戳与 **date** 类型的时间戳基本相同，唯一的区别是短日期格式取消了年份的显示，为 mm dd hh:mm:ss。 ● **format-date**：多选一选项，按照年、月、日、时、分、秒的格式显示：YYYY-MM-DD hh:mm:ss。 ● **precision-time**：可选项，指定时间戳精度。 ● **tenth-second**：二选一可选项，指定时间戳精确到 0.1 s。 ● **millisecond**：二选一可选项，指定时间戳精确到毫秒。 ● **boot**：多选一选项，指定时间戳采用相对时间类型，即系统启动后经过的时间。格式是 xxxxxx.yyyyyy，xxxxxx 为系统启动后经过时间的毫秒数高 32 位，yyyyyy 为低 32 位。 ● **without-timezone**：可选项，指定输出的 Log 信息时间戳中不包含时间区信息。 缺省情况下，Log 信息采用的时间戳格式为 **date**，可用 **undo info-center timestamp log** 命令恢复输出的 Log 信息的时间戳格式为缺省值
6	**info-center local log-counter disable** 例如：[Huawei] **info-center local log-counter disable**	（可选）关闭 Log 信息计数功能。如果用户希望记录到日志缓冲区、日志文件或者发送到控制台和终端的 Log 信息不携带流水号（也即日志信息的序列号）信息，可以配置去使能 Log 信息的计数功能。 缺省情况下，本地日志信息计数功能处于使能状态，可用 **undo info-center local log-counter disable** 命令使能本地日志信息计数功能。 【说明】如果用户希望这些记录到日志缓冲区、日志文件或者发送到控制台和终端的日志信息重新计数，或者如果用户为了查看是否所有的日志信息都记录到日志缓冲区、日志文件或者发送到控制台和终端，可以使用 **undo info-center local log-counter disable** 命令打开日志计数功能，使生成的日志带有顺序递增的序列号。 如果日志发送到日志文件控制台或者终端，则日志信息在这些不同的输出方向上独立计数，日志计数序列号为正向排序，即最早的日志计数序列号为 0，越新的日志序列号越大； 如果日志发送到日志缓冲区，则日志计数序列号为逆向排序，即最新的日志计数序列号为 0，越老的日志序列号越大

4.4.3 配置 Log 信息输出到 Log 缓冲区

如果用户希望在本地通过执行 **display logbuffer** 命令查看设备产生的 Log 信息，则可以配置 Log 信息输出到 Log 缓冲区，具体的配置步骤见表 4-10。

表 4-10　　　　　　　　　　配置 **Log** 信息输出到 **Log** 缓冲区的步骤

步骤	命令	说明
1	**system-view** 例如：< Huawei > **system-view**	进入系统视图
2	**info-center logbuffer** 例如：[Huawei] **info-center logbuffer**	使能 Log 信息向 Log 缓冲区的发送功能。 缺省情况下，Log 信息向 Log 缓冲区的发送功能处于使能状态，可用 **undo info-center logbuffer** 命令去使能 Log 信息向 Log 缓冲区的发送功能
3	**info-center logbuffer channel** { *channel-number* | *channel-name* } 例如：[Huawei] **info-center logbuffer hannel** 3	配置 Log 信息输出到 Log 缓存区所使用的通道。命令中参数说明如下。 ● *channel-number*：二选一参数，指定输出的通道编号。 ● *channel-name*：二选一参数，指定输出的通道名称。如果已在表 4-9 的第 3 步修改了通道名称，则要使用修改后的名称。 缺省情况下，系统向 Log 缓冲区输出信息使用 4 号通道，各信息输出通道编号和名称的缺省对应关系参见本章前面的表 4-5，可用 **undo info-center logbuffer channel** { *channel-number* | *channel-name* } 命令恢复为缺省情况
4	**info-center source** { *module-name* | **default** } **channel** { *channel-number* | *channel-name* } **log** { **state** { **off** | **on** } | **level** *severity* } * 例如：[Huawei]**info-center source** CFM **channel** snmpagent **log level warning**	配置向信息通道输出 Log 信息的规则。命令中的参数和选项说明如下。 ● *module-name*：多选一参数，指定要配置输出 Log 信息规则的模块名，根据系统中模块注册信息选取。 ● **default**：指定为缺省模块配置输出 Log 信息规则。 ● *channel-number*：二选一参数，指定要配置规则的输出的通道编号。 ● *channel-name*：二选一参数，指定要配置规则的输出的通道名称。 ● **log** { **state** { **off** | **on** }}：可多选选项，指定 Log 信息的发送状态，**off** 为不发送 Log 信息，**on** 为发送 Log 信息。 ● **log** { **level** *severity* }：可多选参数，指定 Log 信息允许输出的最低信息级别。信息中心按信息的严重等级或紧急程度划分为 8 个级别，级别从高到低分别为：**emergencies→alert→ critical→error→warning→notification→informational→debugging**。 缺省情况下，不同类别的信息向信息通道输出的规则见表 4-11，系统向 4 号通道输出 Log 信息的状态为 **on**，最低信息级别为 **warning**，可用 **undo info-center source** { *module-name* | **default** } **channel** { *channel-number* | *channel- name* } 命令恢复指定信息通道输出信息的规则为缺省值
5	**info-center logbuffer size** *logbuffer-size* 例如：[Huawei] **info-center logbuffer size** 500	（可选）配置 Log 缓冲区可容纳 Log 信息的条数，取值范围为 0～1024 的整数，0 表示 Log 信息不显示。 【说明】当 Log 缓冲区的 Log 信息数已经达到最大的 Log 缓冲区尺寸时，就会按照时间的顺序对进入 Log 缓冲区

（续表）

步骤	命令	说明
5	**info-center logbuffer size** *logbuffer-size* 例如：[Huawei] **info-center logbuffer size** 500	中的时间最早的 Log 信息进行覆盖，直到满足新 Log 信息的存放为止。除非设备重启，否则，Log 缓冲区的 Log 信息不会被清空。 本命令为覆盖式命令，多次执行该命令后，Log 信息显示的条数按照最后一次配置生效。 缺省情况下，Log 缓冲区可容纳日志信息的数目为 512 条，可用 **undo info-center logbuffer size** 命令恢复 Log 缓冲区可容纳 Log 信息的条数为缺省值

表 4-11　　　　　　　　　不同类别信息向信息通道输出规则

输出通道	Log 信息		Trap 信息		Debug 信息	
	使能状态	允许输出最低级别	使能状态	允许输出最低级别	使能状态	允许输出最低级别
0（控制台）	on	warning	on	debugging	**on**	debugging
1（远程终端）	on	warning	on	debugging	**on**	debugging
2（日志主机）	on	informational	on	debugging	off	debugging
3（Trap 缓冲区）	off	informational	**on**	debugging	off	debugging
4（Log 缓冲区）	**on**	warning	off	debugging	off	debugging
5（SNMP 代理）	off	debugging	**on**	debugging	off	debugging
6（channel 6）	on	debugging	on	debugging	off	debugging
7（channel 7）	on	debugging	on	debugging	off	debugging
8（channel 8）	on	debugging	on	debugging	off	debugging
9（channel 9）	on	debugging	on	debugging	off	debugging

4.4.4　配置 Log 信息输出到日志文件

　　配置 Log 信息输出到日志文件后，日志信息可以以文件的形式保存在设备上，便于用户随时查看设备的运行情况。仅当设备中存在存储介质（例如，U 盘或 SD 卡等）时，日志信息才能以日志文件的形式保存。

　　配置 Log 信息输出到日志文件的步骤见表 4-12。

表 4-12　　　　　　　　　配置 **Log** 信息输出到日志文件的步骤

步骤	命令	说明
1	**system-view** 例如：＜Huawei＞ **system-view**	进入系统视图
2	**info-center logfile channel** { *channel-number* | *channel-name* } 例如：[Huawei] **info-center logbuffer channel** 3	配置 Log 信息输出到日志文件所使用的通道。命令中的参数说明参见 4.4.3 节表 4-10 中的第 3 步。 缺省情况下，系统向日志文件输出信息使用 9 号通道，可用 **undo info-center logfile channel** { *channel-number* | *channel-name* } 命令恢复为缺省情况
3	**info-center source** { *module-name* | **default** } **channel** { *channel-number* | *channel-name* } **log** { **state** { **off** | **on** } | **level** *severity* }[*]	配置向信息通道输出 Log 信息的规则，各参数说明参见 4.4.3 节表 4-10 中的第 4 步。

（续表）

步骤	命令	说明
3	例如：[Huawei]**info-center source** CFM **channel** snmpagent **log level warning**	缺省情况下，系统向 9 号通道输出 Log 信息的状态为 **on**，最低信息级别为 **debugging**
4	**info-center logfile size** *size* 例如：[Huawei] **info-center logfile size** 32	（可选）配置日志文件的大小，取值可以是 4、8、16 和 32，单位：MB。 【说明】当配置日志信息输出到日志文件方向时，产生的日志文件先保存到 log.log 文本格式中，超过指定大小后，自动按照标准 zip 格式压缩成压缩文件。当剩余设备存储空间小于 100 MB 时，信息中心会删除保存时间最长的一个日志文件。 缺省情况下，日志文件的大小为 8 MB，可用 **undo info-center logfile size** 命令恢复日志文件的大小为缺省值
5	**info-center max-logfile-number** *filenumbers* 例如：[Huawei] **info-center max-logfile-number** 100	（可选）配置日志文件的最大保存个数，取值范围为 2～500 的整数。 【说明】如果产生的日志文件超过最大数量，系统将删除日期较老的日志文件（也可手动删除指定的日志文件），使保持日志文件的数量小于等于所配置的值。如果无日志压缩文件可以删除，且 flash 或 cfcard 剩余空间不足 30MB，则不会再产生日志文件。 缺省情况下，日志文件的最大保存数量为 200，可用 **undo info-center max-logfile-number** 命令恢复日志文件的最大保存数量为缺省值
6	**quit** 例如：[Huawei] **quit**	退回用户视图
7	**save logfile** 或 **save logfile all** 例如：<HUAWEI> **save logfile all**	把日志文件缓冲区中的日志保存到日志文件中，或者把用户日志文件缓冲区和诊断日志缓冲区中的日志分别保存到用户日志文件和诊断日志文件中。 用户日志文件保存在日志目录下（如 log 或 logfile 目录下），文件名形式为 log.log，诊断日志文件也保存在日志目录下，文件名形式为 log.dblg。 除手动可以将日志文件缓冲区中的信息保存到日志文件以外，下面两种情况也会将日志文件缓冲区中的信息保存到日志文件。 • 从设备启动开始，每 24 小时会定时触发将日志文件缓冲区中的信息自动保存到日志文件，且定时保存时间不可以配置。 • 当 64KB 的日志文件缓冲区满时，日志文件缓冲区中的信息会自动保存日志文件，且日志文件缓冲区大小不可以配置

4.4.5　配置 Log 信息输出到控制台或终端

　　通过配置 Log 信息输出到控制台，用户可以在控制台（通过 Console 口登录到设备上的主机）上看到 Log 信息，以便及时监控设备的运行情况。通过配置 Log 信息输出到用户终端，Telnet 或者 STelnet 用户可以在终端 PC（通过 Telnet 或者 STelnet 等方式登录到设备上的主机）上看到 Log 信息，以便及时监控设备的运行情况。

本节的配置步骤与上节的基本一样，唯一的区别在于信息通道使用的配置上，具体的配置步骤见表 4-13。

表 4-13   配置 Log 信息输出到控制台或终端的步骤

步骤	命令	说明
1	**system-view** 例如：< Huawei > **system-view**	进入系统视图
2	**info-center** { **console** | **monitor** } **channel** { *channel-number* | *channel-name* } 例如：[Huawei] **info-center logbuffer channel** 3	配置 Log 信息输出到控制台（选择 **console** 二选一选项时）或者终端（选择 **monitor** 二选一选项时）所使用的通道。其他参数说明参见 4.4.3 节表 4-10 中的第 3 步。 缺省情况下，系统向控制台输出信息使用 0 号通道，系统向终端输出信息使用 1 号通道，可用 **undo info-center** { **console** | **monitor** } **channel** { *channel-number* | *channel-name* } 命令恢复 Log 信息输出到控制台或者终端时使用缺省通道
3	**info-center source** { *module-name* | **default** } **channel** { *channel-number* | *channel-name* } **log** { **state** { **off** | **on** } | **level** *severity* } * 例如：[Huawei]**info-center source** CFM **channel** snmpagent **log level warning**	配置向信息通道输出 Log 信息的规则，各参数说明参见 4.4.3 节表 4-10 中的第 4 步。 缺省情况下，系统向 0 号通道输出 Log 信息的状态为 **on**，最低信息级别为 **warning**
4	**quit** 例如：[Huawei] **quit**	退出系统视图，返回用户视图
5	**terminal monitor** 例如：<Huawei> **terminal monitor**	使能终端显示信息中心发送的信息的功能（只影响输入该命令的当前终端）。这里只是总体上打开在终端上显示信息的开关，要在本终端上显示 **Log** 信息（还可显示 **Trap** 和 **Debug** 信息），还需要配置下一步。 缺省情况下，控制台显示信息中心发送的信息的功能处于使能状态（所以在控制台上显示信息中心发送的信息的功能是不需要另外配置的），但用户终端显示信息中心发送的信息的功能处于未使能状态，可用 **undo terminal monitor** 命令去使能控制台，或终端显示信息中心发送的信息的功能。执行 **undo terminal monitor** 命令取消显示功能时，相当于执行 **undo terminal debugging**，**undo terminal logging**，**undo terminal trapping** 命令，所有的 Debug/Log/Trap 信息在本终端都不显示
6	**terminal logging** 例如：<Huawei> **terminal logging**	使能控制台、终端显示 Log 信息功能。如果希望在终端看到系统的 Log 信息时，可以使用本命令使能终端显示 Log 信息功能。 缺省情况下，控制台、终端显示 Log 信息功能处于使能状态，可用 **undo terminal logging** 命令去使能控制台或终端显示 Log 信息的功能

4.4.6 配置 Log 信息输出到日志主机

当用户需要监控的设备不在本地，且需要查询该设备产生的信息时，可以在该设备上配置信息输出到日志主机，以便用户在日志主机侧接收设备产生的信息。具体配置步骤见表 4-14。

表 4-14　　　　　　　　　　　　　　配置 **Log** 信息输出到日志主机的步骤

步骤	命令	说明
1	**system-view** 例如：< Huawei > **system-view**	进入系统视图
2	**info-center loghost** *ip-address* [**channel** { *channel-number* | *channel-name* } | **facility** *local-number* | { **language** *language-name* | **binary** [*port*] } | { **vpn-instance** *vpn-instance-name* | **public-net** }] * 例如：[Huawei] **info-center loghost** 10.1.1.1 **binary** 3000	配置向日志主机输出信息。命令中的参数和选项说明如下。 • *ip-address*：指定日志主机的 IP 地址。 • **channel** { *channel-number*| *channel-name* }：可多选参数，指定向日志主机发送信息所使用的信息通道号或通道名称。当用户希望发送到不同的日志主机使用不同的通道时，可以通过配置信息输出的信息通道来实现。如使向 IP 为 192.138.0.1 的日志主机发送信息采用通道 7，向 IP 为 192.138.0.2 的日志主机发送信息采用通道 8。 • **facility** *local-number*：可多选参数，指定设置日志主机的记录工具，取值范围为 loca10～loca17。缺省值是 loca17。 • **language** *language-name*：二选一参数，指定信息输出到日志主机所显示的语言模式，目前仅支持英语模式，即 English。 • **binary**：二选一选项，指定向日志主机发送二进制形式的日志。 • *port*：可选参数，指定发送信息时所用的端口号，取值范围为 1～65535 的整数，缺省值为 514。 • **vpn-instance** *vpn-instance-name*：二选一参数，指定日志主机所在的 VPN 实例的名称，1～31 个字符，不支持空格，区分大小写。 • **public-net**：二选一选项，指定在公共网络中连接日志主机。 最多可以配置 8 个日志主机，实现日志主机间相互备份的功能。 缺省情况下，不向日志主机输出信息，可用 **undo info-center loghost** *ip-address* [**vpn-instance** *vpn-instance-name*]命令取消向日志主机输出信息
3	**info-center source** { *module-name* | **default** } **channel** { *channel-number* | *channel-name* } **log** { **state** { **off** | **on** } | **level** *severity* } * 例如：[Huawei]**info-center source** CFM **channel** snmpagent **log level warning**	配置向信息通道输出 Log 信息的规则，各参数说明参见 4.4.3 节表 4-10 中的第 4 步。 缺省情况下，系统向 2 号通道输出 Log 信息的状态为 **on**，最低信息级别为 **informational**
4	**info-center loghost source** *interface-type interface-number* 例如：[Huawei] **info-center loghost source** loopback 0	（可选）配置设备向日志主机发送消息的源接口信息（可以是物理接口，也可以是逻辑接口）。如果多台设备向同一个日志主机发送信息，通过对不同的设备设置不同的源接口，就可以通过源接口地址判断日志消息是从哪台设备发出的，从而便于对收到的日志消息进行检索。当然，要确保源接口与日志主机之间路由可达。 缺省情况下，从一台设备发出日志消息时，源接口是发送消息的接口，可用 **undo info-center loghost source** 命令恢复设备向日志主机发送消息的源接口信息为缺省值
5	**info-center loghost source-port** *source-port* 例如：[HUAWEI] **info-center loghost source-port** 1026	（可选）配置设备向日志主机发送信息的源端口号，整数形式，取值范围是 1025～65535。 缺省情况下，设备向日志主机发送信息的源端口号是 38514，可用 **undo info-center loghost source-port** 命令恢复设备向日志主机发送信息的源端口为缺省值

4.4.7　Log 信息输出管理

配置好以上各节 Log 信息的输出后，在任意视图下执行以下 display 命令查看相关的配置信息，验证配置结果，也可以使用以下用户视图命令清除相关 Log 信息的统计。

① **display info-center**：查看信息中心输出方向的配置信息。

② **display info-center statistics**：查看信息中心的统计信息。

③ **display channel** [*channel-number* | *channel-name*]：查看指定或所有信息通道的配置信息。

④ **display info-center filter-id** [*id* | **bymodule-alias** *modname alias*]：查看信息中心过滤的指定流水号或者模块的信息。

⑤ **display info-center logfile path**：查看日志文件保存的路径。

⑥ **display logfile** *file-name* [*offset* | **hex**] *：查看指定文件名的整个或者指定偏移量的日志文件信息。

⑦ **display logbuffer**：查看 Log 缓冲区记录的信息。

⑧ **reset info-center statistics**：清除各模块的信息统计数据。

⑨ **reset logbuffer**：清除 Log 缓冲区中的日志信息。

4.4.8　向日志文件输出 Log 信息的配置示例

本示例的基本拓扑结构如图 4-14 所示，SwitchA 通过网络与 FTP Server 相连，且路由可达。网络维护人员希望在 FTP Server 上查看 SwitchA 上产生的日志信息，以了解 SwitchA 的运行情况。

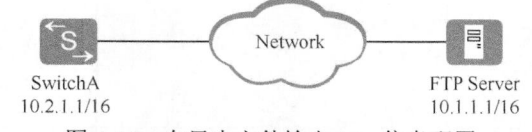

图 4-14　向日志文件输出 Log 信息配置示例的拓扑结构

1. 基本配置思路分析

这是一个把日志信息生成文件并通过 FTP 发送到远程 FTP 服务器的配置示例，根据 4.4.1 节和 4.4.4 节介绍的配置方法可得出本示例的基本配置思路如下。

① 使能信息中心，4.4.1 节介绍的其他参数不配置，直接采用缺省配置。

② 配置向日志文件发送 Log 信息的信息通道和输出规则，以实现设备产生的 Log 信息以日志文件的形式保存的目的。

③ 配置日志文件发送到 FTP 服务器，以实现网络管理员能够在 FTP 服务器上查看 SwitchA 上产生的日志信息的目的。

2. 具体配置步骤

① 使能信息中心功能。

```
<Huawei> system-view
[Huawei] sysname SwitchA
[SwitchA] info-center enable
```

② 配置向日志文件发送 Log 信息的信息通道和输出规则。

缺省情况下，输出到日志文件所使用的信息通道为 9 号通道。如果使用缺省通道，则可不配置信息通道。现假设使用未分配的 6 号通道用于向日志文件发送 Log 信息，且限定允许向日志文件发送的 Log 信息的最低信息级别为 **warning**（缺省情况下，最低信

息级别为 **debugging**）。

```
[SwitchA] info-center logfile channel channel6
[SwitchA] info-center source ip channel channel6 log level warning
```

　　③ 配置日志文件传输到 FTP 服务器。首先要配置从 SwitchA 上登录到 FTP 服务器，假设访问 FTP 服务器的用户名为 huawei，密码为 huawei。

```
<SwitchA> ftp 10.1.1.1
Trying 10.1.1.1 ...
Press CTRL+K to abort
Connected to 10.1.1.1.
220 WFTPD 2.0 service (by Texas Imperial Software) ready for new user
User(10.1.1.1:(none)):huawei
331 Give me your password, please
Enter password:
230 Logged in successfully
```

然后将设备生成的日志文件传输到 FTP 服务器。

```
[ftp] put cfcard:/logfile/log.log
200 Port command okay.
150 Opening ASCII mode data connection for log.log.
226 Transfer complete.
FTP: 7521956 byte(s) send in 3.1784917300 second(s) 2311.409Kbyte(s)/sec.
[ftp] quit
```

上传好后，可以通过 **display info-center** 命令查看日志文件通道记录的信息发送和接收情况。

```
<SwitchA> display info-center
Information Center: enabled
Log host:
Console:
        channel number: 0, channel name: console
Monitor:
        channel number: 1, channel name: monitor
SNMP Agent:
        channel number: 5, channel name: snmpagent
Log buffer:
        enabled
        max buffer size: 1024, current buffer size: 512
        current messages: 204, channel number: 4, channel name: logbuffer
        dropped messages: 0, overwritten messages: 0
Trap buffer:
        enabled
        max buffer size: 1024, current buffer size: 256
        current messages: 256, channel number: 3, channel name: trapbuffer
        dropped messages: 0, overwritten messages: 29
Logfile:
        channel number: 6, channel name: channel6, language: English
Information timestamp setting:
        log - date, trap - date, debug - date

 Sent messages = 1514, Received messages = 1514
```

也可在 FTP 服务器端查看传送到的日志文件。

4.4.9　向日志主机输出 Log 信息的配置示例

　　本示例的基本拓扑结构如图 4-15 所示，SwitchA 分别与 4 个日志主机相连且路由可达。网络管理员希望不同的日志主机接收不同类型和严重级别的 Log 信息，同时希望能够保证日志主机接收 Log 信息的可靠性，以便对设备的不同模块产生的信息进行实时监控。

1. 基本配置思路分析

这是一个把日志信息发送到远程日志主机的配置示例，根据 4.4.1 节和 4.4.6 节介绍的配置方法可得出本示例的基本配置思路如下。

① 使能信息中心功能，4.4.1 节介绍的其他参数不配置，直接采用缺省配置。

② 配置 SwitchA 向不同日志主机发送不同模块、不同严重等级的日志信息。

假设 SwitchA 向 Server1 发送由 FIB 模块和 IP 模块产生的、严重等级为 notification 的 Log 信息；向日志主机 Server2 发送由 PPP 模块和 AAA 模块产生的、严重等级为 warning 的 Log 信息。另外，为了保证日志主机的可靠性，可配置 Server3 作为 Server1 的备份设备；Server4 作为 Server2 的备份设备。

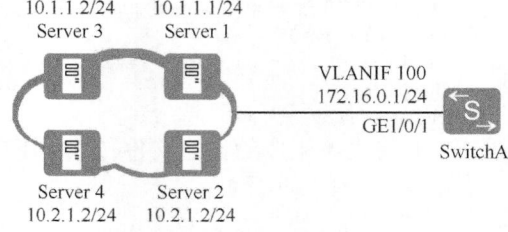

图 4-15　　向日志主机输出 Log 信息配置示例的拓扑结构

③ 在 4 台 Server 上配置日志主机，以实现网络管理员能够在日志主机上接收 SwitchA 产生的 Log 信息。

2. 具体配置步骤

① 使能信息中心功能。

```
<Huawei> system-view
[Huawei] sysname SwitchA
[SwitchA] info-center enable
```

② 配置向日志主机发送 Log 信息的信息通道和输出规则。

为了便于以后识别，首先对要用的信息通道进行重命名。现假设 4 台 Server（两台一组）日志主机要用到 6 号和 7 号信息通道，并且分别重命名为 loghost1 和 loghost2。

```
[SwitchA] info-center channel 6 name loghost1
[SwitchA] info-center channel 7 name loghost2
```

然后配置 4 台 Server 日志主机所用的以上重命名的两个信息通道，Server1 和 Server3 使用名为 loghost1 的通道，Server2 和 Server4 使用名为 loghost2 的通道。

```
[SwitchA] info-center loghost 10.1.1.1 channel loghost1
[SwitchA] info-center loghost 10.2.1.1 channel loghost2
[SwitchA] info-center loghost 10.1.1.2 channel loghost1
[SwitchA] info-center loghost 10.2.1.2 channel loghost2
```

再配置向日志主机通道输出 Log 信息的规则。向 Server1 和 Server3 发送 FIB 模块和 IP 模块产生的、严重等级为 notification 的 Log 信息，向 Server2 和 Server4 发送 PPP 模块和 AAA 模块产生的、严重等级为 warning 的 Log 信息。

```
[SwitchA] info-center source fib channel loghost1 log level notification
[SwitchA] info-center source ip channel loghost1 log level notification
[SwitchA] info-center source ppp channel loghost2 log level warning
[SwitchA] info-center source aaa channel loghost2 log level warning
```

③ 配置发送日志信息的接口的 IP 地址，采用先把物理接口加入到 VLAN100 中，然后配置 VLANIF100 接口 IP 地址的方式间接配置。

```
[SwitchA] vlan 100
[SwitchA-vlan100] quit
[SwitchA] interface gigabitethernet 1/0/1
```

```
[SwitchA-GigabitEthernet1/0/1] port link-type hybrid
[SwitchA-GigabitEthernet1/0/1] port hybrid pvid vlan 100
[SwitchA-GigabitEthernet1/0/1] port hybrid untagged vlan 100
[SwitchA-GigabitEthernet1/0/1] quit
[SwitchA] interface vlanif100
[SwitchA-Vlanif100] ip address 172.16.0.1 255.255.255.0
[SwitchA-Vlanif100] return
```

说明 如果是 V200R005 及以后版本，且交换机为支持进行二、三层端口模式转换的机型，则可直接在物理以太网接口上配置 IP 地址。

最后，还需在 Server 端配置日志主机。日志主机可以是安装 UNIX 或 LINUX 操作系统的主机，也可以是安装第三方日志软件的主机，具体配置步骤请参见相关手册。

配置好后，可以通过执行 **display info-center** 命令查看已经配置的日志主机信息。

```
<SwitchA> display info-center
Information Center:enabled
Log host:
          10.1.1.1, channel number 6, channel name loghost1,
language English , host facility local7
          10.1.1.2, channel number 6, channel name loghost1,
language English , host facility local7
          10.2.1.1, channel number 7, channel name loghost2,
language English , host facility local7
          10.2.1.2, channel number 7, channel name loghost2,
language English , host facility local7
```

4.5 配置 Trap 信息输出

4.4 节介绍的 Log 信息主要是记录用户操作、系统故障、系统安全等设备正常工作时的日志记录信息，而本节将要介绍的 Trap 信息是设备系统在检测到故障后产生的通知类消息，是需要及时通知、提醒管理用户的，两者在严重等级上显然是不同的。

配置 Trap 信息的输出与 4.4 节介绍的 Log 信息输出的配置总体上差不多，但除了可以输出到 Trap 缓冲区、日志文件、控制台、终端和日志主机外，还可输出 Trap 信息到 SNMP 代理中。

4.5.1 Trap 信息输出配置任务

在配置任务上，Trap 信息输出的配置任务也与 Log 信息输出的配置任务一样，从整体上来说可分为两大部分：一是 Trap 信息输出的基本功能和参数配置，二是 Trap 信息输出方向的配置。

1. Trap 信息输出的基本功能和参数配置

Trap 信息输出的基本功能和参数配置包括以下几个方面。

① 使能信息中心。

② （可选）命名信息通道。

③ （可选）配置 Trap 信息的过滤功能。

④ （可选）配置 Trap 信息的时间戳。

这几项配置任务与 4.4.1 节表 4-8 中所描述的 Log 信息配置任务中的第 1～4 项对应，具体配置方法也与 4.4.2 节表 4-9 的第①～⑤步的配置方法一样，只是这里针对的是 Trap 信息进行配置的，要在第（5）步配置时间戳格式的命令中把 **log** 关键字替换成 **tarp**。

2. Trap 信息输出方向配置

Trap 信息可输出的方向与 4.4 节介绍的 Log 信息输出方向相比，多了一个可以输出到 SNMP 代理。前面几种输出方向的配置方法与 4.4 节介绍的对应 Log 信息输出方向的配置方法是完全或者基本一致的，下节再介绍输出 Trap 信息到 SNMP 代理的配置方法。

（1）配置 Trap 信息输出到 Trap 缓冲区

本项配置任务与 4.4.3 节表 4-10 介绍的 Log 信息输出到 Log 缓冲区的配置方法基本一样，仅需要将表中对应命令中的 **log** 关键字替换为 **trap**，**logbuffer** 关键字替换为 **trapbuffer**，参数 *logbuffer-size* 对应替换为 *trapbuffer-size*。但这里配置的是输出 Trap 信息到 Trap 缓冲区（与 Log 缓冲区是隔离的）。

另外，在缺省情况下，系统向 Trap 缓冲区输出 Trap 信息使用的是 3 号输出通道（向 Log 缓冲区输出 Log 信息使用的是 4 号输出通道）。且在缺省情况下，系统向 3 号通道输出 Trap 信息的状态为 **on**，最低信息级别为 **debugging**（系统向 4 号通道输出 Log 信息的状态也为 **on**，但最低信息级别为 **warning**）。

（2）配置 Trap 信息输出到日志文件

本项配置任务与 4.4.4 节表 4-12 介绍的 Log 信息输出到日志文件在配置方法上是一样的，仅需要将表中对应命令中 **log** 关键字替换为 **trap**，且这里配置的是 Trap 信息输出到日志文件。

（3）配置 Trap 信息输出到控制台或终端

这项配置任务的配置方法也与 4.4.5 节表 4-13 介绍的 Log 信息输出到控制台或终端在配置方法是一样的，也仅需要将表中对应命令中的 **log** 关键字替换为 **trap**。另外，在缺省情况下，系统向 0 号（控制台）或者 1 号（终端）通道输出 Trap 信息的状态为 **on**，最低信息级别为 **debugging**（Log 信息的最低信息级别为 **warning**），且这里配置的是 Trap 信息输出到控制台或终端。

（4）配置 Trap 信息输出到日志主机

本项配置任务与 4.4.6 节表 4-14 介绍的 Log 信息输出到日志主机在配置方法是一样的，也仅需要将表中对应命令中的 **log** 关键字替换为 **trap**。另外，在缺省情况下，系统向 2 号通道输出 Trap 信息的状态为 **on**，最低信息级别为 **debugging**（Log 信息的最低信息级别为 **informational**），且这里配置的是 Trap 信息输出到日志主机。

4.5.2 配置 Trap 信息输出到 SNMP 代理

当设备出现异常或故障时，网络管理员希望能及时了解设备的运行情况，以保证设备的正常工作。如果公司采用网管系统对整个网络进行管理，则还需要通过配置 Trap 信息输出到网管服务器，实现网络管理员对设备的实时监控，及时定位设备运行故障。但在配置 Trap 信息输出到网管之前，需要先配置 Trap 信息输出到 SNMP 代理，然后通过

SNMP 代理向网管服务器发送 Trap 信息。

Trap 信息输出的具体配置步骤见表 4-15。

表 **4-15**　　　　　　　　　　配置 **Trap** 信息输出到 **SNMP** 代理的步骤

步骤	命令	说明
1	**system-view** 例如：< Huawei > **system-view**	进入系统视图
2	**info-center snmp channel** { *channel-number* | *channel-name* } 例如：[Huawei] **info-center trapbuffer channel 5**	配置 Trap 信息输出到 SNMP 代理所使用的通道。命令中的参数说明参见 4.4.3 节表 4-10 中的第 3 步。 缺省情况下，系统向 SNMP 代理输出信息使用 5 号通道，可用 **undo info-center snmp channel** { *channel-number* | *channel-name* }命令恢复为缺省值
3	**info-center source** { *module-name* | **default** } **channel** { *channel-number* | *channel-name* } **trap** { **state** { **off** | **on** } | **level** *severity* } * 例如：[Huawei]**info-center source CFM channel snmpagent log level warning**	配置向信息通道输出 Trap 信息的规则。命令中的参数及其他说明参见 4.4.3 小节表 4-10 中的第 4 步。 缺省情况下，系统向 5 号通道输出 Trap 信息的状态为 **on**，最低信息级别为 **debugging**
4	**snmp-agent** 例如：[Huawei] **snmp-agent**	使能 SNMP 代理。 缺省情况下，未使能 SNMP 代理功能，可用 **undo snmp-agent** 命令去使能 SNMP 代理功能，但执行 **undo snmp-agent** 命令会使设备上所有 SNMP 版本（SNMPv1、SNMPv2c、SNMPv3）设置失效

说明　　配置好以上 Trap 信息输出后，除了可以使用 4.4.7 节介绍的 **display info-center**、**display info-center statistics**、**display channel** [*channel-number* \| *channel-name*]、**display info-center filter-id** [*id* \| **bymodule-alias** *modname alias*]、**display info-center logfile path**、**display logfile** *file-name* [*offset* \| **hex**] *命令外，还可使用 **display trapbuffer** [**size** *value*]查看信息中心 Trap 缓冲区记录的信息，使用 **reset trapbuffer** 任意视图命令清除 Trap 缓冲区中的 Trap 信息。

4.5.3　向 SNMP 代理输出 Trap 信息的配置示例

本示例的基本拓扑结构如图 4-16 所示，SwitchA 与网管站之间路由可达。网络管理员希望在网管站查看 SwitchA 产生的 ARP 模块的 Trap 信息，以便监控设备的运行情况及定位故障信息。

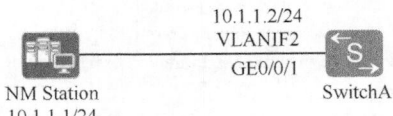

图 4-16　向 SNMP 代理输出 Trap 信息配置示例的拓扑结构

1．基本配置思路分析

本示例可以直接采用 4.5.1 节中介绍的 Trap 信息输出的基本功能配置和 4.5.2 节介绍的 SNMP 代理输出方式的配置方法进行配置。基本配置思路如下。

（1）使能信息中心功能，其他参数不进行配置，直接采用缺省配置。

（2）配置向 SNMP 代理输出 Trap 信息的信息通道和输出规则，以实现 SwitchA 产生的 Trap 信息发往 SNMP 代理方向。

（3）配置 Trap 信息输出到网管站，以实现网络管理员能够在网管站接收 SwitchA 产生的 Trap 信息。

2. 具体配置步骤

（1）使能信息中心功能

```
<Huawei> system-view
[Huawei] sysname SwitchA
[SwitchA] info-center enable
```

配置向 SNMP 代理发送 Trap 信息的接口的 IP 地址，采用先把物理接口加入到 VLAN2 中，然后配置 VLANIF2 接口 IP 地址的方式间接配置。

```
[SwitchA] vlan 2
[SwitchA-vlan2] quit
[SwitchA] interface gigabitethernet 0/0/1
[SwitchA-GigabitEthernet0/0/1] port link-type hybrid
[SwitchA-GigabitEthernet0/0/1] port hybrid pvid vlan 2
[SwitchA-GigabitEthernet0/0/1] port hybrid untagged vlan 2
[SwitchA-GigabitEthernet0/0/1] quit
[SwitchA] interface vlanif2
[SwitchA-Vlanif2] ip address 10.1.1.2 255.255.255.0
[SwitchA-Vlanif2] return
```

说明 如果是 V200R005 及以后版本，且交换机为支持进行二、三层端口模式转换的机型，则可直接在物理以太网接口上配置 IP 地址。

（2）配置向 SNMP 代理发送 Trap 信息的信息通道和输出规则

假设使用信息通道 7，允许发送 ARP 模块的 Trap 信息的级别为 **informational**。缺省情况下，设备通过 SNMP Agent 输出所有模块的 Trap 信息。

```
[SwitchA] info-center snmp channel channel7
[SwitchA] info-center source arp channel channel7 trap level informational state on
```

（3）配置 SNMP 代理输出 Trap 信息到网管站

首先使能 SNMP 代理功能，配置版本为 SNMPv2c，团体名为 adminnms1。

```
[SwitchA] snmp-agent sys-info version v2c
[SwitchA] snmp-agent community write adminnms1
```

最后配置 SNMP 代理的 Trap 功能。

```
[SwitchA] snmp-agent trap enable
Info: All switches of SNMP trap/notification will be open. Continue? [Y/N]:y
[SwitchA] snmp-agent target-host trap-hostname nms address 10.1.1.1 trap-paramsname trapnms
[SwitchA] snmp-agent target-host trap-paramsname trapnms v2c securityname public
[SwitchA] quit
```

配置好后，可以使用 **display info-center** 命令查看 SNMP Agent 输出信息所使用的通道。

```
<SwitchA> display info-center
Information Center:enabled
Log host:
Console:
        channel number : 0, channel name : console
Monitor:
```

```
            channel number : 1, channel name : monitor
SNMP Agent:
            channel number : 7, channel name : channel7
    ……
```

也可以使用 **display channel** 命令查看 SNMP Agent 所使用通道输出的信息，从中可以看出，在该通道中传输了默认（deafault）和 ARP 两个模块输出的 Trap 信息。

```
<SwitchA> display channel 7
channel number:7, channel name:channel7
MODU_ID   NAME      ENABLE LOG_LEVEL      ENABLE TRAP_LEVEL        ENABLE DEBUG_LEVEL
ffff0000  default   Y      debugging      Y      debugging     N   debugging
416e0000  ARP       Y      debugging      Y      informational N   debugging
```

4.6　配置输出 Debug 信息

Debug 信息的输出可以配置指定模块的 Debug 信息输出到日志文件、控制台、终端和日志主机。但调试会占用设备的 CPU 资源，从而对系统的运行造成影响，因此，在调试之后要立即执行 **undo debugging all** 命令去使能调试。

4.6.1　Debug 信息输出的配置任务

Debug 信息输出的配置任务总体上与 4.4.1 节介绍的 Log 信息输出的配置任务差不多，也可分为基本功能和参数配置与输出方向配置两部分。

1. Debug 信息输出的基本功能和参数配置

Debug 信息输出基本功能和参数配置包括以下 3 个方面。

① 使能信息中心。

②（可选）命名信息通道。

③（可选）配置 Debug 信息的时间戳。

以上 3 项配置任务的具体配置方法分别与 4.4.2 节表 4-9 中第 2、3、5 步的对应配置方法基本一样，只是要在第 5 步配置时间戳格式的命令中把 **log** 关键字替换成 **debugging**。

2. Debug 信息输出方向配置

Debug 信息可选的输出方向配置与 4.4.1 节介绍的 Log 信息输出方向相比，仅少了一个不能输出到缓冲区，其他几种方式都支持。它们在配置上的区别与联系如下。

（1）配置 Debug 信息输出到日志文件

本项配置任务与 4.4.4 节表 4-12 中介绍的 Log 信息输出到日志文件的配置方法基本一样，仅需要将表中对应命令中的 **log** 关键字替换为 **debug**。另外，在缺省情况下，系统向 9 号通道输出 Debug 信息的状态为 **off**，最低信息级别为 **debugging**（缺省情况下，系统向 9 号通道输出 Log、Trap 信息的状态为 **on**，最低信息级别为 **debugging**），且这里配置的是 Debug 信息输出到日志文件。

（2）配置 Debug 信息输出到控制台或终端

这项配置任务的配置方法与 4.4.5 节表 4-13 中介绍的 Log 信息输出到控制台和输出

到终端的配置方法基本一样，仅需要将表中对应命令中的 **log** 关键字替换为 **debug**。另外，在缺省情况下，系统向 0 号（控制台）或 1 号（终端）通道输出 Debug 信息的状态为 **on**，最低信息级别为 **debugging**（Log 信息的最低信息级别为 **warning**），且这里配置的是 Debug 信息输出到控制台或终端。

（3）配置 Debug 信息输出到日志主机

本项配置任务与 4.4.6 节表 4-14 介绍的 Log 信息输出到日志主机的配置方法基本一样，仅需要将表中对应命令中的 **log** 关键字替换为 **debug**。另外，在缺省情况下，系统向 2 号通道输出 Debug 信息的状态为 **off**，最低信息级别为 **debugging**（缺省情况下，系统向 2 号通道输出 Log 信息的状态为 **on**，最低信息级别为 **informational**），且这里配置的是 Debug 信息输出到日志主机。

说明　配置好以上 Debug 信息输出后，也可以使用 4.4.7 节介绍的 **display info-center**、**display info-center statistics**、**display channel** [*channel-number* | *channel-name*]、**display info-center filter-id** [*id* | **bymodule-alias** *modname alias*]、**display info-center logfile path**、**display logfile** *file-name* [*offset* | **hex**]*命令进行 Debug 信息输出管理。

4.6.2　向控制台输出 Debug 信息的配置示例

本示例的基本拓扑结构如图 4-18 所示，PC 与 SwitchA 通过 Console 口相连。用户希望在 PC 终端上查看 ARP 模块的调试信息。

1. 基本配置思路分析

根据 4.6.1 节的介绍，并参考相关的 4.4.5 节介绍的实际配置方法可以得出本示例的基本配置思路如下。

① 使能信息中心功能。

② 配置向控制台输出 Debug 信息的信息通道和输出规则，以实现 SwitchA 产生的 Debug 信息发往控制台方向。

③ 使能控制台显示功能，以实现用户通过 Console 口登录 SwitchA 后能够在控制台上看到设备产生的 Debug 信息。

④ 打开 ARP 调试开关，使 SwitchA 能产生 ARP 模块的 Debug 信息。

2. 具体配置步骤

① 使能信息中心功能。

```
<Huawei> system-view
[Huawei] sysname SwitchA
[SwitchA] info-center enable
```

② 配置向控制台发送 Debug 信息的信息通道和输出规则，使用缺省的 **console** 信息通道（也即 0 号通道）向控制台发送 ARP 模块中 **debugging** 级别 debug 信息。

```
[SwitchA] info-center source arp channel console debug level debugging state on
[SwitchA] quit
```

③ 使能控制台和终端显示功能。

```
<SwitchA> terminal monitor
Info: Current terminal monitor is on.
<SwitchA> terminal debugging
```

```
Info: Current terminal debugging is on.
```

④ 打开 ARP 模块的调试开关。

```
<SwitchA> debugging arp packet
```

配置好后，可通过 **display channel console** 命令查看配置的控制台通道信息，验证配置结果。

```
<SwitchA> display channel console
channel number: 0, channel name: console
MODU_ID   NAME      ENABLE LOG_LEVEL      ENABLE TRAP_LEVEL      ENABLE DEBUG_LEVEL
ffff0000 default   Y      warning       Y    debugging      Y    debugging
c16e0000 ARP       Y      warning       Y    debugging      Y    debugging
```

第 5 章
iStack 和 CSS 配置与管理

本章主要内容

交换机设备在网络中除了可以单独接入网络使用外,还可以通过部署堆叠或集群接入网络进行组合使用,在华为交换机中分别对应 iStack、CSS 功能。

　　华为交换机中的 iStack 功能就是通常所说的交换机堆叠功能,在华为盒式系列交换机中支持,可把多台交换机配置成一台交换机来使用和管理,主要目的是解决单一交换机端口不足的问题,同时也可以提高单台交换机的可靠性。华为交换机中的 CSS 功能就是通常所说的交换机集群,在华为框式系列交换机中支持, 目前最多可把两台交换机配置成一台交换机来使用和管理, 主要目的是解决单一交换机性能不足的问题, 同时也可提高单台交换机的可靠性。

　　要注意的是, 新版 VRP 系统中的 iSatck 和 CSS 配置方法较以前版本有了非常大的不同,而且添加了许多新的子系列产品, 不同系列所支持的 iStack 和 CSS 组建方式可能不同, 在配置前一定要先查看相应产品的说明手册。

5.1　iStack 基础

交换机堆叠技术是将多台支持堆叠特性的交换机组合在一起，从逻辑上组合成一台整体交换机，这样不仅可以通过一个命令行界面、一个 IP 地址对这些交换机进行集中管理，还可以提高单台交换机的转发性能和可靠性，实现各成员交换机间的负载均衡。

在如图 5-1 所示的拓扑结构中，左图中间的两台交换机通过堆叠就可看成右图中间的那一台交换机，这就是交换机堆叠的最直接、外在的表现形式。

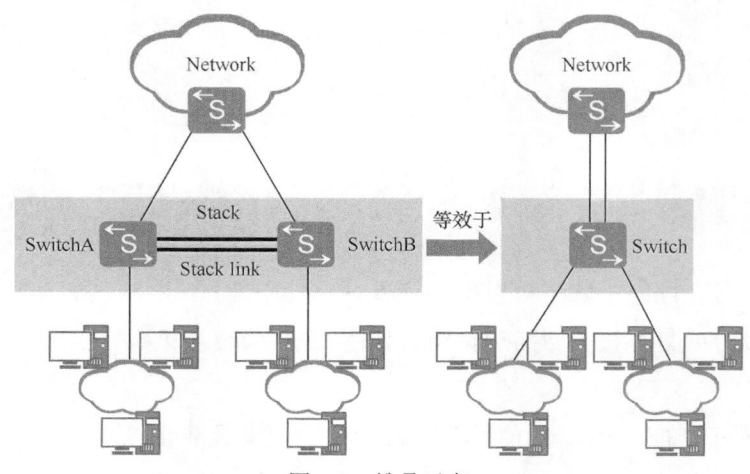

图 5-1　堆叠示意

5.1.1　iStack 概述

在华为 S 系列交换机中，交换机堆叠技术称之为 iStack（Intelligent Stack，智能堆叠），仅 S2700、S3700、S5700 和 S6700 等中低端系列交换机支持。

1. iStack 主要特性

iStack 是华为 S 系列交换机的基本特性，无需获得 License 许可即可应用此功能。多台（最多 9 台）之间组成堆叠，相邻交换机间必须直接连接，中间不能有其他的交换机。iStack 具有如下特性。

■ 高可靠性。堆叠系统中的多台成员交换机之间可实现冗余备份，同时，iStack 堆叠支持跨设备的链路聚合功能，故又可实现跨设备的链路冗余备份。

■ 强大的网络扩展能力。通过增加成员交换机，可以轻松地扩展堆叠系统的端口数、带宽和处理能力。同时支持成员交换机的热插拔，新加入的成员交换机可自动同步主交换机的配置文件和系统软件版本。

■ 简化设备配置和管理。一方面，用户可以通过任何一台成员交换机登录堆叠系统，对堆叠系统所有成员交换机进行统一的配置和管理；另一方面，堆叠形成后，不需要配置复杂的二层破环协议和三层保护倒换协议，简化了网络配置。

说明 二层破环是指当堆叠中的各成员交换机之间形成环形结构时消除二层环路，这个根本不用担心，因为 iStack 有自己的破环机制，可以按以下计算公式快速找到用于消除二层环路的破环线：从主设备堆叠端口 ID 较大的堆叠口开始数起，数$(n/2)+1$ 段链路后得到的这根网线就是破环线，它两端的端口都在阻塞状态。n 为堆叠环境中的设备数目，而且$(n/2)$ +1 取整数，不是四舍五入。

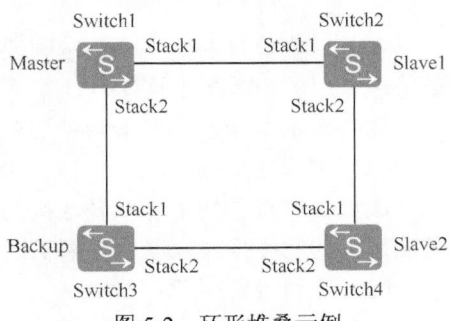

图 5-2 中有 4 台设备组成了环形堆叠。因为共有 4 个设备，故 $n=4$，那么 $(n/2)$ +1=3，也就是从主设备的 stack2 堆叠口开始数 3 段链路，第三段链路的网线就是破环线。即 Switch4 的 Stack1 口和 Switch2 的 Stack2 口处于阻塞状态。

图 5-2　环形堆叠示例

2. iStack 基本概念

在 iStack 功能的技术实现中，涉及到一些基本概念，在此先集中进行介绍。

（1）交换机角色

在 iStack 堆叠中，所有的单台交换机都称为成员交换机，按照各自功能的不同又可以分为以下 3 种角色。

■ 主交换机（Master）：负责整个堆叠系统的管理。**一个堆叠只有一台主交换机。**

■ 备交换机（Standby）：是主交换机的备用交换机，用于当原主交换机出现故障时接替原主交换机的工作，管理整个堆叠系统。与主交换机一样，**一个堆叠也只有一台备交换机。**

■ 从交换机（Slave）：除了主交换机外的其他所有交换机（**包括备交换机**）都是从交换机。主要用于业务转发，从交换机的数量越多，堆叠系统的转发能力越强。

注意 堆叠系统中的所有交换机都同时工作，并不是只有主交换机工作。

（2）堆叠 ID

堆叠 ID 为成员交换机在堆叠系统中的槽位号（Slot ID），用来标识和管理成员交换机，堆叠中所有成员交换机的堆叠 ID 都是唯一的。

（3）堆叠优先级

堆叠优先级用于在堆叠角色选举过程中确定主交换机和备交换机的角色。优先级值越大表示优先级越高，优先级越高当选为主交换机和备交换机的可能性越大。

5.1.2　堆叠连接方式

华为 S 系列交换机支持采用两种接口（专门的堆叠卡上的接口和普通业务接口）连接的方式来组建 iStack 堆叠，故又分为两种堆叠连接方式：堆叠卡堆叠和业务口堆叠。

1. 堆叠卡堆叠

堆叠卡堆叠是各成员交换机间采用专用堆叠卡上的接口和专用堆叠线缆进行连接，但因堆叠卡分为独立的堆叠插卡和设备集成的堆叠卡两种情形，故堆叠卡堆叠方式又分为以下两种情况。

■ 交换机之间通过专用的堆叠插卡 ES5D21VST000 上的接口及专用的堆叠线缆连接。

■ 有些交换机的后面板上集成了堆叠卡，此时这些交换机间通过集成的堆叠端口及专用的堆叠线缆连接。

2．业务口堆叠

业务口堆叠指的是交换机之间通过与逻辑堆叠端口绑定的普通业务端口连接，不需要采用专用的堆叠插卡连接。

业务口堆叠涉及到如下两种端口的概念，它们之间的关系如图 5-3 所示。

（1）物理成员端口

成员交换机之间用于堆叠连接的物理端口，是普通的业务端口，用于转发需要跨成员交换机的业务报文或成员交换机之间的堆叠协议报文。

（2）逻辑堆叠端口

逻辑堆叠端口是专用于堆叠的逻辑端口，但需要和前面介绍的物理成员端口进行绑定才能起作用。堆叠的每台成员交换机上支持两个逻辑堆叠端口，分别为 stack-port $n/1$ 和 stack-port $n/2$，其中 n 为成员交换机的堆叠 ID，以便实现成员交换机间的冗余链路连接，可提高堆叠连接的可靠性，但也可以仅通过一条链路连接。

在业务口堆叠中，各成员交换机间通过物理成员端口的连接线缆又分为两种：普通线缆堆叠和专用线缆堆叠。

（3）专用线缆堆叠

专用堆叠线缆的外观如图 5-4 所示，其两端区分主和备，带有 Master 标签的一端为主端，不带有标签的一端为备端。**使用专用线缆堆叠时，专用堆叠线缆按照规则插入物理成员端口后，交换机就可以自动组建堆叠，无需对逻辑堆叠端口进行额外的配置。**

（4）普通线缆堆叠

在业务口堆叠中也可使用普通堆叠线缆连接，包括光线缆（是集光模块和光纤为一体的有源光线缆）、双绞网线和高速电缆（支持 SFP、QSFP 和 QSFP28 多种连接器类型）。**使用普通线缆堆叠时，需要手动配置物理成员端口对应的逻辑堆叠端口，否则无法完成堆叠的组建。**

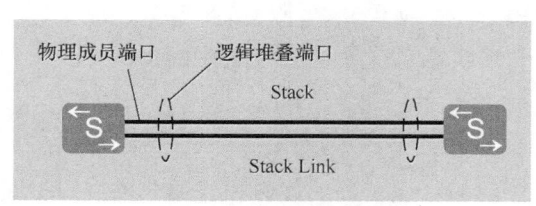

图 5-3　业务口堆叠连接示意

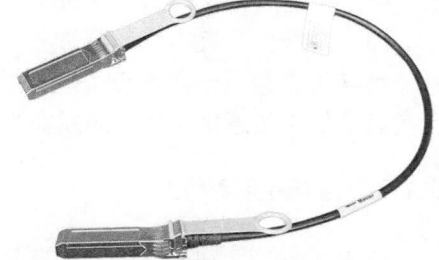

图 5-4　专用堆叠线缆外观示意

5.1.3　堆叠的建立流程

要成功组建一个堆叠系统，需要按照以下流程进行。

① 物理连接：根据网络需求，按照上节的介绍选择适当的堆叠连接方式和连接拓扑，组建堆叠网络。

② 主交换机选举：在一个堆叠系统中只有一台交换机可成为主交换机。主交换机是通过选举确定的。

③ 拓扑收集和备交换机选举：堆叠系统的主交换机确定后，主交换机会收集所有成员交换机的拓扑信息，并向所有成员交换机分配堆叠 ID，之后选出堆叠系统的备交换机。

④ 稳定运行：主交换机将整个堆叠系统的拓扑信息同步给所有成员交换机，成员交换机同步主交换机的系统软件和配置文件，之后进入稳定的运行状态。

下面具体介绍以上堆叠组建流程中的 4 个阶段。

1. 物理连接

根据上节的介绍，华为 S 系列交换机的 iStack 堆叠系统，根据连接介质的不同，可分为堆叠卡堆叠和业务口堆叠两种。每种连接方式都可组成链形和环形两种连接拓扑，如图 5-5 所示。表 5-1 从可靠性、链路带宽利用率和组网布线是否方便等角度对两种连接拓扑进行了对比。

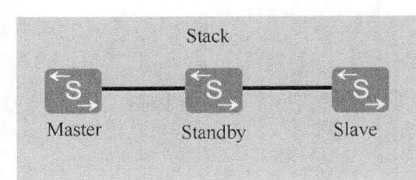
链形连接

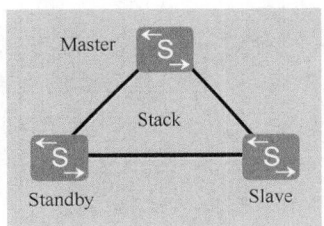
环形连接

图 5-5　iStack 堆叠的两种拓扑

表 5-1　　　　　　　　　　　　　　两种 iStack 堆叠拓扑的比较

连接拓扑	优点	缺点	适用场景
链形连接	首尾不需要有物理连接，适合长距离堆叠	可靠性低：其中一条堆叠链路出现故障，就会造成堆叠分裂。堆叠链路带宽利用率低：整个堆叠系统只有一条路径	堆叠成员交换机距离较远时，组建环形连接比较困难，可以使用链形连接
环形连接	可靠性高：其中一条堆叠链路出现故障，环形拓扑变成链形拓扑，不影响堆叠系统正常工作。堆叠链路带宽利用率高：数据能够按照最短路径转发	首尾需要有物理连接，不适合长距离堆叠	堆叠成员交换机距离较近时，从可靠性和堆叠链路利用率上考虑，建议使用环形连接

2. 主交换机选举

确定好堆叠的连接方式和连接拓扑，完成成员交换机之间的物理连接之后，给所有成员交换机上电。此时，堆叠系统开始进行主交换机的选举。

主交换机的选举规则如下（依次从第一步开始判断，直至找到最优的交换机为止）。

① 运行状态比较：已经运行的交换机比处于启动状态的交换机优先竞争为主交换

机。如果希望指定某一成员交换机成为主交换机，则可以先为其上电，待其启动完成后再给其他成员交换机上电。

堆叠主交换机选举超时时间为 20s，堆叠成员交换机上电或重启时，由于不同成员交换机所需的启动时间可能差异比较大，因此不是所有成员交换机都有机会参与主交换机的第一次选举。后启动的交换机加入堆叠系统时，最终的主交换机选举结果会因后启动的交换机在堆叠中所处位置的不同，以及先启动交换机间是否已成功组建一个统一的堆叠系统而有所不同，具体加入过程可参见 5.1.6 节介绍的堆叠成员的加入与退出。

比如有 A-B-C 连接方式的 3 台设备组建链形堆叠。

■ 如果 A、B 先启动，C 后启动。此时 A、B 已组建成了一个堆叠系统，故 C 后面加入时，只能被动加入堆叠成为非主交换机。

■ 如果 A、C 先启动。此时 A、C 各自成为自己堆叠系统的主交换机，没有形成统一的堆叠系统。在 B 启动加入堆叠系统时，A 和 C 会根据启动时间重新进行新的统一堆叠系统中的主交换机的竞争，竞争主交换机失败的交换机会重启，再以非主交换机加入堆叠。

② 如果两台竞争主机交换机的成员交换机是同时启动的，此时再看哪台成员交换机的堆叠优先级高，堆叠优先高的交换机优先为主交换机。

③ 当有多台成员交换机同时启动，并且堆叠优先级也相同时，MAC 地址（设备的MAC 地址）小的交换机优先竞争为主交换机。

3．拓扑收集和备交换机选举

主交换机选举完成后，主交换机会收集所有成员交换机的拓扑信息，根据拓扑信息计算出堆叠转发表项和破环点（如果是环形堆叠结构时）信息，下发给堆叠中的所有成员交换机，并向所有成员交换机分配堆叠 ID。之后进行备交换机的选举。

除主交换机外，最先完成设备启动的交换机优先被选为备份交换机。当除主交换机外其他交换机同时完成启动时，备交换机的选举规则如下（依次从第一步开始判断，直至找到最优的交换机为止）。

① 堆叠优先级最高的设备成为备交换机。

② 堆叠优先级相同时，MAC 地址最小的成为备交换机。

除主交换机和备交换机之外，剩下的其他成员交换机作为从交换机加入堆叠。

4．稳定运行

交换机角色选举、拓扑收集完成之后，所有成员交换机会自动同步主交换机的系统软件和配置文件。

■ 堆叠具有自动加载系统软件的功能，待组成堆叠的成员交换机不需要具有相同的软件版本，**只需要版本间兼容即可**。当备交换机或从交换机与主交换机的软件版本不一致时，**备交换机或从交换机会自动从主交换机下载系统软件，然后使用新系统软件重启，并重新加入堆叠。**

■ 堆叠也具有配置文件同步机制，备交换机或从交换机会将主交换机的配置文件同步到本设备并执行，以保证堆叠中的多台设备能够像一台设备一样在网络中工作，并且在主交换机出现故障之后，其余交换机仍能够正常执行各项功能。

5.1.4 堆叠的登录与访问

iStack 堆叠建立好后，多台成员交换机就组成了一台虚拟设备存在于网络中，堆叠系统的接口编号规则以及登录与访问的方式都发生了变化。

1. 接口编号规则

堆叠系统的接口编号采用堆叠 ID 作为标识信息，所有成员交换机的堆叠 ID 都是唯一的。对于单台没有运行堆叠的设备，接口编号采用：**槽位号/子卡号/端口号**（支持 iStack 堆叠功能的 S 系列交换机均为盒式设备，槽位号固定为 0）。设备加入堆叠后，接口编号采用：**堆叠 ID/子卡号/端口号**。

从以上可以看出，设备加入堆叠前后，接口编号变化的只是其组成的第一部分，由原来的 0 变成了对应的堆叠 ID。子卡号与端口号的编号规则与单机状态下一致。如某设备没有运行堆叠时，某个接口的编号为 GigabitEthernet0/0/1；当该设备加入堆叠后，如果堆叠 ID 为 2，则该接口的编号将变为 GigabitEthernet2/0/1。

> **注意** 如果设备曾加入过堆叠，**在退出堆叠后，仍然会使用组成堆叠时的堆叠 ID 作为自身的槽位号**。但对于管理网口，无论系统是否运行堆叠以及运行堆叠后堆叠 ID 是多少，每台成员交换机的管理网口的编号均固定为 MEth 0/0/1，但此时并不是每台成员交换机的管理网口均可使用了，具体在本节的后面介绍。

2. 堆叠系统的登录

堆叠系统中所有成员交换机都看成一体了，因此可通过任意成员交换机的 Console 口进行本地登录，但远程登录时需要用到管理 IP 地址，而这个管理 IP 地址又与当前堆叠系统使用的有效配置文件有关，所以不能随意选择。

有管理网口的设备组建堆叠后，**只有一台成员交换机的管理网口生效，称为主用管理网口。堆叠系统启动后默认选取主交换机的管理网口为主用管理网口，若主交换机的管理网口异常或不可用，则选取其他成员交换机的管理网口为主用管理网口。通过管理网口 IP 进行远程登录时，一定要使用主用管理网口 IP 地址。如果使用非主用管理网口 IP 地址，或者通过 PC 直连到非主用管理网口，都无法正常登录堆叠系统。**另外，堆叠建立后，主交换机的配置文件生效，故如果远程登录堆叠系统，需要主交换机的 IP 地址。

不管通过哪台成员交换机登录到堆叠系统，实际登录的都是主交换机。主交换机负责将用户的配置下发给其他成员交换机，统一管理堆叠系统中所有成员交换机的资源。

3. 文件系统的访问

文件系统的访问包括对存储器中文件和目录的创建、删除、修改以及文件内容的显示等。支持 iStack 堆叠功能的 S 系列交换机支持的存储器均为 Flash。

通过 **drive + path + filename** 这种格式，指定到某路径下的文件名，**drive** 指设备中的存储器，**path** 指存储器中的目录以及子目录，**filename** 指文件名。

堆叠环境与单机环境的不同点在于 **drive** 的命名。

- flash：堆叠系统中主交换机 Flash 存储器的根目录。
- 堆叠 ID#flash：堆叠系统中某成员交换机 Flash 存储器的根目录。例如：slot2#flash:

是指堆叠 ID 为 2 的成员交换机 Flash 存储器的根目录。

5.1.5　堆叠 ID 分配

在 iStack 堆叠中，**每台成员交换机的堆叠 ID 缺省均为 0**。堆叠时由主交换机对各成员交换机的堆叠 ID 进行分配和管理。当堆叠系统有新成员加入时，如果新成员与已有成员堆叠 ID 冲突，则主交换机会从 0～最大的堆叠 ID 进行遍历，找到第一个空闲的 ID 分配给该新成员。

新建堆叠或堆叠成员变化时，如果不在堆叠建立前手动指定各设备的堆叠 ID，则由于启动顺序等原因，最终堆叠系统中各成员的堆叠 ID 是随机的，无法实现对各成员堆叠 ID 的有效控制。因此，在建立堆叠时建议提前规划好设备的堆叠 ID，或通过特定的操作顺序，使设备启动后的堆叠 ID 与规划的堆叠 ID 一致。

堆叠 ID 分配的场景及推荐的操作顺序见表 5-2。

表 5-2　　　　　　　　　　不同场景下推荐的堆叠 ID 分配方法

场景	设备条件	操作方法
新建堆叠	成员设备初始堆叠 ID 全为 0	方法一：堆叠前逐台配置好堆叠 ID。 ● 先摆放好堆叠成员设备，逐台为各设备配置堆叠 ID 为期望值。 ● 用堆叠线将各台设备连接建立堆叠
		方法二：先建立堆叠，再修正堆叠 ID。 ● 先摆放好堆叠成员设备，用堆叠线将各台设备连接建立堆叠。 ● 登录堆叠系统，修改各设备的堆叠 ID 为期望值并重启
		方法三：通过成员设备上电顺序，来控制成员堆叠 ID 为期望值。 ● 先摆放好堆叠成员设备，用堆叠线将各台设备连接。 ● 逐台给堆叠成员上电
	成员设备初始堆叠 ID 不全为 0	方法一：堆叠前逐台配置好堆叠 ID。 ● 先摆放好堆叠成员设备，逐台为各设备配置堆叠 ID 为期望值。 ● 用堆叠线将各台设备连接建立堆叠
		方法二：先建立堆叠，再修正堆叠 ID。 ● 先摆放好堆叠成员设备，用堆叠线将各台设备连接建立堆叠。 ● 登录堆叠系统，修改各设备的堆叠 ID 为期望值，修正后重启
堆叠扩容	新设备堆叠 ID 为 0	方法一：将新设备连线后再上电。 ● 先摆放好堆叠成员设备，将新设备与已有的堆叠系统连线。 ● 逐台给新设备上电
		方法二：先加入堆叠，再修正堆叠 ID。 ● 先摆放好堆叠成员设备，用堆叠线将各台设备连接，新设备上电加入堆叠，堆叠 ID 自动协商。 ● 登录堆叠系统，修正新成员堆叠 ID 为期望的值，修正后重启
		方法三：扩容前逐台配置好堆叠 ID。 ● 先摆放好堆叠成员设备，登录新设备并配置新设备的堆叠 ID。 ● 将新设备断电，连好堆叠线，然后再给新设备上电
	新设备堆叠 ID 非 0	方法一：扩容前逐台配置好堆叠 ID。 ● 先摆放好堆叠成员设备，配置新设备的堆叠 ID 为期望值。 ● 用堆叠线将各台设备连接建立堆叠

（续表）

场景	设备条件	操作方法
堆叠扩容	新设备堆叠 ID 非 0	方法二：先扩容建立堆叠，再修正堆叠 ID。 • 先摆放好堆叠成员设备，用堆叠线将各台设备连接。 • 新设备上电加入堆叠，堆叠 ID 自动协商。 • 登录堆叠系统，修正新成员堆叠 ID 为期望的值，修正后重启
堆叠成员替换		建议登录替换下来的设备，清除其启动配置文件，并恢复其堆叠 ID 为 0
堆叠拆除		建议登录拆除的设备，清除其启动配置文件，并恢复其堆叠 ID 为 0

5.1.6　堆叠成员的加入与退出

在网络维护过程中，经常会根据实际需要对原有堆叠系统进行成员更新，有时会因为端口数或性能扩展需要添加一些新成员，有时又会因堆叠中某台设备出现了故障，或者因为公司的网络结构发生了变化，原有堆叠系统中不再需要那么多成员交换机了。这就涉及堆叠成员的加入与退出操作，本节将具体介绍。

1.　堆叠成员的加入

堆叠成员的加入是指向已经稳定运行的堆叠系统添加一台新交换机。堆叠成员的加入分为带电加入和不带电加入两种，不带电加入的过程如图 5-6 所示，具体描述如下。

① 新加入的交换机连线上电启动后，进行角色选举，被选举为从交换机，**堆叠系统中原有主备从角色不变。**

② 角色选举结束后，主交换机更新堆叠拓扑信息，同步到其他成员交换机上，并向新加入的交换机分配堆叠 ID（新加入的交换机没有配置堆叠 ID 或配置的堆叠 ID 与原堆叠系统的冲突时）。

③ 新加入的交换机更新堆叠 ID，并同步主交换机的配置文件和系统软件，之后进入稳定运行状态。

用户可按照以下操作完成堆叠成员的加入。

① 分析当前堆叠的物理连接，选择适当的加入点。

■ 如果是链形连接，新加入的交换机建议添加到链形的两端，这样对现有的业务影响最小。

■ 如果是环形连接，需要把当前环形拆成链形，然后在链形的两端添加设备。

② 进行堆叠的配置。

■ 如果是业务口堆叠，新加入的交换机需

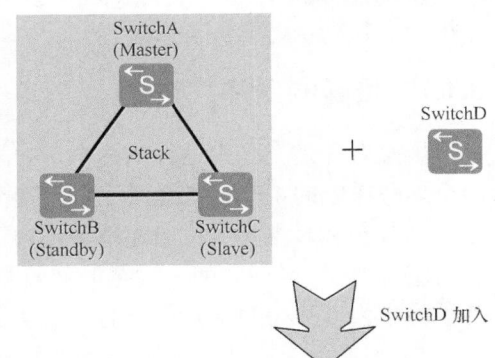

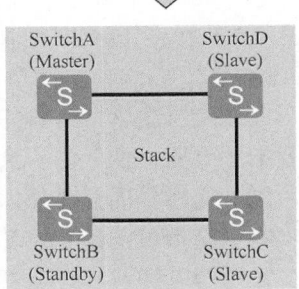

图 5-6　堆叠成员加入示意

要配置物理成员端口加入逻辑堆叠端口。并且链形连接时，当前堆叠系统链形两端（或一端）的成员交换机也需要配置物理成员端口加入逻辑堆叠口。

　　■　如果是堆叠卡堆叠，新加入的成员交换机需要使能堆叠功能。

　　■　为了便于管理，建议为新加入的交换机配置堆叠 ID。如果不配置，堆叠系统会为其分配一个堆叠 ID。

　　③　新加入的交换机下电后连接堆叠线缆，然后重新上电。

　　④　如果需要加入多台交换机，重复上述①～③步的过程。

　　⑤　保存配置。

　　2.　堆叠成员的退出

　　堆叠成员的退出是指成员交换机从当前堆叠系统中离开。根据退出成员交换机角色的不同，对堆叠系统的影响也有所不同。

　　■　当主交换机退出时，备份交换机升级为主交换机，重新计算堆叠拓扑并同步到其他成员交换机，指定新的备交换机，之后进入稳定运行状态。

　　■　当备交换机退出时，主交换机重新指定备交换机，重新计算堆叠拓扑并同步到其他成员交换机，之后进入稳定运行状态。

　　■　当从交换机退出时，主交换机重新计算堆叠拓扑并同步到其他成员交换机，之后进入稳定运行状态。

　　堆叠成员交换机退出的过程，主要就是拆除堆叠线缆和移除交换机的过程。

　　■　对于环形堆叠：成员交换机退出后，为保证网络的可靠性还需要把退出交换机连接的两个端口通过堆叠线缆进行连接。

　　■　对于链形堆叠：拆除中间交换机会造成堆叠分裂。这时需要在拆除前进行业务分析，尽量减少对业务的影响。

5.1.7　堆叠的合并

　　堆叠合并是指稳定运行的两个堆叠系统合并成一个新的堆叠系统。如图 5-7 所示，两个堆叠系统的主交换机通过竞争，选举出一个更优的作为新堆叠系统的主交换机。

　　堆叠合并时主交换机的选举规则如下。

　　①　先比较运行时间，运行时间较早的堆叠系统竞争为主，此时该堆叠系统的主交换机将成为合并后的堆叠系统的主交换机。

　　②　如果两个堆叠系统的运行时间一样，其主交换机的选举规则与堆叠建立时一样，参见 5.1.3 节，不过此时是直接在两个堆叠系统中的主交换机之间选举合并后堆叠系统的主交换机。

　　在以上堆叠合并过程中，竞争成功的主交换机所在的堆叠系统将保持原有主备从角色和配置不变，业务也不会受到影响。而另外一个堆叠系统的所有成员交换机将重新启动，以从交换机的角色加入到新堆叠系统，其堆叠 ID 将由新主交换机重新分配，并将同步新主交换机的配置文件和系统软件，该堆叠系统的原有业务也将中断。

　　堆叠合并通常在以下两种情形下出现。

　　■　堆叠链路或设备故障导致堆叠分裂，链路或设备故障恢复后，分裂的堆叠系统重新合并。

　　■　待加入堆叠系统的交换机配置了堆叠功能，在不下电的情况下，使用堆叠线缆连接到正在运行的堆叠系统。通常情况下，不建议使用该方式形成堆叠，因为在合并的过程中可能会导致正在运行的堆叠系统重启，影响业务运行。

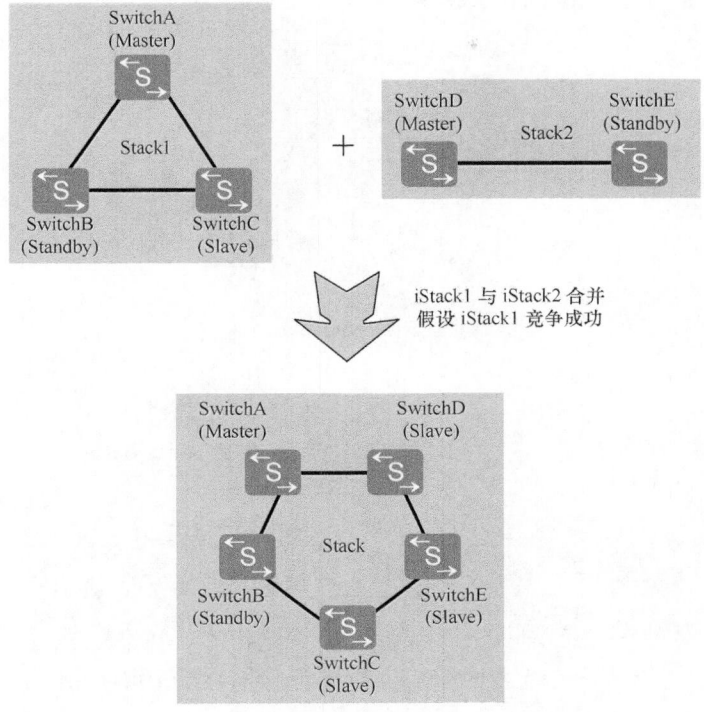

图 5-7　堆叠合并示意

5.1.8　堆叠的分裂与多主检测

堆叠分裂是指稳定运行的堆叠系统中带电移出部分成员交换机，或者堆叠线缆多点故障导致一个堆叠系统变成多个堆叠系统。另外，由于堆叠系统中所有成员交换机都使用同一个 IP 地址和 MAC 地址（堆叠系统 MAC），一个堆叠分裂后，可能产生多个具有相同 IP 地址和 MAC 地址的堆叠系统，形成冲突，为此需要进行阻止，这就是本节后面将要介绍的"多主检测"功能。

1．堆叠的分裂

根据原堆叠系统主备交换机分裂后所处位置的不同，堆叠分裂可分为以下两类。

■ 堆叠分裂后，原主备交换机被分裂到同一个堆叠系统中。

此时，原主交换机会重新计算堆叠拓扑，将移出的成员交换机的拓扑信息删除，并将新的拓扑信息同步给其他成员交换机；而移出的成员交换机检测到堆叠协议报文超时，将自行复位，重新进行选举。

如图 5-8 所示，堆叠系统分裂后，原主交换机 SwitchA 删除 SwitchD 和 SwitchE 的拓扑信息，并将新的拓扑信息同步给 SwitchB 和 SwitchC，SwitchD 和 SwitchE 重启后，重新进行堆叠建立。

■ 堆叠分裂后，原主备交换机被分裂到不同的堆叠系统中。

此时，原主交换机所在堆叠系统重新指定备交换机，重新计算拓扑信息并同步给其他成员交换机；原备交换机所在堆叠系统将升为主交换机，重新计算堆叠拓扑并同步到其他成员交换机，并指定新的备交换机。

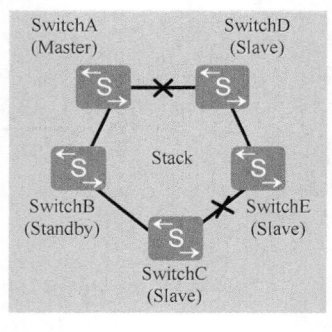

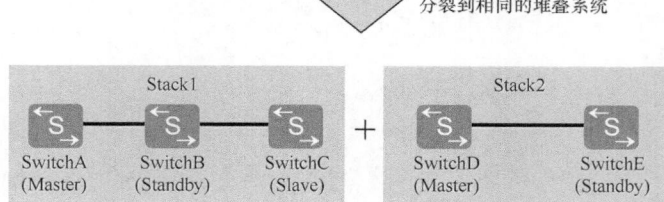

图 5-8　　原主备交换机被分裂到同一个堆叠系统中的示例

如图 5-9 所示，堆叠系统分裂后，原主交换机 SwitchA 指定 SwitchD 作为新的备交换机，重新计算拓扑信息，并将新的拓扑信息同步给 SwitchD 和 SwitchE；原备交换机 SwitchB 升级为主交换机，重新计算堆叠拓扑并同步给 SwitchC，并指定 SwitchC 作为新的备交换机。

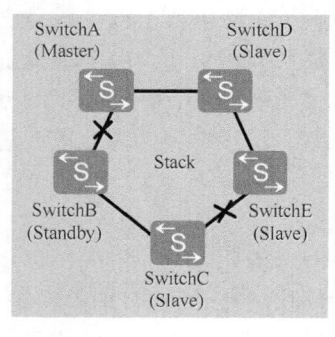

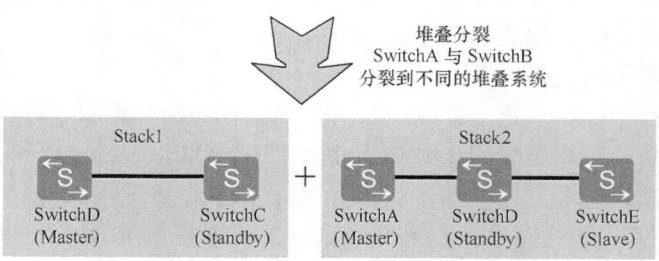

图 5-9　　原主备交换机被分裂到不同的堆叠系统中的示例

2. 多主检测

为防止堆叠分裂后，产生多个具有相同 IP 地址和 MAC 地址的堆叠系统，引起网络故障，必须进行 IP 地址和 MAC 地址的冲突检查。MAD（Multi-Active Detection，多主检测）是一种检测和处理堆叠分裂的协议。链路故障导致堆叠系统分裂后，MAD 可以实现堆叠分裂的检测、冲突处理和故障恢复，降低堆叠分裂对业务的影响。

MAD 检测方式有两种：直连检测方式和代理检测方式。在同一个堆叠系统中，两种检测方式互斥，不可以同时配置。

（1）直连检测方式

直连检测方式是指堆叠成员交换机间通过**普通线缆直连**的专用链路进行多主检测。在直连检测方式中，堆叠系统正常运行时不发送 MAD 报文；堆叠系统分裂后，分裂后的两台交换机以 1s 为周期通过检测链路发送 MAD 报文以进行多主冲突处理。

直连检测的连接方式又包括通过中间设备直连和堆叠成员交换机 Full-mesh 方式直连两种方式。

■ 通过中间设备直连：如图 5-10 所示，堆叠系统的所有成员交换机之间至少有一条检测链路与中间设备（SwitchD）相连。

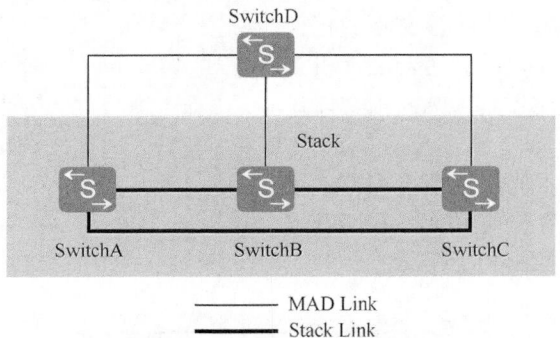

图 5-10　通过中间设备的直连检测方式的示例

通过中间设备直连可以实现通过中间设备缩短堆叠成员交换机之间的检测链路长度，适用于成员交换机相距较远的场景。

■ Full-mesh 方式直连：如图 5-11 所示，堆叠系统的各成员交换机之间通过检测链路建立 Full-mesh 全连接，即每两台成员交换机之间至少有一条检测链路。为保证可靠性，成员交换机之间最多可以配置 8 条直连检测链路。

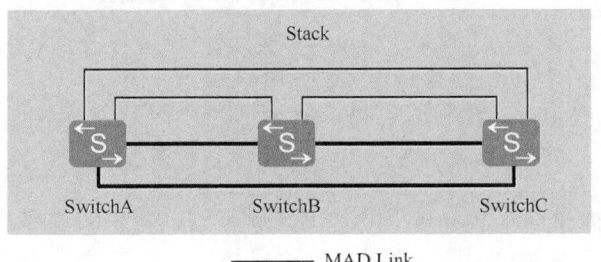

图 5-11　堆叠成员交换机 Full-mesh 方式的直连检测方式的示例

　　与通过中间设备直连相比，Full-mesh 方式的直连检测方式无需额外的中间设备，可以避免由中间设备故障导致的 MAD 检测失败，但是每两台成员交换机之间都建立全连接会占用较多的接口，所以该方式适用于成员交换机数目较少的场景。

![说明] 无论哪种 MAD 检测方式，接口配置直连多主检测功能后，不能再配置其他业务。由于 MAD 报文是 BPDU 报文，采用通过中间设备的直连检测方式时，在中间设备上需要配置转发 BPDU 报文，具体配置方法参见本章后面介绍的配置示例。

　　（2）代理检测方式

　　代理检测方式是在堆叠系统 Eth-Trunk 上启用代理检测，在代理设备上启用 MAD 检测功能。此种检测方式要求堆叠系统中的所有成员交换机都与代理设备连接，并将这些链路加入同一个 Eth-Trunk 内。与直连检测方式相比，代理检测方式无需占用额外的接口，因为 Eth-Trunk 接口可同时运行 MAD 代理检测和其他业务。

　　在代理检测方式中，堆叠系统正常运行时，堆叠成员交换机以 30s 为周期通过检测链路发送 MAD 报文。堆叠成员交换机对在正常工作状态下收到的 MAD 报文不做任何处理；堆叠分裂后，分裂后的两台交换机以 1s 为周期通过检测链路发送 MAD 报文以进行多主冲突处理。

　　根据代理设备的不同，代理检测方式可分为单机作代理（如图 5-12 所示）和两套堆叠系统互为代理（如图 5-13 所示）。

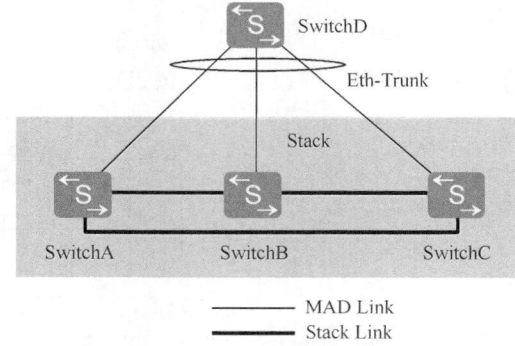

图 5-12　单机作代理设备的代理检测方式的示例

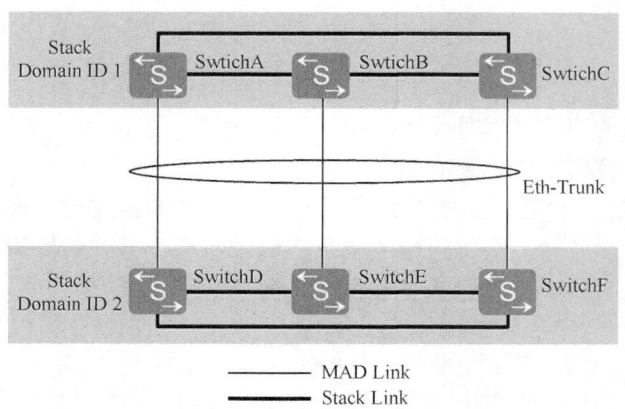

图 5-13　两套堆叠系统互为代理的代理检测方式的示例

![说明] 当采用两套堆叠系统互为代理进行多主检测时，必须通过配置保证两套堆叠系统的堆叠域的域编号（Domain ID）不同。一个网络中可以部署多个堆叠系统，因此会有多个堆叠域，不同的堆叠域的域编号不同。

　　当 9 台设备堆叠时，由于每个 Eth-Trunk 最多只能加入 8 个成员接口，导致一个 Eth-Trunk 不能包含所有的成员交换机。此时需要配置多个 Eth-Trunk，来保证任意两台成员交换机之间都有检测链路。如图 5-14 所示，Switch1～8 配置在 Eth-Trunk1 里，Switch2～9 配置在 Eth-Trunk2 里，Switch1 和 Switch9 配置在 Eth-Trunk3 里。

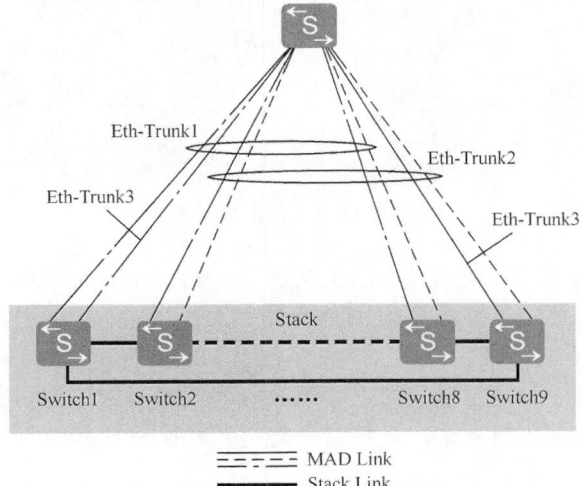

图 5-14　在多个 Eth-Trunk 上配置代理检测的示例

　　3．MAD 冲突处理

　　堆叠分裂后，MAD 冲突处理机制会使分裂后的堆叠系统处于 Detect 状态或 Recovery 状态。Detect 状态表示堆叠的正常工作状态，Recovery 状态表示堆叠的禁用状态。

　　MAD 分裂检测机制会检测到网络中存在多个处于 Detect 状态的堆叠系统，这些堆叠系统之间相互竞争，竞争成功的堆叠系统保持 Detect 状态，竞争失败的堆叠系统会转入 Recovery 状态。并且在 Recovery 状态堆叠系统的所有成员交换机上，关闭除保留端口以外的其他所有物理端口，以保证该堆叠系统不再转发业务报文。

　　4．MAD 故障恢复

　　通过修复故障链路，分裂后的堆叠系统会重新合并为一个堆叠系统。重新合并的方式有以下两种。

　　■　堆叠链路修复后，处于 Recovery 状态的堆叠系统重新启动，与 Detect 状态的堆叠系统合并，同时将被关闭的业务端口恢复 Up，整个堆叠系统恢复。

　　■　如果故障链路修复前，承载业务的 Detect 状态的堆叠系统也出现了故障。此时，可以先将 Detect 状态的堆叠系统从网络中移除，再通过命令行启用 Recovery 状态的堆叠系统，接替原来的业务，然后再修复原 Detect 状态堆叠系统的故障及链路故障。故障修复后，重新合并堆叠系统。

5.1.9　堆叠的主备倒换和系统升级

　　本节对堆叠的主备倒换和堆叠系统的升级方式进行介绍。

　　1．堆叠的主备倒换

　　堆叠主备倒换包括主交换机重启后引起的主备倒换和通过命令行执行的主备倒换。

堆叠主备倒换后，系统内各个成员交换机角色的变化如图 5-15 所示。

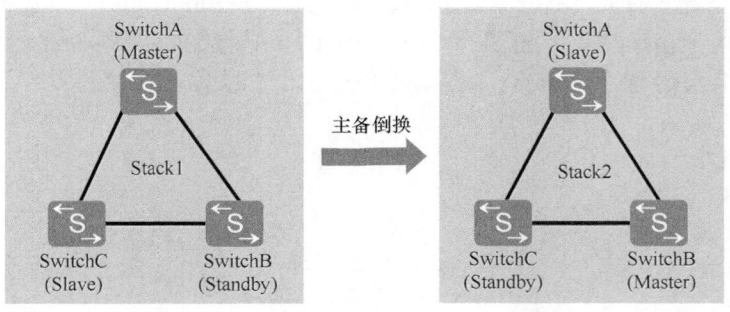

图 5-15　主备倒换示意

原来的备交换机升为主交换机，新主交换机重新指定备交换机。原来的主交换机重启后重新加入堆叠系统，并被选举为从交换机。

2. 堆叠的系统升级

堆叠升级方式有 3 种：智能升级、传统升级和平滑升级。因多数情况下通过智能升级和传统升级即可满足应用需求，且平滑升级过程和配置比较复杂，在此不进行介绍。

（1）智能升级

在堆叠建立时或新成员交换机加入堆叠时，**备/从交换机或新加入的成员交换机会与主交换机的软件版本进行比较，如果不一样，会自动从主交换机下载系统软件，并以新的系统软件重启后重新加入堆叠系统。**

（2）传统升级

先配置主交换机的启动系统软件，然后整个堆叠系统重启进行升级，这种升级方式会导致较长时间的业务中断，适用于对业务中断时间要求不高的场景。

5.1.10　跨设备链路聚合与流量本地优先转发

华为 S 系列交换机的 iStack 堆叠系统支持跨设备链路聚合技术，通过配置跨设备 Eth-Trunk 接口实现（有关 Eth-Trunk 的技术原理和配置方法将在本书第 6 章介绍）。用户可以将不同成员交换机上的物理以太网端口配置成一个聚合端口，连接到上游或下游设备上，实现多台设备之间的链路聚合。当其中一条聚合链路故障或堆叠中某台成员交换机故障时，Eth-Trunk 接口通过堆叠线缆将流量重新分布到其他聚合链路上，实现了链路间和设备间的备份，保证了数据流量的可靠传输。

如图 5-16 所示，流向网络核心的流量将均匀分布在聚合链路上，当某条聚合链路失效，Eth-Trunk 接口将流量重新分布到其他聚合链路上，实现了链路间的备份。

如图 5-17 所示，流向网络核心的流量将均匀分布在聚合链路上，当某台成员交换机故障时，Eth-Trunk 接口也可将流量重新分布到其他聚合链路上，实现了设备间的备份。

跨设备链路聚合实现了数据流量的可靠传输和堆叠成员交换机的相互备份。但是由于堆叠设备间堆叠线缆的带宽有限，跨设备转发流量增加了堆叠线缆的带宽承载压力，同时也降低了流量转发效率。为了提高转发效率，减少堆叠线缆上的转发流量，设备支持流量本地优先转发。设备使能流量本地优先转发后，从本设备进入的流量，优先从本设备相应的接口转发出去，当本设备无出接口或者出接口全部故障时，才会从其他成员交换机的接口转发出去。

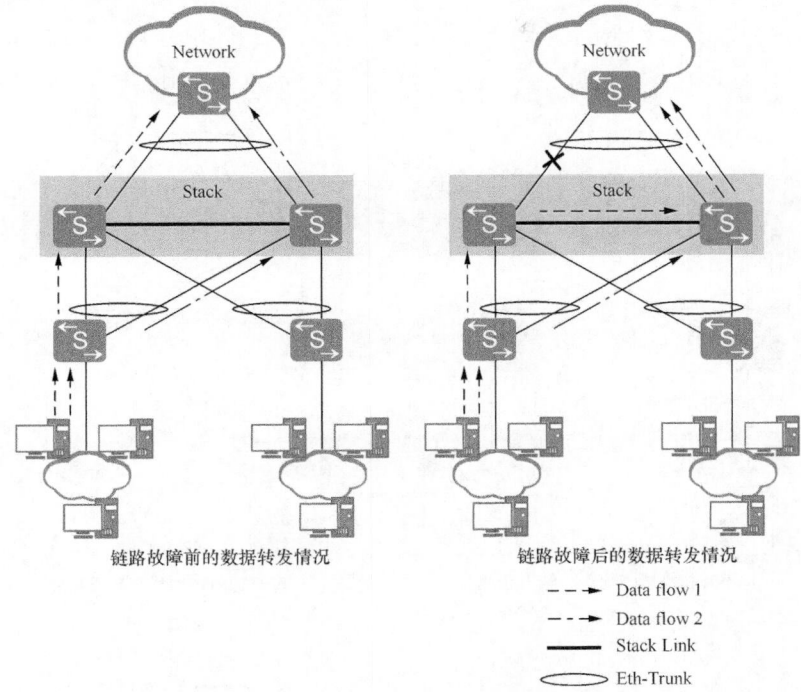

图 5-16　跨设备 Eth-Trunk 接口实现链路间的备份示意

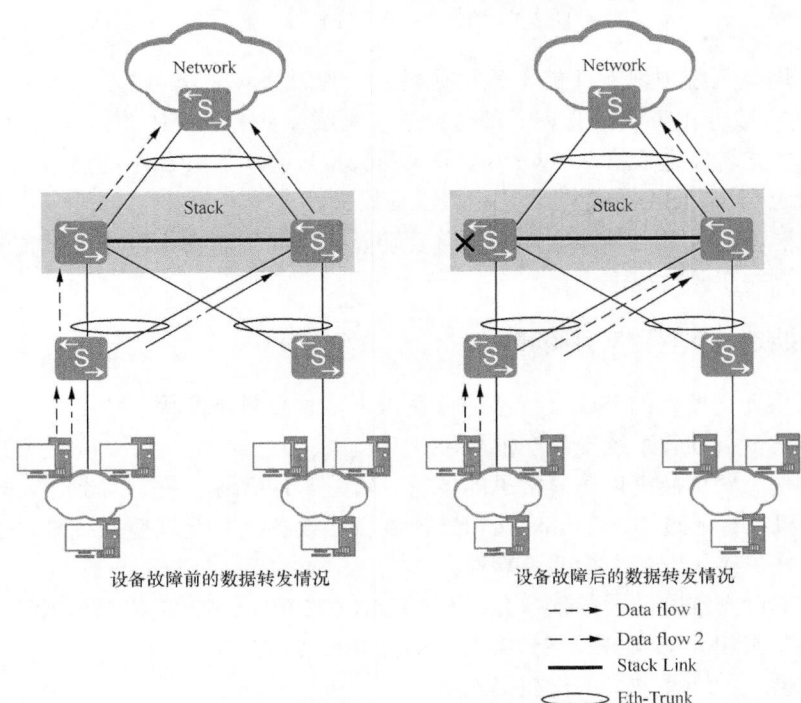

图 5-17　跨设备 Eth-Trunk 接口实现设备间的备份示意

如图 5-18 所示，SwitchA 与 SwitchB 组成堆叠，上下行都加入到 Eth-Trunk。

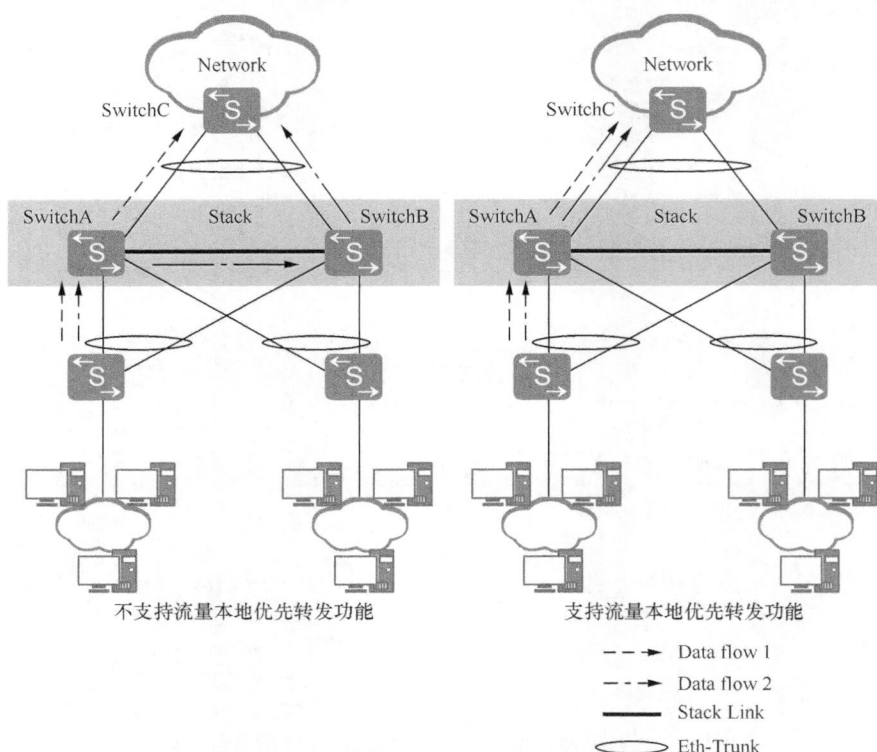

不支持流量本地优先转发功能　　　　　　支持流量本地优先转发功能

- - - → 　Data flow 1
- - ▸ 　Data flow 2
———— 　Stack Link
⬭ 　Eth-Trunk

图 5-18　流量本地优先转发示意

如果在堆叠系统中没有使能本地优先转发，则从 SwitchA 进入的流量，根据当前 Eth-Trunk 的负载分担方式，会有一部分经过堆叠线缆从 SwitchB 的物理接口转发出去。但使能本地优先转发之后，从 SwitchA 进入的流量只会从 SwitchA 的接口转发，不经过堆叠线缆传送给 SwitchB，这样可以提高转发效率。

缺省情况下，设备已使能本地优先转发功能，但如果想在不同成员设备间实现负载分担时，可以关闭此功能。

5.1.11　iStack 的主要应用场景

华为 S 系列交换机的 iStack 特性适合在以下多种场景下应用。

（1）场景一：堆叠系统工作在汇聚层

该场景是汇聚交换机堆叠最常见的场景，如图 5-19 所示。在该场景下，堆叠系统中的每台交换机上行通过 Eth-Trunk 接口连接到核心设备上。此堆叠系统简化了汇聚设备的管理，提升了接入设备上行的可靠性。

该场景下可作堆叠的设备款型有：S6700EI、S6720EI、S6720S-EI、S6720HI、S5700HI、S5710HI、S5710EI、S5700EI、S5700SI、S5720EI、S5720HI。

（2）场景二：堆叠系统工作在接入层

该场景是二层接入交换机堆叠最常见的场景，如图 5-20 所示。在该场景下，堆叠系统中的每台交换机的上行通过 Eth-Trunk 接口连接到汇聚设备上。此堆叠系统简化了接入设备的管理，提升了接入设备上行的可靠性。

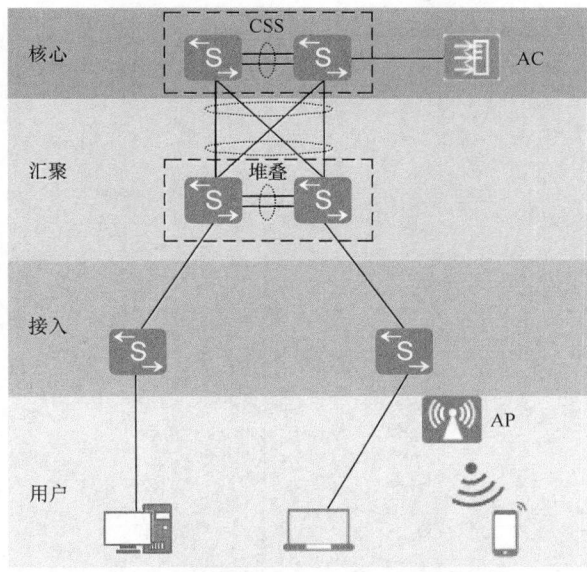

图 5-19　堆叠系统工作在汇聚层示意

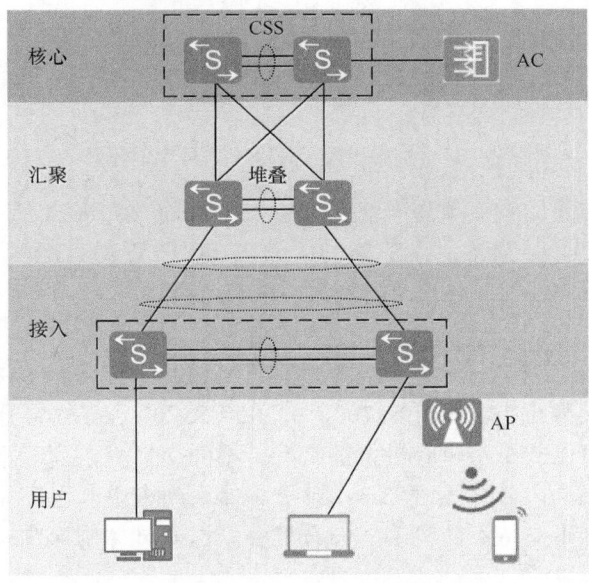

图 5-20　堆叠系统工作在接入层的示意

该场景下可作堆叠的设备款型有：S2720EI、S2750EI、S5700LI、S5720LI、S5720S-LI、S5700EI、S5710-C-LI、S5710-X-LI、S5700SI、S5720SI、S5720S-SI、S5700S-LI、S5730SI、S5730S-EI、S6720LI、S6720S-LI、S6720SI、S6720S-SI。

（3）场景三：堆叠系统工作在接入环上

该场景一般不常用，如图 5-21 所示。在该场景下，多台堆叠系统之间通过 Eth-Trunk 接口组成环，其中一个堆叠系统通过 Eth-Trunk 接口上行连接到汇聚设备上。此堆叠系统减少了接入设备的管理 IP 数量。

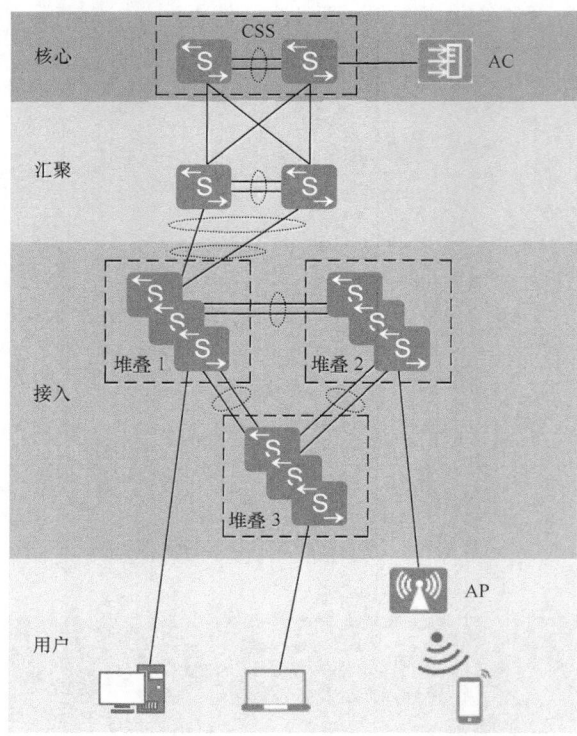

图 5-21　堆叠系统工作在接入环上的示意

该场景下可作堆叠的设备款型有：S2720EI、S2750EI、S5700LI、S5700EI、S5710-C-LI、S5710-X-LI、S5720LI、S5720S-LI、S5700SI、S5720SI、S5720S-SI、S5700S-LI、S5730SI、S5730S-EI、S6720LI、S6720S-LI、S6720SI、S6720S-SI。

5.1.12　iStack 特性的产品支持

在华为 S 系列交换机中，只有 S2700、S3700、S5700 和 S6700 系列支持 iStack 堆叠功能，但这些系列中也并不是所有机型都支持。不同交换机系列、不同机型对 iStack 功能的支持情况有所不同，具体见表 5-3。对于具体系列来说，也可能不是所有机型都支持 iStack 功能，或者不支持不同机型的混合堆叠，这些具体情形比较复杂，大家可参考相应机型的产品手册说明。

表 5-3　　　　　　　　　不同系列、不同机型对 **iStack** 功能的支持情况

产品系列	支持版本	支持的堆叠连接方式
S1720	不支持	-
S2700SI	不支持	-
S2710SI	V100R006（C03&C05）	业务口普通线缆堆叠

（续表）

产品系列	支持版本	支持的堆叠连接方式
S2700EI	V100R005C01、V100R006（C00&C01&C03&C05）	业务口普通线缆堆叠
S2720EI	• 业务口普通线缆堆叠支持版本： V200R006C10、V200R009C00、V200R010C00、 V200R011C10、V200R012C00、V200R013C00。 • 业务口专用线缆堆叠支持版本： V200R011C10、V200R012C00、V200R013C00	业务口普通线缆堆叠和业务口专用线缆堆叠
S2750EI	• 业务口普通线缆堆叠支持版本： V200R003C00、V200R005C00SPC300、V200R006C00、 V200R007C00、V200R008C00、V200R009C00、 V200R010C00、V200R011C00、V200R011C10、 V200R012C00、V200R013C00 • 业务口专用线缆堆叠支持版本： V200R011C10、V200R012C00、V200R013C00	业务口普通线缆堆叠和业务口专用线缆堆叠
S3700SI	V100R005C01、V100R006（C00&C01&C03&C05）	业务口普通线缆堆叠
S3700EI	V100R005C01、V100R006（C00&C01&C03&C05）	业务口普通线缆堆叠
S3700HI	不支持	-
S5700EI	V100R005C01、V100R006（C00&C01）、V200R001 （C00&C01）、V200R002C00、V200R003C00、V200R005 （C00&C01&C02&C03）	堆叠卡堆叠
S5700SI	V100R005C01、V100R006C00、V200R001C00、 V200R002C00、V200R003C00、V200R005C00	堆叠卡堆叠
S5700HI	V200R003C00、V200R005C00	业务口普通线缆堆叠
S5700LI	• 业务口普通线缆堆叠支持版本： V200R001C00、V200R002C00、V200R003 （C00&C02&C10）、V200R005C00SPC300、 V200R006C00、V200R007C00、V200R008C00、 V200R009C00、V200R010C00、V200R011C00、 V200R011C10、V200R012C00、V200R013C00。 • 业务口专用线缆堆叠支持版本： V200R011C10、V200R012C00、V200R013C00	业务口普通线缆堆叠和业务口专用线缆堆叠
S5700S-LI	• 业务口普通线缆堆叠支持版本： V200R008C00、V200R009C00、V200R010C00、 V200R011C00、V200R011C10、V200R012C00、 V200R013C00。 • 业务口专用线缆堆叠支持版本： V200R011C10、V200R012C00、V200R013C00	业务口普通线缆堆叠和业务口专用线缆堆叠
S5710EI	V200R001C00、V200R002C00、V200R003C00、V200R005 （C00&C02）	业务口普通线缆堆叠
S5710HI	V200R005C03	业务口普通线缆堆叠
S5710-C-LI	V200R001C00	堆叠卡堆叠
S5710-X-LI	• 业务口普通线缆堆叠支持版本： V200R008C00、V200R009C00、V200R010C00、 V200R011C00、V200R011C10、V200R012C00、 V200R013C00。	业务口普通线缆堆叠和业务口专用线缆堆叠

（续表）

产品系列	支持版本	支持的堆叠连接方式
S5710-X-LI	• 业务口专用线缆堆叠支持版本： V200R011C10、V200R012C00、V200R013C00	业务口普通线缆堆叠和业务口专用线缆堆叠
S5720LI 和 S5720S-LI	• 业务口普通线缆堆叠支持版本： V200R010C00、V200R011C00、V200R011C10、 V200R012C00、V200R013C00。 • 业务口专用线缆堆叠支持版本： V200R011C10、V200R012C00、V200R013C00	业务口普通线缆堆叠和业务口专用线缆堆叠
S5720SI 和 S5720S-SI	• 业务口普通线缆堆叠支持版本： V200R008C00、V200R009C00、V200R010C00、 V200R011C00、V200R011C10、V200R012C00、 V200R013C00。 • 业务口专用线缆堆叠支持版本： V200R011C10、V200R012C00、V200R013C00	业务口普通线缆堆叠和业务口专用线缆堆叠
S5720EI	V200R007C00、V200R008C00、V200R009C00、 V200R010C00、V200R011C00、V200R011C10、 V200R012C00、V200R013C00	业务口普通线缆堆叠和堆叠卡堆叠。使用堆叠卡堆叠时： • S5720-C-EI 和 S5720-PC-EI 系列交换机使用专用的堆叠卡堆叠； • S5720-X-EI 和 S5720-P-EI 系列交换机使用插卡上集成的堆叠端口堆叠
S5720HI	• 业务口普通线缆堆叠支持版本： V200R009C00、V200R010C00、V200R011C00、 V200R011C10、V200R012C00、V200R013C00。 • 业务口专用线缆堆叠支持版本： V200R011C10、V200R012C00、V200R013C00	业务口普通线缆堆叠和业务口专用线缆堆叠
S5730SI	V200R011C10、V200R012C00、V200R013C00	业务口普通线缆堆叠和业务口专用线缆堆叠
S5730S-EI	V200R011C10、V200R012C00、V200R013C00	业务口普通线缆堆叠和业务口专用线缆堆叠
S6700EI	V100R006C00、V200R001（C00&C01）、V200R002C00、 V200R003C00、V200R005（C00&C01&C02）	业务口普通线缆堆叠
S6720EI	• 业务口普通线缆堆叠支持版本： V200R008C00、V200R009C00、V200R010C00、 V200R011C00、V200R011C10、V200R012C00、 V200R013C00。 • 业务口专用线缆堆叠支持版本： V200R011C10、V200R012C00、V200R013C00	业务口普通线缆堆叠和业务口专用线缆堆叠
S6720HI	V200R012C00、V200R013C00	业务口普通线缆堆叠和业务口专用线缆堆叠
S6720S-EI	• 业务口普通线缆堆叠支持版本： V200R009C00、V200R010C00、V200R011C00、 V200R011C10、V200R012C00、V200R013C00。 • 业务口专用线缆堆叠支持版本： V200R011C10、V200R012C00、V200R013C00	业务口普通线缆堆叠和业务口专用线缆堆叠

（续表）

产品系列	支持版本	支持的堆叠连接方式
S6720SI 和 S6720S-SI	• 业务口普通线缆堆叠支持版本： V200R011C00、V200R011C10、V200R012C00、 V200R013C00。 • 业务口专用线缆堆叠支持版本： V200R011C10、V200R012C00、V200R013C00	业务口普通线缆堆叠和业务口专用线缆堆叠
S6720LI 和 S6720S-LI	• 业务口普通线缆堆叠支持版本： V200R011C00、V200R011C10、V200R012C00、 V200R013C00。 • 业务口专用线缆堆叠支持版本： V200R011C10、V200R012C00、V200R013C00	业务口普通线缆堆叠和业务口专用线缆堆叠

5.2　iStack 配置与管理

通过前面的学习我们已了解到，华为 S 系列交换机总体来说支持 3 种不同的堆叠组建方式：通过堆叠卡组建堆叠、通过业务口普通电缆组建堆叠、通过业务口专用堆叠线缆组建堆叠。下面分别予以介绍。

5.2.1　配置通过堆叠卡组建堆叠

有关支持堆叠卡组建堆叠的机型、VRP 系统版本参见 5.1.12 节表 5-3 的介绍。

用户通过堆叠卡连接方式组建堆叠之前，需要做好前期规划，明确堆叠系统内各成员交换机的角色和功能，建议用户按照图 5-22 所示的流程进行组建。**如果使用集成的堆叠端口组建堆叠时，无需安装堆叠卡**。虚框内的配置任务对应软件配置部分。

1．安装堆叠卡

如果不是采用集成的堆叠卡，则需要在设备上安装 ES5D21VST000 堆叠后插卡。安装堆叠卡包括以下几个步骤。

① 佩戴好防静电腕带，并将其接地端插入机架上的 ESD 插孔。

② 关闭设备电源并取下设备上的假面板。

③ 将堆叠后插卡安装到设备上。将堆叠卡插入设备的后置插卡槽位中，闭合扳手，旋紧两端的松不脱螺钉。

④ 给设备上电。

2．软件配置

安装了堆叠卡后，给设备上电就可以进行通过堆叠卡连接方式组建堆叠的相关软件

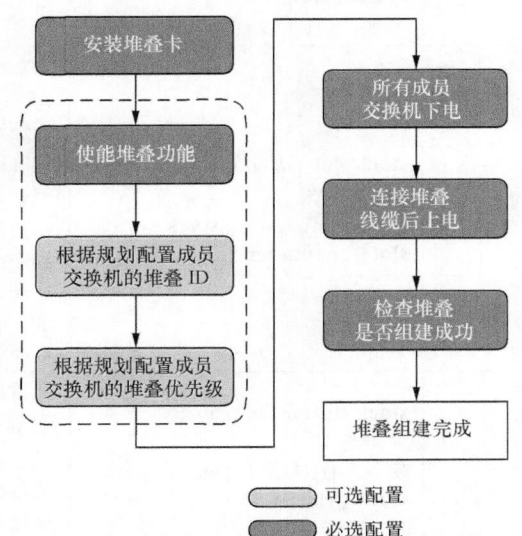

图 5-22　堆叠卡连接方式组建堆叠的流程

配置了，包括：配置堆叠 ID 和堆叠优先级。**对于使用集成堆叠端口堆叠的设备，无需安装堆叠卡，上电后即可进行软件配置。**

堆叠 ID 用来标识堆叠系统各成员交换机，所有成员交换机的堆叠 ID 都是唯一的。堆叠系统建立时，如果成员交换机的堆叠 ID 有冲突，主交换机将为冲突的成员交换机重新分配堆叠 ID，同时也可以由用户手工指定。

为便于用户管理，组建堆叠前建议用户规划好各成员交换机的堆叠 ID，并对其进行配置。由于设备上的许多配置信息与堆叠 ID 有关，比如接口（包括物理接口和逻辑接口）的编号以及接口下的配置等，所以配置堆叠 ID 时需注意以下两点：

■ 修改堆叠 ID 后，如果没有重启本成员交换机，则原堆叠 ID 继续生效，各物理资源仍然使用原堆叠 ID 来标识；

■ 修改堆叠 ID 后，如果保存当前配置并重启本成员交换机，则新堆叠 ID 生效，需要用新堆叠 ID 来标识物理资源。配置文件中，只有全局配置、成员交换机的优先级配置会继续生效，其他与堆叠 ID 相关的配置（比如接口的配置等）不再生效，需要重新配置。

堆叠优先级主要用于角色选举过程中确定成员交换机的角色，优先级值越大表示优先级越高，优先级越高当选为主交换机的可能性越大。

以上有关堆叠 ID 和堆叠优先级的配置步骤见表 5-4，在需要修改堆叠 ID 或堆叠优先级的成员交换机上配置。

表 5-4 通过堆叠卡连接方式组建堆叠的软件配置步骤

步骤	命令	说明
1	**system-view** 例如：<HUAWEI>**system-view**	进入系统视图
2	**stack slot** *slot-id* **renumber** *new-slot-id* 例如：[HUAWEI] **stack slot 4 renumber 5**	指定成员交换机的堆叠 ID。命令中的参数说明如下。 ① *slot-id*：指定需要修改堆叠 ID 的成员交换机堆叠 ID，取值范围为 0～8 的整数，缺省堆叠 ID 为 0。 ② *new-slot-id*：指定修改后的堆叠 ID，取值范围为 0～8 的整数。 修改堆叠成员 ID 后，如果保存当前配置并重启本设备，则新堆叠成员 ID 生效，需要用新堆叠成员 ID 来标识物理资源。原配置文件中只有全局配置、成员优先级会继续生效，其他与堆叠成员 ID 相关的配置（比如接口的配置等）不再生效，需要重新配置
3	**stack slot** *slot-id* **priority** *priority* 例如：[HUAWEI] **stack slot 5 priority 150**	配置成员交换机的堆叠优先级。命令中的参数说明如下。 ① *slot-id*：指定要修改堆叠优先级的成员交换机堆叠 ID。 ② *priority*：指定修改后的堆叠优先级，取值范围为 1～255 的整数，缺省堆叠优先级为 100。值越大，优先级越高，交换机被选为主交换机的可能性越大

以上配置好后，可在任意成员交换机上执行 **display stack configuration** [**slot** *slot-id*] 命令查看指定成员交换机的堆叠配置信息。

3．下电

以上步骤完成后，将所有成员交换机下电（即关闭电源）。**组建堆叠的相关配置是自动保存的**，但如果用户需要保存其他配置，下电前可通过 **save** 命令进行保存。

4. 连接堆叠线缆并上电

采用堆叠卡连接方式组建堆叠时，需使用专用的 QSFP+高速电缆，或 QSFP+光模块和光纤将堆叠卡上或者集成堆叠卡上的 2 个接口进行连接，其中 QSFP+高速电缆的外观如图 5-23 所示（专用的 QSFP+高速电缆支持热插拔）。

图 5-23　QSFP+高速电缆的外观图

堆叠卡堆叠的连接拓扑包括链形连接和环形连接，分别如图 5-24 和图 5-25 所示。**一台交换机的 STACK 1 端口只能与另一台交换机的 STACK 2 端口相连接。**

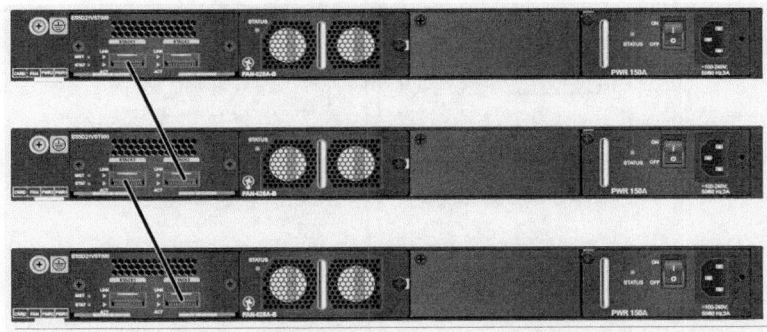

图 5-24　链形连接示意

图 5-25　环形连接示意

为确保堆叠组建成功，建议按照以下顺序进行连线上电（以 SwitchA、SwitchB、SwitchC 3 台链形组网为例）。

① 佩戴好防静电腕带，并将其接地端插入机架上的 ESD 插孔。

② 连接 SwitchA 与 SwitchB 之间的堆叠线缆。

③ 先为 SwitchA 上电，再为 SwitchB 上电。检查 SwitchA、SwitchB 的堆叠组建是否成功，详细的检查方法将在本章的后面介绍。

④ 连接 SwitchC 与 SwitchB 之间的堆叠线缆，再为 SwitchC 上电。再检查 SwitchA、SwitchB、SwitchC 的堆叠组建是否成功。

如果用户希望某台交换机为主交换机，可以先为其上电，启动完成后再给其他交换机上电。如以上示例中，先给 SwitchA 上电了，所以 SwitchA 最终成为了主交换机。

5.2.2　配置通过业务口普通线缆组建堆叠

用户通过普通业务口连接方式组建堆叠之前，需要做好前期规划，明确堆叠系统内各成员交换机的角色和功能，建议用户按照图 5-26 所示的流程进行组建。虚框内的配置任务对应软件配置部分。

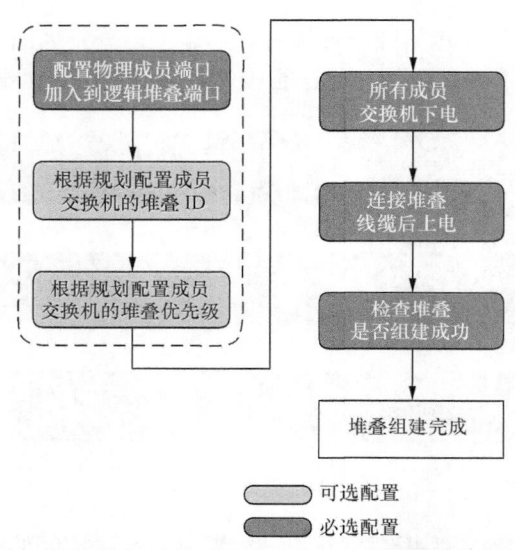

图 5-26　业务口连接方式组建堆叠的流程

1. 软件配置

通过普通业务口连接方式组建堆叠时，**需要先创建逻辑堆叠端口，并在逻辑堆叠端口添加物理成员端口**。一个逻辑堆叠端口中可以添加多个物理成员端口，以提高堆叠链路的带宽和可靠性。逻辑堆叠端口的配置步骤见表 5-5。

表 5-5　　　　　　　　　　　　　　逻辑堆叠端口的配置步骤

步骤	命令	说明
1	**system-view** 例如：<HUAWEI>**system-view**	进入系统视图
2	**interface stack-port** *member-id/port-id* 例如：[HUAWEI] **interface stack-port 1/1**	创建并进入逻辑堆叠端口视图。 ● *member-id*：指定堆叠成员设备的堆叠 ID，整数形式，取值范围是 0～8。 ● *port-id*：指定堆叠端口编号，整数形式，取值

（续表）

步骤	命令	说明
2	**interface stack-port** *member-id/port-id* 例如：[HUAWEI] **interface stack-port** 1/1	范围是 1～2。 堆叠的每台成员设备上有两个堆叠端口，为 Stack-Port*n*/1 和 Stack-Port*n*/2，其中 *n* 为成员设备的堆叠 ID
3	**port interface** { *interface-type interface-number1* [**to** *interface-type interface-number2*] } &<1-10> **enable** 例如：[HUAWEI-stack-port1/1] **port interface** xgigabitethernet 0/0/15 **enable**	配置业务口为物理成员端口并将其加入到逻辑堆叠端口中，仅支持业务口堆叠的设备支持该命令。但不同型号交换机上可用于堆叠的普通业务口不一样，具体要参见对应的产品手册

注意　业务端口配置为堆叠物理成员端口后，仅支持堆叠相关的业务功能，其他业务功能不可用。端口下与堆叠不相关的命令会被屏蔽，仅保留 **description**（接口视图）等端口基本命令。还原某物理成员端口为业务口时，需首先在逻辑堆叠端口视图下执行 **shutdown interface** { *interface-type interface-number1* [**to** *interface-type interface-number2*] } &<1-10>命令关闭此物理成员端口，再执行 **undo port interface** { *interface-type interface-number1* [**to** *interface-type interface-number2*] }&< 1-10> **enable** 命令。

S6720EI、S6720S-EI 设备上的 XGE 端口从左边开始，每 4 个为一组（例如，1～4 为一组，2～5 不能作为一组，即每组最后一个端口的编号为 4 的倍数），**如果将每组内的任意一个接口配置为堆叠物理成员端口，则同组内的另外三个端口下的配置将会丢失，且不能作为普通的业务口来使用。**

除了逻辑堆叠端口的配置外，为方便用户管理，建议用户配置堆叠 ID 和堆叠优先级，这方面的要求和配置方法与上节表 5-4 中的配置方法完全一样，参见即可。

2. 下电

以上步骤完成后，将所有成员交换机下电。组建堆叠的相关配置是自动保存的，但如果用户需要保存其他配置，下电前可通过 **save** 命令进行保存。

3. 连接堆叠线缆并上电

通过业务口普通线缆组建堆叠时，所用的线缆可以是 SFP+电缆或 AOC 光线缆，连接拓扑也可以是链形或环形。

以 3 台 S5700-28X-LI-AC 设备进行环形连接和链形连接举例，将每台设备的前两个 10GE 光口配置成逻辑端口 1，后两个 10GE 光口配置成逻辑端口 2，线缆连接方式如图 5-27 和图 5-28 所示。**堆叠线缆连接前请将交换机下电，堆叠成员设备之间，本端设备的逻辑堆叠端口 stack-port n/1 必须与对端设备的逻辑堆叠端口 stack-port m/2 相连。**

说明　一个逻辑堆叠端口可以绑定多个物理成员端口，用来提高堆叠的可靠性和堆叠带宽。只要其中一条物理链路保持连接，堆叠就不会分裂，但堆叠带宽会相应降低。

如果两端设备对应的逻辑堆叠端口（本端的 stack-port n/1 与对端的 stack-port m/2）内包含多个物理成员端口，对物理成员端口的连接无对应端口号的要求。

3 台或者 3 台以上成员交换机组建堆叠时，为增加可靠性，建议采用环形组网，此时堆叠系统的带宽取所有堆叠端口带宽的最小值。2 台成员交换机组建堆叠时，建议每台成员交换机只创建一个逻辑堆叠端口，逻辑堆叠端口包含多个物理成员端口。

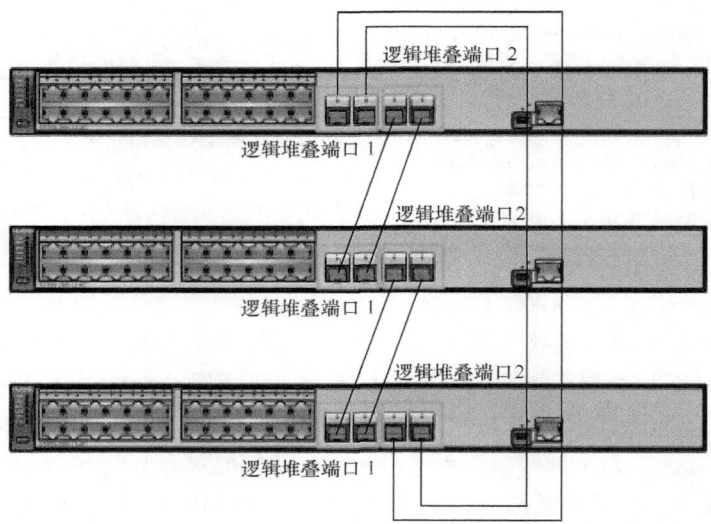

图 5-27　业务口堆叠环形连接示意

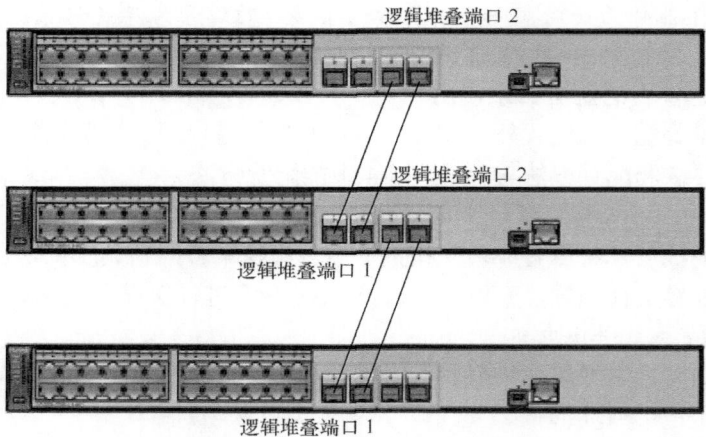

图 5-28　业务口堆叠链形连接示意

至于给设备上电顺序与上节的介绍一样，参见即可。

5.2.3　配置通过业务口专用线缆组建堆叠

通过业务口专用线缆是一种最简单的免配置堆叠组建方式，无需进行任何软件功能配置，只需用专用堆叠线缆连接好各成员交换机即可。

1. 连线规则

通过业务口专用线缆组建堆叠方式，各成员交换机的连接方面要遵循以下规则。

■ 堆叠成员设备之间，本端设备的逻辑堆叠端口 1 必须与对端设备的逻辑堆叠端口 2 相连。

支持这种堆叠组建方式的交换机已经对物理端口预设了逻辑堆叠端口号，具体见表 5-6，也可以执行 **display stack port auto-cable-info** *slot-id* 命令查看设备上支持专用堆叠线缆的接口以及接口上是否已经插入专用堆叠线缆。

```
<HUAWEI> display stack port auto-cable-info slot 0
Logic Port          Phy Port                     Cable-role
--------------------------------------------------
stack-port0/1       XGigabitEthernet0/0/1        Slave
stack-port0/1       XGigabitEthernet0/0/2        --
stack-port0/2       XGigabitEthernet0/0/3        --
stack-port0/2       XGigabitEthernet0/0/4        Master
```

表 5-6　　　　　　　　　　　　　　　　预设的逻辑堆叠端口号

支持专用堆叠线缆的端口	逻辑堆叠端口 1	逻辑堆叠端口 2
前面板的 2 个上行光口（非 combo）	第 1 个上行光口	第 2 个上行光口
前面板的 4 个上行光口	前 2 个上行光口	后 2 个上行光口
前面板的 8 个上行光口	第 1、2、5、6 个上行光口	第 3、4、7、8 个上行光口
前面板上有 16 个光口且全部支持使用专用堆叠线缆堆叠	第 1、2、5、6、9、10、13、14 个光口	第 3、4、7、8、11、12、15、16 个光口
前面板上有 24 个光口但仅最后 16 个光口支持使用专用堆叠线缆堆叠	第 9、10、13、14、17、18、21、22 个光口	第 11、12、15、16、19、20、23、24 个光口
前面板上有 32 个光口但仅最后 16 个光口支持使用专用堆叠线缆堆叠	第 17、18、21、22、25、26、29、30 个光口	第 19、20、23、24、27、28、31、32 个光口
前面板上有 48 个光口但仅最后 16 个光口支持使用专用堆叠线缆堆叠	第 33、34、37、38、41、42、45、46 个光口	第 35、36、39、40、43、44、47、48 个光口

■　同一个逻辑堆叠端口内，对物理成员端口的连接无对应端口号的要求，每个逻辑堆叠端口内可以只连接一个物理端口，也可以连接多个。

■　如果已经手动配置了逻辑堆叠端口号，堆叠线缆插入后不会自动修改端口号（该端口预设的逻辑堆叠端口号不生效），请按照配置好的端口号进行连接。

■　如果是空配置开局场景，建议按照以下规则进行连线。

①　按照交换机从上到下的顺序依次连线。

②　连线时注意线缆的主备端，确保最上面交换机的所有端口连接的都是线缆主端，最下面交换机的所有端口连接的都是线缆备端，中间交换机的 2 个逻辑端口分别连接主端和备端。这样连接后系统自动组建堆叠，自动分配堆叠的 ID 和堆叠的角色。

说明　如果不是环形组网或者连线时没有区分线缆的主备两端，只要确保本端设备的逻辑堆叠端口 1 是与对端设备的逻辑堆叠端口 2 相连即可，但堆叠系统的主和备、设备的堆叠 ID 都是随机生成的。

■　如果是已有配置的交换机进行堆叠扩容的场景，则需要注意以下几个方面。

➤　插入专用堆叠线缆的接口上不能有业务配置。

➤　连线时无需关注堆叠线缆的主备端，只需确保本端的逻辑堆叠端口 1 是与对端的逻辑堆叠端口 2 相连。

➤　堆叠 ID 无冲突时使用交换机原堆叠 ID，有冲突时会自动分配新的堆叠 ID。

2. 堆叠连接、安装

业务口堆叠的连接拓扑包括链形连接和环形连接。

以 3 台 S5720-28X-LI-AC 交换机进行环形连接和链形连接举例，交换机的前两个 10GE 光口为逻辑堆叠端口 1，后两个 10GE 光口为逻辑堆叠端口 2，线缆连接方式分别如图 5-29 和图 5-30 所示。这里的逻辑堆叠端口使用两个物理成员口相连进行堆叠，也可以使用一个物理成员口相连进行堆叠。在连接专用堆叠线缆之前，为了保证操作的安全，建议先将所有交换机下电。专用堆叠线缆的两端区分主和备，带有 Master 标签的一端为主端，不带有标签的一端为备端。

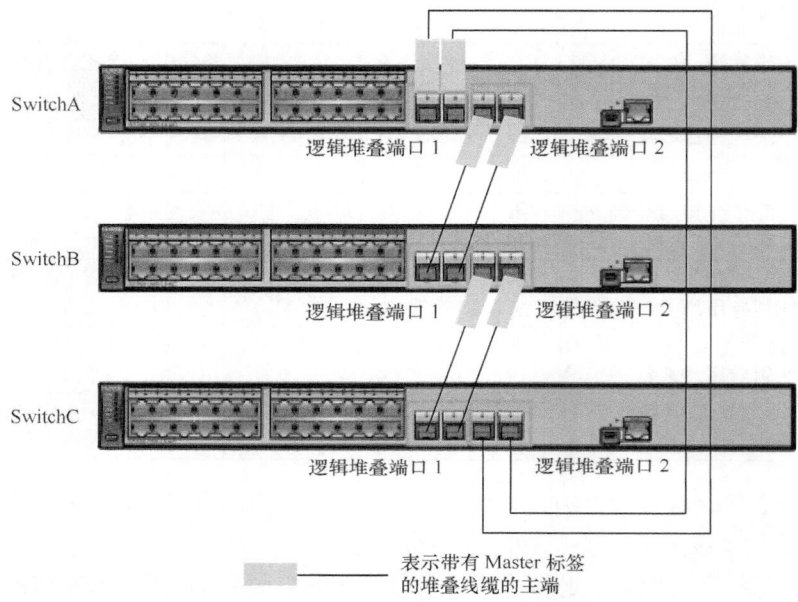

图 5-29 业务口专用线缆堆叠环形连接示意

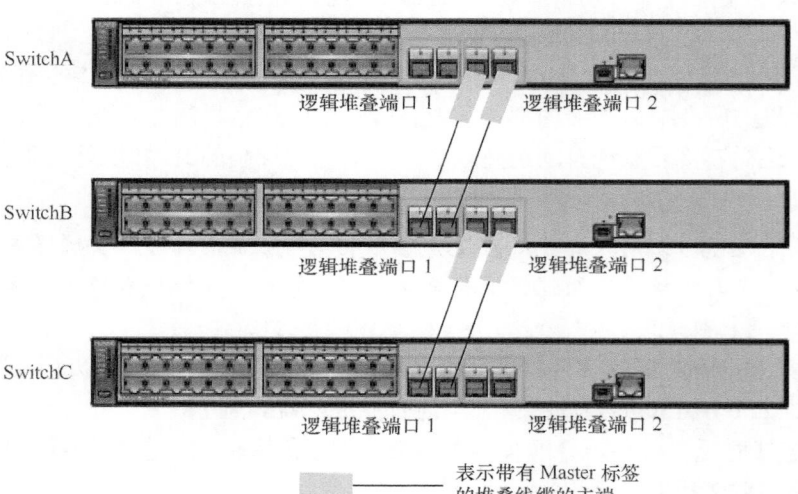

图 5-30 业务口专用线缆堆叠链形连接示意

说明

在交换机运行过程中对接口插拔专用堆叠线缆时，为避免短时间内多次插拔出现振荡，接口在 60s 后才会进行业务口和堆叠口的切换。即接口插入专用堆叠线缆 60s 后才会切换为堆叠口，接口拔出专用堆叠线缆 60s 后才会切换为业务口。若专用堆叠线缆拔出前保存了堆叠配置，则堆叠口不会再自动切换为业务口。

接口插入专用堆叠线缆后，如果不能自动切换为堆叠口，会上报告警信息：**1.3.6.1.4.1.2011.5.25.183.1.22.64 hwStackAutoConfigFailed**，请根据告警中的可能原因和处理步骤进行处理。

连接堆叠线缆前，如果交换机已下电，建议按照顺序对交换机进行连线上电。如果用户希望某台交换机为主交换机，可以先为其上电，启动完成后再给其他交换机上电。

5.2.4　检查堆叠组建是否成功

堆叠组建完成之后，在不登录堆叠的情况下，用户可以首先通过指示灯初步检查堆叠组建是否成功。如果初步检查堆叠组建成功，可以再登录到堆叠系统，通过命令行确认堆叠的链路拓扑状态与实际硬件连接是否一致；如果初步检查堆叠组建不成功，可以再登录到堆叠系统（此时可能是未组建成功的多个堆叠系统或单机），通过命令行进行问题定位和处理。

1. 通过指示灯检查堆叠是否组建成功

堆叠建立后，可以通过交换机面板上的指示灯状态，初步检查堆叠是否组建成功。

① 通过任意一台成员交换机的模式切换按钮（MODE），将面板上的模式状态灯（STCK）切换到 Stack 模式，如果模式状态灯为绿色常亮/闪烁（45s 后灭掉）时，表示模式状态灯进入 Stack 模式。

■ 如果所有成员交换机的模式状态灯都被切换到了 Stack 模式，说明堆叠组建成功。此时可以进一步通过模式状态灯的状态和业务口指示灯的状态确定堆叠系统的主交换机和堆叠成员交换机的堆叠 ID。

■ 如果有部分成员交换机的模式状态灯没有被切换到 Stack 模式，说明堆叠组建不成功。

② 模式状态灯切换到 Stack 模式后，通过观察交换机业务口指示灯，可以识别主交换机和成员交换机的堆叠 ID，识别方法见表 5-7。

表 5-7　　Stack 模式下业务口指示灯的含义

指示灯颜色	业务口指示灯的状态和含义
常灭	无意义
绿色	常亮，表示该成员交换机为非主交换机；闪烁，表示该成员交换机为主交换机。 • 如果其中某个接口的指示灯常亮，表示该接口所在交换机为非主交换机，该接口的接口号为本成员交换机的堆叠 ID。 • 如果其中某个接口的指示灯闪烁，表示该接口所在交换机为主交换机，该接口的接口号为本成员交换机的堆叠 ID。 • 如果成员交换机的 1～9 接口指示灯同时常亮，表示该交换机为非主交换机，本成员交换机的堆叠 ID 为 0。 • 如果成员交换机的 1～9 接口指示灯同时闪烁，表示该交换机为主交换机，本成员交换机的堆叠 ID 为 0

2. 通过命令行检查堆叠是否组建成功

通过指示灯初步检查堆叠组建是否成功之后，还可以登录到堆叠，然后通过命令行进一步检查堆叠的链路拓扑状态与实际硬件连接是否一致，或对出现的故障进行定位和处理。

（1）检查堆叠是否组建成功

执行 **display device** 命令查看堆叠系统中各成员交换机的个数与实际组网中交换机的个数是否一致。

```
<HUAWEI> display device
S5720-28P-LI-AC's Device status:
Slot Sub  Type              Online    Power     Register     Status    Role
-------------------------------------------------------------------------
0    -    S5720-28P-LI      Present   PowerOn   Registered   Normal    Master
1    -    S5720-28P-LI      Present   PowerOn   Registered   Normal    Standby
```

如果一致，则执行下面的步骤，检查堆叠链路拓扑状态与实际硬件连接是否一致。如果不一致，则按照本节后面介绍的堆叠组建故障的处理方法进行排除。

（2）检查堆叠链路拓扑状态与实际硬件连接是否一致

执行 **display stack** 命令查看堆叠系统的连接拓扑，Link 为链形，Ring 为环形。

```
<HUAWEI> display stack
Stack mode: Service-port
Stack topology type: Link
Stack system MAC: 0018-82b1-6eb4
MAC switch delay time: 2 min
Stack reserved VLAN: 4093
Slot of the active management port: 0
Slot      Role        MAC Address       Priority    Device Type
-------------------------------------------------------------
0    Master      0018-82b1-6eb4    100         S5720-28P-LI-AC
1    Standby     0018-82b1-6eba    100         S5720-28P-LI-AC
```

执行 **display stack peers** 命令查看堆叠系统的邻居信息。

```
<HUAWEI> display stack peers
Slot     Port1              Peer1     Port2          Peer2
-------------------------------------------------------------
0    STACK 1             1         STACK 2        None
1    STACK 1             None      STACK 2        0
```

执行 **display stack port** 命令查看与逻辑堆叠端口绑定的物理成员端口的信息。

```
<HUAWEI> display stack port
*down : administratively down
(r)   : Runts trigger error down
(c)   : CRC trigger error down
(l)   : Link-flapping trigger error down
Logic Port     Phy Port              Online       Status
-------------------------------------------------------------
stack-port0/1  GigabitEthernet0/0/26   present      up
stack-port1/2  GigabitEthernet1/0/27   present      up
```

执行 **display stack channel all** 命令查看堆叠链路的连线及状态信息。

```
<HUAWEI> display stack channel all
!      : Port have received packets with CRC error.
L-Port: Logic stack port
P-Port: Physical port
```

Slot	L-Port	P-Port	Speed	State	‖	P-Port	Speed	State	L-Port	Slot
1	1/2	GE1/0/27	2G	UP		GE2/0/26	2G	UP	2/1	2
2	2/1	GE2/0/26	2G	UP		GE1/0/27	2G	UP	1/2	1

如果以上查看的信息与配置要求一致，说明堆叠组建成功。如果不一致，则重新修改相应配置，或重新连线。

3. 堆叠组建故障的处理方法

堆叠组建不成功或有部分成员交换机没有加入到堆叠的常见原因有：

- 不支持混堆的设备组建堆叠；
- 设备本身不支持堆叠；
- 设备的电子标签没有加载或加载错误；
- 逻辑堆叠端口连线错误；
- 堆叠线缆存在问题；
- 堆叠系统保留 VLAN 被占用；
- 堆叠成员交换机 MAC 冲突。

可按以下步骤进行排查。

（1）检查设备具体型号

执行 **display device** 命令查看设备的具体型号。

```
<HUAWEI> display device
S5720-28P-LI-AC's Device status:
Slot Sub   Type              Online    Power      Register      Status     Role
-------------------------------------------------------------------------------
0    -     S5720-28P-LI      Present   PowerOn    Registered    Normal     Master
```

如果组建堆叠的设备是不支持混堆的设备型号或设备本身不支持堆叠，请更换设备。各型号交换机对 iStack 堆叠支持的情况参见 5.1.12 节。如果设备之间支持相互组建堆叠，执行下一步。

（2）检查设备的电子标签是否加载正确

执行 **display elabel** 命令查看设备的电子标签信息（BarCode 部分）。

```
<HUAWEI> display elabel
/$[System Integration Version]
/$SystemIntegrationVersion=3.0

[Slot_0]
/$[Board Integration Version]
/$BoardIntegrationVersion=3.0

[Main_Board]

/$[ArchivesInfo Version]
/$ArchivesInfoVersion=3.0

[Board Properties]
BoardType=CX22EMGEB
BarCode=21023518320123456789
Item=02351832
Description=S5720-28P-LI,LS5ZC48CM,S5720-28P-LI Mainframe
Manufactured=2009-02-05
```

```
VendorName=Huawei
IssueNumber=
CLEICode=
BOM=
```

如果电子标签信息字段均为空，说明设备没有加载电子标签，需要更换设备。如果电子标签信息字段非空，说明设备已经加载电子标签，执行下一步。

（3）检查堆叠线缆是否正常

执行 **display stack port** 命令检查堆叠线缆是否正常。

```
<HUAWEI> display stack port
*down : administratively down
Logic Port         Phy Port                        Online      Status
-------------------------------------------------------------------------
stack-port0/1      GigabitEthernet0/0/1            present     up
stack-port1/2      GigabitEthernet1/0/1            present     up
```

如果物理成员端口状态（**Status**）为 up，执行下一步骤。如果本端物理成员端口状态为 down，查看与之相连的对端设备是否下电或正在重启。如果是，等设备重启后再查看物理成员端口状态是否 up。如果不是，更换堆叠线缆。如果堆叠线缆更换完毕后，故障依然存在，执行下一步。

（4）检查堆叠保留 VLAN 是否被占用

执行 **display stack 命令** 查看成员交换机保留 VLAN。缺省情况下，保留 VLAN 为 4093。

```
<HUAWEI> display stack
Stack mode: Service-port
Stack topology type: Link
Stack system MAC: 0000-1382-4569
MAC switch delay time: 10 min
Stack reserved VLAN: 4093
Slot of the active management port: 0
Slot    Role      MAC address      Priority   Device type
---------------------------------------------------------------
  0     Master    0018-82b1-6eb4   200        S5700-28P-LI-AC
  1     Standby   0018-82b1-6eba   150        S5700-28P-LI-AC
```

执行 **display vlan** *vlan-id* 命令，如果保留 VLAN 未被占用（显示"The VLAN does not exist"），执行下一步骤。

如果保留 VLAN 被占用，则在系统视图下执行 **stack reserved-vlan** *vlan-id* 修改保留 VLAN。如果堆叠依然不成功，执行下一步骤。

（5）检查堆叠成员交换机是否存在 MAC 冲突

执行 **display stack** 命令查看当前堆叠成员交换机的 MAC 信息，判断未加入堆叠的成员交换机是否因为 MAC 冲突导致无法加入。如果不存在 MAC 冲突，执行下一步骤。

```
<HUAWEI> display stack
Stack mode: Service-port
Stack topology type: Link
Stack system MAC: 0018-82b1-6eb4
MAC switch delay time: 2 min
Stack reserved vlan: 4093
Slot of the active management port: --
Slot    Role      Mac address      Priority   Device type
---------------------------------------------------------------
  0     Master    0018-82b1-6eb4   200        S5720-28P-LI-AC
  1     Standby   0018-82b1-6eba   150        S5720-28P-LI-AC
```

5.2.5　配置多主检测

通过配置堆叠多主检测，可以检测并处理堆叠分裂时网络中出现的多主冲突。多主检测的配置流程见表 5-8。

表 5-8　　　　　　　　　　　　　　　多主检测配置流程

序号	配置任务	配置任务说明	任务场景	配置流程说明
1	配置直连方式多主检测	配置直连方式多主检测，使成员交换机之间通过专用直连链路进行多主检测	如果堆叠系统的成员交换机上有闲置的端口，可以采用直连方式的多主检测，因为直连检测方式需要额外占用端口，且此端口只能用作多主检测，端口间的连接使用普通线缆即可	在同一个堆叠系统中，步骤 1 和步骤 2 互斥，不可同时配置。缺省情况下，设备上没有配置多主检测功能
2	配置代理方式多主检测	配置代理方式多主检测，使成员交换机之间通过代理设备进行多主检测	如果堆叠系统上配置了堆叠 Eth-Trunk，此时可以采用代理方式的多主检测。代理方式多主检测需要在堆叠系统 Eth-Trunk 上启用代理方式多主检测功能，并在代理设备上启用代理功能。与直连方式相比，代理方式不会额外占用端口。 代理方式多主检测根据代理设备的不同，可以分为单机作代理和两套堆叠系统互为代理	
3	（可选）配置保留端口	配置保留端口，在出现堆叠分裂时，该端口不被关闭，仍能正常转发业务	多主检测发现堆叠分裂，分裂后的多个堆叠系统之间会进行相互竞争，为防止相同的 MAC 地址、IP 地址引起网络振荡，竞争失败的堆叠系统内成员交换机的所有业务端口会被关闭，以减少对网络的影响。如果有部分端口仅具有报文透传功能，出现堆叠分裂后，这部分端口不会影响网络运行。用户如果希望保留这些端口的业务，可以通过命令将这些端口配置为保留端口。堆叠分裂后，多主检测功能不会关闭保留端口的业务	-
4	（可选）恢复被关闭的端口	恢复被关闭的端口，在 Detect 状态的堆叠系统故障时，Recovery 状态的堆叠系统能够重新工作	多主检测使堆叠分裂后出现的多个堆叠系统之间相互竞争，竞争成功的堆叠系统保持 Detect 状态（正常工作状态），竞争失败的堆叠系统进入 Recovery 状态（禁用状态，即除保留端口外，其他端口会被关闭，相关业务中断）。用户如果希望 Recovery 状态的堆叠系统重新正常工作，可通过配置，重新打开被关闭的端口。例如堆叠分裂故障恢复前，Detect 状态的堆叠系统也发生故障或被移出网络，此时可以通过配置重新启用 Recovery 状态的堆叠系统，让它接替原 Detect 状态的堆叠系统的工作，以保证业务尽量少受影响	该配置在 Detect 状态的堆叠系统故障时执行，如果 Detect 状态的堆叠系统仍正常工作，不要执行此配置

直连检测方式只能配置于二层以太物理端口上，且端口必须为 UP 状态。

　　为了保证检测的可靠性，每个堆叠成员交换机可以同时配置 8 条直连检测链路。在出现多主时，每个堆叠成员交换机上只要保证有 1 条直连检测链路处于正常工作状态即可。为了保证检测的可靠性，同一个堆叠系统支持同时在 4 个 Eth-Trunk 接口上配置代理检测。在出现多主时，堆叠系统只要保证有 1 个 Eth-Trunk 处于正常工作状态即可。

　　配置采用代理检测方式的 MAD 时要确保堆叠系统成员设备的 MAC 地址各不相同，否则代理设备不能转发 MAD 报文。

　　1．配置直连方式多主检测

　　直连方式多主检测的配置步骤见表 5-9。

表 5-9　　　　　　　　　　　直连方式多主检测的配置步骤

步骤	命令	说明
1	system-view 例如：<HUAWEI>system-view	进入系统视图
2	interface *interface-type interface-number* 例如：[HUAWEI] interface gigabitethernet 0/0/1	进入要用于检测多主状态的二层接口视图
3	mad detect mode direct 例如：[HUAWEI-GigabitEthernet0/0/1] mad detect mode direct	配置接口的直连方式多主检测功能。 【注意】接口配置直连方法多主检测功能后，STP 端口状态会变成 Discarding，会影响数据报文的转发和某些协议报文的上送，所以不要在此接口上再配置其他业务。但取消配置指定接口采用直连方式多主检测功能后，接口会恢复转发功能，如果网络中存在环路，将会引起广播风暴。 缺省情况下，接口的直连多主检测功能处于关闭状态，可用 undo mad detect 命令取消接口的直连多主检测功能

　　2．配置代理方式多主检测

　　根据 5.1.8 节的介绍，代理方式多主检测又有两种方式：代理设备为一台交换机，或者两套堆叠系统互为代理，这两种代理方式多主检测的配置步骤分别见表 5-10 和表 5-11。代理设备为一台交换机时，需要先在堆叠系统和代理设备上创建 Etth-Trunk 聚合链路，具体的配置方法将在第 6 章介绍，两套堆叠系统互为代理的情形下，每套堆叠系统均要执行表 5-11 中的配置步骤。

表 5-10　　　　　　　　代理设备为一台交换机情形下的多主检测配置步骤

步骤	命令	说明
1	system-view 例如：<HUAWEI>system-view	进入系统视图
2	interface eth-trunk *trunk-id* 例如：[HUAWEI] interface eth-trunk 2	进入堆叠系统或代理交换机的 Eth-Trunk 接口视图
3	mad detect mode relay 例如：[HUAWEI-Eth-Trunk2] mad detect mode relay	在堆叠系统上配置 Eth-Trunk 接口的代理方式多主检测功能。 缺省情况下，接口的代理多主检测功能处于关闭状态，可用 undo mad detect mode relay 命令取消接口的代理多主检测功能

（续表）

步骤	命令	说明
4	**mad relay** 例如：[HUAWEI-Eth-Trunk2] **mad relay**	在代理交换机的 Eth-Trunk 接口上启用代理功能。 缺省情况下，接口未启用代理功能，可用 **undo mad relay** 命令取消指定接口的代理功能

表 5-11　　　　　　　　　两套堆叠系统互为代理情形下的多主检测配置步骤

步骤	命令	说明
1	**system-view** 例如：<HUAWEI>**system-view**	进入系统视图
2	**mad domain** *domain-id* 例如：[HUAWEI] **mad domain** 1	配置堆叠系统 MAD 域值，整数形式，取值范围是 0～255，要保证两套堆叠系统的 MAD 域值不同。 缺省情况下，堆叠系统 MAD 域值为 0，可用 **undo mad domain** 命令恢复堆叠系统的 MAD 域值为缺省值
3	**interface eth-trunk** *trunk-id* 例如：[HUAWEI] **interface eth-trunk** 2	进入 Eth-Trunk 接口视图
4	**mad relay** 例如：[HUAWEI-Eth-Trunk2] **mad relay**	在 Eth-Trunk 接口上启用代理功能。 缺省情况下，接口未启用代理功能，可用 **undo mad relay** 命令取消指定接口的代理功能
5	**mad detect mode relay** 例如：[HUAWEI-Eth-Trunk2] **mad detect mode relay**	配置 Eth-Trunk 接口的代理方式多主检测功能。 缺省情况下，接口的代理多主检测功能处于关闭状态，可用 **undo mad detect mode relay** 命令取消接口的代理多主检测功能

以上多主检测方式配置完成后，还可选执行以下两步配置：

① 执行 **mad exclude interface** { *interface-type interface-number1* [**to** *interface-type interface-number2*] } &<1-10>命令，配置堆叠系统内指定端口为保留端口。

缺省情况下，堆叠物理成员端口为保留端口，其他所有业务口均为非保留端口。用于双主检测的端口，不需要指定为保留端口。堆叠分裂后，用于双主检测的端口也会被关闭。

② 执行 **mad restore** 命令，使原来处于关闭状态的端口重新恢复正常。

📋 **说明**　如果 Detect 状态的堆叠系统仍能正常工作时，不要执行此命令；否则 Recovery 状态的堆叠系统被启用后，网络中会再次发现多主。

如果 Detect 状态的堆叠系统加入到了 Recovery 状态的堆叠系统，合并后的整个系统将保持在 Recovery 状态，此时需要执行 **mad restore**，将被关闭的端口恢复正常。

5.2.6　配置堆叠链路的负载分担模式

在业务口堆叠环境下，当逻辑堆叠端口与多个物理成员端口绑定时，堆叠成员交换机之间会存在多条堆叠链路。通过改变堆叠链路的负载分担模式，确保出方向的流量能够在多条堆叠链路上合理地分担，以避免出现链路阻塞。

堆叠的负载分担模式可以在系统视图下或逻辑堆叠端口视图下，按照报文携带的源

IP 地址、目的 IP 地址、源 MAC 地址、目的 MAC 地址或者它们之间的组合来选择堆叠链路的负载分担模式。

- 系统视图下配置的是全局（作用于所有逻辑堆叠端口）负载分担模式。
- 逻辑堆叠端口视图下配置的是该端口的负载分担模式。

逻辑堆叠端口会优先采用逻辑堆叠端口视图下配置的负载分担模式。如果没有在逻辑堆叠端口视图下进行配置，则采用系统视图下配置的负载分担模式。

注意 仅 S5720HI、S6720HI、S6720EI 和 S6720S-EI 系列支持配置堆叠链路的负载分担模式。S5720HI 和 S6720HI 仅支持在系统视图下配置全局的负载分担模式。

全局负载分担模式和逻辑堆叠端口负载分担模式的配置命令均为 **stack-port load-balance mode** { **dst-ip** | **dst-mac** | **src-dst-ip** | **src-dst-mac** | **src-ip** | **src-mac** }。缺省情况下，两种视图下的负载分担模式均为增强模式：ENHANCED，可通过执行 **display stack-port** 命令查看当前逻辑堆叠端口的负载分担模式。

5.2.7　iStack 堆叠管理

完成前面各节介绍的 iStack 堆叠功能配置后，可通过以下命令查看相关配置信息，或进行主备倒换。

- **display stack**：查看堆叠成员交换机的堆叠信息。
- **display stack peers**：查看堆叠成员交换机的邻居信息。
- **display stack port** [**brief** | **slot** *slot-id*]：查看堆叠端口信息。
- **display stack configuration** [**slot** *slot-id*]：查看堆叠系统当前配置的堆叠命令信息。
- **display stack channel** [**all** | **slot** *slot-id*]：查看堆叠链路的连线及状态信息。
- **display switchover state**：查看堆叠系统是否满足主备倒换的条件。
- **slave switchover enable**：使能堆叠主备倒换功能。缺省情况下，主备倒换功能处于使能状态。
- **slave switchover**：执行堆叠主备倒换。

5.2.8　通过堆叠卡组建堆叠配置示例

如图 5-31 所示，用户需求 SwitchA、SwitchB 和 SwitchC 3 台接入交换机采用堆叠卡连接方式组建环形堆叠，并通过跨设备 Eth-Trunk 连接上层设备 SwitchD。其中，要求 SwitchA、SwitchB 和 SwitchC 的角色分别为主、备、从，堆叠 ID 分别为 0、1、2，优先级分别为 200、100、100。

1. 基本配置思路分析

根据 5.2.1 节介绍的通过堆叠卡组建堆叠的配置方法可得出本示例的基本配置思路（要先确保 SwitchA、SwitchB、SwitchC 3 台交换机支持堆叠卡连接方式，具体参见 5.1.12 节的表 5-3，在此以 S5720-C-EI 交换机为例进行介绍）如下。

① 关闭 SwitchA、SwitchB、SwitchC 电源，并为它们安装 ES5D21VST000 堆叠后插卡，然后再给它们上电。

② 根据示例要求，为这三台成员交换机配置堆叠 ID 和优先级。

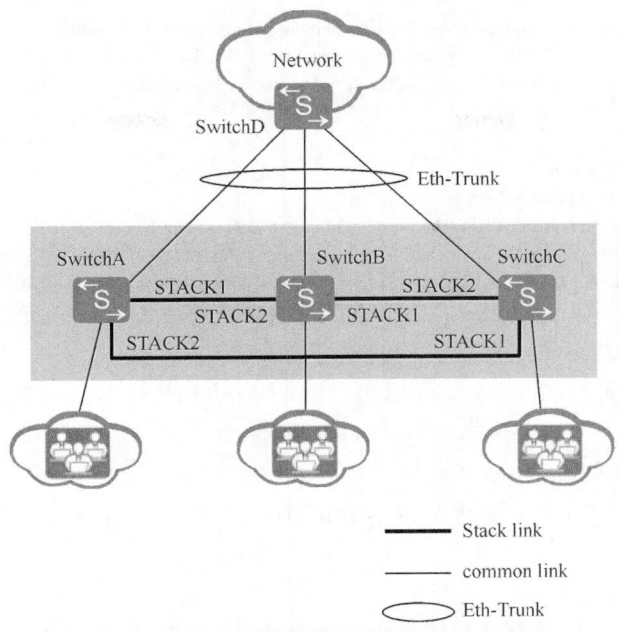

图 5-31　通过堆叠卡组建堆叠配置示例的拓扑结构

③ 再次关闭 SwitchA、SwitchB、SwitchC 电源，使用 QSFP+高速电缆连接各堆叠端口并上电。堆叠连接时一台交换机的 STACK 1 端口只能与另一台交换机的 STACK 2 端口相连接。

④ 为提高可靠性、增加上行链路带宽，配置跨设备 Eth-Trunk，与 SwitchD 上的 Eth-Trunk 连接。

2. 具体配置步骤

① 为 SwitchA、SwitchB、SwitchC 安装 ES5D21VST000 堆叠后插卡，安装方法参见 5.2.1 节的介绍。

② 为 SwitchA、SwitchB、SwitchC 配置堆叠 ID（依次为 0、1、2）和堆叠优先级（依次为 200、100、100）。

■ SwitchA 上的配置

因为要求给 SwitchA 配置的堆叠 ID 为 0，与缺省的一样，故不用重新配置，只需修改其堆叠优先级值为 200 即可。在没组建堆叠前，各成员交换机均为盒式设备，插槽（slot）号均为 0。

```
<HUAWEI> system-view
[HUAWEI] sysname SwitchA
[SwitchA] stack slot 0 priority 200
Warning:Please do not frequently modify Priority because it will make the stack split. Continue? [Y/N]:y
```

■ SwitchB 和 SwitchC 上的配置

因为要求给 SwitchB 和 SwitchC 配置的堆叠 ID 分别为 1、2，与缺省值不同，故需要重新配置。但要求配置的堆叠优先级值均为 100，与缺省值一样，所以均不用配置。

```
<HUAWEI> system-view
[HUAWEI] sysname SwitchB
[SwitchB] stack slot 0 renumber 1
```

```
Warning: All the configurations related to the slot ID will be lost after the slot ID is modified.
Please do not frequently modify slot ID because it will make the stack split. Continue? [Y/N]:y
Info: Stack configuration has been changed, and the device needs to restart to make the configuration effective.

<HUAWEI> system-view
[HUAWEI] sysname SwitchC
[SwitchC] stack slot 0 renumber 2
Warning: All the configurations related to the slot ID will be lost after the slot ID is modified.
Please do not frequently modify slot ID because it will make the stack split. Continue? [Y/N]:y
Info: Stack configuration has been changed, and the device needs to restart to make the configuration effective.
```

③ 关闭 SwitchA、SwitchB、SwitchC 的电源，使用 QSFP+高速电缆按图 5-32 所示连接各堆叠端口，然后重新开启它们的电源。

成功启动后，再按照 5.2.4 节介绍的方法检查 SwitchA、SwitchB、SwitchC 的堆叠组建是否成功。

④ 配置跨设备 Eth-Trunk（略）

在堆叠系统上行链路上配置跨设备 Eth-Trunk，在 SwitchD 上配置 Eth-Trunk，具体方法将在第 6 章介绍。

3. 配置结果验证

全部配置完成后，可通过在任意成员交换机执行 **display stack** 命令查看堆叠系统的基本信息。从中可以看出所包括的成员交换机，以及主、备、从交换机信息。

```
<SwitchA> display stack
Stack mode: Card/Service port
Stack topology type: Ring
Stack system MAC: 0200-0000-01ab
MAC switch delay time: 10 min
Stack reserved vlan: 4093
Slot of the active management port: 0
Slot      Role       Mac address       Priority    Device type
-------------------------------------------------------------------
  0       Master     0200-0000-01ab    200         S5720-36C-EI-AC
  1       Standby    0200-0000-0000    100         S5720-36C-EI-AC
  2       Slave      0200-0000-02aa    100         S5720-36C-EI-AC
```

5.2.9　通过业务口普通线缆组建堆叠配置示例

如图 5-32 所示，用户需求 SwitchA、SwitchB 和 SwitchC 3 台接入交换机采用业务口普通线缆方式组建环形堆叠，并通过跨设备 Eth-Trunk 连接上层设备 SwitchD。其中，要求 SwitchA、SwitchB 和 SwitchC 的角色分别为主、备、从，堆叠 ID 分别为 0、1、2，优先级分别为 200、100、100。

1. 基本配置思路分析

根据 5.2.2 节介绍的通过业务口普通线缆组建堆叠的配置方法可得出本示例的基本配置思路（要先确保 SwitchA、SwitchB、SwitchC 3 台交换机支持业务口普通线缆连接方式，具体参见 5.1.12 节的表 5-3，在此以 S5700-LI 交换机为例进行介绍）如下。

① 为了能通过业务口组建堆叠，需要先在 SwitchA、SwitchB、SwitchC 交换机上创建逻辑堆叠端口，然后在其中添加物理成员端口。

② 为方便用户管理，在 SwitchA、SwitchB、SwitchC 上配置堆叠 ID 和优先级。

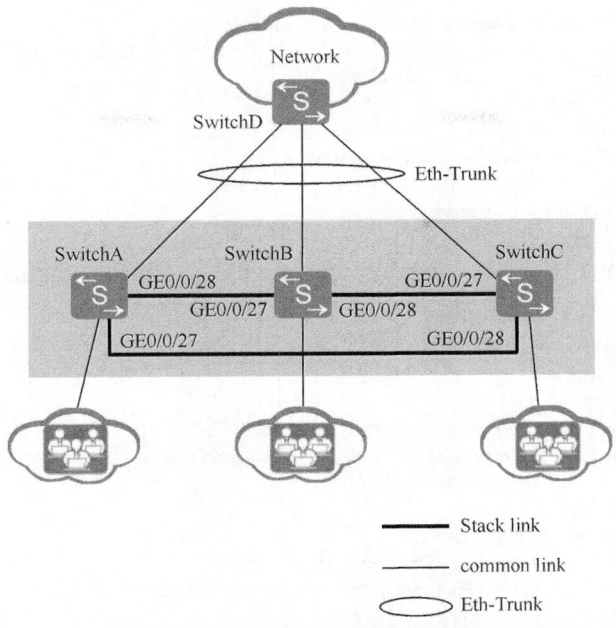

图 5-32　通过业务口普通线缆组建堆叠配置示例的拓扑结构

③ 关闭 SwitchA、SwitchB、SwitchC 电源，然后按照图 5-33 所示，使用 SFP+电缆连接各物理成员端口，然后再给它们接上电源。

④ 为提高可靠性、增加上行链路带宽，配置跨设备 Eth-Trunk。

2. 具体配置步骤

① 在 SwitchA、SwitchB、SwitchC 上分别创建逻辑堆叠端口并添加物理成员端口。注意：本端设备逻辑堆叠端口 stack-port n/1 里的物理成员端口只能与对端设备逻辑堆叠端口 stack-port m/2 里的物理成员端口相连。

a．配置 SwitchA 的业务口 GigabitEthernet0/0/27、GigabitEthernet0/0/28 为物理成员端口，并加入到相应的逻辑堆叠端口。

```
<HUAWEI> system-view
[HUAWEI] sysname SwitchA
[SwitchA] interface stack-port 0/1
[SwitchA-stack-port0/1] port interface gigabitethernet 0/0/27 enable
Warning: Enabling stack function may cause configuration loss on the interface. Continue? [Y/N]:y
Info: This operation may take a few seconds. Please wait.
[SwitchA-stack-port0/1] quit
[SwitchA] interface stack-port 0/2
[SwitchA-stack-port0/2] port interface gigabitethernet 0/0/28 enable
Warning: Enabling stack function may cause configuration loss on the interface. Continue? [Y/N]:y
Info: This operation may take a few seconds. Please wait.
[SwitchA-stack-port0/2] quit
```

b．配置 SwitchB 的业务口 GigabitEthernet0/0/27、GigabitEthernet0/0/28 为物理成员端口，并加入到相应的逻辑堆叠端口。

```
<HUAWEI> system-view
[HUAWEI] sysname SwitchB
[SwitchB] interface stack-port 0/1
```

```
[SwitchB-stack-port0/1] port interface gigabitethernet 0/0/27 enable
Warning: Enabling stack function may cause configuration loss on the interface. Continue? [Y/N]:y
Info: This operation may take a few seconds. Please wait.
[SwitchB-stack-port0/1] quit
[SwitchB] interface stack-port 0/2
[SwitchB-stack-port0/2] port interface gigabitethernet 0/0/28 enable
Warning: Enabling stack function may cause configuration loss on the interface. Continue? [Y/N]:y
Info: This operation may take a few seconds. Please wait.
[SwitchB-stack-port0/2] quit
```

c. 配置 SwitchC 的业务口 GigabitEthernet0/0/27、GigabitEthernet0/0/28 为物理成员端口，并加入到相应的逻辑堆叠端口。

```
<HUAWEI> system-view
[HUAWEI] sysname SwitchC
[SwitchC] interface stack-port 0/1
[SwitchC-stack-port0/1] port interface gigabitethernet 0/0/27 enable
Warning: Enabling stack function may cause configuration loss on the interface. Continue? [Y/N]:y
Info: This operation may take a few seconds. Please wait.
[SwitchC-stack-port0/1] quit
[SwitchC] interface stack-port 0/2
[SwitchC-stack-port0/2] port interface gigabitethernet 0/0/28 enable
Warning: Enabling stack function may cause configuration loss on the interface. Continue? [Y/N]:y
Info: This operation may take a few seconds. Please wait.
[SwitchC-stack-port0/2] quit
```

② 配置堆叠 ID 和堆叠优先级。

因为 SwitchA 分配的堆叠 ID 为 0，与缺省值一样，故需要重新配置，但要求配置的堆叠优先级值 200 与缺省值不一样，故需为 SwitchA 重新配置堆叠优先级。

```
[SwitchA] stack slot 0 priority 200
Warning: Please do not frequently modify Priority because it will make the stack split. Continue? [Y/N]:y
```

因为 SwitchB 和 SwitchC 分配的堆叠 ID 分别为 1、2，与缺省的不一样，故需要重新配置，但它们要求配置的堆叠优先级值 100 与缺省值一样，故不需要为它们重新配置堆叠优先级。

```
[SwitchB] stack slot 0 renumber 1
Warning: All the configurations related to the slot ID will be lost after the slot ID is modified.
Please do not frequently modify slot ID because it will make the stack split. Continue? [Y/N]:y
Info: Stack configuration has been changed, and the device needs to restart to make the configuration effective.
```

```
[SwitchC] stack slot 0 renumber 2
Warning: All the configurations related to the slot ID will be lost after the slot ID is modified.
Please do not frequently modify slot ID because it will make the stack split. Continue? [Y/N]:y
Info: Stack configuration has been changed, and the device needs to restart to make the configuration effective.
```

③ 给 SwitchA、SwitchB、SwitchC 下电，使用 SFP+电缆按照图 5-33 所示连接好后再重新上电。下电前，建议通过 save 命令保存配置。

为保证堆叠组建成功，先给 SwitchA 上电，等它启动完成后再分别给 SwitchB、SwitchC 上电，最终使 SwitchA 为主交换机。

④ 配置跨设备 Eth-Trunk。

在堆叠系统上行链路上配置跨设备 Eth-Trunk，在 SwitchD 上配置 Eth-Trunk，具体方法将在第 6 章介绍。

3. 配置结果验证

全部配置完成后，可通过在任意成员交换机上执行 display stack 命令查看堆叠系统的基本信息。从中可以看出所包括的成员交换机，以及主、备、从交换机信息。

```
 [SwitchA] display stack
Stack mode: Service-port
Stack topology type : Ring
Stack system MAC: 0018-82d2-2e85
MAC switch delay time: 10 min
Stack reserved vlan : 4093
Slot of the active management port: --
Slot       Role          Mac address         Priority     Device type
--------------------------------------------------------------------------------
   0       Master        0018-82d2-2e85       200          S5700-28P-LI-AC
   1       Standby       0018-82c6-1f44       100          S5700-28P-LI-AC
   2       Slave         0018-82c6-1f4c       100          S5700-28P-LI-AC
```

5.2.10　直连方式多主检测配置示例

本示例的拓扑结构如图 5-33 所示，SwitchA 和 SwitchB 已组成了堆叠系统，SwitchA 的堆叠 ID 为 0，SwitchB 的堆叠 ID 为 1。在 GigabitEthernet0/0/5 和 GigabitEthernet1/0/5 接口上配置采用直连方式多主检测功能，以减少堆叠分裂给网络带来的影响。

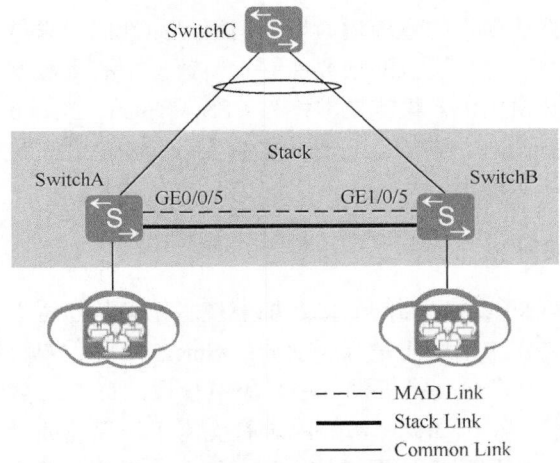

图 5-33　直连方式多主检测配置示例的拓扑结构

根据 5.2.5 节介绍的配置任务可以很容易得出本示例的具体配置步骤，仅需要在堆叠双方交换机用于直连方式检测的端口上启用直连检测功能即可。本示例中的堆叠配置方法要根据所采用的堆叠建立方式，参见 5.2.8 节或 5.2.9 节中的示例介绍。

① 在 SwitchA 上配置接口 GigabitEthernet0/0/5 采用直连方式多主检测功能。

```
<HUAWEI> system-view
[HUAWEI] interface gigabitethernet 0/0/5
[HUAWEI-GigabitEthernet0/0/5] mad detect mode direct
Warning: This command will block the port, and no other configuration running on
 this port is recommended. Continue?[Y/N]:y
```

② 在 SwitchB 上配置接口 GigabitEthernet1/0/5 采用直连方式多主检测功能。

```
<HUAWEI> system-view
[HUAWEI] interface gigabitethernet 1/0/5
[HUAWEI-GigabitEthernet1/0/5] mad detect mode direct
```

```
Warning: This command will block the port, and no other configuration running on
   this port is recommended. Continue?[Y/N]:y
```

配置好后，可在任意视图下通过 **display mad verbose** 命令查看堆叠系统多主检测的详细配置信息，验证配置结果。

```
<HUAWEI> display mad verbose

Current DAD status: Detect
Mad direct detect interfaces configured:
 GigabitEthernet0/0/5
 GigabitEthernet1/0/5
Mad relay detect interfaces configured:
Excluded ports(configurable):
Excluded ports(can not be configured):
 GigabitEthernet0/0/27
 GigabitEthernet1/0/27
```

5.3　CSS 基础

随着数据中心数据访问量的逐渐增大以及网络可靠性的要求越来越高，单台交换机已经无法满足需求，而通过交换机的集群能够实现数据中心大数据量转发和网络的高可靠性。在华为 S 系列交换机中，集群技术称为 CSS（Cluster Switch System，集群交换系统）。与其他交换机集群技术一样，它也是将多台支持集群特性的交换机组合在一起，从逻辑上组合成一台整体交换机。

5.3.1　CSS 集群简介

CSS 集群技术与本章前面介绍的 iStack 堆叠技术无论是在特性上，还是在配置上都有许多相似之处，但主要的用途还是有区别的：iStack 堆叠主要解决的是单台交换机的端口不足，同时也便于对多台交换机设备进行集中管理，而 CSS 集群主要解决的是单台交换机性能不足的问题。正因如此，iStack 堆叠应用于汇聚层或接入层，仅盒式系列交换机支持，而 CSS 集群应用于汇聚层或核心层，仅框式系列交换机支持。但华为 S 系列交换机目前仅支持两台交换机的集群，而且不同交换机系列对集群建立方式的支持情况比较复杂，具体参见相应产品的手册说明。

从外在表现看，CSS 是指将两台支持集群特性的交换机设备从逻辑上组合在一起，形成一台交换设备，如图 5-34 所示。它与本章前面介绍的 iStack 的组建形式是一样的（参见 5.1.1 节的图 5-1），只不过一个 CSS 中只能包括两台交换机，而一个 iStack 最多可包含 9 台交换机，所以它们内在的实现原理肯定不一样。

华为 S 系列交换机中的集群技术经历了两个的发展阶段。

■　传统的集群交换机系统（传统的 CSS）：专指通过主控板集群卡集群和业务口集群两种方式。

■　第二代集群交换机系统（CSS2，Cluster Switch System Generation 2）：专指在交换网板上通过集群卡方式建立的交换网硬件集群。

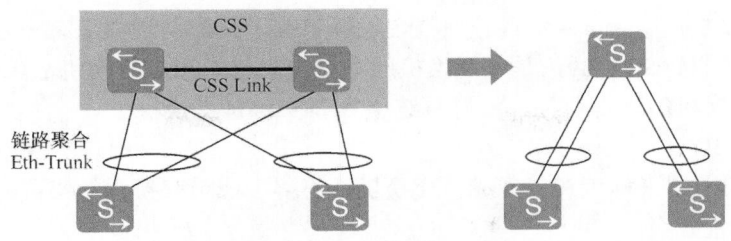

图 5-34　CSS 集群示意

本章使用"集群"或 CSS 统称"传统的 CSS"和 CSS2，有差异之处会特别指出。各框式交换机系列对传统 CSS 和 CSS2 的支持情况见表 5-12。

表 5-12　　　　　　　　　　　　传统 **CSS** 和 **CSS2** 的设备支持情况

集群系统	支持的设备	说明
传统 CSS	S7706、S7710、S7712、S7908、S9706、S9712、S12710	• S7710 是 V200R010C00 版本新增的设备款型，**既支持主控板集群卡集群及业务口集群，也支持交换网板集群卡集群**（S7710 可以配置交换网板）。
CSS2	S7710、S12704、S12708、S12710、S12712	• S7710 的主控板及交换网板上均已集成集群卡，集群卡不需要另外安装。 • V200R010C00 版本之前，所有 S12700 系列型号的交换网板均需要安装专用的集群卡。从 V200R010C00 版本开始，新增 SFUB 型号的交换网板，该网板上已集成集群卡，集群卡不需要另外安装。 • V200R010C00 版本开始新增的设备 S12710（主控板型号 MFUB，交换网板型号 SFUB，均已集成集群卡），**同时支持主控板集群卡集群和交换网板集群卡集群**

与传统的 CSS 相比，CSS2 的主要优势如下。

■ CSS2 采用交换网硬件集群

相对于传统业务口集群而言，CSS2 系统的控制报文和数据报文不需要经由业务板转发，而是直接通过交换网一次转发，这样不仅减少了软件故障可能带来的干扰，降低了单板故障带来的风险，在时延上也大大缩减。相对于传统主控板插集群卡集群而言，组建集群时的连线更为简单，在启动阶段交换网板与主控板并行启动，启动性能更强。

■ CSS2 支持主控 1+N 备份

CSS2 系统中，只要保证任意一框的一个主控板运行正常，两框业务即可稳定运行。相对于传统业务口集群而言，每个框至少要有一块主控板运行正常的限制，CSS2 进一步提高了集群系统的可靠性。相对于传统主控板集群卡集群而言，对硬件环境的严格限制，CSS2 就更加灵活了。

5.3.2　CSS 集群基本概念

在华为 CSS 集群组建、配置过程中主要涉及以下基本概念。

（1）角色

目前华为 S 系列交换机仅支持两台交换机的集群，集群中两台交换机都称为成员交换机。按照功能的不同，它们分为以下两种角色。

　① 主交换机：Master，负责管理整个集群系统。**集群系统中只有一台主交换机。**

　② 备交换机：Standby，是主交换机的备份交换机。当主交换机故障时，备交换机会接替原主交换机的所有业务。**集群系统中只有一台备交换机。**

（2）集群 ID

即 CSS ID，用来标识和管理成员交换机，集群中成员交换机的集群 ID 是唯一的。

（3）集群优先级

即 Priority，是成员交换机的一个属性，主要用于角色选举过程中确定成员交换机的角色，优先级值越大表示优先级越高，优先级越高当选为主交换机的可能性越大。

5.3.3　集群建立原理

华为交换机的 CSS 集群只能连接两台交换机，两台交换机使用集群线缆连接好，分别使能集群功能并重启，集群系统会自动建立。集群建立时，成员交换机间相互发送集群竞争报文，通过竞争，一台成为主交换机，负责管理整个集群系统，另一台则成为备交换机。在整个集群建立过程中，涉及到角色选举、版本同步、配置同步和配置备份几大步骤，下面分别予以具体介绍。

　1. 角色选举

在 CSS 集群中，要选举一台交换机作为主交换机（另一台就自动成为备交换机），负责整个集群的管理。主交换机选举规则如下。

　① 最先完成启动，并进入单框集群运行状态的交换机成为主交换机。

　② 当两台交换机同时启动时，集群优先级高的交换机成为主交换机。

　③ 当两台交换机同时启动，且集群优先级又相同时，MAC 地址小的交换机成为主交换机。

　④ 当两台交换机同时启动，且集群优先级和 MAC 地址都相同时，集群 ID 小的交换机成为主交换机。

集群系统建立后，在控制平面上，主交换机的主用主控板成为集群系统的主用主控板，作为整个集群系统的管理主角色；备交换机的主用主控板成为集群系统的备用主控板，作为集群系统的管理备角色；主交换机和备交换机的备用主控板作为集群系统候选备用主控板。如图 5-35 所示，假设集群建立后，SwitchA 竞争为主交换机。此时 SwitchA 的主用主控板作为集群系统的主用主控板，SwitchA 的备用主控板作为候选集群系统的备用主控板，而 SwitchB 的主用主控板作为集群系统的备用主控板，SwitchB 的备用主控板也作为候选集群系统的备用主控板。

　2. 版本同步

CSS 集群具有自动加载系统软件的功能，也就是说待加入集群的成员交换机不需要具有与主交换机相同的软件版本，只需要版本间兼容即可。当主交换机选举结束后，如果备交换机与主交换机的软件版本号不一致，备交换机会自动从主交换机下载系统软件，然后使用新的系统软件重启，并重新加入集群，非常智能。

　3. 配置同步

CSS 集群具有严格的配置文件同步机制，来保证集群中的两台交换机能够像一台设备一样在网络中工作。

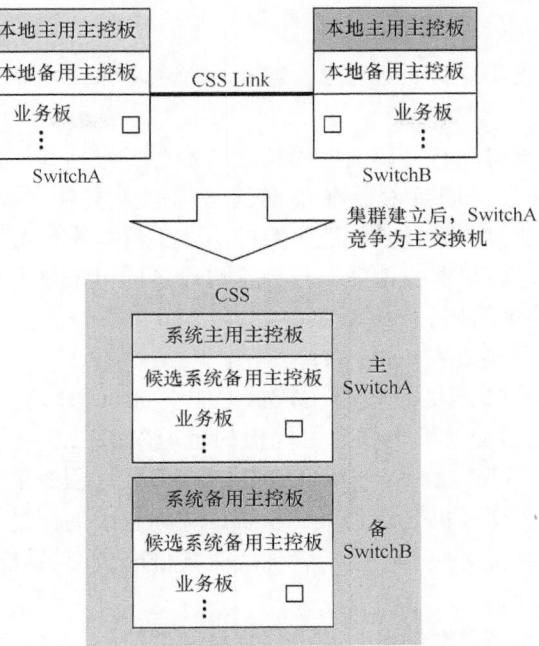

图 5-35　CSS 集群主交换机选举示例

集群中的备交换机在启动时，会将主交换机的当前配置文件同步到本地。集群正常运行后，用户所进行的任何配置，都会记录到主交换机的当前配置文件中，并同步到备交换机。通过即时同步，集群中的所有交换机均保存相同的配置，这样就使得即使主交换机出现故障，备交换机仍能够按照相同的配置执行各项功能。

4. 配置备份

交换机从非集群状态进入集群状态后，会自动将原有的非集群状态下的配置文件加上.bak 的扩展名进行备份，以便在去使能集群功能后恢复原有配置。例如，原配置文件扩展名为.cfg，则备份配置文件扩展名为.cfg.bak。

去使能交换机集群功能时，用户如果希望恢复交换机的原有配置，可以更改备份配置文件名，并指定其为下一次启动的配置文件，然后重新启动交换机，恢复原有配置。

5.3.4　集群登录与访问

集群建立后，两台成员交换机组成一台虚拟设备存在于网络中，集群系统的接口编号规则以及登录与访问的方式都发生了变化。

1. 接口编号规则

对于单台没有使能集群的交换机，接口编号采用三维格式：槽位号/子卡号/端口号。交换机使能集群后，使用集群 ID 区分不同的成员交换机，接口编号采用四维格式：集群 ID/槽位号/子卡号/端口号。

例如：设备没有使能集群时，某个接口的编号为 GigabitEthernet1/0/1；当该设备使能集群后，如果集群 ID 为 2，则该接口的编号将变为 GigabitEthernet2/1/0/1。

对于集群系统的管理网口，接口编号为 Ethernet0/0/0/0。

说明 单台交换机使能集群功能后重启，接口编号也将采用四维格式，此种情况属于单框集群。

集群去使能后不能自动将接口的四维格式转换为三维格式，此时需要手工配置。因为集群使能后，系统会自动备份原非集群状态的配置文件（原配置文件扩展名后加上.bak），所以在集群去使能之前，将改名后的原非集群状态的配置文件设置为下次启动配置文件。设置好后，将集群去使能，然后重启设备即可恢复为三维格式。

2．集群系统的登录

登录集群系统的方式如下。

■ 本地登录：通过集群系统**任意主控板**上的 Console 登录。

■ 远程登录：两台交换机上**任意主控板的管理网口以及其他三层接口**，只要路由可达即可通过 Telnet、STelnet、Web 以及 SNMP 等方式远程登录集群。

无论通过哪台成员交换机登录到集群系统，实际登录的都是主交换机。主交换机负责将用户的配置下发给备交换机，统一管理所有集群成员交换机的资源。

3．文件系统的访问

文件系统的访问包括对存储器中文件和目录的创建、删除、修改以及文件内容的显示等。如果需要指定某路径下的文件，可以通过 **drive + path + filename** 格式。

■ **drive** 是指设备中的存储器。

■ **path** 是指存储器中的目录以及子目录。

■ **filename** 是指文件名。

对文件系统进行访问，集群环境与非集群环境的差别在于 **drive** 的命名，具休如下。

■ 在非集群环境下：访问主用主控板 CF 卡或 Flash 存储器根目录时 **drive** 的命名为 **cfcard：** 或 **flash：**；访问备用主控板 CF 卡或 Flash 存储器根目录时 **drive** 的命名为 **slave#cfcard：** 或 **slave#flash：**。

■ 在集群环境下：访问集群系统主用主控板 CF 卡或 Flash 存储器根目录时 **drive** 的命名为 **cfcard：** 或 **flash：**，访问集群系统备用主控板或候选备用主控板 CF 卡或 Flash 存储器根目录时 **drive** 的命名为**框号（即集群 ID）/槽位号#cfcard：**或**框号（即集群 ID）/槽位号#flash：**。例如：**1/8#cfcard:**是指框号 1，槽位号 8 的 CF 卡。

5.3.5　集群成员的加入与集群合并

在实际的 CSS 集群配置中，往往是先在一台交换机上使能 CSS 集群功能，然后再通过集群方式连接另一台成员交换机，然后使能集群功能，此时就相当于向现有 CSS 集群中添加成员交换机。当然，也可以先把两成员交换机分别使能他们的 CSS 集群功能，然后再通过集群方式连接在一起，此时就相当于两个 CSS 集群的合并，下面具体介绍。

1．集群成员加入

集群成员加入是指向稳定运行的单框集群系统中添加一台新的交换机（使能了集群功能的单台交换机即为单框集群）。如图 5-36 所示，新交换机 SwitchB 将加入单框集群系统从而形成新的集群系统。原单框集群的交换机成为主交换机，新加入的交换机成为备交换机。

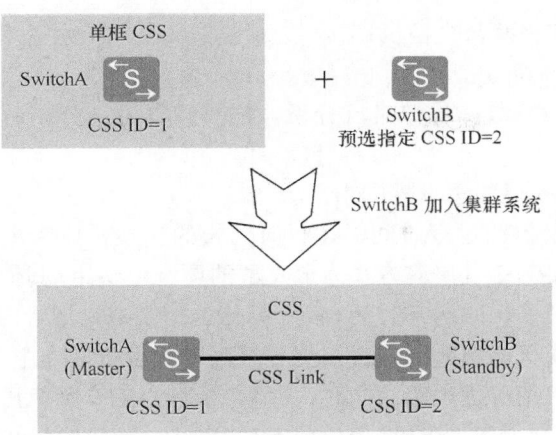

图 5-36　集群成员加入示意

集群加入通常在以下两种情形下出现。

■　在建立集群时，先将一台交换机使能集群功能后重启，重启后这台交换机将进入单框集群状态。然后再使能另外一台交换机的集群功能后重启，则后启动的交换机则按照集群成员加入的流程加入集群系统，成为备交换机。

■　在稳定运行的两框集群场景中，将其中一台交换机重启，则这台交换机将以集群成员加入的流程重新加入集群系统，并成为备交换机。

2．集群合并

集群合并是指稳定运行的两个单框集群系统合并成一个新的集群系统。如图 5-37 所示，两个单框集群系统将自动选出一个更优的交换机作为合并后集群系统的主交换机。被选为主交换机的配置不变，业务也不会受到影响，框内的备用主控板将重启。而备交换机将整框重启，以集群备用的角色加入新的集群系统，并将同步主交换机的配置，该交换机原有的业务也将中断。

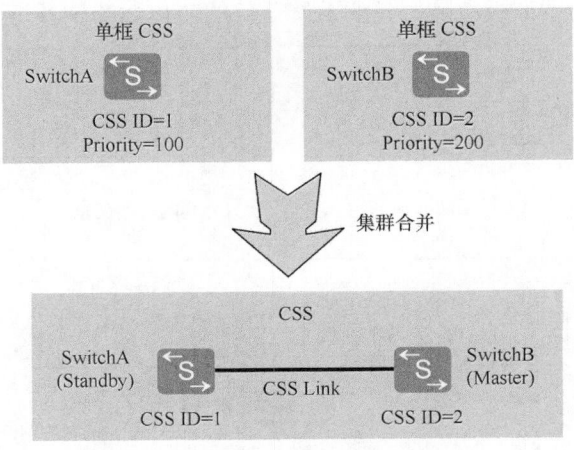

图 5-37　集群合并示意

集群合并通常在以下两种情形下出现。

■　将两台交换机分别使能集群功能后重启（重启后的两台交换机都属于单框集

群），再使用集群线缆将两台交换机连接，之后会进入集群合并流程。但通常情况下，不建议使用该方式形成集群。

■　集群链路或设备故障导致集群分裂。故障恢复后，分裂后的两个单框集群系统重新合并。

集群合并时主交换机的选举规则为：

① 比较两台交换机的运行时间，运行时间长的交换机成为主交换机（仅主控板是SRUH/SRUE/SRUF/SRUK 且集群方式为卡集群的环境中适用，其他环境中直接进行下面的比较），如果两台交换机的运行时间相差小于 20s，则视为运行时间相同；

② 比较两台交换机的集群优先级，优先级高的交换机成为主交换机；

③ 当两台交换机集群优先级相同时，MAC 地址小的交换机成为主交换机；

④ 当两台交换机集群优先级和 MAC 地址都相同时，集群 ID 小的交换机成为主交换机。

说明 不管是集群成员加入还是集群合并，需要确保两框的集群 ID 不同。如果相同，需要预先修改其中一台交换机的集群 ID。

因为 CSS 集中的集群分裂与多主检测原理与 5.1.8 节所介绍的 iStack 堆叠中的堆叠分裂和多主检测原理基本一样，且应用也不多，故在此不进行介绍，包括多主检测配置。

5.3.6　集群主备倒换和升级

导致集群主备倒换的原因较多，在此主要介绍由于主控板故障引起的主备倒换以及通过命令行执行的主备倒换。

1. 主控板故障引起的主备倒换

集群系统主控板（包括主用主控板、备用主控板和候选备用主控板）的故障可能会引起集群系统内角色的变化。

（1）集群系统主用主控板故障

当集群系统主用主控板故障，集群系统角色的变化如图 5-38 所示，具体表现为：

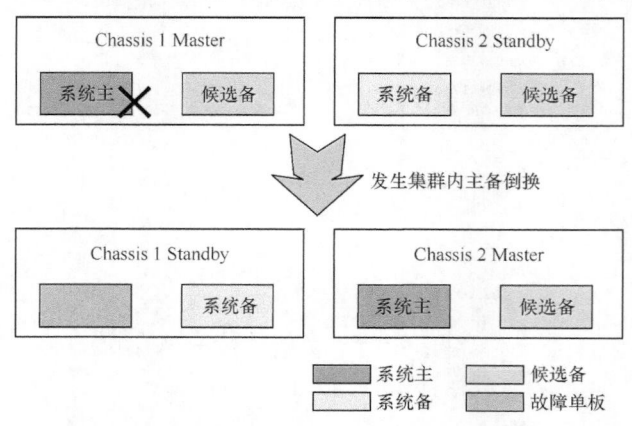

图 5-38　集群系统主用主控板故障后主备倒换示意

■　原备交换机升为主交换机，原系统备用主控板升为系统主用主控板；

■　原主交换机降为备交换机。原主交换机内的备用主控板升为系统备用主控板，并与系统主用主控板进行数据同步。

（2）集群系统备用主控板故障

当集群系统备用主控板故障，集群系统角色的变化如图 5-39 所示，具体表现为：

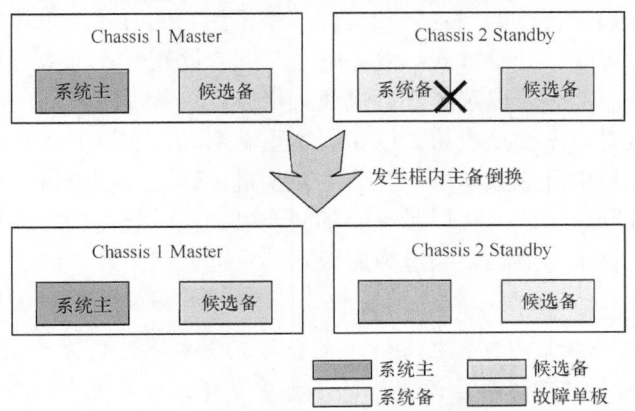

图 5-39　集群系统备用主控板故障后主备倒换示意

■ 主交换机和备交换机的角色不会发生变化；

■ 备交换机的备用主控板升为系统备用主控板，并与系统主用主控板进行数据同步。

（3）集群系统候选备用主控板故障

集群系统候选备用主控板故障不会引起任何角色的变化。

2. 通过命令行执行的主备倒换

如果集群系统当前的主交换机不是用户期望的，比如设备启动后需要调整主备角色或是执行快速升级后需要恢复原来的主备角色，此时可以在集群系统中通过执行命令（先在系统视图下执行 **slave switchover enable** 命令，使能集群主备倒换功能，然后执行 **slave switchover** 命令进行集群主备倒换），配置主备倒换实现将集群备交换机升为集群主交换机。通过命令行进行集群主备倒换后，集群系统的变化如图 5-40 所示，具体表现为（**使用命令行进行集群主备倒换前，必须确保集群主交换机是双主控环境**）：

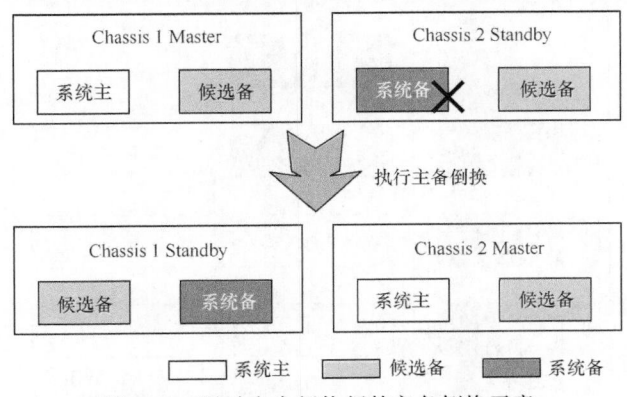

图 5-40　通过命令行执行的主备倒换示意

■ 原备交换机升为主交换机，原系统备用主控板升为系统主用主控板；

■ 原系统主用主控板重启降为系统候选备用主控板，主交换机降为备交换机；

■ 原主交换机内的备用主控板升为系统备用主控板，并与系统主用主控板进行数据同步。

3. 集群升级

集群升级可以通过传统的指定启动文件后整机重启的方式，也可以使用集群快速升级方式。如果使用传统的升级方式，业务中断时间会比较长，不太适用于对业务中断影响要求较高的场景。此时可以选择集群快速升级方式。

集群快速升级时，备交换机将先以新版本重新启动，实现升级，此时数据流量由主交换机转发。备交换机升级成功后，升为主交换机，转发数据流量，原主交换机以新版本重新启动，完成升级后成为集群系统的备交换机。在升级过程中，如果备交换机升级失败，则备交换机将重新启动并回退为原版本，集群升级失败。

说明 CSS 集群与 iStack 一样，也有链路聚合与流量本地优先转发技术，且原理也是一样的，只不过 CSS 中只包括两台设备，故不再重复介绍，参见 5.1.10 节即可。

5.4 通过集群卡连接方式组建集群

前面介绍到，华为框式交换机支持集群卡和业务口两种连接方式，本节先介绍采用集群卡连接方式的集群安装、连接和配置方法，**适用于 S7706、S7712、S7908、S9706、S9712、S12704、S12708 和 S12712 机型**。

通过集群卡连接时，根据不同的机型，集群卡可以安装在主控板，或者交换网板，前者对应传统 CSS，后者对应 CSS2。但不管是哪种集群卡安装方式，在组建集群之前均需要做好前期规划，明确集群卡连接方式组建集群的软硬件要求、集群系统内成员交换机的角色和功能，建议按照图 5-41 所示的流程进行配置。如果集群卡已集成在单板上（主控板或交换网板，如 S7710、S12710 在主控板和交换网板均集成了集群卡），则无需再安装集群卡。

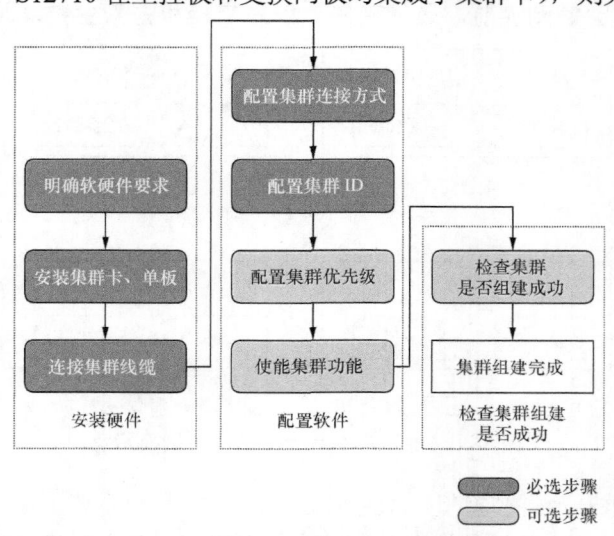

图 5-41 集群卡组建集群推荐流程示意

集群卡连接方式的 CSS 集群包括以下 3 项安装、配置任务，下面分别具体介绍。

- 硬件安装及集群连线。
- 配置软件。
- 检查集群组建是否成功。

5.4.1 硬件安装及集群连线

按照单板安装规范，安装集群卡、主控板及交换网板（S7710、S12710 可以配置交换网板）。对于已集成集群卡的主控板或交换网板，不需要另外安装集群卡。

注意 VS08 和 VQ06 集群卡支持热插拔。无论交换网板是否在位上电，都可安装或拆卸集群卡。对于不支持热插拔的集群卡，如果主控板已在位上电，必须先将主控板下电后才可以安装或拆卸集群卡。

连线前需要准备好以下事项。

- 安装部件准备：请准备电缆或者光模块及配套的光纤或者 AOC 光线缆。
- 工具准备：请准备线扣、光纤捆扎带、标签、防静电腕带或防静电手套。

注意 如果待插拔的线缆是光纤，请勿裸眼靠近或直视光口或接头，以免激光灼伤眼睛。安装前需做好防静电准备。布放线缆时，注意不要与其他线缆发生缠绕。

光纤插拔过程中需要小心操作，注意不要损伤光纤连接器。请保证光纤、电缆的弯曲半径大于最小弯曲半径。QSFP+电缆、SFP+–SFP+电缆、AOC 光线缆的最小弯曲半径分别为 50.8mm、25mm、30mm，光纤的弯曲半径一般≥40mm。

如果光纤连接器的端面不够清洁，就需要对其清洁。清洁的方法是用酒精棉或酒精无尘纸沿一个方向轻拭，不能来回擦拭。拔出电缆时，先向内轻推电缆连接器，再向外拉拉环，直到取出电缆。

集群连线步骤如下。

① 佩戴好防静电腕带，并将其接地端插入机架上的 ESD 插孔。

② 在所有的集群线缆两端粘贴标签，编号从 1 开始，粘贴方法如图 5-42 所示。

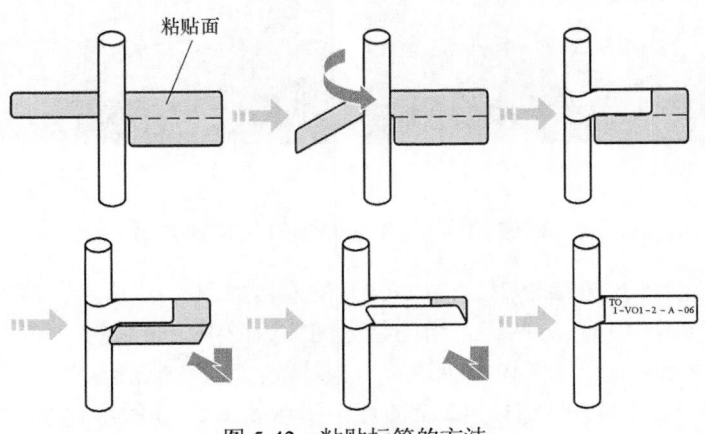

图 5-42 粘贴标签的方法

③ 按照连线规则连接线缆，连接规则根据设备款型及集群卡型号进行选择。

■ 安装电缆、光模块或光纤时，听到"啪"的声响后，表明安装到位。

■ 拆卸电缆、光模块或光纤时，请捏住接头或者拉环，先往接口内轻推，再拔出。

VSTSA 集群卡（S7706&S7712）的连接方法如图 5-43 所示，连线规则为：每块 VSTSA 集群卡有 4 个接口。必须根据图中标识将相同编号及相同颜色的接口全部连接即可。

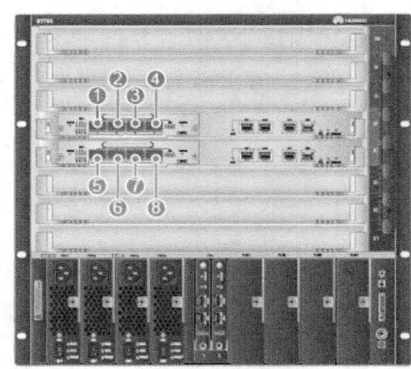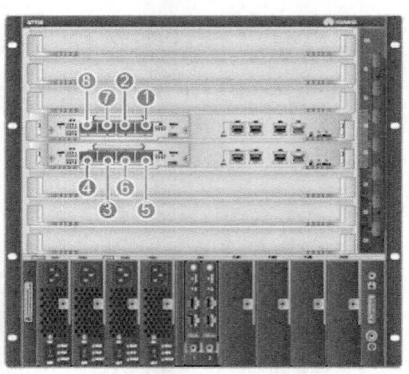

━━━ 集群线缆

图 5-43　VSTSA 集群卡（S7706&S7712）连接示意

VS04 集群卡（S7706&S7712&S7908）的连接方法如图 5-44 所示，连线规则为：每块 VS04 集群卡有 4 个接口，连接时根据图中标识将相同颜色、相同编号的接口一一对接。两框之间允许只连接一根线缆，但建议连接多根。每块集群卡只能与对框的一块集群卡对接，不能同时连接到对框两块集群卡上。

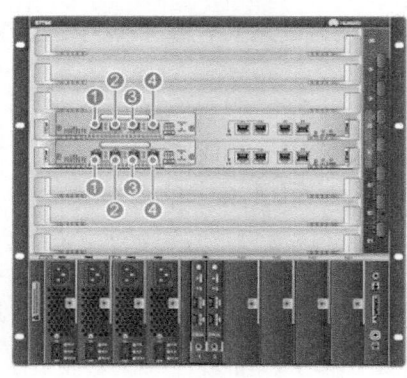

━━━ 集群线缆

图 5-44　VS04 集群卡（S7706&S7712&S7908）连接示意

VS08 集群卡（S9706&S9712&S12704）的连接如图 5-45 所示，连线规则为：每块 VS08 集群卡有 8 个接口，分两组。组与组之间按照图中相同颜色、相同编号接口相连，但组内接线顺序无限制，每组内至少连接一根线缆，建议全连接。

VS08 集群卡在 S12708&S12712 上的连接示意如图 5-46 所示。连线规则如下。

■ 组 1 的任意接口只能与对框 VS08 集群卡上组 1 的任意接口相连，组 2 只能与对框的组 2 相连。每框至少配置一块交换网板，并且每块交换网板上至少保证有一根集群线缆连接到对框。但出于可靠性考虑，建议为每框配置两块交换网板，每块交换网板间至少连接两根线缆。

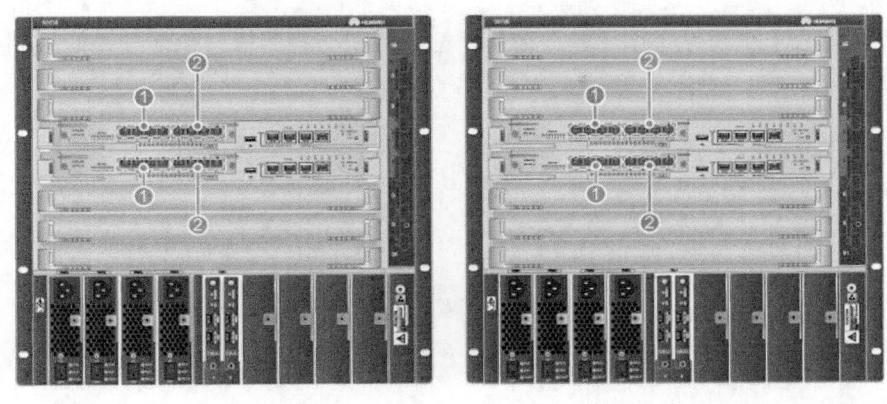

图 5-45　VS08 集群卡（S9706&S9712）连接示意

■ 建议在每块集群卡上连接集群线缆的数量相同（如果不相同会影响总的集群带宽），且两端按照接口编号的顺序对接。如果交换网板为 SFUD，建议在每块集群卡上连接偶数根集群线缆。

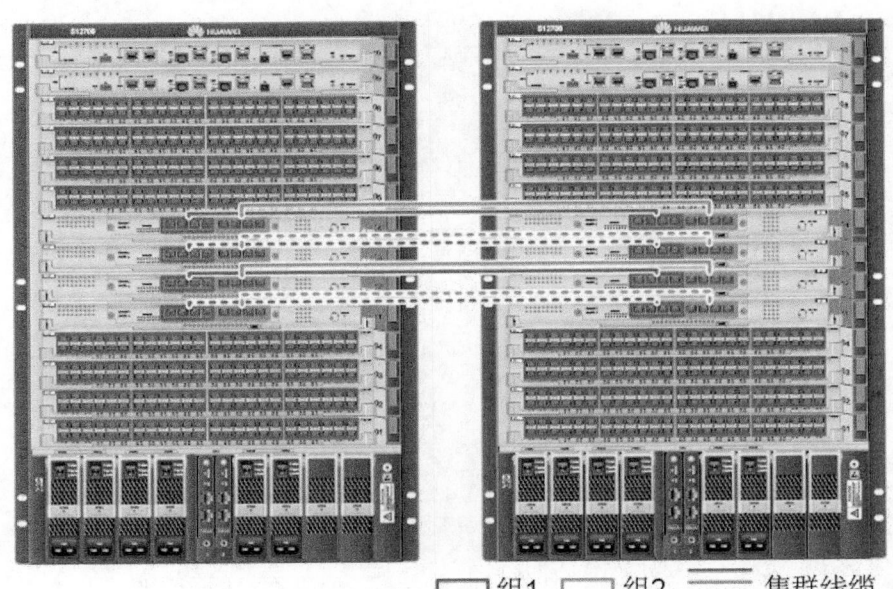

图 5-46　VS08 集群卡连接示意（适用于 S12708&S12712）

VQ06 集群卡在 S12708&S12712 中的连接如图 5-47 所示，在 S12704 中的连接示意图（适用于）如图 5-48 所示。VQ06 集群卡连线规则如下。

■ 任意一块集群卡中的任意接口可以和对框任意一块集群卡中的任意接口相连，但一块集群卡只能连接到对框一块集群卡，不能连接到多块集群卡，且不能与本框集群卡相连。

■ 每框至少配置一块交换网板，并且每块交换网板上至少保证有一根集群线缆连接到对框。但出于可靠性考虑，建议为每框配置两块交换网板，每块交换网板间至少连接两根线缆。

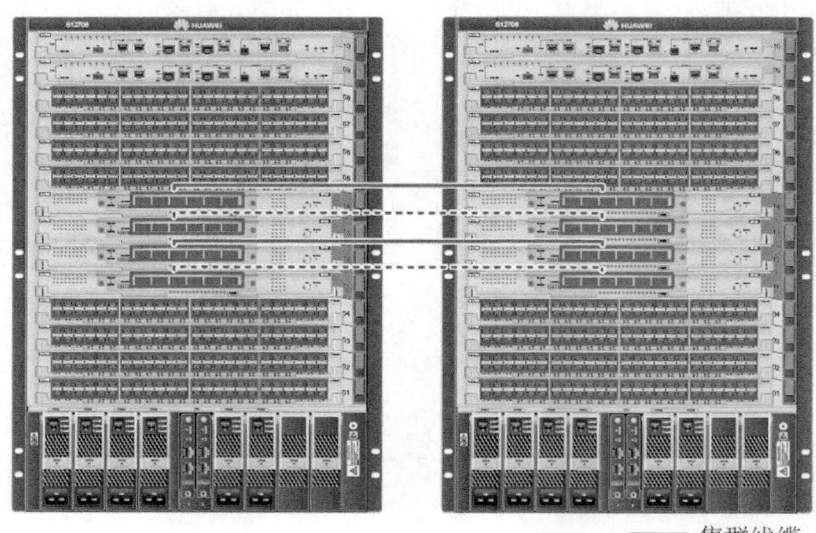

图 5-47　VQ06 集群卡连接示意（适用于 S12708&S12712）

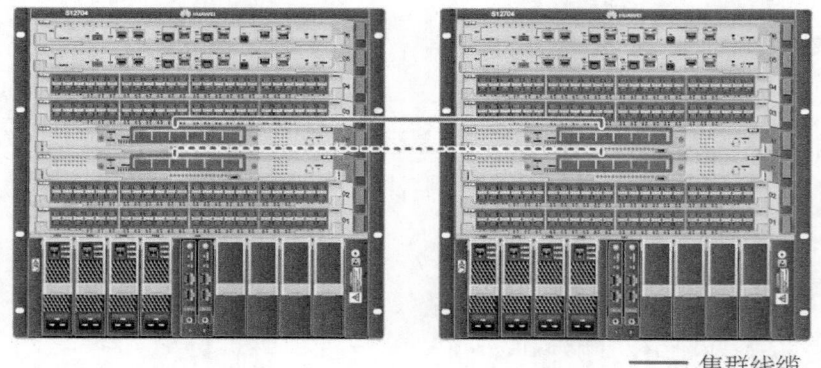

图 5-48　VQ06 集群卡连接示意（适用于 S12704）

建议在每块集群卡上连接集群线缆的数量相同（如果不相同会影响总的集群带宽），且两端按照接口编号的顺序对接。如果交换网板为 SFUD，建议在每块集群卡上连接偶数根集群线缆。

S12704&S12708&S12712 使用 SFUB 交换网板集成集群卡的连线如图 5-49 所示，连线规则如下。

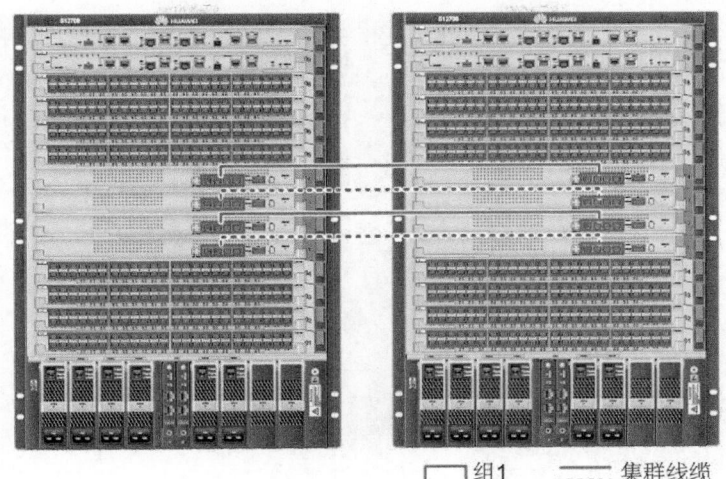

□ 组1　　┈┈┈ 集群线缆

图 5-49　SFUB 交换网板集成集群卡连线示意（适用于 S12704&S12708&S12712）

■ 一块集群卡只能与对框一块集群卡相连，不能连接到多块集群卡，且不能与本框集群卡相连。如果一框交换网板为 SFUB，另一框为 SFUA，则 SFUB 上可以用 4×10G 的接口与对框 VS08 集群卡上组 1 的 4 个接口任意连接。

■ 如果一框交换网板为 SFUB，另一框为 SFUC/SFUD 的其中一种，则 SFUB 上既可以用 4×10G 的接口与对框 VS08 集群卡上组 1 的 4 个接口任意连接，也可以使用 40GE 接口与对框 VQ06 集群卡上的 6 个接口任意连接。

■ 如果两框都使用 SFUB 交换网板，则既可以使用 4×10G 的接口与对框 4×10G 接口任意连接，也可以使用 40G 接口与对框 40G 接口连接。

■ 每框至少配置一块交换网板，并且每块交换网板上至少保证有一根集群线缆连接到对框。但出于可靠性考虑，建议为每框配置两块交换网板，并连接多根线缆。

S7710 集成集群卡采用 4×10G 接口的连接方法如图 5-50 所示，采用 40G 接口的连接方法如图 5-51 所示，连线规则如下。

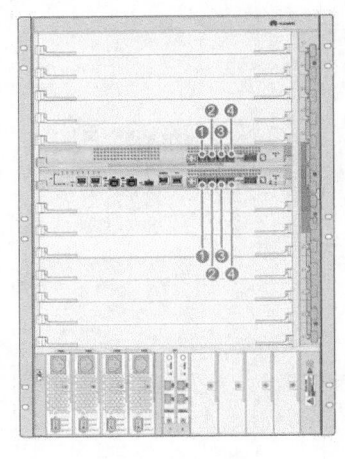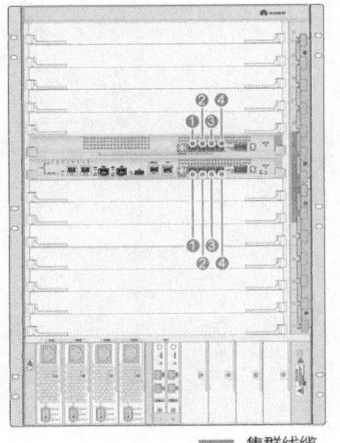

══ 集群线缆

图 5-50　S7710 集成集群卡采用 4×10G 接口连接示意

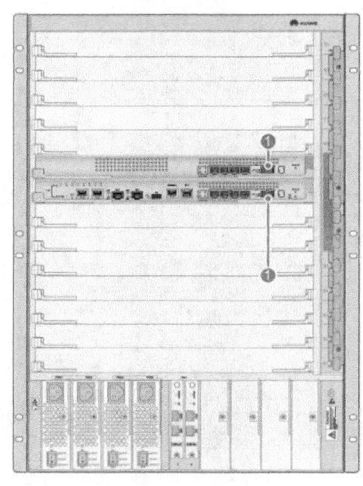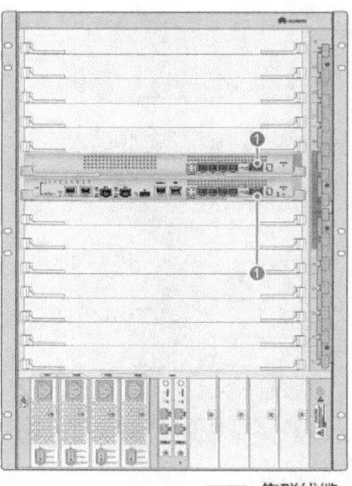

　　　　　　　　　　　　　　　　　　　　　　　　　　　══ 集群线缆

图 5-51　S7710 集成集群卡采用 40G 接口连接示意

　　■　S7710 支持本框与对框通过主控板与主控板连线或者交换网板与交换网板连线，或者主控板和交换网板同时有连线（主控板连主控板，交换网板连交换网板）。

　　■　主控板和交换网板的集成集群卡上有两种类型的接口（4×10G 接口和 40G 接口），可选择其中一种连接。连接 10G 接口时，需要根据图 5-50 将相同编号的接口一一对接，接口编号必须一致（如左框蓝 1 连接右框蓝 1）。

　　■　两框之间有一根连线即可组成集群。但出于可靠性考虑，建议连接多根线缆。

　　■　如果需要支持集群主控 1+N 备份，需要确保交换网板之间有集群连线。

　　S12710 集成集群卡采用 4×10G 接口连接时如图 5-52 所示，采用 40G 接口连接时如图 5-53 所示，连线规则如下。

　　■　S12710 支持本框与对框通过主控板与主控板连线或者交换网板与交换网板连线，或者主控板和交换网板同时有连线（主控板连主控板，交换网板连交换网板）。

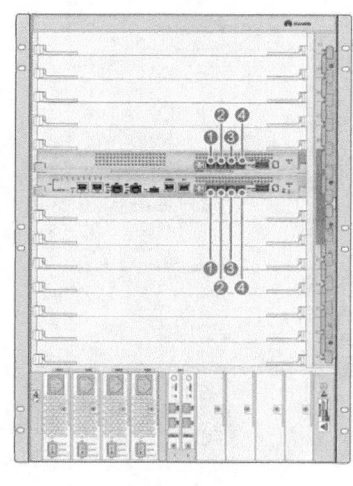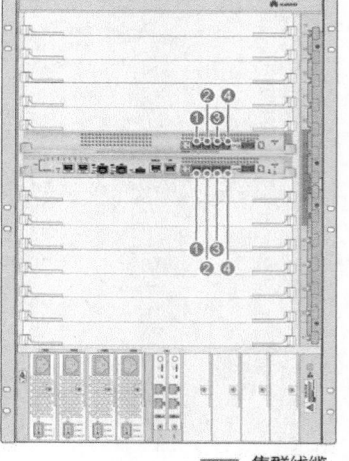

　　　　　　　　　　　　　　　　　　　　　　　　　　　══ 集群线缆

图 5-52　S12710 集成集群卡连接示意（4×10G 接口示例）

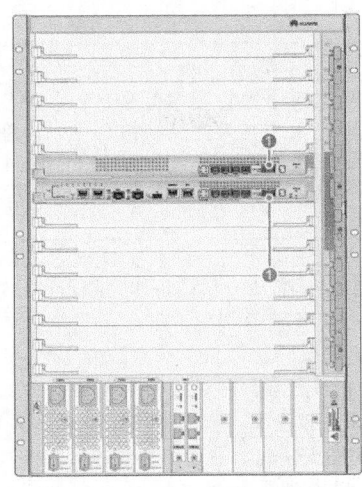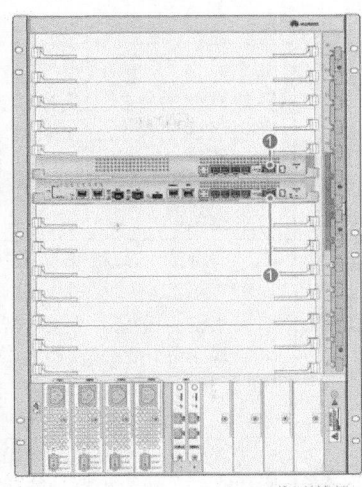

　　　　　　　　　　　　　　　　　　　　　　　　　＝＝ 集群线缆

图 5-53　S12710 集成集群卡连接示意（40G 接口示例）

　　■　主控板和交换网板的集成集群卡上有两种类型的接口（4×10G 接口和 40G 接口），可选择其中一种连接。连接 10G 接口时，需要根据图 5-52 将相同编号的接口一一对接，接口编号必须一致。

　　■　两框之间有一根连线即可组成集群。但出于可靠性考虑，建议连接多根线缆。如果需要支持集群主控 1+N 备份，需要确保交换网板之间有集群连线。

　　④　将线缆理顺、经过分线齿并捆扎好。

　　⑤　如果设备没有上电，请先确保设备的电源线、接地线都已正确连接，再依次打开设备外部电源开关和设备电源模块开关。

5.4.2　配置软件

　　连接好集群中的成员交换机后，还需要进行一些必要的集群配置才能最终建立集群，具体包括表 5-13 所示的配置任务，具体的配置步骤见表 5-14。

表 5-13　　　　　　　　　　　　集群卡集群所需进行的软件配置项

配置任务	描述
配置集群连接方式为集群卡集群	在组建集群卡集群时，必须保证两台交换机均配置为集群卡连接方式。 支持集群卡连接方式的设备缺省情况下都为集群卡连接
配置集群 ID	集群中的两台成员交换机拥有不同的集群 ID，分别为 1 和 2，相同 ID 的两台交换机不能建立集群。缺省情况下，集群 ID 都为 1，所以在建立集群前，需要手工配置集群中一台交换机的集群 ID 为 2。 【注意】集群建立后，请勿随意修改交换机的集群 ID，否则会导致集群分裂
配置集群连线时的接口类型（适用于部分款型）	S7710、S12710 的集群连线支持两种接口：10G 接口和 40G 接口，在建立集群前，需要根据实际的集群连线情况配置相应的接口类型
（可选）配置集群优先级	集群优先级主要用于角色选举过程中确定成员交换机的角色，优先级值越大表示优先级越高，优先级越高当选为主交换机的可能性越大。缺省情况下，设备的集群优先级为 1。

（续表）

配置任务	描述
（可选）配置集群优先级	多数机型的集群主交换机选举过程中的首要条件是运行状态比较，所以即使优先级的值最高，如果启动慢也无法成为主交换机。可以让确定要成为主交换机的设备先启动，从而保证这台交换机成为主交换机。只有两台交换机同时启动时，才会按优先级进行主交换机选举，优先级高的交换机才会被选举为主交换机
（可选）强制指定集群主交换机	通常情况下，集群主交换机是在集群建立时两台交换机通过竞争产生的，具有不确定性。用户可以强制指定其中某一台设备作为集群的主交换机。 如果集群建立前，两台设备都配置了强制指定集群主交换机，则集群建立时此配置失效，主交换机在集群建立时仍通过竞争产生。 【注意】配置强制指定集群主交换机后，可能会出现集群系统正常运行后再次进行强制主备倒换，此时可能对业务造成影响，所以不建议配置此功能
使能集群功能并重启设备	缺省情况下，交换机的集群功能未使能。需要在两台成员交换机上分别使能集群功能。在使能集群功能前，可以通过 **display css status** [**saved**] 命令查看当前交换机的集群功能的状态，同时可以指定参数 saved 查看之前配置的集群信息

表 5-14　　　　　　　　　　　　　集群卡集群的软件配置步骤

步骤	命令	说明
1	**system-view** 例如：<HUAWEI> **system-view**	进入系统视图
2	**set css mode** css-card 例如：[HUAWEI] **set css mode css-card**	配置集群卡连接方式，S7900 不支持该命令。 缺省情况下，SRUD 主控板为业务口连接方式，其他均为集群卡连接方式
3	**css port media-type** { **sfp+** | **qsfp+** [**40ge:4*xge**] } 例如：[HUAWEI] **css port media-type sfp+**	配置采用交换网板安装集群卡时的集群连线接口类型，仅 S7710 和 S12700 系列支持。命令中的选项说明如下。 ① **sfp+**：二选一项选项，表示采用 10G SFP+模块接口进行集群连接。 ② **qsfp+**：二选一项选项，QSFP+模块，表示 40G 接口。 ③ **40ge:4*xge**：可选项，表示 40G 接口拆分为 4 个 10GE接口。 S7710、S12710 仅支持两种类型：**sfp+**和**qsfp+ 40ge:4*xge**，如果使用 10G 接口集群，接口类型请配置为 **sfp+**；如果使用 40G 接口集群，接口类型请配置为 **qsfp+ 40ge:4*xge**；S12704&S12708&S12712 支持 3 种类型：**sfp+**、**qsfp+**和**qsfp+ 40ge:4*xge**
4	**set css id** new-id 例如：[HUAWEI] **set css id 2**	配置交换机的集群 ID，取值为 1 或 2。 缺省情况下，交换机的集群 ID 为 1。但如果是在集群状态下配置，且未指定 chassis-id 可选参数时，则是对主交换机进行集群 ID 修改
5	**set css priority** priority 例如：[HUAWEI] **set css priority 100**	（可选）配置设备的集群优先级，整数形式，取值范围为 1～255。值越大，优先级越高。缺省值为 1。修改设备集群优先级后，需要重新启动设备配置才能生效
6	**css master force** 例如：[HUAWEI] **css master force**	（可选）强制指定该交换机在集群中作为集群主交换机。如果指定交换机此时在集群系统中是备份交换机，那么在集群系统数据备份正常结束以后，会发生集群系统倒换，集群系统的主交换机变为指定的交换机。

（续表）

步骤	命令	说明
6	**css master force** 例如：[HUAWEI] css master force	缺省情况下，未强制本机框在集群系统中作为集群主交换机，可用 **undo css master force** 命令取消强制指定机框在集群系统中作为集群主交换机
7	**css enable** 例如：[HUAWEI] css enable	使能交换机的集群功能。使能集群功能后，系统会提示立即重启使配置生效，此时需要输入 Y，否则所有配置不会生效，集群也不会成功建立。 缺省情况下，设备的集群功能处于未使能状态，可用 **undo css enable** 命令去使能设备的集群功能

5.4.3　检查集群组建是否成功

集群组建完成后，可以先通过指示灯检查集群组建是否成功。如果成功，登录集群并使用命令行查询集群的状态信息，然后进行集群组建后的配置。如果不成功，可通过指示灯的异常显示排查集群失败原因，也可以登录集群并通过命令行对失败原因进行定位。

1．通过指示灯检查集群是否组建成功

集群建立后，可以通过主控板或集群卡上的指示灯状态，查看集群状态，包括主备角色、链路状态等。正常的指示灯状态见表 5-15。

表 5-15　　　　　　　　　　集群组建成功时指示灯状态

款型	集群卡所在面板及集群卡型号	集群组建成功时指示灯状态
S7706&S7712	SRUA 或 SRUB 主控板 VSTSA 集群卡	• 只有一块集群卡的 MASTER 灯绿色常亮。 • 一台交换机的两块集群卡上编号为 1 的 CSS ID 灯绿色常亮，另外一台交换机的两块集群卡上编号为 2 的 CSS ID 灯绿色常亮。 • 集群卡上 LINK 灯绿色常亮
S7706&S7712	SRUH 或 SRUE 主控板 VS04 集群卡	• 一台交换机的一块主控板上 ACT 灯绿色常亮，另外一台交换机的一块主控板上 ACT 灯绿色闪烁。 • 一台交换机的集群卡上编号为 1 的 CSS ID 灯绿色常亮，另外一台交换机的集群卡上编号为 2 的 CSS ID 灯绿色常亮。 • 集群卡上 LINK/ALM 灯绿色常亮
S7908	SRUF 主控板 VS04 集群卡	• 一台交换机的一块主控板上 ACT 灯绿色常亮，另外一台交换机的一块主控板上 ACT 灯绿色闪烁。 • 一台交换机的集群卡上编号为 1 的 CSS ID 灯绿色常亮，另外一台交换机的集群卡上编号为 2 的 CSS ID 灯绿色常亮。 • 集群卡上 LINK/ALM 灯绿色常亮
S9706&S9712	SRUC 主控板 VS08 集群卡	• 只有一块集群卡的 MASTER 灯绿色常亮。 • 一台交换机的两块主控板上编号为 1 的 CSS ID 灯绿色常亮，另外一台交换机的两块主控板上编号为 2 的 CSS ID 灯绿色常亮。 • 集群卡 LINK/ALM 灯绿色常亮

（续表）

款型	集群卡所在面板 及集群卡型号	集群组建成功时指示灯状态
S7710	SRUK 主控板/SFUK 交换网板 集成集群卡	• 只有一块主控板 CSS MASTER 灯绿色常亮。 • 一台交换机的主控板上编号为1的CSS ID灯绿色常亮，另外一台交换机的主控板上编号为2的CSS ID 灯绿色常亮。 • 集群连线所在的主控板或交换网板上的接口 LINK/ALM 灯绿色常亮
S12704&S12708&12712	SFUA/SFUC/SFUD 交换网板 VS08 集群卡	• 只有一块主控板 CSS MASTER 灯绿色常亮，且这块主控板所在的交换机上所有的集群卡 MASTER 灯绿色常亮，另一台交换机上所有的集群卡 MASTER 灯常灭。 • 一台交换机的两块主控板上编号为1的CSS ID灯绿色常亮，另外一台交换机的两块主控板上编号为2的CSS ID 灯绿色常亮。 • 集群卡上有集群线缆连接的端口 LINK/ALM 灯绿色常亮
	SFUC/SFUD 交换网板 VQ06 集群卡	• 只有一块主控板 CSS MASTER 灯绿色常亮，且这块主控板所在的交换机上所有的集群卡 MASTER 灯绿色常亮，另一台交换机上所有的集群卡 MASTER 灯常灭。 • 一台交换机的两块主控板上编号为1的CSS ID灯绿色常亮，另外一台交换机的两块主控板上编号为2的CSS ID 灯绿色常亮。 • 集群卡上有集群线缆连接的端口 LINK/ALM 灯绿色常亮
	SFUB 交换网板 面板集成集群卡	• 只有一块主控板 CSS MASTER 灯绿色常亮。 • 一台交换机的主控板上编号为1的CSS ID灯绿色常亮，另外一台交换机的主控板上编号为2的CSS ID灯绿色常亮。 • 集群连线所在的交换网板上的接口 LINK/ALM 灯绿色常亮
S12710	MPUB 主控板/SFUB 交换网板 面板集成集群卡	• 只有一块主控板 CSS MASTER 灯绿色常亮。 • 一台交换机的主控板上编号为1的CSS ID灯绿色常亮，另外一台交换机的主控板上编号为2的CSS ID灯绿色常亮。 • 集群连线所在的主控板或交换网板上的接口 LINK/ALM 灯绿色常亮

　　如果经过比较发现指示灯显示正常，可以登录集群并使用命令行查询集群状态信息，然后进行集群组建后的配置；如果指示灯显示不正常，对于 S7700&S7900&S9700 系列交换机可按表 5-16、对于 S12700 系列交换机可按表 5-17 中介绍的各种集群卡指示灯状态找到异常的指示灯，然后排查集群失败的原因，也可以登录集群并通过命令行对失败的原因进行定位。

表 5-16　　　　　S7700&S7900&S9700 系列交换机集群卡集群的指示灯状

集群卡所在面板 及集群卡型号	指示灯所在 单板	指示灯	指示灯状态及含义
SRUA&SRUB/VSTSA	集群卡	MASTER：主备状态指示灯	• 绿色常亮：表示该主控板为系统主用主控板，该框为主交换机。 • 常灭：表示集群功能未使能，或该主控板不是系统主用主控板

（续表）

集群卡所在面板及集群卡型号	指示灯所在单板	指示灯	指示灯状态及含义
SRUA&SRUB/VSTSA	集群卡	CSS ID：集群ID 指示灯	共 8 个灯，同一时间内有且仅有一个灯亮。 • 编号为"N"的灯亮：表示该设备的集群 ID 为 N。 • 全灭：表示该设备没有运行集群业务
		LINK：端口状态指示灯	• 绿色常亮：表示对应集群接口的链路状态为 Up。 • 常灭：表示对应集群接口的链路状态为 Down
SRUC/VS08	主控板	CSS ID：集群ID 指示灯	共 8 个灯，同一时间内有且仅有一个灯亮。 • 编号为"N"的灯亮：表示该设备的集群 ID 为 N。 • 全灭：表示该设备没有运行集群业务
	集群卡	MASTER：主备状态指示灯	• 绿色常亮：表示该主控板为系统主用主控板，该框为主交换机。备交换机的 MASTER 灯常灭。 • 常灭：表示集群功能未使能，或该主控板不是系统主用主控板
		LINK/ALM：端口状态指示灯	• 绿色常亮：表示该端口状态为 Up，连线正确。 • 红色常亮：表示该端口连线错误，不符合连线规则。 • 常灭：表示该端口的链路状态为 Down
SRUH、SRUF 或 SRUE/VS04	主控板	ACT：主控板主备用指示灯	• 绿色常亮：表示该主控板为系统主用主控板，该框为主交换机。 • 绿色闪烁：表示该主控板为系统备用主控板，该框为备交换机。 • 常灭：表示该主控板为系统冷备主控板
	集群卡	MASTER：主备状态指示灯	• 绿色常亮：表示该主控板为系统主用主控板，该框为主交换机。 • 常灭：表示集群功能未使能，或该主控板不是系统主用主控板。 【说明】如果集群系统主用主控板上未插集群卡，则无法通过 MASTER 指示灯判断主交换机。此时可以通过主控板上的 ACT 指示灯进行判断
		CSS ID：集群ID 指示灯	共 8 个灯，同一时间内有且仅有一个灯亮。 • 编号为"N"的灯亮：表示该设备的集群 ID 为 N。 • 全灭：表示该设备没有运行集群业务
		LINK/ALM：端口状态指示灯	• 绿色常亮：表示对应集群接口的链路状态为 Up。 • 红色常亮：表示该端口连线错误，不符合连线规则。 • 常灭：表示对应集群接口的链路状态为 Down

（续表）

集群卡所在面板及集群卡型号	指示灯所在单板	指示灯	指示灯状态及含义
SRUK 主控板/SFUK 交换网板集成集群卡	主控板	CSS ID：集群ID 指示灯	共 8 个灯，同一时间内有且仅有一个灯亮。 • 编号为"N"的灯亮：表示该设备的集群 ID 为 N。 • 全灭：表示该设备没有运行集群业务
		CSS MASTER：主备状态指示灯	• 绿色常亮：表示该主控板为系统主用主控板，该框为主交换机。 • 常灭：表示集群功能未使能，或该主控板不是系统主用主控板
		LINK/ALM：10G 光接口集群指示灯	• 绿色常亮：表示对应集群接口的链路状态为 Up。 • 红色常亮：表示该端口连线错误，不符合连线规则。 • 常灭：表示对应集群接口的链路状态为 Down
		LINK/ALM：40G 光接口集群指示灯	• 绿色常亮：表示内部 4 个集群接口的链路状态全部为 Up。 • 黄灯常亮：表示内部 4 个集群接口的链路状态部分为 Up，部分为 Down。 • 红色常亮：表示该端口连线错误，不符合连线规则。 • 常灭：表示内部 4 个集群接口的链路状态全部为 Down。 对于 40G 光接口，在设备内部其实是将其拆分成为 4 个 10G 光接口
	交换网板	LINK/ALM：10G 光接口集群指示灯	• 绿色常亮：表示对应集群接口的链路状态为 Up。 • 红色常亮：表示该端口连线错误，不符合连线规则。 • 常灭：表示对应集群接口的链路状态为 Down
		LINK/ALM：40G 光接口集群指示灯	• 绿色常亮：表示内部 4 个集群接口的链路状态全部为 Up。 • 黄灯常亮：表示内部 4 个集群接口的链路状态部分为 Up，部分为 Down。 • 红色常亮：表示该端口连线错误，不符合连线规则。 • 常灭：表示内部 4 个集群接口的链路状态全部为 Down。 对于 40G 光接口，在设备内部其实是将其拆分成为 4 个 10G 光接口

表 5-17　　　　　　　　　　　S12700 系列交换机指示灯状态

指示灯所在单板	指示灯	指示灯状态及含义
所有主控板	CSS MASTER：主备状态指示灯	• 绿色常亮：表示该主控板为系统主用主控板，该框为主交换机。备交换机的 MASTER 灯常灭。备交换机上 ACT 指示灯常亮的主控板为系统备用主控板。 • 常灭：表示集群功能未使能，或该主控板不是系统主用主控板
	CSS ID：集群 ID 指示灯	共 8 个灯，同一时间内有且仅有一个灯亮。 • 编号为 "N" 的灯亮：表示该设备的集群 ID 为 N。 • 全灭：表示该设备没有运行集群业务
VS08 和 VQ06 集群卡	MASTER：主备状态指示灯	• 绿色常亮：表示该框为主交换机，且该框所有集群卡的 MASTER 灯均常亮。备交换机上所有的 MASTER 灯均常灭。 • 常灭：表示集群功能未使能或所在框不是主交换机
	LINK/ALM：端口状态指示灯	• 绿色常亮：表示该端口状态为 Up，连线正确。 • 红色常亮：表示该端口连线错误，不符合连线规则。 • 常灭：表示该端口的链路状态为 Down
MPUB 主控板集成集群卡。SFUB 交换网板集成集群卡	LINK/ALM：10G 光接口集群指示灯	• 绿色常亮：表示该端口状态为 Up，连线正确。 • 红色常亮：表示该端口连线错误，不符合连线规则。 • 常灭：表示该端口的链路状态为 Down
	LINK/ALM：40G 光接口集群指示灯	• 绿色常亮：表示内部 4 个集群接口的链路状态全部为 Up。 • 黄色常亮：表示内部 4 个集群接口的链路状态部分为 Up，部分为 Down。 • 红色常亮：表示该端口连线错误，不符合连线规则。 • 常灭：表示内部 4 个集群接口的链路状态全部为 Down。 对于 40G 光接口，在设备内部其实是将其拆分成为 4 个 10G 光接口

2. 登录集群并通过命令行检查集群是否组建成功

除了可以通过指示灯检查集群组建是否成功外，还可以通过命令行进行检查，并在集群组建未成功的情况下进行问题定位。

① 本地或远程登录。

② 执行 **display device** 命令查看设备的单板状态，集群建立后可以显示两台成员交换机的单板状态，此时表示集群建立完成。还可以执行 **display css status** 命令查看集群系统的状态，集群建立后可以显示两台成员交换机的集群状态，此时表示集群建立完成，如下面的例子。

```
<HUAWEI> display css status
CSS Enable switch On
Chassis Id    CSS Enable    CSS Status    CSS Mode    Priority    Master Force
-------------------------------------------------------------------------------
1             On            Master        CSS card    255         Off
2             On            Standby       CSS card    1           Off
```

③ 执行 **display css channel** 命令检查集群链路状态与集群硬件连接是否一致，如下面的例子。

```
<HUAWEI> display css channel
CSS link-down-delay: 0ms
```

	Chassis 1	‖	Chassis 2	
Num [SRUC HG]	[Port(Status)]	‖ [Port(Status)]	[SRUC HG]	
1 1/7	0/12 -- 1/7/0/1(UP 10G)	---‖--- 2/7/0/1(UP 10G)	-- 2/7 0/12	
2 1/7	0/16 -- 1/7/0/2(UP 10G)	---‖--- 2/7/0/2(UP 10G)	-- 2/7 0/16	
3 1/7	0/13 -- 1/7/0/3(UP 10G)	---‖--- 2/7/0/3(UP 10G)	-- 2/7 0/13	
4 1/7	0/17 -- 1/7/0/4(UP 10G)	---‖--- 2/7/0/4(UP 10G)	-- 2/7 0/17	
5 1/7	0/14 -- 1/7/0/5(UP 10G)	---‖--- 2/8/0/5(UP 10G)	-- 2/8 0/14	
6 1/7	0/18 -- 1/7/0/6(UP 10G)	---‖--- 2/8/0/6(UP 10G)	-- 2/8 0/18	
7 1/7	0/15 -- 1/7/0/7(UP 10G)	---‖--- 2/8/0/7(UP 10G)	-- 2/8 0/15	
......				

如果一致，说明所有集群链路状态都正常，集群组建完全成功。如果不一致，说明存在有集群线缆连接的链路未显示出来的情况（集群异常链路），可以执行 **display css port brief** 命令查看所有集群端口的状态。如果集群异常链路所在的端口为 up，则可能存在连线错误；如果集群异常链路所在的端口为 down，则需要检查集群线缆是否松动或者线缆是否有异常。

5.4.4 通过集群卡组建集群的配置示例

如图 5-54 所示，核心层 SwitchA 和 SwitchB 两台交换机采取集群卡集群方式进行组网，其中 SwitchA 为主交换机，SwitchB 为备交换机。汇聚层 Switch 通过 Eth-Trunk 连接到集群系统，同时集群系统通过 Eth-Trunk 接入上行网络。本例中以 S9706 安装 EH1D2VS08000 集群卡进行说明。

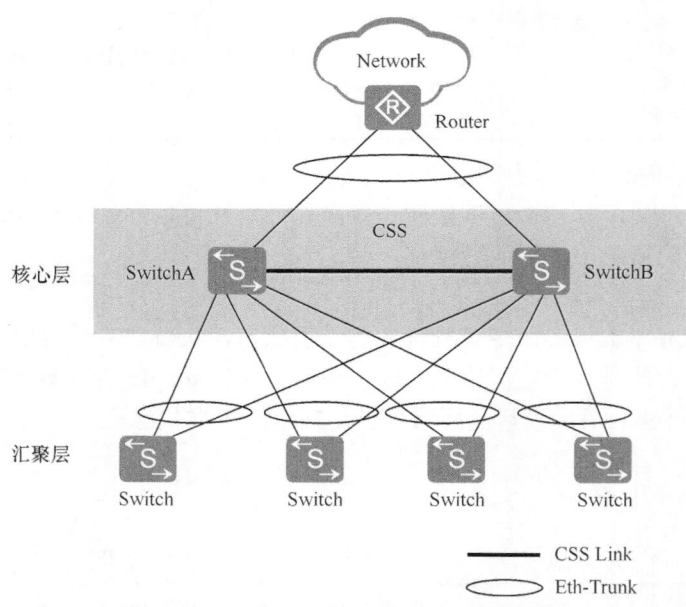

图 5-54　通过集群卡组建集群配置示例的拓扑结构

1. 基本配置思路分析

根据前面介绍的集群卡连接方式 CSS 集群的三大配置任务，结合本示例实际的拓扑结构可以得出本示例的基本配置思路如下。

① 为 SwitchA 和 SwitchB 分别安装集群卡并连接集群线缆。

② 在 SwitchA 和 SwitchB 上分别配置集群连接方式，配置集群 ID 分别为 1 和 2，配置集群优先级分别为 100 和 10，以提高 SwitchA 成为主交换机的可能。

③ 先使能 SwitchA 的集群功能，然后再使能 SwitchB 的集群功能，以保证 SwitchA 成为主交换机。

④ 检查集群组建是否成功。

⑤ 配置集群系统的下行 Eth-Trunk，增加与接入层交换机间的转发带宽，提高可靠性（此处不进行介绍，参见本书第 6 章）。

2.　具体配置步骤

（1）集群卡的安装和连接

为 S9706 型号 SwitchA 和 SwitchB 分别安装集群卡 EH1D2VS08000，并连接集群线缆，参见 5.4.1 节图 5-45。

（2）配置集群连接方式、集群 ID 及集群优先级

① 配置 SwitchA 的集群连接方式为集群卡集群，集群 ID 为 1，集群优先级为 100（目的是最终使 SwitchA 成为集群主交换机）。

```
<HUAWEI> system-view
[HUAWEI] sysname SwitchA
[SwitchA] set css mode css-card
[SwitchA] set css id 1
[SwitchA] set css priority 100
```

② 配置 SwitchB 的集群连接方式为集群卡集群，集群 ID 为 2，集群优先级为 10。

```
<HUAWEI> system-view
[HUAWEI] sysname SwitchB
[SwitchB] set css mode css-card
[SwitchB] set css id 2
[SwitchB] set css priority 10
```

说明　如果集群的两台设备是 S7710（集群连接接口有两种类型 4×10G 和 40G），则需要将集群接口类型设置成与集群实际连线的接口类型一致（使用 **css port media-type** 命令配置）。另外可以执行 **display css status [saved]** 命令，通过显示信息中 **CSS port media-type** 字段可以查看到当前的集群接口类型及配置后保存的集群接口类型。

③ 检查集群配置信息。

配置完成后，建议执行 **display css status saved** 命令查看以上配置信息是否与预期的一致。如下分别是 SwitchA 和 SwitchB 上的集群配置信息。

```
[SwitchA] display css status saved
Current Id   Saved Id    CSS Enable    CSS Mode    Priority    Master force
------------------------------------------------------------------------------
1            1           Off           CSS card    100         Off


[SwitchB] display css status saved
Current Id   Saved Id    CSS Enable    CSS Mode    Priority    Master force
------------------------------------------------------------------------------
1            2           Off           CSS card    10          Off
```

（3）在 SwitchA 和 SwitchB 上分别使能集群功能

① 使能 SwitchA 的集群功能并重新启动 SwitchA。

```
[SwitchA] css enable
Warning: The CSS configuration will take effect only after the system is rebooted. T
he next CSS mode is CSS card. Reboot now? [Y/N]:y
```

② 使能 SwitchB 的集群功能并重新启动 SwitchB。

```
[SwitchB] css enable
Warning: The CSS configuration will take effect only after the system is rebooted. T
he next CSS mode is CSS card. Reboot now? [Y/N]:y
```

（4）检查集群组建是否成功

① 首先查看两交换机的集群卡上的指示灯状态。

如果 SwitchA 集群卡上 MASTER 灯常亮，表示该集群卡所在的主控板为集群系统的主用主控板，SwitchA 为主交换机。此时 SwitchB 集群卡上 MASTER 灯应为常灭，表示 SwitchB 为备交换机。

② 还可通过任意主控板上的 Console 口本地登录集群系统，使用命令行查看集群组建是否成功。如果在输出信息中能够查看到两台成员交换机的单板（如下所示的 **Chassis 1** 和 **Chassis 2**）状态，则表示集群建立完成。

```
<SwitchA> display device
Chassis 1 (Master Switch)
S9706's Device status:

Slot  Sub  Type            Online   Power    Register      Status     Role
-------------------------------------------------------------------------
7     -    EH1D2SRUC000 Present   PowerOn   Registered    Normal     Master
      1    EH1D2VS08000 Present   PowerOn   Registered    Normal     NA
8     -    EH1D2SRUC000 Present   PowerOn   Registered    Normal     Slave
      1    EH1D2VS08000 Present   PowerOn   Registered    Normal     NA
PWR1  -    -            Present   PowerOn   Registered    Normal     NA
PWR2  -    -            Present   -         Unregistered  -          NA
CMU2  -    EH1D200CMU00 Present   PowerOn   Registered    Normal     Master
FAN1  -    -            Present   PowerOn   Registered    Abnormal   NA
FAN2  -    -            Present   -         Unregistered  -          NA
Chassis 2 (Standby Switch)
S9706's Device status:

Slot  Sub  Type            Online   Power    Register      Status     Role
-------------------------------------------------------------------------
7     -    EH1D2SRUC000 Present   PowerOn   Registered    Normal     Master
      1    EH1D2VS08000 Present   PowerOn   Registered    Normal     NA
8     -    EH1D2SRUC000 Present   PowerOn   Registered    Normal     Slave
      1    EH1D2VS08000 Present   PowerOn   Registered    Normal     NA
PWR1  -    -            Present   PowerOn   Registered    Normal     NA
PWR2  -    -            Present   PowerOn   Registered    Normal     NA
CMU1  -    EH1D200CMU00 Present   PowerOn   Registered    Normal     Master
FAN1  -    -            Present   PowerOn   Registered    Normal     NA
FAN2  -    -            Present   PowerOn   Registered    Normal     NA
```

还可执行 **display css channel** 命令查看集群链路状态是否正常，如果两端的端口状态均为 Up，则表示工作正常。

至此可以说明集群组建完全成功。

（5）配置集群系统的下行 Eth-Trunk（略）

5.5　通过业务口连接方式组建集群

前面介绍了集群卡连接方式的 CSS 集群的具体安装、配置方法，本节介绍业务口连接方式 CSS 集群的安装、配置方法，S7706、S7712、S7710、S9706 和 S9712 型号交换机支持。

通过业务口连接方式组建集群之前，也需要做好前期规划，明确业务口连接方式组建集群的软硬件要求、集群系统内成员交换机的角色和功能，建议按照图 5-55 所示的流程进行配置。

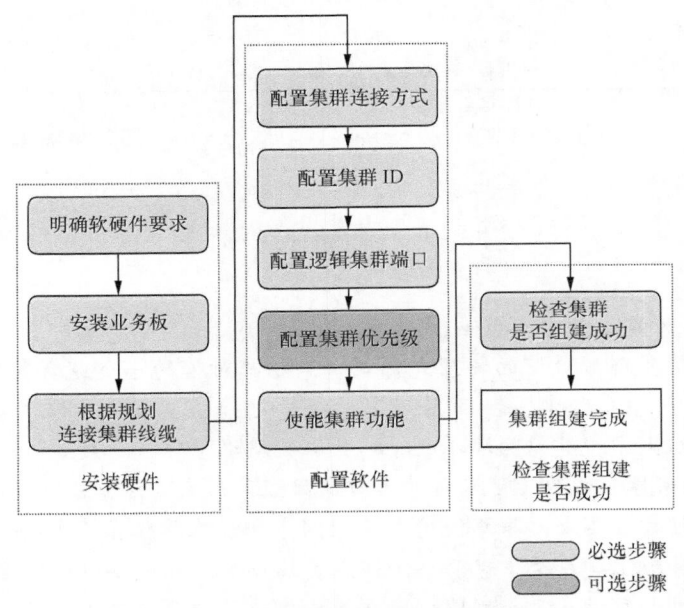

图 5-55　业务口组建集群推荐流程

业务口组建集群所包括的配置任务：硬件安装及集群连线、配置软件和检查集群组建是否成功三大项，下面分别予以介绍。

5.5.1　硬件安装及集群连线

有关连线前的准备，以及操作注意事项参见 5.4.1 节介绍，下面直接介绍具体的集群连线方法。

① 佩戴好防静电腕带，并将其接地端插入机架上的 ESD 插孔。

② 在所有的集群线缆两端粘贴标签，编号从 1 开始，粘贴方法参见 5.4.1 节的图 5-52。

③ 按照连线规则连接线缆，连接规则如图 5-56 所示。

业务口集群按照链路的分布，有两种组网形式。

■ 1+0 组网：每台成员交换机配置一个逻辑集群端口，物理成员端口分布在一块业务板上，依靠一块业务板上物理成员端口与对框的物理成员端口实现集群连接。

　　■ 1+1 组网：每台成员交换机配置两个逻辑集群端口，物理成员端口分布在两块业务板上，如图 5-56 所示，不同业务板上的集群链路形成备份。

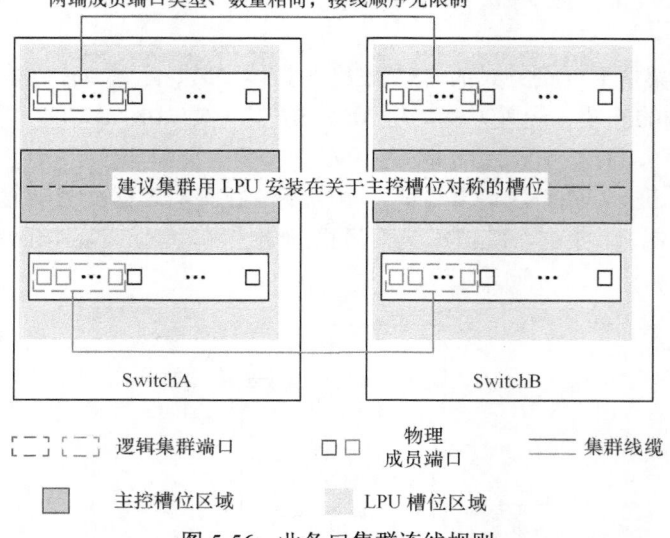

图 5-56　业务口集群连线规则

说明　集群连线时需注意以下两点。

　　■ 一个逻辑集群端口下的物理成员端口只能与对框的一个逻辑集群口下物理成员端口相连。

　　■ 在 1+1 组网中，建议两块单板上的集群链路数量保持一致。

　　出于可靠性考虑，组建上述两种业务口集群组网形式需注意以下几点。

　　■ 出于高可靠性要求，推荐使用 1+1 组网，并且推荐配置多主检测功能。

　　■ 一块业务板上建议至少有两个物理成员端口加入到一个逻辑集群端口。

　　■ 上行端口和配置多主检测端口所在单板建议属于非组建集群的业务板。

　　④ 将线缆理顺、经过分线齿并捆扎好。

　　⑤ 如果设备没有上电，请先确保设备的电源线、接地线都已正确连接，再依次打开设备外部电源开关和设备电源模块开关。

5.5.2　配置软件

　　业务口集群的软件配置项见表 5-18，总体与 5.4.2 节介绍的集群卡集群方式中的配置任务差不多，具体配置步骤见表 5-19。

表 5-18　　　　　　　　　　　　　　　业务口集群的软件配置项

配置项	描述
配置集群连接方式为业务口集群	在组建业务口集群时，必须保证两台交换机均配置为业务口连接方式。缺省情况下，SRUD 主控板为业务口连接方式，其他均为集群卡连接方式

（续表）

配置项	描述
配置集群 ID	参见 5.4.2 节表 5-14 中的"配置集群 ID"说明
配置逻辑集群端口	组建业务口集群时，需要将参与集群连接的两台交换机上的接口配置为物理成员端口并加入到逻辑集群端口中。系统启动时通过逻辑集群端口建立集群。集群的每台成员交换机支持两个逻辑集群端口。 需要按照两台交换机的实际连线配置逻辑集群端口。如果集群组网形式是 1+0 组网，每台成员交换机配置一个逻辑集群端口；如果集群组网形式是 1+1 组网，每台成员交换机需要配置两个逻辑集群端口。 ● 一个物理成员端口只能加入一个逻辑集群端口。 ● 同一个逻辑集群端口中的物理成员端口必须在同一个单板上。 ● 同一个逻辑集群端口内的物理成员端口所连接的对端物理成员端口也必须在同一个逻辑集群端口中。 ● 40GE 端口拆分的 XGE 端口不支持加入到逻辑集群端口中。 ● 在业务口转换成物理成员端口过程中，端口有可能产生 CRC 错误。建议先执行 **shutdown** 命令关闭端口
（可选）配置集群优先级	参见 5.4.2 节表 5-14 中"（可选）配置集群优先级"说明
（可选）强制指定集群主交换机	参见 5.4.2 节表 5-14 中"（可选）强制指定集群主交换机"说明
使能集群功能并重启设备	参见 5.4.2 节表 5-14 中"使能集群功能并重启设备"说明

表 5-19　　　　　　　　　　　　　业务口集群的软件配置步骤

步骤	命令	说明
1	**system-view** 例如：\<HUAWEI\> **system-view**	进入系统视图
2	**set css mode lpu** 例如：[HUAWEI] **set css mode lpu**	配置业务口连接方式。 缺省情况下，SRUD 主控板为业务口连接方式，其他均为集群卡连接方式
3	**set css id** *new-id* 例如：[HUAWEI] **set css id** 2	配置交换机的集群 ID，取值为 1 或 2，其他说明参见 5.4.2 节表 5-15 的第 4 步
4	**interface css-port** *port-id* 例如：[HUAWEI] **interface css-port** 2/1	进入逻辑集群端口视图。参数 *port-id* 用来指定逻辑端口号，如果此时还没使能集群功能，则格式为：逻辑集群端口号；如果已使能了集群功能，则格式为：集群 ID/逻辑集群端口号。集群 ID 和逻辑集群端口号只能为 1 或 2。 【注意】配置集群逻辑端口时要注意以下几点。 ● 设备最多支持两个逻辑集群端口。 ● 取消某个逻辑集群端口会删除该集群端口下所有集群物理成员端口，如果取消了设备上的所有的逻辑集群端口，则会造成集群分裂。 ● 一个逻辑集群端口映射到一个单板上，不允许将两个单板上的物理成员接口加入到同一个逻辑集群端口上。 ● 一个逻辑集群端口只能与另一个逻辑集群端口相连，不允许一个逻辑集群端口同时与两个逻辑集群端口相连。 ● 取消某个逻辑集群端口时，需先将集群端口下的所有集群物理成员端口执行 **shutdown interface** 命令，才能执行 **undo interface css-port** 命令

（续表）

步骤	命令	说明
5	port interface { *interface-type interface-number1* [to *interface-type interface-number2*] } &<1-10> enable 例如：[HUAWEI-css-port2/1] port interface xgigabitethernet 2/5/0/1 enable	配置业务口为物理成员端口，并将物理成员端口加入到逻辑集群端口中，S7900 **不支持该命令。集群使能后，这些端口仅用于集群系统通信，不能再用于业务转发。端口下与集群不相关的命令会被屏蔽，仅保留 description**（接口视图）等端口基本命令。 【说明】配置物理成员端口时要注意以下几个方面。 ● 一个单板上的端口只能加入一个逻辑集群端口。 ● 还原某集群物理成员端口为普通业务口时，需首先在集群端口视图下执行 **shutdown interface** 命令，才能执行 **undo port interface enable** 命令。 ● 对于业务板 EH1D2X08SED4/EH1D2X08SED5（S9700）、ES1D2X08SED4/ES1D2X08SED5（S7700），最多可将 4 个端口同时用于集群，且这 4 个端口必须为该单板的前 4 个端口（端口编号为 0～3）或者后 4 个端口（端口编号为 4～7）。 ● 对于业务板 EH1D2X16SFC0/EH1D2X40SFC0/EH1D2X32SSC0/EH1D2X16SSC2（S9700）、ES1D2X16SFC0/ES1D2X40SFC0/ES1D2X32SSC0/ES1D2X16SSC2（S7700），要求 4 个端口为一组同时配置用于集群，如端口 0～3 为 1 组或者 4～7 为 1 组，2～5 不能作为 1 组。但支持通过 **shutdown interface** 命令关闭一个或多个集群物理成员端口。 ● 对接的两个集群端口必须均为 40GE 端口，40GE 端口拆分的 XGE 端口不支持加入到逻辑集群端口中。 ● 如果使用 **capwap source interface** 命令配置了 AC 与接入设备建立 CAPWAP 隧道的源接口，则在执行 **port interface enable** 命令将物理成员端口加入到逻辑集群端口时，可能会由于 ACL 资源不足导致配置无法成功。 缺省情况下，接口未配置为集群物理成员端口，可用 **undo port interface** { *interface-type interface-number1* [to *interface-type interface-number2*] } &< 1-10> enable 命令恢复集群物理成员端口为业务口
6	quit 例如：[HUAWEI-css-port2/1] quit	退出接口视图，返回系统视图
7	set css priority *priority* 例如：[HUAWEI] set css priority 100	（可选）配置设备的集群优先级，整数形式，取值范围为 1～255。其他说明参见 5.4.2 节表 5-15 的第 5 步
8	css master force 例如：[HUAWEI] css master force	（可选）强制指定该交换机在集群中作为集群主交换机。其他说明参见 5.4.2 节表 5-15 的第 6 步
9	css enable 例如：[HUAWEI] css enable	使能交换机的集群功能，其他说明参见 5.4.2 节表 5-15 的第 7 步

5.5.3　检查集群组建是否成功

通过业务口连接、配置好 CSS 集群后，也可以先通过指示灯检查集群组建是否成功。如果成功，登录集群并使用命令行查询集群状态信息，然后进行集群组建后的配置。如果不成功，可通过指示灯的异常显示排查集群失败原因，也可以登录集群并通过命令行对失败原因进行定位。

1．通过指示灯检查集群是否组建成功

集群建立后，可以通过交换机面板上的指示灯状态，查看集群状态，包括主备角色、链路状态等。集群组建成功时指示灯状态为：

■ 一台交换机的一块主控板上 ACT 灯绿色常亮，另外一台交换机的一块主控板上 ACT 灯绿色闪烁；

■ 业务板上用于业务口连接的物理成员端口 LINK 灯绿色常亮；

■ 如果是 SRUC/SRUK 主控板，一台交换机的主控板上编号为 1 的 CSS ID 灯绿色常亮，另外一台交换机的主控板上编号为 2 的 CSS ID 灯绿色常亮。

如果指示灯显示正常，可以登录集群并使用命令行查询集群状态信息，然后进行集群组建后的配置；如果指示灯显示不正常，可按表 5-20 中介绍的各种集群卡指示灯状态找到异常的指示灯，排查集群失败原因，也可以登录集群并通过命令行对失败原因进行定位。

表 5-20   业务口集群的指示灯状态

指示灯所在单板	指示灯	指示灯状态及含义
主控板	ACT：主控板主备用指示灯	● 绿色常亮：表示该主控板为系统主用主控板，该框为主交换机。 ● 绿色闪烁：表示该主控板为系统备用主控板，该框为备交换机。 ● 常灭：表示该主控板为系统冷备主控板
	CSS ID：集群 ID 指示灯 说明：仅 SRUC/SRUK 主控板上有此指示灯	共 8 个灯，同一时间内有且仅有一个绿色灯亮。 ● 编号为"N"的灯亮：表示该设备的集群 ID 为 N。 ● 全灭：表示该设备没有运行集群业务
	CSS MASTER：主备状态指示灯	● 绿色常亮：表示该主控板为系统主用主控板，该框为主交换机。 ● 常灭：表示集群功能未使能，或该主控板不是系统主用主控板
业务板	LINK：端口状态指示灯	● 绿色常亮：表示该端口状态为 Up，连线正确。 ● 绿色闪烁：表示该端口连线错误，不符合连线规则。 ● 常灭：表示该端口的链路状态为 Down

2．登录集群并通过命令行检查集群是否组建成功

除了可以通过指示灯检查集群组建是否成功外，还可以通过命令行进行检查，并在集群组建未成功的情况下进行问题定位。

① 本地或远程登录。

② 执行 **display device** 命令查看设备单板状态，集群建立后可以显示两台成员交换机的单板状态，此时表示集群建立完成。还可以执行 **display css status** 命令查看集群系统的状态，集群建立后可以显示两台成员交换机的集群状态，此时表示集群建立完成，如下面的例子。

```
<HUAWEI> display css status
CSS Enable switch On
Chassis Id    CSS Enable    CSS Status    CSS Mode    Priority    Master Force
---------------------------------------------------------------------------------
1             On            Master        LPU         100         Off
2             On            Standby       LPU         10          Off
```

如果显示信息正确，则执行下面的步骤，检查集群链路拓扑是否与硬件连接一致。如果显示信息中仍只有一台交换机的单板信息，检查连线是否正确。

③ 群链路拓扑是否与硬件连接一致。

执行 **display css channel all** 命令检查集群链路拓扑是否与硬件连接一致。

```
<HUAWEI> display css channel all
CSS link-down-delay: 0ms


                    Chassis 1              ||            Chassis 2
=================================================================================
Num [CSS port]      [LPU Port]             ||  [LPU Port]            [CSS port]
  1     1/1     XGigabitEthernet1/10/0/3   ||  XGigabitEthernet2/10/0/3    2/1
  2     1/1     XGigabitEthernet1/10/0/4   ||  XGigabitEthernet2/10/0/5    2/1
                    Chassis 2              ||            Chassis 1
=================================================================================
Num [CSS port]      [LPU Port]             ||  [LPU Port]            [CSS port]
  3     2/1     XGigabitEthernet2/10/0/3   ||  XGigabitEthernet1/10/0/3    1/1
  4     2/1     XGigabitEthernet2/10/0/5   ||  XGigabitEthernet1/10/0/4    1/1
```

如果一致，说明所有集群链路状态都正常，集群组建完全成功。如果不一致，说明存在有集群线缆连接的链路未显示出来的情况（集群异常链路），可以执行 **display css css-port all** 命令查看所有集群物理成员端口的状态。

如果集群异常链路所在的端口为 up，则可能存在连线错误，检查连线是否正确；如果集群异常链路所在的端口为 down，则需要检查物理成员端口是否被 shutdown（出现 *down 的情况）、集群线缆是否松动或者线缆是否有异常。

5.5.4　通过业务口设备组建集群的配置示例

如图 5-57 所示，根据用户需求，核心层 SwitchA 和 SwitchB 两台交换机采取业务口集群方式进行组网，其中 SwitchA 为主交换机，SwitchB 为备交换机。汇聚层 Switch 通过 Eth-Trunk 连接到集群系统，同时集群系统通过 Eth-Trunk 接入上行网络。本例中以 S9706 进行说明。

1. 基本配置思路分析

根据前面对业务口连接方式 CSS 集群的安装、配置方法可得出本示例的基本配置思路如下。

① 按照 5.5.1 节的介绍，采用 1+1 组网方式为 SwitchA 和 SwitchB 分别安装两块业务板，通过 4 条链路连接集群线缆（物理成员端口分布在两块业务板上）。

② 在 SwitchA 和 SwitchB 上分别配置集群连接方式，配置集群 ID 分别为 1 和 2，配置集群优先级分别为 100 和 10，以提高 SwitchA 成为主交换机的可能。

③ 在 SwitchA 和 SwitchB 上分别配置两个逻辑集群端口，将 4 对物理成员端口分别加入这两个逻辑集群端口中。

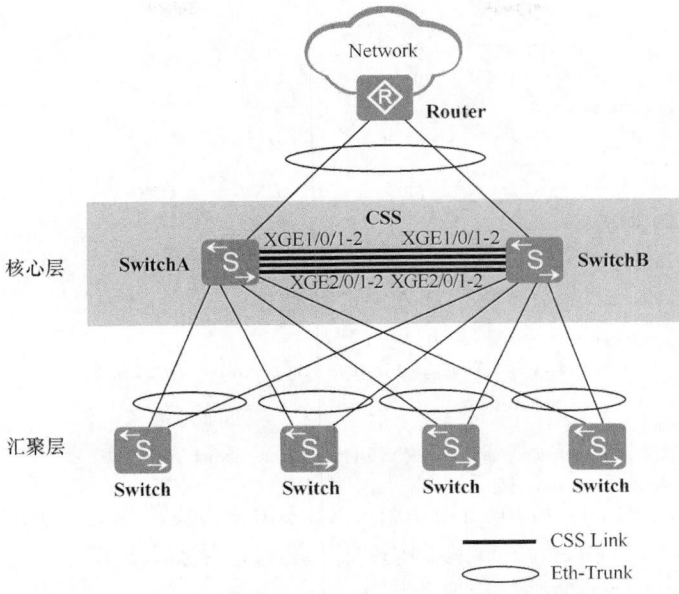

图 5-57　通过业务口设备组建集群配置示例的拓扑结构

④ 先使能 SwitchA 的集群功能，然后再使能 SwitchB 的集群功能，以保证 SwitchA 成为主交换机。

⑤ 检查集群组建是否成功。

⑥ 配置集群系统的下行 Eth-Trunk，增加与接入层交换机间的转发带宽，提高可靠性（此处略，具体配置方法参见本书第 6 章）。

2. 具体配置步骤

（1）安装硬件与连接

为 SwitchA 和 SwitchB 分别安装两块业务板（可以是 EH1D2X08SED4、EH1D2X08SED5 型号业务板）并连接集群线缆，参见 5.5.1 节。

（2）配置集群连接方式、集群 ID 及集群优先级

① 配置 SwitchA 的集群连接方式为业务口集群，集群优先级为 100，集群 ID 为 1（缺省为 1 无需配置）。

```
<HUAWEI> system-view
[HUAWEI] sysname SwitchA
[SwitchA] set css mode lpu
[SwitchA] set css id 1
[SwitchA] set css priority 100
```

② 配置 SwitchB 的集群连接方式为业务口集群，集群 ID 为 2，集群优先级为 10。

```
<HUAWEI> system-view
[HUAWEI] sysname SwitchB
[SwitchB] set css mode lpu
[SwitchB] set css id 2
[SwitchB] set css priority 10
```

配置完成后，建议执行 **display css status saved** 命令查看以上配置信息是否正确。

```
[SwitchA] display css status saved
Current Id   Saved Id     CSS Enable     CSS Mode       Priority     Master force
```

```
----------------------------------------------------------------
1            1            Off          LPU        100        Off

[SwitchB] display css status saved
Current Id    Saved Id     CSS Enable   CSS Mode   Priority   Master force
----------------------------------------------------------------
1            2            Off          LPU        10         Off
```

（3）配置逻辑集群端口

① 配置 SwitchA 的业务口 XGE1/0/1～XGE1/0/2 为集群物理成员端口，并加入集群端口 1，XGE2/0/1～XGE2/0/2 为集群物理成员端口，并加入集群端口 2。

```
[SwitchA] interface css-port 1
[SwitchA-css-port1] port interface xgigabitethernet 1/0/1 to xgigabitethernet 1/0/2 enable
[SwitchA-css-port1] quit
[SwitchA] interface css-port 2
[SwitchA-css-port2] port interface xgigabitethernet 2/0/1 to xgigabitethernet 2/0/2 enable
[SwitchA-css-port2] quit
```

② 配置 SwitchB 的业务口 XGE1/0/1～XGE1/0/2 为集群物理成员端口，并加入集群端口 1，XGE2/0/1～XGE2/0/2 为集群物理成员端口，并加入集群端口 2。

```
[SwitchB] interface css-port 1
[SwitchB-css-port1] port interface xgigabitethernet 1/0/1 to xgigabitethernet 1/0/2 enable
[SwitchB-css-port1] quit
[SwitchB] interface css-port 2
[SwitchB-css-port2] port interface xgigabitethernet 2/0/1 to xgigabitethernet 2/0/2 enable
[SwitchB-css-port2] quit
```

逻辑集群端口配置完成后，建议执行 **display css css-port saved** 命令查看配置的端口是否正确以及状态是否都为 Up。

（4）使能集群功能

① 使能 SwitchA 的集群功能并重新启动 SwitchA。

```
[SwitchA] css enable
Warning: The CSS configuration will take effect only after the system is rebooted. T
he next CSS mode is LPU. Reboot now? [Y/N]:y
```

② 使能 SwitchB 的集群功能并重新启动 SwitchB。

```
[SwitchB] css enable
Warning: The CSS configuration will take effect only after the system is rebooted. T
he next CSS mode is LPU. Reboot now? [Y/N]:y
```

（5）检查集群组建

先查看 SwitchA 主控板上的绿色 ACT 灯是否常亮，如果是，则表示该主控板为集群系统主用主控板，SwitchA 为主交换机。此时，SwitchB 主控板上 ACT 灯为绿色闪烁，表示该主控板为集群系统备用主控板，SwitchB 为备交换机。

如果有必要，还可通过任意主控板上的 Console 口本地登录集群，使用命令行查看集群组建是否成功。以下显示信息中，能够查看到两台成员交换机（**Chassis 1** 和 **Chassis 2**）的单板状态，表示集群建立完成。

```
<SwitchA> display device
Chassis 1 (Master Switch)
S9706's Device status:
Slot  Sub  Type          Online    Power      Register     Status    Role
------------------------------------------------------------------
1     -    EH1D2X12SSA0  Present   PowerOn    Registered   Normal    NA
```

2	-	EH1D2X12SSA0	Present	PowerOn	Registered	Normal	NA
7	-	EH1D2SRUC000	Present	PowerOn	Registered	Normal	Master
8	-	EH1D2SRUC000	Present	PowerOn	Registered	Normal	Slave
PWR1	-	-	Present	PowerOn	Registered	Normal	NA
PWR2	-	-	Present	-	Unregistered	-	NA
CMU2	-	EH1D200CMU00	Present	PowerOn	Registered	Normal	Master
FAN1	-	-	Present	PowerOn	Registered	Abnormal	NA
FAN2	-	-	Present	-	Unregistered	-	NA

Chassis 2 (Standby Switch)
S9706's Device status:

Slot	Sub	Type	Online	Power	Register	Status	Role
1	-	EH1D2X12SSA0	Present	PowerOn	Registered	Normal	NA
2	-	EH1D2X12SSA0	Present	PowerOn	Registered	Normal	NA
7	-	EH1D2SRUC000	Present	PowerOn	Registered	Normal	Master
8	-	EH1D2SRUC000	Present	PowerOn	Registered	Normal	Slave
PWR1	-	-	Present	PowerOn	Registered	Normal	NA
PWR2	-	-	Present	PowerOn	Registered	Normal	NA
CMU1	-	EH1D200CMU00	Present	PowerOn	Registered	Normal	Master
FAN1	-	-	Present	PowerOn	Registered	Normal	NA
FAN2	-	-	Present	PowerOn	Registered	Normal	NA

查看集群链路拓扑是否与硬件连接一致。以下显示的信息中，可以看出集群链路拓扑与硬件连接一致，表示业务口集群建立成功。

```
<SwitchA> display css channel all
CSS link-down-delay: 500ms
```

	Chassis 1	‖	Chassis 2	
Num [CSS port]	[LPU Port]	‖	[LPU Port]	[CSS port]
1	1/1	XGigabitEthernet1/1/0/1	‖ XGigabitEthernet2/1/0/1	2/1
2	1/1	XGigabitEthernet1/1/0/2	‖ XGigabitEthernet2/1/0/2	2/1
3	1/2	XGigabitEthernet1/2/0/1	‖ XGigabitEthernet2/2/0/1	2/2
4	1/2	XGigabitEthernet1/2/0/2	‖ XGigabitEthernet2/2/0/2	2/2

	Chassis 2	‖	Chassis 1	
Num [CSS port]	[LPU Port]	‖	[LPU Port]	[CSS port]
1	2/1	XGigabitEthernet2/1/0/1	‖ XGigabitEthernet1/1/0/1	1/1
2	2/1	XGigabitEthernet2/1/0/2	‖ XGigabitEthernet1/1/0/2	1/1
3	2/2	XGigabitEthernet2/2/0/1	‖ XGigabitEthernet1/2/0/1	1/2
4	2/2	XGigabitEthernet2/2/0/2	‖ XGigabitEthernet1/2/0/2	1/2

（6）配置集群系统的下行 Eth-Trunk（略）

第 6 章
以太网接口和聚合链路配置与管理

本章主要内容

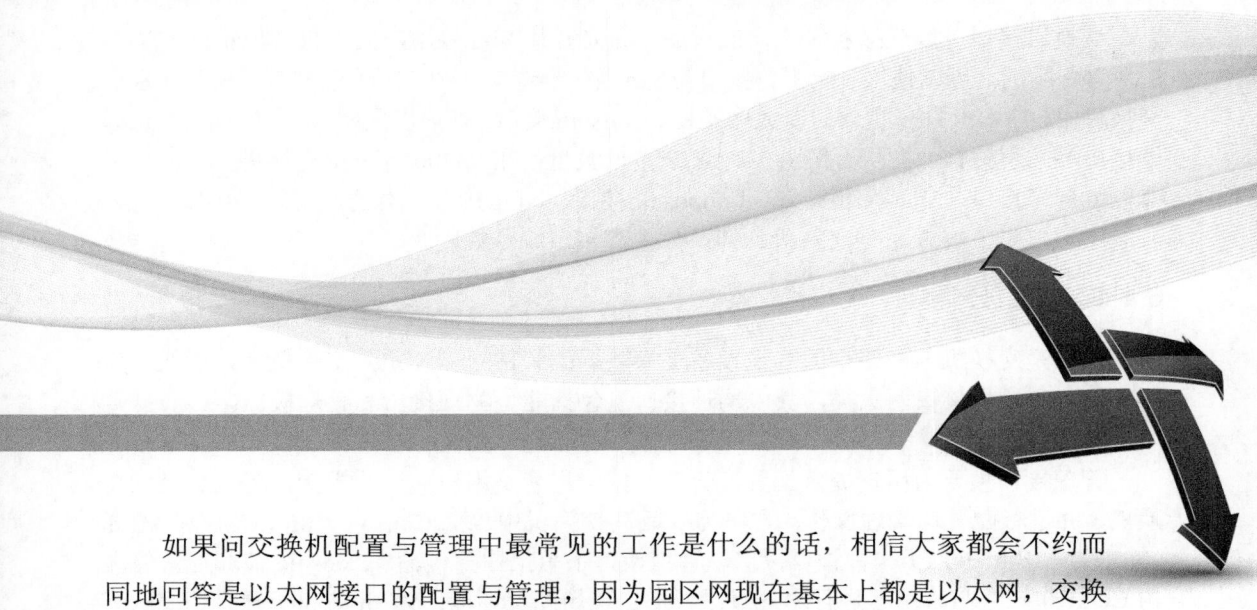

　　如果问交换机配置与管理中最常见的工作是什么的话，相信大家都会不约而同地回答是以太网接口的配置与管理，因为园区网现在基本上都是以太网，交换机端口也基本上都是以太网接口。

　　本章首先介绍了华为 S 系列交换机中以太网接口以及以太网子接口、Loopback 和 Null 这 3 种逻辑接口的一些基本属性配置与管理方法。在这里要特别注意的是，40GE 和 100GE 以太网接口的拆分、合并配置及使用方法，以及接口频繁 Up/Down 状态变化的故障排除方法。本章的后面将重点介绍手工模式和 LACP 模式下的以太网链路聚合 Eth-Trunk，以及跨设备的 E-Trunk 配置与管理方法。在这里同样要注意，新版 VRP 系统中的 Eth-Trunk 和 E-Trunk 在配置方面与以前的版本也有较大区别。

6.1　交换机接口及基础配置

　　交换机接口可以连接各种不同的设备，特别是用来连接用户的主机。但不同的华为 S 系列交换机上可以使用、配置的接口类型不完全一样，如在二层的 S1700、S2700 系列交换机中，基本上只有物理的以太网接口、Console 接口、管理以太网接口以及 Eth-Trunk 子接口等二层接口，支持有限的 VLANIF 接口数量；在 S3700 等三层交换机上，还可以有以太网子接口、VLANIF 接口、Loopback 接口、Null 接口之类的逻辑三层接口。

　　本节首先了解 S 系列交换机的接口分类和接口编号规则。

6.1.1　接口分类

　　接口是交换机与网络中的其他设备交换数据的组件，在 S 系列交换机上，一般分为物理接口和逻辑接口两大类，其中物理接口里包括业务物理接口和管理接口。

　　1. 管理接口

　　管理接口主要为用户提供配置、管理支持，也就是用户通过此类接口可以登录到交换机，并进行配置和管理操作。在华为 S 系列交换机中包括 Console、MiniUSB 和 MEth（标识为 MEth 0/0/1）3 种管理接口。管理接口不承担业务传输。Console 口和配置终端的 COM 串口连接，用于进行本地登录、搭建现场配置环境；MEth 口和配置终端或网管主机的网口连接，用于通过 Telent、Stelnet 登录搭建现场或远程配置环境。

　　2. 物理接口

　　物理接口是真实存在、有器件支持的接口，通常称之为"端口"。物理接口需要承担业务传输。在交换机上一般主要是各种带宽的以太网接口，如百兆以太网接口、吉比特以太网接口和十吉比特以太网接口、4 十吉比特以太网 40GE 接口、10 十吉比特以太网 100GE 接口等。物理接口又分电口（以双绞线作为传输介质的以太网接口）和光口（以光纤作为传输介质的以太网接口）两种。

　　3. 逻辑接口

　　逻辑接口是指能够实现数据交换功能，但物理上不存在，需要通过配置建立的接口。如 Loopback 接口、Null 接口、VLANIF 接口、Tunnel 接口、以太网子接口（**包括二层以太网子接口和三层以太网子接口**）、Eth-Trunk 接口/子接口等。这些逻辑接口的作用及配置方法在本章的后面进行详细介绍。

6.1.2　物理接口编号规则

　　在华为 S 系列交换机上，最多的是各种带宽、各种介质的物理接口，这些接口在同一台交换机上必须以编号进行区分，本节将具体介绍物理接口的编号规则。但因为盒式交换机和框式交换机所支持的物理接口数和类型都有着较大的区别，所以物理接口的编号规则要分别介绍。

　　1. 盒式交换机的物理接口命名规则

　　对于像 S1700/2700/3700/5700/6700 系列的盒式（也称"集中式"）交换机，物理接口的命名规则要区分堆叠和非堆叠两种不同场景。

① 在非堆叠场景下，交换机采用"槽位号/子卡号/接口序号"的编号规则来定义。

■ 槽位号：表示当前交换机的槽位，**在盒式交换机中固定取值为 0**。

■ 子卡号：表示业务接口板支持的子卡号（当接口不是位于某子卡时，子卡号也固定为 0）。

■ 接口序号：表示交换机上各物理接口的编排顺序号。

② 在堆叠场景下，交换机采用"堆叠号/子卡号/接口序号"的编号规则来定义物理接口。与前面的非堆叠场景中的物理接口编号规则相比，他们之间的唯一区别就是原来的"槽位号"变成了"堆叠号"，表示接口所在设备在堆叠系统中分配的堆叠 ID，取值为 0～8，其余两部分与非堆叠场景下一样。

如 1GE 以太网接口位于堆叠系统 4 号成员交换机上，接口在该交换机上的顺序号为 10，不是在子卡上，则该接口的编号为 GigabitEthernet4/0/10。

盒式交换机上一般有两排物理接口，左下接口从 1 起始编号，依据先从下到上，再从左到右的规则依次递增编号，如图 6-1 所示。例如，左上第一个接口编号为 0/0/2。

2. **框式交换机的物理接口命名规则**

对于像 S7700/7900/9700/12700 这类框式交换机，它们的物理接口命名规则要区分非集群和集群两种不同的场景。

① 在非集群场景中，设备采用"槽位号/子卡号/接口序号"的编号规则来定义。

■ 槽位号：表示接口所在单板的槽位号。

■ 子卡号：表示接口所在子卡的编号。

■ 接口序号：表示单板上各接口的编排顺序号。

② 在集群场景中，设备采用"框号/槽位号/子卡号/接口序号"的编号规则来定义物理接口（**接口编号格式比非集群场景中多了一段**）。与前面的非集群场景的物理接口编号规则相比，仅在前面多了一段"框号"，表示接口所在交换机在集群系统中的成员 ID，值为 1 或者 2，后面 3 部分与非集群场景下的对应部分完全一样。

在框式交换机中，因为不同板的接口是独立编号的，所以有些业务板上只有一排物理接口，此时该业务板上的物理接口从 0 起始编号，从左到右依次递增编号。而当接口板有两排物理接口时，则左上接口从 0 起始编号，然后依据从上到下，从左到右的规则依次递增编号，如图 6-2 所示。

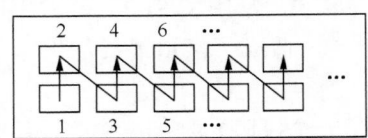

图 6-1　盒式交换机物理接口的编号规则

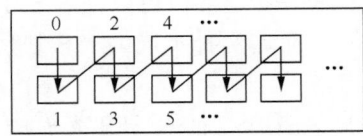

图 6-2　框式交换机两排物理接口时的接口编号规则

例如某业务板插在设备的 Slot3 槽位，有两排接口，在非集群场景下该线路板中从左到右、从上到下第 5 个接口的编号表示为"3/0/4"；而在集群场景下（假设集群 ID 为 1），该接口的编号表示为"1/3/0/4"。

3. **100GE 接口和 40GE 接口拆分后的编号**

在一些特殊应用情况下，设备支持对 100GE 接口和 40GE 接口进行拆分，这样拆分后一个接口形成了多个接口，拆分后的多个接口也需要编号，具体编号规则如下。

■ 若 40GE 接口编号为 40GE $x/0/n$，则拆分为 4 个 10GE 接口后，编号为 XGE $x/1/(4n+z)$。x 为单板所在的槽位号；n 为 40GE 接口的接口序号，从 0 起始编号；z 为拆分后的 10GE 端口位置，取值为 0～3。**子卡号为原号码加 1。**

例如，40GE 接口编号为 40GE1/0/1（此时 $x=1$，$n=1$），则拆分后的 4 个 10GE 接口编号分别为 XGE1/1/4、XGE1/1/5、XGE1/1/6、XGE1/1/7。

■ 若 40GE 接口编号为 40GE $x/1/n$，则拆分为四个 10GE 接口后，编号为 XGE $x/2/(4n+z+8)$，x、n 和 z 的含义同上。**子卡号也为原号码加 1。**

例如，40GE 接口编号为 40GE1/1/1（$x=1$，$n=1$），拆分成 10GE 接口编号为 XGE1/2/12、XGE1/2/13、XGE1/2/14、XGE1/2/15。

说明 拆分后的端口编号大小顺序和线缆序号标签的数字顺序保持一致。例如一分四线缆中，标号为 1 的线缆对应接口编号最小，标号为 4 的线缆对应接口编号最大。

■ 100GE 接口可拆分成 10GE（最多拆分 10 个）或者 40GE 接口（只能拆分 2 个），但拆分后的接口子卡号和接口序号是固定的，具体见表 6-1。

表 6-1　　　　　　　　　　　　　　　100GE 接口拆分编号规则

100GE 接口编号	拆分为 40GE 的接口编号（EE 系列单板）	拆分为 10 个 10G 的接口编号（EE 系列单板），子卡号固定为 2	拆分为 4 个 10G 的接口编号（ES1D2C04HX2E、ET1D2C04HX2E、ES1D2C04HX2S 和 ET1D2C04HX2S 单板），子卡号固定为 1	拆分为 4 个 10G 的接口编号（ES1D2H02QX2E、ET1D2H02QX2E、ES1D2H02QX2S 和 ET1D2H02QX2S 单板），子卡号固定为 2
100GE $x/0/0$	40GE $x/1/0$ 40GE $x/1/1$	XGE $x/2/0$～XGE $x/2/9$	XGE $x/1/0$～XGE $x/1/3$	XGE $x/2/0$～XGE $x/2/3$
100GE $x/0/1$	40GE $x/1/2$ 40GE $x/1/3$	XGE $x/2/10$～XGE $x/2/19$	XGE $x/1/4$～XGE $x/1/7$	XGE $x/2/4$～XGE $x/2/7$
100GE $x/0/2$	不能拆分	不能拆分	XGE $x/1/8$～XGE $x/1/11$	不能拆分
100GE $x/0/3$	不能拆分	不能拆分	XGE $x/1/12$～XGE $x/1/15$	不能拆分

4. S5700-52X-LI-48CS-AC 物理接口编号特例

S5700-52X-LI-48CS-AC 设备有两排业务接口，每排 12 个物理接口，共 24 个物理接口。但这些物理接口可以插入 SFP 或 CSFP（Compact SFP，紧凑型 SFP）两种不同的光模块，而这两种不同的光模块所携带的接口数不一样，造成了接口最终的编号规则不一样。

① 当接口均插入 SFP 光模块（**一个 SFP 模块携带一个接口**）时，最终的接口编号规则如下（参见图 6-3）。

■ 底层一排接口的编号规则为左下方第 1 个接口从 3 起始编号，从左到右的规则，每个接口编号依次加 4。

■ 上层一排接口的编号规则为左上方第 1 个接口从 2 起始编号，从左到右的规则，编号依次加 4。

例如，左下角的第 1 个接口插上 SFP 光模块后，接口编号为 0/0/3；左下角的第 2

个接口插上 SFP 光模块后，接口编号为 0/0/7；左上角的第 1 个接口插上 SFP 光模块后，接口编号为 0/0/2；左上角的第 2 个接口插上 SFP 光模块后，接口编号为 0/0/6。

　　② 当接口均插入 CSFP 光模块（**一个 CSFP 模块携带两个接口**）时，相当于每一个物理接口等同拆分为两个独立的接口，共有 48 个接口。此时接口的编号是左下方第 1 个接口从 1 起始编号的，然后依据从下到上，再从左到右的规则依次递增编号，如图 6-4 所示。

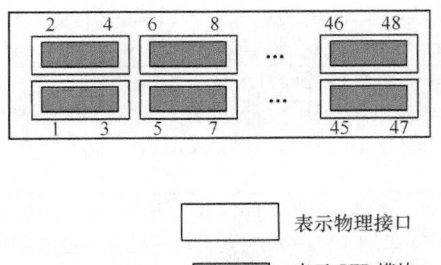

图 6-3　接口均插入 SFT 模块时的
接口编号示意

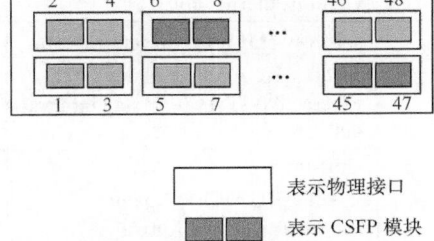

图 6-4　当接口均插入 CSFP 模块时的
接口编号示意

　　例如，左下角的第 1 个接口插上 CSFP 光模块后，拆分后的两个接口编号为 0/0/1 和 0/0/3；左上角的第 1 个接口插上 CSFP 光模块后，拆分后的两个接口编号为 0/0/2 和 0/0/4。

　　③ 当接口插入的既有 CSFP 光模块，又有 SFP 光模块时，各按照上述两种接口编号规则编号即可，如图 6-5 所示。

　　例如，左下角的第 1 个接口插上 CSFP 光模块后，拆分后的两个接口为 0/0/1 和 0/0/3；左上角的第 2 个接口插上 SFP 光模块后，编号为 0/0/6。

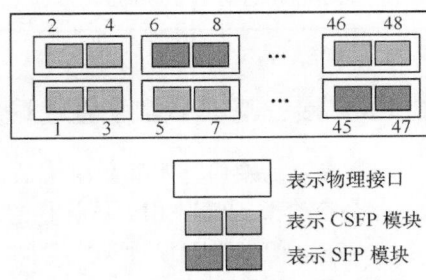

图 6-5　当接口插入的既有 CSFP 光模块，
又有 SFP 光模块时的编号示意

6.1.3　接口基本参数配置

　　本节将要介绍华为 S 系列交换机接口的基本参数配置，包括接口描述信息、接口流量统计时间间隔功能以及开启或关闭接口，具体见表 6-2（没有严格的先后顺序，其中的序号仅为方便说明）。**但这些参数配置均是可选配置，因为这些参数都有缺省值。**

表 6-2　　　　　　　　　　　　　　交换机接口基本参数配置

步骤	命令	说明
1	**system-view** 例如：< HUAWEI > **system-view**	进入系统视图
2	**set flow-stat interval** *interval-time* 例如：[HUAWEI] **set flow-stat interval** 400	全局配置接口的流量统计时间间隔，取值范围为 10～600 的整数秒，**取值必须是 10 的整数倍** 缺省值是 300s，可用 **undo set flow-stat interval** 命令恢复为缺省值

（续表）

步骤	命令	说明
3	interface *interface-type interface-number* 例如：[HUAWEI] interface Ethernet 0/0/1	键入要配置接口基本参数的接口，进入接口视图
4	description *description* 例如：[HUAWEI-Gigabit Ethernet0/0/1] description S2700 GigabitEthernet 0/0/1	设置接口的描述信息，为 1～242 个字符，支持空格，区分大小写。描述信息以输入的第一个非空格字符作为第一个字符开始显示。缺省情况下，接口描述信息为空，可用 undo description 命令恢复缺省描述
5	set flow-stat interval *interval-time* 例如：[HUAWEI-Gigabit Ethernet0/0/1] set flow-stat interval 400	为以上接口配置流量统计时间间隔，其他说明参见上面的第 2 步。当在系统视图下的流量统计时间间隔配置与具体接口上的配置不一致时，以此处在接口视图下的配置为准
6	shutdown 例如：[HUAWEI-Gigabit Ethernet0/0/1] shutdown undo shutdown 例如：[HUAWEI-Gigabit Ethernet0/0/1] undo shutdown	关闭或开启以上接口，缺省情况下，接口处于开启状态。**当修改了接口的工作参数配置，新的配置不能立即生效，可以依次执行 shutdown 和 undo shutdown 命令或 restart 命令关闭和重启接口，使新的配置生效。** 但是 Null 接口一直处于 Up 状态，不能使用命令关闭或开启 Null 接口；Loopback 接口一旦被创建，也将一直保持 Up 状态，也不能使用命令关闭或开启

6.1.4　接口基本参数配置管理

完成以上接口基本参数配置后，可在任意视图下利用以下 **display interface** 命令或 **reset** 命令查看或清除相关统计信息。接口统计信息有助于分析接口的故障原因和接口的工作状态，但当需要统计一定时间内接口的流量信息时，需要在统计开始前清除该接口下原有的统计信息。

■ **display interface** [*interface-type* [*interface-number*]]：查看所有或具体接口的当前运行状态和统计信息，包括接口当前的运行状态、接口基本配置和报文通过接口的转发情况。

■ **display interface brief**：查看各接口（可以是各种类型接口）的状态和配置的简要信息，包括接口的物理状态、协议状态、接收方向最近一段时间的带宽利用率、发送方向最近一段时间的带宽利用率、接收的错误报文数和发送的错误报文数。当要监控接口的状态或检查接口的故障原因时，可执行此命令，根据这些信息进行接口的故障诊断等。

■ **display ip interface** [*interface-type interface-number*]：查看接口与 IP 相关的配置和统计信息，包括接口接收和发送的报文数、字节数和组播报文数，以及接口接收、发送、转发和丢弃的广播报文数。

■ **display ip interface brief** [*interface-type* [*interface-number*]]：查看接口（**仅可为三层接口**）与 IP 相关的摘要信息，包括 IP 地址、子网掩码、物理链路和协议的 Up/Down 状态以及处于不同状态的接口数目。

■ **display interface description** [*interface-type* [*interface-number*]]：查看指定或所有

接口的描述信息。

■ **display counters** [**inbound** | **outbound**] [**interface** *interface-type* [*interface-number*]]：查看接口的流量统计。

■ **display counters rate** [**inbound** | **outbound**] [**interface** *interface-type* [*interface-number*]]：查看接口的入方向或出方向的流量速率。

■ **reset counters interface** [*interface-type* [*interface-number*]]：清除指定接口的流量统计信息。如果需要统计接口在一段时间内的流量信息，必须在统计开始前使用本命令清除它原有的统计信息，使它重新进行统计。

■ **reset counters if-mib interface** [*interface-type* [*interface-number*]]：清除指定或者所有接口的流量(如 Web 流量和 SNMP 流量)统计信息。但执行本命令不会影响 **display interface** 命令显示的接口流量统计信息。当需要清除 **display interface** 命令查看到的接口统计信息时，可以执行前面介绍的 **reset counters interface** 命令。

6.2　以太网接口配置与管理

华为 S 系列交换机支持多种以太网接口，如 FE 接口、GE 接口、XGE 接口（目前是指 10GE 接口）、MultiGE 接口、40GE 接口和 100GE 接口，根据接口的电气属性，这些以太网接口可以分为电接口和光接口两种。根据接口的处理报文的转发方式，又分二层以太网接口和三层以太网接口两种。

6.2.1　配置以太网端口组

配置端口组功能，可快速完成多个接口的批量配置，减少重复配置工作。当用户需要对多个以太网接口进行相同的配置时，如果对每个接口逐一进行配置，很容易出错，并且造成大量的重复工作。端口组功能可以解决这一问题。

用户将这些以太网接口加入到同一个端口组，在端口组视图下，用户只需输入一次配置命令，该端口组内的所有以太网接口都会配置该功能，完成接口批量配置，减少重复配置工作。端口组分为以下两种方式。

■ 临时端口组

如果用户需要临时批量下发配置到指定的多个接口，可选用配置临时端口组。配置命令批量下发后，一旦退出端口组视图，该临时端口组将被系统自动删除。

■ 永久端口组

如果用户需要多次进行批量下发配置命令的操作，可选用配置永久端口组。即使退出端口组视图后，该端口组及对应的端口成员仍然存在，便于下次的批量下发配置。

1. 配置永久端口组

配置永久端口组的步骤见表 6-3。物理接口和子接口均可配置端口组，但同一个组中必须是相同类型的接口（即要么同是物理接口，要么同是子接口），但可以同时包含光接口和电接口。只有通过 **undo portswitch** 命令切换为三层接口后的以太网接口才可创建三层以太网子接口，但均要确保在执行 **undo portswitch** 命令前，这些以太网端口是

Hybrid 或 Trunk 二层以太网端口类型。

表 6-3　　　　　　　　　　　　　　　永久端口组的配置步骤

步骤	命令	说明
1	**system-view** 例如：< HUAWEI > **system-view**	进入系统视图
2	**port-group** *port-group- name* 例如：[HUAWEI] **port-group** portgroup1	创建并进入永久端口组视图。参数 *port-group-name* 为 1～32 个字符，不支持空格，不区分大小写，但不能取名为 all，也不能配置为 group-member 的首个、首几个字母或其本身。 缺省情况下，系统没有配置永久端口组，可用 **undo port-group** { **all** | *port-group-name* }命令删除指定的或者所有永久端口组
3	**group-member** { *interface-type interface-number1* [**to** *interface-type interface-number2*] } &<1-10> 例如：[HUAWEI- port-group-portgroup1]**group-member** gigabitEthernet0/0/1	将接口添加到指定永久端口组中。命令中的参数说明如下。 ① *interface-type interface-number1* [**to** *interface-type interface-number2*]：指定添加到永久端口组中的以太网接口。 ② &<1-10>：表示前面的 *interface-type interface-number1* [**to** *interface-type interface-number2*]参数最多可以有 10 个。 【注意】在使用 **to** 关键字时要注意以下几个方面。 ● **to** 关键字前后的两个接口必须在同一个接口板上。当有多个接口板的连续接口需要加入时，建议分多次执行该命令或使用多次 **to** 关键字。 ● **to** 关键字前后的两个接口类型必须相同，比如同是 Ethernet 接口，或者 GigabitEthernet 接口等 ● **to** 关键字前后的两个接口必须是具有同一属性的接口，比如同是主接口或同是子接口。如果是子接口，**to** 关键字前后的两个子接口必须是同一个主接口的子接口。 缺省情况下，没有以太网接口添加到永久端口组中，可用 **undo group-member** { *interface-type interface-number1* [**to** *interface-type interface-number2*] } &<1-10>命令删除当前永久端口组中指定的端口。还可用 **undo group-member all-unavailable-interface** 命令删除端口组中所有不可用接口。已经加入到端口组的成员接口，当其所在的接口板拔出时，该接口并不会自动退出端口组，此时这类接口称为不可用接口

配置好后，可用 **display port-group** [**all** \| *port-group-name*] 命令查看永久端口组的成员接口信息。

2. 配置临时端口组

配置临时端口组的方法很简单，只需在系统视图下使用 **port-group group-member** { *interface-type interface-number1* [**to** *interface-type interface-number2*] } &<1-10>或 **interface range** { *interface-type interface-number1* [**to** *interface-type interface-number2*] } &<1-10> 命令即可创建并进入临时端口组视图。

　　临时端口组所加入的成员端口，在退出端口组视图后就不再继续在同一端口组了（但在各成员端口上生效的配置仍然会保留），而永久端口组中的成员端口在退出端口组视图后仍然在同一个端口组中，可以随时进入该端口组视图进行配置修改。

　　不管采用哪种端口组配置方式，用户进入端口组视图后，可根据需要选择下发一些接口属性配置，如 Combo 接口工作模式、接口切换到三层模式、自协商功能、接口速率、流量控制、双工模式、MDI 类型、端口隔离等。但端口组视图中执行的命令生效的前提是成员接口支持该功能配置，因此不能保证所有批量下发的配置对所有成员接口都生效。例如，端口组中加入的成员接口包含光接口和电接口，用户在端口组视图中执行 **transceiver power low trigger error-down** 命令使能光接口由于光功率低触发 Error-down 功能后，该功能只会在成员接口中的光接口上才生效。

6.2.2　配置以太网接口的基本属性

　　以太网接口的基本属性包括 Combo 接口工作模式、接口速率、自协商功能、网线类型、双工模式、流量控制、超大帧支持、能效以太网支持、二/三层模式切换等。它们都可直接在对应的以太网接口视图下进行配置的，但如果有许多交换机端口的以上属性配置一样，也可以先按 6.2.1 节的介绍创建端口组，然后在端口组视图下进行批量配置。

　　说明　Combo 接口是一个逻辑接口，一个 Combo 接口对应设备面板上一个 GE 电接口和一个 GE 光接口，而在设备内部只有一个转发接口。即电接口与其对应的光接口是光电复用关系，两者不能同时工作（例如，当激活光接口时，对应的电接口就自动处于禁用状态，反之亦然），用户可根据组网需求选择使用电接口或光接口。一个 Combo 接口对应的电接口和光接口共用一个接口视图。当用户需要激活电接口或光接口、配置电接口或光接口的属性（比如速率、双工模式等）时，在同一接口视图下配置。

　　以太网接口基本属性的缺省配置见表 6-4，不同类型以太网在接口速率、双工模式、自动协商模式、流量控制和流量控制协商等基本属性方面的支持情况见表 6-5。如果想改变接口基本属性的缺省配置，可按表 6-6 所示的方法选择性地进行配置。

表 6-4　　　　　　　　　　　　　　以太网接口基本属性缺省配置

基本属性	缺省值
Combo 接口工作模式	Auto，即自动切换光口模式与电口模式
MDI 类型	Auto，即自动识别所连接网线的类型
双工模式	自协商模式下，接口的双工模式是与对端协商得到的；非自协商模式下，接口的双工模式为全双工
接口速率	自协商模式下，接口的速率是与对端协商得到的。 非自协商模式下，接口的速率为接口支持的最大速率
上报状态变化延时时间	上报 Up 事件延时时间 0ms；上报 Down 事件延时时间 0ms
能效以太网	未使能

表 6-5　　　　　　　　　　　不同类型以太网接口的基本属性支持

接口类型	速率（Mbit/s）	双工模式	自协商模式	流量控制	流量控制自协商
百兆以太网 FE 电接口	10	全双工/半双工	支持	支持	支持
	100	全双工/半双工			
吉比特以太网 GE 电接口	10	全双工/半双工	支持	支持	支持
	100	全双工/半双工			
	1000	全双工			
FE 光接口	100	全双工	不支持	支持	不支持
GE 光接口	100	全双工	缺省情况下，GE 光接口不支持自动协商速率，但可使用 **speed auto-negotiation** 命令来配置接口速率自协商功能	支持	支持
	1000	全双工			
XGE（10GE）光接口	10000	全双工	不支持	支持	不支持
40GE 光接口	40000	全双工	不支持	支持	不支持

表 6-6　　　　　　　　　　　以太网端口的基本属性配置步骤

配置任务	命令	说明	
公共配置任务	**system-view** 例如：<Sysname> **system-view**	进入系统视图	
	interface *interface-type interface-number* 例如：[HUAWEI] **interface** gigabitethernet 1/0/1	进入以太网端口视图	（二选一），可直接在具体以太网接口视图下个别配置，也可以在对应以太网端口组视图下批量配置，根据实际需要选择
	port-group *port-group-name* 例如：[HUAWEI] **port-group** portgroup1	进入端口组视图，在指定的端口组中为各成员端口批量配置基本属性	
Combo 接口工作模式配置	**combo-port** { **auto** | **copper** | **fiber** } 例如：[HUAWEI- GigabitEthernet1/0/1]**combo-port copper**	配置 Combo 接口工作模式。命令中的选项说明如下。 ① **auto**：多选一选项，指定自动选择接口模式。如果有光信号则选择光口模式；没有光信号则选择电口模式。 ② **copper**：多选一选项，强制选择电口模式，使用双绞线传输数据。 ③ **fiber**：多选一选项，强制选择光口模式，即使用光纤传输数据。 缺省情况下，自动切换光口模式与电口模式，可用 **undo combo-port** 命令恢复缺省的自动切换模式。 【注意】Combo 接口都是 GE 类型接口，所以要在配置 Combo 接口工作模式时，在上一步中必须进入对应的 GE 以太网接口视图	
XGE 以太网接口工作模式配置	**set port-work-mode** { **lan** | **wan** } 例如：[HUAWEI-XGigabitEthernet1/0/1] **set port-work-mode wan**	配置 XGE 以太网接口的工作模式（仅适用于 S7700、S9300 和 S9700 3 大系列中的 XGE 以太网接口）。命令中的选项说明如下。 ① **lan**：二选一选项，指定接口工作在 LAN 模式。 ② **wan**：二选一选项，指定接口工作在 WAN 模式。 仅可在 XGE 接口视图下配置。缺省情况下，XGE 以太网接口工作在 LAN 模式，可用 **undo set port-work-mode** 命令恢复 XGE 接口的工作模式为缺省的 LAN 模式	

（续表）

配置任务	命令		说明
接口速率配置	auto speed { 10 | 100 | 1000 | 2500 | 5000 | 10000 }* 例如：[HUAWEI-gigabitethernet1/0/1] auto speed 100 1000		（二选一）在自协商模式下配置以太网接口可协商的接口速率，可多选，且 FE 电接口不支持 1000 这个选项，仅 MultiGE 口支持配置 2500、5000 和 10000 这 3 个选项。 缺省情况下，以太网电接口自协商速率范围为接口支持的所有速率，可用 undo auto speed 命令恢复以太网电接口在自协商模式下的协商速率为缺省的接口支持的所有速率
	undo negotiation auto 例如：[HUAWEI-gigabitethernet1/0/1] undo negotiation auto	（二选一）在非自协商模式下配置以太网接口速率	设置以太网接口工作在非自协商模式下，缺省以太网接口处于自协商模式，可用 negotiation auto 命令配置以太网接口工作在自协商模式下
	speed { 10 | 100 | 1000 | 2500 | 5000 | 10000 } 例如：[HUAWEI-gigabitethernet1/0/1] speed 1000		配置以太网接口的接口速率，仅可单选，且 FE 电口不支持 1000 这个选项，仅 MultiGE 口支持配置 2500、5000 和 10000 这 3 个选项。 缺省情况下，接口工作于非自协商模式时，它的速率为接口支持的最大速率，可用 undo speed 命令恢复在非自协商模式下的速率为缺省值
接口流量控制配置	flow-control 例如：[HUAWEI-gigabitethernet1/0/1] flow-control		配置以太网接口的流量控制功能。对端设备接口也需要打开流量控制开关才能实现流量控制。 缺省情况下，未配置以太网接口的流量控制功能，可用 undo flow-control 命令关闭以太网接口的流量控制开关
接口流量控制配置	negotiation auto 例如：[HUAWEI-gigabitethernet1/0/1] negotiation auto	（二选一）配置以太网接口在自协商模式下的流量控制功能	配置接口工作在自协商模式。缺省情况下，以太网接口处于自协商模式，可用 undo negotiation auto 命令配置工作在非自协商模式。但 FE 光接口、40GE 光接口不支持配置自协商功能
	flow-control negotiation 例如：[HUAWEI-gigabitethernet1/0/1] flow-control negotiation		配置接口的流量控制自协商功能。对端设备接口也需要配置流量控制自协商功能才能实现流量控制自协商成功，且只有电接口支持此配置。 缺省情况下，未配置接口的流量控制自协商功能，可用 undo flow-control negotiation 命令取消配置以太网接口的流量控制自协商功能
接口双工模式配置	negotiation auto 例如：[HUAWEI-gigabitethernet1/0/1]negotiation auto	配置以太网接口在自协商模式下的双工模式	配置以太网接口工作在自协商模式，同前面介绍
	auto duplex { full | half }* 例如：[HUAWEI-gigabitethernet1/0/1] auto duplex half		配置以太网电接口在自协商模式下的双工模式（full 代表全双工模式，half 代表半双工模式，可多选） 仅以太网电接口支持配置双工模式，且 GE 电接口速率为 1000Mbit/s 时只能为全双工模式，此时如果将双工模式设置为半双工时，接口协商的速率最大为 100Mbit/s

（续表）

配置任务	命令		说明
接口双工模式配置	auto duplex { full | half }* 例如：[HUAWEI-gigabitethernet1/0/1] auto duplex half	配置以太网接口在自协商模式下的双工模式	**链路两端的双工模式必须保持一致**。电接口对接时有可能因为两端接口自协商模式不一致等原因，造成接口被协商成半双工模式，出现报文交互异常的现象。S5720HI、S6720HI、S5720EI、S6720S-EI 和 **S6720EI 物理业务接口、X 系列单板均不支持配置双工模式**。 缺省情况下，以太网电接口的双工模式是和对端接口协商得到的，可用 **undo auto duplex** 命令恢复以太网电接口在自协商模式下的双工模式为缺省情况
	undo negotiation auto 例如：[HUAWEI-gigabitethernet1/0/1] undo negotiation auto	（二选一）配置以太网接口在非自协商模式下的双工模式	配置以太网接口工作在非自协商模式，同前面介绍
	duplex { full | half } 例如：[HUAWEI-gigabitethernet1/0/1] duplex full		配置以太网电接口在非自协商模式下的双工模式（**full** 代表全双工模式，**half** 代表半双工模式）。 缺省情况下，当以太网电接口工作在非自协商时，它的双工模式为全双工模式，可用 **undo duplex** 命令来恢复以太网电接口在非自协商模式下的双工模式为缺省的全双工模式
接口MDI类型配置	mdi { across | auto | normal } 例如：[HUAWEI-gigabitethernet1/0/1] mdi normal		配置以太网电接口 MDI（Medium Dependent Interface，介质相关接口）类型。通过配置以太网电接口 MDI 类型，可以改变引脚在通信中的角色，从而使得接口的网线适应方式与实际使用的网线相匹配。命令中的选项说明如下。 ① across：多选一选项，指定以太网电接口的 MDI 类型为 Across（交叉电缆类型）。 ② normal：多选一选项，指定以太网电接口的 MDI 类型为 Normal（直通电缆类型）。 ③ auto：多选一选项，指定以太网电接口的 MDI 类型为 Auto（自动识别类型）。自动模式就是自动识别线序，并协商收发的顺序。它的好处就是可以不用考虑双绞线的类型，也不用关心对端设备是否支持 MDI，都能够正常工作。 缺省情况下，以太网电接口 MDI 类型也为 Auto 类型，可用 **undo mdi** 命令恢复以太网电接口 MDI 类型为缺省的自动识别类型。 【注意】两台工作于 Across 模式的设备对接，必须使用交叉网线；一端是 Normal 模式，另一端是 Across 模式，则必须使用直通网线。Auto 类型能满足绝大多数的场合，仅当设备不能获取网线类型参数时，需要将模式手工设置为 Across 或 Normal。 使用直通网线时，设备两端应该配置不同的类型（如一端为 Across，另一端为 Normal）；使用交叉网线时，设备两端应该配置为相同的类型（如同时为 Across 或 Normal，或者至少有一端是 Auto）

（续表）

配置任务	命令	说明
二/三层模式切换	接口视图下： **undo portswitch** 例如：[Sysname-Ethernet1/0/1] **undo portswitch** 系统视图下： **undo portswitch batch** *interface-type* { *interface-number1* [**to** *interface-number2*] } &<1-10> 例如：**undo portswitch batch gigabitethernet** 0/0/1 0/0/2 0/0/3	将（在系统视图下配置时，命令中指定的范围中各接口类型必须一致）以太网接口从二层模式切换到三层模式。以太网接口的二、三层模式既可以在以太网接口视图下配置，也可以在系统视图下配置。当两种视图下配置的二、三层模式不同时，最新配置生效。 【注意】自 **V200R005** 版本开始，工作在三层模式的以太网接口支持直接配置 IP 地址，这是 VRP 系统的一个非常大的改变。但目前仅 S5720HI、S6720HI、S5720EI、S6720EI 和 S6720S-EI，框式系列交换机均支持二层模式与三层模式切换，并为三层模式接口直接配置 IP 地址。 缺省情况下，设备的以太网接口工作在二层模式，并且已经加入 VLAN1。将接口转换为三层模式后，该接口并不会立即退出 VLAN1，只有当三层协议 Up 后，接口才会退出 VLAN1。可用 **portswitch 或 portswitch batch** *interface-type* { *interface-number1* [**to** *interface-number2*] } &<1-10>命令将单个或批量以太网接口从三层模式切换到二层模式

6.2.3　配置 40GE 和 100GE 接口的拆分和合并

华为交换机支持的 100GE 光接口和部分 40GE 光接口既可以作为一个单独的接口，又可以拆分成多个独立的低速率接口使用。如 40GE 接口可以拆分为 4 个 10GE 接口；100GE 既可以拆分为 10 个 10GE 接口、4 个 10GE 接口，也可以拆分为两个 40GE 接口。这样用户只需要购买一块单板，就可以实现和多个类型的对端接口对接。

单个接口拆分后，原来的接口将不存在。拆分出来的 10GE 光接口或者 40GE 光接口除了接口编号方式与普通的光接口有差别之外（具体参见 6.1.2 节），支持的配置和特性均和普通光接口相同。

40GE 接口拆分后支持的连接方法见表 6-7，100GE 接口拆分后支持的连接方法见表 6-8。

注意　并不是所有 40GE 或 100GE 的以太网接口都可以拆分的，也不是任意 10GE、40GE 接口都可以合并成 40GE 或 100GE 接口的。是否支持拆分、支持何种拆分都可能因不同的单板系列有所不同，具体参见对应单板的产品手册。拆分或合并操作后需保存配置、重启单板才能使配置生效。拆分或合并之后，原接口模式下的配置丢失，请仔细确认后操作。

表 6-7　　　　　　　　　　　　　**40GE 接口拆分后的连接方法**

连接方式	描述
一分四高速电缆（也叫铜缆）	线缆上带有固定封装的模块，可以直接插在 10GE 光口上使用，成本较低。线缆长度固定，最长距离为 5m，仅适用于短距离连接。 一分四高速电缆的型号：QSFP-4SFP10G-CU1M、QSFP-4SFP10G-CU3M、QSFP-4SFP10G-CU5M

（续表）

连接方式	描述
一分四 AOC 光线缆	线缆上带有固定封装的模块，也可以直接插在 10GE 光口上使用，成本较低。线缆长度固定，最长距离为 10m，连接距离较长。 一分四 AOC 光线缆的型号：QSFP-4SFP10-AOC10M
支持一分四的 40G 光模块+普通的 10G 光模块+光纤	通信两端分别使用支持一分四的 40G 光模块和普通的 10G 光模块，光模块的多模/单模、距离需要匹配，并且用专用的一分四光纤连接，通信距离长度可调。光模块不自带，成本较高。 支持一分四的 40G 光模块有 QSFP-40G-iSR4、QSFP-40G-eSR4、QSFP-40G-iSM4、QSFP-40G-eSM4、CFP-40G-SR4。一分四光纤的类型为 MPO-4*DLC
普通的 40G 光模块+光纤	如果通信双方均为拆分后的 40GE 接口，两端可以插入同样的普通 40G 光模块 QSFP+，并且用一根光纤连接

表 6-8　　　　　100GE 接口拆分后的连接方法

连接方式	描述
一分四高速电缆（也叫铜缆）	线缆上带有固定封装的模块，可以直接插在 10GE 光口上使用，成本较低。线缆长度固定，最长距离为 5m。 一分四高速电缆的型号有 QSFP-4SFP10G-CU1M、QSFP-4SFP10G-CU3M、QSFP-4SFP10G-CU5M
一分四 AOC 光线缆	线缆上带有固定封装的模块，可以直接插在 10GE 光口上使用，成本较低。线缆长度固定，最长距离为 10m。 一分四 AOC 光线缆的型号为 QSFP-4SFP10-AOC10M
一分四的 40G 光模块+普通的 10G 光模块+光纤	通信两端分别使用支持一分四的 40G 光模块和普通的 10G 光模块，光模块的多模/单模、距离需要匹配，并且用专用的一分四光纤连接。通信距离长度可调。光模块不自带，成本较高。 支持一分四的 40G 光模块有 QSFP-40G-iSR4、QSFP-40G-eSR4、QSFP-40G-iSM4、QSFP-40G-eSM4，一分四光纤的类型为 MPO-4*DLC
一分四使用普通的 40G 光模块+光纤	如果通信双方均为拆分后的 100G 接口，两端可以插入同样的普通 40G 光模块 QSFP+，并且用一根光纤连接
一分二的 100G 光模块+普通的 40G 光模块+光纤	通信两端分别使用支持一分二的 100G 光模块和普通的 40G 光模块，光模块的多模/单模、距离需要匹配，并且用专用的一分二光纤连接。通信距离长度可调。光模块不自带，成本较高。 支持一分二的 100G 光模块为 CFP-100G-SR10，一分二光纤的类型为 MPO-2*MPO
一分十的 100G 光模块+普通的 10G 光模块+光纤	通信两端分别使用支持一分十的 100G 光模块和普通的 10G 光模块，光模块的多模/单模、距离需要匹配，并且用专用的一分十光纤连接。通信距离长度可调。光模块不自带，成本较高。 支持一分十的 100G 光模块为 CFP-100G-SR10，一分十光纤的类型为 MPO-10*DLC

1. 40GE 或 100GE 接口的拆分

必须要先确认对应单板支持拆分，并且支持对应的拆分方式。

① 将一个 40GE 接口拆分成 4 个 10GE 接口。

在 40GE 接口视图下执行 **port split split-type 40GE:4*XGE** 命令，可将一个 40GE 接口拆分成为 4 个 10GE 接口。

② 将一个 100GE 接口拆分成 10 个 10GE 接口或两个 40GE 接口或 4 个 10G 接口

在 100GE 接口视图下执行 **port split split-type** { **100GE:10*XGE** | **100GE:2*40GE** | **100GE:4*XGE** }命令，选择 **100GE:10*XGE** 选项时表示拆分为 10 个 10GE 接口；选择 **100GE:2*40GE** 选项时表示拆分为 2 个 40GE 接口；选择 **100GE:4*XGE** 选项时表示拆分为 4 个 10GE 接口。

2. 10GE 或 40GE 接口的合并

仅由 40GE 或 100GE 拆分的端口才支持合并，是前面介绍的拆分的逆过程。

① 将 4 个 10GE 接口合并成一个 40GE 接口。

在**任意一个**拆分生成的 10GE 接口视图下执行 **undo port split** 命令，即可实现接口合并成一个 40GE 接口，**不需要分别对拆分后的其他接口分别配置**。

② 将 10 个 10GE 接口、4 个 10G 接口或者两个 40GE 接口合并成一个 100GE 接口

在任意一个拆分生成的 10GE 接口或者 40GE 接口视图下执行 **undo port split** 命令即可将 10 个 10GE 拆分接口、4 个 10G 拆分接口或者两个 40GE 拆分接口合并成一个 100GE 接口，**不需要对拆分后的其他接口分别配置**。

6.2.4　配置单纤单向通信

光模块一般包含发送端（TX）和接收端（RX），光接口对接时需要使用两根光纤将一端光模块 TX 端与另一端 RX 连接，一端光模块 RX 端与另一端 TX 连接，即设备分别通过两根独立光纤进行报文的发送和接收（**支持波分复用的光模块可以通过一根光缆实现双向通信**）。在接口未使能单纤通信功能时，如果光接口之间仅连接一根光纤，设备之间将无法通信。但在配置单纤单向通信功能后，设备之间可实现单向通信功能。

在网络管理和维护中，管理员可以将用户的流量发送到指定服务器进行分析和处理。如果服务器不仅可以接收报文，还可以对外发送报文，将可能造成分析报文外传，降低了数据的安全性。通过配置单纤单向通信功能可以解决这一问题。这里的"单纤"是指光模块之间只通过一根光纤连接，"单向"是指报文只能由发送端向接收端发送报文，无法反向发送。该功能可以实现交换机只发送报文，无法接收报文；分析服务器只接收报文，无法发送报文，从而保证了分析服务器的数据安全。

如图 6-6 所示，SwitchA 通过接口 XGE0/0/1 与上游分流设备连接，上游分流设备分流过来的流量从接口 XGE0/0/1 进入 SwitchA。SwitchA 上接口 XGE0/0/2 作为报文发送端，对端报文分析服务器的光接口作为报文接收端。接口 XGE0/0/2 上配置单纤单向通信功能后，管理员仅需要通过一根光纤将接口 XGE0/0/2 的光模块发送端 TX 和报文分析服务器接口的光模块接收端 RX 相连后，接口 XGE0/0/2 就可以支持通过单根光纤向分析服务器发送报文，分析服务器也可以通过该光纤接收报文。但由于分析服务器对外发送报文的 TX 端没有连接光纤，对外发送报文将无法实现，从而保证了分析服务器的数据安全。

单纤单向通信的配置很简单，具体见表 6-9。

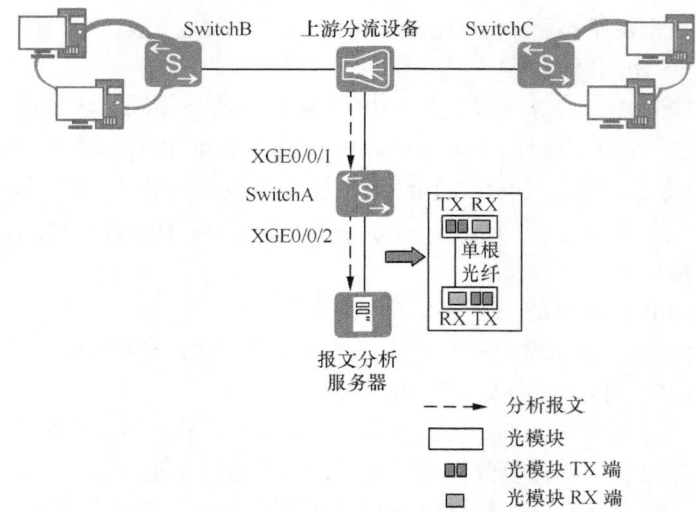

图 6-6　单纤单向通信组网示例

表 6-9　　　　　　　　　　　　单纤单向通信的配置步骤

步骤	命令	说明
1	**system-view** 例如：< HUAWEI > **system- view**	进入系统视图
2	**interface** *interface-type interface-number* 例如：[HUAWEI] **interface gigabitethernet 1/0/1**	进入对应的光接口视图
3	**undo negotiation auto** 例如：[HUAWEI-Gigabit Ethernet1/0/1] **undo negotiation auto**	（可选）配置接口工作在非自协商模式下，即强制模式。只有 GE 光口或者 10GE 光口插 GE 光模块时，需要执行此步骤。 缺省情况下，以太网接口处于自协商模式，可用 **negotiation auto** 命令配置以太网接口工作在自协商模式
4	**single-fiber enable** 例如：[HUAWEI-Gigabit Ethernet1/0/1] **single-fiber enable**	配置单纤单向通信。 缺省情况下，未使能单纤单向通信，可用 **undo single-fiber enable** 命令去使能光接口的单纤通信功能

说明 配置单纤通信时要注意以下几点。

■ 对于 40GE 光接口，只有光模块不在位或者插上 40GE 光模块时才支持配置单纤单向通信功能；对于 XGE 光接口，只有光模块不在位或者插上 GE/XGE 光模块时才支持配置单纤单向通信功能。

■ 对于插入 XGE/GE 双速光模块的 XGE 光接口，只有当接口工作速率为 10000Mbit/s 时才支持配置单纤单向通信功能；对于 GE 光接口，只有接口工作速率在 1000Mbit/s 时才支持配置单纤单向通信功能。

■ 对端设备接口要求工作在非自协商模式，且与本端设备配置的速率相同。

■ S5720-EI、S6720-EI、S6720S-EI 的 XGE 光接口插入 GE 光模块也支持配置单纤通信功能，且不需要 License 支持，但 S5720HI 和 S6720HI 不支持该功能。

6.2.5　配置端口隔离

以前为了实现报文之间的二、三层隔离，采用将不同端口加入不同 VLAN 的方法实现，这样不但配置比较麻烦，而且浪费了有限的 VLAN 资源。另外，在同一个 VLAN 中各端口至少是二层互通的，也达不到完全的端口隔离的目的。采用端口隔离特性，就可以实现同一 VLAN 内端口之间的二层隔离，只需要将端口加入到隔离组中，可为用户提供更安全、更灵活的组网方案。

如果用户希望隔离同一 VLAN 内的广播报文，但是不同端口下的用户还可以进行三层通信，则可以将隔离模式设置为二层隔离三层互通；如果用户希望同一 VLAN 不同端口下的用户彻底无法通信，则可以将隔离模式配置为二层、三层均隔离即可。

在端口隔离方案中，支持"端口单向隔离"和"端口隔离组"这两种端口隔离方法。"端口单向隔离"是在要阻止某个本地端口发送的报文到达其他端口，**而不限制其他端口的报文到达本地端口**时所采用的隔离方法。如接口 A 与接口 B 之间单向隔离，即接口 A 发送的报文不能到达接口 B，但从接口 B 发送的报文可以到达接口 A。"端口隔离组"是在要实现一组端口间相互（双向）二层隔离时所采用的隔离方法。但也仅同一端口隔离组的接口之间互相隔离，不同端口隔离组的接口之间不隔离。

注意 端口隔离方案仅适用于在同一交换机上不同端口间的隔离，但一个端口可以加入多个端口隔离组。

S1720GFR、S1720GW-E、S1720GWR-E、S1720X-E、S2720EI、S2750、S5700LI、S5720LI、S5720S-LI、S5710-X-LI、S5700S-LI、S6720LI、S6720S-LI **仅支持二层隔离、三层互通**。S5730-68C-SI-AC、S5730-68C-PWR-SI-AC、S5730-68C-PWR-SI、S5730S-68C-EI-AC 和 S5730S-68C-PWR-EI 设备的子卡接口，**不支持端口隔离功能**。

1. 配置端口单向隔离

配置端口单向隔离的方法是**在不允许向对端发送数据的以太网接口视图下指定一个或者多个需要对当前接口隔离的其他以太网接口**，**使本端口不能发送数据给这些接口，但不限制这些端口发送数据给本端口**。具体的配置方法见表 6-10。

表 6-10　　　　　　　　　　　　　　端口单向隔离的配置步骤

步骤	命令	说明
1	system-view 例如：< HUAWEI > system-view	进入系统视图
2	port-isolate mode { l2 | all } 例如：[HUAWEI] port-isolate mode l2	（可选）全局配置端口隔离模式。命令中的选项说明如下。 ① **l2**：二选一选项，指定端口隔离模式为二层隔离三层互通。 ② **all**：二选一选项，指定端口隔离模式为二层和三层都隔离。 缺省情况下，端口隔离模式为二层隔离三层互通，可用 **undo port-isolate mode** 命令恢复端口隔离模式为缺省模式
3	interface interface-type interf-ace-number 例如：[HUAWEI] interface Ethernet 0/0/1	键入要配置端口单向隔离（不允许该端口向其他端口发送数据）的以太网接口，进入以太网接口视图

（续表）

步骤	命令	说明
4	**am isolate** { *interface-type interface-number* }&<1-8> 或 **am isolate** *interface-type interface-number1* [**to** *interface-number2*] 例如：[HUAWEI-GigabitEthernet0/0/1]**am isolate** gigabitethernet0/0/2 to 0/0/4	配置当前接口与指定端口的单向隔离，参数 *interface-type interface-number* 和 *interface-type interface-number1* [**to** *interface-number2*]用来指定要与当前端口单向隔离的接口列表，**to** **两端的接口类型必须一致**；参数&<1-8>用来指定最多可以有 8 个接口或接口列表，一个接口最多可以配置和其他 128 个接口之间实现单向隔离。 【说明】端口单向隔离支持不同类型的端口混合隔离（这时要分别用多条命令配置），但不支持端口与管理网口的单向隔离，也不支持 Eth-Trunk 与自身成员端口的单向隔离。 缺省情况下，未配置端口单向隔离，可用 **undo am isolate** [{ *interface-type interface-number* }&<1-8>]或者 **undo am isolate** [*interface-type interface-number* [**to** *interface-number*]] 命令取消当前端口与指定端口的单向隔离；如果不指定参数表示取消当前端口与所有端口的单向隔离配置

2. 配置端口隔离组

配置端口隔离组的方法只需要把需要相互隔离的以太网接口加入到同一个隔离组中即可，具体的配置步骤见表 6-11。在同一隔离组中的以太网交换机端口彼此双向隔离。

表 6-11   端口隔离组的配置步骤

步骤	命令	说明
1	**system-view** 例如：< HUAWEI > **system-view**	进入系统视图
2	**port-isolate mode** { **l2** | **all** } 例如：[HUAWEI] **Port-isolate made 12**	（可选）全局配置端口隔离模式，其他说明参见表 9-10 中的第 2 步
3	**interface** *interface-type interface-number* 例如：[HUAWEI] **interface** GigabitEthernet 0/0/1	键入要加入端口隔离组的接口，进入接口视图
4	**port-isolate enable** [**group** *group-id*] 例如：[HUAWEI-GigabitEthernet0/0/1] **port-isolate enable group** 10	使能端口隔离功能，并把以上端口加入由可选参数 *group-id*（整数形式，取值范围是 1～64）指定的端口隔离组中（在指定端口隔离组的同时会创建相应的组）。如果不指定 *group-id* 可选参数，则缺省加入的端口隔离组为 1。 【注意】要相互隔离的端口一定要加入到同一个端口隔离组，否则不会起到隔离的作用，因为同一端口隔离组的端口之间互相隔离，不同端口隔离组的端口之间不隔离。 缺省情况下，未使能端口隔离功能，可用 **undo port-isolate enable** 命令关闭端口的隔离功能

配置好端口隔离组后，可通过任意视图下的 **display port-isolate group** { *group-id* \| **all** } 命令查看端口隔离组的配置。当为了减少维护量和降低操作的复杂度时，也可以在系统视图下执行 **clear configuration port-isolate** 命令一键式清除设备上所有的端口隔离配置，包括端口隔离组、端口单向隔离和隔离模式的相关配置。

当希望某个 VLAN 的端口隔离不生效，使隔离组中的端口间在同一 VLAN 内的用户依旧可以互相访问，可以在系统视图下执行 **port-isolate exclude vlan** { *vlan-id1* [**to** *vlan-id2*] } &<1-10>命令配置端口隔离功能生效时排除指定的 VLAN 内通信。

6.2.6　端口隔离配置示例

本示例的拓扑结构如图 6-7 所示，PC1、PC2 和 PC3 连接在同一交换机上，同属于 VLAN 10，且位于同一 IP 网段。现希望 PC1 与 PC2 之间不能二层互访，PC1 与 PC3 之间以及 PC2 与 PC3 之间都可以二层互访。

本示例的配置很简单，因为需要 PC1 和 PC2 间不能进行二层互访，所以需要采用端口隔离组方法来进行端口隔离。只需要将 PC1 和 PC2 所连接的交换机端口（分别为 GE0/0/1 和 GE0/0/2）加入到隔离组中就可以达到目的。

因为 S 系列交换机的端口隔离模式缺省设置是二层隔离、三层互通，满足本示例要求，所以不需要另外配置端口隔离模式。下面是具体的配置步骤（VLAN 部分的配置不包括在其中）。

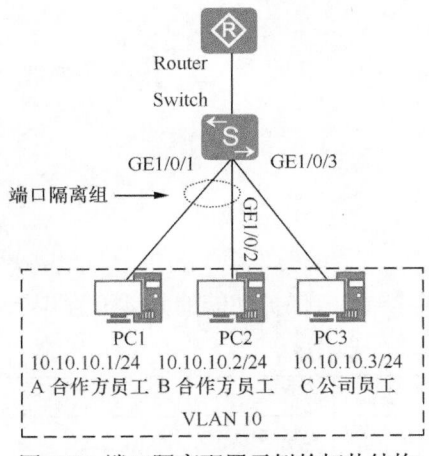

图 6-7　端口隔离配置示例的拓扑结构

① 配置 GE0/0/1 的端口隔离组隔离的功能（假设加入的端口隔离组号为 10）。

```
<HUAWEI> system-view
[HUAWEI] interface gigabitethernet 0/0/1
[HUAWEI-GigabitEthernet0/0/1] port-isolate enable group 10
[HUAWEI-GigabitEthernet0/0/1] quit
```

② 配置 GE0/0/2 的端口隔离组的隔离功能。注意，此时所加的端口隔离组编号一定要与前面 GE0/0/1 端口加入的端口隔离组的编号一样。

```
[HUAWEI] interface gigabitethernet 0/0/2
[HUAWEI-GigabitEthernet0/0/2] port-isolate enable group 10
[HUAWEI-GigabitEthernet0/0/2] quit
```

6.2.7　配置端口保护

通常情况下，主机一般使用缺省网关与外部网络联系。此时，如果缺省网关出接口发生故障，主机与外部网络的通信将被中断，无法保证业务的正常传输，设备可靠性差。当然，解决这一问题有许多方案，如 VRRP、备份路由、接口备份等都可以。本节要介绍一种更为简单的实现方式，那就是端口保护功能。

端口保护功能可在不改变组网的情况下，将**同一设备上的两个接口**（肯定是有路径可以到达同一目的地的两个接口）组成一个端口保护组，实现主备接口的备份。当主用接口出现异常时，业务及时切换到备用接口（**一个端口保护组中只能包含一个主用接口和一个备用接口**）上，以保证业务的无中断传输。但业务一旦切换到备用接口链路上传输，即使原来的主用接口链路恢复了正常工作，也不会切换回去，只有等备用接口链路出现故障时才可能再切换到主用接口链路上。

如图 6-8 所示，SwitchA 上配置的端口保护组中包含了一个主用接口 GE1/0/1 和一个备用接口 GE1/0/2。在正常工作状态下，主用接口 GE1/0/1 承载业务数据传输。当主用接口发生故障，状态变为 Down 时，系统将自动切换业务到备用接口 GE1/0/2 上，以保证业务的正常传送，提高设备的可靠性。但当备用接口 GE1/0/2 承载业务后，如果主用接口 GE1/0/1 恢复正常，**业务也不会回切到接口 GE1/0/1**，只有当备用接口 GE1/0/2 故障时，才会切换到主用接口 GE1/0/1。

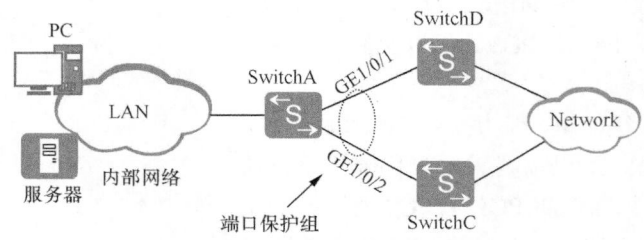

图 6-8　端口保护应用组网示例

端口保护功能的具体配置步骤见表 6-12。

表 6-12　　　　　　　　　　　　　　　　端口保护的配置步骤

步骤	命令	说明
1	**system-view** 例如：< HUAWEI > **system-view**	进入系统视图
2	**port protect-group** *protect-group-index* 例如：[HUAWEI] **port protect-group** 1	创建并进入端口保护组视图，整数形式，取值范围是 0～63。 缺省情况下，系统未创建端口保护组，可用 **undo port protect-group** *protect-group-index* 命令删除指定的已创建的端口保护组
3	**protect-group member** *interface-type interface-number* **master** 例如：[HUAWEI-protect-group1] **protect-group member** gigabitethernet 0/0/1 **master**	配置端口保护组中的主用接口。一个端口保护组只能包含一个主用接口和一个备用接口。 缺省情况下，没有以太网接口添加到端口保护组中，可用 **undo protect-group member** *interface-type interface-number* 命令将指定以太网接口从当前端口保护组中删除
4	**protect-group member** *interface-type interface-number* **standby** 例如：[HUAWEI-protect-group1] **protect-group member** gigabitethernet 0/0/2 **standby**	配置端口保护组中的备用接口。 缺省情况下，没有以太网接口添加到端口保护组中，可用 **undo protect-group member** *interface-type interface-number* 命令将指定以太网接口从当前端口保护组中删除

说明　为提高端口保护组中接口的业务切换性能，确保主用接口链路发生故障时，系统可立即切换业务到备用接口，用户需要在主用接口和备用接口均执行 **carrier** { **up-hold-time** | **down-hold-time** } *interval* 命令，配置接口上报状态变化事件的延时时间均为 0ms。接口上报 Up 事件的延时时间的取值范围是 0，50～50000，接口上报 Down 事件的延时时间的取值范围是 0，1000～50000，单位 ms。

6.2.8　以太网接口频繁 Up/Down 故障的分析与排除

以太网接口频繁 Up/Down 是我们经常遇到的一个交换机故障，这通常是由于链路两端接口的双工模式、速率、协商模式配置不一致造成的。请按以下步骤进行排除。

① 检查链路及接口模块是否故障。

如果设备之间是通过双绞线连接的，则需要进行表 6-13 中的检查。

表 6-13　　　　　　　　　　双绞线连接时需进行的检查

检查项	检查标准	后续操作
用测试仪测试双绞线是否故障	测试仪显示双绞线正常	如果检查出线缆故障，请更换线缆
设备间双绞线长度是否满足要求	设备间线缆长度<100m。 【说明】10/100/1000M 电接口采用 RJ-45 连接器，接口线缆为 5 类或 5 类以上双绞线，传输距离 100m	如果线缆长度大于 100m 可以采用如下方式。 • 缩短设备间距离，以缩短双绞线长度。 • 如果不能改变设备间的距离，设备之间可以通过中继器、HUB 或交换机串联

如果设备之间是通过光纤连接的，则需要表 6-14 中的检查。

表 6-14　　　　　　　　　　光纤线连接时需进行的检查

检查项	检查标准	后续操作
用测试仪或物理环回方法检查链路两端是否故障	使用测试仪测试时，测试仪显示收发正常。使用物理环回时，可以看到接口 Up	如果检查出线缆故障，请尝试更换线缆，如果更换线缆后故障依然存在，请尝试更换两端接口光模块
检查光模块和光纤的对应关系	检查光纤类型是否正确	如果对应关系不正确，请根据实际情况选择更换光模块或光纤
设备间光纤的长度和光模块支持的传输距离是否匹配	光纤的长度小于对应光模块支持的传输距离	根据现网实际情况缩短光纤长度或者更换支持更大传输距离的光模块
用测试仪测试信号的衰减是否在允许的范围内	不同光模块对光信号衰减范围的要求不一样，具体可参见对应的产品手册说明	如果衰减过大请更换光纤，如果更换光纤仍不符合衰减要求，可缩短光纤的长度

执行上述步骤后，如果接口的状态仍然频繁 Up/Down，请执行步骤②。

② 检查设备两端接口双工模式、速率、协商模式是否一致。

分别在对接的两端设备执行 **display interface** 命令，查看接口的双工模式、速率、协商模式信息，具体检查项目参照表 6-15。

表 6-15　　　　　　　　设备两端接口双工模式、速率、协商模式配置检查

检查项	显示信息解释说明	后续操作
Negotiation	表示接口自协商状态。 • 显示信息是"ENABLE"表示接口工作在自协商状态下。 • 显示信息是"DISABLE"表示接口工作在非自协商状态下	保持两边的协商模式一致，要么都工作在自协商模式下，要么都工作在非自协商模式下。在接口视图下可以使用 **negotiation auto** 命令，调整接口的自协商模式。如果自协商模式下接口仍然频繁 Up/Down，可以尝试将接口改成非自协商模式，强制两边速率、双工保持一致
Speed	表示接口当前速度	在非自协商模式下如果设备两端接口速率不一致，请在接口视图下执行 **speed** 命令，调整接口速率保持一致
Duplex	接口双工状态	在非自协商模式下如果设备两端接口的双工模式不一致，请在接口视图下执行 **duplex** 命令，调整接口双工模式保持一致

执行上述步骤后，如果接口的状态仍然频繁 Up/Down，请执行步骤③。

③ 通过查看端口的 Up/Down 日志信息，判断端口的 Up/Down 统计信息是否有规律。可在任意视图下执行 **display logbuffer** 命令，查看 Log 缓冲区记录的信息，根据不同日志信息显示的具体检查方法见表 6-16。

表 6-16　　　　　　　　　　　端口的 **Up/Down** 日志信息检查

Up/Down 日志信息	可能的原因	后续操作
连接的端口一般在较短的一段时间内（60s）有多组 Up/Down 的信息	对端设备处于重启状态，重启过程一般会导致本端接口的多次瞬间的 Up/Down	无需操作，等待对端设备重启完成
一组端口同时 Up/Down	对端设备处于主备切换过程。当本端设备多个接口同时连接一台对端设备时，对端设备出现主备倒换，则本端接口会同时出现 Up/Down	无需操作，等待对端设备主备切换完成
Up/Down 日志信息中接口处于 Down 转换到 Up 间隔时间较长	正常的信息，对端设备对本端设备接口存在操作	无需操作
端口在不同时间产生了 Up/Down，在这期间存在瞬间的 Up/Down，并且其间隔时间小于 1s	• 用户使用的光模块与硬件配合不好，光模块对信号的抖动较为灵敏，或者接收光功率过低。 • 对端或本端接口问题。 • 对端设备配置了端口保护功能	• 更换光模块，同时也请确认光模块/光纤是否插紧。 • 在对端设备接口上进行交叉验证，通过连接对端设备不同的接口来调测。 • 关闭对端设备配置的端口保护功能

执行完上述操作后，如果故障仍然存在，请执行步骤④。

④ 检查本端和对端设备硬件是否故障。

尝试将线缆连接到其他接口。

执行完上述操作后，如果故障仍然存在，则可能需要请求华为技术人员支持了。

6.3　逻辑接口配置与管理

在华为 S 系列交换机中，除了那些物理以太网接口外，还有许多可用于业务处理的逻辑接口，具体见表 6-17。但不同的交换机系列、不同的 VRP 系统版本对各种逻辑接口的支持情况比较复杂，具体参见对应的产品手册。

表 6-17　　　　　　　　S 系列交换机中的主要逻辑接口及特性说明

逻辑接口类型	说明
Eth-Trunk 子接口	是一种具有二层特性和三层特性的逻辑接口，能把多个以太网接口在逻辑上等同于一个逻辑接口（相当于端口聚合），比单个物理以太网接口具有更大的带宽和更高的可靠性。**将在本章后面介绍 Eth-Trunk 链路聚合**
Tunnel 接口	是一种具有三层特性的逻辑接口，隧道两端的设备利用 Tunnel 接口发送报文、识别并处理来自隧道的报文
VLANIF 接口	是一个具有三层特性的逻辑接口，通过配置 VLANIF 接口的 IP 地址可实现 Vlan 间的互访。将在本书第 7 章介绍

（续表）

逻辑接口类型	说明
以太网子接口	在一个主接口上配置的多个逻辑上的虚拟接口,主要用于实现与多个远端进行通信。根据是否配置 IP 地址,以太网子接口可以分为二层以太网子接口和三层以太网子接口。 • 二层以太网子接口:未配置 IP 地址,工作在数据链路层,可用于同一网段 VLAN 内跨隧道的报文转发,例如 L2VPN。 • 三层以太网子接口:配置 IP 地址,工作在网络层,用于不同网段的报文转发,例如 L3VPN
Loopback 接口	环回接口,具有以下优点。 • Loopback 接口一旦被创建,其物理状态和链路协议状态永远是 Up,即使该接口上没有配置 IP 地址。 • Loopback 接口配置 IP 地址后,就可以对外发布。Loopback 接口上可以配置 32 位掩码的 IP 地址,以达到节省地址空间的目的。 • Loopback 接口不能封装任何链路层协议。数据链路层也就不存在协商问题,其协议状态永远都是 Up。 • 对于目的地址不是本地 IP 地址,出接口是本地 Loopback 接口的报文,设备将其直接丢弃。 由于 Loopback 接口具备如上优点,Loopback 接口常用来提高配置的可靠性。Loopback 接口通常有两种主要应用。 • Loopback 接口的 IP 地址被指定为报文的源地址,可以提高网络的可靠性。 • 根据 Loopback 接口的 IP 地址控制访问接口和过滤日志等信息,使信息变得简单。 InLoopback0 是一个特殊而固定的 Loopback 接口,系统在启动时,会自动创建一个该接口。InLoopback0 接口使用环回地址 127.0.0.1/8 接收所有发送给本机的数据包。**该接口使用的 IP 地址是不可以改变的,也不通过路由协议对外发布**
NULL 接口	主要用于路由过滤等特性,因为任何送到该接口的网络数据报文都会被丢弃
VE 接口	虚拟以太网接口,主要用于以太网协议承载其他数据链路层协议。支持创建 VE 子接口,用于 L2VPN 接入 L3VPN

下面仅介绍以太网子接口、Loopback 接口和 NULL 接口这 3 种逻辑接口的配置与管理方法,VLANIF 接口的配置方法将在第 7 章介绍。

6.3.1　以太网子接口的配置与管理

以太网子接口就是在一个主接口上配置的多个逻辑上的虚拟接口,主要用于实现与多个远端进行通信。以太网子接口(**本节说明及功能配置同时适用于 Eth-Trunk 聚合链路子接口**)共用主接口的物理层参数,又可以分别配置各自的链路层和网络层参数。用户可以禁用或者激活以太网子接口,这不会对主接口产生影响。但主接口状态的变化会对以太网子接口产生影响,只有主接口处于连通状态时,以太网子接口才能正常工作。

目前华为 S 系列交换机支持两种以太网子接口:二层以太网子接口和三层以太网子接口,在盒式系列交换机中,仅 S6720EI、S6720S-EI、S5720HI、S6720HI 和 S5720EI 支持创建以太网子接口,在框式系列交换机上均支持创建以太网子接口,**但也仅 hybrid 和 trunk 类型二层以太网接口支持配置二层以太网子接口**。通过对二层以太网接口执行 **undo portswitch** 命令切换为三层接口后,支持创建三层以太网子接口。但接口加入 Eth-Trunk 后,不能再在该接口上配置子接口。

在以太网子接口（二层和三层以太网子接口都可以）上关联 VLAN 后，可以实现 VLAN 间通信，主要应用于 Dot1q 终结、QinQ 终结、VXLAN（Virtual eXtensible Local Area Network，虚拟扩展局域网）等场合。二层以太网终结子接口的配置方法见表 6-18，三层以太网终结子接口的配置方法见表 6-19。

【经验之谈】总体来说，华为设备的以太网子接口分为：二层以太网子接口和三层以太网子接口两大类。二层以太网子接口只能承担二层通信，即仅可与在同一 IP 网段内的设备通信；三层以太网子接口可以承担三层通信，即可实现跨 IP 网段的设备间通信。三层以太网子接口是通过对 Trunk 或 Hybrid 类型（**不能是其他类型**）二层以太网物理接口执行 **undo portswitch** 命令转换成三层以太网物理接口后创建的子接口。

在二层/三层以太网子接口中，各自又有多种不同的子分类：二层太以网子接口又分为：①二层 Dot1q 终结子接口；②二层 QinQ 终结子接口。三层以太网子接口中分为 3 类：①纯三层以太网子接口；②三层 Dot1q 终结子接口；③三层 QinQ 终结子接口。

■ 二层/三层 Dot1q 终结子接口：仅接收带有一层 VLAN 标签的报文（**不带 VLAN 标签或带多层 VLAN 标签的报文进入时直接丢弃**），并在对报文中的一层 VLAN Tag 进行剥离后进行二层或三层转发，至于转发后的报文是否带有 VLAN Tag，由出接口决定。而从该子接口发送报文时又会在报文中添加上所终结的 VLAN Tag。三层 Dot1q 终结子接口需要配置 IP 地址，使能 ARP 广播功能，二层 Dot1q 终结子接口则不需要。

■ 二层/三层 QinQ 终结子接口：仅接收带有两层 VLAN 标签的报文（**不带 VLAN 标签或带一层 VLAN 标签的报文进入时直接丢弃**），并在对报文中的两层 VLAN Tag 进行剥离后进行二层或三层转发，至于转发后的报文是否带有 VLAN Tag，由出接口决定。而从该子接口发送报文时又会在报文中添加上所终结的两层 VLAN Tag。三层 QinQ 终结子接口需要配置 IP 地址，使能 ARP 广播功能，而二层 QinQ 终结子接口不需要。

■ 纯三层以太网子接口：**只能接收不带 VLAN 标签的报文，并且只能进行三层转发**。与三层物理以太网接口具有相同特性，是属于路由类型的接口，通常仅可在路由器的三层接口上配置。

三层 Dot1q 或 QinQ 终结子接口同时具有部分二层和三层特性，既可以接收带有 VLAN 标签的报文，又可以进行三层转发（如通过 VLANIF 接口 VLAN 间三层路由），而纯三层以太网子接口只具有三层特性，就像路由器接口一样。

有关 Dot1q 终结以太网子接口和 QinQ 终结以太网子接口的详细工作原理，以及具体应用介绍将在本书第 8 章介绍。

表 6-18　　　　　　　　　　　二层以太网终结子接口的配置步骤

步骤	命令	说明
1	**system-view** 例如：<HUAWEI> **system-view**	进入系统视图
2	**interface** *interface-type interface-number.subinterface-number* [**mode l2**] 例如：[HUAWEI] **interface** xgigabitethernet 0/0/1.1	进入指定的以太网子接口视图。 **mode l2** 可选项表示把指定以太网子接口配置为 VXLAN 二层模式子接口，只有在配置 VXLAN 业务时需要指定该参数，仅 S6720EI、S6720S-EI、S5720HI 和 S6720HI，以及 S7700 以上系列交换机支持该选项。 【注意】本以太网子接口的主接口必须为 hybrid 或 trunk 类型

（续表）

步骤	命令	说明	
3	**dot1q termination vid** *low-pe-vid* [**to** *high-pe-vid*] 例如：[HUAWEI-XGigabit Ethernet0/0/1.1] **dot1q termination vid** 100	（多选一）配置以太网子接口对携带一层 VLAN Tag 的 Dot1q 报文的终结功能，创建二层 Dot1q 终结子接口。命令中的参数说明如下。 • *low-pe-vid*：指定要终结的用户报文中的 VLAN Tag 的取值下限，整数形式，取值范围是 2～4094。 • *high-pe-vid*：可选参数，指定要终结的用户报文中的 VLAN Tag 的取值上限，取值范围是 2～4094，但 *high-pe-vid* 的取值必须大于等于 *low-pe-vid* 的取值。 【说明】二层 Dot1q 终结以太网子接口在接收到设定范围内的 VLAN 报文时会去掉 VLAN Tag 进行转发（不在范围内的 VLAN 报文将直接丢弃），发送报文时又会打上到达目的 MAC 地址对应的 VLAN Tag（二层以太网子接口在接收 VLAN 报文时会在 MAC 地址表中记录报文中的源 MAC 地址与 VLAN Tag 的对应关系）。 缺省情况，子接口没有配置 Dot1q 终结的单层 VLAN ID，可用 **undo dot1q termination vid** *low-pe-vid* [**to** *high-pe-vid*] 命令取消子接口 Dot1q 终结的单层 VLAN ID	
	qinq termination pe-vid *pe-vid* **ce-vid** *ce-vid1* [**to** *ce-vid2*] 例如：[HUAWEI-XGigabit Ethernet0/0/1.1] **qinq termination pe-vid** 100 **ce-vid** 200	（多选一）配置以太网子接口对携带两层 VLAN Tag 的 QinQ 报文的终结功能，创建二层 QinQ 终结子接口。命令中的参数说明如下。 • *pe-vid*：指定外层 Tag 的 VLAN ID，整数形式，取值范围是 2～4094。 • *ce-vid1*：指定内层 Tag 的 VLAN ID 的取值下限，取值范围是 1～4094。 • *ce-vid2*：指定内层 Tag 的 VLAN ID 的取值上限，取值范围是 1～4094。*ce-vid2* 的取值必须大于等于 *ce-vid1* 的取值。 【说明】二层 QinQ 终结以太网子接口在接收到内、外层 Tag 在设定范围内的 VLAN 报文时会去掉 VLAN Tag 进行转发（不在范围内的 VLAN 报文将直接丢弃），发送报文时会打上到所终结的内、外层 VLAN Tag。 缺省情况，子接口没有配置对两层 Tag 报文的终结功能，可用 **undo qinq termination pe-vid** *pe-vid* **ce-vid** *ce-vid1* [**to** *ce-vid2*] 命令取消子接口对两层 Tag 报文的终结功能	
	encapsulation { **dot1q** { **vid** *pe-vid* }	**default**	**untag**	**qinq** { **vid** *vlan-vid* **ce-vid** *ce-vid* } } 例如：[HUAWEI-XGigabit Ethernet0/0/1.1] **encapsulation dot1q vid** 10	配置二层子接口（必须在本表第 2 步中选择"**mode l2**"选项）允许通过的流封装类型，实现不同的接口接入不同的数据报文。 在 VXLAN 网络中，二层子接口作为 VXLAN 业务接入点，以实现数据报文在广播域 BD 中转发。经过同一物理接口的报文既有携带 VLAN Tag 的（一层或两层），也有不携带 VLAN Tag 的，为了使不同的报文通过不同的二层子接口转发，可在二层子接口视图下执行命令 **encapsulation** 为子接口配置不同的流封装类型，实现不同的接口接入不同的数据报文。命令中的参数和选项说明如下。 • **dot1q**：多选一选项，指定二层以太网子接口允许通过的流封装类型为 Dot1q，该类型接收携带 VLAN Tag 的报文。	（多选一）配置二层以太网子接口接入 VXLAN 业务

（续表）

步骤	命令	说明	
3	encapsulation { dot1q { vid pe-vid } | default | untag | qinq { vid vlan-vid ce-vid ce-vid } } 例如：[HUAWEI-XGigabit Ethernet0/0/1.1] encapsulation dot1q vid 10	• **vid** *pe-vid*：指定二层子接口允许通过的流封装类型为 Dot1q 的携带 VLAN Tag 的报文中的 VLAN ID，整数形式，取值范围是 2～4094。 • **default**：多选一选项，指定二层以太网子接口允许通过的流封装类型为 default，该类型接收所有报文，不区分报文中是否带 VLAN Tag。 • **untag**：多选一选项，指定二层以太网子接口允许通过的流封装类型为 untag，该类型接收不携带 VLAN Tag 的报文。 • **qinq**：多选一选项，指定二层以太网子接口允许通过的流封装类型为 QinQ，该类型接收携带两层 VLAN Tag 的报文。 • **vid** *vlan-vid* **ce-vid** *ce-vid*：指定二层子接口允许通过的流封装类型为 QinQ 的携带两层 VLAN Tag 的报文中的内、外层 VLAN ID。 缺省情况下，二层子接口没有配置允许通过的流封装类型，可用 **undo encapsulation** { **dot1q** { **vid** *pe-vid* } | **default** | **untag** | **qinq** { **vid** *vlan-vid* **ce-vid** *ce-vid* } }命令删除原来为二层以太网子接口配置的允许通过的流封装类型	（多选一）配置二层以太网子接口接入 VXLAN 业务
	bridge-domain bd-id 例如：[HUAWEI-XGigabitEthernet0/0/1.1] bridge-domain 10	将指定二层子接口与 BD（广播域）相关联，实现数据报文在 BD 内进行转发。参数 *bd-id* 用于指定与二层子接口相关联 BD 的 ID，整数形式，取值范围为 1～4096。 缺省情况下，二层子接口与 BD 无关联	

表 6-19　　　　　　三层以太网终结子接口的配置步骤

步骤	命令	说明
1	system-view 例如：< HUAWEI > system-view	进入系统视图
2	interface interface-type interface-number.subinterface-number 例如：[HUAWEI] interface xgigabitethernet 0/0/1.1	进入指定的以太网子接口视图。 【注意】本以太网子接口的主接口必须为 hybrid 或 trunk 类型，且主接口必须已通过 **undo portswitch** 命令切换为三层以太网接口
3	ip address ip-address { mask | mask-length } [sub] 例如：[HUAWEI-XGigabit Ethernet0/0/1.1] ip address 10.1.0.1 255.255.255.0	配置子接口的 IP 地址。命令中的参数说明如下。 • *ip-address*：指定以太网接口的主 IP 地址。 • *mask*：二选一参数，指定子网掩码。 • *mask-length*：二选一参数，指定子网掩码长度。 • **sub**：可选项，配置接口从 IP 地址，每个三层接口最多可配置 31 个从 IP 地址，但只能有一个主 IP 地址。为了实现一个接口下的多个子网之间能够通信，需要在接口上配置从 IP 地址。 【注意】在配置接口 IP 地址时要注意以下几点。 • 接口上配置了主 IP 地址后才能配置从 IP 地址。在删除主 IP 地址前必须先删除完所有的从 IP 地址。

（续表）

步骤	命令	说明
3	**ip address** *ip-address* { *mask* | *mask-length* } [**sub**] 例如：[HUAWEI-XGigabit Ethernet0/0/1.1] **ip address** 10.1.0.1 255.255.255.0	• 同一接口的主从 IP 地址之间可以设置网段重叠的 IP 地址，即网段在以同一 IP 网段 • 同一设备不同接口的主从 IP 地址之间可以重叠，但不能完全相同的 IP 地址。例如，设备上某接口配置了地址 10.1.1.1/16 后，另一接口若配置 10.1.1.2/24 sub，此时配置成功。 缺省情况下，除了一些管理网口配置了 IP 地址外，其他接口均没有配置 IP 地址，可用 **undo ip address** [*ip-address* { *mask* | *mask-length* } [**sub**]]命令删除接口上指定或所有的 IP 地址
4	**dot1q termination vid** *low-pe-vid* [**to** *high-pe-vid*] 例如：[HUAWEI-XGigabit Ethernet0/0/1.1] **dot1q termination vid** 100	（二选一）配置以太网子接口对携带一层 VLAN Tag 的 Dot1q 报文的终结功能，创建三层 Dot1q 终结子接口。当接收到 VLAN Tag 在指定范围的 VLAN 报文时，剥掉报文中携带的 Tag 后进行三层转发，发送报文时，将相应的 VLAN 信息添加到报文中再发送。命令中的参数及其他说明参见表 6-18 中的第 3 步
	qinq termination pe-vid *pe-vid* **ce-vid** *ce-vid1* [**to** *ce-vid2*] 例如：[HUAWEI-XGigabit Ethernet0/0/1.1] **qinq termination pe-vid** 100 **ce-vid** 200	（二选一）配置以太网子接口对携带两层 VLAN Tag 的 QinQ 报文的终结功能，创建三层 QinQ 终结子接口。当接收到内、外层 VLAN Tag 在指定范围的 VLAN 报文时，剥掉报文中携带的双层 Tag 后进行三层转发，发送报文时，将相应的 VLAN 信息添加到报文中再发送。命令中的参数及其他说明参见表 6-18 中的第 3 步
5	**arp broadcast enable** 例如：[HUAWEI-XGigabit Ethernet0/0/1.1] **arp broadcast enable**	使能终结子接口的 ARP 广播功能。 【说明】终结子接口不能转发广播报文到其他子网中，在收到广播报文后它们直接把该报文丢弃。为了允许终结子接口能转发广播报文，可以通过在子接口上执行本命令使能终结子接口的 ARP 广播功能。如果终结子接口上未使能 ARP 广播功能，系统不会主动发送和转发 ARP 广播报文来学习 ARP 表项，该 IP 报文将会被直接丢弃，从而不能对该 IP 报文进行转发。如果终结子接口上已使能 ARP 广播功能，系统将会构造带 Tag 的 ARP 广播报文，然后再从该终结子接口发出。 使能或去使能终结子接口的 ARP 广播功能，会使该终结子接口的路由状态发生一次先 Down 再 Up 的变化，从而可能导致整个网络的路由发生一次振荡，影响正在运行的业务。 缺省情况下，终结子接口没有使能 ARP 广播功能，可用 **undo arp broadcast enable** 命令去使能终结子接口的 ARP 广播功能

以太网子接口配置好后，可通过以下 **display** 命令查看相关的配置信息。

■ **display interface** [*interface-type* [*interface-number* [*.subnumber*]]]：查看指定以太网子接口的状态。

■ **display dot1q information termination** [**interface** *interface-type interface-number* [*.subinterface-number*]]：查看配置了 dot1q 终结的所有接口的名称以及终结子接口对用户报文终结的规则数量。

■ **display qinq information termination** [**interface** *interface-type interface-number* [*.subinterface-number*]]：查看配置了 QinQ 终结的所有接口的名称以及终结子接口对用户报文终结的规则数量。

6.3.2　Loopback 接口的配置与管理

Loopback 是一种三层逻辑接口，且在一台交换机上可以创建多个 Loopback 接口。创建 Loopback 接口后，该接口会一直保持 Up 状态（**但是可以删除**），所以用户可通过配置 Loopback 接口达到提高网络可靠性的目的。而且 Loopback 接口像串行接口一样，可以配置 32 位掩码的 IP 地址（**以太网接口上不能配置 32 位掩码的 IP 地址**）。基于上述特点，Loopback 接口通常有以下几种主要应用。

■ 将 Loopback 接口的 IP 地址指定为报文的源地址，可以提高网络的可靠性。

■ 在一些动态路由协议中，当没有配置 Router ID 时，将选取所有 Loopback 接口上数值最大的 IP 地址作为 Router ID。

■ 在 BGP 协议中，将发送 BGP 报文的源接口配置成 Loopback 接口，可以保证 BGP 会话不受物理接口故障的影响。

■ Loopback 接口可以配置掩码为全 1（即 32 位掩码）的 IP 地址，从而可以节约 IP 地址。

■ Loopback 接口可以配置 IPv4 地址，可以用于绑定 VPN 实例、对源 IPv4 地址进行校验。

Loopback 接口只能配置 IP 地址及报文的源 IP 地址检查功能，具体配置步骤见表 6-20。

表 **6-20**　　　　　　　　　　　Loopback 接口的配置步骤

步骤	命令	说明
1	**system-view** 例如：< HUAWEI > **system-view**	进入系统视图
2	**interface loopback** *loopback-number* 例如：[HUAWEI] **interface loopback 1**	创建并进入 Loopback 接口视图。参数 *loopback-number* 用来表示要创建的 Loopback 接口编号，多数机型该参数的取值范围为 0～1023 的整数，但对于 S1720GFR、S1720GW-E、S1720GWR-E、S2720EI、S2750、S5700LI、S5700S-LI、S5720LI、S5720S-LI 系列产品，取值范围是 0～15 的整数
3	**ip address** *ip-address* { *mask* | *mask-length* } [**sub**] 例如：[HUAWEI-Loopback1]**ip address** 192.168.0.10 255.255.255.0	为 Loopback 接口配置 IP 地址，参数说明参见上节表 6-19 中的第 3 步，但可以配置 32 位掩码的 IP 地址
4	**ip verify source-address** 例如：[HUAWEI-Loopback1]**ip verify source-address**	（可选）使能 Loopback 接口对接收到的报文进行源地址合法性检查，非法源地址的报文将被丢弃。如下几种 IP 地址均为非法源地址。 ① 全 0 或全 1 的地址。 ② 组播地址（D 类地址）。 ③ E 类地址。 ④ 非本机产生的环回地址（形式为 127.x.x.x）。

（续表）

步骤	命令	说明
4	**ip verify source-address** 例如：[HUAWEI-Loopback1]**ip verify source-address**	⑤ A、B、C 类广播地址。 ⑥ 与入接口地址在同一网段的子网广播地址。 缺省情况下，接口不对接收的报文进行源地址合法性检查，可用 **undo ip verify source-address** 命令去使能接口的该功能

6.3.3　配置 NULL 接口

NULL 接口由系统自动创建，且只有一个编号为 **0** 的 NULL 接口，一直保持 **Up** 状态，不能配置 **IP** 地址或其他协议。**NULL** 接口不能用来转发报文，任何以该接口为下一跳进行转发的报文都将被丢弃。即如果在静态路由中指定到达某一网段的下一跳为 NULL0 接口，则任何发送到该网段的数据报文都会被丢弃，此静态路由也称之为"黑洞静态路由"。

我们可以利用 NULL 接口的这一特性，将需要过滤掉的报文直接发送到 NULL0 接口，这样到达下游某目的网段的数据在经过本地设备时会直接丢弃，达到源端网络用户与下游设备所连接网络的用户通信隔离的目的，而不必配置复杂的访问控制列表，实施起来更为简单。

例如：使用如下的静态路由配置命令丢弃所有去往网段 192.101.0.0 的报文。

[HUAWEI] **ip route-static** 192.101.0.0 255.255.0.0 **NULL 0**

6.4　Eth-Trunk 配置与管理

Eth-Trunk 也就是我们通常所说的以太网链路聚合（Link Aggregation），是将多条物理以太网链路捆绑在一起，形成一条逻辑以太网链路的技术。Eth-Trunk 所生成的逻辑以太网链路就叫"以太网聚合链路"，对应的接口称之为 Eth-Trunk 接口（是一个对各个被聚合以太网成员接口聚合后的逻辑接口）。Eth-Trunk 可用来增加链路带宽、提高单台设备可靠性，是实现多条链路互为备份、流量负载分担的一种有效方法。

> *说明*　Eth-Trunk 接口与物理以太网接口一样，缺省也是二层链路类型，也可以配置各种以太网接口属性。在支持以太网子接口创建的交换机中，也可为 Eth-Trunk 接口创建子接口，在 V200R005 及以后 VRP 系统版本中，支持二、三层以太网接口模式切换的交换机还可以通过 **undo portswitch** 命令切换成三层模式，并且可直接为三层 Eth-Trunk 接口/子接口配置 IP 地址。

6.4.1　链路聚合的基本概念

华为 S 系列交换机支持手工模式和 LACP（Link Aggregation Control Protocol，链路聚合控制协议）模式两种链路聚合模式，可将两个或两个以上的以太网物理接口捆绑成一个 Eth-Trunk 接口。当聚合链路中一条成员链路发生故障时，故障链路上的流量还会自动分担到其他成员链路上，从而保证了业务传输不被中断。

如图 6-9 所示，DeviceA 与 DeviceB 之间通过 3 条以太网物理链路相连，将这 3 条链路捆绑在一起，就成为了一条逻辑链路。这条逻辑链路的最大带宽等于原先 3 条以太网物理链路的带宽总和，从而达到了增加链路带宽的目的。同时，这 3 条以太网物理链路相互备份，有效地提高了链路的可靠性。

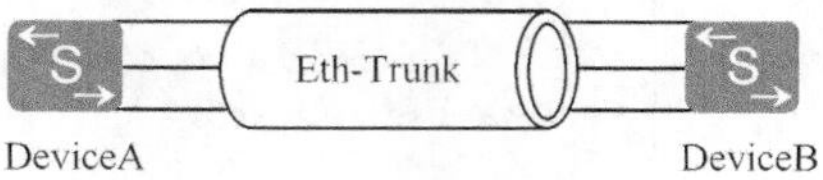

在正式介绍各种链路聚合原理之前，先介绍一些其中涉及的基本概念。

图 6-9　链路聚合示例

■　链路聚合组和链路聚合接口

LAG（Link Aggregation Group，链路聚合组）是指将若干条以太链路捆绑在一起所形成的逻辑链路。每个聚合组唯一对应着一个逻辑接口，这个逻辑接口称之为链路聚合接口或 Eth-Trunk 接口。链路聚合接口可以作为普通的以太网接口来配置和使用，与普通以太网接口的主要区别在于：转发时链路聚合组需要从成员接口中选择一个或多个成员接口来进行实际的数据转发。

■　链路聚合模式

华为 S 系列交换机支持手工和 LACP 两种链路聚合模式，各自特点见表 6-21。

表 6-21　　　　　　　　　　手工模式和 LACP 模式链路聚合比较

比较项目	手工模式	LACP 模式
建立方式	Eth-Trunk 的建立、成员接口的加入完全由手工配置，没有链路聚合控制协议的参与	Eth-Trunk 的建立是基于 LACP 的，但成员加入仍需要手工配置（属于其他品牌中所说的"动态聚合模式"）。LACP 为聚合链路两端设备提供一种标准的协商方式，以供系统根据自身的配置自动形成聚合链路并启动聚合链路收发数据。聚合链路形成以后，LACP 负责维护链路状态，在聚合条件发生变化时，自动调整或解散链路聚合
设备是否需要支持 LACP	不需要	需要
数据转发	一般情况下，所有链路都是活动链路。所有活动链路均参与数据转发。如果某条活动链路故障，链路聚合组自动在剩余的活动链路中分担流量	一般情况下，仅部分链路是活动链路，参与数据转发。如果某条活动链路故障，链路聚合组自动在非活动链路中选择一条链路作为活动链路，使参与数据转发的链路数目不变，保证聚合链路的数据转发性能
是否支持跨设备的链路聚合	不支持：包括在堆叠环境下的链路聚合也不能采用手工模式	支持：Eth-Trunk 支持在堆叠环境下的跨设备链路聚合，E-Trunk 还支持在非直连设备间的跨设备链路聚合
检测故障	只能检测到同一聚合组内的成员链路有无断路等有限故障，但是无法检测到各成员链路其他链路层故障和链路错连等故障	不仅能够检测到同一聚合组内的成员链路有无断路等有限故障，还可以检测到各成员链路的其他链路层故障和链路错连等故障

■　成员接口和成员链路

组成 Eth-Trunk 接口的各个物理接口称为成员接口。**在同一个聚合组中通过配置可以包括不同速率的以太网接口，也可以是电口和光口的混合。**成员接口对应的链路称为成员链路，即链路聚合组中的各条物理以太网链路。

■　活动接口和非活动接口、活动链路和非活动链路

由于在链路聚合中可以设置一些链路作为备份使用，所以在链路聚合组中的成员接

口有"活动接口"和"非活动接口"之分。当前可用于数据转发的接口称为活动接口，当前不能用于数据转发的接口称为非活动接口。活动接口对应的链路称为活动链路，非活动接口对应的链路称为非活动链路。

■ 活动接口数上限阈值

设置活动接口数上限阈值的目的是在保证带宽的情况下提高网络的可靠性，使得在当前活动链路中出现故障时，备份链路可接替它们的数据转发工作。当前活动链路数目达到上限阈值时，再向 Eth-Trunk 中添加成员接口，此时不会增加 Eth-Trunk 活动接口的数目，超过上限阈值的链路状态将被置为 Down，仅作为备份链路。

例如，有 8 条无故障链路绑定在一个 Eth-Trunk 内，每条链路都能提供 1G 的带宽，现在最多需要 5G 的带宽，那么上限阈值就可以设为 5 或者更大的值。其他的链路就自动进入备份状态以提高网络的可靠性。

■ 活动接口数下限阈值

设置活动接口数下限阈值是为了保证最小带宽，当前活动链路数目小于下限阈值时，Eth-Trunk 接口的状态转为 Down。手工模式链路聚合不支持活动接口数上限阈值的配置，仅支持活动接口数下限阈值配置。

例如，每条物理链路能提供 1G 的带宽，现在最小需要 2G 的带宽，那么活动接口数下限阈值必须要大于等于 2。

■ 支持的链路聚合方式

➤ 同一设备：是指链路聚合时，同一聚合组的成员接口分布在同一设备上。

➤ 堆叠设备：是指在堆叠场景下，成员接口分布在堆叠的不同成员设备上。

➤ 跨设备：是一种基于 LACP Eth-Trunk 的扩展——E-Trunk，能够实现跨设备间的链路聚合，具体将在本章 6.5 节介绍。

6.4.2 手工模式链路聚合原理

在手工模式下，Eth-Trunk 的建立、成员接口的加入操作全由管理员手工配置，无需链路聚合控制协议 LACP 的参与。当需要在两个直连设备之间提供一个较大的链路带宽，而设备又不支持 LACP 时，可以使用手工模式。

手工模式也可以实现增加带宽、提高可靠性和负载分担的目的。如图 6-10 所示，DeviceA 与 DeviceB 之间创建 Eth-Trunk，手工模式下 3 条活动链路都参与数据转发并分担流量。当一条链路故障时，故障链路无法转发数据，链路聚合组自动在剩余的两条活动链路中分担流量。

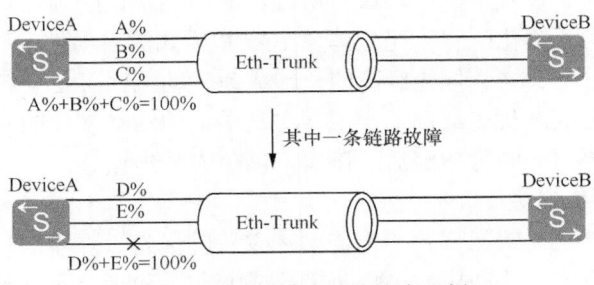

图 6-10 手工模式链路聚合示例

6.4.3　LACP 模式链路聚合原理

6.4.2 节介绍的手工模式 Eth-Trunk 可以完成多个物理接口聚合成一个 Eth-Trunk 口来提高带宽，同时能够检测到同一聚合组内的成员链路有无断路等有限故障，但是无法检测到成员链路的其他链路层故障和链路错连等故障。

为了提高 Eth-Trunk 的容错性，并且能提供备份功能，保证成员链路的高可靠性，建议采用基于 IEEE802.3ad 标准的 LACP（链路聚合控制协议）控制的链路聚合模式，即 LACP 模式。LACP 可以使设备根据自身配置自动形成聚合链路，并启动聚合链路收发数据。聚合链路形成以后，LACP 还负责维护链路状态，在聚合条件发生变化时，自动调整或解散链路聚合。

如图 6-11 所示，DeviceA 与 DeviceB 之间创建 Eth-Trunk，需要将 DeviceA 上的 4 个接口与 DeviceB 捆绑成一个 Eth-Trunk。由于错将 DeviceA 上的一个接口与 DeviceC 相连，这将会导致 DeviceA 向 DeviceB 传输数据时可能会将本应该发到 DeviceB 的数据发送到 DeviceC 上。如果在 DeviceA 和 DeviceB 上都启用 LACP 协议，经过协商后，Eth-Trunk 就会选择正确连接的链路（最终建立的聚合组中不会包括那条连接到 DeviceC 的链路）作为活动链路来转发数据，从而 DeviceA 发送的数据能够正确到达 DeviceB。而手工模式的 Eth-Trunk 不能及时检测到这类错连故障，最终可能导致聚合链路建立不起来、数据转发错误。

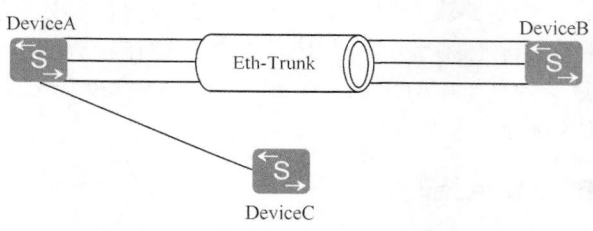

图 6-11　Eth-Trunk 错连示例

1. 基本概念

因为在 LACP 聚合模式中要使用 LACP 来进行链路聚合控制，聚合链路两端的设备间涉及到一些特定参数的协商，故在此先介绍一些相关的概念。

■ 系统 LACP 优先级

系统 LACP 优先级是**为了区分聚合链路两端设备优先级高低而配置的参数，值越小优先级越高**。在 LACP 模式下，两端设备所选择的活动接口必须保持一致，否则链路聚合组就无法建立。为了简化配置、充分体现 LACP 模式的自动性，引入了"系统 LACP 优先级"的概念。系统 LACP 优先级高的一端成为主动端，可使系统 LACP 优先级低的一端直接按照系统 LACP 优先级高的一端（主动端）的活动接口的对应链路来确定本端活动接口，而不需要两端同时指定活动接口，以免人为出错。

■ 接口 LACP 优先级

通过系统 LACP 优先级已确定了链路两端设备的优先级，即确定了主动端，但主动端中哪些成员接口将成为活动接口，哪些接口成为非活动接口还没确定。这项任务就是由"接口 LACP 优先级"来完成了，**也是值越小，优先级越高**。接口 LACP 优先级就是为了区分同一个 Eth-Trunk 中的不同成员接口，根据所设定的活动接口阈值选举作为活动接口的优先级，优先级高的接口将优先被选为活动接口。主动端的活动接口确定后，被动端的活动接口也就随即确定了。

■　成员接口间 $M:N$ 备份

LACP 模式链路聚合由 LACP 协议确定聚合组中的活动和非活动链路，又称为 $M:N$ 模式，即可能包括 M 条活动链路与 N 条备份链路的模式。这种模式提供了更高的链路可靠性，并且可以在 M 条链路中实现不同方式的负载均衡。

如图 6-12 所示，两台设备间有 $M+N$ 条链路，在聚合链路上转发流量时在 M 条链路上分担负载，即活动链路，不在另外的 N 条链路转发流量，这 N 条链路仅提供备份功能，是备份链路。此时链路的实际带宽为 M 条链路的总和，但是能提供的最大带宽为 $M+N$ 条链路的总和，当最大活动接口阈值等于 $M+N$ 时，即无备份链路时。

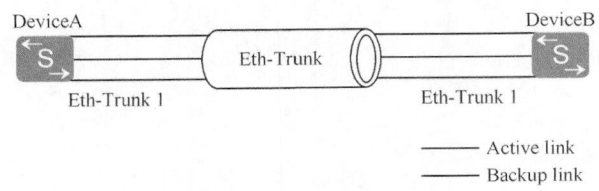

图 6-12　$M:N$ 链路备份示例

当 M 条链路中有一条链路故障时，LACP 会从 N 条备份链路中找出一条优先级高的可用链路替换故障链路。此时链路的实际带宽还是 M 条链路的总和（假设各链路带宽一样），但是能提供的最大带宽就变为 $M+N-1$ 条链路的总和。

这种场景主要应用在只向用户提供 M 条链路的带宽，同时又希望提供一定的故障保护能力时。当有一条链路出现故障，系统能够自动选择一条优先级最高的可用备份链路变为活动链路。如果在备份链路中无法找到可用链路，并且目前处于活动状态的链路数目低于配置的活动接口数下限阈值，那么系统将会把聚合接口关闭。

2. LACPDU 报文格式

LACP 模式链路聚合中，链路两端的设备间要交互 LACP 报文，即 LACPDU（Link Aggregation Control Protocol Data Unit，链路聚合控制协议数据单元）。在 LACP 模式的 Eth-Trunk 中加入成员接口后，这些接口将通过发送 LACPDU 向对端通告自己的系统优先级、MAC 地址、接口优先级、接口号和操作 Key 等信息。对端接收到这些信息后，将这些信息与自身接口所保存的信息比较，用以选择能够聚合的接口，双方对哪些接口能够成为活动接口达成一致，确定活动链路。

LACPDU 报文详细信息如图 6-13 所示，其中主要的字段说明如下。

■　Actor_Port/Partner_Port：本端/对端接口信息。

■　Actor_State/Partner_State：本端/对端状态。

■　Actor_System_Priority/Partner_System_Priority：本端/对端系统优先级。

■　Actor_System/Partner_System：本端/对端系统 ID。

■　Actor_Key/Partner_Key：本端/对端操作 Key。

■ Actor_Port_Priority/Partner_Port_Priority：本端/对端接口优先级。

3．LACP 模式 Eth-Trunk 建立流程

LACP 模式中 Eth-Trunk 聚合链路建立的流程如下。

（1）两端互相发送 LACPDU 报文

如图 6-14 所示，在 DeviceA 和 DeviceB 上分别创建 Eth-Trunk 接口，并配置为 LACP 模式，然后向 Eth-Trunk 中手工加入对应的成员接口后，各成员接口上便启用了 LACP，此时两端就会互发 LACPDU 报文，通过 LACPDU 报文中的参数信息进行 Eth-Trunk 聚合链路构建所需的参数协商了。

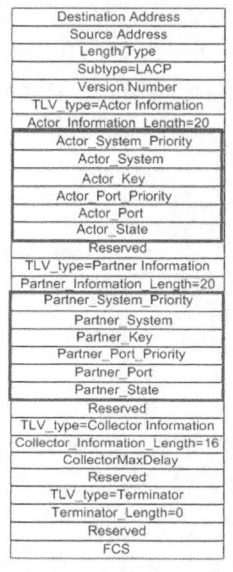

图 6-13　LACPDU 报文格式

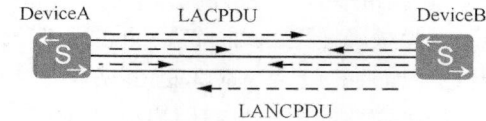

图 6-14　LACP 模式链路聚合互发 LACPDU 示意

（2）确定主动端和活动链路

在 Eth-Trunk 聚合链路构建的参数协商中，首先要确 LACP 主动端和活动链路，具体流程如图 6-15 所示。

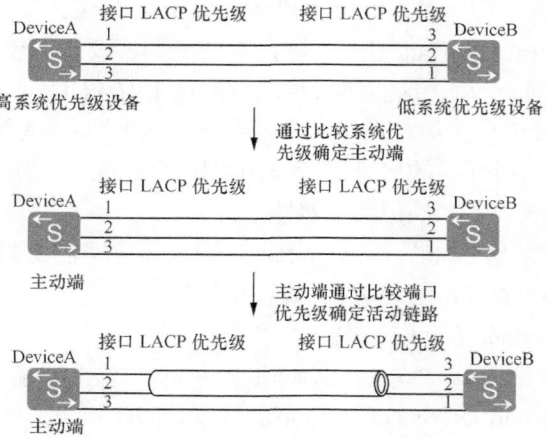

图 6-15　LACP 模式确定主动端和活动链路的过程

以 DeviceB 为例，当 DeviceB 收到 DeviceA 发送的 LACPDU 报文时，DeviceB 会查看并记录对端信息，然后把 LACPDU 报文中携带的 Actor_System_Priority 字段值所代表的 DeviceA 的系统 LACP 优先级与本地设备配置的系统 LACP 优先级进行比较，如果发现 DeviceA 的系统 LACP 优先级高于本端的 LACP 系统优先级，则确定 DeviceA 为 LACP 主动端。如果 DeviceA 和 DeviceB 的系统 LACP 优先级相同，则还要比较两端设备的 MAC 地址（分别为 DeviceA 发送 LACPDU 报文的接口的 MAC 地址和 DeviceB 接收 LACPDU 报文的接口的 MAC 地址），MAC 地址小的一端将成为主动端。

选出主动端后，根据所设定的活动接口阈值，两端都会以主动端的接口优先级来选择活动接口，**如果主动端的接口优先级都相同则在成员接口中选择接口编号比较小的为活动接口**。

两端设备选择了一致的活动接口后，活动链路组便可以建立起来了，使用这些活动链路以负载分担的方式转发数据。此时，一条完整的 Eth-Trunk 聚合链路就构建完成了。

4. LACP 抢占原理

LACP 抢占就是当有更高优先级的接口加入聚合组后，且当聚合组中的活动接口数达到设定阈值时，该更高优先级接口会抢占原来活动接口中优先级最小的那个接口（如果原来有多个活动接口优先级一样，则选择编号最大的那个）成为新的活动接口，原来那个活动接口就变为非活动接口了。

这样的目的就是可在使能 LACP 抢占功能后，聚合组会始终保持高优先级的接口作为活动接口的状态。如图 6-16 所示，接口 Port1、Port2 和 Port3 为 Eth-Trunk 的成员接口，DeviceA 为主动端，活动接口数上限阈值为 2，3 个接口的 LACP 优先级分别为 10、20、30。当通过 LACP 协商完毕后，接口 Port1 和 Port2 因为优先级较高被选作活动接口，Port3 成为备份接口。

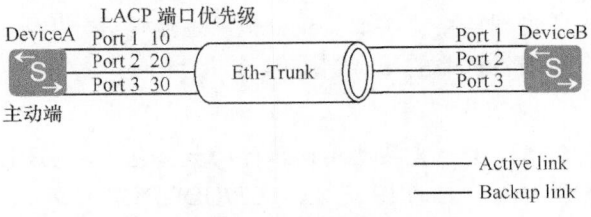

图 6-16　LACP 抢占示例

以图 6-16 为例，以下两种情况需要使能 LACP 的抢占功能。

■ Port1 接口出现故障后又恢复了正常。当接口 Port1 出现故障时被 Port3 所取代，如果在 Eth-Trunk 接口下未使能 LACP 抢占功能，则故障恢复时 Port1 将处于备份状态；如果使能了 LACP 抢占功能，当 Port1 故障恢复时，由于接口优先级比 Port3 高，将重新成为活动接口，Port3 再次成为备份接口。

■ 如果希望 Port3 接口替换 Port1、Port2 中的一个接口成为活动接口，可以使能 LACP 抢占功能，并配置 Port3 的接口 LACP 优先级较高。如果没有使能 LACP 抢占功能，即使将备份接口的优先级调整为高于当前活动接口的优先级，系统也不会进行重新选择活动接口的过程，不切换活动接口。

5. LACP 抢占延时

抢占延时是 LACP 抢占发生时，处于备用状态的链路将会等待一段时间后再切换到转发状态。这是为了避免由于某些链路状态频繁变化而导致 Eth-Trunk 内成员接口频繁在活动接口和非活动接口之间切换，造成数据传输不稳定的现象发生。

如图 6-16 所示，Port1 由于链路故障切换为非活动接口，此后该链路又恢复了正常。若系统使能了 LACP 抢占功能并配置了抢占延时，Port1 重新切换回活动状态就需要经过抢占延时的时间。

6.4.4　链路聚合负载分担方式

在 Eth-Trunk 聚合链路中，会有多条活动的物理链路，用户发送的数据报文如何在这些活动链路中分别转发（否则进行链路聚合就失去了意义）、起到负载分担的作用呢？

1. Eth-Trunk 接口盆载分担方式

目前华为设备支持的负载分担有：逐包的负载分担和逐流的负载分担两种方式。

■　逐包的负载分担

采用逐包的负载分担方式时，由于聚合组两端设备之间有多条物理链路，就会产生同一数据流的第一个数据帧在一条物理链路上传输，而第二个数据帧在另外一条物理链路上传输的情况。这样一来同一数据流的第二个数据帧就有可能比第一个数据帧先到达对端设备，从而产生接收数据包乱序的情况。

■　逐流的负载分担

逐流的负载分担方式的机制是把数据帧中的 MAC 或 IP 地址通过 HASH 算法生成 HASH-KEY 值，然后根据这个数值在 Eth-Trunk 转发表中寻找对应的出接口。由于不同的 MAC 或 IP 地址通过 HASH 计算后得出的 HASH-KEY 值不同，从而使不同流量从不同出接口转发，这样既保证了同一数据流的帧在同一条物理链路转发，又实现了不同数据流的帧在聚合组内各物理链路上实现负载分担。逐流负载分担方式虽然能保证包的顺序，但不能保证聚合组中各链路的带宽利用率。

> **说明**　数据流是指一组具有某个或某些相同属性的数据包。这些属性包括源 MAC 地址、目的 MAC 地址、源 IP 地址、目的 IP 地址、TCP/UDP 的源端口号、TCP/UDP 的目的端口号等。

2. Eth-Trunk 接口数据转发原理

Eth-Trunk 接口在以太网协议栈的位置位于数据链路层的 MAC 子层与 LLC 子层之间。在 Eth-Trunk 模块内部维护一张转发表，它包括以下两部分。

■　HASH-KEY 值

HASH-KEY 值是根据所要发送的数据包的 MAC 地址或 IP 地址等信息，经特定的 HASH 算法计算得出。

■　接口号

Eth-Trunk 转发表表项分布与设备每个 Eth-Trunk 接口支持加入的成员接口数量相关，不同的 HASH-KEY 值对应不同的出接口。

　　例如，某设备每 Eth-Trunk 接口支持最大加入接口数为 8 个，将接口 1、2、3、4 捆绑为一个 Eth-Trunk 接口，此时生成的转发表如图 6-17 所示。其中 HASH-KEY 值为 0、1、2、3、4、5、6、7，对应的出接口号分别为 1、2、3、4、1、2、3、4。

HASG-KEY	0	1	2	3	4	5	6	7
PORT	1	2	3	4	1	2	3	4

图 6-17　Eth-Trunk 转发表示例

　　Eth-Trunk 模块根据转发表转发数据帧的过程如下。

　　① Eth-Trunk 模块从 MAC 子层接收到一个数据帧后，根据负载分担方式提取数据帧的源 MAC 地址/IP 地址或目的 MAC 地址/IP 地址。

　　② 根据 HASH 算法进行计算，得到 HASH-KEY 值。

　　③ Eth-Trunk 模块根据 HASH-KEY 值在转发表中查找对应的接口，把数据帧从该接口发送出去。

　　3. Eth-Trunk 接口负载分担方式及原理

　　为了避免数据包乱序情况的发生，Eth-Trunk 采用逐流负载分担的机制，其中如何转发数据则由于选择不同的负载分担方式而有所差别。负载分担的方式主要包括以下几种，用户可以根据具体应用选择不同的负载分担方式。

　　■ 根据报文的源 MAC 地址进行负载分担：从源 MAC 地址、VLAN ID、以太网类型及入接口信息中分别选择指定位的 3bit 数值进行异或运算，根据运算结果选择 Eth-Trunk 表中对应的出接口。

　　■ 根据报文的目的 MAC 地址进行负载分担：从目的 MAC 地址、VLAN ID、以太网类型及入接口信息中分别选择指定位的 3bit 数值进行异或运算，根据运算结果选择 Eth-Trunk 表中对应的出接口。

　　■ 根据报文的源 IP 地址进行负载分担：从源 IP 地址、入接口的 TCP/UDP 端口号中分别选择指定位的 3bit 数值进行异或运算，根据运算结果选择 Eth-Trunk 表中对应的出接口。

　　■ 根据报文的目的 IP 地址进行负载分担：从目的 IP 地址、出接口的 TCP/UDP 端口号中分别选择指定位的 3bit 数值进行异或运算，根据运算结果选择 Eth-Trunk 表中对应的出接口。

　　■ 根据报文的源 MAC 地址和目的 MAC 地址进行负载分担：从目的 MAC 地址、源 MAC 地址、VLAN ID、以太网类型及入接口信息中分别选择指定位的 3bit 数值进行异或运算，根据运算结果选择 Eth-Trunk 表中对应的出接口。

　　■ 根据报文的源 IP 地址和目的 IP 地址进行负载分担：从目的 IP 地址、源 IP 地址两种负载分担模式的运算结果进行异或运算，根据运算结果选择 Eth-Trunk 表中对应的出接口。

　　■ 根据报文的 VLAN、源物理端口等对 L2、IPv4、IPv6 和 MPLS 报文进行增强型负载分担。

　　注意 配置负载分担方式时，要注意以下几个方面。

　　■ **负载分担方式只在流量的出接口上生效**，如果发现各入接口的流量不均衡，请修改上行出接口的负载分担方式。

■ 尽量将数据流通过负载分担在所有活动链路上传输，避免数据流仅在一条链路上传输，造成流量拥塞，影响业务的正常运行。

例如，如果有多路用户发送的数据要到达同一目的用户，此时多路用户发送的数据报文中的目的 MAC 地址和目的 IP 地址都相同，此时应选择根据报文的源 MAC 地址和源 IP 地址进行负载分担，如果选择根据报文的目的 MAC 地址和目的 IP 地址进行负载分担，则会造成流量只在一条链路上传输，出现流量拥塞。

6.4.5　堆叠环境下的链路聚合

如果交换机是堆叠系统，即由多台交换机组建了 iStack 堆叠，此时要把堆叠中的多台成员交换机当成一台交换机看待，由此在堆叠环境下就可以配置跨设备的 Eth-Trunk 链路聚合了，生成跨设备的 Eth-Trunk 接口。

跨设备 Eth-Trunk 是将堆叠系统中不同成员设备中的物理接口聚合到一个 Eth-Trunk 接口中。当堆叠系统中某台设备故障或加入 Eth-Trunk 接口中的物理成员口故障，可通过堆叠成员设备间线缆跨框传输数据流量，从而保证了数据流量的可靠传输，同时实现了设备间的备份。

但在堆叠环境下的 Eth-Trunk 合路链路又带来了一个问题，那就是在正常工作情况下，所有数据流可能都会通过不同成员设备进行负载分担式的转发，反而影响了数据的转发效率，也给接收端进行快速数据重装带来了影响。为此引入了"接口流量本地优先转发"策略，这样在堆叠系统各成员设备正常工作时，本地接收的流量尽可能从本地设备转发。如图 6-18 中的（b）所示，在网络无故障的情况下从 DeviceB 或 DeviceC 上来的流量，通过本设备中的成员口转发，而不是像（a）中通过堆叠设备间线缆跨框转发。

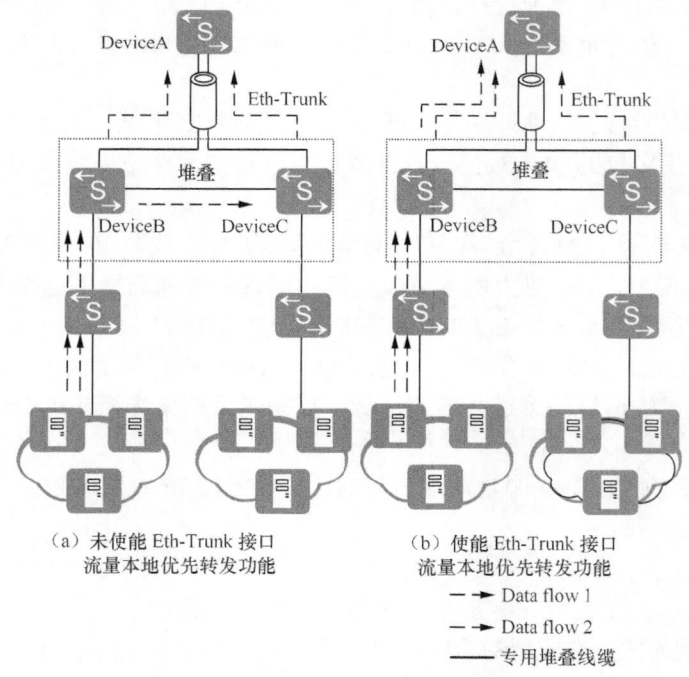

（a）未使能 Eth-Trunk 接口
流量本地优先转发功能

（b）使能 Eth-Trunk 接口
流量本地优先转发功能

— → Data flow 1
— → Data flow 2
——— 专用堆叠线缆

图 6-18　接口流量本地优先转发示例

通过在堆叠设备上部署接口流量本地优先转发功能，可实现以下功能。

■ 进入本设备的流量从本设备转发

如图 6-18 所示，当 Eth-Trunk 接口在 DeviceB 有出接口且出接口无故障时，DeviceB 的 Eth-Trunk 接口转发表中将只包含 DeviceB 的出接口。这样 DeviceB 到 DeviceA 的流量在通过 HASH 算法选择出接口时只能选中 DeviceB 的接口，流量从 DeviceB 本设备转发出去。

■ 进入本设备的流量跨框转发

当 Eth-Trunk 接口在 DeviceB 本设备无出接口或者出接口全部故障时，DeviceB 的 Eth-Trunk 转发表中将包含 Eth-Trunk 接口中所有可转发的出接口。这样 DeviceB 到 DeviceA 的流量在通过 HASH 算法选择出接口时将选中 DeviceC 上的出接口，流量将通过 DeviceC 跨框转发。

注意 接口流量本地优先转发功能只对已知单播有效，不对未知单播、广播和组播生效。使能 Eth-Trunk 接口流量本地优先转发功能前必须确保本设备 Eth-Trunk 接口出接口的带宽足以承载本设备转发的流量，防止发生丢包。

6.4.6 链路聚合配置注意事项

在进行 Eth-Trunk 链路聚合配置时要注意以下事项。

■ S5720HI 和 S6720HI 每个 Eth-Trunk 接口下最多可以包含 32 个成员接口，S6720SI 和 S6720S-SI 每个 Eth-Trunk 接口下最多可以加入 16 个成员接口，其他机型每个 Eth-Trunk 接口下最多可以包含 8 个成员接口。

■ 成员接口不能配置某些业务（如成员接口加入 Eth-Trunk 时，必须为缺省的 Hybrid 接口类型）和静态 MAC 地址。

■ Eth-Trunk 接口不能嵌套，即 Eth-Trunk 接口的成员接口不能是 Eth-Trunk 接口。

■ **一个 Eth-Trunk 接口中的成员接口可以同时包含电口和光口。**

■ 在 V200R011C10 之前的版本，速率不同的接口不允许加入到同一 Eth-Trunk 接口。在 V200R011C10 及之后的版本，通过配置命令 **mixed-rate link enable** 实现速率不同的接口可临时加入到同一 Eth-Trunk 接口中。

■ **设备聚合组进行负载分担计算时不支持以端口速率作为计算权重。**因此，当速率不同的接口加入同一聚合组时，成员接口的带宽只能以聚合组中成员接口的最小速率进行计算。例如，一个 GE 接口与一个 10GE 接口加入到同一聚合组，以 GE 接口速率进行计算，聚合组实际带宽为 2GE。

■ **Eth-Trunk 链路两端相连的物理接口的数量、双工方式、流控配置必须一致。**

■ 如果本端设备接口加入了 Eth-Trunk，与该接口直连的对端接口也必须加入 Eth-Trunk，两端才能正常通信。

■ 两台设备对接时需要保证两端设备上链路聚合的模式一致。

■ 活动接口数下限阈值是为了保证最小带宽，**当前活动链路数目小于下限阈值时，Eth-Trunk 接口的状态转为 Down。**

■ 城域网 FTTx 场景用户一般采用 PPPoE 拨号上网，若通过交换机的链路聚合进行流量汇聚时，需要保证对 PPPoE 报文进行负载分担。

6.4.7 手工模式链路聚合配置与管理

手工模式链路聚合主要包括以下配置任务，具体的配置步骤见表 6-22。

① 创建链路聚合组。
② 配置链路聚合模式为手工模式。
③ 将成员接口加入聚合组。

注意 添加的成员以太网接口的链路类型（缺省情况下，S1720GFR、S1720GW-E、S1720GWR-E、S1720X-E、S2750EI、S2720EI、S5700LI、S5700S-LI、S5720LI、S5720S-LI、S6720LI、S6720S-LI、S5710-X-LI、S5730SI、S5730S-EI、S6720SI、S6720S-SI、S5720SI 和 S5720S-SI 机型接口的链路类型为 **negotiation-auto**，其他机型的链路类型为 **negotiation-desirable**）、所属 VLAN、VLAN-Mapping、VLAN-Stacking、接口优先级和 MAC 地址学习功能等**必须为缺省配置。**

一个以太网接口只能加入到一个 Eth-Trunk 接口，如果需要加入其他 Eth-Trunk 接口，必须先退出原来的 Eth-Trunk 接口。当成员接口加入 Eth-Trunk 后，学习 MAC 地址或 ARP 地址时是按照 Eth-Trunk 接口来学习的，而不是按照成员接口来学习。

向聚合组中加入成员接口有两种配置方式：基于 Eth-Trunk 接口视图配置、基于成员接口视图配置，选择其一即可。删除聚合组时需要先删除聚合组中的成员接口。

④ （可选）配置活动接口数阈值。

设置活动接口数下限阈值是为了保证最小带宽。

⑤ （可选）配置负载分担方式。

可以配置基于报文的 IP 地址或 MAC 地址R 负载分担模式；对于 L2 报文、IP 报文和 MPLS 报文，还可以配置增强型的负载分担模式，但增强型负载分担模式仅 S1720X-E、S5720EI、S5720HI、S5730S-EI、S5730SI、S6720EI、S6720HI、S6720LI、S6720S-EI、S6720S-LI、S6720S-SI、S6720SI、S7700、S7900、S9700 和 S12700 系列支持。

由于负载分担只对出方向的流量有效，因此链路两端接口的负载分担模式可以不一致，两端互不影响。

表 6-22 手工模式链路聚合的配置步骤

配置任务	步骤	命令	说明
创建链路聚合组	1	**system-view** 例如：<HUAWEI> **system-view**	进入系统视图
	2	**interface eth-trunk** *trunk-id* 例如：[HUAWEI] **interface eth-trunk** 10	创建 Eth-Trunk 接口，并进入 Eth-Trunk 接口视图。参数 *trunk-id* 用来指定所创建的 Eth-Trunk 接口编号，但不同系列产品的取值范围有所不同。 缺省情况下，未创建 Eth-Trunk 接口，可用 **undo interface eth-trunk** *trunk-id* 来删除 Eth-Trunk 接口，但在删除 **Eth-Trunk** 时，**Eth-Trunk** 接口中不能有成员以太网接口

（续表）

配置任务	步骤	命令	说明
配置链路聚合模式为手工模式	3	**mode manual load-balance** 例如：[HUAWEI-Eth-Trunk10]**mode manual load-balance**	配置 Eth-Trunk 接口的工作模式为手工模式。 缺省情况下，Eth-Trunk 接口的工作模式为手工模式，可用 **undo mode** 命令恢复为缺省的手工负载分担模式。 【注意】配置时需要保证本端和对端的聚合模式一致。更改 **Eth-trunk** 接口的工作模式需要在确保 **Eth-trunk** 接口中不包含任何成员以太网接口。 另外，**本命令为覆盖式命令**，即当多次执行该命令后以最后设定的模式为最终 Eth-Trunk 接口工作模式
将成员接口加入聚合组（有两种方式添加，根据需要选择其一）	4	**mixed-rate link enable** 例如：[HUAWEI-Eth-Trunk10]**mixed-rate link enable**	（可选）使能允许不同速率端口加入同一 Eth-Trunk 接口的功能。但建议两端同时使能该功能，否则如果对端设备同一聚合组只支持同一端口速率的接口进行转发时，对端仅有相同速率的接口接收，其他接口不接收的情况。 缺省情况下，未使能允许不同速率端口加入同一 Eth-Trunk 接口的功能，可用 **undo mixed-rate link enable** 命令去使能该功能
	5	**trunkport** *interface-type* { *interface-number1* [**to** *interface-number2*] } &<1-8> 例如：[HUAWEI-Eth-Trunk10]**trunkport** gigabitethernet 0/0/1 **to** 0/0/3	（二选一）在 Eth-Trunk 接口视图下添加成员以太网接口。命令中的参数和选项说明如下。 批量增加成员接口时，若其中某个接口加入失败，则排在此接口之后的接口也不会加入到 **Eth-trunk** 接口中。 缺省情况下，Eth-Trunk 接口没有加入任何成员接口，可用 **undo trunkport** *interface-type* { *interface-number1* [**to** *interface-number2*] } &<1-8>命令删除指定的成员接口
		quit 例如：[HUAWEI-Eth-Trunk10] **quit**	（二选一）在接口视图下添加成员以太网接口，将当前接口加入指定的 Eth-Trunk 接口中。接口在加入 Eth-Trunk 时，接口的部分属性必须是缺省值。 缺省情况下，当前接口不属于任何 Eth-Trunk，可用 **undo eth-trunk** 命令将当前接口从指定 Eth-Trunk 中删除
		interface *interface-type interface-number* 例如：[HUAWEI]**interface** Gigabit Ethernet0/0/1	
		eth-trunk *trunk-id* 例如：[HUAWEI-GigabitEthernet0/0/1] **eth-trunk** 10	
（可选）配置活动接口数阈值	6	**interface eth-trunk** *trunk-id* 例如：[HUAWEI]**interface eth-trunk** 10	（可选）进入 Eth-Trunk 接口视图，如果前面是在 Eth-Trunk 接口视图下添加成员接口的，则不要进行此步骤
	7	**least active-linknumber** *link-number* 例如：[HUAWEI-Eth-Trunk10] **least active-linknumber** 4	在 Eth-Trunk 接口视图下配置链路聚合活动接口数下限阈值，不同机型的取值范围有所不同。如果两端配置的下限阈值不同，则以下限阈值数值较大的一端为准。 执行本命令后，当活动链路数低于所配置的下限阈值时，**Eth-Trunk** 接口状态变为 **Down**，所有的 **Eth-Trunk** 接口成员不再转发数据；当 Eth-Trunk 接口中活动接口数达到设置的下限阈值时，Eth-Trunk 接口状态将变为 Up。

（续表）

配置任务	步骤	命令	说明
（可选） 配置 活动 接口 数阈值	7	**least active-linknumber** *link-number* 例如：[HUAWEI-Eth-Trunk10] **least active-linknumber 4**	**本命令为覆盖式命令**，以最后一次配置为最终下限阈值。 缺省情况下，活动接口数下限阈值为 1，可用 **undo least active-linknumber** 命令恢复聚合组活动接口数目的下限阈值为缺省值
（可选） 配置负载 分担方式	8	**load-balance { dst-ip | dst-mac | src-ip | src-mac | src-dst-ip | src-dst-mac }** 例如：[HUAWEI-Eth-Trunk10]**load-balance src-ip**	（二选一）配置 Eth-Trunk 接口的普通负载分担方式。命令中的选项说明如下。 ① **dst-ip**（目的 IP 地址）：多选一选项，根据报文中的目的 IP 地址进行负载分担。 ② **dst-mac**（目的 MAC 地址）：多选一选项，根据报文中的目的 MAC 地址进行负载分担。 ③ **src-ip**（源 IP 地址）：多选一选项，根据报文中的源 IP 地址进行负载分担。 ④ **src-mac**（源 MAC 地址）：多选一选项，根据报文中的源 MAC 地址进行负载分担。 ⑤ **src-dst-ip**（源 IP 地址与目的 IP 地址）：多选一选项，同时根据报文中的源 IP 地址与目的 IP 地址进行负载分担。 ⑥ **src-dst-mac**（源 MAC 地址与目的 MAC 地址）：多选一选项，同时根据报文中的源 MAC 地址与目的 MAC 地址进行负载分担。 缺省情况下，Eth-Trunk 接口的负载分担模式为 **src-dst-ip**，可用 **undo load-balance** 命令恢复 Eth-Trunk 接口的负载分担模式为缺省的 **src-dst-ip** 模式
		quit 例如：[HUAWEI-Eth-Trunk10] **quit**	返回系统视图
		load-balance-profile *profile-name* 例如：[HUAWEI] **load-balance-profile a**	创建负载分担模板，并进入模板视图，设备全局公用一个负载分担模板
		l2 field [dmac | l2-protocol | smac | sport | vlan] * 例如：[HUAWEI-load-balance-profile-a] **l2 field smac**	（可选）配置指定负载分担模板中二层报文的负载分担模式。命令中的选项说明如下。 ① **dmac**：可多选可选项，根据指定模板中目的 MAC 地址进行负载分担。 ② **l2-protocol**：可多选可选项，根据指定模板中二层协议类型进行负载分担。 ③ **smac**：可多选可选项，根据指定模板中源 MAC 地址进行负载分担。 ④ **sport**：可多选可选项，根据指定模板中物理源端口进行负载分担。 ⑤ **vlan**：可多选可选项，根据指定模板中的 VLAN 进行负载分担。 缺省情况下，二层报文的负载分担模式为 **smac**、**dmac**，可用 **undo l2 field [dmac | l2-protocol | smac | sport | vlan]** * 命令删除指定负载分担模板中二层报文的指定负载分担方式或将负载分担模板中二层报文的负载分担方式恢复为默认

（二选一）配置增强型负载分担方式

（续表）

配置任务	步骤	命令	说明	
（可选）配置负载分担方式	8	**ipv4 field [dip | l4-dport | l4-sport | protocol | sip | sport | vlan]** * 例如：[HUAWEI-load-balance-profile-a] **ipv4 field sip protocol**	（可选）配置指定负载分担模板中 IPv4 报文负载分担模式。命令中的选项说明如下。 ① dip：可多选可选项，根据指定模板中目的 IP 地址进行负载分担。 ② l4-dport：可多选可选项，根据指定模板中传输层目的端口进行负载分担。 ③ l4-sport：可多选可选项，根据指定模板中传输层源端口进行负载分担。 ④ protocol：可多选可选项，根据指定模板中 IP 协议类型进行负载分担。 ⑤ sip：可多选可选项，根据指定模板中源 IP 地址进行负载分担。 ⑥ sport：可多选可选项，根据指定模板中物理源端口进行负载分担。 ⑦ vlan：可多选可选项，根据指定模板中的 VLAN 进行负载分担。 缺省情况下，IPV4 报文负载分担模式为 sip、dip，可用 undo ipv4 field [dip | l4-dport | l4-sport | protocol | sip | sport | vlan] *命令删除指定负载分担模板中 IPv4 报文的指定负载分担方式或将指定负载分担模板中 IPv4 报文负载分担方式恢复为默认	（二选一）配置增强型负载分担方式
		mpls field [2nd-label | dip | dmac | sip | smac | sport | top-label | vlan] * 例如：[HUAWEI-load-balance-profile-a] **mpls field 2nd-label**	（可选）配置指定负载分担模板中的 MPLS 报文负载分担模式。命令中的选项说明如下。 ① 2nd-label：可多选可选项，根据指定模板中第二层标签进行负载分担。 ② dip：可多选可选项，根据指定模板中目的 IP 地址进行负载分担。 ③ sip：可多选可选项，根据指定模板中源 IP 地址进行负载分担。 ④ smac：可多选可选项，根据指定模板中源 MAC 地址进行负载分担。 ⑤ sport：可多选可选项，根据指定模板中物理源端口进行负载分担。 ⑥ top-label：可多选可选项，根据指定模板中顶层标签进行负载分担。 ⑦ vlan：可多选可选项，根据指定模板中的 VLAN 进行负载分担。 缺省情况下，MPLS 报文负载分担模式为 top-label、2nd-label，可用 undo mpls field [2nd-label | dip | dmac | sip | smac | sport | top-label | vlan] *命令删除指定负载分担模板中的 MPLS 报文的指定负载分担方式或将负载分担模板中 MPLS 报文的负载分担方式恢复为缺省值	

（续表）

配置任务	步骤	命令	说明	
（可选）配置负载分担方式	8	**quit** 例如：[HUAWEI-Eth-Trunk10] **quit**	返回系统视图	（二选一）配置增强型负载分担方式
		interface eth-trunk *trunk-id* 例如：[HUAWEI] **interface eth-trunk** 10	进入 Eth-Trunk 接口视图	
		load-balance enhanced profile *profile-name* 例如：[HUAWEI-Eth-Trunk1] **load-balance** a	应用配置的负载分担模板。 缺省情况下，交换机上 Eth-Trunk 接口的负载分担模式为 **src-dst-ip**，可用 **undo load-balance** 命令恢复 Eth-Trunk 接口的负载分担模式为缺省值	

以上配置完成后，可在任意视图下通过以下 **display** 命令查看相关配置。

■ **display eth-trunk** [*trunk-id* [**interface** *interface-type interface-number* | **verbose**]]：查看 Eth-Trunk 的配置信息。

■ **display trunkmembership eth-trunk** *trunk-id*：查看 Eth-Trunk 的成员接口信息。

■ **display eth-trunk** [*trunk-id*] **load-balance**：查看 Eth-Trunk 接口的负载分担方式。

■ **display load-balance-profile** [*profile-name*]：查看指定负载分担模板的详细信息。

6.4.8　手工模式链路聚合配置示例

本示例的拓扑结构如图 6-19 所示，SwitchA 和 SwitchB 通过以太网链路分别连接 VLAN10 和 VLAN20，且 SwitchA 和 SwitchB 之间有较大的数据流量。现希望 SwitchA 和 SwitchB 之间能够提供较大的链路带宽使相同 VLAN 间互相通信。同时用户也希望能够提供一定的冗余度，保证数据传输和链路的可靠性。

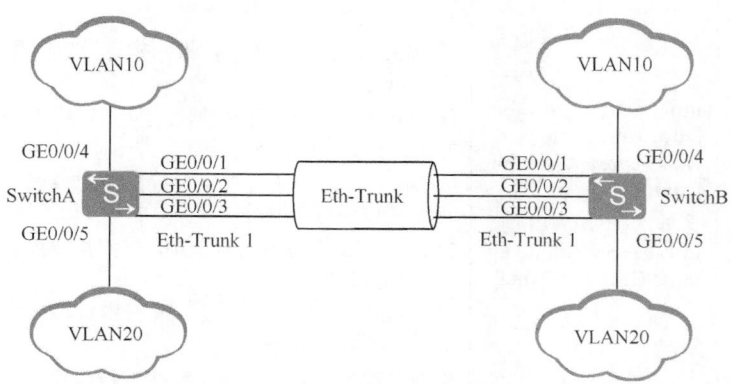

图 6-19　手工负载分担模式链路聚合配置示例的拓扑结构

1．基本配置思路分析

根据示例要求，可通过配置 Eth-Trunk 聚合链路来实现增加单条链路带宽、提供冗余链路备份和负载分担等方面的需求。本示例中的 Eth-Trunk 聚合链路中仅包含 3 条物理链路，可以采用简单的手工配置式。根据 6.4.7 节介绍的手工模式链路聚合的配置任务可以得出本示例的基本配置思路。

① 在两设备上创建 Eth-Trunk 接口并加入 3 个成员接口，实现增加链路带宽。

② 在两设备上创建 VLAN 并将各接口加入到对应的 VLAN 中（有关 VLAN 的详细配置方法将在第 7 章介绍）。

③ 可选配置负载分担方式，实现流量在 Eth-Trunk 各成员接口间的负载分担，增加可靠性。

2. 具体配置步骤

因为本示例中 SwitchA 与 SwitchB 的配置是对称的，所以下面仅以 SwitchA 为例介绍具体的配置步骤，SwitchB 上的配置相同。

① 在 SwitchA 上创建 Eth-Trunk 接口（此处假设 Eth-Trunk 接口编号为 1），指出采用手工聚合模式，并在 Eth-Trunk 接口视图下添加成员接口 GE0/0/1～0/0/3。

```
<HUAWEI> system-view
[HUAWEI] sysname SwitchA
[SwitchA] interface Eth-Trunk 1
[SwitchA-Eth-Trunk1] mode manual load-balance
[SwitchA-Eth-Trunk1] trunkport gigabitethernet 0/0/1 to 0/0/3
[SwitchA-Eth-Trunk1] quit
```

② 创建所需 VLAN，并将各接口（包括 Eth-Trunk 接口）加入对应 VLAN 中。

```
[SwitchA] vlan batch 10 20    #---批量创建 VLAN 10 和 VLAN 20
[SwitchA] interface gigabitethernet 0/0/4
[SwitchA-GigabitEthernet0/0/4] port link-type trunk        #---设置 GE0/0/4 接口类型为 Trunk 类型
[SwitchA-GigabitEthernet0/0/4] port trunk allow-pass vlan 10    #---允许 VLAN 10 的报文通过
[SwitchA-GigabitEthernet0/0/4] quit
[SwitchA] interface gigabitethernet 0/0/5
[SwitchA-GigabitEthernet0/0/5] port link-type trunk
[SwitchA-GigabitEthernet0/0/5] port trunk allow-pass vlan 20
[SwitchA-GigabitEthernet0/0/5] quit
[SwitchA] interface Eth-Trunk 1
[SwitchA-Eth-Trunk1] port link-type trunk
[SwitchA-Eth-Trunk1] port trunk allow-pass vlan 10 20
```

③ 配置 Eth-Trunk1 的负载分担方式为 **src-dst-mac**，即基于报文中的源 MAC 地址和目的 MAC 地址方式，因为这里是二层 VLAN 报文。

```
[SwitchA-Eth-Trunk1] load-balance src-dst-mac
[SwitchA-Eth-Trunk1] quit
```

3. 配置结果验证

配置好后，可在任意视图下执行 **display eth-trunk 1** 命令检查 Eth-Trunk 是否创建成功及成员接口是否正确加入。本示例执行此命令后的输出信息如下（注意输出信息中的粗体字部分）。

```
[SwitchA] display eth-trunk 1
Eth-Trunk1's state information is:
WorkingMode: NORMAL              Hash arithmetic: According to SA-XOR-DA
Least Active-linknumber: 1       Max Bandwidth-affected-linknumber: 8
Operate status: up               Number Of Up Port In Trunk: 3
--------------------------------------------------------------------------------
PortName                         Status        Weight
GigabitEthernet0/0/1             Up            1
```

| GigabitEthernet0/0/2 | Up | 1 |
| GigabitEthernet0/0/3 | Up | 1 |

从以上信息看出，Eth-Trunk 1 中包含 3 个成员接口 GigabitEthernet0/0/1、GigabitEthernet0/0/2 和 GigabitEthernet0/0/3。成员接口的状态都为 Up，表明配置成功。

6.4.9 LACP 模式链路聚合配置与管理

LACP 模式链路聚合的配置就比前面介绍的手工模式链路聚合的配置要复杂一些，因为它涉及 LACP 方面的配置，包括以下主要配置任务（绝大多数是可选配置任务），具体配置步骤见表 6-23。

表 6-23   LACP 模式链路聚合的配置步骤

配置任务	步骤	命令	说明
创建链路聚合组	1	**system-view** 例如：<HUAWEI> **system-view**	进入系统视图
	2	**interface eth-trunk** *trunk-id* 例如：[HUAWEI] **interface eth-trunk 10**	创建 Eth-Trunk 接口，并进入 Eth-Trunk 接口视图
配置手工聚合模式	3	**mode lacp** 例如：[HUAWEI-Eth-Trunk10] **mode manual lacp**	配置 Eth-Trunk 接口的工作模式为 LACP 模式。其他说明参见 6.4.7 节表 6-22 中的第 3 步
将成员接口加入聚合组（有两种方式添加，根据需要选择其一）	4	**mixed-rate link enable** 例如：[HUAWEI-Eth-Trunk10] **mixed-rate link enable**	（可选）使能允许不同速率端口加入同一 Eth-Trunk 接口的功能。其他说明参见 6.4.7 节表 6-22 中的第 4 步
	5	**trunkport** *interface-type* { *interface-number1* [**to** *interface-number2*] } <1-8> [**mode** { **active** | **passive** }] 例如：[HUAWEI-Eth-Trunk10] **trunk-port** gigabitethernet 0/0/1 **to** 0/0/3 **active**	（二选一）在 Eth-Trunk 接口视图下添加成员以太网接口。**mode** { **active** | **passive** } 可选项用于指定 Eth-Trunk 成员接口发送报文的模式，**active** 为主动模式，Eth-Trunk 成员接口会主动发送协商报文。**passive** 为被动模式，Eth-Trunk 成员接口不会主动发送协商报文，待收到对端发送的报文后，才开始发送报文进行协商。**缺省情况下，该模式为主动模式**。缺省情况下，Eth-Trunk 接口没有加入任何成员接口，可用 **undo trunkport** *interface-type* { *interface-number1* [**to** *interface-number2*] } <1-8>命令删除指定的成员接口
		quit 例如：[HUAWEI-Eth-Trunk10] **quit** **interface** *interface-type interface-number* 例如：[HUAWEI] **interface** GigabitEthernet0/0/1 **eth-trunk** *trunk-id* [**mode** { **active** | **passive** }] 例如：[HUAWEI-Gigabit Ethernet0/0/1] **eth-trunk 10**	（二选一）在接口视图下添加成员以太网接口，将当前接口加入指定的 Eth-Trunk 接口中。**mode** { **active** | **passive** } 可选项的说明参见本表前面 **trunkport** 命令中的介绍。接口在加入 Eth-Trunk 时，接口的部分属性必须是缺省值。 缺省情况下，当前接口不属于任何 Eth-Trunk，可用 **undo eth-trunk** 命令将当前接口从指定 Eth-Trunk 中删除
（可选）配置活动接口数阈值	6	**interface eth-trunk** *trunk-id* 例如：[HUAWEI] **interface eth-trunk 10**	（可选）进入 Eth-Trunk 接口视图，如果前面是在 **Eth-Trunk** 接口视图下添加成员接口的，则不要进行此步骤

（续表）

配置任务	步骤	命令	说明	
（可选）配置活动接口数阈值	6	**max active-linknumber** *link-number* 例如：[HUAWEI-Eth-Trunk10] **max active-linknumber 3**	配置链路聚合活动接口数上限阈值，不同机型的取值范围有所不同，活动接口数上限阈值必须大于等于活动接口数下限阈值。 缺省情况下，多数机型活动接口数的上限阈值是 8，也有部分机型可达 32，可用 **undo max active-linknumber** 命令恢复聚合组活动接口数目的上限阈值为缺省值	
		least active-linknumber *link-number* 例如：[HUAWEI-Eth-Trunk10] **least active-linknumber 4**	在 Eth-Trunk 接口视图下配置链路聚合活动接口数下限阈值，不同机型的取值范围有所不同，其他说明参见 6.4.7 节表 6-22 中的第 7 步	
（可选）配置负载分担方式	7	**load-balance** { **dst-ip** | **dst-mac** | **src-ip** | **src-mac** | **src-dst-ip** | **src-dst-mac** } 例如：[HUAWEI-Eth-Trunk10] **load-balance src-ip**	（二选一）配置 Eth-Trunk 接口的普通负载分担方式，其他说明参见 6.4.7 节表 6-22 中的第 8 步	
		quit 例如：[HUAWEI-Eth-Trunk10] **quit**	返回系统视图	（二选一）配置增强型负载分担方式，其他说明参见 6.4.7 节表 6-22 中的第 8 步
		load-balance-profile *profile-name* 例如：[HUAWEI] **load-balance-profile a**	创建负载分担模板，并进入模板视图，设备全局公用一个负载分担模板。	
		l2 field [**dmac** | **l2-protocol** | **smac** | **sport** | **vlan**] * 例如：[HUAWEI-load-balance-profile-a] **l2 field smac**	配置指定负载分担模板中二层报文的负载分担模式	
		ipv4 field [**dip** | **l4-dport** | **l4-sport** | **protocol** | **sip** | **sport** | **vlan**] * 例如：[HUAWEI-load-balance-profile-a] **ipv4 field sip protocol**	配置指定负载分担模板中 IPv4 报文负载分担模式	
		mpls field [**2nd-label** | **dip** | **dmac** | **sip** | **smac** | **sport** | **top-label** | **vlan**] * 例如：[HUAWEI-load-balance-profile-a] **mpls field 2nd-label**	配置指定负载分担模板中的 MPLS 报文负载分担模式	
		quit 例如：[HUAWEI-Eth-Trunk10] **quit**	返回系统视图	
		interface eth-trunk *trunk-id* 例如：[HUAWEI] **interface eth-trunk 10**	进入 Eth-Trunk 接口视图	
		load-balance enhanced profile *profile-name* 例如：[HUAWEI-Eth-Trunk10] **load-balance a**	应用配置的负载分担模板	

（续表）

配置任务	步骤	命令	说明
（可选）配置系统 LACP 优先级	8	**lacp priority** *priority* 例如： [HUAWEI-Eth-Trunk10] **lacp priority** 10	配置当前设备的系统 LACP 优先级，取值范围为 0～65535 的整数，**值越小优先级越高**。在两端设备中选择系统 LACP 优先级较小一端作为主动端，如果系统 LACP 优先级相同，则选择系统 MAC 地址较小的一端作为主动端。 缺省情况下，系统 LACP 优先级为 32768，可用 **undo lacp priority** 命令恢复本端设备的系统 LACP 优先级值为缺省值
（可选）配置接口 LACP 优先级	9	**quit** 例如：[HUAWEI-Eth-Trunk10] **quit**	退出 Eth-Trunk 接口视图，返回系统视图
		interface *interface-type interface-number* 例如：[HUAWEI] **interface** gigabitethernet0/0/1	键入要配置接口 LACP 优先级的成员接口，进入接口视图
		lacp priority *priority* 例如： [HUAWEI-GigabitEthernet0/0/1] **lacp priority 10**	配置当前成员接口的 LACP 优先级，取值范围为 0～65535 的整数，**值越小优先级越高**，优先级高的将被选作活动接口；如果优先级相同，则按照接口的编号大小来选择活动接口，接口编号小的优先。 缺省情况下，接口的 LACP 优先级为 32768，可用 **undo lacp priority** 命令恢复为缺省值
（可选）配置 LACP 抢占	10	**quit** 例如：[HUAWEI-GigabitEthernet0/0/1] **quit**	退出接口视图，返回系统视图
		interface eth-trunk *trunk-id* 例如：[HUAWEI] **interface eth-trunk** 10	进入 Eth-Trunk 接口视图
		lacp preempt enable 例如：[HUAWEI-Eth-Trunk10] **lacp preempt enable**	使能当前 Eth-Trunk 接口的 LACP 抢占功能。在进行优先级抢占时，系统将根据主动端接口的优先级进行抢占。但要求 Eth-Trunk 两端 LACP 抢占功能使能情况配置一致，即统一使能或不使能。 缺省情况下，优先级抢占处于禁止状态，可用 **undo lacp preempt enable** 命令恢复缺省情况
		lacp preempt delay *delay-time* 例如：[HUAWEI-Eth-Trunk10] **lacp preempt delay** 20	配置当前 Eth-Trunk 接口的 LACP 抢占延时，不同机型的取值范围不同。 缺省情况下，LACP 抢占等待时间为 30s，可用 **undo lacp preempt delay** 命令恢复抢占等待时间为缺省情况
（可选）配置接收 LACP 报文超时时间	11	**lacp timeout** { **fast** [**user-defined** *user-defined*] |**slow** } 例如：[HUAWEI-Eth-Trunk10]**lacp timeout fast**	配置 LACP 模式下成员接口接收 LACP 报文的超时时间，如果在指定周期内没有收到对端回的 LACP 确认报文，则会重发原来的 LACP 报文。命令中的选项说明如下。 ① **fast**：二选一选项，指定接收报文的超时时间为 3s，如果配置了 **user-defined** *user-defined* 参数，则可自定义 Eth-Trunk 接口接收

（续表）

配置任务	步骤	命令	说明
（可选）配置接收 LACP 报文超时时间	11	**lacp timeout { fast [user-**defined *user-defined*] **|slow }** 例如：[HUAWEI-Eth-Trunk10]**lacp timeout fast**	报文的超时时间，整数形式，取值范围是 3～90，单位：s。 ② **slow**：二选一选项，指定接收报文的超时时间为 90s。 **两端配置的超时时间可以不一致**，但为了便于维护，建议用户配置一致的 LACP 报文超时时间。 缺省情况下，接收报文的超时时间为 90s，可用 **undo lacp timeout** 命令恢复 LACP 模式下接口接收 LACP 报文的超时时间为缺省值
（可选）配置交换机与服务器直连的成员口可以转发报文	12	**lacp force-forward** 例如：[HUAWEI-Eth-Trunk10]**lacp force-forward**	配置物理状态为 Up 的成员口，在对端没有加入 Eth-Trunk 时可以转发数据报文。 缺省情况下，物理状态为 Up 的成员口，在对端没有加入 Eth-Trunk 时不能转发数据报文，可用 **undo lacp force-forward** 命令恢复物理状态为 Up 的成员口的转发状态为缺省值

① 创建链路聚合组。

② 配置链路聚合模式为 LACP 模式。

③ 将成员接口加入聚合组。

④ （可选）配置活动接口数阈值。

本项配置任务与手工模式链路聚合相比，多了一个活动接口数上限阈值，以及进行链路负载分担计算时使用的接口数配置。

⑤ （可选）配置负载分担方式。

⑥ （可选）配置系统 LACP 优先级。

系统 LACP 优先级是为了区分链路聚合两端设备优先级的高低而配置的参数，优先级低的一端会根据优先级高的一端来选择活动接口。

⑦ （可选）配置接口 LACP 优先级。

接口 LACP 优先级用来区分不同接口被选为活动接口的优先程度，优先级高的接口将优先被选为活动接口。

⑧ （可选）配置 LACP 抢占。

使能 LACP 抢占功能可以确保接口 LACP 优先级最高的接口最终可成为活动接口。

⑨ （可选）配置接收 LACP 报文超时时间。

配置接口接收 LACP 报文的超时时间后，如果本端成员口在设置的超时时间内未收到对端发送的 LACP 报文，则认为对端不可达，本端成员口状态立即变为 Down，不再转发数据。

⑩ （可选）配置交换机与服务器直连的成员口可以转发报文。

当服务器的两个网卡与同一交换机的两个端口直接连接时（如图 6-20 所示），服务器的正常处理流程如下。

① 服务器启动时根据默认配置，会在 Interface1 上配置 IP 地址，然后从该端口向远端文件服务器发起请求，下载配置文件。

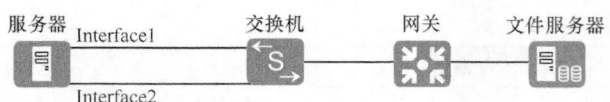

图 6-20　交换机和服务器多链路直连示例

② 配置文件下载成功后，服务器会根据配置文件将两个端口进行聚合，作为 Eth-Trunk 的成员口与设备进行 LACP 协商。

但是服务器获取配置文件之前 Interface1 为独立的物理口，没有配置 LACP，所以会导致交换机侧的端口 LACP 协商失败，交换机在该 Eth-Trunk 口不转发流量，这又导致了服务器无法通过 Interface1 下载配置文件，从而导致服务器和交换机直连不通。

为了解决此问题，可以在交换机的 Eth-Trunk 接口下配置 **lacp force-forward** 命令。当 Eth-Trunk 成员口处于物理 Up 状态，虽然对端没有使能 LACP，该端口仍可以转发数据报文。

以上配置完成后，可以使用 **display eth-trunk** [*trunk-id* [**interface** *interface-type interface-number* | **verbose**]]命令查看 Eth-Trunk 接口的配置信息；使用 **display trunkmembership eth-trunk** *trunk-id* 命令查看指定编号 Eth-Trunk 接口的成员接口信息。

6.4.10　LACP 模式的链路聚合配置示例

本示例的拓扑结构如图 6-21 所示，SwitchA 和 SwitchB 通过以太链路分别连接 VLAN10 和 VLAN20 的网络，且 SwitchA 和 SwitchB 之间有较大的数据流量。

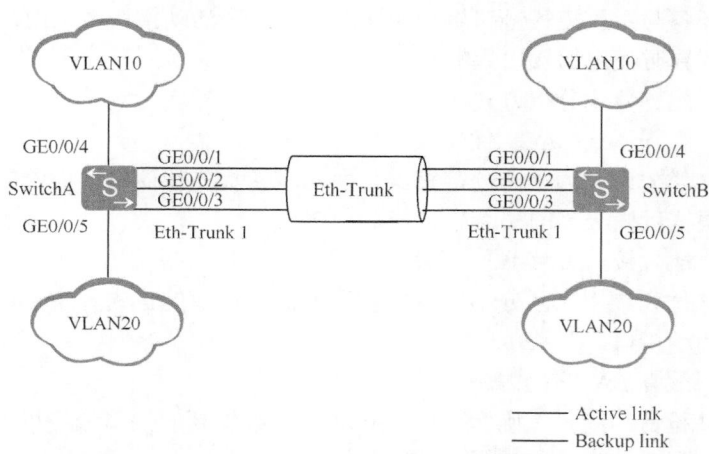

图 6-21　LACP 模式链路聚合配置示例的拓扑结构

用户希望在两台 Switch 设备上配置 LACP 模式链路聚合组，SwitchA 和 SwitchB 之间能够提供较大的链路带宽来使相同 VLAN 间互相通信，同时提高两设备之间的带宽与可靠性。具体要求如下：

■ 两条活动链路具有负载分担的能力；

■ 两设备间的链路具有 1 条冗余备份链路，当活动链路出现故障时，备份链路替代故障链路，保持数据传输的可靠性；

■ 相同 VLAN 间的用户可以相互通信。

1．基本配置思路分析

因为本示例要求具有链路备份功能，所以只能采用 LACP 模式的链路聚合方式。根据 6.4.9 节介绍的配置任务，再结合本示例的具体要求可以得出如下基本配置思路。

① 创建 Eth-Trunk，配置 Eth-Trunk 为 LACP 模式，实现链路聚合功能。

② 将 3 个成员接口 GE0/0/1～0/0/3 加入 Eth-Trunk 接口中。

③ 配置系统优先级，确定主动端（本示例假设为 SwitchA），按照主动端设备的接口选择活动接口。

④ 配置活动接口上限阈值（本示例为 2），在保证带宽的情况下提高网络的可靠性。

⑤ 在主动端配置两端设备中成员接口的 LACP 优先级，确定活动链路接口，优先级高的接口将被选作活动接口。

⑥ 在两设备上创建 VLAN 并将各接口加入到对应 VLAN 中。

2．具体配置步骤

① 在 SwitchA 上创建 Eth-Trunk1 并配置为 LACP 模式。SwitchB 的配置与 SwitchA 类似，不再赘述。

```
<HUAWEI> system-view
[HUAWEI] sysname SwitchA
[SwitchA] interface eth-trunk 1
[SwitchA-Eth-Trunk1] mode lacp
[SwitchA-Eth-Trunk1] quit
```

② 配置 SwitchA 上的 GE0/0/1～0/0/3 3 个成员接口加入 Eth-Trunk1 接口中。SwitchB 的配置与 SwitchA 类似，不再赘述。

```
[SwitchA] interface gigabitethernet 0/0/1
[SwitchA-GigabitEthernet0/0/1] eth-trunk 1
[SwitchA-GigabitEthernet0/0/1] quit
[SwitchA] interface gigabitethernet 0/0/2
[SwitchA-GigabitEthernet0/0/2] eth-trunk 1
[SwitchA-GigabitEthernet0/0/2] quit
[SwitchA] interface gigabitethernet 0/0/3
[SwitchA-GigabitEthernet0/0/3] eth-trunk 1
[SwitchA-GigabitEthernet0/0/3] quit
```

③ 在 SwitchA 上配置系统优先级为 100，使其成为 LACP 主动端。此时在 SwitchB 上的优先级值要大于 100（**值越大，优先级越低**），才能确保 SwitchA 成为主动端。SwitchB 端可不用配置，因为系统 LACP 优先级为 32768，优先级远小于 SwitchA 上配置的 100。

```
[SwitchA] lacp priority 100
```

④ 在 SwitchA 上配置活动接口上限阈值为 2。

```
[SwitchA] interface eth-trunk 1
[SwitchA-Eth-Trunk1] max active-linknumber 2
[SwitchA-Eth-Trunk1] quit
```

⑤ 在 SwitchA 上配置接口优先级来确定活动链路。此时无需在 SwitchB 上配置各接口的 LACP 优先级，直接根据 SwitchA 上活动接口的选择，确定 SwitchB 上的活动接口。

```
[SwitchA] interface gigabitethernet 0/0/1
[SwitchA-GigabitEthernet0/0/1] lacp priority 100
[SwitchA-GigabitEthernet0/0/1] quit
[SwitchA] interface gigabitethernet 0/0/2
```

```
[SwitchA-GigabitEthernet0/0/2] lacp priority 100
[SwitchA-GigabitEthernet0/0/2] quit
```

⑥ 创建 VLAN 并将接口加入 VLAN。

a. 创建 VLAN10 和 VLAN20 并分别加入接口。SwitchB 的配置与 SwitchA 类似，不再赘述。

```
[SwitchA] vlan batch 10 20
[SwitchA] interface gigabitethernet 0/0/4
[SwitchA-GigabitEthernet0/0/4] port link-type trunk
[SwitchA-GigabitEthernet0/0/4] port trunk allow-pass vlan 10
[SwitchA-GigabitEthernet0/0/4] quit
[SwitchA] interface gigabitethernet 0/0/5
[SwitchA-GigabitEthernet0/0/5] port link-type trunk
[SwitchA-GigabitEthernet0/0/5] port trunk allow-pass vlan 20
[SwitchA-GigabitEthernet0/0/5] quit
```

b. 配置 Eth-Trunk1 接口允许 VLAN10 和 VLAN20 通过。SwitchB 的配置与 SwitchA 类似，不再赘述。

```
[SwitchA] interface eth-trunk 1
[SwitchA-Eth-Trunk1] port link-type trunk
[SwitchA-Eth-Trunk1] port trunk allow-pass vlan 10 20
[SwitchA-Eth-Trunk1] quit
```

3. 配置结构验证

配置完成后可通过 **display eth-trunk 1** 命令查看两设备的 Eth-Trunk 信息，查看链路是否协商成功。如下所示。要注意的是，在 LACP 模式中，在一端设备上执行本命令后可同时查看本端和对端的成员接口配置信息。

```
[SwitchA] display eth-trunk 1
Eth-Trunk1's state information is:
Local:
LAG ID: 1                        WorkingMode: LACP
Preempt Delay: Disabled          Hash arithmetic: According to SIP-XOR-DIP
System Priority: 100             System ID: 00e0-fca8-0417
Least Active-linknumber: 1       Max Active-linknumber: 2
Operate status: up               Number Of Up Port In Trunk: 2
--------------------------------------------------------------------------------
ActorPortName            Status     PortType PortPri   PortNo PortKey   PortState   Weight
GigabitEthernet0/0/1     Selected   1GE        100     6145   2865      11111100    1
GigabitEthernet0/0/2     Selected   1GE        100     6146   2865      11111100    1
GigabitEthernet0/0/3     Unselect   1GE        32768   6147   2865      11100000    1

Partner:
--------------------------------------------------------------------------------
ActorPortName            SysPri    SystemID       PortPri PortNo PortKey   PortState
GigabitEthernet0/0/1     32768     00e0-fca6-7f85   32768   6145   2609      11111100
GigabitEthernet0/0/2     32768     00e0-fca6-7f85   32768   6146   2609      11111100
GigabitEthernet0/0/3     32768     00e0-fca6-7f85   32768   6147   2609      11110000

[SwitchB] display eth-trunk 1
Eth-Trunk1's state information is:
Local:
LAG ID: 1                        WorkingMode: LACP
Preempt Delay: Disabled          Hash arithmetic: According to SIP-XOR-DIP
System Priority: 32768           System ID: 00e0-fca6-7f85
```

```
Least Active-linknumber: 1          Max Active-linknumber: 8
Operate status: up                  Number Of Up Port In Trunk: 2
--------------------------------------------------------------------------------
ActorPortName            Status    PortType   PortPri   PortNo  PortKey  PortState  Weight
GigabitEthernet0/0/1     Selected  1GE        32768     6145    2609     11111100   1
GigabitEthernet0/0/2     Selected  1GE        32768     6146    2609     11111100   1
GigabitEthernet0/0/3     Unselect  1GE        32768     6147    2609     11100000   1


Partner:
--------------------------------------------------------------------------------
ActorPortName            SysPri   SystemID        PortPri   PortNo  PortKey  PortState
GigabitEthernet0/0/1     100      00e0-fca8-0417  100       6145    2865     11111100
GigabitEthernet0/0/2     100      00e0-fca8-0417  100       6146    2865     11111100
GigabitEthernet0/0/3     100      00e0-fca8-0417  32768     6147    2865     11110000
```

通过以上显示的信息可以看到，SwitchA 的系统优先级为 100，高于 SwitchB 的系统优先级（为缺省的 32768）。Eth-Trunk 的成员接口中 GigabitEthernet0/0/1、GigabitEthernet0/0/2 成为活动接口，处于"Selected"状态，接口 GigabitEthernet0/0/3 处于"Unselect"状态，同时实现 M 条链路的负载分担和 N 条链路的冗余备份功能。

6.4.11　配置 Eth-Trunk 接口流量本地优先转发

使能 Eth-Trunk 接口流量本地优先转发功能后，当 Eth-Trunk 接口本地交换机上有出接口且出无故障时，本地的 Eth-Trunk 转发表中将只包含本地交换机的出接口。这样在通过 HASH 算法选择出接口时只能选中本地交换机上的接口，流量从本地交换机转发出去。而当 Eth-Trunk 接口本地交换机上无出接口或者全部故障时，本地交换机的 Eth-Trunk 转发表中将包含 Eth-Trunk 接口中所有可转发的出接口。这样，在通过 HASH 算法选择出接口时，将选中其他成员交换机上的出接口，流量将通过跨设备转发。

当然，并不是一定要启用这项功能，需根据实际情况选择。

■ 如果本设备 Eth-Trunk 的活动接口的带宽足以承载本设备转发的流量，可以使能 Eth-Trunk 接口流量本地优先转发功能，避免转发效率低、集群设备之间的带宽承载压力大的问题。

■ 如果本设备 Eth-Trunk 的活动接口的带宽不能承载本设备转发的流量，需要去使能 Eth-Trunk 接口本地流量优先转发功能，此时本设备的部分流量就会选择跨设备的 Eth-Trunk 出接口转发，防止发生丢包。

在配置 Eth-Trunk 接口流量本地优先转发功能之前，需要确保 Eth-Trunk 接口已经创建，并已经加入物理接口，当然还必须已经搭建好设备堆叠环境，同时要确保本设备 Eth-Trunk 出接口的带宽足以承载本设备转发的流量，防止发生丢包。

配置 Eth-Trunk 接口流量本地优先转发功能的方法很简单，只需在对应的 Eth-Trunk 接口视图下执行 **local-preference enable** 命令即可。缺省情况下，已经使能了 Eth-Trunk 接口流量本地优先转发功能，可用 **undo local-preference enable** 命令去使能 Eth-Trunk 接口流量本地优先转发功能。需要注意的是，**流量本地优先转发功能只对已知单播有效，对广播、组播和未知单播流量均不生效。**

6.4.12　Eth-Trunk 接口流量本地优先转发配置示例

本示例的拓扑结构如图 6-22 所示，为了增加设备的容量，采用设备堆叠技术，将

Switch3 和 Switch4 通过专用的堆叠电缆连接起来，对外呈现为一台逻辑交换机。

为了实现设备间的备份、提高可靠性，采用跨堆叠设备 Eth-Trunk 接口技术，将不同设备上的物理接口加入到同一个 Eth-Trunk 接口。这样，在网络无任何故障的情况下，VLAN2 和 VLAN3 的数据流量都会同时通过 PE 的 GE1/0/1 和 GE1/0/2 成员接口转发。增加了堆叠设备之间的带宽承载能力，但也降低了流量转发效率。

另外希望，VLAN2 的数据流量仅通过成员口 GE1/0/1 转发，VLAN3 的数据流量仅通过成员口 GE1/0/2 转发，可在堆叠设备上使能 Eth-Trunk 接口流量本地优先转发功能。

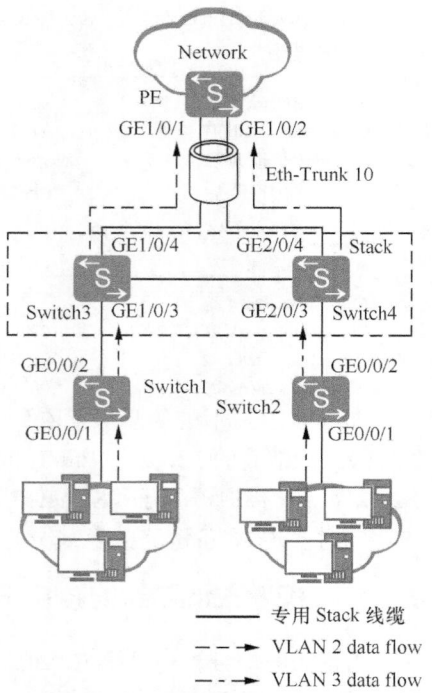

图 6-22　接口流量本地优先转发配置示例的拓扑结构

1．配置思路分析

本示例目的虽然是要启用堆叠设备中 Eth-Trunk 接口的本地流量优先转发功能，但因为涉及 Eth-Trunk 链路聚合，所以必须先配置好跨设备的 Eth-Trunk 链路聚合。同时本示例又涉及 S 系列交换机的堆叠功能配置，所以本示例中将介绍交换机堆叠的基本配置，具体配置方法参见本书第 5 章。

本示例的基本配置思路如下。

① 在堆叠交换机和 PE 交换机上分别创建 Eth-Trunk 接口（采用缺省的手工模式）。

② 在堆叠交换机和 PE 交换机上的 Eth-Trunk 接口上添加成员接口。

③ 配置交换机堆叠、Switch1 和 Switch2 上各接口加入相应 VLAN，实现二层互通。

④ 使能 Eth-Trunk 接口本地流量优先转发功能。

2．具体配置步骤

① 在交换机堆叠和 PE 交换机上分别采用手工模式创建 Eth-Trunk 接口，并配置为 Trunk 端口类型，允许通过所有 VLAN。

■ 交换机堆叠上的 Eth-Trunk 接口配置

```
<HUAWEI> system-view
[HUAWEI] sysname Stack
[Stack] interface eth-trunk 10
[Stack-Eth-Trunk10] port link-type trunk   #---设置 Eth-Trunk 接口为 Trunk 类型
[Stack-Eth-Trunk10] port trunk allow-pass vlan all   #---设置 Eth-Trunk 接口允许所有 VLAN 报文通过
[Stack-Eth-Trunk10] quit
```

■ PE 上的 Eth-Trunk 接口配置

```
<HUAWEI> system-view
[HUAWEI] sysname PE
[PE] interface eth-trunk 10
[PE-Eth-Trunk10] port link-type trunk
[PE-Eth-Trunk10] port trunk allow-pass vlan all
[PE-Eth-Trunk10] quit
```

② 把交换机堆叠和 PE 交换机上的对应成员接口加入到它们的 Eth-Trunk 接口中。

■　交换机堆叠上的配置

```
[Stack] interface gigabitethernet 1/0/4
[Stack-GigabitEthernet1/0/4] eth-trunk 10
[Stack-GigabitEthernet1/0/4] quit
[Stack] interface gigabitethernet 2/0/4
[Stack-GigabitEthernet2/0/4] eth-trunk 10
[Stack-GigabitEthernet2/0/4] quit
```

■　PE 交换机上的配置

```
[PE] interface gigabitethernet 1/0/1
[PE-GigabitEthernet1/0/1] eth-trunk 10
[PE-GigabitEthernet1/0/1] quit
[PE] interface gigabitethernet 1/0/2
[PE-GigabitEthernet1/0/2] eth-trunk 10
[PE-GigabitEthernet1/0/2] quit
```

③ 配置交换机堆叠、Switch1 和 Switch2 上各接口的 Trunk 类型及所允许通过的 VLAN。

■　交换机堆叠上的配置

```
[Stack] vlan batch 2 3
[Stack] interface gigabitethernet 1/0/3
[Stack-GigabitEthernet1/0/3] port link-type trunk
[Stack-GigabitEthernet1/0/3] port trunk allow-pass vlan 2
[Stack-GigabitEthernet1/0/3] quit
[Stack] interface gigabitethernet 2/0/3
[Stack-GigabitEthernet2/0/3] port link-type trunk
[Stack-GigabitEthernet2/0/3] port trunk allow-pass vlan 3
[Stack-GigabitEthernet2/0/3] quit
```

■　Switch1 上的配置

```
<HUAWEI> system-view
[HUAWEI] sysname Switch1
[Switch1] vlan 2
[Switch1-vlan2] quit
[Switch1] interface gigabitethernet 0/0/1
[Switch1-GigabitEthernet0/0/1] port link-type trunk
[Switch1-GigabitEthernet0/0/1] port trunk allow-pass vlan 2
[Switch1-GigabitEthernet0/0/1] quit
[Switch1] interface gigabitethernet 0/0/2
[Switch1-GigabitEthernet0/0/2] port link-type trunk
[Switch1-GigabitEthernet0/0/2] port trunk allow-pass vlan 2
[Switch1-GigabitEthernet0/0/2] quit
```

■　Switch2 上的配置

```
<HUAWEI> system-view
[HUAWEI] sysname Switch2
[Switch2] vlan 3
[Switch2-vlan3] quit
[Switch2] interface gigabitethernet 0/0/1
[Switch2-GigabitEthernet0/0/1] port link-type trunk
[Switch2-GigabitEthernet0/0/1] port trunk allow-pass vlan 3
[Switch2-GigabitEthernet0/0/1] quit
[Switch2] interface gigabitethernet 0/0/2
[Switch2-GigabitEthernet0/0/2] port link-type trunk
[Switch2-GigabitEthernet0/0/2] port trunk allow-pass vlan 3
[Switch2-GigabitEthernet0/0/2] quit
```

④ 在交换机堆叠上使能 Eth-Trunk10 接口的本地流量优先转发功能。

```
[Stack] interface eth-trunk 10
[Stack-Eth-Trunk10] local-preference enable
[Stack-Eth-Trunk10] quit
```

因为缺省情况下，流量本地优先转发功能处于使能状态，如果以前没有关闭该项功能，此时执行 **local-preference enable** 命令将会提示 "Error: The local preferential forwarding mode has been configured."。

上述配置成功后，在交换机堆叠和 PE 交换机的任意视图下执行 **display trunkmembership eth-trunk** 命令可以看到 Eth-Trunk 接口的成员口信息。如下所示的是在交换机堆叠上执行本命令后的输出信息。

```
<Stack> display trunkmembership eth-trunk 10
Trunk ID: 10
Used status: VALID
TYPE: ethernet
Working Mode : Normal
Number Of Ports in Trunk = 2
Number Of Up Ports in Trunk = 2
Operate status: up

Interface GigabitEthernet1/0/4, valid, operate up, weight=1
Interface GigabitEthernet2/0/4, valid, operate up, weight=1
```

6.5 E-Trunk 配置与管理

E-Trunk（Enhanced Trunk）是一种可跨设备（非直连设备间）实现链路聚合的控制协议，是基于 LACP 的功能扩展，从而把链路的可靠性从单板级提高到了设备级。

> **注意** 仅 S1720X-E、S5720EI、S5720HI、S5720S-SI、S5720SI、S5730S-EI、S5730SI、S6720EI、S6720HI、S6720LI、S6720S-EI、S6720S-LI、S6720S-SI 和 S6720SI，以及 S7700、S7900、S9700 和 S12700 系列交换机支持 E-Trunk。

6.5.1 E-Trunk 基本概念

E-Trunk 机制主要应用于 MPLS 网络中的 CE（客户端边缘设备）双归接入运营商网络时，提供对 CE 与 PE（提供商边缘设备）间的链路保护，以及当 PE 设备节点出现故障时的通信保护。

在没有使用 E-Trunk 前，CE 通过 Eth-Trunk 链路只能单归到一个 PE 设备。如果 Eth-Trunk 出现故障或者 PE 设备故障，CE 将无法与 PE 设备继续进行通信。使用 E-Trunk 后，CE 可以双归到两台或多台 PE 上，从而实现 PE 设备间的相互保护，如图 6-23 所示。

下面先介绍 E-Trunk 技术实现中所涉及到的一些

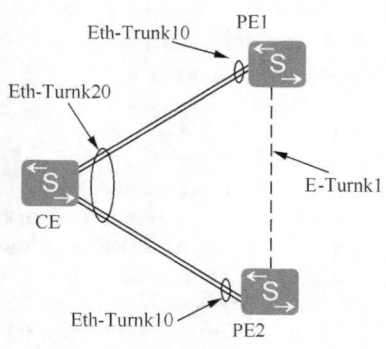

图 6-23   E-Trunk 应用示例

基本概念。

■ 系统 LACP 优先级

系统 LACP 优先级在 LACP 中用于区分 Eth-Trunk 两端设备的优先级，**值越小优先级越高**。

■ 系统 ID

在 LACP 中，系统 ID 用于当 Eth-Trunk 两端设备的系统 LACP 优先级相同时，确定两端设备优先级的高低（确定主动端）。**系统 ID 值较小的优先级更高**，缺省使用 Eth-Trunk 接口的 MAC 地址。这与在前面介绍 Eth-Trunk 时说到的"如果聚合链路两端设备的系统 LACP 优先级相同则选择 MAC 地址较小的一端作为主动端"是一致的。但在 E-Trunk 中，为了使 CE 认为对端的两个 PE 是一台设备，**要求 E-Trunk 中主备两台 PE 设备的系统 ID 和系统 LACP 优先级都需要保持一致**。

■ E-Trunk 优先级

E-Trunk 的优先级用于在聚合组中确定两台 PE 设备的主备状态，**值越小优先级越高**。在图 6-23 中，假设 PE1 的 E-Trunk 优先级高于 PE2，则 PE1 为主用，PE2 为备用。如果两台设备的 E-Trunk 优先级相同，那么比较两台设备的系统 ID，ID 较小的为主用设备。但前面已说到，在 E-Trunk 中主备两台 PE 设备的系统 ID 和系统 LACP 优先级都需要保持一致，**所以两台 PE 设备上的 E-Trunk 优先级必须配置为不同**。

■ E-Trunk ID

E-Trunk ID 用于唯一标识一个 E-Trunk，为整数形式，**两台 PE 设备上的 E-Trunk ID 配置必须一致**。

■ Eth-Trunk 工作模式

Eth-Trunk 工作模式只针对加入 E-Trunk 的成员 Eth-Trunk 而言。加入 E-Trunk 的 Eth-Trunk 有 3 种工作模式：自动、强制主用、强制备用。主用 Eth-Trunk 用于当前数据发，备用 Eth-Trunk 起备份作用，仅当主用 Eth-Trunk 转发路径出现故障时接替主用 Eth-Trunk 的数据转发工作。

■ 超时时间

正常情况下，E-Trunk 中的主用 PE 设备和备用 PE 设备相互周期性地发送 Hello 报文。当备用 PE 设备在规定的时间内没有收到 Hello 报文，则转为主用。

6.5.2　E-Trunk 工作原理

E-Trunk 的工作过程可分为以下两个阶段：①主备协商；②E-Trunk 报文的收发。下面具体介绍它们的工作原理。

1. 主备协商原理

这里所说的主备协商包括两方面：一是指两台 PE 设备的 E-Trunk 主备状态协商，二是 E-Trunk 中成员 Eth-Trunk 主备状态的协商。

在图 6-23 中，CE 分别与 PE1 和 PE2 直连，PE1 和 PE2 之间并不直接连接，但要配置并运行 E-Trunk。在 PE 侧，PE1 和 PE2 设备上分别创建 ID 相同的 E-Trunk（ID 号为 1）和 Eth-Trunk（ID 号为 10，**其中可以只有一个成员接口**），并将两条 Eth-Trunk 加入到 E-Trunk。在 CE 侧，在 CE 设备上配置一条 LACP 模式的 Eth-Trunk（ID 号为 20，包含连接与 PE1、PE2 设备的所有接口）。对 CE 设备而言，E-Trunk 不可见。

在 E-Trunk 建立的过程中，首先要确定两台 PE 设备间的主备状态，具体流程如下。

（1）确定 E-Trunk 的主备状态

在 PE1 和 PE2 上配置好 E-Trunk 后，这两台 PE 设备之间就会通过彼此发送的 E-Trunk 报文中携带的 E-Trunk 优先级和 E-Trunk 系统 ID 进行主备协商，确定 E-Trunk 的主备状态。E-Trunk 优先级的数值越小，优先级越高，优先级高的为主用。如果两台设备上配置的 E-Trunk 优先级值相同，则 E-Trunk 系统 ID 小的为主用状态。正常情况下两台 PE 的协商结果是一个为主用状态，一个为备用状态。

（2）确定成员 Eth-Trunk 的主备状态

本端 E-Trunk 主备状态、本端成员 Eth-Trunk 模式和对端成员 Eth-Trunk 的链路状态决定了本端 Eth-Trunk 的主备状态。在图 6-23 中，E-Trunk 分为 PE1 和 PE2 两端。假设以 PE1 为 E-Trunk 的本端，PE2 就为 E-Trunk 的对端，则两端的成员 Eth-Trunk 的主备状态确定逻辑见表 6-24，具体解释如下。

表 6-24　　　　　E-Trunk 与成员 Eth-Trunk 的主备状态逻辑关系

本端 E-Trunk 状态	本端成员 Eth-Trunk 模式	对端 Eth-Trunk 链路状态	本端 Eth-Trunk 状态
-	强制主用	-	主用
-	强制备用	-	备用
主用	自动	Down	主用
备用	自动	Down	主用
备用	自动	Up	备用

■ 当本端成员 Eth-Trunk 模式配置为强制主用或备用时，本端 Eth-Trunk 状态始终为对应的主用或备用，本端 E-Trunk 状态和对端 Eth-Trunk 链路状态可以任意。

■ 当本端 E-Trunk 状态为主用，本端成员 Eth-Trunk 模式配置为自动，且对端 Eth-Trunk 链路状态为 Down 时，本端 Eth-Trunk 状态为主用。

■ 当本端 E-Trunk 状态为备用，本端成员 Eth-Trunk 模式配置为自动，且对端 Eth-Trunk 链路状态为 Down 时，本端 Eth-Trunk 状态也为主用。

■ 当本端 E-Trunk 状态为备用，本端成员 Eth-Trunk 模式配置为自动，且对端 Eth-Trunk 链路状态为 Up 时，本端 Eth-Trunk 状态为备用。

在图 6-23 中，正常情况下：PE1 为主，PE1 的 Eth-Trunk 10 为主，链路状态为 Up；PE2 为备，PE2 的 Eth-Trunk 10 为备，链路状态为 Down。但如果 CE 到 PE1 间的链路出现故障，PE1 会向对端发送 E-Trunk 报文，报文中携带 PE1 的 Eth-Trunk 10 故障的信息。PE2 收到 E-Trunk 报文后，发现对端 Eth-Trunk 10 故障，则 PE2 设备上 Eth-Trunk 10 的状态将变为主。然后经过 LACP 协商，PE2 设备上的 Eth-Trunk 10 的状态变为 Up。这样 PE2 设备的 Eth-Trunk 状态变为 Up，CE 的流量会通过 PE2 转发，以达到对 CE 的流量进行保护的目的。

2. E-Trunk 报文的收发原理

E-Trunk 报文采用本端配置的 Source IP 及端口号，在传输层经过 UDP 封装后发送。触发 E-Trunk 报文发送的因素有以下几个。

■ 发送计时器超时。E-Trunk 报文中需要携带超时时间，对端从报文中获取超时时间作为本端的超时时间。

■ 配置改变（E-Trunk 优先级改变、报文发送周期改变、超时时间倍数改变、成员 Eth-Trunk 的加入/退出和 E-Trunk 的源 IP 或者目的 IP 改变）。

■ 成员 Eth-Trunk 发生故障，或者故障恢复。

3. E-Trunk 的回切机制

当 E-Trunk 的本端设备处于主用状态时，但由于本端的 Eth-Trunk 链路状态变为 Down 或本端设备故障，经过 E-Trunk 和成员 Eth-Trunk 的主备状态确定，对端设备变为主用状态，此时对端的成员 Eth-Trunk 的链路状态会变为 Up。

当本端故障消除后需要恢复为主用状态时，本端 E-Trunk 的成员 Eth-Trunk 进入协商状态。在协商期间，本端 E-Trunk 收到 LACP 上报的协商能力 Up 的事件后，启动回切延时定时器。回切延时定时器超时后，本端 E-Trunk 的成员 Eth-Trunk 恢复为主用状态（实现了主状态抢占），本端成员 Eth-Trunk 的链路状态也重新变为 Up，原来变为 Up 状态的对端的成员 Eth-Trunk 链路状态又会重新变为 Down。

4. E-Trunk 的约束条件

如图 6-23 所示，为了提高 CE 与 PE 之间链路的可靠性，使得 CE 直连 PE 的链路能够自动切换，必须遵循以下规则。

■ PE1 与 PE2 上 E-Trunk 的配置必须一致。

PE1 与 CE 直连的 Eth-Trunk，和 PE2 与 CE 直连的 Eth-Trunk 的工作速率和双工模式必须相同，且必须加入 **ID 相同的 E-Trunk。Eth-Trunk 加入 E-Trunk 之后，必须保证两 PE 上的系统 LACP 优先级、LACP 系统 ID 相同。**CE 上直连 PE1 与 PE2 的接口应该加入同一 Eth-Trunk（如图 6-23 中的 Eth-Trunk 20），但可以和 PE 端的 Eth-Trunk ID 不同（也可以相同），如图 6-23 中 CE 端配置 Eth-Trunk 20，两台 PE 设备配置 Eth-Trunk 10。

■ 两台 PE 设备所指定的地址互为对端和本端的 IP 地址，保证三层可达即可，建议使用环回地址。

■ 两台 PE 设备上设置的报文密码（可配）必须相同。

6.5.3　配置 E-Trunk

E-Trunk 所包括的配置任务如下（大多数也为可选配置任务），具体的配置步骤见表 6-25（需要在 E-Trunk 两端 PE 设备上分别配置）。

（1）配置 E-Trunk 的 LACP 系统 ID 和优先级

在 E-Trunk 中，为了使 CE 设备认为对端的两台 PE 设备是一台设备，**E-Trunk 中主、备两台 PE 设备的系统 LACP 优先级、系统 ID 都需要保持一致。**

（2）创建 E-Trunk 并配置优先级

两台 PE 设备上创建的 E-Trunk 的 ID 必须相同，E-Trunk 的优先级用于在聚合组中决策两台设备的主备状态。

（3）配置本端和对端的 IP 地址

E-Trunk 协议报文采用本端配置的源 IP 地址及协议端口号发送。但如果要修改地址，则两台设备需要同时修改，否则会导致协议报文丢弃。

（4）配置 E-Trunk 与 BFD 会话绑定

因为通过 LACP 报文接收超时无法快速感知对端是否故障，故可以使用快速检测协议 BFD 来实现快速链路故障的感知。每个 E-Trunk 都需要指定对端的 IP，通过创建检测对端路由是否可达的 BFD 会话，E-Trunk 可感知到 BFD 通告的故障，并快速处理。

（5）将 Eth-Trunk 加入 E-Trunk

当 E-Trunk 配置成功，必须向 E-Trunk 中加入成员 Eth-Trunk（**此 Eth-Trunk 可以仅一个成员接口**），才能实现两台设备上的链路聚合协议。从而实现跨设备的链路聚合组冗余，提高网络的可靠性。

（6）（可选）配置 Eth-Trunk 在 E-Trunk 中的工作模式

只能对已经加入 E-Trunk 的 Eth-Trunk 接口配置工作模式。Eth-Trunk 的工作模式分为自动模式、强制主用模式和强制备用模式。强制主用模式就是强制对应 Eth-Trunk 接口为主用状态；强制备用模式就是强制对应 Eth-Trunk 接口为备用状态；自动模式就是根据协商，自动选择工作模式。

当设置工作模式为自动模式，或者工作模式由强制模式切换为自动模式后，根据本端 E-Trunk 的主备状态和对端 Eth-Trunk 链路状态决定本端成员 Eth-Trunk 的状态。若本端 E-Trunk 状态为主用，则本端 Eth-Trunk 状态为主用。若本端 E-Trunk 状态为备用，且对端成员 Eth-Trunk 链路为 Down 状态，则本端 Eth-Trunk 状态为主用。当本端收到对端 Eth-Trunk 故障恢复消息后，本端 Eth-Trunk 进入备用状态。

有关 E-Trunk 的主备状态和成员 Eth-Trunk 的主备状态之间的关系参见表 6-24。

（7）（可选）配置密码

为了提高系统的安全性，可配置加密密码，对通过 E-Trunk 的 LACP 报文进行加密，以确保在 E-Trunk 通信中 Eth-Trunk 接口只有收到密码一致的 LACP 报文才可接收。E-Trunk 中的两端设备上的加密密码必须配置为一致。

用户可以选择采用明文加密或密文加密。使用明文加密时，在配置文件中采用明文形式显示；使用密文加密时，在配置文件中采用加密后的乱码显示，不显示真正的密码，更加安全。

（8）（可选）配置超时时间

如果处于备用状态的 E-Trunk 在超时时间内没有收到对端发送的 Hello 报文，则在定时器超时后进入主用状态。此处的超时时间是对端报文中所携带的超时时间，而不是本端设置的超时时间。

（9）（可选）配置延时回切时间

当 E-Trunk 的本端设备处于主用状态时，由于其中某个成员 Eth-Trunk 的链路状态变为 Down，经过 LACP 协商后对端的成员 Eth-Trunk 的链路状态变为 Up。此时，对端设备变为主用状态，本端设备变为备用状态。当本端故障消除后，经过 LACP 协商，本端又会恢复为主用状态。

当 E-Trunk 与其他业务配合使用时，如果 E-Trunk 状态为主用的设备发生故障恢复后，成员 Eth-Trunk 状态恢复早于其他相关业务的恢复。如果马上将 E-Trunk 成员的流量回切，会导致业务流量中断。配置 E-Trunk 的延时回切时间后，可保证业务流量不会中断。

（10）（可选）配置 E-Trunk 不回切功能

部署 E-Trunk 的两端设备，当原来 E-Trunk 状态为主用的一端设备故障恢复后，为了避免回切流量再次丢失，可配置 E-Trunk 不回切功能。

（11）（可选）配置 E-Trunk 序列号校验功能

通过配置 E-Trunk 序列号校验功能，可以防止当 E-Trunk 的主用设备发生故障时，非法用户通过获取主用设备发出的 E-Trunk 报文攻击备用设备。

表 6-25　　　　　　　　　　　　　　　E-Trunk 配置任务

配置任务	步骤	命令	说明
配置 E-Trunk 的 LACP 系统 ID 和优先级	1	**system-view** 例如：<HUAWEI> **system-view**	进入系统视图
	2	**lacp e-trunk system-id** *mac-address* 例如：[HUAWEI] **lacp e-trunk system-id** 00E0	配置 E-Trunk 的 LACP 系统 ID，格式为 H-H-H，其中 H 为 4 位的十六进制数，可以输入 1～4 位，如 00e0、fc01。当输入不足 4 位时，表示前面的几位为 0，如输入 e0，等同于 00e0。系统 ID 不能为全 0 或全 F，不区分大小写。 **同一 E-Trunk 中主备两台设备的 LACP 系统 ID 需要保持一致。** 缺省情况下，使用以太网口 MAC 地址作为 E-Trunk 的 LACP 系统 ID，可用 **undo lacp e-trunk system-id** 命令恢复为缺省情况
	3	**lacp e-trunk priority** *priority* 例如：[HUAWEI] **lacp e-trunk priority** 10	配置 E-Trunk 的 LACP 优先级，取值范围为 0～65535 的整数。**值越小 LACP 优先级越高。**如果配置了 LACP 优先级，E-Trunk 中的成员 Eth-Trunk 端口发送 LACP 报文时，采用配置的优先级。否则，使用 E-Trunk 的 LACP 优先级缺省值为 32768。 **同一 E-Trunk 中主备两台设备的 LACP 优先级需要保持一致。** 缺省情况下，E-Trunk 的 LACP 优先级是 32768，可用 **undo lacp e-trunk priority** 命令恢复缺省情况
创建 E-Trunk 并配置优先级	4	**e-trunk** *e-trunk-id* 例如：[HUAWEI] **e-trunk** 2	创建 E-Trunk，指定 E-Trunk 编号，取值范围为 1～16 的整数。当 E-Trunk 存在时，执行本命令直接进入 E-Trunk 视图。 **在同一个 E-Trunk 内，两端设备上配置的 E-Trunk 编号必须相同。**缺省情况下，没有创建任何 E-Trunk，可用 **undo e-trunk** *e-trunk-id* 命令删除指定的 E-Trunk
	5	**priority** *priority* 例如：[HUAWEI-e-trunk-2]**priority** 10	配置 E-Trunk 的优先级，取值范围为 1～254 的整数。优先级用于两台设备间进行主备协商，优先级高的为主用设备，**值越小优先级越高。**如果优先级相同，那么比较两台设备的系统 ID，ID 较小的为主用设备。如果优先级和系统 ID 都相同，则认为配置错误，丢弃报文，不进行处理。因为前面已要求 E-Trunk 两端设备的系统 **ID 必须一致，故两端设备上配置的 E-Trunk 优先级就不能一致了。** 缺省情况下，E-Trunk 的优先级为 100，可用 **undo priority** 命令恢复 E-Trunk 的优先级为缺省的 100

（续表）

配置任务	步骤	命令	说明
配置本端和对端的 IP 地址	6	**peer-address** *peer-ip-address* **source-address** *source-ip-address* 例如：[HUAWEI-e-trunk-2] **peer-address** 2.2.2.2 **source-address** 1.1.1.1	配置对端和本端的 IP 地址。命令中的参数说明如下。 ① *peer-ip-address*：指定对端 IP 地址。 ② *source-ip-address*：指定对端源 IP 地址。 如果要修改地址则两台设备需要同时修改，否则会导致协议报文丢弃。可用 **undo peer-address** 命令删除 E-Trunk 的对端和本端的 IP 地址
配置 E-Trunk 与 BFD 会话绑定	7	**e-trunk track bfd-session** *session-name* *bfd-session-name* 例如：[HUAWEI-e-trunk-2]**e-trunk track bfd-session session-name** e-trunk-bfd	绑定 BFD 会话，参数 *bfd-session-name* 用来指定要绑定的 BFD 会话名称，为 1～15 个字符，支持空格，不区分大小写。BFD 用于实现 E-Trunk 的两台设备之间控制协议链路的快速故障检测。 缺省情况下，E-Trunk 没有绑定 BFD 会话，可用 **undo e-trunk track bfd-session** 命令取消绑定的 BFD 会话。 缺省情况下，系统不允许删除已经跟 E-Trunk 绑定的 BFD 会话，如果要删除，则可以执行 **bfd session nonexistent-config-check disable** 命令去使能检查被绑定的 BFD 会话是否被删除的功能
	8	**quit** 例如：[HUAWEI-e-trunk-2] **quit**	退出 E-Trunk 视图，返回系统视图
	9	**interface eth-trunk** *trunk-id* 例如：[HUAWEI] **interface eth-trunk 1**	进入要加入到 E-Trunk（**必须事先在设备上创建好对应的 Eth-Trunk**）的 Eth-Trunk 接口视图。**但仅 LACP 模式的 Eth-Trunk 才能加入 E-Trunk**
将 Eth-Trunk 加入 E-Trunk	10	**e-trunk** *e-trunk-id* [**remote-eth-trunk** *eth-trunk-id*] 例如：[HUAWEI-eth-trunk1] **e-trunk 2**	将以上 Eth-Trunk 加入到指定 E-Trunk 中。参数说明如下。 ① *e-trunk-id*：指定以上 Eth-Trunk 接口要加入的 E-Trunk 编号，取值范围为 1～16 的整数。 ② *eth-trunk-id*：可选参数，指定远端 PE 设备的 Eth-Trunk 编号，取值范围为 0～4294967295 的整数。 可用 **undo e-trunk** 命令删除指定 E-Trunk 中的 Eth-Trunk。 【注意】一个 Eth-Trunk 只能加入一个 E-Trunk。一个 E-Trunk 中，两端设备上所加入的 Eth-Trunk ID 可以不一致，但此时必须选择 **remote-eth-trunk** 可选参数指定远端 Eth-Trunk ID，能保证 E-Trunk 正常工作。 Eth-Trunk 加入 E-Trunk 后，若需要修改所加入的 E-Trunk 或对端 Eth-Trunk 信息，必须先执行 **undo e-trunk** 命令将 Eth-Trunk 从 E-Trunk 中删除，再重新执行命令 **e-trunk** 将 Eth-Trunk 加入新的 E-Trunk，或修改对端 Eth-Trunk 信息。 当 E-Trunk 主用设备的 Eth-Trunk 接口出现故障时，删除 E-Trunk 主用设备的 Eth-Trunk 接口会导致 E-Trunk 备用设备的 Eth-Trunk 接口状态也变为 Down，到时就无法与 PE 设备通信了

（续表）

配置任务	步骤	命令	说明
	11	quit 例如：[HUAWEI-eth-trunk1] quit	退出 Eth-Trunk 接口视图
	12	e-trunk e-trunk-id 例如：[HUAWEI] e-trunk 2	进入前面创建的 E-Trunk 视图
（可选） 配置 Eth-Trunk 在 E-Trunk 中的工作 模式	13	e-trunk mode { auto | force-master | force-backup } 例如：[HUAWEI-e-trunk-2]e-trunk mode force-master	配置 Eth-Trunk 在 E-Trunk 中的工作模式。选项说明如下。 ① auto：多选一选项，指定 Eth-Trunk 的工作模式为自动模式。当设置工作模式为自动模式或者工作模式由强制模式切换为自动模式后，根据本端 E-Trunk 的主备状态和对端 Eth-Trunk 的故障信息决定本端成员 Eth-Trunk 的状态。 ② force-master：多选一选项，指定 Eth-Trunk 的工作模式为强制主用状态。若本端 E-Trunk 状态为主用，则本端 Eth-Trunk 的工作模式为主用；若本端 E-Trunk 状态为备用，且对端成员 Eth-Trunk 链路状态为 Down，则本端 Eth-Trunk 的工作模式为主用。 ③ force-backup：多选一选项，指定 Eth-Trunk 的工作模式为强制备用状态。当本端收到对端 Eth-Trunk 故障恢复消息后，该 Eth-Trunk 进入备用状态。 **只能对已经加入 E-Trunk 的 Eth-Trunk 执行本命令。当 Eth-Trunk 退出 E-Trunk 时，该配置将自动清除。** 缺省情况下，Eth-Trunk 在 E-Trunk 中工作在自动模式，可用 undo e-trunk mode 命令恢复 Eth-Trunk 在 E-Trunk 中的工作模式为缺省的自动模式
（可选） 配置密码	14	security-key { simple simple-key | cipher cipher-key } 例如：[HUAWEI-e-trunk-2] security-key cipher 00E0FC000000	配置加密报文的密码。命令中的参数说明如下。 ① simple-key：二选一参数，指定以明文方式加密安全密钥，为 1～255 整数个字符，不支持空格、单引号和问号，区分大小写。缺省值是 00E0FC0000000000。 ② cipher-key：二选一参数，指定以密文方式加密安全密钥，字符串形式，不支持空格、单引号和问号，区分大小写。此时输入密码有两种方式，一种是明文，一种是密文。当输入明文密码时，长度范围为 1～255 整数个字符；当输入密文密码时，长度为 32～392 整数个字符。 缺省情况下，simple 方式密码为 00E0FC0000000000，可用 undo security-key 命令恢复密码为缺省值
（可选） 配置 超时时间	15	timer hello hello-times 例如：[HUAWEI-e-trunk-2] timer hello 9	设置主备交换机发送 Hello 报文的时间间隔，备用交换机经过下一步 timer hold-on-failure multiplier multiplier 命令中参数 multiplier 值个发送周期没收到 Hello 报文则会进入主用状态，取值范围为 5～100 的整数，单位：100ms。 缺省情况下，Hello 报文发送周期值为 10，单位：100ms，即 1s，可用 undo timer hello 命令恢复 Hello 报文发送周期为缺省值

（续表）

配置任务	步骤	命令	说明
（可选）配置超时时间	16	**timer hold-on-failure multiplier** *multiplier* 例如：[HUAWEI-e-trunk-2] **timer hold-on-failure multiplier** 2	配置检测 Hello 报文的时间倍数，取值范围为 3～300 的整数。超时时间=发送周期×时间倍数。建议将时间倍数设置为 3 倍以上。 对端利用接收到的报文中携带的超时时间来检测本端是否超时。如果对端处于备用状态，在超时时间内没有收到由本端发送的 Hello 报文，则在定时器超时后对端设备进入主用状态。 缺省情况下，检测 Hello 报文的时间倍数为 20，可用 **undo timer hold-on-failure multiplier** 命令恢复为缺省值
（可选）配置延时回切时间	17	**timer revert delay** *delay-value* 例如：[HUAWEI-e-trunk-2] **timer revert delay** 20	配置回切延迟时间，取值范围为 0～3600 的整数秒。 当 E-Trunk 与其他业务配合使用时，如果 E-Trunk 状态为主用的设备发生故障恢复后，成员 Eth-Trunk 状态恢复早于其他相关业务恢复。执行本命令配置 E-Trunk 的延时回切时间后，必须等待延时回切定时器超时，本端成员 Eth-Trunk 状态才能 Up，E-Trunk 的本端设备才能恢复为主用状态。从而推迟了 E-Trunk 成员的流量回切时间，保证业务流量不会中断。 缺省情况下，E-Trunk 延时回切的时间为 120s，可用 **undo timer revert delay** 命令恢复 E-Trunk 延时回切的时间为缺省值
（可选）配置 E-Trunk 不回切功能	18	**revert disable** 例如：[HUAWEI-e-trunk-2] **revert disable**	配置 E-Trunk 不回切功能。 部署 E-Trunk 的两端设备，当原来 E-Trunk 状态为主用的一端设备故障恢复后，为了避免回切流量再次丢失，可通过本命令配置 E-Trunk 不回切功能。 缺省情况下，E-Trunk 回切功能处于使能状态，可用 **undo revert disable** 命令取消配置 E-Trunk 不回切功能，但当原为主用状态一端故障恢复后，缺省情况下需要等待 120s 延时回切时间后才能回切
（可选）配置 E-Trunk 序列号校验功能	19	**sequence enable** 例如：[HUAWEI-e-trunk-2] **sequence enable**	使能 E-Trunk 序列号校验功能。使能 E-Trunk 序列号校验功能后，E-Trunk 会根据报文中的序列号进行校验，防止非法用户的攻击，提高 E-Trunk 功能的安全性。 当 E-Trunk 的主用设备发生故障时，为了防止非法用户通过获取主用设备发出的 E-Trunk 报文攻击备用设备，从而引起业务中断，可以执行 **sequence enable** 命令使能 E-Trunk 序列号校验功能。E-Trunk 的主设备和备设备必须都执行本命令使能 E-Trunk 序列号校验功能，否则单端配置会导致序列号校验失败而丢弃报文，引起 E-Trunk 双主。 缺省情况下，E-Trunk 序列号校验功能处于去使能状态，可用 **undo sequence enable** 命令去使能 E-Trunk 序列号校验功能

配置好后，可用 **display e-trunk** *e-trunk-id* 命令查看指定编号的 E-Trunk 的配置信息。

6.5.4　E-Trunk 配置示例

如图 6-24 所示，CE1 分别通过一条 LACP 模式的 Eth-Trunk 与 PE1 和 PE2 相连，双归接入 VPLS 网络。

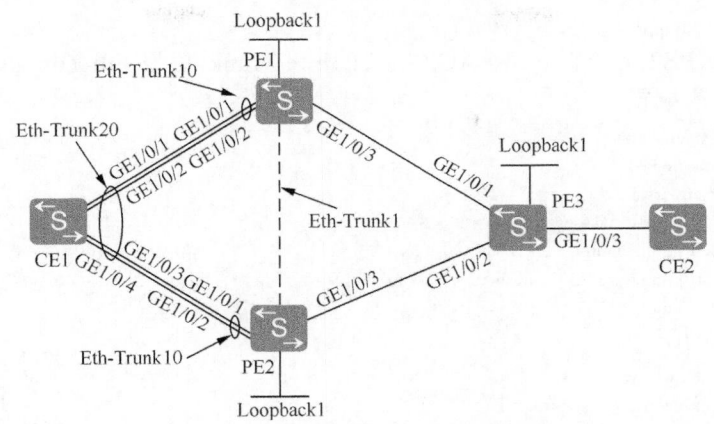

图 6-24　E-trunk 配置示例的拓扑结构

最初，CE1 通过 PE1 与 VPLS 网络远端设备 CE2 通信。如果 CE1 与 PE1 之间的 Eth-Trunk 出现故障或者 PE1 设备故障，那么 CE1 将无法与 CE2 设备继续通信。为了保证业务不中断，可在 PE1 与 PE2 设备上部署 E-Trunk 功能，这样在出现上述情况下，可使 CE1 到 PE1 的流量切换到 PE2 上，通过 PE2 与 CE2 继续通信。而当 CE1 与 PE1 之间的 Eth-Trunk 故障或者 PE1 设备故障已恢复，流量重新切换到 PE1 上。

1. 基本配置思路分析

本示例仅介绍 E–Trunk 部分的配置方法，有关 VPLS 网络的 CE 和 PE 方面的配置请参见《华为 MPLS VPN 学习指南》一书。

根据 6.5.3 节介绍的配置任务，可得出本示例在 E–Trunk 部分的配置思路如下（仅包括上节介绍的配置任务中的必选部分）。

① 在 CE1 上分别把与 PE1 和 PE2 连接的接口绑定起来，创建 LACP 模式 Eth-Trunk。

② 在 PE1 和 PE2 上分别把连接 CE1 的两接口绑定起来，创建 LACP 模式 Eth-Trunk。

③ 在 PE1 和 PE2 上分别创建 E-Trunk，**且 E-Trunk ID 一样**，然后将第②步创建的 LACP 模式的 Eth-Trunk 加入到指定 E-Trunk 中，并配置 E-Trunk 的属性，包括：

■ E-Trunk 的优先级，两 PE 的 E-Trunk 优先级必须不同；

■ E-Trunk 的 LACP 系统 ID 和优先级，两 PE 上的配置必须相同；

■ E-Trunk 源端和对端的 IP 地址，一定要确保源端和对端 IP 地址路由可达，本示例的路由配置略；

■ E-Trunk 的 Hello 报文发送周期、检测 Hello 报文的时间倍数。

④ 在 PE1 和 PE2 上配置 E-Trunk 与 BFD 会话绑定。

2. 具体配置步骤

① 在 CE1 上创建 LACP 模式的 Eth-Trunk，假设 Eth-Trunk ID 号为 20，成员接口包括了连接 PE1 和 PE2 的 4 个接口。

```
<HUAWEI> system-view
[HUAWEI] sysname CE1
[CE1] interface eth-trunk 20
[CE1-Eth-Trunk20] port link-type trunk
[CE1-Eth-Trunk20] mode lacp
[CE1-Eth-Trunk20] trunkport GigabitEthernet 1/0/1 to 1/0/4
```

[CE1-Eth-Trunk20] **quit**

② 在 PE1、PE2 上分别创建 LACP 模式的 Eth-Trunk（假设 Eth-Trunk ID 号均为 10）。

■ PE1 上的配置

```
<HUAWEI> system-view
[HUAWEI] sysname PE1
[PE1] interface eth-trunk 10
[PE1-Eth-Trunk10] port link-type trunk
[PE1-Eth-Trunk10] mode lacp
[PE1-Eth-Trunk10] trunkport GigabitEthernet 1/0/1 to 1/0/2
[PE1-Eth-Trunk10] quit
```

■ PE2 上的配置

```
<HUAWEI> system-view
[HUAWEI] sysname PE2
[PE2] interface eth-trunk 10
[PE2-Eth-Trunk10] port link-type trunk
[PE2-Eth-Trunk10] mode lacp
[PE2-Eth-Trunk10] trunkport GigabitEthernet 1/0/1 to 1/0/2
[PE2-Eth-Trunk10] quit
```

③ 在 PE1、PE2 上分别创建 E-Trunk，E-Trunk ID 相同，并加入成员 Eth-Trunk。同时配置 E-Trunk 属性，包括 E-Trunk 的系统 LACP 优先级和系统 ID（**此两项属性在两个 PE 上的配置必须一致**）、E-Trunk 优先级（此处以 PE1 作为主动端，优先级高于 PE2 的）、检测 Hello 报文的时间倍数、Hello 报文发送周期以及源端和对端的 IP 地址（以 Loopback 接口 IP 地址担当）。

■ PE1 上的配置

```
[PE1] e-trunk 1
[PE1-e-trunk-1] quit
[PE1] interface eth-trunk 10
[PE1-Eth-Trunk10] e-trunk 1
[PE1-Eth-Trunk10] quit
[PE1] lacp e-trunk priority 1
[PE1] lacp e-trunk system-id 00E0-FC00-0000
[PE1] e-trunk 1
[PE1-e-trunk-1] priority 10    #---设置 PE1 的 E-Trunk 优先级值为 10，低于 PE2 的优先级值 20，但值越小优先级越高
[PE1-e-trunk-1] timer hold-on-failure multiplier 3    #---设置检测 Hello 报文的时间倍数为 3
[PE1-e-trunk-1] timer hello 9 #---设置 Hello 报文发送周期为 9 秒
[PE1-e-trunk-1] peer-address 2.2.2.9 source-address 1.1.1.9    #---设置源端和对端 IP 地址分别为 1.1.1.9、2.2.2.9
[PE1-e-trunk-1] quit
```

■ PE2 上的配置

```
[PE2] e-trunk 1
[PE2-e-trunk-1] quit
[PE2] interface eth-trunk 10
[PE2-Eth-Trunk10] e-trunk 1
[PE2-Eth-Trunk10] quit
[PE2] lacp e-trunk priority 1
[PE2] lacp e-trunk system-id 00E0-FC00-0000
[PE2] e-trunk 1
[PE2-e-trunk-1] priority 20
[PE2-e-trunk-1] timer hold-on-failure multiplier 3
[PE2-e-trunk-1] timer hello 9
[PE2-e-trunk-1] peer-address 1.1.1.9 source-address 2.2.2.9
[PE2-e-trunk-1] quit
```

④ 配置 E-Trunk 与 BFD 会话绑定。

a. 创建 BFD 会话（BFD 会员名称可以一样，也可不一样）。BFD 会话绑定的源端和对端 IP 地址与 E-Trunk 源端和对端的 IP 地址必须一致。

■ PE1 上的配置

```
[PE1] bfd　#---使能 BFD 会话功能
[PE1-bfd] quit
[PE1] bfd hello1 bind peer-ip 2.2.2.9 source-ip 1.1.1.9　#---设置 BFD 会员的源端和对端 IP 地址
[PE1-bfd-session-hello1] discriminator local 1　#---设置 BFD 会员的本地标志符为 1，要与对端配置的远端标识符一致
[PE1-bfd-session-hello1] discriminator remote 2 #---设置 BFD 会员的远端标志符为 2，要与对端配置的本地标识符一致
[PE1-bfd-session-hello1] commit #---提交配置，使以上配置生效
[PE1-bfd-session-hello1] quit
```

■ PE2 上的配置

```
[PE2] bfd
[PE2-bfd] quit
[PE2] bfd hello2 bind peer-ip 1.1.1.9 source-ip 2.2.2.9
[PE2-bfd-session-hello2] discriminator local 2
[PE2-bfd-session-hello2] discriminator remote 1
[PE2-bfd-session-hello2] commit
[PE2-bfd-session-hello2] quit
```

b. 配置 E-Trunk 1 与 BFD 会话绑定。

■ PE1 上的配置

```
[PE1] e-trunk 1
[PE1-e-trunk-1] e-trunk track bfd-session session-name hello1
[PE1-e-trunk-1] quit
```

■ PE2 上的配置

```
[PE2] e-trunk 1
[PE2-e-trunk-1] e-trunk track bfd-session session-name hello2
[PE2-e-trunk-1] quit
```

3. 配置结果验证

以上配置完成后可通过执行以下 **display** 命令查看相关配置，验证配置结果。

① 在 CE1 上执行 **display eth-trunk** 命令查看 Eth-Trunk 接口的配置信息。

② 在 PE1、PE2 上执行 **display e-trunk** 命令查看 E-Trunk 信息。

```
[PE1] display e-trunk 1
                        The E-Trunk information
E-TRUNK-ID : 1                    Revert-Delay-Time (s) : 120
Priority : 10                     System-ID : 00e0-0f74-eb00
Peer-IP : 2.2.2.9                 Source-IP : 1.1.1.9
State : Master                    Causation : PRI
Send-Period (100ms) : 9           Fail-Time (100ms) : 27
Receive : 41                      Send : 42
RecDrop : 0                       SndDrop : 0
Peer-Priority : 20                Peer-System-ID : 00e0-3b6c-6100
Peer-Fail-Time (100ms) : 27       BFD-Session : hello1
Description : -
Sequence : Disable
-----------------------------------------------------------------------
                        The Member information
Type       ID  LocalPhyState  Work-Mode    State   Causation        Remote-ID
Eth-Trunk  10  Up             auto         Master  ETRUNK_MASTER    10
```

```
[PE2] display e-trunk 1
                        The E-Trunk information
E-TRUNK-ID : 1                      Revert-Delay-Time (s) : 120
Priority : 20                       System-ID : 00e0-3b6c-6100
Peer-IP : 1.1.1.9                   Source-IP : 2.2.2.9
State : Backup                      Causation : PRI
Send-Period (100ms) : 9             Fail-Time (100ms) : 27
Receive : 43                        Send : 42
RecDrop : 3                         SndDrop : 0
Peer-Priority : 10                  Peer-System-ID : 00e0-0f74-eb00
Peer-Fail-Time (100ms) : 27         BFD-Session : hello2
Description : -
Sequence : Disable
--------------------------------------------------------------------------------
                        The Member information
Type        ID   LocalPhyState  Work-Mode    State    Causation        Remote-ID
Eth-Trunk 10   Down              auto        Backup   ETRUNK_BACKUP      10
```

通过以上显示的信息可以看到，PE1 上 E-Trunk 的优先级为 10，E-Trunk 的状态为
Master。PE2 上 E-Trunk 的优先级为 20，E-Trunk 的状态为 **Backup**，实现了设备间的冗
余备份功能。

第 7 章
基本 VLAN 特性配置与管理

本章主要内容

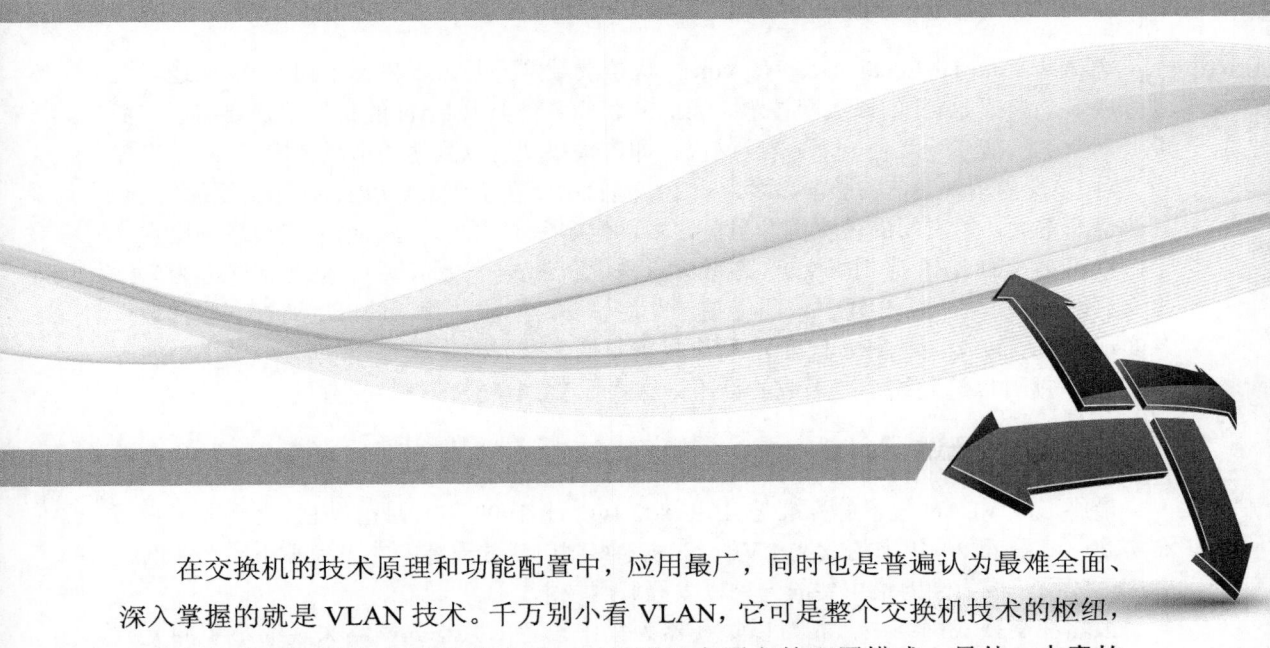

在交换机的技术原理和功能配置中，应用最广，同时也是普遍认为最难全面、深入掌握的就是 VLAN 技术。千万别小看 VLAN，它可是整个交换机技术的枢纽，而且它的功能配置和应用非常灵活，可以说没有固定的配置模式。另外，**本章的许多缺省配置和具体的配置方法与以前 VRP 版本有较大不同，要特别注意。**

本章首先介绍 VLAN 技术的一些主要基础知识和技术原理，其中特别强调的是要加深对 Access、Trunk 和 Hybrid 这 3 种二层以太网接口类型的数据帧收/发原理的理解，这是整个二层 VLAN 交换网络通信的基础。随后介绍了 5 种 VLAN 划分方式的配置方法，其中最常用的是基于端口划分 VLAN 的配置，而划分原理最难理解的是后面将要介绍的基于 MAC 地址、基于子网、基于协议和基于策略这 4 种 VLAN 划分方式。

本章最后介绍可以实现自动注册、注销 VLAN 配置的 GVRP（GARP VLAN 注册协议）功能，可实现自动同步创建、删除相应 VLAN 的 VCMP（VLAN 集中管理协议）技术原理、各种 VLAN 间二/三层通信方案的工作原理，以及相关功能的配置与管理方法。要着重理解 GVRP 的 VLAN 注册/注销原理、VCMP 的 VLAN 信息同步原理，以及通过 VLANIF 接口、三层 Dot1q 终结子接口实现 VLAN 间三层通信的配置方法。

7.1　VLAN 基础

VLAN（Virtual Local Area Network，虚拟局域网）是可以将一个物理 LAN 逻辑上划分成多个虚拟 LAN 的以太网技术。VLAN 划分多个虚拟 LAN 的目的就是要缩小广播域（一个"广播域"就是一个 LAN 网段，即广播报文可以到达的节点范围），减小广播报文对 LAN 内用户通信的影响。因为一个广播报文会在整个 LAN 内各个节点泛洪发送，其流量非常大，所占用的带宽资源也非常多，但实际上往往只有一个节点会最终接收这个广播报文（如 ARP 广播报文），造成大量系统和带宽资源的浪费。同时，又因为广播报文只能在一个 LAN 中泛洪，不能通过路由设备跨网段传输（但可以通过一些代理设备实现跨网段转发，如 ARP 代理），所以只需要把一个大的物理 LAN 划分成多个小的虚拟 LAN，就可以达到缩小广播域的目的，这就是 VLAN 技术产生的背景。

7.1.1　VLAN 概述

最终形成 VLAN 技术的标准是 IEEE 802.1Q，于 1999 年 6 月由 IEEE 委员会正式颁布实施。随着近 20 年来的发展，VLAN 技术得到广泛的支持，在大大小小的企业网络中广泛应用，成为当前最主要的一种以太局域网技术。

虽然在交换式网络中，相对以集线器为集中设备的共享式网络来说缩小了冲突域（共享同一传输介质的节点范围），同时在非全交换、全双工模式的以太网络中通过 CSMA/CD（Carrier Sense Multiple Access/Collision Detection，载波侦听多路访问 / 冲突检测）技术提供了冲突避免的解决方案，但依然没有解决缩小广播域的问题。LAN 内的广播报文仍然可以在整个 LAN 内广播，引起网络性能的下降，浪费宝贵的带宽资源，且其影响随着广播域的增大而迅速增强。此时唯一有效的途经就是重新划分 LAN，把单一结构的大 LAN 划分成相互逻辑独立的小型虚拟 LAN。

注意 但在这里不得不说明的是，VLAN 的技术基础还是基于以网桥或交换机为集中设备的交换式网络，在以前以集线器为集中设备的共享式网络中是没有 VLAN 技术的，因为在共享网络中数据帧都是以复制的方式广播的。只有在交换式网络中才可能针对具体的目的地址、VLAN Tag 进行数据转发。

通过将物理 LAN 划分为多个虚拟的 VLAN 网段，不仅可以控制不必要的广播报文传输，还可以强化网络管理和网络安全。而且 VLAN 的划分可以突破用户主机地理位置的限制，即不论用户主机实际上是与网络中哪个物理交换机连接，也不管它们所在网络中的物理位置如何，都可以把它们放进同一个虚拟的用户组——VLAN 中。相对于物理 LAN 来说，具有更好的划分灵活性，因为网络管理员完全可以根据实际应用或管理需求把位于同一物理 LAN 内的不同用户逻辑地划分成不同的 VLAN，而不管这些用户所处的物理位置，连接的是哪台交换机。

图 7-1 所示为一个对分布在各楼层的交换机划分不同 VLAN 的示例。示例中每个 VLAN 中的成员都分布在不同楼层，而不像物理划分那样仅在一个楼层或者一个部门。

所划分的每个 VLAN 相当于一个小的独立二层交换网络，也就是一个小的广播域。这样，每个 VLAN 中的广播报文就只能在本地 VLAN 中广播，而不会传输到其他的 VLAN 中去，其影响范围和程度自然就会大大降低。同时，如果没有通过三层设备的话，缺省情况下，不同 VLAN 之间不能直接相互通信，这样就加强了企业网络中不同部门之间的安全性。

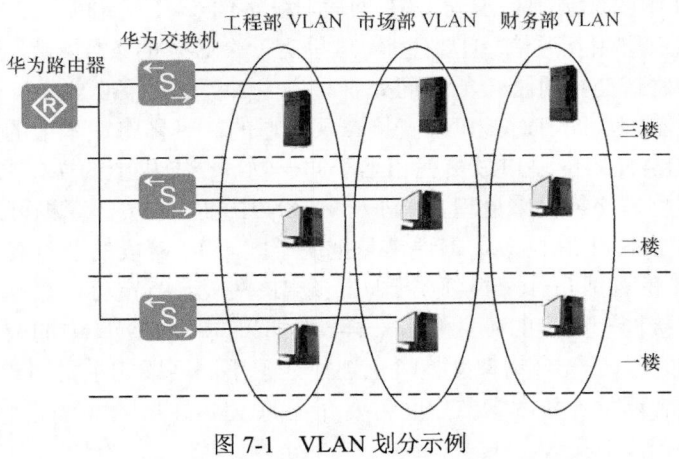

图 7-1　VLAN 划分示例

7.1.2　理解 VLAN 的形成原理

前面讲了，网络管理员可按照不同的规则进行 VLAN 划分，不用考虑各网络用户的实际物理位置。但在实际的 VLAN 配置与使用中，许多读者朋友并没有真正了解 VLAN 的形成原理，导致在出现一些 VLAN 配置和 VLAN 路由、桥接故障时无法理解。下面介绍 VLAN 的形成原理。

1. 同一物理交换机中的 VLAN 形成原理

理解 VLAN 的形成原理，关键就是要理解"虚拟"这两个字。"虚拟"表示 VLAN 所组成的是一个虚拟 LAN，或者说是逻辑 LAN，并不是一个物理 LAN。通过不同的划分规则（具体要依据所采用的 VLAN 划分方式而定，将从下节开始介绍）把连接到交换机上的各个用户主机（实际上是连接这些用户主机的交换机端口）划分到不同的 VLAN 中。同一个交换机中划分的各个 VLAN 可以理解为一个个虚拟交换机，如图 7-2 所示的物理交换机中就划分了 5 个 VLAN，相当于有 5 个相互只有逻辑连接关系（实际是彼此隔离的）的虚拟交换机。

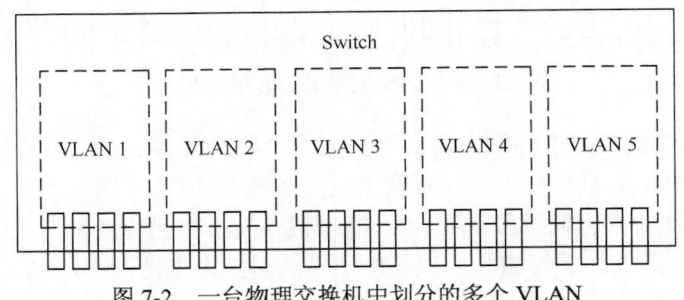

图 7-2　一台物理交换机中划分的多个 VLAN

　　其实只要把一个 VLAN 看成一台交换机（**只不过它是逻辑意义上的虚拟交换机**），以前的许多问题就比较好理解了，因为虚拟交换机与物理交换机具有许多相同的基本属性。同一物理交换机上的不同 VLAN 之间就像**永远没有物理连接，只有逻辑连接**的不同物理交换机一样。既然没有物理连接，那不同 VLAN 肯定是不能直接相互通信的，即使这些不同 VLAN 中的成员都处于同一 IP 网段，因为不同 VLAN 间的二层通信是隔离的，只能通过更高的三层相互通信。但要注意，这里有一个必须的条件，就是**这些不同 VLAN 必须位于同一个物理交换机上**，如果同处于一个 IP 网段的不同 VLAN 位于不同的交换机上，则又有所不同，即有时是可以直接二层互通的，具体将在本节的后面介绍。

　　位于同一 VLAN 中的端口成员就相当于同一物理交换机上的端口成员一样，不同情况下仍可以按照物理交换机来处理。如同一 VLAN 中的各成员计算机可以属于同一个 IP 网段，也可以属于不同 IP 网段，但通常是把属于同一 IP 网段的节点划分到同一 VLAN 中。如果 VLAN 的各成员计算机都属于同一个 IP 网段，肯定可以相互通信，就像同一物理交换机上连接同一网段的各计算机一样。但如果同一 VLAN 中的成员计算机属于不同的 IP 网段，则相当于一台物理交换机上连接处于不同网段的主机用户一样，这时肯定需要通过路由或者网关（如本章节后面将要介绍的 VLANIF 接口）配置来实现相互通信了，即使它们位于同一个 VLAN 中。

2. 不同物理交换机中的 VLAN

　　因为一个 VLAN 中的成员设备不是依据成员设备的物理位置来划分的，所以这些成员设备通常连接在网络中的不同交换机上，这样才更显示出 VLAN 划分的灵活性和实用性。也就是说一个 VLAN 可以跨越多台物理交换机，这就是 VLAN 的中继（Trunk）功能。这时就不要按照物理交换机来看待用户主机的分布了，而要从逻辑的 VLAN 角度来看待了。

　　如图 7-3 所示，不能把它当成两台物理交换机，而要把它们当成是 5 台（VLAN 1、VLAN 2、VLAN 3、VLAN 4 和 VLAN 5）仅存在逻辑连接关系，但两台物理交换机中相同的 VLAN 间又有相互物理连接关系（就是两台物理交换机间的物理连接）的虚拟交换机了。通常情况下（**有特殊情况，具体在下面介绍**），这 5 个 VLAN 间的用户是二层隔离的，也就是不能直接互通，仅可以通过网络体系结构中的第三层（网络层）实现互通。

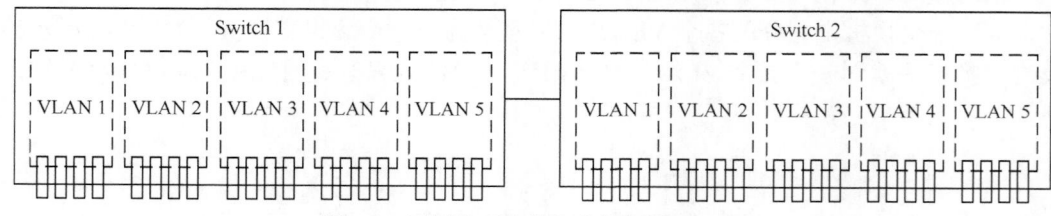

图 7-3　　不同物理交换机上的相同 VLAN

　　在同一物理交换机上不可能也没必要存在两个相同的 VLAN，而在不同交换机上可以有相同的 VLAN，而且这些不同物理交换机上的相同 VLAN 间一般情况下是可以直接互访的，当然这就要求它们都位于同一个 IP 网段，且在物理交换机连接的端口上允许这些 VLAN 数据包通过。不仅如此，如果位于不同交换机上的两个不同 VLAN 处于同一个 IP 网段，且交换机间连接的两个端口是分别隶属通信双方 VLAN 的 Access 端口，或者不带 VLAN Tag 的 Hybrid 端口，则这两个 VLAN 间也是可以直接通信的。这就涉及 Access、Trunk 和 Hybrid 这 3 种最基本的二层端口的属性和数据收、发规则了，具体将在本章 7.1.4 节介绍，有关这样的实例可参见 7.9.1 节。

7.1.3　VLAN 帧格式和 VLAN 标签

要使交换机能够分辨不同 VLAN 的报文，需要在报文中添加标识 VLAN 信息的字段。IEEE 802.1Q 标准规定，在传统的以太网帧的"源 MAC 地址"字段之后、"长度/类型"字段之前加入 4 字节的 VLAN 标签（又称 VLAN Tag，简称 Tag）。下面先来了解传统的以太网帧格式，然后再介绍 VLAN 的帧格式。

1. 传统以太网帧格式

传统的以太网数据帧中没有 VLAN 标签，其帧格式如图 7-4 所示。各字段说明如下。

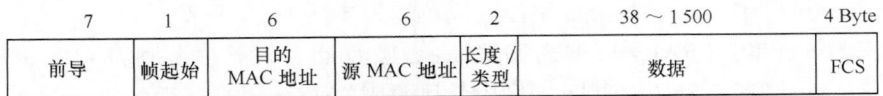

7	1	6	6	2	38～1 500	4 Byte
前导	帧起始	目的 MAC 地址	源 MAC 地址	长度/类型	数据	FCS

图 7-4　传统以太网帧格式

① 前导。前导（Preamble）字段占 7 字节，由 1 和 0 交互构成（如 10101010…），用于使 PLS（物理层信号）子层电路与收到的帧达到时钟同步。

② 帧起始。帧起始（Start-of-Frame Delimiter，SFD）字段占 1 字节，前 6 位也是 1 和 0 交互构成，最后两位是连续的 1，即 10101011，表示一个帧的开始。前导码的作用是使接收端能根据"1""0"交互的比特模式迅速实现比特同步，当检测到连续两位"1"（即读到帧起始定界符字段 SFD 最末两位）时，便将后续的信息递交给 MAC 子层。

说明　在以上两个字段中，早期的 Intel 和 Xerox 公司开发的以太网标准中，把 SFD 字段并入了 Pre 字段中，所以那时的 MAC 帧格式中没有 SFD 字段。只有后面由 IEEE 发布的以太网标准中才出现了 SFD 字段。但 Pre 和 SFD 这两个字段只是用来提醒接收端新的一帧到来了，并不计入 MAC 帧大小中。

③ 目的 MAC 地址/源 MAC 地址。目的 MAC 地址（Destination Address，DA）和源 MAC 地址（Source Addresses，SA）字段各占 6 字节，分别用于标识接收站点的 MAC 地址和发送站点的 MAC 地址。它们可以是单播 MAC 地址，也可以是组播地址或广播 MAC 地址。MAC 地址字段最高位为"0"表示对应的 MAC 地址为单播 MAC 地址，仅指定网络上某个特定站点；最高位为"1"、其余位不全为"1"的表示该 MAC 地址为组播 MAC 地址，指定网络上给定的多个站点；MAC 地址字段各位为全"1"，则表示该 MAC 地址为广播 MAC 地址，代表同一 LAN 上所有的站点。

④ 长度/类型。"长度/类型"（Length/Type）字段是一个二选一字段，也就是对具体的以太帧来说，它的含义不一样，占两字节。在 Ethernet I 和 Ethernet II 以太网帧中，该字段为"类型"（Type）字段，指出帧中"数据"字段中的数据类型，总大于 1536（对应的十六进制为 x600）；如果是 IEEE 802.3（包括 Ethernet 802.3 raw、Ethernet 802.3 SAP、802.3/802.2 LLC 和 802.3/802.2 SNAP）以太网帧，则该字段为"长度"（Length）字段，

值总小于或等于 1500（对应的十六进制为 x5DC）。在 IEEE 802.3 以太网帧中，"数据"字段的长度为 38～1500 字节。

说明 上面的 DA、SA 和 Length/Type 这 3 个字段组成 MAC 帧头部。Pre 和 SFD 这两个字段通常不认为是 MAC 帧头部的组成部分。

⑤ 数据。数据（Data）字段对于不同的以太网帧，所包括的内容也不一样，对于 Ethernet I、Ethernet II 和 Ethernet 802.3 raw 以太网帧，它就是从网络层来的数据包；而对于 Ethernet 802.3 SAP、802.3/802.2 LLC 和 802.3/802.2 SNAP 以太网帧，则是 LLC 帧的全部内容，包括 LLC 帧头和来自上层协议的数据包。也正因如此，不同以太网帧中的 Data 字段的长度范围也不一样，具体如下。

■ Ethernet I、Ethernet II 帧 Data 字段长度范围为 46～1500 字节。
■ Ethernet 802.3 raw 帧 Data 字段长度范围为 44～1498 字节。
■ Ethernet 802.3 SAP 和 802.3/802.2 LLC 帧 Data 字段长度范围为 43～1497 字节。
■ Ethernet 802.2 SNAP 帧 Data 字段长度范围为 38～1492 字节。

综上所述，以太网帧中的 Data 字段的长度范围为 38～1500 字节。但无论是哪种以太网帧，总的 MAC 帧长度最小为 64 字节，最大为 1518 字节（不包括"前导"字段和"帧起始"字段），不够 64 字节时，要在 Data 字段中加上 PAD 填充字段。

注意 这里所说的 38～1500 字节长度是在没有经过 IEEE 802.1Q VLAN 协议重封装时的长度范围，如果封装了 VLAN 协议，则因为 VLAN 标签占用了 4 字节，所以就整个以太网帧来说，Data 字段的取值范围就为 34～1500 字节。有关 IEEE 802.1Q VLAN 协议将在本章的后面具体介绍。

⑥ FCS。FCS（Frame Check Sequence，帧校验序列）字段占 4 字节，包括 32 位的循环冗余校验（CRC）值，是由发送端对所发送的 MAC 帧自 DA 字段到 Data 字段间（不包括 Pre 和 SFD 这两个字段）的二进制序列进行校验和计算的结果，然后在接收端再对所接收的帧中的以上部分按照同样的算法重新计算，看计算结果与 FCS 字段的值是否一样，由此可以得出所检验的帧在传输过程中是否已被破坏。

2. 802.1Q 帧格式

IEEE 802.1Q 是虚拟桥接局域网的正式标准，对传统的以太网帧格式进行了修改，在"源 MAC 地址"字段和"长度/类型"字段之间插入了一个 4 字节的"802.1Q Tag"字段。而这个"802.1Q Tag"字段又包括了如图 7-5 所示的 TPID、PRI、CFI 和 VLAN ID 4 个子字段。

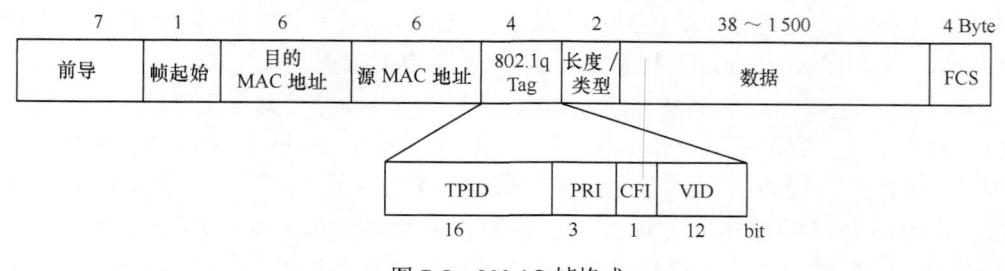

图 7-5　802.1Q 帧格式

① TPID。TPID（Tag Protocol Identifier，标签协议标识符）字段占两字节（16 位），表明这是一个添加了 IEEE 802.1Q 标签的帧（区别于未加 VLAN 标签的帧），值固定为 0x8100（表示封装了 IEEE 802.1Q VLAN 协议）。如果不支持 802.1Q 的设备（如用户主机、打印机等终端设备就不支持）收到这样的帧，就会将其丢弃。

② PRI。PRI（Priority，优先级）字段占 3 位，表示 0～7 共 8 个 VLAN 优先级（值越大，优先级越高），主要用于当交换机阻塞时，优先发送哪个数据帧，也就是 QoS（服务质量）的应用，是在 802.1p 规范中被详细定义的。

③ CFI。CFI（Canonical Format Idicator，标准格式指示器）字段占 1 位，用来兼容以太网和令牌环网。用来标识 MAC 地址在传输介质中是否以标准格式进行封装，取值为 0 表示 MAC 地址以标准格式（Canonical Form，左高右低的二进制序列）封装，为 1 表示以非标准格式（Non-Canonical Form，左低右高的二进制序列）封装，缺省取值为 0，在以太网中该值总为 0，表示以标准格式封装 MAC 地址。

④ VID。VID（VLAN Identified，VLAN 标识）字段占 12 位，指明 VLAN 的 ID，取值范围为 0～4095，共 4096 个，但由于 0 和 4095 为协议保留取值，所以 VLAN ID 的实际有效取值范围是 1～4094。每个支持 802.1Q 协议的交换机发送出来的数据包都会包含这个域，以指明自己属于哪一个 VLAN。

7.1.4　二层以太网链路类型和端口类型

为了适应不同的连接和组网，华为定义了 Access 接口、Trunk 接口、Hybrid 接口和 QinQ 接口 4 种二层以太网端口类型，以及接入链路（Access Link）和干道链路（Trunk Link）两种链路类型，其中 Access 接口、Trunk 接口和 Hybrid 接口的要主应用场景如图 7-6 所示（但不是绝对的）。

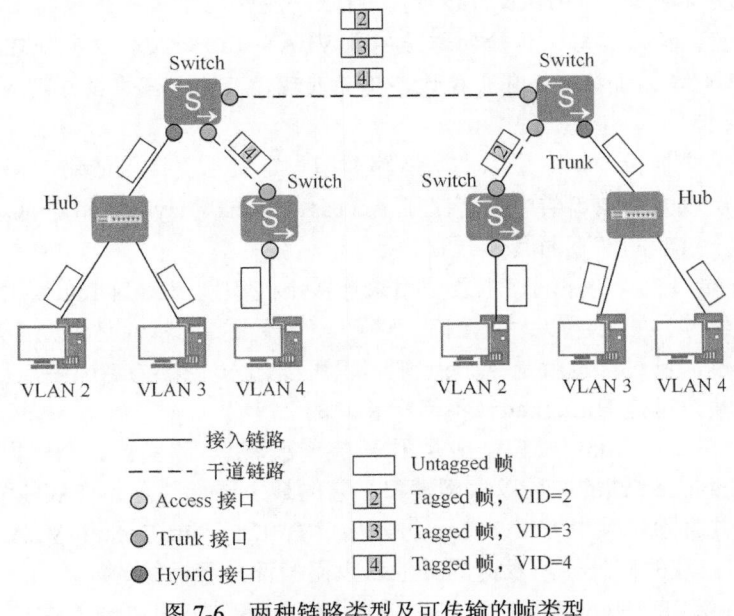

图 7-6　两种链路类型及可传输的帧类型

1. 链路类型

前面介绍了，华为交换机定义了接入链路（Access Link）和干道链路（Trunk Link）两种链路类型，下面分别予以介绍。但其实也没什么必要去了解这两种链路类型，以免与后面介绍的端口类型搞混，因为在产品手册的介绍和相关命令功能中也是把端口类型说成链路类型，有些混淆了。

■ 接入链路（Access Link）

接入链路只可以承载 1 个 VLAN 的数据帧，用于连接交换机和用户终端（如用户主机、服务器、傻瓜交换机等）。通常情况下，用户终端并不需要知道自己属于哪个 VLAN，也不能识别带有 Tag 的帧，所以在接入链路上传输的帧都是 Untagged 帧。

接入链路两端的端口类型可以是 Access 或 Hybrid 类型，所连接的设备至少有一端是不能识别 VLAN Tag 的，所以在接入链路上传输的都是不带 VLAN Tag 的数据帧。

■ 干道链路（Trunk Link）：干道链路可以承载多个不同 VLAN 的数据帧，用于交换机间互连或连接交换机与路由器。为了保证其他网络设备能够正确识别数据帧中的 VLAN 信息，在干道链路上传输的数据帧必须都打上 VLAN Tag。

干道链路两端的端口类型只能是 Trunk 类型，两端设备都必须是可识别 VLAN Tag 的，所以干道链路上传输的都是带标签的数据帧。

【经验之谈】不要把 Access 链路、Trunk 链路与 Access、Trunk 端口类型一一对应。链路类型仅体现了链路所在的位置和主要用途。交换机在接收到帧后，会根据对应端口类型采取相应的数据收、发处理。如果帧需要通过另一台交换机转发，则该帧必须通过干道链路透传到对端交换设备上。为了保证其他交换设备能够正确地处理帧中的 VLAN 信息，所以在干道链路上传输的帧必须打上 VLAN Tag。

当交换机最终确定帧的出端口后，在将帧发送给主机前需要将 VLAN Tag 从帧中删除，因为主机是不能识别 VLAN Tag 的。所以一般情况下，干道链路上传输的都是带 VLAN Tag 的帧，接入链路上传输的都是不带 VLAN Tag 的帧。这样处理的好处是网络中配置的 VLAN 信息可以被所有交换设备正确处理，而主机不需要了解 VLAN 信息。

2. 端口类型

虽然在华为交换机中，二层以太网链路类型只定义了"接入链路"和"干道链路"两种，但是二层以太网端口类型却定义了 Access、Trunk、Hybrid 和 QinQ 4 种，并不是与链路类型一一对应的，下面具体介绍。

① Access 端口。Access 端口主要是用来连接不能识别 VLAN Tag 的用户终端（如用户主机、服务器等）的二层以太网端口。它有一个最主要的特性是**仅允许从一个 VLAN 中发送的帧通过**，反过来也就是 Access 端口仅可以加入一个 VLAN 中，**且 Access 端口发送的以太网帧永远是 Untagged（不带标签）的**。

② Trunk 端口。Trunk 端口一般是用来连接交换机、路由器、AP 以及可同时收发 Tagged 帧和 Untagged 帧的二层以太网端口。它的最主要特性是**允许从多个 VLAN 中发送的帧通过**，并且除了帧中 VLAN Tag 与该端口 PVID（Port Default VLAN ID，端口缺省 VLAN ID）一致的帧外，**所发送的其他以太网帧都是带标签的**。

③ Hybrid 端口。Hybrid 端口可以说是以上 Access 端口和 Trunk 端口的混合体，具有这两种端口类型一些共同的特性，是华为设备私有的一种特殊二层以太网端口。正因

如此，Hybrid 端口既可以用于连接不能识别 VLAN Tag 的用户终端（如用户主机、服务器等）和网络设备（如 Hub、傻瓜交换机），也可以用于连接交换机、路由器以及可同时收发 Tagged、Untagged 帧的语音终端、AP 设备。同时，Hybrid 端口又**允许从一个或多个 VLAN 发送的帧通过**，且允许从该类接口发出的帧根据需要配置一些带上 VLAN Tag（即不剥除 VLAN Tag）VLAN 的帧，另一些 VLAN 的帧不带 VLAN Tag（即剥除 VLAN Tag）传输。

④ QinQ 端口。QinQ 端口是专用于 **QinQ 协议的二层以太网端口**，一般用于私网与公网之间的连接。它可以给数据帧加上双层 VLAN Tag，即在原来标签的基础上，给帧加上一个新的标签，从而可以支持多达 4094×4094 个 VLAN，满足企业用户网络对更高 VLAN 数量的需求。外层的 Tag 通常被称作公网 Tag，用来标识公网的 VLAN；内层 Tag 通常被称作私网 Tag，用来标识私网的 VLAN。

【经验之谈】虽然从理论上讲，交换机与交换机、交换机与路由器连接之间的链路也可以是 **Access** 类型的，但在实际的组网应用中通常是带标签类型的，可以是 Trunk 类型，也可以是带标签的 Hybird 类型。一方面是因为不同网络设备间的通信通常是包含多个 VLAN 间的通信，而 Access 类型端口仅允许一个 VLAN 的数据通过，肯定不行；另一方面，Access 类型和不带标签的 Hybrid 类型在发送数据时是不带标签的，这样一来，对端设备接口接收到来自本端设备任何 VLAN 的数据后，都将打上该接口的 PVID 所对应的 VLAN Tag，然后被错误地转发到该 VLAN 中，这显然不符合实际需求，最终造成无法正常通信。

另外，对于连接用户 PC 机、服务器主机或者傻瓜式二层交换机设备的端口仅可以是 Access 类型或者不带标签的 Hybrid 类型，因为这些设备不能识别带有 VLAN Tag 的数据帧，而这两种类型端口在发送数据时正好是不带 VLAN Tag 的。傻瓜式二层交换机设备所连接的所有设备都将加入到对端交换机端口所加入的同一个 VLAN 中。

7.1.5　缺省 VLAN

缺省 VLAN 就是前面已提到的 PVID。交换机处理的数据帧都带 VLAN Tag，所以当交换机接收到 Untagged 帧时，就需要给该帧添加 VLAN Tag，但这个 VLAN Tag 也不是随便添加的，需要由接收该帧的端口上配置的缺省 VLAN 来决定。具体的原则如下。

■ 如果端口收到一个 Untagged 帧，交换机会根据本端口的 PVID 给此数据帧添加 PVID 对应的 VLAN Tag，然后再交给交换机内部处理；如果端口收到一个 Tagged 帧，交换机仍按帧中原有的 VLAN Tag 进行处理。

■ 当端口发送数据帧时，如果发现此数据帧的 VLAN Tag 与本端口 PVID 相同，则交换机会将帧中的此 VLAN Tag 去掉后再从此端口发送出去。

每个端口都有一个缺省 VLAN。缺省情况下，所有端口的缺省 VLAN 均为 VLAN1，但用户可以根据需要进行配置修改。

■ 对于 Access 端口，缺省 VLAN 就是它所加入的 VLAN，修改端口所加入的 VLAN 即可更改端口的缺省 VLAN。

■ 对于 Trunk 端口和 Hybrid 端口，一个端口可以允许多个 VLAN 通过，但也只能有一个缺省 VLAN，该缺省 VLAN 可以与端口允许通过的 VLAN 不一样，所以修改端口允许通过的 VLAN 不会更改端口的缺省 VLAN。

7.1.6　二层以太网端口的数据帧收发规则

二层以太网端口对收发的以太网数据帧添加或剥除 VLAN Tag 的处理依据接口的端口类型和缺省 VLAN。下面分别介绍 Access、Trunk、Hybrid 端口对收发数据帧的处理过程，具体见表 7-1。

表 7-1　　　　　　　　　　　　　　二层以太网端口数据帧处理规则

端口类型	收到不带 VLAN Tag 的帧的处理规则	收到带 VLAN Tag 的帧的处理规则	发送帧时的处理规则	用途
Access 端口	接收该帧，并打上该端口所加入 VLAN 的 VLAN Tag	当帧中的 VLAN ID 与端口加入 VLAN 的 VLAN ID 相同时，接收该帧，否则丢弃该帧	当帧中的 VLAN Tag 与该端口的 PVID 相同时，则去掉帧中的标签，然后再发送该帧，否则丢弃该数据帧。**Access 端口所发送的帧总是不带 VLAN Tag 的**	端口只能属于 1 个 VLAN，用于与不能识别 VLAN Tag 的设备连接
Trunk 端口	在帧中打上该端口的 PVID 对应的 VLAN Tag，当此 PVID 在该端口允许通过的 VLAN ID 列表里时，接收该帧，否则丢弃该帧	当帧中的 VLAN ID 在该端口允许通过的 VLAN ID 列表里时，接收该帧，否则丢弃该帧	① 当帧中的 VLAN ID 与该端口的 PVID 相同，且是该端口允许通过的 VLAN ID 时，则去掉帧中的 VLAN Tag 后再发送该帧。② 当帧中的 VLAN ID 与该端口的 PVID 不同，但仍是该端口允许通过的 VLAN ID 时，保留帧中原有 VLAN Tag，发送该帧。③ 当帧中的 VLAN ID 不是该端口允许通过的 VLAN ID 时，不允许发送	端口允许多个 VLAN 通过，可以接收和发送多个 VLAN 的帧，一般用于网络设备之间的连接
Hybrid 端口			① 当帧中的 VLAN ID 是该端口允许通过的 VLAN ID 时，则发送该帧（**不管帧中的 VLAN ID 与该端口的 PVID 是否相同**），但可以通过命令配置发送时是否携带原有的 VLAN Tag（**通常只有在与主机连接的链路不需要带 VLAN Tag**）。② 当帧中的 VLAN ID 不是该端口允许通过的 VLAN ID 时，丢弃该帧	端口允许多个 VLAN 通过，可以接收和发送多个 VLAN 的帧，且既可以用于网络设备间的连接，也可用于与主机设备之间的连接

【经验之谈】这里所说的数据帧"收"是指交换机端口接收从对端设备发来的数据帧，而不是接收从交换机内部的另一个端口发来的数据帧，因为在交换机内部传输的数据帧都是带有 VLAN Tag 的，无论是从哪种交换机端口发来的数据帧。同理，这里所说的数据帧"发"是指从交换机端口向对端设备发送的数据帧，而不是指本地交换机中一个端口向另一个交换机端口发送的数据帧。这一点要特别注意，否则很难理解这些端口的数据接收、发送规则。

另外，这里有一个大家争论得比较多的问题，那就是帧到达 Access 端口时交换机是否会为帧打上 VLAN Tag。因为许多人认为 Access 端口所发送的帧都是不打 VLAN Tag

的，所以有人认为 Access 端口在帧中打上标签是没有任何意义的，也就认为 Access 端口不会在帧中打上标签。其实这是错误的。

虽然 Access 端口向对端设备发送数据时是不带 VLAN Tag 的，但是数据到了交换机后还需要一个转发过程，在交换机内部传输中，所有数据都是带有 VLAN Tag 的（当然这要求交换机支持 VLAN 才行），而且也有许多时候数据不是直接转发到目的节点的，而是需要在交换机上进行一些处理(如基于 VLAN 的策略路由、基于 VLAN 的 ACL 等)，或者进行端口镜像等管理工作，这些都需要识别这些数据是来自哪个 VLAN 的用户，毕竟在一个交换机的这么多端口上，可能分属于不同的 VLAN。

7.1.7　VLAN 划分

要使用 VLAN 技术，首先就要创建所需的 VLAN，然后把各用户计算机划分到这些不同的 VLAN 中，这就是 VLAN 的划分特性。

VLAN 最基本的配置是划分 VLAN，VLAN 划分成功后即可实现不同 VLAN 内用户的二层隔离，达到缩小广播域的目的。华为设备可支持以下 5 种 VLAN 划分方式：基于端口划分、基于 MAC 地址划分、基于子网划分、基于协议划分、基于策略划分，不同方式的 VLAN 划分比较见表 7-2。

表 7-2　　　　　　　　　　　　各种 VLAN 划分方式的比较

VLAN 划分方式	划分方法	优点	缺点	应用场景
基于端口划分	根据用户所连的二层以太网端口进行划分。网络管理员给交换机的每个二层端口配置不同的 PVID，如果没有带 VLAN Tag，则该数据帧就会被打上端口的 PVID，然后数据帧将在指定 PVID 中传输	配置过程简单，是最常用的 VLAN 划分方式	配置不够灵活，当 VLAN 中的成员所连接的端口发生变化时需要重新配置 VLAN	适用于任何大小但位置比较固定的网络
基于 MAC 地址划分	根据数据帧的源 MAC 地址来划分 VLAN。网络管理员需事先配置 MAC 地址和 VLAN ID 映射关系表，如果交换机收到的是 Untagged 帧，则依据该映射表在帧中添加对应的 VLAN ID，然后数据帧将在指定 VLAN 中传输	用户在变换物理位置时，不需要重新划分 VLAN，提高了终端用户的安全性和接入的灵活性	需要事先将归属到指定 VLAN 的终端设备 MAC 地址配置到交换机上，这类终端多数配置工作量也较大	适用于位置经常移动但网卡不经常更换的小型网络，如移动 PC
基于子网划分	根据数据帧中的源 IP 地址和子网掩码来划分 VLAN。网络管理员需事先配置 IP 地址和 VLAN ID 映射关系表，如果交换机收到的是 Untagged 帧，则依据该映射表在帧中添加对应的 VLAN ID，然后数据帧将在指定 VLAN 中传输	当用户的物理位置发生改变，不需要重新配置 VLAN。可以减少网络的通信量，可使广播域跨越多个交换机	网络中的用户分布需要有规律，且多个用户在同一个网段	适用于对移动性和简易管理需求较高的场景中。如一台 PC 配置多个 IP 地址，用于分别访问不同网段的服务器，以及 PC 切换 IP 地址后要求 VLAN 自动切换等场景

（续表）

VLAN 划分方式	划分方法	优点	缺点	应用场景
基于协议划分	根据数据帧所属的协议（族）类型及封装格式来划分 VLAN。网络管理员需要事先配置以太网帧中的"协议"字段和"VLAN ID"字段的映射关系表，如果交换机收到的是 Untagged 帧，则依据该映射表在帧中添加对应的 VLAN ID，然后数据帧将在指定 VLAN 中传输	将网络中提供的服务类型与 VLAN 相绑定，方便管理和维护	需要对网络中所有的协议类型和 VLAN ID 的映射关系表进行初始配置；需要分析各种协议的格式并进行相应的转换，消耗交换机较多的资源，速度上稍具劣势	适用于需要同时运行多协议的网络
基于策略划分 VLAN	根据配置的策略划分 VLAN，能实现多种组合的划分方式，包括接口、MAC 地址、IP 地址等。网络管理员预先配置策略，如果收到的是 Untagged 帧，且匹配配置的策略时，给数据帧添加指定 VLAN 的 Tag，然后数据帧将在指定 VLAN 中传输	安全性高，VLAN 划分后，用户不能改变 IP 地址或 MAC 地址；网络管理人员可根据自己的管理模式或需求选择划分方式	针对每一条策略都需要手工配置，在 VLAN 较多时工作量很大	适用于需求比较复杂的环境

如果入方向 Untagged 帧同时匹配了交换机上配置的多种划分 VLAN 的方式，则优先级顺序从高至低依次是：基于匹配策略划分 VLAN→基于 MAC 地址划分 VLAN 或基于子网划分 VLAN→基于协议划分 VLAN→基于端口划分 VLAN。

■ 如果报文同时匹配了交换机上配置的基于 MAC 地址划分 VLAN 和基于子网划分 VLAN，缺省情况下，优先基于 MAC 地址划分 VLAN。可以通过命令改变基于 MAC 地址划分 VLAN 和基于子网划分 VLAN 的优先级，从而决定优先划分 VLAN 的方式。

■ 基于端口划分 VLAN 的优先级最低，但是最常用的 VLAN 划分方式。

7.1.8　VLAN 内二层互访原理

在二层交换网络中，如果划分了 VLAN，则通常情况下仅在同一个 VLAN 内，且同属同一 IP 网段中的设备间可直接进行二层互访，但在有些情形中，位于同一 IP 网段，划分到不同 VLAN 中的设备也可以实现直接的二层互访，这将在本章 7.9.1 节具体分析。本节仅介绍同一 VLAN 内的二层互访原理。

1. VLAN 内二层通信流程

在同一 VLAN 内的用户间互访（简称 VLAN 内互访）需要经过如下 3 个环节。

1）用户主机的报文转发

源主机在发起通信之前，会将自己的 IP 与目的主机的 IP 进行比较，如果两者位于同一网段，会获取目的主机的 MAC 地址，并将其作为目的 MAC 地址封装进报文；如果两者位于不同 IP 网段，源主机先获取网关的 MAC 地址，然后以网关 MAC 地址作为目的 MAC 地址封重新封装报文（此时目的 IP 地址是目的主机的），发送给网关。

2）交换机内部的以太网交换

交换机会根据接收报文的目的 MAC 地址+VID（VID 即 VLAN ID），以及 MAC 地址表中对应表项的三层转发标志位来判断是进行二层交换还是进行三层交换。

① 如果目的 MAC 地址+VID 匹配自己的 MAC 地址表，且对应 MAC 地址表项的三层转发标志（Route 标志）置位，则进行三层交换，根据报文的目的 IP 地址查找三层转发表项，如果没有找到就将报文上送 CPU，由 CPU 查找路由表实现三层转发。

② 如果目的 MAC 地址+VID 匹配自己的 MAC 地址表，但对应 MAC 地址表项的三层转发标志未置位，则进行二层交换，将会直接报文根据对应 MAC 表项中的出接口发出去。

③ 如果目的 MAC 地址+VID 没有匹配自己的 MAC 地址表，则进行二层交换，此时会向所有允许该 VID 通过的接口广播该报文，以获取目的主机的 MAC 地址。

3）设备之间（包括交换机与用户主机、交换机与交换机、交换机与其他网络设备）交互时，VLAN Tag 的添加和剥离

交换机内部的以太网交换都是带 VLAN Tag 的，为了与不同设备进行成功交互，交换机需要根据接口的设置添加或剥除 VLAN Tag。

从以太网的交换原理可以看出，划分 VLAN 后，广播报文只在同一 VLAN 内二层转发，因此同一 VLAN 内的用户可以直接二层互访。根据属于同一 VLAN 的主机是否连接在不同的交换机，VLAN 内互访又分两种场景：同设备 VLAN 内互访和跨设备 VLAN 内互访，下面分别予以介绍。

2．同设备 VLAN 内互访示例

如图 7-7 所示，用户主机 Host_1 和 Host_2 连接在同台交换机上，属于同一 VLAN2，且位于相同 IP 网段，连接接口均设置为 Access 接口。

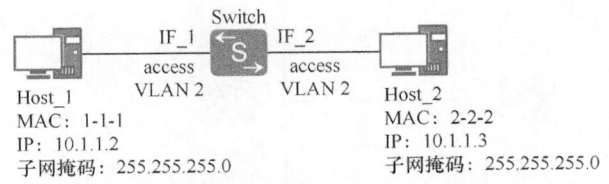

图 7-7　同设备 VLAN 内互访示例

当用户主机 Host_1 发送报文给用户主机 Host_2 时，报文的发送过程如下（假设交换机 Switch 上还未建立任何转发表项）。

① Host_1 判断目的 IP 地址跟自己的 IP 地址在同一网段，于是发送 ARP 广播请求报文获取目的主机 Host_2 的 MAC 地址，报文目的 MAC 地址填写全 F，目的 IP 地址为 Host_2 的 IP 地址 10.1.1.3。

② 报文到达 Switch 的接口 IF_1，发现是 Untagged 帧，给报文添加 VID=2 的 Tag（Tag 的 VID=接口的 PVID），将报文的源 MAC 地址+VID 与接收接口的对应关系（1-1-1，2，IF_1）添加进 MAC 地址表，生成基于 Host_1 的 MAC 地址表项。

③ 然后，根据报文中的目的 MAC 地址+VID 查找 Switch 上的 MAC 地址表，因为没有找到匹配的 MAC 地址表项，于是在所有允许 VLAN 2 通过的接口（本例中接口为

IF_2）上广播该报文。Switch 的接口 IF_2 在发出 ARP 请求报文前，根据接口配置，剥离 VID=2 的 Tag，因为报文中的 Tag 与该端口的 PVID 一致。

④ Host_2 收到该 ARP 请求报文，将 Host_1 的 MAC 地址和 IP 地址对应关系记录在自己的 ARP 表中。然后比较目的 IP 地址与自己的 IP 地址，发现与自己的相同，就发送 ARP 响应报文，报文中封装自己的 MAC 地址 2-2-2 作为源 MAC 地址，目的 IP 地址为 Host_1 的 IP 地址 10.1.1.2。

⑤ Switch 的接口 IF_2 收到 ARP 响应报文后，同样给报文添加 VID=2 的 Tag。然后 Switch 将报文的源 MAC 地址+VID 与接收接口的对应关系（2-2-2，2，IF_2）添加进 MAC 地址表中，新建基于 Host_2 的 MAC 地址表项，再根据报文中基于 Host_1 的目的 MAC 地址+VID（1-1-1，2）查找 MAC 地址表。由于前面已创建了 Host_1 的 MAC 地址表项，于是查找成功，向出接口 IF_1 转发该 ARP 响应报文。当然，Switch 向出接口 IF_1 转发前，同样根据接口配置剥离 VID=2 的 Tag。

⑥ Host_1 收到 Host_2 的 ARP 响应报文，将 Host_2 的 MAC 地址和 IP 地址对应关系记录到 ARP 表。后续 Host_1 与 Host_2 的互访，由于彼此已学习到对方的 MAC 地址，报文中的目的 MAC 地址直接填写对方的 MAC 地址。

说明 当同一交换机上同一 VLAN 中的用户处于不同 IP 网段时，主机将在报文中封装网关的 MAC 地址，如果 Switch 为二层交换机，用户将不能互访；如果 Switch 为三层交换机，可借助 VLANIF 技术（需配置主从 IP 地址）实现互访，具体将在本章后面的 7.9.3 节介绍。

3. 跨设备 VLAN 内互访示例

如图 7-8 所示，用户主机 Host_1 和 Host_2 连接在不同的交换机上，但属于同一个 VLAN2，且位于相同 IP 网段。为了识别和发送跨越交换机的数据帧，交换机与交换机间通过 Trunk 链路连接。

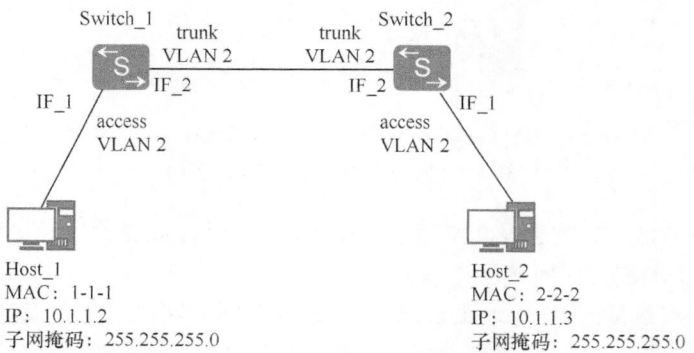

图 7-8　跨设备 VLAN 内互访示例

当用户主机 Host_1 发送报文给用户主机 Host_2 时，报文的发送过程如下（假设交换机 Switch_1 和 Switch_2 上还未建立任何转发表项）。

① Host_1 判断目的 IP 地址与自己的 IP 地址在同一网段，于是发送 ARP 广播请求报文获取目的主机 Host_2 的 MAC 地址，报文目的 MAC 地址填写全 F，目的 IP 地址为 Host_2 的 IP 地址 10.1.1.3。

② 报文到达 Switch1 的接口 IF_1，发现是 Untagged 帧，给报文添加 VID=2 的 Tag（Tag 的 VID=接口的 PVID），然后将报文的源 MAC 地址+VID 与接收接口的对应关系（1-1-1，2，IF_1）添加进 MAC 地址表，生成基于 Host_1 的 MAC 地址表项。

③ 然后根据报文中的目的 MAC 地址+VID 查找 Switch1 上的 MAC 地址表，因为没有找到匹配的 MAC 地址表项，于是在所有允许 VLAN 2 通过的接口（本例中接口为 IF_2）上广播该报文。Switch1 的接口 IF_2 在发出 ARP 请求报文前，因为接口的 PVID=1（缺省值），与报文的 VID 不相等，故直接透传该报文到 Switch_2 的 IF_2 接口，不剥除报文的 Tag（VLAN 2）。

④ Switch_2 的 IF_2 接口收到该报文后，判断报文的 Tag 中的 VID=2 是接口允许通过的 VLAN，接收该报文。同时也会将报文的源 MAC 地址+VID 与接收接口的对应关系（1-1-1，2，IF_2）添加进 MAC 地址表，生成基于 Host_1 的 MAC 地址表项。

⑤ 然后，根据报文目的 MAC 地址+VID 查找 Switch2 上的 MAC 地址表，没有找到，于是在所有允许 VLAN 2 通过的接口（本例中接口为 IF_1）上广播该报文。Switch2 的接口 IF_1 在发出 ARP 请求报文前，根据接口配置，剥离 VID=2 的 Tag。

⑥ Host_2 收到该 ARP 请求报文，将 Host_1 的 MAC 地址和 IP 地址对应关系记录到本地的 ARP 表中。然后比较目的 IP 地址与自己的 IP 地址，发现与自己的相同，就发送 ARP 响应报文，报文中封装自己的 MAC 地址 2-2-2 作为源 MAC 地址，目的 IP 地址为 Host_1 的 IP 地址 10.1.1.2。

⑦ Switch2 的接口 IF_1 收到 ARP 响应报文后，同样给报文添加 VID=2 的 Tag。然后根据报文的目的 MAC 地址+VID（1-1-1，2）查找 MAC 地址表。由于前面已建立好了 Host_1 的 MAC 地址表项，于是查找成功，从出接口 IF_1 转发该 ARP 响应报文。转发前，因为接口 IF_2 为 Trunk 接口且 PVID=1（缺省值），与报文的 VID 不相等，直接透传报文到 Switch_1 的 IF_2 接口。

⑧ Switch_1 的 IF_2 接口收到 Host_2 的 ARP 响应报文后，判断报文的 Tag 中的 VID=2 是接口允许通过的 VLAN，接收该报文。然后根据报文的目的 MAC 地址+VID（1-1-1，2）查找 MAC 地址表，由于同样已在前面建立好了 Host_1 的 MAC 地址表项，于时查找成功，从出接口 IF_1 转发该 ARP 响应报文。Switch 向出接口 IF_1 转发前，同样根据接口配置剥离 VID=2 的 Tag。

⑨ Host_1 收到 Host_2 的 ARP 响应报文，将 Host_2 的 MAC 地址和 IP 地址对应关系记录到 ARP 表。

说明　在跨交换机组网场景下，当同一 VLAN 的用户处于不同 IP 网段时，如果 Switch_1 或 Switch_2 为二层交换机，用户不能互访；如果 Switch_1 或 Switch_2 为三层交换机，可借助 VLANIF 接口技术实现互访，具体将在本章后面的 7.9.3 节介绍。

7.1.9　LNP 基本原理

华为 S 系列交换机支持的以太网接口的端口类型有：Access、Hybrid、Trunk 和 Dot1q-tunnel。这 4 种端口类型分别用于不同的网络位置，均由手工配置指定。如果网络拓扑变更，以太网接口的端口类型也需要重新配置，配置较为繁琐。

　　为了简化用户配置，可通过 LNP（Link-type Negotiation Protocol，链路类型协商协议）配置以太网接口的链路类型自协商功能，自动协商出接口的端口类型为 Access 或者 Trunk（**仅可自动协商出 Access 和 Trunk 这两种端口类型**），并加入相应 VLAN。

　　当 LNP 功能使能时，触发 LNP 协商需要满足如下条件之一：

- 收到对端发送的 LNP 报文；
- 本端的接口状态或端口类型等配置发生变化。

　　为了实现 LNP 功能，在原有的 Access、Hybrid、Trunk 和 Dot1q-tunnel 这 4 种端口类型基础上又新增了 Negotiation-desirable 和 Negotiation-auto 这两种端口类型。其中 Negotiation-desirable 类型接口可以主动发送 LNP 报文，而 Negotiation-auto 类型接口不会主动发送 LNP 报文。缺省情况下，绝大多数机型的二层太网接口类型为 Negotiation-desirable 类型，可以主动发起 LNP 协商的。

　　本端和对端二层以太网接口的端口类型决定了最终的协商结果，具体的 LNP 协商原则见表 7-3。

Eth-Trunk 接口的成员口配置不对称时，无法保证 LNP 可以协商成功。

　　如果二层以太网接口已经通过配置设置了端口类型 Access、Hybrid、Trunk 或 Dot1q-tunnel，则该二层以太网接口的端口类型不受 LNP 协商结果的影响，保持设置的类型不变。协商失败时，接口的端口类型为 Access。

表 7-3　　　　　　　　　　　　　LNP 协商原则

本端端口类型	对端端口类型/协商状态	本端接口协商结果	对端接口最终状态
Negotiation-desirable/ Negotiation-auto	Access（使能 LNP 协商）	Access	Access
	Hybrid（使能 LNP 协商）	Trunk	Hybrid
	Dot1q-tunnel（使能 LNP 协商）	Access	Dot1q-tunnel
	Trunk（使能 LNP 协商）	Trunk	Trunk
	不支持 LNP 协商或者去使能 LNP 协商	Access	链路类型不确定
Negotiation-desirable	Negotiation-desirable	Trunk	Trunk
Negotiation-desirable	Negotiation-auto	Trunk	Trunk
Negotiation-auto	Negotiation-auto	Access	Access

　　从表中可以得出以下 3 个基本结论。

- 连接主机或服务器，或者不支持 VLAN 的设备（均为不使能或不支持 LNP 情形）的二层以太网接口最终协商的端口类型均为 Access。
- 在两端同时使能 LNP，且均没有手工指定端口类型时，只要有一端为 Negotiation-desirable 类型，则协商的结果两端均为 Trunk 类型，即缺省情况下交换机间连接的端口类型协商后均为 Trunk。
- 使能了 LNP 的二层以太网接口，无论如何最终只会成为 Access 或 Trunk 类型，而不会成为 Hybrid 类型。

　　LNP 仅可对交换机接口的 Access 或 Trunk 端口类型（不能协商 Hybrid 类型）进行协商。当协商后的以太网接口的端口类型协商为 Access，缺省情况下加入 VLAN1；当协商后的以太网接口的端口类型协商为 Trunk，缺省情况下加入 VLAN1～4094。至于接口最终所加入的 VLAN 或允许通过的 VLAN 仍需要由管理员手动静态配置。

如图 7-9 所示，在各二层设备连接成功并使能了 LNP 功能后，缺省情况下，经过 LNP 协商后，Switch4、Switch5、Switch6、Switch7 上连接终端的接口以 Access 类型加入缺省 VLAN1，各 Switch 之间互连的接口以 Trunk 类型允许所有 VLAN 通过。当然，这些接口上具体所加入的 VLAN 或所允许通过的 VLAN 可以根据实际需要手动修改。

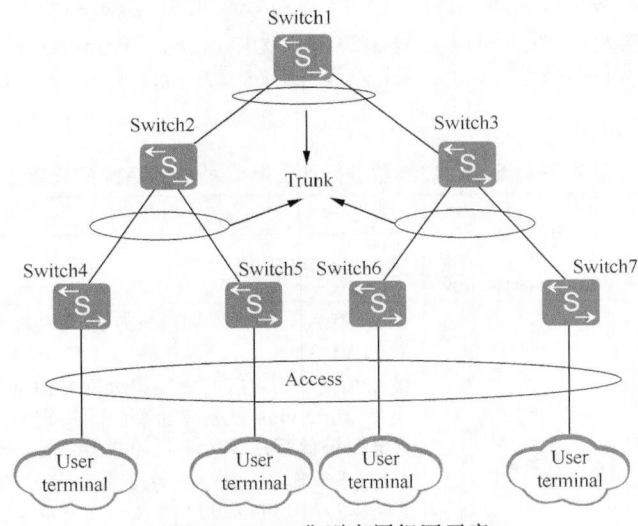

图 7-9　LNP 典型应用组网示意

通过前面的介绍已经知道，LNP 可带来的简化工作量非常有限（仅简化了部分接口的端口类型配置），故一般需要同时部署 VCMP（VLAN Central Management Protocol，VLAN 集中管理协议），以集中创建、删除 VLAN，最大程度简化用户的配置。

7.2　基于端口划分 VLAN

基于端口 VLAN 划分方式有两种实现方式，一种是采用静态配置端口类型方式，另一种是采用 LNP 动态协商链路类型方式（这是自 V200R005C00 版本开始才新增的一种方式）。它们都是静态 VLAN 划分方式，本节分别介绍这两种实现方式的具体配置方法。

7.2.1　配置通过静态配置端口类型进行基于端口划分 VLAN

通过静态配置端口类型进行基于端口划分 VLAN 的方式是最简单，也是最常用的一种 VLAN 划分方式。它按照设备的接口来定义 VLAN 成员，将指定接口加入到指定的 VLAN 中之后，接口就可以转发该 VLAN 的报文。这种方式的实现包括以下 3 项配置任务，具体的配置步骤见表 7-4。

注意　自 V200R005C00 版本 VRP 系统以来，所支持的二层以太网端口类型及缺省端口类型都发生了较大的改变，新增了 negotiation-auto 和 negotiation-desirable 两种端口类型。且缺省情况下，S1720GFR、S1720GW-E、S1720GWR-E、S1720X-E、S2720EI、S2750、S5700LI、S5700S-LI、S5720LI、S5720S-LI、S5730SI、S5730S-EI、S6720LI、S6720S-LI、S6720SI、S6720S-SI、S5710-X-LI、S5720SI 和 S5720S-SI 系列交换机的端口类型为 negotiation-auto，其他机型的端口类型为 negotiation-desirable，**不再像以前都是 Hybrid 类型了**。

① 创建所需的 VLAN：如果 VLAN 已创建好，则可直接略过此项。

② 配置端口类型：把二层以太网端口配置为 Access、Trunk 或 Hybrid 类型。

③ 配置端口允许加入或通过的 VLAN、PVID，并可配置允许通过的 VLAN 帧是否可以携带 VLAN Tag。

表 7-4　　　　　　　通过静态配置端口类型进行基于端口划分 VLAN 的配置步骤

步骤	命令	说明
1	**system-view** 例如：\<HUAWEI>**system-view**	进入系统视图
2	**vlan** *vlan-id* 例如：[HUAWEI] **vlan 2**	创建 VLAN 并进入 VLAN 视图。参数 *vlan-id* 用来指定要创建的 VLAN，取值范围均为 1～4094 的整数。 缺省情况下，将所有二层以太网接口都加入到 VLAN 1 中，可用 **undo vlan** *vlan-id* 命令删除指定的 VLAN，但是 **VLAN 1 是系统自带的 VLAN，不需要创建，也不可以删除**。 【说明】如果要一次性创建多个 VLAN，则可使用 **vlan batch** { *vlan-id1* [**to** *vlan-id2*] } &<1-10>命令，*vlan-id1* 和 *vlan-id2* 的取值范围均为 1～4094 的整数，可用 **undo vlan batch** { *vlan-id1* [**to** *vlan-id2*] } &<1-10>命令删除指定的 VLAN
3	**quit** 例如：[HUAWEI-vlan2]**quit**	退出 VLAN 视图，返回系统视图
4	**interface** *interface-type interface-number* 例如：[HUAWEI] **interface gigabitethernet 0/0/1**	键入要加入 VLAN 的二层以太网端口的接口类型和接口编号（注意：可以是 **Eth-Trunk** 口）。接口类型和接口编号之间可以输入空格，也可以不输入空格。
5	**port link-type** { **access** | **hybrid** | **trunk** } 例如：[HUAWEI-GigabitEthernet0/0/1] **port link-type access**	配置以上二层以太网端口的类型。命令中的选项说明如下。 ① **access**：多选一选项，配置以上端口为 Access 类型。 ② **hybrid**：多选一选项，配置以上端口为 Hybrid 类型，这是缺省二层以太网端口类型。 ③ **trunk**：多选一选项，配置以上端口为 Trunk 类型。 【注意】在通过静态配置端口类型的基于端口划分 VLAN 方式中，接口只能是 Acess、Trunk 和 Hybrid 3 种类型。自 V200R005 版本开始，改变接口类型前，无需恢复原接口类型下对 VLAN 的配置为缺省值，但改变接口类型会删除接口下对 VLAN 的配置，且在同一接口视图下多次使用本命令配置链路类型后，按最后一次配置生效 另外，从 **V200R005C00** 版本开始，设备接口链路类型缺省值不再为 **Hybrid**。因此 V200R005C00 之前版本的设备升级到 V200R005C00 或之后版本时，对于之前的缺省情况，接口下将自动生成 **port link-type hybrid** 的配置。可用 **undo port link-type** 命令恢复接口为缺省的链路类型

（续表）

步骤	命令	说明
6	**port default vlan** *vlan-id* 例如： [HUAWEI-GigabitEthernet0/0/1] **port default vlan 2**	（可选）将以上 Access 类型端口的缺省 VLAN，参数 *vlan-id* 的取值范围是 1～4094 的整数。如果需要批量将端口加入 VLAN，可在 VLAN 视图下执行命令 **port** *interface-type* { *interface- number1* [**to** *interface- number2*] } &<1-10>向 VLAN 中添加一个或一组端口。 缺省情况下，所有二层以太网端口的缺省 VLAN ID 为 1，可用 **undo port default vlan** 命令恢复该端口的缺省 VLAN 配置
7	**port discard tagged-packet** 例如： [HUAWEI-GigabitEthernet0/0/1] **port discard tagged-packet**	（可选）配置以上 Access 类型端口丢弃入方向带 VLAN Tag 的报文。 【说明】Access 端口通常用于连接用户主机，为了防止主机用户私自更改交换机端口用途，接入其他交换设备，可以
7	**port discard tagged-packet** 例如： [HUAWEI-GigabitEthernet0/0/1] **port discard tagged-packet**	使用该命令配置端口丢弃入方向带 VLAN Tag 的报文。 **该命令只能在连接主机的接口上配置，如果在连接其他网络设备的接口上配置该命令，将会导致 VLAN 内用户无法通信。** 缺省情况下，接口不丢弃入方向带有与本端口所加入的 VLAN 对应的 VLAN Tag 的报文，**undo port discard tagged-packet** 命令用来取消接口丢弃入方向带 VLAN Tag 的报文
8	**port trunk allow-pass vlan** { *vlan-id1* [**to** *vlan- id2*] } &<1-10> | **all** } 例如：[HUAWEI-Gigabit Ethernet0/0/1] **port trunk allow-pass vlan 2 to 10**	（可选）将以上 Trunk 类型端口加入到指定的 VLAN 中。命令中的参数和选项说明如下。 ① *vlan-id1*：指定第一个 VLAN 的 ID 号，取值范围是 1～4094 的整数。 ② **to** *vlan-id2*：*可选参数，指定最后一个 VLAN 的 ID 号，*取值范围为 1～4094 的整数。 ③ **&<1-10>**：表示前面的参数对最多可以重复 10 次，各段之间以空格分隔。 ④ **all**：二选一选项，指定 Trunk 接口加入所有 VLAN。 缺省情况下，Trunk 类型接口只加入了 VLAN 1，可用 **undo port trunk allow-pass vlan** { { *vlan-id1* [**to** *vlan-id2*] }&<1-10> | **all** }命令删除对应 Trunk 类型端口加入的指定 VLAN
9	**port trunk pvid vlan** *vlan-id* 例如： [HUAWEI-GigabitEthernet0/0/1] **port trunk pvid vlan 10**	（可选）配置以上 Trunk 类型端口的缺省 VLAN（即 PVID）。本命令为覆盖式命令，按最后一次配置生效。 缺省情况下，Trunk 类型接口的缺省 VLAN 为 VLAN 1，可用 **undo port trunk pvid vlan** 命令恢复为缺省 VLAN。 【说明】使用本命令配置 Trunk 类型端口缺省 VLAN 前，该 VLAN 必须已创建。但是，**缺省 VLAN 不一定是接口允许通过的 VLAN**
10	**port hybrid Untagged vlan** { { *vlan-id1* [**to** *vlan-id2*] } &<1-10> | **all** } 例如： [HUAWEI-GigabitEthernet0/0/1] **port hybrid Untagged vlan 2 to 10**	（可选）将以上 Hybrid 类型端口以 Untagged 方式加入指定的 VLAN 中，即这些 VLAN 的帧将以 Untagged 方式通过该端口。端口在发送这些 VLAN 的帧时将**去掉帧中的** VLAN Tag。参数同前面介绍的 **port trunk allow-pass vlan** { { *vlan-id1* [**to** *vlan-id2*] } &<1-10> | **all** }命令的对应参数。

（续表）

步骤	命令	说明
10	**port hybrid Untagged vlan** { { *vlan-id1* [**to** *vlan-id2*] } &<1-10> | **all** } 例如： [HUAWEI-GigabitEthernet0/0/1] **port hybrid Untagged vlan 2 to 10**	缺省情况下，Hybrid 端口以 Untagged 方式加入 VLAN1，可用 **undo port hybrid vlan** { { *vlan-id1* [**to** *vlan-id2*] }&<1-10> | **all** }命令删除以上 Hybrid 类型端口加入的指定 VLAN
11	**port hybrid Tagged vlan** { { *vlan-id1* [**to** *vlan-id2*] } &<1-10> | **all** } 例如： [HUAWEI-GigabitEthernet0/0/1] **port hybrid Tagged vlan 2 to 10**	（可选）将以上 Hybrid 类型端口以 Tagged 方式加入指定的 VLAN，这些 VLAN 的帧以 Tagged 方式通过该端口。端口在发送这些 VLAN 的帧时将**不去掉帧中的 VLAN Tag**。参数同前面介绍的 **port trunk allow-pass vlan** { { *vlan-id1* [**to** *vlan-id2*] }&<1-10> | **all** }命令的对应参数。 缺省情况下，Hybrid 端口以 Untagged 方式加入 VLAN1，可用 **undo port hybrid vlan** { { *vlan-id1* [**to** *vlan-id2*] }&<1-10> | **all** }命令删除以上 Hybrid 类型端口加入的指定 VLAN
12	**port hybrid pvid vlan** *vlan-id* 例如： [HUAWEI-GigabitEthernet0/0/1] **port hybrid pvid vlan 2**	（可选）配置以上 Hybrid 类型端口的缺省 VLAN ID（PVID），参数和注意事项同前面介绍的 **port trunk pvid vlan** *vlan-id* 命令的参数和注意事项。 缺省情况下，所有接口的缺省 VLAN ID 为 VLAN 1，可用 **undo port hybrid pvid vlan** 命令恢复以上 Hybrid 类型端口的缺省 VLAN ID（即 VLAN1）

7.2.2　配置通过 LNP 动态协商链路类型进行基于端口划分 VLAN

在 7.1.9 节已介绍到，通过 LNP 配置以太网接口的链路类型自协商功能，可自动协商出接口的端口类型为 Access 或者 trunk，并通过手动配置静态加入相应 VLAN，简化了手工的配置，具体的配置方法见表 7-5。

表 7-5　　　通过 **LNP** 动态协商链路类型进行基于端口划分 **VLAN** 的配置步骤

步骤	命令	说明
1	**system-view** 例如：<HUAWEI>**system-view**	进入系统视图
2	**undo lnp disable** 例如：[HUAWEI] **undo lnp disable**	全局使能链路类型自协商功能。 缺省情况下，全局 LNP 处于使能状态，此时所有接口的链路类型自协商功能处于使能状态，可用 **lnp disable** 命令全局去使能链路类型自协商功能。 【注意】缺省情况下，二层设备上所有接口都使能了链路类型自协商功能，执行 **lnp disable** 命令后将去使能二层设备上所有接口的链路类型自协商功能，即使在二层以太网接口视图下执行 **undo port negotiation disable** 命令也无法使能链路类型自协商功能
3	**interface** *interface-type interface-number* 例如：[HUAWEI] **interface gigabitethernet 1/0/1**	进入需要使能链路类型自协商功能的二层以太网接口视图

（续表）

步骤	命令	说明	
4	**undo port negotiation disable** 例如：[HUAWEI-Gigabit Ethernet1/0/1] **undo port negotiation disable**	基于二层以太网接口使能链路类型自协商功能。为了保证链路类型自协商功能生效，必须保证全局下和接口视图下的链路类型自协商功能都处于使能状态。 【说明】当支持链路类型自协商功能的设备和不支持链路类型自协商功能的设备互通时，支持链路类型自协商功能的设备会不断发送自协商报文，导致带宽浪费。此时，可通过在对应的二层以太网接口视图下执行 **port negotiation disable** 命令去使能链路类型自协商功能。 缺省情况下，设备上所有接口的链路类型自协商功能处于使能状态，可用 **port negotiation disable** 命令基于接口去使能链路类型自协商功能	
5	**port link-type** { **negotiation-desirable** | **negotiation-auto** } 例如： [HUAWEI-GigabitEthernet1/0/1] **port link-type negotiation-desirable**	设置二层以太网接口（VE 接口下不支持）的链路类型的自协商方式，命令中的选项说明如下。 • **negotiation-desirable**：二选一选项，指定二层以太网接口的链路类型的自协商方式是主动协商，可主动发送协商报文。 • **negotiation-auto**：二选一选项，指定二层以太网接口的链路类型的自协商方式是自动协商，不主动发送协商报文。 缺省情况下，S1720GFR、S1720GW-E、S1720GWR-E、S1720X-E、S2720EI、S2750、S5700LI、S5700S-LI、S5720LI、S5720S-LI、S5730SI、S5730S-EI、S6720LI、S6720S-LI、S5710-X-LI、S6720SI、S6720S-SI、S5720SI 和 S5720S-SI 系列交换机上二层以太网接口的链路类型自协商方式为 negotiation-auto，其他系列交换机的二层以太网接口的链路类型的自协商方式是 negotiation-desirable，可用 **undo port link-type** 命令恢复接口的链路类型为缺省值。 【注意】配置为 **negotiation-desirable** 或 **negotiation-auto** 的接口有以下约束： • 不支持创建子接口； • 不支持使能 MUX VLAN 和自动模式 Voice VLAN； • 不支持作为 VLAN-Switch 的源端口或目的端口	
6	**port trunk allow-pass only-vlan** { { *vlan-id1* [**to** *vlan-id2*] } &<1-10> | **none** } 例如： [HUAWEI-GigabitEthernet1/0/1] **port trunk allow-pass only-vlan 10 to 20**	配置协商为 Trunk 类型的接口只允许通过的 VLAN，**none** 选项用来指定协商后的接口不允许任何 VLAN 通过，其他说明参见表 7-4 中的第 8 步	（二选一）当协商为 Trunk 类型时，配置接口允许通过的 VLAN
	port trunk pvid vlan *vlan-id* 例如：[HUAWEI-Gigabit Ethernet1/0/1] **port trunk pvid vlan 5**	配置接口的缺省 VLAN，其他说明参见表 7-4 中的第 9 步	
	port default vlan *vlan-id* 例如：[HUAWEI-Gigabit Ethernet1/0/1] **port default vlan 3**	（二选一）当协商为 Access 类型时，配置接口的缺省 VLAN，并将接口加入该指定 VLAN，其他说明参见表 7-4 中的第 6 步	

以上配置好后，可通过以下 **display** 命令查看相关配置，验证配置结果，或者通过以下 **reset** 命令清除相关统计信息。

- **display lnp interface** *interface-type interface-number*：查看运行 LNP 的二层接口自协商的状态信息。
- **display lnp summary**：查看二层设备上所有接口链路类型自协商的简要状态信息。
- **reset lnp statistics** [**interface** *interface-type interface-number*]：清除 LNP 报文的统计信息。

7.2.3　恢复接口上 VLAN 的缺省配置

如果接口上的 VLAN 划分发生了更改，需要先删除接口上原来的 VLAN 配置，当接口上配置的 VLAN 较多且不连续时，则需要执行多次删除操作。为减少删除操作，可采用以下介绍的恢复接口上 VLAN 的缺省配置的操作。

接口上 VLAN 的配置包括缺省 VLAN 和接口加入的 VLAN（即接口允许通过的 VLAN）两部分。缺省情况下，接口上 VLAN 的缺省配置如下。

- Access 端口：缺省 VLAN 为 VLAN 1，接口加入 VLAN 1（只能是 Untagged 方式）。
- Trunk 端口：缺省 VLAN 为 VLAN 1，接口以 Tagged 方式加入 VLAN 1。
- Hybrid 端口：缺省 VLAN 为 VLAN 1，接口以 Untagged 方式加入 VLAN 1。

① 恢复 Access 端口上 VLAN 的缺省配置的方法是删除所加入的单个 VLAN，示例如下。

```
<HUAWEI> system-view
[HUAWEI] interface gigabitethernet 0/0/1
[HUAWEI-GigabitEthernet0/0/1] undo port default vlan
```

② 恢复 Trunk 端口上 VLAN 的缺省配置的方法删除所有加入的 VLAN，仅允许 VLAN1 通过，并取消 PVID 配置，示例如下。

```
<HUAWEI> system-view
[HUAWEI] interface gigabitethernet 0/0/1
[HUAWEI-GigabitEthernet0/0/1] undo port trunk pvid vlan
[HUAWEI-GigabitEthernet0/0/1] undo port trunk allow-pass vlan all
[HUAWEI-GigabitEthernet0/0/1] port trunk allow-pass vlan 1
```

③ 恢复 Hybrid 端口上 VLAN 的缺省配置的方法是删除所有带标签的 VLAN 通过，仅允许 VLAN 1 以不带标签方式通过，并取消 PVID 的配置，示例如下。

```
<HUAWEI> system-view
[HUAWEI] interface gigabitethernet 0/0/1
[HUAWEI-GigabitEthernet0/0/1] undo port hybrid pvid vlan
[HUAWEI-GigabitEthernet0/0/1] undo port hybrid vlan all
[HUAWEI-GigabitEthernet0/0/1] port hybrid untagged vlan 1
```

7.2.4　通过静态配置端口类型进行基于端口划分 VLAN 的配置示例

图 7-10 所示为一个小型企业局域网示例，拓扑结构中的两台交换机（SwitchA 和 SwitchB）上各连接了许多进行不同业务操作的用户。现要把连接在 SwitchA 上的 User1 和连接在 SwitchB 上的 User2 都划分到 VLAN 2 中，而把连接在 SwitchA 上的 User3 和连接在 SwitchB 上的 User4 都划分到 VLAN 3 中。

根据本章 7.1.4 节的介绍已经知道，用户 PC 机连接的端口既可以是 Access 类型的，又可以是不带标签的 Hybrid 类型的。而交换机之间连接的端口类型可以是 Trunk 类型，也可以是带标签的 Hybrid 类型。鉴于以上分析，本示例实际上可以有以下 4 种配置方案。

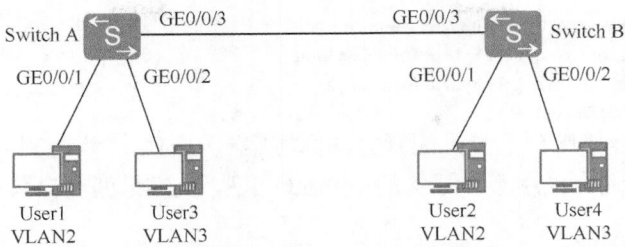

图 7-10　通过静态配置端口类型进行基于端口划分 VLAN 的配置示例的拓扑结构

方案一：用户端口采用 Access 类型，交换机间端口采用 Trunk 类型。

① 在 SwitchA 创建 VLAN2 和 VLAN3，并将连接用户的端口类型都设置为 Access 类型，然后分别加入对应的 VLAN 中。SwitchB 配置与 SwitchA 类似，不再赘述。

```
<HUAWEI> system-view
[HUAWEI] sysname SwitchA
[SwitchA] vlan batch 2 3      !---批量创建 VLAN 2 和 VLAN 3
[SwitchA] interface gigabitethernet 0/0/1
[SwitchA-GigabitEthernet0/0/1] port link-type access      !---设置 gigabitethernet 0/0/1 接口为 Access 类型
[SwitchA-GigabitEthernet0/0/1] port default vlan 2        !---把 gigabitethernet 0/0/1 接口加入到 VLAN 2 中
[SwitchA-GigabitEthernet0/0/1] quit
[SwitchA] interface gigabitethernet 0/0/2
[SwitchA-GigabitEthernet0/0/2] port link-type access
[SwitchA-GigabitEthernet0/0/2] port default vlan 3
[SwitchA-GigabitEthernet0/0/2] quit
```

② 配置 SwitchA 与 SwitchB 连接的端口类型为 Trunk，同时允许 VLAN 2 和 VLAN 3 通过。SwitchB 配置与 SwitchA 类似，不再赘述。

```
[SwitchA] interface gigabitethernet 0/0/3
[SwitchA-GigabitEthernet0/0/3] port link-type trunk
[SwitchA-GigabitEthernet0/0/3] port trunk allow-pass vlan 2 to 3
```

方案二：用户端口采用 Access 类型，交换机间端口采用带标签的 Hybrid 类型。

① 把用户加入对应的 VLAN 中，配置方法同方案一中的第①步配置。

② 配置 SwitchA 与 SwitchB 连接的端口类型为 Hybrid，并以 Tagged（带标签）方式同时加入 VLAN 2 和 VLAN 3 中。SwitchB 配置与 SwitchA 类似，不再赘述。

```
[SwitchA] interface gigabitethernet 0/0/3
[SwitchA-GigabitEthernet0/0/3] port link-type hybrid
[SwitchA-GigabitEthernet0/0/3] port hybrid Tagged vlan 2 to 3
```

方案三：用户端口采用不带标签的 Hybrid 类型，交换机间端口采用 Trunk 类型。

① 在 SwitchA 创建 VLAN2 和 VLAN3，并将连接用户的端口类型都设置为 Hybrid 类型，然后分别以 Untagged 方式加入对应的 VLAN 中，并且把对应的 VLAN ID 设置为这些 Hybrid 端口的 PVID。SwitchB 配置与 SwitchA 类似，不再赘述。

```
<HUAWEI> system-view
[HUAWEI] sysname SwitchA
[SwitchA] vlan batch 2 3
[SwitchA] interface gigabitethernet 0/0/1
[SwitchA-GigabitEthernet0/0/1] port link-type hybrid      !---设置 gigabitethernet 0/0/1 接口为 Hybrid 类型
[SwitchA-GigabitEthernet0/0/1] port hybrid Untagged vlan 2
[SwitchA-GigabitEthernet0/0/1] port hybrid pvid vlan 2    !---设置 gigabitethernet 0/0/1 接口的 PVID 为 VLAN 2
[SwitchA-GigabitEthernet0/0/1] quit
[SwitchA] interface gigabitethernet 0/0/2
```

```
[SwitchA-GigabitEthernet0/0/2] port link-type hybrid
[SwitchA-GigabitEthernet0/0/2] port hybrid Untagged vlan  3
[SwitchA-GigabitEthernet0/0/2] port hybrid pvid vlan 3
[SwitchA-GigabitEthernet0/0/2] quit
```

② 交换机间连接端口配置，配置方法同方案一中的第②步配置。

方案四：用户端口采用不带标签的 Hybrid 类型，交换机间端口采用带标签的 Hybrid 类型。

① 把用户加入对应的 VLAN 中，配置方法同方案三中的第①步配置。

② 交换机间连接端口配置，配置方法同方案二中的第②步配置。

最后，将 User1 和 User2 配置在一个网段，比如 192.168.100.0/24；将 User3 和 User4 配置在一个网段，比如 192.168.200.0/24。经测试，证明 User1 和 User2 能够互相 ping 通，但是均不能 ping 通 User3 和 User4。User3 和 User4 能够互相 ping 通，但是均不能 ping 通 User1 和 User2。由此可确认配置是正确并成功的。

7.2.5　通过 LNP 动态协商链路类型进行基于端口划分 VLAN 的配置示例

如图 7-11 所示，用户希望能简化配置，免去手工设置链路类型的麻烦，Switch 设备之间通过 Trunk 链路类型连接，Switch 和用户终端之间通过 Access 链路类型连接，并加入对应 VLAN。

1. 基本配置思路分析

因为 LNP 仅可以进行链路类型协商，简化用户对各二层以太网端口类型的配置，所加入或允许的 VLAN 配置仍需要手动进行，故此可得出本示例的基本配置思路如下。

① 在各交换机上全局使能 LNP 功能。

② 在各交换机上创建所需 VLAN。

③ 在各交换机接口上使能 LNP 链路类型自动协商功能，实现接口的链路类型自协商，然后根据图 7-11 中的标识，具体配置所加入或允许通过的 VLAN，实现二层互通。

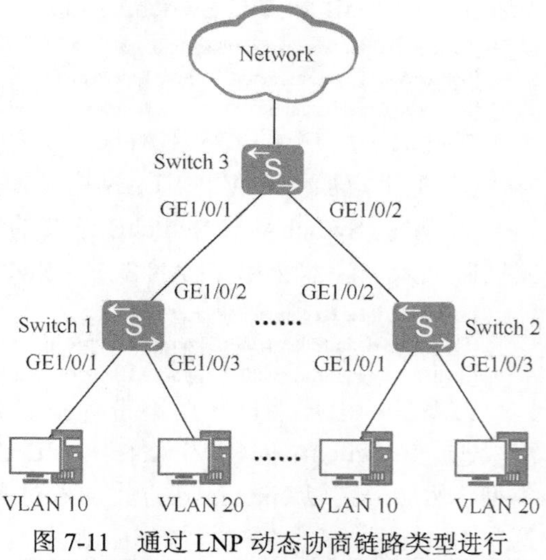

2. 具体配置步骤

① 全局使能链路类型自协商功能。

因为缺省情况下全局的 LNP 处于使能状态，故不需要另外配置。如果未使能，可在各交换机的系统视图下执行 **undo lnp disable** 命令使能 LNP 协商即可。

② 创建 VLAN。

图 7-11　通过 LNP 动态协商链路类型进行
基于端口划分 VLAN 的配置示例的拓扑结构

可在每台交换机上分别手动创建 VLAN，也可仅在 Switch3 上创建 VLAN，然后通过 VCMP 功能将创建的 VLAN 同步到其他交换机上。如果选择通过 VCMP 创建 VLAN，则还需将 Switch3 配置为 VCMP Server，Switch1 和 Switch2 配置为 VCMP Client，具体配置方法将在本章的后面介绍。在此采用在各交换机上分别创建 VLAN 的方法。

下面仅以在 Switch3 上创建 VLAN 10 和 VLAN 20 为例进行介绍，Switch1 和 Switch2

的配置与 Switch3 类似，不再赘述。

```
<HUAWEI> system-view
[HUAWEI] sysname Switch3
[Switch3] vlan batch 10 20
```

③ 在各交换机接口下使能链路类型自协商功能，并分别配置所加入或允许通过的相应 VLAN。如果当前接口不是二层模式，则需执行 **portswitch** 命令切换为二层接口。

缺省情况下接口的 LNP 处于使能状态，故也不需要另外配置。如果未使能，在各接口视图下执行 **undo port negotiation disable** 命令使能 LNP 协商即可。

下面仅以 Switch1 和 Switch3 上的各接口配置为例介绍协商后的 Access 和 Trunk 类型端口所加入或允许通过的 VLAN（按图 7-11 中的 VLAN 标识），Switch2 的配置与 Switch1 类似，不再赘述。

■ Switch1 上的配置

```
[Switch1] interface GigabitEthernet 1/0/1
[Switch1-GigabitEthernet1/0/1] port default vlan 10
[Switch1-GigabitEthernet1/0/1] quit
[Switch1] interface GigabitEthernet 1/0/2
[Switch1-GigabitEthernet1/0/2] port trunk allow-pass only-vlan 10 20
[Switch1-GigabitEthernet1/0/2] quit
[Switch1] interface GigabitEthernet 1/0/3
[Switch1-GigabitEthernet1/0/3] port default vlan 20
[Switch1-GigabitEthernet1/0/3] quit
```

■ Switch3 上的配置

```
[Switch3] interface GigabitEthernet 1/0/1
[Switch3-GigabitEthernet1/0/1] port trunk allow-pass only-vlan 10 20
[Switch3-GigabitEthernet1/0/1] quit
[Switch3] interface GigabitEthernet 1/0/2
[Switch3-GigabitEthernet1/0/2] port trunk allow-pass only-vlan 10 20
[Switch3-GigabitEthernet1/0/2] quit
```

3. 配置结果验证

上述配置完成后，执行 **display lnp interface** *interface-type interface-number* 命令可以查看指定二层接口自协商的状态信息。

```
[Switch1] display lnp interface gigabitethernet1/0/2
LNP information for GigabitEthernet1/0/2:
    Port link type: trunk
    Negotiation mode: desirable
    Hello timer expiration(s): 7
    Negotiation timer expiration(s): 0
    Trunk timer expiration(s): 278
    FSM state: trunk

    Packets statistics
    56 packets received
       0 packets dropped
          bad version: 0, bad TLV(s): 0, bad port link type: 0,
          bad negotiation state: 0, other: 0
    58 packets output
       0 packets dropped
          other: 0
```

执行 **display lnp summary** 命令可以查看二层设备上所有接口自协商的状态信息。

```
[Switch1] display lnp summary
Global LNP : Negotiation enable
-------------------------------------------------------------------------------
C: Configured; N: Negotiated; *: Negotiation disable;
Port          link-type(C)   link-type(N)    InDropped     OutDropped    FSM
-------------------------------------------------------------------------------
GE1/0/1       desirable      access          0             0             access
GE1/0/2       desirable      trunk           0             0             trunk
GE1/0/3       desirable      access          0             0             access
```

7.3 基于 MAC 地址划分 VLAN

基于 MAC 地址的 VLAN 划分方式是一种动态 VLAN 划分方式。它的划分思想是把用户计算机网卡上的 MAC 地址配置与某个 VLAN 进行关联（是"用户计算机网卡 MAC 地址"与"VLAN"之间的映射，不考虑用户计算机所连接的交换机端口），这样就可以实现无论该用户计算机连接在哪台交换机的二层以太网端口上都将保持所属的 VLAN 不变。

也可以这么理解：基于 MAC 地址划分 VLAN 可以使无论用户计算机连接在哪台交换机，也无论是连接在哪个交换机端口上，对应交换机端口都将成为该用户计算机网卡 MAC 地址所映射的 VLAN 的成员，而不需要在用户计算机改变所连接的端口时重新划分 VLAN。这样就可以进一步提高终端用户的安全性（不会轻易被非法改变所属 VLAN 配置）和接入的灵活性（用户计算机可以在网络中根据实际需要随意移动）。

注意 基于 MAC 地址划分的 VLAN 只处理 Untagged 报文，对于 Tagged 报文处理方式和基于接口的 VLAN 一样。当接口收到的报文为 Untagged 报文时，接口会根据报文的源 MAC 地址去匹配 MAC-VLAN 表项。

7.3.1 配置基于 MAC 地址划分 VLAN

配置了基于 MAC 地址划分 VLAN 后，当交换机二层以太网接口收到的数据帧为 Untagged 数据帧时，接口会根据数据帧的源 MAC 地址去匹配 MAC-VLAN 映射表项。如果匹配成功，则在对应的数据帧中添加所匹配到的 VLAN ID 标签，然后按照对应的 VLAN ID 和优先级进行转发；如果匹配失败，则按其他匹配原则（如其他 VLAN 划分方式）进行匹配。

基于 MAC 地址划分 VLAN 的配置思路如下。

① 创建要用于与用户主机 MAC 地址关联的 VLAN。

② 在以上创建的 VLAN 视图下关联用户 MAC 地址，建立 MAC 地址与 VLAN 的映射表，以确定哪些用户 MAC 地址可划分到以上创建的 VLAN 中。

③ 配置各用户连接的交换机二层以太网接口属性（**类型推荐为 Hybrid，当基于 MAC 划分的 VLAN 与端口的 PVID 相同时，也可以是 Access 或 Trunk 类型**），并允许前面创建的基于 MAC 地址划分的 VLAN 以不带 VLAN Tag 方式通过当前端口。

④（可选）配置 VLAN 划分方式的优先级，确保优先基于 MAC 地址划分 VLAN。

⑤ 在交换机接口上（注意，**不一定是直接连接用户计算机的交换机接口上配置**）使能基于 MAC 地址划分 VLAN 功能，完成基于 MAC 地址划分 VLAN。

基于 MAC 地址划分 VLAN 的配置步骤见表 7-6。

表 7-6　　　　　　　　　　　　　基于 **MAC** 地址划分 **VLAN** 的配置步骤

步骤	命令	说明
1	**system-view** 例如：<HUAWEI>**system-view**	进入系统视图
2	**vlan** *vlan-id* 例如：[HUAWEI] **vlan** 2	创建 VLAN 并进入 VLAN 视图。如果 VLAN 已经创建，则直接进入 VLAN 视图
3	**mac-vlan mac-address** *mac-address* [*mac-address-mask* | *mac-address-mask-length*] [**priority** *priority*] 例如：[HUAWEI-vlan2] **mac-vlan mac-address** 22-33-44	关联 MAC 地址和 VLAN。命令中的参数说明如下。 ①*mac-address*：指定与 VLAN 关联的 MAC 地址，格式为 H-H-H，其中 H 为 4 位的十六进制数，可以输入 1～4 位，但不可设置为全 F、全 0 或组播 MAC 地址。 ② *mac-address-mask*：二选一可选参数，指定以上 MAC 地址的掩码，格式为 H-H-H，其中 H 为 1～4 位的十六进制数。MAC 地址掩码是用来确定在创建 MAC 地址与 VLAN 映射表项时对 MAC 地址匹配的比特位，只有值为 1 的比特位才进行匹配。如果要精确匹配一个 MAC 地址，则 MAC 地址掩码为 FFFF-FFFF-FFFF。 ③ *mac-address-mask-length*：二选一可选参数，指定 MAC 地址掩码长度，整数形式，取值范围是 1～48。 ④ **priority** *priority*：可选参数，指定以上 MAC 地址所对应的 VLAN 的 802.1p 优先级。取值范围是 0～7，值越大优先级越高，缺省值是 0。 缺省情况下，MAC 地址与 VLAN 没有关联，可用 **undo mac-vlan mac-address** { **all** | *mac-address* [*mac-address-mask* | *mac-address-mask-length*] }命令取消指定或所有 MAC 地址与 VLAN 的关联
	【说明】如果有多个 MAC 地址与 VLAN 映射表项，则重复第 3 步。但要注意，**如果映射的 VLAN 不一样，则一定要在对应的 VLAN 视图下配置映射**	
4	**quit** 例如：[HUAWEI-vlan2] **quit**	退出 VLAN 视图，返回系统视图
5	**interface** *interface-type interface-number* 例如：[HUAWEI] **interface** gigabitethernet 0/0/1	键入要采用基于 MAC 地址划分 VLAN 的交换机端口（注意：可以是 **Eth-Trunk** 口，且包括但不限于连接用户计算机的端口）的接口类型和接口编号。
6	**port link-type hybrid** 例如： [HUAWEI-GigabitEthernet0/0/1] **port link-type hybrid**	（可选）配置以上二层以太网端口类型为 Hybrid 类型。在 **Access** 口和 **Trunk** 口上，只有基于 **MAC** 划分的 **VLAN** 和 **PVID** 相同时，才可以正常使用
7	**port hybrid untagged vlan** { { *vlan-id1* [**to** *vlan-id2*] } &<1-10> | **all** } 例如： [HUAWEI-GigabitEthernet0/0/1] **port hybrid Untagged vlan** 2 **to** 10	允许以上基于 MAC 地址划分的 VLAN 以不带标签方式通过当前 Hybrid 接口。其他说明参见 7.2.1 节表 7-4 中的第 10 步。注意：**这一步也是必需的，千万别漏掉，其他动态 VLAN 划分方式的配置也一样，不再赘述**

（续表）

步骤	命令	说明
8	**vlan precedence mac-vlan** 例如： [HUAWEI-GigabitEthernet0/0/1] **vlan precedence mac-vlan**	（可选）指定优先基于 MAC 地址划分 VLAN。不过其实也可不用配置，因为缺省情况下也是优先基于 MAC 地址划分 VLAN。也可用 **undo vlan precedence** 命令恢复该配置为缺省的基于 MAC 地址划分 VLAN。 仅 S1720X-E、S5720EI、S5730SI、S5730S-EI、S6720LI、S6720S-LI、S6720SI、S6720S-SI、S5720SI、S5720S-SI、S6720EI、S6720S-EI 和框式系列交换机支持
9	**mac-vlan enable** 例如：[HUAWEI-Gigabit Ethernet0/0/1] **mac-vlan enable**	在以上 Hybrid 端口上使能基于 MAC 地址划分 VLAN 功能。**通常是在网络设备之间连接的 Hybird 端口上集中配置，而不是为每个连接用户计算机的 Hybrid 端口上配置。** 【注意】MAC-VLAN 与 MUX-VLAN、MAC 认证冲突，不允许在同一接口配置。 缺省情况下，未使能基于 MAC 地址划分 VLAN 功能，可用 **undo mac-vlan enable** 命令取消该端口的 MAC VLAN 功能

对其他需要采用基于 MAC 地址划分 VLAN 的 Hybrid 端口重复以上第 5～9 步。

7.3.2　基于 MAC 地址划分 VLAN 的配置示例

在某公司的网络中，网络管理者将同一部门的员工划分到同一 VLAN。为了提高部门内的信息安全，要求只有本部门员工的 PC 才可以访问公司网络。

如图 7-12 所示，PC1、PC2、PC3 为本部门员工的 PC，现要求这几台 PC 可以通过 Switch 访问公司的网络，如换成其他 PC 则不能访问。

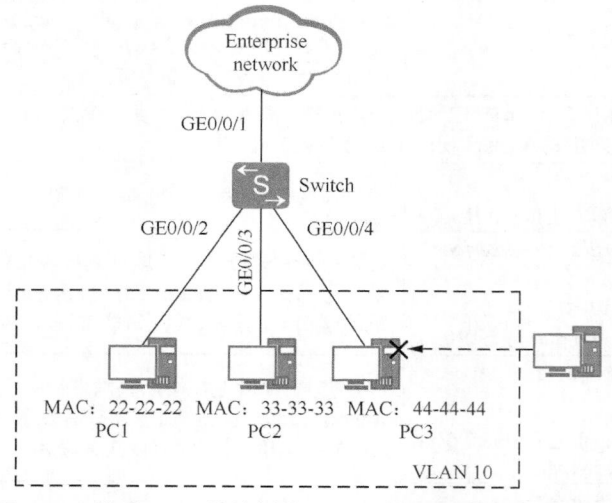

图 7-12　基于 MAC 地址划分 VLAN 的配置示例的拓扑结构

1. 基本配置思路分析

根据本示例要求可以配置基于 MAC 地址划分 VLAN，将本部门员工 PC 的 MAC 地址与指定 VLAN 绑定，从而实现本示例中的要求。根据 7.3.1 节介绍的配置方法可得出本示例的基本配置思路如下（在此采取直接在 PC 用户所连接的接入交换机上进行配置）。

①　在 Switch 上创建 VLAN 10，确定员工所属的 VLAN。

②　配置各以太网接口以正确的方式加入 VLAN（本示例采用 Hybrid 端口类型），实现接口允许 VLAN 报文通过。

③　配置 PC1、PC2、PC3 的 MAC 地址与 VLAN 10 关联，使能基于 MAC 地址划分 VLAN 的功能，实现根据报文中的源 MAC 地址确定 VLAN。

2.　具体配置步骤

①　创建 VLAN 10。

```
<HUAWEI> system-view
[HUAWEI] sysname Switch
[Switch] vlan batch 10
```

②　配置接口以 Hybrid 类型加入 VLAN 10。GE0/0/3、GE0/0/4 接口的配置与 GE0/0/2 接口的配置类似，不再赘述。

```
[Switch] interface gigabitethernet 0/0/1
[Switch-GigabitEthernet0/0/1] port link-type hybrid
[Switch-GigabitEthernet0/0/1] port hybrid tagged vlan 10
[Switch-GigabitEthernet0/0/1] quit
[Switch] interface gigabitethernet 0/0/2
[Switch-GigabitEthernet0/0/2] port link-type hybrid
[Switch-GigabitEthernet0/0/2] port hybrid untagged vlan 10
[Switch-GigabitEthernet0/0/2] quit
```

【经验之谈】这里无需配置这些二层以太网接口的 PVID 为 VLAN 10，因为此时这些接口在收到 untagged 帧时不是按照基于端口划分 VLAN 的方式那样按照端口的 PVID 来为数据帧打上 VLAN Tag，而是依据在交换机上配置的基于帧中源 MAC 地址与 VLAN 的映射关系来为帧打上对应的 VLAN Tag。当然，即使你已为些接口修改了它们的 PVID（缺省为 VLAN 1），也没有影响，只要你能确保优先基于 MAC 地址划分 VLAN 即可。

③　配置 PC 的 MAC 地址与 VLAN 10 关联。使能接口的基于 MAC 地址划分 VLAN 功能，GE0/0/3、GE0/0/4 接口的配置与 GE0/0/2 接口的配置类似，不再赘述。

```
[Switch] vlan 10
[Switch-vlan10] mac-vlan mac-address 22-22-22
[Switch-vlan10] mac-vlan mac-address 33-33-33
[Switch-vlan10] mac-vlan mac-address 44-44-44
[Switch-vlan10] quit
[Switch] interface gigabitethernet 0/0/2
[Switch-GigabitEthernet0/0/2] mac-vlan enable
[Switch-GigabitEthernet0/0/2] quit
```

此时 PC1、PC2、PC3 可以访问公司网络，但换成其他外来人员的 PC 则不能访问。

7.4　基于子网划分 VLAN

基于子网划分 VLAN 是基于数据帧中上层（网络层）IP 地址或所属 IP 网段进行的 VLAN 划分，与下节将要介绍的"基于协议划分 VLAN"统称为"基于网络层划分 VLAN"，也属于动态 VLAN 划分方式，既可减少手工配置 VLAN 的工作量，又可保证用户自由地增加、移动和修改。基于子网划分 VLAN 适用于对安全性需求不高、对移动性和简易管理需求较高的场景中。

基于子网 VLAN 的划分思想是把用户计算机网卡上的 IP 地址配置与某个 VLAN 进行关联（是"用户计算机网卡 IP 地址"与"VLAN"之间的映射，不考虑用户计算机所连接的交换机端口），这样与上节介绍的基于 MAC 地址划分 VLAN 一样，也可以实现无论该用户计算机连接在哪台交换机的二层以太网端口上都将保持所属的 VLAN 不变。

与上节介绍的基于 MAC 地址的 VLAN 划分一样，基于 IP 子网划分的 VLAN 也只处理 Untagged 数据帧，**也主要是在 Hybird 类型端口上进行划分（在 Access、Trunk 类型端口上，也只有基于 IP 子网划分的 VLAN 和其 PVID 相同时才可以正常使用）**，对于 Tagged 数据帧的处理方式和基于端口划分的 VLAN 一样。

7.4.1 配置基于 IP 子网划分 VLAN

基于 IP 子网划分 VLAN 的基本原理也与基于 MAC 地址划分 VLAN 的原理类似，只是原来的 MAC 地址改成了 IP 地址，即当设备端口接收到 Untagged 数据帧时，设备根据数据帧的源 IP 地址或指定网段来确定数据帧所属的 VLAN，并在数据帧中添加对应的 VLAN ID 标签，然后将数据帧自动划分到指定 VLAN 中传输。

基于 IP 子网划分 VLAN 的配置思路与 7.3.1 节介绍的基于 MAC 地址划分 VLAN 的配置思路基本一样，只是把匹配的 MAC 地址换成 IP 地址，具体如下。

① 创建用于与用户主机 MAC 地址关联的 VLAN。

② 在以上创建的 VLAN 视图下关联用户 IP 地址，建立 IP 地址与 VLAN 的映射表，以确定哪些用户 IP 地址可划分到以上创建的 VLAN 中。

③ 配置各用户连接的交换机二层以太网端口类型为 Hybrid，并允许前面创建的基于 IP 地址划分的 VLAN 以不带 VLAN Tag 方式通过当前端口。

④（可选）配置 VLAN 划分方式的优先级，确保优先基于 IP 地址划分 VLAN。缺省情况下是优先基于 MAC 地址划分 VLAN，但是可通过配置改变优先划分的方式。

⑤ 在交换机端口上（注意：**不一定是在连接用户计算机的端口上**）使能基于 IP 地址划分 VLAN 功能，完成基于 IP 地址划分 VLAN。

以上基于 IP 地址划分 VLAN 的配置任务的具体配置步骤见表 7-7，与 7.3.1 节介绍的基于 MAC 地址划分 VLAN 的配置步骤基本一样，只是个别命令上的差异而已。

表 7-7　　　　　　　　基于 IP 子网划分 VLAN 的配置步骤

步骤	命令	说明
1	**system-view** 例如：<HUAWEI> **system-view**	进入系统视图
2	**vlan** *vlan-id* 例如：[HUAWEI] **vlan 2**	创建 VLAN 并进入 VLAN 视图。如果 VLAN 已经创建，则直接进入 VLAN 视图。其他说明参见表 6-3 的第 2 步
3	**ip-subnet-vlan** [*ip-subnet-index*] **ip** *ip-address* { *mask* | *mask-length* } [**priority** *priority*]	将以上创建的 VLAN 与用户计算机的 IP 地址进行关联，建立映射表项。命令中的参数说明如下。 ① *ip-subnet-index*：可选参数，指定 IP 子网索引值，取值范围为 1～12 的整数。子网索引可由用户指定，也可由系统

（续表）

步骤	命令	说明
3	例如：[HUAWEI-vlan2] **ip-subnet-vlan ip** 192.168.0.10 24	根据 IP 子网划分 VLAN 的顺序自动产生。 ② *ip-address*：指定基于 IP 子网划分 VLAN 依据的源 IP 地址或网络地址（如果是网络地址，则作用在这个网络中的所有用户主机发送的数据帧），为点分十进制格式。 ③ *mask*：二选一参数，指定以上 IP 地址的子网掩码，为点分十进制格式。 ④ *mask-length*：二选一参数，指定以上 IP 地址的子网掩码前缀长度，取值范围为 1～32 的整数。 ⑤ **priority** *priority*：可选参数，指定以上 IP 地址或网段对应的 VLAN 的 802.1p 优先级。取值范围为 0～7，值越大优先级越高。缺省值是 0。 缺省情况下，没有配置基于 IP 子网划分 VLAN，可用 **undo ip-subnet-vlan** { *ip-subnet-index* [**to** *ip-subnet-end*]	**all** }命令删除基于 IP 子网划分的指定 VLAN
	【说明】如果有多个 IP 地址与 VLAN 映射表项，则重复第 3 步。但要注意，如果映射的 **VLAN 不一样**，则一定要在对应的 **VLAN** 视图下配置映射	
4	**quit** 例如：[HUAWEI-vlan2]	退出 VLAN 视图，返回系统视图
5	**interface** *interface-type interface-number* 例如：[HUAWEI] **interface** gigabitethernet 0/0/1	键入要采用基于 IP 地址划分 VLAN 的交换机端口（注意：可以是 Eth-Trunk 口，且包括但不限于连接用户计算机的端口）的接口类型和接口编号
6	**port link-type hybrid** 例如：[HUAWEI-Gigabit Ethernet0/0/1] **port link-type hybrid**	（可选）配置以上二层以太网端口类型为 Hybrid 类型。在 Access 口和 Trunk 口上，只有基于 IP 子网划分的 VLAN 和 PVID 相同时，才可以正常使用
7	**port hybrid untagged vlan** { { *vlan-id1* [**to** *vlan-id2*] } &<1-10>	**all** } 例如：[HUAWEI-Gigabit Ethernet0/0/1] **port hybrid Untagged vlan 2 to 10**	配置以上 Hybrid 类型端口以 Untagged 方式加入指定的 VLAN 中，即指定这些 VLAN 帧将以 Untagged 方式（去掉帧中原来的 VLAN Tag）通过接口向外（即向对端设备发送，不是向本地交换机内部发送）发送出去。其他说明参见 7.2.1 节表 7-4 中的第 10 步
8	**vlan precedence ip-subnet-vlan** 例如：[HUAWEI-Gigabit Ethernet0/0/1] **vlan precedence ip-subnet-vlan**	（可选）指定优先基于 IP 地址划分 VLAN。 缺省情况下是优先基于 MAC 地址划分 VLAN，可用 **undo vlan precedence** 命令恢复该配置为缺省的基于 MAC 地址划分 VLAN
9	**ip-subnet-vlan enable** 例如：[HUAWEI-GigabitEthernet0/0/1] **ip-subnet-vlan enable**	在以上 Hybrid 端口上使能基于 IP 地址划分 VLAN。这样，当端口收到 Untagged 数据帧时会以数据帧的源 IP 地址去匹配 IP-VLAN 表项。如果匹配成功，则按照匹配到的 VLAN ID 进行转发；如果匹配失败，则按照优先级选择其他匹配原则继续进行匹配。而当收到 Tagged 数据帧时，则按照基于端口划分 VLAN 进行转发。 【注意】在 S1720GFR、S1720GW-E、S1720GWR-E、S1720X-E、S2750、S2720EI、S5720SI、S5720S-SI、S5700LI、S5720LI、S5720S-LI、S5710-X-LI 和 S5700S-LI 交换机上，当通过 **ip error-packet-check disable** 命令关闭端口 IP 报文检查功能

（续表）

步骤	命令	说明
9	**ip-subnet-vlan enable** 例如：[HUAWEI- GigabitEthernet0/0/1] **ip-subnet-vlan enable**	后，会导致基于 IP 子网划分 VLAN 和基于策略划分 VLAN 功能不生效。 缺省情况下，未使能基于 IP 地址划分 VLAN 功能，可用 **undo mac-vlan enable** 命令取消该端口的 MAC VLAN 功能

对其他需要采用基于 IP 地址划分 VLAN 的 Hybrid 端口重复以上第 5～9 步

7.4.2 基于 IP 子网划分 VLAN 的配置示例

本示例的拓扑结构如图 7-13 所示，假设该公司拥有多种业务，如 IPTV、VoIP、Internet 等，而且使用每种业务的用户 IP 地址网段各不相同。为了便于管理，现需要将同一种类型业务划分到同一 VLAN 中，不同类型的业务划分到不同 VLAN 中，分别为 VLAN 100、VLAN 200 和 VLAN 300。当 Switch 接收到这些业务数据帧时会根据帧中封装的源 IP 地址网段的不同自动为这些帧添加对应的 VLAN ID 标签，最终实现通过不同的 VLAN ID 分流到不同的远端服务器上以实现业务互通。

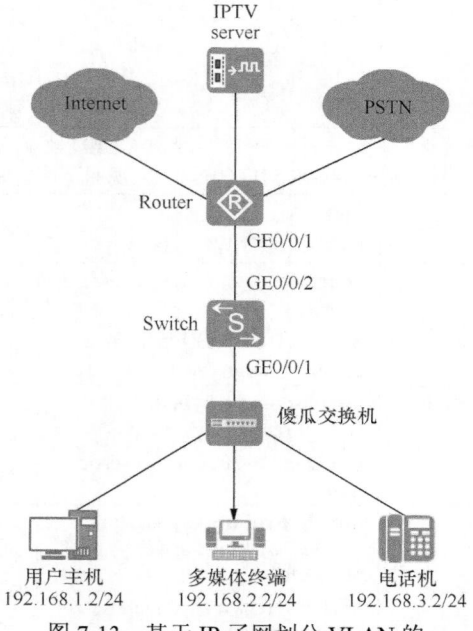

图 7-13 基于 IP 子网划分 VLAN 的配置示例的拓扑结构

1. 配置思路分析

本示例其实与 7.3.2 节介绍的基于 MAC 地址划分 VLAN 的配置示例差不多，主要不同有两点：一是基于 IP 子网进行 VLAN 划分，二是从 Switch 上出去的数据帧要流向不同的服务器，这就需要在不同服务器所连接的交换机端口上配置仅允许某一个 VLAN 的数据帧通过。

本示例可直接在汇聚层 Switch 上进行配置，基本配置步骤如下。

说明 本示例中的傻瓜交换机上不需要任何配置。但要使 Router 能根据不同的 VLAN 将业务分流到不同的远端服务器，Router 上需要进行如下配置。

■ 将连接 Switch 的接口以 Tagged 方式加入到所有业务的 VLAN 中。

■ 将连接各业务服务网络的各接口加入到对应业务的 VLAN 中，并配置对应的 VLANIF 接口。

① 创建 VLAN，确定每种业务所属的 VLAN。

② 关联 IP 子网和 VLAN，实现根据数据帧中的源 IP 地址或指定网段确定 VLAN。

③ 以正确的类型把各端口加入对应的 VLAN，实现基于 IP 子网的 VLAN 通过当前端口。

④ 配置 VLAN 划分方式的优先级，确保优先选择基于 IP 子网划分 VLAN。然后使

能基于 IP 子网划分 VLAN。

2. 配置步骤

① 为各业务用户创建所需的 VLAN，即在 Switch 上创建 VLAN100、VLAN200 和 VLAN300。

```
<HUAWEI> system-view
[HUAWEI] sysname Switch
[Switch] vlan batch 100 200 300
```

② 关联 IP 子网与 VLAN，并设置不同的优先级（其实优先级是可选配置）。

```
[Switch] vlan 100
[Switch-vlan100] ip-subnet-vlan 1 ip 192.168.1.2 24 priority 2    !—在 Switch 上配置 VLAN100 与 IP 地址 192.168.1.2/24
关联，优先级为 2
[Switch-vlan100] quit
[Switch] vlan 200
[Switch-vlan200] ip-subnet-vlan 1 ip 192.168.2.2 24 priority 3    !—在 Switch 上配置 VLAN200 与 IP 地址 192.168.2.2/24
关联，优先级为 3
[Switch-vlan200] quit
[Switch] vlan 300
[Switch-vlan300] ip-subnet-vlan 1 ip 192.168.3.2 24 priority 4    !—在 Switch 上配置 VLAN300 与 IP 地址 192.168.3.2/24
关联，优先级为 4
[Switch-vlan300] quit
```

③ 在 Switch 上配置各端口类型及允许加入的 VLAN。注意，在启用基于 IP 子网划分 VLAN 的 GE0/0/1 端口上要采用 Untagged 方式的 Hybrid 类型端口，并且要允许所有业务 VLAN 数据帧通过。连接 Router 的端口可以是 Trunk 端口，也可以是 Tagged 方式的 Hybrid 类型端口（本示例仅以 Trunk 类型端口为例进行介绍），并且仅允许对应的 VLAN 数据帧通过。

```
[Switch] interface gigabitethernet 0/0/1
[Switch-GigabitEthernet0/0/1] port link-type hybrid
[Switch-GigabitEthernet0/0/1] port hybrid untagged vlan 100 200 300
[Switch-GigabitEthernet0/0/1] quit
[Switch] interface gigabitethernet 0/0/2
[Switch-GigabitEthernet0/0/2] port link-type trunk
[Switch-GigabitEthernet0/0/2] port trunk allow-pass vlan 100 200 300
[Switch-GigabitEthernet0/0/2] quit
```

④ 在 Switch 上配置 GE1/0/1 接口优先采用基于 IP 子网进行 VLAN 划分，并使能基于 IP 子网划分 VLAN 功能。

```
[Switch] interface gigabitethernet 0/0/1
[Switch-GigabitEthernet0/0/1]vlan precedence ip-subnet-vlan
[Switch-GigabitEthernet0/0/1]ip-subnet-vlan enable
[Switch-GigabitEthernet0/0/1]quit
```

下面来验证以上的配置结果，可在 Switch 上执行 **display ip-subnet-vlan vlan all** 命令查看基于 IP 子网划分的 VLAN 信息。从中可以看出，已按配置正确地进行了 VLAN 划分。

```
[Switch] display ip-subnet-vlan vlan all
-----------------------------------------------------------------
Vlan    Index    IpAddress        SubnetMask          Priority
-----------------------------------------------------------------
100     1        192.168.1.2      255.255.255.0       2
200     1        192.168.2.2      255.255.255.0       3
300     1        192.168.3.2      255.255.255.0       4
```

ip-subnet-vlan count: 3   total count: 3

7.5 基于协议划分 VLAN

基于协议划分 VLAN 是指基于数据帧中的上层（网络层）协议类型进行的 VLAN 划分。与前面介绍的基于 MAC 地址划分的 VLAN 和基于 IP 子网划分的 VLAN 一样，基于协议划分的 VLAN 也只处理 Untagged 数据帧，**故也主要是在 Hybird 类型端口上进行划分（在 Access、Trunk 类型端口上，只有基于协议划分的 VLAN 和其 PVID 相同时才可以正常使用）**，对于 Tagged 数据帧的处理方式和基于端口的 VLAN 一样。

基于协议 VLAN 的划分思想是把用户计算机上运行的网络层协议与某个 VLAN 进行关联（是"用户计算机网络层协议"与 VLAN 之间的映射，不考虑用户计算机所连接的交换机端口），这样也可以实现无论该用户计算机连接在哪台交换机的二层以太网端口上都将保持其所属的 VLAN 不变。启用基于协议划分 VLAN 的功能后，当交换机端口接收到 Untagged 帧时，先识别帧的协议模板，然后确定数据帧所属的 VLAN。

■ 如果端口配置了属于某些协议 VLAN，且数据帧的协议模板匹配其中某个协议 VLAN，则给数据帧打上该协议 VLAN Tag。

■ 如果端口原来配置了属于某些协议的 VLAN，但某次到达的数据帧的协议模板和所有协议 VLAN 都不匹配，则给数据帧打上端口 PVID 的 VLAN Tag（**这点比较特殊，要充分注意**）。

7.5.1 配置基于协议划分 VLAN

基于协议划分 VLAN 与上节介绍的基于 IP 子网划分 VLAN 都属于基于网络层进行的 VLAN 划分，不同的是，基于 IP 子网划分 VLAN 仅根据网络层中特定的 IPv4 协议中的 IPv4 地址或子网进行 VLAN 划分，而本节所介绍的基于协议划分 VLAN 是根据不同网络层协议（包括 IPv4、IPX、AppleTalk 等协议）进行的 VLAN 划分，不是根据具体类型的网络层地址进行 VLAN 划分。

因为基于协议划分 VLAN 是根据不同的网络层协议进行的，所以需要事先创建不同网络层协议与 VLAN 的映射表项，同时还要在交换机 Hybrid 端口上配置与对应的协议 VLAN 进行关联，以限定交换机端口仅可以加入特定的协议 VLAN 中，具体如下。

① 创建各网络层协议所需关联的 VLAN。

② 在以上创建的 VLAN 视图下关联用户所用的网络层协议类型，建立网络层协议与 VLAN 的映射表，以确定哪些用户可划分到以上创建的 VLAN 中。

③ 配置各用户连接的交换机二层以太网端口类型为 Hybrid，并允许前面创建的基于协议划分的 VLAN 以不带 VLAN Tag 的方式通过当前端口。

④ 配置交换机 Hybrid 端口与对应的协议 VLAN 进行关联。这样，当有关联的协议数据帧进入所关联的端口时，系统自动为该协议数据帧分配已经划分好的 VLAN ID。

基于协议划分 VLAN 的具体配置步骤见表 7-8。

表 7-8　　　　　　　　　　　　　基于协议划分 **VLAN** 的配置步骤

步骤	命令	说明
1	**system-view** 例如：<HUAWEI> **system-view**	进入系统视图
2	**vlan** *vlan-id* 例如：[HUAWEI] **vlan** 2	创建 VLAN 并进入 VLAN 视图。如果 VLAN 已经创建，则直接进入 VLAN 视图
3	**protocol-vlan** [*protocol-index*] { **at** | **ipv4** | **ipv6** | **ipx** { **ethernetii** | **llc** | **raw** | **snap** } | **mode** { **ethernetii-etype** *etype-id1* | **llc dsap** *dsap-id* **ssap** *ssap-id* | **snap-etype** *etype-id2* } } 例如：[HUAWEI-vlan2] **protocol-vlan ipv4**	将以上创建的 VLAN 与特定的网络层协议进行关联。命令中的参数说明如下。 ① *protocol-index*：可选参数，指定协议的索引值。如果不手工配置协议索引值，则系统会根据协议与 VLAN 关联的先后顺序自动产生编号。协议模板由协议类型+封装格式确定，一个协议 VLAN 可由一个协议模板定义。 ② **at**：多选一选项，指定基于 AppleTalk 协议划分 VLAN。 ③ **ipv4**：多选一选项，指定基于 IPv4 协议划分 VLAN。 ④ **ipv6**：多选一选项，指定基于 IPv6 协议划分 VLAN。 ⑤ **ipx**：多选一选项，指定基于 IPX 协议划分 VLAN。 ⑥ **ethernetii**：多选一选项，指定 IPX 协议的以太网数据帧的封装格式为 Ethernet II 标准格式。 ⑦ **llc**：多选一选项，指定 IPX 协议的以太网数据帧的封装格式为 802.3/802.2 LLC 标准格式。 ⑧ **raw**：多选一选项，指定 IPX 协议的以太网数据帧的封装格式为 Ethernet 802.3 raw 标准格式。 ⑨ **snap**：多选一选项，指定 IPX 协议的以太网数据帧的封装格式为 Ethernet 802.3 SAP 标准格式。 ⑩ **ethernetii-etype** *etype-id1*：多选一参数，指定匹配 Ethernet II 封装格式的协议类型值，取值范围是 600～ffff（除 800、809b、8137、86dd 以外的值）。 ⑪ **llc dsap** *dsap-id* **ssap** *ssap-id*：多选一参数，指定匹配 802.3/802.2 LLC 封装格式的目的服务访问点（DSAP）和源服务访问点（SSAP），取值范围均为 0～ff。 【注意】配置源和目的服务接入点时，需要注意以下几点。 • *dsap-id* 和 *ssap-id* 不能同时设置成 0xaa。 • *dsap-id* 和 *ssap-id* 不能同时设置成 0xe0，0xe0 对应的是 IPX 报文的 llc 封装格式。 • *dsap-id* 和 *ssap-id* 也不能同时设成 0xff，0xff 对应的是 IPX 报文的 raw 封装格式。 ⑫ **snap-etype** *etype-id2*：多选一参数，指定匹配 Ethernet 802.3 SAP 封装格式的协议类型值，取值范围是 600～ffff（除 800、809b、8137、86dd 以外的值）。 缺省是没有建立任何网络层协议与 VLAN 关联的，可用 **undo protocol-vlan** { **all** | *protocol-index1* [**to** *protocol-index2*] }命令删除基于协议划分的指定 VLAN。二选一选项 **all** 用来指定删除所有基于协议划分的 VLAN，二选一参数 *protocol-index1* [**to** *protocol-index2*]用来指定要删除 VLAN 所对应的起始和终止协议索引值，取值范围是 0～15 的整数

【说明】如果有多个网络层协议与 VLAN 映射表项，则重复第 3 步。但要注意，**如果映射的 VLAN 不一样，则一定要在对应的 VLAN 视图下配置映射**

（续表）

步骤	命令	说明
4	quit 例如：[HUAWEI-vlan2]	退出 VLAN 视图，返回系统视图
5	interface *interface-type* *interface-number* 例如：[HUAWEI] **interface** gigabitethernet 0/0/1	键入要采用基于协议划分 VLAN 的交换机端口的接口类型和接口编号（注意：**可以是 Eth-Trunk 口**）。接口类型和接口编号之间可以输入空格，也可以不输入空格
6	port link-type hybrid 例如： [HUAWEI-GigabitEthernet0/0/1] **port link-type hybrid**	配置以上二层以太网端口类型为 Hybrid 类型。在 Access 口和 Trunk 口上，只有基于 MAC 划分的 VLAN 和 PVID 相同时，才可以正常使用
7	port hybrid untagged vlan { { *vlan-id1* [**to** *vlan-id2*] } &< 1-10> | **all** } 例如： [HUAWEI-GigabitEthernet0/0/1] **port hybrid untagged vlan** 2 **to** 10	配置以上 Hybrid 类型端口以 Untagged 方式加入指定的 VLAN 中，即指定这些 VLAN 帧将以 Untagged 方式（去掉帧中原来的 VLAN Tag）通过接口向外（即向对端设备发送，不是向本地交换机内部发送）发送出去。其他说明参见 7.2.1 节表 7-4 中的第 10 步
8	protocol-vlan vlan *vlan-id* { **all** | *protocol-index1* [**to** *protocol-index2*] } [**priority** *priority*] 例如：[HUAWEI-Gigabit Ethernet0/0/1] **protocol-vlan** **vlan** 2 0	把特定索引号的协议 VLAN 与特定交换机端口进行关联，以限定交换机端口可以加入的协议 VLAN。命令中的参数和选项说明如下。 ① *vlan-id*：指定以上 Hybrid 端口要关联的协议 VLAN。 ② **all**：二选一选项，指定要与所有协议索引值对应的，并由参数 *vlan-id* 指定的协议 VLAN 关联。 ③ *protocol-index1* [**to** *protocol-index2*]：二选一参数，指定仅与指定协议索引起始值和终止值范围内，由参数 *vlan-id* 指定的协议 VLAN 关联，取值范围均为 0～15 的整数。如果不手工配置协议索引值，则系统会根据协议与 VLAN 关联的先后顺序自动产生编号。 ④ **priority** *priority*：可选参数，指定所关联的以上协议 VLAN 的 802.1p 优先级。 配置结果按多次累加生效，可用 **undo protocol-vlan** { **all** | **vlan** *vlan-id* { **all** | *protocol-index1* [**to** *protocol-index2*] } } 命令取消以上端口与指定协议 VLAN 的关联

对其他需要采用基于协议划分 VLAN 的 Hybrid 端口重复以上第 5～8 步

7.5.2　基于协议划分 VLAN 的配置示例

本示例的拓扑结构如图 7-14 所示，VLAN 10 中的用户采用 IPv4 协议与远端用户通信，而 VLAN 20 中的用户采用 IPv6 协议与远端服务器通信，现要通过不同的 VLAN ID 分流到不同的远端服务器上以实现业务互通。

1. 配置思路分析

本示例中需要创建两个协议 VLAN：VLAN 10 和 VLAN 20，分别对应于 IPv4 和 IPv6，所以事先要创建这两个 VLAN，然后分别与对应的协议进行关联。除此之外，还要在对应的 Hybrid 端口上允许对应的协议 VLAN 通过，并与指定的协议 VLAN 进行关联。

本示例也可直接在汇聚层 Switch 上配置，而保持下游 Switch1 上全部为缺省配置。

其基本配置思路如下。

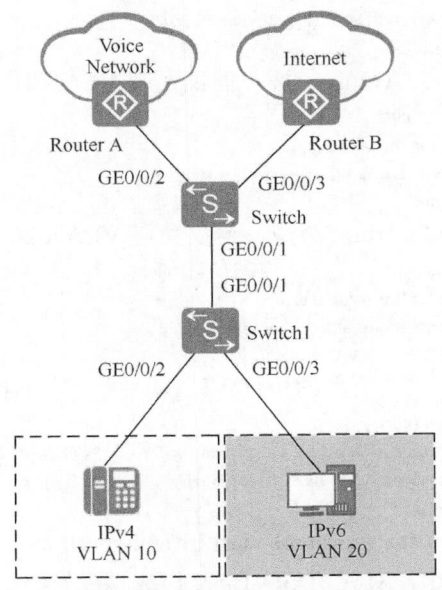

图 7-14　基于协议划分 VLAN 的配置示例的拓扑结构

① 创建 VLAN，确定每种业务所属的协议 VLAN。

② 关联协议和 VLAN，实现根据端口接收到的数据帧所属的网络层协议类型给数据帧分配不同的 VLAN ID。

③ 配置端口加入 VLAN，并允许基于协议的 VLAN 通过当前端口。

④ 关联接口和对应的协议 VLAN，使有关联的协议进入关联的接口时，系统自动为该协议分配已经划分好的 VLAN ID。

2．配置步骤

本示例在 Switch 上的具体配置步骤如下。

① 创建所需的协议 VLAN 10 和 VLAN 20。

```
<HUAWEI> system-view
[HUAWEI] sysname Switch
[Switch] vlan batch 10 20
```

② 配置网络层协议与以上协议 VLAN 的关联。

```
[Switch] vlan 10
[Switch-vlan10] protocol-vlan ipv4
[Switch-vlan10] quit
[Switch] vlan 20
[Switch-vlan20] protocol-vlan ipv6
[Switch-vlan20] quit
```

③ 配置端口类型及允许通过的协议 VLAN。注意，与 Switch1 连接的 GE1/0/1 端口要允许所有的协议 VLAN 帧以不带标签的方式通过。连接两路由器的端口可以是带 VLAN Tag 的 Hybrid 或 Trunk 端口类型，但仅允许对应的协议 VLAN 通过。

a．配置 GE0/0/1 端口为 Hybrid 类型，并同时允许 VLAN 10 和 VLAN 20 以不带标签的方式通过。

```
[Switch] interface gigabitethernet 0/0/1
[Switch-GigabitEthernet0/0/1] port link-type hybrid
[Switch-GigabitEthernet0/0/1] port hybrid untagged vlan 10 20
[Switch-GigabitEthernet0/0/1] quit
```

b．配置 GE0/0/2 端口为 Trunk 类型，但仅允许 VLAN 10 通过。

```
[Switch] interface gigabitethernet 0/0/2
[Switch-GigabitEthernet0/0/2] port link-type trunk
[Switch-GigabitEthernet0/0/2] port trunk allow-pass vlan 10
[Switch-GigabitEthernet0/0/2] quit
```

c．配置 GE0/0/3 端口为 Trunk 类型，但仅允许 VLAN 20 通过。

```
[Switch] interface gigabitethernet 0/0/3
[Switch-GigabitEthernet0/0/3] port link-type trunk
[Switch-GigabitEthernet0/0/3] port trunk allow-pass vlan 20
[Switch-GigabitEthernet0/0/3] quit
```

④ 配置 GE0/0/1 端口关联所需的协议 VLAN，并为它们指定不同的优先级。

```
[Switch] interface gigabitethernet 0/0/1
[Switch-GigabitEthernet0/0/1] protocol-vlan vlan 10 all priority 5 !---配置 GE1/0/1 端口与 VLAN10 关联，优先级是 5
[Switch-GigabitEthernet0/0/1] protocol-vlan vlan 20 all priority 6 !---配置 GE1/0/1 端口与 VLAN20 关联，优先级是 6
[Switch-GigabitEthernet0/0/1] quit
```

下面可以通过执行 **display protocol-vlan interface all** 命令查看端口关联协议 VLAN 的配置信息。从中可以看出，对应协议 VLAN 已成功配置。

```
<Switch > display protocol-vlan interface all
-------------------------------------------------------------------------
Interface          VLAN    Index    Protocol Type        Priority
-------------------------------------------------------------------------
GigabitEthernet0/0/1    10      0        ipv4                 5
GigabitEthernet0/0/1    20      0        ipv6                 6
```

7.6　基于策略划分 VLAN

基于策略划分 VLAN 也可称为 Policy VLAN，是根据一定的策略进行 VLAN 划分的，可实现用户终端的即插即用功能，同时可为终端用户提供安全的数据隔离。这里的策略主要包括"基于 MAC 地址+IP 地址"的组合策略和"基于 MAC 地址+IP 地址+端口"的组合策略两种。**基于策略 VLAN 划分功能可以起到把用户 MAC 地址、IP 地址绑定到特定端口的目的，使这些用户不能连接到其他交换机端口上。基于策略划分 VLAN 也主要是在 Hybird 类型端口上进行划分，在 Access、Trunk 类型端口上，只有基于策略划分的 VLAN 和其 PVID 相同时才可以正常使用。**

7.6.1　配置基于策略划分 VLAN

基于策略划分 VLAN 是指在交换机上指定终端的 MAC 地址、IP 地址或接口，并与 VLAN 关联。只有符合条件的终端才能加入指定的 VLAN。符合策略的终端加入指定 VLAN 后，严禁修改 IP 地址或 MAC 地址，否则会导致终端从指定 VLAN 中退出。

基于策略的 VLAN 只处理 untagged 报文，对于 tagged 报文处理方式和基于接口的 VLAN 一样。当设备接口接收到 untagged 报文时，设备根据用户报文中的 MAC 地址和

IP 地址与配置的 MAC 地址和 IP 地址组合策略来确定报文所属的 VLAN,然后将报文自动划分到指定 VLAN 中传输。

基于策略划分 VLAN 的基本配置思路比较简单,具体如下。

① 创建各策略所需关联的 VLAN。

② 在以上创建的 VLAN 视图下关联不同的策略,建立特定策略与 VLAN 的映射表,以确定哪些用户可划分到以上创建的 VLAN 中。

③ 配置各用户连接的交换机二层以太网端口类型为 Hybrid,并允许前面创建的基于策略划分的 VLAN 以不带 VLAN Tag 的方式通过当前端口。

基于策略划分 VLAN 的具体配置步骤见表 7-9。

表 7-9　　　　　　　　　　　　　　基于策略划分 VLAN 的配置步骤

步骤	命令	说明
1	**system-view** 例如：<HUAWEI> **system-view**	进入系统视图
2	**vlan** *vlan-id* 例如：[HUAWEI] **vlan 2**	创建 VLAN 并进入 VLAN 视图。如果 VLAN 已经创建,则直接进入 VLAN 视图
3	**policy-vlan mac-address** *mac-address* **ip** *ip-address* [**interface** *interface-type interface-number*] [**priority** *priority*] 例如：[HUAWEI-vlan2] **policy-vlan mac-address 1-1-1 ip 10.10.10.1 priority 7**	将以上创建的 VLAN 与特定的策略进行关联。命令中的参数说明如下。 ① **mac-address** *mac-address*：指定策略 VLAN 依据的源 MAC 地址,格式为 H-H-H。其中 H 为 4 位的十六进制数,可以输入 1～4 位,如 00e0、fc01。当输入不足 4 位时,表示前面的几位为 0,如输入 e0,等同于 00e0,不可全为 0 或全为 1。 ② **ip** *ip-address*：指定策略 VLAN 依据的源 IP 地址。 ③ **interface** *interface-type interface-number*：可选参数,指定应用 MAC 地址和 IP 地址组合策略的交换机端口（注意：可以是 **Eth-Trunk** 口）。如果不指定该参数,MAC 地址和 IP 地址组合策略将应用到指定 VLAN 中所有的端口上。 ④ **priority** *priority*：可选参数,指定以上策略所对应的 VLAN 中报文的 802.1p 优先级,取值范围为 0～7 的整数,值越大优先级越高。缺省值是 0。 缺省情况下,没有配置基于策略划分 VLAN,可用 **undo policy-vlan** { **all** | **mac-address** *mac-address* **ip** *ip-address* [**interface** *interface-type interface-number*] } 命令删除基于策略划分的指定 VLAN。如果要删除被设置为策略 VLAN 的 VLAN,需要先执行 **undo policy-vlan** 命令删除 Policy VLAN 后,才能够删除该 VLAN
	【说明】如果有多个策略与 VLAN 映射表项,则重复第 3 步。但要注意,如果映射的 VLAN 不一样,则一定要在对应的 VLAN 视图下配置映射	
4	**quit** 例如：[HUAWEI-vlan2]	退出 VLAN 视图,返回系统视图
5	**interface** *interface-type interface-number* 例如：[HUAWEI] **interface** gigabitethernet 0/0/1	键入要采用基于策略划分 VLAN 的交换机端口的接口类型和接口编号（注意：可以是 **Eth-Trunk** 口）

（续表）

步骤	命令	说明
6	**port link-type hybrid** 例如：[HUAWEI-GigabitEthernet0/0/1] **port link-type hybrid**	配置以上二层以太网端口类型为 Hybrid 类型。在 Access 口和 Trunk 口上，只有基于策略划分的 VLAN 和 PVID 相同时，才可以正常使用。所以基于策略划分 VLAN 推荐在 Hybrid 口上配置
7	**port hybrid untagged vlan** { { *vlan-id1* [**to** *vlan-id2*] } &<1-10> | **all** } 例如：[HUAWEI-GigabitEthernet0/0/1] **port hybrid untagged vlan 2 to 10**	配置以上 Hybrid 类型端口以 Untagged 方式加入指定的 VLAN 中，即指定这些 VLAN 帧将以 Untagged 方式（去掉帧中原来的 VLAN Tag）通过接口向外（即向对端设备发送，不是向本地交换机内部发送）发送出去。其他说明参见 7.2.1 节表 7-4 中的第 10 步 【注意】在 S1720GFR、S1720GW-E、S1720GWR-E、S1720X-E、S2750、S2720EI、S5720SI、S5720S-SI、S5700LI、S5720LI、S5720S-LI、S5710-X-LI 和 S5700S-LI 交换机上，当通过 **ip error-packet-check disable** 命令关闭端口 IP 报文检查功能后，会导致基于 IP 子网划分 VLAN 和基于策略划分 VLAN 功能不生效

对其他需要采用基于策略划分 VLAN 的 Hybrid 端口重复以上第 5～7 步

7.6.2 基于策略划分 VLAN 的配置示例

本示例的拓扑结构如图 7-15 所示。现要把 User1（MAC 地址为 1-1-1，IP 地址为 1.1.1.1）绑定在 SwitchA 的 GE1/0/1 端口上，把 User2（MAC 地址为 2-2-2，IP 地址为 2.2.2.2）绑定在 SwitchB 的 GE1/0/1 端口上，并把它们划分到 VLAN 2 中；把 User3（MAC 地址为 3-3-3，IP 地址为 3.3.3.3）绑定在 SwitchA 的 GE1/0/2 端口上，把 User4（MAC 地址为 4-4-4，IP 地址为 4.4.4.4）绑定在 SwitchB 的 GE1/0/2 端口上，并把它们划分到 VLAN 3 中。

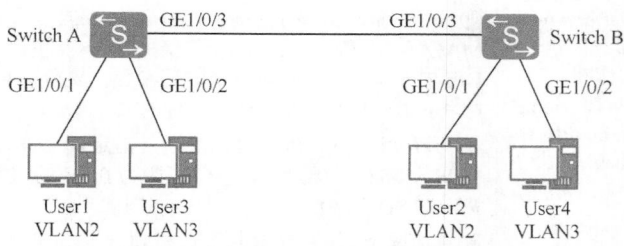

图 7-15 基于策略划分 VLAN 配置示例的拓扑结构

1. 配置思路分析

基于策略划分 VLAN 的配置很简单，参照 7.6.1 节介绍的具体配置步骤可以得出本示例的以下三方面的基本配置任务。

① 创建所需的策略 VLAN。

② 在对应的 VLAN 视图下配置基于用户计算机的 MAC 地址、IP 地址的组合策略，以及应用策略的交换机端口。

③ 配置应用组合策略的 Hybrid 类型交换机端口，允许所加入的 VLAN 通过。

2. 配置步骤

通过以上配置思路分析后，下面的具体配置就比较简单了。

■　SwitchA 上的配置

① 创建所需的策略协议 VLAN 2 和 VLAN 3。

```
<HUAWEI> system-view
<HUAWEI>sysname SwitchA
[SwitchA] vlan batch 2 3
```

② 配置 MAC 地址、IP 地址和交换机端口组合策略与以上策略 VLAN 的关联，并为两个协议 VLAN 设置不同的 802.1Q 的优先级值。

```
[SwitchA] vlan 2
[SwitchA -vlan2] policy-vlan mac-address 1-1-1 ip 1.1.1.1 gigabitEthernet1/0/1 priority 7   #---配置 MAC 地址 1-1-1、IP
地址 1.1.1.1 的组合策略，并应用到 GE1/0/1 接口上，使得当有对应 MAC 地址和 IP 地址连接在该端口时加入到 VLAN 2 中
[SwitchA -vlan2] quit
[SwitchA] vlan 3
[SwitchA -vlan20] policy-vlan mac-address 3-3-3 ip 3.3.3.3 gigabitEthernet1/0/2 priority 5
[SwitchA-vlan20] quit
```

③ 配置交换机端口类型（基于策略 VLAN 的端口配置为不带标签的 Hybrid 类型，交换机间连接的端口配置为 Trunk 类型）并允许对应的策略 VLAN 通过。

```
[SwitchA] interface gigabitethernet 1/0/1
[SwitchA -GigabitEthernet1/0/1] port link-type hybrid
[SwitchA -GigabitEthernet1/0/1] port hybrid untagged vlan 2
[SwitchA -GigabitEthernet1/0/1] quit
[SwitchA] interface gigabitethernet 1/0/2
[SwitchA -GigabitEthernet1/0/2] port link-type hybrid
[SwitchA -GigabitEthernet1/0/2] port hybrid untagged vlan 3
[SwitchA -GigabitEthernet1/0/2] quit
[SwitchA] interface gigabitethernet 1/0/3
[SwitchA -GigabitEthernet1/0/3] port link-type trunk
[SwitchA -GigabitEthernet1/0/3] port trunk allow-pass vlan 2 3
[SwitchA -GigabitEthernet1/0/3] quit
```

■　SwitchB 上的配置

SwitchB 上的配置与 SwitchA 上的配置基本类似，具体如下。

```
<HUAWEI> system-view
<HUAWEI>sysname SwitchB
[SwitchB] vlan batch 2 3
[SwitchB] vlan 2
[SwitchB -vlan2] policy-vlan mac-address 2-2-2 ip 2.2.2.2 gigabitEthernet1/0/1 priority 7
[SwitchB -vlan2] quit
[SwitchB] vlan 3
[SwitchB -vlan20] policy-vlan mac-address 4-4-4 ip 4.4.4.4 gigabitEthernet1/0/2 priority 5
[SwitchB-vlan20] quit
[SwitchB] interface gigabitethernet 1/0/1
[SwitchB -GigabitEthernet1/0/1] port link-type hybrid
[SwitchB -GigabitEthernet1/0/1] port hybrid untagged vlan 2
[SwitchB -GigabitEthernet1/0/1] quit
[SwitchB] interface gigabitethernet 1/0/2
[SwitchB -GigabitEthernet1/0/2] port link-type hybrid
[SwitchB -GigabitEthernet1/0/2] port hybrid untagged vlan 3
[SwitchB -GigabitEthernet1/0/2] quit
[SwitchB] interface gigabitethernet 1/0/3
[SwitchB -GigabitEthernet1/0/3] port link-type trunk
[SwitchB -GigabitEthernet1/0/3] port trunk allow-pass vlan 2 3
[SwitchB -GigabitEthernet1/0/3] quit
```

通过以上配置，MAC 地址为 1-1-1、IP 地址为 1.1.1.1 的用户被自动划分到 VLAN 2 中，且只能接在 SwitchA 上的 GE1/0/1 端口上。MAC 地址为 2-2-2、IP 地址为 2.2.2.2 的用户也被自动划分到 VLAN 2 中，且只能接在 SwitchB 上的 GE1/0/1 端口上，否则将退出 VLAN 2。而 MAC 地址为 3-3-3、IP 地址为 3.3.3.3 的用户被自动划分到 VLAN 3 中，且只能接在 SwitchA 上的 GE1/0/2 端口上。MAC 地址为 4-4-4、IP 地址为 4.4.4.4 的用户也被自动划分到 VLAN 3 中，且只能接在 SwitchB 上的 GE1/0/2 端口上，否则将退出 VLAN 3。

7.7　GVRP 配置与管理

VLAN 二层通信有一个基本要求，那就是在两个相同 VLAN 中的用户通信路径上的所有交换机都必须创建、注册了相应 VLAN。本章前面介绍的各种 VLAN 划分方法都是基于手动来创建各交换机上的各个 VLAN 的，这在网络中交换机数量不多，所需划分的 VLAN 数量也不多时没什么问题，但如果网络交换机数量较大，需要划分的 VLAN 也比较多时，管理员需承担较大的 VLAN 创建工作量，而且这些工作都是低技术含量的简单重复劳动，还容易出错。

于是就有了一种 VLAN 自动注册技术，那就是 GARP（Generic Attribute Registration Protocol，通用属性注册协议）中基于 VLAN 属性注册、注销方面应用的 GVRP（GARP VLAN Registration Protocol，GARP VLAN 注册协议）协议。

说明 GARP 通过目的 MAC 地址区分不同的应用，在 IEEE 802.1Q 中将组播 MAC 地址 01-80-C2-00-00-21 分配给 VLAN 应用，即 GVRP 报文采用以该 MAC 地址为目的地址的二层组播发送方式。

7.7.1　GVRP 基础

GVRP 基于 GARP 机制，主要用于维护设备动态 VLAN 信息。通过 GVRP，一台设备上的 VLAN 信息会迅速传播到整个交换网。GVRP 实现动态分发、注册和传播 VLAN 信息，从而达到减少网络管理员的手工配置量及保证 VLAN 配置正确的目的。**但 GVRP 注册功能仅可在连接网络设备的 Trunk 端口上使能，所以用户计算机所连接的端口仍不能通过 GVRP 功能自动加入到所需的 VLAN 中，仍需要采取手动配置。这一点要特别注意。**

当 GVRP 在设备上启动时，每个启动 GVRP 的端口对应一个 GVRP 应用实体。

1. VLAN 注册和 VLNA 注销

GVRP 可以实现 VLAN 信息的自动注册（Register）和注销（Deregister）：

■　VLAN 的注册指的是将端口加入 VLAN；

■　VLAN 的注销指的是将端口退出 VLAN。

GVRP 通过声明和回收声明实现 VLAN 信息的注册和注销：

■　当端口接收到一个 VLAN 信息声明时，该端口将注册该声明中包含的 VLAN 信息（端口加入 VLAN）；

■　当端口接收到一个 VLAN 信息的回收声明时，该端口将注销该声明中包含的 VLAN 信息（端口退出 VLAN）。

注意　接收到 GVRP 声明报文的 Trunk 端口才会注册对应的 VLAN；接收到 GVRP 回收声明报文的 Trunk 端口才会从端口上注销对应的 VLAN，对发送 GVRP 声明/回收声明报文的端口的 VLAN 属性不受影响。

2．GARP 消息类型

在 GARP 应用实体之间的信息交互过程中主要有 3 类消息起作用，分别为 Join 消息、Leave 消息和 LeaveAll 消息。

① Join（加入）消息。当一个 GVRP 应用实体希望其他设备注册自己的属性信息时，对外发送 Join 消息。当收到其他实体发来的 Join 消息，或本设备静态配置了某些属性，需要其他 GARP 应用实体进行注册时，也会向外发送 Join 消息。

Join 消息又分为 JoinEmpty 和 JoinIn 两种。JoinEmpty 消息用来声明一个自身没有注册（**其实这里可以仅理解为"动态注册"，即本地端口还没对该 VLAN 进行动态注册，但已进行了静态注册，因为已静态加入了该 VLAN**）的属性。而 JoinIn 消息用来声明一个自身已经注册（**即已在本地端口上对该 VLAN 进行了动态注册**）的属性。

② Leave（注销）消息。当一个 GARP 应用实体希望其他设备注销自己的某个 VLAN 属性时，它将对外发送 Leave 消息。当收到其他实体的 Leave 消息注销某些属性，或静态注销了某些属性后，也会向外发送 Leave 消息。

Leave 消息也分为 LeaveEmpty 和 LeaveIn 两种。LeaveEmpty 消息用来注销一个自身没有注册（**同样也可仅理解为"动态注册"**）的属性；LeaveIn 消息用来注销一个自身已经注册的属性。

③ LeaveAll（全部注销）消息。每个应用实体启动后，将同时启动 LeaveAll 定时器，当该定时器超时后应用实体将对外发送 LeaveAll 消息。LeaveAll 消息用来**注销所有属性**，以使其他应用实体重新注册本实体上所有的属性信息，以此来周期性地清除网络中的垃圾属性（例如某个属性已经被删除，但由于设备突然断电，并没有发送 Leave 消息来通知其他实体注销此属性）。

3．GARP 定时器

GARP 中用到了 Join、Hold、Leave 和 LeaveAll 4 个定时器。

① Join（加入）定时器。Join 定时器是用来确保 Join 消息（包括 JoinIn 消息和 JoinEmpty 消息）可靠地发送。

为了保证一个 GARP 应用实体发送的 Join 消息能够可靠地传输到其他应用实体，在发送第一个 Join 消息后将启动一个 Join 定时器，如果在一个 Join 定时器时间内收到了返回的 JoinIn 消息（表明已成功注册某属性），则不发送第二个 Join 消息；如果没收到，则再发送一个 Join 消息。每个 GVRP 端口维护独立的 Join 定时器。

② Hold（保持）定时器。Hold 定时器是用来控制 Join 消息（包括 JoinIn 消息和 JoinEmpty 消息）和 Leave 消息（包括 LeaveIn 消息和 LeaveEmpty 消息）的发送的。

当在 GARP 应用实体上配置属性或应用实体接收到消息时不会立刻将该消息传播到其他设备，而是在等待一个 Hold 定时器后再发送消息，设备将此 Hold 定时器时间段内接收到的 Join 消息或 Leave 消息尽可能地封装成最少数量的报文，这样可以减少报文的发送量。如果没有 Hold 定时器的话，每来一个消息就发送一个，造成网络上报文量太大，既不利于网络的稳定，也不利于充分利用每个报文的数据容量。

说明 每个端口维护独立的 Hold 定时器，但 Hold 定时器的值要小于等于 Join 定时器值的一半。

③ Leave（注销）定时器。Leave 定时器是用来控制属性注销的。每个应用实体接收到来自其他的一个应用实体的 Leave 消息或 LeaveAll 消息后会启动 Leave 定时器，如果在 Leave 定时器超时之前没有接收到该属性的 Join 消息（可以是来自其他任何应用实体的），属性才会被注销。这是因为网络中如果有一个实体因为不存在某个属性而发送了 Leave 消息，并不代表所有的实体都不存在该属性了，因此不能立刻注销属性，而是要等待其他实体的消息。

例如，某个属性在网络中有两个源，分别在应用实体 A 和 B 上，其他应用实体通过协议注册了该属性。当把此属性从应用实体 A 上删除时，实体 A 发送 Leave 消息，由于实体 B 上还存在该属性源，在接收到 Leave 消息之后，会发送 Join 消息，以表示它还有该属性。其他应用实体如果收到了应用实体 B 发送的 Join 消息，则该属性仍然被保留，不会被注销。只有当其他应用实体等待两个 Join 定时器以上仍没有收到该属性的 Join 消息时，才认为网络中确实没有该属性了。

说明 每个端口维护独立的 Leave 定时器，但要求 Leave 定时器的值大于 2 倍 Join 定时器的值。

④ LeaveAll（全部注销）定时器。每个 GARP 应用实体启动后，将同时启动 LeaveAll 定时器，当该定时器超时后，GARP 应用实体将对外发送 LeaveAll 消息，随后再启动 LeaveAll 定时器，开始新的一轮循环。

接收到 LeaveAll 消息的实体将重新启动所有的定时器，包括 LeaveAll 定时器。在自己的 LeaveAll 定时器重新超时之后才会再次发送 LeaveAll 消息，这样就避免了短时间内发送多个 LeaveAll 消息。

如果不同设备的 LeaveAll 定时器同时超时，就会同时发送多个 LeaveAll 消息，增加不必要的报文数量。为了避免这种情况的发生，实际定时器运行的值大于 LeaveAll 定时器的值，小于 1.5 倍 LeaveAll 定时器值的一个随机值。一次 LeaveAll 事件相当于对全网所有属性的一次 Leave（注销）。由于 LeaveAll 影响范围很广，所以建议 LeaveAll 定时器的值不能太小，至少应该大于 Leave 定时器的值。

每个设备只在全局维护一个 LeaveAll 定时器。

4. 注册模式

我们可以把手工配置的 VLAN 称为静态 VLAN，通过 GVRP 创建的 VLAN 称为动态 VLAN。GVRP 有以下 3 种注册模式，它们对静态 VLAN 和动态 VLAN 的处理方式各不相同。

① Normal 模式：允许该端口动态注册、注销 VLAN，传播动态 VLAN 和静态 VLAN

信息。这是最常用的一种动态注册模式，也是唯一一种真正具有动态注册 VLAN 功能的模式。

② Fixed 模式：禁止端口动态注册、注销 VLAN 功能，即只注册、传播本地静态 VLAN 信息，不注册、传播由其他交换机发来的动态 VLAN 信息。也就是说被设置为 Fixed 模式的 Trunk 端口，即使允许所有 VLAN 通过，实际通过的 VLAN 也只能是手动创建的那部分。

③ Forbidden 模式：禁止端口动态注册、注销 VLAN 功能，并注销除 VLAN 1 之外的所有 VLAN。也就是说被配置为 Forbidden 模式的 Trunk 端口，即使允许所有 VLAN 通过，实际通过的 VLAN 也只能是 VLAN 1。

7.7.2　GVRP 工作原理

下面通过一个简单的例子来介绍一下 GVRP 的工作过程。该例子分 4 个阶段描述了一个 VLAN 信息在网络中是如何被注册和注销的。

1. VLAN 信息的单向注册

GVRP 的 VLAN 注册是通过 Join 消息来实现的，一个 VLAN 信息的成功注册同时需要 JoinEmpty 和 JoinIn 两种消息，**JoinEmpty 相当于注册请求消息，而 JoinIn 相当于注册成功应答消息**。单向注册是创建了静态 VLAN 的交换机先在其对应的 Trunk 端口上加入所创建的 VLAN 信息，然后通过 JoinEmpty 消息向所连接的对端交换机的 Trunk 端口请求对静态创建的 VLAN 进行注册。

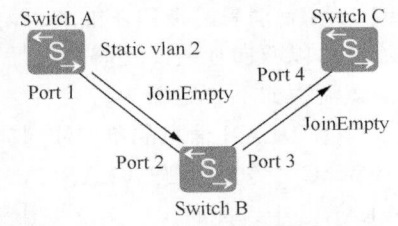

下面以图 7-16 所示的结构为例介绍 VLAN 信息的单向注册流程。假设在 SwitchA 上创建了静态 VLAN 2，并且 Port1 端口已加入 VLAN 2，现要通过 GVRP 的 VLAN 信息单向注册功能，将 SwitchB 和 SwitchC 的相应端口自动加入 VLAN 2 中。其单向注册流程如下。

图 7-16　VLAN 属性的单向注册示例

① 在 SwitchA 上创建静态 VLAN 2 后，因为已发生了 VLAN 信息的变化，所以使能了 GVRP 功能的 Port1 会启动 Join 定时器和 Hold 定时器。等待 Hold 定时器超时后，SwitchA 向 SwitchB 发送第一个 JoinEmpty 消息（虽然此时 Port1 已加入 VLAN 2 中，但因为在 SwitchA 上 VLAN 2 是静态创建的，而不是动态注册的，所以仍以 JoinEmpty 消息发送）。Join 定时器超时后再次启动 Hold 定时器，再等待 Hold 定时器超时后，向 SwitchB 发送第二个 JoinEmpty 消息。

② SwitchB 在收到第一个来自 SwitchA 的 JoinEmpty 消息后创建动态 VLAN 2，并把接收到 JoinEmpty 消息的 Port2 加入动态 VLAN 2 中。同时告知其 Port3 启动 Join 定时器和 Hold 定时器，等待 Hold 定时器超时后向 SwitchC 发送第一个 JoinEmpty 消息（因为此时 Port3 也还没加入 VLAN 2 中）。同样在 Join 定时器超时后再次启动 Hold 定时器，Hold 定时器超时后，向 SwitchC 发送第二个 JoinEmpty 消息。SwitchB 上收到来自 SwitchA 的第二个 JoinEmpty 时，因为此时 Port2 已经加入动态 VLAN 2，所以不进行处理。

③ SwitchC 在收到来自 SwitchB 的第一个 JoinEmpty 消息后也创建动态 VLAN 2，

并把接收到 JoinEmpty 消息的 Port4 加入动态 VLAN 2 中。同样，当 SwitchC 收到来自 SwitchB 的第二个 JoinEmpty 后，因为 Port4 已经加入动态 VLAN 2，所以也不进行处理。

此后，每当 Leaveall 定时器超时或收到 LeaveAll 消息时，设备会重新启动 Leaveall 定时器、Join 定时器、Hold 定时器和 Leave 定时器。SwitchA 的 Port1 在 Hold 定时器超时后发送第一个 JoinEmpty 消息，再等待 Join 定时器+Hold 定时器后，发送第二个 JoinEmpty 消息（**每个 Leaveall 定时器周期只发送 2 次 JoinEmpty 消息**），SwitchB 向 SwitchC 发送 JoinEmpty 消息的过程也是如此。

以上就是 VLAN 信息的单向注册过程，是由 JoinEmpty 消息单向（注意消息发送的方向）传递的过程，但还没有完成整个 Trunk 链路上两端端口上的 VLAN 2 属性注册，还需要进行下面将要介绍的 VLAN 信息的双向注册过程。

2. VLAN 信息的反向注册

在 VLAN 动态注册中，只有接收到 JoinEmpty 或 JoinIn 声明报文的 Trunk 接口才会动态注册对应的 VLAN，而转发 JoinEmpty 声明报文的 Trunk 接口在本地仍没有对该 VLAN 进行动态注册。所以通过上述 VLAN 信息的单向注册过程，只完成了 Trunk 链路单个方向的 Trunk 端口的 VLAN 动态注册，另一端还没有注册，还不能满足最终的 VLAN 通信需求。

在前面图 7-16 的示例中，通过单向注册，Port1、Port2、Port4 已经加入 VLAN 2（其中 Port1 还是静态注册的），但是 Port3 还没有加入 VLAN 2（**只有收到 JoinEmpty 消息或 JoinIn 消息的端口才能加入动态 VLAN**，而 Port3 并没收到这些消息）。为使 VLAN 2 流量可以双向互通，还需要进行 SwitchC 到 SwitchA 反方向的 VLAN 信息的注册过程，具体流程如下（见图 7-17）。

① VLAN 信息的单向注册完成后，还需要在 SwitchC 上创建静态 VLAN 2，并把 Port4 加入 VLAN 2 中，此时 VLAN 2 就由动态 VLAN 转换成静态 VLAN，发生了变化。于是，Port4 启动 Join 定时器和 Hold 定时器，等待 Hold 定时器超时后，SwitchC 向 SwitchB 发送第一个 JoinIn 消息（因为 Port4 已经动态注册了 VLAN 2，所以发送 JoinIn 消息），Join 定时器超时后再次启动 Hold 定时器，Hold 定时器超时之后，向 SwitchB 发送第二个 JoinIn 消息。

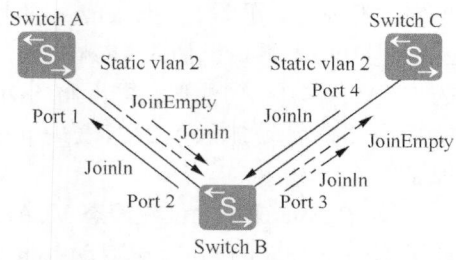

图 7-17　VLAN 属性的双向注册示例

② SwitchB 在收到来自 SwitchC 的第一个 JoinIn 消息后，把接收到 JoinIn 消息的 Port3 加入动态 VLAN 2 中。同时告知 Port2 启动 Join 定时器和 Hold 定时器，等待 Hold 定时器超时后，向 SwitchA 发送第一个 JoinIn 消息。Join 定时器超时后再次启动 Hold 定时器，Hold 定时器超时后，向 SwitchA 发送第二个 JoinIn 消息。SwitchB 收到来自 SwitchC 的第二个 JoinIn 消息后，因为 Port3 已经加入动态 VLAN 2，所以不进行处理。

③ SwitchA 在收到来自 SwitchB 的 JoinIn 消息之后，停止向 SwitchB 发送 JoinEmpty 消息。此后，当 Leaveall 定时器超时或收到 LeaveAll 消息，设备重新启动 Leaveall 定时器、Join 定时器、Hold 定时器和 Leave 定时器。

④ SwitchA 的 Port1 在 Hold 定时器超时后就开始向 SwitchB 发送 JoinIn 消息，

SwitchB 的 Port3 也会 Hold 定时器超时后向 SwitchC 发送 JoinIn 消息，表明这两个端口也收到了关于 VLAN 2 的 JoinEmpty 消息。

⑤ SwitchC 在收到来自 SwitchB 的 JoinIn 消息后，由于本身已经创建了静态 VLAN 2，所以不会再创建动态 VLAN 2。

从以上流程可以看出，反向注册过程中发送的是 JoinIn 消息，而且是一个双向、封闭环路的过程（注意图中 JoinIn 消息的发送方向）。

3. VLAN 信息的单向注销

VLAN 信息的注销过程是使用 Leave 消息或者 LeaveEmpty 和 LeaveIn 消息实现的。下面同样以前面图 7-17 中的示例进行介绍，当设备上不再需要 VLAN2 时，可以通过 VLAN 信息的注销过程将 VLAN2 从设备上删除。图 7-18 标识了 SwitchA 上删除 VLAN 2 后在其他路由器上的单向注销过程，具体说明如下。

① 在 SwitchA 上删除静态 VLAN 2，因为 VLAN 注册信息发生了变化，Port1 启动 Hold 定时器，等待 Hold 定时器超时后，SwitchA 向 SwitchB 发送 LeaveEmpty 消息（因为 Port1 是静态加入 VLAN 2 的）。**LeaveEmpty 消息只需发送一次。**

② SwitchB 在收到来自 SwitchA 的 LeaveEmpty 消息后，Port2 启动 Leave 定时器，等待 Leave 定时器超时后 Port2 注销 VLAN 2，将 Port2 从动态 VLAN 2 中删除（由于此时 VLAN 2 中还存在 Port3，所以不能直接删除 VLAN 2）。

同时告知 Port3 启动 Hold 定时器和 Leave 定时器，等待 Hold 定时器超时后，向 SwitchC 发送 LeaveIn 消息（因为 Port3 是动态加入 VLAN 2 的）。由于 SwitchC 的静态 VLAN 2 还没有删除，Port3 在 Leave 定时器超时之前仍然能够收到 Port4 发送的 JoinIn 消息，所以此时 SwitchA 和 SwitchB 上仍然能够学习到动态的 VLAN 2。

③ SwitchC 在收到来自 SwitchB 的 LeaveIn 消息后，由于 SwitchC 上存在静态 VLAN 2，所以 Port4 也不会从 VLAN 2 中删除。

通过以上单向注销过程可以发现，只有 Port1、Port2 注销了 VLAN 2，Port3 和 Port4 都还没有注销 VLAN 2。

4. VLAN 信息的反向注销

为了彻底删除所有设备上的 VLAN2，需要进行 VLAN 信息的双向注销。下面是反向注销的流程（见图 7-19）。

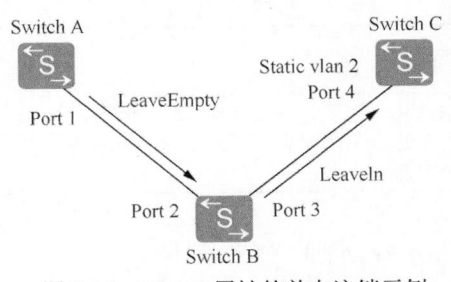

图 7-18　VLAN 属性的单向注销示例

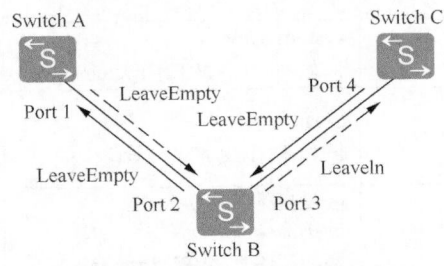

图 7-19　VLAN 属性的双向注销示例

① 在 SwitchC 上手动删除静态 VLAN 2，Port4 启动 Hold 定时器，等待 Hold 定时器超时后，SwitchC 会向 SwitchB 发送 LeaveEmpty 消息。

② SwitchB 在收到来自 SwitchC 的 LeaveEmpty 消息后，Port3 启动 Leave 定时器，等待 Leave 定时器超时后 Port3 注销 VLAN 2，将 Port3 从动态 VLAN 2 中删除并删除动态 VLAN 2，同时告知 Port2 启动 Hold 定时器，等待 Hold 定时器超时后，向 SwitchA 发送 LeaveEmpty 消息。

③ SwitchA 在收到来自 SwitchB 的 LeaveEmpty 消息后，Port1 启动 Leave 定时器，等待 Leave 定时器超时后 Port1 注销后面学习到的动态 VLAN 2，将 Port1 从动态 VLAN 2 中删除并删除动态 VLAN 2。

通过以上过程就完成了 VLAN 2 的双向注销过程。

7.7.3　使能 GVRP 功能

GVRP 功能的实现包括以下 3 项配置任务：①使能 GVRP 功能；②（可选）配置 GVRP 接口注册模式；③（可选）配置 GARP 定时器功能。支持 GVRP 的设备都有如表 7-10 所示的缺省参数配置，但可以修改这些缺省配置。

表 7-10　　　　　　　　　　　华为交换机的缺省 GVRP 参数配置

参数	缺省值
GVRP 功能	全局和接口的 GVRP 功能都处于关闭状态
GVRP 接口注册模式	normal
LeaveAll 定时器	1000 厘秒
Hold 定时器	10 厘秒
Join 定时器	20 厘秒
Leave 定时器	60 厘秒

本节先介绍使能 GVRP 功能的配置方法，其他参数的配置将在后面介绍。

GVRP 功能的使能有两个层次，一个是整个交换机全局使能，另一个是在具体的交换机端口上使能。但在使能端口的 GVRP 功能之前，必须先全局使能 GVRP 功能。另外，**GVRP 功能只能配置在 Trunk 类型的接口上**，并且需要保证所有需要动态注册的 VLAN 都能够从该端口通过，具体配置方法见表 7-11。

表 7-11　　　　　　　　　　　使能 GVRP 功能的配置步骤

步骤	命令	说明
1	**system-view** 例如：\<HUAWEI\> system-view	进入系统视图
2	**gvrp** 例如：[HUAWEI] **gvrp**	全局使能 GVRP 功能。缺省情况下，全局和接口的 GVRP 功能都处于关闭状态，可用 **undo gvrp** 命令全局关闭 GVRP 功能
3	**interface** *interface-type interface-number* 例如：[HUAWEI] **interface ethernet 0/0/1**	键入要启用 GVRP 功能的交换机端口
4	**port link-type trunk** 例如：[HUAWEI-Ethernet0/0/1] **port link-type trunk**	设置以上交换机端口为 Trunk 类型

（续表）

步骤	命令	说明
5	**port trunk allow-pass vlan** { { *vlan-id1* [**to** *vlan-id2*] } &<1-10> | **all** } 例如：[HUAWEI-Ethernet0/0/1] **port trunk allow-pass vlan 2 to 10**	配置允许在其他交换机上动态注册的 VLAN 通过。其他说明参见 7.2.1 节表 7-4 的第 8 步。 当设备 GARP 定时器使用缺省值时，最多支持 256 个动态 VLAN，使用推荐值时最多支持 4094 个动态 VLAN
6	**gvrp** 例如：[HUAWEI-Ethernet0/0/1] **gvrp**	在以上 Trunk 端口上使能 GVRP 功能。缺省情况下，全局和接口的 GVRP 功能都处于关闭状态，可使用 **undo gvrp** 命令关闭接口上的 GVRP 功能

7.7.4 配置 GVRP 端口注册模式

在启用了 GVRP 功能的交换机端口上，可以配置 **normal**、**fixed** 和 **forbidden** 3 种通过 GVRP 在其他交换机上动态注册 VLAN 的注册模式，具体的配置方法很简单，只需要在对应的 Trunk 接口视图下通过 **gvrp registration** { **fixed** \| **forbidden** \| **normal** } 命令配置即可。命令中的 3 个多选一选项分别对应以上 3 种端口注册模式，这 3 种端口注册模式的具体特性说明参见 7.7.1 节。

缺省情况下，GVRP 接口注册模式为 **normal** 模式，可用 **undo gvrp registration** 命令恢复 GVRP 接口注册模式为缺省的 **normal** 模式。**配置端口注册模式前需要全局和端口均使能 GVRP 功能，且配置端口类型为 Trunk 类型。**

7.7.5 配置 GARP 定时器参数值

在一台交换机设备使能了 GARP 注册功能后，将同时启动 LeaveAll 定时器，当该定时器超时后，该交换机将对外发送 LeaveAll 消息，以使其他使能了 GARP 功能的交换机重新注册本交换机上所有的属性信息。随后再启动 LeaveAll 定时器，开始新的一轮循环。

【经验之谈】 在网络中有多台交换机的情况下，各个交换机的 LeaveAll 定时器的取值可能不相同，此时每台交换机都将以整个网络中配置的最小 LeaveAll 定时器值来发送 LeaveAll 消息。因为每次 LeaveAll 定时器超时后都会发送 LeaveAll 消息，其他的交换机在接收到这个 LeaveAll 消息后都会清零 LeaveAll 定时器。所以即使整个网络中存在很多不同的 LeaveAll 定时器，实际上也只有最小的那个 LeaveAll 定时器起作用。

除了可以配置 LeaveAll 定时器参数外，还可以配置在 7.7.1 节介绍的其他定时器参数，如 Join 定时器、Hold 定时器和 Leave 定时器。但要注意的是，各个定时器的取值范围会由于其他定时器取值的改变而改变。如果用户想要设置的定时器的值不在当前可以设置的取值范围内，可以通过改变相关定时器的取值实现。如果用户想恢复各定时器的值为缺省值，可以先恢复 Hold 定时器的值为缺省值，然后再依次恢复 Join、Leave、LeaveAll 定时器的值为缺省值。当然这**也是可选配置任务**，因为这些定时器参数都有它们的缺省值。

在实际组网中，建议用户将 GVRP 定时器配置为以下的推荐值。

① Hold 定时器：100 厘秒（1s）。

② Join 定时器：600 厘秒（6s）。

③ Leave 定时器：3000 厘秒（30s）。

④ LeaveAll 定时器：12000 厘秒（2min）。

当动态 VLAN 超过 100 个或运行 GVRP 的网络超过 3 台设备时，需将定时器配置为推荐值。当动态 VLAN 数或设备数增加时，定时器的时间也需要相应地增加。

以上各 GARP 定时器参数的配置步骤见表 7-12。

表 7-12　　　　　　　　　　　GARP 定时器参数的配置步骤

步骤	命令	说明
1	system-view 例如：<HUAWEI> system-view	进入系统视图
2	garp timer leaveall timer-value 例如：[HUAWEI] garp timer leaveall 2000	全局配置 GARP 的 LeaveAll 定时器的值。参数 timer-value 取值范围为 65～32765 的整数，单位为厘秒，取值必须是 5 厘秒的倍数，且 LeaveAll 定时器的值应大于所有端口 Leave 定时器的值。 缺省情况下，LeaveAll 定时器的值为 1000 厘秒，即 10s。可用 undo garp timer leaveall 命令恢复 GARP 的 LeaveAll 定时器为缺省值。 由于各交换机端口 Leave 定时器的值受全局 LeaveAll 定时器的值限制，所以在配置 LeaveAll 定时器的值时，需要保证设备上所有配置 GARP 定时器的端口都处于正常工作状态
3	interface interface-type interface-number 例如：[HUAWEI] interface ethernet 0/0/1	键入要启用 GVRP 功能的交换机端口（必须是 Trunk 类型）
4	garp timer { hold | join | leave } timer-value 例如：[HUAWEI-Ethernet0/0/1] garp timer hold 200	配置交换机端口的 Hold 定时器、Join 定时器、Leave 定时器值。 ① 当配置 Hold 定时器值时，参数 timer-value 的取值下限为 10 厘秒；取值上限小于等于 1/2 Join 定时器的值，可以通过改变 Join 定时器的取值改变；取值必须是 5 厘秒的倍数。 ② 当配置 Join 定时器值时，参数 timer-value 的取值下限为大于等于 2 倍 Hold 定时器的值，可以通过改变 Hold 定时器的取值实现；取值上限为小于 1/2 Leave 定时器的取值，可以通过改变 Leave 定时器的取值改变；但取值也必须是 5 厘秒的倍数。 ③ 当配置 Leave 定时器值时，参数 timer-value 的取值下限为大于 2 倍 Join 定时器的值，可以通过改变 Join 定时器的取值改变；取值上限为小于 LeaveAll 定时器的值，可以通过改变 LeaveAll 定时器的取值改变；取值也必须是 5 厘秒的倍数。 缺省情况下，Hold 定时器的值为 10 厘秒，Join 定时器的值为 20 厘秒，Leave 定时器的值为 60 厘秒，可用 undo garp timer { hold | join | leave } [timer-value]命令恢复对应交换机端口的对应 GARP 定时器的值为缺省值

配置好 GVRP 功能后，可在任意视图下使用以下相关 display 命令进行配置管理或相关信息的查看，在用户视图下使用以下 reset 命令清除 GVRP 相关统计信息。

① 使用 **display gvrp status** 命令查看全局 GVRP 功能的使能或去使能状态信息。

② 使用 **display gvrp statistics** [**interface** { *interface-type interface-number* [**to** *interface-type interface-number*] }&<1-10>] 命令查看特定交换机端口上的 GVRP 统计信息。

③ 使用 **display garp timer** [**interface** { *interface-type interface-number* [**to** *interface-type interface-number*] }&<1-10>] 命令查看特定交换机端口上配置的 GARP 定时器值。

④ 使用 **reset garp statistics** [**interface** { *interface-type interface-number* [**to** *interface-type interface-number*] }&<1-10>] 命令清除特定交换机端口上的 GARP 统计信息。

7.7.6　GVRP 配置示例

本示例的拓扑结构如图 7-20 所示，公司 A（Company A）、公司 A 的分公司（Branch of Company A）以及公司 B（Company B）之间有较多的交换设备相连，需要通过 GVRP 功能实现 VLAN 的动态注册。并要求，公司 A 的分公司可通过 SwitchA 和 SwitchB 与公司 A 互通；公司 B 可通过 SwitchB 和 SwitchC 与公司 A 互通，但只允许公司 B 配置的 VLAN 通过。

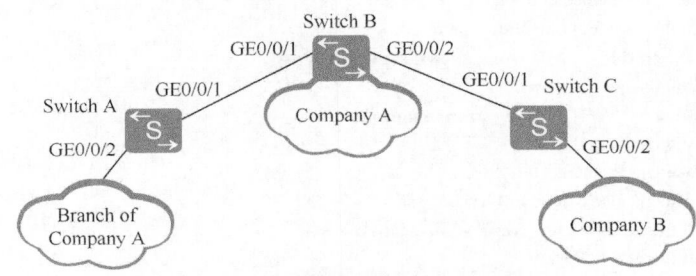

图 7-20　GVRP 配置示例的拓扑结构

1. 配置思路分析

本示例中有两个明确的要求，那就是公司 A 的分公司与公司 A 之间要求全互联互通，所以在 VLAN 动态注册上没有限制。而公司 B 与公司 A 之间的连接仅允许公司 B 上静态配置的 VLAN 通过。针对以上两方面的要求，可以采用如下的思路来配置各交换机上的 GVRP 功能。

① 在公司 A、公司 A 的分公司和公司 B 网络中的各交换机 Trunk 端口上使能 GVRP 功能。

② 在 SwitchC 上手动创建整个网络中所需的静态 VLAN（假设为 VLAN 101～200）。

③ 在 SwitchA 与公司 A 的分公司、SwitchB 连接的 Trunk 端口，以及 SwitchC 与公司 B 连接的 Trunk 端口上使能 GVRP 功能，并配置这些端口的注册模式为 Normal。但在使能 GVRP 之前，必须先设置 VCMP 的角色为 Transparent 或 Silent。有关 VCMP 的知识将下节介绍。

说明

通过以上 3 项配置任务就可以使得公司 A、公司 A 的分公司和公司 B，以及 SwitchA 和 SwitchB 能动态注册来自 SwitchC 上配置的静态 VLAN。

④ 在 SwitchC 与 SwitchB 连接的 Trunk 端口上配置 GVRP 功能，并配置注册模式为 Fixed，其目的就是要禁止在该端口上动态注册来自公司 A 网络、公司 A 的分公司网络，

以及 SwitchA 和 SwitchB 上创建的 VLAN，但仍允许通过该端口向外传播 GVRP 注册消息，以使公司 A 网络、公司 A 的分公司网络，以及 SwitchA 和 SwitchB 能动态注册来自 SwitchC 上配置的静态 VLAN，最终实现示例中要求的仅允许公司 B 配置的静态 VLAN（其实是在 SwitchC 上静态创建的）与公司 A 互访的要求。

2. 配置步骤

下面是各交换机的具体配置步骤。

（1）SwitchA 交换机的配置

① 全局使能 GVRP 功能。

```
<HUAWEI> system-view
[HUAWEI] sysname SwitchA
[SwitchA] vcmp role silent
[SwitchA] gvrp
```

② 配置与公司 A 的分公司和 SwitchB 相连的端口均为 Trunk 类型，并允许所有 VLAN 通过。同时使能 GVRP 功能，并配置 GVRP 注册模式为 Normal。

```
[SwitchA] interface gigabitethernet 0/0/1
[SwitchA-GigabitEthernet0/0/1] port link-type trunk
[SwitchA-GigabitEthernet0/0/1] port trunk allow-pass vlan all
[SwitchA-GigabitEthernet0/0/1] gvrp
[SwitchA-GigabitEthernet0/0/1] gvrp registration normal
[SwitchA-GigabitEthernet0/0/1] quit
[SwitchA] interface gigabitethernet 0/0/2
[SwitchA-GigabitEthernet0/0/2] port link-type trunk
[SwitchA-GigabitEthernet0/0/2] port trunk allow-pass vlan all
[SwitchA-GigabitEthernet0/0/2] gvrp
[SwitchA-GigabitEthernet0/0/2] gvrp registration normal
[SwitchA-GigabitEthernet0/0/2] quit
```

（2）SwitchB 交换机上的配置

① 全局使能 GVRP 功能。

```
<HUAWEI> system-view
[HUAWEI] sysname SwitchB
[SwitchB] vcmp role silent
[SwitchB] gvrp
```

② 配置与 SwitchA 和 SwitchC 相连的端口均为 Trunk 类型，并允许所有 VLAN 通过。同时使能 GVRP 功能，并配置 GVRP 注册模式为 Normal。

```
[SwitchB] interface gigabitethernet 0/0/1
[SwitchB-GigabitEthernet0/0/1] port link-type trunk
[SwitchB-GigabitEthernet0/0/1] port trunk allow-pass vlan all
[SwitchB-GigabitEthernet0/0/1] gvrp
[SwitchB-GigabitEthernet0/0/1] gvrp registration normal
[SwitchB-GigabitEthernet0/0/1] quit
[SwitchB] interface gigabitethernet 0/0/2
[SwitchB-GigabitEthernet0/0/2] port link-type trunk
[SwitchB-GigabitEthernet0/0/2] port trunk allow-pass vlan all
[SwitchB-GigabitEthernet0/0/2] gvrp
[SwitchB-GigabitEthernet0/0/2] gvrp registration normal
[SwitchB-GigabitEthernet0/0/2] quit
```

（3）SwitchC 交换机上的配置

① 全局使能 GVRP 功能，根据需要手动创建所需的 VLAN，如 VLAN 101～VLAN

200。最终通过 GVRP 的 VLAN 注册功能可使公司 A、公司 A 的分公司和公司 B 的网络中都有这 100 个 VLAN。

```
<HUAWEI> system-view
[HUAWEI] sysname SwitchC
[SwitchC] vlan batch 101 to 200
[SwitchC] vcmp role silent
[SwitchC] gvrp
```

② 配置与 SwitchC 和公司 B 连接的端口均为 Trunk 类型，并允许所有 VLAN 通过。

```
[SwitchC] interface gigabitethernet 0/0/1
[SwitchC-GigabitEthernet0/0/1] port link-type trunk
[SwitchC-GigabitEthernet0/0/1] port trunk allow-pass vlan all
[SwitchC-GigabitEthernet0/0/1] quit
[SwitchC] interface gigabitethernet 0/0/2
[SwitchC-GigabitEthernet0/0/2] port link-type trunk
[SwitchC-GigabitEthernet0/0/2] port trunk allow-pass vlan all
[SwitchC-GigabitEthernet0/0/2] quit
```

③ 使能与 SwitchC 和公司 B 连接端口的 GVRP 功能，并配置与 SwitchB 相连端口的注册模式为 Fixed 模式，以便在与公司 A 的通信仅允许在 SwitchC 上静态创建的 VLAN 101～200 这 100 个 VLAN 的帧通过。配置与公司 B 连接的端口的注册模式为 Normal，以便公司 B 网络也能动态注册在 SwitchC 上静态创建的 VLAN 101～200 这 100 个 VLAN。

```
[SwitchC] interface gigabitethernet 0/0/1
[SwitchC-GigabitEthernet0/0/1] gvrp
[SwitchC-GigabitEthernet0/0/1] gvrp registration fixed
[SwitchC-GigabitEthernet0/0/1] quit
[SwitchC] interface gigabitethernet 0/0/2
[SwitchC-GigabitEthernet0/0/2] gvrp
[SwitchC-GigabitEthernet0/0/2] gvrp registration normal
[SwitchC-GigabitEthernet0/0/2] quit
```

3. 验证配置结果

配置完成后，公司 A 的分公司、公司 A 和公司 B 中的 VLAN 101～200 中同一 VLAN 内的用户间都可以直接互访。在 SwitchA 上使用 **display gvrp statistics** 命令可查看各 Trunk 端口上的 GVRP 统计信息，其中包括 GVRP 状态、GVRP 注册失败次数、上一个 GVRP 数据单元源 MAC 地址和接口 GVRP 注册类型，结果显示与上面的配置是一致的，证明配置成功。

```
<SwitchA> display gvrp statistics
 GVRP statistics on port GigabitEthernet0/0/1
 GVRP status                    : Enabled
 GVRP registrations failed      : 0
 GVRP last PDU origin             : 0000-0000-0000
 GVRP registration type         : Normal

 GVRP statistics on port GigabitEthernet0/0/2
 GVRP status                    : Enabled
 GVRP registrations failed      : 0
 GVRP last PDU origin             : 0000-0000-0000
 GVRP registration type         : Normal
```

SwitchB 和 SwitchC 的查看方法与 SwitchA 类似，不再赘述。

7.8   VCMP 配置与管理

VCMP（VLAN Central Management Protocol，VLAN 集中管理协议）是一个位于 OSI 参考模型第二层的通信协议，它提供了一种在二层网络中传播 VLAN 配置信息，并自动地在整个二层网络中保证 VLAN 配置信息一致的功能。通过在二层网络中的交换机上部署 VCMP，可在一台交换机上创建、删除 VLAN，网络内所有指定的其他交换机可自动同步地创建、删除相应 VLAN，进而可实现 VLAN 的集中管理和维护，减少网络维护的成本。

7.8.1   VCMP 简介

因为在 VLAN 通信中，必须要确保 VLAN 帧传输的路径上所有交换机都创建了对应的 VLAN 才能最终把 VLAN 帧从源端正确地传输到目的端，否则对应交换机无法识别对应帧中的 VLAN Tag，更无法指导 VLAN 帧的转发。这往往需要在企业网的交换机上保持 VLAN 信息的同步，以保证所有交换机都能进行正确的 VLAN 数据帧转发。

在中小型企业网中，网络管理员可登录到每台交换机上进行 VLAN 的配置和维护，工作量并不大，但在大型企业网中，交换机很多，会有大量的 VLAN 信息需要配置和维护。如果仅靠网络管理员手工操作，工作量很大，也不能保证配置的一致性。

本章前面介绍的 GVRP 可以解决上述问题，本节再来介绍另一种方案——VCMP。VCMP 可以实现对网络中各 VLAN 进行集中管理，这样只需在一台交换机上创建、删除 VLAN，这些变更就会自动通知到指定范围内的所有交换机，从而使这些交换机无需手工操作即可实现 VLAN 的创建、删除，既减少了在多台交换机上修改同一个数据的工作量，又保证了修改的一致性。

注意   VCMP 只能帮助网络管理员同步 VLAN 配置，但不能帮助其动态地划分端口到 VLAN。因此，VCMP 一般需要与 LNP 结合使用，以最大程度地简化用户配置。有关 LNP 的工作原理参见 7.1.9 节，LNP 的配置方法参见 7.2.2 节。

另外，GVRP 创建的 VLAN 是动态 VLAN，而 VCMP 创建的 VLAN 是静态 VLAN。

VCMP 使用域来管理交换机，这个域就称为 VCMP 管理域。并通过角色定义来确定设备的属性，称为 VCMP 的角色，VCMP 共定义了 Server、Client、Transparent 和 Silent4 种角色。VCMP 的管理域及角色如图 7-21 所示。

1. VCMP 管理域

VCMP 管理域由一组域名相同的交换机通过 Trunk 或 Hybrid 链路类型的接口互连构成。同一域内的每台交换机都必须使用相同的域名，且一台交换机只能加入一个 VCMP 管理域，不同域的交换机间不能同步 VLAN 信息。

VCMP 管理域确定了 VCMP 管理设备的范围，凡是加入域的交换机，均会受到域内的管理设备管理。域中只能有一台管理设备，但可以有多台被管理设备。

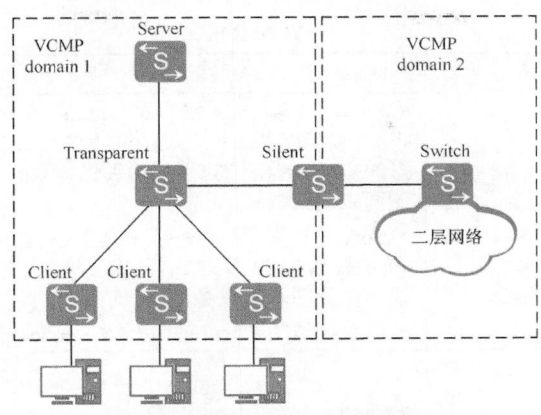

图 7-21　VCMP 管理域及角色示意

2. VCMP 的角色

VCMP 通过角色定义确定设备的属性，VCMP 角色定义见表 7-13。

表 7-13　　　　　　　　　　　　　　　**VCMP 的角色**

VCMP 的角色	定义及作用	说明
Server	作为 VCMP 管理域的管理角色，负责将 VLAN 信息通过 VCMP 报文同步给同域的其他设备	Server 上创建、删除的 VLAN 信息会在全域内传播
Client	作为 VCMP 管理域的被管理角色，属于某特定 VCMP 管理域，根据 Server 发过来的 VCMP 报文将 VLAN 信息同步到本地	Client 上创建、删除的 VLAN 信息不会在域内传播，但会被 Server 发送的 VLAN 信息覆盖
Transparent	作为透传角色，不受 VCMP 的管理行为影响，也不影响 VCMP 管理域中的其他设备	Transparent 直接转发 VCMP 报文（**仅向 Trunk 或 Hybrid 类型链路转发**）。Transparent 上创建、删除的 VLAN 信息不受 Server 影响，也不会在域内传播。这样可满足某些设备不希望受 VCMP 管理，但需要转发 VCMP 报文的需求
Silent	部署在 VCMP 管理域的边缘，不受 VCMP 的管理行为影响，也不影响 VCMP 管理域中的其他设备，可用来隔离 VCMP 管理域	Silent 收到 VCMP 报文后直接丢弃，而不转发该报文。Silent 上创建、删除的 VLAN 信息不受 Server 影响，也不会在域内传播

说明　Transparent 和 Silent 不属于任何 VCMP 管理域。VCMP 管理域的边缘设备如果希望受 VCMP 的管理，也可设置为 Client 角色，但为防止本域的 VCMP 报文传输到其他域中，需要将连接其他域的接口去使能 VCMP 功能。

7.8.2　VCMP 工作原理

VCMP 通过在各角色设备间交互 VCMP 报文实现各 VLAN 的集中管理，而 VCMP 报文只能在 Trunk 或 Hybrid 类型接口的 VLAN 1 上传输。VCMP 为确保在各种场景下 Server 与 Client 的 VLAN 信息保持一致，VCMP 定义了 Summary-Advert、Advert-Request 两种组播传输方式的 VCMP 报文，具体见表 7-14。

表 7-14　　　　　　　　　　　　　　　　VCMP 报文

VCMP 报文	作用	触发场景	触发报文的角色
Summary-Advert	Server 通过该报文向 VCMP 管理域内的其他设备通告 VCMP 域名、设备 ID、配置修订号以及 VLAN 信息	• Server 每隔 5min 发一次 Summary-Advert 报文，以确保 Server 与 Client 上的 VLAN 信息的实时同步，防止因传输丢包等原因导致的同步遗漏。 • Server 上的配置变更（包括创建/删除 VLAN、VCMP 管理域名修改、设备 ID 修改，以及 Server 设备重启等情况）。 • 收到同域的 Client 的 Advert-Request 报文	Server
Advert-Request	Client 通过该报文主动请求同步 VLAN 信息，以便及时同步，避免不必要的等待	• 新插入一台 Client 设备。 • Client 设备发生重启或接口 Up	Client

　　其中，由 Server 发送的 Summary-Advert 报文会携带**配置修订号**。配置修订号用来确定 Server 发送的 VLAN 信息是否比当前的更新，Client 使用它来判断是否需要同步 Server 的 VLAN 信息。配置修订号是一个 8 位十六进制数，其中高 4 位用来标识 VCMP 管理域或设备 ID 的变更，低 4 位用来标识 VLAN 的变更。只要 Server 有 VLAN 变更，配置修订号就会自动递增，而当 VCMP 管理域名或设备 ID 变更时，配置修订号的高 4 位会重新计算，低 4 位会清零。

1.　Server 上配置变更的 VLAN 同步机制

　　当 Server 上的配置发生变更（包括创建、删除 VLAN，VCMP 管理域名、设备 ID 修改，以及 Server 重启等情况）时，Server 会发送携带变更信息的 Summary-Advert 报文，以通告 VCMP 管理域内的 Client 进行同步。下面以图 7-22 中的 Server（SwitchA）上创建 VLAN 100 为例介绍 Server 上配置变更的同步原理。

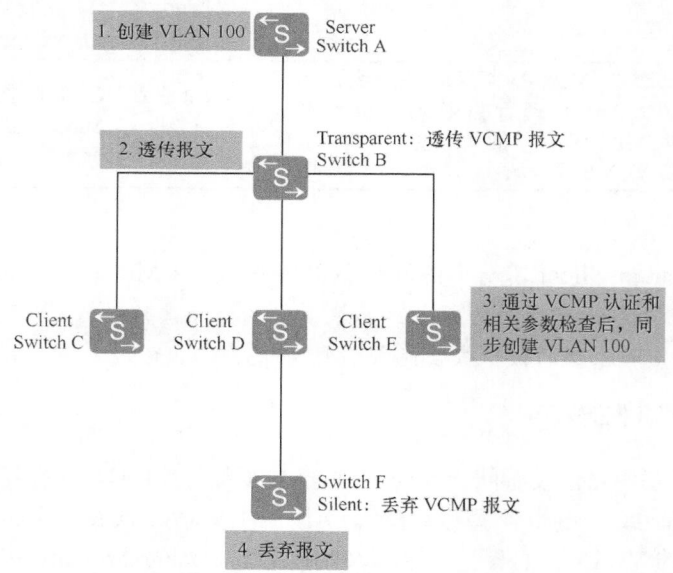

图 7-22　Server 上配置变更的同步原理示意

① Server 在 VCMP 域内发送携带变更 VLAN 的 Summary-Advert 报文，以向邻居通告这个配置变更。

② Transparent（SwitchB）收到 Summary-Advert 报文后，直接转发（透传）这个 VCMP 报文。

③ Client 收到 Summary-Advert 报文后，进行以下处理。

a．如果 Client 上第一次收到该报文，则学习报文中携带的设备 ID、配置修订号、VLAN 信息。若本地 Client 的 VCMP 管理域名为空，则也会学习报文中携带的 VCMP 管理域名。

b．如果 Client 上不是第一次收到该报文，则进行如下处理。

■ 根据 Client 上配置的认证密码以及 Summary-Advert 报文携带的 VCMP 管理域名、设备 ID、配置修订号等字段对接收到的 Summary-Advert 报文进行 VCMP 认证（**不是简单的密码认证，而是摘要消息认证**）。认证通过才会进行下一步。

■ 将本地保存的 VCMP 管理域名、设备 ID，分别与报文携带的进行比较。两者均相同才会进入下一步。

■ 比较本地保存的配置修订号与 Summary-Advert 报文携带的配置修订号：

■ 如果高 4 位不相同，则 Client 根据 Summary-Advert 报文同步 Server 上的 VLAN 信息，并学习 VCMP 管理域名和设备 ID；

■ 如果高 4 位相同但本地保存的配置修订号的低 4 位小于等于 Summary-Advert 报文中的配置修订号的低 4 位，则 Client 仅同步 Server 上的 VLAN 信息。

■ 根据网络结构将 Summary-Advert 报文转发给 VCMP 管理域的其他设备。

本示例中，假设各 Client 不是第一次收到 Summary-Advert 报文，并且 Client 通过比较发现本地原来学习到的配置修订号与 Summary-Advert 报文中的配置修订号的高 4 位相同，但本地配置修订号的低 4 位小于等于 Summary-Advert 报文中的配置修订号的低 4 位，于是各 Client 根据 Summary-Advert 报文同步 Server 上的 VLAN 信息，并在这些 Client 本地创建 VLAN 100。

④ Silent（SwitchF）在收到 Summary-Advert 报文后因为它不受 VCMP 的管理行为影响，所以直接丢弃该报文。

说明　其他触发 Summary-Advert 报文的场景中，VLAN 同步过程与此相同。

Client 从 Server 同步 VLAN 信息后 30min 内，会自动生成一个名为 vlan.dat 的文件用于存储当前的 VLAN 信息，设备重启时会读取该文件获取重启前 VLAN 的信息。该文件不可以进行修改、删除、覆盖等任何处理，但在以下几种情况下会自动删除。

■ 通过 **reset vcmp** 命令清除 VCMP 的管理域信息。

■ 通过 **vcmp role** { **server** | **silent** | **transparent** } 命令修改设备的 VCMP 角色为非 Client。

■ 通过 **startup saved-configuration** *configuration-file* 命令配置新的配置文件，并且新配置文件的名称和当前配置文件的名称不一样。

■ 执行 **reset saved-configuration** 命令清除已经保存的配置文件。注意该操作会清除所有的配置信息。

2. 新增 Client 的 VLAN 同步机制

为确保 Server 与 Client 上的 VLAN 信息的同步，缺省情况下，Server 会每 5min 发送一次 Summary-Advert 报文，向全域通告 VCMP 管理域名、设备 ID 和配置修订号。当新插入一台 Client 或 Client 重启时，为了及时获取 Server 上的 VLAN 配置信息，新 Client 和重启的 Client 会以组播方式发送 Advert-Request 报文，请求 Server 的 VLAN 配置信息。下面以图 7-23 所示的结构为例进行说明（SwitchF 为新插入的一台设备，作为 Client）。

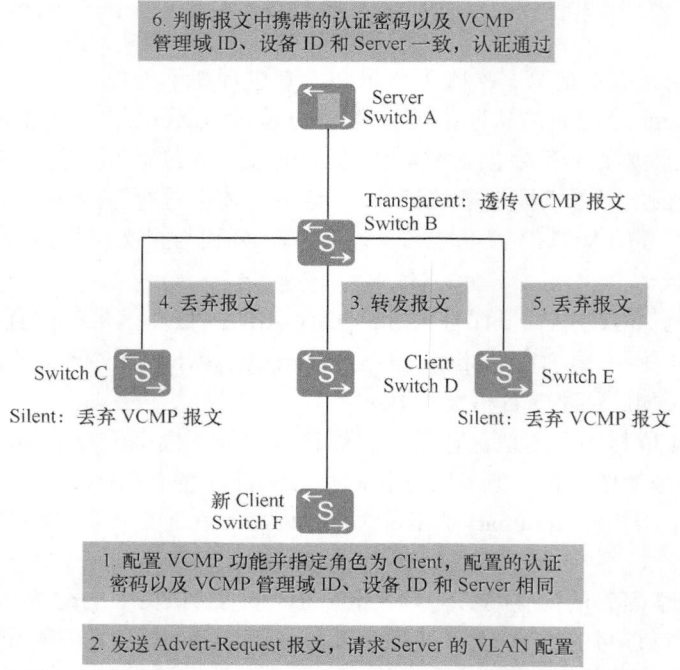

图 7-23　新 Client 发送 Advert-Request 报文后的流程

① 在 SwitchF 上配置 VCMP 功能并指定角色为 Client 后，SwitchF 即为一台新的 Client，向邻居发送 Advert-Request 报文，请求 Server 的 VLAN 配置。

② Client（SwitchD）收到新 Client 的 Advert-Request 报文后，向邻居转发该报文。

③ Transparent（SwitchB）收到 Advert-Request 报文，继续向邻居转发该报文。

④ 如果 Server（SwitchA）收到 Advert-Request 报文：

a. 会根据 Server 上配置的认证密码以及 Advert-Request 报文携带的 VCMP 管理域名、设备 ID、配置修订号等字段对报文进行 VCMP 认证，认证通过才会进行下一步；

说明　以上步骤可参见图 7-23，下面步骤参见图 7-24。Client 重启或接口 Up，也会触发 Advert-Request 报文，其 VLAN 同步过程与以上类似。

b. 通过 VCMP 认证后，如果发现接收到的该 Advert-Request 报文中的管理域名或设备 ID 非空，但与 Server 上配置的管理域名或设备 ID 不相等，则丢弃该 Advert-Request 报文；否则，回复携带 Server 上 VLAN（VLAN 100）信息的 Summary-Advert 报文。

如果是 Silent（SwitchC 和 SwitchE）收到 Advert-Request 报文，则直接丢弃该报文。

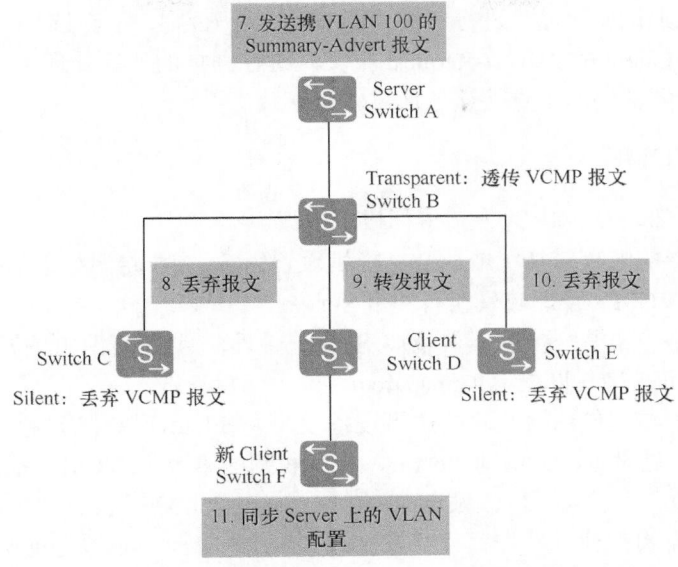

图 7-24　Server 回复 Summary-Advert 报文后的流程

⑤ Client、Transparent、Silent、新 Client 收到 Server 回复的 Summary-Advert 报文后，则根据前面介绍的"Server 上配置变更的 VLAN 同步机制"所述处理该报文。只不过本场景中，Client 发现 VCMP 管理域名、设备 ID 和配置修订号跟 Summary-Advert 报文携带的相等，直接转发该报文；而新 Client 则会同步 Server 的 VLAN 信息，如果新 Client 没有配置 VCMP 管理域，还会学习 Server 的 VCMP 管理域名和设备 ID。

3. 多 Server 告警机制

VCMP 管理域内只能有一台 Server。为防止用户假冒 Server 攻击网络，Server 在收到 Summary-Advert 报文后，会将报文中的 VCMP 管理域名、设备 ID、源 MAC 地址与本地的进行匹配。如果 VCMP 管理域名和设备 ID 匹配，但报文中的源 MAC 地址与本地的系统 MAC 地址不同，则会向网管发送"多 Server"事件告警。

为了防止告警太多影响 Server 的性能，VCMP 抑制告警的发送次数，仅每 30min 向网管发送一次告警。

4. VCMP 认证机制

当未知交换机加入 VCMP 管理域，可能会将其设备上的 VLAN 信息同步到域内，进而影响域内网络的稳定。为防止未知交换机的加入，使 VCMP 管理域更安全，可以为域中的 Server 和 Client 配置域认证密码。**同一 VCMP 管理域中的 Server 和每台 Client 上配置的域密码必须相同。**

如果 Server 或 Client 配置了域认证密码，则用该密码字符串（默认使用空字符串）作为 Key 值，对所接收的 Summary-Advert 或 Advert-Request VCMP 报文中的 VCMP 管理域名、设备 ID 等字段进行 SHA-256 摘要计算，并把得到的摘要信息随 Summary-Advert 报文或 Advert-Request 报文发送。域内每台 Client 在收到的 Server 的 Summary-Advert 报文时，则用本地配置的认证密码对报文中的 VCMP 管理域名、设备 ID 和配置修订号等字段进行 SHA-256 摘要计算，并把得到的摘要信息与报文中携带的摘要信息进行比较。如果匹配，则认证通过，进行后续 VCMP 处理；否则，丢弃该 Summary-Advert 报文。Server 收到 Client 的 Advert-Request 报文时进行同样的认证处理。

如果未配置域密码，则直接认证通过。

7.8.3 配置 VCMP

在企业网中部署 VCMP 时，请遵循以下建议。

■ 将网络中的汇聚交换机或核心交换机设置为 Server，将网络中的接入交换机设置为 Client。**一个 VCMP 管理域只能有一个 Server**。

■ 如果网络中某些交换机不希望被 Server 管理，且在网络中的位置处于 Server、Client 之间，则可以将其设置为 Transparent。

■ 将网络中与其他网络互联的边界设备设置为 Silent，以免影响互联的网络。

■ Client 通过设备 ID 识别 Server，它从收到的第一个 VCMP 报文中获取并记录 Server 的设备 ID，后续只同步该设备 ID 的 Server 的 VLAN 信息。Client 学习到 Server 的设备 ID 后，不再改变（除非其角色发生改变），而 Server 必须配置设备 ID 后才可正常收发 VCMP 报文、行使 VLAN 集中管理的职能。

■ 未知交换机加入 VCMP 管理域，可能会将其 VLAN 信息同步至域中其他设备，进而影响网络的稳定。为防止未经过允许的交换机加入，需要为 VCMP 管理域中每台 Server 和 Client 设备都配置域认证密码。

在配置 VCMP 之前，需连接接口并配置接口的物理参数，使接口的物理层状态为 Up。配置接口的链路类型为 Trunk 或 Hybrid，使接口能转发 VCMP 报文。

配置 VCMP 的具体步骤见表 7-15。

表 7-15　　　　　　　　　　　　　　VCMP 的配置步骤

步骤	命令	说明
1	**system-view** 例如：<HUAWEI> **system-view**	进入系统视图
2	**vcmp role { client | server | silent | transparent }** 例如：[HUAWEI] **vcmp role server**	配置 VCMP 管理域中设备的角色，命令中的选项说明如下。 ● **client**：多选一选项，指定本设备为 VCMP 管理域中的 Client 角色。Client 作为 VCMP 管理域中的被管理角色，会根据 Server 发送的 VCMP 报文将 VLAN 信息同步到本地。 可在 Client 上进行创建、删除 VLAN 等操作，**但是手工更改的 VLAN 信息会被 Server 发送的 VLAN 信息覆盖**。 ● **server**：多选一选项，指定本设备作为 VCMP 管理域中的 Server 角色。在 Server 上可以创建、删除 VLAN 信息，并负责将创建、删除的 VLAN 信息通过 VCMP 报文发送给同域的其他设备。 ● **silent**：多选一选项，指定本设备作为 VCMP 管理域中的 Silent 角色。Silent 角色设备部署在 VCMP 管理域的边缘，在收到 VCMP 报文后直接丢弃，不转发，以防止本域的 VCMP 报文传输到其他域中。 ● **transparent**：多选一选项，指定本设备作为 VCMP 管理域中的 Transparent 角色。Transparent 作为 VCMP 管理域中的透传角色，不受 VCMP 的管理行为影响，也不影响 VCMP

（续表）

步骤	命令	说明
2	**vcmp role** { **client** | **server** | **silent** | **transparent** } 例如：[HUAWEI] **vcmp role server**	域的其他设备，直接透明传输 VCMP 报文。仅 **Trunk** 或 **Hybrid 类型链路，且加入 VLAN1 的接口才能收发 VCMP 报文。在 Transparent 上创建、删除的 VLAN 信息，也不会传播到其他任何交换机上。** 缺省情况下，VCMP 管理域中设备的角色是 Client。如果设备上的版本是从老版本升级到 V200R005 版本的，则设备的角色缺省为 Silent，可用 **undo vcmp role** 命令恢复 VCMP 管理域中设备的角色到缺省值
3	**vcmp domain** *domain-name* 例如：[HUAWEI] **vcmp domain** produc	（可选）配置 VCMP 管理域（**当网络中存在多个隔离的 VCMP 域时可选配置**），字符串形式，不支持空格，区分大小写，取值范围是 1～31。当输入的字符串两端使用双引号时，可在字符串中输入空格。 同一 VCMP 管理域内的每台交换机都必须使用相同的域名，角色为 Client 的设备上如果没有配置 VCMP 管理域，域名由学习到的第一个 VCMP 报文决定。**一台交换机只能加入一个 VCMP 管理域。** 缺省情况下，设备上未创建 VCMP 管理域，可用 **undo vcmp domain** 命令来删除 VCMP 管理域
4	**vcmp device-id** *device-name* 例如：[HUAWEI] **vcmp device-id** vcmpserver	为角色是 Server 的设备配置设备 ID，字符串形式，不支持空格，区分大小写，取值范围是 1～31。当输入的字符串两端使用双引号时，可在字符串中输入空格。 设备 ID 是 Server 的身份标识符，用于 VCMP 管理域内的其他角色设备识别 Server 设备，只能在**角色是 Server 的设备上配置 ID。** 缺省情况下，角色是 Server 的设备未配置设备 ID，可用 **undo vcmp device-id** 命令删除配置 Server 的设备 ID
5	**vcmp authentication sha2-256 password** *password*	（可选）配置 VCMP 管理域的认证密码，字符串形式，不支持空格，区分大小写，长度范围是 1～8 或者是 32/48。密码存储为密文形式。 如果输入的是明文，则密码长度是 1～8；如果输入的是密文，则密码长度是 48 个连续字符。当输入的字符串两端使用双引号时，可在字符串中输入空格。 如果设置认证密码，则同一 **VCMP 管理域内的 Server 及每台 Client 上必须设置一致的认证密码。** 缺省情况下，未配置 VCMP 管理域的认证密码，VCMP 报文直接认证通过，可用 **undo vcmp authentication** 命令删除配置的 VCMP 管理域的认证密码
6	**interface** *interface-type interface-number* 例如[HUAWEI] **interface** gigabitethernet 0/0/1	进入需要使能 VCMP 功能的以太网接口视图。VCMP 只能在二层以太网接口上使能
7	**undo vcmp disable** 例如：[HUAWEI-Gigabit Ethernet0/0/1] **undo vcmp disable**	基于接口使能 VCMP 功能。如果 VCMP 管理域的边缘设备希望受 VCMP 管理，但其对端设备不希望受 VCMP 管理，则可在该边缘设备连接对端设备的二层接口上通过命令 **vcmp disable** 去使能 VCMP 功能。 缺省情况下，交换机上所有接口的 VCMP 功能处于使能状态，可用 **vcmp disable** 命令基于接口去使能 VCMP 功能

（续表）

步骤	命令	说明
8	**snmp-agent trap enable feature-name vcmp** 例如：[HUAWEI-Gigabit Ethernet0/0/1] **snmp-agent trap enable feature-name vcmp**	（可选）打开 VCMP 告警开关。为防止用户仿冒 Server 攻击网络，可打开 VCMP 告警开关。这样，当收到仿冒 Server 的 VCMP 报文后，会向网管发送"多 Server"事件告警

在实际的维护的中，如果 VCMP 运行过程中出现故障，可通过以下任意视图下的 **display** 命令查看 VCMP 相关配置、VCMP 报文的统计信息或 Client 设备上 VLAN 变化轨迹，可帮助定位故障。另外，Client 学习到 VCMP 管理域 ID、设备 ID 后，不会再变更。而当 VCMP 管理域内更换 Server 时，Client 需要重新学习这些 VCMP 信息，因此，必须在学习开始前清除 Client 上原有学习到的 VCMP 信息，可执行以下用户视图下的 reset 命令清除 Client 上原有学习到的 VCMP 信息，或清除原有的 VLAN 变化轨迹。

■ **display vcmp status**：查看 VCMP 配置信息。例如，VCMP 管理域域名、设备角色、设备 ID、配置修订号和域密码。

■ **display vcmp interface brief**：查看二层以太网接口的 VCMP 使能的状态。

■ **display vcmp counters**：查看 VCMP 报文的统计信息。

■ **display vcmp track**：查看角色为 Client 的设备上 VLAN 的变化轨迹。

■ **reset vcmp**：清除学习到的 VCMP 信息。

■ **reset vcmp track**：清除原有的 VLAN 变化轨迹。

7.8.4　通过 VCMP 实现 VLAN 集中管理配置示例

如图 7-25 所示，某企业分支网络为二层网络，AGG 为其汇聚交换机，ACC1～ACC3 为接入交换机，其中 ACC1 用来接入外来访客。企业分支规模越来越大，网络管理员需要在各交换机上配置和维护大量的 VLAN 信息，工作量大而且容易出错。因此，管理员希望减少 VLAN 配置和维护的工作量，但外来访客接入分支网络的权限需要限制，管理员希望 ACC1 上的 VLAN 能独立配置和维护。

1. 基本配置思路分析

可在此企业分支网络中部署 VCMP，将汇聚交换机 AGG 设置为 Server，接入交换机 ACC2～ACC3 设置为 Client，为使 ACC1 不受 VCMP 管理，将其设置为 Silent。这样，只需在 AGG 上修改 VLAN 信息，该

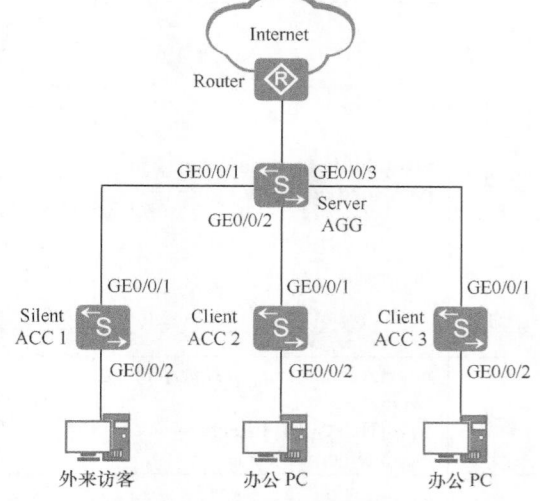

图 7-25　VCMP 配置示例的拓扑结构

信息将自动发送到企业分支网络中的 ACC1～ACC3 上，而其中 ACC2～ACC3 会自动同步 AGG 上的 VLAN 信息，而 ACC1 不受 VCMP 的影响，从而既减少了在多台交换机上修改同一个 VLAN 信息的工作量，也保证了 ACC1 的 VLAN 独立性。

　　另外，为免去手工设置链路类型的麻烦，配置通过 LNP 自动协商链路类型（LNP 的工作原理参见 7.1.9 节，配置方法参见 7.2.2 节），这样，连接用户主机的接口的端口类型全为 Access，而交换机间连接的接口的端口类型均为 Trunk。

　　根本以上分析可得出本示例的基本配置思路如下。

　　① 配置 LNP，实现链路类型自动协商，简化用户配置。

　　② 按照前面的分析，指定各交换机的 VCMP 角色，以确定 VCMP 的管理范围、管理与被管理对象。

　　③ 在角色为 Server 和 Client 的设备上分别配置 VCMP 相关参数，包括认证密码、设备 ID 等，以保证 Server 和 Client 间能安全通信和身份识别。

　　④ 使能 VCMP，使 VCMP 功能生效。

　　2．具体配置步骤

　　① 配置通过 LNP 自动协商链路类型

　　缺省情况下，全局和接口上的 LNP 处于使能状态，此时所有接口通过 LNP 自协商链路类型。可用 **display lnp summary** 命令查看交换机全局和接口上是否使能链路类型自协商功能（分别关注显示信息的"Global LNP"和"link-type(C)"字段），并检查接口的链路类型（关注显示信息的"link-type(N)"字段）。

　　如果全局或接口上没有使能链路类型自协商功能，可执行如下步骤进行配置。

　　a．全局使能链路类型自协商功能。ACC1、ACC2 和 ACC3 的配置与 AGG 类似，不再赘述。

```
<HUAWEI> system-view
[HUAWEI] sysname AGG
[AGG] undo lnp disable
```

　　b．接口下使能链路类型自协商功能。ACC1、ACC2 和 ACC3 的配置与 AGG 类似，不再赘述。

```
[AGG] interface GigabitEthernet 0/0/1
[AGG-GigabitEthernet0/0/1] undo port negotiation disable
[AGG-GigabitEthernet0/0/1] port link-type negotiation-desirable
[AGG-GigabitEthernet0/0/1] quit
[AGG] interface GigabitEthernet 0/0/2
[AGG-GigabitEthernet0/0/2] undo port negotiation disable
[AGG-GigabitEthernet0/0/2] port link-type negotiation-desirable
[AGG-GigabitEthernet0/0/2] quit
[AGG] interface GigabitEthernet 0/0/3
[AGG-GigabitEthernet0/0/3] undo port negotiation disable
[AGG-GigabitEthernet0/0/3] port link-type negotiation-desirable
[AGG-GigabitEthernet0/0/3] quit
```

　　如果全局和接口上已使能链路类型自协商功能，但交换机间连接接口的链路类型为 Access，为保证 VCMP 正常运行，可以执行 **port link-type** { **trunk** | **hybrid** }命令手工指定接口的链路类型。

　　② 指定各设备的角色，AGG 为 Server，ACC2、ACC2 为 Client，ACC1 为 Silent。

```
[AGG] vcmp role server
[ACC1] vcmp role silent
[ACC2] vcmp role client
[ACC3] vcmp role client
```

③ 在 Server 和 Client 角色设备上配置 VCMP 参数，包括 VCMP 管理域（假设为 vd1）、设备 ID（假设为 server，仅 Server 设备上需要配置）和认证密码（假设为 Hello）。

■ AGG 上的配置

```
[AGG] vcmp domain vd1
[AGG] vcmp device-id server
[AGG] vcmp authentication sha2-256 password Hello
```

■ ACC2 上的配置

```
[ACC2] vcmp domain vd1
[ACC2] vcmp authentication sha2-256 password Hello
```

■ ACC3 上的配置

```
[ACC3] vcmp domain vd1
[ACC3] vcmp authentication sha2-256 password Hello
```

④ 使能 VCMP 功能

缺省情况下，接口上的 VCMP 功能已使能，无需再使能。但为避免 VCMP 报文影响 PC 终端，可在 Client 连接 PC 终端的接口上去使能 VCMP 功能。

```
[ACC2] interface GigabitEthernet 0/0/2
[ACC2-GigabitEthernet0/0/2] vcmp disable
[ACC2-GigabitEthernet0/0/2] quit
[ACC3] interface GigabitEthernet 0/0/2
[ACC3-GigabitEthernet0/0/2] vcmp disable
[ACC3-GigabitEthernet0/0/2] quit
```

3. 配置结果验证

上述配置完成后，执行 **display vcmp status** 命令可以查看 VCMP 配置信息，包括 VCMP 管理域域名、设备角色、设备 ID、配置序列号和域密码。以 AGG 上的显示为例。

```
[AGG] display vcmp status
VCMP information:
Domain                  : vd1
Role                    : Server
Server ID               : server
Configuration Revision  : 0x239c0000
Password                : ******
```

然后在 Server 设备 AGG 上通过命令 **vlan** *vlan-id* 创建 VLAN10，再分别在 ACC1～ACC3 上执行命令 **display vlan summary** 可以看到 ACC2 和 ACC3 同步了 AGG 上 VLAN 信息，而 ACC1 上没有同步 AGG 上的 VLAN 信息。由此证明以上的配置是成功的。

```
[AGG] vlan 10
[AGG-vlan10] quit
[ACC1] display vlan summary
Static VLAN:
Total 1 static VLAN.
  1

Dynamic VLAN:
Total 0 dynamic VLAN.

Reserved VLAN:
Total 0 reserved VLAN.

[ACC2] display vlan summary
Static VLAN:
```

```
Total 2 static VLAN.
  1 10

Dynamic VLAN:
Total 0 dynamic VLAN.

Reserved VLAN:
Total 0 reserved VLAN.

[ACC3] display vlan summary
Static VLAN:
Total 2 static VLAN.
  1 10

Dynamic VLAN:
Total 0 dynamic VLAN.

Reserved VLAN:
Total 0 reserved VLAN.
```

7.9　VLAN 间通信配置与管理

我们知道，划分 VLAN 的目的是为了隔离同一网段中各主机间的直接二层通信，以缩小广播域，减小广播风暴产生的可能性和影响。但是在大多数情况下，不同 VLAN 中的主机又需要相互通信。VLAN 间的通信又分为二层通信和三层通信两种，本节分别进行具体分析。

7.9.1　通过 VLAN Switch 实现 VLAN 间二层通信简介

VLAN 本身是一种二层技术，主要目的就是用于隔离三层通信、缩小广播域的，故在同一交换机上，不同 VLAN 间是二层隔离的，即使不同 VLAN 中的用户在同一 IP 网段。但是仔细理解 7.1.6 节介绍的 3 种主要二层以太网端口的数据帧收发规则可以发现，连接在不同交换机上、位于同一 IP 网段的用户间还是可实现直接二层通信的。

在图 7-26 中，用户主机连接的交换机接口都配置为 Access 类型，要实现 Host_1 和 Host_2 直接二层互访，至少有以下几种配置方案（关键是交换机间的链路配置）。

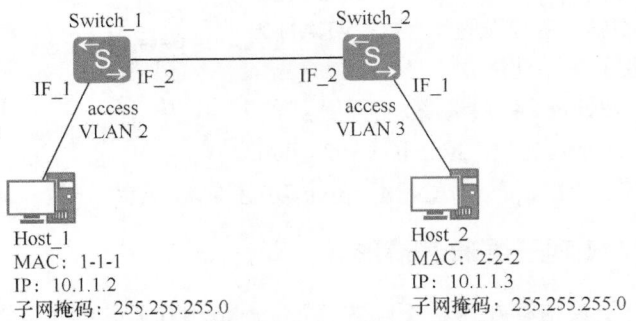

图 7-26　不同 VLAN 间二层互访示例

■ Switch_1 和 Switch_2 的 IF_2 接口均配置为 Access 类型，分别加入 VLAN 2 和 VLAN 3 中。

■ Switch_1 和 Switch_2 的 IF_2 接口均配置为 Trunk 类型，同时允许 VLAN 2 和 VLAN 3 通过，两端的 PVID 分别为 VLAN 2 和 VLAN 3。

■ Switch_1 和 Switch_2 的 IF_2 接口均配置为 Hybrid 类型，Switch_1 的 IF_2 接口的 PVID 配置为 VLAN 2，允许 VLAN 2 帧不带标签通过，Switch_2 的 IF_2 接口的 PVID 配置为 VLAN 3，允许 VLAN 3 帧不带标签通过。

当然以上仅是一个简单的举例，在实际网络环境下还有其他的配置方法，关键是要理解数据帧在 3 种主要类型二层以太网端口上发送或接收时对帧中 VLAN Tag 的添加和剥离原理。因篇幅有限，在此不进行具体分析，在本书的配套实战视频课程中有深入的剖析。

本节要向大家介绍一种更加实用的 VLAN 间二层通信的解决方案，那就是 VLAN Switch（VLAN 交换）方案。

VLAN Switch 是一种按照 VLAN Tag 进行数据转发的转发技术，需要预先在网络中各交换节点上建立一条静态转发路径。交换节点接收到符合转发条件的 VLAN 报文后，根据 VLAN Switch 表将报文直接转发到相应的接口，无需查看 MAC 地址表，提高了转发效率及安全性，可有效地避免 MAC 地址攻击及广播风暴。

VLAN Switch 功能包括：

■ 添加外层 VLAN Tag 功能，即 VLAN Switch stack-vlan 功能，与 VLAN Stacking 功能类似；

■ 在不同接口之间转换外层 VLAN Tag，即 VLAN Switch switch-vlan 功能，与 VLAN Mapping 功能类似。

如图 7-27 所示，PC1 和 PC2 分别为 VLAN 2 和 VLAN 3 内的用户，且都在同一 IP 网段中，现要求 PC1、PC2 间互通。此时可在设备 SwitchA 上配置 VLAN Switch 的 switch-vlan 功能，实现此场景下 VLAN 间的互通。配置后，用户报文按配置的指定路径转发，可以将 port2 上收到的 VLAN2 的报文转换为 VLAN 3，并指定从 port3 发出；而 port3 上收到的 VLAN 3 的报文将转换为 VLAN 2，并指定从 port2 发出。这样 VLAN 2 和 VLAN 3 就实现了互相通信。

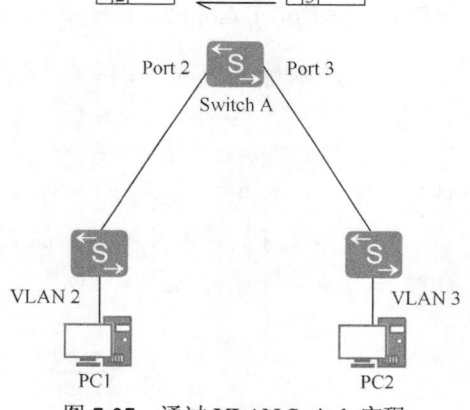

图 7-27　通过 VLAN Switch 实现
VLAN 间二层通信示例

因为 VLAN Switch 解决方案中所用到的 VLAN Switch stack-vlan、LAN Switch switch-vlan 功能分别与 VLAN Stacking、VLAN Mapping 功能类似，故统一放在下一章进行介绍。

7.9.2　两种 VLAN 间三层通信情形

VLAN 间的三层通信存在两种不同的情形：一是相互通信的不同 VLAN 中的主机连接在同一个交换机上，二是相互通信的不同 VLAN 中的主机连接不同的交换机上。下面分别介绍这两种 VLAN 间的通信方式。

1. 同一台交换机上的 VLAN 间三层通信

这种情形的示意图如图 7-28 所示。示例中的 VLAN 2、VLAN 3 和 VLAN 4 连接在同一个三层交换机（也可以是路由器）上，但位于不同的 IP 网段。此时要实现这 3 个 VLAN 间的三层通信，只需在该三层交换机为这 3 个 VLAN 各自配置 VLANIF 接口 IP 地址，并配置对应 VLAN 中的用户采用所属 VLAN 的 VLANIF 接口的 IP 地址作为默认网关即可，因为这些 VLAN 是直接连接在同一台三层交换机上，相当于直连路由，所以无需其他额外配置就可以实现同一台交换机上不同 VLAN 间的三层互通。

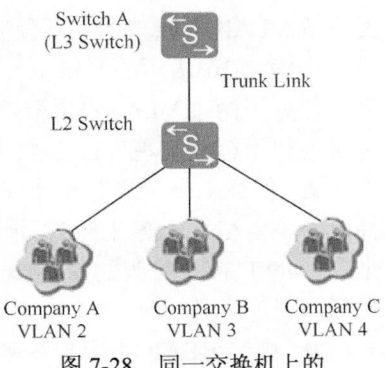

图 7-28　同一交换机上的
VLAN 间通信示例

2. 不同交换机上的 VLAN 间三层通信

这种情形的示意图如图 7-29 所示。示例中的 VLAN 2、VLAN 3 和 VLAN 4（也位于不同 IP 网段）不仅在同一台三层交换机（也可以是路由器）上有，而且在不同的三层交换机上也有，这就涉及跨三层设备的 VLAN 间通信问题了。此时可以采用以下两种解决方案来实现不同 VLAN 间的三层通信（VLAN 中的用户仍要正确配置对应 VLANIF 接口 IP 地址作为默认网关）。

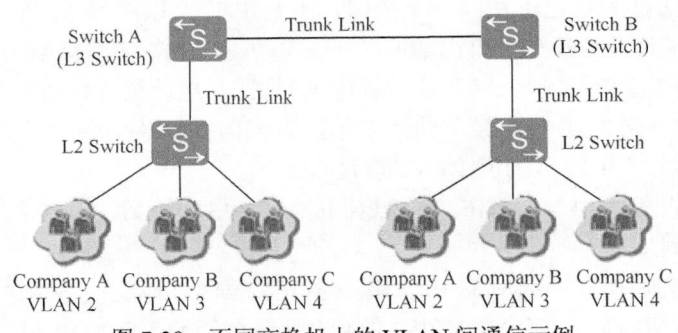

图 7-29　不同交换机上的 VLAN 间通信示例

■　通过 VLANIF 接口方案：不仅要为各 VLAN 配置 VLANIF 接口的 IP 地址（不同交换机中的相同 VLAN 可以各自配置 VLANIF 接口的 IP 地址），还要在三层设备上配置到达各个不同 VLAN 所在网段的可达路由（可以是静态路由，也可以是各种动态路由），实现不同 VLAN 间的三层互通。

■　三层 Dot1q 终结子接口方案：为每个 VLAN 配置一个三层 Dot1q 终结子接口来终结，并根据需要配置路由，实现不同 VLAN 间的三层互通。

下面分别介绍以上两种实现 VLAN 间三层通信方案的工作机制及具体配置方法。

7.9.3　通过 VLANIF 接口实现 VLAN 间三层通信的机制

这是一种通过计算机网络体系结构中的第三层（网络层）来实现 VLAN 间通信的解决方案。每个 VLAN 都可以配置一个三层 VLANIF 逻辑接口，而这些 VLANIF 接口就作为对应 VLAN 内部用户主机的缺省网关，通过三层交换机内部的 IP 路由功能可以实现同一交换机上不同 VLAN 的三层互通，不同交换机上不同 VLAN 间的三层互通需要配置各 VLANIF 接口所在网段间的路由。

　　在图 7-30 所示的网络中，Device 交换机上划分了两个 VLAN：VLAN2 和 VLAN3。可通过如下配置实现 VLAN 间互通。

　　■ 在 Device 上创建两个 VLANIF 接口并配置 VLANIF 接口的 IP 地址，但这两个 VLANIF 接口对应的 IP 地址不能在同一网段。

　　■ 将各 VLAN 中用户缺省网关设置为所属 VLAN 对应 VLANIF 接口的 IP 地址。

　　现在仅以位于 VLAN 2 中的主机 A 向位于 VLAN 3 中的主机 C 发起通信为例，介绍通过 VLANIF 接口进行 VLAN 间三层互通的基本原理。具体的通信流程如下。

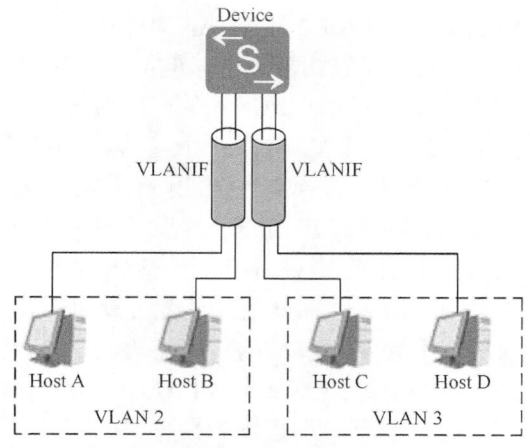

图 7-30　通过 VLANIF 接口实现 VLAN 间三层通信的示例

　　① 在主机 A 向主机 C 发送的数据包到了网络层后，主机 A 先将包中的目的 IP 地址——主机 C 的 IP 地址和自己所在网段进行比较。

　　② 发现主机 C 和自己不在同一个子网，于是主机 A 以广播方式在本子网内发送一个 ARP 请求帧，其目的是查寻自己的网关——VLANIF2 接口的 MAC 地址。

　　③ VLANIF2 接口经过与 ARP 请求帧中的目的 IP 地址进行比较，发现自己的 IP 地址与其一致，接收该 ARP 请求帧，然后以单播方式向主机 A 返回一个 ARP 应答帧，帧中的源 MAC 地址即为 VLANIF2 的 MAC 地址。

　　④ 在主机 A 接收由 VLANIF2 接口返回的 ARP 应答帧后，从中学习到了 VLANIF2 接口的 MAC 地址。

　　⑤ 主机 A 利用所获得的网关 VLANIF2 接口的 MAC 地址，重新进行数据帧封装，把帧中的目的 MAC 地址改为 VLANIF2 接口的 MAC 地址，目的 IP 仍为主机 C 的 IP 地址，然后发送给网关——VLANIF2 接口。

　　⑥ Device 交换机在收到该数据帧后进行三层转发，发现帧中的目的 IP 地址——主机 C 的 IP 地址为本地设备直连网段，于是再直接通过该网段的网关——VLANIF3 接口进行转发。

　　⑦ VLANIF3 接口作为 VLAN 3 内主机的网关，在收到数据帧后，如果已有主机 C 的 IP 地址与 MAC 地址映射表，则直接发送给主机 C，否则 VLANIF3 接口先在 VLAN 3 内以广播方式发送一个 ARP 请求帧，查寻主机 C 的 MAC 地址。

　　⑧ 主机 C 在收到 ARP 广播帧后向 VLANIF3 接口返回一个 ARP 应答帧。

　　⑨ VLANIF3 接口在收到主机 C 发来的 ARP 应答帧后再次进行数据帧封装，把帧中的目的 MAC 地址改为主机 C 的真实 MAC 地址（其他不变），然后把主机 A 发来的数据帧发送给主机 C。这样，主机 A 之后要发给 C 的数据帧都先发送给网关，由网关——VLANIF3 接口进行三层转发。

主机 C 与主机 A 之间的通信原理一样，最终实现 VLAN 间的三层互通。

7.9.4　配置通过 VLANIF 接口方案实现 VLAN 间通信

VLANIF 是三层逻辑接口，配置 IP 地址后可实现网络层互通。通过 VLANIF 接口实现 VLAN 间通信，需要为每个 VLAN 创建对应的 VLANIF 接口，并为每个 VLANIF 接口配置 IP 地址实现三层互通。另外，为了成功地实现 VLAN 间的三层互通，VLAN 内用户主机的缺省网关必须对应 VLANIF 接口的 IP 地址。

配置通过 VLANIF 接口实现 VLAN 间通信的配置步骤如表 7-16 所示。

表 7-16　　　　　　　　通过 **VLANIF** 接口方案实现 **VLAN** 间通信的配置步骤

步骤	命令	说明
1	**system-view** 例如：<HUAWEI> **system-view**	进入系统视图
2	**interface vlanif** *vlan-id* 例如：[HUAWEI] **interface vlanif** 10	进入 VLANIF 接口视图。只有当 VLAN 内存在（至少 一个）状态为 Up 的物理端口时，该 VLAN 对应的 VLANIF 接口状态才会 Up
3	**ip address** *ip-address* { *mask* | *mask-length* }[**sub**] 例如：[HUAWEI –Vlanif10] **ip address** 10.1.1.2 8	为以上 VLANIF 接口配置主或从 IP 地址，以实现 VLAN 三层互通。命令中的参数说明如下。 ① *ip-address*：指定 VLANIF 接口的 IPv4 地址，为点分十进制格式。 ② *mask*：二选一参数，指定以上配置的 IP 地址所对应的子网掩码，也为点分十进制格式。 ③ *mask-length*：二选一参数，指定以上配置的 IP 地址所对应的子网掩码前缀长度，为 1～32 的整数。 ④ **sub**：可选项，指定所配置的 IP 地址为从 IP 地址，不选择此可选项，则所配置的 IP 地址为主 IP 地址。接口上配置了主 **IP** 地址后才能配置从 **IP** 地址，在删除主 **IP** 地址前必须先删除完所有的从 **IP** 地址。主 IP 地址只能配置一个，但可以最多配置 31 个从 IP 地址。 可用 **undo ip address** [*ip-address* { *mask* | *mask-length* } [**sub**]]命令删除 VLANIF 接口上配置的指定 IP 地址
4	**damping time** *delay-time* 例如：[HUAWEI-Vlanif10] **damping time** 10	（可选）配置 VLAN Damping 功能的抑制时间。参数 *delay-time* 用来指定 VLANIF 变为 Down 的延迟时间，取值范围为 0～20 的整数秒 【说明】为避免因 VLANIF 接口状态变化引起的网络震荡，可在 VLANIF 接口上通过本命令使能 VLAN Damping 功能。此时，当 VLAN 中最后一个处于 Up 状态的成员端口变为 Down 后，启动 VLAN Damping 功能的设备会抑制设定的时间后再上报给 VLANIF 接口。如果在抑制的时间内 VLAN 中有成员口状态变为 Up，则 VLANIF 接口的状态保持 Up 不变。 缺省情况下，抑制时间是 0s，表示去使能 VLAN Damping 功能，可用 **undo damping time** 命令恢复 VLANIF 变为 Down 的延迟时间为 0s
5	**mtu** *mtu* 例如：[HUAWEI-Vlanif10] **mtu** 1492	（可选）配置 VLANIF 接口的 MTU（Maximum Transmission Unit，最大传输单元），取值范围为 128～9216 的整数字节。 缺省情况下，MTU 取值为 1500 字节，可用 **undo mtu** 命令恢复 VLANIF 接口的最大传输单元为缺省值

（续表）

步骤	命令	说明
6	**bandwidth** *bandwidth* 例如：[HUAWEI-Vlanif10] **bandwidth** 1000	（可选）配置 VLANIF 接口的带宽，取值范围是 1～1000000 的整数 Mbit/s。配置 VLANIF 接口的带宽用于网管获取带宽，便于监控流量

注意 在配置 VLANIF 接口（其他三层接口一样）主/从 IP 地址时要注意以下几点。

■ 在同一设备不同接口上可以配置网段重叠，但不能完全相同的 IP 地址。例如，设备上某接口配置了地址 10.1.1.1/16 后，另一接口若配置 10.1.1.2/24，此时配置成功；若另一接口配置 10.1.1.2/16，则配置失败。

■ 同一接口的主从 IP 地址之间可以配置网段重叠的 IP 地址。例如，在接口上配置了主 IP 地址 10.1.1.1/24 后，若配置从 IP 地址 10.1.1.2/16 sub，此时配置成功。

■ 同一设备不同接口的主从 IP 地址之间可以配置网段重叠、但不能完全相同的 IP 地址。例如，设备上某接口配置了地址 10.1.1.1/16 后，另一接口若配置 10.1.1.2/24 sub，此时配置成功。

配置好后，可通过 **display interface vlanif** [*vlan-id* | **main**]命令查看 VLANIF 接口的状态、配置以及流量统计信息。但 VLANIF 接口只有在 Up 状态时才能进行三层转发。

7.9.5　通过 VLANIF 接口实现 VLAN 间三层通信的配置示例

本示例的拓扑结构如图 7-31 所示。企业的不同用户拥有相同的业务，但位于不同的网段，而相同业务的用户又属不同 VLAN，现需要实现不同 VLAN 中的用户相互通信。如 User1 和 User2 中拥有相同的业务，但是属于不同的 VLAN 且位于不同的网段。现需要实现 User1 和 User2 互通。

1. 基本配置思路分析

本示例很简单，基本配置思路如下。

① 创建 VLAN，确定用户所属的 VLAN。

② 配置端口加入 VLAN，允许用户所属的 VLAN 通过当前端口。

③ 创建 VLANIF 接口并配置 IP 地址，利用三层交换机的 IP 路由功能即可实现三层互通。为了实现 VLAN 间互通，VLAN 内主机的缺省网关必须配置为对应的 VLANIF 接口的 IP 地址。

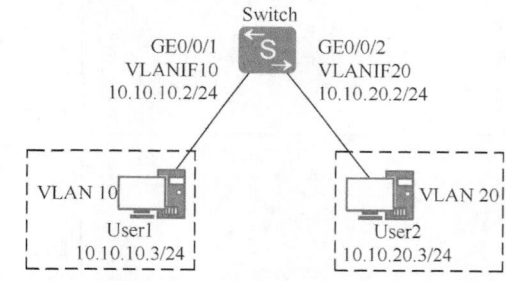

图 7-31　通过 VLANIF 接口实现 VLAN 间三层通信的配置示例的拓扑结构

2. 具体配置步骤

① 批量创建 VLAN 10 和 VLAN 20。

```
<HUAWEI> system-view
[HUAWEI] sysname Switch
[Switch] vlan batch 10 20
```

② 把 User1 和 User2 所连接的交换机端口分别加入对应的 VLAN 中（端口类型均配置为 Access 类型，也可以是不带标签的 Hybrid 类型）。

```
[Switch] interface gigabitethernet 0/0/1
[Switch-GigabitEthernet0/0/1] port link-type access
[Switch-GigabitEthernet0/0/1] port default vlan 10
[Switch-GigabitEthernet0/0/1] quit
[Switch] interface gigabitethernet 0/0/2
[Switch-GigabitEthernet0/0/2] port link-type access
[Switch-GigabitEthernet0/0/2] port default vlan 20
[Switch-GigabitEthernet0/0/2] quit
```

③ 为 VLAN 10 和 VLAN 20 分别配置 VLANIF 接口 IP 地址。

```
[Switch] interface vlanif 10
[Switch-Vlanif10] ip address 10.10.10.2 24
[Switch-Vlanif10] quit
[Switch] interface vlanif 20
[Switch-Vlanif20] ip address 20.20.20.2 24
[Switch-Vlanif20] quit
```

④ 在 VLAN10 中的 User1 主机上配置的 IP 地址为 10.10.10.3/24，缺省网关为 VLANIF10 接口的 IP 地址 10.10.10.2/24；在 VLAN20 中的 User2 主机上配置的 IP 地址为 20.20.20.3/24，缺省网关为 VLANIF20 接口的 IP 地址 20.20.20.2/24。

配置完成后，VLAN10 内的 User1 与 VLAN20 内的 User2 能够相互访问，通过 **ping** 命令即可进行测试。

7.9.6　通过三层 Dot1q 终结子接口实现 VLAN 间三层通信的机制

三层 Dot1q 终结子接口是一种同时具备三层以太网物理接口和二层以太网物理接口双重特性的逻辑接口。即它具有三层以太网物理接口的三层路由功能，同时又具有二层以太网物理接口可识别 VLAN Tag 的特性。通过三层 Dot1q 终结子接口就可以实现不同 VLAN 间的三层互通，也就是我们通常所说的"单臂路由"，在三层交换机和路由器中均可实现。

如图 7-32 所示，DeviceA 为支持配置子接口的三层设备，DeviceB 为二层交换设备。内部网络通过 DeviceB 的二层以太网接口与 DeviceA 的三层以太网接口相连。连接在 DeviceB 上的用户主机被划分到两个 VLAN：VLAN2 和 VLAN3。这时可通过如下配置实现 VLAN 间互通。

① 在 DeviceA 与 DeviceB 相连的三层以太网接口上创建两个子接口 Port1.1 和 Port1.2，并配置 802.1Q 封装与 VLAN2 和 VLAN3 分别对应，使能 ARP 广播能力。

② 为以上两个子接口配置与各自所属 VLAN 对应网段的 IP 地址。

③ 将 DeviceB 与 DeviceA 相连的二层以太网接口类型配置为 Trunk 或 Hybrid 类型，并同时允许 VLAN2 和 VLAN3 的帧通过。

④ 将 VLAN 2 和 VLAN 3 中的用户设备的缺省网关设置为所属 VLAN 对应三层以太网子接口的 IP 地址。

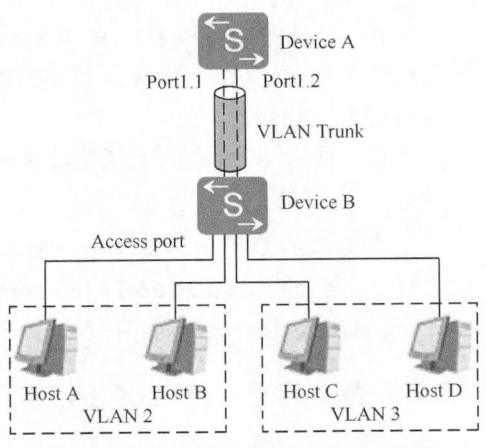

图 7-32　通过三层 Dot1q 子接口实现 VLAN 间三层通信的示例

现在同样以主机 A 向主机 C 发起通信为例介绍三层以太网 Dot1q 终结子接口的 VLAN 间通信方案的基本原理（其实基本过程与前面介绍的 VLANIF 接口 VLAN 间通信方案是一样的，只不过这里的网关是各 VLAN 所对应的子接口），具体流程如下。

① 在主机 A 向主机 C 发送的数据包到达网络层后，主机 A 先将包中的目的 IP 地址——主机 C 的 IP 地址和自己所在网段进行比较。

② 发现主机 C 和自己不在同一个子网，于是主机 A 以广播方式在本子网内发送一个 ARP 请求帧，其目的是查寻自己的网关 VLAN 2 对应的 Port1.1 子接口的 MAC 地址。

③ Port1.1 子接口经过与 ARP 请求帧中的目的 IP 地址进行比较，发现自己的 IP 地址与其一致，接收该 ARP 请求帧，然后以单播方式向主机 A 返回一个 ARP 应答帧，帧中的源 MAC 地址即为 Port1.1 子接口的 MAC 地址。

④ 主机 A 接收由 Port1.1 子接口返回的 ARP 应答帧后，从中学习到该子接口的 MAC 地址。

⑤ 主机 A 利用所获得的网关 Port1.1 子接口的 MAC 地址，重新封装数据帧，把目的 MAC 地址改为 Port1.1 子接口 MAC 地址，目的 IP 仍为主机 C 的 IP 地址，然后发送给网关 Port1.1 子接口。

⑥ DeviceA 交换机在收到该数据帧后进行三层转发，发现其目的 IP 地址——主机 C 的 IP 地址为直连路由，数据帧直接通过该主机的网关——VLAN 3 对应的 Port1.2 子接口进行转发。

⑦ Port1.2 子接口作为 VLAN 3 内主机的网关，在收到数据帧后，如果已有主机 C 的 IP 地址与 MAC 地址映射表，则直接发送给主机 C，否则 Port1.2 子接口先在 VLAN 3 内以广播方式发送一个 ARP 请求帧，查寻主机 C 的 MAC 地址。

⑧ 主机 C 在收到 ARP 广播帧后向 Port1.2 子接口返回一个 ARP 应答帧。

⑨ Port1.2 子接口在收到主机 C 的 ARP 应答帧后，再次进行数据帧封装，把帧中的目的 MAC 地址改为主机 C 的真实 MAC 地址（其他不变），然后就把主机 A 发来的数据帧发送给主机 C。这样主机 A 之后要发给 C 的数据帧都先发送给网关，由网关——Port1.2 子接口进行三层转发。

主机 C 与主机 A 之间的通信原理一样，最终实现 VLAN 间的三层互通。

说明 有关三层 Dot1q 终结子接口的具体配置方法参见本书第 6 章 6.3.1 节的表 6-19。配置好后，可执行 **display dot1q information termination** [**interface** *interface-type interface-number* [.*subinterface-number*]] 命令，查看封装方式为 dot1q 的子接口信息。

7.9.7 通过三层 Dot1q 子接口实现 VLAN 间三层通信的配置示例

本示例的拓扑结构如图 7-33 所示，企业的不同部门拥有相同的业务，如上网、VoIP 等业务，且各个部门中的用户位于不同的网段。因存在不同的部门中相同的业务所属的 VLAN 各不相同的现象，现需要实现相同业务的不同 VLAN 中的用户相互通信。如部门 1（Department1）和部门 2（Department2）中拥有相同的上网业务，但是属于不同的 VLAN 且位于不同的网段。现需要实现部门 1 与部门 2 的用户互通。

1. 基本配置思路分析

① 在各交换机创建所需的 VLAN，并把配置的各接口加入对应的 VLAN 中。

② 在 Switch 上配置两个子接口为三层 Dot1q 终结子接口，并为子接口配置对应网段的 IP 地址，使能 ARP 广播功能。

2. 具体配置步骤

在 SwitchA 创建 VLAN 10，配置 GE0/02 接口以 Tagged 方式加入 VLAN10，GE0/0/1 接口以 Untagged 方式加入 VLAN10；在 SwitchB 上创建 VLAN 20，配置 GE0/02 接口以 Tagged 方式加入 VLAN20，GE0/0/1 接口以 Untagged 方式加入 VLAN20。

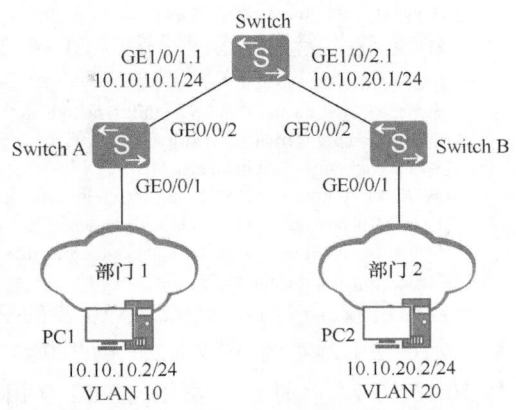

图 7-33　通过三层 Dot1q 子接口实现 VLAN 间三层通信的配置示例的拓扑结构

■ SwitchA 上的配置

```
<HUAWEI> system-view
[HUAWEI] sysname SwitchA
[SwitchA] vlan batch 10
[SwitchA] interface gigabitethernet0/0/1
[SwitchA-GigabitEthernet0/0/1] port link-type access
[SwitchA-GigabitEthernet0/0/1] port default vlan 10
[SwitchA-GigabitEthernet0/0/1] quit
[SwitchA] interface gigabitethernet0/0/2
[SwitchA-GigabitEthernet0/0/2] port link-type trunk
[SwitchA-GigabitEthernet0/0/2] port trunk allow-pass vlan 10
[SwitchA-GigabitEthernet0/0/2] quit
```

■ SwitchB 上的配置

```
<HUAWEI> system-view
[HUAWEI] sysname SwitchB
[SwitchB] vlan batch 20
[SwitchB] interface gigabitethernet0/0/1
[SwitchB-GigabitEthernet0/0/1] port link-type access
[SwitchB-GigabitEthernet0/0/1] port default vlan 20
[SwitchB-GigabitEthernet0/0/1] quit
[SwitchB] interface gigabitethernet0/0/2
[SwitchB-GigabitEthernet0/0/2] port link-type trunk
[SwitchB-GigabitEthernet0/0/2] port trunk allow-pass vlan 20
[SwitchB-GigabitEthernet0/0/2] quit
```

在 Switch 上配置连接 SwitchA、SwitchB 的子接口。

■ 创建并配置以太网子接口 GE1/0/1.1。

```
<HUAWEI> system-view
[HUAWEI] sysname Switch
[Switch] vcmp role silent    #---配置设备在 VCMP 管理域中为 Slient 角色，不受 VCMP 域配置影响
[Switch] interface gigabitethernet1/0/1
[Switch-GigabitEthernet1/0/1] port link-type hybrid
[Switch-GigabitEthernet1/0/1] quit
[Switch] interface gigabitethernet1/0/1.1
[Switch-GigabitEthernet1/0/1.1] dot1q termination vid 10    #---终结 VLAN 10
[Switch-GigabitEthernet1/0/1.1] ip address 10.10.10.1 24
```

```
[Switch-GigabitEthernet1/0/1.1] arp broadcast enable    #---使能 ARP 广播功能
[Switch-GigabitEthernet1/0/1.1] quit
```

■ 创建并配置以太网子接口 GE1/0/2.1。

```
[Switch] interface gigabitethernet0/0/2
[Switch-GigabitEthernet1/0/2] port link-type hybrid
[Switch-GigabitEthernet1/0/2] quit
[Switch] interface gigabitethernet 1/0/2.1
[Switch-GigabitEthernet1/0/2.1] dot1q termination vid 20
[Switch-GigabitEthernet1/0/2.1] ip address 10.10.20.1 24
[Switch-GigabitEthernet1/0/2.1] arp broadcast enable
[Switch-GigabitEthernet1/0/2.1] quit
```

以上配置完成后，为 VLAN10 中的 PC1 上配置缺省网关为 GE0/0/1.1 接口的 IP 地址 10.10.10.1/24；为 VLAN20 中的 PC2 上配置缺省网关为 GE0/0/2.1 接口的 IP 地址 10.10.20.1/24，此时 PC1 可以与 PC2 互相访问了。

7.10　管理 VLAN 的配置与管理

当用户通过远端网管集中管理设备时，需要在设备上通过 VLANIF 接口配置 IP 地址来作为设备管理 IP，通过 STelnet 到设备上进行设备管理。如果此时设备上其他接口相连的用户加入了该 VLAN，则也可以访问该交换机，这样可能会增加设备的不安全性。

在这种情况下，可以配置该 VLAN 为管理 VLAN（与管理 VLAN 对应，没有指定为管理 VLAN 的 VLAN 称为业务 VLAN），**管理 VLAN 不允许 Access 类型和 Dot1q-tunnel 类型接口加入**，因为管理 VLAN 不需要用于传输业务数据，这就是管理 VLAN 与普通业务 VLAN 的本质区别。由于 Access 类型和 Dot1q-tunnel 类型通常用于连接用户，限制这两种类型接口加入管理 VLAN 后，与该接口相连的用户就无法访问该交换机，从而增加了交换机的安全性。

管理 VLAN 功能部署成功后，用户可通过管理 VLAN 对应的 VLANIF 接口的 IP 地址 Telnet 到管理交换机，从而实现通过远端设备的集中管理。管理 VLAN 功能的具体配置步骤见表 7-17。

表 7-17　　　　　　　　　　　　　管理 VLAN 的配置步骤

步骤	命令	说明
1	**system-view** 例如：<HUAWEI > **system-view**	进入系统视图
2	**vlan** *vlan-id* 例如：[HUAWEI] **vlan 5**	创建并进入要配置为管理 VLAN 的 VLAN 视图
3	**management-vlan** 例如：[HUAWEI-vlan5] **management-vlan**	把以上 VLAN 配置为管理 VLAN。使用本命令配置 VLAN 为管理 VLAN 后，即不允许 Access 类型和 Dot1q-tunnel 类型接口加入该 VLAN，而只能是 **trunk** 或 **hybrid** 类型的端口。 缺省情况下，该 VLAN 没有配置为管理 VLAN，可用 **undo management-vlan** 命令取消配置 VLAN 为管理 VLAN
4	**quit** 例如：[HUAWEI-vlan5] **quit**	退出 VLAN 视图，返回系统视图

（续表）

步骤	命令	说明
5	**interface vlanif** *vlan-id* 例如：[HUAWEI] **interface vlanif** 5	创建以上管理 VLAN 的 VLANIF 接口，并进入 VLANIF 接口视图
6	**ip address** *ip-address* { *mask* | *mask-length* } [**sub**] 例如：[HUAWEI-Vlanif5] **ip address** 10.1.1.2 8	为以上管理VLAN的VLANIF接口配置主或从IP地址。有关参数和其他说明参见 7.9.4 节表 7-16 的第 3 步

　　管理 VLAN 配置成功后，可以通过 **display vlan** 命令查看管理 VLAN 的配置信息，带有*的 VLAN 为管理 VLAN。

第 8 章
VLAN 高级特性配置与管理

本章主要内容

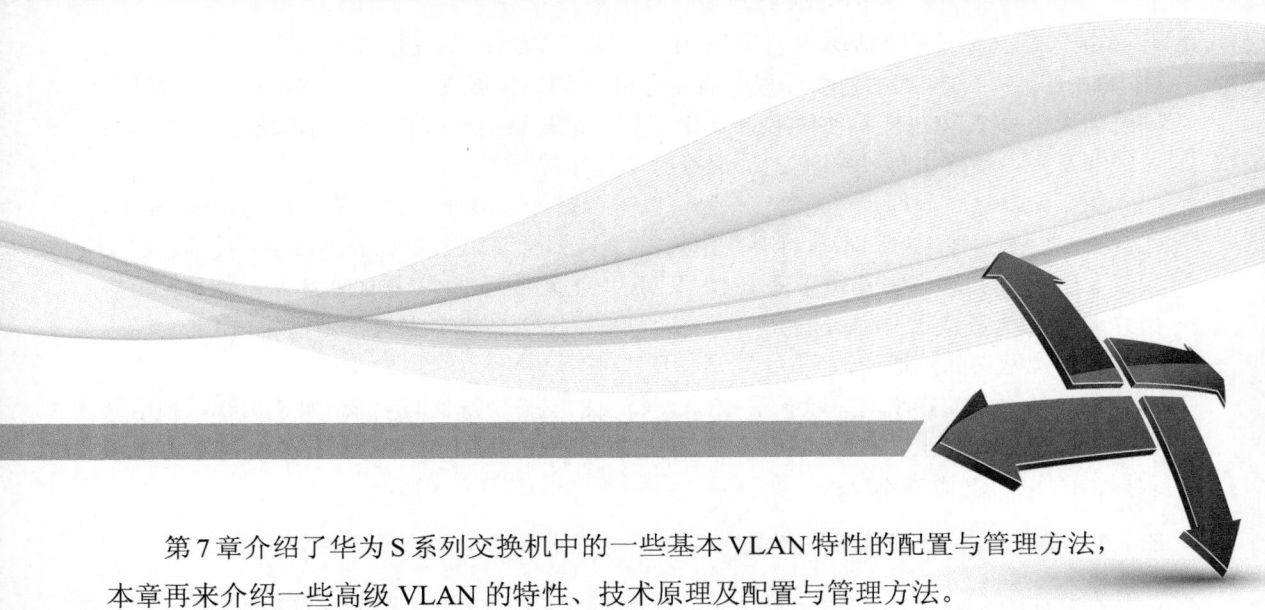

第 7 章介绍了华为 S 系列交换机中的一些基本 VLAN 特性的配置与管理方法，本章再来介绍一些高级 VLAN 的特性、技术原理及配置与管理方法。

VLAN 聚合是为了节省 VLAN 和 IP 子网资源的一种解决方案，既可以使需要隔离的用户划分到不同 VLAN 中，又可以使这些多个 VLAN 中有用户仍在同一 IP 子网，共享同一个 VLANIF 接口作为网关访问外部网络和实现三层互通。MUX VLAN 与 VLAN 聚合一样，也要求各 VLAN 中的用户在同一 IP 子网，但可实现同一 VLAN 内用户间二层隔离，各 VLAN 中用户也可共享同一 VLANIF 接口作为网关访问外部网络。

QinQ 是双层 VLAN 标签技术，可以使一个 VLAN 帧带有两层分别代表不同分类的 VLAN 标签（如外层代表用户分类，内层代表业务分类），既可用于扩展可用的 VLAN ID 范围，也可用于数据帧在用户网与 ISP 网络中按照不同的 VLAN 标签进行转发。VLAN 终结包括单层 VLAN 标签的 Dot1q 终结和双层 VLAN 标签的 QinQ 终结，均可以在物理主接口上创建二层或三层终结子接口，主要用于 MPLS 网络中的 L2VPN 或 L3VPN 场景中的二、三层网络连接。

VLAN 映射技术主要是为了实现带有一个网络中分配的 VLAN 标签的数据帧可以在另一个没有创建该 VLAN，但创建了其他 VLAN 的网络中直接传输。QinQ 映射与 VLAN 映射的基本功能和工作原理相似，不同的是 VLAN 映射是在物理以太网接口上配置的，而 QinQ 映射是在以太网子接口上配置的。VLAN Switch 是一种 VLAN 标签交换技术，与 VLAN 映射原理类似，主要用于实现同一 IP 子网中不同 VLAN 中用户间的二层互通。

8.1　VLAN 聚合配置与管理

　　由于 VLAN 本身的基本特性的限制，致使在 VLAN 的使用过程中又遇到了一些问题。如在普通 VLAN 间的通信过程中需要为每个 VLAN 配置一个 VLANIF 接口 IP 地址，同时需要为每个 VLAN 单独使用一个 IP 子网，这样就会导致整个公司网络的 IP 子网数可能非常多，最终也将导致 IP 地址浪费的现象非常严重。

　　为了解决这一问题，就诞生了一种可以聚合多个不配置 VLANIF 接口的超级 VLAN（Super-VLAN）技术，即本节将要介绍的 VLAN 聚合（VLAN Aggregation）技术。这个超级 VLAN 可以包含**多个位于同一 IP 子网的 VLAN**，并且只需要使用一个 VLANIF 接口 IP 地址作为各成员 VLAN 的共同网关即可实现同一超级 VLAN 内不同成员 VLAN 间，以及与外部网络间的通信。

　　华为 S 系列交换机对本项扩展 VLAN 特性的支持情况比较复杂，如 S1700 系列全部不支持、S2700 系列中仅 S2700EI 子系列在部分 VRP 版本中支持，其他系列也有许多子系列、许多 VRP 版本不支持，具体可查看相关产品的手册说明。

8.1.1　普通 VLAN 部署的不足

　　在普通的 VLAN 部署中，一般是采用一个 VLAN 对应一个三层 VLANIF 逻辑接口的方式实现 VLAN 间的三层互通。结果就导致了 IP 地址的浪费，因为这样部署后每个 VLAN 都需要使用一个独立的 IP 子网，而且要为每个 VLAN 配置一个带有 IP 地址的 VLANIF 接口。

　　如图 8-1 所示，在一个三层交换机（L3 Switch）上部署了 3 个 VLAN（VLAN 2、VLAN 3 和 VLAN 4），并为它们创建了三层 VLANIF 接口，各配置了一个 IP 地址，以便实现这 3 个 VLAN 间的三层通信。现如果 VLAN 2 中预计未来有 10 个主机地址的需求，则至少要为其分配一个子网掩码长度是 28 的子网 1.1.1.0/28，同时需要为其配置一个缺省网关地址，即 VLANIF2 的 IP 地址（假设为 1.1.1.1），这样一来该子网中可以分配给主机使用的 IP 地址共 13 个，尽管 VLAN 2 只需要 10 个地址。

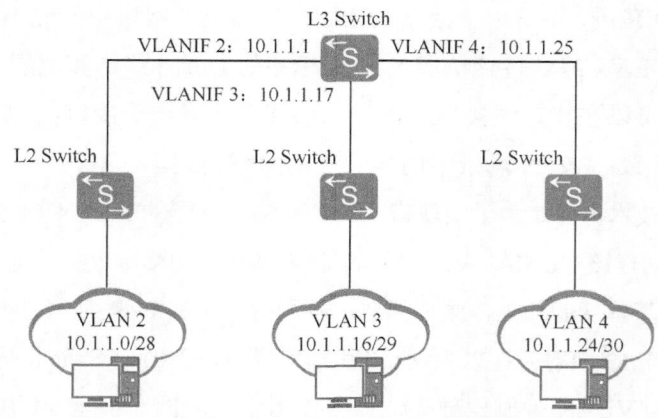

图 8-1　普通 VLAN 配置方式的 IP 地址分配示例

同理，如果 VLAN 3 中预计未来有 5 个主机地址的需求，至少需要分配一个子网掩码长度是 29 的子网 1.1.1.16/29，也要配置一个缺省网关地址，即 VLANIF3 的 IP 地址（假设为 1.1.1.17）。如果 VLAN 4 中预计未来只有 1 个主机，则至少要分配一个子网掩码长度是 30 的子网 1.1.1.24/30，也要配置一个缺省网关地址，即 VLANIF4 的 IP 地址（假设为 1.1.1.25）。此时，这 3 个 VLAN 所属子网的 IP 地址分配见表 8-1。

表 8-1　　　　　　　　　普通 VLAN 配置方式下的主机 IP 地址分配示例

VLAN	子网	网关地址	可用地址数	可用主机数	实际需求
2	1.1.1.0/28	1.1.1.1	14	13	10
3	1.1.1.16/29	1.1.1.17	6	5	5
4	1.1.1.24/30	1.1.1.25	2	1	1

从以上介绍可以看出，这 3 个 VLAN 一共只需要 16（=10+5+1）个主机 IP 地址，但是按照以上普通 VLAN 的编址方式，即使最优化的方案也需要占用 28（=16+8+4）个 IP 地址，浪费了将近一半的地址。而且如果 VLAN 2 后来并没有 10 台主机，而实际只接入了 3 台主机，那么多出来的地址也会因不能再被其他 VLAN 使用而浪费掉。

另外，这种划分也给后续的网络升级和扩展带来了很大不便。假设 VLAN 4 今后需要再增加两台主机，但 1.1.1.24/30 后面的地址已经分配给了其他 VLAN，如果又不想改变已经分配的 IP 地址，则只能再给 VLAN 4 的新用户重新分配一个 29 位掩码的子网和一个新的 VLAN。这样 VLAN4 中的客户虽然只有 3 台主机，但是却被分配在两个子网中，并且也不在同一个 VLAN 内，不利于网络管理。

综上所述，普通 VLAN 配置方式下，很多 IP 地址被子网网络地址、子网定向广播地址、子网缺省网关地址（就是各 VLANIF 接口 IP 地址）消耗掉，而不能用于 VLAN 内的主机。同时，这种地址分配的约束也降低了编址的灵活性，使许多闲置的地址也被浪费掉。为了解决这一问题，就诞生了本节所要介绍的技术——VLAN Aggregation（VLAN 聚合）。

8.1.2　VLAN 聚合原理

VLAN 聚合技术就是把多个不配置三层 VLANIF 接口、同处一个 IP 子网的 VLAN（称之为 Sub-VLAN）当作一个大的、配置了三层 VLANIF 接口的 VLAN（称为 Super-VLAN）的成员。这些同一 IP 子网下的多个 Sub-VLAN 间可以实现用户的二层隔离，同时这些成员 VLAN 间又可通过上层的 Super-VLAN 配置的三层 VLANIF 接口 IP 地址作为缺省网关在各成员 VLAN 间，以及与网络中其他 VLAN 间进行通信。

从上可以看出，在 VLAN 聚合中涉及到以下两类 VLAN。

① Super-VLAN：可以把它看成是一个大的 VLAN，或者说它是 Sub-VLAN 的上层 VLAN。但它与通常意义上的 VLAN 不同，因为它的成员就是下面要介绍的 Sub-VLAN，而不是交换机端口（**里面不能添加成员交换机端口**），但需要创建三层 VLANIF 接口，并配置 IP 地址。**每个 VLAN 聚合中只能有一个 Super-VLAN。**

② Sub-VLAN：它是 Super-VLAN 的成员，**每个 VLAN 聚合中可以有一个或多个 Sub-VLAN**。各 Sub-VLAN 成员都同处于一个 IP 子网中，用来对同一 IP 子网中的不同用户进行二层隔离，但不能创建三层 VLANIF 接口。这些 Sub-VLAN 中的成员就是各用

户所连接的交换机端口，但各个 Sub-VLAN 中的用户网关 IP 地址都是 Super-VLAN 的 VLANIF 接口 IP 地址，以实现 Sub-VLAN 成员间，以及与外部网络的三层通信。

一个 Super-VLAN 可以包含一个或多个 Sub-VLAN，它们的关系可以用图 8-2 来表示（图中的 Super-VLAN 包括了 4 个 Sub-VLAN）。在同一个 Super-VLAN 中，无论主机属于哪一个 Sub-VLAN，它的 IP 地址都在 Super-VLAN 的 VLANIF 接口 IP 地址所对应的 IP 子网内。这样各 Sub-VLAN 共用同一个三层 VLANIF 接口，既减少了一部分子网网络地址、子网缺省网关地址和子网定向广播地址的消耗，又实现了不同广播域（也就是各 Sub-VLAN）使用同一 IP 子网地址的目的。消除了子网的差异，增加了编址的灵活性，减少了闲置地址的浪费。

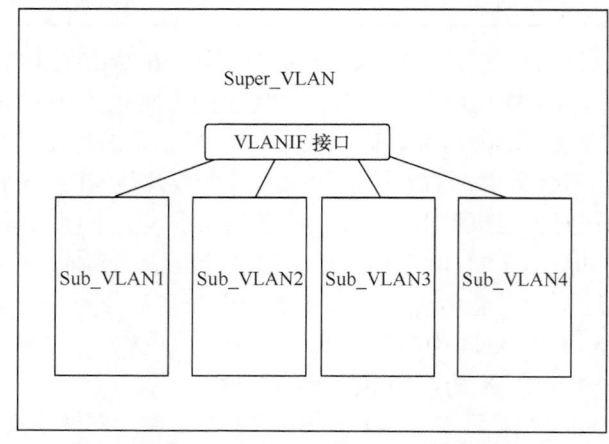

图 8-2　Super-VLAN 和 Sub-VLAN 的关系示意

仍以表 8-1 所示的例子进行说明。假设用户需求不变，仍旧是 VLAN 2 预计未来有 10 个主机地址的需求，VLAN 3 预计未来有 5 个主机地址的需求，VLAN 4 预计未来有 1 个主机地址的需求。按照 VLAN 聚合的实现方式，新建 VLAN 10 并配置为 Super-VLAN，给其分配一个子网掩码长度是 24 的子网 1.1.1.0/24，并配置其 VLANIF 接口 IP 地址为 1.1.1.1，如图 8-3 所示。此时各 Sub-VLAN（VLAN2、VLAN3、VLAN4）的 IP 地址分配见表 8-2。

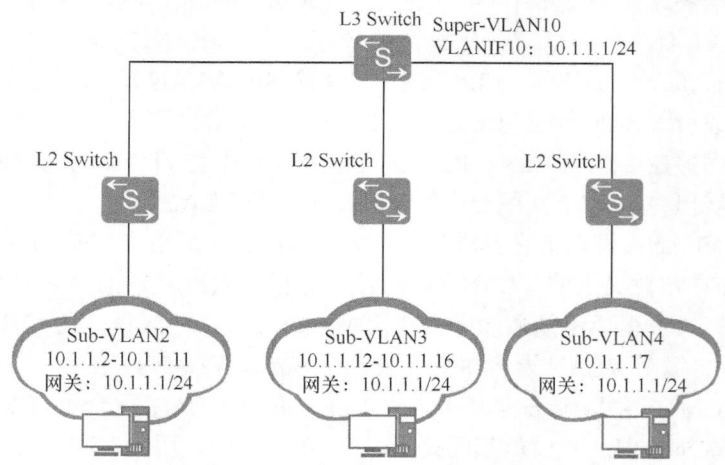

图 8-3　VLAN 聚合配置方式的 IP 地址分配示例

表 8-2　　　　　　　　　　　　VLAN 聚合配置方式下的主机 IP 地址分配示例

VLAN	子网	网关地址	可用地址数	可用主机数	实际需求
2	1.1.1.0/24	1.1.1.1	10	1.1.1.2～1.1.1.11	10
3			5	1.1.1.12～1.1.1.16	5
4			1	1.1.1.17	1

从表 8-2 可以看出，在 VLAN 聚合的实现中，各 Sub-VLAN 间的界线也不再是从前的子网界线了（因为它们同处一个 IP 子网中），它们可以根据其各自主机的需求数目在 Super-VLAN 对应子网内灵活地划分地址范围。另外，VLAN 2、VLAN 3 和 VLAN 4 共用同一个 IP 子网（1.1.1.0/24）、同一个子网缺省网关地址（1.1.1.1）和同一个子网定向广播地址（1.1.1.255）。这样，普通 VLAN 实现方式中用到的其他子网网络地址（1.1.1.16、1.1.1.24）和子网缺省网关地址（1.1.1.17、1.1.1.25），以及子网定向广播地址（1.1.1.15、1.1.1.23、1.1.1.27）都可以用来作为主机 IP 地址使用了。

也正因如此，以上这 3 个 VLAN 一共需要 16（=10+5+1）个 IP 地址，再加上子网网络地址（1.1.1.0）、子网缺省网关地址（1.1.1.1）和子网定向广播地址（1.1.1.255），一共用去了 19 个 IP 地址，该网段内仍剩余 255-19=236 的地址可以被任意 Sub-VLAN 内的主机使用，显得更加灵活、更加实用。

8.1.3　Sub-VLAN 通信原理

在 VLAN 聚合中，Super-VLAN 和 Sub-VLAN 都存在一些特殊性，如 Super-VLAN 必须配置三层 VLANIF 接口，但不能有交换机端口成员；各个 Sub-VLAN 成员同处 Super-VLAN 的 VLANIF 接口 IP 地址所在的一个 IP 子网中，必须有交换机端口成员，但都不能配置三层的 VLANIF 接口。这也造成了 Sub-VLAN 之间，或者与外部网络间的二、三层通信也存在一定的特殊性。本节要分别予以介绍。

1. Sub-VLAN 间的三层通信原理

VLAN 聚合在实现了不同 Sub-VLAN 间共用一个 IP 子网地址的同时，也带来了 Sub-VLAN 间的三层转发问题。因为在普通 VLAN 实现方式中，VLAN 间的主机可以通过各自不同的网关（即各自的 VLANIF 接口 IP 地址）进行三层转发来达到互通的目的。但是在 VLAN 聚合方式下，由于同一个 Super-VLAN 内的所有主机使用的是同一个 IP 子网中的 IP 地址和同一个网关 IP 地址，即使是属于不同的 Sub-VLAN 的主机，所以这些主机彼此通信时只会进行二层转发，而不会通过网关进行三层转发。而实际上不同的 Sub-VLAN 的主机在二层是相互隔离的，这就造成了 Sub-VLAN 间无法实现二层和三层通信的问题。

解决以上问题的方法就是在作为这些 Sub-VLAN 网关的 Super-VLAN 的 VLAN 接口上启用 Proxy ARP（ARP 代理）功能。如果 ARP 请求是从一个网络的主机发往同一 IP 网段，但不在同一物理网络上的另一台主机（如 VLAN 聚合中的两个 Sub-VLAN 中的用户主机），那么连接这两个网络的设备（如 VLAN 聚合中的 Super-VLANIF 接口）就可以回答该 ARP 请求，这个过程称作 ARP 代理（Proxy ARP）。使这个 VLANIF 接口作为各 Sub-VLAN 中的主机间通信的代理 ARP，代理发送 ARP 请求报文查找目的主机的 MAC 地址。有关 ARP 代理的具体知识和配置方法请参见本书第 16 章的相关内容。

仍以图 8-3 所示的组网为例进行说明。假设 Sub-VLAN2 内的主机 Host_1 与 Sub-VLAN3 内的主机 Host_2 进行通信，在 Super-VLAN10 的 VLANIF 接口上启用 Proxy ARP，如图 8-4 所示。Host_1 与 Host_2 的通信过程如下（假设 Host_1 的 ARP 表中无 Host_2 的对应表项）。

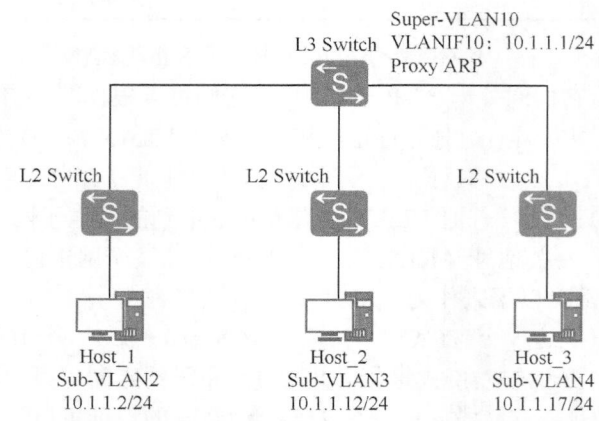

图 8-4　通过 Proxy ARP 实现不同 Sub-VLAN 间的三层通信组网示例

① Host_1 将 Host_2 的 IP 地址（10.1.1.12）和自己所在网段 10.1.1.0/24 进行比较，发现 Host_2 和自己在同一个 IP 子网，但是 Host_1 的 ARP 表中无 Host_2 的对应表项。于是 Host_1 发送一个 ARP 广播报文，请求查找 Host_2 的 MAC 地址。

② 网关 L3 Switch 收到 Host_1 的 ARP 请求后，由于网关上使能了 Sub-VLAN 间的 Proxy ARP 功能，于是网关要代理源主机 Host_1 使用 ARP 报文来查找目的主机 Host_2 的 MAC 地址，暂不对所接收的来自 Host_1 的 ARP 请求报文进行处理。

③ 网关首先使用报文中的目的 IP 地址（Host_2 的 IP 地址）在本地路由表中查找，发现匹配了一条路由，下一跳为直连网段（VLANIF10 的 10.1.1.0/24），VLANIF10 对应 Super-VLAN10，于是向 Super-VLAN10 中的所有 Sub-VLAN 接口代理 Host_1 发送（并不是直接转发 Host_1 发送的 ARP 请求报文）一个 ARP 广播报文，请求 Host_2 的 MAC 地址。

④ Host_2 收到网关发送的 ARP 广播后，对网关发送的 ARP 请求报文进行 ARP 应答，这样网关获知了 Host_2 的 MAC 地址。此时，网关就可以对原来暂存的来自 Host_1 的 ARP 请求报文进行应答，把自己的 MAC 地址回应给 Host_1。

这样，Host_1 就认为目的 IP 地址（Host_1 的 IP 地址）对应的 MAC 地址就是网关的 MAC 地址了，之后要发给 Host_2 的报文都先发送给网关（以网关 MAC 地址作为目的 MAC 地址），再由网关进行三层转发。

Host_2 发送报文给 Host_1 的过程和上述的 Host_1 发送报文给 Host_2 的过程类似，不再赘述。

2．Sub-VLAN 与外部网络的二层通信

我们知道，Super-VLAN 与各个 Sub-VLAN 是作为一个整体与外部网络进行通信的，那么作为 Super-VLAN 成员的 Sub-VLAN 在实际的 VLAN 帧传输中又该如何识别和处理帧中的 VLAN 标签呢？原来，由于 Super-VLAN 中没有物理端口成员（也就是没有任何

一个物理端口加入了 Super-VLAN），所以在基于端口划分的 VLAN（不能像基于 MAC 地址、IP 子网、协议类型和策略的动态 VLAN 划分的 VLAN，因为这些的 VLAN 中端口成员可动态加入）的二层通信中，无论是数据帧进入交换机端口还是从交换机端口发出，都不会有针对 Super-VLAN 的数据帧。

如图 8-5 所示，在 Switch1 上配置了 Sub-VLAN2、Sub-VLAN3 和 Super-VLAN4，Switch_1 的 IF_1 和 IF_2 配置为 Access 接口，IF_3 接口配置为 Trunk 接口，并允许 VLAN2 和 VLAN3 通过；Switch_2 连接 Switch_1 的接口配置为 Trunk 接口，并允许 VLAN2 和 VLAN3 通过。从 Host_1 进入 Switch_1 的报文会被打上 VLAN2 的 Tag。在 Switch_1 中，这个 Tag 不会因为 VLAN2 是 VLAN4 的 Sub-VLAN 而变为 VLAN4 的 Tag。该报文从 Switch_1 的 Trunk 接口 IF_3 出去时，依然是携带 VLAN2 的 Tag。

也就是说，Switch_1 本身不会发出 VLAN4 的报文。就算其他设备有 VLAN4 的报文发送到该设备上，这些报文也会因为 Switch_1 上没有 VLAN4 对应的物理接口而被丢弃。因为 Switch_1 的 IF_3 接口上根本就不允许 Super-VLAN4 通过。对于其他设备而言，有效的 VLANSub-VLAN2 和 Sub-VLAN3，所有的报文都是在这些 VLAN 中交互的。这样，Switch_1 上虽然配置了 VLAN 聚合，但与其他设备的二层通信，不会涉及到 Super-VLAN，与正常的二层通信流程一样，此处不再赘述。

3. Sub-VLAN 与外部网络的三层通信原理

前面说过了，所有 Sub-VLAN 都是通过 Super-VLAN 的 VLANIF 接口作为网关与外部网络进行三层通信的。下面以图 8-6 所示的示例介绍 Sub-VLAN 与外部网络的三层通信原理。

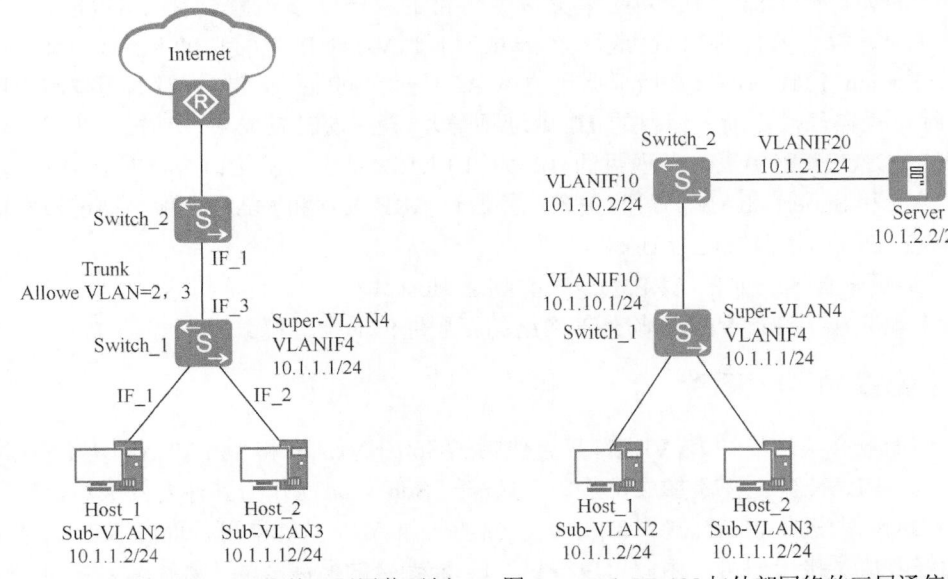

图 8-5   Sub-VLAN 与外部网络的二层通信示例   图 8-6   Sub-VLAN 与外部网络的三层通信示例

在本示例中，Switch1 上配置了 Super-VLAN 4、Sub-VLAN 2 和 Sub-VLAN 3，并配置一个普通的 VLAN 10；Switch2 上配置两个普通的 VLAN 10 和 VLAN 20。假设 Sub-VLAN2 下的主机 Host_1 想访问与 Switch_2 相连的 Server，则通信过程如下（假设 Switch_1 上已配置了去往 10.1.2.0/24 网段的路由，Switch_2 上已配置了去往 10.1.1.0/24

网段的路由，但两交换机没有任何三层转发表项）。

① Host_1 将 Server 的 IP 地址（10.1.2.2）和自己所在网段 10.1.1.0/24 进行比较，发现和自己不在同一个 IP 子网，于是发送 ARP 请求给自己的网关（位于 Swicth_1 上的 Super-VLAN 4 的 VLANIF4 接口），请求网关的 MAC 地址，目的 MAC 为全 F（广播类型的 MAC 地址），目的 IP 为 10.1.1.1。

② 网关 Switch_1 收到该请求报文后，查找 Sub-VLAN 和 Super-VLAN 的对应关系，知道应该回应 Super-VLAN4 对应的 VLANIF4 的 MAC 地址，并知道从 Sub-VLAN2 的接口回应给 Host_1。

③ Host_1 学习到网关的 MAC 地址后，开始发送目的 MAC 地址为 Super-VLAN4 对应的 VLANIF4 接口的 MAC 地址、目的 IP 为 10.1.2.2 的报文。

④ Switch_1 收到该报文后，根据 Sub-VLAN 和 Super-VLAN 的对应关系以及目的 MAC 地址判断需要进行三层转发（**因为目的 MAC 地址是自己接口的，但目的 IP 地址不是**），查三层转发表项没有找到匹配项，上送 CPU 查找路由表，得到下一跳地址为 10.1.10.2，出接口为 VLANIF10，并通过 ARP 表项和 MAC 表项确定出接口，把报文发送给 Switch_2。

⑤ Switch_2 根据正常的三层转发流程把报文发送给 Server。

Server 收到 Host_1 的报文后给 Host_1 回应，回应报文的目的 IP 为 10.1.1.2（Host_1 的 IP 地址），但目的 MAC 为 Switch_2 上 VLANIF20 接口的 MAC 地址，回应报文的转发流程如下。

① Server 给 Host_1 的回应报文按照正常的三层转发流程到达 Switch_1。到达 Switch_1 时，报文的目的 MAC 地址为 Switch_1 上 VLANIF10 接口的 MAC 地址。

② Switch_1 收到该报文后根据目的 MAC 地址判断进行三层转发（**同样因为目的 MAC 地址是自己接口的，但目的 IP 地址不是**），查三层转发表项没有找到匹配项，上送 CPU，CPU 查路由表，发现目的 IP 为 10.1.1.2 对应的出接口为 VLANIF4，查找 Sub-VLAN 和 Super-VLAN 的对应关系，并通过 ARP 表项和 MAC 表项，知道报文应该从 Sub-VLAN2 的接口发送给 Host_1。

③ 最后来自 Server 的 ARP 回应报文到达 Host_1。

以上就完成了 Sub-VLAN 与外部网络的三层通信的全过程。

8.1.4 配置 VLAN 聚合

从前面的介绍已经知道，VLAN 聚合包括了 Spuer-VLAN 和 Sub-VLAN 两类 VLAN，而在 Spuer-VLAN 中无需添加成员接口，只需把 Sub-VLAN 作为其聚合的成员，配置好 Spuer-VLAN 对应的 VLAN 接口 IP 地址、使能代理 ARP 功能即可，而各 Sub-VLAN 需要添加好各成员接口即可。由此可以得出 VLAN 聚合的所涉及的主要配置任务如下。

① 创建各个 Sub-VLAN，然后以基于端口划分方式把交换机端口加入对应的 Sub-VLAN 中。

② 创建 Spuer-VLAN，指定其聚合的 Sub-VLAN，并创建其 VLANIF 接口的 IP 地址，使能 ARP 代理功能，以实现不同 Sub-VLAN 间的三层互通。

必须先创建、配置各个 Sub-VLAN，然后再创建、配置 Spuer-VLAN。

1. 配置 Sub-VLAN

在 VLAN 聚合中,Sub-VLAN 可以加入物理接口,但不能创建对应的 VLANIF 接口,所有 Sub-VLAN 内的接口共用 Super-VLAN 的 VLANIF 接口 IP 地址作为与外部网络通信的默认网关。

在 VLAN 聚合中,Sub-VLAN 的配置很简单,仅需要创建对应的 Sub-VLAN,然后以基于端口划分方式把各用户计算机所连接的交换机端口加入对应的 Sub-VLAN 中即可。其实就是一个基于端口的 VLAN 划分配置过程,具体配置步骤可参见本书第 7 章 7.2.1 节中的表 7-4。

2. 配置 Super-VLAN

Super-VLAN 内可以包括多个 Sub-VLAN,不能加入任何物理端口,但可以创建三层 VLANIF 接口并配置 IP 地址。另外,为了确保实现各 Sub-VLAN 间的三层通信,还需要在 Super-VLAN 的 VLANIF 接口上启用 ARP 代理功能。但要注意:在配置 Super-VLAN 之前必须已完成上节的 Sub-VLAN 配置。Super-VLAN 的具体配置步骤见表 8-3。

表 8-3　　　　　　　　　　　　　　　Super-VLAN 配置步骤

步骤	命令	说明
1	**system-view** 例如:< HUAWEI > **system-view**	进入系统视图
2	**vlan** *vlan-id* 例如:[HUAWEI] **vlan** 2	创建 Super-VLAN,并进入 VLAN 视图。本配置步骤中的 *vlan-id* 与 Sub-VLAN 中的 *vlan-id* 必须使用不同的 VLAN ID
3	**aggregate-vlan** 例如:[HUAWEI -VLAN2] **aggregate-vlan**	将以上 VLAN 指定为 Super-VLAN。Super-VLAN 中不能包含任何成员接口,如果该 VLAN 原来包括有成员接口,则要先全部删除,且 VLAN1 不能配置为 Super-VLAN。而一旦把一个 VLAN 成功指定为 Super-VLAN,则其中也不能再添加成员接口了。 缺省情况下,没有配置当前 VLAN 为 Super-VLAN,可用 **undo aggregate-vlan** 命令恢复当前 VLAN 为普通 VLAN
4	**access-vlan** { *vlan-id1* [**to** *vlan-id2*] } &<1-10> 例如:[HUAWEI-vlan2] **access-vlan** 20 **to** 30	将配置好的 Sub-VLAN 加入到第 2 步创建的 Super-VLAN 中,各 VLAN ID 的取值范围均为 1~4094。 【说明】一个 VLAN 不能同时加入多个不同的 Super-VLAN 中。多次使用本命令将 Sub-VLAN 加入 Super-VLAN 中,配置结果按多次累加生效。 缺省情况下,Super-VLAN 中没有加入任何 Sub-VLAN,可用 **undo access-vlan** { *vlan-id1* [**to** *vlan-id2*] } &<1-10>命令将一个或一组 Sub-VLAN 从 Super-VLAN 中删除
5	**quit** 例如:[HUAWEI-vlan2] **quit**	退出 VLAN 视图,返回系统视图
6	**interface vlanif** *vlan-id* 例如:[HUAWEI] **interface** **vlanif** 2	键入 Super-VLAN 的 VLANIF 接口,进入接口视图
7	**ip address** *ip-address* { *mask* | *mask-length* } [**sub**] 例如:[HUAWEI-Vlanif2] **ip** **address** 10.1.1.2 8	为以上 VLANIF2 接口配置主或从 IP 地址

（续表）

步骤	命令	说明
8	**arp-proxy inter-sub-vlan-proxy enable** 例如：[HUAWEI-Vlanif2] **arp-proxy inter-sub-vlan-proxy enable**	（可选）使能 Sub-VLAN 间的 ARP 代理功能。 如果需要在不同的 VLAN 间实现三层互通，必须在接口上使能 VLAN 间的 ARP 代理功能。 缺省情况下，关闭 VLAN 间 Proxy ARP 功能，可用 **undo arp-proxy inter-sub-vlan-proxy enable** 命令关闭 VLAN 间的 ARP 代理功能

　　配置好后，可在任意视图下执行以下 display 命令查看相关配置，验证配置结果。

- **display vlan** [{ *vlan-id* | **vlan-name** *vlan-name* } [**verbose**]]：查看所有 VLAN 或指定 VLAN 的相关信息。
- **display interface vlanif** [*vlan-id*]：查看 VLANIF 接口信息。
- **display sub-vlan** [*vlan-id*]：查看 Sub-VLAN 类型的 VLAN 表项信息。
- **display super-vlan** [*vlan-id*]：查看 Super-VLAN 类型的 VLAN 表项信息。

8.1.5　VLAN 聚合配置示例

　　如图 8-7 所示，某公司拥有多个部门且位于同一 IP 子网。为了提升业务的安全性，已将不同部门的用户划分到不同 VLAN 中。现由于业务需要，不同部门（如 VLAN 2 和 VLAN 3 为不同部门）间的用户需要实现三层互通。

　　1．基本配置思路分析

　　从上节的介绍可以看出，VLAN 聚合的配置还是很简单的，主要就是针对 Super_VLAN 的配置。结合本示例实际和需求可得出以下基本配置思路。

　　① 在 SwitchA 和 SwitchB 上配置对应的 VLAN，并将交换机接口加入到对应的 VLAN 中，把不同部门用户划分到不同 VLAN 中，并通过 Trunk 类型端口从 SwitchA 上透传各 VLAN 数据帧到 SwitchB。

　　② 在 SwitchB 上配置 Super-VLAN 和 VLANIF 接口，使能 Super-VLAN 的 Proxy ARP 功能，使不同部门的用户间三层互通。

　　③ 在 SwitchB 和 Router 上配置对应的连接方式和路由，使不同部门的用户能够访问 Internet。

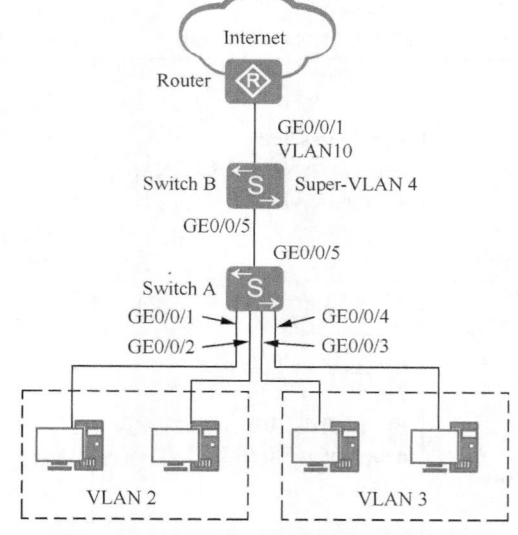

图 8-7　VLAN 聚合配置示例拓扑结构

　　2．具体配置步骤

　　① 在 SwitchA 和 SwitchB 上分别配置 VLAN，并把各交换机接口加入到对应的 VLAN 中。

- SwitchA 上的配置

```
<HUAWEI> system-view
[HUAWEI] sysname SwitchA
```

```
    [SwitchA] port-group group-member gigabitethernet 0/0/1 to gigabitethernet 0/0/4    #---创建一个包括 GE0/0/1~GE0/0/4
五个端口的临时端口组
    [SwitchA--port-group] port link-type access    #---把以上四个以太网端口都配置为 Access 类型
    [SwitchA--port-group] quit
    [SwitchA] vlan 2
    [SwitchA-vlan2] port gigabitethernet 0/0/1 0/0/2    #---把 GE0/0/1 和 GE0/0/2 这两个以太网端口加入 VLAN2 中
    [SwitchA-vlan2] quit
    [SwitchA] vlan 3
    [SwitchA-vlan3] port gigabitethernet 0/0/3 0/0/4    #---把 GE0/0/3 和 GE0/0/4 这两个以太网端口加入 VLAN3 中
    [SwitchA-vlan3] quit
    [SwitchA] interface gigabitethernet 0/0/5
    [SwitchA-GigabitEthernet0/0/5] port link-type trunk
    [SwitchA-GigabitEthernet0/0/5] port trunk allow-pass vlan 2 3    #---配置 GE0/0/5 透传 VLAN 2 和 VLAN 3 帧（因为不
改变端口的 PVID，所以 VLAN 2 和 VLAN 3 的帧会带标签传输）
    [SwitchA-GigabitEthernet0/0/5] quit
```

■ SwitchB 上的配置

VLAN 4 作为 Super_VLAN，不要添加任何成员接口。

```
<HUAWEI> system-view
[HUAWEI] sysname SwitchB
[SwitchB] vlan batch 2 3 4 10
[SwitchB] interface gigabitethernet 0/0/5
[SwitchB-GigabitEthernet0/0/5] port link-type trunk
[SwitchB-GigabitEthernet0/0/5] port trunk allow-pass vlan 2 3
[SwitchB-GigabitEthernet0/0/5] quit
```

② 在 SwitchB 上配置 Super-VLAN 和 VLANIF 接口，并启用 ARP 代理功能。

```
[SwitchB] vlan 4
[SwitchB-vlan4] aggregate-vlan    #---指定 VLAN 4 作为 Super_VLAN
[SwitchB-vlan4] access-vlan 2 to 3    #---指定 VLAN 2 和 VLAN 3 是 VLAN 4 的子 VLAN
[SwitchB-vlan4] quit
[SwitchB] interface vlanif 4
[SwitchB-Vlanif4] ip address 10.1.1.1 255.255.255.0
[SwitchB-Vlanif4] arp-proxy inter-sub-vlan-proxy enable    #---使能 Sub-VLAN 间的 Proxy ARP 功能
[SwitchB-Vlanif4] quit
```

然后在 VLAN 2 和 VLAN 3 中的用户主机上配置以 VLANIF4 接口 IP 地址作为默认网关，完成后，VLAN2 的用户与 VLAN3 的用户可以相互 ping 通了。

③ 配置 SwitchB 与 Router 的连接和访问 Internet 的路由。

这部分的配置要视上行 Router 与 SwitchB 连接的接口类型而定，如果是二层以太网接口，则 SwitchB 发给 Router 的帧可以带 VLAN 标签；如果是三层物理以太网接口，则 SwitchB 发给 Router 的帧不能带 VLAN 标签。而如果是以太网子接口，则 SwitchB 发给 Router 的帧必须带有 VLAN 标签，但此时以太网子接口还必须配置 VLAN 终结。

至于用户访问 Internet 的路由配置，既要在 SwitchB 上配置，又要在 Router 上配置，具体的路由配置方式也会因 SwitchB 与 Router 的连接方式的不同而不同。

【经验之谈】本示例仅是一个最基本的 VLAN 聚合示例，因为它是在一台三层交换机上实现的。事实上 VLAN 聚合也可以实现跨交换机的 VLAN 聚合。

如图 8-8 所示，不是分别在接入层交换机上 VLAN 聚合，而是在汇聚层交换机 SwitchA 上配置 VLAN 聚合。VLAN 10 作为 Super-VLAN，并配置其 VLANIF10 接口 IP 地址为 10.1.1.1/24，同时把创建 3 台接入层交换机上连接的 VLAN 2 和 VLAN 3，并作为 Sub-VLAN，且各 Sub-VLAN 中的用户计算机 IP 地址都位于 10.1.1.0/24 的 IP 子网中。在 SwitchB、SwitchC 和 SwitchD 上把与 PC 连接的端口配置为 Access 类型，把与 SwitchA 连接的端口配置为 Trunk 类型，并允许所连接的 Sub-VLAN 通过。把 SwitchA 与 SwitchB、SwitchC 和 SwitchD 连接的端口配置为 Trunk 类型，允许所连接的 Sub-VLAN 通过即可。

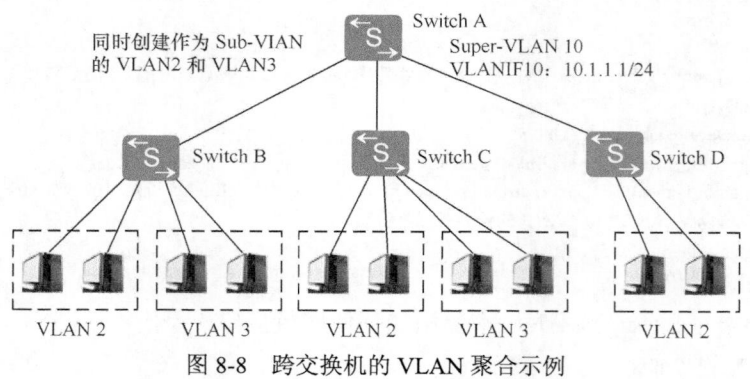

图 8-8　跨交换机的 VLAN 聚合示例

8.2　MUX VLAN 配置与管理

　　在 VLAN 的应用过程中经常遇到这样的需求：整个公司网络的用户都处于一个 IP 子网中，但希望在所有员工都能直接二层访问网络中的某关键设备的同时，一部分员工之间二层隔离。例如，在企业网络中，企业员工和企业客户可以访问企业的服务器，但是仅希望企业内部员工之间可以互相交流，而企业客户之间是隔离的。

　　这时，如果仅仅考虑到普通 VLAN 就很难实现了，因为如果企业规模很大，拥有大量的用户，那么就要为不能互相访问的用户都分配 VLAN（特别是在 ISP 中），这不仅需要耗费大量的 VLAN ID，还增加了网络管理者的工作量，同时也增加了维护量。通过本节将要介绍的 MUX VLAN（Multiplex VLAN，复合 VLAN）提供的二层流量隔离机制就可以实现以上双重目的。

　　说明 新版本 VRP 系统中的 MUX VLAN 技术与以前版本 VRP 系统的 MUX VLAN 技术相比有比较大的区别，配置时要特别注意。

8.2.1　MUX VLAN 概述

　　MUX VLAN 提供了一种通过 VLAN 进行网络资源访问控制的机制。MUX 包括两种 VLAN，即 Principal VLAN（主 VLAN）和 Subordinate VLAN（从 VLAN）。从 VLAN 又分为两类，即 Separate VLAN（隔离型从 VLAN）和 Group VLAN（互通型从 VLAN）。这几种不同类型的 MUX VLAN 的基本特性见表 8-4。

　　从以上介绍可以看出，MUX VLAN 与本章前面介绍的 VLAN 聚合在形式上有些类似，各 VLAN 中的用户在同一个 IP 子网中，且都有两种类型的 VLAN。但这两种 VLAN 技术有着本质的区别。

表 8-4

MUX VLAN 中的不同 VLAN 类型及基本特性

MUX VLAN	VLAN 类型	所属端口	通信权限
Principal VLAN（主 VLAN）	—	Principal port（主端口）	Principal VLAN 中的用户可以和 MUX VLAN 内的所有 VLAN 中的用户直接进行二层通信
Subordinate VLAN（从 VLAN）	Separate VLAN（隔离型从 VLAN）	Separate port（隔离型从端口）	Separate VLAN 中的用户只能和 Principal VLAN 中的用户进行二层通信，和其他 VLAN 中的用户二层隔离。这是为了实现单个用户间隔离的目的而推出的 VLAN 技术，每个 Separate VLAN 必须绑定一个 Principal VLAN
	Group VLAN（互通型从 VLAN）	Group port（互通型从端口）	Group VLAN 中的用户可以和 Principal VLAN 进行二层通信，在同一 Group VLAN 内的用户也可直接二层通信，但不能和其他 Group VLAN 或 Separate VLAN 中的用户直接二层通信。这是为了实现不同用户组间隔离、同一个用户组内部互通的目的而推出的 VLAN 技术，每个 Group VLAN 必须绑定一个 Principal VLAN

■ VLAN 聚合中的 Sub_VLAN 可以看成是 Super_VLAN 的成员，即具有包含和被包含的关系，而 MUX VLAN 中的 Principal VLAN 和 Subordinate VLAN 是主、从关系，也有逻辑上的包含和被包含的关系。

■ VLAN 聚合中的 Super_VLAN 是不能包含成员交换机端口的，而 MUX VLAN 中的 Principal VLAN 是可以包含成员交换机端口的。

■ VLAN 聚合中的各 Sub_VLAN 内部各用户间是可直接二层通信的，而在 MUX VLAN 中，Separate VLAN 中的不同用户间是隔离的，只是 Group VLAN 内的用户可以直接二层通信。

图 8-9 是 MUX VLAN 的一种典型应用，企业可以用 Principal port 连接用户需要共同访问的企业服务器，Separate port 连接企业客户，Group port 连接企业员工。这样就能够实现企业客户、企业员工都能够访问企业服务器，而企业员工内部可以通信、企业客户间不能通信、企业客户和企业员工之间不能互访的目的。

另外，如图 8-10 所示，也可以在汇聚层设备配置 MUX VLAN，此时还可以为 Principal VLAN 创建 VLANIF 接口并为之配置 IP 地址（注意：**V200R003 版本以前的 VRP 系统版本中主 VLAN 是不能配置 VLANIF 接口的**)，作为 MUX VLAN 中各 Host 或 Server 与外部网络三层通信的共同网关，这与 VLAN 聚合中在 Super_VLAN 中创建 VLANIF 接口，作为各 Sub_VLAN 中的用户访问外部网络的网关是类似的。

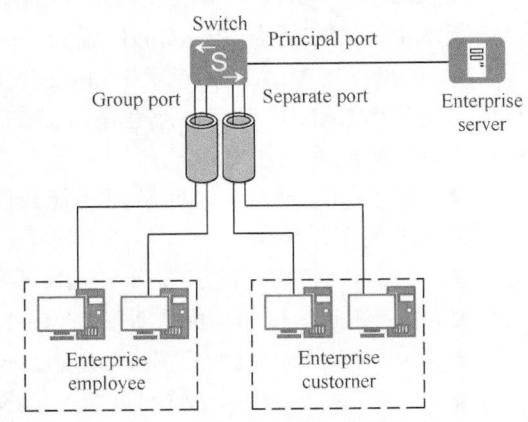

图 8-9　MUX VLAN 典型应用示例

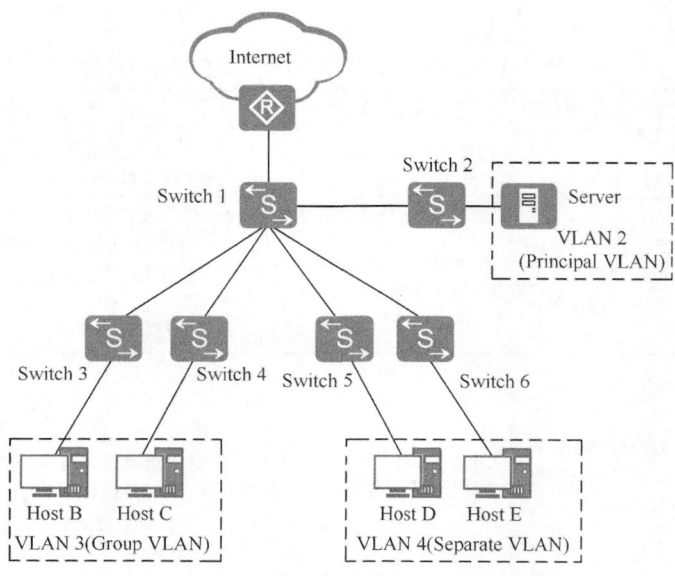

图 8-10　在汇聚层部署 MUX VLAN 的示例

8.2.2　MUX VLAN 配置注意事项

在配置 MUX VLAN 时，要注意以下事项。

■ 每 Principal VLAN 最多支持 1 个 Separate VLAN，也可以没有 Separate VLAN。

■ 每 Principal VLAN 支持的 Separate VLAN 和 Group VLAN 总计 128 个。

■ 如果指定 VLAN 已经用于 Principal VLAN，那么该 VLAN 不能在 VLAN Mapping、VLAN Stacking、Super-VLAN、Sub-VLAN 的配置中使用（**V200R003 版本以前的 VRP 系统版本中，VRP 系统 Principal VLAN 不能配置 VLANIF 接口**）。

■ 如果指定 VLAN 已经用于 Group VLAN 或 Separate VLAN，那么该 VLAN 不能再用于创建 VLANIF 接口，或者在 VLAN Mapping、VLAN Stacking、Super-VLAN、Sub-VLAN 的配置中使用。

■ 禁止接口 MAC 地址学习功能或限制接口 MAC 地址学习数量会影响 MUX VLAN 功能的正常使用。

■ 静态 MAC 指定的出接口 VLAN 不能为 MUX-VLAN。

■ 不能在同一接口上配置 MUX VLAN 和端口安全功能。

■ 不能在同一接口上配置 MUX VLAN 和 MAC 认证功能。

■ 不能在同一接口上配置 MUX VLAN 和 802.1x 认证功能。

■ 当同时配置 DHCP Snooping 和 MUX VLAN 时，如果 DHCP 服务器在 MUX VLAN 的从 VLAN 侧，而 DHCP 客户端在主 VLAN 侧，则会导致 DHCP 客户端不能正常获取 IP 地址。因此请将 DHCP 服务器配置在主 VLAN 侧。

■ 接口使能 MUX VLAN 功能后，该接口不可再配置 VLAN Mapping、VLAN Stacking。

■ 在除 S1720GFR、S2750EI、S5700LI、S5700S-28P-LI-AC、S5700S-28P-PWR-LI-AC、S5700S-52P-LI-AC 设备外，可以为 Principal VLAN（主 VLAN）创建 VLANIF 接

口，不能为 Subordinate Group VLAN（互通型从 VLAN）和 Separate VLAN（隔离型从 VLAN）创建 VLANIF 接口。

■ 接口使能 MUX VLAN 功能后，再通过 **port trunk pvid vlan** 命令配置接口的 PVID 时，建议不要配置为同一 MUX VLAN 组内的其他主 VLAN 或从 VLAN。

例如，一个 MUX VLAN 组的主 VLAN 是 10，互通型从 VLAN 是 11，隔离型从 VLAN 是 12。接口通过 **port mux vlan enable** 10 命令使能 MUX VLAN 功能后，建议不要再通过 **port trunk pvid vlan** 命令配置接口的 PVID 为 VLAN 11 或 VLAN 12。

8.2.3　配置 MUX VLAN

因为 MUX VLAN 中涉及两大类、3 小类 VLAN，所以在 MUX VLAN 中也涉及这 3 小类 VLAN 的配置，基本配置任务就是以下两项。

① 创建一个主 VLAN，最多 1 个隔离型从 VLAN 和最多 128 个互通型 VLAN。
② 在加入以上各 VLAN 的交换机端口上使能 MUX VLAN 功能。

1. 配置 MUX VLAN 中的主 VLAN

MUX VLAN 中主 VLAN（Principal VLAN）的配置方法很简单，具体步骤见表 8-5。

表 8-5　　　　　　　　　　　　　　　　主 **VLAN** 的配置步骤

步骤	命令	说明
1	**system-view** 例如：< HUAWEI > **system-view**	进入系统视图
2	**vlan** *vlan-id* 例如：[HUAWEI] **vlan** 2	创建主 VLAN，并进入 VLAN 视图
3	**mux-vlan** 例如：[HUAWEI - VLAN2] **mux-vlan**	将以上 VLAN 指定为 MUX VLAN 的主 VLAN，即 Principal VLAN。缺省情况下，没有配置当前 VLAN 为主 VLAN，可用 **undo mux-vlan** 命令取消当前 VLAN 为主 VLAN

2. 配置 MUX VLAN 中的从 VLAN

前面已介绍了，从 VLAN 又分为互通型从 VLAN（Group VLAN）和隔离型从 VLAN（Separate VLAN）两类。**但一个 MUX VLAN 不一定要求同时包括这两种从 VLAN，且一个主 VLAN 下只能配置一个隔离型从 VLAN**，却可以最多配置 128 个互通型从 VLAN。

互通型从 VLAN 可实现同一 VLAN 内用户端口间的相互通信；隔离型从 VLAN 可隔离同一 VLAN 内用户端口间的相互通信。但同一 MUX VLAN 中，互通型从 VLAN 和隔离型从 VLAN 的 VLAN ID 不能一样。

从 VLAN 的配置方法也很简单，具体见表 8-6。

表 8-6　　　　　　　　　　　　　　　　从 **VLAN** 的配置步骤

步骤	命令	说明
1	**system-view** 例如：< HUAWEI > **system-view**	进入系统视图
2	**vlan** *vlan-id* 例如：[HUAWEI] **vlan** 2	创建各个从 VLAN，并进入 VLAN 视图

（续表）

步骤	命令	说明
3	**quit** 例如：[HUAWEI -VLAN2]**quit**	返回系统视图
4	**vlan** *vlan-id* 例如：[HUAWEI] **vlan** 5	进入主 VLAN 视图
5	**subordinate group** { *vlan-id1* [**to** *vlan-id2*] } &<1-10> 例如：[HUAWEI -VLAN5] **subordinate group** 2 3	把指定范围的 VLAN 配置为互通型从 VLAN。该命令为累增式命令，如果在同一 VLAN 视图多次使用 **subordinate group** 命令，配置结果为多次配置的累加。 缺省情况下，没有配置主 VLAN 下的互通型从 VLAN，可用 **undo subordinate group** 命令删除主 VLAN 下的互通型从 VLAN
6	**subordinate separate** *vlan-id* 例如：[HUAWEI-vlan2] **subordinate separate** 4	将指定 VLAN 配置为隔离型从 VLAN。 缺省情况下，没有配置主 VLAN 下的隔离型从 VLAN，可用 **undo subordinate separate** 命令删除主 VLAN 下的隔离型从 VLAN

3．使能接口 MUX VLAN 功能

只有使能接口 MUX VLAN 功能后，才能实现 Principal VLAN 与 Subordinate VLAN 之间通信、Group VLAN 内的接口可以相互通信及 Separate VLAN 接口间不能相互通信的目的。在使能接口 MUX VLAN 功能之前，需要完成以下任务。

■ 已配置接口以 Access、Hybrid 或 Trunk 类型加入 MUX VLAN（**V200R003 版本以前的 VRP 系统版本仅支持 Access 和 Untaaged Hybrid 类型端口**）。

■ 接口可允许多个普通 VLAN 通过（**以前 VRP 系统版本不支持**），但仅支持加入一个 MUX VLAN。

在交换机端口上使能 MUX VLAN 功能的配置很简单，就是在对应的交换机端口视图下执行 **port mux-vlan enable vlan** *vlan-id* 命令（**以前 VRP 系统版本中，该命令没有** *vlan-id* **参数**），参数 *vlan-id* 用来指定该端口所加入的 MUX VLAN，可以是主 VLAN，也可以是对应的从 VLAN，**但要在所有 MUX VLAN 的交换机端口（不能是 negotiation-auto 和 negotiation-desirable 类型端口）上配置**。端口使能 MUX VLAN 功能后，该接口不可以再用于 VLAN Mapping、VLAN Stacking 配置。

配置完成后，可使用 **display mux-vlan** 命令查看所有 MUX VLAN 的相关信息。可查的 MUX VLAN 配置信息包括主 VLAN ID、从 VLAN ID、VLAN 的类型、VLAN 包含的交换机端口。

8.2.4　MUX VLAN 配置示例

本示例的拓扑结构如图 8-11 所示。在某小型企业网络中，要求通过 MUX VLAN 功能实现企业所有员工都可以访问企业的服务器（Server），但希望企业内部部分员工之间可以互相通信，而另一部分员工之间是隔离的，不能够互相访问。

1．基本配置思路分析

从 8.2.3 节的介绍可知，MUX VLAN 的配置任务也很简单，再结合本示例要求可得子网如下的基本配置思路。

① 创建主 VLAN 和从 VLAN，并在主 VLAN 下指定 Group VLAN 和 Separate VLAN。
② 配置各接口加入对应的 VLAN 并使能 MUX VLAN 功能。

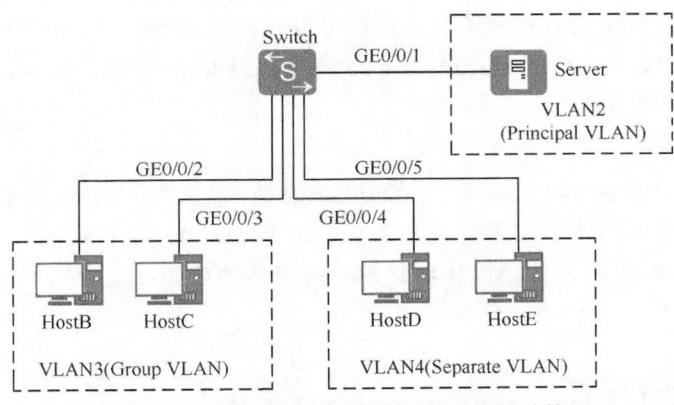

图 8-11　MUX VLAN 配置示例的拓扑结构

2. 具体配置步骤

① 创建主 VLAN 和从 VLAN，并在主 VLAN 下指定 Group VLAN 和 Separate VLAN。

```
<HUAWEI> system-view
[HUAWEI] sysname Switch
[Switch] vlan batch 2 to 4
[Switch] vlan 2
[Switch-vlan2] mux-vlan    #---指定 VLAN 2 为主 VLAN
[Switch-vlan2] subordinate group 3    #---指定 VLAN 3 作为 VLAN 2 的 Group VLAN
[Switch-vlan2] subordinate separate 4    #---指定 VLAN 4 作为 VLAN 2 的 Separate VLAN
[Switch-vlan2] quit
```

② 配置各接口加入对应的 VLAN 并使能 MUX VLAN 功能。

```
[Switch] interface gigabitethernet 0/0/1
[Switch-GigabitEthernet0/0/1] port link-type access
[Switch-GigabitEthernet0/0/1] port default vlan 2
[Switch-GigabitEthernet0/0/1] port mux-vlan enable vlan 2    #---使能接口的 MUX VLAN 功能
[Switch-GigabitEthernet0/0/1] quit
[Switch] interface gigabitethernet 0/0/2
[Switch-GigabitEthernet0/0/2] port link-type access
[Switch-GigabitEthernet0/0/2] port default vlan 3
[Switch-GigabitEthernet0/0/2] port mux-vlan enable vlan 3
[Switch-GigabitEthernet0/0/2] quit
[Switch] interface gigabitethernet 0/0/3
[Switch-GigabitEthernet0/0/3] port link-type access
[Switch-GigabitEthernet0/0/3] port default vlan 3
[Switch-GigabitEthernet0/0/3] port mux-vlan enable vlan 3
[Switch-GigabitEthernet0/0/3] quit
[Switch] interface gigabitethernet 0/0/4
[Switch-GigabitEthernet0/0/4] port link-type access
[Switch-GigabitEthernet0/0/4] port default vlan 4
[Switch-GigabitEthernet0/0/4] port mux-vlan enable vlan 4
[Switch-GigabitEthernet0/0/4] quit
[Switch] interface gigabitethernet 0/0/5
[Switch-GigabitEthernet0/0/5] port link-type access
[Switch-GigabitEthernet0/0/5] port default vlan 4
```

```
[Switch-GigabitEthernet0/0/5] port mux-vlan enable vlan 4
[Switch-GigabitEthernet0/0/5] quit
```

以上配置完成后，可以通过简单的 Ping 操作，验证 Server 和 HostB、HostC、HostD、HostE 都可以互相 ping 通；HostB 和 HostC 可以互相 ping 通；HostD 和 HostE 不可以互相 ping 通；HostB、HostC 和 HostD、HostE 不可以互相 ping 通。符合在 8.2.1 节介绍的 MUX VLAN 的主要特性。

说明 在汇聚层部署 MUX VLAN，与在接入层部署 MUX VLAN 的配置基本一样，唯一区别就在于此时可能需要在汇聚层设备上创建主 VLAN 的 VLANIF 接口，并配置 IP 地址作为主 VLAN 以及各从 VLAN 主机访问外部网络的网关。

8.3　QinQ 配置与管理

我们在此之前介绍的 VLAN 都是单层标签的，也就是在数据帧中只有一个 802.1Q 标签头，本节介绍的 QinQ（是 802.1Q-in-802.1Q 的简称）技术是一项可在数据帧中的原 802.1Q 标签头的基础上再增加一层 802.1Q 标签头，实现双 VLAN 标签的目的。但要注意，启用了 QinQ 功能的交换机端口具有添加和剥离外层 VLAN 标签的双重功能，即**上行传输时对帧添加外层标签，而下行传输时又可以剥离帧中的外层标签**，以实现正常的流量转发。那么，这样的双 VLAN 标签有什么意义呢？这就需要从 QinQ 技术产生的背景来分析了。

8.3.1　QinQ 技术诞生的背景

QinQ 最初主要是为扩展 VLAN ID 空间而产生的，但随着城域以太网的发展以及运营商精细化运作的要求，QinQ 的双层标签有了进一步的使用场景。它的内、外层标签可以代表不同的信息，如内层标签代表用户，外层标签代表业务。另外，QinQ 数据帧带着两层标签穿越运营商网络，内层标签透明传送，也可以看作是一种简单、实用的 VPN 技术。因此，它又可以作为核心 MPLS VPN 在城域以太网 VPN 的延伸，最终形成端到端的 VPN 技术。由于 QinQ 方便易用的特点，现在已经在各运营商中得到了广泛的应用，如 QinQ 技术在城域以太网解决方案中和多种业务相结合。特别是灵活 QinQ（Selective QinQ/VLAN Stacking）的出现，使得 QinQ 业务更加受到了运营商的推崇和青睐。

我们知道，普通 VLAN 中的一个 VLAN 标签是用来区分用户的，但如果想要同时区分用户和业务类型，那么怎么办呢？图 8-12 所示是一个总公司下面连接了两个分支子公司，而各分支子公司中已对不同部门的员工采用了 VLAN 进行区分，但两个子公司的部门 VLAN ID 规划是重叠的。这样如果数据帧中只采用一层 VLAN 标签，总公司就无法区分数据是来自哪个子公司的，也就无法针对不同子公司的数据进行任何处理了。

为了解决这个问题，可以设想在总公司的交换机上为各子公司创建了不同的 VLAN。这样当连接对应子公司的总公司交换机端口收到数据帧后再在数据帧外面添加一层 VLAN 标签（此时数据帧中就有两层 VLAN 标签了，原来的 VLAN 标签称之为内层 VLAN

标签，新添加的称之为外层 VLAN 标签），如果为子公司 1 和子公司 2 的数据帧分别添加的外层 VLAN 标签为 VLAN 10 和 VLAN 20，就可实现在总公司中对来自不同子公司的数据进行区分了，也可以对来自这两个子公司的数据提供不同的服务，即差分服务了。

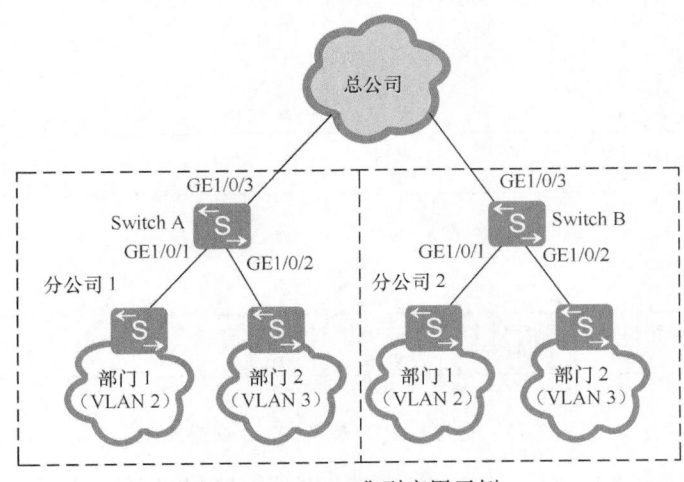

图 8-12　QinQ 典型应用示例

另外，在基于传统的 802.1Q 协议的二层局域网互联模式中，当两个用户网络需要通过服务提供商（ISP）互相访问时（如在城域以太网中），ISP 必须为每个接入用户创建不同的 VLAN。这种配置方法一方面使得用户的 VLAN 在骨干网络上可见，存在一定的安全隐患，同时因为一一对应的 VLAN ID，也消耗了大量服务提供商的 VLAN ID 资源。这对较大的 ISP 来说是无法承受的，因为只有 4094 个 VLAN ID 可用，当接入的用户数目很多时，可能使 ISP 网络的 VLAN ID 不够用。另外，采用这种普通 VLAN 部署方式，不同的 ISP 接入用户就不能使用相同的 VLAN ID，否则就无法实现不同接入用户间的隔离，这时用户的 VLAN ID 只能由 ISP 统一规划，导致用户没有自己规划 VLAN 的权利。

通过 QinQ 技术可以有效地解决以上问题，因为它可以为许多不同内层 VLAN 标签用户使用同一个外层 VLAN 标签进行封装，解决了 ISP 的 VLAN ID 资源不足的问题。另外，通过外层 VLAN 标签对内层 VLAN 标签的屏蔽作用，使用户自己的内层 VLAN ID 部署可以由用户自己作主，而不必由 ISP 来统一部署。

这个双层 VLAN 标签可以当作单层 VLAN 标签使用，即仅使用新添加的外层公网 VLAN 标签指导报文转发，内层私网 VLAN 标签仅作为数据来传输，如在本章后面将要介绍的 2 to 1 的 VLAN 映射中。当然，也可以作为双层 VLAN 标签来使用（如在本章后面将要介绍的 2 to 2 的 VLAN 映射中），整个数据帧中的 VLAN 标签由内、外双层 VLAN 标签共同决定，这样一来，就相当于可以使用的 VLAN ID 数量达到了 4094×4094 个了，以此来达到扩展 VLAN 空间的目的。

通过双层 VLAN 标签封装，可以使私网 VLAN ID 在公网上透传，既解决了用户 VLAN ID 的安全性问题和由用户自己规划私网 VLAN ID 的需求问题，又解决了 ISP 的 VLAN ID 空间不足的问题。因为在 ISP 中，可以为需要相互访问的用户配置相同的外层 VLAN，也只需为来自同一用户网络的不同 VLAN 提供一个 VLAN ID。

8.3.2 QinQ 基本工作原理

QinQ 是在传统 802.1Q VLAN 标签头的基础上再增加一层新的 802.1Q VLAN 标签头，如图 8-13 所示。由此可知，QinQ 帧比传统的 802.1Q 帧多了 4 字节，即新增的 802.1Q VLAN 标签。

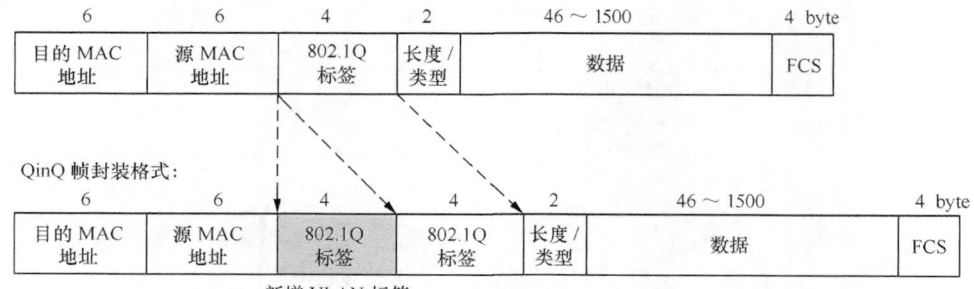

图 8-13 传统 802.1Q 帧和 QinQ 帧格式比较

QinQ 在标准的 802.1Q VLAN 的基础上增加一层 802.1Q VLAN 标签后，拓展了 VLAN 的使用空间，使得私网 VLAN 帧在公网传输中全部作为数据部分，仅根据新增的外层公网 VLAN Tag 进行报文转发，并根据报文的外层 VLAN Tag 进行 MAC 地址学习来建立 MAC 地址表。

如图 8-14 所示，用户网络 A 和 B 的私网 VLAN 分别为 VLAN 1～10 和 VLAN 1～20。运营商为用户网络 A 和 B 分配的公网 VLAN 分别为 VLAN 3 和 VLAN 4。

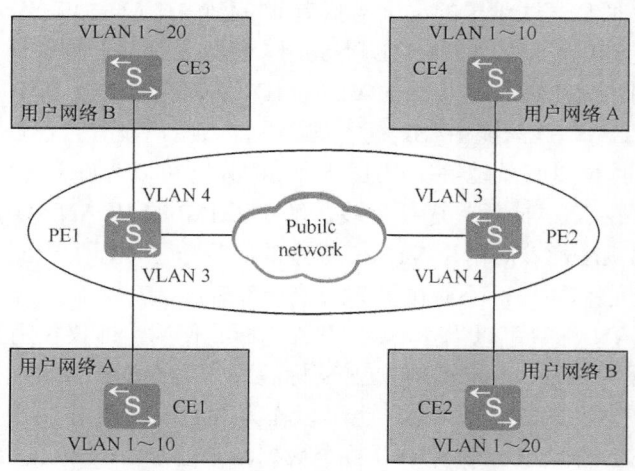

图 8-14 QinQ 典型应用组网

当用户网络 A 和 B 中带 VLAN 标签的报文进入运营商网络时，报文原来的私网 VLAN Tag 外面就会被再分别封装上 VLAN 3 和 VLAN 4 的公网 VLAN Tag，然后在公网中直接按照新增的公网 VLAN Tag 传输。这样，来自不同用户网络的报文在运营商网络中传输时被完全分开，即使这些用户网络各自的 VLAN 范围存在重叠（如两个用户网络中都包含了 VLAN 1～10），在运营商网络中传输时也不会产生冲突。而当报文穿过运营商网络，到达运营商网络另一侧 PE 设备后，报文会被剥离运营商网络为其添加的公网 VLAN Tag，还原原来的用户私网 VLAN 标签为最外层 VLAN 标签，然后按用户私网 VLAN Tag 传送给用户网络的 CE 设备。

8.3.3　QinQ 的实现方式

QinQ 帧封装的过程就是把单层 802.1Q 标签数据帧转换成双层 802.1Q 标签数据帧的过程。封装过程主要发生在城域网侧连接用户的交换机端口上。根据不同的 VLAN 标签封装依据，QinQ 可以分为"基本 QinQ"和"灵活 QinQ"两种类型。

1．基本 QinQ 封装

"基本 QinQ 封装"是将**进入一个端口的所有流量全部封装一个相同的外层 VLAN 标签**，是一种基于端口的 QinQ 封装方式，也称"QinQ 二层隧道"。开启端口的基本 QinQ 功能后，当该端口接收到已经带有 VLAN 标签的数据帧时，则该数据帧就将封装成双层标签的帧；如果接收到的是不带 VLAN 标签的数据帧，则该数据帧将封装成为带有端口缺省 VLAN 的一层标签的帧。总之要对所接收的数据帧新添加一层 VLAN 标签。

从以上的介绍可以看出，基本 QinQ 的 VLAN 标签封装不够灵活，很难有效地区分不同的用户业务，因为它对进入同一个交换机端口的所有数据帧都封装相同的外层 VLAN 标签。在需要较多的 VLAN 时，可以使用这个基本 QinQ 功能，这样可以减少对 VLAN ID 的需求，因为进入同一个端口的所有数据帧都封装同一个外层 VLAN 标签。

在如图 8-15 所示的网络中，企业部门 1（Department1）有两个办公地，部门 2（Department2）有 3 个办公地，两个部门的各办公地分别和网络中的 PE1、PE2 相连，部门 1 和部门 2 可以任意规划自己的 VLAN。这样，可在 PE1 和 PE2 上通过如下思路配置 QinQ 二层隧道功能，使得每个部门的各个办公地网络可以互通，但两个部门之间不能互通。

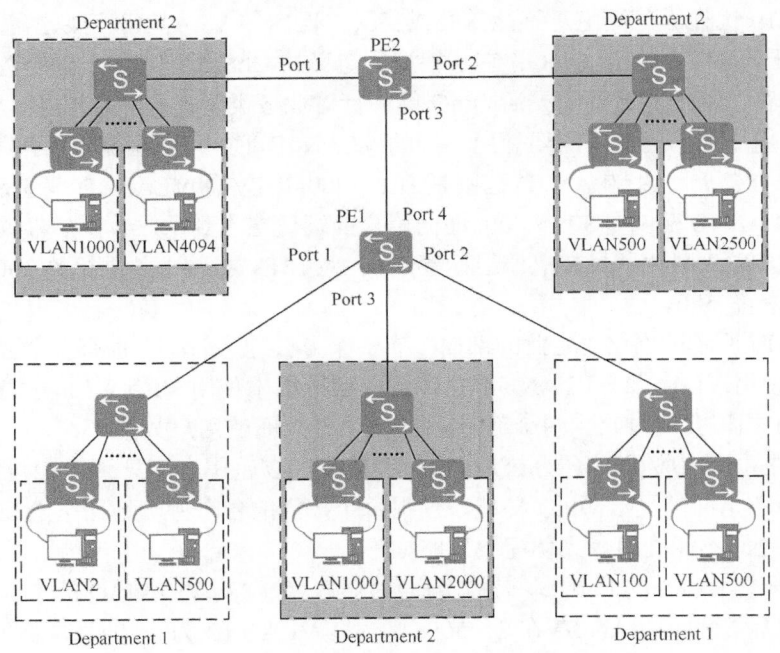

图 8-15　基本 QinQ 典型应用示例

①　在 PE1 上，对于进入端口 Port1 和 Port2 的用户（都属于部门 1）数据帧都封装外层 VLAN 10，对于进入端口 Port3 中的用户（属于部门 2）数据帧都封装外层 VLAN 20。

②　在 PE2 上，对于进入端口 Port1 和 Port2 的用户（都属于部门 2）数据帧都封装外层 VLAN 20。

③　PE1 上的端口 Port4 和 PE2 上的端口 Port3 允许 VLAN 20 的用户数据帧通过，以便实现连接在 PE1 的 Port3 上部门 2 的用户与连接在 PE2 的 Port1 和 Port2 上部门 2 的用户互通。

这种基本 QinQ 封装就相当于用一个外层的 VLAN 标签映射同类用户的多个内层 VLAN 标签，以减少 ISP 端设备 VLAN ID 的使用量。

2.　灵活 QinQ 封装

"灵活 QinQ"是对 QinQ 的一种更灵活的实现，是基于端口与 VLAN 的结合方式，又称之为 VLAN Stacking 或 QinQ Stacking。灵活 QinQ 除了能实现所有基本 QinQ 的功能外，还可以根据不同的内层 VLAN 标签执行不同的外层标签封装。它又可分为以下 3 种实现方式。

①　基于 VLAN ID 的灵活 QinQ：它是基于数据帧中不同的内层标签的 VLAN ID 来添加不同的外层标签。即具有相同内层标签的帧添加相同的外层 VLAN 标签，具有不同内层标签的帧添加不同的外层 VLAN 标签。**这就要求不同用户的内层 VLAN ID 或 VLAN ID 范围绝对不能重叠或交叉。**

②　基于 802.1p 优先级的灵活 QinQ：它是基于数据帧中不同的内层标签的 802.1p 优先级来添加不同的外层标签，**仅 S7700、S7900、S9700 和 S12700 系列交换机支持。**即具有相同内层 VLAN 802.1p 优先级的帧添加相同的外层标签，具有不同内层 VLAN 802.1p 优先级的帧添加不同的外层标签。**这就要求不同用户的内层 VLAN 的 802.1p 优先级或 802.1p 优先级范围绝对不能重叠或交叉，但内层 VLAN ID 可以重叠或交叉。**

③　基于流策略的灵活 QinQ：它是根据所定义的 QoS 策略，为不同的数据帧添加不同的外层标签。基于流策略的灵活 QinQ 能够针对业务类型提供差别服务。

当同一用户的不同业务需要使用不同的 VLAN ID 时，可以根据 VLAN ID 区间进行分流。现假设 PC 上网的 VLAN ID 范围是 101～200；IPTV 的 VLAN ID 范围是 201～300；大客户的 VLAN ID 范围是 301～400。面向用户的端口在收到用户数据后根据用户 VLAN ID 范围，对 PC 上网业务封装上外层标签 100，对 IPTV 封装上外层标签 300，对大客户封装上外层标签 500。

如图 8-16 所示的网络，企业的部门 1 有多个办公地，部门 2 也有多个办公地。部门 1 的网络中使用 VLAN 2～VLAN 500；部门 2 的网络中使用 VLAN 500～VLAN 4094。PE1 的 Port1 端口会同时收到两个部门不同 VLAN 区间的用户数据帧。

此时可根据图中标识的各办公地的用户 VLAN ID 范围在 PE1 和 PE2 上通过如下思路配置基于 VLAN 的灵活 QinQ 功能，使得每个部门的各个办公地网络之间可以互通，但两个部门之间不能互通。具体配置思路如下。

①　对于进入 PE1 的 Port1 端口的用户数据帧，依据其 VLAN ID 的不同添加对应的外层 VLAN 标签。如 VLAN ID 在 2～500，则封装 VLAN ID 为 10 的外层标签；如 VLAN ID 在 1000～2000，则封装 VLAN ID 为 20 的外层标签。

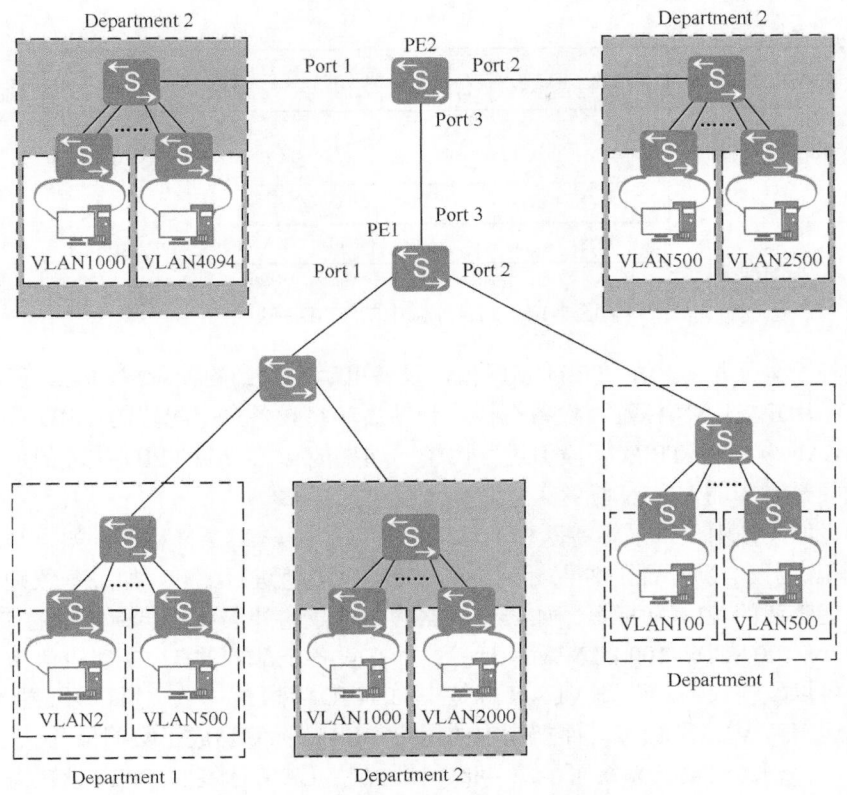

图 8-16　灵活 QinQ 典型应用示例

② 对于进入 PE1 的 Port2 端口的用户数据帧，如果 VLAN ID 在 100～500，则封装 VLAN ID 为 10 的外层标签。

③ 对于进入 PE2 的 Port1 端口的用户数据帧，如 VLAN ID 在 1000～4094，则封装 VLAN ID 为 20 的外层标签。

④ 对于进入 PE2 的 Port2 端口的用户数据帧，如果 VLAN ID 在 500～2500，则封装 VLAN ID 为 20 的外层标签。

⑤ 在 PE1 和 PE2 的 Port3 端口上允许 VLAN 20 的帧通过，以便实现连接在 PE1 的 Port1 端口下连接的部门 2 用户与连接在 PE2 的 Port1 和 Port2 的部门 2 的用户互通。

从以上可以看出，灵活 QinQ 比基本 QinQ 的外层标签封装更加灵活，可以根据用户数据帧中原来的 VLAN ID 范围来确定封装不同的外层标签，这样更方便了对相同网络中不同业务的用户数据流提供差分服务。

8.3.4　TPID 的可调值

TPID（Tag Protocol Identifier，标签协议标识）是图 8-13 所示的 VLAN 帧中的 802.1Q 标签头中的一个字段，表示 VLAN 标签的协议类型。该字段的缺省值为 0x8100，用来标识对应帧是一个带有 IEEE 802.1Q 标签的帧，如图 8-17 所示。但某些厂商将设备可识别的 TPID 字段值设为 0x9100 或其他值。

传统 802.1Q 帧封装格式：

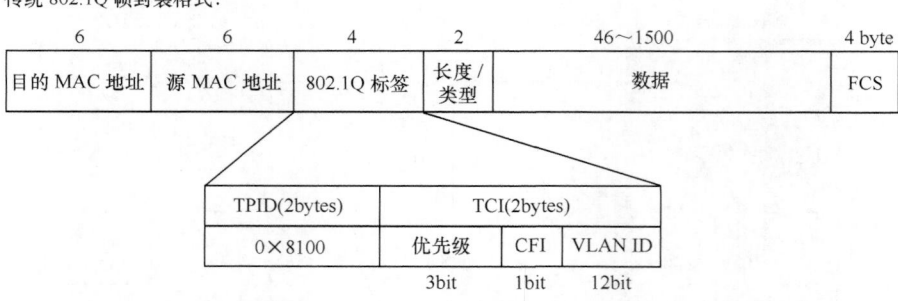

图 8-17　VLAN 帧中的 TPID 字段

通过检查外层标签中的 TPID 字段值，设备可确定收到的帧承载的是运营商 VLAN 标签，还是用户 VLAN 标签。设备在接收到帧后，将设备自身配置的 TPID 值与帧中最外层的 VLAN 标签的 TPID 字段值进行比较。如果能与帧中的 TPID 字段的值匹配，则该帧承载的是对应的 VLAN 标签。

例如，如果帧中仅一层标签匹配的话，则肯定是用户 VLAN 标签；如果是双层标签的 QinQ 帧，则仅与新添加的外层标签中的 TPID 字段值进行比较，如果一致则证明帧中承载的是运营商的 VLAN 标签。如一个数据帧中承载的外层和内层标签中的 TPID 字段值分别为 0x9100 和 0x8100 的 VLAN 标签，而在设备上配置的 TPID 字段值为 0x9100，通过比较可以发现仅与运营商 VLAN 标签中的 TPID 字段值一致，所以设备将认为该帧仅承载了运营商 VLAN 标签，而把帧中的用户 VLAN 标签当成了数据部分。

另外，不同运营商的系统可能将 QinQ 帧外层 VLAN 标签的 TPID 设置为不同值。为实现与这些系统的兼容性，可以修改 TPID 的值，使 QinQ 帧发送到公网时承载与特定运营商相同的 TPID 字段值，从而实现与该运营商设备之间的互操作性。但因以太网帧的 TPID 字段与不带 VLAN 标签的帧的"长度/类型/"（Length/Type/）字段位置相同，为避免在网络中转发和处理数据包时出现问题，不可将 TPID 值设置为表 8-7 中各上层协议类型所对应的任意值。

表 8-7　　　　　　　　网络层协议类型及对应的十六进制值

协议类型	对应值
ARP	0x0806
RARP	0x8035
IP	0x0800
IPv6	0x86DD
PPPoE	0x8863/0x8864
MPLS	0x8847/0x8848
IPX/SPX	0x8137
LACP	0x8809
802.1x	0x888E
HGMP	0x88A7
设备保留	0xFFFD/0xFFFE/0xFFFF

为了使私网与公网有效分离，并最大限度地节省 VLAN 资源，可在设备端口上部署基本 QinQ 功能，新增外层 802.1Q 标签。其中内层标签用于标识内部网络（如企业网），

外层标签用于标识外部网络（如运营商网络），从而最多可以提供 4094×4094 个 VLAN，并满足不同私网用户之间相同 VLAN 可以透明传输。

8.3.5　配置外层 VLAN 标签的 TPID 值

如果需要实现不同厂商的设备互通，则端口的 QinQ 外层 VLAN 标签的协议类型标识（TPID）应配置为和该端口相连的设备能够识别的协议类型，需要配置外层 VLAN 标签的 TPID 值。用户通过配置 TPID 的值，使得发送到公网中的 QinQ 报文携带的 TPID 值与当前网络的配置相同，从而实现与现有网络的兼容。但这是可选配置任务，仅在网络中存在其他品牌设备时需要配置，**同时适用于各种 QinQ 实现方式**。

可在连接其他厂商设备的二层以太网接口（**不能是 dot1q tunnel 类型接口**）视图下使用 **qinq protocol** *protocol-id* 命令配置接口的 QinQ 报文外层 VLAN Tag 的 TPID 值，即**外层 Tag 的协议类型**。参数 *protocol-id* 用来指定 QinQ 外层协议号，为 4 位十六进制整数形式，取值范围是 0x0600～0xFFFF，缺省值是 0x8100。

注意 配置 TPID 时要注意以下事项。

■ V200R010 之前版本，**qinq protocol** 命令支持在 Eth-Trunk 接口的成员口下配置，不支持在 Eth-Trunk 接口下配置，而 V200R010 及之后版本支持在 Eth-Trunk 接口视图下配置，不支持在 Eth-Trunk 接口的成员口下配置，完全相反了。

■ 从 V200R010 之前版本升级到 V200R010 及之后版本时，若升级前在 Eth-Trunk 接口的成员接口下配置了 **qinq protocol** 命令：

➢ 当 Eth-Trunk 接口的所有成员接口下都配置了相同的 **qinq protocol** 命令时，升级后会自动兼容到 Eth-Trunk 接口下生效；

➢ 当 Eth-Trunk 接口的成员接口下配置了不同的 **qinq protocol** 命令时，升级后成员接口下 **qinq protocol** 命令的配置仍然生效，并在接口下存在相应的配置信息，若要在 Eth-Trunk 视图下进行配置，必须先手动在成员接口下通过 **undo qinq protocol** 命令（在这种场景下，该命令不支持联想，需手动完整输入）删除相应配置。

■ 接口的 QinQ 外层 Tag 协议号应配置为和该接口直接相连的设备能够识别的 QinQ 外层 Tag 协议号。

■ **qinq protocol** 命令在入方向是对报文起到识别的作用，在出方向是对报文的 TPID 进行修改或添加。

■ 使用 **qinq protocol** 命令配置的协议类型不能与特定协议类型编号相同，否则会导致接口不能正确区分相应类型的协议报文。在配置时应注意协议类型不能为表 8-8 所示的数值。

8.3.6　配置基本 QinQ 功能

基本 QinQ 功能是基于端口实现的，对于从端口进来的所有数据帧都加上同一个公网 VLAN 标签，实现用户数据帧在公网内转发。其实可以看成是一种基于 dot1q-tunnel 类型端口的 VLAN 划分方式，具体的配置步骤见表 8-8。

表 8-8 基本 QinQ 功能配置步骤

步骤	命令	说明
1	**system-view** 例如：＜HUAWEI＞**system-view**	进入系统视图
2	**vlan** *vlan-id* 例如：[HUAWEI] **vlan 2**	创建外层 VLAN，并进入 VLAN 视图。参数 *vlan-id* 的取值范围为 1～4094 的整数
3	**quit** 例如：[HUAWEI -VLAN2] **quit**	返回系统视图
4	**interface** *interface-type interface-number* 例如：[HUAWEI] **interface** gigabitethernet 1/0/1	键入要启用基本 QinQ 功能的交换机端口。该接口可以是物理接口，也可以是 Eth-Trunk 接口
5	**port link-type dot1q-tunnel** 例如：[HUAWEI-GigabitEthernet1/0/1]**port link-type dot1q-tunnel**	配置以上端口类型为 dot1q-tunnel（即 QinQ 类型）。**QinQ 类型的端口用来连接其他交换机设备，并且能够处理携带双层标签的 VLAN 帧**。当接口类型为 dot1q-tunnel 时，该接口不支持二层组播功能。 缺省情况下，S1720GFR、S1720GW-E、S1720GWR-E、S1720X-E、S2750EI、S2720EI、S5700LI、S5700S-LI、S5720LI、S5720S-LI、S6720LI、S6720S-LI、S5710-X-LI、S5730SI、S5730S-EI、S6720SI、S6720S-SI、S5720SI 和 S5720S-SI 系列交换机上的二层以太网接口的链路类型为 negotiation-auto，其他系列交换机的二层以太网接口的链路类型是 negotiation-desirable，可用 **undo port link-type** 命令恢复端口类型为缺省的 Hybrid 类型
6	**port default vlan** *vlan-id* 例如：[HUAWEI-GigabitEthernet1/0/1]**port default vlan 5**	配置外层 VLAN 标签的 VLAN ID（即接口的缺省 VLAN）。参数 *vlan-id* 的取值范围为 1～4094 的整数。 当接口接收到带 VLAN Tag 的报文时，接收该报文，然后再打上一层缺省 VLAN 的 Tag；当接口发送带有 VLAN Tag 的报文时，均在去掉报文中的该层 VLAN Tag 后发送。 缺省情况下，所有端口的缺省 VLAN ID 为 1，可用 **undo port default vlan** 命令删除端口配置的缺省 VLAN，恢复为缺省的 VLAN 1

配置完后可通过 **display current-configuration interface** *interface-type interface-number* 命令查看指定端口上的 QinQ 配置。

8.3.7 基本 QinQ 配置示例

如图 8-18 所示，网络中有两个企业，企业 1（Enterprise1）和企业 2（Enterprise2）各有两个分支。这两个企业的各办公地的企业网都分别和运营商网络中的 SwitchA 和 SwitchB 相连，且公网中存在其他厂商设备，其外层 VLAN 标签的 TPID 值为 0x9100。

现要实现企业 1 和企业 2 独立划分 VLAN，两者互不影响。各企业两分支机构之间的流量通过公网透明传输，相同企业之间可以互通，不同企业之间互相隔离。

1. 配置思路分析

可通过配置基于端口的基本 QinQ 来实现以上需求。利用公网提供的 VLAN 100 使企业 1 的两分支机构互通，利用公网提供的 VLAN 200 使企业 2 的两分支机构互通（这里都要同时用到 **QinQ 的添加外层标签和剥离外层标签的双重功能**），同时通过 QinQ 功能可以实现不同企业之间的互相隔离,因为不同企业的数据帧中所封装的外层标签不同,外层标签对应的 VLAN 所加入的 QinQ 端口也不同。同时,通过在连接其他厂商设备的端口上配置修改 QinQ 外层 VLAN 标签的 TPID 值,来实现与其他厂商设备的互通。

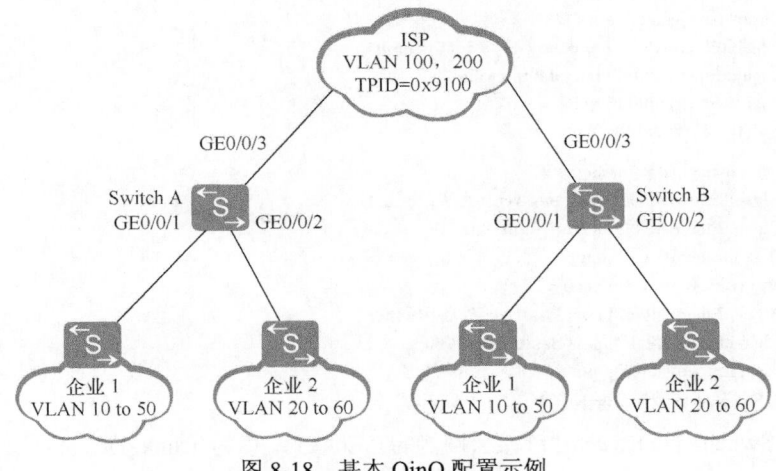

图 8-18　基本 QinQ 配置示例

根据以上分析,可采用如下的思路进行本示例的基本 QinQ 配置。

① 在 SwitchA 和 SwitchB 上的 QinQ 配置。

在 SwitchA 和 SwitchB 上均创建 VLAN100 和 VLAN200,配置连接业务的接口为 QinQ 类型,并分别加入对应的外层 VLAN,同时可实现在发送数据帧时去掉帧中的外层 VLAN 标签的功能。

② 配置 SwitchA 和 SwitchB 的上行配置。

配置 SwitchA 和 SwitchB 连接公网的 GE0/0/3 端口为 Trunk 类型,然后,同时允许 VLAN 100 和 VLAN 200 的数据帧通过。

③ 在 SwitchA 和 SwitchB 连接公网的 GE0/0/3 端口上配置外层 VLAN 标签的 TPID 值,实现与其他厂商设备的互通。

2. 具体配置步骤

① 在 SwitchA 和 SwitchB 上的 QinQ 配置。

a. 创建 VLAN 100 和 VLAN 200。

■ SwitchA 上的配置

```
<HUAWEI> system-view
[HUAWEI] sysname SwitchA
[SwitchA] vlan batch 100 200
```

■ SwitchB 上的配置

```
<HUAWEI> system-view
[HUAWEI] sysname SwitchB
[SwitchB] vlan batch 100 200
```

b. 把 SwitchA 和 SwitchB 的 GE0/0/1、GE0/0/2 端口上配置为 QinQ 类型,并加入对应的公网 VLAN 中。这样会在从端口上接收到的数据帧上添加对应的外层 VLAN 标签,同时允许对应的外层 VLAN 通过。

■ SwitchA 上的配置

```
[SwitchA] interface gigabitethernet 0/0/1
[SwitchA-GigabitEthernet0/0/1] port link-type dot1q-tunnel
[SwitchA-GigabitEthernet0/0/1] port default vlan 100
[SwitchA-GigabitEthernet0/0/1] quit
[SwitchA] interface gigabitethernet 0/0/2
[SwitchA-GigabitEthernet0/0/2] port link-type dot1q-tunnel
[SwitchA-GigabitEthernet0/0/2] port default vlan 200
[SwitchA-GigabitEthernet0/0/2] quit
```

■ SwitchB 上的配置

```
[SwitchB] interface gigabitethernet 0/0/1
[SwitchB-GigabitEthernet0/0/1] port link-type dot1q-tunnel
[SwitchB-GigabitEthernet0/0/1] port default vlan 100
[SwitchB-GigabitEthernet0/0/1] quit
[SwitchB] interface gigabitethernet 0/0/2
[SwitchB-GigabitEthernet0/0/2] port link-type dot1q-tunnel
[SwitchB-GigabitEthernet0/0/2] port default vlan 200
[SwitchB-GigabitEthernet0/0/2] quit
```

② 配置 SwitchA 和 SwitchB 的上行连接。

c. 配置 SwitchA 和 SwitchB 连接公网侧的 GE0/0/3 端口为 Trunk 类型，并允许 VLAN 100 和 VLAN 200 这两个公网 VLAN 通过，因为每台交换机都连接了企业 1 和企业 2，也就有对应的封装了不同外层标签的两种数据帧进入。

■ SwitchA 上的配置

```
[SwitchA] interface gigabitethernet 0/0/3
[SwitchA-GigabitEthernet0/0/3] port link-type trunk
[SwitchA-GigabitEthernet0/0/3] port trunk allow-pass vlan 100 200
[SwitchA-GigabitEthernet0/0/3] quit
```

■ SwitchB 上的配置

```
[SwitchB] interface gigabitethernet 0/0/3
[SwitchB-GigabitEthernet0/0/3] port link-type trunk
[SwitchB-GigabitEthernet0/0/3] port trunk allow-pass vlan 100 200
[SwitchB-GigabitEthernet0/0/3] quit
```

③ 在 SwitchA 和 SwitchB 的 GE0/0/3 端口上均配置外层 VLAN 标签的 TPID 值为 0x9100，以便与其他品牌的设备兼容。

■ SwitchA 上的配置

```
[SwitchA] interface gigabitethernet 0/0/3
[SwitchA-GigabitEthernet0/0/3] qinq protocol 9100
```

■ SwitchB 上的配置

```
[SwitchB] interface gigabitethernet 0/0/3
[SwitchB-GigabitEthernet0/0/3] qinq protocol 9100
```

3. 配置结果验证

完成以上配置后，因为 QinQ 帧在对方启用了 QinQ 功能的端口后又会剥离相应的外层标签，所以从企业 1 的一处分支机构内的任意 VLAN 的一台 PC 可以 ping 通企业 1 的另一处分支机构的相同 VLAN 内的 PC；同理，从企业 2 的一处分支机构内的任意 VLAN 的一台 PC 可以 ping 通企业 2 的另一处分支机构的相同 VLAN 内的 PC，实现相同企业的相同 VLAN 间的用户之间互通。而企业 1 中的任意 VLAN 中的 PC 都不能 ping 得通企业 2 任意 VLAN 内的 PC，实现企业 1 和企业 2 用户之间的相互隔离。

8.3.8　配置基于 VLAN ID 的灵活 QinQ

灵活 QinQ 功能又称 VLAN Stacking，或 QinQ Stacking 功能，基于 VLAN ID 的灵活 QinQ 功能可实现端口在接收到数据帧后，依据帧中不同内层 VLAN ID 添加不同的外层 VLAN 标签。它与 8.3.5 节介绍的基于端口的基本 QinQ 不一样，具体配置步骤见表 8-9。

注意　在配置基于 VLAN ID 的灵活 QinQ 时要注意以下几个方面。

■　配置灵活 QinQ 的当前接口类型必须为 **Hybrid**（不是配置成 dot1q-tunnel 类型），并且必须先通过命令 **qinq vlan-translation enable** 使能 VLAN 转换功能。灵活 QinQ 功能只在当前接口的入方向生效。

■　配置灵活 QinQ 功能时，一个内层 VLAN 在一个接口上只能叠加一个外层 VLAN。且叠加后的外层 VLAN 必须存在，否则配置灵活 QinQ 功能的业务将不通。

■　接口配置灵活 QinQ 功能后再发送帧时，若需要剥掉外层 VLAN Tag，该接口要以 Untagged 方式加入叠加后的 **stack-vlan**；若不需要剥掉外层 VLAN Tag，该接口要以 Tagged 方式加入叠加后的 **stack-vlan**。

表 8-9　　　　　　　　　　　　基于 **VLAN ID** 的灵活 **QinQ** 的配置步骤

步骤	命令	说明
1	**system-view** 例如：< HUAWEI > **system-view**	进入系统视图
2	**vlan** *vlan-id* 例如：[HUAWEI] **vlan** 2	创建外层 VLAN，并进入 VLAN 视图。参数 *vlan-id* 的取值范围为 1～4094 的整数
3	**quit** 例如：[HUAWEI -VLAN2] **quit**	返回系统视图
4	**interface** *interface-type interface-number* 例如：[HUAWEI] **interface** gigabitethernet 1/0/1	键入要启用基本 QinQ 功能的交换机端口
5	**port link-type hybrid** 例如： [HUAWEI-GigabitEthernet1/0/1] **port link-type hybrid**	配置以上端口类型为 Hybrid 类型。**注意，此时不像基本 QinQ 那样要求配置为 dot1q-tunnel 类型**
6	**port hybrid untagged vlan** *vlan-id* 例如： [HUAWEI-GigabitEthernet1/0/1] **port hybrid untagged vlan** 2	把以上 Hybrid 端口以 Untagged 方式加入到参数 *vlan-id* 指定的外层 VLAN 中（此 **VLAN 必须事先创建好**，且也可以根据需要通过 **port hybrid tagged vlan** *vlan-id* 命令配置以 Tagged 方式加入外层 VLAN），取值范围为 1～4094 的整数。 新增的外层 **VLAN 必须是设备上已经存在的 VLAN**，原来的内层 VLAN 可以不创建。 缺省情况下，Hybrid 接口以 Untagged 方式加入 VLAN1，可用 **undo port hybrid** [**untagged**] **vlan**{ { *vlan-id1* [**to** *vlan-id2*] }&<1-10>	**all** }命令删除 Hybrid 类型接口所加入的指定 VLAN

（续表）

步骤	命令	说明
7	**qinq vlan-translation enable** 例如： [HUAWEI-GigabitEthernet1/0/1] **qinq vlan-translation enable**	使能以上端口的 VLAN 转换功能。仅在端口使能了 VLAN 转换功能后才可以在端口上配置 VLAN 映射和灵活 QinQ 功能。**但本命令在框式系列交换机中不支持，也就不需要配置此命令**。 缺省情况下，没有使能接口 VLAN 转换功能，可用 **undo qinq vlan-translation enable** 命令取消端口的 VLAN 转换功能
8	**port vlan-stacking vlan** *vlan-id1*[**to** *vlan-id2*] **stack-vlan** *vlan-id3* [**remark-8021p** *8021p-value*] 例如： [HUAWEI-GigabitEthernet1/0/1] **port vlan-stacking vlan** 10 **to** 40 **stack-vlan** 2	配置灵活 QinQ，也即 VLAN Stacking 功能。命令中的参数说明如下。 ① *vlan-id1* [**to** *vlan-id2*]：指定要添加由参数 *vlan-id3* 指定的外层标签的内层 VLAN ID 范围，其中 *vlan-id1* 表示起始 VLAN ID；**to** *vlan-id2* 表示结束 VLAN ID，取值范围均为 1～4094 的整数。 **此时要特别注意，添加不同外层 VLAN 的内层 VLAN ID 范围绝对不能重叠，或者交叉，否则就会使端口无法正确添加外层 VLAN 标签。** ② *vlan-id3*：指定添加的外层标签对应的 VLAN ID（与第 6 步指定 VLAN ID 一样），取值范围为 1～4094 的整数。 ③ *8021p-value*：可选参数，重新标记添加外层标签后帧的 802.1p 优先级，取值范围为 0～7，值越大优先级越高。缺省情况下，对于 S7700、S9300、S9300E 和 S9700 系列中的 SA 单板的外层 VLAN 优先级为 0，在盒式交换机中，S1720GFR、S1720GW-E、S1720GWR-E、S1720X-E、S2720EI、S2750EI、S5700LI、S5700S-LI、S5710-X-LI、S5720I-SI、S5720LI、S5720S-LI、S5720S-SI、S5720SI、S5730S-EI、S5730SI、S6720LI、S6720S-LI、S6720S-SI 和 S6720SI 设备，外层 VLAN 的 802.1p 优先级与接口优先级保存一致，若接口下配置了 trust 8021p，则外层 VLAN 的 802.1p 优先级与内层 VLAN 的 802.1p 优先级保持一致。其他设备形态，外层 VLAN 的 802.1p 优先级与内层 VLAN 的 802.1p 优先级保持一致。其他单板的外层 VLAN 优先级与内层 VLAN 优先级保持一致。对于其他情况下，外层 VLAN 的 802.1p 优先级与内层 VLAN 的 802.1p 优先级保持一致。 缺省情况下，没有配置 VLAN Stacking 功能，可用 **undo port vlan-stacking vlan** *vlan-id1* [**to** *vlan-id2*] [**stack-vlan** *vlan-id3*] 命令取消对应的 VLAN Stacking 功能
9	**quit**	返回系统视图
10	**interface** *interface-type interface-number* 例如：[HUAWEI] **interface** gigabitethernet 1/0/3	进入另一个接口的视图，该接口是 QinQ 报文需要转发出去的接口，与本表第 4 步中的接口不同
11	**port link-type trunk** 例如：[HUAWEI-Gigabit Ethernet1/0/3] **port link-type trunk**	配置接口类型为 Trunk，其实也可以是带标签方式的 Hybrid 类型接口
12	**port trunk allow-pass vlan** *vlan-id3* 例如：[HUAWEI-Gigabit Ethernet1/0/3] **port trunk allow-pass vlan** 2	配置接口透传叠加后的 VLAN，即 stack-vlan

　　配置完成后，使用 **display current-configuration interface** *interface-type interface-number* 命令查看端口的灵活 QinQ 配置。

8.3.9　基于 VLAN ID 的灵活 QinQ 配置示例

　　本示例的拓扑结构如图 8-19 所示，PC 上网用户（假设用户 VLAN ID 范围为 100～200）和 VoIP 用户（假设用户 VLAN ID 范围为 300～400）通过 SwitchA 和 SwitchB 接入，并分别以 VLAN 2 和 VLAN 3 通过运营商网络（Carrier Network）。现要求 PC 上网用户和 VoIP 用户通过运营商网络实现互相通信。

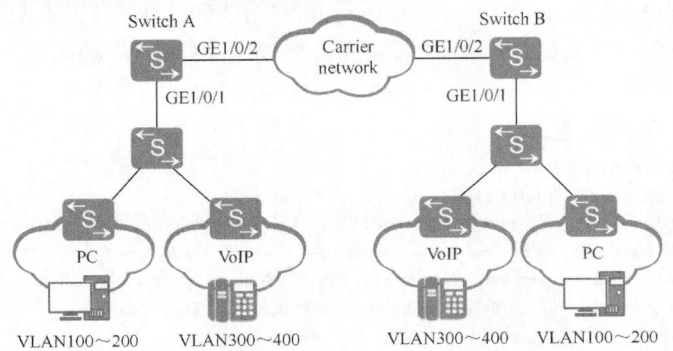

图 8-19　基于 VLAN ID 的灵活 QinQ 配置示例的拓扑结构

　　1. 配置思路分析

　　根据 8.3.7 节介绍的基于 VLAN ID 的灵活 QinQ 配置方法，再结合本示例的实际需求可得出本示例的如下基本配置思路。

　　① 在 SwitchA 和 SwitchB 上创建所需的外层 VLAN 2 和 VLAN 3（用户的内层 VLAN 可不创建）。

　　② 在 SwitchA 和 SwitchB 上配置 GE0/0/2 端口为 Trunk 类型，允许外层 VLAN 2 和 VLAN 3 通过。

　　③ 在 SwitchA 和 SwitchB 的 GE0/0/1 端口上配置基于 VLAN ID 的灵活 QinQ 功能，以实现在接收数据帧时依据其内层 VLAN 标签添加对应的外层 VLAN 标签，在发送 QinQ 帧时去掉对应的外层 VLAN 标签，以实现正常的流量转发。

　　2. 具体配置步骤

　　① 在 SwitchA 和 SwitchB 上创建外层 VLAN 2 和 VLAN 3，因为这两台交换机都同时连接了 PC 上网用户和 VoIP 用户。

　　■　SwitchA 上的配置

```
<HUAWEI> system-view
[HUAWEI] sysname SwitchA
[SwitchA] vlan batch 2 3
```

　　■　SwitchB 上的配置

```
<HUAWEI> system-view
[HUAWEI] sysname SwitchB
[SwitchB] vlan batch 2 3
```

　　② 配置 SwitchA 和 SwitchB 连接运营商网络的上行 GE1/0/2 端口为 Trunk 类型，并同时加入外层 VLAN 2 和 VLAN 3 中。

■ SwitchA 上的配置

```
[SwitchA] interface gigabitethernet 1/0/2
[SwitchA-GigabitEthernet1/0/2] port link-type trunk
[SwitchA-GigabitEthernet1/0/2] port trunk allow-pass vlan 2 3
[SwitchA-GigabitEthernet1/0/2] quit
```

■ SwitchB 上的配置

```
[SwitchB] interface gigabitethernet 1/0/2
[SwitchB-GigabitEthernet1/0/2] port link-type trunk
[SwitchB-GigabitEthernet1/0/2] port trunk allow-pass vlan 2 3
[SwitchB-GigabitEthernet1/0/2] quit
```

③ 在 SwitchA 和 SwitchB 上行连接运营商网络的 GE1/0/1 端口上配置基于 VLAN ID 的灵活 QinQ 功能，添加双层 VLAN 标签。但要注意，**不同用户的内层 VLAN ID 绝对不能重叠和交叉**。

■ SwitchA 上的配置

```
[SwitchA] interface gigabitethernet 1/0/1
[SwitchA-GigabitEthernet1/0/1] port link-type hybrid
[SwitchA-GigabitEthernet1/0/1] port hybrid untagged vlan 2 3    !---指定以不带标签方式加入 VLAN 2 和 VLAN 3
[SwitchA-GigabitEthernet1/0/1] qinq vlan-translation enable    !---如果交换机是框式系列，则不需要配置
[SwitchA-GigabitEthernet1/0/1]port vlan-stacking vlan 100 to 200 stack-vlan 2 !---为 PC 上网用户添加外层标签 VLAN2
[SwitchA-GigabitEthernet1/0/1] port vlan-stacking vlan 300 to 400 stack-vlan 3 !---为 VoIP 网用户添加外层标签 VLAN3
[SwitchA-GigabitEthernet1/0/1] quit
```

■ SwitchB 上的配置

```
[SwitchB] interface gigabitethernet 1/0/1
[SwitchB-GigabitEthernet1/0/1] port link-type hybrid
[SwitchB-GigabitEthernet1/0/1] port hybrid Untagged vlan 2 3
[SwitchB-GigabitEthernet1/0/1]qinq vlan-translation enable
[SwitchB-GigabitEthernet1/0/1] port vlan-stacking vlan 100 to 200 stack-vlan 2
[SwitchB-GigabitEthernet1/0/1] port vlan-stacking vlan 300 to 400 stack-vlan 3
[SwitchB-GigabitEthernet1/0/1] quit
```

最后来验证以上配置结果，可通过 **display current-configuration interface** 命令查看 SwitchA 上 GE1/0/1 和 GE1/0/2 端口上的配置信息，看是否正确，具体如下。

```
<SwitchA> display current-configuration interface gigabitethernet 1/0/1
#
interface GigabitEthernet1/0/1
  port hybrid Untagged vlan 2 to 3
qinq vlan-translation enable
  port vlan-stacking vlan 100 to 200 stack-vlan 2
  port vlan-stacking vlan 300 to 400 stack-vlan 3
#
return
<SwitchA> display current-configuration interface gigabitethernet 1/0/2
#
interface GigabitEthernet1/0/2
  port link-type trunk
  port trunk allow-pass vlan 2 to 3
#
return
```

可以用同样的方法查看 SwitchB 上的 GE1/0/1 和 GE1/0/2 端口上的配置信息，以验证配置是否正确。如果 SwitchA、SwitchB 上配置正确，则可实现 PC 上网用户通过运营商网络互相通信，VoIP 用户也可以通过运营商网络互相通信。

8.3.10　配置基于 802.1p 优先级的灵活 QinQ

基于 802.1p 优先级（也就是通常所说的 VLAN 优先级）的灵活 QinQ 功能可以根据进入端口的数据帧的 802.1p 优先级和 VLAN ID 灵活地添加外层 VLAN 标签，优先保证重要用户的正常通信。**仅在框式系列交换机中的 E 子系列和 F 子系列单板支持。**具体的配置步骤见表 8-10。

说明　基于 802.1p 优先级的灵活 QinQ 功能仅对入方向的数据帧生效，且配置此功能的端口的类型必须为 Trunk 或 Hybrid 类型。

表 8-10　　　　　基于 **802.1p** 优先级的灵活 **QinQ** 的配置步骤

步骤	命令	说明
1	**system-view** 例如：< HUAWEI > **system-view**	进入系统视图
2	**interface** *interface-type* *interface-number* 例如：[HUAWEI]**interface** gigabitethernet 0/0/1	键入要配置基于 802.1p 优先级的灵活 QinQ 的交换机端口，进入接口视图
3	**port link-type hybrid** 例如：[HUAWEI- GigabitEthernet0/0/1] **port** **link-type hybrid**	配置接口类型为 Hybrid。 缺省情况下，框式系列交换机接口的链路类型是 negotiation-desirable
4	**port hybrid untagged** **vlan** *vlan-id* 例如：[HUAWEI- GigabitEthernet0/0/1]**port** **hybrid Untagged vlan** 20	配置以上入接口以不带标签方式加入由 *vlan-id* 参数指定的外层 VLAN（此 VLAN **必须事先创建好**，且也可以根据需要通过 **port hybrid tagged vlan** *vlan-id* 命令配置以 Tagged 方式加入外层 VLAN），取值范围为 1～4094 的整数。 缺省情况下，Hybrid 端口以 Untagged 方式加入 VLAN1，可用 **undo port hybrid vlan** *vlan-id* 命令删除 Hybrid 类型端口加入外层 VLAN
5	**port vlan-stacking 8021p** *8021p-value* **stack-vlan** *vlan-id* 例如：[HUAWEI- GigabitEthernet0/0/1]**port** **vlan-stacking 8021p** 5 **stack-vlan** 20	（二选一）配置以上端口基于 802.1p 优先级的灵活 QinQ 功能（即进入该接口的所有 **VLAN** 帧都将打上相同的外层 VLAN 标签，且具有相同的 **802.1p** 优先级）。命令中的参数说明如下。 ① *8021p-value*：指定添加外层 VLAN 标签后帧的优先级，取值范围是 1～7 的整数，值越大优先级越高。 ② *vlan-id*：指定添加的外层 VLAN 的 ID，取值范围为 1～4094 的整数。 缺省情况下，没有配置 VLAN Stacking 功能，可用 **undo port vlan-stacking 8021p** *8021p-value1* [**stack-vlan** *vlan-id*] 命令删除端口基于指定 802.1p 优先级的 VLAN Stacking 功能
	port vlan-stacking vlan *vlan-id1* [**to** *vlan-id2*] **8021p** *8021p-value1*[**to** *8021p-value2*] **stack-vlan** *vlan-id3*[**remark-8021p** *8021p-value3*] 例如：[HUAWEI- GigabitEthernet0/0/1]**port** **vlan-stacking vlan** 100 **8021p** 5 **stack-vlan** 20 **remark-8021p** 1	（二选一）配置接口基于 VLAN ID 和 802.1p 优先级的灵活 QinQ 功能（即不同 **VLAN ID** 的帧进入接口后会打上不同的外层 **VLAN** 标签，且可具有不同的 **802.1p** 优先级）。命令中的参数说明如下。 ① *vlan-id1* [**to** *vlan-id2*]：指定允许添加后面由参数 *vlan-id3* 指定外层 VLAN 标签的帧中原来携带的 VLAN 标签的 VLAN ID 范围，其中 *vlan-id1* 表示起始 VLAN ID，可选参数 **to** *vlan-id2* 表示结束 VLAN ID，取值范围均为 1～4094 的整数，但 *vlan-id2* 的取值必须大于 *vlan-id1* 的取值，它和 *vlan-id1* 共同确定一个范围。 ② *8021p-value1* [**to** *8021p-value2*]：指定允许添加后面由参数 *vlan-id3* 指定外层 VLAN 标签的帧中原来携带的 802.1p 优先

（续表）

步骤	命令	说明
5	**port vlan-stacking vlan** *vlan-id1* [**to** *vlan-id2*] **8021p** *8021p-value1* [**to** *8021p-value2*] **stack-vlan** *vlan-id3* [**remark-8021p** *8021p-value3*] 例如：[HUAWEI-GigabitEthernet0/0/1]**port vlan-stacking vlan** 100 **8021p** 5 **stack-vlan** 20 **remark-8021p** 1	级的取值范围，其中 *8021p-value1* 表示 802.1p 优先级取值范围的下限，**to** *8021p-value2* 表示 802.1p 优先级取值范围的上限。 ③ *vlan-id3*：指定要添加的外层标签 VLAN ID，取值范围为 1～4094 的整数，即本表第 4 步中指定的 VLAN ID。 ④ *8021p-value3*：可选参数，指定重标记添加外层标签后的 VLAN 帧的 802.1p 优先级。通过本可选参数的设置，可实现端口在接收到带 VLAN 标签的数据帧后，将帧中的 802.1p 优先级修改为用户配置的 802.1p 优先级值。 缺省情况下，交换机端口下没有配置对数据帧中携带的 VLAN 标签进行外层 VLAN 标签添加操作，可用 **undo port vlan-stacking vlan** *vlan-id1* [**to** *vlan-id2*] [**8021p** *8021p-value1* [**to** *8021p-value2*]] [**map-vlan** *vlan-id3*] 命令取消对应交换机端口基于 VLAN+802.1p 优先级的 VLAN Stacking 功能

如果在入端口上创建了 DiffServ（差分服务）域，并配置 VLAN 帧的 802.1p 优先级映射，则此时接口的内部优先级配置就会与帧中原来的 802.1p 优先级不一样。这时就需要在出接口上再次配置 802.1p 优先级映射，重新恢复帧中原来的 802.1p 优先级。具体配置步骤见表 8-11。有关内部优先级与 802.1p 优先级的关系将在本书第 12 章介绍。

表 8-11　　　　　　　　　　**在出端口上配置 802.1p 优先级映射的配置步骤**

步骤	命令	说明
1	**system-view** 例如：< HUAWEI > **system-view**	进入系统视图
2	**diffserv domain** *ds-domain-name* 例如：[HUAWEI] **diffserv domain** d1	创建 DiffServ 域并进入 DiffServ 域视图。参数 *ds-domain-name* 用来指定 DiffServ 域的名称，长度为 1～31 的字符串，但不支持空格，不区分大小写，不能为 "n" "no" "non" "none"。 缺省情况下，系统预定义了一个名为 default 的 DiffServ 域，可用 **undo diffserv domain** *ds-domain-name* 命令删除指定的 DiffServ 域
3	**8021p-outbound** *service-class* { **green** | **yellow** | **red** } **map** *8021p-value* 例如： [HUAWEI-dsdomain-d1] **8021p-outbound** af1 **yellow map** 2	将 DiffServ 域中端口出方向上 VLAN 数据帧的内部优先级映射为指定的 802.1p 优先级。命令中的参数和选项说明如下。 ① *service-class*：指定 PHB 行为，取值可以为 BE、AF1～AF4、EF、CS6 或 CS7（不区分大小写）。 ② **green**：多选一选项，指定数据帧标记的颜色为绿色。 ③ **yellow**：多选一选项，指定数据帧标记的颜色为黄色。 ④ **red**：多选一选项，指定数据帧标记的颜色为红色。 ⑤ *8021p-value*：指定 VLAN 数据帧中原来的 802.1p 优先级值，取值范围是 0～7 的整数，值越大优先级越高。 【说明】当对 VLAN 数据帧进行了 QoS 调度之后，可以通过本命令配置 DiffServ 域中数据帧的 PHB 行为/颜色到 802.1p 优先级之间的映射。将 DiffServ 域绑定到数据帧的出接口后，下游设备将根据数据帧的 802.1p 优先级进行调度。这方面请参见本书第 10 章。 可用 **undo 8021p-outbound** [*service-class* { **green** | **yellow** | **red** }] 命令恢复缺省的映射关系。如果没有指定参数 *service-class* 和颜色选项，将恢复所有服务等级和数据帧颜色与对应的 802.1p 值的缺省配置

（续表）

步骤	命令	说明
4	quit 例如：[HUAWEI-dsdomain-d1] quit	返回系统视图
5	interface *interface-type interface-number* 例如：[HUAWEI] interface gigabitethernet 1/0/1	键入出接口，进入接口视图
6	port link-typehybrid 例如： [HUAWEI-GigabitEthernet 1/0/1] port link-type hybrid	配置以上出端口为 Hybrid。缺省情况下，框式系列交换机接口的链路类型是 negotiation-desirable，可用 undo port link-type 命令恢复端口为缺省的 Hybrid 类型
7	port hybrid tagged vlan*vlan-id* 例如： [HUAWEI-GigabitEthernet 1/0/1]port hybrid tagged vlan 20	配置以上 Hybrid 出端口以带标签方式加入指定的外层 VLAN，参数的取值范围为 1～4094 的整数，要与表 8-10 中所添加的外层标签 VLAN ID 一致
8	trust upstream *ds-domain-name* 例如： [HUAWEI-GigabitEthernet 1/0/1] trust upstream d1	在以上 Hybrid 或 Trunk 类型端口上应用前面的 DiffServ 域中的 VLAN 优先级映射配置。缺省情况下，内部优先级映射为外部优先级时不改变优先级，可用 undo trust upstream 命令恢复缺省配置。 **本命令为覆盖式命令，即在同一端口视图下多次执行该命令配置后，按最后一次配置生效**。但如果要修改端口下应用的 DiffServ 域，必须先执行 undo trust upstream 命令删除已应用的 DiffServ 域，再执行 trust upstream 命令重新应用新的 DiffServ 域

完成以上配置后，可在入或出端口视图下执行 **display this** 命令查看该端口上基于 802.1p 优先级的灵活 QinQ 的配置信息。

8.3.11　配置基于流策略的灵活 QinQ

这里所说的"流策略"是指将流分类和流行为关联后形成的完整的 QoS 策略（有关 QoS 策略方面的基础知识具体参见本书第 12 章）。用户可以根据数据帧中的 VLAN ID 进行流分类，然后将流分类与某种流行为关联，对符合流分类的数据帧进行相应的处理（添加外层 VLAN 标签），从而实现灵活 QinQ 功能。

基于流策略的灵活 QinQ 功能能够针对业务类型提供差别服务，**但仅 S1720X-E、S5730SI、S5730S-EI、S6720LI、S6720S-LI、S6720SI、S6720S-SI，以及框式系列交换机支持**。

根据 QoS 服务策略的通用配置方法，可得出基于流策略的灵活 QinQ 配置包括以下 4 个基本任务，具体配置步骤见表 8-12。

① 定义流分类：针对数据帧中的各种特性（**以前版本 VRP 系统中此处只能依据帧中的内层 VLAN ID，新版本 VRP 系统可依据的特性非常多**）进行分类。

② 定义流行为：为匹配上述分类条件的帧添加指定的外层 VLAN ID。

③ 创建 QoS 策略，将以上定义的流分类与流行为进行关联。

④ 在接口（必须是 **Hybrid** 类型）入方向上应用以上创建的 QoS 策略。

表 8-12　　　　　　　　　　　　基于流策略的灵活 **QinQ** 的配置步骤

步骤	命令	说明
1	**system-view** 例如：< HUAWEI > **system-view**	进入系统视图
2	**traffic classifier** *classifier-name* [**operator** { **and** | **or** }] 例如：[HUAWEI]**traffic classifier** c1	创建流分类并进入流分类视图，或进入已存在的流分类视图。命令中的参数和选项说明如下： ① **and**：二选一可选项，表示流分类中各规则之间关系为逻辑"与"，指定该逻辑关系后： • 当流分类中有 ACL 规则时，报文必须匹配其中一条 ACL 规则以及所有非 ACL 规则才属于该类； • 当流分类中没有 ACL 规则时，则报文必须匹配所有非 ACL 规则才属于该类。 ② **or**：二选一可选项，表示流分类各规则之间是逻辑"或"，即报文只需匹配流分类中的一个或多个规则即属于该类。 缺省情况下，流分类中各规则之间的关系为逻辑"或" ③ *classifier-name*：指定流分类名称，为 1～31 个字符，且需以字母开头，不支持空格，区分大小写。 缺省情况下，系统没有定义任何流分类，可用 **undo traffic classifier** *classifier-name* 命令删除指定的流分类
3	根据需要选择表 8-13 中的分类规则（各命令在此不作具体介绍）	
4	**quit** 例如：[HUAWEI-classifier-c1]**quit**	退出流分类视图，返回系统视图
5	**traffic behavior** *behavior-name* 例如：[HUAWEI] **traffic behavior** b1	创建流行为并进入流行为视图。参数 *behavior-name* 用来指定流行为名称，为 1～31 个字符，且需以字母开头，不支持空格，区分大小写 缺省情况下，系统未创建任何流行为，可用 **undo traffic behavior** *behavior-name* 命令删除指定的流行为
6	**add-tag vlan-id** *vlan-id* 例如：[HUAWEI-behavior-b1] **add-tag vlan-id** 200	在流行为中配置创建外层 VLAN 标签的动作，对应的外层 VLAN 必须已在本地交换机上创建，取值范围为 1～4094 的整数 缺省情况下，流行为中没有配置创建外层 VLAN 标签的动作，可用 **undo add-tag** 命令在流行为中取消创建外层 VLAN 标签的动作
7	**quit** 例如：[HUAWEI-behavior-b1] **quit**	退出流行为视图，返回系统视图
8	**traffic policy** *policy-name* [**match-order** { **auto** | **config** }] 例如：[HUAWEI] **traffic policy** p1	创建流策略并进入流策略视图。命令中的参数和选项说明如下： ① *policy-name* 用来指定创建的流策略名称，为 1～31 个字符，需以字母开头，不支持空格，区分大小写； ② **auto**：二选一可选项，自动顺序，即匹配顺序由系统预先指定的流分类类型的优先级决定，该优先级由高到低依次为：基于二层和三层信息流分类>基于高级 ACL6 规则流分类>基于基本 ACL6 规则流分类>基于二层信息流分类>基于三层信息流分类>基于用户自定义 ACL 规则流分类。优先匹配优先级高的流分类。当某一数据流量同时匹配不同流分类，且对应的流行为存在冲突时，只有流行为优先级高的规则生效

（续表）

步骤	命令	说明
8	**traffic policy***policy-name* [**match-order** { **auto** | **config** }] 例如：[HUAWEI] **traffic policy** p1	③ **config**：二选一可选项，配置顺序，即匹配顺序由流分类规则的优先级决定，先匹配优先级较高的流分类规则。配置流分类时指定优先级，则数值越小，优先级越高；如果配置流分类时未指定 precedence-value，则系统自动为流分类分配一个优先级，其值为：[（max-precedence + 5）/ 5]×5，其中 max-precedence 为系统当前流分类优先级中数值最大的优先级。如果未指定规则匹配顺序，缺省规则匹配顺序为 **config**。缺省情况下，系统没有创建任何流策略，可用 **undo traffic policy***policy-name* 命令删除指定的流策略
9	**classifier***classifier-name***behavior** *behavior-name* 例如：[HUAWEI-trafficpolicy-p1] **classifier** c1 **behavior** b1	将以上定义的流分类与指定的流行为进行绑定，组成流策略。创建流策略后，必须在流策略视图下将流分类和相应的流行为关联起来，即绑定流分类和流行为，使流策略具有实际内容，该策略的应用才有意义。缺省情况下，流策略中没有绑定流分类和流行为，可用 **undo classifier***classifier-name* 命令在流策略中取消流分类和流行为的绑定
10	**quit** 例如：[HUAWEI-dsdomain-ds1] **quit**	退出流策略视图，返回系统视图
	应用一：在接口上应用流策略	
11	**interface***interface-type***inter face-number** 例如：[HUAWEI] **interface** gigabitethernet 1/0/1	键入要应用流策略的交换机接口，进入接口视图
12	**port link-type***hybrid* 例如：[HUAWEI-GigabitEthernet1/0/1]**port link-type***hybrid*	配置以上端口的类型为 Hybrid
13	**port hybrid untagged vlan** { { *vlan-id1* [**to** *vlan-id2*] }&<1-10> | **all** } 例如：[HUAWEI-GigabitEthernet1/0/1]**port hybrid untagged vlan** 2 3	把以上 Hybrid 端口以不带标签方式加入指定的外层 VLAN 中
14	**traffic-policy***policy-name* { **inbound** | **outbound** } 例如：[HUAWEI-GigabitEthernet1/0/1] **traffic-policy** p1 **inbound**	在以上 Hybrid 端口的入或出方向应用流策略。每个接口的每个方向上能且只能应用一个流策略，但同一个流策略可以同时应用在不同接口的不同方向。应用后，系统对流经该接口并匹配流分类中规则的入方向或出方向报文实施策略控制。缺省情况下，交换机端口上没有应用任何流策略，可用 **undo traffic-policy** [*policy-name*] **inbound** 命令取消在端口上应用流策略
	应用二：在 VLAN 中应用流策略	
11	**vlan***vlan-id* 例如：[HUAWEI] **vlan** 100	进入 VLAN 视图
12	**traffic-policy***policy-name* { **inbound** | **outbound** } 例如：[HUAWEI-vlan100] **traffic-policy** p1 **inbound**	在以上 VLAN 中应用流策略。每个 VLAN 的每个方向能且只能应用一个流策略。应用后，系统对属于该 VLAN 并匹配流分类中规则的入方向或出方向报文实施策略控制。缺省情况下，VLAN 上没有应用任何流策略，可用 **undo traffic-policy** [*policy-name*] { **inbound** | **outbound** }命令取消在 VLAN 上应用流策略

（续表）

步骤	命令	说明
		应用三：在全局应用流策略
11	**traffic-policy***policy-name***global** { **inbound** | **outbound** } [**slot***slot-id*] 例如：[HUAWEI] **traffic-policy** p1 **global inbound**	在全局上应用流策略。 全局或 slot 的每个方向上能且只能应用一个流策略，如果在全局某方向应用了流策略，则不能在 slot 的该方向上再次应用流策略；指定 slot 在某方向应用流策略后，也不能在全局的该方向上再次应用流策略。 ①堆叠情况下，全局应用的流策略在所有堆叠交换机上的所有接口和 VLAN 生效，系统对进入所有堆叠交换机的所有匹配流分类规则的入方向或出方向报文流实施策略控制。指定 **slot***slot-id* 应用的流策略仅在该堆叠 ID 的堆叠交换机的所有接口和 VLAN 生效，系统对进入该堆叠交换机的所有匹配流分类规则的入方向或出方向报文流实施策略控制。 ②非堆叠情况下，全局应用的流策略在本交换机的所有接口和 VLAN 生效，系统对进入本交换机的所有匹配流分类规则的入方向或出方向报文流实施策略控制。指定 **slot***slot-id* 应用的流策略等同于全局应用的流策略。 缺省情况下，没有在全局应用任何流策略，可用 **undo traffic-policy** [*policy-name*] **global** { **inbound** | **outbound** } [**slot***slot-id*] 命令删除在全局应用的流策略

表 8-13　　　　　　　　　　可用于基于流策略的灵活 QinQ 中的匹配规则

匹配规则	命令
外层 VLAN ID 或基于 QinQ 报文内外两层 Tag 的 VLAN ID	**if-match vlan-id** *start-vlan-id* [**to** *end-vlan-id*] [**cvlan-id** *cvlan-id*]
QinQ 报文内外层 VLAN ID	**if-match cvlan-id** *start-vlan-id* [**to** *end-vlan-id*] [**vlan-id** *vlan-id*]
VLAN 报文 802.1p 优先级	**if-match 8021p** *8021p-value* &<1-8>
QinQ 报文内层 VLAN 的 802.1p 优先级	**if-match cvlan-8021p** *8021p-value* &<1-8>
丢弃报文	**if-match discard**
QinQ 报文双层 Tag	**if-match double-tag**
目的 MAC 地址	**if-match destination-mac** *mac-address* [*mac-address-mask*]
源 MAC 地址	**if-match source-mac** *mac-address* [*mac-address-mask*]
以太网帧头中协议类型字段	**if-match l2-protocol** { **arp** | **ip** | **mpls** | **rarp** | *protocol-value* }
所有报文	**if-match any**
IP 报文的 DSCP 优先级	**if-match dscp** *dscp-value* &<1-8>
IP 报文的 IP 优先级	**if-match ip-precedence** *ip-precedence-value* &<1-8>
报文三层协议类型	**if-match protocol** { **ip** | **ipv6** }
TCP 报文 SYN Flag	**if-match tcp syn-flag** { *syn-flag-value* | **ack** | **fin** | **psh** | **rst** | **syn** | **urg** }
入接口	**if-match inbound-interface** *interface-type interface-number*
出接口	**if-match outbound-interface** *interface-type interface-number*
ACL 规则	**if-match acl** { *acl-number* | *acl-name* }
流 ID	**if-match flow-id** *flow-id*

配置好后，可通过以下任意视图的 **display** 命令查看相关配置，验证配置结果。

- **display traffic classifier user-defined** [*classifier-name*]：查看已配置的流分类信息。
- **display traffic behavior user-defined** [*behavior-name*]：查看已配置的流行为信息。
- **display traffic policy user-defined** [*policy-name* [**classifier** *classifier-name*]]：查看用户定义的流策略的配置信息。
- **display traffic-applied** [**interface** [*interface-type interface-number*] | **vlan** [*vlan- id*]] { **inbound** | **outbound** } [**verbose**]：查看全局、VLAN 或接口上关联的 ACL 规则和流动作信息。
- **display traffic policy** { **interface** [*interface-type interface-number*] | **vlan** [*vlan-id*] | **global** } [**inbound** | **outbound**]：查看已配置的流策略信息。
- **display traffic-policy applied-record** [*policy-name*]：查看指定流策略的应用记录。

8.3.12　基于流策略的灵活 QinQ 配置示例

8.3.9 节图 8-19 所示的示例也可采用基于策略的灵活 QinQ 配置方法，实现连接在 SwitchA 和 SwitchB 上的 PC 上网用户（内层标签为 100～200）和 VoIP 用户（内层标签为 300～400）分别以 VLAN 2 和 VLAN 3 通过运营商互相通信。

1. 配置思路分析

本示例采用基于流策略来配置灵活 QinQ 功能时，关键是要创建正确的流分类和流行为，这里的流分类就是基于帧中的内层 VLAN ID 进行的分类，流行为就是对不同范围的内层 VLAN ID 添加不同的外层 VLAN。最后只需创建一个 QoS 策略，把以上流分类和流行为关联起来，并应用到对应的交换机端口上。具体配置思路如下。

① 在 SwitchA 和 SwitchB 上创建所需的外层 VLAN。

② 在 SwitchA 和 SwitchB 上配置流分类、流行为和流策略。

③ 在 SwitchA 和 SwitchB 上配置 GE1/0/2 接口为 Trunk 类型（也可是 Hybrid 类型），并允许所有外层 VLAN 通过。

④ 在 SwitchA 和 SwitchB 的 GE1/0/1 接口上应用流策略来实现灵活 QinQ 功能，为不同 VLAN 帧打上不同的外层 VLAN 标签。

2. 具体配置步骤

① 在 SwitchA 和 SwitchB 上创建所需的外层 VLAN 2 和 VLAN 3。

- SwitchA 上的配置

```
<HUAWEI> system-view
[HUAWEI] sysname SwitchA
[SwitchA] vlan batch 2 3
```

- SwitchB 上的配置

```
<HUAWEI> system-view
[HUAWEI] sysname SwitchB
[SwitchB] vlan batch 2 3
```

② 在 SwitchA 和 SwitchB 上配置流分类（根据 VLAN 帧原来内层 VLAN 标签来进行匹配）、流行为（添加外层 VLAN 标签）和流策略。

- SwitchA 上的配置

```
[SwitchA] traffic classifier c1
[SwitchA-classifier-c1] if-match vlan-id 100 to 200
[SwitchA-classifier-c1] quit
[SwitchA] traffic behavior b1
```

```
[SwitchA-behavior-b1] add-tag vlan-id 2
[SwitchA-behavior-b1] quit
[SwitchA] traffic classifier c2
[SwitchA-classifier-c2] if-match vlan-id 300 to 400
[SwitchA-classifier-c2] quit
[SwitchA] traffic behavior b2
[SwitchA-behavior-b2] add-tag vlan-id 3
[SwitchA-behavior-b2] quit
[SwitchA] traffic policy p1
[SwitchA-trafficpolicy-p1] classifier c1 behavior b1
[SwitchA-trafficpolicy-p1] classifier c2 behavior b2
[SwitchA-trafficpolicyp1] quit
```

■ SwitchB 上的配置

```
[SwitchB] traffic classifier c3
[SwitchB-classifier-c3] if-match vlan-id 100 to 200
[SwitchB-classifier-c3] quit
[SwitchB] traffic behavior b3
[SwitchB-behavior-b3] add-tag vlan-id 2
[SwitchB-behavior-b3] quit
[SwitchB] traffic classifier c4
[SwitchB-classifier-c4] if-match vlan-id 300 to 400
[SwitchB-classifier-c4] quit
[SwitchB] traffic behavior b4
[SwitchB-behavior-b4] add-tag vlan-id 3
[SwitchB-behavior-b4] quit
[SwitchB] traffic policy p2
[SwitchB-trafficpolicy-p2] classifier c3 behavior b3
[SwitchB-trafficpolicy-p2] classifier c4 behavior b4
[SwitchB-trafficpolicy-p2] quit
```

③ 配置 SwitchA 和 SwitchB 与运营商网络连接的 GE1/0/2 端口类型为 Trunk 或带标签的 Hybird 类型，并加入所需的外层 VLAN 中。

■ SwitchA 上的配置

```
[SwitchA] interface gigabitethernet 1/0/2
[SwitchA-GigabitEthernet1/0/2] port link-type trunk
[SwitchA-GigabitEthernet1/0/2] port trunk allow-pass vlan 2 3
[SwitchA-GigabitEthernet1/0/2] quit
```

■ SwitchB 上的配置

```
[SwitchB] interface gigabitethernet 1/0/2
[SwitchB-GigabitEthernet1/0/2] port link-type trunk
[SwitchB-GigabitEthernet1/0/2] port trunk allow-pass vlan 2 3
[SwitchB-GigabitEthernet1/0/2] quit
```

④ 在 SwitchA 和 SwitchB 的 GE1/0/1 端口上应用流策略实现灵活 QinQ 功能。

■ SwitchA 上的配置

```
[SwitchA] interface gigabitethernet 1/0/1
[SwitchA-GigabitEthernet1/0/1] port link-type hybrid
[SwitchA-GigabitEthernet1/0/1] port hybrid untagged vlan 2 3
[SwitchA-GigabitEthernet1/0/1] traffic-policy p1 inbound
[SwitchA-GigabitEthernet1/0/1] quit
```

■ SwitchB 上的配置

```
[SwitchB] interface gigabitethernet 1/0/1
[SwitchB-GigabitEthernet1/0/1] port link-type hybrid
[SwitchB-GigabitEthernet1/0/1] port hybrid untagged vlan 2 3
[SwitchB-GigabitEthernet1/0/1] traffic-policy p2 inbound
[SwitchB-GigabitEthernet1/0/1] quit
```

如果 SwitchA、SwitchB 上配置正确，则 PC 上网用户可以通过运营商网络互相通信；VoIP 用户可以通过运营商网络互相通信。

8.3.13　配置对 Untagged 数据帧添加双层 VLAN 标签

通常，如果要给数据帧打上双层标签，需要通过两台设备完成。配置本节介绍的功能后，可实现**通过一台设备给数据帧打上两层标签**，方便了用户配置。对 Untagged 报文添加双层 VLAN Tag 属于基于接口划分 VLAN，也可实现当二层以太网端口收到 Untagged 数据帧后，根据实际业务或用户添加双层标签，达到区分业务或用户的目的。对 Untagged 数据帧添加双层 VLAN 标签的具体配置步骤见表 8-14。

表 8-14　　　　　　　　对 **Untagged** 数据帧添加双层 **VLAN** 标签的配置步骤

步骤	命令	说明
1	**system-view** 例如：< HUAWEI > **system-view**	进入系统视图
2	**vlan** *vlan-id* 例如：[HUAWEI] **vlan 2**	创建外层 VLAN，并进入 VLAN 视图。参数 *vlan-id* 的取值范围为 1～4094 的整数
3	**quit** 例如：[HUAWEI -VLAN2] **quit**	返回系统视图
4	**interface** *interface-type interface-number* 例如：[HUAWEI] **interface gigabitethernet 1/0/1**	键入要启用基本 QinQ 功能的交换机以太网接口
5	**port link-type hybrid** 例如： [HUAWEI-GigabitEthernet1/0/1] **port link-type hybrid**	配置以上端口类型为 Hybrid 类型
6	**qinq vlan-translation enable** 例如： [HUAWEI-GigabitEthernet1/0/1] **qinq vlan-translation enable**	（可选）使能接口 VLAN 转换功能，框式系列交换机不需要配置本命令。 缺省情况下，没有使能接口 VLAN 转换功能，可用 **undo qinq vlan-translation enable** 命令取消接口 VLAN 转换功能
7	**port hybrid untagged vlan** *vlan-id* 例如： [HUAWEI-GigabitEthernet1/0/1] **port hybrid untagged vlan 2**	把以上端口以不带标签方式添加到前面创建的外层 VLAN 中，参数 *vlan-id* 的取值范围为 1～4094 的整数。 缺省情况下，Hybrid 端口以 Untagged 方式加入 VLAN1，可用 **undo port hybrid Untagged vlan** *vlan-id* 命令删除所加入的外层 VLAN
8	**port vlan-stacking untagged stack-vlan** *vlan-id1* **stack-inner-vlan** *vlan-id2* 例如： [HUAWEI-GigabitEthernet1/0/1] **port vlan-stacking untagged stack-vlan 2 stack-inner-vlan 5**	对 Untagged 数据帧添加双层 VLAN 标签。命令中的参数说明如下。 ① *vlan-id1*：指定对 Untagged 数据帧所添加的外层 VLAN 标签，且必须与第 2 步和第 7 步中的 *vlan-id* 参数值一致。 ② *vlan-id2*：指定对 Untagged 数据帧所添加的内层 VLAN 标签，取值范围均为 1～4094 的整数。 【说明】当端口的 PVID 不是缺省值 VLAN1 时，需要恢复端口的 PVID 为缺省值后才可以配置本命令。 对 Untagged 数据帧添加双层 VLAN Tag 属于基于端口划分 VLAN 方式，同样遵守不同方式划分 VLAN 的优先级顺序，即基于端口划分 VLAN 的优先级最低，所以要使

（续表）

步骤	命令	说明
8		本命令配置生效，必须确保本地交换机上没有采用其他 VLAN 划分方式。 缺省情况下，没有配置对 Untagged 数据帧添加双层 VLAN 标签，可用 **undo port vlan-stacking Untagged** 命令恢复缺省情况

8.4　VLAN 终结配置与管理

　　VLAN 终结是指设备对接收到的报文中的 VLAN 标签进行识别，根据后续的转发行为对报文中的单层或双层 VLAN 标签进行剥除，然后进行二层或三层转发或其他处理。也就是这些 VLAN 标签只在终结之前生效，之后的转发或其他处理不再依据报文中的这些标签。

　　VLAN 终结的实质包含两个方面：

- 对接口接收的报文，剥除 VLAN 标签后进行二层、三层转发或其他处理；
- 对接口发出的报文，将相应的 VLAN 标签添加到报文中后再发送。

8.4.1　VLAN 终结简介

　　划分 VLAN 后，VLAN 内的主机可以二层互通，而 VLAN 间的主机不能二层互通。可以在三层交换机上通过 VLANIF 来实现 VLAN 间的三层互通，但当三层交换机的三层以太网接口有限（如图 8-20 所示）、只使用一个接口接入用户或网络时，一个接口上需要传输多个 VLAN 报文，VLANIF 接口无法实现。此时，可将一个三层以太网接口虚拟成多个逻辑子接口（相对子接口而言，这个三层以太网接口称为主接口）。

　　由于三层以太网子接口不支持 VLAN 报文，当它收到 VLAN 报文时，会将 VLAN 报文当成非法报文而丢弃，因此，需要在子接口上将 VLAN Tag 剥掉，这就是本节所介绍的 VLAN 终结技术。

　　根据对所终结的 VLAN 报文处理方式的不同，VLAN 终结分为以下两种。

- Dot1q 终结：对接收到的带有一层或两层 VLAN Tag 的报文，剥除报文的最外一层 VLAN Tag；对从接口发出的报文，添加一层 VLAN Tag。从中可看出，**Dot1q 终结的原报文**

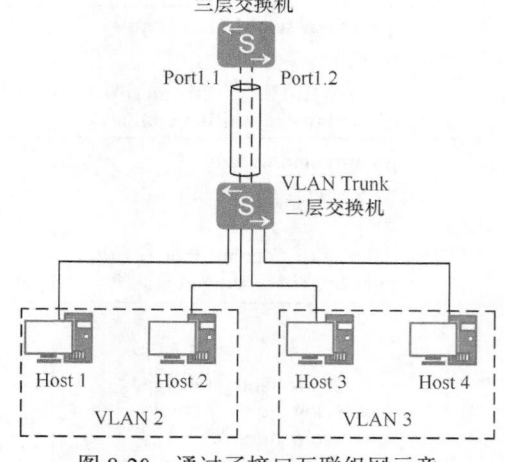

图 8-20　通过子接口互联组网示意

也是可以携带有两层 **VLAN 标签**的，但在接收时仅终结最外面那层 VLAN 标签，在发送时也仅添加一层 VLAN 标签。

- QinQ 终结：对接收到的带有两层 VLAN Tag 的报文，同时剥除报文的两层 VLAN Tag；对从接口发出的报文，同时添加两层 VLAN Tag。

VLAN 终结一般在子接口上进行，如果子接口是对报文中的单层 VLAN 标签终结，该子接口就称为 Dot1q 终结子接口；如果子接口是对报文中的双层 VLAN 标签终结，该子接口就称为 QinQ 终结子接口。

注意 Dot1q 终结子接口和 QinQ 终结子接口不支持透传不带 VLAN Tag 的报文，所以它们仅可接收带有 VLAN Tag 的报文，收到不带 VLAN Tag 的报文时会直接丢弃。

VLAN 终结子接口主要应用于 VLAN 间的互访，以及 MPLS 网络中的 PWE3/VLL/VPLS，以及 BGP L3VPN 中。

如图 8-20 所示就是一种通过 Dot1q 终结子接口实现 VLAN 间互访的示例，三层交换机与二层交换机之间是通过一个物理接口进行连接，这时可在三层交换机上创建两个子接口 Port1.1 和 Port1.2（各自配置好 IP 地址），然后在这两个子接口上配置 Dot1q 终结，就可以实现在接收 VLAN 报文时剥除报文中的 VLAN Tag，而在发送 VLAN 报文时又会添加上对应的 VLAN Tag。

将用户主机的缺省网关设置为所终结的 VLAN 对应子接口的 IP 地址后，VLAN2 和 VLAN3 的用户主机间就可以三层互通了：当 Port1.1 从 SwitchB 收到 VLAN2 的报文时，剥掉 VLAN2 的 Tag 后三层转发给 Port1.2，Port1.2 在发出该报文时添加 VLAN3，使该报文可以到达 VLAN3 的用户主机，反之亦然。

说明 因为 Dot1q 终结子接口在 VLAN 间三层通信方面应用的配置已在本书第 7 章 7.9.6 节进行了介绍，故在此不再介绍。下面仅介绍通过 Dot1q 或 QinQ 终结子接口在 MPLS 网络中实现 VPN 接入的配置方法，有关各种 MPLS VPN 网络的具体配置方法请参见《华为 MPLS 技术学习指南》和《华为 MPLS VPN 学习指南》。

8.4.2　配置 Dot1q 终结子接口接入 L2VPN

这里所说的 L2VPN 是指 MPLS 网络中的几种二层 VPN 方案，如 PWE3、VLL 或 VPLS。如图 8-21 所示，某企业不同分支跨运营商的 PWE3/VLL/VPLS 网络互联，PE 作为运营商的边缘设备，通过子接口接入各分支网络，CE 发往 PE 的业务数据报文携带一层或两层 VLAN Tag。不同分支用户要求互通。

此时，需要在 PE1 和 PE2 的子接口上分别部署 Dot1q 终结和 PWE3/VLL/VPLS。当 CE1 发往 PE1 的报文的外层 VLAN Tag 匹配 PE1 子接口 Port1.1 上的 Dot1q 终结配置时，PE1 给报文封装两层 MPLS 标签，然后转发给运营商的 PWE3/

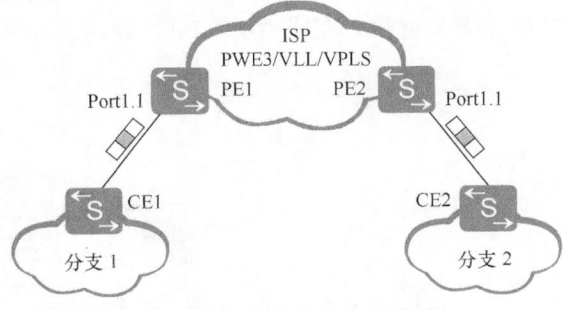

图 8-21　Dot1q 终结子接口接入 L2VPN 示意

VLL/VPLS 网络，运营商网络中看不到报文的 VLAN Tag。报文从 PE2 发出前，PE2 先剥掉报文的两层 MPLS 标签，然后 PE2 根据其子接口 Port1.1 上的 Dot1q 终结配置，转发给对应的 CE2，通过 CE2 到达用户，实现不同分支用户的互通。反之亦然。

VPN 用户网络通过子接口接入运营商网络时，子接口上需要终结 VLAN Tag。当 CE 发往 PE 的业务数据报文中带有一层 VLAN Tag 时，子接口是对报文的单层 Tag 终结，那么该子接口就是 Dot1q 终结子接口。**在这种应用场景下，Dot1q 终结子接口是二层的（与用于 VLAN 间三层通信的 Dot1q 终结子接口是不一样的）**，具体配置方法见表 8-15。

表 8-15　　　　　　　　　　**Dot1q 终结子接口接入 L2VPN 的配置步骤**

步骤	命令	说明
1	**system-view** 例如：< HUAWEI > **system-view**	进入系统视图
2	**interface** *interface-type interface-number* 例如：[HUAWEI] **interface** gigabitethernet 1/0/1	进入 CE 连接 PE 的物理以太网接口视图下
3	**port link-type** { **hybrid** | **trunk** } 例如： [HUAWEI-GigabitEthernet1/0/1] **port link-type hybrid**	配置以上端口类型为 Hybrid 或 Trunk 类型，而且必须要确保所发送的用户 VLAN 报文是带有 VLAN Tag 的
4	**Quit** 例如：[HUAWEI-GigabitEthernet1/0/1] **quit**	返回系统视图
5	**interface** *interface-type interface-number.subinterface-number* 例如：[HUAWEI] interface Ggigabitethernet 0/0/1.1	进入 PE 的 CE 侧子接口视图
6	**dot1q termination vid** *low-pe-vid* [**to** *high-pe-vid*] 例如：[HUAWEI-GigabitEthernet0/0/1.1] **dot1q termination vid** 100	配置子接口终结的 VLAN，但如果创建了某 VLAN 对应的 VLANIF 接口，则该 VLAN 不能再用作子接口终结的 VLAN

配置好后，可执行 **display dot1q information termination** [**interface** *interface-type interface-number* [.*subinterface-number*]] 命令查看封装方式为 dot1q 的子接口信息。

8.4.3　配置 Dot1q 终结子接口接入 L3VPN

如图 8-22 所示，某企业不同分支跨运营商的 MPLS L3VPN（如 BGP/MPLS IP VPN）网络互联，PE 作为运营商的边缘设备，通过子接口接入各分支网络，CE 发往 PE 的业务数据报文携带一层或两层 VLAN Tag。不同分支相同业务要求互通。

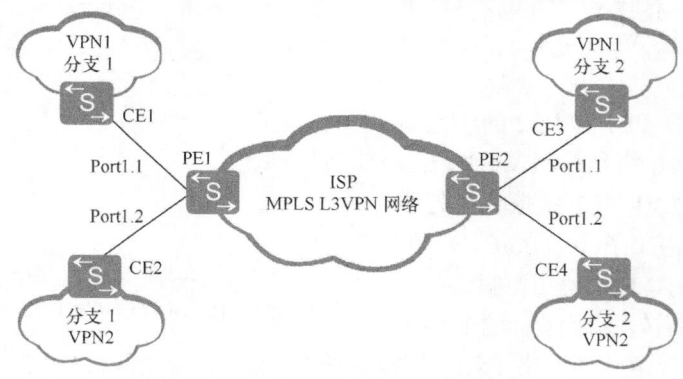

图 8-22　Dot1q 终结子接口接入 L3VPN 示意

此时，需要在 PE1 和 PE2 的各个子接口上部署 Dot1q 终结和 L3VPN。PE1 收到 CE1

发送来的业务数据报文后，根据 PE1 的子接口 Port1.1 的配置进行 Dot1q 终结，剥去业务数据报文的外层 VLAN Tag，并将外层 VLAN Tag 绑定到 VPN 实例 VPN1，然后接入 L3VPN 网络。到达 PE2 后，PE2 根据 VPN 实例确定报文发送目标为 CE3，在向 CE3 发送业务数据报文前，PE2 根据子接口 Port1.1 的配置添加对应的外层 VLAN Tag，然后转发给 CE3，通过 CE3 到达用户，实现不同分支相同业务的互通。反之亦然。

　　当用户跨 L3VPN 网络互通，CE 发往 PE 的业务数据报文中带有一层 VLAN Tag 时，可通过配置 Dot1q 终结子接口接入 L3VPN 功能实现用户间的互通。**在这种应用场景下，Dot1q 终结子接口是三层的，具体配置方法参见本书第 6 章 6.3.1 节的表 6-19。**

　　配置好后，可执行 **display dot1q information termination** [**interface** *interface-type interface-number* [.*subinterface-number*]] 命令，查看封装方式为 dot1q 的子接口信息。

8.4.4　配置 QinQ 终结子接口接入 L2VPN

　　如图 8-23 所示，某企业不同分支跨运营商的 PWE3/VLL/VPLS 网络互联，PE 作为运营商的边缘设备，通过子接口接入各分支网络，CE 发往 PE 的 VLAN 报文携带两层 VLAN Tag。不同分支用户要求互通。

　　此时，需要在 PE1 和 PE2 的子接口上分别部署 QinQ 终结和 PWE3/VLL/VPLS。当 CE1 发往 PE1 的业务数据报文的内、外层 VLAN 匹配 PE1 子接口 Port1.1 上的 QinQ 终结配置时，PE1 给报文封装两层 MPLS 标签，然后转发给运营商的 PWE3/VLL/VPLS 网络，运营商网络中看不到报文的 VLAN Tag。报文从 PE2 发出前，PE2 先剥掉报文的两

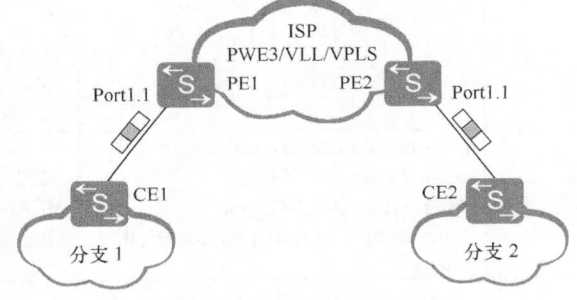

图 8-23　QinQ 终结子接口接入 PWE3/VLL/VPLS 示意

层 MPLS 标签，然后 PE2 根据其子接口 Port1.1 上的 QinQ 终结配置，转发给对应的 CE2，通过 CE2 到达用户，实现不同分支用户的互通。反之亦然。

　　VPN 用户网络通过子接口接入运营商网络时，子接口上需要终结 VLAN Tag。当 CE 发往 PE 的业务数据报文中带有两层 VLAN Tag 时，子接口是对报文的双层 Tag 终结，那么该子接口就是 QinQ 终结子接口。**在这种应用场景下，QinQ 终结子接口是二层的，具体配置方法见表 8-16。**

表 8-16　　　　　　　　　　　　**QinQ 终结子接口接入 L2VPN 的配置步骤**

步骤	命令	说明
1	**system-view** 例如：< HUAWEI >**system-view**	进入系统视图
2	**interface** *interface-type interface-number* 例如：[HUAWEI] **interface** gigabitethernet 1/0/1	进入 CE 连接 PE 的物理以太网接口视图下
3	**port link-type** { **hybrid** | **trunk** } 例如：[HUAWEI-GigabitEthernet1/0/1] **port link-type hybrid**	配置以上端口类型为 Hybrid 或 Trunk 类型，而且必须要确保所发送的用户 VLAN 报文是带有 VLAN Tag 的

（续表）

步骤	命令	说明
4	**Quit** 例如：[HUAWEI-GigabitEthernet1/ 0/1] **quit**	返回系统视图
5	**interface** *interface-type interface- number.subinterface-number* 例如：[HUAWEI] **interface** Ggigabitethernet 0/0/1.1	进入 PE 的 CE 侧子接口视图
6	**qinq termination l2** { **symmetry** | **asymmetry** } 例如：[HUAWEI-GigabitEthernet0/ 0/1.1] **qinq termination l2 asymmetry**	（可选）配置 QinQ 终结子接口的属性，命令中的选项说明如下。 ① **symmetry**：二选一选项，指定 QinQ 终结子接口以对称方式接入 PWE3/VLL 和 VPLS。 ② **asymmetry**：二选一选项，指定 QinQ 终结子接口以非对称方式接入 PWE3/VLL 和 VPLS。 QinQ 终结子接口接入 L2VPN 时，PE 根据子接口 QinQ 终结的配置、QinQ 终结子接入 PWE3/VLL/ VPLS 时接口的属性配置以及封装类型的配置对报文进行不同的处理，具体参见《华为 MPLS VPN 学习指南》对应章节。 缺省情况下，QinQ 终结子接口未配置接入属性，可用 **undo qinq termination l2** 命令取消 QinQ 终结子接入 PWE3/VLL/VPLS 时接口的属性
7	**qinq termination pe-vid** *pe-vid* **ce-vid** *ce-vid1* [**to** *ce-vid2*] 例如：[HUAWEI-Gigabit Ethernet0/0/1.1] **dot1q termination vid** 100	配置子接口终结的内外层 VLAN，但如果创建某 VLAN 对应的 VLANIF 接口，则该 VLAN 不能再用作子接口终结的 VLAN

　　配置好后，可执行 **display qinq information termination** [**interface** *interface-type interface-number* [.*subinterface-number*]] 命令，查看封装方式 QinQ 的子接口信息。

8.4.5　配置 QinQ 终结子接口接入 L3VPN

　　如图 8-24 所示，某企业不同分支跨运营商的 MPLS L3VPN 网络互联，PE 作为运营商的边缘设备，通过子接口接入各分支网络，CE 发往 PE 的 VLAN 报文携带两层 VLAN Tag。不同分支的相同业务要求互通。

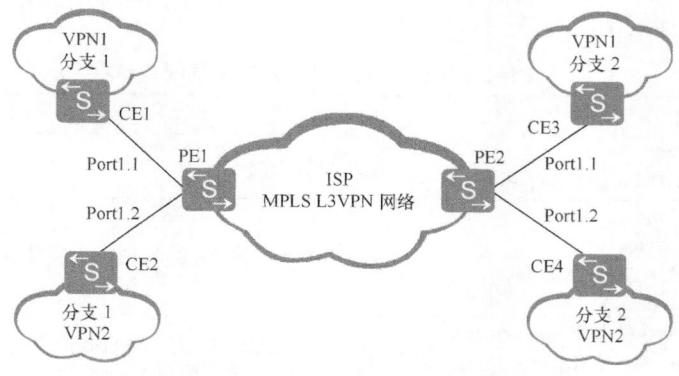

图 8-24　QinQ 终结子接口接入 L3VPN 示意

　　此时，需要在 PE1 和 PE2 的各个子接口上部署 QinQ 终结和 L3VPN。PE1 收到 CE1 发送来的业务数据报文后，根据 PE1 的子接口 Port1.1 的配置进行 QinQ 终结，剥去业务数据报文的内、外层 VLAN Tag，并将内、外层 VLAN Tag 绑定到 VPN 实例 VPN1，然后接入 L3VPN 网络。到达 PE2 后，PE2 根据 VPN 实例确定报文发送目标为 CE3，在向 CE3 发送业务数据报文前，PE2 根据子接口 Port1.1 的配置添加对应的内、外层 VLAN Tag，然后转发给 CE3，通过 CE3 到达用户，实现不同分支的相同业务互通。反之亦然。

　　VPN 用户网络通过子接口接入运营商网络时，子接口上需要终结 VLAN Tag。当 CE 发往 PE 的业务数据报文中带有两层 VLAN Tag 时，子接口是对报文的双层 Tag 终结，那么该子接口就是 QinQ 终结子接口。**在这种应用场景下，QinQ 终结子接口是三层的，具体的配置方法见表 8-17。**

表 8-17　　　　　　　　　通过子三层 QinQ 子接口接入 L3VPN 的配置步骤

步骤	命令	说明
1	**system-view** 例如：< HUAWEI > **system-view**	进入系统视图
2	**interface** *interface-type interface-number* 例如：[HUAWEI] **interface** gigabitethernet 1/0/1	进入物理二层以太网接口或 Eth-Trunk 接口
3	**port link-type** { **hybrid** | **trunk** } 例如：[HUAWEI-Gigabit Ethernet1/0/1] **port link-type hybrid**	配置端口类型为 Hybrid 或 Trunk 类型，并且要确保所发送的数据帧是带标签的
4	**quit** 例如： [HUAWEI-GigabitEthernet1/0/1] **quit**	返回系统视图
5	**interface** *interface-type interface-number.subinterface-number* 例如：[HUAWEI]**interface** gigabitethernet 0/0/1.1	进入 PE 的 CE 侧子接口视图。对应的主接口必须是 **Trunk** 或 **Hybrid** 类型的
6	**ip address** *ip-address* { *mask* | *mask-length* } [**sub**] 例如： [HUAWEI-GigabitEthernet0/0/1.1] **ip address** 192.168.10.1 255.255.255.0	为以上子接口配置主、从 IP 地址（**各接口上配置的所有 IP 地址不能位于相同的子网**），实现三层互通
7	**qinq termination pe-vid** *pe-vid* **ce-vid** *ce-vid1* [**to** *ce-vid2*] 例如：[HUAWEI –Gigabit Ethernet0/0/1.1] **qinq termination pe-vid** 100 **ce-vid** 200	配置子接口终结的内外层 VLAN，仅 S5720EI、S5720HI、S6720EI、S6720HI、S6720S-EI 和框式系列交换机支持。命令中的参数说明如下。 ① *pe-vid*：指定外层 Tag 的 VLAN ID，取值范围是 2～4094 的整数。 ② *ce-vid1* [**to** *ce-vid2*]：指定内层 Tag 的 VLAN ID 的上、下限值，取值范围是 1～4094 的整数。 【说明】子接口收到的用户报文的双层 Tag 值应该在命令中指定的 PE 和 CE VLAN Tag 范围内，否则该报文将被丢弃。子接口允许通过的 VLAN 不能在全局下创建，也不能查看该 VLAN 信息。创建某 VLAN 对应的 VLANIF 接口后，该 VLAN 不能再用作子接口配置的 VLAN。 缺省情况，子接口没有配置对两层 Tag 报文的终结功能，可用 **undo qinq termination pe-vid** *pe-vid* **ce-vid** *ce-vid1* [**to** *ce-vid2*]命令取消子接口对两层 Tag 报文的终结功能

（续表）

步骤	命令	说明
8	**arp broadcast enable** 例如：[HUAWEI –GigabitEthernet 0/0/1.1] **arp broadcast enable**	使能以上子接口的 ARP 广播功能。当 IP 数据帧需要从终结子接口发出，但是没有相应的 ARP 表项时不同情形的正理方式如下。 ① 如果接入设备能够主动发送 ARP 数据帧，则不需要配置终结子接口的 ARP 广播功能，就可以实现从该终结子接口的转发。 ② 如果接入设备不能够主动发送 ARP 数据帧，但终结子接口上未使能 ARP 广播功能，那么系统会直接把该 IP 数据帧丢弃。此时该终结子接口的路由可以看作是黑洞路由。 ③ 如果接入设备不能够主动发送 ARP 数据帧，但终结子接口上已使能 ARP 广播功能，那么系统会构造带 Tag 的 ARP 广播数据帧，然后从该终结子接口发出。 【注意】使能或去使能终结子接口的 ARP 广播功能，会使该终结子接口的路由状态发生一次先 Down 再 Up 的变化，从而可能导致整个网络的路由发生一次振荡，影响正在运行的业务。 缺省情况下，终结子接口没有使能 ARP 广播功能，可用 **undo arp broadcast enable** 命令去使能终结子接口的 ARP 广播功能

配置好后，可执行 **display qinq information termination** [**interface** *interface-type interface-number* [*.subinterface-number*]] 命令，查看封装方式 QinQ 的子接口信息。

8.5　VLAN 映射配置与管理

VLAN Mapping（VLAN 映射）主要部署在公网上的边缘节点设备，实现私网与公网的 VLAN 分离，节省公网的 VLAN 资源，也可以实现不同 VLAN 间的二层通信，当然，必须要求相互通信的 VLAN 中的用户在同一 IP 子网中。

8.5.1　VLAN 映射的引入背景

在某些场景中，**两个所属 VLAN 相同**的二层用户网络需要通过骨干网络实现二层互联，此时就需要骨干网可以传输来自用户网络的带有 VLAN Tag 的二层报文。而在通常情况下，骨干网上的 VLAN 规划和用户网络的 VLAN 规划是不一致的，所以在骨干网中无法直接传输用户网络的带有 VLAN Tag 的二层报文。

解决这个问题的方法有两个，其中一个是通过 QinQ 或者 VPLS（Virtual Private LAN Service，虚拟专用局域网业务）等二层隧道技术，将用户带有 VLAN Tag 的二层报文封装在骨干网报文中进行传输，可以实现用户带有 VLAN Tag 的二层报文的透传（有关 VPLS 的技术原理和相关功能配置方法参见《华为 MPLS VPN 学习指南》一书）。但这种方法一方面需要增加额外的报文开销（因为需要在原报文的基础上增加一层封装），另一方面，二层隧道技术可能会对某些二层协议报文的透传支持不是非常完善。

另外一种方法就是这里将要向大家介绍的通过 VLAN Mapping（VLAN 映射）技术

来实现，一侧用户网络的带有 VLAN Tag 的二层报文进入骨干网后，骨干网边缘设备将报文中携带的原用户网络的 VLAN（C-VLAN）直接修改（**就是"直接替换"，无需增加封装**）为骨干网中自己创建、可以识别和承载的 VLAN（S-VLAN），而当报文传输到另一侧的边缘设备上时，再将报文中的 S-VLAN 修改（也是替换）为对应的 C-VLAN。这样就可以很好地实现两个用户网络二层的无缝连接。**此时只需要在骨干网连接用户网络的边缘设备上配置好 S-VLAN 与 C-VLAN 的映射关系即可。**

【经验之谈】VLAN 映射是一个互逆的过程，在配置了 VLAN 映射功能的接口入方向会将报文中携带的 C-VLAN Tag 映射为 S-VLAN Tag，反过来当这个接口要发送带有 S-VLAN 的帧时又会在出方向上将帧中原来带有的 S-VLAN Tag 替换成 C-VLAN Tag。

在另一种场景中，如果由于规划的差异，导致两个直接相连的二层网络中部署的 VLAN ID 不一致。但是用户又希望可以把这两个网络作为单个二层网络进行统一管理，例如用户二层互通和二层协议的统一部署。此时也可以在连接两个网络的交换机上部署 VLAN 映射功能，实现两个网络之间不同 VLAN ID 的映射，达到二层互通和统一管理的目的。

如一集团公司中两个分支机构有直接的网络连接，现需要对应部门的人员可以直接二层通信，但这两个分支机构中对各部门 VLAN 的划分并不一致。假设一个分支机构中的财务部门人员划分到 VLAN 10 中，另一个分支机构中的财务部门人员划分到 VLAN 20 中，如这两个公司的财务人员需要直接二层通信，就可利用 VLAN 映射技术，在两分支机构的边缘交换机上分别进行相互的 VLAN 映射来实现。

8.5.2　VLAN 映射原理

配置了 VLAN 映射功能的交换机会在内部维护一张 VLAN 映射表，然后对进入交换机的数据帧根据映射表进行 VLAN 映射操作。VLAN 映射发生在数据帧从入交换机端口接收进来之后，到从出端口转发出去之前。交换机收到数据数据帧后，会根据帧中是否带有 VLAN 标签做出以下两种处理方式。

① 数据帧带有 VLAN 标签：根据配置的 VLAN 映射方式，决定替换单层、双层或双层中的外层 VLAN 标签；然后进入 MAC 地址学习阶段，根据源 MAC 地址+映射后的 VLAN ID 刷新 MAC 地址表项；根据目的 MAC+映射后 VLAN ID 查找 MAC 地址表项，如果没有找到，则在 VLAN ID 对应的 VLAN 内广播，否则从表项对应的端口转发。

② 数据帧不带 VLAN 标签：根据配置的 VLAN 划分方式决定是否添加 VLAN 标签，对于不能加入 VLAN 的数据帧上送 CPU 或丢弃，否则添加标签；然后进入 MAC 地址学习阶段，按照二层转发流程进行转发。

如图 8-25 所示，如果在 SwitchA 的端口 Port1 上配置了 VLAN 2 和 VLAN 3 映射，则在端口 Port1 向外发送 VLAN 2 的帧时会将帧中的 VLAN 标签替换成 VLAN 3；在接收 VLAN 3 的帧时又将帧中的 VLAN 标签替换成 VLAN 2，然后按照二层转发流程进行数据转发，这样 VLAN 2 和 VLAN 3 就能实现互相通信。

当然，要想借助 VLAN 映射实现两个 VLAN 内设备的互相通信，**这两个 VLAN 内设备的 IP 地址还必须处于同一 IP 子网中**，否则不同 VLAN 内设备间的互通需要依赖三层路由实现，此时就失去了 VLAN 映射的意义。

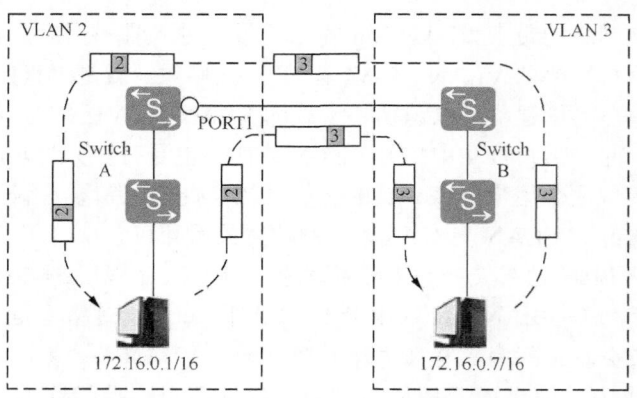

图 8-25　VLAN 映射应用示例

8.5.3　VLAN 映射方式

在 VLAN 映射实现方式方面，S1700/2700/S3700/5700/6700 系列交换机支持基于 VLAN 和 MQC（Modular QoS Command-Line Interface，模块化 QoS 命令行接口）方式实现 VLAN 映射。而在 S7700/7900/9700/12700 系列交换机中，除了支持基于 VLAN 和 MQC 方式的 VLAN 映射外，还支持基于 802.1p 优先级的 VLAN 映射。

基于 VLAN 的 VLAN 映射包括以下几种映射方式。

1. 1 to 1 的映射方式

1 to 1 的映射方式是当部署 VLAN 映射功能设备上的接口收到带有单层 VLAN Tag 的报文时，将报文中携带的单层 VLAN Tag 映射为公网的 VLAN Tag。

1 to 1 的映射方式又包括 1∶1 和 N∶1 两种方式，其中 1∶1 的方式是将指定的一个用户侧 VLAN Tag 标签映射为一个网络侧 VLAN Tag 标签，N∶1 的方式是将指定范围的多个用户侧 VLAN Tag 标签映射为一个网络侧 VLAN Tag 标签。

1 to 1 的 VLAN Mapping 主要用于如图 8-26 所示的园区组网环境。每个家庭用户的不同业务（HSI、IPTV、VoIP）分别采用不同的 VLAN 进行传输，但是相同业务规划了相同的 CVLAN。为了区分不同的家庭用户，需要在楼道交换机处将不同家庭用户的相同业务采用不同的 VLAN 进行发送，即需要进行 1 to 1 的 VLAN 映射。这就需要提供大量的 VLAN 来隔离不同用户的不同业务，而汇聚层网络接入设备可以提供的 VLAN 数量有限，所以需要在园区交换机上完成 VLAN 的汇聚功能，再将由多个 VLAN 发送的不同用户的相同业务采用同一个 VLAN 进行发送，即又需要进行 N to 1 的 VLAN 映射。

2. 2 to 1 的映射方式

2 to 1 的映射方式是当部署 VLAN 映射功能设备上的接口收到带有双层 VLAN Tag 的报文时，将报文中携带的外层 Tag 映射为公网的 Tag，内层 Tag 作为数据透传。

2 to 1 的 VLAN 映射主要用于如图 8-27 所示的园区组网环境。用户通过家庭网关、楼道交换机和小区交换机接入汇聚层网络。为了区分不同的用户和业务，以便进行网络管理和计费等，可以在楼道交换机上部署 QinQ 功能，内/外层 VLAN Tag 分别用来标识业务和用户。同时为了节约 VLAN 资源，**将不同用户的相同业务**采用同一个 VLAN 进行发送，此时可在小区交换机上分别部署 VLAN 映射功能，把所有用户的相同业务用同一个外层 VLAN Tag 进行标识。

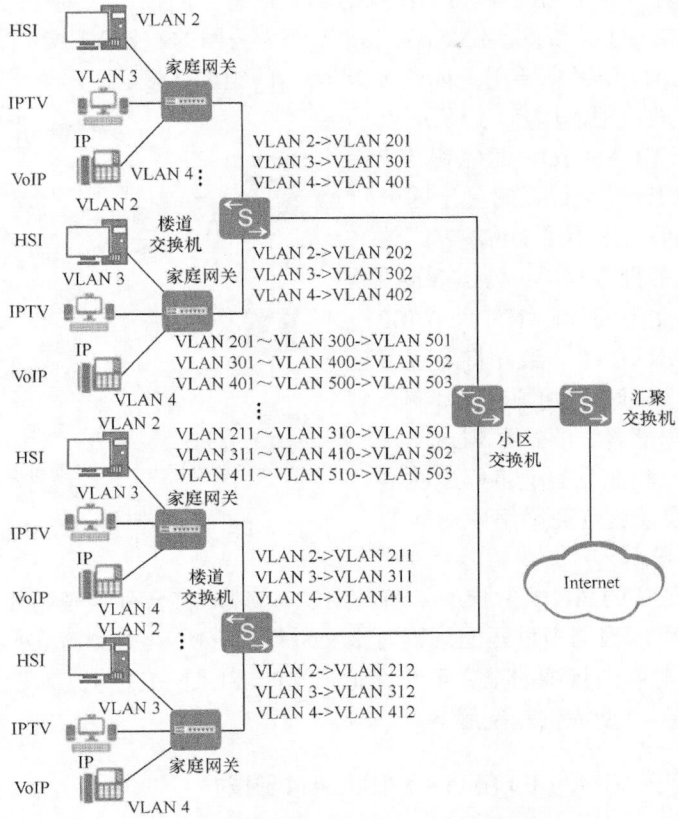

图 8-26　1 to 1 的 VLAN Mapping 应用示意

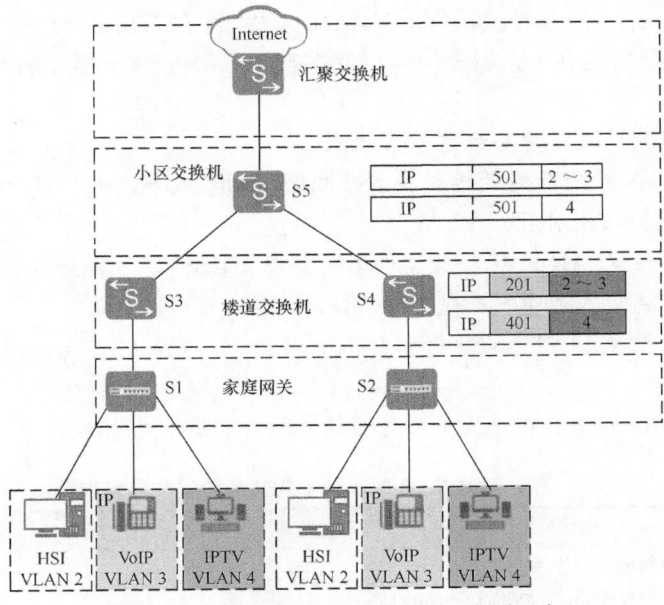

图 8-27　2 to 1 的 VLAN Mapping 应用示意

3. 2 to 2 的映射方式

2 to 2 的映射方式是当部署 VLAN 映射功能设备上的接口收到带有双层 VLAN Tag 的报文时，将报文中携带的双层 VLAN Tag 映射为公网的双层 VLAN Tag。

2 to 2 的 VLAN 映射主要用于如图 8-28 所示的组网环境。

处于不同地理位置的用户，为了可以规划自己的私网 VLAN ID，避免和 ISP 网络中的 VLAN ID 冲突，同时便于区分不同的用户和业务，采用了 QinQ 方式传输，即用户报文中带有双层 VLAN Tag。但是由于用户报文中的 VLAN ID 与 ISP 网络分配的 VLAN ID 不一致，将导致用户报文被丢弃，从而导致用户通信中断。此时可以在 PE 侧部署 2 to 2 的 VLAN 映射功能，根据用户和业务类型将用户网络的双层 Tag 替换成运营商网络中对应的双层 Tag。

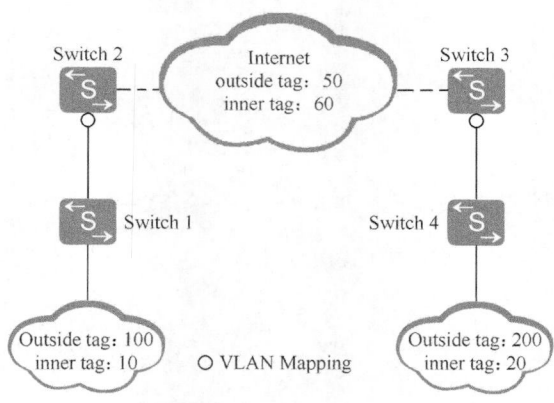

图 8-28   2 to 2 的 VLAN Mapping 应用示意

基于 MQC 实现 VLAN 映射指的是通过 MQC 可以对符合分类规则的报文进行 VLAN 映射操作。用户可以根据多种匹配规则对报文进行流分类，然后将流分类与 VLAN 映射的动作相关联，对匹配规则的报文重新标记报文的 VLAN ID 值。基于 MQC 的 VLAN 映射能够针对业务类型提供差别服务。

8.5.4   配置基于 VLAN ID 的 1 to 1 VLAN 映射

1 to 1 的 VLAN 映射功能可将数据帧中携带的单层 VLAN 标签映射为公网的单层 VLAN 标签。"1 to 1"的含义就是单层 VLAN 标签与单层 VLAN 标签之间的替换，这也就决定了在接入层交换机上无需使用生成双层甚至多层 VLAN 标签的 QinQ 协议。

注意   在配置 VLAN 映射时要注意以下几点。

■ 配置 VLAN 映射功能的接口类型必须为 Trunk 或 Hybrid，Hybrid 类型接口必须以 Tagged 的方式加入映射后的 VLAN。

■ 当配置 N:1 VLAN 映射时，接口还需要以 Tagged 的方式加入映射前的 VLAN，并且映射后的 VLAN 不允许配置成 VLANIF 接口。

■ 如果同时配置了 VLAN 映射和 DHCP 功能，接口需要以 Tagged 方式加入映射前 VLAN。

基于 VLAN ID 的 1 to 1 VLAN 映射的具体配置步骤见表 8-18。

表 8-18   基于 **VLAN ID** 的 **1 to 1 VLAN** 映射的配置步骤

步骤	命令	说明
1	**system-view** 例如：< HUAWEI > **system-view**	进入系统视图

（续表）

步骤	命令	说明
2	**interface** *interface-type interface-number* 例如：[HUAWEI]**interface** gigabitethernet 0/0/1	键入要配置 1 to 1 VLAN 映射的交换机端口，进入接口视图
3	**port link-type** { **hybrid** | **trunk** } 例如：[HUAWEI-GigabitEthernet 0/0/1] **port link-type trunk**	配置以上二层以太网接口为 Trunk 或 Hybrid 类型，而且要确保用户帧中是带有 VLAN 标签在传输
4	**qinq vlan-translation enable** 例如：[HUAWEI-GigabitEthernet 0/0/1] **qinq vlan-translation enable**	使能接口的 VLAN 转换功能。只有在接口使能了 VLAN 转换功能后，才可以在端口上配置 VLAN 映射和灵活 QinQ 功能。**框式系列交换机不需要配置。** 缺省情况下，没有使能端口的 VLAN 转换功能，可用 **undo qinq vlan-translation enable** 命令取消端口的 VLAN 转换功能
5	**port vlan-mapping ingress** 例如：[HUAWEI-Gigabit Ethernet0/0/1] **port vlan-mapping ingress**	（可选）配置 VLAN Mapping 功能仅对入方向生效。 如果在接口上 VLAN Mapping 的出方向映射与流策略功能同时配置会发生资源冲突，此时可通过 **port vlan-mapping ingress** 命令配置 VLAN Mapping 功能只在入方向进行映射，出方向不进行映射，这样在配置 VLAN Mapping 的接口上，入方向会将 *vlan-id1* [**to** *vlan-id2*]映射为 *vlan-id3*，而出方向则不会把 *vlan-id3* 映射为 *vlan-id1* [**to** *vlan-id2*]。仅 S1720GFR、S1720GW-E、S1720GWR-E、S1720X-E、S2750EI、S2720EI、S5700S-LI、S5700LI、S5720LI、S5720S-LI、S6720LI、S6720S-LI、S5710-X-LI、S5730SI、S5730S-EI、S6720SI、S6720S-SI、S5720SI 和 S5720S-SI 机型支持。 缺省情况下，VLAN Mapping 功能对出入方向都生效，可用 **undo port vlan-mapping ingress** 命令取消该配置
6	**port vlan-mapping vlan** *vlan-id1* [**to** *vlan-id2*] **map-vlan** *vlan-id3* [**remark-8021p** *8021p-value*] 例如： [HUAWEI-GigabitEthernet0/0/1] **port vlan-mapping vlan** 100 **map-vlan** 10	配置端口的单层标签的 VLAN 映射功能。命令中的参数说明如下。 ① *vlan-id1* [**to** *vlan-id2*]：指定要映射的源 VLAN ID，其中 *vlan-id1* 表示起始 VLAN ID，可选参数 **to** *vlan-id2* 表示结束 VLAN ID，取值范围均为 1～4094 的整数。不指定 **to** *vlan-id2* 参数，则表示为 1∶1 的 VLAN 映射，指定了 **to** *vlan-id2* 参数，则为 N∶1 VLAN 映射。N∶1 VLAN 映射功能在堆叠场景下不支持。 ② *vlan-id3*：指定映射后的 VLAN ID，取值范围也为 1～4094 的整数。 ③ *8021p-value*：可选参数，指定映射后的 VLAN 帧的 802.1p 优先级。通过本可选参数的设置，可实现端口在接收到带 VLAN 标签的数据帧后，将帧中的 802.1p 优先级修改为用户配置的 802.1p 优先级值。 缺省情况下，交换机端口下没有配置对数据帧中携带的 VLAN 标签进行映射操作，可用 **undo port vlan-mapping** { **all** | **vlan** *vlan-id1* [**to** *vlan-id2*] [**map-vlan** *vlan-id3*]}命令取消对数据帧中携带的指定或所有单层 VLAN 标签进行映射操作

8.5.5 基于 VLAN ID 的 1 to 1 VLAN 映射的配置示例

本示例的拓扑结构如图 8-29 所示。不同的小区拥有相同的业务，如上网、IPTV、VoIP 等业务。为了便于管理，各个小区的网络管理者将不同的业务划分到不同的 VLAN 中，相同的业务划分到同一个 VLAN 中。但是，由于各小区网络管理者事先并没有协商好，目前存在不同的小区中相同的业务所属的 VLAN 不相同，但又需要实现相同的业务、不同 VLAN 间的用户相互通信。

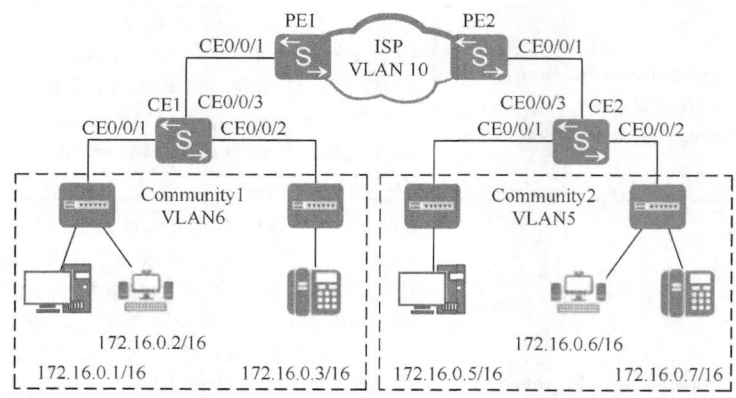

图 8-29 基于 VLAN ID 的 1 to 1 VLAN 映射配置示例的拓扑结构

如有两区（小区 1 和小区 2），它们拥有相同的业务，但是属于不同的 VLAN（如 VLAN 5 和 VLAN 6，但这两个 VLAN 中的用户计算机同处一个 IP 网段中）。现需要通过 VLAN 映射功能实现小区 1 和小区 2 中的用户可以直接互通。

1. 配置思路分析

根据本示例的实际网络环境和应用需求，以及 8.5.4 节介绍的 1 to 1 VLAN 映射的配置步骤可得出如下基本配置思路。

① 在 CE1 上将连接小区 1 中某业务用户连接的交换机端口以基于端口划分的方式加入到 VLAN 6 中，在 CE2 上将连接小区 2 中相同业务用户连接的交换机端口以基于端口划分的方式加入 VLAN 5 中，用来区分不同的用户。

② 在运营商网络的边缘设备 PE1 和 PE2 的 GE0/0/1 端口上配置 VLAN 映射功能，将两个小区中的用户 VLAN ID 映射为运营商提供的同一个 VLAN ID（VLAN 10），以实现原来两小区中不同 VLAN 用户间的直接互通。

2. 配置方法

① 将 CE1 和 CE2 交换机的下行口划分到指定 VLAN 中。

■ CE1 上的配置

```
<HUAWEI> system-view
[HUAWEI] sysname CE1
[CE1] vlan 6
[CE1-vlan6] quit
[CE1] interface gigabitethernet 0/0/1
[CE1-GigabitEthernet0/0/1] port link-type access
[CE1-GigabitEthernet0/0/1] port default vlan 6
[CE1-GigabitEthernet0/0/1] quit
```

```
[CE1] interface gigabitethernet 0/0/2
[CE1-GigabitEthernet0/0/2] port link-type access
[CE1-GigabitEthernet0/0/2] port default vlan 6
[CE1-GigabitEthernet0/0/2] quit
[CE1] interface gigabitethernet 0/0/3
[CE1-GigabitEthernet0/0/3] port link-type trunk
[CE1-GigabitEthernet0/0/3] port trunk allow-pass vlan 6
[CE1-GigabitEthernet0/0/3] quit
```

■ 配置 CE2

```
<HUAWEI> system-view
[HUAWEI] sysname CE2
[CE2] vlan 5
[CE2-vlan5] quit
[CE2] interface gigabitethernet 0/0/1
[CE2-GigabitEthernet0/0/1] port link-type access
[CE2-GigabitEthernet0/0/1] port default vlan 5
[CE2-GigabitEthernet0/0/1] quit
[CE2] interface gigabitethernet 0/0/2
[CE2-GigabitEthernet0/0/2] port link-type access
[CE2-GigabitEthernet0/0/2] port default vlan 5
[CE2-GigabitEthernet0/0/2] quit
[CE2] interface gigabitethernet 0/0/3
[CE2-GigabitEthernet0/0/3] port link-type trunk
[CE2-GigabitEthernet0/0/3] port trunk allow-pass vlan 5
[CE2-GigabitEthernet0/0/3] quit
```

② 在 PE1 和 PE2 上配置 VLAN 映射，不需要创建映射前的 VLAN，也仅需要允许映射后的 VLAN 以带标签方式通过，不要配置允许映射前的 VLAN 通信。

■ PE1 上的配置

```
<HUAWEI> system-view
[HUAWEI] sysname PE1
[PE1] vlan 10
[PE1-vlan10] quit
[PE1] interface gigabitethernet 0/0/1
[PE1-GigabitEthernet0/0/1] port link-type trunk
[PE1-GigabitEthernet0/0/1] port trunk allow-pass vlan 10    #---允许映射后的 VLAN 10 通过
[PE1-GigabitEthernet0/0/1] port vlan-mapping vlan 6 map-vlan 10   #---把 VLAN 6 映射成 VLAN 10
[PE1-GigabitEthernet0/0/1] quit
```

■ PE2 上的配置

```
<HUAWEI> system-view
[HUAWEI] sysname PE2
[PE2] vlan 10
[PE2-vlan10] quit
[PE2] interface gigabitethernet 0/0/1
[PE2-GigabitEthernet0/0/1] port link-type trunk
[PE2-GigabitEthernet0/0/1] port trunk allow-pass vlan 10
[PE2-GigabitEthernet0/0/1] port vlan-mapping vlan 5 map-vlan 10
[PE2-GigabitEthernet0/0/1] quit
```

配置好后，小区 1 中的用户和小区 2 中的用户可以互相 Ping 通，表明配置成功。

8.5.6　配置基于 VLAN ID 的 2 to 1 VLAN 映射

基于 VLAN 的 2 to 1 的 VLAN 映射功能可实现端口在接收到带有 VLAN 标签的帧后，依据帧中的内层 VLAN ID 进行外层标签映射操作，将帧中的外层标签映射为指定的标签。但要注意，一定要先在接入层交换机的对应端口上启用 **QinQ** 协议，以在帧中

生成双层 VLAN 标签。

说明 在盒式系列交换机中，仅 S1720X-E、S5720EI、S5720HI、S5730S-EI、S5730SI、S6720EI、S6720HI、S6720LI、S6720S-EI、S6720S-LI、S6720S-SI 和 S6720SI 支持此配置。而在框式系列交换机中，S7700 的 ES0D0G24SA00 和 ES0D0G24CA00 单板、S9700 的 EH1D2G24SSA0 和 EH1D2S24CSA0 单板不支持双层 VLAN 映射功能。

基于 VLAN ID 的 2 to 1 VLAN 映射的具体配置步骤见表 8-19。

表 8-19   基于 **VLAN ID** 的 **2 to 1** 的 **VLAN** 映射的配置步骤

步骤	命令	说明
1	**system-view** 例如：< HUAWEI > **system-view**	进入系统视图
2	**interface** *interface-type interface-number* 例如：[HUAWEI]**interface** gigabitethernet 0/0/1	键入要配置 2 to 1 VLAN 映射的交换机端口，进入接口视图
3	**port link-type** { **hybrid** | **trunk** } 例如：[HUAWEI-GigabitEthernet0/0/1] **port link-type trunk**	配置以上二层以太网接口为 Trunk 或 Hybrid 类型，而且要确保用户帧中是带有 VLAN 标签在传输
4	**qinq vlan-translation enable** 例如：[HUAWEI-GigabitEthernet0/0/1] **qinq vlan-translation enable**	使能端口的 VLAN 转换功能。只有在端口使能了 VLAN 转换功能后，才可以在端口上配置 VLAN 映射和灵活 QinQ 功能。**框式系列交换机不需要配置**。 缺省情况下，没有使能端口的 VLAN 转换功能，可用 **undo qinq vlan-translation enable** 命令取消端口的 VLAN 转换功能
5	**port vlan-mapping vlan** *vlan-id1* **inner-vlan** *vlan-id2* [**to** *vlan-id3*] **map-vlan** *vlan-id4* [**remark-8021p** *8021p-value*] 例如：[HUAWEI-GigabitEthernet0/0/1] **port vlan-mapping vlan** 10 **inner-vlan** 20 **map-vlan** 100	配置替换帧中的双层 VLAN 标签中的外层标签即可。执行本命令可实现端口在接收到帧后，依据帧中的内层标签 VLAN ID 进行外层标签的映射操作，将帧中的外层标签映射为指定的标签。命令中的各参数说明如下。 ① *vlan-id1*：指定要映射的源外层标签的 VLAN ID，取值范围是 1～4094 的整数。 ② *vlan-id2* [**to** *vlan-id3*]：指定要映射的源内层标签的 VLAN ID 范围，其中 *vlan-id2* 用来指定端口接收到的帧携带的内层标签的 VLAN ID 范围的起始值，可选参数 *vlan-id3* 用来指定端口接收到的帧携带的内层标签的 VLAN ID 范围的结束值，取值范围均为 1～4094 的整数。 ③ *vlan-id4*：指定帧中映射后的外层标签的 VLAN ID，取值范围是 1～4094 的整数。 ④ *8021p-value*：可选参数，指定修改映射后的 VALN 标签的 802.1p 优先级，取值范围为 0～7，值越大优先级越高。选择此可选参数可将帧中的 802.1p 优先级修改为用户配置的 802.1p 优先级值。 缺省情况下，交换机端口下没有配置对数据帧中携带的 VLAN 标签进行映射操作，可用 **undo port vlan-mapping** { **all** | **vlan** *vlan-id1* **inner-vlan** *vlan-id2* [**to** *vlan-id3*] [**map-vlan** *vlan-id4*] } 取消替换带有指定双层 Tag 的帧的外层标签 VLAN 映射操作

8.5.7　基于 VLAN ID 的 2 to 1 VLAN 映射的配置示例

本示例的拓扑结构如图 8-30 所示，用户通过家庭网关、楼道交换机和小区交换机接入汇聚层网络。为了节省运营商网络 VLAN 资源，及实现不同用户的相同业务在传输过程中相互隔离，可以在楼道交换机上部署 QinQ 功能，在小区交换机上部署 VLAN 映射功能。

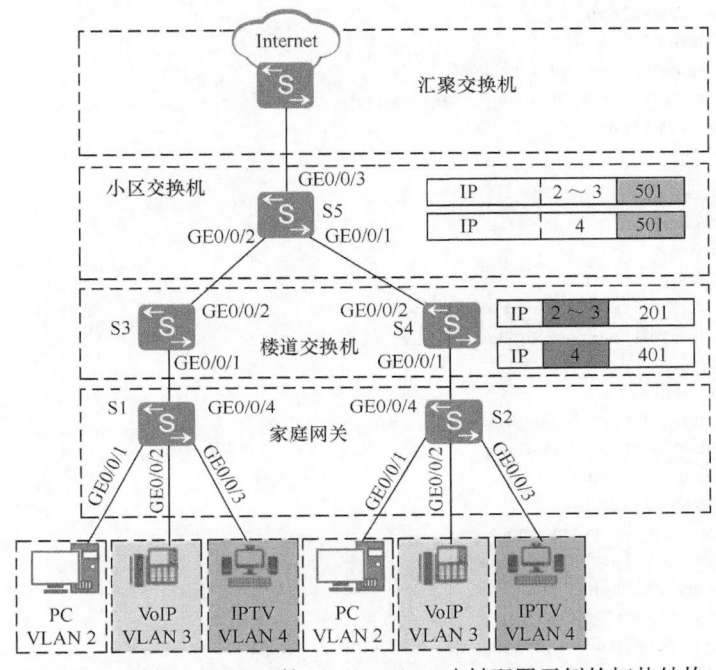

图 8-30　基于 VLAN ID 的 2 to 1 VLAN 映射配置示例的拓扑结构

1.　配置思路分析

根据本示例的要求，结合 8.5.6 节介绍的 2 to 1 VLAN 映射配置步骤，可得出本示例如下基本配置思路。

① 在家庭网关 S1、S2 上将连接用户的交换机端口分别划分到指定 VLAN 中，以区分不同的业务。

② 在楼道交换机 S3、S4 上部署 QinQ 功能，在帧中实现双层 VLAN 标签，以区分用户、业务。

③ 在小区交换机 S5 上部署 VLAN 映射功能，节约 VLAN 资源。

2.　具体配置步骤

① 将 S1、S2 交换机的下行口划分到指定的业务 VLAN 中。

■ S1 上的配置

```
<HUAWEI> system-view
[HUAWEI] sysname S1
[S1] vlan batch 2 to 4
[S1] interface gigabitethernet 0/0/1
[S1-GigabitEthernet0/0/1] port link-type access
```

```
[S1-GigabitEthernet0/0/1] port default vlan 2
[S1-GigabitEthernet0/0/1] quit
[S1] interface gigabitethernet 0/0/2
[S1-GigabitEthernet0/0/2] port link-type access
[S1-GigabitEthernet0/0/2] port default vlan 3
[S1-GigabitEthernet0/0/2] quit
[S1] interface gigabitethernet 0/0/3
[S1-GigabitEthernet0/0/3] port link-type access
[S1-GigabitEthernet0/0/3] port default vlan 4
[S1-GigabitEthernet0/0/3] quit
[S1] interface gigabitethernet 0/0/4
[S1-GigabitEthernet0/0/4] port link-type trunk
[S1-GigabitEthernet0/0/4] port trunk allow-pass vlan 2 to 4
[S1-GigabitEthernet0/0/4] quit
```

■ S2 上的配置

```
<HUAWEI> system-view
[HUAWEI] sysname S2
[S2] vlan batch 2 to 4
[S2] interface gigabitethernet 0/0/1
[S2-GigabitEthernet0/0/1] port link-type access
[S2-GigabitEthernet0/0/1] port default vlan 2
[S2-GigabitEthernet0/0/1] quit
[S2] interface gigabitethernet 0/0/2
[S2-GigabitEthernet0/0/2] port link-type access
[S2-GigabitEthernet0/0/2] port default vlan 3
[S2-GigabitEthernet0/0/2] quit
[S2] interface gigabitethernet 0/0/3
[S2-GigabitEthernet0/0/3] port link-type access
[S2-GigabitEthernet0/0/3] port default vlan 4
[S2-GigabitEthernet0/0/3] quit
[S2] interface gigabitethernet 0/0/4
[S2-GigabitEthernet0/0/4] port link-type trunk
[S2-GigabitEthernet0/0/4] port trunk allow-pass vlan 2 to 4
[S2-GigabitEthernet0/0/4] quit
```

② 部署 QinQ 功能，使楼道交换机上送到小区交换机的报文带有双层 VLAN Tag。

■ S3 上的配置

```
<HUAWEI> system-view
[HUAWEI] sysname S3
[S3] vlan batch 201 401
[S3] interface gigabitethernet 0/0/1
[S3-GigabitEthernet0/0/1] port link-type trunk
[S3-GigabitEthernet0/0/1] port trunk allow-pass vlan 201 401
[S3-GigabitEthernet0/0/1] port vlan-stacking vlan 2 to 3 stack-vlan 201
[S3-GigabitEthernet0/0/1] port vlan-stacking vlan 4 stack-vlan 401
[S3-GigabitEthernet0/0/1] quit
[S3] interface gigabitethernet 0/0/2
[S3-GigabitEthernet0/0/2] port link-type trunk
[S3-GigabitEthernet0/0/2] port trunk allow-pass vlan 201 401
[S3-GigabitEthernet0/0/2] quit
```

■ S4 上的配置

```
<HUAWEI> system-view
[HUAWEI] sysname S4
[S4] vlan batch 201 401
```

```
[S4] interface gigabitethernet 0/0/1
[S4-GigabitEthernet0/0/1] port link-type trunk
[S4-GigabitEthernet0/0/1] port trunk allow-pass vlan 201 401
[S4-GigabitEthernet0/0/1] port vlan-stacking vlan 2 to 3 stack-vlan 201
[S4-GigabitEthernet0/0/1] port vlan-stacking vlan 4 stack-vlan 401
[S4-GigabitEthernet0/0/1] quit
[S4] interface gigabitethernet 0/0/2
[S4-GigabitEthernet0/0/2] port link-type trunk
[S4-GigabitEthernet0/0/2] port trunk allow-pass vlan 201 401
[S4-GigabitEthernet0/0/2] quit
```

③ 在 S5 上配置 2 to 1 的 VLAN 映射功能。

```
<HUAWEI> system-view
[HUAWEI] sysname S5
[S5] vlan batch 501
[S5] interface gigabitethernet 0/0/1
[S5-GigabitEthernet0/0/1] port link-type trunk
[S5-GigabitEthernet0/0/1] port trunk allow-pass vlan 501
[S5-GigabitEthernet0/0/1] port vlan-mapping vlan 201 to 401 map-vlan 501
[S5-GigabitEthernet0/0/1] quit
[S5] interface gigabitethernet 0/0/2
[S5-GigabitEthernet0/0/2] port link-type trunk
[S5-GigabitEthernet0/0/2] port trunk allow-pass vlan 501
[S5-GigabitEthernet0/0/2] port vlan-mapping vlan 201 to 401 map-vlan 501
[S5-GigabitEthernet0/0/2] quit
[S5] interface gigabitethernet 0/0/3
[S5-GigabitEthernet0/0/3] port link-type trunk
[S5-GigabitEthernet0/0/3] port trunk allow-pass vlan 501
[S5-GigabitEthernet0/0/3] quit
```

完成上述配置后，不同的家庭用户可以正常访问网络，相同业务共用一个 VLAN 传输。

8.5.8　配置基于 VLAN ID 的 2 to 2 VLAN 映射

基于 VLAN 的 2 to 2 的 VLAN 映射功能可实现端口在接收到带有 VLAN 标签的帧后，依据帧中的双层 VLAN ID 进行映射操作，将帧中的双层 VLAN ID 映射为指定的公网双层 VLAN ID。

基于 VLAN ID 的 2 to 2 VLAN 映射的具体配置步骤见表 8-20。

说明 在盒式系列交换机中，仅 S1720X-E、S5720EI、S5720HI、S5730S-EI、S5730SI、S6720EI、S6720HI、S6720LI、S6720S-EI、S6720S-LI、S6720S-SI 和 S6720SI 支持此配置。而在框式系列交换机中，S7700 的 ES0D0G24SA00 和 ES0D0G24CA00 单板、S9700 的 EH1D2G24SSA0 和 EH1D2S24CSA0 单板不支持双层 VLAN 映射功能。

表 8-20　　　　　　　　基于 **VLAN ID** 的 **2 to 2 VLAN** 映射的配置步骤

步骤	命令	说明
1	**system-view** 例如：< HUAWEI > **system-view**	进入系统视图

（续表）

步骤	命令	说明
2	**interface** *interface-type interface-number* 例如：[HUAWEI]**interface** gigabitethernet 0/0/1	键入要配置 2 to 2 VLAN 映射的交换机端口，进入接口视图
3	**port link-type** { **hybrid** | **trunk** } 例如：[HUAWEI-Gigabit Ethernet0/0/1] **port link-type trunk**	配置以上二层以太网接口为 Trunk 或 Hybrid 类型，而且要确保用户帧中是带有 VLAN 标签在传输
4	**qinq vlan-translation enable** 例如：[HUAWEI-GigabitEthernet0/0/1] **qinq vlan-translation enable**	使能端口的 VLAN 转换功能。只有在端口使能了 VLAN 转换功能后，才可以在端口上配置 VLAN 映射和灵活 QinQ 功能。**框式系列交换机不需要配置。** 缺省情况下，没有使能端口的 VLAN 转换功能，可用 **undo qinq vlan-translation enable** 命令取消端口的 VLAN 转换功能
5	**port vlan-mapping vlan** *vlan-id1* **inner-vlan** *vlan-id2* **map-vlan** *vlan-id3* **map-inner-vlan** *vlan-id4* [**remark-8021p** *8021p-value*] 例如：[HUAWEI-GigabitEthernet0/0/1] **port vlan-mapping vlan** 10 **inner-vlan** 20 **map-vlan** 100 **map-inner-vlan** 50	配置同时替换帧中的外层和内层 VLAN 标签。执行本命令可实现端口在接收到带有 VLAN 标签的帧后，依据帧中的 VLAN ID 进行映射操作，将帧中的双层 VLAN ID 映射为指定的双层公网 VLAN ID。命令中的各参数说明如下。 ① *vlan-id1*：指定要映射的源外层标签的 VLAN ID，取值范围是 1～4094 的整数。 ② *vlan-id2*：指定要映射的源内层标签的 VLAN ID，取值范围均为 1～4094 的整数。 ③ *vlan-id3*：指定映射后的外层标签的 VLAN ID，取值范围是 1～4094 的整数。 ④ *vlan-id4*：指定映射后的内层标签的 VLAN ID，取值范围均为 1～4094 的整数。 ⑤ *8021p-value*：可选参数，指定修改映射后的 VALN 标签的 802.1p 优先级，取值范围为 0～7，值越大优先级越高。 缺省情况下，交换机端口下没有配置对数据帧中携带的 VLAN 标签进行映射操作，可用 **undo port vlan-mapping vlan** *vlan-id1* **inner-vlan** *vlan-id2* **map-vlan** *vlan-id3* **map-inner-vlan** *vlan-id4* [**remark-8021p** *8021p-value*]取消替换带有指定双层 Tag 的帧的双层标签 VLAN 映射操作

8.5.9　基于 VLAN ID 的 2 to 2 VLAN 映射的配置示例

本示例的拓扑结构如图 8-31 所示。处于不同地理位置的用户为了便于用户自己规划的私网 VLAN ID 不与 ISP 网络中的 VLAN ID 冲突，采用了 QinQ 方式传输，使用户数据帧中带有双层 VLAN 标签。但同时也带来了一个因用户数据帧中的 VLAN ID 与 ISP 网络分配的 VLAN ID 不一致导致用户数据帧被丢弃的问题，从而导致 CE 两端的用户无法正常通信。此时可在 PE 部署 2 to 2 的 VLAN 映射功能，将用户网络的双层 VLAN Tag 替换成运营商网络的双层 VLAN Tag。

1．配置思路分析

本示例要求对数据帧的两层 VLAN 同时替换，所以需要采用 2 to 2 VLAN 映射方式。根据 8.5.8 节介绍的配置步骤可得出本示例如下的基本配置思路。

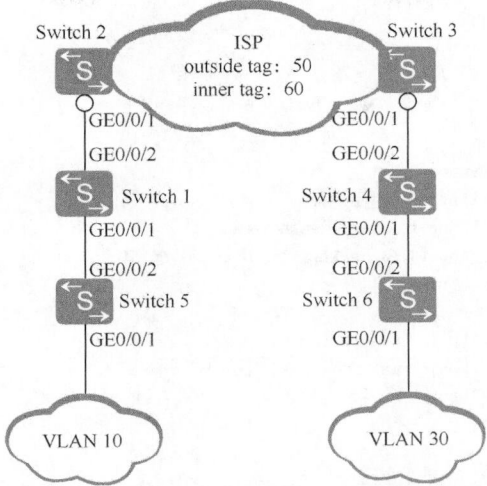

图 8-31　基于 VLAN ID 的 2 to 2 VLAN 映射配置示例的拓扑结构

① 在连接用户的 Switch5 和 Switch6 交换机上将端口加入 VLAN 10 或 VLAN 30 中。

② 在 Switch1 和 Switch4 上配置 QinQ，使发往 ISP 网络的数据帧带有双层 VLAN 标签。

③ 在连接 ISP 网络的 Switch2 和 Switch3 交换机上部署 2 to 2 的 VLAN 映射功能。

2. 具体配置步骤

下面是本示例的具体配置步骤。

① 将连接用户的交换机的下行口划分到指定的 VLAN 中。

■ Switch5 上的配置

```
<HUAWEI> system-view
[HUAWEI] sysname Switch5
[Switch5] vlan 10
[Switch5-vlan10] quit
[Switch5] interface gigabitethernet 0/0/1
[Switch5-GigabitEthernet0/0/1] port link-type access
[Switch5-GigabitEthernet0/0/1] port default vlan 10
[Switch5] interface gigabitethernet 0/0/2
[Switch5-GigabitEthernet0/0/2] port link-type trunk
[Switch5-GigabitEthernet0/0/2] port trunk allow-pass vlan 10
```

■ Switch6 上的配置

```
<HUAWEI> system-view
[HUAWEI] sysname Switch6
[Switch6] vlan 30
[Switch6-vlan30] quit
[Switch6] interface gigabitethernet 0/0/1
[Switch6-GigabitEthernet0/0/1] port link-type access
[Switch6-GigabitEthernet0/0/1] port default vlan 30
[Switch6] interface gigabitethernet 0/0/2
[Switch6-GigabitEthernet0/0/2] port link-type trunk
[Switch6-GigabitEthernet0/0/2] port trunk allow-pass vlan 30
```

② 在 Switch1 和 Switch4 上配置 QinQ，使发往 ISP 网络的数据帧带有双层 VLAN 标签。

■ Switch1 上的配置

```
<HUAWEI> system-view
[HUAWEI] sysname Swtich1
[Swtich1] vlan 20
[Swtich1-vlan20] quit
[Switch1] interface gigabitethernet 0/0/1
[Switch1-GigabitEthernet0/0/1] port link-type trunk
[Swtich1-GigabitEthernet0/0/1] port trunk allow-pass vlan 20
[Switch1-GigabitEthernet0/0/1] port vlan-stacking vlan 10 stack-vlan 20
[Switch1-GigabitEthernet0/0/1] quit
[Swtich1] interface gigabitethernet 0/0/2
[Switch1-GigabitEthernet0/0/2] port link-type trunk
[Switch1-GigabitEthernet0/0/2] port trunk allow-pass vlan 20
[Switch1-GigabitEthernet0/0/2] quit
```

■ Switch4 上的配置

```
<HUAWEI> system-view
[HUAWEI] sysname Swtich4
[Swtich4] vlan 40
[Swtich4-vlan40] quit
[Swtich4] interface gigabitethernet 0/0/1
[Switch4-GigabitEthernet0/0/1] port link-type trunk
[Swtich4-GigabitEthernet0/0/1] port trunk allow-pass vlan 40
[Swtich4-GigabitEthernet0/0/1] port vlan-stacking vlan 30 stack-vlan 40
[Swtich4-GigabitEthernet0/0/1] quit
[Swtich4] interface gigabitethernet 0/0/2
[Switch4-GigabitEthernet0/0/2] port link-type trunk
[Swtich4-GigabitEthernet0/0/2] port trunk allow-pass vlan 40
[Swtich4-GigabitEthernet0/0/2] quit
```

③ 在连接 ISP 网络的 Switch2 和 Switch3 上部署 2 to 2 的 VLAN 映射功能。

■ Switch2 上的配置

```
<HUAWEI> system-view
[HUAWEI] sysname Swtich2
[Swtich2] interface gigabitethernet 0/0/1
[Swtich2-GigabitEthernet0/0/1] port vlan-mapping vlan 20 inner-vlan 10 map-vlan 50 map-inner-vlan 60
```

■ Switch3 上的配置

```
<HUAWEI> system-view
[HUAWEI] sysname Swtich3
[Swtich3] interface gigabitethernet 0/0/1
[Swtich3-GigabitEthernet0/0/1] port vlan-mapping vlan 40 inner-vlan 30 map-vlan 50 map-inner-vlan 60
```

完成上述配置后，CE1 中的用户就可以与 CE2 中的用户互通了，因为此时他们发出的数据帧中的双层 VLAN 标签经过 Switch2 或 Switch3 后是一致的了，即内层标签为 60，外层标签为 50。

8.5.10　配置基于 802.1p 优先级的 VLAN 映射

配置基于 802.1p 优先级的 VLAN 映射功能，可以根据进入端口帧中的 802.1p 优先级和 VLAN ID 进行灵活的映射，可优先保证重要用户的正常通信。**基于 802.1p 优先级的 VLAN 映射功能仅在框式系列交换机中支持，但 SA 单板不支持。**

基于 802.1p 优先级的 1 to 1 的 VLAN 映射是在入接口上配置的，但如果在入接口上创建了 DiffServ 域并配置了优先级映射关系，此时内部优先级和 802.1p 优先级可能不一样，这时还需要在出接口上配置 VLAN 优先级映射。

在入接口上配置基于 802.1p 优先级的 VLAN 映射的具体配置步骤见表 8-21。注意，这里面包括单独采用基于 802.1p 优先级映射的实现方式，和同时采用基于 VLAN ID+802.1p 优先级的 VLAN 映射配置，根据实际需要选择一种实现方式即可。

表 8-21　　　　在入端口上配置基于 **802.1p** 优先级 **VLAN** 映射的配置步骤

步骤	命令	说明
1	**system-view** 例如：< HUAWEI > **system-view**	进入系统视图
2	**interface** *interface-type* *interface-number* 例如：[HUAWEI]**interface** gigabitethernet 0/0/1	键入要配置 1 to 1 VLAN 映射的交换机端口，进入接口视图
3	**port link-type** { **hybrid** | **trunk** } 例如： [HUAWEI-GigabitEthernet 0/0/1] **port link-type trunk**	配置以上二层以太网接口为 Trunk 或 Hybrid 类型，而且要确保用户帧中是带有 VLAN 标签在传输
	port vlan-mapping 8021p *8021p-value* **map-vlan** *vlan-id* [**remark-8021p** *8021p-value2*] 例如： [HUAWEI-GigabitEthernet 0/0/1] **port vlan-mapping** **8021p 5 map-vlan 200**	（二选一）配置以上入接口基于 802.1p 优先级的 VLAN 映射功能。命令中的参数说明如下。 ① *8021p-value1*：指定外层 VLAN 的 802.1p 优先级，取值范围为 0～7 的整数，值越大优先级越高。 ② *vlan-id*：指定映射后的 VLAN ID，取值范围为 1～4094 的整数。 ③ *8021p-value2*：可选参数，指定使用映射的 VLAN 标签进行修改后帧的 802.1p 优先级。 缺省情况下，交换机端口下没有配置基于 802.1p 优先级的 VLAN 映射功能，可用 **undo port vlan-mapping 8021p** *8021p-value1* [**map-vlan** *vlan-id*] 命令取消对应交换机端口的基于 802.1p 优先级的 VLAN 映射功能
	port vlan-mapping vlan *vlan-id1* [**to** *vlan-id2*]**8021p** *8021p-value1*[**to** *8021p-val* *ue2*] **map-vlan** *vlan-id3* [**remark-8021p** *8021p-* *value3*] 例如：[HUAWEI-Gigabit Ethernet0/0/1]**port vlan-** **mapping vlan 100 8021p 5** **map-vlan 200 remark-** **8021p 1**	（二选一）配置以上入接口基于 VLAN+802.1p 优先级的 VLAN 映射功能。命令中的参数说明如下。 ① *vlan-id1* [**to** *vlan-id2*]：指定要映射的源 VLAN ID 的取值范围，其中 *vlan-id1* 表示起始 VLAN ID，可选参数 **to** *vlan-id2* 表示结束 VLAN ID，取值范围均为 1～4094 的整数。同一个交换机端口推荐最多指定 16 个映射前 VLAN。 ② *8021p-value1* [**to** *8021p-value2*]：指定要映射的外层 VLAN 的 802.1p 优先级的上、下限范围，取值范围为 0～7 的整数，值越大优先级越高。 ③ *vlan-id3*：指定映射后的 VLAN ID，取值范围为 1～4094 的整数。 ④ *8021p-value3*：可选参数，指定映射后的 VLAN 的 802.1p 优先级。 缺省情况下，交换机端口下没有配置对数据帧中携带的 VLAN 标签进行映射操作，可用 **undo port vlan-mapping vlan** *vlan-id1* [**to** *vlan-id2*] [**8021p** *8021p-value1* [**to** *8021p-value2*]] [**map-vlan** *vlan-id3*]命令取消对应交换机端口基于 VLAN+802.1p 优先级的 VLAN 映射功能

8.5.11 配置基于 MQC 的 VLAN 映射

基于 MQC 的 VLAN 映射就是基于 QoS 流策略进行的 VLAN 映射，为不同分类的 VLAN 帧进行不同的 VLAN 映射。QoS 流策略的配置包括以下 4 个基本任务：①定义流分类；②定义流行为；③创建 QoS 流策略，将流分类与某种流行为进行关联；④在端口上应用 QoS 流策略。

根据以上 4 个 QoS 策略的基本配置任务可以得出本节的 VLAN 映射的基本配置任务如下。

① 根据不同的流分类规则定义流分类。

② 定义替换报文外层（或同时包括内层）VLAN ID 的流行为。

③ 创建 QoS 策略，将以上定义的流分类与流行为进行关联，对符合流分类的数据帧进行相应的处理，从而实现 VLAN 映射功能。

④ 在交换机入接口上应用以上 QoS 策略，以针对业务类型提供差别服务。

基于 MQC 的 VLAN 策略可以在接口的入方向上应用，对接收的帧进行 VLAN 标签替换，或者在端口的出方向上应用，对发出的帧进行 VLAN 标签替换。但两种配置方法类似，具体配置步骤见表 8-22。

表 8-22 　　　　　　　　　　基于 **MQC** 的 **VLAN** 映射的配置步骤

步骤	命令	说明
1	**system-view** 例如：< HUAWEI >**system-view**	进入系统视图
2	**traffic classifier** *classifier-name* [**operator** { **and** | **or** }] 例如：[HUAWEI]**traffic classifier** c1	创建流分类并进入流分类视图。其他说明参见 8.3.11 节表 8-12 的第 2 步
3	根据需要选择表 8-13 中的分类规则（各命令在此不作具体介绍）	
4	**quit** 例如：[HUAWEI-classifier-c1]**quit**	退出流分类视图，返回系统视图
5	**traffic behavior** *behavior-name* 例如：[HUAWEI] **traffic behavior** b1	创建流行为并进入流行为视图。其他说明参见 8.3.11 节中表 8-12 中的第 5 步
6	**remark vlan-id** *vlan-id* 例如：[HUAWEI-behavior-b1]**remark vlan-id** 200	配置流行为，在流行为中创建重标记 VLAN 数据帧的外层 VLAN 标签值。参数 *vlan-id* 用来指定替换后的外层 VLAN Tag 值，取值范围为 1～4094 的整数。 缺省情况下，流行为中没有重标记 VLAN 数据帧的标签值的动作，可用 **undo remark vlan-id** 命令恢复缺省情况
7	**remark cvlan-id** *vlan-id* 例如：[HUAWEI-behavior-b1] **remark cvlan-id** 5	（可选）配置流行为，即指定为报文替换内层 VLAN ID（盒式系列交换机中只有 S5720EI、S5720HI、S6720EI、S6720HI 和 S6720S-EI 支持该配置，具体参见对应产品手册）。参数 *vlan-id* 用来指定替换后的内层 VLAN Tag 值。只对携带两层及两层以上 VLAN Tag 的 QinQ 报文有效，本命令为覆盖式命令，按最后一次配置生效
8	**quit** 例如：[HUAWEI-behavior-b1] **quit**	退出流行为视图，返回系统视图

（续表）

步骤	命令	说明
9	**traffic policy***policy-name* [**match-order** { **auto** | **config** }] 例如：[HUAWEI] **traffic policy** p1	创建流策略并进入流策略视图。其他说明参见 8.3.11 节中表 8-12 的第 8 步
10	**classifier***classifier-name***behavior***behavior-name* 例如：[HUAWEI-trafficpolicy-p1]**classifier** c1 **behavior** b1	将以上定义的流分类与指定的流行为进行绑定，组成流策略。其他说明参见 8.3.11 节中的表 8-12 中第 9 步
11	**quit** 例如：[HUAWEI-dsdomain-ds1] **quit**	退出流策略视图，返回系统视图
应用一：在接口上应用流策略		
12	**interface***interface-type interface-number* 例如：[HUAWEI] **interface** gigabitethernet 1/0/1	键入要应用流策略的交换机端口，进入接口视图
13	**port link-type**{ **hybrid** | **trunk** } 例如：[HUAWEI-GigabitEthernet1/0/1] **port link-type**hybrid	配置以上接口为 Hybrid 或 Trunk 类型
14	**traffic-policy***policy-name* { **inbound** | **outbound** } 例如：[HUAWEI-GigabitEthernet1/0/1] **traffic-policy** p1 **inbound**	在接口的入或出方向应用流策略。每个接口的每个方向上能且只能应用一个流策略，但同一个流策略可以同时应用在不同接口的不同方向。应用后，系统对流经该接口并匹配流分类中规则的入方向或出方向报文实施策略控制。命令中的参数和选项说明如下。*policy-name*：指定要应用的 QoS 流策略名。① **inbound**：二选一选项，指定在端口的入方向上应用指定的流策略。② **outbound**：二选一选项，指定在端口的出方向上应用指定的流策略。缺省情况下，交换机接口上没有应用任何流策略，可用 **undo traffic-policy** [*policy-name*] { **inbound** | **outbound** }命令取消在接口上应用流策略
应用二：在 VLAN 中应用流策略		
12	**vlan***vlan-id* 例如：[HUAWEI] **vlan** 100	进入 VLAN 视图
13	**traffic-policy***policy-name* { **inbound** | **outbound** } 例如：[HUAWEI-vlan100] **traffic-policy** p1 **inbound**	在以上 VLAN 中应用流策略。每个 VLAN 的每个方向能且只能应用一个流策略。应用后，系统对属于该 VLAN 并匹配流分类中规则的入方向或出方向报文实施策略控制。缺省情况下，VLAN 上没有应用任何流策略，可用 **undo traffic-policy** [*policy-name*] { **inbound** | **outbound** }命令取消在 VLAN 上应用流策略
应用三：在全局应用流策略		
12	**traffic-policy***policy-name***global** { **inbound** | **outbound** } [**slot***slot-id*]	在全局上应用流策略。全局或 slot 的每个方向上能且只能应用一个流策略，如果在全局某方向应用了流策略，则不能在 slot 的该方向上再次应用流

（续表）

步骤	命令	说明
12	例如：[HUAWEI] **traffic-policy** p1 **global inbound**	策略；指定 slot 在某方向应用流策略后，也不能在全局的该方向上再次应用流策略。 ① 堆叠情况下，全局应用的流策略在所有堆叠交换机上的所有接口和 VLAN 生效，系统对进入所有堆叠交换机的所有匹配流分类规则的入方向或出方向报文流实施策略控制。指定 **slot**_slot-id_ 应用的流策略仅在该堆叠 ID 的堆叠交换机的所有接口和 VLAN 生效，系统对进入该堆叠交换机的所有匹配流分类规则的入方向或出方向报文流实施策略控制。 ② 非堆叠情况下，全局应用的流策略在本交换机的所有接口和 VLAN 生效，系统对进入本交换机的所有匹配流分类规则的入方向或出方向报文流实施策略控制。指定 **slot**_slot-id_ 应用的流策略等同于全局应用的流策略。 缺省情况下，没有在全局应用任何流策略，可用 **undo traffic-policy** [_policy-name_] **global** { **inbound** | **outbound** } [**slot**_slot-id_]命令删除在全局应用的流策略

8.5.12　基于 MQC 的 VLAN 映射的配置示例

本示例的拓扑结构如图 8-32 所示，企业 A 和企业 B 各自规划自己的私网 VLAN ID，但是由于用户数据帧中的 VLAN ID 与 ISP 网络分配的 VLAN ID 不一致，将导致用户数据帧被丢弃，从而导致用户通信中断。此时可在 CE 侧交换机上部署 VLAN 映射功能，实现企业 A 与企业 B 通过运营商网络互相通信。本示例采用的是基于 MQC 的 2 to 2 的 VLAN 映射解决方案。

1. 配置思路分析

本示例明确要求采用基于 MQC 的 2 to 2 的 VLAN 映射解决方案，故可根据 8.5.11 节介绍的基于 MQC 的 VLAN 映射配置步骤得出本示例的如下基本配置思路。

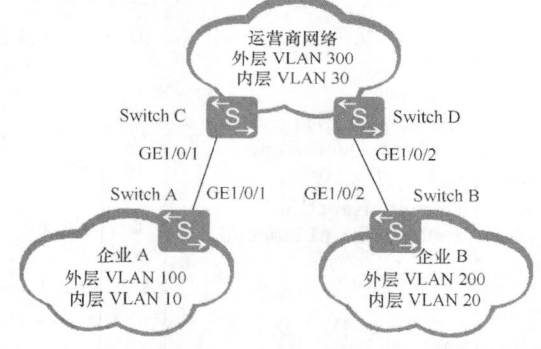

图 8-32　基于流策略的 2 to 2 的 VLAN 映射的配置示例的拓扑结构

① 在 SwitchA、SwitchB、SwitchC、SwitchD 上创建各自所属的外层 VLAN。

② 在 SwitchA 和 SwitchB 上创建各自的类、流行为、流策略。

③ 配置 SwitchA、SwitchB、SwitchC、SwitchD 接口加入各自创建的 VLAN。

④ 配置 SwitchA 上 GE1/0/1 端口和 SwitchB 上 GE1/0/2 端口应用基于流策略的替换双层标签的 VLAN 映射功能。

2. 具体配置步骤

① 在各交换机上创建所需的外层 VLAN，并将对应的端口加入到这些 VLAN 中。

■ SwitchA 上的配置

```
<HUAWEI> system-view
[HUAWEI] sysname SwitchA
[SwitchA] vlan 100
```

```
[SwitchA-vlan100]quit
[SwitchA] interface gigabitethernet1/0/1
[SwitchA-GigabitEthernet1/0/1] port link-type trunk
[SwitchA-GigabitEthernet1/0/1] port trunk allow-pass vlan 100
```

■ SwitchB 上的配置

```
<HUAWEI> system-view
[HUAWEI] sysname SwitchB
[SwitchB] vlan 200
[SwitchB-vlan200]quit
[SwitchB] interface gigabitethernet 1/0/2
[SwitchB-GigabitEthernet1/0/2] port link-type trunk
[SwitchB-GigabitEthernet1/0/2] port trunk allow-pass vlan 200
```

■ SwitchC 上的配置

```
<HUAWEI> system-view
[HUAWEI] sysname SwitchC
[SwitchC] vlan 300
[SwitchC-vlan300]quit
[SwitchC] interface gigabitethernet 1/0/1
[SwitchC-GigabitEthernet1/0/1] port link-type trunk
[SwitchC-GigabitEthernet1/0/1] port trunk allow-pass vlan 300
```

■ SwitchD 上的配置

```
<HUAWEI> system-view
[HUAWEI] sysname SwitchD
[SwitchD] vlan 300
[SwitchD-vlan300]quit
[SwitchD] interface gigabitethernet 1/0/2
[SwitchD-GigabitEthernet1/0/2] port link-type trunk
[SwitchD-GigabitEthernet1/0/2] port trunk allow-pass vlan 300
```

② 在 SwitchA 和 SwitchB 的入/出方向上同时配置流分类、流行为、流策略。

■ SwitchA 入方向的配置

```
[SwitchA] traffic classifier name1 operator and
[SwitchA-classifier-name1] if-match vlan-id 300
[SwitchA-classifier-name1] if-match cvlan-id 30
[SwitchA-classifier-name1] quit
[SwitchA] traffic behavior name1
[SwitchA-behavior-name1] remark vlan-id 100
[SwitchA-behavior-name1] remark cvlan-id 10
[SwitchA-behavior-name1] quit
[SwitchA] traffic policy name1
[SwitchA-trafficpolicy-name1] classifier name1 behavior name1
```

■ SwitchA 出方向的配置

```
[SwitchA] traffic classifier name2 operator and
[SwitchA-classifier-name2] if-match vlan-id 100
[SwitchA-classifier-name2] if-match cvlan-id 10
[SwitchA-classifier-name2] quit
[SwitchA] traffic behavior name2
[SwitchA-behavior-name2] remark vlan-id 300
[SwitchA-behavior-name2] remark cvlan-id 30
[SwitchA-behavior-name2] quit
[SwitchA] traffic policy name2
[SwitchA-trafficpolicy-name2] classifier name2 behavior name2
```

■ SwitchB 入方向的配置

```
[SwitchB] traffic classifier name1 operator and
[SwitchB-classifier-name1] if-match vlan-id 300
```

```
[SwitchB-classifier-name1] if-match cvlan-id 30
[SwitchB-classifier-name1] quit
[SwitchB] traffic behavior name1
[SwitchB-behavior-name1] remark vlan-id 200
[SwitchB-behavior-name1] remark cvlan-id 20
[SwitchB-behavior-name1] quit
[SwitchB] traffic policy name1
[SwitchB-trafficpolicy-name1] classifier name1 behavior name1
```

■ SwitchB 出方向的配置

```
[SwitchB] traffic classifier name2 operator and
[SwitchB-classifier-name2] if-match vlan-id 200
[SwitchB-classifier-name2] if-match cvlan-id 20
[SwitchB-classifier-name2] quit
[SwitchB] traffic behavior name2
[SwitchB-behavior-name2] remark vlan-id 300
[SwitchB-behavior-name2] remark cvlan-id 30
[SwitchB-behavior-name2] quit
[SwitchB] traffic policy name2
[SwitchB-trafficpolicy-name2] classifier name2 behavior name2
```

③ 在 SwitchA 和 SwitchB 上配置基于流策略的替换双层标签的 VLAN 映射功能。

■ SwitchA 上的配置

```
<SwitchA> system-view
[SwitchA] interface gigabitEthernet 1/0/1
[SwitchA-GigabitEthernet1/0/1] traffic-policy name1 inbound
[SwitchA-GigabitEthernet1/0/1] traffic-policy name2 outbound
```

■ SwitchB 上的配置

```
<SwitchB> system-view
[SwitchB] interface gigabitEthernet 1/0/2
[SwitchB-GigabitEthernet1/0/2] traffic-policy name1 inbound
[SwitchB-GigabitEthernet1/0/2] traffic-policy name2 outbound
```

完成以上配置后，企业 A 内用户与企业 B 内用户就可以互相访问了。

8.6　QinQ 映射配置与管理

QinQ Mapping（QinQ 映射）功能可以将用户的 VLAN 标签映射为指定的运营商 VLAN 标签，从而起到屏蔽不同用户 VLAN 标签的作用。QinQ 映射与本章前面介绍的 VLAN 映射类似，但 **QinQ 映射是在路由子接口上配置的**，而 **VLAN 映射是在物理接口或 Eth-Trunk 接口上配置的**。

注意　物理端口和该端口下的子接口不能对同一 VLAN 进行 VLAN 映射或灵活 QinQ 配置。如果已经在子接口上配置 QinQ 映射功能，那么不能再在该子接口下配置灵活 QinQ、QinQ 终结、Dot1q 终结的相关命令。

8.6.1　QinQ 映射工作原理

QinQ 映射发生在数据帧从入端口接收进来之后、从出端口转发出去之前。通过 QinQ 映射功能，子接口在向外发送本地 VLAN 的帧时，将帧中的本地 VLAN 标签替换成外部 VLAN 标签。在接收外部 VLAN 的帧时，又将帧中的外部 VLAN 标签替换成本地 VLAN 标签。**可以看出，QinQ 映射在数据帧收、发两个方向上也是互逆的。**

QinQ 映射功能一般部署在 ISP 网络的边缘设备上，对用户侧上送的数据帧进行映射操作。将用户数据帧携带的 VLAN 标签映射为指定的 VLAN 标签后再接入公网。QinQ 映射功能常应用于但不局限于以下场景。

① 新局域网和老局域网部署的 VLAN ID 冲突，但是新局域网需要与老局域网互通。

② 接入公网的各个局域网规划不一致，导致 VLAN ID 冲突。

③ 公网两端的 VLAN ID 规划不对称。

目前，华为 S 系列交换机支持以下两种映射方式。

① 1 to 1 的映射方式。当部署 QinQ 映射功能的设备上的子接口收到带有一层 VLAN 标签的数据帧时，将数据帧中携带的一层标签映射为用户指定的一层标签。发送帧的过程则相反。这其实与普通的 VLAN 映射的功能一样，只不过 QinQ 映射作用在路由子接口上。

② 2 to 1 的映射方式。当部署 QinQ Mapping 功能的子接口收到带有两层 Tag 的报文后，将报文中携带的外层 Tag 映射为用户指定的一层 Tag，内层 VLAN 不变。发送帧的过程则相反。

如图 8-33 所示，当在 Device2 和 Device3 的子接口 GE0/0/1.1 上配置了 1 to 1 的 QinQ 映射后，PC1 向 PC2 发送帧的流程如下。

① PC1 发送 Untagged 帧到达 Device1 后，封装一层 VLAN Tag 20。

② Device1 发送带 VLAN Tag 20 的帧到 Device2，在 GE1/0/1.1 接口把帧的 VLAN Tag 20 替换为 VLAN Tag 50。

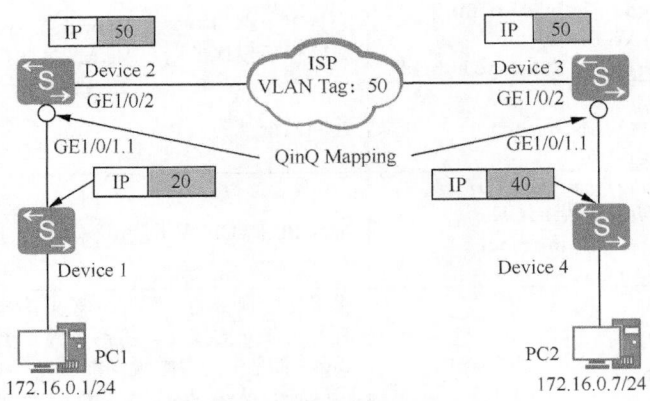

图 8-33　QinQ 映射应用示例

③ Device2 上的接口 GE1/0/2 向外发送的帧中携带的 Tag 是运营商的 VLAN Tag 50。

④ ISP 网络透传 Device2 发送的帧。

⑤ Device3 上的接口 GE1/0/1.1 收到 Device2 发送过来的数据帧后，将帧中的 VLAN Tag 50 替换为 VLAN Tag 40。

PC2 向 PC1 发送帧的流程相同。

由此通过 QinQ Mapping 的 1 to 1 映射方式，实现了 PC1 和 PC2 的互通。

最后，说一下 QinQ 映射与 VLAN 映射相同和不同的地方，具体比较见表 8-23。

表 8-23　　　　　　　　　　　QinQ 映射与 VLAN 映射的比较

映射类型	相同点	不同点
1 to 1	接口收到 Tagged 帧后，将帧中的一层 Tag 映射为用户指定的一层 Tag	• QinQ 映射的动作发生在子接口上，并且主要用于接入 VPLS 网络。 • VLAN 映射的动作发生在主接口上，并且主要用于通过 VLAN 转发的二层网络
2 to 1	入接口收到的帧带有两层 Tag。将帧中的外层 Tag 映射为用户指定的一层 Tag，内层 Tag 作为业务数据透传	• QinQ 映射的动作发生在子接口上，并且主要用于接入 VPLS 网络。 • VLAN 映射的动作发生在主接口上，并且主要用于通过 VLAN 转发的二层网络

8.6.2　配置 1 to 1 的 QinQ 映射

在子接口上部署 1 to 1 的 QinQ 映射功能后，当子接口收到带有一层标签的数据帧后，将数据帧中携带的一层标签映射为用户指定的一层标签。"1 to 1" 的意思也可理解为直接进行标签替换，帧在映射前、后都只带有一层 VLAN 标签。1 to 1 的 QinQ 映射的具体配置步骤见表 8-24。

表 8-24　　　　　　　　　　　1 to 1 QinQ 映射的配置步骤

步骤	命令	说明
1	**system-view** 例如：< HUAWEI > **system-view**	进入系统视图
2	**interface** *interface-type interface-number* 例如：[HUAWEI] **interface** gigabitethernet 1/0/1	进入 CE 连接 PE 的物理以太网接口视图下
3	**port link-type** { **hybrid** | **trunk** } 例如：[HUAWEI-Gigabit Ethernet1/0/1]**port link-type hybrid**	配置以上端口类型为 Hybrid 或 Trunk 类型，而且必须要确保所发送的用户 VLAN 报文是带有 VLAN Tag 的
4	**quit** 例如：[HUAWEI-Gigabit Ethernet1/0/1] **quit**	返回系统视图
5	**interface** *interface-type interface-number.subinterface-number* 例如：[HUAWEI] **interface** Ggigabitethernet 0/0/1.1	进入 PE 的 CE 侧子接口视图
6	**qinq mapping vid** *vlan-id1* [**to** *vlan-id2*] **map-vlan vid** *vlan-id3* 例如：[HUAWEI-Gigabit Ethernet0/0/1.1] **qinq mapping vid** 100 **map-vlan vid** 200	将报文中携带的一层 Tag 映射为指定的 Tag，对于带有一层 Tag 的报文，将携带的一层 Tag 映射为另一层 Tag。命令中的参数说明如下。 ① *vlan-id1* **to** *vlan-id2*：指定 QinQ 帧中原来一层标签的 VLAN ID，其中 *vlan-id1* 用来指定原标签的 VLAN ID 范围的起始值，取值范围均为 2～4094 的整数；可选参数 *vlan-id2* 用来指定原标签的 VLAN ID 范围的结束值，取值范围均为 3～4094 的整数，但 *vlan-id2* 必须大于 *vlan-id1*。 ② *vlan-id3*：指定映射后的一层标签的 VLAN ID，取值范围为 1～4094 的整数。 缺省情况下，子接口下没有配置对报文中携带的标签进行映射操作，可用 **undo qinq mapping vid** *vlan-id1* [**to** *vlan-id2*] **map-vlan vid** *vlan-id3* 命令取消子接口对应的 QinQ 映射功能

注意 **qinq mapping vid** 命令用来配置子接口单层 VLAN 映射，且仅对入方向报文生效。子接口配置的转换前 VLAN 不能在全局下创建，也不能查看该 VLAN 信息。但映射前的标签和同一物理端口下的其他子接口下用来替换的外层标签互斥，即两者取值不能相同。

　　如果已经在子接口上配置 QinQ Mapping 功能，那么不能再配置 Stacking、QinQ 终结、Dot1q 终结的相关命令。QinQ Mapping 中配置 Mapping 后的 VLAN ID 也不能与环路协议（SEP、RRPP、ERPS）控制 VLAN 的 VLAN ID 重合，否则会提示配置错误。

8.6.3　配置 2 to 1 的 QinQ 映射

　　在子接口上部署 2 to 1 的 QinQ 映射功能，当子接口收到带有两层标签的数据帧后，将数据帧中携带的双层标签中的外层标签映射为用户指定的一层标签。即仅对帧中原来双层标签中的外层标签进行替换，内层标签当作数据部分使用，起到屏蔽内层标签的作用。2 to 1 的 QinQ 映射的具体配置步骤见表 8-25。

表 8-25　　　　　　　　　　　　　**2 to 1 QinQ 映射的配置步骤**

步骤	命令	说明
1	**system-view** 例如：＜HUAWEI＞ **system-view**	进入系统视图
2	**interface** *interface-type* *interface-number* 例如：[HUAWEI] **interface** gigabitethernet 1/0/1	进入 CE 连接 PE 的物理以太网接口视图下
3	**port link-type** { **hybrid** | **trunk** } 例如： [HUAWEI-GigabitEthernet1/0/1] **port link-type hybrid**	配置以上端口类型为 Hybrid 或 Trunk 类型，而且必须要确保所发送的用户 VLAN 报文是带有 VLAN Tag 的
4	**quit** 例如：[HUAWEI-Gigabit Ethernet1/0/1] **quit**	返回系统视图
5	**interface** *interface-type interface-number.subinterface-number* 例如：[HUAWEI] **interface** Ggigabitethernet 0/0/1.1	进入 PE 的 CE 侧子接口视图
6	**qinq mapping pe-vid** *vlan-id1* **ce-vid** *vlan-id2* [**to** *vlan-id3*] **map-vlan vid** *vlan-id4* 例如：[HUAWEI-Gigabit Ethernet0/0/1.1] **qinq mapping pe-vid** 10 **ce-vid** 20 **map-vlan vid** 30	将携带两层 Tag 的报文中的外层 Tag 映射为用户指定的 Tag。命令中的参数说明如下。 ① *vlan-id1*：指定帧中原来携带的外层标签的 VLAN ID，取值范围是 2～4094 的整数。 ② *vlan-id2* [**to** *vlan-id3*]：指定帧中原来携带的内层标签的 VLAN ID 范围，其中 *vlan-id2* 用来指定内层标签的 VLAN ID 范围的起始值，取值范围为 1～4094 的整数；可选参数 *vlan-id3* 用来指定内层标签的 VLAN ID 范围的结束值，取值范围为 2～4094 的整数，但 *vlan-id3* 必须大于 *vlan-id2*。 ③ *vlan-id4*：指定映射后的外层标签的 VLAN ID，取值范围为 1～4094 的整数。 缺省情况下，子接口下没有配置对帧中携带的标签进行映射操作，可用 **undo qinq mapping pe-vid** *vlan-id1* **ce-vid** *vlan-id2* [**to** *vlan-id3*] **map-vlan vid** *vlan-id4* 命令取消子接口替换带有双层标签的帧的外层标签

注意　**qinq mapping pe-vid** 命令用来配置子接口双层 VLAN 映射，只对外层 VLAN 映射，内层 VLAN 不变，且仅对入方向报文生效。子接口配置的转换前 VLAN 不能在全局下创建，也不能查看该 VLAN 信息。且物理端口和该物理端口下的子接口不能对同一 VLAN 进行 VLAN 映射或灵活 QinQ 配置。

如果已经在子接口上配置 QinQ Mapping 功能，那么不能再配置 Stacking、QinQ 终结、Dot1q 终结的相关命令。QinQ Mapping 中配置 Mapping 后的 VLAN ID 不能与环路协议（SEP、RRPP、ERPS）控制 VLAN 的 VLAN ID 重合，否则会提示配置错误。

8.7　VLAN Switch 配置与管理

VLAN Switch 是一种 VLAN 标签交换技术，可以直接对帧中的标签进行替换。它有两方面的应用：一是可直接用于**位于同一 IP 网段、不同 VLAN 中的用户间直接二层通信**；二是可使用用户私网 VLAN 报文直接在公网中传输。**仅 S7700、S7900、S9700 和 S12700 系列、部分 VRP 版本支持。**

8.7.1　VLAN Switch 简介

VLAN Switch 是一种按照 VLAN Tag 进行数据转发的转发技术，需要预先在网络中各交换节点（交换机端口）上建立一条静态转发路径。交换节点接收到符合转发条件的 VLAN 报文后，根据 VLAN Switch 表将报文直接转发到相应的接口，无需查看 MAC 地址表，提高了转发效率及安全性，可有效地避免 MAC 地址攻击及广播风暴。

VLAN Switch 功能包括：

■ 添加外层 VLAN Tag 功能，即 VLAN Switch stack-vlan 功能；

■ 在不同接口之间转换外层 VLAN Tag，即 VLAN Switch switch-vlan 功能。

如图 8-34 所示，PC1 和 PC2 的 IP 地址在同一子网中，但分别到 VLAN 2 和 VLAN 3 中，现要求 PC1、PC2 间可直接互通。

此时可在 SwitchA 上配置 VLAN Switch 的 switch-vlan 功能，将 port2 上收到的 VLAN2 的报文转换为 VLAN 3，并指定从 port3 发出。同时将 port3 上收到的 VLAN 3 的报文转换为 VLAN 2，并指定从 port2 发出。配置后，用户 PC1 和 PC2 所发送的报文会按配置的指定路径转发，VLAN 2 和 VLAN 3 就可实现互相通信了。

1．VLAN Switch stack-vlan

VLAN Switch stack-vlan 功能与 8.3 节介绍的灵活 QinQ（又称 VLAN Stacking）功能类似，也是一种针对用户不同的 VLAN 再封装新的外层 VLAN Tag 的技术。

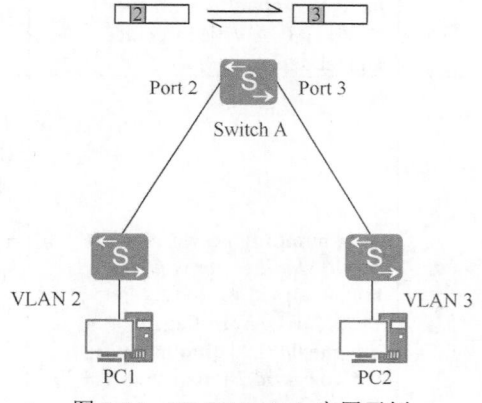

图 8-34　VLAN Switch 应用示例

这种 VLAN Switch stack-vlan 功能应用于需要为多个 VLAN 打上相同外层 VLAN Tag 的情形,主要是为了使多个私网 VLAN 中的用户数据帧可以在公网设备上进行转发,用于屏蔽私网 VLAN 标签,因为公网中的设备不能识别私网 VLAN。

VLAN Switch stack-vlan 功能与 VLAN Stacking 功能的比较见表 8-26。

表 8-26　　　　　**VLAN Switch stack-vlan 功能与 VLAN Stacking 功能比较**

功能	共同点	不同点	优缺点
VLAN Switch stack-vlan	① 接口在收到的帧的最外层 VLAN tag 的外面再添加一层 VLAN Tag。 ② 接口可以配置多个 VLAN,给不同 VLAN 的帧加上不同的外层 Tag。 ③ 接口在接收帧时,给帧加上外层 Tag;发送帧时,剥掉帧最外层的 Tag	VLAN Switch 功能需要预先在网络中各交换节点上建立一条静态转发路径。交换节点接收到符合转发条件的 VLAN(**新添加的外层 VLAN**)报文后,根据 VLAN Switch 表将报文直接转发到相应的接口,无需查看 MAC 地址表。 若 VLAN Switch 中的任意 VLAN 与全局 VLAN 冲突,即如果该 VLAN 已经应用到 VLAN Switch 功能配置命令中指定(不管是原来的外层 VLAN,还是新的外层 VLAN),则在本地设备全局中均无法创建这些 VLAN,接口也不需加入源 VLAN 中	优点在于报文转发时无需查看 MAC 地址表,提高了转发效率及安全性,可有效地避免 MAC 地址攻击及广播风暴。 缺点在于如果有大量的用户接入交换节点,对每一个用户都需要进行初始配置,建立静态转发路径。使得网络管理者的任务量加大,不利于管理
VLAN Stacking		配置 VLAN Stacking 功能后,报文的转发仍需要依赖 MAC 地址表	优点在于用户接入方便,不需要网络管理者进行初始配置。通过 MAC 地址表指导报文转发。 缺点在于报文的转发效率低,易产生广播风暴和受到 MAC 地址攻击

2. VLAN Switch switch-vlan

VLAN Switch switch-vlan 功能与 VLAN 映射(VLAN Mapping)功能类似,是直接进行 VLAN 映射(替换),可以实现不同 VLAN 间的通信。

VLAN Switch switch-vlan 功能是 VLAN Switch 中应用最广的一种功能,用于在同一 IP 网段、不同 VLAN 中的用户直接二层通信。VLAN Switch switch-vlan 功能与 VLAN Mapping 功能的比较见表 8-27。

表 8-27　　　　　**VLAN Switch switch-vlan 功能与 VLAN Mapping 功能的比较**

功能	共同点	不同点	优缺点
VLAN Switch switch-vlan	① 接口在收到带有 VLAN Tag 帧后,对外层 VLAN Tag 进行替换操作。 ② 接口在向外发送本地 VLAN 帧时,将帧中的 VLAN Tag 替换成外部 VLAN 的	VLAN Switch 功能需要预先在网络中各交换节点上建立一条静态转发路径。交换节点接收到符合转发条件的 VLAN(**替换后的 VLAN**)报文后,根据 VLAN Switch 表将报文直接转发到相应的接口,无需查看 MAC 地址表。	优点在于报文转发时无需查看 MAC 地址表,提高了转发效率及安全性,可有效地避免 MAC 地址攻击及广播风暴。

（续表）

功能	共同点	不同点	优缺点
VLAN Switch switch-vlan	VLAN Tag；在接收外部 VLAN 帧时，将帧中的 VLAN Tag 替换成本地 VLAN 的 VLAN Tag	若 VLAN Switch 中的任意 VLAN 与全局 VLAN 冲突，即如果该 VLAN 已经应用到 VLAN Switch 功能配置命令中指定（不管是原来的外层 VLAN，还是新的外层 VLAN），则在本地设备全局中均无法创建这些 VLAN，接口也不需加入源 VLAN 中	缺点在于如果有大量的用户接入交换节点，对每一个用户都需要进行初始配置，建立静态转发路径。使得网络管理者的任务量加大，不利于管理
VLAN Mapping		映射前的 VLAN 也无需在配置 VLAN 映射的设备上全局创建。配置 VLAN Mapping 功能后，报文的转发仍需要依赖 MAC 地址表	优点在于用户接入方便，不需要网络管理者进行初始配置。通过 MAC 地址表指导报文转发。 缺点在于报文的转发效率低，易产生广播风暴和受到 MAC 地址攻击

8.7.2　配置 VLAN Switch stack-vlan 功能

VLAN Switch 的 stack-vlan 功能与 8.3 节介绍的灵活 QinQ（VLAN Stacking）功能类似，通过添加外层 VLAN Tag 实现 VLAN 内跨越运营商网络的通信。

VLAN Switch stack-vlan 功能的配置方法很简单，只需在系统视图下执行 **vlan-switch** *vlan-switch-name* **interface** *interface-type1 interface-number1* **vlan** *vlan-id1* [**to** *vlan-id2*] **interface** *interface-type2 interface-number2* [**stack-vlan** *vlan-id3*]命令添加外层 VLAN Tag 即可。命令中的参数说明如下。

■ **vlan-switch** *vlan-switch-name*：指定 VLAN Switch 的名称，字符串形式，长度范围是 1～32。当输入的字符串两端使用双引号时，可在字符串中输入空格。

■ *interface-type1 interface-number1*、*interface-type2 interface-number2*：指定接收 VLAN 帧的源接口和转发该 VLAN 帧的目的接口，**均必须是 Hybrid 或 Trunk 类型接口，不能是 Access 类型接口或 Eth-Trunk 接口成员口**。

■ **vlan** *vlan-id1* **to** *vlan-id2*：指定帧中原来携带的 VLAN 编号，整数形式，取值范围是 2～4094。*vlan-id2* 必须大于 *vlan-id1*，它和 *vlan-id1* 共同确定一个范围。

■ **stack-vlan** *vlan-id3*：可选参数，指定在原来 VLAN Tag 外面添加新的外层 VLAN Tag 的编号，整数形式，取值范围是 2～4094。如果不指定本参数，则保持帧中外层 VLAN Tag 不变，即不添加新的外层 VLAN Tag。

通过以上配置就建立了一个从源接口、源外层 VLAN（**帧中原来携带的**）到目的接口、目的外层 VLAN（**新添加的**）之间的转发路径映射关系。其实，这里的源接口、源外层 VLAN 和目的接口、目的外层 VLAN 配置是互逆的，即互为转发路径的源和目的。可用 **undo vlan-switch** *vlan-switch-name* 命令用于取消指定名称的 VLAN Switch 的配置。

注意：在配置 VLAN Switch 中要注意以下几点。

■ **vlan-switch** 命令中涉及的所有 VLAN 均不能是在本地全局创建的 VLAN。如果指定 VLAN ID 已经应用到 VLAN Switch 功能中，那么本地设备上不能全局创建该 VLAN。如果指定 VLAN ID 已经用于 QinQ 中，那么该 VLAN ID 也不能再应用到 VLAN Switch 功能中。

■　若报文携带两层 VLAN Tag，如果外层 VLAN ID 已经用于 **port vlan-stacking**、**port vlan-mapping** 命令或控制 VLAN 中，那么报文中的外层 VLAN ID 也不能应用于 VLAN Switch 功能。

■　配置双层 VLAN Tag 的 VLAN Switch 功能时，出/入接口需要都是 X 系列单板的接口或者都不是 X 系列单板的接口。

8.7.3　配置 VLAN Switch switch-vlan 功能

VLAN Switch 的 switch-vlan 功能与 8.5 节介绍的 VLAN 映射功能类似，通过替换外层 VLAN Tag 实现 VLAN 间通信。在系统视图下执行 **vlan-switch** *vlan-switch-name* **interface** *interface-type1 interface-number1* **vlan** *vlan-id1* [**inner-vlan** *vlan-id2* [**to** *vlan-id3*]] **interface** *interface-type2 interface-number2* [**switch-vlan** *vlan-id4*] 命令，配置 VLAN Switch switch-vlan 功能，替换外层 VLAN Tag。命令中的参数说明如下。

■　**vlan-switch** *vlan-switch-name*：VLAN Switch 的名称，字符串形式，长度范围是 1～32。当输入的字符串两端使用双引号时，可在字符串中输入空格。

■　*interface-type1 interface-number1*、*interface-type2 interface-number2*：指定接收 VLAN 帧的源接口和转发该 VLAN 帧的目的接口，**均必须是 Hybrid 或 Trunk 类型接口，不能是 Access 类型接口或 Eth-Trunk 接口成员口**。

■　**vlan** *vlan-id1*：指定转换前的外层 VLAN 编号，整数形式，取值范围是 2～4094。

■　**inner-vlan** *vlan-id2* **to** *vlan-id3*：可选参数，*指定*转换前的内层 VLAN 编号，整数形式，取值范围是 1～4094。*vlan-id3* 必须大于 *vlan-id2*，它和 *vlan-id2* 共同确定一个范围。如果指定本参数，表明报文中可携带双层 VLAN Tag，否则帧中仅单层 VLAN Tag。

■　**switch-vlan** *vlan-id4*：可选参数，指定转换后的外层 VLAN 编号，整数形式，取值范围是 2～4094。如果不指定本参数，则保持帧中外层 VLAN Tag 不变，即不进行外层 VLAN Tag 替换。

通过以上配置就建立了一个从源接口、源外层 VLAN（**帧中原来携带的**）到目的接口、目的外层 VLAN（**替换后的**）之间的转发路径映射关系。这里的源接口、源外层 VLAN 和目的接口、目的外层 VLAN 配置也是互逆的，即互为转发路径的源和目的。可用 **undo vlan-switch** *vlan-switch-name* 命令取消指定名称的 VLAN Switch 的配置。

其他注意事项与上节介绍的 VLAN Switch stack-vlan 功能配置时的注意事项一样。

8.7.4　通过 VLAN Switch 实现 VLAN 间二层通信的配置示例

如图 8-35 所示，Switch 的接口 GE1/0/1、GE1/0/2 分别与 SwitchA、SwitchB 上行口相连，SwitchA、SwitchB 的下行接口分别加入 VLAN10、VLAN20。要求 VLAN10 内的 PC 与 VLAN20 内的 PC（在同一 IP 网段中）能够互相访问。

1. 基本配置思路分析

本示例中要求两个不同 VLAN 中的用户直接二层互通，故可采用 VLAN Switch switch-vlan 功能来实现。如果采用 VLAN Switch stack-vlan 功能的话，帧到达目的接口

（如 Switch 的 GE1/0/2 接口）后会去掉新加的外层 VLAN Tag 后，帧中所携带的外层 VLAN Tag 恢复为原来的外层 VLAN Tag（VLAN 10），此时与目的端的用户 VLAN Tag（VLAN 20）不一致，不能通信了。

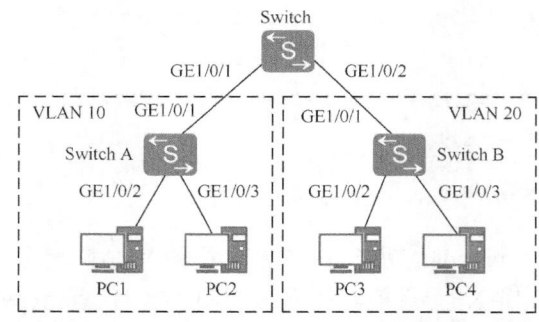

图 8-35　通过 VLAN Switch 实现 VLAN 间二层通信配置示例的拓扑结构

本示例的配置思路如下。

① 在 SwitchA、SwitchB 上创建所需的 VLAN，并把各接口加入到对应的 VLAN 中。

② 在 Switch 上配置 VLAN Switch switch-vlan 功能。

2. 具体配置步骤

① 配置 SwitchA 和 SwitchB。

在 SwitchA 上创建 VLAN10，配置 GE1/0/1 接口以 tagged 方式加入 VLAN 10，GE1/0/2 和 GE1/0/3 接口以 Access 方式加入 VLAN 10。

```
<HUAWEI> system-view
[HUAWEI] sysname SwitchA
[SwitchA] vlan 10
[SwitchA-vlan10] quit
[SwitchA] interface gigabitethernet 1/0/1
[SwitchA-GigabitEthernet1/0/1] port link-type hybrid
[SwitchA-GigabitEthernet1/0/1] port hybrid tagged vlan 10
[SwitchA-GigabitEthernet1/0/1] quit
[SwitchA] interface gigabitethernet 1/0/2
[SwitchA-GigabitEthernet1/0/2] port link-type access
[SwitchA-GigabitEthernet1/0/2] port default vlan 10
[SwitchA-GigabitEthernet1/0/2] quit
[SwitchA] interface gigabitethernet 1/0/3
[SwitchA-GigabitEthernet1/0/3] port link-type access
[SwitchA-GigabitEthernet1/0/3] port default vlan 10
[SwitchA-GigabitEthernet1/0/3] quit
```

在 SwitchB 上创建 VLAN 20，配置 GE1/0/1 接口以 tagged 方式加入 VLAN 20，GE1/0/2 和 GE1/0/3 接口以 Access 方式加入 VLAN 20。

```
<HUAWEI> system-view
[HUAWEI] sysname SwitchB
[SwitchB] vlan 20
[SwitchB-vlan20] quit
[SwitchB] interface gigabitethernet 1/0/1
[SwitchB-GigabitEthernet1/0/1] port link-type hybrid
[SwitchB-GigabitEthernet1/0/1] port hybrid tagged vlan 20
[SwitchB-GigabitEthernet1/0/1] quit
[SwitchB] interface gigabitethernet 1/0/2
[SwitchB-GigabitEthernet1/0/2] port link-type access
```

```
[SwitchB-GigabitEthernet1/0/2] port default vlan 20
[SwitchB-GigabitEthernet1/0/2] quit
[SwitchB] interface gigabitethernet 1/0/3
[SwitchB-GigabitEthernet1/0/3] port link-type access
[SwitchB-GigabitEthernet1/0/3] port default vlan 20
[SwitchB-GigabitEthernet1/0/3] quit
```

② 配置 Switch 的 VLAN Switch 的 switch-vlan 功能，替换帧中原来的外层 VLAN Tag，并指定接收对应 VLAN 帧的源接口，以及转发的目的接口，均必须是 Hybrid 或 Trunk 类型。

注意　在 Switch 设备上无需创建 VLAN 10、VLAN 20，GE1/0/1 接口不能加入 VLAN 10，GE1/0/2 接口不能加入 VLAN 20，否则无法配置 VLAN Switch。

另外，因为转发路径中的源和目的配置是互逆的，故可以通过一条命令完成两端 VLAN 转发路径的配置。

```
<HUAWEI> system-view
[HUAWEI] sysname Switch
[Switch] interface gigabitethernet 1/0/1
[Switch-GigabitEthernet1/0/1] port link-type hybrid
[Switch-GigabitEthernet1/0/1] quit
[Switch] interface gigabitethernet 1/0/2
[Switch-GigabitEthernet1/0/2] port link-type hybrid
[Switch-GigabitEthernet1/0/2] quit
[Switch] vlan-switch name1 interface gigabitethernet 1/0/1 vlan 10 interface gigabitethernet 1/0/2 switch-vlan 20
```

配置完成后，VLAN10 内的 PC 与 VLAN20 的 PC 能够相互访问。

第 9 章
生成树协议配置与管理

本章主要内容

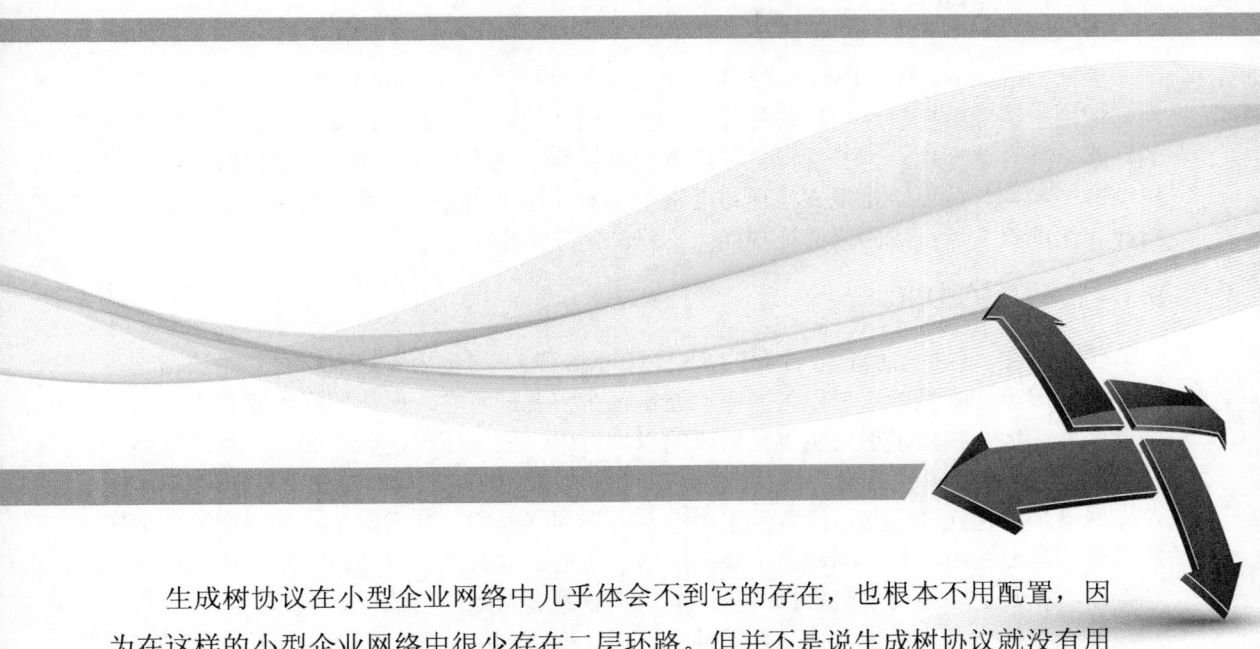

　　生成树协议在小型企业网络中几乎体会不到它的存在，也根本不用配置，因为在这样的小型企业网络中很少存在二层环路。但并不是说生成树协议就没有用处。在一些中大型网络，特别是园区网络中，为了提高网络的可靠性，在设计之时会考虑加入一些二层环路结构，这样，一方面可以使某条路径出现故障时仍然可以选择备用路径保持正常的网络通信不中断，另一方面，通过 MSTP 技术还可实现不同 VLAN 中的流量走不同的路径传输，以实现负载分担。

　　本章要分别对最原始的生成树技术——STP，以及后来衍生、改进而来的 RSTP 和 MSTP 的技术工作原理及配置与管理方法进行全面的介绍。因为 MSTP 总体而言是包括了 STP 和 RSTP 的功能，又有新的 MST 实例技术，可实现多实例的负载分担，功能更强大，应用也更广泛，所以在华为交换机设备中缺省启用的是 MSTP 模式。

9.1 STP 基础

STP（Spanning Tree Protocol，生成树协议）是根据 IEEE 802.1D 标准建立的，用于在局域网中消除数据链路层环路的协议。运行 STP 的设备通过彼此交互信息发现网络中的环路，并有选择地对某些端口进行阻塞，以最终实现将环路网络结构修剪成无环路的树型网络结构，从而防止报文在环路网络中不断地增生和无限循环，避免设备由于重复接收相同的报文所造成的报文处理能力下降的问题发生。

9.1.1 STP 的由来

说到 STP（包括后面将要介绍的 RSTP 和 MSTP），许多读者朋友一直想不明白它有什么用，因为在常见的星形以太网中，通常很少需要配置它，网络照样可以正常使用。的确如此，因为在由星形结构单元组成的以太网中，通常就已是无交叉、无物理环路的树形结构。那么 STP 到底有什么用，主要在什么情况下使用它呢？在此我要告诉你，STP 仅在网络中存在冗余链路，或者网络中存在环形网络结构（其实都是存在封闭的物理环路）时才需要采用，其目的就是消除网络这些可能造成数据往返传输，形成死循环的冗余链路，以及消除同一个交换机从不同端口上收到多份相同的数据。

在以太网交换网络中，为了进行链路备份、提高网络可靠性，通常会在一些关键设备间使用冗余链路，在如图 9-1 所示的两核心交换机使用了冗余连接。但是使用冗余链路会在交换网络上产生环路（如图中的 S1 和 S2 的 port1、port2 端口就构成了一个物理封闭环路），并导致广播风暴以及 MAC 地址表不稳定等故障现象，从而导致用户通信质量较差，甚至通信中断。如 S1 的 port1 端口在从 S2 的 port1 端口收到一个广播包后，会再从包括它的 port2 在内的所有其他端口发送出去，这样 S2 的 port2 端口又会收到这个同样的广播包，然后从包括它的 port1 在内的所有其他端口发送出去，致使 S1 的 port1 端口再次收到同样的广播包，就这样一直循环下去，形成了一个死循环，最终形成广播风暴。

另外，还有一些网络中存在设备间的封闭环形结构，如在图 9-2 所示的网络中，S1、S2、S3 和 LAN 局域网所形成的封闭环。其实这种结构和图 9-1 是一样的，只是相当于在图中的直连链路中间加了一些设备 S2 和 S3，同样会形成广播风暴。使用 STP 技术，其实更多是抱着以防万一的心态，防止网络中存在这样的物理封闭环路。因为 STP 技术在保障正常使用冗余链路备份的同时，又可确保不会出现二层通信环路。

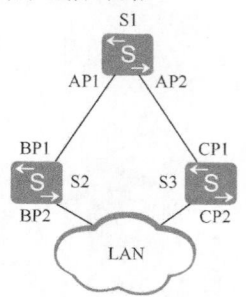

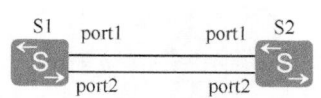

图 9-1 冗余链路结构示例

图 9-2 环形网络结构示例

为解决交换网络中的环路问题，提出了生成树协议（STP）。运行 STP 的设备通过彼此交互信息发现网络中的环路，并有选择地对某个端口进行阻塞，最终将环形网络结构修剪成无环路的树形网络结构，从而防止报文在环形网络中不断循环，避免设备由于重复接收相同的报文造成处理能力的下降。

在如图 9-3 所示的环形结构网络中，如果没有在交换机上启用 STP，就会产生如下两种情况。

（1）产生广播风暴，导致网络不可用

如果 HostA 发出广播请求，交换机 S1 和 S2 的端口 port1 都将收到这个广播报文，然后从所有其他同网段的端口（如 port2）广播出去，这时对端交换机与之相连的端口又收到相同的广播报文，这台交换机再从它的其他端口（如 port1）转发出去，对端交换机又会收到相同的广播报文，如此反复，最终导致整个网络资源被耗尽，网络瘫痪不可用。

（2）MAC 地址表振荡，导致 MAC 地址表项被破坏

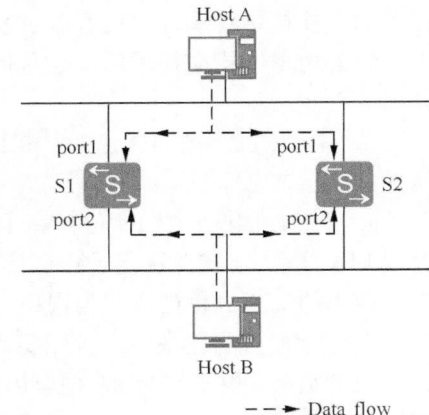

图 9-3　环形结构网络示例

假设图 9-3 所示的网络中没有产生广播风暴，HostA 发送一个单播报文给 HostB，如果此时 HostB 临时从网络中移去，那么交换机上有关 HostB 的 MAC 地址表项也将被删除。此时 HostA 发给 HostB 的单播报文，将被交换机 S1 和 S2 上的端口 port1 接收，由于 S1 上没有相应的 MAC 地址转发表项了，因此该单播报文将被同时泛洪转发到其他端口（如 port2）上，交换机 S2 的端口 port2 在收到从对端 port2 端口发来的单播报文后，然后又以泛洪方式从其他端口（如 port1）发出去，使交换机 S1 的 port1 端口又会收到这个单播报文。如此反复，在两台交换机上，由于不间断地从端口 port2、port1 收到主机 A 发来的单播报文，交换机会不停地修改自己的 MAC 地址表项，从而引起了 MAC 地址表的抖动。如此下去，最终导致 MAC 地址表项被破坏。

9.1.2　STP 的基本概念

在 STP 中，涉及许多基本概念，如根桥、桥 ID、桥优先级、根端口、指定端口、端口状态、端口 ID、端口优先级等。这些基本概念可以用"一个根桥、两种度量、3 个选举要素、4 个比较原则和 5 种端口状态"一句话来形容，下面分别予以介绍。

1．一个根桥

树形的网络结构必须有一个树根，于是 STP 引入了根桥（Root Bridge）的概念。对于一个运行 STP 的网络，根桥在全网中只有一个，就像一棵树只有一个树根一样，那就是网络中具有最小桥 ID（BID）的桥。网络中除根桥外的其他桥统称为非根桥。有关桥 ID 将在下面具体介绍。

说明 根桥是整个网络的逻辑中心，但不一定是物理中心，且会根据网络拓扑的变化而动态变化。一般是需要将环路中所有交换机当中性能最好的一台设置为根桥交换机，以保证能够提供最好的网络性能和可靠性。网络收敛后，根桥会按照一定的时间间隔产生

并向外发送配置 BPDU，其他设备仅对该报文进行转发，传达拓扑变化记录，从而保证拓扑的稳定。

2. 两种度量

在 STP 生成树的计算中，要确定两个方面：一是确定哪台交换机将成为根桥，在非根桥的交换机中哪些端口具有收、发数据的功能，哪些端口又该被阻塞，以便最终形成无环路的树形结构交换网络。这里的 STP 生成树计算所依据的就是 STP 中的 ID 和路径开销。

① ID。STP 中的 ID 包括：BID（Bridge ID，桥 ID）和 PID（Port ID，端口 ID）两种。

a. BID。BID 一共 64 位，高 16 位为桥优先级（Bridge Priority）值，低 48 位为桥背板 MAC 地址。BID 决定了哪台交换机将成为交换网络中的根桥，因为在 STP 中规定，BID 最小的交换机将被选举为根桥。

在进行根桥的选举中，首先要比较的就是高 16 位的桥优先级，它是一个用户可以设定的参数，数值范围为 0～61440，设定的值越小，优先级越高，也越有可能成为根桥。如果各交换机的桥优先级都一样才比较它们 BID 中的桥背板 MAC 地址，MAC 地址最小的将成为该交换网络中的根桥。

b. PID。PID 由两部分构成，高 4 位是端口优先级，低 12 位是端口号。PID 只在某些情况下对选择"指定端口"有作用。即在选择指定端口时，两个端口的根路径开销和发送 BPDU 交换机的 BID 都相同的情况下，比较端口的 PID，PID 小者为指定端口。端口优先级可以影响端口在指定生成树实例上的角色。

② 路径开销。路径开销（Path Cost）是一个端口参数，由具体端口的链路速率决定（对于聚合链路，链路速率是聚合组中所有状态为 Up 的成员口的速率之和），是 STP 用于选择链路的参考值。STP 通过计算各端口的路径开销，选择较为"强壮"（开销小）的链路，阻塞多余的链路，将网络修剪成无环路的树形网络结构。

在一个运行 STP 的交换网络中，某端口到根桥累计的路径开销就是所经过的各个桥上出端口的路径开销累加值，这个值叫作根路径开销（Root Path Cost）。**根桥上所有端口的根路径开销，以及同交换机上不同端口间的路径开销值均为零。**

3. 3 个选举要素

由环形网络拓扑结构修剪为树形结构，需要使用 STP 中的 3 个选举要素，即根桥、根端口和指定端口。我们结合图 9-4 进行具体介绍。

图中的 PC 为 Path Cost，即"路径开销"，RPC 为 Root Path Cost，即"根路径开销"。

（1）根桥

根桥（Root Bridge，RB）就是 BID 最小的桥设备，通过交互配置 BPDU 报文来选出

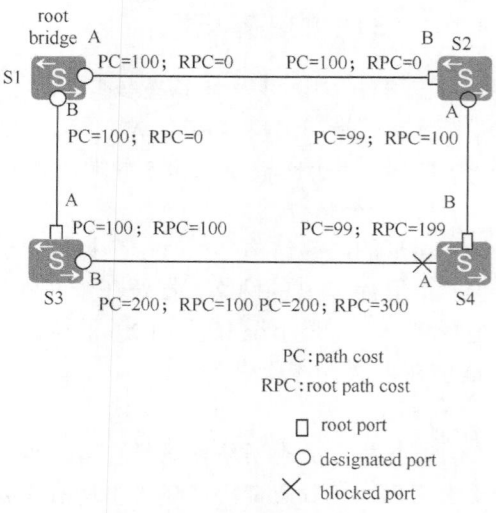

图 9-4　STP 3 要素描述示例

最小的 BID，如图 9-4 中的 S1 为根桥，因为它的 RPC=0。

（2）根端口

根端口（Root Port，RP）负责向根桥方向转发数据，是当前桥设备上去往根桥的"根路径开销"（Root Path Cost，RPC）值最小的端口，也即非根桥的交换机上离根桥"最近"的端口。**在一个运行 STP 的设备上，根端口有且只有一个，根桥上没有根端口。**

当多个端口的根路径开销相同时，会再比较它们所连接的指定桥（对端交换机）的桥 ID，连接最小 ID 指定桥的端口会成为本端桥的根端口；当多个端口所连接的指定桥的桥 ID 也相同（**同时连接到一个交换机上**）时，继续比较这些端口所连接的指定桥上端口的 PID，连接指定桥上最小 PID 端口的本地端口即为本地桥的根端口。

通过比较图 9-4 中 S2、S3 和 S4 中的 A、B 端口到达根桥 S1 的根路径开销（RPC）值就可以得出它们的根端口分别为 B 端口（RPC=100）、A 端口（RPC=100）和 B 端口（RPC=199）。

（3）指定端口

"指定端口"（Designated Port，DP）与"指定桥"（Designated Bridge，DB）息息相关，但不是一一对应的，如何确定要分以下两种情况。

① 对于一台设备而言，与本地桥直接相连并且负责向本地桥转发配置消息（**当网络稳定后，配置消息通常是由根桥自上而下转发的，故指定桥通常是本地桥的上游桥**）的设备就是指定桥，指定桥中向本地桥转发配置消息时所用的端口就是指定端口。

② 对于一个局域网而言，负责向本网段转发配置消息的设备就是指定桥，指定桥上向本网段转发配置消息时所用的端口就是指定端口。

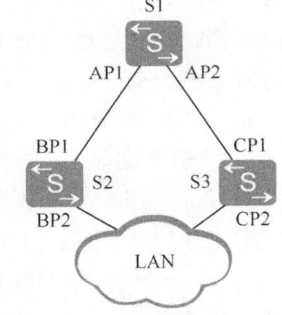

如图 9-5 所示，AP1、AP2、BP1、BP2、CP1、CP2 分别表示设备 S1、S2、S3 的端口。S1 通过端口 AP1 向 S2 转发配置消息，则 S2 的指定桥就是 S1，指定端口就是 S1 的端口 AP1。而与局域网 LAN 相连的有 S2 和 S3 两台设备，如果配置 S2 负责向 LAN 转发配置消息，则 LAN 的指定桥就是 S2，指定端口就是 S2 的 BP2。

一旦根桥、根端口、指定端口选举成功，则整个树形拓扑建立完毕。在拓扑稳定后，**只有根端口和指定端口转发流量**，其他的非根、非指定端口（称为阻塞端口）都处

图 9-5　指定桥与指定端口示例

于阻塞（Blocking）状态，它们只接收 STP 报文而不转发用户流量，如图 9-4 中的 S4 的 A 端口。

4. 4 个比较原则

STP 生成树的生成计算中依据的就是各个端口在发送配置 BPDU 中所携带的 4 个优先级向量：{ 根桥 ID，根路径开销，发送者 BID，发送端口 PID }。具体解释如下。

① 根桥 ID：每个 STP 网络中有且仅有一个根。

② 根路径开销：发送配置 BPDU 的端口到根桥的距离。

③ 发送者 BID：发送配置 BPDU 的设备的 BID。

④ 发送端口 PID：发出配置 BPDU 的端口的 PID。

STP 网络中的其他设备收到配置 BPDU 消息后，将比较这些字段值，然后按照以下

4 个基本比较原则（在 STP 计算过程中，遵循数值越小越好的原则）。

① 最小 BID：用来选举根桥。运行 STP 的设备之间根据各自发送的配置 BPDU 中 BID 字段值最小的作为根桥。根桥的选举原则是通过 BID 中的桥优先级和桥 MAC 地址进行比较，先进行桥优先级比较，优先级最高（优先级值最小）的将成为根桥；桥优先级相同再比较桥的 MAC 地址，MAC 地址最小的将成为根桥。

② 最小根路径开销：用来在非根桥上选择根端口。在运行 STP 的设备上到达根桥的总路径开销值最小的端口作为该桥的根端口。在根桥上，每个端口到根桥的根路径开销都是 0，所以**根端口都是在指定桥上，而不是在根桥上**。

③ 最小发送者 BID：用来在非根桥上选择指定桥和根端口。当一台运行 STP 的设备要在两个以上根路径开销相等的端口之中选择根端口时，通过 STP 计算将选择接收到的配置 BPDU 中发送者 BID 较小的那个桥作为自己的指定桥，接收该配置 BPDU 的端口就作为自己的根端口。

如图 9-4 所示，假设 S2 的 BID 小于 S3 的 BID，如果 S4 的 A、B 两个端口接收到的 BPDU 里面的根路径开销相等，那么 S2 将成为 S4 的指定桥，S4 的端口 B 将成为 S4 的根端口。

④ 最小 PID：用于在根路径开销相同的情况下，阻塞 PID 值较大的端口，PID 值最小的端口将成为该桥上的指定端口。在如图 9-6 所示的情况下 PID 才起作用，S1 的端口 A 的 PID 小于端口 B 的 PID，由于两个端口上收到的 BPDU 中根路径开销、发送设备的 BID 都相同，所以消除环路的依据就只有 PID。

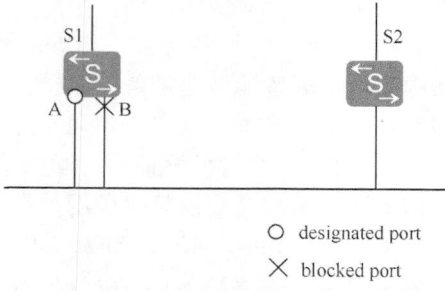

○ designated port
✕ blocked port

图 9-6　根据 PID 选择指定端口的示例

5. 5 种端口状态

运行 STP 的设备上有以下 5 种端口状态。

① Forwarding：转发状态，此时端口既转发用户流量也转发 BPDU 报文。只有根端口或指定端口才能进入 Forwarding 状态。

② Learning：学习状态，此时设备会根据收到的用户流量构建 MAC 地址表，但不转发用户流量。这是一种过渡状态，增加 Learning 状态是为了防止临时二层环路。

③ Listening：监听状态，此时设备正在确定端口角色，将选举出根桥、根端口和指定端口。这也是一种过渡状态。

④ Blocking：阻塞状态，此时端口仅可接收并处理 BPDU，不转发用户流量。

⑤ Disabled：禁用状态，此时端口不仅不能转发 BPDU 报文，也不能转发用户流量。端口状态为 Down。

以上这 5 种端口状态的迁移机制如图 9-7 所示，图中的序号说明如下。

① 端口从禁止状态开始初始化或者使能后首先进入阻塞状态。

② 在端口突然被禁用或者链路失效时将从当前其他所有状态下直接进入到禁用状态。

③ 在端口被选举为根端口或指定端口后，由阻塞状态进入到监听状态。

④ 在端口不再是根端口或指定端口时，会从当前其他状态直接进入阻塞状态。

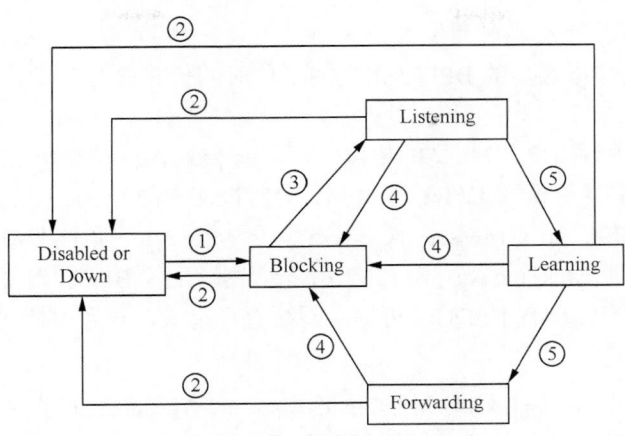

图 9-7　端口状态迁移示意

⑤ 当新选出的根端口和指定端口要经过两倍的转发延时（即从监听状态进入学习状态，再从学习状态进入转发状态）后才能进入转发状态，以确保新的配置消息传遍整个网络，防止临时环路的产生。

说明　华为公司数据通信设备缺省情况处于 MSTP 模式，当从 MSTP 模式切换到 STP 模式，运行 STP 的设备上端口支持的端口状态仍然保持和 MSTP 支持的端口状态一样（MSTP 端口状态与 RSTP 端口状态相同），支持的状态仅包括 Forwarding（转发）、Learning（学习）和 Discarding（丢弃）3 种，将在本章的后面具体介绍。

9.1.3　STP 的 3 个定时器

对于 STP，影响端口状态和端口收敛有以下 3 个定时器参数。

1. Hello Time（Hello 定时器）

Hello 定时器是指运行 STP 的设备发送配置 BPDU 的时间间隔（缺省为 2s），即设备会每隔 Hello Time 时间向周围的设备发送配置消息 BPDU，以确认链路是否存在故障。

当网络拓扑稳定之后，该定时器的修改只有在根桥修改后才有效。新的根桥会在发出的 BPDU 报文中填充适当的字段以向其他非根桥传递该定时器修改的信息。当拓扑变化之后，TCN BPDU 的发送不受这个定时器的管理。

2. Forward Delay（转发延时）

转发延时是设备进行状态迁移的延迟时间，是指一个端口处于 Listening 和 Learning 状态的各自持续时间（缺省为 15s）。即 Listening 状态持续 15s，随后进入 Learning 状态，然后再持续 15s。这两个状态下的端口会处于 Blocking 状态，这正是 STP 用于避免临时环路的关键。

链路故障会引发网络重新进行生成树的计算，生成树的结构将发生相应的变化。但是重新计算得到的新配置消息不可能立即传遍整个网络，如果此时新选出的根端口和指定端口立即开始数据转发的话，很可能会造成临时的二层环路。为此，STP 采用了一种状态迁移机制，**新选出的根端口和指定端口要经过两倍的 Forward Delay 延时后才能进入转发状态**，这个延时保证了新的配置消息传遍整个网络，从而防止了临时环路的产生。

3．Max Age（最大生存时间）

最大生存时间是指端口的 BPDU 报文的老化时间（缺省为 20s），可在根桥上通过命令人为修改。

Max Age 通过配置 BPDU 报文的传输，可保证 Max Age 在整网中一致。运行 STP 的网络中，非根桥设备收到配置 BPDU 报文后，会对报文中的 Message Age（消息生存时间）和 Max Age 进行比较：如果 Message Age 小于等于 Max Age，则该非根桥设备继续转发配置 BPDU 报文；如果 Message Age 大于 Max Age，则该配置 BPDU 报文将被老化，同时该非根桥设备直接丢弃该配置 BPDU，可认为网络直径过大，导致根桥连接失败。

说明 当配置 BPDU 从根桥发出时报文中的 Message Age 值为 0，其他桥收到配置 BPDU 后，Message Age 值为从根桥发送到当前桥接收到 BPDU 所经过的传输延时。实际实现中，配置 BPDU 报文每经过一个桥，Message Age 增加 1。

9.1.4　STP BPDU 报文

STP 采用的是 BPDU（Bridge Protocol Data Unit，桥协议数据单元）类型报文，也称为配置消息。STP 就是通过在设备之间传递 BPDU 来确定最终修剪完成的网络拓扑结构。STP BPDU 又分为两大类。

① 配置 BPDU（Configuration BPDU）：用来进行生成树计算和维护生成树拓扑的报文，是初始阶段中各交换机发送的 BPDU 消息。

② TCN BPDU（Topology Change Notification BPDU）：当拓扑结构发生变化时，下游设备用来通知上游设备网络拓扑结构发生变化的报文。它是当拓扑稳定后，网络中出现了链路故障，网络拓扑发生改变时所发送的 BPDU 消息。

"配置 BPDU"是一种心跳报文，只要端口使能 STP，则设备就会按照 Hello Time 定时器规定的时间间隔从**指定端口**发送配置 BPDU；而 TCN BPDU 是在设备检测到网络拓扑发生变化时才发出的。

STP BPDU 报文被封装在以太网数据帧中（如图 9-8 所示），**此时目的 MAC 地址是组播 MAC 地址：01-80-C2-00-00-00**（标识所有交换机），在 LLC 头部中，IEEE 为 STP 保留的 DSAP 和 SSAP 值均为 0x42（代表 IEEE 802.1D 协议类型），Control 为 0x03（代表为无连接服务的以太网）。下面具体介绍这两种 BPDU。

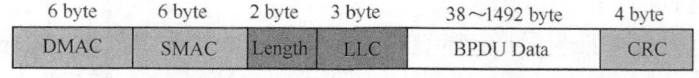

6 byte	6 byte	2 byte	3 byte	38～1492 byte	4 byte
DMAC	SMAC	Length	LLC	BPDU Data	CRC

图 9-8　封装在以太网数据帧中的 STP BPDU 格式

1．配置 BPDU

在 STP 中通常所说的 BPDU 报文多数是指配置 BPDU。在初始化过程中，每个桥都主动发送配置 BPDU。但**在网络拓扑稳定以后，只有根桥主动发送配置 BPDU**，其他桥在收到上游传来的配置 BPDU 后才触发发送自己的配置 BPDU。具体来说，配置 BPDU 在以下 3 种情况下才会产生。

① 只要端口使能 STP，则配置 BPDU 就会按照 Hello Time 定时器规定的时间间隔

从指定端口发出。

　　② 当根端口收到配置 BPDU 时，根端口所在的设备会向自己的每一个指定端口复制一份配置 BPDU。

　　③ 当指定端口收到比自己差的配置 BPDU 时，会立刻向下游设备发送自己的配置 BPDU。

　　配置 BPDU 的长度至少有 35 字节，包含了桥 ID、路径开销和端口 ID 等参数，如图 9-9 所示。只有当发送者 BID（Bridge ID）或发送端口 PID（Port ID）两个字段中至少有一个和本桥接收端口不同时，所收到的这个 BPDU 报文才会被处理，否则丢弃。这样避免了处理和本端口信息一致的 BPDU 报文。

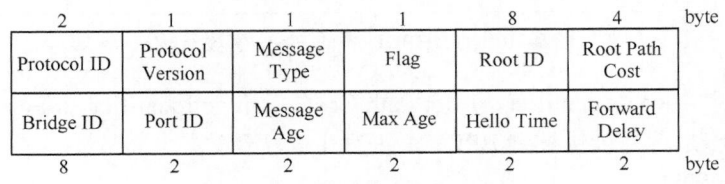

图 9-9　STP BPDU 报文格式

　　图 9-9 所示的配置 BPDU 报文格式中的各部分说明见表 9-1。其中 Flags（标志）字段是 1 字节，但在 STP 配置 BPDU 中只用了最高位和最低位两个比特位，如图 9-10 所示，字段中的这两位说明参见表 9-1 中的 Flags 字段说明。

表 9-1　　　　　　　　　　　　　　　　　　　**配置 BPDU 报文基本格式**

字段	字节数	说明
Protocol Identifier（协议 ID）	2	总是为 0
Protocol Version（协议版本）	1	总是为 0
Message Type（消息类型）	1	指示当前 BPDU 消息类型：0x00 为配置 BPDU，0x80 为 TCN BPDU
Flags（标志）	1	最低位=TC（Topology Change，拓扑变化）标志，最高位=TCA（Topology Change Acknowledgment，拓扑变化确认）标志
Root Identifier（根 ID）	8	指示当前根桥的 BID（即"**根 ID**"），由 2 字节的桥优先级和 6 字节 MAC 地址构成
Root Path Cost（根路径开销）	4	指示发送该 BPDU 报文的端口累计到根桥的开销
Bridge Identifier（桥 ID）	8	指示发送该 BPDU 报文的交换设备的 BID（即"**发送者 BID**"），也是由 2 字节的桥优先级和 6 字节 MAC 地址构成
Port Identifier（端口 ID）	2	指示发送该 BPDU 报文的端口 ID，即"**发送端口 ID**"
Message Age（消息生存时间）	2	指示该 BPDU 报文的生存时间，即端口保存 BPDU 的最长时间，过期后将删除，要在这个时间内转发才有效。如果配置 BPDU 是直接来自根桥的，则 Message Age 为 0，如果是其他桥转发的，则 Message Age 是从根桥发送到当前桥接收到 BPDU 的总时间，包括传输延时等。实际实现中，配置 BPDU 报文经过一个桥，Message Age 增加 1

（续表）

字段	字节数	说明
Max Age （最大生存时间）	2	指示配置 BPDU 消息的最大生存时间，也即老化时间
Hello Time （Hello 消息定时器）	2	指示发送两个相邻 BPDU 的时间间隔
Forward Delay （转发延时）	2	指示控制 Listening 和 Learning 状态的持续时间，表示在拓扑结构改变后，交换机在发送数据包前维持在监听和学习状态的时间

Bit7	Bit6	Bit5	Bit4	Bit3	Bit2	Bit1	Bit0
TCA	Resered						TC

图 9-10　STP BPDU 中的 Flags 字段结构

以上字段中，Root Identifier、Root Path Cost、Bridge Identifier 和 Port Identifier 这 4 个字段用于检测是否是最优配置 BPDU，进行生成树计算。

2．TCN BPDU

TCN BPDU 是指在下游拓扑发生变化时向上游发送拓扑变化通知，直到根桥。TCN BPDU 在如下两种情况下会产生。

① 端口状态变为 Forwarding 状态，且该设备上至少有一个指定端口。

② 指定端口在收到 TCN BPDU 后向根桥复制 TCN BPDU。

TCN BPDU 中的内容比较简单，只有表 9-1 中列出的前 3 个字段：协议 ID、协议版本和消息类型，**长度只有 4 字节**，且"消息类型"字段是固定值 0x80。

3．BPDU 优先级

前面介绍了，当桥收到其他桥发来的配置 BPDU 时，会视情况对自己的配置 BPDU 进行更新，那么当桥的多个端口收到多个不同的配置 BPDU 时，该以哪个为准呢？这就要使用配置 BPDU 的优先级来区分了。即当同一桥收到了多个不同的配置 BPDU 时，采用优先级高的 BPDU，其他的将被丢弃。

假定有两条配置 BPDU X 和 Y，则它们的比较顺序如下。

① 如果 X 的根桥 ID 小于 Y 的根桥 ID，则 X 优于 Y。

② 如果 X 和 Y 的根桥 ID 相同，但 X 的根路径开销小于 Y，则 X 优于 Y。

③ 如果 X 和 Y 的根桥 ID，以及路径开销都相同，但 X 的桥 ID 小于 Y，则 X 优于 Y。

④ 如果 X 和 Y 的根桥 ID、根路径开销以及桥 ID 都相同，但 X 的端口 ID 小于 Y，则 X 优于 Y。

9.1.5　STP 的不足之处

STP 虽然能够解决环路问题，但是由于网络拓扑收敛慢，影响了用户的通信质量。因为在 STP 中，任何端口要从 Blocking（阻塞）状态转换到 Forwarding（转发）状态必须经过两倍转发延时（包括由监听状态到学习状态的等待时间和由学习状态到转发状态的等待时间），至少 30s 的时间。如果网络中的拓扑结构频繁变化，网络也会随之频繁失去连通性，从而导致用户通信频繁中断，这是用户无法忍受的。

STP 的不足主要体现在以下几个方面。

① 首先，STP 没有细致区分端口状态和端口角色，不利于初学者的学习及部署。

在 STP 中划分了 5 种端口状态，然而其中的 Listening、Learning 和 Blocking 3 种状态并没有实质上的区别，都不转发用户流量。另外，从使用和配置角度来讲，端口之间最本质的区别并不在于端口状态，而是在于端口扮演的角色。而在 STP 中，根端口和指定端口既可能都处于 Listening 状态，又可能都处于 Forwarding 状态，没有一个很好的体现。

② 其次，STP 采用的是被动算法，依赖定时器（如转发延时定时器）等待的方式判断拓扑变化，所以收敛速度慢。

③ 最后，STP 中的算法规定在稳定的拓扑中，只有根桥才能主动发出配置 BPDU 报文，其他桥设备只能被动地进行转发，直到传遍整个 STP 网络。这也是导致拓扑收敛慢的主要原因之一。

正因 STP 有以上这些不足，IEEE 于 2001 年发布的 802.1W 标准定义了 RSTP（Rapid Spanning-Tree Protocol，快速生成树协议）。该协议基于 STP，在绝大多数方面都是直接继承，但也针对 STP 的许多不足进行了比较多的修改和补充。

9.2　STP 拓扑计算原理深入剖析

STP 拓扑结构生成树的计算过程要区分初始化阶段和拓扑结构稳定后这两个阶段。在本章前面的 9.1.2 节已介绍了 STP 中的根桥、根端口和指定端口的选举规则。本节要通过具体的示例再次深入剖析在初化阶段 STP 的这 3 个要素的选举原理，以及在拓扑稳定阶段，因拓扑发生变化而引起的生成树拓扑改变的原理。

9.2.1　生成树初始化阶段的角色选举

网络中所有的桥设备在使能 STP 后，每一个桥设备都认为自己是根桥。此时每台设备仅仅收发配置 BPDU，而不转发用户流量，所有的端口都处于 Listening 状态。所有桥设备通过交换配置 BPDU 后才进行根桥、根端口和指定端口的选举工作。

1. 根桥的选举

"根桥的选举"就是在交换网络中所有运行 STP 的交换机上选举出一个唯一的根桥。"根桥"是 STP 生成树的最顶端交换设备，是 STP 生成树的"树根"。根桥的选举依据是各桥的配置 BPDU 报文中 BID（桥 ID）字段值，BID 字段值最小的交换机将成为根桥。而桥配置 BPDU 报文中 BID 字段共有 8 字节，即 2 字节的桥优先级和 6 字节的桥背板 MAC，其中桥优先级的取值范围是 0～61440，缺省值是 32768。在进行 BID 比较时，先比较桥优先级，优先级值小的为根桥；当桥优先级值相等时，再比较桥的背板 MAC 地址，MAC 地址小的为根桥。

在初始化过程中，根桥的选举要经历两个主要过程：一是每个桥上确定自己的配置 BPDU；二是在整个交换网络中通过各桥自己发送的配置 BPDU 进行比较，选举整个交换网络中的根桥。

① 桥配置 BPDU 的确定。一开始每个桥都认为自己是根桥，所以在每个端口所发出的配置 BPDU 报文中，"根 ID"字段都是用各自的 BID，"根路径开销"字段值均为 0，"发送者 BID"字段是自己的 BID，"发送端口 PID"字段是发送该 BPDU 端口的端口 ID。

每个桥在向外发送自己的配置 BPDU 的同时也会收到其他桥发送的配置 BPDU。但桥端口并不会对收到的所有配置 BPDU 都用来更新自己的配置 BPDU，而是先进行配置 BPDU 优先级的比较。当端口收到的配置 BPDU 比本端口的配置 BPDU 的优先级低时，将丢弃所收到的这个配置 BPDU，仍保留自己原来的配置 BPDU，否则桥将收到的配置 BPDU 作为该端口的配置 BPDU。然后，桥再将自己所有端口的配置 BPDU 进行比较，选出最优的 BPDU 作为本桥的配置 BPDU。有关 BPDU 优先级的比较参见本章 9.1.4 节。

② 根桥的确定。每个桥的最优配置 BPDU 确定后，以后各桥间交换的配置 BPDU 都是各自最优的配置 BPDU 了。如图 9-11 所示，用{}标注的四元组表示了由根桥 BID（图中以 S1_MAC 和 S2_MAC 代表两台设备的 BID）、累计根路径开销、发送者 BID（SBID）、发送端口 PID 构成的有序组。配置 BPDU 会按照 Hello Timer 规定的时间间隔来发送，缺省的时间是 2s。

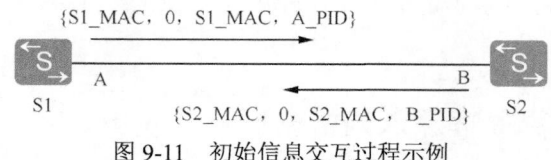

图 9-11　初始信息交互过程示例

一旦某个端口收到比自己优的配置 BPDU 报文，此端口就提取该配置 BPDU 报文中的某些信息更新自己的信息。该端口存储更新后的配置 BPDU 报文后，立即停止发送自己的配置 BPDU 报文。在图中，如果 S2 的端口 B 由于接收到了来自 S1 的更好的配置 BPDU，从而认为此时 S1 是根桥，然后 S2 的其他端口再发送 BPDU 时，在根桥 ID 字段里面填充的就是 S1_BID 了。此过程不断地交互进行，直到所有交换设备的所有端口都认为根桥是相同的，说明根桥已经选择完毕。

在如图 9-12 所示的交换网络中列出了 S1、S2 和 S3 的桥优先级和桥 MAC 地址。通过比较发现 3 台交换机的桥优先级都一样，均为缺省的 32768，这时就要进一步比较各交换机的 MAC 地址，通过比较可以发现 S1 的 MAC 地址最小，所以最终 S1 将被选举作为根桥。

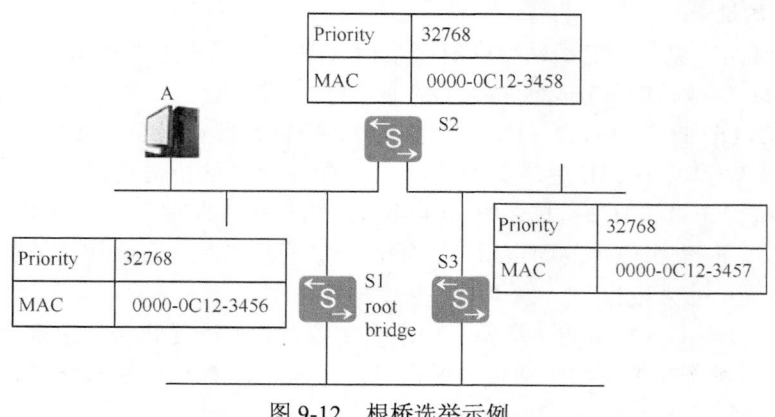

图 9-12　根桥选举示例

2. 根端口的选举

"根端口的选举"就是在所有非根桥上的不同端口之间选举出一个到根桥最近的端口。当然这个"最近"的衡量标准不是根据到达根桥所经过的桥数,而是根据端口到根桥的累计根路径开销最小来判定。实质上是非根桥上接收到最优配置 BPDU 的那个端口即为根端口。每个非根桥设备都要选择一个根端口,**根端口对于一个设备来说有且只有一个**。

累计根路径开销的计算方法是累加从端口到达根桥所在路径的各端口(**除根桥上的指定端口外**)的各段链路的路径开销值(也称链路开销值)。这里要特别注意的是,**同一交换机上不同端口之间的路径开销值为 0**。如果同一桥上有两个以上的端口计算得到的累计根路径开销相同,那么选择收到发送者 BID 最小的那个端口作为根端口。

在如图 9-13 所示的交换网络中,S1 为根桥,这时就需要选举 S2 和 S3 非根桥的根端口。S2 到达根桥 S1 有两条路径:一条是通过 port5 端口直接到达 S1 的 port1 端口,其累计根路径开销很容易得出,就是 port5 端口自身的路径开销值,即图中标的是 19。另一条是从 port6 端口出发,经过 S3 的 port3 和 port4 端口,到达根桥 S1 的 port2 端口,其累计根路径开销值就是 port6、port3 和 port4 端口的路径开销值之和。从图中的标注可以知道,port6 端口的路径开销值也为 19,但因为 port3 到 port4 端口在同一交换机 S3 上,所以 port3 到 port4 端口的路径开销值为 0,port4 到 S1 的 port2 端口的路径开销值也为 19,这样 port6 端口累计根路径开销值就是 19+0+19=38,很明显高于 port5 端口的累计根路径开销值 19,所以 port5 端口最终选举为 S2 的根端口。用同样的方法可以得出 S3 桥上的根端口为 port4。

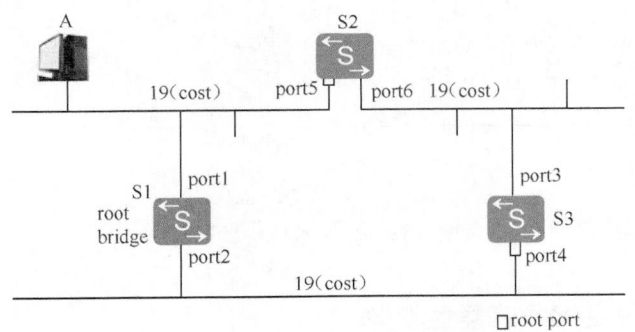

图 9-13　根端口选举示例

3. 指定端口的选举

"指定端口的选举"是在每一个物理网段的不同端口之间选举出一个指定端口。"指定端口"与前面所说的"根端口"相对,它可以理解为离下游设备最近的端口,是本物理网段(这里的"网段"是指一个交换机端口所连接的所有设备)中唯一可以接收下游设备数据的端口。它是依次根据以下 3 项条件来判定的。

① 某网段到根桥的路径开销最小。

② 接收数据时发送方(也就是链路对端的桥)的桥 ID 最小。

③ 发送方端口 ID 最小(端口 ID 有 16 位,它是由 8 位端口优先级和 8 位端口编号组成的,其中端口优先级的取值范围是 0～240,缺省值是 128,可以修改,但必须是 16

的倍数）。

　　如图 9-11 所示，假定 S1 的 MAC 地址小于 S2 的 MAC 地址，则 S1 为根桥。根据上面的第一项指定端口判定原则可以得出 S1 的端口 A 会成为指定端口。在一个物理网段上拥有指定端口的设备被称作该网段的指定桥，由此可以得出图 9-11 所示的 S1-S2 间网段的指定桥是 S1。

　　网络收敛后，只有指定端口和根端口可以处于转发状态。其他端口都是 Blocking 状态，不转发用户流量。根桥的所有端口都是指定端口（除根桥物理上存在环路）。

　　现在再来看如图 9-14 所示的交换网络中指定端口的选举。S1 为根桥，这样很容易根据前面列出的指定端口判定条件中的第一项得出在 S2-S1 网段，以及 S3-S1 网段中的指定端口分别为 S1 的 port1 和 port2 端口。而在 S3-S2 网段中，由于 S3 和 S2 桥到达根桥的路径开销均为 19，所以这里要比较前面提到的第二项条件，即发送方的桥 ID（即图中标识的 SBID）大小了。S3 的 port3 的发送方的桥 ID 为 32768.000-0C12-3457，而 S2 的 port6 的发送方的桥 ID 为 32768.000-0C12-3458，经过比较发现 S3 的 port3 的发送方的桥 ID 更小，所以最终选举为 S3-S2 网段的指定端口。这样一来就可确定 port6 端口为阻塞端口了。

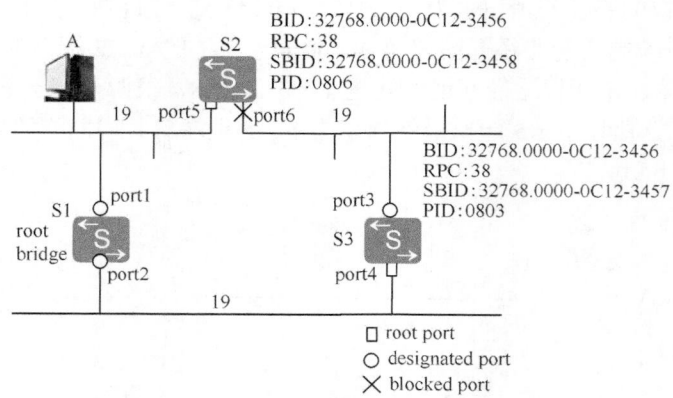

图 9-14　指定端口选举示例

9.2.2　拓扑发生变化后的角色选举

　　拓扑稳定后，根桥仍然按照 Hello 定时器规定的时间间隔发送配置 BPDU 报文，非根桥设备从根端口收到配置 BPDU 报文，通过指定端口转发。如果接收到优先级比自己高的配置 BPDU，则非根桥设备会根据收到的配置 BPDU 中携带的信息更新自己相应的端口存储的配置 BPDU 信息。

　　在网络拓扑结构发生变化后，下游设备会不间断地向上游设备发送 TCN BPDU 报文。上游设备在收到下游设备发来的 TCN BPDU 报文后，只有指定端口处理 TCN BPDU 报文。其他端口也有可能收到 TCN BPDU 报文，但不会处理。上游设备会使用 Flags 字段中 TCA（拓扑变化确认）标志位置 1 的配置 BPDU 报文发送给下游设备，告知下游设备停止发送 TCN BPDU 报文。与此同时，上游设备复制一份 TCN BPDU 报文，向根桥方向发送。当根桥收到 TCN BPDU 报文后，根桥会使用 Flags 字段中 TC（拓扑变化）

标志位置 1 的配置 BPDU 报文向对应下游设备回送，通知下游设备直接删除发生故障的端口的 MAC 地址表项。

由此可以看出，在发生拓扑变化时，下游设备使用 TCN BPDU 报文通知上游设备，但上游设备使用的是 TC 位，或者 TCA 位置 1 的配置 BPDU，而不是 TCN BPDU 通知下游设备。即 TCN BPDU 报文用来向上游设备乃至根桥通知拓扑变化；TCA 标志位置 1 的配置 BPDU 报文主要是上游设备用来告知下游设备已经知道拓扑变化，通知下游设备停止发送 TCN BPDU 报文。TC 标志位置 1 的配置 BPDU 报文主要是上游设备用来告知下游设备拓扑发生变化，要求下游设备直接删除有故障的端口的 MAC 地址表项，从而达到快速收敛的目的。

下面以图 9-14 为例说明根桥、根桥的指定端口分别发生故障时，网络拓扑如何收敛。

当根桥 S1 发生故障时，设备 S2 和设备 S3 之间将重新选举根桥。设备 S2 和设备 S3 之间根据交互的配置 BPDU 报文，选出新的根桥 S3，如图 9-15 所示。再假设根桥 S1 指定 port1 端口发生故障时，S2 和 S3 通过交互配置 BPDU 报文将 port6 选举为根端口，如图 9-16 所示。同时，port6 变为 forwarding 状态后，会向外发送 TCN 报文，根桥收到 TCN 报文后向其他设备发送 TC 报文，通知其他设备直接删除 MAC 表项。

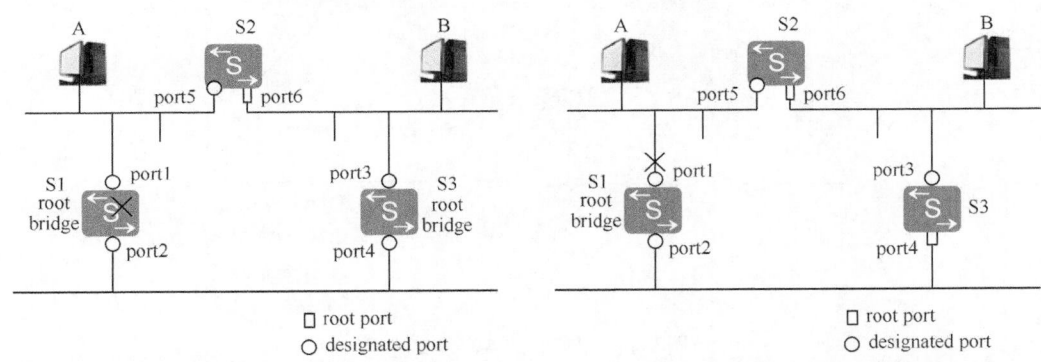

图 9-15　根桥发生故障时重新选举　　　　　　图 9-16　指定端口发生故障时重新选举
　　　　　新的根桥的示例　　　　　　　　　　　　　　　新的根端口的示例

9.3　RSTP 对 STP 的改进

STP 虽然能够解决环路问题，但是由于网络拓扑收敛慢，影响了用户的通信质量。如果网络中的拓扑结构频繁变化，网络也会随之频繁地失去连通性，从而导致用户通信频繁中断，这是用户无法忍受的。

继 IEEE 802.1D 定义了 STP 标准后，IEEE 又在 2001 年推出了 802.1w 这个草案作为 802.1D 的补充，并定义了 RSTP 标准。RSTP 保留了 STP 的大部分算法和计时器，对原有的 STP 进行了更加细致的修改和补充。这些改进相当关键，极大地提升了 STP 的性能，使其能满足如今低延时、高可靠性的网络要求。本章后面将要介绍的 MSTP，在单个实例中的算法和 RSTP 几乎一模一样，所以，可以说从 STP 发展到 RSTP 的这套算法，是整个生成树协议的精髓。

根据 9.1.5 节介绍的 STP 的不足，RSTP 删除了 3 种区分不明显的 3 种端口状态，另外新增加了两种端口角色，并且解除了端口属性中端口状态和端口角色的关联，使得可以更加精确地描述端口，从而使得初学者更易学习协议，同时也加快了拓扑收敛。

9.3.1　新增 3 种端口角色

从用户角度来讲，STP 的 Listening、Learning 和 Blocking 状态并没有区别，都同样不转发用户流量。而从使用和配置角度来讲，STP 中的根端口和指定端口可以都处于 Listening 状态，也可能都处于 Forwarding 状态。

根据 STP 的不足，RSTP 删除了 3 种端口状态，新增加了 2 种端口角色，并且把端口属性充分地按照状态和角色解耦，即使它们之间没有一一对应的关系。

RSTP 的端口角色共有 5 种：根端口、指定端口、Alternate（替代）端口、Backup（备份）端口和 Edge（边缘）。主要是前 4 种端口角色，如图 9-17 所示。

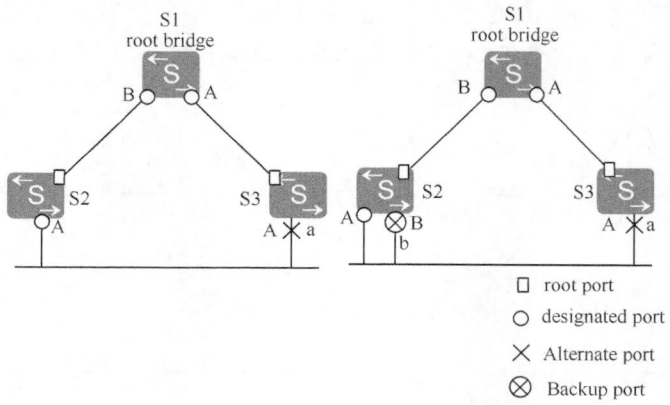

图 9-17　RSTP 的 4 种端口角色

当"根端口"或"指定端口"失效时，"替代端口"或"备份端口"就会无延时地进入转发状态，提高了收敛效率。Edge 端口是管理员根据实际需要配置的一种指定端口，用以连接 PC 或不需要运行 STP 的下游交换机。管理员需要保证该端口下游不存在环路，Edge 端口能够直接进入 Forwarding 状态。

在 RSTP 中，"根端口"和"指定端口"的作用与 STP 中对应的端口角色一样，而 Alternate 端口和 Backup 端口可以从两方面来看。

■　从配置 BPDU 报文发送角度来看：Alternate 端口就是由于学习到其他桥发送的更优配置 BPDU 报文而阻塞的端口，Backup 端口就是由于学习到自己发送的更优配置 BPDU 报文而阻塞的端口。

■　从用户流量角度来看：Alternate 端口提供了从指定桥到根桥的另一条可切换路径，作为根端口的备份端口；而 Backup 端口是作为指定端口的备份，提供另一条从根桥到相应网段的备份通路。

给一个 RSTP 域内所有端口分配角色的过程就是整个拓扑收敛的过程，远比 STP 协议中要同时顾及端口角色及端口状态的效率高。

9.3.2　重新划分端口状态

在端口状态上，RSTP 也对 STP 进行了比较大的改进，把 STP 的 5 种状态缩减为 3 种。并且是根据端口是否转发用户流量和学习 MAC 地址来进行划分的，具体如下。

① 如果不转发用户流量也不学习 MAC 地址，那么端口状态就是 Discarding（丢弃）状态。

② 如果不转发用户流量但是学习 MAC 地址，那么端口状态就是 Learning（学习）状态。

③ 如果既转发用户流量又学习 MAC 地址，那么端口状态就是 Forwarding（转发）状态。

表 9-2 是对 STP 中的端口状态与 RSTP 的端口状态的比较。从中可以看出，RSTP 中的端口状态和端口角色没有必然的关联。由以上可以看出，RSTP 只有 3 种端口状态：Discarding（丢弃）、Leaning（学习）和 Forwarding（转发），它把 STP 中的 Blocking（阻塞）、Listening（监听）和 Disabled（禁用）3 种状态统一用一种状态——Discarding（丢弃）替代。这样的好处就是一个端口从初始状态转变为转发状态只需要一个转发延时周期时间，也就是从学习状态到转发状态所需等待的时间。在活跃拓扑中，只有"学习"和"转发"这两种状态的端口。

表 9-2　　　　　　　　　　　　　**STP 与 RSTP 端口状态比较**

STP 端口状态	RSTP 端口状态	对应的端口角色	是否发送 BPDU	是否学习 MAC 地址	是否 发送数据
Forwarding	Forwarding	包括根端口、指定端口	是	是	是
Learning	Learning	包括根端口、指定端口	是	是	否
Listening	Discarding	包括根端口、指定端口	否	否	否
Blocking	Discarding	包括 Alternate 端口、 Backup 端口	否	否	否
Disabled	Discarding	包括 Disable	否	否	否

9.3.3　BPDU 的改变

RSTP 与 STP 一样，也是使用 BPDU 消息格式进行各桥间的拓扑信息交互的，但是它只有配置 BPDU，没有 TCN BPDU，且 RSTP 的配置 BPDU 称为 RST BPDU。RSTP 在 BPDU 方面的改变主要体现在 BPDU 的格式、在发生拓扑改变时 BPDU 的使用，以及对 BPDU 的处理 3 个方面，下面分别予以具体介绍。

1. BPDU 格式上的改变

在 BPDU 格式上，RSTP 的 RST BPDU 与 STP 的配置 BPDU 没进行什么重大修改，只是对 STP 配置 BPDU 中的 Flag（标志）字段进行了填充，从 RST BPDU 中就可以看出对应端口的端口角色，另外就是在 BPDU 类型值上进行了改变。具体表现在以下两个字段。

① Type 字段：RST BPDU 类型不再是 0，而是 2，所以运行 STP 的设备收到 RSTP 的 RST BPDU 时会丢弃。

② Flag 字段：在 RST BPDU 中使用了在 STP 配置 BPDU 中该字段保留的中间 6 位（最高位仍为 TCA，最低位仍为 TC），如图 9-18 所示。中间 6 位的作用如下。

Bit7	Bit6	Bit5	Bit4	Bit3	Bit2	Bit1	Bit0
TCA	Agreement	Forwarding	Learning	Port role		Proposal	TC

图 9-18　RSTP BPDU 中的 Flags 字段结构

a. Agreement：确认标志位，位于 Bit6，当该位置 1 时，表示该 BPDU 报文为快速收敛机制中的 Agreement 报文，是对所收到的 Proposal BPDU（此时 Bit1 位置 1）的提议进行确认。RSTP 中定义了 Proposal/Agreement 机制（提议/确认机制，即 P/A 机制），可使指定端口通过与对端端口进行一次握手即可快速进入转发状态，其中不需要任何定时器。

b. Forwarding：转发状态标志位，位于 Bit5，当该位置 1 后表示发送该 BPDU 报文的端口处于 Forwarding 状态。

c. Learning：学习状态标志位，位于 Bit4，当该位置 1 后表示发送该 BPDU 报文的端口处于 Learning 状态。

d. Port role：端口角色标志位，位于 Bit3 和 Bit2，共两位，取值为 00 时表示发送该 BPDU 的端口的角色未知，为 01 时表示该端口为 Alternate 端口或 Backup 端口，为 10 时表示该端口为根端口，为 11 时表示该端口为指定端口。

e. Proposal：提议标志位，位于 Bit1，当该位置 1 时表示该 BPDU 报文为快速收敛机制中的 Proposal 报文。对端在收到该报文后，如果同意，则需要发送 Bit6 位置 1 的确认报文。

从以上介绍可以得知，RSTP 的 Flags 字段增加了端口属性和状态，其中 Bit1 和 Bit6 两个字段用于点到点链路端口快速收敛中的消息报文。常见的几种 Flags 需要记住：2c，即 00101100，表示发送 BPDU 的端口状态为转发状态，端口角色为指定端口；0e，即 00001110，表示是由指定端口发送的提议 BPDU 报文；6c，即 01101100，表示是由处于转发状态的指定端口发送的确认 BPDU 报文；2d，即 00101101，表示是由处于转发状态的指定端口发送的拓扑更改 BPDU 报文。

注意　运行 STP 的设备会丢弃收到的 RST BPDU，目前 RSTP 交换机都提供 STP 兼容模式，运行在 STP 兼容模式的端口会发送和接收配置 BPDU，表现的特性也和 STP 类似。除了配置 BPDU 外，RSTP 同样有 TCN BPDU，类型值也为 0x80。

2. 拓扑变化时 BPDU 的使用变化

通过前面的学习我们知道，在 STP 中只要有端口变为 Forwarding 状态，或从 Forwarding 状态转变到 Blocking 状态，均会触发拓扑改变处理过程。在发生拓扑变化时，下游设备会不间断地向上游设备发送 TCN BPDU 报文。上游设备在收到下游设备发来的 TCN BPDU 报文后，使用 Flags 字段中 TCA 标志位置 1 的配置 BPDU 报文发送给对应的下游设备，告知下游设备停止发送 TCN BPDU 报文。与此同时，上游设备复制一份 TCN BPDU 报文，向根桥方向发送。当根桥收到 TCN BPDU 报文后，根桥又使用 Flags 字段中 TC 标志位置 1 的配置 BPDU 报文向对应的下游设备回送，通知它们直接删除发生故障的端口的 MAC 地址表项。整个过程同时使用了 TCN BPDU 和配置 BPDU。

在 RSTP 中，检测拓扑是否发生变化只有一个标准：一个非边缘端口迁移到 Forwarding 状态。一旦检测到拓扑发生变化，将进行如下处理。

① 为本设备上的所有非边缘指定端口启动一个 TC While 定时器，该定时器值是 Hello 定时器的两倍。在这个时间内，清空状态发生变化的端口上学习到的 MAC 地址。同时，由这些端口向外发送 TC 位置 1 的 RST BPDU。一旦 TC While 定时器超时，则停止发送 RST BPDU。

② 其他交换设备接收到 TC 位置 1 的 RST BPDU 后，清空所有端口学习到的 MAC 地址，除了收到该 RST BPDU 报文的端口。然后也为自己所有的非边缘指定端口和根端口启动 TC While 定时器，重复上述过程。

如此，网络中就会产生 RST BPDU 的泛洪。由此可见，在 RSTP 中不再使用 TCN BPDU，而是发送 TC 位置 1 的 RST BPDU，并通过泛洪的方式快速通知整个网络。不需要依次向上发送 TCN BPDU 至根桥，当其他桥收到 TC 位置 1 的 RST BPDU 之后，也不再需要等待由根桥向下发送的 TC 位置 1 的 RST BPDU，直接清除端口（除边缘端口外）学习到的 MAC 地址，重新学习，实现网络的快速收敛。

3. 配置 BPDU 处理上的变化

RSTP 在配置 BPDU 处理上的变化主要体现在以下几个方面。

① 拓扑稳定后，配置 BPDU 报文的发送方式。在 STP 中，当拓扑稳定后，只能由根桥按照 Hello 定时器规定的时间间隔定期发送配置 BPDU，其他非根桥设备只能在收到上游设备发送过来的配置 BPDU 后才会触发发出配置 BPDU。此方式使得 STP 计算复杂且缓慢。RSTP 对此进行了改进，即在拓扑稳定后无论非根桥设备是否接收到根桥传来的 RST BPDU 报文，非根桥设备仍然按照 Hello 定时器规定的时间间隔定期发送配置 BPDU。即在 RSTP 中，各桥的配置 BPDU 发送行为完全是由每台桥设备自主进行。

② 更短的 BPDU 超时计时。在 RSTP 中规定，如果一个端口连续 3 倍 Hello 定时器时间内没有收到上游设备发送过来的 RST BPDU，那么该设备认为与此邻居之间的协商失败。而不是像 STP 规定的那样需要先等待一个 Max Age（最大生存时间）。

③ 处理次等 BPDU。在 STP 中指定端口在收到 inferior（次优）BPDU 会马上把端口保存的更优的 BPDU 发送出去，但对非指定端口不会进行同样处理。而在 RSTP 中不管是否指定端口，收到次优 RST BPDU 都会马上发送本地更优的 RST BPDU 给对端，以使对端口快速更新自己的 RST BPDU。具体为，当一个端口收到上游的指定桥来的 RST BPDU 报文时，该端口会将自身存储的 RST BPDU 与收到的 RST BPDU 进行比较。如果该端口存储的 RST BPDU 的优先级高于收到的 RST BPDU，那么该端口会直接丢弃收到的 RST BPDU，立即以自身存储的 RST BPDU 进行响应。当上游设备收到下游设备响应的 RST BPDU 后，上游设备会根据收到的 RST BPDU 报文中相应的字段立即更新自己存储的 RST BPDU。由此可见，RSTP 处理次等 BPDU 报文不再像 STP 那样依赖于任何定时器，通过超时解决拓扑收敛，从而加快了拓扑收敛。

在如图 9-19 所示中，假设桥优先级 S3<S2<S1，各段链路的开销值在图中已进行了标

注。正常情况下，S1 为根桥，S2 的 port1 端口为 S2 的根端口，S2 的 port2 端口为 S2 的指定端口，S3 的 port2 端口为 S3 的根端口，S3 的 port1 端口为阻塞端口。因为 S3 经过 S2 到达根桥 S1 的开销更小，所以 S3 会从 port2 端口发送数据，而不会从 port1 端口发送数据。

如果现在 S1、S2 中的链路 down 了，如图 9-20 所示。在 STP 中，一开始 S2 会认为自己是根桥（因为此时 S2 误认为 S1 不存在了），并发送配置 BPDU。但 S3 的 port2 不会立即以更优的 BPDU 响应 S2，直到 Max age（缺省为 20s）过期，即 S3 的 port2 端口上保存的原 BPDU 超时，S3 的 port2 端口才发送新的以 S1 为根（因为此时 S3 与 S1 仍然保持着连接，S1 的优先级更高，所以 S3 认为 S1 仍为该交换网络的根桥）的 BPDU。S2 接收到这个 BPDU 后，承认 S1 为根桥（原因是 S1 的优先级高于 S2），修改自己的桥角色。此时 S2 的 port2 端口状态会发生一系列的变化，需经过两倍转发延时——30s 才进入转发状态。这样一来，一共经历 50s 的时间。

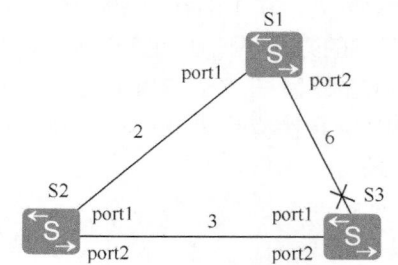

图 9-19 对次优 BPDU 处理的示例图一

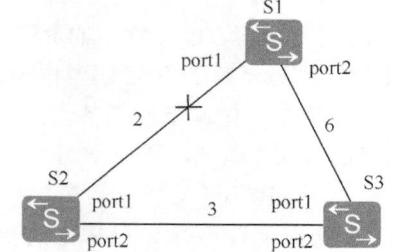

图 9-20 对次优 BPDU 处理的示例图二

在 RSTP 中，S3 的 port2 端口收到 S2 发来的次 BPDU 后会马上发送本端口的更优BPDU，无需等待 Max Age 时间。因为此时 S2 的 port2 与 S3 的 port2 端口是点对点连接，所以这两个端口都能快速地进行状态迁移，即由 Discarding 状态迁移到 Forwarding，实现拓扑瞬间收敛，无需等待两倍的转发延时。

9.3.4 更加快速的 P/A 收敛机制

在 RSTP 中，为了实现更加快速的拓扑收敛，主要采用了 Proposal/Agreement（提议/确认，P/A）机制。

通过本章前面的学习已经知道，当一个端口被选举成为指定端口之后，在 STP 中，该端口至少要等待两个 Forward Delay 的时间（由 Listening 状态到 Learning 状态，再从Learning 状态到 Forwarding 状态）才会迁移到 Forwarding 状态，发送数据。这种保守的设计可以保证不产生环路，但显然不够聪明，RSTP 对此进行了一系列改进。在 RSTP 中规定，一个端口被选举为指定端口后，会先进入 Discarding 状态，再通过 Proposal/ Agreement机制快速进入 Forwarding 状态。**但这种机制必须在点到点链路**（某端口在所属的共享以太网上的对端只有一台设备，这样的以太网被认为是点到点链路）**上使用。**

1. P/A 机制工作原理

P/A 机制即 Proposal/Agreement 机制，其目的是使一个指定端口尽快进入 Forwarding状态。如图 9-21 所示，P/A 协商过程的完成根据以下几个端口变量的协商，也是 P/A 机制的具体工作原理。

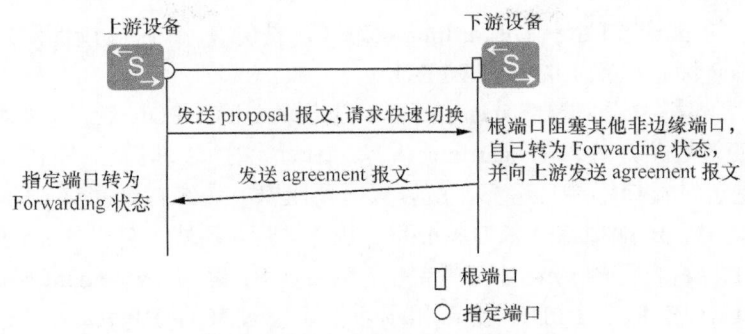

图 9-21　P/A 机制工作原理示意

① proposing（提议请求）：当一个指定端口处于 Discarding 或 Learning 状态时，proposing 变量置位，并向下游桥设备传递 Flags 字段 Proposal 标志位置 1 的 RST BPDU（表示此 BPDU 为 Proposal RST BPDU 报文），请求快速切换到 Forwarding 状态。

② proposed（提议采纳）：当对端的根端口收到以上 Proposal 标志位置 1 的 RST BPDU 时，proposed 变量置位。该变量指示本网段上的指定端口希望尽快进入 Forwarding 状态。

③ sync（同步请求）：当根端口的 proposed 变量置位后会依次为本桥上的其他端口使 sync 变量置位，使所有非边缘端口都进入 Discarding 状态，准备重新同步。

④ synced（同步完成）：当端口进入到 Discarding 状态后，会将自己的 synced 变量置位，包括本桥上的其他所有 Alternate 端口、Backup 端口和边缘端口，实施同步操作。此时，根端口监视其他端口的 synced 变量置位情况，当所有其他端口的 synced 变量全被置位，则根端口最后也会将自己的 synced 变量置位，表示本桥上已正式完成同步操作，向上游设备传回 Agreement 标志位置 1 的 RST BPDU（表示此 BPDU 为 Agreement RST BPDU 报文）。

⑤ agreed（提议确认）：当原来想要进入转发状态的上游设备指定端口收到对端根端口发来的一个 Agreement RST BPDU 时，则此指定端口的 agreed 变量被置位。Agreed 变量一旦被置位，则该指定端口马上转入 Forwarding 状态。

2．P/A 机制解析示例

如图 9-22 所示，根桥 S1 和 S2 之间新添加了一条链路。在当前状态下，S2 的另外几个端口 p2 是 Alternate 端口，p3 是指定端口且处于 Forwarding 状态，p4 是边缘端口。新链路连接成功后，P/A 机制的协商过程如下。

① p0 和 p1 两个端口马上成为指定端口，发送 RST BPDU。

② S2 的 p1 端口在收到更优的 RST BPDU

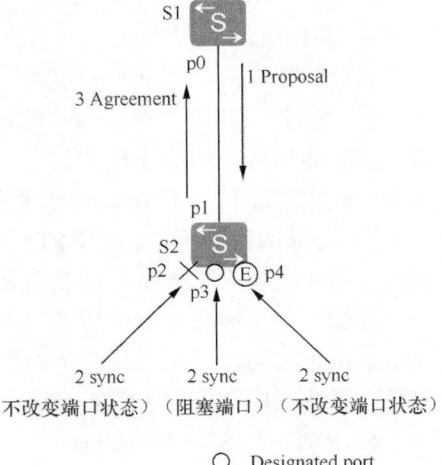

图 9-22　P/A 机制解析示例

后，马上意识到自己将成为根端口，而不是指定端口，于是停止发送 RST BPDU。

③ 当 S1 的 p0 端口处于 Discarding 状态（这是所有端口的初始状态）时向对端的 S2 发送 proposal 标志位置 1 的 RST BPDU。

④ S2 收到根桥发送来的携带 proposal 标志位的 RST BPDU 后，开始将自己的所有端口的 sync 变量置位，进入 Discarding 状态。因为此时 p2 端口已经阻塞，所以状态不变，p4 端口是边缘端口不参与运算，所以只需要阻塞非边缘指定端口 p3。

⑤ 在 p2、p3、p4 端口都进入 Discarding 状态之后，各处将自己的 synced 变量置位，然后根端口 p1 也将自己的 synced 变量置位，然后向 S1 返回 Agreement 标志位置 1 的响应 RST BPDU。该 RST BPDU 携带和刚才根桥发过来的 BPDU 一样的信息，除了 Agreement 标志位置 1 之外（Proposal 位清零）。

⑥ 当 S1 判断出所收到的 Agreement RST BPDU 是对刚刚发出的 Proposal 的响应后，端口 p0 马上进入 Forwarding 状态。

以上 P/A 过程可以向下游设备继续传递，也就是说不一定是根桥与非根桥之间，也可以是非根桥之间。

说明 事实上对于 STP，指定端口的选择可以很快完成，主要的速度瓶颈：为了避免环路，必须等待足够长的时间，使全网的端口状态全部确定，也就是说必须要等待至少一个 Forward Delay 所有端口才能进行转发。而 RSTP 的主要目的就是消除这个瓶颈，通过阻塞自己的非根端口来保证不会出现环路。而使用 P/A 机制加快了上游端口转到 Forwarding 状态的速度。

但 P/A 机制要求两台交换设备之间的链路必须是点对点的全双工模式。一旦 P/A 协商不成功，指定端口的选择就需要等待两个 Forward Delay，协商过程与 STP 一样。

9.3.5　RSTP 的其他收敛机制以及与 STP 的互操作

1. 其他收敛机制

在 RSTP 中，除了 P/A 机制外，还有以下两种机制也可帮助实现拓扑的快速收敛。

① 根端口快速切换机制。如果网络中的一个根端口失效，那么网络中最优的 Alternate 端口将立即成为根端口，并进入 Forwarding 状态。在点到点以太网链路上，根端口总能快速迁移到 Forwarding 状态。

② 边缘端口的引入。在 RSTP 里面，如果某一个指定端口位于整个网络的边缘，即不再与其他交换设备连接，而是直接与终端设备直连，这种端口叫作边缘端口。

边缘端口不接收处理配置 BPDU，不参与 RSTP 运算，可以由 Disable 状态直接转到 Forwarding 状态，且不经历任何时延。但是一旦边缘端口收到配置 BPDU，就丧失了边缘端口属性，成为普通 RSTP 端口，并重新进行生成树计算，从而引起网络振荡。

2. RSTP 与 STP 的互操作

RSTP 可以和 STP 互操作，但是此时会丧失快速收敛等 RSTP 的优势。当一个网段里既有运行 STP 的交换设备，又有运行 RSTP 的交换设备时，STP 交换设备会忽略 RST BPDU，而运行 RSTP 的交换设备在某端口上接收到运行 STP 的交换设备发出的配置 BPDU 时，会在两个 Hello Time 时间之后把自己的端口转换到 STP 工作模式，发送配置 BPDU。这样，就实现了互操作。

在华为技术有限公司的数据通信设备上，可以配置运行 STP 的交换设备，被撤离网络后，运行 RSTP 的交换设备又可迁移回到 RSTP 工作模式。

9.4 STP/RSTP 配置

虽然 RSTP 对 STP 有了重大改进，但在配置方法方面，总体来说区别不大（主要区别体现在收敛参数方面的配置），故本节一起介绍 STP 和 RSTP 的配置与管理方法。先来看一下华为 S 系列交换机上 STP 和 RSTP 的一些主要配置任务。

【经验之谈】在环形网络中，一旦启用 STP/RSTP，STP/RSTP 便立即开始进行生成树计算，此时交换机的优先级、端口优先级等参数都会影响到生成树的计算，而在计算过程中这些参数的变动可能会导致网络振荡。故为了保证生成树计算过程快速而且稳定，**必须在配置好交换机的优先级、端口优先级等参数后才能启用 STP/RSTP。**

另外，对于开启了生成树协议的交换机，每当有终端设备接入时，会导致生成树重新计算收敛，这会导致终端设备获取 IP 地址的时间比较长。此时，可以关闭交换机上连接终端接口的生成树协议或将交换机上连接终端的端口配置成边缘端口，就可以解决这个问题。

9.4.1 STP/RSTP 配置任务及缺省配置

STP/RSTP 可阻塞二层网络中的冗余链路，将网络修剪成树状，达到消除环路的目的。

① 为了消除设备间的环路，可以配置 STP/RSTP 的基本功能。

② 为了加快设备的收敛速度，可以配置影响 STP/RSTP 拓扑收敛的参数。

③ 为了实现与其他厂商设备的互通，需要在华为公司运行 STP/RSTP 的设备上配置合适的参数，以确保正常协商。

④ 为了满足特殊场合的应用和功能扩展，还可配置 RSTP 拓扑收敛反馈机制，以及RSTP 提供的如表 9-3 所示的各种保护功能。

表 9-3   RSTP 保护功能

保护功能	场景	配置影响
BPDU 保护	边缘端口在收到 BPDU 以后端口状态将变为非边缘端口，此时就会造成生成树的重新计算，如果攻击者伪造配置消息恶意攻击交换设备，就会引起网络振荡	交换设备上启动了 BPDU 保护功能后，如果边缘端口收到 RST BPDU，边缘端口将被 error-down，但是边缘端口属性不变，同时通知网管系统。 被错误 down 掉的边缘端口只能由网络管理员手动恢复。如果用户需要被错误 down 掉的边缘端口可自动恢复，可通过配置使能端口自动恢复功能，并可设置延迟时间
防 TC-BPDU 报文攻击保护	交换设备在接收到拓扑变化报文后，会执行 MAC 地址表项和 ARP 表项的删除操作，如果频繁操作则会对 CPU 的冲击很大	启用防 TC-BPDU 报文攻击功能后，在单位时间内交换设备处理拓扑变化报文的次数可配置。如果在单位时间内交换设备在收到拓扑变化报文数量大于配置的阈值，那么设备只会处理阈值指定的次数。对于其他超出阈值的拓扑变化报文，定时器到期后设备只对其统一处理一次。这样可以避免频繁地删除 MAC 地址表项和 ARP 表项，从而达到保护设备的目的

（续表）

保护功能	场景	配置影响
Root 保护	由于维护人员的错误配置或网络中的恶意攻击，根桥收到优先级更高的 BPDU，会失去根桥的地位，重新进行生成树的计算，并且由于拓扑结构的变化，可能造成高速流量迁移到低速链路上，引起网络拥塞	对于启用 Root 保护功能的指定端口，其端口角色只能保持为指定端口。一旦启用 Root 保护功能的指定端口收到优先级更高的 RST BPDU 时，端口状态将进入 Discarding 状态，不再转发报文。在经过一段时间（通常为两倍的 Forward Delay），如果端口一直没有再收到优先级较高的 RST BPDU，端口会自动恢复到正常的 Forwarding 状态
环路保护	当出现链路拥塞或者单向链路故障，根端口和 Alternate 端口会被老化。根端口老化会导致系统重新选择根端口（而这有可能是错误的），Alternate 端口老化将迁移到 Forwarding 状态，这样会产生环路	在启动了环路保护功能后，如果根端口或 Alternate 端口长时间收不到来自上游的 RST BPDU 时，则向网管发出通知信息（如果是根端口则进入 Discarding 状态）。而阻塞端口则会一直保持在阻塞状态，不转发报文，从而不会在网络中形成环路。直到根端口收到 RST BPDU，端口状态才恢复正常到 Forwarding 状态

　　　支持 STP/RSTP 的华为 S 系列交换机都有如表 9-4 所示的缺省配置，实际应用的配置可以基于缺省配置进行修改。

表 9-4　　　　　　　　　　　　　　　　**STP/RSTP 缺省配置**

参数	缺省值
生成树协议工作模式	MSTP 模式
STP/RSTP 功能	全局 STP/RSTP 功能使能，接口的 STP/RSTP 功能也使能
交换设备的优先级	32768
端口的优先级	128
路径开销缺省值的计算方法	Dot1t，即 IEEE 802.1t 标准
Forward Delay Time	1500 厘秒
Hello Time	200 厘秒
Max Age Time	2000 厘秒

9.4.2　配置 STP/RSTP 基本功能

　　　在以太网中，通过对交换设备配置 STP/RSTP 的基本功能，将网络修剪成树状，达到消除环路的目的。下面先具体了解一下 STP、RSTP 基本功能的配置任务。

　　　1. 主要配置任务

　　　STP/RSTP 的基本功能配置包括 STP/RSTP 工作模式配置、根桥和备份桥配置、桥优先级配置、端口路径开销、端口优先级、STP 或 RSTP 功能的启用等。当然其中大部分是为可选的配置任务，所以总体上配置还是很简单的。具体如下。

　　　① 配置 STP/RSTP 工作模式。华为 S 系列交换机支持 STP、RSTP 和 MSTP 3 种生成树工作模式。在只运行 STP 的环形网络中可选择 STP 模式；在只运行 RSTP 的环形网络中可选择 RSTP 模式。其他情况，建议选择缺省情况的 MSTP 模式。

　　　② （可选）配置根桥和备份根桥。此为可选配置任务，因为缺省情况下，根桥和备份根桥是通过选举产生的。如果配置此项配置任务就相当于人工指定根桥和备份桥。但要注意，在同一交换机上只能选择配置根桥或者备份根桥，不能同时配置。在配置

STP/RSTP 过程中，建议手动配置根桥和备份根桥。

说明　在一棵生成树中，生效的根桥只有一个。在同一个网络中，当多个设备的桥优先级相同时，系统将选择 MAC 地址最小的设备作为根桥。可以在每棵生成树中指定多个备份根桥。当根桥出现故障或被关机时，备份根桥可以取代根桥成为指定生成树的根桥。但此时若配置了新的根桥，则备份根桥将不会成为根桥。如果配置了多个备份根桥，在当前根桥出现了故障时，则 MAC 地址最小的备份根桥将成为指定生成树的根桥。

③（可选）配置交换设备的优先级。在一个运行 STP/RSTP 的网络中，有且仅有一个根桥，它是整棵生成树的逻辑中心。在进行根桥的选择时，一般会希望选择性能高、网络层次高的交换设备作为根桥。但是性能高、网络层次高的交换设备其优先级不一定高，因此需要配置优先级以保证该设备成为根桥。同时，对于网络中部分性能低、网络层次低的交换设备，不适合作为根桥设备，一般会配置其较低优先级以保证该设备不会成为根桥。但要注意的是，在配置交换设备的优先级数值时：**数值越小，优先级越高，成为根桥的可能性越大**。

④（可选）配置端口路径开销。路径开销是一个端口量，是 STP/RSTP 用于选择链路的参考值。端口路径开销值取的值范围由路径开销计算方法决定。当确定路径开销计算方法后，端口所处链路的速率值越大，建议将该端口的路径开销值在指定范围内设置越小。

华为 S 系列交换机支持 3 种路径开销计算方法，即 IEEE 802.1d-1998 标准方法、IEEE 802.1t 标准方法和华为的私有计算方法，具体见表 9-5，而各设备制造商采用的路径开销标准各不相同。

表 9-5　　　　　　　　　　不同计算方法对应的端口路径开销列表

端口速率	端口模式	STP 路径开销（推荐值）		
		IEEE 802.1d-1998 标准方法	IEEE 802.1t 标准方法	华为计算方法
0	-	65535	200000000	200000
10Mbit/s	Half-Duplex（半双工）	100	2000000	2000
	Full-Duplex（全双工）	99	1999999	1999
	Aggregated Link 2 Ports（2 端口聚合）	95	1000000	1800
	Aggregated Link 3 Ports（3 端口聚合）	95	666666	1600
	Aggregated Link 4 Ports（4 端口聚合）	95	500000	1400
100Mbit/s	Half-Duplex	19	200000	200
	Full-Duplex	18	199999	199
	Aggregated Link 2 Ports	15	100000	180
	Aggregated Link 3 Ports	15	66666	160
	Aggregated Link 4 Ports	15	50000	140
1000Mbit/s	Full-Duplex	4	20000	20
	Aggregated Link 2 Ports	3	10000	18
	Aggregated Link 3 Ports	3	6666	16
	Aggregated Link 4 Ports	3	5000	14
10Gbit/s	Full-Duplex	2	2000	2
	Aggregated Link 2 Ports	1	1000	1

（续表）

端口速率	端口模式	STP 路径开销（推荐值）		
		IEEE 802.1d-1998 标准方法	IEEE 802.1t 标准方法	华为计算方法
10Gbit/s	Aggregated Link 3 Ports	1	666	1
	Aggregated Link 4 Ports	1	500	1
40Gbit/s	Full-Duplex	1	500	1
	Aggregated Link 2 Ports	1	250	1
	Aggregated Link 3 Ports	1	166	1
	Aggregated Link 4 Ports	1	125	1

从表 9-5 可以看出，端口速率越高，路径开销值越小。在存在环路的网络环境中，对于链路速率值相对较小的端口，建议将其路径开销值配置相对较大，以使其在生成树算法中被选举成为阻塞端口，阻塞其所在链路，从而可以使速率更高的端口成为指定端口或根端口，以提高网络交换性能。

⑤（可选）配置端口优先级。在参与 STP/RSTP 生成树计算时，对于处在环路中的交换设备端口，其优先级的高低会影响到是否被选举为指定端口。如果希望将环路中的某交换设备的端口阻塞从而破除环路，则可将其端口优先级值设置得比缺省值大（**优先级值越大，优先级越小**），使得在选举过程中成为被阻塞的端口。

⑥ 启用 STP/RSTP 功能。在环形网络中一旦启用 STP 或 RSTP，STP、RSTP 便立即开始生成树计算。而且，诸如交换设备的优先级、端口优先级等参数都会影响到生成树的计算，在计算过程中这些参数的变动可能会导致网络振荡。**为了保证生成树计算过程快速而且稳定，必须在交换设备及其端口进行必要的基本配置以后才能启用 STP 或 RSTP 功能。**

⑦（可选）配置端口的收敛方式。当生成树的拓扑结构发生改变时，和它建立映射关系的 VLAN 的转发路径也将发生变化。此时，交换设备的 ARP 表中与这些 VLAN 相关的表项也需要更新。根据对 ARP 表项的处理方式不同，STP、RSTP 的收敛方式分为 Fast 和 Normal 两种：在 Fast 方式下，ARP 表将需要更新的表项直接删除；在 Normal 方式下，ARP 表中需要更新的表项快速老化。在 normal 方式下，交换设备将 ARP 表中这些表项的剩余存活时间置为 0，对这些表项进行老化处理。如果配置的 ARP 老化探测次数大于零，则 ARP 对这些表项进行老化探测。

2. 具体配置步骤

前面介绍的 7 大 STP 和 RSTP 基本功能的主要配置任务的具体配置步骤见表 9-6。

表 9-6　　　　　　　　　　　**STP/RSTP 基本功能配置步骤**

配置任务	步骤	命令	说明
配置 STP 或 RSTP 工作模式	1	**system-view** 例如：<HUAWEI> **system-view**	进入系统视图
	2	**stp mode { stp | rstp }** 例如：[HUAWEI] **stp mode stp**	配置交换机的生成树工作模式。如果选择二选一选项 **stp**，则表示运行 STP 模式；如果选择二选一选项 **rstp**，则表示运行 RSTP 模式。 缺省情况下，设备的生成树协议工作模式为 MSTP 模式，可用 **undo stp mode** 命令恢复交换设备的缺省生成树协议工作模式

（续表）

配置任务	步骤	命令	说明
（可选）配置根桥或备份根桥	3	**stp root** { **primary** | **secondary** } 例如：[HUAWEI] **stp root primary**	配置当前设备为根桥或备份根桥，如果选择二选一选项 **primary**，则配置当前设备为根桥；如果选择二选一选项 **secondary**，则配置当前设备为备份根桥。 **配置为根桥后该设备 BID 中的优先级值自动为 0，并且不能更改；如果配置为备份根桥后，该设备 BID 中的优先级值自动为 4096，且也不能更改。** 缺省情况下，交换设备不作为任何生成树的根桥或备份根桥，可用 **undo stp root** 命令取消当前交换设备为指定生成树的根桥或备份根桥资格
（可选）配置桥优先级	4	**stp priority** *priority* 例如：[HUAWEI] **stp priority 4096**	配置交换设备的桥优先级，取值范围是 0～61440，步长为 4096，即仅可以配置 **16 个优先级取值**，如 **0、4096、8192 等，不能随便设**。优先级值越小，则优先级越高，越能成为根桥或备份根桥。 缺省情况下，交换设备的桥优先级值为 32768，可用 **undo stp priority** 命令恢复交换机的桥优先级为缺省值。 **【注意】**如果已经通过执行命令 **stp root primary** 或命令 **stp root secondary** 指定当前设备为根桥或备份根桥，若要改变当前设备的优先级，则需要先执行命令 **undo stp root** 去使能根桥或者备份根桥功能，然后执行本命令配置新的优先级数值
（可选）配置端口路径开销	5	**stp pathcost-standard** { **dot1d-1998** | **dot1t** | **legacy** } 例如：[HUAWEI] **stp pathcost-standard dot1d-1998**	配置端口路径开销缺省值的计算方法。命令中的选项说明如下。 • **dot1d-1998**：多选一选项，表示采用 IEEE 802.1D 标准计算方法。 • **dot1t**：多选一选项，表示采用 IEEE 802.1t 标准计算方法。 • **legacy**：多选一选项，表示采用华为的私有计算方法。 不同速率端口在以上 3 种路径开销计算方法中，各自的计算结果参见表 9-5，各设备制造商采用的路径开销标准各不相同。 缺省情况下，路径开销缺省值的计算方法为 IEEE 802.1t（**dot1t**）标准方法，可用 **undo stp pathcost-standard** 命令恢复路径开销缺省值采用缺省计算方法。且同一网络内所有交换设备的端口路径开销应使用相同的计算方法
	6	**interface** *interface-type interface-number* 例如：[HUAWEI] **interface** GigabitEthernet 1/0/0	进入要参与生成树计算的接口视图
	7	**stp cost** *cost* 例如：[HUAWEI-GigabitEthernet1/0/0] **stp cost 200**	设置当前端口的路径开销值，用于桥的根端口选举，值越大，优先级越低。取值范围根据所采用的计算方法的不同而不同。 • 使用华为的私有计算方法时参数 *cost* 的取值范围是 1～200000。 • 使用 IEEE 802.1d 标准方法时参数 *cost* 的取值范围是

（续表）

配置任务	步骤	命令	说明
（可选）配置端口路径开销	7	**stp cost** *cost* 例如：[HUAWEI-GigabitEthernet1/0/0] **stp cost** 200	1～65535。 ● 使用 IEEE 802.1t 标准方法时参数 *cost* 的取值范围是 1～200000000。 缺省情况下，端口的路径开销值为接口速率对应的路径开销缺省值，可用 **undo stp cost** 命令恢复当前接口的路径开销为缺省值，参见表 9-5。 【说明】在存在环路的网络环境中，对于链路速率值相对较小的接口，建议将其路径开销值配置相对较大，以使其在生成树算法中被选举成为阻塞端口，阻塞其所在链路，因为开销值越大的接口越将成为阻塞端口
（可选）配置端口优先级	8	**stp port priority** *priority* 例如：[HUAWEI-GigabitEthernet1/0/0] **stp port priority** 64	配置端口的优先级，参与指定端口的选举。参数的 *priority* 取值范围是 0～240，**步长为 16**，如 0、16、32 等，不能随便设置，且优先级值越小，优先级越高，越能成为指定端口。 缺省情况下，端口的优先级取值是 128，可用 **undo stp port priority** 命令恢复当前接口的优先级为缺省值
对所有要参与 STP 或者 RSTP 生成树计算的各交换机端口重复以上第 6～第 8 步			
启用 STP 或 RSTP	9	**quit** 例如：[HUAWEI-GigabitEthernet1/0/0] **quit**	退出接口视图，返回系统视图
	10	**stp enable** 例如：[HUAWEI] **stp enable** 或 [HUAWEI-GigabitEthernet1/0/0] **stp enable**	使能交换机的 STP/RSTP 功能。本命令既可在系统视图下全局启用交换机上各端口的 STP 或者 RSTP 功能，也可在具体接口视图下仅启用对应接口的 STP 或者 RSTP 功能。 缺省情况下，全局和端口的 STP/RSTP 功能均处于使能状态，可用 **undo stp enable** 命令去使能交换设备或端口上的 STP/RSTP 功能。也可用 **stp disable** 命令去使能交换设备或端口上的 STP/RSTP 功能
（可选）配置端口的收敛方式	11	**stp converge** { **fast** | **normal** } 例如：[HUAWEI] **stp converge fast**	配置生成树的收敛方式。命令中的选项说明如下。 ● **fast**：二选一选项，指定采用快速方式，ARP 表将需要更新的表项直接删除。 ● **normal**：二选一选项，指定采用普通模式，仅将 ARP 表中需要更新的表项快速老化。 缺省情况下，端口的 STP/RSTP 收敛方式为 **normal**，可用 **undo stp converge** 命令恢复 STP/RSTP 收敛方式为缺省值。建议选择 **normal** 收敛方式。若选择 **fast** 方式，频繁的 ARP 表项删除可能会导致设备 CPU 占用率高达 100%，报文处理超时导致网络振荡

9.4.3　配置影响 STP 拓扑收敛的参数

虽然说 STP 不能实现快速收敛，但是诸如网络直径、超时时间、Hello Time 定时器、Max Age 定时器、Forward Delay 定时器等参数会影响其收敛速度。本节要具体介绍这些参数的具体配置方法，在配置影响 STP 拓扑收敛的参数之前，需要完成上节介绍的 STP

基本功能的配置。下面先具体了解这些参数的作用。

1. 影响 STP 拓扑收敛的参数

① STP 网络直径。交换网络中任意两台终端设备都通过特定路径彼此相连，这些路径由一系列的交换设备构成。网络直径就是指交换网络中任意两台终端设备间的最大交换设备数。网络直径越大，说明网络的规模越大。但是这里的网络直径也不是随便设的，因为如果网络直径设置不合理，可能会使网络收敛速度慢，影响用户的正常通信。根据当前的网络规模，设置合适的网络直径（通常不要超过 7 个设备），可以帮助加快网络收敛速度。建议同一环网中的所有交换设备配置相同的网络直径。

② STP 超时时间。在运行 STP 生成树算法的交换网络中，如果交换设备在配置的超时时间内没有收到上游设备发送的 BPDU，就认为此上游设备已经出现故障，本设备会重新进行生成树计算。可能由于上游设备繁忙，有时设备在较长的时间内收不到该上游设备发送的 BPDU。在这种情况下一般不应该重新进行生成树计算，因此在稳定的网络中，可以配置超时时间，以减少网络资源的浪费。

③ STP 定时器。在 STP 生成树的计算过程中，用到了 Forward Delay、Hello Time 和 Max Age 3 个定时器参数，具体参见本章 9.1.3 节的介绍。在配置这 3 个定时器参数时，同一环网中的设备建议配置一致的定时器值。但是，通常情况下，不建议通过本配置直接调整上述 3 个时间参数，而是建议通过调整网络直径，使生成树协议自动调整这 3 个定时器参数的值。当网络直径取缺省值时，这 3 个定时器参数也分别取其各自的缺省值。

④ 影响链路聚合带宽最大连接数。接口的路径开销是生成树计算的重要依据，路径开销值改变时，会重新进行生成树计算。而接口的路径开销是受带宽影响的，因此可以通过改变接口带宽来影响生成树的计算。当接口是 Eth-Trunk 的聚合接口时，可配置链路聚合带宽最大连接数，以选择适当的聚合链路。当然，这里配置的影响带宽的最大连接数仅影响生成树协议计算接口的链路开销，并不影响实际链路带宽。Eth-Trunk 接口在转发流量时的实际带宽仍然是由活动接口数决定的。

如图 9-23 所示，设备 A 与设备 B 通过两条 Eth-Trunk 链路相连，Eth-Trunk1 含有 3 条状态为 Up 的成员链路，Eth-Trunk2 含有 2 条状态为 Up 的成员链路。假设每条成员链路的带宽都相同，且设备 A 被选举为根桥，因为 Eth-Trunk1 的带宽大于 Eth-Trunk2 的带宽。STP 计算后，设备 B 上 Eth-Trunk1 端口被选为 Root port，Eth-Trunk2 端口被选为 Alternate port。

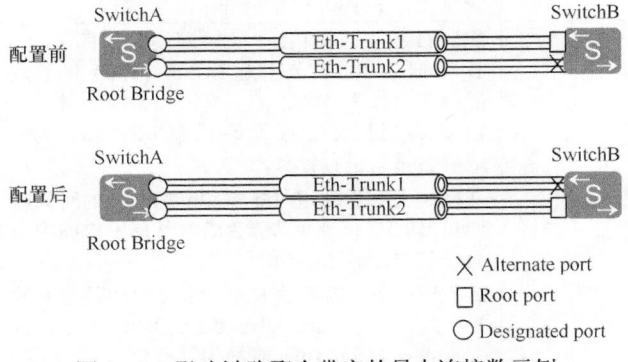

图 9-23　影响链路聚合带宽的最大连接数示例

　　但当配置 Eth-Trunk1 接口影响带宽的最大连接数为 1 后，STP 计算的 Eth-Trunk1 接口的路径开销大于 Eth-Trunk2 的开销，将会重新进行生成树计算，设备 B 上 Eth-Trunk1 接口将变为 Alternate port，Eth-Trunk2 变为 Root port。

　　2. 具体配置步骤

　　下面针对以上 4 项影响 STP 拓扑收敛的参数的具体配置步骤进行介绍，具体见表 9-7。注意，这里的参数配置没有严格的先后顺序。

表 9-7　　　　　　　　　　　　　　　　STP 参数配置步骤

步骤	命令	说明	
1	**system-view** 例如：<HUAWEI> **system-view**	进入系统视图	
2	**stp bridge-diameter** *diameter* 例如：[HUAWEI] **stp bridge-diameter** 5	配置网络直径（指任意两个交换设备之间的交换设备个数的最大值），取值范围为 2～7 的整数。 执行本命令后，交换设备会自动根据配置的网络直径设置 Hello Time、Forward Delay 与 Max Age 3 个时间参数为较优值，且在配置文件中会出现 Forward Delay 与 Max Age 这两个参数的具体配置值，故建议通过本命令配置的网络直径自动去配置这 3 个参数时间，而且自动计算的结果是最优的。 缺省情况下，生成树的网络直径为 7，可用 **undo stp bridge-diameter** 命令恢复网络直径为缺省值	
3	**stp timer-factor** *timer-factor* 例如：[HUAWEI] **stp timer-factor** 5	配置未收到上游的 BPDU 就重新开始生成树计算的超时时间的时间因子（或者 Hello Time 的时间倍数），取值范围为 1～10 的整数。 超时时间＝Hello Time × 3 × Timer Factor，如果交换设备在超时时间内没有收到上游交换设备发送的 BPDU，则生成树会重新进行计算。 缺省情况下，Timer Factor 的取值为 3，可用 **undo stp timer-factor** 命令恢复该倍数为缺省值	
4	**stp timer forward-delay** *forward-delay* 例如：[HUAWEI] **stp timer forward-delay** 2000	配置设备的 Forward Delay 时间，取值范围为（400～3000）的整数厘秒，步长是 100。 **在根桥上配置的 Forward Delay 时间将通过 BPDU 传递下去，成为整棵生成树内所有桥的 Forward Delay 时间。** 缺省情况下，设备的 Forward Delay 时间是 1500 厘秒（15s），可用 **undo stp timer forward-delay** 恢复设备 Forward Delay 时间为缺省值	根桥的 Hello Time、Forward Delay 和 Max Age 3 个定时器参数取值之间应该满足如下公式，否则网络会频繁振荡。 • 2 ×（Forward Delay-1.0 second）≥Max Age。 • Max Age ≥2×（Hello Time ＋ 1.0 second）
5	**stp timer hello** *hello-time* 例如：[HUAWEI] **stp timer hello** 200	配置设备发送 BPDU 的时间间隔，即 Hello Time 时间，取值范围为（100～1000）的整数厘秒，步长为 100。如果交换设备在超时时间内没有收到上游交换设备发送的 BPDU，则生成树会重新进行计算。 **在根桥上配置的定时器 Hello Timer 的时间将通过 BPDU 传递下去，会成为整棵生成树内所有桥的 Hello Timer 的时间。** 缺省情况下，设备的 Hello Time 时间是 200 厘秒（2s），可用 **undo stp timer hello** 命令恢复交换设备 Hello Time 时间为缺省值	

（续表）

步骤	命令	说明	
6	**stp timer max-age** *max-age* 例如：[HUAWEI] **stp timer max-age** 1000	配置设备端口上的 BPDU 老化时间，即 Max Age 时间，取值范围为（600～4000）的整数厘秒，步长为 100。 在运行 STP 算法的网络中，交换设备会根据端口的 Max Age 时间判断从上游交换设备收到的 BPDU 是否超时。如果 BPDU 超时，交换设备将该 BPDU 老化，**同时阻塞接收该 BPDU 的端口，并发出以自己为根桥的 BPDU**。这种老化机制可以有效控制生成树的半径。 缺省情况下，设备的 Max Age 时间是 2000 厘秒（20s），可用 **undo stp timer max-age** 命令恢复交换设备 Max Age 时间为缺省值	建议使用前面介绍的 **stp bridge-diameter** 命令配置网络直径，交换设备会自动根据网络直径计算出 Hello Time、Forward Delay 以及 Max Age 3 个定时器参数的较优值
7	**interface eth-trunk** *trunk-id* 例如：[HUAWEI] **interface eth-trunk** 1	进入 Eth-Trunk 接口视图	
8	**max bandwidth-affected-linknumber** *link-number* [HUAWEI-Eth-Trunk1] **max bandwidth-affected-linknumber** 5	配置影响链路聚合带宽接口数目的上限阈值，S5720HI、S6720HI 子系列的取值范围是 1～32，其他设备的取值范围是 1～8。 缺省情况下，影响链路聚合带宽的最大连接数 S5720HI、S6720HI 是 32，其他设备是 8，可用 **undo max bandwidth-affected-linknumber** 命令恢复影响链路聚合带宽的最大连接数为缺省值	

以上配置完成后，可在任意视图下执行 **display stp [interface** *interface-type interface-number* **| slot** *slot-id* **] [brief]** 命令查看生成树的状态信息与统计信息。

9.4.4 STP 配置示例

STP 方面的配置就是前面两节介绍的那些，比较简单，大多数情况下是不需要什么配置的，因为 STP 功能缺省是启用的，只不过在需要使用 STP 时，配置生成树模式为 STP，至于其他的均可根据需要选择配置，包括根桥、备份根桥的指定。当然，通常是建议手工指定根桥和备份根桥，这样可以使自己更加清楚自己交换网络的拓扑结构。

本示例的拓扑结构如图 9-24 所示，当前网络中存在由 SwitchA、SwitchB、SwitchC 和 SwitchD 构成的环路，因为在 SwitchA 与 SwitchD 之间，以及 SwitchB 与 SwitchC 之间都存在冗余链路（本来这些链路都是可以不要的）现在这些交换机上都运行 STP，通过彼此交互信息发现网络中的环路，并有选择地对某个端口进行阻塞，最终将环形网络结构修剪成无环路的树形网络结构，从而防止报文在环形

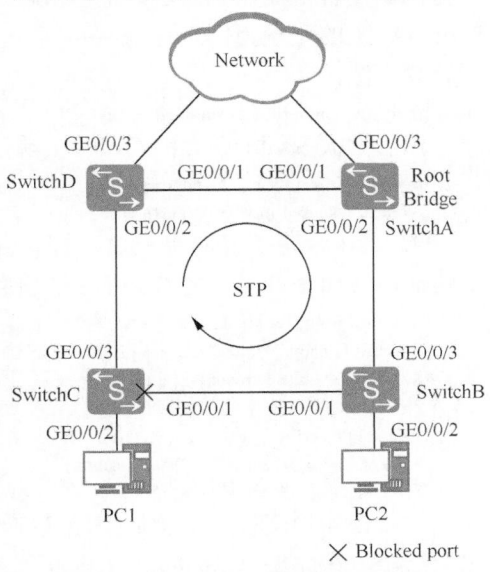

图 9-24 STP 配置示例的拓扑结构

网络中不断循环，避免设备由于重复接收相同的报文造成处理能力的下降。

1. 配置思路分析

本示例在参数方面没有特别的要求，所以实际上本示例仅需要针对 9.4.2 节的介绍配置 STP 的基本功能即可。基本配置思路如下（仅针对环网结构中的 4 台交换机）。

① 配置环网中的 4 台交换机的生成树协议工作在 STP 模式。

② 配置根桥和备份根桥设备，此处可以指定 SwitchA 为根桥，SwitchD 为备份根桥。

③ 配置端口的路径开销值，实现将该端口阻塞。此处可以加大 SwitchC 的 GE0/0/1 端口的开销值，以阻塞该端口，使得数据不能从该端口发送。

④ 在 4 台交换机上使能 STP 功能。但与 PC 机相连的端口不用参与 STP 计算，建议将其去使能 STP。

2. 具体配置步骤

下面具体介绍以上配置任务中的具体配置步骤。注意，要在对应交换机上配置。

① 在 4 台环网结构中的交换机上配置 STP 工作模式。因为 4 台交换机上的配置方法完全一样，故下面仅以 SwitchA 交换机上的配置为例进行介绍，其他交换机的配置参见即可。

```
<HUAWEI> system-view
[HUAWEI] sysname SwitchA
[SwitchA] stp mode stp
```

② 配置 SwitchA 为根桥，SwitchD 为备份根桥。

```
[SwitchA] stp root primary

[SwitchD] stp root secondary
```

③ 配置端口的路径开销计算方法，同时将 SwitchC 上的 GE0/0/1 端口的开销值增大（大于对应类型端口的路径开销缺省值），实现将该端口阻塞。

端口路径开销值的取值范围由路径开销计算方法决定，这里以使用华为私有计算方法为例。同样因为 4 台交换机上的路径开销计算方法的配置方法完全一样，在此仅以 SwitchA 上的配置为例进行介绍。同一网络内所有交换设备的端口路径开销应使用相同的计算方法。

```
[SwitchA] stp pathcost-standard legacy
```

然后增大 SwitchC 上的 GE0/0/1 端口的开销值，此处为 20000（端口的缺省值为 2）。

```
[SwitchC] interface gigabitethernet 0/0/1
[SwitchC-GigabitEthernet0/0/1] stp cost 20000
```

④ 在 4 台交换机使能 STP 功能，以消除二层环路。但在此之前要先去使能连接 PC 上的端口（如 SwitchB 的 GE0/0/2 端口和 SwitchC 的 GE0/0/2 端口）上的 STP 功能。

```
[SwitchB] interface gigabitethernet 0/0/2
[SwitchB-GigabitEthernet0/0/2] stp disable
[SwitchB-GigabitEthernet0/0/2] quit

[SwitchC] interface gigabitethernet 0/0/2
[SwitchC-GigabitEthernet0/0/2] stp disable
[SwitchC-GigabitEthernet0/0/2] quit
```

然后在 4 台交换机上全局使能 STP。同样因为四台交换机上的使能方法的配置方法完全一样，在此仅以 SwitchA 上的配置为例进行介绍。

```
[SwitchA] stp enable
```

以上配置完成后，过段时间，在网络计算稳定后执行以下命令，以验证配置结果。在 SwitchA 上执行 **display stp brief** 命令查看端口状态和端口的保护类型，结果如下。

```
[SwitchA] display stp brief
 MSTID   Port                            Role   STP State    Protection
   0     GigabitEthernet0/0/1           DESI   FORWARDING      NONE
   0     GigabitEthernet0/0/2           DESI   FORWARDING      NONE
```

将 SwitchA 配置为根桥后，与 SwitchB、SwitchD 相连的 GE0/0/2 和 GE0/0/1 端口在生成树计算中被选举为指定端口。可通过在 SwitchB 上执行 **display stp interface gigabitethernet 0/0/1 brief** 命令查看端口 GigabitEthernet0/0/1 状态来验证，结果如下，从中可以看出 GE0/0/1 端口在生成树选举中已成为指定端口，处于 Forwarding 状态。

```
[SwitchB] display stp interface gigabitethernet 0/0/1 brief
 MSTID   Port                            Role   STP State    Protection
   0     GigabitEthernet0/0/1           DESI   FORWARDING      NONE
```

同样可在 SwitchC 上执行 **display stp brief** 命令查看端口状态，结果如下，从中可以看出 GE0/0/3 端口在生成树选举中成为根端口，处于 Forwarding 状态，而 GE0/0/1 端口在生成树选举中成为 Alternate 端口，处于 Discarding 状态。

```
[SwitchC] display stp brief
 MSTID   Port                            Role   STP State    Protection
   0     GigabitEthernet0/0/1           ALTE   DISCARDING      NONE
   0     GigabitEthernet0/0/3           ROOT   FORWARDING      NONE
```

通过以上查看操作就可以验证以上配置是正确、成功的。

9.4.5　配置影响 RSTP 拓扑收敛的参数

RSTP 在 STP 的基础上进行改进之后，通过配置端口的链路类型、端口是否支持快速迁移机制等，实现快速收敛。其本身的基本功能配置仍与 STP 基本功能配置方法差不多，已在 9.4.2 节进行了介绍。在进行本节配置之前，需完成 RSTP 基本功能的配置。

1. 影响拓扑收敛的参数

在 RSTP 中，影响拓扑收敛的参数除了 STP 中介绍的网络直径、超时时间、3 个定时器、影响生成树计算的链路聚合带宽最大连接数这 4 个外，还有端口的链路类型、端口的最大发送速率、是否执行 MCheck 操作、边缘端口和 BPDU 报文过滤功能启用等几个方面。下面介绍这几个在 RSTP 新增的影响拓扑收敛的参数。

（1）端口的链路类型

点对点链路可帮助实现快速收敛。在 RSTP 中，如果与点对点链路相连的两个端口为根端口或者指定端口，则端口可以通过传送同步报文（Proposal 报文和 Agreement 报文）快速迁移到转发状态，减少了不必要的转发延迟时间。

（2）端口的 BPDU 报文最大发送速率

接口在每个 Hello Time 时间内 BPDU 的最大发送数目值越大，表示单位时间内发送的 BPDU 越多，占用的系统资源也越多。适当地配置该值可以限制接口发送 BPDU 的速度，防止在网络拓扑动荡时，RSTP 占用过多的带宽资源。

（3）执行 MCheck 操作

在运行 RSTP 的设备上，如果某个接口和另一台运行 STP 的设备连接，则该接口会自动迁移到 STP 兼容工作模式。但如果某一时间运行 STP 的设备被关机或移走（还可能是因为原来 STP 的交换设备切换为 RSTP 模式），原来自动迁移到 STP 兼容工作模式的接口无法自动迁移回 RSTP 模式。这时就需要在该接口上执行 MCheck 操作，将接口手动迁移到 RSTP 模式。

（4）边缘端口和 BPDU 报文过滤功能

在 RSTP 里面，位于整个网络的边缘（即不再与其他交换设备连接，而是直接与终端设备直连）的端口叫作边缘端口。边缘端口不接收处理配置 BPDU 报文，不参与 RSTP 运算，可以由 Disable 直接转到 Forwarding 状态，且不经历时延，就像在端口上将 RSTP 禁用。

配置为边缘端口后，端口仍然会发送 BPDU 报文，这可能导致 BPDU 报文发送到其他网络，引起其他网络产生振荡。因此可以配置边缘端口的 BPDU 报文过滤功能，使边缘端口不处理、不发送 BPDU 报文。

边缘端口和 BPDU 报文过滤功能可以在系统视图下全局配置，也可在具体端口的接口视图下配置，通常是在具体端口的接口视图下，因为不可能交换机上所有端口都是边缘端口。当然，如果交换机上大多数端口为边缘端口，则可先通过全局配置使所有端口成为边缘端口，然后对不要配置为边缘的少数端口恢复为非边缘端口类型即可。

全局配置后，设备上所有的端口不会主动发送 BPDU 报文，且均不会主动与对端设备直连端口协商，所有端口均处于转发状态；在接口配置后，对应端口将不处理、不发送 BPDU 报文，无法成功与对端设备直连端口协商 STP 状态。

2. 具体配置步骤

因为 RSTP 中前面 4 项参数与 STP 中的对应参数的配置方法完全一样，所以可直接参见 9.4.3 节的表 9-7 即可，下面具体介绍后面 4 项影响 RSTP 拓扑收敛的各项参数的具体配置步骤，具体见表 9-8，但要注意，这些参数的配置也是可选的。

表 9-8　　　　　　　　　　　　　　　　　RSTP 参数配置步骤

配置任务	步骤	命令	说明
	1	**system-view** 例如：<HUAWEI> **system-view**	进入系统视图
	2	**interface** *interface-type interface-number* 例如：[HUAWEI] **interface** gigabitethernet 0/0/1	进入参与生成树协议计算的接口视图。此接口为指定端口
配置端口的链路类型	3	**stp point-to-point { auto | force-false |force-true }** 例如：[HUAWEI-GigabitEthernet0/0/1]**stp point-to-point force-true**	配置指定端口的链路类型。在运行 RSTP 生成树协议的二层网络中，交换设备的端口和非点对点链路相连时，端口的状态无法快速迁移，点对点链路可帮助实现快速收敛。因为如果与点对点链路相连的两个端口为根端口或者指定端口，则端口可以通过传送同步报文（Proposal 报文和 Agreement 报文）快速迁移到转发状态，减少了不必要的转发延迟时间。命令中的参数说明如下。 ● **auto**：多选一选项，指定由生成树协议自动检测与该端口相连的链路是否是点到点链路。 ● **force-false**：多选一选项，指定与当前端口相连的链

（续表）

配置任务	步骤	命令	说明	
配置端口的链路类型	3	**stp point-to-point { auto | force-false |force-true }** 例如：[HUAWEI-GigabitEthernet0/0/1]**stp point-to-point force-true**	路不是点到点链路。 ● **force-true**：多选一选项，指定与当前端口相连的链路是点到点链路。 如果当前端口工作在全双工模式，则当前端口所连的链路是点到点链路，可以选择 **force-true** 选项。如果当前端口工作在半双工模式，可通过执行选择 **force-true** 选项强制链路类型为点对点链路，实现快速收敛。 缺省情况下，指定端口自动识别是否与点对点链路相连，可用 **undo stp point-to-point** 命令恢复指定端口的链路类型为缺省类型	
配置端口的 BPDU 报文最大发送速率	4	**stp transmit-limit** *packet-number* 例如：[HUAWEI-GigabitEthernet0/0/1] **stp transmit-limit 5**	配置当前端口在单位时间内 BPDU 的最大发送数目，取值范围为 1～255 的整数。 缺省情况下，端口每秒 BPDU 的最大发送数目为 6，可用 **undo stp transmit-limit** 命令恢复当前端口每秒发送 BPDU 的最大数目为缺省值	
配置设备执行 Mcheck 操作	5	**stp mcheck** 例如：[HUAWEI-GigabitEthernet0/0/1]**stp mcheck**	（二选一）在具体接口视图下执行 MCheck 操作，将当前端口执行自动迁移回原来的 RSTP 模式	
	6	**system-view** 例如：[HUAWEI] **system-view**	进入系统视图	
		stp mcheck 例如：[HUAWEI] **stp mcheck**	（二选一）全局执行 MCheck 操作，对交换设备上所有端口执行自动迁移回原来的 RSTP 模式	
配置边缘端口和 BPDU 报文过滤功能	7	**stp edged-port default** 例如：[HUAWEI]**stp edged-port default**	配置当前设备上所有端口为边缘端口。端口配置成边缘端口后，如果收到 BPDU 报文，交换设备会自动将边缘端口设置为非边缘端口，并重新进行生成树计算。为防止攻击者仿造 BPDU 报文导致边缘端口属性变成非边缘端口，建议在系统视图下执行 **stp bpdu-protection** 命令配置交换设备的 BPDU 保护功能。配置 BPDU 保护功能后，如果边缘端口收到 BPDU 报文，边缘端口将会被 shutdown，边缘端口属性不变。 缺省情况下，设备的所有端口为非边缘端口，可用 **undo stp edged-port default** 命令恢复交换设备所有端口为非边缘端口	（二选一）全局配置方式
	8	**stp bpdu-filter default** 例如：[HUAWEI] **stp bpdu-filter default**	配置当前设备上所有端口为 BPDU filter 端口。在接口视图下使用命令 **stp bpdu-filter disable** 命令将不需要配置成 BPDU filter 端口的端口恢复为非 BPDU filter 端口。 缺省情况下，设备的所有端口为非 BPDU filter 端口，可用 **undo stp bpdu-filter default** 命令配置当前设备上所有端口为非 BPDU filter 端口	

（续表）

配置任务	步骤	命令	说明	
配置边缘端口和 BPDU 报文过滤功能	9	**interface** *interface-type interface-number* 例如：[HUAWEI] **interface** gigabitethernet 0/0/1	进入参与生成树协议计算的以太接口视图	（二选一）接口配置方式
	10	**stp edged-port enable** 例如：[HUAWEI-GigabitEthernet0/0/1] **stp edged-port enable**	将端口配置成边缘端口。与终端相连的端口不用参与生成树计算，可以通过执行本命令将当前端口配置成边缘端口，该端口便不再参与生成树计算，从而加快网络拓扑的收敛时间，加强网络的稳定性。但是当通过本命令将当前端口配置成边缘端口后，仍然会发送 BPDU 报文，这可能导致 BPDU 报文发送到其他网络，引起其他网络产生振荡。还要通过 **stp bpdu-filter enable** 命令解决。 缺省情况下，交换设备的所有端口都是非边缘端口，可用 **stp edged-port disable** 或 **undo stp edged-port** 命令配置当前端口为缺省的非边缘端口属性	
	11	**stp bpdu-filter enable** 例如：[HUAWEI-GigabitEthernet0/0/1] **stp bpdu-filter enable**	配置当前端口为 BPDU filter 端口。配置本命令后，该端口将无法成功与对端设备直连端口协商 STP 状态。 缺省情况下，设备的所有端口为非 BPDU filter 端口，可用 **stp bpdu-filter disable** 或 **undo stp bpdu-filter** 命令配置当前端口为非 BPDU filter 端口	

9.4.6 配置 RSTP 保护功能

华为公司的数据通信设备支持见表 9-3 所示的 RSTP 保护功能，用户可根据实际环境任选其中一个或多个保护功能配置。当然，也可以不配置这些保护功能。

RSTP 保护功能的配置步骤见表 9-9。各保护功能的配置没有严格的先后顺序。

表 9-9　　　　　　　　　　　　**RSTP 保护功能的配置步骤**

配置任务	步骤	命令	说明
配置 BPDU 保护功能	1	**system-view** 例如：<HUAWEI> **system-view**	进入系统视图
	2	**stp bpdu-protection** 例如：[HUAWEI]**stp bpdu-protection**	配置边缘端口的 BPDU 保护功能。配置 BPDU 保护功能后，如果边缘端口收到 BPDU 报文，边缘端口将会被 error-down。如果用户希望被 error-down 的边缘端口自动恢复，可通过在系统视图下执行 **error-down auto-recoverycause bpdu-protection interval** *interval-value* 命令，配置使能端口自动恢复功能，并设置延迟时间，使被关闭的端口经过延时时间后能够自动恢复。 在配置自动恢复功能时需要注意以下几个方面。 ● 缺省情况下，未使能处于 error-down 状态的接口状态自动恢复为 Up 的功能，所以没有缺省延迟时间值。

（续表）

配置任务	步骤	命令	说明
配置 BPDU 保护功能	2	**stp bpdu-protection** 例如：[HUAWEI]**stp bpdu-protection**	• 参数 *interval-value* 取值范围为（30～86400）的整数秒，取值越小表示接口的管理状态自动恢复为 Up 的延迟时间越短，接口 Up/Down 状态振荡频率越高；取值越大表示接口的管理状态自动恢复为 Up 的延迟时间越长，接口流量中断时间越长 • 自动恢复功能仅对配置了本命令之后发生 error-down 的端口有效，对配置此命令之前已经 **error-down** 的接口不生效。 缺省情况下，设备的 BPDU 保护功能处于去使能状态，可使用 **undo stp bpdu-protection** 命令去使能设备的 BPDU 保护功能
配置 TC 保护功能	3	**stp tc-protection** 例如：[HUAWEI] **stp tc-protection**	使能交换设备对 TC 类型 BPDU 报文的保护功能。执行本命令，在单位时间内交换设备处理 TC 类型的 BPDU 报文的次数可通过下一步的 **stp tc-protection threshold** 命令配置。 缺省情况下，交换设备的 TC 保护功能处于关闭状态，可用 **undo stp tc-protection** 命令去使能设备对 TC 类型 BPDU 报文的保护功能
	4	**stp tc-protection threshold** *threshold* 例如：[HUAWEI] **stp tc-protection threshold 10**	配置交换设备在收到 TC 类型 BPDU 报文后，单位时间内处理 TC 类型 BPDU 报文，并立即刷新转发表项的阈值，参数 *threshold* 的取值范围为 1～255 的整数。 缺省情况下，单位时间内处理 TC 类型 BPDU 报文并立即刷新转发表项的值是 1，可用 **undo stp tc-protection threshold** 命令恢复缺省值
配置端口的 Root 保护功能	5	**interface** *interface-type interface-number* 例如：[HUAWEI] **interface gigabitethernet 0/0/1**	进入指定端口的进口视图
	6	**stp root-protection** 例如：[HUAWEI-GigabitEthernet0/0/1] **stp root-protection**	配置以上指定端口（只能在指定端口下配置）的 Root 保护功能。 【说明】在指定端口使能根保护功能后，收到优先级更高的 BPDU 时该端口状态将进入 Discarding 状态，不再转发报文。在经过一段时间（通常为两倍的 Forward Delay）后，如果端口一直没有再收到优先级较高的 BPDU，该指定端口会自动恢复到正常的 Forwarding 状态，但配置了根保护的端口不可再配置环路保护功能。 缺省情况下，端口的 Root 保护功能处于去使能状态，可用 **undo stp root-protection** 命令去使能当前指定端口的根保护功能
配置端口的 环路保护功能	7	**quit** 例如：[HUAWEI-GigabitEthernet0/0/1] **quit**	退出以上指定端口的接口视图，返回系统视图

（续表）

配置任务	步骤	命令	说明
配置端口的环路保护功能	8	**interface** *interface-type interface-number* 例如：[HUAWEI] **interface** gigabitethernet 0/0/2	进入根端口或者 Alternate 端口的接口视图
配置端口的环路保护功能	9	**stp loop-protection** 例如：[HUAWEI-GigabitEthernet0/0/2] **stp loop-protection**	配置交换设备根端口或 Alternate 端口的环路保护功能，**不能在指定端口下配置**。 【说明】在启动了环路保护功能后，如果根端口或 Alternate 端口长时间收不到来自上游设备的 BPDU 报文时，则向网管发出通知信息（此时根端口会进入 Discarding 状态，角色切换为指定端口），而 Alternate 端口则会一直保持在阻塞状态（角色也会切换为指定端口），不转发报文。直到链路不再拥塞或单向链路故障恢复，端口重新收到 BPDU 报文进行协商，并恢复到链路拥塞或者单向链路故障前的角色和状态。 由于 **Alternate** 端口是根端口的备份端口，如果交换设备上有 **Alternate** 端口，需要在根端口和 **Alternate** 端口上同时配置环路保护。配置了根保护的端口，不可以配置环路保护。 缺省情况下，端口的环路保护功能处于关闭状态，可使用 **undo stp loop-protection** 命令去使能当前端口的环路保护功能

9.4.7　配置设备支持和其他厂商设备互通的参数

在 RSTP 中，网络收敛主要依靠 P/A 协商机制，但不同厂商设备所支持的 P/A 机制的工作方式不完全一样。为了实现华为公司的数据通信设备与其他厂商设备互通，需要根据其他厂商设备支持的 P/A 机制选择端口的快速迁移方式。目前，华为 S 系列交换机的 RSTP P/A 机制支持以下两种模式。

1. 普通方式（Normal mode）

这是一种正常的 P/A 机制工作方式，双方是通过一对 Proposal/Agreement 报文进行协商，收到 Proposal 报文的端口为根端口，并自动进入到 Forwarding 状态，而收到 Agreement 报文的端口为指定端口，也自动进入 Forwarding 状态。具体流程如下。

① 上游设备发送 Proposal 报文，请求进行快速迁移，下游设备在接收后把与上游设备相连的端口设置为根端口，并阻塞所有非边缘端口，然后根端口自动进入 Forwarding 状态。

② 然后下游设备回应 Agreement 报文，上游设备在接收后把与下游设备相连的端口设置为指定端口，指定端口进入 Forwarding 状态。

2. 增强模式（Enhanced mode）

这种方式特别适用于不同厂商设备之间的 P/A 协商。在这种工作方式中，上游设备发送的 Proposal 报文，在到达下游非同一厂商的设备的根端口时可能不能马上进入 Forwarding 状态，这时上游设备再发送一个 Agreement 报文，强制下游设备的根端口进入 Forwarding 状态。这时下游设备的根端口才可以发送 Agreement 报文，响应上游设备发送的 Proposal 报文，使上游设备的指定端口也进入 Forwarding 状态。具体流程如下。

① 首先上游设备发送 Proposal 报文（Flages 字段 Bit1 位置 1 的 BPDU 报文），请求进行快速迁移，下游设备接收后把与上游设备相连的端口设置为根端口，并阻塞所有非边缘端口（包括根端口）。

② 然后，上游设备继续发送 Agreement 报文（Flages 字段 Bit6 位置 1 的 BPDU 报文），下游设备在接收后强制根端口转为 Forwarding 状态。

③ 最后下游设备回应 Agreement 报文，上游设备在接收后把与下游设备相连的端口设置为指定端口，并进入 Forwarding 状态。

在运行生成树的通信网络中，如果华为公司的数据通信设备与其他厂商设备混合组网，可能会因为与其他厂商设备的 Proposal/Agreement 机制不同导致互通失败。需要根据其他厂商设备的 Proposal/Agreement 机制，选择接口使用增强的快速迁移机制还是普通的快速迁移机制。

配置的方法很简单，只需要**直接在其他厂商设备的端口的接口视图下执行 stp no-agreement-check** 命令配置端口使用普通的快速迁移方式。缺省情况下，端口使用增强的快速迁移机制，可用 **undo stp no-agreement-check** 命令配置当前接口使用增强的快速迁移机制。

9.4.8　RSTP 功能配置示例

本示例仍以 9.4.4 节的图 9-24 为例进行介绍，环网中的 SwitchA、SwitchB、SwitchC 和 SwitchD 4 台交换机都运行 RSTP，通过彼此交互信息发现网络中的环路，并有选择地对某个端口进行阻塞，最终将环形网络结构修剪成无环路的树形网络结构，从而防止报文在环形网络中不断循环，避免设备由于重复接收相同的报文造成处理能力的下降。

1. 配置思路分析

本示例的配置方法与 9.4.4.节 STP 配置示例的配置方法差不多，只是在 RSTP 中可以把连接 PC 的端口直接配置为边缘端口，过滤 BPDU 报文，同时可配置一些保护功能，如本示例就可以使用 RSTP 根保护功能，使得 SwitchA 总是为根桥。具体的配置思路如下（仅针对环网结构中的 4 台交换机）。

① 配置环网中的 4 台交换机的生成树协议工作在 RSTP 模式。

② 配置根桥和备份根桥设备，此处可以指定 SwitchA 为根桥，SwitchD 为备份根桥。

③ 配置端口的路径开销值，实现将该端口阻塞。此处可以加大 SwitchC 的 GE0/0/1 端口的开销值，以阻塞该端口，使得数据不能从该端口发送。

④ 在 4 台交换机上使能 RSTP 功能。但与 PC 机相连的端口不用参与 RSTP 计算，配置为边缘端口，并配置 BPDU 过滤。

⑤ 在 SwitchA 的 GE10/1 和 GE1/0/2 端口上启用根保护功能，使它们总为指定端口，从而使 SwitchA 总为根桥。

2. 具体配置步骤

下面具体介绍以上配置任务中的具体配置步骤。注意，要在对应交换机上配置。

① 在 4 台环网结构中的交换机上配置 STP 工作模式。因为 4 台交换机上的配置方法完全一样，故下面仅以 SwitchA 交换机上的配置为例进行介绍，其他交换机的配置参见即可。

```
<HUAWEI> system-view
[HUAWEI] sysname SwitchA
[SwitchA] stp mode rstp
```

② 配置 SwitchA 为根桥，SwitchD 为备份根桥。

```
[SwitchA] stp root primary
```

```
[SwitchD] stp root secondary
```

③ 配置端口的路径开销计算方法，同时将 SwitchC 上的 GE0/0/1 端口的开销值增大（大于对应类型端口的路径开销缺省值），实现将该端口阻塞。

端口路径开销值的取值范围由路径开销计算方法决定，这里以使用华为私有计算方法为例。同样因为 4 台交换机上的路径开销计算方法的配置方法完全一样，在此仅以 SwitchA 上的配置为例进行介绍。但同一网络内所有交换设备的端口路径开销应使用相同的计算方法。

```
[SwitchA] stp pathcost-standard legacy
```

然后增大 SwitchC 上的 GE0/0/1 端口的开销值，此处为 20000（吉比特端口的缺省值为 2）。

```
[SwitchC] interface gigabitethernet 0/0/1
[SwitchC-GigabitEthernet0/0/1] stp cost 20000
```

④ 把连接 PC 上的端口（如 SwitchB 的 GE0/0/2 端口和 SwitchC 的 GE0/0/2 端口）配置为边缘端口并配置 BPDU 过滤。然后在 4 台交换机上使能 RSTP 功能，以消除二层环路。

```
[SwitchB] interface gigabitethernet 0/0/2
[SwitchB-GigabitEthernet0/0/2] stp edged-port enable
[SwitchB-GigabitEthernet0/0/2] stp bpdu-filter enable
[SwitchB-GigabitEthernet0/0/2] quit
```

```
[SwitchC] interface gigabitethernet 0/0/2
[SwitchC-GigabitEthernet0/0/2] stp edged-port enable
[SwitchC-GigabitEthernet0/0/2] stp bpdu-filter enable
[SwitchC-GigabitEthernet0/0/2] quit
```

在 4 台交换机上全局使能 STP。同样因为 4 台交换机上的使能方法的配置方法完全一样，在此仅以 SwitchA 上的配置为例进行介绍。

```
[SwitchA] stp enable
```

⑤ 在 SwitchA 上配置根保护功能，即在 Switch 的两个指定端口上启用根保护功能，使 SwitchA 总为根桥。

```
[SwitchA] interface gigabitethernet 1/0/1
[SwitchA-GigabitEthernet1/0/1] stp root-protection
[SwitchA-GigabitEthernet1/0/1] quit
[SwitchA] interface gigabitethernet 1/0/2
[SwitchA-GigabitEthernet1/0/2] stp root-protection
[SwitchA-GigabitEthernet1/0/2] quit
```

以上配置完成后，过段时间，在网络计算稳定后执行以下命令，以验证配置结果。

在 SwitchA 上执行 **display stp brief** 命令查看端口状态和端口的保护类型，结果如下。

从中可以看出将 SwitchA 配置为根桥后，与 SwitchB、SwitchD 相连的端口 GigabitEthernet1/0/2 和 GigabitEthernet1/0/1 在生成树计算中被选举为指定端口，并在指定端口上配置根保护功能，使得 SwitchA 总为根桥。

```
[SwitchA] display stp brief
 MSTID   Port                          Role  STP State      Protection
   0     GigabitEthernet1/0/1          DESI  FORWARDING     ROOT
   0     GigabitEthernet1/0/2          DESI  FORWARDING     ROOT
```

可在 SwitchB 上执行 **display stp interface** gigabitethernet 0/0/1 **brief** 命令查看端口 GigabitEthernet0/0/1 状态来验证，结果如下。从中可以看出 GE0/0/1 端口在生成树选举中已成为指定端口，处于 Forwarding 状态。

```
[SwitchB] display stp interface gigabitethernet 0/0/1 brief
 MSTID   Port                          Role  STP State      Protection
   0     GigabitEthernet0/0/1          DESI  FORWARDING     NONE
```

可在 SwitchC 上执行 **display stp brief** 命令查看端口状态，结果如下。从中可以看出 GE0/0/3 端口在生成树选举中成为根端口，处于 Forwarding 状态，而 GE0/0/1 端口在生成树选举中成为 Alternate 端口，处于 **Discarding** 状态。

```
[SwitchC] display stp brief
 MSTID   Port                          Role  STP State      Protection
   0     GigabitEthernet0/0/1          ALTE  DISCARDING     NONE
   0     GigabitEthernet0/0/3          ROOT  FORWARDING     NONE
```

通过以上查看操作就可以验证以上配置是正确、成功的。

9.5 MSTP 基础

通过前面的学习，我们已经发现，无论是 STP，还是 RSTP，它们都是针对一个完整的交换网络来计算单一生成树的（所以它们都为单生成树）。这对于一些小型网络是有效的，而且配置也非常简单。但是对于一些规模比较大、结构比较复杂，特别是多 VLAN 的交换网络来说，会使得单颗生成树的计算更复杂，甚至无法最终形成一棵无环路的生成树。同时单生成树也无法实现各链路的负载均衡。这时就要用到本节将要介绍的 MSTP（Multiple Spanning Tree Protocol，多生成树协议）了。

说明 MSTP 与 RSTP 在许多方面是完全一样的，包括 5 种主要的端口角色、3 种端口状态、3 种收敛机制、3 种定时器，以及影响拓扑收敛的参数配置等，主要区别就在于 MSTP 可以在一个交换网络中划分多个 MST（多生成树）域，在一个 MST 域中又可以有多个 MSTI（多生成树实例）。所以，总体上来说，MSTP 的基本配置就像 RSTP 一样简单，不同的只是与多 MST、多 MSTI 相关的特性了。

9.5.1 MSTP 产生的背景

通过本章前面的学习已经知道，RSTP 已在 STP 基础上进行了改进，实现了网络拓扑的快速收敛。但 RSTP 和 STP 还存在同一个缺陷：由于局域网内所有的 VLAN 共享一棵生成树，因此无法在 VLAN 间实现数据流量的负载均衡，被阻塞的冗余链路将不承载任何流量，造成带宽浪费，还有可能造成部分 VLAN 的报文无法转发。

在如图 9-25 所示的网络中，如果在局域网内应用 STP 或 RSTP，则生成的生成树结构如图中虚线所示，S6 为根交换设备。此时，S2 和 S5 之间、S1 和 S4 之间的链路被阻塞，再结合图中各链路上所配置的允许通过的 VLAN，可以得出虽然 HostA 和 HostB 同属于 VLAN2，但它们之间无法互相通信。

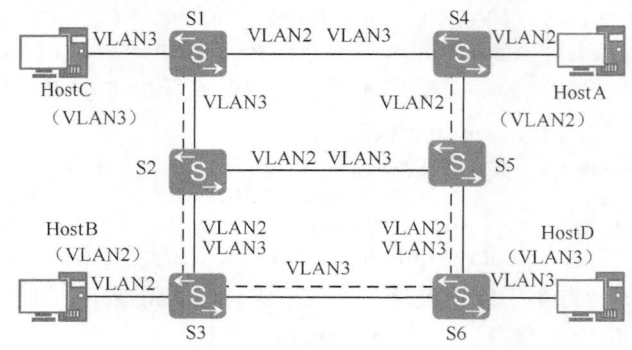

图 9-25　采用 STP/RSTP 时的单生成树

为了弥补 STP 和 RSTP 的缺陷，IEEE 于 2002 年发布的 802.1S 标准定义了 MSTP。MSTP 兼容 STP 和 RSTP，既可以快速收敛，又能使不同 VLAN 的流量沿各自的路径转发，从而为冗余链路提供了更好的负载分担机制。

MSTP 通过把一个交换网络划分成多个域，每个域内单独形成一棵生成树，整个交换网络就可形成多棵互不影响的生成树。在 MSTP 中，每棵生成树叫作一个多生成树实例（MSTI，Multiple Spanning Tree Instance），每个域叫作一个 MST 域（MST Region，Multiple Spanning Tree Region）。

MSTP 把一个生成树网络划分成多个域，每个域内形成多棵内部生成树，各个生成树实例之间彼此独立。然后，MSTP 通过 VLAN-生成树实例映射表把 VLAN 和生成树实例联系起来，将多个 VLAN 捆绑到一个实例中，并以实例为基础实现负载均衡。

说明　所谓实例就是一棵生成树中所包含的交换网段。通过将多个 VLAN 捆绑到一个实例，可以节省通信开销和资源占用率。MSTP 各个实例拓扑的计算相互独立，在这些实例上可以实现负载均衡。可以把多个相同拓扑结构的 VLAN 映射到一个实例里，这些 VLAN 在端口上的转发状态取决于端口在对应 MSTP 实例的状态。

同样以图 9-26 为例进行介绍，如果网络中各交换机都运行 MSTP，就可以完全解决前面在采用 STP 和 RSTP 时造成的、同在 VLAN 2 的 HostA 和 HostB 不能通信的问题了。在这里可以生成以下两棵生成树，即把网络中的各 VLAN 划分到两个 MSTI 中。每个 VLAN 只能对应一个 MSTI，即同一 VLAN 的数据只能在一个 MSTI 中传输，而一个 MSTI 可能对应多个 VLAN。但是一个交换机可以位于多个 MSTI 中。

① MSTI1：以 S4 为根桥（非根桥包括 S5、S2、S3），转发 VLAN2 的报文。

② MSTI2：以 S6 为根桥（非根桥包括 S3、S2、S1），转发 VLAN3 的报文。

这样，所有 VLAN 内部可以互通，同时不同 VLAN 的报文沿不同的路径转发，实现了负载分担。S2～S5 之间的链路是通的，允许转发 VLAN2 报文，所以最终不会出现同在 VLAN 2 的 HostA 和 HostB 不能通信的问题。

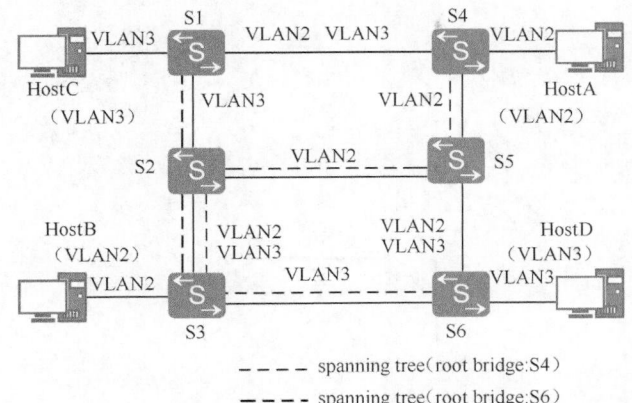

图 9-26　采用 MSTP 后的两棵生成树

9.5.2　MSTP 的基本概念

因为在 MSTP 网络中可以有多棵生成树实例，就涉及生成树实例的划分及各生成树实例之间的关系等问题，所以与单生成树的 STP 和 RSTP 在许多方面存在不同。本节具体介绍 MSTP 所涉及的一些基本概念。

1. MSTP 网络的层次结构

如图 9-27 所示，一个 MSTP 网络可以包含一个或多个 MST 域（MST Region，也称为 MST 区域），而每个 MST 域中又可包含一个或多个 MSTI。组成每个 MSTI 的是其中运行 STP/RSTP/MSTP 的交换设备，MSTI 是所有运行 STP/RSTP/MSTP 的交换设备经MSTP 计算后形成的树状网络。

2. MST 域

MST 域（Multiple Spanning Tree Region，多生成树域），由交换网络中的多台交换设备以及它们之间的网段所构成。同一个 MST 域的设备具有下列特点。

① 都启动了 MSTP。

② 具有相同的域名。

③ 具有相同的 VLAN 到生成树实例映射配置。

④ 具有相同的 MSTP 修订级别配置。

一个 MSTP 网络可以存在多个 MST 域，各 MST 域之间在物理上直接或间接相连。用户可以通过 MSTP 配置命令把多台交换设备划分在同一个 MST 域内。

图 9-28 所示的 MST Region 4 域中由交换设备 A、B、C 和 D 构成，有 3 个 MSTI。

3. VLAN 映射表

VLAN 映射表是 MST 域的属性，描述了 VLAN 和 MST 域中对应 MSTI 之间的映射关系。也就是把那些 VLAN 分别加入哪个 MSTI 中。**一个 VLAN 只能加入一个 MSTI中**，即同一 VLAN 的数据只能在一个 MSTI 中传输，而一个 MSTI 可能对应多个 VLAN。但是一台交换机可以位于多个 MSTI 中，毕竟一台交换机上可以划分多个 VLAN。

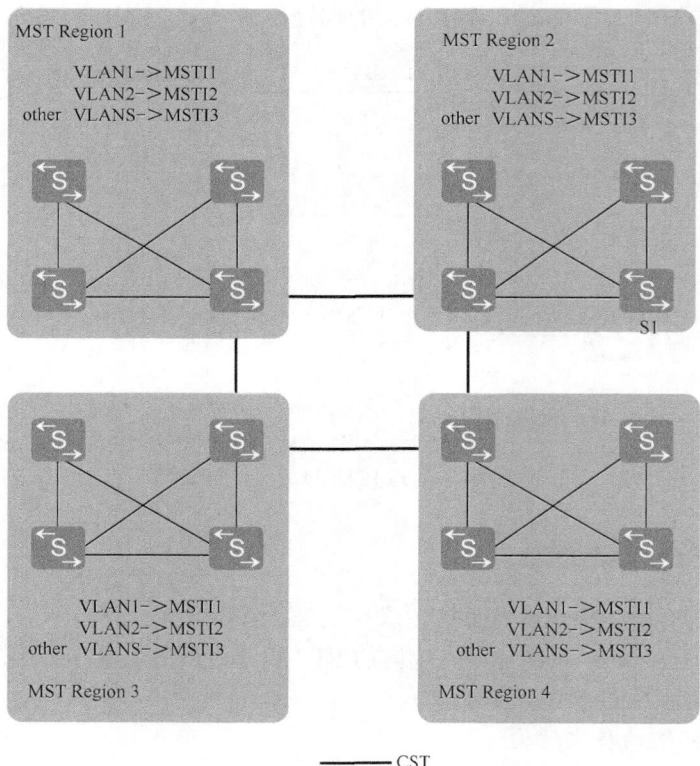

图 9-27　MSTP 网络示例

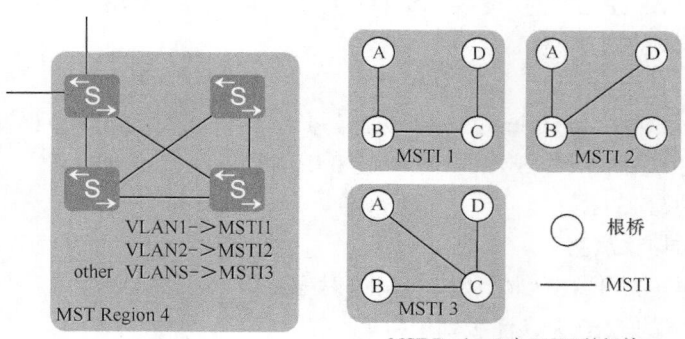

图 9-28　MST 域示例

如图 9-28 所示的 MSTP 网络，MST Region 4 中所包括的 VLAN 映射表如下。

① VLAN1 映射到 MSTI1。

② VLAN2 和 VLAN3 映射到 MSTI2。

③ 其余 VLAN 映射到 MSTI3。

4. IST

IST（Internal Spanning Tree，内部生成树）是各个 MST 域内部的一棵生成树，是仅

针对具体的 **MST 域**来计算的。但它是一个特殊的 MSTI，其 MSTI ID 为 0，即 IST 通常称为 MSTI0。**每个 MST 域中只有一个 IST**，包括对应 MST 域中所有互联的交换机。

在如图 9-27 所示的 MSTP 网络中（包括了多个 MST 域），每个 MST 域内部用细线连接的各交换机就构成了对应 MST 域中的 IST。

5．CST

CST（Common Spanning Tree，公共生成树）是连接整个 MSTP 网络内所有 MST 域的一棵单生成树，**是针对整个 MSTP 网络来计算的**。如果把每个 MST 域看作是一台"交换机"，每个 MST 域看成 CST 的一个节点，则 CST 就是这些节点"交换机"通过 STP或者 RSTP 计算生成的一棵生成树（SST）。即**每个 MSTP 网络中只有一个 CST**。每个MST 域中的 IST 是整个 MSTP 网络 CIST 在对应 MST 域中的一个片段。

在图 9-27 中用于连接各个 MST 域的粗线条连接就构成了 CST。

6．CIST

CIST（Common and Internal Spanning Tree，公共和内部生成树）是通过 STP 或 RSTP计算生成的，连接整个 MSTP 网络内所有交换机的单生成树，**由 IST 和 CST 共同构成**。这里要注意了，上面介绍的 CST 是连接交换网络中**所有 MST 域**的单生成树，而此处的 CIST则是连接交换网络内的**所有交换机**的单生成树。即**每个 MSTP 网络中也只有一个 CIST**。交换网络中的所有 MST 域的 IST 和 CST 一起构成一棵完整的生成树，也就是这里的 CIST。

在图 9-27 中，所有 MST 域的 IST 加上 CST 就构成一棵完整的生成树，即 CIST。

7．SST

构成 SST（Single Spanning Tree，单生成树）有两种情况。

① 运行 STP 或 RSTP 生成树协议的交换机只属于一个生成树。

② MST 域中只有一个交换机，这个交换机构成单生成树。

8．总根

总根是 CIST 生成树的根桥，通常是交换网络中最上层的交换机，一个 MSTP 网络只有一个总根。

9．域根

因为在 MSTP 网络中，每 MST 域都有一个特殊的 IST 实例，以及许多 MSTI 实例，所以域根（Regional Root）又分为 IST 域根和 MSTI 域根。

各个 MST 域中的 IST 生成树中距离 CIST 总根最近的交换机是 IST 域根。总根所在MST 域的 IST 域根就是总根。

MSTI 的域根是对应生成树实例的树根，域中不同的 MSTI 有各自的域根。而且，MST 域内各棵生成树的拓扑不同，域根也可能不同。

9.5.3　MSTP 的端口角色

MSTP 中的端口角色主要有根端口（root port）、指定端口（designated port）、替代端口（alternate port）、备份端口（backup port）、主端口（master port）、域边缘端口和边缘端口，具体见表 9-10。其中，根端口、指定端口、Alternate 端口、Backup 端口和边缘端口这 5 种主要端口角色的作用与 RSTP 中对应的端口角色定义完全相同。除边缘端口外，其他端口角色都参与 MSTP 的计算过程。

表 9-10   MSTP 端口角色

端口角色	说明
根端口	在非根桥上，离根桥最近的端口是本交换设备的根端口。根交换设备没有根端口。根端口负责向树根方向转发数据。 如图 9-29 所示，S1 为根桥，CP1 为 S3 的根端口，BP1 为 S2 的根端口
指定端口	对一台交换设备而言，它的指定端口是向下游交换设备转发 BPDU 报文的端口。 如图 9-29 所示，AP2 和 AP3 为 S1 的指定端口，CP2 为 S3 的指定端口
Alternate 端口	从配置 BPDU 报文发送角度来看，Alternate 端口就是由于学习到其他网桥发送的配置 BPDU 报文而阻塞的端口。从用户流量角度来看，Alternate 端口提供了从指定桥到根的另一条可切换路径，作为根端口的备份端口。 如图 9-29 所示，BP2 为 Alternate 端口
Backup 端口	从配置 BPDU 报文发送角度来看，Backup 端口就是由于学习到自己发送的配置 BPDU 报文而阻塞的端口。从用户流量角度来看，Backup 端口作为指定端口的备份，提供了另外一条从根节点到叶节点的备份通路。 如图 9-29 所示，CP3 为 Backup 端口
Master 端口	Master 端口是 MST 域和总根相连的所有路径中最短路径上的端口，它是交换设备上连接 MST 域到总根的端口。 Master 端口是域中的报文去往总根的必经之路，是特殊域边缘端口，Master 端口在 CIST 上的角色是 Root Port，在其他各实例上的角色都是 Master 端口。 如图 9-30 所示，交换设备 S1、S2、S3、S4 和它们之间的链路构成一个 MST 域，S1 交换设备的端口 AP1 在域内的所有端口中到总根的路径开销最小，所以 AP1 为 Master 端口
域边缘端口	域边缘端口是指位于 MST 域的边缘并连接其他 MST 域或 SST 的端口。 如图 9-30 所示，MST 域内的 AP1、DP1 和 DP2 都和其他域直接相连，它们都是本 MST 域的域边缘端口
边缘端口	如果指定端口位于整个域的边缘，不再与任何交换设备连接，这种端口叫作边缘端口。 边缘端口一般与用户终端设备直接连接。 端口使能 MSTP 功能后，会默认启用边缘端口自动探测功能，当端口在（2 × Hello Timer + 1）秒的时间内收不到 BPDU 报文，自动将端口设置为边缘端口，否则设置为非边缘端口

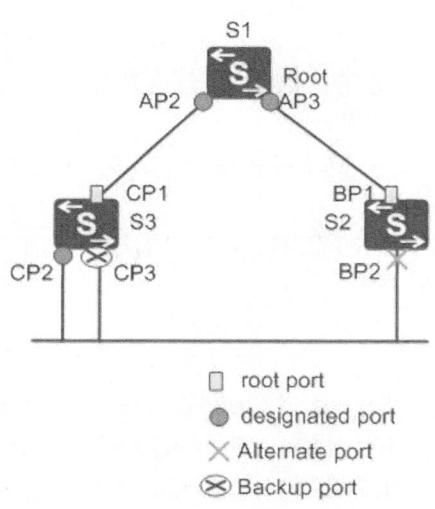

图 9-29　根端口、指定端口、Alternate、Backup 端口示意

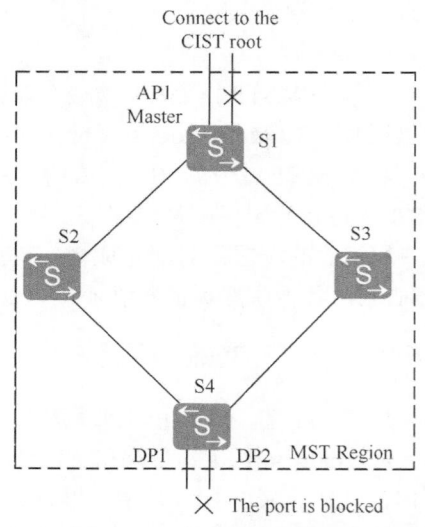

图 9-30　Master 端口和域边缘端口示意

9.5.4　MSTP 的端口状态与收敛机制

MSTP 定义的端口状态也与 RSTP 中的定义完全相同，也是根据端口是否转发用户流量、接收/发送 BPDU 报文，把端口状态划分为 3 种。

① Forwarding 状态：转发状态，既转发用户流量又接收/发送 BPDU 报文。

② Learning 状态：学习状态，不转发用户流量，只接收/发送 BPDU 报文。

③ Discarding 状态：丢弃状态，只接收 BPDU 报文，不转发报文。

与 RSTP 中的端口状态一样，MSTP 的端口状态和端口角色是没有必然联系的，表 9-11 给出了各种端口角色能够具有的端口状态。

表 9-11　　　　　　　　　　　MSTP 各种端口角色具有的端口状态

端口角色 端口状态	根端口/Master 端口	指定端口	域边缘端口	Alternate 端口	Backup 端口
Forwarding	√	√	√	—	—
Learning	√	√	√	—	—
Discarding	√	√	√	√	√

根端口、Master 端口、指定端口和域边缘端口支持 Forwarding、Learning 和 Discarding 状态，Alternate 端口和 Backup 端口仅支持 Discarding 状态。MSTP 的收敛机制与 RSTP 是完全一样的，具体参见本章 9.3.4 和 9.3.5 节。在 P/A 机制方面同样支持普通模式和增强模式两种，具体参见本章 9.4.7 节。

9.5.5　MSTP 拓扑计算原理

MSTP 将整个二层网络划分为多个 MST 域，把每个域视为一个节点。**各个 MST 域之间按照 STP 或者 RSTP 算法进行计算并生成 CST**（是单生成树）。在一个 MST 域内则是通过 **MSTP 算法计算生成若干个 MSTI**（是多生成树），其中实例 0 被称为 IST。MSTP 使用 MST BPDU（Multiple Spanning Tree Bridge Protocol Data Unit，多生成树桥协议数据单元）作为生成树计算的依据。MST BPDU 报文用来计算生成树的拓扑、维护网络拓扑以及传达拓扑变化记录。

1. MSTP 向量优先级

MSTI 和 CIST 拓扑都是根据优先级向量来计算的，这些优先级向量信息都包含在 MST BPDU 中。各交换机互相交换 MST BPDU 来生成 MSTI 和 CIST。

参与 CIST 计算的优先级向量按优先级别从高到低依次是根桥 ID、外部路径开销、域根 ID、内部路径开销、指定桥 ID、指定端口 ID、接收端口 ID。参与 MSTI 计算的优先级向量按优先级别从高到低依次是域根 ID、内部路径开销、指定桥 ID、指定端口 ID、接收端口 ID。

以上这些优先级向量说明见表 9-12。

表 9-12　　　　　　　　　　　优先级向量说明

优先级向量名	说明
根桥 ID	根桥 ID 用于选择 CIST 中的根桥，计算公式为：Priority（16 位）+MAC（48 位），其中 Priority 为 MSTI0 的优先级

（续表）

优先级向量名	说明
外部路径开销 （ERPC）	从 MST 域根到达总根的路径开销。MST 域内所有交换机上保存的外部路径开销相同。若 CIST 根桥在域中，则域内所有交换机上保存的外部路径开销为 0
域根 ID	也就是通常所说的 MSTI 树根，域根 ID 用于选择 MSTI 中的树根，计算公式为：Priority（16 位）+MAC（48 位），其中 Priority 为 MSTI0 的优先级
内部路径开销 （IRPC）	本交换机到达域根桥的路径开销。域边缘端口保存的内部路径开销值大于（优先级越低）非域边缘端口保存的内部路径开销
指定桥	CIST 或 MSTI 实例的指定桥是本交换机通往域根的最邻近的上游交换机。如果本交换机就是总根或域根，则指定桥为自己
指定端口	指定桥上与本交换机根端口相连的端口就是指定端口。其端口 ID（Port ID）= Priority（4 位）+端口号（12 位）。端口优先级必须是 16 的整数倍
接收端口	接收到 BPDU 报文的端口。其端口 ID（Port ID）= Priority（4 位）+端口号（12 位）。端口优先级必须是 16 的整数倍

同一类向量比较时，值最小的向量具有最高优先级。具体比较规则如下。

① 首先，比较根桥 ID。

② 如果根桥 ID 相同，再比较外部路径开销。

③ 如果外部路径开销还相同，再比较域根 ID。

④ 如果域根 ID 仍然相同，再比较内部路径开销。

⑤ 如果内部路径仍然相同，再比较指定桥 ID。

⑥ 如果指定桥 ID 仍然相同，再比较指定端口 ID。

⑦ 如果指定端口 ID 还相同，再比较接收端口 ID。

如果端口接收到的 BPDU 内包含的配置消息优于端口上保存的配置消息，则端口上原来保存的配置消息被新收到的配置消息替代。端口同时更新交换机保存的全局配置消息。反之，新收到的 BPDU 被丢弃。

2．CIST 的计算

经过配置消息比较后，首先在整个网络中选择一个优先级最高的交换机作为 CIST 的树根，然后在每个 MST 域内通过 MSTP 算法计算生成 IST。同时 MSTP 将每个 MST 域作为单台交换机对待，通过 STP 或者 RSTP 算法在 MST 域间计算生成 CST。CST 和 IST 构成了整个交换机网络的 CIST。

3．MSTI 的计算

在 MST 域内，MSTP 根据 VLAN 和生成树实例的映射关系，针对不同的 VLAN 生成不同的生成树实例。每棵生成树独立进行计算，计算过程与 STP 计算生成树的过程类似，参见 9.2 节。MSTI 具有以下的特点。

① 每个 MSTI 独立计算自己的生成树，互不干扰。

② 每个 MSTI 的生成树计算方法与 RSTP 基本相同。

③ 每个 MSTI 的生成树可以有不同的根、不同的拓扑。

④ 每个 MSTI 在自己的生成树内发送 BPDU。

⑤ 每个 MSTI 的拓扑通过命令配置决定（不是自动生成的）。

⑥ 每个端口在不同 MSTI 上的生成树参数可以不同。

⑦ 每个端口在不同 MSTI 上的角色、状态可以不同。

4. MSTI 生成树算法实现

在一开始时，每台交换机的各个端口会生成以自身交换机为根桥的配置消息，其中根路径开销为 0，指定桥 ID 为自身交换机 ID，指定端口为本端口。每台交换机都向外发送自己的配置消息，并在接收到其他配置消息后进行如下处理。

① 当端口收到比自身的配置消息优先级低（优先级的比较就是根据前面介绍的向量优先级比较规则进行的）的配置消息时，交换机把接收到的配置消息丢弃，对该端口的配置消息不进行任何处理。

② 当端口收到比本端口配置消息优先级高的配置消息时，交换机用接收到的配置消息中的内容替换该端口的配置消息中的内容。然后交换机将该端口的配置消息和交换机上的其他端口的配置消息进行比较，选出最优的配置消息。

计算生成树的步骤如下。

① 选举根桥。此步是通过比较所有交换机发送的配置消息的树根 ID，树根 ID 值最小的交换机为 CIST 根桥，或者 MST 域根桥。

② 选举非根桥上的根端口。每台非根桥把接收到最优配置消息的那个端口指定为自身交换机的根端口。

③ 选举指定端口。在这一步又分为以下两个子步骤。

首先，交换机根据根端口的配置消息和根端口的路径开销，为每个端口计算一个标准的指定端口配置消息：用树根 ID 替换为根端口配置消息中的树根 ID；用根路径开销替换为根端口配置消息中的根路径开销加上根端口的路径开销；用指定桥 ID 替换为自身交换机的 ID；用指定端口 ID 替换为自身端口 ID。

然后，交换机对以上规则计算出来的配置消息和对应端口上原来的配置消息进行比较。如果端口上原来的配置消息更优，则交换机将此端口阻塞，端口的配置消息不变，并且此端口将不再转发数据，只接收配置消息（相当于根端口）；如果通过以上替换计算出来的配置消息比端口上原来的配置消息更优，则交换机就将该端口设置为指定端口，端口上的配置消息替换成通过以上替换计算出来的配置消息，并周期性向外发送。

④ 在 MSTI 生成树拓扑收敛后，非根桥无论是否接收到根桥传来的信息都按照 Hello 定时器周期性发送 BPDU。如果一个端口连续 3 个 Hello 时间（这个是缺省的设置）接收不到指定桥（也就是它所连接的上一级交换机）送来的 BPDU，那么该交换机认为与此邻居之间的链路失败。

5. MSTP 对拓扑变化的处理

在 MSTP 中检测拓扑是否发生了变化的标准是根据一个非边缘端口的状态是否迁移到 Forwarding 状态，如果是迁移到了 Forwarding 状态，则会发生拓扑变化。

交换机一旦检测到拓扑发生变化，进行如下处理。

① 为本交换机的所有非边缘指定端口启动一个 TC While Timer（该计时器值是 Hello Time 的两倍），并在这个时间内，清空这些端口上学习来的 MAC 地址。如果是根端口上有状态变化，则启动根端口。

② 发生状态变化的这些端口向外发送 TC BPDU，其中的 TC 置位，直到 TC While Timer 超时。根端口总是要发送这种 TC BPDU。

其他交换机接收到 TC BPDU，进行如下处理。

① 清空所有端口学习来的 MAC 地址，收到 TC BPDU 的端口除外。

② 为所有自己的非边缘指定端口和自己的根端口启动 TC While 计时器，重复上述过程。

9.5.6　MSTP BPDU 报文

MSTP 使用 MST BPDU（Multiple Spanning Tree Bridge Protocol Data Unit，多生成树桥协议数据单元）作为生成树计算的依据。MST BPDU 报文用来计算生成树的拓扑、维护网络拓扑以及传达拓扑变化记录。

STP 中定义的配置 BPDU、RSTP 中定义的 RST BPDU、MSTP 中定义的 MST BPDU 及 TCN BPDU 在版本号和类型值方面的比较见表 9-13。

表 9-13　　　　　　　　　　　　　4 种 BPDU 的比较

名称	版本	类型
配置 BPDU	0	0x00
TCN BPDU	0	0x80
RST BPDU	2	0x02
MST BPDU	3	0x02

1. MSTP BPDU 报文格式

MST BPDU 报文结构如图 9-31 所示。无论是域内的 MST BPDU 还是域间的 MST BPDU，前 36 字节和 RST BPDU 相同。从第 37 字节开始是 MSTP 专有字段。最后的 MSTI 配置信息字段由若干 MSTI 配置信息组连缀而成。各字段说明见表 9-14。其实这里的 CIST 相当于 RSTP 中的单生成树。

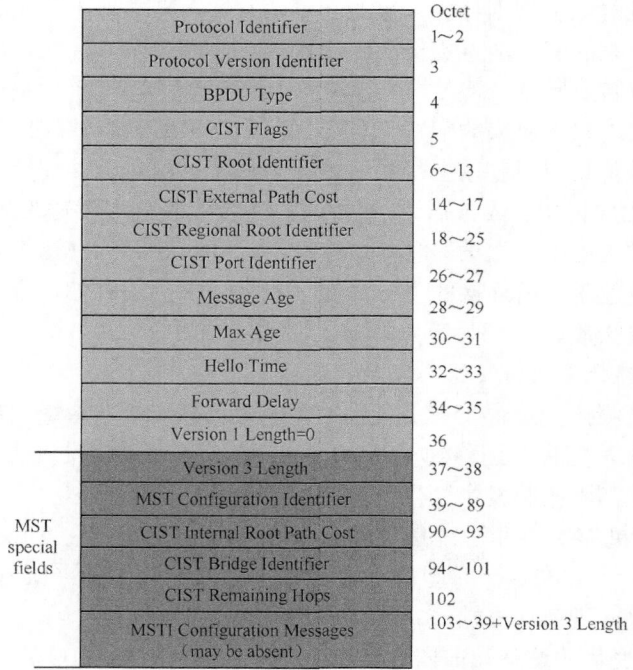

图 9-31　MST BPDU 格式

表 9-14　　　　　　　　　　　　　　　**MST BPDU 格式字段说明**

字段内容	字节数	说明
Protocol Identifier	2	协议标识符，目前总为 0
Protocol Version Identifier	1	协议版本标识符，STP 为 0，RSTP 为 2，MSTP 为 3
BPDU Type	1	BPDU 类型。 • 0x00：STP 的 Configuration BPDU。 • 0x80：STP 的 TCN BPDU。 • 0x02：RST BPDU 或者 MST BPDU
CIST Flags	1	CIST 标志字段，与 RSTP 中的标志字段完全一样
CIST Root Identifier	8	CIST 的总根桥 ID
CIST External Path Cost	4	CIST 外部路径开销，指从本桥所属的 MST 域到 CIST 根桥所属的 MST 域的累计路径开销，类似于 RSTP 中的根路径开销，也是根据链路带宽计算的
CIST Regional Root Identifier	8	CIST 的域根桥 ID，即 IST Master 的 ID。如果总根在这个域内，那么该域的根桥 ID 就是总根桥 ID
CIST Port Identifier	2	发送 BPDU 报文的端口在 IST 中的指定端口 ID
Message Age	2	MST BPDU 报文的生存期
Max Age	2	MST BPDU 报文的最大生存期，超时则认为到根交换设备的链路故障
Hello Time	2	Hello 定时器，缺省为 2s
Forward Delay	2	Forward Delay 定时器，缺省为 15s
Version 1 Length	1	Version1 BPDU 的长度，值固定为 0
Version 3 Length	2	Version3 BPDU 的长度
MST Configuration Identifier	51	MST 配置标识符，表示 MST 域的标签信息，包含 4 个字段，如图 9-32 所示。只有这里面的 4 个字段完全相同的，并且互联的交换设备，才属于同一个域。这 4 字段的说明见表 9-15
CIST Internal Root Path Cost	4	CIST 内部路径开销，指从发送 BPDU 报文的端口到 IST Master（主桥）的累计路径开销。CIST 内部路径开销也是根据链路带宽计算的
CIST Bridge Identifier	8	CIST 的指定桥 ID
CIST Remaining Hops	1	BPDU 报文在 CIST 中的剩余跳数（每经过一个桥设备跳数减 1）
MSTI Configuration Messages(may be absent)	16	MSTI 配置消息。每个 MSTI 的配置消息占 16 字节，如果有 n 个 MSTI 就占用 $n×16$bytes。单个 MSTI 配置消息的结构如图 9-33 所示，字段说明见表 9-16

	Octet
Configuration Identifier Format Selector	39
Configuration Name	40～71
Revision Level	72～73
Configuration digest	74～89

图 9-32　MST 配置标识符结构

	Octet
MSTI Flags	1
MSTI Regional Root Identifier	2～9
MSTI Internal Root Path Cost	10～13
MSTI Bridge Priority	14
MSTI Port Priority	15
MSTI Remaining Hops	16

图 9-33　MSTI 配置消息结构

表 9-15　　　　　　　　　　　　　　MST 配置标识符字段说明

字段	字节数	说明
Configuration Identifier Format Selector	1	配置标识符格式选择器，固定为 0
Configuration Name	32	MST 域名，32 字节长字符串，每个 MST 域有唯一的配置消息
Revision Level	2	MST 配置修订级别，2 字节非负整数
Configuration Digest	16	配置摘要，利用 HMAC-MD5 算法将域中 VLAN 和实例的映射关系加密成 16 字节的摘要

表 9-16　　　　　　　　　　　　　　MSTI 配置消息字段说明

字段	字节数	说明
MSTI Flags	1	MSTI 标志位
MSTI Regional Root Identifier	8	MSTI 域根桥 ID
MSTI Internal Root Path Cost	4	MSTI 内部路径开销，指从本端口到 MSTI 域根桥的累计路径开销。MSTI 内部路径开销根据链路带宽计算
MSTI Bridge Priority	1	本桥在 MSTI 中的桥优先级
MSTI Port Priority	1	发送 MST BPDU 的端口在 MSTI 中的端口优先级
MSTI Remaining Hops	1	BPDU 报文在 MSTI 中的剩余跳数

2.　MSTP BPDU 报文格式可配置功能

目前 MSTP 的 BPDU 报文存在两种格式。

① dot1s：IEEE802.1s 规定的报文格式。

② legacy：华为私有协议报文格式。

如果端口收发报文格式为缺省支持 dot1s 或者 legacy，这样就存在一个缺点：需要人工识别对端的 BPDU 报文格式，然后手工配置命令来决定支持哪种格式。人工识别报文格式比较困难，且一旦配置错误，就有可能导致 MSTP 计算错误，出现环路。华为技术有限公司采用的端口收发 MSTP 报文格式可配置（stp compliance）功能，支持自动识别（auto）模式，这样就能够实现对 BPDU 报文格式的自适应。这样报文收发不但支持dot1s 和 legacy 格式，还能通过 auto 模式，根据收到的 BPDU 报文格式自动切换接口支持的 BPDU 报文格式，使报文格式与对端匹配。

在自适应的情况下，接口初始支持 dot1s 格式，收到报文后，格式则和收到的报文格式保持一致。

3.　每个 Hello Time 时间内端口最多能发送 BPDU 的报文数可配置功能

Hello Time 定时器用于生成树协议定时发送配置消息维护生成树的稳定。如果交换设备在一段时间内没有收到 BPDU 报文，则会由于消息超时而对生成树进行重新计算。当交换设备成为根交换设备时，该交换设备会以该设置值为时间间隔发送 BPDU 报文。非根交换设备采用根交换设备所设置的 Hello Time 时间值。

华为 S 系列交换机提供的每个 Hello Time 时间内端口最多能够发送的 BPDU 报文个数可配置（Max Transmitted BPDU Number in Hello Time is Configurable）功能，可以设定当前端口在 Hello Time 时间内配置 BPDU 的最大发送数目。用户配置的数值越大，表示每 Hello Time 时间内发送的报文数越多。适当地设置该值可以限制端口每 Hello Time

时间内能发送的 BPDU 数目，防止在网络拓扑动荡时，BPDU 占用过多的带宽资源。

9.6 MSTP 配置

在了解了 MSTP 的一些主要基础知识和工作原理后，本节就要介绍 MSTP 的具体配置与管理方法了。下面先同样了解一下华为 S 系列交换机的 MSTP 相关参数的缺省配置，具体见表 9-17，实际应用的配置可以基于缺省配置进行修改。

表 9-17   **MSTP 相关参数的缺省配置**

参数	缺省值
生成树协议工作模式	MSTP 模式
MSTP 功能	全局 MSTP 功能使能，接口的 MSTP 功能使能
交换设备的优先级	32768
端口的优先级	128
路径开销缺省值的计算方法	dot1t，即 IEEE 802.1t 标准
Forward Delay Time	1500 厘秒
Hello Time	200 厘秒
Max Age Time	2000 厘秒

9.6.1 配置 MSTP 基本功能

MSTP 可以把一个交换网络划分成多个域，每个域内形成多棵生成树，生成树之间彼此独立，实现不同 VLAN 流量的分离，达到网络负载均衡的目的。

通过给交换设备配置 MSTP 的工作模式、配置域并激活后，启动 MSTP，MSTP 便开始进行生成树计算，将网络修剪成树状，破除环路。但是，如果需要人为干预生成树计算的结果，还可以进行如下配置：手动配置指定根桥和备份根桥设备，配置交换设备在指定生成树实例中的优先级数值，配置端口在指定生成树实例中的路径开销数值，配置端口在指定生成树实例中的优先级数值。

下面具体介绍这些 MSTP 基本功能的配置任务，具体的配置步骤见表 9-18。

表 9-18   **MSTP 基本功能配置步骤**

配置任务	步骤	命令	说明
配置 MSTP 工作模式	1	**system-view** 例如：<HUAWEI> **system-view**	**进入系统视图**
	2	**stp mode mstp** 例如：[HUAWEI] **stp mode mstp**	配置交换机的 MSTP 生成树工作模式。执行本命令后，在交换设备所有启用生成树协议的端口中，除了和 STP 交换设备直接相连的端口工作在 STP 模式下，其他端口都工作在 MSTP 模式下，即向外发送 MST BPDU 报文。 缺省情况下，运行 MSTP 模式，可用 **undo stp mode** 命令恢复交换设备的缺省生成树协议工作模式

（续表）

配置任务	步骤	命令	说明
配置 并激活 MST 域	3	**stp region-configuration** 例如：[HUAWEI] **stp region-configuration**	进入 MST 域视图，进行 MST 域配置。只要两台交换设备的以下配置相同，这两台交换设备才属于同一个 MST 域。 ① MST 域的域名，缺省为桥系统 MAC 地址 。 ② 多生成树实例和 VLAN 的映射关系，缺省所有 VLAN 均映射到 CIST 上。 ③ MST 域的修订级别，缺省为 0。 当需要为当前设备或 MSTP 进程配置上述 3 个参数时，就需要通过本命令进入 MST 域视图。可用 **undo stp region-configuration** 命令将 MST 域配置恢复为缺省值
	4	**region-name** *name* 例如：[HUAWEI-mst-region] **region-name** lycb	配置 MST 域的域名，为 1～32 个字符，不支持空格，区分大小写。 缺省情况下，MST 域的域名等于交换设备 MAC 地址，即桥 MAC 地址，可用 **undo region-name** 命令恢复交换设备 MST 域名为缺省值
	5	**instance** *instance-id* **vlan** { *vlan-id1* }& <1-10> 例如：[HUAWEI-mst-region] **instance** 1 **vlan** 1 **to** 3	（二选一）配置多生成树实例和 VLAN 的映射关系。命令中的参数说明如下。 ① *instance-id*：指定生成树实例的编号，取值范围为 0～4094 的整数，取值为 0 表示是 CIST。 ② *vlan-id1*[**to** *vlan-id2*]：指定要映射的 VLAN 的起始、结束 VLAN ID，取值范围为 1～4094。 ③ &<1-10>：表示前面的参数或参数对最多可以重复 10 次。 缺省情况下，所有 VLAN 均映射到 CIST，即实例 0 上，可用 **undo instance** *instance-id* [**vlan** { *vlan-id1* [**to** *vlan-id2*] } &<1-10>]命令删除指定 VLAN 和指定生成树实例的映射关系
		vlan-mapping modulo *modulo* 例如：[HUAWEI-mst-region] **vlan-mapping modulo** 2	（二选一）配置多生成树实例和 VLAN 按照缺省算法自动分配映射关系。参数 *modulo* 用来指定映射的模值，取值范围为 1～64 的整数。 【说明】本命令可以快速配置 VLAN 映射表，使每个 VLAN 按照配置被映射到不同的生成树实例上。它是指 VLAN ID 减 1 后除以模值 *modulo* 值的余数再加 1，即（VLAN ID-1）%*modulo*+1，然后通过此算法来分配到对应的实例中，即余数加 1 为几就将此 VLAN 分配到实例几中。如模值 *modulo* 为 16，则 VLAN1 映射到 MSTI1、VLAN2 映射到 MSTI2……VLAN16 映射到 MSTI16、VLAN17 映射到 MSTI1，依此类推。 缺省情况下，所有 VLAN 均映射到 CIST，即实例 0 上，可用 **undo vlan-mapping modulo** 命令将多生成树实例和 VLAN 按照缺省算法自动分配映射关系恢复为缺省情况
	6	**revision-level** *level* 例如：[HUAWEI-mst-region] **revision-level** 5	配置 MST 域的 MSTP 修订级别，取值范围为 0～65535 的整数。当设备所在域的 MSTP 修订级别不为 0，则需要执行本操作。 缺省情况下，MSTP 域的 MSTP 修订级别为 0

（续表）

配置任务	步骤	命令	说明
	7	**active region-configuration** 例如：[HUAWEI-mst-region]**active region-configuration**	激活 MST 域的配置，使以上 MST 域名、VLAN 映射表和 MSTP 修订级别配置生效。 如果不执行本操作，以上配置的域名、VLAN 映射表和 MSTP 修订级别无法生效。如果在启动 MSTP 特性后又修改了交换设备的 MST 域相关参数，可以通过执行本命令激活 MST 域，使修改后的参数生效。 【说明】由于 MST 域相关参数（特别是 VLAN 映射表）的变化会引起 MSTP 重新计算生成树，从而引起网络拓扑振荡。因此，在完成配置 MST 域名、配置多生成树实例与 VLAN 的映射关系和配置 MST 域的 MSTP 修订级别后，建议在 MST 域视图下执行命令 **check region-configuration** 确定未生效的域参数配置是否正确。在确认域参数无误后，再执行本命令激活新的 MST 域配置
	8	**quit** 例如：[HUAWEI-mst-region] **quit**	退出 MST 域视图，返回系统视图
（可选） 配置根桥和 备份根桥	9	**stp** [**instance** *instance-id*] **root** {**primary** | **secondary**} 例如：[HUAWEI] **stp instance 1 root primary**	配置当前设备为指定 MSTI 的根桥或备份根桥。可选参数 *instance-id* 用来指定 MSTI 的编号，如果不指定此可选参数，则将作为 CIST 的根桥或备份根桥设备 配置为根桥后该设备优先级 BID 值自动为 0，配置为备份根桥后该设备优先级 BID 值自动为 4096，且都不能更改。 缺省情况下，交换设备不作为任何生成树的根桥和备份根桥，可用 **undo stp root** 命令取消当前设备作为指定 MSTI 的根桥或备份根桥的资格
（可选） 配置交换设备在指定生成树实例中的优先级	10	**stp** [**instance** *instance-id*] **priority** *priority* 例如：[HUAWEI] **stp instance 1 priority 100**	配置当前设备在指定 MSTI 中的桥优先级。命令中的参数说明如下。 ① *instance-id*：可选参数，用来指定 MSTI 的编号，如果不指定此可选参数，则将配置当前设备在 CIST 中的桥优先级。 ② *priority*：指定当前设备的桥优先级，取值范围是 0～61440，步长为 4096，即**仅可以配置 16 个优先级取值**，如 0、4096、8192 等，**不能随便定**。优先级值越小，则优先级越高，越能成为根桥或备份根桥。 缺省情况下，交换设备的桥优先级值为 32768，可用 **undo** [**instance** *instance-id*] **stp priority** 命令恢复交换机的桥优先级为缺省值。 【注意】如果已执行了上步命令将当前交换机作为根桥或备份根桥，则在需要改变当前设备的优先级时需先执行 **undo stp** [**instance** *instance-id*] **root** 去使能根交换设备或者备份根交换设备功能，然后执行本命令配置新的优先级数值
（可选） 配置端口在指定生成树实例中的路径开销	11	**stp pathcost-standard** { **dot1d-1998** | **dot1t** | **legacy** } 例如：[HUAWEI]**stp pathcost-standard dot1d-1998**	配置端口路径开销缺省值的计算方法。命令中的选项说明如下。 ① **dot1d-1998**：多选一选项，表示采用 IEEE 802.1D 标准计算方法。 ② **dot1t**：多选一选项，表示采用 IEEE 802.1t 标准计算

（续表）

配置任务	步骤	命令	说明
	11	**stp pathcost-standard** { **dot1d-1998** | **dot1t** | **legacy** } 例如：[HUAWEI]**stp pathcost-standard dot1d-1998**	方法。 ③ **legacy**：多选一选项，表示采用华为的私有计算方法。不同速率端口在以上3种路径开销计算方法中各自的计算结果参见表 9-5，各设备制造商采用的路径开销标准各不相同。 缺省情况下，路径开销缺省值的计算方法为 IEEE 802.1t（**dot1t**）标准方法，可用 **undo stp pathcost- standard** 命令恢复路径开销缺省值采用缺省计算方法。且同一网络内所有交换设备的端口路径开销应使用相同的计算方法
	12	**interface** *interface-type interface-number* 例如：[HUAWEI] **interface GigabitEthernet 1/0/0**	进入要参与生成树计算的接口视图
（可选）配置端口在指定生成树实例中的路径开销	13	**stp** [**instance** *instance-id*] **cost** *cost* 例如：[HUAWEI-GigabitEthernet1/0/0] **stp instance 1 cost 200**	设置当前端口在指定生成树实例中的路径开销值，用于桥的根端口选举，值越大，优先级越低。命令中的参数说明如下。 ① *instance-id*：可选参数，指定要设置当前端口路径开销值的所在 MSTI 编号，如果不指定此参数，则本命令是配置当前端口在 CIST 中的端口路径开销值。 ② *cost*：设置当前端口在指定 MSTI 中的路径开销值。取值范围根据所采用的计算方法的不同而不同。 a. 使用华为的私有计算方法时参数 *cost* 的取值范围是 1～200000。 b. 使用 IEEE 802.1d 标准方法时参数 *cost* 的取值范围是 1～65535。 c. 使用 IEEE 802.1t 标准方法时参数 *cost* 的取值范围是 1～200000000。 缺省情况下，端口的路径开销值为接口速率对应的路径开销缺省值，可用 **undo stp** [**instance** *instance-id*] **cost** 命令恢复当前接口在指定 MSTI 中的路径开销为缺省值。当采用华为私有计算方法时的缺省值参见表9-5。 【说明】在存在环路的网络环境中，对于链路速率值相对较小的接口，建议将其路径开销值配置相对较大，以使其在生成树算法中被选举成为阻塞端口，阻塞其所在链路，因为开销值越大的接口越可能成为阻塞端口
（可选）配置端口优先级	14	**stp** [**instance** *instance-id*] **port priority** *priority* 例如：[HUAWEI-GigabitEthernet1/0/0] **stp port priority 64**	配置端口在指定生成树实例中的优先级，参与指定端口的选举。命令中的参数说明如下。 ① *instance-id*：可选参数，指定要设置当前端口优先级值的所在 MSTI 编号，如果不指定此参数，则为配置当前端口在 CIST 中的优先级值。 ② *priority*：设置当前端口在指定 MSTI 中的优先级，取值范围是 0～240，步长为 16，不能随便设置，且优先级值越小，优先级越高，越能成为指定端口。 缺省情况下，端口的优先级取值是 128，可用 **undo stp port priority** 命令恢复当前接口的优先级为缺省值

（续表）

配置任务	步骤	命令	说明
对所有要参与 STP 或者 RSTP 生成树计算的各交换机端口重复以上第 12～第 14 步			
启用 MSTP	15	**quit** 例如：[HUAWEI- GigabitEthernet1/0/0] **quit**	退出接口视图，返回系统视图
	16	**stp enable** 例如：[HUAWEI] **stp enable**	使能交换机的 MSTP 功能。 缺省情况下，全局和端口的 STP/RSTP/MSTP 均使能，可用 **undo stp enable** 命令去使能交换设备或端口上的 STP/RSTP/MSTP 功能
（可选） 配置端口的 收敛方式	17	**stp converge { fast | normal }** 例如：[HUAWEI] **stp converge fast**	配置 MSTP 多生成树的收敛方式，其他参见 9.4.2 节表 9-6 中的第 11 步

1. 配置 MSTP 工作模式

这一项配置任务很简单，就是指定交换设备工作在 MSTP 下。MSTP 兼容 STP 和 RSTP。缺省情况下，交换设备的工作模式为 MSTP。但要注意的是，因为 STP 和 MSTP 不能互相识别报文，而 MSTP 和 RSTP 可以互相识别报文，所以如果设备工作在 MSTP 工作模式下就会设置所有与运行 STP 的交换设备直接相连的端口工作在 STP 模式下，其他端口工作在 MSTP 模式下，实现运行不同生成树协议的设备之间的互通。

2. 配置并激活 MST 域

MST 域是由交换网络中的多台交换设备以及它们之间的网段所构成。这些交换设备启动 MSTP 后，具有相同域名、相同 VLAN 到生成树映射配置和相同 MSTP 修订级别配置，并且物理上直接相连。一个交换网络可以存在多个 MST 域，用户可以通过 MSTP 配置命令把多台交换设备划分在同一个 MST 域内。

3. （可选）配置根桥和备份根桥

可以通过生成树计算来自动确定生成树的根桥，用户也可以手动配置设备为指定生成树的根桥或备份根桥。在一棵生成树中，生效的根桥只有一个。当两台或两台以上的设备被指定为同一棵生成树的根桥时，系统将选择 MAC 地址最小的设备作为根桥。

可以在每棵生成树中指定多个备份根桥。当根桥出现故障或被关机时，备份根桥可以取代根桥成为指定生成树的根桥。但此时如果配置了新的根桥，则备份根桥不会成为根桥。如果配置了多个备份根桥，则 MAC 地址最小的备份根桥将成为指定生成树的根桥。

设备在各生成树中的角色互相独立，一台交换设备在作为一棵生成树的根桥或备份根桥的同时，也可以作为其他生成树的根桥或备份根桥。但在同一棵生成树中，一台设备不能既作为根桥，又作为备份根桥。在配置 MSTP 过程中，建议手动配置根桥和备份根桥。

4. （可选）配置交换设备在指定生成树实例中的优先级

在一个生成树实例中，有且仅有一个根桥，它是该生成树实例的逻辑中心。在进行根桥的选择时，一般会希望选择性能高、网络层次高的交换设备作为根桥。但是，性能高、网络层次高的交换设备其优先级不一定高，因此需要配置优先级以保证该设备成为根桥。交换设备在指定生成树实例中的优先级值越小，则交换设备的优先级越高，成为该生成树实例根桥的可能性越大。

对于生成树实例中部分性能低、网络层次低的交换设备，不适合作为根桥设备，一般会配置其优先级以保证该设备不会成为根桥。

5.（可选）配置端口在指定生成树实例中的路径开销

路径开销是一个端口量，是 MSTP 用于选择链路的参考值。端口的路径开销是生成树计算的重要依据，在不同生成树实例中为同一端口配置不同的路径开销值，可以使不同 VLAN 的流量沿不同的物理链路转发，实现 VLAN 的负载分担功能。

在同一种计算方法下，端口开销值越小，端口在该生成树实例中到根桥的路径开销越小，成为根端口的可能性就越大。端口路径开销会影响指定生成树实例中根端口的选择，在该实例中某台设备所有端口到达根桥路径开销的最小者，就是根端口。在存在环路的网络环境中，对于链路速率值相对较小的端口，建议将其路径开销值配置相对较大，以使其在生成树算法中被选举成为阻塞端口，阻塞其所在链路。

6.（可选）配置端口在指定生成树实例中的优先级

在参与 MSTP 生成树计算时，对于处在生成树实例中的交换设备端口，其优先级的高低会影响到是否被选举为指定端口。端口优先级值越小，端口在该生成树实例中成为指定端口的可能性就越大；值越大，端口在该生成树实例中成为指定端口的可能性越小。如果希望将生成树实例中的某交换设备的端口阻塞从而破除环路，则可将其端口优先级值设置得比缺省值大，使得在选举过程中成为被阻塞的端口。

7.启用 MSTP

当交换设备配置 MSTP 基本功能后，必须使能设备 MSTP 功能，MSTP 相关配置才能生效。

在环形网络中，一旦启用 MSTP，MSTP 便立即进行生成树计算。而且，诸如交换设备的优先级、端口优先级等参数都会影响到生成树的计算，在计算过程中这些参数的变动可能会导致网络振荡。为了保证生成树计算过程快速而且稳定，必须在对交换设备及其端口进行必要的基本配置以后再启用 MSTP。

8.配置收敛方式

当生成树的拓扑结构发生改变时，和它建立映射关系的 VLAN 的转发路径也将发生变化。此时，交换设备的 ARP 表中与这些 VLAN 相关的表项也需要更新。根据对 ARP 表项的处理方式不同，MSTP 的收敛方式分为 fast 和 normal 两种。

① **fast**：ARP 表将需要更新的表项直接删除。

② **normal**：ARP 表中需要更新的表项快速老化。

交换设备将 ARP 表中这些表项的剩余存活时间置为 0，对这些表项进行老化处理。如果配置的 ARP 老化探测次数大于零，则 ARP 对这些表项进行老化探测。建议选择 normal 收敛方式。若选择 fast 方式，频繁的 ARP 表项删除可能会导致设备 CPU 占用率高达 100%，报文处理超时导致网络振荡。

9.6.2　配置影响 MSTP 拓扑收敛的参数

对于一些可以影响 MSTP 拓扑收敛的参数来说，根据不同网络环境修改合适的参数值可实现最快速度的拓扑收敛。在配置 MSTP 影响拓扑收敛的参数之前，需完成上节介绍的 MSTP 基本功能配置。

影响 MSTP 拓扑收敛的参数配置与 RSTP 中的参数配置极其相似，主要也是网络直径、超时时间、定时器、影响带宽的最大连接数、端口的链路类型、端口的最大发送速率、执行 MCheck 操作、边缘端口和 BPDU 报文过滤功能等，**与 RSTP 中的配置不同的只是原来在系统视图中的配置现在需要在对应的 MSTP 进程视图下进行配置，除了在全局模式下配置边缘端口和 BPDU 报文过滤功能，参见 9.4.5 节的表 9-8。**

另外，在 MSTP 中还可配置 MST 域内生成树的最大跳数。在 MST BPDU 中包含一个记录该 BPDU 剩余生存跳数（CIST Remaining Hops）字段，参见 9.5.6 节的表 9-14。MST 域内生成树的最大跳数决定了生成树的网络规模大小，从而控制生成树的网络规模。

剩余生存跳数的计算方法如下。

① 根桥设备发送的 BPDU 的剩余生存跳数为 MST 域的最大跳数。

② 非根桥设备发送的 BPDU 的剩余生存跳数为 MST 域的最大跳数减去本桥设备距根桥设备的跳数。

③ 如果交换设备收到的 BPDU 中携带的剩余生存跳数为 0，则交换设备将该 BPDU 丢弃。配置 MST 域的最大跳数的方法是在对应 MSTP 进程视图或系统视图下（**在 S2700/3700 系列交换机中仅可在系统视图下配置**）使用 **stp max-hops** *hop* 命令进行配置，取值范围为 1～40 的整数。缺省情况下，MST 域内生成树的最大跳数为 20，可用 **undo stp max-hops** 命令恢复 MST 域内生成树的最大跳数为缺省值。但本配置仅需要在 ID 非 0 的 MSTP 进程中进行。

9.6.3　配置 MSTP 保护功能

MSTP 也支持 RSTP 所有的保护功能，包括 BPDU 保护功能、防 TC-BPDU 报文攻击保护功能、Root 保护功能和环路保护功能，参见 9.4.6 节的介绍。另外，MSTP 还提供了特有的共享链路保护功能。

共享链路保护功能用在交换设备双归属接入网络的场景中。当共享链路出现故障时，通过共享链路保护功能，使本设备的工作模式强制转换为 RSTP，配合使用根保护功能，可以避免网络环路。用户可根据实际环境任选其中一个或多个保护功能的配置。

MSTP 保护功能的具体配置步骤见表 9-19。

表 9-19　　　　　　　　　　　　　　**RSTP 保护功能的配置步骤**

配置任务	步骤	命令	说明
配置 BPDU 保护功能	1	**system-view** 例如：<HUAWEI> **system-view**	进入系统视图
	2	**stp process** *process-id* 例如：[HUAWEI] **stp process 10**	进入要配置 BPDU 保护功能的 MSTP 进程的 STP 进程视图
	3	**stp bpdu-protection** 例如：[HUAWEI-mst-process-10] **stp bpdu-protection**	配置边缘端口的 BPDU 保护功能，其他说明参见 9.4.6 节表 9-9 的第 2 步

（续表）

配置任务	步骤	命令	说明
配置 TC-BPDU 报文攻击 保护功能	4	**stp tc-protection** 例如：[HUAWEI-mst-process-10] **stp tc-protection**	使能交换设备在当前 MSTP 进程下对 TC 类型 BPDU 报文的保护功能，其他说明参见 9.4.6 节表 9-9 的第 3 步
	5	**stp tc-protection threshold** *threshold* 例如：[HUAWEI-mst-process-10] **stp tc-protection threshold** 10	配置交换设备在当前 MSTP 进程下在收到 TC 类型 BPDU 报文后，单位时间内处理 TC 类型 BPDU 报文，并立即刷新转发表项的阈值，其他说明参见 9.4.6 节表 9-9 的第 4 步
	6	**quit** 例如：[HUAWEI-mst-process-10] **quit**	退出 MSTP 进程视图，返回系统视图
配置端口 的 Root 保护功能	7	**interface** *interface-type interface-number* 例如：[HUAWEI]**interface** gigabitethernet 0/0/1	进入指定端口的进口视图
	8	**stp binding process** *process-id* 例如：[HUAWEI-GigabitEthernet0/0/1] **stp binding process** 10	将端口绑定到指定的 MSTP 进程，仅在需要把接口绑定到 ID 非 0 进程时配置。当接口属于 ID 为 0 的进程，可跳过本步，直接进入下一步
	9	**stp root-protection** 例如：[HUAWEI-GigabitEthernet0/0/1] **stp root-protection**	配置以上指定端口（只能在指定端口下配置）的 Root 保护功能，其他说明参见 9.4.6 节表 9-9 的第 6 步
配置端口 的环路保 护功能	10	**quit** 例如：[HUAWEI-GigabitEthernet0/0/1] **quit**	退出以上指定端口的接口视图，返回系统视图
	11	**interface** *interface-type interface-number* 例如：[HUAWEI]**interface** gigabitethernet 0/0/2	进入根端口或者 Alternate 端口的接口视图
	12	**stp loop-protection** 例如：[HUAWEI-GigabitEthernet0/0/2]**stp loop-protection**	配置交换设备根端口或 Alternate 端口的环路保护功能，**不能在指定端口下配置**，其他说明参见 9.4.6 节表 9-9 的第 9 步
配置共享 链路保护 功能	13	**quit** 例如：[HUAWEI-GigabitEthernet0/0/2] **quit**	退出接口视图，返回系统视图
	14	**stp process** *process-id* 例如：[HUAWEI] **stp process** 10	进入要配置 BPDU 保护功能的 MSTP 进程的 STP 进程视图。本步骤仅需要在 ID 非 0 的 MSTP 进程中配置交换设备的 TC 保护功能时执行。当在 ID 为 0 的进程中配置时，可跳过本步，直接进入下一步
	15	**stp link-share-protection** 例如：[HUAWEI-mst-process-10] **stp link-share-protection**	使能共享链路保护功能。 缺省情况下，MSTP 进程的共享链路保护功能处于去使能状态，可用 **undo stp link-share-protection** 命令去使能当前 MSTP 进程的共享链路保护功能

9.6.4　MSTP 功能配置示例

本示例的拓扑结构如图 9-34 所示，SwitchA、SwitchB、SwitchC 和 SwitchD 都运行 MSTP。它们彼此相连形成一个环网，因为在 SwitchA 与 SwitchB 之间，以及 SwitchC 与 SwitchD 之间都存在冗余链路（本来这些链路都是可以不要的）。为实现 VLAN2～VLAN10 和 VLAN11～VLAN20 的流量负载分担，采用 MSTP 配置了两个 MSTI，即 MSTI1 和 MSTI2。

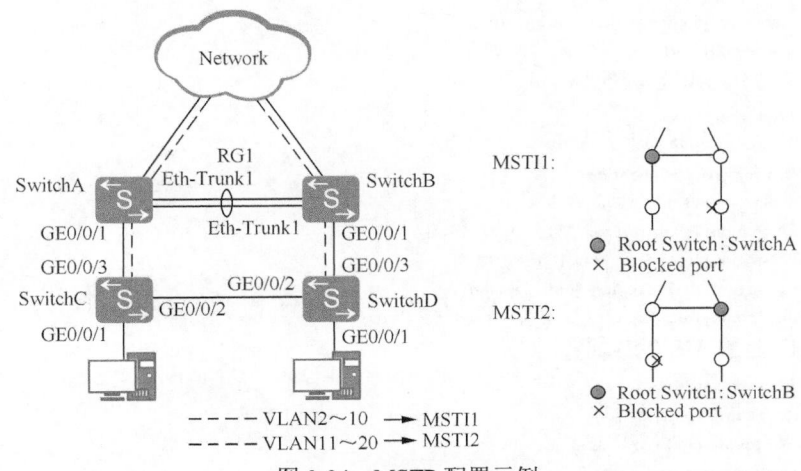

图 9-34　MSTP 配置示例

1. 配置思路分析

① 在 4 台交换机创建一个相同的 MST 域，然后在这个 MST 域中创建两个 MSTI（MSTI1 和 MSTI2），它们的生成树拓扑如图 9-31 右图所示。把 ID 号为 2～20 的 VLAN 映射到 MSTI1 中，把 ID 号为 11～20 的 VLAN 映射到 MSTI2 中。

② 为了实现两个 MSTI 无二层环路，在 MSTI1 中阻塞了 SwitchD 上的 GE0/0/2 端口，在 MSTI2 中阻塞了 SwitchC 上的 GE0/0/2 端口。

③ 配置 MSTI 的根桥为 SwitchA，MSTI2 的根桥为 SwitchB，这样就实现了 MSTI1 中的 VLAN2～VLAN10 和 MSTI2 中的 VLAN11～VLAN20 的流量通过两条上行链路进行负载分担。

④ 最后在这台交换机上启用 MSTP，使以上配置生效。

⑤ 为了确保两个 MSTI 中的根桥不会发生变化，分别在 SwitchA 和 SwitchB 两个指定端口上配置根保护功能。

⑥ 在各交换机上创建 ID 号为 2～20 的共 19 个 VLAN，配置各链路间端口的类型，并允许对应的 VLAN 通过。**之所以要把 VLAN 的创建与配置放在最后，就是为了预防环路的发生，因为如果在启用 MSTP 前创建了这些 VLAN，肯定会发生二层环路的，也起不到负载分担的目的。**

2. 具体配置步骤

根据以上配置思路，下面具体介绍它们的配置步骤。

① 在 4 台交换机上分别创建一个相同的 MST 域（域名假设为 RG1）、两个多生树

实例 MSTI1 和 MSTI2，然后创建 ID 为 2～10 的 VLAN 映射到 MSTI1 的映射，创建 ID
为 11～20 的 VLAN 映射到 MSTI2。并激活 MST 域配置。

SwitchA 上的 MST 域配置

```
<HUAWEI> system-view
[HUAWEI] sysname SwitchA
[SwitchA] stp region-configuration
[SwitchA-mst-region] region-name RG1
[SwitchA-mst-region] instance 1 vlan 2 to 10
[SwitchA-mst-region] instance 2 vlan 11 to 20
[SwitchA-mst-region] active region-configuration
[SwitchA-mst-region] quit
```

SwitchB 上的 MST 域配置

```
<HUAWEI> system-view
[HUAWEI] sysname SwitchB
[SwitchB] stp region-configuration
[SwitchB-mst-region] region-name RG1
[SwitchB-mst-region] instance 1 vlan 2 to 10
[SwitchB-mst-region] instance 2 vlan 11 to 20
[SwitchB-mst-region] active region-configuration
[SwitchB-mst-region] quit
```

SwitchC 上的 MST 域配置

```
<HUAWEI> system-view
[HUAWEI] sysname SwitchC
[SwitchC] stp region-configuration
[SwitchC-mst-region] region-name RG1
[SwitchC-mst-region] instance 1 vlan 2 to 10
[SwitchC-mst-region] instance 2 vlan 11 to 20
[SwitchC-mst-region] active region-configuration
[SwitchC-mst-region] quit
```

SwitchD 上的 MST 域配置

```
<HUAWEI> system-view
[HUAWEI] sysname SwitchD
[SwitchD] stp region-configuration
[SwitchD-mst-region] region-name RG1
[SwitchD-mst-region] instance 1 vlan 2 to 10
[SwitchD-mst-region] instance 2 vlan 11 to 20
[SwitchD-mst-region] active region-configuration
[SwitchD-mst-region] quit
```

② 配置 MSTI1 与 MSTI2 的根桥与备份根桥。

配置 MSTI1 的根桥与备份根桥

```
[SwitchA] stp instance 1 root primary     #--- 配置 SwitchA 为 MSTI1 的根桥
[SwitchB] stp instance 1 root secondary   #---配置 SwitchB 为 MSTI1 的备份根桥
[SwitchB] stp instance 2 root primary
[SwitchA] stp instance 2 root secondary
```

③ 配置 MSTI1 和 MSTI2 中要被阻塞的端口，以便消除二层环路。

因为本示例中其他端口都是采用对应类型端口的缺省路径开销值，所以要阻塞某端口时，只需要把它们的路径开销值配置为大于缺省值即可。路径开销值越大，成为根端口的可能性就越小。

端口路径开销值的取值范围由路径开销计算方法决定，这里以使用华为私有计算方

法为例，配置实例 MSTI1 和 MSTI2 中将被阻塞的端口（分别为 SwitchD 中的 GE0/0/2
和 SwitchC 中的 GE0/0/2 端口）的路径开销值为 20000（吉比特以太网端口路径开销值
的缺省值为 2）。要求同一网络内所有交换设备的端口路径开销应使用相同的计算方法。
下面依次是 SwitchA、SwitchB、SwitchC 和 SwitchD 这 4 台交换机上端口路径开销的相
关配置。

```
[SwitchA] stp pathcost-standard legacy    #---配置采用华为的私有端口路径开销计算方法

[SwitchB] stp pathcost-standard legacy

[SwitchC] stp pathcost-standard legacy
[SwitchC] interface gigabitethernet 0/0/2
[SwitchC-GigabitEthernet0/0/2] stp instance 2 cost 20000    #---将端口 GE0/0/2 在实例 MSTI2 中的路径开销值配置为 20000
[SwitchC-GigabitEthernet0/0/2] quit

[SwitchD] stp pathcost-standard legacy
[SwitchD] interface gigabitethernet 0/0/2
[SwitchD-GigabitEthernet0/0/2] stp instance 1 cost 20000
[SwitchD-GigabitEthernet0/0/2] quit
```

④ 在 4 台交换机上全局使能 MSTP，使以上 MSTP 配置生效，消除二层环路。

```
[SwitchA] stp enable

[SwitchB] stp enable

[SwitchC] stp enable

[SwitchD] stp enable
```

⑤ 将与终端 PC 相连的端口去使能 MSTP。

```
[SwitchC] interface gigabitethernet 0/0/1
[SwitchC-GigabitEthernet0/0/1] stp disable
[SwitchC-GigabitEthernet0/0/1] quit

[SwitchD] interface gigabitethernet 0/0/1
[SwitchD-GigabitEthernet0/0/1] stp disable
[SwitchD-GigabitEthernet0/0/1] quit
```

⑥ 在两实例的根桥设备的指定端口上配置根保护功能。

```
[SwitchA] interface gigabitethernet 0/0/1
[SwitchA-GigabitEthernet0/0/1] stp root-protection
[SwitchA-GigabitEthernet0/0/1] quit

[SwitchB] interface gigabitethernet 0/0/1
[SwitchB-GigabitEthernet0/0/1] stp root-protection
[SwitchB-GigabitEthernet0/0/1] quit
```

⑦ 最后在各交换机上创建 ID 号为 2～20 的共 19 个 VLAN，然后把 4 台交换机间
的直连链路的端口配置为 Trunk 类型，并允许这 19 个 VLAN 通过。把连接 PC 的链路端
口设置为 Access 类型，加入对应的 VLAN。有关 VLAN 的具体创建和配置方法参见本
书的第 6 章。

■ SwitchA 上的配置

```
[SwitchA] vlan batch 2 to 20
[SwitchA] interface gigabitethernet 0/0/1
[SwitchA-GigabitEthernet0/0/1] port link-type trunk
```

```
[SwitchA-GigabitEthernet0/0/1] port trunk allow-pass vlan 2 to 20
[SwitchA-GigabitEthernet0/0/1] quit
[SwitchA] interface gigabitethernet 0/0/2
[SwitchA-GigabitEthernet0/0/2] port link-type trunk
[SwitchA-GigabitEthernet0/0/2] port trunk allow-pass vlan 2 to 20
[SwitchA-GigabitEthernet0/0/2] quit
```

■ SwitchB 上的配置

```
[SwitchB] vlan batch 2 to 20
[SwitchB] interface gigabitethernet 0/0/1
[SwitchB-GigabitEthernet0/0/1] port link-type trunk
[SwitchB-GigabitEthernet0/0/1] port trunk allow-pass vlan 2 to 20
[SwitchB-GigabitEthernet0/0/1] quit
[SwitchB] interface gigabitethernet 0/0/2
[SwitchB-GigabitEthernet0/0/2] port link-type trunk
[SwitchB-GigabitEthernet0/0/2] port trunk allow-pass vlan 2 to 20
[SwitchB-GigabitEthernet0/0/2] quit
```

■ SwitchC 上的配置

```
[SwitchC] vlan batch 2 to 20
[SwitchC] interface gigabitethernet 0/0/1
[SwitchC-GigabitEthernet0/0/1] port link-type access
[SwitchC-GigabitEthernet0/0/1] port default vlan 2
[SwitchC-GigabitEthernet0/0/1] quit
[SwitchC] interface gigabitethernet 0/0/2
[SwitchC-GigabitEthernet0/0/2] port link-type trunk
[SwitchC-GigabitEthernet0/0/2] port trunk allow-pass vlan 2 to 20
[SwitchC-GigabitEthernet0/0/2] quit
[SwitchC] interface gigabitethernet 0/0/3
[SwitchC-GigabitEthernet0/0/3] port link-type trunk
[SwitchC-GigabitEthernet0/0/3] port trunk allow-pass vlan 2 to 20
[SwitchC-GigabitEthernet0/0/3] quit
```

■ SwitchD 上的配置

```
[SwitchD] vlan batch 2 to 20
[SwitchD] interface gigabitethernet 0/0/1
[SwitchD-GigabitEthernet0/0/1] port link-type access
[SwitchD-GigabitEthernet0/0/1] port default vlan 11
[SwitchD-GigabitEthernet0/0/1] quit
[SwitchD] interface gigabitethernet 0/0/2
[SwitchD-GigabitEthernet0/0/2] port link-type trunk
[SwitchD-GigabitEthernet0/0/2] port trunk allow-pass vlan 2 to 20
[SwitchD-GigabitEthernet0/0/2] quit
[SwitchD] interface gigabitethernet 0/0/3
[SwitchD-GigabitEthernet0/0/3] port link-type trunk
[SwitchD-GigabitEthernet0/0/3] port trunk allow-pass vlan 2 to 20
[SwitchD-GigabitEthernet0/0/3] quit
```

　　经过以上配置，在网络计算稳定后可使用以下 **display** 命令验证配置结果。如在 SwitchA 上执行 **display stp brief** 命令可查看端口状态和端口的保护类型，结果如下。从中可以看到，在 MSTI1 中，由于 SwitchA 是根桥，其 GE0/0/2 和 GE0/0/1 端口成为指定端口（其中在 GE0/0/1 端口上配置了根保护）。在 MSTI2 中，SwitchA 为非根桥，其 GE0/0/1 端口成为指定端口，端口 GE0/0/2 端口成为根端口。符合本示例中两 MSTI 生成树的拓扑要求。

```
[SwitchA] display stp brief
 MSTID   Port                          Role   STP State        Protection
```

0	GigabitEthernet0/0/1	DESI	FORWARDING	ROOT	
0	GigabitEthernet0/0/2	DESI	FORWARDING	NONE	
1	GigabitEthernet0/0/1	DESI	FORWARDING	ROOT	
1	GigabitEthernet0/0/2	DESI	FORWARDING	NONE	
2	GigabitEthernet0/0/1	DESI	FORWARDING	ROOT	
2	GigabitEthernet0/0/2	ROOT	FORWARDING	NONE	

在 SwitchB 上执行 **display stp brief** 命令，结果如下。从中可以看出，在 MSTI2 中，由于 SwitchB 是根桥，其 GE0/0/1 和 GE0/0/2 端口为指定端口（其中在 GE0/0/1 端口上配置了根保护）。在 MSTI1 中，SwitchB 为非根桥，其 GE0/0/1 端口成为指定端口，GE0/0/2 端口成为根端口，符合本示例中两 MSTI 生成树的拓扑要求。

```
[SwitchB] display stp brief
MSTID  Port                    Role   STP State      Protection
   0   GigabitEthernet0/0/1    DESI   FORWARDING     ROOT
   0   GigabitEthernet0/0/2    ROOT   FORWARDING     NONE
   1   GigabitEthernet0/0/1    DESI   FORWARDING     ROOT
   1   GigabitEthernet0/0/2    ROOT   FORWARDING     NONE
   2   GigabitEthernet0/0/1    DESI   FORWARDING     ROOT
   2   GigabitEthernet0/0/2    DESI   FORWARDING     NONE
```

在 SwitchC 上执行 **display stp interface brief** 命令，结果如下。从中可以看出，SwitchC 的 GE0/0/3 端口在 MSTI1 和 MSTI2 中均为根端口，GE0/0/2 端口在 MSTI2 中被阻塞，在 MSTI1 中被计算为指定端口，也符合本示例中两 MSTI 生成树的拓扑要求。

```
[SwitchC] display stp interface gigabitethernet 0/0/3 brief
MSTID  Port                    Role   STP State      Protection
   0   GigabitEthernet0/0/3    ROOT   FORWARDING     NONE
   1   GigabitEthernet0/0/3    ROOT   FORWARDING     NONE
   2   GigabitEthernet0/0/3    ROOT   FORWARDING     NONE
[SwitchC] display stp interface gigabitethernet 0/0/2 brief
MSTID  Port                    Role   STP State      Protection
   0   GigabitEthernet0/0/2    DESI   FORWARDING     NONE
   1   GigabitEthernet0/0/2    DESI   FORWARDING     NONE
   2   GigabitEthernet0/0/2    ALTE   DISCARDING     NONE
```

在 SwitchD 上执行 **display stp interface brief** 命令，结果如下。从中可以看出，SwitchD 的 GE0/0/3 端口在 MSTI1 和 MSTI2 中均为根端口，GE0/0/2 端口在 MSTI1 中被阻塞，在 MSTI2 中被计算为指定端口。

```
[SwitchD] display stp interface gigabitethernet 0/0/3 brief
MSTID  Port                    Role   STP State      Protection
   0   GigabitEthernet0/0/3    ALTE   DISCARDING     NONE
   1   GigabitEthernet0/0/3    ROOT   FORWARDING     NONE
   2   GigabitEthernet0/0/3    ROOT   FORWARDING     NONE
[SwitchD] display stp interface gigabitethernet 0/0/2 brief
MSTID  Port                    Role   STP State      Protection
   0   GigabitEthernet0/0/2    ROOT   FORWARDING     NONE
   1   GigabitEthernet0/0/2    ALTE   DISCARDING     NONE
   2   GigabitEthernet0/0/2    DESI   FORWARDING     NONE
```

第 10 章
IP 组播配置与管理

本章主要内容

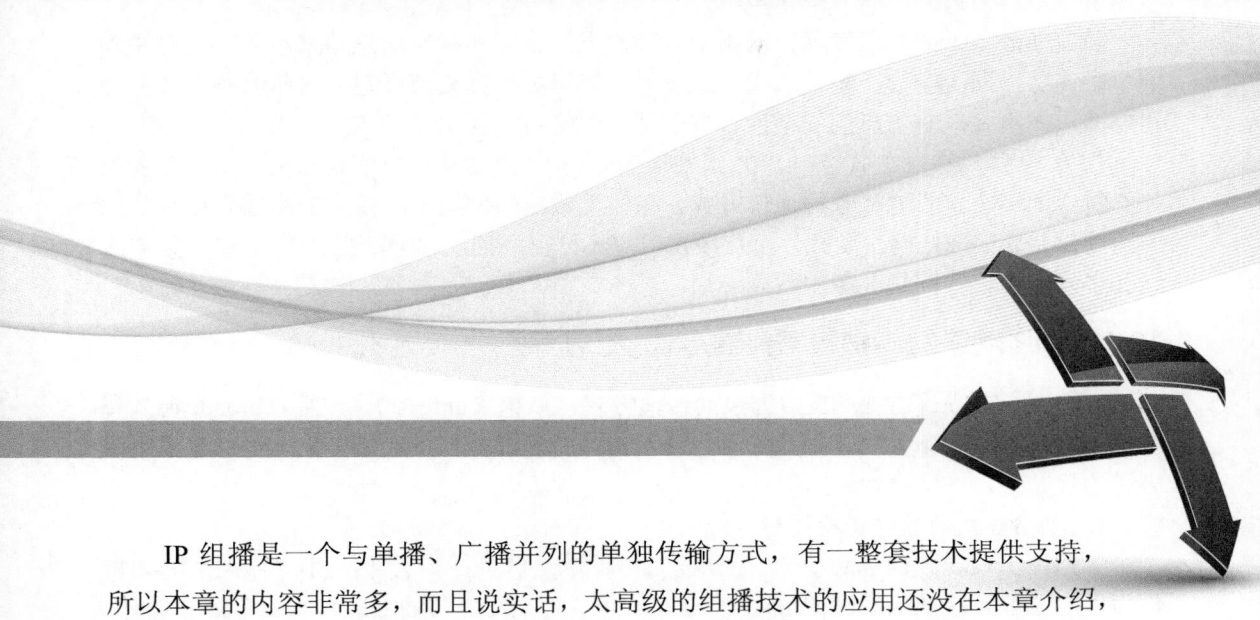

　　IP 组播是一个与单播、广播并列的单独传输方式，有一整套技术提供支持，所以本章的内容非常多，而且说实话，太高级的组播技术的应用还没在本章介绍，否则要单独用一本书来介绍了。

　　本章主要介绍了在普通的中小型企业中，组播应用所需的一些组播协议技术原理及相关功能配置与管理方法，这些组播协议总体可分为二层或三层。常用的是三层组播协议，包括用于管理组播成员的 IGMP，用于提供域内组播通信路由的 PIM 协议，用于在域间发现邻居的 MSDP，用于提供域间组播通信路由的 MBGP。二层组播主要包括 IGMP Snooping 和组播 VLAN 功能。

　　在以上这些组播协议或功能中，最关键的是要理解它们的工作原理，以及主要应用场景。其中 PIM 有 DM（密集模式）和 SM（稀疏模式）两种工作模式，而 DM 模式中仅支持 ASM（任意源组播）模型，而 SM 模式中又支持 ASM 和 SSM（指定源组播）两种模型，要特别注意 DM 和 SM 这两种模式，ASM 和 SSM 这两种模型的工作原理不同。

10.1　IP 组播基础

随着 Internet 的不断发展，网络中各种数据、话音和视频信息越来越多，同时新兴的电子商务、网上会议、视频点播、远程教学等服务也在逐渐兴起。这些服务大多符合点对多点的模式，对信息的安全性、有偿性、网络带宽提出了较高的要求。

作为 IP 传输 3 种方式之一，IP 组播通信是指 IP 报文从一个信源发出，可被转发到一组特定的多个接收者接收的通信方式。相较于传统的单播和广播，IP 组播可以有效地节约网络带宽、降低网络负载，而且接收用户还可得到控制，所以在 IPTV、实时数据传送和多媒体会议等网络业务中得到应用。

10.1.1　IP 网络的 3 种数据传输方式

IPv4 协议定义了 3 种 IP 数据包的传输方式：单播（unicast）、广播（broadcast）和组播（multicast）。下面首先对这 3 种包传输方式进行比较式的介绍，从中可以看出组播方式的优越性。

1．单播方式的数据传输过程

单播用于发送数据包到单个目的地，且每发送一份单播报文都使用一个单播 IP 地址作为目的地址。这是最常见的 IP 传输方式，是一种点对点传输方式。采用单播方式时，系统为每个需求该数据的用户单独建立一条数据传送通路，并为该用户发送一份独立的副本数据。

如图 10-1 所示，假设用户 C（HostC）需要从数据源（Source）获取数据，则数据源必须和用户 C 的设备建立单独的传输通道。由于网络中传输的数据量和要求接收该数据的用户量成正比，因此当需要相同数据的用户数量很庞大时，数据源主机就必须要将多份内容相同的数据发送给这些目的用户。这样一来，网

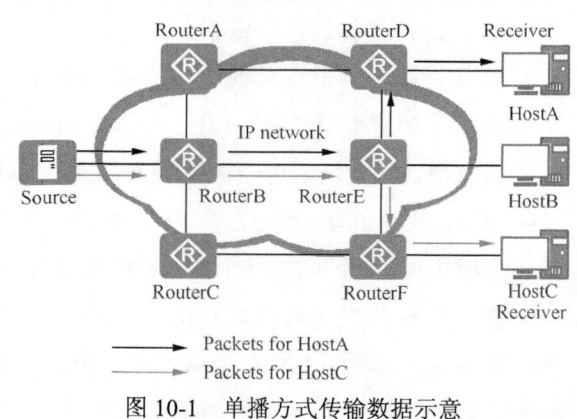

图 10-1　单播方式传输数据示意

络带宽将可能成为数据传输中的瓶颈，不利于数据的规模化发送。

2．广播方式的数据传输过程

广播是指发送数据包到同一广播域或子网内的所有设备的一种数据传输方式，是一种点对多点的传输方式。如果采用广播方式，系统会为网络中所有用户各传送一个数据副本，不管他们是否需要。

如图 10-2 所示，假设用户 A、C 需要从数据源获取数据，则数据源通过路由器广播该数据，但这时网络中本来不需要接收该数据的用户 B 也同样接收到该数据，这样不仅信息的安全性得不到保障，而且会造成同一网段中信息泛滥。由此可见，这种传输方式不利于与特定对象进行数据交互，并且浪费了大量的带宽，带来了数据泄露的安全性隐患。

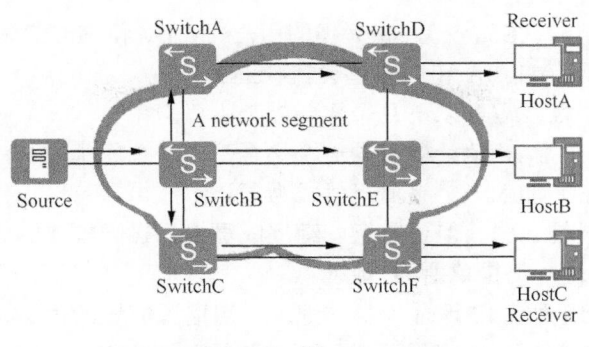

图 10-2　广播方式传输数据示意

3. 组播方式传输数据

通过前面的介绍可以看出，传统的单播和广播通信方式不能有效地解决单点发送、多点接收的问题。IP 组播技术的出现及时解决了以上这些问题，也是一种点对多点的传输方式。当网络中的某些用户需要特定数据时，组播数据发送者（即组播源）仅发送一次数据，借助组播路由协议为组播数据包建立组播分发树，被传递的数据到达距离用户端尽可能近的节点后才开始复制和分发。

如图 10-3 所示，假设用户 A、C 需要从数据源获取数据，为了将数据顺利地传输给真正需要该数据的用户，需要将用户 A、C 组成一个接收者集合（就是组播组），由网络中各路由器根据该集合中各接收者的分布情况进行数据转发和复制，最后准确地传送给实际需要的接收者 A 和 C。

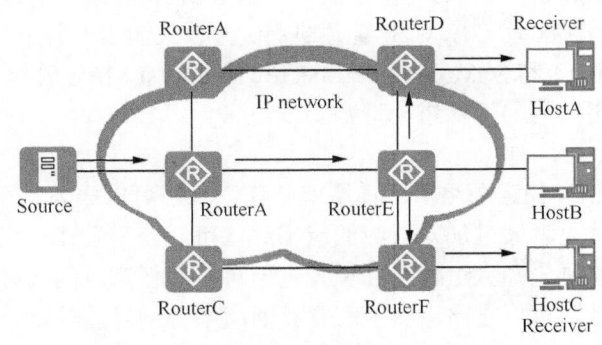

图 10-3　组播方式传输数据示意

综上所述，相比单播传输方式，组播传输方式由于被传递的信息在距信息源尽可能远的网络节点才开始被复制和分发，所以用户的增加不会导致信息源负载的加重以及网络资源消耗的显著增加。相比广播传输方式，组播传输方式由于被传递的信息只会发送给需要该信息的接收者，所以不会造成网络资源的浪费，并能提高信息传输的安全性。

10.1.2　组播的基本概念

组播传输的特点是单点发送、多点接收。在图 10-3 所示的组播传输模型示意图中，网络中存在信息发送源（Source），感兴趣的用户 HostA 和 HostC 提出信息需求，最终 Source 发出的数据只有 HostA 和 HostC 会接收到。

在组播通信中，需要理解以下几个重要的基本概念。

① 组播组：用组播 IP 地址标识的一个集合，是一个组播成员的集合。任何用户主机（或其他接收设备）加入一个组播组就成为了该组成员，可以识别并接收发往以该组播地址标识的组播组的数据。但要注意，**组播成员自己在网卡 TCP/IP 属性中配置的 IP 地址不是组播 IP 地址，仍是单播 IP 地址**。

② 组播源：以组播组 IP 地址为目的地址（**组播源配置的也是单播 IP 地址**），发送 IP 报文的信源称为组播源。但组播源通常不需要加入组播组，否则就自己接收自己发送出去的数据了。图 10-3 中的 Source 就是一个组播源。一个组播源可以同时向多个组播组发送数据，多个组播源也可以同时向一个组播组发送报文。

③ 组播组成员：所有加入某组播组的主机便成为该组播组的成员，如图 10-3 中的 HostA 和 HostC。但组播组中的成员是动态的，可以在任何时刻加入或离开组播组，而且组播组中的成员可以分布在网络中的任何地方，只要有对应的组播路由到达即可。

④ 组播路由器：支持三层组播功能的路由器或三层交换机（**它们不是组播组成员**），如图 10-3 中的各个 Router。组播路由器不仅能够提供组播路由功能，也能够在与用户连接的末梢网段上提供组播组成员的管理功能。

10.1.3　组播服务模型

组播服务模型的分类是针对接收者主机的，对组播源没有区别。组播源发出的组播数据中总是以组播源自己的 IP 地址作为报文的源 IP 地址，组播组地址为目的 IP 地址。而接收者主机接收数据时可以对组播源进行选择，因此产生了 ASM（Any-Source Multicast，任意源组播）和 SSM（Source-Specific Multicast，指定源组播）两种服务模型。这两种服务模型使用不同的组播组地址范围。

1. ASM 模型

简单地说，ASM（任意源组播）模型就是任意源都可以成为某个组播组的组播源，显然安全性较差。接收者通过加入对应的组播组就可以获得发往该组播组的任意组播数据，而且接收者无需预先知道组播源的位置，但可以在任意时间选择加入或离开该组播组。为了提高安全性，可以在路由器上配置针对组播源的过滤策略，允许或禁止来自某些组播源的报文通过。最终从接收者角度看，数据是经过筛选的。

因为在 ASM 服务模型中，组播组仅以组播地址进行标识，所以在整个组播网络中各组播组的 IP 地址必须唯一的。"唯一"指的是同一时刻一个 ASM 组播组地址只能被一种组播应用使用。如果有两种不同的应用程序使用了同一个 ASM 组播组地址发送数据，它们的接收者会同时收到来自两个源的数据。这样一方面会导致网络流量拥塞，另一方面也会给接收者主机造成困扰。

2. SSM 模型

在现实生活中，用户加入某个组播组的目的就是想接收他们所需要的组播数据，即可能仅对某些组播源发送的组播数据感兴趣。如果采用前面的 ASM 服务模型，就无法做到这一点，因为此时用户只要加入到一个组播组，就会被动接收所有发往该组播组的数据，不能进行选择。此时就要选择 SSM（指定源组播）服务模型了。

　　SSM 服务模型针对特定组播源和组播组的绑定数据流提供服务，接收者主机在加入该组播组后可以选择只接收指定组播源发来的数据。

　　SSM 模型对组播组地址不再要求全网唯一，只需要每个组播源保持唯一。这里的"唯一"指的是同一个源上不同的组播应用必须使用不同的 SSM 组播组地址来区分。不同的源之间可以使用相同的组地址，因为 SSM 模型中针对每一个（源，组）信息都会生成表项。这样，一方面节省了组播组地址，另一方面也不会造成网络拥塞。

10.1.4　组播地址

　　为了使组播源和组播组成员进行通信，需要提供网络层组播，使用 IP 组播地址。同时，为了在本地物理网络上实现组播信息的正确传输，需要提供链路层组播，使用组播 MAC 地址。组播数据传输时，其目的地不是一个具体的接收者，而是一个成员不确定的组，所以需要一种技术将 IP 组播地址映射为组播 MAC 地址。

　　1．组播 IP 地址

　　根据 IANA（Internet Assigned Numbers Authority，因特网编号授权委员会）的规定，IP 地址分为 5 类，即 A 类、B 类、C 类、D 类和 E 类。单播包按照网络规模大小分别使用 A、B、C 3 类 IP 地址，组播包的目的地址使用 D 类 IP 地址。但 D 类地址不能出现在 IP 包的源 IP 地址字段（也就是不能作为组播源地址，换言之，组播源的 IP 地址仍是单播地址）。E 类地址保留在今后使用。

　　D 类组播地址范围是 224.0.0.0～239.255.255.255，其中包括了很多地址，但不同地址段有不同的用途，具体见表 10-1。记住这个表中各个组播段的使用范围相当重要，这样就不会在配置组播网络中错误地使用了不该在特定环境下使用的组播地址。

表 10-1　　　　　　　　　　　　D 类地址的范围及用途

D 类地址范围	用途
224.0.0.0～224.0.0.255	永久组地址。LANA 为路由协议预留的 IP 地址（也称为保留组地址），用于标识一组特定的网络设备，供路由协议、拓扑查找等使用，不用于组播转发。常见的永久组地址见表 10-2
224.0.1.0～231.255.255.255 233.0.0.0～238.255.255.255	可用的 ASM 组播组地址，全网范围内有效
232.0.0.0～232.255.255.255	缺省情况下的 SSM 组播地址，全网范围内有效
239.0.0.0～239.255.255.255	本地管理组地址，仅在本地管理域内有效。在不同的管理域内重复使用相同的本地管理组地址不会导致冲突，类似于局域网单播 IPv4 地址

表 10-2　　　　　　　　　　　　常见的永久组播地址

永久组地址	含义
224.0.0.0	不分配
224.0.0.1	网段内所有主机和路由器（等效于广播地址）
224.0.0.2	所有组播路由器
224.0.0.3	不分配
224.0.0.4	DVMRP（Distance Vector Multicast Routing Protocol，距离矢量组播路由协议）路由器

（续表）

永久组地址	含义
224.0.0.5	OSPF（Open Shortest Path First，开放最短路径优先）路由器，代表本网段所有 OSPF 路由器
224.0.0.6	OSPF DR（Designated Router，指定路由器），代表本网段 OSPF DR
224.0.0.7	ST（Shared Tree，共享树）路由器
224.0.0.8	ST 主机
224.0.0.9	RIP-2（Routing Information Protocol version 2，路由信息协议版本 2）路由器
224.0.0.11	移动代理（Mobile-Agents）
224.0.0.12	DHCP（Dynamic Host Configuration Protocol，动态主机配置协议）服务器/中继代理
224.0.0.13	所有 PIM（Protocol Independent Multicast，协议无关组播）路由器
224.0.0.14	RSVP（Resource Reservation Protocol，资源预留协议）封装
224.0.0.15	所有 CBT（Core-Based Tree，有核树）路由器
224.0.0.16	指定 SBM（Subnetwork Bandwidth Management，子网带宽管理）
224.0.0.17	所有 SBM
224.0.0.18	VRRP（Virtual Router Redundancy Protocol，虚拟路由器冗余协议）
224.0.0.22	所有使能 IGMPv3（Internet Group Management Protocol，Version 3，因特网组管理协议）的路由器
224.0.0.19～224.0.0.21 224.0.0.23～224.0.0.255	未指定

2. 组播 MAC 地址

以太网传输单播 IP 报文时，目的 MAC 地址使用的是接收者的 MAC 地址。但是在传输组播包时，传输目标不再是一个具体的接收者，而是一个成员不确定的组，所以对应也就需要使用组播 MAC 地址作为目的地址。**组播通信中的组播 MAC 地址是由对应的组播 IP 地址映射而来的，不是随便取的。**

IANA 规定，IPv4 组播 MAC 地址的高 24 位固定为 0x01005e，第 25 位固定为 0，低 23 位为组播 IPv4 地址的低 23 位，映射关系如图 10-4 所示（组播 IPv4 地址中的低 23 位映射到组播 MAC 地址的低 23 位）。例如组播组地址 224.0.1.1 对应的组播 MAC 地址为 01-00-5e-00-01-01。

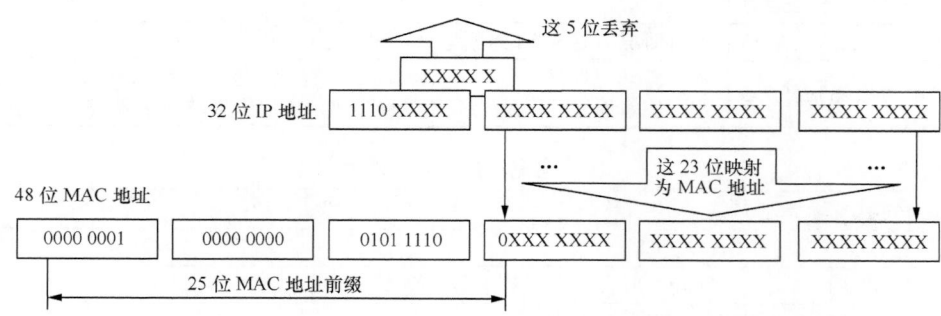

图 10-4　IPv4 组播地址到 MAC 组播地址的映射

由于 IPv4 组播地址的高 4 位是 1110，代表组播标识，而低 28 位中只有 23 位被映射到 MAC 地址，这样 IP 地址中就会有 5 位数据丢失，直接的结果是出现了 32（2^5）个

IP 组播地址映射到同一组播 MAC 地址上。例如 IP 地址为 224.0.1.1、224.128.1.1、225.0.1.1、239.128.1.1 等组播组的组播 MAC 地址都为 01-00-5e-00-01-01。网络管理员在分配地址时必须考虑这种情况。

10.1.5　IPv4 组播协议

要实现一套完整的组播服务，需要在网络的各个位置部署多种组播协议相互配合，共同运作。但不同结构的组播网络所需使用的组播协议不完全一样，IPv4 组播网络中所涉及的主要组播协议见表 10-3。

表 10-3　　　　　　　　　　　　　IPv4 组播协议

协议	功能	说明
IGMP（Internet Group Management Protocol，组播组管理协议）	IGMP 是负责 IPv4 组播成员管理的协议，与用户主机相连。IGMP 在主机端实现组播组成员的加入与离开，在上游的三层设备中实现组成员关系的维护与管理，同时支持与上层组播路由协议的信息交互	到目前为止，IGMP 有 3 个版本：IGMPv1、IGMPv2 和 IGMPv3。所有 IGMP 版本都支持 ASM 模型。IGMPv3 可以直接应用于 SSM 模型，而 IGMPv1 和 IGMPv2 则需要 SSM Mapping 技术的支持
PIM（Protocol Independent Multicast，协议无关组播）	PIM 作为一种 IPv4 网络中的组播路由协议，主要用于将网络中的组播数据流发送到有组播数据请求的组成员所连接的组播设备（如 IGMP 设备）上，从而实现组播数据的路由查找与转发。 PIM 协议包括 PIM-SM（Protocol Independent Multicast Sparse Mode，协议无关组播-稀疏模式）和 PIM-DM（Protocol Independent Multicast Dense Mode，协议无关组播-密集模式）。PIM-SM 适合规模较大、组成员相对比较分散的网络；PIM-DM 适合规模较小、组播组成员相对比较集中的网络	在 PIM-DM 模式下不需要区分 ASM 模型和 SSM 模型。在 PIM-SM 模式下根据数据和协议报文中的组播地址区分 ASM 模型和 SSM 模型。 ● 如果在 SSM 组播地址范围内，则按照 PIM-SM 在 SSM 中的实现流程进行处理。PIM-SSM 不但效率高，而且简化了组播地址的分配流程，特别适用于对于特定组只有一个特定源的情况。 ● 如果在 ASM 组播地址范围内，则按照 PIM-SM 在 ASM 中的实现流程进行处理
MSDP（Multicast Source Discovery Protocol，组播源发现协议）	MSDP 是为了解决多个 PIM-SM 域之间互连的一种域间组播协议，用来发现其他 PIM-SM 域内的组播源信息，将远端域内的活动信源信息传递给本地域内的接收者，从而实现组播报文的跨域转发	只有当 PIM-SM 使用 ASM 模型时，才需要使用 MSDP
组播边界网关协议 MBGP	MBGP 实现了跨 AS 域的组播转发。适用于组播源与组播接收者在不同 AS 域的场景	—
IGMP Snooping & IGMP Snooping Proxy	IGMP Snooping 功能可以使交换机工作在二层时，通过侦听上游的三层设备和用户主机之间发送的 IGMP 报文来建立组播数据报文的二层转发表，管理和控制组播数据报文的转发，进而有效抑制组播数据在二层网络中扩散。 IGMP Snooping Proxy 功能在 IGMP Snooping 的基础上使交换机代替上游三层设备向下游主机发送 IGMP Query 报文和代替下游主机向上游设备发送 IGMP Report 和 Leave 报文，这样能够有效地节约上游设备和本设备之间的带宽	与 IGMP 对应，IGMP Snooping 就是 IGMP 在二层设备中的延伸协议，可以通过配置 IGMP Snooping 的版本使交换机可以处理不同 IGMP 版本的报文

10.1.6　IPv4 组播应用

本节介绍 IPv4 网络中几个典型的组播业务场景，以及各种组播协议在这些场景中的应用位置。务必根据网络实际情况和具体的业务需求，有针对性地定制配置方案。部署 IPv4 组播业务前，首先确保网络中 IPv4 单播路由正常。

1. 单 PIM 域内组播

在一个小型网络中，所有的设备和主机都在一个 PIM 组播域（本章 10.4 节将介绍）内，此时的组播网络结构及各位置设备运行的组播协议如图 10-5 所示，对应的说明如表 10-4 所示。

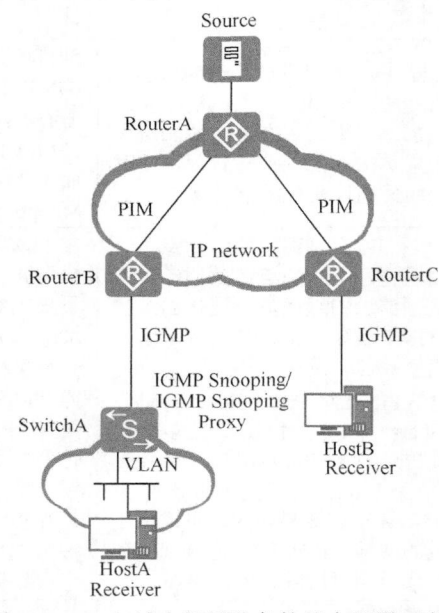

图 10-5　PIM 域内组播业务的基本部署示意图

表 10-4　　　　　　　　　　　　　PIM 域内组播业务的部署

组播协议	应用位置	目的
PIM（必选）	组播域内三层组播设备的所有接口，包括 RouterA、RouterB、RouterC 的所有接口（包括连接组播源的接口）	将组播数据流从组播源 Source 发送到与有组播需求的用户相连的 RouterB 和 RouterC 上
IGMP（必选）	三层组播设备与用户连接侧接口，包括 RouterB、RouterC 的用户侧接口	实现组播组成员加入与离开组播组，RouterB 和 RouterC 维护与管理组成员
IGMP Snooping & IGMP Snooping Proxy （可选）	三层组播设备与用户主机之间的 SwitchA 的 VLAN 内	IGMP Snooping 通过侦听 RouterB 和 HostA 之间发送的 IGMP 报文建立组播数据报文的二层转发表，从而管理和控制组播数据报文在二层网络中的转发。IGMP Snooping Proxy 代替 RouterB 发送 IGMP Query 报文，代替 HostA 发送 IGMP Report 和 Leave 报文

2. 跨 PIM-SM 域组播

为了便于控制和管理组播资源（组播组、组播源和组播成员），需要对组播资源在域间进行隔离，从而形成一个个隔离的 PIM-SM 域。如果不同的 PIM-SM 域之间需要组播数据互通，就要部署 MSDP，如图 10-6 所示，各部分应用的组播协议及部署的位置见表 10-5。但 PIM-SM 模式在使用 SSM 模型的情况下不需要使用 MSDP。

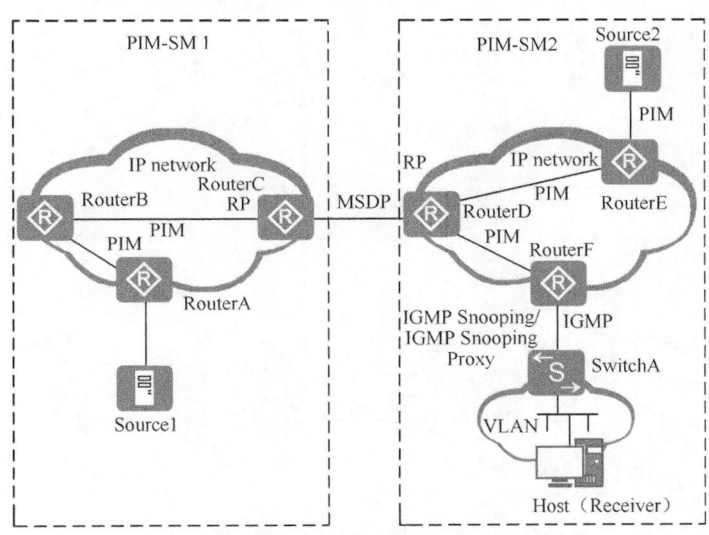

图 10-6　跨 PIM-SM 域组播业务的基本部署示意图

表 10-5　　　　　　　　　　　**跨 PIM-SM 域组播业务的部署**

部署协议	应用位置	目的
PIM-SM（必选）	各 PIM-SM 域内三层组播设备的所有接口，包括 RouterA ～ RouterF 的所有接口	将组播数据流从组播源 Source1 和 Source2 发送到与有组播需求的用户相连的 RouterF 上。PIM-SM 采用接收者 Host 主动加入组播组、然后组播数据通过汇聚点 RP 发送信息到接收者的方式完成组播传输
IGMP（必选）	各 PIM-SM 域内三层组播设备与用户连接侧接口，即 RouterF 的用户侧接口	实现组播组成员加入与离开组播组，RouterF 维护与管理组成员
MSDP（必选）	需要互连的两个 PIM-SM 域中的汇聚点 RP，包括 RouterC 和 RouterD	实现组播源信息在 PIM-SM1 和 PIM-SM2 域间传递，PIM-SM2 中的 Host 可以接收到 Source1 的数据
IGMP Snooping & IGMP Snooping Proxy（可选）	三层组播设备与用户主机之间的 SwitchA 的 VLAN 内	IGMP Snooping 通过侦听 RouterF 和 Host 之间发送的 IGMP 报文建立组播数据报文的二层转发表，从而管理和控制组播数据报文在二层网络中的转发。IGMP Snooping Proxy 代替 RouterF 发送 IGMP Query 报文，代替 Host 发送 IGMP Report 和 Leave 报文

3. 跨 AS 域组播

由于 PIM 协议依赖于单播路由表，从而组播转发路径与单播转发路径是一致的。当组播源与接收者分布在不同的 AS（自治系统）中时，需要跨 AS 来建立组播转发树。此时需要部署 MBGP（组播 BGP），生成一张独立于单播路由的组播路由表，使组播数据通过组播路由表进行传输，如图 10-7 所示，各位置所需应用的组播协议及部署的位置见表 10-6。

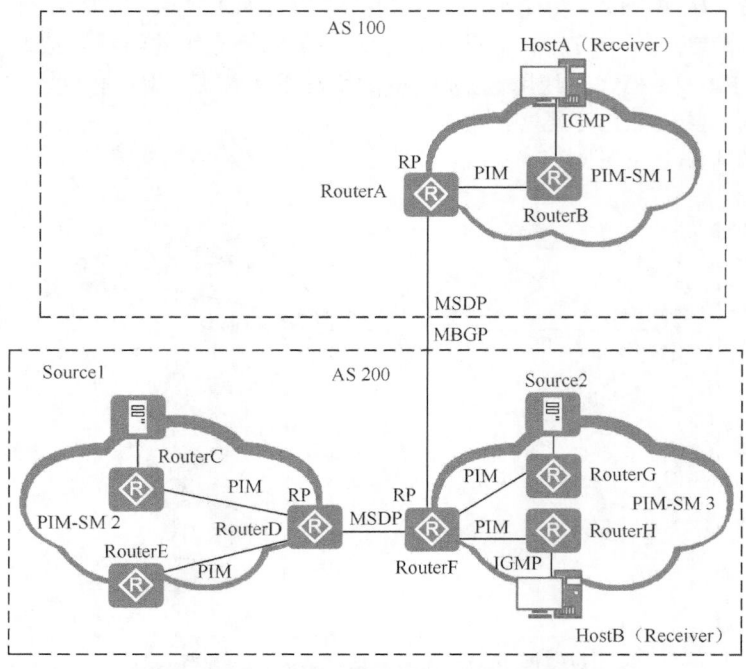

图 10-7　跨 AS 域组播业务的基本部署示意图

表 10-6　　　　　　　　　　　　　**跨 AS 域组播业务的部署**

部署协议	应用位置	目的
PIM-SM（必选）	各 PIM-SM 域内三层组播设备的所有接口，包括 RouterA～RouterH 的所有接口	将组播数据流从组播源 Source1 和 Source2 发送到与有组播需求的用户相连的 RouterB 和 RouterH 上。PIM-SM 采用接收者 Host 主动加入组播组、然后组播数据通过汇聚点 RP 发送信息到接收者的方式完成组播传输
IGMP（必选）	各 PIM-SM 域内三层组播设备与用户连接侧接口，包括 RouterB 和 RouterH 的用户侧接口	实现组播组成员加入与离开组播组，RouterB 和 RouterH 维护与管理组成员
MBGP（必选）	需要互联的两个 AS 域中的边缘组播设备，包括 RouterA 和 RouterF	实现组播源 Source1 和 Source2 与组播接收者跨 AS 域通过独立于单播路由表的组播路由表进行数据传输
MSDP（必选）	需要互连的两个 PIM-SM 域中的 RP，包括 RouterA、RouterD、RouterF	实现组播源信息在 PIM-SM1、PIM-SM2 和 PIM-SM3 域间传递

10.2　IGMP 工作原理

上节对 IP 组播的一些主要基础知识进行了系统的介绍，从本节开始就要专门对上节所介绍的各种组播协议的工作原理、各项功能特性的配置与管理方法进行具体介绍，以期最终获得完整的组播通信服务。本节先介绍直接与组播用户相连，用于对组播成员进行管理的 IGMP 的工作原理。

IP 组播通信的特点是报文从一个信源发出，可以被转发到一组特定的接收者。但在组播通信模型中，发送者并不关注接收者的位置信息，只是将数据发送到约定的目的组播地址。要使组播报文最终能够到达接收者，需要某种机制使连接接收者网段的组播路由器能够了解到该网段存在哪些组播接收者，同时保证接收者可以加入相应的组播组中。IGMP（因特网组管理协议）就是用来在接收者主机和与其所在网段直接相邻的组播路由器之间建立、维护组播组成员关系的协议。

IGMP 消息封装在 IP 报文中，其 IP 的协议号为 2。到目前为止，IGMP 有 3 个版本：IGMPv1（由 RFC 1112 定义）、IGMPv2（由 RFC 2236 定义）和 IGMPv3（由 RFC 3376定义）。

10.2.1　IGMPv1 的工作原理

IGMPv1 是最初的版本，主要基于查询和响应机制来完成对组播组成员的管理。运行 IGMPv1 版本协议的主机可以通过发送加入（Join）消息加入直接相连的组播路由器上特定的组播组，但离开时不会发送离开（leave）信息。IGMPv1 组播路由器使用基于超时的机制去发现其成员不关注的组。

1．IGMPv1 报文格式

任何协议的工作本质上就是设备间的协议报文交互过程，所以了解协议工作原理之前建议先了解其报文格式。IGMPv1 报文的格式如图 10-8 所示，其中各个字段的说明见表 10-7，涉及以下两种 IGMPv1 报文。

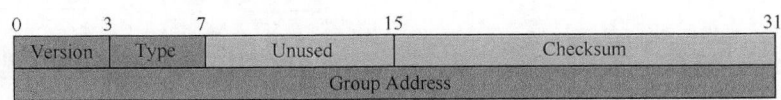

图 10-8　IGMPv1 报文格式

表 10-7　　　　　　　　　　　　　　　IGMPv1 报文字段说明

字段	说明
Version	IGMP 版本，值为 1
Type	报文类型。该字段有以下两种取值。 ● 0x1：表示普遍组查询报文。 ● 0x2：表示成员报告报文
Unused	在 IGMPv1 中该字段在发送时被设为 0，并在接收时被忽略
Checksum	IGMP 报文的校验和。校验和是对 IGMP 报文长度（即 IP 报文的整个有效负载）的 16 位检测，表示 IGMP 信息补码之和的补码。Checksum 字段在进行校验计算时设为 0，但当发送报文时，必须计算校验和并插入到 Checksum 字段中去。当接收报文时，校验和必须在处理该报文之前进行检验
Group Address	组播组地址。在普遍组查询报文中，该字段设为 0；在成员报告报文中，该字段为成员加入的组播组地址

① 普遍组查询报文（General Query）：是查询器（运行 IGMP 的路由器，由选举确定，具体将本章后面介绍）**主动**向共享网络上所有主机和路由器发送的查询报文（报文

类型为 0x1），用于了解哪些组播组存在成员，有成员的组播组才会发送数据。

　　② 成员报告报文（Report）：是主机为了响应普遍查询报文、加入某个组播组而**被动**向组播路由器发送的，或者是主机**主动**向组播路由器发送的报告消息（报文类型为 0x2），主动申请加入某个组播组。

　　前面说了，查询器是运行 IGMP 的路由器，IGMPv1 协议是基于查询/响应机制来完成组播组管理的。但当一个网段内有多个运行 IGMP 的组播路由器时，就需要选举出一个 IGMP 查询器。在 IGMPv1 中，由组播路由协议 PIM 选举（**在 IGMPv1 中，查询器并不是由 IGMP 自己选举**）出唯一的组播信息转发者（Assert Winner 或 DR）作为 IGMPv1 的查询器，负责该网段的组成员关系查询。

　　下面以图 10-9 所示的组网为例，介绍 IGMPv1 的工作机制。组播网络中 RouterA 和 RouterB 共同连接一个主机网段，假设已由 PIM 选举出 RouterA 为 IGMP 查询器，在主机网段上有 HostA、HostB、HostC 3 个接收者。HostA 和 HostB 想要接收发往组播组 G1 的数据，而 HostC 想要接收发往组播组 G2 的数据。

　　2. 普遍组查询和响应机制

　　通过普遍组查询和响应，IGMP 查询器可以了解到该网段内哪些组播组存在成员。普遍组查询和响应过程如图 10-10 所示，具体说明如下。

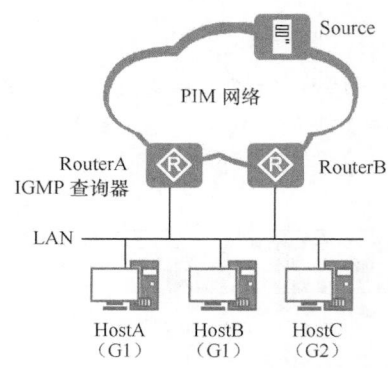

图 10-9　IGMPv1 组播网络示意

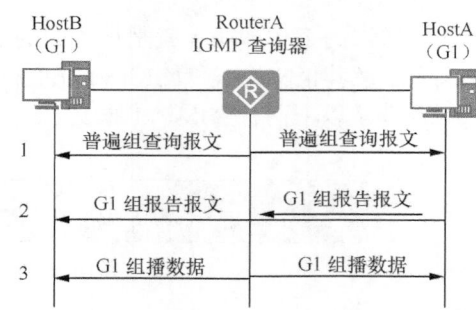

图 10-10　IGMPv1 普遍组查询和响应机制示意

　　① IGMP 查询器（RouterA）以目的 IP 地址为 224.0.0.1（**包括同一网段内所有主机和路由器**）、目的 MAC 地址为 01-00-5e-00-00-01 发送普遍组查询报文，收到该查询报文的组成员启动定时器。

　　普遍组查询报文是周期性发送的，发送周期可以通过命令配置，缺省情况下每隔 60s 发送一次。HostA 和 HostB 是组播组 G1 的成员，则在本地启动定时器 Timer-G1，缺省情况下，定时器的范围为 0~10s 的随机值。

　　② 第一个定时器超时的组成员发送针对该组的报告报文。

　　假设 HostA 上的 Timer-G1 首先超时，HostA 向该网段发送目的 IP 地址为 G1 的报告报文。这样，也想加入组 G1 的 HostB 会收到此报告报文，则停止定时器 Timer-G1，不再发送针对 G1 的报告报文。这样 HostB 的报告报文被抑制，可以减少网段上的流量。

　　③ IGMP 查询器接收到 HostA 的报告报文后，了解到本网段内存在组播组 G1 的成员，则由组播路由协议生成（*，G1）组播转发表项，"*"代表任意组播源。此后，网

络中一旦有组播组 G1 的数据到达路由器，将向该网段转发。

3. 新组成员加入

在图 10-9 中，HostC 是要加入组播组 G2 的，其加入过
程如图 10-11 所示。

① 主机 HostC 不等待普遍组查询报文的到来，主动发
送针对 G2 的报告（Report）报文（**目的 IP 地址为 G2**）以声
明加入。

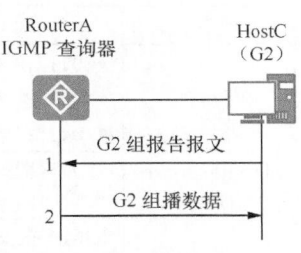

图 10-11　IGMPv1 新组成员
加入示意图

② IGMP 查询器接收到 HostC 的报告报文后，了解到本
网段内出现了组播组 G2 的成员，则生成组播转发项(*, G2)。
此后，网络中一旦有 G2 的数据到达路由器，将向该网段转发。

4. 组成员离开

IGMPv1 没有专门定义离开组的报文。主机离开组播组后也不会再对普遍组查询报
文做出回应。如在图 10-9 中，假设 HostA 想要退出组播组 G1，则 HostA 收到 IGMP 查
询器发送的普遍组查询报文时，不再发送针对 G1 的报告报文。但由于该网段内还存在
G1 组成员 HostB，HostB 会向 IGMP 查询器发送针对 G1 的报告报文，因此 IGMP 查询
器感知不到 HostA 的离开。

假设 HostC 想要退出组播组 G2，HostC 收到 IGMP 查询器发送的普遍组查询报文时，
也不再发送针对 G2 的报告报文。由于此时该网段内不存在组 G2 的其他成员，致使 IGMP
查询器不会收到 G2 组成员的报告报文，则在一定时间（缺省值为 130s）后，删除 G2
所对应的组播转发表项。

10.2.2　IGMPv2 的改进

IGMPv2 是为改进 IGMPv1 两方面不足而产生的改进版，一是 IGMPv2 增加了独立
的查询器选举机制（**IGMPv1 中的查询器是组播路由协议选举指定路由器（DR）担当查
询器的**），二是增加了离开组机制，包含了离开信息，允许迅速向组播路由协议（如 PIM）
报告组成员终止情况（**IGMPv1 中没有离开机制**），这对高带宽组播组或易变型组播组成
员而言，是非常重要的。

1. IGMPv2 报文格式

下面也先来了解一下 IGMPv2 的报文格式，如图 10-12 所示，其中各个字段的说明
见表 10-8。

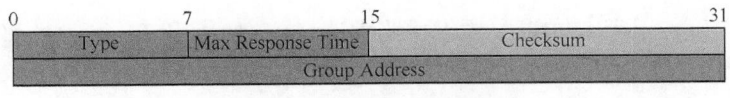

图 10-12　IGMPv2 报文格式

表 10-8　　　　　　　　　　　　　　**IGMPv2 报文字段说明**

字段	说明
Type	报文类型。该字段有以下 4 种取值。 ● 0x11：表示查询报文。IGMPv2 的查询报文包括普遍组查询报文和特定组查询报文两类。

（续表）

字段	说明
Type	• 0x12：表示 IGMPv1 成员报告报文。 • 0x16：表示 IGMPv2 成员报告报文。 • 0x17：表示成员离开报文
Max Response Time	最大响应时间。成员主机在收到 IGMP 查询器发送的普遍组查询报文后，需要在最大响应时间内做出回应。**该字段是 IGMPv2 新增的，仅在 IGMP 查询报文中有效**
Checksum	IGMP 报文的校验和。校验和是 IGMP 报文长度（即 IP 报文的整个有效负载）的 16 位检测，表示 IGMP 信息补码之和的补码。Checksum 字段在进行校验计算时设为 0。当发送报文时，必须计算校验和并插入到 Checksum 字段中去。当接收报文时，校验和必须在处理该报文之前进行检验
Group Address	组播组地址。 • 在普遍组查询报文中，该字段设为 0。 • 在特定组查询报文中，该字段为要查询的组播组地址。 • 在成员报告报文和离开报文中，该字段为成员要加入或离开的组播组地址

　　除了以上报文格式的区别外，IGMPv2 相比 IGMPv1，区别更多地体现在具体工作原理上。下面以图 10-13 所示的组播网络为例进行具体介绍，其中 RouterA 和 RouterB 连接主机网段，在主机网段上有 HostA、HostB、HostC 3 个接收者。假设 HostA 和 HostB 想要接收发往组播组 G1 的数据，HostC 想要接收发往组播组 G2 的数据。

　　2. 查询器选举机制

　　IGMPv2 使用独立的查询器选举机制，当共享网段上存在多个组播路由器时，**运行 IGMP 的接口的 IP 地址最小的路由器成为查询器**，选举过程如图 10-14 所示。

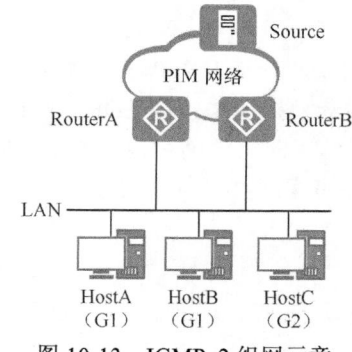

图 10-13　IGMPv2 组网示意

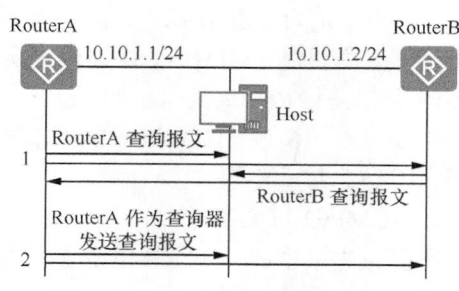

图 10-14　IGMPv2 查询器选举示意

　　① 最初，所有运行 IGMPv2 的组播路由器（RouterA 和 RouterB）都认为自己是查询器，以 224.0.0.1 为目的 IP 地址（对应的目的 MAC 地址为 01-00-5e-00-00-01）向本网段内的所有主机和组播路由器发送普遍组查询报文。

　　RouterA 和 RouterB 在收到对方发送的普遍组查询报文后，将报文的源 IP 地址与自己的接口地址进行比较。通过比较，IP 地址最小的组播路由器将成为查询器，其他组播路由器成为非查询器（Non-Querier）。本示例中，假设 RouterA 的接口地址小于 RouterB，则 RouterA 当选为查询器，RouterB 为非查询器。

　　② 此后，将由 IGMP 查询器（RouterA）向本网段内的所有主机和其他组播路由器

发送普遍组查询报文，而非查询器（RouterB）则不再发送普遍组查询报文。

非查询器（RouterB）上都会启动一个定时器（即其他查询器存在时间定时器，Other Querier Present Timer）。在该定时器超时前，如果收到了来自查询器的查询报文，则重置该定时器。否则，就认为原查询器失效，并发起新的查询器选举过程。此定时器就相当于查询器的有效保持定时器。

3. 离开组机制

前面说到，IGMPv2 与 IGMPv1 相比，除了增加了查询器选举机制外，还增加了组离开机制。下面以图 10-13 中的主机 HostA 离开组播组 G1 的过程为例进行介绍，具体流程如图 10-15 所示。

① 当 HostA 退出组播组时会向本地网段内的所有组播路由器（**目的地址为 224.0.0.2，不包括主机**）发送针对组 G1 的离开报文。

② 查询器收到组成员发来的离开报文后，会对报文中所涉及的组（目的 IP 地址为该组的组播地址，本示例中为 HostA 原来所加入的组 G1）发送特定组查询报文。发送间隔和发送次数可以通

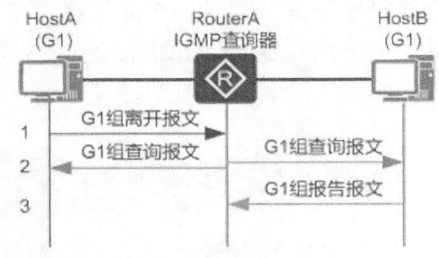

图 10-15　IGMPv2 离开组示意

过命令配置，缺省情况下每隔 1s 发送一次，共发送两次。同时查询器启动组成员关系定时器（Timer-Membership=发送间隔×发送次数）。

③ 因为在该网段内还存在组 G1 的其他成员（如图中的 HostB），这些成员（HostB）在收到查询器发送的特定组查询报文后，会立即发送针对组 G1 的报告报文（**目的 IP 地址同样为 G1**）。查询器收到针对组 G1 的报告报文后将继续维护该组成员关系。

如果该网段内不存在组 G1 的其他成员，查询器将不会收到针对组 G1 的报告报文。在 Timer-Membership 超时后，查询器将删除（*，G1）对应的 IGMP 组表项。当有组 G1 的组播数据到达查询器时，查询器将不会向下游转发。

10.2.3　IGMPv3 的改进

IGMPv3 是在继续兼容和继承 IGMPv1 和 IGMPv2 的基础上进行进一步的改进，进一步增强了主机的控制能力，支持指定组播源/组播组功能，即主机在加入某组播组 G 的同时能够明确地要求接收或不接收某特定组播源 S 发出的组播信息。这主要是为了配合 SSM 模型发展起来的，提供了在报文中携带组播源信息的能力，使组播成员能加入指定源的组播组。

1. IGMPv3 报文格式

下面也先从报文格式开始，了解 IGMPv3 与前面两个版本的区别，具体如下。

■ IGMPv3 报文包含两大类：查询报文和成员报告报文。IGMPv3 没有定义专门的成员离开报文，成员离开通过特定类型的报告报文来传达。

■ 查询报文中不仅包含普遍组查询报文和特定组查询报文，还新增了特定源组查询报文（Group-and-Source-Specific Query）。该报文由查询器向共享网段内特定组播组成员发送，用于查询该组成员是否愿意接收特定源发送的数据。特定源组查询通过在报文中携带一个或多个组播源地址来达到这一目的。

■ 成员报告报文不仅包含主机想要加入的组播组，而且包含主机想要接收来自哪些组播源的数据。IGMPv3 增加了针对组播源的过滤模式（INCLUDE/EXCLUDE，即包括/排除），将组播组与源列表之间的对应关系简单的表示为[G, INCLUDE,（S1、S2...）]，表示只接收来自指定组播源 S1、S2……发往组 G 的数据；或 [G，EXCLUDE,（S1、S2...）]，表示只接收除了组播源 S1、S2……之外的组播源发给组 G 的数据。当组播组与组播源列表的对应关系发生了变化，IGMPv3 报告报文会将该关系变化存放于组记录（Group Record）字段，发送给 IGMP 查询器。

■ 在 **IGMPv3** 中，一个成员报告报文可以携带多个组播组信息，而之前的版本一个成员报告只能携带一个组播组。这样，在 IGMPv3 中报文数量大大减少。

以上所说到的 IGMPv3 查询报文的格式如图 10-16 所示，其中各个字段的说明见表 10-9。

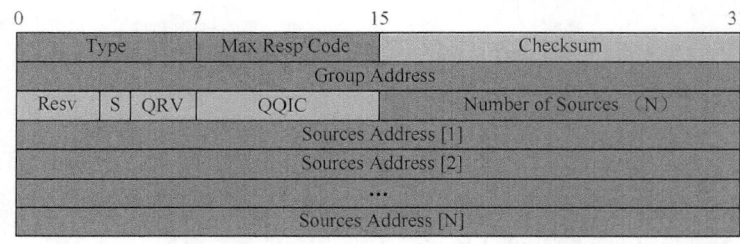

图 10-16　IGMPv3 查询报文格式

表 10-9　　　　　　　　　　　　**IGMPv3 查询报文字段说明**

字段	说明
Type	报文类型，取值为 0x11
Max Response Code	最大响应时间。成员主机在收到 IGMP 查询器发送的普遍组查询报文后，需要在最大响应时间内做出回应
Checksum	IGMP 报文的校验和。校验和是 IGMP 报文长度（即 IP 报文的整个有效负载）的 16 位检测，表示 IGMP 信息补码之和的补码。Checksum 字段在进行校验计算时设为 0。当发送报文时，必须计算校验和并插入到 Checksum 字段中去。当接收报文时，校验和必须在处理该报文之前进行检验
Group Address	组播组地址。在普遍组查询报文中，该字段设为 0；在特定组查询报文和特定源组查询报文中，该字段为要查询的组播组地址
Resv	保留字段。发送报文时该字段设为 0；接收报文时，对该字段不进行处理
S	该比特位为 1 时，所有收到此查询报文的其他路由器不启动定时器刷新过程，但是此查询报文并不抑制查询器选举过程和路由器的主机侧处理过程
QRV	如果该字段非 0，则表示查询器的健壮系数（Robustness Variable）。如果该字段为 0，则表示查询器的健壮系数大于 7。路由器接收到查询报文时，如果发现该字段非 0，则将自己的健壮系数调整为该字段的值；如果发现该字段为 0，则不进行处理
QQIC	IGMP 查询器的查询间隔，单位：s。非查询器收到查询报文时，如果发现该字段非 0，则将自己的查询间隔参数调整为该字段的值；如果发现该字段为 0，则不进行处理
Number of Sources	报文中包含的组播源的数量。对于普遍组查询报文和特定组查询报文，该字段为 0；对于特定源组查询报文，该字段非 0。此参数的大小受到所在网络 MTU 大小的限制
Source Address	组播源地址，其数量受到 Number of Sources 字段值大小的限制

IGMPv3 成员报告报文的格式如图 10-17 所示，其中各个字段的说明见表 10-10。

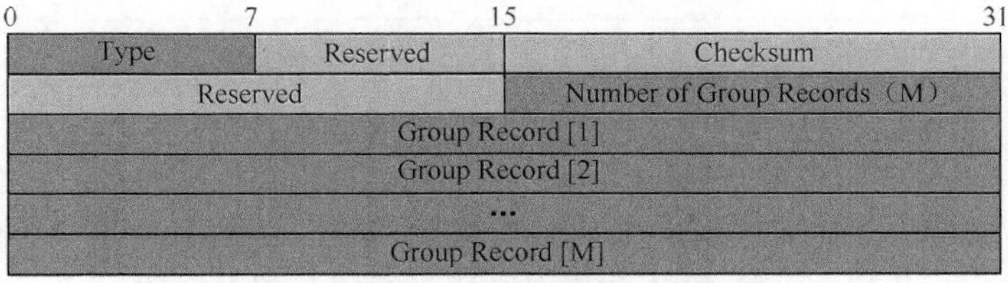

图 10-17　IGMPv3 成员报告报文格式

表 10-10　　　　　　　　　　　　IGMPv3 成员报告报文字段说明

字段	说明
Type	报文类型，取值为 0x22
Reserved	保留字段。发送报文时该字段设为 0；接收报文时，对该字段不进行处理
Checksum	IGMP 报文的校验和。校验和是 IGMP 报文长度（即 IP 报文的整个有效负载）的 16 位检测，表示 IGMP 信息补码之和的补码。Checksum 字段在进行校验计算时设为 0。当发送报文时，必须计算校验和并插入到 Checksum 字段中去。当接收报文时，校验和必须在处理该报文之前进行检验
Number of Group Records	报文中包含的组记录的数量
Group Record	组记录。Group Record 字段的格式如图 10-18 所示，各子字段说明见表 10-11

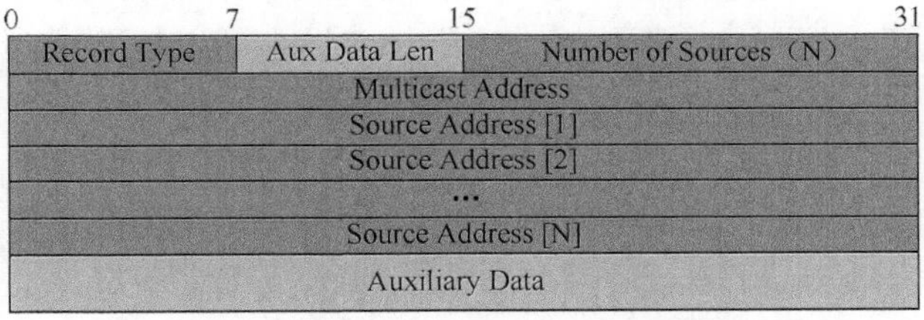

图 10-18　Group Record 字段格式

表 10-11　　　　　　　　　　　　Group Record 字段中的子字段说明

字段	说明
Record Type	组记录的类型，共分为 3 大类。 ① 当前状态报告。用于对查询报文进行响应，通告自己目前的状态，共两种。 • MODE_IS_INCLUDE，表示接收源地址列表包含的源发往该组的组播数据。如果指定源地址列表为空，该报文无效。 • MODE_IS_EXCLUDE，表示不接收源地址列表包含的源发往该组的组播数据。 ② 过滤模式改变报告。当组和源的关系在 INCLUDE 和 EXCLUDE 之间切换时，会通告过滤模式发生变化，共两种。 • CHANGE_TO_INCLUDE_MODE，表示过滤模式由 EXCLUDE 转换到 INCLUDE，接收源地址列表包含的新组播源发往该组播组的数据。如果指定源地址列表为空，主机将离开组播组。 • CHANGE_TO_EXCLUDE_MODE，表示过滤模式由 INCLUDE 转换到 EXCLUDE，拒绝源地址列表包含的新组播源发往该组的组播数据。 ③ 源列表改变报告。当指定源发生改变时，会通告源列表发生变化，共两种。

字段	说明
Record Type	• ALLOW_NEW_SOURCES，表示在现有的基础上，需要接收源地址列表包含的组播源发往该组播组的组播数据。如果当前对应关系为 INCLUDE，则向现有源列表中添加这些组播源；如果当前对应关系为 EXCLUDE，则从现有阻塞源列表中删除这些组播源。 • BLOCK_OLD_SOURCES，表示在现有的基础上，不再接收源地址列表包含的组播源发往该组播组的组播数据。如果当前对应关系为 INCLUDE，则从现有源列表中删除这些组播源；如果当前对应关系为 EXCLUDE，则向现有源列表中添加这些组播源
Aux Data Len	辅助数据长度。在 IGMPv3 的报告报文中，不存在辅助数据字段，该字段设为 0
Number of Sources	本记录中包含的源地址数量
Multicast Address	组播组地址
Sources Address	组播源地址
Auxiliary Data	辅助数据。预留给 IGMP 后续扩展或后续版本。在 IGMPv3 的报告报文中，不存在辅助数据。关于该字段的详细说明，请参考 RFC 3376

在工作机制上，与 IGMPv2 相比，IGMPv3 增加了主机对组播源的选择能力，包括特定源组加入和特定源组查询两方面。

2. 特定源组加入机制

IGMPv3 的成员报告报文的目的地址为 224.0.0.22（**代表同一网段所有使能 IGMPv3 的路由器，也是一个永久组播地址**）。通过在报告报文中携带组记录，主机在加入组播组的同时能够明确地要求接收，或不接收特定组播源发出的组播数据。

如图 10-19 所示，网络中存在 S1 和 S2 两个组播源，均向组播组 G 发送组播数据，但 Host 仅希望接收从组播源 S1 发往组播组 G 的信息。如果 Host 和组播路由器之间运行的是 IGMPv1 或 IGMPv2，Host 加入组播组 G 时无法对组播源进行选择，即无论其是否需要，都会同时接收到来自组播源 S1 和 S2 的数据。如果采用 IGMPv3，成员主机可以通过以下两种方法选择仅接收 S1 组播数据。

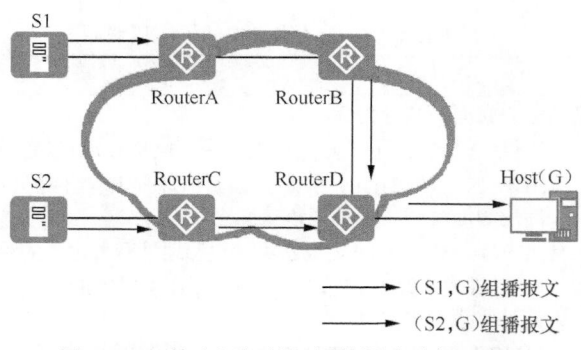

图 10-19　特定源组的组播数据流路径示意图

■ 方法一：Host 发送 IGMPv3 报告报文（G，INCLUDE，（S1）），指定仅接收源 S1 向组播组 G 发送的数据。

■ 方法二：Host 发送 IGMPv3 报告报文（G，EXCLUDE，（S2）），指定不接收源 S2 向组播组 G 发送的数据，从而仅有来自 S1 的组播数据才能传递到 Host。

3. 特定源组查询

当接收到组成员发送的改变组播组与源列表的对应关系的报告时，比如 CHANGE_TO_INCLUDE_MODE（变为"包括"模式）、CHANGE_TO_EXCLUDE_MODE（变为"排除"模式），IGMP 查询器均会发送特定源组查询报文。如果组成员希望接收其中任意一个源的组播数据，将反馈报告报文。IGMP 查询器根据反馈的组成员报告更新该组对应的源列表。

10.2.4　IGMP SSM Mapping

SSM（特定源组播）要求路由器能了解本网段内各成员主机加入组播组时所指定的组播源。如果成员主机上运行 IGMPv3，可以在 IGMPv3 报告报文中直接指定组播源地址。但是某些情况下，用户主机只能运行 IGMPv1 或 IGMPv2，此时为了使其也能够使用 SSM 服务，路由器上需要提供 IGMP SSM Mapping（SSM 映射）功能。

SSM Mapping 的机制是：通过在 IGMP 路由器上静态配置 SSM 地址的映射规则，将 IGMPv1 和 IGMPv2 报告报文中的（*，G）信息转化为对应的（S，G）信息，以提供 SSM 组播服务。缺省情况下，SSM 组播组的组播 IP 地址范围为 232.0.0.0～232.255.255.255。当路由器收到来自成员主机的 IGMPv1 或 IGMPv2 报告报文时，首先检查该报文中所携带的组播组地址 G，然后根据检查结果的不同分别进行处理。

① 如果 G 在 ASM（Any-Source Multicast，任意源组播）范围内，则只提供 ASM 服务。

② 如果 G 在 SSM 组地址范围内，而路由器上又没有 G 对应的 SSM Mapping 规则，则无法提供 SSM 服务，丢弃该报文。

③ 如果 G 在 SSM 组地址范围内，路由器上有 G 对应的 SSM Mapping 规则，则依据规则将报告报文中所包含的（*，G）信息映射为（S，G）信息，提供 SSM 服务。

如图 10-20 所示，在 SSM 网络中 HostA 运行 IGMPv3、HostB 运行 IGMPv2、HostC 运行 IGMPv1，且 HostB 和 HostC 无法升级到 IGMPv3。如果要为该网段中的所有主机提供 SSM 服务，需要在 Router 上使用 IGMP SSM Mapping。

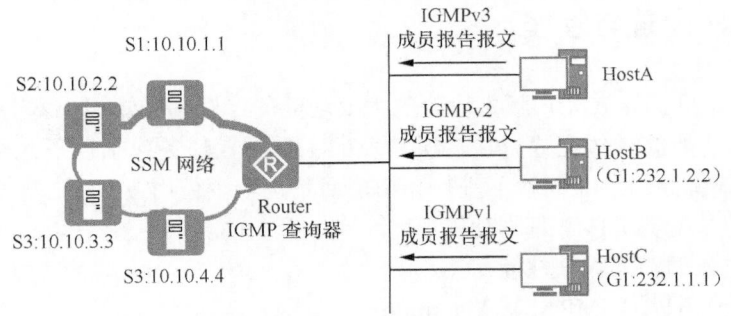

图 10-20　SSM Mapping 应用示例

假如在 Router 上配置以下 4 条 SSM 映射映射规则：

- 232.0.0.0/8→10.10.1.1；
- 232.1.0.0/16→10.10.2.2；

- 232.1.0.0/16→10.10.3.3；
- 232.1.1.0/24→10.10.4.4。

经过映射后，Router 收到 HostB 和 HostC 的成员报告报文时，首先判断报文携带的组播组 IP 地址是否在 SSM 范围内，结果发现是在 SSM 范围内，然后根据配置的映射规则生成如表 10-12 所示的组播表项。如果一个组地址映射了多个源，则生成多个（S，G）表项。在映射过程中，一个组播组地址只要能在本地配置的 SSM 映射规则中匹配到一个组播源地址，就会生成一条相应的表项。

表 10-12　　　　　　　　　为 HostB 和 HostC 生成的组播表项

IGMPv1/IGMPv2 报告报文中的组地址	生成的组播表项
232.1.2.2　（来自 HostB）	（10.10.1.1，232.1.2.2）
	（10.10.2.2，232.1.2.2）
	（10.10.3.3，232.1.2.2）
232.1.1.1　（来自 HostC）	（10.10.1.1，232.1.1.1）
	（10.10.2.2，232.1.1.1）
	（10.10.3.3，232.1.1.1）
	（10.10.4.4，232.1.1.1）

如 HostB 的报告报文中携带的组播组 IP 地址为 232.1.2.2，从前面的 SSM 映射规则中可以看出，这样一个组播组 IP 地址可以分别与 10.10.1.1、10.10.2.2 和 10.10.3.3 3 条规则匹配，所以组播组地址 232.1.2.2 最终有 3 条表项。同理，组播组地址 232.1.1.1 最终有 4 条表项。

> **说明** IGMP SSM Mapping 不处理 IGMPv3 的报告报文。为了保证同一网段运行任意版本 IGMP 的主机都能得到 SSM 服务，需要在与成员主机所在网段相连的组播路由器接口上运行 IGMPv3。

10.3　IGMP 配置与管理

10.2.3 节介绍了各 IGMP 版本协议的主要功能的一些基础知识，本节要来具体介绍 IGMP 各方面功能的具体配置方法，所涉及的主要配置任务包括以下几个方面（IGMP Proxy 功能因篇幅原因，在此就不进行介绍，而且也较少使用）：

- （必选）配置 IGMP 基本功能；
- （可选）调整 IGMP 性能；
- （可选）配置 IGMP SSM Mapping；
- （可选）配置 IGMP Limit。

10.3.1　配置 IGMP 基本功能

要想使成员主机接入组播网络并接收到组播源的数据，首先需要在与成员主机相连的组播交换机（连接组播成员的一般是交换机）上配置 IGMP 基本功能。IGMP 基本功能又包括以下几项配置任务。

① 使能 IGMP 功能。配置 IGMP 之前，必须先全局使能 IP 组播路由功能，因为它是配置一切组播功能的前提，然后要在与组成员相连的交换机接口上使能 IGMP 功能，缺省情况下，接口上未使能 IGMP 功能。配置组播协议前，必须使能 IP 组播路由功能。

② 配置 IGMP 版本。运行 IGMP 高版本的交换机可以识别低版本的成员报告，反之则不行。为了保证 IGMP 的正常运行，建议在交换机上配置与组播组成员主机上运行相同，或高于组播组成员主机的版本。

如果在主机侧共享网段上有多个交换机，由于不同版本的 IGMP 报文的结构不同，为了保证 IGMP 的正常运行，**必须在所有交换机接口配置相同的 IGMP 版本**。

此项配置同时支持全局配置（即 IGMP 视图）和接口配置。

③（可选）配置静态组播组。在以下应用场景中，可在交换机的用户侧接口上配置静态组播组（相当于把某些组播成员静态加入对应的组播组中）。

■ 网络中存在稳定的组播组成员。

■ 某网段内没有组播组成员或组播组成员主机无法发送 Report 报文，但是又需要将组播数据转发到该网段，可以在接口上配置静态组播组，将组播数据"拉"到接口上。

在接口上配置静态组播组后，交换机就认为此接口网段上一直存在该组播组的成员，从而转发该组的组播数据。

④（可选）配置接口加入的组播组范围。为了让 IGMP 接口所在网段的组播组成员主机仅可加入指定的组播组，并接收这些组的报文，可以在该接口上设置 ACL 规则，对收到的成员 Report 报文进行过滤，使交换机只对该规则中允许的组播组维护组成员关系。

以上 4 项 IGMP 基本功能配置任务的具体配置步骤见表 10-13（仅以非 VPN 实例场景下的配置为例进行介绍）。

表 10-13　　　　　　　　　　　IGMP 基本功能配置步骤

配置任务	步骤	命令	说明
公共配置步骤	1	**system-view** 例如：<HUAWEI> **system-view**	进入系统视图
使能 IGMP 功能	2	**set multicast forwarding-table super-mode** 例如：[HUAWEI] **set multicast forwarding-table super-mode**	（可选）设置组播转发模式为大规格模式。仅 S5720HI、S6720HI 以及 S7700/7900/9700/12700 系列支持此命令。此功能需要重启设备才能生效。 在某些大组播业务场景下，设备需要生成大量的 IGMP 组表项，而且表项数量可能超过了设备默认的 IGMP 组表项规格，导致部分表项无法生成。配置此功能后，设备上的 IGMP 组表项数量可以达到设备能够支持的最大的 IGMP 组表项规格，最大限度地满足大组播业务的场景需求。缺省情况下，设备上配置了三层组播功能后，默认的组播转发模式为普通规格模式，即设备上组播表项数量只能达到设备默认的组播表项规格，可用 **undo set multicast forwarding-table super-mode** 命令恢复缺省配置

（续表）

配置任务	步骤	命令	说明	
使能 IGMP 功能	3	**multicast routing-enable** 例如：[HUAWEI] **multicast routing-enable**	使能 IP 组播路由功能。全局使能组播路由功能是配置三层组播功能的前提，即只有在使能了组播路由功能之后，才能配置 **PIM**、**IGMP** 等一些三层组播协议以及其他三层组播功能。 缺省情况下，没有使能组播路由功能，可用 **undo multicast routing-enable** 命令去使能组播路由功能。 【注意】使用 **undo multicast routing-enable** 命令将清除设备上所有的组播配置，包括其他三层组播协议的配置。如果设备上正在运行组播业务，则组播业务将会中止。如果下次需要恢复组播业务，必须重新配置被清除掉的组播命令	
	4	**interface** *interface-type interface-number* 例如：[HUAWEI] **interface vlanif 10**	键入要使能 IGMP 功能的物理接口、VLANIF 或 Loopback 接口，进入对应的接口视图	
	5	**undo portswitch** 例如：[HUAWEI-GigabitEthernet0/0/1] **undo portswitch**	（可选）把二层物理以太网接口转换到三层模式。仅 S5720EI、S5720HI、S6720EI、S6720HI 和 S6720S-EI，以及 S7700/7900/9700/12700 系列支持二层模式与三层模式的切换。**仅当采用物理接口上直接配置 IP 地址时需要执行本步**。 缺省情况下，以太网接口处于二层模式	
	6	**igmp enable** 例如：[HUAWEI-Vlanif10] **igmp enable**	在以上接口上使能 IGMP 功能，这样组播设备才能处理来自主机的协议报文。 【注意】如果接口上需要同时使能 PIM 和 IGMP，必须要先使能 PIM，再使能 IGMP。使能 IGMP 前如果接口上配置了其他 IGMP 参数，只有在配置了此命令后才生效	
配置 IGMP 版本	7	**quit** 例如：[HUAWEI-Vlanif10] **quit**	退出接口视图，返回系统视图	
	8	**igmp** 例如：[HUAWEI] **igmp**	进入 IGMP 视图。与 IGMP 相关的全局参数必须在 IGMP 视图下配置。 可用 **undo igmp** 命令清除 IGMP 视图下的所有配置	配置全局的 IGMP 版本
	9	**version** { 1 | 2 | 3 } 例如：[HUAWEI-igmp] **version 3**	在全局上配置 IGMP 的版本，所配置的版本将应用于本地交换机上所有使能了 IGMP 功能的接口。为了保证正常工作，需要在同网段所有组播设备上配置相同版本的 IGMP，因为 IGMP 各版本之间不能自动转换。 缺省情况下，IGMP 的版本是 IGMPv2，可用 **undo version** 命令恢复缺省的 IGMPv2 版本	
	10	**interface** *interface-type interface-number* 例如：[HUAWEI] **interface vlanif 10**	（可选）再次键入前面使能了 IGMP 功能的接口（可以是转化成三层模式的物理接口），进入对应的接口视图	配置接口的 IGMP 版本
	11	**igmp version** { 1 | 2 | 3 } 例如：[HUAWEI-Vlanif10] **igmp version 3**	（可选）在以上接口上配置 IGMP 版本，仅作用于此接口。 缺省情况下，接口上运行 IGMPv2，可用 **undo igmp version** 命令恢复为缺省的 IGMPv2 版本	

（续表）

配置任务	步骤	命令	说明
（可选）配置静态组播组	12	**igmp static-group** *group-address* [**inc-step-mask** { *group-mask* | *group-mask-length* } **number** *group-number*] [**source** *source-address*] 例如：[HUAWEI-Vlanif10] **igmp static-group** 225.1.1.1 **inc-step-mask** 32 **number** 10	配置以上接口静态加入组播组或组播源组。命令中的参数说明和选项如下。 ① *group-address*：指定接口要加入的组播组 IP 地址，为 D 类组播地址，取值范围是 224.0.1.0～239.255.255.255。如果为批量配置方式，则为组地址序列的起始组播组地址。 ② **inc-step-mask**：可选项，指定批量配置方式中的各组播组地址间的递增掩码。可以通过下面的 *group-mask*（组播组地址递增掩码）或者 *group- mask-length*（组播组地址递增掩码长度）来表示。 ③ *group-mask*：二选一可选参数，指定批量配置方式中的组播组地址递增掩码，即组播组地址序列中相邻两个组播组地址的间隔。**它采用反掩码（即子网掩码的反码）形式表示**，点分十进制形式，取值范围是 0.0.0.1～255.255.255.255，用于表示一个组播组地址范围。 ④ *group-mask-length*：二选一可选参数，指定批量配置方式中的组播组地址递增掩码长度（值为 1 的连续位长度），取值范围为 4～32 的整数，也可用于表示一个组播组地址范围。**当组播组地址步长掩码长度为 32 时表示任意组播组地址**。 ⑤ **number** *group-number*：可选参数，指定批量配置方式中接口可加入的组播组地址个数，取值范围为 2～512 的整数。 ⑥ **source** *source-address*：可选参数，指定允许静态加入的组播组中的组播源 IP 地址，此时接口中的组播转发表中为 SSM 模式的（S，G）格式，如不指定此参数，则为 ASM 模型的（*，G）格式。 【注意】执行本命令后，接口上的 IGMP 静态组记录永远不会超时，交换机会认为该接口上始终连接着组成员主机，并持续向该接口所在网段转发符合条件的组播报文。当组播组成员不再需要静态加入的组播组数据时，需要手动删除静态组播组配置。 缺省情况下，接口未配置任何静态组播组，可用 **undo igmp static-group** { **all** | *group- address* [**inc-step-mask** { *group-mask* | *group-mask-length* } **number** *group-number*] [**source** *source-address*] }命令删除接口上配置的静态组播组
（可选）配置接口加入的组播组范围	13	**igmp group-policy** { *acl-number* | **acl-name** *acl-name* } [1 | 2 | 3] 例如：[HUAWEI-Vlanif10] **igmp group-policy** 2001 2	在接口上设置 IGMP 组播组的过滤策略，**限制该接口下所连接的组播成员主机能够动态加入的组播组范围**。命令中的参数和选项说明如下。 ① { *acl-number* | **acl-name** *acl-name* }：指定要在策略中用于过滤成员主机发送的 Report 报文的数字型或者命名型 ACL。在定义 ACL 的 rule 时，通过 **permit** 参数仅允许接口下成员主机可以加入指定地址范围的组播组，如果指定的 ACL 未定义规则，则禁止接口下成员主机加入所有组播组。有关 ACL 方面的知识具体参见本书第 12 章。 ② [1 | 2 | 3]：可选项，指定要通过 ACL 限制加入特定组播组的组成员主机运行的 IGMP 版本。如果不指定 IGMP 版本，则该 ACL 同时适用于 IGMPv1、v2 和 v3 版本的主机。

（续表）

配置任务	步骤	命令	说明
（可选）配置接口加入的组播组范围	13	**igmp group-policy** { *acl-number* | **acl-name** *acl-name* } [**1** | **2** | **3**] 例如：[HUAWEI-Vlanif10] **igmp group-policy** 2001 2	【说明】为了让接口所连接网络上的主机加入指定范围的组播组，并接收这些组的报文，可以使用本命令在对应接口上设置一个 ACL 规则作为过滤器，以限制接口所服务的组播组范围，从而提高 IGMP 的安全性。当交换机不希望接收针对某些组播组的加入报文，不希望转发该组播组的数据到组成员时，也可以通过本命令加以限制。 缺省情况下，接口可以加入任何组播组，可用 **undo igmp group-policy** 命令取消接口上配置的组播组过滤策略

IGMP 基本功能配置成功后，在任意视图下执行下面的 **display** 命令，可以查看接口上的 IGMP 配置和运行信息、组成员信息。

■ **display igmp** [**vpn-instance** *vpn-instance-name* \| **all-instance**] **interface** [*interface-type interface-number* \| **up** \| **down**] [**verbose**]：查看接口上的 IGMP 配置和运行信息。

■ **display igmp** [**vpn-instance** *vpn-instance-name* \| **all-instance**] **group** [*group-address* \| **interface** *interface-type interface-number*]* [**verbose**]：查看动态加入 IGMP 组播组的成员信息。

■ **display igmp** [**vpn-instance** *vpn-instance-name* \| **all-instance**] **group** [*group-address*] **static** [**up** \| **down**] [**verbose**]：查看状态是 Up 或 Down，并且静态加入组播组的接口信息。

■ **display igmp** [**vpn-instance** *vpn-instance-name* \| **all-instance**] **group** [*group-address*] **static interface-number**：查看加入 IGMP 静态组播组的接口数。

■ **display igmp** [**vpn-instance** *vpn-instance-name* \| **all-instance**] **group** [*group-address*] **interface** *interface-type interface-number* **static** [**verbose**]：查看指定接口上静态加入的组播组信息。

■ **display igmp** [**vpn-instance** *vpn-instance-name* \| **all-instance**] **group static interface** *interface-type interface-number* **entry-number**：查看指定接口上加入的 IGMP 静态组播组数量。

10.3.2　调整 IGMP 性能

使能 IGMP 后，缺省情况下可以正常工作。但也可根据安全性和网络性能优化的要求适当调整相关参数。当然，事先要配置好上节介绍的 IGMP 基本功能，否则所配置的参数不会立即生效。可以调整的 IGMP 性能参数包括以下几个方面（**均为可选配置任务**）。

1. 配置 Router-Alert 选项

通常情况下，网络设备收到报文时，只有目的 IP 地址为本设备接口地址的报文才会上送给相应的协议模块处理。这样就会存在一个问题，如果协议报文的目的地址不为本设备的接口地址，比如 IGMP 报文，由于其目的地址为组播地址，这种情况下就无法上送给 IGMP 模块处理，导致正常的组成员关系不能维护。为了解决此类问题，Router-Alert 选项应运而生。如果 IP 报文头中携带 Router-Alert 选项，设备在接收到此类报文后会直接上送给相应的协议模块处理，而不检查目的地址。

Router-Alert 选项的具体配置步骤见表 10-14，同时支持全局配置（即 **IGMP** 视图）和接口配置。交换机在发送 IGMP 报文时，也可以选择是否需要携带 Router-Alert 选项。缺省情况下，组播设备发送的 IGMP 报文中携带 Router-Alert 选项。

表 10-14　　　　　　　　　　　　　**Router-Alert** 选项的配置步骤

步骤	命令	说明
1	**system-view** 例如：<HUAWEI> **system-view**	进入系统视图
2	**igmp** 例如：[HUAWEI] **igmp**	进入 IGMP 视图
3	**require-router-alert** 例如：[HUAWEI-igmp] **require-router-alert**	全局配置丢弃 IP 报文头中不包含 Router-Alert 选项的 IGMP 消息。这样，在当交换机接收到 IGMP 消息检查该 IP 报文头中的 Router-Alert 选项时，如果不包含该选项，就丢弃这个 IGMP 消息。 缺省情况下，交换机不对 Router-Alert 选项进行检查，即处理所有接收到的 IGMP 消息，可用 **undo require-router-alert** 命令全局恢复缺省配置
4	**send-router-alert** 例如：[HUAWEI-igmp] **send-router-alert**	全局指定该交换机发送的 IGMP 报文的 IP 报头中包含 Router-Alert 选项。 缺省情况下，该交换机发送的 IGMP 报文头中包含 Router-Alert 选项，可用 **undo send-router-alert** 命令全局指定该交换机发送的 IGMP 报文的报头中不包含 Router-Alert 选项
5	**interface** *interface-type* *interface-number* 例如：[HUAWEI] **interface vlanif** 10	（可选）键入前面使能了 IGMP 功能的物理接口、VLANIF 或者 Loopback 接口，进入接口视图
6	**igmp require-router-alert** 例如：[HUAWEI-Vlanif10] **igmp require-router-alert**	（可选）在以上接口上配置丢弃 IP 报文头中不包含 Router-Alert 选项的 IGMP 消息。 缺省情况下，接口不对 Router-Alert 选项进行检查，即处理所有接收到的 IGMP 报文，可用 **undo igmp require-router-alert** 命令恢复接口为缺省配置
7	**igmp send-router-alert** 例如：[HUAWEI-Vlanif10] **igmp send-router-alert**	（可选）在以上接口上配置发送的 IGMP 消息其 IP 报文头中包含 Router-Alert 选项。 缺省情况下，该接口发送的 IGMP 消息其 IP 报文头中包含 Router-Alert 选项，可用 **undo igmp send-router-alert** 命令在接口上配置发送的 IGMP 消息其 IP 报文头中不包含 Router-Alert 选项

缺省情况下，交换机在收到 IGMP 报文后，无论其 IP 报文头是否包含 Router-Alert 选项，都会上送给 IGMP 模块处理，所以本项配置任务一般不用配置。

2. 配置 IGMP 查询器参数

当同一网段上有多台组播路由器时，由 IGMP 查询器负责发送 IGMP 查询报文，故需要指定 IGMP 查询器（在 **IGMP**v1 中，查询器是由 **PIM** 协议指定的，**IGMPv2** 和 **IGMPv3** 可以手动配置）。IGMP 查询器在工作过程中使用了如表 10-15 所示的多项参数，缺省情况下这些参数可以正常工作。同时根据需要，也可以通过命令行进行调整。

表 10-15　　　　　　　　　　　　　可以调整的 **IGMP** 性能参数

查询器参数	参数说明	支持的版本
IGMP 普遍组查询报文的发送时间间隔	查询器周期性地发送普遍组查询报文，维护接口上的组成员关系，本参数定义了发送该报文的时间间隔（**缺省值为 60s**）	IGMPv1、IGMPv2、IGMPv3
IGMP 健壮系数	健壮系数是指用来弥补可能发生的网络丢包而设置的消息重传次数（**缺省值为 2**）用来规定以下两个值。 ① 当 IGMP 查询器启动时发送"健壮系数"次的"普遍查询报文"，发送时间间隔为"IGMP 普遍组查询报文发送间隔"的 1/4。 ② 当组播设备收到 Leave 报文后，发送"健壮系数"次的"IGMP 特定组查询报文"，发送间隔为"IGMP 特定组查询报文发送间隔"	IGMPv1、IGMPv2、IGMPv3
IGMP 查询报文的最大响应时间	组播组成员接收到一个 IGMP 查询报文后，会在最大响应时间（**缺省值为 10s**）内发送 Report 报文	IGMPv2、IGMPv3
其他 IGMP 查询器的存活时间	如果非查询器在"其他 IGMP 查询器的存活时间"内收不到查询报文，就认为查询器失效，自动发起查询器选举。 "其他 IGMP 查询器存活时间"＝"普遍组查询报文发送间隔"×"健壮系数"＋"最大响应时间"×（1/2）。当等式右边的参数都取缺省值时，"其他 IGMP 查询器存活时间"的值为 125s	IGMPv2、IGMPv3
IGMP 特定组查询报文的发送间隔	当查询器收到主机退出某组播组的 Leave 报文时，会连续发送特定组查询报文，询问该组播组是否还存在成员。本参数定义了发送该报文的时间间隔（**缺省值为 1s**）	IGMPv2、IGMPv3

IGMP 查询器参数的具体配置步骤如表 10-16 所示，同时支持全局配置（即 IGMP 视图）和接口配置。在实际配置中，要确保"IGMP 查询报文最大响应时间"＜"IGMP 普遍组查询报文发送间隔"＜"其他 IGMP 查询器存活时间"。在共享网段内，如果多台设备的用户侧接口都使能了 IGMP，应确保设备上配置的查询器参数一致，否则有可能导致 IGMP 无法正常运行。

表 10-16　　　　　　　　　　　**IGMP** 查询器参数的具体配置步骤

步骤	命令	说明
1	**system-view** 例如：<HUAWEI> **system-view**	进入系统视图
2	**igmp** 例如：[HUAWEI] **igmp**	进入 IGMP 视图
3	**timer query** *interval* 例如：[HUAWEI-igmp] **timer query** 125	全局配置设备发送 IGMP 普遍组查询报文的时间间隔，取值范围为 1～18000 的整数秒。 缺省情况下，IGMP 普遍组查询消息的发送间隔为 60s，可用 **undo timer query** 命令恢复该参数为缺省值
4	**robust-count** *robust-value* 例如：[HUAWEI-igmp] **robust-count** 3	全局配置 IGMP 查询器健壮系数，这是用来弥补可能发生的网络丢包而设置的消息重传次数，取值范围为 2～5 的整数。 缺省情况下，IGMP 查询器的健壮系数是 2，可用 **undo robust-count** 命令恢复全局配置为缺省值
5	**max-response-time** *interval* 例如：[HUAWEI-igmp] **max-response-time** 15	全局配置 IGMP 查询报文的最大响应时间，取值范围为 1～25 的整数秒。主机响应时间越小，IGMP 设备获知组播成员的速度越快，但是网络带宽和交换机资源的占用也就越大。 缺省情况下，IGMP 查询报文的最大响应时间是 10s，可用 **undo max-response- time** 命令恢复该参数为缺省值

（续表）

步骤	命令	说明
6	**timer other-querier-present** *interval* 例如：[HUAWEI-igmp] **timer other-querier-present** 50	全局配置其他 IGMP 查询器的存活时间，取值范围为 60～300 的整数秒。这是用来确定查询器是否有效的时间参数，超时后本地交换机会发起查询器选举。 缺省情况下，其他 IGMP 查询器的存活时间的计算公式是：其他 IGMP 查询器的存活时间＝健壮系数×IGMP 普遍查询消息发送间隔+（1/2）×最大查询响应时间。当健壮系数、IGMP 普遍查询消息发送间隔和最大查询响应时间都取缺省值时，其他 IGMP 查询器的存活时间的值为 125s，可用 **undo timer other-querier-present** 命令恢复该参数为缺省值
7	**lastmember-queryinterval** *interval* 例如：[HUAWEI-igmp] **lastmember-queryinterval** 60	全局配置 IGMP 查询器在收到主机发送的 IGMP Leave 报文时，发送 IGMP 指定组查询报文的时间间隔，取值范围为 1～5 的整数秒。 缺省情况下，发送 IGMP 指定组查询报文的时间间隔是 1s，可用 **undo lastmember-queryinterval** 命令恢复该参数为缺省值
8	**quit** 例如：[HUAWEI-igmp] **quit**	退出 IGMP 视图，返回系统视图
9	**interface** *interface-type interface-number* 例如：[HUAWEI] **interface** vlanif 10	（可选）键入要配置 IGMP 查询器参数的物理接口、VLANIF 或者 Loopback 接口（接口必须已使能 IGMP），进入接口视图
10	**igmp timer query** *interval* 例如：[HUAWEI-Vlanif10] **igmp timer query** 120	（可选）在接口上配置设备发送 IGMP 普遍组查询报文的时间间隔，取值范围为 1～18000 的整数秒。 缺省情况下，IGMP 普遍组查询消息的发送间隔是 60s，可用 **undo igmp timer query** 命令恢复为缺省值
11	**igmp robust-count** *robust-value* 例如：[HUAWEI-Vlanif10] **igmp robust-count** 3	（可选）在接口上配置 IGMP 查询器的健壮系数，取值范围为 2～5 的整数。 缺省情况下，IGMP 查询器的健壮系数是 2，可用 **undo igmp robust-count** 命令恢复为缺省值
12	**igmp max-response-time** *interval* 例如：[HUAWEI-Vlanif10] **igmp max-response-time** 20	（可选）在接口上配置 IGMP 查询报文的最大响应时间，取值范围为 1～25 的整数秒。 缺省情况下，IGMP 查询报文的最大响应时间是 10s，可用 **undo igmp max-response-time** 命令恢复接口上该配置参数为缺省值
13	**igmp timer other-querier-present** *interval* 例如：[HUAWEI-Vlanif10] **igmp timer other-querier-present** 100	（可选）在接口上配置其他 IGMP 查询器的存活时间，取值范围为 60～300 的整数秒。 缺省情况下的配置与前面的 **timer other-querier-present** 的缺省情况一样，可用 **undo igmp timer other-querier-present** 命令恢复为缺省值
14	**igmp lastmember-queryinterval** *interval* 例如：[HUAWEI-Vlanif10] **igmp lastmember-queryinterval** 3	（可选）在接口上 IGMP 查询器在收到主机发送的 IGMP Leave 报文时，发送 IGMP 最后组成员查询报文的时间间隔，取值范围为 1～5s。 缺省情况下，发送 IGMP 最后组成员查询报文的时间间隔是 1s，可用 **undo igmp lastmember-queryinterval** 命令恢复为缺省值

3. 配置 IGMP 快速离开

在某些应用中，IGMP 查询器的一个接口下只连接着一台成员主机（**这是前提条件**），当主机需要在多个组播组间频繁切换时，为了快速响应主机的离开组报文，可以在 IGMP 查询器上配置 IGMP 快速离开功能。这样，当查询器收到来自主机的 Leave（离开）报文时，不再发送特定组查询报文，而是直接向上游发送离开通告。这样可减小响应延迟，也节省网络带宽。

IGMP 快速离开功能仅适用于 IGMPv2 和 IGMPv3 版本，具体配置步骤见表 10-17，同时支持全局配置（即 IGMP 视图）和接口配置。

表 10-17　　　　　　　　　　　　IGMP 快速离开功能的具体配置步骤

步骤	命令	说明
1	**system-view** 例如：<HUAWEI> **system-view**	进入系统视图
2	**igmp** 例如：[HUAWEI] **igmp**	进入 IGMP 视图
3	**prompt-leave** [**group-policy** *acl-number*] 例如：[HUAWEI-igmp] **prompt-leave group-policy** 2010	配置 IGMP 快速离开，当组播设备接收到针对某组播组的离开消息时，不发送最后成员查询消息，立即删除该组记录。参数 *acl-number* 用来指定要配置离开策略的 ACL 编号，取值范围为 2000～3999。如果未配置此参数，则对所有的组播组都执行立即离开。 缺省情况下，IGMP 在接收到主机发送的离开消息后发送最后组成员查询消息，可用 **undo prompt-leave** 命令全局取消快速离开组机制
4	**quit** 例如：[HUAWEI-igmp] **quit**	退出 IGMP 视图，返回系统视图
5	**interface** *interface-type interface-number* 例如：[HUAWEI] **interface vlanif** 10	（可选）键入要配置 IGMP 查询器参数的物理接口、VLANIF 或者 Loopback 接口（接口必须已使能 IGMP），进入接口视图
6	**igmp prompt-leave** [**group-policy** *acl-number*] 例如：[HUAWEI-Vlanif10] **igmp prompt-leave group-policy** 2010	（可选）在接口上配置立即离开组。当接口接收到针对某组播组的 Leave 报文时，不发送特定查询报文，立即删除该组记录。其他说明参见本表第 4 步。 缺省情况下，IGMP 查询器在接收到主机发送的 Leave 报文后发送特定组查询报文，可用 **undo igmp prompt-leave** 命令在接口上取消快速离开组机制

4. 配置 IGMP On-Demand

在标准的 IGMP 工作机制中，查询器通过周期性发送查询报文并接收成员反馈的 Report 和 Leave 报文来了解组播组成员信息，组成员收到查询时都会进行回应。为了减少这个过程中的报文交互，降低网络流量，可以在查询器的 IGMP 接口上执行 **igmp on-demand** 命令配置 IGMP On-Demand 功能。使能了 IGMP On-Demand 功能后，查询器可根据组播组成员的要求来维护成员关系，不再主动发送查询报文来收集成员状态。

IGMP On-Demand 功能只适用于 **IGMPv2 和 IGMPv3**。使用 **igmp on-demand** 命令后，与 IGMP 标准协议行为有 3 点不同。

① 接口不发送 IGMP 查询报文。

② 接口上动态加入组播组后，创建的表项永不超时。

③ 接口收到 IGMP Leave 报文后，会立即删除接口上相应的 IGMP 组记录。

5. 配置根据源地址过滤 IGMP 报文

为了提高安全性，可以在交换机的接口上对 IGMP 报文（包括 Query 报文、Report 和 Leave 报文）进行过滤，具体配置步骤见表 10-18。

表 10-18 过滤 **IGMP** 报文的配置步骤

步骤	命令	说明
1	**system-view** 例如：<HUAWEI> **system-view**	进入系统视图
2	**interface** *interface-type interface-number* 例如：[HUAWEI] **interface vlanif** 10	（可选）键入要配置 IGMP 查询器参数的物理接口、VLANIF 或者 Loopback 接口（接口必须已使能 IGMP），进入接口视图
3	**igmp query ip-source-policy** *basic-acl-number* 例如：[HUAWEI-Vlanif10] **igmp query ip-source-policy** 2001	在以上接口上配置 IGMP Query 报文的源地址过滤策略。参数 *basic-acl-number* 用来指定用于创建过滤策略的数字型 ACL，**但仅支持基本 ACL**。在定义 ACL 规则时，通过 **permit** 参数配置接口仅接收指定源地址范围的 Query 报文。如果 ACL 未定义规则，则接口缺省过滤掉所有源地址范围的 Query 报文。 【说明】IGMP Query 源地址过滤是一种安全策略，可避免恶意设备伪造 IP 地址相对较小的 IGMP Query 报文，使真正的查询器失效，无法响应组成员快速离开，造成流量浪费。配置此功能后，设备只接收源地址属于 ACL 过滤规则范围内的 IGMP Query 报文，从而控制查询器的选举。 缺省情况下，交换机不对 Query 报文进行过滤，可用 **undo igmp query ip-source-policy** 命令恢复缺省配置
4	**igmp ip-source-policy** [*basic-acl-number*] 例如：[HUAWEI-Vlanif10] **igmp ip-source-policy** 2001	在以上接口上配置设备根据源地址对接收的 Report/Leave IGMP 报文进行过滤。参数 *basic-acl-number* 用来指定用于创建过滤策略的数字型 ACL，**但仅支持基本 ACL。** 【说明】Report/Leave 报文封装在 IP 报文中，配置了本命令后，设备会检查封装了 IGMP Report/Leave 报文的 IP 报文头中的源地址。在定义 ACL 规则时，通过 **permit** 参数配置接口仅接收指定源地址范围的 Report/Leave 报文。如果 ACL 未定义规则，则接口缺省过滤掉所有源地址范围的 Report/Leave 报文。如果不配置 ACL 参数，IGMP Report/Leave 报文源地址的过滤规则如下。 ① 如果源地址和接收报文的接口地址在同一网段，或者源地址是 0.0.0.0，正常处理该报文。 ② 如果源地址和接收报文的接口地址不在同一网段，则丢弃该报文。 缺省情况下，交换机不对 Report/Leave 报文进行过滤，可用 **undo igmp ip-source-policy** 命令取消对 IGMP 报文源地址的过滤

完成上述操作后，在任意视图下执行以下 **display** 命令，可以查看调整后的组成员信息、IGMP 配置和运行信息。

■ **display igmp** [**vpn-instance** *vpn-instance-name* | **all-instance**] **group** [*group-*

address | **interface** *interface-type interface-number*]* [**verbose**]：查看通过主机发送报告报文动态加入的 IGMP 组播组信息。

■ **display igmp** [**vpn-instance** *vpn-instance-name* | **all-instance**] **interface** [*interface-type interface-number* | **up** | **down**] [**verbose**]：查看接口上 IGMP 配置和运行信息。

■ **display igmp** [**vpn-instance** *vpn-instance-name* | **all-instance**] **routing-table** [*group-address* [**mask** { *group-mask* | *group-mask-length* }] | *source-address* [**mask** { *source- mask* | *source-mask-length* }]]* [**static**] [**outgoing-interface-number** [*number*]]：查看 IGMP 路由表信息。

10.3.3 配置 IGMP SSM Mapping

在 SSM 模型 PIM-SM 组播网络中，要求组播设备接口运行 IGMPv3，但某些组播用户主机只能运行 IGMPv1 或 IGMPv2。为了向这些用户同样提供 SSM 服务，需要在组播设备上配置 SSM Mapping 静态映射功能。

SSM Mapping 是通过给 SSM 组播组地址映射一个或多个组播源地址，将 IGMPv1 或 IGMPv2 Report 报文中（*，G）信息转换为一组（S，G）信息来实现 SSM 服务。缺省情况下，SSM 组地址范围为 232.0.0.0～232.255.255.255，但可通过配置来扩展 SSM 组地址范围。配置 SSM Mapping 的具体步骤见表 10-19。

表 10-19 SSM Mapping 的配置步骤

步骤	命令	说明
1	**system-view** 例如：\<HUAWEI\> **system-view**	进入系统视图
2	**igmp** 例如：[HUAWEI] **igmp**	进入 IGMP 视图
3	**ssm-mapping** *group-address* { *group-mask* | *group-mask-length* } *source-address* 例如：[HUAWEI-igmp] **ssm-mapping** 224.0.5.5 24 10.10.10.1	配置静态 SSM 源组映射规则，参数说明如下。 ① *group-address*：指定要映射的组播组 IP 地址，取值范围是 224.0.1.0～239.255.255.255。 ② *group-mask*：二选一参数，指定组播组 IP 地址的子网掩码。 ③ *group-mask-length*：二选一参数，指定组播组 IP 地址的子网掩码长度。 ④ *source-address*：指定要与以上组播组 IP 地址进行映射的组播源 IP 地址，是单播 IP 地址。 缺省情况下，未配置 SSM 映射规则，可用 **undo ssm-mapping** { *group-address* { *mask* | *mask-length* } [*source-address*] | **static all** }命令删除指定的静态 SSM 源组映射规则，但尽量不要使用 **all** 选项，因为这样会将所有配置的 SSM 映射规则都清除
4	**quit** 例如：[HUAWEI-igmp] **quit**	退出 IGMP 视图，返回系统视图
5	**interface** *interface-type interface-number* 例如：[HUAWEI] **interface** vlanif 10	键入要配置 IGMP 查询器参数的物理接口、VLANIF 或者 Loopback 接口（必须已使能 IGMP），进入接口视图

（续表）

步骤	命令	说明
6	**igmp ssm-mapping enable** 例如：[HUAWEI-Vlanif10] **igmp ssm-mapping enable**	在以上接口上使能 SSM Mapping 功能。只有在接口上使能 SSM Mapping，配置的 SSM 源/组地址映射表项才能生效。缺省情况下，接口未使能 SSM Mapping，可使用 **undo igmp ssm-mapping enable** 命令恢复缺省状态

10.3.4　配置 IGMP Limit

IGMP Limit 提供了对组成员关系的个数限制功能。配置了组成员关系个数限制功能后，当收到 IGMP 报文时，首先判断是否超过配置的个数限制，如果没有超过就建立组成员关系，给用户转发该组的数据流。

组成员关系的计数规则如下。

① 每个（*，G）组成员关系计为一个表项。

② 每个（S，G）源组成员关系计为一个表项。

③ 使用 SSM Mapping 的每个（*，G）组成员关系计为一个表项，按照映射生成的（S，G）表项不进行计数。

IGMP Limit 功能可以在全局或者具体 IGMP 接口上配置，具体见表 10-20。

表 10-20　　　　　　　　　　　　　　**IGMP Limit 配置步骤**

步骤	命令	说明
1	**system-view** 例如：<HUAWEI> **system-view**	进入系统视图
2	**igmp global limit** *number* 例如：[HUAWEI] **igmp global limit** 100	全局配置 IGMP 组成员关系个数限制，即可以创建的所有 IGMP 表项的最大个数，取值范围因为不同机型有所不同。缺省情况下，不同机型上可以创建的所有 IGMP 表项的最大个数也不同，可用 **undo igmp global limit** 命令恢复缺省值。 【说明】在 IGMP 视图下执行 **limit** *number* 命令也可配置全局 IGMP 组成员关系个数限制。如果同时配置，较小的取值生效
3	**interface** *interface-type interface-number* 例如：[HUAWEI] **interface vlanif** 10	（可选）键入要配置 IGMP Limit 功能的物理接口、VLANIF 或者 Loopback 接口（接口必须已使能 IGMP），进入接口视图
4	**igmp limit** *number* [**except** *acl-number*] 例如：[HUAWEI-Vlanif10] **igmp limit** 100　**except** 2001	（可选）配置当前接口上能够创建的组成员关系个数限制，参数说明如下。 ① *number*：指定当前接口可以创建的 IGMP 表项最大值，不同机型的取值范围不同。 ② **except** *acl-number*：可选参数，指定不受 *number* 参数限制的组播组范围，是通过 ACL 定义的。只对组地址进行过滤时，可使用基本 ACL。如果要对（S，G）源组关系进行过滤，则要使用高级 ACL。如果没有使用本参数，则动态创建的所有组或源组时都受 IGMP 表项最大个数的限制；如果使用本参数，则先要配置相应的 ACL，接口将按照该 ACL 过滤收到的 IGMP Report 报文。 缺省情况下，不同机型上可以创建的所有 IGMP 表项的最大个数也不同，可用 **undo igmp limit** 命令删除当前接口可以维护 IGMP 组成员关系的最大个数限制

10.3.5　IGMP 基本功能配置示例

本示例的拓扑结构如图 10-21 所示，在主机侧存在两个主机网段 N1 和 N2，HostA 和 HostC 分别为 N1 和 N2 中的组播组成员。网络中传播组播数据使用的组播组地址为 225.1.1.1~225.1.1.5，现要求组播组成员 HostA 只能接收组 225.1.1.1 对应的节目内容，HostC 则没有限制。

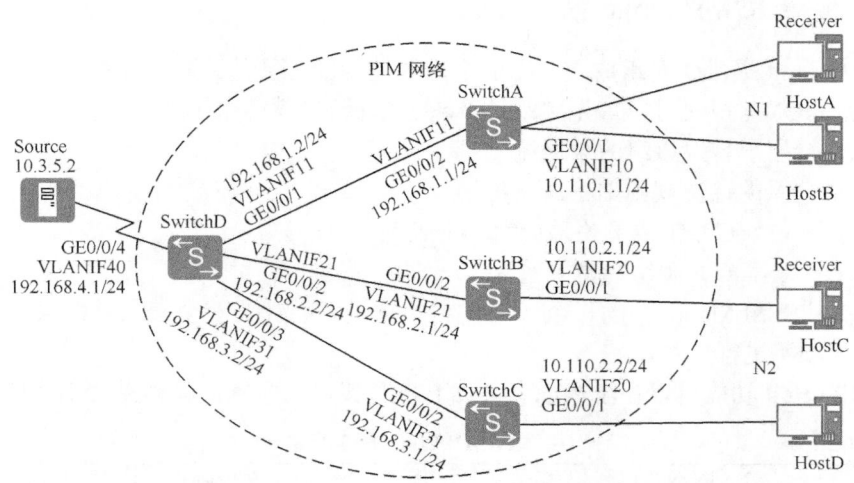

图 10-21　IGMP 的基本功能配置示例拓扑结构

说明　请确保该场景下各交换机间的互联接口的 STP 处于未使能状态。同时将互连接口退出 VLAN1，避免形成环路。因为在使能 STP 的环形网络中，如果使用 VLANIF 接口构建三层网络，会因某个端口被阻塞而导致三层业务不能正常运行。

另外，如果所用三层交换机是 S5720EI、S5720HI、S6720EI、S6720HI 和 S6720S-EI，或者 S7700/7900/9700/12700 系列，还可直接把二层以太网端口转换成三层模式，然后直接配置 IP 地址。

以上说明同样适用于本章的其他示例，不再赘述。

1．基本配置思路分析

从图中的网络结构可以看出，本示例是属于 10.1.6 节所介绍的单 PIM 域的组播应用，不仅涉及本章前面介绍的 IGMP，还涉及本章后面要介绍的 PIM 协议。下面是本示例的基本配置思路。

① 配置网络中的单播路由协议（因为组播路由的生成依靠单播路由等），实现网络层互通。为了实现这一步，需要在各 Switch 的接口配置 IP 地址和单播路由协议。单播路由正常是组播路由协议正常工作的基础。本示例不进行具体介绍。

② 配置基本组播功能：全局使能组播路由功能，在与组播组成员连接的 VLANIF 接口上使能 PIM 和 IGMP，指定 RP，以实现组播数据可以在网络中转发。

③ 通过 ACL 配置对 HostA 能接收的组播数据进行过滤，以实现示例中对 HostA 接收的组播数据进行限制。

2. 具体配置步骤

① 配置各 Switch 接口 IP 地址和单播路由协议。

按照图 10-21 配置各 VLANIF 接口的 IP 地址和掩码，并配置各 Switch 之间采用 OSPF 进行互连，确保网络中各 Switch 间能够在网络层互通。具体配置过程略。

② 全局使能组播路由功能，在各组播交换机的所有接口上使能 PIM-SM 功能（需要先把物理接口加入到对应的 **VLAN** 中），并配置以 SwitchD 的 VLANIF40 为静态 RP。因为 SwitchA、SwitchB、SwitchC 和 SwitchD 上的配置方法一样，所以下面仅以 SwitchA 为例进行介绍。

```
[SwitchA]vlan batch 10 11
[SwitchA]interface gigabitethernet 0/0/1
[SwitchA -GigabitEthernet0/0/1] port link-type access
[SwitchA -GigabitEthernet0/0/1] port default vlan 10
[SwitchA]interface gigabitethernet 0/0/2
[SwitchA -GigabitEthernet0/0/2] port link-type access
[SwitchA -GigabitEthernet0/0/2] port default vlan 11
[SwitchA -GigabitEthernet0/0/2]quit
[SwitchA] multicast routing-enable   #---全局使能组播路由功能
[SwitchA] interface vlanif 10
[SwitchA-Vlanif10] ip address 10.110.1.1 24
[SwitchA-Vlanif10] pim sm   #---在 VLAN10 接口上（相当于在 GE0/0/1 接口上）启用 PIM-SM
[SwitchA-Vlanif10] quit
[SwitchA] interface vlanif 11
[SwitchA-Vlanif11] ip address 192.168.1.1 24
[SwitchA-Vlanif11] pim sm
[SwitchA-Vlanif11] quit
[SwitchA] pim
[SwitchA-pim] static-rp 192.168.4.1   #---配置 SwitchD 的 VLANIF40 接口 IP 地址为静态 RP
[SwitchA-pim] quit
```

③ 在 SwitchA、SwitchB、SwitchC 组播组成员侧接口上使能 IGMP 功能。也仅以 SwitchA 为例进行介绍，SwitchB 和 SwitchC 上的配置过程与此类似，配置过程略。

```
[SwitchA] interface vlanif 10
[SwitchA-Vlanif10] igmp enable
[SwitchA-Vlanif10] quit
```

④ 通过 IGMP 报文过滤功能配置 SwitchA 的 VLANIF10 接口只能加入组播组 225.1.1.1。要先创建一个允许以组播组地址 225.1.1.1 为源地址报文通过的基本 ACL，然后在 SwitchA 的 VLANIF10 接口上应用该策略。

```
[SwitchA] acl number 2001
[SwitchA-acl-basic-2001] rule permit source 225.1.1.1 0
[SwitchA-acl-basic-2001] quit
[SwitchA] interface vlanif 10
[SwitchA-Vlanif10] igmp group-policy 2001
[SwitchA-Vlanif10] quit
```

配置好后，可以通过 **display igmp interface** 命令查看各接口上 IGMP 的配置和运行情况，以验证配置结果。以下是 SwitchA 的 VLANIF10 接口上 IGMP 的显示信息。从中可以看出其基本配置，以及所应用的组策略。

```
<SwitchA> display igmp interface vlanif 10
Interface information
Vlanif 10(10.110.1.1):
```

```
    IGMP is enabled
    Current IGMP version is 2
    IGMP state: up
    IGMP group policy: 2001
    IGMP limit: -
    Value of query interval for IGMP (negotiated): -
    Value of query interval for IGMP (configured): 60 s
    Value of other querier timeout for IGMP: 0 s
    Value of maximum query response time for IGMP: 10 s
    Querier for IGMP: 10.110.1.1 (this router)
  Total 1 IGMP Group reported
```

10.3.6　静态加入组播组配置示例

本示例的拓扑结构如图 10-22 所示，在主机侧存在两个主机网段 N1 和 N2，N1 中有一个组播组成员 HostA，N2 中有 HostC 和 HostD 两个组播组成员。现希望 HostA 长期稳定地接收组播组 225.1.1.3 的数据，HostC 和 HostD 对所接收的组播组数据没有要求。

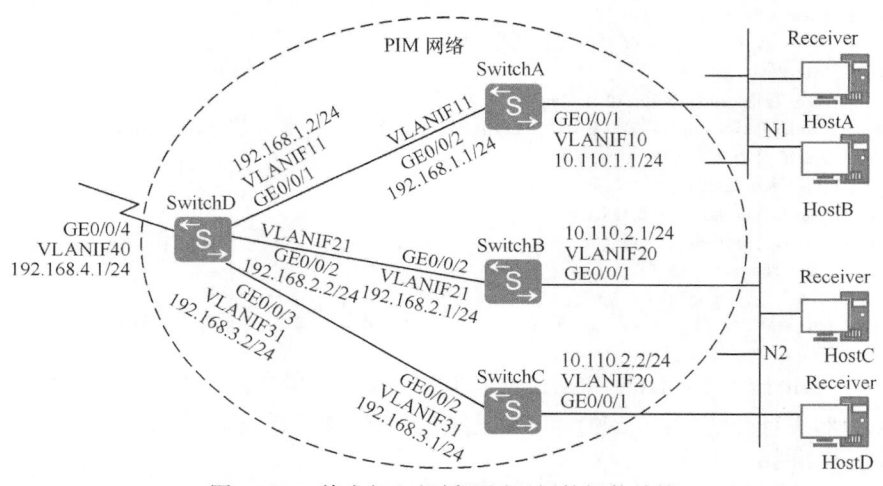

图 10-22　静态加入组播配置示例的拓扑结构

本示例与上节介绍的配置示例差不多，唯一不同的是上节示例介绍的是通过 IGMP 报文过滤方式来限定 HostA 主机加入的组播组，而本示例介绍的是要求 HostA 接收主机静态加入组播组 225.1.1.3。

正因如此，本示例的其他配置均可参见上节的介绍，仅需用以下配置把 HostA 主机静态加入组播组 225.1.1.3，替换上节示例中的第④步配置。

```
[SwitchA] interface vlanif 10
[SwitchA-Vlanif10] igmp static-group 225.1.1.3    #---静态加入到 IP 地址为 225.1.1.3 的组播组中
[SwitchA-Vlanif10] quit
```

全部配置好后，可以通过使用 **display igmp group static** 命令查看接口上静态加入的组播组，以验证配置结果。

```
<SwitchA> display igmp group static
Static join group information
  Total 1 entry, Total 1 active entry
  Group Address    Source Address    Interface        State    Expires
  225.1.1.3        0.0.0.0           Vlanif10         UP       never
```

10.3.7　IGMP SSM Mapping 配置示例

本示例的拓扑结构如图 10-23 所示，该 PIM 网络运行 PIM-SM 协议，并使用 SSM 模式为组成员提供组播服务。由于与组播组成员相连的 Switch 接口上运行 IGMPv3，但组播组成员主机上运行的是 IGMPv2，且不能升级到 IGMPv3，因此，该主机在加入组播组时无法指定组播源，必须依靠 SSM Mapping 来实现。

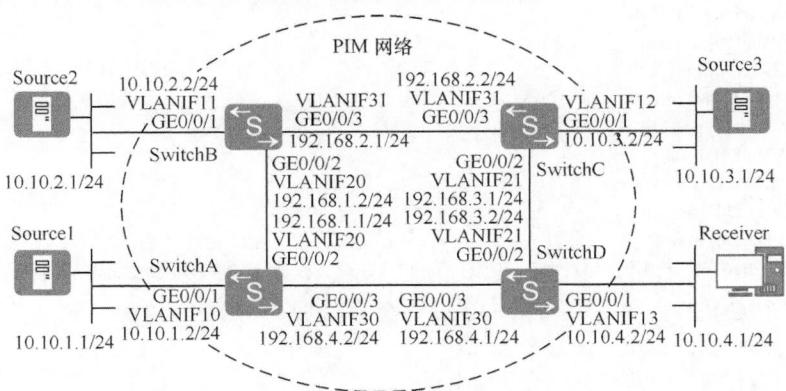

图 10-23　SSM Mapping 配置示例的拓扑结构

假设当前网络中使用的 SSM 组播组地址范围是 232.1.1.0/24，Source1、Source2 和 Source3 都向该范围内的组播组发送组播数据，而组播组成员只想接收来自 Source1 和 Source3 的组播数据。

1. 基本配置思路分析

本示例有两项基本的要求：一是通过 SSM Mapping 实现运行 IGMPv2 的组播组成员可以使用 SSM 服务；二是通过 SSM Mapping 的组播组和组播源映射功能，使组播组成员仅可接收特定的指定源组播组数据。当然，首先要进行的也是一个基本组播网络的基本功能配置，如各交换机接口上的 PIM-SM 功能的使能，并指定相同的 RP，以及与组播组成员连接的交换机接口上的 IGMP 功能。

2. 具体配置步骤

① 配置 IP 地址和单播路由协议。按照图 10-23 的标注配置各 VLANIF 接口的 IP 地址和掩码，并配置各 Switch 之间采用 OSPF 进行互连，确保网络中各 Switch 间能够在网络层互通。具体配置过程略。

② 在 SwitchD 上全局使能组播路由功能，并在各 VLANIF 接口上配置 PIM-SM，并在主机侧 VLANIF13 接口上配置运行 IGMPv3。

```
[SwitchD] multicast routing-enable
[SwitchD] interface vlanif 13
[SwitchD-Vlanif13] pim sm
[SwitchD-Vlanif13] igmp enable
[SwitchD-Vlanif13] igmp version 3
[SwitchD-Vlanif13] quit
[SwitchD] interface vlanif 21
[SwitchD-Vlanif21] pim sm
[SwitchD-Vlanif21] quit
```

```
[SwitchD] interface vlanif 30
[SwitchD-Vlanif30] pim sm
[SwitchD-Vlanif30] quit
```

③ 在 SwitchA、SwitchB 和 SwitchC 上全局使能组播路由功能，并在各 VLANIF 接口上使能 PIM-SM。因它们的配置基本一样，所以下面仅以 SwitchA 为例进行介绍，SwitchB 和 SwitchC 的配置方法参见即可，配置过程略。

```
[SwitchA] multicast routing-enable
[SwitchA] interface vlanif 10
[SwitchA-Vlanif10] pim sm
[SwitchA-Vlanif10] quit
[SwitchA] interface vlanif 20
[SwitchA-Vlanif20] pim sm
[SwitchA-Vlanif20] quit
[SwitchA] interface vlanif 30
[SwitchA-Vlanif30] pim sm
[SwitchA-Vlanif30] quit
```

④ 在 SwitchD 上配置 VLANIF30 为 C-BSR 和 C-RP。因为本网络中只配置了一个 C-BSR 和一个 C-RP，所以 VLANIF30 最终会直接成为 BSR 和 RP。

```
[SwitchD] pim
[SwitchD-pim] c-bsr vlanif 30
[SwitchD-pim] c-rp vlanif 30
[SwitchD-pim] quit
```

⑤ 在 SwitchD 的 VLANIF13 上使能 SSM Mapping 功能。

```
[SwitchD] interface vlanif 13
[SwitchD-Vlanif13] igmp ssm-mapping enable
[SwitchD-Vlanif13] quit
```

⑥ 在所有 Switch 上配置 SSM 组播组的地址范围，以限定组播数据的发送。因为 SwitchA、SwitchB、SwitchC 和 SwitchD 上的配置方法一样，所以下面仅以 SwitchA 的配置为例进行介绍。

```
[SwitchA] acl number 2000
[SwitchA-acl-basic-2000] rule permit source 232.1.1.0 0.0.0.255
[SwitchA-acl-basic-2000] quit
[SwitchA] pim
[SwitchA-pim] ssm-policy 2000
[SwitchA-pim] quit
```

⑦ 在连接主机的 Switch 上配置 SSM Mapping 映射规则，将 232.1.1.0/24 范围内的组播组映射到组播源 Source1 和 Source3 上，以实现组播组成员接收到 Source1 和 Source3 发来的组播数据。

```
[SwitchD] igmp
[SwitchD-igmp] ssm-mapping 232.1.1.0 24 10.10.1.1
[SwitchD-igmp] ssm-mapping 232.1.1.0 24 10.10.3.1
[SwitchD-igmp] quit
```

配置好后，可通过 **display igmp ssm-mapping group** 命令查看 Switch 上源和组的映射关系，以验证配置结果。

```
<SwitchD> display igmp ssm-mapping group
IGMP SSM-Mapping conversion table
 Total 2 entries      2 entries matched

 00001. (10.10.1.1, 232.1.1.0/24)
```

```
00002. (10.10.3.1, 232.1.1.0/24)

Total 2 entries matched
```

还可使用 **display igmp group ssm-mapping** 命令查看 Switch 特定源/组地址的信息。SwitchD 上特定源/组地址信息显示如下，从中可以看出组播组成员已加入到组 232.1.1.1 中。

```
<SwitchD> display igmp group ssm-mapping
IGMP SSM mapping interface group report information

Limited entry of this VPN-Instance: -
Vlanif13 (10.10.4.2):
  Total 1 IGMP SSM-Mapping Group reported
  Group Address    Last Reporter    Uptime      Expires
  232.1.1.1        10.10.4.1        00:01:44    00:00:26
```

10.3.8　IGMP Limit 配置示例

本示例的拓扑结构和 10.3.5 节的图 10-21 一样，网络中有大量成员主机通过组播方式接收视频节目。在黄金时段，网络中会有大量用户同时收看多套视频节目，占用设备的大量带宽，造成设备性能下降，导致成员主机接收组播数据的稳定性变差。现要求对成员主机点播的节目数量进行限制，当节目点播数量达到限制值时不允许再点播新的节目，保证用户已订购节目的接收质量。同时，与 SwitchA 相连网段的 HostA 为价值用户，该用户订购了一个长期的组地址 225.1.1.3 的节目，他要求任意时刻都可以无阻塞地接收到来自 225.1.1.3 的视频数据。

1. 基本配置思路分析

本示例是在 10.3.5 节介绍的示例基础上，另外新增以下两项配置要求。

① 为组播组成员 HostA 配置静态加入组播组 225.1.1.3，使该用户能长期接收发往组播组 225.1.1.3 的数据。

② 采用 IGMP Limit 功能来限制连接订购节目的用户的交换机上配置的组成员关系数量，以保证用户已订购节目的接收质量。

其他的组播网络基本功能的配置参见 10.3.5 节。

2. 具体配置步骤

① 配置各 Switch 接口 IP 地址和单播路由协议。按照图中的标注，配置各 VLANIF 接口的 IP 地址和掩码，并配置各 Switch 之间采用 OSPF 进行互连，确保网络中各 Switch 间能够在网络层互通。具体配置过程略。

② 全局使能组播路由功能，并在所有 VLANIF 接口上使能 PIM-SM 功能，同时以 SwitchD 上的 VLANIF40 接口为静态 RP。因为 SwitchA、SwitchB、SwitchC 和 SwitchD 上的配置方法都一样，所以下面仅以 SwitchA 为例进行介绍。

```
[SwitchA] multicast routing-enable
[SwitchA] interface vlanif 10
[SwitchA-Vlanif10] pim sm
[SwitchA-Vlanif10] quit
[SwitchA] interface vlanif 11
[SwitchA-Vlanif11] pim sm
[SwitchA-Vlanif11] quit
[SwitchA] pim
```

```
[SwitchA-pim] static-rp 192.168.4.1
[SwitchA-pim] quit
```

③ 配置 SwitchA、SwitchB 和 SwitchC 的组播组成员侧接口使能 IGMP，同样因为它们的配置方法一样，下面也仅以 SwitchA 为例进行介绍。

```
[SwitchA] interface vlanif 10
[SwitchA-Vlanif10] igmp enable
```

④ 将 SwitchA 的组播组成员侧接口静态加入组播组 225.1.1.3，使用户能长期接收发往组播组 225.1.1.3 的数据。

```
[SwitchA-Vlanif10] igmp static-group 225.1.1.3
[SwitchA-Vlanif10] quit
```

⑤ 在连接已订购节目用户的最后一跳交换机上配置 IGMP 组成员关系个数的限制。本示例需要在 SwitchA 上配置，假设总共可以创建 50 个 IGMP 组成员关系。

```
[SwitchA] igmp global limit 50
```

还可在具体的接口（如 VLANIF10）上配置总共可以创建的 IGMP 组成员关系的数量，假设为 30 个（肯定要小于 SwitchA 上全局的成员关系限制数）。

```
[SwitchA] interface vlanif 10
[SwitchA-Vlanif10] igmp limit 30
[SwitchA-Vlanif10] quit
```

如果还要保证 SwitchB 和 SwitchC 上已订购节目用户的接收质量，可以按照上面介绍的 SwitchA 上 HostA 配置方法配置静态加入组播组，并且配置 IGMP Limit 功能。

配置好后，可通过使用 **display igmp interface** 命令查看交换机接口上 IGMP 的配置和运行情况。SwitchA 的 VLANIF10 接口上 IGMP 的显示信息如下，从中可以看到 SwitchA 的 VLANIF10 上可创建的 IGMP 组成员关系的最大个数为 30 个。

```
<SwitchA> display igmp interface vlanif 10
Interface information
vlanif10(10.110.1.1):
    IGMP is enabled
    Current IGMP version is 2
    IGMP state: up
    IGMP group policy: none
    IGMP limit: 30
    Value of query interval for IGMP (negotiated): -
    Value of query interval for IGMP (configured): 60 s
    Value of other querier timeout for IGMP: 0 s
    Value of maximum query response time for IGMP: 10 s
    Querier for IGMP: 10.110.1.1 (this router)
```

10.4　PIM 基础及工作原理

PIM（协议无关组播）中的"协议无关"指的是与单播路由协议类型无关，即 PIM 可以直接利用任何协议类型的单播路由来生成自己的组播路由表指导组播数据转发。

目前在实际网络中，PIM 主要有两种模式：PIM-DM（PIM-Dense Mode，PIM 密集模式）、PIM-SM（PIM-Sparse Mode，PIM 稀疏模式），PIM-SM 模式中又包括 ASM 模型和 SSM 模型两种实现方式。SSM 模型与 ASM 模型之间的最大差异就是是否指定了组播源，具体的区别见表 10-21。

表 10-21 　　　　　　　　　　　　　　PIM 实现方式比较

协议	模型分类	适用场景	工作机制
PIM-DM	ASM 模型	适合规模较小、组播组成员相对比较密集的局域网	通过周期性"扩散-剪枝"维护一棵连接组播源和组成员的单向无环 SPT
PIM-SM	ASM 模型	适合网络中的组成员相对比较稀疏，分布广泛的大型网络	采用接收者主动加入的方式建立组播分发树，需要维护 RP、构建 RPT、注册组播源
	SSM 模型	适合网络中的用户预先知道组播源的位置，直接向指定的组播源请求组播数据的场景	采用 PIM-SM 的部分技术，**直接在组播源与组成员之间建立 SPT，无需维护 RP、构建 RPT、注册组播源**

10.4.1　PIM 基本概念

如图 10-24 所示是一个典型的单域 PIM 网络，下面通过这个示例来介绍 PIM 的一些基本概念。

（1）PIM 路由器

在接口上使能了 PIM 协议的路由器即为 PIM 路由器。在建立组播分发树的过程中，PIM 路由器又分为以下几种。

■ 第一跳路由器：在组播转发路径上与组播源相连且负责转发该组播源发出的组播数据的 PIM 路由器。如图 10-24 中的 RouterE。

■ 叶子路由器：与用户主机相连的 PIM 路由器，但连接的用户主机不一定为组成员，如图 10-24 中的 RouterA、RouterB、RouterC。

■ 最后一跳路由器：在组播转发路径

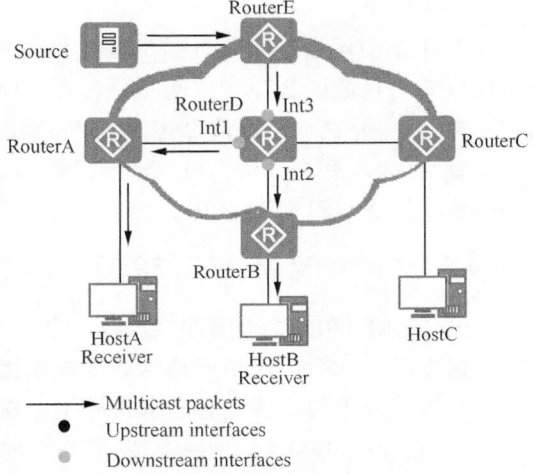

图 10-24　典型的单域 PIM 网络

上与组播组成员相连，且负责向该组成员转发组播数据的 PIM 路由器。如图 10-24 中的 RouterA、RouterB。

■ 中间路由器：在组播转发路径上第一跳路由器与最后一跳路由器之间的 PIM 路由器。如图 10-24 中的 RouterD。

（2）组播分发树

PIM 网络以组播组为单位在路由器上建立一点到多点的组播转发路径。由于组播转发路径呈现树型结构，也称为组播分发树（MDT，Multicast Distribution Tree）。

组播分发树主要包括以下两种。

■ **以组播源为根**，以组播组成员为叶子的组播分发树称为 **SPT**（Shortest Path Tree，最短路径树）。SPT 同时适用于 PIM-DM 网络和 PIM-SM 网络。如图 10-24 中的 RouterE→RouterD→RouterA/RouterB/RouterC 就是一棵以 Source 为根，以 HostA、HostB 和 HostC 为叶子的 SPT。

■ **以 RP（Rendezvous Point，汇集点）为根**，以组播组成员为叶子的组播分发树

称为 **RPT**（RP Tree，汇集点树）。RPT 仅适用于 PIM-SM 网络。RP 是通过手动配置的，具体 RP 的用途及工作原理将在 10.4.3 节介绍。

（3）PIM 路由表项

PIM 路由表项即通过 PIM 协议建立的组播路由表项，主要用于指导转发的信息，包括组播源 IP 地址（是一个单播 IP 地址）、组播组 IP 地址（是一个组播 IP 地址）、上游接口（本地路由器上接收到组播数据的接口，如图 10-24 中 RouterD 的 GE3/0/0 接口）和下游接口（将组播数据转发出去的接口，如图中 RouterD 的 GE1/0/0 和 GE2/0/0 接口）。

PIM 网络中存在两种路由表项：（S，G）路由表项或（*，G）路由表项。S 表示组播源的 IP 地址，G 表示组播组的 IP 地址，*表示任意组播源。其中，**（S，G）路由表项**中明确指定了组播源 S 的位置，主要用于在 PIM 路由器上建立 SPT（最短路径树），同时适用于 **PIM-DM** 和 **PIM-SM** 网络；而（*，G）路由表项中代表不知道组播源位置，只知道组播组的 IP 地址，主要用于在 PIM 路由器上建立 RPT（汇集点树），仅适用于 **PIM-SM** 网络。

PIM 路由器上可能同时存在以上两种路由表项。当收到源地址为 S，组地址为 G 的组播报文，且通过 RPF（逆向路径转发）检查的情况下，按照如下的规则转发。

■ 如果存在（S，G）路由表项，则由（S，G）路由表项指导报文转发。

■ 如果不存在（S，G）路由表项，只存在（*，G）路由表项，则先依照（*，G）路由表项创建（S，G）路由表项，再由（S，G）路由表项指导报文转发。

10.4.2　PIM-DM 基本工作原理

PIM-DM（PIM 密集模式）使用"推"（Push，即直接向成员推送组播数据）模式转发组播报文，**一般应用于组播组成员规模相对较小、相对密集的网络**。在实现过程中，它会假设网络中的组成员分布非常稠密，每个网段都可能存在组成员。当有活跃的组播源出现时，PIM-DM 会将组播源发来的组播报文扩散到整个网络的 PIM 路由器上，再裁剪掉不存在组播报文转发的分支。

PIM-DM 就这样通过周期性地进行"扩散（Flooding）—剪枝（Prune）"过程来构建并维护一棵连接组播源和组成员的单向无环 SPT（Source Specific Shortest Path Tree，源指定最短路径树）。如果在下一次"扩散—剪枝"进行前，被裁剪掉的分支由于其叶子路由器上有新的组成员加入而希望提前恢复转发状态，也可通过嫁接（Graft）机制主动恢复其对组播报文的转发。

综上所述，PIM-DM 的关键工作机制包括邻居发现、扩散、剪枝、嫁接、断言和状态刷新。其中，扩散、剪枝、嫁接是构建 SPT 的主要方法。下面分别予以介绍。

1．邻居发现（Neighbor Discovery）

在 PIM 路由器每个使能了 PIM 协议的接口上都会对外发送 Hello 报文。封装 Hello 报文的组播报文的目的地址是 224.0.0.13（**代表同一网段中所有 PIM 路由器，是一个永久组播地址**）、源地址为接口的 IP 地址、TTL 数值为 1。Hello 报文的作用是发现 PIM 邻居、协调各项 PIM 协议报文参数，并维持邻居关系。

在发现 PIM 邻居的过程中，同一网段中的 PIM 路由器都必须接收目的地址为 224.0.0.13 的组播 Hello 报文，以便彼此知晓对方的邻居信息，建立邻居关系。只有邻居关系建立成功后，PIM 路由器之间才能相互接收 PIM 协议报文，从而创建组播路由表项。

Hello 报文中携带多项 PIM 协议报文参数，主要用于 PIM 邻居之间 PIM 协议报文的控制，协调各项 PIM 协议报文参数，具体包括以下几种。

① DR_Priority：表示各路由器接口竞选 DR（指定路由器）的优先级，优先级越高越容易获胜，担当 IGMPv1 的查询器（注意：如果是运行 IGMPv2 或 IGMPv3 则采用专门的查询器选举机制，不用 PIM 来指定），参见本章前面的 10.2.1 节。

② Holdtime：表示保持邻居为可达状态的超时时间，超过这个时间没收到邻居发来的 Hello 报文即认为该邻居不可达。这与 RIP、OSPF 等动态路由协议中用于维护邻居关系的 Hello 报文是一样的。

③ LAN_Delay：表示共享网段内传输 Prune（剪枝）报文的延迟时间，超过这个时间，这个报文将被丢弃。

④ Neighbor-Tracking：表示邻居跟踪功能。

⑤ Override-Interval：表示 Hello 报文中携带的否决剪枝的时间间隔。当超过这个时间后原来的剪枝状态就要被中止，恢复对应出接口的组播转发功能。

2. 维持邻居关系

PIM 路由器之间周期性地发送 Hello 报文。如果 Holdtime 超时还没有收到该 PIM 邻居发出的新的 Hello 报文，则认为该邻居不可达，将其从邻居列表中清除。PIM 邻居的变化将导致网络中组播拓扑的变化。如果组播分发树上的某上游或下游邻居不可达，将导致组播路由重新收敛，组播分发树迁移。

3. 扩散

当 PIM-DM 网络中出现活跃的组播源之后，组播源发送的组播报文将在全网内扩散（Flooding）。"扩散"的目的其实就是为了下一步的"剪枝"和"断言"操作。当 PIM 路由器接收到组播报文，并根据单播路由表进行 RPF 检查（可根据单播路由、MBGP 路由、组播静态路由进行 RPF 检查），通过后，就会在该路由器上创建（S，G）表项。在 PIM 路由器的下游接口列表中包括了除上游接口之外，与所有 PIM 邻居相连的接口，到达的组播报文将从各个下游接口转发出去。最后组播报文扩散到达叶子路由器，此时会出现以下两种情况。

① 如果与该叶子路由器相连的用户网段上存在组成员，则将与该网段相连的接口加入（S，G）表项的下游接口列表中，后续的组播报文会向组成员转发。

② 如果与该叶子路由器相连用户网段上不存在组成员，且不需要向其下游 PIM 邻居转发组播报文，则执行"剪枝"机制，从组播路径中去掉这部分路径。

说明 有时，组播报文扩散到一个连着多台 PIM 路由器的共享网段时，会出现在这些 PIM 路由器上进行的 RPF 检查都能通过，从而有多份相同报文转发到这个网段的情况。此时，需要执行"断言"机制，保证只有一个 PIM 路由器向该网段转发组播报文。具体将在本节的后面介绍。

如图 10-25 所示，在 PIM-DM 网络中，RouterA、RouterB 和 RouterC 之间通过发送 Hello 报文建立了 PIM 邻居关系。HostA 通过 RouterA 与 HostA 之间运行的 IGMP 加入了组播组 G，HostB 没有加入任何组播组。下面看一下本示例中扩散的具体过程，从中也反映了扩散的目的之一——"剪枝"。

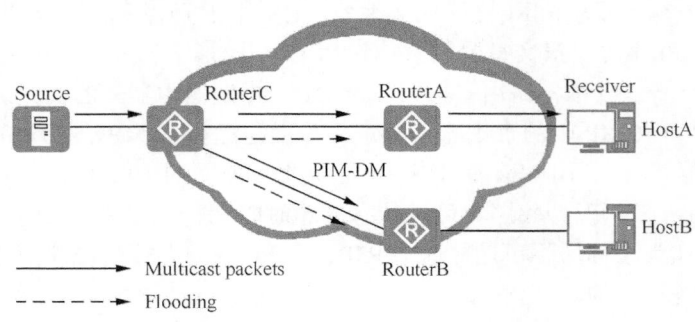

图 10-25　扩散示意

① 组播源 S 开始向组播组 G 发送组播报文。

② RouterC 接收到源发送的组播报文后，根据单播路由表进行 RPF 检查。RPF 检查通过后创建（S，G）表项，下游接口列表包括与 RouterA 和 RouterB 相连的接口，后续到达的报文向 RouterA 和 RouterB 转发。

③ RouterA 接收来自 RouterC 的组播报文，通过 RPF 成功检查后在本地创建对应（S，G）表项，同时因为 RouterA 的下游网段存在该组播组的成员 HostA，故在（S，G）表项的下游接口列表添加与组成员 HostA 相连的接口，后续到达的报文向 HostA 转发。

④ RouterB 接收来自 RouterC 的组播报文，由于与 RouterB 相连的下游网段不存在组成员和 PIM 邻居，所以执行剪枝操作，不会发送组播数据到 HostB 上。

4. 剪枝（Prune）

通过上面介绍的"扩散"特性了解了"剪枝"的目的，本节要具体介绍"剪枝"的原理。

当 PIM 路由器接收到组播报文后，通过 RPF 检查，但是下游网段没有组播报文需求时，PIM 路由器会向上游发送剪枝报文，通知上游路由器禁止相应下游接口的转发，将其从（S，G）表项的下游接口列表中删除。剪枝操作由叶子路由器发起，逐跳向上，最终组播转发路径上只存在与组成员相连的分支。

路由器为被裁剪的下游接口启动一个剪枝定时器，定时器超时后接口恢复转发。这时，组播报文又会重新在全网范围内扩散，新加入的组成员可以接收到组播报文。随后，下游不存在组成员的叶子路由器将再次向上发起剪枝操作。通过这种周期性地扩散—剪枝，PIM-DM 周期性地刷新 SPT。当下游接口被剪枝后会执行以下操作。

① 如果下游叶子路由器有组成员加入，并且希望在下次"扩散—剪枝"前就恢复组播报文转发，则执行"嫁接"机制。具体将在本节的后面介绍。

② 如果下游叶子路由器一直没有组成员加入，希望该接口保持抑制转发状态，则执行"状态刷新机制"。具体的也将在本节后面介绍。

如图 10-26 所示，RouterB 上未连接组成员。在这种情况下，RouterB 会向上游发起剪枝请求，具体过程如下。

① RouterB 向上游 RouteC 发送 Prune 报文，通知 RouterC 不用再转发数据到该下游网段。

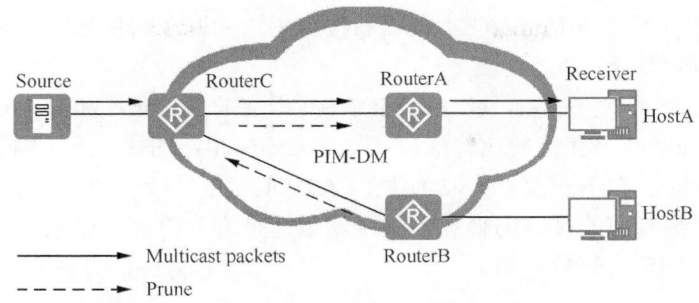

图 10-26　剪枝示意

② RouterC 收到 Prune 报文后，停止该下游接口（也就是与 RouterB 相连的出接口）转发，将该下游接口从（S，G）表项中删除，后续到达的报文只向 RouterA 转发。

5. 嫁接（Graft）

如果原来因为没有组成员而被剪枝的叶子路由器上，突然又有了新的组成员，想要接受来自某组播组的数据，此时 PIM-DM 会通过"嫁接机制"让这些新组成员快速加入对应的组播组，接收组播报文。嫁接过程从叶子路由器开始，到有组播报文到达路由器结束。具体的机制是：叶子路由器通过 IGMP 了解到与其相连的用户网段上，组播组 G 有新的组成员加入；随后叶子路由器会向上游发送 Graft 报文，请求上游路由器恢复相应出接口转发，将其添加在（S，G）表项下游接口列表中。

在如图 10-27 所示的示例中，具体嫁接过程如下。

① RouterB 希望立即恢复对 HostB 组播报文的转发，于是向上游路由器 RouterC 发送 Graft 报文，请求恢复相应出接口转发组播报文。

② RouterC 收到 Graft 报文后，恢复与 RouterB 相连的出接口转发，将该接口添加到（S，G）表项中的下游接口列表中，这样后续到达的报文向 RouterB 转发，直达 HostB。

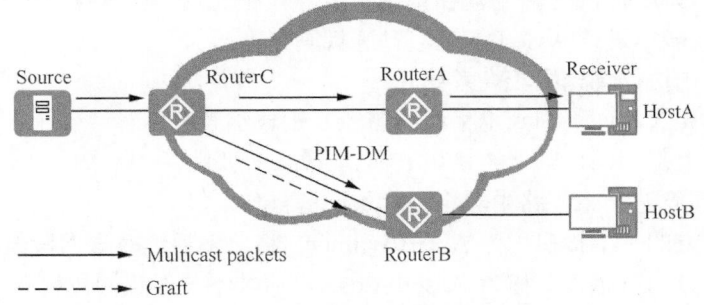

图 10-27　嫁接示意

6. 状态刷新（State Refresh）

在 PIM-DM 网络中，为了避免被裁剪的接口因为"剪枝定时器"超时而恢复转发，**离组播源最近的第一跳路由器**会周期性地触发 State Refresh 报文在全网内扩散。收到状态刷新（State Refresh）报文的 PIM 路由器会刷新剪枝定时器的状态，其目的就是查找原来被剪枝的路径上是否有组播成员要加入，如果有新的组成员加入，则立即中止剪枝状态，对应路径的组播转发；如果仍没有组成员加入，则该接口将一直处于抑制转发状态。

如图 10-28 所示，与 RouterC 上被裁剪接口相连的叶子路由器上一直没有组成员加入。状态刷新过程如下。

① RouterC 触发状态刷新，将 State Refresh 报文向 RouterA 和 RouterB 扩散。

② 由于 RouterC 上存在被裁剪接口（与 RouterB 相连的接口），刷新该接口的"剪枝定时器"的状态。在下一次"扩散-剪枝"来临时，由于 RouterB 上仍然没有组成员加入，RouterC 上被裁剪的接口仍将被抑制转发组播报文。否则，原来被裁剪接口加入对应的组播组中，恢复为转发状态。

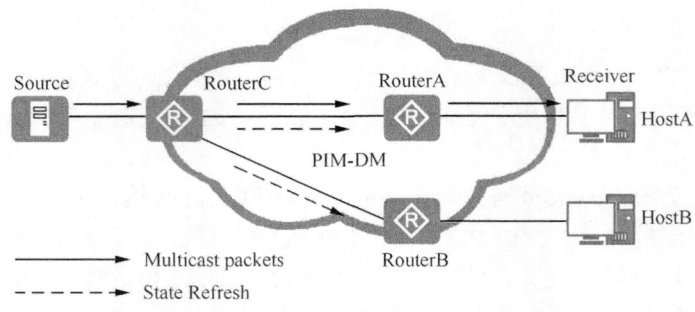

图 10-28　状态刷新示意

7．断言（Assert）

当一个网段内有多个相连的 PIM 路由器通过 RPF 检查后向该网段转发相同的组播报文时，则需要通过"断言机制"来保证只有一个 PIM 路由器向该网段转发组播报文，以保证组成员不接收多份相同的组报文。

这个"断言机制"是在 PIM 路由器接收到邻居路由器发送的相同组播报文后，以组播的方式向本网段的所有 PIM 路由器发送 Assert 报文，目的地址为 224.0.0.13（**代表所有 PIM 路由器**）。其他 PIM 路由器在接收到 Assert 报文后，将自身参数与对方报文中携带的参数进行比较，进行 Assert 竞选。竞选规则如下。

① 单播路由协议优先级较高者获胜。

② 如果优先级相同，则到组播源的路径开销较小者获胜。

③ 如果以上都相同，则下游接口 IP 地址最大者获胜。

根据 Assert 竞选结果，路由器将执行不同的操作。

① 获胜一方的下游接口称为 Assert Winner，将负责后续对该网段组播报文的转发。

② 失败一方的下游接口称为 Assert Loser，后续不会对该网段转发组播报文，PIM 路由器也会将其从（S，G）表项下游接口列表中删除。

Assert 竞选结束后，该网段上只存在一个下游接口，只传输一份组播报文。所有 Assert Loser 可以周期性地恢复组播报文转发，从而引发周期性的 Assert 竞选。

如图 10-29 所示，RouterB 和 RouterC 均通过了 RPF 检查，创建了（S，G）表项，并且两者的下游接口连接在同一网段，RouterB 和 RouterC 都向该网段发送组播报文。此时就会发生断言过程，具体如下。

① RouterB 和 RouterC 从各自上游接口接收到 RouterA 发来的组播报文，RPF 检查都失败，报文被丢弃。这时，RouterB 和 RouterC 就会分别向该网段发送 Assert 报文。

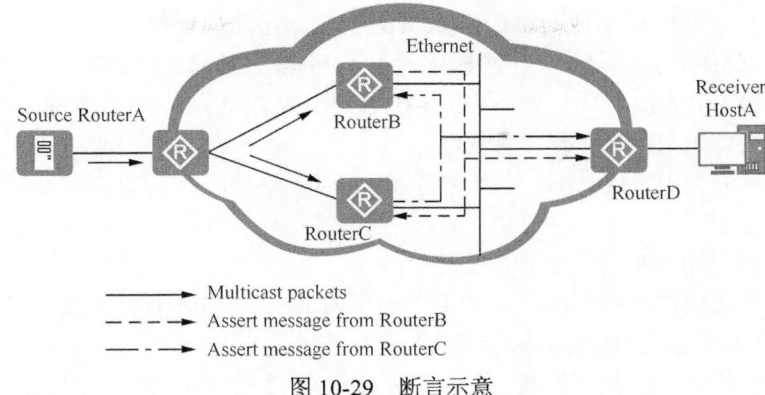

图 10-29　断言示意

② RouterB 在收到 RouterC 发来的 Assert 报文后，将自身的路由信息与 Assert 报文中携带的路由信息进行比较，由于 RouterB 自身到组播源的开销较小而获胜。于是后续组播报文仍然向该网段转发，RouterC 在接收到组播报文后仍然由于 RPF 检查失败而丢弃。

③ 同样，RouterC 在收到 RouterB 发来的 Assert 报文，也将自身的路由信息与报文中携带的路由信息进行比较，由于 RouterC 自身到组播源的开销较大而落败。于是禁止相应下游接口向该网段转发组播报文，将其从（S，G）表项的下游接口列表中删除。

10.4.3　PIM-SM（ASM 模型）工作原理

前面介绍的 PIM-DM 模式仅支持 ASM 模型，PIM-SM 却同时支持 ASM 和 SSM 两种模型。在 ASM 模型中，它使用"拉"（Pull）模式转发组播报文，一般应用于组播组成员规模相对较大、相对稀疏的网络。其基本工作机制如下。

① 在网络中维护一台 RP，可以为随时出现的组成员或组播源服务。网络中所有 PIM 路由器都知道 RP 的位置。

② 当网络中出现组成员（用户主机通过 IGMP 加入某组播组 G）时，最后一跳路由器向 RP 发送 Join 报文，逐跳创建（*，G）表项，生成一棵以 RP 为根的 RPT。

③ 当网络中出现活跃的组播源时（信源向某组播组 G 发送第一个组播数据时），第一跳路由器将组播数据封装在 Register 报文中，单播发往 RP，在 RP 上创建（S，G）表项，注册源信息。

在 ASM 模型中，PIM-SM 的关键机制包括邻居发现、DR 竞选、RP 发现、RPT 构建、组播源注册、SPT 切换、剪枝、断言。同时也可通过配置 BSR（Bootstrap Router，自举路由器）管理域来实现单个 PIM-SM 域的精细化管理。其中"邻居发现"、"断言机制"与上节 PIM-DM 中介绍的"邻居发现"和"断言机制"是完全一样的，参见即可。

1．DR 竞选

在组播源或组成员所在的网段，通常同时连接着多台 PIM 路由器。这些 PIM 路由器之间通过交互 Hello 报文成为 PIM 邻居，Hello 报文中携带 DR 优先级和该网段接口地址。PIM 路由器将自身条件与对方报文中携带的信息进行比较，选举出唯一的 DR（注意：**每个网段要选举一个 DR，并不是整个组播网络中只能有一台 DR，与 OSPF 中的**

DR 一样）来负责源端或组成员端组播报文的收发。竞选规则如下。

① DR 优先级较高者获胜（在网段中所有 PIM 路由器都支持 DR 优先级的情况下）。

② 如果 DR 优先级相同，或该网段存在至少一台 PIM 路由器不支持在 Hello 报文中携带 DR 优先级，则 IP 地址较大者获胜。

③ 如果当前 DR 出现故障，将导致 PIM 邻居关系超时，其他 PIM 邻居之间会触发新一轮的 DR 竞选。

在 ASM 模型中 DR 的主要作用如下。

① 在连接组播源的共享网段，由 DR 负责向 RP 发送 Register 注册（组播源注册）报文。与组播源相连的 DR 称为源端 DR。

② 在连接组成员的共享网段，由 DR 负责向 RP 发送 Join 加入（组成员加入）报文。与组成员相连的 DR 称为组成员端 DR。

2．RP 发现

RP 为网络中一台重要的 PIM 路由器，用于处理组播源 DR 注册信息及组成员加入请求，网络中的所有 PIM 路由器都必须知道 RP 的地址，类似于一个供求信息的汇聚中心。

一个 RP 可以同时为多个组播组服务，**但一个组播组只能对应一个 RP**。目前可以通过以下方式配置 RP。

① 静态 RP：需在网络中所有 PIM 路由器上配置相同的 RP 地址，静态指定 RP 的位置。

② 动态 RP：在 PIM 域内选择几台 PIM 路由器，配置 C-RP（Candidate-RP，候选RP）来动态地竞选出 RP。不过此时，还需要通过配置 C-BSR（Candidate-BSR，候选BSR）选举出 BSR，来收集 C-RP 的通告信息，向 PIM-SM 域内的所有 PIM 路由器发布。

说明 BSR（自举路由器）是 PIM-SM 网络里的管理核心，负责收集网络中 C-RP（Candidate-RP，候选 RP）发来的宣告信息（Advertisement message），然后将为每个组播组选择部分C-RP信息组成RP-Set(即组播组和RP的映射数据库)，并以BSR消息(BSR message）发布到整个 PIM-SM 网络，从而使网络内的所有路由器（包括 DR）都知道 RP 的位置。

BSR 的选举过程中，初始时每个 C-BSR 都认为自己是 BSR，向全网发送 Bootstrap报文。Bootstrap 报文中携带 C-BSR 地址、C-BSR 的优先级。每一台 PIM 路由器都收到所有 C-BSR 发出的 Bootstrap 报文，通过比较这些 C-BSR 信息，竞选产生 BSR。BSR 的竞选规则如下。

① C-BSR 优先级较高者获胜（优先级数值越大优先级越高）。

② 如果优先级相同，IP 地址较大的 C-BSR 获胜。

C-RP 竞选的具体过程如下（参见图 10-30）。

① C-RP 向 BSR 发送 Advertisement 报文，报文中携带 C-RP 地址、服务的组范围和C-RP 优先级。

② BSR 收到这些 Advertisement 报文后，将这些信息汇总为 RP-Set（RP 集），封装在 Bootstrap 报文中，发布给全网的每一台 PIM-SM 路由器。

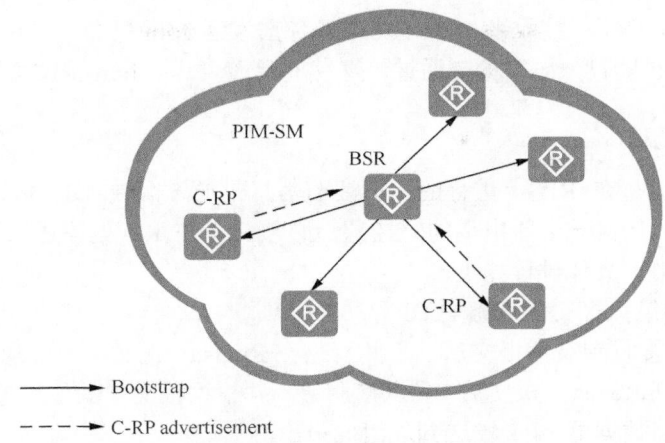

图 10-30　动态 RP 竞选机制示意

③ 各 PIM 路由器收到 Bootstrap 报文后，使用相同的规则进行计算和比较，从多个针对特定组的 C-RP 中竞选出该组 RP。这些规则包括：

■ 与用户加入的组地址匹配的 C-RP 服务的组范围掩码最长者获胜；

■ 如果以上比较结果相同，则 C-RP 优先级较高者获胜（优先级数值越小优先级越高）；

■ 如果以上比较结果都相同，则执行 Hash 函数，计算结果较大者获胜；

■ 如果以上比较结果都相同，则 C-RP 的 IP 地址较大者获胜。

④ 由于所有 PIM 路由器使用相同的 RP-Set 和竞选规则，所以得到的组播组与 RP 之间的对应关系也相同。各 PIM 路由器将"组播组—RP"对应关系保存下来，指导后续的组播操作。

3. RPT 构建

PIM-SM RPT 是一棵以 RP 为根，以存在组成员关系的 PIM 路由器为叶子的组播分发树，如图 10-31 所示。当网络中出现组成员（用户主机通过 IGMP 加入某组播组 G）时，组成员端 DR 向 RP 发送 Join 报文，在通向 RP 的路径上逐跳创建（*，G）表项，生成一棵以 RP 为根的 RPT。

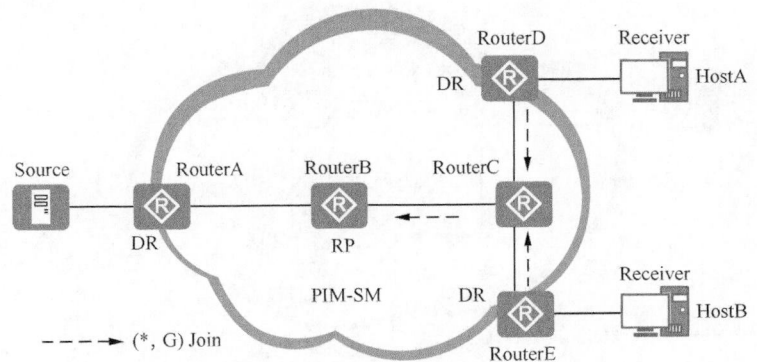

图 10-31　RPT 构建示意

在 RPT 构建过程中，PIM 路由器在收/发 Join 报文时都会进行 RPF 检查。接收者 DR 首先执行 RPF 检查：查找到达 RP 的单播路由，单播路由的出接口为上游接口，下一跳为 RPF 邻居。然后，接收者 DR 向该 RPF 邻居发送 Join 报文。RPF 邻居接收到 Join 报文后，执行 RPF 检查，如果检查通过，继续向上游发送。Join 报文逐跳上送，直至到达 RP。

4. 组播源注册

组播源注册也是在 RP 上进行的，但注册信息是通过源端 DR 传递到 RP 的。在 PIM-SM 网络中，任何一个新出现的组播源都必须首先在 RP 处注册，然后才能将组播报文传输到组成员。具体过程如下。

① 组播源将组播报文发给源端 DR。

② 源端 DR 接收到组播报文后，将其封装在 Register 报文中，发送给 RP。

③ RP 接收到 Register 报文后，将其解封装，并根据报文中的信息建立对应（S，G）表项，然后将组播数据沿 RPT 发送到达组成员。

5. SPT 切换

前面说了，RPT 是一棵以 RP 为根，以存在组成员关系的 PIM 路由器为叶子的组播分发树。在 PIM-SM 网络中，一个组播组只对应一个 RP，**只构建一棵 RPT**。而 SPT（最短路径树）是以组播源为根，组播组成员为叶子的组播分发树，与 RPT 是不一样的。

在未进行 SPT 切换的情况下，所有发往该组的组播报文都必须先封装在注册报文中发往 RP，RP 解封装后，再沿 RPT 分发。但这样会出现一个问题，那就是因为 RP 是所有组播报文必经的中转站，当组播报文速率逐渐增大时会对 RP 形成巨大的负担。为了解决此问题，PIM-SM 允许 RP 或组成员端 DR 通过触发 SPT 切换来减轻 RP 的负担。

RP 触发 SPT 切换的原理：在 RP 收到源端 DR 的注册报文后，将封装在 Register 报文中的组播报文**直接沿 RPT 转发给组成员**（不进行解封），同时 RP 会向源端 DR 逐跳发送 Join 报文。发送过程中在 PIM 路由器创建（S，G）表项，从而建立了 RP 到源的 SPT。SPT 树建立成功后，源端 DR 直接将组成员加入的组播报文转发到 RP。最终使源端 DR 和 RP 免除频繁的封装与解封装。

如图 10-32 所示，组成员端 DR 周期性检测组播报文的转发速率，一旦发现（S，G）报文的转发速率超过阈值，则触发以下 SPT 切换。

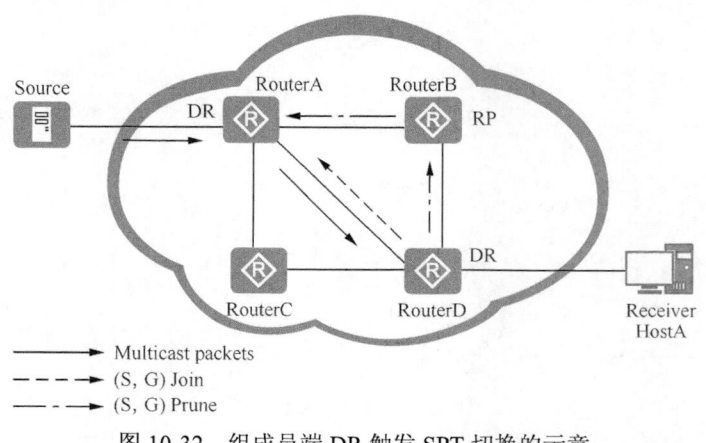

图 10-32　组成员端 DR 触发 SPT 切换的示意

① 组成员端 DR（如 RouterD）逐跳向源端 DR 逐跳发送 Join 报文并创建（S，G）

表项，建立源端 DR 到组成员 DR 的 SPT。

② SPT 建立后，组成员端 DR 会沿着 RPT 逐跳向 RP 发送剪枝报文，删除（S，G）表项中相应的下游接口。剪枝结束后，RP 不再沿 RPT 转发组播报文到组成员端。

如果 SPT 不经过 RP，RP 会继续向源端 DR 逐跳发送剪枝报文，删除（S，G）表项中相应的下游接口。剪枝结束后，源端 DR 不再沿 "源端 DR-RP" 的 SPT 转发组播报文到 RP。

缺省情况下，设备一般未设置组播报文转发速率的阈值，RP 或者组成员端 DR 在接收到第一份组播报文时都会触发各自的 SPT 切换。

6. BSR 管理域

为了实现网络管理的精细化，可以选择将一个 PIM-SM 网络划分为多个 BSR 管理域和一个 Global（全局）域。这样，一方面可以有效地分担单一 BSR 的管理压力，另一方面可以使用私有组地址为特定区域的用户提供专门的服务。

每个 BSR 管理域中维护一个 BSR，为某一特定地址范围的组播组服务。Global 域中维护一个 BSR，为所有剩余的组播组服务。

BSR 管理域是针对特定地址范围的组播组的管理区域，属于此范围的组播报文只能在本管理域内传播，无法通过 BSR 管理域边界。图 10-33 所示包括了 BSR1 和 BSR2 两个管理域。对于有相同组地址的不同管理域，各 BSR 管理域所包含的 PIM 路由器互不相同，**同一 PIM 路由器不能从属于多个 BSR 管理域**。各 BSR 管理域在地域上相互独立，且相互隔离。Global 域包含 PIM-SM 网络内的全部 PIM 路由器。不属于任意 BSR 管理域的组播报文，可以在整个 PIM 网络范围内传播。

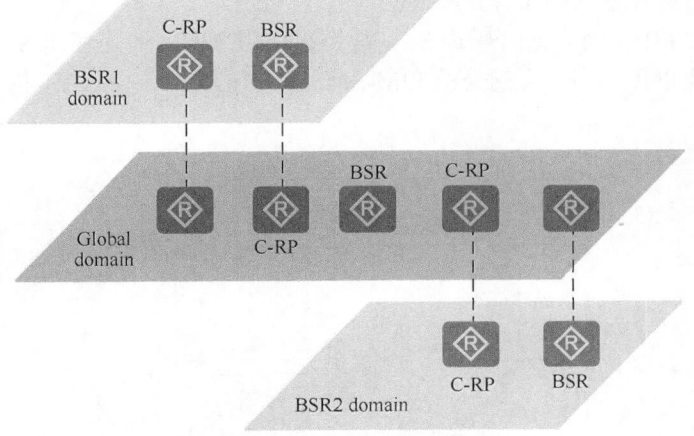

图 10-33　BSR 管理域示意

如果从组播组地址范围来看，每个 BSR 管理域为特定地址范围的组播组提供服务，不同的 BSR 管理域服务的组播组地址范围可以重叠。但每个组播组地址只在本 BSR 管理域内有效，相当于私有组地址。如图 10-34 所示，BSR1 域和 BSR3 域对应的组播组地址范围出现重叠。

不属于任何 BSR 管理域的组播组，一律属于 Global 域的服务范围。图 10-34 中的 Global 域组地址范围是除 G1、G2 之外的 G-G1-G2 组播地址。

Global 域和每个 BSR 管理域都包含针对自己域的 C-RP 和 BSR 设备，这些设备在行使相应功能时仅在本域内有效。即 BSR 机制和 RP 竞选在各管理域之间是隔离的。每个 BSR 管理域都有自己的边界，该管理域的组播信息（C-RP 宣告报文、BSR 自举报文等）不能跨越域传播。但 Global 域的组播信息可以在整个 Global 域内传递，可以穿越任意 BSR 管理域。

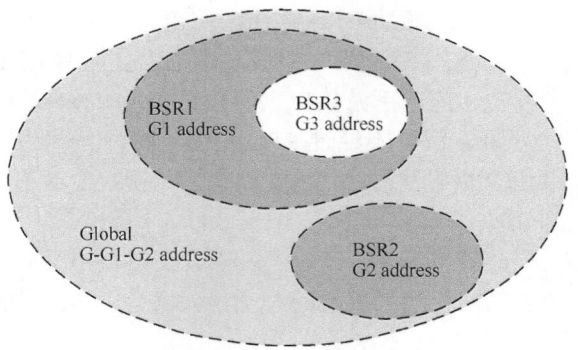

图 10-34　BSR 管理域的地址范围示意

10.4.4　PIM-SM（SSM 模型）工作原理

SSM 模型是借助 PIM-SM 的部分技术和 IGMPv3/MLDv2 来实现的，**无需维护 RP、无需构建 RPT、无需注册组播源**，可以直接在源与组成员之间建立 SPT。

SSM 的特点是网络用户能够预先知道组播源的具体位置，因此用户在加入组播组时可以明确指定从哪些源接收信息。组成员端 DR 了解到用户主机的需求后，直接向源端 DR 发送 Join 报文。Join 报文逐跳向上传输，在源与组成员之间建立 SPT。

在 SSM 模型中，PIM-SM 的关键机制包括邻居发现、DR 竞选、构建 SPT（最短路径树）。其中"邻居发现"机制与 10.4.2 节介绍的 PIM-DM 邻居发现机制一样，而"DR 竞选"机制与 10.4.3 节介绍的 PIM-SM（ASM 模型）的"DR 竞选"机制一样，分别参见即可。下面仅介绍其 SPT 的构建原理。

在 PIM-SSM 中，因为无需配置 RP，故不再使用 RPT，而是使用 SPT 来指导组播报文的转发。下面以图 10-35 为例介绍 PIM-SM（SSM 模型）中的 SPT 构建原理。具体过程如下。

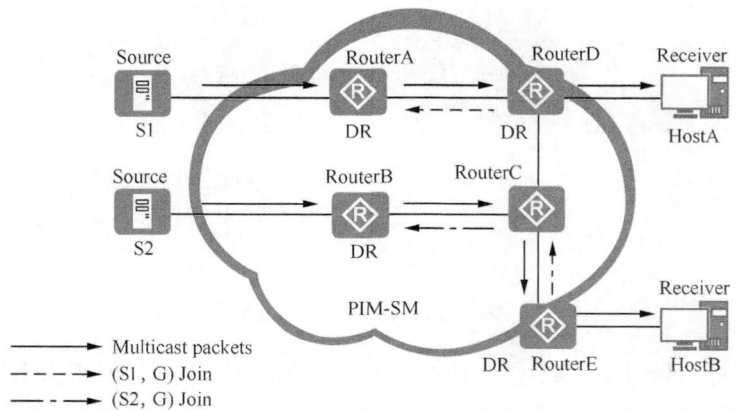

图 10-35　SPT 构建示例

① 担当组成员端 DR 的 RouterD、RouterE 借助 IGMPv3 协议了解到用户主机有到相同组播组不同组播源的组播需要，于是分别逐跳向源方向（SSM 模型中组播源是已知的）发送 Join 报文。

② 沿途各 PIM 路由器通过提取 Join 报文中的相关信息分别创建（S1，G）、（S2，G）表项，最终就形成了从源 S1 到组成员 HostA、源 S2 到组成员 HostB 的 SPT。

③ SPT 建立后，源端就会将组播报文沿着 SPT 分发给组成员。

10.5　PIM-DM（IPv4）配置与管理

PIM-DM 网络仅适用于 ASM 模型，即它的组播源是任意的，组播成员和组播路由器都不关心组播源的位置。当网络中有活跃的组播源出现，即有组播源需要向某组播组发送组播数据时，会将组播数据扩散到全网，借助 RPF 检查机制创建组播路由表项，实现组播数据的转发。因为组播数据要在全网泛洪扩散，所以一般用于规模较小、组成员分布密集的组播网络，否则可能造成组播路由器的数据转发压力。

PIM-DM（IPv4）所涉及的配置任务如下（**只有第一项是必选的**）：

■ 配置 PIM-DM 基本功能；

■ 调整组播源控制参数；

■ 调整邻居控制参数；

■ 调整剪枝控制参数；

■ 调整嫁接控制参数；

■ 调整状态刷新控制参数；

■ 调整断言控制参数；

■ 配置 PIM Silent。

10.5.1　配置 PIM-DM 基本功能

在配置 PIM-DM 前需要先配置好单播路由协议，保证网络内单播路由畅通。且设备上不能同时使能 PIM-DM 和 PIM-SM，如果接口上需要同时使能 **PIM-DM 和 IGMP，必须先使能 PIM-DM，再使能 IGMP**。

PIM-DM 基本功能的配置很简单，主要就是两项基本任务：一是全局使能组播路由功能（如果在配置其他组播功能时已使能，则无需再使能），二是在对应的物理接口、VLANIF 接口或者 Loopback 接口上使能 PIM-DM 功能，具体配置步骤见表 10-22。

表 10-22　　　　　　　　　　PIM-DM 基本功能配置步骤

步骤	命令	说明
1	**system-view** 例如：<HUAWEI> **system-view**	进入系统视图
2	**multicast routing-enable** 例如：[HUAWEI] **multicast routing-enable**	全局使能组播路由功能。其他说明参见 13.1.2 节表 13-1 中的第 2 步
3	**interface** *interface-type interface-number* 例如：[HUAWEI] **interface vlanif 10**	键入要配置 PIM-DM 功能的物理接口、VLANIF 或者 Loopback 接口（**必须是配置了 IP 地址的三层接口**），进入接口视图

（续表）

步骤	命令	说明
4	**pim dm** 例如：[HUAWEI-Vlanif10] **pim dm**	在以上接口上使能 PIM-DM 功能。在接口上使能了 PIM-DM 功能后，交换机才能与相邻的设备建立 PIM 邻居，对来自 PIM 邻居的协议报文进行处理。 缺省情况下，接口上未使能 PIM-DM，可使用 **undo pim dm** 命令恢复缺省的去使能状态

10.5.2 调整组播源控制参数

每当 PIM 设备在接收到源 S 发往组播组 G 的组播报文后，就会启动该（S，G）表项的定时器，即源生存时间（**缺省值为 210s**）。下次如果超时前接收到该组播源发来的报文，则重置定时器；如果超时后没有接收到该组播源发来的报文，则认为该（S，G）表项失效，将其删除。通过这种方法可以及时地更新 PIM 路由器上的组播转发表项。

另外，如果希望控制组播流量或者保证组播成员所接收的组播数据的安全性，还可在 PIM 设备上配置源地址过滤策略，只接收该策略允许范围内组播源发送的组播数据，拒绝非法的组播数据。缺省情况下，没有过滤策略，即接收任何组播源发来的组播数据。通过基本或高级 ACL 可对组播源地址或组址进行过滤，还可对组播源生存时间进行控制，提高数据安全性、控制网络流量。但在调整组播源控制参数之前，需配置好 PIM-DM 基本功能。具体配置步骤见表 10-23。

表 **10-23** 调整组播源控制参数的配置步骤

步骤	命令	说明
1	**system-view** 例如：<HUAWEI> **system-view**	进入系统视图
2	**pim** 例如：[HUAWEI] **pim**	进入 PIM 视图。可用 **undo pim** 命令清除 PIM 视图下进行的配置，将删除所有 IPv4 PIM 全局配置信息，请慎用
3	**source-lifetime** *interval* 例如：[HUAWEI-pim] **source-lifetime** 120	配置组播源生存时间（**适用于所有组播源**），取值范围为 60～65535 的整数秒 接口第一次收到源 S 发出的组播报文后，启动定时器；然后，每接收到 S 发出的组播报文就重置定时器；如果定时器超时，则认为（S，G）表项失效。 缺省情况下，超时时间是 210s，可用 **undo source-lifetime** 命令恢复时间间隔为缺省值
4	**source-policy** { *acl-number* | **acl-name** *acl-name* } 例如：[HUAWEI-pim] **source-policy** 2001	配置源地址过滤策略，使交换机对接收的组播数据报文根据指定数字型（选择 *acl-number* 参数时）或者命名型（选择 *acl-name* 参数时）ACL（可以是基本 ACL，也可以是高级 ACL）所限定的源或源组（即组播源和组播组）进行过滤，防止非法源信息传播到 PIM 网络。但通过本命令配置源过滤策略可限定合法的组播源或者组播源组地址范围，**所有未通过该过滤规则的报文将被丢弃，但不过滤静态加入的（S，G）**。 如果配置的是基本 ACL，规则中的源地址代表的是组播源地址，即只转发组播源地址属于源地址过滤规则允许范围的组播报文；如果配置的是高级 ACL，规则中源地址代表组播源地址，目的地址为组播组地址，即只转发组播源地

（续表）

步骤	命令	说明
4	**source-policy** { *acl-number* | **acl-name** *acl-name* } 例如：[HUAWEI-pim] **source-policy 2001**	址和组播组地址，都属于过滤规则允许范围内的组播报文；如果指定 ACL 没有配置过滤规则，则不转发任何组播源/组地址发送的组播报文。 缺省情况下，交换机不根据组播源或组播源组地址过滤组播数据报文，可用 **undo source-policy** 命令删除过滤配置

10.5.3　调整邻居控制参数

通过调整邻居控制参数，控制邻居间 Hello 报文的交互，可以防止非法邻居关系的建立，保证 PIM-DM 网络的安全。在调整邻居控制参数之前，也需要先完成 PIM-DM 基本功能配置。

1. 调整 Hello 报文的时间控制参数

PIM 设备通过周期性地发送 Hello 报文来维护 PIM 邻居关系，就像 RIP、OSPF 这些动态路由协议中的邻居维护一样。当 PIM 设备收到邻居发来 Hello 报文后会启动定时器，时间设为该 Hello 报文的保持时间。如果超时后没有收到邻居发来的 Hello 报文，则认为该邻居失效或者不可达。为了避免多个 PIM 设备同时发送 Hello 报文而导致冲突，当 PIM 设备接收到 Hello 报文时将延迟一段时间再发送 Hello 报文。该段时间的值为一个随机值，并且小于触发 Hello 报文的最大延迟。

发送 Hello 报文的时间间隔（**缺省为 30s**）、Hello 报文的保持时间（**缺省为 105s**）在全局 PIM 视图下和接口视图下都可配置，具体配置步骤见表 10-24。如果同时配置，接口视图上的配置生效。但触发 **Hello 报文的最大延迟时间（缺省为 5s）只能在接口上配置。**

表 10-24　　　　　　　　调整 **Hello** 报文的时间控制参数的配置步骤

步骤	命令	说明
1	**system-view** 例如：<HUAWEI> **system-view**	进入系统视图
2	**pim** 例如：[HUAWEI] **pim**	进入 PIM 视图。可用 **undo pim** 命令清除 PIM 视图下进行的配置，将删除所有 IPv4 PIM 全局配置信息，请慎用
3	**timer hello** *interval* 例如：[HUAWEI-pim] **timer hello 100**	全局配置发送 Hello 报文的时间间隔，取值范围为 1～18000 的整数秒。 缺省情况下，交换机发送 Hello 报文的时间间隔是 30s，可用 **undo timer hello** 命令恢复时间间隔为缺省值
4	**hello-option holdtime** *interval* 例如：[HUAWEI-pim] **hello-option holdtime 200**	全局配置 Hello 报文的保持时间，即配置交换机等待接收其 PIM 邻居发送 Hello 报文的超时时间，取值范围为 1～65535 的整数秒。如果超时后，设备没有收到该邻居后续发来的 Hello 报文，则认为邻居失效或不可达。 Hello 报文的保持时间应该大于上一步配置的 Hello 报文发送间隔。 缺省情况下，交换机等待接收其 PIM 邻居发送 Hello 报文的超时时间是 105s，可用 **undo hello-option holdtime** 命令恢复配置参数的缺省值

（续表）

步骤	命令	说明
5	**quit** 例如：[HUAWEI-pim] **quit**	退出发 PIM 视图，返回系统视图
6	**interface** *interface-type interface-number* 例如：[HUAWEI] **interface vlanif** 100	（可选）键入要配置邻居控制参数的 PIM-DM 物理接口、VLANIF 接口或者 Loopback 接口，进入接口视图
7	**pim timer hello** *interval* 例如：[HUAWEI-Vlanif100] **pim timer hello** 100	（可选）在以上接口上配置发送 Hello 报文的时间间隔，取值范围为 1～18000 的整数秒。 缺省情况下，交换机发送 Hello 报文的时间间隔是 30s，可用 **undo pim timer hello** 命令恢复时间间隔为缺省值
8	**pim hello-option holdtime** *interval* 例如：[HUAWEI-Vlanif100] **pim hello-option holdtime** 300	（可选）在以上接口上配置 Hello 报文的保持时间，取值范围为 1～65535 的整数秒。 Hello 报文的保持时间应该大于上一步配置的 Hello 报文发送间隔。 缺省情况下，交换机等待接收其 PIM 邻居发送 Hello 报文的超时时间是 105s，可用 **undo pim hello-option holdtime** 命令恢复配置参数的缺省值
9	**pim triggered-hello-delay** *interval* 例如：[HUAWEI-Vlanif100] **pim triggered-hello-delay** 3	（可选）在以上接口上配置触发 Hello 报文的最大延迟，取值范围为 1～5 的整数秒。为了避免多个 PIM 设备同时发送 Hello 报文而导致冲突，当 PIM 路由器检测到网络中已存在 Hello 报文时，将自动选取小于本命令配置值的任意随机数进行延时，然后发送 Hello 报文。 缺省情况下，触发 Hello 报文的最大延迟是 5s，可使用 **undo pim triggered-hello-delay** 命令恢复触发 Hello 报文的最大延迟为缺省值
10	**pim neighbor-policy** *basic-acl-number* 例如：[HUAWEI-Vlanif100]**pim neighbor-policy** 2010	（可选）过滤以上接口上的 PIM 邻居。参数用来定义限制 PIM 邻居（单播 IP 地址）的基本 ACL，取值范围为 2000～2999。在定义 ACL 规则时，通过 permit 选项配置接口仅接收指定地址范围的 Hello 报文。如果 ACL 未定义规则，则接口过滤掉所有地址范围的 Hello 报文。 【说明】为了防止某些非法邻居参与 PIM 协议，可通过执行此命令配置邻居过滤规则，限定合法的邻居地址范围，只与符合过滤规则的邻居建立邻居关系，删除不符合过滤规则的邻居。设备上配置了合法的邻居地址范围后，如果之前与其建立好邻居关系的 PIM 设备不在其合法地址范围内，后续将不会再收到邻居设备的 Hello 报文。邻居关系也会因 Hello 报文的保持时间超时而解除。 缺省情况下，不过滤接口上的 PIM 邻居，可用 **undo pim neighbor-policy** 命令恢复缺省配置

　　2. 配置邻居过滤策略

　　设备支持以下两种邻居过滤策略，来保证 PIM-DM 网络的安全和畅通。

　　① 限定合法的邻居地址范围，防止非法邻居入侵等。

　　② 拒绝接收无 Generation ID 的 Hello 报文，保证与设备相连的都是正常工作的 PIM 邻居。

　　以上两种邻居过滤策略的具体配置步骤见表 10-25，但 Hello 报文的时间控制参数、邻居过滤策略配置时并无先后顺序，可根据实际需要进行调整。

表 10-25　　　　　　　　　　　　　邻居过滤策略的配置步骤

步骤	命令	说明
1	**system-view** 例如：<HUAWEI> **system-view**	进入系统视图
2	**interface** *interface-type interface-number* 例如：[HUAWEI] **interface** gigabitethernet 1/0/1	（可选）键入要配置邻居控制参数的 PIM-DM 物理接口、VLANIF 接口或者 Loopback 接口，进入接口视图
3	**pim neighbor-policy** { *basic-acl-number* | **acl-name** *acl-name* } 例如：[HUAWEI-Gigabit Ethernet1/0/1] **pim neighbor-policy** 2001	通过基本 ACL 配置合法的邻居地址范围。 设备上配置了合法的邻居地址范围后，如果之前与其建立好邻居关系的 PIM 设备不在其合法地址范围内，后续将不会再收到邻居设备的 Hello 报文。邻居关系也会因 Hello 报文的保持时间超时而解除。 在定义 ACL 的 **rule** 时，通过 **permit** 参数配置接口仅接收指定地址范围的 Hello 报文。如果 ACL 未定义 **rule**，则接口过滤掉所有地址范围的 Hello 报文
4	**pim require-genid** 例如：[HUAWEI-Gigabit Ethernet1/0/1] **pim require-genid**	配置以上 PIM 接口拒绝无 Generation ID 参数的 Hello 报文。 【说明】正常情况下，在接口上使能 PIM 后，设备会生成一个随机数作为 Hello 报文的 Generation ID。如果设备的状态有变化则生成新的 Generation ID。当对端设备接收到该 Hello 报文后，发现其中包含的 Generation ID 已改变，则认为 PIM 邻居的状态已经改变。执行此命令可配置设备拒绝接收无 Generation ID 的 Hello 报文，保证连接的 PIM 邻居都处于正常工作状态。 缺省情况下，PIM 接口接收无 Generation ID 参数的 Hello 报文，可用 **undo pim require-genid** 命令恢复缺省配置

10.5.4　调整剪枝控制参数

如果当前与设备相连的网段没有组播组成员，设备就需要向上游发送剪枝报文，请求停止转发组播数据。可根据实际需要调整剪枝过程的控制参数，控制组播报文转发来支持不同的转发场景。但如果没有特殊需要，推荐使用缺省值。同样，在调整剪枝控制参数之前，需要完成 PIM-DM 基本功能的配置任务。

在剪枝控制参数调整过程中，可以配置：Join-Prune 报文的时间控制参数、Join-Prune 报文的信息携带能力、剪枝延迟时间这 3 个方面，但它们的配置无先后顺序，也不是必须全部配置，用户可根据实际需要进行调整。

1．调整 Join-Prune 报文的时间控制参数

PIM 设备通过向上游发送的剪枝信息被封装在 PIM 协议通用的转发控制报文（即 Join-Prune 报文）中。上游设备在收到 Join-Prune 报文后，就会启动定时器（**缺省值为 210s**），时间设为 Join-Prune 报文自身携带的保持时间。超时后，如果没有收到下游后续发来的 Join-Prune 报文，则恢复相应组播组下游接口的转发。

Join-Prune 报文的保持时间在全局 PIM 视图下和接口视图下都可配置，具体见表 10-26。如果同时配置，接口视图上的配置生效。

表 10-26   调整 Join-Prune 报文的时间控制参数的配置步骤

步骤	命令	说明
1	**system-view** 例如：\<HUAWEI\> **system-view**	进入系统视图
2	**pim** 例如：[HUAWEI] **pim**	进入 PIM 视图
3	**timer join-prune** *interval* 例如：[HUAWEI-pim] **timer join-prune** 80	配置向上游设备周期性发送 Join-Prune 报文的时间间隔，取值范围是 1～18000 的整数秒。 【说明】PIM 交换机通过向上游发送加入信息请求转发组播数据，发送剪枝信息请求停止转发组播数据。实际上，加入信息和剪枝信息都被封装在 Join-Prune 报文中，PIM 路由器会周期性地将 Join-Prune 报文发送给上游设备来更新转发状态。可通过此命令设置 Join-Prune 报文的发送周期。 该命令配置的时间间隔必须小于下一步 **holdtime join-prune** 命令配置的时间间隔，即发送 Join-Prune 报文的周期必须小于 Join-Prune 报文的保持时间。 缺省情况下，向上游设备周期性发送 Join-Prune 报文的时间间隔是 60s，可用 **undo timer join-prune** 命令恢复全局发送 Join-Prune 报文的时间间隔为缺省值
4	**holdtime join-prune** *interval* 例如：[HUAWEI-pim] **holdtime join-prune** 1000	全局配置 Join-Prune 报文的保持时间，取值范围为 1～65535 的整数秒。接收到 Join-Prune 报文的交换机依据该报文自身携带的保持时间来确定对应下游接口保持加入或剪枝状态的时间（由此可以看出，这一个参数值定义了两个相同的时间）。 缺省情况下，Join-Prune 报文的保持时间是 210s，可用 **undo holdtime join-prune** 命令恢复全局的 Join-Prune 报文保持时间为缺省值
5	**quit** 例如：[HUAWEI-pim] **quit**	退出 PIM 视图，返回系统视图
6	**interface** *interface-type interface-number* 例如：[HUAWEI] **interface** vlanif 100	键入要调整 Join-Prune 报文的时间控制参数的 PIM-DM 物理接口、VLANIF 接口或者 Loopback 接口，进入接口视图
7	**pim holdtime join-prune** *interval* 例如：[HUAWEI-Vlanif100] **pim holdtime join-prune** 100	（可选）在接口上配置 Join-Prune 报文的保持时间，取值范围为 1～65535 的整数秒。 缺省情况下，Join-Prune 报文的保持时间是 210s，可用 **undo pim holdtime join-prune** 命令恢复接口的 Join-Prune 报文保持时间为缺省值

2. 调整 Join-Prune 报文的信息携带能力

在 PIM-DM 网络中，Join-Prune 报文主要包含了需要剪枝的表项信息。设备支持通过配置 Join-Prune 报文长度、包含表项数目、发送方式，来调整向上游发送剪枝信息的信息量。

■ 当 PIM 邻居设备性能比较差时，处理单个 Join-Prune 报文耗时比较长，可以通过调整发送的 Join-Prune 报文长度（**缺省值为 8100 字节**）来控制发送 Join-Prune 报文携带的（S，G）表项数量，来降低 PIM 邻居设备的压力。

■ 当 PIM 邻居设备端口带宽较小时，可以通过调整周期性报文发送队列长度，控制每次发给 PIM 邻居设备的（S，G）表项数量（**缺省值为 1020 个**），采取小量多批次方式发送 Join-Prune 报文，从而避免 PIM 邻居设备来不及处理就将报文丢弃，引起路由振荡。

■　缺省情况下，为了提高发送效率，Join-Prune 报文都是打包向上游发送。如果不希望 Join-Prune 报文打包发送，可去使能此功能，使 Join-Prune 报文一个个地发送。

调整 Join/Prune 报文的信息携带能力的配置步骤见表 10-27。

表 10-27　　　　　　　**调整 Join/Prune 报文的信息携带能力的配置步骤**

步骤	命令	说明
1	**system-view** 例如：<HUAWEI> **system-view**	进入系统视图
2	**pim** 例如：[HUAWEI] **pim**	进入 PIM 视图
3	**join-prune max-packet-length** *packet-length* 例如：[HUAWEI-pim]**join-prune max-packet-length** 1500	配置设备发送的 Join-Prune 报文的最大长度，取值范围为 100～8100 的整数个字节。如果通过此命令配置的报文长度大于接口 MTU 值，则实际报文发送最大长度为接口 MTU 值。 缺省情况下，PIM-SM 发送的 Join-Prune 报文的最大长度是 8100 字节，可用 **undo join-prune max- packet-length** 命令恢复 PIM-SM 发送的 Join-Prune 报文长度为缺省值
4	**join-prune periodic-messages queue-size** *queue-size* 例如：[HUAWEI-pim] **join-prune periodic-messages queue-size** 50	配置设备每秒发送 Join-Prune 报文中包含的表项数目，取值范围为 16～4096 的整数。 缺省情况下，PIM-SM 每秒发送 Join-Prune 报文中包含 1020 个表项，可用 **undo join-prune periodic-messages queue-size** 命令恢复 PIM-SM 每秒发送周期性 Join-Prune 报文中包含的表项数目为缺省值
5	**join-prune triggered-message-cache disable** 例如：[HUAWEI-pim]**join-prune triggered-message-cache disable**	去使能实时触发的 Join-Prune 报文打包功能。打包发送 Join-Prune 报文比发送大量 Join-Prune 小报文效率高，因此，设备缺省是将触发性 PIM Join-Prune 小报文打包发送的。若不需要此打包发送机制时，可以通过执行此命令去使能打包功能。 缺省情况下，使能实时触发的 Join-Prune 报文打包功能，可用 **undo join-prune triggered-message- cache disable** 命令使能 Join-Prune 报文打包发送功能

3．调整剪枝延迟时间

在 PIM 剪枝过程中，从收到下游设备发来的剪枝信息到继续向上游设备发送剪枝信息会有一段延迟时间，这个时间称为 LAN-Delay（**缺省值为 500**ms）。PIM 设备在向上游发完剪枝信息后，也不会立即将相应下游接口剪掉，还会保持一段时间向下游转发，以便下游设备有时间提出否决剪枝的请求。这段否决剪枝的时间称为 Override-Interval（**缺省值为 2500**ms）。所以，实际上 PIM 设备从收到剪枝信息到完成剪枝动作总共延迟了 LAN-Delay＋Override-Interval ＝ PPT。PPT 表示当前交换机从收到下游剪枝报文到执行剪枝操作（抑制下游接口转发）之间的延时。在 PPT 时间内如果收到下游发来的剪枝否决报文，则取消剪枝操作。

LAN-Delay、Override-Interval 在全局 PIM 视图下和接口视图下都可配置，具体配置步骤见表 10-28。如果同时配置，接口视图下的配置优先级高于系统视图下的配置，接口视图下的配置生效。

表 10-28   调整剪枝延迟时间的配置步骤

步骤	命令	说明
1	**system-view** 例如：<HUAWEI> **system-view**	进入系统视图
2	**pim** 例如：[HUAWEI] **pim**	进入 PIM 视图
3	**hello-option lan-delay** *interval* 例如：[HUAWEI-pim] **hello-option lan-delay** 1000	全局配置发送剪枝报文的延迟时间，取值范围为 1～32767 的整数毫秒。 缺省情况下，共享网段上传输 Prune 报文的延迟时间是 500ms，可用 **undo hello-option lan-delay** 命令恢复全局剪枝报文延迟时间为缺省值
4	**hello-option override-interval** *interval* 例如：[HUAWEI-pim] **hello-option override-interval** 2000	配置 Hello 报文中携带的否决剪枝的时间间隔，取值范围为 1～65535 的整数毫秒。 缺省情况下，Hello 报文中携带的否决剪枝的时间间隔是 2500ms，可用 **undo hello-option override-interval** 命令恢复全局否决剪枝的时间间隔为缺省值
5	**quit** 例如：[HUAWEI-pim] **quit**	退出 PIM 视图，返回系统视图
6	**interface** *interface-type interface-number* 例如：[HUAWEI] **interface** vlanif 100	键入要配置剪枝延迟时间的 PIM-DM 物理接口、VLANIF 接口或者 Loopback 接口，进入接口视图
7	**pim hello-option lan-delay** *interval* 例如：[HUAWEI-Vlanif100] **pim hello-option lan-delay** 1000	（可选）在以上接口上配置在 LAN 内传输消息的延迟时间，取值范围为 1～32767 的整数毫秒。 缺省情况下，共享网段上传输 Prune 报文的延迟时间是 500ms，可用 **undo pim hello-option lan-delay** 命令恢复接口上剪枝报文延迟时间为缺省值
8	**pim hello-option override-interval** *interval* 例如：[HUAWEI-Vlanif100] **pim hello-option override-interval** 2000	（可选）在以上接口上配置 Hello 报文中携带的否决剪枝的时间间隔，取值范围为 1～65535 的整数毫秒。 缺省情况下，Hello 报文中携带的否决剪枝的时间间隔是 2500ms，可用 **undo pim hello-option override-interval** 命令恢复接口上否决剪枝的时间间隔为缺省值

10.5.5 调整嫁接控制参数

为使被剪枝网段快速恢复转发，设备会向上游发送 Graft 报文请求恢复组播数据转发，并同时在发送接口启动定时器（**缺省为 3s**）。超时后，如果设备仍没有接收到组播数据，会重新向上游发送 Graft 报文。通过调整嫁接控制参数，可以控制组播数据报文的转发来支持不同转发场景。同样，在调整嫁接控制参数之前，需要完成 PIM-DM 基本功能配置。

调整嫁接控制参数的方法很简单，就是在对应的 PIM-DM 物理接口、VLANIF 接口或者 Loopback 接口视图下使用 **pim timer graft-retry** *interval* 命令在接口上配置重传 Graft 报文的时间间隔，取值范围是 1～65535 的整数秒。缺省情况下，接口上重传 Graft 报文的时间间隔是 3s，可用 **undo pim timer graft-retry** 命令恢复重传 Graft 报文的时间间隔为缺省值。

10.5.6　调整状态刷新控制参数

为防止被剪枝接口因为剪枝状态超时而恢复转发，PIM-DM 网络启用了状态刷新功能，通过在**与组播源直连的第一跳 PIM 设备**上周期性地扩散发送 State-Refresh 报文，刷新接口剪枝定时器，维持 SPT 树。同样，在调整状态刷新控制参数之前，需要完成 PIM-DM 基本功能的配置。

在整个调整状态刷新控制参数配置过程中，可以配置以下几个方面：禁止状态刷新报文的转发、状态刷新报文的 TTL 值、状态刷新报文的时间控制参数。配置时无先后顺序，用户可根据实际需要进行调整。

1. 禁止状态刷新报文的转发

缺省情况下，为了避免下游一直没有组播需求的被剪枝接口因为超时而恢复转发，与组播源 S 直连的 PIM 设备会触发发送（S，G）状态刷新报文。该报文会逐跳向下游扩散，刷新所有 PIM 设备上的剪枝定时器。这样，没有转发需求的接口将一直处于抑制转发状态。

如果希望组播数据每一次"扩散-剪枝"时都能在全网扩散，不需要通过设备转发状态刷新报文来抑制被剪枝接口转发组播数据，可在接口上禁止此功能，配置方法见表 10-29。但状态刷新机制能够很好地减少网络资源浪费，一般情况下不建议禁止接口的状态刷新报文的收发能力。

表 **10-29**　　　　　　　　　　禁止状态刷新报文的转发配置步骤

步骤	命令	说明
1	**system-view** 例如：\<HUAWEI\> **system-view**	进入系统视图
2	**interface** *interface-type interface-number* 例如：[HUAWEI] **interface** vlanif 100	键入要禁止状态刷新报文转发的 PIM-DM 物理接口、VLANIF 接口或者 Loopback 接口，进入接口视图
3	**undo pim state-refresh-capable** 例如：[HUAWEI-Vlanif100]**undo pim state-refresh-capable**	禁止状态刷新报文的转发。禁止 PIM-DM 状态刷新后，接口在剪枝定时器超时后开始转发组播数据，不希望接收此数据的下游交换机发送 Prune 报文进行剪枝。该过程周期性重复，占用较多的网络资源。因此，使能 PIM-DM 状态刷新，可以在一定程度上优化网络流量。 缺省情况下，使能 PIM-DM 状态刷新，可在接口上执行命令 **pim state-refresh-capable** 重新启用此功能

2. 调整状态刷新报文的时间控制参数

与组播源直连的第一跳 PIM 设备会周期性（**缺省值为 60**s）地向下游发送状态刷新报文。由于状态刷新报文扩散发送，设备很有可能在短时间内收到重复的状态刷新报文。为了避免这种情况发生，设备在收到针对某（S，G）的状态刷新报文后，就会启动定时器（**缺省值为 30**s），时间设为该报文的抑制时间。在定时器超时前，如果收到相同的状态刷新报文，就会直接丢弃。

在与组播源直接相连的第一跳设备上和所有设备上配置状态刷新报文的发送周期的方法见表 10-30。

表 10-30　　　　　　　　　　　　　　调整状态刷新报文的时间控制参数

步骤	命令	说明
1	**system-view** 例如：<HUAWEI> **system-view**	进入系统视图
2	**pim** 例如：[HUAWEI] **pim**	进入 PIM 视图
3	**state-refresh-interval** *interval* 例如：[HUAWEI-pim] **state-refresh-interval** 100	在与组播源直接相连的第一跳的 PIM 设备上配置状态刷新报文的发送周期，取值范围为 1～255 的整数秒。 【说明】PIM-DM 网络中，设备会周期性地发送状态刷新报文，刷新下游设备启动剪枝定时器的超时时间，使没有组播需求的接口一直处于剪枝状态。执行此命令可设置状态刷新报文的发送周期。 缺省情况下，发送 PIM 状态刷新报文的时间间隔是 60s，可用 **undo state-refresh-interval** 命令恢复刷新时间间隔为缺省值
4	**state-refresh-rate-limit** *interval* 例如：[HUAWEI-pim] **state-refresh-rate-limit** 200	在所有设备上配置相同的状态刷新报文抑制时间，即配置其他 PIM 设备接收新 PIM 状态刷新消息前必须经过的最小时间长度，取值范围为 1～65535 整数秒。 缺省情况下，接收新 PIM 状态刷新消息前必须经过的最小时间是 30s，可用 **undo state-refresh-rate-limit** 命令恢复为缺省值

3．配置状态刷新报文的 TTL 值

设备在收到状态刷新报文后，会将状态刷新报文的 TTL 值（**缺省值为 255**）减 1，然后继续向下游扩散转发来刷新下游设备的剪枝定时器，直至状态刷新报文的 TTL 值为 0。当网络规模很小而 TTL 值很大时，会造成状态刷新报文在网络中循环传递。因此，为了有效控制刷新报文的传递范围，需要根据网络规模的大小配置合适的 TTL 值。

状态刷新报文的 TTL 值的配置方法见表 10-31。**因为状态刷新报文是由与组播源直连的第一跳 PIM 设备触发发送，故状态刷新报文的 TTL 值只在该设备上配置有效。**

表 10-31　　　　　　　　　　　状态刷新报文的 **TTL** 值的配置步骤

步骤	命令	说明
1	**system-view** 例如：<HUAWEI> **system-view**	进入系统视图
2	**pim** 例如：[HUAWEI] **pim**	进入 PIM 视图
3	**state-refresh-ttl** *ttl-value* 例如：[HUAWEI-pim] **state-refresh-ttl** 10	在与组播源直接相连的第一跳的 PIM 设备上配置发送 PIM 状态刷新消息的 TTL 值，取值范围是 1～255 的整数。 缺省情况下，发送 PIM 状态刷新消息的 TTL 值是 255，可用 **undo state-refresh-ttl** 命令恢复 TTL 值为缺省值

10.5.7　调整断言控制参数

当一个网段内有多个相连的 PIM 设备通过 RPF 检查后向该网段转发组播数据时，则需要通过断言竞选来保证只有一个 PIM 设备向该网段转发组播数据。在竞选中落败的 PIM 设备会抑制相应下游接口向该网段转发组播数据。但是这种竞选失败的状态只会保持一段时间，这段时间称为 Assert 报文的保持时间。超时后，落选的设备会重新恢复转发组播数据，从而触发新一轮的竞选。

当设备从下游接口接收到组播数据时，说明该网段中还存在其他的上游设备。设备从该接口发出 Assert 报文，参与竞选唯一上游。可调整断言 Assert 报文保持时间（**缺省值为 180s**），可在全局 PIM 视图下或接口视图下配置。如果同时配置，则接口视图上的配置生效。但在调整前需要先完成 PIM-DM 基本功能的配置。

全局的配置方法是在 PIM 视图下使用 **holdtime assert** *interval* 命令配置 Assert 报文的保持时间；在接口上的配置方法是在具体的 VLANIF 接口或者 Loopback 接口视图下使用 **pim holdtime assert** *interval* 命令配置 Assert 报文的保持时间，取值范围均为 7～65535 的整数秒。缺省情况下，交换机上所有 PIM 接口保持 Assert 状态的超时时间是 180s，分别可用 **undo holdtime assert** 和 **undo pim holdtime assert** 命令恢复超时时间为缺省值。

10.5.8　配置 PIM Silent

在接入层，设备直连用户主机的接口上如果需要使能 PIM 协议，在该接口上可以建立 PIM 邻居，处理各类 PIM 协议报文。此配置同时存在着安全隐患：当恶意主机模拟发送 PIM Hello 报文时，有可能导致设备瘫痪。

为了避免这样的情况发生，可以将该接口设置为 PIM Silent 状态（即 PIM 消极状态）。当接口进入 PIM 消极状态后，禁止接收和转发任何 PIM 协议报文，删除该接口上的所有 PIM 邻居以及 PIM 状态机，该接口作为静态 DR 立即生效。同时，该接口上的 IGMP 功能不受影响。

配置接口为 PIM Silent 状态的方法很简单，只需在对应的 PIM-DM 物理接口、VLANIF 接口或者 Loopback 接口视图下配置 **pim silent** 命令，使能 PIM Silent 功能即可。

注意 该功能仅适用于与用户主机网段直连的 PIM 设备接口，且该用户网段只与这一台 PIM 设备相连。且配置了该功能后，接口将不再接收和转发任何 PIM 协议报文，即该接口配置的其他 PIM 功能将失效，请谨慎使用。

10.5.9　PIM-DM 管理

在 PIM 域内的所有设备上都使能了 PIM-DM 及相关功能之后，可以通过一系列的 **display** 任意视图命令查看 PIM 接口、PIM 邻居和 PIM 路由表，以及其他功能（如剪枝、嫁接、断言等）参数配置信息，以验证配置结果，使用 **reset** 用户视图命令可以清除指定下游接口的 PIM 路由表项。

■ **display pim interface** [*interface-type interface-number* | **up** | **down**] [**verbose**]：查看所有或者指定接口，或者所有状态为 Up 或者 Dwon 的接口的 PIM 信息。

■ **display pim neighbor** [*neighbor-address* | **interface** *interface-type interface- number* | **verbose**]*：查看指定地址或者（和）指定接口上的详细（选择 **verbose** 可选项时）或者摘要 PIM 邻居信息。

■ **display pim routing-table** [*group-address* [**mask** { *group-mask-length* | *group-mask* }] | *source-address* [**mask** { *source-mask-length* | *source-mask* }] | **incoming- interface** { *interface-type interface-number* | **register** } | **outgoing-interface** {**include** | **exclude** | **match** } { *interface-type interface-number* | **register** | **none** } | **mode** { **dm** | **sm** | **ssm** } | **flags** *flag-value*| **fsm**] * [**outgoing-interface-number** [*number*]]：查看符合条件的 PIM 路由表详细信息。

■ **display pim routing-table brief** [*group-address* [**mask** { *group-mask-length* | *group-mask* }] | *source-address* [**mask** {*source-mask-length* | *source-mask* }] | **incoming- interface** { *interface-type interface-number* | **register** }] *：查看符合条件的 PIM 路由表摘要信息。

■ **display pim control-message counters** [**message-type** { **assert** | **graft** | **graft- ack** | **hello** | **join-prune** | **state-refresh** |**bsr** } | **interface** *interface-type interface -number*] *：查看发送和接收 PIM 控制报文的数目信息。

■ **display pim grafts**：查看未确认的 PIM-DM 嫁接信息。

■ **display pim control-message counters** [**message-type** { **assert** | **graft** | **graft- ack** | **hello** | **join-prune** | **state-refresh** |**bsr** } | **interface** *interface-type interface -number*] *：查看发送和接收 PIM 控制报文的数目信息。

■ **display pim invalid-packet** [**interface** *interface-type interface-number* | **message-type** { **assert** | **graft** | **graft-afk** | **hello** |**join-prune** | **state-refresh** }] *：查看设备接收到的无效 PIM 报文的统计信息。

■ **reset pim routing-table group** *group-address* **mask** { *group-mask-length* | *group- mask* } **source** *source-address* **interface** *interface-type interface-number*：清除指定 PIM 表项的指定下游接口的 PIM 状态。

10.5.10　PIM-DM 基本功能配置示例

图 10-36 所示为一个用户比较密集的小型网络，用户主机 HostA、HostB 希望能够接收到 Source 发送的组播数据。

1. 基本配置思路分析

本示例的要求很简单，就是要求在这样一个密集型小型组播网络中，各组播组成员可以接收到组播源发来的组播数据。所以可以使用 PIM-DM 协议为网络中的用户主机提供组播服务，使得加入同一组播组的所有用户主机能够接收组播源发往该组的组播数据。具体配置任务如下。

① 按照图中标注配置交换机各 VLANIF 接口 IP 地址和单播路由协议，因为组播域内路由协议 PIM 依赖单播路由协议，单播路由是组播协议正常工作的基础。

② 在所有提供组播服务的交换机上使能组播路由功能，并在各 VLANIF 接口上使能 PIM-DM 功能。使能 PIM-DM 功能之后才能配置 PIM-DM 的其他功能。

③ 在与主机侧相连的交换机 VLANIF 接口上使能 IGMP，用于维护组成员关系。

2. 具体配置步骤

① 配置各交换机接口的 IP 地址和掩码，各交换机间采用 OSPF 进行互连，确保网络中各交换机间能够在网络层互通，并且之间能够借助单播路由协议实现动态路由更新。因为 SwitchA、SwitchB、SwitchC、SwitchD 和 SwitchE 这 5 台交换机上的配置一样，下

面仅以 SwitchA 上的配置为例进行介绍。

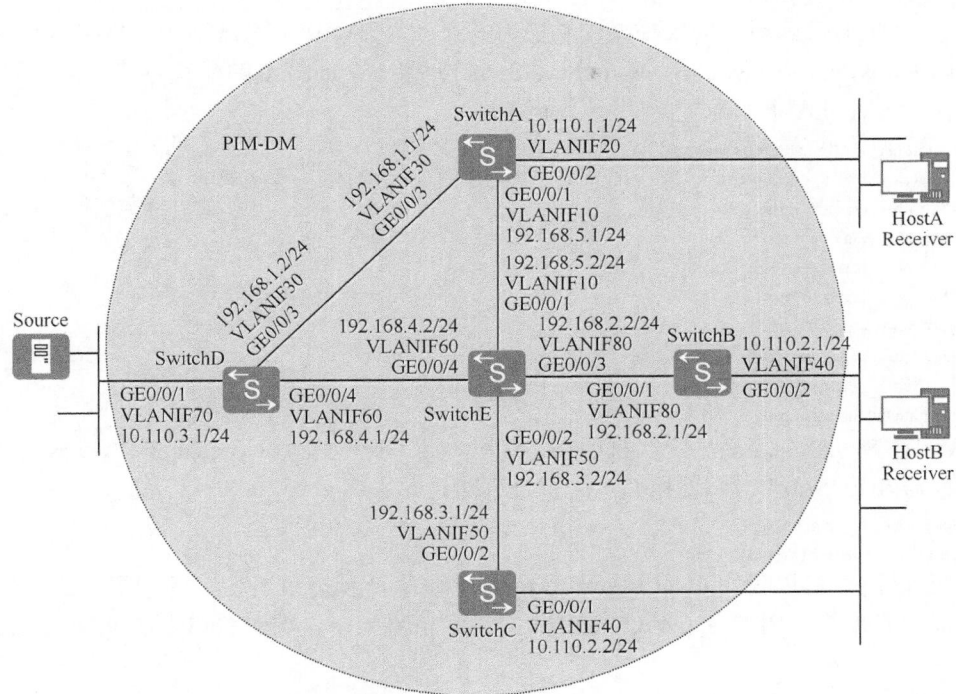

图 10-36　PIM-DM 基本功能配置示例的拓扑结构

```
[SwitchA] vlan batch 10 20 30    #---批量创建 VLAN 10、VLAN 20 和 VLAN 30
[SwitchA] interface vlanif 10
[SwitchA-Vlanif10] ip address 192.168.5.1 24    #---为 VLANIF10 接口配置 IP 地址
[SwitchA-Vlanif10] quit
[SwitchA] interface vlanif 20
[SwitchA-Vlanif20] ip address 10.110.1.1 24
[SwitchA-Vlanif20] quit
[SwitchA] interface vlanif 30
[SwitchA-Vlanif30] ip address 192.168.1.1 24
[SwitchA-Vlanif30] quit
[SwitchA] interface gigabitethernet 0/0/1
[SwitchA-GigabitEthernet0/0/1] port hybrid tagged vlan 10    #---把 GE0/0/1 接口以带标签方式加入 VLAN 10
[SwitchA-GigabitEthernet0/0/1] port hybrid pvid vlan 10    #---配置 GE0/0/1 接口的缺省 VLAN 为 VLAN 10
[SwitchA-GigabitEthernet0/0/1] quit
[SwitchA] interface gigabitethernet 0/0/2
[SwitchA-GigabitEthernet0/0/2] port hybrid tagged vlan 20
[SwitchA-GigabitEthernet0/0/2] port hybrid pvid vlan 20
[SwitchA-GigabitEthernet0/0/2] quit
[SwitchA] interface gigabitethernet 0/0/3
[SwitchA-GigabitEthernet0/0/3] port hybrid tagged vlan 30
[SwitchA-GigabitEthernet0/0/3] port hybrid pvid vlan 30
[SwitchA-GigabitEthernet0/0/3] quit
[SwitchA] ospf
[SwitchA-ospf-1] area 0    #---进入 OSPF 骨干区域
[SwitchA-ospf-1-area-0.0.0.0] network 192.168.5.0 0.0.0.255    #---宣告 192.168.5.0/24 网络
```

```
[SwitchA-ospf-1-area-0.0.0.0] network 192.168.1.0 0.0.0.255
[SwitchA-ospf-1-area-0.0.0.0] network 10.110.1.0 0.0.0.255
```

　　② 在所有交换机使能组播路由功能，并在各 VLANIF 接口上使能 PIM-DM 功能。同样因为 SwitchA、SwitchB、SwitchC、SwitchD 和 SwitchE 上的配置方法一样，所以下面也仅以 SwitchA 上的配置为例进行介绍。

```
[SwitchA] multicast routing-enable
[SwitchA] interface vlanif 10
[SwitchA-Vlanif10] pim dm
[SwitchA-Vlanif10] quit
[SwitchA] interface vlanif 20
[SwitchA-Vlanif20] pim dm
[SwitchA-Vlanif20] quit
[SwitchA] interface vlanif 30
[SwitchA-Vlanif30] pim dm
[SwitchA-Vlanif30] quit
```

　　③ 在 SwitchA 连接用户主机的接口上使能 IGMP 功能。SwitchB 和 SwitchC 上的配置过程与 SwitchA 上的配置相似，配置过程略。

```
[SwitchA] interface vlanif 20
[SwitchA-Vlanif20] igmp enable
```

　　配置好后，可以使用 **display pim interface** 命令查看接口上 PIM 的配置和运行情况，以验证配置结果。例如 SwitchC 上 PIM 的显示信息如下，表明接口上的 PIM 协议已经运行。

```
<SwitchC> display pim interface
VPN-Instance: public net
Interface     State   NbrCnt   HelloInt   DR-Pri   DR-Address
Vlanif40      up      0        30         1        10.110.2.2    (local)
Vlanif50      up      1        30         1        192.168.3.1   (local)
```

　　可使用 **display pim routing-table** 命令查看 PIM 协议组播路由表。假设组播源（10.110.3.100/24）已向组播组（225.1.1.1/24）发送信息，而 HostA、HostB 都加入了组播组（225.1.1.1/24）。

10.6　PIM-SM（IPv4）配置与管理

　　PIM-SM 属于稀疏模式的域内组播路由协议。它与 PIM-DM 不同的是，PIM-SM **不会将组播数据扩散到全网**，而只将组播数据传输到有组成员的网络，一般用于规模较大、组成员分布稀疏的组播网络，**且 PIM-SAM 同时支持 ASM 模型和 SSM 模型（PIM-DM 仅支持 ASM 模型）**。

　　与 PIM-DM ASM 以组播源为转发中心和 SPT 路径点不同，PIM-SM ASM 是以 RP 为转发中心和 RPT 起点。当网络中出现组成员时，连接组成员的最后一跳 PIM 路由器向 RP 方向发送 Join 信息，然后沿着到达 RP 单播路由逆向路径向组成员端传递，并逐跳创建（*，G）表项，生成一棵以 RP 为根的 RPT，所以它**采用"拉"（Pull）模式来转发组播报文**，即由组成员主动申请。当网络中出现活跃的组播源时，第一跳 PIM 路由器将组播信息封装在 Register 报文中发往 RP，在 RP 上创建（S，G）表项，注册源信息。然后，RP 会将注册信息中的组播信息解封装，沿着 RPT 转发到有组成员的网段。

10.6.1　ASM 模型 PIM-SM 的配置与管理

通过配置 ASM 模型的 PIM-SM，可为用户主机提供任意源组播服务，加入同一组播组的用户主机都能收到任意源发往该组的组播数据。与 PIM-DM 网络一样，在配置 ASM 模型的 PIM-SM 之前也需配置单播路由协议，保证网络内单播路由畅通。

配置 ASM 模型的 PIM-SM 必选步骤如下：

■　使能 PIM-SM；
■　配置 RP。

其他包括 BSR 管理域、SPT 切换条件、调整源注册控制参数、调整 C-RP 参数、调整 C-BSR 参数等配置任务均为可选，需根据实际需要进行选配。

1．使能 PIM-SM

在 PIM-SM 网络中，在使能了组播路由功能后，首先要使能的就是 PIM-SM 功能，**但设备上不能同时使能 PIM-DM 和 PIM-SM**。建议将处于 PIM-SM 域内的所有接口都使能 PIM-SM，以确保与相连 PIM 设备都能建立邻居关系。

使能 PIM-SM 的配置步骤见表 10-32。如果接口上需要同时使能 **PIM-SM 和 IGMP，必须先使能 PIM-SM，再使能 IGMP**。

表 10-32　　　　　　　　　　　　使能 **PIM-SM** 的配置步骤

步骤	命令	说明
1	**system-view** 例如：\<HUAWEI\> **system-view**	进入系统视图
2	**multicast routing-enable** 例如：[HUAWEI] **multicast routing-enable**	全局使能组播路由功能
3	**interface** *interface-type* *interface-number* 例如：[HUAWEI] **interface** vlanif 10	键入要配置 PIM-SM 功能的物理接口、VLANIF 或者 Loopback 接口，进入接口视图
4	**pim sm** 例如：[HUAWEI-Vlanif10] **pim sm**	在以上接口上使能 PIM-SM 功能。在接口上使能了 PIM-SM 功能后，交换机才能与相邻的设备建立 PIM 邻居，对来自 PIM 邻居的协议报文进行处理。 缺省情况下，接口上未使能 PIM-SM，可使用 **undo pim sm** 命令恢复缺省的去使能状态

2．配置 RP

配置 RP 有手工静态配置和 BSR 机制动态选举两种方式。手工方式静态配置 RP 可以避免 C-RP 与 BSR 之间频繁的信息交互而占用带宽。通过 BSR 机制动态选举 RP，可以避免手工配置的繁琐；同时配置多台 C-RP 可以保证组播数据转发的可靠性。

静态 RP 和动态 RP 可同时配置，但此时静态 RP 由于缺省优先级较低而被当作备份 RP。同时配置时需要确保各组播设备间的 RP 信息一致，否则容易导致网络故障。静态和动态 RP 的配置步骤见表 10-33，表 10-34 列出了 C-BSR、C-RP 部分参数的缺省配置。

表 10-33   **RP 的配置步骤**

步骤	命令	说明
1	**system-view** 例如：<HUAWEI> **system-view**	进入系统视图
2	**pim** 例如：[HUAWEI] **pim**	进入 PIM 视图
	配置静态 RP	
3	**static-rp** *rp-address* [*basic-acl-number*] [**preferred**] 例如：[HUAWEI-pim] **static-rp** 11.110.0.6 2001 **preferred**	指定静态 RP 地址。当网络内仅有一个 RP 时，可以手工配置静态 RP 而不使用动态 RP，这样可以避免 C-RP 和 BSR 之间频繁的信息交互占用带宽。命令中的参数和选项说明如下。 ① *rp-address*：指定静态 RP 的 IP 地址。 ② *basic-acl-number*：用于控制所配置的静态 RP 可服务的组播组范围的基本 ACL（过滤的是组播组地址），取值范围为 2000～2999。 ③ **preferred**：可选项，指定此处配置的静态 RP 优先（缺省情况下，动态 RP 优先于静态 RP）。 【注意】要在一个 PIM-SM 域内所有的 PIM 设备上都需指定相同的静态 RP 地址，保证静态 RP 正常运行。如果配置的静态 RP 地址是本机某个状态为 UP 的接口地址，本机就作为静态 RP，但作为静态 RP 的接口不必使能 PIM 协议。 如果没有指定 ACL，则配置的静态 RP 为所有组播组 224.0.0.0/4 服务；如果指定了 ACL，但没有配置规则，则所配置的静态 RP 为所有组 224.0.0.0/4 服务，否则配置的静态 RP 只为能够通过该 ACL 过滤的组播组服务。 重复执行此命令，会配置多个静态 RP，如果存在多个静态 RP 为某个组播组服务的情况，则选择 IP 地址最大的 RP 为该组服务。当静态 RP 引用的 ACL 规则发生变化时，需要重新为所有组选择静态 RP。对于具有相同 *rp-address* 地址的配置，新配置将覆盖旧配置。 缺省情况下，未配置静态 RP，可用 **undo static-rp** *rp-address* 命令删除指定的静态 RP
	配置动态 RP	
4	**c-bsr** *interface-type interface-number* [*hash-length* [*priority*]] 例如：[HUAWEI-pim] **c-bsr** vlanif 10	配置 C-BSR，配置动态 RP 首先要配置的是 C-BSR，选举确定 BSR。在一个 PIM-SM 域中，需要配置一个或多个 C-BSR，C-BSR 之间通过自动选举产生 BSR。BSR 负责收集 C-RP 发来的 Advertisement 报文，并将其中 C-RP 的信息汇总成 RP-set 向域内所有设备发送。建议在组播数据流量汇聚的设备上配置 C-BSR。命令中的参数说明如下。 ① *interface-type interface-number*：指定要配置为 C-BSR 的接口，只能是三层物理接口、VLANIF 接口或者 Loopback 接口。 ② *hash-length*：可选参数，指定该 C-BSR 的哈希掩码长度，取值范围为 0～32 的整数，缺省值为 30。该掩码将被带入哈希函数，用于 RP 竞选。 ③ *priority*：可选参数，指定该 C-BSR 的优先级值范围为 0～255 的整数，缺省值为 0。值越大优先级越高。 缺省情况下，未配置 C-BSR，可用 **undo c-bsr** 命令恢复缺省配置

（续表）

步骤	命令	说明
5	**bsm semantic fragmentation** 例如：[HUAWEI-pim]**bsm semantic fragmentation**	（可选）使能 BSR 报文分片功能。 【说明】交换机发送 BSR 报文时需要携带网络中所有的 C-RP 信息。当网络中存在大量 C-RP，BSR 报文携带这些 C-RP 信息时，会导致报文长度过大，超过接口 MTU 值，最终可能造成交换机无法正确处理 BSR 报文，从而无法选举出 RP 信息，组播业务也无法正常传输。此时可以使用 BSR 报文分片功能对 BSR 报文进行分片处理，从而保证网络中每台交换机都能学习到一致的 RP 信息，组播分发树能够正确建立。但是必须要保证所有设备都要使能，否则会导致未使能的设备接收到的 RP 信息不完整。 缺省情况下，没有使能 BSR 报文分片功能，可用 **undo bsm semantic fragmentation** 命令去使能 BSR 报文分片功能
6	**c-rp** *interface-type interface-number* [**group-policy** *basic-acl-number* | **priority** *priority* | **holdtime** *hold-interval* | **advertisement-interval** *adv-interval*][*] 例如：[HUAWEI-pim]**c-rp** loopback 0 **group-policy** 2069 **priority 10**	指定 C-RP 所在接口。**建议在组播数据流量汇聚的设备上配置 C-RP**。命令中的参数说明如下。 ① *interface-type interface-number*：指定要成为 C-RP 的 VLANIF 接口或者 Loopback 接口，这样该接口的 IP 地址被通告为 C-RP 地址。 ② **group-policy** *basic-acl-number*：可多选参数，指定用于限定该 C-RP 所服务的组播组范围的基本 ACL（**过滤的是组播组 IP 地址**），取值范围为 2000～2999。 ③ **priority** *priority*：可多选参数，指定该 C-RP 的优先级，取值范围为 0～255 的整数，值越大，优先级越低。缺省值为 0。 ④ **holdtime** *hold-interval*：可多选参数，指定 BSR 等待接收该 C-RP 发送的 Advertisement 消息的超时时间，取值范围为 1～65535 的整数秒。缺省值为 150s。 ⑤ **advertisement-interval** *adv-interval*：可多选参数，指定该 C-RP 发送 Advertisement 消息的时间间隔，取值范围为 1～65535 的整数秒。缺省值为 60s。 【说明】C-RP 竞选 RP 的规则如下（按顺序比较）。 ① C-RP 接口地址掩码最长者获胜。 ② C-RP 优先级较高者获胜。 ③ 如果优先级相同，则进行 Hash 计算，结果大者获胜。 ④ 如果以上都相同，则 C-RP 的 IP 地址大者获胜。 缺省情况下，交换机未配置 C-RP，可用 **undo c-rp** *interface-type interface-number* **undo c-rp** 命令删除指定的 C-RP
7	**quit** 例如：[HUAWEI-pim]**quit**	退出 PIM 视图，返回系统视图
8	**interface** *interface-type interface-number* 例如：[HUAWEI]**interface vlanif** 20	（可选）键入要配置 BSR 边界的物理接口、VLANIF 接口或 Loopback 接口，进入接口视图。**建议在规划的 PIM-SM 域的边缘接口配置 BSR 服务边界**
9	**pim bsr-boundary** 例如：[HUAWEI-Vlanif20]**pim bsr-boundary**	（可选）在以上接口配置 BSR 服务边界。配置 BSR 边界后，BSR 报文无法通过该边界，主要在划分 PIM-SM 域时使用，如果只有一个 **PIM-SM 域**，则不用配置。 缺省情况下，未设置 PIM-SM 域的 BSR 边界，可用 **undo pim bsr-boundary** 命令取消对应接口上的 BSR 边界设置

表 10-34　　　　　　　　　　　　C-BSR、C-RP 部分参数的缺省配置

参数	缺省值
C-BSR 优先级	0
C-BSR 携带的哈希掩码长度	30
BSR 报文分片功能	未使能
静态 RP 组播组策略	没有组播组策略，即允许接收任意组地址的组播报文
C-RP 组播组策略	没有组播组策略，即允许接收任意组地址的组播报文
C-RP 优先级	0
C-RP 的宣告报文发送间隔	60s
C-RP 的宣告报文保持时间	150s

3.（可选）配置 BSR 管理域

为了更有效地管理 PIM-SM 域，可将 PIM-SM 域划分为多个 BSR（自举路由器）管理域和一个 Global 域。每个 BSR 管理域都维护一个 BSR，服务于自己特定地址范围的组播组。Global 域也维护一个 BSR，为剩余不属于任何 BSR 管理域的组播组服务。由于**一台设备只能加入一个管理域**，因此，各个管理域转发组播报文互不干涉。Global 可以通过任意管理域内的设备进行报文转发。

BSR 管理域的配置方法见表 10-35，其可服务的最大组地址范围为 239.0.0.0～239.255.255.255。该段地址可重复使用，相当于每个 BSR 管理域的私有组地址。

表 10-35　　　　　　　　　　　　BSR 管理域的配置步骤

步骤	命令	说明
1	**system-view** 例如：\<HUAWEI> **system-view**	进入系统视图
2	**pim** 例如：[HUAWEI] **pim**	进入 PIM 视图
3	**c-bsr admin-scope** 例如：[HUAWEI-pim] **c-bsr admin-scope**	**在 PIM 域内所有设备上使能 BSR 管理域功能。** 【说明】每个 BSR 管理域中维护一个 BSR，为特定范围 239.0.0.0/8 网段内的组播组服务，属于该 BSR 管理域范围内的组播报文无法通过 BSR 管理域边界。不属于任何 BSR 管理域的组播组，一律属于 Global 域的服务范围。Global 域中维护一个 BSR，为所有剩余的组播组服务，即为组播组地址在 239.0.0.0/8 范围以外的所有组播组服务。 缺省情况下，交换机未使能 BSR 管理域功能，可用 **undo c-bsr admin-scope** 命令恢复 BSR 管理域功能缺省的去使能状态
4	**c-bsr group** *group-address* { *mask* | *mask-length* } [**hash-length** *hash-length* | **priority** *priority*] * 例如：[HUAWEI-pim] **c-bsr group** 239.0.0.0 255.0.0.0 **priority** 10	**在每个 BSR 管理域的 C-BSR 上配置服务的组地址范围。**命令中的参数和选项说明如下。 ① *group-address* { *mask* | *mask-length* }：表示组播组地址及掩码或掩码长度，共同确定组播地址范围。 ② **hash-length** *hash-length*：可多选参数，指定对应组播组在 BSR 管理域中 C-BSR 的哈希掩码长度，取值范围为 0～32 的整数（用于 C-BSR 选举）。缺省值是 30。 ③ **priority** *priority*：可多选参数，指定对应组播组在 BSR 管理域中的 C-BSR 的优先级（也用于 C-BSR 选举），取值

（续表）

步骤	命令	说明
4	**c-bsr group** *group-address* { *mask* | *mask-length* } [**hash-length** *hash-length* | **priority** *priority*] * 例如：[HUAWEI-pim] **c-bsr group** 239.0.0.0 255.0.0.0 **priority** 10	范围为 0～255 的整数。值越大，优先级越高。缺省值是 0。 缺省情况下，未配置 C-BSR 服务的管理域组地址范围，可用 **undo c-bsr group** *group-address* 命令删除 C-BSR 上配置的组播地址范围
5	**c-bsr global** [**hash-length** *hash-length* | **priority** *priority*] * 例如：[HUAWEI-pim] **c-bsr global priority** 1	配置 Global 域的 C-BSR。命令中的两个参数与上一步 **c-bsr group** 命令中的对应参数一样，参见即可。 缺省情况下，PIM-SM 域中未配置 Global 域的 C-BSR，可用 **undo c-bsr global** 命令取消本交换机作为 Global 域的 C-BSR
6	**quit** 例如：[HUAWEI-pim] **quit**	退出 PIM 视图，返回系统视图
7	**interface** *interface-type interface-number* 例如：[HUAWEI] **interface** vlanif 30	键入 BSR 管理域的边缘接口，进入接口视图
8	**multicast boundary** *group-address* { *mask* | *mask-length* } 例如：[HUAWEI-Vlanif30] **multicast boundary** 239.2.0.0 16	在每个 BSR 管理域的边缘接口上配置 BSR 域管理边界。限定了组地址范围后，该范围内的组播报文将无法通过本接口进行转发。 【说明】有时候希望某些组播组的数据在一定范围内转发，比如配置 BSR 管理域时，每个管理域都会有一段特定的组地址为本管理域服务，而组播源发往这些组播组的数据都希望限定在各自的管理域内转发。在接口上配置了针对某些组播组的组播边界之后，指定组播组的组播报文将无法通过该接口进行转发，从而达到了限制转发范围的目的。 缺省情况下，任何接口上都没有配置组播转发边界，可用 **undo multicast boundary** { *group-address* { *mask* | *mask-length* } | **all** } 命令删除在接口上配置的组播转发边界

4.（可选）配置 RPT 不向 SPT 切换

当组播流量变大时，RP 上的负担增大，容易引发故障，此时可通过组成员端 DR 发起到源的 SPT 切换来减轻 RP 的压力。

缺省情况下，组成员端 DR 在接收到第一份组播数据报文后都会向源方向发起 SPT 切换。如果不希望组成员端 DR 发起 SPT 切换，一直用 RPT 传输组播数据，可配置 RPT 不向 SPT 切换功能，配置方法如表 10-36 所示。

表 10-36　　　　　　　　　**RPT 不向 SPT 切换的配置步骤**

步骤	命令	说明
1	**system-view** 例如：\<HUAWEI\> **system-view**	进入系统视图
2	**pim** 例如：[HUAWEI] **pim**	进入 PIM 视图
3	**spt-switch-threshold** { *traffic-rate* | **infinity** } [**group-policy** *basic-acl-number* [**order** *order-value*]]	设置组成员端 DR 加入 SPT 的组播报文速率阈值，命令中的参数和选项说明如下。 • *traffic-rate*：二选一参数，指定 RPT 切换到 SPT 的速率阈值，整数形式，取值范围是 1～4194304，单位：kbit/s。

（续表）

步骤	命令	说明
3	例如：[HUAWEI-pim] **spt-switch-threshold infinity**	• **infinity**：二选一选项，表示永远不发起 SPT 切换。 • **group-policy** *basic-acl-number*：可选参数，指定与 *basic-acl-number* 参数匹配的组播组将启用该阈值。*basic-acl-number* 表示基本访问控制列表号，定义一个组播组范围。 • **order** *order-value*：可选参数，调整 ACL 在 group-policy 列表中的序号。在一个组匹配多个 ACL 的情况下，阈值的选择按 *order-value* 来排序。*order-value* 表示序号的更新值。整数形式，取值范围是当前 group-policy 列表序号中非原序号的所有值。如果未配置该参数，则不改变列表序号。 缺省情况下，从 RPT 收到第一个组播数据包后立即进行 SPT 切换，可用 **undo spt-switch-threshold** 命令禁止切换
4	**timer spt-switch** *interval* 例如：[HUAWEI-pim] **timer spt-switch** 30	配置检查组播数据转发速率的时间间隔，整数形式，取值范围是 15～65535，单位：s。 在使用本命令前，必须使用上一步的 **spt-switch-threshold** 命令配置切换速率阈值，否则检查组播数据速率时间间隔没有意义。 缺省情况下，RPT 切换到 SPT 前检查组播数据速率是否达到阈值的时间间隔是 15s，可用 **undo timer spt-switch** 命令恢复时间间隔为缺省值

5．（可选）调整注册控制参数

源端 DR 在收到组播源发送来的组播数据后，会将其封装在注册报文中转发给 RP，使得相应组播源可以在 RP 上注册。注册报文控制参数可在 RP 和源端 DR 两个位置进行调整。

在源端 DR 上可进行如下调整。

① 配置注册 Register 报文抑制时间（**缺省为 60s**）。源端 DR 在收到 RP 发来的 Register-stop（注册停止）报文后，在注册抑制时间内停止向 RP 发送注册报文。超时后，如果源端 DR 没有收到后续的注册停止报文，则恢复相应注册报文的转发。

② 配置发送空注册报文的时间间隔（**缺省为 5s**）。如果注册抑制时间过大或过小，都会影响组播数据的正常转发。通过在抑制期间发空注册报文，可以改善这种影响。

③ 配置仅根据注册报文头来计算校验和（**缺省 RP 根据整个注册报文来计算校验和**），这样可减少计算校验和的时间，提高注册报文封装组播数据的效率。

④ 配置注册报文的源地址。如果当前源 DR 向 RP 发送的注册报文的源地址对于 RP 来说不是网络中唯一的 IP 地址，或者 RP 上配置了过滤策略将该地址已过滤掉，RP 都不会接收到注册报文。此时，通过重新指定合理的源 IP 地址，可解决此问题。

在 RP 上可配置过滤注册报文的规则（**缺省没有配置过滤策略，即允许接收任意组地址的注册报文**），可限定注册报文的地址范围，提高网络安全性。

调整以上参数的配置步骤见表 10-37。

表 10-37　　　　　　　　　　调整注册控制参数的配置步骤

步骤	命令	说明
1	**system-view** 例如：<HUAWEI> **system-view**	进入系统视图

（续表）

步骤	命令	说明
2	**Pim** 例如：[HUAWEI] **pim**	进入 PIM 视图
	在源端 DR 上配置	
3	**register-suppression-timeout** *interval* 例如：[HUAWEI-pim] **register-suppression-timeout** 70	配置保持注册抑制状态的超时时间，取值范围为 11～3600 的整数秒。 【说明】当交换机接收到从 RP 发来的针对（S, G）项的 Register-Stop 报文，会立刻停止发送封装组播数据的 Register 报文，此时交换机进入注册抑制状态。执行此命令可设置注册抑制状态的超时时间。超时后，源端 DR 将恢复向 RP 发送 Register 报文。 缺省情况下，注册抑制状态的超时时间是 60s，可用 **undo register- suppression-timeout** 命令恢复超时时间为缺省值
4	**probe-interval** *interval* 例如：[HUAWEI-pim] **probe-interval** 30	配置交换机向 RP 发送 Probe 报文（空注册报文）的时间间隔，取值范围是 1～1799 的整数秒。但必须小于上一步 **register-suppression-timeout** 值的 1/2。 【说明】当组播源侧 DR 收到 RP 发送的 Register-Stop 报文后，组播源端 DR 将会停止发送注册报文并进入注册抑制状态。在注册抑制期间，组播源端 DR 向 RP 周期性发送 Probe 报文以通告组播源仍处于激活状态。注册抑制超时后，组播源端 DR 重新开始发送注册报文。 缺省情况下，交换机向 RP 发送 Probe 报文的时间间隔是 5s，可用 **undo probe-interval** 命令恢复时间间隔为缺省值
5	**register-header-checksum** 例如：[HUAWEI-pim] **register-header-checksum**	在源端 DR 上配置仅根据 Register 注册报文头信息来计算校验和，未通过校验的 Register 注册报文将被丢弃。 【说明】缺省情况下，源端 DR 根据 Register 注册报文全部内容来计算校验和。执行此命令后，源端 DR 仅根据注册报文头来计算校验和，可减少计算校验和的时间，提高注册报文封装组播数据的效率，可用 **undo register-header-checksum** 命令恢复缺省配置
6	**register-source** *interface-type interface-number* 例如：[HUAWEI-pim] **register-source** loopback 0	指定源端 DR 发送注册报文的源地址。 【说明】如果发送注册报文的源 IP 地址对于 RP 路由器不再是网络中唯一的 IP 地址或者是一个被过滤掉的 IP 地址，那么注册过程就会出现错误，导致网络中出现多余的流量，占用带宽。这时可以通过本命令指定一个源端 DR 上合理接口作为发送注册报文的源 IP 地址，**建议使用源 DR 上 Loopback 接口的 IP 地址**。 缺省情况下，不指定源 DR 发送注册报文的源地址，可用 **undo register-source** 命令取消指定的源 DR 发送注册报文的源地址
	在 RP 上配置	
7	**register-policy** *advanced-acl-number* 例如：[HUAWEI-pim] **register-policy** 3001	配置 RP 过滤 Register 注册报文的规则。参数 *advanced-acl-number* 用来指定过滤组播源组地址的高级 ACL 编号，取值范围为 3000～3999。在定义 ACL 规则时，通过 **permit** 选项配置设备仅接收指定地址范围的注册报文。如果 ACL 未定义规则，则设备缺省过滤掉所有的注册报文。 【说明】为了防止非法注册报文攻击，可以根据报文过滤规则来接受或拒绝和规则匹配的注册报文。 缺省情况下，未配置注册报文过滤规则，可用 **undo register-policy** 命令取消注册报文过滤配置

6.（可选）调整 C-RP 控制参数

在接口上配置了 C-RP（候选 RP）后，C-RP 会周期性（**缺省为 60s**）地向 BSR 发送 Advertisement 报文（以下称宣告报文），报文携带该 C-RP 优先级、该宣告报文的保持时间。BSR 在收到该报文后，启动 C-RP 超时定时器，时间设为宣告报文的保持时间（**缺省为 150s**）。在超时前，BSR 将宣告报文中携带的 C-RP 信息汇总成 RP-Set 信息，封装在自举报文中向 PIM 域中的所有 PIM 路由器发送。如果超时后 BSR 仍没有收到来自某 C-RP 后续的宣告报文，则认为目前网络中该 C-RP 失效或不可达。**所以 C-RP 发送宣告报文时间间隔必须小于宣告报文的保持时间。**

C-RP 发送宣告报文时间间隔、C-RP 优先级、宣告报文的保持时间都可进行手工配置，具体配置步骤见表 10-38。有时候为了防止非法 C-RP 欺骗，还可在 BSR 上设置合法的 C-RP 地址范围，只接收该地址范围内的 C-RP 宣告报文。

表 10-38　　　　　　　　　　调整 **C-RP** 控制参数的配置步骤

步骤	命令	说明
1	**system-view** 例如：<HUAWEI> **system-view**	进入系统视图
2	**pim** 例如：[HUAWEI] **pim**	进入 PIM 视图
在 C-RP 上配置宣告报文携带的参数		
3	**c-rp priority** *priority* 例如：[HUAWEI-pim] **c-rp priority** 20	配置 C-RP 的全局性优先级，取值范围是 0～255，优先级数值越大，优先级越低。但重复配置此命令将覆盖原有配置信息。C-RP 竞选 RP 的规则参见表 10-33 中的第 6 步说明。 缺省情况下，C-RP 的全局性优先级是 0，可用 **undo c-rp priority** 命令恢复该优先级为缺省值
4	**c-rp advertisement-interval** *interval* 例如：[HUAWEI-pim] **c-rp advertisement-interval** 30	配置 C-RP 周期性发送 Advertisement 报文的时间间隔，取值范围为 1～65535 的整数秒。 【说明】PIM-SM 域内的所有 C-RP 会周期性地向 BSR 发送携带自身参数的 Advertisement 报文，然后 BSR 将收集到这些 C-RP 信息汇总成 RP-set 向域内所有设备发送。可通过此命令配置 C-RP 向 BSR 发送 Advertisement 报文的时间间隔。 缺省情况下，C-RP 发送 Advertisement 报文的时间间隔是 60s，可用 **undo c-rp advertisement-interval** 命令恢复发送时间间隔为缺省值
5	**c-rp holdtime** *interval* 例如：[HUAWEI-pim] **c-rp holdtime** 60	配置 C-BSR 等待接收 BSR 发送的 Bootstrap 报文的超时时间，取值范围为 1～214748364 的整数秒。 【说明】当某 C-BSR 竞选获胜成为 BSR 后，周期性地向网络发送 Bootstrap 报文，报文中携带自己的 IP 地址、RP-Set 信息。Bootstrap 报文的发送间隔为 BS_intervel，可以使用第 4 步的 **c-bsr interval** 命令配置
在 BSR 上限定合法的 C-RP 地址范围		
6	**crp-policy** *advanced-acl-number* 例如：[HUAWEI-pim] **crp-policy** 3100	在 BSR 上配置用来限定合法的 C-RP 地址范围及其服务的组播组地址范围，使其丢弃来自该地址范围之外的 C-RP 报文，从而防止 C-RP 欺骗。参数 *advanced- acl-number* 指定用于定义了针对 C-RP 地址范围（作为规则中的源地址）和其服务组播组地址（作为规则中的目的地址）范围的过滤策略的

（续表）

步骤	命令	说明
6	**crp-policy** *advanced-acl-number* 例如：[HUAWEI-pim] **crp-policy** 3100	高级 ACL，取值范围为 3000~3999。在定义 ACL 的规则时，通过 **permit** 选项配置设备仅接收指定地址范围的宣告报文。如果 ACL 未定义规则，则设备缺省过滤掉所有的宣告报文。 【说明】为了防止 C-RP 欺骗，需要在 BSR 上配置本命令限定合法的 C-RP 地址范围以及其服务的组播组地址范围。由于每个 **C-BSR** 都可能成为 **BSR**，因此需要在每个 **C-BSR** 上都配置相同的过滤策略。 缺省情况下，C-RP 地址范围及其服务的组播组地址范围不受任何限制，即 BSR 认为接收到的所有 C-RP 报文都是合法的，可用 **undo crp-policy** 命令恢复缺省配置

7.（可选）

BSR 由 C-BSR（候选 BSR）之间自动选举产生。在选举开始时，每个 C-BSR 都认为自己是本 PIM-SM 域的 BSR，向域内所有 PIM 路由器发送自举报文。C-BSR 在接收到其他 C-BSR 发来的自举报文后，首先比较二者的优先级，若优先级相同，则再比较二者的 IP 地址，IP 地址较大者获胜。获胜者将成为域内的 BSR，它会将自己的 IP 地址和 RP-Set 信息封装在自举报文中向域内发送。自举报文还携带哈希掩码信息，以备在 C-RP 竞选中进行哈希计算时所需。

BSR 周期性（**缺省值为 60s**）地发送自举报文，其他的 C-BSR 收到该报文后会启动超时定时器，时间设为自举报文的保持时间（**缺省值为 150s**）。超时后如果没有接收到 BSR 发来的自举报文，C-BSR 之间会触发新一轮的 BSR 选举过程。所以 **BSR 发送自举报文的时间间隔必须要小于自举报文的保持时间**。

C-BSR 优先级、BSR 哈希掩码、BSR 发送自举报文时间间隔、自举报文的保持时间都可进行手工配置，具体配置步骤见表 10-39。有时候为了防止非法 BSR 欺骗，还可在接口使能 PIM-SM 的设备上设置合法的 BSR 地址范围，只接收该地址范围内 BSR 的自举报文。

表 10-39　　　　　　　　　　　调整 C-BSR 控制参数的配置步骤

步骤	命令	说明
1	**system-view** 例如：<HUAWEI> **system-view**	进入系统视图
2	**pim** 例如：[HUAWEI] **pim**	进入 PIM 视图
	在 C-BSR 上配置自举报文携带的参数	
3	**c-bsr priority** *priority* 例如：[HUAWEI-pim] **c-bsr priority** 100	配置 C-BSR 的全局优先级（可能需要在每个 C-BSR 上配置），取值范围为 0~255 的整数。**值越大，优先级越高**。 【说明】多个 C-BSR 与竞选 BSR 的规则如下。 ① 具有最高优先级的交换机将成为 BSR。 ② 当优先级相同时，IP 地址较大者将成为 BSR。 当希望某个 C-BSR 成为 BSR 时，可以配置该命令调大该 C-BSR 的优先级数值。 缺省情况下，C-BSR 的全局优先级是 0，可用 **undo c-bsr priority** 命令恢复该配置参数的缺省值

（续表）

步骤	命令	说明
4	**c-bsr hash-length** *hash-length* 例如：[HUAWEI-pim] **c-bsr hash-length** 20	配置 C-BSR 的全局性哈希掩码长度（**可能需要在每个 C-BSR 上配置**），取值范围为 0～32 的整数。 【说明】在进行动态 RP 竞选时，如果 C-RP 针对特定组的接口地址掩码和优先级都相同，则需要执行哈希函数来选取该组的 RP。交换机根据组地址 G、C-RP 的地址和哈希掩码长度，运用哈希函数，对希望为组 G 服务且优先级相同的 C-RP 逐一进行计算，并比较计算结果，计算结果最大者为组播组 G 提供服务的 RP。配置哈希掩码长度主要用来调整哈希计算结果。 缺省情况下，C-BSR 的全局性哈希掩码长度是 30，可用 **undo c-bsr hash-length** 命令恢复该配置参数的缺省值
5	**c-bsr holdtime** *interval* 例如：[HUAWEI-pim] **c-bsr holdtime** 100	配置 C-BSR 等待接收 BSR 发送的 Bootstrap 报文的超时时间（**可能需要在每个 C-BSR 上配置**），取值范围为 1～214748364 的整数秒。 【说明】在实际应用中，**属于同一个 PIM 域的所有 C-BSR 必须使用相同的 BS_interval**（将在下一步介绍）**和 Holdtime**。如果配置值不同，有可能导致当选 BSR 不稳定，从而引发组播故障。有以下注意事项。 ① 如果同时配置了 BS_interval 和 Holdtime，则请务必保证 BS_interval 小于 Holdtime。 ② 如果只配置了其中之一，则使用公式：Holdtime = 2 × BS_interval + 10，计算另一个。如果配置了 Holdtime，计算结果小于 BS_interval 取值范围的最小值时，BS_interval 取最小值；如果配置了 BS_interval，计算结果大于 Holdtime 取值范围的最大值时，Holdtime 取最大值。 ③ 如果都未配置，则使用缺省值：BS_interval 为 60s，Holdtime 为 130s。 缺省情况下，C-BSR 等待接收 BSR 发送的 Bootstrap 报文的超时时间是 130s，可用 **undo c-bsr holdtime** 命令恢复超时时间为缺省值
6	**c-bsr interval** *interval* 例如：[HUAWEI-pim] **c-bsr interval** 100	配置 C-BSR 发送 Bootstrap 自举报文的间隔时间（**可能需要在每个 C-BSR 上配置**），取值范围为 1～107374177 的整数秒。 【说明】当某 C-BSR 竞选获胜成为 BSR 后，将周期性地向 PIM-SM 域内发送 Bootstrap 报文，报文中携带自己的 IP 地址、RP-Set 信息。Bootstrap 报文的发送间隔为 BS_intervel，可以使用本命令配置。其他选举落败的 C-BSR 抑制 Bootstrap 报文的发送，并启动定时器监视当选 BSR。定时器超时时间为 Holdtime，可以使用上一步的 **c-bsr holdtime** 命令配置。如果收到当选 BSR 发来的 Bootstrap 报文，则刷新定时器。如果定时器超时，则认为当选 BSR 发生故障。落败 C-BSR 自发执行竞选产生新的 BSR，从而确保业务免受中断。 缺省情况下，BSR 连续发送 Bootstrap 报文的时间间隔是 60s，可用 **undo c-bsr interval** 命令恢复时间间隔为缺省值
	在 PIM 设备上限定合法的 BSR 地址范围	
7	**bsr-policy** *basic-acl-number* 例如：[HUAWEI-pim] **bsr-policy** 2100	在每个 PIM 设备上限定合法 BSR 地址范围，使交换机丢弃来自该地址范围之外的自举报文，从而防止 BSR 欺骗。参数 *basic-acl-number* 指定用于表定义了针对 BSR 报文源地址

（续表）

步骤	命令	说明
7	**bsr-policy** *basic-acl-number* 例如：[HUAWEI-pim] **bsr-policy** 2100	范围的过滤策略的基本 ACL，取值范围为 2000～2999。 在定义 ACL 规则时，通过 **permit** 选项配置设备仅接收指定地址范围的自举报文。如果 ACL 未定义规则，则设备缺省过滤掉所有地址范围的自举报文。 缺省情况下，BSR 地址范围不受任何限制，即交换机接收到的所有自举报文都认为是有效的，不会丢弃，可用 **undo bsr-policy** 命令恢复缺省配置

10.6.2　配置 SSM 模型的 PIM-SM

SSM 模型的 PIM-SM 配置很简单，主要包括两项配置任务：一是必选的 PIM-SM 功能，二是可选的 SSM 组策略配置。通过 SSM 组策略可控制 SSM 组地址范围，具体见表 10-40。

表 **10-40**　　　　　　　　　　　**SSM** 模型的 **PIM-SM** 的配置步骤

步骤	命令	说明
1	**system-view** 例如：<HUAWEI>**system-view**	进入系统视图
2	**multicast routing-enable** 例如：[HUAWEI] **multicast routing-enable**	全局使能组播路由功能。其他说明参见 10.3.1 节表 10-13 中的第 3 步
3	**interface***interface-typeinterface-number* 例如：[HUAWEI] **interface vlanif** 10	键入要配置 PIM-SM 功能的 VLANIF 或者 Loopback 接口，进入接口视图
4	**pim sm** 例如：[HUAWEI-Vlanif10] **pim sm**	在以上接口上使能 PIM-SM 功能。其他说明参见 10.6.1 节表 10-32 中的第 4 步
5	**quit** 例如：[HUAWEI-Vlanif10] **quit**	退出接口视图，返回系统视图
6	**pim** 例如：[HUAWEI] **pim**	进入 PIM 视图
7	**ssm-policy***basic-acl-number* 例如：[HUAWEI-pim] **ssm-policy** 2010	（可选）配置 SSM 组播组地址范围，**仅在需要扩展 SSM 组播组地址范围时配置**。参数用来定义 SSM 组播地址范围的基本 ACL，取值范围为 2 000～2 999。但要确保网络内所有 PIM 设备上配置的 SSM 组地址范围都一致 缺省情况下，**SSM 组范围是 232.0.0.0/8**，执行此命令后可以超出这个范围，所有使能 PIM-SM 协议的接口将会认为属于该范围内的组播组采用了 PIM SSM 模式，可用 **undo ssm-policy** 命令恢复缺省配置

10.6.3　PIM-SM 其他可选功能及参数配置

本节将要介绍的是 PIM-SM 网络中其他可选功能及参数配置与前面 10.5 节中介绍的各项功能及控制参数配置的方法基本一样。这些配置选项包括以下几种。

（1）调整组播源控制参数

与在本章 10.5.2 节介绍的 PIM-DM"调整组播源控制参数"配置方法完全一样，参见即可。

（2）调整邻居控制参数

与在本章 10.5.3 节介绍的 PIM-DM"调整邻居控制参数"的配置方法基本一样，只是在 PIM-SM 网络中多了一项"跟踪下游邻居功能"配置。

设备发送 Hello 报文时，会生成一个 Generation ID 携带在该报文中。一般 Generation ID 不会改变，只有设备状态改变了，此时 Generation ID 重新生成才会改变。这时邻居设备在收到 Hello 报文后，发现 Generation ID 改变，会立即向该设备发送加入报文以刷新邻居关系。

正常情况下，如果共享网段内有多台设备都准备向同一上游设备发送加入请求，会采用侦听机制来抑制这种相同加入报文的数目，即一台设备在侦听到其他设备的加入报文后，将不会再向该上游 PIM 邻居发送加入报文。这时会因 Generation ID 改变的上游邻居无法刷新与每台下游的邻居关系。配置了"跟踪下游邻居"功能后，设备在侦听到其他设备发送的加入报文时，将不会抑制向相同的上游 PIM 邻居发送加入报文。

跟踪下游邻居功能在全局 PIM 视图下和接口视图下都可配置，具体配置步骤如表 10-41 所示。如果同时配置，接口视图上的配置生效，**但必须保证共享网段中的所有设备都使能该功能。**

表 10-41 跟踪下游邻居功能的配置步骤

步骤	命令	说明
1	**system-view** 例如：<HUAWEI> **system-view**	进入系统视图
全局使能跟踪下游邻居功能		
2	**pim** 例如：[HUAWEI] **pim**	进入 PIM 视图。可用 **undo pim** 命令清除 PIM 视图下进行的配置，将删除所有 IPv4 PIM 全局配置信息，请慎用
3	**hello-option neighbor-tracking** 例如：[HUAWEI-pim] **hello-option neighbor-tracking**	全局使能跟踪下游邻居功能。 缺省情况下，未使能邻居跟踪功能，可用 **undo hello-option neighbor-tracking** 命令来恢复缺省配置
在接口上使能跟踪下游邻居功能		
4	**quit** 例如：[HUAWEI-pim] **quit**	退出发 PIM 视图，返回系统视图
5	**interface** *interface-type interface-number* 例如：[HUAWEI] **interface** vlanif 100	键入要配置邻居控制参数的 PIM-DM 物理接口、VLANIF 接口或者 Loopback 接口，进入接口视图
6	**pim hello-option neighbor-tracking** 例如：[HUAWEI-Vlanif100] **pim hello-option neighbor-tracking**	（可选）在以上接口上使能跟踪下游邻居功能。 缺省情况下，未使能邻居跟踪功能，可用 **undo pim hello-option neighbor-tracking** 命令用来恢复缺省配置

（3）调整 DR 竞选控制参数

这是 PIM-DM 网络中所没有的，仅在 PIM-SM 网络中需要配置。

　　设备之间通过交互 Hello 报文选举 DR，主要负责源端或者组成员端的协议报文发送的工作。这里又包括配置 DR 优先级和配置 DR 切换延迟两方面。

　　在配置 DR 优先级时，组播源或组播成员所在的共享网段，通常同时连接着多台 PIM 设备。为了争取该网段唯一的组播报文转发权，PIM 设备之间就需要通过交互 Hello 报文进行 DR 竞选。竞选时，首先比较 Hello 报文中携带的 DR 优先级（**缺省值为 1**），优先级较高者获胜（优先级数值越大，表示优先级越高）。如果 DR 优先级相同或该网段存在至少一台 PIM 设备不支持在 Hello 报文中携带 DR 优先级，则 IP 地址较大者获胜。DR 优先级在全局 PIM 视图下和接口视图下都可配置，如果同时配置，接口视图上的配置生效。

　　在配置 DR 切换延迟时，有时候由于某些原因，当前共享网段的 DR 变成非 DR，原有向该网段转发数据的组播表项会被立即删除，这可能会导致短时间内组播数据的断流。此时，可以配置 DR 切换延迟，并指定延迟时间，原有表项仍然有效，直到延迟时间超时。

　　以上两项功能的具体配置步骤见表 10-42。

表 10-42　　　　　　　　　　　　调整 DR 竞选控制参数的配置步骤

步骤	命令	说明
1	**system-view** 例如：\<HUAWEI\> **system-view**	进入系统视图
	全局配置 DR 优先级	
2	**pim** 例如：[HUAWEI] **pim**	进入 PIM 视图。可用 **undo pim** 命令清除 PIM 视图下进行的配置，将删除所有 IPv4 PIM 全局配置信息，请慎用
3	**hello-option dr-priority** *priority* 例如：[HUAWEI-pim] **hello-option dr-priority** 100	全局配置交换机竞选 DR 的优先级，取值范围为 0～4294967295 的整数。 缺省情况下，交换机竞选成为 DR 的优先级是 1，可用 **undo hello-option dr-priority** 命令恢复交换机全局 DR 优先级参数为缺省值
	在接口上配置 DR 优先级和 DR 切换延迟	
4	**quit** 例如：[HUAWEI-pim] **quit**	退出 PIM 视图，返回系统视图
5	**interface** *interface-type interface-number* 例如：[HUAWEI] **interface** vlanif 100	（可选）键入要配置 DR 优先级的 PIM VLANIF 接口或者 Loopback 接口，进入接口视图
6	**pim hello-option dr-priority** *priority* 例如：[HUAWEI-Vlanif100] **pim hello-option dr-priority** 200	（可选）在以上接口上配置竞选 DR 的优先级，取值范围为 0～4294967295 的整数。 缺省情况下，交换机竞选成为 DR 的优先级是 1，**undo hello-option dr-priority** 命令用来恢复对应接口上 DR 优先级为缺省值
7	**pim timer dr-switch-delay** *interval* 例如：[HUAWEI-Vlanif100] **pim timer dr-switch-delay** 360	在接口上配置 DR 切换延迟，并指定延迟时间，取值范围为 10～3600 的整数秒。当出接口由 DR 变成非 DR 时，在延迟时间超时之前，出接口继续转发数据。 缺省情况下，当出接口由 DR 变为非 DR 时，出接口立即停止转发数据，可用 **undo pim timer dr-switch-delay** 命令取消接口上的 PIM DR 切换延迟功能

（4）调整加入和剪枝控制参数

与在本章 10.5.4 节介绍的 PIM-DM "调整剪枝控制参数" 的配置方法基本一样，只是在 PIM-SM 网络中多了一项 "Join 信息过滤策略" 配置。

有时候，为了防止非法用户的加入，还可配置 Join 信息过滤策略，指定 Join-Prune 报文中 Join 信息的合法源地址范围。具体配置方法是在对应的 PIM 接口视图下使用 **pimjoin-policy** { **asm** *basic-acl-number* | **ssm** *advanced-acl-number* | *advanced-acl-number* } 命令配置 Join 信息过滤策略，限定 Join 信息的合法源地址范围。命令中的参数说明如下。

■ **asm** *basic-acl-number*：多选一参数，指定用于过滤在 ASM 组播组地址的 Join 信息，取值范围为 2000～2999。

■ **ssm** *advanced-acl-number*：多选一参数，指定源地址向组地址在 SSM 范围内的组播组发送的 Join 信息，取值范围为 3000～3999。

■ *advanced-acl-number*：多选一参数，指定源地址向 ASM 或者 SSM 组地址的组播组发送的 Join 信息，取值范围为 3000～3999。

在定义 ACL 规则时，通过 **permit** 选项配置设备仅接收指定地址范围的 Join 信息。如果 ACL 未定义规则，则接口缺省过滤掉 Join-Prune 报文中所有地址范围的 Join 信息。

缺省情况下，不过滤 Join-Prune 报文中的 Join 信息，可用 **undo pim join-policy** 命令恢复缺省配置。

（5）调整断言控制参数

与在本章 10.5.7 节介绍的 PIM-DM "调整断言控制参数" 配置方法完全一样，参见即可。

（6）PIM GR

这部分也是 PIM-SM 网络所特有的功能，用于在设备进行主备倒换时实现快速倒换，保持用户组播流量的正常转发。

在堆叠系统中配置 PIM GR（Graceful Restart）功能后，主交换机会向备交换机备份 PIM 路由表项、组播转发表以及需要向上游发送的 Join/Prune 信息。这样主备倒换后，新的主交换机就可以主动快速地向上游发送 Join 信息，维持上游的加入状态。具体配置步骤见表 10-43。

表 10-43　　　　　　　　　　　　　　PIM GR 的配置步骤

步骤	命令	说明
1	**system-view** 例如：\<HUAWEI\> **system-view**	进入系统视图
2	**pim** 例如：[HUAWEI] **pim**	键入要配置 BFD 的 PIM 接口，进入接口视图
3	**graceful-restart** 例如：[HUAWEI-pim] **graceful-restart**	全局使能 PIM GR。缺省情况下，没有使能 PIM GR 功能，**undo graceful-restart** 命令去使能 PIM GR 功能
4	**graceful-restart period** *period* 例如：[HUAWEI-pim] **graceful-restart period** 200	配置 PIM GR 的最小周期，用来保证转发过程中维持原有转发表项的最小时间，取值范围是 90～3600 的整数秒。 由于 PIM GR 是建立在单播 GR 的基础上，因此配置 PIM GR 最小周期应大于所依赖单播 GR 的最小周期。**重复配置此命令将覆盖原有配置。** 缺省情况下，PIM GR 最小周期为 120s，可用 **undo graceful-restart period** 命令恢复 PIM GR 最小周期的缺省值

（7）PIM Silent

与在本章前面 10.5.8 节介绍的 PIM-DM "配置 PIM Silent" 的配置方法完全一样，参见即可。

10.6.4　PIM-SM 管理

配置好 PIM-SM（ASM 或者 SSM 模型）后，可以通过一系列 **display** 任意视图命令查看 PIM-SM 相关功能及参数配置信息，如查看 BSR、RP、PIM 接口、PIM 邻居和 PIM 路由表等信息，以验证配置及 PIM-SM 的运行结果。

- **display pim bsr-info**：查看 BSR 的信息。
- **display pim rp-info** [*group-address*]：查看所有或者指定组播组的 RP 信息。
- **display pim interface** [*interface-type interface-number* | **up** | **down**] [**verbose**]：查看所有或者指定接口，或者状态为 Up 或者 Down 接口上的摘要或者详细（选择 **verbose** 可选项时）PIM 信息。
- **display pim neighbor** [*neighbor-address* | **interface** *interface-type interface- number* | **verbose**]*：查看指定邻居或者（和）接口上的 PIM 邻居信息。
- **display pim routing-table** [*group-address* [**mask** { *group-mask-length* | *group- mask* }] | *source-address* [**mask** { *source-mask-length* | *source-mask* }] | **incoming-interface** { *interface-type interface-number* | **register** } | **outgoing-interface** { **include** |**exclude** | **match** } { *interface-type interface-number* | **register** | **none** } | **mode** { **dm** | **sm** | **ssm** } | **flags** *flag- value* | **fsm**]* [**outgoing- interface-number** [*number*]]：查看符合条件的 PIM 路由表的详细信息。
- **display pim routing-table brief** [*group-address* [**mask** { *group-mask-length* | *group-mask* }] | *source-address* [**mask** { *source-mask-length* | *source-mask* }] | **incoming-interface** { *interface-type interface-number* | **register** }]*：查看符合条件的 PIM 路由表摘要信息。
- **display pim bfd session statistics** 命令查看 PIM BFD 会话统计信息。
- **display pim bfd session** [**interface** *interface-type interface-number* | **neighbor** *neighbor-address*]*：查看指定接口上或者与指定邻居之间的 PIM BFD 会话信息。
- **display pim claimed-route** [*source-address*]：查看所有或者指定组播组中 PIM 协议使用的单播路由信息。
- **display pim control-message counters message-type** { **probe** | **register** | **register-stop** | **crp** }或 **display pim control-message counters** [**message-type** { **assert** |**graft** | **graft-ack** | **hello** | **join-prune** | **state-refresh** | **bsr** } | **interface** *interface-type interface- number*]*：查看发送、接收和无效的 PIM 控制报文数目。
- **display pim invalid-packet** [**interface** *interface-type interface-number* | **message-type** { **assert** | **bsr** | **hello** | **join-prune** |**graft** | **graft-ack** | **state-refresh** }]*：查看设备接收到的无效 PIM 报文的统计信息。
- **reset pim control-message counters** [**interface** *interface-type interface- number*]：清除 PIM 控制报文统计信息。

10.6.5 PIM-SM（ASM 模型）配置示例

本示例的拓扑结构如图 10-37 所示，是一个单域 PIM-SM 网络。现用户主机 HostA、HostB 希望能够接收到 Source 发送的组播数据。

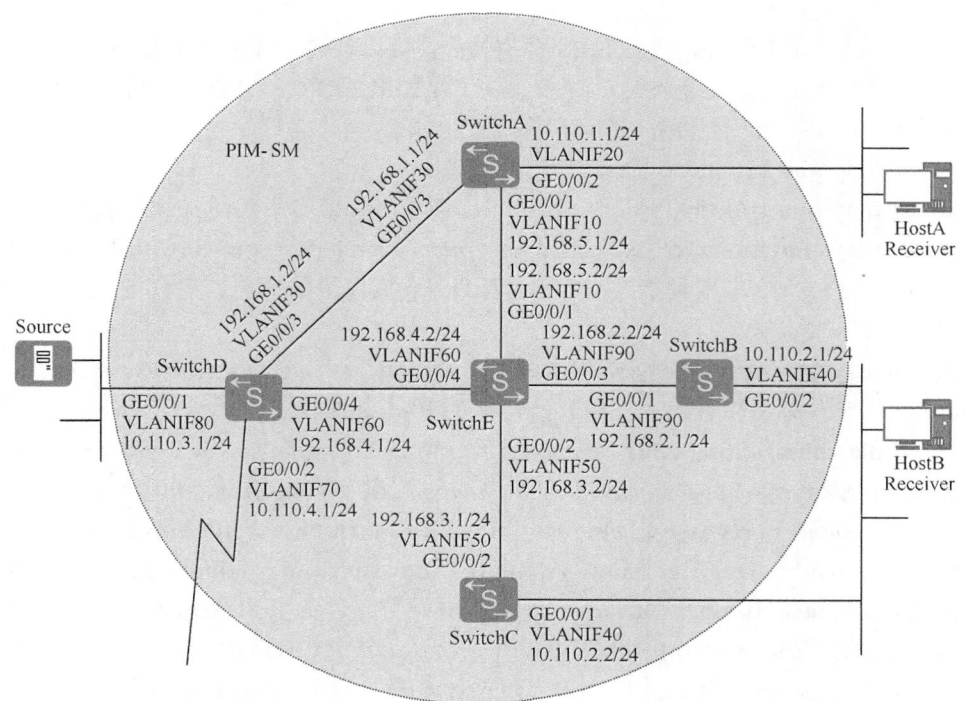

图 10-37　ASM 模型的 PIM-SM 域内组播配置示例

1. 基本配置思路分析

本示例中没有明确要求用户仅接收指定组播源发来的数据，所以可以通过 PIM-SM ASM 模型来实现，使得加入同一组播组的所有用户主机能够接收任意源发往该组的组播数据。总体配置任务如下（主要为 PIM-SM ASM 的基本功能配置）。

① 配置交换机各 VLANIF 接口的 IP 地址和单播路由协议。组播域内路由协议 PIM 依赖单播路由协议，单播路由正常是组播协议正常工作的基础。

② 在所有提供组播服务的交换机上使能组播路由功能，是配置 PIM-SM 的前提。

③ 在交换机所有接口上使能 PIM-SM 功能，然后才能配置 PIM-SM 的其他功能。

④ 在与主机侧相连的交换机接口上使能 IGMP。组播组成员能通过发送 IGMP 消息自由加入或者离开某个组播组。叶节点交换机通过 IGMP 来维护组成员关系列表。

如果用户主机侧需同时配置 PIM-SM 和 IGMP，必须先使能 PIM-SM，再使能 IGMP。

⑤ 可在与主机侧相连的交换机接口上使能 PIM Silent，防止恶意主机模拟发送 PIM Hello 报文，增加 PIM-SM 域的安全性。但如果用户主机（如 HostB）所在网段相连着多台交换机，那么这些交换机的用户主机侧接口不能使能 PIM Silent，如图中的 SwitchB、SwitchC 的对应接口。

⑥ 配置 RP。在 PIM-SM 域中，RP 是提供 ASM 服务的核心，是转发组播数据的中转站。建议 RP 的位置配置在组播流量分支较多的交换机上，如图中的 SwitchE 的位置。

⑦ 在与外域相连的 SwitchD GE0/0/1 接口上配置 BSR 边界，自举报文不能通过该边界，使 BSR 只为该 PIM-SM 域服务，增加组播的可控性。

2. 具体配置步骤

下面是以上各配置任务的具体配置步骤。

① 按照图中标注配置各交换机 VLANIF 接口的 IP 地址和掩码，配置各交换机间采用 OSPF 进行互连，确保网络中各交换机间能够在网络层互通。因为 SwitchA、SwitchB、SwitchC、SwitchD 和 SwitchE 上的配置方法一样，所以下面仅以 SwitchA 上的配置为例进行介绍。

```
[SwitchA] vlan batch 10 20 30    #---批量创建 VLAN 10、VLAN 20 和 VLAN 30
[SwitchA] interface gigabitethernet0/0/1
[SwitchA-GigabitEthernet0/0/1] port hybrid pvid vlan 10
[SwitchA-GigabitEthernet0/0/1] port hybrid untagged vlan 10
[SwitchA-GigabitEthernet0/0/1] quit
[SwitchA] interface gigabitethernet0/0/2
[SwitchA-GigabitEthernet0/0/2] port hybrid pvid vlan 20
[SwitchA-GigabitEthernet0/0/2] port hybrid untagged vlan 20
[SwitchA-GigabitEthernet0/0/2] quit
[SwitchA] interface gigabitethernet0/0/3
[SwitchA-GigabitEthernet0/0/3] port hybrid pvid vlan 30
[SwitchA-GigabitEthernet0/0/3] port hybrid untagged vlan 30
[SwitchA-GigabitEthernet0/0/3] quit
[SwitchA] interface vlanif 10
[SwitchA-Vlanif10] ip address 192.168.5.1 24
[SwitchA-Vlanif10] quit
[SwitchA] interface vlanif 20
[SwitchA-Vlanif20] ip address 10.110.1.1 24
[SwitchA-Vlanif20] quit
[SwitchA] interface vlanif 30
[SwitchA-Vlanif30] ip address 192.168.1.1 24
[SwitchA-Vlanif30] quit
[SwitchA] ospf
[SwitchA-ospf-1] area 0
[SwitchA-ospf-1-area-0.0.0.0] network 10.110.1.0 0.0.0.255
[SwitchA-ospf-1-area-0.0.0.0] network 192.168.1.0 0.0.0.255
[SwitchA-ospf-1-area-0.0.0.0] network 192.168.5.0 0.0.0.255
[SwitchA-ospf-1-area-0.0.0.0] quit
[SwitchA-ospf-1] quit
```

② 在所有交换机使能组播路由功能，在各 VLANIF 接口上使能 PIM-SM 功能。同样，因为 SwitchA、SwitchB、SwitchC、SwitchD 和 SwitchE 上的配置方法一样，所以也仅以 SwitchA 为例进行介绍。

```
[SwitchA] multicast routing-enable
[SwitchA] interface vlanif 10
[SwitchA-Vlanif10] pim sm
[SwitchA-Vlanif10] quit
[SwitchA] interface vlanif 20
[SwitchA-Vlanif20] pim sm
[SwitchA-Vlanif20] quit
```

```
[SwitchA] interface vlanif 30
[SwitchA-Vlanif30] pim sm
[SwitchA-Vlanif30] quit
```

③ 在 SwitchA 连接用户主机的接口上使能 IGMP 功能。SwitchB 和 SwitchC 上的配置过程与 SwitchA 上的配置相似，配置过程略。

```
[SwitchA] interface vlanif 20
[SwitchA-Vlanif20] igmp enable
```

④ 在 SwitchA 接口上使能 PIM silent。

```
[SwitchA] interface vlanif 20
[SwitchA-Vlanif20] pim silent
```

⑤ 配置 RP。配置 RP 有两种方式：静态 RP 和动态 RP。可以同时配置，也可以只配置其中一种。同时配置两种 RP 时，可以通过参数调整优先选择哪种 RP。本实例同时配置两种 RP，缺省优选动态 RP，静态 RP 作为备份。

■ 动态 RP 的配置方法

将 PIM-SM 域的一个或多个交换机配置为 C-RP 和 C-BSR。本例中指定 SwitchE 同时为 C-RP 和 C-BSR，在 SwitchE 上配置 RP 服务的组地址范围，及 C-BSR 和 C-RP 所在接口位置。

```
[SwitchE] acl number 2008
[SwitchE-acl-basic-2008] rule permit source 225.1.1.0 0.0.0.255
[SwitchE-acl-basic-2008] quit
[SwitchE] pim
[SwitchE-pim] c-bsr vlanif 60
[SwitchE-pim] c-rp vlanif 60 group-policy 2008
```

■ 静态 RP 的配置方法

在所有交换机上指定静态 RP 的地址。因为 SwitchA、SwitchB、SwitchC、SwitchD 和 SwitchE 上的配置方法一样，下面仅以 SwitchA 上的配置为例进行介绍。

```
[SwitchA] pim
[SwitchA-pim] static-rp 192.168.2.2
```

⑥ 在 SwitchD 与外域相连的接口上配置 BSR 边界。

```
[SwitchD] interface vlanif 70
[SwitchD-Vlanif70] pim bsr-boundary
[SwitchD-Vlanif70] quit
```

配置好后，可通过 **display pim interface** 命令查看接口上 PIM 的配置和运行情况，以验证配置结果。SwitchC 上 PIM 的显示信息如下。

```
<SwitchC> display pim interface
VPN-Instance: public net
Interface      State    NbrCnt    HelloInt    DR-Pri    DR-Address
Vlanif40       up       0         30          1         10.110.2.2     (local)
Vlanif50       up       1         30          1         192.168.3.1    (local)
```

可通过 **display pim bsr-info** 命令查看交换机上 BSR 选举的信息；通过 **display pim rp-info** 命令查看 Switch 上获取的 RP 信息；通过 **display pim routing-table** 命令查看 PIM 协议组播路由表。组播源（10.110.3.100/24）向组播组（225.1.1.1/24）发送信息，HostA、HostB 都加入了组播组（225.1.1.1/24）。

缺省情况下，组成员端 DR 在收到组播源发来的第一份组播数据后就会触发 SPT 切换，新建（S，G）路由表项。因此交换机上显示的（S，G）路由表项一般都是 SPT 切换后的（S，G）路由表项。

10.6.6　PIM-SM（SSM 模型）配置示例

本示例的拓扑结构如图 10-38 所示，是一个单域 PIM-SM 网络。现 HostA 希望能够接收组播源 S1（10.110.4.100/24）、S2（10.110.3.100/24）发送的组播数据，而 HostB 希望能够接收组播源 S2 发送的组播数据。

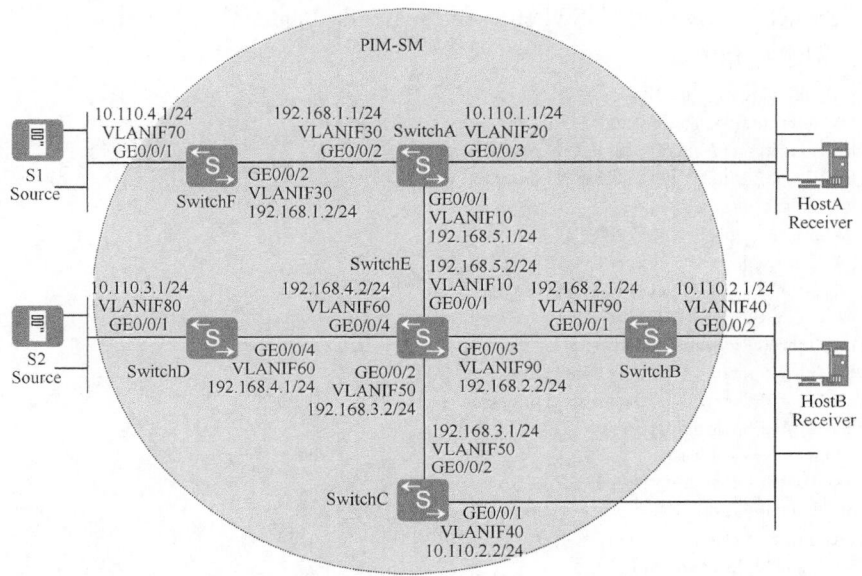

图 10-38　SSM 模型的 PIM-SM 域内组播配置示例的拓扑结构

1. 基本配置思路分析

本示例要求组播组成员仅接收指定源的组播数据，所以需要采用 PIM-SM SSM 模型，使得用户主机在加入组播组的同时能够接收到自己所指定的组播源的组播数据。

相对于 PIM-SM ASM 模型来说，SSM 模型的配置要简单许多，因为它既不需要维护 RP，也不需要专门构建 SPT，也无需注册组播源，仅需要使能 SSM 服务，配置用于限定接收指定组播源数据的组策略。下面是本示例的基本配置任务。

① 配置交换机接口 IP 地址和单播路由协议。

② 在所有提供组播服务的交换机上使能组播功能。

③ 在交换机所有接口上使能 PIM-SM 功能。

④ 在与主机侧相连的交换机接口上使能 IGMP，并配置 IGMP 的版本号为 v3，因为在不启用 SSM Mapping 的情况下，仅 IGMPv3 支持 SSM 服务。

如果用户主机侧需同时配置 PIM-SM 和 IGMP，必须先使能 PIM-SM，再使能 IGMP。

⑤ 在与主机侧相连的交换机接口上使能 PIM Silent，防止恶意主机模拟发送 PIM Hello 报文，增加 PIM-SM 域的安全性。同样，如果用户主机所在网段相连着多台交换机，那么这些交换机的用户主机侧接口不能使能 PIM Silent，如图中的 SwitchB、SwitchC。

⑥ 在各交换机上设置 SSM 组地址范围。使 PIM-SM 域内的交换机为特定组地址范围内的 SSM 服务，实现可控组播。但各交换机上设置的 SSM 组地址范围必须相同。

⑦ 在 HostA 和 HostB 主机连接的交换机 VLANIF 接口上配置 Join-Prune 报文过滤，

以实现仅接收来自限定组播源的组播数据。

　　2.　具体配置步骤

　　下面是本示例的具体配置步骤。

　　① 按照图 10-38 中的标注配置各交换机 VLANIF 接口的 IP 地址和掩码，配置各交换机间采用 OSPF 进行互连，确保网络中各交换机间能够在网络层互通。因为 SwitchA、SwitchB、SwitchC、SwitchD、SwitchE 和 SwitchF 上的配置方法一样，所以下面仅以 SwitchA 为例进行介绍。

```
[SwitchA] vlan batch 10 20 30
[SwitchA] interface gigabitethernet0/0/1
[SwitchA-GigabitEthernet0/0/1] port hybrid pvid vlan 10
[SwitchA-GigabitEthernet0/0/1] port hybrid untagged vlan 10
[SwitchA-GigabitEthernet0/0/1] quit
[SwitchA] interface gigabitethernet0/0/2
[SwitchA-GigabitEthernet0/0/2] port hybrid pvid vlan 20
[SwitchA-GigabitEthernet0/0/2] port hybrid untagged vlan 20
[SwitchA-GigabitEthernet0/0/2] quit
[SwitchA] interface gigabitethernet0/0/3
[SwitchA-GigabitEthernet0/0/3] port hybrid pvid vlan 30
[SwitchA-GigabitEthernet0/0/3] port hybrid untagged vlan 30
[SwitchA-GigabitEthernet0/0/3] quit
[SwitchA] interface vlanif 10
[SwitchA-Vlanif10] ip address 192.168.5.1 24
[SwitchA-Vlanif10] quit
[SwitchA] interface vlanif 20
[SwitchA-Vlanif20] ip address 10.110.1.1 24
[SwitchA-Vlanif20] quit
[SwitchA] interface vlanif 30
[SwitchA-Vlanif30] ip address 192.168.1.1 24
[SwitchA-Vlanif30] quit
[SwitchA] ospf
[SwitchA-ospf-1] area 0
[SwitchA-ospf-1-area-0.0.0.0] network 10.110.1.0 0.0.0.255
[SwitchA-ospf-1-area-0.0.0.0] network 192.168.1.0 0.0.0.255
[SwitchA-ospf-1-area-0.0.0.0] network 192.168.5.0 0.0.0.255
[SwitchA-ospf-1-area-0.0.0.0] quit
[SwitchA-ospf-1] quit
```

　　② 在所有交换机使能组播路由功能，在各 VLANIF 接口上使能 PIM-SM 功能。同样，因为 SwitchA、SwitchB、SwitchC、SwitchD、SwitchE 和 SwitchF 的配置方法一样，所以下面也仅以 SwitchA 为例进行介绍。

```
[SwitchA] multicast routing-enable
[SwitchA] interface vlanif 10
[SwitchA-Vlanif10] pim sm
[SwitchA-Vlanif10] quit
[SwitchA] interface vlanif 20
[SwitchA-Vlanif20] pim sm
[SwitchA-Vlanif20] quit
[SwitchA] interface vlanif 30
[SwitchA-Vlanif30] pim sm
[SwitchA-Vlanif30] quit
```

　　③ 在 SwitchA 连接用户主机的接口上使能 IGMPv3 功能。SwitchB 和 SwitchC 上的配置过程与 SwitchA 上的配置相似，配置过程略。

```
[SwitchA] interface vlanif 20
[SwitchA-Vlanif20] igmp enable
[SwitchA-Vlanif20] igmp version 3
```

④ 在 SwitchA 接口上使能 PIM silent。

```
[SwitchA] interface vlanif 20
[SwitchA-Vlanif20] pim silent
```

⑤ 在所有交换机配置 SSM 组播组地址范围为 232.1.1.0/24。因为 SwitchA、SwitchB、SwitchC、SwitchD、SwitchE 和 SwitchF 的配置方法一样，所以下面仅以 SwitchA 为例进行介绍。

```
[SwitchA] acl number 2000
[SwitchA-acl-basic-2000] rule permit source 232.1.1.0 0.0.0.255    #---限定 232.1.1.0/24 范围的组播组报文通过
[SwitchA-acl-basic-2000] quit
[SwitchA] pim
[SwitchA-pim] ssm-policy 2000
```

⑥ 在 SwitchA 的 VLANIF20 接口上配置 Join-Prune 报文过滤，指定 HostA 可接收组播源 S1 和 S2 发来的组播数据。

```
[SwitchA-pim] quit
[SwitchA] acl number 3001
[SwitchA-acl-adv-3001] rule permit source 10.110.3.100 0 destination 232.1.1.0 0.0.255.255
[SwitchA-acl-adv-3001] rule permit source 10.110.4.100 0 destination 232.1.1.0 0.0.255.255
[SwitchA-acl-adv-3001]quit
[SwitchA] interface vlanif 20
[SwitchA –Vlanif20] pim join-policy asm 3001
```

⑦ 在 SwitchB 和 SwitchC 的 VLANIF40 接口上配置 Join-Prune 报文过滤，指定 HostB 仅可接收组播源 S2 发来的组播数据。因 SwitchB 和 SwitchC 一样，在此仅以 SwitchB 上的配置为例进行介绍。

```
[SwitchB] acl number 3001
[SwitchB-acl-adv-3001] rule permit source 10.110.3.100 0 destination 232.1.1.0 0.0.255.255
[SwitchB-acl-adv-3001]quit
[SwitchB] interface vlanif 40
[SwitchB-Vlanif40] pim join-policy asm 3001
```

配置好后，可通过 **display pim interface** 命令查看接口上 PIM 的配置和运行情况，以验证配置结果。SwitchC 上 PIM 的显示信息如下。

```
<SwitchC> display pim interface
VPN-Instance: public net
Interface      State    NbrCnt    HelloInt    DR-Pri      DR-Address
Vlanif40       up       0         30          1           10.110.2.2    (local)
Vlanif50       up       1         30          1           192.168.3.1   (local)
```

可通过 **display pim routing-table** 命令查看 PIM 协议组播路由表。从中可以看出 HostA 接收了组播源（10.110.3.100/24）和组播源（10.110.4.100/24）发往组播组（232.1.1.1/24）的信息，HostB 只接收了组播源（10.110.3.100/24）发往组播组（232.1.1.1/24）的信息，达到了要求。

10.7　二层组播基础及工作原理

二层组播是指组播信息在数据链路层的按需分发。二层组播的基本原理是使二层设备可以识别组播组 IP 地址，建立组播组 IP 地址与端口对应关系的组播转发表，指导组播数据在数据链路层的转发。

10.7.1　二层组播概述

在很多情况下，组播报文不可避免地要经过一些二层交换设备，尤其是在局域网环境中，许多接入交换机都是二层的。如图 10-39 所示，在组播用户和三层组播设备 Router 之间，经过二层交换机 Switch 连接。

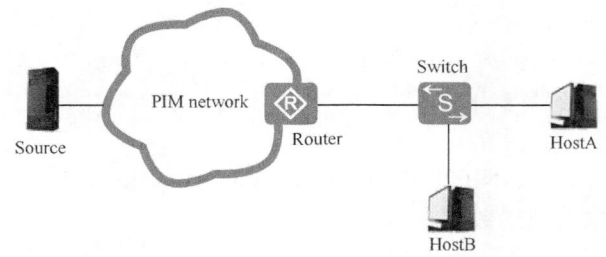

图 10-39　二层组播网络示例

当 Router 将组播报文转发至 Switch 以后，Switch 负责将组播报文转发给组播用户。由于组播报文的目的 IP 地址为组播组 IP 地址，在二层设备上是学习不到这一类 MAC 表项的，因此，组播数据报文就会在所有接口进行广播，和它在同一广播域内的组播成员和非组播成员都能收到组播数据报文。这样，不但浪费了网络带宽，而且影响了网络信息安全。

通过以下这些二层组播技术，可以控制这种广播。

① IGMP Snooping：二层设备侦听组播用户和上游路由器之间的 IGMP 报文，建立二层组播转发表，控制组播数据报文转发。

② IGMP Snooping Proxy：IGMP Snooping 协议报文代理，可减少协议报文转发，降低上游设备的性能压力，节省上游网络带宽。

③ 组播 VLAN：上游设备只把组播数据传送给一个指定 VLAN，然后由此 VLAN 在二层设备上把组播流复制到其他 VLAN 中，可大大地减少上游网络带宽的浪费。

④ 二层组播 CAC（Call Admission Control，呼叫许可控制）：控制组播组的数量和带宽，避免出现接入带宽需求超出汇聚网络带宽的情况，保证大多数用户的服务质量。

⑤ 基于 VLAN 的可控组播：控制用户加入某个组播组的权限。当用户请求加入某个组播组时，二层设备必须对这个请求进行验证，拒绝非法或越权的请求。

此外，通过二层组播 SSM Mapping，还可以使 IGMPv1 和 IGMPv2 版本的主机享受 SSM 的组播服务。

10.7.2　IGMP Snooping 基本原理

IGMP Snooping 是二层组播的基本功能，可以实现组播数据在数据链路层的转发和控制，是三层 IGMP 的二层实现方式。当主机和上游三层设备之间传递的 IGMP 报文通过二层设备时，IGMP Snooping 分析报文携带的信息，根据这些信息建立和维护二层组播转发表，从而指导组播数据在数据链路层的按需转发。

如图 10-40 所示，当组播数据从三层组播设备 Router 转发下来以后，处于接入边缘的二层设备 Switch 负责将组播信息转发给用户。

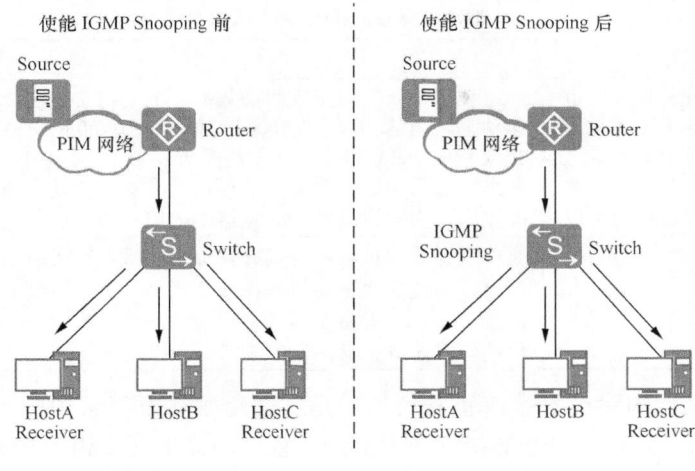

图 10-40　二层组播设备运行 IGMP Snooping 前后的对比

当二层设备没有运行 IGMP Snooping 时，组播数据在二层被广播（因为二层交换机无法识别组播 IP 地址），包括非组播成员都会收到该组播报文；而当二层设备运行了 IGMP Snooping 后，已知组播组的组播数据不会在二层广播，而是会被组播发送给指定的接收者，没有加入对应组播组的用户不会收到组播报文。因为使能 IGMP Snooping 功能后，二层设备会侦听主机和上游三层设备之间交互的 IGMP 报文，通过分析报文中携带的信息（报文类型、组播组地址、接收报文的接口等），建立和维护二层组播转发表，从而指导组播数据在数据链路层的按需转发。

下面继续介绍二层 IGMP Snooping 协议中涉及的一些基本概念和工作机制。

1. 端口角色

在二层组播 IGMP Snooping 协议中涉及几种端口角色，下面以图 10-41 为例进行介绍。

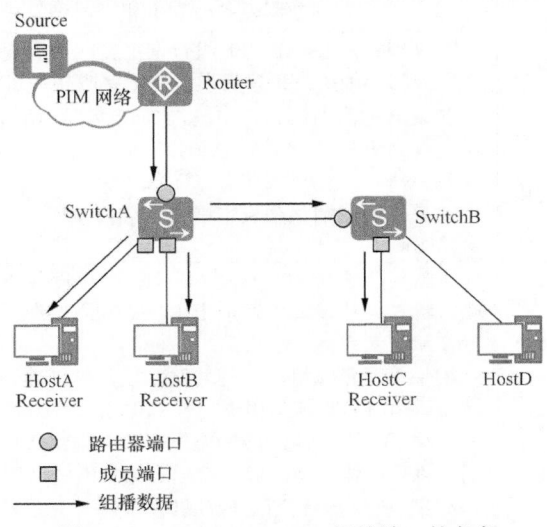

图 10-41　IGMP Snooping 相关端口的角色

IGMP Snooping 中相关端口的角色见表 10-44。

表 10-44　　　　　　　　　　　　**IGMP Snooping 中的端口角色**

端口角色	说明
路由器端口（Router Port）：指二层设备上连接组播路由器的接口，而不是指路由器上的接口。如图中 SwitchA 和 SwitchB 上用圆圈表示的接口	二层设备从此接口接收组播数据报文。由协议生成的路由器端口叫作动态路由器端口。收到源地址不为 0.0.0.0 的 IGMP 普遍组查询报文或 PIM Hello 报文（三层组播设备 PIM 接口向外发送的用于发现并维持邻居关系的报文）的接口都将被视为动态路由器端口。手工配置的路由器端口叫作静态路由端口
成员端口（Member Port），如 SwitchA 和 SwitchB 上用方框表示的接口	又称组播组成员端口，二层设备往此接口发送组播数据报文。由协议生成的成员端口叫作动态成员端口。收到 IGMP Report 报文的接口，二层设备会将其标识为动态成员端口。手工配置的成员端口叫作静态成员端口

二层交换机上的路由器端口和成员端口是二层组播转发表项中的一个重要组成部分，代表出接口。其中路由器端口相当于上游出接口，成员端口相当于下游出接口。通过协议报文学习到的端口，对应的为动态表项；而手工配置的端口，对应的为静态表项。

除了出接口外，每条二层组播转发表项还包括组播组地址和 VLAN 编号。组播组地址可以为组播 IP 地址，也可以为组播 IP 地址映射后的组播 MAC 地址。按照 IP 地址转发的模式可以避免 MAC 地址转发模式中的地址重复问题。

VLAN 编号指定了二层广播域范围。如果使用了组播 VLAN 功能，入 VLAN 编号为组播 VLAN 的编号，出 VLAN 编号为主机所在的用户 VLAN 编号。否则入 VLAN 编号和出 VLAN 编号均为主机所在 VLAN 的编号。有关组播 VLAN 将在本章的后面详细介绍。

2. 工作机制

运行 IGMP Snooping 协议的二层交换机是位于运行 IGMP 的三层交换机和组用户之间，收到来自 IGMP 查询器的不同 IGMP 报文会进行不同的处理，并在此过程中建立起二层组播转发表项，具体见表 10-45。

表 10-45　　　　　　　　　　　　**IGMP Snooping 对不同报文的处理方式**

IGMP 工作阶段	二层设备收到的报文类型及处理方式
普遍组查询：IGMP 查询器定期向本地网段内的所有主机与路由器（目的 IP 地址为 224.0.0.1）发送 IGMP 普遍组查询报文，以查询该网段有哪些组播组的成员	此时收到的是 IGMP 普遍组查询报文。二层设备会向 VLAN 内除接收接口外的其他所有接口转发，并对接收接口进行如下处理。 ● 如果路由器端口列表中已包含该动态路由器端口，则重置老化定时器。收到 IGMP 普遍组查询报文时，动态路由器端口的老化定时器缺省为 180s，可以通过命令行配置。 ● 如果路由器端口列表中尚未包含该接口，则将其添加进去，并启动老化定时器
成员关系报告：成员收到 IGMP 普遍组查询报文后，回应 IGMP Report 报文。成员主动向 IGMP 查询器发送 IGMP Report 报文以声明加入该组播组	此时收到的是 IGMP Report 报文。二层设备会向 VLAN 内所有路由器端口转发。从报文中解析出主机要加入的组播组地址，并对接收接口进行如下处理。 ● 如果不存在该组对应的转发表项，则创建转发表项，将该接口作为动态成员端口添加到出接口列表中，并启动老化定时器。 ● 如果已存在该组对应的转发表项，但出接口列表中未包含该接口，则将该接口作为动态成员端口添加到出接口列表，并启动老化定时器。 ● 如果已存在该组所对应的转发表项，且出接口列表中已包含该动态成员端口，则重置其老化定时器

（续表）

IGMP 工作阶段	二层设备收到的报文类型及处理方式
成员离开组播组：运行 IGMPv2 或 IGMPv3 的成员发送 IGMP Leave 报文，以通知组播路由器自己离开了某个组播组。IGMP 查询器收到 IGMP Leave 报文后，从中解析出组播组地址，并通过接收接口向该组播组发送 IGMP 特定组查询报文/ IGMP 特定源组查询报文	如果收到的是 IGMP Leave 报文，则二层设备会判断离开的组是否存在对应的转发表项，以及转发表项出接口列表是否包含报文的接收接口。 ● 如果不存在该组对应的转发表项，或者该组对应转发表项的出接口列表中不包含接收接口，二层设备不转发该报文，将其直接丢弃。 ● 如果存在该组对应的转发表项，且转发表项的出接口列表中包含该接口，二层设备会将报文向 VLAN 内所有路由器端口转发。 对于 IGMP Leave 报文的接收接口（假定为动态成员端口），二层设备在其老化时间内按如下规则处理。 ● 如果从该接口收到了主机响应该特定组查询的 IGMP Report 报文，表示接口下还有该组的成员，于是重置其老化定时器。 ● 如果没有从该接口收到主机响应特定组查询的 IGMP Report 报文，则表示接口下已没有该组成员，则在老化时间超时后，将接口从该组的转发表项出接口列表中删除
	如果收到的是 IGMP 特定组查询报文/IGMP 特定源组查询报文，则二层设备会向 VLAN 内除接收接口外的其他所有接口转发

此外，当二层设备收到 PIM Hello 报文时，会向 VLAN 内除接收接口外的其他所有接口转发，并对接收接口进行如下处理。

① 如果路由器端口列表中已包含该动态路由器端口，则重置老化定时器。

② 如果路由器端口列表中尚未包含该接口，则将其添加进去，并启动老化定时器。

收到 PIM Hello 报文时，动态路由器端口的老化时间为 Hello 报文中 Holdtime 字段的值。如果是静态配置路由器端口，二层设备收到 IGMP Report 和 Leave 报文也会向静态路由器端口转发。如果配置了静态成员端口，则转发表项中会添加该接口为出接口。

当二层设备上建立了二层组播转发表以后，在接收到组播数据报文时会依据报文所属 VLAN 和报文的目的地址（即组播组地址）查找转发表项是否存在对应的"出接口信息"。如果存在，则将报文发送到所有组播组成员端口；如果不存在，则丢弃该报文或将报文在 VLAN 内广播。

10.7.3　IGMP Snooping Proxy 基本原理

为了减少上游三层设备收到的 IGMP Report 报文和 IGMP Leave 报文的数量，可以在二层设备上部署 IGMP Snooping Proxy 功能，使其能够代理下游主机来向上游设备发送成员关系报告报文。配置了 IGMP Snooping Proxy 功能的设备称为 IGMP Snooping 代理，在其上游设备看来相当于一台主机；在其下游设备看来，它相当于一台查询器。

1. 在组播报文传递上的改变

如图 10-42 所示，当 Switch 上运行 IGMP Snooping 时，Switch 对上游 Router 的 Query 报文和下游主机的 Report/Leave 报文都是原封不动地转发。当网络中存在大量用户主机时，冗余的 IGMP 报文给上游设备带来处理的压力。

当 Switch 上配置 IGMP Snooping Proxy 时，Switch 可以终结上游的 IGMP Query 报文，并且自己构造 Query 报文向下游主机发送。终结下游主机的 IGMP Report/Leave 报文，并且自己构造统一的 Report/Leave 报文向上游发送。

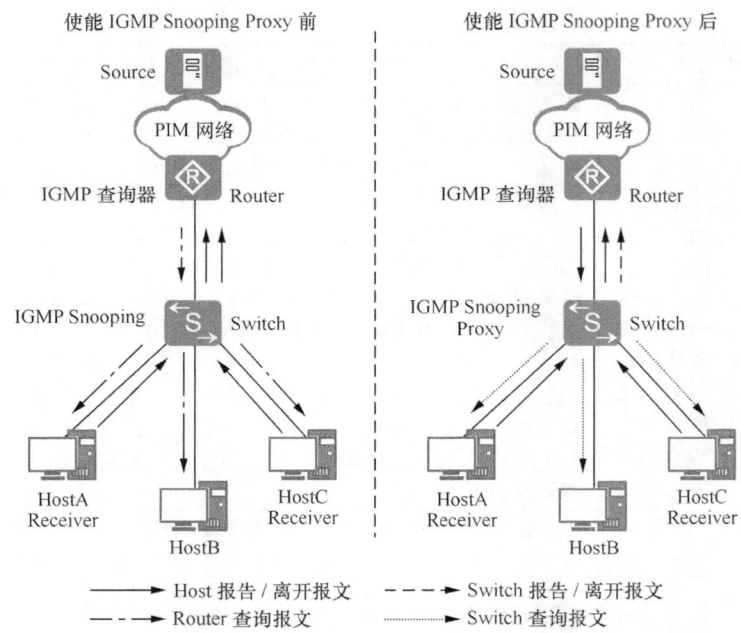

图 10-42　IGMP Snooping Proxy 运行前后的组播报文传递流程

部署 IGMP Snooping Proxy 后，三层设备会感知到下面只有一个用户，二层设备直接跟下游用户和三层设备进行对话，而不再是一个完全透明的转发角色。IGMP Snooping Proxy 可有效减少 IGMP 在网络中的交互程度，节约带宽；有效屏蔽来自下游主机的大量协议报文，并接管了对主机的查询器功能，分担上游三层设备的性能负荷。

2.　工作机制

运行 IGMP Snooping Proxy 的设备会参与二层组播转发表的建立和维护，依据转发表向有需要的用户主机发送组播数据，对各种 IGMP 报文的处理方式见表 10-46。

表 10-46　　　　　IGMP Snooping Proxy 对接收到的 IGMP 报文的处理方式

IGMP 报文类型	处理方式
IGMP 普遍组查询报文	向本 VLAN 内除接收接口以外的所有接口转发，同时根据本地维护的组成员关系生成 Report 报文，向所有路由器端口发送
IGMP 特定组查询报文/ IGMP 特定源组查询报文	若该组对应的转发表项中还有成员端口，则向所有路由器端口回复该组的 Report 报文
IGMP Report 报文	① 如果不存在该组对应的转发表项，则创建转发表项，将接收接口作为动态成员端口添加到出接口列表中，并启动其老化定时器，然后向所有路由器端口发送该组的 Report 报文。 ② 如果已存在该组对应的转发表项，且其出接口列表中已包含该动态成员端口，则重置其老化定时器。 ③ 如果已存在该组对应的转发表项，但其出接口列表中不包含该接收接口，则将该接口作为动态成员端口添加到出接口列表中，并启动其老化定时器
IGMP Leave 报文	向接收接口发送针对该组的特定组查询报文。只有当删除某组播组对应转发表项中的最后一个成员端口时，才会向所有路由器端口发送该组的 Leave 报文

10.7.4　IGMP Snooping SSM Mapping

通过前面的学习已知，SSM（指定源组播）与 ASM（任意源组播）技术相比，SSM 可以指定组播源，具有更好的安全性。但从本章前面的介绍可知，在三层 IGMP 组播协议中，只有 IGMPv3 版本协议支持 SSM，如果用户主机只能运行 IGMPv1/IGMPv2，则不能直接使用 SSM 模型。这时，为了使其能够使用 SSM 服务，则需要借助 SSM Mapping 功能。

同样，在二层组播中也可通过 SSM Mapping 实现对 SSM 服务的支持。通过在 IGMP Snooping 协议的二层设备上静态配置 SSM 地址的映射规则，可将 IGMPv1 和 IGMPv2 Report 报文中的（*，G）信息转化为对应的（S，G）信息，以提供 SSM 组播服务。S 表示组播源，G 表示组播组，*表示任意组播源。缺省情况下，SSM 组播组的 IP 地址范围为 232.0.0.0～232.255.255.255。

如图 10-43 所示，3 个接收者（Recevier）运行不同的 IGMP 版本，且 HostB 和 HostC 无法升级到 IGMPv3。如果要为该网段中的所有主机提供 SSM 服务，则必须在二层设备 Switch 上使能二层组播 SSM Mapping 功能。

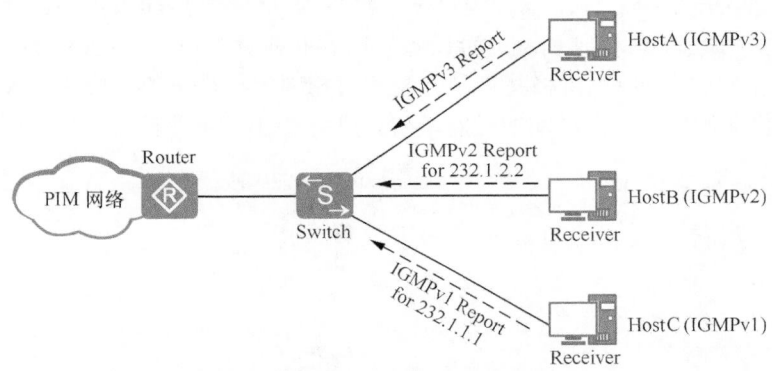

图 10-43　二层组播 SSM Mapping 应用示例

这时，如果在 Switch 上配置了如下组播组地址和组播源地址映射关系。

① 232.1.1.0/24→10.10.1.1。

② 232.1.2.0/24→10.10.2.2。

③ 232.1.3.0/24→10.10.3.3。

经过映射后，Switch 在收到 HostB 和 HostC 的成员报告报文时，首先判断报文携带的组地址是否在 SSM 范围内，经过映射后则肯定在 SSM 范围内，此时就可以根据配置的映射规则生成如下所示的组播表项。

① 232.1.1.1（来自 HostC）：（10.10.1.1，232.1.1.1）。

② 232.1.2.2（来自 HostB）：（10.10.2.2，232.1.2.2）。

如果 Report 报文携带的组地址在 SSM 范围内，但是 Switch 上没有对应的 SSM Mapping 规则，则无法提供 SSM 服务，丢弃该报文。如果 Report 报文携带的组地址不在 SSM 范围内，则只提供 ASM 服务。

10.7.5　组播 VLAN

在前面介绍的 IGMP Snooping 二层组播侦听功能可以很好地弥补组播数据在二层广播网络只能进行广播的不足。但是这种功能仍是基于一个广播域，即基于 VLAN 来实现的。如果不同 VLAN 的用户有相同的组播数据需求时，上游路由器仍然需要发送多份相同报文到不同的 VLAN 中。这时就得使用组播 VLAN 功能了。它实现了组播路由器只需发送一份数据就可在二层网络设备上进行跨 VLAN 组播复制，大大减轻了组播路由器和网络的负担。

组播 VLAN 有两种：基于用户 VLAN 的组播 VLAN 和基于接口的组播 VLAN，下面分别予以介绍。

1. 基于用户 VLAN 的组播 VLAN

交换机支持将用户 VLAN 与组播 VLAN 进行绑定，实现在不同的用户 VLAN 间进行组播报文复制，并且包含"组播 VLAN 一对多"和"组播 VLAN 多对多"两种方式。

■ 组播 VLAN 一对多

组播 VLAN 一对多为传统的基于用户 VLAN 的组播 VLAN 复制方式，**即多个用户VLAN 可以加入一个组播 VLAN，但是一个用户 VLAN 不能加入多个组播 VLAN**。组播 VLAN 一对多的实现机制是：上游设备只需要向配置了组播 VLAN 的交换机上发送一份组播数据，然后交换机再将其复制分发到有相同组播需求的不同用户 VLAN 中，从而减少了上游设备与交换机之间的带宽浪费，即如图 10-44 所示。

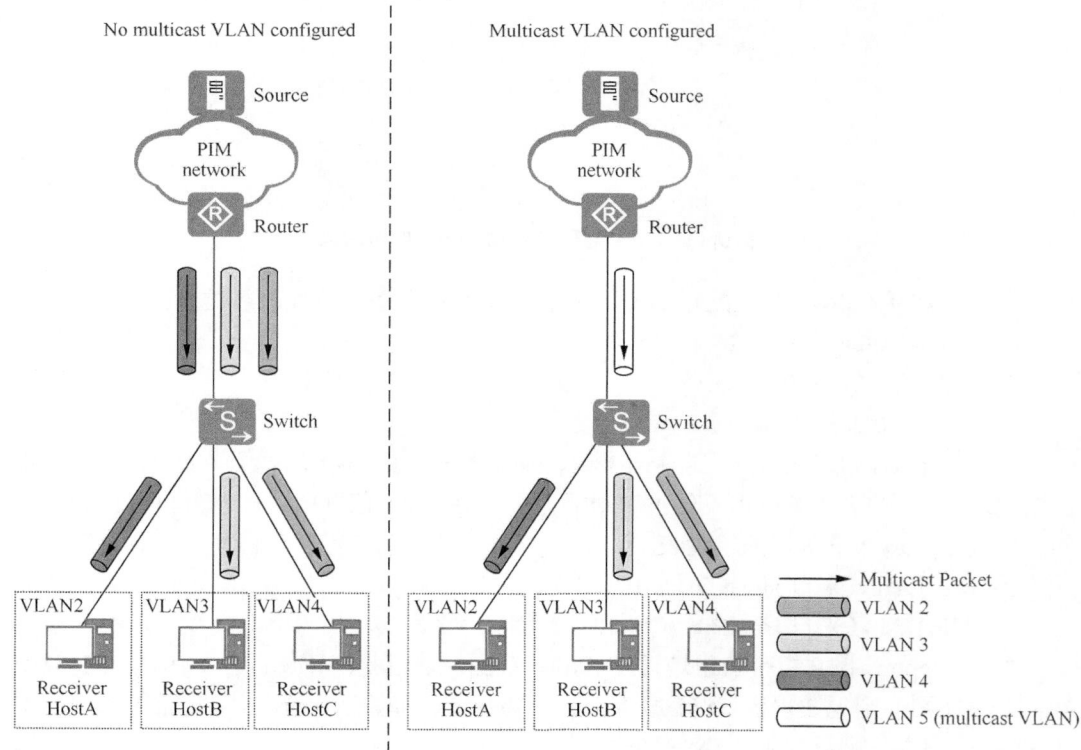

图 10-44　配置组播 VLAN 一对多功能前后的组播报文传递对比

■ 组播 VLAN 多对多

组播 VLAN 多对多为组播 VLAN 一对多的扩展，通过配置静态组播流，实现一个用户 VLAN 能够加入多个组播 VLAN 的目的。如图 10-45 所示，用户 VLAN（UVLAN）中的用户同时定制了多个 ISP 提供的组播业务。为了便于区分不同 ISP 的组播业务，可以使用不同的组播 VLAN（MVLAN）来标识不同的 ISP。然后通过配置组播 VLAN 多对多功能，用户又可以接收来自不同 ISP 的组播数据。

2. 基于接口的组播 VLAN

交换机支持在用户侧接口下配置用户 VLAN 与组播 VLAN 进行绑定，不仅能够实现组播数据在不同用户 VLAN 间进行复制，还可以实现基于接口的组播业务隔离。

如图 10-46 所示，组播业务批发给了 ISP1、ISP2 两个服务商，用户 VLAN（UVLAN）中的 HostA、HostB 定制的是 ISP1 提供的服务，HostC、HostD 定制的是 ISP2 提供的服务。为了使两个 ISP 提供的组播数据不会发送到所有的用户主机上，给 ISP1、ISP2 分别分配一个组播 VLAN（MVLAN1、MVLAN2），在 HosA、HostB 接入接口上配置 UVLAN 与 MVLAN1 绑定，HostC、HostD 接入接口上配置 UVLAN 与 MVLAN2 绑定。这样，ISP1 的组播数据只向 HostA、HostB 发送，ISP2 的组播数据只向 HostC、HostD 发送。

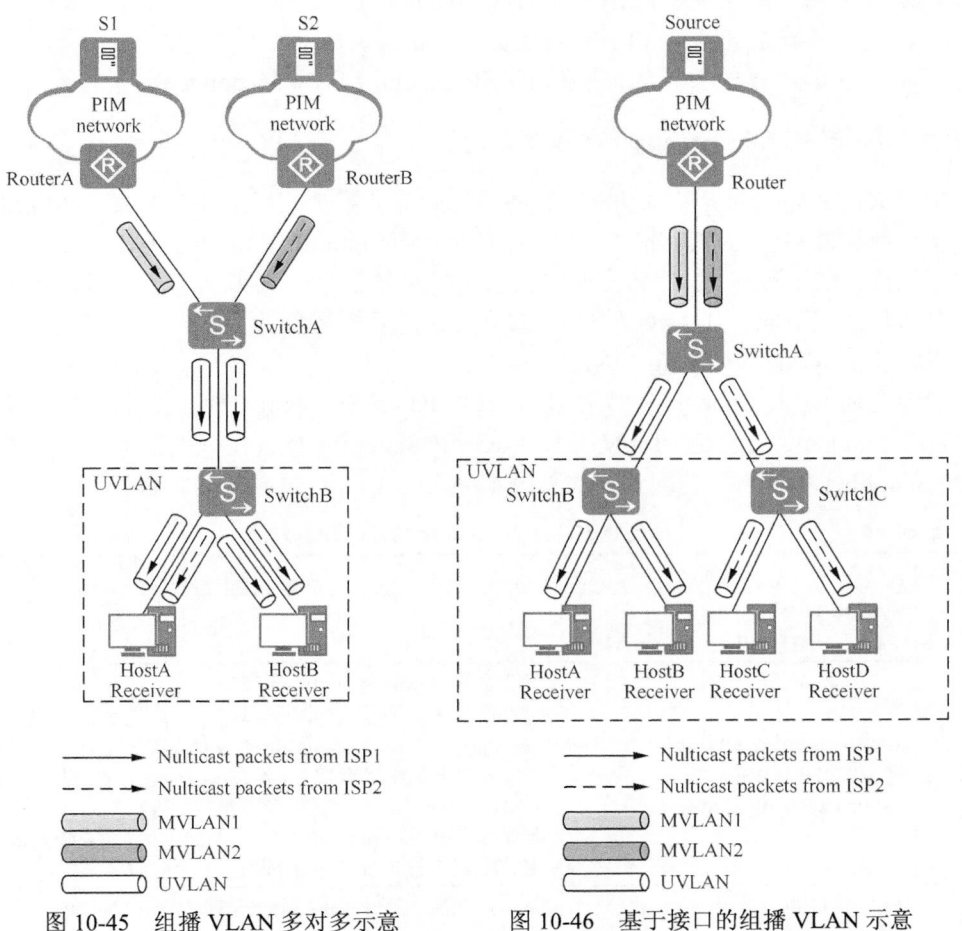

图 10-45　组播 VLAN 多对多示意　　　图 10-46　基于接口的组播 VLAN 示意

10.8　IGMP Snooping 配置与管理

IGMP Snooping 是一种 IPv4 二层组播协议，通过侦听三层组播设备和用户主机之间发送的组播协议报文来维护组播报文的出端口信息，从而管理和控制组播数据报文在数据链路层的转发。

说明　因为 IGMP Snooping 也可应用于二层 MPLS VPN 网络中，所以 IGMP Snooping 有基于普通以太网 VLAN 的 IGMP Snooping 的应用和基于 VSI（VPLS 中的 VPN 实例）的 IGMP Snooping 的应用两方面，在此仅介绍基于普通以太网 VLAN 的 IGMP Snooping 的应用配置方法。

- 基于 VLAN 的 IGMP Snooping 所包括的配置任务如下：
- 配置基于 VLAN 的 IGMP Snooping 基本功能；
- （可选）配置基于 VLAN 的 IGMP Snooping Proxy；
- （可选）配置基于 VLAN 的 IGMP Snooping 策略；
- （可选）配置基于 VLAN 的成员关系快速刷新；
- （可选）配置基于 VLAN 的 IGMP Snooping SSM Mapping。

10.8.1　配置 IGMP Snooping 基本功能

配置 IGMP Snooping 基本功能，设备可以建立并维护二层组播转发表，实现组播数据报文在数据链路层的按需分发。在配置 IGMP Snooping 基本功能之前，需完成连接接口并配置接口的物理参数，使其物理层状态为 Up，创建 VLAN 并将对应接口加入 VLAN 中。具体包括以下配置任务（**仅第一、二项为必选项配置任务**）。

（1）使能 IGMP Snooping 功能

使能全局 IGMP Snooping 功能是进行其他 IGMP Snooping 配置的前提，VLAN 下使能 IGMP Snooping 功能是 VLAN 下其他 IGMP Snooping 配置生效的前提。这两种使能 IGMP Snooping 功能方式的配置方法见表 10-47。

表 10-47　　　　　　　　　　使能 **IGMP Snooping** 功能的配置方法

步骤	命令	说明
1	**system-view** 例如：<HUAWEI> **system-view**	进入系统视图
2	**igmp-snooping enable** 例如：[HUAWEI] **igmp-snooping enable**	使能全局 IGMP Snooping 功能。 缺省情况下，全局 IGMP Snooping 功能均未使能，可用 **undo igmp-snooping enable** 命令禁止全局 IGMP Snooping 功能。如果禁止了全局 IGMP Snooping 功能，设备上所有 IGMP Snooping 相关配置将被删除。再次执行本命令使能全局 IGMP Snooping 功能后，设备上所有 IGMP Snooping 相关配置将被恢复为缺省配置
3	**vlan** *vlan-id* 例如：[HUAWEI] **vlan** 10	键入要使能 IGMP Snooping 功能的 VLAN，进入 VLAN 视图

（续表）

步骤	命令	说明
4	**l2-multicast forwarding-mode** { **ip** | **mac** } 例如：[HUAWEI-vlan10] **l2-multicast forwarding-mode ip**	（可选）配置 VLAN 中组播流是按 IP 地址（选择 **ip** 选项时）还是 MAC 地址（选择 **mac** 选项时）转发。 缺省情况下，仅 S1720GFR、S2750EI、S5700S-LI（S5700S-28X-LI-AC 和 S5700S-52X-LI-AC 除外）和 S5700LI 按 MAC 模式转发组播数据，其他交换机都按 IP 模式转发组播数据，可用 **undo l2-multicast forwarding-mode** 命令恢复缺省情况
5	**l2-multicast router-port-discard** 例如：[HUAWEI-vlan10] **l2-multicast router-port-discard**	（可选）配置组播数据不向路由器端口转发。 配置组播数据不向路由器端口转发需要在没有使能该 VLAN 的 IGMP Snooping 功能时进行。配置完成后需要使能 VLAN 的 IGMP Snooping 功能才会生效。 缺省情况下，组播数据向 VLAN 内路由器端口转发，可用 **undo l2-multicast router-port-discard** 命令来恢复缺省配置
6	**igmp-snooping enable** 例如：[HUAWEI-vlan10] **igmp-snooping enable**	使能 VLAN 的 IGMP Snooping 功能。使能了 VLAN 内 IGMP Snooping 之后，该功能只会在已加入该 VLAN 的接口上生效，所以需要先把相应接口加入到此 VLAN 中。 还可以在系统视图下使用 **igmp-snooping enable** [**vlan** { *vlan-id1* [**to** *vlan-id2*] } &<1-10>]命令，使能多个 VLAN 的 IGMP Snooping 功能。 IGMP Snooping 功能不能和 N：1（N 大于 1）VLAN Mapping 功能、VLAN Stacking 功能配合使用。 缺省情况下，VLAN 的 IGMP Snooping 功能未使能，可用 **undo igmp-snooping enable** 命令去使能对应 VLAN 的 IGMP Snooping 功能

（2）配置 IGMP Snooping 版本

在二层设备上配置 IGMP Snooping 版本，设备可以处理相应版本的 IGMP 报文。一般二层设备上配置和三层组播设备一致的版本。如果三层组播设备没有启用 IGMP，则在二层设备上配置和成员主机相同或高于成员主机上运行的 IGMP 版本。

配置 IGMP Snooping 版本的方法见表 10-48。同一 VLAN 内必须运行同一个版本的 IGMP。如果 VLAN 内存在支持不同 IGMP 版本的主机，需要配置 IGMP Snooping 版本，使设备可以处理所有主机的报文。

表 10-48　　　　　　　　　　　IGMP Snooping 版本的配置步骤

步骤	命令	说明
1	**system-view** 例如：<HUAWEI> **system-view**	进入系统视图
2	**vlan** *vlan-id* 例如：[HUAWEI] **vlan** 10	键入使能了 IGMP Snooping 功能的 VLAN，进入 VLAN 视图
3	**igmp-snooping version** *version* 例如：[HUAWEI-vlan10] **igmp-snooping version** 2	配置对应 VLAN 中的 IGMP Snooping 可以处理的 IGMP 版本，取值范围为 1~3 的整数。一般二层设备上配置和三层组播设备一致的版本。如果三层组播设备没有启用 IGMP，则在二层设备上配置和成员主机相同或高于成员主机的版本。当 VLAN 内存在支持不同版本的主机时，

（续表）

步骤	命令	说明
3	**igmp-snooping version** *version* 例如：[HUAWEI-vlan10] **igmp-snooping version 2**	需执行本命令进行配置，使设备可以处理所有主机的报文。 缺省情况下，设备可以处理 IGMPv1 和 IGMPv2 的报文，但无法处理 IGMPv3 的报文。 【说明】当表 10-48 中第 4 步配置的 VLAN 内的转发模式为基于 MAC 地址转发时，无法配置 IGMPv3 版本

（3）（可选）配置静态路由器端口

路由器端口一般是二层设备上朝向上游三层组播设备（组播路由器或三层交换机）的接口。VLAN 内使能 IGMP Snooping 功能后，加入该 VLAN 的接口会从组播协议报文中学习表项。当一个接口接收到 IGMP Query 报文或 PIM Hello 报文时，二层设备会标识该接口为动态路由器端口。路由器端口主要有两个功能：

- 接收上游的组播数据；
- 指导 IGMP Report/Leave 报文转发。当 VLAN 内收到 IGMP Report/Leave 报文后，仅会向该 VLAN 内的路由器端口转发。

动态路由器端口会定时老化，当动态路由器端口在其老化时间超时前没有收到 IGMP Query 或者 PIM Hello 报文，设备将把该接口从路由器端口列表中删除。

如果希望某接口长期稳定地转发 IGMP Report/Leave 报文到上游 IGMP 查询器，可配置该接口为静态路由器端口，具体的配置方法见表 10-49。

表 10-49　　　　　　　　　　　静态路由器接口的配置步骤

步骤	命令	说明
1	**system-view** 例如：<HUAWEI> **system-view**	进入系统视图
2	**vlan** *vlan-id* 例如：[HUAWEI] **vlan 10**	键入使能了 IGMP Snooping 功能的 VLAN，进入 VLAN 视图
3	**undo igmp-snooping router-learning** 例 如：[HUAWEI-vlan10]**undo igmp-snooping router-learning**	（可选）禁止动态学习路由器端口，也可在对应物理接口视图下通过 **undo igmp-snooping router-learning vlan** { { *vlan-id1* [**to** *vlan-id2*] } &<1-10> | **all** }命令禁止多个 VLAN 的动态路由器端口学习功能。 缺省情况下，路由器端口动态学习功能处于使能状态，可用 **igmp-snooping router-learning** 命令使能 VLAN 的路由器端口动态学习功能
4	**quit** 例如：[HUAWEI-vlan10] **quit**	退出 VLAN 视图，返回系统视图
5	**interface** *interface-type interface-number* 例如：[HUAWEI]**interface** gigabitethernet 0/0/1	键入要配置为静态路由器端口的二层**物理接口**，进入接口视图
6	**igmp-snooping static-router-port vlan** { *vlan-id1* [**to** *vlan-id2*] } &<1-10> 例如：[HUAWEI-GigabitEthernet 0/0/1] **igmp-snooping static-router-port vlan 10**	配置以上物理接口作为指定 VLAN 的静态路由器端口，命令中的参数说明如下。 ① *vlan-id1* [**to** *vlan-id2*]：指定以上接口要作为单个 VLAN 或者一个范围（选择 **to** *vlan-id2* 可选参数时）的 VLAN 的路由器端口，VLAN ID 号的取值范围均为 1～4094。

（续表）

步骤	命令	说明
6	**igmp-snooping static-router-port vlan** { *vlan-id1* [**to** *vlan-id2*] } &<1-10> 例如：[HUAWEI-GigabitEthernet 0/0/1] **igmp-snooping static-router-port vlan 10**	② &<1-10>：表示 *vlan-id1* [**to** *vlan-id2*]参数对最多可以有 10 个。 缺省情况下，接口没有配置为静态路由器端口，可用 **undo igmp-snooping static-router-port** 命令取消接口作为指定 VLAN 内的静态路由器端口

（4）（可选）配置静态成员端口

成员端口一般是设备上朝向接收者主机的接口，表示该接口下有组播组成员，可以通过组播协议动态学习或静态配置。VLAN 内使能 IGMP Snooping 功能后，加入该 VLAN 的接口会从组播协议报文中学习表项。当一个接口收到 IGMP Report 报文时，设备会标识该接口为动态成员端口。动态成员端口会定时老化。

如果接口所连接的主机需要固定接收发往某组播组或组播源组的数据，可以配置该接口静态加入该组播组或组播源组，成为静态成员端口，具体配置方法见表 10-50。静态成员端口不会老化。

表 10-50　　　　　　　　　　　静态成员端口的配置步骤

步骤	命令	说明
1	**system-view** 例如：<HUAWEI> **system-view**	进入系统视图
2	**interface** *interface-type interface-number* 例如：[HUAWEI]**interface** gigabitethernet 0/0/1	键入要配置为静态成员端口的二层**物理接口**，进入接口视图
3	**undo igmp-snooping learning vlan** { { *vlan-id1* [**to** *vlan-id2*] } &<1-10> | **all** } 例如：[HUAWEI-vlan10] **undo igmp-snooping learning vlan 10**	（可选）配置以上物理接口在指定的 VLAN 内禁止动态学习为成员口。禁止动态学习组播成员端口功能之后，如果要完成组播数据的转发，接口只能静态加入组播组。 缺省情况下，动态成员端口学习功能处于使能状态，可用 **igmp-snooping learning vlan** { { *vlan-id1* [**to** *vlan-id2*] } &<1-10> | **all** }命令恢复缺省状态
4	**l2-multicast static-group** [**source-address** *source-ip-address*] **group-address** *group-ip-address* **vlan** { *vlan-id1* [**to** *vlan-id2*] } &<1-10> 例如：[HUAWEI-GigabitEthernet0/0/1] **l2-multicast static-group -address 224.1.1.1 vlan 10**	配置以上物理接口静态加入对应组播组，成为对应组播组的静态成员端口。命令中的参数说明如下。 ① *source-ip-address*：可选参数，指定要加入的组播组中的组播源 IP 地址，为单播 IP 地址。 ② *group-ip-address*：指定要加入的组播组 IP 地址，取值范围是 224.0.1.0～239.255.255.255。 ③ *vlan-id1* [**to** *vlan-id2*] }：指定要静态加入组播组的 VLAN 范围。 也可以通过 **l2-multicast static-group** [**source-address** *source-ip-address*] **group-address** *group-ip-address1* **to** *group-ip-address2* **vlan** *vlan-id* 命令将接口批量加入多个组播组。 缺省情况下，接口没有静态加入任何组播组，可用 **undo l2-multicast static-group** [**source-address** *source-ip-address*] **group-address** *group-ip-address* **vlan** { **all** | { *vlan-id1* [**to** *vlan-id2*] } &<1-10> }命令取消接口静态加入对应组播组的配置

（5）（可选）配置 IGMP Snooping 查询器

通过使能 IGMP Snooping，二层设备就可以通过侦听 IGMP 查询器与用户主机间的 IGMP 报文，动态建立二层组播转发表项，实现二层组播。但是当出现下面的情况时，即使二层设备运行了 IGMP Snooping，也会由于侦听不到 IGMP 报文，而无法正常动态地建立二层组播转发表项。

- 上游三层组播设备在接口上未运行 IGMP，而是配置了静态组播组。
- 组播源和用户主机同属于一个二层网络，不需要三层组播设备。

此时，可通过在二层组播设备上配置 IGMP Snooping 查询器，代替三层组播设备向用户主机发送 IGMP Query 报文，从而解决此问题。IGMP Snooping 查询器的具体配置步骤如表 10-51 所示，**仅需要在配置为 IGMP Snooping 查询器的二层设备上配置**。

表 10-51　　　　　　　　　　IGMP Snooping 查询器的配置步骤

步骤	命令	说明
1	**system-view** 例如：\<HUAWEI\> **system-view**	进入系统视图
2	**vlan** *vlan-id* 例如：[HUAWEI] **vlan** 10	键入使能了 IGMP Snooping 功能的 VLAN，进入 VLAN 视图
3	**igmp-snooping querier enable** 例如：[HUAWEI-vlan10] **igmp-snooping querier enable**	在以上 VLAN 中使能 IGMP Snooping 查询器功能。使能 IGMP Snooping 查询器功能后，交换机会定时以广播的方式向 VLAN 内所有接口（包括路由器端口）发送 IGMP Query 报文，如果组播网络中已经存在 IGMP 查询器，可能会引起 IGMP 查询器重新选举，建议不配置此功能。 【注意】如果与以上 VLAN 对应的三层 VLANIF 接口使能了 IGMP 功能，则不能在该 VLAN 内使能 IGMP Snooping 查询器功能。另外，在同一 VLAN 内，IGMP Snooping 查询器功能和 IGMP Snooping Proxy 功能不能同时配置。如果设备上配置了组播 VLAN 复制功能，也不能在用户 VLAN 上使能 IGMP Snooping 查询器功能。 缺省情况下，VLAN 内没有使能 IGMP Snooping 查询器功能，可用 **undo igmp-snooping querier enable** 命令去使能对应 VLAN 的 IGMP Snooping 查询器功能
4	**igmp-snooping query-interval** *query-interval* 例如：[HUAWEI-vlan10] **igmp-snooping query-interval** 300	（可选）配置 VLAN 内的 IGMP 普遍组查询报文发送时间的间隔，取值范围为 1～65535 的整数秒。 缺省情况下，VLAN 内的 IGMP 普遍查询报文发送时间间隔为 125s，可用 **undo igmp-snooping query-interval** 命令恢复为缺省值
5	**igmp-snooping robust-count** *robust-count* 例如：[HUAWEI-vlan10] **igmp-snooping robust-count** 3	（可选）配置 VLAN 内的 IGMP 健壮系数，即发送 Query 报文的次数，取值范围为 2～5 的整数。健壮系数用来规定以下两个值。 ① 当查询器启动时发送"健壮系数"次的"普遍组查询报文"，发送间隔为"普遍组查询报文发送间隔"的 1/4。 ② 当设备收到 Leave 报文后，发送"健壮系数"次的"IGMP 特定组查询报文"，发送间隔为"特定组查询报文发送间隔"。 缺省情况下，VLAN 内的 IGMP 健壮系数为 2，可用 **undo igmp-snooping robust-count** 命令恢复 VLAN 内的 IGMP 健壮系数为缺省值

（续表）

步骤	命令	说明
6	**igmp-snooping max-response-time** *max-response-time* 例如：[HUAWEI-vlan10]**igmp-snooping max-response-time** 20	（可选）在 VLAN 内配置 IGMP 普遍组查询的最大响应时间，取值范围为 1～25 的整数秒。但 **IGMPv1 不支持**。 【说明】配置后，当交换机收到主机的 IGMP Report 报文后，成员端口老化时间设置为普遍组查询报文的发送间隔 × IGMP 健壮系数 + 最大响应时间。组播组成员接收到一个 IGMP 查询报文后，会在最大响应时间内发送 Report 报文。 缺省情况下，VLAN 内的 IGMP 普遍组查询最大响应时间为 10s，可用 **undo igmp-snooping max-response-time** 命令恢复 VLAN 内 IGMP 普遍组查询的最大响应时间缺省值
7	**igmp-snooping lastmember-queryinterval** *lastmember-queryinterval* 例如：[HUAWEI-vlan10]**igmp-snooping lastmember-queryinterval** 3	（可选）配置 VLAN 内的最后成员查询时间间隔，即 IGMP 特定组查询报文发送时间间隔，取值范围为 1～5 整数秒。但 **IGMPv1 不支持**。 【说明】配置本命令后，当交换机收到主机退出某组播组的 Leave 报文时，重置成员端口老化时间为特定组查询报文发送间隔×IGMP 健壮系数。即会连续发送"IGMP 健壮系数"次特定组成员查询报文，询问该组播组是否还存在成员。本参数定义了发送该报文的时间间隔。 缺省情况下，VLAN 内的 IGMP 特定组查询报文发送时间间隔为 1s，可用 **undo igmp-snooping lastmember-queryinterval** 命令恢复 VLAN 内的最后成员查询时间间隔为缺省值
8	**quit** 例如：[HUAWEI-vlan10] **quit**	返回系统视图
9	**igmp-snooping send-query source-address** *ip-address* 例如：[HUAWEI] **igmp-snooping send-query source-address** 1.1.1.1	（可选）配置 IGMP 普遍组查询报文的组播源 IP 地址。 缺省情况下，IGMP Snooping 查询器发送普遍组查询报文时源 IP 地址为 192.168.0.1，当该地址已被网络中的其他设备占用时，可使用本命令配置为其他地址。可用 **undo igmp-snooping send-query source-address** 命令恢复 IGMP 普遍组查询报文的源 IP 地址为缺省值

（6）（可选）配置 Report 和 Leave 报文抑制

IGMP 通过周期性的查询和响应来维护组成员关系。在此过程中，如果多个成员加入了相同的组播组，会不断上送相同的 Report 报文给 IGMP 路由器。同时，当 IGMPv2 或 IGMPv3 的主机在离开某个组播组时，也会重复发送 Leave 报文。为了节约带宽，可以在二层设备上配置 Report 和 Leave 报文抑制功能，具体的配置方法见表 10-52。

表 10-52　　　　　　　　**Report 和 Leave 报文抑制的配置步骤**

步骤	命令	说明
1	**system-view** 例如：<HUAWEI> **system-view**	进入系统视图
2	**vlan** *vlan-id* 例如：[HUAWEI] **vlan** 10	键入使能了 IGMP Snooping 功能的 VLAN，进入 VLAN 视图
	igmp-snooping report-suppress 例如：[HUAWEI-vlan10] **igmp-snooping report-suppress**	配置在 VLAN 内对 Report 和 Leave 报文的抑制功能。 【说明】配置此功能需注意以下几点。 ① 在某 VLAN 下配置了报文抑制功能后，不能在与之对

（续表）

步骤	命令	说明
2	**igmp-snooping report-suppress** 例如：[HUAWEI-vlan10] **igmp-snooping report-suppress**	应的三层 VLANIF 接口上使能 IGMP 功能。 ② 在同一 VLAN 内，Report 和 Leave 报文抑制功能和 IGMP Snooping Proxy 不能同时配置。 ③ 如果设备上配置了组播 VLAN 复制功能，则不能在用户 VLAN 上配置 Report 和 Leave 报文抑制功能。 ④ 设备未使能报文抑制功能时，对重复的成员关系报告报文也会进行抑制，缺省的抑制时间为 10s，此时间可通过 **igmp-snooping suppress-time** *suppress-time* 命令来配置，如设为 0，所有的成员关系报文都立即转发 缺省情况下，**undo igmp-snooping report-suppress** 命令取消在 VLAN 内对 Report 和 Leave 报文的抑制

当配置了对 Report 和 Leave 报文的抑制后，针对每一个组播组，交换机会在第一次有成员加入需要建立组播表项，以及响应 IGMP 查询报文时，向上游转发一份 Report 报文；在最后一个组成员离开需要删除组播表项时，向上游转发一份 Leave 报文。

（7）（可选）配置 Router-Alert 选项

出于兼容性考虑，缺省情况下交换机不对 Router-Alert 选项进行检查，当收到 IGMP 报文时，不管其 IP 报头中是否携带 Router-Alert 选项，设备都会将其送给上层协议进行处理。为了提高系统性能、减少不必要的开支，同时出于协议安全性的考虑，可以按表 10-53 所示的步骤配置对 Router-Alert 选项进行检查，使设备在收到的 IGMP 报文中没有携带 Router-Alert 选项时，就丢弃该报文。

表 10-53　　　　　　　　　　　　Router-Alert 选项的配置步骤

步骤	命令	说明
1	**system-view** 例如：<HUAWEI> **system-view**	进入系统视图
2	**vlan** *vlan-id* 例如：[HUAWEI] **vlan** 10	键入使能了 IGMP Snooping 功能的 VLAN，进入 VLAN 视图
3	**igmp-snooping require-router-alert** 例如：[HUAWEI-vlan10] **igmp-snooping require-router-alert**	配置设备对接收的 IGMP 报文进行 Router-Alert 检查。 【说明】Router-Alert 是一种标识协议报文的特殊机制，如果一个报文中带有 Router-Alert 选项，则表示该报文需要被上送到路由协议层去处理。出于兼容性考虑，缺省情况下设备不对 Router-Alert 选项进行检查，IGMP 报文中无论是否携带有 Router-Alert 选项，设备都会将其送给上层协议进行处理。为了提高设备性能、减少不必要的开支，同时出于协议安全性的考虑，可以配置设备丢弃未携带 Router-Alert 选项的 IGMP 报文，当设备收到 IGMP 报文时，会检查该报文的 Router-Alert 选项，如果没有携带该选项，就丢弃该报文 可用 **undo igmp-snooping require-router-alert** 命令恢复缺省配置
4	**igmp-snooping send-router-alert** 例如：[HUAWEI-pim] **igmp-snooping send-router-alert**	配置设备发送的 IGMP 报文中携带 Router-Alert 选项。缺省情况下设备不对 Router-Alert 选项进行检查，可用 **undo igmp-snooping send-router-alert** 命令恢复缺省配置

（8）（可选）配置 IGMP Snooping 抑制动态加入

当上游三层设备为其他厂商的设备，并且在用户主机侧接口上配置了静态组播组，不允许下游用户主机动态加入或离开组播组时，可以在设备上按表 10-54 所示的步骤配置 IGMP Snooping 抑制动态加入，禁止向上游设备转发包含静态组地址信息的 Report 和 Leave 报文。

表 10-54　　　　　　　　IGMP Snooping 抑制动态加入的配置步骤

步骤	命令	说明
1	**system-view** 例如：<HUAWEI> **system-view**	进入系统视图
2	**vlan** *vlan-id* 例如：[HUAWEI] **vlan** 10	键入使能了 IGMP Snooping 功能的 VLAN，进入 VLAN 视图
3	**igmp-snooping static-group suppress-dynamic-join** 例如：[HUAWEI-vlan10] **igmp-snooping static-group suppress-dynamic-join**	禁止 VLAN 内收到的包含有静态组地址信息的 Report 和 Leave 报文向配置该静态组的上游三层设备转发。 【说明】如果二层设备的上游三层组播设备为其他厂商设备，并且在此三层设备的接口上配置了静态组播组，不允许用户以动态的方式加入或者退出组播组，此时需要在二层设备上配置禁止向三层组播设备转发包含有静态组地址信息的 Report 和 Leave 报文。 缺省情况下，VLAN 内收到的包含有静态组地址信息的 Report 和 Leave 报文向配置该静态组的上游三层设备转发，可用 **undo igmp-snooping static-group suppress-dynamic-join** 命令恢复缺省配置

10.8.2　配置 IGMP Snooping Proxy

通过对 10.7.3 节的学习我们已经知道，IGMP Snooping Proxy 功能在 IGMP Snooping 的基础上使二层交换机代替上游三层设备向下游主机发送 IGMP Query 报文，同时代替下游主机向上游三层设备发送 IGMP Report 和 Leave 报文。

配置 IGMP Snooping Proxy 功能的二层交换机，在其上游三层设备看来，它就相当于一台成员主机，有效屏蔽了来自下游主机的大量协议报文，可有效减少 IGMP 在网络中的交互程度，节约带宽；在其下游设备看来，它相当于一台查询器，分担上游三层设备的性能负荷。

IGMP Snooping Proxy 功能的具体配置步骤见表 10-55。

表 10-55　　　　　　　　IGMP Snooping Proxy 功能配置步骤

步骤	命令	说明
1	**system-view** 例如：<HUAWEI> **system-view**	进入系统视图
2	**vlan** *vlan-id* 例如：[HUAWEI]**vlan** 10	键入要配置 IGMP Snooping Proxy 功能的 VLAN，进入 VLAN 视图
3	**igmp-snooping proxy** 例如：[HUAWEI-vlan10] **igmp-snooping proxy**	使能 IGMP Snooping Proxy 功能。 缺省状况下，VLAN 内没有使能 IGMP Snooping Proxy 功能，可用 **undo igmp-snooping proxy** 命令去使能 VLAN 内的 IGMP Snooping Proxy 功能

（续表）

步骤	命令	说明
4	**quit** 例如：[HUAWEI-vlan10] **quit**	退出接口视图，返回系统视图
5	**interface** *interface-type interface-number* 例如：[HUAWEI]**interface** gigabitethernet 0/0/1	（可选）键入二层交换机的路由器接口（上行接口），进入接口视图
6	**igmp-snooping proxy-uplink-port vlan** *vlan-id* 例如：[HUAWEI-Gigabit Ethernet0/0/1] **igmp-snooping proxy-uplink-port vlan** 10	（可选）配置设备禁止向路由器端口转发指定 VLAN 内的 IGMP Query 报文。 缺省情况下，交换机在启用 IGMP Snooping Proxy 功能后，交换机会定时以广播的方式向 VLAN 内所有接口（包括路由器端口）发送 IGMP Query 报文，从而会引起 IGMP 查询器重新选举。当上游三层设备已经启用 IGMP 时，配置此命令可以禁止交换机向路由器端口转发 Query 报文，避免查询器重新选举。 缺省情况下，所有 VLAN 均没有禁止向路由器端口转发指定 VLAN 内的 IGMP Query 报文，可用 **undo igmp-snooping proxy-uplink-port** 命令恢复缺省配置

10.8.3　配置 IGMP Snooping 策略

通过配置 IGMP Snooping 策略可以控制用户对组播节目的点播，提高二层组播网络的可控性和安全性。它包括以下配置任务：

- 配置组播组过滤策略；
- 配置接口下组播数据过滤；
- 配置丢弃未知组播流；
- 配置接口学习的组播表项数量限制；
- 配置组播 Hash 模式。

1. 配置组播组过滤策略

在使能了 IGMP Snooping 的设备上，通过配置组播组过滤策略，可以控制用户对组播节目的点播。本功能仅对动态加入的组生效，对静态组播组无效。可在 VLAN 视图或接口视图下配置，具体配置步骤见表 10-56。

表 10-56　　　　　　　　　　组播组过滤策略的配置步骤

步骤	命令	说明
1	**system-view** 例如：<HUAWEI> **system-view**	进入系统视图
	配置 VLAN 内的组播组过滤策略	
2	**vlan** *vlan-id* 例如：[HUAWEI]**vlan** 10	键入要配置 IGMP Snooping Proxy 功能的 VLAN，进入 VLAN 视图
3	**igmp-snooping group-policy** *acl-number* [**version** *version-number*] [**default-permit**]	配置 VLAN 内的组播组过滤策略。命令中的参数和选项说明如下： ① *acl-number*：指定用来定义该 VLAN 内用户主机可以加入的组播组范围的 ACL 编号，可以是基本 ACL（源地址就

（续表）

步骤	命令	说明
3	**igmp-snooping group-policy** *acl-number* [**version** *version-number*] [**default-permit**]	是组播组 IP 地址，表示仅过滤组播组 IP 地址），取值范围为 2000～2999，和高级 ACL（源地址为组播源 IP 地址，目的地址是组播组 IP 地址，表示同时过滤组播源 IP 地址和组播组 IP 地址），取值范围为 3000～3999。 ② *version-number*：可选参数，指定 IGMP 报文的版本，表示只对指定版本的 IGMP 报文应用组播过滤策略。如果不指定该参数，则设备对接收到的所有 IGMP 报文都应用该组播组过滤策略。 ③ **default-permit**：可选项，指定组播组过滤策略的缺省行为是对所有组播组许可，即表示如果引用的 ACL 未定义规则，则允许 VLAN 内用户主机可以加入所有组播组。 • 如果组播组过滤策略未指定 **default-permit** 可选项，则 **rule** 命令必须使用 **permit** 选项允许 VLAN 内的主机访问指定组播组，完成过滤组播组的目的。 • 如果组播组过滤策略指定了 **default-permit** 可选项，则 **rule** 命令必须使用 **deny** 选项明确禁止 VLAN 内的主机访问指定组播组，完成过滤组播组的目的。 缺省状况下，VLAN 无组播组过滤策略，即 VLAN 内的用户主机可以加入任何组播组，可用 **undo igmp-snooping group-policy** 命令取消当前 VLAN 的组播组过滤策略
	配置接口下的组播组过滤策略	
2	**interface** *interface-type interface-number* 例如：[HUAWEI] **interface** gigabitethernet 0/0/1	进入成员接口视图
3	**igmp-snooping group-policy** *acl-number* [**version** *version-number*] **vlan** *vlan-id1* [**to** *vlan-id2*] [**default-permit**] 例如： [HUAWEI-GigabitEthernet0/0/1] **igmp-snooping group-policy** 2000 **vlan** 20 **to** 30 **default-permit**	配置接口下的组播组过滤策略。**vlan** *vlan-id1* [**to** *vlan-id2*] 表示指定接口应用组播组过滤策略所属的 VLAN，其他参数和选项的说明参见本表前面 VLAN 下的组播组过滤策略配置命令 **igmp-snooping group-policy**。 缺省状况下，当前接口下的 VLAN 无组播组过滤策略，即 VLAN 内的主机可以加入任何组播组，可用 **undo igmp-snooping group-policy** *acl-number* **version** *version-number* **vlan** *vlan-id1* [**to** *vlan-id2*] [**default-permit**] 命令取消当前接口下的组播组过滤策略

2. 配置接口下组播数据过滤

当网络管理员希望拒绝某特定的组播数据报文时，可以在交换机接口下配置组播数据过滤，拒绝来自指定 VLAN 的组播数据报文。配置方法很简单，只需在对应的接口视图下使用 **multicast-source-deny vlan** { *vlan-id1* [**to** *vlan-id2*] } &<1-10> 命令，使接口对指定 VLAN（接口必须已加入到对应的 VLAN 中）内的组播数据进行过滤即可。命令中的参数说明如下。

① *vlan-id1*：指定要过滤组播报文的起始 VLAN 的 VLAN ID，取值范围为 1～4094。

② **to** *vlan-id2*：可选参数，指定要过滤组播报文的结束 VLAN 的 VLAN ID，取值范围也为 1～4094，但必须大于参数 *vlan-id1* 的值，与 *vlan-id1* 共同指定一个范围的 VLAN。

③ &<1-10>：表示前面的 *vlan-id1* [**to** *vlan-id2*]可以最多有 10 个。

在接口下配置本命令后，接口会丢弃收到的指定 VLAN 的组播报文。在如下场景下，可能会需要使用此功能。

■ 用户侧接口上收到了组播报文，而交换机一般不需要接收来自用户侧接口的组播数据报文。在用户侧接口配置本命令，丢弃该接口收到的组播数据，可以防止用户主机恶意伪造组播源发送组播流。

■ 不同 VLAN 的多个组播源和交换机之间二层相连，交换机只想接收部分源的数据。

■ 在某些特殊情况下，比如某接口下用户组播业务到期需要暂时停止，网络管理员可以通过配置本命令，来实现拒绝相应 VLAN 的组播数据报文。

但使用此命令只过滤同时满足以下条件的组播数据报文。

■ 报文目的 MAC 地址为 IP 组播 MAC 地址（即 0x01-00-5e 开头的 IPv4 组播 MAC 地址或 0x3333 开头的 IPv6 组播 MAC 地址）。

■ 报文封装的协议类型为 UDP 类型。

3．配置丢弃未知组播流

所谓"未知组播流"就是组播转发表中不存在对应表项的组播报文。缺省情况下，交换机对未知组播流的处理方式为在 VLAN 内广播。通过配置丢弃未知组播流，可以节省瞬时带宽占用率。配置方法很简单，只需在对应的 VLAN 视图下使用 **multicast drop-unknown** 命令配置丢弃未知组播流。但要注意的是，配置本命令后会丢弃一切未知组播报文，包括在 VLAN 内透传的使用保留组播地址的协议报文。

4．配置接口学习的组播表项数量限制

通过配置接口可以学习的组播表项的最大数量，可以限制用户点播组播节目的数量，控制接口上的数据流量。同时，如果当前组播表项数量已达到或超过配置值，设备上将无法再加入新的组播组。通过配置二层组播表项替换功能，可解决此问题。配置二层组播表项替换功能后，设备会记录组播用户信息。当某组播用户有加入新的组播组请求，先检查这个组播用户已经点播的所有节目，然后删除其中只有该用户在观看的表项，加入新的表项，实现替换功能。

以上有关组播表项最大数量和二层组播表项替换功能的配置方法见表 10-57。

表 10-57　　　　　组播表项最大数量和二层组播表项替换功能的配置步骤

步骤	命令	说明
1	**system-view** 例如：<HUAWEI> **system-view**	进入系统视图
2	**interface** *interface-type interface-number* 例如：[HUAWEI] **interface** gigabitethernet 0/0/1	进入成员接口视图
3	**igmp-snooping group-limit** *group-limit* **vlan** { *vlan-id1* [**to** *vlan-id2*] } &<1-10> 例如：[HUAWEI-GigabitEthernet0/0/1] **igmp-snooping group-limit** 10 **vlan** 10	配置接口可以学习的组播表项的最大数量。命令中的参数说明如下。 ① *group-limit*：配置接口可学习的组播表项的个数，取值范围不同机型不一样。 ② **vlan** *vlan-id1* [**to** *vlan-id2*]：指定应用 *group-limit* 参数配置的 VLAN 的 ID。

（续表）

步骤	命令	说明
3	**igmp-snooping group-limit** *group-limit* **vlan** { *vlan-id1* [**to** *vlan-id2*] } &<1-10> 例如：[HUAWEI-GigabitEthernet0/0/1] **igmp-snooping group-limit** 10 **vlan** 10	缺省情况下，接口能够学习的组播表项个数没有限制，可用 **undo igmp-snooping group-limit** *group-limit* **vlan** { *vlan-id1* [**to** *vlan-id2*] } &<1-10>命令取消接口能够学习的组播表项个数的限制
4	**vlan** *vlan-id* 例如：[HUAWEI]**vlan** 10	键入要配置 IGMP Snooping Proxy 功能的 VLAN，进入 VLAN 视图
5	**igmp-snooping limit-action** 例如：[HUAWEI-vlan10] **igmp-snooping limit-action**	配置当前 VLAN 的二层组播表项替换功能。 【说明】如果当前接口静态加入了组播组，该接口上配置的二层组播表项替换功能将会失效。 如果当前组播组有其他组播用户或者为静态组播组时，新的组播表项不会替换该表项。 如果新的组播组请求为加入（S，G）的请求，则被替换的表项只能是（S，G）表项，不能是（*，G）表项；反之亦然。 缺省情况下，接口下的表项达到限制规格后，不再处理 report 报文，不替换已存在表项，可用 **undo igmp-snooping limit-action** 命令恢复该配置的缺省值

5. 配置组播 Hash 模式

为了提升组播转发性能，设备一般都会通过一定的 Hash 算法学习组播地址。但是当出现大量组播 Hash 冲突导致组播地址无法学习到时，可以通过尝试更改组播 Hash 算法的方式来降低冲突。仅 S5720EI、S6720EI 和 S6720S-EI，及 S7700 以上系列交换机支持该配置。

配置组播 Hash 模式的方法是在系统视图下执行 **set multicast-hash-mode** { **crc-32-upper** | **crc-32-lower** | **lsb** | **crc-16-upper** | **crc-16-lower** }命令，各选项说明如下。

- **crc-32-upper**：设置 hash 算法的模式为 32 位高比特循环冗余校验。
- **crc-32-lower**：设置 hash 算法的模式为 32 位低比特循环冗余校验。
- **Lsb**：设置 hash 算法的模式为 IP 地址的最低位。
- **crc-16-upper**：设置 hash 算法的模式为 16 位高比特循环冗余校验。
- **crc-16-lower**：设置 hash 算法的模式为 16 位低比特循环冗余校验。

注意 由于组播地址分布没有规律性，因此无法确定哪种 Hash 算法最优。在通常情况下，默认算法为最优算法，建议不要轻易变更。更改组播 Hash 模式后，必须重启交换机使配置生效。

完成 IGMP Snooping 策略配置以后，可以在任意视图下执行以下 **display** 命令，查看策略的配置和应用情况。

- **display igmp-snooping** [**vlan** [*vlan-id*]] **configuration**：查看 IGMP Snooping 的配置信息，查看到 VLAN 下的 IGMP Snooping 策略的配置情况。
- **display l2-multicast forwarding-table vlan** [*vlan-id*] [[**source-address** *source-address*] **group-address** { *group-address* | **router-group** }]：查看 VLAN 内的二层组播转

发表信息，检查 IGMP Snooping 策略的应用情况。

10.8.4 配置成员关系快速刷新

配置成员关系快速刷新，使组播组成员加入或者离开组播组时设备能够快速响应成员变化，可以提高组播业务的运行效率和用户体验。可以进行以下几方面的配置。

1. 配置动态成员端口老化时间

设备在收到不同 IGMP 报文之后，会为成员端口启动不同时长的老化定时器。

① 当设备的成员端口收到下游主机的 Report 报文后，将接口老化时间设置为健壮系数×普遍组查询报文发送时间间隔+最大响应时间。

② 当设备的成员端口收到下游主机的 Leave 报文后，将接口老化时间设置为特定组查询报文发送时间间隔×健壮系数。

动态成员端口老化时间的具体配置步骤见表 10-58。

表 10-58 动态成员端口老化时间的配置步骤

步骤	命令	说明
1	system-view 例如：\<HUAWEI\> system-view	进入系统视图
2	vlan vlan-id 例如：[HUAWEI]vlan 10	键入要配置动态成员端口老化时间的 VLAN，进入 VLAN 视图
3	igmp-snooping query-interval query-interval 例如：[HUAWEI-vlan10]igmp-snooping query-interval 100	配置查询器发送普遍组查询报文的时间间隔，取值范围为 1～65535 的整数秒。 缺省情况下，普遍组查询时间间隔为 60s，可用 undo igmp-snooping query-interval 命令恢复对应 VLAN 内的 IGMP 普遍组查询报文发送时间间隔为缺省值
4	igmp-snooping robust-count robust-count 例如：[HUAWEI-vlan10] igmp-snooping robust-count 3	配置查询器的 IGMP 健壮系数，取值范围为 2～5 的整数。 缺省情况下，IGMP 健壮系数为 2，可用 undo igmp-snooping robust-count 命令恢复对应 VLAN 内的 IGMP 健壮系数为缺省值
5	igmp-snooping max-response-time max-response-time 例如：[HUAWEI-vlan10] igmp-snooping max-response-time 20	配置查询器最大响应时间，取值范围为 1～25 的整数秒。 缺省情况下，IGMP 查询报文的最大响应时间是 10s，可用 undo igmp-snooping max-response-time 命令恢复对应 VLAN 内 IGMP 普遍组查询的最大响应时间为缺省值
6	igmp-snooping lastmember-queryinterval lastmember-queryinterval 例如：[HUAWEI-vlan10] igmp-snooping lastmember-queryinterval 3	配置 VLAN 内的最后成员查询时间间隔，即 IGMP 特定组查询报文发送时间间隔，取值范围为 1～5 的整数秒。 缺省情况下，特定组查询时间间隔为 1s，可用 undo igmp-snooping lastmember-queryinterval 命令恢复 VLAN 内的最后成员查询时间间隔为缺省值

2. 配置动态路由器端口老化时间

IGMP Snooping 的路由器端口用来向上游三层设备发送 Report 报文和接收上游设备的组播数据报文。在配置 IGMP Snooping 功能后，设备可以动态学习路由器端口，实时监测上游组播数据的下发。当网络发生拥塞或者网络稳定性不佳时，动态路由器端口在其老化时间超时前没有收到 IGMP 普遍组查询报文或者 PIM Hello 报文，设备将把该接口从路由器端口列表中删除，可能造成组播数据中断，此时可以将路由器端口老化时间值适当调大。

配置动态路由器端口老化时间的配置方法很简单，只需在对应的 VLAN 视图下使用 **igmp-snooping router-aging-time** *router-aging-time* 命令即可，取值范围为 1~1000 的整数秒。缺省情况下，通过 IGMP 普遍组查询报文学习到的路由器端口老化时间为 180s。通过 PIM Hello 报文学习到的路由器端口老化时间为 Hello 报文中 Holdtime 值，可用 **undo igmp-snooping router-aging-time** 命令恢复对应 VLAN 内的动态路由器端口老化时间为缺省值。

3. 配置成员端口快速离开

成员端口快速离开是指当交换机从成员端口接收到 IGMP Leave 报文时，不再启动老化定时器等待转发表项老化，而是立即将该接口对应的转发表项删除。

注意　只有当 VLAN 内的每个接口下都只有一个组播组成员主机时，才可以使能该 VLAN 的成员端口快速离开功能。只有当交换机在 VLAN 内可以处理 IGMPv2 或 IGMPv3 报文时，配置成员端口快速离开功能才有意义。

配置成员端口快速离开功能的方法也很简单，只需在对应的 VLAN 视图下使用 **igmp-snooping prompt-leave** [**group-policy** *acl-number*]命令，配置允许 VLAN 内的成员端口快速离开组播组即可。

命令中的 *acl-number* 可选参数用来指定要允许端口快速离开某些组播组，可以是基本 ACL（源地址为组播 IP 地址），取值范围为 2000~2999，也可以是高级 ACL（源地址是组播源 IP 地址，目的地址为组播组的 IP 地址），取值范围为 3000~3999。不指定此参数时表示所有组播组都允许端口快速离开。

缺省情况下，不允许成员端口快速离开组播组，可用 **undo igmp-snooping prompt-leave** 命令禁止 VLAN 内的成员端口快速离开组播组。

4. 配置网络拓扑变化时发送 Query 报文

当二层网络拓扑发生变化时，组播报文的转发路径可能发生变化。配置交换机在链路故障时主动发送 IGMP Query 报文，当组播组成员回应 IGMP Report 报文时，设备根据 Report 报文更新成员端口信息，将组播数据流迅速切换到新的转发路径上。

在网络拓扑变化时发送 Query 报文的配置步骤见表 10-59。

表 10-59　　　　　　　在网络拓扑变化时发送 **Query** 报文的配置步骤

步骤	命令	说明
1	**system-view** 例如：<HUAWEI> **system-view**	进入系统视图
2	**igmp-snooping send-query enable** 例如：[HUAWEI]**igmp-snooping send-query enable**	配置设备在网络拓扑变化时发送 IGMP 普遍组查询报文。配置本命令后，当设备感知二层网络拓扑发生变化时，会主动发送 IGMP 普遍组查询报文（报文源地址缺省为 192.

（续表）

步骤	命令	说明
2	**igmp-snooping send-query enable** 例如：[HUAWEI]**igmp-snooping send-query enable**	168.0.1），保证设备能够快速更新端口信息，减少下游组成员接收组播数据中断时间。 缺省情况下，当网络拓扑变化时，设备不会主动发送 IGMP 普遍组查询报文，可用 **undo igmp-snooping send-query enable** 命令禁止设备响应二层拓扑变化主动发送 IGMP 普遍组查询报文
3	**igmp-snooping send-query source-address** *ip-address* 例如：[HUAWEI] **igmp-snooping send-query source-address** 1.1.1.1	（可选）配置 IGMP 普遍组查询报文的源 IP 地址。 缺省情况下，响应拓扑变化时发送的普遍组查询报文源地址为 192.168.0.1。当该地址已被网络中的其他设备占用时，可使用本命令配置为其他地址，可用 **undo igmp-snooping send-query source-address** 命令恢复 IGMP 普遍组查询报文的源 IP 地址为缺省值

10.8.5　配置 IGMP Snooping SSM Mapping

在二层网络中，如果某些用户主机只能运行 IGMPv1 或 IGMPv2，但是这些用户希望享受 SSM 服务，就需要在设备上配置 IGMP Snooping SSM Mapping 功能。如果需要改变 SSM 组地址的范围，则还可以配置 SSM 组策略，以使对应的组播组被作为 SSM 组播组对待。

1.（可选）配置 SSM 组策略

缺省情况下，SSM 组范围是 232.0.0.0～232.255.255.255。如果用户加入的组播组地址不在 SSM 范围内，需要先在 VLAN 上配置 SSM 组策略，将组播组地址加入到 SSM 组地址的范围。

SSM 组策略的具体配置方法是在对应的 VLAN 视图下使用 **igmp-snooping ssm-policy** *basic-acl-number* 命令，通过基本 ACL（源地址为组播组 IP 地址）来限定允许作为 SSM 范围内的组对待的组播组。但此时 ACL 中的 **rule** 命令必须使用 **permit** 选项指定组播组 IP 地址才能生效；如果使用 **deny** 选项或指定的地址不是组播组的 IP 地址，配置不生效。

2. 配置 IGMP Snooping SSM Mapping

使能 IGMP Snooping SSM Mapping 功能后可以使组播组与组播源之间建立一一对应的映射关系。配置 VLAN 内 IGMP Snooping 的版本为 3，才能支持 SSM Mapping 功能。但如果配置了组播 VLAN 复制功能，只需在组播 VLAN 内配置 SSM Mapping 即可。

> **说明** 虽然配置 SSM-Mapping 时，需要在 VLAN 下指定 IGMP 的版本号为 3，但是在向路由器端口转发所收到的 Version 2 的 IGMP 报文时，并不会将其转换为 Version 3 版本。此时可以通过在交换机上配置 IGMP Snooping Proxy 功能将其转换为 Version 3 的协议报文向上游发送。

配置 IGMP Snooping SSM Mapping 的步骤见表 10-60。

完成 IGMP Snooping SSM Mapping 功能配置以后，可以在任意视图下执行 **display igmp-snooping port-info** [**vlan** *vlan-id* [**group-address** *group-address*]] [**verbose**]，查看

端口表项信息。

表 10-60　　　　　　　　　**IGMP Snooping SSM Mapping 的配置步骤**

步骤	命令	说明
1	**system-view** 例如：<HUAWEI> **system-view**	进入系统视图
2	**vlan** *vlan-id* 例如：[HUAWEI]**vlan** 10	键入要配置 IGMP Snooping SSM Mapping 的 VLAN，进入 VLAN 视图
3	**igmp-snooping version 3** 例如：[HUAWEI-vlan10] **igmp-snooping version 3**	配置 VLAN 内 IGMP Snooping 的版本号为 3。缺省版本号为 2，但是 IGMPv2 版本不支持 SSM Mapping 功能
4	**igmp-snooping ssm-mapping enable** 例如：[HUAWEI-vlan10] **igmp-snooping ssm-mapping enable**	使能 VLAN 内的 SSM Mapping 功能。缺省情况下，VLAN 内 SSM Mapping 功能未使能，可用 **undo igmp-snooping ssm-mapping enable** 命令去使能 SSM Mapping 功能
5	**igmp-snooping ssm-mapping** *group-address* { *group-mask* | *mask-length* } *source-address* 例如：[HUAWEI-vlan10] **igmp-snooping ssm-mapping** 238.1.1.0 24 10.1.1.1	配置 VLAN 内组播组与组播源的映射。命令中的参数说明如下。 ① *group-address*：指定要映射的组播组 IP 地址，缺省为 SSM 组策略范围内的组播组地址，也可以是前面 SSM 组策略中指定的组播组 IP 地址。 ② *group-mask*：二选一参数，组播组 IP 地址掩码。 ③ *mask-length*：二选一参数，组播组 IP 地址掩码长度。 ④ *source-address*：以上组播组 IP 地址要建立映射的组播源 IP 地址，是单播 IP 地址。 缺省情况下，没有配置任何组播组与组播组源的映射，可用 **undo igmp-snooping ssm-mapping** *group-address* { *group-mask* | *mask-length* } *source-address* 命令取消对应 VLAN 中配置的指定组播组与组播源映射

10.8.6　IGMP Snooping 基本功能的配置示例

本示例的拓扑结构如图 10-47 所示，Router 通过二层设备 Switch 连接用户网络，Router 上运行 IGMPv2 版本。组播源 Source 向组播组 225.1.1.1～225.1.1.5 发送数据，网络中有 HostA、HostB、HostC 3 个组播组成员，它们只对 225.1.1.1～225.1.1.3 的数据感兴趣。

1. 基本配置思路分析

因为示例中仅对 VLAN 10 中的用户进行组播组过滤，所以本示例只需要在使能 IGMP Snooping 功能的基础上使用组策略就可以实现。具体配置任务如下。

① 在 Switch 上创建 VLAN 并将接口加入对应的 VLAN。

② 使能全局和 VLAN 的 IGMP Snooping 功能。

③ 配置组播组过滤策略，并在 VLAN 内应用此策略。

2. 具体配置步骤

下面是本示例以上 3 项配置任务的具体配置步骤。

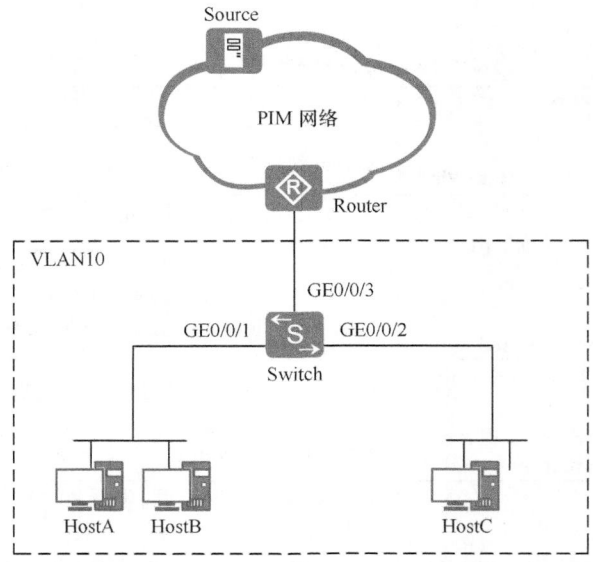

图 10-47　IGMP Snooping 基本功能配置示例的拓扑结构

① 创建 VLAN，配置接口加入 VLAN。

```
<HUAWEI> system-view
[HUAWEI] sysname Switch
[Switch] vlan 10
[Switch-vlan10] quit
[Switch] interface gigabitethernet 0/0/1
[Switch-GigabitEthernet0/0/1] port hybrid untagged vlan 10
[Switch-GigabitEthernet0/0/1] port hybrid pvid vlan 10
[Switch-GigabitEthernet0/0/1] quit
[Switch] interface gigabitethernet 0/0/2
[Switch-GigabitEthernet0/0/2] port hybrid untagged vlan 10
[Switch-GigabitEthernet0/0/2] port hybrid pvid vlan 10
[Switch-GigabitEthernet0/0/2] quit
[Switch] interface gigabitethernet 0/0/3
[Switch-GigabitEthernet0/0/3] port hybrid pvid vlan 10
[Switch-GigabitEthernet0/0/3] port hybrid untagged vlan 10
[Switch-GigabitEthernet0/0/3] quit
```

② 使能全局和 VLAN 的 IGMP Snooping 功能。

```
[Switch] igmp-snooping enable
[Switch] vlan 10
[Switch-vlan10] igmp-snooping enable
[Switch-vlan10] quit
```

③ 通过基本 ACL 配置组播组过滤策略，仅 VLAN 10 中的用户接收组播地址为 225.1.1.1～225.1.1.3 的组播数据。

```
[Switch] acl 2000
[Switch-acl-basic-2000] rule permit source 225.1.1.1 0
[Switch-acl-basic-2000] rule permit source 225.1.1.2 0
[Switch-acl-basic-2000] rule permit source 225.1.1.3 0
[Switch-acl-basic-2000] quit
[Switch] vlan 10
[Switch-vlan10] igmp-snooping group-policy 2000
```

[Switch-vlan10] **quit**

配置好后，可使用 **display igmp-snooping port-info vlan 10** 命令查看 Switch 上的端口信息。从中可看出组 225.1.1.1～225.1.1.3 已在 Switch 上动态生成成员端口 GE0/0/1 和 GE0/0/2。

```
<Switch> display igmp-snooping port-info vlan 10
-----------------------------------------------------------------------------
                        (Source, Group)    Port                      Flag
  Flag: S:Static        D:Dynamic          M: Ssm-mapping
-----------------------------------------------------------------------------
VLAN 10, 3 Entry(s)
                        (*, 225.1.1.1)   GE0/0/1                     -D-
                                         GE0/0/2                     -D-
                                                     2 port(s)
                        (*, 225.1.1.2)   GE0/0/1                     -D-
                                         GE0/0/2                     -D-
                                                     2 port(s)
                        (*, 225.1.1.3)   GE0/0/1                     -D-
                                         GE0/0/2                     -D-
                                                     2 port(s)
-----------------------------------------------------------------------------
```

然后，可以通过 **display l2-multicast forwarding-table vlan 10** 命令查看 Switch 上二层组播转发表。从中可看出转发表中只有 225.1.1.1～225.1.1.3 的组播数据。

```
<Switch> display l2-multicast forwarding-table vlan 10
VLAN ID : 10, Forwarding Mode : IP
-----------------------------------------------------------------------------
                  (Source, Group)      Interface              Out-Vlan
-----------------------------------------------------------------------------
                  Router-port      GigabitEthernet0/0/3        10
                  (*, 225.1.1.1)   GigabitEthernet0/0/1        10
                                   GigabitEthernet0/0/2        10
                                   GigabitEthernet0/0/3        10
                  (*, 225.1.1.2)   GigabitEthernet0/0/1        10
                                   GigabitEthernet0/0/2        10
                                   GigabitEthernet0/0/3        10
                  (*, 225.1.1.3)   GigabitEthernet0/0/1        10
                                   GigabitEthernet0/0/2        10
                                   GigabitEthernet0/0/3        10
-----------------------------------------------------------------------------
Total Group(s) : 3
```

10.8.7　通过静态端口实现二层组播的配置示例

本示例的拓扑结构如图 10-48 所示，路由器 Router 通过二层设备 Switch 连接用户网络，Router 的用户侧三层 VLANIF 接口配置了 225.1.1.1～225.1.1.5 的 IGMP 静态组，没有运行 IGMP。网络中有 HostA、HostB、HostC、HostD 4 个组播组成员，其中 HostA 和 HostB 希望长期稳定地接收 225.1.1.1～225.1.1.3 的数据，HostC 和 HostD 希望长期稳定地接收 225.1.1.4～225.1.1.5 的数据。

1. 基本配置思路分析

本示例与上节介绍的示例要求差不多，但实现的方式不同。上节是通过组策略来实现用户仅接收来自指定组播组的数据，而本示例则要通过在组播组中添加静态端口（包括静态路由器端口和静态成员端口）来实现仅接收来自指定组播组的数据。具体配置任务如下。

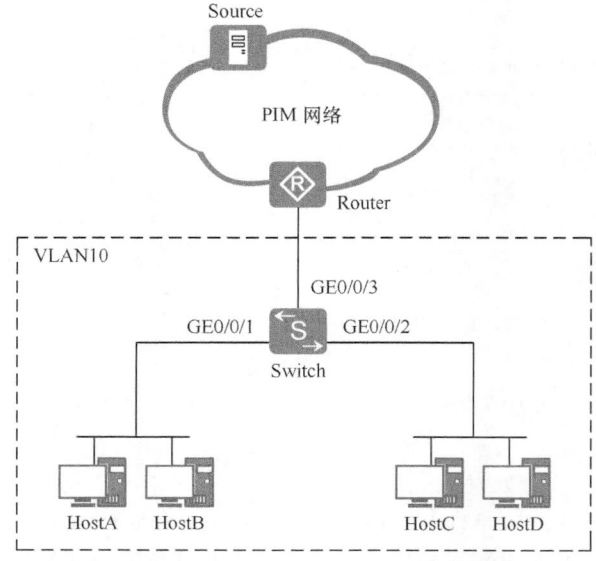

图 10-48　通过静态端口实现二层组播的配置示例

① 在 Switch 上创建 VLAN 并将接口加入 VLAN。

② 使能全局和 VLAN 的 IGMP Snooping 功能。

③ 配置静态路由器端口和配置静态成员端口。

2.　具体配置步骤

① 创建 VLAN 10，并配置接口加入 VLAN。参见上节配置。

② 使能全局和 VLAN IGMP Snooping 功能。参见上节配置。

③ 把 GE0/0/3 接口配置为 VLAN 10 的静态路由器端口。

```
[Switch] interface gigabitethernet 0/0/3
[Switch-GigabitEthernet0/0/3] igmp-snooping static-router-port vlan 10
[Switch-GigabitEthernet0/0/3] quit
```

④ 把 GE0/0/1 和 GE0/0/2 接口分别加入到对应的组播组中，配置为它们的静态成员端口。

```
[Switch] interface gigabitethernet 0/0/1
[Switch-GigabitEthernet0/0/1] l2-multicast static-group group-address 225.1.1.1 to 225.1.1.3 vlan 10
[Switch-GigabitEthernet0/0/1] quit
[Switch] interface gigabitethernet 0/0/2
[Switch-GigabitEthernet0/0/2] l2-multicast static-group group-address 225.1.1.4 to 225.1.1.5 vlan 10
[Switch-GigabitEthernet0/0/2] quit
```

配置好后，可以通过 **display igmp-snooping router-port vlan 10** 命令查看 Switch 上的路由器端口信息。具体如下，从中可以看出，GE0/0/3 已成为静态路由器端口。

```
<Switch> display igmp-snooping router-port vlan 10
Port Name                        UpTime          Expires          Flags
-----------------------------------------------------------------------
VLAN 10, 1 router-port(s)
GE0/0/3                          00:20:09        --               STATIC
```

同样可以通过 **display igmp-snooping port-info vlan 10** 命令查看 Switch 上的成员端口信息，从中可看出组播组 225.1.1.1～225.1.1.3 在 Switch 上有静态成员端口 GE0/0/1，组播组 225.1.1.4～225.1.1.5 在 Switch 上有静态成员端口 GE0/0/2。输出信息与上节给出的该命令输出类似，参见即可，只是此处是静态成员端口类型。

还可通过 **display l2-multicast forwarding-table vlan 10** 命令查看 Switch 上二层组播转发表。从中可以看出，组 225.1.1.1～225.1.1.5 在 Switch 上已生成转发表，与上节给出的该命令输出一样，参见即可。

10.8.8　IGMP Snooping 查询器的配置示例

本示例的拓扑结构如图 10-49 所示，在一个没有三层设备的纯二层网络环境中，组播源 Source1 和 Source2 分别向组播组 224.1.1.1 和 225.1.1.1 发送组播数据，HostA 和 HostC 希望接收组播组 224.1.1.1 的数据，HostB 和 HostD 希望接收组播组 225.1.1.1 的数据。所有组播组成员运行 IGMPv2。

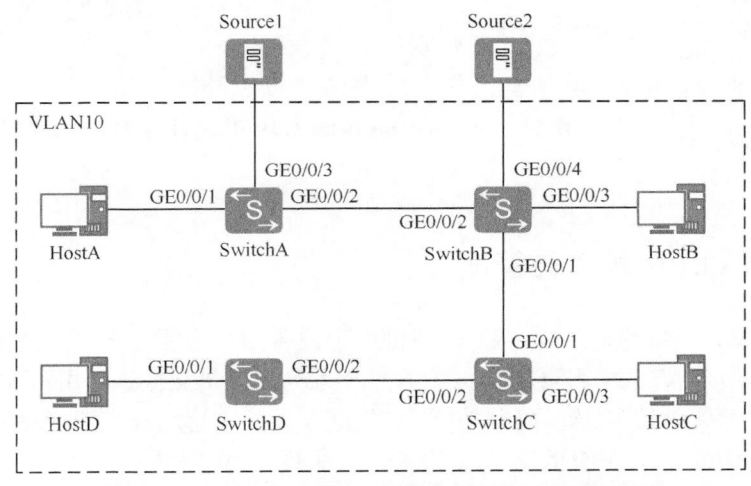

图 10-49　IGMP Snooping 查询器配置示例的拓扑结构

本示例可通过在网络中各 Switch 上使能 IGMP Snooping 功能，并配置某一台 Switch 为 IGMP Snooping 查询器来实现。同时为防止设备在没有二层组播转发表项时将组播数据在 VLAN 内广播，在所有 Switch 上都使能丢弃未知组播报文功能。具体配置步骤如下。

① 在所有 Switch 上创建 VLAN 并将接口加入 VLAN。因为 SwitchA、SwitchB、SwitchC、SwitchD 的配置方法一样，现仅以 SwitchA 为例进行介绍。

```
<HUAWEI> system-view
[HUAWEI] sysname SwitchA
[SwitchA] vlan 10
[SwitchA-vlan10] quit
[SwitchA] interface gigabitethernet 0/0/1
[SwitchA-GigabitEthernet0/0/1] port hybrid pvid vlan 10
[SwitchA-GigabitEthernet0/0/1] port hybrid untagged vlan 10
[SwitchA-GigabitEthernet0/0/1] quit
[SwitchA] interface gigabitethernet 0/0/2
[SwitchA-GigabitEthernet0/0/2] port hybrid pvid vlan 10
[SwitchA-GigabitEthernet0/0/2] port hybrid untagged vlan 10
```

```
[SwitchA-GigabitEthernet0/0/2] quit
[SwitchA] interface gigabitethernet 0/0/3
[SwitchA-GigabitEthernet0/0/3] port hybrid pvid vlan 10
[SwitchA-GigabitEthernet0/0/3] port hybrid untagged vlan 10
[SwitchA-GigabitEthernet0/0/3] quit
```

② 在所有 Switch 上使能全局和 VLAN 的 IGMP Snooping 功能。同样因为 SwitchA、SwitchB、SwitchC、SwitchD 的配置方法一样，也仅以 SwitchA 为例进行介绍。

```
[SwitchA] igmp-snooping enable
[SwitchA] vlan 10
[SwitchA-vlan10] igmp-snooping enable
[SwitchA-vlan10] quit
```

③ 配置 SwitchA 为查询器。

```
[SwitchA] vlan 10
[SwitchA-vlan10] igmp-snooping querier enable
[SwitchA-vlan10] quit
```

④ 在所有 Switch 上使能丢弃未知组播报文功能。同样仅以 SwitchA 为例进行介绍。

```
[SwitchA] vlan 10
[SwitchA-vlan10] multicast drop-unknown
[SwitchA-vlan10] quit
```

当 IGMP Snooping 查询器开始工作之后，除查询器以外的所有设备都应能收到 IGMP 普遍组查询报文。可以通过 **display igmp-snooping statistics vlan 10** 命令查看 IGMP 报文的统计信息。

10.9　组播 VLAN 配置与管理

组播 VLAN（Multicast VLAN）一般部署于设备的网络侧来实现组播流汇聚，然后将组播报文在用户 VLAN 内复制分发。华为 S 系列交换机支持基于用户 VLAN 和基于接口两种方式配置组播 VLAN 复制功能，可根据不同的应用场景来选择对应方式配置组播 VLAN 复制功能。有关组播 VLAN 的工作原理参见 10.7.5 节。

10.9.1　配置基于用户 VLAN 的组播 VLAN 一对多

通过配置组播 VLAN 一对多，可以实现组播数据在不同用户 VLAN 间的复制分发，减少上游带宽浪费。包括以下几项配置任务。

（1）配置用户 VLAN

配置基于用户 VLAN 的组播 VLAN 一对多功能时，需要在用户 VLAN 下使能二层组播侦听功能。

（2）配置用户 VLAN 绑定组播 VLAN

组播 VLAN 是实现组播 VLAN 复制功能的基础，用来汇聚网络侧的组播流，然后将组播流在其对应的用户VLAN内复制分发。同时，在配置基于用户VLAN的组播VLAN功能时，组播 VLAN 也需要使能二层组播侦听功能。

（3）配置接口加入 VLAN

组播 VLAN 和用户 VLAN 配置完成后，网络侧接口需要加入组播 VLAN，用户侧接口需要加入用户 VLAN。

以上 3 项配置任务的具体配置步骤见表 10-61。

表 10-61　　　　　　　　基于用户 VLAN 的组播 VLAN 一对多的配置步骤

配置任务	步骤	命令	说明
公共配置	1	**system-view** 例如：<HUAWEI> **system-view**	进入系统视图
配置用户 VLAN IGMP Snooping 功能	2	**igmp-snooping enable** 例如：[HUAWEI] **igmp-snooping enable**	使能全局 IGMP Snooping 功能
	3	**vlan** *vlan-id* 例如：[HUAWEI] **vlan** 10	创建要使能 IGMP Snooping 功能的用户 VLAN，并进入 VLAN 视图
	4	**igmp-snooping enable** 例如：[HUAWEI-vlan10] **igmp-snooping enable**	使能用户 VLAN 的 IGMP Snooping 功能
为所有需要接收组播数据的用户 VLAN 进行以上配置			
配置组播 VLAN	5	**quit** 例如：[HUAWEI-vlan10] **quit**	退出以上用户 VLAN 视图，返回系统视图
	6	**vlan** *vlan-id* 例如：[HUAWEI] **vlan** 5	创建要使能 IGMP Snooping 功能的**组播** VLAN，并进入组播 VLAN 视图
	7	**igmp-snooping enable** 例如：[HUAWEI-vlan5] **igmp-snooping enable**	使能组播 VLAN 的 IGMP Snooping 功能
	8	**multicast-vlan enable** 例如：[HUAWEI-vlan5] **multicast-vlan enable**	使能组播 VLAN 功能，将当前 VLAN 配置为组播 VLAN。 【注意】配置为组播 VLAN 的 VLAN，不能再被配置为用户 VLAN。被配置为用户 VLAN 的 VLAN 也不能再被配置为组播 VLAN。如果在 VLAN 内使用 **l2-multicast forwarding-mode** 命令将当前二层组播数据转发模式设置成按 MAC 转发，则不支持将该 VLAN 配置为组播 VLAN。将组播 VLAN 恢复成普通 VLAN 时，应当先删除组播 VLAN 下的所有用户 VLAN。 缺省情况下，当前 VLAN 为普通 VLAN，可用 **undo multicast-vlan enable** 命令将当前 VLAN 恢复成普通 VLAN
	9	**multicast-vlan user-vlan** { *vlan-id1* [**to** *vlan-id2*] } &<1-10> 例如：[HUAWEI-vlan5] **multicast-vlan user-vlan** 10 **to** 15	配置组播 VLAN 和用户 VLAN 的对应关系，将用户 VLAN 绑定到组播 VLAN。参数 *vlan-id1* [**to** *vlan-id2*] 用来指定要绑定组播 VLAN 的用户 VLAN 范围，取值范围均为 1～4094 的整数。 【说明】配置组播 VLAN 和用户 VLAN 的对应关系时，一个组播 VLAN 最多可以绑定 4093 个用户 VLAN，而且所对应的用户 VLAN 必须已经创建，否则该命令即使配置成功也不生效，且一个用户 VLAN 只能绑定到一个组播 VLAN。 缺省情况下，组播 VLAN 没有对应的用户 VLAN，可用 **undo multicast-vlan user-vlan** 命令取消组播 VLAN 和指定用户 VLAN 的对应关系。

（续表）

配置任务	步骤	命令	说明
配置组播 VLAN	9	**multicast-vlan send-query prune-source-port** 例如：[HUAWEI-vlan5] **multicast-vlan send-query prune-source-port**	禁止组播 VLAN 收到通用查询报文后，通过用户 VLAN 从上行接口回传。 缺省情况下，如果上行接口加入组播 VLAN 的同时，也加入了用户 VLAN，组播 VLAN 收到通用查询报文后，允许查询报文通过用户 VLAN 从上行接口转发回去。如果不希望上游设备收到回传的查询报文，可以配置该命令避免查询报文从上行接口转发回去。 缺省情况下，组播 VLAN 收到通用查询报文后，允许查询报文通过用户 VLAN 从上行接口转发回去，用 **undo multicast-vlan send-query prune-source-port** 命令来恢复缺省配置
配置接口 加入 VLAN	10	**quit** 例如：[HUAWEI-vlan5] **quit**	退出组播 VLAN 视图，返回系统视图
	11	将网络侧接口加入组播 VLAN，将用户侧接口加入用户 VLAN	

完成基于用户 VLAN 的组播 VLAN 一对多功能的配置后，可在任意视图下通过以下 **display** 命令查看相关配置信息，验证配置结果。

- **display multicast-vlan vlan** [*vlan-id*]：查看组播 VLAN 的信息。
- **display user-vlan vlan** [*vlan-id*]：查看用户 VLAN 的信息。

10.9.2　配置基于用户 VLAN 的组播 VLAN 多对多

通过配置基于用户 VLAN 的组播 VLAN 多对多，能够使单个用户 VLAN 绑定到多个组播 VLAN，弥补了组播 VLAN 一对多中一个用户 VLAN 只能加入一个组播 VLAN 的不足。包括以下几项配置任务。

（1）配置用户 VLAN

配置基于用户 VLAN 的组播 VLAN 多对多功能时，在用户 VLAN 下，不仅需要使能二层组播侦听功能，还需要使能组播流触发功能。

（2）配置用户 VLAN 绑定组播 VLAN

在配置基于用户 VLAN 的组播 VLAN 多对多功能时，除了需要在组播 VLAN 下使能二层组播侦听功能，将用户 VLAN 绑定到组播 VLAN 之外，还需要在组播 VLAN 配置静态流。通过在用户 VLAN 和组播 VLAN 之间建立基于（UVLAN，Source，Group）的映射关系，在用户 VLAN 向该组播 VLAN 发起点播请求时生成组播表项，实现用户 VLAN 和组播 VLAN 的多对多映射。

（3）配置接口加入 VLAN

组播 VLAN 和用户 VLAN 配置完成后，网络侧接口需要加入组播 VLAN，用户侧接口需要加入用户 VLAN。

以上 3 项配置任务的具体配置步骤见表 10-62。

完成基于用户 VLAN 的组播 VLAN 多对多功能的配置后，可在任意视图下通过以下 **display** 命令查看相关配置信息，验证配置结果。

- **display multicast-vlan** vlan [*vlan-id*]：查看组播 VLAN 的信息。
- **display user-vlan vlan** [*vlan-id*]：查看用户 VLAN 的信息。
- **display multicast static-flow** [**vlan** *vlan-id*]：查看组播 VLAN 下配置的静态流。

表 10-62　　　　　　　　基于用户 VLAN 的组播 VLAN 多对多的配置步骤

配置任务	步骤	命令	说明
公共配置	1	**system-view** 例如：<HUAWEI> **system-view**	进入系统视图
配置用户 VLAN IGMP Snooping 功能	2	**igmp-snooping enable** 例如：[HUAWEI] **igmp-snooping enable**	使能全局 IGMP Snooping 功能
	3	**vlan** *vlan-id* 例如：[HUAWEI] **vlan** 10	创建要使能 IGMP Snooping 功能的**用户** VLAN，并进入 VLAN 视图
	4	**igmp-snooping enable** 例如：[HUAWEI-vlan10] **igmp-snooping enable**	使能用户 VLAN 的 IGMP Snooping 功能
	5	**multicast flow-trigger** **enable** 例如：[HUAWEI-vlan10] **multicast flow-trigger** **enable**	使能 VLAN 的组播流触发功能。 当某个用户 VLAN（如 UVLAN）要求加入多个组播 VLAN（MVLAN1～MVLANn）时，先要在 UVLAN 上使用本命令使能流触发，然后在 UVLAN 需要加入的各个 MVLAN 上使用命令 **multicast static-flow** 配置静态流（参见本表第 11 步）。这样就在 UVLAN 和 MVLAN 之间建立了基于 { UVLAN, Source, Group } 的映射关系，在 UVLAN 向该 MVLAN 发起点播请求时生成组播表项，实现 UVLAN 和 MVLAN 的多对多映射。 缺省情况下，VLAN 内的组播流触发功能处于关闭状态，可用 **undo multicast flow-trigger enable** 命令在 VLAN 内关闭组播流触发功能
		为所有需要接收组播数据的用户 VLAN 进行以上配置	
配置组播 VLAN	6	**quit** 例如：[HUAWEI-vlan10] **quit**	退出以上用户 VLAN 视图，返回系统视图
	7	**vlan** *vlan-id* 例如：[HUAWEI] **vlan** 5	创建要使能 IGMP Snooping 功能的**组播** VLAN，并进入组播 VLAN 视图
	8	**igmp-snooping enable** 例如：[HUAWEI-vlan5] **igmp-snooping enable**	使能组播 VLAN 的 IGMP Snooping 功能
	9	**multicast-vlan enable** 例如：[HUAWEI-vlan5] **multicast-vlan enable**	使能组播 VLAN 功能，将当前 VLAN 配置为组播 VLAN。 其他说明参见上节表 10-62 中的第 8 步
	10	**multicast-vlan user-vlan** { *vlan-id1* [**to** *vlan-id2*] } &<1-10> 例如：[HUAWEI-vlan5] **multicast-vlan user-vlan** 10 **to** 15	配置组播 VLAN 和用户 VLAN 的对应关系，将用户 VLAN 绑定到组播 VLAN。 其他说明参见上节表 10-62 中的第 9 步

（续表）

配置任务	步骤	命令	说明
配置组播 VLAN	11	**multicast static-flow** *ipv4-group-address1* [**to** *ipv4-group-address2*] [**source** *ipv4-source-address*] 例如：[HUAWEI-vlan10] **multicast static-flow** 232.0.0.1 **source** 10.0.0.1	配置组播 VLAN 静态流。配置组播静态流之后，用户 VLAN 下的用户可以加入组播静态流指定的组播组，并接收其组播数据。所有组播 VLAN 的静态组播流不能重复，组播组相同但源 IP 不同的两条流被视为两条不同的静态组播流。命令中的参数说明如下。 ● *ipv4-group-address1* [**to** *ipv4-group-address2*]：指定 IPv4 组播组地址，取值范围是 224.0.1.0～239.255.255.255，连续的地址段必须在掩码长度为 24 位的一个组播地址区间内。 ● **source** *ipv4-source-address*：指定 IPv4 源地址，是单播地址。 缺省情况下，没有配置组播 VLAN 的静态组播流，可用 **undo multicast static-flow** *ipv4-group-address1* [**to** *ipv4-group-address2*] [**source** *ipv4-source-address*] 命令删除指定的组播 VLAN 的静态组播流
	12	**multicast-vlan send-query prune-source-port** 例如：[HUAWEI-vlan5] **multicast-vlan send-query prune-source-port**	（可选）禁止组播 VLAN 收到通用查询报文后，通过用户 VLAN 从上行接口回传。 其他说明参见上节表 10-62 中的第 11 步
配置接口 加入 VLAN	13	**quit** 例如：[HUAWEI-vlan5] **quit**	退出组播 VLAN 视图，返回系统视图
	14	将网络侧接口加入组播 VLAN，将用户侧接口加入用户 VLAN	

10.9.3　配置基于接口的组播 VLAN 功能

通过配置基于接口的组播 VLAN 功能，可以实现同一用户 VLAN 中不同用户之间的组播业务隔离，增强了对组播业务流量的控制。在配置时需要结合 IGMP Snooping 功能来实现，但是与配置基于用户 VLAN 的组播 VLAN 功能不同的是，**用户 VLAN 不需要使能 IGMP Snooping 功能**，只需使用 **vlan** *vlan-id* 命令创建用户 VLAN。

基于接口的组播 VLAN 功能所包括的配置任务如下。

（1）配置组播 VLAN 的 IGMP Snooping 功能

配置基于接口的组播 VLAN 功能时，只需要在组播 VLAN 下使能二层组播侦听功能，不需要使能组播 VLAN 功能。

（2）配置用户 VLAN 绑定组播 VLAN

用户 VLAN 绑定组播 VLAN 主要在用户侧接口下进行配置，并且在同一接口下用户 VLAN 不能绑定到多个组播 VLAN。

（3）配置接口加入 VLAN

组播 VLAN 和用户 VLAN 配置完成后，网络侧接口需要加入组播 VLAN，用户侧接口需要加入用户 VLAN。

以上 3 项配置任务的具体配置步骤见表 10-63。

表 10-63　　　　　　　　　基于接口的组播 **VLAN** 的配置步骤

配置任务	步骤	命令	说明
公共配置	1	**system-view** 例如：\<HUAWEI\> **system-view**	进入系统视图
配置组播 VLAN	2	**igmp-snooping enable**	使能全局 IGMP Snooping 功能
	3	**vlan** *vlan-id* 例如：[HUAWEI] **vlan** 5	创建要使能 IGMP Snooping 功能的**组播** VLAN， 并进入组播 VLAN 视图
	4	**igmp-snooping enable** 例如：[HUAWEI-vlan5] **igmp-snooping enable**	使能组播 VLAN 的 IGMP Snooping 功能
配置用户 VLAN 绑 定组播 VLAN	5	**quit** 例如：[HUAWEI-vlan5] **quit**	退出组播 VLAN 用户视图，返回系统视图
	6	**interface** *interface-type* *interface-number* 例如[HUAWEI] **interface** **gigabitethernet** 1/0/1	键入要绑定组播 VLAN 的用户侧**物理接口**，进入 接口视图
	7	**l2-multicast-bind vlan** *vlanid1*[**to** *vlanid2*] **mvlan** *mvlanid* 例如：[HUAWEI- GigabitEthernet1/0/1] **l2-multicast-bind vlan** 100 **mvlan** 5	在以上物理接口下配置用户 VLAN 绑定组播 VLAN。命令中的参数说明如下。 ① *vlan-id1* [**to** *vlan-id2*]：用来指定要绑定组播 VLAN 的用户 VLAN 范围，取值范围均为 1～ 4094 的整数。 ② *mvlanid*：指定要绑定的组播 VLAN。 缺省情况下，接口下没有配置用户 VLAN 绑定组 播 VLAN，可用 **undo l2-multicast-bind vlan** 命令 恢复缺省配置
配置接口 加入 VLAN	8	**quit** 例如：[HUAWEI-vlan5] **quit**	退出组播 VLAN 视图，返回系统视图
	9	将网络侧接口加入组播 VLAN，将用户侧接口加入用户 VLAN	

　　完成配置后，可使用 **display l2-multicast-bind** [**mvlan** *vlan-id*] 命令查看接口上用户 VLAN 与组播 VLAN 的绑定信息。

10.9.4　基于用户 VLAN 的组播 VLAN 一对多配置示例

　　本示例的拓扑结构如图 10-50 所示，RouterA 和 SwitchA 之间用于传输组播数据的业务 VLAN 为 VLAN 10，而下游用户主机 HostA、HostB 和 HostC 分别属于 VLAN 100、VLAN 200 和 VLAN 300，并且都需要接收组播 Source 的组播数据。现要求通过配置基于用户 VLAN 的组播 VLAN 功能，满足对于不同用户主机有多份相同的组播需求。

　　1. 基本配置思路分析

　　本示例可采用基于用户 VLAN 的组播 VLAN 功能来实现，根据 10.9.1 节介绍的配置任务可得出本示例的基本配置思路如下。

　　① 在 SwitchA 上使能全局的 IGMP Snooping 功能。

　　② 创建用户 VLAN，并在用户 VLAN 下使能 IGMP Snooping。

　　③ 创建组播 VLAN，并在组播 VLAN 下使能 IGMP Snooping。

　　④ 在组播 VLAN 下面绑定用户 VLAN。

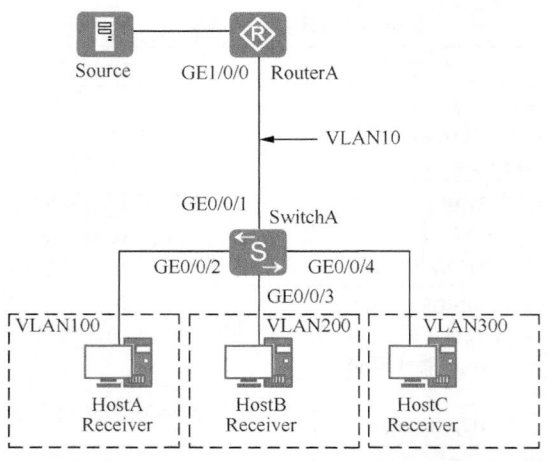

图 10-50　基于用户 VLAN 的组播 VLAN 一对多配置示例的拓扑结构

⑤ 将对应的接口分别以 Hybrid 方式加入对应的用户 VLAN 中。

2. 具体配置步骤

① 在系统视图下使能全局的 IGMP Snooping 功能。

```
<SwitchA> system-view
[SwitchA] igmp-snooping enable
```

② 创建用户 VLAN，并在各用户 VLAN 下使能 IGMP Snooping 功能。

```
[SwitchA] vlan 100
[SwitchA-vlan100] igmp-snooping enable
[SwitchA-vlan100] quit
[SwitchA] vlan 200
[SwitchA-vlan200] igmp-snooping enable
[SwitchA-vlan200] quit
[SwitchA] vlan 300
[SwitchA-vlan300] igmp-snooping enable
[SwitchA-vlan300] quit
```

③ 创建组播 VLAN，并在组播 VLAN 下使能 IGMP Snooping 功能。

```
[SwitchA] vlan 10
[SwitchA-vlan10] igmp-snooping enable
[SwitchA-vlan10] multicast-vlan enable
```

说明 通常建议在组播 VLAN 视图下配置 **igmp-snooping querier enable** 命令，配置本地设备作为该 VLAN 的 IGMP Snooping 查询器。但如果作为网关的上游设备使能了 IGMP 功能，就可以不用配置该功能。

④ 在组播 VLAN10 下面绑定用户 VLAN 100、VLAN 200 和 VLAN 300。

```
[SwitchA-vlan10] multicast-vlan user-vlan 100 200 300
[SwitchA-vlan10] quit
```

⑤ 把 GE0/0/1、GE0/0/2、GE0/0/3 和 GE0/0/4 接口以 Hybrid 方式加入对应的 VLAN 中。

```
[SwitchA] interface gigabitethernet 0/0/1
[SwitchA-GigabitEthernet0/0/1] port hybrid pvid vlan 10
[SwitchA-GigabitEthernet0/0/1] port hybrid untagged vlan 10
[SwitchA-GigabitEthernet0/0/1] quit
[SwitchA] interface gigabitethernet 0/0/2
[SwitchA-GigabitEthernet0/0/2] port hybrid pvid vlan 100
```

```
[SwitchA-GigabitEtherne0/0/2] port hybrid untagged vlan 100
[SwitchA-GigabitEthernet0/0/2] quit
[SwitchA] interface gigabitethernet 0/0/3
[SwitchA-GigabitEthernet0/0/3] port hybrid pvid vlan 200
[SwitchA-GigabitEthernet0/0/3] port hybrid untagged vlan 200
[SwitchA-GigabitEthernet0/0/3] quit
[SwitchA] interface gigabitethernet 0/0/4
[SwitchA-GigabitEthernet0/0/4] port hybrid pvid vlan 300
[SwitchA-GigabitEthernet0/0/4] port hybrid untagged vlan 300
[SwitchA-GigabitEthernet0/0/4] quit
```

配置好后，可在 SwitchA 上使用 **display multicast-vlan vlan** 命令查看组播 VLAN 和用户 VLAN 的信息。

```
[SwitchA] display multicast-vlan vlan
Total multicast vlan    1
  multicast-vlan      user-vlan number      snooping-state
------------------------------------------------------------
  10                  3                      IGMP Enable /MLD Disable
[SwitchA] display user-vlan vlan
Total user vlan    3
  user-vlan  snooping-state           multicast-vlan  snooping-state
------------------------------------------------------------
  100        IGMP Enable /MLD Disable  10             IGMP Enable /MLD Disable
  200        IGMP Enable /MLD Disable  10             IGMP Enable /MLD Disable
  300        IGMP Enable /MLD Disable  10             IGMP Enable /MLD Disable
```

10.9.5　基于接口的组播 VLAN 配置示例

本示例的拓扑结构如图 10-51 所示，SwitchA 上的 GE1/0/0 接口连接路由器，GE2/0/0 和 GE3/0/0 接口下的业务分别批发给 ISP1 和 ISP2，ISP1 和 ISP2 分别通过组播 VLAN 2 和组播 VLAN 3 传输组播数据。GE2/0/0 和 GE3/0/0 接口下用户 VLAN 重复，都为 VLAN 10。为了防止不同 ISP 的组播报文发送到不属于此 ISP 的用户，影响到 ISP 的利益，现要求通过基于接口的组播 VLAN 功能，指定属于本 ISP 的组播数据只转发到连接本 ISP 用户的接口。

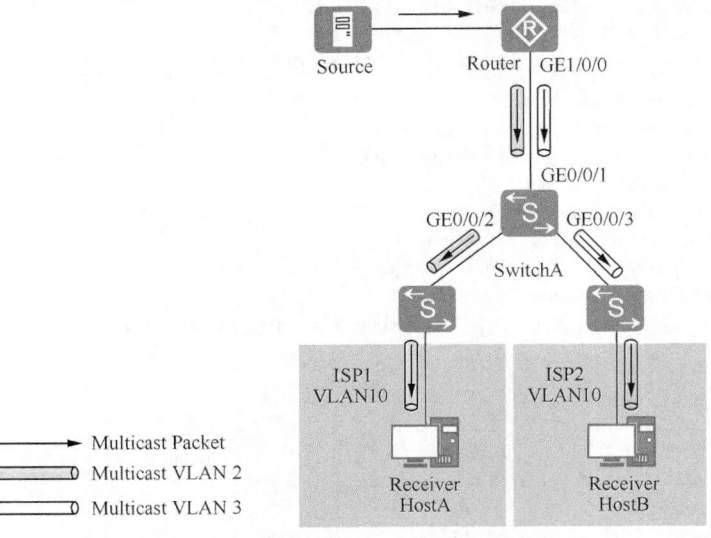

图 10-51　基于接口的组播 VLAN 配置示例的拓扑结构

1. 基本配置思路分析

本示例可采用基于接口的组播 VLAN 功能来实现，根据 10.9.3 节介绍的配置任务可得出本示例的基本配置思路如下。

① 在系统视图下使能全局 IGMP Snooping 功能。

② 创建用户 VLAN 10。

③ 创建组播 VLAN 2 和组播 VLAN 3，并在组播 VLAN 下使能 IGMP Snooping。

④ 在 GE0/0/2 接口和 GE0/0/3 接口下对组播 VLAN 和用户 VLAN 分别进行绑定。

⑤ 将各接口分别加入到对应的组播 VLAN 或用户 VLAN 中。

2. 具体配置步骤

① 创建用户 VLAN 10。

```
<SwitchA> system-view
[SwitchA] vlan 10
```

② 配置组播 VLAN 2 和组播 VLAN 3，并在组播 VLAN 下使能 IGMP Snooping 功能。

```
[SwitchA] igmp-snooping enable
[SwitchA] vlan 2
[SwitchA-vlan2] igmp-snooping enable
[SwitchA-vlan2] quit
[SwitchA] vlan 3
[SwitchA-vlan3] igmp-snooping enable
[SwitchA-vlan3] quit
```

③ 在 GE0/0/2 和 GE0/0/3 接口下分别对组播 VLAN 和用户 VLAN 进行绑定。

```
[SwitchA] interface gigabitethernet 0/0/2
[SwitchA-GigabitEthernet0/0/2] l2-multicast-bind vlan 10 mvlan 2
[SwitchA-GigabitEthernet0/0/2] quit
[SwitchA] interface gigabitethernet 0/0/3
[SwitchA-GigabitEthernet0/0/3] l2-multicast-bind vlan 10 mvlan 3
[SwitchA-GigabitEthernet0/0/3] quit
```

④ 以 Trunk 方式把 GE0/0/1 接口加入组播 VLAN 2 和组播 VLAN 3。

```
[SwitchA] interface gigabitethernet 1/0/0
[SwitchA-GigabitEthernet0/0/1] port link-type trunk
[SwitchA-GigabitEthernet0/0/1] port trunk allow-pass vlan 2 3
[SwitchA-GigabitEthernet0/0/1] quit
```

⑤ 把 GE0/0/2、GE0/0/3 接口分别以 Hybrid 方式加入用户 VLAN 10。

```
[SwitchA] interface gigabitethernet 0/0/2
[SwitchA-GigabitEthernet0/0/2] port hybrid pvid vlan 10
[SwitchA-GigabitEthernet0/0/2] port hybrid untagged vlan 10
[SwitchA-GigabitEthernet0/0/2] quit
[SwitchA] interface gigabitethernet 0/0/3
[SwitchA-GigabitEthernet0/0/3] port hybrid pvid vlan 10
[SwitchA-GigabitEthernet0/0/3] port hybrid untagged vlan 10
[SwitchA-GigabitEthernet0/0/3] quit
```

配置好后，可在 SwitchA 上使用 **display l2-multicast-bind** 命令查看接口下用户 VLAN 与组播 VLAN 的绑定信息，具体如下。

```
[SwitchA] display l2-multicast-bind
-------------------------------------------------------------------
Port                       Startvlan      Endvlan      Mvlan
-------------------------------------------------------------------
GigabitEthernet0/0/2          10             --            2
GigabitEthernet0/0/3          10             --            3
-------------------------------------------------------------------
```

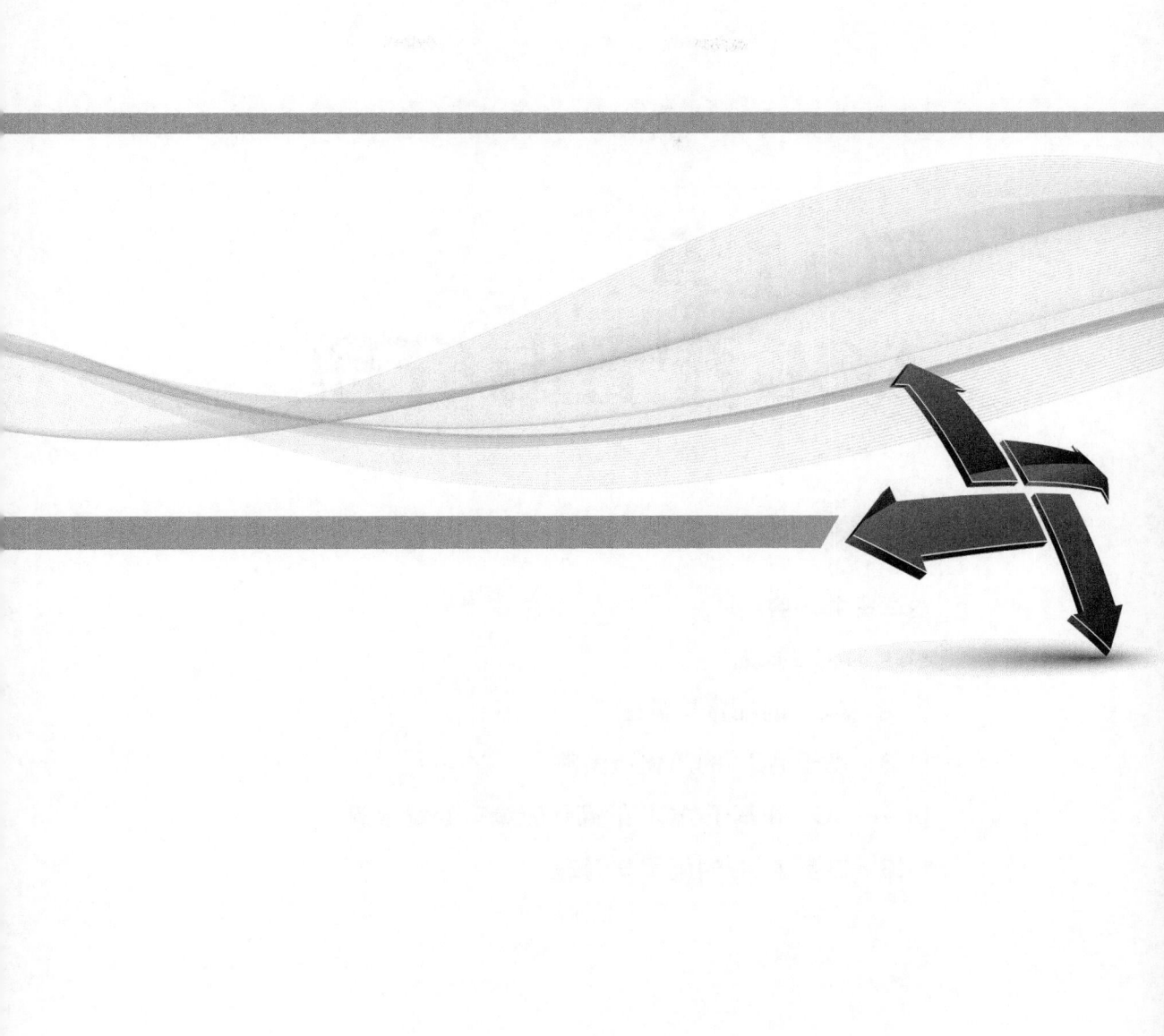

第 11 章
ACL 配置与管理

本章主要内容

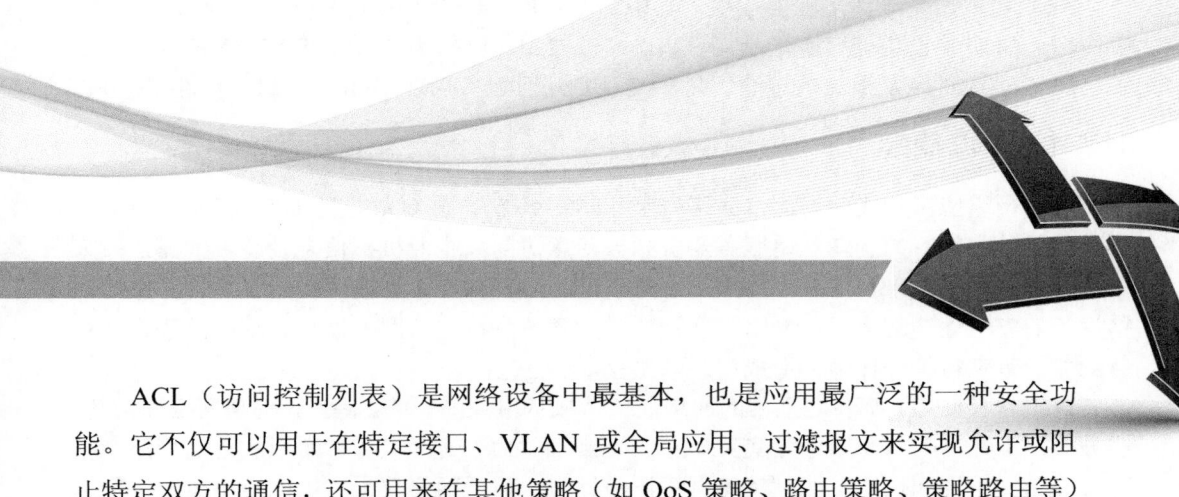

　　ACL（访问控制列表）是网络设备中最基本，也是应用最广泛的一种安全功能。它不仅可以用于在特定接口、VLAN 或全局应用、过滤报文来实现允许或阻止特定双方的通信，还可用来在其他策略（如 QoS 策略、路由策略、策略路由等）中调用，实现报文分类。

　　华为设备的 ACL 有多种，分别用于不同应用场景，满足不同的报文过滤或报文分类需求。基本 ACL 是最简单的 ACL，主要通过源 IP 地址（也可代表路由信息中的目的网络地址）来实现 IP 报文的过滤或分类。高级 ACL 则可以通过更多参数（如源 IP 地址/端口号、目的 IP 地址/端口号、上层协议类型等）来实现 IP 报文的过滤或分类。二层 ACL 则专用于二层交换网络中的报文过滤或分类，是通过对以太网帧头信息（如源/目的 MAC 地址、VLAN 标签、上层协议类型、以太网协议类型等）的识别实现的。用户自定义 ACL 是可通过指定基于二层或三层报头偏移值后的指定字节数中的字符串内容来进行报文过滤或分类，所过滤的字符串可以位于报头，也可位于"数据"部分。用户 ACL 与"用户自定义 ACL"是不同的，它是根据 IPv4 报文的源 IP 地址或源 UCL 组、目的 IP 地址或目的 UCL 组、IP 协议类型、ICMP 类型、TCP 源端口/目的端口、UDP 源端口/目的端口号等参数来实现报文的过滤或分类。

　　本章不仅介绍以上 5 种 ACL 的具体配置与管理方法，还在最后介绍自反 ACL 功能的工作原理和应用配置方法。自反 ACL 可以实现仅允许指定的单端主动发起的双向通信，而不允许对端主动发起的双向通信。

11.1　ACL 基础

ACL（Access Control List，访问控制列表）是一组报文过滤规则的集合，以允许或阻止符合特定条件的报文通过（在报文转发过滤应用中），或者指定要应用对应策略的报文（在各种基于 ACL 策略应用中，如流策略、路由策略等）。

ACL 可以应用于诸多业务模块，其中最基本的 ACL 应用就是在简化流策略/流策略中应用 ACL，使设备能够基于全局、VLAN 或接口（包括物理接口和 VLANIF 接口）下发 ACL，实现对转发报文的过滤。此外，ACL 还可以应用在 Telnet、FTP、路由等模块。

11.1.1　ACL 简介

随着网络应用的飞速发展，网络安全和网络服务质量（QoS，Quality of Service）问题显得日益突出。如企业重要服务器资源被随意访问，企业机密信息轻易被泄露，带来严重的安全隐患；来自 Internet 病毒恶意攻击、肆意入侵企业内网，致使内网数据、网络运行的安全性非常堪忧；网络带宽被各类业务随意挤占，服务质量要求高的语音、视频业务的带宽得不到保障，造成用户体验差。

以上种种问题，都会对正常的网络通信造成了很大的影响。因此，提高网络安全性、服务质量迫在眉睫。ACL 就在这种情况下应运而生了。通过 ACL 可以实现对网络中报文流的精确识别和控制，达到控制网络访问行为、防止网络攻击和提高网络带宽利用率的目的，从而切实保障网络环境的安全性和网络服务质量的可靠性。

图 11-1 所示是一个典型的 ACL 应用组网场景。如某企业为保证财务数据安全，要求禁止研发部门访问财务服务器，但总裁办公室不受限制。这时就可以通过 ACL 来实现，只需图中 Switch 设备 Interface 1 接口的入方向上应用高级 ACL，禁止研发部门访问财务服务器的报文通过，而在 Interface 2 接口上不应用 ACL，使总裁办公室访问财务服务器的报文默认允许通过即可。

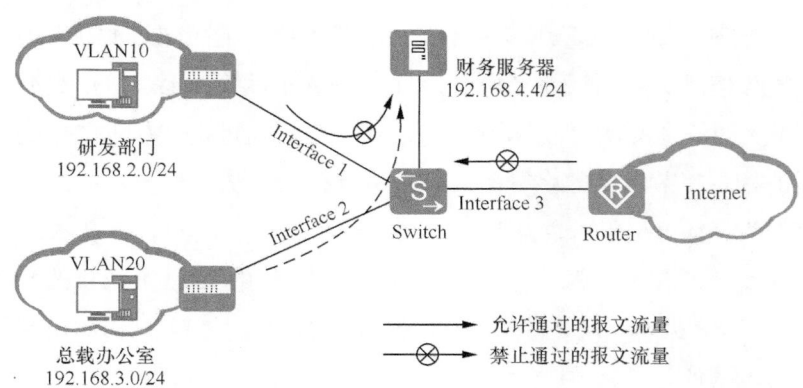

图 11-1　ACL 的典型应用示意

如果该企业还想保护企业内网环境安全，防止 Internet 病毒入侵。也可通过 ACL 来实现，只需在 Interface 3 接口的入方向上应用高级 ACL，使病毒经常使用的传输层端口予以封堵即可。

11.1.2　ACL 的组成、分类及实现方式

ACL 是一系列规则的集合，通过将报文与 ACL 规则中设置的匹配参数进行匹配，可以过滤出符合过滤条件的特定报文。华为设备支持的 ACL 有软件和硬件两种实现方式，两者在过滤的报文类型、报文过滤方式和对不匹配 ACL 的报文的处理动作这 3 个方面都有所差异，具体将在本节后面介绍。

1. ACL 的组成

一条 ACL 的结构组成，如图 11-2 所示。

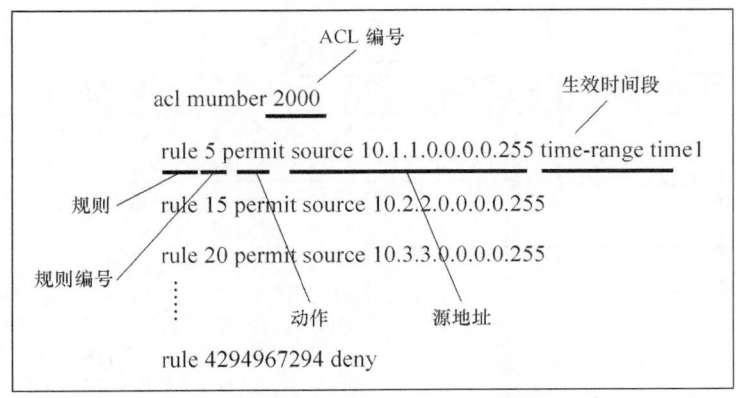

图 11-2　ACL 组成示例

① ACL 编号：用于标识 ACL，表明该 ACL 是数字型 ACL。

根据 ACL 规则功能的不同，华为设备中的 ACL 被划分为基本 ACL、高级 ACL、二层 ACL、用户自定义 ACL 和用户 ACL 这几种类型，每类 ACL 编号的取值范围不同。

除了可以通过 ACL 编号标识 ACL，设备还支持通过名称来标识 ACL，就像用域名代替 IP 地址一样，更加方便记忆。这种 ACL 称为命名型 ACL。

命名型 ACL 实际上是"名字+数字"的形式，可以在定义命名型 ACL 的同时指定 ACL 编号。如果不指定编号，则由系统自动分配。例如，下面就是一个既有名字"deny-telnet-login"又有编号"3998"的 ACL。

```
#
acl name deny-telnet-login 3998
rule 0 deny tcp source 10.152.0.0 0.0.63.255 destination 10.64.0.97 0 destination-port eq telnet
rule 5 deny tcp source 10.242.128.0 0.0.127.255 destination 10.64.0.97 0 destination-port eq telnet
#
```

② 规则：即描述报文匹配条件的判断语句，其中又包括规则号、动作和匹配项。

■ 规则编号：用于标识一条 ACL 规则。

可以自行配置规则编号，也可以由系统自动分配。ACL 规则的编号范围是 0～4294967294，所有规则均按照规则编号从小到大进行排序。系统按照规则编号从小到大的顺序，将规则依次与报文匹配，一旦匹配上一条规则即停止匹配。

■ 动作：包括 **permit/deny** 两种动作，表示允许/拒绝。

■ 匹配项：ACL 定义了极其丰富的匹配参数。除了图 11-1 中的源地址和生效时间段，ACL 还支持很多其他规则匹配参数。例如，二层以太网帧头信息（如源 MAC 地址、目的 MAC 地址、以太帧协议类型），三层数据包报头信息（如源 IP 地址、目的 IP 地址、三层协议类型），以及四层报文信息（如 TCP/UDP 端口号）等。

2. ACL 的分类

前面所说的数字型 ACL 和命名型 ACL 其实是两种不同的 ACL 配置方式，并不属于真正的分类。创建 ACL 时如果仅指定了一个编号，则所创建的是数字型 ACL；创建 ACL 时如果指定了一个名称，则所创建的是命名型 ACL。

此处所说的 ACL 分类，其实是真正的 ACL 分类，是从 ACL 规则定义方式上来划分的，划分的类型见表 11-1。

表 11-1　　　　　　　　　　　　ACL 的分类

ACL 类型	编号范围	适用的 IP 版本	规则过滤条件	
基本 ACL	2000～2999	IPv4	可使用 IPv4 报文的**源 IP 地址**、分片标记和时间段信息来定义规则	过滤规则较简单
基本 ACL6		IPv6	可使用 IPv6 报文的**源 IP 地址**、分片标记和时间段信息来定义规则	
高级 ACL	3000～3999	IPv4	既可使用 IPv4 报文的**源 IP 地址**，也可使用**目的 IP 地址**、IP 优先级、ToS、DSCP、IP 承载的协议类型、ICMP 类型、TCP 源端口/目的端口、UDP 源端口/目的端口号等来定义规则	过滤规则很复杂，但应用最灵活、最广泛
高级 ACL6		IPv6	既可以使用 IPv6 报文数据包的**源 IP 地址**，也可以使用**目的 IP 地址**、IP 承载的协议类型、TCP 的源端口/目的端口、ICMPv6 的类型、ICMPv6 Code 等来定义规则	
二层 ACL	4000～4999	IPv4&IPv6	可根据 IP 报文的**以太网帧头信息**来定义规则，如根据源 MAC 地址、目的 MAC 地址、以太帧协议类型等。过滤规则较简单	
用户自定义 ACL	5000～5999	IPv4&IPv6	使用**报头**、**偏移位置**、**字符串掩码**和**用户自定义字符串**来定义规则，即以报文头为基准，指定从报文的第几个字节开始与字符串掩码进行"与"操作，并将提取出的字符串与用户自定义的字符串进行比较，从而过滤出相匹配的报文。	
用户 ACL	6000～9999	IPv4	既可使用 IPv4 报文中的**源 IP 地址**或源 UCL（User Control List，用户控制列表）组，也可使用目的 **IP 地址**或目的 UCL 组、IP 协议类型、ICMP 类型、TCP 源端口/目的端口、UDP 源端口/目的端口号等来定义规则	

3. ACL 的实现方式

目前华为设备支持的 ACL 有以下两种实现方式。

■ 软件 ACL：针对与本机交互的报文（**必须上送 CPU 处理的报文**），由软件实现来过滤报文的 ACL，比如 FTP、TFTP、Telnet、SNMP、HTTP、路由协议、组播协议中引用的 ACL。

■ 硬件 ACL：针对所有报文（**一般是针对转发的数据报文**），通过下发 ACL 资源到硬件来过滤报文的 ACL，比如流策略、基于 ACL 的简化流策略、用户组以及为接口收到的报文添加外层 Tag 功能中引用的 ACL。

两者主要区别如下。

■ 过滤的报文类型不同：**软件 ACL 用来过滤与本机交互的报文**（必须上送 CPU 处理的报文），**硬件 ACL 可以用来过滤所有报文**（一般是针对转发的数据报文）。

■ 报文过滤方式不同：**软件 ACL 是被上层软件引用来实现报文的过滤，硬件 ACL 是被下发到硬件来实现报文的过滤**。通过软件 ACL 过滤报文时会消耗 CPU 资源，通过硬件 ACL 过滤报文时则会占用硬件资源。通过硬件 ACL 过滤报文的速度更快。

■ 对不匹配 ACL 的报文的处理动作不同：**软件 ACL 应用时**，如果报文未匹配上 ACL 中的规则，设备对该报文采取的动作为 deny，**即相当于 ACL 最后隐含了一条"拒绝所有"的规则**；**硬件 ACL 应用时**，如果报文未匹配上 ACL 中的规则，设备对该报文采取的动作为 permit，**即相当于 ACL 最后隐含了一条"允许所有"的规则**。

11.1.3　ACL 规则编号

一个 ACL 内可以有一条或者多条规则，每条规则都有自己的编号，且要求每个规则的编号在整个 ACL 中是唯一的。在创建规则时，可以人为地为每个规则指定一个唯一的编号，也可以由系统为其自动分配一个唯一的编号。当然，它们也不是随意编排的，下面具体介绍 ACL 规则编号的编号规则。

1.　自动分配规则编号

在自动分配规则编号时，为了方便后续在已有规则之前插入新的规则（用以控制规则的匹配顺序，**这点对于想要修改 ACL 的规则匹配结果时很重要**），系统通常会在相邻编号之间留下一定的空间，这个空间的大小（即相邻编号之间的差值）就称为 ACL 的步长。在定义一条 ACL 规则时，如果用户不指定规则编号，系统就会从现有规则中最大的 ACL 规则号（**最小的规则号为 0**）开始，按照步长设置自动为当前添加的规则分配一个大于现有规则最大编号的最小编号。假设现有规则中的最大规则号是 25，步长是 5，那么系统分配给新定义的规则的编号将是 30。

2.　插入新规则时的规则编号

如果想要在原来的两规则之间插入一条新的规则，则插入的这条规则的编号必须手工指定，且其编号必须位于原来两条规则编号之间。假设已配置好了 4 个规则，规则编号为 5、10、15、20，此时如果用户希望在第一条规则之后插入一条规则，则可以使用命令在 5 和 10 之间插入一条编号为 7 的规则。

3.　新步长的应用

ACL 规则的步长既可采用系统的缺省值 5，又可手工设置（但在华为 S 系列交换机中的**基本 ACL6 和高级 ACL6 中不支持手工设定步长值**）。当步长改变后，ACL 中的规则编号会自动从新的步长值开始重新排列。例如，原来规则编号为 5、10、15、20，当通过 **step** *step* 命令（本章后面具体介绍）把步长改为 2 后，则规则编号变成 2、4、6、8。当使用 **undo step** 命令将步长恢复为缺省值后，设备将立刻按照缺省步长调整 ACL 规则的编号。例如，ACL 3001，原步长设置为 2，下面有 4 个规则，编号为 2、4、6、8；如果此时将步长恢复为缺省值，则 ACL 规则编号变成 5、10、15、20，步长为 5。

11.1.4 ACL 规则的匹配顺序

一个 ACL 可以由多条"**deny | permit**"语句组成，每一条语句描述一条规则。由于每条规则中的报文匹配项不同（**同一 ACL 中的各条规则间都不可能完全相同**），从而使这些规则之间可能存在交叉，甚至矛盾的地方，因此，在将一个报文与 ACL 的各条规则进行匹配时，就需要有明确的匹配顺序来确定规则执行的优先级。

华为 S 系列交换机的 ACL 规则匹配顺序有"配置顺序"和"自动排序"两种。当将一个数据包与访问控制列表的规则进行匹配时，由规则的匹配顺序设置决定规则的优先级（**并不一定就是严格按照规则号大小顺序**）。ACL 通过设置规则的优先级来处理规则之间重复或矛盾的情形。

① 配置顺序（**config** 模式）：是按照用户配置规则编号的大小顺序进行匹配。我们可利用这一特点在原来规则前、后或者中间插入新的规则，以修改原来的规则匹配结果。因此，后插入的规则如果编号较小也有可能先被匹配。**缺省采用配置顺序进行匹配。**

② 自动排序（**auto** 模式）：是按照"深度优先"原则由深到浅进行匹配。"深度优先"即根据规则的精确度排序，匹配条件（如协议类型、源和目的 IP 地址范围等）限制越严格、越精确，优先级越高。

在自动排序的 ACL 中配置规则时，不允许自行指定规则编号。系统能自动识别出该规则在这条 ACL 中对应的优先级，并为其分配一个适当的规则编号。

不同类型 ACL 的"深度优先"排序规则见表 11-2。但无论是哪种匹配顺序，当报文与各条规则进行匹配时，**一旦匹配上某条规则，都不会再继续匹配下去**，系统将依据该规则对该报文执行相应的操作。所以说，**每个报文实际匹配的规则只有一条**。

【经验之谈】基本 ACL&ACL6 和高级 ACL&ACL6 规则中掩码为"1"的位表示不需要与指定 IP 地址对应位匹配，掩码为"0"的位表示必须与指定 IP 地址对应位匹配，而在二层 ACL 中，掩码中的 1 和 0 的含义相反，即掩码为"1"的位表示必须与指定 MAC 地址对应位匹配，掩码为"0"的位表示不需要与指定 MAC 地址对应位匹配。

表 11-2　　　　　　　　　　　　各类型 ACL 的"深度优先"排序法则

ACL 类型	匹配原则
基本 ACL&ACL6	① 先看规则中是否带 VPN 实例，带 VPN 实例的规则优先，因为具体 VPN 实例的应用范围更小。 ② 再比较源 IP 地址范围，源 IP 地址范围小（ACL 规则中 IP 地址通配符掩码中"0"的位数多）的规则优先。 ③ 如果源 IP 地址范围相同，则规则编号小的优先
高级 ACL&ACL6	① 先看规则中是否带 VPN 实例，带 VPN 实例的规则优先。 ② 再比较协议范围，指定了 IP 协议承载的协议类型的规则优先。 ③ 如果协议范围相同，则比较源 IP 地址范围，源 IP 地址范围小（IP 地址通配符掩码中"0"的位数多）的规则优先。 ④ 如果协议范围、源 IP 地址范围相同，则比较目的 IP 地址范围，目的 IP 地址范围小（IP 地址通配符掩码中"0"位的数量多）的规则优先。

（续表）

ACL 类型	匹配原则
高级 ACL&ACL6	⑤ 如果协议范围、源 IP 地址范围、目的 IP 地址范围相同，则比较四层端口号（TCP/UDP 端口号）范围，四层端口号范围小的规则优先。 ⑥ 如果上述范围都相同，则规则编号小的优先
二层 ACL	① 先比较二层协议类型通配符掩码，通配符掩码大（协议类型通配符掩码中"1"的位数多）的规则优先。 ② 如果二层协议类型通配符掩码相同，则比较源 MAC 地址范围，源 MAC 地址范围小（MAC 地址通配符掩码中"1"的位数多）的规则优先。 ③ 如果源 MAC 地址范围相同，则比较目的 MAC 地址范围，目的 MAC 地址范围小（MAC 地址通配符掩码中"1"的位数多）的规则优先。 ④ 如果源 MAC 地址范围、目的 MAC 地址范围相同，则规则编号小的优先
用户自定义 ACL	用户自定义 ACL 规则的匹配顺序只支持配置顺序，即规则编号从小到大的顺序进行匹配
用户 ACL	① 先比较协议范围，指定了 IP 协议承载的协议类型的规则优先。 ② 如果协议范围相同，则比较源 IP 地址范围。如果规则的源 IP 地址均为 IP 网段，则源 IP 地址范围小（IP 地址通配符掩码中"0"的位数多）的规则优先，否则，源 IP 地址为 IP 网段的规则优先于源 IP 地址为 UCL 组的规则。 ③ 如果协议范围、源 IP 地址范围相同，则比较目的 IP 地址范围。如果规则的目的 IP 地址均为 IP 网段，则目的 IP 地址范围小（IP 地址通配符掩码中"0"的位数多）的规则优先，否则，目的 IP 地址为 IP 网段的规则优先于目的 IP 地址为 UCL 组的规则。 ④ 如果协议范围、源 IP 地址范围、目的 IP 地址范围相同，则比较四层端口号（TCP/UDP 端口号）范围，四层端口号范围小的规则优先。 ⑤ 如果上述范围都相同，则规则编号小的优先

相比 **config** 模式的 ACL，**auto** 模式 ACL 的规则匹配顺序更为复杂，但是 **auto** 模式 ACL 有其独特的应用场景。例如，在网络部署初始阶段，为了保证网络安全性，管理员定义了较大的 ACL 匹配范围，用于丢弃不可信网段范围的所有 IP 报文。随着时间的推移，实际应用中需要允许这个大范围中某些特征的报文通过。此时，如果管理员采用的是 **auto** 模式，则只需要定义新的 ACL 规则，无需再考虑如何对这些规则进行排序，避免报文被误丢弃。

11.1.5　ACL 应用模块的 ACL 默认动作和处理机制

配置 ACL 的目的就是为了应用，所以必须被调用才有意义，单独配置一个 ACL 不会起到任何作用。即必须在具体的业务模块中应用 ACL，才能使 ACL 正常下发和生效。

1. ACL 的应用模块

最基本的 ACL 应用方式就是进行报文过滤，且这种过滤不局限于在具体接口下的应用，还可以在整个设备所有接口，或者特定的 VLAN 中应用。但华为设备的 ACL 报文过滤应用（过滤后的报文还可以进行进一步处理，如重标记、流量监管、重定向等）方式与其他品牌有些不一样，**不是直接在系统视图、接口视图或 VLAN 视图下调用 ACL**，而是先在流策略（包括"简化流策略"）中调用所需的 ACL，然后再在系统、接口或 VLAN 视图下应用调用了 ACL 的流策略，是一种间接应用方式。

除了可以在简化流策略或流策略中应用 ACL，实现对经本设备**转发的报文**进行过滤外，ACL 还可以应用在 Telnet、FTP、路由等应用模块。表 11-3 中列出了 ACL 应用的主要业务模块。

表 11-3   ACL 应用的主要业务模块

业务分类	应用场景	涉及业务模块
对转发的报文进行过滤	基于全局、接口和 VLAN 对转发的报文进行过滤，从而使设备能够进一步对过滤出的报文进行丢弃、修改优先级、重定向等处理。 例如，可以利用 ACL，降低 P2P 下载、网络视频等消耗大量带宽的数据流的服务等级，在网络拥塞时优先丢弃这类流量，减少它们对其他重要流量的影响	简化流策略/流策略
对上送 CPU 处理的报文进行过滤	对上送 CPU 的报文（**需要由本地进行处理的报文**）进行必要的限制，可以避免 CPU 处理过多的协议报文造成占用率过高、性能下降。 例如，当发现某用户向设备发送大量的 ARP 攻击报文，造成设备 CPU 繁忙，引发系统中断时，可以在本机防攻击策略的黑名单中应用 ACL，将该用户加入黑名单，使 CPU 丢弃该用户发送的报文	黑名单
登录控制	对设备的登录权限进行控制，从而可有效防止未经授权用户的非法接入，保证网络安全性。 例如，一般情况下设备只允许管理员登录，非管理员用户不允许随意登录。这时就可以在 Telnet 中应用 ACL，并在 ACL 中定义哪些主机可以登录，哪些主机不能	Telnet、STelnet、FTP 、 SFTP 、HTTP、SNMP
路由过滤	ACL 可以应用在各种动态路由协议中，对路由协议发布、接收的路由信息以及组播组进行过滤。 例如，可以将 ACL 和路由策略配合使用，禁止设备将某网段路由信息发送给邻居路由器，或者禁止接收来自邻居的某网段路由信息	RIP/RIPng、IS-IS、BGP、OSPF/OSPFv3、组播协议

2. 应用模块的 ACL 默认动作和处理机制

在各类业务模块中应用 ACL 时，ACL 的默认动作（**即 ACL 最后所隐含的规则动作**）有所不同，所以各业务模块对命中/未命中 ACL 规则报文的处理机制也各不相同。其实也就是对应本章前面 11.1.2 节在介绍 ACL 实现方式时介绍到的"软件 ACL"和"硬件 ACL"对不匹配 ACL 的报文的默认处理动作不同。

例如，流策略中的 ACL 默认动作是 permit，即如果 ACL 中存在规则但报文未匹配上，该报文仍可以正常通过。因为在流策略中过滤报文的目的通常是对符合条件的报文进行特殊处理，而不是用于阻止报文的通过，所以没有匹配 ACL 规则的报文仍是可以通过，只是不特定的特别处理而已。

Telnet 中的 ACL 默认动作是 deny，即如果 ACL 中存在规则但报文未匹配上，该报文会被拒绝通过，则相当于拒绝进行 Telnet 登录了。因为在 Telnet 之类的应用层协议中应用 ACL 的目的就是为了限制可以使用对应协议的用户，不匹配 ACL 规则就不允许使用对应的应用层协议。

此外，本机防攻击功能（参见本书第 15 章）黑名单模块中的 ACL 处理机制与其他模块有所不同。在黑名单中应用 ACL 时，**无论 ACL 规则配置成 permit 还是 deny，只要报文命中了规则，该报文都会被系统丢弃**。

常见业务模块中的 ACL 默认动作及 ACL 处理机制见表 11-4。

表 11-4　　　　　　　　常见业务模块的 ACL 默认动作及 ACL 处理机制

ACL 默认动作及处理规则	Telnet/STelnet/HTTP FTP/SFTP/TFTP/SNMP	流策略	简化流策略	本机防攻击策略（黑名单）
ACL 默认动作	deny（相当于最后隐含一条"拒绝所有"的规则）	permit（相当于最后隐含一条"允许所有"的规则）		
命中 permit 规则	permit	流行为是 permit 时 permit（允许通过）；流行为是 deny 时 deny（丢弃报文）；流行为是其他动作时 permit（执行流策略动作）	permit（执行简化流策略动作）	deny（丢弃报文）
命中 deny 规则	deny	deny（丢弃报文）【说明】报文命中 deny 规则时，只有在流行为是流量统计、MAC 地址不学习或流镜像的情况下，设备才会执行流行为动作，否则流行为动作不生效	简化流策略动作为报文过滤（traffic-filter 或 traffic-secure）时 deny（丢弃报文）；简化流策略动作为其他动作时 permit（执行简化流策略动作）	deny（丢弃报文）
ACL 中配置了规则，但未命中任何规则	deny（应用最后一条隐含的 deny 规则）	permit（相当于调用的 ACL 不生效，按照原转发方式进行转发）	permit（相当于调用的 ACL 不生效，按照原转发方式进行转发）	permit（相当于调用的 ACL 不生效，正常上送报文）
ACL 中未配置规则	permit（相当于调用的 ACL 不生效）			
ACL 未创建				
ACL 默认动作及处理规则	Route Policy（路由策略）	Filter Policy（过滤策略）	igmp-snooping ssm-policy	igmp-snooping group-policy
ACL 默认动作	deny（相当于最后隐含一条"拒绝所有"的规则）			配置了 default-permit 时 permit；未配置 default-permit 时 deny
命中 permit 规则	匹配模式是 permit 时 permit（允许执行路由策略）；匹配模式是 deny 时 deny（不允许执行路由策略）	permit（允许发布或接收该路由）	permit（允许加入 SSM 组播组范围）	配置了 default-permit 时 permit（允许加入组播组）；未配置 default-permit 时 permit（允许加入组播组）
命中 deny 规则	deny（功能不生效，不允许执行路由策略）	deny（不允许发布或接收该路由）	deny（禁止加入 SSM 组地址范围）	配置了 default-permit 时 deny（禁止加入组播组）；未配置 default-permit 时 deny

（续表）

ACL 默认动作 及处理规则	Route Policy （路由策略）	Filter Policy （过滤策略）	igmp-snooping ssm-policy	igmp-snooping group-policy
ACL 中配置了规则，但未命中任何规则	deny（应用最后一条隐含的 deny 规则，功能不生效，不允许执行路由策略）	deny（应用最后一条隐含的 deny 规则，不允许发布或接收该路由）	deny（应用最后一条隐含的 deny 规则，禁止加入 SSM 组地址范围）	配置了 default-permit 时 permit；未配置 default-permit 时 deny
ACL 中未配置规则	permit（对经过的所有路由生效，都执行路由策略）	deny（不允许发布或接收路由）	deny（禁止加入 SSM 组地址范围，所有组都不在 SSM 组地址范围内）	配置了 default-permit 时 permit；未配置 default-permit 时 deny
ACL 未创建	deny（功能不生效，不执行路由策略）	permit（允许发布或接收路由）	deny（禁止加入 SSM 组地址范围，只有临时组地址范围 232.0.0.0～232.255.255.255 在 SSM 组地址范围内）	配置了 default-permit 时 permit；未配置 default-permit 时 deny

11.1.6　ACL 的常用配置原则

通过对上节的学习我们已经知道，针对不同的业务模块，匹配的 ACL 规则的不同情形，结果则可能完全不同，故我们在配置 ACL 规则时需要遵循一定的规则，具体如下。

■　如果配置的 ACL 规则存在包含关系，应注意严格条件的规则编号需要排序靠前，宽松条件的规则编号需要排序靠后，避免报文因先命中宽松条件的规则而停止往下继续匹配，从而使其无法命中严格条件的规则。

■　根据各业务模块 ACL 默认动作的不同，ACL 的配置原则也不同。例如，在默认动作为 permit 的业务模块中，如果只希望 deny 部分 IP 地址的报文，只需配置具体 IP 地址的 deny 规则，结尾无需添加任意 IP 地址的 permit 规则。而默认动作为 deny 的业务模块恰与其相反，即如果只希望 permit 部分 IP 地址的报文，只需配置具体 IP 地址的 permit 规则。详细的 ACL 常用配置原则见表 11-5。

表 11-5　　　　　　　　　　　　　　ACL 的常用配置原则

业务模块的 ACL 默认动作	permit 所有报文	deny 所有报文	permit 少部分报文， deny 大部分报文	deny 少部分报文， permit 大部分报文
permit	无需应用 ACL	配置 rule deny	需先配置 rule permit xxx，再配置 rule deny xxxx 或 rule deny。 说明：以上原则适用于报文过滤的情形。当 ACL 应用于流策略中进行流量监管或者流量统计时，如果仅希望对指定的报文进行限速或统计，则只需配置 rule permit xxx	只需配置 rule deny xxx，无需再配置 rule permit xxxx 或 rule permit。 说明：如果配置 rule permit 并在流策略中应用 ACL，且该流策略的流行为 behavior 配置为 deny，则设备会拒绝所有报文通过，导致全部业务中断

（续表）

业务模块的 ACL 默认动作	permit 所有报文	deny 所有报文	permit 少部分报文， deny 大部分报文	deny 少部分报文， permit 大部分报文
deny	• 路由和组播模块：需配置 rule permit • 其他模块：无需应用 ACL	• 路由和组播模块：无需应用 ACL • 其他模块：需配置 rule deny	只需配置 rule permit xxx，无需再配置 rule deny xxxx 或 rule deny	需先配置 rule deny xxx，再配置 rule permit xxxx 或 rule permit

11.2　ACL 的配置与管理

本节要具体介绍基本 ACL、高级 ACL、二层 ACL、用户自定义 ACL 和用户 ACL 的配置与管理方法（此处基本/高级 ACL 仅介绍 IPv4 网络环境，不介绍 IPv6 网络环境）。但因为各种 ACL 的主要应用方式是基于本章节后面将要介绍的简化流策略和第 12 章将要介绍的 QoS 流策略，所以本节先不介绍各种 ACL 的应用配置示例。

11.2.1　ACL 的配置任务

华为设备中所有类型 ACL 的配置任务都差不多，主要包括以下 3 项配置任务。

1. 配置 ACL 的生效时间段（可选）

时间段用于描述一个 ACL 发生作用的特殊时间范围。用户可能有这样的需求，即一些 ACL 规则需要在某个或某些特定时间内生效，而在其他时间段不生效。例如某单位严禁员工上班时间浏览非工作网站，而下班后则允许通过指定设备浏览娱乐网站，就可以对 ACL 规则约定生效时间段。

这时用户就可以先配置一个或多个时间段，然后通过配置规则引用该时间段，从而实现基于时间段的 ACL 过滤。**但如果规则中引用的时间段未配置，则整个规则不能立即生效**，直到用户配置了引用的时间段，并且系统时间在指定时间段范围内，ACL 规则才能生效。

时间段的配置包括以下两种方式。

① 相对时间段（周期时间段）：采用每个星期固定时间段的形式，例如从星期一到星期五的 8:00～18:00。

② 绝对时间段：采用从某年某月某日某时某分起至某年某月某日某时某分结束的形式，例如从 2018 年 4 月 28 日 10:00 起至 2018 年 5 月 28 日 10:00 结束。

2. 创建和配置 ACL

本章前面已介绍到，华为设备中的 ACL 可以是数字型的，也可以是命名型的。如果是数据型的，其编号一定要在对应类型的 ACL 编号范围之内，参见 11.1.2 节的表 11-1，一定不能用错。

ACL 通过具体的规则（rule）所指定的过滤条件来匹配报文中的信息，实现对报文的分类。因此，创建 ACL 以后，需要根据不同类型 ACL 可以匹配的参数配置满足对应需求的各条 ACL 规则。

在 ACL 中添加新的规则时，不会影响已经存在的规则（**但可能会改变原有规则的匹配顺序**）。对已经存在的规则进行编辑时，如果新配置的规则内容与原规则内容存在冲突，则冲突的部分由新配置的规则内容代替（**通过这种方式也可修改原来的规则**）。但建议在编辑一个已存在的规则前，先删除旧的规则，再创建新的规则，否则配置结果可能与预期的效果不同。此外，配置规则时如果不同的规则之间存在矛盾或包含的关系，则要充分考虑前面在 11.1.4 节所介绍的规则匹配顺序，以防错误配置。

3．应用 ACL

配置完 ACL 后，必须在具体的业务模块中应用 ACL，才能使 ACL 正常下发和生效。但不同类型的 ACL 支持应用的范围不完全相同，如可对转发的报文进行过滤，对上送CPU 处理的报文进行过滤、登录控制、路由过滤等，具体将在介绍对应类型 ACL 应用时再进行介绍。

11.2.2　配置并应用基本 ACL

基本 ACL 是最简单的一种 ACL，可用于进行报文匹配的参数比较少，主要是报文的源 IP 地址，即基本 ACL 主要用来基于源 IP 地址进行报文过滤。

1．配置基本 ACL

基本 ACL 针对上节介绍的 3 项配置任务的具体配置步骤见表 11-6。

表 **11-6**　　　　　　　　　　　　　　　　基本 **ACL** 的配置步骤

配置任务	步骤	命令	说明
（可选）配置 ACL 生效时间段	1	**system-view** 例如：<HUAWEI> **system-view**	进入系统视图
	2	**time-range** *time-name* { *start-time* **to** *end-time days* | **from** *time1 date1*[**to** *time2 date2*] } 例如：[HUAWEI] **time-range** test 14:00 **to** 18:00 **off-day**	创建一个指定 ACL 生效的时间段。命令中的参数说明如下。 ① *time-name*：定义时间段的名称，作为一个引用时间段的标识。为 1～32 个字符的字符串，**区分大小写**，但必须以英文字母a～z或A～Z开头，不允许使用英文单词all，但同一名称时间段下面可以配置多个不同的时间段。 ② *start-time* **to** *end-time*：二选一参数，指定周期时间段的时间范围，参数 *start-time* 和 *end-time* 分别表示起始时间和结束时间，格式均为 hh:mm（小时：分钟）。hh 的取值范围为 0～23，mm 的取值范围为 0～59。 ③ *days*：与上面的"*start-time* **to** *end-time*"参数一起构成一个二选一参数，指定周期时间段在每周的周几生效。有如下输入格式。 • 0～6 数字的表示周日期，其中 0 表示星期天。此格式支持输入多个参数，各个值之间以空格分配。 • **Mon、Tue、Wed、Thu、Fri、Sat、Sun** 英文表示的周日期，分别对应星期一到星期日。此格式支持输入多个参数，各个值之间以空格分配。 • **daily** 表示所有日子，包括一周共 7 天。 • **off-day** 表示休息日，包括星期六和星期天。 • **working-day** 表示工作日，包括从星期一到星期五。

（续表）

配置任务	步骤	命令	说明
（可选） 配置 ACL 生效 时间段	2	**time-range** *time-name* { *start-time* **to** *end-time days* | **from** *time1 date1*[**to** *time2 date2*] } } 例如：[HUAWEI] **time-range** test 14:00 **to** 18:00 **off-day**	④ **from** *time1 date1*：二选一参数，指定绝对时间段的开始日期，表示从某一天某一时间开始。它的表示形式为 hh:mm YYYY/MM/DD（小时：分钟 年/月/日）或 hh:mm MM/DD/YYYY（小时：分钟 月/日/年）。 ⑤ **to** *time2 date2*：可选参数，指定绝对时间段的结束日期，表示到某一天某一时间结束。它的表示形式也为 hh:mm YYYY/MM/DD 或 hh:mm MM/DD/ YYYY。 缺省情况下，设备没有配置时间段，可用 **undo time-range** *time-name* [*start-time* **to** *end-time* { *days* } &<1-7> | **from** *time1 date1* [**to** *time2 date2*]]命令删除一个指定的时间段，或者指定名称下的所有时间段（当不选择所有可选参数时）。**但在删除生效时间段前，需要先删除关联生效时间段的 ACL 规则或者整个 ACL**
配置基本 ACL	3	**acl** [**number**]*acl-number* [**match-order** { **auto** | **config** }] 例如：[HUAWEI] **acl number** 2100	（二选一）创建数字型的基本 ACL，并进入基本 ACL 视图。命令中的参数和选项说明如下。 ① **number**：可选项，指定创建数字型 ACL，缺省也是数字型的，所以也可以不选择此可选项。 ② *acl-number*：用来指定基本 ACL 的编号，取值范围为 2000～2999。 ③ **match-order** { **auto** | **config** }：可选项，用来指定规则的匹配顺序。**auto** 表示按照自动排序（即按"深度优先"原则）的顺序进行规则匹配，若"深度优先"的顺序相同，则匹配规则时按规则号由小到大的顺序；**config** 表示按照配置顺序进行规则匹配，即在用户没有指定规则编号时按用户的配置顺序进行匹配；如果用户指定了规则编号，则按规则编号由小到大的顺序进行匹配。**缺省情况下，规则的匹配顺序为配置顺序。** 缺省情况下，不存在任何 ACL，可用 **undo acl** { [**number**] *acl-number* | **all** }命令删除指定的，或者所有基本 ACL。删除 ACL 时，如果删除的 ACL 被其他业务引用，可能造成该业务的中断，所以在删除 ACL 时请先确认是否有业务正在引用该 ACL
		acl name *acl-name* { **basic** | *acl-number* } [**match-order** { **auto** | **config** }] 例如：[HUAWEI] **acl name** test1 2001	（二选一）创建命名型的基本 ACL，并进入基本 ACL 视图。命令中的参数和选项说明如下。 ① *acl-name*：指定创建的 ACL 的名称，为 1～32 个字符，区分大小写，且需以英文字母 a～z 或 A～Z 开始。 ② **basic**：二选一选项，指定 ACL 的类型为基本 ACL。此时设备为其分配的 ACL 编号是该类型 ACL 可用编号中的最大值。设备不会为命名型 ACL 重复分配编号。 ③ *acl-number*：二选一选项，指定基本 ACL 的编号，取值范围为 2000～2999。 ④ **match-order** { **auto** | **config** }：可选项，用来指定规则的匹配顺序。具体说明同上一步。 缺省情况下，系统中没有创建命名型 ACL，可用 **undo acl name** *acl-name* 来删除指定的命名型 ACL

（续表）

配置任务	步骤	命令	说明
配置基本 ACL	4	**description** *text* 例如：[HUAWEI-acl-basic-2100] **description** This acl is used in Qos policy	（可选）定义 ACL 的描述信息，主要目的是便于理解，比如可以用来描述该 ACL 规则列表的具体用途。参数 *text* 表示 ACL 的描述信息，为 1～127 个字符的字符串，也区分大小写。 缺省情况下，ACL 没有描述信息，可用 **undo description** 命令删除 ACL 的描述信息
	5	**step** *step* 例如：[HUAWEI-acl-basic-2100] **step** 8	（可选）为一个 ACL 规则组中的规则编号配置步长，取值范围是 1～20 的整数。缺省情况下，步长值为 5，可用 **undo step** 命令来恢复为缺省值
	6	**rule** [*rule-id*] { **deny** | **permit** } [**source** { *source-address source-wildcard* | **any** } | **fragment** | **logging** | **time-range** *time-name* | **vpn-instance** *vpn-instance-name*] *** 例如：[HUAWEI-acl-basic-2100] **rule permit source** 192.168.32.1 0	配置基本 ACL 的规则，参数和选项说明如下（**各过滤参数全是可选的，所有过滤参数都不选时，直接按规则动作允许或拒绝所有报文通过**）。 ① *rule-id*：可选参数，用来指定基本 ACL 规则的编号，取值范围为 0～4294967294 的整数。**如果指定规则号的规则已经存在，则会在原规则基础上添加新定义的规则参数，相当于编辑一个已经存在的规则。如果指定的规则号的规则不存在，则使用指定的规则号创建一个新规则，并且按照规则号的大小决定规则插入的位置。如果不指定本参数，则增加一个新规则时设备自动会为这个规则分配一个规则号，规则号按照大小排序。系统自动分配规则号时会留有一定的空间，相邻规则号的范围由**上一步的 **step** *step* 命令指定。 ② **deny**：二选一选项，设置拒绝型操作，表示拒绝符合条件的报文通过。 ③ **permit**：二选一选项，设置允许型操作，表示允许符合条件的报文通过。 ④ **source** { *sour-addr sour-wildcard* | **any** }：可多选项，指定规则的源地址信息。二选一参数 *sour-addr sour-wildcard* 分别表示报文的源 IP 地址和通配符。通配符是用来确定源 IP 地址中对应位是否要匹配的，值为"0"的位表示要匹配（**即报文中的源 IP 地址与规则中指定的源 IP 地址对应位必须一致**），值为"1"的位表示不需要匹配；当全为 **0** 时表示源 IP 地址为主机地址，**表示报文中的源 IP 地址中的每一位都必须与规则中指定的源 IP 地址一致**。二选一选项 **any** 表示任意源 IP 地址，相当于 *source-address* 为 0.0.0.0（代表任意 IP 地址）或者 *source-wildcard* 为 255.255.255.255（此为每一位均无需匹配）。 ⑤ **fragment**：可多选项，**表示该规则仅对非首片分片报文有效，而对非分片报文和首片分片报文无效**。如果没有指定本参数，则表示该规则对非分片报文和分片报文均有效 ⑥ **logging**：可多选项，指定将该规则匹配的报文的 IP 信息进行日志记录 ⑦ *time-range-name*：可多选项，指定该规则生效的时间段，就是第 2 步创建的 ACL 生效时间段。

（续表）

配置任务	步骤	命令	说明
配置基本 ACL	6	**rule** [*rule-id*] { **deny** | **permit** } [**source** { *source-address source-wildcard* | **any** } | **fragment** | **logging** | **time-range** *time-name* | **vpn-instance** *vpn-instance-name*] * 例如：[HUAWEI-acl-basic-2100] **rule permit source** 192.168.32.1 0	⑧ **vpn-instance** *vpn-instance-name*：可多选参数，指定 ACL 规则匹配报文的 VPN 实例名称。如果不指定本参数，表示公网和私网报文都匹配。仅 S5720EI、S5720HI、S5720S-SI、S5720I-SI、S5720SI、S5730S-EI、S5730SI、S6720EI、S6720HI、S6720S-EI、S6720S-SI 和 S6720SI，以及 S7700/7900/9700/12700 系列交换机中软件 ACL 应用时才支持。 缺省情况下，未配置任何规则，可用 **undo rule** { **deny** | **permit** } [**source** { *source-address source-wildcard* | **any** } | **fragment** | **logging** | **time-range** *time-name* | **vpn-instance** *vpn-instance-name*] * 命令在对应 ACL 视图下删除指定的一条规则或一条规则中的部分内容
	7	**rule** *rule-id* **description** *description* 例如：[HUAWEI-acl-basic-2001] **rule 5 description** permit 192.168.32.1	（可选）配置基本 ACL 规则的描述信息。命令中的参数说明如下。 ① *rule-id*：指定要描述的 ACL 规则的编号，取值范围为 0～4294967294 的整数。 ② *description*：指定某规则号的规则描述信息。用户可以通过这个描述信息更详细地记录规则，便于识别规则的用途，为 1～127 个字符。 缺省情况下，各规则没有描述信息，**undo rule** *rule-id* **description** 命令删除指定规则的描述信息

2. 应用基本 ACL

基本 ACL 所包括的应用方式见表 11-7，因为是基于 IP 报文过滤的 ACL，所以其应用范围比较广。

表 11-7　　　　　　　　　　　　　基本 ACL 的常见应用方式

业务分类	应用场景	各业务模块的 ACL 应用方式
对转发的报文进行过滤	基于全局、接口和 VLAN，对转发的报文进行过滤，从而使设备能够进一步对过滤出的报文进行丢弃、修改优先级、重定向等处理	简化流策略（本章后面介绍）、流策略（参见第 12 章）
对上送 CPU 处理的报文进行过滤	对上送 CPU 的报文进行必要的限制，可以避免 CPU 处理过多的协议报文造成占用率过高、性能下降	本机防攻击配置中的黑名单（参见第 15 章）
登录控制	对设备的登录权限进行控制，允许合法用户登录，拒绝非法用户登录，从而有效防止未经授权用户的非法接入，保证网络安全性	Telnet/FTP/SFTP/HTTP（参见第 2 章）和 SNMP
路由过滤	ACL 可以应用在各种动态路由协议中，对路由协议发布、接收的路由信息以及组播组进行过滤	BGP/IS-IS/OSPF/RIP、组播（参见本书第 11 章）

11.2.3　配置并应用高级 ACL

高级 ACL 除了可以根据上节介绍的基本 ACL 中的报文源 IP 地址进行规则匹配之外，还可以根据报文的目的 IP 地址信息、IP 承载的协议类型、协议的特性（如 TCP 或 UDP 的源端口、目的端口，ICMP 的消息类型、消息码等）等信息进行匹配。另外，高级 ACL 还支持 QoS 中所需的优先级过滤，用于通过优先级对 IP 报文进行过滤。当用户需要使用源 IP 地址、目的 IP 地址、源端口号、目的端口号、优先级、时间段等信息对 IPv4 报文进行过滤时，可以使用高级 ACL。

1. 配置高级 ACL

在高级 ACL 的配置任务中，ACL 生效时间段，以及 ACL 的应用配置方法与上节基本 ACL 配置中对应配置任务的配置方法完全一样，参见即可。高级 ACL 的配置方法见表 11-8。

说明 在 IPv4 网络中，IPv4 报文中有三种承载 QoS 优先级标签的方式：基于二层的 CoS（Class of Service，服务等级）字段（即通常所说的 802.1p 优先级）、基于 IP 层（三层）的 IP 优先级字段（即 IP 优先级）和 ToS（服务类型）字段，以及基于 IP 层（三层）的 DSCP（Differentiated Services Code Point，差分服务代码点）字段（即 DSCP 优先级）。华为 S 系列交换机中的高级 ACL 支持 ToS 优先级、IP 优先级和 DSCP 优先级这 3 种优先级，具体参见本书第 12 章介绍。

表中 ACL 规则命令中的 **dscp** *dscp* 和 **precedence** *precedence* 参数不能同时配置，**dscp** *dscp* 和 **tos** *tos* 参数不能同时配置。

表 11-8 高级 **ACL** 的配置步骤

步骤	命令	说明
1	**system-view** 例如：<HUAWEI> **system-view**	进入系统视图
2	**acl** [**number**] *acl-number* [**match-order** { **auto** | **config** }] 例如：[HUAWEI]**acl number** 3100	（二选一）创建数字型的高级 ACL，并进入高级 ACL 视图。参数 *acl-number* 的取值范围为 3000～3999，其他说明参见 11.2.2 节表 11-6 的第 3 步
	acl name *acl-name* { **advance** | *acl-number* } [**match-order** { **auto** | **config** }] 例如：[HUAWEI]**acl name** test1 3001	（二选一）创建命名型的高级 ACL，并进入高级 ACL 视图。本命令中 **advance** 选项表示创建的是高级 ACL，参数 *acl-number* 的取值范围为 3000～3999，其他说明参见 11.2.2 节表 11-6 的第 3 步
3	**description** *text* 例如：[HUAWEI-acl-adv-2100] **description** This acl is used in Qos policy	（可选）定义 ACL 的描述信息，其他说明参见 11.2.2 节表 11-6 的第 4 步
4	**step** *step* 例如：[HUAWEI-acl-adv-2100] **step** 8	（可选）为一个 ACL 规则组中的规则编号配置步长，其他说明参见 11.2.2 节表 11-6 的第 5 步
5	**rule** [*rule-id*] { **deny** | **permit** } { *protocol-number* | **icmp** } [**destination** { *destination-address destination-wildcard* | **any** } | { { **precedence** *precedence* | **tos** *tos* } * | **dscp** *dscp* } | { **fragment** | **first-fragment** } | **logging** | **icmp-type** { *icmp-name* | *icmp-type* [*icmp-code*] } | **source** { *source-address source-wildcard* | **any** } | **time-range** *time-name* | **ttl-expired** |	（多选一）当参数 *protocol* 为 ICMP（协议号为 1）时的高级 ACL 规则配置命令，专门过滤 ICMP 报文。参数和选项说明如下（除了协议类型外，其他各过滤参数均为可选）。 ① *rule-id*、**deny**、**permit**、**time-range** *time-name*、**source** { *sour-addr sour-wildcard* | **any** }、**fragment**、**logging** 的说明与 11.2.2 节表 11-6 中的第 6 步中对应参数或选项完全相同，参见即可。 ② **destination** { *destination-address destination-wildcard* | **any** }：可多选参数，指定 ACL 规则匹配报文的目的地址信息，如果不配置，表示报文的任何目的地址都匹配。*destination-wildcard* 与上节基本 ACL 中的源 IP 地址通配符

（续表）

步骤	命令	说明
5	**vpn-instance** *vpn-instance-name*] * 例如：[HUAWEI-acl-adv-3001] **rule** 1 **permit icmp**	掩码的含义一样，参见即可。**any** 表示报文的任意目的地址，相当于 *destination-address* 为 0.0.0.0 或者 *destination-wildcard* 为 255.255.255.255。 ③ **precedence** *precedence*：二选一可选参数，指定 ACL 规则匹配报文时依据报文中携带的 IP 优先级字段进行过滤，取值范围为 0~7。 ④ **tos** *tos*：二选一可选参数，指定 ACL 规则匹配报文时依据报文中携带的服务类型字段值进行过滤，采用整数形式时，取值范围是 0、1、2、4、8；采用名称时，取值为 normal、min-monetary-cost、max-reliability、max-throughput、min-delay，ToS 名称和取值之间的对应关系**见表** 11-9。 ⑤ **dscp** *dscp*：可多选参数，指定 ACL 规则匹配报文时区分报文中所携带的 DSCP 优先级值，取值范围是 0~63。 ⑥ **first-fragment**：二选一可选项，指定该规则是否仅对首片分片报文有效。当包含此参数时表示该规则仅对首片分片报文有效。 ⑦ **icmp-type** { *icmp-name* | *icmp-type* [*icmp-code*] }：可多选参数，指定 ACL 规则匹配报文的 ICMP 报文的类型和消息码信息，仅在报文协议是 ICMP 的情况下有效。如果不配置，表示任何 ICMP 类型的报文都匹配。其中：*icmp-name* 表示 ICMP 的消息名称，具体**见表** 11-10；*icmp-type* 表示 ICMP 的消息类型，取值范围是 0~255；*icmp-code* 表示 ICMP 的消息码，取值范围是 0~255。 ⑧ **ttl-expired**：可多选选项，指定可依据报文中的 TTL 字段值是否为 1 进行过滤，如果不配置，表示报文的任何 TTL 值都匹配。 缺省情况下，未配置高级 ACL 规则，可用直接在前面加 **undo** 关键字的格式命令删除指定的一条规则或一条规则中的部分内容
	rule [*rule-id*] { **deny** | **permit** } { *protocol-number* | **tcp** } [**destination** { *destination-address destination-wildcard* | **any** } | **destination-port** { **eq** *port* | **gt** *port* | **lt** *port* | **range** *port-start port-end* } | { { **precedence** *precedence* | **tos** *tos* } * | **dscp** *dscp* } | { **fragment** | **first-fragment** } | **logging** | **source** { *source-address source-wildcard* | **any** } | **source-port** { **eq** *port* | **gt** *port* | **lt** *port* | **range** *port-start port-end* } | **tcp-flag** { **ack** | **established** | **fin** | **psh** | **rst** | **syn** | **urg** } * | **time-range** *time-name* | **ttl-expired** | **vpn-instance** *vpn-instance-name*] *	（多选一）当**参数** *protocol* 为 **TCP**（协议号为 **6**）时的高级 **ACL 规则配置命令**，专门过滤各种采用 **TCP 封装的报文**。本命令中大部分命令与前面介绍的过滤 ICMP 报文的规则命令一样，参见即可。下面仅介绍前面没有介绍的参数或选项（除了协议类型外，**其他各过滤参数均为可选**）。 ① **destination-port** { **eq** *port* | **gt** *port* | **lt** *port* | **range** *port-start port-end* }：可多选参数，指定 ACL 规则匹配报文中携带的目的端口，其中 **eq** *port* 指定等于目的端口；**gt** *port* 指定大于目的端口；**lt** *port*：指定小于目的端口；**range** *port-start port-end*：指定目的端口的范围。 ② **source-port** { **eq** *port* | **gt** *port* | **lt** *port* | **range** *port-start port-end* }：可多选参数，指定 ACL 规则匹配报文中携带的源端口，其中 **eq** *port* 指定等于源端口；**gt** *port* 指定大于源端口；**lt** *port*：指定小于源端口；**range** *port-start port-end*：指定源端口的范围。

（续表）

步骤	命令	说明
5	例如：[HUAWEI-acl-adv-3001] **rule permit tcp source** 10.9.8.0 0.0.0.255 **destination** 10.38.160.0 0.0.0.255 **destination-port eq** 128	③ **tcp-flag** { **ack** | **established** | **fin** | **psh** | **rst** | **syn** | **urg** }：可多选选项，指定 ACL 规则匹配报文的 TCP 报文头中 SYN Flag，分别匹配报文的 TCP 报头中 ack(010000)、ack(010000) 或 rst(000100)、fin(000001)、psh(001000)、rst(000100)、syn(000010)、urg(100000)标志位。 缺省情况下，未配置高级 ACL 规则，可用直接在前面加 **undo** 关键字的格式命令删除指定的一条规则或一条规则中的部分内容
	rule [*rule-id*] { **deny** | **permit** } { *protocol-number* | **udp** } [**destination** { *destination-address destination-wildcard* | **any** } | **destination-port** { **eq** *port* | **gt** *port* | **lt** *port* | **range** *port-start port-end* } | { { **precedence** *precedence* | **tos** *tos* }* | **dscp** *dscp* } | { **fragment** | **first-fragment** } | **logging** | **source** { *source-address source-wildcard* | **any** } | **source-port** { **eq** *port* | **gt** *port* | **lt** *port* | **range** *port-start port-end* } | **time-range** *time-name* | **ttl-expired** | **vpn-instance** *vpn-instance-name*]* 例如：[HUAWEI-acl-adv-3001] **rule permit udp source** 10.9.8.0 0.0.0.255 **destination** 10.38.160.0 0.0.0.255 **destination-port eq** 128	（多选一）当参数 *protocol* 为 UDP（协议号为 **17**）时的高级 ACL 规则配置命令，专门过滤各种采用 UDP 封装的报文（除了协议类型外，其他各过滤参数均为可选）。 因为本命令中涉及的参数和选项均在前面有介绍，参见即可，不同的只是这里的端口是 UDP 端口。 缺省情况下，未配置高级 ACL 规则，可用直接在前面加 **undo** 关键字的格式命令删除指定的一条规则或一条规则中的部分内容
	rule [*rule-id*] { **deny** | **permit** } { *protocol-number* | **gre** | **igmp** | **ip** | **ipinip** | **ospf** } [**destination** { *destination-address destination-wildcard* | **any** } | { { **precedence** *precedence* | **tos** *tos* }* | **dscp** *dscp* } | { **fragment** | **first-fragment** } | **logging** | **source** { *source-address source-wildcard* | **any** } | **time-range** *time-name* | **ttl-expired** | **vpn-instance** *vpn-instance-name*]* 例如：[HUAWEI-acl-adv-3001] **rule permit ip source** 10.9.0.0 0.0.255.255 **destination** 10.38.160.0 0.0.0.255	（多选一）当参数 *protocol* 为 GRE（协议号为 **47**）、IGMP（协议号为 **2**）、IP、IPINIP（协议号为 **4**）、OSPF（协议号为 **89**）时的高级 ACL 规则配置命令，专门过滤这些协议报文（除了协议类型外，其他各过滤参数均为可选）。 因为本命令中涉及的参数和选项均已在前面有介绍，参见即可。 缺省情况下，未配置高级 ACL 规则，可用直接在前面加 **undo** 关键字的格式命令删除指定的一条规则或一条规则中的部分内容
6	**rule** *rule-id* **description** *description* 例如：[HUAWEI-acl-adv-3001] **rule** 5 **description** permit 192.168.32.1	（可选）配置高级 ACL 规则的描述信息，其他说明参见 11.2.2 节表 11-6 中的第 7 步

表 11-9 ToS 名称和取值之间的对应关系

ToS 名称	取值	ToS 名称	取值
normal	0	max-reliability	2
min-monetary-cost	1	max-throughput	4
min-delay	8	-	-

表 11-10 ICMP 消息名称与消息类型和消息码的对应关系

icmp-name（ICMP 消息名称）	icmp-type（ICMP 消息类型）	icmp-code（ICMP 消息代码）
Echo	8	0
Echo-reply	0	0
Parameter-problem	12	0
Port-unreachable	3	3
Protocol-unreachable	3	2
Reassembly-timeout	11	1
Source-quench	4	0
Source-route-failed	3	5
Timestamp-reply	14	0
Timestamp-request	13	0
Ttl-exceeded	11	0
Fragmentneed-DFset	3	4
Host-redirect	5	1
Host-tos-redirect	5	3
Host-unreachable	3	1
Information-reply	16	0
Information-request	15	0
Net-redirect	5	0
Net-tos-redirect	5	2
Net-unreachable	3	0

2. 应用高级 ACL

高级 ACL 的应用与上节介绍的基本 ACL 应用差不多，包括：①对转发的 IP 报文进行过滤，②对上送 CPU 处理的 IP 报文进行过滤，③登录控制和④路由过滤这几个部分，具体参见表 11-7。

在路由过滤方面，因为路由过滤一般仅需要基于路由目的 IP 地址进行过滤，故只需采用基本 ACL 即可。高级 ACL 的路由过滤功能通常不应用在单播路由过滤（**但也可以用于过滤单播路由，其中规则中的源 IP 地址用于过滤路由目的 IP 地址，规则中的目的 IP 地址用于过滤目的网段子网掩码**），而是应用组播通信中的组播组路由信息过滤（组播组中包括源地址和组地址两个 IP 地址），例如，可以将 ACL 和 IGMP Snooping 配合使用，禁止 VLAN 内的主机加入指定组播组。

11.2.4 配置并应用二层 ACL

二层 ACL 是根据报文的源 MAC 地址、目的 MAC 地址、802.1p 优先级、二层协议类型等二层信息进行规则匹配、处理。二层 ACL 的序号取值范围为 4000～4999。

1．配置二层 ACL

在二层 ACL 的生效时间段的配置方法与 11.2.1 节中介绍的方法完全一样，故在此仅介绍二层 ACL 的配置和应用法，具体见表 11-11。

表 **11-11**　　　　　　　　　　　　　**二层 ACL** 的配置步骤

步骤	命令	说明
1	**system-view** 例如：<HUAWEI> **system-view**	进入系统视图
2	**acl** [**number**] *acl-number* [**match-order** { **auto** | **config** }] 例如：[HUAWEI] **acl number** 4100	（二选一）创建数字型的二层 ACL，并进入二层 ACL 视图。参数 *acl-number* 的取值范围为 4000～4999，其他说明参见 11.2.2 节表 11-6 中的第 3 步
	acl name *acl-name* { **link** | *acl-number* } [**match-order** { **auto** | **config** }] 例如：[HUAWEI]**acl name** test1 4001	（二选一）创建命名型的二层 ACL，并进入二层 ACL 视图。本命令中 **link** 选项表示创建的是二层 ACL，参数 *acl-number* 的取值范围为 4000～4999，其他说明参见 11.2.2 节表 11-6 中的第 3 步
3	**description** *text* 例如：[HUAWEI-acl-L2-4100] **description** This acl is L2 acl	（可选）定义 ACL 的描述信息，其他说明参见 11.2.2 节表 11-6 中的第 4 步
4	**step** *step* 例如：[HUAWEI-acl-L2-4100] **step** 8	（可选）为一个 ACL 规则组中的规则编号配置步长，其他说明参见 11.2.2 节表 11-6 中的第 5 步
5	**rule** [*rule-id*] { **permit** | **deny** } [[**ether-ii** | **802.3** | **snap**] | **l2-protocol** *type-value* [*type-mask*] | **destination-mac** *dest-mac-address* [*dest-mac-mask*] | **source-mac** *source-mac-address* [*source-mac-mask*] | **vlan-id** *vlan-id* [*vlan-id-mask*] | **8021p** *802.1p-value* | **cvlan-id** *cvlan-id* [*cvlan-id-mask*] | **cvlan-8021p** *802.1p-value* | **double-tag** | **time-range** *time-name*] * 例如：[HUAWEI-acl-L2-4001] **rule permit destination-mac** 0000-0000-0001 **source-mac** 0000-0000-0002 **l2-protocol** 0x0800	创建二层 ACL 规则。下面仅介绍前面没有介绍的参数或选项（**各过滤参数均为可选**）。 ① **ether-ii** | **802.3** | **snap**：多选一可选项，指定 ACL 规则匹配报文的帧封装格式。分别表示匹配 Ethernet II 标准封装、802.3 标准封装和 SNAP 标准封装。 ② **l2-protocol** *type-value* [*type-mask*]：可多选参数，指定 ACL 规则匹配报文的链路层协议类型，其中：*type-value* 表示以 16 位的十六进制数标识的二层协议类型，对应 Ethernet_II 类型和 Ethernet_SNAP 类型帧中的 Type（类型）字段（2 个字节）的值，取值范围为 0x0000～0xFFFF，如 IPv4 为 0800，IPv6 为 86DD，ARP 为 0806，RARP 为 8035 等。可选参数 *type-mask* 表示二层协议类型掩码，为 16 比特的十六进制数，用于指定屏蔽位（**0 表示不需要匹配，f 表示需要匹配**），可以用来指定一个协议类型值范围，缺省值为 0xffff，即仅指定一个协议。 ③ *dest-mac-address* [*dest-mac-mask*]：可多选参数，指定 ACL 规则匹配报文的目的 MAC 地址信息，均为 H-H-H 格式，其中 H 为 1～4 位的十六进制数。可选参数 *dest-mac-mask* 指定目的 MAC 地址掩码，用于指定屏蔽位（**0 表示不需要匹配，f 表示需要匹配**），可以用来与参数 *dest-mac-address* 一起指定一个 MAC 地址范围，缺省值为 ffff-ffff-ffff，即对每位都进行匹配，即仅指定一个 MAC 地址，如果不配置此可选参数，则掩码相当于 ffff-ffff-ffff。

（续表）

步骤	命令	说明
5	**rule** [*rule-id*] { **permit** | **deny** } [[**ether-ii** | **802.3** | **snap**] | **l2-protocol** *type-value* [*type-mask*] | **destination-mac** *dest-mac-address* [*dest-mac-mask*] | **source-mac** *source-mac-address* [*source-mac-mask*] | **vlan-id** *vlan-id* [*vlan-id-mask*] | **8021p** *802.1p-value* | **cvlan-id** *cvlan-id* [*cvlan-id-mask*] | **cvlan-8021p** *802.1p-value* | **double-tag** | **time-range** *time-name*] * 例如：[HUAWEI-acl-L2-4001] **rule permit destination-mac** 0000-0000-0001 **source-mac** 0000-0000-0002 **l2-protocol** 0x0800	这两个参数共同作用可以定义用户想要匹配的目的 MAC 地址范围。比如 00e0-fc01-0101 ffff-ffff-ffff 指定了一个 MAC 地址：00e0-fc01-0101，而 00e0-fc01-0101 ffff-ffff-0000 则指定了一个 MAC 地址范围：00e0-fc01-0000～00e0-fc01-ffff。 ④ *source-mac-address* [*source-mac-mask*]：指定 ACL 规则匹配报文的源 MAC 地址信息。其中，*source-mac-address*：用来指定要匹配的数据包的源 MAC 地址；参数 *source-mac-mask* 可用来指定源 MAC 地址掩码，如果不配置此可选参数，则掩码相当于 ffff-ffff-ffff。其他说明与上面介绍的 **destination-mac** *dest-mac-address* [*dest-mac-mask*]参数的说明一样 ⑤ **vlan-id** *vlan-id* [*vlan-id-mask*]：可多选参数，指定 ACL 规则匹配报文的外层 VLAN 的编号。*vlan-id-mask* 用来指定外层 VLAN ID 值的掩码（与前面介绍的 MAC 地址掩码作用一样），为十六进制形式，取值范围为 0x0～0xfff，缺省值为 0xfff（表示每位均需要匹配），可以用来与参数 *vlan-id* 一起指定一个范围的外层 VLAN。如果不配置此参数，则掩码相当于 0xfff，即仅指定一个外层 VLAN。 ⑥ **8021p** *802.1p-value*：可多选参数，指定 ACL 规则匹配报文的外层 VLAN Tag 的 802.1p 优先级，取值范围为 0～7 的整数。 ⑦ **cvlan-id** *cvlan-id* [*cvlan-id-mask*]：可多选参数，指定 ACL 规则匹配报文的内层 VLAN 的编号，与前面的 **vlan-id** *vlan-id* [*vlan-id-mask*]对应，不同的只是此处是内层 VLAN 的 VLAN ID。 ⑧ **double-tag**：可多选选项，指定 ACL 规则匹配报文时匹配带双层 VLAN Tag 的报文。 ⑨ **time-range** *time-name*：可多选参数，指定 ACL 规则生效的时间段，必须事先已创建。 缺省情况下，未配置二层 ACL 规则，可用直接在前面加 **undo** 关键字的格式命令删除指定规则中的对应参数配置
6	**rule** *rule-id* **description** *description* 例如：[HUAWEI-acl-L2-2001] **rule 5 description** permit vlan10	（可选）配置二层 ACL 规则的描述信息，其他说明参见 11.2.2 节表 11-6 中的第 7 步

2. 应用二层 ACL

因为二层 ACL 是基于二层数据帧过滤的，所以不能用于 IP 报文过滤。二层 ACL 常见的应用方式仅包括：①对转发的二层数据帧进行过滤，②对上送 CPU 处理的二层数据帧进行过滤两种，至于这两种方式的具体应用场景参见 11.2.2 节表 11-7 中对应应用方式的说明，只是此处仅可对二层数据帧进行过滤。

11.2.5　配置并应用用户自定义 ACL

用户自定义 ACL 是根据报头、偏移位置、字符串掩码和用户自定义字符串来定义规则，即以报头为基准，指定从报文的第几个字节开始与字符串掩码进行逻辑"与"操作，并将提取出的字符串（属于报文"数据"部分内容）与用户自定义的字符串进行比较，对 IPv4 和 IPv6 报文进行过滤。

配置用户自定义 ACL

前面几节介绍的基本 ACL、高级 ACL 和二层 ACL 都是仅基于报头字段值进行匹配的，由此可见用户自定义 ACL 提供了更准确、丰富、灵活的规则定义方法，因为它还可以针对报文的数据内容进行过滤。例如，当希望同时根据源 IP 地址、ARP 报文类型对 ARP 报文内容进行过滤时，则可以配置用户自定义 ACL。但是用户自定义 ACL 的配置是最难的，因为规则中所指定的过滤内容涉及到相对各种报头的偏移计算，故要求我们对各种协议报文格式有比较全面的了解。

用户自定义 ACL 的配置步骤如表 11-12 所示。

表 11-12　　　　　　　　　　　　　用户自定义 ACL 的配置步骤

步骤	命令	说明
1	**system-view** 例如：<HUAWEI> **system-view**	进入系统视图
2	**acl** [**number**] *acl-number* [**match-order** { **auto** | **config** }] 例如：[HUAWEI] **acl number** 4100	（二选一）创建数字型的用户自定义 ACL，并进入用户自定义 ACL 视图。参数 *acl-number* 的取值范围为 5000～5999，其他说明参见 11.2.2 节表 11-6 中的第 3 步
2	**acl name** *acl-name* { **user** | *acl-number* } [**match-order** { **auto** | **config** }] 例如：[HUAWEI]**acl name** test1 4001	（二选一）创建命名型的用户自定义 ACL，并进入用户自定义 ACL 视图。本命令中 **user** 选项表示创建用户自定义 ACL，参数 *acl-number* 的取值范围为 5000～5999，其他说明参见 11.2.2 节表 11-6 的第 3 步
3	**description** *text* 例如：[HUAWEI-acl-user-4100] **description** This acl is user acl	（可选）定义 ACL 的描述信息，其他说明参见 11.2.2 节表 11-6 的第 4 步
4	**step** *step* 例如：[HUAWEI-acl-user-4100] **step** 8	（可选）为一个 ACL 规则组中的规则编号配置步长，其他说明参见 11.2.2 节表 11-6 的第 5 步
5	**rule** [*rule-id*] { **deny** | **permit** } [[**l2-head** | **ipv4-head** | **ipv6-head** | **l4-head**] { *rule-string rule-mask offset* } &<1-8> | **time-range** *time-name*][*] 例如：[HUAWEI-acl-user-5001] **rule permit l2-head** 0x0180C200 0xFFFFFFFF 14	配置用户自定义 ACL 规则，参数和选项说明如下（**各过滤参数均为可选**）。 ① **l2-head** | **ipv4-head** | **ipv6-head** | **l4-head**：多选一可选选项，指定 ACL 规则匹配报文开始偏移的位置，其中：**l2-head** 指定从报文的二层头部起始处开始偏移；**ipv4-head** 指定从 IPv4 头部起始处开始偏移；**ipv6-head** 指定从 IPv6 头部起始处开始偏移；**l4-head** 指定从四层头部起始处开始偏移。 ② *rule-string*：可多选参数，指定 ACL 规则匹配报文的字符串，十六进制形式（**配置时必须带有"0x"前缀**），长度范围是 3～10，最大支持 4 字节。**实际上，用户自定义规则是每次固定匹配 4 字节的内容**，当配置的 *rule-string* 参数长度不满 4 字节时，在前面补 0 凑足 4 字节进行匹配。 ③ *rule-mask*：可多选参数，指定规则字符串的掩码，十六进制形式，长度范围是 3～10，最大支持 4 字节。当掩码为"1"时，表示要对报文中该位的值与参数 *rule-string* 对应位

（续表）

步骤	命令	说明
5	**rule** [*rule-id*] { **deny** | **permit** } [[**l2-head** | **ipv4-head** | **ipv6-head** | **l4-head**] { *rule-string rule-mask offset* } &<1-8> | **time-range** *time-name*] * 例如：[HUAWEI-acl-user-5001] **rule permit l2-head** 0x0180C200 0xFFFFFFFF 14	的值进行匹配；当掩码为 "0" 时，表示不需要对该位的值进行匹配。 ④ *offset*：可多选参数，指定 ACL 规则匹配报文的偏移值，整数形式，单位：byte。根据前面选择的偏移位置的不同，*offset* 取值范围也不同：对于 **l2-head**（二层报头），*offset* 取值为 4*N*+2，对于其他偏移位置，offset 取值为 4*N*，其中 *N* 是从 0 开始的整数。 【注意】如果希望修改用户自定义 ACL 规则中的 offset 偏移量，需要先将已配置的规则删除，再重新配置新规则。在 S5730SI、S5730S-EI、S6720-56C-PWH-SI-AC 和 S6720-56C-PWH-SI 子系列中，指定 ACL 规则基于报文的二层头进行偏移匹配时，如果应用此 ACL 的 GE 电口中通过的报文不带 VLAN 标签，需要先添加一层 VLAN 标签再计算偏移值。 ⑤ **time-range** *time-name*：可多选参数，指定 ACL 规则生效的时间段，必须事先已创建。缺省情况下，未配置二层 ACL 规则，可用直接在前面加 **undo** 关键字的格式命令删除指定规则中的对应参数配置
6	**rule** *rule-id* **description** *description* 例如：[HUAWEI-acl-L2-2001] **rule 5 description** permit produ	（可选）配置自定义 ACL 规则的描述信息

在用户自定义 ACL 方面，目前仅支持在简化流策略/流策略中应用，使设备能够基于全局、VLAN 或接口下发 ACL，实现对转发报文的过滤，具体参见本书第 12 章的介绍。

因为用户自定义 ACL 的配置比较复杂，下面举两个示例加以巩固。

【示例 1】通过用户自定义 ACL 配置拒绝所有 IPv4 TCP 报文通过。

这是一个仅针对报文上层协议类型进行过滤的 ACL 规则配置示例。我们知道，在 IPv4 报头中有一个 "protocol" 字段就是用来标识上层协议类型的，故可以针对这部分内容进行过滤。为此我们必须清楚地知道 IPv4 报文格式，如图 11-3 所示。"protocol" 字段是从 IPv4 报头的第 10 字节开始的，长度为 1 字节。

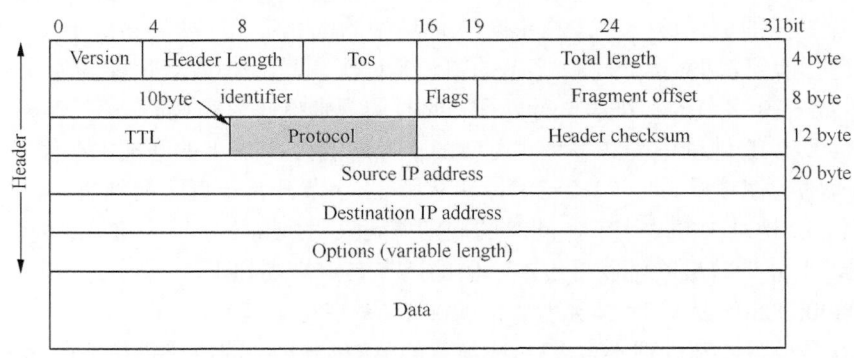

图 11-3　IPv4 报文

根据前面的介绍，对于从除二层报头外的其他头部开始偏移的位置必须是 4 字节的整数倍，而且固定匹配 4 字节长度的内容，故此时我们配置偏移只能从 TTL 这个字段（第8 字节）开始，一直到 Header checksum 字段，恰好 4 字节。但我们只需对其中的"protocol"这一个字节的字段值进行匹配，最终就可以得出这个用户自定义 ACL 规则如下。

rule deny ipv4-head 0x00060000 0x00ff0000 8

规则中的 0x00060000 是"protocol"字段为 TCP 时对应的值，8 是指从 IPv4 报头的第 8 节字与指定字符串进行匹配（即偏移量为 8 字节。0x00ff0000 为规则掩码，ff 对应的一个字节表示要与 0x00060000 对应的一个字节（06）进行匹配，值为 0 的字节不用匹配，即不用匹配 TTL 和 Header checksum 字段的值。

【示例 2】通过用户自定义拒绝源 IP 地址为 192.168.0.2 的 ARP 报文通过。

这里有两处要进行过滤，一是报文上层类型（对应二层以太网报头的"帧类型"字段）为 ARP，另外还要基于 ARP 报文中源 IP 地址进行过滤，故首先要清楚 ARP 报文的格式，确定这两个字段在 ARP 报文中的位置，如图 11-4 所示。

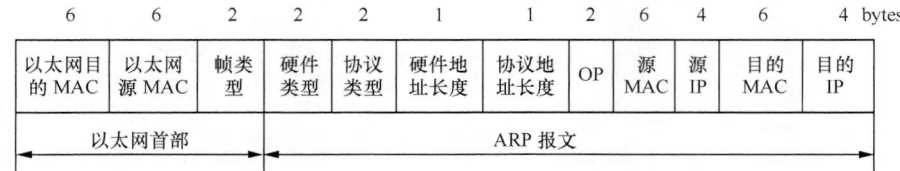

6	6	2	2	2	1	1	2	6	4	6	4 bytes
以太网目的 MAC	以太网源 MAC	帧类型	硬件类型	协议类型	硬件地址长度	协议地址长度	OP	源 MAC	源 IP	目的 MAC	目的 IP

| 以太网首部 | | | ARP 报文 | | | | | | | | |

图 11-4　ARP 报文格式

首先来看报文的 ARP 过滤，是在"帧类型"字段指定的，即在 ARP 报文的第 13、14 两个字节中。它的偏移是从二层帧头开始计算。前面已说到，从二层帧头（**l2-head**）计算偏移时，偏移量必须是 4N+2，匹配的字符串长度固定为 4 字节。此时 N 只能取 2，即从第 11 字节开始，一直到第 14 字节，恰好包括了"帧类型"这个字段的两个字节，如果取 3 的话，则相当于从第 15 字节开始匹配，此时就不包括"帧类型"字段了。故针对 ARP 过滤的规则匹配字符串、掩码和偏移量分别为：0x00000806、0x0000ffff（仅匹配最高两字节，即"帧类型"字段两字节）、10。

下面再来看一下针对报文源 IP 地址的过滤。从图 11-4 可以看出，"源 IP 地址"字段位于 ARP 报文的第 29～32 字节（共 4 字节）。同样因为是从二层报头开始计算偏移的，故偏移量只能是 4N+2 个字，由此可知，"源 IP 地址"字段这 4 字节的值不能通过一次偏移来配置，只能进行拆分了。先对源 IP 地址中的低 2 字节（要转换成十六进制，对应为 c0a8）进行匹配，即对第 29、30 字节的值进行匹配，此时 N 取 6（偏移量为 4×6+2=26）即可对第 27～30 字节的字符串进行匹配，此时的规则掩码只需最高 2 字节为 ff，其他为0 即可。至于源 IP 地址中高 2 字节（对应的十六进制为 0002）的匹配，在偏移量计算时可以使 N 取 7（偏移量为 4×7+2=30），即从第 31 字节开始一直匹配到第 34 字节，恰好也包括了源 IP 地址中高 2 字节，此时的规则掩码只需最高 2 字节为 ff，其他为 0 即可。

通过以上分析。最终可以得出本示例的用户自定规则如下。

- 0x00000806 是 ARP 帧类型，0x0000ffff 是字符串掩码。
- 10 是设备内部处理不含 VLAN 信息的 ARP 报文中的协议类型字段的偏移量。
- c0a80002 是 192.168.0.2 的十六进制形式。
- 26 和 30 分别是设备内部处理不含 VLAN 信息的 ARP 报文中源 IP 地址字段高两

字节和低两字节的偏移量。

说明 如果要对携带 VLAN 信息的 ARP 报文进行过滤，则要将规则中的 3 个偏移量值再分别加上 4，因为一个 VLAN 标签恰好为 4 字节。

rule deny l2-head 0x00000806 0x0000ffff 10 0x0000c0a8 0x0000ffff 26 0x00020000 0xffff0000 30

11.2.6   配置并应用用户 ACL

用户 ACL 根据 IPv4 报文的源 IP 地址或源 UCL 组、目的 IP 地址或目的 UCL 组、IP 协议类型、ICMP 类型、TCP 源端口/目的端口、UDP 源端口/目的端口号、生效时间段等来定义规则，对 IPv4 报文进行过滤。**如果需要根据 UCL 组对报文进行过滤，可以配置用户 ACL。**

1. 配置用户 ACL

用户 ACL 与上节介绍的用户自定义 ACL 是不一样的，因为用户自定义 ACL 主要是针对报文数据部分的内容进行过滤，而用户 ACL 仍是依据报头信息进行过滤，总体与高级 ACL 类似，具体配置步骤见表 11-13。但在配置前需完成以下配置。

■ 通过 **authentication unified-mode** 命令将 NAC 配置模式切换成统一模式，并重启设备使该模式功能生效。具体参见本书第 14 章。

■ 通过 **ucl-group** *group-index* [**name** *group-name*] 命令创建用于标记用户类别的 UCL 组。

■ 如果配置基于时间的 ACL，则需创建生效时间段（参见 11.2.2 节），并将其与 ACL 规则关联起来。

注意 仅 S1720GW-E、S1720GWR-E、S1720X-E、S2720EI、S5710-X-LI、S5720LI、S5720S-LI、S5720SI、S5720S-SI、S5720I-SI、S5730SI、S5730S-EI、S6720LI、S6720S-LI、S6720SI、S6720S-SI、S5720EI、S5720HI、S5730HI、S6720EI、S6720HI 和 S6720S-EI，以及框式系列交换机支持用户 ACL，但框式系列交换机中 SA 系列单板（EH1D2X12SSA0 单板除外）不支持用户 ACL。

表 11-13   用户 **ACL** 的配置步骤

步骤	命令	说明
1	**system-view** 例如：<HUAWEI> **system-view**	进入系统视图
2	**acl** [**number**] *acl-number* [**match-order** { **auto** | **config** }] 例如：[HUAWEI] **acl number 4100**	（二选一）创建数字型的用户 ACL，并进入用户自定义 ACL 视图。参数 *acl-number* 的取值范围为 6000~9999，其他说明参见 11.2.2 节表 11-6 中的第 3 步
2	**acl name** *acl-name* { **ucl** | *acl-number* } [**match-order** { **auto** | **config** }] 例如：[HUAWEI]**acl name test1 4001**	（二选一）创建命名型的用户 ACL，并进入用户自定义 ACL 视图。本命令中 **ucl** 选项表示创建用户 ACL，参数 *acl-number* 的取值范围为 6000~9999，其他说明参见 11.2.2 节表 11-6 第 3 步
3	**description** *text* 例如：[HUAWEI-acl-user-4100] **description** This acl is ucl acl	（可选）定义 ACL 的描述信息，其他说明参见 11.2.2 节表 11-6 的第 4 步

（续表）

步骤	命令	说明
4	**当参数** *protocol* **为 ICMP 时：** **rule** [*rule-id*] { **deny** | **permit** } { *protocol-number* | **icmp** } [**source** { { *source-address* *source-wildcard* | **any** } | { [**source**] **ucl-group** { *source-ucl-group-index* | **name** *source-ucl-group-name* } } }* | **destination** { { { *destination-address* *destination-wildcard* | **any** } | { [**destination**] **ucl-group** { *destination-ucl-group-index* | **name** *destination-ucl-group-name* } } }* | **fqdn** *fqdn-name* | **icmp-type** { *icmp-name* | *icmp-type* [*icmp-code*] } | **time-range** *time-name* | **vpn-instance** *vpn-instance-name*]* **当参数** *protocol* **为 UDP 时：** **rule** [*rule-id*] { **deny** | **permit** } { *protocol-number* | **udp** } [**source** { { *source-address source-wildcard* | **any** } | { [**source**] **ucl-group** { *source-ucl-group-index* | **name** *source-ucl-group-name* } } }* | **destination** { { { *destination-address* *destination-wildcard* | **any** } | { [**destination**] **ucl-group** { *destination-ucl-group-index* | **name** *destination-ucl-group-name* } } }* | **fqdn** *fqdn-name* | **source-port** { **eq** *port* | **gt** *port* | **lt** *port* | **range** *port-start port-end* } | **destination-port** { **eq** *port* | **gt** *port* | **lt** *port* | **range** *port-start port-end* } | **time-range** *time-name* | **vpn-instance** *vpn-instance-name*]* **当参数** *protocol* **为 TCP 时：** **rule** [*rule-id*] { **deny** | **permit** } { *protocol-number* | **tcp** } [**source** { { *source-address source-wildcard* | **any** } | { [**source**] **ucl-group** { *source-ucl-group-index* | **name** *source-ucl-group-name* } } }* | **destination** { { { *destination-address destination-wildcard* | **any** } | { [**destination**] **ucl-group** { *destination-ucl-group-index* | **name** *destination-*	（多选一）配置用户 ACL 规则。命令中的参数和选项说明如下。 ① *rule-id*：可选参数，指定 ACL 的规则 ID，整数形式，取值范围是 0～4294967294。如果不指定本参数，则增加一个新规则时设备自动会为这个规则分配一个 ID，ID 按照大小排序。 ② **deny**：二选一选项，表示拒绝符合条件的报文。 ③ **permit**：二选一选项，表示允许符合条件的报文。 ④ **icmp**：指定 ACL 规则匹配报文的协议类型为 ICMP。可以采用数值 1 表示指定 ICMP。 ⑤ **tcp**：指定 ACL 规则匹配报文的协议类型为 TCP。可以采用数值 6 表示指定 TCP。 ⑥ **udp**：指定 ACL 规则匹配报文的协议类型为 UDP。可以采用数值 17 表示 UDP。 ⑦ **gre**：指定 ACL 规则匹配报文的协议类型为 GRE。可以采用数值 47 表示 GRE 协议。 ⑧ **igmp**：指定 ACL 规则匹配报文的协议类型为 IGMP。可以采用数值 2 表示 IGMP。 ⑨ **ip**：指定 ACL 规则匹配报文的协议类型为 IP。 ⑩ **ipinip**：指定 ACL 规则匹配报文的协议类型为 IPINIP。可以采用数值 4 表示 IPINIP。 ⑪ **ospf**：指定 ACL 规则匹配报文的协议类型为 OSPF。可以采用数值 89 表示 OSPF 协议。 ⑫ *protocol-number*：多选一参数，指定 ACL 规则匹配报文时用数字表示的协议类型，1～255 的整数。 ⑬ **source** { { *source-address source-wildcard* | **any** } | { [**source**] **ucl-group** { *source-ucl-group-index* | **name** *source-ucl-group-name* } } }*：指定 ACL 规则匹配报。文的源地址信息。如果不配置，表示报文的任何源地址都匹配。其中， ● *source-address*：指定报文的源地址。 ● *source-wildcard*：指定源地址通配符。源地址通配符可以为 0，相当于 0.0.0.0，表示源地址为主机地址。通配符，点分十进制格式，换算成二进制后，"0" 表示 "匹配"，"1" 表示 "不关心"，另外二进制中的 1 或者 0 可以不连续。比如，IP 地址 192.168.1.169、通配符 0.0.0.172 表示的网址为 192.168.1.x0x0xx01，其中 x 可以是 0，也可以是 1。 ● **any**：表示报文的任意源地址。相当于 *source-address* 为 0.0.0.0、*source-wildcard* 为 255.255.255.255。 ● **ucl-group** *source-ucl-group-index*：指定报文的源地址所在的 UCL 组 ID。对于 S5720EI、S6720S-EI 和 S6720EI 子系列，取值范围是 0～48，对于其他机型，取值范围是 0～64000。 ● **ucl-group name** *source-ucl-group-name*：指定报文的源地址所在的 UCL 组名称。 ⑭ **icmp-type** { *icmp-name* | *icmp-type* [*icmp-code*] }：指定

（续表）

步骤	命令	说明
4	*ucl-group-name* } } } *| **fqdn** *fqdn-name* } | **source-port** { **eq** *port* | **gt** *port* | **lt** *port* | **range** *port-start port-end* } | **destination-port** { **eq** *port* | **gt** *port* | **lt** *port* | **range** *port-start port-end* } | **tcp-flag** { **ack** | **established** | **fin** | **psh** | **rst** | **syn** | **urg** } * | **time-range** *time-name* | **vpn-instance** *vpn-instance-name*] * 当参数 *protocol* 为 GRE、IGMP、IP、IPINIP、OSPF 时： **rule** [*rule-id*] { **deny** | **permit** } { *protocol-number* | **gre** | **igmp** | **ip** | **ipinip** | **ospf** } [**source** { { *source-address source-wildcard* | **any** } | { [**source**] **ucl-group** { *source-ucl-group-index* | **name** *source-ucl-group-name* } } } * | **destination** { { { *destination-address destination-wildcard* | **any** } | { [**destination**] **ucl-group** { *destination-ucl-group-index* | **name** *destination-ucl-group-name* } } } * | **fqdn** *fqdn-name* } | **time-range** *time-name* | **vpn-instance** *vpn-instance-name*] *	ACL 规则匹配报文的 ICMP 报文的类型和消息码信息，仅在报文协议是 ICMP 的情况下有效。如果不配置，表示任何 ICMP 类型的报文都匹配。其中， • *icmp-name*：表示 ICMP 的消息名称。 • *icmp-name* 的取值与 *icmp-type* 和 *icmp-code* 相对应，对应关系参见 11.2.3 节的表 11-10。 ⑮ **source-port** { **eq** *port* | **gt** *port* | **lt** *port* | **range** *port-start port-end* }：指定 ACL 规则匹配报文的 UDP 或者 TCP 报文的源端口。如果不指定，表示 TCP/UDP 报文的任何源端口都匹配。其中， • **eq** *port*：指定等于端口，整数的取值范围是 0～65535。 • **gt** *port*：指定大于源端口，整数的取值范围是 0～65534。 • **lt** *port*：指定小于源端口，整数的取值范围是 0～65535。 • **range** *port-start port-end*：指定源端口的范围。*port-start* 是端口范围的起始，*port-end* 是端口范围的结束，用名字或整数表示，整数的取值范围是 0～65535。 ⑯ **destination** { { { *destination-address destination-wildcard* | **any** } | { [**destination**] **ucl-group** { *destination-ucl-group-index* | **name** *destination-ucl-group-name* } } }：指定 ACL 规则匹配报文的目的地址信息，其他参数说明与前面介绍的源地址信息意义类似（只是此处是针对目的地址）。 ⑰ **destination-port** { **eq** *port* | **gt** *port* | **lt** *port* | **range** *port-start port-end* }：指定 ACL 规则匹配报文的 UDP 或者 TCP 报文的目的端口。如果不指定，表示 TCP/UDP 报文的任何目的端口都匹配。其他说明同前面介绍的"源端口" ⑱ **tcp-flag** { **ack** | **established** | **fin** | **psh** | **rst** | **syn** | **urg** } *：指定 ACL 规则分别匹配报文的 TCP 报头中 ack(010000)、ack(010000) 或 rst(000100)、fin(000001)、psh(001000)、rst(000100)、syn(000010)、urg(100000) 标志位。 ⑲ **time-range** *time-name*：可选参数，指定 ACL 规则生效的时间段。其中，*time-name* 表示 ACL 规则生效时间段名称。如果不指定时间段，表示任何时间都生效 ⑳ **vpn-instance** *vpn-instance-name*：指定 ACL 规则匹配报文的入口 VPN 实例名称。 • 缺省情况下，未配置用户 ACL 规则，可用对应的 **undo rule** 格式命令用来删除指定的用户 ACL 规则。 • *icmp-type*：表示 ICMP 的消息类型，整数形式，取值范围是 0～255。 • *icmp-code*：表示 ICMP 的消息码，整数形式，取值范围是 0～255。 缺省情况下，未配置用户 ACL 规则，可用对应的 **undo rule** 格式命令用来删除指定的用户 ACL 规则
5	**rule** *rule-id* **description** *description* 例如：HUAWEI-acl-ucl -6001] **rule 5 description** permit 192. 168.32.1	配置 ACL 规则的描述信息，其他说明参见 11.2.2 节表 11-6 中的第 7 步

2. 应用用户 ACL

目前用户 ACL 仅支持在 NAC 特性的 UCL 组中应用，有关 NAC 参见本书第 14 章。通过配置 UCL 组，并配置用户 ACL 规则关联 UCL 组，使一组用户复用 ACL 规则，再配置基于用户 ACL 对报文进行过滤使 ACL 生效，最后在 AAA 的业务方案中应用 UCL 组，可以实现对用户的网络访问权限进行分组控制。

将用户 ACL 与 UCL 组绑定，可以使设备基于全局，对接口入方向的报文进行过滤，实现对用户的网络访问权限进行分组控制。

例如，当用户数量过多且设备 ACL 资源紧张时，管理员利用 UCL 组和用户 ACL，可以将用户分成多个组别，使一组用户复用 ACL 规则，从而节约了设备的 ACL 资源，并且减少了管理员为每个用户单独部署网络访问权限控制策略的工作量。

11.2.7 配置并应用基本 ACL6

本节要介绍 IPv6 网络环境中的基本 ACL6 的配置与应用方法，包括以下 3 项配置任务（总体与 IPv4 网络中的基本 ACL 配置与应用所包括的配置任务一样）。

- （可选）配置 ACL6 的生效时间段：与 11.2.2 节表 11-6 中的第 2 步介绍的 ACL 的生效时间段配置方法完全一样，参见即可。
- 配置基本 ACL6。
- 应用基本 ACL6。

1. 配置基本 ACL6

基本 ACL6 根据源 IPv6 地址、分片信息和生效时间段等信息来定义规则，对 IPv6 报文进行过滤。如果只需要根据源 IPv6 地址对报文进行过滤，可以配置基本 ACL6。

基本 ACL6 的配置方法与 IPv4 网络中的基本 ACL 的配置方法基本一样，只是在一些命令中多了 IPv6 关键字，具体见表 11-14。

表 11-14　　　　　　　　　　　　基本 ACL6 的配置步骤

步骤	命令	说明
1	**system-view** 例如：<HUAWEI> **system-view**	进入系统视图
2	**acl ipv6** [**number**]*acl6-numbe* [**match-order** { **auto** | **config** }] 例如：[HUAWEI] **acl ipv6 number** 2100	（二选一）创建数字型的基本 ACL6，并进入基本 ACL6 视图。参数和选项说明参见 11.2.2 节表 11-6 中的第 3 步，其中 *acl6-number* 对应 *acl-number*。 缺省情况下，未创建数字型 ACL6，可用 **undo acl ipv6** { **all** | [**number**] *acl6-number* }命令删除指定或所有数字型 ACL6
	acl ipv6 name *acl6-name* { **basic** | *acl6-number* } [**match-order** { **auto** | **config** }] 例如：[HUAWEI] **acl ipv6 name** test1 2001	（二选一）创建命名型的基本 ACL6，并进入基本 ACL6 视图。参数和选项说明参见 11.2.2 节表 11-6 中的第 3 步，其中 *acl6-name* 对应 *acl-name*，*acl6-number* 对应 *acl-number*。 缺省情况下，系统中没有创建命名型 ACL，可用 **undo ipv6 acl name** *acl6-name* 删除指定的命名型 ACL
3	**rule** [*rule-id*] { **deny** | **permit** } [**source** { *source-ipv6-address prefix-*	配置基本 ACL6 的规则，参数和选项说明如下（各过滤参数全是可选的，所有过滤参数都不选时，直接按规则动作允许或拒绝所有报文通过）。

（续表）

步骤	命令	说明
3	*length* | *source-ipv6-address/prefix-length* | *source-ipv6-address* **postfix** *postfix-length* | **any** } | **fragment** | **logging** | **time-range** *time-name* | **vpn-instance** *vpn-instance-name*][*] 例如：[HUAWEI-acl6-basic-2100] **rule permit source** fc00:1::1/64	① *rule-id*：指定 ACL6 规则 ID，整数形式，取值范围是 0～2047。如果指定 ID 的规则已经存在，则会在旧规则的基础上叠加新定义的规则，相当于编辑一个已经存在的规则；如果指定 ID 的规则不存在，则使用指定的 ID 创建一个新规则，并且按照实际配置的顺序排列。如果不指定 ID，则增加一个新规则时设备会自动为这个规则分配一个 ID。ACL6 默认步长为 1，**因不支持修改步长（与 IPv4 中的 ACL 不一样），所以系统自动分配 ID 时，相邻 ID 间隔为 1。** ② **source** { *source-ipv6-address prefix-length* | *source-ipv6-address/ prefix-length* }：二选一参数，指定 ACL6 规则匹配报文的源地址和前缀，*source-ipv6-address* 用冒号十六进制表示源地址，*prefix-length* 是整数形式，取值范围是 1～128。 ③ **source** *source-ipv6-address* **postfix** *postfix-length*：二选一参数，指定 ACL6 规则匹配报文的源地址和地址后缀掩码长度，*source-ipv6-address* 用冒号十六进制表示源地址。*postfix-length* 表示地址后缀掩码长度，整数形式，取值范围 1～64。 其他参数和选项的说明参见 11.2.2 节表 11-6 中的第 6 步。 缺省情况下，未配置任何规则，可用 **undo rule** { **deny** | **permit** } [**fragment** | **logging** | **source** { *source-ipv6-address prefix-length* | *source-ipv6-address/prefix-length* | *source-ipv6-address* **postfix** *postfix-length* | **any** } | **time-range** *time-name* | **vpn-instance** *vpn-instance-name*][*] 或 **undo rule** *rule-id* [**fragment** | **logging** | **source** | **time-range** | **vpn-instance**][*] 命令在对应 ACL6 视图下删除指定的一条规则或一条规则中的部分内容
4	**rule** *rule-id* **description** *description* 例如：[HUAWEI-acl6-basic-2001] **rule 5 description** permit fc00:1:: 64	（可选）配置基本 ACL6 规则的描述信息。其他说明参见 11.2.2 节表 11-6 中的第 7 步

【示例 1】配置基于源 IPv6 地址（主机地址）过滤报文的规则

在 ACL6 2001 中配置规则，允许源 IPv6 地址是 fc00:1::1/128 主机地址的报文通过。

```
<HUAWEI> system-view
[HUAWEI] acl ipv6 2001
[HUAWEI-acl6-basic-2001] rule permit source fc00:1::1 128
```

【示例 2】配置基于源 IPv6 地址（网段地址）过滤报文的规则

在 ACL6 2001 中配置规则，仅允许源 IPv6 地址是 fc00:1::1/128 主机地址的报文通过，拒绝源 IPv6 地址是 fc00:1::/64 网段其他地址的报文通过。

```
<HUAWEI> system-view
[HUAWEI] acl ipv6 2001
[HUAWEI-acl6-basic-2001] rule permit source fc00:1::1 128
[HUAWEI-acl6-basic-2001] rule deny source fc00:1:: 64
```

2. 应用基本 ACL6

配置完 ACL6 后，必须在具体的业务模块中应用 ACL6，才能使 ACL6 正常下发和生效。基本的 ACL6 应用方式，是在简化流策略/流策略中应用 ACL6，使设备能够基于全局、VLAN 或接口下发 ACL6，实现对转发报文的过滤。此外，ACL6 还可以应用在 Telnet、FTP、路由等模块，总体上都与 IPv4 网络中基本 ACL 的应用方式一一对应，具体参见 11.2.2 节的介绍。

基本 ACL6 配置好后，可用以下 display 命令进行配置查看。

- **display acl ipv6** { *acl6-number* | **name** *acl6-name* | **all** }：查看 ACL6 的配置信息。
- **display time-range** { **all** | *time-name* }：查看时间段信息。

11.2.8 配置并应用高级 ACL6

高级 ACL6 与 IPv4 网络中的高级 ACL 是对应的，它的配置和应用涉及的配置任务也一样，包括以下几个方面。

- （可选）配置 ACL6 的生效时间段：参见 11.2.2 节表 11-6 中的第 2 步介绍。
- 配置高级 ACL6。
- 应用高级 ACL6。

1. 配置高级 ACL6

高级 ACL6 根据源 IPv6 地址、目的 IPv6 地址、IPv6 协议类型、TCP 源/目的端口、UDP 源/目的端口号、分片信息和生效时间段等信息来定义规则，对 IPv6 报文进行过滤。高级 ACL6 比基本 ACL6 提供了更准确、丰富、灵活的规则定义方法。例如，当希望同时根据源 IPv6 地址和目的 IPv6 地址对报文进行过滤时，则需要配置高级 ACL6。

高级 ACL6 与 IPv4 网络中的高级 ACL 一样，比较复杂，要区分不同协议报文类型，采用不同的配置命令，具体配置步骤见表 11-15。

表 11-15   高级 **ACL6** 的配置步骤

步骤	命令	说明
1	**system-view** 例如：<HUAWEI> **system-view**	进入系统视图
2	**acl ipv6** [**number**] *acl6-number* [**match-order** { **auto** | **config** }] 例如：[HUAWEI]**acl ipv6 number** 3100	（二选一）创建数字型的高级 ACL6，并进入高级 ACL6 视图。参数 *acl6-number* 的取值范围为 3000～3999，其他说明参见 11.2.2 节表 11-6 的第 3 步
	acl ipv6 name *acl6-name* { **advance** | *acl6-number* } [**match-order** { **auto** | **config** }] 例如：[HUAWEI]**acl ipv6 name** test1 3001	（二选一）创建命名型的高级 ACL6，并进入高级 ACL 视图。本命令中 **advance** 选项表示创建的是高级 ACL6，参数 *acl6-number* 的取值范围为 3000～3999，其他说明参见 11.2.2 节表 11-6 的第 3 步
3	**rule** [*rule-id*] { **deny** | **permit** } { **icmpv6** | *protocol-number* } [**destination** { *destination-ipv6-address prefix-length* | *destination-ipv6-address/prefix-length* | *destination-ipv6-address* **postfix** *postfix-length* | **any** }] { { **precedence** *precedence* | **tos** *tos* }[*] | **dscp** *dscp* } | **routing** [**routing-type** *routing-type*]] { **fragment** | **first-fragment** } | **icmp6-type** { *icmp6-type-name* | *icmp6-type* [*icmp6-code*] } | **logging** |	（多选一）当参数 *protocol* 为 **ICMPv6**（协议号为 1）时的高级 **ACL** 规则配置命令，专门过滤 **ICMPv6** 协议报文。参数和选项说明如下（除了协议类型外，其他各过滤参数均为可选）。 ① **destination** { *destination-ipv6-address prefix-length* | *destination-ipv6-address/prefix-length* | **any** }：二选一参数，指定 ACL6 规则匹配报文的目的地址和前缀，*destination-ipv6-address* 用冒号十六进制表示。*prefix-length* 的取值范围 1～128。或用 "**any**" 代表任何目的地址。

（续表）

步骤	命令	说明
3	source { *source-ipv6-address prefix-length* | *source-ipv6-address/prefix-length* | *source-ipv6-address* **postfix** *postfix-length* | **any** } | **time-range** *time-name* | **vpn-instance** *vpn-instance-name*] * 例如：[HUAWEI-acl6-adv-3001] **rule** 1 **permit icmpv6**	② **destination** *destination-ipv6-address* **postfix** *postfix-length*：二选一参数，指定 ACL6 规则匹配报文的目的地址和地址后缀掩码长度。*destination-ipv6-address* 用冒号十六进制表示目的地址。*postfix-length* 表示地址后缀掩码长度，整数形式，取值范围 1～64。 ③ **source** { *source-ipv6-address prefix-length* | *source-ipv6-address/prefix-length* | **any** }：二选一参数，指定 ACL6 规则匹配报文的源地址和前缀，*source-ipv6-address* 用冒号十六进制表示源地址。*prefix-length* 整数形式，取值范围是 1～128。或用 "**any**" 代表任何源地址。 ④ **source** *source-ipv6-address* **postfix** *postfix-length*：二选一参数：指定 ACL6 规则匹配报文的源地址和地址后缀掩码长度，*source-ipv6-address* 用冒号十六进制表示源地址。*postfix-length* 表示地址后缀掩码长度，整数形式，取值范围 1～64。 ⑤ **icmp6-type** { *icmp6-type-name* | *icmp6-type* [*icmp6-code*] }：可多选参数，指定 ACL6 规则匹配 ICMPv6 报文的类型和消息码信息，仅在报文协议是 ICMP 的情况下有效。如果不配置，表示任何 ICMP 类型的报文都匹配。 • *icmp6-type*：ICMP 的消息类型，取值为 0～255 的数字。 • *icmp6-code*：ICMP 消息码，取值为 0～255 的数字。 • *icmp6-type-name* 的取值及对应的 ICMP-Type 和 ICMP-Code，如表 11-16 所示。 其他参数和选项说明参见 11.2.3 节表 11-8 中的 5 步。 缺省情况下，未创建高级 ACL6 规则，可用 **undo rule** { **deny** | **permit** } { **icmpv6** | *protocol-number* } [**destination** { *destination-ipv6-address prefix-length* | *destination-ipv6-address/prefix-length* | *destination-ipv6-address* **postfix** *postfix-length* | **any** } | { { **precedence** *precedence* | **tos** *tos* } * | **dscp** *dscp* | **routing** [**routing-type** *routing-type*] | { **fragment** | **first-fragment** } | **icmp6-type** { *icmp6-type-name* | *icmp6-type* [*icmp6-code*] } | **logging** | **source** { *source-ipv6-address prefix-length* | *source-ipv6-address/prefix-length* | *source-ipv6-address* **postfix** *postfix-length* | **any** } | **time-range** *time-name* | **vpn-instance** *vpn-instance-name*] *
		（多选一）当参数 *protocol* 为 TCP（协议号为 **6**）时的高级 **ACL** 规则配置命令，专门过滤各种采用 **TCP** 封装的报文。本命令中大部分命令与前面介绍的过滤 ICMP 报文的规则命令一样，

（续表）

步骤	命令	说明
3	**rule** [*rule-id*] { **deny** | **permit** } { **tcp** | *protocol-number* } [**destination** { *destination-ipv6-address prefix-length* | *destination-ipv6-address/prefix-length* | *destination-ipv6-address* **postfix** *postfix-length* | **any** } | **destination-port** { **eq** *port* | **gt** *port* | **lt** *port* | **range** *port-start port-end* } | { { **precedence** *precedence* | **tos** *tos* } * | **dscp** *dscp* } | **routing** [**routing-type** *routing-type*] | { **fragment** | **first-fragment** } | **logging** | **source** { *source-ipv6-address prefix-length* | *source-ipv6-address/prefix-length* | *source-ipv6-address* **postfix** *postfix-length* | **any** } | **source-port** { **eq** *port* | **gt** *port* | **lt** *port* | **range** *port-start port-end* } | **tcp-flag** { **ack** | **established** | **fin** | **psh** | **rst** | **syn** | **urg** } * | **time-range** *time-name* | **vpn-instance** *vpn-instance-name*] * 例如：[HUAWEI-acl-adv-3001] **rule permit tcp source** 10.9.8.0 0.0.0.255 **destination** 10.38.160.0 0.0.0.255 **destination-port eq** 128	参见即可。下面仅介绍前面没有介绍的参数或选项（除了协议类型外，其他各过滤参数均为可选）。 参数 **destination** { *destination-ipv6-address prefix-length* | *destination-ipv6-address/prefix-length* | **any** }、**destination** *destination-ipv6-address* **postfix** *postfix-length*、**source** { *source-ipv6-address prefix-length* | *source-ipv6-address/prefix-length* | **any** } 和 **source** *source-ipv6-address* **postfix** *postfix-length* 参见本表前面介绍，其他参数和选项说明参见 12.2.3 表 11-8 中的第 5 步。 缺省情况下，未创建高级 ACL6 规则，可用 undo **rule** { **deny** | **permit** } { **tcp** | *protocol-number* } [**destination** { *destination-ipv6-address prefix-length* | *destination-ipv6-address/prefix-length* | *destination-ipv6-address* **postfix** *postfix-length* | **any** } | **destination-port** { **eq** *port* | **gt** *port* | **lt** *port* | **range** *port-start port-end* } | { { **precedence** *precedence* | **tos** *tos* } * | **dscp** *dscp* } | **routing** [**routing-type** *routing-type*] | { **fragment** | **first-fragment** } | **logging** | **source** { *source-ipv6-address prefix-length* | *source-ipv6-address/prefix-length* | *source-ipv6-address* **postfix** *postfix-length* | **any** } | **source-port** { **eq** *port* | **gt** *port* | **lt** *port* | **range** *port-start port-end* } | **tcp-flag** { **ack** | **established** | **fin** | **psh** | **rst** | **syn** | **urg** } * | **time-range** *time-name* | **vpn-instance** *vpn-instance-name*] * 命令删除高级 ACL6 规则
	rule [*rule-id*] { **deny** | **permit** } { **udp** | *protocol-number* } [**destination** { *destination-ipv6-address prefix-length* | *destination-ipv6-address/prefix-length* | *destination-ipv6-address* **postfix** *postfix-length* | **any** } | **destination-port** { **eq** *port* | **gt** *port* | **lt** *port* | **range** *port-start port-end* } | { { **precedence** *precedence* | **tos** *tos* } * | **dscp** *dscp* } | **routing** [**routing-type** *routing-type*] | { **fragment** | **first-fragment** } | **logging** | **source** { *source-ipv6-address prefix-length* | *source-ipv6-address/prefix-length* | *source-ipv6-address* **postfix** *postfix-length* | **any** } | **source-port** { **eq** *port* | **gt** *port* | **lt** *port* | **range** *port-start port-end* } | **time-range** *time-name* | **vpn-instance** *vpn-instance-name*] * 例如：[HUAWEI-acl-adv-3001] **rule permit udp source** 10.9.8.0 0.0.0.255 **destination** 10.38.160.0 0.0.0.255 **destination-port eq** 128	（多选一）当参数 *protocol* 为 UDP（协议号为 17）时的高级 ACL 规则配置命令，专门过滤各种采用 UDP 封装的报文（除了协议类型外，其他各过滤参数均为可选）。 因为本命令中涉及的参数和选项均已在前面有介绍，参见即可，不同的只是这里的端口是 UDP 端口。 缺省情况下，未配置高级 ACL 规则，可用 **undo rule** { **deny** | **permit** } { **udp** | *protocol-number* } [**destination** { *destination-ipv6-address prefix-length* | *destination-ipv6-address/prefix-length* | *destination-ipv6-address* **postfix** *postfix-length* | **any** } | **destination-port** { **eq** *port* | **gt** *port* | **lt** *port* | **range** *port-start port-end* } | { { **precedence** *precedence* | **tos** *tos* } * | **dscp** *dscp* } | **routing** [**routing-type** *routing-type*] | { **fragment** | **first-fragment** } | **logging** | **source** { *source-ipv6-address prefix-length* | *source-ipv6-address/prefix-length* | *source-ipv6-address* **postfix** *postfix-length* | **any** } | **source-port** { **eq** *port* | **gt** *port* | **lt** *port* | **range** *port-start port-end* } | **time-range** *time-name* | **vpn-instance** *vpn-instance-name*] * 命令删除指定的一条规则或一条规则中的部分内容

（续表）

步骤	命令	说明
3	**rule** [*rule-id*] { **deny** | **permit** } { *protocol-number* | **gre** | **ipv6** | **ospf** } [**destination** { *destination-ipv6-address prefix-length* | *destination-ipv6-address/prefix-length* | *destination-ipv6-address* **postfix** *postfix-length* | **any** } | { { **precedence** *precedence* | **tos** *tos* } * | **dscp** *dscp* } | **routing** [**routing-type** *routing-type*] | { **fragment** | **first-fragment** } | **logging** | **source** { *source-ipv6-address prefix-length* | *source-ipv6-address/prefix-length* | *source-ipv6-address* **postfix** *postfix-length* | **any** } | **time-range** *time-name* | **vpn-instance** *vpn-instance-name*] * 例如：[HUAWEI-acl-adv-3001] **rule permit ip source** 10.9.0.0 0.0.255.255 **destination** 10.38.160.0 0.0.0.255	（多选一）当参数 *protocol* 为 GRE（协议号为 47）、IGMP（协议号为 2）、IPv6、OSPF（协议号为 89）时的高级 ACL 规则配置命令，专门过滤这些协议报文（除了协议类型外，其他各过滤参数均为可选）。 因为本命令中涉及的参数和选项均已在前面有介绍，参见即可。 缺省情况下，未配置高级 ACL 规则，可用 **undo rule** { **deny** | **permit** } { *protocol-number* | **gre** | **ipv6** | **ospf** } [**destination** { *destination-ipv6-address prefix-length* | *destination-ipv6-address/prefix-length* | *destination-ipv6-address* **postfix** *postfix-length* | **any** } | { { **precedence** *precedence* | **tos** *tos* } * | **dscp** *dscp* } | **routing** [**routing-type** *routing-type*] | { **fragment** | **first-fragment** } | **logging** | **source** { *source-ipv6-address prefix-length* | *source-ipv6-address/prefix-length* | *source-ipv6-address* **postfix** *postfix-length* | **any** } | **time-range** *time-name* | **vpn-instance** *vpn-instance-name*] * 命令删除指定的一条规则或一条规则中的部分内容
4	**rule** *rule-id* **description** *description* 例如：[HUAWEI-acl-adv-3001] **rule 5 description** permit 192.168.32.1	（可选）配置高级 ACL6 规则的描述信息，其他说明参见 11.2.2 节表 11-6 中的第 7 步

表 11-16　**icmp6-type-name** 的取值及对应的 **ICMP-Type** 和 **ICMP-Code**

icmp6-type-name	icmp-type	icmp-code
Redirect	137	0
Echo	128	0
Echo-reply	129	0
Err-Header-field	4	0
Frag-time-exceeded	3	1
Hop-limit-exceeded	3	0
Host-admin-prohib	1	1
Host-unreachable	1	3
Neighbor-advertisement	136	0
Neighbor-solicitation	135	0
Network-unreachable	1	0
Packet-too-big	2	0
Port-unreachable	1	4
Router-advertisement	134	0
Router-solicitation	133	0
Unknown-ipv6-opt	4	2
Unknown-next-hdr	4	1

2. 应用高级 ACL6

配置完 ACL6 后，必须在具体的业务模块中应用 ACL6，才能使 ACL6 正常下发和生效。最基本的 ACL6 应用方式，是在简化流策略/流策略中应用 ACL6，使设备能够基于全局、VLAN 或接口下发 ACL6，实现对转发报文的过滤。此外，ACL6 还可以应用在 FTP、组播等模块。

11.2.9　使用高级 ACL6 过滤特定 IPv6 报文配置示例

如图 11-5 所示，Switch 通过 GE0/0/1 接口连接用户。要求 Switch 能对来自用户的特定 IPv6 报文（源 IPv6 地址为 fc01::2/128 主机地址、目的 IPv6 地址为 fc01::1/64 网段地址的 IPv6 报文）进行过滤，并拒绝该报文通过。

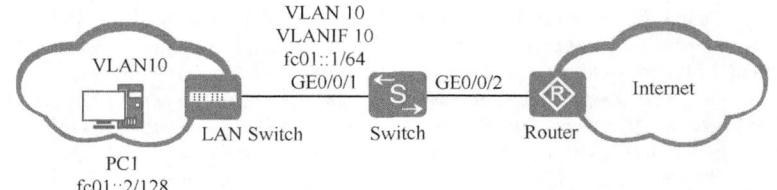

图 11-5　使用高级 ACL6 过滤特定 IPv6 报文配置示例的拓扑结构

1.　基本配置思路分析

本示例采用将在下章介绍的 MQC（Modular QoS Command-Line Interface，QoS 命令行接口模块）配置高级 ACL6 和基于 ACL6 的流分类，使设备可以对特定 IPv6 报文（源 IPv6 地址为 fc01::2/128、目的 IPv6 地址为 fc01::1/64 的 IPv6 报文）进行过滤。

本示例的基本配置思路如下。

① 配置 Switch 的 VLAN 及 VLANIF 接口 IPv6 地址。

② 在 Switch 上配置流行为，拒绝源 IPv6 地址为 fc01::2/128 主机地址、目的 IPv6 地址为 fc01::1/64 网段地址的 IPv6 报文通过。

③ 在 Switch 的 GE0/0/1 接口上应用流策略，使 ACL6 和流行为生效。

2.　具体配置步骤

① 配置接口加入 VLAN 以及 VLANIF 接口的 IPv6 地址。

```
<HUAWEI> system-view
[HUAWEI] sysname Switch
[Switch] ipv6
[Switch] vlan batch 10
[Switch] interface gigabitethernet 0/0/1
[Switch-GigabitEthernet0/0/1] port link-type trunk
[Switch-GigabitEthernet0/0/1] port trunk allow-pass vlan 10
[Switch-GigabitEthernet0/0/1] quit
[Switch] interface vlanif 10
[Switch-Vlanif10] ipv6 enable
[Switch-Vlanif10] ipv6 address fc01::1 64
[Switch-Vlanif10] quit
```

② 配置高级 ACL6 和基于 ACL6 的流分类，并配置流行为和流策略，拒绝源 IPv6 地址为 fc01::2/128、目的 IPv6 地址为 fc01::1/64 的 IPv6 报文通过。

```
[Switch] acl ipv6 number 3001
[Switch-acl6-adv-3001] rule deny ipv6 source fc01::2/128 destination fc01::1/64
[Switch-acl6-adv-3001] quit
[Switch] traffic classifier class1
[Switch-classifier-class1] if-match ipv6 acl 3001
```

[Switch-classifier-class1] **quit**
[Switch] **traffic behavior** behav1
[Switch-behavior-behav1] **deny**
[Switch-behavior-behav1] **quit**
[Switch] **traffic policy** policy1
[Switch-trafficpolicy-policy1] **classifier class1 behavior** behav1
[Switch-trafficpolicy-policy1] **quit**

③ 在 Switch 接口 GE0/0/1 的入方向应用流策略。

[Switch] **interface** gigabitethernet 0/0/1
[Switch-GigabitEthernet0/0/1] **traffic-policy** policy1 **inbound**
[Switch-GigabitEthernet0/0/1] **quit**

3．验证配置结果
① 查看 ACL6 的配置信息。

[Switch] **display acl ipv6** 3001
Advanced IPv6 ACL 3001, 1 rule
 rule 0 deny ipv6 source FC01::2/128 destination FC01::/64

② 查看流分类的配置信息。

[Switch] **display traffic classifier user-defined**
  User Defined Classifier Information:
   Classifier: class1
   Operator: OR
   Rule(s) : if-match ipv6 acl 3001

Total classifier number is 1

③ 查看流策略的配置信息。

[Switch] **display traffic policy user-defined**
  User Defined Traffic Policy Information:
  Policy: policy1
   Classifier: class1
   Operator: OR
    Behavior: behav1
     Deny

Total policy number is 1

11.3　基于 ACL 的简化流策略

11.2 节介绍的是 ACL 的配置方法，但这些 ACL 只有在具体位置或功能上得到应用后才会生效。

ACL 的主要用途就是报文过滤，可以在交换机上全局、VLAN 或接口上应用，但在华为 S 系列交换机中，ACL 不是直接应用的，而是通过一种称之为"基于 ACL 的简化流策略"或"流策略"来进行的，本节仅介绍基于 ACL 的简化流策略应用方式，下章再具体介绍 ACL 在流策略中的应用。通过配置基于 ACL 的简化流策略，可对匹配 ACL 规则的报文进行过滤监管、重标记、统计、流镜像或重定向。但也并不是所有机型都支持的，具体比较复杂，请参见对应的产品手册。

说明　本节的内容涉及第 13 章将要介绍的 QoS 功能，如 QoS 流策略中的流量监管、流量镜像、流量重定向、报文重标记、流量统计等行为，大家可以先从第 13 章了解相关知识。

11.3.1　基于 ACL 的简化流策略概述

"基于 ACL 的简化流策略"是指通过将报文信息与 ACL 规则进行匹配，为符合 ACL 规则的报文提供相同的 QoS 服务，实现对不同类型业务的差分服务。在用户希望对进入网络的流量进行控制时，可以配置根据报文的源 IP 地址、分片标记、目的 IP 地址、源端口号、源 MAC 地址、目的 MAC 地址等信息的 ACL 规则对报文进行匹配，进而配置基于 ACL 的简化流策略实现对匹配 ACL 规则的报文的过滤监管、重标记、统计、流镜像或重定向。

与第 13 章将要介绍的 QoS 中基于流分类的流策略相比，基于 ACL 的简化流策略不需要单独创建流分类、流行为或流策略，**直接通过一条命令**把所采用的基于 ACL 的流分类和对应的流行为进行关联，达到最终的 QoS 流策略的目的，配置更为简洁。但是由于仅基于 ACL 规则对报文进行匹配，因此，匹配规则没有基于 QoS 流分类的流策略那样丰富，如在 ACL 中不能配置基于内/外层 VLAN 标签、优先级映射、报文颜色等规则。

华为 S 系列交换机中基于 ACL 的简化流策略的应用包括报文过滤、流量监管、流量镜像、流量统计、流量重定向、报文重标记、流量统计等几个方面，也是 ACL 在 QoS 流策略中的几种主要应用。这些基于 ACL 的简化流策略都可以在交换机全局、具体 VLAN 或物理、VLANIF 接口上得到应用。

下面分别介绍 ACL 在以上几种简化流策略中的应用配置方法，但在配置时要注意以下注意事项。

① V200R013C00 版本的 S5720EI、S5720HI、S6720EI、S6720HI、S6720S-EI，以及 S7700/7900/9700/12700 系列交换机支持在 VLANIF 接口上配置基于 ACL 的简化流策略。

■ 但只能在 **VLANIF 接口的入方向**配置基于 **ACL** 的简化流策略。

■ VLANIF 接口对应的 VLAN 不能是 Super-VLAN 或 MUX VLAN。

■ 对于 S5720EI、S6720EI 和 S6720S-EI，应用在 VLANIF 接口上的基于 ACL 的简化流策略只对相应 VLANIF 下的单播报文及三层组播报文生效。

■ 对于 S5720HI 和 S6720HI，应用在 VLANIF 接口上的基于 ACL 的简化流策略只对相应 VLANIF 下的单播报文生效。

■ 对于 X 系列单板，应用在 VLANIF 接口上的基于 ACL 的简化流策略只对相应 VLANIF 下的单播报文生效。对于其他单板，应用在 VLANIF 接口上的流策略只对相应 VLANIF 下的单播报文及三层组播报文生效。

② 同一接口、VLAN 或全局下配置多条基于 ACL 的简化流策略，如果其中一条基于 ACL 的流策略引用的 ACL 规则发生变化，会导致此视图所有已配置的基于 ACL 的简化流策略短暂失效。

③ 如果配置 **traffic-redirect**（**接口视图**）或 **traffic-redirect**（**系统视图**）命令将流量重定向到接口时，建议 ACL 规则匹配二层流量。

④ 当 S1720GFR、S1720GW-E、S1720GWR-E、S1720X-E、S2720EI、S2750EI、

S5700LI、S5700S-LI、S5710-X-LI、S5720LI、S5720S-LI、S5720SI、S5720S-SI、S5730SI、S5730S-EI、S6720LI、S6720S-LI、S6720SI 和 S6720S-SI 上同时进行如下配置时，接口出方向基于 ACL 的报文过滤、流量监管、重标记或流量统计功能不生效。

■　出方向配置了基于 ACL 的报文过滤、流量监管、重标记或流量统计功能，ACL规则是基于 VLAN ID。

■　接口上配置了 VLAN Mapping 功能，且映射后的 VLAN ID 与 ACL 规则中的VLAN ID 相同。

⑤　S6720HI、V200R011C00 及后续版本的 S5720HI、X 系列单板支持基于用户自定义 ACL 的简化流策略。

⑥　如果 ACL 规则匹配了报文的 VPN 实例名称，则基于 ACL 的简化流策略下发不成功。

⑦　匹配同一个 ACL 的 MQC 流策略和基于 ACL 的简化流策略应用到同一对象时，基于 ACL 的简化流策略优先生效。

11.3.2　配置基于 ACL 的报文过滤

通过配置基于 ACL 的报文过滤，可对匹配 ACL 规则报文进行禁止/允许通过的动作，进而实现对网络流量的控制。以下 **traffic-filter** 和 **traffic-secure** 命令都是用来配置报文过滤功能，不建议在设备上同时配置，可以根据以下原则来选择使用。

①　当 **traffic-filter** 命令所关联的 ACL 规则中的动作为 **permit** 时，此 ACL 则可以同时被其他的简化流策略所关联。当 **traffic-filter** 命令所关联的 ACL 规则中的动作为**deny** 时，此 ACL 仅可以同时被 **traffic-mirror**（流量镜像）和 **traffic-statistic**（流量统计）关联，其他的简化流策略同时关联此 ACL 时则会导致这些简化流策略执行失败。

②　对于 S5720EI、S5720HI、S6720EI、S6720HI 和 S6720S-EI，以及 S7700/7900/9700/12700 系列交换机，当设备需要同时配置 **traffic-secure** 命令和其他基于 ACL 的简化流策略命令时，如果 ACL 规则中需要匹配 cvlan-8021p、cvlan-id 或 port-range，则必须先配置 **traffic-secure** 命令，再配置其他基于 ACL 的简化流策略命令。

③　如果 **traffic-filter** 或 **traffic-secure** 命令关联的 ACL 没有同时被其他基于 ACL 的简化流策略所关联（即两个简化流策略所关联的**不是同一个 ACL**），且报文不会同时匹配本命令中调用的 ACL 规则和其他简化流策略关联的 ACL 规则（**即报文不同时匹配两个简化流策略所关联的 ACL 规则**）时，这两个命令等效，可以任选其一。

④　如果 **traffic-filter** 或 **traffic-secure** 命令关联的 ACL 同时被其他基于 ACL 的简化流策略所关联（即两个简化流策略所关联的是同一个 **ACL**），或者报文同时匹配了本命令中调用的 ACL 规则和其他简化流策略关联的 ACL 规则（**即报文同时匹配两个简化流策略所关联的 ACL 规则**）时，**traffic-filter** 和 **traffic-secure** 的区别如下。

■　对于 S5720EI、S5720HI、S6720EI、S6720HI 和 S6720S-EI，以及 S7700/7900/9700/12700 系列交换机，当 **traffic-secure** 命令和其他基于 ACL 的简化流策略同时配置，且 ACL 规则中的动作为 **deny** 时，则仅 **traffic-secure**、**traffic-mirror**（用来配置根据 ACL进行流镜像）和 **traffic-statistics**（用来配置根据 ACL 进行流量统计）命令的配置将生效（言外之意就是 **traffic-filter** 命令的配置不生效），报文被过滤。

■ 对于 S5720EI、S5720HI、S6720EI、S6720HI 和 S6720S-EI，以及 S7700/7900/9700/12700 系列交换机，当 **traffic-secure** 和其他基于 ACL 的简化流策略同时配置，且 ACL 规则中的动作为 **permit** 时，**traffic-secure** 命令和其他基于 ACL 的简化流策略均生效。

■ 对于 S1720GFR、S1720GW-E、S1720GWR-E、S1720X-E、S2720EI、S2750EI、S5700LI、S5700S-LI、S5710-X-LI、S5720LI、S5720S-LI、S5720SI、S5720S-SI、S5730SI、S5730S-EI、S6720LI、S6720S-LI、S6720SI、S6720S-SI，当 **traffic-secure** 和 **traffic-redirect** 同时配置，无论 ACL 规则中的动作为 **deny** 还是 **permit**，仅 **traffic-redirect** 生效。

■ 对于 S1720GFR、S1720GW-E、S1720GWR-E、S1720X-E、S2720EI、S2750EI、S5700LI、S5700S-LI、S5710-X-LI、S5720LI、S5720S-LI、S5720SI、S5720S-SI、S5730SI、S5730S-EI、S6720LI、S6720S-LI、S6720SI、S6720S-SI，当 **traffic-secure** 和除 **traffic-redirect** 以外的其他基于 ACL 的简化流策略同时配置，且 ACL 规则中的动作为 **deny** 时，仅 **traffic-secure**、**traffic-mirror** 和 **traffic-statistics** 命令生效，且报文被过滤。

■ 对于 S1720GFR、S1720GW-E、S1720GWR-E、S1720X-E、S2720EI、S2750EI、S5700LI、S5700S-LI、S5710-X-LI、S5720LI、S5720S-LI、S5720SI、S5720S-SI、S5730SI、S5730S-EI、S6720LI、S6720S-LI、S6720SI、S6720S-SI，当 **traffic-secure** 和除 **traffic-redirect** 以外的其他基于 ACL 的简化流策略同时配置，且 ACL 规则中的动作为 **permit** 时，**traffic-secure** 命令和其他基于 ACL 的简化流策略均生效。

■ 对于 S5720EI、S5720HI、S6720EI、S6720HI、6720S-EI，以及 S7700/7900/9700/12700 系列交换机，如果 ACL 中 rule 规则配置为 **deny** 且基于该 ACL 的 **traffic-filter** 配置在出方向，则会导致由 CPU 发送的 ICMP、OSPF、BGP、RIP、SNMP、Telnet 等协议控制报文被丢弃，相关协议的功能会受到影响。

■ 当 S1720GFR、S1720GW-E、S1720GWR-E、S1720X-E、S2720EI、S2750EI、S5700LI、S5700S-LI、S5710-X-LI、S5720LI、S5720S-LI、S5720SI、S5720S-SI、S5730SI、S5730S-EI、S6720LI、S6720S-LI、S6720SI、S6720S-SI 上同时进行如下配置时，**接口出方向基于 ACL 的报文过滤功能不生效**。

➢ 出方向配置了基于 ACL 的报文过滤功能，ACL 规则是基于 VLAN ID。

➢ 接口上配置了 VLAN Mapping 功能，且映射后的 VLAN ID 与 ACL 规则中的 VLAN ID 相同。

1. 在全局或 VLAN 上应用基于 ACL 的报文过滤

ACL 可在全局或 VLAN 上应用，配置报文过滤功能，**但每个调用的 ACL 仅可匹配一个 ACL 规则**，若 ACL 中包括有许多规则，而又仅需调用其中一条规则时，则必须指出所要应用的具体 ACL 规则编号。此时需要在系统视图下据实际需要选择以下对应的命令进行配置。

■ **traffic-filter** [**vlan** *vlan-id*] **inbound acl** { *bas-acl* | *adv-acl* | **name** *acl-name* } | *l2-acl* | *user-acl* } [**rule** *rule-id*]：对匹配单个 ACL 规则（指即仅需要与指定的一个 ACL 中的规则进行匹配，下同）的入方向的报文进行过滤。

■ **traffic-secure** [**vlan** *vlan-id*] **inbound acl** { *bas-acl* | *adv-acl* | *l2‑acl* | **name** *acl-name* } [**rule** *rule-id*]：对匹配单个 ACL 规则的入方向的报文进行过滤。

■ **traffic-filter** [**vlan** *vlan-id*] **outbound acl** { { *bas-acl* | *adv-acl* | **name** *acl-name* } |

l2-acl } [**rule** *rule-id*]：对匹配单个 ACL 规则的出方向的报文进行过滤。

■ **traffic-filter** [**vlan** *vlan-id*] { **inbound** | **outbound** } **acl** { *l2-acl* | **name** *acl-name* } [**rule** *rule-id*] **acl** { *bas-acl* | *adv-acl* | **name** *acl-name* } [**rule** *rule-id*]，或 **traffic-filter** [**vlan** *vlan-id*] { **inbound** | **outbound** } **acl** { *bas-acl* | *adv-acl* | **name** *acl-name* } [**rule** *rule-id*] **acl** { *l2-acl* | **name** *acl-name* } [**rule** *rule-id*]，对同时匹配二层 ACL 和三层 ACL 规则的入/出方向的报文进行过滤。

■ **traffic-secure** [**vlan** *vlan-id*] **inbound acl** { *l2-acl* | **name** *acl-name* } [**rule** *rule-id*] **acl** { *bas-acl* | *adv-acl* | **name** *acl-name* } [**rule** *rule-id*]，对同时匹配二层 ACL 和三层 ACL 规则的入方向的报文进行过滤。

以上各个 **traffic-filter** 和 **traffic-secure** 命令中的参数和选项说明见表 11-17。

表 11-17　　　　　**traffic-filter** 和 **traffic-secure** 命令参数和选项说明

参数	说明
vlan *vlan-id*	可选参数，指定在特定 VLAN 上应用基于 ACL 的报文过滤，参数 *vlan-id* 用来指定特定 VLAN 的 VLAN ID，取值范围为 1～4094 的整数。如果不指定本参数，则表示在全局（所有 VLAN）中应用指定的 ACL
inbound	指定在入方向上应用报文过滤
outbound	指定在出方向上应用报文过滤，但基于用户自定义 ACL 的报文过滤不能在出方向上应用
acl	指定基于 IPv4 ACL 对报文进行过滤
bas-acl	多选一参数，指定采用指定编号的基于基本 ACL（可以是基本 ACL 或基本 ACL6）进行报文过滤，取值范围为 2000～2999 的整数
adv-acl	多选一参数，指定采用指定编号的基于高级 ACL（可以是高级 ACL 或高级 ACL6）进行报文过滤，取值范围为 3000～3999 的整数
l2-acl	多选一参数，指定采用指定编号的基于二层 ACL 进行报文过滤，取值范围为 4000～4999 的整数
user-acl	多选一参数，指定采用指定编号的基于用户自定义 ACL 进行报文过滤，取值范围为 5000～5999 的整数。仅 **traffic-filter** 命令对匹配单个 ACL 规则的入方向的报文进行过滤应用时支持
name *acl-name*	多选一参数，指定采用指定名称的基于命名型 ACL 进行报文过滤，为 1～32 个字符，不支持空格，区分大小写，且要以英文字母 a～z 或 A～Z 开始
rule *rule-id*	可选参数，指定基于 ACL 中特定规则进行报文过滤。参数 *rule-id* 用来指定对应的规则编号，对于 IPv4 的 ACL，取值范围是 0～4294967294；对于 IPv6 的 ACL，取值范围是 0～2047

【示例 1】在交换机 VLAN 100 中（即将在所有加入了 VLAN 100 的接口上应用）应用基于 ACL 的报文过滤，仅允许源 IP 地址为 192.168.0.2 的主机的 IP 报文通过，丢弃其他报文。这里需要同时过滤报文协议类型（IP）和源 IP 地址信息，所以需要采用高级 ACL。如果不限制报文的协议类型，则可直接用基本 ACL 来配置。

```
<HUAWEI> system-view
[HUAWEI] vlan 100
[HUAWEI-Vlan100] quit
[HUAWEI] acl name test 3000
[HUAWEI-acl-adv-test] rule 5 permit ip source 192.168.0.2 0    #---这里的通配符掩码为 0，表示为主机 IP 地址
[HUAWEI-acl-adv-test] rule 10 deny ip source any
[HUAWEI-acl-adv-test] quit
[HUAWEI] traffic-filter vlan 100 inbound acl name test
```

【示例2】在交换机全局（所有接口、所有 VLAN 中）上配置基于 ACL 的报文过滤功能，将源 IP 地址为 192.168.0.2 的 IP 报文丢弃。

```
<HUAWEI> system-view
[HUAWEI] acl 3000
[HUAWEI-acl-adv-3000] rule 5 deny ip source 192.168.0.2 0
[HUAWEI-acl-adv-3000] quit
[HUAWEI] traffic-secure inbound acl 3000
```

2. 在接口上应用基于 ACL 的报文过滤

ACL 还可在具体物理以太网接口（基本 ACL、高级 ACL 和用户自定义 ACL 可以同时在二层和三层物理以太网接口下，二层 ACL 只能在二层物理以太网接口下应用）或 VLANIF 接口（可应用基本 ACL、高级 ACL 和用户自定义 ACL）上选择以下命令应用基于 ACL 的报文过滤功能，但仅 **S5720EI、S5720HI、S6720EI、S6720HI、S6720S-EI，以及 S7700/7900/9700/12700 系列交换机支持在 VLANIF 接口上配置基于 ACL 的简化流策略**。

■ **traffic-filter inbound acl** { { *bas-acl* | *adv-acl* | **name** *acl-name* } | *l2-acl* | *user-acl* } [**rule** *rule-id*]：对匹配单个 ACL 规则的入方向的报文进行过滤。

■ **traffic-secure inbound acl** { *bas-acl* | *adv-acl* | *l2-acl* | **name** *acl-name* } [**rule** *rule-id*]：对匹配单个 ACL 规则的入方向的报文进行过滤。

■ **traffic-filter outbound acl** { {*bas-acl* | *adv-acl* | **name** *acl-name* } | *l2-acl* } [**rule** *rule-id*]：对匹配单个 ACL 规则的出方向的报文进行过滤。

■ **traffic-filter** { **inbound** | **outbound** } **acl** { *l2-acl* | **name** *acl-name* } [**rule** *rule-id*] **acl** { *bas-acl* | *adv-acl* | **name** *acl-name* } [**rule** *rule-id*]或 **traffic-filter** { **inbound** | **outbound** } **acl** { *bas-acl* | *adv-acl* | **name** *acl-name* } [**rule** *rule-id*] **acl** { *l2-acl* | **name** *acl-name* } [**rule** *rule-id*]：对同时匹配二层 ACL 和三层 ACL 规则的报文进行过滤。

■ **traffic-secure inbound acl** { *l2-acl* | **name** *acl-name* } [**rule** *rule-id*] **acl** { *bas-acl* | *adv-acl* | **name** *acl-name* } [**rule** *rule-id*]：对同时匹配二层 ACL 和三层 ACL 规则的入方向的报文进行过滤。

以上 **traffic-filter** 和 **traffic-secure** 命令的参数和选项说明参见表 11-13。

【示例3】在交换机 GE0/0/1 接口上应用基于 ACL 的报文过滤功能，允许源 IP 为 192.168.0.2 的主机 IP 报文通过。

```
<HUAWEI> system-view
[HUAWEI] acl 3000
[HUAWEI-acl-adv-3000] rule 5 permit ip source 192.168.0.2 0
[HUAWEI-acl-adv-3000] quit
[HUAWEI] interface gigabitethernet 0/0/1
[HUAWEI-GigabitEthernet0/0/1] traffic-filter inbound acl 3000
```

【示例4】在交换机 GE0/0/1 接口上应用基于 ACL 的报文过滤功能，将源 IP 为 192.168.0.2 的主机 IP 报文丢弃。

```
<HUAWEI> system-view
[HUAWEI] acl 3000
[HUAWEI-acl-adv-3000] rule 5 deny ip source 192.168.0.2 0
[HUAWEI-acl-adv-3000] quit
[HUAWEI] interface gigabitethernet 0/0/1
[HUAWEI-GigabitEthernet0/0/1] traffic-secure inbound acl 3000
```

11.3.3　配置基于 ACL 的流量监管（限速并重标记）

通过配置基于 ACL 的流量监管和重标记，可对匹配 ACL 规则的报文进行限速，并可配置对不同颜色报文采取相应的优先级重标记动作。同样，在配置基于 ACL 的报文过滤之前，需要配置好相应的 ACL 规则，**但每个调用的 ACL 仅可匹配一个 ACL 规则**，当 ACL 中包括许多规则时，则必须指出所要应用的具体 ACL 规则编号。

1. 在全局或 VLAN 上应用基于 ACL 的流量监管

在全局或 VLAN 上应用基于 ACL 的流量监管的配置需要在系统视图下，根据不同 S 系列交换机选择以下不同的命令进行。

① 在 S1720GFR、S1720GW-E、S1720GWR-E、S1720X-E、S2720EI、S2750EI、S5700LI、S5700S-LI、S5710-X-LI、S5720LI、S5720S-LI、S5720SI、S5720S-SI、S5730SI、S5730S-EI、S6720LI、S6720S-LI、S6720SI、S6720S-SI 子系列交换机上可选择以下命令。

■ **traffic-limit** [**vlan** *vlan-id*] **inbound acl** { { *bas-acl* | *adv-acl* | **name** *acl-name* } | *l2-acl* | *user-acl* } [**rule** *rule-id*] **cir** *cir-value* [**pir** *pir-value*] [**cbs** *cbs-value* **pbs** *pbs-value*] [**green pass**] [**yellow** { **drop** | **pass** [**remark-8021p** *8021p-value* | **remark-dscp** *dscp-value*] }] [**red** { **drop** | **pass** [**remark-8021p** *8021p-value* | **remark-dscp** *dscp-value*] }]：对匹配单个 ACL 规则的入方向的报文进行流量监管并重标记。

■ **traffic-limit** [**vlan** *vlan-id*] **outbound acl** { { *bas-acl* | *adv-acl* | **name** *acl-name* } | *l2-acl* } [**rule** *rule-id*] } **cir** *cir-value* [**pir** *pir-value*] [**cbs** *cbs-value* **pbs** *pbs-value*] [**green pass**] [**yellow pass**] [**red** { **drop** | **pass** }]：对匹配单个 ACL 规则的出方向的报文进行流量监管。

■ **traffic-limit** [**vlan** *vlan-id*] **inbound acl** { *l2-acl* | **name** *acl-name* } [**rule** *rule-id*] **acl** { *bas-acl* | *adv-acl* | **name** *acl-name* } [**rule** *rule-id*] **cir** *cir-value* [**pir** *pir-value*] [**cbs** *cbs-value* **pbs** *pbs-value*] [**green pass**] [**yellow** { **drop** | **pass** [**remark-8021p** *8021p-value* | **remark-dscp** *dscp-value*] }] [**red** { **drop** | **pass** [**remark-8021p** *8021p-value* | **remark-dscp** *dscp-value*] }]，或 **traffic-limit** [**vlan** *vlan-id*] **inbound acl** { *bas-acl* | *adv-acl* | **name** *acl-name* } [**rule** *rule-id*] **acl** { *l2-acl* | **name** *acl-name* } [**rule** *rule-id*] **cir** *cir-value* [**pir** *pir-value*] [**cbs** *cbs-value* **pbs** *pbs-value*] [**green pass**] [**yellow** { **drop** | **pass** [**remark-8021p** *8021p-value* | **remark-dscp** *dscp-value*] }] [**red** { **drop** | **pass** [**remark-8021p** *8021p-value* | **remark-dscp** *dscp-value*] }]：对同时匹配二层 ACL 和三层 ACL 的入方向的报文进行流量监管并重标记。

■ **traffic-limit** [**vlan** *vlan-id*] **outbound acl** { *l2-acl* | **name** *acl-name* } [**rule** *rule-id*] **acl** { *bas-acl* | *adv-acl* | **name** *acl-name* } [**rule** *rule-id*] **cir** *cir-value* [**pir** *pir-value*] [**cbs** *cbs-value* **pbs** *pbs-value*] [**green pass**] [**yellow pass**] [**red** { **drop** | **pass** }]，或 **traffic-limit** [**vlan** *vlan-id*] **outbound acl** { *bas-acl* | *adv-acl* | **name** *acl-name* } [**rule** *rule-id*] **acl** { *l2-acl* | **name** *acl-name* } [**rule** *rule-id*] **cir** *cir-value* [**pir** *pir-value*] [**cbs** *cbs-value* **pbs** *pbs-value*] [**green pass**] [**yellow pass**] [**red** { **drop** | **pass** }]：对同时匹配二层 ACL 和三层 ACL 的出方向的报文进行流量监管。

② 在 S5720EI、S6720EI、S6720S-EI，以及 S7700/7900/9700/12700 系列交换机上

可选择如下命令。

■ **traffic-limit** [**vlan** *vlan-id*] **inbound acl** {{ *bas-acl* | *adv-acl* | **name** *acl-name* } | *l2-acl* | *user-acl* } [**rule** *rule-id*] **cir** *cir-value* [**pir** *pir-value*] [**cbs** *cbs-value* **pbs** *pbs-value*] [[**green** { **drop** | **pass** [**remark-dscp** *dscp-value*] }] [**yellow** { **drop** | **pass** [**remark-dscp** *dscp-value*] }] [**red** { **drop** | **pass** [**remark-dscp** *dscp-value*] }]]：对匹配单个 ACL 规则的入方向的报文进行流量监管并重标记。

■ **traffic-limit** [**vlan** *vlan-id*] **outbound acl** {{ *bas-acl* | *adv-acl* | **name** *acl-name* } | *l2-acl* } [**rule** *rule-id*] **cir** *cir-value* [**pir** *pir-value*] [**cbs** *cbs-value* **pbs** *pbs-value*] [[**green** { **drop** | **pass** [**remark-8021p** *8021p-value* | **remark-dscp** *dscp-value*] }] [**yellow** { **drop** | **pass** [**remark-8021p** *8021p-value* | **remark-dscp** *dscp-value*] }] [**red** { **drop** | **pass** [**remark-8021p** *8021p-value* | **remark-dscp** *dscp-value*] }]]：对匹配单个 ACL 规则的出方向的报文进行流量监管并重标记。

■ **traffic-limit** [**vlan** *vlan-id*] **inbound acl** { *l2-acl* | **name** *acl-name* } [**rule** *rule-id*] **acl** { *bas-acl* | *adv-acl* | **name** *acl-name* } [**rule** *rule-id*] **cir** *cir-value* [**pir** *pir-value*] [**cbs** *cbs-value* **pbs** *pbs-value*] [[**green** { **drop** | **pass** [**remark-dscp** *dscp-value*] }] [**yellow** { **drop** | **pass** [**remark-dscp** *dscp-value*] }] [**red** { **drop** | **pass** [**remark-dscp** *dscp-value*] }]]，或 **traffic-limit** [**vlan** *vlan-id*] **inbound acl** { *bas-acl* | *adv-acl* | **name** *acl-name* } [**rule** *rule-id*] **acl** { *l2-acl* | **name** *acl-name* } [**rule** *rule-id*] **cir** *cir-value* [**pir** *pir-value*] [**cbs** *cbs-value* **pbs** *pbs-value*] [[**green** { **drop** | **pass** [**remark-dscp** *dscp-value*] }] [**yellow** { **drop** | **pass** [**remark-dscp** *dscp-value*] }] [**red** { **drop** | **pass** [**remark-dscp** *dscp-value*] }]]：对同时匹配二层 ACL 和三层 ACL 的入方向的报文进行流量监管并重标记。

■ **traffic-limit** [**vlan** *vlan-id*] **outbound acl** { *l2-acl* | **name** *acl-name* } [**rule** *rule-id*] **acl** { *bas-acl* | *adv-acl* | **name** *acl-name* } [**rule** *rule-id*] **cir** *cir-value* [**pir** *pir-value*] [**cbs** *cbs-value* **pbs** *pbs-value*] [[**green** { **drop** | **pass** [**remark-dscp** *dscp-value*] }] [**yellow** { **drop** | **pass** [**remark-dscp** *dscp-value*] }] [**red** { **drop** | **pass** [**remark-dscp** *dscp-value*] }]]，或 **traffic-limit** [**vlan** *vlan-id*] **outbound acl** { *bas-acl* | *adv-acl* | **name** *acl-name* } [**rule** *rule-id*] **acl** { *l2-acl* | **name** *acl-name* } [**rule** *rule-id*] **cir** *cir-value* [**pir** *pir-value*] [**cbs** *cbs-value* **pbs** *pbs-value*] [[**green** { **drop** | **pass** [**remark-dscp** *dscp-value*] }] [**yellow** { **drop** | **pass** [**remark-dscp** *dscp-value*] }] [**red** { **drop** | **pass** [**remark-dscp** *dscp-value*] }]]：对同时匹配二层 ACL 和三层 ACL 的出方向的报文进行流量监管并重标记。

以上命令的参数和选项多数已在上节介绍，参见表 11-17，表 11-18 中仅列出表 11-17 中没有的选项说明。

表 11-18　　　　　　　　　　**traffic-limit** 命令部分参数和选项说明

参数	说明
user-acl	多选一参数，指定基于用户自定义 ACL 对报文进行流量监管的 ACL 编号，取值范围是 5000～5999 的整数。仅 **traffic-limit inbound acl** 命令对匹配单个 ACL 规则的入方向的报文进行流量监管并重标记应用中支持
cir *cir-value*	可选参数，指定承诺信息速率，即保证能够通过的平均速率，整数形式，取值范围为 8～4294967295，单位：kbit/s

（续表）

参数	说明
pir *pir-value*	可选参数，指定峰值信息速率，即能够通过的最大速率，整数形式，取值范围为 8～4294967295，单位：kbit/s。*pir-value* 必须大于等于 *cir-value*，缺省等于 *cir-value*
cbs *cbs-value*	可选参数，指定承诺突发尺寸，即瞬间能够通过的承诺突发流量，整数形式，取值范围是 4000～4294967295，单位：byte。*cbs-value* 缺省为 *cir-value* 的 125 倍。如果按照 *cir-value*×125 计算出来的 *cbs-value* 缺省值小于 4000，则缺省值按照 4000 生效
pbs *pbs-value*	可选参数，指定峰值突发尺寸，即瞬间能够通过的峰值突发流量，整数形式，取值范围是 4000～4294967295，单位：byte。如果未配置 *pir-value* 参数，PBS 缺省值则为 *cir-value* 的 125 倍；如果配置了 *pir-value* 参数，则缺省值为 *pir-value* 的 125 倍。如果按照 *cir-value*×125 或 *pir-value*×125 计算出来的 *cbs-value* 缺省值小于 4000，则缺省值按照 4000 生效
green	可选项，指定对绿色报文进行监管。缺省情况下，绿色报文被允许通过
yellow	可选项，指定对黄色报文进行监管。缺省情况下，黄色报文被允许通过
red	可选项，指定对红色报文进行监管。缺省情况下，红色报文被丢弃
remark *8021p-value*	可选参数，指定重标记报文的 8021p 优先级，取值范围为 0～7 的整数
remark *dscp-value*	可选参数，指定重标记报文的 DSCP 优先级，取值范围为 0～63 的整数
drop	二选一选项，指定丢弃报文
pass	二选一选项，指定允许报文通过

【示例 1】在 VLAN100 的入方向，配置基于 ACL 3000 的流量监管功能，其中承诺信息速率为 10000kbit/s，允许绿色和黄色报文通过，丢弃红色报文。

```
<HUAWEI> system-view
[HUAWEI] traffic-limit vlan 100 inbound acl 3000 cir 10000 green pass yellow pass red drop
```

2. 在接口上应用基于 ACL 的流量监管

在以太网接口或 VLANIF 接口上应用基于 ACL 的流量监管的配置，也要根据不同 S 系列交换机来选择。

① 在 S1720GFR、S1720GW-E、S1720GWR-E、S1720X-E、S2720EI、S2750EI、S5700LI、S5700S-LI、S5710-X-LI、S5720LI、S5720S-LI、S5720SI、S5720S-SI、S5730SI、S5730S-EI、S6720LI、S6720S-LI、S6720SI、S6720S-SI 子系列交换机上可选择以下命令。

■ **traffic-limit inbound acl** { [**ipv6**] { *bas-acl* | *adv-acl* | **name** *acl-name* } | *l2-acl* | *user-acl* } [**rule** *rule-id*] **cir** *cir-value* [**pir** *pir-value*] [**cbs** *cbs-value* **pbs** *pbs-value*] [**green pass**] [**yellow** { **drop** | **pass** [**remark-8021p** *8021p-value* | **remark-dscp** *dscp-value*] }] [**red** { **drop** | **pass** [**remark-8021p** *8021p-value* | **remark-dscp** *dscp-value*] }]：对匹配单个 ACL 规则的入方向的报文进行流量监管并重标记。

■ **traffic-limit outbound acl** { [**ipv6**] { *bas-acl* | *adv-acl* | **name** *acl-name* } | *l2-acl* } [**rule** *rule-id*] } **cir** *cir-value* [**pir** *pir-value*] [**cbs** *cbs-value* **pbs** *pbs-value*] [**green pass**] [**yellow pass**] [**red** { **drop** | **pass** }]：对匹配单个 ACL 规则的出方向的报文进行流量监管。

■ **traffic-limit inbound acl** { *l2-acl* | **name** *acl-name* } [**rule** *rule-id*] **acl** { *bas-acl* | *adv-acl* | **name** *acl-name* } [**rule** *rule-id*] **cir** *cir-value* [**pir** *pir-value*] [**cbs** *cbs-value* **pbs** *pbs-value*] [**green pass**] [**yellow** { **drop** | **pass** [**remark-8021p** *8021p-value* | **remark-dscp** *dscp-value*] }] [**red** { **drop** | **pass** [**remark-8021p** *8021p-value* | **remark-dscp** *dscp-*

value] }]，或 **traffic-limit inbound acl** { *bas-acl* | *adv-acl* | **name** *acl-name* } [**rule** *rule-id*] **acl** { *l2-acl* | **name** *acl-name* } [**rule** *rule-id*] **cir** *cir-value* [**pir** *pir-value*] [**cbs** *cbs-value* **pbs** *pbs-value*] [**green pass**] [**yellow** { **drop** | **pass** [**remark-8021p** *8021p-value* | **remark-dscp** *dscp-value*] }] [**red** { **drop** | **pass** [**remark-8021p** *8021p-value* | **remark-dscp** *dscp-value*] }]：对同时匹配二层 ACL 和三层 ACL 的入方向的报文进行流量监管并重标记。

■ **traffic-limit outbound acl** { *l2-acl* | **name** *acl-name* } [**rule** *rule-id*] **acl** { *bas-acl* | *adv-acl* | **name** *acl-name* } [**rule** *rule-id*] **cir** *cir-value* [**pir** *pir-value*] [**cbs** *cbs-value* **pbs** *pbs-value*] [**green pass**] [**yellow pass**] [**red** { **drop** | **pass** }]，或 **traffic-limit outbound acl** { *bas-acl* | *adv-acl* | **name** *acl-name* } [**rule** *rule-id*] **acl** { *l2-acl* | **name** *acl-name* } [**rule** *rule-id*] **cir** *cir-value* [**pir** *pir-value*] [**cbs** *cbs-value* **pbs** *pbs-value*] [**green pass**] [**yellow pass**] [**red** { **drop** | **pass** }]：对同时匹配二层 ACL 和三层 ACL 的出方向的报文进行流量监管并重标记。

② 在 S5720EI、S6720EI、S6720S-EI，以及 S7700/7900/9700/12700 系列交换机上选择以下命令。

■ **traffic-limit inbound acl** { [**ipv6**] { *bas-acl* | *adv-acl* | **name** *acl-name* } | *l2-acl* | *user-acl* } [**rule** *rule-id*] **cir** *cir-value* [**pir** *pir-value*] [**cbs** *cbs-value* **pbs** *pbs-value*] [[**green** { **drop** | **pass** [**remark-dscp** *dscp-value*] }] [**yellow** { **drop** | **pass** [**remark-dscp** *dscp-value*] }] [**red** { **drop** | **pass** [**remark-dscp** *dscp-value*] }]]：对匹配单个 ACL 规则的入方向的报文进行流量监管并重标记。

■ **traffic-limit outbound acl** { [**ipv6**] { *bas-acl* | *adv-acl* | **name** *acl-name* } | *l2-acl* } [**rule** *rule-id*] **cir** *cir-value* [**pir** *pir-value*] [**cbs** *cbs-value* **pbs** *pbs-value*] [[**green** { **drop** | **pass** [**remark-8021p** *8021p-value* | **remark-dscp** *dscp-value*] }] [**yellow** { **drop** | **pass** [**remark-8021p** *8021p-value* | **remark-dscp** *dscp-value*] }] [**red** { **drop** | **pass** [**remark-8021p** *8021p-value* | **remark-dscp** *dscp-value*] }]]：对匹配单个 ACL 规则的出方向的报文进行流量监管并重标记。

■ **traffic-limit inbound acl** { *l2-acl* | **name** *acl-name* } [**rule** *rule-id*] **acl** { *bas-acl* | *adv-acl* | **name** *acl-name* } [**rule** *rule-id*] **cir** *cir-value* [**pir** *pir-value*] [**cbs** *cbs-value* **pbs** *pbs-value*] [[**green** { **drop** | **pass** [**remark-dscp** *dscp-value*] }] [**yellow** { **drop** | **pass** [**remark-dscp** *dscp-value*] }] [**red** { **drop** | **pass** [**remark-dscp** *dscp-value*] }]]，或 **traffic-limit inbound acl** { *bas-acl* | *adv-acl* | **name** *acl-name* } [**rule** *rule-id*] **acl** { *l2-acl* | **name** *acl-name* } [**rule** *rule-id*] **cir** *cir-value* [**pir** *pir-value*] [**cbs** *cbs-value* **pbs** *pbs-value*] [[**green** { **drop** | **pass** [**remark-dscp** *dscp-value*] }] [**yellow** { **drop** | **pass** [**remark-dscp** *dscp-value*] }] [**red** { **drop** | **pass** [**remark-dscp** *dscp-value*] }]]：对同时匹配二层 ACL 和三层 ACL 的入方向的报文进行流量监管并重标记。

■ **traffic-limit outbound acl** { *l2-acl* | **name** *acl-name* } [**rule** *rule-id*] **acl** { *bas-acl* | *adv-acl* | **name** *acl-name* } [**rule** *rule-id*] **cir** *cir-value* [**pir** *pir-value*] [**cbs** *cbs-value* **pbs** *pbs-value*] [[**green** { **drop** | **pass** [**remark-dscp** *dscp-value*] }] [**yellow** { **drop** | **pass** [**remark-dscp** *dscp-value*] }] [**red** { **drop** | **pass** [**remark-dscp** *dscp-value*] }]]，或 **traffic-limit outbound acl** { *bas-acl* | *adv-acl* | **name** *acl-name* } [**rule** *rule-id*] **acl** { *l2-acl* |

name *acl-name* } [**rule** *rule-id*] **cir** *cir-value* [**pir** *pir-value*] [**cbs** *cbs-value* **pbs** *pbs-value*] [[**green** { **drop** | **pass** [**remark-dscp** *dscp-value*] }] [**yellow** { **drop** | **pass** [**remark-dscp** *dscp-value*] }] [**red** { **drop** | **pass** [**remark-dscp** *dscp-value*] }]]：对同时匹配二层 ACL 和三层 ACL 的出方向的报文进行流量监管并重标记。

以上命令参数和选项的说明参见表 11-14。

【示例 2】在 GE0/0/1 接口入方向配置基于 ACL 的流量监管功能。配置匹配 ACL 3000 的报文的承诺信息速率为 10000kbit/s，允许绿色、黄色、红色报文通过，重标记红色报文的 DSCP 优先级为 5。

```
<HUAWEI> system-view
[HUAWEI] interface gigabitethernet 0/0/1
[HUAWEI-GigabitEthernet0/0/1] traffic-limit inbound acl 3000 cir 10000 green pass yellow pass red pass remark dscp 5
```

11.3.4　配置基于 ACL 的重定向

通过配置基于 ACL 的重定向，将匹配 ACL 规则的报文重定向到 CPU、指定接口或指定下一跳地址（**均仅可对入方向上的报文应用 ACL**）。在配置基于 ACL 的报文过滤之前，需要配置好相应的 ACL 规则，**但每个调用的 ACL 仅可匹配一个 ACL 规则**，当 ACL 中包括有许多规则时，则必须指出所要应用的具体 ACL 规则编号。

1. 在全局或 VLAN 上应用基于 ACL 的重定向

在全局或 VLAN 上应用基于 ACL 的重定向的配置，可根据需要在系统视图下选择以下命令进行。

■ **traffic-redirect** [**vlan** *vlan-id*] **inbound acl** { *bas-acl* | *adv-acl* | **name** *acl-name* } | *l2-acl* | *user-acl* } [**rule** *rule-id*] { **cpu** | **interface** *interface-type interface-number* | [**vpn-instance** *vpn-instance-name*] **ip-nexthop** *ip-nexthop* }：对匹配单个 ACL 规则的入方向的报文进行重定向。

■ **traffic-redirect** [**vlan** *vlan-id*] **inbound acl** *l2-acl* [**rule** *rule-id*] **acl** { *bas-acl* | *adv-acl* | **name** *acl-name* } [**rule** *rule-id*] { **cpu** | **interface** *interface-type interface-number* | [**vpn-instance** *vpn-instance-name*] **ip-nexthop** *ip-nexthop* }：对同时匹配二层 ACL 和三层 ACL 的入方向的报文进行重定向。

■ **traffic-redirect** [**vlan** *vlan-id*] **inbound acl** { *bas-acl* | *adv-acl* } [**rule** *rule-id*] **acl** { *l2-acl* | **name** *acl-name* } [**rule** *rule-id*] { **cpu** | **interface** *interface-type interface-number* | [**vpn-instance** *vpn-instance-name*] **ip-nexthop** *ip-nexthop* }：对同时匹配二层 ACL 和三层 ACL 的入方向的报文进行重定向。

■ **traffic-redirect** [**vlan** *vlan-id*] **inbound acl name** *acl-name* [**rule** *rule-id*] **acl** { *bas-acl* | *adv-acl* | *l2-acl* | **name** *acl-name* } [**rule** *rule-id*] { **cpu** | **interface** *interface-type interface-number* | [**vpn-instance** *vpn-instance-name*] **ip-nexthop** *ip-nexthop* }：对同时匹配二层 ACL 和三层 ACL 的入方向的报文进行重定向。

说明　仅 S1720GW-E、S1720GWR-E、S1720X-E、S2720EI、S5720EI、S5720HI、S5720LI、S5720S-LI、S5720S-SI、S5720SI、S5730S-EI、S5730SI、S6720EI、S6720HI、S6720LI、S6720S-EI、S6720S-LI、S6720S-SI 和 S6720SI，以及 S7700/7900/9700/12700 系列交换机

支持 **ip-nexthop** *ip-nexthop*，下同。

以上 **traffic-redirect** 命令中的大多数参数和选项均已在 11.3.2 节的表 11-17 和 11.3.3 节的表 11-18 中介绍，故不再赘述。表 11-19 仅列出前面没有介绍的参数和选项说明。

表 11-19　　　　　　　　　　**traffic-redirect** 命令部分参数和选项说明

参数	说明
user-acl	指定基于用户自定义 ACL 对报文进行重定向的 ACL 编号，取值范围为 5000～5999 的整数。仅 **traffic-redirect** 命令对匹配单个 ACL 规则的入方向的报文进行重定向的应用支持
cpu	指定将报文重定向到 CPU
interface *interface-type interface-number*	指定将报文重定向到接口
ip-nexthop *ip-nexthop*	指定将报文重定向到下一跳 IPv4 地址

2. 在接口上应用基于 ACL 的重定向

可选择以下命令在以太网接口或 VLANIF 接口上应用基于 ACL 的重定向的配置。

■ **traffic-redirect inbound acl** { { *bas-acl* | *adv-acl* | **name** *acl-name* } | *l2-acl* | **user-acl** } [**rule** *rule-id*] { **cpu** | **interface** *interface-type interface-number* | [**vpn-instance** *vpn-instance-name*] **ip-nexthop** *ip-nexthop* }：对匹配单个 ACL 规则的入方向的报文进行重定向。

■ **traffic-redirect inbound acl** *l2-acl* [**rule** *rule-id*] **acl** { *bas-acl* | *adv-acl* | **name** *acl-name* } [**rule** *rule-id*] { **cpu** | **interface** *interface-type interface-number* | [**vpn-instance** *vpn-instance-name*] **ip-nexthop** *ip-nexthop* }：对同时匹配二层 ACL 和三层 ACL 的入方向的报文进行重定向。

■ **traffic-redirect inbound acl** { *bas-acl* | *adv-acl* } [**rule** *rule-id*] **acl** { *l2-acl* | **name** *acl-name* } [**rule** *rule-id*] { **cpu** | **interface** *interface-type interface-number* | [**vpn-instance** *vpn-instance-name*] **ip-nexthop** *ip-nexthop* }：对同时匹配二层 ACL 和三层 ACL 的入方向的报文进行重定向。

■ **traffic-redirect inbound acl name** *acl-name* [**rule** *rule-id*] **acl** { *bas-acl* | *adv-acl* | *l2-acl* | **name** *acl-name* } [**rule** *rule-id*] { **cpu** | **interface** *interface-type interface-number* | [**vpn-instance** *vpn-instance-name*] **ip-nexthop** *ip-nexthop* }：对同时匹配二层 ACL 和三层 ACL 的入方向的报文进行重定向。

以上 **traffic-redirect** 命令中的参数和选项说明参见表 11-15。

11.3.5　配置基于 ACL 的重标记

通过配置基于 ACL 的重标记可对匹配指定 ACL 规则的报文重标记其优先级，如 VLAN 报文中的 802.1p、IP 报文中的 DSCP 等。在配置基于 ACL 的报文过滤之前，也需要配置相应的 ACL 规则，**但每个调用的 ACL 仅可匹配一个 ACL 规则**，当 ACL 中包括许多规则时，则必须指出所要应用的具体 ACL 规则编号。

1. 在全局或 VLAN 上应用基于 ACL 的重标记

在全局或 VLAN 上应用基于 ACL 的重标记的配置可根据需要在系统视图下选择以下命令进行。

■ **traffic-remark** [**vlan** *vlan-id*] **inbound acl** {{ *bas-acl* | *adv-acl* | **name** *acl-name* } | *l2-acl* | *user-acl* } [**rule** *rule-id*] { **8021p** *8021p-value* | **destination-mac** *mac-address* | **dscp** { *dscp-name* | *dscp-value* } | **local-precedence** *local-precedence-value* | **vlan-id** *vlan-id* }：对匹配单个 ACL 规则的入方向的报文进行重标记。

■ **traffic-remark** [**vlan** *vlan-id*] **outbound acl** { { *bas-acl* | *adv-acl* | **name** *acl-name* } | *l2-acl* } [**rule** *rule-id*] { **8021p** *8021p-value* | **cvlan-id** *cvlan-id* | **dscp** { *dscp-name* | *dscp-value* } | **vlan-id** *vlan-id* }：对匹配单个 ACL 规则的出方向的报文进行重标记。

■ **traffic-remark** [**vlan** *vlan-id*] **inbound acl** *l2-acl* [**rule** *rule-id*] **acl** { *bas-acl* | *adv-acl* | **name** *acl-name* } [**rule** *rule-id*] { **8021p** *8021p-value* | **destination-mac** *mac-address* | **dscp** { *dscp-name* | *dscp-value* } | **local-precedence** *local-precedence-value* | **vlan-id** *vlan-id* }：对同时匹配二层 ACL 和三层 ACL 规则的入方向的报文进行重标记。

■ **traffic-remark** [**vlan** *vlan-id*] **inbound acl** { *bas-acl* | *adv-acl* } [**rule** *rule-id*] **acl** { *l2-acl* | **name** *acl-name* } [**rule** *rule-id*] { **8021p** *8021p-value* | **destination-mac** *mac-address* | **dscp** { *dscp-name* | *dscp-value* } | **local-precedence** *local-precedence-value* | **vlan-id** *vlan-id* }：对同时匹配二层 ACL 和三层 ACL 规则的入方向的报文进行重标记。

■ **traffic-remark** [**vlan** *vlan-id*] **inbound acl name** *acl-name* [**rule** *rule-id*] **acl** { *bas-acl* | *adv-acl* | *l2-acl* | **name** *acl-name* } [**rule** *rule-id*] { **8021p** *8021p-value* | **destination-mac** *mac-address* | **dscp** { *dscp-name* | *dscp-value* } | **local-precedence** *local-precedence-value* | **vlan-id** *vlan-id* }：对同时匹配二层 ACL 和三层 ACL 规则的入方向的报文进行重标记。

■ **traffic-remark** [**vlan** *vlan-id*] **outbound acl** *l2-acl* [**rule** *rule-id*] **acl** { *bas-acl* | *adv-acl* | **name** *acl-name* } [**rule** *rule-id*] { **8021p** *8021p-value* | **cvlan-id** *cvlan-id* | **dscp** { *dscp-name* | *dscp-value* } | **vlan-id** *vlan-id* }：对同时匹配二层 ACL 和三层 ACL 规则的出方向的报文进行重标记。

■ **traffic-remark** [**vlan** *vlan-id*] **outbound acl** { *bas-acl* | *adv-acl* } [**rule** *rule-id*] **acl** { *l2-acl* | **name** *acl-name* } [**rule** *rule-id*] { **8021p** *8021p-value* | **cvlan-id** *cvlan-id* | **dscp** { *dscp-name* | *dscp-value* } | **vlan-id** *vlan-id* }：对同时匹配二层 ACL 和三层 ACL 规则的出方向的报文进行重标记。

■ **traffic-remark** [**vlan** *vlan-id*] **outbound acl name** *acl-name* [**rule** *rule-id*] **acl** { *bas-acl* | *adv-acl* | *l2-acl* | **name** *acl-name* } [**rule** *rule-id*] { **8021p** *8021p-value* | **cvlan-id** *cvlan-id* | **dscp** { *dscp-name* | *dscp-value* } | **vlan-id** *vlan-id* }：对同时匹配二层 ACL 和三层 ACL 规则的出方向的报文进行重标记。

> **说明**　在盒式系列交换机中，仅 S5720EI、S6720EI、S6720S-EI 交换机支持 **destination-mac** *mac-address*，仅 S5720EI、S5720HI、S6720EI、S6720HI 和 S6720S-EI 交换机支持 **cvlan-id** *cvlan-id*。框式交换机中的 X 系列单板不支持 **destination-mac** *mac- address*。下同。

以上 **traffic-remark** 命令中的大多数参数和选项均已在前面各节中介绍，故不再赘述。表 11-20 仅列出了本章前面没有介绍的参数和选项说明。

表 11-20   **traffic-remark 命令部分参数和选项说明**

参数	说明
user-acl	指定基于用户自定义 ACL 对报文进行重标记的 ACL 编号，取值范围为 5000～5999 的整数。**仅 traffic-remark 命令对匹配单个 ACL 规则的入方向的报文进行重标记的应用支持**
8021p *8021p-value*	指定重标记报文的 8021p 优先级，取值范围为 0～7 的整数，值越大优先级越高
cvlan-id	指定重标记 QinQ 报文中的内层 VLAN 标签，取值范围为 1～4094 的整数
destination-mac *mac-address*	指定重标记报文的目的 MAC 地址，格式为 H-H-H，其中 H 为 1～4 位的十六进制数
dscp { *dscp-name* | *dscp-value* }	指定重标记报文的 DSCP 的服务类型。可以为 DiffServ 编码，整数形式，取值范围是 0～63，也可以为 DSCP 的服务类型名称。它们之间的对应关系为 af11（10）、af12（12）、af13（14）、af21（18）、af22（20）、af23（22）、af31（26）、af32（28）、af33（30）、af41（34）、af42（36）、af43（38）、cs1～cs7（分别对应 8、16、24、32、40、48、56）、default（0）、ef（46）
local-precedence *local-precedence-value*	指定重标记报文的本地优先级，取值范围为 0～7 的整数，值越大优先级越高
ip-precedence *ip-precedence-value*	指定重标记报文的 IP 优先级，取值范围为 0～7 的整数，值越大优先级越高，**但 S2700 系列不支持此参数**
vlan *vlan-id*	重标记后的 VLAN 编号，取值范围为 1～4094 的整数

2. 在接口上应用基于 ACL 的重标记

可选择以下命令在以太网接口或 VLANIF 接口上应用基于 ACL 的重标记的配置。

■ **traffic-remark inbound acl** {{ *bas-acl* \| *adv-acl* \| **name** *acl-name* } \| *l2-acl* \| *user-acl* } [**rule** *rule-id*] { **8021p** *8021p-value* \| **destination-mac** *mac-address* \| **dscp** { *dscp-name* \| *dscp-value* } \| **ip-precedence** *ip-precedence-value* \| **local-precedence** *local-precedence-value* \| **vlan-id** *vlan-id* }：对匹配单个 ACL 规则的入方向的报文进行重标记。

■ **traffic-remark outbound acl** { { *bas-acl* \| *adv-acl* \| **name** *acl-name* } \| *l2-acl* } [**rule** *rule-id*] { **8021p** *8021p-value* \| **cvlan-id** *cvlan-id* \| **dscp** { *dscp-name* \| *dscp-value* } \| **vlan-id** *vlan-id* }：对匹配单个 ACL 规则的出方向的报文进行重标记。

■ **traffic-remark inbound acl** *l2-acl* [**rule** *rule-id*] **acl** { *bas-acl* \| *adv-acl* \| **name** *acl-name* } [**rule** *rule-id*] { **8021p** *8021p-value* \| **destination-mac** *mac-address* \| **dscp** { *dscp-name* \| *dscp-value* } \| **ip-precedence** *ip-precedence-value* \| **local-precedence** *local-precedence-value* \| **vlan-id** *vlan-id* }：对同时匹配二层 ACL 和三层 ACL 规则的入方向的报文进行重标记。

■ **traffic-remark inbound acl** { *bas-acl* \| *adv-acl* } [**rule** *rule-id*] **acl** { *l2-acl* \| **name** *acl-name* } [**rule** *rule-id*] { **8021p** *8021p-value* \| **destination-mac** *mac-address* \| **dscp** { *dscp-name* \| *dscp-value* } \| **ip-precedence** *ip-precedence-value* \| **local-precedence** *local-precedence-value* \| **vlan-id** *vlan-id* }：对同时匹配二层 ACL 和三层 ACL 规则的入方向的报文进行重标记。

■ **traffic-remark inbound acl name** *acl-name* [**rule** *rule-id*] **acl** { *bas-acl* \| *adv-acl* \| *l2-acl* \| **name** *acl-name* } [**rule** *rule-id*] { **8021p** *8021p-value* \| **destination-mac** *mac-address* \| **dscp** { *dscp-name* \| *dscp-value* } \| **ip-precedence** *ip-precedence-value* \| **local-precedence** *local-precedence-value* | **vlan-id** *vlan-id* }：对同时匹配二层 ACL 和三层 ACL 规则的入方向的报文进行重标记。

- **traffic-remark outbound acl** *l2-acl* [**rule** *rule-id*] **acl** { *bas-acl* | *adv-acl* | **name** *acl-name* } [**rule** *rule-id*] { **8021p** *8021p-value* | **cvlan-id** *cvlan-id* | **dscp** { *dscp-name* | *dscp-value* } | **vlan-id** *vlan-id* }：对同时匹配二层 ACL 和三层 ACL 规则的出方向的报文进行重标记。

- **traffic-remark outbound acl** { *bas-acl* | *adv-acl* } [**rule** *rule-id*] **acl** { *l2-acl* | **name** *acl-name* } [**rule** *rule-id*] { **8021p** *8021p-value* | **cvlan-id** *cvlan-id* | **dscp** { *dscp-name* | *dscp-value* } | **vlan-id** *vlan-id* }：对同时匹配二层 ACL 和三层 ACL 规则的出方向的报文进行重标记。

- **traffic-remark outbound acl name** *acl-name* [**rule** *rule-id*] **acl** { *bas-acl* | *adv-acl* | *l2-acl* | **name** *acl-name* } [**rule** *rule-id*] { **8021p** *8021p-value* | **cvlan-id** *cvlan-id* | **dscp** { *dscp-name* | *dscp-value* } | **vlan-id** *vlan-id* }：对同时匹配二层 ACL 和三层 ACL 规则的出方向的报文进行重标记。

以上 **traffic-remark** 命令中的参数和选项说明参见表 11-16。

11.3.6　配置基于 ACL 的流量统计

通过配置基于 ACL 的流量统计，可对匹配指定 ACL 规则的报文进行流量统计。在配置基于 ACL 的报文过滤之前，需要配置好相应的 ACL 规则，**但每个调用的 ACL 仅可匹配一个 ACL 规则**，当 ACL 中包括许多规则时，必须指出所应用的具体 ACL 规则编号。

1. 在全局或 VLAN 上应用基于 ACL 的流量统计

在全局或 VLAN 上应用基于 ACL 的流量统计的配置可根据需要在系统视图下选择以下命令进行。

- **traffic-statistic** [**vlan** *vlan-id*] **inbound acl** {{ *bas-acl* | *adv-acl* | **name** *acl-name* } | *l2-acl* | *user-acl* } [**rule** *rule-id*] [**by-bytes**]：对匹配单个 ACL 规则的入方向的报文进行流量统计。

- **traffic-statistic** [**vlan** *vlan-id*] **outbound acl** {{ *bas-acl* | *adv-acl* | **name** *acl-name* } | *l2-acl* | *user-acl* } [**rule** *rule-id*]：对匹配单个 ACL 规则的出方向的报文进行流量统计。

- **traffic-statistic** [**vlan** *vlan-id*] **inbound acl** *l2-acl* [**rule** *rule-id*] **acl** { *bas-acl* | *adv-acl* | **name** *acl-name* } [**rule** *rule-id*] [**by-bytes**]：对同时匹配二层 ACL 和三层 ACL 规则的入方向的报文进行流量统计。

- **traffic-statistic** [**vlan** *vlan-id*] **inbound acl** { *bas-acl* | *adv-acl* } [**rule** *rule-id*] **acl** { *l2-acl* | **name** *acl-name* } [**rule** *rule-id*] [**by-bytes**]：对同时匹配二层 ACL 和三层 ACL 规则的入方向的报文进行流量统计。

- **traffic-statistic** [**vlan** *vlan-id*] **inbound acl name** *acl-name* [**rule** *rule-id*] **acl** { *bas-acl* | *adv-acl* | *l2-acl* | **name** *acl-name* } [**rule** *rule-id*] [**by-bytes**]：对同时匹配二层 ACL 和三层 ACL 规则的入方向的报文进行流量统计。

- **traffic-statistic** [**vlan** *vlan-id*] **outbound acl** *l2-acl* [**rule** *rule-id*] **acl** { *bas-acl* |

adv-acl | **name** *acl-name* } [**rule** *rule-id*]：对同时匹配二层 ACL 和三层 ACL 规则的出方向的报文进行流量统计。

■ **traffic-statistic** [**vlan** *vlan-id*] **outbound acl** { *bas-acl* | *adv-acl* } [**rule** *rule-id*] **acl** { *l2-acl* | **name** *acl-name* } [**rule** *rule-id*]：对同时匹配二层 ACL 和三层 ACL 规则的出方向的报文进行流量统计。

■ **traffic-statistic** [**vlan** *vlan-id*] **outbound acl name** *acl-name* [**rule** *rule-id*] **acl** { *bas-acl* | *adv-acl* | *l2-acl* | **name** *acl-name* } [**rule** *rule-id*]：对同时匹配二层 ACL 和三层 ACL 规则的出方向的报文进行流量统计。

以上 **traffic-statistic** 命令中的大多数参数和选项已在前面各节中说明，不再赘述。表 11-21 仅列出了本章前面没有介绍的参数和选项说明。

表 11-21　　　　　　　　**traffic-statistic 命令部分参数和选项说明**

参数	说明
user-acl	指定基于用户自定义 ACL 对报文进行流量统计的 ACL 编号，取值范围为 5000～5999 的整数。**仅 traffic-statistic 命令对匹配单个 ACL 规则的入方向的报文进行流量统计的应用支持**
by-bytes	指定按照字节数量统计。缺省情况下，按照报文数量（packets）进行统计。指定 by-bytes 选项，将按照字节数量进行统计

2．在接口上配置流量统计

可选择以下命令在以太网接口或 VLANIF 接口上应用基于 ACL 的流量统计的配置。

■ **traffic-statistic inbound acl** { [**ipv6**] { *bas-acl* | *adv-acl* | **name** *acl-name* } | *l2-acl* | *user-acl* } [**rule** *rule-id*] [**by-bytes**]：对匹配单个 ACL 规则的入方向的报文进行流量统计。

■ **traffic-statistic outbound acl** { [**ipv6**] { *bas-acl* | *adv-acl* | **name** *acl-name* } | *l2-acl* } [**rule** *rule-id*]：对匹配单个 ACL 规则的出方向的报文进行流量统计。

■ **traffic-statistic inbound acl** *l2-acl* [**rule** *rule-id*] **acl** { *bas-acl* | *adv-acl* | **name** *acl-name* } [**rule** *rule-id*] [**by-bytes**]：对同时匹配二层 ACL 和三层 ACL 规则的入方向的报文进行流量统计。

■ **traffic-statistic inbound acl** { *bas-acl* | *adv-acl* } [**rule** *rule-id*] **acl** { *l2-acl* | **name** *acl-name* } [**rule** *rule-id*] [**by-bytes**]：对同时匹配二层 ACL 和三层 ACL 规则的入方向的报文进行流量统计。

■ **traffic-statistic inbound acl name** *acl-name* [**rule** *rule-id*] **acl** { *bas-acl* | *adv-acl* | *l2-acl* | **name** *acl-name* } [**rule** *rule-id*] [**by-bytes**]：对同时匹配二层 ACL 和三层 ACL 规则的入方向的报文进行流量统计。

■ **traffic-statistic outbound acl** *l2-acl* [**rule** *rule-id*] **acl** { *bas-acl* | *adv-acl* | **name** *acl-name* } [**rule** *rule-id*]：对同时匹配二层 ACL 和三层 ACL 规则的出方向的报文进行流量统计。

■ **traffic-statistic outbound acl** { *bas-acl* | *adv-acl* } [**rule** *rule-id*] **acl** { *l2-acl* | **name** *acl-name* } [**rule** *rule-id*]：对同时匹配二层 ACL 和三层 ACL 规则的出方向的报文进行流量统计。

■ **traffic-statistic outbound acl name** *acl-name* [**rule** *rule-id*] **acl** { *bas-acl* | *adv-acl* |

l2-acl | **name** *acl-name* } [**rule** *rule-id*]：对同时匹配二层 ACL 和三层 ACL 规则的出方向的报文进行流量统计。

以上 **traffic-statistic** 命令中的参数和选项说明参见表 11-17。

以上基于 ACL 的简化流策略配置好后，可执行以下 **display** 命令查看相关配置，验证配置结果，或执行 **reset** 命令清除统计信息。

■ **display traffic-applied** [**interface** [*interface-type interface-number*] | **vlan** [*vlan-id*]] { **inbound** | **outbound** } [**verbose**]：查看全局、VLAN 或接口上应用的基于 ACL 的简化流策略的配置信息。

■ **display traffic-applied brief**：查看设备上应用的基于 ACL 的简化流策略的概要配置信息。

■ **display traffic-applied record**：查看设备上所有应用的基于 ACL 的简化流策略的配置信息。

■ **display acl resource** [**slot** *slot-id*]：查看 ACL 的资源信息。显示信息中的"Rule Free"或"Free"计数非零，表示设备仍存在空余的 ACL 资源。

■ **reset acl counter** { **name** *acl-name* | *acl-number* | **all** }：清除 ACL 统计信息。

11.4　ACL 和基于 ACL 的简化流策略配置示例

通过对本章节前面内容的学习，我们已掌握了配置各种 ACL，以及基于 ACL 的简化流策略的 ACL 应用的配置与管理方法，至于 ACL 在用户登录控制方面的应用在本书第 2 章中已有介绍。

为了使大家对各主要类型 ACL，以及基于 ACL 的简化流策略的配置方法有更深入的理解，下面分别介绍几个基本 ACL、高级 ACL、二层 ACL 和用户自定义 ACL 在不同应用方面的配置案例。采用简化流策略的 ACL 应用配置方法其实同样可采用第 12 章将要介绍的流策略的 ACL 应用配置方法。

11.4.1　使用基本 ACL 限制 FTP 访问权限的配置示例

本示例的拓扑结构如图 11-6 所示，Switch 作为 FTP 服务器（172.16.104.110/24），已知 Switch 与各个子网之间路由可达。现要通过基本 ACL 过滤用户访问 FTP 服务器时报文中源 IP 地址，限制用户访问交换机上 FTP 服务器的权限。具体要求如下。

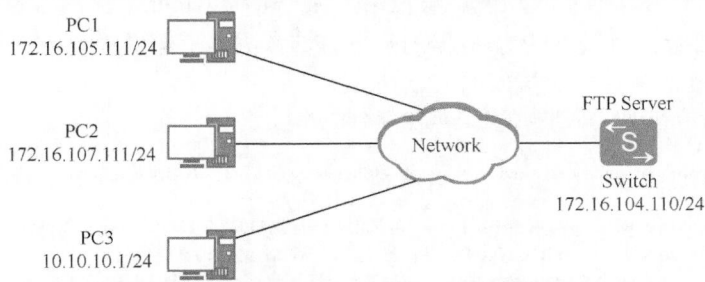

图 11-6　使用基本 ACL 限制 FTP 访问权限配置示例的拓扑结构

① 子网 1（PC1 所在子网 172.16.105.0/24）中的所有用户在任意时间都可以访问 FTP 服务器。

② 子网 2（PC2 所在子网 172.16.107.0/24）中的所有用户只能在 2018 年 1 月 1 日到 2018 年 5 月 31 日中的每个双休日的下午 2 点到下午 6 点的时间范围内访问 FTP 服务器。

③ 其他用户（如 PC3 所在子网中的用户）不可以访问 FTP 服务器。

1. 基本配置思路分析

本示例是一个通过基本 ACL 限制用户通过 FTP 访问设备的应用案例。我们已在 2.6.2 节的表 2-29 中介绍了在 FTP 文件访问中应用 ACL 控制用户访问权限的配置方法。再结合 11.2.2 节介绍的基本 ACL 配置方法，可以得出本示例的如下基本配置思路。

① 在 Switch 上创建基本 ACL，包括 ACL 生效时间段，并通过基本 ACL 规则分别对 3 类子网中的用户发送的报文中的源 IP 地址进行过滤（其实就是一种访问授权），然后同时配置允许子网 2 中的用户仅可在指定的时间段内访问 FTP 服务器。

② 在 Switch 上配置 FTP 服务器的基本功能。

③ 在 Switch 的 FTP 服务器应用模块上调用前面所创建的基本 ACL，使 ACL 生效。

2. 具体配置步骤

① 配置用于允许子网 2 用户访问 FTP 服务器的 ACL 生效时间段（假设名称为 ftp-access）。假设为从 2018 年 1 月 1 日开始到 2018 年 5 月 31 日中的每个双休日的下午 2 点到下午 6 点生效，需要把整个生效时间段拆分来配置，先指定起始日期（2018.1.1～2018.5.31），然后指定在有效日期范围内 ACL 生效的具体时间（每个周六、周日的 14～18 点）。

```
<HUAWEI > system-view
[HUAWEI] sysname Switch
[Switch] time-range ftp-access from 0:0 2018/1/1 to 23:59 2018/05/31   #---配置时段时间段范围为 2018 年 1 月 1 日 0 时
开始到 2018 年 5 月 31 日 23 时 59 分结束
[Switch] time-range ftp-access 14:00 to 18:00 off-day   #---配置每个周六、周日的下午 2 点到下午 6 点的时间段
```

② 配置基本 ACL。因为 ACL 在控制用户登录的应用属于软件 ACL 应用，故在最后隐含了一条"拒绝所有"规则。为此在允许子网用户访问 FTP 服务器时需要明确指定。

```
[Switch] acl number 2001
[Switch-acl-basic-2001] rule permit source 172.16.105.0 0.0.0.255   #---允许子网 1 用户的报文在任意时间通过
[Switch-acl-basic-2001] rule permit source 172.16.107.0 0.0.0.255 time-range ftp-access   #---允许子网 2 中的用户报文
在名为 ftp-access 的时间段内通过
[Switch-acl-basic-2001] rule deny source any   #---禁止其他所有用户的报文通过,本条规则也可不配置,因为软件 ACL
应用中，ACL 最后就隐含一条"拒绝所有"的规则
[Switch-acl-basic-2001] quit
```

③ 配置 FTP 服务器基本功能。假设用户账户名为 winda，密码为 huawei@123，主目录为闪存根目录。有关 FTP 服务器的配置方法参见本书第 2 章。至于 FTP 服务器 IP 地址可以是 Switch 任意一个接口的 IP 地址。

```
[Switch] ftp server enable   #---使能交换机的 FTP 服务器功能
[Switch] aaa
[Switch-aaa] local-user winda password irreversible-cipher huawei@123   #---创建用户 winda，并配置一个不可逆加密
密码 huawei@123
[Switch-aaa] local-user winda privilege level 15   #---指定 winda 用户具有最高的 15 级管理权限
[Switch-aaa] local-user winda service-type ftp   #---指定用户 winda 支持 FTP 服务
[Switch-aaa] local-user winda ftp-directory flash:   #---指定用户 winda 登录到 FTP 服务器后进入的主目录为闪存的根目录
[Switch-aaa] quit
```

④ 在 FTP 服务器的访问中应用前面的基本 ACL。

[Switch] **ftp acl** 2001

配置好后会发现如下结果，符合实验要求：

■ 在任意时间，从子网 1 的 PC1（172.16.105.111/24）上执行 **ftp** 172.16.104.110 命令都可以连接 FTP 服务器；

■ 在 2018 年 1 月 1 日至 5 月 31 日之间某个周一至周五，在子网 2 的 PC2（172.16.107.111/24）上执行 **ftp** 172.16.104.110 命令不能连接 FTP 服务器；但在上述日期中某个周六下午 15:00 在子网 2 的 PC2（172.16.107.111/24）上执行 **ftp** 172.16.104.110 命令又可以连接 FTP 服务器；

■ 在任意时间，从 PC3（10.10.10.1/24）上执行 **ftp** 172.16.104.110 命令均不能连接 FTP 服务器。

11.4.2　使用高级 ACL 限制用户在特定时间访问特定服务器的配置示例

本示例的拓扑结构如图 11-7 所示，要求禁止研发部门和市场部门在上班时间（8:00～17:30）访问工资查询服务器（IP 地址为 10.164.9.9），而总裁办公室不受限制，可以随时访问。

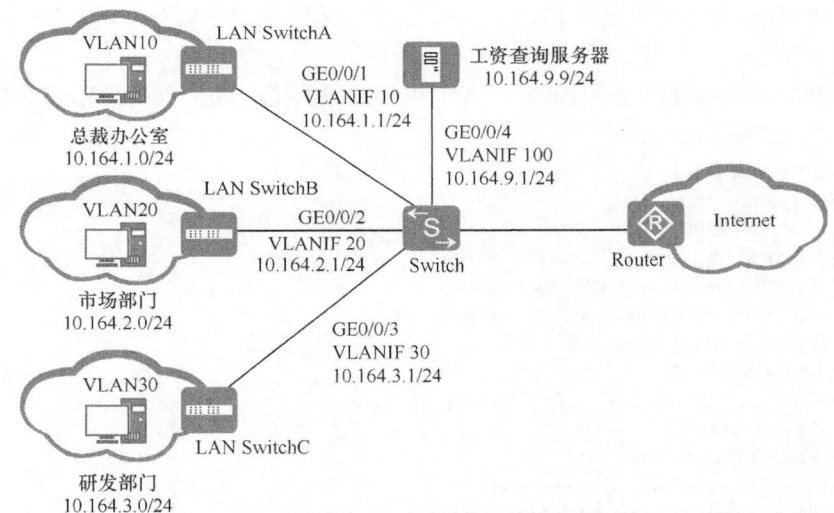

图 11-7　使用高级 ACL 限制用户在特定时间访问特定服务器配置示例的拓扑结构

1. 基本配置思路分析

本示例要求控制指定源 IP 地址的用户访问指定目的 IP 地址的主机，所以必须配置高级 ACL。另外，本示例要对报文在接口上进行应用，进行报文过滤，属于硬件 ACL 应用，故最后隐含一条"允许所有"的规则。

现在本示例求禁止研发部门和市场部门在指定时间段内访问工资查询服务器，这时只需在高级 ACL 中添加两条分别以研发部门和市场部门对应网段地址为源 IP 地址，工资查询服务器 IP 地址为目的 IP 地址的规则即可。

至于总裁办公室访问工资查询服务器的规则是否要配置，则要根据其他部门对工资查询服务器的访问是否有要求，如果没有，则不用单独配置规则，包括总裁办公室在内的所有其他部门均可随时访问工资查询服务器，直接采用硬件 ACL 最后隐含的"允许所有"的规则即可；反之，如果要求除总裁办公室、研发部门和市场部门外，其他部门都不允许访问工资查询服务器，则要单独为总裁办公室配置一条允许访问的规则，然后再在最后加上一条"拒绝所有"的规则。

在此假设对于其他办公访问工资服务器没有要求来进行配置高级 ACL，最后利用基于 ACL 的简化流策略在接口上应用上述高级 ACL。基本配置思路如下。

① 在 Switch 上创建所需 VLAN，并把各接口加入对应的 VLAN 中，并为各 VLANIF 接口配置 IP 地址。

② 配置 ACL 生效时间段，以限制在指定时间段内研发部和市场部用户不能访问工资查询服务器，其他部门不进行限制。

③ 配置高级 ACL 通过两条 deny 规则指定研发部和市场部用户在以上 ACL 生效时间段内禁止访问工资查询服务器。

④ 在研发部和市场部访问工资查询服务器时所经过的交换机入接口上应用以上高级 ACL，在指定时间段内禁止研发部或市场部访问工资查询服务器的报文通过。

2. 具体配置步骤

① 在 Switch 上创建所需 VLAN，并把各以太网接口加入到对应的 VLAN 中，然后配置各 VLANIF 接口的 IP 地址。

将 GE0/0/1～GE0/0/3 分别加入 VLAN10、20、30，GE0/0/4 加入 VLAN100，并配置各 VLANIF 接口的的 IP 地址。

```
<HUAWEI> system-view
[HUAWEI] sysname Switch
[Switch] vlan batch 10 20 30 100
[Switch] interface gigabitethernet 0/0/1
[Switch-GigabitEthernet0/0/1] port link-type trunk
[Switch-GigabitEthernet0/0/1] port trunk allow-pass vlan 10
[Switch-GigabitEthernet0/0/1] quit
[Switch] interface vlanif 10
[Switch-Vlanif10] ip address 10.164.1.1 255.255.255.0
[Switch-Vlanif10] quit
[Switch] interface gigabitethernet 0/0/2
[Switch-GigabitEthernet0/0/2] port link-type trunk
[Switch-GigabitEthernet0/0/2] port trunk allow-pass vlan 20
[Switch-GigabitEthernet0/0/2] quit
[Switch] interface vlanif 20
[Switch-Vlanif10] ip address 10.164.2.1 255.255.255.0
[Switch-Vlanif10] quit
[Switch] interface gigabitethernet 0/0/3
[Switch-GigabitEthernet0/0/3] port link-type trunk
[Switch-GigabitEthernet0/0/3] port trunk allow-pass vlan 30
[Switch-GigabitEthernet0/0/3] quit
[Switch] interface vlanif 30
[Switch-Vlanif10] ip address 10.164.3.1 255.255.255.0
[Switch-Vlanif10] quit
[Switch] interface gigabitethernet 0/0/4
[Switch-GigabitEthernet0/0/4] port link-type trunk
[Switch-GigabitEthernet0/0/4] port trunk allow-pass vlan 100
```

```
[Switch-GigabitEthernet0/0/4] quit
[Switch] interface vlanif 100
[Switch-Vlanif10] ip address 10.164.9.1 255.255.255.0
[Switch-Vlanif10] quit
```

② 配置 ACL 生效时间段（名称假设为 satime）：每个工作日的 8～17:30。

```
[Switch] time-range satime 8:00 to 17:30 working-day    #---配置在工作日的 8:00 至 17:30 的时间段
```

③ 配置高级 ACL，禁止研发部门和市场部门在以上 ACL 生效时间段内访问工资查询服务器。其他部门（包括总裁办公室）均直接应用最后隐含的"允许所有"规则，不受限制地访问工资查询服务器。

```
[Switch] acl 3001
[Switch-acl-adv-3001] rule 5 deny ip source 10.164.2.0 0.0.0.255 destination 10.164.9.9 0.0.0.0 time-range satime    #---
禁止市场部门访问工资查询服务器的访问规则
[Switch-acl-adv-3001] rule 10 deny ip source 10.164.3.0 0.0.0.255 destination 10.164.9.9 0.0.0.0 time-range satime
#---禁止研发部门到工资查询服务器的访问规则
[Switch-acl-adv-3003] quit
```

④ 在端口上应用 ACL。

分别在交换机 GE0/0/2 和 GE0/0/3 端口入方向上应用所配置的高级 ACL。可随便选择使用 **traffic-filter** 或者 **traffic-secure** 命令对三层报文进行过滤。下面仅以 **traffic-filter**命令为例进行介绍。

```
[Switch]interface GigabitEthernet 0/0/2
[Switch-GigabitEthernet0/0/2] traffic-filter inbound acl 3001 rule 5
[Switch-GigabitEthernet0/0/2] quit
[Switch]interface GigabitEthernet 0/0/3
[Switch-GigabitEthernet0/0/3] traffic-filter inbound acl 3001 rule 10
[Switch-GigabitEthernet0/0/3] quit
```

配置好后，就可以在指定时间段从各部门用户主机访问工资查询服务器进行验证。

11.4.3　使用二层 ACL 禁止特定用户上网的配置示例

本示例如图 11-8 所示，Switch 作为网关设备，下挂用户 PC。管理员发现 PC1（MAC地址为 00e0-f201-0101）用户是非法用户，要求禁止该用户上网。

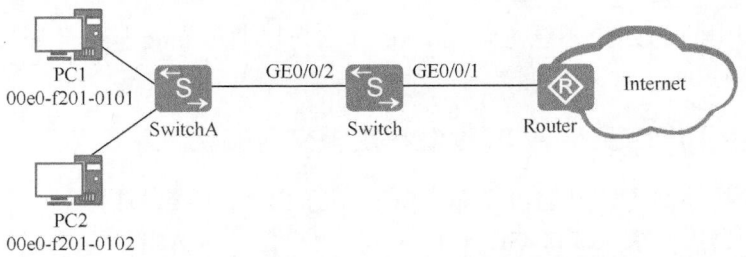

图 11-8　使用二层 ACL 禁止特定用户上网配置示例的拓扑结构

1. 基本配置思路分析

本示例想禁止单个用户上网，而且要求采用二层 ACL 的配置方式，可以采用在用户访问外部网络必经之路的 Switch 设备接口（如 GE0/0/2）入方向应用 ACL 过滤报文的方法来实现，即在接口下配置基于二层 ACL 的简化流策略。因为这是一种硬件 ACL 应用，最后隐含了一条"允许所有"的规则，而本示例又仅要求禁止个别用户，故只需在二层 ACL 规则添加明确禁止的用户规则即可，其他用户直接用硬件 ACL 最后隐含的那条"允许所有"的规则。

结合 11.2.4 节和 11.3.2 节介绍的二层 ACL、基于 ACL 的报文过滤配置方法可得出本示例基本配置思路如下。

① 配置所需的二层 ACL，明确限制源 MAC 地址为 00e0-f201-0101 的用户报文通过，然后再在最后添加一条允许所有报文通过的规则。

② 在交换机 GE0/0/2 接口入方向上配置使用前面创建的二层 ACL 进行报文过滤。

2．具体配置步骤

① 配置符合要求的二层 ACL。因为要匹配的仅要求禁止一个 MAC 地址的用户，所以源 MAC 地址的掩码为 0xffff-ffff-ffff。

```
<HUAWEI> system-view
[HUAWEI] sysname Switch
[Switch] acl 4000
[Switch-acl-L2-4000] rule deny source-mac 00e0-f201-0101 ffff-ffff-ffff
[Switch -acl-L2-4000] quit
```

② 在 Switch 设备 GE0/0/2 接口入方向上配置基于前面创建的二层 ACL 4000 进行的报文过滤应用。可选择使用 **traffic-filter** 或者 **traffic-secure** 命令对二层报文进行过滤。下面仅以 **traffic-filter** 命令为例进行介绍。

```
[Switch]interface GigabitEthernet 0/0/2
[Switch -GigabitEthernet0/0/2]traffic-filter inbound acl 4000
[Switch -GigabitEthernet0/0/2]quit
```

以上配置完成后，可通过 **display traffic-applied** 命令来查看接口 GE0/0/2 入方向上应用的基于 ACL 的简化流策略配置信息。

```
<Switch>display traffic-applied interface g0/0/2 inbound
--------------------------------------------------------------
ACL applied inbound interface GigabitEthernet0/0/2

ACL 4000
  rule 5 deny source-mac    00e0-f201-0101
ACTIONS:
  filter
--------------------------------------------------------------
```

此时，图中的 PC2 已不能访问 Internet 了（可以通过 ping 操作验证），但其他用户（如 PC1）不受影响。

11.4.4　使用用户自定义 ACL 过滤特定报文流的配置示例

本示例的拓扑结构如图 11-9 所示，Switch 的 GE1/0/1 接口连接用户，GE2/0/1 接口连接上层路由器。要求在接口 GE1/0/1 下绑定用户自定义 ACL，从二层报文头偏移 14 字节开始匹配，匹配的字符串内容为 0x0180C200，拒绝匹配成功的报文通过。

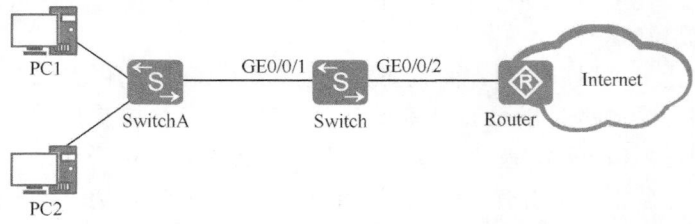

图 11-9　使用用户自定义 ACL 过滤特定报文流示例的拓扑结构

本示例与上节介绍的示例在应用上其实是一样的，都是用于报文过滤，不同的只是本示例要求采用自定义 ACL 来配置。下面同样以基于 ACL 的简化流策略配置方法进行介绍，配置思路与上节介绍的配置思路一样。

① 配置符合要求的用户自定义 ACL。

本示例要求从二层报头开始计算偏移，要严格匹配字符 0x0180C200（共 4 字节），偏移量为 14 字节。对于普通以太网来说，偏移 14 字节后，恰好是从数据部分第一个字开始匹配的，当然对于不同协议报文，这部分对应的字段不同。

```
<HUAWEI> system-view
[HUAWEI] sysname Switch
[Switch] acl 5000
[Switch -acl-user-5000] rule deny l2-head 0x0180C200 0xffffffff 14
[Switch-acl-user-5000] quit
```

② 在 Switch 的 GE0/0/1 端口上应用上面创建的用户自定义 ACL。

```
[Switch]interface GigabitEthernet 0/0/1
[Switch-GigabitEthernet0/0/1]traffic-filter inbound acl 5000
[Switch-GigabitEthernet0/0/1]quit
```

配置好后，凡是报文中从二层报头开始偏移 14 字节的后面 4 字节内容为 0x0180C200，则不能访问 Internet，其他报文不受影响。

11.4.5　基于 ACL 的简化流策略对不同 VLAN 业务分别限速配置示例

如图 11-10 所示，企业的语音业务对应的 VLAN ID 为 120，视频业务对应的 VLAN ID 为 110，数据业务对应的 VLAN ID 为 100。在 Switch 上需要对不同业务的报文分别进行流量监管，以将流量限制在一个合理的范围之内（具体见表 11-22），并保证各业务的带宽需求。

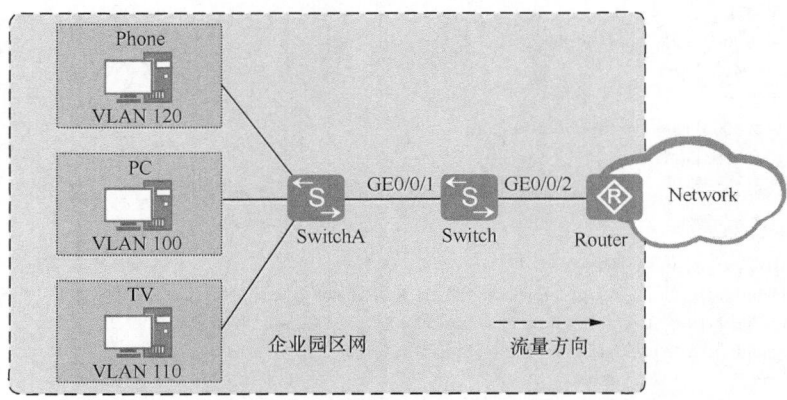

图 11-10　基于 ACL 的简化流策略对不同 VLAN 业务分别限速配置示例的拓扑结构

表 **11-22**　　　　　　　　　　三类业务数据的限速范围。

流量类型	CIR（kbit/s）	PIR（kbit/s）
语音	2000	10000
视频	4000	10000
数据	4000	10000

1. 基本配置思路分析

本示例是要求对不同业务分别进行限速，可采用 11.3.3 节介绍的配置方法（不配置重标记功能）来实现流量监管，基本的配置思路如下（仅介绍 Switch 上的配置）。

① 创建各业务 VLAN，并配置各接口，使企业能够通过 Switch 访问网络。

② 在 Switch 上配置 3 个二层 ACL 分别用于匹配不同的 3 个业务 VLAN ID，以区分不同的业务。

③ 在 Switch 上配置基于 ACL 的流量监管，对来自企业的报文分别限速。

2. 具体配置步骤

① 创建 VLAN 并配置各接口。将接口 GE0/0/1、GE0/0/2 的接入类型分别配置为 trunk，并分别将接口 GE0/0/1 和 GE0/0/2 加入 VLAN 100、VLAN 110、VLAN 120。

```
<HUAWEI> system-view
[HUAWEI] sysname Switch
[Switch] vlan batch 100 110 120
[Switch] interface gigabitethernet 0/0/1
[Switch-GigabitEthernet0/0/1] port link-type trunk
[Switch-GigabitEthernet0/0/1] port trunk allow-pass vlan 100 110 120
[Switch-GigabitEthernet0/0/1] quit
[Switch] interface gigabitethernet 0/0/2
[Switch-GigabitEthernet0/0/2] port link-type trunk
[Switch-GigabitEthernet0/0/2] port trunk allow-pass vlan 100 110 120
[Switch-GigabitEthernet0/0/2] quit
```

② 配置基于 VLAN ID 匹配的二层 ACL，对来自企业的不同业务流按照其 VLAN ID 进行分类。

```
[Switch] acl 4001
[Switch-acl-L2-4001] rule 1 permit vlan-id 120
[Switch-acl-L2-4001] quit
[Switch] acl 4002
[Switch-acl-L2-4002] rule 1 permit vlan-id 110
[Switch-acl-L2-4002] quit
[Switch] acl 4003
[Switch-acl-L2-4003] rule 1 permit vlan-id 100
[Switch-acl-L2-4003] quit
```

③ 配置流量监管。在 Switch 的接口 GE0/0/1 入方向上配置流量监管，对来自企业的报文进行限速。

```
[Switch] interface gigabitethernet 0/0/1
[Switch-GigabitEthernet0/0/1] traffic-limit inbound acl 4001 cir 2000 pir 10000
[Switch-GigabitEthernet0/0/1] traffic-limit inbound acl 4002 cir 4000 pir 10000
[Switch-GigabitEthernet0/0/1] traffic-limit inbound acl 4003 cir 4000 pir 10000
[Switch-GigabitEthernet0/0/1] quit
```

说明 以上其实可以只用一个二层 ACL（不用创建 3 个二层 ACL）来匹配三类业务 VLAN ID，此时只需在接口配置流量监管动作时，针对不同业务 VLAN 的限速要求指定所匹配的二层 ACL 中的规则号（rule-id）即可。

最后查看设备接口入方向上应用的 ACL 规则和流的动作信息，验证配置结果。

```
[Switch] display traffic-applied interface gigabitethernet 0/0/1 inbound
------------------------------------------------------------
ACL applied inbound interface GigabitEthernet0/0/1
```

```
ACL 4001
  rule 1 permit vlan-id 120
ACTIONS:
  limit cir 2000 ,cbs 250000
          pir 10000 ,pbs 1250000
          green : pass
          yellow : pass
          red : drop
-----------------------------------------------------
ACL 4002
  rule 1 permit vlan-id 110
ACTIONS:
  limit cir 4000 ,cbs 500000
          pir 10000 ,pbs 1250000
          green : pass
          yellow : pass
          red : drop
-----------------------------------------------------
ACL 4003
  rule 1 permit vlan-id 100
ACTIONS:
  limit cir 4000 ,cbs 500000
          pir 10000 ,pbs 1250000
          green : pass
          yellow : pass
          red : drop
```

11.4.6 基于 ACL 的简化流策略进行优先级映射配置示例

如图 11-11 所示，Switch 通过接口 GE0/0/3 与路由器互连，企业部门 1 和企业部门 2 可经由 Switch 和路由器访问网络。企业部门 1 和企业部门 2 所分配的用户 VLAN ID 分别为 100、200。

Switch 上来自企业部门 1 和 2 的报文 802.1p 值均为 0。由于企业部门 1 的服务等级高，需要得到更好的 QoS 保证。通过定义优先级映射，将来自企业部门 1 的数据报文优先级映射为 4，将来自企业部门 2 的数据报文优先级映射为 2，以提供差分服务。

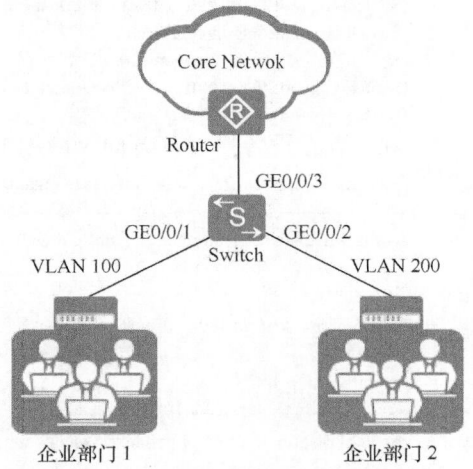

图 11-11 基于 ACL 的简化流策略进行优先级映射配置示例的拓扑结构

1. 基本配置思路分析

这是一个优先级重标记应用配置的示例，可采用 11.3.5 节介绍的基于 ACL 的简化流策略来实现对不同部门业务报文优先级重标记的目的，基本的配置思路如下（仅介绍 Switch 上的配置）。

① 创建所需 VLAN，并配置各接口，企业部门 1 和企业部门 2 都能够通过 Switch 访问网络。

② 配置两个二层 ACL，根据不同的用户 VLAN ID 区分不同的部门。

③ 在 Switch 入接口 GE0/0/1 和 GE0/0/2 配置基于 ACL 的优先级重标记应用。

2. 具体配置步骤

① 创建 VLAN 并配置各接口加入对应的 VLAN 中（GE0/0/1、GE0/0/2 接口也可配置为 Access 类型）。

```
<HUAWEI> system-view
[HUAWEI] sysname Switch
[Switch] vlan batch 100 200
[Switch] interface gigabitethernet 0/0/1
[Switch-GigabitEthernet0/0/1] port link-type trunk
[Switch-GigabitEthernet0/0/1] port trunk allow-pass vlan 100
[Switch-GigabitEthernet0/0/1] quit
[Switch] interface gigabitethernet 0/0/2
[Switch-GigabitEthernet0/0/2] port link-type trunk
[Switch-GigabitEthernet0/0/2] port trunk allow-pass vlan 200
[Switch-GigabitEthernet0/0/2] quit
[Switch] interface gigabitethernet 0/0/3
[Switch-GigabitEthernet0/0/3] port link-type trunk
[Switch-GigabitEthernet0/0/3] port trunk allow-pass vlan 100 200
[Switch-GigabitEthernet0/0/3] quit
```

② 配置两个基于 VLAN ID 匹配的二层 ACL，根据 VLAN ID 区分不同的部门。

```
[Switch] acl 4001
[Switch-acl-L2-4001] rule permit vlan-id 100
[Switch-acl-L2-4001] quit
[Switch] acl 4002
[Switch-acl-L2-4002] rule permit vlan-id 200
[Switch-acl-L2-4002] quit
```

③ 配置基于 ACL 的简化流策略重标记应用，在 Switch 入接口 GE0/0/1 和 GE0/0/2 配置优先级重标记，把来自部门 1、部门 2 的报文 802.1p 优先值分别修改为 4、2。

```
[Switch] interface gigabitethernet 0/0/1
[Switch-GigabitEthernet0/0/1] traffic-remark inbound acl 4001 8021p 4
[Switch-GigabitEthernet0/0/1] quit
[Switch] interface gigabitethernet 0/0/2
[Switch-GigabitEthernet0/0/2] traffic-remark inbound acl 4002 8021p 2
[Switch-GigabitEthernet0/0/2] quit
```

最后查看设备接口入方向上应用的 ACL 规则和流动作的信息，验证配置结果。

```
[Switch] display traffic-applied interface gigabitethernet 0/0/1 inbound
---------------------------------------------------------------
ACL applied inbound interface GigabitEthernet0/0/1

ACL 4001
 rule 5 permit vlan-id 100
ACTIONS:
 remark 8021p 4
---------------------------------------------------------------
[Switch] display traffic-applied interface gigabitethernet 0/0/2 inbound
---------------------------------------------------------------
ACL applied inbound interface GigabitEthernet0/0/2

ACL 4002
 rule 5 permit vlan-id 200
ACTIONS:
 remark 8021p 2
---------------------------------------------------------------
```

11.5　自反 ACL 的配置与管理

自反 ACL（Reflective ACL）是动态 ACL 技术的一种应用。它根据 IP 报文的上层会话信息生成，只有当私网用户先访问了公网后才允许对应的公网用户访问本地私网。也就是说，配置自反 ACL 之后，外网用户主动发起的请求报文不能进入内部网络，无法主动访问内网用户。相当于可以实现禁止反向主动发起通信，比起普通 ACL 来说，有特殊的应用（普通 ACL 不能禁止反向主动发起的通信）更加安全。

注意　只能针对高级 ACL 或者高级 ACL6 进行自反 ACL，并且只能根据 TCP、UDP 和 ICMP 类型的报文自动生成 ACL 规则，但仅 S7700/7900/9700/12700 系列交换机支持自反 ACL 功能。

11.5.1　自反 ACL 的基本工作原理

自反 ACL 的基本工作原理如下。

① 由内网始发的流量到达配置了自反 ACL 功能的设备后，设备根据此流量的第三层和第四层信息自动生成一个**临时性**（可配置时长）的反向 ACL，并保持一段时间。此临时性 ACL 规则中的协议类型不变，源 IP 地址和目的 IP 地址、源端口与目的端口均与始发 ACL 规则对调。

② 当对端设备发出的**响应报文**到达配置了自反 ACL 功能的设备时，会自动根据这个临时性的 ACL 允许响应通信通过。

设备是如何确定该响应通信是始发 ACL 通信的响应通信呢？原来，它是依据响应报文中的第三、四层信息与先前始发 ACL 通信报文中的第三、四层信息是否严格匹配来判定的，因为始发通信时所使用的传输层端口是在非知名端口范围中自动随机分配的，这样就使得只能是原始发通信的响应通信报文才可能仍使用原来的传输层端口号进行通信。不完全匹配的不允许访问，这样既保证了外网响应流量通过，又拒绝了非法的外网用户的主动访问。

如图 11-12 所示，在交换机上配置自反 ACL 功能后，外网无法主动访问内网。这时，一个源 IP IPa，源端口 Porta，目的 IP IPb，目的端口 Portb 的报文发往外网，设备会自动生成一条自反 ACL 的规则，允许源 IP Ipb、源端口 Portb、目的 IP Ipa、目的端口 Porta 的报文通过。相当于只允许针对对方始发报文的响应报文通过，类似"你只能答话，不能主动说话"。

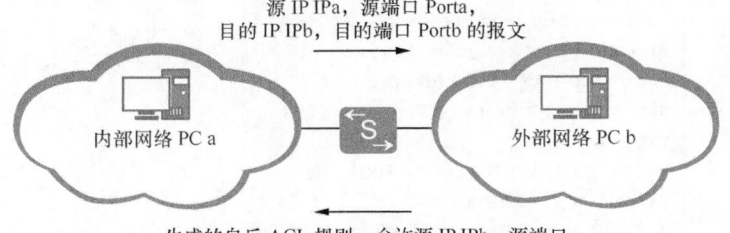

图 11-12　自反 ACL 原理示意图

11.5.2　配置自反 ACL

自反 ACL 可以很好地保护企业的内部网络，免受外部非法用户的攻击。在整个自反 ACL 的配置中，可以配置的任务包括以下 3 个方面。

① 配置需要用于启用自反 ACL 功能的高级 ACL。自反 ACL 只支持对匹配 TCP、UDP 和 ICMP 的高级 ACL 进行自反。

② 在对应交换机端口上启用对应高级 ACL 的自反 ACL 功能，并可选择配置该自反 ACL 的老化时间。

③ （可选）在交换机上全局配置自反 ACL 的老化时间。

以上 3 项配置任务的具体配置步骤见表 11-23。

表 **11-23**　　　　　　　　　　　　　　　自反 **ACL** 的配置步骤

配置任务	步骤	命令	说明
配置高级 ACL	1	**system-view** 例如：<HUAWEI>**system-view**	进入系统视图
	2	**time-range** *time-name* { *start-time* **to** *end-time days* | **from** *time1 date1* [**to** *time2 date2*] } 例如：[HUAWEI]**time-range** test 14:00 to 18:00 **off-day**	（可选）创建一个 ACL 生效的时间段。命令中的参数说明参见 11.2.2 节表 11-6 中的第 2 步
	3	**acl** [**number**]*acl-number* [**match-order** { **auto** | **config** }] 例如：[HUAWEI] **acl number** 3100	（二选一）使用编号创建一个数字型的高级 ACL 并进入高级 ACL 视图
		acl name *acl-name* { **basic** | *acl-number* } [**match-order** { **auto** | **config** }] 例如：[HUAWEI] **acl name** test1 3100	（二选一）使用名称创建一个命名型的高级 ACL 并进入高级 ACL 视图
	4	**rule** [*rule-id*] { **deny** | **permit** } { *protocol-number* | **tcp** } [**destination** { *destination-address destination-wildcard* | **any** } |**destination-port** { **eq** *port* | **gt** *port* | **lt** *port* | **range** *port-start port-end* } | { { **precedence** *precedence* | **tos** *tos* }* | **dscp***dscp* | **fragment** | **logging** | **source** { *source- address source-wildcard* | **any** } | **source-port** { **eq** *port* | **gt** *port* | **lt** *port* |**range** *port-start port-end* } | **tcp-flag** { **ack** | **fin** | **psh** | **rst** | **syn** | **urg** }* | **time-range** *time-name* | **ttl-expired**]* 例如：[HUAWEI-acl-adv-3100] **rule permit tcp destination** 10.1.1.0 0.255. 255.255 **destination-port eq** 80 **source** 192.168.1.0 0.0.0.255 **source-port eq** 8080 **time-range** test	（三选一）配置基于 TCP 报文过滤的高级 ACL 规则。命令参数和选项说明参见 11.2.3 节的表 11-8

（续表）

配置任务	步骤	命令	说明
配置高级 ACL	4	**rule** [*rule-id*] { **deny** | **permit** } { *protocol-number* | **udp** } [**destination** { *destination-address destination-wildcard* | **any** } |**destination-port** { **eq** *port* | **gt** *port* | **lt** *port* | **range** *port-start port-end* } | { { **precedence** *precedence* | **tos** *tos* } * | **dscp***dscp* } | **fragment** | **logging** | **source** { *source-address source-wildcard* | **any** } | **source-port** { **eq** *port* | **gt** *port* | **lt** *port* |**range** *port-start port-end* } | **time-range** *time-name* | **ttl-expired**]* 例如：[HUAWEI-acl-adv-3100] **rule permit udp destination** 10.1.1.0 0.255.255.255 **destination-port eq** 42 **source** 192.168.1.0 0.0.0.255 **source-port eq** 42 **time-range** test	（三选一）配置基于 UDP 报文过滤的高级 ACL 规则。命令参数和选项说明参见 11.2.3 节的表 11-8
		rule [*rule-id*] { **deny** | **permit** } { *protocol-number* | **icmp** } [**destination** { *destination-address destination-wildcard* | **any** } | { { **precedence** *precedence* | **tos** *tos* } * | **dscp** *dscp* } | **fragment** | **logging** | **icmp-type** { *icmp-name* | *icmp-type icmp-code* } | **source** { *source-address source-wildcard* | **any** } | **time-range** *time-name* | **ttl-expired**]* 例如：[HUAWEI-acl-adv-3100]**rule permit icmp destination** 10.1.1.0 0.255.255.255 **source** 192.168.1.0 0.0.0.255 **time-range** test	（三选一）配置基于 ICMP 报文过滤的高级 ACL 规则。命令参数和选项说明参见 11.2.3 节的表 11-8
配置自反 ACL 功能	5	**quit** 例如：[HUAWEI-acl-adv-3100] **quit**	退出高级 ACL 视图，返回系统视图
	6	**interface** *interface-type interface-number* 例如：[HUAWEI] **interface** gigabitethernet 1/0/0	进入需要配置自反 ACL 功能的接口视图。自反 ACL 需要在接口上进行配置，接口对报文进行过滤
	7	**traffic-reflect** { **inbound** |**outbound** } **acl** { *adv-acl-name* | *adv-acl-number* } [**timeout** *time-value*] 例如： [HUAWEI-GigabitEthernet1/0/0] **traffic-reflect outbound acl** 3000	使能自反 ACL 功能和配置自反 ACL 老化时间。命令中的参数和选项说明如下。 ① **inbound**：二选一选项，指定该接口为内网接口。如果只希望对外网用户访问某个内网用户的权限进行限制，则需要在连接该内网用户的接口上配置自反 ACL，并选择此选项。 ② **outbound**：二选一选项，指定该接口为外网接口。如果一个外网接口对应多个内网用户，希望对外网用户访问所有内网用户的权限进行限制，则需要在该连接外网的接口上配置自反 ACL，并选择此选项。 ③ *adv-acl-name*：二选一参数，指定一个要启用自反 ACL 功能的高级 ACL

（续表）

配置任务	步骤	命令	说明
配置自反 ACL 功能	7	**traffic-reflect** { **inbound** |**outbound** }**acl** { *adv-acl-name* | *adv-acl-number* } [**timeout** *time-value*] 例如： [HUAWEI-GigabitEthernet1/0/0] **traffic-reflect outbound acl** 3000	名称。为 1～32 个字符，不支持空格，区分大小写，且要以英文字母 a～z 或 A～Z 开始；可以是英文字母、数字和"#"、"%"、"-"等字符的组合 ④ *adv-acl-number*：二选一参数，指定一个要启用自反 ACL 功能的高级 ACL 编号，取值范围为 3000～3999 ⑤ *time-value*：可选参数，指定自反 ACL 的老化时间，取值范围为（60～2147483）整数秒。使能自反 ACL 功能之后，缺省情况下，接口下的自反 ACL 老化周期是下面可选配置的全局自反 ACL 老化周期。 缺省情况下，自反 ACL 功能未使能，可用 **undo traffic- reflect** { **inbound** | **outbound** } **acl** { *adv- acl-name* | *adv-acl-number* }命令去使能自反 ACL 功能
（可选）配置全局自反 ACL 老化时间		**quit** 例如： [HUAWEI-GigabitEthernet1/0/0]**quit**	退出接口视图，返回系统视图
		traffic-reflect timeout *time-value* 例如：[HUAWEI] **traffic-reflect timeout** 6000	配置全局自反 ACL 老化周期，取值范围为（60～2147483）整数秒。 缺省情况下是没有配置全局自反 ACL 老化周期的，可用 **undo traffic-reflect timeout** 命令取消原来的全局自反 ACLf 老化周期配置

说明 在配置自反 ACL 老化周期时要注意以下几点。

■ 如果已经使用 **traffic-reflect** 命令在接口视图下配置了自反 ACL 老化周期，则以接口视图下配置的老化周期为准；如果在接口视图下没有配置自反 ACL 老化周期，则以 **traffic-reflect timeout** 命令在系统视图下配置的老化周期为准。

■ 如果在老化周期内有符合自反 ACL 规则的报文通过接口，该接口的自反 ACL 规则被保留。如果在老化周期内没有符合自反 ACL 规则的报文通过接口，该接口的自反 ACL 规则被删除。

■ 当报文流量较大时，可以适当减小自反 ACL 的老化周期，增大老化的频率；当报文流量较小时，可以适当增大自反 ACL 的老化周期，减小老化的频率。

配置好后可以使用 **display traffic-reflect** { **inbound** \| **outbound** } [**interface** *interface-type interface-number*] [**acl** { *adv-acl-name* \| *adv-acl-number* }] 命令查看配置自反 ACL 的信息。

11.5.3　自反 ACL 配置示例

本示例的拓扑结构如图 11-13 所示，Switch 的 GE1/0/1 端口连接了内网的用户，

GE2/0/1 端口连接到 Internet。在 GE2/0/1
端口的出方向上配置基于 UDP 的自反 ACL
功能，当内网的主机先访问 Internet 中的服
务器之后才允许 Internet 的服务器访问内网
的主机。同时，在全局和 GE2/0/1 端口下配
置自反 ACL 的老化时间，对自反 ACL 进
行自动老化。

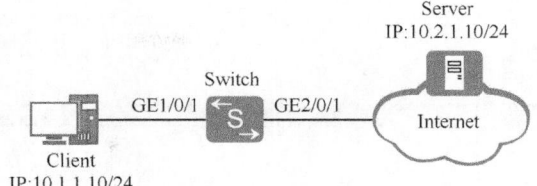

图 11-13　自反 ACL 配置示例的拓扑结构

根据上节介绍的配置任务和配置步骤，可很容易得出本示例的配置步骤，具体如下。

① 配置高级 ACL，允许 UDP 报文通过。

```
<HUAWEI> system-view
[HUAWEI] sysname Switch
[Switch] acl 3000
[Switch-acl-adv-3000] rule permit udp
[Switch-acl-adv-3000] quit
```

② 在 GE2/0/1 端口出方向上自反 ACL 功能和老化时间（假设为 600s），对 UDP 报
文进行自反。

```
[Switch] interface gigabitethernet 2/0/1
[Switch-GigabitEthernet2/0/1] traffic-reflect outbound acl 3000 timeout 600
[Switch-GigabitEthernet2/0/1] quit
```

③ 配置全局自反 ACL 老化时间。但此时在 GE2/0/1 端口出方向上的自反 ACL 的老
化时间仍是在该端口上配置的老化时间——600s。

```
[Switch] traffic-reflect timeout 900
```

配置完成后，可以通过 **display traffic-reflect** 任意视图命令查看自反 ACL 信息、验
证配置结果，具体如下。从输出信息可以看出，在 GE2/0/1 端口下对 UDP 的报文进行了
自反，并且对自反后的报文进行统计，自反 ACL 的老化时间为 600s。

```
[HUAWEI] display traffic-reflect outbound acl 3000
Proto  SP  DP  DIP        SIP          Count   Timeout  Interface
--------------------------------------------------------------------------------
UDP    2   80  10.2.1.10  10.1.1.10    9       600(s)   GigabitEthernet2/0/1
--------------------------------------------------------------------------------
* Total <1> flows accord with condition, <1> items was displayed,
--------------------------------------------------------------------------------
* Proto=Protocol,SIP=Source IP,DIP=Destination IP,Timeout=Time to cutoff,
* SP=Source port,DP=Destination port,Count=Packets count(data).
```

第 12 章
QoS 配置与管理

本章主要内容

QoS（服务质量）是网络设备中非常重要的一项功能，涉及到许多复杂的技术原理，所以也是许多读者朋友在学习过程中最头痛的一个方面。

QoS 的主要用途就是根据报文中所携带的不同优先级值提供不同的服务级别。而不同类型报文中所携带的优先级类型有所不同，但均在对应的报头字段中指定。如二层 VLAN 报文帧头中携带的是 802.1p 优先级，三层 IP 报头中依据不同 IP 协议版本先后出现了 IP 优先级和 DSCP 优先级两种，MPLS 报头中携带的是 EXP 优先级。报文由一种网络进入另一种网络时，要在所进入的网络边缘设备上指定信任的优先级类型，或进行不同优先级的映射，使得报文进入新的网络后按新的优先级进行处理。

本章主要介绍了 MQC（模块化 QoS 命令行）、QoS 优先级映射、流量监管、流量整形、接口限速、拥塞避免和拥塞管理的技术原理，以及相关功能配置与管理方法。

12.1 QoS 基础

QoS（Quality of Service，服务质量）是一种可以为不同类型业务流提供差分（即"不同"）服务等级的技术。通过 QoS 可以给那些对带宽、时延、时延抖动、丢包率等敏感的业务流提供更加优先的服务等级，使这些业务能满足用户正常、高性能使用的需求。

12.1.1 QoS 的引入背景

随着计算机网络的普及和业务的多样化，使得互联网流量激增，从而产生网络拥塞，增加转发时延，严重时还会产生丢包，导致业务质量下降甚至不可用。所以，要在网络上开展这些实时性业务，就必须解决网络拥塞问题。解决网络拥塞的最好办法是增加网络的带宽，但从运营、维护的成本考虑，这是不现实的，比较有效的办法就是对延时敏感的业务提供优先处理、转发资格，使总体用户网络服务质量有一个根本保障。

在传统的 IP 网络中，所有的报文都被无区别地同等对待。即每个网络设备对所有的报文均采用 FIFO（First In First Out，先入先出）的策略进行处理，依照报文到达时间的先后次序分配所需要的资源，尽最大的努力（Best-Effort）将报文送到目的地。但在这种方式下，对报文传送的可靠性、传送延迟、丢包率等性能都不提供任何保证，所以仅适用于对这些服务性能不敏感的普通业务，如 WWW、FTP 文件传输、E-mail 等业务。

随着 IP 互联网上新型应用的不断出现，对 IP 网络的服务质量也提出了新的要求，比如远程教学、远程医疗、可视电话、电视会议、视频点播等。在这些对实时性和连续性方面要求更加苛刻的应用中，如果报文传送延时太长，用户将无法接受，因为在这类应用中不能容忍中间停顿的现象。为了支持具有不同服务需求的话音、视频以及数据等业务，要求网络能够区分出不同的业务类型，进而为之提供相应等级的服务。

QoS（Quality of Service，服务质量）技术就是在这种背景下发展起来的，它可以为不同业务类型报文提供差分服务的技术，通过对网络流量进行调控，可避免并管理网络拥塞，减少报文丢包率。其目的是针对各种业务的不同需求，为其提供端到端的服务质量保证。QoS 是有效利用网络资源的工具，它允许不同的流量不平等地竞争网络资源，语音、视频和重要的数据应用在网络设备中可以优先得到服务。QoS 技术在当今的互联网中应用越来越多，其作用越来越重要。

QoS 服务等级就是指对业务流所需的带宽、时延、时延抖动、丢包率等核心需求的评估。当然，不同类型的业务所需要评估的因素并不一样，如普通数据流在带宽、丢包率方面要求更高，而像视频通信之类的业务流则在时延和时延抖动方面要求更高。

12.1.2 3 种 QoS 服务模型

"服务模型"就是设备为不同业务流提供服务的一种模式。总体来说，在 QoS 技术的发展过程中先后出现了 Best Effort、IntServ 和 DiffServ 3 种服务模型。

1. Best Effort 模型

Best Effort（尽力而为）模型是一种为所有业务流提供相同服务等级的服务模型，也是最简单的服务模型。在 Best Effort 模型中，应用程序可以在任何时间发出任意数量的报文，而且不需要事先获得批准，也不需要通知网络，网络设备也会尽最大的可能性发送每一个数据报文，但对时延、可靠性等性能不提供任何保证。

Best Effort 模型是 Internet 的缺省服务模型，它适用于绝大多数网络，如 FTP、E-mail 等，它通过先进先出（FIFO）的调度方式来实现。

2. IntServ 模型

IntServ（Integrated Service，综合服务）模型的主要特点是在发送报文前要先向网络提出申请。这个请求是通过协议信令来完成的，如 RSVP（Resource Reservation Protocol，资源预留协议）。应用程序首先通过 RSVP 信令通知网络它的 QoS 需求（如时延、带宽、丢包率等指标），在收到资源预留请求后，传送路径上的网络节点实施许可控制（Admission control），验证用户的合法性并检查资源的可用性，决定是否为应用程序预留资源。一旦认可并为应用程序的报文分配了资源，则只要应用程序的报文控制在流量参数描述的范围内，网络节点将承诺满足该应用程序的 QoS 需求。传输路径上的网络节点可以通过执行报文的分类、流量监管、低延迟的排队调度等行为，来满足对应用程序的承诺。

IntServ 模型常与组播应用结合，适用于需要保证带宽、低延迟的实时多媒体应用，如电视会议、视频点播等。当前，采用 RSVP 的 IntServ 模型定义了两种业务类型。

① 保证型服务（Guaranteed Service）：提供保证的带宽和时延限制来满足应用程序的要求。如 VoIP（Voice over IP，IP 话音）应用可以预留 10MB 带宽和要求不超过 1s 的时延。

② 负载控制型服务（Controlled-Load Service）：保证即使在网络过载（overload）的情况下，仍能对报文提供类似 Best Effort 模型在未过载时的服务质量，保证某些应用程序报文的低时延和低丢包率需求。

IntServ 模型的最大优点是可以提供端到端的 QoS 传输服务，最大缺点是可扩展性不好：网络节点需要为每个资源预留维护一些必要的软状态（Soft State）信息；在与组播应用相结合时，还要定期地向网络发送资源请求和路径刷新信息，以支持组播成员的动态加入和退出。而这些操作要耗费网络节点较多的处理时间和内存资源。在网络规模扩大时，维护的开销会大幅度增加，对网络节点特别是核心节点线速处理报文的性能造成严重影响。因此，IntServ 模型不适宜于在流量汇集的骨干网上大量应用。

3. DiffServ 模型

为了在 Internet 上针对不同的业务提供有差别的服务，IETF 定义了 DiffServ（Differentiated Service，差分服务）模型。

DiffServ 模型是一种多服务模型，可以满足不同用户业务流的 QoS 需求。它与 IntServ 模型不同的是应用程序在发出报文前通过设置报文头部的优先级字段，向网络中各设备通告自己的 QoS 需求，而不需要通知途经的网络设备为其预留资源，网络不需要为每个流维护状态，仅根据每个报文携带的优先级就可确定为对应流提供的所需服务等级。

DiffServ 模型一般用来为一些重要的应用提供端到端的 QoS，这也是最新的 QoS 服务模式。在配置 DiffServ 模型后，边界设备通过报文的源地址和目的地址等信息对报文进行分类，对不同的报文设置不同的优先级，并标记在报文头部，而其他设备只需要根据设置的优先级来进行报文的调度。

12.1.3　基于 DiffServ 模型的 QoS 业务组成

基于 Diffserv 模型的 QoS 服务主要分为以下几大类。
■ 报文分类和标记
要实现差分服务，需要首先将数据包分为不同的类别或者设置为不同的优先级。报文分类即把数据包分为不同的类别，可以通过 MQC（Modular QoS Command-Line Interface，模块化 QoS 命令行）配置中的流分类实现。报文标记即为数据包设置不同的优先级，可以通过优先级映射和重标记优先级实现。
■ 流量监管、流量整形和接口限速
流量监管和流量整形可以将业务流量限制在特定的带宽内，当业务流量超过额定带宽时，超过的流量将被丢弃或缓存。其中，**将超过的流量丢弃的技术称为流量监管（入或出方向），将超过的流量缓存的技术称为流量整形（仅出方向）**。针对接口的入/出两个方向限速，可分别看成是基于接口的流量监管和基于接口的流量整形。
■ 拥塞管理和拥塞避免
在网络发生拥塞时，拥塞管理将报文放入队列中缓存，**并采取某种调度算法安排报文的转发次序**。而拥塞避免可以监督网络资源的使用情况，**当发现拥塞有加剧的趋势时采取主动丢弃报文的策略**，通过调整流量来解除网络的过载。

以上所说的这些 QoS 服务中，报文分类和标记是实现差分服务的前提和基础；流量监管、流量整形、接口限速、拥塞管理和拥塞避免从不同方面对网络流量及其分配的资源实施控制，是提供差分服务的具体体现。这些 QoS 技术在网络设备上的处理顺序如图 12-1 所示，而这些 QoS 技术在网络中的通常应用位置如图 12-2 所示。

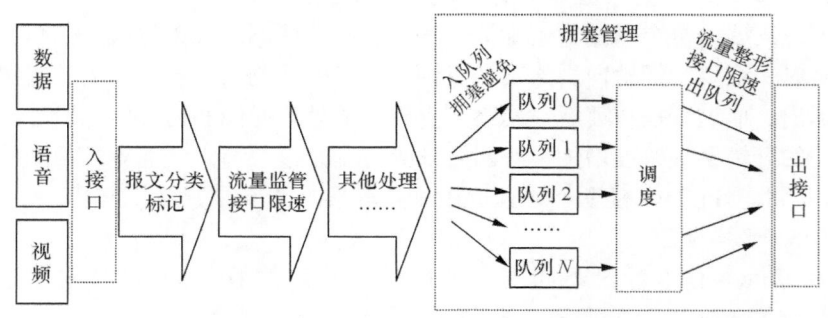

图 12-1　QoS 技术处理流程示意

从图 12-2 可以看出，报文分类和标记是在流量进入接口的方向上应用，而拥塞管理、拥塞避免、流量整形是在接口出方向上应用。但流量监管和接口限速可同时应用于接口入方向和出方向。

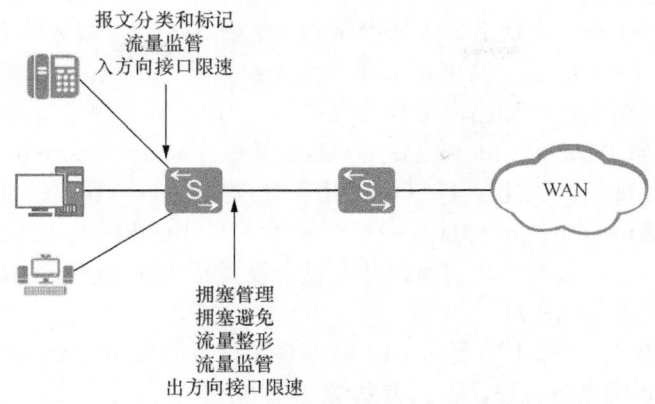

图 12-2　各 QoS 技术在网络中的常见应用位置

12.1.4　QoS 优先级

QoS 技术之所以可以为不同业务提供区分的服务水平，其本质原因就是事先已为这些不同类型的业务报文配置了不同的优先级，然后根据这些不同优先级就可以对不同的报文提供不同的处理、转发优先级。但是报文有多种类型，也就有多种不同类型的 QoS 优先级，如二层 VLAN 数据帧中的 802.1p 优先级，三层 IP 数据包中根据采用的不同 IP 协议版本有两种优先级：IP 优先级和 DSCP 优先级，而 MPLS 报文携带的是 EXP 优先级。本节对这几种 QoS 优先级分别予以介绍。

1．VLAN 帧头中的 802.1p 优先级

二层帧中的优先级是专门针对 VLAN 帧的，因为普通二层帧中是不携带优先级字段的。VLAN 帧中的优先级就是我们通常所说的 802.1p 优先级（由 IEEE 802.1p 协议定义），位于 VLAN 帧中的"802.1Q Tag"字段的"PRI"子字段中，如图 12-3 所示。

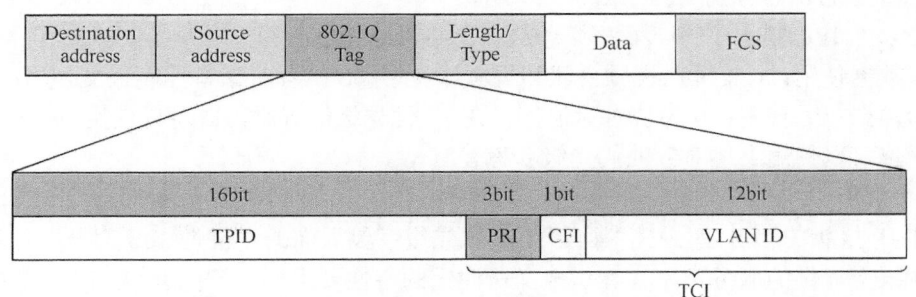

图 12-3　VLAN 帧中的 802.1p 优先级字段

IEEE 802.1p 是 IEEE 802.1Q（VLAN 标签技术）标准的扩充协议，它们协同工作。IEEE 802.1Q 标准定义了为以太网 MAC 帧添加的标签，但并没有定义和使用优先级字段，而使用 IEEE 802.1p 修改后的以太网 MAC 帧的以太网协议头中则定义了该字段。802.1p 优先级位于二层 VLAN 帧头部，故适用于二层环境下保证 QoS 的场合。4 字节的 802.1Q 标签头包含了 2 字节的 TPID（Tag Protocol Identifier，标签协议标识，取值为 0x8100）和 2 字节的 TCI（Tag Control Information，标签控制信息），参见图 12-3。

TCI 部分中 PRI 子字段就是 802.1p 优先级，也称为 CoS（服务分类）优先级。它由 3 位组成，取值范围为 0～7，共可表示 8 个优先级。其中，最高优先级为 7，应用于网络管理和关键性网络流量，如路由选择信息协议（RIP）和开放最短路径优先（OSPF）协议的路由表更新；优先级 6 和 5 主要用于延迟敏感（**delay-sensitive**）应用程序，分别对应交互式话音和视频；优先级 1～4 主要用于受控负载（**controlled-load**）应用程序、流式多媒体（**streaming multimedia**）、关键性业务流量（**business-critical traffic**），如 SAP 数据和后台流量。优先级 0 是缺省值，并在没有设置其他优先级值的情况下自动启用。

2. 两种 IP 数据包优先级

根据运行的 IP 协议版本的不同，IP 数据包中携带的优先级类型也不同，具体包括 IP 优先级和 DSCP 优先级两种，下面分别予以介绍。

（1）ToS 字段标的 IP 优先级

在早期的 RFC 791 标准中，IP 数据包是依赖 ToS（Type of Service，服务类型）字段来标识数据优先级值的。ToS 是 IP 数据包中的 IP 报头中的一个字段（共 1 字节），用来指定 IP 数据包的优先级，设备会优先转发 ToS 值高的数据包。

ToS 字段共一字节（8 位），包括 3 个部分：0～2 共 3 位用来定义数据包的 IP 优先级（IP Precedence）、ToS 和最后一个固定为 0 的位，如图 12-4 所示。

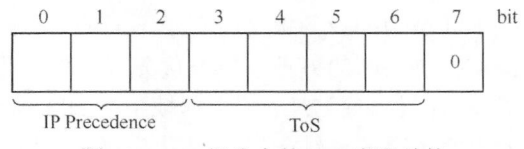

图 12-4　IP 报头中的 ToS 字段结构

1）IP Precedence

IP 优先级，共 3 位，取值范围为 0～7（值越大，优先级越高）。用名称表示时，这 8 个取值分别为 **routine**（普通，值为 000）、**priority**（优先，值为 001）、**immediate**（快速，值为 010）、**flash**（闪速，值为 011）、**flash-override**（急速，值为 100）、**critical**（关键，值为 101）、**internetwork control**（网间控制，值为 110）和 **network control**（网络控制，值为 111），分别对应于数字 0～7。

在以上 IP 优先级值中，6 和 7 一般保留给网络控制类报文使用，比如路由；5 推荐给话音数据使用；4 推荐由视频会议和视频流使用；3 推荐给话音控制报文使用；1 和 2 推荐给数据业务使用；0 为缺省标记值。在 IP 优先级配置时，既可以使用 0～7 这样的数值，也可以使用上述对应的优先级名称。

2）ToS

在 IP 报头的 ToS 字段中，紧接着 IP 优先级字段后面的 4 位是 ToS 部分，代表需要为对应报文提供的服务类型（标识报文所注重的特性要求）。一开始，在 RFC 791 中只用到了第 3～5 位，分别代表 IP 数据包在 Delay（延时）、Throughput（吞吐量）、Reliability（可靠性）这三方面的特性要求（**每个报文在这 3 位中只有 1 位可能置 1，此时表示 IP 数据包在对应方面有特别要求**）。后来在 RFC1349 标准中又扩展到第 6 位，表示 IP 数据包在路径开销（Cost）方面的特别要求。

要注意的是，虽然 **ToS 部分共有 4 位，但每个 IP 数据包中这 4 位中只能有一位为 1**，所以实际只有 5 个取值（包括全为 0 的值）。这 5 个值所对应的名称和数值分别为 **normal**（一般服务，取值为 0000）、**min-monetary-cost**（最小开销，取值为 0001，确保路径开销最小）、**max-reliability**（最高可靠性，0010，确保可靠性最高）、**max-throughput**（最大吞吐量，取值为 0100，确保传输速率最高）、**min-delay**（最小时延，取值为 1000，确保传输时延最小）。

（2）DS 字段的 DSCP 优先级

在后来新的 RFC 2474 标准中，重新定义了原来 IP 报头的 ToS 字段，并改称为 DS（Differentiated Services，差分服务）字段，也是共一字节（8 位），具体如图 12-4 所示。总的来说，第 0～5 位（共 6 位）用来表示 DSCP（Differentiated Services Code Point，差分服务代码点）优先级，取值范围为 0～63，一共能标识出 64 个优先级值（值越大，优先级越高），最后两位（第 6、7 位）保留，用于显示拥塞通知（Explicit Congestion Notification，ECN）。

（3）IP 优先级与 DSCP 优先级的对应关系

DSCP 优先级是向后兼容 IP 优先级的，当支持 DSCP 的设备收到仅支持 ToS 中的 IP 优先级的报文时，缺省情况下它们之间有一种映射关系，具体见表 12-1。当然，如果设备仅支持 ToS 的 IP 优先级，缺省情况下是不能识别报文中的 DSCP 优先级值的，这时需要事先在接收设备配置好 DSCP 优先级与 IP 优先级的映射关系。这方面的内容具体在本章后面介绍。

表 12-1　　　　　　　　　　　　IP 优先级与 DSCP 优先级值的对应关系

3 位 IP 优先级的值	对应的 ToS 字段高 6 位						对应的 6 位 DSCP 优先级	3 位 IP 优先级的值	对应的 ToS 字段高 6 位						对应的 6 位 DSCP 优先级
	7	6	5	4	3	2			7	6	5	4	3	2	
0	0	0	0	0	0	0	0	4	1	0	0	0	0	0	32
	0	0	0	0	0	1	1		1	0	0	0	0	1	33
	0	0	0	0	1	0	2		1	0	0	0	1	0	34
	0	0	0	0	1	1	3		1	0	0	0	1	1	35
	0	0	0	1	0	0	4		1	0	0	1	0	0	36
	0	0	0	1	0	1	5		1	0	0	1	0	1	37
	0	0	0	1	1	0	6		1	0	0	1	1	0	38
	0	0	0	1	1	1	7		1	0	0	1	1	1	39
1	0	0	1	0	0	0	8	5	1	0	1	0	0	0	40
	0	0	1	0	0	1	9		1	0	1	0	0	1	41
	0	0	1	0	1	0	10		1	0	1	0	1	0	42
	0	0	1	0	1	1	11		1	0	1	0	1	1	43
	0	0	1	1	0	0	12		1	0	1	1	0	0	44
	0	0	1	1	0	1	13		1	0	1	1	0	1	45
	0	0	1	1	1	0	14		1	0	1	1	1	0	46
	0	0	1	1	1	1	15		1	0	1	1	1	1	47
2	0	1	0	0	0	0	16	6	1	1	0	0	0	0	48
	0	1	0	0	0	1	17		1	1	0	0	0	1	49
	0	1	0	0	1	0	18		1	1	0	0	1	0	50
	0	1	0	0	1	1	19		1	1	0	0	1	1	51
	0	1	0	1	0	0	20		1	1	0	1	0	0	52
	0	1	0	1	0	1	21		1	1	0	1	0	1	53
	0	1	0	1	1	0	22		1	1	0	1	1	0	54
	0	1	0	1	1	1	23		1	1	0	1	1	1	55
3	0	1	1	0	0	0	24	7	1	1	1	0	0	0	56
	0	1	1	0	0	1	25		1	1	1	0	0	1	57
	0	1	1	0	1	0	26		1	1	1	0	1	0	58
	0	1	1	0	1	1	27		1	1	1	0	1	1	59
	0	1	1	1	0	0	28		1	1	1	1	0	0	60
	0	1	1	1	0	1	29		1	1	1	1	0	1	61
	0	1	1	1	1	0	30		1	1	1	1	1	0	62
	0	1	1	1	1	1	31		1	1	1	1	1	1	63

3. MPLS 报文中的 EXP 优先级

因为在 MPLS 网络中，整个 IP 报文部分都将被作为数据部分重新封装，所以不能直接利用 IP 报头中的 IP 或 DSCP 优先级来识别报文的优先级，为此就在新封装的 MPLS 报头部分专门进行了优先级定义，这就是 EXP 优先级，如图 12-5 所示。

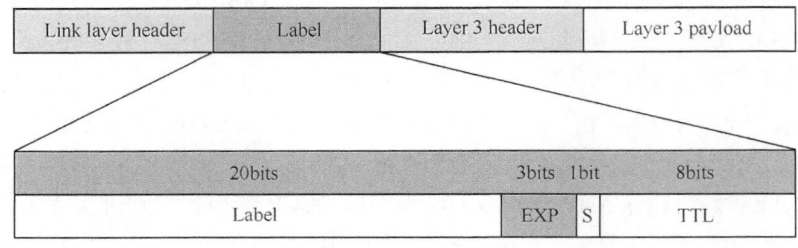

图 12-5　MPLS 标签字段格式

在新增的 MPLS 标签部分中，共包括以下 4 个子字段。

- Label：20 比特，MPLS 标签值字段，用于指导 MPLS 报文的转发。
- Exp：3 比特，MPLS 报文优先级，用于扩展，现在通常用作 CoS（服务类型）。
- S：1 比特，栈底标识。MPLS 支持标签的分层结构，即多重标签，S 值为 1 时表明此 MPLS 标签为最底层标签。
- TTL：8 比特，和 IP 分组中的 TTL（Time To Live）意义相同。

对于 MPLS 报文，通常将标签信息中的 EXP 域作为 MPLS 报文的 CoS 域，与 IP 网络的 ToS 域等效，用来区分数据流量的服务等级，以支持 MPLS 网络的 DiffServ。EXP 字段表示 8 个传输优先级，按照优先级从高到低顺序取值为 7、6、…、1 和 0。

缺省的情况下，在 MPLS 网络的边缘，将 IP 报文的 IP 优先级直接复制到 MPLS 报文的 EXP 字段；但是在某些情况下，如 ISP 不信任用户网络，或者 ISP 定义的差别服务类别不同于用户网络，则可以根据一定的分类策略，依据内部的服务等级重新设置 MPLS 报文的 EXP 字段，而在 MPLS 网络转发的过程中保持 IP 报文的 ToS 字段值不变。

在 MPLS 网络的中间节点，根据 MPLS 报文的 EXP 字段值对报文进行分类，并实现拥塞管理、流量监管或者流量整形。**有关 MPLS 和 MPLS VPN 的技术原理、应用方案配置与管理方法请参见《华为 MPSL 技术学习指南》和《华为 MPLS VPN 学习指南》两本教材。**

12.1.5　QoS 中的 PHB 行为

在 IETF RFC 2597 标准中定义了 PHB（Per-Hop Behavior，逐跳行为），通过 PHB 值可以确定在网关处对 IP 数据包的转发行为。PHB 可以用优先级来定义，也可以用一些可见的服务特征如报文延迟、抖动或丢包率来定义。

PHB 值是通过前面介绍 DSCP 优先级部分的第 0～4 位来标识的，其中第 0～2 位叫 CSCP（Class Selector Code Point，类别选择代码点），用来标识 PHB 类别（PHB Class）值，共 8 个值，对应表示为 CS0～CS7，对应于 RFC 791 定义的 8 个 IP 优先级值。相同的 CSCP 值代表一类 DSCP。第 3～4 位用来标识 PHB 类选择（PHB Class Selector）值，如图 12-6 所示。PHB 类别值和 PHB 类别选择值共同组成 PHB 值。DSCP 值是由 PHB 的 5 位再加上 DSCP 中的第 5 位（固定为 0）得出。

　　以上 CS0～CS7 一共 8 个 PHB 行为最终被分成了 4 类：CS（Class Selector，类别选择）、EF（Expedited Forwarding，加速转发）、AF（Assured Forwarding，确保转发）和 BE（Best-Effort，尽力而为）。其中，BE 是缺省的 PHB。

　　每个 PHB 在设备内部都有对应的服务等级，不同的服务等级将决定不同流的拥塞管理策略。同时每个 PHB 又再被划分为 3 个颜色（Color，也可叫丢弃优先级），分别用 Green、Yellow 和 Red 表示，不同的颜色将决定不同流的拥塞避免策略。在配置 DSCP 优先级时，既可以使用对应的

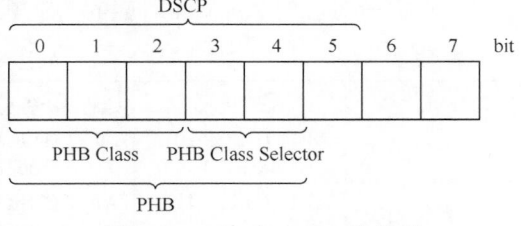

图 12-6　PHB 与 DSCP 的关系

DSCP 名称，如 CS6、CS7、AF11、AF12（在 CS1～CS4 中每个包含了一组 DSCP 值，所以要指定具体的 DSCP 名称），又可使用对应的 DSCP 十进制值，如 48、56 等。

　　1．CS PHB

　　CS 代表的服务等级与网络中使用的 IP Precedence 相同。在 RFC 2474 中，CS 分成了 CS7 和 CS6 两个等级，默认用于协议报文，如企业内部各个交换机之间的 STP、LLDP、LACP 报文等。如果这些报文无法接收，则会引起协议中断。其中，CS6 用于网间控制，对应的 DSCP 为 110000，即十进制的 48；CS7 用于网内控制，对应的 DSCP 值为 111000，即十进制的 56。

　　2．EF PHB

　　在 RFC 3246 标准中定义了 EF，定义为这样的一种转发处理：从任何 DS 节点发出的信息流速率在任何情况下必须获得等于或大于设定的速率。**EF PHB 在 DS 域内不能被重新标记，仅允许在边界节点重新标记。**

　　EF 对应前面的 CS5，即在 DS 字段中的第 0～2 位取值为 101，第 3～4 位取值固定为 11，第 5 位固定为 0，这样一来，对应的 DSCP 值就为 46（101110）。EF 流要求低时延、低抖动、低丢包率，对应于实际应用中的视频、语音、会议电视等实时业务。EF 用于承载 VoIP 语音的流量，或者企业内部视频会议的数据流，因为语音业务的报文要求低延迟、低抖动、低丢包率，其重要程度仅次于协议报文。

　　3．AF PHB

　　AF 的推出是为了满足这样的需求：用户在与 ISP 订购带宽服务时，允许业务量超出所订购的规格。对不超出所订购规格的流量要求确保转发的质量；对超出规格的流量将降低服务待遇继续转发，而不只是简单地被丢弃。AF 流要求较低的延迟、低丢包率、高可靠性，对应于数据可靠性要求高的业务，如电子商务、企业 VPN 等。

　　在 RFC 2597 中，AF 又被划分为 4 个等级，即为 AF1～AF4。它们使用了 DS 字段中的第 0～2 位定义 PHB 类别，而使用 DS 字段中的第 3 和 4 位代表报文的"丢弃优先级"，用 AF（x，y）表示，其中 x 表示流分类，y 表示对应的丢弃优先级。

　　说明　所谓"确保转发"就是允许管理员在没有超过线路允许速率的情况下提供尽可能

的传输质量保证，但如果超出用户线路速率，则可能在出现拥塞时丢弃数据包。

在 AF PHB 中定义的 4 种 PHB 的值分别为 001、010、011 和 100（对应 CS1～CS4），它们本身代表了流的不同优先级（**值越大转发优先级越高**），然后通过第 3 和 4 位的丢弃优先级值（取非 0 的 3 个值，分别为 01、10 和 11，**值越大丢弃优先级越高**）进一步区分同一类流不同 IP 数据包的丢弃优先级。它们共同针对 4 种 PHB 分类组成了 4 组 AF 等级，它们所对应的 AF 值和对应的 DSCP 值见表 12-2（此时第 5 位的值固定为 0）。

表 12-2　　　　　　　　　　　　　　　**4 组 AF PHB 等级**

丢弃优先级	Class 1	Class 2	Class 3	Class 4
低丢弃优先级	AF11 (DSCP 10)： 001010	AF21 (DSCP 18)： 010010	AF31 (DSCP 26)： 011010	AF41 (DSCP 34)： 100010
中丢弃优先级	AF12 (DSCP 12)： 001100	AF22 (DSCP 20)： 010100	AF32 (DSCP 28)： 011100	AF42 (DSCP 36)： 100100
高丢弃优先级	AF13 (DSCP 14)： 001110	AF23 (DSCP 22)： 010110	AF33 (DSCP 30)： 011110	AF43 (DSCP 38)： 100110

以上说到的 4 种 AF PHB 所对应的服务如下。

■ AF4 用来承载语音的信令流量，即 VoIP 业务的协议报文。

■ AF3 可以用作远端设备的 Telnet、FTP 等服务。这些业务对带宽要求适当，但是对网络时延、抖动都非常敏感，同时要求完全可靠的传输，不能出现丢包。

■ AF2 可以用来承载企业内部 IPTV 的直播流量，可以保证在线视频业务的流畅性。直播业务的实时性强，需要有连续性和大吞吐量的保证，但是允许小规模的丢包。

■ AF1 用作企业内部普通数据流业务，例如 E-Mail。普通数据对实时性和抖动等因素要求都不高，只要保证不丢包地传达即可。

4．BE PHB

BE 对应于传统的 IP 报文投递服务，只关注可达性，其他方面没有任何要求，对应的 DSCP 值为 000000，即十进制的 0。任何交换机必须支持 BE PHB。BE 用于尽力而为的服务，用作不紧急、不重要、不需要负责的业务，如员工 HTTP 网页浏览业务。

12.1.6　QoS 优先级映射

由于报文在传输途中需要经过不同设备，而这些设备可能所运行的协议类型（如有的运行 RFC791 定义的 IP 协议，有的运行 RFC1349 及以后版本定义的 IP 协议，还可能运行的是 MPLS 协议）不同，经过封装后报文类型（二层数据帧变成了 IP 数据包，或者 MPLS 数据包）也可能发生变化，此时，如何把报文在传输途中发生的优先级改变体现在接收设备在执行报文操作时所依据的优先级上就是一个现实问题。因为只有这样，才能使接收设备按照报文最新具有的优先级进行处理或转发。这就涉及不同类型优先级之间的映射了。

优先级映射用来实现报文携带的 QoS 优先级（统称外部优先级）与设备内部优先级（又称为本地优先级，是设备内部区分报文服务等级的优先级）之间的转换，从而使设备可根据报文 QoS 优先级对应的不同内部优先级提供有差别的 QoS 服务质量。用户可以根据网络规划在不同网络中使用不同的 QoS 优先级字段，例如在 MPLS 网络中使用 EXP、

VLAN 网络中使用 802.1p、IP 网络中使用 DSCP。当报文经过不同网络时，为了保持报文的优先级，需要在连接不同网络的设备上配置这些优先级字段的映射关系。当设备连接不同网络时，所有进入设备的报文，其外部优先级字段（包括 MPLS EXP、802.1p 和 DSCP）都被映射为内部优先级；设备发出报文时，再将内部优先级映射为某种外部优先级字段，具体过程如下。

① 在报文进入设备时，报文携带的 QoS 优先级被映射到设备内部服务等级（也即内部优先级或本地优先级）和颜色。

② 设备根据报文的服务等级及颜色实现拥塞避免。

③ 在报文离开设备时，内部服务等级和颜色被映射为 QoS 优先级。设备根据内部服务等级与 QoS 优先级之间的映射关系确定报文进入的队列，从而针对队列进行流量整形、拥塞避免、队列调度等处理。设备可以修改报文发送出去时所携带的 QoS 优先级，以便其他设备根据报文携带的优先级提供相应的 QoS 服务。

将 QoS 优先级映射到服务等级、颜色是对入方向的报文进行，而将服务等级、颜色映射为 QoS 优先级则是对出方向的报文进行，如图 12-7 所示。

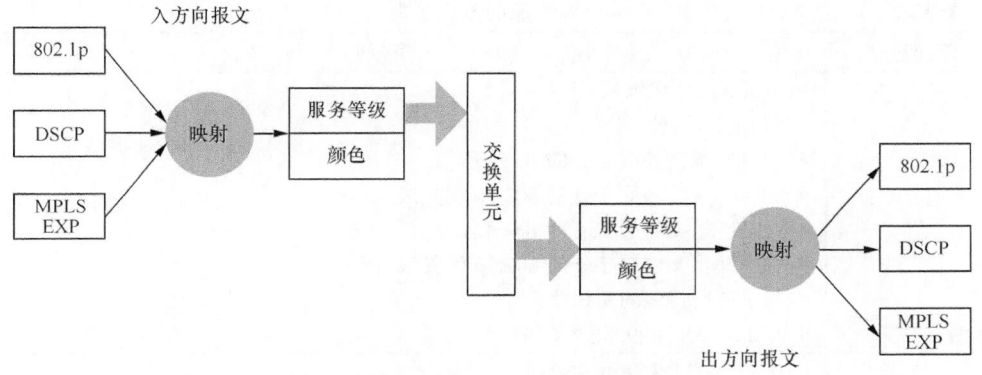

图 12-7　QoS 优先级映射流程示意图

服务等级是指报文在设备内部的服务质量，它决定了报文在设备内部所属的队列类型。服务等级也即上节介绍的 8 种 PHB，优先级从高到低依次为 CS7、CS6、EF、AF4、AF3、AF2、AF1、BE。

颜色是指报文在设备内部的丢弃优先级，用于决定同一个队列内部当队列发生拥塞时报文的丢弃顺序。颜色有 3 种取值，IEEE 定义的优先级从低到高依次为 Green、Yellow、Red。丢弃优先级的高低实际取决于对应参数的配置。

12.2　MQC 配置与管理

随着网络中 QoS 业务的不断丰富，在网络规划时若要实现对不同流量（如不同业务或不同用户）的差分服务，会使部署比较复杂。MQC（模块化 QoS 命令行，也即以前版本中所称的"复杂 QoS 流策略"）的出现，使用户能对网络中的流量进行精细化处理，用户可以更加便捷地针对自己的需求对网络中的流量提供不同的服务，完善了网络的服务能力。MQC 可通过将具有某类共同特征的报文划分为一类，并为同一类报文配置相同的服务水平，也可以对不同类的报文配置不同的服务水平。

12.2.1　MQC 简介

MQC 是一种模块化配置 QoS 服务的方式，包含 3 大主要步骤，也即 3 个要素：流分类（traffic classifier）、流行为（traffic behavior）和流策略（traffic policy）。基本思想就是先对要进行 QoS 服务质量进行配置的流选择一个分类的标准，然后定义一个流行为，即对符合分类条件的流进行的动作，最后就是把前面的流分类和流行为绑定起来，在对应的位置进行应用，使在特定范围内、符合分类条件的流都将应用相同的流动作。

1. 流分类

流分类（traffic classifier）用来定义一组流量匹配规则，以对报文进行分类。不同类型流的分类规则见表 12-3，所包含的命令将在下节介绍。

表 12-3　　　　　　　　　　　　　　　　　流的分类规则

流层级	分类规则
二层	• 目的 MAC 地址 • 源 MAC 地址 • VLAN 报文外层 Tag 的 ID 信息 • VLAN 报文外层 Tag 的 802.1p 优先级 • VLAN 报文内层 Tag 的 ID 信息 • VLAN 报文内层 Tag 的 802.1p 优先级 • 基于二层封装的协议字段 • ACL 4000～4999 匹配的字段
三层	• IP 报文的 DSCP 优先级 • IP 报文的 IP 优先级 • IP 协议类型（IPv4 协议或 IPv6 协议） • TCP 报文的 TCP-Flag 标志 • ACL 2000～3999 匹配的字段 • ACL6 2000～3999 匹配的字段
其他	• 所有报文 • 入接口 • 出接口 • ACL 5000～5999 匹配的字段（自定义 ACL）

流分类中各规则之间的关系分为 and（逻辑"与"）或 or（逻辑"或"），缺省情况下的关系为 or。

■ and：当流分类中有 ACL 规则时，报文必须匹配其中一条 ACL 规则以及**所有非ACL 规则**才属于该类；当流分类中没有 ACL 规则时，报文必须匹配**所有非 ACL 规则**才属于该类。

■ or：当报文只要匹配了流分类中的**一个规则**，设备就认为报文属于该类。

2.　流行为

流行为（traffic behavior）用来定义针对某类报文所进行的 QoS 行为。进行流分类的目的是为了为不同分类流有区别地提供服务，必须与某种流量控制或资源分配的行为关联起来才有意义。具体可使用的流行为已在 12.2.3 节介绍。

3.　流策略

流策略（traffic policy）用来将指定的流分类和流行为绑定，对分类后的报文执行对应流行为中定义的行为。如图 12-8 所示，一个流策略可以绑定多个流分类和流行为，具体将在 12.2.4 节介绍。

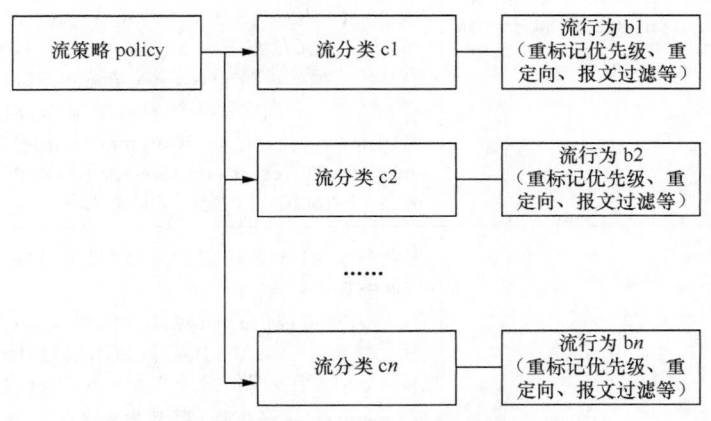

图 12-8　流策略绑定多个流分类和流行为的示例

配置流策略后必须得到应用才能发挥作用，可以将流策略应用到全局、接口（二层/三层物理接口、子接口或者 VLANIF 接口）、VLAN。

12.2.2　配置流分类

配置流分类可以将符合一定规则的报文分为一类，区分出用户流量，是实现差分服务的前提和基础。如果使用 ACL 作为流分类规则，则在配置流分类之前要配置相应的 ACL。**各个流分类的各规则之间属于并列关系，只要匹配规则不冲突，都可以在同一流分类中配置。**

流分类的配置方法很简单，只需以下两步。

① 先在系统视图下使用 **traffic classifier** *classifier-name* [**operator** { **and** | **or** }] 命令创建一个流分类，进入流分类视图。命令中的参数和选项说明如下。

■ *classifier-name*：用来指定所创建的流分类的名称，为 1～31 个字符，**不支持空格，区分大小写。**

■ **and** | **or**：指定各流分类规则之间的关系为逻辑"与"还是"或"，参见上节介绍。

缺省情况下，流分类中各规则之间的关系为逻辑"或"（or）。

② 根据实际情况在表 12-4 中选择配置流分类中的匹配规则。

表 12-4 流分类中可以选择的流分类规则

匹配规则	命令	说明
外层 VLAN ID 或基于 QinQ 报文内外两层 Tag 的 VLAN ID	**if-match vlan-id** *start-vlan-id* [**to** *end-vlan-id*] [**cvlan-id** *cvlan-id*] 例如：[HUAWEI-classifier-class1] **if-match vlan-id** 1 **to** 10	在流分类中创建基于 VLAN ID 进行分类的匹配规则。命令中的参数说明如下。 ① *start-vlan-id* [**to** *end-vlan-id*]：指定匹配报文的起始/结束外层 VLAN ID，取值范围均为 1～4094 的整数。*end-vlan-id* 参数取值必须大于 *start-vlan-id*。 ② *cvlan-id*：可选参数，指定内层 VLAN ID，取值范围也为 1～4094 的整数。 【注意】在盒式系列交换机中仅 S1720X-E、S5720EI、S5720HI、S5730S-EI、S5730SI、S6720EI、S6720HI、S6720LI、S6720S-EI、S6720S-LI、S6720S-SI 和 S6720SI 子系列交换机支持 **cvlan-id** *cvlan-id* 参数。 缺省情况下，流分类中没有基于 VLAN ID 进行分类的匹配规则，可用 **undo if-match vlan-id** *start-vlan-id* [**to** *end-vlan-id*] [**cvlan-id** *cvlan-id*]命令在流分类中删除基于指定 VLAN ID 进行分类的匹配规则
QinQ 报文内外层 VLAN ID	**if-match cvlan-id** *start-vlan-id* [**to** *end-vlan-id*] [**vlan-id** *vlan-id*] 例如：[HUAWEI-classifier-class1] **if-match cvlan-id** 2 **to** 5	配置基于 VLAN ID 进行流分类的匹配规则。命令中的参数说明如下。 ① *start-vlan-id* [**to** *end-vlan-id*]：指定匹配 QinQ 报文的起始/结束内层 VLAN ID，取值范围为 1～4094 的整数，*end-vlan-id* 参数取值必须大于 *start-vlan-id*。 ② *vlan-id*：可选参数，指定匹配 QinQ 报文的外层 VLAN ID，取值范围也为 1～4094 的整数。如果不指定此可选参数，则只匹配 QinQ 报文的内层 VLAN ID。 【注意】在盒式系列交换机中仅 S1720X-E、S5720EI、S5720HI、S5730S-EI、S5730SI、S6720EI、S6720HI、S6720LI、S6720S-EI、S6720S-LI、S6720S-SI 和 S6720SI 子系列交换机支持本命令。 缺省情况下，流分类中没有基于 QinQ 报文内外两层 VLAN ID 进行分类的匹配规则，可用 **undo if-match cvlan-id** *start-cvlan-id* [**to** *end-cvlan-id*] [**vlan-id** *vlan-id*] 命令在流分类中删除基于 QinQ 报文内外两层 VLAN ID 进行分类的匹配规则
VLAN 报文 802.1p 优先级	**if-match 8021p** { *8021p-value* } &<1-8> 例如：[HUAWEI-classifier-class1] **if-match 8021p** 1	配置基于 VLAN 报文的 802.1p 优先级进行流分类的匹配规则。命令中的参数说明如下。 ① *8021p-value*：指定配置 VLAN 报文的 802.1p 优先级值，取值范围为 0～7 的整数，值越大优先级越高。 ② &<1-8>：表示可以最多配置 8 个 *8021p-value* 参数值。**无论流分类中各规则间关系是"或"还是"与"，如果在一条命令中输入多个 802.1p 值，则报文只需匹配其中一个 802.1p 值就匹配该规则。** 缺省情况下，流分类中没有基于 VLAN 报文的 802.1p 优先级进行分类的匹配规则，可用 **undo if-match 8021p** 命令在流分类中删除基于 VLAN 报文的 802.1p 优先级进行分类的匹配规则

（续表）

匹配规则	命令	说明
QinQ 报文内层 VLAN 的 802.1p 优先级	**if-match cvlan-8021p** { *8021p-value* } &<1-8> 例如：[HUAWEI-classifier-class1] **if-match cvlan-8021p** 1	配置基于 QinQ 报文内层 802.1p 优先级进行分类的匹配规则。命令中的两个参数同上一命令说明。 【注意】盒式系列交换机中仅 S5720EI、S5720HI、S6720EI、S6720HI 和 S6720S-EI 子系列交换机支持本命令。 缺省情况下，流分类中没有基于 QinQ 报文内层 802.1p 优先级进行分类的匹配规则，可用 **undo if-match cvlan-8021p** 命令在流分类中删除基于 QinQ 报文内层 802.1p 优先级进行分类的匹配规则
丢弃报文	**if-match discard** 例如：[HUAWEI-classifier-class1]**if-match discard**	在流分类中创建基于丢弃报文进行分类的匹配规则。**包含该流分类的报文只能与流量统计和流镜像两种动作绑定。** 【注意】盒式系列交换机中仅 S5720EI、S5720HI、S6720EI、S6720HI 和 S6720S-EI 子系列交换机支持本命令。 缺省情况下，流分类中没有基于丢弃报文进行分类的匹配规则，可用 **undo if-match discard** 命令在流分类中删除基于丢弃报文进行分类的匹配规则
QinQ 报文双层 Tag	**if-match double-tag** 例如：[HUAWEI-classifier-class1]**if-match double-tag**	配置基于双层 Tag 进行流分类的匹配规则。 【注意】盒式系列交换机中仅 S5720EI、S5720HI、S6720EI、S6720HI 和 S6720S-EI 子系列交换机支持本命令。 缺省情况下，流分类中没有基于双层 Tag 进行分类的匹配规则，可用 **undo if-match double-tag** 命令在流分类中删除该匹配规则
目的 MAC 地址	**if-match destination-mac** *mac-address* [*mac-address-mask*] 例如：[HUAWEI-classifier-class1]**if-match destination-mac** 0050-b007-bed3 00ff-f00f-ffff	配置基于报文目的 MAC 地址进行流分类的匹配规则。命令中的参数说明如下。 ① *mac-address*：指定要匹配的目的 MAC 地址，H-H-H 形式，每个 H 代表 4 个十六进制数字。 ② *mac-address-mask*：指定目的 MAC 地址掩码，H-H-H 形式，每个 H 代表 4 个十六进制数字，不能为 0-0-0。MAC 地址的掩码作用与 IP 地址的掩码类似，1 表示匹配该位，0 表示不要匹配，可用于确定一组 MAC 地址。用户可以借助 MAC 地址的掩码，实现对目的 MAC 地址中某几位进行精确匹配，具体使用时可在目的 MAC 地址的掩码中将这几位置 1。 缺省情况下，流分类中没有基于目的 MAC 地址进行分类的匹配规则，可用 **undo if-match destination-mac** 命令删除基于目的 MAC 地址进行流分类的匹配规则
源 MAC 地址	**if-match source-mac** *mac-address* [*mac-address-mask*] 例如：[HUAWEI-classifier-class1] **if-match source-mac** 0050-b007-bed3 00ff-f00f-ffff	配置基于报文源 MAC 地址进行流分类的匹配规则。命令中的参数说明同上一命令，参见即可。 缺省情况下，流分类中没有基于源 MAC 地址进行分类的匹配规则，可用 **undo if-match source-mac** 命令删除基于目的 MAC 地址进行流分类的匹配规则

（续表）

匹配规则	命令	说明
以太网帧头中协议类型字段	**if-match l2-protocol** { **arp** | **ip** | **mpls** | **rarp** | *protocol-value* } 例如：[HUAWEI-classifier-class1] **if-match l2-protocol ip**	配置基于二层报文封装的协议字段进行流分类的匹配规则，但 **S2700SI 交换机不支持本命令**。命令中的参数和选项说明如下。 ① **arp**：多选一选项，指定基于 ARP 字段进行分类。 ② **ip**：多选一选项，指定基于 IP 协议字段进行分类。 ③ **mpls**：多选一选项，指定基于 MPLS 协议字段进行分类。 ④ **rarp**：多选一选项，指定基于 RARP 字段进行分类。 ⑤ *protocol-value*：多选一选项，指定基于协议类型值进行分类，用十六进制表示，取值范围是 0x0000～0xFFFF，输入时必须以 "**0x**" 开始，代表为十六进制格式。ARP 的类型值为 0x0806，IP 协议的类型值为 0x0800，MPLS 协议的类型值为 0x8847，RARP 的类型值为 0x8035。当键入的值小于 0x0600 时匹配的是 LLC（Logical Line Control，逻辑链路控制）协议中的 DSAP（Destination Service Access Point，目的服务访问点）和 SSAP（Source Service Access Point，源服务访问点）。 **本命令为覆盖式命令**，即在同一流分类视图下多次配置基于二层封装的协议字段进行流分类的匹配规则后，**按最后一次配置生效**。 缺省情况下，流分类中没有基于二层封装的协议字段进行分类的匹配规则，可用 **undo if-match l2-protocol** 命令来在流分类中删除基于二层封装的协议字段进行分类的匹配规则
所有报文	**if-match any** 例如：[HUAWEI-classifier-class1] **if-match any**	在流分类中创建基于所有数据报文进行分类的匹配规则。 缺省情况下，流分类中没有基于所有数据报文进行分类的匹配规则，可用 **undo if-match any** 命令在流分类中删除基于所有数据报文进行分类的匹配规则
IP 报文的 DSCP 优先级	**if-match dscp** *dscp-value* **&<1-8>** 例如：[HUAWEI-classifier-class1] **if-match dscp 10**	配置基于报文 DSCP 值的匹配规则。命令中的参数说明如下。 ① *dscp-value* 用来指定要匹配的 DSCP 值，取值范围为 0～63 的整数，也可以为 DSCP 的服务类型名称，它们对应的取值分别为：af11（10）、af12（12）、af13（14）、af21（18）、af22（20）、af23（22）、af31（26）、af32（28）、af33（30）、af41（34）、af42（36）、af43（38）、cs1（8）、cs2（16）、cs3（24）、cs4（32）、cs5（40）、cs6（48）、cs7（56）、default（0）、ef（46）。缺省情况下的值为 0。 ② **&<1-8>**：表示最多可以带 8 个 *dscp-value* 参数值。无论流分类中各规则间的关系是 "或" 还是 "与"，如果在一条命令中输入多个 DSCP 值，则报文只需匹配其中一个 DSCP 值就匹配该规则。 【注意】不能在一个逻辑关系为 "与" 的流分类中同时配置本命令和前面介绍的 **if-match ip-precedence** 命令。 缺省情况下，流分类中没有基于报文 DSCP 值进行分类的匹配规则，可用 **undo if-match dscp** 命令在流分类删除基于报文 DSCP 值进行分类的匹配规则

（续表）

匹配规则	命令	说明
IP 报文的 IP 优先级	**if-match ip-precedence** *ip-precedence-value* &<1-8> 例如：[HUAWEI-classifier-class1] **if-match ip-precedence** 1	配置基于 IP 优先级进行分类的匹配规则。命令中的参数说明如下。 ① *ip-precedence-value*：用来指定要匹配的 IP 优先级值，取值范围为 0～7 的整数。 ② &<1-8>：表示最多可以带 8 个 *ip-precedence-value* 参数值。无论流分类中各规则间的关系是"或"还是"与"，如果在一条命令中输入多个 IP 值，则报文只需匹配其中一个 IP 值就匹配该规则。 【注意】不能在一个逻辑关系为"与"的流分类中同时配置本命令和 **if-match dscp** 命令。 缺省情况下，流分类中没有基于 IP 优先级进行分类的匹配规则，可用 **undo if-match ip-precedence** 命令在流分类中删除基于 IP 优先级进行分类的匹配规则
报文三层协议类型	**if-match protocol** { **ip** | **ipv6** } 例如：[HUAWEI-classifier-class1] **if-match protocol ip**	配置基于 IPv4 或者 IPv6 协议进行流分类的匹配规则。 缺省情况下，流分类中没有基于 IP 优先级进行分类的匹配规则，可用 **undo if-match ip-precedence** 命令在流分类中删除基于 IP 优先级进行分类的匹配规则
TCP 报文 SYN Flag	**if-match tcp syn-flag** { *syn-flag-value* | **ack** | **fin** | **psh** | **rst** | **syn** | **urg** } 例如：[HUAWEI-classifier-class1] **if-match tcp syn-flag ack**	配置基于 TCP 报文头中的 SYN 标志字段进行流分类的匹配规则。命令中的参数和选项说明如下。 ① *syn-flag-value*：多选一参数，指定用于匹配的 TCP 报文头中 SYN 标志字段的值，取值范围为 0～63 的整数。 ② **ack**：多选一选项，指定用于匹配的 TCP 报文头中 SYN 标志字段的 ACK 标志位。 ③ **fin**：多选一选项，指定用于匹配的 TCP 报文头中 SYN 标志字段的 FIN 标志位。 ④ **psh**：多选一选项，指定用于匹配的 TCP 报文头中 SYN 标志字段的 PSH 标志位。 ⑤ **rst**：多选一选项，指定用于匹配的 TCP 报文头中 SYN 标志字段的 RST 标志位。 ⑥ **syn**：多选一选项，指定用于匹配的 TCP 报文头中 SYN 标志字段的 SYN 标志位。 ⑦ **urg**：多选一选项，指定用于匹配的 TCP 报文头中 SYN 标志字段的 URG 标志位。 缺省情况下，流分类中没有基于 TCP 报文头中的 SYN 标志字段进行分类的匹配规则，可用 **undo if-match tcp** 命令在流分类中删除基于 TCP 报文头中的 SYN 标志字段进行分类的匹配规则
入接口	**if-match inbound-interface** *interface-type interface-number* 例如：[HUAWEI-classifier-class1]**if-match inbound-interface** gigabitethernet 0/0/1	配置基于入接口对报文进行流分类的匹配规则。参数 *interface-type interface-number* 用来指定要匹配的入接口类型和编号。 【注意】包含该流分类的流策略不能应用在出方向，包含该流分类的流策略不能应用在接口视图。 缺省情况下，流分类中没有基于入接口对报文进行分类的匹配规则，可用 **undo if-match inbound-interface** 命令在流分类中删除基于入接口对报文进行分类的匹配规则

（续表）

匹配规则	命令	说明
出接口	**if-match outbound-interface** *interface-type interface-number* 例如：[HUAWEI-classifier-class1]**if-match inbound-interface** gigabitethernet 0/0/2	配置基于出接口对报文进行流分类的匹配规则。参数 *interface-type interface-number* 用来指定要匹配的出接口类型和编号。 【注意】在盒式系列交换机中仅 S5720EI、S5720HI、S6720EI、S6720HI 和 S6720S-EI 子系列交换机支持本命令，但 S5720HI 和 S6720HI 子系列不支持将包含该流分类的流策略应用在入方向。包含该流分类的流策略不能应用在接口视图。 缺省情况下，流分类中没有基于入接口对报文进行分类的匹配规则，可用 **undo if-match outbound-interface** 命令在流分类中删除基于出接口对报文进行分类的匹配规则
ACL 规则	**if-match acl** { *acl-number* | *acl-name* } 例如：[HUAWEI-classifier-class1] **if-match acl** 2001	使用 ACL 作为流分类规则，{ *acl-number* | *acl-name* }参数分别用来指定要匹配的 ACL 号或 ACL 名称 【注意】必须先配置相应的 ACL 规则，无论流分类中各规则间的关系是"或"还是"与"，执行一次命令，如果某 ACL 规则中有多个 rule，报文只需匹配其中一个 rule 就匹配该 ACL 规则
流 ID	**if-match flow-id** *flow-id* 例如：[HUAWEI-classifier-class1] **if-match flow-id** 1	在流分类中创建基于流 ID 进行分类的匹配规则。流 ID 的取值范围为 1～8。在盒式系列交换机中仅 S5720EI、S6720EI 和 S6720S-EI 子系列交换机支持此命令。 【说明】执行该命令前，需要先完成以下操作： ① 在流行为视图下执行命令 **remark flow-id** 为目标流量添加流 ID； ② 在系统视图下执行命令 **traffic classifier** 创建流分类，但不是与本命令在同一个流策略中。 包含 **if-match flow-id** 匹配规则的流策略只能应用在接口、VLAN、全局的入方向。 **if-match flow-id** 命令为覆盖式命令，即在同一流分类视图下多次配置基于流 ID 进行流分类的匹配规则后，按最后一次配置生效。 缺省情况下，流分类中没有基于流 ID 进行分类的匹配规则，可用 **undo if-match flow-id** 命令在流分类中删除基于流 ID 进行分类的匹配规则

配置好流分类后，可以通过执行 **display traffic classifier user-defined** [*classifier-name*]任意视图命令查看设备上的流分类信息。

12.2.3 配置流行为

配置流行为即为符合流分类规则的流量指定后续行为，是配置流策略的前提条件。设备支持报文过滤、重标记优先级、重标记流 ID、重定向、流量监管、流量统计等动作。**与上节介绍的流分类规则一样，在配置流行为时各行为属于叠加关系，只要不冲突，都可以在同一流行为中配置。**本节先从宏观的角度集中介绍华为设备中所支持的以上几类流行为及对应的配置命令，具体的技术原理和配置方法将在本章的后面介绍。

定义流行为的配置方法也很简单，只需以下两步。

① 先在系统视图下使用 **traffic behavior** *behavior-name* 命令创建一个流行为并进入流行为视图，或进入已存在的流行为视图。

② 根据实际情况选择表 12-5 中的一条或多条命令定义流行为中的动作。

表 12-5　　　　　　　　　　　　　　可以配置的流行为动作

动作	命令
配置报文过滤	**deny** | **permit**
配置重标记优先级	**remark 8021p** [*8021p-value* | **inner-8021p**]：重标记报文 802.1p 优先级。 **remark dscp** { *dscp-name* | *dscp-value* }：重标记报文 DSCP 优先级。 **remark local-precedence** { *local-precedence-name* | *local-precedence-value* } [**green** | **yellow** | **red**]：重标记内部优先级。 **remark ip-precedence** *ip-precedence*：重标记报文 IP 优先级
配置重标记目的 MAC 地址	**remark destination-mac** *mac-address*
配置重标记流 ID	**remark flow-id** *flow-id*
配置重定向	**redirect cpu**：重定向报文到 CPU。 **redirect interface** *interface-type interface-number* [**forced**]：重定向报文到指定接口
配置流量监管	**car**（根据不同系列交换机有不同的命令格式）
配置层次化流量监管	**car** *car-name* **share**
配置流镜像	**mirroring to observe-port** *observe-port-index*
配置策略路由	redirect [**vpn-instance** *vpn-instance-name*] **ip-nexthop** { *ip-address* [**track-nqa** *admin-name test-name*] } &<1-4> [**forced** | **low-precedence**]*：重定向报文到单个下一跳 IP 地址。 **redirect** [**vpn-instance** *vpn-instance-name*] **ip-multihop** { **nexthop** *ip-address* } &<2-4>：重定向报文到多个下一跳 IP 地址
配置禁止 MAC 地址学习	**mac-address learning disable**
配置 VLAN Mapping	**remark vlan-id** *vlan-id* **remark cvlan-id** *cvlan-id*
配置灵活 QinQ	**add-tag vlan-id** *vlan-id*
配置流量统计	**statistic enable**

配置好流行为后，可以通过 **display traffic behavior user-defined** [*behavior-name*] 任意视图命令查看流行为的配置信息。

12.2.4　配置流策略

通过配置流策略，将流分类和流行为绑定起来，形成完整的策略。这一步的配置也很简单，具体见表 12-6。

表 12-6　　　　　　　　　　　　　　流策略配置步骤

步骤	命令	说明
1	**system-view** 例如：<HUAWEI> **system-view**	进入系统视图

（续表）

步骤	命令	说明
2	**traffic policy** *policy-name* [**match-order** { **auto** | **config** }] [**atomic**] 例如：[HUAWEI] **traffic policy** p1	创建一个流策略并进入流策略视图，或进入已存在的流策略视图。命令中的参数和选项说明如下。 ① *policy-name*：指定流策略名称。 ② **match-order** { **auto** | **config** }：可选项，指定流策略中流分类的匹配顺序，选择 **auto** 选项时，表示此顺序是由系统预先指定的流分类类型的优先级决定。该优先级排序如下：基于二层和三层信息流分类 ＞ 基于二层信息流分类 ＞ 基于三层信息流分类，较节省系统 ACL 资源。选择 **config** 选项时，表示此顺序由流分类与流行为绑定的先后顺序决定，需要消耗系统更多 ACL 资源。 【注意】关于 **auto** 和 **config** 这两种匹配顺序，在不同子系列中的实际应用有所不同，具体如下。 ● 在 S1720GFR、S1720GW-E、S1720GWR-E、S1720X-E、S2720EI、S2750EI、S5700LI、S5700S-LI、S5710-X-LI、S5720LI、S5720S-LI、S5720SI、S5720S-SI、S5730SI、S5730S-EI、S6720LI、S6720S-LI、S6720SI、S6720S-SI 上子系列交换机不支持这两个可选项。 ● 对于 S5720HI 和 S6720HI，无论 **match-order** 指定为 **auto** 还是 **config**，流策略中的流分类始终按照 **config** 的匹配顺序生效。 ● 对于 S5720EI、S6720EI、S6720S-EI，**match-order** 指定为 **config** 时，对于应用到入方向的流策略，其包含的流分类按照 **config** 的匹配顺序生效；对于应用到出方向的流策略，即使 **match-order** 指定为 **config**，其包含的流分类仍然按照 **auto** 的匹配顺序生效。 ● 对于 S5720EI、S6720EI、S6720S-EI，如果流策略中的流行为包含以下动作：**mac-address learning disable**、**remark 8021p**、**remark cvlan-id**、**remark flow-id**，即使 **match-order** 指定为 **config**，其包含的流分类仍然按照 **auto** 的匹配顺序生效。 ③ **atomic**：可选项，指定流策略的原子属性。也就是说，指定该选项后，如果流策略中包含 ACL 配置并且已经被应用到指定对象，则动态刷新 ACL 配置不会造成业务中断。 缺省情况下，系统未创建任何流策略，可用 **undo traffic policy** *policy-name* 命令删除指定的流策略
3	**classifier** *classifier-name* **behavior** *behavior-name* 例如：[HUAWEI-trafficpolicy-p1] **classifier** c1 **behavior** b1	在流策略中为指定的流分类配置所需流行为，即绑定前面已定义好的流分类和流行为。 缺省情况下，流策略中没有绑定流分类和流行为，可用 **undo classifier** *classifier-name* 命令在流策略中取消流分类和流行为的绑定

12.2.5　应用流策略

绑定了流行为与流分类的完整流策略可应用到交换机全局、接口（包括二层/三层物理接口、VLANIF 接口和以太网子接口）或 VLAN 上，实现针对不同业务的差分服务。

下面分别介绍不同应用方式的具体配置方法。

1. 在全局应用流策略

在全局应用流策略是指在交换机所有端口的某个方向上应用所创建的流策略，具体配置方法是在系统视图下执行 **traffic-policy** *policy-name* **global** { **inbound** | **outbound** } [**slot** *slot-id*]命令在全局，或具体单板，或具体 slot 上应用指定的流策略。命令中的参数和选项说明如下。

■ *policy-name*：指定要应用的流策略的名称，即上节创建的流策略。

■ **inbound** | **outbound**：在入方向或出方向上应用流策略。

■ **slot** *slot-id*：可选参数，指定要应用流策略的堆叠成员的 ID 号，或者框式交换机上要应用流策略的单板所在的槽位号，如果不指定本参数，则流策略应用在当前堆叠的所有设备，或者当前在位的所有单板上。

缺省情况下，没有在全局应用任何流策略，可用 **undo traffic-policy** [*policy-name*] **global** { **inbound** | **outbound** } [**slot** *slot-id*]命令删除在全局应用的流策略。

注意 在全局应用流策略时要注意以下几个方面。

■ **全局或 slot 或单板的每个方向上只能应用一个流策略**，如果在全局某方向应用了流策略，则不能在单板或 slot 的该方向上再次应用流策略。指定单板或 slot 在某方向应用流策略后，也不能在全局的该方向上再次应用流策略。

■ 堆叠情况下，全局应用的流策略在所有堆叠交换机上的所有接口和 VLAN 生效，系统对进入所有堆叠交换机的所有匹配流分类规则的入方向或出方向报文流实施策略控制。指定 **slot** *slot-id* 应用的流策略仅在该堆叠 ID 的堆叠交换机的所有接口和 VLAN 生效，系统对进入该堆叠交换机的所有匹配流分类规则的入方向或出方向报文流实施策略控制。

■ 非堆叠情况下，全局应用的流策略在本交换机的所有接口和 VLAN 生效，系统对进入本交换机的所有匹配流分类规则的入方向或出方向报文流实施策略控制。指定 **slot** *slot-id* 应用的流策略等同于全局应用的流策略。

2. 在接口上应用流策略

在接口上应用流策略是在具体接口视图下进行配置的，具体步骤见表 12-7。**每个接口的每个方向上能且只能应用一个流策略**，但同一个流策略可以同时应用在不同接口的不同方向。应用后，系统对流经该接口并匹配流分类中规则的入方向或出方向报文实施策略控制。但是流策略对 VLAN 0 的报文不生效。

表 12-7　　　　　　　　　　　　在接口上应用流策略的配置步骤

步骤	命令	说明
1	**system-view** 例如：\<HUAWEI\> **system-view**	进入系统视图
2	**interface** *interface-type interface-number*[.*subinterface-number*] 例如：[HUAWEI] **interface** gigabitethernet 0/0/1	进入物理接口、子接口或 VLANIF 接口视图。 【注意】在应用流策略时，不同系列交换机可以选择的接口类型有所不同。

（续表）

步骤	命令	说明
2	**interface** *interface-type interface-number*[*.subinterface-number*] 例如：[HUAWEI] **interface** gigabitethernet 0/0/1	• 在盒式系列交换机中，仅 S6720EI、S6720S-EI、S5720HI、S6720HI 和 S5720EI 子系列支持以太网子接口配置。 • 在 S7700 和 S9700 上仅 E 系列、X 系列、F 系列和 S 系列中的 SC 单板支持配置以太网子接口。 • 在 S7900 上，X 系列、E3E 系列和 E3S 系列单板支持配置以太网子接口。 • 在盒式系列交换机中，仅 S5720EI、S5720HI、S6720EI、S6720HI 和 S6720S-EI 子系列交换机上支持在 VLANIF 接口上应用流策略。 • 仅 hybrid 和 trunk 类型接口支持配置二层或三层 Dot1q 或 QinQ VLAN 终结以太网子接口，但接口加入 Eth-Trunk 后，该成员接口上不能配置子接口。当设备的 VCMP 角色是 Client 时，不能配置 VLAN 终结子接口。 • 要配置纯三层以太网子接口，则需要先对 hybrid 和 trunk 类型二层以太网物理接口执行 **undo portswitch** 命令转换成三层模式
3	**traffic-policy** *policy-name* { **inbound** | **outbound** } 例如：[HUAWEI-GigabitEthernet0/0/1] **traffic-policy** p1 **inbound**	在接口或子接口视图上应用流策略，命令中的参数和选项参见前面流策略在全局中的应用配置介绍。在 VLANIF 接口上应用流策略时仅支持 **inbound** 选项。 【注意】在接口上应用流策略时应注意以下几点。 • 在盒式系列交换机中，仅 S5720EI、S5720HI、S6720EI、S6720HI 和 S6720S-EI 支持在子接口下应用流策略，子接口上仅支持 **inbound** 选项。 • 建议不要在 Untagged 类型接口出方向上应用包含有 **remark 8021p**、**remark cvlan-id**、**remark vlan-id** 等动作的流策略，否则可能导致报文内容出错。 • 如果流策略包含的流行为配置了如下动作，则不能在 VLANIF 接口上应用该流策略：**remark vlan-id**（仅当设备为 S5720HI 和 S6720HI 时）、**remark cvlan-id**、**remark 8021p**、**remark flow-id** 和 **mac-address learning disable**。 • 每个 VLANIF 接口的入方向上能且只能应用一个流策略，但同一个流策略可以同时应用在不同 VLANIF 接口的入方向。对于应用流策略的 VLANIF 接口，其对应的 VLAN 不能是 Super-VLAN 或 MUX VLAN。 • 对于 **S5720HI** 和 **S6720HI**、**X** 系列单板，应用在 **VLANIF** 接口上的流策略只对相应 **VLANIF** 下的单播报文生效。 • 对于 S5720EI、S6720EI 和 S6720S-EI，以及其他单板，应用在 VLANIF 接口上的流策略只对相应 VLANIF 下的单播报文及三层组播报文生效。 缺省情况下，接口上没有应用任何流策略，可用 **undo traffic-policy** [*policy-name*] { **inbound** | **outbound** } 命令取消在接口上应用流策略

3. 在 VLAN 上应用流策略

在 VLAN 上应用流策略必须在对应的 VLAN 视图下进行配置。应用后，系统对属于该 VLAN 并匹配流分类规则的入方向或出方向的二层报文实施策略控制。但是如果匹配到 VLAN 0 报文，则流策略不生效。

在 VLAN 上应用流策略的配置方法是在对应 VLAN 视图下使用 **traffic-policy** *policy-name* **global** { **inbound** | **outbound** }命令进行。缺省情况下，VLAN 上没有应用任何流策略，可用 **undo traffic-policy** [*policy-name*] { **inbound** | **outbound** }命令取消在加入了对应 VLAN 上应用的流策略。

以上 MQC 配置好后，可通过以下任意视图 **display** 命令查看相关配置，验证配置的结果，通过以下用户视图 **reset** 命令清除相关配置。

■ **display traffic classifier user-defined** [*classifier-name*]：查看已配置的流分类信息。

■ **display traffic behavior user-defined** [*behavior-name*]：查看已配置的流行为信息。

■ **display traffic policy user-defined** [*policy-name* [**classifier** *classifier-name*]]：查看用户定义的流策略的配置信息。

■ **display traffic-applied** [**interface** [*interface-type interface-number*] | **vlan** [*vlan-id*]] { **inbound** | **outbound** } [**verbose**]：查看全局、VLAN 或接口上应用的基于 ACL 的简化流策略和基于 MQC 的流策略配置信息。

■ **display traffic policy** { **interface** [*interface-type interface-number* [*.subinterface-number*]] | **vlan** [*vlan-id*] | **ssid-profile** [*ssid-profile-name*] | **global** } [**inbound** | **outbound**]：查看已配置的流策略信息。

■ **display traffic-policy applied-record** [*policy-name*]：查看指定流策略的应用记录。

■ **display traffic policy statistics** { **global** [**slot** *slot-id*] | **interface** *interface-type interface-number* [*.subinterface-number*] | **vlan** *vlan-id* | **ssid-profile** *ssid-profile-name* } { **inbound** | **outbound** } [**verbose** { **classifier-base** | **rule-base** } [**class** *classifier-name*]]，查看全局、指定接口、指定 VLAN 或指定 SSID 模板下应用流策略后的报文统计信息。

■ **reset traffic policy statistics** { **global** [**slot** *slot-id*] | **interface** *interface-type interface-number* [*.subinterface-number*] | **vlan** *vlan-id* | **ssid-profile** *ssid-profile-name* } { **inbound** | **outbound** }：清除全局、指定接口、指定 VLAN 或指定 SSID 模板下应用流策略后的报文统计信息。

12.3　DiffServ 域模式 QoS 优先级映射配置与管理

DiffServ 域由一组采用相同的服务提供策略和实现了相同 PHB 组集合的相连 DS 节点组成，由 DiffServ 边界节点和 DiffServ 内部节点组成，边界节点构成了 DiffServ 域的边界，内部节点构成了 DiffServ 域的核心。在同一个 DiffServ 域，各节点所定义的报文的 QoS 优先级和 PHB 行为/颜色之间的映射关系是相同的。用户可以通过 **display diffserv domain** 命令查看 DiffServ 域中定义的映射关系和报文颜色。

设备中缺省存在一个名为 default 的 DiffeServ 域，除了这个域，华为设备最多允许创建 7 个 DiffServ 域，在不同 DiffeServ 域中针对不同应用需求配置不同 QoS 优先级与内部优先级的映射关系。对于预先设定的 **default** 域，用户只能修改其映射关系，不能删除。

DiffServ 域中可以定义两类报文优先级（即 802.1p 和 DSCP）与 PHB 行为/颜色之间的映射关系。DiffServ 域模式优先级映射就是用来实现报文携带的 QoS 优先级与设备内部优先级（又称为本地优先级，或 PHB 行为/颜色）之间的转换，设备从而根据内部优先级提供有差别的 QoS 服务质量。

携带 QoS 优先级的报文到达设备后，报文所携带的各种外部优先级（如 802.1p、DSCP）需要被映射成设备的本地优先级，这样设备才能够识别出该如何处理这个报文。而报文离开设备时，本地优先级又需要被映射成某种外部优先级值，从而保证报文到达下一台设备时，设备能够继续根据报文中携带的外部优先级字段提供差分服务。由此可以看出，优先级映射是对报文分类的基础，也是有区别地实施服务的前提。

注意 在华为 S 交换机中，仅 S5720EI、S5720HI、S6720EI、S6720HI 和 S6720S-EI，以及 S700 及以上系列框式交换机支持 DiffServ 域模式优先级映射配置方式。

12.3.1 DiffServ 域中缺省映射关系

前面说过，华为设备上有一个 default 域，它定义了缺省情况下报文的优先级和 PHB 行为/颜色之间的映射关系。Default 域中包括以下三方面的映射关系，如果使用 default 域，可根据实际需要修改这些 QoS 优先级与 PHB 行为/颜色之间的映射关系。

- 802.1p 优先级到 PHB 行为/颜色的映射关系。
- DSCP 优先级到 PHB 行为/颜色的映射关系。
- MPLS 报文的 EXP 优先级到 PHB 行为/颜色的映射关系。

1. 802.1p 优先级到 PHB 行为/颜色的缺省映射关系

根据 12.1.6 节介绍的优先级映射原理知道，QoS 优先级映射是双向的，即在报文进入设备时，报文携带的 QoS 优先级会被映射到设备内部服务等级（也叫内部优先级或本地优先级，与 PHB 行为也是一一对应的）和颜色，以便本地设备确定对报文的处理方式和所进入的转发端口队列；而在报文离开设备时，内部服务等级和颜色又会被映射为对应的 QoS 优先级，以便下游设备识别报文的优先级。故在介绍 QoS 优先级映射时要分入方向和出方向分别进行介绍。

接口入方向上 VLAN 报文的 802.1p 优先级和 PHB 行为/颜色之间的缺省映射关系见表 12-8。从中可以看出，缺省情况下，802.1 优先级（从低到高）与 PHB 行为（从 BE 到 CS7）是一一对应的，而且缺省情况下报文的颜色全是 Green（在实际应用中通过配置可以在报文进入设备时标记为其他颜色）。

表 12-8 **DiffServ 域中接口入方向上 802.1p 优先级和 PHB 行为/颜色之间的缺省映射关系**

802.1p 优先级	PHB 行为	Color
0	BE	green
1	AF1	green

（续表）

802.1p 优先级	PHB 行为	Color
2	AF2	green
3	AF3	green
4	AF4	green
5	EF	green
6	CS6	green
7	CS7	green

接口出方向上 VLAN 报文的 PHB 行为/颜色到 802.1p 优先级之间的缺省映射关系见表 12-9。从中可以看出，PHB 行为（从 BE 到 CS7）与 802.1 优先级（从低到高）也是一一对应的，但此时报文的颜色可以是任意的。这是因为报文在经过出方向映射离开设备之前还需要经过设备的本地处理，而在这个过程中，设备可能会重新配置，把具有不同本地优先级的报文标记成不同颜色，以方便下游设备对该报文进行相应的处理。

表 12-9　DiffServ 域中接口出方向上 PHB 行为/颜色和 802.1p 优先级之间的缺省映射关系

PHB 行为	Color			802.1p 优先级
BE	green	yellow	red	0
AF1	green	yellow	red	1
AF2	green	yellow	red	2
AF3	green	yellow	red	3
AF4	green	yellow	red	4
EF	green	yellow	red	5
CS6	green	yellow	red	6
CS7	green	yellow	red	7

2. DSCP 优先级到 PHB 行为/颜色的缺省映射关系

接口入方向上 IP 报文的 DSCP 优先级和 PHB 行为/颜色之间的映射关系见表 12-10。从中可以看出，缺省情况下，凡是携带有 BE、EF、CS6 和 CS7 PHB 行为对应的 DSCP 优先值的报文都缺省映射为绿色，AF1～AF4 这 4 个级别 PHB 行为，每个级别映射为 4 个 DSCP 优先级值（对应 4 个不同丢弃优先级），且均是 DSCP 值较低的两个 DSCP 优先级值缺省映射为绿色，后面两个分别映射为黄色和红色。

表 12-10　DiffServ 域中接口入方向上 DSCP 优先级和 PHB 行为/颜色之间的缺省映射关系

DSCP	PHB 行为	Color	DSCP	PHB 行为	Color
8	AF1	Green	28	AF3	Yellow
10	AF1	Green	30	AF3	Red
12	AF1	Yellow	32	AF4	Green
14	AF1	Red	34	AF4	Green
16	AF2	Green	36	AF4	Yellow
18	AF2	Green	38	AF4	Red
20	AF2	Yellow	40	EF	Green
22	AF2	Red	48	CS6	Green
24	AF3	Green	56	CS7	Green
26	AF3	Green	其他 DSCP 值	BE	Green

在 DiffServ 域模型中，DiffServ 域中接口出方向上 IP 报文的 PHB 行为/颜色和 DSCP 优先级之间的映射关系见表 12-11。从中可以看出，缺省情况下，BE、EF、CS6 和 CS7 4 种 PHB 行为中，不管其报文颜色是什么均映射到唯一的一个 DSCP 优先值，但是 AF1～AF4 中，不同颜色映射到不同的 DSCP 优先级值。

表 12-11　DiffServ 域中接口出方向上 PHB 行为/颜色和 DSCP 优先级之间的缺省映射关系

PHB 行为	Color	DSCP
BE	Green　yellow　red	0
AF1	green	10
AF1	yellow	12
AF1	red	14
AF2	green	18
AF2	yellow	20
AF2	red	22
AF3	green	26
AF3	yellow	28
AF3	red	30
AF4	green	34
AF4	yellow	36
AF4	red	38
EF	green　yellow　red	46
CS6	green　yellow　red	48
CS7	green　yellow　red	56

3. MPLS 报文的 EXP 优先级到 PHB 行为/颜色的缺省映射关系

仅 S5720EI、S5720HI、S6720EI、S6720HI 和 S6720S-EI，以及框式系列交换机支持 MPLS EXP 与 PHB 行为、颜色之间的映射。

在 DiffServ 域中，接口入方向上 MPLS 报文的 EXP 优先级和 PHB 行为/颜色之间的缺省映射关系见表 12-12。从中可以看出，缺省情况下，8 个由低到高（0～7）的 EXP 优先级缺省情况下与 8 个由低到高（BE～CS7）的 PHB 行为进行一一对应的映射，标识的报文颜色均为绿色。

表 12-12　DiffServ 域中接口入方向上 EXP 优先级和 PHB 行为/颜色之间的缺省映射关系

EXP 优先级	PHB 行为	Color
0	BE	green
1	AF1	green
2	AF2	green
3	AF3	green
4	AF4	green
5	EF	green
6	CS6	green
7	CS7	green

接口出方向上 MPLS 报文的 PHB 行为/颜色和 EXP 优先级之间的缺省映射关系见表 12-13。从中可以看出，缺省情况下，只要是同一 PHB 行为的报文，不管被标识为什

么颜色，最终映射的是同一个 EXP 优先级值，至于下游设备如何处理该 MPLS 报文，则由对应的报文颜色决定。

表 12-13　　DiffServ 域中接口出方向上 PHB 行为/颜色和 EXP 优先级之间的缺省映射关系

PHB 行为	Color	EXP 优先级
BE	green yellow red	0
AF1	green yellow red	1
AF2	green yellow red	2
AF3	green yellow red	3
AF4	green yellow red	4
EF	green yellow red	5
CS6	green yellow red	6
CS7	green yellow red	7

4. 服务等级与端口队列索引关系

缺省情况下，内部优先级（报文的服务等级）与端口队列的对应关系也是一一对应的。在实际部署时，有时需要调整服务等级与队列的映射关系，或者将不同的服务等级放入同一队列中进行调度，从而有效地节约设备缓存。设备按照内部优先级将报文送入不同的端口队列，从而针对队列进行流量整形、拥塞避免、队列调度等处理。

框式交换机中 FC 和 SC 系列单板内部优先级与各队列之间的对应关系见表 12-14，S5720EI、S5720HI、S6720EI、S6720HI 和 S6720S-EI 子系列，以及框式交换机非 FC 和 SC 系列单板的内部优先级与各队列之间的对应关系见表 12-15。

表 12-14　　　　FC 和 SC 系列单板内部优先级与各队列之间的对应关系

内部优先级	队列索引
BE（未知单播报文、组播报文、广播报文）	0
AF1（未知单播报文、组播报文、广播报文）	1
AF2（未知单播报文、组播报文、广播报文）	1
AF3（未知单播报文、组播报文、广播报文）	1
AF4（未知单播报文、组播报文、广播报文）	2
EF（未知单播报文、组播报文、广播报文）	2
CS6（未知单播报文、组播报文、广播报文）	6
CS7（未知单播报文、组播报文、广播报文）	6
BE（已知单播报文）	0
AF1（已知单播报文）	1
AF2（已知单播报文）	2
AF3（已知单播报文）	3
AF4（已知单播报文）	4
EF（已知单播报文）	5
CS6（已知单播报文）	6
CS7（已知单播报文）	7

表 12-15 非 FC 和 SC 系列单板和 S5720EI、S5720HI、S6720EI、S6720HI 和 S6720S-EI
内部优先级与各队列之间的对应关系

内部优先级	队列索引
BE	0
AF1	1
AF2	2
AF3	3
AF4	4
EF	5
CS6	6
CS7	7

12.3.2 DiffServ 域模式优先级映射应用场景

如图 12-9 所示，企业园区网络中存在语音、数据和视频等多种业务流，当企业用户的不同业务流量进入 ISP 网络时，需要在整个网络中对 3 类业务区分优先级，保证语音优先级一直最高、视频其次、数据优先级最低，这样设备可以根据优先级的高低对 3 类业务提供不同的 QoS 服务。

不同网络中的报文使用不同的优先级字段，例如二层网络中的报文使用 802.1p 优先级，三层网络中的报文使用 DSCP 优先级。报文在进入设备时，设备将报文携带的优先级映射到内部服务等级和颜色，再根据服务等级和颜色对报文进行不同的 QoS 服务。报文在出设备时，设备可以根据内部服务等级和颜色重标记报文优先级，以便后续网络根据报文优先级进行服务。

此时我们需要在不同位置进行不同的部署。

■ SwitchA 入方向配置流策略将语音、视频、数据 3 类业务重标记为不同的 802.1p 优先级，其中语音优先级最高、视频其次、数据最低。

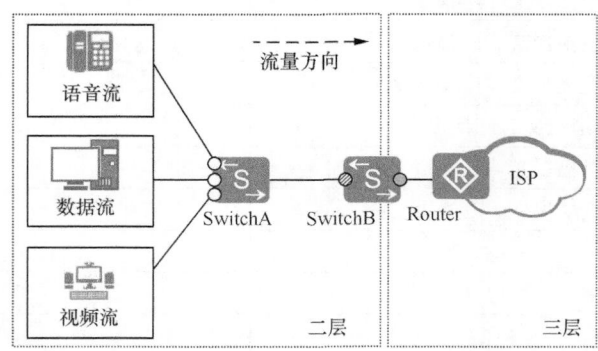

○ 入方向配置基于流的重标记优先级
◎ 入方向配置 802.1p 到服务等级 / 颜色的映射
● 出方向根据服务等级 / 颜色重标记 DSCP

图 12-9 DiffServ 域模式优先级映射应用示意图

■ SwitchB 入方向将 802.1p 优先级映射为服务等级和颜色，SwitchB 根据服务等级和颜色为报文提供不同的 QoS 服务。

■ SwitchB 出方向根据服务等级和颜色重标记 DSCP 优先级，以便后续三层网络根据 DSCP 优先级为 3 类业务提供不同的 QoS 服务。

12.3.3　配置 DiffServ 域模式优先级映射

在 DiffServ 域模式中，优先级映射所涉及的配置任务如下。

（1）配置优先级信任模式

在设备接口入方向上，配置优先级信任模式可以确定设备根据哪种优先级进行映射，因为报文中可能同时在不同报头携带有多种不同的 QoS 优先级。

（2）（可选）配置端口优先级

仅当接口收到不带 VLAN Tag 的报文时（如连接主机的接口），在设备内部转发时需要为其添加端口优先级，根据此优先级查找 802.1p 优先级到内部优先级（以 PHB 行为和颜色表示）的映射表，然后为报文标记内部优先级。而对于接收到的带 VLAN 标签的报文，入方向根据报文携带的 802.1p 优先级，按照缺省的映射关系将 802.1p 优先级映射为内部优先级。

（3）配置 DiffServ 域

当设备作为 DiffServ 域和其他网络的边界节点时，需要配置内部优先级和外部优先级的相互映射关系。

■ 当业务流流入设备时，设备将报文携带的优先级信息映射到相应的 PHB 行为/颜色，在设备内部根据报文的 PHB 行为进行拥塞管理，根据报文的颜色进行拥塞避免。

■ 当业务流流出设备时，设备将报文的 PHB 行为/颜色映射为相应的优先级，对端设备根据报文的优先级提供相应的 QoS 服务。

配置 DiffServ 域可以确定报文 QoS 优先级与内部优先级（服务等级、PHB 行为/颜色）的映射关系。以便设备根据内部优先级提供有差别的 QoS 服务。

（4）应用 DiffServ 域

将 DiffServ 域应用在对象上，使 DiffServ 域中的映射和重标记关系生效。

（5）（可选）配置内部优先级和队列之间的映射关系

配置内部优先级与队列的索引关系可以将不同内部优先级的报文送入不同端口队列进行差分服务，因为设备上有缺省的内部优先级与队列索引的关系，该步骤可选。

以上 5 项配置任务的具体配置步骤见表 12-16。对于那些在接口视图下进行的配置，如果需要在多个接口下配置相同的配置，则可选择在对应端口组视图下进行配置，以减少配置的工作量。

表 12-16　　　　　　　　　　DiffServ 域模式下优先级映射配置步骤

步骤	命令	说明
1	**system-view** 例如：\<HUAWEI> **system-view**	进入系统视图
2	**interface** *interface-type interface-number* 例如：[HUAWEI] **interface** ethernet 0/0/1	键入要配置 QoS 优先级映射的接口，进入接口视图

（续表）

步骤	命令	说明
3	**trust** { **8021p** { **inner** | **outer** } | **dscp** } 例如：[HUAWEI-Ethernet0/0/1] **trust 8021p inner**	配置端口的优先级信任模式。命令中的选项说明如下。 ① **8021p**：二选一选项，指定对报文按照 802.1p 优先级进行映射。此时对于带 VLAN Tag 的报文，根据报文自带的 802.1p 优先级，查找 802.1p 优先级到内部优先级的映射表，然后为报文标记内部优先级；对于不带 VLAN Tag 的报文，设备将使用端口优先级，根据此优先级查找 802.1p 优先级到内部优先级的映射表，然后为报文标记内部优先级。 ② **dscp**：二选一选项，指定对报文按照 DSCP 优先级进行映射。 ③ **inner**：二选一选项，指定对报文按照内层 VLAN 的 802.1p 优先级进行映射，当报文携带有多层 VLAN Tag 时才可选择。 ④ **outer**：二选一选项，指定对报文按照外层 VLAN 的 802.1p 优先级进行映射。 【注意】在配置端口优先级信任模式时要注意以下几点。 ● 当在同一接口下同时配置 **trust dscp** 和 **trust 8021p** 时：如果报文为三层报文，则接口信任报文的 DSCP 值；如果报文为二层报文，则接口信任报文的 802.1p 值。 ● 如果在报文的接口出方向既应用了包含 **remark 8021p** 的流策略，又配置了 **trust 8021p**，**remark 8021p** 的优先级高于 **trust 8021p**，报文的 802.1p 值不受 **trust 8021p** 影响。 ● 如果在报文的接口出方向既应用了包含 **remark dscp** 的流策略，又配置了 **trust dscp**，**remark dscp** 的优先级高于 **trust dscp**，报文的 dscp 值不受 **trust dscp** 影响。 ● 对于 S5720EI、S5720HI、S6720EI、S6720HI 和 S6720S-EI，同一接口视图下多次执行 **trust 8021p inner**、**trust 8021p outer** 和 **trust dscp** 命令后，按最后一次配置生效。 缺省情况下，S5720EI、S5720HI、S6720EI、S6720HI 和 S6720S-EI 根据外层 802.1p 优先级对应的映射关系进行映射处理，框式交换机中，S 系列中的 SA 单板不信任任何优先级，S 系列中的 SC 单板和其他系列的单板根据外层 802.1p 优先级对应的映射关系进行映射处理，可用 **undo trust** 命令取消对报文按照某类优先级进行的映射
4	**port priority** *priority-value* 例如：[HUAWEI-Ethernet0/0/1] **port priority** 1	配置端口优先级，取值范围为 0~7 的整数，值越大优先级越高。如果当前接口已加入 Eth-Trunk，则本命令不可用。 在以下两种情况下，会使用到的端口优先级。 ● 接口收到不带 VLAN Tag 的报文，设备要根据端口优先级查找 802.1p 优先级到内部优先级（以 PHB 行为和颜色表示）的映射表，然后为报文标记内部优先级。 ● 若在接口上使用 **trust upstream none** 命令取消了接口优先级映射的功能，报文只要能被转发，都根据端口优先级进行后续的差分服务。

（续表）

步骤	命令	说明
4	**port priority** *priority-value* 例如：[HUAWEI-Ethernet0/0/1] **port priority** 1	【注意】当接口通过 **undo portswitch** 命令切换到三层模式后，不能配置端口优先级值，端口优先级值均为 0。本命令为覆盖式命令，即在同一接口视图下多次执行该命令配置后，按最后一次配置生效。 缺省情况下，端口优先级值为 0，可使用 **undo port priority** 命令恢复端口优先级值为缺省值
5	**quit** 例如：[HUAWEI-Ethernet0/0/1] **quit**	退出接口视图，返回系统视图
6	**diffserv domain** { **default** | *ds-domain-name* } 例如：[HUAWEI] **diffserv domain** d1	创建 DiffServ 域并进入 DiffServ 域视图。命令中的参数和选项说明如下。 ① **default**：二选一选项，指定使用系统预先设定的缺省 DiffServ 域。**default** 域定义了缺省情况下报文的优先级和 PHB 行为/颜色之间的映射关系，参见 12.3.1 节。用户可以修改 **default** 域中定义的映射关系，但不能删除 **default** 域。 ② *ds-domain-name*：二选一参数，指定使用新创建的 DS 域，字符串形式，区分大小写，不支持空格，不能为"n"、"no"、"non"、"none"、"--"，长度范围是 1~31。当输入的字符串两端使用双引号时，可在字符串中输入空格。在新创建的 DiffServ 域中可以定义两类报文优先级（即 802.1p 和 DSCP）与 PHB 行为/颜色之间的映射关系。将 DiffServ 域绑定到接口上时，可以通过本表第 3 步中的 **trust** 命令指定按照 802.1p 或 DSCP 进行优先级映射。除了 **default** 域外，设备最多可创建 7 个域。 缺省情况下，系统预定义了一个名为 default 的 DiffServ 域，可用 **undo diffserv domain** *ds-domain-name* 命令删除指定的 DiffServ 域
7	**8021p-inbound** *8021p-value* **phb** *service-class* [**green** | **yellow** | **red**] 例如：[HUAWEI-dsdomain-ds1] **8021p-inbound** 2 **phb** af1 **yellow**	在接口入方向，将 VLAN 报文的 802.1p 优先级映射为 PHB 行为，并为报文着色。命令中的参数和选项说明如下。 ① *8021p-value*：指定 VLAN 报文的 802.1p 优先级值，整数形式，取值范围是 0~7，值越大优先级越高。 ② *service-class*：指定上述 802.1p 优先级所映射的 PHB 行为。 ③ **green** | **yellow** | **red**：可选项，指定为参数指定的 802.1p 优先级的报文打上对应的绿色、黄色或红色，缺省为绿色。颜色仅用在流量控制时识别是否丢包，对内部优先级与队列的映射关系没有影响。 如果没有指定 802.1p 与服务等级的对应关系，则采取系统缺省的映射关系。 缺省情况下，DiffServ 域中接口入方向上 VLAN 报文的 802.1p 优先级和 PHB 行为/颜色之间的映射关系参见 12.3.1 节表 12-8 的说明，可用 **undo 8021p-inbound** [*8021p-value*] 命令恢复缺省的映射关系。如果不指定参数 *8021p-value*，将恢复所有 802.1p 值与服务等级的映射关系为缺省值

（续表）

步骤	命令	说明
7	**8021p-outbound** *service-class* { **green** | **yellow** | **red** } **map** *8021p-value* 例如：[HUAWEI-dsdomain-ds1] **8021p-outbound af1 yellow map 2**	在接口出方向，将 PHB 行为/颜色映射为 VLAN 报文的 802.1p 优先级。命令中的参数和选项参见上面的 **8021p-inbound** 命令说明。 缺省情况下，DiffServ 域中接口出方向上 VLAN 报文的 PHB 行为/颜色和 802.1p 优先级之间的映射关系参见 12.3.1 节表 12-9 的介绍，可用 **undo 8021p-outbound** [*service-class* { **green** | **yellow** | **red** }] 命令恢复缺省的映射关系。如果没有指定参数 *service-class* 和报文颜色，将恢复所有服务等级和报文颜色与对应的 802.1p 值的缺省配置
	ip-dscp-inbound *dscp-value* **phb** *service-class* [**green** | **yellow** | **red**] 例如：[HUAWEI-dsdomain-ds1] **ip-dscp-inbound 8 phb af1 yellow**	在接口入方向，将 IP 报文的 DSCP 优先级映射为 PHB 行为，并为报文着色。命令中的 *dscp-value* 用来指定 IP 报文的 DSCP 优先级，整数形式，取值范围是 0～63，其他参数和选项参见 **8021p-inbound** 命令说明。 缺省情况下，DiffServ 域中接口入方向上 IP 报文的 DSCP 优先级和 PHB 行为/颜色之间的映射关系参见 12.3.1 节表 12-10 的说明，可用 **undo ip-dscp-inbound** [*dscp-value*] 命令恢复缺省的映射关系。如果不指定参数 *dscp-value*，将恢复所有 dscp 值与服务等级的映射关系为缺省值
	ip-dscp-outbound *service-class* { **green** | **yellow** | **red** } **map** *dscp-value* 例如：[HUAWEI-dsdomain-ds1] **ip-dscp-outbound af1 yellow map 8**	在接口出方向，将 PHB 行为/颜色映射为 IP 报文的 DSCP 优先级。命令中的参数和选项参见上面的 **ip-dscp-inbound** 命令的说明。 缺省情况下，DiffServ 域中接口出方向上 IP 报文的 PHB 行为/颜色和 DSCP 优先级之间的映射关系参见 12.3.1 节表 12-11 的说明，可用 **undo ip-dscp-outbound** [*service-class* { **green** | **yellow** | **red** }] 命令恢复缺省的映射关系。如果没有指定参数 *service-class* 和报文颜色，将恢复所有服务等级和报文颜色与对应的 dscp 值的缺省配置
	mpls-exp-inbound *exp-value* **phb** *service-class* [*color*] 例如：[HUAWEI-dsdomain-ds1] **mpls-exp-inbound 2 phb af1 yellow**	在接口入方向，将 MPLS 报文的 EXP 优先级映射为 PHB 行为，并为报文着色。命令中的参数 *exp-value* 表示 MPLS 报文的 EXP 优先级，整数形式，取值范围是 0～7，值越大优先级越高；*color* 对应前面命令中的 **green** | **yellow** | **red**，其他参数和选项说明参见 **8021p-inbound** 命令的说明。 缺省情况下，DiffServ 域中接口入方向上 MPLS 报文的 EXP 优先级和 PHB 行为、颜色之间的映射关系命令用来恢复缺省的映射关系，参见 12.3.1 节表 12-12 的说明，可用 **undo mpls-exp-inbound** [*exp-value*] 命令恢复缺省的映射关系。如果没有指定参数 *exp-value*，将恢复所有 exp 值与服务等级的映射关系为缺省值
	mpls-exp-outbound *service-class color* **map** *exp-value* 例如：[HUAWEI-dsdomain-ds1] **mpls-exp-outbound af1 yellow map 2**	在接口出方向，将 PHB 行为/颜色映射为 MPLS 报文的 EXP 优先级。命令中的参数说明参见上面的 **mpls-exp-inbound** 命令介绍。 缺省情况下，DiffServ 域中接口出方向上 MPLS 报文的 PHB 行为、颜色和 EXP 优先级之间的映射关系参见 12.3.1 节表 12-13 的说明，可用 **undo mpls-exp-outbound** [*service-class color*] 命令来恢复缺省的映射关系。如果没有指定 *service-class* 和 *color* 参数，将恢复所有服务等级和报文颜色与对应的 exp 值的缺省配置

（续表）

步骤	命令	说明
8	**interface** *interface-type interface-number* 例如：[HUAWEI] **interface** gigabitethernet 0/0/1	进入要应用 DiffServ 域配置的接口的接口视图
9	**trust upstream** { *ds-domain-name* | **default** | **none** } 例如：[HUAWEI-GigabitEthernet 0/0/1] **trust upstream** ds1	在接口上绑定缺省的 DiffServ 域。如果多个接口需要应用相同的 DiffServ 域，可通过端口组进行配置，以减少重复配置工作。命令中的参数和选项说明如下。 ① *ds-domain-name*：多选一参数，指定在以上接口上绑定前面自创建的 DiffServ 域。 ② **default**：多选一选项，指定在以上接口上绑定缺省的 **default** DiffServ 域。 ③ **none**：多选一选项，指定在以上接口上不应用 DiffServ 域，即不信任报文优先级。 【说明】如果接口上配置了 **trust upstream none** 命令，系统对出/入该接口的报文不进行优先级映射。 如果要修改接口下绑定的 DiffServ 域，必须先执行 **undo trust upstream** 命令删除已绑定的 DiffServ 域，再执行本命令重新应用新的 DiffServ 域。 缺省情况下，接口上不应用任何 DiffServ 域，可用 **undo trust upstream** 命令恢复缺省配置
10	**undo qos phb marking enable** 例如[HUAWEI-GigabitEthernet 0/0/1] **undo qos phb marking enable**	（可选）取消对接口出方向的报文进行 PHB 映射。 与 **trust upstream none** 命令不同，在配置 **undo qos phb marking enable** 命令（配置后，系统对出/入接口的报文都不进行 PHB 映射）后，系统对接口出方向的报文不进行 PHB 映射，但不影响系统对入接口的报文进行 PHB 映射。 缺省情况下，对接口出方向的报文进行 PHB 映射，可用 **qos phb marking enable** 命令恢复缺省配置
11	**qos local-precedence-queue-map** *local-precedence queue-index* 例如：[HUAWEI] **qos local-precedence-queue-map af3 2**	（可选）配置内部优先级和队列之间的映射关系，设备依据此映射关系，将报文送入指定队列。在实际配置时，需要确保各节点本地优先级和队列之间的映射关系保持一致，以保证流量在整个网络内获得一致的 QoS 服务。命令中的参数说明如下。 ① *local-precedence*：指定本地优先级的名，**af1**、**af2**、**af3**、**af4**、**be**、**cs6**、**cs7** 或者 **ef**。 ② *queue-index*：指定端口队列的索引，整数形式，取值范围是 0～7。 内部优先级和队列之间的映射关系仅在接口入方向上起作用，即映射关系影响报文流入队列的操作。在系统视图下反复使用本命令，新配置覆盖旧配置。 缺省情况下，本地优先级与各队列之间的对应关系参见 12.3.1 节表 12-14 和表 12-15 的说明，可用 **undo qos local-precedence-queue-map** [*local-precedence*]命令恢复本地优先级和队列之间的映射关系为缺省值。如果不指定 *local-precedence* 参数，则表示恢复所有本地优先级与各队列之间的映射关系

配置好优先级映射后，可在任意视图下执行以下 **display** 命令查看相关配置，验证配置的结果。

- **display diffserv domain** [**all** | **name** *ds-domain-name*]：查看 DiffServ 域的配置信息。
- **display qos local-precedence-queue-map**：查看本地优先级到队列的映射关系。

12.3.4　配置基于 MQC 的重标记优先级

上节介绍的是直接利用报文中原来携带的 QoS 优先级与本地优先级进行映射，以获得本地设备对报文的处理方式。如果想在报文进入设备前改变报文的优先级，以改变报文在进入设备后最终可获得的优先级别，则可通过本节介绍的重标记优先级的方法来实现。通过配置重标记优先级，设备对符合流分类规则的报文的指定优先级字段值进行更改，最终使得这些报文映射到不同的本地优先级，以改变报文在进入设备后最终所获得的优先级。

基于 MQC 的重标记优先级的配置步骤见表 12-17。

表 12-17　　　　　　　　　　基于 **MQC** 的重标记优先级的配置步骤

配置任务	步骤	命令	说明
配置流分类	1	**system-view** 例如：\<HUAWEI\>**system-view**	进入系统视图
	2	**traffic classifier***classifier-name* [**operator** { **and** | **or** }] 例如：[HUAWEI] **traffic classifier** c1 **operator and**	创建一个流分类并进入流分类视图，或进入已存在的流分类视图。命令中的参数和选项说明参见 12.2.2 节介绍
	3	请根据实际情况选择 12.2.2 节表 12-4 中的一个或多个流分类规则	
配置流行为	4	**quit** 例如：[HUAWEI-classifier-c1] **quit**	退出流分类视图，返回系统视图
	5	**traffic behavior***behavior-name* 例如：[HUAWEI] **traffic behavior** b1	创建一个流行为，进入流行为视图
	6	**remark 8021p**[*8021p-value* | **inner-8021p**] 例如：[HUAWEI-behavior-b1] **remark 8021p** 4	（可选）将符合流分类的报文重新标记 802.1p 优先级。命令中的参数和选项说明如下： ① *8021p-value*：二选一参数，用来指定重新标记后的 802.1p 优先级值，取值范围为 0～7 的整数； ② **inner-8021p**：二选一选项，指定重标记的 802.1p 优先级值是从内层继承的。在盒式系列交换机中仅 S5720EI、S5720HI、S6720EI、S6720HI 和 S6720S-EI 支持 **inner-8021p** 选项。 【注意】包含本命令的流策略仅能在入方向应用，在接口出方向应用时，出接口 VLAN 必须工作在 tag 方式，且不会影响当前设备对报文的 QoS 处理，仅会影响下游二层设备对报文的 QoS 处理。但不能在同一个流行为中同时配置本命令和 **remark local-precedence** 命令。如果在报文的接口出方向既应用了包含本命令的流策略又配置了 **trust 8021p** 命令，**remark 8021p** 的

（续表）

配置任务	步骤	命令	说明
配置流行为	6	**remark 8021p**[*8021p-value* | **inner-8021p**] 例如：[HUAWEI-behavior-b1] **remark 8021p 4**	优先级高于 **trust 8021p** 命令，因此 **trust 8021p** 命令的优先级值为重标记后新的 802.1p 值。 本命令为覆盖式命令，即在同一流行为视图下重复使用该命令重新标记 VLAN 报文的 802.1p 优先级后，按最后一次配置生效。 缺省情况下，流行为中没有重标记 VLAN 报文 802.1p 优先级的行为，可用 **undo remark 8021p** 命令在流行为中删除重标记 VLAN 报文 802.1p 优先级的行为
	7	**remark dscp**{ *dscp-name* | *dscp-value* } 例如：[HUAWEI-behavior-b1] **remark dscp af13**	（可选）将符合流分类的报文重新标记 DSCP 值。命令中的参数说明如下： ① *dscp-name*：二选一参数，指定重标记为对应名称的 DSCP 值，可以是 **ef**、**af11**、**af12**、**af13**、**af21**、**af22**、**af23**、**af31**、**af32**、**af33**、**af41**、**af42**、**af43**、**cs1**、**cs2**、**cs3**、**cs4**、**cs5**、**cs6**、**cs7** 或 **default**； ② *dscp-value*：二选一参数，指定重标记为对应 DSCP 值，取值范围为 0~63。 【注意】如果在报文的接口出方向既应用了包含本命令的流策略又配置了 **trust dscp** 命令，本命令的优先级高于 **trust dscp**，报文的 dscp 值不受 **trust dscp** 命令配置的影响。且此时，不会影响当前设备对报文流的 QoS 处理，仅会影响下游三层或三层以上设备对报文流的 QoS 处理。 不能在同一个流行为中同时配置本命令和 **remark ip-precedence** 命令。本命令为覆盖式命令，即在同一流行为视图下多次配置时按最后一次配置生效。 缺省情况下，流行为中没有重标记 IP 报文的 DSCP 优先级的行为，可用 **undo remark dscp** 命令在流行为中删除重标记 IP 报文的 DSCP 优先级的行为
	8	**remark local-precedence** { *local-precedence-name* | *local-precedence-value* } [**green** | **yellow** | **red**] 例如：[HUAWEI-behavior-b1] **remark local-precedence3 green**	（可选）将符合流分类的报文重标记内部优先级值。命令中的参数和选项说明如下： ① *local-precedence-name*：二选一参数，指示以本地优先级名称重标记本地优先级，取值可为 **af1**、**af2**、**af3**、**af4**、**be**、**cs6**、**cs7** 或 **ef**； ② *local-precedence-value*：二选一参数，指示以本地优先级值重标记本地优先级，取值范围为 0~7 的整数，值越大优先级越高； ③ [**green** | **yellow** | **red**]：可选项，指定所重标记后的内部优先级对应的报文颜色分别为绿色、黄色或红色。**盒式系列交换机中仅** S5720EI、S5720HI、S6720EI、S6720HI 和 S6720S-EI 子系列交换机支持。 【注意】重标记报文的内部优先级仅会影响当前设备对报文的 QoS 处理。不能在同一个流行为中同时配

（续表）

配置任务	步骤	命令	说明
配置流行为	8	**remark local-precedence** { *local-precedence-name* | *local-precedence-value* } [**green** | **yellow** | **red**] 例如：[HUAWEI-behavior-b1] **remark local-precedence**3 **green**	置本命令和 **remark 8021p** 命令。包含本命令的流策略仅支持应用于入方向。 本命令为覆盖式命令，即在同一流行为视图下多次配置按最后一次配置生效。 缺省情况下，流行为中没有重标记内部优先级的行为，可用 **undo remark local-precedence** 命令在流行为中删除重标记内部优先级的行为
	9	**remark ip-precedence** *ip-precedence* 例如：[HUAWEI-behavior-b1] **remark ip-precedence 3**	（可选）将符合流分类的报文重标记 IP 优先级值。**框式系列交换机不支持本命令。**参数用来指定重标记后的 IP 优先级值，取值范围为 0～7 的整数，值越大，优先级越高 【注意】包含本命令的流策略仅支持应用于入方向，但不会影响当前设备对报文流的 QoS 处理，仅会影响下游三层或三层以上设备对报文流的 QoS 处理。不能在同一个流行为中同时配置 **remark dscp** 和 **remark ip-precedence**。 本命令为覆盖式命令，即在同一流行为视图下鑫次配置按最后一次配置生效。 缺省情况下，流行为中没有重标记报文的 IP 优先级的行为，可用 **undo remark ip-precedence** 命令取消标记报文的 IP 优先级
配置流策略	10	**quit** 例如：[HUAWEI-behavior-b1] **quit**	退出流行为视图，返回系统视图
	11	**traffic policy***policy-name* 例如：[HUAWEI] traffic policy p1	创建一个流策略并进入流策略视图，或进入已存在的流策略视图
	12	**classifier***classifier-name***behavior***behavior-name* 例如：[HUAWEI-trafficpolicy-p1] **classifier** c1 **behavior** b1	在流策略中为指定的流分类配置所需流行为，即绑定流分类和流行为
应用流策略	13	**quit** 例如：[HUAWEI-trafficpolicy-p1] **quit**	退出流策略视图，返回系统视图
	14	在全局、VLAN 或接口（包括物理接口、子接口和 VLANIF 接口）上应用上述流策略，具体的配置方法参见 12.2.5 节	

12.3.5　DiffServ 域模式优先级映射配置示例

如图 12-10 所示，Switch 通过 GE0/0/3 端口与路由器互连，企业部门 1 和企业部门 2 可经由 Switch 和路由器访问网络。企业部门 1 和企业部门 2 的 VLAN ID 分别为 100、200，且它们的报文 802.1p 值均为 0。

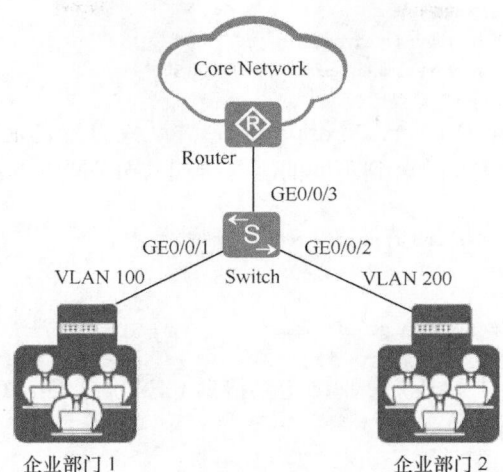

图 12-10　优先级映射配置示例的拓扑结构

现企业部门 1 需要更高的服务等级，以便得到更好的 QoS 保证。这时可通过定义 DiffServ 域，将来自企业部门 1 的数据报文优先级映射为 AF4 PHB 行为，将来自企业分部门 2 的数据报文优先级映射为 AF2 PHB 行为，以提供差分服务（AF4 的优先级要高于 AF2 的优先级）。

1. 基本配置思路分析

本示例的配置思路很简单，就是要在 Switch 上配置基于 802.1p 到 PHB 行为/颜色的优先级映射，然后在连接两部门的接口上应用，使 Switch 为进来的两个部门报文提供不同的 QoS 服务级别。其基本配置思路如下。

① 在 Switch 交换机上创建所需 VLAN 100、VLAN 200，配置各接口类型，并加入对应的 VLAN 中。

② 创建两个不同的 DiffServ 域（因为要配置针对同一个 802.1p 优先级值的不同 PHB 映射），并分配将 802.1p 优先级值 0 映射为不同的 PHB 行为和颜色。其中一个映射为优先级更高的 AF4 PHB 行为，另一个映射为优先级较低的 AF2 PHB 行为。

③ 在 Switch 入 GE0/0/1 和 GE0/0/2 接口上对应绑定以上两个 DiffServ 域。

2. 具体配置步骤

① 创建所需要 VLAN，并把各接口加入对应的 VLAN 中。此处采用 trunk 链路类型，其实对于同一部门划分到同一 VLAN 中的情况，采用其他链路类型配置也可以。

```
<HUAWEI> system-view
[HUAWEI] sysname Switch
[Switch] vlan batch 100 200 300
[Switch] interface gigabitethernet0/0/1
[Switch-GigabitEthernet0/0/1] port link-type trunk
[Switch-GigabitEthernet0/0/1] port trunk allow-pass vlan 100
[Switch-GigabitEthernet0/0/1] quit
[Switch] interface gigabitethernet0/0/2
[Switch-GigabitEthernet0/0/2] port link-type trunk
[Switch-GigabitEthernet0/0/2] port trunk allow-pass vlan 200
[Switch-GigabitEthernet0/0/2] quit
```

```
[Switch] interface gigabitethernet0/0/3
[Switch-GigabitEthernet0/0/3] port link-type trunk
[Switch-GigabitEthernet0/0/3] port trunk allow-pass vlan 100 200 300
[Switch-GigabitEthernet0/0/3] quit
```

② 在 Switch 上创建 DiffServ 域 ds1、ds2，并配置将来自企业部门 1 和企业部门 2 报文中的 802.1p 优先级值 0 映射到不同的服务等级（分别为 AF4 和 AF2）。

```
[Switch] diffserv domain ds1
[Switch-dsdomain-ds1] 8021p-inbound 0 phb af4 green
[Switch-dsdomain-ds1] quit
[Switch] diffserv domain ds2
[Switch-dsdomain-ds2] 8021p-inbound 0 phb af2 green
[Switch-dsdomain-ds2] quit
```

③ 将 DiffServ 域 ds1 和 ds2 分别绑定到接口 GE0/0/1、GE0/0/2，使以上两种优先级映射在具体端口上应用。

```
[Switch] interface gigabitethernet0/0/1
[Switch-GigabitEthernet0/0/1] trust upstream ds1
[Switch-GigabitEthernet0/0/1] quit
[Switch] interface gigabitethernet0/0/2
[Switch-GigabitEthernet0/0/2] trust upstream ds2
[Switch-GigabitEthernet0/0/2] quit
```

配置完成后，可以通过 **display diffserv domain** [**all** | **name** *ds-domain-name*] 命令查看各 DiffServ 域的配置。

12.3.6　基于 MQC 的重标记优先级配置示例

参见上节的图 12-10，不同的只是两个部门分别改为企业分支机构 1 和企业分支机构 2，其中企业分支机构 1 属于 VLAN100，企业分支机构 2 属于 VLAN200。现希望分支机构 1 上送的数据报文能够得到更好的 QoS 保证，实现差分服务。

1. 基本配置思路

上节的示例是在不同 DiffServ 域对两部门报文中携带的 802.1p 优先级分别与不同的 PHB 行为进行映射，以此来使设备对来自不同部门的报文提供不同的处理优先级。而在本示例中，由于并不知道两分支机构发送的 VLAN 报文的优先级值（只知道携带有不同的 VLAN Tag），故不能直接配置 802.1p 与 PHB 行为的映射。这时我们可通过 MQC，依据两分支机构发送的 VLAN 报文中的 VLAN ID 重标记报文不同的 802.1p 优先级值，然后在 Switch 连接两分支机构的接口上应用流策略，就可以根据重标记后的 802.1p 优先级值为来自两分支机构的报文提供不同的优先级处理。

根据 QoS 流策略的"定义流分类""定义流行为""创建流策略"和"应用流策略" 4 个配置任务，可得出本示例的基本配置思路如下。

① 在 Switch 上创建 VLAN，并配置各接口类型为 trunk，实现企业分支机构能通过 Switch 访问网络。

② 在 Switch 上配置流分类，实现基于 VLAN ID 对报文进行分类。

③ 在 Switch 上配置流行为，将企业分支机构 1 和企业分支机构 2 上送的报文的 802.1p 优先级分别重标记为 4 和 2，实现企业分支机构 1 的优先级高于企业分支机构 2。

④ 在 Switch 上配置流策略，绑定已经配置好的流行为和流分类，并应用到接口

GE0/0/1 和 GE0/0/2 的入方向上，实现差分服务。

2. 具体配置步骤

① 在 Switch 上创建 VLAN100 和 VLAN200，并把各接口加入对应的 VLAN 中。此处仍以 trunk 链路类型为例进行介绍，但事实上，如果两分支机构均划分到一个 VLAN 中时，Switch 连接两分支机构的接口也可以配置为其他链路类型。

```
<HUAWEI> system-view
[HUAWEI] sysname Switch
[Switch] vlan batch 100 200
[Switch] interface gigabitethernet 0/0/1
[Switch-GigabitEthernet0/0/1] port link-type trunk
[Switch-GigabitEthernet0/0/1] port trunk allow-pass vlan 100
[Switch-GigabitEthernet0/0/1] quit
[Switch] interface gigabitethernet 0/0/2
[Switch-GigabitEthernet0/0/2] port link-type trunk
[Switch-GigabitEthernet0/0/2] port trunk allow-pass vlan 200
[Switch-GigabitEthernet0/0/2] quit
[Switch] interface gigabitethernet 0/0/3
[Switch-GigabitEthernet0/0/3] port link-type trunk
[Switch-GigabitEthernet0/0/3] port trunk allow-pass vlan 100 200
[Switch-GigabitEthernet0/0/3] quit
```

② 在 Switch 上定义并配置流分类 c1、c2，对来自企业分支机构的报文按照其 VLAN ID 进行分类。

```
[Switch] traffic classifier c1 operator and
[Switch-classifier-c1] if-match vlan-id 100
[Switch-classifier-c1] quit
[Switch] traffic classifier c2 operator and
[Switch-classifier-c2] if-match vlan-id 200
[Switch-classifier-c2] quit
```

③ 在 Switch 上定义并配置流行为 b1、b2，分别重标记分支机构 1 和分支机构 2 的 VLAN 报文的 802.1p 优先级为 4 和 2。

```
[Switch] traffic behavior b1
[Switch-behavior-b1] remark 8021p 4
[Switch-behavior-b1] quit
[Switch] traffic behavior b2
[Switch-behavior-b2] remark 8021p 2
[Switch-behavior-b2] quit
```

④ 在 Switch 上创建流策略 p1，将前面定义的流分类和对应的流行为进行绑定，并将流策略应用到 GE0/0/1 和 GE0/0/2 接口的入方向上，对报文进行重标记。

```
[Switch] traffic policy p1
[Switch-trafficpolicy-p1] classifier c1 behavior b1
[Switch-trafficpolicy-p1] classifier c2 behavior b2
[Switch-trafficpolicy-p1] quit
[Switch] interface gigabitethernet 0/0/1
[Switch-GigabitEthernet0/0/1] traffic-policy p1 inbound
[Switch-GigabitEthernet0/0/1] quit
[Switch] interface gigabitethernet 0/0/2
[Switch-GigabitEthernet0/0/2] traffic-policy p1 inbound
[Switch-GigabitEthernet0/0/2] quit
```

配置好后，可以通过 **display traffic classifier user-defined** 命令查看流分类的配置信息，验证配置结果，具体如下所示。

```
<Switch> display traffic classifier user-defined
  User Defined Classifier Information:
  Classifier: c2
   Operator: AND
   Rule(s) : if-match vlan-id 200

  Classifier: c1
   Operator: AND
   Rule(s) : if-match vlan-id 100
Total classifier number is 2
```

也可以通过指定具体的流策略名查看流策略的配置信息，具体如下所示。

```
<Switch> display traffic policy user-defined p1
  User Defined Traffic Policy Information:
  Policy: p1
   Classifier: c1
    Operator: AND
    Behavior: b1
     Remark:
      Remark 8021p 4
   Classifier: c2
    Operator: AND
    Behavior: b2
     Remark:
      Remark 8021p 2
```

12.4　映射表模式优先级映射配置与管理

用户可以根据网络规划，在不同网络中使用不同的 QoS 优先级字段，例如在 MPLS 网络中使用 EXP、VLAN 网络中使用 802.1p、IP 网络中使用 DSCP。当报文经过不同网络时，为了保持报文的优先级不变，需要在连接不同网络的设备上配置这些优先级之间的映射关系，这就是本节所介绍的映射表模式的优先级映射。

> **注意**　仅 S1720GFR、S1720GW-E、S1720GWR-E、S1720X-E、S2720EI、S2750EI、S5700LI、S5700S-LI、S5710-X-LI、S5720LI、S5720S-LI、S5720SI、S5720S-SI、S5730SI、S5730S-EI、S6720LI、S6720S-LI、S6720SI、S6720S-SI 子系列支持这种映射表优先级配置模式，但不支持本章前面介绍的 DiffServ 域模式优先级映射。

12.4.1　各优先级间的缺省映射关系

在映射表模式下，优先级映射可以实现从 IP 优先级到 802.1p、IP 优先级的映射，以及从 DSCP 到 802.1p、丢弃优先级、DSCP 优先级的映射，具体过程如下。

① 在报文进入设备时，在端口信任报文携带的 DSCP 或者 IP 优先级的情况下，DSCP 或者 IP 根据映射表被映射为 802.1p 优先级。

② 设备根据 802.1p 与本地优先级之间默认的映射关系确定报文进入的端口队列，从而对进入不同队列的报文进行流量整形、拥塞避免、队列调度等处理。

③ 在报文离开设备时，设备修改报文发送出去时所携带的优先级类型或优先级值，以便下游设备可以根据报文的优先级提供相应的 QoS 服务。

缺省情况下，DSCP、IP 优先级映射关系包括：

■ 输入 DSCP 到输出 802.1p、输出丢弃优先级（DP）的映射关系见表 12-18，DSCP 到 DSCP 的优先级映射保持不变；

■ 输入 IP 优先级到输出 802.1p、输出 IP 优先级的映射关系见表 12-19，但仅 **S1720GFR、S2750EI、S5700LI、S5700S-LI** 支持。

表 12-18　　　　　　　　　**DSCP 到 802.1p、DP** 的缺省映射关系

Input DSCP	Output 802.1p	Output DP
0～7	0	0
8～15	1	0
16～23	2	0
24～31	3	0
32～39	4	0
40～47	5	0
48～55	6	0
56～63	7	0

表 12-19　　　　　　　**IP preference 到 802.1p、IP precedence** 的映射关系

Input IP precedence	Output 802.1p	Output IP precedence
0	0	0
1	1	1
2	2	2
3	3	3
4	4	4
5	5	5
6	6	6
7	7	7

从表面上看，在映射表模式下，设备是将进入设备的报文中携带的 DSCP 优先级、IP 优先级，映射成了离开设备时报文携带的另一种优先级。而实际上，在设备内部，报文优先级也有一个本地处理的过程，即所有进入设备的报文，其外部优先级字段都被映射为 802.1p 优先级，然后根据 802.1p 优先级映射为本地优先级，最后设备才根据本地优先级对报文进行队列调度等 QoS 处理。

缺省情况下，802.1p 优先级、本地优先级和队列索引的映射关系是根据优先级从低到高一一对应的，具体见表 12-20，但 **802.1p 优先级与本地优先级之间的映射关系不可配置，设备总是直接采用这个缺省的 802.1p 优先级到内部优先级的映射关系。**

表 12-20　　　　　**802.1p 优先级、本地优先级和队列索引之间的缺省映射关系**

802.1p 优先级	本地优先级	队列索引
0	BE	0
1	AF1	1
2	AF2	2

（续表）

802.1p 优先级	本地优先级	队列索引
3	AF3	3
4	AF4	4
5	EF	5
6	CS6	6
7	CS7	7

12.4.2　映射表模式优先级映射的应用场景

如图 12-11 所示，企业园区网络中存在语音、数据和视频等多种业务流，当企业用户的不同业务流量进入 ISP 网络时，需要在整个网络中对 3 类业务区分优先级，保证语音优先级一直最高、视频其次、数据优先级最低，这样，设备可以根据优先级的高低对 3 类业务提供不同的 QoS 服务。

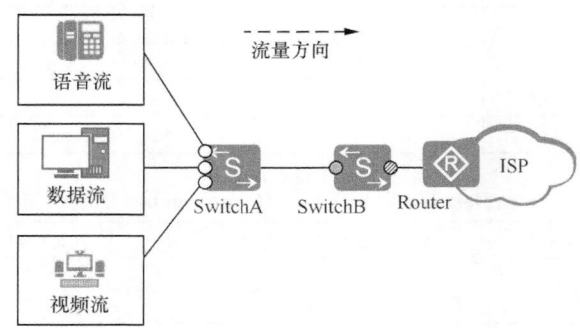

图 12-11　映射表模式优先级映射应用示意图

设备可根据报文不同的优先级字段匹配报文，例如 802.1p 或者 DSCP 优先级等。报文在进入设备时，设备将报文携带的优先级映射到内部优先级和丢弃优先级，再根据内部优先级和丢弃优先级对报文进行不同的 QoS 服务。此时我们需要做以下部署。

■ SwitchA 入方向配置流策略将语音、视频、数据 3 类业务重标记不同的 DSCP 优先级，其中语音优先级最高、视频其次、数据最低。

■ SwitchB 入方向将 DSCP 优先级映射为 802.1p 优先级和丢弃优先级，SwitchB 根据 802.1p 优先级与内部优先级之间的关系以及丢弃优先级为报文提供不同的 QoS 服务。

12.4.3　配置映射表模式优先级映射

在映射表模式下，优先级映射配置的核心内容是配置 DSCP 优先级/IP 优先级与其他优先级之间的映射关系。设备上定义了缺省的映射关系，参见 12.4.1 节的介绍。

在映射表模式下，优先级映射所包括的配置任务如下。

（1）配置端口信任的报文优先级

在配置优先级时，先要确定接口在接收到报文后到底采用哪个优先级作为报文的优先级进行映射处理，即要确定端口信任哪种优先级。因为在一个二层报文中会同时携带二层的 802.1p 优先级，以及三层的 DSCP 或 IP 优先级，而在 MPLS 报文中，还会携带有 EXP 优先级。目前华为设备提供 3 种优先级信任模式。

■　信任报文的 802.1p 优先级

对于带 VLAN Tag 的报文，入方向根据报文携带的 802.1p 优先级，直接（**不能配置 802.1p 优先级与其他优先间的映射关系**）按照缺省的映射关系将 802.1p 优先级映射为本地优先级（参见 12.4.1 节的表 12-20）；对于不带 VLAN Tag 的报文，也直接使用端口的缺省 802.1p 优先级，按照缺省的映射关系将此优先级映射到本地优先级。

■　信任报文的 DSCP 优先级

系统按照报文携带的 DSCP 优先级查找本地所配置的 DSCP 优先级映射表，重标记为所需的 802.1p 优先级、DSCP 优先级或将 DSCP 优先级映射为丢弃优先级。

■　信任报文的 IP 优先级

系统按照报文携带的 IP 优先级查找本地所配置的 IP 优先级映射表，重标记为所需的 802.1p 优先级或 IP 优先级。**仅 S1720GFR、S2750EI、S5700LI、S5700S-LI 支持配置信任报文的 IP 优先级。**

（2）（可选）配置端口优先级

在以下两种情况下，会使用到端口优先级。

■　端口收到了不带 VLAN Tag 的报文（如连接主机的接口），则在设备内部转发时根据端口优先级进行转发。

■　端口配置的是信任报文的 802.1p 优先级，但收到的是不带 VLAN Tag 的报文，设备将端口优先级作为 802.1p 优先级，查找 802.1p 优先级到各优先级的映射表，确定报文进入的队列。

（3）配置 DSCP 优先级与其他优先级的映射关系

设备根据报文自带的优先级进行优先级映射，各优先级之间的映射关系可以在优先级映射表中进行配置，设备支持将 DSCP 优先级映射到 802.1p 优先级、丢弃优先级、新的 DSCP 优先级。

（4）配置 IP 优先级与其他优先级的映射关系

设备根据报文自带的优先级进行优先级映射，各优先级之间的映射关系可以在优先级映射表中进行配置，设备支持将 IP 优先级映射到 802.1p 优先级、新的 IP 优先级。

注意　S2700SI 和 S2700EI 子系列中除 S2700-52P-EI、S2700-52P-PWR-EI 以外的设备不支持以上第（3）和第（4）项配置任务，即不支持 DSCP 优先级与其他优先级间的映射，也不支持 IP 优先级与其他优先级间的映射配置。

（5）（可选）配置内部优先级和队列之间的映射关系

通过配置内部优先级和队列之间的映射关系，设备依据内部优先级和队列之间的映射关系将报文送入指定队列。

以上 5 项配置任务的具体配置步骤见表 12-21，DSCP 优先级、IP 优先级和其他优先级的映射可根据实际需要选择其中的一项或多项进行配置。对于那些在接口视图下进行的配置，如果需要在多个端口下配置相同的配置，则可选择在对应端口组视图下进行配置，以减少配置的工作量。

表 12-21　　　　　　　　　　**DiffServ 域模式下优先级映射配置步骤**

配置任务	步骤	命令	说明
配置端口信任的报文优先级	1	**system-view** 例如：<HUAWEI> **system-view**	进入系统视图
	2	**interface** *interface-type* *interface-number* 例如：[HUAWEI]**interface** ethernet 0/0/1	键入要配置 QoS 优先级映射的接口，进入接口视图
	3	**trust** { **8021p** | **dscp** | **ip-precedence** } 例如：[HUAWEI-Ethernet0/0/1] **trust 8021p**	配置端口信任的报文优先级，其中的 3 个选项分别代表 802.1p 优先级、DSCP 优先级和 IP 优先级。仅 S1720GFR、S2750EI、S5700LI、S5700S-LI 支持 **ip-precedence** 选项。 缺省情况下，端口不信任任何优先级。此时，报文都进入队列 0 且报文的 802.1p 值被设置为 0，可用 **undo trust** { **8021p** | **dscp** | **ip-precedence** } 命令取消对报文按照某类优先级进行的映射
（可选）配置端口优先级	4	**port priority** *priority-value* 例如：[HUAWEI-Ethernet0/0/1] **port priority 1**	配置端口优先级，整数形式，取值范围为 0~7，缺省值为 0。取值越大优先级越高。其他说明参见 12.3.3 节表 12-16 的第 4 步
配置 DSCP 优先级与其他优先级的映射关系	5	**quit** 例如：[HUAWEI-Ethernet0/0/1] **quit**	退出接口视图，返回系统视图
	6	**qos map-table** { **dscp-dot1p** | **dscp-dp** | **dscp-dscp** } 例如：[HUAWEI] **qos map-table dscp-dot1p**	进入 DSCP 映射表视图。命令中的参数和选项说明如下。 ① **dscp-dot1p**：多选一选项，指定进入 dscp-dot1p 视图，即从 DSCP 到 802.1p 优先级的映射视图。 ② **dscp-dp**：多选一选项，指定进入 dscp-dp 视图，即从 DSCP 到丢弃优先级的映射视图。 ③ **dscp-dscp**：多选一选项，指定进入 dscp-dscp 视图，即从 DSCP 到 DSCP 的映射视图。 **具体要进行何种映射，要视本表第 3 步所配置的端口信任的报文优先级而定，信任哪种模式就可以把报文中携带的优先级映射成哪种优先级**
	7	**input** { *input-value1*[**to** *input-value2*] &<1-10> } **output** *output-value* 例如：[HUAWEI-dscp-dot1p] **input 0 to 15 output 0**	配置 DSCP 表中的映射关系（先需要通过上一步进入到对应的映射表视图），可以修改 DSCP 表中 DSCP 到 802.1p、DSCP 到 DP、DSCP 到 DSCP 的映射关系。命令中的参数说明如下。 ① *input-value1*：指定建立优先级映射表时输入的起始 DSCP 优先级值，取值范围为 0~63 的整数。 ② *input-value2*：可选参数，指定建立优先级映射表时输入的结束 DSCP 优先级值，取值范围也为 0~63 的整数，但要大于 *input-value1* 值。它和 *input-value1* 共同确定一个 DSCP 优先级值范围。

（续表）

配置任务	步骤	命令	说明
配置DSCP优先级与其他优先级的映射关系	7	**input** { *input-value1*[**to** *input-value2*] &<1-10> } **output** *output-value* 例如：[HUAWEI-dscp-dot1p] **input 0 to 15 output 0**	③ *output-value*：指定输出的 802.1p 优先级、丢弃优先级或新的 DSCP 值。取值范围取决于当前映射表视图。 • 在 dscp-dot1p 视图下的取值范围为 0～7 的整数。 • 在 dscp-dp 视图下的取值范围为 0～2 的整数：丢弃优先级 0 对应报文颜色 green；丢弃优先级 1 对应报文颜色 yellow；丢弃优先级 2 对应报文颜色 red。 • 在 dscp-dscp 视图下的取值范围为0～63 的整数。 缺省情况下，**DSCP** 到 **802.1p**、**DP** 的映射关系参见 12.4.1 节的表 **12-18**，可用 **undo input** { **all** | *input-value1* [**to** *input-value2*] &<1-10> } 命令恢复缺省情况
配置 IP 优先级与其他优先级的映射关系	8	**quit** 例如：[HUAWEI-dscp-dot1p] **quit**	退出 DSCP 映射表视图，返回系统视图
	9	**qos map-table** { **ip-pre-dot1p** | **ip-pre-ip-pre** } 例如：[HUAWEI] **qos map-table ip-pre-dot1p**	进入 IP 优先级映射表视图。命令中的选项说明如下。 ① **ip-pre-dot1p**：二选一选项，指定进入 ip-pre-dot1p 视图，即从 IP 优先级到 802.1p 优先级的映射视图，配置 IP 优先级到 802.1p 优先级映射时选择，对接收的报文按照所携带的 IP 优先级重标记报文的 8021.p 优先级。 ② **ip-pre-ip-pre**：二选一选项，指定进入 ip-pre-ip-pre 视图，即从 IP 优先级到 IP 优先级的映射视图，在配置 IP 优先级到新 IP 优先级映射时选择，对接收的报文按照所携带的 IP 优先级重标记报文的 IP 优先级。 **具体要进行何种映射，要视本表第 3 步所配置的端口信任的报文优先级而定，信任哪种模式就可以把报文中携带的优先级映射成哪种优先级**
	10	**input** *input-value1*[**to** *input-value2*]**output** *output-value* 例如：[HUAWEI-ip-pre-dot1p] **input 0 to 7 output 0**	配置 IP 优先级表中的映射关系，仅 **S1720GFR、S2750EI、S5700LI、S5700S-LI** 支持本命令。命令中的参数说明如下。 ① *input-value1*：指定建立优先级映射表时输入的起始 IP 优先级值，取值范围为 0～7 的整数。 ② *input-value2*：可选参数，指定建立优先级映射表时输入的结束 IP 优先级值，取值范围为 0～7 的整数，但要大于 *input-value1* 值。它和 *input-value1* 共同确定一个 IP 优先级值范围。 ③ *output-value*：指定输出的 802.1p 优先级、IP 优先级，整数形式，取值范围是 0～7，优先级取值越大，其优先级也就越高。 缺省情况下，IP 优先级到丢弃优先级，及 IP 优先级的映射关系见表 12-19，可用 **undo input** { **all** | *input-value1* [**to** *input-value2*] }命令恢复缺省情况

（续表）

配置任务	步骤	命令	说明
（可选）配置内部优先级和队列之间的映射关系	11	**quit** 例如：[HUAWEI-dscp-dot1p] **quit**	退出 IP 映射表视图，返回系统视图
	12	**qos local-precedence-queue-map** *local-precedence queue-index* 例如：[HUAWEI] **qos local-precedence-queue-map** af3 2	配置内部优先级和队列之间的映射关系。其他说明参见上节表 12-1 中的第 6 步

配置好优先级映射后，可在任意视图下执行以下 **display** 命令查看相关配置，验证配置的结果。

■ **display qos map-table** [**dscp-dot1p** | **dscp-dp** | **dscp-dscp** | **ip-pre-dot1p** | **ip-pre-ip-pre**]：查看当前的各种优先级间的映射关系。

■ **display qos local-precedence-queue-map**：查看本地优先级到队列的映射关系。

12.4.4　映射表模式优先级映射配置示例

如图 12-12 所示，SwitchA 和 SwitchB 都与路由器互连，企业分支机构 1 和企业分支机构 2 可经由 LSW1 和 LSW2 访问核心网络（Core Network）。现由于企业分支机构 1 需要得到更好的 QoS 保证，因此可将来自企业分支机构 1 的数据报文 DSCP 优先级映射为 45，将来自企业分支机构 2 的数据报文 DSCP 优先级映射为 30。当拥塞发生时，两交换机优先处理 DSCP 优先级高的报文。

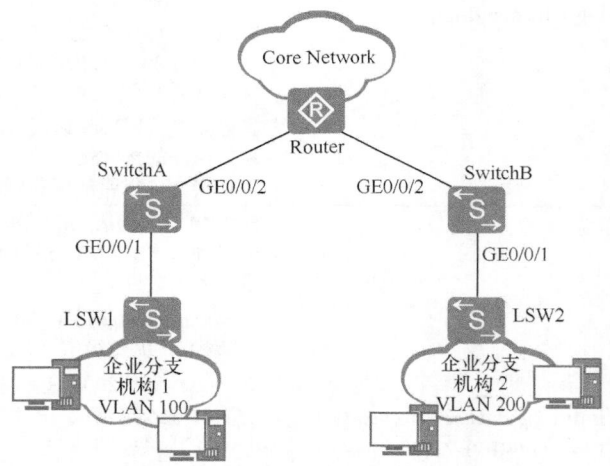

图 12-12　优先级映射配置示例的拓扑结构

1．基本配置思路分析

本示例要求将来自分支机构 1 的数据报文的 DSCP 优先级映射为 45，将来自企业分支机构 2 的数据报文 DSCP 优先级映射为 30，虽然我们并不知道报文中原始的 DSCP 优先级值，但用户数据报文三层报头中肯定有对应的 DSCP 优先级值。

在 12.4.3 节已介绍了，映射表模式下的优先级映射可以配置 DSCP、IP 优先级与其他优先级间的映射，但不能配置 802.1p 优先级与其他优先级间的映射，而且 DSCP 优先级间和 IP 优先级间也可以建立映射关系，而且映射前的优先级初始值还可是一个范围。由此可以知道映射方法了，只需把所有的 DSCP 初始值映射到对应分支机构所需的一个最终的 DSCP 优先级值即可。下面是本示例的基本配置思路。

① 按照图示要求在各交换机上创建所需的 VLAN，配置各接口为对应的类型，并加入对应的 VLAN 中，使企业都能够访问网络。

② 在 SwitchA 和 SwitchB 上配置 GE0/0/1 和 GE0/0/2 接口信任的 DSCP 优先级。GE0/0/1 和 GE0/02 接口分别作为接收对应分支机构往/返报文的接口。

③ 配置 DSCP 到 DSCP 的优先级映射关系，将来自企业分支机构 1 的数据报文的任意 DSCP 优先级映射为 45，将来自企业分支机构 2 的数据报文的任意 DSCP 优先级映射为 30，以实现为来自两个分支机构的报文提供差异化服务。

2．具体配置步骤

下面仅介绍 SwitchA 和 SwitchB 上的配置。

① 创建所需 VLAN，并把各接口加入到对应的 VLAN 中。

a．SwitchA 上的配置

```
<HUAWEI> system-view
[HUAWEI] sysname SwitchA
[SwitchA] vlan 100
[SwitchA] interface gigabitethernet 0/0/1
[SwitchA-GigabitEthernet0/0/1] port link-type trunk
[SwitchA-GigabitEthernet0/0/1] port trunk allow-pass vlan 100
[SwitchA-GigabitEthernet0/0/1] quit
[SwitchA] interface gigabitethernet 0/0/2
[SwitchA-GigabitEthernet0/0/2] port link-type trunk
[SwitchA-GigabitEthernet0/0/2] port trunk allow-pass vlan 100
[SwitchA-GigabitEthernet0/0/2] quit
```

b．SwitchB 上的配置

```
<HUAWEI> system-view
[HUAWEI] sysname SwitchB
[SwitchB] vlan 200
[SwitchB] interface gigabitethernet 0/0/1
[SwitchB-GigabitEthernet0/0/1] port link-type trunk
[SwitchB-GigabitEthernet0/0/1] port trunk allow-pass vlan 200
[SwitchB-GigabitEthernet0/0/1] quit
[SwitchB] interface gigabitethernet 0/0/2
[SwitchB-GigabitEthernet0/0/2] port link-type trunk
[SwitchB-GigabitEthernet0/0/2] port trunk allow-pass vlan 200
[SwitchB-GigabitEthernet0/0/2] quit
```

② 配置 GE0/0/1、GE0/0/2 端口信任报文的 DSCP 优先级。

a．SwitchA 上的配置

```
[SwitchA] interface gigabitethernet 0/0/1
[SwitchA-GigabitEthernet0/0/1] trust dscp
[SwitchA-GigabitEthernet0/0/1] quit
[SwitchA] interface gigabitethernet 0/0/2
[SwitchA-GigabitEthernet0/0/2] trust dscp
[SwitchA-GigabitEthernet0/0/2] quit
```

b．SwitchB 上的配置

```
[SwitchB] interface gigabitethernet 0/0/1
[SwitchB-GigabitEthernet0/0/1] trust dscp
[SwitchB-GigabitEthernet0/0/1] quit
[SwitchB] interface gigabitethernet 0/0/2
[SwitchB-GigabitEthernet0/0/2] trust dscp
[SwitchB-GigabitEthernet0/0/2] quit
```

③ 配置 DSCP 到 DSCP 的优先级映射，把所接收的来自和去往两分支机构的报文（对应的 VLAN ID 分别为 100 和 200）中的 DSCP 优先级分别全部重标记为 45和 30。

a．SwitchA 上的配置

```
[SwitchA] qos map-table dscp-dscp
[SwitchA-dscp-dscp] input 0 to 63 output 45
```

b．SwitchB 上的配置

```
[SwitchB] qos map-table dscp-dscp
[SwitchB-dscp-dscp] input 0 to 63 output 30
```

以上配置好后，可在两交换机上使用对应的 **display qos map-table** 命令查看优先级映射信息，也可在对应的接口视图下通过 **display this** 命令查看接口上的优先级映射配置信息，以验证配置结果。

```
[SwitchA] display qos map-table dscp-dscp
Input DSCP        DSCP
------------------------
0                 45
1                 45
2                 45
3                 45
4                 45
......
63                45
```

12.5　基于 MQC 的报文过滤配置与管理

在网络通信访问控制中，有时候需要允许，或者禁止特定的用户间通信，这时就可以通过配置报文过滤功能来实现。另外，网络中存在大量的不信任报文，所谓的不信任报文是指对用户来说，存在安全隐患或者不愿意接收的报文，部署报文过滤可以将这类报文直接丢弃，以提高用户在网络中的安全性。其实报文过滤功能的配置在第 11 章基于 ACL 的简化流策略中也有介绍，本节要介绍的是基于 MQC 的配置方法。

12.5.1　基于 MQC 的报文过滤配置简介

当用户认为某类报文不可信时，可以通过 MQC 将这类报文与其他报文区别出来并进行丢弃。同样的，当用户认为某类报文可信时，也可以通过 MQC 将这类报文与其他报文区别出来并允许通过。

与配置本机防攻击功能（将在本书第 15 章介绍）的黑名单相比，通过 MQC 实现报文过滤可以对报文进行更精细的划分，在网络部署时更加灵活。部署报文过滤可以丢弃用户的不信任报文并允许信任的报文通过，以提高网络安全性并使网络规划更加灵活。

如图 12-13 所示，为了保证企业研发部门、行政部门以及市场部门之间信息的安全性，公司规定研发部门、行政部门与市场部门之间不能互访。这时，通过基于 MQC 的报文过滤功能配置就可很轻松地实现了。

在配置基于 MQC 的报文过滤功能时要注意以下 3 个方面。

■ 流行为中 **permit** 动作和其他流动作一起配置时，将依次执行这些动作。**deny** 动作和其他流动作互斥，即使配置其他动作也不会生效（流量统计和流镜像除外），因为此时对应的报文被拒绝通过了。

■ 为匹配 ACL 规则的报文指定报文过滤动作时，如果此 ACL 中的 rule 规则配置为 **permit**，则设备对此报文采取的动作由流行为中配置的 **deny** 或 **permit** 决定；如果此 ACL 中的 rule 规则配置为 **deny**，则无论流行为中配置了 **deny** 或 **permit**，此报文都被丢弃。

■ 为匹配 ACL 规则的报文指定其他非报文过滤动作时，如果此 ACL 中的 rule 规则配置为 **deny**，则报文被丢弃且流行为动作不生效（MAC 地址不学习、流量统计和流镜像除外）。

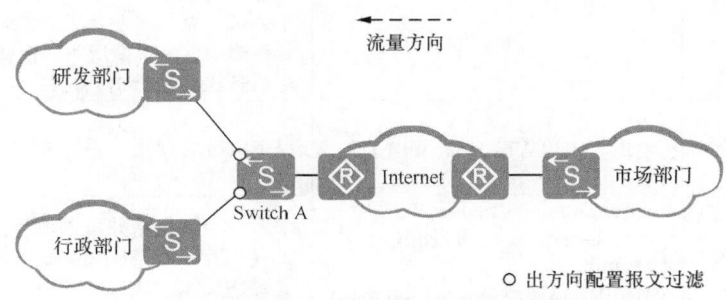

图 12-13　基于 MQC 进行报文应用的组网示意图

12.5.2　配置基于 MQC 的报文过滤

在本书第 11 章介绍基于 ACL 的简化流策略中也介绍了报文过滤功能的配置方法，本节介绍的是基于 MQC 的报文过滤功能的配置方法，此时的流分类规则就不仅限于 ACL，还可以是其他规则，具体的配置步骤见表 12-22。配置报文过滤后，设备将对符合流分类规则的报文进行过滤，从而实现对网络流量的控制。

表 12-22　　　　　　　　　　　　　基于 **MQC** 的报文过滤的配置步骤

配置任务	步骤	命令	说明
	1	**system-view** 例如：<HUAWEI> **system-view**	进入系统视图
配置流分类	2	**traffic classifier** *classifier-name* [**operator** { **and** | **or** }] 例如：[HUAWEI] **traffic classifier c1 operator and**	创建一个流分类并进入流分类视图，或进入已存在的流分类视图。命令中的参数和选项说明参见 12.2.2 节的介绍
	3	请根据实际情况选择 12.2.2 节表 12-4 中的一个或多个定义流分类的规则	
配置流行为	4	**quit** 例如：[HUAWEI-classifier-c1] **quit**	退出流分类视图，返回系统视图

（续表）

配置任务	步骤	命令	说明
配置流行为	5	**traffic behavior** *behavior-name* 例如：[HUAWEI] **traffic behavior** b1	创建一个流行为，进入流行为视图
	6	**deny** | **permit** 例如：[HUAWEI-behavior-b1] **deny**	根据流分类对业务报文进行访问控制：**deny** 用来禁止匹配指定规则的业务流通过。**permit** 对匹配规则的报文不做任何动作，按原来策略转发。仅对业务数据报文进行过滤，对上送 CPU 的控制报文（如 STP 中的 BPDU）不进行任何处理。 【注意】为匹配 ACL 规则的报文指定报文过滤动作为 **deny** 时，如果此 ACL 中的 rule 规则包含 **logging** 字段，则报文被丢弃时会记录日志。 对于 S5720EI、S5720HI、S6720EI、S6720HI 和 S6720S-EI，如果包含 **deny** 动作的流策略应用到出方向，则会导致由 CPU 发送的 ICMP、OSPF、BGP、RIP、SNMP、Telnet 等协议控制报文被丢弃，相关协议的功能会受到影响。**缺省情况下，设备不根据流分类对业务报文进行访问控制**
配置流策略	7	**quit** 例如：[HUAWEI-behavior-b1] **quit**	退出流行为视图，返回系统视图
	8	**traffic policy** *policy-name* [**match-order** { **auto** | **config** }] [**atomic**] 例如：[HUAWEI] **traffic policy** p1	创建一个流策略并进入流策略视图，或进入已存在的流策略视图。命令中的参数和选项说明参见 12.2.4 节的介绍
	9	**classifier** *classifier-name* **behavior** *behavior-name* 例如：[HUAWEI-trafficpolicy-p1] **classifier** c1 **behavior** b1	在流策略中为指定的流分类配置所需的流行为，即绑定流分类和流行为。命令中的参数和选项说明参见 12.2.4 节的介绍
应用流策略	10	在全局、VLAN 或接口（包括物理接口、子接口和 VLANIF 接口）上应用上述报文过滤流策略，具体的配置方法参见 12.2.5 节	

12.5.3　基于 MQC 的报文过滤配置示例

　　本示例的拓扑结构如图 12-14 所示，企业用户通过 SwitchA 的 GE0/0/2 接口连接到外部网络设备。不同业务的报文在 LSW 侧使用不同的 802.1p 优先级值进行标识，当报文从 SwitchA 的 GE0/0/2 接口到达外部网络时，用户希望能够对数据业务报文进行过滤，优先保证话音和视频业务的业务体验。

　　1.　基本配置思路分析

　　本示例是根据报文中的 802.1p 优先级值进行报文过滤，其实在实际的网络应用中，直接根据优先级来进行报文过滤的比较少，更多是根据报文优先级来进行流量监管。故本示例仅当作为巩固学习基于 MQC 进行报文过滤的配置方法，基本配置思路如下（仅介绍 SwitchA 上的配置）。

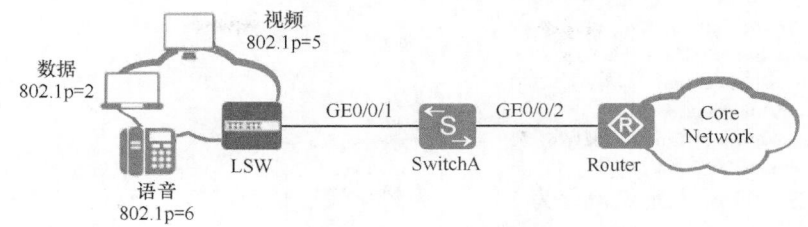

图 12-14　基于 MQC 的报文过滤配置示例的拓扑结构

① 创建 VLAN（假设都在 VLAN 10 中），并使各接口允许 VLAN 10 通过。

说明　因为 SwitchA 的 GE0/0/2 接口连接的是 Router 的三层接口，要确保 GE0/0/2 接口发送的报文是不带 VLAN 标签的。有多种配置方式，可以把 GE0/0/2 接口的 PVID 值设为 VLAN 10（链路类型可以任意），也可以创建 VLANIF10 接口，采用三层连接的方式，本示例采用此方式。

② 定义流分类，实现基于 802.1p 优先级对报文进行分类。

③ 定义流行为，禁止 802.1p 优先级为 2 的数据报文通过，允许 802.1p 优先级为 5、6 的视频、语音报文通过。

④ 创建流策略，绑定上述定义的流分类和流行为，并应用到 SwitchA 的 GE0/0/1 接口的入方向，实现报文过滤。

2. 具体配置步骤

① 创建 VLAN，并配置各接口，实现内网用户可以访问外部网络。

```
<HUAWEI> system-view
[HUAWEI] sysname SwitchA
[SwitchA] vlan 10
[SwitchA-vlan10] quit
```

■ 配置 SwitchA 上接口 GE0/0/1 和 GE0/0/2 为 Trunk 类型接口，并加入 VLAN10（需要同时配置 LSW 与 SwitchA 对接的接口为 Trunk 类型，并加入 VLAN10）。

```
[SwitchA] interface gigabitethernet 0/0/1
[SwitchA-GigabitEthernet0/0/1] port link-type trunk
[SwitchA-GigabitEthernet0/0/1] port trunk allow-pass vlan 10
[SwitchA-GigabitEthernet0/0/1] quit
[SwitchA] interface gigabitethernet 0/0/2
[SwitchA-GigabitEthernet0/0/2] port link-type trunk
[SwitchA-GigabitEthernet0/0/2] port trunk allow-pass vlan 10
[SwitchA-GigabitEthernet0/0/2] quit
```

■ 创建 VLANIF10，并为 VLANIF10 配置 IP 地址 192.168.2.1/24（需要同时配置 Router 与 SwitchA 对接的接口 IP 地址在同一网段，如 192.168.2.2/24）。

```
[SwitchA] interface vlanif 10
[SwitchA-Vlanif10] ip address 192.168.2.1 24
[SwitchA-Vlanif10] quit
```

② 在 SwitchA 上定义并配置流分类 c1、c2、c3，对 3 种报文按照 802.1p 优先级进行分类。

```
[SwitchA] traffic classifier c1
[SwitchA-classifier-c1] if-match 8021p 2
[SwitchA-classifier-c1] quit
```

```
[SwitchA] traffic classifier c2
[SwitchA-classifier-c2] if-match 8021p 5
[SwitchA-classifier-c2] quit
[SwitchA] traffic classifier c3
[SwitchA-classifier-c3] if-match 8021p 6
[SwitchA-classifier-c3] quit
```

③ 在 SwitchA 上定义流行为 b1，并为禁止通过行为，定义流行为 b2 和 b3，并为允许通过行为。

```
[SwitchA] traffic behavior b1
[SwitchA-behavior-b1] deny
[SwitchA-behavior-b1] quit
[SwitchA] traffic behavior b2
[SwitchA-behavior-b2] permit
[SwitchA-behavior-b2] quit
[SwitchA] traffic behavior b3
[SwitchA-behavior-b3] permit
[SwitchA-behavior-b3] quit
```

④ 在 SwitchA 上创建流策略 p1，将上述所有的流分类和对应的流行为进行绑定，并将流策略应用到 GE0/0/1 接口的入方向上，对报文进行过滤。

```
[SwitchA] traffic policy p1
[SwitchA-trafficpolicy-p1] classifier c1 behavior b1
[SwitchA-trafficpolicy-p1] classifier c2 behavior b2
[SwitchA-trafficpolicy-p1] classifier c3 behavior b3
[SwitchA-trafficpolicy-p1] quit
[SwitchA] interface gigabitethernet 0/0/1
[SwitchA-GigabitEthernet0/0/1] traffic-policy p1 inbound
[SwitchA-GigabitEthernet0/0/1] quit
```

配置好后，可通过 **display traffic classifier user-defined** 命令查看流分类的配置信息、验证配置结果，具体如下。从输出信息可以看出每个分类中的各个流分类的规则。

```
<SwitchA> display traffic classifier user-defined
  User Defined Classifier Information:
   Classifier: c2
    Operator: AND
     Rule(s) : if-match 8021p 5
   Classifier: c3
    Operator: AND
     Rule(s) : if-match 8021p 6
   Classifier: c1
    Operator: AND
     Rule(s) : if-match 8021p 2

Total classifier number is 3
```

还可通过 **display traffic-policy applied-record** 命令查看流策略的应用信息，具体如下。从输出信息中可以看出流策略在 GE0/0/1 接口上应用是成功的。

```
<Switch> display traffic-policy applied-record p1
-----------------------------------------------------
  Policy Name:    p1
  Policy Index:   3
      Classifier:c1      Behavior:b1
      Classifier:c2      Behavior:b2
      Classifier:c3      Behavior:b3
-----------------------------------------------------
```

```
*interface GigabitEthernet0/0/1
   traffic-policy p1 inbound
      slot 0    :  success
------------------------------------------------
   Policy total applied times: 1.
```

12.6　基于 MQC 的报文重定向配置与管理

重定向就是将符合流分类的报文流重定向到其他地方进行处理,在第 11 章基于 ACL 的简化流策略中也介绍了这一功能的配置方法,本节也介绍基于 MQC 配置报文重定向功能的配置方法,同样,此时的报文分类规则不再局限于 ACL 了。

目前支持的重定向包括以下几种。

■ 重定向到 CPU:对于需要 CPU 处理的报文,可以通过此配置把符合条件的报文上送给 CPU 处理。

■ 重定向到接口:对于收到需要由某个交换机接口处理的报文,或者需要将报文通过某接口发送到指定设备处理时,可以配置重定向符合条件的报文到此交换机接口。

■ 重定向到下一跳:对于收到需要某台下游设备处理的报文时,可以通过配置重定向到该下游设备,实现三层报文转发。该方式可以用于实现策略路由。有关策略路由的介绍参见《华为路由器学习指南》(第 2 版)。

注意 包含重定向动作的流策略只能在入方向上应用。

对于 V200R006 及之前版本的设备,将流量重定向到接口之后,如果此接口 Down 了,就在此接口丢弃该数据包,流量不会切换到原转发路径。对于 V200R007 及后续版本的设备,将流量重定向到接口之后,如果此接口 Down 了,若配置了 **forced** 选项,则在此接口丢弃该数据包,流量不会切换到原转发路径;若没有配置 **forced** 选项,则重定向动作不生效。

通过如表 12-23 所示的重定向配置,可将符合流分类规则的报文重定向到 CPU 或指定接口。在基于 MQC 的报文重定向配置中,包含重定向动作的流策略只能在全局、接口或 VLAN 的入方向上应用。

注意 仅 S5720EI、S5720HI、S6720EI、S6720HI 和 S6720S-EI,以及 S7700 及以上系列交换机支持重定向到 CPU。如果流行为配置 **redirect interface** 时,建议只对二层数据流量应用包含此行为的流策略。

表 12-23　　　　　　　　　　基于 **MQC** 的报文重定向的配置步骤

配置任务	步骤	命令	说明
	1	**system-view** 例如:<HUAWEI> **system-view**	进入系统视图
配置流分类	2	**traffic classifier** *classifier-name* [**operator** { **and** | **or** }] 例如:[HUAWEI] **traffic classifier c1 operator and**	创建一个流分类并进入流分类视图,或进入已存在的流分类视图。命令中的参数和选项说明参见 12.2.2 节的介绍
	3	请根据实际情况选择 12.2.2 节表 12-4 中的一个或多个定义流分类的规则	

（续表）

配置任务	步骤	命令	说明
配置流 行为	4	**quit** 例如：[HUAWEI-classifier-c1] **quit**	退出流分类视图，返回系统视图
	5	**traffic behavior** *behavior-name* 例如：[HUAWEI] **traffic behavior** b1	创建一个流行为，进入流行为视图
	6	**redirect interface** *interface-type* *interface-number* [**forced**] 例如：[HUAWEI-behavior-b1] **redirect interface** gigabitethernet 0/0/1	（二选一）将符合流分类的报文重定向到指定接口。可选项 **forced** 用来配置强制重定向，即当接口 Down 时，直接丢弃该报文，流量不会切换到原转发路径；若没有选择 **forced** 此选项，则重定向动作不生效。 【注意】配置重定向报文到接口时要注意以下几个方面。 ● 将报文重定向到指定接口后，如果接口上没有配置允许报文对应的 VLAN 通过，则报文在该接口上将被丢弃。 ● 在 S5720EI、S5720HI、S6720EI、S6720HI 和 S6720S-EI 交换机中，只支持重定向到二层模式的物理接口和 Eth-Trunk 接口。配置重定向流量到指定接口（Tunnel 接口除外）只对二层流量生效。 ● 框式交换机中，X 系列单板支持重定向到二层模式或者三层模式的物理接口和 Eth-Trunk 接口，其他类型单板只支持重定向到二层模式的物理接口和 Eth-Trunk 接口。 缺省情况下，流行为中没有将报文重定向到指定接口的动作，可用 **undo redirect** 命令在流行为中删除重定向配置
		redirect cpu 例如：[HUAWEI-behavior-b1] **redirect cpu**	（二选一）将符合流分类的报文重定向到 CPU。 缺省情况下，流行为中没有将报文重定向到 CPU 的动作，可用 **undo redirect** 命令在流行为中删除重定向配置
配置流 策略	7	**quit** 例如：[HUAWEI-behavior-b1] **quit**	退出流行为视图，返回系统视图
	8	**traffic policy** *policy-name* [**match-order** { **auto** | **config** }] [**atomic**] 例如：[HUAWEI] **traffic policy** p1	创建一个流策略并进入流策略视图，或进入已存在的流策略视图。命令中的参数和选项说明参见 12.2.4 节的介绍
	9	**classifier** *classifier-name* **behavior** *behavior-name* 例如：[HUAWEI-trafficpolicy-p1] **classifier** c1 **behavior** b1	在流策略中为指定的流分类配置所需流行为，即绑定流分类和流行为。命令中的参数和选项说明参见 12.2.4 节的介绍
应用流 策略	10	在全局、VLAN 或接口（包括物理接口、子接口和 VLANIF 接口）上应用上述报文过滤流策略，具体的配置方法参见 12.2.5 节	

12.7　基于 MQC 的流量统计配置与管理

有时我们需要监控符合某些特征的流量大小，这时就可以配置基于 MQC 的流量统计功能。这样，设备将对符合流分类规则的报文进行报文数和字节数的统计，可以帮助用户了解应用流策略后流量通过和被丢弃的情况，由此分析和判断流策略的应用是否合理，也有助于进行相关的故障诊断与排查。

流量统计功能在第 11 章介绍的基于 ACL 的简化流策略中也介绍了相应的配置方法，本节介绍的基于 MQC 方法来配置流量统计功能时，报文的分类规则也不再局限于 ACL，且只有配置基于 MQC 的流量统计功能，才可以通过 **display traffic policy statistics** 命令查看应用流策略后流量通过和被丢弃的情况。

如图 12-15 所示，企业园区网内的不同用户通过交换机和路由器与网络相连，为了对整个园区网的流量进行分析评估，可以对不同用户分别进行流量统计。

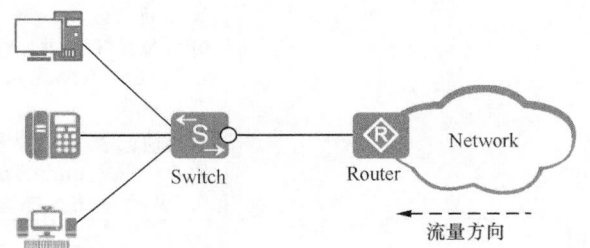

○ 入方向配置流量统计功能

图 12-15　基于 MQC 流量统计应用的组网示意图

12.7.1　配置基于 MQC 的流量统计

基于 MQC 的流量统计功能的配置方法与其他基于 MQC 的其他功能的配置方法一样，基于步骤就是先定义流分类规则，然后定义流量统计行为，然后再创建流策略，最后根据应用需要在全局、VLAN 或接口（包括物理接口、子接口或 VLANIF 接口）上应用前面创建的流量统计流策略，具体配置见表 12-24。

表 12-24　　　　　　　　　　　　　基于 **MQC** 的流量统计的配置步骤

配置任务	步骤	命令	说明
	1	**system-view** 例如：\<HUAWEI\> **system-view**	进入系统视图
配置流 分类	2	**traffic classifier** *classifier-name* [**operator** { **and** | **or** }] 例如：[HUAWEI] **traffic classifier** c1 **operator and**	创建一个流分类并进入流分类视图，或进入已存在的流分类视图。命令中的参数和选项说明参见 12.2.2 节的介绍
	3	请根据实际情况选择 12.2.2 节表 12-4 中的一个或多个定义流分类的规则	
配置流 行为	4	**quit** 例如：[HUAWEI-classifier-c1] **quit**	退出流分类视图，返回系统视图

（续表）

配置任务	步骤	命令	说明
配置流行为	5	**traffic behavior** *behavior-name* 例如：[HUAWEI] **traffic behavior** b1	创建一个流行为，进入流行为视图
	6	**statistic enable** 例如：[HUAWEI-behavior-b1] **deny**	使能流量统计功能。 【说明】如果只在流行为视图中配置本命令，S1720GFR、S1720GW-E、S1720GWR-E、S1720X-E、S2720EI、S2750EI、S5700LI、S5700S-LI、S5710-X-LI、S5720LI、S5720S-LI、S5720SI、S5720S-SI、S5730SI、S5730-EI、S6720LI、S6720S-LI、S6720SI、S6720S-SI 只支持基于报文的流量统计，不支持基于字节的流量统计。在系统视图中配置 **traffic statistics mode by-bytes** 命令后，通过在流策略中配置流量统计，设备可以支持基于字节的流量统计。 对于 S5720HI 和 S6720HI，如果包含流量统计动作的流策略应用在 Eth-Trunk 接口的出方向，则流量统计对 CPU 发送的报文不生效。此时，可以在对端设备的接口上配置入方向的流量统计或端口镜像。 缺省情况下，流行为中的流量统计功能未使能，可用 **undo statistic enable** 命令来在流行为中去使能流量统计功能
配置流策略	7	**quit** 例如：[HUAWEI-behavior-b1] **quit**	退出流行为视图，返回系统视图
	8	**traffic policy** *policy-name* [**match-order** { **auto** | **config** }] [**atomic**] 例如：[HUAWEI] **traffic policy** p1	创建一个流策略并进入流策略视图，或进入已存在的流策略视图。命令中的参数和选项说明参见 12.2.4 节的介绍
	9	**classifier** *classifier-name* **behavior** *behavior-name* 例如：[HUAWEI-trafficpolicy-p1] **classifier** c1 **behavior** b1	在流策略中为指定的流分类配置所需流行为，即绑定流分类和流行为。命令中的参数和选项说明参见 12.2.4 节的介绍
应用流策略	10	在全局、VLAN 或接口（包括物理接口、子接口和 VLANIF 接口）上应用上述流策略，具体的配置方法参见 12.2.5 节	

12.7.2　基于 MQC 的流量统计配置示例

本示例的拓扑结构如图 12-16 所示，PC1 的 MAC 地址为 0000-0000-0003，它连接在 Switch 的 GE0/0/1 接口上。现希望 Switch 对源 MAC 为 0000-0000-0003 的报文进行流量统计。

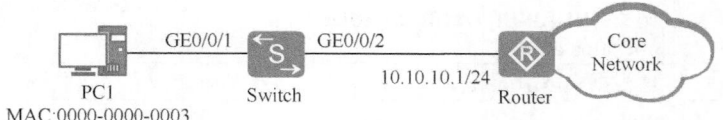

图 12-16　基于 MQC 的流量统计配置示例的拓扑结构

1. 基本配置思路分析

本示例采用包含流量统计行为的 MQC 方式实现流量统计（还是按照 MQC 的 4 大配置任务进行的），具体配置思路如下。

① 配置 VLAN（假设过滤的报文的 VLAN 20 中），以及各接口的 VLAN 配置，实现 Switch 与 Router、PC1 互通。Switch 的 GE0/0/2 接口与 Router 的连接配置方式与 12.5.3 节的示例一样，也有二层或三层之分，本示例采用创建 VLANIF 接口的三层配置方式。

② 配置二层 ACL 规则，匹配源 MAC 为 0000-0000-0003 的报文。

③ 定义流分类，实现基于上述 ACL 规则对报文进行分类。

④ 定义流行为，实现对满足规则的报文进行流量统计。

⑤ 创建流策略，绑定上述流分类和流行为，并应用到 GE0/0/1 接口的入方向，实现对该接口收到的源 MAC 为 0000-0000-0003 的报文进行流量统计。

2. 具体配置步骤

① 创建 VLAN20，配置各接口加入到 VLAN 20 中，并创建 VLANIF20，实现与 Router 的三层连接。

```
<HUAWEI> system-view
[HUAWEI] sysname Switch
[Switch] vlan 20
[Switch-vlan20] quit
```

■ 配置 GE0/0/1 接口为 Access 类型接口，GE0/0/2 接口为 Trunk 类型接口，并将 GE0/0/1 和 GE0/0/2 加入 VLAN20。

```
[Switch] interface gigabitethernet 0/0/1
[Switch-GigabitEthernet0/0/1] port link-type access
[Switch-GigabitEthernet0/0/1] port default vlan 20
[Switch-GigabitEthernet0/0/1] quit
[Switch] interface gigabitethernet 0/0/2
[Switch-GigabitEthernet0/0/2] port link-type trunk
[Switch-GigabitEthernet0/0/2] port trunk allow-pass vlan 20
[Switch-GigabitEthernet0/0/2] quit
```

■ 创建 VLANIF20，并配置 IP 地址 10.10.10.2/24（需要配置 Router 与 Switch 对接的接口 IP 地址在同一网段，如 10.10.10.1/24）。

```
[Switch] interface vlanif 20
[Switch-Vlanif20] ip address 10.10.10.2 24
[Switch-Vlanif20] quit
```

② 在 Switch 上创建二层 ACL，精确匹配源 MAC 地址为 0000-0000-0003 的报文。

```
[Switch] acl 4000
[Switch-acl-L2-4000] rule permit source-mac 0000-0000-0003 ffff-ffff-ffff
[Switch-acl-L2-4000] quit
```

③ 在 Switch 上定义流分类 c1，匹配规则为上述的二层 ACL 4000。

```
[Switch] traffic classifier c1 operator and
[Switch-classifier-c1] if-match acl 4000
[Switch-classifier-c1] quit
```

④ 在 Switch 上定义流行为 b1，并配置流量统计行为。

```
[Switch] traffic behavior b1
[Switch-behavior-b1] statistic enable
[Switch-behavior-b1] quit
```

⑤ 在 Switch 上创建并应用流策略 p1。

```
[Switch] traffic policy p1
[Switch-trafficpolicy-p1] classifier c1 behavior b1
[Switch-trafficpolicy-p1] quit
[Switch] interface gigabitethernet 0/0/1
[Switch-GigabitEthernet0/0/1] traffic-policy p1 inbound
[Switch-GigabitEthernet0/0/1] quit
```

配置好后，可通过 **display traffic classifier user-defined** 命令查看流分类的配置信息，验证配置结果，通过 **display traffic policy user-defined** 命令查看流策略的配置信息，具体如下。

```
<Switch> display traffic classifier user-defined
   User Defined Classifier Information:
   Classifier: c1
    Operator: AND
    Rule(s) : if-match acl 4000

Total classifier number is 1

<Switch> display traffic policy user-defined p1
   User Defined Traffic Policy Information:
   Policy: p1
    Classifier: c1
    Operator: AND
    Behavior: b1
     statistic: enable
```

还可通过 **display traffic policy statistics interface** 命令查看接口上的流量统计信息。

12.8 流量监管、流量整形和接口限速基础

当报文的发送速率大于接收速率，或者下游设备的接口速率小于上游设备的接口速率时，可能会引起网络的拥塞。如果不限制上游用户发送的报文流量大小，大量用户不断突发的业务数据会使网络更加拥挤。为了使有限的网络资源更有效地为用户服务，需要对用户的业务流量加以限制。流量监管（TP，Traffic Policing）、流量整形（TS，Traffic Shaping）和接口限速（Line Rate）这 3 项功能就是用来解决这个问题的，它们通过监督进入网络的流量速率，可达到限制流量、提高网络资源使用效率的目的。

12.8.1 QoS 令牌桶的基本工作原理

要实现流量监管，首先就要实现流量评估，评估当前流量是否超出了限制的要求，然后才能做出相应的监管动作，如流量整形和接口限速等。流量评估技术就是我们经常听到的"令牌桶"（Token Bucket）技术，故本节先来介绍令牌桶的技术原理。

说明 目前，令牌桶技术有几种模型，在此仅以最初的所谓"单桶单速率"令牌桶技术模型进行介绍，后续改进版的令牌桶技术模型的基本原理与本节介绍的一样。

令牌桶其实是指网络设备的内部存储池（也就是用于缓存数据的内存），而"令牌"（Token）则是指以给定速率填充令牌桶的虚拟信息包。"令牌桶"可以简单地理解为一个

水桶，而"令牌"则可以理解为通过一根水管流到水桶中的水。

交换机在入端口接收每个数据帧时都将一个令牌添加到令牌桶中，但这个令牌桶底部有一个孔，不断地按你指定作为平均通信速率（单位：bit/s）的速度领出令牌（也就是从桶中删除令牌的意思），其实就是不断地从出端口发送数据的过程。相当于一个水桶的上边连接一根进水的水管，而下边又连接一根到用水的地方的出水管。在每次向令牌桶中添加新的令牌包时，交换机都会检查令牌桶中是否有足够的容量（也就是在要向桶中加水前，先要检查桶内是否已满了），如果没有足够的空间，包将被标记为不符合规定的包，这时在包上将发生指定监管器中规定的行为（丢弃或标记）。就相当于如果当前水桶满了，但上边水管的水还是来了，这时要么让这些水白白流到桶外，要么把这些水用其他容器先装起来，等水桶中不再水满时再倒进去，供用户使用。

最初的令牌桶模型考虑的是单令牌桶结构，这个令牌桶称为 CBS（Committed Burst Size，承诺突发尺寸），简称 C 桶，而向 C 桶中填充令牌的平均速率称之为 CIR（Committed Information Rate，承诺信息速率），如果用 T_c 表示当前令牌桶中的令牌数，则这个单令牌桶（其实就是"单速单桶算法"）的基本工作原理可以用图 12-17 来表示。用文字描述如下（假设用 B 来表示新接收的数据包大小）。

① 系统按照 CIR 速率向令牌桶（相当于交换机缓存）中投放令牌（相当于从端口上接收到数据包）。

② 当 $T_c < CBS$ 时再比较 B 与 T_c 的大小关系。如果 $B \leqslant T_c$，则表示新接收的数据包大小符合规定（Conform），可完整地被缓存到令牌桶中，此时数据包将被标记为绿色（表示允许转发的），当前的 T_c 值要相应减少 B。

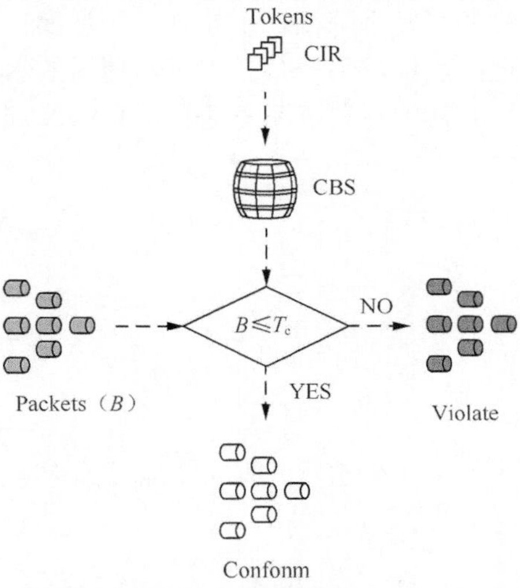

③ 如果 $B > T_c$，则表示新接收的数据包大小违规（Violate），不能完整地被缓存到令牌桶中，此时整个数据包被标记为红色，并将被直接丢弃，T_c 值不减少。

图 12-17　令牌桶的基本工作原理

综上所述，单速单桶模式不允许流量突发，当用户的流量速率小于配置的 CIR 时，报文被标记为绿色；当用户的流量大于 CIR 时直接被标记为红色。

令牌桶填满的时间长短是由令牌桶深度（也就是交换机的缓存大小，单位：bit，类似于水桶的深度）、令牌漏出速率（类似桶下边接的水管的水速）和超过平均速率的突发流量（类似于桶上边水管突发的急速水流）持续时间这 3 个方面共同决定。令牌桶的大小是通过"突发时长上限"乘以"点对点传输时的帧数限制"得出（也就类似突发水流持续的时间×突发水流的流速）。如果突发时间比较短，令牌桶不会溢出，在通信流上不会发生行为。但是如果突发时间比较长，并且速率比较高，令牌桶将溢出，这时将对突发过程中的帧采取相应的流监管策略行为（也就是在水桶水满后对溢出的水的处理方法）。

12.8.2　单速率三色标记算法

在令牌桶处理包的行为方面，主要包括两种令牌桶算法：RFC 2697 定义的单速率三色标记（srTCM，single rate three color marker）算法和 RFC 2698 定义的双速率三色标记（trTCM，two rate three color marker）算法，其评估结果都是为包打上红、黄、绿三色标记（所以称为"三色标记"，有关这些颜色的具体含义将在具体算法中介绍）。QoS 会根据包的颜色，设置包的丢弃优先级，其中单速率三色标记比较关心包尺寸的突发，而双速率三色标记则关注速率上的突发，两种算法都可工作于色盲模式和非色盲模式（具体将在下面介绍）。本节先介绍单速率三色标记算法的原理。

srTCM（单速率三色标记）是一种"单速双桶"令牌桶模型，它可对流量进行测评，根据评估结果为报文打颜色标记，即绿色、黄色和红色。这里首先要理解"单速"是指算法中的两个令牌桶有同样的承诺信息速率（CIR），也就是具有相同的平均访问速率。这两个令牌桶分别是正常使用的令牌桶（也就是下面将要说到的 C 桶）和超出令牌桶容量的突发令牌桶（也就是下面将要说到的 E 桶），可以理解为两个水桶，一个是正常使用的水桶，另一个是当正常使用的水桶满后用于装多余水的水桶，如图 12-18 所示。下面具体解释单速率三色标记算法原理。

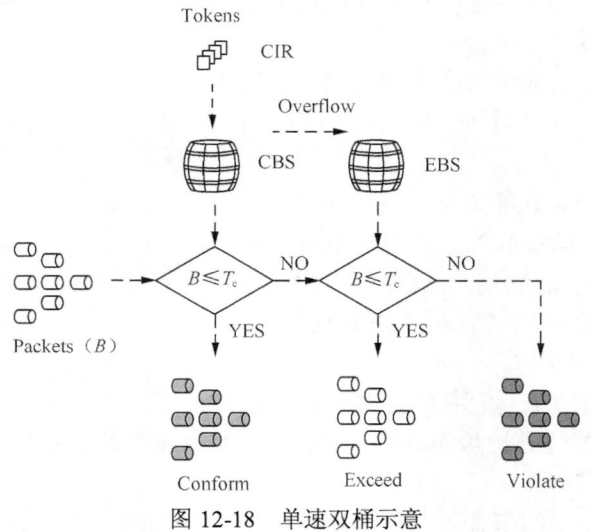

图 12-18　单速双桶示意

1. srTCM 算法的 3 个参数

srTCM 算法关注的是数据包的突发尺寸，数据包的色标记评估依据以下 3 个参数。

① 承诺信息速率（CIR，Committed Information Rate）：表示向 C 桶中填充令牌的平均速率，即 C 桶允许传输或转发报文的平均速率。

② 承诺突发尺寸（CBS，Committed Burst Size）：表示 C 桶的容量，即指每次突发所允许的最大的流量尺寸，也相当于允许的最大取令牌的速率，等于桶的容量（最大时一个包就可以全部领取桶中的全部令牌）。

③ 超额突发尺寸（EBS，Excess Burst Size）：表示 E 桶的容量，即每次突发允许超

出 CBS 的最大流量尺寸。

单速率三色机制采用双桶结构：C 桶和 E 桶（之所以用这两个字母来表示，为的就是与前面说的 CBS 和 EBS 两种速率的头个字母一致，便于描述），且两个令牌桶的 CIR 一样。当 C 令牌桶满时，超出的令牌也会放在 E 令牌桶中。

T_c 和 T_e 分别表示 C 令牌桶和 E 令牌桶中的令牌数，也就是桶中当前的容量（单位也为 bit），两桶的总容量分别为 CBS 和 EBS，也就是对应前面介绍的承诺突发尺寸和超额突发尺寸，最初它们都是满的，即 T_c 和 T_e 初始值分别等于 CBS 和 EBS。正常情况下不会使用第二个令牌桶（也就是 E 桶），只有当 C 令牌桶满后，后面来的令牌才放到 E 令牌桶中，为出现的突发数据提供信用令牌（也就是经过允许的令牌）。

2．srTCM 算法原理

在 srTCM 算法中，两个令牌桶中令牌的添加是按照相同的 CIR 速率进行的。即每隔 1/CIR 时间添加一个令牌。添加的顺序是先添加 C 桶再添加 E 桶，当两个令牌桶中的令牌都满时，再产生的令牌就会被丢弃。系统按照 CIR 速率向桶中填充令牌。

① 若 $T_c<CBS$，则 T_c 增加。

② 若 $T_c=CBS$，$T_e<EBS$，则 T_e 增加。

③ 若 $T_c=CBS$，$T_e=EBS$，则都不增加。

对于到达的报文，用 B 表示报文的大小。

① 若 $B \leqslant T_c$，报文被标记为绿色，且 T_c 减少 B。

② 若 $T_c<B \leqslant T_e$，报文被标记为黄色，且 T_e 减少 B。

③ 若 $T_e<B$，报文被标记为红色，且 T_c 和 T_e 都不减少。

综上所述，单速双桶模式允许流量突发，当用户的流量速率小于配置的 CIR 时，报文被标记为绿色；当用户的突发流量大于配置的 CBS 而小于 EBS 时，报文被标记为黄色；当用户的突发流量大于配置的 EBS 时，报文被标记为红色。

3．srTCM 算法中的报文着色处理

在发送数据包时，令牌使用 IEEE 定义的 3 种颜色（分别为红色、黄色和绿色）以及两种模式：色盲（color-blind）模式和感色（color-aware）模式，缺省为色盲模式。3 种颜色的功能与我们日常生活中的交通指示灯中的 3 种颜色类似，红色表示违规数据，直接丢弃，黄色表示数据包虽然违法，但不直接丢弃，而是延迟发送，绿色为合法数据包，直接发送。

在色盲（color-blind）模式下，假设包都是没有经过"着色"处理的（不辨别包中原来标记的颜色），是根据包长度来确定包被标记的颜色。现假设到达的包长度为 B（单位：bit）。若包长度 B 小于 C 桶中的令牌数 T_c（也就是 C 桶中的令牌数足够该包发送所需），则包被标记为绿色，表示包符合要求，包发送后 C 桶中的令牌数 T_c 减少 B。如果 $T_c<B<T_e$（也就是包长度大于 C 桶中的令牌数，而小于 E 桶中的令牌数），则标记为黄色，则从 E 桶中取出所需令牌，E 桶中的令牌数 T_e 减少 B。若 $B>T_e$，标记为红色，表示是违反规定的包，直接丢弃，两令牌桶中的总令牌数都不减少。

在感色（color-aware）模式下，假设包在此之前已经过"着色"处理（会辨别包中原来标记的颜色），如果包已被标记为绿色，或包长度 $B<T_c$（注意只要满足其中一个条件即可，下同），则包被标记为绿色，C 桶中的令牌数 T_c 值随之也相应减少 B；如果包已被标记为黄色，或 $T_c<B<T_e$，则包被标记为黄色，同时 E 桶中的令牌数 T_e 也随之相应减

少 B；如果包已被标记为红色，或 $B>T_e$，则包被标记为红色，T_c 和 T_e 都不减少。

12.8.3　双速率三色标记算法

trTCM（双速率三色标记）是一种双桶双速率令牌桶模型，可对流量进行测评，然后根据评估结果为报文打颜色标记。这里同样首先要搞清楚"双速率"是什么意思，它是指该算法中两个令牌桶中的 CIR 速率不同，即存在两个令牌填充速率。

与单速率三色标记算法不同，双速率三色标记算法中的两个令牌桶是 C 桶和 P 桶（不是 C 桶和 E 桶），如图 12-19 所示。但它们的令牌填充速率是不同的，C 桶填充速率为 CIR，P 桶为 PIR；两桶的容量分别为 CBS 和 PBS（之所以用 C 桶和 P 桶表示也是为了方便描述，因为表示不同速率的参数与对应桶的容量参数相同，第一个字母对应为 C，或者 P）。用 T_c 和 T_p 表示两桶中的令牌数目，初始状态时两桶是满的，即 T_c 和 T_p 初始值分别等于 CBS 和 PBS。

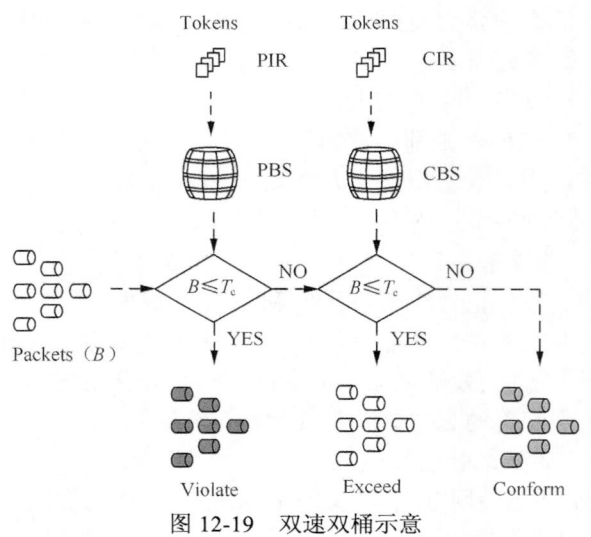

图 12-19　双速双桶示意

1. trTCM 算法的 4 个参数

trTCM 算法关注的是速率的突发，但它不像单速率三色标记算法那样把第一个桶中未使用的令牌放到第二个桶中，而是使用两个独立的令牌桶。第一个令牌桶为 PIR，大小为 PBS，第二个令牌桶为 CIR，大小为 CBS。数据的测量是先比较 PIR，再比较 CIR。也就是在双速率三色标记中，首先判断的是数据发送速率是否符合规定的突发要求，而不是正常情况下的色标方法。

trTCM 算法主要根据 4 种流量参数来评估：CIR、CBS、峰值信息速率（Peak Information Rate，PIR）、峰值突发尺寸（Peak Burst Size，PBS）。CIR 和 CBS 参数与单速率三色算法中的含义相同，PIR 就是允许的最大突发信息传输速率，即 P 桶允许传输或转发报文的峰值速率，当然它的值肯定不会小于 CIR 的；PBS 是允许的最大突发信息尺寸，表示 P 桶的容量，它的值也不会小于 CBS。

2. trTCM 算法原理

在 trTCM 算法中，系统按照 PIR 速率向 P 桶中填充令牌，按照 CIR 速率向 C 桶中填充令牌。

① 当 $T_p<PBS$ 时，P 桶中令牌数增加，否则不增加。

② 当 $T_c<CBS$ 时，C 桶中令牌数增加，否则不增加。

对于到达的报文，用 B 表示报文的大小。

① 若 $T_p<B$，报文被标记为红色。

② 若 $T_c<B\leqslant T_p$，报文被标记为黄色，且 T_p 减少 B。

③ 若 $B\leqslant T_c$，报文被标记为绿色，且 T_p 和 T_c 都减少 B。

综上所述，双速双桶模式允许流量速率突发，当用户的流量速率小于配置的 CIR 时，报文被标记为绿色；当用户的流量大于 CIR 而小于 PIR 时，报文被标记为黄色；当用户的流量大于 PIR 时，报文被标记为红色。

3. trTCM 算法中的报文着色处理

在 trTCM 算法中也有色盲模式和色敏模式两种。

在色盲模式下，当包速率大于 PIR，此时未超过 T_p+T_c 部分的包会分别从 P 桶和 C 桶中获取令牌，而且从 P 桶中获取令牌的部分包被标记为黄色，从 C 桶中获取令牌的部分包被标记为绿色，超过 T_p+T_c 部分无法得到令牌的包被标记为红色；当包速率小于 PIR，而大于 CIR 时，包可以得到令牌，但超过 T_c 部分的包将从 P 桶中获取令牌，此时这部分包都被标记为黄色，而从 C 桶中获取令牌的包被标记为绿色；当包速率小于 CIR 时，包所需令牌数不会超过 T_c，只需从 C 桶中获取令牌，包被标记为绿色。

在色敏模式下，如果包已被标记为红色，或者超过 T_p+T_c 部分无法得到令牌的包，被标记为红色；如果标记为黄色，或者超过 T_c 但未超过 T_p 部分包标记为黄色；如果包被标记为绿色，或者未超过 T_c 部分包，被标记为绿色。

12.8.4　三种令牌桶模型比较

前面介绍的三种令牌桶模型之间的区别和相互关系见表 12-25。

表 12-25　　　　　　　三种令牌桶模型之间的区别和相互关系

区别	单速单桶	单速双桶	双速双桶
包括参数	CIR 和 CBS	CIR、CBS 和 EBS	CIR、CBS、PIR 和 PBS
令牌投放方式	以 CIR 速率向 C 桶投放令牌。C 桶满时令牌溢出	以 CIR 速率先向 C 桶投放令牌，C 桶满时再将令牌投放到 E 桶。C 桶和 E 桶都不满时，只向 C 桶投放令牌	以 CIR 速率向 C 桶投放令牌，以 PIR 速率向 P 桶中投放令牌。两个桶相对独立。桶中令牌满时令牌溢出
是否允许流量突发	不允许流量突发。报文的处理以 C 桶中是否有足够令牌为依据	允许报文尺寸的突发。先使用 C 桶中的令牌，C 桶中令牌数量不够时，使用 E 桶中的令牌	允许报文速率的突发。C 桶和 P 桶中的令牌足够时，两个桶中的令牌都使用。C 桶中令牌不够时，只使用 P 桶中的令牌
报文颜色标记结果	绿色或红色	绿色、黄色或红色	绿色、黄色或红色
相互关系	单速双桶模式中，如果 EBS 等于 0，其效果和单速单桶是一样的 双速双桶模式中，如果 PIR 等于 CIR，其效果和单速单桶是一样的		

基于上述三种令牌桶模型之间的区别，其功能和选用场景也有所不同，具体见表 12-26。

表 12-26 三种令牌桶模型的功能及选用场景

令牌桶模型	功能	选用场景
单速单桶	限制带宽	优先级较低的业务（如企业外网 HTTP 流量），对于超过额度的流量直接丢弃，以保证其他业务，不考虑突发
单速双桶	限制带宽，还可以容许一部分流量突发，并且可以区分突发业务和正常业务	较为重要的业务，容许有突发的业务（如企业邮件数据），对于突发流量有宽容
双速双桶	限制带宽，可以进行流量带宽划分，可以区别带宽小于 CIR，还是在 CIR 与 PIR 之间	重要业务，可以更好的监控流量的突发程度，对流量分析起到指导作用

12.8.5 流量监管工作原理

"流量监管"（Traffic Policing）就是对流量进行控制，通过监督进入交换机端口的流量速率，对超出部分的流量进行"惩罚"（采用监管方式时是直接丢弃），使进入端口的流量被限制在一个合理的范围之内。

如图 12-20 所示，某企业网络中存在语音、视频和数据等多种不同的业务，当大量的业务流量进入网络侧时，可能会因为带宽不足产生拥塞，需要对 3 种业务提供不同的带宽，优先保证语音业务报文的转发，其次是视频业务，最后是数据业务。因此可以对不同业务进行不同的流量监督，为语音报文提供最大带宽，视频报文次之，数据报文带宽最小，从而在网络产生拥塞时，可以保证语音报文优先通过。

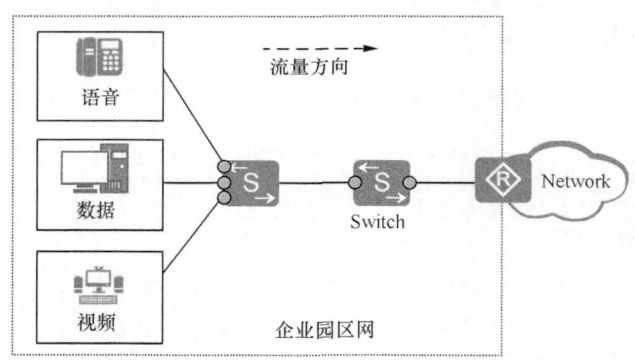

图 12-20 流量监管应用的组网示意

流量监管的基本工作机制如图 12-21 所示，由以下 3 部分组成。

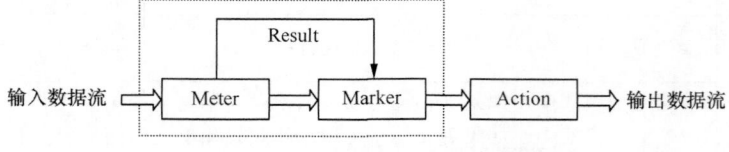

图 12-21 流量监管基本工作机制的示意

① Meter（度量器）：通过令牌桶机制对网络流量进行度量，然后向 Marker（标记器）输出度量结果。

② Marker（标记器）：根据 Meter 的度量结果对报文进行染色，报文会被标识成 green、yellow、red 3 种颜色。

③ Action：根据 Marker 对报文的染色结果，对报文进行一些行为，行为如下。

■ pass：对测量结果为"符合"的报文继续转发。

■ remark + pass：修改报文内部优先级后再转发。

■ discard：对测量结果为"不符合"的报文进行丢弃。

缺省情况下，对 green、yellow 颜色的报文进行转发，对 red 报文进行丢弃。

当网络发生拥塞后，超出的流量将采取其他方式处理。如果处理方式为监管，那么数据包就会被丢弃。通常情况下，网络设备缺省为丢弃后到的数据包而传输先到的数据包，这样的丢弃方式称为尾丢弃。也可以让网络设备在发生拥塞时，先丢弃低优先级的数据包而传输高优先级的数据包。

总体而言，经过流量监管后，如果某流量速率超过标准，设备可以选择降低报文优先级再进行转发或者直接丢弃。缺省情况下，此类报文被丢弃。如图 12-22 所示是一种经过流量监管后的流量变化示意图，超出 CAR 的流量均被"削"掉了。

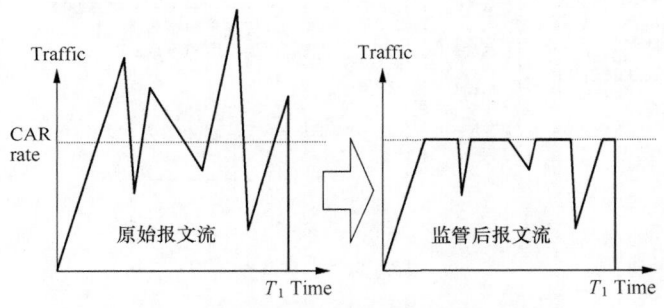

图 12-22　经过浏览监管后的流量变化示意图

12.8.6　流量整形工作原理

流量整形是一种主动调整流量输出速率的措施，其作用是限制流量与突发，使符合分类条件的报文以比较均匀的速率向外发送。流量整形通常使用缓冲区和令牌桶来完成，当报文的发送速度过快时，首先在缓冲区进行缓存，在令牌桶的控制下，再均匀地发送这些被缓冲的报文。

如图 12-23 所示，为了防止流量被丢弃，可以在上游设备的出方向进行流量整形，缓存超出限制的流量，不同的企业分支可以配置不同速率的流量整形。

此时需要在 Switch 与分支机构相连的接口入方向配置优先级映射，将来自不同分支机构的流量映射到不同的本地优先级，从而进入不同的队列。在 Switch 与出口网关相连的接口出方向配置流量整形，对不同分支机构的流量按照不同的速率实现流量整形。

流量整形是一种可应用于接口、子接口或队列的流量控制技术，可以对从接口上经过的所有报文或某类报文进行速率限制。下面以接口或子接口下采用单速单桶技术的、基于流的队列整形为例介绍流量整形的处理流程，其处理流程如图 12-24 所示，具体描述如下。

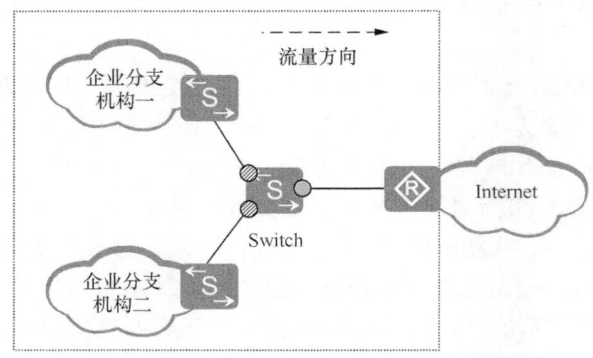

图 12-23　流量整形应用组网示意图

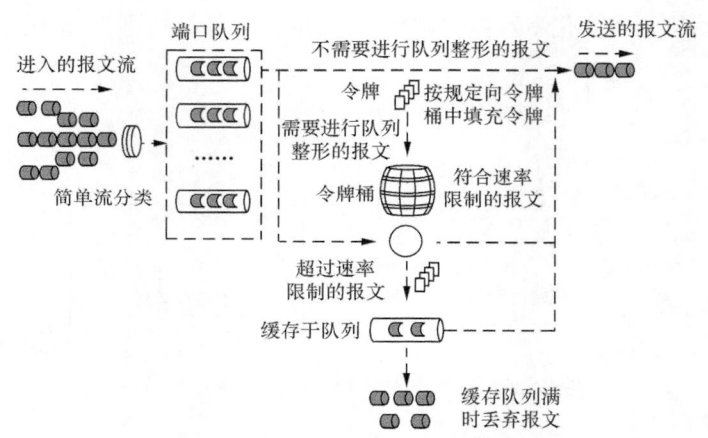

图 12-24　流量整形处理流程图

①　当报文到达设备端口时，首先对报文进行简单分类，使报文进入不同的队列。

②　若报文进入的队列没有配置队列流量整形功能，则直接发送该队列的报文；否则，进入下一步处理。

③　按用户设定的队列整形速率向令牌桶中存放令牌。

■　如果令牌桶中有足够的令牌可以用来发送报文，则报文直接被发送，在报文被发送的同时，令牌进行相应的减少。

■　如果令牌桶中没有足够的令牌，则将报文放入缓存队列，如果报文放入缓存队列时，缓存队列已满，则丢弃报文。

④　缓存队列中有报文时，系统按一定的周期从缓存队列中取出报文进行发送，每次发送都会与令牌桶中的令牌数进行比较，直到令牌桶中的令牌数减少到缓存队列中的报文不能再发送或缓存队列中的报文全部发送完毕为止。

说明　经过以上队列整形后,如果该接口或子接口同时配置了基于端口的流量整形功能,则系统还要逐级按照子接口整形速率、接口整形速率对报文流进行速率控制。其处理流程与上述流程相似，但不需要步骤 1 和 2。

　　流量整形和流量监管都是作用于网络边缘，对进入设备端口的流量进行处理的一种方式。它们的主要区别在于：流量监管直接丢弃不符合速率要求的报文，丢弃的报文比较多，可能引发重传；而流量整形是将不符合速率要求的报文先行缓存，当令牌桶有足够的令牌时再均匀地向外发送这些被缓存的报文，较少丢弃报文，但引入时延和抖动，需要较多的缓冲资源缓存报文。所以这两种功能的应用领域也不尽相同，流量监管适用于对丢弃率不敏感，而对时延和抖动比较敏感的网络应用，如一些普通的话音和视频通信；流量整形适用于对时延和抖动不敏感的网络应用，如数据传输、WWW 访问等。

12.8.7　接口限速工作原理

　　接口限速可以限制一个接口上发送或者接收报文的**总速率**。与前面介绍的流量监管、流量整形一样，接口限速功能也是采用令牌桶技术实现的。如果在设备的某个接口配置了接口限速，所有经由该接口发送的报文首先要经过接口限速的令牌桶进行处理。如果令牌桶中有足够的令牌，则报文可以发送；否则，报文将被丢弃或者被缓存。这样，就可以对通过该接口的报文流量进行控制。

　　如图 12-25 所示，某企业用户的某交换机接入了两个不同的部门，要求每个部门的流量不能超过规定速率，因此可以在接入交换机的入接口上配置接口限速，将部门用户的流量限制在规定范围内，超出的流量将被丢弃。

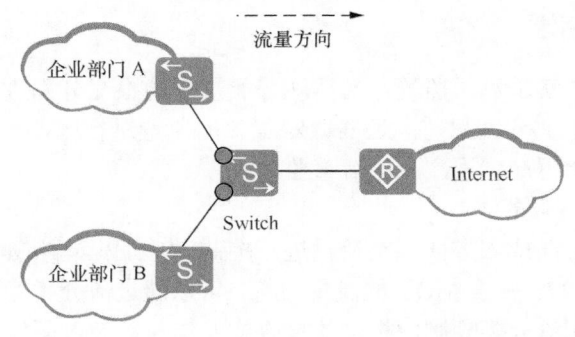

● 入方向或者出方向配置端口限速

图 12-25　接口限速应用组网示意

　　接口限速支持出/入两个方向，下面以采用单桶单速模型为例介绍出方向接口限速的处理过程，如图 12-26 所示。

　　① 如果令牌桶中有足够的令牌可以用来发送报文，则报文直接被发送，但在报文被发送的同时令牌数也会进行相应的减少。

　　② 如果令牌桶中没有足够的令牌，则先将报文放入缓存队列。如果报文放入缓存队列时缓存队列已满，则只能丢弃该报文了。

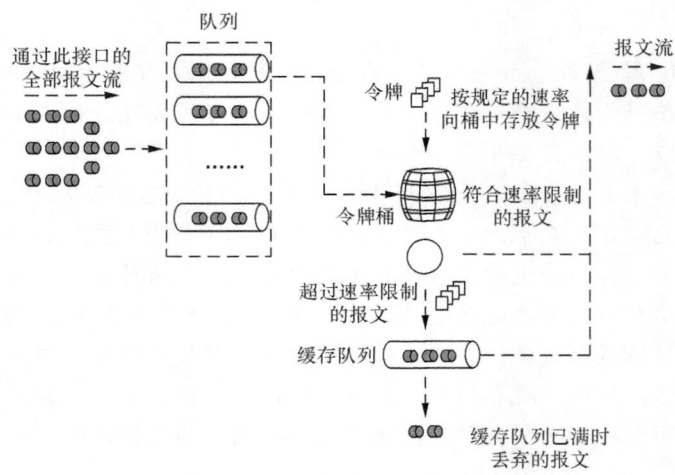

图 12-26　接口限速处理流程示意

③ 缓存队列中有报文时，会与令牌桶中的令牌数进行比较，如果令牌数足够发送报文则转发报文，直到缓存队列中的报文全部发送完毕为止。

12.9　流量监管、流量整形和接口限速的配置与管理

本章前面已对流量监管、流量整形和接口限速的工作原理进行了介绍，本节要介绍这 3 项功能的具体配置与管理方法。

12.9.1　配置流量监管

可通过配置 MQC 实现流量监管，对匹配分类规则的报文分别进行限速。但如果不仅需要对匹配规则的报文分别限速，还需要对整体的流量进行限制，可以在配置 MQC 实现流量监管的基础上再配置层次化的流量监管。

1. 配置 MQC 流量监管

若需要对接口出方向或入方向某类流量进行控制时，可以配置 MQC 实现流量监管，具体配置步骤见表 12-27。基于 MQC 的流量监管，可以通过流分类为不同业务提供更细致的差异服务。当匹配流分类规则的报文的接收或发送速率超过限制速率时，直接被丢弃。但不同交换机系列所支持的流量监管配置参数不完全一样。

表 12-27　　　　　　　　　　基于 **MQC** 实现流量监管的配置步骤

配置任务	步骤	命令	说明
	1	**system-view** 例如：\<HUAWEI\> **system-view**	进入系统视图
配置流分类	2	**traffic classifier** *classifier-name* [**operator** { **and** | **or** }] 例如：[HUAWEI] **traffic classifier** c1 **operator and**	创建一个流分类并进入流分类视图，或进入已存在的流分类视图。命令中的参数和选项说明参见 12.2.2 节的介绍
	3	请根据实际情况选择 12.2.2 节表 12-4 中的一个或多个定义流分类的规则	

（续表）

配置任务	步骤	命令	说明
配置流行为	4	**quit** 例如：[HUAWEI-classifier-c1] **quit**	退出流分类视图，返回系统视图
	5	**traffic behavior** *behavior-name* 例如：[HUAWEI] **traffic behavior** b1	创建一个流行为，进入流行为视图
	6	S1720GFR、S1720GW-E、S1720GWR-E、S1720X-E、S2720EI、S2750EI、S5700LI、S5700S-LI、S5710-X-LI、S5720LI、S5720S-LI、S5720SI、S5720S-SI、S5730SI、S5730S-EI、S6720LI、S6720S-LI、S6720SI、S6720S-SI 子系列交换机： **car** [**aggregation**] **cir** *cir-value* [**pir** *pir-value*] [**cbs** *cbs-value* **pbs** *pbs-value*] [**share**] [**green pass**] [**yellow** { **discard** | **pass** [**remark-dscp** *dscp-value* | **remark-8021p** *8021p-value*] }] [**red** { **discard** | **pass** [**remark-dscp** *dscp-value* | **remark-8021p** *8021p-value*] }] S5720EI、S6720EI、S6720S-EI 子系列交换机： **car cir** *cir-value* [**pir** *pir-value*] [**cbs** *cbs-value* **pbs** *pbs-value*] [**share**] [**green** { **discard** | **pass** [**remark-dscp** *dscp-value* | **remark-8021p** *8021p-value*] }] [**yellow** { **discard** | **pass** [**remark-dscp** *dscp-value* | **remark-8021p** *8021p-value*] }] [**red** { **discard** | **pass** [**remark-dscp** *dscp-value* | **remark-8021p** *8021p-value*] }] 例如：[HUAWEI-behavior-b1] **car cir** 1000 **green pass remark-8021p** 7 **yellow pass remark-dscp** 20 **red discard** S5720HI 和 S6720HI 子系列交换机： **car cir** *cir-value* [**pir** *pir-value*] [**cbs** *cbs-value* **pbs** *pbs-value*] [**share**] [**green** { **discard** | **pass** }] [**yellow** { **discard** | **pass** }] [**red** { **discard** | **pass** }] 框式系列交换机： **car cir** *cir-value* [**pir** *pir-value*] [**cbs** *cbs-value* **pbs** *pbs-value*] [**share**] [**mode** { **color-blind** | **color-aware** }] [**green** { **discard** | **pass** [**service-class** *class* **color** *color*] } | **yellow** { **discard** | **pass** [**service-class** *class* **color** *color*] } | **red** { **discard** | **pass** [**service-class** *class* **color** *color*] }]*	配置 CAR 动作。命令中的参数和选项说明如下： ① **aggregation**：可选项，指定 CAR 为聚合 CAR。在聚合 CAR 的情况下，同类型的规则应用到多个接口上，只占用一个 CAR 资源，这些接口的流量都受这个 CAR 约束。 ② **cir** *cir-value*：可选参数，指定承诺信息速率，即保证能够通过的平均速率，整数形式，取值范围为 8～4294967295，单位：kbit/s。 ③ **pir** *pir-value*：可选参数，指定峰值信息速率，即能够通过的最大速率，整数形式，取值范围为 8～4294967295，单位：kbit/s。*pir-value* 必须大于等于 *cir-value*，缺省等于 *cir-value*。 ④ **cbs** *cbs-value*：可选参数，指定承诺突发尺寸，即瞬间能够通过的承诺突发流量，整数形式，取值范围是 4000～4294967295，单位：byte。*cbs-value* 缺省为 *cir-value* 的 125 倍。如果按照 *cir-value*iy×125 计算出来的 *cbs-value* 缺省值小于 4000，则缺省值按照 4000 生效。 ⑤ **pbs** *pbs-value*：可选参数，指定峰值突发尺寸，即瞬间能够通过的峰值突发流量，整数形式，取值范围是 4000～4294967295，单位：byte。如果未配置 *pir-value* 参数，PBS 缺省值则为 *cir-value* 的 125 倍；如果配置了 *pir-value* 参数，则缺省值为 *pir-value* 的 125 倍。如果按照 *cir-value*×125 或 *pir-value*×125 计算出来的 *cbs-value* 缺省值小于 4000，则缺省值按照 4000 生效。 ⑥ **green**、**yellow**、**red**：可选项，报文的颜色，由本命令中的参数 **cbs** *cbs-value*、**pbs** *pbs-value* 确定。缺省情况下，绿色、黄色报文被允许通过，红色报文被丢弃。 **mode** { **color-blind** | **color-aware** }：可选项，指定流量监管采取的颜色模式为色盲模式（**color-blind**，报文原有颜色不影响本次流量监管的动作）或色敏模式（**color-aware**，本次流量监管动作考虑报文原有颜色）。

（续表）

配置任务	步骤	命令	说明
配置流行为	6	例如：[HUAWEI-behavior-b1] **car cir 200000 pir 2500000 green pass yellow pass red discard**	⑦ **discard**：二选一选项，丢弃报文。如果为绿色报文指定的动作为 **discard**，则为黄色和红色报文指定的动作必须为 **discard**；如果为黄色报文指定的动作为 **discard**，则为红色报文指定的动作必须为 **discard**。 ⑧ **pass**：二选一选项，指定允许的报文通过。 ⑨ **service-class** *class*：可选参数，指定服务等级，取值包括 **af1**、**af2**、**af3**、**af4**、**be**、**cs6**、**cs7**、**ef** 8 种服务等级。 ⑩ **color** *color*：可选参数，指定服务等级对应的颜色，取值包括 **green**、**yellow**、**red** 3 种颜色。 ⑪ **remark-8021p** *8021p-value*：可选参数，指定重标记报文的 802.1p 优先级，整数形式，取值范围是 0~7，值越大优先级越高。 ⑫ **remark-dscp** *dscp-value*：可选参数，指定重标记报文的 DSCP 的值，整数形式，取值范围是 0~63。 缺省情况下，流行为中没有流量监管动作，可用 **undo car** 命令在流行为中删除流量监管动作
	7	**statistic enable** 例如：[HUAWEI-behavior-b1] **deny**	（可选）使能流量统计功能，其他说明参见 12.7.1 节表 12-24 的第 6 步
	8	**quit** 例如：[HUAWEI-behavior-b1] **quit**	退出流行为视图，返回系统视图
	9	**qos-car exclude-interframe** 例如：[HUAWEI] **qos-car exclude-interframe**	（可选）全局使能计算流量监管的速率时不包括报文的帧间隙和前导码字段功能。使能此功能后，设备在计算流量监管和入方向接口限速的速率时均不包括报文的帧间隙和前导码字段。 缺省情况下，计算流量监管和接口限速的速率时，包括帧间隙和前导码，可用 **undo qos-car exclude-interframe** 命令配置计算流量监管和接口限速的速率时包括报文的帧间隙和前导码
配置流策略	10	**traffic policy** *policy-name* [**match-order** { **auto** | **config** }] [**atomic**] 例如：[HUAWEI] **traffic policy** p1	创建一个流策略并进入流策略视图，或进入已存在的流策略视图。命令中的参数和选项说明参见 12.2.4 节的介绍
	11	**classifier** *classifier-name* **behavior** *behavior-name* 例如：[HUAWEI-trafficpolicy-p1] **classifier** c1 **behavior** b1	在流策略中为指定的流分类配置所需流行为，即绑定流分类和流行为。命令中的参数和选项说明参见 12.2.4 节的介绍
应用流策略	12	在全局、VLAN 或接口（包括物理接口、子接口和 VLANIF 接口）上应用上述流策略，具体的配置方法参见 12.2.5 节	

　　2．配置层次化流量监管

　　设备支持层次化流量监管，即系统对满足流分类规则的业务流通过 MQC 实现流量监管（一级 CAR）后，可以将同一流策略中满足一级 CAR 的流分类的所有业务流聚合在一起再进行一次流量监管（二级 CAR）。层次化流量监管可以实现用户流量的统计复用和精细业务的控制，具体配置步骤见表 12-28。

表 12-28　　　　　　　　　　　　　　层次化流量监管的配置步骤

步骤	命令	说明
1	system-view 例如：<HUAWEI> system-view	进入系统视图
2	qos car *car-name* cir *cir-value* [cbs *cbs-value* [pbs *pbs-value*] | pir *pir-value* [cbs *cbs-value* pbs *pbs-value*]] 例如：[HUAWEI] qos car qoscar1 cir 10000 cbs 10240	创建并配置 CAR 模板，交换机最多支持配置 512 个 QoS CAR 模板。仅 S5720EI、S5720HI 和 S6720HI，以及框式系列交换机支持本命令。命令中的参数说明参见本节前面的表 12-27 中的第 6 步。 报文的颜色由 qos car 中的参数 cbs *cbs-value*、pbs *pbs-value* 确定： • 报文的突发尺寸＜*cbs-value* 时，报文被标记为绿色； • *cbs-value*≤报文的突发尺寸＜*pbs-value* 时，报文被标记为黄色； • 报文的突发尺寸≥*pbs-value* 时，报文被标记为红色。 缺省情况下，系统未创建 QoS CAR 模板，可用 undo qos car *car-name* 命令删除指定的 QoS CAR 模板
3	traffic behavior *behavior-name* 例如：[HUAWEI] traffic behavior *b1*	进入流行为视图
4	car *car-name* share 例如：HUAWEI-behavior-tb1] car qoscar1 share	配置共享本表第 2 步创建的 CAR 动作。**仅 S5720EI、S5720HI 和 S6720HI 支持配置共享 CAR，S 系列中的 SA 单板不支持配置共享 CAR，并且包含共享 CAR 动作的流策略只能应用在 inbound 方向。** 配置共享 CAR 后，绑定同一流行为的分类器的规则共用一个 CAR 索引，系统将这些流聚合在一起做 CAR。**但如果这些流分类中既有基于二层信息的流分类又有基于三层信息的流分类，那么 car share 配置将不会生效。** 缺省情况下，流行为中没有配置共享 CAR，可用 undo car [*car-name*] share 命令取消流行为中配置的共享 CAR

12.9.2　基于 MQC 实现流量监管的配置示例

　　如图 12-27 所示，Switch 通过接口 GE0/0/2 与路由器互连，企业可经由 Switch 和路由器访问网络。企业的语音业务对应的 VLAN ID 为 120，视频业务对应的 VLAN ID 为 110，数据业务对应的 VLAN ID 为 100。

　　在 Switch 上需要对不同业务的报文分别进行流量监管，以将流量限制在一个合理的范围之内，并保证各业务的带宽需求。不同业务对于服务质量的需求不同，语音业务对服务质量的要求最高，视频业务次之，数据业务的要求最低，所以在 Switch 中还需要重标记不同业务报文的 DSCP 优先级，以便于路由器按照报文的不同优先级分别进行处理，保证各种业务的服务质量，这些 QoS 参数保障值见表 12-29。

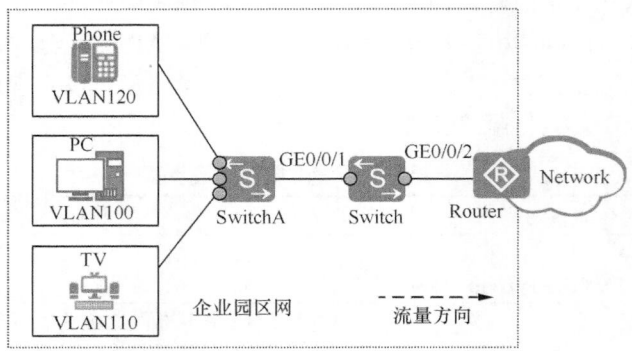

图 12-27　基于 MQC 实现流量监管配置示例的拓扑结构

表 12-29 **Switch 为上行流量提供的 QoS 保障**

流量类型	CIR（kbit/s）	PIR（kbit/s）	DSCP 优先级
语音	2000	10000	46
视频	4000	10000	30
数据	4000	10000	14

1. 基本配置思路分析

本示例要求采用基于 MQC 来实现流量监管，故其中的关键是要选择好进行流分类的规则，以及配置好流量监管的参数。至于流分类规则，本示例可以根据报文的 VLAN Tag 对应的 VLAN ID，流行为的流量监管参数见表 12-29。下面是本示例的基本配置思路（仅针对 Switch 设备进行介绍）。

① 创建 VLAN，并配置各接口，使企业能够通过 Switch 访问网络。

② 在 Switch 上配置基于 VLAN ID 进行流分类的匹配规则。

③ 在 Switch 上配置流行为，对符合上述不同分类规则的业务报文进行流量监管，并且重标记为不同的 DSCP 优先级。

④ 在 Switch 上配置流量监管策略，绑定已配置的流行为和流分类，并应用到企业与 Switch 连接的接口入方向上。

2. 具体配置步骤

（1）创建 VLAN 并配置各接口

① 在 Switch 上创建 VLAN 100、110、120。

```
<HUAWEI> system-view
[HUAWEI] sysname Switch
[Switch] vlan batch 100 110 120
```

② 将接口 GE0/0/1、GE0/0/2 的接入类型分别配置为 trunk，并分别将接口 GE0/0/1 和 GE0/0/2 加入 VLAN 100、VLAN 110、VLAN 120。

```
[Switch] interface gigabitethernet 0/0/1
[Switch-GigabitEthernet0/0/1] port link-type trunk
[Switch-GigabitEthernet0/0/1] port trunk allow-pass vlan 100 110 120
[Switch-GigabitEthernet0/0/1] quit
[Switch] interface gigabitethernet 0/0/2
[Switch-GigabitEthernet0/0/2] port link-type trunk
```

```
[Switch-GigabitEthernet0/0/2] port trunk allow-pass vlan 100 110 120
[Switch-GigabitEthernet0/0/2] quit
```

（2）配置流分类

在 Switch 上创建流分类 c1～c3，对来自企业的 3 种不同业务流按照其 VLAN ID 进行分类。

```
[Switch] traffic classifier c1 operator and
[Switch-classifier-c1] if-match vlan-id 120
[Switch-classifier-c1] quit
[Switch] traffic classifier c2 operator and
[Switch-classifier-c2] if-match vlan-id 110
[Switch-classifier-c2] quit
[Switch] traffic classifier c3 operator and
[Switch-classifier-c3] if-match vlan-id 100
[Switch-classifier-c3] quit
```

（3）配置流量监管行为

在 Switch 上创建流行为 b1～b3，对 3 种不同业务流进行流量监管以及重标记优先级，各种业务对应的 QoS 参数保障值参见表 12-29。

```
[Switch] traffic behavior b1
[Switch-behavior-b1] car cir 2000 pir 10000 green pass
[Switch-behavior-b1] remark dscp 46
[Switch-behavior-b1] statistic enable
[Switch-behavior-b1] quit
[Switch] traffic behavior b2
[Switch-behavior-b2] car cir 4000 pir 10000 green pass
[Switch-behavior-b2] remark dscp 30
[Switch-behavior-b2] statistic enable
[Switch-behavior-b2] quit
[Switch] traffic behavior b3
[Switch-behavior-b3] car cir 4000 pir 10000 green pass
[Switch-behavior-b3] remark dscp 14
[Switch-behavior-b3] statistic enable
[Switch-behavior-b3] quit
```

（4）配置流量监管策略并应用到接口上

在 Switch 上创建流策略 p1，将流分类和对应的流行为进行绑定并将流策略应用到接口 GE0/0/1 入方向上，对来自企业的报文进行流量监管和重标记。

```
[Switch] traffic policy p1
[Switch-trafficpolicy-p1] classifier c1 behavior b1
[Switch-trafficpolicy-p1] classifier c2 behavior b2
[Switch-trafficpolicy-p1] classifier c3 behavior b3
[Switch-trafficpolicy-p1] quit
[Switch] interface gigabitethernet 0/0/1
[Switch-GigabitEthernet0/0/1] traffic-policy p1 inbound
[Switch-GigabitEthernet0/0/1] quit
```

以上配置完成后，可通过以下 **display** 命令查看流分类、流策略和流策略应用配置信息，验证配置结果。

① 查看流分类的配置信息。

```
[Switch] display traffic classifier user-defined
  User Defined Classifier Information:
    Classifier: c2
     Operator: AND
```

```
            Rule(s) : if-match vlan-id 110

        Classifier: c3
         Operator: AND
          Rule(s) : if-match vlan-id 100

        Classifier: c1
         Operator: AND
          Rule(s) : if-match vlan-id 120

Total classifier number is 3
```

② 查看流策略的配置信息，以流策略 p1 为例。

```
[Switch] display traffic policy user-defined p1
 User Defined Traffic Policy Information:
  Policy: p1
   Classifier: c1
    Operator: AND
     Behavior: b1
      Committed Access Rate:
         CIR 2000 (Kbps), CBS 250000 (Byte)
         PIR 10000 (Kbps), PBS 1250000 (Byte)
         Green Action    : pass
         Yellow Action   : pass
         Red Action      : discard
       Remark:
         Remark DSCP ef
       Statistic: enable
   Classifier: c2
    Operator: AND
     Behavior: b2
      Committed Access Rate:
         CIR 4000 (Kbps), CBS 500000 (Byte)
         PIR 10000 (Kbps), PBS 1250000 (Byte)
         Green Action    : pass
         Yellow Action   : pass
         Red Action      : discard
       Remark:
         Remark DSCP af33
       Statistic: enable
   Classifier: c3
    Operator: AND
     Behavior: b3
      Committed Access Rate:
         CIR 4000 (Kbps), CBS 500000 (Byte)
         PIR 10000 (Kbps), PBS 1250000 (Byte)
         Green Action    : pass
         Yellow Action   : pass
         Red Action      : discard
       Remark:
         Remark DSCP af13
       Statistic: enable
```

③ 查看在接口上应用的流策略信息，以接口 GE0/0/1 为例。

```
[Switch] display traffic policy statistics interface gigabitethernet 0/0/1 inbound
```

```
Interface:    GigabitEthernet0/0/1
Traffic policy inbound: p1
Rule number: 3
Current status: success
Statistics interval: 300

------------------------------------------------------------------------
Board : 0

------------------------------------------------------------------------
Matched       |      Packets:                      0
              |      Bytes:                        0
              |      Rate(pps):                    0
              |      Rate(bps):                    0
------------------------------------------------------------------------
Passed        |      Packets:                      0
              |      Bytes:                        0
              |      Rate(pps):                    0
              |      Rate(bps):                    0
------------------------------------------------------------------------
Dropped       |      Packets:                      0
              |      Bytes:                        0
              |      Rate(pps):                    0
              |      Rate(bps):                    0
------------------------------------------------------------------------
Filter        |      Packets:                      0
              |      Bytes:                        0
------------------------------------------------------------------------
Car           |      Packets:                      0
              |      Bytes:                        0
------------------------------------------------------------------------
```

说明 如果你还想限制总带宽的话，可以配置层次化流量监管。如本示例中如果要限制
3 种业务的总带宽在 12000kbit/s 以内，则通过以下命令配置 CAR 模板实现。

[Switch] **qos car car1 cir** 12000

12.9.3　配置流量整形

流量整形（TS）是一种主动调整流量输出速率的措施。当下游设备的入接口速率小于上游设备的出接口速率或发生突发流量时，下游设备入接口处可能出现流量拥塞的情况，此时用户可以通过**在上游设备**的出接口上配置流量整形，将上游不规整的流量进行整形，输出一条速率比较平整的流量，从而解决下游设备的拥塞问题。配置流量整形后，可实现报文的流量以均匀的速率向外发送，减少因超过承诺速率而被丢弃的报文。

与流量监管相同，流量整形也是对流量进行限速。但是利用流量监管进行限速时，系统会直接丢弃不符合速率要求的报文，而流量整形是将不符合速率要求的报文先送入队列进行缓存，当令牌桶有足够的令牌时，再均匀地向外发送这些被缓存的报文。流量整形会增加延迟（由于流量整形采用了缓存机制），而流量监管几乎不引入额外的延迟。

流量整形包括两项配置任务：①队列流量整形；②（可选）配置数据缓冲区。下面分别予以介绍。

1. 配置队列流量整形

一个物理接口下面有 8 个队列，用于承载不同优先级的报文。缺省情况下，8 个 802.1p

优先级值与 8 个端口队列是一一对应的。接口收到的报文根据与本地优先级的不同映射（**缺省情况下，802.1p 优先级与本地优先级也有一个一一对应的映射关系**），最终会进入到出接口的不同队列，针对不同的优先级队列，设置不同的流量整形参数，可以实现对不同业务的差分服务。故需要配置出接口队列整形前，需要配置优先级映射，将报文的优先级映射为 PHB 行为，从而使不同业务进入不同的端口队列。

说明 有关优先级映射的配置方法，对于 S5720EI、S5720HI、S6720EI、S6720HI 和 S6720S-EI，以及框式系列交换机参见 12.3 节，对于 S1720GFR、S1720GW-E、S1720GWR-E、S1720X-E、S2720EI、S2750EI、S5700LI、S5700S-LI、S5710-X-LI、S5720LI、S5720S-LI、S5720SI、S5720S-SI、S5730SI、S5730S-EI、S6720LI、S6720S-LI、S6720SI、S6720S-SI 子系列交换机，则参见 12.4 节。

队列流量整形的配置步骤见表 12-30。

表 12-30　　　　　　　　　　　　　队列流量整形的配置步骤

步骤	命令	说明
1	**system-view** 例如：<HUAWEI> **system-view**	进入系统视图
2	**qos-shaping exclude-interframe** 例如：[HUAWEI] **qos-shaping exclude-interframe**	（可选）全局使能计算流量整形的速率时不包括报文的帧间隙和前导码字段功能。配置此命令前，流量整形速率 =（原始报文长度 + 帧间隙 + 前导码）×通过报文个数/秒，其中帧间隙 + 前导码共 20 字节。配置此命令后，流量监管、流量整形或接口限速速率 = 原始报文长度×通过报文个数/秒。 缺省情况下，计算流量整形的速率时，包括帧间隙和前导码，可用 **undo qos-shaping exclude-interframe** 命令配置计算流量整形的速率时包括报文的帧间隙和前导码
3	**interface** *interface-type interface-number* 例如：[HUAWEI] **interface** gigabitethernet 0/0/1	键入流量的出接口，进入接口视图，
4	**qos queue** *queue-index* **shaping cir** *cir-value* **pir** *pir-value* [**cbs** *cbs-value* **pbs** *pbs-value*] 例如：[HUAWEI-GigabitEthernet 0/0/1] **qos queue 4 shaping cir 10000 pir 20000**	配置队列流量整形速率。命令中的参数说明如下。 ① *queue-index*：队列索引，整数形式，取值范围是 0～7。 ② *cir-value*：整形承诺信息速率，整数形式，不同的接口类型取值范围不同，取值范围如下。 • Ethernet：0～100000。 • MultiGE：0～2500000。 • GigabitEthernet：0～1000000。 • XGigabitEthernet：0～10000000。 • 40GigabitEthernet：0～40000000。 • 100GigabitEthernet：0～100000000。 • 端口组：0～10000000。 单位：kbit/s。缺省值为接口的最大带宽。

（续表）

步骤	命令	说明
4	**qos queue** *queue-index* **shaping cir** *cir-value* **pir** *pir-value* [**cbs** *cbs-value* **pbs** *pbs-value*] 例如：[HUAWEI-GigabitEthernet 0/0/1] **qos queue** 4 **shaping cir** 10000 **pir** 20000	③ *pir-value*：整形峰值信息速率，整数形式，不同的接口类型取值范围不同，取值范围如下。 • Ethernet：64～100000。 • MultiGE：64～2500000。 • GigabitEthernet：64～1000000。 • XGigabitEthernet：64～10000000。 • 40GigabitEthernet：64～40000000。 • 100GigabitEthernet：64～100000000。 • 端口组：64～10000000。 单位：kbit/s。缺省值为接口的最大带宽。*pir-value* 必须大于等于 *cir-value*，缺省等于 *cir-value*。 ④ *cbs-value*：*可选参数*，指定承诺突发尺寸（Committed Burst Size），即瞬间能够通过的承诺突发流量，整数形式，取值范围是 10000～4294967295，单位：byte。建议配置 *CBS* 的值为 *CIR* 的 120 倍。 ⑤ *pbs-value*：*可选参数*，指定峰值突发尺寸（Peak Burst Size），即瞬间能够通过的峰值突发流量，整数形式，取值范围是 10000～4294967295，单位：byte。 【注意】*如果同一接口下既配置队列流量整形，又配置出方向接口限速，则出方向接口限速的 CIR 必须大于等于队列整形的 CIR 之和；否则，流量整形会出现异常现象，如低优先级队列抢占高优先级队列的带宽等。* 缺省情况下，端口队列的整形速率是接口的最大带宽，可用 **undo qos queue** *queue-index* **shaping** 命令用来恢复为缺省值

2.（可选）配置数据缓冲区

数据缓冲区可以用来缓存从接口发送的报文，防止出现由于突发流量导致拥塞而产生的丢包现象。当设备的缓冲区资源被耗尽时，端口将不能再缓存报文，未进入缓冲区的报文将直接被丢弃，因此配置数据缓冲区可以调整端口队列的缓存能力，提高设备性能。可以通过调整动态缓存的最大百分比、缓存管理的突发模式和端口队列的缓存大小这几个参数来配置，但接口上队列占用动态缓存的最大百分比不能与同一接口上缓存管理的突发模式或设备上缓存管理的突发模式同时配置。

① 配置 S5720EI、S6720EI、S6720S-EI 指定接口队列占用动态缓存的最大百分比。

在具体接口视图下通过 **qos queue** *queue-index* **buffer shared-ratio** *ratio-value* 命令可配置接口上队列占用动态缓存的最大百分比。命令中的参数说明如下。

■ *queue-index*：指定队列的索引，整数形式，取值范围是 0～7。

■ *ratio-value*：指定队列占用动态缓存的最大百分比，整数形式，取值范围是 1～90，S5720EI 子系列缺省值为 50，S6720EI 和 S6720S-EI 子系列缺省值为 20。

设备缓存采用"静态+动态"的方式进行分配，即每个接口默认分配一部分静态缓存，以提供基本的缓存保证，剩余缓存作为设备动态缓存。当一个接口上某个队列有较大的突发流量时，可以配置本命令增加该队列可以占用的动态缓存的最大百分比。设备将为该队列分配较多的动态缓存，减少该队列的丢包。但每个接口上可用的动态缓存是有限的，同时当接口上某个队列占用较多的动态缓存时，可能导致该接口上其他队列能够占用的动态缓存变小，从而降低这些队列转发突发流量的能力。

缺省情况下，S5720EI 子系列交换机接口上队列占用动态缓存的最大百分比为 50%，S6720EI 和 S6720S-EI 子系列交换机接口上队列占用动态缓存的最大百分比为 20%，可用 **undo qos queue** *queue-index* **buffer shared-ratio** 命令恢复接口上队列占用动态缓存的最大百分比为默认值。

② 配置 S5720EI、S6720EI、S6720HI、S6720S-EI，以及框式系列交换机指定接口缓存管理的突发模式。

缺省情况下，交换机接口缓存较小，接口上的流量如果突发达到接口带宽的 50%～60%左右就会出现丢包现象。在接口上配置缓存管理的突发模式，一个接口可以抢占到更多的剩余动态缓存，增加缓存，提高交换机性能。

指定接口的缓存管理的突发模式是在具体接口视图下通过 **qos burst-mode** { **enhanced** | **extreme** }命令进行的，命令中的选项说明如下。

■ **enhanced**：二选一选项，指定突发模式为增强模式。

■ **extreme**：二选一选项，指定突发模式为极限模式

设备缓存采用"静态+动态"的方式进行分配。每个接口默认分配一部分静态缓存，以提供基本的缓存保证，剩余缓存作为设备动态缓存。动态缓存有以下 3 种分配模式。

■ 标准模式：接口能且仅能抢占设备的一小部分动态缓存。

■ 增强模式：配置突发模式为增强模式，接口能且仅能抢占设备的绝大部分动态缓存。

■ 极限模式：配置突发模式为极限模式，接口不仅会抢占动态缓存，还会抢占其他未配置极限模式接口的静态缓存。但配置为极限模式可能会影响到其他接口的正常转发功能，因此建议配置接口管理的突发模式为增强模式。

缺省情况下，接口下缓存管理的突发模式为标准模式，可用 **undo qos burst-mode** { **enhanced** | **extreme** }命令恢复接口下缓存管理的突发模式为缺省模式。

③ 配置 S5720EI、S6720EI、S6720HI、S6720S-EI，以及框式系列交换机缓存管理的突发模式。

在以上系列交换机中配置缓存管理的突发模式的方法是在系统视图下通过 **qos burst-mode** { **enhanced** | **extreme** } **slot** *slot-id* 命令进行。它与前面介绍的 S5720EI、S6720EI、S6720HI、S6720S-EI 子系列中指定接口缓存管理的突发模式的配置命令差不多，唯一不同的是多了一个 **slot** *slot-id* 参数，可以为以上盒式交换机堆叠情形（非堆叠情形时该参数为 0）的具体堆叠成员配置全局，或者为框式交换机下某单板配置缓存管理的突发模式。

极限模式仅用于设备只使用 1～2 个接口的场景，**且必须同时在全局和接口下配置才能生效**。全局配置极限模式，接口未配置极限模式，可能导致转发流量异常、capture 抓组播报文失败；全局不配置极限模式，接口配置极限模式，功能不生效。

全局配置极限模式时，不允许未配置极限模式的接口作为业务接口使用。

缺省情况下，设备缓存管理的突发模式为标准模式，可用 **undo qos burst-mode** { **enhanced** | **extreme** } **slot** *slot-id* 命令恢复设备缓存管理的突发模式为缺省模式。

④ 在 S1720GFR、S1720GW-E、S1720GWR-E、S1720X-E、S2720EI、S2750EI、S5700LI、S5700S-LI、S5710-X-LI、S5720LI、S5720S-LI、S5720SI、S5720S-SI、S5730SI、S5730S-EI、S6720LI、S6720S-LI、S6720SI、S6720S-SI 交换机上配置端口队列缓存大小。

在以上子系列中配置端口队列缓存大小的具体步骤见表 12-31。

表 12-31　　　　　　　　　　　　　**端口队列缓存大小的具体置步骤**

步骤	命令	说明
1	**system-view** 例如：<HUAWEI>**system-view**	进入系统视图
2	**qos tail-drop-profile***profile-name* 例如：[HUAWEI] **qos tail-drop-profile** test	创建全局尾丢弃模板，并进入尾丢弃模版视图。参数 *profile-name* 用来指定尾丢弃模板名称，字符串形式，不支持空格，不区分大小写，1～16 个字符。 缺省情况下，系统没有创建任何全局尾丢弃模板，可用 **undo qos tail-drop-profile***profile-name* 命令删除已存在的全局尾丢弃模板
3	**qos queue***queue-index***green max-length***packet-number***non-green max-length***packet-number* 例如： [HUAWEI-tail-drop-profile-test] **qos queue 0 green max-length 1500 non-green max-length 1300**	（二选一）为 S2750EI 和 S5700-10P-LI 子系列交换机配置端口队列缓存大小。命令中的参数说明如下： ① **queue** *queue-index*：指定队列的索引，整数形式，取值范围是 0～7，分别对应队列 0～7； ② **green max-length***packet-number*：指定队列中可以缓存绿色报文的最大个数，整数形式，单位是 packet。S2750EI 和 S5700-10P-LI 子系列交换机的取值范围为 1280～3000； ③ **non-green max-length***packet-number*：指定队列中可以缓存非绿色报文的最大个数，整数形式，取值范围是 1280～3000，单位：packet。 缺省情况下，S2750EI、S5700-10P-LI 队列绿色报文最大缓存为 1280，非绿色报文最大缓存为 1280，单位：packet，可用 **undo qos queue***queue-index***green max-length** [*packet-number*] **non-green max-length** [*packet-number*] 命令恢复队列可以缓存报文的最大个数为缺省值
	qos queue*queue-index***max-length***packet-number* [**green max-length***packet-number*] 或 **qos queue***queue-index***green max-length***packet-number* 例如： [HUAWEI-tail-drop-profile-test] **qos queue 0 max-length 200**	（二选一）为本情形中，除上述 S2750EI 和 S5700-10P-LI 两个子系列之外的其他子系列交换机配置端口队列缓存大小。命令中的参数说明如下。 ① **queue** *queue-index*：指定队列的索引，整数形式，取值范围是 0～7，分别对应队列 0～7。 ② **max-length***packet-number*：指定队列中可以缓存全部报文的最大个数，整数形式，单位是 packet。取值范围如下。 • S1720GFR、S1720GW-E、S1720GWR-E、S2720EI、S2750EI、S5700LI、S5700S-LI、S5710-X-LI、S5720LI、S5720S-LI、S5720SI、S5720S-SI：1～5134。 • S1720X-E、S5730SI、S5730S-EI、S6720LI、S6720S-LI、S6720SI、S6720S-SI：1～10000。 ③ **green max-length***packet-number*：可选参数，指定队列中可以缓存绿色报文的最大个数,整数形式，单位：packet。

（续表）

步骤	命令	说明
3	**qos queue***queue-index***max-length***packet-number* [**green max-length***packet-number*] 或 **qos queue***queue-index***green max-length***packet-number* 例如： [HUAWEI-tail-drop-profile-test] **qos queue** 0 **max-length** 200	取值范围如下。 ● S1720X-E、S5730SI、S5730S-EI、S6720LI、S6720S-LI、S6720SI、S6720S-SI：1～10000。 ● 除 S2750EI、S5700-10P-LI、S1720X-E、S5730SI、S5730S-EI、S6720LI、S6720S-LI、S6720SI、S6720S-SI 之外的其他产品型号：1～5134。 缺省情况下，除上述 S2750EI 和 S5700-10P-LI 两个子系列之外的其他子系列交换机，队列的全部报文最大缓存为 22，绿色报文最大缓存为 11，单位：packet，可用 **undo qos queue***queue-index***green max-length** 命令恢复队列可以缓存绿色报文的最大个数为缺省值
4	**quit** 例如： [HUAWEI-tail-drop-profile-test] **quit**	尾丢弃模版视图，返回系统视图
5	**interface***interface-type**interface-number* 例如：[HUAWEI] **interface** gigabitethernet 0/0/1	键入要应用尾丢弃模版的接口，进入接口视图
6	**shutdown** 例如：[HUAWEI-Gigabit Ethernet0/0/1]**shutdown**	关闭接口
7	**qos tail-drop-profile***profile-name* 例如：[HUAWEI-Gigabit Ethernet0/0/1] **qos tail-drop-profile test**	在以上接口下应用尾丢弃模版
8	**undo shutdown** 例如： [HUAWEI-GigabitEthernet0/0/1] **undo shutdown**	重启以上接口

⑤ 在框式系列交换机配置端口队列的缓存大小。

在框式系列交换机配置端口队列的缓存大小的步骤见表 12-32。

表 12-32　　　框式系列交换机端口队列缓存大小的配置步骤

步骤	命令	说明
1	**system-view** 例如：<HUAWEI> **system-view**	进入系统视图
2	**interface** *interface-type interface-number* 例如：[HUAWEI] **interface** gigabitethernet 1/0/1	键入要应用尾丢弃模版的接口，进入接口视图
3	**shutdown** 例如： [HUAWEI-GigabitEthernet1/0/1] **shutdown**	关闭接口

（续表）

步骤	命令	说明
4	qos queue *queue-index* length *length-value* [HUAWEI-GigabitEthernet1/0/1] qos queue 1 length 20000	配置端口队列的缓存大小。命令中的参数说明如下。 ① *queue-index*：指定队列索引，整数形式，取值范围是 0～7。 ② *length-value*：指定队列的长度，取值范围是 0～1000000000，单位：byte。 [注意] 配置端口队列缓存大小要注意以下几点。 • X 系列单板不支持本命令。 • S7700：ES1D2G48SBC0 单板、ES1D2G48TBC0 单板、ES2D2X08SED4 单板、ES2D2X08SED5 单板、ES1D2X40SFC0 单板、ES1D2L02QFC0 单板、ES1D2C02FEE0 单板不允许修改队列长度，默认支持最大队列长度。 • S9700：EH1D2G48SBC0 单板、EH1D2G48TBC0 单板、EH1D2X08SED4 单板、EH1D2X08SED5 单板、EH1D2X40SFC0 单板、EH1D2L02QFC0 单板、EH1D2C02FEE0 单板不允许修改队列长度，默认支持最大队列长度。 缺省情况下，系统自动设置各接口的优先级队列长度，可用 undo qos queue *queue-index* length 命令取消配置的优先级队列的长度
5	undo shutdown 例如：[HUAWEI-GigabitEthernet1/0/1] undo shutdown	重启以上接口

流量整形配置好后，可执行 **display qos queue statistics interface** *interface-type interface-number* [**queue** *queue-index*] 命令查看端口队列的统计信息；执行 **reset qos queue statistics interface** *interface-type interface-number* 命令清除接口上基于队列的流量统计信息。

12.9.4　流量整形配置示例

本示例的拓扑结构如图 12-28 所示，Switch 通过 GE0/0/2 接口与路由器互连，来自 Internet 的业务有话音、视频、数据，携带的 802.1p 优先级分别为 6、5、2（假设均在 VLAN 10 中），这些业务可经由路由器和 Switch 到达用户。由于来自网络侧的流量速率大于 SwitchA 入接口的速率，所以要在 Switch 的出接口 GE0/0/1 进行如下配置。

- 保证带宽为 10000kbit/s。
- 为话音流量保证带宽 3000kbit/s，峰值带宽 5000kbit/s。
- 为视频流量保证带宽 5000kbit/s，峰值带宽 8000kbit/s。
- 为数据流量保证带宽为 2000kbit/s，峰值带宽 3000kbit/s。

1. 基本配置思路分析

以下配置均是在 Switch 上进行的。

① 创建 VLAN 10，并配置各接口加入 VLAN 10 中，使用户能够通过 Switch 访问网络。

② 配置 GE0/0/1 接口信任报文的 802.1p 优先级。

③ 配置基于 GE0/0/1 接口的流量整形功能，限制端口带宽为 10000kbit/s。

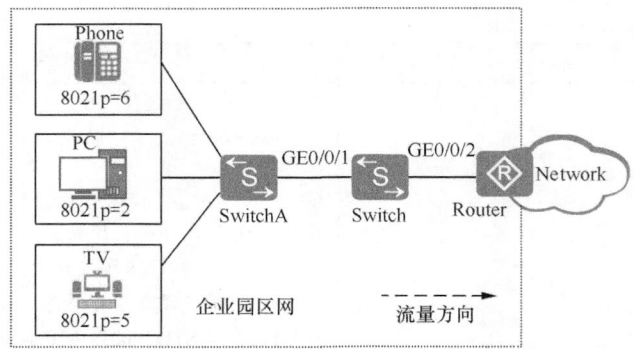

图 12-28　流量整形配置示例的拓扑结构

④ 配置根据缺省的 802.1p 优先级与端口队列的映射关系，配置 3 种报文所进入的 3
个队列（2、5、6）的整形功能，限制话音、视频、数据 3 类业务符合示例中要求的带宽。

2. 具体配置步骤

① 创建 VLAN 10，并配置各接口允许 VLAN 10 报文通过。

```
<HUAWEI> system-view
[HUAWEI] sysname Switch
[Switch] vlan batch 10
```

② 配置 GE0/0/1、GE0/0/2 接口类型均为 trunk 类型，并将它们都加入 VLAN 10 中。

```
[Switch] interface gigabitethernet 0/0/1
[Switch-GigabitEthernet0/0/1] port link-type trunk
[Switch-GigabitEthernet0/0/1] port trunk allow-pass vlan 10
[Switch-GigabitEthernet0/0/1] quit
[Switch] interface gigabitethernet 0/0/2
[Switch-GigabitEthernet0/0/2] port link-type trunk
[Switch-GigabitEthernet0/0/2] port trunk allow-pass vlan 10
[Switch-GigabitEthernet0/0/2] quit
```

③ 创建 VLANIF10，并配置网段地址 10.10.10.1/24。这样做的目的是通过 VLANIF10
接口与 Router 之间建立三层连接，当然需要在 Router 与 Switch 连接的接口上配置与
VLANIF10 同网段的 IP 地址，如 10.10.10.2/24。

```
[Switch] interface vlanif 10
[Switch-Vlanif10] ip address 10.10.10.1 255.255.255.0
[Switch-Vlanif10] quit
```

④ 配置 GE0/0/1 接口信任报文的 802.1p 优先级。

```
[Switch] interface gigabitethernet 0/0/1
[Switch-GigabitEthernet0/0/1] trust 8021p
[Switch-GigabitEthernet0/0/1] quit
```

⑤ 配置基于 GE0/0/1 接口的流量整形，将端口速率限制在 10000kbit/s。

```
[Switch] interface gigabitethernet 0/0/1
[Switch-GigabitEthernet0/0/1] qos lr outbound cir 10000
```

⑥ 在 Switch 的 GE0/0/1 接口上配置端口队列整形，使话音、视频、数据业务的保
证带宽分别为 3000kbit/s、5000kbit/s、2000kbit/s，峰值带宽分别为 5000kbit/s、8000kbit/s、
3000kbit/s。

这里没有配置优先级与队列之间的映射，而是直接采用缺省的 802.1p 优先级与队

列之间的一一对应映射，即 0～7 802.1p 优先级分别对应 0～7 号队列。

```
[Switch-GigabitEthernet0/0/1] qos queue 6 shaping cir 3000 pir 5000
[Switch-GigabitEthernet0/0/1] qos queue 5 shaping cir 5000 pir 8000
[Switch-GigabitEthernet0/0/1] qos queue 2 shaping cir 2000 pir 3000
[Switch-GigabitEthernet0/0/1] quit
```

配置成功后，从 GE0/0/1 接口发出的报文保证速率不超过 10000kbit/s；话音业务保证速率为 3000kbit/s，不超过 5000kbit/s；视频业务保证速率为 5000kbit/s，不超过 8000kbit/s；数据业务保证速率为 2000kbit/s，不超过 3000kbit/s。

12.9.5　配置接口限速

流量限速实现对通过整个端口的**全部报文（而不是像基于 ACL 简化流策略中的流量监管功能仅针对特定报文进行限速）**流量速率的限制，以保证接口的带宽不超过规定的大小。入方向与出方向的接口限速属于并列关系，用户可以根据需要同时配置，也可以单独配置。另外还可配置管理网口的流量限速。

1. 配置入方向的接口限速

通过配置入方向的接口限速，可以将通过某个接口进入网络的流量限制在一个合理的范围内，具体配置步骤见表 12-33。

表 **12-33**　　　　　　　　　　　　　入方向的接口限速配置步骤

步骤	命令	说明
1	**system-view** 例如：<HUAWEI> **system-view**	进入系统视图
2	**qos-car exclude-interframe** [HUAWEI] **qos-shaping exclude-interframe**	（可选）全局使能计算入方向接口限速的速率时不包括报文的帧间隙和前导码字段功能
3	**qos car** *car-name* **cir** *cir-value* [**cbs** *cbs-value* [**pbs** *pbs-value*] | **pir** *pir-value* [**cbs** *cbs-value* **pbs** *pbs-value*]] 例如：[HUAWEI] **qos car** qoscar1 **cir** 10000 **cbs** 10240	（可选）创建并配置 CAR 模板，**仅框式系列交换机支持**。参数说明参见 12.9.1 节表 12-27 中的第 6 步
4	**interface** *interface-type interface-number* 例如：[HUAWEI] **interface** gigabitethernet 0/0/1	键入要配置入方向限速的接口，进入接口视图
5	**qos lr inbound cir** *cir-value* [**cbs** *cbs-value*] 例如：[HUAWEI-GigabitEthernet0/0/1] **qos lr inbound cir** 20000 **cbs** 375000	（二选一）为盒式系列交换机配置入方向的接口限速。命令中的参数说明如下。 ① **cir** *cir-value*：指定承诺信息速率，即保证能够通过的平均速率，整数形式，不同的接口类型取值范围不同，取值范围如下。 • Ethernet：64～100000。 • MultiGE：64～2500000。 • GigabitEthernet：64～1000000。 • XGigabitEthernet：64～10000000。 • 40GigabitEthernet：64～40000000。 • 100GigabitEthernet：64～100000000。 • 端口组：64～10000000。

（续表）

步骤	命令	说明
5	**qos lr inbound cir** *cir-value* [**cbs** *cbs-value*] 例如：[HUAWEI-GigabitEthernet0/0/1] **qos lr inbound cir** 20000 **cbs** 375000	单位：kbit/s。 ② **cbs** *cbs-value*：指定承诺突发尺寸，即瞬间能够通过的承诺突发流量，整数形式，取值范围是 4000～4294967295，单位：byte。若不指定该参数，*cbs-value* 缺省为 *cir-value* 的 125 倍。 对于 S1720GFR、S1720GW-E、S1720GWR-E、S1720X-E、S2720EI、S2750EI、S5700LI、S5700S-LI、S5710-X-LI、S5720LI、S5720S-LI、S5720SI、S5720S-SI、S5730SI、S5730S-EI、S6720LI、S6720S-LI、S6720SI 和 S6720S-SI，*cbs-value* 的最大取值为 65535 个单位。每单位的大小与 *cir-value* 的取值有关。 • 当 64kbit/s≤cir-value ≤1023kbit/s 时，每单位的大小为 1byte。 • 当 1024kbit/s≤cir-value≤10230kbit/s 时，每单位的大小为 8byte。 • 当 10231kbit/s≤cir-value≤102300kbit/s 时，每单位的大小为 64byte。 • 当 102301kbit/s≤cir-value≤1023000kbit/s 时，每单位的大小为 512byte。 • 当 1023001kbit/s≤cir-value≤10000000kbit/s 时，每单位的大小为 4096byte。 缺省情况下，对接口入方向上的报文不进行流量监管，可用 **undo qos lr inbound** 命令取消对接口入方向上的报文进行流量监管
	qos car inbound *car-name* 例如：[HUAWEI-GigabitEthernet0/0/1] **qos car inbound** qoscar1	（二选一）在框式系列交换机接口应用以上创建的 CAR 模板。接口上应用 CAR 模板后，设备对流入该接口的所有业务流量实施限速。 缺省情况下，接口上不应用任何 QoS CAR 模板，可用 **undo qos car inbound** 命令删除接口入方向上应用的 QoS CAR 模板

注意 在配置入方向接口限速时要注意以下几个方面。

■ S2750EI、S5700-10P-LI-AC 和 S5700-10P-PWR-LI-AC 使能 IPv4 报文三层硬件转发功能后，不支持配置入方向的接口限速。

■ 在配置了基于接口的 802.1X 认证，且通过 radius 服务器下发了用户限速之后，接口上不支持配置接口限速。

■ 在 S1720GFR、S1720GW-E、S1720GWR-E、S1720X-E、S2720EI、S2750EI、S5700LI、S5700S-LI、S5710-X-LI、S5720LI、S5720S-LI、S5720SI、S5720S-SI、S5730SI、S5730S-EI、S6720LI、S6720S-LI、S6720SI、S6720S-SI 上，当同时配置了入方向的接口限速、VLAN 的广播流量抑制以及入方向的基于 MQC 的流量监管时，如果报文同时符合上述两种或两种以上限速的条件，限速生效的优先级由高到低依次是入方向的接口限速、VLAN 的广播流量抑制、入方向的基于流的流量监管。例如，同时匹配了入方向的接口限速和 VLAN 的广播流量抑制，则入方向的接口限速生效。

■ 在 S1720GFR、S1720GW-E、S1720GWR-E、S1720X-E、S2720EI、S2750EI、S5700LI、S5700S-LI、S5710-X-LI、S5720LI、S5720S-LI、S5720SI、S5720S-SI、S5730SI、S5730S-EI、S6720LI、S6720S-LI、S6720SI 和 S6720S-SI 上，如果接口上同时配置了 IPSG 和入方向接口限速，配置不冲突时 IPSG 和入方向接口限速的配置都生效；配置冲突时则只有 IPSG 的配置生效。

■ 在框式系列交换机中，如果在某 VLAN 上应用了 QoS CAR 模板，以监管入方向上的广播流量、组播流量或未知单播流量，同时又在允许该 VLAN 帧进入的接口上应用了 QoS CAR 模板，流量抑制和端口限速按照先后顺序在 X 系列单板依次生效，而其他单板则仅接口上配置的 QoS CAR 参数生效。

在第 11 章基于 ACL 的简化流策略中介绍的 **traffic-limit**（接口视图）命令是对配置匹配 ACL 规则的报文限速，**qos lr inbound** 是对整个端口限速。当这两个命令同时配置时：

■ 对于 S1720GFR、S1720GW-E、S1720GWR-E、S1720X-E、S2720EI、S2750EI、S5700LI、S5700S-LI、S5710-X-LI、S5720LI、S5720S-LI、S5720SI、S5720S-SI、S5730SI、S5730S-EI、S6720LI、S6720S-LI、S6720SI 和 S6720S-SI，**qos lr inbound** 生效；

■ 对于 S5720EI、S6720EI 和 S6720S-EI，限速值不准确；

■ 对于 S5720HI 和 S6720HI，最后限速的值体现为两者中较小的 cir。

2. 配置出方向的接口限速

如果需要对接口出方向所有流量进行控制时，可以按表 12-34 所示的步骤配置出方向的接口限速。当报文的发送速率超过限制速率时，超出的那部分报文先进入缓存队列；当令牌桶有足够的令牌时，再均匀向外发送这些被缓存的报文；当缓存队列已满时，新到达的报文将被丢弃，这时与流量整形的效果是一样的。

表 12-34　　　　　　　　　　　出方向的接口限速配置步骤

步骤	命令	说明
1	**system-view** 例如：\<HUAWEI\> **system-view**	进入系统视图
2	**qos-car exclude-interframe** [HUAWEI] **qos-shaping exclude-interframe**	（可选）全局使能计算入方向接口限速的速率时不包括报文的帧间隙和前导码字段功能
3	**interface** *interface-type interface-number* 例如：[HUAWEI] **interface** gigabitethernet 0/0/1	键入要配置出方向限速的接口，进入接口视图
4	**qos lr outbound cir** *cir-value* [**cbs** *cbs-value*] [**outbound**] 例如：[HUAWEI-GigabitEthernet 0/0/1] **qos lr cir** 20000 **cbs** 375000 **outbound**	配置出方向的接口限速（其实也是流量整形，采用的是缓存机制，所以会增加网络传输延迟）。命令中的参数说明如下。 ① **cir** *cir-value*：指定承诺信息速率，即保证能够通过的平均速率，整数形式，不同的接口类型取值范围不同，取值范围如下。 • Ethernet：64～100000。 • GigabitEthernet：64～1000000。

（续表）

步骤	命令	说明
4	**qos lr outbound cir** *cir-value* [**cbs** *cbs-value*] [**outbound**] 例如：[HUAWEI-GigabitEthernet 0/0/1] **qos lr cir** 20000 **cbs** 375000 **outbound**	• XGigabitEthernet：64～10000000。 • 40GigabitEthernet：64～40000000。 • 100GigabitEthernet：64～100000000。 • 端口组：64～4294967295。 单位：kbit/s。 ② **cbs** *cbs-value*：可选参数，指定承诺突发尺寸，即瞬间能够通过的承诺突发流量，整数形式，取值范围是4000～4294967295，单位：byte。若不指定该参数，*cbs-value* 缺省为 *cir-value* 的 125 倍。S5720HI 不支持本参数。 ③ **outbound**：可选项，指定在接口出方向进行速率限制，**仅框式系列交换机支持**。如果不指定该选项，也只对接口出方向的报文生效。 【注意】在配置接口出方向限速时要注意以下几点。 • 本命令为覆盖式命令，即在同一接口多次配置流量整形参数后，按最后一次配置生效。 • 在配置了基于接口的 802.1X 认证，且通过 radius 服务器下发了用户限速之后，接口上不支持配置接口限速。 • 如果同一接口下既配置了接口队列整形（执行 **qos queue shaping** 命令），又配置了出方向限速，则流量限速的 CIR 必须大于等于接口队列整形的 CIR 之和。否则，流量限速会出现异常现象，如低优先级队列抢占高优先级队列的带宽等。 缺省情况下，接口上不进行流量整形，即整形速率缺省为接口的最大带宽，可用 **undo qos lr** [**outbound**] 命令取消接口出方向的限速功能

3. 配置管理网口的流量限速

当设备的管理网口由于恶意攻击、网络异常等原因导致流量过大时，会导致 CPU 占用率过高，进而影响系统的正常运行，因此需要对管理网口的流量进行限制。通过在管理网口上配置流量监管，限制由管理网口进入设备的流量速率，以保证系统正常运行。

管理网口的流量限速功能配置方法是在管理网口 **meth 0/0/1**（盒式系列交换机中）或 **ethernet 0/0/0**（框式系列交换机中）视图下通过 **qos lr pps** *packets* 命令进行配置。参数 *packets* 用于指定管理网口的包速率，即每秒通过的报文数，整数形式，取值范围是 1～2400，单位：pps。管理网口的流量限速值不宜设置过小，否则可能会影响正常的 FTP、Telnet、SFTP、STelnet 和 SSH 等功能。

配置好以上所需的接口限速功能后，可在任意视图下执行 **display qos car** { **all** | **name** *car-name* } 命令查看 CAR 模板的配置信息；执行 **display qos queue statistics interface** *interface-type interface-number* [**queue** *queue-index*] 命令查看端口队列的统计信息。

12.9.6　接口限速配置示例

如图 12-29 所示，Switch（假设为 S2720EI 子系列机型）通过接口 GE0/0/3 与路由器互连。由于业务较单一，不需要对业务进行区分，但是网络带宽有限，因此需要对企业各个部门的接入带宽进行整体限制。要求企业部门 1 入方向带宽限制为 8Mbit/s，企业部门 2 入方向带宽限制为 5Mbit/s。

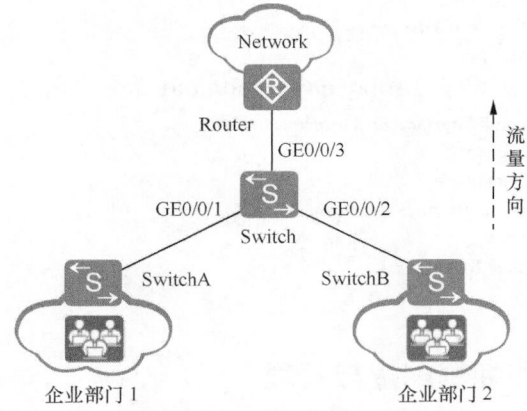

图 12-29　接口限速配置示例的拓扑结构

1. 基本配置思路分析

根据本示例要求（接口单方向上整体限速，不需要区分报文类型），可以采用接口入方向限速功能来实现要求，基本配置思路如下。

① 在 Switch 上创建所需的 VLAN，并把各接口加入对应的 VLAN 中。

② 在 Switch 接口 GE0/0/1 和 GE0/0/2 的入方向配置接口限速。

2. 具体配置步骤

① 在 Switch 上创建所需 VLAN，并把各接口加入到对应的 VLAN 中。

■ 创建 VLAN100 和 VLAN200。

```
<HUAWEI> system-view
[HUAWEI] sysname Switch
[Switch] vlan batch 100 200
```

■ 将接口 GE0/0/1、GE0/0/2 和 GE0/0/3 的接入类型均配置为 trunk，并配置 GE0/0/1 允许 VLAN100 通过，配置 GE0/0/2 允许 VLAN200 通过，配置 GE0/0/3 允许 VLAN100 和 VLAN200 通过。

```
[Switch] interface gigabitethernet 0/0/1
[Switch-GigabitEthernet0/0/1] port link-type trunk
[Switch-GigabitEthernet0/0/1] port trunk allow-pass vlan 100
[Switch-GigabitEthernet0/0/1] quit
[Switch] interface gigabitethernet 0/0/2
[Switch-GigabitEthernet0/0/2] port link-type trunk
[Switch-GigabitEthernet0/0/2] port trunk allow-pass vlan 200
[Switch-GigabitEthernet0/0/2] quit
[Switch] interface gigabitethernet 0/0/3
[Switch-GigabitEthernet0/0/3] port link-type trunk
[Switch-GigabitEthernet0/0/3] port trunk allow-pass vlan 100 200
[Switch-GigabitEthernet0/0/3] quit
```

② 配置入方向接口限速。

■ 在接口 GE0/0/1 的入方向上配置接口限速，带宽限制为 8192kbit/s。

```
[Switch] interface gigabitethernet 0/0/1
[Switch-GigabitEthernet0/0/1] qos lr inbound cir 8192
[Switch-GigabitEthernet0/0/1] quit
```

■ 在接口 GE0/0/2 的入方向上配置接口限速，带宽限制为 5120kbit/s。

```
[Switch] interface gigabitethernet 0/0/2
[Switch-GigabitEthernet0/0/2] qos lr inbound cir 5120
[Switch-GigabitEthernet0/0/2] quit
```

以上配置完成后，可通过 **display qos lr inbound** 命令查看接口限速的配置信息。

```
[Switch] display qos lr inbound interface gigabitethernet 0/0/1
 GigabitEthernet0/0/1 lr inbound:
  cir: 8192 Kbps, cbs: 1024000 Byte
[Switch] display qos lr inbound interface gigabitethernet 0/0/2
 GigabitEthernet0/0/2 lr inbound:
  cir: 5120 Kbps, cbs: 640000 Byte
```

12.10　拥塞避免和拥塞配置与管理

当网络间歇性地出现拥塞，且时延敏感业务要求得到比非时延敏感业务更高质量的 QoS 服务时，需要进行拥塞管理。如果配置拥塞管理后仍然出现拥塞，则需要增加带宽。拥塞避免（Congestion Avoidance）是指通过监视网络资源（如队列或内存缓冲区）的使用情况，在拥塞发生或有加剧的趋势时主动丢弃报文，通过调整网络的流量来解除网络过载的一种流控机制。

为了解决网络拥塞，可以通过拥塞避免在网络出现拥塞时主动丢弃一些报文，解除网络过载。为了使用户得到更好的服务质量，可以通过拥塞管理对关键业务优先调度，使得这些业务得到更高的 QoS 服务。拥塞避免和拥塞管理就是解决网络拥塞的两种流控方式。拥塞避免是通过指定报文丢弃策略来解除网络过载，拥塞管理是通过指定报文调度次序来确保高优先级业务优先被处理，**都是在出接口上配置、应用的。**

12.10.1　拥塞避免技术原理

拥塞避免是指通过监视网络资源（如队列或内存缓冲区）的使用情况，在拥塞发生或有加剧趋势时主动丢弃报文，通过调整网络的流量大小来解除网络过载的一种流量控制机制。

拥塞避免常用的两种丢弃报文方式为：尾部丢包策略和 WRED。

1. *尾部丢弃*

传统的丢弃策略采用尾部丢弃（Tail-Drop）的方法，同等对待所有报文，不对报文进行服务等级的区分。在拥塞发生时，队列尾部的数据报文将被丢弃，直到拥塞解除。

这种丢弃策略会引起 TCP 全局同步现象。所谓 TCP 全局同步现象，是指当多个队列同时丢弃多个 TCP 连接报文时，将造成一些 TCP 连接同时进入拥塞避免和慢启动状态（有关拥塞避免和慢启动原理请参见新版《深入理解计算机网络》），降低流量以解除拥塞，而后这些 TCP 连接又会在某个时刻同时出现流量高峰。如此反复，使网络流量忽大忽小，影响链路的利用率。

缺省情况下，接口采用尾部丢弃的丢弃策略。

2．WRED

为避免 TCP 全局同步的现象，出现了 RED（Random Early Detection，随机先期检测）技术。RED 通过随机地丢弃数据报文，让多个 TCP 连接不同时降低发送速度，从而避免了 TCP 的全局同步现象，使 TCP 速率及网络流量都趋于稳定。

随后，在 RED 技术基础上又开发 WRED（Weighted Random Early Detection，加权随机先期检测），可基于丢弃参数随机丢弃报文，即队列支持基于报文中的 DSCP 或 IP 优先级对报文进行选择性丢弃。考虑到高优先级报文的利益，使其被丢弃的概率相对较小，WRED 可以为不同业务的报文指定不同的丢弃策略。此外，通过随机丢弃报文，让多个 TCP 连接不同时降低发送速度，避免了 TCP 全局同步的现象。

在 WRED 丢弃策略中，每一种优先级都可以独立设置报文丢包的上下门限及丢包率。当队列中报文的总长度达到丢弃的下限时，开始丢包。随着队列中报文总长度的增加，丢包率不断增加，最高丢包率不超过设置的丢包率。直至队列中报文的总长度达到丢弃的上限，报文全部丢弃。这样，按照一定的丢弃概率主动丢弃队列中的报文，从而在一定程度上避免了拥塞问题。

WRED 技术为每个队列的长度都设定了阈值上下限，并规定：

- 当队列的长度小于阈值下限时，不丢弃报文；
- 当队列的长度大于阈值上限时，丢弃所有新收到的报文。

当队列的长度在阈值下限和阈值上限之间时，开始随机丢弃新收到的报文。方法是为每个新收到的报文赋予一个随机数，并用该随机数与当前队列的丢弃概率比较，如果小于丢弃概率则报文被丢弃。队列越长，报文被丢弃的概率越高。

说明　仅 S5720EI、S5720HI、S6720EI、S6720HI 和 S6720S-EI 子系列，以及框式系列交换机支持 WRED。

12.10.2　拥塞管理技术原理

拥塞管理是指在网络间歇性出现拥塞、时延敏感业务要求得到比其他业务更高质量的 QoS 服务时，通过调整报文的调度次序来满足时延敏感业务高 QoS 服务的一种流量控制机制。

根据排队和调度策略的不同，华为设备上的拥塞管理技术分为 PQ、WDRR、WRR、WFQ、PQ+WDRR、PQ+WRR 和 PQ+WFQ。设备上每个接口出方向都拥有 8 个队列，以队列索引号进行标识，队列索引号分别为 0、1、2、3、4、5、6、7。设备根据本地优先级和队列之间的映射关系，自动将分类后的报文流送入各队列，然后按照各种队列调度机制进行调度。

1．PQ 调度

PQ（Priority Queuing，优先队列）调度方式是严格按照队列优先级的高低顺序进行调度。**只有高优先级队列中的报文全部调度完毕后，低优先级队列才有被调度的机会。**

根据 PQ 调度方式的特点，我们只需将时延敏感业务放入高优先级队列，将其他业务放入低优先级队列，从而确保时延敏感业务被优先调度。同时 PQ 调度的缺点也是显而易见的，即拥塞发生时，如果高优先级队列中长时间有报文存在，那么低优先级队列中的报文就得不到调度机会。

如图 12-30 所示，Queue7 比 Queue6 具有更高的优先权，Queue6 比 Queue5 具有更高的优先权，依此类推。只要链路能够传输分组，Queue7 尽可能快地被服务。只有当Queue7 为空，调度器才考虑 Queue6。当 Queue6 有分组等待传输且 Queue7 为空时，Queue6以链路速率接受类似的服务。当 Queue7 和 Queue6 为空时，Queue5 以链路速率接受服务，依此类推。

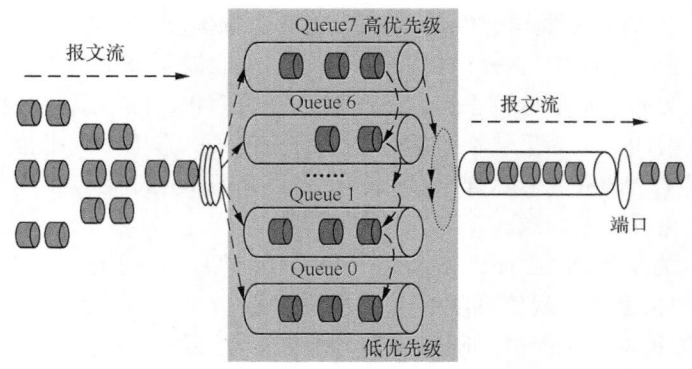

图 12-30　PQ 调度示意图

PQ 调度算法对低时延业务非常有用。假定数据流 X 在每一个节点都被映射到最高优先级队列，那么当数据流 X 的分组到达时，则分组将得到优先服务。然而，PQ 调度机制会使低优先级队列中的报文由于得不到服务而"饿死"。例如，如果映射到 Queue7的数据流在一段时间内以 100%的输出链路速率到达，调度器将从不为 Queue6 及以下的队列服务。所以在采用 PQ 调度方式时，应将延迟敏感的关键业务放入高优先级队列，将非关键业务放入低优先级队列，从而确保关键业务被优先发送。

2. WRR 调度

WRR（Weight Round Robin，加权循环调度）是在 RR（Round Robin，循环调度）的基础上演变而来的。它可在队列之间进行轮流调度（可以保证每个队列都得到一定的服务时间），根据每个队列的权重来调度各队列中的报文流。实际上，RR 调度相当于权值为 1（即每个队列在调度一次后都重新开始新的一轮调度）的 WRR 调度。

以接口有 8 个输出队列为例，WRR 为每个队列配置一个加权值（依次为 w7、w6、w5、w4、w3、w2、w1、w0），加权值表示获取资源的比重。举个例子，假设一个 100Mbit/s的接口为它的 8 个队列配置的 WRR 算法加权值分别为 50、50、30、30、10、10、10、10（依次对应 w7、w6、w5、w4、w3、w2、w1、w0），这样可以保证最低优先级队列至少获得 5Mbit/s 带宽，避免了采用 PQ 调度时，发生拥塞的情况下低优先级队列中的报文长时间得不到服务的缺点。

WRR 队列示意如图 12-31 所示。在进行 WRR 调度时，设备根据每个队列的权值进行轮循调度。每被调度一轮对应队列的权值减 1，权值减到零的队列不参加调度，当所有队列的权值减到 0 时，开始下一轮的调度。

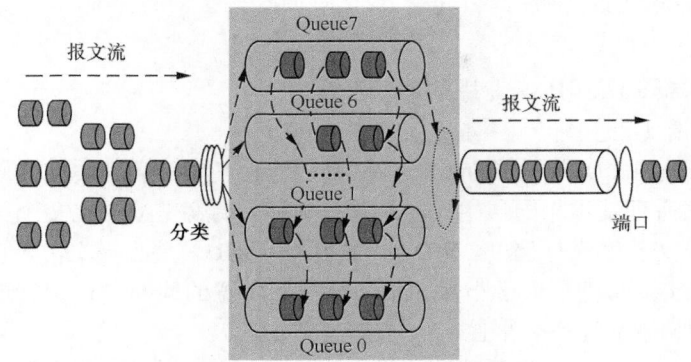

图 12-31　WRR 调度示意图

　　例如，用户根据需要为接口上 8 个队列指定的权值分别为 4、2、5、3、6、4、2 和 1，按照 WRR 方式进行调度的结果见表 12-35。

表 12-35　　　　　　　　　　　　　**WRR** 调度示例的调度结果

队列索引	Q7	Q6	Q5	Q4	Q3	Q2	Q1	Q0
队列权值	4	2	5	3	6	4	2	1
参加第 1 轮调度的队列	Q7	Q6	Q5	Q4	Q3	Q2	Q1	Q0
参加第 2 轮调度的队列	Q7	Q6	Q5	Q4	Q3	Q2	Q1	—
参加第 3 轮调度的队列	Q7	—	Q5	Q4	Q3	Q2	—	—
参加第 4 轮调度的队列	Q7	—	Q5	—	Q3	Q2	—	—
参加第 5 轮调度的队列	—	—	Q5	—	Q3	—	—	—
参加第 6 轮调度的队列	—	—	—	—	Q3	—	—	—
参加第 7 轮调度的队列	Q7	Q6	Q5	Q4	Q3	Q2	Q1	Q0
参加第 8 轮调度的队列	Q7	Q6	Q5	Q4	Q3	Q2	Q1	—
参加第 9 轮调度的队列	Q7	—	Q5	Q4	Q3	Q2	—	—
参加第 10 轮调度的队列	Q7	—	Q5	—	Q3	Q2	—	—
参加第 11 轮调度的队列	—	—	Q5	—	Q3	—	—	—
参加第 12 轮调度的队列	—	—	—	—	Q3	—	—	—

　　从表 12-35 中可以看出，各队列中的报文流一轮下来可以被调度的次数与该队列的权值成正比，权值越大被调度的次数相对越多。由于 WRR 调度是以报文为单位，因此每个队列没有固定的带宽，同等调度机会下大尺寸报文获得的实际带宽要大于小尺寸报文获得的带宽，避免了采用 PQ 调度时低优先级队列中的报文可能长时间得不到服务的缺点。另外，WRR 调度中虽然多个队列的调度是轮循进行的，但对每个队列不是固定地分配服务时间片——如果某个队列为空，那么马上换到下一个队列调度，这样，带宽资源可以得到充分的利用。但 WRR 调度存在以下两个缺点。

　　① WRR 调度按照报文个数进行调度，而用户一般关心的是带宽。当每个队列的平均报文长度相等或已知时，通过配置 WRR 权重，用户能够获得想要的带宽。但是，当

队列的平均报文长度变化时，用户就不能通过配置 WRR 权重获取想要的带宽。

　　② 低延时需求业务（如话音）得不到及时调度。

 S5720HI 和 S6720HI 不支持 WRR 调度。

　　3．WDRR 调度

　　WDRR（Weighted Deficit Round Robin，加权赤字轮询）调度实现的原理与前面介绍的 WRR 调度的原理基本相同，主要区别是：WRR 调度是按照报文个数进行调度，而 WDRR 是按照报文长度进行调度。WDRR 解决了 WRR 只关心报文，同等调度机会下大尺寸报文获得的实际带宽要大于小尺寸报文获得的带宽的问题，在调度过程中考虑包长的因素，以达到调度的速率公平性。

　　WDRR 调度中，Deficit 表示队列的带宽赤字，初始值为 0。每次调度前，系统按权重为各队列分配带宽，计算 Deficit 值，如果队列的 Deficit 值大于 0，则参与此轮调度，发送一个报文，并根据所发送报文的长度计算调度后的 Deficit 值，作为下一轮调度的依据。如果队列的 Deficit 值小于 0，则不参与此轮调度，当前 Deficit 值作为下一轮调度的依据。

　　如果报文长度超过了队列的调度能力，WDRR 调度允许出现负权重，以保证长报文也能够得到调度。但下次轮询调度时该队列将不会被调度，直到权重为正，该队列才会参与 WDRR 调度。**当所有参与 WDRR 调度的队列的权重相同时，WDRR 调度与 DRR 调度效果相同。**

　　如图 12-32 所示，假设用户配置各队列权重为 40、30、20、10、40、30、20、10（依次对应 Q7、Q6、Q5、Q4、Q3、Q2、Q1、Q0），调度时，队列 Q7、Q6、Q5、Q4、Q3、Q2、Q1、Q0 依次能够获取 20%、15%、10%、5%、20%、15%、10%、5%的带宽。

　　下面以 Q7、Q6 为例，简要描述 WDRR 队列调度的实现过程（假设 Q7 队列获取 400byte/s 的带宽，Q6 队列获取 300byte/s 的带宽）。

　　【第 1 轮调度】

（Q7, 20%）

	400	600	900

（Q6, 15%）

		500	300	400

（Q5, 10%）

	800	400	600

（Q4, 5%）

	800	800	400

（Q3, 20%）

	500	400	800

（Q2, 15%）

700	700	700

（Q2, 10%）

700	800	600

（Q0, 5%）

700	800	600

图 12-32　队列权重示意

　　Deficit[7][1] = 0+400 = 400，Deficit[6][1] = 0+300 = 300，从 Q7 队列取出一个 900byte 的报文发送，从 Q6 队列取出一个 400byte 的报文发送。发送后，Deficit[7][1] = 400−900 = −500，Deficit[6][1] = 300−400 = −100。

　　【第 2 轮调度】

　　Deficit[7][2] = −500+400 = −100，Deficit[6][2] = −100+300 = 200，Q7 队列 Deficit 值小于 0，此轮不参与调度，从 Q6 队列取出一个 300byte 的报文发送。发送后，Deficit[6][2] = 200−300 = −100。

　　【第 3 轮调度】

　　Deficit[7][3] = −100+400 = 300，Deficit[6][3] = −100+300 = 200，从 Q7 队列取出一个

600byte 的报文发送，从 Q6 队列取出一个 500byte 的报文发送。发送后，Deficit[7][3] = 300−600 = −300，Deficit[6][3] = 200−500 = −300。

如此循环调度，最终 Q7、Q6 队列获取的带宽将分别占总带宽的 20%、15%，因此，用户能够通过设置权重获取想要的带宽。

综上所述，WDRR 调度避免了采用 PQ 调度时发生拥塞的情况下，低优先级队列中的报文长时间得不到服务的缺点，也避免了各队列报文长度不等或变化较大时，WRR 调度不能按配置比例分配带宽资源的缺点。但 WDRR 调度仍然没有解决 WRR 调度中低延时需求业务得不到及时调度的问题。

4. WFQ 调度

FQ（Fair Queue，公平队列）的目的是尽可能公平地分享网络资源，使所有流的延迟和抖动达到最优，让不同队列获得公平的调度机会。WFQ（Weighted Fair Queue，加权公平队列）调度是在 FQ 的基础上增加了优先权方面的考虑，使高优先权的报文获得优先调度的机会多于低优先权的报文。

WFQ 能够按流的"会话"信息（协议类型、源和目的 TCP 或 UDP 端口号、源和目的 IP 地址、ToS 域中的优先级位等）自动进行流分类，并且尽可能多地提供队列，以将每个流均匀地放入不同队列中，从而在总体上均衡各个流的延迟。在出队时，WFQ 按流的优先级（precedence）来分配每个流应占有出口的带宽。优先级的数值越小，所得的带宽越少。优先级的数值越大，所得的带宽越多。

WFQ 调度在报文入队列之前，先对流量进行分类，有两种分类方式。

① 按流的"会话"信息分类。根据报文的协议类型、源和目的 TCP 或 UDP 端口号、源和目的 IP 地址、ToS 域中的优先级位等自动进行流分类，并且尽可能多地提供队列，以将每个流均匀地放入不同队列中，从而在总体上均衡各个流的延迟。在出队时，WFQ 按流的优先级来分配每个流应占有的带宽。优先级的数值越小，所得的带宽越少。优先级的数值越大，所得的带宽越多。

② 按优先级分类。通过优先级映射把流量标记为本地优先级，每个本地优先级对应一个队列号。每个接口预分配 4 个或 8 个队列，报文根据队列号进入队列。缺省情况，队列的 WFQ 权重相同，流量平均分配接口带宽。用户可以通过配置修改权重，高优先权和低优先权按权重比例分配带宽。

WFQ 调度的原理如图 12-33 所示。以端口有 8 个输出队列为例，WRR 可为每个队列配置一个加权值（依次为 w7、w6、w5、w4、w3、w2、w1、w0），加权值表示获取资源的比重。

例如，一个 100MB 的端口，配置它的 WRR 队列调度算法的加权值为 50、50、30、30、10、10、10、10（依次对应 w7、w6、w5、w4、w3、w2、w1、w0），这样可以保证最低优先级队列至少获得 5Mbit/s 带宽，避免了采用 PQ 调度时低优先级队列中的报文可能长时间得不到服务的缺点。从统计上，WFQ 使高优先权的报文获得优先调度的机会多于低优先权的报文。

5. PQ+WRR 调度

PQ 调度和 WRR 调度各有优缺点，为了克服单纯采用 PQ 调度或 WRR 调度时的缺点，PQ+WRR 调度发挥了两种调度的各自优势，不仅可以通过 WRR 调度让低优先级队列中的报文也能及时获得带宽，而且通过 PQ 调度可以保证低时延需求的业务能优先得到调度。**设备上只有 LAN 侧接口支持 PQ+WRR 调度。**

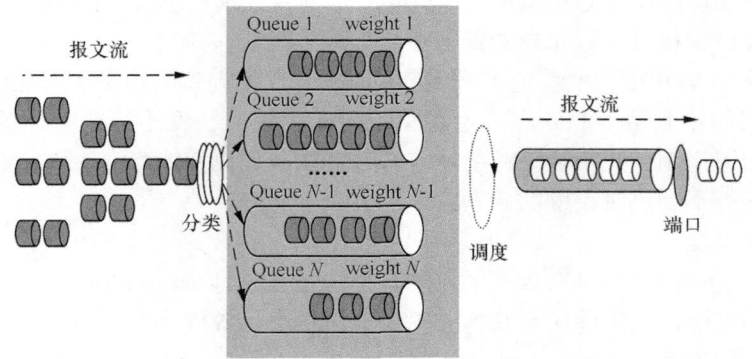

图 12-33　　WFQ 调度示意

　　在设备上，用户可以配置队列的 WRR 参数，根据配置将接口上的 8 个队列分为两组，一组（例如 Queue7、Queue6、Queue5，要求低时延的业务）采用 PQ 调度，另一组（例如 Queue4、Queue3、Queue2、Queue1 和 Queue0 队列）采用 WRR 调度。

　　PQ+WRR 调度的示意如图 12-34 所示。在调度时，设备首先按照 PQ 方式调度 Queue7、Queue6、Queue5 队列中的报文流，只有这些队列中的报文流全部调度完毕后，才开始以 WRR 方式循环调度其他队列中的报文流。Queue4、Queue3、Queue2、Queue1 和 Queue0 队列包含自己的权值。重要的协议报文和有低时延需求的业务报文应放入采用 PQ 调度的队列中，得到优先调度的机会，其余报文放入以 WRR 方式调度的各队列中。

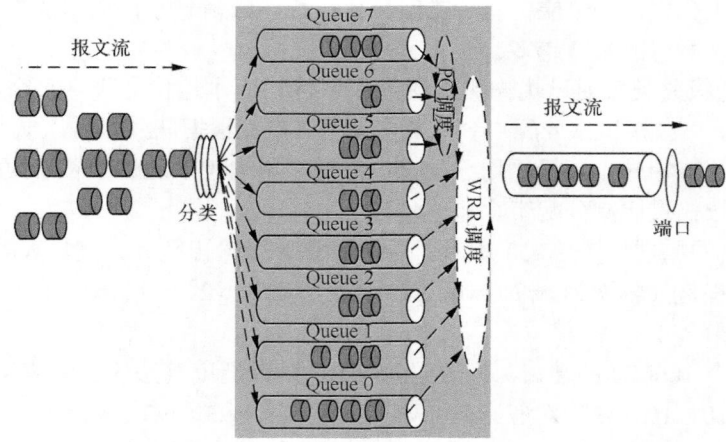

图 12-34　　PQ+WRR 混合调度示意

6.　PQ+WDRR 调度

　　与 PQ+WDRR 相似，其集合了 PQ 调度和 WDRR 调度各自的优点。单纯采用 PQ 调度时，低优先级队列中的报文流长期得不到带宽，而单纯采用 WDRR 调度时，低时延需求业务（如语音）得不到优先调度，如果将两种调度方式结合起来形成 PQ+WDRR 调度，不仅能发挥两种调度的优势，而且能克服两种调度各自的缺点。

同样，在 PQ+WDRR 调度方式中，设备接口上的 8 个队列被分为两组，用户可以指定其中的某几组队列进行 PQ 调度，其他队列进行 WDRR 调度。

如图 12-35 所示，在调度时，设备首先按照 PQ 方式优先调度 Queue7、Queue6 和 Queue5 队列中的报文流，只有这些队列中的报文流全部调度完毕后，才开始以 WDRR 方式调度 Queue4、Queue3、Queue2、Queue1 和 Queue0 队列中的报文流。其中，Queue4、Queue3、Queue2、Queue1 和 Queue0 队列包含自己的权值。

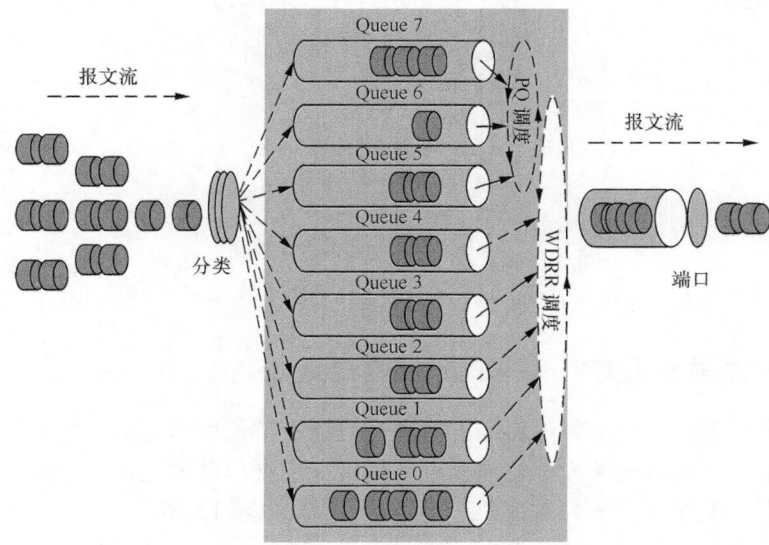

图 12-35　PQ+WDRR 调度示意

重要的协议报文以及有低时延需求的业务报文应放入需要进行 PQ 调度的队列中，得到优先调度的机会，其他报文放入以 WDRR 方式调度的各队列中。

7．PQ+WFQ 调度

与 PQ+WRR 相似，PQ+WFQ 调度方式集合了 PQ 调度和 WFQ 调度各自的优点。单纯采用 PQ 调度时，低优先级队列中的报文流长期得不到带宽，而单纯采用 WFQ 调度时，低时延需求业务（如话音）得不到优先调度，如果将两种调度方式结合起来形成 PQ+WFQ 调度，不仅能发挥两种调度的优势，而且能克服两种调度各自的缺点。**也只有 WAN 侧接口支持 PQ+WFQ 调度**。

在 PQ+WFQ 调度中，设备接口上的 8 个队列也被分为两组，用户可以指定其中的某几组队列进行 PQ 调度，其他队列进行 WFQ 调度。

如图 12-36 所示，在调度时，设备首先按照 PQ 方式优先调度 Queue7、Queue6 和 Queue5 队列中的报文流，只有这些队列中的报文流全部调度完毕后，才开始以 WFQ 方式调度 Queue4、Queue3、Queue2、Queue1 和 Queue0 队列中的报文流。其中，Queue4、Queue3、Queue2、Queue1 和 Queue0 队列包含自己的权值。重要的协议报文以及有低时延需求的业务报文应放入需要进行 PQ 调度的队列中，得到优先调度的机会，其他报文放入以 WFQ 方式调度的各队列中。

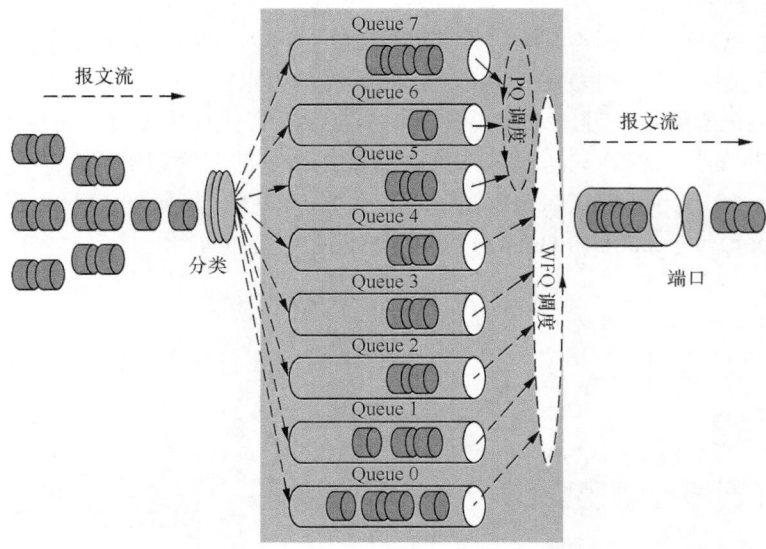

图 12-36　PQ+WFQ 调度示意

12.10.3　配置尾部丢弃模板模式的拥塞避免

交换机采用尾部丢弃的方法避免拥塞时，当队列的长度达到最大值后，所有新入队列的报文（缓存在队列尾部）都将被丢弃。通过配置端口队列的缓存大小，可以避免报文因为不能得到缓存而丢失大量报文，具体配置步骤见表 12-36。

注意 仅 S1720GFR、S1720GW-E、S1720GWR-E、S1720X-E、S2720EI、S2750EI、S5700LI、S5700S-LI、S5710-X-LI、S5720LI、S5720S-LI、S5720SI、S5720S-SI、S5730SI、S5730S-EI、S6720LI、S6720S-LI、S6720SI、S6720S-SI 支持尾丢弃模式拥塞避免。

表 12-36　　　　　　　　尾部丢弃法拥塞避免配置步骤

步骤	命令	说明
1	**system-view** 例如：<HUAWEI> **system-view**	进入系统视图
2	**qos tail-drop-profile** *profile-name* 例如：[HUAWEI] **qos tail-drop-profile** test	创建尾丢弃模板，并进入尾丢弃模板视图。参数 *profile-name* 用来指定尾丢弃模板名称，为 1～16 个字符，不支持空格，不区分大小写，但定义的模板数量不能超过 7 个，否则系统会报错
3	S2750EI、S5700-10P-LI 子系列交换机： **qos queue** *queue-index* **green max-buffer** *cell-number* **non-green max-buffer** *cell-number* 或 例如：[HUAWEI-tail-drop-profile-test] **qos queue** 0 **green max-buffer** 1000 **non-green** max-buffer 100	配置队列的最大缓存的字节数。命令中的参数说明如下。 ① *queue-index*：指定队列索引号，取值范围为 0～7 的整数。 ② **max-buffer** *cell-number*：指定队列中全部报文的最大缓存字节数，单位：cell，一个 cell 的大小为 128 字节。不同系列的取值范围不一样。 • S1720GFR、S1720GW-E、S1720GWR-E、S2720EI、S2750EI、S5700LI、S5700S-LI、S5710-X-LI、S5720LI、S5720S-LI、S5720SI、S5720S-SI：1～5444。

（续表）

步骤	命令	说明
3	除 S2750EI、S5700-10P-LI 外，其他子系列交换机 **qos queue** *queue-index* **max-buffer** *cell-number* [**green max-buffer** *cell-number*] 或 **qos queue** *queue-index* **green max-buffer** *cell-number* 例如：[HUAWEI-tail-drop-profile-test] **qos queue** 0 **max-buffer** 1000 **green max-buffer** 800	• S1720X-E、S5730SI、S5730S-EI、S6720LI、S6720S-LI、S6720SI、S6720S-SI：1～10000。 ③ **green max-buffer** *cell-number*：指定队列中绿色报文的最大缓存字节数，单位也是 cell，整数形式，单位：cell，取值范围如下。 • S2750EI、S5700-10P-LI：1920～3100。 • S1720X-E、S5730SI、S5730S-EI、S6720LI、S6720S-LI、S6720SI、S6720S-SI：1～10000。 • 除 S2750EI、S5700-10P-LI、S1720X-E、S5730SI、S5730S-EI、S6720LI、S6720S-LI、S6720SI、S6720S-SI 之外的其他产品型号：1～5444。 ④ **non-green max-buffer** *cell-number*：指定队列中可以缓存非绿色报文的最大字节数，单位也是 cell，取值范围为 1920～3100 的整数。 缺省情况下，S2750EI、S5700-10P-LI 队列绿色报文最大缓存为 1920，非绿色报文最大缓存为 1920，其他产品型号上队列的全部报文最大缓存为 24，绿色报文最大缓存为 12。单位：cell，一个 cell 的大小为 128 字节。可用 **undo qos queue** *queue-index* **green max-buffer** [*cell-number*] **non-green max-buffer** [*cell-number*]，或 **undo qos queue** *queue-index* **max-buffer** [*cell-number* **green max-buffer** *cell-number* | **green max-buffer**]，或 **undo qos queue** *queue-index* **green max-buffer** 命令进行恢复队列的全部报文最大缓存字节数为缺省值
4	S2750EI、S5700-10P-LI 子系列交换机 **qos queue** *queue-index* **green max-length** *packet-number* **non-green max-length** *packet-number* 例如：[HUAWEI-tail-drop-profile-test]**qos queue** 0 **green max-length** 200 **non-green max-length** 10 除 S2750EI、S5700-10P-LI 外其他子系列交换机 **qos queue** *queue-index* **max-length** *packet-number* [**green max-length** *packet-number*] 或 **qos queue** *queue-index* **green max-length** *packet-number* 例如：[HUAWEI-tail-drop-profile-test]**qos queue** 0 **max-length** 200	配置队列最大缓存的报文数。命令中的参数说明如下。 ① *queue-index*：指定队列索引号，取值范围为 0～7 的整数。 ② **max-length** *packet-number*：指定队列中可以缓存全部报文的最大个数。整数形式，单位：packet。不同机型的取值范围如下。 • S1720GFR、S1720GW-E、S1720GWR-E、S2720EI、S2750EI、S5700LI、S5700S-LI、S5710-X-LI、S5720LI、S5720S-LI、S5720SI、S5720S-SI：1～5134。 • S1720X-E、S5730SI、S5730S-EI、S6720LI、S6720S-LI、S6720SI、S6720S-SI：1～10000。 ③ **green max-length** *packet-number*：指定队列中可以缓存绿色报文的最大个数。S5700SI 系列的取值范围是 1～5134 的整数，S5700-28P-LI/5700-52P-LI/5700S-LI 系列的取值范围为 1～3000 的整数，S5700-10P-LI/5700-28X-LI/5700-52X-LI 系列的取值范围为 1280～3000 的整数，单位：packet，取值范围如下。 • S2750EI、S5700-10P-LI：1280～3000。 • S1720X-E、S5730SI、S5730S-EI、S6720LI、S6720S-LI、S6720SI、S6720S-SI：1～10000。 • 除 S2750EI、S5700-10P-LI、S1720X-E、S5730SI、S5730S-EI、S6720LI、S6720S-LI、S6720SI、S6720S-SI 之外的其他产品型号：1～5134。

（续表）

步骤	命令	说明
4		④ **non-green max-length** *packet-number*：指定队列中可以缓存非绿色报文的最大个数，取值范围为 1280～3000 的整数。 缺省情况下，S2750EI、S5700-10P-LI 队列绿色报文最大缓存为 1280，非绿色报文最大缓存为 1280，其他产品型号上，队列的全部报文最大缓存为 22，绿色报文最大缓存为 11，单位：packet，可用 **undo qos queue** *queue-index* **green max-length** [*packet-number*] **non-green max-length** [*packet-number*]或 **undo qos queue** *queue-index* **max-length** [*packet-number* **green max-length** *packet-number* | **green max-length**]或 **undo qos queue** *queue-index* **green max-length** 命令恢复队列可以缓存报文的最大个数为缺省值
5	**quit** 例如：[HUAWEI-tail-drop-profile-test] **quit**	退出尾丢弃模板视图，返回系统视图
6	**interface** *interface-type interface-number* 例如：[HUAWEI] **interface gigabitethernet** 0/0/1	键入要配置尾部丢弃方法拥塞避免功能的接口，进入接口视图
7	**shutdown** 例如：[HUAWEI-GigabitEthernet0/0/1] **shutdown**	关闭以上接口
8	**qos tail-drop-profile** *profile-name* 例如：[HUAWEI-GigabitEthernet0/0/1] **qos tail-drop-profile** test	在接口下应用以上配置的尾丢弃模板（**必须在接口关闭状态下应用**）。缺省情况下，接口下没有应用任何尾丢弃模板，可用 **undo qos tail-drop-profile** 命令删除在接口下应用的尾丢弃模板
9	**undo shutdown** 例如：[HUAWEI-GigabitEthernet0/0/1] **undo shutdown**	打开接口（**应用尾丢弃模板后必须重新开启接口，使配置生效**）

配置好后，可在任意视图下执行 **display qos configuration interface** *interface-type interface-number* 命令查看接口上所有的 QoS 配置信息，执行 **display qos queue statistics interface** *interface-type interface-number* 命令查看接口上基于队列的流量统计信息。

12.10.4　配置 WRED 丢弃模板模式的拥塞避免

当网络中发生拥塞造成报文丢弃时，可以配置基于 WRED 丢弃模板的拥塞避免，设备将根据配置信息对不同业务的报文（以服务等级/颜色区分）进行不同的处理，保证重要业务的利益，使之丢弃较少。**在配置拥塞避免前需在报文的入接口上将报文的优先级映射为 PHB 行为（参见 12.3 节），作为拥塞避免操作的依据（当然，也可直接采用缺省的优先级与 PHB 行为/颜色映射配置）。且 WRED 方法的拥塞避免功能只对已知单播流量生效。**

WRED 丢弃模板模式的拥塞避免功能包括以下 3 项配置任务，具体配置步骤见表 12-37。

1.（可选）配置 CFI 作为内部丢弃优先级

VLAN Tag 中的 CFI（Canonical Format Indicator，规范格式指示符）字段又称为 DEI（Drop Eligible Indicator），可以用来标识报文的丢弃优先级。设备在配置 CFI 作为内部丢弃优先级后，对超出 CIR（承诺信息速率）报文的 DEI 位置 1，标识该报文的丢弃优先级为高，后续设备在拥塞时优先丢弃 DEI 位为 1 的报文。

如果用户希望在后续处理时丢弃之前超出 CIR 的报文，可以使用该配置。

2. 配置 WRED 丢弃模板

WRED 技术也是通过随机丢弃报文来避免 TCP 的全局同步现象，**它通过报文的不同颜色（不是直接通过报文优先级）来区分丢弃策略**，考虑了高优先级报文的利益并使其被丢弃的概率相对较小。通过丢弃模板可以配置不同颜色的报文丢弃门限百分比和最大丢弃概率。

3. 应用 WRED 丢弃模板

设备支持在全局、接口、端口队列上应用 WRED 丢弃模板，可根据需要配置其中一种或多种。如果在全局和接口上同时应用了 WRED 模板，以接口上应用的模板为准；如果同时在接口、端口队列应用了 WRED 丢弃模板，系统按照先端口队列后接口的顺序依次匹配报文流，然后依次对匹配 WRED 丢弃模板的报文流进行拥塞避免控制。

表 12-37　　　　　　　　　　　**WRED 丢弃模板模式拥塞避免功能的配置步骤**

配置任务	步骤	命令	说明
（可选）配置 CFI 作为内部丢弃优先级	1	**system-view** 例如：<HUAWEI> **system-view**	进入系统视图
	2	**interface** *interface-type interface-number* 例如：[HUAWEI] **interface** gigabitethernet 0/0/1	键入要配置 WRED 方法拥塞避免功能的接口，进入接口视图
	3	**dei enable** 例如： [HUAWEI-GigabitEthernet0/0/1] **dei enable**	配置 CFI 作为内部丢弃优先级。执行本命令后，VLAN 中的 DEI 字段映射为丢弃优先级。 • 在入接口上 DEI 映射为丢弃优先级（即报文的颜色）： 　➢ 当 DEI=0，对应的报文颜色为绿色； 　➢ 当 DEI=1，对应的报文颜色为黄色。 • 在出接口上丢弃优先级映射为 DEI： 　➢ 当报文的颜色为 green/yellow，对应 DEI=0； 　➢ 当报文的颜色为 red，对应 DEI=1。 如果多个接口需要设置 VLAN 报文的 DEI 字段为丢弃优先级，可通过端口组进行配置，以减少重复配置工作。 缺省情况下，VLAN 中 DEI 字段映射为丢弃优先级的功能未使能，可用 **undo dei enable** 命令去使能将 VLAN 中的 DEI 字段映射为丢弃优先级功能
	4	**quit** 例如： [HUAWEI-GigabitEthernet0/0/1] **quit**	退出接口视图，返回系统视图

（续表）

配置任务	步骤	命令	说明
配置 WRED 丢弃模板	5	**drop-profile** *drop-profile-name* 例如：[HUAWEI] **drop-profile drop1**	创建 WRED 丢弃模板，并进入丢弃模板视图。参数用来指定 WRED 丢弃模板名称，为 1～31 个字符，不支持空格，不区分大小写。缺省情况下，系统存在一个名为 default 的 WRED 丢弃模板，且只能修改其参数，不能删除，可用 **undo drop-profile** *drop-profile-name* 命令删除指定的 WRED 丢弃模板
	6	**color** { **green** | **non-tcp** | **red** | **yellow** } **low-limit** *low-limit-percentage* **high-limit** *high-limit-percentage* **discard-percentage** *discard-percentage* 例如：[HUAWEI-drop-drop1] **color green low-limit** 80 **high-limit** 100 **discard-percentage** 10	配置 WRED 丢弃模板的参数，包括丢弃门限百分比和最大丢弃概率。命令中的参数和选项说明如下。 ① **green**：多选一选项，指定针对绿色报文配置 WRED 参数。 ② **non-tcp**：多选一选项，指定针对非 TCP 报文配置 WRED 参数。 ③ **red**：多选一选项，指定针对红色报文配置 WRED 参数。 ④ **yellow**：多选一选项，指定针对黄色报文配置 WRED 参数。 ⑤ *owl-limit-percentage*：指定 WRED 丢弃的下限百分比，即当队列中的报文长度占队列长度达到此百分比时，开始进行 WRED 丢弃，取值范围为 0～100 的整数，缺省值为 100。 ⑥ *high-limit-percentage*：指定 WRED 丢弃的上限百分比，即当队列中的报文长度占队列长度达到此百分比时，开始丢弃所有新收到的报文，取值范围为参数 *low-limit-percentage*～100 的整数，缺省值为 100。 ⑦ *discard-percentage*：指定 WRED 的最大丢弃概率，取值范围为 1～100 的整数，缺省值为 100。 缺省情况下，WRED 丢弃模板的高低门限百分比以及最大丢弃概率的取值均为 100，可用 **undo color** { **green** | **non-tcp** | **red** | **yellow** } 命令恢复对应类型报文的 WRED 丢弃模板参数为缺省值
	7	**queue-depth** *queue-depth-value* 例如：HUAWEI-drop-drop1] **queue-depth** 2000	（可选）配置端口队列的长度，整数形式，取值范围是 1024～805306368，单位：byte。**仅 S5720HI 子系列、X1E 系列单板支持**。 队列长度值设置较小时，报文通过队列的时延会变小，但是队列的缓存能力会降低；队列长度值设置较大时，队列的缓存能力会提高，但是报文通过队列的时延会变大，同时，当该队列发生拥塞时会占用设备大量的缓存，可能会导致其他队列因为缓存不够而丢弃报文。 缺省情况下，系统统一管理各队列长度，可用 **undo queue-depth** 命令恢复队列的长度为缺省值

（续表）

配置任务	步骤	命令	说明
应用 WRED 丢弃模板	8	**quit** 例如：[HUAWEI-drop-drop1] **quit**	退出 WRED 丢弃模板视图，返回系统视图
	9	**qos queue** *queue-index* **wred** *drop-profile-name* 例如：[HUAWEI]**qos queue 1** **wred** drop1	（可选）将 WRED 丢弃模板应用于交换机上所有端口的指定队列上，参数说明如下（**框式系列交换机不支持**）： ① *queue-index*：指定要应用 WRED 丢弃模板的所有端口的队列索引号，取值范围为 0～7 的整数。 ② *drop-profile-name*：指定要在所有端口的指定队列上应用的 WRED 丢弃模板的名称，为 1～31 个字符，区分大小写。 缺省情况下，全局没有应用 WRED 丢弃模板，可使用 **undo qos queue** *queue-index* **wred** 命令删除在全局端口队列应用的 WRED 丢弃模板
		interface *interface-type* *interface-number* 例如：[HUAWEI] **interface** gigabitethernet 1/0/1	键入要应用 WRED 丢弃模板的具体接口，进入接口视图
		qos wred *drop-profile-name* 例如：[HUAWEI- GigabitEthernet1/0/1] **qos wred** drop1	（可选）将 WRED 丢弃模板应用于接口上所有队列，仅 S5720EI、S6720EI 和 S6720S-EI，以及框式系列交换机支持在接口上应用 WRED 丢弃模板。 缺省情况下，接口上没有应用 WRED 丢弃模板，可用 **undo qos wred** 命令删除接口上应用的 WRED 丢弃模板
		qos queue *queue-index* **wred** *drop-profile-name* 例如：[HUAWEI- GigabitEthernet1/0/1]**qos queue** **1 wred** drop1	（可选）将 WRED 丢弃模板应用于指定端口的指定队列上。 缺省情况下，端口队列上没有应用 WRED 丢弃模板，可用 **undo qos queue** *queue-index* **wred** 命令删除在全局或接口队列应用的 WRED 丢弃模板

配置好后，可在任意视图下执行 **display drop-profile** [**all** | **name** *drop-profile-name*] 命令查看 WRED 丢弃模板的配置信息，执行 **display qos configuration interface** *interface-type interface-number* 命令查看指定接口上所有的 QoS 配置信息。

12.10.5 配置调度模板模式的拥塞管理

在华为设备中，既可采用调试模板配置方式，然后在需要配置拥塞管理的接口下应用，又可直接在需要应用拥塞管理的具体接口配置。本节先介绍调度模板配置方式，具体配置步骤见表 12-38。仅 S1720GFR、S1720GW-E、S1720GWR-E、S1720X-E、S2720EI、S2750EI、S5700LI、S5700S-LI、S5710-X-LI、S5720LI、S5720S-LI、S5720SI、S5720S-SI、S5730SI、S5730S-EI、S6720LI、S6720S-LI、S6720SI、S6720S-SI 子系列交换机支持通

过调度模板配置拥塞管理。

表 12-38   调度模板模式拥塞管理的配置步骤

步骤	命令	说明
1	**system-view** 例如：\<HUAWEI\> **system-view**	进入系统视图
2	**qos schedule-profile** *profile-name* 例如：[HUAWEI]**qos schedule-profile** **p1**	创建全局调度模板，并进入调度模板视图。参数指定所创建的全局调度模板的名称，为 1～16 个字符，不区分大小写
3	**qos** { **pq** | **wrr** | **drr** } 例如：[HUAWEI-qos-schedule-profile-p1] **qos wrr**	配置端口队列调度模式为 PQ、WRR 或 DRR。 缺省情况下，S5720HI 和 S6720HI 接口队列的调度模式为 WDRR 调度模式，其他形态接口队列的调度模式为 WRR 调度模式，可用 **undo qos** { **pq** | **wrr** | **drr** }命令恢复接口队列的调度模式为缺省值
4	**qos queue** *queue-index* **wrr weight** *weight* 例如：[HUAWEI-qos-schedule-profile-p1] **qos queue 1 wrr weight 10**	（二选一）配置参与 WRR 调度的队列的 WRR 权值，只有端口队列调度模式为 **WRR** 或 **PQ+WRR** 时才可配置此命令。**S5720HI 和 S6720HI 不支持此命令。**命令中的参数说明如下。 ① *queue-index*：指定队列的索引，整数形式，取值范围是 0～7。 ② *weight*：指定 WRR 权值整数形式，取值范围：S5720EI 为 0～63，其他机型为 0～127。 【说明】在采用 WRR 调度方式的前提下，如果设置某队列权值为 0，说明该队列以 PQ 方式调度，此时整体调度模式为 PQ+WRR 方式。 对于 S1720GFR、S1720GW-E、S1720GWR-E、S1720X-E、S2720EI、S2750EI、S5700LI、S5700S-LI、S5710-X-LI、S5720LI、S5720S-LI、S5720SI、S5720S-SI、S5730SI、S5730S-EI、S6720LI、S6720S-LI、S6720SI、S6720S-SI： ● 配置 PQ+WRR 调度模式时，需要保证权值为 0 的队列（即使用 PQ 调度的队列）连续配置，不能被使用 WRR 调度的队列中断； ● 如果使用 PQ+WRR 调度方式，且使用 PQ 调度的队列是连续最低的队列（如队列 0，队列 0～1，队列 0～2 等），则设备完成 WRR 调度之后才会进行 PQ 调度。 缺省情况下，参与 WRR 调度的队列的 WRR 权值为 1，可用 **undo qos queue** *queue-index* **wrr** 命令恢复参与 WRR 调度的队列的 WRR 权值为默认值
	qos queue *queue-index* **drr weight** *weight* 例如：[HUAWEI-qos-schedule-profile-p1] **qos queue 1 drr weight 10**	（二选一）配置参与 WDRR 调度的队列的 WDRR 权值，只有端口队列调度模式为 **WDRR** 或 **PQ+WDRR** 时才可配置此命令。参数 *weight* 用来指定 WDRR 权值，整数形式，取值范围：S5720EI 为 0～63，其他机型为 0～127。 【说明】在采用 WDRR 调度方式的前提下，如果设置某队列权值为 0，说明该队列以 PQ 方式调度，此时整体调度模式为 PQ+WDRR 方式。

（续表）

步骤	命令	说明
4	**qos queue** *queue-index* **drr weight** *weight* 例如：[HUAWEI-qos-schedule-profile-p1] **qos queue** 1 **drr weight** 10	对于 S1720GFR、S1720GW-E、S1720GWR-E、S1720X-E、S2720EI、S2750EI、S5700LI、S5700S-LI、S5710-X-LI、S5720LI、S5720S-LI、S5720SI、S5720S-SI、S5730SI、S5730S-EI、S6720LI、S6720S-LI、S6720SI、S6720S-SI： ● 配置 PQ+WDRR 调度模式时，需要保证权值为 0 的队列（即使用 PQ 调度的队列）连续配置，不能被使用 WDRR 调度的队列中断； ● 如果使用 PQ+WDRR 调度方式，且使用 PQ 调度的队列是连续最低的队列（如队列 0，队列 0～1，队列 0～2 等），则设备完成 WDRR 调度之后才会进行 PQ 调度。 缺省情况下，参与 WDRR 调度的队列的 WDRR 权值为 1，可用 **undo qos queue** *queue-index* **drr** 命令恢复参与 WDRR 调度的队列的 WDRR 权值为默认
5	**interface** *interface-type interface-number* 例如：[HUAWEI] **interface** gigabitethernet 0/0/1	键入要应用调度模板的接口，进入接口视图
6	**qos schedule-profile** *profile-name* 例如：[HUAWEI-GigabitEthernet0/0/1] **qos schedule-profile** p1	在以上接口上应用前面配置的调度模板

配置并应用拥塞管理调度模板后，当网络中发生拥塞时，设备将按照制定的调度策略决定报文转发时的处理次序，以达到高优先级报文被优先调度的目的。但配置队列调度模板前，需要配置优先级映射，将报文的优先级映射为 PHB 行为及颜色，或配置本地优先级重标记，从而使不同优先级的报文进入不同的队列。

设备上每个接口有 8 个端口队列，不同的队列可以采用不同的队列调度方式。队列调度时，先进行 PQ 调度，多个队列使用 PQ 调度时，按优先级高低顺序进行调度，队列索引越大，优先级越高。PQ 调度完成后，再对队列进行 WRR 或 WDRR 调度。

配置好后，可在任意视图下执行 **display qos configuration interface** [*interface-type interface-number*] 命令查看指定接口上所有的 QoS 配置信息，执行 **display qos queue statistics interface** *interface-type interface-number* [**queue** *queue-index*] 命令查看接口上基于队列的流量统计信息。

12.10.6　配置接口模式的拥塞管理

本节是直接在要应用拥塞管理功能的交换机接口或具体的端口队列下配置各队列的调度方式。仅 S5720EI、S5720HI、S6720EI、S6720HI 和 S6720S-EI，以及框式系列交换机支持，具体配置步骤见表 12-39。

在配置拥塞管理之前，需在报文的入接口上将报文的优先级映射为服务等级。队列调度时，先进行 PQ 调度，多个队列使用 PQ 调度时，按优先级高低顺序进行调度，队列索引越大，优先级越高。PQ 调度完成后，再对队列进行 WRR 或 WDRR 调度。

表 12-39   接口模式拥塞管理的配置步骤

步骤	命令	说明
1	**system-view** 例如：\<HUAWEI\> **system-view**	进入系统视图
2	**interface** *interface-type interface-number* 例如：[HUAWEI] **interface** gigabitethernet 0/0/1	键入要配置队列调度功能的接口，进入接口视图
3	**qos { pq | wrr | drr }** 例如：[HUAWEI-GigabitEthernet0/0/1] **qos wrr**	配置端口队列调度模式为 PQ、WRR 或 DRR。其他说明参见 12.10.5 节表 12-38 中的第 3 步
4	**qos queue** *queue-index* **wrr weight** *weight* 例如：[HUAWEI-GigabitEthernet0/0/1] **qos queue 1 wrr weight** 10	（二选一）指定端口队列 WRR 调度的权值。其他说明参见 12.10.5 节表 12-38 中的第 4 步。 （二选一）指定端口队列 WDRR 调度的权值。其他说明参见上节表 12-38 中的第 4 步

12.10.7 拥塞避免和拥塞管理综合配置示例

本示例的拓扑结构如图 12-37 所示。Switch 通过接口 GE0/0/3 与 Router 互连，来自 Internet 的业务有话音、视频、数据，携带的 802.1p 优先级分别为 6、5、2，这些业务可经由 Router 和 Switch 到达用户。由于 Switch 入接口 GE0/0/3 的速率大于出接口 GE0/0/1、GE0/0/2 的速率，在这两个出接口处可能会发生拥塞。为了减轻网络拥塞造成的影响，保证用户对于高优先级、低延迟业务的服务要求，现同时配置拥塞避免和拥塞管理功能，配置参数分别见表 12-40 和表 12-41。

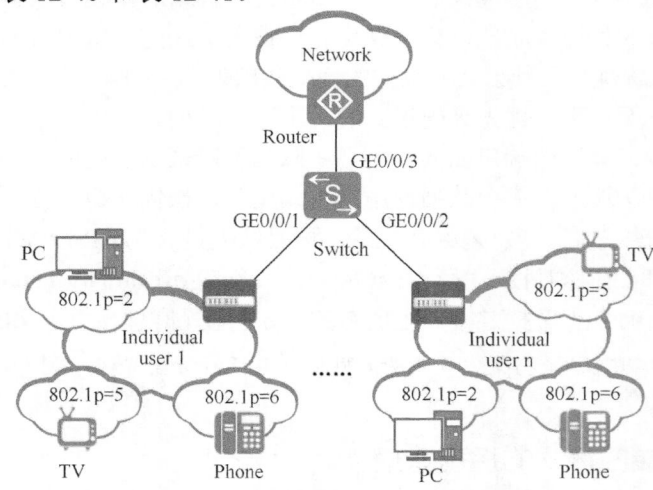

图 12-37   拥塞避免和拥塞管理综合配置示例的拓扑结构

表 12-40   拥塞避免配置参数

业务类型	颜色	WRED 丢弃阈值下限（%）	WRED 丢弃阈值上限（%）	最大丢弃概率
话音	绿	80	100	10
视频	黄	60	80	20
数据	红	40	60	40

表 12-41　　　　　　　　　　　　　　拥塞管理配置参数

业务类型	服务等级	DRR
话音	EF	0
视频	AF3	100
数据	AF1	50

1. 基本配置思路分析

根据表 12-40 和表 12-41 中的参数可知，本示例采用 WRED 拥塞避免模式和 WDRR 拥塞管理调度方式。故在拥塞避免方面，需要配置 WRED 丢弃模板，在拥塞管理方面，可配置 WDRR 调度模板或者直接在 Switch 的 GE0/0/1、GE0/0/2 接口上配置 WDRR 调度参数，本示例选择后者。由此可得出本示例的基本配置思路如下。

① 配置各接口所属的 VLAN，实现各设备间链路的互通。

② 在 Switch 上创建并配置 DiffServ 域，根据表 12-40 和表 12-41 的要求，将 3 种业务报文的 802.1p 优先级映射为对应的 PHB 行为/颜色，然后在 Switch 的 GE0/0/1、GE0/0/2 出接口上绑定 DiffServ 域。

③ 在 Switch 上配置 WRED 模板，为 3 种颜色的报文配置上、下限丢弃阈值和最大丢弃概率，并在 Switch 的 GE0/0/1、GE0/0/2 出接口上应用 WRED 模板。

④ 在 Switch 的 GE0/0/1、GE0/0/2 接口上配置各服务等级队列的 WDRR 调度参数。

2. 具体配置步骤

① 配置各接口所属的 VLAN（假设 3 种业务分别属于 VLAN 2、VLAN 5 和 VLAN 6），使各设备间链路互通。

```
<HUAWEI> system-view
[HUAWEI] sysname Switch
[Switch] vlan batch 2 5 6
[Switch] interface gigabitethernet 0/0/1
[Switch-GigabitEthernet0/0/1] port link-type trunk
[Switch-GigabitEthernet0/0/1] port trunk allow-pass vlan 2 5 6
[Switch-GigabitEthernet0/0/1] quit
[Switch] interface gigabitethernet 0/0/2
[Switch-GigabitEthernet0/0/2] port link-type trunk
[Switch-GigabitEthernet0/0/2] port trunk allow-pass vlan 2 5 6
[Switch-GigabitEthernet0/0/2] quit
[Switch] interface gigabitethernet 0/0/3
[Switch-GigabitEthernet0/0/3] port link-type trunk
[Switch-GigabitEthernet0/0/3] port trunk allow-pass vlan 2 5 6
[Switch-GigabitEthernet0/0/3] quit
```

② 配置基于简单流分类的优先级映射。

■ 创建 DiffServ 域 ds1，将 802.1p 优先级 6、5、2 分别映射为 PHB 行为（也即服务等级，或本地优先级）EF、AF3、AF1（相当于把这 **3** 种业务报文分别送到 **5**、**3**、**1** 号队列中，因为缺省情况下，**本地优先级高低与队列号大小之间是一一对应的关系**），并分别将颜色标记为绿色、黄色、红色。

```
[Switch] diffserv domain ds1
[Switch-dsdomain-ds1] 8021p-inbound 6 phb ef green
[Switch-dsdomain-ds1] 8021p-inbound 5 phb af3 yellow
[Switch-dsdomain-ds1] 8021p-inbound 2 phb af1 red
[Switch-dsdomain-ds1] quit
```

■ 在 Switch 入接口 GE0/0/3 上绑定 DiffServ 域，并指定信任报文的 802.1p 优先级。

```
[Switch] interface gigabitethernet 0/0/3
[Switch-GigabitEthernet0/0/3] trust upstream ds1
[Switch-GigabitEthernet0/0/3] trust 8021p inner
[Switch-GigabitEthernet0/0/3] quit
```

③ 配置拥塞避免。

■ 在 Switch 上创建 WRED 模板 wred1，并根据表 12-40 配置 wred1 的 3 色报文参数。

```
[Switch] drop-profile wred1
[Switch-drop-wred1] color green low-limit 80 high-limit 100 discard-percentage 10
[Switch-drop-wred1] color yellow low-limit 60 high-limit 80 discard-percentage 20
[Switch-drop-wred1] color red low-limit 40 high-limit 60 discard-percentage 40
[Switch-drop-wred1] quit
```

■ 在 Switch 的 GE0/0/1、GE0/0/2 出接口的 5、3、1 号队列上应用 WRED 模板 wred1。

```
[Switch] interface gigabitethernet 0/0/1
[Switch-GigabitEthernet0/0/1] qos wred wred1
[Switch-GigabitEthernet0/0/1] qos queue 5 wred wred1
[Switch-GigabitEthernet0/0/1] qos queue 3 wred wred1
[Switch-GigabitEthernet0/0/1] qos queue 1 wred wred1
[Switch-GigabitEthernet0/0/1] quit
[Switch] interface gigabitethernet 0/0/2
[Switch-GigabitEthernet0/0/2] qos wred wred1
[Switch-GigabitEthernet0/0/2] qos queue 5 wred wred1
[Switch-GigabitEthernet0/0/2] qos queue 3 wred wred1
[Switch-GigabitEthernet0/0/2] qos queue 1 wred wred1
[Switch-GigabitEthernet0/0/2] quit
```

④ 配置拥塞管理，在 Switch 的 GE0/0/1、GE0/0/2 出接口的 5、3、1 号队列上按表 12-41 所示配置各服务等级队列的 WDRR 调度参数。

```
[Switch] interface gigabitethernet 0/0/1
[Switch-GigabitEthernet0/0/1] qos drr
[Switch-GigabitEthernet0/0/1] qos queue 5 drr weight 0
[Switch-GigabitEthernet0/0/1] qos queue 3 drr weight 100
[Switch-GigabitEthernet0/0/1] qos queue 1 drr weight 50
[Switch-GigabitEthernet0/0/1] quit
[Switch] interface gigabitethernet 0/0/2
[Switch-GigabitEthernet0/0/2] qos drr
[Switch-GigabitEthernet0/0/2] qos queue 5 drr weight 0
[Switch-GigabitEthernet0/0/2] qos queue 3 drr weight 100
[Switch-GigabitEthernet0/0/2] qos queue 1 drr weight 50
[Switch-GigabitEthernet0/0/2] quit
```

配置好后，可以通过 **display diffserv domain name** ds1 命令查看 DiffServ 域 ds1 的配置信息，验证配置结果。黑体字部分是本示例修改后的入方向 802.1p 优先级与 PHB 行为/颜色之间的映射关系，其他仍为缺省映射关系。

```
[Switch] display diffserv domain name ds1
diffserv domain name:ds1
  8021p-inbound 0 phb be green
  8021p-inbound 1 phb af1 green
  8021p-inbound 2 phb af1 red
  8021p-inbound 3 phb af3 green
  8021p-inbound 4 phb af4 green
  8021p-inbound 5 phb af3 yellow
  8021p-inbound 6 phb ef green
```

```
     8021p-inbound 7 phb cs7 green
     8021p-outbound be green map 0
     ......
```

同样可通过 **display drop-profile name** wred1 命令查看 WRED 模板配置信息，验证配置结果。黑体字部分显示了本示例配置 3 种颜色的报文的 WDRR 丢弃上、下限阈值和最大丢弃概率值，看是否与表 12-40 一致。

```
[Switch] display drop-profile name wred1
Drop-profile[3]: wred1
Color       Low-limit    High-limit   Discard-percentage
- - - - - - - - - - - - - - - - - - - - - - - - - - - - -
```

Color	Low-limit	High-limit	Discard-percentage
Green	**80**	**100**	**10**
Yellow	**60**	**80**	**20**
Red	**40**	**60**	**40**
Non-tcp	100	100	100

```
- - - - - - - - - - - - - - - - - - - - - - - - - - - - - - - - - - - - - - -
```

第 13 章
AAA 配置与管理

本章主要内容

AAA 就是认证、授权和计费 3 项安全功能的总称。AAA 的应用主要体现在两个方面，一是针对登录到设备的管理员用户进行安全认证、授权和计费，二是针对采用第 14 章将要介绍的 802.1X 认证、MAC 认证和 Portal 认证 3 种 NAC 接入认证功能的普通接入用户在接入网络时进行认证、授权和计费。

AAA 中的认证、授权和计费 3 项功能中认证功能是基础，也是另外两项功能实现的前提，可以单独使用认证功能（但不能单独使用授权或计费功能），或者仅使用认证和授权功能、认证和计费功能（但不能仅使用授权和计费功能）。

本章将全面介绍 AAA 基础知识、RADIUS 和 HWTACACS 协议基础及工作原理，以及本地方式、RADIUS 方式和 HWTACACS 方式 AAA 方案的配置、应用与管理的方法。本地方式 AAA 方案中仅可配置认证和授权功能，不支持计费功能。本章的重点是要掌握 3 种 AAA 方案的配置思路，以及在用户域下应用 AAA 方案的配置方法。

13.1　AAA 基础

AAA 是 Authentication（认证）、Authorization（授权）和 Accounting（计费）的简称，是网络安全的一种管理机制，提供了认证、授权、计费 3 种安全功能，可防止非法用户登录（如 Consol、Telent、STelnet 等）或接入设备，还可对用户的网络接入提供计费支持。其中"认证"是用来验证用户是否有资格获得网络访问权，相当于公安局的角色；"授权"是对通过认证的用户授予可以使用的服务，相当于法院的角色；"计费"则是记录通过认证的用户使用网络资源的情况（不一定就是计算资源的使用费用）。当然，在实际网络应用中，可以只使用 AAA 提供的一种或两种安全服务。

【经验之谈】AAA 应用主要针对两类用户，一类是要登录网络设备，对设备进行配置、管理和维护的管理员用户。针对这类管理员用户的 AAA 应用通常只是进行认证和授权，验证用户是否具有登录本地设备 VRP 的合法身份，授权用户通过认证后可以具有本地设备管理级别，即用户级别（通常不需计费，但也可计费）。而且，在这类 AAA 应用中，AAA 方案是在用户登录设备时直接应用，不需要其他功能（如第 14 章将要介绍的各种 NAC 方式）协助。

另一类就是普通的接入用户了。这类用户不是需要登录到哪台设备进行设备管理，而是要通过网络设备接入到网络中，访问网络中所需的资源。对于这类用户应用 AAA 方案就与对管理员用户应用 AAA 方案有些不同了，不能直接应用 AAA 方案，必须借助于第 14 章将要介绍的 802.1X 认证、MAC 认证或 Portal 认证技术来调用所需的 AAA 方案。此时，针对普通接入用户的认证是验证是否被允许通过本地设备接入网络，授权是对通过认证的接入用户授予可以访问的网络资源、发送的报文所具有 QoS 优先级、流量监管值和用户权限等（前面的认证只是决定你是否可以访问网络，授权则是决定你可以访问网络中的哪些资源、具有哪些权限），计费则是对接入用户按访问时长、流量大小进行统计，然后可根据相应的计费方案对用户进行收费，目前比较典型的应用是通过 WiFi 接入热点，访问 Intenet。

13.1.1　AAA 的基本构架

AAA 是采用"客户端/服务器"（C/S）结构，如图 13-1 所示。其中 AAA 客户端（AAA Client，也称网络接入服务器——NAS）就是使能了 AAA 功能的网络设备（**不一定是接入设备，而且可以在网络中的多个设备上使能**），而 AAA 服务器（AAA Server）就是专门用来提供认证、授权和计费功能的服务器（可由服务器主机配置，也可在提供对应服务器功能的网络设备上配置）。目前支持 AAA 功能的服务器系统主要有 RADIUS（Remote Authentication Dial In User Service，远程认证拨入用户服务）、HWTACACS（Huawei Terminal Access Controller Access Control System，华为终端访问控制系统）两种。

在设备（AAA 客户端）上使能了 AAA 功能后，当用户需要通过设备访问某个网络前，先要从 AAA 服务器中获得访问该网络的权限。但这个任务通常不是由担当 AAA 客户端的设备自己来完成的，而是通过设备把用户的认证、授权、计费信息发送给 AAA

服务器,最终由 AAA 服务器来完成。当然,如果在担当 AAA 客户端的设备上同时配置了相应的 AAA 服务器功能,则此时客户端和服务器端就为一体了,这时实现的是 AAA 本地认证和授权(本地方式不提供计费功能)。

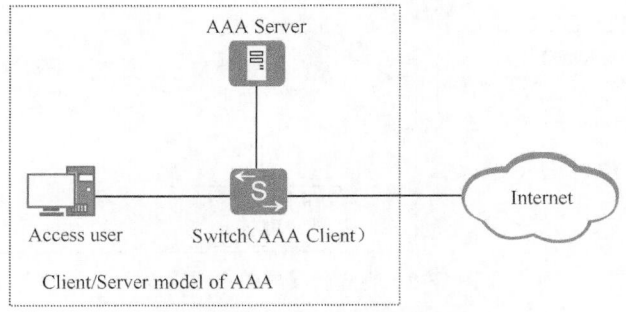

图 13-1　AAA 的基本构架图

1. AAA 认证

华为设备的 AAA 功能支持以下认证方式。

① 不认证:对用户非常信任,不对其进行合法检查,一般情况下不采用这种方式。

② 本地认证:将用户信息配置在本地设备上,由本地设备对接入用户的合法性进行验证。本地认证的优点是速度快,可以为运营商降低成本,缺点是存储信息量受设备硬件条件的限制。

③ 远端认证:将用户信息配置在远端 AAA 认证服务器(如 RADIUS 或 HWTACACS 服务器)上,由远端 AAA 服务器对用户的合法性进行验证。

2. AAA 授权

华为设备的 AAA 功能支持以下 5 种授权方式。

① 不授权:不对用户进行授权处理。

② 本地授权:根据本地设备为本地用户账号配置的相关属性(如允许使用的接入服务类型、FTP 访问目录、HTTP 访问目录等)进行授权。

③ HWTACACS 授权:由远端 HWTACACS 服务器对用户访问权限进行授权。

④ RADIUS 认证成功后授权:由远端 RADIUS 服务器对用户访问权限进行授权。

⑤ if-authenticated 授权:用户必须认证,但认证过程与授权过程可分离。

3. 计费

华为设备的 AAA 功能支持以下 3 种计费方式(**不支持本地计费方式**)。

① 不计费:不对用户计费。

② RADIUS 计费:由远端 RADIUS 服务器完成对用户的计费。

③ HWTACACS 计费:由远端 HWTACACS 服务器完成对用户的计费。

13.1.2　AAA 基于域的用户管理

为了对不同用户配置不同的认证、授权和计费方案,华为设备的 AAA 功能配置是基于域对访问用户进行管理,每个接入用户都属于一个域。用户所属的域是由用户登录或接入设备时所提供的用户名是否带有域名后缀决定的,具体判断流程如图 13-2 所示。

用户名中带有域名时则直接使用对应域中关联的 AAA 方案，否则使用系统默认的 AAA
方案。

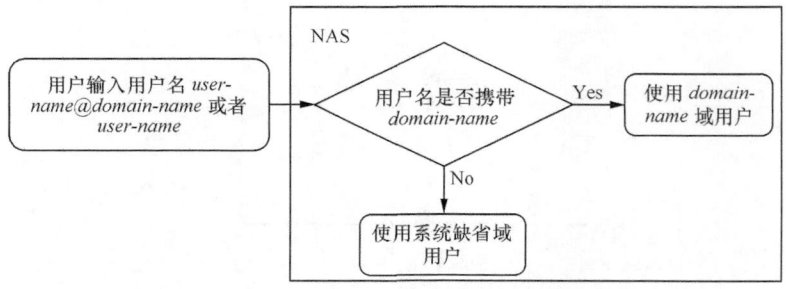

图 13-2　用户所属域的判断流程

缺省情况下，设备存在两个默认域：全局默认普通域 default、全局默认管理域 default_
admin。

■ default 域为接入用户（通过第 14 章将要介绍的各种 NAC 方式进行认证的用户）
的缺省域，缺省为本地认证。

■ default_admin 为管理员（通过 HTTP、SSH、Telnet、Terminal 或 FTP 方式登录
设备的用户）的缺省域，缺省为本地认证。

两个默认域均不能删除，只能修改。当用户名中没有携带域名时，设备无法确认用
户所属的域，设备根据用户的类型将用户加入到对应的缺省域中。自定义域可以同时被
配置成新的全局默认普通域和全局默认管理域。

登录或接入用户所采用的认证、授权、计费方案都是在相应的域视图下应用预先配
置的认证、授权、计费方案来实现的。AAA 有缺省的认证、授权、计费方案，分别为本
地认证、本地授权、不计费，即如果用户所属的域下未应用任何新的认证、授权、计费
方案，系统将使用缺省的认证、授权、计费方案。 但是，域下配置的授权信息较 AAA
服务器下发的授权信息优先级低，即用户优先使用 AAA 服务器下发的授权属性（如果
配置的话），在 AAA 服务器无该项授权或不支持该项授权时，用户所属域的对应授权属
性才生效。

13.1.3　RADIUS 协议基础

RADIUS 是一种分布式、C/S 模式的信息交互协议，能保护网络资源在未授权的情
况下不被访问，常应用在既要求较高安全性，又允许远程用户访问的各种网络环境中。
该协议定义了基于 UDP 的 RADIUS 报文格式及其传输机制,并规定 UDP 端口 1812、1813
分别作为认证、计费服务端口（在 RADIUS 协议中，授权服务与认证服务同步）。

1. RADIUS 系统的组成

RADIUS 协议采用 C/S 模式，RADIUS 服务器一般运行在中心计算机或工作站上，
维护相关的用户认证和网络服务访问信息，负责接收用户连接请求并认证用户，然后给
客户端返回所有需要的信息（如接受/拒绝认证请求）。

RADIUS 客户端程序一般位于网络接入服务器 NAS（网络访问服务器）设备上，可

以遍布整个网络，负责传输各个接入网络用户信息到指定的 RADIUS 服务器，然后根据从 RADIUS 服务器返回的信息进行相应的处理（如接受/拒绝用户接入）。一个 RADIUS 服务器可以同时支持多个 RADIUS 客户端（NAS）。

RADIUS 服务器通常要维护以下 3 个数据库。

① Users：用于存储用户信息（如用户名、密码以及用户 IP 地址等配置信息）。

② Clients：用于存储 RADIUS 客户端的信息（如共享密钥、客户端 IP 地址等）。

③ Dictionary：用于存储 RADIUS 协议中的属性和属性值含义的信息。

RADIUS 客户端和 RADIUS 服务器之间认证消息的交互是通过共享密钥对传输数据加密，但共享密钥不通过网络传输，增强了信息交互的安全性。

2. RADIUS 协议报文

RADIUS 协议采用 UDP 报文来传输消息，数据传输不是很可靠，所以通常要部署备份 RADIUS 服务器，多次发送之后如果仍然收不到响应，RADIUS 客户可以向备用的 RADIUS 服务器发送请求包。

RADIUS 协议发送的不同用途的报文共有 16 种（见表 13-1），但它们的标准格式是相同的，如图 13-3 所示。各字段的解释如下。

表 13-1　　　　　　　　　　　　　　RADIUS 协议报文类型

报文名称	说明
RADIUS 认证报文（共 4 类）	
Access-Request	认证请求报文，是 RADIUS 报文交互过程中的第一个报文，用来携带用户的认证信息（例如用户名、密码等）。认证请求报文由 RADIUS 客户端发送给 RADIUS 服务器，RADIUS 服务器根据该报文中携带的用户信息判断是否允许接入
Access-Accept	认证接受报文，是服务器对客户端发送的 Access-Request 报文的接受响应报文。如果 Access-Request 报文中的所有属性都可以接受（即认证通过），则发送该类型报文。客户端收到此报文后，认证用户才能认证通过并被赋予相应的权限
Access-Reject	认证拒绝报文，是服务器对客户端的 Access-Request 报文的拒绝响应报文。如果 Access-Request 报文中的任何一个属性不可接受（即认证失败），则 RADIUS 服务器返回 Access-Reject 报文，用户认证失败
Access-Challenge	认证挑战报文。采用 EAP 认证方式时，RADIUS 服务器接收到 Access-Request 报文中携带的用户名信息后，会随机生成一个 MD5 挑战字，同时将此挑战字通过 Access-Challenge 报文发送给客户端。客户端使用该挑战字对用户密码进行加密处理后，将用户密码信息再次通过 Access-Request 报文发送给 RADIUS 服务器。RADIUS 服务器将收到的已加密的密码信息和本地经过加密运算后的密码信息进行对比，如果相同，则该用户为合法用户
RADIUS 授权报文（共 6 类）	
CoA-Request	动态授权请求报文。当管理员需要更改某个在线用户的权限时（例如，管理员不希望用户访问某个网站），可以通过 RADIUS 服务器发送一个动态授权请求报文给客户端，使 RADIUS 客户端修改在线用户的权限
CoA-ACK	动态授权请求接受报文。如果 RADIUS 客户端成功更改了用户的权限，则客户端回应动态授权请求接受报文给 RADIUS 服务器

（续表）

报文名称	说明
CoA-NAK	动态授权请求拒绝报文。如果 RADIUS 客户端未成功更改用户的权限，则客户端回应动态授权请求拒绝报文给 RADIUS 服务器
DM-Request	用户离线请求报文。当管理员需要让某个在线的用户下线时，可以通过 RADIUS 服务器发送一个用户离线请求报文给 RADIUS 客户端，使客户端终结用户的连接
DM-ACK	用户离线请求接受报文。如果 RADIUS 客户端已经切断了用户的连接，则客户端回应用户离线请求接受报文给 RADIUS 服务器
DM-NAK	用户离线请求拒绝报文。如果 RADIUS 客户端无法切断用户的连接，则客户端回应用户离线请求拒绝报文给 RADIUS 服务器
RADIUS 计费报文（共 6 类）	
Accounting-Request (Start)	计费开始请求报文。如果客户端使用 RADIUS 模式进行计费，客户端会在用户开始访问网络资源时，向 RADIUS 服务器发送计费开始请求报文
Accounting-Response (Start)	计费开始响应报文。RADIUS 服务器接收并成功记录计费开始请求报文后，需要回应一个计费开始响应报文
Accounting-Request (Interim-update)	实时计费请求报文。为避免 RADIUS 计费服务器无法收到计费停止请求报文而继续对该用户计费，可以在客户端上配置实时计费功能。客户端定时向 RADIUS 服务器发送实时计费报文，减少计费误差
Accounting-Response (Interim-update)	实时计费响应报文。RADIUS 服务器接收并成功记录实时计费请求报文后，需要回应一个实时计费响应报文
Accounting-Request (Stop)	计费结束请求报文。当用户断开连接时（连接也可以由接入服务器断开），RADIUS 客户端向 RADIUS 服务器发送计费结束请求报文，其中包括用户上网所使用的网络资源的统计信息（上网时长、进/出的字节数等），请求服务器停止计费
Accounting-Response (Stop)	计费结束响应报文。RADIUS 服务器接收计费停止请求报文后，需要回应一个计费停止响应报文

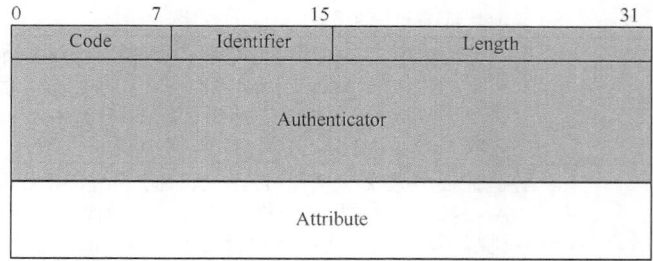

图 13-3　RADIUS 报文格式

① Code：1 字节，指示 RADIUS 报文的类型。不同 RADIUS 报文的 Code 值不相同。
■ Code 为 1 时表示 Access-Request 报文。
■ Code 为 2 时表示 Access-Accept 报文。
■ Code 为 3 时表示 Access-Reject 报文。
■ Code 为 4 时表示 Accounting-Request 报文。
■ Code 为 5 时表示 Accounting-Response 报文。
■ Code 为 11 时表示 Access-Challenge 报文。

② Identifier：1 字节，发送的 RADIUS 报文的序列号，取值范围为 0～255。但一对请求报文和响应报文的序列号是一样，可用来匹配请求报文和响应报文，以及检测在一段时间内重发的请求报文。

③ Length：2 字节，指定 RADIUS 报文的总长度，最小长度为 20 字节，最大长度为 4096 字节。超过 Length 取值的字节将作为填充字符而忽略，但如果接收到的 RADIUS 报文的实际长度小于 Length 的取值，则该报文会被丢弃。

④ Authenticator：16 字节，在请求报文和响应报文中，这个字段的作用不同。

在 RADIUS 请求报文中，该字段值称之为"请求验证字"，是一个具有唯一性的 16 字节随机数，它与 NAS 上配置的共享密钥一起对所发送的用户密码进行 MD5 加密保护。

在 RADIUS 响应报文中，该字段值称之为"响应验证字"，但不再是纯粹的随机数，而是由 RADIUS 服务器对发送的响应报文中除了本字段外的其他所有字段、RADIUS 请求报文中的"请求验证字"，以及共享密钥一起进行 MD5 摘要运算得到，即通常所说的：响应验证字= MD5（Code+ID+Length+RequestAuth+Attributes+Secret），可用来验证 RADIUS 服务器的响应报文的合法性。

⑤ Attribute：长度不固定，为报文的内容主体，用来携带专门的用户认证、授权和计费信息。Attribute 可以包括多个属性，每一个属性都采用（Type、Length、Value）3 元组的结构来表示。

■ 类型（Type），1 字节，取值为 1～255，用于表示属性的类型。

■ 长度（Length），表示该属性（包括类型、长度和属性值）的长度，单位：byte，最小值为 3，表示整个 Attribute 字段最小 3 字节。如果 AAA 服务器收到的接入请求中属性长度无效，则发送接入拒绝包。如果 NAS 收到的接入允许、接入拒绝和接入盘问中属性的长度也无效，则必须以接入拒绝对待，或者被简单的直接丢弃。

■ 属性值（Value），表示该属性的信息，其格式和内容由前面的"类型"和"长度"决定，最大长度为 253 字节。共有 6 类属性值——整数（INT）、枚举（ENUM）、IP 地址（IPADDR）、文本（STRING）、日期（DATE）和二进制字符串（BINARY）。

13.1.4　RADIUS 认证和授权计费流程

在整个 RADIUS 认证、计费过程中，接入设备 NAS 作为 RADIUS 客户端，负责收集用户信息（例如用户名、密码等），并将这些信息发送到 RADIUS 服务器。RADIUS 服务器则根据这些信息完成用户身份认证以及认证通过后的用户授权和计费。用户、RADIUS 客户端和 RADIUS 服务器之间的基本交互流程如图 13-4 所示，具体描述如下（各步骤对应图中的序号）。

① 当用户需要访问外部网络时，用户发起连接请求，向 RADIUS 客户端（即接入设备）发送用户名和密码。

② RADIUS 客户端根据获取的用户名和密码，利用请求报文中的 Authenticator 值和共享密钥对要发送的用户密码进行 MD5 加密，然后连同用户名信息一起向 RADIUS 服务器提交认证请求报文 Access-Request。

③ RADIUS 服务器收到请求报文后对用户身份的合法性进行检验。

■ 如果用户身份合法，RADIUS 服务器向 RADIUS 客户端返回认证接受报文 Access-

Accept，允许用户进行下一步的工作。由于 RADIUS 协议合并了认证和授权的过程，因此该消息也包含了被应用到用户的授权属性。

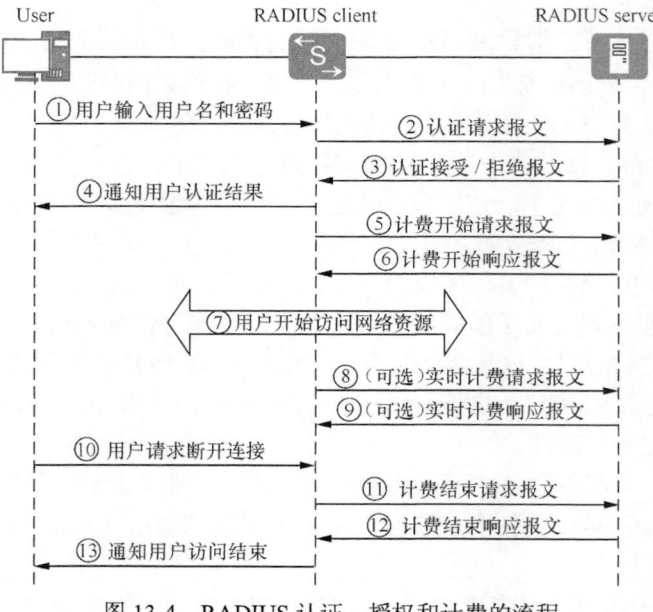

图 13-4　RADIUS 认证、授权和计费的流程

■ 如果用户身份不合法，RADIUS 服务器向 RADIUS 客户端返回认证拒绝报文 Access-Reject，拒绝用户访问接入网络。该消息也可能包含一到多个回答消息属性，以及一个 NAS 可能显示给用户的文本消息。

■ 如果 RADIUS 服务器需要询问用户以获取一个新的口令，它就会发送包含对用户询问的 Access-Challenge 消息到 NAS。NAS 将此消息发送给用户，然后将用户名和询问响应以 Access-Request 消息转发给 RADIUS 服务器。接着 RADIUS 服务器用相应的响应作为回答。

④ RADIUS 客户端根据所收到的报文的不同，向用户返回认证是否成功信息，同时根据认证结果接入/拒绝用户。

说明 RADIUS 授权和认证过程是协同进行的。当 RADIUS 服务器返回一个 Access-Accept 消息，该消息也包含了一系列的描述用户具有的会话属性（在 RADIUS 属性域内）。该信息即对 NAS 进行授权的信息。NAS 实现授权，并通知用户相应的成功或者失败信息。

⑤ 如果允许接入，则 RADIUS 客户端再向 RADIUS 服务器发送计费开始请求报文 Accounting-Request（Start）。

⑥ RADIUS 服务器向 RADIUS 客户端返回计费开始响应报文 Accounting-Response（Start），并开始计费。RADIUS 计费功能允许在服务开始和结束时发送数据，标识会话期间众多信息中资源的数量。

⑦ 用户开始访问网络资源。

⑧　（可选）在使能实时计费功能的情况下，RADIUS 客户端会定时向 RADIUS 服务器发送实时计费请求报文 Accounting-Request（Interim-update），以避免因付费用户异常下线导致的不合理计费。

⑨　（可选）RADIUS 服务器返回实时计费响应报文 Accounting-Response（Interim-update），并实时计费。

⑩　当用户访问完后，向 RADIUS 客户端发起下线请求，请求停止访问网络资源。

⑪　RADIUS 客户端收到用户发起的下线请求后，再向 RADIUS 服务器提交计费结束请求报文 Accounting-Request（Stop），其中包含用户上网所使用网络资源的统计信息（上网时长、进/出的字节/包数等）。

⑫　RADIUS 服务器在收到 RADIUS 客户端提交的计费结束请求报文后，向 RADIUS 客户端返回计费结束响应报文 Accounting-Response（Stop），并停止计费。

⑬　RADIUS 客户端通知用户访问结束，用户结束访问网络资源。

13.1.5　RADIUS 认证报文重传和 RADIUS 服务器状态探测

在 RADIUS 用户认证过程，设备发送认证请求报文到 RADIUS 服务器，具有超时重传机制，整体重传时间取决于重传间隔、重传次数、RADIUS 服务器的状态以及 RADIUS 服务器模板中配置的服务器个数。

1. RADIUS 认证报文重传

NAS 设备发送认证请求报文到 RADIUS 服务器后，如果在重传间隔时间内，设备未收到 RADIUS 服务器发回的应答报文，会再次重发认证请求报文给 RADIUS 服务器，其流程如图 13-5 所示。当满足以下条件时，设备停止重传。

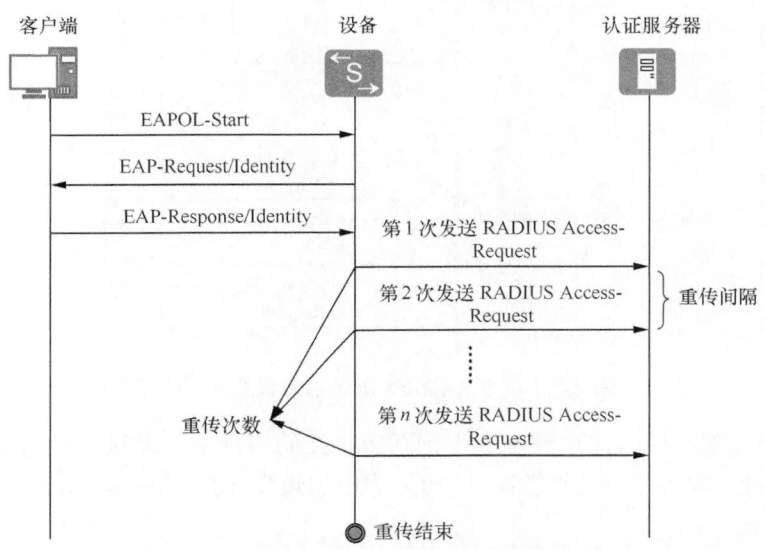

图 13-5　RADIUS 认证报文重传流程的示意

■　收到 RADIUS 服务器的回应报文。

■　探测到 RADIUS 服务器的状态为 Down。设备将服务器的状态置为 Down 后，如果还没有达到最大重传次数，设备会再重传一次认证请求报文到服务器。相当于给状态为 Down 的服务器一次机会。

■ 达到最大重传次数。达到最大重传次数后，如果设备仍没收到服务器的回应报文，也没有探测到服务器的状态为 Down，此时，设备认为服务器无响应。

2. RADIUS 服务器状态探测

前面说到，当探测到 RADIUS 服务器的状态为 Down 时，NAS 设备就会停止重发请求报文。所以，设备在重传 RADIUS 认证请求报文时，会实时地对各 RADIUS 服务器的当前状态进行探测。设备在收到用户的认证请求报文后，首先在所有 Up 状态的服务器中，按照优先级由高到低进行报文重传并对 RADIUS 服务器的当前状态进行探测。图 13-6 所示为以单个用户探测一个 RADIUS 服务器的状态的流程。

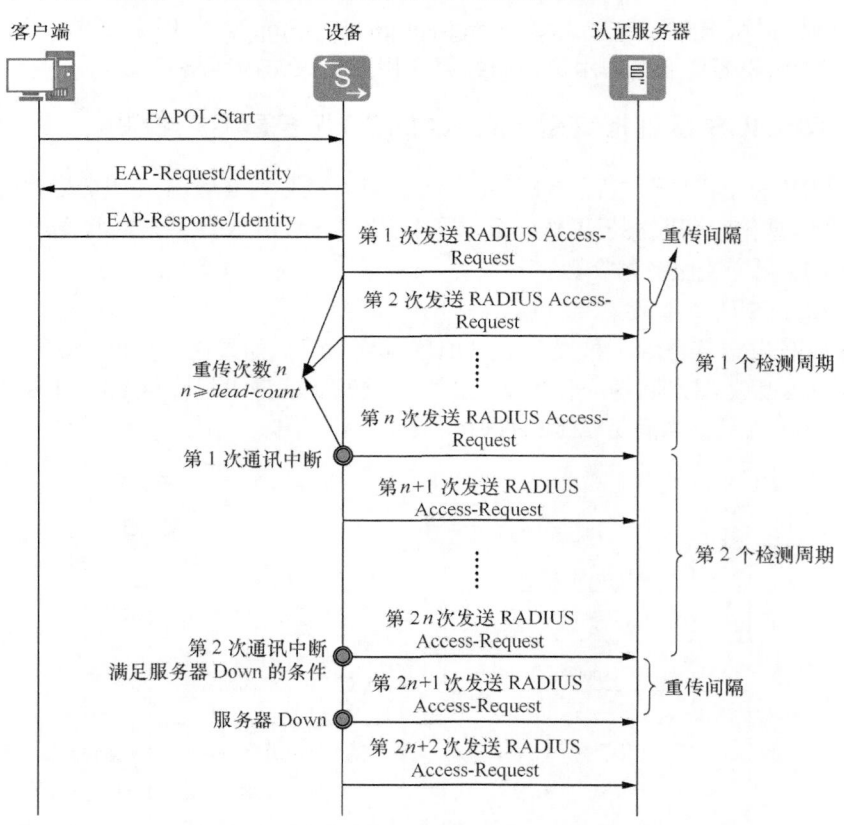

图 13-6　单个 RADIUS 服务器的状态探测过程

① 一个检测周期内，在设备未收到回应报文的情况下，发送认证请求报文后未收到回应报文的次数（n）大于或等于连续无响应的最大次数（*dead-count*）时，设备记录一次通信中断。

② 如果连续两个检测周期都记录了通信中断，则设备认为该 RADIUS 服务器已不可用、达到了将服务器状态置为 Down 的条件；如果第二个检测周期未记录通信中断，则清除第一次通信中断的记录。

③ 设备再次向 RADIUS 服务器发送认证请求报文（第 $2n+1$ 次）时，将服务器状态

置为 Down。此时，继续监控响应报文的接收情况：

■ 如果设备收到 RADIUS 服务器的回应报文，则将该服务器状态恢复为 Up。

■ 如果设备没有收到 RADIUS 服务器的回应报文，在重传次数未达到的情况下，设备会再向该服务器发送一次认证请求报文（第 $2n+2$ 次），如果仍未收到回应报文，之后设备不会再向该 RADIUS 服务器发送认证请求报文。

如果所有设备记录 Up 状态的 RADIUS 服务器探测完成后，状态均置为 Down 或者没有回应。此后，设备会在原先记录状态为 Down 的服务器（此前没有向这部分服务器发送认证请求报文）中，按照优先级再发送一次认证请求报文，探测服务器的状态。

以上 RADIUS 服务器状态探测是通过认证请求报文触发的，除此之外，设备还支持自动对 RADIUS 服务器的状态进行探测，具体配置方法将在本章的后面介绍。

13.1.6 HWTACACS 协议基础

HWTACACS 是在 TACACS（RFC 1492）基础上进行了功能增强的安全协议，其协议的工作原理和功能与 TACACS+协议基本一样。

HWTACACS 协议与 RADIUS 协议类似，也是采用 C/S 模式实现 NAS 与 HWTACACS 服务器之间的通信，主要用于点对点协议 PPP 和 VPDN（Virtual Private Dial-up Network，虚拟私有拨号网络）接入用户及终端用户的认证、授权和计费。其典型应用是对需要登录到设备上进行操作的终端用户进行认证、授权和计费。同样，这时的设备是作为 HWTACACS 的客户端，负责将用户名和密码发送给 HWTACACS 服务器进行验证。

HWTACACS 协议与 RADIUS 协议都实现了认证、授权、计费的功能，它们有很多相似点：结构上都采用 C/S 模式，都使用公共密钥对传输的用户信息进行加密。但与 RADIUS 相比，HWTACACS 具有更加可靠的传输（因为采用 TCP）和加密特性，更加适合于安全控制，它们之间的主要区别见表 13-2。

表 13-2   **HWTACACS 协议与 RADIUS 协议的比较**

HWTACACS	RADIUS
通过 TCP 传输，网络传输更可靠	通过 UDP 传输，网络传输效率更高
除了标准的 HWTACACS 报文头，对报文主体全部进行加密	只对认证报文中的用户密码进行加密
认证与授权分离，使得认证、授权服务可以在不同的安全服务器上实现。例如，可以用一台 HWTACACS 服务器进行认证，另外一台 HWTACACS 服务器进行授权	认证与授权结合，不能分离
支持对设备上的配置命令进行授权使用。即用户可使用的命令行受到命令级别和 AAA 授权的双重限制，某一级别的用户输入的每一条命令都需要通过 HWTACACS 服务器授权，如果授权通过，命令才可以被执行	不支持对设备上的配置命令进行授权使用。用户登录设备后可以使用的命令行由用户级别决定，用户只能使用级别等于或低于用户级别的命令行
适于进行安全控制	适于进行计费

HWTACACS 报文

HWTACACS 报文与 RADIUS 报文的格式不同。所有 RADIUS 报文均采用相同的报文格式，而 HWTACACS 的报文除了具有与图 13-7 相同的报头之外（各字段说明见表 13-3），认证、授权和计费报文的格式均不同。

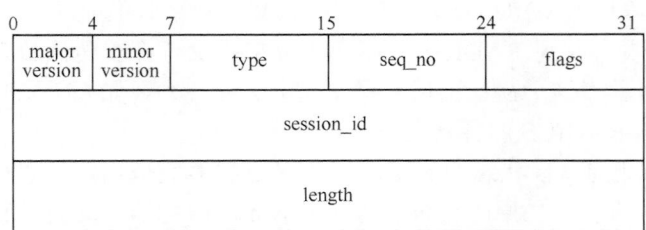

图 13-7　HWTACACS 报头格式

表 13-3　　　　　　　　　　　**HWTACACS 报头字段说明**

字段	含义
major version	HWTACACS 协议主版本号，当前版本号为 0xc
minor version	HWTACACS 协议次版本号，当前版本号为 0x0
type	HWTACACS 协议报文类型，包括认证（0x01）、授权（0x02）和计费（0x03）
seq_no	对于同一个会话，当前报文的序列号，取值范围为 1～254
flags	报文主体加密标记，目前只支持 8 位中的第 1 位可以设置：0 表示对报文主体加密，1 表示不对报文主体加密
session_id	会话 ID，当前会话的唯一标识
length	HWTACACS 报文主体的长度，不包括报头

　　HWTACACS 协议一共 7 类报文，其中 3 类认证报文、2 类授权报文、2 类计费报文，具体见表 13-4。但因篇幅限制，各种 HWTACACS 认证、授权和计费报文的具体格式在此不进行介绍，如有需要，请参考配套的视频课程。

表 13-4　　　　　　　　　　　**HWTACACS 协议报文类型**

报文名称	说明
HWTACACS 认证报文（3 类）	
Authentication Start	认证请求报文。认证开始时，客户端向服务器发送认证开始报文，该报文中包括认证类型、用户名和一些认证数据
Authentication Continue	认证持续报文。客户端接收到服务器回应的认证回应报文后，如果确认认证过程没有结束，则使用认证持续报文响应
Authentication Reply	认证响应报文。服务器接收到客户端发送的认证开始报文或认证持续报文后，向客户端发送的唯一一种认证报文，用于向客户端反馈当前认证的状态
HWTACACS 授权报文（2 类）	
Authorization Request	授权请求报文。HWTACACS 的认证和授权是分离的，用户可以使用 HWTACACS 认证而使用其他协议进行授权。如果需要通过 HWTACACS 进行授权，则客户端向服务器发送授权请求报文，该报文中包括了授权所需的一切信息，如在 authen_method 字段中指定的用户的认证方式：没有设置认证方式（0x00）、不认证（0x01）、本地认证（0x05）、HWTACACS 认证（0x06）、RADIUS 认证（0x10）
Authorization Response	授权响应报文。服务器接收到授权请求报文后，向客户端发送授权回应报文，该报文中包括了授权的结果。在 status 字段指定用户的授权状态，包括：授权通过（0x01）、授权请求报文中的属性被 TACACS 服务器修改（0x02）、授权失败（0x10）、授权服务器上出现了错误（0x11）、重新指定授权服务器（0x21）

（续表）

报文名称	说明
HWTACACS 计费报文（2 类）	
Accounting Request	计费请求报文。该报文中包括了计费所需的信息，其中 flags 字段指出了计费操作类型：开始计费（0x02）、结束计费（0x04）和实时计费（0x08）
Accounting Response	计费响应报文。服务器接收并成功记录计费请求报文后，需要回应一个计费响应报文，其中 status 字段指出了当前计费状态：计费成功（0x01）、计费失败（0x02）、计费无回应（0x03）、服务器要求重新进行计费过程（0x21）

13.1.7　HWTACACS 认证、授权、计费流程

下面以 Telnet 用户为例，说明使用 HWTACACS 对用户进行认证、授权和计费的过程，如图 13-8 所示，具体描述如下。

① Telnet 用户请求登录设备。

② HWTACACS 客户端收到请求之后，向 HWTACACS 服务器发送认证开始报文 Authentication Start。

③ HWTACACS 服务器在收到认证开始报文后再向客户端发送认证回应报文 Authentication Reply，请求用户名。

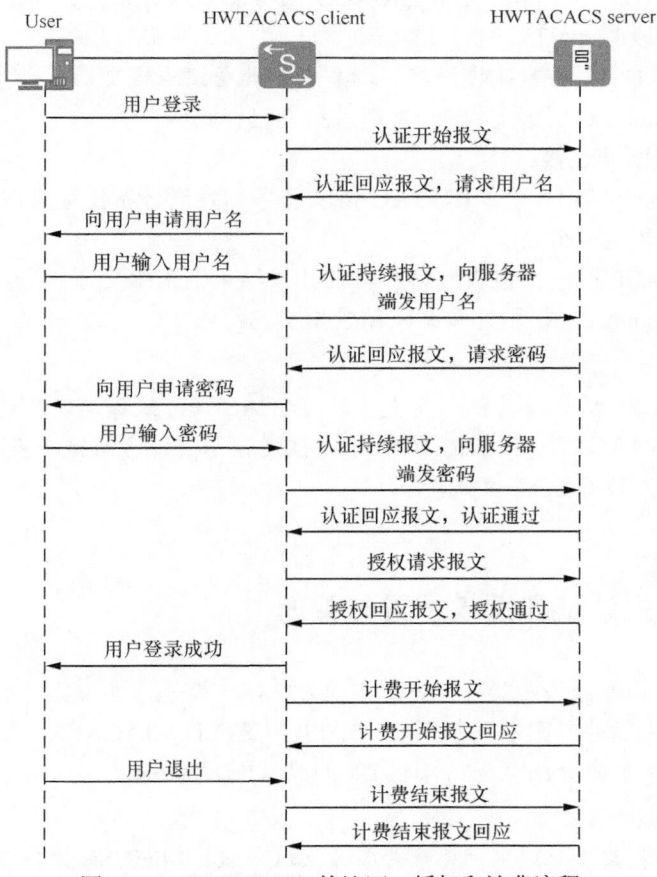

图 13-8　HWTACACS 的认证、授权和计费流程

④ HWTACACS 客户端收到回应报文后，向用户询问用户名。

⑤ 用户输入用户名。

⑥ HWTACACS 客户端收到用户名后，向 HWTACACS 服务器发送认证持续报文 Authentication Continue，其中包括了用户名。

⑦ HWTACACS 服务器发送认证回应报文 Authentication Reply，请求密码。

⑧ HWTACACS 客户端收到认证回应报文后，向用户询问密码。

⑨ 用户输入密码。

⑩ HWTACACS 客户端收到密码后，向 HWTACACS 服务器发送认证持续报文 Authentication Continue，其中包括了密码信息。

⑪ HWTACACS 服务器在收到客户端发来的认证持续报文后，发送认证回应报文 Authentication Reply，指示用户通过认证。

⑫ HWTACACS 客户端向 HWTACACS 服务器发送授权请求报文 Authorization Request。

⑬ HWTACACS 服务器在收到客户端发来的授权请求报文后，发送授权回应报文 Authorization Response，指示用户通过授权。

⑭ HWTACACS 客户端收到授权回应报文后，向用户输出设备的配置界面。

⑮ HWTACACS 客户端向 HWTACACS 服务器发送计费开始请求报文 Accounting Request（flags 字段为 0x02）。

⑯ HWTACACS 服务器在收到客户端发来的计费请求报文后，发送计费开始回应报文 Accounting Response，指示计费开始请求报文已经收到。

⑰ 用户请求断开连接。

⑱ HWTACACS 客户端向 HWTACACS 服务器发送计费结束请求报文 Accounting Request（flags 字段为 0x04）。

⑲ HWTACACS 服务器在收到客户端的计费结束请求报文后，发送计费结束回应报文 Accounting Response，指示计费结束请求报文已经收到。

说明　HWTACACS 协议与其他厂商支持的 TACACS+协议都实现了认证、授权、计费的功能，而且 HWTACACS 和 TACACS+的认证流程与实现方式是一致的，HWTACACS 协议能够完全兼容 TACACS+协议。

13.2　本地方式认证和授权配置与管理

AAA 方案中总体分为两类：一类是本地方案，一类是远端方案。本地方案中仅包括认证和授权方案，远端方案中又包括 RADIUS 方案和 HWTACACS，均可进行认证、授权和计费方案，本节先介绍 AAA 本地方案的具体配置方法。

说明　AAA 可直接用于管理用户登录设备时(如 Console/MiniUSB 本地登录、Telnet/STelnet

远程登录，以及 FTP/SFTP 等网络访问设备时）的用户认证、资源授权和访问计费，也就是我们在本书第 2 章所介绍的 AAA 认证。同时，AAA 也可用于在第 14 章将要介绍的各种 NAC（网络许可控制）方案（如 802.1x 认证、Portal 认证）中，对接入网络、访问网络资源的用户进行认证、授权和计费。

在本地方式进行认证和授权中，用户信息（包括本地用户的用户名、密码和各种属性）都配置在 NAS 设备上。其优点是速度快、运营成本低，缺点是存储信息量受 NAS 设备的硬件条件限制。

采用 AAA 本地方案进行认证和授权包括的配置任务如下。

■ 配置本地用户：创建本地用户，使 NAS 设备可根据创建的本地用户信息对登录或接入用户进行直接认证，这是进行本地认证的基础。

■ 配置授权规则：在 NAS 设备本地创建相应的授权规则，直接对登录或接入用户进行资源访问授权，这是进行本地授权的基础。

说明 以上就是 AAA 本地方案中的本地认证和本地授权配置，通过在下面的 AAA 方案中指定采用本地认证、本地授权实现。

■ 配置 AAA 方案：配置采用本地认证（通过前面创建的本地用户进行认证）和本地授权（通过前面配置的本地授权规则进行授权）方式。

■ （可选）配置业务方案：这是针对具体的应用层业务（如 DHCP、DNS 服务，基于 ACL 的报文过滤等）配置的资源访问授权，也是一种授权方式。

■ 在域下应用 AAA 方案：把创建好的 AAA 方案和业务方案绑定到对应用户所属域下，使所配置的 AAA 本地认证和授权方案可以在对应用户上得到应用。

13.2.1　配置本地用户

当采用本地方式进行认证和授权时，需要在本地设备上配置用户的认证和授权信息，如本地用户允许建立的连接数目、本地用户级别、闲置切断时间以及本地用户上线时间等功能，同时还可配置是否支持本地用户修改密码等。

创建本地用户的步骤见表 13-5，本地用户属性的配置步骤见表 13-6，本地用户安全性的配置步骤见表 13-7，本地用户权限的配置步骤见表 13-8 所示。其中，在表 13-5 中，除了创建本地用户账户外，其他均为可选配置，因为它们均有缺省配置，表 13-6、表 13-7 和表 13-8 均为可选配置，可根据不同用户的类型和应用需求选择配置。

说明 更改本地账号的权限（密码、接入类型、FTP 目录、级别等）后，已经在线的用户权限不会被更改，新上线的用户则以新的权限为准。

本地用户的接入类型分为以下两类。

■ 管理类：包括 api、ftp、http、ssh、telnet、x25-pad 和 terminal。

■ 普通类：包括 8021x、ppp 和 web。

还可用 **local-user change-password** 命令来使本地用户以交互方式修改自己的密码。为了防止密码过于简单导致的安全隐患，用户修改密码时，密码的长度范围必须是 8～

128，必须包括大写字母、小写字母、数字和特殊字符中的至少两种，且不能与用户名或用户名的倒写相同。输入"Ctrl+C"取消本次密码修改时，密码修改将中断。

表 13-5　　　　　　　　　　　　　创建本地用户的配置步骤

步骤	命令	说明
1	**system-view** 例如：\<HUAWEI> **system-view**	进入系统视图
2	**aaa** 例如：[HUAWEI] **aaa**	进入 AAA 视图
3	**user-password complexity-check**	（可选）使能对密码进行复杂度检查功能。V200R003 之前版本的设备使用简单的用户名和密码规则，易于用户内部自身的管理和记忆，但会存在安全风险；V200R003 及以后版本的设备对用户名和密码强度的要求加大，用户输入密码时需要通过设备的密码复杂度检查才能设置成功。即用户输入的明文必须包括大写字母、小写字母、数字和特殊字符中的至少两种，且不能与用户名或用户名的倒写相同。 缺省情况下，设备对密码进行复杂度检查，可用 **undo user-password complexity-check** 命令关闭对密码进行复杂度检查功能。为充分保证设备安全，请用户不要关闭密码复杂度检查功能，并定期修改密码
4	**local-user** *user-name* **password** 或 **local-user** *user-name* **password** { **cipher** | **irreversible-cipher** } *password* 例如：[HUAWEI-aaa] **local-user** user1@mydomain **password cipher** admin	创建本地用户账号，以交互方式输入，或者直接配置本地用户账号的登录密码。命令中的参数说明如下。 ① *user-name*：指定本地用户的用户名，为 1～64 个字符，**不支持空格、星号、双引号和问号，不区分大小写**。如果用户名中带域名分隔符，如@，则认为@前面的部分是纯用户名，后面部分是域名。如果没有@，则整个字符串为用户名，域为默认域 **default**。 ② **cipher** *password*：二选一选项，指定对用户口令采用可逆算法进行加密，非法用户可以通过对应的解密算法解密密文后得到明文，安全性较低 ③ **irreversible-cipher**：二选一选项，表示对用户密码采用不可逆算法（如 MD5）进行加密，使非法用户无法通过解密算法特殊处理后得到明文。 【注意】如果密码使用的是不可逆加密算法，则只允许配置管理类的接入类型；如果密码使用的是可逆加密算法，则允许配置普通类或者管理类的接入类型，不允许配置普通类与管理类的混合类接入类型，并且当配置为管理类的接入类型时，加密算法自动转换成不可逆加密算法。 ④ *password*：配置用户账户密码，字符串形式，区分大小写，**字符串中不能包含"？"和空格**，选择 **cipher** 选项时，可以是 8～128 位的明文密码，也可以是 48、68、88、108、128、148、168、188 位的密文密码；选择 **irreversible-cipher** 选项时，可以是 8～128 位的明文密码，也可以是 68 位的密文密码。

（续表）

步骤	命令	说明
4	**local-user** *user-name* **password** 或 **local-user** *user-name* **password** { **cipher** | **irreversible-cipher** } *password* 例如：[HUAWEI-aaa] **local-user** user1@mydomain **password cipher** admin	【注意】使能对密码进行复杂度检查功能后，为了防止密码过于简单导致的安全隐患，用户输入的明文必须包括大写字母、小写字母、数字和特殊字符中的至少两种，且不能与用户名或用户名的倒写相同。 缺省情况下，系统中存在一个名称为"admin"的本地用户，该用户的密码为"admin@huawei.com"，采用不可逆算法加密，没有用户级别，服务类型为 **http**，可用 **undo local-user** *user-name* 删除指定的本地用户账户
5	**local-user** *user-name* **service-type** { **8021x** | **ftp** | **http** | **ppp** | **ssh** | **telnet** | **terminal** | **web** | **x25-pad** } * 例如：[HUAWEI-aaa] **local-user** user1@mydomain **service-type 8021x**	（可选）配置允许本地用户的接入类型。命令中的参数和选项说明如下。 ① *user-name*：指定要配置接入类型的本地用户，必须已在本表的第 4 步已创建。 ② **8021x**：可多选项，指定用户类型为 802.1x 认证用户。 ③ **ftp**：可多选项，指定用户类型为 FTP 用户。 ④ **http**：可多选项，指定用户类型为 HTTP 用户。 ⑤ **ppp**：可多选项，指定用户类型为 PPP 用户。 ⑥ **ssh**：可多选项，指定用户类型为 SSH 用户。 ⑦ **telnet**：可多选项，指定用户类型为 Telnet 登录用户。 ⑧ **terminal**：可多选项，指定用户类型为 Console 登录用户。 ⑨ **web**：可多选项，指定用户类型为 Portal 认证用户。 ⑩ **x25-pad**：可多选项，指定用户类型为 X25-PAD 用户。 【注意】配置本地用户的接入类型前，本地用户密码为空时，不允许配置普通类与管理类的混合类接入类型，因为管理类用户必须配置密码。配置本地用户的接入类型前，如果用户不存在，则只允许配置管理类的接入类型；如果用户已经存在，要注意以下两点。 ● 若密码使用的是不可逆加密算法，只允许配置管理类的接入类型。 ● 若使用的是可逆加密算法，允许配置普通类或者管理类的接入类型，但不允许配置普通类与管理类的混合类接入类型，并且当配置为管理类的接入类型时，加密算法自动转换成不可逆加密算法。 **MAC 认证用户采用 AAA 本地认证时，不会匹配和检查本地用户的接入类型。** 缺省情况下，本地用户关闭所有的接入类型，可用 **undo local-user** *user-name* **service-type** 命令将指定的本地用户的接入类型恢复为缺省配置

表 13-6　　　　　　　　　　　　　　　　本地用户属性的配置步骤

步骤	命令	说明
1	**system-view** 例如：<HUAWEI>**system-view**	进入系统视图
2	**aaa** 例如：[HUAWEI] **aaa**	进入 AAA 视图

（续表）

步骤	命令	说明
3	**local-user** *user-name* **privilege level** *level* 例如：[HUAWEI-aaa] **local-user** user1@mydomain **privilege level** 10	（可选）配置本地用户的级别，取值范围为 0～15 的整数，**值越大，级别越高**。不同级别的用户登录后，只能使用等于或低于自己级别的命令。 **缺省情况下，所有本地用户的用户级别为 0**（这点与以前 **VRP** 版本不一样），可用 **undo local-user** *user-name* **privilege level** 命令将指定的本地用户的优先级恢复为缺省配置
4	**local-user** *user-name* **user-group** *user-group-name* 例如：[HUAWEI-aaa] **local-user** user1@mydomain **user-group** test1	（可选）配置本地用户加入由 **user-group** *group-name* 命令创建的用户组，为 1～64 个字符，区分大小写，不支持空格，可以设定为包含数字、字母和"*""#"等特殊字符的组合。 可将每个用户组关联到一组 ACL 规则，这样同一组内的同类别用户将共用一组 ACL 规则，能够有效地利用有限的 ACL 资源支持数量众多的用户。 缺省情况下，本地用户不属于任何用户组，可用 **undo local-user** *user-name* **user-group** 命令取消指定本地用户加入用户组
5	**local-user** *user-name* **time-range** *time-name* 例如：[HUAWEI-aaa] **local-user** hello@163.net **time-range** huawei	（可选）配置本地账号仅在由 **time-range** *time-name* { *start-time* **to** *end-time* { *days* } &<1-7> | **from** *time1 date1* [**to** *time2 date2*] }命令配置的时间段内允许接入。修改本地账号的接入时间段后，已经在线的用户的接入时间段保持不变，新上线的用户则以新的接入时间段为准。 【注意】本命令和 **local-user** *user-name* **expire-date** *expire-date* 命令互为覆盖式命令，如果在 AAA 视图下多次配置这两条命令，则新配置将覆盖已有配置。 缺省情况下，未配置本地账号的接入时间段，即任意时间都允许接入，可用 **undo local-user** *user-name* **time-range** 命令删除本地账号的接入时间段
6	**local-user** *user-name* **idle-timeout** *minutes* [*seconds*] 例如：[HUAWEI-aaa] **local-user** user1@mydomain **idle-timeout** 1 30	（可选）配置指定用户的闲置切断时间（也就是配置闲置多长时间后把对应用户下线），*minutes* 的取值范围分别为 0～35791 的整数，*seconds 的取值范围*为 0～59 的整数。当这两个值均为 0 时表示关闭超时断连功能。 如果没有配置，则采用用户界面视图下通过命令 **idle-timeout** *minutes* [*seconds*]配置的超时时间（缺省为 10min），可用 **undo local-user** *user-name* **idle-timeout** 命令恢复指定本地用户的断连超时时间为缺省值
7	**local-user** *user-name* **access-limit** *max-number* 例如：[HUAWEI-aaa] **local-user** user1@mydomain **access-limit** 30	（可选）配置指定用户可建立的最大连接数目，取值范围为 1～4294967295 的整数，实际接入连接数由命令配置的 *max-number* 值以及不同款型设备允许接入的不同用户类型二者最大值中的较小值确定。 缺省情况下,用户名可建立的最大连接数目默认为 4294967295，可用 **undo local-user** *user-name* **access-limit** 命令恢复为缺省情况

表 13-7　　　　　　　　　　　　　　　　　本地用户安全性的配置步骤

步骤	命令	说明
1	**system-view** 例如：<HUAWEI> **system-view**	进入系统视图
2	**aaa** 例如：[HUAWEI] **aaa**	进入 AAA 视图

（续表）

步骤	命令	说明
3	local-aaa-user wrong-password retry-interval *retry-interval* retry-time *retry-time* block-time *block-time* 例如：[HUAWEI-aaa] local-aaa-user wrong-password retry-interval 10 retry-time 3 block-time 30	（可选）使能本地账号锁定功能，并配置用户的重试时间间隔、连续认证失败的限制次数及账号锁定时间。命令中的参数说明如下。 ① *retry-interval*：指定本地用户每次重试的时间间隔，取值范围为 5～65535 的整数分钟，超过这个时间该账户被锁定，不能再重试密码了。 ② *retry-time*：指定本地用户连续认证失败的最大次数，取值范围为 3～65535 的整数，超过这个次数即该账户被锁定，不能再重试密码了。但这里的"认证失败次数"仅针对密码错误，其他本地认证错误不计入计数。 ③ *block-time*：指定本地用户被锁定的时间，取值范围为 5～65535 的整数分钟。过了这个时间后，又可重新开始新的密码输入尝试。 缺省情况下，本地账号锁定功能处于使能状态，用户的重试时间间隔为 5min、连续输入错误密码的限制次数为 3 次，账号锁定时间为 5min，可用 **undo local-aaa-user wrong-password** 命令去使能本地账号锁定功能
	配置本地接入用户密码策略	
4	local-aaa-user password policy access-user 例如：[HUAWEI-aaa] local-aaa-user password policy access-user	使能本地接入用户的密码策略功能，并进入本地接入用户密码策略视图。通过执行本命令可为本地接入用户定制密码安全策略，要求用户修改后密码不能与设备保存的用户历史密码相同。 缺省情况下，本地接入用户的密码策略功能处于未使能状态，可用 **undo local-aaa-user password policy access-user** 命令去使能本地接入用户的密码策略功能
5	password history record number *number* 例如：[HUAWEI-aaa-lupp-acc] password history record number 10	配置每个用户密码的历史记录的最大条数，整数形式，取值范围是 0～12，缺省值为 5 条。 通过本命令配置设备上可以记录的每个用户密码的历史记录的最大条数。当用户修改密码时，如果新设置的密码以前使用过，且在设备当前保存的用户密码历史记录中，系统将给出错误信息，提示用户密码更改失败。当设备记录某用户的历史密码条数已达到最大值后，该用户的后续新密码历史记录将覆盖最老的一条密码历史记录；密码历史记录功能关闭后，系统将不再记录历史密码，但之前已经存在的密码历史记录依然保存。**如果密码历史记录条数为 0，设备不会检查用户修改后的密码是否与历史记录相同。** 缺省情况下，每个用户密码的历史记录的最大条数是 5 条，可用 **undo password history record number** 命令恢复每个用户密码的历史记录的最大条数为缺省值
	配置本地管理员密码策略	
6	local-aaa-user password policy administrator 例如：[HUAWEI-aaa] local-aaa-user password policy administrator	使能本地管理员的密码策略功能并进入本地管理员密码策略视图。为本地管理员定制密码安全策略，在以下配置方面进行密码增强，进一步提升密码的安全性。 缺省情况下，本地管理员的密码策略功能处于未使能状态，可用 **undo local-aaa-user password policy administrator** 命令去使能本地管理员的密码策略功能

（续表）

步骤	命令	说明
7	**password alert before-expire** *day* 例如： [HUAWEI-aaa-lupp-admin] **password alert before-expire** 90	使能密码过期提醒功能并配置密码过期前的提醒时间，整数形式，取值范围是 0～999，单位：天。 缺省情况下，密码过期前的提醒时间为 30 天，可用 **undo password alert before-expire** 命令用来恢复密码过期前的提醒时间为缺省值
8	**password alert original** 例如： [HUAWEI-aaa-lupp-admin] **password alert original**	使能初始密码提醒功能。 【说明】出于安全考虑，可以通过本命令使能初始密码修改提醒功能。此后，在用户登录设备时进行以下处理。 ● 如果用户的登录密码为初始密码，设备输出相应的提示信息询问用户是否修改初始密码，并根据用户的选择进行不同的处理。 　➢ 如果用户选择修改（Y），则用户需要按照先后顺序输入旧密码、新密码、确认新密码。只有旧密码正确，新密码和确认新密码输入一致并符合要求（密码长度、复杂度等）时，密码才能修改成功。之后，用户可以正常登录设备。 　➢ 如果用户选择不修改（N）或者修改失败，当初始密码为缺省密码时，不允许用户登录；否则，允许用户登录。 ● 如果用户的登录密码不是初始密码，设备不会输出相应的提示信息，用户直接登录设备。 缺省情况下，初始密码修改提醒功能处于使能状态，可用 **undo password alert original** 命令去使能初始密码修改提醒功能
9	**password expire** *day* 例如： [HUAWEI-aaa-lupp-admin] **password expire** 120	使能密码过期功能并配置密码过期时间，整数形式，取值范围是 0～999，单位：天。 【说明】为提升用户密码的安全性，管理员可使用本命令配置本地用户密码的过期时间，当超过过期时间后，该密码将会失效。此后，如果有用户继续通过此密码登录设备，设备会在用户登录成功后提示用户密码已过期、是否修改密码，并根据用户的选择进行不同的处理。 ● 如果用户选择修改（Y），则用户需要按照先后顺序输入旧密码、新密码、确认新密码。只有旧密码正确，新密码和确认新密码输入一致并符合要求（密码长度、复杂度等）时，密码才能修改成功。之后，用户可以正常登录设备。 ● 如果用户选择不修改（N）或者修改失败，则不允许该用户登录设备。 修改系统时间会直接影响用户密码的过期状态。 缺省情况下，密码过期时间为 90 天，可用 **undo password expire** 命令恢复密码过期时间为缺省值
10	**password history record number** *number* 例如：[HUAWEI-aaa-lupp-acc] **password history record number** 10	配置每个用户密码的历史记录的最大条数，其他参见本表第 5 步的说明

表 13-8　　　　　　　　　　　　本地用户访问权限的配置步骤

步骤	命令	说明
1	**system-view** 例如：<HUAWEI> **system-view**	进入系统视图
2	**aaa** 例如：[HUAWEI] **aaa**	进入 AAA 视图
3	**local-user** *user-name* **device-type** *device-type* &<1-8> 例如：[HUAWEI-aaa] **local-user** winda **device-type** pc	（可选）配置允许用户接入网络的终端类型，字符串形式，不支持空格，不区分大小写，长度范围是 1～31。如终端为 iphone，可执行该命令设置 *device-type* 的值为"iphone"。仅 S6720HI 和 S5720HI 支持该功能，以及框式系列交换机支持。 缺省情况下，未配置允许用户接入网络的设备类型，可用 **undo local-user** *user-name* **device-type** 命令取消配置的允许用户接入网络的终端类型
4	**local-user** *user-name* **ftp-directory** *directory* 例如：[HUAWEI-aaa] **local-user** winda **ftp-directory** flash:/ftp	（可选）配置允许 FTP 用户访问的 FTP 目录字符串形式，不支持空格，区分大小写，长度范围是 1～64。当设备作为 FTP 服务器时，必须配置允许 FTP 用户访问的 FTP 目录，否则 FTP 用户无法访问设备，且须确保配置的 FTP 目录是绝对路径，否则配置不生效。 缺省情况下，允许 FTP 用户访问的 FTP 目录为空，可用 **undo local-user** *user-name* **ftp-directory** 命令删除指定本地用户配置的 FTP 访问目录
5	**local-user** *user-name* **http-directory** *directory* 例如：例如：[HUAWEI-aaa] **local-user** winda **http-directory** flash:/web	（可选）配置允许 HTTP 用户访问的 HTTP 目录，字符串形式，不支持空格，区分大小写，长度范围是 1～64。须确保配置的 HTTP 目录是绝对路径，否则配置不生效。 缺省情况下，允许 HTTP 用户访问的 HTTP 目录为空，可用 **undo local-user** *user-name* **http-directory** 删除指定本地用户配置的 HTTP 访问目录
6	**local-user** *user-name* **state** { **active** | **block** } 例如：[HUAWEI-aaa] **local-user** winda **state block**	（可选）配置本地用户的状态，**active** 为激活状态，接收该用户的认证请求并进行进一步处理，**block** 为阻塞状态，拒绝该用户的认证请求。 缺省情况下，本地用户的状态为激活态，可用 **undo local-user** *user-name* **state** 命令恢复为缺省状态
7	**local-user** *user-name* **expire-date** *expire-date* 例如：[HUAWEI-aaa] **local-user** winda **expire-date** 2019/10/1	（可选）配置本地账号的有效期，整数形式，取值范围是 2000 年 1 月 1 日～2099 年 12 月 31 日。格式为 YYYY/MM/DD。 缺省情况下，本地账号永久有效，可用 **undo local-user** *user-name* **expire-date** 命令恢复为缺省值
8	**local-user** *user-name* **user-type netmanager** 例如：[HUAWEI-aaa] **local-user** winda **user-type netmanager**	（可选）指定本地用户为网管用户。这样，如果当前 VTY 用户达到最大用户数时，网管用户可以通过网管预留编号 VTY 16～VTY 20 来登录。该用户必须通过 **AAA** 本地认证。缺省情况下，设备未指定本地用户为网管用户，可用 **undo local-user** *user-name* **user-type netmanager** 命令取消本地用户为网管用户

13.2.2　配置本地授权规则

如果是管理用户，因为其登录的是设备本身（不涉及其他网络资源），故其所需拥有的授权其实已在上节介绍的本地用户属性和用户权限中配置，具体参见表 13-6 和表 13-8，但如果是普通 NAC 接入用户，因为这类用户的访问不再受限于接入设备本身，还涉及到全网络，故此时还需要进行对应的资源访问授权配置。

配置接入用户的本地授权时，可配置如表 13-9 所示的几种授权方式，可根据需要选择其中一种或多种授权方式。

表 13-9 本地授权参数

授权参数	应用场景	说明
VLAN：通过向用户下发 VLAN，获取对应 VLAN 中的资源访问权限	部署简单，维护成本也较低，由于其控制粒度在 VLAN 层面，适用于在同一办公室或同一部门所有人员权限相同的场景	本地授权时，仅需在设备上配置 VLAN 及 VLAN 内的网络资源（如 VLAN 内的服务器、网络设备等）。用户获取 VLAN 授权后，需要手动触发 DHCP 申请 IP 地址。但用户使用 Portal 认证或包含 Portal 认证的混合认证时，不支持为其授权 **VLAN**
业务方案：通过在 AAA 域中引入特定的业务方案使域中用户获取对应的资源访问权限	业务方案及业务方案所包括的网络资源需要在设备上配置	设备上需要配置业务方案及业务方案内的网络资源，具体配置方法参见 13.2.3 节的介绍。 业务方案可以被域引用，域下的用户就能获取该业务方案的授权信息
用户组（**仅适用于 NAC 传统模式**）：通过把 AAA 域中的用户加入到特定的用户组，获取对应用户组中的资源访问权限	用户组指具有相同角色、相同权限等属性的一组用户（终端）的集合。例如，园区网中可以根据企业部门结构划分研发组、财务组、市场组、访客组等部门用户组，对于不同部门可授予不同安全策略	本地授权时，仅需在设备上配置用户组及用户组内的网络资源，具体配置方法见表 13-10。 用户组是在域下被引用的，使对应域下的用户获取该用户组的授权信息
UCL 组（**仅适用于 NAC 统一模式**）：通过把 AAA 域中的用户加入到特定的 UCL 组中，获取对应 UCL 组中的资源访问权限	UCL 组是一种用户类别的标记，通过用户 ACL 进行分类。借助 UCL 组，管理员可以将具有相同网络访问策略的一类用户划分为同一个组，然后为其部署一组网络访问策略即能满足该类别所有用户的网络访问需求	本地授权时，可以在设备上配置 UCL 组及 UCL 组内的网络资源，具体配置方法见表 13-11。 **UCL 组是在业务方案中被引用（不是直接在域下引用）**，使绑定该业务方案的域下用户获取该 UCL 组的授权信息。 【说明】仅 S5720EI、S5720HI、S6720HI、S6720EI 和 S6720S-EI，以及框式系列交换机支持 UCL 组

表 13-10 授权用户组的配置步骤（仅适用于 NAC 传统模式配置）

步骤	命令	说明
1	**system-view** 例如：<HUAWEI> **system-view**	进入系统视图
2	**user-group** *group-name* 例如：[HUAWEI] **user-group** test1	创建用户组并进入用户组视图。在创建用户组时，需确保用户组名称不能与已存在的 ACL 的编号相同。 设备最多支持配置 48 个用户组，用户要通过表 13-6 中第 4 步的 **local-user** *user-name* **user-group** *user-group-name* 命令加入到对应的用户组中。 缺省情况下，未配置用户组，可用 **undo user-group** *group-name* 命令删除已创建的用户组

（续表）

步骤	命令	说明
3	**acl-id** *acl-number* 例如：[HUAWEI-user-group-test1] **acl-id** 3001	（可选）在用户组下绑定 ACL，整数形式，取值范围是3000～3999，即仅可是高级 ACL。 可使设备基于用户组下发 ACL 规则，这样组中的每个用户都能够应用相同的 ACL 规则。执行该命令之前必须已创建好该 ACL。 【注意】配置基于用户组下发 ACL 规则时要注意以下几点。 ● 与用户组绑定的 ACL，不允许在系统视图下直接修改或删除。 ● 若用户组内未配置 ACL 规则，则设备不会对该用户组内用户的网络访问权限进行限制。 ● 在配置用户组内的 ACL 规则时，需要添加一条拒绝所有网络访问的规则并且保证该规则最后生效。 ● 如果要求授权到用户组下的所有用户的网络访问权限相同，则用户组绑定的 ACL 中的规则不能配置有源 IP；如果某一 ACL 规则配置了源 IP，则用户组中只有 IP 地址和该规则中的源 IP 相同的用户才能够匹配该 ACL 规则。 缺省情况下，用户组下未绑定 ACL，可用 **undo acl-id**{ *acl-number* | **all** }命令删除用户组与 ACL 的绑定关系
4	**user-vlan** *vlan-id* 例如：[HUAWEI-user-group-test1] **user-vlan** 10	（可选）在用户组下绑定 VLAN，之后，当用户组内的某一用户上线后，则将被加入该用户组 VLAN，进而获取该用户组的网络访问权限。该 VLAN 必须事先已创建好。 缺省情况下，未配置用户组 VLAN，可用 **undo user-vlan**命令恢复用户组 VLAN 为缺省情况
5	**remark** { **8021p** *8021p-value* | **dscp** *dscp-value* }* 例如：[HUAWEI-user-group-test1] **remark dscp** 3	（可选）配置用户组报文优先级。为用户组配置优先级后，同一用户组中的用户报文将继承相同的优先级，可使不同的用户报文具有不同的优先级别。这能够使管理员更加灵活地管理不同类别的用户。仅 S5720EI、S5720HI、S6720HI、S6720EI 和 S6720S-EI，以及框式系列交换机支持该命令。命令中的参数说明如下。 ① **8021p** *8021p-value*：可多选参数，指定对以太二层报文的处理优先级，整数形式，取值范围是 0～7。 ② **dscp** *dscp-value*：可多选参数，指定对 IP 报文的处理优先级，整数形式，取值范围是 0～63。 缺省情况下，未配置用户组优先级，可用 **undo remark**{ **8021p** *8021p-value* | **dscp** *dscp-value* }*命令取消配置的用户组优先级
6	**car** { **outbound** | **inbound** } **cir***cir-value* [**pir** *pir-value* | **cbs***cbs-value* | **pbs** *pbs-value*] * 例如：[HUAWEI-user-group-test1] **car outbound cir**10000 **cbs** 50000	（可选）配置对用户组内的用户进行流量监管。命令中的参数和选项说明如下。 ① **outbound**：二选一选项，指定将用户组 CAR 应用在接口出方向上，以对流出该接口的流量进行监管。 ② **inbound**：二选一选项，指定将用户组 CAR 应用在接口入方向上，以对流入该接口的流量进行监管

（续表）

步骤	命令	说明
6	**car** { **outbound** | **inbound** } **cir** *cir-value* [**pir** *pir-value* | **cbs** *cbs-value* | **pbs** *pbs-value*] * 例如：[HUAWEI-user-group-test1] **car outbound cir 10000 cbs 50000**	③ **cir** *cir-value*：指定承诺信息速率，即保证能够通过的平均速率，整数形式，取值范围是 64～4294967295，单位：kbit/s。 ④ **pir** *pir-value*：可多选参数，整数形式，取值范围是 64～4294967295，单位：kbit/s。*pir-value* 必须大于等于 *cir-value*，缺省等于 *cir-value*。 ⑤ **cbs** *cbs-value*：可多选参数，指定承诺突发尺寸，即瞬间能够通过的承诺突发流量，整数形式，取值范围是 10000～4294967295，单位：byte。*cbs-value* 缺省等于 188×*cir-value*。 ⑥ **pbs** *pbs-value*：可多选参数，指定峰值突发尺寸，即瞬间能够通过的峰值突发流量，整数形式，取值范围是 10000～4294967295，单位：byte。*pbs-value* 必须大于 *cbs-value*，缺省等于 188×*pir-value*。 【说明】仅 S5720EI、S5720HI、S6720HI、S6720EI 和 S6720S-EI，以及框式系列交换机支持本命令，**并且 S5720EI、S6720EI 和 S6720S-EI 仅支持将用户组 CAR 应用在接口出方向上（outbound）。** 缺省情况下，不对用户组内的用户进行流量监管，可用 **undo car** { **outbound** | **inbound** }命令取消对用户组内用户的流量监管
7	**quit** 例如：[HUAWEI-user-group-test1] **quit**	退出到系统视图
8	**user-group** *group-name* **enable** 例如：[HUAWEI-user-group-test1] **user-group huawei enable**	使能用户组功能，使能用户组功能后，则不能修改该用户组与 ACL 的绑定关系。 【注意】只有在使能用户组功能后，其上的配置才能生效。如果没有使能用户组功能，对于从二层端口上线的用户设备不会限制其网络访问权限，而对于从 VLANIF 口上线的用户设备，将不允许其访问任何网络资源。 缺省情况下，未使能用户组功能，可用 **undo user-group enable** 命令去使能用户组功能

表 13-11　　　　授权 UCL 组的配置步骤（仅适用于 NAC 统一模式配置）

步骤	命令	说明
1	**system-view** 例如：<HUAWEI> **system-view**	进入系统视图
2	**ucl-group** *group-index* [**name** *group-name*] 例如：[HUAWEI] **ucl-group 10 name abc**	创建 UCL 组，命令中的参数说明如下。 ① *group-index*：指定 UCL 组的索引，整数形式，S5720EI、S6720EI 和 S6720S-EI 的取值范围是 1～48，其他机型的取值范围是 1～64000。 ② **name** *group-name*：可选参数，指定 UCL 组名称，字符串形式，不支持空格，区分大小写，长度范围 1～31。 缺省情况下，未创建 UCL 组，可用 **undo ucl-group** { **all** | *group-index* | **name** *group-name* }命令删除已创建的 UCL 组

（续表）

步骤	命令	说明
3	**ucl-group ip** *ip-address* { *mask-length* | *ip-mask* } { *group-index* | **name** *group-name* } 例如：[HUAWEI] **ucl-group ip** 10.1.1.1 24 **name** email	（可选）配置静态 UCL 组。在企业网络中，提供资源的服务器 IP 地址一般是固定的。**通过为资源服务器建立静态 UCL 组，能够实现基于 UCL 组的用户访问策略，简化了网络部署复杂度。**命令中的参数说明如下。 ① *ip-address*：指定静态 UCL 组的 IP 地址，是指网络中资源服务器的 IP 地址，如果服务器是在本地设备上配置的，也可以是本设备上已配置的 IP 地址。 ② { *mask-length* | *ip-mask* }：指定以上资源服务器 IP 地址的子网掩码长度或子网掩码。 ③ { *group-index* | **name** *group-name* }：指定关联的 UCL 组的索引或名称，必须是本表第 2 步已创建的 UCL 组。 缺省情况下，未配置静态 UCL 组，可用 **undo ucl-group ip** { *ip-address* { *mask-length* | *ip-mask* } | *group-index* | **name** *group-name* | **all** }命令删除配置的静态 UCL 组
4	配置用户 ACL，根据 UCL 组对报文进行过滤，具体配置方法参见本书第 12 章	
5	**traffic-filter inbound acl** *acl-number* 例如：[HUAWEI] **traffic-filter inbound acl** 6001	配置基于以上用户 ACL 对入方向报文进行过滤。参数 *acl-number* 用来指定调用的用户 ACL 编号，整数形式，取值范围是 6000～9999。 缺省情况下，未配置基于 ACL 对报文进行过滤，可用 **undo traffic-filter inbound acl** { *acl-number* | **name** *acl-name* }命令删除对报文进行过滤的 ACL

13.2.3　配置业务方案

接入用户需要获取授权信息才能上线，可以通过配置针对用户的应用层业务的业务方案来管理用户的应用层业务授权信息，具体可配置的参数见表 13-12（NAC 传统模式不支持）。

表 13-12　　　　　　　　　　　　　　业务方案的配置步骤

步骤	命令	说明
1	**system-view** 例如：<HUAWEI> **system-view**	进入系统视图
2	**aaa** 例如：[HUAWEI] **aaa**	进入 AAA 视图
3	**service-scheme** *service-scheme-name* 例如：[HUAWEI-aaa] **service-scheme** svcscheme1	创建一个业务方案，并进入业务方案视图或直接进入一个已存在的业务方案视图。参数用来指定业务方案的名称，字符串形式，区分大小写，长度范围是 1～32，不支持空格，不能仅配置为 "-" 或 "--"，且不能包含字符 "/" "\\" ":" "*" "?" """ "<" ">" "|" "@" "'" "%"。 缺省情况下，设备中没有配置业务方案，可用 **undo service-scheme** *service-scheme-name*，可用命令来删除指定的业务方案
4	**admin-user privilege level** *level* 例如：[HUAWEI-aaa-service-svcscheme1] **admin-user privilege level** 10	（可选）配置本地用户**可以**作为**管理员**登录设备，并设置这些本地用户在设备中的管理员级别，取值范围是 0～15 的整数。 【说明】如果认证方式为本地认证，管理员用户级别可以采用以下 3 种方式配置，优先级由上到下依次降低。

（续表）

步骤	命令	说明
4	**admin-user privilege level** *level* 例如：[HUAWEI-aaa-service-svcscheme1] **admin-user privilege level** 10	① 使用 **local-user privilege level** 命令配置的用户级别。 ② 使用 **admin-user privilege level** 命令在域下配置的管理员用户级别。 ③ 使用 **user privilege** 命令在 VTY 下配置的用户级别。 如果用户的认证方式为远端认证，管理员用户级别可以采用以下 3 种方式配置，优先级由上到下依次降低。 ① 认证通过后，服务器下发到设备中的用户级别。 ② 使用 **admin-user privilege level** 命令在域下配置的管理员用户级别。 ③ 使用 **user privilege** 命令在 VTY 下配置的用户级别。 如果对用户同时配置了远端认证和本地认证，且配置顺序是先远端认证再本地认证，管理员用户级别可以采用以下 4 种方式配置，优先级由上到下依次降低。 ① 认证通过后，服务器下发到设备中的用户级别。 ② 使用 **local-user privilege level** 命令配置的本地用户级别。**本地用户级别只在远端认证服务器没有响应时启用**。如果配置了本地用户级别，远端服务器认证响应通过后，但是没有下发用户级别，此时本地用户的级别不会生效。 ③ 使用 **admin-user privilege level** 命令在域下配置的用户级别。 ④ 使用 **user privilege** 命令在 VTY 下配置的用户级别。 缺省情况下，未配置用户级别，可用 **undo admin-user privilege level** 命令指定当前用户不能作为管理员登录设备，并恢复用户级别为缺省级别
5	**dns** *ip-address* [**secondary**] 例如：[HUAWEI-aaa-service-svcscheme1] **dns** 10.10.10.1	（可选）配置 DNS 主用/备用服务器地址。 缺省情况下，业务方案下没有配置 DNS 主用、备用服务器，可用 **undo dns** [*ip-address*] 命令删除业务方案下的主/备 DNS 服务器
6	**redirect-acl** { *acl-number* | **name** *acl-name* } 例如：[HUAWEI-aaa-service-svcscheme1] **redirect-acl** 3001	（可选）在业务方案下配置重定向 ACL，取值范围是 3000～3999（有线用户）或 3000～3031（无线用户），且必须是已存在的 ACL 编号或名称。 在 Portal 认证场景中，所有的用户流量都会被设备重定向到 Portal 认证页面，这样无法区分用户业务，此时可以配置重定向 ACL，使得只有匹配了此 ACL 规则的用户流量才能进行重定向。 缺省情况下，业务方案中没有配置重定向 ACL，可用 **undo redirect-acl** 命令在业务方案下删除已配置的重定向 ACL
7	**idle-cut** *idle-time flow-value* [**inbound** | **outbound**] 例如：[HUAWEI-aaa-service-svcscheme1] **idle-cut** 1 10	（可选）使能域用户的闲置切断功能，并配置对应的闲置切断参数，只对**管理员用户生效**。命令中的参数和选项说明如下。 ① *idle-time*：指定闲置切断时间，即允许空闲用户在线的时间，整数形式，取值范围是 1～1440，单位：min。

（续表）

步骤	命令	说明
7	idle-cut *idle-time flow-value* [**inbound** | **outbound**] 例如：[HUAWEI-aaa-service-svcscheme1] **idle-cut** 1 10	② *flow-value*：指定闲置切断流量阈值，当用户在一段时间内的总流量小于该值时，即认为用户处于闲置状态，整数形式，取值范围是 0～4294967295，单位：kbyte。③ **inbound**：二选一选项，指定闲置切断功能只对用户的上行流量生效。④ **outbound**：二选一选项，指定闲置切断功能只对用户的下行流量生效。如果 **inbound** 和 **outbound** 选项均未指定，表示闲置切断功能对用户的上下行流量都生效。缺省情况下，域用户的闲置切断功能处于未使能状态，可用 **undo idle-cut** 命令去使能域用户的闲置切断功能
8	**access-limit user-name max-num** *number* 例如：[HUAWEI-aaa-service-svcscheme1] **access-limit user-name max-num** 15	（可选）配置同一个用户名最多可以接入的用户数量，整数形式，取值由设备支持的最大接入用户数决定。缺省情况下，设备对同一个用户名可以接入的用户数量不进行限制，由设备支持的最大接入用户数决定，可用 **undo access-limit user-name max-num** 命令恢复缺省配置
以下为可在统一模式 NAC 业务方案中可配置的，用于控制用户网络访问策略的各种参数		
9	**acl-id** *acl-number* 例如：[HUAWEI-aaa-service-svcscheme1] **acl-id** 3001	（可选）在业务方案下绑定 ACL，整数形式，取值范围是 3000～3999。被授予该业务方案的用户即继承了其上绑定的 ACL 规则。缺省情况下，业务方案下未绑定 ACL，可用 **undo acl-id** { *acl-number* | **all** } 命令删除业务方案与 ACL 的绑定关系
10	**ucl-group** { *group-index* | **name** *group-name* } 例如：[HUAWEI-aaa-service-svcscheme1] **ucl-group name** abc	（可选）在业务方案下绑定 UCL 组，仅 **S5720EI**、**S5720HI**、**S6720HI**、**S6720EI** 和 **S6720S-EI**，以及框式系列交换机支持 UCL 组。执行该命令之前，需确保已创建并配置了标记用户类别的 UCL 组。缺省情况下，业务方案下未绑定 UCL 组，可用 **undo ucl-group** 命令删除业务方案与 UCL 组的绑定关系
11	**user-vlan** *vlan-id* 例如：[HUAWEI-aaa-service-svcscheme1] **user-vlan** 100	（可选）在业务方案中配置用户 VLAN，被授予该业务方案的用户将被加入用户 VLAN，进而获取该 VLAN 内的网络资源。执行该命令之前，需确保已创建了该 VLAN。但用户使用 Portal 认证或包含 Portal 认证的混合认证时，不支持为其授权 VLAN。缺省情况下，在业务方案中未配置用户 VLAN，可用 **undo user-vlan** 命令删除业务方案中配置的用户 VLAN
12	**voice-vlan** 例如：[HUAWEI-aaa-service-svcscheme1] **voice-vlan**	（可选）在业务方案中使能 Voice VLAN 功能。为使本命令功能生效，需已使用命令 **voice-vlan enable** 配置指定 VLAN 为 Voice VLAN，同时使能接口的 Voice VLAN 功能。缺省情况下，在业务方案中未使能 Voice VLAN，可用 **undo voice-vlan** 命令恢复缺省配置
13	**qos-profile** *profile-name* 例如：[HUAWEI-aaa-service-svcscheme1] **qos-profile** abc	（可选）在业务方案中绑定 QoS 模板。执行该命令之前，需确保已配置了对应 QoS 模板，仅 **S5720EI**、**S5720HI**、**S6720HI**、**S6720EI** 和 **S6720S-EI**，以及框式系列交换机支持该命令。【说明】在 QoS 模板下可配置的命令如下。

（续表）

步骤	命令	说明
13	**qos-profile** *profile-name* 例如：[HUAWEI-aaa-service-svcscheme1] **qos-profile** abc	• **car cir** *cir-value* [**pir** *pir-value*] [**cbs** *cbs-value* **pbs** *pbs-value*] { **inbound** | **outbound** }：在 QoS 模板中配置流量监管。缺省情况下，QoS 模板中没有配置流量监管。 • **remark dscp** *dscp-value* { **inbound** | **outbound** }：在 QoS 模板中配置重标记 IP 报文的 DSCP 优先级。缺省情况下，QoS 模板中没有配置重标记 IP 报文的 DSCP 优先级。 • **remark 8021p** *8021p-value*，在 QoS 模板中配置重标记 VLAN 报文 802.1p 优先级。缺省情况下，QoS 模板中没有配置重标记 VLAN 报文 802.1p 优先级。 • **user-queue pir** *pir-value* [**flow-queue-profile** *flow-queue-profile-name*] [**flow-mapping-profile** *flow-mapping-profile-name*]：在 QoS 模板中创建用户队列实现 HQoS 调度。缺省情况下，QoS 模板中未配置用户队列。 缺省情况下，在业务方案中未绑定 QoS 模板，可用 **undo qos-profile** *profile-name* 命令删除业务方案与 QoS 模板的绑定关系

13.2.4　配置 AAA 方案

如果需要采用本地方式进行认证和授权，需要在认证方案中配置认证模式为本地认证，在授权方案中配置授权模式为本地授权，具体配置步骤见表 13-13。

表 13-13　　　　　　　　　本地认证方式的 AAA 方案配置步骤

步骤	命令	说明
1	**system-view** 例如：<HUAWEI> **system-view**	进入系统视图
2	**aaa** 例如：[HUAWEI] **aaa**	进入 AAA 视图
	配置 AAA 认证方案	
3	**authentication-scheme** *authentication-scheme-name* 例如：[HUAWEI-aaa] **authentication-scheme** scheme0	创建一个认证方案，并进入认证方案视图或直接进入一个已存在的认证方案视图。参数 *scheme-name* 用来指定认证方案名，为 1～32 个字符，不支持空格，不区分大小写，且不能包含以下字符："\""/"":""<"">""|""@""'""%""*""""?"。 不同系列交换机所支持的认证方案数不一样，盒式系列交换机最多支持 17 个认证方案，S7000 及以上框式系列交换机最多支持 129 个认证方案，均包括"default"和"radius"两个缺省认证方案在内。 缺省存在两个认证方案"default"和"radius"，均不能被删除，只能被修改。"default"认证方案的策略为： • 认证模式采用本地认证； • 认证失败则强制用户下线。 "radius"认证方案的策略为： • 认证模式采用 radius 认证； • 认证失败则强制用户下线。 可用 **undo authentication-scheme** *authentication-scheme-name* 命令删除指定的认证方案

（续表）

步骤	命令	说明
4	**authentication-mode local** 例如：[HUAWEI-aaa-authen-scheme0] **authentication-mode local**	配置认证模式为本地认证。 缺省情况下，认证模式为本地认证，可用 **undo authentication-mode** 命令恢复当前认证方案使用的认证模式为缺省的本地认证模式
5	**authentication-super** { **hwtacacs** | **radius** | **super** } * [**none**] 例如：[HUAWEI-aaa-authen-scheme0] **authentication-super radius**	（可选）配置当前认证模板对用户提升级别进行认证时采用的认证模式。命令中的选项说明如下。 ① **hwtacacs**：可多选项，指定采用 HWTACACS 模式对用户级别提升进行认证。 ② **radius**：可多选项，指定采用 RADIUS 模式对用户级别提升进行认证。 ③ **super**：可多选项，指定采用本地认证的模式对用户级别提升进行认证。 ④ **none**：可选项，指定无需进行认证，即直接让用户更改用户级别。 【说明】可以同时配置多种认证模式。此时认证模式的执行顺序为配置的先后顺序。只有在当前认证模式**没有响应**（不是认证失败）的情况下，设备才会采用下一种认证模式。如果用户没有通过当前认证模式的认证，则设备不会再跳转到下一个认证模式对用户进行认证。 缺省情况下，用户级别提升时认证模式为本地模式，可用 **undo authentication-super** 命令恢复用户级别提升时采用的认证模式为缺省情况
6	**quit** 例如：[HUAWEI-aaa-authen-scheme0] **quit**	退出认证方案视图，返回 AAA 视图
7	**domainname-parse-direction** { **left-to-right** | **right-to-left** } 例如：[HUAWEI-aaa] **domainname-parse-direction left-to-right**	（可选）配置用户名和域名解析的方向。命令中的选项说明如下。 ① **left-to-right**：二选一选项，指定域名解析方向为从左向右，即域名在分隔符后。 ② **right-to-left**：二选一选项，指定域名解析方向为从右向左，即域名在分隔符前。 【说明】这是为了便于系统识别域用户名格式，但必须与在 AAA 视图下使用 **domain-location** { **after-delimiter** | **before-delimiter** } 命令配置的域用户名格式一致，其中选择 **after-delimiter** 选项时，表示指定域名在分隔符后；选择 **before-delimiter** 选项时，表示指定域名在分隔符前。 域用户通常采用"纯用户名@域名"格式，即@符号后面的部分为域名。如果配置的是 **domain-location after-delimiter** 命令，指定域名在分隔符后。现假设域用户名为 username@dom1@dom2，如果采用从左向右解析，则用户名为 username，域名为 dom1 @dom2，相反，如果采用从右向左解析，则用户名为 username@dom1，域名为 dom2。 如果配置的是 **domain-location before-delimiter** 命令，指定域名在分隔符前，如果采用从左向右解析时，则用户名为 dom1@dom2，域名为 username；如果采用从右向左解析，则用户名为 dom2，域名为 username@dom1。 缺省情况下，域名解析方向为从左向右，可用 **undo domainname-parse-direction** 命令恢复域名解析方向为缺省设置

（续表）

步骤	命令	说明
8	**aaa-authen-bypass** enable time *time-value* 例如：[HUAWEI] **aaa-authen-bypass enable time** 3	（可选）配置认证旁路时间，整数形式，单位：min，取值范围为1～1440。 在用户认证域下配置了多种认证方式的情况下（比如 RADIUS+本地认证方式），使能认证旁路功能并配置认证旁路时间后，在用户认证时，如果 RADIUS 服务器无响应，用户会跳转到本地认证，同时开启认证旁路定时器。之后，在配置的认证旁路时间内，同一个认证域的其他用户进行认证时，直接使用本地认证方式，这样就节省了等待 RADIUS 服务器响应的时间，提高了认证响应速度。 【注意】如果用户认证域下只配置了一种认证方式，认证旁路定时器开启后，在认证旁路时间内，同一个认证域的其他用户认证时直接按照认证失败处理，要谨慎配置。 缺省情况下，未配置认证旁路时间，可用 **undo aaa-authen-bypass** 命令取消配置认证旁路时间
		配置 AAA 授权方案
9	**authorization-scheme** *authorization-scheme-name* 例如：[HUAWEI-aaa] **authorization-scheme** scheme0	创建一个授权方案，并进入授权方案视图或直接进入一个已存在的授权方案视图。参数说明与前面第 3 步介绍的认证方案是完全一样的（不同的只是这里是授权方案），参见即可。 缺省情况下，系统中有一个名称为"default"的授权方案。用户可以修改"default"授权方案，但是不能删除。"default"授权方案的策略为：授权模式采用本地授权，不启用按命令行授权，可用 **undo authorization-scheme** *authorization-scheme-name* 命令删除指定的授权方案
10	**authorization-mode local** [**none**] 例如：[HUAWEI-aaa-author-scheme0] **authorization-mode local**	配置本地授权模式。如果同时选择了 **none** 可选项，则表示无需授权
11	**quit** 例如：[HUAWEI-aaa-author-scheme0] **quit**	退出授权方案视图，返回 AAA 视图
12	**authorization-modify mode** { **modify** | **overlay** } 例如：[HUAWEI-aaa] **authorization-modify mode modify**	（可选）配置授权服务器下发的用户授权信息的生效模式，**仅对 RADIUS 服务器下发的授权信息生效**。授权服务器可向设备单独，或同时下发 ACL 规则、动态 VLAN 等用户授权信息。命令中的选项说明如下。 ① **modify**：二选一选项，指定授权服务器下发的用户授权信息的生效模式为修改模式，新下发的授权信息仅按对应下发的属性类别覆盖上一次下发的授权信息。 例如，已通过授权服务器向用户下发了 ACL 3001，如果新下发的授权信息为 ACL 3002，则用户的授权信息为 ACL 3002；如果新下发的授权信息为 VLAN 100，则用户的授权信息为 ACL 3001 + VLAN 100。 ② **overlay**：二选一选项，指定授权服务器下发的用户授权信息的生效模式为覆盖模式，新下发的授权信息覆盖上一次下发的所有属性类别的授权信息。 例如，已通过授权服务器向用户下发了 ACL 3001，无论新下发的授权为 ACL 3002 或是 VLAN 100，用户的信息均为新下发的 ACL 或 VLAN

（续表）

步骤	命令	说明
12	**authorization-modify mode** { **modify** | **overlay** } 例如：[HUAWEI-aaa] **authorization-modify mode modify**	缺省情况下，设备上用户授权信息的生效模式为覆盖模式，即新下发的用户授权信息将会覆盖前次下发的所有的用户授权信息，可用 **undo authorization-modify mode** 命令恢复授权服务器下发的用户授权信息的生效模式为覆盖模式
13	**aaa-author-bypass enable time** *time-value*	（可选）配置授权旁路时间，整数形式，单位：min，取值范围为 1～1440。 在用户认证域下配置了多种授权方式的情况下（比如 HWTACACS+本地授权方式），使能授权旁路功能并配置授权旁路时间，给用户授权时，如果 HWTACACS 服务器无响应，用户会跳转到本地授权，同时开启授权旁路定时器。之后，在配置的授权旁路时间内，给同一个认证域的其他用户授权时，直接使用本地授权方式，这样就节省了等待 HWTACACS 服务器响应的时间，提高了授权响应速度。 【注意】如果用户认证域下只配置了一种授权方式，授权旁路定时器开启后，在授权旁路时间内，给同一个认证域的其他用户授权时直接按照授权失败处理。 缺省情况下，未启用授权旁路功能，可用 **undo aaa-author-bypass** 命令关闭授权旁路功能

13.2.5　在域下应用 AAA 方案

创建的认证和授权方案，只有在对应的用户所属域下应用后才能生效，这就是总体的 AAA 方案的配置，具体配置步骤见表 13-14。其实就是在用户所属的域下绑定所需的认证方案、授权方案，以及本授权规则（用户组授权、业务方案授权），使得这些方案在对应域下的用户登录设备或者访问网络资源时生效。采用本地方式进行认证和授权时，采用缺省的计费方案，即不计费。

注意 用户组授权只能在 NAC 传统模式下应用，且只能通过本节配置方法在对应的用户所属域下被引用。而 UCL 组授权只能在 NAC 统一模式下应用，且只能在用户所引用的业务方案中引用，然后再通过在用户所属下绑定对应的业务方案，最终使对应的 UCL 组授权作用于域中的所有用户。

表 13-14　　　　　　　　　　　　在域下应用 **AAA** 方案的配置步骤

步骤	命令	说明
1	**system-view** 例如：<HUAWEI> **system-view**	进入系统视图
2	**aaa** 例如：[HUAWEI] **aaa**	进入 AAA 视图
3	**domain** *domain-name* [**domain-index** *domain-index*] 例如：[HUAWEI-aaa] **domain** mydomain	创建域并进入域视图或进入一个已存在的域视图。命令中的参数说明如下。 ① *domain-name*：指定域名，为 1～64 个字符，不支持空格，区分大小写，且不能包含以下字符："-""*""?"""" 。

（续表）

步骤	命令	说明
3	**domain** *domain-name* [**domain-index** *domain-index*] 例如：[HUAWEI-aaa] **domain** mydomain	② **domain-index** *domain-index*：可选参数，指定域的索引，整数形式，取值范围是 0～31。在设备最多可以配置 32 个域，包括 default 域和 default_admin 域。【说明】用户认证时，如果输入不带域名的用户名，将使用默认域进行认证，默认域可在视图下通过 **domain** *domain-name* [**admin**]命令配置（*domain-name* 域必须事先已通过本命令配置好）。用户认证时，如果输入带域名的用户名，需要带上正确的域名 *domain-name*。缺省情况下，设备存在两个域：default 和 default_admin。default 用于普通接入用户的域，default_admin 用于管理员的域。可用 **undo domain** *domain-name* 命令删除指定域
4	**authentication-scheme** *authentication-scheme-name* 例如：[HUAWEI-aaa-domain-mydomain] **authentication-scheme** scheme1	在以上域中绑定要使用的认证方案，就是在 13.2.4 节表 13-13 中创建并配置的，选择所需的方案即可。缺省情况下，"default" 域使用名为 "radius" 的认证方案，"default_admin" 域使用名为 "default" 的认证方案，其他域使用名为 "radius" 的认证方案，可用 **undo authentication-scheme** 命令将域的认证方案恢复为缺省配置
5	**authorization-scheme** *authorization-scheme-name* 例如：[HUAWEI-aaa-domain-mydomain] **authorization-scheme** author1	在以上域中绑定要使用的授权方案。授权方案是在 13.2.4 节表 13-13 中创建并配置的，选择所需的方案即可。缺省情况下，域下没有绑定授权方案，可用 **undo authorization-scheme** 命令取消域的授权方案
6	**user-group** *group-name* 例如：[HUAWEI-aaa-domain-mydomain] **user-group** ftp	（可选）配置以上域中要下发用户组授权，**仅在 NAC 传统模式下应用 AAA 方案时可选择配置**。授权用户组的配置方法参见 13.2.2 节的表 13-10。缺省情况下，未配置对域下的用户下发用户组授权，可用 **undo user-group** 命令取消对域下的用户下发用户组授权
7	**service-scheme** *service-scheme-name* 例如：[HUAWEI-aaa-domain-mydomain] **service-scheme** services1	（可选）在以上域中绑定要使用的业务方案。业务方案是在 13.2.3 节表 13-12 中创建并配置的，选择所需的方案即可。只有在域下应用业务方案，业务方案中的授权配置才能生效，但如果没有业务方案，则不用进行本步设置。缺省情况下，域下没有绑定任何业务方案，可用 **undo service-scheme** 命令解除域和业务方案的绑定关系
8	**state** { **active**	**block** [**time-range** *time-name* &<1–4>] } 例如：[HUAWEI-aaa-domain-mydomain] **state active**	（可选）配置域的状态：激活（选择 **active** 二选一选项时）或者阻塞（选择 **block** 二选一选项时）。当域处于阻塞态时，还可指定域为阻塞态的时间段（需事先通过 **time-range** *time-name* { *start-time* **to** *end-time* { *days* } &<1-7>	**from** *time1 date1* [**to** *time2 date2*] }命令创建，属于该域的用户不能登录。缺省情况下，域创建后处于激活状态，可用 **undo state** [**block time-range** [*time-name* &<1-4>]]命令恢复域的状态为激活状态

（续表）

步骤	命令	说明
9	**statistic enable** 例如：[HUAWEI-aaa-domain-mydomain] **statistic enable**	（可选）使能域下的所有用户的流量统计功能，可以通过 **display access-user** 命令查看指定用户的流量统计信息。仅 S1720GW-E、S1720GWR-E、S5700LI（S5700-10P-LI 除外）、S5700S-LI、S5720EI、S5720HI、S6720HI、S5720LI、S5720S-LI、S6720EI 和 S6720S-EI，以及框式系列交换机支持该命令。 【说明】当需要通过流量计费方式对用户进行计费时，可使用本命令使能域的流量统计功能。此后，设备会对当前域下所有用户的流量信息进行统计（**仅起到流量统计作用**），如果配置了计费服务器，设备还会将统计到的用户流量信息通过计费报文发送给服务器，**使服务器可以通过流量计费方式对用户进行计费**。 对于 S5700LI、S1720GW-E、S1720GWR-E、S5720LI、S5720S-LI 和 S5700S-LI 子系列交换机： • 只有 **802.1x** 认证用户支持此流量统计功能； • 域用户的流量统计采用基于接口的流量统计方式，只有在接口为物理接口，且每个接口只接入一个域用户的情况下，域用户的流量统计功能才生效； • 用户上线后第一个 15s 读取的接口流量统计信息不作为用户流量的统计； • 用户在线时不能使用 **reset_counters_interface** 命令清除接口的流量统计，否则用户的流量统计信息不准。 缺省情况下，域的流量统计功能处于未使能状态，可用 **undo statistic enable** 命令去使能域用户的流量统计功能

在 AAA 视图或认证模板视图下配置域名解析（同时配置时优先使用认证模板上的配置，**认证模板下的配置仅适用于无线用户**）

步骤	命令	说明
10	**quit** 例如：[HUAWEI-aaa-domain-mydomain] **quit**	退出域视图，返回 AAA 视图
11	**aaa** 例如：[HUAWEI] **aaa** 或 **authentication-profile name** *authentication-profile-name* 例如：[HUAWEI] **authentication-profile name** profile1	进入 AAA 或认证模板视图
12	**domain-name-delimiter** *delimiter* 例如：[HUAWEI-aaa] **domain-name-delimiter** @	（可选）配置域名分隔符，可以是 \、/、:、<、>、|、@、'、% 中的一个。 缺省情况下，AAA 视图下的域名分隔符为@，认证模板视图下未配置域名分隔符，可用 **undo domain-name-delimiter** 命令恢复域名分隔符为缺省配置
13	**domain-location** { **after-delimiter** | **before-delimiter** }	（可选）配置域名的位置，其他说明参见 13.2.4 节表 13-13 中的第 7 步
14	**security-name enable** 例如：[HUAWEI-aaa] **security-name enable**	（可选）使能安全字符串功能。盒式交换机中仅 S5720HI、S6720HI 和 S5730HI 支持该功能 某些特殊客户端会在用户名后面增加安全字符串

（续表）

步骤	命令	说明
14	**security-name enable** 例如：[HUAWEI-aaa] **security-name enable**	*securitystring，组成 username@domain*securitystring 格式的用户名，其中*是安全字符串分隔符。为了让 AAA 服务器能够识别此类用户名，需要在设备上通过命令 **security-name enable** 使能安全字符串功能。之后，当设备将用户名发送给 AAA 服务器时，设备将特殊客户端后面增加的安全字符串*securitystring 去掉，使用用户名 username@domain 去认证。 缺省情况下，已使能安全字符串功能，可用 **undo security-name enable** 命令用来去使能安全字符串功能
15	**security-name-delimiter** *delimiter* 例如：[HUAWEI-aaa] **security-name-delimiter /**	（可选）配置安全字符串分隔符，枚举类型，只能是 1 位，取值范围："\""/"":"""<"">"""|"""@""'""%""*" 此命令仅用于 802.1x 用户。 某些特殊客户端会在用户名后面增加安全字符串 *securitystring，组成 username@domain*securitystring 格式的用户名，其中*是安全字符串分隔符。为了让 AAA 服务器能够识别此类用户名，需要在设备上配置安全字符串分隔符，这样，当设备将用户名发送给 AAA 服务器时，设备将特殊客户端后面增加的安全字符串*securitystring 去掉，使用用户名 username@domain 去认证。 【注意】在 AAA 视图下执行此命令，则对所有接入用户都生效；在认证模板下执行此命令，则仅对该认证模板下接入的用户生效。 安全字符串分隔符不能与域名分隔符相同。 缺省情况下，安全字符串分隔符为*，可用 **undo security-name-delimiter** 命令恢复安全字符串分隔符为缺省值
	配置无线用户的允许域（此步骤仅适用于无线用户）	
16	**quit**	返回系统视图
17	**authentication-profile name** *authentication-profile-name* 例如：[HUAWEI] **authentication-profile name** profile1	创建认证模板并进入认证模板视图
18	**permit-domain name** *domain-name* **&<1-4>** 例如：[HUAWEI-authen-profile-profile1] **permit-domain name** dom	配置无线用户的允许域。 缺省情况下，没有配置无线用户的允许域，用户在认证模板下面配置了用户允许域后，只有允许域内的用户才能通过认证、授权和计费，可用 **undo permit-domain** { **name** *domain-name* | **all** }命令删除 WLAN 用户的允许域

13.2.6　本地认证方式配置管理

完成以上各节本地认证方式的配置任务后，可在任意视图下通过 **display** 命令查看相关配置，验证配置结果。

■ **display aaa configuration**：查看 AAA 的概要信息。

■ **display authentication-scheme** [*authentication-scheme-name*]：查看认证方案的配置信息。

■ **display authorization-scheme** [*authorization-scheme-name*]：查看授权方案的配置

信息。

■ 查看在线接入用户的信息，可以执行以下命令。

➢ **display access-user** [**domain** *domain-name* | **interface** *interface-type interface-number* [**vlan** *vlan-id* [**qinq** *qinq-vlan-id*]] | **ip-address** *ip-address* [**vpn-instance** *vpn-instance-name*] | **ipv6-address** *ipv6-address* | **access-slot** *slot-id*] [**detail**]

➢ **display access-user username** *user-name* [**detail**]

➢ **display access-user ssid** *ssid-name*（仅 S6720HI 和 S5720HI，以及框式系列交换机支持本命令）

➢ **display access-user** [**mac-address** *mac-address* | **service-scheme** *service-scheme-name* | **user-id** *user-id* | **statistics**]（仅 S6720HI 和 S5720HI，以及框式系列交换机支持 **statistics** 关键字）

➢ **display access-user access-type** { **admin** [**ftp** | **ssh** | **telnet** | **terminal** | **web**] | **ppp** } [**username** *user-name*]

■ **display domain** [**name** *domain-name*]：查看域的配置信息。

■ **display local-user** [**domain** *domain-name* | **state** { **active** | **block** } | **username** *username*]*：查看本地用户的属性信息。

■ **display local-aaa-user password policy** { **access-user** | **administrator** }：查看本地用户的密码策略信息。

■ **display local-user expire-time**：查看本地用户的过期时间。

■ **display aaa statistics access-type-authenreq**：查看认证请求数。

■ **display access-user user-name-table statistics** { **all** | **username** *username* }：查看根据用户名进行接入控制的用户统计信息。

13.2.7　Telnet 登录 AAA 本地认证配置示例

如图 13-9 所示，企业希望 Admin 管理员通过 Telnet 登录设备时使用 AAA 本地认证来实现以下要求。

■ 管理员输入正确的用户名和密码才能通过 Telnet 登录设备。

■ 管理员通过 Telnet 登录设备后，可以执行命令级别为 0～15 的所有命令行。

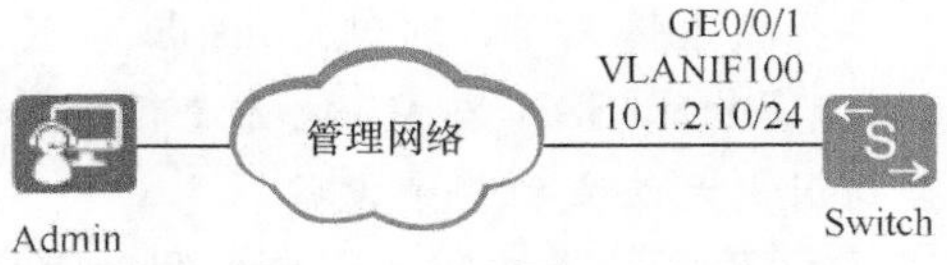

图 13-9　Telnet 登录 AAA 本地认证配置示例的拓扑结构

1. 基本配置思路分析

本示例明显是要求采用 AAA 本地认证方式对 Telnet 登录用户进行身份认证和设备访问权限授权。因为本示例是针对管理类用户，故前面介绍的所有主要针对普通接入用户的配置均无需进行，如用户组授权、UCL 组授权，以及业务方案授权等。另外，本示例也没有要求一定要使用某个特定的域，故为简便起见，可直接使用系统缺省的 default_admin 域，该域使用缺省的本地认证方案 default 和不计费方案 default。

从前面的介绍可知，本地认证、授权方式的基本配置思路是：配置本地用户→配置本地授权规则→（可选）配置业务方案→配置 AAA 方案→在用户所属域下应用 AAA 方案。结合前面的分析可知，不用配置本地授权规则和业务方案，无需配置 AAA 方案，也无需在域下应用新的 AAA 方案（直接采用本地认证方案 default 和不计费方案 default），这样一来，本示例中与 AAA 有关的配置就仅剩下配置本地用户了。再结合本书第 2 章介绍的 Telnet 登录配置方法，可得出本示例如下的基本配置思路（均在 Switch 上配置）。

① 创建 VLAN 100，并把接口加入其中，配置 Switch 的 VLANIF100 接口 IP 地址，作为用户 Telnet 登录设备的 IP 地址。

② 使能 Telnet 服务器功能。

③ 配置 VTY 用户界面的验证方式为 aaa。

④ 配置 AAA 本地用户：创建本地用户账户的用户名和密码、配置用户的接入类型为 Telnet、配置用户级别为 15。

2. 具体配置步骤

① 创建 VLAN 100，配置 VLANIF100 的接口 IP 地址。

```
<HUAWEI> system-view
[HUAWEI] sysname Switch
[Switch] vlan batch 100
[Switch] interface vlanif 100
[Switch-Vlanif100] ip address 10.1.2.10 24
[Switch-Vlanif100] quit
[Switch] interface gigabitethernet 0/0/1
[Switch-GigabitEthernet0/0/1] port link-type hybrid
[Switch-GigabitEthernet0/0/1] port hybrid pvid vlan 100
[Switch-GigabitEthernet0/0/1] port hybrid untagged vlan 100
[Switch-GigabitEthernet0/0/1] quit
```

② 使能 Telnet 服务器功能。

```
[Switch] telnet server enable
```

③ 配置 VTY 用户界面的验证方式为 AAA、支持 Telnet 接入类型。

```
[Switch] user-interface maximum-vty 15      #---配置最多可用 15 条 VTY 线路
[Switch] user-interface vty 0 14
[Switch-ui-vty0-14] authentication-mode aaa
[Switch-ui-vty0-14] protocol inbound telnet
[Switch-ui-vty0-14] quit
```

说明 缺省情况下，通过 Console 口登录设备时，默认认证方式为 AAA。其他登录方式（包括 Telnet、SSH 方式）缺省没有配置认证方式，此时登录用户界面必须配置认证方式，否则用户无法成功登录设备。

④ 配置 AAA 本地用户，假设用户名为 winda，密码为 Huawei@123，成功登录后具有最高的 15 级用户级别。

```
[Switch] aaa
[Switch-aaa] local-user winda password irreversible-cipher Huawei@123
[Switch-aaa] local-user winda service-type telnet
[Switch-aaa] local-user winda privilege level 15
[Switch-aaa] quit
```

说明 本示例中，如果本地用户登录设备时要求带有域名，则在创建本地用户账户时一定要带有域名后缀，同时还要通过 **domain** *domain-name* [**domain-index** *domain-index*] 命令创建该域，并通过 **authentication-scheme** *scheme-name* 命令绑定缺省的名为"default"的认证方案（否则将使用名为"radius"的认证方案）。如果用户输入用户名不带域名，又使用该域下的 AAA 方案，则还要通过 **domain** *domain-name* [**admin**]命令设置该域为全局默认域。

最后，管理员在 PC 上单击"运行"→输入"cmd"，进入 Windows 的命令行提示符界面，执行 **telnet** 命令，并输入用户名 winda 和密码 Huawei@123，通过 Telnet 方式登录设备。

```
C:\Documents and Settings\Administrator> telnet 10.1.2.10
Username:winda
Password:***********
```

13.3　RADIUS 方式认证、授权和计费配置与管理

在前面介绍的本地方式认证、授权中，使用的是在本地设备上储存的用户信息和属性进行认证和授权，这仅对于小型网络有效，因为设备上可以储存的用户数是很有限的。所以，通常是采用 RADIUS 服务器，或者 HWTACACS 服务器进行远程认证、授权，并且还可以计费（本地方式不能计费）。

本节要介绍使用 RADIUS 协议对接入用户进行认证、授权和计费的配置方法（**不包括 RADIUS 服务器中用户账户信息和用户授权属性等自身的配置**）。但 RADIUS 中的认证和授权是同步进行的，只要使能了其认证功能，也就同时使能了其授权功能。

说明 RADIUS 服务器可使用 H3C 的 iMC 服务器，也可以使用 Cisco 的 ACS 服务器或其他第三方服务器，如在 Windows 或 Linux 服务器系统中配置，而 RADIUS 客户端可以是华为的接入设备。

在 RADIUS 方式的 AAA 配置中所包括的配置任务如下。

■　配置 RADIUS 服务器（第三方设备上配置）。

■　配置 AAA 方案：配置 RADIUS 认证、计费方案，以及可选的 RADIUS 属性（包括 NAS 属性、授权服务器属性等）。

■　配置 RADIUS 服务器模板：配置设备与 RADIUS 服务器之间通信的参数。

■　（可选）配置业务方案：也主要针对普通接入用户的特定应用业务需求进行授权，针对管理类用户的认证和授权无需配置，且与 13.2.3 节的配置方法完全一样，参见即可。

■　在域下应用 AAA 方案：绑定 RADIUS 认证方案、RADIUS 计费方案、业务方案和 RADIUS 服务器模板。

13.3.1　配置 RADIUS 服务器

当用户采用 RADIUS 方式认证授权时，需要将用户认证、授权以及计费等信息配置在 RADIUS 服务器上。当用户想通过某网络与接入设备建立连接，从而获得访问其他网络的权利或取得某些网络资源的权利时，接入设备负责将用户的认证、授权、计费信息透传给 RADIUS 服务器。RADIUS 服务器根据配置好的信息，决定该用户是否认证通过。若该用户认证通过，则发送认证接受报文给接入设备，该报文中同时携带了用户的授权信息。接入设备根据认证接受报文信息，允许用户接入网络并授予相应权限。

RADIUS 服务器可以通过 Windows 或 Linux 服务器系统或者 H3C iMC 等进行配置，具体可根据需要选择以下配置项目（具体配置方法参见相应系统的说明）。

（1）配置用户

RADIUS 服务器上配置用户时，可以设置用户名是否携带域名。如果 RADIUS 服务器上设置了允许用户名携带域名，则在登录或接入设备上需要通过 **radius-server user-name domain-included** 命令配置设备向 RADIUS 服务器发送的报文中的用户名包含域名。

（2）配置授权信息

1）VLAN

RADIUS 服务器可以通过标准属性 Tunnel-Private-Group-ID（Type 81）向通过认证的用户下发 VLAN，登录或接入设备上需要配置相应 VLAN 及供用户访问的 VLAN 内的网络资源。

2）ACL 编号/用户组

RADIUS 服务器也可以通过标准属性 Filter-Id（Type 11）向设备下发 ACL 或用户组（**仅 NAC 统一模式支持用户组授权**），登录或接入设备上需要配置相应 ACL、用户组及供用户访问的 ACL 内或用户组内的网络资源。

说明　RADIUS 报文中只能携带 ACL ID 或用户组名中的一种，不能同时携带。Filter-id 属性如果携带的是 ACL ID，则只能携带 3000～3999（有线用户）或 3000～3031（无线用户）范围内的 ACL ID。

3）UCL 组

RADIUS 服务器可以通过扩展属性 HW-UCL-Group（Type 26～160）向设备下发用户访问控制列表分组 ID（**仅 NAC 统一模式支持 UCL 组授权**），登录或接入设备上需要配置 UCL 组中可用的网络资源。**仅 S5720EI、S5720HI、S6720HI、S6720EI 和 S6720S-EI，以及框式系列交换机支持 UCL 组**。

（3）配置其他信息

1）共享密钥

登录或接入设备和 RADIUS 服务器在发送认证报文时，为了确保信息在网络传输中的安全性，需要对口令等重要信息使用 MD5 加密。共享密钥可用于加密用户口令及生成回应认证符。为了确保认证双方身份的合法性，要求设备上的密钥与 RADIUS 服务器配置的密钥相同。

2）流量单位

当用户使用 RADIUS 计费时，需要配置数据流量统计值的单位，但设备上配置的流量统计单位应该与 RADIUS 服务器配置的流量统计单位保持一致。

13.3.2　配置 AAA 方案

在 RADIUS 方式中，要在本地设备上配置采用 RADIUS 认证、授权和计费方式。配置认证模式为 RADIUS 认证时，还可以配置本地认证或不认证为备份认证。配置备份认证可以避免单一认证模式无响应（**不包括认证没通过的情况**）而造成的认证失败。同理，配置计费模式为 RADIUS 计费时还可以配置不计费模式为备份计费。

RADIUS 协议中的认证和授权是同步的，故不能单独创建授权方案，仅配置认证和计费方案，而且均只有创建认证、计费方案，并指定认证、计费模式的配置是必选的，其他的均为可选，具体配置步骤见表 13-15。

表 13-15　　　　　　　　RADIUS 认证、计费中的 AAA 方案配置步骤

步骤	命令	说明
1	**system-view** 例如：<HUAWEI> **system-view**	进入系统视图
2	**aaa** 例如：[HUAWEI] **aaa**	进入 AAA 视图
配置 AAA 认证方案		
3	**authentication-scheme** *authentication-scheme-name* 例如：[HUAWEI-aaa] **authentication-scheme** scheme0	创建一个认证方案，并进入认证方案视图或直接进入一个已存在的认证方案视图
4	**authentication-mode radius [local]** 例如：[HUAWEI-aaa-authen-scheme0]**authentication-mode radius**	配置认证模式为 RADIUS 认证，同时选择可选项"local"时，表示采用本地认证作为备份认证方式。 【说明】如果在一个认证方案中使用多种认证模式，则认证模式的执行顺序为配置的先后顺序。只有在当前认证模式没有响应的情况下，才会采用下一种认证模式；如果当前认证模式认证失败，则不会跳转到下一个认证方案进行认证。 缺省情况下，认证模式为本地认证，可用 **undo authentication-mode** 命令恢复当前认证方案使用的认证模式为缺省的本地认证模式
5	**authentication-super** **{ hwtacacs | radius | super }** * **[none]** 例如：[HUAWEI-aaa-authen-scheme0]**authentication-super radius**	（可选）配置使用当前认证方案的用户级别提升时的认证模式。这与本地认证方式中的用户级别提升时的认证方法的配置方法一样，其他说明参见 13.2.4 节表 13-13 中的第 5 步
6	**authentication-type radius chap access-type admin [ftp | ssh | telnet | terminal | http]** * 例如：[HUAWEI-aaa-authen-scheme1] **authentication-type radius chap access-type admin ftp**	（可选）配置管理员用户在 RADIUS 认证时使用 CHAP 认证方式替换 PAP 认证，因为使用 CHAP 认证时不支持不可逆密码加密方式，且 PAP 认证流程更简单，认证效率更高。 命令中的[**ftp | ssh | telnet | terminal | http**] *5 个可选项分别代表指定管理员用户以 FTP 方式、SSH 方式、Telnet 方式、Terminal 方式和 web 网管方式接入设备，在 RADIUS 认证时使用 CHAP 认证方式替换 PAP 认证。 若不选择任何选项，则表示对 **ftp**、**ssh**、**telnet**、**terminal** 和 **http** 这 5 种方式接入设备的管理员用户都生效。 缺省情况下，管理员用户在 RADIUS 认证时使用 PAP 认证方式，可用 **undo authentication-type radius chap access-type admin** 命令恢复管理员用户 RADIUS 认证时使用 PAP 认证方式
7	**quit** 例如：[HUAWEI-aaa-authen-scheme0] **quit**	退出认证方案视图，返回 AAA 视图
8	**security-name enable** 例如：[HUAWEI-aaa] **security-name enable**	（可选）使能安全字符串功能。 某些特殊客户端会在用户名后面增加安全字符串 *securitystring，组成 username@domain*securitystring 格式的用户名，其中*是安全字符串分隔符。为了让 AAA 服务器能够识别此类用户名，需要在设备上通过命令 **security-name enable** 使能安全字符串功能。之后，

（续表）

步骤	命令	说明
8	**security-name enable** 例如：[HUAWEI-aaa] **security-name enable**	当设备将用户名发送给 AAA 服务器时，设备将特殊客户端后面增加的安全字符串*securitystring 去掉，使用用户名 username@domain 去认证。 缺省情况下，已使能安全字符串功能，可用 **undo security-name enable** 命令去使能安全字符串功能
9	**security-name-delimiter** *delimiter* 例如：[HUAWEI-aaa] **security-name-delimiter** /	（可选）配置安全字符串分隔符，其他说明参见 13.2.5 节表 13-14 中的第 14 步
10	**domainname-parse-direction** { **left-to-right** | **right-to-left** } 例如：[HUAWEI-aaa] **domainname-parse-direction left-to-right**	（可选）配置用户名和域名解析的方向。其他说明参见 13.2.4 节表 13-13 中的第 7 步
11	**remote-aaa-user authen-fail retry-interval** *retry-interval* **retry-time** *retry-time* **block-time** *block-time* 例如：[HUAWEI-aaa] **remote-aaa-user authen-fail retry-interval 5 retry-time 3 block-time 5**	（可选）使能 AAA 远端认证失败后账号锁定功能，配置 AAA 远端认证失败后用户的重试时间间隔、连续认证失败的限制次数及账号锁定时间。参数说明如下。 ① **retry-interval** *retry-interval*：指定 AAA 远端认证失败后，用户每次重试的时间间隔，整数形式，取值范围为 5～65535，单位：min。必须超过这个时间间隔后才能进行下次重试。 ② **retry-time** *retry-time*：指定用户连续认证失败的限制次数，整数形式，取值范围为 3～65535。超过这个次数该用户账户就要被锁定。由下面 *block-time* 参数设定时间，在这个时间内不能再试了。 ③ **block-time** *block-time*：指定用户账号的锁定时间，整数形式，取值范围为 5～65535，单位：min。当连续认证失败超过 *retry-time* 参数设定的次数后，该账户即将被锁定本参数设定的时间，不能再重试，过后又可以重试 *retry-time* 参数设定的次数。 缺省情况下，AAA 远端认证失败后账号锁定功能处于使能状态，AAA 远端认证失败后用户的重试时间间隔为 30min，连续认证失败的限制次数为 30 次，账号锁定时间为 30min，可用 **undo remote-aaa-user authen-fail** 命令去使能 AAA 远端认证失败后账号锁定功能
12	**remote-user authen-fail unblock** { **all** | **username** *username* } 例如：[HUAWEI-aaa] **remote-user authen-fail unblock username** test	（可选）将被锁定的 AAA 远端认证账号解锁（**解除锁定状态，但不是恢复密码**）。对于连续输入账号或密码错误，但尚未达到限制次数的用户，可以通过本命令解锁该用户，从而清除设备上对应的错误记录；对于已被锁定的账号，如果该用户为误锁或需要紧急开通，可以通过本命令解锁该用户。命令中的参数和选项说明如下。 ① **all**：二选一选项，指定解锁所有的 AAA 远端认证失败账号。 ② **username** *username*：二选一参数，指定解锁某一特定认证失败的 AAA 远端认证账号

（续表）

步骤	命令	说明
13	**aaa-author session-timeout invalid-value enable** 例：[HUAWEI-aaa] **aaa-author session-timeout invalid-value enable**	（可选）配置当 Radius 服务器下发的 Session-Timeout（会话超时）为 0 时，设备不对用户进行下线或重认证。 正常情况下，当 Radius 服务器下发的 Session-Timeout 为 0 时，在设备配置的重认证周期结束后，设备会根据 Radius 服务器下发的 Termination-Action 对用户进行下线或重认证，如果 Radius 服务器未下发 Termination-Action，则根据设备的配置对用户进行下线或重认证。执行本命令后，当 Radius 服务器下发的 Session-Timeout 为 0 时，设备不会对用户进行下线或重认证。 缺省情况下，当 Radius 服务器下发的 Session-Timeout 为 0 时，设备对用户进行下线或重认证，可用 **undo aaa-author session-timeout invalid-value enable** 命令恢复缺省配置
14	**aaa-authen-bypass enable time** *time-value* 例如：[HUAWEI] **aaa-authen-bypass enable time** 3	（可选）配置认证旁路时间，其他说明参见 13.2.4 节表 13-13 中的第 8 步
配置 AAA 计费方案		
15	**accounting-scheme** *accounting-scheme-name* 例如：[HUAWEI-aaa] **accounting-scheme** scheme1	创建一个计费方案，并进入计费方案视图或直接进入一个已存在的计费方案视图。 缺省情况下，设备中有一个计费方案，计费方案的名称是 **default**，不能删除，只能修改，可用 **undo authorization- scheme** *accounting-scheme-name* 命令删除指定方案的计费
16	**accounting-mode radius** 例如：[HUAWEI-aaa-accounting-scheme1] **accounting-mode radius**	配置计费模式为 **radius**。用户上线时，经过认证和授权则开始计费，用户下线时结束计费。担当 AAA 客户端的接入设备将计费报文上送给计费服务器，其中计费报文中记录了用户在线的时间。 缺省情况下，计费模式采用不计费模式 **none**（不计费），可用 **undo accounting-mode** 命令恢复当前计费方案使用缺省的不计费模式
17	**accounting start-fail** { **online** | **offline** } 例如：[HUAWEI-aaa-accounting-scheme1] **accounting start-fail online**	（可选）配置开始计费失败策略。命令中的选项说明如下。 ① **online**：二选一选项，指定开始计费失败策略为如果开始计费失败，仍允许用户上线。 ② **offline**：二选一选项，指定开始计费失败策略为如果开始计费失败，拒绝用户上线。 缺省情况下，如果初始计费失败，不允许用户上线，可用 **undo accounting start-fail** 命令恢复计费失败策略为缺省情况
18	**accounting realtime** *interval* 例如：[HUAWEI-aaa-accounting-scheme1] **accounting realtime** 60	（可选）使能实时计费功能，并设置实时计费时间间隔，取值范围为 0～65535 的整数分钟。配置实时计费后，设备向计费服务器**定时**发送实时计费报文，计费服务器收到实时计费报文后才进行计费。如果设备检测到付费用户下线，则停止发送实时计费报文，计费服务器终止计费，从而减小了计费误差。 缺省情况下，设备按时长计费，未使能实时计费功能，没有设置实时计费间隔，可用 **undo accounting realtime** 命令去使能实时计费功能

（续表）

步骤	命令	说明
19	**accounting interim-fail** [**max-times** *times*] { **online** | **offline** } 例如：[HUAWEI-aaa-accounting-scheme1] **accounting interim-fail max-times 5 online**	（可选）配置允许设备发送的实时计费请求最大无响应次数，以及实时计费失败后采取的策略。命令中的参数和选项说明如下。 ① **max-times** *times*：可选参数，指定允许实时计费请求最大无响应次数，取值范围为 1~255 的整数。当实时计费请求最大无响应次数达到此最大值时，如果下一次计费请求仍然没有响应，设备认为计费失败，对付费用户采用实时计费失败策略。 ② **online**：二选一选项，指定实时计费失败后采取的策略为 online，即如果实时计费失败，仍允许用户上线。 ③ **offline**：二选一选项，指定实时计费失败后采取的策略为 offline，即如果实时计费失败，拒绝用户上线。 缺省情况下，允许的实时计费请求最大无响应次数为 3 次，实时计费失败后仍保持付费用户在线，可用 **undo accounting interim-fail** 命令恢复缺省配置
20	**quit** 例如：[HUAWEI-aaa-accounting-scheme1] **quit**	返回 AAA 视图
21	**quit** 例如：[HUAWEI-aaa] **quit**	返回系统视图
22	**authentication-profile name** *authentication-profile-name* 例如：[HUAWEI] **authentication-profile name** mac_authen_profile1	（可选）进入认证模板视图，参数 *authentication-profile-name* 用来指定认证模板，字符串形式，**区分大小写，不支持包含空格**、/、\、:、*、?、"、<、>、|、@、'和%，不支持配置为-和--，长度范围是 1~31。**仅 NAC 统一模式支持本命令。** 缺省情况下，设备自带 6 个认证模板，名称分别为 default_authen_profile（通用认证模板）、dot1x_authen_profile（专用于 802.1x 认证方式）、mac_authen_profile（专用于 MAC 认证方式）、portal_authen_profile（专用于 Portal 认证方式）、dot1xmac_authen_profile（用于 802.1x 和 MAC 混合认证方式）和 multi_authen_profile（用于其他混合认证方式），可以修改和应用，但不能被删除，可用 **undo authentication-profile name** *authentication-profile-name* 命令删除认证模板
23	**authentication update-ip-accounting enable** 例如：[HUAWEI-authen-profile-mac_authen_profile1] **undo authentication update-ip-accounting enable**	（可选）配置地址更新时发送计费报文，**仅 NAC 统一模式支持该命令。** 用户在地址更新时设备默认会发送计费报文到计费服务器，对于某些计费服务器，可能并不需要此计费报文，此时会导致设备资源的占用。对此可以执行 **undo authentication update-ip-accounting enable** 命令，去使能地址更新时发送计费报文功能，减少设备资源的占用。地址更新结束后，设备会重新发送计费报文，不影响计费功能。 缺省情况下，地址更新时发送计费报文，可用 **undo authentication update-ip-accounting enable** 命令来去使能地址更新时发送计费报文功能

13.3.3　配置 RADIUS 服务器模板

　　配置 RADIUS 服务器模板的关键是用来配置与 RADIUS 服务器进行通信的相关参数，如指定联系的 RADIUS 服务器的 IP 地址、与 RADIUS 服务器通信时所使用的共享密钥等。像 RADIUS 用户名格式、流量计算单位、RADIUS 请求报文的超时重传次数等参数都有缺省配置，用户可以根据实际需要进行修改，一般可直接采用缺省配置。RADIUS 服务器模板也要在对应的域的 AAA 方案中绑定才能得到应用。

　　RADIUS 服务器模板中，主要参数的配置步骤见表 13-16。RADIUS 服务器模板下的 RADIUS 用户名格式、RADIUS 共享密钥等要与 RADIUS 服务器上的对应配置一致。

表 13-16　　　　　　　　　　RADIUS 服务器模板的配置步骤

步骤	命令	说明
1	**system-view** 例如：<HUAWEI> **system-view**	进入系统视图
2	**radius-server template** *template-name* 例如：[HUAWEI] **radius-server template** template1	进入 RADIUS 服务器模板视图。参数 *template-name* 用来指定 RADIUS 服务器模板名称，字符串形式，区分大小写，长度范围是 1~32。字符包括英文字母、数字 0~9、点号 "."、下划线 "_" 和中划线 "-"。不能配置为 "-" 或 "--"。 缺省情况下，设备上存在一个名为 "default" 的 RADIUS 服务器模板，只能修改，不能删除，可用 **undo radius-server template** *template-name* 命令删除一个 RADIUS 服务器模板
	配置 RADIUS 认证、计费服务器	
3	**radius-server authentication** *ipv4-address port* [**vpn-instance** *vpn-instance-name* │ **source** { **loopback** *interface-number* │ **ip-address** *ipv4-address* │ **vlanif** *interface-number* } │ **weight** *weight-value*]* 例如：[HUAWEI-radius-template1] **radius-server authentication** 10.163.155.13 1812	配置 RADIUS 认证服务器。命令中的参数说明如下。 ① *ip-address port*：指定 RADIUS 认证服务器的 IP 地址和端口号，端口号的取值范围为 1~65535 的整数。 ② *vpn-instance-name*：可多选参数，指定要绑定的 VPN 实例名称。当 RADIUS 服务器位于某 VPN 实例时才需要选择配置。 ③ **source loopback** *interface-number*：多选一参数，指定作为源接口的的 Loopback 接口编号，取值范围为 0~1023 的整数。 ④ **source ip-address** *ip-address*：多选一参数，指定作为向 RADIUS 认证服务器发送 RADIUS 报文时使用的源 IP 地址。 ⑤ **source vlanif** *interface-number*：多选一参数，指定某 VLANIF 接口（出方向物理接口必须已加入该 VLAN）的 IP 地址作为源 IP 地址。 ⑥ **weight** *weight-value*：可多选参数，指定 RADIUS 认证服务器的权重值，整数形式，取值范围是 0~100，缺省值为 80。当配置了多个服务器时，设备优先通过权重值大的服务器（即主用认证服务器）进行认证。当权重值相等时，则优先通过先配置的服务器进行认证。 缺省情况下，未配置 RADIUS 认证服务器，可用 **undo radius-server authentication** [*ipv4-address* [*port* [**vpn-instance** *vpn-instance-name* │ **source** { **loopback** *interface-number* │ **ip-address** *ipv4-address* │ **vlanif** *interface-number* } │ **weight**]*]] 命令删除指定的 RADIUS 认证服务器配置

（续表）

步骤	命令	说明
4	**radius-server accounting** *ipv4-address port* [**vpn-instance** *vpn-instance-name* | **source** { **loopback** *interface-number* | **ip-address** *ipv4-address* | **vlanif** *interface-number* } | **weight** *weight-value*] * 例如：HUAWEI-radius-template1] **radius-server accounting** 10.163.155.13 1812 **source loopback** 10	配置 RADIUS 计费服务器。命令中的参数与前面第 3 步中 RADIUS 认证服务器中的对应参数一样，只不过这里指定的 RADIUS 主计费服务器中的对应参数值，参见即可。 **通常 RADIUS 主用计费服务器与 RADIUS 主用认证服务器在同一台主机上，所以两者的 IP 地址通常是一样的，端口也可以一样。** 缺省情况下，未配置 RADIUS 计费服务器，可用 **undo radius-server accounting** [*ipv4-address* [*port* [**vpn-instance** *vpn-instance-name* | **source** { **loopback** *interface-number* | **ip-address** *ipv4-address* | **vlanif** *interface-number* } | **weight**] *]]命令删除指定的 RADIUS 计费服务器的相关配置
5	**radius-server algorithm** { **loading-share** [**based-user**] | **master-backup** } 例如：[HUAWEI-radius-template1] **radius-server algorithm loading-share**	（可选）配置 RADIUS 服务器的运算法则，**仅在配置了多台 RADIUS 服务器时才需要配置**。命令中的选项说明如下。 ① **loading-share**：二选一选项，指定 RADIUS 服务器的运算法则为负载均衡运算法则。如果选择负载均衡运算法，在发送报文时设备会根据用户配置的 RADIUS 服务器权重来合理分配报文发送的服务器，例如配置 RADIUS 服务器 A 的权重为 80，RADIUS 服务器 B 的权重为 80，RADIUS 服务器 C 的权重为 40，则设备向 RADIUS 服务器 A 发送报文的概率为 80/（80+80+40）=40%，设备向 RADIUS 服务器 B 发送报文的概率 80/（80+80+40）=40%，设备向 RADIUS 服务器 C 发送报文的概率为 40/（80+80+40）=20%。 ② **based-user**：可选项，指定 RADIUS 服务器的运算法则为基于单个用户的负载均衡运算法则。如不指定该参数，则表示 RADIUS 服务器的运算法则为基于报文的负载均衡运算法则。如果配置为基于单个用户进行负载均衡，认证阶段会保存认证服务器的信息，在存在与认证服务器相同的计费服务器时，计费阶段优先向该服务器发送计费请求；如果配置为基于报文进行负载均衡，认证阶段不会保存认证服务器的信息，在计费阶段会根据负载均衡算法重新选择计费服务器，可能存在同一个用户的认证和计费不在同一个服务器上的问题。 ③ **master-backup**：二选一选项，指定 RADIUS 服务器的运算法则为主备运算法则。如果选择主备算法，则根据配置RADIUS 认证服务器或计费服务器时配置的权重参数 weight 决定主备，weight 值较大者为主，如果 weight 值相同，则先配置的服务器为主服务器。正常情况下，只向主用服务器发送报文，仅当主用服务器无法通信时才会选择向备用服务器发送报文。 缺省情况下，RADIUS 服务器采用主备运算法则，可用 **undo radius-server algorithm** 命令恢复 RADIUS 服务器缺省的运算法则
	配置 RADIUS 服务器的共享密钥	
6	**quit** 例如：[HUAWEI-radius-template1] **quit**	返回系统视图

（续表）

步骤	命令	说明
7	**radius-server ip-address** *ipv4-address* **shared-key cipher** *key-string* 例如：[HUAWEI] **radius-server ip-address** 10.1.1.1 **shared-key cipher** Huawei@2012	配置与指定 IP 地址的 RADIUS 服务器通信的共享密钥，字符串形式，不支持空格、单引号和问号，区分大小写。*key-string* 可以是长度为 1～128 位的明文形式，也可以是长度为 48、68、88、108、128、148、168 或 188 位的密文密码。 设备和 RADIUS 服务器在发送认证报文时，对口令等重要信息会使用 MD5 算法进行加密，确保认证信息在网络中传输的安全性。为了确保认证双方身份的合法性，要求设备上的密钥与 RADIUS 服务器的密钥相同。 RADIUS 服务器模板（见本表的第 9 步）和全局下都配置 RADIUS 服务器的密钥时，全局下配置的 RADIUS 服务器密钥优先生效。 缺省情况下，全局下没有配置 RADIUS 服务器的共享密钥，可用 **undo radius-server** ip-address *ipv4-address* **shared-key** 命令删除 RADIUS 服务器的共享密钥
8	**radius-server template** *template-name* 例如：[HUAWEI] **radius-server template** template1	（可选）进入 RADIUS 服务器模板视图
9	**radius-server shared-key cipher** *key-string* 例如：[HUAWEI-radius-template1] **radius-server shared-key cipher** Huawei@2012	（可选）在 RADIUS 服务器模板视图下配置共享密钥，其他说明参见本表的第 7 步
\multicolumn{3}{中}{配置 RADIUS 协议的相关属性}
10	**radius-server user-name domain-included** 或者 **radius-server user-name original** 例如：[HUAWEI-radius-template1] **radius-server user-name domain-included**	（可选）配置设备向 RADIUS 服务器发送的报文中用户名包含域名。如果配置了设备向 RADIUS 服务器发送的报文中的用户名包含域名，请确保用户名长度（纯用户名+域名分隔符+域名之和）小于等于 253 位，否则设备无法在 RADIUS 报文中携带该用户名，导致认证失败。 缺省情况下，设备向 RADIUS 服务器发送的报文中的用户名为用户原始输入的用户名，设备不对其进行修改。 如果 RADIUS 服务器不接受带域名的用户名，可以执行 **undo radius-server user-name domain-included** 命令配置将用户输入的用户名中的域名部分去掉后，再发送给 RADIUS 服务器
11	**radius-server { retransmit** *retry-times* **| timeout** *time-value* **}** * **radius-server { retransmit** *retry-times* **| timeout** *time-value* **| dead-time** *dead-time* **}** * 例如：[HUAWEI-radius-template1] **radius-server retransmit** 4 **timeout** 8 **dead-time** 10	（可选）配置 RADIUS 请求报文允许的超时重传次数、超时时间和服务器恢复激活状态的时间。命令中的参数说明如下。 ① *retry-times*：可多选参数，指定允许的 RADIUS 请求报文超时重传次数，取值范围为 1～5 的整数。 ② *time-value*：可多选参数，指定 RADIUS 请求报文的超时时间，取值范围为 1～10 的整数秒。 ③ **dead-time** *dead-time*：可多选参数，服务器恢复激活状态的时间，整数形式，单位：min，取值范围是 1～65535。 缺省情况下，RADIUS 请求报文的超时重传次数为 3，超时时间是 5s

（续表）

步骤	命令	说明
12	**radius-server traffic-unit** { **byte** | **kbyte** | **mbyte** | **gbyte** } 例如：[HUAWEI-radius-template1] **radius-server traffic-unit kbyte**	配置 RADIUS 流量单位。命令中的 { **byte** | **kbyte** | **mbyte** | **gbyte** } 选项分别为字节、千字节、兆（Mega）字节和吉（Giga）字节。该命令配置的流量单位需要与 RADIUS 服务器保持一致。 缺省情况下，设备以字节（byte）作为 RADIUS 流量单位，可用 **undo radius-server traffic-unit** 命令恢复 RADIUS 流量单位为缺省值
13	**radius-attribute service-type with-authenonly-reauthen** 例如：[HUAWEI-radius-template1] **radius-attribute service-type with-authenonly-reauthen**	配置重认证方式为只重认证不重授权，避免用户授权失败而下线。 缺省情况下，重认证方式为重认证和重授权，可用 **undo radius-attribute service-type with-authenonly-reauthen** 命令恢复重认证方式为重认证和重授权
配置 RADIUS 授权服务器		
14	**quit** 例如：[HUAWEI-radius-template1] **quit**	返回系统视图
15	**radius-server authorization** *ip-address* [**vpn-instance** *vpn-instance-name*] { **server-group** *group-name* | **shared-key** { **cipher** | **simple** } *key-string* } * [**ack-reserved-interval** *interval*] **radius-server authorization** *ip-address* [**vpn-instance** *vpn-instance-name*] { **server-group** *group-name* **shared-key cipher** *key-string* | **shared-key cipher** *key-string* [**server-group** *group-name*] } 例如：[HUAWEI] **radius-server authorization** 192.168.1.116 **server-group** template1 **shared-key cipher** hello	（可选）配置 RADIUS 服务器模板中的 RADIUS 授权服务器，包括服务器的 IP 地址和共享密钥。命令中的参数和选项说明如下。 ① *ip-address*：指定 RADIUS 授权服务器的 IP 地址。因为在 RADIUS 中，认证和授权功能是同时启用的，所以**这里的授权服务器 IP 地址与本表第 4 步的 RADIUS 主用认证服务器的 IP 地址必须一致。** ② *vpn-instance-name*：可选参数，指定要绑定的 VPN 实例名称，为 1～31 个字符，以英文字母 a～z 或 A～Z 开始，可以是英文字母、数字、连字符 "-" 或下划线的组合，区分大小写。 ③ **server-group** *group-name*：可多选参数，指定 RADIUS 授权服务器对应的 RADIUS 服务器模板名称。 ④ **shared-key cipher** *key-string*：二选一选项，指定 RADIUS 共享密钥，其他说明参见本表的第 7 步。 缺省情况下，没有配置 RADIUS 授权服务器，可用 **undo radius-server authorization** { **all** | *ip-address* [**vpn-instance** *vpn-instance-name*] } 命令删除 RADIUS 服务器模板中的 RADIUS 授权服务器的相关配置
16	**undo radius-server authorization** { **all** | *ip-address* [**vpn-instance** *vpn-instance-name*] } 例如：[HUAWEI] **radius-server authorization port** 3700	（可选）配置 RADIUS 授权服务器的端口号，整数形式，取值范围是 1024～55535。 缺省情况下，RADIUS 授权服务器的端口号为 3799，可用 **undo radius-server authorization Port** 命令恢复缺省配置
17	**authorization-info check-fail policy** { **online** | **offline** } 例如：[HUAWEI] **authorization-info check-fail policy online**	（可选）配置设备检查授权信息失败后是否允许用户上线。命令中的选项 { **online** | **offline** } 分别表示如果设备检查授权信息失败，允许、拒绝用户上线。 缺省情况下，设备检查授权信息失败后，允许用户上线，可用 **undo authorization-info check-fail policy** 命令恢复授权信息失败后用户是否上线为缺省值

　　最后可在用户视图下执行 **test-aaa** *user-name user-password* **radius-template** *template-name* [**chap** | **pap** | **accounting** [**start** | **realtime** | **stop**]] 命令，测试某个用户是否能够通过 RADIUS 认证或计费。

13.3.4　在域下应用 AAA 方案

　　只有将前面创建的 AAA 方案、业务方案、RADIUS 模板绑定到对应的用户域下才能生效，总体配置方法与 13.2.5 节的配置一样，具体见表 13-17。

表 13-17　　　　　　　　　　在域下应用 AAA 方案的配置步骤

步骤	命令	说明
1	**system-view** 例如：<HUAWEI> **system-view**	进入系统视图
2	**aaa** 例如：[HUAWEI] **aaa**	进入 AAA 视图
3	**domain** *domain-name* [**domain-index** *domain-index*] 例如：[HUAWEI-aaa] **domain** mydomain	创建域并进入域视图或进入一个已存在的域视图。其他说明参见 13.2.4 节表 13-14 的第 3 步
4	**authentication-scheme** *authentication-scheme-name* 例如：[HUAWEI-aaa- domain-mydomain **]** **authentication-scheme** scheme1	在以上域中绑定要使用的认证方案。这些认证方案就是在 13.3.2 节表 13-15 中创建并配置的，选择所需的方案即可。 缺省情况下，"default"域使用名为"radius"的认证方案，"default_admin"域使用名为"default"的认证方案，其他域使用名为"radius"的认证方案，可用 **undo authentication-scheme** 命令将域的认证方案恢复为缺省配置
5	**accounting-scheme** *accounting-scheme-name* 例如：[HUAWEI-aaa- domain-mydomain **]** **accounting-scheme** account1	在以上域中绑定要使用的计费方案。计费方案是在 13.3.2 节表 13-15 中创建并配置的，选择所需的方案即可。 缺省情况下，域使用名为"default"的计费方案。"default"计费方案的策略为：计费模式为不计费，关闭实时计费开关，可用 **undo accounting-scheme** 命令恢复认证域的计费方案为"default"
6	**service-scheme** *service-scheme-name* 例如：[HUAWEI-aaa- domain-mydomain **]** **service-scheme** services1	（可选）在以上域中绑定要使用的业务方案。业务方案是在 13.2.3 节表 13-12 中创建并配置的，选择所需的方案即可。只有在域下应用业务方案，业务方案中的授权配置才能生效，如果没有业务方案，则不用进行本步设置。 缺省情况下，域下没有绑定任何业务方案，可用 **undo service-scheme** 命令解除域和业务方案的绑定关系
7	**radius-server** *template-name* 例如：[HUAWEI-aaa- domain-mydomain **]** **radius-server** **template1**	在以上域中绑定要引用的 RADIUS 服务器模板（已在 13.3.3 节创建并配置好）。 缺省情况下，用户创建域下绑定了名为"default"的 RADIUS 服务器模板，默认"default"域下绑定了名为"default"的 RADIUS 服务器模板，默认"default_admin"域下没有绑定 RADIUS 服务器模板，可用 **undo radius-server** 命令删除域的 RADIUS 服务器模板

（续表）

步骤	命令	说明
8	**user-group** *group-name* 例如：[HUAWEI-aaa-domain-mydomain] **user-group** ftp	（可选）配置以上域中要下发用户组授权。授权用户组的配置方法参见 13.2.2 节的表 13-10。 缺省情况下，未配置对域下的用户下发用户组授权（**仅在 NAC 传统模式下支持**），可用 **undo user-group** 命令取消对域下的用户下发用户组授权

配置域的状态和流量统计功能、域名解析方案和无线用户的允许域，参见 13.2.4 节表 13-14 中的第 8～17 步

13.3.5 RADIUS 方式认证、授权和计费配置管理

以上配置完成后，可在任意视图下通过以下 **display** 命令查看相关配置，验证配置结果。

- **display aaa configuration**：查看 AAA 的概要信息。
- **display authentication-scheme** [*authentication-scheme-name*]：查看认证方案的配置信息。
- **display accounting-scheme** [*accounting-scheme-name*]：查看计费方案的配置信息。
- **display service-scheme** [**name** *name*]：查看业务方案的配置信息。
- **display radius-server configuration** [template *template-name*]：查看 RADIUS 服务器模板的配置信息。
- **display radius-server item** { **ip-address** { *ipv4-address* | *ipv6-address* } { **accounting** | **authentication** } | **template** *template-name* }：查看 RADIUS Server 的配置信息。
- **display radius-server** { **dead-interval** | **dead-count** }：查看 RADIUS 服务器的检测周期和连续无响应的最大次数的配置信息。
- **display radius-server authorization configuration**：查看 RADIUS 授权服务器的配置信息。
- **display radius-attribute** [**name** *attribute-name* | **type** { *attribute-number1* | **huawei** *attribute-number2* | **microsoft** *attribute-number3* | **dslforum** *attribute-number4* }]：查看设备支持的 RADIUS 属性。
- **display radius-attribute** [**template** *template-name*] **disable**：查看设备禁用的 RADIUS 属性。
- **display radius-attribute** [template *template-name*] **translate**：查看 RADIUS 属性转换的配置信息。
- **display domain** [**name** *domain-name*]：查看域的配置信息。
- **display radius-server accounting-stop-packet** { **all** | **ip** { *ip-address* | *ipv6-address* } }：查看 RADIUS 服务器的计费停止报文信息。
- **display radius-attribute** [**template** *template-name*] **check**：查看 RADIUS 认证成功报文内必须检查的属性。
- **display remote-user authen-fail** [**blocked** | **username** *username*]：查看认证失败的 AAA 远端认证账号的信息。

　　■ **display aaa statistics access-type-authenreq**：查看认证请求数。

　　■ **display radius-server session-manage configuration**：查看 RADIUS 服务器会话
管理功能的配置信息。

　　■ **display access-user user-name-table statistics** { **all** | **username** *username* }：查看根
据用户名进行接入控制的用户统计信息。

13.3.6　Telnet 登录 RADIUS 身份认证配置示例

　　如图 13-10 所示，网络中部署了 RADIUS 服务器，企业希望管理员 Admin 使用
RADIUS 认证方式，通过 Telnet 登录设备来远程管理设备。

　　■ 管理员只有输入正确的用户名和密码才能通过 Telnet 登录设备。

　　■ 管理员通过 Telnet 登录设备后，可以执行命令级别为 0~15 的所有命令行。

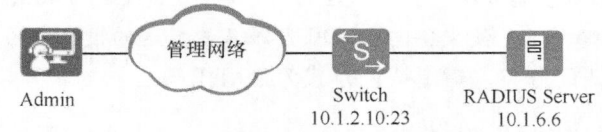

图 13-10　RADIUS 方式认证、授权和计费配置示例的拓扑结构

　　1. 基本配置思路分析

　　本示例同样是针对管理类用户的，所以也可不配置主要针对普通接入用户的业务方
案，另外，本示例仅要求对 Telnet 登录用户进行 RADIUS 认证和授权，不需要进行计费，
故也无需配置计费方案。

　　根据本书第 2 章介绍的 Telnet 服务器配置，以及本章前面介绍的 RADIUS 方案的配
置任务，可得出本示例的如下基本配置思路（均在 Switch 设备上配置，RADIUS 服务器
自身配置在此不进行介绍）。

　　① 使能 Telnet 服务器功能。

　　② 配置 VTY 用户界面的用户验证方式为 aaa。

　　③ 配置 RADIUS 认证。

　　首先要配置 RADIUS AAA 认证方案、创建 RADIUS 服务器模板，最后在用户域下
绑定、应用前面配置的 AAA 方案、RADIUS 服务器模板。

　　④ 配置管理员所属域为全局默认管理域。

　　2. 具体配置步骤

　　① 使能 Telnet 服务器功能。

```
<HUAWEI> system-view
[HUAWEI] sysname Switch
[Switch] telnet server enable
```

　　② 配置 VTY 用户界面的认证方案为 AAA，并指出登录后获取的用户级别为 15。

```
[Switch] user-interface maximum-vty 15
[Switch] user-interface vty 0 14
[Switch-ui-vty0-14] authentication-mode aaa    #---指定 VTY 用户界面采用 AAA 认证方案
[Switch-ui-vty0-14] user privilege level 15
[Switch-ui-vty0-14] protocol inbound telnet
[Switch-ui-vty0-14] quit
```

说明　远程认证方式中，管理类用户最终获取的用户级别可以有多种配置方式，具体参见 13.2.3 节表 13-12 中的第 4 步。

③ 配置 RADIUS 认证。

a. 配置 RADIUS 服务器模板，指定 RADIUS 认证服务器的 IP 地址，配置与 RADIUS 服务器通信的共享密钥。

```
[Switch] radius-server template 1
[Switch-radius-1] radius-server authentication 10.1.6.6 1812   #---指定 RADIUS 服务器 IP 地址为 10.1.6.6，端口为 1812
[Switch-radius-1] radius-server shared-key cipher Huawei@123 #---指定与 RADIUS 服务器通信的共享密钥为 Huawei@123
[Switch-radius-1] quit
```

说明　如果 RADIUS 服务器不接受包含域名的用户名，还需要配置 **undo radius-server username domain-included** 命令，使设备向 RADIUS 服务器发送的报文中的用户名不包含域名。

b. 配置 AAA 认证方案，指定认证方式为 RADIUS。

```
[Switch] aaa
[Switch-aaa] authentication-scheme sch1
[Switch-aaa-authen-sch1] authentication-mode radius
[Switch-aaa-authen-sch1] quit
```

c. 在自定义域 huawei.com 下引用以上 AAA 认证方案和 RADIUS 服务器模板。

```
[Switch-aaa] domain huawei.com
[Switch-aaa-domain-huawei.com] authentication-scheme sch1
[Switch-aaa-domain-huawei.com] radius-server 1
[Switch-aaa-domain-huawei.com] quit
[Switch-aaa] quit
```

d. 配置管理员所属域为以上全局配置的默认管理域 huawei.com，这样管理员通过 Telnet 登录设备时就不需要输入域名。

```
[Switch] domain huawei.com admin
```

以上配置完成后，可在设备上执行命令 test-aaa，测试该管理员用户能否通过认证。

```
[Switch] test-aaa user1 Huawei@1234 radius-template 1
```

管理员在 PC 上单击"运行"→输入"cmd"，进入 Windows 的命令行提示符界面，执行 **telnet** 命令，并输入用户名 user1 和密码 Huawei@1234，通过 Telnet 方式登录设备。

```
C:\Documents and Settings\Administrator> telnet 10.1.2.10
Username:user1
Password:***********
```

13.3.7　RADIUS 认证和计费配置示例

本示例的拓扑结构如图 13-11 所示，用户同处于 huawei 域，Switch 作为目的网络接入设备，连接了用于远端身份认证和计费的两台 RADIUS 服务器。具体要求如下。

■ Switch 对接入用户先用 RADIUS 服务器进行认证，如果认证没有响应，再使用本地认证。

■ IP 地址为 10.7.66.66/24 的 RADIUS 服务器作为主用认证服务器和计费服务器，权重为 80；IP 地址为 10.7.66.67/24 的 RADIUS 服务器作为备用认证服务器和计费服务器，权重为 40。RADIUS 协议认证端口号采用缺省的 1812，计费端口号采用缺省的 1813。

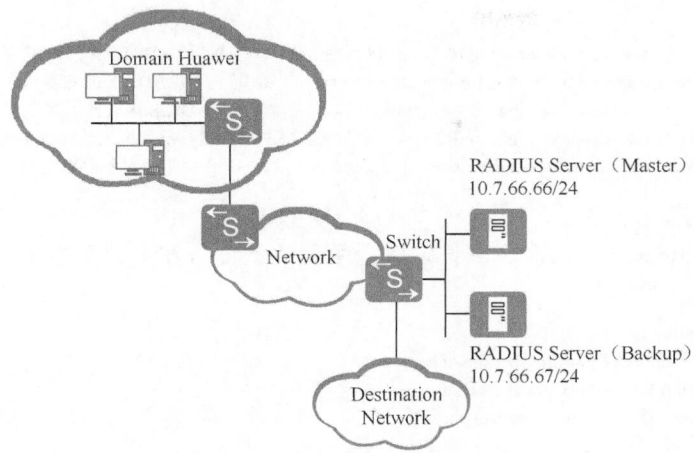

图 13-11　RADIUS 方式认证和计费配置示例的拓扑结构

1. 基本配置思路分析

本示例与上节介绍的示例有些不一样，不是对管理用户登录设备的身份认证，而是对接入网络的普通接入用户进行认证、授权和计费，而且采用远程 RADIUS 服务器进行。根据前面各小节的介绍可得出以下基本配置思路（均在 Switch 上配置，没有特别的业务方案要求，无需配置业务方案，直接采用缺省配置即可，不包括 RADIUS 服务器自身配置）。

① 配置 AAA 方案，包括 RADIUS 认证方案和计费方案。

② 配置 RADIUS 服务器模板，主/备用服务器采用负载均衡工作模式。

③ 在 huawei 域下绑定上面的 RADIUS 认证（先 RADIUS 认证，后本地认证）、计费方案和 RADIUS 服务器模板。

2. 具体配置步骤

① 配置 RADIUS 认证方案和计费 AAA 方案。根据示例的要求，以本地认证作为备份认证方式。

```
<HUAWEI> system-view
[HUAWEI] sysname Switch
[Switch] aaa
[Switch-aaa] authentication-scheme auth       #---配置认证方案名为 auth
[Switch-aaa-authen-auth] authentication-mode radius local #---配置认证模式为先进行 RADIUS 认证，RADIUS 认证服
务器无响应后再进行本地认证
[Switch-aaa-authen-auth] quit
[Switch-aaa] accounting-scheme abc       #---配置计费方案 abc
[Switch-aaa-accounting-abc] accounting-mode radius   #---配置计费模式为 RADIUS 计费模式
[Switch-aaa-accounting-abc] accounting start-fail online   #---配置当开始计费失败时，允许用户上线
[Switch-aaa-accounting-abc] quit
```

② 配置 RADIUS 服务器模板，假设主服务器的权重值为 80，备份服务器的权重值为 40。须确保 RADIUS 服务器模板内的共享密钥和 RADIUS 服务器上的配置保持一致。

```
<Switch> system-view
[Switch] radius-server template shiva       #---配置 RADIUS 服务器模板 shiva
[Switch-radius-shiva] radius-server authentication 10.7.66.66 1812 weight 80   #---配置 RADIUS 主用认证服务器的 IP 地址和端口
[Switch-radius-shiva] radius-server accounting 10.7.66.66 1813 weight 80   #---配置 RADIUS 主用计费服务器的 IP 地址和端口
[Switch-radius-shiva] radius-server authentication 10.7.66.67 1812 weight 40   #---配置 RADIUS 备用认证服务器的 IP
```

地址和端口

[Switch-radius-shiva] **radius-server accounting** 10.7.66.67 1813 **weight** 40　#---配置 RADIUS 备用计费服务器的 IP 地址和端口

[Switch-radius-shiva] **radius-server algorithm loading-share**　#---指定主/备 RADIUS 服务器为负载均衡工作模式

[Switch-radius-shiva] **radius-server shared-key cipher** hello　#---配置 RADIUS 服务器的共享密钥为 hello

[Switch-radius-shiva] **radius-server retransmit** 2　#--- 配置设备向 RADIUS 服务器发送请求报文的超时重传次数为 2

[Switch-radius-shiva] **undo radius-server user-name domain-included**　#---指定设备向 RADIUS 服务器发送的报文中的用户名不包含域名

[Switch-radius-shiva] **quit**

③ 配置 huawei 域，并在域下绑定以上配置的认证方案、计费方案和 RADIUS 服务器模板。

[Switch-aaa] **domain** huawei

[Switch-aaa-domain-huawei] **authentication-scheme** auth

[Switch-aaa-domain-huawei] **accounting-scheme** abc

[Switch-aaa-domain-huawei] **radius-server** shiva

> 说明　用户所属认证域是由接入设备（RADIUS 客户端）而非 RADIUS 服务器决定。在 Switch 的 RADIUS 服务器模板中执行 **undo radius-server user-name domain-included** 命令后，当 Switch 接收到格式为"user@huawei"的用户名时，虽然 Switch 会把不带域名的用户名发送到 RADIUS 服务器，但 Switch 仍会将用户置于 huawei 域中进行认证。所以，在以上 huawei 域配置完成后，用户进行接入认证时，以格式"user@huawei"输入用户名即可在 huawei 域下进行 AAA 认证。如果用户名中不携带域名或携带的域名不存在，用户将会在默认域进行认证。

④ 配置备用的 AAA 本地认证。

[Switch] **aaa**

[Switch-aaa] **local-user** user1 **password irreversible-cipher** Huawei@123

[Switch-aaa] **local-user** user1 **service-type http**

[Switch-aaa] **local-user** user1 **privilege level** 15

[Switch-aaa] **quit**

配置好后，在 SwitchB 上执行 **display radius-server configuration template** 命令可以查看到该 RADIUS 服务器模板的配置与上述配置是否一致。

13.4　HWTACACS 方式认证、授权和计费配置与管理

HWTACACS 协议与前面介绍的 RADIUS 协议类似，也是通过 C/S 模式与 HWTACACS 服务器通信来实现对接入用户的认证、授权和计费。但与 RADIUS 相比，HWTACACS 具有更加可靠的传输和加密特性，更加适合于安全控制。有关 HWTACACS 协议的基础知识和工作原理参见本章的 13.1.6 节和 13.1.7 节。

> 说明　HWTACACS 服务器可使用 H3C 的 iMC 服务器配置，也可以使用 Cisco 的 ACS 服务器配置的 TACACS+服务器来担当，而 HWTACACS 客户端可以是华为的接入设备。

采用 HWTACACS 方式进行认证、授权、计费可以防止非法用户对网络的攻击，HWTACACS 还支持对命令行进行授权，比 RADIUS 更适用于进行安全控制，所包括的

配置任务如下（与 RADIUS 方案配置的基本思路差不多）。

- 配置 HWTACACS 服务器：当用户采用 HWTACACS 方式认证授权时，需要将用户认证、授权以及计费等信息配置在 HWTACACS 服务器上。
- 配置 AAA 方案：配置 HWTACACS 认证、授权和计费方案。
- 配置 HWTACACS 服务器模板：配置设备与 HWTACACS 服务器通信的相关参数，如指定主/备认证、授权和计费服务器的 IP 地址和端口号、通信共享密钥等。
- （可选）配置业务方案：与 13.2.3 节的配置方法完全一样，参见即可。
- （可选）配置记录方案：通过在服务器上记录相关配置信息，当网络出现故障时，可以根据服务器上的记录信息进行故障定位。
- 在域下应用 AAA 方案：在域下绑定要应用的 HWTACACS 认证、授权和计费方案、业务方案、HWTACACS 服务器模板。记录方案是与 HWTACACS 服务器模板关联的，所以在 AAA 方案中不需要单独绑定记录方案。

13.4.1　配置 AAA 方案

采用 HWTACACS 方式时，需要配置 HWTACACS 认证、授权和计费模式，同样还可以配置本地认证、授权或不认证、不授权为备份认证或授权模式。配置备份认证可以避免单一认证或授权模式无响应而造成的认证或授权失败。HWTACACS 方式 AAA 方案的配置步骤见表 13-18。

表 13-18　　　　　　　　　　**HWTACACS 方式 AAA 方案的配置步骤**

步骤	命令	说明
1	**system-view** 例如：\<HUAWEI> **system-view**	进入系统视图
2	**aaa** 例如：[HUAWEI] **aaa**	进入 AAA 视图
配置 AAA 认证方案		
3	**authentication-scheme** *authentication-scheme-name* 例如：[HUAWEI-aaa] **authentication-scheme** scheme0	创建一个认证方案，并进入认证方案视图或直接进入一个已存在的认证方案视图。 缺省情况下，设备中有两个认证方案，认证方案名称分别是 default 和 radius，default 和 radius 方案均不能删除，只能修改方案中的参数
4	**authentication-mode hwtacacs** [**none**] 例如：[HUAWEI-aaa-authen-scheme0]**authentication-mode hwtacacs**	配置认证模式为 **hwtacacs** 认证。选择可选项"**none**"时表示不进行认证，即如果联系不上指定的 HWTACACS 服务器即直接让用户通过认证。如果想要同时配置本地认证方式为备份认证方式，则可配置 **authentication-mode hwtacacs local** 命令。 【说明】如果在一个认证方案中使用多种认证模式，则认证模式的执行顺序为配置的先后顺序。只有在当前认证模式没有响应的情况下，才会采用下一种认证模式。如果当前认证模式认证失败，则不会跳转到下一个认证方案进行认证。 缺省情况下，认证模式为本地认证，可用 **undo authentication-mode** 命令恢复当前认证方案使用的认证模式为缺省的本地认证模式

（续表）

步骤	命令	说明
5	authentication-super { hwtacacs | radius | super } * [none] 例如：[HUAWEI-aaa-authen-scheme0]authentication-super radius	（可选）配置使用当前认证方案的用户级别提升时的认证模式。这与本地认证方式中的用户级别提升时的认证方法的配置方法一样，其他说明参见 13.2.4 节表 13-13 中的第 5 步
6	quit 例如：[HUAWEI-aaa-authen-scheme0] quit	退出认证方案视图，返回 AAA 视图
7	security-name enable 例如：[HUAWEI-aaa] security-name enable	（可选）使能安全字符串功能，其他说明参见 13.3.2 节表 13-15 中的第 8 步
8	security-name-delimiter delimiter 例如：[HUAWEI-aaa] security-name-delimiter /	（可选）配置安全字符串分隔符，其他说明参见 13.3.2 节表 13-15 中的第 9 步
9	domainname-parse-direction { left-to-right | right-to-left } 例如：[HUAWEI-aaa]domainname-parse-direction left-to-right	（可选）配置用户名和域名解析的方向。其他说明参见 13.3.2 节表 13-15 中的第 10 步
10	quit 例如：[HUAWEI-aaa] quit	退出 AAA 视图，返回系统视图
11	aaa-authen-bypass enable time time-value 例如：[HUAWEI] aaa-authen-bypass enable time 2	配置认证旁路时间，取值范围为 1～1440 整数分钟。 【说明】使能此功能后，如果远端认证无响应，则在配置的旁路时间内跳过无响应的远端认证，直接跳转到第 4 步所配置的下一个认证方式，如果未配置下一个认证方式，则按失败处理。 缺省情况下，未配置认证旁路时间，可用 undo aaa-authen-bypass enable 命令取消配置认证旁路时间
	配置 AAA 授权方案	
12	authorization-scheme authorization-scheme-name 例如：[HUAWEI-aaa] authorization-scheme scheme1	创建一个授权方案，并进入授权方案视图或直接进入一个已存在的授权方案视图。缺省情况下，设备有一个授权方案 default，不能删除，只能修改
13	authorization-mode{ hwtacacs | local } * [none] 例如：[HUAWEI-aaa-author-scheme1] authorization-mode local	配置授权模式。命令中的选项说明如下。 ① hwtacacs：可多选项，指定授权模式为 HWTACACS 授权模式。如果采用 HWTACACS 授权模式，必须配置 HWTACACS 服务器模板，然后在用户所属域的视图下应用该服务器模板。 ② local：可多选项，指定授权模式为本地授权模式。如果同时选择了 hwtacacs 选项，则授权模式的执行顺序为配置的先后顺序。只有在当前授权模式没有响应的情况下，才会采用下一种授权模式。如果当前授权模式失败，则不会采用下一种授权模式进行授权。 ③ none：可选项，指定授权模式为无需授权，直接为用户授权。 缺省情况下，授权模式为本地授权模式，可用 undo authorization-mode 命令恢复当前授权方案使用的授权模式为缺省的本地授权模式

（续表）

步骤	命令	说明
14	**authorization-cmd** *privilege-level* **hwtacacs** [**local**] [**none**] 例如：[HUAWEI-aaa-author-scheme1] **authorization-cmd** 2 **hwtacacs**	（可选）为指定级别的用户配置按命令行授权（也就是使用 **command-privilege level** *level* **view** *view-name command-key* 命令将命令行指定为对应的命令级别，具体参见本书第 2 章 2.1.4 节的介绍）。命令中的参数和选项说明如下。 ① *privilege-level*：指定要进行命令行授权的用户级别，取值范围为 0～15 的整数。 ② **hwtacacs**：指定命令行授权模式为 HWTACACS 模式。如果使能按 HWTACACS 模式进行命令行授权，必须配置 HWTACACS 服务器模板，然后在用户所属域的视图下应用该服务器模板。 ③ **local**：可选项，指定当 HWTACACS 服务器出现故障导致授权失败，将授权方式转为本地授权。 缺省情况下，0～15 级用户都没有配置按命令行授权，直接使用该用户级别可对应的命令级别，可用 **undo authorization-mode** 命令恢复当前授权方案使用的授权模式为缺省配置。但使能按命令行授权功能的授权方案被域引用后，如果执行 **undo authorization-cmd** 命令，将导致该域相应级别的在线用户无法执行任何命令（**quit** 命令除外）。此时用户需要重新登录
15	**quit** 例如：[HUAWEI-aaa-author-scheme1] **quit**	退出授权方案视图，返回 AAA 视图
16	**quit** 例如：[HUAWEI-aaa] **quit**	退出 AAA 视图，返回系统视图
17	**aaa-author-bypass enable time** *time-value* 例如：[HUAWEI] **aaa-author-bypass enable time** 2	（可选）配置授权旁路时间，取值范围为 1～1440 整数分钟。 【说明】使能此功能后，如果远端授权无响应，则在配置的旁路时间内直接跳过无响应的远端授权，直接跳转到第 12 步所配置的下一个授权模式，如果未配置下一个授权模式，则按失败处理。 缺省情况下，未配置授权旁路时间，可用 **undo aaa-author-bypass enable** 命令取消配置授权旁路时间
18	**aaa-author-cmd-bypass enable time** *time-value* 例如：[HUAWEI] **aaa-author-cmd-bypass enable time** 2	（可选）配置命令行授权旁路时间，取值范围为 1～1440 整数分钟，其他说明参见本表第 11 步
		配置 AAA 计费方案
19	**accounting-scheme** *accounting-scheme-name* 例如：[HUAWEI-aaa] **accounting-scheme** scheme2	创建一个计费方案，并进入计费方案视图或直接进入一个已存在的计费方案视图。缺省情况下，设备中有一个计费方案 default，不能删除，只能修改
20	**accounting-mode hwtacacs** 例如：[HUAWEI-aaa-accounting-scheme2] **accounting-mode hwtacacs**	配置计费模式为 **hwtacacs**。用户上线时，经过认证和授权，计费开始；用户下线时，计费结束。担当 AAA 客户端的接入设备将计费报文上送给计费服务器，其中计费报文中记录了用户在线的时间。 缺省情况下，计费模式采用不计费模式 **none**，可用 **undo accounting-mode** 命令恢复当前计费方案使用的计费模式为缺省的不计费模式

（续表）

步骤	命令	说明
21	**accounting start-fail** **{ online | offline }** 例如：[HUAWEI-aaa-accounting-scheme2] **accounting start-fail online**	（可选）配置开始计费失败策略。其他说明参见 13.3.2 节表 13-15 中的第 17 步
22	**accounting realtime** *interval* 例如：[HUAWEI-aaa-accounting-scheme2]**accounting realtime 60**	（可选）使能实时计费，并设置实时计费时间间隔。其他说明参见 13.3.2 节表 13-15 中的第 18 步
23	**accounting interim-fail** [**max-times** *times*] **{ online | offline }** 例如：[HUAWEI-aaa-accounting-scheme2] **accounting interim-fail max-times 5 online**	（可选）配置允许的实时计费请求最大无响应次数，以及实时计费失败后采取的策略。其他说明参见 13.3.2 节表 13-15 中的第 19 步
24	**quit** 例如：[HUAWEI-aaa-accounting-scheme1] **quit**	返回 AAA 视图
25	**quit** 例如：[HUAWEI-aaa] **quit**	返回系统视图
26	**authentication-profile name** *authentication-profile-name* 例如：[HUAWEI] **authentication-profile name** mac_authen_profile1	（可选）进入认证模板视图，其他说明参见 13.3.2 节表 13-15 中的第 22 步
27	**authentication** **update-ip-accounting enable** 例如：[HUAWEI-authen-profile-mac_authen_profile1] **undo authentication update-ip-accounting enable**	（可选）配置地址更新时发送计费报文，仅 NAC 统一模式支持该命令，其他说明参见 13.3.2 节表 13-15 中的第 23 步

13.4.2　配置 HWTACACS 服务器模板

与 13.3.3 节介绍的 RADIUS 服务器模板配置一样，配置 HWTACACS 服务器模板中的关键步骤也是指定服务器的 IP 地址和端口号、HWTACACS 共享密钥。其他的步骤如配置 HWTACACS 用户名格式、流量单位等都有缺省配置，用户可以根据实际需要进行修改。

HWTACACS 服务器模板的具体配置步骤见表 13-19。HWTACACS 服务器模板下配置的 HWTACACS 用户名格式、HWTACACS 共享密钥等要与 HWTACACS 服务器上的对应配置一致。

表 13-19　　　　　　　　**HWTACACS 服务器模板的配置步骤**

步骤	命令	说明
1	**system-view** 例如：<HUAWEI> **system-view**	进入系统视图
2	**hwtacacs enable** 例如：[HUAWEI] **hwtacacs enable**	（可选）使能 HWTACACS 功能。但如果有用户正在进行 HWTACACS 认证或授权，或在线的用户使用 HWTACACS 计费，该命令执行不成功。 缺省情况下，已使能 HWTACACS 功能，可用 **undo hwtacacs enable** 命令去使能 HWTACACS 功能

（续表）

步骤	命令	说明
3	**hwtacacs-server template** *template-name* 例如：[HUAWEI] **hwtacacs-server template** template1	创建 HWTACACS 服务器模板，并进入 HWTACACS 服务器模板视图。参数 *template-name* 用来指定要进入的 HWTACACS 服务器模板的名称，为 1～32 个字符，不支持空格，区分大小写，可以是英文字母、数字、连字符 " - " 或下划线的组合。不同系列允许创建的 HWTACACS 服务器的模板数不一样，具体参见相应产品文档说明。 缺省情况下，设备上没有 HWTACACS 服务器模板，可用 **undo hwtacacs-server template** *template-name* 命令删除指定的 HWTACACS 服务器模板
4	**hwtacacs-server authentication** *ip-address* [*port*] [**public-net** | **vpn-instance** *vpn-instance-name*] 例如：[HUAWEI-hwtacacs-template1] **hwtacacs-server authentication** 10.163.155.13 **vpn-instance** vpna	配置 HWTACACS 主用认证服务器。命令中的参数说明如下。 ① *ip-address* [*port*]：指定 HWTACACS 认证服务器的 IP 地址和端口号，端口号的取值范围为 1～65535 的整数。 ② **public-net**：二选一选项，指定在公网（不是特定 VPN 实例）中连接 HWTACACS 认证服务器。 ③ *vpn-instance-name*：二选一参数，指定要绑定的 VPN 实例名称。 缺省情况下，HWTACACS 主用认证服务器的 IP 地址为 0.0.0.0，端口号为 0，不绑定 VPN 实例，可用 **undo hwtacacs-server authentication** *ip-address* [*port*] [**public-net** | **vpn-instance** *vpn-instance-name*] 命令删除指定的 HWTACACS 主用认证服务器配置
5	**hwtacacs-server authentication** *ip-address* [*port*] [**public-net** | **vpn-instance** *vpn-instance-name*] **secondary** 例如：[HUAWEI-hwtacacs-template1] **hwtacacs-server authentication** 10.163.155.14 **vpn-instance** vpna **secondary**	（可选）配置 HWTACACS 备用认证服务器。其他说明参见上一步主用 HWTACACS 认证服务器配置。 缺省情况下，HWTACACS 备用认证服务器的 IP 地址为 0.0.0.0，端口号为 0，不绑定 VPN 实例，可用 **undo hwtacacs-server authentication** *ip-address* [*port*] [**public-net** | **vpn-instance** *vpn-instance-name*] **secondary** 命令删除指定的 HWTACACS 备用认证服务器配置
6	**hwtacacs-server authorization** *ip-address* [*port*] [**public-net** | **vpn-instance** *vpn-instance-name*] 例如：[HUAWEI-hwtacacs-template1] **hwtacacs-server authorization** 10.163.155.13 **vpn-instance** vpna	配置 HWTACACS 主用授权服务器。命令中的参数与前面第 4 步中 HWTACACS 主用认证服务器中的对应参数一样，只不过这里指定的 HWTACACS 主用授权服务器中的对应参数值，参见即可。 **通常 HWTACACS 主用授权服务器与 HWTACACS 主用认证服务器是在同一台主机上，所以两者的 IP 地址通常是一样的，端口号也可以一样。** 缺省情况下，HWTACACS 主用授权服务器的 IP 地址为 0.0.0.0，端口号为 0，不绑定 VPN 实例，可用 **undo hwtacacs-server authorization** *ip-address* [*port*] [**public-net** | **vpn-instance** *vpn-instance-name*] 命令删除指定的 HWTACACS 主用授权服务器的相关配置
7	**hwtacacs-server authorization** *ip-address* [*port*] [**public-net** | **vpn-instance** *vpn-instance-name*] **secondary**	（可选）配置 HWTACACS 备用授权服务器。命令中的参数与前面第 4 步中 HWTACACS 主用认证服务器中的对应参数一样，只不过这里指定的 HWTACACS 备用授权服务器中的对应参数值，参见即可。

（续表）

步骤	命令	说明
7	例如：[HUAWEI-hwtacacs-template1] **hwtacacs-server authorization** 10.163.155.14 **vpn-instance** vpna **secondary**	通常 **HWTACACS** 备用授权服务器与 **HWTACACS** 备用认证服务器是在同一台主机上，所以两者的 IP 地址通常是一样的，端口号也可以一样。 缺省情况下，HWTACACS 备用授权服务器的 IP 地址为 0.0.0.0，端口号为 0，不绑定 VPN 实例，可用 **undo hwtacacs-server authorization** *ip-address* [*port*] [**public-net** | **vpn-instance** *vpn-instance-name*] **secondary** 命令删除指定的 HWTACACS 备用授权服务器的相关配置
8	**hwtacacs-server accounting** *ip-address* [*port*] [**public-net** | **vpn-instance** *vpn-instance-name*] 例如：[HUAWEI-hwtacacs-template1]**hwtacacs-server accounting** 10.163.155.13 49 **vpn-instance** vpna	配置 HWTACACS 主用计费服务器。参数同样可参见前面第 4 步中的 HWTACACS 主用认证服务器中的对应参数。 通常 **HWTACACS** 主用计费服务器与 **HWTACACS** 主用授权、计费服务器是在同一台主机上，所以三者的 IP 地址通常是一样的，端口号也可以一样。 缺省情况下，HWTACACS 主用计费服务器的 IP 地址为 0.0.0.0，端口号为 0，不绑定 VPN 实例，可用 **undo hwtacacs-server accounting** *ip-address* [*port*] [**public-net** | **vpn-instance** *vpn-instance-name*]命令删除指定的 HWTACACS 主用计费服务器的相关配置
9	**hwtacacs-server accounting** *ip-address* [*port*] [**public-net** | **vpn-instance** *vpn-instance-name*] **secondary** 例如：[HUAWEI-hwtacacs-template1]**hwtacacs-server accounting** 10.163.155.14 49 **vpn-instance** vpna **secondary**	（可选）配置 HWTACACS 备用计费服务器。参数同样可参见前面第 4 步中的 HWTACACS 主用认证服务器中的对应参数。 通常 **HWTACACS** 备用计费服务器与 **HWTACACS** 备用授权、备用计费服务器是在同一台主机上，所以三者的 IP 地址通常是一样的，端口号也可以一样。 缺省情况下，HWTACACS 备用计费服务器的 IP 地址为 0.0.0.0，端口号为 0，不绑定 VPN 实例，可用 **undo hwtacacs-server accounting** *ip-address* [*port*] [**public-net** | **vpn-instance** *vpn-instance-name*] **secondary** 命令删除指定的 HWTACACS 备用计费服务器的相关配置
10	**hwtacacs-server source-ip** *ip-address* 例如：[HUAWEI-hwtacacs-template1]**hwtacacs-server source-ip** 10.1.1.1	（可选）配置设备向 HWTACACS 服务器发送 HWTACACS 报文的源 IP 地址。 缺省情况下，HWTACACS 的源 IP 地址是 0.0.0.0，此时设备使用实际出方向的接口的 IP 地址作为 HWTACACS 报文的源 IP 地址，可用 **undo hwtacacs-server source-ip** 命令恢复为缺省值
11	**hwtacacs-server shared-key** [**cipher**] *key-string* 例如：[HUAWEI-hwtacacs-template1] **hwtacacs-server shared-key cipher** hello	配置担当 AAA 客户端的本地接入设备与 HWTACACS 服务器通信的共享密钥。命令中的参数和选项说明如下。 ① **cipher**：二选一选项，指定以密文形式显示用户口令，否则以明文形式显示用户口令。 ② *key-string*：指定共享密钥，字符串形式，区分大小写，字符串中不能包含"？"和空格，且均按照密文形式处理。*key-string* 可以是长度是 1～255 位的明文类型，也可以是长度是 20～392 位的密文类型。 缺省情况下，没有配置 HWTACACS 服务器共享密钥，可用 **undo hwtacacs-server shared-key** 命令删除配置的 HWTACACS 服务器共享密钥

（续表）

步骤	命令	说明
12	**hwtacacs-server user-name domain-included** 例如：[HUAWEI-hwtacacs-template1] **hwtacacs-server user-name domain-included**	（可选）配置设备向 HWTACACS 服务器发送的报文中的用户名包含域名。 缺省情况下，发送的报文中的用户名包含域名，可执行命令 **undo hwtacacs-server user-name domain-included** 使发送的报文中用户名不包含域名
13	**hwtacacs-server traffic-unit { byte	kbyte	mbyte	gbyte }** 例如：[HUAWEI-hwtacacs-template1] **hwtacacs-server traffic-unit mbyte**	（可选）配置 HWTACACS 流量单位。 **只有当该 HWTACACS 服务器模板没有用户使用时，才能改变流量单位的配置。** 缺省情况下，设备以字节（byte）作为 HWTACACS 流量单位，可用 **undo hwtacacs-server traffic-unit** 命令删除配置的 HWTACACS 流量单位
14	**hwtacacs-server timer response-timeout** *value* 例如：[HUAWEI-hwtacacs-template1] **hwtacacs-server timer response-timeout** 10	（可选）配置 HWTACACS 服务器应答超时时间，取值范围是 1～300 的整数秒。配置超时时间后，设备向 HWTACACS 服务器发出请求报文后，如果在规定的时间内未得到 HWTACACS 服务器发回的应答，需要设备重传请求报文。这样就提高了 HWTACACS 认证、授权、计费过程的可靠性。 缺省情况下，HWTACACS 应答超时时间为 5s，可用 **undo hwtacacs-server timer response-timeout** 命令将 HWTACACS 应答超时时间恢复为缺省值
15	**hwtacacs-server timer quiet** *value* 例如：[HUAWEI-hwtacacs-template1] **hwtacacs-server timer quiet** 10	（可选）配置主用服务器恢复激活状态的静默时间，取值范围为 0～255 的整数分钟。 【说明】如果主用服务器不可用，设备会自动切换至备用服务器，向备用服务器发送报文。到达主用服务器恢复激活状态的时间后，设备尝试与主用服务器建立连接。 ① 如果主用服务器仍不可用，则设备继续向备用服务器发送报文，直到下一次恢复激活状态的时间再次尝试与主用服务器建立连接，如此循环。 ② 如果主用服务器可用，则设备切换到主用服务器，向主用服务器发送报文。 通过设置主用服务器恢复激活状态的静默时间，既保证主用服务器能够尽快恢复激活状态，又减少了服务器切换时的探测次数。 缺省情况下，主用服务器恢复激活状态前需要等待 5min，可用 **undo hwtacacs-server timer quiet** 命令恢复主用服务器恢复激活状态的静默时间缺省值
16	**quit** 例如：[HUAWEI-hwtacacs-template1] **quit**	退出 HWTACACS 服务器模板视图，返回系统视图
17	**hwtacacs-server accounting-stop-packet resend { disable	enable** *number* **}** 例如：[HUAWEI] **hwtacacs-server accounting-stop-packet resend enable** 50	（可选）配置是否允许重发计费停止报文，以及可重发的计费停止报文个数。命令中的参数和选项说明如下。 ① **disable**：二选一选项，指定禁止重发计费停止报文，即计费停止报文只发送一次，即使失败了也不会重发。 ② **enable** *number*：二选一参数，指定使能重发计费停止报文，并配置重发的计费停止报文个数，取值范围为 1～300 的整数。如果计费停止报文发送后，收不到回应或者回应失败，会重新发送计费停止报文

（续表）

步骤	命令	说明
17	**hwtacacs-server accounting-stop-packet resend** { **disable** | **enable** *number* } 例如：[HUAWEI] **hwtacacs-server accounting-stop-packet resend enable** 50	缺省情况下，设备启用计费结束报文的重传功能，报文的重传次数为 100，可用 **undo hwtacacs-server accounting-stop-packet resend** 命令恢复计费停止报文重发功能与计费停止报文个数为缺省情况
18	**return** 例如：[HUAWEI] **return**	返回用户视图
19	**hwtacacs-user change-password hwtacacs-server** *template-name* 例如：<HUAWEI> **hwtacacs-user change-password hwtacacs-server** template1	（可选）在设备上修改用户在 HWTACACS 服务器上保存的用户密码。参数 *template-name* 用来指定要修改用户密码的 HWTACACS 模板名称。 键入本命令后，系统会给出一个修改用户密码的提示，系统等待超过 30s，用户未输入用户名或新密码、确认密码时，密码修改将中断。 【注意】只有在 HWTACACS 服务器上保存的用户名和密码没有过期的情况下，才允许用户主动使用该命令修改密码；对于密码已经过期的用户，登录设备时，HWTACACS 服务器将返回认证不成功，不允许用户主动更改密码。系统允许 HWTACACS 用户修改其他人的密码，当被修改人的权限高于用户本人的权限时，系统允许用户使用 **super** 命令提升用户自身级别后，再使用该命令修改他人密码。 用户可以输入"Ctrl+C"取消本次密码修改

13.4.3 配置记录方案

使用 HWTACACS 方式进行认证、授权时，管理员用户对设备进行配置过程中，可能会由于错误的操作引起网络故障。通过在服务器上按表 13-20 所示配置记录方案，记录相关配置信息，当网络出现故障时，可以根据服务器上的记录信息进行故障定位。

表 13-20　　　　　　　　　　　　**HWTACACS 方式记录方配置步骤**

步骤	命令	说明
1	**system-view** 例如：<HUAWEI> **system-view**	进入系统视图
2	**aaa** 例如：[HUAWEI] **aaa**	进入 AAA 视图
3	**recording-scheme** *recording-scheme-name* 例如：[HUAWEI-aaa] **recording-scheme** scheme0	创建一个记录方案，并进入记录方案视图。参数用来指定所创建的记录方案名称，字符串形式，区分大小写，长度范围是 1～32，不支持空格，不能仅配置为"-"或"--"，且不能包含字符"/""\"":""*""?"""""<"">""|""@""'""%"。 缺省情况下，设备中没有记录方案，可用 **undo recording-scheme** *recording-scheme-name* 命令删除指定的记录方案
4	**recording-mode hwtacacs** *template-name* 例如：[HUAWEI-aaa-recording-scheme0] **recording-mode hwtacacs** tacacs1	将记录方案与前面配置的 HWTACACS 服务器模板进行关联。 缺省情况下，记录方案没有与 HWTACACS 服务器模板相关联，可用 **undo recording-mode** 命令取消与记录方案相关联的 HWTACACS 服务器模板

（续表）

步骤	命令	说明
5	**quit** 例如：[HUAWEI-aaa-recording-scheme0] **quit**	返回 AAA 视图
6	**cmd recording-scheme** *recording-scheme-name* 例如：[HUAWEI-aaa] **cmd recording-scheme** scheme0	配置记录方案的记录策略，记录用户在设备上执行过的命令，主要是针对管理类用户。参数 *recording-scheme-name* 用来指定本表第 3 步已创建的记录方案名称。 缺省情况下，不记录用户在设备上执行过的命令，可用 **undo cmd recording-scheme** 命令删除记录策略，不记录用户在设备上执行过的命令
7	**outbound recording-scheme** *recording-scheme-name* 例如：[HUAWEI-aaa] **outbound recording-scheme** scheme0	配置记录方案的记录策略，配置记录连接信息。参数 *recording-scheme-name* 用来指定本表第 3 步已创建的记录方案名称。 缺省情况下，不记录连接信息，可用 **undo outbound recording-scheme** 命令删除该记录策略，不记录连接信息
8	**system recording-scheme** *recording-scheme-name* 例如：[HUAWEI-aaa] **system recording-scheme** scheme0	配置记录方案的记录策略，记录设备的系统级事件。参数 *recording-scheme-name* 用来指定本表第 3 步已创建的记录方案名称。 缺省情况下，不记录系统级事件，可用 **undo system recording-scheme** 命令删除记录策略，即不进行相应的记录

13.4.4 在域下应用 AAA 方案

创建的认证方案、授权方案和计费方案，以及业务方案、HWTACACS 服务器模板，只有在用户所属域下应用后才能在对应用户登录设备或接入网络时生效，具体的应用配置步骤见表 13-21（总体与 13.3.5 节的配置一样）。

表 13-21 在域下应用 AAA 方案的配置步骤

步骤	命令	说明
1	**system-view** 例如：<HUAWEI> **system-view**	进入系统视图
2	**aaa** 例如：[HUAWEI] **aaa**	进入 AAA 视图
3	**domain** *domain-name* [**domain-index** *domain-index*] 例如：[HUAWEI-aaa]**domain** mydomain	创建域并进入域视图或进入一个已存在的域视图。其他说明参见 13.2.5 节表 13-14 的第 3 步
4	**authentication-scheme** *authentication-scheme-name* 例如：[HUAWEI-aaa-domain-mydomain] **authentication-scheme** scheme1	在以上域中绑定要使用的认证方案（必须已在 13.4.1 节已配置），其他说明参见 13.3.4 节表 13-17 中的第 5 步
5	**authorization-scheme** *authorization-scheme-name* 例如：[HUAWEI-aaa-domain-mydomain]**authorization-scheme** author1	在以上域中绑定要使用的授权方案（必须已在 13.4.1 节已配置）。 缺省情况下，域下没有绑定授权方案，可用 **undo authorization-scheme** 命令取消域的授权方案

（续表）

步骤	命令	说明
6	**accounting-scheme** *accounting-scheme-name* 例如：[HUAWEI-aaa-domain-mydomain] **accounting-scheme** account1	在以上域中绑定要使用的计费方案（必须已在 13.4.1 节已配置），其他说明参见 13.3.4 节表 13-17 中的第 6 步
7	**service-scheme** *service-scheme-name* 例如：[HUAWEI-aaa-domain-mydomain] **service-scheme** services1	（可选）在以上域中绑定要使用的业务方案。业务方案是在 13.2.3 节表 13-12 中创建并配置的，选择所需的方案即可。只有在域下应用业务方案，业务方案中的授权配置才能生效，如果没有业务方案，则不用进行本步设置。 缺省情况下，域下没有绑定任何业务方案，可用 **undo service-scheme** 命令解除域和业务方案的绑定关系
8	**hwtacacs-server** *template-name* 例如：[HUAWEI-aaa-domain-mydomain] **hwtacacs-server** template1	关联域的 HWTACACS 服务器模板（已在 13.4.2 节创建并配置好）。 缺省情况下，没有关联域的 HWTACACS 服务器模板，可用 **undo hwtacacs-server** 命令删除所关联的域的 HWTACACS 服务器模板
9	**user-group** *group-name* 例如：[HUAWEI-aaa-domain-mydomain] **user-group** ftp	（可选）配置以上域中要下发的用户组授权。授权用户组的配置方法参见 13.2.2 节的表 13-10。 缺省情况下，未配置对域下的用户下发用户组授权（**仅在 NAC 传统模式下支持**），可用 **undo user-group** 命令取消对域下的用户下发用户组授权

配置域的状态和流量统计功能、域名解析方案和无线用户的允许域，参见 13.2.4 节表 13-14 中的第 8～17 步

13.4.5　HWTACACS 方式认证、授权和计费配置管理

以上配置完成后，可在任意视图下通过以下 **display** 命令查看相关配置，验证配置结果。

■ **display aaa configuration**：查看 AAA 的概要信息。

■ **display authentication-scheme** [*authentication-scheme-name*]：查看认证方案的配置信息。

■ **display authorization-scheme** [*authorization-scheme-name*]：查看授权方案的配置信息。

■ **display accounting-scheme** [*accounting-scheme-name*]：查看计费方案的配置信息。

■ **display recording-scheme** [*recording-scheme-name*]：查看记录方案的配置信息。

■ **display service-scheme** [**name** *name*]：查看业务方案的配置信息。

■ **display hwtacacs-server template** [*template-name* [**verbose**]]：查看 HWTACACS 服务器模板的配置信息。

■ **display hwtacacs-server accounting-stop-packet** { **all** | *number* | **ip** *ip-address* }：查看 HWTACACS 服务器的计费停止报文信息。

■ **display domain** [**name** *domain-name*]：查看域的配置信息。

■ **display aaa statistics access-type-authenreq**：查看认证请求数。

■ **display access-user user-name-table statistics** { **all** | **username** *username* }：查看根据用户名进行接入控制的用户统计信息。

13.4.6　HWTACACS 方式认证、授权和计费配置示例

本示例的拓扑结构如图 13-12 所示，本示例要求采用 HWTACACS 认证、授权和计费方案，HWTACACS 主用服务器 IP 地址为 10.7.66.66/24，备用服务器 IP 地址为10.7.66.67/24，服务器的认证、授权和计费端口号均为 49。具体用户要求如下。

① Switch 对接入用户先用 HWTACACS 服务器进行认证，如果认证没有响应，再使用本地认证。

② 接入的用户进行用户等级提升时，要求先使用 HWTACACS 对其进行认证，如果 HWTACACS 认证没有响应，再使用本地认证。

③ Switch 对接入用户先用 HWTACACS 服务器进行授权，如果授权没有响应，再使用本地授权。

④ Switch 对接入用户采用 HWTACACS 计费，且要求对用户进行实时计费，计费间隔为 3min。

1. 基本配置思路分析

本示例总体的配置思路与 13.3.7 节的配置思路是一样的，不同的只是本示例中采用的是 HWTACACS 方案，需要另外配置授权方案。根据前面各小节的介绍可得出本示例如下的基本配置思路（同样因为示例中没有特定的应用层业务应用要求，所以不需配置业务方案）。

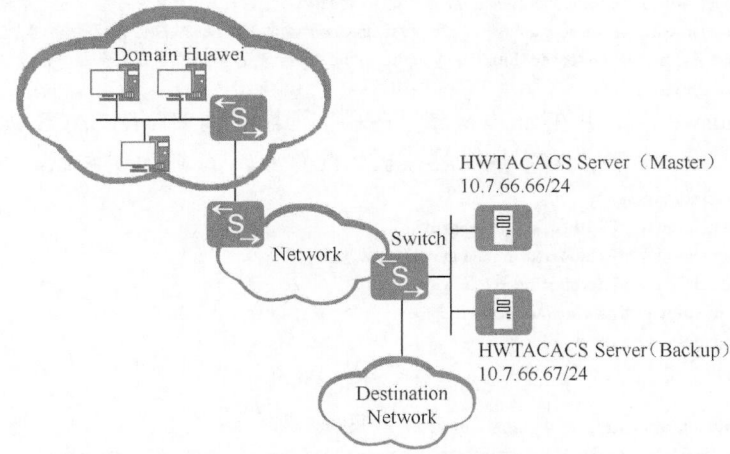

图 13-12　HWTACACS 方式认证、授权和计费配置示例的拓扑结构

① 配置 AAA 方案，其中 HWTACACS 认证方案/授权方案，以及用户提升级别的认证方案均为先 HWTACACS 方案，然后本地方案。另外采用 HWTACACS 计费方案。

② 配置 HWTACACS 服务器模板，配置好主/备认证、授权和计费服务器 IP 地址、TCP 端口，以及设备与 HWTACACS 服务器通信的共享密钥。

③ 在 huawei 域下应用 HWTACACS 服务器模板、认证方案、授权方案和计费

方案。配置默认域为 huawei，使用户输入用户账户不带域名时直接识别为 huawei 域中的用户。

④ 配置备用的本地认证方案。

2. 具体配置步骤

① 配置 AAA HWTACACS 认证方案、授权方案、计费方案。

```
<HUAWEI> system-view
[HUAWEI] sysname Switch
[Switch] aaa
[Switch-aaa] authentication-scheme l-h    #---创建名为 l-h 的认证方案
[Switch-aaa-authen-l-h] authentication-mode hwtacacs local    #—配置认证模式为先进行 HWTACACS 认证，后进行本地认证
[Switch-aaa-authen-l-h] authentication-super hwtacacs super    #---配置用户级别提升认证模式为先进行 HWTACACS 认证，后进行本地认证
[Switch-aaa-authen-l-h] quit
[Switch-aaa] authorization-scheme hwtacacs    #---创建名为 hwtacacs 的授权方案
[Switch-aaa-author-hwtacacs] authorization-mode hwtacacs local #---配置授权模式为先进行 HWTACACS 授权，后进行本地授权
[Switch-aaa-author-hwtacacs] quit
[Switch-aaa] accounting-scheme hwtacacs    #---创建名为 hwtacacs 的计费方案
[Switch-aaa-accounting-hwtacacs] accounting-mode hwtacacs #---配置计费模式为 HWTACACS
[Switch-aaa-accounting-hwtacacs] accounting start-fail online    #---配置如果开始计费失败，允许用户上线
[Switch-aaa-accounting-hwtacacs] accounting realtime 3 #---配置实时计费间隔为 3min
[Switch-aaa-accounting-hwtacacs] quit
```

② 配置 HWTACACS 服务器模板。

```
[Switch] hwtacacs-server template ht    #---配置 HWTACACS 服务器模板 ht
[Switch-hwtacacs-ht] hwtacacs-server authentication 10.7.66.66 49 #---配置 HWTACACS 主用认证服务器的 IP 地址和端口
[Switch-hwtacacs-ht] hwtacacs-server authorization 10.7.66.66 49 #---配置 HWTACACS 主用授权服务器的 IP 地址和端口
[Switch-hwtacacs-ht] hwtacacs-server accounting 10.7.66.66 49 #---配置 HWTACACS 主用计费服务器的 IP 地址和端口
[Switch-hwtacacs-ht] hwtacacs-server authentication 10.7.66.67 49 secondary #—配置 HWTACACS 备用认证服务器的 IP 地址和端口
[Switch-hwtacacs-ht] hwtacacs-server authorization 10.7.66.67 49 secondary #—配置 HWTACACS 备用授权服务器的 IP 地址和端口
[Switch-hwtacacs-ht] hwtacacs-server accounting 10.7.66.67 49 secondary #—配置 HWTACACS 备用计费服务器的 IP 地址和端口
[Switch-hwtacacs-ht] hwtacacs-server shared-key cipher hello #---配置 HWTACACS 服务器共享密钥
[Switch-hwtacacs-ht] quit
```

③ 配置 huawei 域，并在 huawei 域下应用前面配置的 HWTACACS 认证方案、授权方案、计费方案和 HWTACACS 服务器模板。配置 huawei 域为默认域。

```
[Switch-aaa] domain huawei
[Switch-aaa-domain-huawei] authentication-scheme l-h
[Switch-aaa-domain-huawei] authorization-scheme hwtacacs
[Switch-aaa-domain-huawei] accounting-scheme hwtacacs
[Switch-aaa-domain-huawei] hwtacacs-server ht
[Switch-aaa-domain-huawei] quit
[Switch-aaa] quit
[Switch] quit
[Switch] domain huawei admin    #---指定 huawei 域为默认域
```

④ 配置本地认证方案，当与指定的两台 HWTACACS 服务器均联系不上时，采用本地认证方式。假设用户账户名为 winda，密码为 huawei@123，支持 HTTP 服务，接入成功后拥有最高级别的管理权限。

```
[Switch] aaa
[Switch-aaa] local-user winda password irreversible-cipher huawei@123
[Switch-aaa] local-user winda service-type http
[Switch-aaa] local-user winda privilege level 15
[Switch-aaa] quit
```

　　配置好后，在 Switch 上执行 **display hwtacacs-server template** 命令，可以查看到该 HWTACACS 服务器模板的配置与上面的配置是否一致。同时可在 Switch 上执行 **display domain** 命令查看到该域的配置，具体如下。

```
<Switch> display domain name huawei

  Domain-name                        : huawei
  Domain-state                       : Active
  Authentication-scheme-name         : l-h
  Accounting-scheme-name             : hwtacacs
  Authorization-scheme-name          : hwtacacs
  Service-scheme-name                : -
  RADIUS-server-template             : -
  HWTACACS-server-template           : ht
  User-group                         : -
```

第 14 章
NAC 配置与管理

本章主要内容

NAC（网络接入控制）是一套从用户终端角度考虑内部网络安全的"端到端"安全解决方案总称，在华为设备中，目前包括 802.1X 认证、MAC 认证和 Portal 认证 3 种接入控制方式，同时适用于有线和 WLAN 无线接入用户。

本章将首先介绍 802.1X 认证、MAC 认证和 Portal 认证的工作原理，然后按照最新支持的 NAC 统一模式配置方式分别介绍接入模板、认证模板和 NAC 应用这 3 大配置任务的具体配置与管理方法（因篇幅原因，传统模式配置方式不再介绍）。在 NAC 统一模式中，接入模板要区分所采用的不同认证方式来配置，认证模板和 NAC 应用都是 3 种认证方式统一配置，配置思路更清晰。

14.1　NAC 基础

NAC（Network Admission Control，网络接入控制）是一套从用户终端角度考虑内部网络安全的"端到端"（从接入用户端到认证服务器端）安全解决方案的总称。

14.1.1　NAC 简介

华为设备中，NAC 功能包括 802.1X 认证、MAC 认证与 Portal 认证 3 种接入控制方式，都采用如图 14-1 所示的安全架构模型，包括 NAC 终端、网络准入设备和准入服务器。

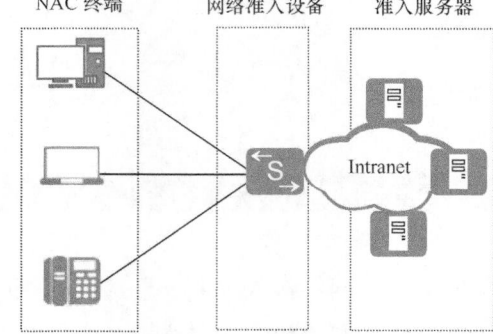

图 14-1　NAC 典型组网模型

■　NAC 终端：终端用户所使用的设备，如 PC 机、笔记本电脑、平板电脑、网络打印机、IP 电话、智能手机等，与网络接入设备通过交互方式完成用户的接入认证功能。如果采用 802.1X 认证方式，用户终端还需要安装客户端软件。

■　网络准入设备：NAC 终端接入网络时所连接的设备，即要配置 802.1X 认证、MAC 地址或 Portal 认证功能的接入设备，如网络交换机，负责按照客户网络制定的安全策略，实施相应的准入控制（允许、拒绝、隔离或限制）。但不一定是直接连接 NAC 终端的交换机设备。

■　准入服务器：注意，这里所说的"准入服务器"不仅包括用于真正进行远程身份认证、授权和计费的 AAA 服务器，还包括用户在通过认证前，或者认证失败时可供用户访问的一些公共服务器资源，如系统更新服务器、病毒库服务器和补丁服务器等。

802.1X 认证、MAC 认证和 Portal 认证都是 NAC 的接入控制方案，它们具有各自的优缺点，具体比较见表 14-1。

表 14-1　　　　　　　　　　　　　3 种 NAC 认证方式的比较

对比项	802.1X 认证	MAC 认证	Portal 认证
是否需要客户端	需要	不需要	不需要
优点	安全性高	无需安装客户端	部署灵活
缺点	部署不灵活	需登记 MAC 地址，管理复杂	安全性不高
适合场景	新建网络、用户集中、信息安全要求严格的场景	打印机、传真机等哑终端接入认证的场景	用户分散、用户流动性大的场景

在 NAC 网络部署中，为了灵活地适应网络环境中的多种认证需求，设备支持在接入用户的接口上对 802.1X 认证、MAC 认证、Portal 认证进行同时部署，即配置混合认证。部署混合认证后，设备先接收到哪种认证报文，就会优先触发哪种认证方式。

14.1.2　NAC 的两种配置模式

华为设备的 NAC 功能目前有"传统模式"和"统一模式"两种配置模式，其中统一模式是自 V200R005C00 版本才开始支持的（以前版本所支持的 NAC 配置模式称之为"传统模式"），但是在新的 VRP 系统中同时提供了这两种模式的配置方法。

NAC 传统模式和统一模式的本质区别就是在配置方式上，原理上其实还是一样的。传统模式中，802.1X 认证、MAC 认证和 Portal 认证是各自独立配置的，所以在许多相似功能的配置中，就需要各自采用不同的命令进行配置，如免认证、认证前、认证失败用户的资源授权（要配置多种不同的 VLAN，如 Guest VLAN、Restrict VLAN 和 Critical VLAN），又如用户接入模式的配置等。但在统一模式中，则把 3 种认证方式的配置进行了集中、统一考虑（毕竟这 3 种认证方式对用户接入控制的基本思想还是一样的，不同的只是实现方式），采取了模板化的配置策略，针对 3 种认证方式的共同配置，则只需要通过一条命令配置即可，不仅简化了配置思路，而且使配置更优化。

说明 华为设备的 NAC 功能在配置方面目前觉得有些复杂，不仅因为自 V200R005C00 版本以来引入了新的统一模式，更主要的是，目前统一模式 NAC 的配置方法在不同 VRP 版本中还有较大的区别，需要大家分别掌握。受篇幅限制，在此仅以最新的 V200R013C00 版本介绍 NAC 统一模式的具体配置方法。

另外，统一模式也更加符合现实的网络环境，因为大多数情况下，网络中有采用不同认证方式需求的用户，如有的用户终端只能进行 MAC 认证（如打印机）；有的用户终端安装了 802.1X 客户端软件，可以进行 802.1X 认证；有的用户终端只希望通过 Web 访问进行 Portal 认证。如果采用传统模式，则在每个设备上同时配置这 3 种认证方式，而采用统一模式后，只需要配置支持这 3 种认证的接入模板和认证模板即可，让系统自动根据用户类型选择不同的认证方式，而且许多公共配置只需要集中配置一次即可，大大简化了 NAC 配置。

因为 NAC 统一模式配置集中考虑了 3 种认证方式，在配置命令上与传统模式存在较大的区别，所以在统一模式和传统模式中的命令不完全互通，这点要特别注意。

14.1.3　NAC 统一模式基本认证流程

本节仅就各种 NAC 认证方式下通用的基本认证流程进行介绍，如图 14-2 所示，具体说明如下。

① NAC 终端接入网络时，首先通过接入设备（也即前面介绍的"网络准入设备"）进行用户身份认证。当然，在这个身份认证过程中，有可能由接入设备自身进行（NAC 认证方式配置采用 AAA 本地认证方式时），也可能由接入设备和安全策略服务器（例如 AAA 服务器、各种准入服务器）配合，通过远端认证方式完成对用户的身份认证。

② 对于认证通过的用户，安全策略服务器下发授权信息给接入设备。对于认证失败的用户，接入设备对其进行隔离。

③ 接入设备根据安全策略服务器下发的授权信息，对终端用户的网络访问权限进行控制，并在用户终端与安全策略服务器之间建立通信的通道，以便认证前、认证失败，

用户可根据配置访问所需的服务器资源。

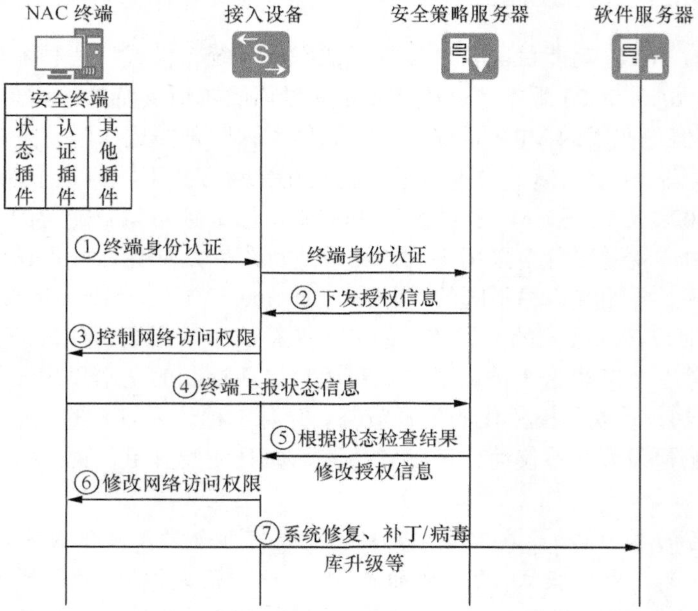

图 14-2　NAC 基本认证流程示意

④ NAC 终端和安全策略服务器之间有了可以通信的通道后，它们之间就可以直接交互了，终端会向安全策略服务器上报自己的状态信息，包括病毒库版本、操作系统版本、终端上安装的补丁版本等信息。

⑤ 安全策略服务器检查终端上报的状态信息，对于不符合企业安全标准的 NAC 终端（如要进行 802.1X 认证，但终端没有安装 802.1X 客户端软件），安全策略服务器会重新下发授权信息给接入设备。

⑥ 接入设备再根据安全策略服务器下发的授权信息，修改终端用户的网络访问权限，使终端可以有权访问被授权的服务器资源。

⑦ 最后，NAC 终端根据状态检查的结果，接入相应的服务器进行 802.1X 客户端程序下载、系统修复、补丁/病毒库升级等处理，直到符合企业的安全标准。

14.1.4　802.1X 协议基础

802.1X 是由 IEEE 制定的关于用户接入网络的认证标准，全称是"基于端口的网络接入控制"。最初，802.1X 协议是由 IEEE802 LAN/WAN 委员会为解决无线局域网网络安全问题而开发的（所以 802.1X 先天支持 WLAN 网络中的安全认证），后来，802.1X 协议作为局域网接口的一个普通接入控制机制，在以太网中广泛应用，主要解决以太网内认证和安全方面的问题。

1. 802.1X 认证系统组成

802.1X 认证系统采用网络应用系统典型的 Client/Server（C/S）结构，包括 3 个部分：客户端（Client）、设备端（Device）和认证服务器（Server），如图 14-3 所示。它与图 14-1 中的 NAC 模型结构——对应。

图 14-3　802.1X 认证系统示意

说明 802.1X 认证场景中，如果使能 802.1X 认证的交换机和用户之间存在二层交换机，则需要在二层交换机上配置 802.1X 认证报文二层透明传输功能（具体的内容本章后面将介绍），否则用户无法认证成功。

① 客户端：代表要进行认证，或者要访问网络的用户，是局域网用户终端设备，但必须是支持 EAPOL（Extensible Authentication Protocol over LAN，局域网可扩展认证协议）的设备（如 PC 机），可通过启动客户端设备上安装的 802.1X 客户端软件发起 802.1X 认证。

② 接入设备：是网络中接入客户端的设备（通常是交换机），相当于进入网络的"门卫"，也必须支持 802.1X 协议，对所连接的客户端进行认证。它为客户端提供接入局域网的端口，可以是物理端口，也可以是逻辑端口（如 Eth-Trunk 口）。

③ 认证服务器：为设备端 802.1X 协议提供认证服务的设备，也是真正对用户进行安全认证的设备，相当于要做出是否允许某客户端接入网络，允许用户访问什么网络资源，并可对用户访问被授予资源进行计费的"法官"，实现对用户进行认证、授权和计费，通常为 RADIUS 服务器。

2. 受控/非受控端口

接入设备为客户端提供接入局域网的端口，这个端口被划分为两个逻辑端口：受控端口和非受控端口。

■ 非受控端口始终处于双向连通状态，主要用来传递 EAPOL 协议帧，保证客户端始终能够发出或接收 802.1X 协议认证报文。

■ 受控端口在授权状态下处于双向连通状态，用于传递用户业务报文；在非授权状态下，受控端口禁止从客户端接收任何业务报文。

3. 授权/非授权状态

接入设备利用 RADIUS 认证服务器对需要接入局域网的客户端执行认证，并根据认证结果（Accept 或 Reject）对受控端口的授权/非授权状态进行相应的控制。

图 14-4 显示了受控端口上不同的授权状态对通过该端口报文的影响。图中对比了两个 802.1X 认证系统的端口状态。系统 1 的受控端口处于非授权状态（相当于端口开关打开），不能发送和接收数据；系统 2 的受控端口处于授权状态（相当于端口开关闭合），可以接收和发送业务数据。但两个系统均可以发送和接收 EAPOL 协议帧。

4. 802.1X 认证的触发方式

要对用户的接入进行认证，首先要

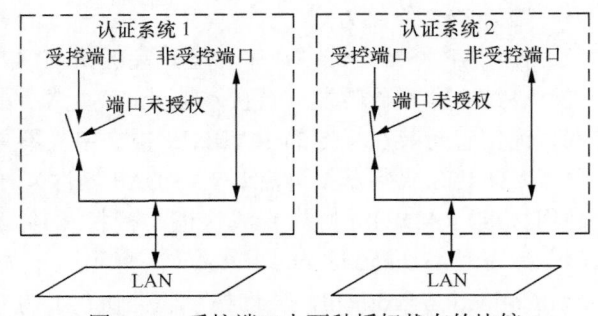

图 14-4　受控端口上两种授权状态的比较

有触发认证的条件，否则设备怎么知道要对访问网络的用户进行身份验证。802.1X 的认证过程可以由客户端主动发起，也可以由接入设备主动发起。

在客户端主动触发的方式中，客户端设备在访问网络时主动开启所安装的 802.1X 客户端程序，通过输入用户名和密码向接入设备发送 EAP（Extensible Authentication Protocol，可扩展身份验证协议）报文来触发认证。而在接入设备主动触发方式中，接入设备在接收到客户端发送的 DHCP/ARP 报文后（代表该用户要访问网络），主动触发客户端自动弹出 802.1X 客户端程序界面，然后由用户输入用户名和密码来启动认证。

5. 802.1X 的认证方式

无论是哪种触发方式，802.1X 认证系统都是使用 EAP 来实现客户端、接入设备和认证服务器之间认证信息的交换。在客户端与接入设备之间是二层连接，客户端使用基于以太局域网的 EAPOL 格式封装 EAP 报文，发送给接入设备，但接入设备发给客户端的仍是标准的 EAP 报文。

接入设备与认证服务器（**只能是 RADIUS 服务器，显然只能采用 RADIUS 认证方案**）之间的 EAP 报文可以使用以下两种方式进行交互。

（1）EAP 中继方式

在 EAP 中继方式中，来自客户端的 EAP 报文到达接入设备后，直接使用 EAPOR（EAP over RADIUS）格式封装在 RADIUS 报文的属性（Attribute）部分（参见本书第 13 章 13.1.3 节的图 13-3），再发送给 RADIUS 服务器，而 RADIUS 服务器从封装的 EAP 报文中获取客户端认证信息，然后对客户端进行认证。

说明 EAP 中继方式需要 RADIUS 服务器支持 EAP 属性（每个 RADIUS 属性均包括：Type、Length 和 Value 3 部分）：EAP-Message 和 Message-Authenticator。EAP-Message 属性用来封装 EAP 报文，Message-Authenticator 属性用于封装 EAP、CHAP 认证中的认证字信息。在含有 EAP-Message 属性的数据包中，必须同时也包含 Message-Authenticator 属性，否则该数据包会被认为无效而丢弃。

这种认证方式的优点是接入设备的工作很简单，不需要对来自客户端的 EAP 报文进行任何处理，只需要用 EAPOR 对 EAP 报文进行封装，发给 RADIUS 服务器即可。在这种认证方式中，客户端与 RADIUS 服务器之间可支持 CHAP 和多种 EAP 认证方法，例如 MD5-Challenge、EAP-TLS、PEAP 等，但要求 RADIUS 服务器端也支持相应的认证方法。

（2）EAP 终结方式

在 EAP 终结方式中，来自客户端的 EAP 报文（也是 EAPOL 格式）在接入设备上进行终结（即不再转发，直接本地处理），然后由接入设备将从 EAP 报文中提取的客户端认证信息封装在**标准的 RADIUS 报文中（不再是 EAPOR 格式）**发给 RADIUS 服务器（RADIUS 服务器不再需要支持 EAP 属性）。此时，接入设备和 RADIUS 服务器之间利用标准 RADIUS 协议完成认证、授权和计费工作，RADIUS 服务器只需采用 PAP（Password Authentication Protocol，密码验证协议）或 CHAP（Challenge Handshake Authentication Protocol，质询握手验证协议）方式对客户端进行认证（比 EAP 中继方式所支持的认证方式要少）。

这种认证方式的优点是现有的 RADIUS 服务器基本均支持 PAP 和 CHAP 认证，无需升级服务器，但接入设备的工作比较繁重，因为在这种认证方式中，接入设备不仅要从来自客户端的 EAP 报文中提取客户端认证信息，还要通过标准的 RAIUDS 协议对这些信息进行封装，且不能支持除 MD5-Challenge 之外的其他 EAP 认证方法。

14.1.5　EAP 帧格式

EAP 是一种普遍使用的、支持多种认证方法的认证框架协议，在 RFC 3748 中定义，最初是作为 PPP 的扩展身份认证协议，与 PPP 中基于身份的认证协议 CHAP 和 PAP 位于同一层次，工作在数据链路层。但 EAP 不仅可以直接运行于 PPP 链路上，还可通过 EAPOL 封装运行在 IEEE 802 各协议（包括有线以太网 802.3、无线 WLAN 802.11）链路之上。图 14-5 描述了 EAP 与一些相关协议在网络体系结构中的层次关系）。下面介绍 EAP 在 PPP 和 IEEE 802 链路上的帧格式。

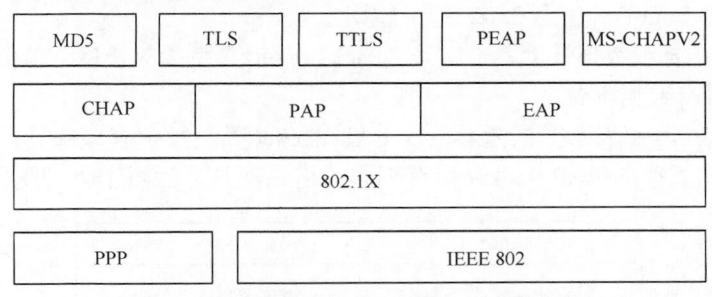

图 14-5　EAP 及相关协议在体系结构中的层次关系

1. 在 PPP 链路上的 EAP 报文格式

当 PPP 通信双方确定采用 EAP 作为身份认证协议时，PPP 帧头中的"协议"字段值是 0xC227 表示 PPP 帧的"信息"字段里封装的是一个完整的 EAP 报文。此时在 PPP 帧头部分包含一个 PPP 扩展配置选项，用于标识这是一个 PPP EAP 帧。PPP 扩展配置选项的格式如图 14-6 所示，一共 4 字节。

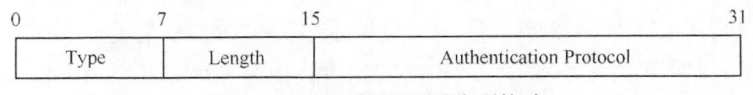

图 14-6　PPP 扩展配置选项格式

■ Type（类型）：1 字节，此时为 3，代表这是一个身份认证类型 PPP 帧。

■ Length（长度）：1 字节，固定为 4，代表整个配置选项的长度为 4 字节。

■ Authentication Protocol：两字节，十六进制的 C227 ，代表身份认证协议为 EAP，与 PPP 帧头中的"协议"字段值一样。

2. IEEE 802/Ethernet 链路上的 EAP 帧格式

以上介绍的是 EAP 在 PPP 链路上的封装，如果在以太网链路上传输，EAP 需要采用 EAPOL 封装格式，由 IEEE-802.1X 协议定义，具体格式如图 14-7 所示。

① PAE（Port Access Entity）Ethernet Type：2 字节，表示协议类型，为 0x888E，代表 802.1X 协议。

PAE Etherent Type	
Protocol Version	Type
Length	
Packet Body	

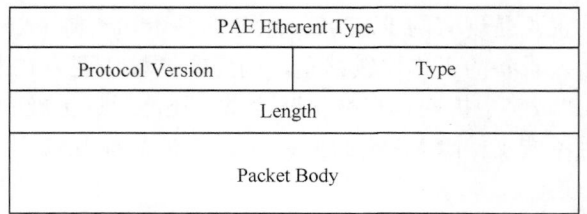

图 14-7　EAPOL 帧格式

② Protocol Version：1 字节，表示 EAPOL 帧的发送方所支持的 802.1X 协议版本号，1 或 2。

③ Type：1 字节，表示 EAP 帧类型，主要包括以下几种。

■ EAP-Packet（值为 0x00）：认证信息帧，用于承载认证信息。

■ EAPOL-Start（值为 0x01）：认证开始帧。

■ EAPOL-Logoff（值为 0x02）：下线请求帧。

④ Length：表示数据长度，也就是“Packet Body”字段的长度，单位为字节。如果为 0，则表示没有数据部分。

⑤ Packet Body：表示数据内容，仅 EAP-Packet 类型帧中有该部分，但也分多种不同类型，且不同类型的 EAP-Packet 帧有不同的格式，具体如图 14-8 所示。

Code	Identifier
Length	
Data	

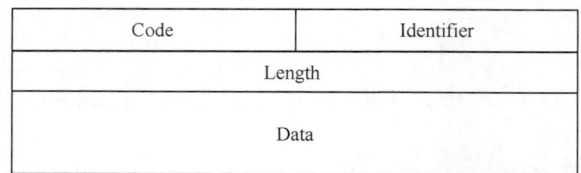

图 14-8　EAP 报文中 Packet Body 部分的格式

■ Code：1 字节，指明 EAP 帧类型，共有 4 种，即 1 为 EAP-Request（认证请求），2 为 EAP-Response（认证响应），3 为 EAP-Success（认证成功），4 为 EAP-Failure（认证失败）。如果 EAP 帧的该字段为其他值，则应被丢弃。

■ Identifier：1 字节，帧序列号，一对请求/应答帧的 ID 号是一致的。

■ Length：2 字节，标识整个 EAP 帧的长度，包含 Code、Identifier、Length 和 Data 域，单位为字节。

■ Data：0 或多字节，数据字段，是具体的 EAP 消息，由 Code 类型决定。

RFC 3748 中定义的 EAP-Success 和 EAP-Failure 类型的 EAP 帧没有 Data 部分，相应的 Length 字段的值就固定为 4。但是在某些软件的实现中，为了说明认证失败的原因，在 Length 字段后面增加了字段用于说明下线的原因，故此时 Length 字段的值可能为其他值。而 EAP-Request 和 EAP-Response 类型帧的 Data 字段格式如图 14-9 所示。

Type	Type Data

图 14-9　EAP-Request 和 EAP-Response 帧中 Data 字段的格式

Type 字段用来指定 EAP 帧中携带的认证信息类型，Type Data 字段中的内容由类型

决定。例如，Type 值为 1 时代表 Identity，用来询问对方的身份；Type 值为 4 时，代表
MD5-Challenge 消息，类似于 PPP CHAP，包含质询消息。

14.1.6 802.1X 认证流程

下面接入设备与 RADIUS 服务器之间的 EAP 中继和 EAP 终结两种交互方式下的
802.1X 认证流程进行具体的介绍。

1. EAP 中继方式下的 802.1X 认证流程

通过前面的介绍已经知道，对于 EAP 中继方式，客户端与接入设备之间传输的是以
EAPOL 格式封装的 EAP 报文，而接入设备与 RADIUS 服务器之间传输的是 EAPOR 格
式的 RADIUS 报文。802.1X 的基本认证流程如图 14-10 所示（以客户端主动触发方式为
例进行介绍），具体说明如下。

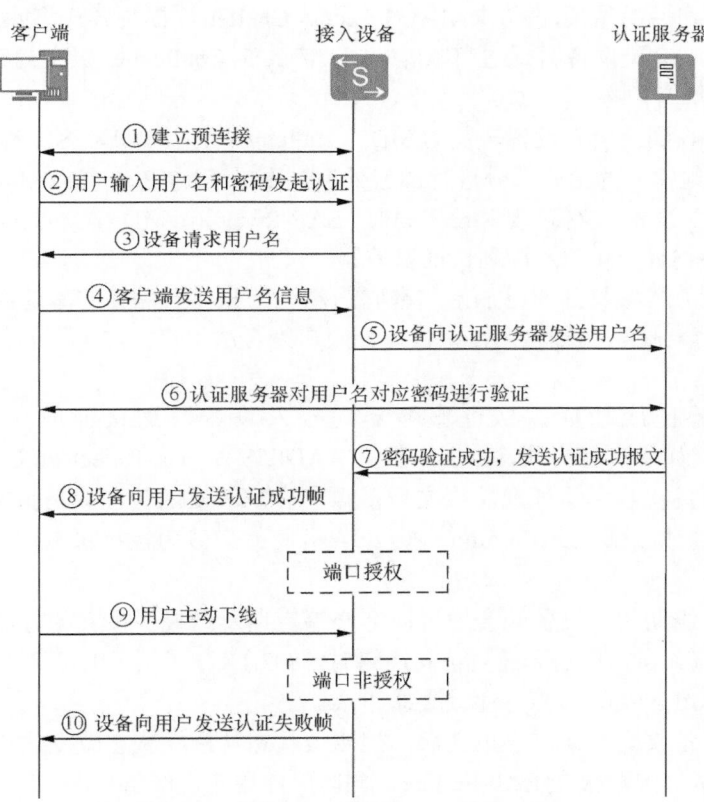

图 14-10 EAP 中继方式的 802.1X 认证流程

① 无论是哪种方式，要进行 802.1X 认证，首先客户端必须与接入设备之间建立通
信连接，当然，此时的连接还不是完全意义的连接，因为客户端设备还没有经过认证，
所以称之为"预连接"。

② 当用户需要访问外部网络时，打开 802.1X 客户端程序，输入已经申请、登记过
的用户名和密码，发起连接请求。此时，802.1X 客户端程序将向接入设备发出 EAP 认
证，请求报文 EAPOL-Start，开启一次认证过程。

③ 接入设备收到认证请求报文后，向客户端发出 EAP 用户名请求报文 EAP-Request/Identity，要求用户的 802.1X 客户端程序发送用户输入的用户名。

④ 客户端收到 EAP 用户名请求报文后，802.1X 客户端程序响应接入设备发出的请求，通过 EAP-Response/Identity 报文将用户名信息发送给接入设备。

⑤ 接入设备在收到客户端发送的用户名信息后，以 EAPOR 格式的 RADIUS Access-Request 报文发送给 RADIUS 认证服务器进行处理。

⑥ RADIUS 认证服务器收到接入设备转发的用户名信息后，按照如下方式对其密码进行验证。

■ 首先认证服务器将所收到的用户名信息与本地数据库中的用户名列表进行对比，找到该用户名对应的密码信息。

■ 然后认证服务器用随机生成的一个 MD5 Challenge（一个随机数）对密码进行加密处理，保存加密后的结果，并以 RADIUS Access-Challenge 报文方式将此 MD5 Challenge 发给接入设备，接入设备再通过 EAP-Request/MD5 Challenge 报文封装，把此 MD5 Challenge 发送给客户端。

■ 客户端收到由接入设备转发的 MD5 Challenge 后，802.1X 客户端程序用该 MD5 Challenge 对本地输入的密码部分进行加密处理，生成 EAP-Response/MD5 Challenge 报文并发送给接入设备，然后接入设备再把 EAP-Response/MD5 Challenge 报文封装在 RADIUS Access-Request 中发送到认证服务器。

■ 认证服务器将收到的已加密的密码信息后，和前面保存的本地经过加密运算后的密码信息进行对比。如果相同，则认为该用户为合法用户；如果不同，则认为该用户为非法用户。

⑦ 密码验证成功后，认证服务器向接入设备发送认证成功报文 RADIUS Access-Accept（如果认证失败，则发送报文 RADIUS-Access-Reject 报文）。

⑧ 接入设备在收到认证成功报文后，再向客户端发送认证成功报文 EAP-Success（如果认证失败，则发送 EAP-Failure 报文），并将接口改为授权状态，允许用户通过接口访问网络。

⑨ 用户在线期间，设备端会通过向客户端定期发送握手报文的方法，对用户的在线情况进行监测。当客户端无需再访问网络时，802.1X 客户端程序可以发送下线请求报文 EAPOL-Logoff 给接入设备，主动要求下线。

⑩ 接入设备收到下线请求报文后，把接口状态从授权状态改变成未授权状态，并向客户端发送认证失败报文 EAP-Failure，同时删除用户上线信息。

2. EAP 终结方式下的 802.1X 认证流程

EAP 终结方式与 EAP 中继方式的认证流程相比，不同之处在于第（5）和第（6）步。对于 EAP 终结方式，当接入设备将客户端发送的用户名信息发送给认证服务器时，会随机生成一个 MD5 Challenge，并以 EAP-Request/MD5 Challenge 报文发送给客户端（注意：此时 **MD5 Challenge 由接入设备生成而非认证服务器生成，与 EAP 中继方式不同**）。之后，接入设备会把用户名、MD5 Challenge 和客户端加密后的密码信息一起通过 EAP-Response/MD5 Challenge 报文发送给认证服务器，进行相关的认证处理。

14.1.7 MAC 认证原理

MAC 认证是一种基于端口和 MAC 地址对用户的网络访问权限进行控制的认证方法。它与前面介绍的 802.1X 认证相比,最大的特点就是不需要用户安装任何客户端软件,也不需要用户手动输入用户名或者密码,接入设备在启动了 MAC 认证的端口上首次检测到用户的 MAC 地址以后即启动对该用户的认证操作。很显然,这不是一种十分安全的认证方式,因为 MAC 地址完全可以仿冒。但 MAC 认证确实是一种比较有用的认证方式,因为它的配置和认证过程都很简单。

根据接入设备最终用于验证用户身份的用户名的格式和内容的不同,可以将 MAC 认证使用的用户名格式分为以下 3 种类型。

■ MAC 地址格式:设备使用用户主机的 MAC 地址作为用户名进行认证,同时可以使用 MAC 地址或者自定义的字符串作为密码。适用于客户端少量部署且 MAC 地址容易获取的场景,例如打印机。

■ 固定用户名形式:不论用户主机的 MAC 地址是什么,所有用户均使用接入设备上指定的一个固定用户名和密码替代用户主机的 MAC 地址作为身份信息进行认证。由于同一个接口下可以有多个用户进行认证,因此这种情况下接口上的所有 MAC 用户均使用同一个固定用户名进行认证,服务器端仅需要配置一个用户账户即可满足所有认证用户的认证需求,这适用于客户端比较可信的网络环境。

■ DHCP 选项格式:设备将获取到的用户 DHCP 选项字段以及一个固定的密码代替用户的 MAC 地址作为身份信息进行认证。该方式需保证设备支持通过 DHCP 报文触发 MAC 认证。

具体的 MAC 认证流程如图 14-11 所示,说明如下。

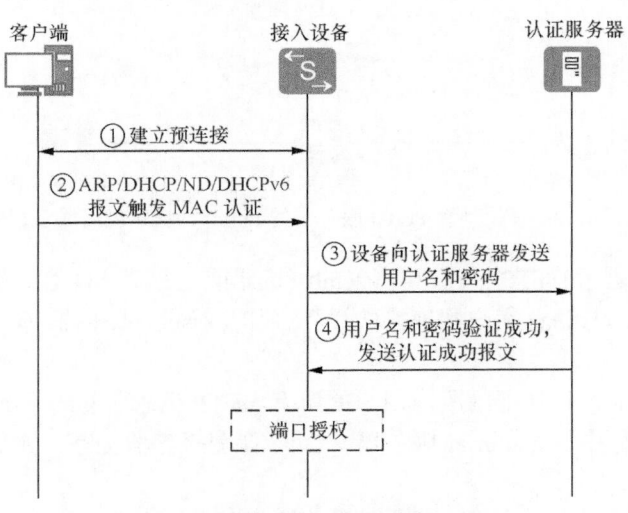

图 14-11 MAC 认证流程示意图

① 首先,与 802.1X 认证一样,先在客户端与接入设备之间建立预连接。

② 接入设备在检查到用户发送的 ARP/DHCP/ND/DHCPv6 中的任意一种报文,即触发用户的 MAC 认证。

③ 根据配置，设备将用户名和密码发送到认证服务器进行认证。

④ 认证服务器验证接收到的用户名和密码，验证成功后向设备发送认证成功报文。设备接收到认证成功报文后，将接口改为授权状态，允许用户通过接口访问网络。

14.1.8　Portal 认证原理

Portal 认证通常也称为 Web 认证，主要用于通过 Web 页面对用户访问互联网进行认证，特别适用于无线热点的用户访问互联网权限的控制。此时，用于 Portal 认证的网站称为门户网站，即用户只有通过该网站才能访问到外部互联网，以此来控制网络中用户访问 Internet 的权限。未认证用户上网时，设备强制用户登录到特定站点，此时用户可以免费访问其中的服务。

Portal 认证的触发方式与 802.1X 认证一样，也有主/被动之分，用户可以主动访问已知的 Portal 认证网站，然后输入用于认证的用户名和密码进行的认证称之为主动认证。反之，如果用户试图通过 HTTP 访问其他外网，将被强制访问 Portal 认证网站而触发的 Portal 认证过程称之为强制认证，或叫被动认证。

1．Portal 认证系统结构

在华为设备的 Portal 认证中，Portal 服务器既可以由接入设备之外的独立设备担当（此时称之为"外置 Portal 服务器"），也可以由接入设备自己担当（此时称之为"内置 Portal 服务器"）。

使用外置 Portal 服务器的 Portal 认证系统由 4 个基本要素组成：认证客户端、接入设备、Portal 服务器与认证/计费服务器，如图 14-12 所示。

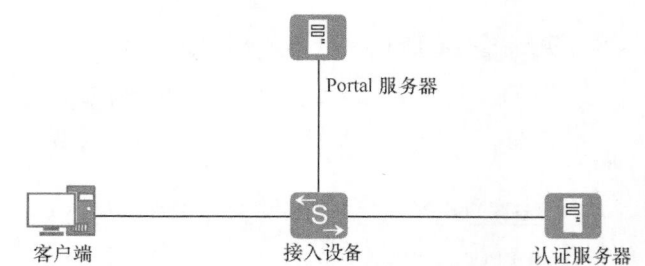

图 14-12　使用外置 Portal 服务器的 Portal 认证系统组成示意图

① 客户端：运行 HTTP/HTTPS 协议的浏览器或运行 Portal 客户端软件的主机。

② 接入设备：与认证客户端连接的设备（如交换机、路由器等），提供以下 3 方面作用。

■ 在认证之前，将认证网段内用户的所有 HTTP 请求都重定向到 Portal 服务器。

■ 在认证过程中，与 Portal 服务器、认证/计费服务器交互，完成身份认证/计费的功能。

■ 在认证通过后，允许用户访问被管理员授权的互联网资源。

③ Portal 服务器：接收 Portal 客户端认证请求的服务器端系统，提供免费门户服务和基于 Web 认证的界面，与接入设备交互认证客户端的认证信息。

④ 认证服务器：与接入设备进行交互，完成对用户的认证、授权与计费。

虽然看起来有 4 个部分，其实仍与前面图 14-1 所说到的 NAC 模型的 3 个部分是一样的，因为 Portal 服务器和认证/计费服务器都属于准入服务器。

使用内置 Portal 服务器的 Portal 认证系统由 3 个基本要素组成：认证客户端、接入设备和认证/计费服务器，如图 14-13 所示。这时，不同的只是接入设备与 Portal 服务器是由同一个设备担当了。

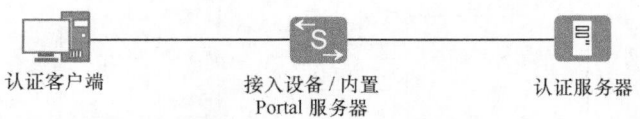

认证客户端　　　　　　接入设备 / 内置　　　　　　认证服务器
　　　　　　　　　　　　Portal 服务器

图 14-13　使用内置 Portal 服务器的 Portal 认证系统组成示意

通过内置 Portal 服务器进行 Portal 认证，由于不需要部署额外的 Portal 服务器，故增强了 Portal 认证的通用性。但通常，同时担当内置 Portal 服务器的接入设备仅提供比较简单的 Portal 服务器功能，仅能给用户提供通过 Web 方式上线、下线的基本功能，并不能完全替代独立的 Portal 服务器，也不支持外置独立服务器的任何扩展功能，例如二次地址分配等，因此通常采用外置 Portal 服务器方案。

2.　认证协议

使用外置 Portal 服务器的 Portal 认证系统时，设备支持如下两种协议与 Portal 服务器对接。

■ Portal 协议：采用 UDP 方式的 Portal 协议传递用户名和密码等参数。

■ HTTP/HTTPS：采用 HTTP/HTTPS 方式传递用户名和密码等参数。

建议设备使用 Portal 协议与 Portal 服务器对接，如果 Portal 服务器不支持 Portal 协议，则建议设备使用 HTTPS 协议。使用内置 Portal 服务器的 Portal 认证系统时，设备只支持 Portal 协议。

3.　Portal 认证方式

不同的组网方式下，可采用的 Portal 认证方式不同。按照网络中实施 Portal 认证的网络层次来分，Portal 的认证方式分为两种：二层认证方式和三层认证方式。

（1）二层认证方式

当认证客户端与接入设备直连（或之间只有二层设备存在）时，设备能够学习到用户的 MAC 地址，则设备可以利用 IP 和 MAC 地址来识别用户，此时可配置 Portal 认证为二层认证方式。

二层认证的流程简单，但由于限制了客户端只能与接入设备处于同一网段，降低了组网的灵活性。二层认证方式的报文交互过程如图 14-14 所示，具体描述如下（以 HTTP 作为认证协议为例，流程号对应图中的序号）。

① 首先，与 802.1X 认证一样，先在客户端与接入设备之间建立预连接。

② 客户端通过 HTTP 发起认证请求。HTTP 报文经过接入设备时，对于访问 Portal 服务器或设定的免认证网络资源的 HTTP 报文，接入设备允许其通过；对于访问其他地址的 HTTP 报文，接入设备将其重定向到 Portal 服务器。Portal 服务器提供 Web 页面供用户输入用户名和密码来进行认证。

③ Portal 服务器与接入设备之间进行 CHAP 认证交互。若采用 PAP 认证，则 Portal

服务器无需与接入设备进行 PAP 认证交互，直接进行第 4 步。

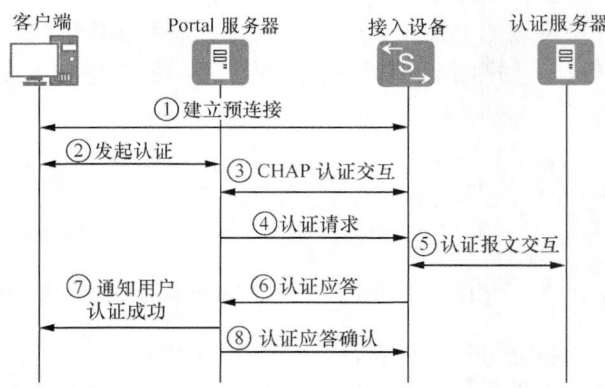

图 14-14　使用 Portal 协议的二层认证流程示意图

④ Portal 服务器将用户输入的用户名和密码封装成认证请求报文发往接入设备。

⑤ 接入设备与认证服务器之间进行认证报文的交互。

⑥ 接入设备向 Portal 服务器发送认证应答报文。

⑦ Portal 服务器向客户端发送认证通过报文，通知客户端认证成功。

⑧ Portal 服务器向接入设备发送认证应答确认。

对于外置 Portal 服务器，不同认证协议的认证流程也不相同，使用 Portal 协议的认证流程如图 14-14 所示，而使用 HTTP/HTTPS 协议的认证流程如图 14-15 所示。

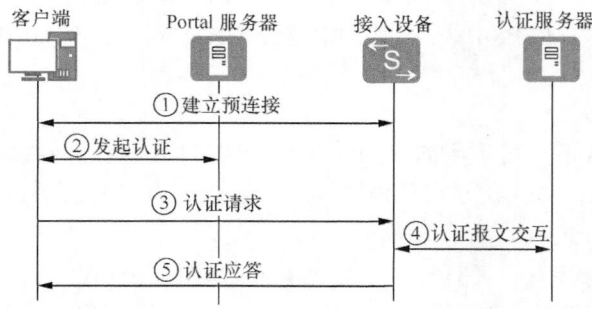

图 14-15　使用 HTTP/HTTPS 协议的二层认证流程示意图

① 首先，与 802.1X 认证一样，先在客户端与接入设备之间建立预连接。

② 客户端通过 HTTP/HTTPS 协议发起认证请求。HTTP/HTTPS 报文经过接入设备时，对于访问 Portal 服务器或设定的免认证网络资源的 HTTP/HTTPS 报文，接入设备允许其通过；对于访问其他地址的 HTTP/HTTPS 报文，接入设备将其重定向到 Portal 服务器。Portal 服务器提供 Web 页面供用户输入用户名和密码来进行认证，并通知客户端向接入设备发送 POST 认证请求报文。

③ 客户端将封装有用户名和密码的 POST 认证请求报文发送给接入设备。

④ 接入设备与认证服务器之间进行认证报文的交互。

⑤ 接入设备向客户端发送认证应答报文。

（2）三层认证方式

当设备部署在汇聚层或核心层时，在认证客户端和设备之间存在三层转发设备，此时设备不一定能获取到认证客户端的 MAC 地址，所以将以 IP 地址唯一标识用户，需要将 Portal 认证配置为三层认证方式。

三层认证的报文处理流程与二层认证完全一致，不同的只是报文在客户端和接入设备之间要通过路由转发。三层认证方式组网灵活，容易实现远程控制，但由于只有 IP 可以用来标识一个用户，所以安全性不高。

14.1.9　终端类型识别

随着 Internet 的发展，许多企业开始考虑允许员工自带智能设备（例如智能手机、平板电脑或笔记本电脑等移动设备）通过 WLAN 接入企业内部网络。一方面满足了企业员工对于新科技和个性化的追求，另一方面也提高了员工的工作效率。这就是 BYOD（Bring Your Own Device）。但与此同时，员工个人电脑的安全性较低，通过个人电脑接入企业内部网络，可能会导致安全隐患，而传统的基于用户角色认证和授权的安全技术已不能满足其网络安全的需要。因此，终端类型识别技术应运而生，使得在使用 BYOD 技术时，可以通过终端类型识别技术识别出企业员工接入内部网络的设备类型，以控制某些指定移动设备的接入，实现基于用户、设备类型、接入时间、接入地点、设备环境的认证和授权。

在 HTTP 中，有一个名为 UA（User Agent，用户代理）请求头，终端类型识别服务器可以通过该请求头识别客户使用的操作系统及版本、CPU 类型、浏览器及版本、浏览器渲染引擎、浏览器语言、浏览器插件等。一些网站常常通过判断 UA 来给不同的操作系统、不同的浏览器发送不同的页面。

设备通过对 MAC、UA 和 DHCP Option 信息的分析，识别出终端类型。其中：

■ 通过匹配终端的 MAC 地址里的前 12 位地址信息，即厂商的组织唯一标识符 OUI（Organizationally Unique Identifier）信息识别对应的设备厂商；

■ 通过终端 HTTP 报文 UA 请求头中的用户信息识别出客户所用的终端的操作系统、操作系统的版本、CPU 类型、浏览器以及浏览器的版本；

■ 通过终端 DHCP 报文中的 Option12、Option55、Option60 信息中的厂商信息识别出主机名以及厂商类型。

如图 14-16 所示是 DHCP Option12（即 Host Name Option，主机名选项）的格式，12 表示选项类型，N 表示后面信息内容的长度，h1～hN 表示具体的信息内容（包含了主机名）。

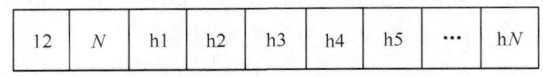

图 14-16　DHCP Option12 格式

如图 14-17 所示是 DHCP Option55（即 Parameter Request List，参数请求列表）的格式，55 表示选项类型，N 表示后面信息内容的长度，c1～cN 表示具体的信息内容（包含了主机请求的 DHCP Option 参数列表，不同主机请求的参数列表存在差异）。

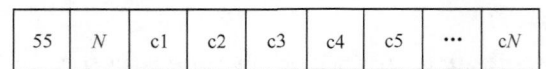

图 14-17　DHCP Option55 格式

如图 14-18 所示是 DHCP Option60（即 Vendor Class Identifier，厂商分类标识）的格式，60 表示选项类型，N 表示后面信息内容的长度，i1～iN 表示具体的信息内容（包含了厂商标识）。

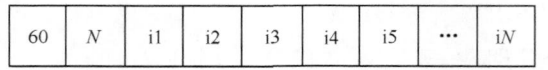

图 14-18　DHCP Option60 格式

接入设备支持在 Portal 认证、MAC 认证和 802.1X 认证过程中通过以上方式获取 MAC、DHCP Option 和 UA 信息，从而识别用户终端的类型。

Portal 认证过程中的终端类型识别流程如下。

① 在用户关联成功后，设备获取到用户的 MAC 地址。

② 在用户发送 DHCP 请求报文申请 IP 地址时，AP 通过 DHCP Snooping 功能获取 DHCP 报文中的 Option 信息并发送给接入设备。

③ 在用户发送 HTTP 请求报文（HTTP Get）获取认证页面时，接入设备分析该报文并获取报文中的 UA 信息。

④ 接入设备通过对用户的 MAC 地址、DHCP Option、UA 信息的分析，识别出终端类型。

⑤ 接入设备将终端类型封装在认证请求中，发送到 RADIUS 服务器，RADIUS 服务器根据账号以及终端类型进行认证并下发权限。

MAC 认证和 802.1X 认证过程中的终端类型识别流程如下。

① 在用户关联成功后，接入设备获取到用户的 MAC 地址。

② 接入设备根据用户 MAC 地址中的 OUI 信息识别终端类型，如果已识别，则在发送给 RADIUS 服务器的认证请求报文中携带终端类型。

③ 在用户发送 DHCP 请求报文申请 IP 地址时，AP 通过 DHCP Snooping 功能获取 DHCP 报文中的 Option 信息并发送给设备。

④ 接入设备根据用户 MAC 地址和 DHCP Option 信息识别终端类型后，在发送给 AAA 服务器的计费报文中携带终端类型。

⑤ 在强推过程中，当用户发送 HTTP 请求报文（HTTP Get）获取认证页面时，接入设备分析该报文并获取报文中的 UA 信息。

⑥ 接入设备根据用户 MAC 地址、UA 信息、DHCP Option 信息识别终端类型后，在发送给 RADIUS 服务器的计费报文中携带终端类型。

14.2　NAC 统一模式配置任务

通过前面的学习已经知道，NAC 中的 3 种认证方式仅为用户提供了多种网络接入控制方式，要完整地实现对用户身份验证、控制用户网络访问权限，还需要结合第 13 章介绍的如下 AAA 配置。

■ 配置用户所属的认证域及其使用的 AAA 方案。

■ 如果需要通过 RADIUS 或 HWTACACS 服务器进行认证，则应该在 RADIUS 或 HWTACACS 服务器上添加接入用户的用户名和密码。

■ 如果需要本地认证，则应该在接入设备上手动添加接入用户的用户名和密码。

虽然目前华为设备同时支持传统模式和自 V200R005C00 版本 VRP 系统新引入的统一模式两种配置方式，但受篇幅限制，在此仅介绍最新，且受推荐的统一模式配置方式。

总体而言，NAC 统一模式的配置流程如图 14-19 所示，主要包括以下 3 大配置任务。

① 配置接入模板：接入模板用来管理与对应接入协议相关的控制参数，802.1X 认证、MAC 认证和 Portal 认证需要分别配置各自的接入模板。但所配置的接入模板配置完成后要与后面配置的认证模板进行绑定。

② 配置认证模板：认证模板用来统一管理各种 NAC 接入方式下通用的认证配置功能（不用对 3 种认证方式分别配置各种认证功能，简化了认证功能配置）。但认证模板配置完成后又要绑定到使能对应 NAC 功能的接口（适用于有线连接）或 VAP 模板（适用于 WLAN 无线连接）下。

③ 应用 NAC：在接口或 VAP 模板下绑定对应认证模板后，就相当于使能了接口或 VAP 模板的 NAC 功能。之后，设备才会对从该接口或 VAP 模板上线的用户进行接入控制。

在 NAC 统一模式下，以上 3 大配置任务的配置流程如图 14-19 所示，对应不同认证方式所包括的具体配置任务见表 14-2，各自也包括前面介绍的 3 大配置任务。

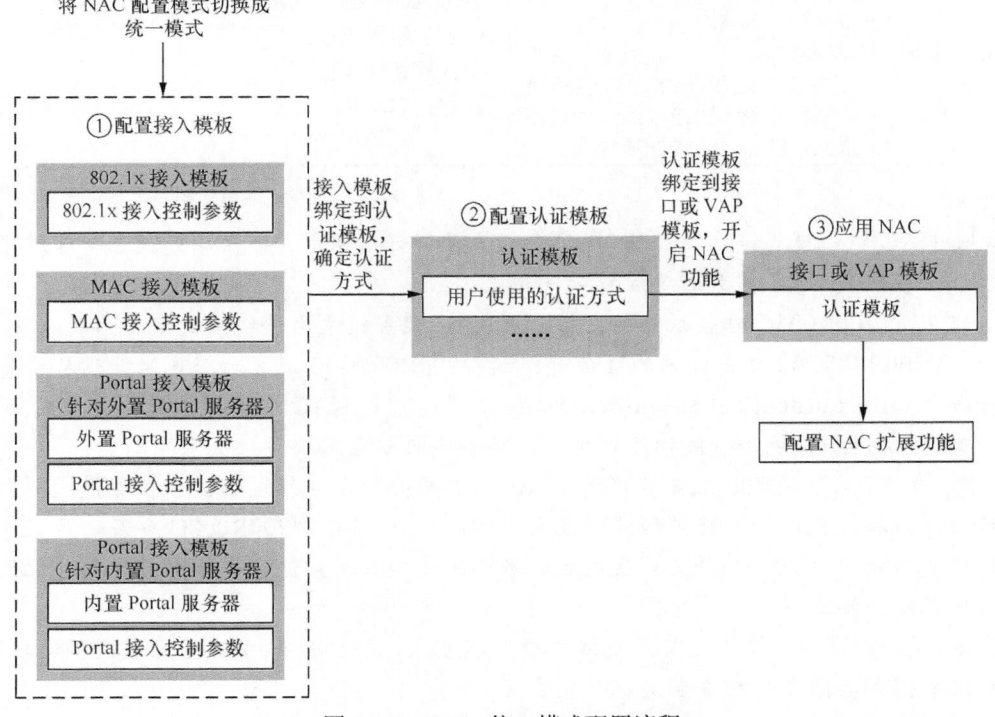

图 14-19　NAC 统一模式配置流程

表 14-2　　　　　　　　　　　　　　　　NAC 配置任务

认证方式	场景	对应任务
802.1X 认证	在新建网络、用户集中、信息安全要求严格的场景，通过 802.1X 对用户进行接入控制	请按照如下顺序依次配置： ① 配置 802.1X 接入模板； ② 配置认证模板； ③ 应用 NAC
MAC 认证	在打印机、传真机等哑终端接入认证的场景，通过 MAC 认证对用户进行接入控制	请按照如下顺序依次配置： ① 配置 MAC 接入模板； ② 配置认证模板； ③ 应用 NAC
Portal 认证	在用户分散、用户流动性大的场景，通过 Portal 认证对用户进行接入控制。 Portal 服务器分为内置和外置 Portal 服务器。内置 Portal 服务器集成在接入设备内部，与具有独立硬件设施的外置 Portal 服务器相比，内置 Portal 服务器的部署比较灵活，但仅具有 Portal 服务器的一些基本功能	通过外置 Portal 服务器认证时，请按照如下顺序依次配置： ① 配置 Portal 接入模板（针对外置 Portal 服务器-Portal 协议）或配置 Portal 接入模板（针对外置 Portal 服务器-HTTP/HTTPS 协议）； ② 配置认证模板； ③ 应用 NAC。 通过内置 Portal 服务器认证时，请按照如下顺序依次配置： ① 配置 Portal 接入模板（针对内置 Portal 服务器）； ② 配置认证模板； ③ 应用 NAC
混合认证	为灵活地适应网络环境中的多种认证需求，设备支持多种认证方式同时部署。 配置哪几种认证方式混合，只需要在认证模板下绑定对应的接入模板。设备先接收到哪种认证报文，就会优先触发哪种认证	请按照如下顺序依次配置： ① 配置接入模板； ② 配置认证模板； ③ 应用 NAC

说明　NAC 统一模式是从 V200R005C00 版本才开始引入的，并在后续版本又经过了不断改进，在配置 NAC 模式时要注意以下几点。

■ 从 V200R005C00 版本开始，缺省的 NAC 配置模式由传统模式修改为统一模式。因此，V200R005C00 之前版本的设备升级到 V200R005C00 或之后版本时，设备会自动执行命令 **undo authentication unified-mode** 配置设备的 NAC 配置模式为传统模式。

■ 传统模式与统一模式相互切换后，设备会自动重启，导致业务中断。

■ 在 V200R008C00 版本，一些 NAC 特性相关的命令行是不区分配置模式（即命令行的格式和视图在传统模式和统一模式下相同）。设备由 V200R008C00 及之后版本的传统模式切换到 V200R009C00 及之后版本的统一模式时，这部分命令行的相关配置可以切换到统一模式下。

■ 统一模式下，仅传统模式支持的命令不可见，反之亦然。同时，配置模式切换后，两种配置模式共同支持的命令功能一直生效。

可通过 **display authentication mode** 命令查看设备当前的 NAC 配置模式。当前模式为统一模式，直接进行接入模板的配置；当前模式为传统模式，执行 **authentication unified-mode** 命令将配置模式切换为统一模式。缺省情况下，从 V200R005C00 版本开始，NAC 配置模式为统一模式，可用 **undo authentication unified-mode** 命令来将 NAC 配置模式切换成传统模式

14.3　接入模板配置与管理

NAC 统一模式与传统模式在配置方式上的最大区别就是统一模式采用了模板化（包括这里介绍的接入模板和后面的认证模板）配置方式，配置思路更加清晰。其实接入模板与认证模板都是针对认证过程中所涉及的一些功能、参数进行配置，但接入模板中仅包括 802.1X 认证、MAC 认证和 Portal 认证中各自不同的功能、参数，或参数取值范围不同，所以接入模板这 3 种认证需要分别配置，但认证模板中所包括的是这 3 种认证中通用的一些参数、功能配置，所以统一在一个模板中配置。

14.3.1　配置 802.1X 接入模板

802.1X 接入模板涉及的是 802.1X 认证过程中所特有的一些功能和参数配置，所包括的配置任务如下，从中可以看出仅第一项创建接入模板是必选的，其他配置任务可根据实际需要选择配置。

- 创建 802.1X 接入模板。
- （可选）配置 802.1X 用户的认证方式。
- （可选）配置能够触发 802.1X 认证的报文类型。
- （可选）配置单播报文触发 802.1X 认证。
- （可选）配置向 802.1X 用户回应 EAP 报文类型值功能。
- （可选）配置对在线 802.1X 用户进行重认证。
- （可选）配置设备与在线 802.1X 用户的握手功能。
- （可选）配置 802.1X 客户端无响应时的网络访问权限。
- （可选）配置设备自动生成静态 IP 用户的 DHCP Snooping 绑定表。
- （可选）配置向用户发送认证请求报文或握手报文的重传次数。
- （可选）配置 802.1X 客户端认证超时定时器。
- （可选）配置接口授权状态。

本节对上各项配置任务的具体配置方法分别进行介绍。

1. 创建 802.1X 接入模板

如果接入设备想要使能 802.1X 认证功能的话，首先要创建管理 802.1X 认证所需各项参数的接入模板。

在系统视图下，通过 **dot1x-access-profile name** *access-profile-name* 命令可创建 802.1X 接入模板并进入 802.1X 接入模板视图。参数 *access-profile-name* 用来指定新建的模板名称，字符串形式，**区分大小写，不支持包含空格**、/、\、:、*、?、"、<、>、|、@、'和%，**不支持配置为"-"和"--"**，长度范围是 1～31。设备最多支持配置 16 个 802.1X 接入模板。

缺省情况下，802.1X 认证有一个名称为 dot1x_access_profile 的 802.1X 接入模板，可以修改该缺省接入模板，但不能删除。可用 **undo dot1x-access-profile name** *access-profile-name* 命令删除指定的新建 802.1X 接入模板，但在删除前需要保证该 802.1X 接入模板没有被任何认证模板绑定。

2.（可选）配置 802.1X 用户的认证方式

在 802.1X 认证中，用户通过 EAP 报文与接入设备交互认证信息，而接入设备对 EAP 报文可采用以下两种方式与 RADIUS 服务器（**不能是 HWTACACS 服务器**）交互认证信息。

■ EAP 终结：接入设备直接解析 EAP 报文，把报文中的用户认证信息封装到 RADIUS 报文中发送给 RADIUS 服务器进行认证。设备与 RADIUS 服务器之间的 EAP 终结认证方式可分为 PAP 与 CHAP 两种。

■ PAP 是一种两次握手认证协议，它采用明文方式加载到 RADIUS 报文中传送口令。

■ CHAP 是一种 3 次握手认证协议，它只在 RADIUS 报文中传输用户名，并不传输口令。相比之下，CHAP 认证保密性较好，更为安全可靠。如果是基于安全性的考虑，建议采用该方式。

■ EAP 中继：接入设备不对接收到的包含用户认证信息的 EAP 报文进行任何处理，直接封装到 RADIUS 报文中发送给 RADIUS 服务器完成认证，这个技术也称之为 EAPOR（EAP over Radius）。

采用 EAP 终结还是 EAP 中继，将取决于 RADIUS 服务器的处理能力。如果 RADIUS 服务器的处理能力比较强，能够解析大量用户的 EAP 报文后再进行认证，可以采用 EAP 中继方式；如果 RADIUS 服务器的处理能力不强，不能同时解析大量 EAP 报文并完成认证，建议采用 EAP 终结方式，由设备帮助 RADIUS 服务器完成前期的 EAP 解析工作。在配置对认证报文的处理方式时，务必保证客户端与服务器均支持该种方式，否则用户无法通过认证。

802.1X 用户的认证方式是在 802.1X 接入模板视图下通过 **dot1x authentication-method** { **chap** | **pap** | **eap** }命令配置。命令中的选项说明如下。

■ **chap**：多选一选项，采用 CHAP 的 EAP 终结认证方式。

■ **pap**：多选一选项，采用 PAP 的 EAP 终结认证方式。

■ **eap**：多选一选项，采用 EAP 中继认证方式。

缺省情况下，802.1X 用户认证方式为 EAP 中继认证，可用 **undo dot1x authentication-method** 命令来恢复缺省配置。

在选择 802.1X 认证方式时要注意以下几个方面。

■ **只采用 RADIUS 认证时，802.1X 用户的认证方式才可以配置为 EAP 中继方式**，采用 AAA 本地认证时，802.1X 用户的认证方式只能配置为 EAP 终结方式。

■ 由于手机终端不支持 EAP 终结方式（PAP 和 CHAP），故手机终端认证时不支持配置为 802.1X 本地认证方式。笔记本电脑等终端也需要安装第三方客户端才能支持 EAP 终结方式。

■ 如果 802.1X 客户端采用 MD5 加密方式，则接入设备的用户认证方式可配置为 EAP 终结的 EAP 或 CHAP 方式；如果 802.1X 客户端采用 PEAP 认证方式，则接入设备的用户认证方式可配置为 EAP。

■ 无线场景中，如果安全策略模板配置为 WPA 或 WPA2 认证方式，802.1X 认证不支持认证前域授权。

■ 当接口下已经有 802.1X 用户在线时，在接口绑定的 802.1X 接入模板下修改用户认证方式，会导致已在线的 802.1X 用户下线。

3.（可选）配置能够触发 802.1X 认证的报文类型

在接口或 VAP 模板上使能 802.1X 认证功能后，缺省情况下，设备在接收到 DHCP 或 ARP 报文后均能触发对用户进行 802.1X 认证。根据实际网络中的用户情况，管理员可调整允许触发 802.1X 认证的某一种报文类型，以免频繁触发，浪费设备资源。但在进行 802.1X 认证时，如果客户端配置了静态 IPv4 地址，此时客户端设备与客户端之前没有 DHCP 或 ARP 报文，无法触发 802.1X 认证，因此可以执行 **authentication trigger-condition any-l2-packet** 命令，指定通过任意报文触发 802.1X 认证。

注意　为防止非法用户恶意消耗设备用户表项，任意二层报文均能触发 802.1X 认证功能，建议配置在接入层设备上，并且在认证模板下执行 **authentication mode max-user** *max-user-number* 命令配置接口最多允许接入的用户数目，推荐值是 10 个。

配置能够触发 802.1X 认证的报文类型的方法是在 802.1X 接入模板视图下通过 **authentication trigger-condition** { **dhcp** | **arp** | **any-l2-packet** } *命令指定。命令中的选项说明如下。

■ **dhcp**：可多选选项，指定 DHCP 报文能够触发 802.1X 认证。

■ **arp**：可多选选项，指定 ARP 报文能够触发 802.1X 认证。

■ **any-l2-packet**：可多选选项，指定任意二层报文能够触发 802.1X 认证。

缺省情况下，DHCP 和 ARP 报文均能够触发 802.1X 认证，可用 **undo authentication trigger-condition** [**dhcp** | **arp** | **any-l2-packet**] *命令恢复缺省配置。

4.（可选）配置单播报文触发 802.1X 认证

在 802.1X 认证网络中，若存在用户使用 Windows 操作系统自带的 802.1X 客户端，则该用户将不能够主动输入用户名与密码触发认证。此时，须在接入设备上配置单播报文触发 802.1X 认证功能，使接入设备在接收到客户端发送的 ARP 或 DHCP 请求报文时，将主动向该客户端发送单播认证报文以触发认证。用户 PC 在收到接入设备发来的认证报文后，将会自动弹出操作系统自带的 802.1X 认证界面，这样也可使用户能够利用操作系统自带的 802.1X 客户端进行认证，这将有助于快速部署网络。

配置单播报文触发 802.1X 认证的方法是在 802.1X 接入模板视图下执行 **dot1x unicast-trigger** 命令，使能单播报文触发 802.1X 认证功能。缺省情况下，未使能单播报文触发 802.1X 认证功能，**undo dot1x unicast-trigger** 命令用来去使能单播报文触发 802.1X 认证功能。

5.（可选）配置向 802.1X 用户回应 EAP 报文类型值功能

当其他厂商设备作为 RADIUS 服务器时（如与 H3C iMC RADIUS 服务器对接时），如果其向设备发送的 RADIUS 报文中带有 61 号属性信息，且包含 EAP 报文类型值为 0xa（对应十进制中的 10），EAP 报文数据区类型为 0x19（对应十进制中的 25）的数据信息，则需要在接入设备上配置 **dot1x eap-notify-packet** 命令，才能保证其可以正常向用户回应此 EAP 报文，否则设备不处理该类型的 EAP 报文，这会造成用户的下线。

可在 802.1X 接入模板视图下通过 **dot1x eap-notify-packet eap-code** *code-number* **data-type** *type-number* 命令配置向 802.1X 用户回应 EAP 报文类型值功能。命令中的参数说明如下。

■ **eap-code** *code-number*：指定向用户回应的 EAP 报文类型值，整数形式，取值范围是 5～255，缺省值是 255。

■ **data-type** *type-number*：指定向用户回应的 EAP 报文中的数据区类型，整数形式，取值范围是 1～255，缺省值是 255。

注意：EAP 报文类型值与数据区类型值仅当配置为 10 与 25 时有效，接入设备才可以向用户回应该类型的 EAP 报文。当采用 H3C iMC 作为 RADIUS 服务器时，设备上需要配置 **dot1x eap-notify-packet eap-code** 10 **data-type** 25 命令。缺省情况下，设备不向 802.1X 用户回应 EAP 报文类型值。

6.（可选）配置对在线 802.1X 用户进行重认证

若管理员在认证服务器上修改了某一用户的访问权限、授权属性等参数，此时如果用户已经在线，则需要及时对该用户进行重认证以确保用户的合法性。

配置对在线 802.1X 用户进行重认证功能后，设备会把保存的在线用户的认证参数（用户上线后，设备上会保存该用户的认证信息）发送到认证服务器进行重认证，若认证服务器上用户的认证信息没有变化，则用户继续正常在线；若用户的认证信息发生了改变，则会强迫该用户下线，然后认证服务器会对该用户进行重新认证。

对 802.1X 用户进行重认证的方式有两种。

■ 对指定 802.1X 接入模板下的所有用户都进行周期性自动重认证，具体的配置方法见表 14-3。

表 14-3　　　　　　　　　　　对 **802.1X** 用户周期性自动重认证的配置步骤

步骤	命令	说明
1	**system-view** 例如：\<HUAWEI\> **system-view**	进入系统视图
2	**dot1x-access-profile name** *access-profile-name* 例如：[HUAWEI] **dot1x-access-profile name** d1	进入 802.1X 接入模板视图
3	**dot1x reauthenticate** 例如：[HUAWEI-dot1x-access-profile-d1] **dot1x reauthenticate**	使能对在线 802.1X 用户进行重认证功能。 缺省情况下，未配置对在线 802.1X 用户进行重认证的功能，可用 **undo dot1x reauthenticate** 命令恢复缺省配置
4	**dot1x timer reauthenticate-period** *reauthenticate-period-value* 例如：[HUAWEI-dot1x-access-profile-d1] **dot1x timer client-timeout** 90	（可选）配置对在线 802.1X 用户进行重认证的周期，整数形式，取值范围为 60～7200，单位：s 缺省情况下，对在线 802.1X 用户进行重认证的周期为 3600s（即 1 小时重认证一次），可用 **undo dot1x timer reauthenticate-period** 命令恢复缺省取值

■ 手动对指定 MAC 地址的用户进行单次重认证。

前面的自动周期性重认证是对所有用户的，不适合仅针对特定用户重认证情形，此时要采用此处介绍的手动对指定 MAC 地址的用户进行单次重认证，配置方法是在系统视图下配置 **dot1x reauthenticate mac-address** *mac-address* 命令，参数 *mac-address* 用来指定进行重认证的 802.1X 用户的 MAC 地址。

　　7.（可选）配置设备与在线 802.1X 用户的握手功能

　　用户由于网络中断等原因而下线时，接入设备仍会保留该用户的上线信息。这可能会造成计费不准的问题，同时若非法用户仿冒该用户访问网络，也会带来一定的安全隐患。

　　为确保用户在线信息正常，可配置设备与在线 802.1X 用户的握手功能。之后，接入设备将定时向在线 802.1X 用户发送握手请求报文，如果用户在最大重传次数内没有回应此握手报文，设备会将用户置为下线状态。

　　配置设备与在线 802.1X 用户的握手功能的步骤见表 14-4，**仅对有线用户生效**。

表 14-4　　　　　　　　　　　　设备与在线 **802.1X** 用户的握手功能的配置步骤

步骤	命令	说明
1	**system-view** 例如：\<HUAWEI\> **system-view**	进入系统视图
2	**dot1x-access-profile name** *access-profile-name* 例如：[HUAWEI] **dot1x-access-profile name** d1	进入 802.1X 接入模板视图
3	**dot1x handshake** 例如： [HUAWEI-dot1x-access-profile-d1] **dot1x handshake**	使能设备与在线 802.1X 用户的握手功能 缺省情况下，未使能设备与在线 802.1X 用户的握手功能，可用 **undo dot1x handshake** 命令去使能设备与 802.1X 在线用户握手功能
4	**dot1x handshake packet-type** { **request-identity** | **srp-sha1-part2** } 例如：[HUAWEI-dot1x-access-profile-d1] **dot1x handshake packet-type srp-sha1-part2**	（可选）配置 802.1X 认证握手报文的类型，命令中的选项说明如下。 ① **request-identity**：二选一选项，指定 802.1X 认证握手报文的类型为 **request-identity**。 ② **srp-sha1-part2**：二选一选项，指定 802.1X 认证握手报文的类型为 **srp-sha1-part2**。 为了保证与其他厂商设备顺利对接，管理员可根据实际情况选择握手报文的类型。 缺省情况下，802.1X 认证握手报文的类型是 request-identity，可用 **undo dot1x handshake packet-type** 命令恢复 802.1X 认证握手报文的类型为缺省值
5	**dot1x timer handshake-period** *handshake-period-value* 例如： [HUAWEI-dot1x-access-profile-d1] **dot1x timer handshake-period** 60	（可选）配置设备与非 Eth-Trunk 接口下的在线 802.1X 用户的握手周期，整数形式，取值范围为 5～7200，单位：s。 缺省情况下，握手报文的发送时间间隔为 15s，可用 **undo dot1x timer handshake-period** 命令恢复缺省值
	dot1x timer eth-trunk-access handshake-period *handshake-period-value* 例如：[HUAWEI-dot1x-access-profile-d1] **dot1x timer eth-trunk-access handshake-period** 60	（可选）配置设备与 Eth-Trunk 接口下的在线 802.1X 用户的握手周期，整数形式，取值范围为 30～7200，单位：s。 缺省情况下，握手报文的发送时间间隔为 120s，可用 **undo dot1x timer eth-trunk-access handshake-period** 命令恢复缺省值

（续表）

步骤	命令	说明
6	**dot1x retry** *max-retry-value* 例如： [HUAWEI-dot1x-access-profile-d1] **dot1x retry** 4	（可选）配置向用户发送握手报文的重传次数，整数形式，取值范围为 1～10。 设备向用户发送认证请求报文或握手报文时，若在规定的时间内没有收到用户的响应信息，则设备会再次向用户发送握手报文，若再次发送的握手报文次数达到重传次数时仍未收到用户的响应，则用户握手失败。该过程中设备向用户发送握手报文的总次数为 *max-retry-value*+1。但重复向用户发送握手请求会占用大量的设备资源，建议采用缺省值。 缺省情况下，向用户发送握手报文的重传次数为 2 次，可用 **undo dot1x retry** 命令恢复缺省值

说明 若 802.1X 客户端不支持与接入设备进行握手报文的交互，则握手周期内设备将不会收到握手回应报文。因此，为了防止设备错误地认为用户下线，需要将在线用户握手功能关闭。

8．（可选）配置 802.1X 客户端无响应时的网络访问权限

802.1X 客户端无响应会造成用户无法通过认证，导致用户无任何网络访问权限。但是，某些用户在认证成功之前，可能需要一些基本的网络访问权限，以完成 802.1X 客户端软件的下载、更新病毒库等需求。此时，可以通过表 14-5 所示的步骤配置用户在 802.1X 客户端无响应时的网络访问权限（其实就是本地资源授权，包含了第 13 章 13.2.2 节表 13-11 和 13.2.3 节表 13-12 中的主要配置），使用户可以访问特定的网络资源。

表 14-5　　　　　　　802.1X 客户端无响应时的网络访问权限的配置步骤

步骤	命令	说明
1	**system-view** 例如：<HUAWEI> **system-view**	进入系统视图
2	授权 VLAN：需在设备上配置用户要加入的 VLAN 及可供 VLAN 内用户访问的网络资源	
以下是授权 UCL 组的配置步骤		
2	**ucl-group** *group-index* [**name** *group-name*] 例如：[HUAWEI] **ucl-group** 10 **name** abc	创建 UCL 组，其他说明参见本书第 13 章表 13-11 中的第 2 步
3	**ucl-group ip** *ip-address* { *mask-length* | *ip-mask* } { *group-index* | **name** *group-name* } 例如：[HUAWEI] **ucl-group ip** 10.1.1.1 24 **name** email	配置静态 UCL 组，其他说明参见本书第 13 章表 13-11 中的第 3 步
4	配置用户 ACL，根据 UCL 组对报文进行过滤，参见第 11 章 11.2.6 节	
5	**traffic-filter inbound acl** { *acl-number* | **name** *acl-name* } 例如：[HUAWEI] **traffic-filter inbound acl** 6001	（可选）配置基于 ACL 对入方向报文进行过滤。命令中的参数说明如下。 ① *acl-number*：二选一参数，指定对报文进行过滤的 ACL 编号，整数形式，取值范围是 6000～9999，即只能是用户 ACL。

（续表）

步骤	命令	说明
5	**traffic-filter inbound acl** { *acl-number* | **name** *acl-name* } 例如：[HUAWEI] **traffic-filter inbound acl** 6001	② **name** *acl-name*：二选一参数，指定基于命名型 ACL 对报文进行过滤，必须是已经存在的用户 ACL 名称 缺省情况下，未配置基于 ACL 对报文进行过滤，可用 **undo traffic-filter inbound acl** { *acl-number* | **name** *acl-name* } 命令删除对报文进行过滤的 ACL
	traffic-redirect inbound acl { *acl-number* | **name** *acl-name* } [**vpn-instance** *vpn-instance-name*] **ip-nexthop** *nexthop-address* 例如：[HUAWEI] **traffic-redirect inbound acl** 6001 **ip-nexthop** 192.168.1.1	（可选）配置基于 ACL 对入方向报文进行重定向。参数 { *acl-number* | **name** *acl-name* } 与上一命令相同，参数 **vpn-instance** *vpn-instance-name* 指定将符合条件的报文重定向到指定的 VPN 实例，*nexthop-address* 指定将符合条件的报文重定向到指定的下一跳 IPv4 地址。 缺省情况下，未配置基于 ACL 对报文进行重定向，可用 **undo traffic-redirect inbound acl** { *acl-number* | **name** *acl-name* } 命令删除对报文进行重定向的 ACL
以下是授权业务方案的配置步骤		
2	**aaa** 例如：[HUAWEI] **aaa**	进入 AAA 视图
3	**service-scheme** *service-scheme-name* 例如：[HUAWEI-aaa] **service-scheme** srvscheme1	创建一个业务方案，并进入业务方案视图。 缺省情况下，设备上没有创建业务方案
4	**acl-id** *acl-number* 例如：[HUAWEI-aaa-service-srvscheme1] **acl-id** 3001	在业务方案下绑定 ACL，整数形式，取值范围是 3000～3999，即只能是高级 ACL。 缺省情况下，业务方案下未绑定 ACL
5	**ucl-group** { *group-index* | **name** *group-name* } 例如：[HUAWEI-aaa-service-srvscheme1] **ucl-group name** abc	在业务方案下绑定 UCL 组。执行该命令之前，需确保已创建并配置了标记用户类别的该 UCL 组。 缺省情况下，业务方案下未绑定 UCL 组
6	**user-vlan** *vlan-id* 例如：[HUAWEI-aaa-service-srvscheme1] **user-vlan** 100	在业务方案中配置用户 VLAN。执行该命令之前，需确保已创建了该 VLAN。 缺省情况下，在业务方案中未配置用户 VLAN
7	**voice-vlan** 例如：[HUAWEI-aaa-service-srvscheme1] **voice-vlan**	在业务方案中使能 Voice VLAN 功能为使本命令功能生效，需已使用命令 **voice-vlan enable** 配置指定 VLAN 为 Voice VLAN，同时使能接口的 Voice VLAN 功能。 缺省情况下，在业务方案中未使能 Voice VLAN 功能
8	**qos-profile** *profile-name* 例如：[HUAWEI-aaa-service-srvscheme1] **qos-profile** abc	在业务方案中绑定 QoS 模板。在系统视图下执行 **qos-profile name** *profile-name* 命令创建 QoS 模板并进入 QoS 模板视图。在 QoS 模板视图下可配置流量监管、报文优先级重标记与创建用户队列。 缺省情况下，在业务方案中未绑定 QoS 模板，可用 **undo qos-profile** *profile-name* 命令删除业务方案与 QoS 模板的绑定关系
9	**quit** 例如：[HUAWEI-aaa-service-srvscheme1] **quit**	返回到 AAA 视图
10	**quit** 例如：[HUAWEI-aaa] **quit**	返回到系统视图

（续表）

步骤	命令	说明
	以下是公共配置步骤	
2	**dot1x-access-profile name** *access-profile-name* 例如：[HUAWEI] **dot1x-access-profile name** d1	进入 802.1X 接入模板视图
3	**authentication event client-no-response action authorize** { **service-scheme** *service-scheme-name* | **ucl-group** *ucl-group-name* | **vlan** *vlan-id* } 例如：[HUAWEI-dot1x-access-profile-d1] **authentication event client-no-response action authorize vlan** 10	配置用户在 802.1X 客户端无响应时的网络访问权限。命令中的参数说明如下。 ① **service-scheme** *service-scheme-name*：多选一参数，指定授权的业务方案名称，即本表前面创建的业务方案。 ② **ucl-group** *ucl-group-name*：多选一参数，指定授权的 UCL 组名称，即本表前面创建的 UCL 组。 ③ **vlan** *vlan-id*：多选一参数，指定授权的 VLAN ID，用户的网络访问权限为该 VLAN 内的网络资源。 缺省情况下，未配置用户在 802.1X 客户端无响应时的网络访问权限，可用 **undo authentication event client-no-response action authorize** 命令恢复缺省配置

9.（可选）配置设备自动生成静态 IP 用户的 DHCP Snooping 绑定表

网络中存在非法用户，将自己的 MAC 地址修改为合法用户的 MAC 地址，当合法用户通过 802.1X 认证上线后，非法用户就可以获取与合法用户相同的身份认证，达到不认证就上网的目的，这会造成了认证和计费的漏洞。非法用户上线后，还可以发起 ARP 欺骗攻击，发送伪造合法用户的 ARP 报文，使设备记录错误的 ARP 表项，严重影响合法用户之间的正常通信。

利用 IPSG 功能和 DAI 功能（参见本书第 15 章），可以预防上述非法用户的攻击。IPSG 功能和 DAI 功能是基于 DHCP Snooping 绑定表实现的。对于静态 IP 用户，可以通过 **user-bind static** 命令配置静态绑定表。但是，如果静态 IP 用户较多，通过以上命令逐条配置静态绑定表的工作量较大。

为了减少工作量，可以在 802.1X 接入模板视图下执行 **dot1x trigger dhcp-binding** 命令，配置静态 IP 用户 802.1X 认证成功后或处于预连接阶段时，设备自动生成对应的 DHCP Snooping 绑定表。配置该功能后，802.1X 认证成功或处于预连接阶段的静态 IP 用户，通过 EAP 报文触发生成用户信息表，根据用户信息表中记录的 MAC 地址、IP 地址、接口信息等，在设备上自动生成对应的 DHCP Snooping 绑定表。

缺省情况下，静态 IP 用户 802.1X 认证成功后或处于预连接阶段时，设备不会自动生成对应的 DHCP Snooping 绑定表，可用 **undo dot1x trigger dhcp-binding** 命令恢复缺省配置。

说明　要使该功能生效，还必须在绑定 802.1X 接入模板的接口上通过 **dhcp snooping enable** 命令使能全局和接口的 DHCP Snooping 功能。

DHCP Snooping 绑定表生成之后，需要结合 IPSG 和 DAI 功能，防止非法用户攻击，具体参见本书第 15 章。

■ 接口视图下，执行 **ip source check user-bind enable** 命令使能 IPSG 功能。

■ 接口视图下，执行 **arp anti-attack check user-bind enable** 命令使能 DAI 功能。

10.（可选）配置向用户发送认证请求报文或握手报文的重传次数

其实本项配置任务的配置与本节第 7 点表 14-5 中的第 6 步的配置是一样的，都是在 802.1X 接入模板视图下通过 **dot1x retry** *max-retry-value* 命令进行，所配置的重传次数同时适用于向 802.1X 用户发送认证请求报文或握手报文，整数形式，取值范围为 1～10。

缺省情况下，设备向 802.1X 用户发送认证请求报文或握手报文的重传次数为 2 次，可用 **undo dot1x retry** 命令来恢复缺省值。

11.（可选）配置 802.1X 客户端认证超时定时器

当接入设备向 802.1X 客户端发送了 EAP-Request/MD5 Challenge 请求报文后，接入设备即启动 802.1X 客户端认证超时定时器。若在该定时器设置的时长内，设备没有收到客户端的响应，则接入设备将重发该报文。若设备重传请求报文的次数达到配置的最大值（通过前面介绍的 **dot1x retry** *max-retry-value* 命令配置）后，仍然没有得到用户的响应，则停止发送认证请求。这能够避免不断重复向用户发送认证请求报文而占用大量的设备资源。

可在 802.1X 接入模板视图下通过 **dot1x timer client-timeout** *client-timeout-value* 命令配置 802.1X 客户端认证超时定时器，整数形式，取值范围为 1～120，单位：s。缺省情况下，客户端认证超时时间为 5s，可用 **undo dot1x timer client-timeout** 命令恢复缺省值。

12.（可选）配置接口授权状态

通过配置接口的授权状态，可以控制接入用户是否需要经过认证来访问网络资源。接口支持 3 种授权状态。

■ 自动识别模式（auto）：接口初始状态为非授权状态，仅允许收发 EAPOL 报文，不允许用户访问网络资源；如果认证通过，则接口切换到授权状态，允许用户访问网络资源。

■ 强制授权模式（authorized-force）：接口始终处于授权状态，允许用户不经认证授权即可访问网络资源。

■ 强制非授权模式（unauthorized-force）：接口始终处于非授权状态，不允许用户访问网络资源。

可在 802.1X 接入模板视图下通过 **dot1x port-control** { **auto** | **authorized-force** | **unauthorized-force** }命令配置认证模板的接口的授权状态，3 个选项对应前面介绍的 3 种授权状态。缺省情况下，接口的授权状态为 **auto**，可用 **undo dot1x port-control** 命令恢复接口的授权状态为缺省情况。

完成 802.1X 接入模板的配置后，可执行 **display dot1x-access-profile configuration** [**name** *access-profile-name*]命令，查看 802.1X 接入模板的配置信息。

14.3.2　配置 MAC 接入模板

MAC 接入模板是专门针对 MAC 认证中所涉及的一些特有功能、参数配置，所包括的配置任务如下，仅第一、第二项是必选的，其他也可根据实际需要选择配置。

■ 创建 MAC 接入模板。

- 配置 MAC 认证的用户名形式。
- （可选）配置能够触发 MAC 认证的报文类型。
- （可选）配置允许用户进行认证的源 MAC 地址段。
- （可选）配置对在线 MAC 用户进行重认证。

1. 创建 MAC 接入模板

接入设备通过 MAC 接入模板统一管理 MAC 用户接入相关的认证功能、参数配置。配置 MAC 认证之前，首先需要创建 MAC 接入模板，在系统视图下通过 **mac-access-profile name** *access-profile-name* 命令进行配置。一台设备最多支持配置 16 个 MAC 接入模板，升级兼容转换的模板不占用配置规格。

缺省情况下，设备自带 1 个名为 mac_access_profile 的 MAC 接入模板，可以修改和应用，但不能删除。可用 **undo mac-access-profile name** *access-profile-name* 命令删除新创建的 MAC 接入模板，但删除某个 MAC 接入模板时，需要保证该 MAC 接入模板没有被任何认证模板绑定。

2. 配置 MAC 认证的用户名形式

MAC 认证不像 802.1X 认证那样需要用户输入用于认证的用户名和密码，而且主要用于哑终端（如网络打印机、IP 电话等）的认证，输入不了这些认证信息，所以在 MAC 认证中需要配置用于认证的凭据。MAC 用户采用的认证用户名有以下几种形式。

① MAC 地址形式：用户使用 MAC 地址作为用户名进行认证，同时可以使用 MAC 地址或者自定义的字符串作为密码。

② 固定用户名形式：不论用户的 MAC 地址为何值，所有用户均使用设备上管理员指定的一个固定用户名和密码替代用户的 MAC 地址作为身份信息进行认证。服务器端仅需要配置一个用户账户即可满足所有认证用户的认证需求，适用于接入客户端比较可信的网络环境。

③ DHCP 选项格式：设备将获取到的用户 DHCP 选项字段以及一个固定的密码代替用户的 MAC 地址作为身份信息进行认证。**该方式需保证设备支持通过 DHCP 报文触发 MAC 认证。**

配置 MAC 用户采用的用户名形式的方法是在 MAC 接入模板视图下通过 **mac-authen username** { **fixed** *username* [**password cipher** *password*] | **macaddress** [**format** { **with-hyphen** [**normal**] [**colon**] | **without-hyphen** } [**uppercase**] [**password cipher** *password*]] | **dhcp-option** *option-code* { **circuit-id** | **remote-id** }* [**separate** *separate*] [**format-hex**] **password cipher** *password* }命令进行。命令中的参数和选项说明如下。

- **fixed** *username*：多选一参数，指定 MAC 认证用户采用的认证用户名为固定用户名。字符串形式，不支持空格，**区分大小写**，长度范围是 1~64。当输入的字符串两端使用双引号时，可在字符串中输入空格。

- **password cipher** *password*：指定 MAC 认证用户的密码并以密文形式显示。字符串形式，**区分大小写，不支持空格**，取值范围可以是 1~128 位的明文，也可以是 48~188 位的密文。当输入的字符串两端使用双引号时，可在字符串中输入空格。为了提高安全性，建议密码至少包含小写字母、大写字母、数字、特殊字符这 4 种形式中的两种，同时密码长度不小于 6 个字符。

注意　对于固定用户名形式，若不设置密码则用户无需使用密码即可登录，存在安全隐患。对于 MAC 地址形式，若不设置密码则用户密码即为用户的 MAC 地址。当 AAA 认证方案采用本地认证时，必须配置密码。对于 DHCP 选项形式，必须配置密码。

- **macaddress**：多选一选项，指定 MAC 认证用户采用的认证用户名为用户终端设备的 MAC 地址。
- **format** { **with-hyphen** [**normal**] [**colon**] | **without-hyphen** }：指定用于认证的终端设备 MAC 地址的格式。
    - ➤ **with-hyphen**：二选一选项，指定 MAC 地址使用带有分隔符 "-" 的 3 段格式，每段 4 位十六进制数，如 "0005-e01c-02e3"。
    - ➤ **with-hyphen normal**：可选项，指定 MAC 地址使用带有分隔符 "-" 的 6 段格式，每段 2 位十六进制数，如 "00-05-e0-1c-02-e3"。
    - ➤ **with-hyphen colon**：可选项，指定 MAC 地址使用带有分隔符 ":" 的 3 段格式，每段 4 位十六进制数，如 "0005:e01c:02e3"。
    - ➤ **with-hyphen normal colon**：可选项，指定 MAC 地址使用带有分隔符 ":" 的 6 段格式，每段 2 位十六进制数，例如 "00:05:e0:1c:02:e3"。
    - ➤ **without-hyphen**：二选一选项，指定 MAC 地址不带有分隔符 "-" 或 ":"，直接输入 MAC 地址中全部的十六进制数，如 "0005e01c02e3"。
- **upercase**：可选项，指定 MAC 认证用户采用的用户名为 MAC 地址的大写格式。
- **dhcp-option** *option-code*：多选一参数，指定 MAC 认证用户采用的用户名为特定的 DHCP 选项格式，取值仅支持 82。
    - ➤ **circuit-id**：可多选选项，表示指定 MAC 认证用户名采用 DHCP Option82 选项中的 circuit-id 信息。其通用（common）格式为：{eth|trunk}槽位号/子卡号/端口号:svlan.cvlan 主机名/0/0/0/0/0，ASCII 封装。
    - ➤ **remote-id**：可多选选项，表示指定 MAC 认证用户名采用 DHCP Option82 选项中的 remote-id 信息。其通用（common）格式为终端设备的 MAC 地址（6byte），也为 ASCII 封装。

　　同时配置 **circuit-id** 和 **remote-id** 选项可指定 MAC 认证用户名采用 DHCP Option82 选项中 circuit-id 和 remote-id 的字符串组合。

- **separate** *separate*：可选参数，指定采用 DHCP 选项格式的 MAC 认证用户名中的分隔符，支持字母、数字等所有合法字符，长度为 1。**在 MAC 认证用户名采用 DHCP Option82 选项中 remote-id 和 circuit-id 的字符串组合时配置。**
- **format-hex**：可选项，指定 DHCP 选项格式的 MAC 认证用户名为十六进制格式。

　　缺省情况下，MAC 认证的用户名和密码均为不带分隔符 "-" 或 ":" 的 MAC 地址，可用 **undo mac-authen username** [**fixed** *username* [**password cipher** *password*] | **macaddress** [**format** { **with-hyphen** [**normal**] [**colon**] | **without-hyphen** } [**uppercase**] [**password cipher** *password*]] | **dhcp-option** *option-code* [**circuit-id** | **remote-id**] * [**password cipher** *password*]]命令恢复缺省配置。

注意 配置 MAC 认证的用户名形式要注意以下几个方面。

■ 配置 MAC 认证的用户名形式时，需要确保认证服务器支持该用户名形式。

■ VLANIF 接口、Eth-Trunk 接口、端口组或 VAP 模板下使能 MAC 认证时，若配置 MAC 认证用户采用固定用户名格式，则必须配置密码；端口组下使能 MAC 认证时，若配置 MAC 认证用户采用 MAC 地址格式，则不支持配置密码；VLANIF 接口和 VAP 模板下使能 MAC 认证时，不支持将 MAC 认证用户的用户名配置为特定的 DHCP 选项信息。

■ 若 MAC 认证用户名采用 DHCP 选项形式，则在使用 **dhcp option82 format** [**vlan** *vlan-id*] [**ce-vlan** *ce-vlan-id*] [**circuit-id** | **remote-id**] **format** { **default** | **common** | **extend** | **user-defined** *text* } 命令配置 DHCP Option82 选项格式时，不能指定其为 extend 格式，或者非字符串的自定义格式。

3. （可选）配置能够触发 MAC 认证的报文类型

在接口或 VAP 模板上使能 MAC 认证功能后，缺省情况下，设备在接收到 DHCP/ARP/DHCPv6/ND 报文后均能触发对用户进行 MAC 认证。根据实际网络中的用户情况，管理员可调整允许触发 MAC 认证的报文类型。譬如网络中的用户均为动态获取 IPv4 地址的用户，此时可配置仅允许通过 DHCP 报文触发 MAC 认证，这样能够有效地避免网络中存在非法用户配置静态 IPv4 地址后，不断发送 ARP 等报文触发 MAC 认证，占用设备 CPU 资源。

另外，如果客户端配置了静态 IPv4 地址，此时客户端与设备间没有 DHCP 或 ARP 报文，因此可以执行 **authentication trigger-condition any-l2-packet** 命令指定通过任意二层报文均能触发 MAC 认证。为防止非法用户恶意消耗设备用户表项，可在认证模板下执行 **authentication mode max-user** *max-user-number* 命令配置接口最多允许接入的用户数目，推荐值是 10 个。

当设备支持 DHCP 报文触发 MAC 认证时，还可以借助 DHCP 报文完成对用户进行重认证、及时清除设备上保持的 MAC 用户表项以及将用户的终端信息上送到认证服务器等功能。

触发 MAC 认证的报文类型及以上辅助功能的配置步骤见表 14-6。

表 14-6　　　　　　　能够触发 MAC 认证的报文类型的配置步骤

步骤	命令	说明
1	**system-view** 例如：\<HUAWEI\> **system-view**	进入系统视图
2	**mac-access-profile name** *access-profile-name* 例如：[HUAWEI] **mac-access-profile name** m1	进入 MAC 接入模板视图
3	**authentication trigger-condition** { **dhcp** | **arp** | **dhcpv6** | **nd** | **any-l2-packet** }* 例如： [HUAWEI-mac-access-profile-m1] **authentication trigger-condition arp**	配置能够触发 MAC 认证的报文类型。命令中的选项说明如下。 ① **dhcp**：可多选选项，指定 DHCP 报文能够触发 MAC 认证。 ② **arp**：可多选选项，指定 ARP 报文能够触发 MAC 认证。 ③ **dhcpv6**：可多选选项，指定 DHCPv6 报文能够触发 MAC 认证。

（续表）

步骤	命令	说明
3	**authentication trigger-condition** { **dhcp** | **arp** | **dhcpv6** | **nd** | **any-l2-packet** } * 例如： [HUAWEI-mac-access-profile-m1] **authentication trigger-condition arp**	④ **nd**：可多选选项，指定 ND 报文能够触发 MAC 认证。 ⑤ **any-l2-packet**：可多选选项，指定任意二层报文能够触发 MAC 认证。 【注意】本命令在配置时要注意以下几个方面。 • **VLANIF 接口使能 MAC 认证功能后，在接收到 DHCP/ DHCPv6/ND 报文时，不能触发对用户进行 MAC 认证。** • 该功能仅对配置成功后新上线的用户生效。 • 仅有线用户支持通过 **DHCP/ARP/DHCPv6/ND**/任意二层报文触发 MAC 认证，无线用户通过关联报文触发 MAC 认证。 • 执行 authentication trigger-condition { dhcp | dhcpv6 | nd } *命令后会导致静态 IP 地址用户无法上线。 • 如果希望 BPDU 报文能够触发 MAC 认证，必须全局使能该 BPDU 报文对应的功能。例如，如果希望 LLDPDU 报文能够触发 MAC 认证，需要执行命令 **lldp enable**（系统视图）全局使能 LLDP 功能。 • 策略联动场景下，仅支持通过 DHCP/ARP 报文触发 MAC 认证。 • 混合认证场景，该功能不生效。 • IP 电话进行 MAC 认证时，如果执行 **authentication trigger-condition any-l2-packet** 命令指定通过任意二层报文均能触发 MAC 认证，则需要执行 **authentication mac-move enable** 和 **authentication mac-move detect enable** 命令配置 MAC 迁移功能和 MAC 迁移前探测功能。 • 配置了 **any-l2-packet** 参数时，如果接口下开启了 802.1X 认证功能，那么客户端发送的 EAP 报文将首先触发 802.1X 认证。 缺省情况下，DHCP/ARP/DHCPv6/ND 报文均能够触发 MAC 认证，可用 **undo authentication trigger-condition** [**dhcp** | **arp** | **dhcpv6** | **nd** | **any-l2-packet**] *命令恢复缺省配置
4	**authentication trigger-condition dhcp dhcp-option** *option-code* 例如：[HUAWEI-mac-access-profile-m1] **authentication trigger-condition dhcp dhcp-option** 82	（可选）使能 DHCP 报文触发 MAC 认证时将 DHCP 选项（仅支持 82）信息上送到认证服务器。 Option82 选项记录了 DHCP 用户的位置、业务（语音业务、数据业务）等信息。执行本步骤后，设备在接收到 DHCP 报文触发对用户进行 MAC 认证时，能够将 Option82 选项信息上送到认证服务器，认证服务器根据该选项记录的用户信息即可为不同位置、不同业务的用户分配不同的网络访问权限。这样能够实现对各个用户的网络访问权限进行精确控制。 缺省情况下，DHCP 报文触发 MAC 认证时不会将 DHCP 选项信息上送到认证服务器
5	**mac-authen reauthenticate dhcp-renew** 例如：[HUAWEI-mac-access-profile-m1] **mac-authen reauthenticate dhcp-renew**	（可选）使能设备在接收到 MAC 用户的 DHCP 续租报文后，对用户进行重认证。 用户上线后，管理员可能在认证服务器上更改用户的认证参数或者网络访问权限。为了确保用户的合法性或者及时更新用户的网络访问权限，可以执行本步骤。 缺省情况下，设备在接收到 MAC 用户的 DHCP 续租报文后，不会对用户进行重认证，可用 **undo mac-authen reauthenticate dhcp-renew** 命令恢复缺省配置

（续表）

步骤	命令	说明
6	**mac-authen offline dhcp-release** 例如：[HUAWEI-mac-access-profile-m1] **mac-authen offline dhcp-release**	（可选）使能设备在接收到 MAC 用户的 DHCP Release 报文后清除用户表项。 MAC 用户发送 DHCP Release 报文下线后，设备上对应的用户表项并不能立刻删除，这将占用设备资源，可能导致其他用户无法上线。为了在 MAC 用户下线后及时清除对应的用户表项，可以执行本步骤。 缺省情况下，设备在接收到 MAC 用户的 DHCP Release 报文后不会清除用户表项，可用 **undo mac-authen offline dhcp-release** 命令恢复缺省配置

4.（可选）配置允许用户进行认证的源 MAC 地址段

在 VLANIF 接口下使能 MAC 认证后，设备上默认只要产生新的 MAC 表项，该 MAC 地址就可以进行 MAC 认证。为了更精确地控制 MAC 认证的用户，可以配置设备允许用户进行 MAC 认证的 MAC 地址段，具体的配置方法是在 MAC 接入模板视图下，通过 **mac-authen permit mac-address** *mac-address* **mask** { *mask* | *mask-length* } 命令进行，命令中的参数说明如下。

■ *mac-address*：指定设备允许用户进行 MAC 认证的 MAC 地址，格式为 H-H-H，其中 H 为 1～4 位的十六进制数。

■ *mask*：二选一参数，指定 MAC 地址的掩码，格式为 H-H-H，其中 H 为 1～4 位的十六进制数。掩码中的位为 1 时表示允许认证的用户终端的 MAC 地址必须与参数 *mac-address* 指定的 MAC 地址对应位一致，为 0 时表示可任意。

■ *mask-length*：二选一参数，表示掩码高位中连续 1 的位数，整数形式，取值范围是 1～48。即表示允许认证的用户终端 MAC 地址高位中必须有对应连续位数与参数 *mac-address* 中的对应位的值一致。

注意 仅 VLANIF 接口上线的 MAC 认证用户支持该功能，且 VLANIF 接口下允许用户进行 MAC 认证的 MAC 地址段最大数目为 8 个。

缺省情况下，未配置允许用户进行认证的源 MAC 地址段，可用 **undo mac-authen permit mac-address** *mac-address* **mask** { *mask* | *mask-length* } 命令删除配置的设备允许用户进行 MAC 认证的 MAC 地址段。

5.（可选）配置对在线 MAC 用户进行重认证

若管理员在认证服务器上修改了某一用户的访问权限、授权属性等参数，此时如果用户已经在线，则需要及时对该用户进行重认证以确保用户的合法性。**VLANIF 接口上线的 MAC 认证用户，不支持重认证功能。**

配置对在线 MAC 用户进行重认证功能后，设备会把保存的在线用户的认证参数（用户上线后，设备上会保存有该用户的认证信息）发送到认证服务器进行重认证，若认证服务器上用户的认证信息没有变化，则用户正常在线；若用户的认证信息已更改，则用户将会被下线，此后用户需要重新进行认证。

说明　设备与某服务器对接进行重认证时，如果服务器回复重认证拒绝消息导致已在线用户下线，则建议服务器侧定位重认证失败原因或者设备去使能重认证功能。

对 MAC 用户进行重认证有以下几种方式。

■　对使用指定 MAC 接入模板的用户周期性自动进行重认证，具体配置步骤见表 14-7，总体与 14.2.1 节介绍的 802.1X 用户周期性重认证配置思路一样。

表 14-7　　　　　　　　　对 MAC 用户周期性自动重认证的配置步骤

步骤	命令	说明
1	**system-view** 例如：<HUAWEI> **system-view**	进入系统视图
2	**mac-access-profile name** *access-profile-name* 例如：[HUAWEI] **mac-access-profile name** d1	进入 MAC 接入模板视图
3	**mac-authen reauthenticate** 例 如 ： [HUAWEI-dot1x-access-profile-d1] **mac-authen reauthenticate**	使能对在线 MAC 用户进行重认证的功能。 缺省情况下，未使能对在线 MAC 用户进行重认证的功能，可用 **undo mac-authen reauthenticate** 命令恢复缺省配置
4	**mac-authen timer reauthenticate-period** *reauthenticate-period-value* 例如：[HUAWEI-dot1x-access-profile-d1] **mac-authen timer client-timeout** 90	（可选）配置对在线 MAC 用户进行重认证的周期，整数形式，取值范围是 60～7200，单位：s。 缺省情况下，对在线 MAC 用户进行重认证的周期为 1800s，可用 **undo mac-authen timer reauthenticate-period** 命令恢复缺省值

■　接收到 MAC 用户的 DHCP 续租报文后，对用户进行重认证。

DHCP 续租报文触发重认证的配置方法是在 MAC 接入模板视图下，执行 **mac-authen reauthenticate dhcp-renew** 命令，使能设备在接收到 MAC 用户的 DHCP 续租报文后，对用户进行重认证的功能。

缺省情况下，未使能设备在接收到 MAC 用户的 DHCP 续租报文后，对用户进行重认证的功能，可用 **undo mac-authen reauthenticate dhcp-renew** 命令恢复缺省配置。

注意　该项必须保证设备已经配置了通过 DHCP 报文触发 MAC 认证的功能，参见本节前面介绍的"配置能够触发 MAC 认证的报文类型"。

■　手动对指定 MAC 地址的用户进行单次重认证。

可在系统视图下执行 **mac-authen reauthenticate mac-address** *mac-address* 命令，手动对指定 MAC 地址的用户进行单次重认证。缺省情况下，未使能对指定 MAC 地址的在线 MAC 认证用户进行重认证功能。

完成 MAC 接入模板的配置后，可执行 **display mac-access-profile configuration** [**name** *access-profile-name*]命令查看 MAC 接入模板的配置信息。

14.3.3　配置 Portal 接入模板（针对外置 Portal 服务器-Portal 协议）

前面介绍的 802.1X 认证和 MAC 地址都是由接入设备自身实现的，但华为设备的

Portal 认证功能支持外置 Portal 服务器与内置 Portal 服务器两种方式。外置 Portal 服务器具有独立的硬件设施，内置 Portal 服务器为存在于接入设备之内的内嵌实体（即由接入设备实现 Portal 服务器功能）。

完成 Portal 服务器的配置之后，必须在 Portal 接入模板中应用以上配置的 Portal 服务器模板。之后使用该 Portal 接入模板的用户在访问非免费网络资源时，将被强制重定向到 Portal 服务器的认证页面，即可进行 Portal 认证。

本节介绍使用外置 Portal 服务器时 Portal 服务器和 Portal 接入模板的相关配置，具体包括以下配置任务。

- 配置外置 Portal 服务器功能。
- （可选）配置 Portal 认证探测功能。
- （可选）配置 Portal 认证用户信息同步功能。
- 创建 Portal 接入模板。
- 配置 Portal 接入模板使用的外置 Portal 服务器。
- （可选）配置用户下线探测周期。
- （可选）配置 Portal 逃生功能。

说明 对于 S2750EI、S5700-10P-LI-AC 以及 S5700-10P-PWR-LI-AC，仅在 IPv4 报文三层硬件转发功能开启时（开启方法是在系统视图下执行 **assign forward-mode ipv4-hardware** 命令，然后重启），才能支持外置 Portal 认证。

1. 配置外置 Portal 服务器功能

在使用外置 Portal 服务器认证的过程中，为保证设备与 Portal 服务器之间能够进行通信，需要配置以下信息。

- Portal 服务器模板：用来管理指向 Portal 服务器的参数，比如 Portal 服务器的 IP 地址等，具体见表 14-8。

表 14-8　　　　　　　　　　　　Portal 服务器模板的配置步骤

步骤	命令	说明
1	**system-view** 例如：\<HUAWEI\> **system-view**	进入系统视图
2	**web-auth-server** *server-name* 例如：[HUAWEI] **web-auth-server** abc	创建 Portal 服务器模板，并进入 Portal 服务器模板视图。参数 *server-name* 用来指定 Portal 服务器模板名，长度范围是 1～31 个字符，不支持空格，区分大小写。 缺省情况下，未创建 Portal 服务器模板，可用 **undo web-auth-server** *server-name* 命令删除指定的 Portal 服务器模板
3	**protocol portal** 例如：[HUAWEI-web-auth-server-abc] **protocol portal**	（可选）配置 Portal 认证时所使用的协议为 portal 协议。 缺省情况下，Portal 认证时所使用的协议为 Portal 协议，可用 **undo protocol** 命令恢复 Portal 认证时所使用的协议为缺省配置
4	**server-ip** *server-ip-address* &\<1-10\> 例如：[HUAWEI-web-auth-server-abc] **server-ip** 1.1.1.1	配置指向外置 Portal 服务器的 IP 地址，最多可配置 10 个。 缺省情况下，未配置指向 Portal 服务器的 IP 地址，可用 **undo server-ip** { *server-ip-address* | **all** } 命令删除指定的或者所有指向 Portal 服务器的 IP 地址

（续表）

步骤	命令	说明
5	**source-ip** *ip-address* 例如：[HUAWEI-web-auth-server-abc] **source-ip** 192.168.1.100	（可选）配置接入设备与 Portal 服务器通信的源 IP 地址。 缺省情况下，未配置设备与 Portal 服务器通信的源 IP 地址，可用 **undo source-ip** 命令恢复缺省配置
6	**source-interface** *interface-type interface-number* 例如：[HUAWEI-web-auth-server-abc] **source-interface** loopback 1	（可选）配置设备与 Portal 服务器通信的源 IP 地址为指定接口的 IP 地址。 缺省情况下，未配置设备与 Portal 服务器通信的源 IP 地址，可用 **undo source interface** 命令恢复设备与 Portal 服务器通信的源 IP 地址为缺省配置
7	**port** *port-number* [**all**] 例如：[HUAWEI-web-auth-server-abc] **port** 10000	（可选）配置设备向 Portal 服务器发送报文时使用的目的端口号。命令中的参数和选项说明如下。 ① *port-number*：指定设备主动向认证服务器发送 UDP 报文时封装 UDP 报文的目的端口号，整数形式，取值范围是 1～65535。 ② **all**：可选项，整数形式，取值范围是 1～65535。 缺省情况下，设备向 Portal 服务器发送报文时使用的目的端口号为 50100，可用 **undo port** [**all**]命令恢复设备向 Portal 服务器主动发送报文时使用的目的端口号为缺省值
8	**shared-key cipher** *key-string* 例如：[HUAWEI-web-auth-server-abc] **shared-key cipher** huawei@123	配置设备与 Portal 服务器信息交互的共享密钥，字符串形式，**不支持空格**，区分大小写，可以是 48 位的密文，也可以是长度范围是 1～16 的明文。当输入的字符串两端使用双引号时，可在字符串中输入空格。 缺省情况下，未配置设备与 Portal 服务器信息交互的共享密钥，可用 **undo shared-key** 命令删除配置的共享密钥
9	**vpn-instance** *vpn-instance-name* 例如：[HUAWEI-web-auth-server-abc] **vpn-instance** vpn1	（可选）配置设备与 Portal 服务器通信使用的 VPN 实例。 缺省情况下，未配置设备与 Portal 服务器通信使用的 VPN 实例，可用 **undo vpn-instance** 命令恢复缺省配置
10	**web-redirection disable** 例如：[HUAWEI-web-auth-server-abc] **web-redirection disable**	（可选）关闭 Portal 认证重定向功能开关。 未认证用户通过 Web 浏览器访问外部网络时，其 HTTP 请求都会被设备重定向到 Portal 认证页面进行认证。但在某些特殊情况下，譬如用户需要手动输入认证页面，可执行本命令，这样，未认证用户的 HTTP 请求将不会被设备强制重定向到 Portal 认证页面。 缺省情况下，Portal 认证重定向功能开关处于打开状态，可用 **undo web-redirection disable** 命令打开 Portal 认证重定向功能开关
11	**url** *url-string* 例如：[HUAWEI-web-auth-server-abc] **url** http://www.abc.com	配置指向 Portal 服务器的 URL，用于标志 Portal 认证用户可以访问的 Portal 服务器的网址，为 1～200 个字符，且必须以"http://"开头。 指向 Portal 服务器的 URL 有两种配置方法，此处介绍的是"绑定 URL 方式"，还有一种"绑定 URL 模板方式"，相对于绑定 URL 方式，通过绑定 URL 模板方式不仅能够配置指向 Portal 服务器的重定向 URL，还能够在 URL 中携带用户或接入设备的相关参数，配置比较复杂，在此不进行介绍。 缺省情况下，未配置指向 Portal 服务器的 URL，可用 **undo url** 命令删除指向 Portal 服务器的 URL

　　■ 与 Portal 服务器的交互参数：接入设备与外置 Portal 服务器对接时，为保证通信和安全性，需要统一的配置信息，比如 Portal 协议版本、通信端口号、报文最大重传次数和重传周期等，**但均是可选配置**，具体见表 14-9。

表 14-9　　　　　　　　　　　**与 Portal 服务器信息交互参数的配置步骤**

步骤	命令	说明
1	system-view 例如：\<HUAWEI\> system-view	进入系统视图
2	web-auth-server version v2 [v1] 例如：[HUAWEI] web-auth-server version v2	配置设备支持的 Portal 协议版本。 缺省情况下，设备同时支持 v2 与 v1 版本，可用 **undo web-auth-server version** 命令恢复缺省配置
3	web-auth-server listening-port *port-number* 例如：[HUAWEI] web-auth-server listening-port 2020	配置设备侦听 Portal 协议报文的端口号，取值范围为 1～65535 的整数。 缺省情况下，设备侦听 Portal 协议报文的端口号为 2000，可用 **web-auth-server listening-port** 命令恢复为缺省值
4	web-auth-server reply-message 例如：[HUAWEI] web-auth-server reply-message	使能将认证服务器回应的用户认证信息透传给 Portal 服务器的功能。 缺省情况下，设备已使能将认证服务器回应的用户认证信息透传给 Portal 服务器的功能，可用 **undo web-auth- server reply-message** 命令去使能将认证服务器回应的用户认证信息透传给 Portal 服务器的功能
5	portal https-redirect enable 例如：[HUAWEI] portal https-redirect enable	使能 Portal 认证 HTTPS 重定向功能。缺省情况下，无线 Portal 认证 HTTPS 重定向功能处于使能状态，有线 Portal 认证 HTTPS 重定向功能处于去使能状态。**该功能仅对新接入的 Portal 认证用户生效。** 【说明】用户访问 HTTPS 协议的网站触发 Portal 认证时，浏览器会弹出安全提示，需要用户点击继续才能完成 Portal 认证。如果用户发送的 HTTPS 请求报文的目的端口号是非知名端口（443），则不能进行重定向。 如果希望使能有线 Portal 认证 HTTPS 重定向功能，请先执行 **portal https-redirect enable** 命令，再执行 **portal https-redirect wired enable** 命令。 缺省情况下，无线 Portal 认证 HTTPS 重定向功能处于使能状态，有线 Portal 认证 HTTPS 重定向功能处于去使能状态，可用 **undo portal https-redirect enable** 命令去使能 Portal 认证 HTTPS 重定向功能
6	**portal logout resend** *times* **timeout** *period* 例如：[HUAWEI] **portal logout resend 5 timeout 10**	配置 Portal 认证用户下线报文的重传次数和重传周期。命令中的参数说明如下。 ① *times*：指定 Portal 认证用户下线报文的重传次数，整数形式，取值范围是 0～15。 ② *period*：指定 Portal 认证用户下线报文的重传周期，整数形式，取值范围是 1～300，单位：s。 缺省情况下，Portal 认证用户下线报文的重传次数是 3 次、重传周期是 5s，可用 **undo portal logout { resend	timeout }** *命令恢复缺省配置
7	**portal logout different-server enable** 例如：[HUAWEI] **portal logout different-server enable**	使能设备处理非用户上线的 Portal 服务器发送的用户下线请求消息。 缺省情况下，设备不处理非用户上线的 Portal 服务器发送的用户下线请求消息，可用 **undo portal logout different-server enable** 命令恢复缺省配置

2.（可选）配置 Portal 认证探测功能

Portal 认证在实际组网应用中，如果接入设备与外置 Portal 服务器之间出现网络故障导致通信中断，或者外置 Portal 服务器本身出现故障，则会造成新的 Portal 认证用户无法上线，已经在线的 Portal 认证用户也无法正常下线。这时，如果配置了 Portal 认证探测功能，就可在网络故障或 Portal 服务器无法正常工作的情况下，接入设备通过日志和告警的方式报告故障。

在主/备外置 Portal 服务器场景或配置 Portal 逃生功能时，设备需要开启 Portal 认证探测功能，具体是在 Portal 服务器模板视图下通过 **server-detect** [**interval** *interval-period* | **max-times** *times* | **critical-num** *critical-num* | **action** { **log** | **trap** } *] * 命令配置。命令中的参数和选项说明如下。

- **interval** *interval-period*：可多选参数，指定 Portal 服务器探测周期，整数形式，取值范围是 30～65535，单位：s。缺省情况下，取值为 60s。
- **max-times** *times*：可多选参数，指定 Portal 服务器探测失败最大次数，整数形式，取值范围是 1～255。缺省情况下，取值为 3。
- **critical-num** *critical-num*：可多选参数，指定状态为 UP 的 Portal 服务器最小数目，整数形式，取值范围是 0～128。缺省情况下，取值为 0。
- **action**：可多选选项，指定 Portal 服务器探测失败次数超过最大次数后的动作。
- **log**：可多选选项，指定 Portal 服务器探测失败次数超过最大次数后发送日志信息。
- **trap**：可多选选项，指定 Portal 服务器探测失败次数超过最大次数后发送告警信息。

3.（可选）配置 Portal 认证用户信息同步功能

Portal 认证在实际组网应用中，如果接入设备与外置 Portal 服务器之间出现网络故障导致通信中断，或外置 Portal 服务器本身出现故障，将使得已经在线的 Portal 认证用户无法正常下线，进而导致接入设备与 Portal 服务器用户信息不一致以及计费不准确的问题。此时，如果在接入设备上配置了 Portal 认证用户信息同步功能，就可避免可能出现的计费不准确问题。

使能用户信息同步功能的配置方法是在 Portal 服务器模板视图下通过 **user-sync** [**interval** *interval-period* | **max-times** *times*] * 命令进行。命令中的参数说明如下。

- **interval** *interval-period*：指定用户信息同步周期，整数形式，取值范围是 30～65535，单位：s。缺省情况下，取值为 300s。
- **max-times** *times*：指定用户信息同步最大失败次数，整数形式，取值范围是 2～255。缺省情况下，取值为 3。

缺省情况下，未使能 Portal 认证用户的信息同步功能，可用 **undo user-sync** 命令去使能 Portal 认证用户的信息同步功能。

4. 创建 Portal 接入模板

前面几项配置任务是配置外置 Portal 服务器相关功能，从本项配置任务开始，正式介绍外置 Portal 服务器方案中 Portal 接入模板的配置方法。

设备通过 Portal 接入模板统一管理 Portal 认证用户接入相关的所有配置。配置 Portal 认证之前，首先需要创建 Portal 接入模板。可在系统视图下通过 **portal-access-profile name** *access-profile-name* 命令创建 Portal 接入模板并进入 Portal 接入模板视图。

设备最多支持配置 16 个 Portal 接入模板，升级兼容转换的模板不占用配置规格。缺省情况下，设备自带 1 个名称为 portal_access_profile 的 Portal 接入模板，可以修改和应用，但不能删除。可用 **undo portal-access-profile name** *access-profile-name* 命令删除新创建的 Portal 接入模板，但删除某个 Portal 接入模板时，需要保证该 Portal 接入模板没有被任何认证模板绑定。

5. 配置 Portal 接入模板使用的外置 Portal 服务器

对用户进行 Portal 认证时，需要设备提供指向 Portal 服务器的参数。

当用户希望使用外置 Portal 服务器进行认证时，首先需要通过本节前面的 1～3 点配置外置 Portal 服务器功能，然后配置 Portal 接入模板使用的外置 Portal 服务器，具体方法见表 14-10。

表 14-10　　　　　　　**Portal 接入模板使用的外置 Portal 服务器的配置步骤**

步骤	命令	说明
1	**system-view** 例如：\<HUAWEI\> **system-view**	进入系统视图
2	**portal-access-profile name** *access-profile-name* 例如：[HUAWEI] **portal-access-profile name** p1	进入 Portal 接入模板视图
3	**web-auth-server** *server-name* [*bak-server-name*] { **direct** | **layer3** } 例如：[HUAWEI-portal-access-profile-p1] **web-auth-server** server1 server2 **direct**	配置 Portal 接入模板使用的 Portal 服务器模板。命令中的参数和选项说明如下。 ① *server-name*：指定 Portal 服务器模板名称，必须是已存在的 Portal 服务器模板名称。 ② *bak-server-name*：可选参数，指定备用 Portal 服务器模板名称。也必须是已存在的 Portal 服务器模板名称。 ③ **direct**：二选一选项，指定 Portal 认证采用二层认证方式。当用户与设备之间没有三层转发设备时，设备能够学习到用户的 MAC 地址。此时可利用 IP 和 MAC 地址来识别用户，配置二层认证方式即可。 ④ **layer3**：二选一选项，指定 Portal 认证采用三层认证方式。当用户与设备之间存在三层转发设备时，设备不能够获取到用户的 MAC 地址，所以 IP 地址将唯一地标识用户，此时需要配置为三层认证方式。 缺省情况下，Portal 接入模板没有使用任何 Portal 服务器模板
4	**portal auth-network** *network-address* { *mask-length* | *mask-address* } 例如：[HUAWEI-portal-access-profile-p1] **portal auth-network** 10.1.1.0 24	（可选）配置 Portal 认证的源认证网段。该命令仅对三层 Portal 认证有效，二层 Portal 认证时对所有网段的用户都进行认证。 缺省情况下，Portal 认证的源认证网段为 0.0.0.0/0，表示对所有网段的用户都进行 Portal 认证

为提高 Portal 认证的可靠性，可以在 Portal 接入模板下同时绑定备用 Portal 服务器模板，当主用 Portal 服务器中断时，用户被重定向到备用 Portal 服务器进行认证。该功能要求设备已通过 **server-detect** 命令使能 Portal 服务器探测功能，并且在 Portal 服务器上开启心跳探测。

6.（可选）配置用户下线探测周期

在 Portal 认证中，如果由于断电、网络异常断开等缘故造成用户下线，此时接入设备与认证服务器上可能仍保留该用户信息，这会造成计费不准确等问题。另一方面，由于设备允许接入的用户数是有限的，若用户异常下线而设备上仍保留用户信息，则可能导致其他用户不能接入网络。此时可在接入设备上配置认证用户下线探测周期，这样，如果用户在探测周期内没有回应，则接入设备认为该用户已下线。之后接入设备与认证服务器将会及时清除其上保留的该用户信息，以保证用户资源的有效利用。**本功能仅适用于二层 Portal 认证方式。**

Portal 认证用户下线探测周期的配置方法是在 Portal 接入模板视图下通过 **portal timer offline-detect** *time-length* 命令进行，参数 *time-length* 用来指定认证用户下线探测周期，整数形式，取值范围是 0 或 30～7200，单位：s。配置为 0 时，表示不进行用户下线探测。缺省情况下，Portal 认证用户的下线探测周期为 300s，可用 **undo portal timer offline-detect** 命令恢复 Portal 认证用户的下线探测周期的缺省值。

对于采用三层 Portal 认证的 PC 用户，则需要在认证服务器上配置心跳探测功能来保证其在线状态正常。认证服务器探测到用户下线后，通知设备将用户下线。

7.（可选）配置 Portal 逃生功能

外置 Portal 服务器 Down 会造成用户无法通过认证，最终导致用户无任何网络访问权限。Portal 逃生就是用于在接入设备探测到 Portal 服务器 Down 时，授予用户特定的网络访问权限，满足用户基本的网络访问需求，类似于 14.2.1 节"配置 802.1X 客户端无响应时的网络访问权限"的功能配置，具体见表 14-11。

说明 在配置 Portal 逃生功能时要注意以下几个方面。

■ 接入设备作为 AC 设备时，无线用户的 Portal 逃生功能必须配套 V200R007C00 及其之后版本的 FIT AP 设备才能生效。

■ 仅 HTTP 报文触发的 Portal 认证用户支持该功能，HTTPS 报文触发的 Portal 认证用户不支持。

■ 终端采用 Portal 认证或包含 Portal 认证的混合认证时，不支持为其授权 VLAN。

■ 有线用户进行三层 Portal 认证时，不支持配置 Portal 逃生功能。

表 14-11　　　　　　　　　　　　　**Portal 逃生功能的配置步骤**

步骤	命令	说明
1	**system-view** 例如：<HUAWEI> **system-view**	进入系统视图
以下是授权 UCL 组的配置步骤		
2	**ucl-group** *group-index* [**name** *group-name*] 例如：[HUAWEI] **ucl-group** 10 **name** abc	创建 UCL 组，其他说明参见 14.2.1 节表 14-6 中的第 2 步
3	**ucl-group ip** *ip-address* { *mask-length* | *ip-mask* } { *group-index* | **name** *group-name* } 例如：[HUAWEI] **ucl-group ip** 10.1.1.1 24 **name** email	配置静态 UCL 组，其他说明参见 14.2.1 节表 14-6 中的第 3 步

（续表）

步骤	命令	说明
4	配置用户 ACL，根据 UCL 组对报文进行过滤，参见第 11 章的 11.2.6 节	
5	**traffic-filter inbound acl** { *acl-number* | **name** *acl-name* } 例如：[HUAWEI] **traffic-filter inbound acl** 6001	（可选）配置基于 ACL 对入方向报文进行过滤，其他说明参见 14.2.1 节表 14-6 中的第 5 步
	traffic-redirect inbound acl { *acl-number* | **name** *acl-name* } [**vpn-instance** *vpn-instance-name*] **ip-nexthop** *nexthop-address* 例如：[HUAWEI] **traffic-redirect inbound acl** 6001 **ip-nexthop** 192.168.1.1	（可选）配置基于 ACL 对入方向报文进行重定向，其他说明参见 14.2.1 节表 14-6 中的第 5 步
以下是授权业务方案的配置步骤		
2	**aaa** 例如：[HUAWEI] **aaa**	进入 AAA 视图
3	**service-scheme** *service-scheme-name* 例如：[HUAWEI-aaa] **service-scheme** srvscheme1	创建一个业务方案，并进入业务方案视图。 缺省情况下，设备上没有创建业务方案
4	**acl-id** *acl-number* 例如：[HUAWEI-aaa-service-srvscheme1] **acl-id** 3001	在业务方案下绑定 ACL，整数形式，取值范围是 3000～3999，即只能是高级 ACL。 缺省情况下，业务方案下未绑定 ACL
5	**ucl-group** { *group-index* | **name** *group-name* } 例如：[HUAWEI-aaa-service-srvscheme1] **ucl-group name** abc	在业务方案下绑定 UCL 组。执行该命令之前，需确保已创建并配置了标记用户类别的该 UCL 组。 缺省情况下，业务方案下未绑定 UCL 组
6	**user-vlan** *vlan-id* 例如：[HUAWEI-aaa-service-srvscheme1] **user-vlan** 100	在业务方案中配置用户 VLAN。执行该命令之前，需确保已创建了该 VLAN。 缺省情况下，在业务方案中未配置用户 VLAN
7	**voice-vlan** 例如：[HUAWEI-aaa-service-srvscheme1] **voice-vlan**	在业务方案中使能 Voice VLAN 功能。为使本命令功能生效，需已使用命令 **voice-vlan enable** 配置指定 VLAN 为 Voice VLAN，同时使能接口的 Voice VLAN 功能。 缺省情况下，在业务方案中未使能 Voice VLAN 功能
8	**qos-profile** *profile-name* 例如：[HUAWEI-aaa-service-srvscheme1]**qos-profile** abc	在业务方案中绑定 QoS 模板。在系统视图下执行 **qos-profile name** *profile-name* 命令创建 QoS 模板并进入 QoS 模板视图。在 QoS 模板视图下可配置流量监管、报文优先级重标记与创建用户队列。 缺省情况下，在业务方案中未绑定 QoS 模板，可用 **undo qos-profile** *profile-name* 命令删除业务方案与 QoS 模板的绑定关系
9	**quit** 例如：[HUAWEI-aaa-service-srvscheme1] **quit**	返回到 AAA 视图
10	**quit** 例如：[HUAWEI-aaa] **quit**	返回到系统视图

（续表）

步骤	命令	说明
11	**portal-access-profile name** *access-profile-name* 例如：[HUAWEI] **dot1x-access-profile name** d1	进入 Portal 接入模板视图
12	**authentication event portal-server-down action authorize** { **service-scheme** *service-scheme-name* | **ucl-group** *ucl-group-name* } 例如：[HUAWEI-dot1x-access-profile-d1] **authentication event portal-server-down action authorize service-scheme** s1	配置用户在 Portal 服务器 Down 时的网络访问权限。命令中的参数说明如下。 ① **service-scheme** *service-scheme-name*：多选一参数，指定授权的业务方案名称，即本表前面创建的业务方案。 ② **ucl-group** *ucl-group-name*：多选一参数，指定授权的 UCL 组名称，即本表前面创建的 UCL 组。 缺省情况下，未配置用户在 802.1X 客户端无响应时的网络访问权限，可用 **undo authentication event client-no-response action authorize** 命令恢复缺省配置
13	**authentication event portal-server-up action re-authen** 例如：[HUAWEI-dot1x-access-profile-d1] **authentication event portal-server-up action re-authen**	使能当 Portal 服务器状态由 Down 转变为 Up 时，设备对用户进行重认证缺省情况下，当 Portal 服务器状态由 Down 转变为 Up 时，设备不会对用户进行重新认证。 执行本步骤后，当接入设备探测到 Portal 服务器的状态由 Down 转变为 Up 时，会对用户进行重认证。接入设备将处于 **web-server-down** 状态的用户置为预连接状态，之后用户访问任意网页即可启动重认证流程，如果认证成功，接入设备会开放用户正常的网络访问权限。 缺省情况下，当 Portal 服务器状态由 Down 转变为 Up 时，设备不会对用户进行重新认证，可用 **undo authentication event portal-server-up action re-authen** 命令恢复缺省配置

以上配置完成后，可执行 **display portal-access-profile configuration** [**name** *access-profile-name*] 命令查看 Portal 逃生时的授权信息。

14.3.4　配置 Portal 接入模板（针对外置 Portal 服务器-HTTP/HTTPS）

本节与 14.3.3 节一样，都是基于外置 Portal 服务器方案中 Portal 接入模板的配置，但上节介绍的外置 Portal 服务器运行的是 Portal 协议，本节中的外置 Portal 服务器运行的是 HTTP/HTTPS。本节 Portal 接入模板所包括的配置任务如下（基本上与上节介绍的一样）。

- 配置外置 Portal 服务器功能。
- 创建 Portal 接入模板：与上节相同功能的配置完全一样，参见即可。
- 配置 Portal 接入模板使用的外置 Portal 服务器：与上节相同功能的配置完全一样，参见即可。
- （可选）配置用户下线探测周期：与上节相同功能的配置完全一样，参见即可。

下面仅介绍运行 HTTP/HTTPS 的 Portal 服务器功能的配置。

说明 对于 S2750EI、S5700-10P-LI-AC 以及 S5700-10P-PWR-LI-AC，仅在 IPv4 报文三层硬件转发功能开启时（开启方法是在系统视图下执行 **assign forward-mode ipv4-**

hardware 命令，然后重启），才能支持外置 Portal 认证。

与配置运行 Portal 协议的外置 Portal 服务器一样，运行 HTTP/HTTPS 协议的外置 Portal 服务器也必须要配置与接入设备间通信的参数，具体步骤见表 14-12。

表 14-12　　　　　　　　　　　**Portal** 服务器模板的配置步骤

步骤	命令	说明
1	**system-view** 例如：<HUAWEI> **system-view**	进入系统视图
2	**portal web-authen-server** { **http** | **https ssl-policy** *policy-name* } [**port** *port-number*] 例如：[HUAWEI] **portal web-authen-server https ssl-policy huawei port 8443**	开启 HTTP/HTTPS 的 Portal 对接功能。命令中的参数和选项说明如下。 ① **http**：二选一选项，指定使用 HTTP 进行 Portal 认证。 ② **https ssl-policy** *policy-name*：二选一参数，指定使用 HTTPS 协议进行 Portal 认证，并指定使用的 SSL 策略名。 ③ **port** *port-number*：可选参数，指定端口号，整数形式，取值范围是 1025～65535。HTTP 的端口号缺省值为 8000，HTTPS 的端口号缺省值为 8443。 缺省情况下，HTTP/HTTPS 协议的 Portal 对接功能处于关闭状态，可用 **undo portal web-authen-server** [**port**]命令关闭 HTTP/HTTPS 协议的 Portal 对接功能
3	**web-auth-server** *server-name* 例如：[HUAWEI] **web-auth-server** abc	创建 Portal 服务器模板（**不是接入模板**），并进入 Portal 服务器模板视图，配置外置 HTTP/HTTPS 协议的 Portal 服务器相关参数。参数 *server-name* 用来指定 Portal 服务器模板名，长度范围是 1～31 个字符，不支持空格，区分大小写。 缺省情况下，未创建 Portal 服务器模板，可用 **undo web-auth-server** *server-name* 命令删除指定的 Portal 服务器模板
4	**protocol http** [**password-encrypt** { **none** | **uam** }] 例如：[HUAWEI-web-auth-server-abc] **protocol http password-encrypt uam**	配置 Portal 认证时所使用的协议为 HTTP/HTTPS。命令中的选项说明如下。 ① **http**：指定 Portal 认证时所使用的协议为 HTTP 或 HTTPS。 ② **password-encrypt** { **none** | **uam** }：指定密码的加密方式：none 为不加密；uam 为使用 ASCII 码方式加密。 缺省情况下，Portal 认证时所使用的协议为 Portal 协议，可用 **undo protocol** 命令恢复 Portal 认证时所使用的协议为缺省配置
5	**http-method post** { **cmd-key** *cmd-key* [**login** *login-key* | **logout** *logout-key*] * | **init-url-key** *init-url-key* | **login-fail response** { **err-msg** { **authenserve-reply-message** | **msg** *msg* } | **redirect-login-url** | **redirect-url** *redirect-url* [**append-reply-message** *msgkey*] } | **login-success response** { **msg** *msg* | **redirect-init-url** | **redirect-url** *redirect-url* } | **logout-fail response** { **msg** *msg* | **redirect-url** *redirect-url* }	配置解析和回应 HTTP/HTTPS 的 POST 请求报文的参数。命令中的参数和选项说明如下。 ① **cmd-key** *cmd-key*：可多选参数，指定命令的识别关键字，字符串形式，不支持空格、问号（?）、和号（&）和等于号（=），区分大小写，长度范围是 1～16。其缺省值为 cmd。 ② **login** *login-key*：可多选参数，指定用户登录的识别关键字，字符串形式，不支持空格、问号（?）、和号（&）和等于号（=），区分大小写，长度范围是 1～15。其缺省值为 login。 ③ **logout** *logout-key*：可多选参数，指定用户注销的识别关键字，字符串形式，不支持空格、问号（?）、和号（&）和等于号（=），区分大小写，长度范围是 1～15。其缺省值为 logout。 ④ **init-url-key** *init-url-key*：可多选参数，指定用户初始登录的 URL 的识别关键字，字符串形式，不支持空格、问号（?）、和号（&）和等于号（=），区分大小写，长度范围是 1～16。其缺省值为 initurl。

（续表）

步骤	命令	说明
5	| **logout-success response** { **msg** *msg* | **redirect-url** *redirect-url* } | **password-key** *password-key* | **user-mac-key** *user-mac-key* | **userip-key** *userip-key* | **username-key** *username-key* }* 例如：[HUAWEI-web-auth-server-abc] **http-method post cmd-key cmd1**	⑤ **login-fail response** { **err-msg** { **authenserve-reply-message** | **msg** *msg* } | **redirect-login-url** | **redirect-url** *redirect-url* [**append-reply-message** *msgkey*] }：指定用户登录失败时响应的消息内容。 • **err-msg**：多选一选项，用户登录失败时显示的错误消息。 • **authenserve-reply-message**：二选一选项，用户登录失败时显示认证服务器返回的消息。 • **err-msg msg** *msg*：二选一参数，用户登录失败时显示指定的消息内容，字符串形式，不支持空格、问号（?）、和号（&）和等于号（=），区分大小写，长度范围是 1～200。 • **redirect-login-url**：多选一选项，用户登录失败时重定向到登录 URL。此方式为缺省方式。 • **redirect-url** *redirect-url*：多选一参数，用户登录失败时重定向到指定的 URL，字符串形式，不支持空格，区分大小写，长度范围是 1～200。 • **append-reply-message** *msgkey*：可选参数，重定向 URL 携带认证服务器返回消息的识别关键字，字符串形式，不支持空格、问号（?）、和号（&）和等于号（=），区分大小写，长度范围是 1～16。 ⑥ **login-success response** { **msg** *msg* | **redirect-init-url** | **redirect-url** *redirect-url* }：指定用户登录成功时响应的消息内容。 • **msg** *msg*：多选一参数，用户登录成功时显示指定的消息内容字符串形式，不支持空格、问号（?）、和号（&）和等于号（=），区分大小写，长度范围是 1～200。 • **redirect-init-url**：多选一选项，用户登录成功时重定向到初始登录的 URL。此方式为缺省方式。 • **redirect-url** *redirect-url*：多选一参数，用户登录成功时重定向到指定的 URL，字符串形式，不支持空格，区分大小写，长度范围是 1～200。 ⑦ **logout-fail response** { **msg** *msg* | **redirect-url** *redirect-url* }：指定用户注销失败时响应的消息内容。 • **msg** *msg*：二选一参数，用户注销失败时显示指定的消息内容，字符串形式，不支持空格、问号（?）、和号（&）和等于号（=），区分大小写，长度范围是 1～200。其缺省值为"LogoutFail!"。 • **redirect-url** *redirect-url*：二选一参数，用户注销失败时重定向到指定的 URL，字符串形式，不支持空格，区分大小写，长度范围是 1～200。 ⑧ **logout-success response** { **msg** *msg* | **redirect-url** *redirect-url* }：指定用户注销成功时响应的消息内容。 • **msg** *msg*：二选一参数，用户注销成功时显示指定的消息内容，字符串形式，不支持空格、问号（?）、和号（&）和等于号（=），区分大小写，长度范围是 1～200。其缺省值为"LogoutSuccess!"。 • **redirect-url** *redirect-url*：二选一参数，用户注销成功时重定向到指定的 URL 字符串形式，不支持空格，区分大小写，长度范围是 1～200。 ⑨ **password-key** *password-key*：可多选参数，指定密码的识别关键字。其缺省值为 password，字符串形式，不支持空格、问号（?）、和号（&）和等于号（=），区分大小写，长度范围是 1～16。

（续表）

步骤	命令	说明
5		⑩ **user-mac-key** *user-mac-key*：可多选参数，指定用户 MAC 地址的识别关键字。其缺省值为 macaddress，字符串形式，不支持空格、问号（？）、和号（&）和等于号（=），区分大小写，长度范围是 1～16。 ⑪ **userip-key** *userip-key*：可多选参数，指定用户 IP 地址的识别关键字。其缺省值为 ipaddress，字符串形式，不支持空格、问号（？）、和号（&）和等于号（=），区分大小写，长度范围是 1～16。 ⑫ **username-key** *username-key*：可多选参数，指定用户名的识别关键字。其缺省值为 username，字符串形式，不支持空格、问号（？）、和号（&）和等于号（=），区分大小写，长度范围是 1～16。 缺省情况下，系统已配置解析和回应 HTTP/HTTPS 协议的 POST 请求报文的参数，可用 **undo http-method post** { **all**	{ **cmd-key**	**init-url-key**	**login-fail**	**login-success**	**logout-fail**	**logout-success**	**password-key**	**user-mac-key**	**userip-key**	**username-key** } * }命令恢复为缺省配置
6	**http get-method enable** 例如： [HUAWEI-web-auth-server-abc] **http get-method enable**	（可选）配置进行 Portal 认证时允许用户使用 GET 方式向设备提交用户名和密码等信息。 缺省情况下，进行 Portal 认证时不允许用户使用 GET 方式向设备提交用户名和密码等信息，可用 **undo http get-method enable** 命令恢复为缺省配置
7	**url** *url-string* 例如： [HUAWEI-web-auth-server-abc] **url** http://www.abc.com	配置指向 Portal 服务器的 URL，用于标志 Portal 认证用户可以访问的 Portal 服务器的网址，为 1～200 个字符，且必须以 "**http://**" 开头。 指向 Portal 服务器的 URL 有两种配置方法，此处介绍的是 "绑定 URL 方式"，还有一种 "绑定 URL 模板方式"，相对于绑定 URL 方式，通过绑定 URL 模板方式，不仅能够配置指向 Portal 服务器的重定向 URL，还能够在 URL 中携带用户或接入设备的相关参数，配置比较复杂，在此不进行介绍。 缺省情况下，未配置指向 Portal 服务器的 URL，可用 **undo url** 命令删除指向 Portal 服务器的 URL

完成 Portal 服务器模板和 Portal 接入模板的配置后，可在任意视图下执行上节介绍的 **display** 命令，查看 Portal 服务器模板和 Portal 接入模板的配置，验证配置结果。

14.3.5　配置 Portal 接入模板（针对内置 Portal 服务器）

内置 Portal 服务器为存在于接入设备之内的内嵌实体（即由接入设备实现 Portal 服务器功能）。完成内置 Portal 服务器的配置之后，也必须在 Portal 接入模板中应用以上配置的 Portal 服务器。之后使用该 Portal 接入模板的用户在访问非免费网络资源时，将被强制重定向到 Portal 服务器的认证页面，即可进行 Portal 认证。**框式系列交换机不支持内置 Portal 服务器认证方案。**

内置 Portal 服务器 Portal 接入模板所涉及的配置任务如下。

- 配置内置 Portal 服务器功能。
- （可选）定制内置 Portal 服务器页面。
- （可选）配置内置 Portal 服务器心跳探测功能。

- ■（可选）配置内置 Portal 认证用户的会话超时时间。
- ■（可选）配置内置 Portal 认证用户的日志抑制功能。
- ■ 创建 Portal 接入模板：与 14.3.3 节介绍的 Portal 接入模板的配置方法完全一样，参见即可。
- ■ 配置 Portal 接入模板使用内置 Portal 服务器。

1. 配置内置 Portal 服务器功能

内置 Portal 服务器相比外置 Portal 服务器而言，具有组网方便、成本低廉、易于维护等优点。可按表 14-13 所示的步骤配置内置 Portal 服务器功能，主要包括指定内置 Portal 服务器的 IP 地址以及全局使能内置 Portal 服务器功能。

说明 当客户端上的时间与内置 Portal 服务器上的时间不一致时，会导致客户端无法认证成功或认证成功后无法下线的情况，因此在配置内置 Portal 认证功能时，需保证设备上的时区和时间正确。

VPN 中的用户不支持内置 Portal 认证功能。

表 14-13　　　　　　　　　　　　　内置 **Portal** 服务器的配置步骤

步骤	命令	说明
1	**system-view** 例如：\<HUAWEI\> **system-view**	进入系统视图
2	**portal local-server ip** *ip-address* 例如：[HUAWEI] **portal local-server ip** 10.1.1.1	配置内置 Portal 服务器的 IP 地址，为设备上与用户路由可达的三层接口的 IP 地址。 缺省情况下，未配置指向内置 Portal 服务器的 IP 地址
3	**portal local-server https ssl-policy** *policy-name* [**port** *port-num*] 例如：[HUAWEI] **portal local-server https ssl-policy** s1	全局使能内置 Portal 服务器功能。命令中的参数说明如下。 ① **ssl-policy** *policy-name*：指定内置 Portal 服务器使用的 SSL 策略，必须是设备上已经存在的 SSL 策略，且已成功加载数字证书，**表示只能运行 HTTPS**。 ② **port** *port-num*：可选参数，指定使用的 TCP 端口号，整数形式，取值范围是 443 或 1025～55535。缺省情况下，端口号为 443。 缺省情况下，全局未使能内置 Portal 服务器功能，可用 **undo portal local-server** 命令去使能内置 Portal 服务器功能
4	**portal local-server authentication-method** { **chap** | **pap** } 例如：[HUAWEI] **portal local-server authentication-method pap**	配置内置 Portal 服务器对 Portal 认证用户的认证方式（CHAP 或 PAP）。PAP 是一种两次握手认证协议，它采用明文方式加载到 RADIUS 报文中传送口令。CHAP 验证协议为三次握手验证协议，它只在 RADIUS 报文中传输用户名，并不传输口令。相比之下，CHAP 认证保密性较好，更为安全可靠。如果是基于安全性的考虑，建议采用该方式。 缺省情况下，内置 Portal 服务器对 Portal 认证用户采用 CHAP 方式进行认证，可用 **undo portal local-server authentication-method** 命令恢复内置 Portal 服务器对 portal 认证用户的认证方式为缺省方式
5	**portal https-redirect enable** 例如：[HUAWEI] **portal https-redirect enable**	使能 Portal 认证 HTTPS 重定向功能。使能 Portal 认证 HTTPS 重定向功能后，可使未认证的 Portal 用户在访问 HTTPS 的网站时，设备能够将其重定向到 Portal 认证页面。

（续表）

步骤	命令	说明
5	**portal https-redirect enable** 例如：[HUAWEI] **portal https-redirect enable**	【说明】在配置 Portal 认证 HTTPS 重定向功能方面注意如下几点。 ● 用户访问 HTTPS 协议的网站触发 Portal 认证时，浏览器会弹出安全提示，需要用户点击继续才能完成 Portal 认证。 ● 执行 HSTS 的浏览器或网站不能进行重定向。 ● 如果用户发送的 HTTPS 请求报文的目的端口号是非知名端口（443），则不能进行重定向。 ● 如果希望使能有线 Portal 认证 HTTPS 重定向功能，请先执行命令 **portal https-redirect enable**，再执行 **portal https-redirect wired enable** 命令。 ● 该功能仅对新接入的 Portal 认证用户生效。 缺省情况下，无线 Portal 认证 HTTPS 重定向功能处于使能状态，有线 Portal 认证 HTTPS 重定向功能处于去使能状态，可用 **undo portal https-redirect enable** 命令去使能 Portal 认证 HTTPS 重定向功能

2.（可选）定制内置 Portal 服务器页面

当用户使用内置 Portal 服务器进行认证时，作为内置 Portal 服务器的设备会向用户强制推送登录页面，随后，用户在登录页面上输入用户名密码即可进行认证。

接入设备支持对登录页面进行自定义设计，以满足用户的个性化需求，譬如用户可在登录页面上加载 Logo 图片、更改登录页面的背景图片或背景颜色、推送广告页面等等，具体配置方法见表 14-14，但均为可选配置。

表 14-14　　　　　　　　　　　定制内置 Portal 服务器页面的配置步骤

步骤	命令	说明
1	**system-view** 例如：<HUAWEI> **system-view**	进入系统视图
2	**portal local-server logo load** *logo-file* 例如：[HUAWEI] **portal local-server logo load** flash:/logo.png	加载内置 Portal 服务器登录页面的 Logo 图片文件。参数 *logo-file* 用来指定内置 Portal 服务器登录页面加载的 Logo 图片文件名称，字符串形式，格式为[drive] [path] filename，长度范围是 5~64，不支持空格，不区分大小写。Logo 图片文件的大小需小于等于 128K，推荐大小 591×80 像素。 缺省情况下，没有加载内置 Portal 服务器登录页面的 Logo 图片文件，可用 **undo portal local-server logo load** 命令删除已加载的内置 Portal 服务器登录页面的 Logo 图片文件
3	**portal local-server ad-image load** *ad-image-file* 例如：[HUAWEI] **portal local-server ad-image load** flash:/ad.png	加载内置 Portal 服务器登录页面的广告页面文件。参数 *ad-image-file* 用来指定内置 Portal 服务器登录页面加载的广告页面文件名称，字符串形式，格式为[drive] [path] filename，长度范围是 5~64，不支持空格，不区分大小写。广告页面文件的大小需小于等于 256KB，推荐大小 670×405 像素。 缺省情况下，没有加载内置 Portal 服务器登录页面的广告页面文件，可用 **undo portal local-server ad-image load** 命令删除已加载的内置 Portal 服务器登录页面的广告页面文件

（续表）

步骤	命令	说明
4	**portal local-server page-text load** *string* 例如：[HUAWEI] **portal local-server page-text load** flash:/page.html	加载内置 Portal 服务器的使用说明页面文件。参数 *string* 用来指定内置 Portal 服务器的使用说明页面文件的名称，字符串形式，格式为[drive] [path] filename，长度范围是 1～64，不支持空格，不区分大小写。 缺省情况下,没有加载内置 Portal 服务器的使用说明页面文件，可用 **undo portal local-server page-text load** 命令删除已加载的内置 Portal 服务器的使用说明页面文件
5	**portal local-server policy-text load** *string* 例如：[HUAWEI] **portal local-server policy-text load** flash:/page.html	加载内置 Portal 服务器的免责声明页面文件。参数 *string* 用来指定内置 Portal 服务器加载的免责声明页面文件的名称，字符串形式，格式为[drive] [path] filename，长度范围是 1～64，不支持空格，不区分大小写。 缺省情况下,没有加载内置 Portal 服务器的免责声明页面文件，可用 **undo portal local-server policy-text load** 命令删除已加载的免责声明页面文件
6	**portal local-server background-image load** { *background-image-file* | **default-image1** }	加载内置 Portal 服务器登录页面的背景图片。命令中的参数和选项说明如下。 ① *background-image-file*：二选一参数，指定内置 Portal 服务器登录页面加载的背景图片名称，背景图片文件的大小需小于等于 512K，推荐大小 1366×768 像素。 ② **default-image1**：二选一选项，指定内置 Portal 服务器登录页面加载 **default-image1** 背景图片。 缺省情况下，设备上存在名为"default-image0"和"default-image1"两张背景图片。内置 Portal 服务器默认使用 default-image0 背景图片，可用 **undo portal local-server background-image load** 命令删除已加载的内置 Portal 服务器登录页面的背景图片
7	**portal local-server background-color** *background-color-value* 例如：[HUAWEI] **portal local-server background-color** #AABBCC	配置内置 Portal 服务器登录页面的背景颜色，字符串形式，格式为 RGB 格式，取值范围是#000000～#FFFFFF（"#"不能省）。网页颜色以十六进制代码表示，一般格式为#DEFABC（字母范围从 A～F，数字从 0～9）。 缺省情况下,没有配置内置 Portal 服务器登录页面的背景颜色，可用 **undo portal local-server background-color** 命令取消已配置的内置 Portal 服务器登录页面的背景颜色

3.（可选）配置内置 Portal 服务器心跳探测功能

当用户关闭浏览器或者发生异常时，接入设备可以通过检测用户在线状态来控制用户下线。管理员可以配置内置 Portal 服务器的心跳探测功能，使得如果在指定的时间间隔内设备没有收到客户端发送的心跳报文，则判定该用户下线。内置 Portal 服务器的心跳探测模式分为强制探测模式和自动探测模式。

■ 强制探测模式：对于所有用户，如果在指定的时间内，设备没有收到过用户的心跳报文，设备指定用户下线。

■ 自动探测模式：设备会检测用户客户端网页浏览器是否支持心跳程序，如果支持则采用强制探测模式对该用户进行探测，如果不支持则不对该用户进行探测。建议配置该模式，避免浏览器不支持心跳程序导致用户下线。

说明 目前 Windows7 系统下浏览器 IE8、firefox3.5.2、chrome28.0.1500.72、opera12.00 支持心跳程序。使用 Java1.7 及以上版本的浏览器不支持心跳程序。

可在系统视图下通过 **portal local-server keep-alive interval** *interval-value* [**auto**] 命令配置内置 Portal 服务器心跳探测功能。参数 *interval-value* 用来指定内置 Portal 服务器的心跳探测时间，可选项 **auto** 指定心跳探测模式为自动探测模式，如果不配置此选项，则表示指定的心跳探测模式为强制探测模式。此命令为覆盖式命令，即在同一视图下多次配置，按最后一次配置生效。

缺省情况下，没有配置内置 Portal 服务器心跳探测功能，可用 **undo portal local-server keep-alive** 命令取消已配置的内置 Portal 服务器心跳探测时间和模式。

4.（可选）配置内置 Portal 认证用户的会话超时时间

当用户采用内置 Portal 认证时，可以配置用户的会话超时时间，超时后，用户就会被强制下线。用户如果希望再次上线访问网络，需要重新进行认证。

内置 Portal 认证用户的会话超时时间是基于设备时间计算的，例如：用户会话超时时间配置为 6 小时，用户上线时设备时间是 2014 年 9 月 1 日 2 时 0 分 0 秒，则用户下线时设备时间应该是 2014 年 9 月 1 日 8 时 0 分 0 秒。因此，配置了用户会话超时时间后，请确保设备时区和时间正确，否则可能导致用户无法正常上、下线。设备时区和时间可以通过 **display clock** 命令查看。

可在系统视图下通过 **portal local-server timer session-timeout** *interval* 命令配置内置 Portal 认证用户的会话超时时间，整数形式，取值范围为 1～720，单位是小时。缺省情况下，内置 Portal 认证用户的会话超时时间为 8 小时，可用 **undo portal local-server timer session-timeout** 命令恢复内置 Portal 认证用户的会话超时时间为缺省值。

5.（可选）配置内置 Portal 认证用户的日志抑制功能

内置 Portal 认证用户上、下线失败时，设备会记录日志。这样一来，由于用户上下线失败后，会不断尝试重新上、下线，致使设备在短时间内产生大量日志，导致统计中失败率过高，同时对系统性能有较多冲击。此时，可以使能内置 Portal 认证用户的日志抑制功能。之后，在抑制周期内，相同用户的上、下线失败日志，设备仅记录一次。

内置 Portal 认证用户的日志抑制功能的具体配置步骤见表 14-15。

表 14-15　　　　　　　内置 Portal 认证用户的日志抑制功能的配置步骤

步骤	命令	说明
1	**system-view** 例如：\<HUAWEI\> **system-view**	进入系统视图
2	**portal local-server syslog-limit enable** 例如：[HUAWEI] **portal local-server syslog-limit enable**	使能内置 Portal 认证用户的日志抑制功能。 缺省情况下，内置 Portal 认证用户的日志抑制功能处于使能状态，可用 **undo portal local-server syslog-limit enable** 命令去使能内置 Portal 认证用户的日志抑制功能
3	**portal local-server syslog-limit period** *value* 例如：[HUAWEI] **portal local-server syslog-limit period** 1000	（可选）配置内置 Portal 认证用户的日志抑制周期，整数形式，取值范围是 60～604800，单位：s。 缺省情况下，内置 Portal 认证用户的日志抑制周期为 300s，可用 **undo portal local-server syslog-limit period** 命令恢复缺省值

6. 配置 Portal 接入模板使用内置 Portal 服务器

当用户希望使用内置 Portal 服务器进行认证时，首先需要在全局下按照本节前面 1～5 点介绍的方法配置各内置 Portal 服务器功能，然后按照表 14-16 所示的配置方法在 Portal 接入模板下使能内置 Portal 服务器功能，之后使用该 Portal 接入模板的用户在访问非免费网络资源时，将被强制重定向到 Portal 服务器的认证页面，即可进行 Portal 认证。

表 14-16　　　　　　　Portal 接入模板使用内置 Portal 服务器的配置步骤

步骤	命令	说明
1	system-view 例如：<HUAWEI> system-view	进入系统视图
2	portal-access-profile name *access-profile-name* 例如：[HUAWEI] portal-access-profile name p1	进入 Portal 接入模板视图
3	portal local-server enable 例如： [HUAWEI-portal-acces-profile-p1] portal local-server enable	在 Portal 接入模板下，使能内置 Portal 服务器功能。 缺省情况下，Portal 接入模板没有使能内置 Portal 服务器功能，可用 undo portal local-server enable 命令恢复缺省配置
4	portal local-server anonymous [redirect-url *url*] 例如：[HUAWEI-portal-acces-profile-p1] portal local-server anonymous	（可选）使能内置 Portal 认证用户的匿名登录功能。在机场、酒店、咖啡厅、市民休闲广场等场所，为了向用户提供便捷的网络服务，可通过匿名登录功能使得用户无需输入用户名和密码即可接入网络。在需要部署匿名登录功能的场景中，建议管理员将 AAA 认证方式配置为"不认证"。 可选参数 redirect-url *url* 用来指定重定向 URL 地址，字符串形式，不支持空格与"？"，区分大小写，长度范围是 1～200。当输入的字符串两端使用双引号时，可在字符串中输入空格。如果选择了本可选参数，用户匿名登录首次进行 Web 访问时会自动跳转到指定的 URL，可用于广告推送，且匿名登录过程用户无感知，增强用户体验。 缺省情况下，未使能内置 Portal 认证用户匿名登录功能，可用 undo portal local-server anonymous [redirect-url]命令去使能内置 Portal 认证用户匿名登录功能

完成内置 Portal 服务器和 Portal 接入模板的配置后，可在任意视图下执行以下 **display** 命令查看配置信息。

■ **display portal-access-profile configuration** [**name** *access-profile-name*]：查看 Portal 接入模板的配置信息。

■ **display portal local-server**：查看内置 Portal 服务器的配置信息。

■ **display portal local-server page-information**：查看内置 Portal 服务器加载到内存的页面文件信息。

14.4　配置认证模板

认证模板是将 802.1X 认证、MAC 认证和 Portal 认证的公共功能参数（如接入模式、最大可接入用户数、认证成功前的授权规则、免认证、重认证功能、扬功能等）配置集中起来进行管理，然后再通过引用前面所创建的对应认证方式的接入模板，就可以实现对不同的用户进行不同的接入控制。

认证模板包括以下配置任务。

- 创建认证模板。
- 配置用户认证方式。
- （可选）配置用户接入模式。
- （可选）配置用户认证成功前使用的授权信息。
- （可选）配置免认证的授权信息。
- （可选）配置对用户进行重认证。
- （可选）配置允许接入的最大用户数。
- （可选）配置通过握手功能及时清除用户表项。
- （可选）配置用户认证域。
- （可选）配置通过 IP 地址标记静态用户的功能。
- （可选）配置接口链路故障时用户延时下线功能。

14.4.1　创建认证模板

NAC 能够实现对用户进行接入控制，为便于管理员配置 NAC 的相关功能，设备使用认证模板统一管理 NAC 的配置信息。通过配置认证模板下的参数，实现对不同的用户进行不同的接入控制。

可在系统视图下通过 **authentication-profile name** *authentication-profile-name* 命令创建认证模板，并进入认证模板视图。参数 **name** *authentication-profile-name* 用来指定认证模板的名称，字符串形式，区分大小写，不支持包含空格、/、\、:、*、?、"、<、>、|、@、'和%，不支持配置为"-"和"--"，长度范围是 1～31。

缺省情况下，设备自带 6 个认证模板，名称分别为 default_authen_profile（通用认证模板）、dot1x_authen_profile（802.1X 认证模板）、mac_authen_profile（MAC 认证模板）、portal_authen_profile（Portal 认证模板）、dot1xmac_authen_profile（802.1X 和 MAC 混合认证模板）和 multi_authen_profile（任意混合认证模板）。

一台设备最多可配置 16 个认证模板，但自带的 default_authen_profile 认证模板和升级兼容转换的认证模板不占用规格。而且自带的 6 个认证模板只可以修改和应用，不能被删除。可用 **undo authentication-profile name** *authentication-profile-name* 命令删除新建的认证模板，但删除某个认证模板时，需要保证该认证模板没有被绑定到任何接口或 VAP 模板。可以通过 **display authentication-profile configuration** 命令，查看认证模板是否被绑定到接口或 VAP 模板下。

14.4.2　配置用户认证方式

接口或 VAP 模板下用户使用的认证方式是由认证模板绑定的接入模板决定的。例如，管理员如果希望使用 MAC 认证方式对从某 VAP 模板上线的用户进行控制管理，则该 VAP 模板下应用的认证模板需要绑定 MAC 接入模板。

另外，为了灵活地适应网络环境中的多种认证需求，设备支持在接入用户的接口或 VAP 模板上部署多种认证方式，即混合认证。此时，就需要在认证模板上绑定多种接入模板。

注意　部署混合认证时，需要注意以下几点。

① 一个认证模板最多支持绑定一个 802.1X 接入模板、一个 MAC 接入模板和一个 Portal 接入模板。

② 配置混合认证后，默认允许用户能够使用多种认证方式。例如，用户 MAC 认证成功后，访问网页时不会重定向到 Portal 认证页面，但是，如果用户直接输入 Portal 认证网页地址，则可以进行 Portal 认证，认证成功后，能够获取 Portal 认证用户的网络访问权限。如果希望用户以一种方式认证成功后不再以其他方式进行认证，可以通过 **authentication single-access** 命令，配置设备仅允许用户通过一种方式认证。

③ 通过 802.1X 认证后不允许进行 MAC 认证和 Portal 认证。

④ 802.1X+MAC 混合认证主要用在存在哑终端的场景中。在网关设备进行认证设备时，不建议使用 802.1X+MAC 混合认证。因为，终端上送的 ARP 报文会首先触发 MAC 认证，一方面会拖慢 802.1X 认证的性能，另一方面存在 ARP 攻击的风险。在存在哑终端并且由网关设备进行认证设备的场景中，建议使用以下配置方式。

■ 首先保证哑终端 IP 地址固定，可以使用静态配置 IP 地址或 DHCP Snooping 静态绑定 IP 地址的方式。

■ 网关设备上不配置混合认证，针对非哑终端用户配置 802.1X 认证，针对哑终端用户配置基于 IP 地址的免认证规则。

⑤ 对于 MAC 和 Portal 混合认证，终端在接入时一定是先进行 MAC 认证，认证失败后再进行 Portal 认证，主要用于无线用户接入场景，以保证终端进出无线信号覆盖区导致 Portal 在线用户掉线后能够自动上线，避免用户频繁输入账号密码，提升接入体验。

用户认证方式的配置步骤见表 14-17。

表 14-17　　　　　　　　　　　　　用户认证方式的配置步骤

步骤	命令	说明
1	**system-view** 例如：<HUAWEI> **system-view**	进入系统视图
2	**authentication-profile name** *authentication-profile-name* 例如[HUAWEI] **authentication-profile name** profile1	进入认证模板视图
	dot1x-access-profile *access-profile-name* 例如：[HUAWEI-authen-profile-profile1] **dot1x-access-profile** dot1x_access_profile1	（可选）配置认证模板绑定的 802.1X 接入模板。 缺省情况下，认证模板没有绑定 802.1X 接入模板，可用 **undo dot1x-access-profile** 命令删除认证模板绑定的 802.1X 接入模板
	mac-access-profile *access-profile-name* 例如：[HUAWEI-authen-profile-profile1] **mac-access-profile** mac_access_profile	（可选）配置认证模板绑定的 MAC 接入模板。 缺省情况下，认证模板没有绑定 MAC 接入模板，可用 **undo mac-access-profile** 命令删除认证模板绑定的 MAC 接入模板

（续表）

步骤	命令	说明
2	**portal-access-profile** *access-profile-name* 例如：[HUAWEI-authen-profile-profile1] **portal-access-profile** portal_access_profile1	（可选）配置认证模板绑定的 Portal 接入模板。 缺省情况下，认证模板没有绑定 Portal 接入模板，可用 **undo portal-access-profile** 命令删除认证模板绑定的 Portal 接入模板

配置哪几种认证方式的混合，只需要在认证模板下绑定对应的接入模板。绑定接入模板的顺序没有限制，设备先接收到哪种认证报文，就会优先触发哪种认证。

另外，对于无法安装和使用 802.1X 客户端软件的终端，例如打印机等，可以通过 **authentication dot1x-mac-bypass** 命令使能 MAC 旁路认证功能。这样，用户首先会进行 802.1X 认证，一旦用户名请求超时，则设备会对用户启动 MAC 认证流程

步骤	命令	说明
3	**authentication ip-address in-accounting-start** 例如：[HUAWEI-authen-profile-profile1] **authentication ip-address in-accounting-start**	（可选）开启在计费开始报文中携带用户 IP 地址功能。设备通过计费开始报文上报接入信息和用户基本网络信息（IP 地址），因此需要支持计费开始报文中携带用户 IP 地址信息。 【注意】对于 802.1X 和 MAC 这两种二层认证方式，在以下两种情况下，设备无法学习到用户的 IP 地址，导致设备不会发送计费开始报文。 • 对于无线用户，执行 **learn-address-client disable** 命令关闭了 STA 地址学习功能。 • 对于有线用户，已经获取了 IP 地址或者配置了静态 IP 地址。 所以，该命令仅对 802.1X 认证和 MAC 认证用户生效。对于 Portal 认证发送的计费开始报文中默认已携带用户 IP 地址。 缺省情况下，计费开始报文中携带用户 IP 地址功能处于关闭状态，可用 **undo authentication ip-address in-accounting-start** 命令关闭在计费开始报文中携带用户 IP 地址的功能

说明　在 802.1X 认证场景中，如果使能 802.1X 认证的交换机和用户之间存在二层交换机，则需要在二层交换机上配置 802.1X 认证报文二层透明传输功能，否则用户无法认证成功。具体的配置方法分两步。

① 在中间二层交换机系统视图下通过 **l2protocol-tunnel user-defined-protocol dot1x protocol-mac** *protocol-mac* **group-mac** *group-mac* 命令自定义 802.1X 协议认证报文二层透明传输协议的特征信息。其中 *protocol-mac* 为 802.1X 协议报文发送所用的专用组播 MAC 地址 **0180-c200-0003**，而 *group-mac* 用于指定二层协议报文的目的 MAC 地址被替换后的组播 MAC 地址，可以是除了以下组播 MAC 地址外的其他所有组播 MAC 地址。

■ 保留的组播 MAC 地址：0180-C200-0000～0180-C200-002F。

■ 特殊的组播 MAC 地址：0100-0CCC-CCCC 和 0100-0CCC-CCCD。

■ Smart Link 协议报文的目的 MAC 地址：010F-E200-0004。

■ 设备上已经使用过的普通组播 MAC 地址。

② 在二层交换机连接上行网络接口以及连接用户的所有下行接口下执行 **l2protocol-tunnel user-defined-protocol dot1x enable** 命令，使能接口的二层协议透明传输功能。

14.4.3　配置用户认证成功前使用的授权信息

缺省情况下，当用户在预连接状态或者认证失败状态时，用户将无任何网络访问权限。为满足这些用户的基本网络访问需求，比如更新病毒库、下载客户端等，可在设备上配置用户在认证成功前各阶段的网络访问权限，之后，设备即会根据用户所处的认证阶段为其授权，具体配置步骤见表 14-18。

表 14-18　　　　　　　　用户认证成功前使用的授权信息的配置步骤

步骤	命令	说明
1	**system-view** 例如：<HUAWEI> **system-view**	进入系统视图
2	授权 VLAN：需在设备上配置 VLAN 及 VLAN 内的网络资源。**终端采用 Portal 认证或包含 Portal 认证的混合认证时，不支持为其授权 VLAN**	
以下是授权 UCL 组的配置步骤		
2	**ucl-group** *group-index* [**name** *group-name*] 例如：[HUAWEI] **ucl-group** 10 **name** abc	创建 UCL 组，其他说明参见本书第 13 章表 13-11 中的第 2 步
3	**ucl-group ip** *ip-address* { *mask-length* | *ip-mask* } { *group-index* | **name** *group-name* } 例如：[HUAWEI] **ucl-group ip** 10.1.1.1 24 **name** email	配置静态 UCL 组，其他说明参见本书第 13 章表 13-11 中的第 3 步
4	配置用户 ACL，根据 UCL 组对报文进行过滤，参见第 11 章的 11.2.6 节	
5	**traffic-filter inbound acl** { *acl-number* | **name** *acl-name* } 例如：[HUAWEI] **traffic-filter inbound acl** 6001	（可选）配置基于 ACL 对入方向报文进行过滤，其他说明参见本书第 14 章 14.3.1 节表 14-6 授权 UCL 组配置步骤中的第 5 步
	traffic-redirect inbound acl { *acl-number* | **name** *acl-name* } [**vpn-instance** *vpn-instance-name*] **ip-nexthop** *nexthop-address* 例如：[HUAWEI] **traffic-redirect inbound acl** 6001 **ip-nexthop** 192.168.1.1	（可选）配置基于 ACL 对入方向报文进行重定向，其他说明参见本书第 14 章 14.3.1 节表 14-6 授权 UCL 组配置步骤中的第 5 步
以下是授权业务方案的配置步骤		
2	**aaa** 例如：[HUAWEI] **aaa**	进入 AAA 视图
3	**service-scheme** *service-scheme-name* 例如：[HUAWEI-aaa] **service-scheme** srvscheme1	创建一个业务方案，并进入业务方案视图。 缺省情况下，设备上没有创建业务方案
4	**acl-id** *acl-number* 例如：[HUAWEI-aaa-service-srvscheme1] **acl-id** 3001	在业务方案下绑定 ACL，整数形式，取值范围是 3000～3999，即只能是高级 ACL。 缺省情况下，业务方案下未绑定 ACL
5	**ucl-group** { *group-index* | **name** *group-name* } 例如：[HUAWEI-aaa-service-srvscheme1] **ucl-group name** abc	在业务方案下绑定 UCL 组。执行该命令之前，需确保已创建并配置了标记用户类别的该 UCL 组。 缺省情况下，业务方案下未绑定 UCL 组

（续表）

步骤	命令	说明
6	**user-vlan** *vlan-id* 例如：[HUAWEI-aaa-service-srvscheme1] **user-vlan** 100	在业务方案中配置用户 VLAN。执行该命令之前，需确保已创建了该 VLAN。 缺省情况下，在业务方案中未配置用户 VLAN
7	**voice-vlan** 例如：[HUAWEI-aaa-service-srvscheme1] **voice-vlan**	在业务方案中使能 Voice VLAN 功能。为使本命令功能生效，需已使用命令 **voice-vlan enable** 配置指定 VLAN 为 Voice VLAN，同时使能接口的 Voice VLAN 功能。 缺省情况下，在业务方案中未使能 Voice VLAN 功能
8	**qos-profile** *profile-name* 例如： [HUAWEI-aaa-service-srvscheme1] **qos-profile** abc	在业务方案中绑定 QoS 模板。在系统视图下执行 **qos-profile name** *profile-name* 命令创建 QoS 模板并进入 QoS 模板视图。在 QoS 模板视图下可配置流量监管、报文优先级重标记与创建用户队列。 缺省情况下，在业务方案中未绑定 QoS 模板，可用 **undo qos-profile** *profile-name* 命令删除业务方案与 QoS 模板的绑定关系
9	**quit** 例如：[HUAWEI-aaa-service-srvscheme1] **quit**	返回到 AAA 视图
10	**quit** 例如：[HUAWEI-aaa] **quit**	返回到系统视图
以下是公共配置步骤		
2	**authentication-profile name** *authentication-profile-name* 例如：[HUAWEI] **dot1x-access-profile name** d1	进入认证模板视图
3	**authentication event pre-authen action authorize** { **vlan** *vlan-id* | **service-scheme** *service-scheme-name* | **ucl-group** *ucl-group-name* } 例如：[HUAWEI-authen-profile-d1] **authentication event pre-authen action authorize vlan** 10	（可选）配置用户在预连接阶段的网络访问权限。命令中的参数说明如下。 ① **vlan** *vlan-id*：多选一参数，指定用户可以访问的 VLAN，即用户的网络访问权限为该 VLAN 内的网络资源。 ② **service-scheme** *service-scheme-name*：多选一参数，指定为用户授予网络访问权限的业务方案名称。 ③ **ucl-group** *ucl-group-name*：多选一参数，指定为用户授予网络访问权限的 UCL 组名称。 缺省情况下，未配置用户在认证成功前各阶段的网络访问权限，可用 **undo authentication event pre-authen action authorize** 命令恢复缺省配置
	authentication event authen-fail action authorize { **vlan** *vlan-id* | **service-scheme** *service-scheme-name* | **ucl-group** *ucl-group-name* } [**response-fail**] 例如：[HUAWEI-dot1x-access-profile-d1] **authentication event authen-fail action authorize service-scheme** service1	（可选）配置用户在认证失败时的网络访问权限。命令中的 { **vlan** *vlan-id* | **service-scheme** *service-scheme-name* | **ucl-group** *ucl-group-name* } 参数说明与上一命令相同，参见即可。可选项 **response-fail** 指定为用户授予网络访问权限后，设备向用户回应认证失败报文。若不选择该可选项，设备默认会向用户回应认证成功报文，这使得用户无法感知自身认证失败的事实。针对这种情况，如果认证失败用户在获取网络访问权限后需要了解自身的认证状态，可配置向用户回应认证失败报文。 缺省情况下，未配置用户在认证成功前各阶段的网络访问权限，可用 **undo authentication event authen-fail action authorize** 命令恢复缺省配置

（续表）

步骤	命令	说明
3	**authentication event authen-server-down action authorize** { **vlan** *vlan-id* | **service-scheme** *service-scheme-name* | **ucl-group** *ucl-group-name* } [**response-fail**]	（可选）配置用户在认证服务器 Down 时的网络访问权限。命令中的参数和选项说明参见本表前面两个命令介绍。 缺省情况下，未配置用户在认证成功前各阶段的网络访问权限，可用 **undo authentication event authen-server-down action authorize** 命令恢复缺省配置
4	**authentication timer pre-authen-aging** *aging-time* 例如：[HUAWEI-authen-profile-p1] **authentication timer pre-authen-aging** 3600	（可选）配置预连接用户表项的老化时间，整数形式，取值范围是 0 或 60～4294860，单位：s。0 表示表项不老化。 缺省情况下，预连接用户表项的老化时间为 23 小时，可用 **undo authentication timer pre-authen-aging** 命令来恢复预连接用户表项老化时间为缺省值
	authentication timer authen-fail-aging *aging-time* 例如：[HUAWEI-authen-profile-p1] **authentication timer authen-fail-aging** 3600	（可选）配置认证失败用户表项的老化时间，整数形式，取值范围是 0 或 60～4294860，单位：s。0 表示表项不老化。 缺省情况下，认证失败用户表项的老化时间是 23 小时，可用 **undo authentication timer authen-fail-aging** 命令恢复认证失败用户表项的老化时间为缺省值

14.4.4　配置用户的免认证授权信息

上节介绍了用户在预连接、认证失败、认证服务器 Down 时可以拥有的访问权限，但那是通过 UCL 用户组、业务方案或者 VLAN 进行授权的，本节再介绍用户在认证成功前可免认证访问具体资源（如下载 802.1X 客户端、更新病毒库等）的配置方法。

用户免认证的授权信息使用免认证规则模板统一管理，通过在模板中定义一些网络访问规则，确定用户免认证时可以获取的网络访问权限。免认证规则模板配置完成后，需要绑定到认证模板下，之后使用该认证模板的用户即可获取免认证授权信息。

用户的免认证规则可以通过普通的免认证规则定义，也可以通过 ACL 定义。普通的免认证规则由 IP 地址、MAC 地址、接口、VLAN 等参数确定；通过 ACL 定义的免认证规则由 ACL 规则确定。两种方式定义的免认证规则都能够指定用户无需认证就可以访问资源的目的 IP 地址。

除此之外，ACL 定义的免认证规则还能够指定用户无需认证就可以访问的目的域名。基于域名定义用户的免认证规则有时要比基于 IP 地址的简单方便。例如，某些认证用户由于没有认证账号，必须首先在运营商提供的官方网站上注册申请会员账号，或者通过微博、微信等第三方账号进行登录。这就要求用户认证通过前，能够访问特定的网站。由于用户记忆网站的域名要比记忆其 IP 地址容易得多，所以，此时可以通过 ACL 定义的免认证规则，指定用户免认证即可访问以上网站域名。

用户的免认证授权信息的具体配置步骤见表 14-19。

表 14-19　　　　　　　　　　　　用户的免认证授权信息的具体配置步骤

步骤	命令	说明
1	**system-view** 例如：<HUAWEI> **system-view**	进入系统视图

（续表）

步骤	命令	说明
2	**free-rule-template name** *free-rule-template-name* 例如：[HUAWEI] **free-rule-template name default_free_rule**	创建免认证规则模板，并进入免认证规则模板视图。当前，**华为设备仅支持 1 个免认证规则模板，即系统自带模板 default_free_rule。** 缺省情况下，系统自带一个名称为 default_free_rule 的免认证规则模板
3	**free-rule** *rule-id* { **destination** { **any** | **ip** { *ip-address* **mask** { *mask-length* | *ip-mask* } [**tcp destination-port** *port* | **udp destination-port** *port*] | **any** } } | **source** { **any** | { **interface** *interface-type interface-number* | **ip** { *ip-address* **mask** { *mask-length* | *ip-mask* } | **any** } | **vlan** *vlan-id* } [*] } } [*] 例如： [HUAWEI-free-rule-default_free_rule] **free-rule 1 destination ip 10.1.1.1 mask 24 source ip any**	（二选一）配置普通的免认证规则。命令中的参数说明如下。 ① *rule-id*：指定 NAC 认证用户免认证规则的序号，整数形式，取值范围是 0～511。 ② **destination**：可多选选项，指定 NAC 认证用户可以免认证访问的目的网络资源。 ③ **source**：可多选选项，指定仅具有特定源信息的 NAC 认证用户免认证。 ④ **any**：多选一选项，任何条件。与不同的关键字组合，具有不同的影响范围。 ⑤ **ip** *ip-address*：指定 IP 地址，与不同的关键字组合，可以是指源地址或目的地址。 ⑥ { *mask-length* | *ip-mask* }：指定 IP 地址子网掩码长度或子网掩码，与不同的关键字组合，可以是指源地址子网掩码或目的地址子网掩码。 ⑦ **interface** *interface-type interface-number*：可多选参数，指定规则中的源接口。 ⑧ **tcp destination-port** *port*：二选一参数，指定 TCP 目的端口号，整数形式，取值范围是 1～65535。 ⑨ **udp destination-port** *port*：二选一参数，指定 UDP 目的端口号，整数形式，取值范围是 1～65535。 ⑩ **vlan** *vlan-id*：可多选参数，指定规则中源报文的 VLAN。 缺省情况下，未配置 NAC 认证用户的免认证规则，可用 **undo free-rule** { *rule-id* | **all** } 命令用来恢复缺省配置
	free-rule acl { *acl-id* | **acl-name** *acl-name* } 例如：[HUAWEI-free-rule-default_free_rule] **free-rule acl 6001**	（二选一）配置通过 ACL 定义的免认证规则，仅仅 S5720EI、S5720HI、S6720HI、S6720EI 和 S6720S-EI，以及框式系列交换机支持，必须是编号在 6000～6031 间的用户 ACL。 【说明】使用 ACL（只能是编号在 6000～6031 的用户 ACL）定义的免认证规则时，需要先通过 **rule** 命令配置 ACL 规则，所配置的 ACL 规则可以是基于 IP 地址的，也可以是基于域名的。基于 IP 地址时，支持配置参数 **source** 和 **destination**；基于域名时，仅支持配置参数 **destination**。 缺省情况下，未配置 NAC 认证用户的免认证规则，可用 **undo free-rule** { **acl** { *acl-id* | **acl-name** *acl-name* } | **all** } 命令恢复缺省配置
4	**quit** 例如：[HUAWEI-free-rule-default_free_rule] **quit**	返回系统视图
5	**authentication-profile name** *authentication-profile-name* 例如：[HUAWEI] **authentication-profile name** p1	（可选）进入认证模板视图

（续表）

步骤	命令	说明
6	**free-rule-template** *free-rule-template-name* 例如：[HUAWEI-authen-profile-p1] **free-rule-template default_free_rule**	（可选）在以上认证模板下绑定指定的免认证规则模板，目前仅可绑定缺省的 default_free_rule 免认证规则模板。 【说明】对于无线用户，必须在认证模板下执行本命令绑定免认证规则模板，配置的免认证规则才能生效。对于有线用户，免认证规则模板在系统视图下创建后即对所有有线用户都生效，不需要再在认证模板下执行本命令绑定免认证规则模板。 缺省情况下，认证模板下没有绑定任何免认证规则模板，sk et **undo free-rule-template** 命令删除认证模板绑定的免认证规则模板

说明　使用普通的免认证规则时要注意以下几点。

■　多条免认证规则同时配置时，可累计生效，逐条匹配。

■　无线或 SVF 场景下，AP 或 AS 上仅序号（*rule-id*）为 0~127 的免认证规则可以生效，AC 或 Parent 上所有可配置的免认证规则均生效。

■　无线场景下，AP 上不支持免认证规则中配置 VLAN 和 Interface 项，建议选取 VLAN 和 Interface 项时配置免认证规则序号大于等于 128。

■　SVF 场景下，免认证规则中的接口信息不生效。

■　如果免认证规则中同时配置了 VLAN 和 Interface 项，则要求 Interface 属于该 VLAN，否则规则无效。

■　如果免认证规则中配置了目的端口号，则分片报文不能匹配规则，流量无法通过。

■　DHCP、CAPWAP、ARP、HTTP 报文，在用户认证成功之前，无需配置 free-rule，就可以直接处理或转发。其他协议报文，需要设备转发时，必须配置 free-rule；需要设备本地处理时，仅 X 系列单板要求配置 free-rule，具体报文的支持情况参见相应产品手册说明。

使用 ACL 定义的免认证规则时要注意以下几点。

■　仅无线用户支持基于域名定义的免认证规则。

■　SVF 使能情况下，免认证规则不支持下发到 AS 设备。

■　多条免认证规则同时配置时，仅最后一条生效。

■　可以动态修改免认证规则，免认证规则不区分 ACL 规则（通过 **rule** 命令配置）的动作（**deny** 和 **permit**），统一按照 **permit** 处理。ACL 规则的编号（rule 编号）仅支持 0~127。

■　多个域名对应同一个 IP 地址时，如果其中一个域名符合免认证规则，则其他域名都符合。

■　配置 Portal 认证时，认证成功前，需要放行设备访问 DNS 服务器的报文，假设 DNS 服务器 IP 地址为 10.1.1.1，此时需在免认证规则模板下配置 **free-rule** 1 **destination ip** 10.1.1.1 **mask** 32 命令。

14.4.5　配置对用户进行重认证

用户在预连接阶段或认证失败阶段，设备会记录用户表项的信息，并能够为用户分配受限的网络访问权限（请参见 14.4.3 节）。为使用户能够及时认证成功，获取正常的网络访问权限，设备会根据用户表项对没有认证成功的用户进行重认证。

在用户表项老化时间到达之前，如果用户重认证没有成功，设备将删除对应的表项信息，并收回授予用户的网络访问权限；如果用户重认证成功，设备将用户加入到认证成功的用户表项，并授予认证成功后的网络访问权限。

对用户进行重认证的配置步骤见表 14-20。

表 14-20　　　　　　　　　　　对用户进行重认证的配置步骤

步骤	命令	说明
1	**system-view** 例如：<HUAWEI> **system-view**	进入系统视图
2	**authentication-profile name** *authentication-profile-name* 例如：[HUAWEI] **authentication-profile name** authen1	进入认证模板视图
3	**authentication timer re-authen** { **pre-authen** *re-authen-time* | **authen-fail** *re-authen-time* } 例如：[HUAWEI-authen-profile-authen1] **authentication timer re-authen authen-fail** 300	配置预连接用户或认证失败用户进行重认证的周期。命令中的参数说明如下。 ① **pre-authen** *re-authen-time*：指定对预连接用户进行重认证的周期，整数形式，取值范围是 0 或 30～7200，单位：s。0 表示关闭预连接用户的重认证功能。 ② **authen-fail** *re-authen-time*：指定对认证失败用户进行重认证的周期，整数形式，取值范围是 0 或 30～7200，单位：s。0 表示关闭认证失败用户的重认证功能。 【说明】*获取* **authen-fail** *或* **authen-server-down** *授权的用户或预连接用户，会加入到认证失败或预连接用户表项。设备默认对表项内的用户进行重认证，重认证周期可以通过本步进行调节。* 缺省情况下，对预连接用户或认证失败用户进行重认证的周期为 60s，可用 **undo authentication timer re-authen** { **pre-authen** | **authen-fail** }命令恢复缺省配置
4	**authentication event authen-server-up action re-authen** 例如：[HUAWEI-authen-profile-authen1] **authentication event authen-server-up action re-authen**	使能当认证服务器状态由 Down 或强制 Up 转变为真正 Up 时，设备对用户进行重认证。 【说明】设备将 RADIUS 服务器的状态设置为 Down，执行 **radius-server dead-time** *dead-time* 命令配置 RADIUS 服务器恢复激活状态的时间，当 *dead-time* 超时后，设备会将服务器的状态设置为 Up，此状态为强制 Up。服务器可以成功收发报文时为真正 Up 状态。服务器状态从 Down 或强制 Up 状态转变为真正 Up 状态时，设备会对用户进行重认证。 缺省情况下，当认证服务器状态由 Down 或强制 Up 转变为真正 Up 时，设备不会对用户进行重新认证，可用 **undo authentication event authen-server-up action re-authen** 命令恢复缺省配置

14.4.6　配置允许接入的最大用户数

在无线高密接入场景下，要保证已经上线用户的上网质量，就需要把允许认证通过的用户数量限制在一定范围内，防止过多的用户接入导致已经上线用户的上网体验变差。

此时，管理员可以通过配置允许接入的最大用户数，限制通过 VAP 模板接入的用户数量。**该功能仅在认证模板绑定到 VAP 模板后才生效，且仅 S6720HI 和 S5720HI，以及框式系列交换机支持该功能。**

可在认证模板视图下通过 **authentication wlan-max-user** *max-user-number* 命令配置允许接入的最大用户数，整数形式，取值范围是 1～128。缺省情况下，VAP 模板允许认证通过的最大用户数为 128 个，可用 **undo authentication wlan-max-user** 命令恢复缺省配置。

执行 **display access-user-num** [**interface wlan-dbss** *wlan-dbss-interface-id*] 命令可以查看 VAP 内允许认证通过的最大用户数和在线用户数。

14.4.7　配置通过握手功能及时清除用户表项

用户在预连接阶段、认证失败并被授予了网络访问权限阶段以及认证成功后，设备上均会建立起该用户的表项。正常情况下，用户下线后，系统会及时删除下线用户的表项，但当用户由于异常原因（譬如网络断开）下线时，系统不能够及时删除这些用户的用户表项。这类无效用户表项过多时，可能会导致其他用户无法接入网络。为此，可按表 14-21 所示的步骤配置通过握手功能及时清除用户表项，这样，在握手周期内如果用户不响应设备的握手请求，则该用户表项将会被删除。

表 14-21　　　　　　　　通过握手功能及时清除用户表项的配置步骤

步骤	命令	说明
1	**system-view** 例如：<HUAWEI> **system-view**	进入系统视图
2	**authentication-profile name** *authentication-profile-name* 例如：[HUAWEI] **authentication-profile name** authen1	进入认证模板视图
3	**authentication handshake** 例如：[HUAWEI-authen-profile-authen1] **authentication handshake**	使能设备与预连接用户以及已授权用户之间进行握手功能。 缺省情况下，已使能设备与预连接用户以及已授权用户之间进行握手功能，可用 **undo authentication handshake** 命令去使能设备与预连接用户以及已授权用户之间进行握手的功能
4	**authentication timer handshake-period** *handshake-period* 例如：[HUAWEI-authen-profile-authen1]**authentication timer handshake-period** 200	（可选）配置设备与预连接用户以及已授权用户之间的握手周期，整数形式，取值范围是 5～7200，单位：s。 缺省情况下，设备与预连接用户以及已授权用户之间的握手周期为 300s，可用 **undo authentication timer handshake-period** 命令恢复缺省配置

14.4.8　配置用户认证域

设备对用户的管理是通过域来实现的，如用户最终使用的 AAA 方案和授权信息等需要绑定在域下，这也是 NAC 认证与 AAA 方案关联的配置。也就是，在配置 NAC 认证时，**必须要通过用户认证域（缺省采用默认的 default 域）配置来最终确定用户所采用的 AAA 方案**。用户在 NAC 认证过程中，接入设备会根据用户名中携带的域名，采用对应绑定的 AAA 方案进行认证、授权和计费。

在实际的接入网络中，有的用户输入带域名的用户名、有的用户输入不带域名的用户名，缺省情况下设备会使用不同的域来管理这些用户。但由于不同域下的认证、计费、授权信息有差异，最终会造成同类用户使用的认证、授权和计费信息不统一。为此，如果管理员希望使用同一认证模板的用户应用相同的认证、授权和计费信息，就可以在认证模板下配置用户强制域，使用该模板的用户不管输入的用户名是否带有域名，接入设备都会将这些用户在强制域中进行管理，使用该域中绑定的 AAA 方案。

用户认证域的配置步骤见表 14-22。需事先在 AAA 视图下，执行 **domain** 命令创建所需的域。

表 **14-22**　　　　　　　　　　用户认证域的配置步骤

步骤	命令	说明
1	**system-view** 例如：<HUAWEI> **system-view**	进入系统视图
2	**authentication-profile name** *authentication-profile-name* 例如： [HUAWEI] **authentication-profile name** authen1	进入认证模板视图
3	**access-domain** *domain-name* [**dot1x** | **mac-authen** | **portal**] * [**force**] 例如： [HUAWEI-authen-profile-authen1] **access-domain** huawei **force**	配置用户的默认域或强制域。命令中的参数和选项说明如下。 ① *domain-name*：指定域名，必须是设备上已经存在的域名。 ② **dot1x**：可多选选项，指定 802.1X 认证用户使用的默认域或强制域。 ③ **mac-authen**：可多选选项，指定 MAC 认证用户使用的默认域或强制域。 ④ **portal**：可多选选项，指定 Portal 认证用户使用的默认域或强制域。 ⑤ **force**：可选项，指定配置的域为强制域。若不指定该选项，配置的域为默认域。 【注意】不指定参数 **force** 时，配置的为默认域；指定参数 **force** 时，配置的为强制域。同时配置用户默认域和强制域时，用户在强制域中进行认证。 不指定参数 **dot1x**、**mac-authen** 或 **portal** 时，则配置的域对使用所在认证模板下的所有接入认证用户都生效；指定参数 **dot1x**、**mac-authen** 或 **portal** 时，则配置的域仅对指定类型的认证用户生效。 缺省情况下，认证模板中没有配置用户的默认域或强制域，用户默认使用全局默认域"default"，可用 **undo access-domain** [**dot1x** | **mac-authen** | **portal**] * [**force**] 命令删除认证模板中已配置的用户默认域或强制域
4	**quit** 例如：[HUAWEI-authen-profile-authen1] **quit**	返回到系统视图
5	**domain** *domain-name* **mac-authen force mac-address** *mac-address* **mask** *mask*	配置 MAC 用户的强制域，仅对配置成功后新上线的用户生效。MAC 用户除了可以在本表第 3 步中，在认证模板下配置适用于所有 MAC 认证用户的强制域，还支持在系

（续表）

步骤	命令	说明
5	例如：**domain huawei mac-authen force mac-address e024-7f95-7231 mask ffff-ffff-ff00**	统视图下配置指定 MAC 地址用户的强制域。命令中的参数说明如下。 ① *domain-name*：指定强制域名称，必须是设备上实际存在的域名 ② **mac-address** *mac-address* **mask** *mask*：指定 MAC 认证用户使用强制域的一段用户主机 MAC 地址段（掩码为 1 的位表示必须匹配）。最多可指定 16 个 MAC 地址段。 【说明】强制域、用户自带域和默认域在不同视图下的优先级从高到低依次是：认证模板下指定认证方式的强制域>认证模板下的强制域>用户自带认证域>认证模板下指定认证方式的默认域>认证模板下的默认域>全局默认域。比较特殊的是，通过本命令，对于 **MAC 认证用户通过 MAC 地址段指定的强制域具有最高的优先级，高于认证模板下的配置**。 缺省情况下，未配置用户强制域，可用 **undo domain** *domain-name* **mac-authen force mac-address** *mac-address* 命令删除已配置的 MAC 用户的强制域

14.4.9　配置通过 IP 地址标记静态用户的功能

设备默认使用 MAC 地址标记静态用户，但是对于单 MAC 地址多 IP 地址的终端（例如，防火墙设备具有多个合法的 IP 地址，但是对应的 MAC 地址只有一个），多个 IP 地址必须都通过认证终端才能上线，以终端 MAC 地址做标记就会导致后面认证的 IP 地址不断刷新之前 IP 地址的表项信息，致使终端无法上线。此时，可以使能通过 IP 地址标记静态用户的功能，满足单 MAC 地址多 IP 地址终端的上线需求。**仅有线用户支持该功能，且仅 S6720HI 和 S5720HI，以及框式系列交换机支持该功能**。

可在认证模板视图下通过 **ip-static-user enable** 命令配置通过 IP 地址标记静态用户。但在配置该功能前，需通过以下命令完成静态用户的配置。

■ **static-user** *start-ip-address* [*end-ip-address*] [**vpn-instance** *vpn-instance-name*] [**ip-user**] [**domain-name** *domain-name* | **interface** *interface-type interface-number* [**detect**] | **mac-address** *mac-address* | **vlan** *vlan-id*][*]：配置静态用户。

■ **static-user username format-include** { **ip-address** | **mac-address** | **system-name** }：配置静态用户进行认证时使用的用户名。

■ **static-user password cipher** *password*：配置静态用户进行认证时使用的密码。

缺省情况下，未使能通过 IP 地址标记静态用户的功能，默认使用 MAC 地址标记静态用户，可用 **undo ip-static-user enable** 命令恢复缺省配置。

说明

配置通过 IP 地址标记静态用户的功能时要注意以下几点。

■ 单 MAC 地址多 IP 地址的终端进行认证时，必须首先将其配置为静态用户并结合通过 IP 地址标记静态用户的功能，才能正常上线并获取授权信息。配置静态用户时，

如果未选择 **ip-user** 可选项，所有的静态用户都会当成单 MAC 多 IP 来处理，为了能够将单 MAC 多 IP 用户精确地标记出来，可以在配置静态用户时通过 **ip-user** 可选项将单 MAC 多 IP 用户标记出来，只有这些用户才当作单 MAC 多 IP 用户来处理。

■ 设备不支持对单 MAC 地址多 IP 地址的用户进行流量统计。

■ 仅在用户接入模式为 **multi-authen** 时支持该功能；配置该功能后，仅对新上线用户生效，修改配置后，会导致接口上已在线的用户下线。

■ 通过 IP 地址标记的静态用户认证失败后直接下线，不会加入预连接。

■ 通过 IP 地址标记的静态用户不支持二层转发时的权限控制和用户组间隔离。

■ 通过 IP 地址标记的静态用户仅支持基于 IP 的上行授权业务（如，上行的授权 UCL、三层组间隔离、CAR、优先级等），不支持下行授权（如，下行的 CAR、下行 Remark、动态授权 VLAN、HQoS 等）。

■ 策略联动场景下，通过 **authentication control-point open** 命令将控制点配置为 open 模式时，不支持通过 IP 地址标记静态用户的功能。

14.4.10　配置接口链路故障时用户延时下线功能

为了避免因链路故障导致接口闪断，造成用户直接下线的问题，可以配置接口链路故障时用户延时下线的功能。这样，当用户连接的接入设备接口链路出现故障时，在延时时间之内用户保持在线，如果链路能在延时时间内恢复正常，用户不需要重新认证；超过延时时间之后用户下线，后面如果链路恢复正常，此时用户需要重新认证才能上线。

说明 该功能仅对在二层物理接口上线的有线用户生效，并且该二层物理接口需要配置 NAC 认证。为使功能正常生效，建议配置的时间间隔大于接口正常 UP 的时间。

可在认证模板视图下通过 **link-down offline delay** { *delay-value* | **unlimited** }命令，配置接口链路故障时用户延时下线的时间间隔。命令中的参数和选项说明如下。

■ *delay-value*：二选一参数，指定接口链路故障时用户延时下线的时间间隔，整数形式，取值范围是 0～60，单位：s。0 表示接口链路故障时用户立即下线。

■ **unlimited**：二选一选项，指定接口链路故障时用户不下线。

缺省情况下，接口链路故障时，用户延时下线的时间间隔为 10s，可用 **undo link-down offline delay** 命令恢复缺省配置。

14.5　NAC 应用及配置示例

前面所介绍的 NAC 认证模板只有在对应的接口（针对有线接入用户）或 VAP 模板（针对 WLAN 无线接入用户）下绑定才最终使得相应接口或 VAP 模板使能了 NAC 功能。只有这样，接入设备对从该接口或 VAP 模板上线的用户进行接入控制。

本节将介绍 NAC 在接口或 VAP 模板中应用 NAC 的配置方法，然后介绍一些典型的配置示例以巩固本章前面介绍的各种认证的配置方法。

14.5.1　应用 NAC

在接口下使能 NAC 的方法很简单，只需在对应的接口视图下通过 **authentication-profile** *authentication-profile-name* 命令指定应用的认证模板即可。缺省情况下，接口下没有应用认证模板。支持 NAC 功能的接口有：VLANIF 接口、Ethernet 接口、GE 接口、MultiGE 接口、XGE 接口、40GE 接口、100GE 接口、Eth-Trunk 接口、端口组，但对于不同认证方式所支持的接口类型有所区别，具体请参见本节后面的说明。

在 VAP 模板下使能 NAC 的配置方法见表 14-23。

表 14-23　　　　　　　　　　在 **VAP** 模板下使能 **NAC** 的配置方法

步骤	命令	说明
1	**system-view** 例如：<HUAWEI> **system-view**	进入系统视图
2	**wlan** 例如：[HUAWEI] **wlan**	进入 WLAN 视图
3	**vap-profile name** *profile-name* 例如：[HUAWEI-wlan-view] **vap-profile name** vap1	创建 VAP 模板并进入 VAP 模板视图。参数 profile-name 用来指定 VAP 模板的名称，字符串类型，不区分大小写，可输入的字符串长度为 1～35 个字符。可见字符，不能包含 "**?**" 和空格，双引号不能出现在字符串的首尾。 缺省情况下，系统上存在名为 **default** 的 VAP 模板，可用 **undo vap-profile** { **name** profile-name | **all** } 命令删除 VAP 模板
4	**authentication-profile** *authentication-profile-name* 例如：[HUAWEI-wlan-vap-prof-vap1] **authentication-profile** m1	VAP 模板下应用认证模板 缺省情况下，VAP 模板下没有应用认证模板，可用 **undo authentication-profile** 命令恢复缺省配置

配置好后，可在任意视图下执行 **display authentication interface** *interface-type interface-number* 命令，查看接口下 NAC 认证方式的配置信息。

注意　使能 NAC 功能时，需要注意以下几点。

①　支持 NAC 功能的接口或模板有：VLANIF 接口、Ethernet 接口、GE 接口、MultiGE 接口、XGE 接口、40GE 接口、100GE 接口、Eth-Trunk 接口、端口组和 VAP 模板。NAC 功能在不同接口上的支持情况如下。

■　802.1X 认证仅在二层接口上支持。

■　MAC 认证在二层接口和 VLANIF 接口上支持。（仅 S1720X-E、S5720EI、S5720HI、S5720S-SI、S5720SI、S5730S-EI、S5730SI、S6720HI、S6720LI、S6720S-LI、S6720SI、S6720S-SI、S6720EI 和 S6720S-EI，以及 S700 及以上框式系列交换机支持在 VLANIF 接口下配置 MAC 认证）

■　Portal 认证在不同类型接口上的支持情况有差异：路由主接口（仅 S5720EI、S5720HI、S6720HI、S6720EI 和 S6720S-EI，以及 S700 及以上框式系列交换机支持）仅支持三层 Portal 认证方式，二层接口仅支持二层 Portal 认证方式，VLANIF 接口同时支持二层和三层 Portal 认证方式。Super-VLAN 对应的 VLANIF 接口不支持 Portal 认证。

② 对于无线用户通过 AP 接入，在为用户部署 NAC 认证时，务必保证 AP 设备也能够通过认证（可采用将 AP 设备加入静态用户等方式实现），否则无线用户也无法通过认证。

③ 不能在二层以太网接口和其所属 VLAN 对应的 VLANIF 接口上同时使能 NAC 认证功能，否则会导致用户上线后无网络访问权限。另外，无线场景下，不能在 VAP 模板和 VLANIF 接口上同时使能 NAC 认证功能。

④ 接口使能 NAC 功能之后，不能再执行以下命令，反之亦然。

■ **mac-limit**：配置接口的最大 MAC 地址学习个数。

■ **mac-address learning disable**：关闭接口的 MAC 地址学习功能。

■ **port link-type dot1q-tunnel**：配置接口的链路类型为 QinQ。

■ **port vlan-mapping vlan map-vlan**，**port vlan-mapping vlan inner-vlan**：配置接口的 VLAN Mapping 功能。

■ **port vlan-stacking**：配置灵活 QinQ 功能。

■ **port-security enable**：配置接口安全功能。

■ **mac-vlan enable**：使能接口的 MAC VLAN 功能。

■ **ip-subnet-vlan enable**：使能接口基于 IP 子网划分 VLAN 的功能。

14.5.2 NAC 配置维护与管理

可以在任意视图下执行以下 **display** 命令，了解 NAC 的运行情况，在用户视图下执行以下 **reset** 命令，清除相关的统计信息。

■ **display access-user**：查看 NAC 接入用户信息。

■ **display dot1x**：查看 802.1X 认证的相关信息。

■ **display mac-authen**：查看 MAC 认证相关信息。

■ **display portal**：查看 Portal 认证相关信息。

■ **display portal local-server connect**：查看内置 Portal 服务器上 Portal 认证用户的连接状态。

■ **display server-detect state**：查看 Portal 服务器状态信息。

■ **display mac-address authen**：查看系统当前存在的 **authen** 类型的 MAC 地址表项。

■ **display mac-address pre-authen**：查看系统当前存在的 **Pre-authen** 类型的 MAC 地址表项。

■ **display ucl-group all**：查看创建的所有 UCL 组信息。

■ **display ucl-group ip**：查看静态 UCL 组信息。

■ **display aaa statistics access-type-authenreq**：查看认证请求数。

■ **reset dot1x statistics**：清除 802.1X 的统计信息。

■ **reset mac-authen statistics**：清除 MAC 地址认证的统计信息。

■ **reset access-user traffic-statistics**：清除用户的流量统计信息。

■ **reset aaa statistics access-type-authenreq**：命令清除认证请求数。

14.5.3 AAA 采用本地认证的 MAC 认证配置示例

如图 14-20 所示，某公司机要室内终端要通过 Switch 接入公司内部网络，现希望

Switch 能够对用户的网络访问权限进行控制，以保证公司内网的安全。

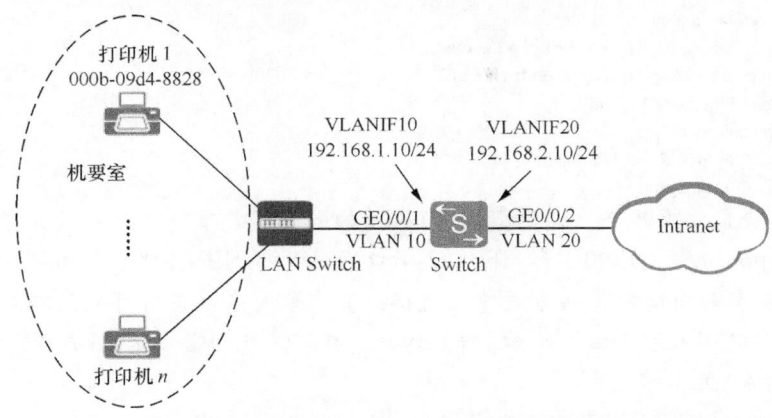

图 14-20 AAA 采用本地认证的 MAC 认证配置示例的拓扑结构

由于机要室内的哑终端（例如打印机）无法安装认证客户端，在 Switch 上部署 MAC 认证，并通过本地认证方式对用户身份进行认证。

1．基本配置思路分析

本示例是对哑终端设备采用本地 AAA 方案的 MAC 认证方式，所以首先要配置这些哑终端用户所使用的认证域，并在该域下配置采用本地认证方式，然后根据 NAC 统一模式的配置思路分别配置 MAC 认证接入模板、认证模板，最后在 Switch 设备接入机要室的 GE0/0/1 接口上应用认证模板。基本的配置思路如下。

① 按图中标识配置 Switch 上的各 VLAN 和各 VLANIF 接口 IP 地址。

② 配置 AAA，实现 Switch 通过本地认证方式对接入用户进行身份认证。具体配置包括：创建本地用户、AAA 方案、业务授权（通过 UCL 组配置至少要能访问 192.168.2.0/24 内网网段）和用户所属域，并在域下绑定授权信息和 AAA 方案。

③ 配置 MAC 认证，实现对机要室内大量哑终端的网络访问权限进行控制。具体配置包括：配置 MAC 接入模板、认证模板，在接口下应用认证模板（使能 MAC 认证）。

2．具体配置步骤

① 创建 VLAN 并配置接口允许通过的 VLAN，保证网络通畅。

a．创建 VLAN10、VLAN20。

```
<HUAWEI> system-view
[HUAWEI] sysname Switch
[Switch] vlan batch 10 20
```

b．配置 Switch 与用户连接的接口 GE0/0/1 为 Access 类型接口，并将其加入 VLAN10，然后根据图中标识配置 VLANIF10 接口的 IP 地址。

```
[Switch] interface gigabitethernet 0/0/1
[Switch-GigabitEthernet0/0/1] port link-type access
[Switch-GigabitEthernet0/0/1] port default vlan 10
[Switch-GigabitEthernet0/0/1] quit
[Switch] interface vlanif 10
[Switch-Vlanif10] ip address 192.168.1.10 24
[Switch-Vlanif10] quit
```

c．配置 Switch 连接内网的接口 GE0/0/2 为 Access 类型接口，并将其加入 VLAN20，然后根据图中标识配置 VLANIF10 接口的 IP 地址。

```
[Switch] interface gigabitethernet 0/0/2
[Switch-GigabitEthernet0/0/2] port link-type access
[Switch-GigabitEthernet0/0/2] port default vlan 20
[Switch-GigabitEthernet0/0/2] quit
[Switch] interface vlanif 20
[Switch-Vlanif20] ip address 192.168.2.10 24
[Switch-Vlanif20] quit
```

【经验之谈】以上两个接口类型和 VLAN 的配置不是唯一的，此处介绍的配置相当于直接把 Switch 上的 GE0/0/1 和 GE0/0/2 接口通过 VLANIF 接口配置间接转换成了三层接口，把机要室与内网以三层方式建立连接。其实如有必要，也可采用二层连接配置方式，此时两接口可采用 Trunk 或 Tagged Hybrid 类型，且无需配置 VLANIF 接口。

② 配置 AAA 本地认证。

a. 配置认证方案"a1"为本地认证。

```
[Switch] aaa
[Switch-aaa] authentication-scheme a1
[Switch-aaa-authen-a1] authentication-mode local
[Switch-aaa-authen-a1] quit
```

b. 配置授权方案"b1"为本地授权。

```
[Switch-aaa] authorization-scheme b1
[Switch-aaa-author-b1] authorization-mode local
[Switch-aaa-author-b1] quit
```

c. 配置本地用户的用户名、密码和用户接入类型。

注意 MAC 认证用户的接入类型也是 802.1X 类型，MAC 认证中可将哑终端的 MAC 地址配置为本地用户名，密码配置为 Huawei@123。以下以打印机 1 为例（MAC 地址为 000b-09d4-8828）进行介绍。

```
[Switch-aaa] local-user 000b-09d4-8828 password cipher Huawei@123
[Switch-aaa] local-user 000b-09d4-8828 service-type 8021x
[Switch-aaa] quit
```

d. 配置业务方案"s1"。通过业务方案"s1"为用户授权，实现用户认证成功后能够访问 192.168.2.0 网段的资源。

```
[Switch] ucl-group 10 name g1     #---创建 UCL 组 g1
[Switch] acl 6000
[Switch-acl-ucl-6000] rule 10 permit ip source ucl-group name g1 destination 192.168.2.0 0.0.0.255    #---允许 g1 UCL
组中的用户可以访问目的网络 192.168.2.0/24
[Switch-acl-ucl-6000] quit
[Switch] traffic-filter inbound acl 6000     #---基于 ACL 6000 对入方向报文进行过滤
[Switch] aaa
[Switch-aaa] service-scheme s1     #---创建业务方案 s1
[Switch-aaa-service-s1] ucl-group name g1     #---配置基于 UCL 组 g1 的授权
[Switch-aaa-service-s1] quit
```

e. 配置域"huawei.com"，并在域下应用前面创建的认证方案"a1"、授权方案"b1"和业务方案"s1"。

```
[Switch-aaa] domain huawei.com
[Switch-aaa-domain-huawei.com] authentication-scheme a1
[Switch-aaa-domain-huawei.com] authorization-scheme b1
[Switch-aaa-domain-huawei.com] service-scheme s1
```

```
[Switch-aaa-domain-huawei.com] quit
[Switch-aaa] quit
```

③ 配置 MAC 认证。

a．首先将 NAC 配置模式切换成统一模式。

```
[Switch] authentication unified-mode
```

说明　自 V200R005C00 版本 VRP 系统开始，缺省情况下，设备的 NAC 配置模式即为统一模式。传统模式切换到统一模式后，管理员必须保存配置并重启设备，新配置模式的各项功能才能生效。

b．配置 MAC 接入模板"m1"。

配置 MAC 认证用户名格式和认证密码。当采用 AAA 本地方式认证和授权时，MAC 认证用户的用户名和密码必须与 AAA 本地用户的用户名和密码保持一致。本示例中，本地用户的用户名为终端的 MAC 地址（带分隔符"-"的 3 段格式），密码为 Huawei@123。

```
[Switch] mac-access-profile name m1
[Switch-mac-access-profile-m1] mac-authen username macaddress format with-hyphen password cipher Huawei@123
[Switch-mac-access-profile-m1] quit
```

c．配置认证模板"p1"，并在其上绑定 MAC 接入模板"m1"、指定认证模板下用户的强制认证域为"huawei.com"。

```
[Switch] authentication-profile name p1
[Switch-authen-profile-p1] mac-access-profile m1
[Switch-authen-profile-p1] access-domain huawei.com force      #---配置强制认证域为 huawei.com
[Switch-authen-profile-p1] quit
```

d．在机要室连接 Switch 的 GE0/0/1 接口上绑定（也可在 VLANIF10 接口上绑定）认证模板"p1"，使能 MAC 认证。

```
[Switch] interface gigabitethernet 0/0/1
[Switch-GigabitEthernet0/0/1] authentication-profile p1
[Switch-GigabitEthernet0/0/1] quit
```

3．实验结果验证

以上配置完成后，在对应 MAC 地址的哑终端启动后，设备会自动获取用户终端的 MAC 地址作为用户名，并统一以密码 Huawei@123 进行认证。

如果用户输入的用户名和密码被验证正确，用户即可访问网络，可在设备上执行 **display access-user access-type mac-authen** 命令查看在线 MAC 认证的用户信息。

14.5.4　接入层交换机上 802.1X 认证配置示例

如图 14-21 所示，某公司办公区内终端通过 Switch 接入公司内部网络。Switch 上的 GE0/0/2～GE0/0/n 接口与办公区内终端直接相连，Switch 上的 GE0/0/1 接口通过内部网络与 RADIUS 服务器相连。

为了满足企业的高安全性需求，使用 802.1X 认证并通过 RADIUS 服务器对办公区内终端进行认证，并且认证点部署在 Switch 与办公区内终端直连的 GE0/0/2～GE0/0/n 接口上。

1．基本配置思路分析

本示例直接在连接终端用户主机的接入层交换机上配置 802.1X 认证，故可直接按照本章前面介绍的 802.1X 认证配置的 3 大步骤进行配置。要注意的是，本示例要采用远端的 ADIUS 服务器 AAA 方案，所以需要对用户所属域下指定采用的 RADIUS AAA 方案，然后在认证模板下强制采用对应的用户域。基本的配置思路如下。

① 根据图中标识配置各 VLAN 和 VLANIF 接口，使网络互通，还须确保用户终端与服务器之间路由可达。

② 配置 AAA，实现 Switch 通过 RADIUS 服务器对接入用户进行身份认证。具体配置包括：配置 RADIUS 服务器模板、AAA 方案以及认证域，并在认证域下绑定 RADIUS 服务器模板与 RADIUS AAA 方案。

③ 配置 802.1X 认证，实现对办公区内员工的网络访问权限进行严格的控制。具体配置包括：配置 802.1X 接入模板、认证模板，并在用户连接的交换机接口下使能 802.1X 认证。

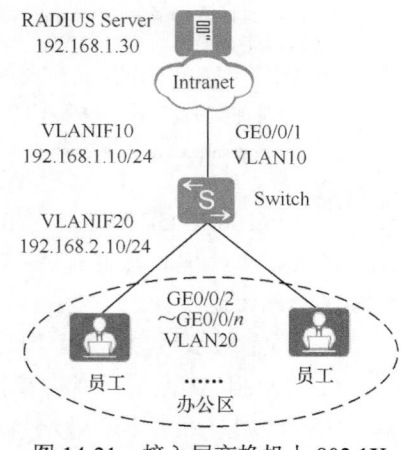

图 14-21　接入层交换机上 802.1X 认证配置示例的拓扑结构

2. 具体配置步骤

① 创建 VLAN 并配置接口允许通过的 VLAN，保证网络通畅。

a. 创建 VLAN10、VLAN20。

```
<HUAWEI> system-view
[HUAWEI] sysname Switch
[Switch] vlan batch 10 20
```

b. 配置 Switch 与用户连接的接口 GE0/0/2～GE0/0/n 为 Access 类型接口，并将其加入 VLAN20。以接口 GE0/0/2 为例，其他接口配置与其类似。

```
[Switch] interface gigabitethernet 0/0/2
[Switch-GigabitEthernet0/0/2] port link-type access
[Switch-GigabitEthernet0/0/2] port default vlan 20
[Switch-GigabitEthernet0/0/2] quit
[Switch] interface vlanif 20
[Switch-Vlanif20] ip address 192.168.2.10 24
[Switch-Vlanif20] quit
```

c. 配置 Switch 连接 RADIUS 服务器的接口 GE0/0/1 为 Access 类型接口，并将其加入 VLAN10。

```
[Switch] interface gigabitethernet 0/0/1
[Switch-GigabitEthernet0/0/1] port link-type access
[Switch-GigabitEthernet0/0/1] port default vlan 10
[Switch-GigabitEthernet0/0/1] quit
[Switch] interface vlanif 10
[Switch-Vlanif10] ip address 192.168.1.10 24
[Switch-Vlanif10] quit
```

② 配置 AAA 方案。根据本书第 13 章介绍的 RADIUS 方案的配置思路进行配置。

a. 创建并配置 RADIUS 服务器模板 "rd1"。

```
[Switch] radius-server template rd1
[Switch-radius-rd1] radius-server authentication 192.168.1.30 1812   #---配置 RADIUS 服务器 IP 地址和传输层端口
[Switch-radius-rd1] radius-server shared-key cipher Huawei@2012   #---配置与 RADIUS 服务器通信的共享密钥
[Switch-radius-rd1] quit
```

b. 创建 AAA 认证方案 "abc"，并配置认证方式为 RADIUS。

```
[Switch] aaa
[Switch-aaa] authentication-scheme abc
```

[Switch-aaa-authen-abc] **authentication-mode radius**

[Switch-aaa-authen-abc] **quit**

　　c．创建认证域"huawei.com"，并在其上绑定 AAA 认证方案"abc"和 RADIUS 服务器模板"rd1"。

[Switch-aaa] **domain** huawei.com

[Switch-aaa-domain-huawei.com] **authentication-scheme** abc

[Switch-aaa-domain-huawei.com] **radius-server** rd1

[Switch-aaa-domain-huawei.com] **quit**

[Switch-aaa] **quit**

　　d．测试用户是否能够通过 RADIUS 模板的认证。（假设已在 RADIUS 服务器上配置了测试用户 test，用户密码 Huawei2012）

[Switch] **test-aaa test** Huawei2012 **radius-template** rd1

Info: Account test succeed.

　　③ 配置 802.1X 认证。

　　a．将 NAC 配置模式切换成统一模式。

[Switch] **authentication unified-mode**

　　b．配置 802.1X 接入模板"d1"。本示例的 802.1X 接入模板默认采用 EAP 认证方式。

[Switch] **dot1x-access-profile name** d1

[Switch-dot1x-access-profile-d1] **quit**

　　c．配置认证模板"p1"，并在其上绑定 802.1X 接入模板"d1"、指定认证模板下用户的强制认证域为"huawei.com"。

[Switch] **authentication-profile name** p1

[Switch-authen-profile-p1] **dot1x-access-profile** d1

[Switch-authen-profile-p1] **access-domain** huawei.com **force**

[Switch-authen-profile-p1] **quit**

　　d．在 GE0/0/2～GE0/0/*n* 接口上绑定（也可在 VLANIF20 接口上绑定）认证模板"p1"，使能 802.1X 认证。以接口 GE0/0/2 为例，其他接口配置与其类似。

[Switch] **interface** gigabitethernet 0/0/2

[Switch-GigabitEthernet0/0/2] **authentication-profile** p1

[Switch-GigabitEthernet0/0/2] **quit**

　　3．实验结果验证

　　先在用户终端主机上安装 802.1X 客户端软件（Windows 系统自带），当用户访问内网用户时就会触发 802.1X，在弹出界面中输入用户名和密码即开始认证。

　　如果用户输入的用户名和密码被验证正确，客户端页面会显示认证成功的信息。用户即可访问网络。用户上线后，可在设备上执行 **display access-user access-type dot1x** 命令查看在线 802.1X 用户信息。

14.5.5　汇聚层交换机上 802.1X 认证配置示例

　　如图 14-22 所示，某公司办公区内终端通过 SwitchB 上的 GE0/0/2～GE0/0/*n* 接口接入公司内部网络。SwitchB 作为接入交换机通过 GE0/0/1 接口与汇聚交换机 SwitchA 上的 GE0/0/2 接口相连。

　　为了满足企业的高安全性需求，使用 802.1X 认证并通过 RADIUS 服务器对办公区内的终端进行认证，并且为便于维护、减少认证点数量，将认证点部署在汇聚交换机 SwitchA 的 GE0/0/2 接口上。

1．基本配置思路分析

本示例与上节介绍的示例一样，都是采用
802.1X 认证方式，而且 AAA 方案中也采用远端的
RADIUS 方案，唯一不同的是本示例在汇聚层交换
机上配置并应用 802.1X 认证，而不是在与认证用户
直接连接的接入层交换机上配置。

根据本章前面的介绍，如果认证用户终端与使
能了 802.1X 认证功能的交换机间存在二层交换机，
则需要在这些交换机的上、下行接口上均要使能
802.1X 认证报文二层透明传输功能，因为 802.1X
认证过程中的 EAP 报文是一种 BPDU 报文。对于
BPDU 报文，华为公司的交换机设备当前缺省是不
进行二层转发的。

综上分析，再结合上节介绍的 802.1X 认证配置
示例的配置思路，可得出本示例如下的基本配置思路。

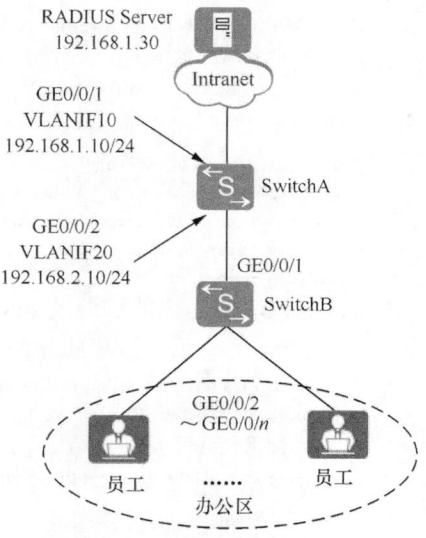

图 14-22　汇聚层交换机上 802.1X
认证配置示例的拓扑结构

① 在 SwitchB 上配置 VLAN 和 802.1X 报文透传功能。

② 在 SwitchA 上配置各 VLAN 和各 VLANIF 接口，还须确保用户终端与服务器之
间路由可达。

③ 在 SwitchA 上配置 AAA，实现 SwitchA 通过 RADIUS 服务器对接入用户进行身
份认证。具体配置包括：配置 RADIUS 服务器模板、AAA 方案以及认证域，并在认证
域下绑定 RADIUS 服务器模板与 AAA 方案。

④ 在 SwitchA 上配置 802.1X 认证，实现对办公区内员工的网络访问权限进行严格
的控制。具体配置包括：配置 802.1X 接入模板、认证模板，并在 SwitchA 的 GE0/01 接
口上使能 802.1X 认证。

2．具体配置步骤

① 在 SwitchB 上创建 VLAN 并配置接口允许通过的 VLAN，保证网络通畅。

a．创建 VLAN20。

```
<HUAWEI> system-view
[HUAWEI] sysname SwitchB
[SwitchB] vlan batch 20
```

b．配置 SwitchB 与用户连接的 GE0/0/2～GE0/0/n 接口为 Access 类型接口，并将其
加入 VLAN20。以接口 GE0/0/2 为例，其他接口配置与其类似。

```
[SwitchB] interface gigabitethernet 0/0/2
[SwitchB-GigabitEthernet0/0/2] port link-type access
[SwitchB-GigabitEthernet0/0/2] port default vlan 20
[SwitchB-GigabitEthernet0/0/2] quit
```

c．配置 SwitchB 与 SwitchA 连接的 GE0/0/1 接口为 Trunk 类型接口，并将其加入
VLAN20。

```
[SwitchB] interface gigabitethernet 0/0/1
[SwitchB-GigabitEthernet0/0/1] port link-type trunk
[SwitchB-GigabitEthernet0/0/1] port trunk allow-pass vlan 20
[SwitchB-GigabitEthernet0/0/1] quit
```

d. 配置 802.1X 报文透传功能，在上行，以及连接认证用户的所有下行接口上使能 802.1X 报文透传功能和 BPDU 透传功能。下行接口（与用户连接的口 GE0/0/2~GE0/0/*n*）以接口 GE0/0/2 为例，其他下行接口配置与其类似。

> 此处的 **protocol-mac** 为 802.1X 协议 BPDU 目的 MAC 地址（为专用组播 MAC 地址 0180-c200-0003），而 **group-mac** 为 BPDU 中目的 MAC 地址转换后的组播 MAC 地址，只要不设置为保留的组播 MAC 地址（0180-C200-0000~0180-C200-002F）以及其他几种特殊 MAC 地址，其余组播 MAC 地址均可，此处采用 0100-0000-0002。

```
[SwitchB] l2protocol-tunnel user-defined-protocol 802.1X protocol-mac 0180-c200-0003 group-mac 0100-0000-0002
#---自定义 802.1X 协议中 EAP 报文二层透明传输的特征信息
[SwitchB] interface gigabitethernet 0/0/2
[SwitchB-GigabitEthernet0/0/2] l2protocol-tunnel user-defined-protocol 802.1X enable   #---使能接口的 802.1X 协议报
文透明传输功能
[SwitchB-GigabitEthernet0/0/2] bpdu enable      #---使接口上送 BPDU 报文到 CPU 处理
[SwitchB-GigabitEthernet0/0/2] quit
[SwitchB] interface gigabitethernet 0/0/1
[SwitchB-GigabitEthernet0/0/1] l2protocol-tunnel user-defined-protocol 802.1X enable
[SwitchB-GigabitEthernet0/0/1] bpdu enable
[SwitchB-GigabitEthernet0/0/1] quit
```

② 在 SwitchA 上配置各 VLAN 和 VLANIF 接口。

a. 创建 VLAN10、VLAN20。

```
<HUAWEI> system-view
[HUAWEIA] sysname SwitchA
[SwitchA] vlan batch 10 20
```

b. 配置 SwitchA 与 SwitchB 连接的 GE0/0/2 接口为 Trunk 类型接口，并将其加入 VLAN20。

```
[SwitchA] interface gigabitethernet 0/0/2
[SwitchA-GigabitEthernet0/0/2] port link-type trunk
[SwitchA-GigabitEthernet0/0/2] port trunk allow-pass vlan 20
[SwitchA-GigabitEthernet0/0/2] quit
[SwitchA] interface vlanif 20
[SwitchA-Vlanif20] ip address 192.168.2.10 24
[SwitchA-Vlanif20] quit
```

c. 配置 SwitchA 连接 RADIUS 服务器的 GE0/0/1 接口为 Access 类型接口，并将其加入 VLAN10。

```
[SwitchA] interface gigabitethernet 0/0/1
[SwitchA-GigabitEthernet0/0/1] port link-type access
[SwitchA-GigabitEthernet0/0/1] port default vlan 10
[SwitchA-GigabitEthernet0/0/1] quit
[SwitchA] interface vlanif 10
[SwitchA-Vlanif10] ip address 192.168.1.10 24
[SwitchA-Vlanif10] quit
```

③ 在 SwitchA 上配置 AAA。

a. 创建并配置 RADIUS 服务器模板 "rd1"。

```
[SwitchA] radius-server template rd1
[SwitchA-radius-rd1] radius-server authentication 192.168.1.30 1812
[SwitchA-radius-rd1] radius-server shared-key cipher Huawei@2012
[SwitchA-radius-rd1] quit
```

b．创建 AAA 认证方案"abc"并配置认证方式为 RADIUS。

```
[SwitchA] aaa
[SwitchA-aaa] authentication-scheme abc
[SwitchA-aaa-authen-abc] authentication-mode radius
[SwitchA-aaa-authen-abc] quit
```

c．创建认证域"huawei.com"，并在其上绑定 AAA 认证方案"abc"与 RADIUS 服务器模板"rd1"。

```
[SwitchA-aaa] domain huawei.com
[SwitchA-aaa-domain-huawei.com] authentication-scheme abc
[SwitchA-aaa-domain-huawei.com] radius-server rd1
[SwitchA-aaa-domain-huawei.com] quit
[SwitchA-aaa] quit
```

测试用户是否能够通过 RADIUS 模板的认证。（已在 RADIUS 服务器上配置了测试用户 test，用户密码 Huawei2012）

```
[SwitchA] test-aaa test Huawei2012 radius-template rd1
Info: Account test succeed.
```

④ 在 SwitchA 上配置 802.1X 认证。

a．将 NAC 配置模式切换成统一模式。如果是从传统模式切换到统一模式，设备会自动重启。

```
[SwitchA] authentication unified-mode
```

b．配置 802.1X 接入模板"d1"。802.1X 接入模板默认采用 EAP 认证方式。

```
[SwitchA] dot1x-access-profile name d1
[SwitchA-dot1x-access-profile-d1] quit
```

c．配置认证模板"p1"，并在其上绑定 802.1X 接入模板"d1"、指定认证模板下用户的强制认证域为"huawei.com"、指定用户接入模式为多用户单独认证接入模式、最大接入用户数为 100。

```
[SwitchA] authentication-profile name p1
[SwitchA-authen-profile-p1] dot1x-access-profile d1
[SwitchA-authen-profile-p1] access-domain huawei.com force
[SwitchA-authen-profile-p1] authentication mode multi-authen max-user 100
[SwitchA-authen-profile-p1] quit
```

d．在连接用户侧设备的 GE0/0/2 接口上绑定认证模板"p1"，使能 802.1X 认证。

```
[SwitchA] interface gigabitethernet 0/0/2
[SwitchA-GigabitEthernet0/0/2] authentication-profile p1
[SwitchA-GigabitEthernet0/0/2] quit
```

3．实验结果验证

以上配置完成后，在各用户终端主机上安装并启动 802.1X 客户端，在访问内网资源时即可触发 802.1X 认证，在弹出的界面中输入用户名和密码，开始认证。

如果用户输入的用户名和密码被验证正确，客户端页面会显示认证成功的信息，用户即可访问网络。用户上线后，可在设备上执行 **display access-user access-type dot1x** 命令查看在线 802.1X 用户信息。

14.5.6　使用 Portal 协议的外置 Portal 认证配置示例

如图 14-23 所示，某公司访客区内用户通过 Switch 接入公司内部网络，现希望 Switch 能够对用户的网络访问权限进行控制，以保证公司内网的安全。根据访客流动性大的特点，使用 Portal 认证并通过 RADIUS 服务器验证用户的身份。

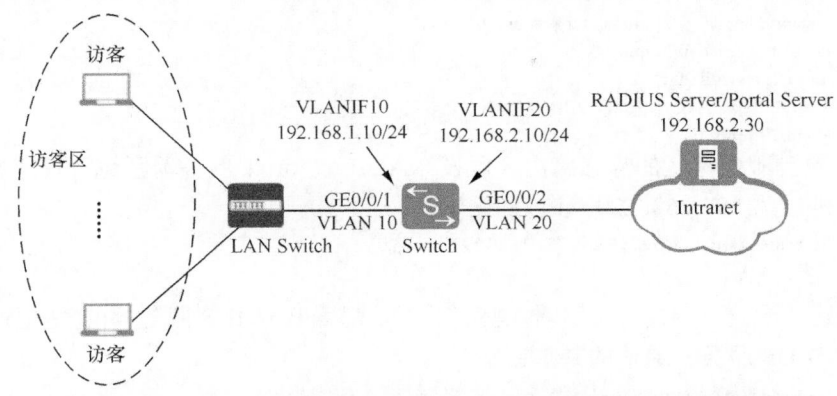

图 14-23 使用 Portal 协议的外置 Portal 认证配置示例的拓扑结构

1．基本配置思路分析

本示例中，采用外置 Portal 服务器，并且采用远端 RADIUS 认证方案，而且 Portal 服务器与 RADIUS 服务器由一台主机担当。根据第 13 章 13.3 节介绍的 RADIUS 服务器 AAA 方案及本章前面介绍的 NAC 认证配置思路，可得出本示例如下基本配置思路（均在 Switch 上配置）。

① 配置各 VLAN 和各 VLANIF 接口，以及访问 RADIUS/Portal 服务器的路由（此处以静态路由为例进行介绍）。

② 配置 AAA，实现 Switch 通过 RADIUS 服务器对接入用户进行身份认证。具体配置包括：配置 RADIUS 服务器模板、AAA 方案以及认证域，并在认证域下绑定 RADIUS 服务器模板与 AAA 方案。

③ 配置 Portal 认证，实现对公司访客区内用户的网络访问权限进行控制。具体配置包括：配置 Portal 服务器模板、Portal 接入模板、认证模板，并在连接认证用户侧的 GE0/0/1 接口下使能 Portal 认证。

2．具体配置步骤

① 配置各 VLAN 和 VLANIF 接口，以及访问 RADIUS/Portal 服务器的静态路由。

a．创建 VLAN10、VLAN20。

```
<HUAWEI> system-view
[HUAWEI] sysname Switch
[Switch] vlan batch 10 20
```

b．配置 Switch 与用户连接的接口 GE0/0/1 为 Access 类型接口，并将其加入 VLAN10。

```
[Switch] interface gigabitethernet 0/0/1
[Switch-GigabitEthernet0/0/1] port link-type access
[Switch-GigabitEthernet0/0/1] port default vlan 10
[Switch-GigabitEthernet0/0/1] quit
[Switch] interface vlanif 10
[Switch-Vlanif10] ip address 192.168.1.10 24
[Switch-Vlanif10] quit
```

c．配置 Switch 连接 RADIUS 服务器的 GE0/0/2 接口为 Access 类型接口，并将其加入 VLAN20。

```
[Switch] interface gigabitethernet 0/0/2
[Switch-GigabitEthernet0/0/2] port link-type access
[Switch-GigabitEthernet0/0/2] port default vlan 20
[Switch-GigabitEthernet0/0/2] quit
[Switch] interface vlanif 20
[Switch-Vlanif20] ip address 192.168.2.10 24
[Switch-Vlanif20] quit
```

d．配置到服务器区的静态路由（假设 RADIUS/Portal 服务器区域设备连接 Switch 的接口 IP 地址为 192.168.2.20，作为下一跳）。

```
[Switch] ip route-static 192.168.2.0 255.255.255.0 192.168.2.20
```

② 配置 AAA。

a．创建并配置 RADIUS 服务器模板"rd1"，配置 RADIUS 服务器的 IP 地址、端口，以及与 RADIUS 服务器通信的共享密钥。

```
[Switch] radius-server template rd1
[Switch-radius-rd1] radius-server authentication 192.168.2.30 1812
[Switch-radius-rd1] radius-server shared-key cipher Huawei@2012
[Switch-radius-rd1] quit
```

b．创建 AAA 认证方案"abc"并配置认证方式为 RADIUS。

```
[Switch] aaa
[Switch-aaa] authentication-scheme abc
[Switch-aaa-authen-abc] authentication-mode radius
[Switch-aaa-authen-abc] quit
```

c．创建认证域"huawei.com"，并在其上绑定 AAA 认证方案"abc"和 RADIUS 服务器模板"rd1"。

```
[Switch-aaa] domain huawei.com
[Switch-aaa-domain-huawei.com] authentication-scheme abc
[Switch-aaa-domain-huawei.com] radius-server rd1
[Switch-aaa-domain-huawei.com] quit
[Switch-aaa] quit
```

d．测试用户是否能够通过 RADIUS 模板的认证。（已在 RADIUS 服务器上配置了测试用户 test，用户密码 Huawei2012）

```
[Switch] test-aaa test Huawei2012 radius-template rd1
Info: Account test succeed.
```

③ 配置 Portal 认证。

a．将 NAC 配置模式切换成统一模式。传统模式与统一模式相互切换后，设备会自动重启。

```
[Switch] authentication unified-mode
```

b．配置 Portal 服务器模板"abc"，包括 Portal 服务器的 IP 地址、端口号、URL，以及 Switch 与 Portal 服务器信息交互的共享密钥。请确保设备配置的端口号与 Portal 服务器使用的端口号一致。

```
[Switch] web-auth-server abc
[Switch-web-auth-server-abc] server-ip 192.168.2.30
[Switch-web-auth-server-abc] port 50200
[Switch-web-auth-server-abc] url http://192.168.2.30:8080/portal
[Switch-web-auth-server-abc] shared-key cipher Huawei@123
[Switch-web-auth-server-abc] quit
```

c．配置 Portal 接入模板"web1"。因为用户与接入设备 Switch 之间没有三层转发，设备能够学习到用户的 MAC 地址，可利用 IP 和 MAC 地址来识别用户，所以配置二层认证方式 direct。

```
[Switch] portal-access-profile name web1
[Switch-portal-acces-profile-web1] web-auth-server abc direct
[Switch-portal-acces-profile-web1] quit
```

d. 配置认证模板 "p1"，并在其上绑定 Portal 接入模板 "web1"、指定认证模板下用户的强制认证域为 "huawei.com"、指定用户接入模式为多用户单独认证接入模式、最大接入用户数为 100。

```
[Switch] authentication-profile name p1
[Switch-authen-profile-p1] portal-access-profile web1
[Switch-authen-profile-p1] access-domain huawei.com force   #---用户的认证域为 huawei.com
[Switch-authen-profile-p1] authentication mode multi-authen max-user 100
[Switch-authen-profile-p1] quit
```

【说明】 本示例中，以用户采用静态分配 IP 地址方式为例。如果用户采用 DHCP 方式获取 IP 地址，并且 DHCP 服务器处于 Switch 的上行网络时，则还需要在认证模板下配置免认证规则放行 DHCP 服务器所在的网段。另外，如果指向 Portal 服务器的 URL 需要 DNS 服务器解析，并且 DNS 服务器处于 Switch 的上行网络，同样需要配置免认证规则放行 DNS 服务器所在的网段。免认证规则的配置方法请参见 14.4.4 节。

e. 在 GE0/0/1 接口上绑定认证模板 "p1"，使能 Portal 认证。

```
[Switch] interface gigabitethernet 0/0/1
[Switch-GigabitEthernet0/0/1] authentication-profile p1
[Switch-GigabitEthernet0/0/1] quit
```

3. 实验结果验证

以上配置完成后，用户打开浏览器输入任意的网络地址，将会被重定向到 Portal 认证页面。之后，用户可输入用户名和密码进行认证。

如果用户输入的用户名和密码被验证正确，Portal 认证页面会显示认证成功的信息。用户即可访问网络。用户上线后，可在设备上执行 **display access-user access-type portal** 命令查看在线 Portal 认证用户信息。

14.5.7　使用 HTTPS 的外置 Portal 认证配置示例

本示例的拓扑结构与上节介绍的图 14-23 完全一样，也是采用外置 Portal 服务器、远端 RADIUS 认证方案，要求也基本一样，唯一不同的是本示例中接入设备 Switch 和 Portal 服务器之间采用 HTTPS 进行交互。

1. 基本配置思路分析

因为本示例与上节介绍的示例在网络拓扑结构、要求上基本一样，只是 Switch 和 Portal 服务器之间采用的通信协议不同，所以仅在 Portal 接入模板上存在区别，故本示例的基本配置思路如下。

① 配置各 VLAN 和各 VLANIF 接口，以及访问 RADIUS/Portal 服务器的路由（此处以静态路由为例进行介绍）。

② 配置 AAA，实现 Switch 通过 RADIUS 服务器对接入用户进行身份认证。具体配置包括：配置 RADIUS 服务器模板、AAA 方案以及认证域，并在认证域下绑定 RADIUS 服务器模板与 AAA 方案。

③ 配置 Portal 认证，实现对公司访客区内用户的网络访问权限进行控制。具体配置包括：配置 Portal 服务器模板、Portal 接入模板、认证模板，并在连接认证用户侧的 GE0/0/1接口下使能 Portal 认证。

2. 具体配置步骤

因为以上配置任务中的①和②与 14.5.6 节示例的配置完全一样，参见即可。下面仅介绍以上第③项配置任务。

配置 Portal 认证。

① 将 NAC 配置模式切换成统一模式。

```
[Switch] authentication unified-mode
```

② 开启 HTTPS 的 Portal 对接功能，必须在服务器已配置好对应的 SSL 策略。

```
[Switch] portal web-authen-server https ssl-policy https-pol
```

③ 配置 Portal 服务器模板 "abc"。假设这里只配置 **http-method post** 命令中的cmd-key 参数，其余解析 POST 请求报文的参数采用默认配置，但是这些参数必须与 Portal服务器中的参数一致，否则会导致与 Portal 服务器对接失败。

```
[Switch] web-auth-server abc
[Switch-web-auth-server-abc] protocol http password-encrypt uam   #---密码使用 ASCII 码方式加密
[Switch-web-auth-server-abc] http-method post cmd-key cmd1   #---指定命令的识别关键字为 cmd1
[Switch-web-auth-server-abc] url https://192.168.2.30:8445/portal
[Switch-web-auth-server-abc] quit
```

④ 配置 Portal 接入模板 "web1"。

```
[Switch] portal-access-profile name web1
[Switch-portal-acces-profile-web1] web-auth-server abc direct
[Switch-portal-acces-profile-web1] quit
```

⑤ 配置认证模板 "p1"，并在其上绑定 Portal 接入模板 "web1"、指定认证模板下用户的强制认证域为 "huawei.com"、指定用户接入模式为多用户单独认证接入模式、最大接入用户数为 100。

```
[Switch] authentication-profile name p1
[Switch-authen-profile-p1] portal-access-profile web1
[Switch-authen-profile-p1] access-domain huawei.com force
[Switch-authen-profile-p1] authentication mode multi-authen max-user 100
[Switch-authen-profile-p1] quit
```

说明 本示例中以用户采用静态分配 IP 地址方式为例。如果用户采用 DHCP 方式获取IP 地址，并且 DHCP 服务器处于 Switch 的上行网络时，则还需要在认证模板中配置免认证规则，放行 DHCP 服务器所在的网段。另外，如果指向 Portal 服务器的 URL 需要DNS 服务器解析，并且 DNS 服务器处于 Switch 的上行网络，同样需要配置免认证规则放行 DNS 服务器所在的网段。免认证规则的配置方法请参见 14.4.4 节。

⑥ 在接口 GE0/0/1 上绑定认证模板 "p1"，使能 Portal 认证。

```
[Switch] interface gigabitethernet 0/0/1
[Switch-GigabitEthernet0/0/1] authentication-profile p1
[Switch-GigabitEthernet0/0/1] quit
```

3. 验证配置结果

以上配置完成后，用户打开浏览器输入任意的网络地址，将会被重定向到 Portal 认证页面。之后，用户可输入用户名和密码进行认证。

如果用户输入的用户名和密码被验证正确，Portal 认证页面会显示认证成功的信息。用户即可访问网络。用户上线后，可在接入设备上执行 **display access-user access-type portal** 命令查看在线 Portal 认证用户信息。

14.5.8　内置 Portal 认证配置示例

如图 14-24 所示，某公司访客区内用户通过 Switch 接入公司内部网络，现希望 Switch 能够对用户的网络访问权限进行控制，以保证公司内网的安全。根据访客流动性大的特点，同时为节约成本，使用内置 Portal 认证并通过 RADIUS 服务器验证用户的身份。

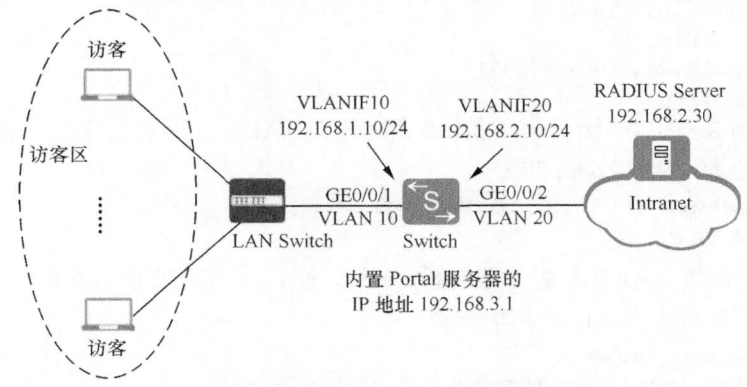

图 14-24　内置 Portal 认证配置示例的拓扑结构

1. 基本配置思路分析

本示例与 14.5.6 节介绍的配置示例总体上差不多，不同的只是本示例中的 Portal 服务器是由接入设备 Switch 担当。结合 14.5.6 节介绍的配置思路和内置 Portal 服务器 Portal 认证的配置任务，可得出本示例如下的基本配置思路。

① 配置各 VLAN 和各 VLANIF 接口，以及访问 RADIUS 服务器的路由（此处以静态路由为例进行介绍）。

② 配置 AAA，实现 Switch 通过 RADIUS 服务器对接入用户进行身份认证。具体配置包括：配置 RADIUS 服务器模板、AAA 方案以及认证域，并在认证域下绑定 RADIUS 服务器模板与 AAA 方案。

③ 配置 Portal 认证，实现对公司访客区内用户的网络访问权限进行控制。具体配置包括：配置内置 Portal 服务器功能、Portal 接入模板、认证模板，并在连接认证用户侧的 GE0/0/1 接口下使能 Portal 认证。

2. 具体配置步骤

① 创建 VLAN 并配置接口允许通过的 VLAN，保证网络通畅。

a. 创建 VLAN10、VLAN20。

```
<HUAWEI> system-view
[HUAWEI] sysname Switch
[Switch] vlan batch 10 20
```

b. 配置 Switch 与用户连接的 GE0/0/1 接口为 Access 类型接口，并将其加入 VLAN10。

```
[Switch] interface gigabitethernet 0/0/1
[Switch-GigabitEthernet0/0/1] port link-type access
```

```
[Switch-GigabitEthernet0/0/1] port default vlan 10
[Switch-GigabitEthernet0/0/1] quit
[Switch] interface vlanif 10
[Switch-Vlanif10] ip address 192.168.1.10 24
[Switch-Vlanif10] quit
```

c．配置 Switch 连接 RADIUS 服务器的 GE0/0/2 接口为 Access 类型接口，并将其加入 VLAN20。

```
[Switch] interface gigabitethernet 0/0/2
[Switch-GigabitEthernet0/0/2] port link-type access
[Switch-GigabitEthernet0/0/2] port default vlan 20
[Switch-GigabitEthernet0/0/2] quit
[Switch] interface vlanif 20
[Switch-Vlanif20] ip address 192.168.2.10 24
[Switch-Vlanif20] quit
```

d．配置到 RADIUS 服务器的静态路由（假设 RADIUS 服务器连接设备与 Switch 连接的接口 IP 地址为 192.168.2.20）。

```
[Switch] ip route-static 192.168.2.0 255.255.255.0 192.168.2.20
```

② 配置 AAA。

a．创建并配置 RADIUS 服务器模板 "rd1"，配置 RADIUS 服务器的 IP 地址、端口，以及与 RADIUS 服务器通信的共享密钥。

```
[Switch] radius-server template rd1
[Switch-radius-rd1] radius-server authentication 192.168.2.30 1812
[Switch-radius-rd1] radius-server shared-key cipher Huawei@2012
[Switch-radius-rd1] quit
```

b．创建 AAA 认证方案 "abc" 并配置认证方式为 RADIUS。

```
[Switch] aaa
[Switch-aaa] authentication-scheme abc
[Switch-aaa-authen-abc] authentication-mode radius
[Switch-aaa-authen-abc] quit
```

c．创建认证域 "huawei.com"，并在其上绑定 AAA 认证方案 "abc" 与 RADIUS 服务器模板 "rd1"。

```
[Switch-aaa] domain huawei.com
[Switch-aaa-domain-huawei.com] authentication-scheme abc
[Switch-aaa-domain-huawei.com] radius-server rd1
[Switch-aaa-domain-huawei.com] quit
[Switch-aaa] quit
```

d．测试用户是否能够通过 RADIUS 模板的认证（假设已在 RADIUS 服务器上配置了测试用户 test，用户密码 Huawei2012）。

```
[Switch] test-aaa test Huawei2012 radius-template rd1
Info: Account test succeed.
```

③ 配置 Portal 认证。

a．将 NAC 配置模式切换成统一模式。

```
[Switch] authentication unified-mode
```

b．配置内置 Portal 服务器的 IP 地址（通常是采用一个 Loopback 接口 IP 地址）。

```
[Switch] interface loopback 10
[Switch-LoopBack10] ip address 192.168.3.1 32
[Switch-LoopBack10] quit
[Switch] portal local-server ip 192.168.3.1
```

c．配置打开内置 Portal 认证网页时所需的 SSL 策略。

```
[Switch] ssl policy huawei
[Switch-ssl-policy-huawei] certificate load asn1-cert servercert.der key-pair dsa key-file serverkey.der
[Switch-ssl-policy-huawei] quit
[Switch] portal local-server https ssl-policy huawei
```

注意　为 SSL 策略加载证书时，需确保设备上已存在所需的证书文件和密钥对文件，否则加载不成功。另外，证书文件和密钥对文件必须保存在系统根目录下名为 security 的子目录下，如果没有 security 目录，则需要创建此目录。

SSL 策略所需加载的证书，请向合法的证书颁发机构申请。

d．配置 Portal 接入模板"web1"，并使能内置 Portal 认证。

```
[Switch] portal-access-profile name web1
[Switch-portal-acces-profile-web1] portal local-server enable
[Switch-portal-acces-profile-web1] quit
```

e．配置认证模板"p1"，并在其上绑定 Portal 接入模板"web1"、指定认证模板下用户的强制认证域为"huawei.com"、指定用户接入模式为多用户单独认证接入模式、最大接入用户数为 100。

```
[Switch] authentication-profile name p1
[Switch-authen-profile-p1] portal-access-profile web1
[Switch-authen-profile-p1] access-domain huawei.com force
[Switch-authen-profile-p1] authentication mode multi-authen max-user 100
[Switch-authen-profile-p1] quit
```

说明　本例中以用户采用静态分配 IP 地址的方式为例。如果用户采用 DHCP 方式获取 IP 地址，并且 DHCP 服务器处于 Switch 的上行网络时，需要配置免认证规则放行 DHCP 服务器所在的网段。免认证规则的配置方法请参见 14.4.4 节。

f．在接口 GE0/0/1 上绑定认证模板"p1"，使能 Portal 认证。

```
[Switch] interface gigabitethernet 0/0/1
[Switch-GigabitEthernet0/0/1] authentication-profile p1
[Switch-GigabitEthernet0/0/1] quit
```

3．验证配置结果

以上配置完成后，用户打开浏览器输入任意的网络地址，将会被重定向到 Portal 认证页面。之后，用户可输入用户名和密码进行认证。

如果用户输入的用户名和密码被验证正确，Portal 认证页面会显示认证成功的信息。用户即可访问网络。用户上线后，可在设备上执行 **display access-user access-type portal** 命令查看在线 Portal 认证用户信息。

第 15 章
网络安全配置与管理

本章主要内容

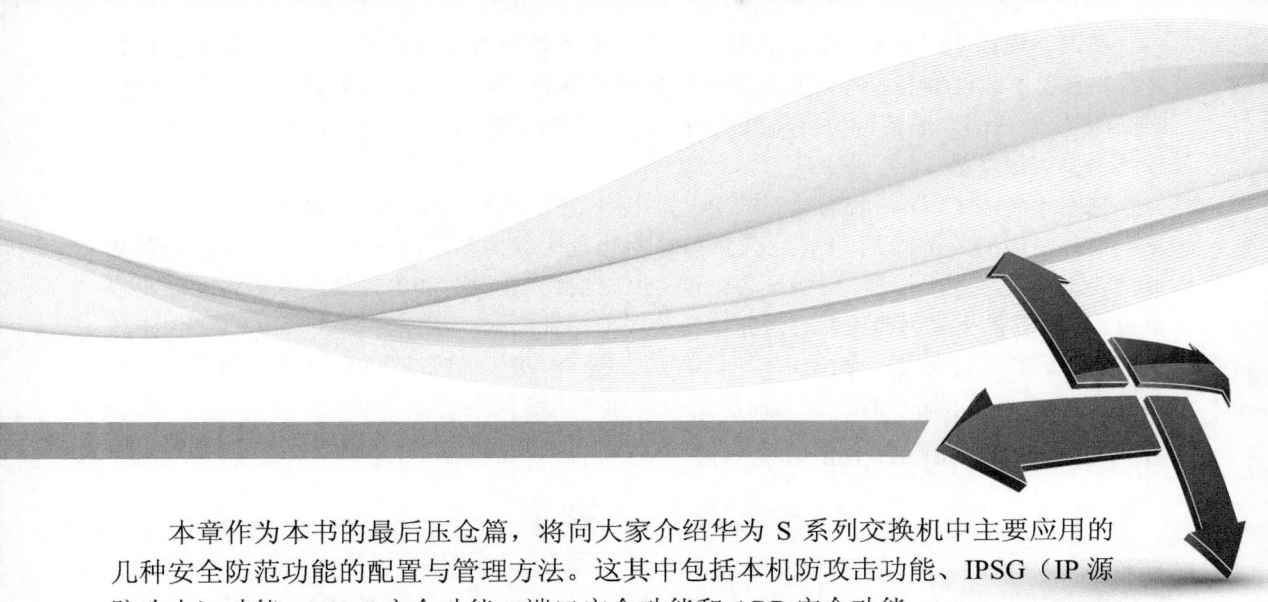

　　本章作为本书的最后压仓篇，将向大家介绍华为 S 系列交换机中主要应用的几种安全防范功能的配置与管理方法。这其中包括本机防攻击功能、IPSG（IP 源防攻击）功能、MAC 安全功能、端口安全功能和 ARP 安全功能。

　　本机防攻击功能是针对上送设备 CPU 的报文而发起的 DoS 攻击进行防范，所采取的措施包括对上送到 CP 的报文的类型进行过滤、基于端口或用户的报文限速和溯源、设置告警阈值等。IPSG 功能非常实用，可对接收到的 IP 报文根据由 IP 地址、MAC 地址、接口、VLAN 等参数组成的绑定表（可以是静态配置的，也可以是动态生成的）进行匹配检查，可以有效地防止基于源地址欺骗的网络攻击行为，也可以有效地防止用户非法修改主机 IP 地址的现象。

　　MAC 安全功能主要包括关闭接口的 MAC 地址学习功能、配置基于端口或VLAN 的 MAC 地址学习数量限制、配置 MAC 地址防漂移功能和报文 MAC 地址过滤等。端口安全功能是将接口动态学习到的合法 MAC 地址转换为安全 MAC 地址（包括安全动态 MAC、安全静态 MAC 和 Sticky MAC），拒绝学习所连接的非法用户 MAC 地址，以阻止非法用户通过本接口和所连接的交换机通信，从而增强设备的安全性。

　　ARP 安全功能非常丰富、强大，主要针对 ARP 泛洪攻击和 ARP 欺骗攻击进行防范，可采取的措施包括 ARP 报文/Miss 消息限速、ARP 表项严格学习、ARP 表项固化、动态 ARP 检测（DAI）、ARP 防网关冲突、ARP 报文合法性检查、ARP 报文内 MAC 地址一致性检查等。

15.1 本机防攻击配置与管理

在网络通信中，设备上传输的报文有的需要本地设备进行处理，有的则仅需要进行转发。需要本地设备处理的报文需要消耗本地设备的 CPU 资源，因为它们是需要上送到 CPU 进行处理的，通常是协议类型的报文，如 ARP、ICMP、FTP、Telnet、DHCP、各种路由协议报文等。

网络设备的 CPU 与我们使用的 PC 机中的 CPU 一样，是设备的最重要部件，也是影响设备性能的关键因素。就像我们的 PC 机可能因有太多应用程序占用了 CPU 资源导致性能下降甚至死机一样，网络设备中的 CPU 也会因在短时间内要处理太多报文而不堪重负，导致性能下降甚至死机。为此华为公司专门针对这一问题开发了一种 CPU 保护技术，也就是本节要向大家介绍的本机防攻击方案，解决了 CPU 可能因处理大量正常上送 CPU 的报文，或者恶意攻击报文时所造成的业务中断问题。

15.1.1 本机防攻击原理

本机防攻击是一个大的系统方案，从不同维度提出了多个相应的技术方案，包括针对上送到 CPU 的报文过滤、控制报文上送到 CPU 的速度而开发的 CPU 防攻击技术，从攻击源追查和封堵角度而开发的攻击溯源技术，从接收端口的协议报文过滤或限速角度而开发的端口防攻击技术，以及从最原始的用户限速角度开发的用户级限速这 4 个部分。下面对它们的相应技术原理分别予以介绍。

1. CPU 防攻击

CPU 防攻击可以针对上送 CPU 的协议报文进行限制和约束,使单位时间内上送 CPU 的对应协议报文的数量限制在一定的控制范围之内，从而使 CPU 不至于太"累"，保证 CPU 对业务的正常处理。

CPU 防攻击的核心功能是 CPCAR（Control Plane Committed Access Rate，控制平面限制访问速率）功能，还包括动态链路保护、黑名单、白名单和用户自定义流功能。

1）CPCAR

CPCAR 是通过对上送到 CPU 的不同协议报文分别进行限速，来保护控制平面的安全。报文限速又分如下几个维度：①基于协议的报文限速；②基于队列的调度和限速；③所有报文统一限速，如图 15-1 所示。

基于协议报文的限速是指 CPCAR 中可以针对每种协议单独设置 CIR（Committed Information Rate，承诺信息速率）和 CBS（Committed Burst Size，承诺突发尺寸），对于超过该速率值的协议报文，设备直接予以丢弃，从而可以保证每种协议对应的业务能够得到正常处理，同时可以保证协议之间不会相互影响。

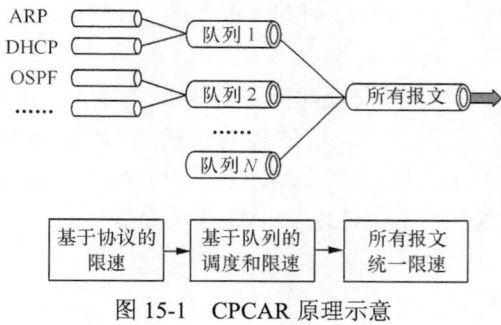

图 15-1　CPCAR 原理示意

协议限速之后，设备可对同一类协议分配一个 CPU 队列（类似于端口队列），比如 Telnet、SSH 等管理类协议分为一个队列，路由协议分为一个队列。各个队列之间按照权重或优先级方式调度，优先级高的业务被 CPU 调度的几率更大，同时在有冲突的情况下保证高优先级业务优先处理。同时，可以针对每个队列进行限速，限制各个队列向 CPU 上送报文的最大速率。对于超过最大速率的协议报文，设备会直接丢弃。

所有报文统一限速是为了限制 CPU 处理的协议报文总数，保证 CPU 在其正常处理能力范围内尽可能多地处理报文，而不会造成 CPU 异常。

以上 3 种限速功能可根据需要同时配置，当 3 种限速方式同时生效时，设备以最小限速值进行限速。

说明 以上所有 CPU 防攻击功能对设备的管理网口不起作用。针对设备管理网口下的网络存在的攻击，一旦攻击较为严重，可能会导致用户无法从管理网口登录并管理设备，此时建议用户对该网络上的 PC 机进行杀毒或者重新规划组网。

2）动态链路保护

对于 BGP、FTP、HTTPS、IKE、IPSEC-ESP、OSPF、SSH、TELNET 和 TFTP 这类面向连接的应用层协议，在正式应用之前必须与对端建立会话连接。在建立会话过程中双方协议报文的发送会非常频繁，可能会出现协议报文流量瞬间激增的情况；而连接建立后进行数据传输时，传输速率会更大，故此时前面介绍的基于协议的限速标准就不再适合这类协议了（否则很快就会误认为存在攻击了），因为基于协议的限速中这些协议的默认 CAR 的值都比较小（基本上都在 1Mbit/s 以内）。为了能成立建立会话连接，继续保持会话建立后的业务数据传输仍能正常进行，需要采用另外更宽松的限速标准，这就是动态链路保护功能。

动态链路保护功能是设备针对基于会话的应用层数据的保护，可使设备以新设定的、允许更高速率的限速值对匹配相应 Session 的报文进行限速，由此保证此 Session 相关业务运行的可靠性、稳定性。

3）黑名单

CPU 防攻击提供的黑名单功能是指通过定义 ACL 来设置黑名单，设备会将后续收到、匹配黑名单特征的报文直接全部丢弃，省去了进行速率匹配的步骤，节省了系统资源。可将已确定为攻击者的非法用户（主要根据该用户的 IP 地址或 MAC 地址特征来配置过滤规则）设置到黑名单中。

4）白名单

CPU 防攻击提供的白名单功能（**仅框式系列交换机支持**）也是指通过定义 ACL 来设置白名单，使设备优先处理后续收到、匹配白名单特征的报文（**但仍会对白名单发送的报文按基于协议的 CPCAR 进行限速**），从而能够主动保护现有业务、保护高优先级用户的业务。可将已确定的合法用户或者高优先级的用户设置到白名单中。

5）用户自定义流

CPU 防攻击提供的用户自定义流功能（**仅框式系列交换机支持**）也是指通过定义 ACL 来设置用户自定义流，使设备对符合用户自定义流特征的报文上送 CPU 时进行限制。由于 ACL 规则中可以灵活地指明攻击流数据的特征，因此用户自定义流能够直接依据协议类型来区分，更加灵活，可应用于网络中出现不明攻击的场景。

2. 攻击溯源

前面介绍的 CPU 攻击保护可以说是在攻击的最后一环、目的端进行的，而在此之前，这些攻击报文仍然会在网络中传输，仍然会占用宝贵的链路带宽和接口缓存资源。此时我们可能更希望找到那些攻击源，直接拒绝接收这些用户发送的报文，这时就要用到这里介绍的"攻击溯源"功能了。

攻击溯源主要针对出现 DoS（Denial of Service，拒绝服务）攻击现象时所采取的防御策略。设备通过对上送 CPU 的报文进行分析统计，然后对统计的报文设置一定的阈值，将超过阈值的报文判定为攻击报文；再根据攻击报文信息找出攻击源用户或者攻击源接口；最后通过日志、告警等方式提醒管理员，以便管理员采用一定的措施来保护设备，或者直接丢弃攻击报文以对攻击源进行惩罚。

攻击溯源功能的实现包括如图 15-2 所示的 4 个过程：报文解析、流量分析、攻击源识别和发送日志告警通知管理员以及实施惩罚，从源 IP 地址、源 MAC 地址以及端口 3 个维度进行报文解析，其中端口通过"物理端口+VLAN"标识。具体实施的流程如下。

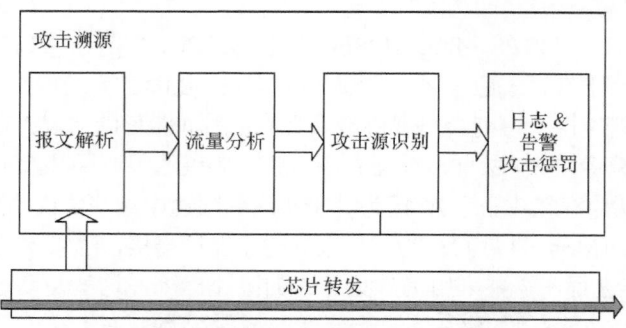

图 15-2　攻击溯源原理示意图

① 根据源 IP 地址、源 MAC 地址或者端口信息统计接收到的满足攻击溯源防范报文类型的协议报文数量。

② 当单位时间上送 CPU 的报文数量超过了阈值时，就认为是攻击。

③ 当检测到攻击后，设备会发送日志告警信息，并按配置实施惩罚，如直接丢弃这些攻击报文，或者将攻击报文进入的交换机接口 Error-Down。

从以上流程来看，攻击溯源在发现存在攻击源时，基本上是直接丢弃这些攻击源发送（如源主机）或接收（如接收攻击的交换机接口）的协议报文。

此外，攻击溯源还提供了白名单功能，即可通过定义 ACL 或者直接将某个端口设置为攻击溯源白名单，使设备不对白名单中用户发送的报文进行溯源，从而可以保证确定为合法用户的报文能够正常上送 CPU 处理，也节省了设备宝贵的系统资源。可将已确定的合法用户或者端口设置到攻击溯源白名单中。

3. 端口防攻击

端口防攻击是针对 DoS 攻击的另一种防御方式。它仅基于物理端口维度进行防御，可以避免从攻击端口接收的协议报文挤占整个上送到 CPU 的带宽，导致其他端口的协议报文无法正常上送 CPU 处理而造成业务中断。

端口防攻击的处理流程如下。

① 根据端口信息统计接收到的满足端口防攻击防范报文类型（可配置）的协议报文数量。

② 当单位时间上送 CPU 的某类型协议报文数量超过了端口防攻击检查阈值时，就认为该端口存在攻击。

③ 检测到攻击后，设备会发送日志，并将产生了攻击的端口，但未超出协议限速值数量的报文移入低优先级队列后再上送 CPU 处理，超出限速值数量的报文，则直接丢弃。

从以上处理流程可以看出，端口防攻击在发现存在攻击的端口时，不是直接丢弃该端口接收的所有报文，而是采用限速的处理方式，相比攻击溯源的惩罚措施，对设备正常业务造成的影响更小。

另外，端口防攻击与前面的攻击溯源一样，也提供了白名单功能，即可通过定义 ACL 或者直接将端口设置为端口防攻击白名单，使设备不对白名单用户的报文进行溯源和限速处理，从而可以保证确定为合法用户的报文能够正常上送 CPU 处理。可将已确定的合法用户或者端口设置到端口防攻击白名单中。

4. 用户级限速

用户级限速指的是基于用户 MAC 地址识别用户，然后对这些用户发送的特定协议报文（ARP/ND/DHCP Request/DHCPv6 Request/IGMP/8021x/HTTPS-SYN）进行限速，使得单个用户在受到 DoS 攻击的情况下，只影响本用户，不对其他用户带来影响。用户级限速的核心部分是 HOST-CAR 功能，具体处理流程如下。

① 设备对收到的上述类型的报文的源 MAC 地址进行哈希计算，将收到的不同源 MAC 地址的报文放到不同的限速桶中。

② 当单位时间限速桶内的报文超过了限速值时，该限速桶会丢弃收到的报文，并且每隔 10min 对限速桶内的丢包数目进行统计。

如果 10min 内限速桶丢弃的报文数目超过 2000 个，设备会发送该限速桶的丢包日志。如果同时存在多个限速桶丢包数目超过 2000 个，设备只发送丢包数目最多的 10 个限速桶的丢包日志。

15.1.2　配置 CPU 防攻击

15.1.1 节介绍了 CPU 防攻击方案中的四方面技术的实现原理，从中已经了解到，CPU 防攻击功能主要包括：CPCAR、动态链路保护、黑名单、白名单以及用户自定义流功能，本节将具体介绍这些技术所涉及的各方面功能的配置方法。

在以下的配置任务中，**必须首先创建防攻击策略（后面各小节将要介绍的其他本地防攻击功能也是在此策略下配置的）**，其余步骤是并列关系，无严格配置顺序，用户根据需要选择配置即可。防攻击策略在创建之后必须得到应用才能生效。

1. 创建防攻击策略

创建防攻击策略的方法很简单，具体见表 15-1，只有创建了防攻击策略，才能在其中配置具体的本机防攻击功能。

2. 配置上送 CPU 报文的分类限速规则

为了减少上送 CPU 的报文数量，降低不同类型报文的相互影响，交换机支持对上送 CPU 的报文进行分类限速，主要分为基于协议的报文限速、动态链路保护功能（基于协议会话）的报文速率限制。其中，动态链路保护功能的报文速率限制优先级最高，具体配置步骤见表 15-2。

表 15-1　　　　　　　　　　　　防攻击策略创建步骤

步骤	命令	说明
1	system-view 例如：<HUAWEI> system-view	进入系统视图
2	cpu-defend policy *policy-name* 例如：[HUAWEI] cpu-defend policy test	创建防攻击策略并进入防攻击策略视图，参数 *policy-name* 用来指定策略名称，字符串形式，不支持空格，不区分大小写，长度范围 1～31。 【说明】设备最多支持 13 个防攻击策略。其中名称为 **default** 的策略为系统自动生成的缺省策略，**default** 策略默认应用到设备上，不允许删除，也不允许修改参数。**default** 策略对上送 CPU 的协议报文按照缺省的限速值进行速率限制。用户可以按照自己的需要进行配置，新的配置将覆盖 **default** 策略的缺省配置。对于用户没有进行的配置，新的防攻击策略将使用 **default** 策略的缺省配置。 可用 **undo cpu-defend policy** *policy-name* 命令删除配置的防攻击策略
3	description *text* 例如： [HUAWEI-cpu-defend-policy-test] description defend_arp_attack	（可选）配置防攻击策略的描述信息，字符串形式，支持空格，区分大小写，长度范围是 1～63。 该命令是覆盖式命令，如果在同一个防攻击策略视图下重复执行本命令，新配置将覆盖已有配置。 缺省情况下，防攻击策略没有配置描述信息，可用 **undo description** 命令删除策略描述信息

表 15-2　　　　　　　　上送 CPU 报文的分类限速规则的配置步骤

步骤	命令	说明
1	system-view 例如：<HUAWEI> system-view	进入系统视图
2	cpu-defend policy *policy-name* 例如：[HUAWEI] cpu-defend policy test	进入防攻击策略视图
3	car { packet-type *packet-type* | user-defined-flow *flow-id* } cir *cir-value* [cbs *cbs-value*] 例如：[HUAWEI-cpu-defend-policy-test] car packet-type arp-reply cir 64 cbs 33000	配置对上送 CPU 的报文进行 CPCAR 限速，并设置速率阈值。协议报文的 CAR 速率可以通过 **display cpu-defend configuration** 命令查看，缺省情况下显示的是 **default** 策略对各种协议报文的限速值。命令中的参数说明如下。 ① **packet-type** *packet-type*：二选一参数，指定按报文类型进行限速，报文类型以设备显示为准。 ② **user-defined-flow** *flow-id*：二选一参数，指定按用户自定义流类型进行限速，流 ID 为整数形式，取值范围是 1～8。仅 S5720EI、S5720HI、S6720EI、S6720HI 和 S6720S-EI，以及 S7700 及以上系列交换机支持此参数。 ③ **cir** *cir-value*：为指定的报文配置承诺信息速率，当选择 **packet-type** *packet-type* 时，取值范围根据报文类型的不同而不同，以设备显示为准（大部分是在 256kbit/s 范围内）；当选择 **user-defined-flow** *flow-id* 时，取值范围是 8～4096，单位：kbit/s。

（续表）

步骤	命令	说明
3	**car** { **packet-type** *packet-type* | **user-defined-flow** *flow-id* } **cir** *cir-value* [**cbs** *cbs-value*] 例如：[HUAWEI-cpu-defend-policy-test] **car packet-type arp-reply cir** 64 **cbs** 33000	④ **cbs** *cbs-value*：可选参数，为指定的报文配置承诺突发尺寸，当选择 **packet-type** *packet-type* 时，取值范围根据报文类型的不同而不同，以设备显示为准；当选择 **user-defined-flow** *flow-id* 时，取值范围是 10000～800000，单位：byte。 【注意】对上送 CPU 的同一协议报文先后采用下一步的 **deny** 命令和**本**命令时，以最后配置的命令生效。 缺省情况下，对用户自定义流的 CAR 速率抑制值为 64kbit/s，协议报文的 CAR 速率可以通过 **display cpu-defend configuration** 命令查看，可用 **undo car** { **packet-type** *packet-type* | **user-defined-flow** *flow-id* } 命令恢复上送 CPU 报文的速率限制为缺省值
4	**deny** { **packet-type** *packet-type* | **user-defined-flow** *flow-id* } 例如：[HUAWEI-cpu-defend-policy-test] **deny packet-type arp-reply**	直接丢弃指定协议类型、用户自定义流中规定的上送 CPU 的报文，参数同上一命令。 缺省情况下，交换机不会丢弃上送 CPU 的报文，而是按照 **default** 策略缺省的限速值对上送 CPU 的报文和用户自定义流进行限速，可通过命令 **display cpu-defend configuration** 查看各种报文的限速值
5	**linkup-car packet-type** { **bgp** | **ftp** | **https** | **ike** | **ipsec-esp** | **ospf** | **ssh** | **telnet** | **tftp** } **cir** *cir-value* [**cbs** *cbs-value*] 例如：[HUAWEI-cpu-defend-policy-test] **linkup-car packet-type ftp cir** 1000 **cbs** 100000	配置 BGP、FTP、HTTPS、OSPF、IKE、IPSEC-ESP、SSH、TFTP 或 TELNET 等协议连接建立时协议报文的 CPCAR 值，包括配置承诺信息速率和承诺突发尺寸。 ① **cir** *cir-value*：指定承诺信息速率，整数形式，取值范围 64～4294967295，单位：kbit/s，这个值要远大于基于协议限速中的 cir 速率。 ② **cbs** *cbs-value*：指定承诺突发尺寸整数形式，取值范围 10000～4294967295，单位：byte，也远大于基于协议限速的 cbs。 缺省情况下，BGP、FTP、HTTPS、IKE、IPSEC-ESP、OSPF、SSH、TELNET 和 TFTP 协议建立连接时的承诺信息速率和承诺突发尺寸对不同的机型不完全一样，具体参见对应产品手册
6	**quit** 例如：[HUAWEI-cpu-defend-policy-test] **quit**	退出防攻击策略视图，进入系统视图
7	**cpu-defend application-apperceive enable** 例如：[HUAWEI] **cpu-defend application-apperceive enable**	使能全局动态链路保护功能。 缺省情况下，全局动态链路保护功能已使能，可用 **undo cpu-defend application-apperceive** 命令去使能全局动态链路保护功能
8	盒式系列交换机： **cpu-defend application-apperceive** [**bgp** | **ftp** | **https** | **ike** | **ipsec-esp** | **ospf** | **ssh** | **telnet** | **tftp**] **enable** 框式系列交换机： **cpu-defend application-apperceive** [**bgp** | **ftp** | **ssh** | **tftp** | **ospf** | **https** | **telnet**] **enable**	使能协议报文的动态链路保护功能，使通过本表第 5 步的 **linkup-car** 命令配置的协议报文 CPCAR 值生效。 缺省情况下，S6700 及以下系列交换机仅 FTP、HTTPS、IKE、IPSEC-ESP、SSH、TELNET 和 TFTP 的动态链路保护功能已使能，S7700 及以上系列交换机仅 FTP、SSH、HTTPS、TFTP 和 TELNET 协议的动态链路保护功能已使能，BGP 和 OSPF 协议的动态链路保护功能均未使能，可用 **undo cpu-defend application-apperceive** [**bgp** | **ftp** | **https** | **ike** | **ipsec-esp** | **ospf** | **ssh** | **telnet** | **tftp**] **enable**，或 **undo cpu-defend application-apperceive** [**bgp** | **ftp** | **https** | **ospf** | **ssh** | **telnet** | **tftp**] **enable** 命令去使能动态链路保护功能

3.（可选）配置动态调整协议报文的默认 CPCAR 值

本功能仅针对 ARP 和 OSPF 协议报文。当固定的默认 CPCAR 值无法满足实际应用中设备对报文上送速度上限的动态需求时，可以使能动态调整协议报文的默认 CPCAR 值功能。使能该功能后，如果协议报文的默认 CPCAR 值未经修改，设备将会根据业务规模（如动态 ARP 表项条目个数或 OSPF 连接数）以及系统状态（即 CPU 使用率）来动态调整默认的 CPCAR 值，从而满足不同的业务场景需求。ARP 表项的具体调整情况见表 15-3，OSPF 连接数的具体调整见表 15-4（**OSPF 协议的 CPCAR 动态调整功能仅框式系列交换机支持**）。

表 15-3   **ARP 报文调整后的默认 CPCAR 值**

ARP 表项数	调整后的默认 CPCAR 值
小于等于 512	不调整
大于 512 但小于等于 1024	128kbit/s，但是如果设备的默认 CPCAR 值大于 128kbit/s，则不调整
大于 1024 但小于等于 3072	256kbit/s
大于 3072 但小于等于 4096	512kbit/s
4096 以上	512kbit/s

表 15-4   **OSPF 报文调整后的默认 CPCAR 值**

OSPF 连接数（OSPF 邻居数×LSA 数）	调整后的默认 CPCAR 值
小于等于 350000	不调整，维持原默认 CPCAR 值，主控板为 512kbit/s，接口板为 256kbit/s
大于 350000 但小于等于 420000	主控板为 768kbit/s，接口板为 384kbit/s
大于 420000 但小于等于 630000	主控板为 1024kbit/s，接口板为 512kbit/s
630000 以上	主控板为 1536kbit/s，接口板为 768kbit/s

动态调整协议报文的默认 CPCAR 值的配置步骤见表 15-5。

表 15-5   **动态调整协议报文的默认 CPCAR 值的配置步骤**

步骤	命令	说明
1	system-view 例如：\<HUAWEI\> system-view	进入系统视图
2	cpu-defend dynamic-car enable 例如：[HUAWEI] cpu-defend dynamic-car enable	全局使能动态调整协议报文的默认 CPCAR 值功能。 缺省情况下，全局的动态调整协议报文的默认 CPCAR 值功能已使能，可用 undo cpu-defend dynamic-car enable 命令去使能动态调整协议报文的默认 CPCAR 值功能
3	cpu-defend dynamic-car [ospf | arp] enable 例如：[HUAWEI] cpu-defend dynamic-car ospf	（可选）使能动态调整 ARP 或 OSPF 协议报文的默认 CPCAR 值功能。 缺省情况下，动态调整 ARP 或 OSPF 协议报文的默认 CPCAR 值功能未使能，可用 undo cpu-defend dynamic-car [ospf | arp] enable 命令去使能动态调整协议报文的默认 CPCAR 值功能

说明 只有当全局和针对 **ARP** 或 **OSPF** 协议的动态调整默认 **CPCAR** 值功能均使能时，设备才会动态调整 **ARP** 或 **OSPF** 协议的默认 **CPCAR** 值。动态调整协议报文的默认

CPCAR 值功能仅在未手工修改该协议报文的 CPCAR 值时生效。

调整OSPF 协议报文的默认CPCAR 值时,设备仅会针对协议类型为 ospf 和 ospf-hello 的报文进行调整;调整 ARP 报文的默认 CPCAR 值时,设备仅会针对协议类型为 arp-reply 和 arp-request 的报文进行调整。

在盒式系列交换机中仅 S5720EI、S5720HI、S5720S-SI、S5720SI、S5730S-EI、S5730SI、S6720EI、 S6720HI、 S6720LI、 S6720S-EI、 S6720S-LI、 S6720S-SI 和 S6720SI 子系列交换机支持此功能。

4.（可选）配置 CPCAR 丢包告警功能

为了保护 CPU, 设备会对上送 CPU 的协议报文进行限速。当上送的协议报文速率超过相应的 CPCAR 值时, 超过的部分就会被丢弃, 这时就很容易造成业务运行不正常。为了及时感知到因为 CPCAR 而导致的丢包问题, 可以在设备上使能 CPCAR 丢包告警功能, 开启后, 设备就会每 10min 检测一次因 CPCAR 而导致的协议报文丢包情况, 对于丢包计数有增加的协议类型, 显示丢包告警。**仅 S5720EI、S5720HI、S6720EI、S6720HI 和 S6720S-EI, 以及框式系列交换机支持此功能。**

配置 CPCAR 丢包告警功能很简单,只需要在系统视图下执行 **cpu-defend trap drop-packet** 命令使能 CPCAR 丢包告警功能即可。缺省情况下, 设备的 CPCAR 丢包告警功能处于关闭状态, 可用 **undo cpu-defend trap drop-packet** 命令恢复缺省情况。

5. 配置区分端口类型上送协议报文

设备上送 CPU 的协议报文区分绝大部分是通过定义 ACL 规则实现的, 而 ACL 规则只能针对协议报文类型进行分类。如果协议报文是基于整个设备（即各个接口都有可能发送对应的协议报文）上送的, 则单纯使用表 15-2 第 4 步的 **deny** 命令丢弃上送 CPU 的所有报文或者使用第 3 步的 **car** 命令对报文进行 CAR 限速, 是无法区分来自不同端口的合法报文和攻击报文的。

此时, 可通过配置区分端口类型上送不同协议报文到 CPU（**配置后, 对应类型端口不能发送不支持类型的协议报文**）, 即可解决上述问题, 具体配置步骤见表 15-6。**仅 S5720EI、S6720S-EI 和 S6720EI, 以及框式系列交换机支持该功能, 但 X 系列单板不支持此功能。**

表 15-6　　　　　　　　　　　区分端口类型上送协议报文的配置步骤

步骤	命令	说明
1	**system-view** 例如：<HUAWEI> **system-view**	进入系统视图
2	**interface** *interface-type interface-number* 例如：[HUAWEI] **interface** gigabitethernet 0/0/1	进入接口视图
3	**port type** { **uni** | **eni** | **nni** } 例如：[HUAWEI-GigabitEthernet 0/0/1] **port type nni**	配置端口的类型。命令中的选项说明如下。 ① **uni**：多选一选项, 指定端口类型为 UNI, UNI 口是指设备上用户侧的端口。 ② **eni**：多选一选项, 指定端口类型为 ENI, ENI 口是指设备上与交换机或者用户相连的端口。UNI 支持的协议报文 ENI 都支持。

（续表）

步骤	命令	说明
3	**port type** { **uni** | **eni** | **nni** } 例如：[HUAWEI-GigabitEthernet 0/0/1] **port type nni**	③ **nni**：多选一选项，指定端口类型为 NNI，NNI 接口是指设备上网络侧的端口。NNI 支持所有的协议报文。 该命令为覆盖式命令，重复执行本命令，新的配置会覆盖已有配置。 缺省情况下，端口类型为 NNI，可用 **undo port type** 命令取消对端口类型的限制
4	**quit**	退出接口视图，返回系统视图
5	**cpu-defend policy** *policy-name* 例如：[HUAWEI] **cpu-defend policy** test	进入防攻击策略视图
6	**port-type** { **uni** | **eni** | **nni** } **packet-type** *packet-type* 例如：[HUAWEI-cpu-defend-policy-test] **port-type uni packet-type arp-reply**	指定协议能够生效的端口类型，包括 UNI、ENI 和 NNI 类型。参数 *packet-type* 用来指定协议端口对应的协议报文类型（以设备显示为准）。**一种协议报文只能对应一种端口类型。** 【说明】端口类型的优先级从高到低依次为 NNI>ENI>UNI。如果某接口的端口类型的优先级高于或者等于协议报文能够生效的端口类型的优先级，则协议报文可通过该接口正常上送。例如某接口的端口类型为 ENI 类型，协议报文能够生效的端口类型为 ENI 或者 UNI，则该协议报文可以通过此接口正常上送 CPU。但如果协议报文能够生效的端口类型为 NNI，则该协议报文会被此接口丢弃。如果存在攻击报文，也可通过 **blacklist** 命令配置黑名单进行丢弃。 缺省情况下，各类协议报文上送 CPU 的默认端口类型可以通过 **display cpu-defend configuration** 命令查看，可用 **undo port-type** [**uni** | **eni** | **nni**] **packet-type** *packet-type* 命令取消相应类型协议报文的端口类型限制

6. 配置黑名单

在 15.1.1 节已介绍，可把符合特定特征的用户纳入到 CPU 防攻击功能的黑名单中，这样设备将可直接丢弃黑名单用户上送的报文，免得去对报文进行复杂的检查，浪费设备资源。但是，对于 S1720GFR、S1720GW-E、S1720GWR-E、S1720X-E、S2720EI、S2750EI、S5700LI、S5700S-LI、S5710-X-LI、S5720LI、S5720S-LI、S5720SI、S5720S-SI、S5730SI、S5730S-EI、S6720LI、S6720S-LI、S6720SI 和 S6720S-SI 子系列交换机，IPv4 黑名单都是报文上送到 CPU 后再丢弃，为了进一步减小 CPU 的占用率，还可以在设备上配置直接在转发芯片上丢弃报文的黑名单。以上两个黑名单的具体配置步骤见表 15-7。

注意 在黑名单应用时要注意以下几个方面。

■ **设备的一个防攻击策略最多可以配置 8 条黑名单**（包括 IPv4 黑名单、IPv6 黑名单和直接在转发芯片中丢弃匹配 ACL 规则报文的黑名单）。

■ 黑名单中应用的 ACL，无论其 rule 配置为 **permit** 还是 **deny**，命中该 ACL 的报文均会被丢弃。

■ 如果 ACL 的 rule 为空，则应用该 ACL 的黑名单功能不生效。

通过上节的学习已经知道，在整个本机防攻击功能中涉及到黑名单、白名单和用户自定义流功能，它们的优先级依次递减。

■ 当同时配置了黑名单和白名单并应用了相同的 ACL，则黑名单生效。

■ 当同时配置了黑名单和用户自定义流并应用了相同的 ACL，则黑名单生效。

■ 当同时配置了白名单和用户自定义流并应用了相同的 ACL，则白名单生效。

表 15-7　　　　　　　　　　　　　　　　CPU 防攻击黑名单的配置步骤

步骤	命令	说明
1	**system-view** 例如：\<HUAWEI\> **system-view**	进入系统视图
2	**cpu-defend policy** *policy-name* 例如：[HUAWEI] **cpu-defend policy** test	进入防攻击策略视图
3	**blacklist** *blacklist-id* **acl** *acl-number* 例如：[HUAWEI-cpu-defend-policy-test] **blacklist** 2 **acl** 2001	创建 IPv4 黑名单。配置 IPv4 黑名单使用的 ACL。可以是基本 ACL、高级 ACL 或二层 ACL。 缺省情况下，设备中没有配置 IPv4 黑名单，可用 **undo blacklist** *blacklist-id* 命令删除指定的黑名单
	blacklist *blacklist-id* **acl** *acl-number3* **hard-drop** 例如：[HUAWEI-cpu-defend-policy-test] **blacklist** 5 **acl** 3006 **hard-drop**	（可选）创建直接在转发芯片中丢弃匹配 ACL 规则报文的黑名单，只能为高级 ACL，且仅对 IPv4 报文生效。 缺省情况下，设备中没有配置直接在转发芯片中丢弃匹配 ACL 规则报文的黑名单，可用 **undo blacklist** *blacklist-id* 命令删除指定的黑名单

7.　配置白名单

在 S7700 及以上系列交换机中还可通过表 15-8 所示的步骤配置白名单，把符合特定特征的用户纳入到白名单中，设备将优先处理匹配白名单特征的报文。**当同时配置了黑名单和白名单并应用了相同的 ACL 时，则黑名单生效。**

在白名单应用时要注意以下几方面。

■ 如果白名单中应用的 ACL，其 rule 配置为 **deny**，则命中该 ACL 的报文会被丢弃。

■ 当白名单中应用的 ACL，其 rule 配置为 **permit**，且设备上同时配置了用户自定义流时，如果报文同时匹配白名单和用户自定义流中应用的 ACL，此时用户自定义流不生效，**设备仅会根据每类协议报文的 CPCAR 值上送报文。**

■ 如果 ACL 的 rule 为空，则应用该 ACL 的白名单功能不生效。

表 15-8　　　　　　　　　　　　　　　　白名单的配置步骤

步骤	命令	说明
1	**system-view** 例如：\<HUAWEI\> **system-view**	进入系统视图
2	**cpu-defend policy** *policy-name* 例如：[HUAWEI] **cpu-defend policy** test	进入防攻击策略视图
3	**whitelist** *whitelist-id* **acl** *acl-number* 例如：[HUAWEI-cpu-defend-policy-test] **whitelist** 2 **acl** 2002	创建自定义白名单。配置 IPv4 白名单所用的 ACL 可以是基本 ACL、高级 ACL 或二层 ACL。 缺省情况下，设备中没有配置白名单，可用 **undo whitelist** *whitelist-id* 命令删除指定的白名单

8. 配置用户自定义流

用户自定义流类似于用户自定义 ACL，它既不便于通过协议类型来区分报文类型，也不便于通过发送端口来区分报文类型，而是需要通过报文中的一些特征信息来区分。通过如表 15-9 所示的步骤配置用户自定义流绑定 ACL 规则，可以在网络中出现不明攻击时，灵活指明攻击流数据的特征，将符合此特征的数据流进行上送限制。**仅 S5720EI、S5720HI、S6720EI、S6720HI 和 S6720S-EI，以及 S7700 及以上系列支持该功能。**

说明 在用户自定义流应用时要注意以下几个方面。

■ 用户自定义流中应用的 ACL，如果其 rule 配置为 **permit**，缺省情况下，设备对命中该 ACL 的报文进行 CAR 限速，默认 CAR 速率抑制值为 64kbit/s。但如果在本节表 15-2 的第 4 步中已针对相同用户自定义流配置的处理动作设置为 **deny**，则直接丢弃命中该 ACL 的报文。

■ 如果用户自定义流中应用的 ACL 中的 rule 配置为 **deny**，则设备会丢弃命中该 ACL 的报文。

■ 如果用户自定义流中应用的 ACL 的 rule 为空，则应用该 ACL 的用户自定义流功能不生效。

表 15-9　　　　　　　　　　　　用户自定义流的配置步骤

步骤	命令	说明
1	**system-view** 例如：\<HUAWEI\> **system-view**	进入系统视图
2	**cpu-defend policy** *policy-name* 例如：[HUAWEI] **cpu-defend policy** test	进入防攻击策略视图
3	**user-defined-flow** *flow-id* **acl** *acl-number* 例如：[HUAWEI-cpu-defend-policy-test] **user-defined-flow 2 acl** 2003	配置用户自定义流。自定义流的 ACL 也可以是基本 ACL、高级 ACL 或二层 ACL。 缺省情况下，没有配置用户自定义流，可用 **undo user-defined-flow** *flow-id* 命令删除用户自定义流

9. 应用防攻击策略

在防攻击策略应用方面，因为盒式系列交换机和框式系列交换机的结构不同，故报文上送 CPU 的过程也不同。在盒式系列交换机中，设备将报文上送 CPU 的过程如图 15-3 所示，即报文先经过交换芯片，然后再上送到 CPU，故需在交换芯片上应用防攻击策略。

在框式系列交换机中，报文上送 CPU 的过程如图 15-4 所示，设备中上送 CPU 的报文包括：直接上送到主控板（也即直接上送到主控板上的 CPU），或先经过接口板再上送到主控板的报文两种。因此，除了在主控板上应用防攻击策略外，还需要在接口板上应用防攻击策略，才能达到本机防攻击的目的。

在堆叠系统中，如果仅在成员交换机的交换芯片进行限速，主交换机的 CPU 仍容易受到大量协议报文上送攻击。因为大部分协议报文经备交换机和从交换机 CPU 处理过后，还需要上送到主交换机的 CPU。因此在这种情形下还可能需要在主交换机的 CPU 上应用防攻击策略，对上送 CPU 的报文进行限速。

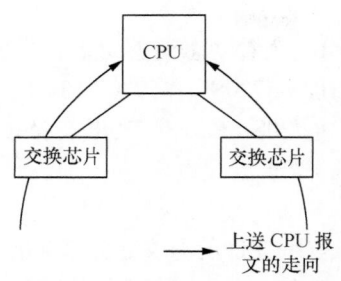

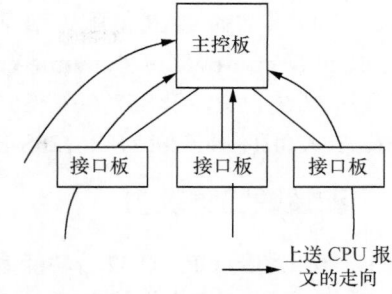

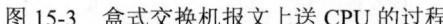

图 15-3　盒式交换机报文上送 CPU 的过程　　　图 15-4　框式交换机报文上送 CPU 报文的过程

有关 CPU 防攻击策略在以上 3 种应用情形下的具体配置方法见表 15-10。

表 15-10　　　　　　　　　　应用 **CPU** 防攻击策略的配置步骤

步骤	命令	说明
1	**system-view** 例如：<HUAWEI> **system-view**	进入系统视图
2	**cpu-defend-policy** *policy-name* 例如：[HUAWEI] **cpu-defend-policy** test	在独立运行的盒式系列交换机，或框式系列交换机主控板的 CPU 上应用防攻击策略，此时仅需应用对上送 **CPU** 的报文进行限速的防攻击策略，其他防攻击策略不支持应用在 **CPU** 上，即配置此步骤无意义。 缺省情况下，设备应用名称为 **default** 的防攻击策略，在框式交换机上该策略还默认应用到所有单板，可用 **undo cpu-defend-policy** [*policy-name*]命令取消在 CPU 或主控板上应用指定的防攻击策略
3	**cpu-defend-policy** *policy-name* **global**	在盒式系列交换机堆叠系统的交换芯片，或框式系列交换机所有接口板上应用防攻击策略。还可通过 **slot** *slot-id* 命令先进入槽位视图，然后执行本命令，表示在当前接口板上应用指定防攻击策略。 缺省情况下，设备应用名称为 **default** 的防攻击策略，在框式系列交换机中该策略还默认应用到所有单板，可用 **undo cpu-defend-policy** [*policy-name*] **global** 取消在交换芯片或接口板上应用指定的防攻击策略

以上 CPU 防攻击策略配置并应用好后，可在任意视图下执行以下 **display** 命令查看相关配置，验证配置结果。

■ **display cpu-defend policy** [*policy-name*]：查看防攻击策略信息。

■ **display cpu-defend statistics** [**packet-type** *packet-type*] [**all** | **slot** *slot-id*]：看上送 CPU 报文的统计信息。仅 S5720EI、S5720HI、S6720EI、S6720HI 和 S6720S-EI 支持该命令。

■ **display cpu-defend applied** [**packet-type** *packet-type*] { **mcu** | **slot** *slot-id* | **all** }：查看协议报文下发到芯片后的实际 CAR 参数值。

■ **display cpu-defend rate** [**packet-type** *packet-type*] [**all** | **slot** *slot-id*]：查看协议报文上送 CPU 的速率。仅 S5720EI、S5720HI、S6720EI、S6720HI 和 S6720S-EI 支持该命令。

■ **display cpu-defend configuration** [**packet-type** *packet-type*] [**all** | **slot** *slot-id*]或者 **display cpu-defend configuration** [**packet-type** *packet-type*] { **all** | **slot** *slot-id* | **mcu** }：

查看上送 CPU 报文的 CAR 的配置信息。

■ **display cpu-defend dynamic-car history-record**：查看动态调整协议报文的默认 CPCAR 值的历史记录。仅 S5720EI、S5720HI、S5720S-SI、S5720SI、S5730S-EI、S5730SI、S6720EI、S6720HI、S6720LI、S6720S-EI、S6720S-LI、S6720S-SI 和 S6720SI 支持该命令。

15.1.3　配置端口防攻击

15.1.2 节介绍的 CPU 防攻击功能是直接对所有上送到 CPU 的报文进行策略配置的，本节要通过在具体的交换机接口下来配置防止对 CPU 发起 DoS 攻击（**在短时间内发送大量报文，其目的是使设备最终疲于处理这些攻击报文，而无法处理正常业务**）的方法，是基于交换机接口维度对上送 CPU 的报文进行溯源和限速，具体包括以下配置任务。

在以下端口防攻击任务配置中，必须首先创建防攻击策略，并使能端口防攻击功能。其余步骤是并列关系，无严格配置顺序，用户根据需要选择配置即可。防攻击策略在创建之后必须应用才能生效。因为这些任务的具体配置都比较简单，故在此先集中介绍这些功能，对应的配置方法将在最后统一给出。

1. 创建防攻击策略

用户需要先创建防攻击策略，然后在创建的防攻击策略中配置本机防攻击功能。与上节配置 CPU 防攻击中的防攻击策略的创建方法一样，具体步骤参见表 15-1。

2. 使能端口防攻击功能

如果某个交换机端口下存在攻击者发起 DoS 攻击，则从该端口上送 CPU 的大量恶意攻击报文会挤占交换机内部到 CPU 的带宽，导致其他端口的协议报文无法正常上送 CPU 处理，从而造成业务中断。此时，可通过部署基于该交换机端口的防攻击功能，控制从该端口上送 CPU 处理的报文数量。**该功能默认已使能。只有在端口防攻击功能已使能的情况下，才允许配置后面将要介绍的端口防攻击的其他相关功能。**

3. 配置端口防攻击防范的报文类型

缺省情况下，设备会对端口收到的所有可防范的协议报文的速率进行计算，并对该端口的攻击报文进行溯源和限速处理。如果管理员发现设备检测出的多种攻击报文类型中，仅有少部分才是真正的攻击报文，则可仅配置必要的防范报文类型，避免设备因对过多的协议报文进行限速而影响正常的业务。

4. 配置端口防攻击的检查阈值

在基于端口的防攻击功能已使能的情况下，设备会对端口收到的所有可防范协议报文的速率进行计算。如果该值超过了端口防攻击检查阈值，就认为该端口存在攻击，设备将对该端口的攻击报文进行溯源和限速处理，并通过日志的方式通知网络管理员。设备的限速处理方式为：对于未超出限速值（**该值等同于防攻击策略中协议报文的 CPCAR 值，参见 15.1.2 节表 15-2 的第 3 步**）的报文，设备将其移入低优先级队列后再上送 CPU 处理；对于超出限速值的报文，设备直接丢弃。

网络管理员可以根据设备上的业务运行情况，配置合理的端口防攻击检查阈值。如果因为端口防攻击导致过多的协议报文未被 CPU 及时处理而影响了该协议对应的正常业务，则可以适当放大该协议报文的端口防攻击检查阈值；如果因为 CPU 处理过多个别协议报文而影响了其他协议报文对应的业务，则可以适当调小该协议报文的端口防攻击检查阈值。

5. 配置端口防攻击的采样比

在基于端口的防攻击实现中，设备是通过抽取采样报文来辨别是否存在攻击的，所以在辨别报文是否为攻击报文，或者计算攻击报文速率时都会存在一定的误差。通过配置合适的采样比，可以有效控制防攻击的精度，避免因误差太大而达不到防攻击的效果。

采样比越小，防攻击的精度越高，同时消耗的 CPU 资源也会越高。当端口防攻击采样比很低时，例如为 1，则设备会对每一个报文都进行解析，从而可以很精准地辨别出攻击报文。但是因为对每个报文都进行解析和计算，会导致 CPU 的工作负荷大幅提升，影响正常业务。因此需要根据对端口防攻击的精度要求和 CPU 使用率的现状，合理配置采样比的值，一般直接采用缺省值（5）即可。

6. 配置端口防攻击的老化探测周期

在基于端口的防攻击功能已使能的情况下，设备一旦检测到存在攻击的端口，就会在老化探测周期内（假设为 Ts）对该端口的攻击报文持续进行溯源和限速处理。达到 Ts 之后，设备会再次计算该端口收到协议报文的速率，如果该值超过了检查阈值（即存在攻击），则继续对其进行溯源和限速处理；反之，则停止溯源和限速。

此时就涉及到老化探测周期配置了，如果过短，设备频繁启动端口报文速率的检测，会消耗 CPU 资源；反之，设备长时间进行端口防攻击限速，可能会导致过多的协议报文未被 CPU 及时处理而影响该协议对应的正常业务。因此，网络管理员可以根据设备 CPU 使用率的现状和业务运行情况，配置合理的端口防攻击老化探测周期，一般也可直接采用缺省值（300s）。

7. （可选）配置端口防攻击的白名单

因为基于端口的防攻击功能默认已使能，所以设备会计算所有端口的可防范协议报文的速率，并对所有端口被检测出的攻击报文进行溯源和限速处理，这样会消耗设备大量的 CPU 和其他系统资源。如果已经确定某些交换机端口所接收到的报文，或者某些协议报文一般为合法报文，此时可通过将该端口或者该端口连接的其他网络节点加入端口防攻击白名单，使设备不对这些端口接收的报文进行溯源和限速。

> **说明** 在端口防攻击白名单 ACL 的应用中要注意以下几点。
>
> ■ **无论其 rule 配置为 permit 还是 deny，命中该 ACL 的报文均会被当作白名单合法报文，不对其进行溯源和限速。**
>
> ■ 如果 ACL 的 rule 为空，则应用该 ACL 的端口防攻击白名单功能不生效。
>
> ■ 如果定义了某些协议的 ACL 白名单，需要保证端口防攻击支持对该协议报文进行防范。通过 **auto-port-defend protocol { all | { arp-request | arp-reply | dhcp | icmp | igmp | ip-fragment }** * **}** 命令可以配置端口防攻击支持防范的报文类型。

8. 配置端口防攻击事件上报功能

如果某个端口下存在 DoS 攻击，可以配置端口防攻击事件上报功能，当端口下协议报文数量超过检查阈值时，设备以事件（event）上报的方式提醒网络管理员，以便管理员采取一定的措施来保护设备。

以上端口防攻击策略所涉及的 8 项配置任务的具体配置步骤见表 15-11。

表 15-11 端口防攻击策略的配置步骤

步骤	命令	说明
1	**system-view** 例如：<HUAWEI> **system-view**	进入系统视图
2	**cpu-defend policy** *policy-name* 例如：[HUAWEI] **cpu-defend policy** test	进入防攻击策略视图
3	**auto-port-defend enable** 例如：[HUAWEI-cpu-defend-policy-test] **auto-port-defend enable**	使能基于端口的防攻击功能，只有使能了端口防攻击功能，才能配置本表下面的其他策略功能。 缺省情况下，已使能基于端口的防攻击功能，可用 **undo auto-port-defend enable** 命令去使能基于端口的防攻击功能
4	**auto-port-defend protocol** { **all** | { **arp-request** | **arp-reply** | **dhcp** | **icmp** | **igmp** | **ip-fragment** } * } 例如：[HUAWEI-cpu-defend-policy-test] **auto-port-defend protocol arp-reply**	配置端口防攻击可以防范的报文类型，即配置要预防对应类型报文的 DoS 攻击。 缺省情况下，端口防攻击支持防范的报文类型为 ARP Request、ARP Reply、DHCP、ICMP、IGMP 和 IP 分片报文，可用 **undo auto-port-defend protocol** { **arp-request** | **arp-reply** | **dhcp** | **icmp** | **igmp** | **ip-fragment** } *命令删除端口防攻击功能可以防范的报文类型
5	**auto-port-defend protocol** { **all** | **arp-request** | **arp-reply** | **dhcp** | **icmp** | **igmp** | **ip-fragment** } **threshold** *threshold* 例如：[HUAWEI-cpu-defend-policy-test] **auto-port-defend protocol arp-request threshold 40**	配置基于端口防攻击的协议报文检查阈值，整数形式，取值范围是 1~65535，单位：pps。 【注意】S1720GFR、S2750EI、S5700LI、S5700S-LI 不支持该命令。该命令为覆盖式命令，如果在同一个防攻击策略视图下重复执行命令，新配置将覆盖已有配置 缺省情况下，各协议报文基于端口防攻击的检查阈值因机型不同，在 30pps~120pps，具体查看对应产品手册
6	**auto-port-defend sample** *sample-value* 例如：[HUAWEI-cpu-defend-policy-test] **auto-port-defend sample 4**	配置基于端口防攻击的协议报文采样比，整数形式，取值范围是 1~1024。上一步配置的基于端口防攻击的协议报文检查阈值越小，采样比带来的误差影响就越大。 缺省情况下，基于端口防攻击的协议报文采样比为 5，即每 5 个报文采样 1 个报文
7	**auto-port-defend aging-time** *time* 例如：[HUAWEI-cpu-defend-policy-test] **auto-port-defend aging-time 350**	指定端口防攻击的老化探测周期，整数形式，取值范围是 30~86400（只能是 10 的倍数），单位：s。 【注意】S1720GFR、S2750EI、S5700LI、S5700S-LI 不支持该命令。该命令为覆盖式命令，如果在同一个防攻击策略视图下重复执行该命令，新配置将覆盖已有配置。 缺省情况下，端口防攻击的老化探测周期为 300s，可用 **undo auto-port-defend aging-time** 命令恢复端口防攻击的老化探测周期为缺省值
8	**auto-port-defend whitelist** *whitelist-number* { **acl** *acl-number* | **interface** *interface-type interface-number* } 例如：[HUAWEI-cpu-defend-policy-test] **auto-port-defend whitelist 1 interface gigabitethernet 0/0/1**	配置端口防攻击的白名单，对符合过滤条件的协议报文或指定接口接收到的报文不进行溯源和限速。命令中的参数说明如下。 ① *whitelist-number*：指定端口防攻击的白名单编号，整数形式，取值范围是 1~16。设备上最多可以配置 16 条白名单。 ② **acl** *acl-number*：指定用于过滤不需要进行溯源和限速的协议类型报文的 ACL 编号，取值范围是 2000~4999。白名单应用的 ACL 可以是基本 ACL、高级 ACL 或二层 ACL。

（续表）

步骤	命令	说明
8	**auto-port-defend whitelist** *whitelist-number* { **acl** *acl-number* | **interface** *interface-type interface-number* } 例如：[HUAWEI-cpu-defend-policy-test] **auto-port-defend whitelist 1 interface** gigabitethernet 0/0/1	③ **interface** *interface-type interface-number*：二选一参数，指定对所接收的报文不需要进行溯源和限速的交换机接口。 缺省情况下，没有配置端口防攻击的白名单，可用 **undo auto-port-defend whitelist** *whitelist-number* [**acl** *acl-number* | **interface** *interface-type interface-number*]命令删除端口防攻击的白名单条目。但是当通过 **dhcp snooping trusted** 命令将端口配置 DHCP 信任的端口后，无论端口防攻击功能有没有使能，设备都不会对端口收到的 DHCP 报文进行端口防攻击处理
9	**auto-port-defend alarm enable** 例如：[HUAWEI-cpu-defend-policy-test]**auto-port-defend alarm enable**	使能端口防攻击事件上报功能，S1720GFR、S2750EI、S5700LI、S5700S-LI 不支持该命令。在执行该命令前需要先使用本表第 3 步的 **auto-port-defend enable** 命令使能基于端口的防攻击功能。 缺省情况下，端口防攻击事件上报功能未使能，可用 **undo auto-port-defend alarm enable** 命令去使能端口防攻击事件上报功能

9．应用防攻击策略

配置好以上端口防攻击策略后，还需要应用策略。对于盒式系列交换机，可以在系统视图下通过 **cpu-defend-policy** *policy-name* **global** 命令应用防攻击策略，而在框式系列交换机中，仍然像上节介绍的 CPU 防攻击策略的应用一样，可以在主控板所有接口板或指定接口板上应用，配置方法也一样，参见表 15-10 即可。

以上端口防攻击策略配置并应用好后，可在任意视图下执行以下 **display** 命令查看相关配置，验证配置结果。

■ **display auto-port-defend attack-source** [**slot** *slot-id*]：查看端口防攻击的溯源信息。

■ **display auto-port-defend configuration**：查看端口防攻击的配置信息。

■ **display auto-port-defend whitelist** [**slot** *slot-id*]：查看端口防攻击的白名单信息。

15.1.4　配置攻击溯源

攻击溯源也是针对 DoS 攻击的一种防御措施。通过配置攻击溯源功能，设备可以分析上送 CPU 的报文是否会对 CPU 造成攻击，并对可能造成攻击的报文通过日志或告警提醒网络管理员，以便管理员采用一定的措施来保护设备。

攻击溯源功能所包括的配置任务如下，也必须首先创建防攻击策略，其余步骤是并列关系，无严格配置顺序，用户根据需要选择配置即可。防攻击策略在创建之后必须得到应用才能生效。同样因为这些任务的具体配置都比较简单，故在此先集中介绍这些功能，对应的配置方法将在最后统一给出。

1．创建防攻击策略

用户需要先创建防攻击策略，然后在创建的防攻击策略中配置本机防攻击功能。与15.1.2 节配置 CPU 防攻击中的防攻击策略创建的方法一样，具体步骤参见表 15-1。

2. 配置攻击溯源检查阈值

网络上可能会出现大量针对设备 CPU 的攻击报文。通过使能攻击溯源功能并配置攻击溯源检查阈值，设备可以分析上送 CPU 的报文是否会对 CPU 造成攻击。当可能的攻击源在单位时间内发送某种协议类型的报文超过检查阈值时，设备会将可能造成攻击的报文以日志方式通知网络管理员，以便网络管理员采取措施对攻击源进行防御部署。这对于日常维护非常有用，不仅可以帮助我们及时发现攻击，还可以帮助我们快速找到攻击源。

3. 配置攻击溯源的采样比

这与上节介绍的端口防攻击的采样比类似，攻击溯源的实现也是采用抽样提取报文的方式来辨别攻击。在辨别是否为攻击报文，或者计算攻击报文速率上都会存在一定的误差，精度为采样比。故采样比的大小会影响攻击溯源的精度，采样比越小，攻击溯源的精度越高，但是所消耗的 CPU 资源也会越高。

当攻击溯源采样比很低时，譬如为 1，则每一个报文都能被解析到，这样设备可以很精准地辨别出攻击报文，但是因为对每个报文都进行解析和计算，会增加 CPU 资源的消耗率。所以配置合适的采样比可以在满足精度要求的同时保证不过多地增加 CPU 资源的消耗，用户可以根据对攻击溯源精度的要求和 CPU 使用率的现状合理配置采样比的值。一般也可直接采用缺省值⑤。

4. 配置攻击溯源的溯源模式

当攻击溯源启动后，设备将根据配置的溯源模式进行溯源。目前，设备支持 3 种溯源模式，分别适用于以下场景。

- 针对三层报文的攻击，配置基于源 IP 地址进行溯源。
- 针对固定源 MAC 地址报文的攻击，配置基于源 MAC 地址进行溯源。
- 针对变换源 MAC 地址报文的攻击，配置基于接口和 VLAN 进行溯源。

5. 配置攻击溯源防范的报文类型

当攻击发生时，由于设备同时对多种类型的报文进行溯源，网络管理员无法区分攻击报文的具体类型。此时，可通过灵活配置攻击溯源防范的报文类型，设备就可针对所配置的报文类型进行溯源。

6. 配置攻击溯源的白名单

攻击溯源功能可以帮助定位攻击源，并对攻击源进行惩罚。当希望某些用户无论其是否存在攻击都不对其进行攻击溯源分析和攻击溯源惩罚时，则可以配置攻击溯源的白名单。主要是在测试时用，一般不配置。

7. 配置攻击溯源事件上报功能

与上节介绍的配置端口防攻击事件上报功能类似，攻击溯源功能也可针对特定的攻击源发起的攻击事件配置上报功能。即某个可能的攻击源如果在单位时间内发送某种协议类型的报文超过一定阈值时，如果希望设备能以事件上报的方式提醒网络管理员，以便管理员采取一定的措施来保护设备，则可以使能攻击溯源事件上报功能并配置攻击溯源事件上报阈值。

8. 配置攻击溯源惩罚功能

配置攻击溯源惩罚功能，可以使设备在识别出攻击源后，对攻击源进行一定的惩罚，丢弃与攻击源相关的报文或者将攻击报文进入的接口 shutdown，从而避免攻击源继续攻击设备。

　　以上攻击溯源策略所涉及的 8 项配置任务的具体配置步骤见表 15-12。

表 15-12　　　　　　　　　　　　　　攻击溯源策略的配置步骤

步骤	命令	说明
1	**system-view** 例如：<HUAWEI> **system-view**	进入系统视图
2	**cpu-defend policy** *policy-name* 例如：[HUAWEI] **cpu-defend policy** test	进入防攻击策略视图
3	**auto-defend enable** 例如： [HUAWEI-cpu-defend-policy-test] **auto-defend enable**	使能攻击溯源功能。只有使能了攻击溯源功能，才能配置本表下面的其他策略功能。 缺省情况下，已使能攻击溯源功能，可用 **undo auto-defend enable** 命令去使能攻击溯源功能
4	**auto-defend threshold** *threshold* 例如： [HUAWEI-cpu-defend-policy-test] **auto-defend threshold** 200	配置攻击溯源检查阈值，整数形式，取值范围是 1~65535，单位：pps。当可能的攻击源在单位时间内发送某种协议类型的报文超过此阈值时，设备开始溯源，并将攻击源记录到日志中。 本命令为覆盖式命令，如果在同一个防攻击策略视图下重复执行本命令，新配置将覆盖已有配置。 缺省情况下，攻击溯源检查阈值为 60pps，可用 **undo auto-defend threshold** 命令恢复攻击溯源检查阈值为缺省值
5	**auto-defend attack-packet sample** *sample-value* 例如：[HUAWEI-cpu-defend-policy-test] **auto-defend attack-packet sample** 2	配置攻击溯源的采样比（即对每多少个报文中的 1 个报文进行溯源分析），整数形式，取值范围是 1~1024。攻击溯源的阈值越小，采样比带来的误差影响就越大。 缺省情况下，攻击溯源的采样比为 5，即每 5 个报文采样 1 个报文，可用 **undo auto-defend attack-packet sample** 命令恢复攻击溯源的采样比为缺省值
6	**auto-defend trace-type** { **source-ip** | **source-mac** | **source-portvlan** } * 例如：[HUAWEI-cpu-defend-policy-test] **undo auto-defend trace-type source-ip source-portvlan**	配置攻击溯源的溯源模式。相应的攻击溯源方式启动后，如果设备受到攻击，并且进行了溯源，可以使用 **display auto-defend attack-source** 查看相应的溯源信息。命令中的选项说明如下。 ① **source-mac**：可多选选项，指定攻击溯源的方式为基于源 MAC 地址，设备根据源 MAC 地址进行分类统计，识别攻击源。 ② **source-ip**：可多选选项，指定攻击溯源的方式为基于源 IP 地址，设备根据源 IP 地址进行分类统计，识别攻击源。 ③ **source-portvlan**：可多选选项，指定攻击溯源的方式为基于源接口+VLAN，设备根据基于源接口+VLAN 进行分类统计，识别攻击源。 【说明】在不同网络情形下具体采用哪种溯源模式，要根据本节前面介绍溯源模式。本命令为覆盖式命令，重复配置此命令行，新配置将覆盖已有配置。不同类型报文支持的溯源模式情况也不相同，具体见表 15-13。 缺省情况下，攻击溯源默认开启的溯源模式为基于源 IP 地址和基于源 MAC 地址

（续表）

步骤	命令	说明
7	**auto-defend protocol** { **all** | { **8021x** | **arp** | **dhcp** | **icmp** | **igmp** | **tcp** | **telnet** | **ttl-expired** | **udp** }* } 例如：[HUAWEI-cpu-defend-policy-test] **auto-defend protocol igmp ttl-expired**	配置攻击溯源防范的报文类型，只对 IPv4 报文生效。攻击溯源包括报文解析、流量分析、攻击源识别和攻击源惩罚 4 个过程，**本命令的配置结果作用于最初的报文解析阶段。**当攻击发生时，由于设备同时对多种类型的报文进行溯源，管理员无法区分攻击报文的具体类型。执行本命令，管理员可以灵活配置攻击溯源防范的报文类型，设备将针对所配置的报文类型进行溯源。 【注意】本命令为覆盖式命令，重复配置此命令，新配置将覆盖已有配置。 如果配置了攻击溯源防范的某一种协议报文类型，当设备受到了攻击并进行溯源时，可以使用 **display auto-defend attack-source** 命令查看相应的溯源信息。 缺省情况下，攻击溯源防范的报文类型为 8021X、ARP、DHCP、ICMP、IGMP、TCP、Telnet，可用 **undo auto-defend protocol** { **8021x** | **arp** | **dhcp** | **icmp** | **igmp** | **tcp** | **telnet** | **ttl-expired** | **udp** }* 命令删除攻击溯源防范的报文类型
8	**auto-defend whitelist** *whitelist-number* { **acl** *acl-number* | **interface** *interface-type interface-number* } 例如：[HUAWEI-cpu-defend-policy-test] **auto-defend whitelist 1 acl 2000**	配置攻击溯源的白名单，命令中的参数说明如下。 ① *whitelist-number*：指定攻击溯源的白名单的编号，整数形式，取值范围是 1～16。设备上最多可以配置 16 条白名单。 ② **acl** *acl-number*：指定用于过滤无需进行溯源的协议类型报文的 ACL 的编号，取值范围是 2000～4999。白名单应用的 ACL 可以是基本 ACL、高级 ACL 或二层 ACL。 ③ **interface** *interface-type interface-number*：二选一参数，指定要加入攻击溯源白名单生效的接口，即对该接口所接收的报文不进行溯源。 缺省情况下，没有攻击溯源的白名单，可用 **undo auto-defend whitelist** *whitelist-number* [**acl** *acl-number* | **interface** *interface-type interface-number*] 命令来删除攻击溯源的白名单的条目。 【注意】如果符合下面 3 种条件之一，无论攻击溯源功能有没有使能，设备都会自动将相应条件作为白名单的匹配规则。在使能了攻击溯源功能后，设备不会对匹配这些规则的报文进行溯源处理。 • 某个业务使用 TCP，并且与设备成功建立 TCP 连接，设备不会对匹配相应源 IP 地址的 TCP 报文进行溯源处理。但是如果在 1 小时内，都没有相应源 IP 地址的 TCP 报文匹配，对应规则就会老化失效。 • 通过 **dhcp snooping trusted** 将设备某接口配置成了 DHCP 信任接口，设备不会对该端口收到的 DHCP 报文进行溯源处理。 • 通过 **mac-forced-forwarding network-port** 将设备某接口配置成 MFF 的网络侧接口，设备不会对该端口收到的 ARP 报文进行溯源处理。 上述的自动下发白名单的规则有数量限制，基于源 IP 地址、接口的规则总数最多下发 16 条，其中对基于源 IP 地址的 TCP 报文不进行溯源的规则最多下发 8 条。 缺省情况下，没有配置端口防攻击的白名单，可用 **undo auto-port-defend whitelist** *whitelist-number* [**acl** *acl-number* | **interface** *interface-type interface-number*] 命令删除端口防攻击的白名单条目。但是当通过 **dhcp snooping trusted** 命令将端口配置 DHCP 信任端口后，无论端口防攻击功能有没有使能，设备都不会对端口收到的 DHCP 报文进行端口防攻击处理

（续表）

步骤	命令	说明
9	**auto-defend alarm enable** 例如：[HUAWEI-cpu-defend-policy-test]**auto-port-defend alarm enable**	使能攻击溯源事件上报功能，所需配置的攻击溯源事件上报阈值的配置方法与本表第 4 步完全一样，参见即可。 缺省情况下，攻击溯源事件上报功能未使能，可用 **undo auto-defend alarm enable** 命令去使能攻击溯源事件上报功能
10	**auto-defend action** { **deny** [**timer** *time-length*] | **error-down** } 例如：[HUAWEI-cpu-defend-policy-test] **auto-defend action deny timer** 10	使能攻击溯源的惩罚功能，并指定惩罚措施。命令中的参数和选项说明如下。 ① **deny**：二选一选项，指定攻击溯源的惩罚措施为丢弃，即判定为攻击类报文时直接丢弃对应的报文。 ② **timer** *time-length*：可选参数，指定丢弃攻击报文的周期，取值范围为 1～86400，单位：s，缺省值为 300s。在此周期内，识别为攻击的报文全部丢弃。 ③ **error-down**：二选一选项，指定攻击溯源的惩罚措施为将攻击报文进入的接口 Error-Down。 【说明】该命令为覆盖式命令，如果在同一个防攻击策略视图下重复执行此命令，新配置将覆盖已有配置。 缺省情况下，未使能攻击溯源的惩罚功能

表 15-13 不同类型报文支持的溯源模式

报文类型	支持的溯源模式
802.1X	基于源 MAC 地址、基于源接口+VLAN
ARP、DHCP、IGMP	基于源 IP 地址、基于源 MAC 地址、基于源接口+VLAN
ICMP、TTL-expired、Telnet、TCP、UDP	基于源 IP 地址、基于源接口+VLAN

9．应用防攻击策略

创建防攻击策略之后，必须使策略得到应用，否则防攻击策略不会生效。对于盒式系列交换机，可以系统视图下通过 **cpu-defend-policy** *policy-name* **global** 命令应用防攻击策略，而在框式系列交换机中，仍然像上节介绍的 CPU 防攻击策略的应用一样，可以在主控板所有接口板或指定接口板上应用，配置方法也一样，参见表 15-10 即可。

以上端口防攻击策略配置并应用好后，可在任意视图下执行以下 **display** 命令查看相关配置，验证配置结果。

■ **display auto-defend attack-source** [**history** [**begin** *begin-date begin-time*]] [**slot** *slot-id*] \| [**slot** *slot-id*] [**detail**]]：查看攻击源信息。

■ **display auto-defend configuration** [**cpu-defend policy** *policy-name* \| **slot** *slot-id* \| **mcu**]：查看防攻击策略的攻击溯源配置信息。

■ **display cpu-defend policy** [*policy-name*]：查看防攻击策略的信息。

■ **display auto-defend whitelist** { **slot** *slot-id* \| **mcu** }：查看攻击溯源的白名单信息。

15.1.5 配置用户级限速

用户级限速功能包括以下配置任务，也必须首先使能用户级限速功能（默认开启），其余步骤是并列关系，用户根据需要选择配置即可。接口下的用户级限速功能是默认开启的，用户可以根据需要在单个接口下关闭该功能。同样因为这些任务的具体配置都比较简单，故在此先集中介绍这些功能，对应的配置方法将在最后统一给出。

说明　盒式系列交换机中仅 S5720HI 和 S6720HI 支持该功能，框式系列交换机中仅 X 系列单板支持该功能。接入交换机的网络侧端口以及网关交换机的网络互连端口建议关闭用户级限速功能（默认为开启）。

1. 使能用户级限速功能

用户侧主机容易遭受病毒攻击，借此向网络中发送大量的协议报文，导致设备的 CPU 占用率过高，性能下降，从而影响正常的业务。管理员可以配置用户级限速功能，与 CPCAR 基于整个设备、端口防攻击基于端口相比，基于用户 MAC 地址进行限速能够精确到每个用户，对正常用户的影响更小。

2. 配置用户级限速的限速值

用户级限速是基于用户 MAC 地址识别用户，对用户的特定报文（ARP/ND/DHCP Request/DHCPV6 Request/IGMP/802.1X/HTTPS-SYN）进行限速，包括有线用户和无线用户。缺省情况下，用户级限速的限速值为 10pps。管理员可以配置对不同的用户设置不同的限速值。

3. 配置用户级限速限制报文类型

缺省情况下，设备会基于用户 MAC 对收到的特定报文（ARP/ND/DHCP Request/DHCPv6 Request/8021x）的速率进行限制，包括有线用户和无线用户。当该源 MAC 地址的报文速率超过限速值时，设备会直接丢弃超过阈值部分的报文。如果管理员需要对 IGMP/HTTPS-SYN 报文进行限速，或者只需要对部分上述类型报文进行限速，可以配置用户级限速限制的报文类型，仅检查特定类型报文的速率。

4. 配置关闭接口下的用户级限速功能

缺省情况下，在使能了用户级限速功能后，设备上所有接口都会对下挂用户进行用户级限速。如果某个接口下挂的用户是安全的，不需要进行用户级限速，则可以选择关闭该接口下的用户级限速功能。

以上 4 项配置任务的具体配置步骤见表 15-14。

表 15-14　　　　　　　　　　　用户级限速的配置步骤

步骤	命令	说明
1	**system-view** 例如：\<HUAWEI\> **system-view**	进入系统视图
2	**cpu-defend host-car enable** 例如：[HUAWEI] **cpu-defend policy** test	使能用户级限速功能 【说明】用户级限速是对特定报文的源 MAC 地址进行哈希计算，放到不同的限速桶中进行限速，因此可能会出现多个用户共享限速值的情况。在流量大的情况下可能会出现丢包，此时如果确认这些用户是合法用户，可以通过下一步的配置增大指定 MAC 地址的限速值。 缺省情况下，已使能用户级限速功能，可用 **undo cpu-defend host-car enable** 命令去使能用户级限速功能

（续表）

步骤	命令	说明
3	**cpu-defend host-car** [**mac-address** *mac-address* | **car-id** *car-id*] **pps** *pps-value* 例如：[HUAWEI] **cpu-defend host-car mac-address** 000a-000b-000c **pps** 20	配置针对具体用户的限速值。命令中的参数说明如下。 ① **mac-address** *mac-address*：二选一参数，指定要为特定 MAC 地址的主机配置限速值。 ② **car-id** *car-id*：二选一参数，指定为特定限速桶配置限速值，整数形式，取值范围是 0～8191。 ③ **pps** *pps-value*：配置的限速值，整数形式，取值范围是 1～128。 缺省情况下，用户级限速的限速值为 10pps，可用 **undo cpu-defend host-car** { **mac-address** *mac-address* | **car-id** *car-id* }命令恢复特定用户的限速值
4	**cpu-defend host-car** { { **arp** | **dhcp-request** | **dhcpv6-request** | **igmp** | **nd** | **8021x** | **https-syn** } * | **all** } 例如：[HUAWEI] **cpu-defend host-car all**	配置用户级限速功能所作用的报文类型。 缺省情况下，用户级限速支持限制的报文类型为 ARP Request、ARP Reply、ND、DHCP Request、DHCPv6 Request 和 8021x 报文，不支持限制 IGMP 和 HTTPS-SYN 报文
5	**interface** *interface-type interface-number* 例如：[HUAWEI] **interface** gigabitethernet 0/0/1	进入指定的接口视图
6	**host-car disable** 例如：[HUAWEI-Gigabit Ethernet0/0/1] **host-car disable**	（可选）去使能接口下的用户级限速功能。如果确定无需对某接口下连接的用户发送的协议报文进行限速，则可通过本命令配置。仅 S5720HI 和 S6720HI 子系列和 X 系列单板支持该命令。 缺省情况下，接口下的用户级限速功能已使能，可用 **undo host-car disable** 命令使能当前接口下的用户级限速功能

配置好后，可在任意视图下执行 **display cpu-defend host-car** [**mac-address** *mac-address*] **statistics** [**slot** *slot-id*] 命令，查看用户级限速丢弃的报文数。

15.1.6 本机防攻击配置示例

如图 15-5 所示，位于不同网段的用户通过 Switch 接入 Internet。由于接入了大量用户，因此 Switch 的 CPU 会处理大量收到的协议报文。如果存在恶意用户发送大量攻击报文，会导致 CPU 使用率过高，影响正常业务。现在有以下要求。

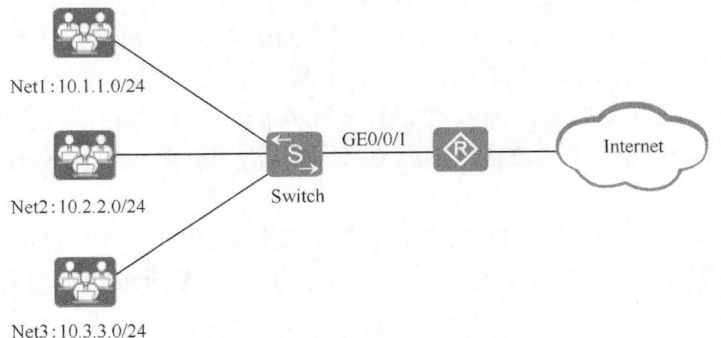

Net1：10.1.1.0/24

Net2：10.2.2.0/24

GE0/0/1

Switch

Internet

Net3：10.3.3.0/24

图 15-5　本机防攻击配置示例的拓扑结构

■ 管理员希望能够实时了解 CPU 的安全状态。当确定 CPU 受到攻击时，Switch 能够及时通知管理员，并采取一定的安全措施来保护 CPU。

■ 当管理员发现 Switch 收到了大量的 ARP Request 报文时，希望能够降低 CPU 使用率，防止影响正常业务。

■ 管理员发现 Net1 网段中的用户经常会发生攻击行为时，希望能够阻止该网段用户接入网络。Net2 网段的用户为固定合法用户。

■ 管理员需要以 FTP 方式上传文件到 Switch，希望管理员主机与 Switch 之间的 FTP 数据能够可靠、稳定地传输。

1. 基本配置思路分析

要得出本示例的基本配置思路，先来分析本示例的要求，以及可采取的对应措施。

首先针对管理员希望能够实时了解 CPU 的安全状态的要求，在本机防攻击技术中有以下两种方式来实现。

■ 配置攻击溯源事件上报功能。

■ 配置端口防攻击事件上报功能。

第一种是针对整个设备，第二种是针对特定交换机接口，故选择第一种功能配置更为简单，即配置攻击溯源事件上报功能。

针对希望在收到了大量的 ARP Request 报文时能够降低 CPU 使用率的要求，可以通过把上送 CPU 的 ARP Request 报文的阈值调小，这样超过这个阈值的 ARP Request 报文将会被直接丢弃，不会上送到 CPU。

针对希望能够阻止 Net1 网段用户接入网络的要求，可以把 Net1 对应的 10.1.1.0/24 网段加入到 CPU 防攻击的黑名单中，此时该网段中用户上送到 CPU 的协议报文将直接丢弃，包括 ARP 报文，使得该网段中的用户不能接入网络。而对于 Net2 网段，因为确定为合法用户，所以可以直接在攻击溯源功能配置白名单（**攻击溯源没有"黑名单"功能，所以前面针对 Net1 网段的黑名单只好在 CPU 防攻击功能中配置**），不对该网段用户发送的协议报文进行溯源分析，以节省资源。

至于希望管理员主机与 Switch 之间的 FTP 数据能够可靠、稳定地传输的要求，则可通过配置针对 FTP 报文上送 CPU 的速率进行限制来实现。

基于以上分析，可得出本示例的基本配置思路如下。

① 配置攻击溯源检查、告警和惩罚功能，使设备在检测到攻击源时通过告警方式通知管理员，并能够对攻击源自动实施惩罚。

② 配置 ARP Request 报文的 CPCAR 值，将 ARP Request 报文上送 CPU 的速率限制在更小的范围内，减少 CPU 处理 ARP Request 报文对正常业务的影响。

③ 将 Net2 网段中的用户列入攻击溯源白名单，不对其进行攻击溯源分析和攻击溯源惩罚。将 Net1 网段中的攻击者列入 CPU 防攻击黑名单，禁止 Net1 网段用户接入网络。

④ 配置 FTP 建立连接时 FTP 报文上送 CPU 的速率限制（FTP 的动态链路保护功能缺省情况下已使能，无需再次使能），实现管理员主机与 Switch 之间文件数据传输的可靠性和稳定性。

⑤ 全局应用 CPU 防攻击策略。

2. 具体配置步骤

① 配置 CPU 防攻击策略，使能攻击溯源检查功能和攻击溯源告警功能，攻击溯源惩罚措施为丢弃攻击报文。

```
<HUAWEI> system-view
[HUAWEI] sysname Switch
[Switch] cpu-defend policy policy1
[Switch-cpu-defend-policy-policy1] auto-defend enable          #---使能攻击溯源功能
[Switch-cpu-defend-policy-policy1] auto-defend alarm enable      #---使能攻击溯源事件上报功能
[Switch-cpu-defend-policy-policy1] auto-defend action deny      #---使能攻击溯源的惩罚功能，指定丢弃报文的惩罚措施
```

② 配置针对 ARP Request 报文的 CPCAR 值为 120kbit/s，或其他比缺省值（128kbit/s）更低的值。

```
[Switch-cpu-defend-policy-policy1] car packet-type arp-request cir 120
```

Warning: Improper parameter settings may affect stable operating of the system. Use this command under assistance of Huawei engineers. Continue? [Y/N]:y

③ 配置攻击溯源白名单和 CPU 防攻击黑名单。建议将周边合法的服务器地址、网络互连端口、网络管理设备等加入白名单。

a. 配置针对 Net1 和 Net2 中用户上送 CPU 报文的 ACL 过滤规则。

```
[Switch] acl number 2001
[Switch-acl-basic-2001] rule permit source 10.1.1.0 0.0.0.255
[Switch-acl-basic-2001] quit
[Switch] acl number 2002
[Switch-acl-basic-2002] rule permit source 10.2.2.0 0.0.0.255
[Switch-acl-basic-2002] quit
```

b. 配置针对 Net2 网段的攻击溯源白名单。

```
[Switch-cpu-defend-policy-policy1] auto-defend whitelist 1 acl 2002
```

c. 配置针对 Net1 网段的 CPU 防攻击黑名单，使该网段用户不能接入网络。

```
[Switch-cpu-defend-policy-policy1] blacklist 1 acl 2001
```

d. 配置网络侧 GE0/0/1 接口为端口防攻击白名单，避免网络侧的协议报文得不到 CPU 的及时处理而影响正常业务。

```
[Switch-cpu-defend-policy-policy1] auto-port-defend whitelist 1 interface gigabitethernet 0/0/1
```

④ 配置 FTP 建立连接时 FTP 报文上送 CPU 的速率限制为 5000kbit/s（不同机型，FTP 的缺省 cir 值不一样，参见对应产品手册的说明）。

```
[Switch-cpu-defend-policy-policy1] linkup-car packet-type ftp cir 5000
[Switch-cpu-defend-policy-policy1] quit
```

⑤ 全局应用防攻击策略。

```
[Switch] cpu-defend-policy policy1 global
[Switch] quit
```

以上配置完成后，可通过以下 display 命令查看相关配置信息，验证配置结果。

a. 查看攻击溯源的配置信息。

```
<Switch> display auto-defend configuration
--------------------------------------------------------------------------
Name    : policy1
Related slot : <0>
auto-defend                        : enable
auto-defend attack-packet sample : 5
auto-defend threshold              : 60 (pps)
auto-defend alarm                  : enable
```

```
    auto-defend trace-type          : source-mac source-ip
    auto-defend protocol            : arp icmp dhcp igmp tcp telnet 8021x
    auto-defend action              : deny (Expired time : 300 s)
    auto-defend whitelist 1         : acl number 2002
------------------------------------------------------------------------
```

　　b．查看配置的防攻击策略的信息。

```
<Switch> display cpu-defend policy policy1
Related slot : <0>
Configuration :
    Blacklist 1 ACL number : 2001
    Car packet-type arp-request : CIR(120)    CBS(22560)
    Linkup-car packet-type    ftp : CIR(5000)    CBS(940000)
```

　　c．查看配置的 CPCAR 的信息。

```
<Switch> display cpu-defend configuration packet-type arp-request slot 0
Car configurations on slot 0.
------------------------------------------------------------------------

Packet Name          Status     Cir(Kbps)   Cbs(Byte)  Queue  Port-Type

arp-request          Enabled       120        22560      3      UNI
------------------------------------------------------------------------
```

15.2　IPSG 配置与管理

　　IPSG（IP Source Guard，IP 源防攻击）是一种基于**二层接口**的源 IP 地址过滤技术，也是非常实用的一种安全技术。它能够防止恶意主机伪造合法主机的 IP 地址来仿冒合法主机，还能确保非授权主机不能通过自己设置的 IP 地址来访问网络或攻击网络，可以有效防止 IP 地址的私自更改。

15.2.1　IPSG 简介

　　随着网络规模越来越大，通过伪造源 IP 地址实施的网络攻击（简称 IP 地址欺骗攻击）也逐渐增多。一些攻击者通过伪造合法用户的 IP 地址获取网络访问权限，非法访问网络，甚至造成合法用户无法访问网络，或者信息泄露。IPSG 针对这种 IP 地址欺骗攻击提供了一种防御机制，可以有效阻止此类网络攻击行为。

　　一个典型的利用 IPSG 防攻击的示例如图 15-6 所示，非法主机（IP 地址为 10.10.1.10）伪造合法主机的 IP 地址（10.10.1.1）获取上网权限。此时，通过在 Switch 的接入用户侧的接口或 VLAN 上部署 IPSG 功能，Switch 就可以对进入该接口的 IP 报文进行检查，丢弃非法主机的报文，从而阻止此类攻击。

　　配置了 IPSG 功能的接口接收到用户报文后，首先查找与该接口绑定的表项（简称为绑定表项），如果报文的信息与某绑定表项匹配，则转发该报文；若匹配失败，则查看是否配置了全局静态绑定表项，如果配置了此类表项，且报文的信息与表项匹配，则转发该报文；否则丢弃该报文。

　　IPSG 可以根据报文的源 IP 地址、源 MAC 地址对报文进行过滤。报文的这些特征项可单独或组合起来与交换机二层接口进行绑定，形成如下几类绑定表项。

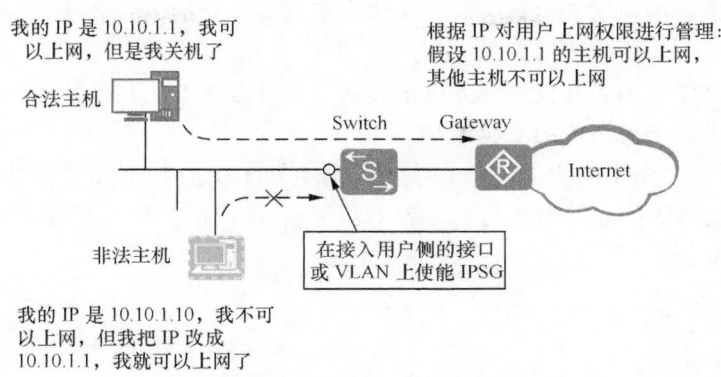

图 15-6　IPSG 应用组网示例

- IP 绑定表项。
- MAC 绑定表项。
- IP+MAC 绑定表项。
- IP+VLAN 绑定表项。
- MAC+VLAN 绑定表项。
- IP+MAC+VLAN 绑定表项。

注意　IPSG 只匹配检查主机发送的 IP 报文，对于 ARP、PPPoE 等非 IP 报文，IPSG 不进行匹配检查，因为 ARP、PPPoE 报文是不需要经过 IP 协议封装的。

15.2.2　IPSG 技术原理

IPSG 是利用绑定表（源 IP 地址、源 MAC 地址、所属 VLAN、入接口的绑定关系）来匹配检查使能了 IPSG 功能的二层接口上收到的 IP 报文，只有匹配对应绑定表的报文才允许通过，其他报文将被丢弃。

IPSG 所利用的绑定表见表 15-15，包括静态和动态两种。

表 15-15　　　　　　　　　　　　　　　IPSG 利用的绑定表类型

绑定表类型	绑定表生成过程	适用场景
静态绑定表	使用 **user-bind** 命令手工配置	适用于主机数较少且主机使用静态 IP 地址的场景
DHCP Snooping 动态绑定表（情形一）	配置 DHCP Snooping 功能后，DHCP 客户端动态获取 IP 地址时，设备根据 DHCP 服务器发送的 DHCP Offer 报文中的信息动态生成绑定表	适用于主机数较多且主机从 DHCP 服务器获取 IP 地址的场景
DHCP Snooping 动态绑定表（情形二）	在 802.1X 用户认证过程中，静态配置 IP 地址的主机也可通过 DHCP Snooping 协议，根据用户的 802.1X 认证过程中交互的报文信息生成绑定表	适用于主机数较多、主机使用静态 IP 地址，并且网络中部署了 802.1X 认证的场景。该方式生成的表项不可靠，建议配置静态绑定表

绑定表生成后，IPSG 基于绑定表向指定的接口，或者指定的 VLAN 下发 ACL，由该 ACL 来检查对应用户发送的 IP 报文，只有参数信息匹配了绑定表的报文才会允许通

过，不匹配绑定表的报文都将被丢弃。当绑定表信息变化时，设备会重新下发 ACL。

注意　缺省情况下，如果在没有绑定表的情况下使能了 IPSG，设备会允许所有 IP 协议报文通过，但是会拒绝所有的数据报文。

IPSG 的原理如图 15-7 所示，非法主机仿冒合法主机的 IP 地址发送报文到达 Switch 后，因报文中的 MAC 地址信息与绑定表不匹配被 Switch 丢弃。下面介绍 IPSG 中所涉及的一些基础知识。

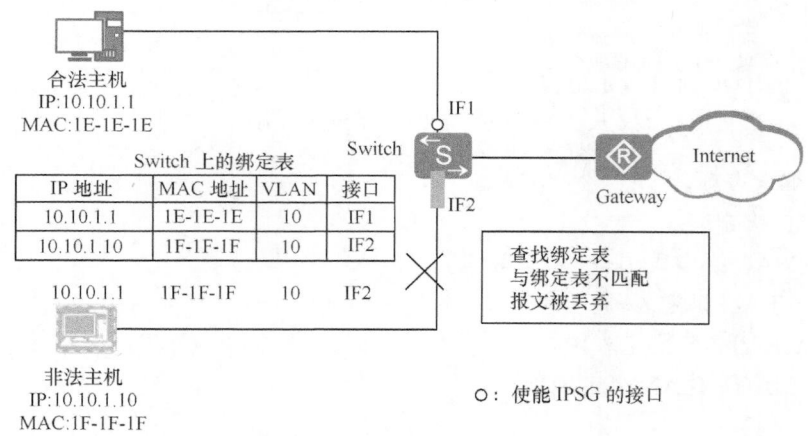

图 15-7　IPSG 实现原理的示意

1. IPSG 中的接口角色

IPSG 仅支持在二层物理接口或者 VLAN 上应用，且只对使能了 IPSG 功能的非信任接口进行检查。**对于 IPSG 来说，缺省为所有的接口均为非信任接口**，信任接口由用户指定。IPSG 的信任接口/非信任接口也就是 DHCP Snooping 中的信任接口/非信任接口，信任接口/非信任接口同样适用于基于静态绑定表方式的 IPSG。

下面以图 15-8 的示例介绍 IPSG 中各接口角色。

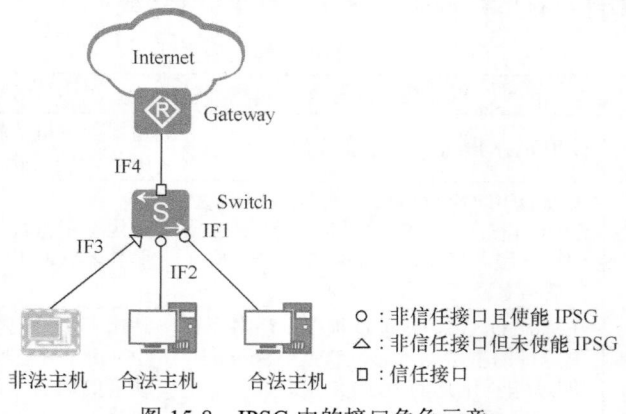

图 15-8　IPSG 中的接口角色示意

■ IF1 和 IF2 接口为非信任接口且使能了 IPSG 功能，此时从 IF1 和 IF2 接口收到的报文会执行 IPSG 检查。

■ IF3 接口为非信任接口但未使能 IPSG 功能，此时从 IF3 接口收到的报文不会执行 IPSG 检查，可能存在攻击。

■ IF4 接口为用户指定的信任接口，此时从 IF4 接口收到的报文也不会执行 IPSG 检查，但此接口一般不存在攻击。在 DHCP Snooping 的场景下，通常把与合法 DHCP 服务器直接或间接连接的接口设置为信任接口。

2. IPSG 的过滤方式

前面已说到，IPSG 的绑定表包括静态绑定表和动态绑定表两种，两种绑定表项均包含：MAC 地址、IP 地址、VLAN ID、入接口 4 个元素。静态绑定表项中指定的信息均用于 IPSG 过滤接口收到的报文。IPSG 依据动态绑定表项中的哪些信息过滤接口收到的报文，由用户设置的检查项决定，缺省是 4 项都进行匹配检查。

常见的几种动态绑定表检查项见表 15-16。

表 15-16　　　　　　　　　　　　　　IPSG 过滤方式

设置的检查项	含义
基于源 IP 地址过滤	只有源 IP 地址和绑定表匹配，才允许报文通过
基于源 MAC 地址过滤	只有源 MAC 地址和绑定表匹配，才允许报文通过
基于源 IP 地址+源 MAC 地址过滤	只有源 IP 和源 MAC 地址都和绑定表匹配，才允许报文通过
基于源 IP 地址+源 MAC 地址+接口过滤	只有源 IP、源 MAC 地址和接口都和绑定表匹配，才允许报文通过
基于源 IP 地址+源 MAC 地址+接口+VLAN 过滤	只有源 IP 地址、源 MAC 地址、接口和 VLAN 都和绑定表匹配，才允许报文通过

15.2.3　IPSG 与其他相似技术的比较

上节介绍了 IPSG 的基本工作原理，从中可以看出，IPSG 与许多其他安全技术的功能非常相似（都可以禁止非法用户访问、接入网络），如 DAI（Dynamic ARP Inspection，动态 ARP 检测）、静态 ARP、端口安全。下面简单介绍它们之间的区别，以便在实际应用中灵活地运用这些安全技术。

1. IPSG 与 DAI

IPSG 和 DAI 都是利用绑定表（静态绑定表或者 DHCP Snooping 绑定表）实现对报文过滤的技术。它们的主要区别见表 15-17，有关 DAI 将在本章 15.5 节详细介绍。

表 15-17　　　　　　　　　　　　　　IPSG 与 DAI 的区别

特性	功能介绍	应用场景
IPSG	利用绑定表对 IP 报文进行过滤。设备会匹配检查接口上接收到的 IP 报文，只有匹配绑定表的 IP 报文才允许通过	防止 IP 地址欺骗攻击。如防止非法主机盗用合法主机的 IP 地址，非法获取上网权限或者攻击网络
DAI	利用绑定表对 ARP 报文进行过滤。设备会匹配检查接口上接收到的 ARP 报文，只有匹配绑定表的 ARP 报文才允许通过	防御中间人攻击。中间人通过 ARP 欺骗，引导流量从自己这里经过，从而可以截获他人的信息

另外，IPSG 无法避免地址冲突，因为前面已介绍了 IPSG 不能检查 ARP 报文。例如，当非法主机在合法主机在线时盗用其 IP 地址，这样非法主机发送的 ARP 请求会广播到合法主机，从而产生地址冲突。

2. IPSG 与静态 ARP

基于静态绑定表的 IPSG 和静态 ARP 都可以实现 IP 地址和 MAC 地址的绑定，它们的主要区别见表 15-18。

表 15-18　　　　　　　　　　　IPSG 和静态 ARP 的区别

特性	功能介绍	应用场景
IPSG	通过静态绑定表固定 IP 地址和 MAC 地址之间的映射关系，设备会匹配检查接口上接收到的报文，只有匹配绑定表的报文才允许通过	一般部署在与用户直连的接入设备（也可以是汇聚或者核心设备）上，**防止内网中的 IP 地址欺骗攻击**，如非法主机仿冒合法主机的 IP 地址获取上网权限
静态 ARP	通过静态 ARP 表固定 IP 地址和 MAC 地址之间的映射关系，静态 ARP 表项不会被动态刷新，设备根据静态 ARP 表转发接收到的报文	一般部署在网关上，配置重要服务器的静态 ARP 表项，**防止 ARP 欺骗攻击**，保证主机和服务器之间的正常通信

举例说明 IPSG 和静态 ARP 的应用区别，如图 15-9 所示。

■ 通过在 Switch 上配置 IPSG，可防止非法主机随意更改 IP 地址、仿冒合法主机取得上网权限。

■ 通过在 Gateway 上配置服务器的静态 ARP 表项，可防止非法服务器的 ARP 攻击、错误刷新服务器 ARP 表项，导致主机无法和合法服务器通信。

总体来言，基于静态绑定表的 IPSG 和静态 ARP 的功能区别如下。

■ 静态 ARP 防止不了 IP 地址欺骗攻击

假设图 15-9 的 Switch 上未配置 IPSG，而是在网关上配置了主机的静态 ARP。当非法主机仿冒合法主机的 IP 地址访问 Internet 时，报文转发过程如下。

① 非法主机发送的报文到达 Switch。

② Switch 将报文转发到 Gateway。

③ Gateway 将报文发往 Internet。

④ Internet 回程报文到达 Gateway。

⑤ Gateway 根据目的 IP 地址（即仿冒的合法主机的 IP 地址）查找静态 ARP 表项，这个 IP 对应的 MAC 地址为合法主机的 MAC 地址，Gateway 将封装后的报文发送给 Switch。

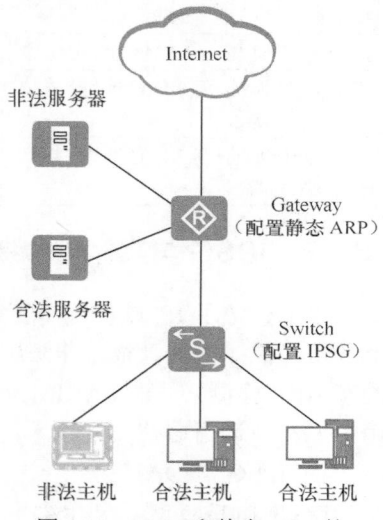

图 15-9　IPSG 和静态 ARP 的应用组网示意

⑥ Switch 根据目的 MAC 地址将报文转发到合法主机。

从过程来看，如果伪造的是合法主机的 IP 地址，配置静态 ARP 也能防止非法主机更改 IP 地址上网（因为最终的回程报文不是发给非法主机），但是会导致合法主机收到大量非法回应报文。如果合法主机在线时，非法主机不断地构造并发送这种报文，则会对合法主机造成攻击。

如果非法主机仿冒的 IP 地址是一个未使用的 IP 地址，并且这个 IP 地址没有被添加到静态 ARP 表中，此时可以仿冒成功，回程报文可以到达非法主机。所以，如果希望通过配置静态 ARP 来防止主机仿冒 IP 地址，就需要把所有的 IP 地址（包括未使用的 IP

地址）都添加到静态 ARP 表项中，这样配置工作量会很大。

另外，因为是在网关上配置的静态 ARP，所以 Switch 所连接的网络内仍存在 IP 欺骗攻击。所以，如果是为了防止内网中的 IP 地址欺骗的攻击行为，建议在 Switch 上配置 IPSG 更为合适。

■ 基于静态绑定表的 IPSG 防止不了 ARP 欺骗攻击

假设在图 15-9 的 Switch 上配置了基于静态绑定表的 IPSG，而网关上未配置主机的静态 ARP，此时会出现以下问题。

① 非法主机伪造合法主机的 IP 地址，发送虚假的 ARP 请求报文到达 Switch。

② Switch 会转发到 Gateway，导致 Gateway 将合法主机的 ARP 表项刷新成错误的表项（IP 地址为合法主机的 IP 地址，MAC 地址为非法主机的 MAC 地址）。

③ 当合法主机访问 Internet，Internet 回程报文将被转发到非法主机，导致合法主机也上不了网。而且，从 Internet 主动发给合法主机的报文也会被非法主机截获，无法正常发送到合法主机。

为了解决这个问题，一种方法是在网关上同时配置主机的静态 ARP，但是对于主机规模较大的场景下，配置和维护会非常复杂。另一种方法是在 Switch 上同时配置 DAI 功能，这样 Switch 对于接口上收到的 ARP 报文也会匹配绑定表，对于非法的 ARP 报文，同样会因与绑定表不匹配而被 Switch 丢弃。非法 ARP 报文到达不了网关，也就更改不了 ARP 表项。

3. IPSG 与端口安全

基于静态绑定表的 IPSG 和端口安全都可以实现 MAC 地址和接口的绑定，它们的主要区别见表 15-19。有关端口安全将在本章 15.4 节具体介绍。

表 15-19　　　　　　　　　　　IPSG 与端口安全的区别

特性	功能介绍	应用场景
IPSG	通过在绑定表中固定 MAC 地址和接口的绑定关系，实现固定主机只能从固定接口上线，并且绑定表以外的非法 MAC 地址主机无法通过设备通信。绑定表项需要手工配置，如果主机较多，配置工作量比较大	绑定 MAC 地址和接口只是 IPSG 的一部分功能，IPSG 能实现 IP 地址、MAC 地址、VLAN 和接口之间的任意绑定。它主要用来防止 **IP 地址欺骗攻击**，如防止非法主机盗用合法主机的 IP 地址，非法获取上网权限或者攻击网络
端口安全	通过将接口学习到的指定数量的动态 MAC 地址转换为安全 MAC 地址，以固定 MAC 地址表项，实现固定主机只能从固定接口上线，并且 MAC 地址表以外的非法 MAC 地址主机无法通过设备通信。安全 MAC 地址是动态生成的，无需手工配置	**防止非法主机接入，还可以控制接入主机的数量**，比较适合于主机较多的场景

如果只是希望阻止非法 MAC 地址通过设备通信，并且在主机较多的环境下，配置端口安全更合适。另外，IPSG 不会固定 MAC 地址表项，无法防止 MAC 地址表被错误刷新而产生 MAC 地址漂移问题。

如图 15-10 所示，非法主机伪造合法主机的 MAC 地址发送数据（例如发送伪造的 ARP 报文）到达 Switch，会错误刷新 MAC 地址表，导致非法主机截获发往合法主机的报文。此时，可设置根据绑定表生成 Snooping 类型的 MAC 地址表项（也是端口安全功能中的一种安全 MAC 地址），解决上述问题。

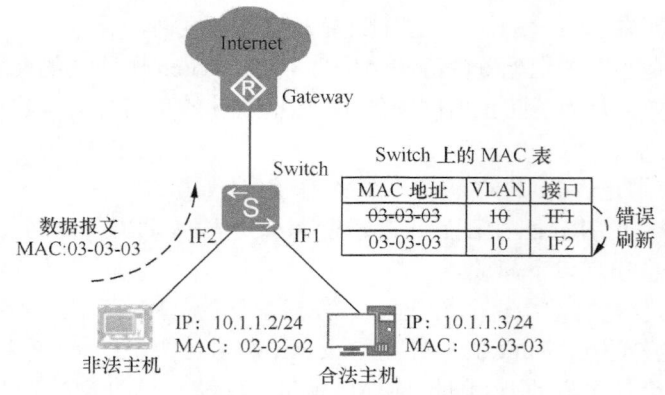

图 15-10　　MAC 地址表错误刷新示意

通过以上介绍可以得出，IPSG、DAI、静态 ARP、端口安全是针对不同安全需求的，它们都有自己独特的价值。为了网络更加安全，建议综合考虑，灵活应用。

15.2.4　配置基于静态绑定表的 IPSG

配置基于静态绑定表的 IPSG，可实现对非信任接口上接收的 IP 报文进行过滤控制，防止恶意主机盗用合法主机的 IP 地址来仿冒合法主机，获取网络资源的使用权限。该方式适用于局域网络中主机数较少，且主机使用静态配置 IP 地址的情况。

基于静态绑定表的 IPSG 配置任务包括以下几个部分。

1. 创建静态绑定表项

静态绑定表项的创建方法是在系统视图下使用 **user-bind static** { { **ip-address** { *start-ip* [**to** *end-ip*] } &<1-10> } | **mac-address** *mac-address* } * [**interface** *interface-type interface-number*] [**vlan** *vlan-id* [**ce-vlan** *ce-vlan-id*]]命令配置。命令中的参数说明如下。

■ **interface** *interface-type interface-number*：可选参数，指定与用户连接的交换机接口作为静态绑定表项的参数。

■ **ip-address** { *start-ip* [**to** *end-ip*] }：可多选参数，指定起始、结束的用户 IP 地址作为静态绑定表项的参数。

■ **mac-address** *mac-address*：可多选参数，指定用户的 MAC 地址作为静态绑定表项的参数。

■ **vlan** *vlan-id*：可选参数，指定用户所属的 VLAN 编号作为静态绑定表项的参数。

■ **e-vlan** *ce-vlan-id*：可选参数，指定用户从 QinQ 接口接入的内层 VLAN 编号作为静态绑定表项的参数。

从命令格式可以看出，**IP 地址和 MAC 地址至少要绑定其中一个，也可以两个同时绑定**，至于入接口和 VLAN 都是可选绑定的参数。配置静态绑定表之后，当配置报文的绑定表检查时，对于静态用户会根据已配置的静态绑定表项对报文进行全面检查，对于不匹配的报文，都将被丢弃。如果绑定表创建错误或者已绑定主机的网络权限变更，需要删除某些静态表项，可执行 **undo user-bind static** [**interface** *interface-type interface-number* | { **ip-address** { *start-ip* [**to** *end-ip*] } &<1-10> | **mac-address** *mac-address* | **vlan** *vlan- id* [**ce-vlan** *ce-vlan-id*]] *命令。

说明　IPSG 按照静态绑定表项进行完全匹配，即静态绑定表项包含几项就检查几项。请确保所创建的绑定表是正确且完整的，主机发送的报文只有匹配绑定表才会允许通过，不匹配绑定表的报文将被丢弃。

■ 设备支持将多个 IP 地址（段）进行批量绑定，例如多个 IP 批量绑定到同一个接口或同一个 MAC 地址，相当于同时允许多台主机连接到该接口访问网络。

■ 如果这些 IP 地址不是连续的，可以重复输入 1～10 个 *start-ip* 地址。例如执行命令 **user-bind static ip-address** 192.168.1.2 192.168.1.5 192.168.1.12 **interface** gigabitethernet 0/0/1，将多个 IP 地址绑定到同一个接口。

■ 如果这些 IP 地址是连续的，可以重复输入 1～10 个 *start-ip* to *end-ip* 的地址段。需要注意的是，采用关键字 to 输入的区间不能有交叉。例如执行命令 **user-bind static ip-address** 172.16.1.1 to 172.16.1.4 **mac-address** 0001-0001-0001，将多个 IP 地址绑定到同一个 MAC 地址。

2. （可选）配置信任端口

主机 IP 地址静态分配时，一般不需要配置信任端口，故本项配置任务是可选的。但当上行接口同时在使能 **IPSG** 功能的 **VLAN** 内时，则需要将上行口配置成信任端口，否则回程报文会因匹配不到绑定表而被丢弃，导致业务不通，因为缺省的所有接口都是非信任端口，要进行报文检查的。

信任端口的配置步骤见表 15-20。

表 15-20　　　　　　　　　　　　　　信任接口的配置步骤

步骤	命令	说明
1	**system-view** 例如：<HUAWEI> **system-view**	进入系统视图
2	**dhcp enable** 例如：[HUAWEI] **dhcp enable**	全局使能 DHCP 功能。 缺省情况下，没有全局使能 DHCP 功能，可用 **undo dhcp enable** 命令关闭 DHCP 功能
3	**dhcp snooping enable** 例如：[HUAWEI] **dhcp snooping enable**	全局使能 DHCP Snooping 功能。 缺省情况下，没有全局使能 DHCP Snooping 功能，可用 **undo dhcp snooping enable** 命令去使能 DHCP Snooping 功能
4	进入上行接口的接口视图，然后执行命令： **dhcp snooping trusted** 例如：[HUAWEI-GigabitEthernet0/0/1] **dhcp snooping trusted** 或进入上行接口所属 VLAN 的 VLAN 视图，然后执行命令： **dhcp snooping trusted interface** *interface-type interface-number* 例如：[HUAWEI-vlan100] **dhcp snooping trusted interface** gigabitethernet 0/0/1	配置接口为信任状态。 缺省情况下，接口为非信任状态，可用 **undo dhcp snooping trusted** 或 **undo dhcp snooping trusted interface** *interface-type interface-number* 命令恢复接口的状态为非信任状态

3. 使能 IPSG 功能

配置好静态的绑定表后，IPSG 功能并未生效，只有在指定接口（接入用户侧的接口）

或在指定 VLAN 上使能 IPSG 后才生效，**这个要特别注意，不是配置好静态绑定表就可以实现禁止非法主机接入网络的目的。**

■ 基于接口使能 IPSG

配置方法是在对应的接口视图下执行 **ip source check user-bind enable** 命令，使能该接口的 IP 报文检查功能。此时，该接口接收的所有报文均进行 IPSG 检查。如果用户只希望在某些不信任的接口上进行 IPSG 检查，而信任其他接口，可以选择此方式。并且，当接口属于多个 VLAN 时，基于接口使能 IPSG 更方便，无需在每个 VLAN 上使能，因为在接口上使能后，配置将同时作用于该接口加入的所有 VLAN。

■ 基于 VLAN 使能 IPSG

配置方法是在对应的 VLAN 视图下执行 **ip source check user-bind enable** 命令，使能该 VLAN 的 IP 报文检查功能。此时，属于该 VLAN 的所有接口接收的报文均进行 IPSG 检查。如果用户只希望在某些不信任 VLAN 上进行 IPSG 检查，而信任其他 VLAN，可以选择此方式。并且，当多个接口属于相同的 VLAN 时，基于 VLAN 使能 IPSG 更方便，无需在每个接口上使能。

缺省情况下，接口和 VLAN 上未使能 IP 报文检查功能，可用 **undo ip source check user-bind enable** 命令来去使能 IP 报文检查功能。

4.（可选）配置 IP 报文检查告警功能

仅当接口下使能 IPSG 时才可配置本任务，具体配置步骤见表 15-21。配置了 IP 报文检查告警功能后，当丢弃的 IP 报文超过告警阈值时，会产生告警提醒用户。

表 15-21　　　　　　　　　　　IP 报文检查告警功能的配置步骤

步骤	命令	说明
1	**system-view** 例如：`<HUAWEI>` **system-view**	进入系统视图
2	**interface** *interface-type interface-number* 例如：[HUAWEI] **interface** gigabitethernet 0/0/1	进入使能了 IPSG 的接口的接口视图
3	**ip source check user-bind alarm enable** 例如：[HUAWEI-GigabitEthernet0/0/1] **ip source check user-bind alarm enable**	使能 IP 报文检查告警功能。 缺省情况下，未使能 IP 报文检查告警功能，可用 **undo ip source check user-bind alarm enable** 命令去使能 IP 报文检查告警功能
4	**ip source check user-bind alarm threshold** *threshold* 例如：[HUAWEI-GigabitEthernet0/0/1] **ip source check user-bind alarm threshold** 200	配置 IP 报文检查告警阈值，整数形式，取值范围 1～1000。当丢弃的 IP 报文超过告警阈值时，会产生告警提醒用户。 缺省情况下，IP 报文检查告警阈值为 100，可用 **undo ip source check user-bind alarm threshold** 命令恢复 IP 报文检查告警阈值为缺省值

以上基于静态绑定表的 IPSG 功能配置好后，可在任意视图下执行以下 **display** 命令查看相关配置，验证配置结果。

■ **display ip source check user-bind interface** *interface-type interface-number*：查看接口下 IPSG 的配置信息。

■ **display dhcp static user-bind** { { **interface** *interface-type interface-number* | **ip-**

address | **mac-address** *mac-address* | **vlan** *vlan-id* }* | **all** } [**verbose**]：查看 IPv4 静态绑定表信息。

带 **verbose** 参数可以查看到 IPSG 的状态。如果 IPSG Status 显示为"effective"，表示该条表项的 IPSG 已生效；如果 IPSG Status 显示为"ineffective"，表示该条表项的 IPSG 未生效，可能是因硬件 ACL 资源不足导致的。

15.2.5 静态绑定 IPSG 功能防止主机私自更改 IP 地址配置示例

如图 15-11 所示，两主机通过 Switch 接入网络，Gateway 为企业出口网关，各主机均使用静态配置的 IP 地址。管理员希望主机使用管理员分配的固定 IP 地址上网，不允许私自更改 IP 地址，非法获取 Internet 的访问权限。

1. 基本配置思路分析

本示例要求不允许两主机私设 IP 地址，通过网关访问 Internet，表示这两台主机只能采用管理员分配的 IP 地址上网，无论这两台主机连接在哪个交换机接口上。这样一来，就可以仅配置两主机的 IP 地址和 MAC 地址的绑定，主机连接在本地交换机任意接口上都必须符合此绑定策略。又因为两主机的 IP 地址是静态配置的，所以只能采用上节介绍的静态绑定 IPSG 功能来限制主机私自更改 IP 地址接入网络。根据上节介绍的配置步骤，可得出本示例如下的基本配置思路。

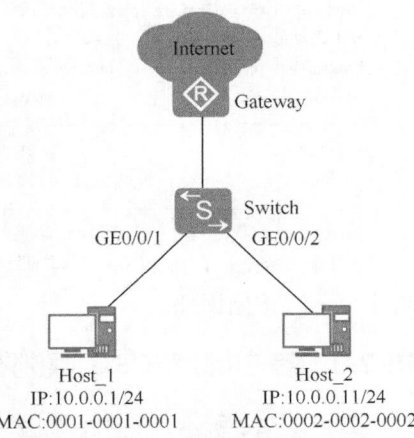

图 15-11 静态绑定 IPSG 功能防止主机私自更改 IP 地址配置示例的拓扑结构

① 在 Switch 上配置 Host_1 和 Host_2 的静态绑定表，固定 IP 地址和 MAC 地址的绑定关系。

② 在 Switch 连接用户主机的接口上使能 IPSG，实现主机只能使用管理员分配的固定 IP 地址上网。同时，在接口开启 IP 报文检查告警功能，当交换机丢弃非法上网用户的报文达到阈值后上报告警。

2. 具体配置步骤

① 创建基于 Host_1 和 Host_2 的 IP 地址和 MAC 地址的静态绑定表项。

```
<HUAWEI> system-view
[HUAWEI] sysname Switch
[Switch] user-bind static ip-address 10.0.0.1 mac-address 0001-0001-0001
[Switch] user-bind static ip-address 10.0.0.11 mac-address 0002-0002-0002
```

② 在连接两主机的交换机接口上使能 IPSG 功能，并设置丢弃报文上报告警功能。

a. 在连接 Host_1 的 GE0/0/1 接口使能 IPSG 和 IP 报文检查告警功能，当丢弃报文阈值达到 200 时将上报告警。

```
[Switch] interface gigabitethernet 0/0/1
[Switch-GigabitEthernet0/0/1] ip source check user-bind enable
[Switch-GigabitEthernet0/0/1] ip source check user-bind alarm enable
[Switch-GigabitEthernet0/0/1] ip source check user-bind alarm threshold 200
[Switch-GigabitEthernet0/0/1] quit
```

b. 在连接 Host_2 的 GE0/0/2 接口使能 IPSG 和 IP 报文检查告警功能，当丢弃报文阈值达到 200 时将上报告警。

```
[Switch] interface gigabitethernet 0/0/2
[Switch-GigabitEthernet0/0/2] ip source check user-bind enable
[Switch-GigabitEthernet0/0/2] ip source check user-bind alarm enable
[Switch-GigabitEthernet0/0/2] ip source check user-bind alarm threshold 200
[Switch-GigabitEthernet0/0/2] quit
```

说明 如果还要防止这两个主机私自更改 IP 地址连接其他交换机接口访问 Internet，则需要在其他交换机接口上使能 IPSG 功能。

以上配置完成后，可在 Switch 上执行 **display dhcp static user-bind all** 命令，查看静态绑定表信息。

```
[Switch] display dhcp static user-bind all
DHCP static Bind-table:
Flags:O - outer vlan ,I - inner vlan ,P - Vlan-mapping
IP Address              MAC Address        VSI/VLAN(O/I/P) Interface
---------------------------------------------------------------------
10.0.0.1                0001-0001-0001     --  /--  /--    --
10.0.0.11               0002-0002-0002     --  /--  /--    --
---------------------------------------------------------------------
Print count:        2           Total count:        2
```

此时，Host_1 和 Host_2 使用管理员分配的固定 IP 地址可以正常访问网络，更改 IP 地址后无法访问网络。

15.2.6 静态绑定 IPSG 限制非法主机访问内网配置示例

如图 15-12 所示，两主机（如图中的 Host_1 和 Host_2）通过 Switch 接入网络，Gateway 为企业出口网关，各主机均使用静态配置的 IP 地址。管理员在 Switch 上进行了接口限制，希望主机使用管理员分配的固定 IP 地址、从固定的接口上线。同时为了安全考虑，不允许外来人员的电脑（如图中的 Host_3）随意接入内网。

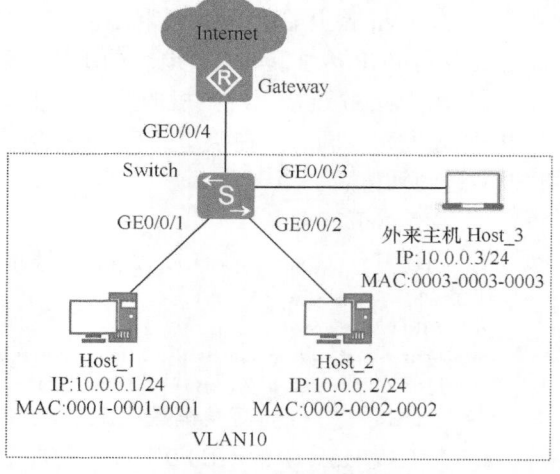

图 15-12 静态绑定 IPSG 限制非法主机访问内网配置示例的拓扑结构

1. 基本配置思路分析

本示例中的 Host_1 和 Host_2 被划分到 VLAN 中，故在配置静态绑定表项时还要同时绑定 VLAN，此时还要把所有已加入该 VLAN，并且连接外部网络的端口配置为信任端口，否则即使允许两主机的报文通过，也无法访问外部网络。

根据 15.2.4 节的介绍，再结合本示例的要求，可得出本示例的如下基本配置思路。

① 在 Switch 上配置各接口所属 VLAN。

② 在 Switch 上创建 Host_1 和 Host_2 的静态绑定表项，固定 IP 地址、MAC 地址，以及交换机接口的绑定关系。

③ 在 Switch 上配置连接上行设备的 GE0/0/4 接口为信任接口（**因为本示例中 GE0/0/4 接口也加入了 VLAN 10，如果此接口没加入 VLAN 10，则可不用配置**），使从该接口收到的报文不执行 IPSG 检查，防止从 Gateway 回程报文被丢弃。

④ 在 Switch 连接用户主机的 VLAN 上使能 IPSG 功能，实现 Host_1、Host_2 使用固定的 IP 地址、从固定的接口上线，并且外来主机 Host_3 无法随意接入内网。

2. 具体配置步骤

① 配置各接口（包括 GE0/0/4 接口）加入 VLAN 10。

说明 如果上行路由器接口配置了三层终结子接口或者使用的是二层物理接口，则可把 Switch 的 GE0/0/4 接口配置为允许 VLAN 10 通过的 Trunk 接口，本示例采用此种配置方法。此时还需要把该接口作为 DHCP Snooping 中的信任端口，不进行报文检查。如果上行路由器接口是三层物理接口，则可以把 Switch 的 GE0/0/4 接口单加入另一 VLAN 中，然后配置该 VLAN 的 VLANIF 接口 IP 地址，或者如果 Switch 支持通过 **undo portswitch** 命令转换成三层模式，可直接配置 IP 地址，然后通过路由与上行路由器连接，后面不用为该接口配置为 DHCP Snooping 信任端口。

```
<HUAWEI> system-view
[HUAWEI] sysname Switch
[Switch] vlan batch 10
[Switch] interface gigabitethernet 0/0/1
[Switch-GigabitEthernet0/0/1] port link-type access
[Switch-GigabitEthernet0/0/1] port default vlan 10
[Switch-GigabitEthernet0/0/1] quit
[Switch] interface gigabitethernet 0/0/2
[Switch-GigabitEthernet0/0/2] port link-type access
[Switch-GigabitEthernet0/0/2] port default vlan 10
[Switch-GigabitEthernet0/0/2] quit
[Switch] interface gigabitethernet 0/0/3
[Switch-GigabitEthernet0/0/3] port link-type access
[Switch-GigabitEthernet0/0/3] port default vlan 10
[Switch-GigabitEthernet0/0/3] quit
[Switch] interface gigabitethernet 0/0/4
[Switch-GigabitEthernet0/0/4] port link-type trunk
[Switch-GigabitEthernet0/0/4] port trunk allow-pass vlan 10
[Switch-GigabitEthernet0/0/4] quit
```

② 创建 Host_1 和 Host_2 的 IP 地址、MAC 地址和交换机接口的静态绑定表项。

```
[Switch] user-bind static ip-address 10.0.0.1 mac-address 0001-0001-0001 interface gigabitethernet 0/0/1
[Switch] user-bind static ip-address 10.0.0.2 mac-address 0002-0002-0002 interface gigabitethernet 0/0/2
```

③ 配置上行口 GE0/0/4 为信任接口。

```
[Switch] dhcp enable
[Switch] dhcp snooping enable
[Switch] interface gigabitethernet 0/0/4
[Switch-GigabitEthernet0/0/4] dhcp snooping trusted
[Switch-GigabitEthernet0/0/4] quit
```

④ 在连接 Host 的 VLAN10 上使能 IPSG 功能。

```
[Switch] vlan 10
[Switch-vlan10] ip source check user-bind enable
[Switch-vlan10] quit
```

以上配置完成后，在 Switch 上执行 **display dhcp static user-bind all** 命令，可以查看 Host_1 和 Host_2 的绑定表信息。

```
[Switch] display dhcp static user-bind all
DHCP static Bind-table:
Flags:O - outer vlan ,I - inner vlan ,P - Vlan-mapping
IP Address                       MAC Address      VSI/VLAN(O/I/P) Interface
--------------------------------------------------------------------------------
10.0.0.1                         0001-0001-0001   --   /--   /--    GE0/0/1
10.0.0.2                         0002-0002-0002   --   /--   /--    GE0/0/2
--------------------------------------------------------------------------------
Print count:            2            Total count:            2
```

此时，Host_1 和 Host_2 可以正常访问网络，更换 IP 地址或者从其他接口接入后都无法访问网络。如果有一台外来主机 Host_3 配置的 IP 地址为 10.0.0.3，连接到同样加入了 VLAN 10 的 GE0/0/3 接口后，Host_3 也应无法访问网络，因为 GE0/0/3 接口也已加入了 VLAN 10，VLAN 10 中使能了 IPSG 功能，却没有找到匹配 Host_3 的表项。此时可在 Switch 上再添加针对 Host_3 的静态绑定表项加以解决。但是如果 GE0/0/3 接口没有加入 VLAN 10，而是加入了其他 VLAN，则没有这个限制了，因为前面只是在 VLAN 10 中启用了 IPSG 功能。

15.2.7　配置基于动态绑定表的 IPSG

前面介绍的基于静态绑定表项的 IPSG 功能需要管理员针对每个用户主机配置 IP 地址、MAC 地址等参数的绑定表项，如果要限制的用户比较多，配置的工作量就会比较大，而且也容易出错。此时，可配置基于动态绑定表的 IPSG，动态地实现对非信任接口上接收的 IP 报文进行过滤控制，防止恶意主机盗用合法主机的 IP 地址来仿冒合法主机，获取网络资源的使用权限。

基于动态绑定表的 IPSG 方式适用于局域网络中主机较多，或者主机使用 DHCP 动态获取 IP 地址的情况，包括的配置任务如下。

创建动态绑定表项

对于通过DHCP方式获取IP地址的主机，可以通过如表15-22所示的步骤配置DHCP Snooping 生成 DHCP Snooping 动态绑定表项。

表 15-22　　动态 IP 地址主机生成 DHCP Snooping 动态绑定表项的配置步骤

步骤	命令	说明
1	**system-view** 例如：<HUAWEI> **system-view**	进入系统视图
2	**dhcp enable** 例如：[HUAWEI] **dhcp enable**	全局使能 DHCP 功能。 缺省情况下，没有全局使能 DHCP 功能，可用 **undo dhcp enable** 命令关闭 DHCP 功能
3	**dhcp snooping enable** 例如：[HUAWEI] **dhcp snooping enable**	全局使能 DHCP Snooping 功能。 缺省情况下，没有全局使能 DHCP Snooping 功能，可用 **undo dhcp snooping enable** 命令去使能 DHCP Snooping 功能

（续表）

步骤	命令	说明
4	• 执行 **vlan** *vlan-id* 命令进入 VLAN 视图。 • 执行 **interface** *interface-type interface-number* 命令进入接口视图	
5	在接口视图下： **dhcp snooping enable** **dhcp snooping trusted** 例如：[HUAWEI-GigabitEthernet0/0/1] dhcp **snooping trusted** 或在 VLAN 视图下： **dhcp snooping enable** **dhcp snooping trusted interface** *interface-type interface-number* 例如：[HUAWEI-vlan100] **dhcp snooping trusted interface** gigabitethernet 0/0/1	使能接口或者 VLAN 的 DHCP Snooping 功能，配置接口为信任状态。 一般将与 DHCP 服务器直接或间接相连的接口配置为信任接口，IPSG 对于从信任接口收到的报文不进行匹配检查，直接允许通过。 缺省情况下，接口为未信任状态，可用 **undo dhcp snooping trusted** 或 **undo dhcp snooping trusted interface** *interface-type interface-number* 命令恢复接口的状态为非信任状态

通过静态方式获取 IP 地址的主机，如果网络中部署了 802.1X 认证功能（参见第 14 章的介绍），则可按表 15-23 所示的步骤配置由 802.1X 认证交互信息生成 DHCP Snooping 动态绑定表项，但该方式生成的表项可能不可靠，建议配置静态绑定表。

表 15-23　使能 802.1X 认证的静态 IP 地址主机生成 **DHCP Snooping** 动态绑定表项的配置步骤

步骤	命令	说明
1	**system-view** 例如：\<HUAWEI\> **system-view**	进入系统视图
2	**dhcp enable** 例如：[HUAWEI] **dhcp enable**	全局使能 DHCP 功能。 缺省情况下，没有全局使能 DHCP 功能，可用 **undo dhcp enable** 命令关闭 DHCP 功能
3	**dhcp snooping enable** 例如：[HUAWEI] **dhcp snooping enable**	全局使能 DHCP Snooping 功能。 缺省情况下，没有全局使能 DHCP Snooping 功能，可用 **undo dhcp snooping enable** 命令去使能 DHCP Snooping 功能
4	**interface** *interface-type interface-number* 例如：[HUAWEI] **interface** gigabitethernet 0/0/1	进入使能了 802.1X 认证功能，并且要使能 DHCP Snooping 功能的接口的接口视图
5	**dhcp snooping enable** 例如：[HUAWEI-GigabitEthernet0/0/1] **dhcp snooping enable**	使能以上接口的 DHCP Snooping 功能。 缺省情况下，接口下未使能 DHCP Snooping 功能，可用 **undo dhcp snooping enable** 命令去使能 DHCP Snooping 功能
6	**dot1x trigger dhcp-binding** 例如：[HUAWEI-GigabitEthernet0/0/1] **dot1x trigger dhcp-binding**	配置静态主机 802.1X 认证成功后，自动生成对应的 DHCP Snooping 绑定表。 缺省情况下，静态主机 802.1X 认证成功后，设备不会自动生成对应的 DHCP Snooping 绑定表，可用 **undo dot1x trigger dhcp-binding** 命令恢复缺省配置

以上基于动态绑定表的 IPSG 功能配置好后，可在任意视图下执行以下 **display** 命令查看相关配置，验证配置结果。

■ **display ip source check user-bind interface** *interface-type interface-number*：查看接

口下 IPSG 的配置信息。

■ **display dhcp snooping user-bind** { { **interface** *interface-type interface-number* | **ip-address** *ip-address* | **mac-address** *mac-address* | **vlan** *vlan-id* } [*] | **all** } [**verbose**]：查看 DHCP Snooping 动态绑定表信息。

带 **verbose** 参数可以查看到 IPSG 的状态。如果 IPSG Status 显示为"effective"，表示该条表项的 IPSG 已生效；如果 IPSG Status 显示为"ineffective"，表示该条表项的 IPSG 未生效，可能是因硬件 ACL 资源不足导致的。

15.2.8　DHCP Snooping 动态绑定 IPSG 防止主机私自更改 IP 地址配置示例

如图 15-13 所示，主机通过 Switch_1 接入网络，Switch_2 作为 DHCP 服务器，为主机动态分配 IP 地址，Gateway 为企业出口网关。管理员希望主机仅可使用动态分配的 IP 地址，不允许私自配置静态 IP 地址，否则无法访问网络。

1. 基本配置思路分析

本示例中的用户主机通过 DHCP 服务器获取 IP 地址，故绑定表项可以通过 DHCP Snooping 服务从返回的 DHCP Offer 报文信息中生成。根据上节介绍的配置方法可得出本示例的如下基本配置思路。

① 在 Switch_2 上配置 DHCP 服务器（假设地址池为 10.1.1.0/24），为主机动态分配 IP 地址。

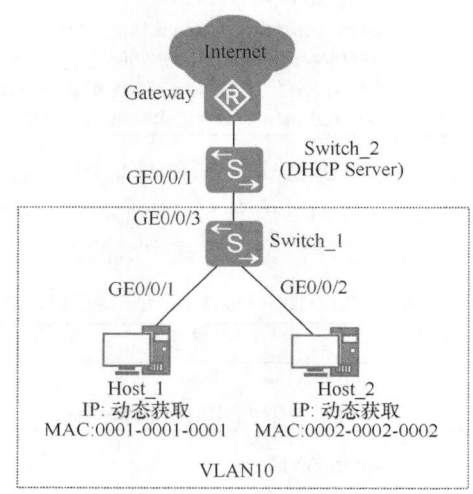

图 15-13　DHCP Snooping 动态绑定 IPSG 防止主机私自更改 IP 地址配置示例的拓扑结构

② 在 Switch_1 上配置 DHCP Snooping 功能，保证主机从合法的 DHCP 服务器获取 IP 地址，同时生成 DHCP Snooping 动态绑定表，记录主机的 IP 地址、MAC 地址、VLAN、接口的绑定关系。

③ 在 Switch_1 主机加入的 VLAN 10 上使能 IPSG 功能，防止主机通过私自配置 IP 地址的方式访问网络。

2. 具体配置步骤

① 在 Switch_2 上配置 DHCP 服务器功能。

```
<HUAWEI> system-view
[HUAWEI] sysname Switch_2
[Switch_2] vlan batch 10
[Switch_2] interface gigabitethernet 0/0/1
[Switch_2-GigabitEthernet0/0/1] port link-type trunk
[Switch_2-GigabitEthernet0/0/1] port trunk allow-pass vlan 10
[Switch_2-GigabitEthernet0/0/1] quit
[Switch_2] dhcp enable
[Switch_2] ip pool 10    #---创建 DHCP IP 地址池
[Switch_2-ip-pool-10] network 10.1.1.0 mask 24    #---指定 IP 地址池中的 IP 地址网段为 10.1.1.0/24
[Switch_2-ip-pool-10] gateway-list 10.1.1.1    #---指定 IP 地址池网关，即 VLANIF10 接口 IP 地址
[Switch_2-ip-pool-10] quit
```

```
[Switch_2] interface vlanif 10
[Switch_2-Vlanif10] ip address 10.1.1.1 255.255.255.0
[Switch_2-Vlanif10] dhcp select global
[Switch_2-Vlanif10] quit
```

② 在 Switch_1 上配置 DHCP Snooping 功能。

a．配置各接口所属 VLAN。

```
<HUAWEI> system-view
[HUAWEI] sysname Switch_1
[Switch_1] vlan batch 10
[Switch_1] interface gigabitethernet 0/0/1
[Switch_1-GigabitEthernet0/0/1] port link-type access
[Switch_1-GigabitEthernet0/0/1] port default vlan 10
[Switch_1-GigabitEthernet0/0/1] quit
[Switch_1] interface gigabitethernet 0/0/2
[Switch_1-GigabitEthernet0/0/2] port link-type access
[Switch_1-GigabitEthernet0/0/2] port default vlan 10
[Switch_1-GigabitEthernet0/0/2] quit
[Switch_1] interface gigabitethernet 0/0/3
[Switch_1-GigabitEthernet0/0/3] port link-type trunk
[Switch_1-GigabitEthernet0/0/3] port trunk allow-pass vlan 10
[Switch_1-GigabitEthernet0/0/3] quit
```

b．使能 DHCP Snooping 功能，将连接 DHCP 服务器的 GE0/0/3 接口配置为信任接口。

```
[Switch_1] dhcp enable
[Switch_1] dhcp snooping enable
[Switch_1] vlan 10
[Switch_1-vlan10] dhcp snooping enable
[Switch_1-vlan10] dhcp snooping trusted interface gigabitethernet 0/0/3
```

③ 在 Switch_1 的 VLAN 10 上使能 IPSG 功能。

```
[Switch_1-vlan10] ip source check user-bind enable
[Switch_1-vlan10] quit
```

以上配置完成后，Switch 上的 DHCP Snooping 就会通过截获来自 DHCP 服务器的 DHCP Offer 报文中的信息为两主机生成动态绑定表项，然后对来自两主机的报文，依据所生成的 DHCP Snooping 表项进行检查，通过后才能继续转发报文，使两主机访问外部网络，否则直接丢弃，这样就达到了禁止用户私设 IP 地址的目的。在 Switch_1 上执行 **display dhcp snooping user-bind all** 命令可以查看主机的动态绑定表信息。

```
[Switch_1] display dhcp snooping user-bind all
DHCP Dynamic Bind-table:
Flags:O - outer vlan ,I - inner vlan ,P - Vlan-mapping
IP Address        MAC Address        VSI/VLAN(O/I/P) Interface    Lease
---------------------------------------------------------------------------
10.1.1.254        0001-0001-0001   --  /10  /--     GE0/0/1      2014.08.17-07:31
10.1.1.253        0002-0002-0002   --  /10  /--     GE0/0/2      2014.08.17-07:34
---------------------------------------------------------------------------
print count:      2       total count:      2
```

此时会发现，两主机使用 DHCP 服务器动态分配的 IP 地址可以正常访问网络，将主机更改为与动态获得的 IP 地址不一样的静态 IP 地址后，无法访问网络。

15.2.9　配置根据绑定表生成 Snooping 类型的 MAC 地址表项

　　配置基于绑定表的 IPSG，能防止非法 MAC 地址的主机访问网络，但无法防止 MAC 地址表被错误刷新而产生的 MAC 地址漂移问题。如图 15-14 所示，非法主机伪造合法主机的 MAC 地址发送数据（例如发送伪造的 ARP 报文）到达交换机，会错误刷新 MAC 地址表，导致非法主机截获发往合法主机的报文。

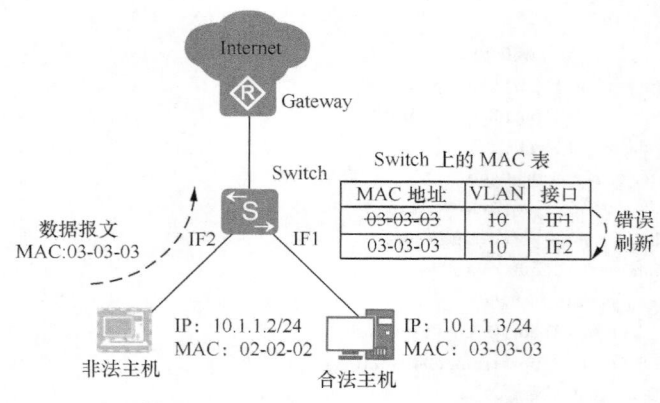

图 15-14　MAC 地址表错误刷新示意

　　Snooping 类型的 MAC 地址表项也是一种安全的 MAC 地址表项，基于静态绑定表动态生成。开启此功能后，接口将不再动态学习 MAC 地址，只允许绑定表中的主机和设备通信，以提高通信的安全性。通过配置此功能关闭该接口动态学习 MAC 地址表项的能力，并使设备可根据绑定表生成 Snooping 类型 MAC 地址表项，可以解决以上问题。

　　生成 Snooping 类型的 MAC 地址表项功能的配置见表 15-24，它与表 15-25 中的功能冲突，请不要同时配置。

表 15-24　　　　　　　　生成 Snooping 类型 MAC 地址表项功能的配置步骤

步骤	命令	说明
1	**system-view** 例如：<HUAWEI> **system-view**	进入系统视图
2	**interface** *interface-type interface-number* 例如：[HUAWEI] **interface** gigabitethernet 0/0/1	进入要使能 802.1X 认证功能的接口的接口视图
3	**user-bind ip sticky-mac** 例如：[HUAWEI-Gigabit Ethernet0/0/1] **user-bind ip sticky-mac**	使能根据静态绑定表生成 Snooping 类型 MAC 地址表项功能。在执行本命令之前，需确保已使用 **dhcp snooping enable** 命令使能了设备的 DHCP Snooping 功能。 【注意】在配置静态绑定表时，必须至少同时指定 MAC 地址、VLAN 编号和接口 3 个参数，且指定的 VLAN 必须已经创建，设备才能根据静态绑定表生成 Snooping 类型的 MAC 地址表项。 缺省情况下，未使能根据绑定表生成 Snooping 类型 MAC 地址表项功能，可用 **undo user-bind ip sticky-mac** 命令去使能根据绑定表生成 Snooping 类型 MAC 地址表项功能

表 15-25　　　　　　　与 **Snooping** 类型的 **MAC** 地址表项功能冲突的功能

功能描述	命令
使能接口 802.1X 功能	**dot1x enable**
使能接口 MAC 地址认证功能	**mac-authen**
配置 MAC 地址学习功能	**mac-address learning disable**（接口视图和 VLAN 视图）
配置 MAC 地址学习最大数量	**mac-limit**
配置 VLAN Mapping 功能	**port vlan-mapping vlan map-vlan**
	port vlan-mapping vlan inner-vlan
配置接口安全功能	**port-security enable**

配置好后，可在任意视图下执行 **display mac-address snooping** [*interface-type interface-number* | **vlan** *vlan-id*] [^*] [**verbose**]命令，查看根据绑定表生成的 Snooping 类型 MAC 地址表项。

15.3　MAC 安全配置与管理

MAC（Media Access Control，介质访问控制）地址用来定义网络设备的位置。MAC 地址由 48 比特长、12 位的十六进制数字组成，其中从左到右开始，0～23bit 是厂商向 IETF 等机构申请用来标识厂商的代码，24～47bit 由厂商自行分派，是各个厂商制造的所有网卡的一个唯一编号。

MAC 地址可以分为 3 种类型。

■ 物理 MAC 地址：这种类型的 MAC 地址唯一地标识了以太网上的一个终端，该地址为全球唯一的硬件地址，各设备上的 MAC 地址全是这种 MAC 地址。

■ 广播 MAC 地址：全 1 的 MAC 地址为广播地址（FF-FF-FF-FF-FF-FF），用来表示 LAN 上的所有终端设备。

■ 组播 MAC 地址：除广播地址外，第 8 位为 1 的 MAC 地址为组播 MAC 地址（例如 01-00-00-00-00-00），用来代表 LAN 上的一组终端。其中以 01-80-c2 开头的组播 MAC 地址叫 BPDU MAC，一般作为协议报文的目的 MAC 地址标示某种协议报文。

MAC 地址表是用于指导报文在同一网络内部的报文转发，记录了交换机学习到的其他设备的 MAC 地址与接口的对应关系，以及接口所属 VLAN 等信息。在转发数据时，设备根据报文中的目的 MAC 地址查询 MAC 地址表，快速定位出接口，从而减少广播。

15.3.1　MAC 地址表项

MAC 地址表中的一个个映射项就是 MAC 地址表项，它们有几种形成方式，对应就形成了几种 MAC 地址表项类型和老化方式。下面分别予以介绍。

1. MAC 地址表的分类

MAC 地址表项分为静态表项、动态表项和黑洞表项。

（1）静态 MAC 地址表项

静态 MAC 地址表项是由用户手工配置的，这类 MAC 地址表项不会被老化，在系统复位后保存的表项也不会丢失。通过绑定静态 MAC 地址表项，可以保证合法用户的使用，也防止其他用户使用该 MAC 地址进行攻击，因为静态 MAC 地址表项优先级最高。—

个接口和 **MAC 地址静态绑定后，本地设备其他接口收到源 MAC 是该 MAC 地址的报文将会被丢弃，即一条静态 MAC 地址表项，只能绑定一个出接口。**但一个接口和 MAC 地址静态绑定后，不会影响该接口动态 MAC 地址表项的学习。

（2）动态 MAC 地址表项

动态表项由接口通过对报文中的源 MAC 地址学习的方式动态获得，这类 MAC 地址表项有老化时间，在系统复位后动态表项也会丢失。通过查看动态 MAC 地址表项，可以判断两台相连设备之间是否有数据转发。

（3）黑洞 MAC 地址表项

黑洞 MAC 地址表项是一种特殊的静态 MAC 地址表项，用于丢弃含有特定源 MAC 地址或目的 MAC 地址的数据帧，在系统复位后，保存的黑洞 MAC 地址表项不会丢失。

为防止无用 MAC 地址表项占用 MAC 地址表，同时为了防止黑客通过 MAC 地址攻击用户设备或网络，可将非信任用户的 MAC 地址配置为黑洞 MAC 地址，**当设备收到目的 MAC 地址或源 MAC 地址为黑洞 MAC 地址的报文时，直接丢弃。**黑洞 MAC 地址表项也是由用户手工配置的，这类 MAC 地址表项也不会被老化。

2. MAC 地址表项的生成方式

通过对前面 MAC 地址表项的类型介绍可以知道，MAC 地址表项有两种生成方式：动态学习方式下的自动生成方式和手工配置方式。

（1）自动生成的 MAC 地址表项

一般情况下，MAC 地址表项是由设备通过对报文中源 MAC 地址的学习而自动建立的。例如，当与 SwitchA 连接的 SwitchB 向 SwitchA 发送数据时，SwitchA 从数据帧中解析出源 MAC 地址（即 SwitchB 的 MAC 地址），连同接口号添加到 MAC 地址表中。以后 SwitchA 接收到发送给 SwitchB 的数据，通过查询 MAC 地址表就可以得到正确的出接口。

为适应网络的变化，MAC 地址表项需要不断更新。MAC 地址表项中动态生成的表项并非永久有效，每一条表项都有一个生存周期（也就是通常所说的"老化时间"），达到生存周期仍得不到刷新的表项将被删除。如果在到达生存周期前记录被刷新，则该表项的老化时间重新计算。

（2）手工配置的 MAC 地址表项

设备在通过报文中源 MAC 地址学习而自动建立 MAC 地址表项时无法区分合法用户和黑客用户的报文，带来了安全隐患。如果黑客用户将攻击报文的源 MAC 地址伪装成合法用户的 MAC 地址，并从设备的其他接口进入，设备就会学习到错误的 MAC 地址表项，于是就会将本应转发给合法用户的报文转发给黑客用户。

为了提高接口的安全性，网络管理员可手工在 MAC 地址表中加入静态 MAC 地址表项，相当于将用户 MAC 地址与所连接的设备接口绑定，从而防止假冒身份的非法用户骗取数据。**通过手工配置黑洞 MAC 地址表项，可以限制指定用户的流量不能从设备通过，防止非法用户的攻击。**

手工配置的 MAC 地址表项优先级高于自动生成的表项。

3. 基于 MAC 地址表的报文转发

设备在转发报文时，根据 MAC 地址表项信息，会采取以下两种转发方式。

① 单播转发：当 MAC 地址表中包含与报文目的 MAC 地址对应的表项时，设备直

接将报文从该表项中的转发出接口发送。

② 广播转发：当设备收到的报文为广播报文（目的 MAC 地址为广播 MAC 地址 ffff-ffff-ffff）、组播报文（目的 MAC 地址为组播 MAC 地址）或 MAC 地址表中没有包含对应报文目的 MAC 地址的表项时，设备将采取广播方式将报文向除接收接口外同一 VLAN 内的所有接口转发。

15.3.2　配置 MAC 地址表项

为了防止一些关键设备（如各种服务器或上行设备）被非法用户恶意修改其 MAC 地址表项，可将这些设备的 MAC 地址配置为静态 MAC 地址表项，因为静态 MAC 地址表项优先于动态 MAC 地址表项，不易被非法修改。

为了防止无用 MAC 地址表项占用 MAC 地址表，同时为了防止黑客通过 MAC 地址攻击用户设备或网络，可将那些有着恶意历史的非信任 MAC 地址配置为黑洞 MAC 地址，使设备在收到目的 MAC 或源 MAC 地址为这些黑洞 MAC 地址的报文时，直接予以丢弃，不修改原有的 MAC 地址表项，也不增加新的 MAC 地址表项。

为了减轻手工配置静态 MAC 地址表项，华为 S 系列交换机缺省已使能了动态 MAC 地址表项的学习功能。但为了避免 MAC 地址表项爆炸式增长，可合理配置动态 MAC 地址表项的老化时间，以便及时删除 MAC 地址表中的废弃 MAC 地址表项。老化时间越短，交换机对周边的网络变化越敏感，适合于网络拓扑变化比较频繁的环境；老化时间越长，越适合于网络拓扑比较稳定的环境。

以上静态 MAC 地址表项、黑洞 MAC 地址表项、动态 MAC 地址表项 3 种 MAC 地址表项的配置方法见表 15-26，可根据需要选择配置。

表 15-26　　　　　　　　　　　　　MAC 地址表项配置步骤

步骤	命令	说明
1	**system-view** 例如：<HUAWEI> **system-view**	进入系统视图
2	**mac-address static** *mac-address* *interface-type interface-number* **vlan** *vlan-id* 例如：[HUAWEI] **mac-address static** 0001-0002-0003 **gigabitethernet** 0/0/2 **vlan** 4	（可选）添加静态 MAC 地址表项，相当于 MAC 地址与接口和 VLAN ID 进行绑定。命令中的参数说明如下。 ① *mac-address*：指定要绑定的 MAC 的地址，格式为 H-H-H，其中 H 为 1～4 位的十六进制数，但不可为广播 MAC 地址、组播 MAC 地址和全零 MAC 地址。 ② *interface-type interface-number*：指定要绑定的出接口，也就是通过这个接口可以访问到以上 MAC 地址所对应的主机或其他设备。但该接口必须先加入下面由 *vlan-id* 参数指定的 VLAN 中，否则无法成功配置。 ③ *vlan-id*：配置出接口所属的 VLAN 编号，相当于指定了以上接口所属 VLAN 的 ID，取值范围为 1～4094 的整数。 静态 MAC 地址表项的优先级高于动态 MAC 地址表项，如果通过 MAC 地址自动学习功能创建的 MAC 地址表项与原来的静态 MAC 地址表项相冲突，则该报文会被丢弃。 可用 **undo mac-address static** *mac-address interface-type interface-number* **vlan** *vlan-id* 命令删除指定的静态 MAC 地址表项

（续表）

步骤	命令	说明
3	**mac-address blackhole** *mac-address* [**vlan** *vlan-id* | **vsi** *vsi-name*] 例如：[HUAWEI]**mac-address blackhole** 0011-0022-0033 **vlan 5**	（可选）添加黑洞 MAC 地址表项。命令中的参数说明如下。 ① *mac-address*：指定黑洞 MAC 地址表项中的 MAC 地址。 ② *vlan-id*：二选一可选参数，指定以上黑洞 MAC 地址所属 VLAN 的 ID，取值范围为 1～4094 的整数。 ③ *vsi-name*：二选一可选参数，指定以上黑洞 MAC 地址所属 VSI 实例的名称，为 1～31 个字符，不支持空格，区分大小写。 可用 **undo mac-address blackhole** [*mac-address*] [**vlan** *vlan-id* | **vsi** *vsi-name*]命令删除指定的黑洞 MAC 地址表项
4	**mac-address aging-time** *aging-time* 例如：[HUAWEI] **mac-address aging-time** 600	（可选）配置动态 MAC 地址表项的老化时间，取值范围是 0 和 10～1000000 的整数秒，0 表示动态 MAC 地址表项不老化。 缺省情况下，动态 MAC 地址表项的老化时间为 300s，可用 **undo mac-address aging-time** 命令恢复动态 MAC 地址表项的老化时间为缺省值

注意 在配置黑洞 MAC 地址表时要注意以下几个方面。

① 黑洞 MAC 地址表项没有老化时间，可以添加、删除。

② 与静态 MAC 地址表项的配置不同，配置黑洞 MAC 表项时，不需要指定出接口。

③ 若指定的 VLAN 已经是 RRPP 的控制 VLAN，则配置错误。

④ 黑洞 MAC 地址表项分为：全局黑洞 MAC 地址表项和基于 VLAN 或 VSI 的黑洞 MAC 地址表项。全局黑洞 MAC 地址表项即执行 **mac-address blackhole** 命令时，只指定 **MAC 地址**，不指定 **VLAN**。另外全局黑洞 MAC 地址表项不占用 MAC 地址表的空间。

⑤ MAC 地址表已满的情况下，继续配置基于 VLAN 或 VSI 的黑洞 MAC 地址表项，则系统的处理方法如下。

■ 如果 MAC 地址表中存在和黑洞 MAC 地址相同的动态 MAC 表项，则添加的黑洞 MAC 表项自动覆盖动态 MAC 地址表项。"和黑洞 MAC 地址相同"指的是 MAC 地址和 VLAN 或 VSI 名相同。

■ 如果 MAC 地址表中不存在和黑洞 MAC 地址相同的动态 MAC 表项，则该黑洞 MAC 表项将配置失败。

⑥ 系统可以配置多个黑洞 MAC 地址表项，多次执行 **mac-address blackhole** 命令后，配置结果是多次配置的累加。

15.3.3 静态 MAC 地址表配置示例

如图 15-15 所示，用户主机 PC 的 MAC 地址为 0002-0002-0002，与 Switch 的 GE0/0/1 接口相连。Server 服务器的 MAC 地址为 0004-0004-0004，与 Switch 的 GE0/0/2 接口相连。用户主机 PC 和 Server 服务器均在 VLAN2 内通信。

现要求为防止 MAC 地址攻击，在 Switch 的 MAC 地址表中为用户主机添加一条静态表项。为防止非法用户假冒 Server 的 MAC 地址窃取重要用户信息，在 Switch 上为

Server 服务器添加一条静态 MAC 地址表项。

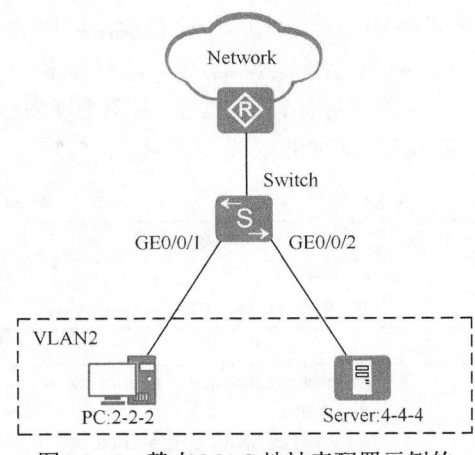

图 15-15　静态 MAC 地址表配置示例的拓扑结构

1. 基本配置思路分析

本示例的要求很明确,也很简单,就是需要两台主机配置静态 MAC 地址表项,故可直接根据上节介绍的方法进行配置,具体配置思路如下。

① 创建 VLAN,并将接口加入到 VLAN 中,实现二层转发功能。

② 为用户主机和 Server 各自添加一条静态 MAC 地址表项,防止非法用户攻击。

2. 具体配置步骤

① 创建 VLAN2,将接口 GigabitEthernet0/0/1、GigabitEthernet0/0/2 加入 VLAN2。

```
<HUAWEI> system-view
[HUAWEI] sysname Switch
[Switch] vlan 2
[Switch-vlan2] quit
[Switch] interface gigabitethernet 0/0/1
[Switch-GigabitEthernet0/0/1] port link-type access
[Switch-GigabitEthernet0/0/1] port default vlan 2
[Switch-GigabitEthernet0/0/1] quit
[Switch] interface gigabitethernet 0/0/2
[Switch-GigabitEthernet0/0/2] port link-type access
[Switch-GigabitEthernet0/0/2] port default vlan 2
[Switch-GigabitEthernet0/0/2] quit
```

② 配置静态 MAC 地址表项。

```
[Switch] mac-address static 2-2-2 GigabitEthernet 0/0/1 vlan 2
[Switch] mac-address static 4-4-4 GigabitEthernet 0/0/2 vlan 2
```

以上配置完成后,可在任意视图下执行 **display mac-address static vlan 2** 命令,查看静态 MAC 表是否添加成功。

```
[Switch] display mac-address static vlan 2
-------------------------------------------------------------------------------
MAC Address          VLAN/VSI/BD              Learned-From        Type

0002-0002-0002       2/-/-                     GE0/0/1             static
0004-0004-0004       2/-/-                     GE0/0/2             static

-------------------------------------------------------------------------------
Total items displayed    = 2
```

15.3.4　配置关闭 MAC 地址学习功能

默认情况下,设备的 MAC 地址学习功能都是开启的。在收到来自周边设备的以太网帧后会从中解析出源 MAC 地址,再结合接收该以太网帧的接口和该接口所属 VLAN 的 VLAN ID,在 MAC 地址表中添加新的表项。这样,以后设备再收到去往该目的 MAC 地址的以太网帧时,则直接查询 MAC 地址表就可以得到正确的发送接口,可以避免广播。

如果想提高网络的安全性,防止设备学习到非法的 MAC 地址,错误地修改 MAC

地址表中的原 MAC 地址表项，可以选择关闭设备上指定接口或者指定 VLAN 中所有接口的 MAC 地址学习功能，这样设备将不再从这些接口上学习新的 MAC 地址。

可以在接口或 VLAN 视图下配置，仅禁止指定接口或指定 VLAN 中的 MAC 地址学习功能，具体的配置步骤见表 15-27。

表 15-27　　　　　　　　　　禁止 MAC 地址学习功能的配置步骤

步骤	命令	说明
1	**system-view** 例如：<HUAWEI> **system-view**	进入系统视图
在具体接口视图下配置		
2	**interface** *interface-type interface-number* 例如：[HUAWEI]**interface** gigabitethernet 0/0/2	键入要禁止 MAC 地址学习功能的接口（必须是二层接口），进入接口视图
3	**mac-address learning disable** [**action** { **discard** | **forward** }] 例如：[HUAWEI-GigabitEthernet0/0/2] **mac-address learning disable action discard**	在接口上禁止 MAC 地址学习功能。命令中的选项说明如下。 ① **action discard**：二选一可选项，指定在收到报文后，对报文的目的 MAC 地址进行匹配，当与 MAC 地址表中某个表项匹配时，则对该报文进行转发，否则丢弃该报文。 ② **action forward**：二选一可选项，指定在收到报文后，直接按照报文中的目的 MAC 地址进行转发。 如果不指定以上关闭 MAC 地址学习后的动作，则采用缺省的 **forward** 动作，但都不会通过学习报文中的 MAC 地址来生成新的 MAC 地址表项了。 缺省情况下，接口的 MAC 地址学习功能是使能的，可用 **undo mac-address learning disable** 命令打开 MAC 地址学习功能
在 VLAN 视图下配置		
2	**vlan** *vlan-id* 例如：[HUAWEI] **vlan 5**	（可选）键入要禁止接口 MAC 地址学习功能的 VLAN，进入 VLAN 视图
3	**mac-address learning disable** 例如：[HUAWEI-vlan5] **mac-address learning disable**	（可选）在 VLAN 中所有接口上禁止 MAC 地址学习功能。但在 VLAN 视图下不支持丢弃或转发动作的选择，都是 **forward** 动作，毕竟是针对 VLAN 中所有接口进行配置的，全部丢弃的话影响太大。 缺省情况下，VLAN 的 MAC 地址学习功能是使能的，可用 **undo mac-address learning disable** 命令打开 MAC 地址学习功能

15.3.5　配置限制 MAC 地址学习数量功能

交换机上是使用内存来保存这些 MAC 地址表项的，而交换机的内存容量是有限的，当黑客伪造大量源 MAC 地址给交换机发送报文时，交换机的 MAC 地址表空间资源就可能被消耗尽，这样后面再收到合法用户的报文也无法学习新的源 MAC 地址，也不能创建新的 MAC 地址表项了。

为了解决以上问题，可以基于接口或者 VLAN 来限制对一些频繁遭到攻击的接口或者 VLAN 限制接口可以学习的 MAC 地址数量，当超过限制数量时不再学习 MAC 地址，同时可以配置当 MAC 地址数量达到限制后对报文采取的动作，从而防止 MAC 地址表资源耗尽，提高网络的安全性。具体的配置步骤见表 15-28。

表 15-28　　　　　　　　　　　限制 MAC 地址学习数量的配置步骤

步骤	命令	说明
1	system-view 例如：<HUAWEI> system-view	进入系统视图
在接口视图下配置		
2	interface interface-type interface-number 例如：[HUAWEI]interface gigabitethernet 0/0/2	键入要禁止 MAC 地址学习功能的接口（必须是二层接口），进入接口视图
3	mac-limit maximum max-num 例如：[HUAWEI-GigabitEthernet0/0/2]mac-limit maximum 500	限制以上接口的 MAC 地址学习数量，取值范围是 0～4096。0 表示不限制 MAC 地址学习数量。 缺省情况下，不限制 MAC 地址学习数量，可用 undo mac-limit 命令取消配置 MAC 地址学习限制
4	mac-limit action {discard | forward }	配置当 MAC 地址数量达到限制后，对报文应采取的动作。命令中的选项说明如下。 ① discard：二选一选项，MAC 地址表项数目达到限制后，源 MAC 地址为新 MAC 地址的报文将被丢弃。 ② forward：二选一选项，MAC 地址表项数目达到限制后，源 MAC 地址为新 MAC 地址的报文继续被转发，但是 MAC 地址表项不记录。 缺省情况下，对超过 MAC 地址学习数量限制的报文采取丢弃动作，可用 undo mac-limit 命令取消配置 MAC 地址学习限制规则
5	mac-limit alarm { disable | enable } 例如：[HUAWEI-GigabitEthernet0/0/2]mac-limit alarm enable	配置以上接口当 MAC 地址数量达到限制后是否进行告警。命令中的选项说明如下。 ① disable：二选一选项，指定当 MAC 地址表项数目达到限制后，系统不发送告警。 ② enable：二选一选项，指定当 MAC 地址表项数目达到限制后，系统发送告警。 缺省情况下，对超过 MAC 地址学习数量限制的报文进行告警，可用 undo mac-limit alarm 命令取消发送告警功能
在 VLAN 视图下配置		
2	vlan vlan-id 例如：[HUAWEI] vlan 5	（可选）键入要配置接口 MAC 地址学习功能的 VLAN，进入 VLAN 视图
3	mac-limit maximum max-num 例如：[HUAWEI-vlan5]mac-limit maximum 1024	（可选）限制以上 VLAN 中的 MAC 地址学习数量。其他说明参见前面在接口视图下配置的第 3 步。 缺省情况下，不限制 VLAN 中的 MAC 地址学习数量，可用 undo mac-limit maximum 命令取消配置 MAC 地址学习限制
4	mac-limit alarm { disable | enable } 例如：[HUAWEI-vlan5]mac-limit alarm enable	（可选）配置以上 VLAN 中当 MAC 地址数量达到限制后是否进行告警。其他说明参见前面在接口视图下配置的第 4 步。 缺省情况下，对超过 MAC 地址学习数量限制的报文进行告警，可用 undo mac-limit alarm 命令取消发送告警功能

15.3.6 基于 VLAN 的 MAC 地址学习限制配置示例

如图 15-16 所示，用户网络 1 和用户网络 2 通过两台 LSW 与 Switch 相连，连接的接口同属于 VLAN 2。现为防止 MAC 地址欺骗攻击，控制接入用户数量，在 Switch 上配置在 VLAN 2 中限制 MAC 地址学习功能。

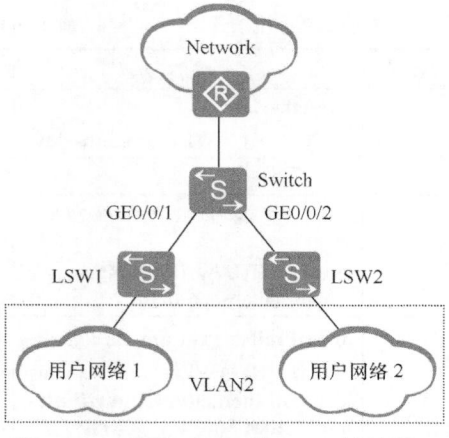

图 15-16　基于 VLAN 的 MAC 地址学习限制的配置示例的拓扑结构

1. 基本配置思路

根据本示例要求，可采用如下的思路配置基于 VLAN 的 MAC 地址学习限制。

① 创建 VLAN 2，并将对应接口加入 VLAN 2 中，实现二层转发功能。

② 配置 VLAN 2 的 MAC 地址学习限制，实现防止 MAC 地址攻击，控制接入用户的数量。

2. 具体配置步骤

① 将 Switch 的 GigabitEthernet0/0/1 和 GigabitEthernet0/0/2 接口设置为带 VLAN 标签方式的 Hybrid 类型（因为交换机间链路传输的报文通常是要带 VLAN 标签的）或者 Trunk 类型，然后加入 VLAN 2 中。本示例采用带标签的 Hybrid 端口类型进行配置。

```
<Switch> system-view
[Switch] vlan 2
[Switch-vlan2] quit
[Switch] interface gigabitethernet 0/0/1
[Switch-GigabitEthernet0/0/1] port hybrid pvid vlan 2
[Switch-GigabitEthernet0/0/1] port hybrid tagged vlan 2
[Switch-GigabitEthernet0/0/1] quit
[Switch] interface gigabitethernet 0/0/2
[Switch-GigabitEthernet0/0/2] port hybrid pvid vlan 2
[Switch-GigabitEthernet0/0/2] port hybrid tagged vlan 2
[Switch-GigabitEthernet0/0/2] quit
```

② 在 VLAN 2 上配置 MAC 地址学习限制规则，假设允许最多可以学习 100 个 MAC 地址，超过最大 MAC 地址学习数量的报文进行告警提示。

```
[Switch] vlan 2
[Switch-vlan2] mac-limit maximum 100 alarm enable
[Switch-vlan2] quit
```

配置好后，在任意视图下执行 **display mac-limit** 命令查看 MAC 地址学习限制规则。

15.3.7 配置 MAC 地址防漂移功能

MAC 地址漂移就是设备上一个接口学习到的 MAC 地址在同一 VLAN 中另一个接口上也被学习到，这样，后面学习到的 MAC 地址表项就会覆盖原来的表项（对应的出接口不同了）。如图 15-17 所示，MAC 地址为 0011-0022-0034，VLAN ID 为 2 的表项，出接口由 GE0/0/1 刷新为 GE0/0/2，这就是 MAC 地址漂移。

出现 MAC 地址漂移的原因主要有两个：①网络中交换机网线误接或配置错误形成了环网；②网络中某些非法用户仿冒合法的 MAC 地址进行 MAC 地址攻击。

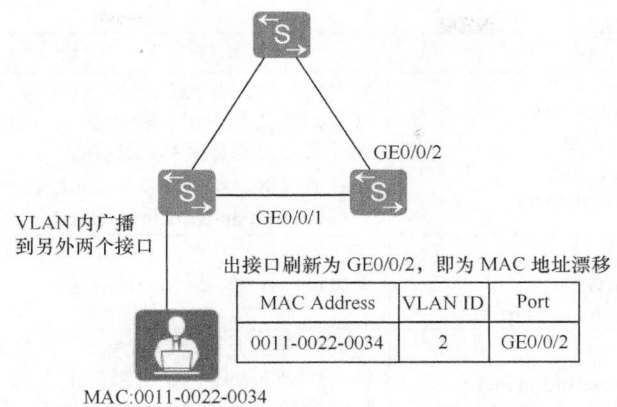

图 15-17　MAC 地址漂移示意

配置 MAC 地址防漂移功能后，可以保证一个 MAC 地址的表项仅可在一个正确的接口上学习到，防止仿冒合法主机的 MAC 地址的入侵而改变该 MAC 地址原来正确的 MAC 地址表项。

MAC 地址防漂移功能的配置很简单，只需配置以下两项配置任务。

（1）配置接口 MAC 地址学习优先级

在接口上配置不同的 MAC 地址学习优先级后，如果不同接口学到相同的 MAC 地址表项，那么高优先级接口学到的 MAC 地址表项可以覆盖低优先级接口学到的 MAC 地址表项，防止 MAC 地址发生漂移。

（2）配置不允许相同优先级接口 MAC 地址漂移

配置不允许相同优先级（缺省都是相同优先级）的接口发生 MAC 地址表项覆盖，也可以防止 MAC 地址漂移，提高网络的安全性。如设备的上行接口连接服务器，下行接口连接用户。为防止非法用户伪造服务器的 MAC 地址入侵，可以配置不允许相同优先级的接口发生 MAC 地址漂移。这样接口将不再学习相同的 MAC 地址，非法用户将无法使用网络设备 MAC 地址干扰设备与其他网络设备的正常通信。

但配置不允许相同优先级接口 MAC 地址漂移功能后，也有负面的影响，如设备的接口连接的网络设备（例如服务器）关机后，而设备的另外一个优先级相同的接口学习到与该网络设备同样的 MAC 地址（**可能是伪造的**），这时当原来关闭的网络设备再次上电后就不能再次正确学习这个设备的 MAC 地址，造成与该网络设备通信的中断。

以上两项 MAC 地址防漂移的配置任务的具体配置步骤见表 15-29。

表 15-29　　　　　　　　　　　　　　　**MAC 地址防漂移的配置步骤**

步骤	命令	说明
1	**system-view** 例如：<HUAWEI> **system-view**	进入系统视图
2	**interface** *interface-type interface-number* 例如：[HUAWEI]**interface** gigabitethernet 0/0/2	键入要配置 MAC 地址防漂移功能的接口（必须是二层接口），进入接口视图

（续表）

步骤	命令	说明
3	**mac-learning priority** *priority-id* 例如：[HUAWEI-GigabitEthernet0/0/2] **mac-learning priority 2**	配置接口学习 MAC 地址的优先级，取值范围为 0～3 的整数，数值越大优先级越高。为想要正学习的某 MAC 地址的接口配置更高的优先级。 缺省情况下，所有接口学习 MAC 地址的优先级均为 0，可用 **undo mac-learning priority** 命令恢复为缺省值
4	**quit** 例如：[HUAWEI-GigabitEthernet0/0/2] **quit**	退出接口视图，返回系统视图
5	**undo mac-learning priority** *priority-id* **allow-flapping** 例如：[HUAWEI] **undo mac-learning priority 2 allow-flapping**	全局配置不允许相同优先级的接口发生 MAC 地址漂移。参数 *priority-id* 用来指定不允许发生 MAC 地址漂移的接口学习 MAC 地址的优先级，取值范围为 0～3 的整数。 缺省情况下，允许相同优先级的接口发生 MAC 地址漂移，可用 **mac-learning priority allow-flapping** 命令恢复缺省情况

15.3.8　配置 MAC 地址漂移检测功能

上节介绍了设备的 MAC 地址防漂移功能，本节介绍 MAC 地址漂移的检测功能。

MAC 地址漂移检测是利用 MAC 地址出接口跳变的现象，检测 MAC 地址是否发生漂移的功能。配置 MAC 地址漂移检测功能后，在发生 MAC 地址漂移时，可以上报包括 MAC 地址、VLAN，以及跳变的接口等信息的告警。其中跳变的接口即为可能出现环路的接口。网络管理员可以根据告警信息，手工排查网络中环路的源头，也可以使用MAC 漂移检测提供的后续动作，使跳变的端口 down 或者 VLAN 从端口中退出，实现自动破环。

如图 15-18 所示的网络中，若 SwitchC 和 SwitchD 之间误接网线，则 SwitchB、SwitchC、SwitchD 之间形成环路。当 SwitchA 上 Port1 接口从网络中收到一个广播报文后转发给 SwitchB，该报文经过环路，会被 SwitchA 上 Port2 接口收到。配置 MAC 地址漂移检测功能，SwitchA 就会感知到 MAC 地址出接口跳变的现象。若连续出现此现象，SwitchA 就会上报 MAC 漂移告警，提醒管理员进行维护。

MAC 地址漂移检测功能可以分别基于 VLAN 配置（仅 S7703、S7706 和 S7712 支持）和全局配置。

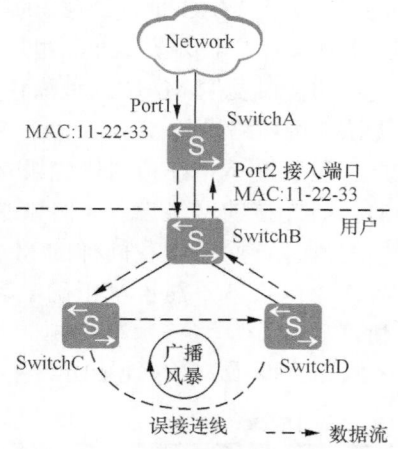

图 15-18　MAC 地址漂移检测组网示意

1. 基于 VLAN 的 MAC 地址漂移检测

当基于 VLAN 配置 MAC 地址漂移检测后，系统将检测该 VLAN 内所有 MAC 地址是否发生漂移，若出现 MAC 地址漂移则执行阻断动作，阻断时间到达后放开并重新进行检测。若 20s 内没有再次检测到 MAC 地址漂移，则接口阻塞被完全解除，重新开始一轮检测；若在 20s 内再次检测到 MAC 地址漂移，则再次开始阻塞，如此反复，直至达到设定的重试次数，若依然能够检测到 MAC 地址漂移，则永久阻断该接口。

注意　当系统检测到某 VLAN 内有 MAC 地址发生漂移且发生漂移的接口或 MAC 地址被永久阻断时，只能通过配置解除指定 VLAN 下的接口阻断或 MAC 地址阻断来恢复到正常状态。

2. 基于全局的 MAC 地址漂移检测

当配置全局 MAC 地址漂移检测功能时，就可以检测到设备上所有的 MAC 地址是否发生了漂移。如果用户修改动态 MAC 地址表项的老化时间变长，会导致观测到 MAC 地址漂移的时间变长，为了能够及时检测到 MAC 地址漂移，可以修改漂移表项的老化时间。当基于全局在端口上配置了 MAC 地址漂移处理动作后，如果系统检测到该端口学习的 MAC 发生漂移，会将该端口关闭或者退出原来的 VLAN。**但在一个 MAC 地址漂移表项老化周期内只能关闭一个端口。**

以上两种 MAC 地址漂移检测的具体配置方法见表 15-30。

表 15-30　　　　　　　　　　　　MAC 地址漂移检测的具体配置方法

步骤	命令	说明
1	**system-view** 例如：<HUAWEI> **system-view**	进入系统视图
	基于 VLAN 配置 MAC 地址漂移检测功能	
2	**vlan** *vlan-id* 例如：[HUAWEI] **vlan** 10	键入要配置 MAC 地址漂移检测功能的 VLAN，进入 VLAN 视图
3	**loop-detect eth-loop** { [**block-mac**] **block-time** *block-time* **retry-times** *retry-times* | **alarm-only** } 例如：[HUAWEI-vlan10] **loop-detect eth-loop block-mac** 0001-0002-0003 **retry-times** 3	配置对指定的 MAC 地址漂移检测功能。 ① **block-mac**：可选项，指定根据 MAC 地址阻断。当没有指定此选项时，如果发现 MAC 地址漂移则阻断整个接口。 ② **block-time** *block-time* **retry-times** *retry-times*：二选一参数，指定阻断的时间和阻断的重试次数，取值范围分别为 10～65535 的整数秒，1～5 的整数。 ③ **alarm-only**：二选一选项，指示当系统检测到 MAC 地址漂移时不阻断接口或 MAC 地址，只给网管发送告警。 缺省情况下，没有配置基于 VLAN 的 MAC 地址漂移检测功能，可用 **undo loop-detect eth-loop** 命令取消对指定 VLAN 的该功能
	基于全局配置 MAC 地址漂移检测功能	
2	**mac-address flapping detection** 例如：[HUAWEI] **mac-address flapping detection**	配置全局 MAC 地址漂移检测功能。 缺省情况下，已经配置了全局 MAC 地址漂移检测功能，可用 **undo mac-address flapping detection** 命令取消配置全局 MAC 地址漂移检测功能
3	**mac-address flapping detection exclude vlan** { *vlan-id1* [**to** *vlan-id2*] } &<1-10> 例如：[HUAWEI] **mac-address flapping detection exclude vlan** 5 **to** 10	（可选）配置 MAC 地址漂移检测的 VLAN 白名单，即指定不进行 MAC 地址漂移检测的 VLAN。 缺省情况下，没有配置 MAC 地址漂移检测的 VLAN 白名单，可用 **undo mac-address flapping detection exclude vlan** { { *vlan-id1* [**to** *vlan-id2*] } &<1-10> | **all** }命令删除 MAC 地址漂移检测时指定的或所有 VLAN 白名单

（续表）

步骤	命令	说明
4	mac-address flapping detection vlan { { *vlan-id1* [**to** *vlan-id2*] } &<1-10> | **all** } security-level { **high** | **middle** |**low** } 例如：[HUAWEI]mac-address flapping detection vlan 5 security-level high	（可选)配置指定 VLAN 中 MAC 地址漂移检测的安全级别。命令中的参数和选项说明如下。 ① *vlan-id1* [**to** *vlan-id2*]：二选一参数，指定要配置 MAC 地址漂移检测的安全级别的 VLAN。 ② &<1-10>：表示 *vlan-id1* [**to** *vlan-id2*]参数可以最多有 10 个。 ③ **all**：二选一选项，指定在所有 VLAN 上配置 MAC 地址漂移检测的安全级别。 ④ **high**：多选一选项，配置对指定 VLAN 的 MAC 漂移检测安全级别为高，即 MAC 地址发生 3 次迁移后，系统认为发生了 MAC 地址漂移。 ⑤ **middle**：多选一选项，配置对指定 VLAN 的 MAC 漂移检测安全级别为中，即 MAC 地址发生 10 次迁移后，系统认为发生了 MAC 地址漂移。 ⑥ **low**：多选一选项，配置对指定 VLAN 的 MAC 漂移检测安全级别为高，即 MAC 地址发生 50 次迁移后，系统认为发生了 MAC 地址漂移。 缺省情况下，MAC 地址漂移检测的安全级别为 **middle**，可用 **undo mac-address flapping detection vlan** { { *vlan-id1* [**to** *vlan-id2*] } &<1-10> | **all** } security- level [**high** | **middle** | **low**]命令恢复指定 VLAN 的安全级别为缺省值
5	mac-address flapping aging-time *aging-time* 例如：[HUAWEI] mac-address flapping aging-time 100	（可选）配置 MAC 地址漂移表项的老化时间，取值范围为 60～900 的整数秒。 缺省情况下，MAC 地址漂移表项的老化时间为 300s，可用 **undo mac-address flapping aging-time** 命令恢复为缺省值
6	interface *interface-type interface-number* 例如：[HUAWEI]interface gigabitethernet 0/0/1	（可选）键入要配置发生 MAC 漂移后的处理动作的接口，进入接口视图
7	mac-address flapping action { **quit-vlan** | **error-down** } 例如：[HUAWEI-GigabitEthernet0/0/1] mac-address flapping action quit-vlan	（可选）配置接口发生 MAC 漂移后的处理动作。命令中的选项说明如下。 ① **quit-vlan**：二选一选项，指定接口在发生 MAC 地址漂移后，该接口从原 VLAN 中退出。 ② **error-down**：二选一选项，指定接口在发生 MAC 地址漂移后，关闭该接口。 缺省情况下，端口关闭后不会自动恢复，只能由网络管理人员先执行 **shutdown** 命令，再执行 **undo shutdown** 命令手动恢复，也可以在接口视图下执行 **restart** 命令重启接口 缺省情况下，没有配置接口 MAC 地址漂移后的处理动作，可用 **undo mac-address flapping action** { **error-down** | **quit-vlan** }命令恢复缺省情况

　　配置好后，可在任意视图下执行 **display mac-address flapping** 命令，查看 MAC 地址漂移的配置信息。

15.3.9　MAC 地址防漂移配置示例

本示例的拓扑结构如图 15-19 所示，某企业网络中的用户需要访问企业的服务器（Server）。由于在企业网中很难控制接入用户的行为，如果某些非法用户从其他接口假冒服务器的 MAC 地址发送报文，则服务器的 MAC 地址将在其他接口学习到。为了提高服务器的安全性，防止被非法用户攻击，可在服务器连接的 GE0/0/1 接口上配置 MAC 防漂移功能。

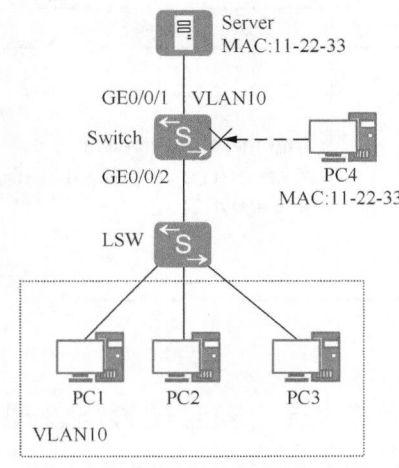

图 15-19　MAC 地址防漂移配置
示例的拓扑结构

因为本示例的要求和配置都非常简单，所以下面直接给出具体的配置步骤。

① 创建 VLAN，配置接口类型，并将接口加入 VLAN 中。

```
<Switch> system-view
[Switch] vlan 10
[Switch－vlan10] quit
[Switch] interface gigabitethernet 0/0/2
[Switch-GigabitEthernet0/0/2] port link-type trunk
[Switch-GigabitEthernet0/0/2] port trunk allow-pass vlan 10
[Switch-GigabitEthernet0/0/2] quit
[Switch] interface gigabitethernet 0/0/1
[Switch-GigabitEthernet0/0/1] port hybrid pvid vlan 10
[Switch-GigabitEthernet0/0/1] port hybrid untagged vlan 10
```

② 在 GigabitEthernet0/0/1 接口上配置 MAC 地址学习的优先级为 2，高于其他接口所采用的缺省值 0，可以防止非法覆盖服务器的 MAC 地址表项。

```
[Switch-GigabitEthernet0/0/1] mac-learning priority 2
[Switch-GigabitEthernet0/0/1]quit
```

配置好后，在任意视图下执行 **display current-configuration** 命令可查看接口 MAC 地址学习的优先级配置是否正确。

15.3.10　配置丢弃全零 MAC 地址报文功能

网络中的一些主机或设备在发生故障时，往往会向交换机发送源 MAC 地址或目的 MAC 地址为全 0 的报文。可配置交换机丢弃这些报文，还可以配置在收到这些报文时上报告警，管理员可根据告警信息来定位故障设备。具体的配置步骤见表 15-31。

表 15-31　　　　　　　　　丢弃全零 MAC 地址报文功能的配置步骤

步骤	命令	说明
1	**system-view** 例如：<HUAWEI> **system-view**	进入系统视图
2	**drop illegal-mac enable** 例如：[HUAWEI] **drop illegal-mac enable**	使能交换机丢弃全 0 非法 MAC 地址报文的功能。 缺省情况下，交换机没有使能丢弃全 0 非法 MAC 地址报文的功能，可用 **undo drop illegal-mac enable** 命令恢复缺省情况

（续表）

步骤	命令	说明
3	**drop illegal-mac alarm** 例如：[HUAWEI]**drop illegal-mac alarm**	（可选）配置交换机收到全 0 非法 MAC 地址报文时生成一条告警，但只能告警一次，如果需要继续告警，必须重新配置该命令。但在此之前一定要在设备系统视图下使用 **snmp-agent trap enable feature-name lldptrap** 命令使能设备的 LLDP 告警功能。 缺省情况下，交换机收到全 0 非法 MAC 地址报文时不生成告警，可用 **undo drop illegal-mac alarm** 命令恢复缺省情况

15.4 端口安全配置与管理

端口安全（Port Security）功能是将设备端口学习到的 MAC 地址转换为安全 MAC 地址（包括安全动态 MAC 地址、安全静态 MAC 地址和 Sticky MAC 地址，是设备信任的 MAC 地址），以阻止除安全 MAC 地址和静态 MAC 地址之外的主机通过本接口和交换机通信，从而增强设备安全性。

15.4.1 端口安全简介

本节介绍端口安全功能中涉及一些主要的基础知识，包括安全 MAC 地址的分类、超过安全 MAC 地址限制数量后的动作和出现静态 MAC 地址漂移时的动作。

1. 安全 MAC 地址的分类

安全 MAC 地址分为：安全动态 MAC、安全静态 MAC 与 Sticky MAC，基本说明见表 15-32。

表 15-32 安全 MAC 地址的分类

类型	定义	特点
安全动态 MAC 地址	使能端口安全而未使能 Sticky MAC 功能时转换的 MAC 地址	① 设备重启后表项会丢失，需要重新学习。 ② 缺省情况下不会被老化，只有在配置安全 MAC 的老化时间后才可以被老化。 ③ 安全动态 MAC 地址的老化类型分为：绝对时间老化和相对时间老化。 ④ 如设置绝对老化时间为 5min：系统每隔 1min 计算一次每个 MAC 的存在时间，若大于等于 5min，则立即将该安全动态 MAC 地址老化。否则，等待下 1min 再检测计算。 ⑤ 如设置相对老化时间为 5min：系统每隔 1min 检测一次是否有该 MAC 的流量。若没有流量，则经过 5min 后将该安全动态 MAC 地址老化
安全静态 MAC 地址	使能端口安全时手工配置的静态 MAC 地址	不会被老化，手动保存配置后重启设备不会丢失
Sticky MAC 地址	使能端口安全后又同时使能 Sticky MAC 功能后转换到的 MAC 地址	不会被老化，手动保存配置后重启设备不会丢失

说明　在配置、应用端口安全功能时要注意以下几个方面。

① 接口使能端口安全功能时，接口上之前学习到的动态 MAC 地址表项将被删除，之后学习到的 MAC 地址将变为安全动态 MAC 地址。

② 接口使能 Sticky MAC 功能时，接口上的安全动态 MAC 地址表项将转化为 Sticky MAC 地址，之后学习到的 MAC 地址也变为 Sticky MAC 地址。

③ 接口去使能端口安全功能时，接口上的安全动态 MAC 地址将被删除，重新学习动态 MAC 地址。

④ 接口去使能 Sticky MAC 功能时，接口上的 Sticky MAC 地址，会转换为安全动态 MAC 地址。

2. 超过安全 MAC 地址限制数量后的动作

当接口上学习到的安全 MAC 地址数量达到限制后，如果收到源 MAC 地址不存在的报文，无论目的 MAC 地址是否存在，交换机都认为有非法用户攻击，就会根据配置的动作对接口进行保护处理，具体见表 15-33。缺省情况下，保护动作是丢弃该报文并上报告警。告警信息可以通过 **display trapbuffer** 命令查看，也可以直接上报网管系统，通过网管查看。

表 15-33　　　　　　　　　　　端口安全的保护动作

动作	说明
restrict	丢弃源 MAC 地址不存在的报文并上报告警。推荐使用 restrict 动作
protect	只丢弃源 MAC 地址不存在的报文，不上报告警
shutdown	接口状态被置为 error-down，并上报告警。默认情况下，接口关闭后不会自动恢复，只能由网络管理人员在接口视图下使用 **restart** 命令重启接口进行恢复。 如果用户希望被关闭的接口可以自动恢复，则可在接口 error-down 前通过在系统视图下执行 **error-down auto-recovery cause port-security interval** *interval-value* 命令使能接口状态自动恢复为 Up 的功能，并设置接口自动恢复为 Up 的延时时间，使被关闭的接口经过延时时间后能够自动恢复

3. 配置静态 MAC 地址漂移检测功能后出现静态 MAC 地址漂移时的动作

在接口上配置静态 MAC 地址漂移的检测功能（参见 15.3.8 节）后，如果收到报文的源 MAC 地址已经存在于其他接口的静态 MAC 地址表中，交换机则认为存在安全静态 MAC 地址漂移，就会根据配置的动作对接口进行保护处理。端口安全保护动作有 restrict、protect 和 shutdown 3 种，参见表 15-33，只是在 restrict、protect 动作中仅针对触发静态 MAC 地址漂移的报文，而不是原来的源 MAC 地址不存在的报文。此时的告警信息可以通过执行 **display trapbuffer** 命令查看，也可以直接上报网管系统，通过网管查看。

15.4.2　配置安全动态 MAC 功能

在对接入用户的安全性要求较高的网络中，可以配置端口安全功能，将接口学习到的 MAC 地址转换为安全动态 MAC 地址或 Sticky MAC 地址，且当接口上学习的最大 MAC 数量达到上限后不再学习新的 MAC 地址，只允许这些 MAC 地址和设备通信。这样可在一定程度上（因为非信任的 MAC 地址也可在达到最大可学习 MAC 地址数量之前学习到）阻止其他非信任的 MAC 主机通过本接口和交换机通信，提高设备与网络的安全性。

缺省情况下，**安全动态 MAC 地址表项不会被老化，但可以通过在接口上配置安全动态 MAC 老化时间使其变为可以老化，且设备重启后安全动态 MAC 地址会丢失，需要重新学习**。安全动态 MAC 功能的配置步骤见表 15-34。

表 15-34　　　　　　　　　　　　　　安全动态 MAC 功能的配置步骤

步骤	命令	说明
1	**system-view** 例如：<HUAWEI> **system-view**	进入系统视图
2	**interface** *interface-type interface-number* 例如：[HUAWEI]**interface** gigabitethernet 0/0/2	键入要配置安全动态 MAC 功能的接口（必须是二层接口），进入接口视图
3	**port-security enable** 例如：[HUAWEI-GigabitEthernet0/0/2] **port-security enable**	使能以上接口的端口安全功能。使能端口安全功能后，才可以配置端口安全保护动作、安全动态 MAC 学习限制数量和下节将要介绍的 Sticky MAC 功能。 缺省情况下，未使能端口安全功能，可用 **undo port-security enable** 命令关闭该功能
4	**port-security max-mac-num** *max-number* 例如：[HUAWEI-GigabitEthernet0/0/2] **port-security max-mac-num** 100	（可选）配置以上接口的安全动态 MAC 学习限制数量，不同系列交换机的取值范围不同：盒式系列交换机为 1～1024 的整数，框式系列交换机为 1～4096 的整数。 【注意】在配置安全 MAC 地址学习数量限制时要注意下下几个方面。 ① 对于 S1720GW-E、S1720GWR-E、S1720X-E、S2720EI、S5720LI、S5720S-LI、S5730SI、S5730S-EI、S6720LI、S6720S-LI、S6720SI 和 S6720S-SI 子系列，以及 S7700 框式系列交换机，所有使能端口安全的接口配置的 MAC 地址限制数量总和不能超过 4096。例如端口 1 配置的 MAC 地址限制数量是 2000，端口 2 配置的 MAC 地址限制数量是 1500，则端口 3 允许配置的 MAC 地址限制数量最大只能是 596。 ② 在没有使能 Sticky MAC 的情况下，该接口限制数量用于限制接口学习的安全动态 MAC 地址数量和手动配置的安全静态 MAC 数量。 ③ 在使能 Sticky MAC 的情况下，该接口限制数量用于限制接口学习的 Sticky MAC 数量及手动配置的 Sticky MAC 数量和安全静态 MAC 数量。 ④ 如果用户 PC 使用 IP Phone 连接交换机，MAC 地址学习限制数量请配置为 3 个。因为 IP Phone 需要占用两个 MAC 地址表项，PC 需要占用一个 MAC 地址表项。其中 IP Phone 占用的两个 MAC 地址表项的 VLAN 不同，一个 VLAN 用来传输语音报文，一个 VLAN 用来传输数据报文。 ⑤ 在同一接口上多次执行 **port-security max-mac-num** 命令后，以最后一次配置为准。 缺省情况下，接口学习的安全 MAC 地址限制数量为 1，可用 **undo port-security max-mac-num** 命令恢复端口安全 MAC 地址学习限制数量为缺省值

（续表）

步骤	命令	说明
5	**port-security mac-address** *mac-address* **vlan** *vlan-id* 例如：[HUAWEI-Gigabit Ethernet0/0/1] **port-security mac-address 286E-D488-B6FF vlan** 10	（可选）配置静态安全 MAC 地址，不能是 VRRP 虚 MAC 地址。命令中的参数说明如下。 ① *mac-address*：配置为静态安全 MAC 的 MAC 地址。 ② **vlan** *vlan-id*：配置 VLAN 的编号，整数形式，取值范围是 1～4094。 可以手动配置一条或多条静态安全 MAC 地址表项，多次执行本命令，配置结果是多次配置的累加。 缺省情况下，设备上未配置静态安全 MAC 地址，可用 **undo port-security mac-address** *mac-address* **vlan** *vlan-id* 命令删除静态安全 MAC 地址
6	**port-security protect-action** { **protect** | **restrict** | **shutdown** } 例如：[HUAWEI-GigabitEthernet0/0/2] **port-security protect-action protect**	（可选）配置以上接口的端口安全保护动作。命令中的选项说明如下。 ① **protect**：多选一选项，指定当接口学习到的 MAC 地址数量达到接口限制数量时，丢弃源 MAC 地址不在 MAC 地址表中的报文。 ② **restrict**：多选一选项，指定当接口学习到的 MAC 地址数量超过接口限制数量时，丢弃源 MAC 地址不在 MAC 地址表中的报文，并同时发出告警。 ③ **shutdown**：多选一选项，指定当接口学习到的 MAC 地址数量超过接口限制数量时，将端口 error down（是一种管理关闭模式），同时发出告警。缺省情况下，端口关闭后不会自动恢复，只能由网络管理人员先执行 **shutdown** 命令再执行 **undo shutdown** 命令手动恢复，也可以在接口视图下执行 **restart** 命令重启接口。 缺省情况下，端口安全保护动作为 **restrict**，可用 **undo port-security protect-action** 命令配置接口安全功能的保护动作为缺省动作
7	**port-security aging-time** *time* [**type** { **absolute** | **inactivity** }] 例如：[HUAWEI-GigabitEthernet0/0/2] **port-security aging-time** 30	（可选）配置以上接口学习到的安全动态 MAC 地址的老化时间。命令中的参数和选项说明如下。 ① *time*：指定安全动态 MAC 地址的老化时间，取值范围为 1～1440 的整数分钟。 ② **type absolute**：二选一可选项，配置安全动态 MAC 地址表项的老化类型为绝对时间老化，即系统每隔所设置的时间检测一次是否有该 MAC 地址的流量。如果没有流量，则立即将该安全动态 MAC 地址老化。 ③ **type inactivity**：二选一可选项，配置安全动态 MAC 地址表项的老化类型为相对时间老化，即系统会每隔 1min 检测一次是否有该 MAC 地址的流量。如果没有流量，则经过所设置的时间后将该安全动态 MAC 地址老化。 如果没有指定以上可选项，则缺省值为 **absolute**，即绝对时间老化类型。 缺省情况下，接口学习的安全动态 MAC 地址不老化，可用 **undo port-security aging-time** 命令使该接口的安全动态 MAC 地址不老化

配置好后，可在任意视图下执行以下 **display** 命令查看相关配置，验证配置结果。

- **display mac-address security** [**vlan** *vlan-id* \| *interface-type interface-number*] *

[**verbose**]：查看安全动态 MAC 表项。

■ **display mac-address sec-config** [**vlan** *vlan-id* | *interface-type interface-number*] *
[**verbose**]：查看配置的安全静态 MAC 表项。

15.4.3　配置 Sticky MAC 功能

Sticky（粘性）　MAC 地址与上节介绍的安全动态 MAC 地址差不多，都属于安全 MAC 地址，都可在接口上使能端口安全功能后，仅允许这些安全 MAC 地址和静态 MAC 地址与设备进行通信，在接口学习到的最大 MAC 数量达到上限后，不再学习新的 MAC 地址。它们之间主要的不同有以下几个方面。

① 安全动态 MAC 地址可以通过在接口上配置老化时间来进行老化，但 Sticky MAC 地址永远不会被老化（不能通过在接口配置老化时间）。

② 安全动态 MAC 地址对应的 MAC 地址表项在设备重启后丢失，需要重新学习，但 Sticky MAC 地址对应的 MAC 地址表项在设备重启后也不会丢失，无需重新学习。

③ 安全动态 MAC 地址表项只能通过动态学习得到，而 Sticky MAC 地址表项既可以通过安全动态 MAC 地址转换得到，又可以手工静态配置。

Sticky MAC 功能特别适合为那些关键服务器或上行设备的 MAC 地址配置，因为永久有效，且所配置的 Sticky MAC 地址表项在设备重启后也不会丢失。Sticky MAC 功能具体的配置步骤见表 15-35，整体与上节介绍的安全动态 MAC 功能的配置差不多。

表 15-35　　　　　　　　　　　　　　　　**Sticky MAC 功能的配置步骤**

步骤	命令	说明
1	**system-view** 例如：<HUAWEI> **system-view**	进入系统视图
2	**interface** *interface-type interface-number* 例如：[HUAWEI]**interface** gigabitethernet 0/0/2	键入要配置 Sticky MAC 功能的接口（必须是二层接口），进入接口视图
3	**port-security enable** 例如：[HUAWEI-GigabitEthernet0/0/2] **port-security enable**	使能以上接口的端口安全功能，其他说明参见上节表 15-34 中的第 3 步
4	**port-security mac-address sticky** 例如：[HUAWEI-GigabitEthernet0/0/2] **port-security mac-address sticky**	使能以上接口的 Sticky MAC 功能。使能 Sticky MAC 功能后接口会将学习到的动态 MAC 地址转化为 Sticky MAC（相当于静态 MAC）。 【注意】接口使能 Sticky MAC 功能，安全动态 MAC 地址表项将转化为 Sticky MAC 地址，之后学习到的 MAC 地址也变为 Sticky MAC 地址。 接口使能 Sticky MAC 功能，即使配置了 **port-security aging-time**，Sticky MAC 也不会被老化。 Sticky MAC 地址表项，保存后重启设备不丢弃。 缺省情况下，接口未使能 Sticky MAC 功能，可用 **undo port-security mac-address sticky** 命令去使能接口的 Sticky MAC 功能

（续表）

步骤	命令	说明
5	**port-security max-mac-num** *max-number* 例如： [HUAWEI-GigabitEthernet0/0/2] **port-security max-mac-num** 100	（可选）配置以上接口安全动态 MAC 学习限制的数量，其他说明参见上节表 15-34 中的第 4 步
6	**port-security protect-action** { **protect** | **restrict** | **shutdown** } 例如：[HUAWEI-GigabitEthernet0/0/2] **port-security protect-action protect**	（可选）配置以上接口的端口安全保护动作。其他说明参见上节表 15-34 中的第 5 步
7	**port-security mac-address sticky** *mac-address* **vlan** *vlan-id* 例如：[HUAWEI-GigabitEthernet0/0/2] **port-security mac-address sticky** 0001-0002-0003 **vlan** 5	（可选）手动配置 **sticky-mac** 地址表项。命令中的参数说明如下。 ① *mac-address*：配置为 Sticky MAC 地址的 MAC 地址，格式为 H-H-H，其中 H 为 1～4 位的十六进制数，不能为 FFFF-FFFF-FFFF。 ② *vlan-id*：指定以上 Sticky MAC 地址对应的出接口所属 VLAN 的 VLAN ID，取值范围为 1～4094。 缺省情况下，接口上没配置 Sticky MAC 地址，可用 **undo port-security mac-address sticky** [*mac-address* **vlan** *vlan-id*]命令删除指定的 Sticky MAC 地址

配置好后，可在任意视图下执行 **display mac-address sticky** [**vlan** *vlan-id* | *interface-type interface-number*] * [**verbose**] 命令，查看 Sticky MAC 表项。

15.4.4　端口安全配置示例

如图 15-20 所示，为了提高信息安全，在 Switch 连接用户主机的接口上使能端口安全功能，并且设置了端口学习 MAC 地址数量的上限为接入用户数，这样其他外来人员使用自己带来的 PC 无法访问公司的网络。

1. 基本配置思路分析

本示例的要求很简单，就是要为接口使能端口安全功能。还可为了使设备在重启后不丢失所学习的安全功能，为这些信任设备使能 Sticky MAC 功能，并配置当学习到的 Sticky MAC 地址超过限制的安全 MAC 地址总数（仅 1，使端口不能再连接其他设备了）时为 **protect** 动作，丢弃源 MAC 地址不在 MAC 地址表中的报文。

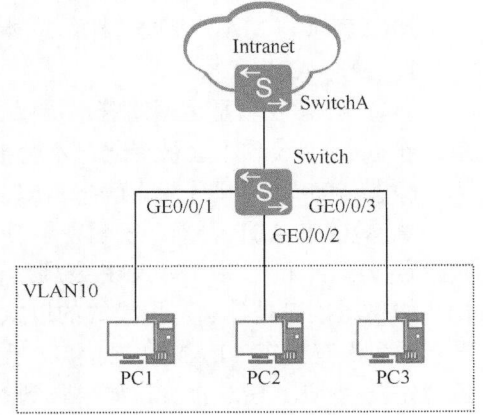

图 15-20　端口安全配置示例的拓扑结构

2. 具体配置步骤

下面仅以 GE0/0/1 接口为例进行介绍，GE0/0/2 和 GE0/0/3 接口的配置完全一样。

① 创建 VLAN，配置接口类型，并把接口加到 VLAN 中。

```
<HUAWEI> system-view
[HUAWEI] sysname Switch
```

```
[Switch] vlan 10
[Switch-vlan10] quit
[Switch] interface gigabitethernet 0/0/1
[Switch-GigabitEthernet0/0/1] port link-type trunk
[Switch-GigabitEthernet0/0/1] port trunk allow-pass vlan 10
```

② 配置 GE0/0/1 接口的端口安全功能和 Sticky MAC 功能，并配置安全功能的动作。

```
[Switch-GigabitEthernet0/0/1] port-security enable    #---使能端口安全功能
[Switch-GigabitEthernet0/0/1] port-security mac-address sticky    #---使能接口 Sticky MAC 功能
[Switch-GigabitEthernet0/0/1] port-security protect-action protect #---配置端口安全功能的动作为"protect"动作
[Switch-GigabitEthernet0/0/1] port-security max-mac-num 1    #---配置接口学习 MAC 地址的数最多为 1 个
```

配置好后，将 PC1、PC2、PC3 换成其他设备，无法访问公司网络。

15.5　ARP 安全配置与管理

ARP（Address Resolution Protocol，地址解析协议）是将 IP 地址解析为以太网 MAC 地址（或称物理地址）的协议，指导三层报文的转发。ARP 有简单、易用的优点，但是也因为其没有任何安全认证机制而容易被攻击者利用。目前 ARP 攻击和 ARP 病毒已经成为局域网安全的一大威胁，为了避免各种攻击带来的危害，华为 S 系列交换机提供了多种技术对攻击进行检测和解决，这就是本节要介绍的内容。

15.5.1　ARP 表项

ARP 通过 IP 地址解析 MAC 地址的基本原理就是查看对应的 ARP 表项中的 IP 地址与 MAC 地址的绑定关系，所以必须要有对应的 ARP 表项。

ARP 表项与 MAC 表项一样，总体来说也有静态和动态之分，下面分别予以介绍。

1. 静态 ARP 表项

静态 ARP 表项是由网络管理员手工建立的 IP 地址和 MAC 地址之间固定的映射关系。静态 ARP 表项不会被老化，不会被动态 ARP 表项覆盖。

静态 ARP 表项又分为短静态 ARP 表项和长静态 ARP 表项。

■ 短静态 ARP 表项：仅配置了 IP 地址和 MAC 地址之间固定的映射关系，没有同时指定 VLAN 和出接口的 ARP 表项。

如果出接口是处于二层模式的以太网接口，短静态 ARP 表项不能直接用于报文转发，因为没有指定 VLAN 和出接口，无法得到转发路径。此时，当需要发送报文时，设备会先发送 ARP 请求报文，如果收到的 ARP 应答报文中的源 IP 地址和源 MAC 地址与所配置的某短静态 ARP 表项的 IP 地址和 MAC 地址相同，则将收到 ARP 应答报文的 VLAN 和接口加入该静态 ARP 表项中，后续设备可直接用该静态 ARP 表项转发报文。

■ 长静态 ARP 表项：同时指定了 IP 地址和 MAC 地址之间固定的映射关系，以及该 ARP 表项所在 VLAN 和出接口。

因为长静态 ARP 表项中同时包括了 VLAN 和出接口，故可直接用于报文转发。建议用户采用长静态 ARP 表项。

对于以下场景，用户可以配置静态 ARP 表项。

■ 对于网络中的重要设备，如服务器等，可以在交换机上配置静态 ARP 表项。这样，可以避免交换机上重要设备的 IP 地址对应的 ARP 表项被 ARP 攻击报文错误更新，从而保证用户与重要设备之间的正常通信。

■ 当网络中用户设备的 MAC 地址为组播 MAC 地址（如交换机与 NLB 服务器集群进行连接，而 NLB 服务器集群工作在组播模式，集群 IP 地址对应的集群 MAC 地址是组播 MAC 地址）时，可以在交换机上配置静态 ARP 表项，映射组播 MAC 地址。缺省情况下，设备收到源 MAC 地址为组播 MAC 地址的 ARP 报文时不会进行 ARP 学习。

■ 当希望禁止某个 IP 地址访问设备时，可以在交换机上配置静态 ARP 表项，将该 IP 地址与一个不存在的 MAC 地址进行绑定。

2. 动态 ARP 表项

动态 ARP 表项由 ARP 通过 ARP 报文自动生成和维护，可以被老化，可以被新的 ARP 报文更新，可以被静态 ARP 表项覆盖。动态 ARP 通过广播 ARP 请求和单播 ARP 应答这两个过程完成地址解析，因篇幅的关系，具体原理在此不进行介绍，可参见配套视频课程。

ARP 请求和应答报文到达数据链路层后要经过以太网协议的封装，形成 ARP 数据帧，其帧格式如图 15-21 所示。

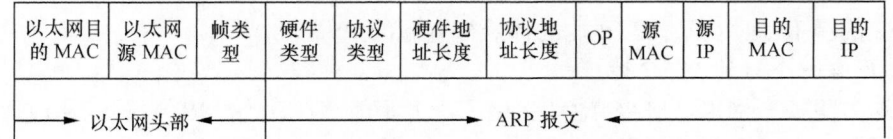

图 15-21　ARP 请求/应答数据帧格式

ARP 数据帧的总长度为 4 个字节，前 14 字节是以太网帧头部，后 28 字节是 ARP 请求或应答报文的内容。图 15-21 中各字段的说明见表 15-36。

表 15-36　　　　　　　　　　　　　　ARP 数据帧字段说明

字段	长度	含义
以太网目的 MAC	48 比特	以太网目的 MAC 地址。发送 ARP 请求报文时，该字段为广播的 MAC 地址 0xffff-ffff-ffff
以太网源 MAC	48 比特	以太网源 MAC 地址，发送该 ARP 报文的接口或设备 MAC 地址
帧类型	16 比特	数据的类型。对于 ARP 请求或应答来说，该字段的值为 0x0806
硬件类型	16 比特	硬件地址的类型。对于以太网，该字段的值为 1
协议类型	16 比特	发送方要映射的协议地址类型。对于 IP 地址，该字段的值为 0x0800
硬件地址长度	8 比特	硬件地址的长度，即 MAC 地址长度，该字段值为 6
协议地址长度	8 比特	协议地址的长度，即 IP 地址长度，该字段值为 4
OP	16 比特	操作类型。OP 的值与操作类型的关系如下： ● 1 表示 ARP 请求报文； ● 2 表示 ARP 应答报文
源 MAC	48 比特	源 MAC 地址
源 IP	32 比特	源 IP 地址

（续表）

字段	长度	含义
目的 MAC	48 比特	目的 MAC 地址。发送普通的 ARP 请求报文时，该字段为全 0 的 MAC 地址 0x0000-0000-0000。但在删除动态 **ARP** 表项前用于检测该 **ARP** 表项所对应的设备是否仍在线时，所发送的 **ARP** 请求报文中，本字段是该设备的 **MAC** 地址，而且可以采用单播发送方式
目的 IP	32 比特	目的 IP 地址

15.5.2　免费 ARP 报文

免费 ARP 报文是一种特殊的 ARP 报文，其特殊性就是报文中的源 IP 地址和目的 IP 地址相同。免费 ARP 的作用主要体现在以下 3 个方面。

1. IP 地址冲突检测

当设备接口的协议状态变为 Up 时，设备主动对外发送免费 ARP 报文。正常情况下不会收到 ARP 应答，如果收到，则表明本网络中存在与自身 IP 地址重复的地址。如果检测到 IP 地址冲突，设备会周期性地广播发送免费 ARP 应答报文，直到冲突解除。DHCP 服务器在为客户端分配一个 IP 地址前也会发送免费 ARP 报文进行 IP 地址冲突检测，其中的源 IP 地址和目的 IP 地址都是待分配的 IP 地址。

2. 通告一个新的 MAC 地址

发送方更换了网卡，MAC 地址变化了，为了能够在动态 ARP 表项老化前通告网络中其他设备，发送方可以发送一个免费 ARP。

3. 在 VRRP 备份组中用来通告主备发生变换

在 VRRP 中，发生主备变换后，新 Master 设备会广播发送一个免费 ARP 报文来通告发生了主备变换。

设备在收到免费 ARP 报文后根据以下情形选择处理。

① 如果未使能 ARP 表项严格学习功能（15.5.6 节将介绍），设备会进行 ARP 学习。

② 如果使能了 ARP 表项严格学习功能，则进行如下判断。

■ 如果免费 ARP 报文中源 IP 地址和自己的 IP 地址相同，则周期性地广播发送免费 ARP 应答报文，告知此 IP 地址在网络中存在冲突，直到冲突解除。

■ 如果免费 ARP 报文中源 IP 地址和自己的 IP 地址不同，免费 ARP 报文是在 VLANIF 接口收到的，并且设备上已经有免费 ARP 报文中源 IP 地址对应的动态 ARP 表项，则进行 ARP 学习，即根据收到的免费 ARP 报文更新该 ARP 表项。其余情况收到免费 ARP 报文后均不进行 ARP 学习。

缺省情况下，设备未使能 ARP 表项严格学习功能。

15.5.3　ARP 安全简介

ARP 安全是针对 ARP 攻击的一种安全特性。它通过一系列对 ARP 表项学习和 ARP

报文处理的限制、检查等措施来保证网络设备的安全性。ARP 安全特性不仅能够防范针对 ARP 的攻击，还可以防范网段扫描攻击等基于 ARP 的攻击。常见的 ARP 攻击方式主要包括以下两种。

① ARP 泛洪攻击，也叫 DoS（Denial of Service，拒绝服务）攻击，主要采用以下两种攻击方式。

• 攻击者通过伪造大量源 **IP 地址变化**的 ARP 报文（以广播方式发送），使得设备 ARP 映射表缓存资源被无效的 ARP 表项耗尽（因为设备在接收到 ARP 报文后会提取报文中的源 IP 地址和源 MAC 地址，如果设备上没有对应的 ARP 映射表项就会生成新的 ARP 映射表项），造成合法用户的 ARP 报文不能继续生成 ARP 表项，最终导致正常用户的通信中断。

• 攻击者利用工具扫描本网段主机或者进行跨网段扫描时，会向设备发送**大量目的 IP 地址不能解析**的 IP 报文，导致设备触发大量 ARP Miss（ARP 表项丢失）消息，生成并下发大量临时 ARP 表项，然后还会广播大量 ARP 请求报文以对目的 IP 地址进行解析，从而造成 CPU 负荷过重，直到瘫痪。

针对防 ARP 泛洪攻击提供的 ARP 安全特性方案包括以下方面：

■ ARP 报文限速；
■ ARP Miss 消息限速；
■ ARP 优化应答；
■ 免费 ARP 报文主动丢弃；
■ ARP 表项严格学习；
■ ARP 表项限制；
■ 禁止接口学习 ARP 表项。

② ARP 欺骗攻击，是指攻击者通过发送伪造的 ARP 报文（可以是伪造的免费 ARP 报文，也可以是伪造的 ARP 请求报文或 ARP 应答报文），非法修改设备或网络内其他用户主机的 ARP 表项，造成用户或网络的报文通信异常。

针对防 ARP 欺骗攻击所提供的 ARP 安全特性方案包括以下方面：

■ ARP 表项固化；
■ 动态 ARP 检测；
■ ARP 防网关冲突；
■ 免费 ARP 报文主动丢弃；
■ 发送免费 ARP 报文；
■ ARP 报文内 MAC 地址一致性检查；
■ ARP 报文合法性检查；
■ ARP 表项严格学习；
■ DHCP 触发 ARP 学习。

以上这些 ARP 安全特性的具体工作原理和具体配置方法将在后面各小节介绍，在此先介绍这些 ARP 安全特性在防止 ARP 泛洪攻击、防止欺骗攻击方面的具体应用，分别见表 15-37、表 15-38。

表 15-37　　　　　　　　　　　针对防 **ARP** 泛洪攻击的 **ARP** 安全特性

现象	判断依据	可部署防攻击功能	功能说明	部署设备
ARP 泛洪攻击会带来以下几种现象。① 用户上网慢、用户掉线、频繁断网、无法上网、业务中断。② 设备 CPU 占用率较高，无法正常学习部分 ARP、下挂设备掉线、设备主备状态震荡、设备端口指示灯红色快闪。③ Ping 有时延、丢包或不通	① 通过 **display cpu-defend statistics packet-type { arp-request	arp-reply } all** 命令发现 ARP 报文丢弃很多。② 设备有 ARP 报文速率超速日志或告警	ARP 报文限速	通过 ARP 报文限速功能，可以防止设备 CPU 因处理大量 ARP 报文，导致 CPU 负荷过重而无法处理其他业务	建议在网关设备上部署
	① 通过 **display cpu-defend statistics packet-type arp-miss all** 命令发现 ARP 报文丢弃很多。② 设备有 ARP Miss 消息速率超速日志或告警	ARP Miss 消息限速	通过 ARP Miss 消息限速功能，可以防止设备因收到大量目的 IP 地址不能解析（即路由表中存在该 IP 报文的目的 IP 地址对应的路由表项，但设备上没有该路由表项中下一跳对应的 ARP 表项）的 IP 报文而触发大量 ARP Miss 消息，导致 CPU 负荷过重而无法处理其他业务	
	通过获取报文等手段发现设备收到大量源 IP 地址和目的 IP 地址相同的 ARP 报文	免费 ARP 报文主动丢弃（仅 S7700 及以下框式系列交换机支持）	免费 ARP 报文中的源 IP 地址和目的 IP 地址相同，且都是发送报文的设备的 IP 地址。使能免费 ARP 报文主动丢弃功能后，设备直接丢弃免费 ARP 报文	
	通过获取报文等手段发现设备收到大量目的 IP 地址是本设备 IP 地址的 ARP 请求报文	ARP 优化应答	使能 ARP 优化应答功能后，设备对目的 IP 地址是本设备 IP 地址的 ARP 请求报文，接口板直接回复 ARP 应答。该功能尤其适用于设备上安装了多块接口板的场景	
	通过 **display cpu-defend statistics packet-type { arp-request	arp-reply } all** 命令发现 ARP 报文丢弃很多	ARP 表项严格学习	使能 ARP 表项严格学习功能后，只有本设备主动发送的 ARP 请求报文的应答报文才能触发本设备学习 ARP，其他设备主动向本设备发送的 ARP 报文不能触发本设备学习 ARP。这可以防止设备收到大量 ARP 攻击报文时，ARP 表被无效的 ARP 条目占满	
		ARP 表项限制	使能 ARP 表项限制功能后，接口只能学习到设定的最大动态 ARP 表项数目，防止当一个接口所接入的某一台用户主机发起 ARP 攻击时整个设备的 ARP 表资源都被耗尽	
		禁止接口学习 ARP 表项	通过禁止指定的接口学习 ARP 表项，可以防止该接口下所接入的用户主机发起 ARP 攻击使整个设备的 ARP 表资源都被耗尽	

表 15-38　　　　　　　　　　　针对防 **ARP** 欺骗攻击的 **ARP** 安全特性

现象	判断依据	可部署防攻击功能	功能说明	部署设备
① 用户掉线、频繁断网、无法上网、业务中断。 ② Ping 丢包或不通	通过 **display arp all** 命令发现设备的用户 ARP 表被改变	ARP 表项固化	使能 ARP 表项固化功能后，设备在第一次学习到 ARP 之后，不再允许用户更新此 ARP 表项（对应 fixed-all 模式）或只能更新此 ARP 表项（对应 fixed-mac 模式）的部分信息，或者通过发送单播 ARP 请求报文的方式对更新 ARP 条目的报文进行合法性确认（对应 send-ack 模式），以防止攻击者伪造 ARP 报文，修改正常用户的 ARP 表项内容	建议在网关设备上部署本功能
① 用户上网慢。 ② Ping 有时延、丢包	查看用户 ARP 表项，发现与本用户通信的对方用户 ARP 表被改变	动态 ARP 检测	使能动态 ARP 检测 DAI（Dynamic ARP Inspection）功能后，当设备收到 ARP 报文时，将此 ARP 报文的源 IP、源 MAC、收到 ARP 报文的接口及 VLAN 信息和 DHCP Snooping 绑定表的信息进行比较，如果信息匹配，则认为是合法用户，允许此用户的 ARP 报文通过，否则认为是攻击，丢弃该 ARP 报文。 本功能仅适用于 DHCP Snooping 场景	建议在接入设备或网关设备上部署本功能
① 用户掉线、频繁断网、无法上网、业务中断。 ② 设备托管、下挂设备掉线、网关冲突。 ③ Ping 丢包或不通	查看用户 ARP 表项，发现网关 ARP 表被改变。设备有网关冲突日志或告警	ARP 防网关冲突	通过 ARP 防网关冲突功能，可以防止用户仿冒网关发送 ARP 报文，非法修改网络内其他用户的 ARP 表项	建议在网关设备上部署本功能
① 用户掉线、频繁断网、无法上网、业务中断。 ② Ping 丢包或不通	通过获取报文等手段发现设备收到源 IP 地址和目的 IP 地址相同的 ARP 报文，且设备的用户 ARP 表被改变	免费 ARP 报文主动丢弃	使能免费 ARP 报文主动丢弃功能后，设备直接丢弃免费 ARP 报文，可以防止设备因收到大量伪造的免费 ARP 报文，错误地更新 ARP 表项，导致合法用户的通信流量发生中断	建议在网关设备上部署本功能（仅 **S7700** 及以下框式系列交换机支持）
① 用户上网慢、用户掉线、频繁断网、无法上网、业务中断。 ② Ping 有时延、丢包或不通	查看用户 ARP 表项，发现与本用户通信的网关或对方用户 ARP 表被改变	发送免费 ARP 报文	使能发送免费 ARP 报文功能后，设备作为网关，主动向用户发送以自己 IP 地址为目标 IP 地址的 ARP 请求报文，定时更新用户 ARP 表项的网关 MAC 地址，防止用户的报文不能正常地转发到网关或者被恶意攻击者窃听	建议在网关设备上部署本功能

（续表）

现象	判断依据	可部署防攻击功能	功能说明	部署设备
① 用户上网慢、用户掉线、频繁断网、无法上网、业务中断。 ② 设备托管、下挂设备掉线、网关冲突。 ③ Ping 有时延、丢包或不通	通过 **display arp all** 命令发现设备的用户 ARP 表被改变	ARP 报文内 MAC 地址一致性检查	通过 ARP 报文内 MAC 地址一致性检查功能，可以防止以太网数据帧首部中的源、目的 MAC 地址和 ARP 报文数据区中的源、目的 MAC 地址不一致的 ARP 欺骗攻击	建议在网关设备或接入设备上部署
	通过获取报文等手段发现有不合法报文进行 ARP 欺骗攻击	ARP 报文合法性检查	使能 ARP 报文合法性检查功能后，设备会对 MAC 地址和 IP 地址不合法的报文进行过滤。设备提供 3 种检查模式：源 MAC 地址、目的 MAC 地址和 IP 地址检查模式	
	通过 **display arp all** 命令发现设备的用户 ARP 表被改变	ARP 表项严格学习	使能 ARP 表项严格学习功能后，只有本设备主动发送的 ARP 请求报文的应答报文才能触发本设备学习 ARP，其他设备主动向本设备发送的 ARP 报文不能触发本设备学习 ARP。这可以防止设备因收到伪造的 ARP 报文，错误地更新 ARP 表项，导致合法用户的通信流量发生中断	建议在网关设备上部署
① 用户上网慢、用户掉线、频繁断网、无法上网、业务中断。 ② Ping 有时延、丢包或不通	DHCP Snooping 场景中，查看用户 ARP 表项，发现与本用户通信的对方用户 ARP 表被改变	DHCP 触发 ARP 学习	使能 DHCP 触发 ARP 学习功能后，设备根据收到的 DHCP ACK 报文直接生成 ARP 表项。当 DHCP 用户数目很大时，可以避免大规模 ARP 表项的学习和老化对设备性能和网络环境形成的冲击。还可同时部署动态 ARP 检测功能，防止 DHCP 用户的 ARP 表项被伪造的 ARP 报文恶意修改	

15.5.4　配置 ARP 报文限速

ARP 报文也是需要上送 CPU 进行处理的协议报文，如果设备对收到的大量 ARP 报文全部进行处理，可能导致 CPU 负荷过重而无法处理其他业务，这已在本章 15.1 节有介绍。因此，在处理之前需要对 ARP 报文进行限速，以保护 CPU 资源。除了可采用 15.1.2 节介绍的基于协议的 CAPCAR 限速功能外，还可采用以下 ARP 报文的限速功能。

1. 根据源 MAC 地址或源 IP 地址进行 ARP 报文限速

当设备检测到某一个用户在短时间内发送大量的 ARP 报文，可针对该用户配置基于源 MAC 地址或源 IP 地址的 ARP 报文限速。在 1s 时间内，如果该用户的 ARP 报文数目超过设定阈值（全局配置，适用于所有接口），则丢弃超出阈值部分的 ARP 报文。

■ 根据源 MAC 地址进行 ARP 报文限速时，可按表 15-39 所示的步骤进行配置。此时，如果指定 MAC 地址，则针对指定源 MAC 地址的 ARP 报文，根据限速值进行限速；如果不指定 MAC 地址，则针对每一个源 MAC 地址的 ARP 报文，根据限速值进行限速。**仅 S5720EI、S5720HI、S6720EI、S6720HI 和 S6720S-EI 子系列，以及框式系列**

交换机支持该功能。

■ 根据源 IP 地址进行 ARP 报文限速时，可按表 15-40 所示的步骤进行配置。此时，如果指定 IP 地址，则针对指定源 IP 地址的 ARP 报文，根据限速值进行限速；如果不指定 IP 地址，则针对每一个源 IP 地址的 ARP 报文，根据限速值进行限速。

表 15-39　　　　　　　　　　基于源 **MAC** 地址的 **ARP** 报文限速配置步骤

步骤	命令	说明
1	**system-view** 例如：<HUAWEI> **system-view**	进入系统视图
2	**arp speed-limit source-mac maximum** *maximum* 例如：[HUAWEI] **arp speed-limit source-mac maximum** 100	配置针对**任意源 MAC 地址**的 ARP 报文源抑制速率。参数 *maximum* 用来限定基于源 MAC 地址的 ARP 报文速率，单位是 pps（每秒多少个报文）。在取值范围上，不同系列不太一样：S5720EI 子系列是 0～12288，S6720EI 和 S6720S-EI 子系列是 0～45056，S5720HI 和 S6720HI 是 0～61440，框式交换机是 0～16384，单位：pps。如果取值为 **0，表示不进行 ARP 报文源抑制。** 缺省情况下，设备对每一个源 MAC 地址的 ARP 报文速率限制为 0，即不根据源 MAC 地址进行 ARP 报文限速，可用 **undo arp speed-limit source-mac** 命令，将根据源 MAC 地址进行 ARP 限速的配置恢复为缺省配置
3	**arp speed-limit source-mac** *mac_addr* **maximum** *maximum* 例如：[HUAWEI] **arp speed-limit source-mac** 0-0-1 **maximum** 50	（可选）配置针对**指定源 MAC 地址**的 ARP 报文源抑制速率。命令中的参数说明如下。 ① *mac_addr*：指定要进行 ARP 报文限速的源 MAC 地址，格式为 H-H-H，其中 H 为 4 位的十六进制数。取值为所有合法的单播 MAC 地址。 ② *maximum*：指定对应源 MAC 地址的 ARP 报文限制的速率，与第 2 步的该参数说明一样。 【说明】对指定了源 MAC 地址的 ARP 报文源抑制速率为本步骤配置的 *maximum* 值；其他源 MAC 地址的 ARP 报文源抑制速率为步骤 2 中配置的 *maximum* 值。 缺省情况下，所有 MAC 地址的 ARP 报文源抑制速率为 0pps，即不对 ARP 报文进行源抑制，可用 **undo arp speed-limit source-mac** *mac_addr* 命令将针对指定源 MAC 地址的 ARP 限速配置恢复为缺省配置

表 15-40　　　　　　　　　　基于源 **IP** 地址的 **ARP** 报文限速配置步骤

步骤	命令	说明
1	**system-view** 例如：<HUAWEI> **system-view**	进入系统视图
2	**arp speed-limit source-ip maximum** *maximum* 例如：[HUAWEI] **arp speed-limit source-ip maximum** 100	配置针对**任意源 IP 地址**的 ARP 报文源抑制速率，参数 *maximum* 用来限定基于源 IP 地址的 ARP 报文速率，取值范围不同机型不完全一样，具体参见对应产品手册。如果取值为 0，表示不进行 ARP 报文源抑制。 缺省情况下，设备允许 1s 内最多只能有同一个源 IP 地址的 30 个 ARP 报文通过，可用 **undo arp speed-limit source-ip** 命令将根据源 IP 地址进行 ARP 限速的配置恢复为缺省配置

（续表）

步骤	命令	说明
3	**arp speed-limit source-ip** *ip-address* **maximum** *maximum* 例如：[HUAWEI] **arp speed-limit source-ip** 192.168.10.1 **maximum** 50	（可选）配置针对**指定 IP** 地址的 ARP 报文源抑制速率。命令中的参数说明如下。 ① *ip-address*：指定要进行 ARP 报文限速的源 IP 地址，点分十进制格式。 ② *maximum*：指定对应源IP地址的ARP报文限制的速率，与上一步的该参数说明一样。 【说明】对指定了源 IP 地址的 ARP 报文源抑制速率为本步骤配置的 *maximum* 值；其他源 IP 地址的 ARP 报文源抑制速率为步骤 2 中配置的 *maximum* 值。 缺省情况下，设备允许 1s 内最多只能有同一个源 IP 地址的 30 个 ARP 报文通过，可用 **undo arp speed-limit source-ip** *ip-address* 命令将针对指定源 IP 地址的 ARP 限速配置恢复为缺省配置

2. 针对全局、VLAN 和接口的 ARP 报文限速

设备支持在全局、VLAN 和接口下配置 ARP 报文的限速值和限速时间，具体见表 15-41。接口下的配置优先级最高，其次是 VLAN 下的配置，最后是全局配置。

表 15-41　　　　基于全局、VLAN 或者接口的 ARP 报文限速配置步骤

步骤	命令	说明
1	**system-view** 例如：<HUAWEI> **system-view**	进入系统视图
2	**interface** *interface-type interface-number* 例如：[HUAWEI] **interface** gigabitethernet 0/0/1 或：**vlan** *vlan-id* 例如：[HUAWEI] **vlan** 100	（可选）键入要配置 ARP 报文限速的接口（**可以是二层或三层物理接口**），进入接口视图，或者键入要配置 ARP 报文限速的 VLAN，进入 VLAN 视图。如果要配置全局 ARP 限速，则不用执行本步骤
3	**undo portswitch** [HUAWEI-GigabitEthernet0/0/1] **undo portswitch**	（可选）对于以太网接口，如果要转换成三层模式，则执行本步骤。 仅 S5720EI、S5720HI、S6720EI、S6720HI 和 S6720S-EI 子系列，以及框式系列交换机支持二层模式与三层模式切换
4	**arp anti-attack rate-limit enable** 例如：[HUAWEI] **arp anti-attack rate-limit enable**	在全局，或者 VLAN，或者接口上使能 ARP 报文限速功能。缺省情况下，没有使能 ARP 报文限速功能，可用 **undo arp anti-attack rate-limit enable** 命令去使能 ARP 报文速率抑制功能
5	**arp anti-attack rate-limit packet** *packet-number* [**interval** *interval-value* | **block-timer** *timer*] * 例如：[HUAWEI-GigabitEthernet1/0/0] **arp anti-attack rate-limit 200 interval 20 block timer 60**	在全局、VLAN 或接口下配置 ARP 报文的速率抑制功能，包括 ARP 报文的限速值和限速时间，以及当某个接口的 ARP 报文超过限速值时，在后续一段时间内持续丢弃该接口下收到的所有 ARP 报文的功能（即开启 **block** 阻塞模式）。命令中的参数说明如下。 ① *packet-number*：指定 ARP 报文的限速值，即限速时间内允许通过的 ARP 报文的个数，取值范围 1～16384 的整数，缺省值为 100。 ② *interval-value*：可多选参数,指定 ARP 报文的限速时间，

（续表）

步骤	命令	说明
5	arp anti-attack rate-limit packet *packet-number* [interval *interval-value* | block-timer *timer*][*] 例如：[HUAWEI-GigabitEthernet1/0/0] arp anti-attack rate-limit 200 interval 20 block timer 60	取值范围 1~86400 的整数秒，缺省值为 1s。 ③ **block timer** *timer*：可多选参数，仅在接口下配置时选用，用于指定持续丢弃超过 ARP 报文限速值的接口下收到的所有 ARP 报文的时长，取值范围 1~86400 的整数秒，缺省值为 1s。 【说明】该命令在非 block 模式下只对上送 CPU 的 ARP 报文进行限速，对芯片转发的报文不会产生影响；在 block 模式下，仅在接口下上送 CPU 的 ARP 报文超过限速值时会触发 block，触发后设备会持续丢弃该接口下的所有 ARP 报文。 缺省情况下，在 1s 内最多允许 100 个 ARP 报文通过，且没有配置当某个接口的 ARP 报文超过限速值时在后续一段时间内持续丢弃该接口下收到的所有 ARP 报文的功能，可用 **undo arp anti-attack rate-limit** 命令恢复为缺省值，并恢复 ARP 报文的上送
6	arp anti-attack rate-limit alarm enable 例如：[HUAWEI] arp anti-attack rate-limit alarm enable	（可选）在全局、VLAN 或接口下使能 ARP 报文限速丢弃告警功能。这样，当丢弃的 ARP 报文数超过告警阈值时，设备将产生告警。 缺省情况下，没有使能 ARP 报文限速丢弃告警功能，可用 **undo arp anti-attack rate-limit alarm enable** 命令去使能 ARP 报文限速丢弃告警功能
7	arp anti-attack rate-limit alarm threshold *threshold* 例如：[HUAWEI] arp anti-attack rate-limit alarm threshold 200	（可选）在全局、VLAN 或接口下配置 ARP 报文限速丢弃告警阈值，取值范围为 1~16384 的整数。通过本命令可以配置告警阈值，当设备丢弃因超过 ARP 限速值的 ARP 报文数超过告警阈值时，设备将以告警的方式通知网络管理员。 缺省情况下，ARP 报文限速丢弃告警阈值为 100，可用 **undo arp anti-attack rate-limit alarm threshold** 命令恢复 ARP 报文限速丢弃告警阈值为缺省值

另外，如果设备的某个接口在 ARP 报文限速时间内接收到的 ARP 报文数目超过了设定阈值（ARP 报文限速值），则丢弃超出阈值部分的 ARP 报文，并在接下来的一段时间内（即阻塞 ARP 报文时间段）持续丢弃该接口下收到的所有 ARP 报文。

■ 针对全局的 ARP 报文限速：在设备出现 ARP 攻击时，限制全局处理的 ARP 报文数量。

■ 针对 VLAN 的 ARP 报文限速：在某个 VLAN 内的所有接口出现 ARP 攻击时，限制处理收到的该 VLAN 内的 ARP 报文数量，配置本功能可以保证不影响其他 VLAN 内所有接口的 ARP 学习。

■ 针对接口的 ARP 报文限速：在某个接口（二层或三层物理接口）出现 ARP 攻击时，限制处理该接口收到的 ARP 报文数量，但不影响其他接口的 ARP 学习。

15.5.5　配置 ARP Miss 消息限速

如果网络中有用户向设备发送大量目标 IP 地址不能解析的 IP 报文（即路由表中存在该 IP 报文的目的 IP 地址所对应的路由表项，但设备上却没有该路由表项中下一跳对应的 ARP 表项），这样就没办法对报文进行帧封装了，于是会导致设备触发大量的 ARP Miss 消息来解析下一跳 IP 地址对应的 MAC 地址。

这种触发 ARP Miss 消息的 IP 报文（即 ARP Miss 报文）会被上送到 CPU 进行处理，设备会根据 ARP Miss 消息生成和下发大量临时 ARP 表项（**这类表项中的 MAC 地址显示的是 incomplete**）并向目的网络发送大量的 ARP 请求报文，这样就增加了设备 CPU 的负担，同时严重消耗目的网络的带宽资源。

为了避免这种 IP 报文攻击所带来的危害，设备提供了如下几类针对 ARP Miss 消息的限速功能（其实与上节介绍的针对 ARP 报文的限速功能及配置方法都差不多）。

1. 基于源 IP 地址进行 ARP Miss 消息限速

当设备检测到某一源 IP 地址的 IP 报文在 1s 内触发的 ARP Miss 消息数量超过了 ARP Miss 消息限速值，就认为此源 IP 地址存在攻击。此时如果设备对 ARP Miss 报文的处理方式是 block（阻止）方式，设备会丢弃超出限速值部分的 ARP Miss 报文，并下发一条 ACL 来丢弃该源 IP 地址的后续所有 ARP Miss 报文；如果是 none-block 方式，设备只会通过软件限速的方式丢弃超出限速值部分的 ARP Miss 报文。

根据源 IP 地址进行 ARP Miss 消息限速的具体配置步骤见表 15-42。如果指定了 IP 地址，则针对指定源 IP 地址的 ARP Miss 消息，根据限速值进行限速；如果不指定 IP 地址，则针对任意源 IP 地址的 ARP Miss 消息，根据限速值进行限速。**仅 S5720EI、S5720HI、S5720S-SI、S5720SI、S5730S-EI、S5730SI、S6720EI、S6720HI、S6720LI、S6720S-EI、S6720S-LI、S6720S-SI 和 S6720SI**，以及框式系列交换机支持该功能。

表 15-42　　　　　　　　基于源 **IP** 地址进行 **ARP Miss** 消息限速的配置步骤

步骤	命令	说明
1	**system-view** 例如：\<HUAWEI> **system-view**	进入系统视图
2	**arp-miss speed-limit source-ip maximum** *maximum* 例如：[HUAWEI] **arp-miss speed-limit source-ip maximum** 100	配置针对**任意源 IP** 地址进行 ARP Miss 消息限速的限速值，不同机型的取值范围不同，具体参见对应产品手册。**如果取值为 0，表示不根据源 IP 地址进行 ARP Miss 消息限速。** 缺省情况下，设备允许每秒最多处理同一个源 IP 地址触发的 30 个 ARP Miss 消息，可用 **undo arp-miss speed-limit source-ip** 命令将 ARP Miss 消息源抑制速率限制恢复为缺省配置
3	**arp-miss speed-limit source-ip** *ip-address* [**mask** *mask*] **maximum** *maximum* [**none-block** | **block timer** *timer*] 例如：[HUAWEI] **arp-miss speed-limit source-ip** 192.168.10.1 **maximum** 50	（可选）配置对**指定源 IP** 地址的 ARP Miss 消息进行限速的限速值，并指定 ARP Miss 报文处理方式。命令中的参数和选项说明如下。 ① *ip-address*：指定特定源 IP 地址，表示对特定 IP 地址用户的 ARP Miss 消息进行限速。 ② *mask*：可选参数，指定以上 IP 地址的子网掩码。 ③ *maximum*：指定基于源 IP 地址的 ARP Miss 消息限速值，不同机型的取值范围不同，具体参见对应产品手册。如果取值为 0，表示不根据源 IP 地址进行 ARP Miss 消息限速。 ④ **none-block**：二选一可选项，指定 ARP Miss 报文处理方式为 **none-block**。即指定源 IP 地址的 IP 报文在 1s 内触发的 ARP Miss 消息个数超过限速值时，设备只进行软件限速（CPU 处理），丢弃超过限速值的 ARP Miss 消息，即丢弃触

（续表）

步骤	命令	说明
3	**arp-miss speed-limit source-ip** *ip-address* [**mask** *mask*] **maximum** *maximum* [**none-block** | **block timer** *timer*] 例如：[HUAWEI] **arp-miss speed-limit source-ip** 192. 168.10.1 **maximum** 50	发这些 ARP Miss 消息的 ARP Miss 报文。 ⑤ **block timer** *timer*：二选一可选参数，指定 ARP Miss 报文处理方式为 **block**。即一旦指定源 IP 地址的 IP 报文在 1s 内触发的 ARP Miss 消息个数超过限速值，设备会丢弃超过限速值的 ARP Miss 消息，即丢弃触发这些 ARP Miss 消息的 ARP Miss 报文，同时设备会下发一个 ACL 让芯片在 *timer* 参数（取值范围是 5～864000，单位：s。缺省情况下是 5s）时间内持续丢弃该源 IP 地址的后续所有 ARP Miss 报文。超过该时间后，ACL 将被老化，芯片不再丢弃报文，报文将恢复上送 CPU 处理。 【说明】如果本步与上述第 2 步同时配置，则当触发 ARP Miss 消息的 IP 报文的源 IP 地址匹配本步限速指定的 IP 地址时，对该源 IP 地址的 IP 报文触发的 ARP Miss 消息限速值为本步配置值；否则为第 2 步中配置的 *maximum* 值。 缺省情况下，设备允许每秒最多处理同一个源 IP 地址触发的 30 个 ARP Miss 消息。如果同一个源 IP 地址在 1s 内触发的 ARP Miss 消息个数超过 ARP Miss 消息限速值，设备会丢弃超过限速值的 ARP Miss 消息，即丢弃触发这些 ARP Miss 消息的 ARP Miss 报文，并默认使用 block 方式在 5s 内持续丢弃该 IP 地址的后续所有 ARP Miss 报文。可用 **undo arp-miss speed-limit source-ip** [*ip-address* [**mask** *mask*]] 命令将根据指定源 IP 地址进行 ARP Miss 消息限速的配置恢复为缺省配置

2. 针对全局、VLAN 和接口的 ARP Miss 消息限速

设备支持在全局、VLAN 和接口下配置 ARP Miss 消息限速，具体见表 15-43。这 3 个位置的配置的有效顺序为接口优先，VLAN 其次，最后为全局。

■ 针对全局的 ARP Miss 消息限速：在设备出现目标 IP 地址不能解析的 IP 报文攻击时，限制全局处理的 ARP Miss 消息数量。

■ 针对 VLAN 的 ARP Miss 消息限速：在某个 VLAN 内的所有接口出现目标 IP 地址不能解析的 IP 报文攻击时，限制处理该 VLAN 内报文触发的 ARP Miss 消息数量，配置本功能可以保证不影响其他 VLAN 内所有接口的 IP 报文转发。

■ 针对接口的 ARP Miss 消息限速：在某个接口（**同样可以是二层或三层物理接口**）出现目标 IP 地址不能解析的 IP 报文攻击时，限制处理该接口收到的报文触发的 ARP Miss 消息数量，配置本功能可以保证不影响其他接口的 IP 报文转发。

表 15-43　　　　基于全局、VLAN 或者接口的 ARP Miss 限速配置步骤

步骤	命令	说明
1	**system-view** 例如：<HUAWEI> **system-view**	进入系统视图
2	**interface** *interface-type interface-number* 例如：[HUAWEI] **interface** gigabitethernet 1/0/0 或：**vlan** *vlan-id* 例如：[HUAWEI] **vlan** 100	（可选）键入要配置 ARP Miss 报文限速的接口（**可以是二层或三层物理接口**），进入接口视图，或者键入要配置 ARP Miss 报文限速的 VLAN，进入 VLAN 视图。如果要配置全局 ARP Miss 限速，则不用执行本步骤

（续表）

步骤	命令	说明
3	undo portswitch [HUAWEI-GigabitEthernet0/0/1] undo portswitch	（可选）对于以太网接口，如果要转换成三层模式，则执行本步骤。 仅 S5720EI、S5720HI、S6720EI、S6720HI 和 S6720S-EI 子系列，以及框式系列交换机支持二层模式与三层模式切换
4	arp-miss-miss anti-attack rate-limit enable 例如：[HUAWEI] arp-miss-miss anti-attack rate-limit enable	在全局，或者 VLAN，或者接口上使能 ARP Miss 消息限速功能。缺省情况下，没有使能 ARP Miss 消息限速功能，可用 undo arp-miss anti-attack rate-limit enable 命令去使能 ARP Miss 消息速率抑制功能
5	arp-miss anti-attack rate-limit packet *packet-number* [interval *interval-value*] 例如：[HUAWEI] arp-miss anti-attack rate-limit 200 interval 20	在全局、VLAN 或接口下配置 ARP Miss 消息的速率抑制功能，包括配置 ARP Miss 消息的限速值和限速时间。在 ARP Miss 消息限速时间内，如果收到的 IP 报文触发的 ARP Miss 消息数目超过 ARP Miss 消息限速值，设备将忽略处理超出限速值的 ARP Miss 消息，并丢弃超出限速值的触发 ARP Miss 消息的 IP 报文（即 ARP Miss 报文）。命令中的参数说明如下。 ① packet *packet-number*：指定 ARP Miss 消息的限速值，即限速时间内允许通过的 ARP Miss 消息的个数，取值范围 1～16384 的整数，缺省值为 100。 ② interval *interval-value*：可多选参数，指定 ARP Miss 消息的限速时间，取值范围 1～86400 的整数秒，缺省值为 1s。 缺省情况下，在 1s 内最多允许 100 个 ARP Miss 消息通过，可用 undo arp-miss anti-attack rate-limit 命令恢复为缺省值
6	arp-miss anti-attack rate-limit alarm enable 例如：[HUAWEI] arp-miss anti-attack rate-limit alarm enable	（可选）在全局、VLAN 或接口下使能 ARP Miss 消息限速丢弃告警功能。当丢弃的 ARP Miss 消息数超过告警阈值时，设备将产生告警。 缺省情况下，没有使能 ARP Miss 消息限速丢弃告警功能，可用 undo arp-miss anti-attack rate-limit alarm enable 命令去使能 ARP Miss 消息限速丢弃告警功能
7	arp-miss anti-attack rate-limit alarm threshold *threshold* 例如：[HUAWEI] arp-miss anti-attack rate-limit alarm threshold 200	（可选）在全局、VLAN 或接口下配置 ARP Miss 消息限速丢弃告警阈值，取值范围为 1～16384 的整数。通过本命令可以配置告警阈值，当设备忽略因超过 ARP Miss 消息限速值的 ARP Miss 消息数超过告警阈值时，设备将以告警的方式通知网络管理员。 缺省情况下，ARP Miss 消息限速丢弃告警阈值为 100，可用 undo arp-miss anti-attack rate-limit alarm threshold 命令恢复 ARP Miss 消息限速丢弃告警阈值为缺省值

3. 配置临时 ARP 表项的老化时间

当 IP 报文触发 ARP Miss 消息时，设备会根据 ARP Miss 消息生成临时 ARP 表项，并且向目的网段发送 ARP 请求报文。临时 ARP 表项有老化时间，而且可以基于三层接口（可以是 **VLANIF 接口或三层物理接口**）手动配置，具体步骤见表 15-44。

① 在临时 ARP 表项老化时间范围内：

■ 设备收到 ARP 应答报文前，匹配临时 ARP 表项的 IP 报文将被丢弃并且不会触发 ARP Miss 消息；

■ 设备收到 ARP 应答报文后，则生成正确的 ARP 表项来替换临时 ARP 表项。

② 当老化时间超时后，设备会清除临时 ARP 表项。此时如果设备转发 IP 报文匹配不到对应的 ARP 表项，则会重新触发 ARP Miss 消息并生成临时 ARP 表项，如此循环重复。

当判断设备受到攻击时，可以增大临时 ARP 表项的老化时间，减小设备 ARP Miss 消息的触发频率，从而减小攻击对设备的影响。

表 15-44　　　　　　　　　　　　临时 **ARP** 表项的老化时间的配置步骤

步骤	命令	说明
1	**system-view** 例如：\<HUAWEI\> **system-view**	进入系统视图
2	**interface** *interface-type interface-number* 例如：[HUAWEI] **interface vlanif** 10	键入要配置临时 ARP 表项的老化时间的 VLANIF 接口或三层物理层接口，进入 VLANIF 接口视图
3	**undo portswitch** [HUAWEI-GigabitEthernet0/0/1] **undo portswitch**	（可选）如果是以太网接口，需配置接口切换到三层模式。仅 S5720EI、S5720HI、S6720EI、S6720HI 和 S6720S-EI 子系列，以及框式系列交换机支持二层模式与三层模式切换
4	**arp-fake expire-time** *expire-time* 例如：[HUAWEI-Vlanif10]**arp-fake expire-time** 100	配置临时 ARP 表项的老化时间，取值范围为 1～36000 的整数秒。 缺省情况下，临时 ARP 表项的老化时间是 3s，可用 **undo arp-fake expire-time** 命令恢复为缺省值

15.5.6　配置 ARP 表项严格学习

如果大量用户在同一时间段内向设备发送大量的 ARP 报文，或者攻击者伪造正常用户的 ARP 报文发送给设备，则会造成如下危害。

① 设备因处理大量 ARP 报文而导致 CPU 负荷过重，同时设备学习大量的 ARP 报文可能导致设备 ARP 表项资源被无效的 ARP 表项耗尽，造成合法用户的 ARP 报文不能继续生成 ARP 表项，导致用户无法正常通信。

② 伪造的 ARP 报文将错误地更新设备 ARP 表项，导致合法用户无法正常通信。

为避免上述危害，可以在网关设备上配置 ARP 表项严格学习功能。**配置该功能后，只有本设备主动发送的 ARP 请求报文的应答报文才能触发本设备学习 ARP**，其他设备主动向本设备发送的 ARP 报文不能触发本设备学习 ARP。这样，可以拒绝大部分的 ARP 报文攻击。

ARP 表项严格学习功能可在全局和三层接口（**三层 VLANIF 接口或三层物理接口**）视图下进行配置，具体见表 15-45。如果全局使能该功能，则设备的所有三层接口均进行 ARP 表项严格学习；如果接口下使能该功能，则只有该三层接口进行 ARP 表项严格学习，接口下配置的优先级高于全局配置的优先级。

表 15-45　　　　　　　　　　　　ARP 表项严格学习的配置步骤

步骤	命令	说明
1	**system-view** 例如：\<HUAWEI\> **system-view**	进入系统视图

（续表）

步骤	命令	说明
2	**arp learning strict** 例如：[HUAWEI] **arp learning strict**	配置全局 ARP 表项严格学习功能，使设备只学习自己发送的 ARP 请求报文的应答报文。 缺省情况下，没有使能 ARP 表项严格学习功能，可用 **undo arp learning strict** 命令恢复为缺省情况
3	**interface** *interface-type interface-number* 例如：[HUAWEI] **interface** gigabitethernet 0/0/1	（可选）键入要配置 ARP 表项严格学习功能的三层物理以太网接口或 VLANIF 接口，进入接口视图
4	**undo portswitch** [HUAWEI-GigabitEthernet0/0/1] **undo portswitch**	（可选）对于以太网接口，需配置接口切换到三层模式。 仅 S5720EI、S5720HI、S6720EI、S6720HI 和 S6720S-EI 子系列，以及框式系列交换机支持二层模式与三层模式切换
5	**arp learning strict** { **force-enable** | **force-disable** | **trust** } 例如：[HUAWEI-Vlanif10] **arp learning strict trust**	（可选）配置以上三层接口的 ARP 表项严格学习功能。命令中的选项说明如下。 • **force-enable**：多选一选项，使能 ARP 严格学习功能。 • **force-disable**：多选一选项，去使能 ARP 严格学习功能。 • **trust**：多选一选项，ARP 严格学习功能与全局配置保持一致。 缺省情况下，未使能 ARP 表项严格学习功能，可用 **undo arp learning strict** 命令将对应 VLANIF 接口的 ARP 严格学习功能配置与全局配置保持一致

15.5.7　配置基于接口的 ARP 表项限制

ARP 表项限制功能应用在网关设备上，可以限制设备的某个接口（**二层接口或三层物理接口、三层以太网子接口和 VLANIF 接口都可以**）学习动态 ARP 表项的数目，具体的配置步骤见表 15-46。

表 15-46　　　　　　　　　　基于接口的 **ARP** 表项限制的配置步骤

步骤	命令	说明
1	**system-view** 例如：<HUAWEI> **system-view**	进入系统视图
配置二层接口的 ARP 表项限制		
2	**interface** *interface-type interface- number* 例如：[HUAWEI] **interface** gigabitethernet 1/0/0	（可选）键入要配置 ARP 表项限制功能的二层物理接口或 Eth-Trunk 接口或端口组，进入接口或者端口组视图
3	**arp-limit vlan** *vlan-id1* [**to** *vlan-id2*] **maximum** *maximum* 例如：[HUAWEI-GigabitEthernet1/0/0] **arp-limit vlan 10 maximum 20**	（可选）配置基于二层接口的 ARP 表项限制。命令中的参数说明如下。 ① *vlan-id1* [**to** *vlan-id2*]：指定限制 ARP 学习的 VLAN，限制接口从该 VLAN 内能够学习到的最大动态 ARP 表项数目，取值范围均为 1～4094。 ② *maximum*：接口能够学习到的最大动态 ARP 表项数目，不同机型的取值范围不同，具体参见对应产品手册。 缺省情况下，在规格范围内，设备对接口能够学习到的最大动态 ARP 表项数目没有限制，可用 **undo arp-limit vlan** *vlan-id1* [**to** *vlan-id2*] 命令删除对应接口下指定 ARP 表项限制配置

（续表）

步骤	命令	说明
	配置三层接口或以太网子接口的 ARP 表项限制	
2	**interface** *interface-type interface-number*[*.subinterface-number*] 例如：[HUAWEI]**interface** gigabitethernet 0/0/1	进入 VLANIF 接口、三层以太网接口或子接口视图
3	**undo portswitch** [HUAWEI-GigabitEthernet0/0/1] **undo portswitch**	（可选）对于以太网接口，需要配置接口切换到三层模式。仅 S5720EI、S5720HI、S6720EI、S6720HI 和 S6720S-EI 子系列，以及框式系列交换机支持二层模式与三层模式切换
4	**arp-limit maximum** *maximum* 例如：[HUAWEI-Vlanif10] **rp-limit maximum** 20	（可选）配置基于三层接口或以太网子接口的 ARP 表项限制，不同机型的取值范围不同，具体参见对应产品手册。 缺省情况下，在规格范围内，设备对接口能够学习到的最大动态 ARP 表项数目没有限制，可用 **undo arp-limit** 命令删除对应 ARP 表项限制配置

　　默认状态下，接口可以学习的动态 ARP 表项数目规格与全局的 ARP 表项规格保持一致。当部署完 ARP 表项限制功能后，如果指定接口下的动态 ARP 表项达到了允许学习的最大数目，将不再允许该接口继续学习动态 ARP 表项，以保证当一个接口所接入的某一用户主机发起 ARP 攻击时，不会导致整个设备的 ARP 表资源都被耗尽。

15.5.8　配置禁止接口学习 ARP 表项

　　当某接口（**仅可是 VLANIF 接口**）下学习了大量动态 ARP 表项时，出于安全考虑，可以通过表 15-47 所示的步骤配置禁止该接口的动态 ARP 表项学习功能，以防止该接口下所接入的用户主机发起 ARP 攻击使整个设备的 ARP 表资源都被耗尽。

　　禁止接口学习 ARP 表项功能和 ARP 表项严格学习功能配合起来使用，可以使设备对接口下动态 ARP 的学习进行更加细致的控制。

表 15-47　　　　　　　　　　禁止接口学习 **ARP** 表项的配置步骤

步骤	命令	说明
1	**system-view** 例如：<HUAWEI> **system-view**	进入系统视图
2	**interface vlanif** *interface-number* 例如：**interface** vlanif 10	进入 VLANIF 接口视图
3	**arp learning disable** 例如：[HUAWEI-Vlanif10] **arp learning disable**	禁止接口学习动态 ARP 表项。 禁止动态 ARP 学习前，如果接口上已经有动态学习到的 ARP 表项，系统并不会自动删除这些表项。用户可以根据需要，手动删除或保留这些已经学习到的动态 ARP 表项（通过 **reset arp** 命令删除）。 缺省情况下，接口下的动态 ARP 表项学习功能处于使能状态，可用 **undo arp learning disable** 命令用来恢复接口学习动态 ARP 表项的功能

15.5.9 配置 ARP 表项固化

为了防止网关欺骗攻击，可在网关上配置 ARP 表项固化功能，这样网关设备在第一次学习到某 IP 地址的 ARP 表项以后，不再允许用户更新此 ARP 表项，或只能允许更新此 ARP 表项的部分信息，或者通过发送单播 ARP 请求报文的方式对更新 ARP 条目的报文进行合法性确认。

华为设备提供了以下 3 种 ARP 表项固化模式，且是互斥关系。

fixed-mac 方式：这种固化模式是**以报文中源 MAC 地址与 ARP 表中现有对应 IP 地址表项中的 MAC 地址是否匹配为审查的关键依据**。当这两个 MAC 地址不匹配时，则直接丢弃该 ARP 报文；如果这两个 MAC 地址是匹配的，但是报文中的接口或 VLAN 信息与 ARP 表中对应表项不匹配时，则可以更新对应 ARP 表项中的接口和 VLAN 信息。这种模式适用于静态配置 IP 地址，但网络存在冗余链路（**这样可以改变出接口和 VLAN**）的情况。当链路切换时，ARP 表项中的接口信息可以快速改变。

fixed-all 方式：这种固化模式是**仅当 ARP 报文对应的 MAC 地址、接口、VLAN 信息和 ARP 表中对应表项的信息完全匹配时**，设备才可以更新 ARP 表项的其他内容。这种模式匹配最严格，适用于静态配置 IP 地址，网络没有冗余链路（**这样不可以改变出接口和 VLAN**），且同一 IP 地址用户不会从不同接口接入的情况。

send-ack 方式：这种模式是当设备收到一个涉及 MAC 地址、VLAN、接口修改的 ARP 报文时，不会立即更新 ARP 表项，而是先向待更新的 ARP 表项现有 MAC 地址对应的用户发送一个单播的 ARP 请求报文，再根据用户的确认结果决定是否更新 ARP 表项中的 MAC 地址、VLAN 和接口信息。此方式适用于动态分配 IP 地址，有冗余链路的网络。

可在全局和 VLANIF 接口下配置 ARP 表项固化功能，具体配置步骤见表 15-48。全局配置该功能后，缺省设备上所有 VLANIF 接口的 ARP 表项固化功能均已使能。当全局和 VLANIF 接口下同时配置了该功能时，VLANIF 接口下的配置优先生效。

表 15-48   ARP 表项固化的配置步骤

步骤	命令	说明
1	**system-view** 例如：<HUAWEI> **system-view**	进入系统视图
2	**interface vlanif** *interface-number* 例 如 ： [HUAWEI] **interface vlanif** 10	（可选）键入要配置 ARP 表项严格学习功能的 VLANIF 接口，进入 VLANIF 接口视图。**在系统视图下配置 ARP 表项固化功能无需执行此步骤**
3	**arp anti-attack entry-check { fixed-mac ǀ fixed-all ǀ send-ack } enable** 例如：[HUAWEI]**arp anti-attack entry-check fixed-mac** 或[HUAWEI-Vlanif10]**arp anti-attack entry-check send-ack**	在全局或 VLANIF 接口下配置 ARP 表项固化功能。命令中的选项说明如下。 ① **fixed-mac**：多选一选项，指定按固定 MAC 模式运行 ARP 防欺骗功能，不允许通过 ARP 学习对 MAC 地址进行修改，但允许对 VLAN 和接口信息进行修改。 ② **fixed-all**：多选一选项，指定按固定所有参数的模式运行 ARP 防欺骗功能，对动态 ARP 和已解析的静态 ARP，MAC、VLAN 和接口信息均不允许修改。 ③ **send-ack**：多选一选项，指定按查询确认模式运行 ARP

（续表）

步骤	命令	说明
3	**arp anti-attack entry-check { fixed-mac | fixed-all | send-ack } enable** 例如：[HUAWEI]**arp anti-attack entry-check fixed-mac** 或[HUAWEI-Vlanif10]**arp anti-attack entry-check send-ack**	防欺骗功能，当设备收到一个涉及 MAC 地址、VLAN、接口修改的 ARP 报文时，不会立即进行修改，而是先记录发送请求的表项信息，对原 ARP 表中与此 ARP 报文中的 MAC 地址对应的用户发一个单播确认，在收到 ACK 后删除该表项。 缺省情况下，没有使能 ARP 防地址欺骗功能，可用 **undo arp anti-attack entry-check [fixed-mac | fixed-all | send-ack] enable** 命令去使能对应的 ARP 防地址欺骗功能

15.5.10　配置动态 ARP 检测（DAI）

中间人攻击（Man-in-the-middle attack）是常见的 ARP 欺骗攻击方式之一。所谓"中间人攻击"是指攻击者与通信的两端分别创建独立的联系，并交换其所收到的数据，使通信的两端认为与对方直接对话，但事实上整个会话都被攻击者完全控制。在中间人攻击中，攻击者可以拦截通信双方的通话并插入新的内容。图 15-22 所示的是中间人攻击的一个场景。

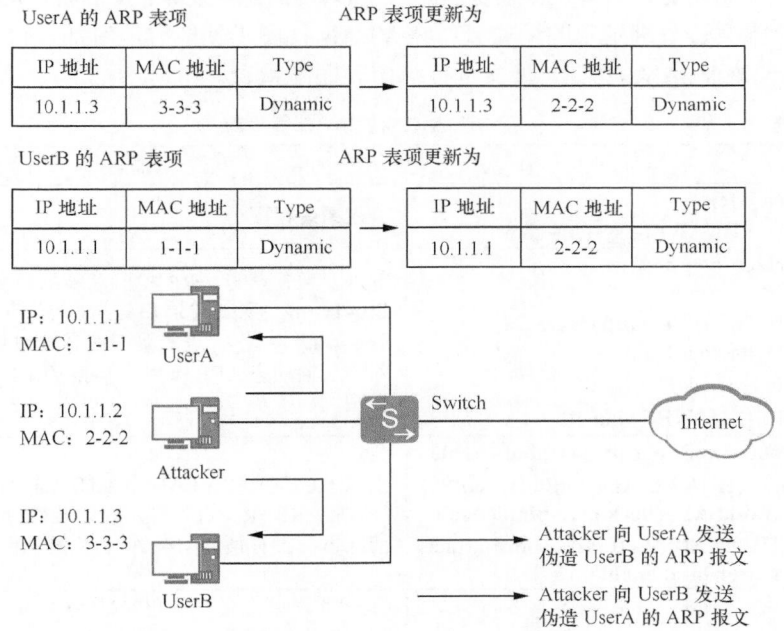

图 15-22　中间人攻击示例

在图中，攻击者（Attacker）主动向 UserA 发送伪造 UserB 的 ARP 报文，导致 UserA 的 ARP 表中记录了错误的 UserB 地址映射关系，攻击者可以轻易地获取到 UserA 原本要发往 UserB 的数据。同样，攻击者也可以轻易获取到 UserB 原本要发往 UserA 的数据。这样，UserA 与 UserB 间的信息安全无法得到保障。

为了防御中间人攻击，避免合法用户的数据被中间人窃取，可以使能 DAI（Dynamic ARP Inspection，动态 ARP 检测测）功能，**仅适用于启用了 DHCP Snooping 的场景**。这样，设备会将 ARP 报文中的源 IP、源 MAC、接口、VLAN 信息和 DHCP Snooping 中的绑定表（或者手动添加静态绑定表）信息进行比较，如果匹配，说明发送该 ARP 报文的用户是合法用户，允许此用户的 ARP 报文通过，否则就认为是攻击，丢弃该 ARP 报文。

说明 设备使能 DHCP Snooping 功能后，当 DHCP 用户上线时设备会自动生成 DHCP Snooping 绑定表。对于静态配置 IP 地址的用户，设备不会生成 DHCP Snooping 绑定表，所以需要手动添加静态绑定表。可用 **user-bind static**{ **ip-address** start-ip [**to** end-ip] &<1-10> | **mac-address** *mac-address* } * [**interface** *interface-type interface-number*] [**vlan** *vlan-id* [**ce-vlan** *ce-vlan-id*]]命令配置 IP 地址、MAC 地址、接口和内/外层 VLAN 的静态用户绑定表项，参见本章 15.2.4 节。

如果希望仅匹配绑定表中某一项或某两项内容的特殊 ARP 报文也能够通过，则可以配置对 ARP 报文进行绑定表匹配检查时只检查某一项或某两项内容。如果希望设备在丢弃的不匹配绑定表的 ARP 报文数量较多时能够以告警的方式提醒网络管理员，则可以使能动态 ARP 检测丢弃报文告警功能。这样，当丢弃的 ARP 报文数超过告警阈值时，设备将产生告警。

可在接口（**仅限二层物理接口、Eth-Trunk 接口和端口组**）视图或 VLAN 视图下配置动态 ARP 检测功能，具体配置步骤见表 15-49。在接口视图下使能时，对该接口收到的所有 ARP 报文进行绑定表匹配检查；在 VLAN 视图下使能时，对加入该 VLAN 的接口收到的属于该 VLAN 的 ARP 报文进行绑定表匹配检查。

表 **15-49**　　　　　　　　　　　　动态 **ARP** 检测的配置步骤

步骤	命令	说明
1	**system-view** 例如：<HUAWEI> **system-view**	进入系统视图
2	**interface** *interface-type interface-number* 例如：[HUAWEI] **interface** gigabitethernet 1/0/0 或 **vlan** *vlan-id* 例如：[HUAWEI] **vlan** 10	键入要配置动态 ARP 检测功能的二层物理接口、**Eth-Trunk 接口或端口组（必须使能了 DHCP Snooping 功能）**，进入接口或者端口组视图，或键入要配置动态 ARP 检测功能的 VLAN，进入 VLAN 视图
3	**arp anti-attack check user-bind enable** 例如：[HUAWEI-GigabitEthernet1/0/0] **arp anti-attack check user-bind enable** 或 [HUAWEI-Vlan10]**arp anti-attack check user-bind enable**	在以上接口或者 VLAN 下使能动态 ARP 检测功能（即对 ARP 报文进行绑定表匹配检查功能）。缺省情况下，没有使能动态 ARP 检测功能
4	**arp anti-attack check user-bind check-item** { **ip-address** | **mac-address** | **vlan** } * 例如：[HUAWEI-GigabitEthernet1/0/0] **arp anti-attack check user-bind check-item ip-address**	（可选）在以上接口下配置对 ARP 报文进行绑定表匹配检查的检查项。命令中的选项说明如下。 ① **ip-address**：可多选项，指定 ARP 报文绑定表匹配检查时检查 IP 地址。 ② **mac-address**：可多选项，指定 ARP 报文绑定表匹配检查时检查 MAC 地址。 ③ **vlan**：可多选项，指定 ARP 报文绑定表匹配检查时检查 VLAN 信息。 缺省情况下，对 ARP 报文的 IP 地址、MAC 地址和 VLAN 信息都进行检查，可用 **undo arp anti-attack check user-bind check-item** 命令恢复 ARP 报文绑定表匹配检查项为缺省值

（续表）

步骤	命令	说明
5	**arp anti-attack check user-bind check-item { ip-address | mac-address | interface }** * 例如：[HUAWEI-vlan10] arp anti-attack check user-bind check-item ip-address	（可选）在以上 VLAN 下配置对 ARP 报文进行绑定表匹配检查的检查项。命令中的选项说明如下。 ① **ip-address**：可多选项，指定 ARP 报文绑定表匹配检查时检查 IP 地址。 ② **mac-address**：可多选项，指定 ARP 报文绑定表匹配检查时检查 MAC 地址。 ③ **interface**：可多选项，指定 ARP 报文绑定表匹配检查时检查接口信息。 缺省情况下，对 ARP 报文的 IP 地址、MAC 地址和接口信息都进行检查，可用 **undo arp anti-attack check user-bind check-item** 命令恢复 ARP 报文绑定表匹配检查项为缺省值
6	**arp anti-attack check user-bind alarm enable** 例如：[HUAWEI-GigabitEthernet1/0/0] arp anti-attack check user-bind alarm enable	（可选）在以上接口上使能动态 ARP 检测丢弃报文告警功能。 缺省情况下，没有使能动态 ARP 检测丢弃报文告警功能，可用 **undo arp anti-attack check user-bind alarm enable** 命令恢复为缺省情况
7	**arp anti-attack check user-bind alarm threshold** *threshold* 例如：[HUAWEI-GigabitEthernet1/0/0] arp anti-attack check user-bind alarm threshold 200	（可选）在以上接口上配置动态 ARP 检测丢弃报文告警阈值，取值范围为 1～1000。 缺省情况下，动态 ARP 检测丢弃报文告警阈值为系统视图下 **arp anti-attack check user-bind alarm threshold** *threshold* 命令配置的值，可用 **undo arp anti-attack check user-bind alarm threshold** 命令恢复动态 ARP 检测丢弃报文告警阈值为缺省值。 如果系统视图下没有配置该值，则接口下缺省的告警阈值为 100

15.5.11　配置 ARP 防网关冲突

如果攻击者仿冒网关，在局域网内部发送源 IP 地址是网关 IP 地址的 ARP 报文，就会导致局域网内其他用户主机的 ARP 表记录错误的网关地址映射关系。这样，其他用户主机就会把发往网关的流量均发送给了攻击者，攻击者可轻易地窃听到他们发送的数据内容，并且最终会造成这些用户主机无法访问网络。这就是我们最常见的一种 ARP 攻击类型——网关欺骗 ARP 攻击。

如图 15-23 所示，攻击者 B 将伪造网关的 ARP 报文发送给用户 A，使用户 A 误以为攻击者即为网关。用户 A 的 ARP 表中会记录错误的网关地址映射关系，使得用户 A 跟网关的正常数据通信中断。

为了防范攻击者仿冒网关，可以在网关设备上使能 ARP 防网关冲突功能。**仅 S5720EI、S5720HI、S5720S-SI、S5720SI、S5730S-EI、S5730SI、S6720EI、S6720HI、S6720LI、S6720S-EI、S6720S-LI、S6720S-SI 和 S6720SI，以及框式系列交换机支持该功能。**

当设备收到的 ARP 报文存在下列情况之一，设备就认为该 ARP 报文是与网关地址冲突的 ARP 报文，设备将生成 ARP 防攻击表项，并在后续一段时间内丢弃该接口收到的同 VLAN 以及同源 MAC 地址的 ARP 报文，这样可以防止与网关地址冲突的 ARP 报文在 VLAN 内广播。此时，还可以在设备上通过下节介绍的使能发送免费 ARP 报文功能，通过广播发送正确的免费 ARP 报文到所有用户，迅速将已经被攻击的用户记录的错误网关地址映射关系修改正确。

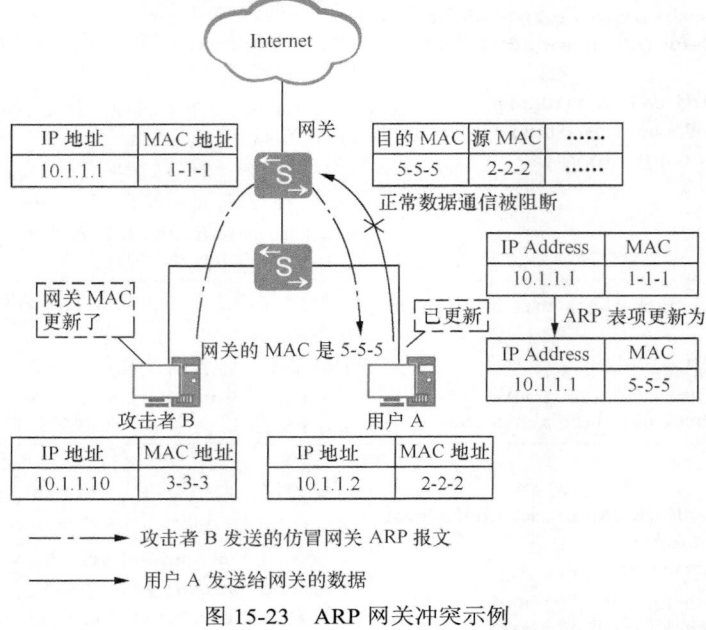

图 15-23　ARP 网关冲突示例

- ARP 报文的源 IP 地址与报文入接口对应的 VLANIF 接口的 IP 地址相同。
- ARP 报文的源 IP 地址是入接口的虚拟 IP 地址，但 ARP 报文源 MAC 地址不是 VRRP 虚 MAC 地址。

配置 ARP 防网关冲突的方法很简单，仅需在系统视图下执行 **arp anti-attack gateway-duplicate enable** 命令即可。缺省情况下，没有使能 ARP 防网关冲突攻击功能，可用 **undo arp anti-attack gateway-duplicate enable** 命令去使能 ARP 防网关冲突攻击功能。

15.5.12　配置发送 ARP 免费报文

如果有攻击者向其他用户发送仿冒网关的 ARP 报文，会导致其他用户的 ARP 表中记录错误的网关地址映射关系，从而造成其他用户的正常数据不能被网关接收。如图 15-24 所示，Attacker 仿冒网关向 UserA 发送了伪造的 ARP 报文，导致 UserA 的 ARP 表中记录了错误的网关地址映射关系，从而正常的数据不能被网关接收。

此时可以在网关设备上配置发送免费 ARP 报文的功能，用来定期更新合法用户的 ARP 表项，使得合法用户 ARP 表项中记录正确的网关地址映射关系。

可在网关设备上全局或 VLANIF 接口下配置发送免费 ARP 报文功能，具体配置步骤见表 15-50。全局配置该功能后，则缺省设备上所有接口的发送 ARP 免费报文功能均已使能。当全局和 VLANIF 接口下同时配置了该功能时，VLANIF 接口下的配置优先生效。

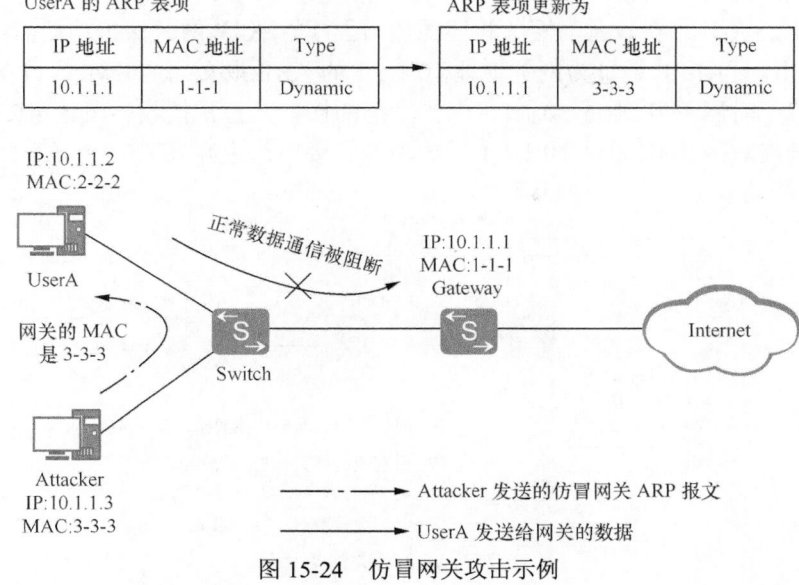

图 15-24　仿冒网关攻击示例

表 15-50　　　　　　　　　　　发送 **ARP 免费报文的配置步骤**

步骤	命令	说明
1	**system-view** 例如：<HUAWEI> **system-view**	进入系统视图
2	**interface vlanif** *interface-number* 例如：[HUAWEI] **interface vlanif** **10**	（可选）键入要配置主动发送免费 ARP 报文的 VLANIF 接口，进入 VLANIF 接口视图。**在系统视图下配置主动发送免费 ARP 报文功能无需执行此步骤**
3	**arp gratuitous-arp send enable** 例如：[HUAWEI]**arp gratuitous-arp send enable** 或[HUAWEI-Vlanif10]**arp gratuitous-arp send enable**	使能主动发送免费 ARP 报文的功能。 缺省情况下，主动发送免费 ARP 报文功能处于未使能状态，可用 **undo arp gratuitous-arp send enable** 命令去使能主动发送免费 ARP 报文的功能
4	**arp gratuitous-arp send interval** *interval-time* 例如：[HUAWEI] **arp gratuitous-arp send interval** 1000 或[HUAWEI-Vlanif10] **arp g ratuitous-arp send interval** 100	配置主动发送免费 ARP 报文的时间间隔，取值范围为 1～86400 的整数秒。 缺省情况下，盒式系列交换机发送免费 ARP 报文的时间间隔为 60s，S7700/及以上框式系列交换机发送免费 ARP 报文的时间间隔为 30s，可用 **undo arp gratuitous-arp send interval** 命令恢复为缺省值

15.5.13　配置 ARP 网关保护功能

当网络中存在攻击者 Attacker 仿冒网关或用户误配主机 IP 地址为网关地址时，其发送的 ARP 报文会使得网络中其他用户误以为 Attacker 即网关，造成正常用户跟网关的数据通信中断。在设备与网关相连的接口上配置 ARP 网关保护功能，可以防止伪造网关攻击，**仅盒式交换机系列交换机支持**。当来自网关的 ARP 报文到达设备时：

■ 开启了对网关地址保护功能的接口，正常接收转发该 ARP 报文；

- 未开启对网关地址保护功能的接口，丢弃该 ARP 报文。

如图 15-25 所示，在设备与网关相连的接口上配置 ARP 网关保护功能后，可以防止伪造网关攻击。当源 IP 地址为网关地址 10.1.1.1 的 ARP 报文到达 Switch 设备时：

- 开启了对网关 IP 地址 10.1.1.1 保护功能的接口，正常接收转发该 ARP 报文；
- 未开启对网关 IP 地址 10.1.1.1 保护功能的接口，丢弃该 ARP 报文。

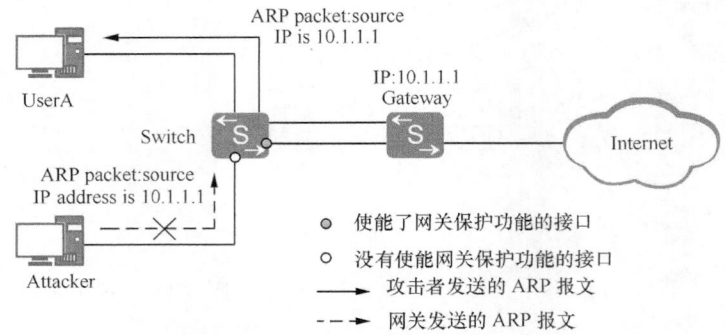

图 15-25　ARP 网关保护示例

ARP 网关保护功能是在二层物理接口下配置，具体配置步骤见表 15-51。

表 15-51　　　　　　　　　　　ARP 网关保护功能的配置步骤

步骤	命令	说明
1	**system-view** 例如：\<HUAWEI\> **system-view**	进入系统视图
2	**interface** *interface-type interface-number* 例如：[HUAWEI] **interface** gigabitethernet 0/0/1	进入要启用 ARP 网关保护功能的以太网接口的接口视图
3	**arp trust source** *ip-address* 例如：[HUAWEI-GigabitEthernet0/0/1] **arp trust source** 10.10.10.1	开启 ARP 网关保护功能，并配置被保护的网关 IP 地址。 每个接口下最多可以指定 8 个被保护的网关 IP 地址，全局最多支持指定 32 个被保护的网关 IP 地址。在不同的接口下指定相同的网关 IP 地址，认为是指定了多个被保护的网关 IP 地址。 缺省情况下，ARP 网关保护功能处于关闭状态，可用 **undo arp trust source** { *ip-address* | **all** }命令关闭指定 IP 地址的 ARP 网关保护功能

15.5.14　配置 ARP 报文内 MAC 地址一致性检查

ARP 报文内 MAC 地址一致性检查功能主要应用于网关设备上，可以防御以太网数据帧头部中的源/目的 MAC 地址和 ARP 报文数据区中的源/目的 MAC 地址不同的 ARP 攻击。配置该功能后，网关设备在进行 ARP 表项学习前将对 ARP 报文进行检查。如果以太网数据帧头部中的源/目的 MAC 地址和 ARP 报文数据区中的源/目的 MAC 地址不同，则认为是攻击报文，将其丢弃；否则，继续进行 ARP 学习。

ARP 报文内 MAC 地址一致性检查的配置步骤见表 15-52。

表 15-52　　　　　　　　ARP 报文内 MAC 地址一致性检查的配置步骤

步骤	命令	说明
1	system-view 例如：\<HUAWEI\> system-view	进入系统视图
2	interface *interface-type interface-number* 例如：[HUAWEI] interface gigabitethernet 1/0/1	（可选）键入要配置 MAC 地址一致性检查功能的**二层或三层物理接口或者 Eth-Trunk 接口**，进入接口视图。 【说明】本功能不支持在子接口和 VLANIF 接口上配置。当子接口收到 ARP 报文时，ARP 报文内 MAC 地址一致性检查遵循主接口下的检查规则；当 VLANIF 接口收到 ARP 报文时，ARP 报文内 MAC 地址一致性检查遵循成员口下的检查规则
3	undo portswitch [HUAWEI-GigabitEthernet0/0/1] undo portswitch	（可选）对于三层以太网接口，则需要执行本步骤配置接口切换到三层模式。仅 S5720EI、S5720HI、S6720EI、S6720HI 和 S6720S-EI 子系列，以及框式系列交换机支持二层模式与三层模式切换
4	arp validate { source-mac | destination-mac }* 例如： [HUAWEI-GigabitEthernet1/0/1] arp validate source-mac destination-mac	使能 ARP 报文内 MAC 地址一致性检查功能，即对以太网数据帧头部中的源/目的 MAC 地址和 ARP 报文数据区中的源/目的 MAC 地址进行一致性检查的功能。命令中的选项说明如下。 ① source-mac：可多选选项，指定接口收到 ARP 报文时对以太网数据帧首部中的源 MAC 地址和 ARP 报文数据区中的源 MAC 地址进行一致性检查。此时，当接口收到 ARP 请求或者应答报文时，均只对报文中的源 MAC 地址进行一致性检查。 ② destination-mac：可多选选项，指定接口收到 ARP 报文时对以太网数据帧头部中的目的 MAC 地址和 ARP 报文数据区中的目的 MAC 地址进行一致性检查。此时，**当接口收到 ARP 请求报文时，不对报文进行一致性检查，因为 ARP 请求报文中帧头部的目的 MAC 地址总是广播报文，而 ARP 报文数据区中的目的 MAC 地址为空，总是不一致。当接口收到 ARP 应答报文时，对报文中的目的 MAC 地址进行一致性检查。** 如果同时选择以上两个可选项时，当接口收到 ARP 请求报文时，只对报文中的源 MAC 地址进行一致性检查；当接口收到 ARP 应答报文时，对报文中的源/目的 MAC 地址都进行一致性检查，因为在应答报文，正常情况下两个位置的目的 MAC 地址应该是一致的。 缺省情况下，不对以太网数据帧首部中的源/目的 MAC 地址和 ARP 报文数据区中的源/目的 MAC 地址进行一致性检查，可用 undo arp validate { source-mac | destination-mac }*命令去使能对应的 ARP 报文内 MAC 地址一致性检查功能

15.5.15　配置 ARP 报文合法性检查

为了防止非法 ARP 报文的攻击，可以**在接入设备或网关设备上**配置 ARP 报文合法性检查功能，用来对 MAC 地址和 IP 地址不合法的 ARP 报文进行过滤。设备提供以下 3 种可以任意组合的检查项配置。

① IP 地址检查：设备会检查 ARP 报文中的源 IP 和目的 IP 地址，全 0、全 1 或者组播 IP 地址都是不合法的，需要丢弃。对于 ARP 应答报文，源 IP 和目的 IP 地址都进行检查；对于 ARP 请求报文，只检查源 IP 地址。

② 源 MAC 地址检查：设备会检查 ARP 报文中的源 MAC 地址和以太网数据帧首部中的源 MAC 地址是否一致，一致则认为合法，否则丢弃报文。

③ 目的 MAC 地址检查：设备会检查 ARP 应答报文中的目的 MAC 地址是否和以太网数据帧首部中的目的 MAC 地址一致，一致则认为合法，否则丢弃报文。

ARP 报文合法性检查的配置方法很简单，仅需在系统视图下配置 **arp anti-attack packet-check { ip | dst-mac | sender-mac }**[*]命令，全局使能 ARP 报文合法性检查功能（**作用于所有接口接收的 ARP 报文**）。命令中的选项说明如下。

① **ip**：可多选选项，对应前面介绍的"IP 地址检查"方式，指定在进行 ARP 报文合法性检查时检查 IP 地址。

② **dst-mac**：可多选选项，对应前面介绍的"目的 MAC 地址检查"方式，指定在进行 ARP 报文合法性检查时检查目的 MAC 地址。

③ **sender-mac**：可多选选项，对应前面介绍的"源 MAC 地址检查"方式，指定在进行 ARP 报文合法性检查时检查源 MAC 地址。

缺省情况下，没有使能 ARP 报文合法性检查功能，可用 **undo arp anti-attack packet-check [ip | dst-mac | sender-mac]**[*]命令去使能 ARP 报文合法性检查功能。

15.5.16　配置 DHCP 触发 ARP 学习

在 DHCP 用户场景下，当 DHCP 用户数目很多时，设备进行大规模 ARP 表项的学习和老化会对设备性能和网络环境形成冲击。为了避免此问题，可以在网关设备上使能 DHCP 触发 ARP 学习功能。当 DHCP 服务器给用户分配了 IP 地址，网关设备会根据 VLANIF 接口上收到的 DHCP ACK 报文直接生成该用户的 ARP 表项。

注意 DHCP 触发 ARP 学习功能生效的前提是已在二层交换设备全局和对应二层接口上通过 **dhcp snooping enable** 命令使能了 DHCP Snooping 功能。

DHCP 触发 ARP 学习的配置方法**仅可在网关设备对应的 VLANIF 接口视图下执行 arp learning dhcp-trigger** 命令，使能 DHCP 触发 ARP 学习功能。缺省情况下，没有使能 DHCP 触发 ARP 学习功能，可用 **undo arp learning dhcp-trigger** 命令恢复缺省情况。

15.5.17　ARP 安全综合功能配置示例

本示例的拓扑结构如图 15-26 所示，Switch 作为网关通过 GE1/0/3 接口连接一台服务器，通过 GE1/0/1 和 GE1/0/2 接口分别连接 VLAN10 和 VLAN20 下的用户。网络中存在以下 ARP 威胁，现希望能够防止这些 ARP 攻击行为，为用户提供更安全的网络环境和更稳定的网络服务。

① 攻击者向 Switch 发送伪造的 ARP 报文和伪造的免费 ARP 报文进行 ARP 欺骗攻击，恶意修改 Switch 上的 ARP 表项，造成其他用户无法正常接收数据报文。

② 攻击者发出大量目的 IP 地址不可达的 IP 报文进行 ARP 泛洪攻击，造成 Switch 的 CPU 负荷过重。

③ 用户 User1 构造大量源 IP 地址变化、MAC 地址固定的 ARP 报文进行 ARP 泛洪攻击，造成 Switch 的 ARP 表资源被耗尽以及 CPU 进程繁忙，影响正常业务的处理。

④ 用户 User3 构造大量源 IP 地址固定的 ARP 报文进行 ARP 泛洪攻击,造成 Switch 的 CPU 进程繁忙,影响到正常业务的处理。

1. 基本配置思路分析

本示例的配置思路,需要分析本示例网络中存在的 ARP 攻击隐患(仅针对 Switch)。

① 首先根据图中的标识创建所需 VLAN,把各接口加入到对应 VLAN 中,并配置好各 VLANIF 接口 IP 地址。

② 配置 ARP 表项严格学习功能和 ARP 表项固化功能,实现防止伪造的 ARP 报文错误地更新 Switch 的 ARP 表项。

③ 配置免费 ARP 报文主动丢弃功能(**仅适用于框式系列交换机**),实现防止伪造的免费 ARP 报文错误地更新设备 ARP 表项。

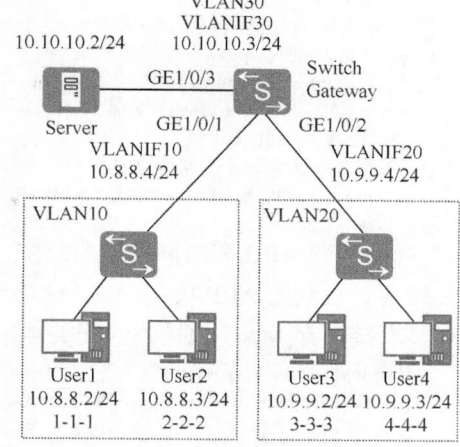

图 15-26　ARP 安全综合功能配置示例的拓扑结构

④ 配置根据源 IP 地址进行 ARP Miss 消息限速,实现防止用户侧存在攻击者发出大量目的 IP 地址不可达的 IP 报文触发大量 ARP Miss 消息,形成 ARP 泛洪攻击。同时需要保证 Switch 可以正常处理服务器发出的大量此类报文,避免因丢弃服务器发出的大量此类报文而造成网络无法正常通信。

⑤ 配置基于接口的 ARP 表项限制以及根据源 MAC 地址进行 ARP 限速,实现防止 User1 发送的大量源 IP 地址变化、MAC 地址固定的 ARP 报文形成的 ARP 泛洪攻击,避免 Switch 的 ARP 表资源被耗尽,并避免 CPU 进程繁忙。

⑥ 配置根据源 IP 地址进行 ARP 限速,实现防止 User3 发送的大量源 IP 地址固定的 ARP 报文形成的 ARP 泛洪攻击,避免 Switch 的 CPU 进程繁忙。

2. 具体配置步骤

① 批量创建 VLAN10、VLAN20 和 VLAN30,并将 GE1/0/1 接口加入 VLAN10 中,GE1/0/2 接口加入 VLAN20 中, GE1/0/3 接口加入 VLAN30 中,然后配置好各 VLANIF 接口 IP 地址。

```
<HUAWEI> system-view
[Switch] sysname Switch
[Switch] vlan batch 10 20 30
[Switch] interface gigabitethernet 1/0/1
[Switch-GigabitEthernet1/0/1] port link-type trunk
[Switch-GigabitEthernet1/0/1] port trunk allow-pass vlan 10
[Switch-GigabitEthernet1/0/1] quit
[Switch] interface gigabitethernet 1/0/2
[Switch-GigabitEthernet1/0/2] port link-type trunk
[Switch-GigabitEthernet1/0/2] port trunk allow-pass vlan 20
[Switch-GigabitEthernet1/0/2] quit
[Switch] interface gigabitethernet 1/0/3
[Switch-GigabitEthernet1/0/3] port link-type trunk
[Switch-GigabitEthernet1/0/3] port trunk allow-pass vlan 30
[Switch-GigabitEthernet1/0/3] quit
```

```
[Switch] interface vlanif 10
[Switch-Vlanif10] ip address 8.8.8.4 24
[Switch-Vlanif10] quit
[Switch] interface vlanif 20
[Switch-Vlanif20] ip address 9.9.9.4 24
[Switch-Vlanif20] quit
[Switch] interface vlanif 30
[Switch-Vlanif30] ip address 10.10.10.3 24
[Switch-Vlanif30] quit
```

② 配置 ARP 表项严格学习功能，配置 ARP 表项固化模式为 **fixed-mac** 方式，使网关设备对收到的 ARP 报文中的 MAC 地址与 ARP 表中对应表项的 MAC 地址进行匹配检查，直接丢弃 MAC 地址不匹配的 ARP 报文。

```
[Switch] arp learning strict
[Switch] arp anti-attack entry-check fixed-mac enable
```

③ 配置免费 ARP 报文主动丢弃功能，使网关设备直接丢弃免费 ARP 报文。

```
[Switch] arp anti-attack gratuitous-arp drop
```

④ 配置根据源 IP 地址进行 ARP Miss 消息限速，对 Server（IP 地址为 10.10.10.2）的 ARP Miss 消息进行限速，允许 Switch 每秒最多处理该 IP 地址触发的 40 个 ARP Miss 消息；对于其他用户，允许 Switch 每秒最多处理同一个源 IP 地址触发的 20 个 ARP Miss 消息。

```
[Switch] arp-miss speed-limit source-ip maximum 20
[Switch] arp-miss speed-limit source-ip 10.10.10.2 maximum 40
```

⑤ 配置基于接口的 ARP 表项限制，使 GE1/0/1 接口最多可以学习到 20 个动态 ARP 表项。配置根据源 MAC 地址进行 ARP 限速，对用户 User1（MAC 地址为 1–1–1）进行 ARP 报文限速，每秒最多只允许 10 个该 MAC 地址的 ARP 报文通过。

```
[Switch] interface gigabitethernet 1/0/1
[Switch-GigabitEthernet1/0/1] arp-limit vlan 10 maximum 20
[Switch-GigabitEthernet1/0/1] quit
[Switch] arp speed-limit source-mac 1-1-1 maximum 10
```

⑥ 配置根据源 IP 地址进行 ARP 限速，对用户 User3（IP 地址为 9.9.9.2）进行 ARP 报文限速，每秒最多只允许 10 个该 IP 地址的 ARP 报文通过。

```
[Switch] arp speed-limit source-ip 9.9.9.2 maximum 10
```

配置好后，可使用 **display arp learning strict** 命令查看全局是否已经配置 ARP 表项严格学习功能，以验证配置结果。具体如下。

```
[Switch] display arp learning strict
The global configuration:arp learning strict
Interface                             LearningStrictState
-------------------------------------------------------
-------------------------------------------------------
Total:0
Force-enable:0
Force-disable:0
```

还可通过 **display arp-limit** 命令查看接口可以学习到的动态 ARP 表项数目的最大值。通过 **display arp anti-attack configuration all** 命令查看当前 ARP 防攻击配置情况。

可通过 **display arp packet statistics** 命令查看 ARP 处理的报文统计数据，具体如下。

```
[Switch] display arp packet statistics
ARP Pkt Received:    sum    8678904
```

```
ARP-Miss Msg Received:      sum       183
ARP Learnt Count:      sum       37
ARP Pkt Discard For Limit:      sum       146
ARP Pkt Discard For SpeedLimit:      sum       40529
ARP Pkt Discard For Proxy Suppress:      sum       0
ARP Pkt Discard For Other:      sum   8367601
ARP-Miss Msg Discard For SpeedLimit:      sum       20
ARP-Miss Msg Discard For Other:      sum       104
```

由显示信息可知，Switch 上产生了 ARP 报文和 ARP Miss 消息丢弃计数，表明 ARP 安全功能已经生效。

15.5.18　防止 ARP 中间人攻击配置示例

本示例的拓扑结构如图 15-27 所示，SwitchA 通过 GE2/0/1 接口连接 DHCP Server，通过 GE1/0/1 和 GE1/0/2 接口分别连接 DHCP 客户端 UserA 和 UserB，通过 GE1/0/3 接口连接静态配置 IP 地址的用户 UserC。SwitchA 的 GE1/0/1、GE1/0/2、GE1/0/3、GE2/0/1 接口都属于 VLAN10。现希望能够防止 ARP 中间人攻击，避免合法用户的数据被中间人窃取，同时希望能够了解当前 ARP 中间人攻击的频率和范围。

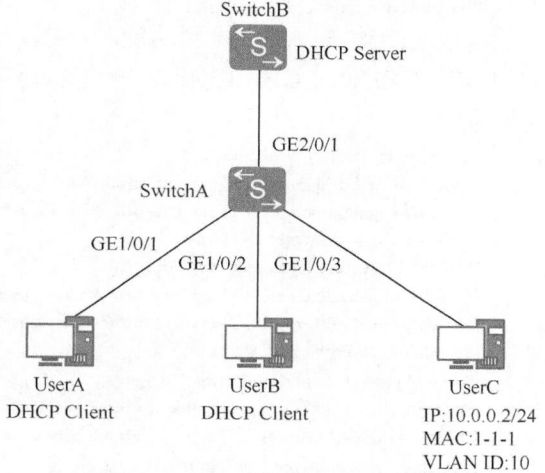

图 15-27　防止 ARP 中间人攻击配置示例的拓扑结构

1. 基本配置思路分析

在 15.5.10 节中已介绍到，防止 ARP 中间人攻击的方法是配置 DAI（即 ARP 动态检测）功能，结合 15.5.10 节介绍的配置方法及本示例实际，可得出如下基本配置思路（仅介绍 Switch 上的配置）。

① 创建 VLAN 10，并把各接口对应端口类型加入到 VLAN 10 中。

② 使能动态 ARP 检测功能，使 SwitchA 对收到的 ARP 报文对应的源 IP 地址、源 MAC 地址、VLAN 以及接口信息进行 DHCP Snooping 绑定表匹配检查，防止 ARP 中间人攻击。

③ 使能动态 ARP 检测丢弃报文告警功能，使 SwitchA 开始统计丢弃的不匹配 DHCP Snooping 绑定表的 ARP 报文数量，并在丢弃数量超过告警阈值时能以告警的方式提醒管理员，这样可以使管理员根据告警信息以及报文丢弃计数来了解当前 ARP 中间人攻击的频率和范围。

④ 配置 DHCP Snooping 功能，并为 UserC 配置静态绑定表（对于采用 DHCP 自动分配 IP 地址的 UserA 和 UserB，在设备使能 DHCP Snooping 功能后，当它们上线时设备会自动生成 DHCP Snooping 绑定表），使动态 ARP 检测功能生效。

2. 具体配置步骤

① 创建 VLAN10，并将 GE1/0/1、GE1/0/2、GE1/0/3、GE2/0/1 接口加入 VLAN10 中。

```
<HUAWEI> system-view
[HUAWEI] sysname SwitchA
```

```
[SwitchA] vlan batch 10
[SwitchA] interface gigabitethernet 1/0/1
[SwitchA-GigabitEthernet1/0/1] port link-type access
[SwitchA-GigabitEthernet1/0/1] port default vlan 10
[SwitchA-GigabitEthernet1/0/1] quit
[SwitchA] interface gigabitethernet 1/0/2
[SwitchA-GigabitEthernet1/0/2] port link-type access
[SwitchA-GigabitEthernet1/0/2] port default vlan 10
[SwitchA-GigabitEthernet1/0/2] quit
[SwitchA] interface gigabitethernet 1/0/3
[SwitchA-GigabitEthernet1/0/3] port link-type access
[SwitchA-GigabitEthernet1/0/3] port default vlan 10
[SwitchA-GigabitEthernet1/0/3] quit
[SwitchA] interface gigabitethernet 2/0/1
[SwitchA-GigabitEthernet2/0/1] port link-type trunk
[SwitchA-GigabitEthernet2/0/1] port trunk allow-pass vlan 10
[SwitchA-GigabitEthernet2/0/1] quit
```

② 使能动态 ARP 检测功能和动态 ARP 检测丢弃报文告警功能。在用户侧的 GE1/0/1、GE1/0/2、GE1/0/3 接口下使能动态 ARP 检测功能和动态 ARP 检测丢弃报文告警功能。

```
[SwitchA] interface gigabitethernet 1/0/1
[SwitchA-GigabitEthernet1/0/1] arp anti-attack check user-bind enable
[SwitchA-GigabitEthernet1/0/1] arp anti-attack check user-bind alarm enable
[SwitchA-GigabitEthernet1/0/1] quit
[SwitchA] interface gigabitethernet 1/0/2
[SwitchA-GigabitEthernet1/0/2] arp anti-attack check user-bind enable
[SwitchA-GigabitEthernet1/0/2] arp anti-attack check user-bind alarm enable
[SwitchA-GigabitEthernet1/0/2] quit
[SwitchA] interface gigabitethernet 1/0/3
[SwitchA-GigabitEthernet1/0/3] arp anti-attack check user-bind enable
[SwitchA-GigabitEthernet1/0/3] arp anti-attack check user-bind alarm enable
[SwitchA-GigabitEthernet1/0/3] quit
```

③ 使能 DHCP Snooping 功能。因为各接口均加入到 VLAN 10 中，为了节省配置工作量，统一在 VLAN 10 中进行配置，同时还把连接 DHCP 服务器的 GE2/0/1 接口配置为 DHCP Snooping 信任端口，因为它也加入了 VLAN 10。

```
[SwitchA] dhcp enable
[SwitchA] dhcp snooping enable    #---全局使能 DHCP Snooping 功能
[SwitchA] vlan 10
[SwitchA-vlan10] dhcp snooping enable    #---在 VLAN10 内使能 DHCP Snooping 功能，这就会为 VLAN 10 中的动态
IP 地址用户 UserA 和 UserB 自动生成绑定表
[SwitchA-vlan10] quit
[SwitchA] interface gigabitethernet 2/0/1
[SwitchA-GigabitEthernet2/0/1] dhcp snooping trusted    #---配置接口 GE2/0/1 为 DHCP Snooping 信任接口，所有接口
缺省均为非信任端口
[SwitchA-GigabitEthernet2/0/1] quit
[SwitchA] user-bind static ip-address 10.0.0.2 mac-address 0001-0001-0001 interface gigabitethernet 1/0/3 vlan 10    #---
在信任接口 GE2/0/1 上为采用静态 IP 地址分配的 UserC 用户配置静态绑定表
```

配置好后，可使用 **display arp anti-attack configuration check user-bind interface** 命令查看各接口下动态 ARP 检测的配置信息，以下是 GE1/0/1 接口上的动态 ARP 检测的配置信息。可以看到，已使能了动态 ARP 检测功能和动态 ARP 检测丢弃报文告警功能。

```
[SwitchA] display arp anti-attack configuration check user-bind interface gigabitethernet 1/0/1
  arp anti-attack check user-bind enable
  arp anti-attack check user-bind alarm enable
```

还可通过 **display arp anti-attack statistics check user-bind interface** 命令查看各接口下动态 ARP 检测的 ARP 报文丢弃计数，以下是 GE1/0/1 接口下动态 ARP 检测的 ARP 报文丢弃计数。

```
[SwitchA] display arp anti-attack statistics check user-bind interface gigabitethernet 1/0/1
  Dropped ARP packet number is 966
  Dropped ARP packet number since the latest warning is 605
```

由以上显示信息可知，GE1/0/1 接口下产生了 ARP 报文丢弃计数和丢弃的 ARP 报文告警数，表明防 ARP 中间人攻击功能已经生效。当在各接口下多次执行命令 **display arp anti-attack statistics check user-bind interface** 时，我们就可根据显示信息中"Dropped ARP packet number is"字段值的变化来了解 ARP 中间人攻击的频率和范围。